Gesamtverzeichnis des deutschsprachigen Schrifttums (GV) 1700 – 1910

Bearbeitet unter der Leitung von
Hilmar Schmuck und Willi Gorzny
Bibliographische und redaktionelle Beratung:
Hans Popst und Rainer Schöller

9

Baue - Bea

K·G·Saur München · New York · London · Paris 1979

Redaktion:

Monika Eichler, Ursula Geier, Robert Mittelstaedt, Sabine Nebinger, Hildegard Roßberg, Hermann Schrott, Brigitte Semmler, Eva von Troschke, Helga Werner, Gabriele Winter

CIP-Kurztitelaufnahme der Deutschen Bibliothek

Gesamtverzeichnis des deutschsprachigen Schrifttums :
(GV). – München, New York, London, Paris : Saur.
Bd. 1 – 6 bearb. unter d. Leitung von Peter Geils
u. Willi Gorzny.
ISBN 3-598-30000-X

1700 – 1910 / bearb. unter d. Leitung von Hilmar Schmuck u. Willi Gorzny. Bibliograph. u. red. Beratung: Hans Popst u. Rainer Schöller

NE: Schmuck, Hilmar [Bearb.]

9. Baue - Bea. - 1979.

Techn. Realisierung und Druck: Norbert Gärtner, Mainz-Kastel
Binden: Karl Schaumann, Darmstadt
Printed in the Federal Republic of Germany
ISBN 3-598-30000-X (Gesamtwerk)

Baue, v. d., auf Steinkohlen. m. K. 8. Mannheim, Löffler. 768.

Bauen
Das Bauen auf dem Lande. (Vom Vorstande des Schleswig-Holsteinischen Landesvereins für Heimatschutz. Kiel. 1909.) 8°
Wird gewöhnlich Bau-Katechismus genannt.

Schleswig-Holsteinischer Landesverein für Heimatschutz. Das Bauen auf dem platten Lande und in den kleinen Städten. 2. Aufl. (Lübeck.) o. J. 8°

Bauen, das, mit gegebenen Steinformen. Eine Sammlung zahlreicher Steinzeichnungen und Bauvorbilder, entworfen und ausgeführt in Dr. Richter's Kunst-Anstalt, Rudolstadt, Thüringen. 12. (72 S.) Leipzig 887, Leipziger Lehrmittel-Anstalt von Dr. O. Schneider. *

Bauendahl, Osk.: Die Geheimn. d. Fluges. Der Gegendruck gegen Luftleere. (44) gr8° Berl., (Hapke & Schm.) '11. 1— d

Bau-Entwürfe, Sammel-Mappe für, s. Sammel-Mappe.

Bauentwuerfe. — Bauentwürfe von Schülern der Baugewerkschule zu Holzminden. — Holzminden: Baugewerkschule 1841. 12 S., 6 Taf. gr. 2° 83.
12.12794

Bauentwürfe von Schülern der Baugewerkschule zu Holzminden. Roy.-Fol. (Mit 6 Steint.) Holzminden 842. (Braunschweig, Ramdohr's Hof-Kunsthandlung.) 3/4 ₰

Bau-Entwürfe im byzantinischen und altdeutschen Styl. Hrsg. vom vaterländ. Bau- und Gewerk-Verein zu Nürnberg. 1. A. u. d. T.: Architektonische Entwürfe und ausgeführte Bauten im byzantin. und altdeutschen Styl von Carl Heideloff. 1. und 2. Heft. gr. 8. Nürnberg, Geiger. [1. (XII und 71 S., 10 Stahlt. in Quer-Fol. mit 12 Details in Stahlst.) 850., 2. (VIII und 71 S., 10 Stahlt. in Quer-Fol. mit 11 Details in Stahlst.) 851. à 4 Thlr.]

Bauer [Sachliches OW]
Bauer s. auch *Baur.*

Der Bauer. Organ des zürcher. Vereins für Landwirthschaft und Gartenbau. 3. Jahrgang. 1872. (26 Nrn.) 4. Zürich, J. Herzog. 5. —

Bauer, Der, – München : 1898-1920. (1898/99 als Beil. zur Zeitung, Ingolstädter).

Bauer, Der Altbayerische. – München : 1899-1906.

Der altenburgische Bauer. In Gesprächen mit andern ehrlichen Leuten. — [Altenburg]: Frommhold & Frießer 1797. 64 S. 8° 27.
12.12796

Bauer, Amalie. Zur Erinnerung an das treue Schwesternpaar Fräulein Marie Bauer in Heidelberg, geb. 4. Sept. 1833; gest. 19. Nov. 1888; und Fräulein Amalie Bauer in Heidelberg, geb. 5. April 1836; gest. 8. Dec. 1888. 1889 s. *Bauer*, Heinrich. 1868.

Bauer America: 1868-? Scranton, PA.
Weekly.

Der Amerikanische Bauer: 1836?--1837?
Edited & published by Ludwig Storck.
Harrisburg, PA

Bauer, der amerikanische. Eine Monatsschrift für Feldbau Gartenbau, Viehzucht und Hauswirthschaft. Vol. 1—3. oder Octbr. 1850 — Septbr. 1853. à 12 Hefte. (à ca. 32 S. mit eingedr. Holzschn.) Harrisburg 854. (Philadelphia, Schäfer und Koradi.) à Jahrg. *

Der Amerikanische Bauer: Band 1--4?, May 1850 -- Apr. 1854?
Agricultural monthly. Sub-title: Eine Monats-Schrift für Feldbau, Gartenbau, Viehzucht, und Haus-Wirthschaft. Subscription held by Harmony Society in 1854. Edited & published by Scheffler & Jakob Maximilian Beck.
Harrisburg, PA

Der Americanische Bauer, und Pennsylvanische Democrat: Band 1—3?, June? 1828—1830?
Weekly. Small folio, each issue 4 pages. Subscription held by Harmony Society, for 1828—30. Edited & published by John S. Wiestling. Harrisburg, PA

Bauer, der bayerische, Org. d. Bauernvereine f. d. Oberpfalz u. f. Schwaben, sow. d. Pferdezucht-Vereines Freystadt. Jahrg. 1896—98. à 52 Nrn. (à 4 S.) gr. 4. Regensburg, J. Habbel. à Jahrg. n.n.n. — 80
Kann auch vierteljährlich bezogen werden.

Bauer, der bayerische. Mittheilungen des allgemeinen christl. Bauernvereins f. das Königr. Bayern. Spezialorgan f. den Kreisverein der Oberpfalz, sowie des Pferdezucht-Vereins Freystadt. Jahrg. 1899 u. 1900. à 52 Nrn. gr. 4. (à ca. 4 S.) Regensburg, J. Habbel. à Jahrg. n.n. — 80

— dasselbe. Red.: Mehler. Jahrg. 1901. 26 Nrn. gr. 4. (à ca. 8 S.) Regensburg (G 109). Bauernvereinsbureau. n.n.n. 1. —
Nicht mehr durch den Buchhandel zu beziehen.

Der aufmercksam - alles wohl betrachtend - und redlich-erzehlende Saltzburger-Baur. — o.O. 1751. 4 Bl. 8°
12: 4° P. o. germ. 225-24.
12.12799

Bruno Bauer und die protestantische Freiheit. Ein politisches Votum. — Leipzig: Binder 1842. 32 S. 8°
1: Dn 3855. 12: Polem. 3029-17. 15. 20. 21. 27. 79. 109.
12.12801

Bauer.–
Carl Ludwig Bauer, s. Bauer. – Karl Ludwig Bauer.

Ein dankbarer Bauer beym Grabe Marien Theresiens. Auf s. Kosten gedr. — Wien: Gräffer 1781. 4 Bl. 8° 19.
12.12802

Bauer, der deutsche. Ein Volksbuch a. d. J. 1844. Hrsg. v. Ernst Willkomm. 1. Jahrg. gr. 16. (17 B. 1 Portr. u. mehr. Abbild.) Leipzig 844, Kollmann. *

Der deutsche Bauer. Was war er? Was ist er? Was könnte er sein? — (Hottingen-Zürich: Volksbuchh. [um 1885].) 13 S. 8° 31.
12.12803

Der deutsche Bauer und die Getreidezölle. — Jena: G. Fischer 1902. 205 S. 8° 1: Gz 13780. 2. 3. 4. 7→10.
12: Cam. 8 tlt. 14. 15. 16. 19. 20. 21. 25→30. 38. 41. 44. 60. 62. 86. 91. 106. 169. 203. 205. 206. 302.
12.12804

Ein deutscher Bauer an die besiegten Franzosen. — o.O. [1813]. 2 Bl. 8° 22.
12.12805

Bauer, der, und der Doktor. Ein Gespräch nach der Schulprüfung. Verfaßt von J. B. Z. Hrsg. von J. A. Scheppach. 8. (23 S.) Günzburg 871. (Augsburg, Kranzfelder'sche Buchh.)

Der edeldenkende französische Bauer. — o.O. [1793]. 2 Bl. 8° 1: 10 in Ym 6456. 36.
12.12806

Bauer, Der, als ein Edelmann, oder seltsame Begebenheiten des Mr. Ransau, nebst seiner Reise in die gleich beysammen liegenden Insuln Isles Jumelles genannt. Aus dem Frantzösischen übersetzt ... Frankfurt und Leipzig 1739. V: *Catalde, de.* (BGE I³, 184)

— der, als e. Edelmann, od. Begebenh. Ramsau, a. d. Frz. m. K. 8. Frankf. 740.

Bauer, der, ein überbetittelter Edelmann. Schspl. gr. 8. Pesth 779. Eggenberger. (Kilian). 6 g.

— der, ein überbetittelter Edelmann. ,Schausp., gr. 8. Pest, Eggenberger. (Kilian.) 790.

Bauer, Der edelmüthige,. Nachspiel. 8.
Halle, Hemmerde.
771.

Der Eichsfeldische **Bauer**. Organ f. land- u. hauswirtschaftl. Interessen. Jg. 1, Probe-Nr. u. Nr 1–24. [Mehr nicht ersch.] Heiligenstadt (Eichsfeld): Cordier 1909. 96 S. 2° [Kopft.] A 12. 10743

Bauer, Der erlauchte, oder Lebensgeschichte und Begebenheiten Daniel Moginics, enthaltend verschiedene geheime Nachrichten von den letzten Veränderungen in Persien und Indostan. Aus dem Frantzösischen übersetzt. Berlin 1755. Bern 1763. V: *Maubert de Gouvest, Jean Henri.* (BGE I³, 184)

Ermländischer Bauer. Organ des Ermländischen Bauernvereins und des Verbandes wirtschaftlicher Genossenschaften des Ermlandes. Jg. 1, 1901. Wormditt: Ermländischer Bauernverein 1901.

Bauer, Der, aus dem Gebirge in Wien, ein Lustspiel in 2 Aufzügen. Wien 1767. V: *Heufeld, Franz von.* (Ky) (ML)

Der gelehrte Bauer. Mit Christian Gotthold Hoffmanns Vorbericht. — Dresden: Hekel 1756. 34 Bl., 176 S. 8°
Sondert.: Ludewig, Johann: Relation Johann Ludewigs, eines Bauern aus Costebauda. 1754.
1: An 18861. 2. 3. 5. 7. 14. 15. 302.
12.12808

Der geplagte Bauer, oder das unnütze Ding, der Beyscherg in Baiern, eine wahrhafte Erzählung eines baierischen Tuchmachers, Simon Mayers. — Biegendorf 1779. 18 S. 8° 12: Bavar. 196 w.
12.12809

Bauer, der durch seine Aufrichtigkeit glückl. gewordene. Mit Kpf. 8. Frankf. a. M. 753. Raspe. 10 g.

— d. große u. kleine, zwey philosoph. u. chymische Tractate. 8. Leipz. 744.

Bauer, Der, und das Grundbuch. Geschrieben zur Belehrung des Tiroler Landvolkes von J. Ch. M. Brixen 1903. V: *Mösl, Johann Chrysostomus.* (Margr)

(F) **Der Bauer und das Grundbuch.** Geschrieben zur Belehrung des Tiroler Landvolkes. 8°. (56 S.) K —.40
Brixen: Pressevereinsbuchh. 1903

Der in seiner Einbildung heilige Bauer, ein Lustspiel auf der öffentlichen Schaubühne zur Fastnachtszeit vorgestellet von der sechsten Schule zu Straubing ... 1767. — Straubing [1767]: Betz. 2 Bl. 8° 19.
12.12810

Bauer als König Herodes od. „Wer sich m. Studenten einläßt", s.a. Esser's, J., Sammlung leicht aufführbarer Theaterstücke.

Bauer als König Herodes oder „Wer sich mit Studenten einläßt". Schwank in 2 Aufzügen vom Verfasser des Gesellen-Liederbuches „Feierabend". 3. u. 4. verb. Aufl. 8. (32 S.) Paderborn 888—890. Esser. n. — 50

Bauer als König Herodes oder „Wer sich mit Studenten einläßt". Schwank in 2 Aufzügen vom Verf. d. Gesellen-Liederbuches „Feierabend". 4. u. 5. Aufl. 8. (32 S.) Paderb. 890,92, Esser. * — 50

Bauer als König Herodes oder „Wer sich m. Studenten einläßt". Schwank in 2 Aufzügen vom Verf. d. Gesellen-Liederbuches „Feierabend". 5. u. 6. Aufl. 12. (32 S.) Paderborn 892. 893. J. Esser. n. 50

Bauer als König Herodes oder 'Wer sich mit Studenten einläßt'. Schwank in 2 Aufz. vom Verf. d. Gesellen-Liederbuches 'Feierabend'. 19. Aufl. Paderborn: J. Esser [1904]. (24 S.) 8° [F.]
— **Sammlung**, J. Esser's, leicht aufführbarer Theaterstücke. H. 1. [06. 10939 6

Bauer als König Herodes oder »Wer sich mit Studenten einlässt«. Schwank in 2 Aufzügen ... 29. Aufl. Paderborn 1910. V: *Cromann.* (EbertBJb I, S. 128)

— Der, als König Herodes. Schwank v. Verf. d. Gesellen-Liederb. „Feierabend". Umgearb. v. Alois Gfall. (41) 8° Münch., Verl. d. Volksbühne ('11). — 90 (Pn.) d

Der hessische Bauer in Frankfurt. (Verf.: G.) — [Frankfurt a. M. um 1850.] 2 Bl. 8° 30.
12.12812

— der, am Hofe, od. Bertholds Abentheuer, (v. Pt. Sqvenz). 8. Leipz. 800. Gleditsch. (Brockhaus). 1 ∤ 8 g.

— d., am Hofe, od. Bertholds Abenteuer, e. Arabeske v. Pet. Squenz. 8. Lpz. Hempel. (Gleditsch.) 800.

Bauer, Illustrierter Schweizer, s. Blätter, Bernische, f. Landwirtschaft, Wald- u. Gartenbau.

Der von seinem Prediger kurtz, doch wohl informirte Bauer, daß er wisse Rede u. Rechenschafft seines Glaubens zu geben, und welche Lehre u. Religion die älteste, beste reineste u. wahrhafftigste sey? Die lutherische oder papistische? — o. O. 1723. 14 S. 8° 4.
12.12813

Ordinarii senioris facult. jur. Lipsiensis invitatio ad audiendam solennem orationem qua jurisconsulto .. **Joh. Gottfr. Bauer** (Webau) 2. III. qua obiit anniversaria parentabitur. Lpz. (Langenheim) o. J. 16 S. (2.—) 1361

'Der Bauer ist ein Ehrenmann! Den Schleswig-Holstein-Lüneburgischen Landleuten zugeeignet von einem Dithmarschen, mit einem Anhang'. Hamburg: Schubert & Co. 1834.

Der Bauer in der Oper: Don Juan. (Rechtmäßige Ausg.) Stuttgart 1825. 15 S. 8° 30.
12.12814

Bauer, Carl Ludwig. Ein biographisches Denkmal ... Hirschberg 1801. V: *Hensel, Johann David.* (GGr) (Ky)

Bauer, Karl Ldw.; einer d. größten Philologen seiner Zeit. Ein biograph. Denkmal u. Nachrr. von seinen Schriften. gr. 8. Hirschb. 806. (Schöps in Zittau). 8 g.

Consul et senatus Laubanensis solemnia inauguralia rectoris lycei M. **Carl Ludwig Bauer** 23. VIII. 1756. 8 Bl. (4.—) 1276
Cantaten, welche bey d. solennen Installation des rectoris lycei, tit. Hrn. M. Carl Ludwig Bauers, aufgeführet worden, musikalisch gesetzt von Christian Gottfried Hellmund.

— d. kluge, od. d. Buch f. d. Landmann ꝛc. 1r Thl. 8. Leipzig, Graffé. (Wucherer, W.) 785.

— d. kluge, oder d. Buch f. d. Bürger u. Landmann, (v. „ Sachs). 1r Thl. 8. Wien 785. (Wucherer). 12 g.

Bauer, Der kluge; ein Buch für den Bürger und Landmann. Wien 1787. V: *Sachs.* (MGT) »oder das Buch, 1785« (Ky)

Der kluge Bauer oder der Landmann über alle, wenn er will. Ein unterhaltendes Volksbüchlein in ländlichen Gesprächen und Geschichten. — Nürnberg: Lechner 1812. 70 S. 8°
Nach einer hs. Notiz im Exemplar von 7 ist der Verfasser angeblich Wilhelm Karl Jakob Ebner. 7. 12: Var. 282.
12.12818

Der Bauer in Paganini's lätzten Cuncärte [Konzert] uff der Leipz'ger Michehlmässe. — o.O. [um 1830]. 4 Bl. 8°
Als Verfasser wird Georg Döring genannt. 117.
12.12817

Der Bauer nach der Kur von Wiesbaden. — (Frankfurt a. M.: Wienecke [um 1850].) 2 Bl. 8° 30.
12.12818

Bauer, Marie, Heidelberg, 1833-1888. 1889. **Zur Erinnerung an das treue Schwesternpaar Fräulein Marie Bauer in Heidelberg, geb. 4. Sept. 1833; gest. 19. Nov. 1888; und Fräulein Amalie Bauer in Heidelberg, geb. 5. April 1836; gest. 8. Dec. 1888. 1889 s. *Bauer*, Heinrich. 1868.**

Der märkische Bauer an seinen Nachbar Hanns, über die Anwesenheit Sr. Majestät des Königs, Friedrich Wilhelm IV. am 27. August 1842, in Dortmund. — [Dortmund 1842.] 2 Bl. 8°
Aus: Dortmunder Wochenblatt. 37. 1842. 1:16 in Yb 8444
12.12821

Der Bauer von Mölkau zum großem Schillerzug. Leipzig, den 10. November 1859. — (Leipzig: Glück [1859].) 2 Bl. 8° 14.
12.12823

Oberländer Bauer: Der Oberländer Bauer
v. Oberland.

Bauer, d. (oberösterreich.), als Obstbaumpflanzer, od. Unterricht, wie d. Obstbäume gesäet, veredelt, gepflanzt etc. werden müssen. 8. Hildburghausen, 1801. Neue Aufl. Wien, 1803. (Linz, Eurich). — 10

Bauer, Der, als Obstbaumpflanzer, ... Hildburghaus. 1800. V: *Heyder, Ernst Christoph G.* (Ky) (MGT)

— der, als Obstbaumpflanzer. 8. Hildburgh. 801. Hanisch. 10 gr

Bauer, ost- u. west-preuss. Organ d. ost- u. westpreuss. Bauernver. Red.: A Schacht. 8. Jahrg. 1890. 6 Nrn. (B.) 8. Danz., Dr. B Lehmann'sche Bh. 1. 20
Vgl.: Bauer, westpreuss. — u. Bauer, west- u. ostpreuss.

— **ost- u. west-preuss.** Red.: A Schacht. 9. Jahrg. 1891. 6 Nrn. (B) 8° Danz., B Lehmann. 1.20 ‖ 10—13. Jahrg. 1892—1895 à 12 Nrn. à Jahrg. 2 —

—— dass. — 10. Jahrg. 1892. 12 Nrn. (Bog.) gr. 8. Ebd. * 2 —
Erschien früher u. d. T.: West- u. ostpreußischer Bauer.

— **ost- u. westpreuss.** Organ d. ost- u. westpreuss. Bauernver. u. d. Verbandes wirtschaftl. Genossensch. d. Ermlandes. Red.: F Prahl. 14. u. 15. Jahrg. 1896 u. 1897 à 12 Nrn. 8° (Nr. 1. 16) Wormditt, Bureau d. ost- u. westpreuss. Bauernver. à Jahrg. nun 2 —
Nicht durch d. Buchh. zu beziehen.

Bauer, Der, als Pferdearzt, oder Arzneibuch für die Krankheiten der Pferde. 8. Strassburg 1802 M. 2.50

Bauer, der, als Reactionär. Ein schönes neues Stück in 5 Aufzügen. gr. 8. (16 S.) Augsburg 818, Schmid'sche Buchh.

Bauer, Der redliche, und grossmüthige Jude, ein Lustspiel. Wien 1774. V: *Pauersbach, Joseph von.* (MGT)

Republikanischer Bauer: Jan. 24, 1823–1825?
Weekly. Edited & published by Heinrich Held.
Easton, PA

— der, als Richter. Lstspl.; aus d. Französ. d. Hrn. Gallot d'Herbot. 8. Frankf. u. Lpz. 782. (J. F. Korn in Bresl.) 9 gr

Bauer, der Schaffhauser, wie er sein sollte, und wie er nicht ist, wie er ist, und wie er nicht sein sollte. Eine Geschichte aus dem Leben, den Bauern des Kantons Schaffhausen zur Beherzigung und Kurzweil erzählt von einem Klettgäuer. Schaffhausen 854. Brodtmann. gr. 16. (IV, 100 S.) 7½ ngr

Bauer, der Schieferdecker, s. Baur, der Schieferdecker.

Schlesischer **Bauer**. Organ d. Schles. Bauernvereins. Wochenschrift f. Vereins- u. Genossenschaftswesen ... Jg. 1. Breslau: Schles. Bauernver. 1906. 4°(8°) (og. 10716

Der schwäbische Bauer am Buchdruckerfest in Ulm. — Ulm: Siler 1840. 8 S. 8° 21. 24.
12.12829

Der schwäbische Bauer auf der Reise zum Liederfeste nach Ulm. — Ulm: Nübling 1836. 8 S. 8° 24.
12.12830

Bauer, Der Schweizer, u. Bernische Blätter f. Landwirtschaft, s.a. Blätter, Bernische, f. Landwirtschaft, Wald- u. Gartenbau.

— d. Schweizer, u. Bernische Blätter f. Landwirthschaft. Org. d. ökon. u. gemeinnütz. Gesellschaft d. Kantons Bern zc. Red.: G. Flückiger. 51.—52. Jahrg. 1897—98. à 104 Nrn. (à ca. 6 S. m. Abb.) Fol. Bern (K. J. Wyß). n. 9. 80
1897. n. 4. 40. — 1898. n. 5. 40.
Früher u. d. T.: Blätter, Bernische, f. Landwirthschaft.

— der Schweizer, u. Bernische Blätter f. Landwirtschaft. Organ der ökonom. u. gemeinnütz. Gesellschaft des Kantons Bern zc. Red.: G. Flückiger. 53. Jahrg. 1899. 104 Nrn. Fol. (à ca. 6 S. m. Abbildgn.) Bern (K. J. Wyß). n. 5. 40
Nicht mehr durch den Buchhandel zu beziehen.

Schwyzer Bauer
① Landwirtschaftliches Wochenblatt für die Kantone Schwyz, Uri, Obwalden, Nidwalden und Zug ⑤ 1900—1925 ⑥ 2° ⑦ Wochenblatt ⑧ Küßnacht a. R.: V. Kreienbühl-Fuchs ⑫ katholisch-konservativ ⑭ Be: L (1903—1910, 21. 12. 1918) ⑮ 1925 mit der Zeitung »Freier Schweizer« verschmolzen.

Bauer, Der siebenbürgisch-sächsische, eine social-historische Scizze. Hermannstadt 1873. V: *Schochterus, Carl.*

— der siebenbürgisch-sächsische. Eine social-histor. Skizze. gr. 8. (36 S.) Hermannstadt 873. (Michaelis.) n. — 40

Bauer (Der siebenbürgisch - sächsische). gr. 8°. Hermannstadt 1874.

— u. **Socialdemokrat.** Ein erstmal. Briefwechsel zw. d. Schriftsetzer August Hinz zu Leipzig u. s. Vetter d. Bauer Gottlieb Kunz in Schlaudorf. 8° (14) Lpzg 96. P Ehrlich. nn — 10

Der sterbende junge Bauer. — Berlin 1889. 8 S. 8° ([Traktate d.] Deutschen Evangelischen Buch- u. Tractat-Gesellschaft. 361.) 1: Cv 52148-361.
12.12831

Thurgauer Bauer
v. Der ostschweizerische Landwirt.

Bauer, Der Tiroler, an seinen König. Ein Lied in der Volkssprache ... Innsbruck 1808. V: *Zoller, Franz Carl.* (GGr)

Trierischer B a u e r . Vereinsschrift des Trierischen Bauern-Vereins, des Trierischen Viehversicherungsverbandes, des Trierischen Genossenschafts- und Revisionsverbandes. Jg.1,1892. Trier: Paulinus-Druckerei 1892.

Bauer, Der verunglückte, oder die Gefahren der Stadt . . . nach dem Französischen des Retif de la Bretonne, umgearbeitet. Gera 1784—1785. V: *Nencke, Carl Christoph.* (MGT)

— , der verunglückte, oder die Gefahren der Stadt und Sucht nach Größe, nach dem Franz. des Herrn Retif de la Bretonne, 4 Theile, 8. Gera, 784-89. Beckmann. 3 Rthl.

— d. verunglückte, od. d. Gefahr. d. Stadt u. Sucht nach Größe, nach d. Franz. d. Retif de la Bretonne. 4 Thle. 8. Gera, Beckmann. 791.

— der, als Vieharzt, s.a. B r a u n g a r d t.

— — als Vieharzt, oder Arzneibuch für die Krankheiten des Rindviehes, der Schafe u. der Schweine etc. Basel 09. (Neukirch.) M. 1.—

Bauer, der, als Vieharzt, od. Arzneibuch f. d. Krankheiten d. Rindviehes, der Schaafe u. d. Schweine. 8. Basel, Holdenecker. 810. Rthlr.

— der, als Vieharzt, oder Arzneibuch für die Krankheiten des Rindviehes, der Schaafe ꝛc. neue Ausgabe. 8. Sondershausen, Voigt. 812.

—— der, als Vieharzt. Oder wie heilt man alle Krankheiten der Ochsen, Kühe, Kälber, Schafe und Schweine auf eine schnelle, einfache, wohlfeile und durch vieljähr. Erfahrungen erprobte Weise? Ein unentbehrl. Handbuch für jeden Landmann, Viehzüchter und Oekonomen. Neueste verb. Aufl. 8. (VIII und 232 S.) Gratz 850, (Kienreich's Verlags-Comptoir.)

—— der, als Vieharzt bei Krankheiten der Pferde, des Rindviehes, der Schweine, Schafe, Ziegen, Hunde, des Federviehes und der Stubenvögel. Nebst den erprobtesten Mitteln und Recepten berühmter prakt. Thierärzte. Besonders für solche Landwirthe, welche fern von einem Thierarzte ihrem Vieh selbst helfen müssen. 3., verm. und verb. Aufl. von Joh. Carl Friedr. Lentin. gr. 8. (XII und 387 S.) Weimar 850, Voigt

Bauer, der, als Vieharzt bei Krankheiten der Pferde, des Rindviehes, der Schweine, Schafe, Ziegen, Hunde, des Federviehes und der Stubenvögel. Nebst den erprobtesten Mitteln und Recepten berühmter pract. Thierärzte. Besonders für solche Landwirthe, welche, fern von einem Thierarzte, ihrem Vieh selbst helfen müssen. Mit Zugrundelegung der 3. von Lentin revid. Aufl. nun in 4. ganz neu bearb. und sehr verm. Aufl. hrsg. von Fr. Wilh. Braungardt. gr. 8. (XVI und 453 S.) Weimar 857, Voigt.

Bauer, der, als Vieharzt, bei den hauptsächlichsten äußeren u. inneren Krankheiten der Pferde, des Rindviehes, der Schafe ꝛc. Nebst den erprobtesten Mitteln u. Recepten berühmter prakt. Thierärzte u. einer kurzen Anleitung über Stallung, Fütterung, Wartung ꝛc. besonders für Landwirthe, welche fern von einem Thierarzte ihrem Vieh selber helfen müssen. 5. Aufl. unter Zugrundelegung der von Dr. Lentin u. Dr. Braungardt herg. früheren Aufl. bearb. von F. N e i t h a r d t. Weimar 867. Voigt. 8. (XIV, 262 S.) 1 ℳ

Der Bauer zu Weißensee. Am Tage des Einzuges der preußischen Krieger in Berlin. — Berlin: Dunker & Humblot [1813]. 22 S. 8° 1:Sw 6294. 109. 121. 12.12833

Bauer, westfälischer. Redact.: J. Breuker. Jahrg. 1875—1879. à Jahrg. 12 Nrn. (Bog.) gr. 8. Münster, (Theissing'sche Buchh.) à Jahrg. *

Bauer, westfälischer. Redact.: J. Breuker. Jahrg. 1880—1883. à Jahrg. 12 Nrn. (Bog.) gr. 8. Münster, (Theissing'sche Buchh.) à Jahrg. *

Bauer, westfälischer. Red.: J. Breuker u. M. Faßbender. Jahrg. 1883—1886. à 12 Nrn. (à 3/4—1 B.) gr. 8. Münster. (Theissing.) à Jahrg. n. 1. 50

—— dass. — Vereinsschrift des Westfäl. Bauernvereins. Redact.: M. Faßbender. [17.] und 18. Jahrg. 1886 und 1887. à Jahrg. 12 Nrn. gr. 8. (IV, 300; IV, 332 S.) (Ebendas.) à Jahrg. *

—— dass. — 19. Jahrg. 1888. 12 Nrn. (à Nr. ca. 1½ Bog.) gr. 8. (Ebendas.) *

Bauer, westfälischer. Vereinsschrift d. Westfäl. Bauernvereins. 20.—23. Jahrg. 1890—1892. à Jahrg. 12 Nrn. (à Nr. 1½ Bog.) gr. 8. Münster, (Theissing). à Jahrg. * 3 —

— w e s t f ä l. Red. v. Jaspers. 22—25. Jahrg. 1891—1894 à 12 Nrn. (1½ B.) 8° Münst., (Theissing). à Jahrg. 3 —

— w e s t f ä l i s c h e r. Vereinsschrift d. Westf. Bauernvereins, red. v. J a s p e r s. 26. u. 27. Jahrg. 1895—96. à 12 Nrn. (à ca. 2 Bog.) gr. 8. Münster („Der Westfale", A.-G. f. Verlag u. Druckerei). à Jahrg. n. 3. —

-- dasselbe, red. v. S c h u l t e. 28.—29. Jahrg. 1897—98. à 12 Nrn. (à ca. 2 Bog.) gr. 8. Ebd. à Jahrg. n. 3. —

— w e s t f ä l i s c h e r. Vereinsschrift des westfäl. Bauernvereins, red. v. Schulte. 30. Jahrg. 1899. 12 Nrn. (à ca. 2 Bog.) gr. 8. Münster („Der Westfale", A.-G. f. Verlag u. Druckerei). n. 3. —

Bauer, W e s t p r e u ß i s c h e r .

—— westpreuss. Von 1886 ab „Ost- u. westpr. Bauer. 1—4. Jahrg. Juli 1883—Novbr 1886. 8. (288) Danz., Dr. B Lehmann'sche Bh. n. 2. —

— west- u. ostpreußischer. Organ des west- u. ostpreuß. Bauernvereins. Red.: A. Schacht. 4.—8. Jahrg. 1886 bis 1890. à Jahrg. 6 Nrn. (B.) gr. 8. Ebd. à Jahrg. n. 1. 20

Bauer, der, und der Windmüller, s. B i l d e r b ü c h e r, Münchener.

Bauer: Der wohlerfahrne Bauer aus dem Schaffhauserbiet

② Der Wohlerfahrne Bauer (6. 1. 1855—1856) ⑤ 7. 1. 1854—1856 ⑥ 4° ⑦ alle 14 Tage ⑧ Schaffhausen: Brodtmannische Buchhandlung ⑩ Heinrich Ersinger, «Landwirth auf Vollsteg, Kantons Thurgau» ⑪ der Herausgeber ⑫ Ratschläge zur Verbesserung der Lage des Bauern in volkstümlicher Form ⑭ Be: L (1854—22. 12. 1855) ⑮ Titelbild: säender Bauer (1854), säender Bauer, die Pfeife rauchend (1855), illustriert.

Zürcher Bauer: Der Zürcher Bauer

① Organ des zürcher'schen landwirtschaftlichen Vereins (1869). Obligatorisches Organ des zürcherischen landwirtschaftlichen Kantonalvereins, sowie der Bauern-, Gewerbe- und Bürgerpartei des Kantons Zürich (10. 8. 1951 cont.) ⑤ 17. 4. 1869 (cont.) ⑥ 4° (1869—1918); 2° (1919 cont.) ⑦ alle 14 Tage; Wochenblatt (1886); wöchentlich 2× (1919 cont., 1928—1934 im Winter 3×) ⑧ Uster: J. Weilenmann (1869); Zürich: J. Herzog (1870—1885), Genossenschaftsdruckerei (1886—1892), J. Rüegg & Koch, später J. Rüegg (1893); Bassersdorf: Hermann Akeret (1910); Zürich: Jacques Bollmann AG (12. 12. 1913—1952); Wädenswil: A. Stutz (1953 cont.) ⑨ Landwirtschaftliche Marktzeitung, Schweizerische Bauernzeitung (seit 1901). Für die Bäuerin; Für die Zürcher Bäuerin ⑩ die Drucker ⑪ die ersten Redaktoren: K. v. Langsdorff (1869—27. 5. 1870), Regierungsrat A. Hafter (1869—1882) ⑫ Bauerpartei ⑬ Zürcher Bauer 1919, Nr. 1; 1944, Nr. 1 ⑭ Zh: Z; Be: L 1869—1813, 1875—1899, 1901, 1915 cont.).

Bauer [Verfasser]

Bauer s. a. Baur.

Bauer, Geh. Justizrat, Göttingen, 1772-1843., s. B a u e r , Anton. 1805.

Bauer, Theol. u. Historiker, 1809-1882. 1836., s. B a u e r , Bruno.

Bauer, Prof. d. Theol. Wittenberg, 1696-1782. 1730., s. B a u e r , Christian Friedrich.

Bauer, Oberamtsarzt, Mergentheim, 1778-1838. 1816 s. *Bauer*, Christian Friedrich.

Bauer, Reg.-Registrator, Ellwangen. 1872
s. *Bauer*, Christian Friedrich.

Bauer, K. k. Oberleutnant a. D. 1872 s. *Bauer*, Eduard.

Bauer, Dr. phil., Deutsch-katholischer Pfarrer, Dresden, geb. 1816. 1839
s. *Bauer*, Eduin.

Bauer, Rechtsanwalt, Dr., Heidelberg. 1902 s. *Bauer*, Emil.

Bauer, Leiter d. techn. Aufsichtsdienstes d. Nahrungsmittel-Industrie-Berufsgenossenschaft.
1910., s. Bauer, Ernst.

Bauer, Dr., Redakteur, Leipzig, 1857-1901.,
s. Bauer, Erwin.
1883.

Bauer, Mitgl. d. Freimaurerloge z. Standhaftigkeit in Potsdam,
s. Bauer, F.W.F.

Bauer, Gymnasialprofessor, Freiburg i. Br. 1867
s. *Bauer*, Franz.

Bauer, Dekan, Schwabach, geb. 1826. 1873
s. *Bauer*, Franz Christoph Wilhelm.

Bauer, Prof., Orientalist, Altdorf, zuletzt Heidelberg, 1755-1806,
s. Bauer, Georg Lorenz.
1781.

Bauer, Kgl. Bayer. Artillerie-Hauptmann, 1783-1862. 1832
s. *Bauer*, Gottlieb Johann.

Bauer, Oberingenieur, Dr., Stettin. 1899 s. *Bauer*, Gustav.

Bauer, Dr., Konrektor, Potsdam, später Oberprediger, Kyritz, 1778-1846. 1800 s. *Bauer*, Heinrich.

Bauer, Evang. Pfarrer, zuletzt Dekan, Weinsberg, 1814-1872. 1845
s. *Bauer*, Hermann.

Bauer, Major im Eisenbahn-Regiment Nr. 2, † 1914. 1900
s. *Bauer*, Hermann.

Bauer, Bürgermeister, München, geb. 1787. 1845 s. *Bauer*, Jakob.

Bauer, Hofprediger u. Konsistorialrat, Kastell, 1724-1806. 1797
s. *Bauer*, Johann.

Bauer, Professor d. Theologie, Heidelberg, 1860-1923. 1903
s. *Bauer*, Johann.

Bauer, Prediger, Güldengossa. 1800
s. *Bauer*, Johann Christian August.

Bauer, Konrektor, Nürnberg. 1803
s. *Bauer*, Johann Georg Sebastian.

Bauer, Pastor, Symbow, 1811-1899. 1879
s. *Bauer*, Johann Karl Benjamin.

Bauer, Arzt, Düsseldorf, später Hamburg, geb. 1879. 1907
s. *Bauer*, Julius.

Bauer, Professor, Hildesheim. 1891 s. *Bauer*, Karl.

Bauer, Hospitalprediger, Annaberg. 1858
s. *Bauer*, Karl Gotthelf.

Bauer, Physiologe, Kötzschenbroda. 1900 s. *Bauer*, Ludwig.

Bauer, Pater, S.S.S. 1866 s. *Bauer*, Marie Bernard.

Bauer, Pastor. 1889 s. *Bauer*, P. B.

Bauer, Bürgerkapitän, Frankfurt a. M., 1743-1808. 1808
s. *Bauer*, Philipp Jakob.

Bauer, Prof. in Passau, s. Bauer, Thomas.
1864.

Bauer, Prof. d. Theologie, Göttingen, geb. 1877. 1903 s. *Bauer*, Walter

Bauer, Schriftstellerin. 1839 s. *Bauer*, Alexandrine Sophie de.

Bauer, Hauptmann, Amtmann, Laasphe. 1850: Kurze Anleitung zur zweckmäßigen Kultur der Wildgründe. — Münster 1850: Aschendorff. 35 S. 8° 17.
12.12840

Bauer, ..., kurze Anleitung zur zweckmäß. Kultur der Wildgründe. [Hrsg. vom landwirthschaftl. Haupt-Verein zu Münster.] gr. 8. (35 S.) Münster 850. (Coppenrath.) n. 3 ngr

Bauer: Die Armenpflege in Bayern ...,
s. Bauer, Jakob.

Bauer: Ueber das Aufsteigen der Dünste. 9 S.
Progr. Požega 1858.

Bauer, Schriftgießerei, Frankfurt a.M.
— Fette Barlösius. Eine markante und bestimmte Reklame- u. Inseratenschrift. — Frankfurt a. M. [1907]. 8 Bl. quer-8°
1:25 in 4° An 1212-3. 30. 101.
12.12850

Bauer, Schriftgießerei, Frankfurt a.M.
— Barlösius-Schrift. Schrift-Garnitur in 10 Graden nebst Schmuck u. Vignetten nach Entwürfen von Georg Barlösius. — Frankfurt a. M. [um 1910]. 15 Bl. 4°
1:1 in 4° An 1212-1. 26. 30. 101.
12.12851

Bauer: Die württemberg. Bau- u. Feuerpolizeigesetze, s. Bauer, Johann Baptist: Zusammenstellung d. wesentl. Best. d. württ. Bau- u. Feuerpolizeiges.

Bauer: Gerichtsärztliche Begutachtungen in einer Untersuchung wegen Blutschande, Kindermords etc. O.O.
1843.
8°

Bauer s: Bericht d. volkswirtschaftl. Ausschusses d. 2. Kammer betr. d. Vergebg öffentl. Arbeiten u. Lieferungen.

Bauer: Bericht über d. 25 jähr. Stiftungsfest d. Freimaurerklubs ,Bruderverein' in Meerane ...,
s. Bauer, Karl.

Bauer: Offener Brief an den Verfasser d. 3. Aufsatzes ..., s. Bauer, Franz Christoph Wilhelm.

Bauer, Baumschulen, Wittenberg. 1782: Catalogus der Obstbäume, so in den Bauerischen Baumschulen zu Wittenberg angezogen und verkauft werden. — [Wittenberg 1782.] 16 S. 8° 3.
12.12836

Bauer, Hofrat, Wolfegg. 1818: Aechte Darstellung über die Verhältnisse der Leibeigenschaft und sogenannten Fall-Lehengüter, auch Erblehen, besonders in Ober-Schwaben, in Beziehung auf das königlich-würtembergische Edikt vom 18. Nov. 1817. — Bremen 1818. X,107 S. 8° 21. 24.
12.12838

Bauer, Dr., Kgl. Rentbeamter, Mindelheim. 1829: Entwurf einer Schauer-Schaden-Versicherungs-Anstalt für den Amts-Bezirk Mindelheim. — Mindelheim 1829: Brönner. 24 S. 8°
12: Bavar. 198.
12.12839

Bauer: Eine neue Formel d. sphärischen Trigonometrie u. die Ausmessung d. Körper in d. Elementargeometrie. 21 S.
Progr. Pisek 1858.

Bauer, Schriftgießerei, Frankfurt a.M.
— Bauersche Fraktur. Moderne Fraktur-Schrift für Schulbücher u. Zeitungen. Original-Stempel geschnitten von Friedrich Wilhelm Bauer. — Frankfurt a. M. [um 1910]. 6 Bl. 4° 1:2 in 4° An 1212. 101.
12.12865

Bauer: F u h r k o l o n n e , Motorfahrzeug u. Feldbahn, s. B a u e r ,Hermann.

Bauer & Cie., Schriftgießerei, Stuttgart
— Gesamt-Probe. — (Stuttgart [um 1890].) 137 Bl. 8° 1:An 1214/5.
12.12843
— — Gesammt-Probe unserer Schriften, Initialen, Ornamenten, Einfassungen, Vignetten etc. etc. Neue Ausg. 1895. — (Stuttgart: Bauer 1895.) 224 Bl. 4° 1:4° An 1212/7. 36.
12.12844

Bauer, Schriftgießerei, Frankfurt a.M.
— Heiduk-Antiqua. Mit Ornamenten u. Vignetten entworfen von August Haiduk. — Frankfurt a. M. [um 1910]. 20 Bl. 4° 1:6 in 4° An 1212-1. 30. 36. 101.
12.12868

Bauer: Le judaisme comme preuve du christianisme, s. B a u e r , Marie Bernard.

Bauer, Schriftgießerei, Frankfurt a.M.
— Kalender-Vignetten von Karl Schmoll v. Eisenwerth. Frankfurt a. M. [usw.] [1909]. 9 Bl. 4° 1:18 in 4° An 1212-2. 17. 30. 101.
12.12873

Bauer: Eine Kerzenfabrik in Gentilly bei Paris. 12 S. 8°. Progr. Wien H. 1867.

Bauer, Schriftgießerei, Frankfurt a.M.
— Kleukens-Antiqua. (3 Garnituren u. Schmuck.) — Frankfurt a. M. [usw.] [1910]. 16 Bl. 4° 14. 30.
12.12874
— Kleukens-Antiqua. (4 Garnituren u. Schmuck.) — Frankfurt a. M. [1910]. 38 Bl. 4° 1:9 in 4° An 1212-1 [u.] 13 in 4° An 1212-5. 17. 26. 30.
12.12876

Bauer: Die L e i d e n s g e s c h i c h t e des Herrn Jesu nach den vier Evangelien zusammengestellt, s. B a u e r , Johann Karl Benjamin.

Bauer: L e s e b u c h f.d. Unterricht in der Litteraturkunde . . ., s. B a u e r , Friedrich.

Bauer: Ludwig XI. von Casimir Delavigne. [Aus dem Französischen übersetzt.] 34 S. Progr. Berlin Fr. Werd. 1852.

Bauer, Premierleutnant im Westf. Fuß-Artillerie-Reg. Nr. 7. **1876: Ueber die wichtigeren, zum Messen von Geschwindigkeiten, Flugzeiten und Gasspannungen dienenden Meßinstrumente. — Berlin 1876. 58 S. 8° (Mittheilungen d. Artillerie-Prüfungs-Commission. 9.) 117. 209.**
12.12842

Bauer: Morse-Zeichentafel. 5—10. Taus. (2) 16×15 cm. Regensbg, (H Bauhof) ('11). † — 10 d

Bauer, Schriftgießerei, Frankfurt a.M.
— Musterbuch. Ausg. 1900. — (Frankfurt a. M. 1900.) 516 S. 4° 1:4° An 1212/8. 23. 101.
12.12881

Bauer & Cie., Schriftgießerei, Stuttgart.
— Proben. — (Stuttgart [um 1890].) 87 Bl. 4° 1:4° An 1214/3.
12.12845
— — Ebd. [um 1890]. 124 Bl. 8° 1:An 1214.
12.12846
— — Ebd. [um 1890]. 149 Bl. 4° 23.
12.12847

Bauer: Ueber perenne und periodische Quellen. 13 S. Progr. Požega 1860.

Bauer: So weit die deutsche Zunge klingt, s. B a u e r , Ludwig.

Bauer, (Hrsg.), s. S t a a t s c o r r e s p o n d e n z , Allgemeine.

Bauer: Status thymicolymphaticus u. Status hypoplasticus, s: Bartel, Jul.

Bauer: Hildesheimer S t u d i e n , s. B a u e r , Karl.

Bauer: Klinische u. experimentelle S t u d i e n zur Pathologie . . . der Tuberkulose . . ., s. B a u e r , Julius.

Bauer, Schriftgießerei, Frankfurt a.M.
— 'Trianon'. Schriften u. Schmuck nach Zeichnungen von Heinrich Wieynk. — Frankfurt a. M. [usw.] [1905]. 39 Bl. 4° 1:13 in 4° An 1212-2. 17. 30. 36. 101.
12.12883
— Lichte Trianon nach Zeichnungen von Heinrich Wieynk. (Frankfurt a. M. [usw.] [um 1910].) 12 Bl. quer-8° 1:30 in 4° An 1212-3. 101.
12.12884

Bauer. 1865: Ueber die Unterscheidung der Technik von der Wirtschaft. — Berlin 1865: Bernstein. 41 S. 8° 106.
12.12841

Bauer, Schriftgießerei, Frankfurt a.M.
— Vignetten von Julius Diez. (Vorr.: Carl Matthies.) — Frankfurt a. M. [usw.] [1910]. 45 Bl. 4° 1:17 in 4° An 1212-2. 17. 30. 101.
12.12886

Bauer, Weinschenk u. öffentlich akkreditierter Geld-Prokurator. **1797: Patriotische Vorschläge, den Frieden zwischen dem Adel und den Bürgern, den Adelsfreunden und Feinden schleunigst wiederherzustellen. — Stuttgart 1797. 14 S. 8° 12: Herald. 148 h/4. 21. 24.**
12.12837

— Weiss-Schmuck. Einfassungen und Schmuck im Anschluss an die 3 Schriften Elzevier, Elzevier-Kursiv und halbfette Jenson, gezeichnet von E. R. Weiss. — Frankfurt a. M. [usw.] [um 1906]. 32 S. 4° 30.
12.12888

Bauer, A. v. 1908 [Pseud.] s. *Baudissin*, Susanne Gräfin. v.

Bauer, A.: A r i s t o t e l e s über d. Verfassung Athens (u. andere altphilolog. Schriften), s. B a u e r , Adolf

Bauer, A., drei Erzählungen für die Jugend und ihre Freunde. (Gustav. Die Gemse. Der kleine Wollspinner.) 16. (163 S.) St. Gallen 856, Scheitlin und Zollikofer.

Bauer, A: Naturhistor.-biograph. Essays. (7, 108 m. 3 Taf.) gr8° Stuttg., F Enke '11. 3.60

Bauer, A.: Die E x h a u s t i o n s m e t h o d e ..., s. B a u e r , Andreas

Bauer, A., der Flüchtling in der Schweiz. Eine Erzählung. gr. 16. (64 S.) St. Gallen 851, Scheitlin & Zollikofer. ¹/₃ₙ ß

Bauer, A. 1899: Prinz Friedrich von Homburg. Schauspiel von Heinrich von Kleist. Ein Vorschlag zu dessen Einrichtung für die Bühne. (Verf.: A. Bauer.) — (Wien: Selbstverl. 1899.) 5 Bl. 8° 300:403.518-B.
12.12895

Bauer, A, s.: Garten-Kalender, allg. österr.

— die Gemse. Nach einer wahren Begebenheit für die Jugend erzählt. gr. 16. (50 S.) St. Gallen 851, Scheitlin und Zollikofer.

Bauer, A.: Haberstroh-, Heublumen-, Zinnkraut- und Eichenrinden- A b k o c h u n g e n . . ., s. B a u r , Alfred ·

Karte des Saazer Hopfenbaugebietes bzw. der z. Saazer Hopfensignierhalle gehörenden Hopfenproduktionsgemeinden von A. **Bauer**, Dir. in Saaz. (Massst. 1:114,000. Saaz: J. Kern 1907; Lith. R. Tscherpel.) (1 Kartenbl. 62×49 cm.) [kol.] 07. 17006

Bauer, A: Karte d. Saazer Hopfenbaugebietes bezw. d. z. Saazer Hopfensignierhalle gehör. Hopfenproduktionsgemeinden. 1:114,000.50,5×64 cm.Farbdr. Nebst: Verz. der d.Hopfenproduktionsgebieten zugeteilten Hopfenproduktionsgemeinden, nebst e. Anh. üb. d. Hopfenstand n. Schooken u. Anbaufläche '10. (11) 8° Saaz, (A Ippoldt's Nf.) '10. 2 —

Bauer, A.: Die praktische Wiener Köchin, s. Bauer, Anna

Bauer, A. (Hrsg.), s. Literaturzeitung, Wiener.

Bauer, A. (II.), Sprachübungen für die Mittelklassen der Volksschule. 8. (31 S.) Köln und Neuß 874, Schwann's Verlag. *

—— dass. — für die Oberklassen der Volksschule, im Anschluß an Büscher's und Gröning's Lesebuch. Nach den neueren Verfügungen über die preuß. Volksschule. gr. 16. (31 S.) Ebendas. 874. *

Bauer Dr. A.: Summirung verschiedener Reihen und Summirung von Binomialcoëfficienten, Differenzreihen, arithm. Reihen, Summenreihen und figurirte Zahlen. 12. Prag Neust. 77. Progr.

Bauer, A., welchen Wert hat die Behandlung der Märchen im Unterrichte der Volksschule? s.: Für die Schule aus der Schule.

—— der kleine Wollspinner. Eine Erzählung. gr. 16. (43 S.) St. Gallen 851, Scheitlin und Zollikofer.

Bauer, A. 1849: Ein Wort über die Stellung der Schreiber bei den äusseren Aemtern. Mit einer interessanten artistischen Beil. — München: Hohfelder 1849. 19 S. 8°
12: Bavar. 198 an.
12.12894

Bauer, A. C.: Der betende katholische Christ, oder Gebetbuch für katholische Christen, die sich, ihrer Bestimmung gemäß, beeifern, Gott im Geiste und in der Wahrheit anzubeten. — Augsburg: Kollmann & Himmer 1830. II,VI, 263 S. 8°
12: Asc. 389 t.
12.12897

— 2., verb. u. verm. Aufl. Augsburg: Kollmann [usw.] 1833. XIV,298 S. 8°
12: Asc. 389 u.
12.12898

Bauer, A. C., der betende kathol. Christ, oder Gebetbuch für kathol. Christen, die sich ihrer Bestimmung gemäß beeifern, Gott im Geiste u. in d. Wahrheit anzubeten. 2e verb. u. verm. Ausg. Mit 2 Kpfr. gr. 12. Augsb. 833. Kollmann. 2/3 ₰ Velinp. 5/6 ₰ Schreibvelinp. 1 ₰ 3e sehr verb. u. verm. Aufl. Mit 2 Stahlstichen. gr. 12. Ebd. 836. 2/3 ₰ Mit 4 Stahlstichen, Druckvelinp. 1 1/12 ₰ Schreibvelinp. 1 1/2 ₰ 4e sehr verb. u. verm. Aufl. Mit mehreren Stahlst. gr. 12. Ebd. 839. 2/3 ₰ Druckvelinp. Mit 4 Stahlst. 1 1/12 ₰ Postp. 1 1/3 ₰

— Das Eine und Nützlichste für Zeit und Ewigkeit oder Anweisung zur Wahrheit und zum Reiche Gottes. — Augsburg: Kollmann 1832. VIII,113 [vielm. 213] S. 8°
102.
12.12899

—— das Eine u. Nützlichste f. Zeit u. Ewigkeit, od. Anweis zur Wahrheit u. z. Reiche Gottes. Mit Titkpfr. 8. (14 B.) Augsburg 832, Wolff. (Kollmann.)

— Das Gebet Jesu zu seinem Vater im Himmel. Gebetbuch für katholische Christen. — Würzburg: Etlinger 1844. 372, XII S. 8°
12: Asc. 389 uc.
12.12900

— Jesus Christus. Der Weg, die Wahrheit und das Leben. Gebetbuch für katholische Christen. — Würzburg: Etlinger 1843. 372,X S. 8°
12: Asc. 389 ub. 38.
12.12901

— Jesus Christus, der Weg, die Wahrheit u. das Leben. Gebetbuch für kathol. Christen. M. 3 Stahlst. 8. Würzburg 843, Etlinger's Verlagsb. 2/3 ₰ Velinp. 5/6 ₰ — 2. verm. Aufl. Mit 3 Stahlst. 8. Ebd. 844. 5/6 ₰

Bauer, A. C., Jesus Christus, der Weg, die Wahrheit und das Leben. Gebetbuch für fromme kathol. Christen. 4., verb Aufl. 8. (VI und 394 S. mit 1 Stahlst.) Würzburg 848 Etlinger'sche Vrlgsb.

Bauer, A. C., kleiner Catechismus Lutheri. 8. Quedlinburg, Ernst. 794.

— Kilian der christliche Glaubensheld, Apostel der Franken, dessen Lebensgeschichte und Martertod; nebst Meß-, Beicht- und Kommunion-Gebeten. 3. Aufl. — Würzburg: Etlinger 1838. X,117 S. 8°
12: V.SS.471 m.
12.12903

— Der Lebensweg des Christen zum Reiche Gottes. Gebetbuch für fromme Katholiken. — Würzburg: Stahel 1841. X,515 S. 8°
12: Asc. 389 uc.
12.12904

— Die Stimme Johannes. Ein Gebet- u. Belehrungsbuch zur Beförderung d. Andacht u. wahren Herzensbesserung für katholische Christen. — Würzburg: Stahel [usw.] 1837. XII,264 S.
214.
12.12905

— — 2. Aufl. Würzburg: Stahel 1839. XII,264 S. 8°
12: Asc. 389 ua.
12.12906

— das sehnliche Verlangen nach Jesus Christus. Gebetbuch mit nützlicher Belehrung für kathol. Christen. 16. (284 S. u. 1 Stahlst.) Augsburg 850, Rieger. 1/2 ₰ In Engl. Einb. m. Goldschn. u. 1 ₰

Bauer, A. C., das sehnliche Verlangen nach Jesus Christus. Gebetbuch mit nützlicher Belehrung für katholische Christen, welche sich ernstlich bestreben, die Lehre des ewigen Heils treu zu befolgen. Augsburg 866. Rieger. 16. (284 S. u. 1 Stahlst.)
6 ngr

Bauer, A.E. s. *Bauer,* A. C.

Bauer, A.H.: Hilfs- und Handbuch für den praktischen Brauer. Eine kurz gedrängte, den neuesten Forschungen in Theorie und Praxis entsprechende Darstellung des Brauprozesses, zunächst für praktische Brauer bestimmt. Hrsg. unter Mitw. d. ersten Fachmänner ... von A. H. Bauer. — Hamburg: Wilczynski (1880). 238 S. 8°
91.
12.12907

Bauer, A.R.E., s. Bauer Edwin.

Bauer, Achilles, Italienisch zum Feldgebrauch. Außerdem: Organisation der kgl. ital. Armee, deutsch-ital. Wörterverzeichnis, 8 Illustr. (148 S. m. 1 Tab.) kl. 8. Reichenberg 907. (Wien, L. W. Seidel & Sohn.) Kart. 1.20

— Italienisch u. serbokroatisch z. Feldgebr. Ausserdem: Organisation d. kgl. italien. u. kgl. serb. Armee, deutsch-ital. Fremdwrtrverz. 2. Afl. (264 m. Abb.) 16° Reichenbg (08). (Wien, LW Seidel & S.)
L. 1.80 d

— Kritik der Friedensbewegung. Eine Antithese. — Fiume: Reinhard 1896. 113 S. 8°
106. 203. 200: 84.277–B. 302.
12.12910

Bauer, Ad., s. Fincke, Fr., Real-Repertorium.

Bauer, Adam: Der Bruch des Religionsfriedens und der einzige Weg zu seiner Wiederherstellung. Erwiderung auf die gleichnamige Broschüre des Bischofs Ketteler in Mainz. — Mannheim: J. Schneider 1875. 28 S. 8°
1: Theol. Flugschr. 1875–16. 12: Polem. 174 r. 16. 17. 25. 31. 39. 180.
12.12911

Bauer, Ad. s.a. Gemeinde-Rechnungs-Anweisung, Badische.

— Badische Gemeinde-Rechnungs-Anweisung mit Zusätzen, F. l. u. Formularien. — Karlsruhe: Selbstverl. 1840. IV,212 S. 8°
31. 180.
12.12912

— — 2., unveränd. Aufl. Donaueschingen: L. Schmidt 1850. VI,230 S. 8° 16. 25. 31.
12.12913

Bauer, Ad., badische Gemeinde-Rechnungs-Anweisung mit Zusätzen, Erläuterungen und Formularien. 3., nach dem neuesten Stande der Gesetze und Verordnungen bearb. Ausg. nebst der Verordnung über Aufstellung der Gemeinde-Voranschläge. gr. 8. (V und 253 S.) Donaueschingen 860. Schmidt's Hofbuchh. *

Bauer, Ad., badische Gemeinde-Rechnungsanweisung mit Zusätzen, Erläuterungen u. Formularien. 4. mit Berücksichtigung der Verwaltungs-Organisation u. der neuesten Gesetze u. Verordnungen bearb. Aufl. Freiburg i. Br. 866. Schmidt. gr. 8. (XVI, 269 S.) n. 1 ß 5 ngr.

— Das badische Gemeinde-Rechnungswesen in seiner neuen Form. — Karlsruhe: Macklot 1846. IV,194 S. 4° 16. 25. 31. 180.
12.12916

— Der Gewerbs-Betrieb in den Strafanstalten mit besonderer Beziehung auf das Zellengefängniss in Bruchsal. — Carlsruhe: Gutsch 1861. IV,200 S. 8° 1: Stala 761. 12: Pol. civ. 10 h. 15. 16. 17. 28→31. 35. 39. 41. 106. 111. 203. 303.
12.12917

—— der Gewerbs-Betrieb in den Strafanstalten mit besonderer Beziehung auf das Zellengefängniss in Bruchsal. gr. 8. (IV und 200 S.) Carlsruhe 861(62), Gutsch. *

— Eine Stimme aus Baden über Revision des Deutschen Strafgesetzbuches, insbesondere über die Beurlaubung der Strafgefangenen. — Mannheim [usw.]: Bensheimer 1874. 27 S. 8° 1: Stala 762. 6. 9. 16. 30. 31. 203.
12.12918

— Die Volksschulgesetzgebung des Großherzogthums Baden in alphabetischer Rubrikenordnung. Bd 3. — Karlsruhe 1847: Malsch & Vogel. IV,214 S. 8° 25.
12.12919

— Badens Volks-Vertretung in der zweiten Kammer der Landstände von 1819 bis 1891. — Karlsruhe 1891: (Dillinger). 119 S. 8° 16. 25. 27. 31. 108. 203.
12.12920

—— Zellengefängniß und Kajüte. Novelle. gr. 8. (110 S.) Bruchsal 872, Kapff. *

— Zellengefängniß und Kajüte. Novelle. — Heidelberg [usw.]: Weiß 1872. 110 S. 8° 31.
12.12921

Bauer, Adam Caspar, De prorogatione investiturae, Vom Lehens-Indult. Diss. jur. Präs. Joh. Pet. Ludewig. Halle (Ch. Andr. Zeitler) 5. XI. 1718. 62 S., meist deutsch. (4.50) 1263

Bauer, Adolph, s.: Anonymi chronographia syntomos.

Bauer, Adolf, Dr. phil., Univ.-Prof., Wien, 1853-1919. 1878: Antike Ansichten über das jährliche Steigen des Nil. — Bonn: Strauss 1882. S. 71–97. 8°
Aus: Historische Untersuchungen. Arnold Schaefer zum 25jährigen Jubiläum seiner akademischen Wirksamkeit gewidmet. 1882. 303.
12.12922

Bauer, A., Aristoteles üb. d. Verfassung Athens. S.-A. 1891. 18 S.

— Die Aufgabe des Gymnasiums, University-Extension und das Frauenstudium. — Leipzig [usw.]: Deuticke 1908. 26 S. 8° 1: Ne 11992. 12: H. lit. P. 33 gim. 15. 18. 207. 300: 458.226–B. 302. 303.
12.12923

Bauer, Adolf, Dipl.-Ing., Chemiker, a. Oehringen in Württemberg: Beiträge zur Chemie der sogenannten trockenen Destillation der Steinkohle. Rostock 1908: C. Boldt. (76 S.) 8°
Rostock, Phil. Fak., Ref. Stoermer, Diss. v. 2. April 1906
[Geb. 7. Juni 66 Oehringen; Wohnort: Gr. Lichterfelde: Staatsangeb.: Württemberg; Vorbildung: Einj.-Freiw.-Zeugnis Prüfungs-Komm. Karlsruhe O. 84; Studium: Techn. Hochsch. Karlsruhe 8, Univ. Rostock 6 S.; Rig. 30. März 06.]

— Beiträge zu Eusebios und den byzantinischen Chronographen. — Wien: Hölder in Komm. 1909. 52 S. 8° (Sitzungsberichte d. Kais. Akademie d. Wissenschaften in Wien. Phil.-hist. Kl. 162,3.) 1: Ab 1502–162,3. 2→7. 9. 10. 11. 12: Acad. 127 fb–Phil.-hist. Kl. 162,3 [2 Ex.] 14. 16→19. 21. 24→31. 33. 34. 38. 39. 41. 88. 300: 392.392–B. L. 162,3. 302→304. 308. 309.
12.12924

Bauer, Adf., die Benutzung Herodots durch Ephoros bei Diodor. [Aus: „Jahrbb. f. class. Philol. 10. Suppl.-Bd."] gr. 8. (64 S.) Leipzig 879. Teubner. n. 1. 60

— Herodot's Biographie. Eine Untersuchung. — Wien: Gerold in Comm. 1878. 32 S. 8°
Aus: Sitzungsberichte d. Kais. Akademie d. Wissenschaften. Phil.-hist. Cl. 89. 1878.
1: 20 in Vl 2740. 11. 12: A. gr. b. 1761 pd. 26. 302. 303.
12.12925

Bauer, A., Der Brief Alexanders des Grossen über die Schlacht gegen Porus. S.-A. 1898. 20 S. —.80

Bauer, Adolf: Der Bruch d. Religionsfriedens . . ., s. Bauer, Adam.

Bauer, A: Die Chronik d. Hippolytos im Maritensis Graecus 121, s.: Texte u. Untersuchungen z. Gesch. d. altchristl. Litt.

Bauer, Adolf: Die Chronologie des Peisistratus
und seine Söhne. S.-A.
1893.
20 S.

Bauer, A., Delos und Tinos. Eine antike und eine moderne Wallfahrtstätte in Griechenland. S A. s. a. 29 S. 4°. —.90

Bauer, Adolf: Ueber die Einwirkung des Acetons auf Ortho- und Para-Amidophenol. 1889. 45 S. 8° ¶ Vgl. Berichte d. Deutschen Chem. Gesellschaft. Jg. 22.
Karlsruhe, Dipl.-Diss. v. 19. 7. 1888

Bauer, Adolf, Lektor für Musikwissenschaft, Bonn, geb. 1877. 1905: Die heilige Elisabeth. Geistl. Festspiel. Text von Bruno Monacensis. Musik von Adolf Bauer. — Köln [um 1905]: Theissing. 30 S. 8° 38. 66.
12.12943

— Die Entstehung des Herodotischen Geschichtswerkes. Eine kritische Untersuchung. — Wien: Braumüller 1878. 173 S. 8° 2→11. 12: A. gr. b. 1761 p. 14→21. 24→27. 30. 34. 39. 52. 109. 111. 169. 300: 177.802–B. 302→304.
12.12926

— Die Forschungen zur griechischen Geschichte 1888–1898. — München: Beck 1899. 573 S. 8°
1: Ug 15/25. 2→11. 12: H. ant. 32 kf. 14→21. 25→30. 34. 35. 38. 41. 45. 46. 48. 51. 61. 109. 123. 300: 392.722–B. 302→304.
12.12927

— Literarische und historische Forschungen zu Aristoteles Ἀθηναίων πολιτεία. — München: Beck 1891. 190 S. 8°
1: Vu 7119/10. 2→5. 7→11. 12: A. gr. b. 886 n. 14. 15. 16. 18→21. 24. 25. 26. 29. 30. 39. 43. 45. 48. 61. 79. 300: 86.589–B. 302. 303.
12.12028

Bauer, Adolf. 1900: Geschichte der südafrikanischen Freistaaten. Vortrag. — Wien: Brzezowsky 1900. 24 S. 8° 300: 404.864–B. 302.
13.12942

Bauer, Adolf: Der Gewerbsbetrieb in d. Strafanstalten . . ., s. Bauer, Adam.

Bauer. A. s.: Handbuch d. klass. Altertums-Wissensch.

— Jahresber. üb. griech. Gesch. u. Chronol. 1881—1888. S.-A. 1889. 190 S.

Bauer, Adolf: Die Inschriften auf der Schlangensäule u. auf d. Basis d. Zeusstatue in Olympia, s. Studien, Wiener, 9. Jahrg.

— Das erste Capitel [Kapitel] österreichischer Geschichte. [Graz 1895.] 11 S. 8°
Aus: Festgabe für Franz v. Krones. 1895. 30. 48.
12.12930

Bauer, Adolf: Kleandridas u. Gylippos, s. Studien, Wiener, 9. Jahrg.

Bauer, A., griech. Kriegsaltertümer, s.: Handbuch der klassischen Altertumswissenschaft. 4. Bd.

Bauer, Adf., s.: Krones, Franz v., z. 19. Novbr. 1895.

— Die Kyros-Sage und Verwandtes. — Wien: Gerold in Comm. 1882. 86 S. 8°
Aus: Sitzungsberichte d. phil.-hist. Cl. d. Kais. Akademie d. Wissenschaften. 100. 1882. 21. 32. 38. 109. 302. 303
12.12931

— Lehrbuch der allgemeinen Geschichte f. die oberen Klassen der Realschulen. I. Bd.: Altertum, bearb. v. Karl Schober. Mit 83 Abbildgn., 3 Taf. u. 5 Karten in Farbendr. (VI, 222 S.) gr. 8. Wien 905. F. Tempsky. Geb. in Leinw. n. 4. 20

Bauer A., Lehrbuch der Geschichte des Altertums. Für die oberen Klassen der Realschulen bearbeitet von Dr. Karl Schober. Mit 83 Abbildungen, 3 Tafeln und 5 Karten in Farbendruck. Wien 1905. F. Tempsky. Preis, geheftet 3 K 70 h, gebunden 4 K 20 h.
Dieses Lehrbuch wird zum Unterrichtsgebrauche an Realschulen mit deutscher Unterrichtssprache allgemein zugelassen.
(Min.-Erl. vom 11. Oktober 1904, Z. 31755.)

Bauer, Dr. Adolf, Lehrbuch der Geschichte des Altertums für die oberen Klassen der Gymnasien. Mit 57 Abbildungen, 2 Tafeln und 6 Karten in Farbendruck. Wien 1903. Tempsky. Preis, geheftet 4 K, in Ganzleinwand gebunden 4 K 50 h.
Dieses Lehrbuch wird zum Unterrichtsgebrauche an Gymnasien mit deutscher Unterrichtssprache allgemein zugelassen.
(Min.-Erl. vom 15. Oktober 1903, Z. 32534.)

— Lehrbuch der Geschichte des Altertums f. höhere Lehranstalten. Mit 57 Abbildgn., 2 Taf. u. 6 Karten in Farbendr. (VI, 291 S.) gr. 8. Leipzig 904. G. Freytag. Geb. in Leinw. n. 4. 60

Bauer, Adolf, a. Trier: Über Malignität der Blasenmole. Straßburg i. E. 1905: C. Müh. (22 S.) 8°
Straßburg, Med. Fak., Ref. Fehling, Diss. v. 30. Nov. 1905
[Geb. 22. Dez. 78 Trier; Wohnort: Straßburg; Staatsangeh.: Preußen; Vorbildung: Gymn. Trier Reife O. 98; Studium: Straßburg 10 S.; Coll. 31. Juli 05; Approb. 4. April 03.]

—— Die griechischen Privat- u. Kriegsaltertümer, s. Handbuch d. klassischen Altertumswissenschaft.

(—) Drei Proömien, unserem Freunde Wilhelm Gurlitt überreicht zum 7. März 1904. (Verf.: Adolf Bauer, Anton E. Schönbach, Bernhard Seuffert.) — (Graz: Leykam 1904.) 24 S. 8° 1:Ag 10062. 2. 10. 12:4°H. lit. U. 43p. 14. 15. 18. 19. 107. 302. 303.
12.12932

— Res academicae. — Graz: Leykam 1908. 23 S. 8°
Aus: Tagespost. 1908. 303.
12.12933

Bauer, A., Die Seeschlacht von Salamis. S.-A. 1901. 22 S. u. 1 Kte. 4°.

Bauer, Adf. (I.), Sprachbüchlein für Elementarschüler im 2. und 3. Schuljahr. Unter zu Grundelegung des Unterklassenlesebuches von Gr. Fischer bearb. 3. Aufl. 8. (56 S.) Schweinfurt 887, Stör. *

Bauer, Adf. (II.). Sprachbüchlein für Elementarschüler im 2. u. 3. Schulj. Unter zu Grundelegg. d. Unterklassenbuchs v. Gr. Fischer bearb. 5. Aufl. 8. (56 S.) Schweinf. 891, Stör. * — 20

— Themistokles. Studien u. Beiträge zur griechischen Historiographie u. Quellenkunde. — Merseburg: Steffenhagen 1881. 173 S. 8° 1:Uh 3640. 2→8. 10. 11. 12:H. ant. 32k. 14→21. 23→30. 34. 44. 48. 300:94.178-B. 302→304.
12.12934

— Thukydides und H. Müller-Strübing. Ein Beitrag zur Geschichte d. philologischen Methode. — Nördlingen: Beck 1887. 31 S. 8° 1:VI 8070. 3. 7. 12:A. gr. b. 3340t. 14. 16. 19. 26. 29. 30. 48. 300:93.695-B. 302. 303.
12.12935

— — Der Todestag Alexanders des Grossen. Gel. 1891. 18 S.

— Ursprung und Fortwirken der christlichen Weltchronik. Rede. — Graz: Leuscher & Lubensky 1910. 23 S. 8° 1:P 2602. 4. 12:H. Un. 20i. 14. 19. 21. 211.
12.12936

— Vom Griechentum zum Christentum. — Leipzig: Quelle & Meyer 1910. 160 S. 8° (Wissenschaft u. Bildung. 78.) 1:Ag 7242-78. 6. 12:Var. 390ek-78. 14. 15. 17→21. 24→27. 30. 31. 32. 36. 41. 44. 45. 47. 52. 60. 62. 66. 79. 84. 109. 121. 125. 169. 203. 207. 302. 304. 308. 309.
12.12937

Bauer Adolf: Herodots Vorlesung in Athen.
H. 1876 PN 60 Diss. Wien, Univ. 636

Bauer, Adf., Wandkarte des k. Bezirksamtes Königshofen i. G. 1:50,000. Chromolithogr. Imp.-Fol. Schweinfurt 887, Stoer. *

Bauer, Adolf (Hrsg.), s. Weltchronik, Eine Alexandrinische.

— u. Jos. Strzygowski, eine alexandrinische Weltchronik, Text u. Miniaturen e. griech. Papyrus der Sammlg. W. Goleniščev. Hrsg. u. erklärt. (204 S. m. 36 Abbildgn. u. 8 Doppeltaf.) 4. Wien 905. (A. Hölder.) n. 20. —
Sonderabdruck aus: „Denkschr. d. k. Akad. d. Wiss."

Bauer, Adolph. (geb. Laasphe in Westf. 20. 3. 1845): Ueber die Basedowsche Krankheit. Berlin (1867). (30 S.) 8°
Berlin, Med. Diss. v. 16. Aug. 1867

Bauer, Al., (A. Gebauer,) die Jungfrau im häuslichen u. öffentl. Leben. Festgabe f. Jungfrauen. gr. 12. Stuttg. 830. Hoffmann. 20 gr

† Bauer, Al., (Chrstn. Aug. Gebauer,) die Jungfrau im häusl. u. öffentl. Leben. Festgabe f. Jungfrauen. gr. 12. (12 B.) Stuttgart 830, (Weise.)

Bauer, Albert, Med.-Prakt. am Allgemeinen Krankenhaus Eppendorf: Aus d. Allgemeinen Krankenhaus Eppendorf. Dir. Prof. Lenhartz. Beitrag zur Frage der Multiplizität primärer Carcinome. Kiel 1907: Schmidt & Klaunig. (33 S.) 8°
Kiel, Med. Fak., Ref. Heller, Diss. v. 2. März 1908
[Geb. 7. Juli 79 Kleinburg; Wohnort: Eppendorf b. Hamburg; Staatsangeh.: Preußen; Vorbildung: Realgymn. Landeshut Reife M. 01; Studium: Breslau 1, Heidelberg 1, Breslau 3, Würzburg 1, Breslau 4 S.; Coll. 12. Juli 07; Approb. 19. Febr. 08.]

Bauer, Alb., Beitrag zur Frage der Prognose u. Therapie der multiplen Sklerose, s.: Mitteilungen aus den hamburgischen Staatskrankenanstalten. VIII, 3.

Bauer, Albert, Pater, O.S.A. 1798: Conspectus universae philosophiae ... ad publicum delineatus. — Monachii [1798]: Hübschmann. 47 S. 8°
19.
12.12946

— Die Einrichtung des chemigraphischen Ateliers in Buchdruckereien. — Nürnberg: Kempe [1905]. 8 S. 8°
12: Typ. 2xl. 29. 210.
12.12947

Bauer, A: Die Einrichtg d. chemigraph. Ateliers in Buchdruckereien. (8) 8° Nürnbg ('05). (Lpzg, G Hedeler.) 1 —

Kant und unsere modernen Naturforscher. Studie von Albert **Bauer**, Eßlingen a. N. (Eßlingen a. N.): Selbstverl.; (S. Meyer in Komm. 1907). (37 S.) 8° [J.] (o8. 486) 10

Bauer, Albert: Aus d. Zool. Inst. in Marburg. Die Muskulatur von Dytiscus marginalis. Ein Beitr. z. Morphol. d. Insektenkörpers. Marburg 1910: (Breitkopf & Härtel, Leipzig). 58 S. 8° ¶ (Aus: Zeitschrift f. wiss. Zool. Bd 95.)
Marburg, Phil. Diss. v. 19. Mai 1910, Ref. Korschelt
[Geb. 3. Febr. 86 Diez; Wohnort: Marburg; Staatsangeh.: Preußen; Vorbildung: Oberrealsch. Wiesbaden Reife O. 04; Studium: Freiburg i. B. 3, Bonn 1, Marburg 7 S.; Rig. 26. Mai 09.] [U 10. 3341

Bauer, Alexander, Prof., Hof-Rat, 1836-1921, Wien. 1857: Die Adelsdokumente österreichischer Alchemisten und die Abbildungen einiger Medaillen alchemistischen Ursprunges. — Wien: Hölder 1893. 72 S. 8° (Monographien d. Museums für Geschichte d. österreichischen Arbeit. 3.)
1: Oo 5107/16-3. 12: Techn. 147 mf-3. 14. 24. 26. 210.
300: 160.975-C. 3. 302. 303. 305.
12.12956

—— und P. Weselsky, Analyse der Mineralquelle des König Ferdinand Eisenbades, s. **Weselsky, P.**

— Johann Arzberger (1778-1835). — Wien 1908. 18 S. 8°
Aus: Wiener Zeitung. 206. 1908.
305.
12.12957

— Ueber organische Basen. Vortrag. — Wien: Holzhausen 1865. 19 S. 8°
305.
12.12959

— Beitrag zur näheren Kenntniss der Ursache des Erhärtens der Mörtel beim Altern. — Wien: Gerold in Comm. 1858. 9 S. 8°
Aus: Sitzungsberichte d. Kais. Akademie d. Wissenschaften. Math.-nat. Cl. 30. 1858.
12: Chem. 347-35. 302.
12.12961

— Über die Bereitung des Einfach-Schwefelkaliums. — Wien: Gerold in Comm. 1858. 14 S. 8°
Aus: Sitzungsberichte d. Kais. Akademie d. Wissenschaften. Math.-nat. Cl. 30. 1858.
12: Chem. 347-33. 302. 305.
12.12962

— u. E. Verson, über die Beziehungen des Amylens zum Terpentinöl. [Aus d. Sitzungsber. d. k. Akad. d. Wiss.] Ebend. 869. gr. 8. (10 S.) n. 2 ngr.

— Ein Blick auf die Entwickelung des chemischen Unterrichtes am Wiener Polytechnikum von der Zeit der Gründung bis zur Einführung des Fachschulsystems. — Wien: Verf. 1910. 43 S. 8°
302. 305.
12.12963

— Ein Blick auf die Geschichte der Alchemie in Österreich. Vortrag. — Wien 1893. 79 S. 8° (Vorträge d. Vereines zur Verbreitung naturwissenschaftlicher Kenntnisse in Wien. 33,8.)
300: 39.946. 305.
12.12964

Bauer, Alexander (Hrsg.), s. Bücherzeitung, Neue Wiener.

— Chemie und Alchymie in Österreich bis zum beginnenden XIX. Jahrhundert. Eine Skizze. — Wien: Lechner 1883. IV, 85 S. 8°
2. 12: Chem. 6wf. 14. 30. 210. 300: 424.354-B. 302→305.
12.12965

Bauer, Alexander (Altenburg)
Ueber die künstliche Darstellung von Mineralien.
[In: Verhandl. d. Vereins f. Naturkunde zu Presburg 1856, Bd 1, S. 33-36.]
Dr. phil. Giessen 8.12.1856.

— Humphry Davy (1778-1829). Vortrag. — Wien 1904. 55 S. 8° (Vorträge d. Vereines zur Verbreitung naturwissenschaftlicher Kenntnisse in Wien. 44,5.)
210. 305.
12.12966

— Sir Humphry Davy in Österreich. — Wien 1906. 15 S. 8°
Aus: Wiener Zeitung. 204. 1906.
305.
12.12967

— Einiges über den Schwefel. Ein Vortrag. — Wien: Verein zur Verbreitung naturwissenschaftl. Kenntnisse 1866. 30 S. 8°
20.
12.12968

Bauer, A., über die Einwirkung von Chlor auf Amylen. [Aus d. Sitzungsber. d. k. Akad. d. Wiss.] Wien 866. (Gerold's Sohn.) gr. 8. (4 S.) 1½ ngr.

— Zur Erinnerung an Paul Traugott Meißner. — Wien 1908. 18 S. 8° Aus: Wiener Zeitung. 206. 1908. 210. 305.
12.12970

— Erinnerungen aus dem alten Wiener Polytechnikum. [Nebst] N.F. — Wien 1906. 8°
Aus: Wiener Zeitung. 201. 1906.
305.
12.12971

— Erinnerungen an den Freiherrn von Reichenbach. — Wien 1907. 27 S. 8°
Aus: Wiener Zeitung. 205. 1907.
90. 210. 305.
12.12972

— Über die Fette. Ein Vortrag. — Wien: Verein zur Verbreitung naturwissenschaftl. Kenntnisse 1867. 23 S. 8°
20.
12.12974

— Jakob Degen's Flugmaschine im Jahre 1808. — Leipzig: Vogel 1909. S. 156-158. 8°
Aus: Archiv für d. Geschichte d. Naturwissenschaften u. d. Technik. 2. 1909.
305.
12.12975

— Fourcroy. — Wien 1909. 4 S. 8°
Aus: Oesterreichische Chemiker-Zeitung. 23. 1909.
305.
12.12976

— Zur Frage der Erhaltung der öffentlichen Denkmäler. Wien 1882. 15 S. 8°
Aus: Mittheilungen d. k. k. Oesterreichischen Museums. 17. 1882.
39. 83. 300: 36.105-B. 302. 304. 305.
12.12977

— Die Gasfrage in Wien zur Congreßzeit. — Wien: Selbstverl. 1896. 11 S. 8°
Aus: Wiener Zeitung. 194. 1896.
305.
12.12978

Bauer, Alexander, u. E. Verson
— — zur Geschichte des Benylens. [Aus d. Sitzungsber. d. k. Akad. d. Wiss.] Ebend. 868. gr. 8. (4 S.) 1⅓ ngr.

— Zur Geschichte des Tellurs. — Wien 1910. 12 S. 8°
Aus: Wiener Zeitung. 208. 1910.
305.
12.12979

Bauer, Alexander: Gesteinanalysen, s. a. Stingl, Johann

Bauer, A. (I.), Gesteinanalysen I. Lex.-8. (13 S.) Wien 870, (Gerold's Sohn.)
Aus: Sitzungsberichte der k. Akademie der Wissenschaften, besonders abgedruckt.

Bauer, A., die chemische Grossindustrie, s.a. Ausstellungs-Bericht, officieller.

— Die chemische Grossindustrie. (Gruppe III, Section 1.) Wien: K.K.Hof- u. Staatsdr. 1874. 39 S. 8° (Officieller Ausstellungsbericht hrsg. durch d. General-Direction d. Weltausstellung 1873. 52.) 1:Stala 763. 16. 17. 28. 89. 90. 201. 205. 210. 300:182.383-B. 52. 302. 305.
12.12980

— J.R.Joß. — Wien 1909. 24 S. 8°
Aus: Wiener Zeitung. 207. 1909. 305.
12.12981

— Zum hundertjährigen Jubiläum der Entdeckung des 'Kaliums'. (6. Oktober 1807.) — Wien 1907. 12 S. 8°
Aus: Wiener Zeitung. 206. 1907. 305.
12.12982

Bauer, A., zum hundertjährigen Jubiläum der Gasflamme, s.: Vorträge des Vereines zur Verbreitung naturwissenschaftl. Kenntnisse in Wien. 39. Jahrg. 1. Hft.

—— über einen neuen Kohlenwasserstoff der Reihe: $C_n H_{2n-2}$. Lex.-8. (5 S.) Wien 865, (Gerold's Sohn.) *
Vorstehende zwei Schriften des Verf. wurden aus: Sitzungsberichte der k. Akademie der Wissenschaften, besonders abgedruckt.

— Lavoisier. Vortrag. — Wien 1906. 70 S. 8° (Vorträge d. Vereines zur Verbreitung naturwissenschaftlicher Kenntnisse in Wien. 46,2.) 300:47.309. 305.
12.12983

— Mme. Lavoisier de Rumford. (1758–1836.) — Wien 1906. 12 S. 8° Aus: Wiener Zeitung. 204. 1906. 305.
12.12984

— über eine Legirung des Bleies mit Platin. [Aus d. Sitzungsber. d. k. Akad. d. Wiss.] Ebend. 870. gr. 8. (3 S.) 1½ ngr.

— über einige Legirungen. [Aus „Sitzungsber. d. k. Akad. d. Wiss."] Lex.-8. (6 S.) Wien 871. (Gerold's Sohn.) n. — 20

— Lehrbuch der chemischen Technik. Von Alexander Bauer u. Fr. Hinterberger. — Wien : Braumüller 1859. 574 S. 8° 12:Chem. 6w. 19. 20. 21. 30. 82. 83. 89. 210. 300:115.536-B. 302. 303. 305. 308.
12.12985

— Lehrbuch der chemischen Technik. Vermehrt von Frdr. Hinterberger. 2. Aufl. Mit 354 in den Text eingedr. Holzschn. Wien 864. Braumüller. gr. 8. (XV, 611 S.) n. 4 ℛ

—— Lehrbuch der technisch-chemischen Untersuchungen für Handels-Akademien, Real- und Gewerbeschulen, Techniker, Fabrikanten etc. Mit in den Text eingedr. Holzschn. (In 8 Lfgn.) 1. Lfg. Lex.-8. (VIII und 96 S. und Tabellen 8 S.) Wien 859, Braumüller's Verlags-Conto. *

—— Lehrbuch der technisch-chemischen Untersuchungen für Handels-Akademien, Real- und Gewerbeschulen, Techniker, Fabrikanten etc. 2. und 3. (Schluss-)Heft. Lex.-8. (S. 97—304 mit in den Text gedr. Holzschn.) Wien 863,64, Braumüller. à Heft * 20 Ngr. *
1. Heft. Ebendas. 1859. * 20 Ngr.

— Die grundlegenden Lehrsätze der physikalischen Mechanik in elementarer und neuer Ableitung. — Wien: Graeser 1870. 145 S. 8°
1:Og 1678. 82. 93. 201. 210. 302.
12.12989

— Justus v. Liebig. (Zur 100. Wiederkehr seines Geburtstages.) Vortrag. — Wien : Niederösterr. Gewerbeverein 1903. 11 S. 8° 210.
12.12990

Bauer, A., u. J. **Schuler**, vorläufige Mittheilung über eine Synthese der Pimolinsäure. [Aus: „Sitzungsber. d. k. Akad. d. Wiss."] Lex.-8. (8 S.) Wien 877. (Gerold's Sohn.) — 15

— Kleinere chemische Mittheilungen aus dem Laboratorium der Wiener Handels-Akademie. — Wien: Gerold in Komm. 1859. 11 S. 8°
Aus: Sitzungsberichte d. Kais. Akademie d. Wissenschaften. Math.-nat. Cl. 36. 1859.
305.
12.12994

— Johann Natterer †. 1821–1900. — Wien 1901. 8 S. 8°
Aus: Österreichische Chemiker-Zeitung. 15. 1901. 210. 305.
12.12995

— u. C. **Klein**, Notiz üb. die Einwirkung von Zinnchlorid auf Amylalkohol. [Aus d. Sitzungsber. d. k. Akad. d. Wiss.] Ebend. 868. gr. 8. (3 S.) 1½ ngr.

— Über trocknende Öle von A. Bauer u. K. Hazura. — Wien: Tempsky in Comm. 1888. 10 S. 8°
Aus: Sitzungsberichte d. Kais. Akademie d. Wissenschaften in Wien. Math.-nat. Cl. 97. 1888.
302.
12.12997

— Paracelsus. — Wien: Selbstverl. 1893. 27 S. 8°
Aus: Wiener Zeitung. 191. 1893. 302. 303. 305.
12.12999

Bauer, Alexander [aus Affoltern (Zürich)]: Ueber die Phenyl-γδ-Pentensäure. Basel 1898. 36 S. 8°.
Basel. Phil. Diss. 1897/98.

— über einige Reactionen des Monochloräthers. [Abdr. aus d. Sitzungsber. d. k. Akad. d. Wiss.] Wien 864. (Gerold's Sohn.) gr. 8. (11 S.) n. 2 ngr.

— Ueber Reinigung der Monumente. Vortrag. — Wien 1885. 16 S. 8°
Aus: Mittheilungen des K. k. Oesterreichischen Museums. 20. 1885.
300:43.358–B. 302. 305.
12.13001

Bauer, Alexander (Hrsg.), s. Revue, Neue.

Bauer, Alexander. 1905: Unser Schiller. Ein Gedenkblatt zu seinem 100. Todestage. — Schöneberg-Berlin : Rhode [1905]. 63 S. 8° 12:Biogr. 2605k. 107. 207.
12.13012

— Schulferien in halbvergangener Zeit. — Wien 1907. 13 S. 8° Aus: Wiener Zeitung. 205. 1907. 305.
12.13004

— über den Schwefel, s.: Vorträge des Vereines zur Verbreitung naturwissenschaftlicher Kenntnisse in Wien. 41. Jahrg. 1. Hft.

Bauer, Alex., über Schwefeläther und seine neueste Anwendung, mit einem Anhange, über die in den öffentl. Anstalten Prags gewonnenen Resultate. gr. 8. (55 S.) Prag 847, (Calve'sche Vrlgsh.) *

Bauer, Alexander, Dr. med. 1847: Ueber Schwefeläther und seine neueste Anwendung, mit e. Anh. über die in den öffentlichen Anstalten Prags gewonnenen Resultate. — Prag 1847: Pospíšil. 55 S. 8° 21. 29. 304. 308.
12.12955

—— s. Stingl, Joh., Gesteinanalysen.

Bauer, A, u. **J Schuler**, üb. e. Synthese d. Pimelinsäure. 8. (10) Wien 78, Gerold's S. n.n. — 20 ‖ Vorläuf. Mittheilg. (3) 77. — 15

— Chemische Untersuchung des Wassers mehrerer Brunnen in Atzgersdorf nächst Wien. — [Wien 1860.] 6 S. 8°
Aus: Verhandlungen u. Mitteilungen d. n. ö. Gewerbe-Vereins. 21. 1860.
305.
12.13006

Bauer, Alexander
— **Ueber den Unterricht in der Chemie.** — Wien: Selbstverl. 1894. 14 S. 8° Aus: Wiener Zeitung. 192. 1894. **305.**
12.13005

— **Untersuchung der Mineralquelle des Erzherzog Stephan-Schwefelbades zu St. Georgen in Ungarn.** — Wien: Gerold in Comm. 1859. 11 S. 8°
Aus: Sitzungsberichte der Kais. Akademie d. Wissenschaften. Math.-nat. Cl. 34. 1859. 12: M. med. 82i. **305.**
12.13007

— **Über die Veränderung, welche der Luftmörtel beim Altern erleidet.** — Wien: Gerold in Comm. 1859. 10 S. 8°
Aus: Sitzungsberichte der Kais. Akademie d. Wissenschaften. Math.-nat. Cl. 34. 1859. 12: Chem. 347–42. **302.**
12.13008

— **Die ersten Versuche zur Einführung der Gasbeleuchtung in Österreich.** — Wien: Hölder 1891. 55 S. 8° (Monographien d. Museums für d. Geschichte d. österreichischen Arbeit. 1.) 1: Oo 5107/16–1. 12: Techn. 147 mf–1. **26. 201. 210.** 300: 160.975–C. 1. **302. 303. 305.**
12.13009

Bauer, A. (I.), und J. Stingl, die Wiener Weltausstellung 1873. Ein Führer auf Veranlassung des Vorstandes der deutschen chem. Gesellschaft in Berlin zusammengestellt. gr. 8. (39 S. mit 1 Stnt. in 4.) Berlin 873, Dümmler's Verlag. *

— über das **Zündhölzchen**, s.: **Vorträge** des Vereines zur Verbreitung naturwissenschaftlicher Kenntnisse in Wien. 40. Jahrg. 1. Hft.

Bauer, Alfred. Ueber das Burseraceen-Opoponax. Bern, *n. d.* [1894]. Diss.

Bauer, Alfred, approb. Arzt aus Lüttringhausen: ⟨Aus d. 1. med. Abt. u. d. pathol.-anat. Anstalt d. städt. Krankenhauses am Urban in Berlin.⟩ **Über akute Leukämie.** *Bonn 1901: C. Georgi.* (78 S.) 8°
Bonn, Med. Diss. v. [18. März] 1901

Bauer, Alois
Bauer, Alois. Guitarre-Schule. Augsburg.

Bauer, Alois. 1850: **Kleine und leichtfassliche Harmonie-Lehre.** — Klagenfurt: Leon 1850. 36 S. 4°
12: 4° Mus. Th. 75. **207. 309.**
12.13040

Bauer, Alois, Kgl. Rechnungs-Kommissär. 1838: **Höchst gemeinnütziges Hilfs-Buch für die Armenpflegschaften im Königreiche Bayern.** — München 1838: Wild. VIII, 295 S. 8° 12: Bavar. 4438x [2 Ex.] **203.**
12.13038

— — 2., verb. Aufl. München 1841: Franz. VIII, 256 S. 8°
12: Bavar. 198b. **19. 22. 302.**
12.13039

Bauer, Alois. 1896: **Vitae. Märchenspiel.** — Wien: Täncer 1896. 44 S. 8° 300: 83.810–B. **302.**
12.13041

Bauer, Alphonse. Die Bernische **Kavallerie-Offiziers-Gesellschaft**, 1860—1907. Denkschrift zum 15. schweizer. Kavallerietag, verfasst im Auftrag der Gesellschaft. [Illustriert.] II + 112 S. 8. Bern, Buchdr. Berner Tagblatt, 1907.

Bauer, Andreas Bemerkungen über einige Reihen. S. 31—42. 8.
Progr. Neust. G. *Prag* 1877.

Bauer Dr. A.: Die Exhaustionsmethode in einfacher streng wissenschaftlicher Darstellung durch Aufgaben aus der Mathematik und Physik erläutert. 28. Prag Neust. 77. Progr.

Bauer, Andreas, aus Schönbrunn i. Ofr.: **Der Fall der Pänultima und seine Beziehungen zur Erweichung der intervocalen Tenuis zur Media und zur Vocalveränderung in betonter freier Silbe.** ⟨Ein Beitrag zur Chronologie altfranzösischer Lautgesetze.⟩ *Würzburg 1903: C. J. Becker.* (61 S.) 8°
Würzburg, Phil. Diss. v. 1903

Bauer, Andreas, Dr.: Die Sprache des Fuerre de Gadres im Alexanderroman des Eustache von Kent. Freising 1907: Dr. F. P. Datterer & Co. (36 S.) 8°
Freising, k. G P 1907*

Bauer, Andreas Friedrich: Die ersten Druckmaschinen. Erbaut in London bis zu dem Jahre 1818 von Friedrich Koenig u. Andreas Friedrich Bauer. The first printing machines ... — Leipzig 1851: Brockhaus. 16 S. 2°
Text deutsch u. englisch. **210.**
12.13047

Bauer, Anna. 1892: **Zur deutschen Frauenbewegung.** — Cochem 1896: Wieprecht. 16 S. 8° 1: No 4486. **5. 30. 38.**
12.13053

Bauer, Anna, s.: **Frauen-Kalender**, deutscher.

Bauer, Anna (II.). Handwerk u. Philosophie. gr. 8. (19 S.) Cochem 892, (Wieprecht'sche Buchdr.). * — 50

Bauer, Anna, Köchin. 1889: **Die österreichische Hausfrau.** — Wien: Dirnböck 1892. 404, IV S. 8° 300: 151.104–B. **302.**
12.13048

— die österreichische **Hausfrau.** Ein Handbuch f. Frauen u. Mädchen aller Stände. Praktische Anleitg. zur Führg. der Hauswirtschaft. 3. (Titel-)Aufl. gr. 8. (410 S.) Wien 894. J. Dirnböck. n. 3 —; geb. n. 4. —
Die Angabe „8. Aufl." beruht auf Irrthum u. soll „3." heißen.

Bauer, Anna, die österreich. **Hausfrau.** E. Handbuch f. Frauen u. Mädchen all. Stände. Prakt. Anleitg. zur Führg. d. Hauswirthschaft. 4. (Titel-)Aufl. gr. 8. (IV, 400 S.) Wien (894) 895. [J. Dirnböck.] Derflinger & Fischer. n. 3. —; geb. n. 4. —

— — 6. Aufl. **Die erfahrene Hausfrau.** Wien: Derflinger & Fischer 1897. 404 S. 8°
Die späteren Auflagen sind nicht berücksichtigt.
300: 94.227–B. **302.**
12.13049

— s.: **Jahrbuch**, illustriertes, f. Deutschlands Frauen.

Bauer, Anna (I.). Allgemeines österreichisches Kochbuch f. Bereitg. des herrschaftl. u. bürgerl. Tisches, mit Berücksicht. d. Wiener Gasthaus- u. d. nationalen Küche. gr. 8. (316 S.) Wien 889, [Anger]. * 2 50; geb. * 3 50

Bauer, A: Die prakt. süddeut. Köchin u. Hausfrau. (1. Bd. Die prakt. süddeut. Köchin. 9. Afl. — 2. Bd. Die süddeut. Hausfrau. 6. Afl.) 27 Lfgn. 8° (443 u. 404) Wien 97.98, Derflinger & Fischer. à — 30 (à Bd kplt 8 —; geb. in L. 4 —)

— Die praktische **Wiener Köchin.** 2. Aufl. — [Wien]: Dirnböck 1889. 426 S. 8°
302.
12.13051

—— Die praktische Wiener Köchin. 9. Tausend. gr. 8. (414 S.) Wien 891, Dirnböck. * 3 —; geb. * 4 —

— die praktische Wiener **Köchin.** Ein durch vieljähr. persönl. Ausübg. u. Erfahrg. erprobtes Kochbuch f. Bereitg. des herrschaftl. u. bürgerl. Tisches, m. Berücksicht. der Wiener Gasthaus- u. der nationalen Küche. 6., verm. Aufl. gr 8. (444 S.) Ebd. 893. n. 3. —; geb. n. 4. —

— die praktische Wiener **Köchin** u. Hausfrau. 1. Bd. Die prakt. Wiener Köchin. Ein durch vieljähr. persönl. Ausübg. u. Erfahrg. erprobtes Kochbuch f. Bereitg. des herrschaftl. u. bürgerl. Tisches, m. Berücksicht. der Wiener Gasthaus- u. der nationalen Küche. Ein unentbehrl. Handbuch f. Frauen, Mädchen u. angeh. Köchinnen. Durchgesehen u. verb. v. J. M. Heitz. 10. verm. u. verb. Aufl. m. 3 Farben- u. 1 Schwarzdr.-Taf. gr. 8. (442 S.) Wien 899. Derflinger & Fischer. n. 3. —; geb. in Leinw. n. 4. —

Bauer, A, d. prakt. Wiener Köchin u. Hausfrau. 2 Bde. 8° Wien, J Dirnböck. à 3 —; geb. à 4 — (auch in 14 Lfgn à — 25)
1. Die prakt. Wiener Köchin. 7. Afl. (443) 95.
2. Die österr. Hausfrau. 4. Afl. (404) 95.

— **Verschüttet.** Eine Dichtung. — Dresden [usw.]: Pierson 1895. 47 S. 8° 1:Yo 25969. 7. 38.
12.13055

Bauer, Anton, Geb. Justizrat, Göttingen. 1772-1843. 1805: **Abhandlungen** aus dem Strafrechte und dem Strafprocesse. Bd 1-3. — Göttingen: Dieterich 1840-43. 8°
1. 1840. 2. 1842.
3. Bauer: Die Theorie des Anzeigenbeweises. 1843.
1:Fu 1500. 2. 4→11. 12:Crim. 10cb. 15→21. 23→30. 35. 39. 43. 45. 48. 111. 203. 208. 302.
12.13056

— **Abriß** der Gerichtsverfassung des Königreichs Westphalen. — Marburg: Neue akad. Buchh. 1811. X,158 S. 8°
4. 5. 7. 12:J. pract. 21. 14. 16. 19. 23. 26. 34. 36. 43. 44. 47. 48. 66. 117.
12.13057

— **Anleitung** zur Criminalpraxis. — Göttingen: Vandenhoeck & Ruprecht 1837. VIII,191 S. 8°
1:Fx 1232. 2. 4. 5. 7. 8. 12:Crim. 10bc. 14. 16. 17. 18. 21. 23. 25→28. 30. 31. 33. 35. 45. 47. 48. 51. 106. 208.
12.13058

— **Anmerkungen** zu dem Entwurfe eines Strafgesetzbuches für das Königreich Hannover. — Göttingen: Vandenhoeck & Ruprecht 1828. VIII,382 S. 8° (Entwurf eines Strafgesetzbuches für das Königreich Hannover. 2.)
Forts. s. *Bauer:* Vergleichung d. ursprünglichen Entwurfs e. Strafgesetzbuches für d. Königreich Hannover mit d. revidirten Entwurfe. 1831.
1:Fz 6717-2. 4. 7. 15. 16. 17. 19. 23. 24. 25. 31. 35. 43. 45. 111. 208. 300:72 Cc 163. Bd 2.
12.13059

(—) **Anzeige** der Feyerlichkeiten, wodurch das Reformations-Jubelfest von der Georg-August-Universität zu Göttingen begangen werden wird. — [Göttingen 1817.] 4 S. 8° 2. 7.
12.13060

[—] Rechtliche **Ausführung** der dem Prinzen Victor zu Hohenlohe-Waldenburg-Schillingsfürst, als testamentarischem Universalerben des hochseeligen Herrn Landgrafen Victor Amadeus zu Hessen-Rotenburg gebürenden Ansprüche auf den gesammten Allodialnachlaß des Herrn Landgrafen. — o.O. 1835. 54 S. 8°
1:Hf 9030. 4. 7. 17. 31. 34.
12.13061

[—] **Ausführung** des dem Landgräflichen Sammthause Hessen-Philippsthal gebürenden Rechtsanspruches auf eine Apanage aus der, durch das Erlöschen der Hessen-Rotenburgischen Linie, an Kurhessen gefallenen sogenannten Quart. — o.O. 1836. 31 S. 8° 4. 7. 34.
12.13062

[—] — Ebd. 1836 [vielm. 1846]. 8,XV,110 S. 4° 21.
12.13063

Bauer, Anton (Red.), s. Der B a r b i e r und Friseur.

— **Beiträge** zur Charakteristik und Critik des Code Napoléon. Abth. 1. — Marburg: Neue akad. Buchh. 1810. VIII, 232 S. 8° 1:Hq 1671. 4. 7. 14. 17. 26. 34. 35. 36. 43.
12.13064

— **Beiträge** zum deutschen Privatfürstenrechte in Darstellungen merkwürdiger Rechtssachen. — Göttingen: Vandenhoeck & Ruprecht 1839. VI,322 S. 8°
1:Gy 11197. 2→8. 10. 11. 12:J. publ. G. 43. 14→17. 19. 20. 21. 23. 24. 25. 27→31. 34. 35. 39. 43. 45. 46. 48. 51. 53. 111. 203. 208. 302. 304.
12.13065

[—] **Beleuchtung** der Entwickelung der Gerechtsame des Fürstl. Hauses Löwenstein-Wertheim Rosenbergischer jüngerer Linie in Hinsicht des Rechtsstreits zwischen dieser Linie und der Fürstlich Löwenstein-Wertheim-Freudenbergischen älteren Linie, angeblich die Peräquation der Erbtheilung von 1611 u.s.w., wirklich aber die statutenmäßige rechtliche gleiche Grundtheilung der gemeinschaftlichen Stammgüter des Fürstl. Löwensteinischen Hauses und deren Surrogate betr. [Nebst] Nachtr. — Frankfurt a.M. 1819: Brönner. 4° 7. 17. 31 [**Hauptwerk].
12.13066

[—] **Beweis** der Rechtsgültigkeit der in dem Testamente des ... Landgrafen zu Hessen-Rotenburg, zu Gunsten der Prinzen Victor und Clodwig zu Hohenlohe-Waldenburg-Schillingsfürst geschehenen Fideicommißstiftung. Mit Anl. A. — o.O. 1835. 43,12 S. 8°
1:Gx 14840. 4. 7. 17. 31. 34. 208.
12.13067

— s. G. L. Böhmer, principia juris feudalis.

— **Darstellung** der Erbfolge-Classen nach Napoleons Gesetzbuche. — Marburg: Krieger 1813. VIII,196 S. 8°
4. 7. 17. 18. 23. 24. 26. 29. 31. 43. 47. 123. 208.
12.13068

— Darstell. d. Erbfolge-Classen, nach Napoleons Gesetzbuche. gr.8. Marb. 813. Krieger. 20 gr. Dann unt. d. T.: Intestat-Erbfolge-Ordnung im Grundriß z. leichten Uebersicht d. Lehre. Mit Fig. gr. 8. Marb. 815. Krieger. 20 gr.

[—] **Darstellung** der Rechtssache des Herrn Fürsten Carl Constantin Ludwig Joseph zu Löwenstein-Wertheim-Rosenberg, Klägers, wider den Herrn Herzog Prosper Ludwig zu Arenberg, Beklagten. Die Erbfolge in die Gräflich Markischen Besitzungen betr. Mit Beil. A bis H. o.O. 1828. 58,12 S. 4° 7. 21. 34. 35.
12.13069

[—] **Darstellung** des Rechtsstreites zwischen dem Herrn Fürsten Carl Constantin Ludwig Joseph zu Löwenstein-Wertheim-Rosenberg, Kläger und Producenten, und dem Herrn Herzog Prosper Ludwig zu Arenberg, Beklagten und Producten. Die Zurückgabe der überrheinischen Herrschaften Kerpen und Casselburg, nunmehr deren Surrogate betr. [Nebst] Nachtr. — Frankfurt a.M. 1823-25: Brönner (Nachtr.: Wertheim 1825: Holl). 4° 7.
12.13070

[—] **Darstellung** des Rechtsstreits zwischen der älteren Linie des fürstlichen Sammthauses Löwenstein-Wertheim und der jüngeren Linie dieses Hauses wegen Herstellung einer den Hausverträgen entsprechenden Gleichheit in Hinsicht der gemeinschaftlichen Stammgüter des Sammthauses und deren Surrogate. Mit Beilagen A.B.C.D. — o.O. 1817. 50,7 S. 4° 7. 21. 31. 33. 35.
12.13071

Bauer, Anton, Syndikus, Wien. 1848: Vergleichende und kritische **Darstellung** der neuen und alten Verfassung der österreichischen Monarchie. Ein praktisches Handbüchlein. Wien: Heubner in Comm. 1848. 57 S. 8° 12:Austr. 330.
12.13096

— **Elementarsystem** der Rechtswissenschaft, oder Lehrbuch eines propädeutischen Cursus für Rechtsgelehrte. Th. 1. — Marburg: Neue akad. Buchh. 1808. XXVI,304 S. 8° 1. Bauer: Lehrbuch d. Naturrechts. 1:Fl 5988. 4. 7. 8. 12:Ph. Pr. 105. 19. 21. 23. 34. 66. 117. 300:12.970-B. 303.
12.13072

Bauer, Anton, s. E n t w u r f eines Strafgesetzbuchs für das Königreich Hannover.

BAUER, Anton (München): Ueber Fractura colli humeri.- München: Weiss 1844. 16 S.
14.4.1842 - Urk (Titel: De fractura colli humeri.); P 65
Diss. Ingolst.-Landsh.-Mchn.

Bauer, Ant., s.: Garten-Kalender, allgem. österr.

— Ueber die Gränzen der Anwendbarkeit des Code Napoléon auf die während seiner Gültigkeit in deutschen Ländern entstandenen Rechtsverhältnisse. — Göttingen: Dieterich 1814. 132 S. 8° 1:Ht 8329. 2. 3. 4. 6. 7. 9. 15. 17. 18. 23. 24. 27. 30. 34. 35. 45. 61. 208.
12.13073

— Grundlinien d. philosoph. Criminal=Rechts. gr. 8. Götting. 824. Vandenhöck u. R. 6 gGr.

— — [Ausz.] Grundlinien des philosophischen Criminalrechts. — Ebd. 1825. VIII,56 S. 8° 1:Fu 12634. 7. 8. 10. 18. 19. 27. 30. 35. 43. 48. 61. 208. 300:82.550–B. 304.
12.13079

— Grundsätze des Criminalprocesses. — Marburg: Neue akad. Buchh. 1805. XXXVI,426 S. 8°
1:Fx 1035. 2. 3. 7. 8. 11. 12:Crim. 10. 14. 15. 16. 18. 19. 21. 27. 28. 29. 33. 34. 35. 46. 47. 111.
12.13074

— Grundsätze d. peinl. Processes. gr. 8. Marb. 805. Krieger. 1 Thlr 12 gGr.

— Grunds. d. peinlich. Processes. gr. 8. Ebend. 806.

[—] Rechtliches Gutachten über den Rechtsstreit zwischen dem Anwalt der Frauen Catharine Sidonie Burguburu und Charlotte Salome de Laplasse, beide geborne Städel, zu Straßburg, und des königl. französischen Cavallerie-Capitäns, Ludwig Sigismund Städel, zu Paris, Kläger, Appellanten, jetzt Oberappellanten, und den Administratoren des Städelschen Kunstinstituts zu Frankfurt, Beklagten, Appellaten, jetzt Oberapellaten [!], Testaments-Anfechtung betr. — (Straßburg 1826: Levrault.) 31 S. 4°
1:2 an 4° Hf 8950. 2. 3. 6→10. 27.
12.13075

— Intestat=Erbfolge=Ordnung im Grundriß zur leichten Uebersicht d. Lehre. gr. 8. Cassel. u Ebend. 814.

Bauer, Ant.: Intestaterbfolgeordnung, e. Grundriss zur leichten Uebersicht dieser Lehre. Mit Figuren. *Marburg*, (*Cassel*, Krieger's V. H.) 815. 8. (20 Gr.)

— Ist das Kaiserthum Oesterreich bloß ein Länder-Complex, oder ein Staatenbund, oder ein Bundesstaat, oder eine untheilbare Monarchie? Historisch-staatsrechtliche Entwicklung dieser Frage. — Wien: Heubner in Comm. 1848. 51 S. 8° 12:Austr. 331. 302.
12.13097

— Lehrbuch des Naturrechts. — Marburg: Neue akad. Buchh. 1808. XXVI,364 S. 8° (Bauer: Elementarsystem d. Rechtswissenschaft. 1.) 1:Fl 5988–1. 4. 7. 8. 12:Ph. Pr. 105. 19. 21. 23. 34. 66. 117. 300:12.970–B. 1. 303.
12.13076

— Lehrbuch des Naturrechts. 2te Aufl. Ebend. 815.

— — 2., verb. Ausg. Ebd. 1816. XXVI,402 S. 8°
1:Fl 5988². 10. 14. 25. 27. 30. 43. 44. 45. 47. 106. 117. 208. 211. 300:43 T 14. 302→304.
12.13077

— — 3., verb. Ausg. Göttingen: Vandenhoeck & Ruprecht 1825. XXVIII,415 S. 8°
7. 8. 10. 12:Ph. Pr. 105b. 17. 21. 23. 24. 29. 35. 45. 106. 117. 203. 211. 300:80 H 12. 302→305.
12.13078

— Lehrbuch des Strafprocesses. — Göttingen: Vandenhoeck & Ruprecht 1835. XX,468 S. 8°
1:Fx 1208. 4. 5. 7. 8. 10. 12:Crim. 10f. 15→24. 26→31. 33→36. 43. 45→48. 62. 66. 208. 300:37 X 12.
12.13080

— — 2. Ausg., glossirt, erg. u. stylisirt von Karl Eduard Morstadt. — Ebd. 1848. X,120,276 S. 8°
2. 4. 5. 7. 8. 11. 12:Crim. 10fa. 17. 18. 21. 25. 26. 27. 33. 35. 45. 48. 111. 123. 203. 208. 303.
12.13081

— — Lehrbuch des Strafrechtes. 2., verb. u. verm. Ausg. Ebd. 1833. XXX,545 S. 8° 1:Fu 12682. 2. 4→7. 10. 11. 12:Crim. 10e. 16. 17. 19→25. 27. 28. 30. 32→36. 39. 46. 48. 51. 62. 66. 79. 111. 117. 123. 203. 208. 303.
12.13083

— Lehrbuch der Strafrechtswissenschaft. — Göttingen: Vandenhoeck & Ruprecht 1827. XXVI,470 S. 8°
1:Fu 12680. 2. 3. 4. 7. 10. 11. 12:Crim. 10d. 14. 15. 17. 18. 19. 21→24. 29. 34. 35. 44. 45. 48. 106. 107. 117. 300:BE 10 K 40. 304.
12.13082

— Lehrbuch des Napoleonischen Civilrechts. — Marburg: Neue acad. Buchh. 1809. XXVI,410 S. 8° 1:Hq 1632. 4. 7. 12:J. gall. 6. 15→18. 21. 23. 34. 43. 47. 48. 61. 208. 304.
12.13084

— — 2., verb. u. verm. Ausg. Ebd. 1812. XXIV,469 S. 8°
1:Hq 1632². 4. 7. 17. 19. 27. 38. 61. 303.
12.13085

— Zur Lehre vom Indicienbeweise. Ein Beitrag zur Berichtigung der Urtheile des Publikums über den Wendt'schen Criminalfall. 8°
Aus: Zeitschrift für deutsches Strafverfahren. 2. 1842. 18.
12.13086

Bauer, Anton: Maienglöcklein,
s. Bauer, F. Anton.

— — (academiae Georg. Aug. prorector) cum senatu successorem in magistratu academico Chr. Wilh. Mitscherlich. — Proluduntur nonnulla de Amphictyoniis Graeciae sectio I. Götting. (Heinr. Dieterich) März 1816. 8 S. (3.—) 1265

— Plan der Vorlesungen über die Staats- und Rechtsverfassung und Verwaltung des Herzogthums Nassau. — Göttingen: Vandenhoeck & Ruprecht 1832. 31 S. 8° 43.
12.13087

[—] Reassumtions-Schrift in der Rechts-Sache des Herrn Fürsten Carl Ludwig Constantin Joseph zu Löwenstein Wertheim Rosenberg, Klägers, wider den Herrn Herzog Prosper Ludwig zu Arenberg, Beklagten. Die Erbfolge in die Gräflich Markische Besitzungen betr. — Wertheim 1824: Holl. 34 S. 4° 7.
12.13088

[—] Revisionsbericht in Sachen des Herrn Fürsten Carl Constantin Ludwig Joseph zu Löwenstein-Wertheim-Rosenberg, Klägers, Appellaten und Appellanten, jetzt Revidenten, wider den Herrn Herzog Prosper Ludwig zu Arenberg, Beklagten, Appellanten und Appellaten, jetzt Revisen. Die Erbfolge in die Gräflich Markschen Besitzungen, jetzt deren Surrogate betr. Mit Beil. A bis L. — o. O. 1834. IV,40,26 S. 4° 1:2 an Gx 14826. 7.
12.13089

— Die Sicherheits-Polizei und das Armenwesen in Oesterreich und ihre Postulate gegen Proletariat und Communismus. — Wien: Heubner in Comm. 1848. 100 S. 8°
12:Austr. 332.
12.13098

— Strafrechtsfälle. 4 Bde. gr. 8. Göttingen, Vandenhoeck u. Ruprecht. [1. (35 B.) 835. 2⅓ Thlr., 2. (41 B. u. 3 Stnt.) 2⅔ Thlr., 3. (37½ B.) 837. 2 Thlr., 4. (40 B.) 839. 2⅙ Thlr.]

— Die Theorie des Anzeigenbeweises, nebst vorausgeschickter Darstellung der Theorie des Criminalbeweises überhaupt. — Göttingen: Dieterich 1843. X,302 S. 8° (Bauer: Abhandlungen aus d. Strafrechte u. d. Strafprocesse. 3.)
1:Fu 1500–3. 2. 4→11. 12:Crim. 10 cb–3. 15→21. 23→31. 35. 39. 43. 45. 48. 111. 203. 208. 302.
12.13091

— **Anton** (Marburg), Utrum nepos, abstinens, a patris hereditate sibi delata, in allodio et feudo avi succedere possit? Diss. jur. Marburg 7. IX. 1793. 42 S. (5.—) 1264

— **Vergleichung** des ursprünglichen Entwurfs eines Strafgesetzbuches für das Königreich Hannover mit dem revidirten Entwurfe, wie solcher den Ständen des Königreichs mitgetheilt worden. ⟨Zugleich als Forts. d. Anmerkungen zu d. Entwurfe.⟩ — Göttingen: Vandenhoeck & Ruprecht 1831. VIII,155 S. 8° 1: Fz 6766. 4. 7. 14. 16. 17. 18. 21. 23. 24. 25. 27. 28. 29. 31. 35. 43. 44. 45. 208. 300: 12.064-B.
12.13092

— **Versuch** einer Berichtigung der Theorie des psychischen Zwanges. — [Göttingen 1827.] 46 S. 8° 7.
12.13093

— **Verzeichniß** der vom weil. Geh. Justizrath Bauer nachgelassenen Bibliothek. [Auktionskat.] — Göttingen: Menzel 1843. 98,40 S. 8° 7.
12.13094

— Commentatio de singulari vi atque effectu possessionis rerum mobilium; ad art. 2279 Cod. Napol. 4. Götting. 813. Dieterich. 6 gl.

— Die **Warnungstheorie** nebst einer Darstellung und Beurtheilung aller Strafrechtstheorien. — Göttingen: Vandenhoeck & Ruprecht 1830. XVI,398 S. 8°
1: Fu 6185. 2. 4→11. 12: Crim. 10 a. 15→18. 21. 23. 24. 26→31. 35. 43. 45. 48. 66. 111. 208. 300: 30 G 16.
12.13095

Bauer, Anton Friedrich: **Beiträge** zur Reisegeschichte des Pabstes Pius VI. ⟨Braschi⟩ mit Anmerkungen hrsg. — [Wien] 1783. Getr. Pag. 8°
Beigedr.: (Korinsky, Matthias Franz:) Schreiben des hochwürdigsten Bischofs zu Brünn an Pabst Pius VI. nebst der Antwort des Pabstes. 1783.
2 [unvollst.] 21.
12.13102

— **Ausführliche Geschichte** der Reise des Pabstes Pius VI. ⟨Braschi⟩ von Rom nach Wien, und der Rückreise von Wien nach Rom, nebst Beschreibung aller ... vorgegangenen Merkwürdigkeiten, feierlichen Cerimonien u.s.w. T. 1–3. — Wien: Tomicy 1782–83. 8°
1. Sammt einem Anhange der zwischen Sr. Majestät dem Kaiser, und dem Pabste gewechselten Briefe, aller bei der Ankunft ... erschienenen Gedichte, und verschiedener noch ungedruckter Briefe und Anekdoten. 1782.
2. Welcher ein vollständiges Tagebuch der päbstlichen Rückreise, und alle ... vorgefallene Merkwürdigkeiten ... nebst einigen interessanten Anekdoten. Und einem Anhange unterschiedlicher Gedichten enthaltet. 1782.
3. Beiträge zu dieser Reisegeschichte; mit dreien Anhängen und Anmerkungen. 1783.

Selbständige Ausgabe von T. 3 s. *Bauer:* Beiträge zur Reisegeschichte des Pabstes Pius VI. ⟨Braschi⟩. 1783.
12 [∞ 3]: H. eccl. 94. 16. 19. 31. 42. 78. 300: 112.214-A. 309.
12.13103

Bauer, Ant. Fr., Gesch. d. Reise d. Papstes Pius VI. von Rom nach Wien. 3 Thle. 8. Wien 782—84. Tomisky.

— **Erbauliche Gespräche** im Reiche der Lebendigen in allem Ernste gehalten zwischen dem Pfarrer Selman, einem ehemaligen Jesuit, Pater Sincerus, einem Exkarthäuser, Pater Simplex, einem Augustiner- und Pater Kilian, einem Franziskaner Mönch, sodann den Herren Freimund und Liebreich, zwei Kaufleuten, worinnen über die Aufhebung des Karthäuser- und anderer geistlicher Orden ... wie auch über unterschiedliche andere wichtige Gegenstände geplaudert ... wird. — Wien: Tomicy 1782. 56 S. 8°
12: H. mon. 43. 17. 300: 13.682.
12.13104

— **Verzeichnis** der in der badischen Rechtspraxis, in der Sammlung der Grundbuchverfügungen, in der badischen Notarszeitschrift, sowie im Zentralblatt für freiwillige Gerichtsbarkeit und Notariat erschienenen Entscheidungen, Ministerialerlasse und Abhandlungen über Urkunden, Nachlaß- und Zwangsversteigerungssachen sowie Grundbuchsachen. Stand vom 1. Juli 1908. [Nebst] Nachtr. Stand vom 1. Juli 1912. — Breisach: K. Maier 1908-12. 4°
31. 208.
12.13112

Bauer, Arpad, die Schachspieler u. ihre Welt. Eine Revue des Schachhumors. Satyrische u. krit. Betrachtungen, Skizzen, Studien, Humoresken, Grotesken u. schnurr. Situationen zur Einführg. in die Gedankenwelt der Schachspieler. (96 S. m. z. Tl. farb. Abbildgn. u. 8 farb. Taf.) gr. 8. Berlin 911. O. Dreyer. Geb. in Leinw. 5.—

Bauer, August [app. Arzt aus Weikersheim]: Ein Fall von localem traumatischem Emphysem nach Laparotomie ... Tübingen, F. Pietzcker, 1896; 20 S. 8.
Tübingen, Med. Fak., Inaug.-Diss. v. 1896

Bauer, Aug. Zur Geschichte der theologischen kirchlichen Entwickelung in der Schweiz. (In der protest. Kirchenzeitung, herausgegeben von J. E. Webhag, N° 42.) 1882

Bauer, August: Kritik eines neuaufgestellten Reifezeichens. Emmendingen: Dölter 1909. 26 S. 8°
Freiburg i. B., Med. Diss. v. 1909, Ref. Krönig
Geb. 3. Dez. 83 Isny; Wohnort: Cannstatt; Staatsangeh.: Württemberg; Vorbildung: Gymn. Ravensburg Reife Juli 02; Studium: München 4, Tübingen 1, Heidelberg 3, Freiburg i. B. 3 S.; Coll. 12. Febr. 09.] [U 09. 903

Bauer, August Georg s. *Bauer*, Georg. 1910.

— **August Heinrich** (Hamburg), De procidentiis ani, vesicae urinariae, vaginae atque uteri. Diss. chir.-med. Göttingen (C. Herbst) 2. IX. 1824. 87 S. (5.—) 1266
Gew.: Joh. Dietr. Bauer.

Bauer, August Hermann S., appr. Arzt a. Nürnberg: Kasuistischer Beitrag zur Lehre von der spinalen progressiven Muskelatrophie. München 1904: C. Wolf & Sohn. (39 S.) 8°
München, Med. Fak., Ref. v. Bollinger, Diss. v. 19. Juni 1905
[Geb. 5. Aug. 79 Nürnberg; Wohnort: Nürnberg; Staatsangeh.: Bayern; Vorbildung: Gymn. Casimirianum Coburg Reife O. 99; Studium: Würzburg 4, München 5 S.; Coll. 26. Juli 04; Approb. 25. März 04.]

Bauer, Aurel Reinhard Eduin s. *Bauer*, Eduin.

Bauer, B.: Entwickelung aller möglichen Wurzeln bestimmter Gleichungen jeden Grades, s. Bauer, Heinrich.

Bauer, B.: Freimaurer, Jesuiten und Illuminaten. . . , s. Bauer, Bruno

Bauer, Benedikt: Vom Bodensee. Vergangenheit und Gegenwart. Mit bes. Berücks. der Bodanhalbinsel, von Reichenau, Wollmatingen, Mainau und Konstanz. — Radolfzell: Moriell 1906. 291 S. 8°
12: Germ. sp. 27 ft. 14. 24. 30. 31. 205.
12.13114

— Zur **Feier** der achthundertjährigen Gründung des Cisterzienserordens im Frauenkloster Lichtenthal. — Baden-Baden: Echo 1898. 15 S. 8° 101.
12.13116

— **Geschichte** des Lyceums Rastatt. Vortrag. — Baden-Baden: Echo 1901. 20 S. 8° 31. 101.
12.13117

— **Praktisches Handbuch** zum Erlernen der lateinischen Kirchensprache. — Radolfzell: Moriell 1899. 301 S. 8°
31.
12.13118

Bauer, B., praktisches Handbuch zum Erlernen der lateinischen Kirchensprache, zunächst f. Frauenklöster, Ordenskongregationen, Klosterschulen, Organisten, Chordirigenten, sowie zum Selbstunterrichte. gr. 8. (VII, 301 S.) Radolfzell 899. (Baden-Baden, P. Weber.)
Geb. n.n. 2. 70

— dasselbe. Schlüssel. Uebersetzung der deutschen Lectionen in das Lateinische. gr. 8. (36 S.) Radolfzell 902. W. Moriell. n. — 50

— Nach dem hl. Lande. Reise nach Italien, Ägypten und Palästina. — Radolfzell 1887: Moriell. VII,509 S. 8° 16.
12.13121

Bauer, B., Nach dem heil. Lande. Reise nach Italien, Ägypten und Palästina. Mit zahlreichen Illustrationen. Radolfzell, Moriell, 1893, 8°, 2. Aufl., 600 S., 2,80 Mk.
1. Aufl. 1887. Recens. von Fr. Koch, Litt. Handw. 1888, 246–247.

— Das Frauenkloster Lichtenthal. Geschichte, Kirchen u. Altertümer. — Baden-Baden: P. Weber 1896. XIV,341 S. 8°
1: Si 3988/22. 12: H.mon. 42y. 15. 16. 22. 24. 25. 31. 32. 107. 180. 203. 300: 98.643-B.
12.13124

— Nach Oberammergau, München und Salzburg. — Radolfzell 1910. 65 S. 8° Aus: Freie Stimme. 1910. 101.
12.13125

— Nach Spanien und Portugal. Reise zu den interessanten Stätten u. hl. Orten von Südfrankreich, Spanien u. Portugal. Radolfzell: Moriell 1904. XVI,361 S. 8°
5. 12: It. sing. 56 bd. 25. 31. 61.
12.13126

— der Tempelberg in Jerusalem u. seine Heiligtümer. Mit 2 Lichtdr. u. 6 Phototyp. 8. (65 S.) Einsiedeln 899. Verlagsanstalt Benziger & Co. n. 1. —

Bauer, Bern. Engelbert. (geb. Laer in Westf. 24. 4. 1842): De morbis organi auditorii praestantissimis. Berolini (1866). (32 S.) 8°
Berlin. Med. Diss. v. 15. März 1866

Bauer, Bernardinus, s. Bauer, Bernhardin.

Bauer, Bernh., Abhandl. von Taschenuhren. gr. 8. Buchholz 786. Täubel. 3 K

Bauer, Bernhard: Beiträge zur Geschichte der Reichsstadt Memmingen vom Beginne des dreissigjährigen Krieges bis zur Besetzung der Stadt durch die Schweden ... (Wird fortges.) Augsburg, J. P. Himmer'sche Buchdr., 1892; VI, 122 S., 1 Bl. 8.
München, Phil. Fak., Inaug.-Diss. v. 1892

Bauer, Bernhard, Schulrat, Dr. 1895: Denkschrift über die Errichtung einer städtischen höheren Mädchen-Schule in Fürth. — Fürth: Rosenberg in Komm. 1906. 33 S. 4°
Im Exemplar von 29 fehlt d. Verlagsangabe.
12: 4° Bavar. 190ol. 29.
12.13129

Bauer, Bernhard, Stadtpfarrer, Großsachsenheim. 1884: Der Eid. Eine Studie. — Heidelberg: Winter 1884. VIII,128 S. 8°
1: Fm 14984. 5. 8. 10. 11. 12: Ph.Pr. 105c. 14. 16. 20. 21. 24→27. 29. 48. 203. 208. 302→304.
12.13128

Bauer, Bernhard [app. Arzt aus Laer, Bez. Münster i. W.]: Über einen Fall von Leberkrebs ausgehend von der Gallenblase ... Münster i. W., Westf. Vereinsdr., 1896; 21 S., 1 Bl. 8.
München, Med. Fak., Inaug.-Diss. v. 1896

— Fragen und Bemerkungen, die Methode des Rechen-Unterrichts in der Volksschule zu Fürth betreffend. — Fürth 1905: Schröder. 28 S. 8° 12: Bavar. 198 bd. 29. 207.
12.13130

— Vor 25 Jahren! 1870–1895. Erinnerungschrift an den deutsch-französischen Krieg 1870/71. — Fürth 1895: Schröder. 54 S. 8° 12: Eur. 694d-841-18. 29.
12.13131

— Referat über die Reorganisation der gewerblichen Fortbildungsschule und über die Errichtung von achten Knabenklassen an der hiesigen Volksschule. — Fürth 1901: Fischer & Ursinus. 84 S. 8° 12: Bavar. 198bc. 29.
12.13132

Bauer, Bernhardin: Eigne Apologie über den ersten Tom der neuen Dogmatik. Der Wirzburger Rezension über gedachtes Werk d. d. 20. Dez. desselbigen Jahres entgegengestellt von d. Verf. selbst. Nebst e. Anh.: eines Wirzburger seltenen Manuskripts mit Anm. — Augsburg: Bürglen 1787. 68 S. 8° 12: Dogm. 63d.
12.13141

— theologia universa etc. IV Tomi. 8. maj. Bamberg, Göbhardt. 786. 92. (à 1 Rthlr. 16 gr.)

— Theologia universa dogmatica, historica, critica, genio puriori adcommodata. T. 1–4. — Wirceburgi: Abbatia Ebracensis 1786–92 (2–4: Wirceburgi 1789–92: Blank). 8°
2. 12: Dogm. 63. 15. 19. 20. 24. 42. 61. 66. 211. 309.
12.13142

Bauer, Bernh. († Prof.), Theologia universa, dogmatica, historica, critica; genio puriori accomodata. 4 Tomi. 8. maj. Wirceburgi 1786–92, Wesche in Frkfrt. 6⅓ Thlr. — 10 fl.

Bauer, Bernardinus, Veritas religionis christiano-catholicae systematice proposita contra atheos, theistas, paganos, Judaeos, Muhammedanos et pseudoreformatores. Wirceburgi 1784, in 8°.

— Disp. Veritas religionis christ.-cathol. systemat. proposita contra Atheos, Theistas, Naturalistas, Paganos etc. 8. Würzb. 785.

Bauer, Bruno, Theologe u. Historiker, Bonn, später Berlin, 1809-1882. 1836: Aberdeen. — Charlottenburg: E. Bauer 1854. 15 S. 8° 1: Tu 9639/391 [u.] 1 in 4° Ty 1. 7. 11. 12: Brit. 565-14. 24. 44.
12.13143

— [Hrsg.] s. — Actenstücke zu den Verhandlungen über die Beschlagnahme der 'Geschichte der Politik ... des achtzehnten Jahrhunderts von Bruno Bauer. Th.1.' 1844.

Bauer, Bruno, Major a. D., Schriftsteller, Braunschweig, später Bad Oeynhausen, 1843-1897. 1885: Der preußische Antrag bezüglich der braunschweigischen Erbfolgefrage und seine Consequenzen. Ein Mahnruf. — Hannover: Weichelt 1885. 39 S. 8° 1: Sl 3850. 14. 23. 33. 123. 203.
12.13193

— Die Apostelgeschichte eine Ausgleichung des Paulinismus und des Judenthums innerhalb der christlichen Kirche. Berlin: Hempel 1850. 143 S. 8° (Bauer: Kritik d. Evangelien. Suppl. 1.)
1: Bs 9765. 2. 5. 8. 9. 10. 12: Exeg. 78 oc-Suppl. 1. 15. 20. 21. 25. 26. 27. 30. 39. 43→46. 48. 52. 109. 180. 207. 214. 300: 502-B. Suppl. 1. 302→304.
12.13144

— s. *Aufklaerungen*, Die, der Nationalzeitung über Bruno Bauer. 1853.

— Der Aufstand und Fall des deutschen Radicalismus vom Jahre 1842. 2. Ausg. Bd 1–3. — Berlin: Hempel 1850. 8° (Bauer: Der Fall u. Untergang d. neuesten Revolutionen. 2.)
1: Qn 2060²-2. 12: Eur. 49s-2. 25[**2.3]. 26[**2.3]. 109. 203[**3].
12.13163

Bauer, Bruno, Boullié, s. Denkwürdigkeiten.

— Die Braunschweig-Lüneburger in den Türkenkriegen des 17. Jahrhunderts, nebst Anh.: Waterloo-Langensalza. Eine historische Skizze in populärer Darstellung. — Hannover: Weichelt 1885. 84 S. 8° 7. 23. 35.
12.13194

— Briefwechsel zwischen Bruno Bauer und Edgar Bauer während der Jahre 1839-1842 aus Bonn und Berlin. — Charlottenburg: E. Bauer 1844. 192 S., 8° 1: Yz 18100. 2. 4. 7. 8. 10. 11. 12: Epist. 53o. 14. 17. 18. 38. 109. 302.
12.13145

— Christus und die Caesaren. Der Ursprung des Christenthums aus dem römischen Griechenthum. — Berlin: Grosser 1877. 387 S. 8° 1:Cc 2440. 3. 5→8. 10. 11. 12:H. eccl. 94af. 14. 15. 17. 18. 19. 21. 24. 27. 30. 32. 35. 43. 300: 184.000-B. 302. 303.
12.13146

— — 2. Aufl. Ebd. 1879. 387 S. 8° 1:Cc 2441. 2. 4. 5. 6. 9. 16. 18. 25. 26. 28. 29. 38. 41. 46. 106.
12.13147

Bauer, Bruno: Denkwürdigkeiten z. Gesch. d. neueren Zeit . . .
s.a. Denkwürdigkeiten...

— Denkwürdigkeiten zur Geschichte der neueren Zeit seit der französischen Revolution. Nach d. Quellen u. Original-Memoiren bearb. u. hrsg. von Bruno Bauer u. Edgar Bauer. [1-3.] — Charlottenburg: E. Bauer 1843-44. 8°
1 mit Sondertitel:
1. Bailly und die ersten Tage der französischen Revolution. Von Edgar Bauer. 1843.
2.3. Frankreich vom Juli bis zum October 1789, oder die ersten Kämpfe des constitutionellen Princips mit dem Königthum und mit der Volksparthei. Von Edgar Bauer. Abth. [1.]2. 1843-44.
4. Die constituirende Versammlung vom October 1789 bis zur Flucht Ludwigs XVI. Von Edgar Bauer. Abth. 1. 1844.
2 mit Sondertitel:
1. Bouillé und die Flucht Ludwig XVI. Von Bruno Bauer. 1843.
2. Der 20. Juni und der 10. August 1792 oder der letzte Kampf des Königthums in Frankreich mit der Volksparthei. Von Bruno Bauer. 1843.
3.4. Die Septembertage 1792 und die ersten Kämpfe der Partheien der Republik in Frankreich. Von Bruno Bauer. Abth. 1.2. 1844.
5. Der Proceß Ludwig XVI. und der 21. Januar 1793. Von Bruno Bauer. 1844.
3 mit Sondertitel:
1. Religion und Kirche von Frankreich bis zur Auflösung der constituirenden Versammlung. Von E. Jungnitz. 1843.
2.3. Religion und Kirche in Frankreich seit der Auflösung der constituirenden Versammlung bis zum Sturz Robespierre's. Von E. Jungnitz. Abth. 1.2. 1844.
1[∞1, Sondert. 4]: Qm 1091 [auch 1 – Ra 7700]. 5. 10. 11. 12: Gall. rev. 71f. 28. 41. 44. 45. 203.
12.13148

— Deutschland und das Russenthum. (H. 1 [nebst] Schlußh.) — Charlottenburg: E. Bauer 1854-55. 8°
Schlußh. u. d. T.: Bauer: Die russische Kirche. 1855.
1:1 – Flugschr. 1854 – 17; Schlußh. – Ue 7001 – 2. 11[∞Schlußh.] 12: J. publ. E. 500-41. 38 [∞Schlußh.] 41. 48[∞1]. 209 [∞Schlußh.]
12.13150

— Deutschland während der Zeit der französischen Revolution (2.3: Deutschland und die französische Revolution). Abth. 1-3. — Charlottenburg: E. Bauer 1844-45. 8°
1. 1844.
2. Die Politik der Revolution bis zum Frieden von Basel. 1845.
3. Die Politik der Revolution vom Baseler Frieden bis zum Rastadter Congreß. 1845.
(Bauer: Geschichte d. Politik, Cultur u. Aufklärung d. achtzehnten Jahrhunderts. Forts.)
1[∞2]: Qk 1815-Forts. 1.3. 2. 4→8. 10. 12: H. Un. 21-Forts. 14. 15. 17. 18. 19. 21. 23. 25. 27. 28. 32. 35. 38. 39. 41. 43→46. 52. 102. 106. 109. 203. 207. 302. 304.
12.13151

— De la Dictature occidentale. — Charlottenbourg: E. Bauer 1854. 38 S. 8°
1: Franz. Flugschr. 1854-1. 5. 11. 12: J. publ. E. 500-34. 18. 41. 109. 209.
12.13152

Bauer, Bruno, der Einfluß Frankreichs auf die preußische Politik und die Entwickelung des preußischen Staates. Dargestellt an den Bündnissen, Verträgen und gegenseit. Beziehungen. Histor. Studie. gr. 8. (IV, 199 S.) Hannover 888, Weichelt. *

— Einfluss d. englischen Quäkerthums auf die deutsche Cultur u. auf das englisch-russische Project einer Weltkirche. gr. 8. (IV, 236 S.) Berlin 878. Grosser. 4. 50

Bauer, Bruno, s. Engels u. Marx: Die heilige Familie

— Die theologische Erklärung der Evangelien. — Berlin: Hempel 1852. 148 S. 8° (Bauer: Kritik d. Evangelien u. Geschichte ihres Ursprungs. 4.)
2. 5. 9. 10. 14. 17. 20. 21. 25. 28. 27. 29. 30. 39. 43. 44. 46. 52. 186. 300: 502-B. 4. 304.
12.13154

— Der Fall und Untergang der neuesten Revolutionen. 2. Ausg. 1.2. — (Berlin: Hempel 1850.) 8°
1. Bauer: Der Sturz der französischen Republik u. des deutschen Reichs durch Napoleon Bonaparte. Bd 1.2.
2. Bauer: Der Aufstand u. Fall des deutschen Radicalismus vom Jahre 1842. Bd 1-2.
1: Qn 2060². 12: Eur. 49 s. 17[∞1,2.2]. 25[∞1.2,2.3]. 26[∞1.2,2.3]. 60[∞1,1.2,1/3]. 109. 203[∞2,3].
12.13155

— — der Fall und Untergang der neuesten Revolutionen 2. (Titel-) Ausg. 2 Abthlgn. gr. 8. (302 und 688 S.) Berlin 850 —51, Hempel. *

Freimaurer, Jesuiten und Illuminaten, in ihrem geschichtlichen Zusammenhange. Von B[runo] Bauer. Berlin: F. Heinicke 1863. 125 S. 8°
Recens: FZ. 17 (1863) S. 374—375; L. 23 (1864) S. 162—165.
cf. Bh. 6 (1863) S. 365—367 (J. G. Findel).
Tt. 1451.

— Herzog Friedrich Wilhelm von Braunschweig († 16. Juni 1815) in seiner geschichtlichen Bedeutung. Ein Beitrag zu der 75jährigen Erinnerungsfeier d. 16. u. 18. Juni 1815. — Hannover: Weichelt 1890. 64 S. 8° 23. 84.
12.13196

[—] Friedrich Wilhelm IV. in Königsberg. Ein Brief. — Leipzig: Wigand 1840. 23 S. 8°
14. 15. 17. 34. 41. 109. 117. 203.
12.13157

[—] Geschichte der constitutionellen und revolutionären Bewegungen im südlichen Deutschland in den Jahren 1831-1834. Bd 1-3. — Charlottenburg: E. Bauer 1845. 8°
Als Verfasser wird auch Edgar Bauer genannt.
1: Rz 7940. 4. 5. 7. 12: Germ. g. 148 m. 14. 16. 19. 21. 25. 27. 28. 30. 34. 39. 41. 106. 109. 117. 203. 302.
12.13158

— Geschichte der constitutionellen u. revolutionairen Bewegungen im südl. Deutschland. 3 Bde. 8. Charlottenburg, Leipzig (845.) Voigt u. Fernau. n. 4 1/2 ℛ

Bauer, Bruno, Geschichte Deutschlands u. der französ. Revolution unter der Herrschaft Napoleons. 1. Bd. bis zum Frieden v. Lüneville. 2. Bd. Drei Jahre Contrerevolution. gr. 8. Charlottenburg 846, Bauer. (à) n. 1 1/3 ℛ

— Geschichte der Politik, Cultur und Aufklärung des 18. Jahrhunderts. 1. Bd. Deutschland während der ersten 40 Jahre des 18. Jahrhunderts. gr. 8. Charlottenburg 843, Leipzig, Voigt u. Fernau. n. 2 1/4 ℛ

— dass. 2. Bd. A. u. d. T.: Deutschland während der Zeit der französ. Revolution. gr. 8. Ebd. 844. n. 1 ℛ — 3. Bd. Die Politik der Revolution bis zum Frieden v. Basel. gr. 8. Ebd. 845. n. 1 1/2 ℛ — 4. Bd. Die Politik der Revolution vom Baseler Frieden bis zum Rastadter Congreß. gr. 8. Ebd. 845. n. 1 1/2 ℛ

Bauer, Bruno, Edgar Bauer u. Ernst Jungnitz, Geschichte d. franz. Revolution bis z. Stiftg. d. Republik. 3 Bde. 2. Aufl. 8. 1. Bde.: Bailly u. die ersten Tage der franz. Revolution. Von E. Bauer. (593 S.) 2. Bd.: Bouillé u. die Flucht Ludwig XVI. Von Br. Bauer. (476 S.) 3. Bd.: Religion u. Kirche in Frankreich während der Zeit der Revolution bis zur Auflösung d. constituir. Versammlg. (428 S.) Von E. Jungnitz. Leipzig 847, Voigt & Fernau (jetzt Twietmeyer). 3 ℛ
Dass. s.a.: Geschichte der französ. Revolution...

— vollständ. Geschichte der Partheikämpfe in Deutschland während der Jahre 1842 — 1846. 3 Bde. gr. 8. Charlottenburg 847, Bauer. 3 ℛ — Dass. u. d. T.: Der Fall u. Untergang der neuesten Revolutionen. (2 Abthlgn. in 8 Liefrgn. oder 5 Bde.) II. (Abth.): Der Aufstand u. Fall des Deutschen Radicalismus vom J. 1842. 3 Bde. 2. (Titel-)Ausg. in 8 Liefrgn. (688 S.) Berlin 850. 51, Hempel. (à n. $\frac{1}{3}$ ℛ) n. $2\frac{2}{3}$ ℛ (Die 1. Abthlg. soll später erscheinen.)

—— vollständige Geschichte der Partheikämpfe in Deutschland während der Jahre 1842—1846. 3 Bde. gr. 8. (619 S.) Charlottenburg 847. [Leipzig, Twietmeyer.] à Bd.

— Herr Dr. Hengstenberg. Kritische Briefe über den Gegensatz des Gesetzes und des Evangelium. — Berlin: Dümmler 1839. 129 S. 8°
1:Dn 3420. 2. 3. 5. 7. 11. 12:Polem. 175. 15. 20. 25→29. 43. 48. 79. 109. 302.
12.13164

— Hohenstaufen-Welfen und Hohenzollern. Eine historisch-kritische Studie. — Hannover: Weichelt 1885. 66 S. 8° 1:Rx 2247. 5. 7. 11. 14. 23. 35. 64. 302.
12.13197

— Disraeli's romantischer und Bismarck's socialistischer Imperialismus. — Chemnitz: Schmeitzner [usw.] 1882. V, 257 S. 8° 1:Qo 9905/20. 6. 12:J. publ. E. 35 ed. 14. 17. 18. 19. 24. 26. 29. 30. 32. 35. 38. 43. 51. 52. 106. 169. 203. 205. 302.
12.13165

— Die Judenfrage. — Braunschweig: Otto 1843. 115 S. 8°
1:1 in Ez 121. 4. 5. 7. 8. 11. 12:Jud. 61-16. 15. 18. 19. 24. 30. 38. 39. 41. 46. 48. 61. 79. 109. 111. 203. 205. 300:BE 3 G 40. 302. 303.
12.13166

— Das Judenthum in der Fremde. — Berlin: Heinicke 1863. IV,77 S. 8° Aus: Staats- u. Gesellschaftslexikon. 10. 1862.
1:Ez 1242. 11. 16. 19. 26. 36. 44. 48. 51. 109. 203. 304.
12.13167

—— der 20. Juni 1792, s. Denkwürdigkeiten zur Geschichte.

— Die russische Kirche. — Charlottenburg: E. Bauer 1855. 35 S. 8° (Bauer: Deutschland u. das Russenthum. Schlußh.)
1:Ue 7001-2. 12:J. publ. E. 500-41,2. 41. 48.
12.13168

— Kritik der paulinischen Briefe. Abth. 1-3. — Berlin: Hempel 1852. 8°
1. Der Ursprung des Galaterbriefs. 1850.
2. Der Ursprung des ersten Korintherbriefs. 1851.
3. u. letzte Abth. 1852.
(Bauer: Kritik d. Evangelien. Suppl. 2/4.) 1[∞3]:Bt 515. 2. 4. 5. 7→11. 12[∞3]: Exeg. 78 oc-Suppl. 2.3. 14. 15. 16. 20. 21. 25→30. 39. 43. 45. 48. 52. 180. 207. 300:502-B. Suppl. 2/4. 303. 304.
12.13169

— Kritik der Evangelien und Geschichte ihres Ursprungs. Bd (3: Th.) 1-4 [nebst] Suppl. 1-4. — Berlin: Hempel 1850-52. 8°
1. 1850. 2.3. 1851.
4. Bauer: Die theologische Erklärung d. Evangelien. 1852.
Suppl. 1. Bauer: Die Apostelgeschichte. 1850.
Suppl. 2-4. Bauer: Kritik d. paulinischen Briefe. Abth. 1-3. 1850-52.
1[∞4. Suppl. 4]: 1/3 = Br 6755; Suppl. 1 = Bs 9765; Suppl. 2.3 = Bt 515. 2. 5. 9. 10. 12[∞4. Suppl. 4]: Exeg. 78 oc. 25. 26. 27. 30. 39. 43. 45. 52. 300:502-B. 304.
12.13170

— Kritik der Evangelien u. Geschichte ihres Ursprungs. 4 Bde. 8. (1. Bd.: XII u. 336 S. — 2. Bd.: 295 S. — 3. Bd.: 340 S.) 4. Bd. A. u. d. T.: Die theolog. Erklärung der Evangelien. (148 S.) Berlin 850 — 52, Hempel. (1 — 3. Bd. od. 1 — 18. Liefrg. à n. 6 ngℛ 19. u. 20. Liefrg. n. $\frac{1}{3}$ ℛ. 4. Bd. n. $\frac{2}{3}$ ℛ) n. $4\frac{2}{3}$ ℛ

—— 2. Ausg. Th. 1. Ebd. 1851. XVI,336 S. 8°
14. 26. 21. 48. 109. 180. 302. 304.
12.13171

— Kritik der evangelischen Geschichte des Johannes. — Bremen: Schünemann 1840. XIV,440 S. 8°
1:Bs 7710. 2. 5. 7. 8. 10. 11. 12:Exeg. 78 oa. 17. 18→21. 24. 25. 27. 28. 43. 46. 48. 79. 109. 302.
12.13172

— Kritik der evangelischen Geschichte der Synoptiker (3: und des Johannes). Bd 1-3. — Leipzig: Wigand (3: Braunschweig: Otto) 1841-42. 8°
1[∞3]: Bq 1295. 2→5. 7→11. 12:Exeg. 78 ob. 14. 15. 17→21. 23→28. 31. 32. 39. 41. 43. 44. 48. 60. 78. 102. 109. 300:31 T 8. 304. 306.
12.13173

—— 2. Aufl. Bd 1-3. Leipzig: Wigand 1846. 8°
6. 16. 27. 29. 38. 51. 302.
12.13174

Bauer, Bruno, Kritik der Geschichte der Offenbarung. 1r Bd. 1r Thl. A. u. d. T.: Die Religionen des alten Testaments in geschichtl. Entwickelung ihrer Principien dargestellt. 1r Bd. gr. 8. Berlin 838. Dümmler. $1\frac{2}{3}$ ℛ 1r Thl. 2r Bd. A. u. d. T.: Die Religion des alten Testaments rc. 2r Bd. gr. 8. Ebd. 839. $2\frac{1}{3}$ ℛ (I. 1, 2. 4 ℛ)

—— Kritik d. evangel. Synoptiker. 2. Aufl. 2 Bde. gr. 8. ($52\frac{1}{2}$ B.) Leipzig 841, Otto Wigand. *

[—] Die evangelische Landeskirche Preussens und die Wissenschaft. — Leipzig: Wigand 1840. 136 S. 8°
1:Sy 6538. 4. 5. 10. 12:H. ref. 122 s. 14. 19. 79. 109. 169.
12.13176

—— 2. Aufl. Ebd. 1840. 136 S. 8° 1:Sy 6539. 2. 7. 9. 11. 21. 27. 46. 60. 109. 300:112.070-B. 302.
12.13177

—— die evangel. Landeskirche Preußens u. d. Wissenschaft. 2. Ausg. gr. 8. (9 B.) Leipzig 841, Otto Wigand.

[—] Hegel's Lehre von der Religion und Kunst von dem Standpuncte des Glaubens aus beurtheilt. — Leipzig: Wigand 1842. IV,227 S. 8° 1:Nq 2202. 2. 5. 7. 10. 12:Polem. 1554 e. 21. 32. 38. 41. 79. 102. 109. 307.
12.13178

Bauer, Bruno (Hrsg.), s. Literatur-Zeitung, Allgemeine.

— Zur Orientirung über die Bismarck'sche Ära. — Chemnitz: Schmeitzner [usw.] 1880. 325 S. 8°
1:Sw 14747. 2. 5. 6. 9. 10. 12:J. publ. E. 35 e. 14. 16. 18→21. 24. 29. 30. 35. 38. 43. 45. 51. 52. 62. 79. 106. 107. 109. 111. 203. 204. 302.
12.13179

— Philo, Strauß und Renan und das Urchristenthum. — Berlin: Hempel 1874. 155 S. 8°
1:Bq 1738. 2. 3. 5→8. 11. 12:Polem. 175 d. 15. 16. 17. 20. 24→27. 31. 35. 38. 41. 43. 180. 300:183.897-B. 302. 303.
12.13180

[—] Die Posaune des jüngsten Gerichts über Hegel den Atheisten und Antichristen. Ein Ultimatum. — Leipzig: Wigand 1841. 168 S. 8°
1:Nm 8440. 2. 5. 21. 24. 26. 33. 38. 44. 79. 109. 302. 304.
12.13181

—— der Proceß Ludwig XVI., s. Denkwürdigkeiten zur Geschichte.

— Die Religion des Alten Testamentes in der geschichtlichen Entwickelung ihrer Principien. Bd 1.2. — Berlin: Dümmler 1838. 8° (Bauer: Kritik d. Geschichte d. Offenbarung. 1.)
1: Bl 2660-1. 2→5. 7→11. 12: Exeg. 78 o-I,1.2. 15. 20. 25. 27. 28. 29. 42. 43. 48. 109. 302.
12.13182

— Die bürgerliche Revolution in Deutschland seit dem Anfang der deutsch-katholischen Bewegung bis zur Gegenwart. — Berlin: Hempel 1849. VI,295 S. 8°
1: Rz 9493. 14. 15. 16. 26. 27. 29. 30. 34. 38. 41. 51. 60. 66. 79. 106. 109. 117. 203. 205.
12.13183

—— die bürgerliche Revolution in Deutschland seit dem Anfange der deutsch-kathol. Bewegung bis zur Gegenwart. 1. und 2., unveränd. Abdr. gr. 8. (VI und 295 S.) Berlin 849, Hempel. *

—— la Russie et l'Angleterre. Traduit de l'allemand. gr. 8. (88 S.) Charlottenbourg 854, Bauer. *

— Rußland und England. — Charlottenburg: E. Bauer 1854. VI,107 S. 8°
1: Qo 2953. 7. 12: J. publ. E. 35d. 15. 18. 19. 21. 24. 32. 38. 39. 41. 48. 203. 209.
12.13185

— Rußland und das Germanenthum. Abth. [1.] 2. — Charlottenburg: E. Bauer 1853. 8°
2. Die deutsche und die orientalische Frage.
1: Qo 2892. 4. 5. 8. 11. 12: Eur. 49 af. 14. 36. 38. 39. 203. 205. 212. 304.
12.13187

— Die gute Sache der Freiheit und meine eigene Angelegenheit. — Zürich [usw.]: Literar. Comptoir 1842. 235 S. 8°
1: Dn 3860. 2. 3. 5. 7. 10. 11. 12: Polem. 175 b. 15. 27. 32. 33. 35. 38. 41. 43. 46. 61. 109. 117. 300: 69 B 26. 302. 309.
12.13188

—— die gute Sache der Freiheit u. meine eigene Angelegenheit. gr. 8. (15 B.) Zürich u. Winterthur 843. [Leipzig, Verl.-Bureau.]

—— die Septembertage 1792, s. Denkwürdigkeiten zur Geschichte.

— Die jetzige Stellung Rußlands. — Charlottenburg: E. Bauer 1854. 23 S. 8° 1: Flugschr. 1854-18. 11. 12: J. publ. E. 500-33. 24. 39. 44. 209.
12.13189

—— Der Sturz der französischen Republik und des deutschen Reichs durch Napoleon Bonaparte. 2. Ausg. Bd 1.2. — Berlin: Hempel 1850. 8° (Bauer: Der Fall u. Untergang d. neuesten Revolutionen. 1.)
1: Qn 2060²-1. 12: Eur. 49 e-1,1.2. 17[*2]. 60[*1]. 109. 203.
12.13160

— Der Untergang des Frankfurter Parlaments. Geschichte der deutschen constituirenden Nationalversammlung. — Berlin: Gerhard 1849. 309 S. 8°
1: Rz 9425. 5. 7. 12: J. publ. G. 43 b. 15. 17. 18. 19. 21. 25. 26. 30. 33. 34. 35. 38. 43. 46. 60. 109. 203. 300: 38.967-B.
12.13190

—— der Untergang des frankfurter Parlaments. Geschichte der deutschen constituir. Nationalversammlung. gr. 8. (VII und 309 S.) Berlin 849, [Grobe.] *

— Das Urevangelium und die Gegner der Schrift: 'Christus und die Caesaren'. — Berlin: Grosser 1880. 78 S. 8°
1: Cc 2442. 5. 6. 10. 11. 12: H. eccl. 94 sh. 14. 15. 17. 24. 27. 29. 30. 32. 41. 43. 79. 123. 203. 302.
12.13191

— Vertheidigungsrede Bruno Bauer's vor den Wahlmännern des vierten Wahlbezirks am 22. Februar. — (Berlin [1849]: Marquardt & Steinthal.) 2 Bl. 4°
30. 203.
12.13192

Bauer, Bruno (Hrsg.), s. Zeitschrift für spekulative Theologie.

Bauer, C., Dr. med., Hamburg. 1801 s. *Bauer,* Karl Christian.

Bauer, C. Uebersichts-Tafel zur Vergleichung der Tageslängen u. Sonnenstände nach mitteleurop. u. Ortszeit f. das Gebiet zwischen 7° 30' u. 8° 30' östl. Länge. Mitteleurop. Zeit vom 1. April 1892 ab. Steindr. qu. Fol. Speyer 892, Kleeberger. * — 40

Bauer, C. A., Kurpfalzbayr. Legationssekretär, Regensburg. 1790 s. *Bauer,* Konrad Aloys.

Bauer, C. A., Erbaulicher Schriftsteller. 1830 s. *Bauer,* A. C.

Bauer, C. A., the little German. Der kleine Deutsche. A handbook for all who wish to obtain a quick, easy and substantial knowledge of the german language. 12. (96 S.) Buffalo 849. (Philadelphia, Schäfer & Koradi.) n. 12 ngr

Bauer, C. A. (L.), der erfahrene Mahnbriefsteller, od. Anleit. zur Abfass. aller Arten v. Mahnbriefen in verschied. Verhältnissen d. Lebens; mit besond. Berücksichtig. auf d. Stand d. Handwerker u. sorgfält. Vermeid. aller Injurien. Nebst e. Wörterbuche d. üblichsten, in dieser Art v. Processachen vorkomm. jurist. Ausdrücke. 8. (7 B.) Leipzig 840, Franke.

Bauer, C. A., der erfahrene Mahnbriefsteller. 2. Ausg. 8. (7 B.) Leipzig 845, Voigt u. Fernau.

Bauer, C. E. H. s. *Bauer,* **Karl.** 1836.

Bauer, C.F., Kartograph. 1867, s. Baur, Karl Friedrich

Bauer, C.F.: Kopfrechnungsspiel, s. Bauer, Karl Friedrich.

— erläutert. Grundtext v. Prediger Salomo. 4. Leipzig. 732.

Bauer, C.G., s. Bauer, Karl Gottfried.

Bauer, C. Gustav s. *Bauer,* Gustav. 1857.

Bauer, C.L., Altphilologe, um 1800, s. Bauer, Karl Ludwig.

Bauer, Carl, s. Bauer, Karl.

Bauer, Carl Dieter Hermann, s. Bauer, Hermann

Bauer, Carl Ernst Georg, s. Bauer, Georg

Bauer, Carolus, s. Bauer, Karl.

Bauer, Charlotte, s. Baur, Charlotte.

Bauer, Christian: Handbuch der Buchbinderei... 7. Aufl. von C.F.G. Thons 'Kunst, Bücher zu binden'... Vollst. umgearb. [Nebst] Atlas. — Weimar: Voigt 1881. 8° [u.] 4° (Neuer Schauplatz d. Künste u. Handwerke. 2.)
30. 32. 38. 90.
12.13200

—— In vollst. Neubearb. hrsg. von A. Franke. 8. Aufl. Leipzig: Voigt 1903. VIII,208 S. 8°
1: Op 19346/4°. 9. 11. 21. 30. 43. 62. 83. 109. 201. 302.
12.13201

— Dem Herrn Consistorial-Director G.F. Jochmus zu dessen Amts-Jubelfeier den 26. April 1844. — o.O. [1844]. 3 Bl. 4°
7.
12.13202

Bauer, Christian Ernst
—— De favore erga debitores calamitate belli debilitatos. Diss. jur. Präs. Christian Hanack. Wittenbg. (E. G. Eichsfeld) 23. XII. 1762. 24 S. (3.80) 1284

— **Christian Ernst** (Frisdorf-Mansfeld), Observationes de privilegio doloris. Präs. Chph. Ludw. Crell. Wittbg. (J. S. Gerdes) 10. XII. 1757. 8 S. (3.—) 1283

Bauer, Christian Friedrich
Bauer, C. F., de baptismo iterato. Viteb. 1744. 4.

Bauer, Christian Friedrich, Professor d. Theologie, Wittenberg. 1696-1752. 1730: Collectio nova disputationum theologicarum ad vindicandos textus V. T. pro Christo in N.T. citatos. — Vittebergae: Ahlefeld 1752. 164 S. 8°
Die einzelnen Disputationen erschienen zuerst als Univ.-Schriften.
41.
12.13203

Bauer, Christian Friedrich (Präs.): Consideratio theologiae regiae s. Bauer, Friedrich Ernst (Resp.).

— De gratiosa Spiritus S. Disciplina exitiose contemta ad Jes. LXIII. v. 10. — Vitemb[ergae] 1742: Eichsfeld. XVI S. 8°
1: 4° Bibl. Diez 2533. 5.
12.13204

— Das Ehren-Gedächtniß ... Lutheri zu erneuren ... hat den Helden-Glauben an Christum, welchen dieser heilige Bekenner treulich bewiesen ... aus dessen letzten Sterbe-Gebetlein vor Augen stellen ... wollen Christian Friedrich Bauer. — Wittenberg: Schwartz 1746. 16 S. 8°
1: 19 in Cn 4003 [u.] 8 in Cn 4001. 12: 4° Diss. 3755-12. 15. 19. 29. 39. 41. 43.
12.13207

— Einleitung zur hebräischen Accentuation als einer mathematischen Abtheilungs- und Verbindungskunst. — Leipzig: Martini 1742. 218 S. 8°
1: Bk 6770. 2. 7. 14. 18. 24. 28. 35.
12.13208

— Elenchus in philologos et criticos anti-Messianos continens 3 decades disputationum theologicarum ad vindicandos textus V. T. pro Christo in N. T. citatos. — Vitembergae: Schwarz 1747. LXXX, 196 S. 8°
Die einzelnen Disputationen erschienen zuerst als Univ.-Schriften.
18.
12.13209

— **Christian Friedrich** (rector acad. Witteberg.), De errore Herrnhuthianorum in doctrina de deo patre creatore coeli et terrae III. Wittenberg (E. G. Eichsfeld) 1749. (S. 35—44.) (1.50) 1285

Bauer, C. F., de felle et aceto sitienti Messiae porrecto. Viteb. 1744. 4.

— Sieben auserlesene Gebeth- und Trost-Psalmen in Kriegs-Zeiten, welche so wohl christliche Soldaten, die zu Felde seyn müssen, als auch andere Christen ... gebrauchen können. — Leipzig: Martini 1734. 72 S. 8°
24.
12.13210

— Die vernünfftige Gewissheit der hebräischen Accentuation als einer figürlichen Erkentniss, darnach der Grund-Text ordentlich und distinct will gelesen, verstanden und erkläret seyn. — Leipzig: Martini 1730. 180 S. 8°
7. 9. 12: L. as. 81. 18. 23. 28. 29. 32. 36. 41. 45. 300: 73 W 41(3). 302.
12.13211

— Interpretatio Prophetiae Joelis ... publicis disputationibus ... subiecta. — Lipsiae: Martini 1742. 138 S. 8°
Die einzelnen Disputationen erschienen zuerst als Univ.-Schriften.
2. 4. 8. 18. 24. 27.
12.13212

— Ad orationem de Spiritu Sancto ... invitat et quid sibi videatur de La-menaṣeaḥ cuius victoris inscriptione LIV Psalmi insigniti sunt communicat Christ. Fridericus Bauer. — (Vitembergae [1741]: Eichsfeld.) 16 S. 8° [Ant. u. Hebr.]
17.
12.13213

— Mergentheim und seine Heilquellen. — Mergentheim 1830. 78 S. 8°
1: Is 7801. 11. 12: M. med. 82f. 16. 20. 21. 24. 47. 52.
12.13220

Bauer, Dr., Mergentheim u. seine Heilquellen. Mit 1 lithogr. Ansicht. gr. 8. Stuttg. 830. Löflund. (Beck u. Fränkel.) 1/4 ℛ︎

— Disputatio theologica de morte absorpta in victoriam. Vitembergae 1746: Eichsfeld. 12 S. 8°
2. 8. 15. 28. 41. 45.
12.13205

— Disputatio theologica de Patre Domini nostri Jesu Christi nec avo nec socero nostro ... ex Esaiae LXIII. 16 et Ephes. III. 14.15. — Wittenbergae [1749]: Bossoegel. 8 S. 8°
1: 18 in Bd 8603-68. 9. 28. 45.
12.13206

— Responsio ad quaestionem, an recte et legitime Spiritus S. persona possit vocari mater in sacrosancta Trinitate. — Vitembergae: Eichsfeld 1749. XVI S. 8°
1: 8 in Bd 8603-136. 19. 41. 45.
12.13214

— Regia Davidis Theologia, quam Sēfer tehillîm liber Psalmorum tradit, e fontium consilio et ductu ed. a Christiano Frider. Bauero. [1. 2.] — Vitembergae: Ahlefeld 1749-52. 8° [Ant. u. Hebr.]
2. Theologia regia Davidis, quam Sēfer tehillîm II liber Psalmorum secundus tradit. 1752.
41.
12.13215

— Τρισάγιον engelicum [!] firmum Sacrosanctae Trinitatis testimonium. Ex Esai. VI, 3. — Vitembergae 1749: Eichsfeld. 16 S. 8°
45.
12.13216

— Die Unvergänglichkeit des Wortes unsers Gottes ... wurde bey dem Grabe ... Lutheri nach 200 Jahren an seinem Begräbniß-Tage ... der Gemeinde Gottes in Wittenberg fürgestellet. — Leipzig 1746: Förster. 31 S. 8°
15. 43.
12.13217

— Specimen ... Vindiciarum quas pro veritate allegationum Christi contra hypothesin quasi textus V.T. ab ipso in N.T. pro sese allegati nec possent nec deberent de eodem toti intelligi ... suscipient alumni regio electorales. Specimen 1-5. — Vitembergae [1742-43]: Eichsfeld. 8°
1: 13-17 in 8° Bibl. Diez 2613. 41.
12.13218

— Die Weissagungen von Jesu dem wahren Meßia, so in denen fünff Büchern Mosis enthalten, durch Hülfe des Grundtexts und der Accentuation gegen Clericum und den Verfasser der freyen Wertheimischen Ubersetzung treulich bewähret und gerettet. Stück 1-3. — Leipzig: Martini 1737-40. 8°
2. Die trostvolle Erwartungs-Lehre des Messiâ, welche in denen Tagen d. ersten Eltern, ingleichen Seths, Lamechs u. Noah vor u. nach der Sündfluth ist bekannt gewesen. 1739.
3. Der Segen Abrahâ, durch welchen alle Heyden solten gesegnet werden, als eine Weissagung von Jesu dem wahren Meßia. 1740.
6. 18. 44. 75 [= 2.3].
12.13219

Bauer, C. F., de Messiae zelo pro domo Dei. Viteb. 1744. 4.

Bauer
— **Christian Gabriel** (Leipzig), Insigniores Romanae ecclesiae variationes circa S. Eucharistiam factas. Präs. Salomon Deyling. Lpz. (Imman. Titius) Mai 1726. 48 S. (6.—) 1286

— **Christian Heinrich** (Frankfurt/M.), De privilegiis titulo oneroso quaesitis. Diss. jur. Präs. Sam. Stryk. Halle (Chph. Andr. Zeitler) 23. VIII. 1704. 56 S. (6.—) 1287

Bauer, Christian Lorenz: Festgaben in Predigten und Reden an den christlichen Festen und bei andern feierlichen Gelegenheiten. — Wertheim 1832: Holl. XXIX, 374 S. 8°
26. 31.
12.13221

Bauer, Chr. Lor., drei Predigten, 8. Manh. 821. (Oßwald in Heidelb.) 5 gr

Bauer, Christoph, Stifts-Superintendent. Wurzen. 1718-1778. 1745: De impuro Episcopi Herrnhuthianorum in Jesum Amore commentatio. — Vitembergae 1745: Eichsfeld. 22 S. 8° 1: Cp 12596 [u.] 14 in Bd 8603-209. 5. 19. 23.
12.13222

— Corollarium disputationi publicae Vitebergensi super quaestione, num quis propter Christum, sine fide in Christum, aeternam salutem consequatur? nuper admodum habitae additum. — Lipsiae [1772]: Langenheim. VIII S. 8° 1: Cy 9502.
12.13223

— De Familia charitatis rediviva pauca disserit viroque ... Jo. Joachimo Gottlob Am-Ende ... gratulatur Christophorus Bauer. — Vitembergae [1747]: Eichsfeld. 28 S. 8° 15. 17. 41.
12.13224

— — De Familia charitatis rediviva dissertatio. Ebd. 1747. 26 S. 4° 4. 16.
12.13225

— Theologisch-historische Gedancken über die vornehmsten Lehren und Gebräuche derer Herrnhuther. — Wittenberg: Ahlfeldt 1746. 122 S. 8° 1: 2 in Cp 13500. 14. 18. 19. 21. 24. 41.
12.13226

— Handbuch zum Gebrauch der christlichen Schuljugend. Wittenberg: Ahlfeldt 1763. 190 S. 8° 53.
12.13227

— die vorwitzige Kunst, den Heiland durchs Loos um Rath zu fragen. 8. Wittenb. 754. Ahlfeld. 4 gr.

— Die vorwitzige Kunst den Heyland durchs Loos um Rath zu fragen, aus den Quellen des alten Heydenthums hergeleitet und nach den Scheingründen, die aus der Schrift und dem Alterthume hergenommen werden, genau geprüfet. — Wittenberg: Ahlfeldt 1755. 104 S. 8° 3. 32. 41.
12.13228

— Practische Prüfung der Gründe, womit Herr D. Heumann unsere lutherische Abendmahlslehre bestritten. — Wittenberg [usw.]: Zimmermann 1765. 200 S. 8° 1: 10 in Dl 3300. 3. 4. 7. 8. 14. 15. 18. 19. 23. 27. 29. 30. 32. 41. 66.
12.13229

— Sedem doctrinae biblicam de aeterna Filii Dei generatione Psalm. II,7. paucis vindicat ... Christophorus Bauer. — Lipsiae 1775: Büttner. 16 S. 8° 1: Bn 5414.
12.13230

Bauer
— Christoph Heinrich (Schleiz), De specificis antispasmodicis. Diss. med. Präs. Friedr. Hoffmann. Halle (Chr. Henckel) 5. XI. 1704. 24 Seiten. (5.—) 1289

Bauer, Clara, s. Bauer, Klara.

Bauer, Clemens, s. Bauer, Klemens.

Bauer, Conrad, s. Bauer, Konrad.

Bauer, Curt, s. Bauer, Kurt.

Bauer, D. B.: Ausführliche Erklärung der Freyherrn v. Martinischen Lehrsätze von dem natürlichen Gesetz, nach seinen akademischen Uebungen frey bearb. — Wien: Gerold 1783. 126 S. 8° 302.
12.13235

Bauer, D. B., ausführl. Erklär. d. Freyheit vom Martinischen Gesetze rc. gr. 8. Wien, Gerold. 785.

Bauer, D. B., ausführl. Erklärung d. frühern vom Martinischen Lehrsatze von d. natürl. Gesetze, nach seinen akadem. Vorles. bearbeitet. gr. 8. Wien 783. (797 ?) Gerold. 6 gr.

Bauer, Daniel, aus Diedenhofen i. Lothr.: Ueber den Teilungskörper der elliptischen Funktionen mit singulärem Modul und die zugehörigen Klassenkörper. *Straßburg i. E. 1903: C. & J. Goeller.* (33 S.) 8°
Straßburg, Math.-naturw. Diss. v. 1903

BAUER, David (Buttenwiesen): Ueber das Wesen und die Entstehung des Keuchhustens.- München: Wolf 1847. 24 S.
9.8.1847 - Urk (Titel: De origine et essentia tussis convulsivae.); F 66
Diss. Ingolst.-Landsh.-Mchn.

Bauer E.: Ueber die infektiöse Chlorose d. Malvaceen. Berl. 1906. 19 S. (Sartr.). 4°.

Bauer, E., Gradenberg. 1867: Das Choralbuch der Brüdergemeine von 1784, nach seiner Abfassung und seinen Quellen mit dazu gehörigen biographischen Notizen. (Verf.: E. Bauer.) — Gnadau: Pemsel [usw.] 1867. 63 S. 8° 12: Liturg. 1400 s. 14.
12.13236

Bauer, E., das Choralbuch der Brüdergemeine von 1784 nach seiner Abfassung u. seinen Quellen mit dazu gehörigen biograph. Notizen. Gnadau 867. (Leipzig, H. Schultze.) gr. 8. (63 S.) n. 10 ngr.

Bauer, E., die Entwickelung der Fernsprechkunst, s.: Vorträge, öffentliche, geh. in der Schweiz.

Bauer, E: Vom Evangelium in Kärnten einst u. jetzt. Züge a. d. evang. Filialgemeinde Wiedweg, s: Volksschriften f. d. evang. Lothringen.

Bauer, E. (Hrsg.), s. Literaturblatt, Sterographisches.

Bauer, E. (Hrsg.), s. Neuland.

Bauer, E: Waldbleamerln. (Bayerwald-Liederb.) Sammlg auserles. neuer u. alter Volkslieder m. ihren Singweisen. (104) 8° Waldk. '04. (Passau. G Kleiter.) Kart. nn 1.80 d

Bauer, E. G., d. wahre Natur u. Beschaff. d. Ernestinisch. Lehrart. a. d. Latein. 8. Flensburg, (Christiani in Schleswig.) 785.

Bauer, E. G., die wahre Natur und Beschaffenheit der Ernestischen Lehrart. A. d. Latein. 8. 785. jetzt Hammerich in Altona.

Bauer, E.H. (Mitarb.), s. Aetsch Gäwele!

— 'Die Räuber auf der Mußwiese' oder s'Margretle von Lenkerstette. Eine Mußwiesenidylle. — Gerabronn: Rückert 1894. 16 S. 8° 24.
12.13238

Bauer, Eberhard: Historische Notizen von Klaus. — Wels: Bauer 1889. 69 S. 8° 302. 307.
12.13239

— Vergissmeinnicht von Frauenstein. Historische Skizze. Kirchdorf: Luwy 1894. 36 S. 8° 307.
12.13240

Bauer, Ed.: Heilpflanzen-Taschenb., s.: Oertel, Adf.

Bauer, Edgar

Bauer, Edgar, Artikel V. der deutsche Gedanke und die dänische Monarchie. Eine Studie über das Vertragsrecht und die polit. Sitte der heutigen Zeit. Nebst einem Nachwort von C. St. A. Bille. Nebst 1 (lithogr.) Karte (in 4.) und Actenstücken. gr. 8. (III, 188 S.) Altona [Hannover] 873, Bauer.

— Bailly, siehe: Bauer, Bruno u. E., u. E. Jungnitz.

Bauer, Edgar, Bailly, s. Denkwürdigkeiten z. Geschichte

— Bruno Bauer und seine Gegner. — Berlin: Jonas 1842. 106 S. 8° 1: 3 in Dn 3850. 2. 5. 10. 11. 12: Polem. 175 i. 14. 18. 27. 30. 38. 41. 43. 44. 79. 109. 207.
12.13242

— [Mitarb.] s. *Beitraege* zum Feldzuge der Kritik. 1846.

— Die liberalen Bestrebungen in Deutschland. H.1.2. — Zürich [usw.]: Literarisches Comptoir 1843. 8°
1. Die ostpreußische Opposition. 2. Die badische Opposition.
1:Rz 8661. 2. 12:Germ. g. 30p. 14. 15. 19. 24. 27. 31. 34. 35. 38. 41. 44. 109. 117. 304.
12.13243

Bauer, Edgar (Red.), s. Blätter, Kirchliche.

— Briefwechsel zwischen Bruno Bauer und Edgar Bauer während der Jahre 1839–1842 aus Bonn und Berlin. 1844 s. *Bauer*, Bruno.

— Denkwürdigkeiten zur Geschichte der neueren Zeit seit der französischen Revolution. 1843–44 s. *Bauer*, Bruno. 1836.

—— Deutschland im achtzehnten Jahrhundert. Hrsg. von Martin v. Geismar [d. i. Edgar Bauer]. 2. Ausg. — Ebd. 1851. Getr. Pag. 8°
1:Ry 202.
3. 7. 8. 9. 15. 16. 18. 25. 29. 30. 38. 48. 51. 107. 302.
12.13254

— Ueber die Ehe. Die Ehe im Sinne des Lutherthums. Die Aufklärung und die Civilehe. — Leipzig: Wigand 1847. 172 S. 8°
1:Da 7868. 15. 302.
12.13244

Bauer, Edgar, über die Ehe. Die Ehe im Sinne des Lutherthums. Die Aufklärung und die Civilehe. 8. (174 S.) Leipzig 848, O. Wigand.

— Die Entwicklung der menschlichen Sprache. Eine Studie. — München: Huttler 1875. 19 S. 8°
2. 12:L. gen. 6 y. 19. 64.
12.13245

— Die Orientalische Frage und der europäische Frieden. — München: Huttler 1874. 171 S. 8° (Blätter für deutsche Politik u. deutsches Recht. 8.9.)
1:Qo 10056. 12:J. publ. G. 96 u-8.9. 19. 30. 203.
12.13246

— dasselbe, s.a. Blätter, f. deutsche Politik u. deutsches Recht.

—— Frankreich 1789, s. Denkwürdigkeiten z. Geschichte.

— Englische Freiheit. — Leipzig: Wigand 1857. 286 S. 8°
1:Tu 3460. 12:Brit. 47. 14. 19. 30. 38. 39. 106. 203. 302.
12.13247

—— d. Freimaurer-Bund u. d. Licht. Bausteine z. Geschichte d. Loge u. d. relig. Sage. 16. (124) Hannov. 76, Schulbh. 1.20

Der Freimaurer-Bund und das Licht. Bausteine zur Geschichte der Loge und der religiösen Sage von Edgar Bauer. Hannover: Selbstverl. 1877. IV, 124 S. 8°
Recens: Bh. 20 (1877) S. 60—61.
cf. DrL. 6 (1876—1877) S. 408; HuH. 6 (1876 bis 1877) S. 79.
Tt. 1452. Sucht nachzuweisen, dass das Ordenswesen auf den Lichtdienst des Altertums gegründet gewesen sei.

— siehe: Gefangenschaft, die literarische.

— [Angebl. Verf.] Geschichte der constitutionellen und revolutionären Bewegungen im südlichen Deutschland in den Jahren 1831–1834. 1845 s. *Bauer*, Bruno. 1836.

——, Edgar und Bruno, und Ernst Jungnitz, Geschichte der französ. Revolution bis zur Stiftung der Republik. 3 Bde. 2. Aufl. 8. (1502 S.) Leipzig 847, [Voigt.]
Bd. 1. Bailly und die ersten Tage der franz. Revolution. Von E. Bauer.
" 2. Bouillé und die Flucht Ludwig XVI. Von Br. Bauer.
" 3. Religion und Kirche in Frankreich während der Zeit der Revolution bis zur Auflösung der constituirenden Versammlung. Von E. Jungnitz.

— s.a. Geschichte d. französ. Revolution.

[—] Georg Herwegh und die Literarische Zeitung. — Leipzig: Wigand 1843. 47 S. 8°
1:Yc 6864.
5. 10. 12:Pol. g. 47 t/2. 14. 38. 41. 46. 109. 302.
12.13249

— Das Capital [Kapital] und die Capitalmacht. Grundsätze u. Thatsachen zum Verständniß der socialen Frage. — Leipzig: Grimm [1884]. IV,186 S. 8°
1:Fe 5308. 6. 12:Pol. g. 41 rh. 14. 15. 30. 34. 35. 36. 79. 106. 203. 205. 211.
12.13250

Bauer, E., das Capital und die Capitalmacht. Grundsätze und Thatsachen zum Verständniß der socialen Frage. 8. (IV, 187 S.) Leipzig 888, Grimm. *

— Christliche Kriegs- und Friedens-Lieder. 3. Aufl. — München: Huttler 1875. 64 S. 8°
12:P. o. germ. 78 bg.
12.13251

[—] Die Kunst der Geschichtschreibung und Herrn Dahlmann's Geschichte der französischen Revolution. — Magdeburg: Falckenberg 1846. 79 S. 8°
1:R 7234. 5. 11. 14. 41.
12.13252

— Die politische Literatur der Deutschen im achtzehnten Jahrhundert. Hrsg. von Martin v. Geismar [d. i. Edgar Bauer]. 1-4. — Leipzig: Wigand 1847. 8°
1. Politische Aufklärer aus d. Zeit d. französischen Revolution.
2. Politische Märtyrer aus d. Zeit d. französischen Revolution.
3. Deutsche Zustände in d. siebziger u. achtziger Jahren d. vorigen Jahrhunderts.
4. Erfahrungen u. Bemerkungen eines preußischen Emissärs in d. französischen Republik während d. Jahre 1793-1795.
1[=2/4]:F 180. 10. 12:Germ. g. 144d. 14. 15. 17. 27. 30. 35. 43. 46. 300:14.108-B.
12.13253

Der Magus des Nordens. Novelle von Edgar Bauer. Leipzig: Grimm 1882. VIII, 158 S. 8°
Abgedr. in: OF. (1882) Nr 3—25; M. 1 (1882 bis 1883) Beil. zu Nr 40—52; 2 (1884) Beil. zu Nr 1—8 [unvollst.]
Tt. 2039, TB. 398. Lebenslauf u. Denkungsart Georg Hamanns. Die Frmrei wird häufig berührt.

—— berliner Novellen, s. Weill, A.

Zwei Ordensskizzen von Edgar Bauer. I. Die Odd-Fellows Englands und Amerikas. II. Gotthold Ephr. Lessing als Ordensbruder. Leipzig: Grimm 1881. 33, 52 S. 8°
Skizze 2 auch in: OF. 4 1880 S. 107—108, 114 bis 116, 122—124, 130—131, 138—139, 146—148, 154—156.
Recens: ML. 10 (1881—1882) S. 72, abgedr. in: NL. 1 (1881—1882) S. 120; Bh. 25 (1882) S. 103 (J. P. Glökler).
Tt. 1453.

—— die Parteien. Politische Revue. In zwanglosen Heften. 1—3. Heft. 8. (VI und 310 S.) Hamburg 849, Hoffmann und Campe. à Heft 10 Ngr.

—— Preßprozeß über den Streit der Kritik mit Kirche und Staat. Aktenstücke. (... S.) Bern 844, Jenni, Sohn.

Bauer, Edg., Das teutsche Reich in seiner geschichtlichen Gestalt. Zugleich ein Beitrag zur Prüfung des Ursprungs der Teutschen, Cherusker, Kelten und Slaven. Altona 1871. hoch-4.
(Sep.-Abdr. aus: Christlich-polit. VJschr.)

— das teutsche Reich in seiner geschichtlichen Gestalt. Zugleich e. Beitrag zur Prüfg. d. Ursprungs der Teutschen, Cherusker, Kelten u. Slaven. [Aus „christlich-polit. Vierteljahrsschrift.“] 2. Aufl. hoch 4. (16 S.) Hannover 872. Bauer. 1. 20

—— Sprachlehre. Erste Stufe. gr. 4. (4 S. mit 1 Stnt.) Hannover 874, Bauer.

[—] Staat, Religion und Parthei. — Leipzig: Wigand 1843. 23 S. 8° 5. 10. 12: Pol. g. 1021–21. 18. 30. 41. 109.
12.13258

Bauer, Edgar (Red.), s. Staatszeitung, Altonaer.

— Der Streit der Kritik mit Kirche und Staat. — Charlottenburg: Bauer 1843. 325 S. 8° 1: Dn 4014. 7.
12.13259

— — Bern: Jenni 1844. 287 S. 8°
1: Dn 4015. 2. 4. 5. 12: Polem. 175 k [2 Ex.] 14. 26. 30. 32. 38. 41. 44. 46. 60. 109. 300: 400.281–B. 302.
12.13260

—— die constituirende Versammlung, s. Denkwürdigkeiten z. Geschichte.

— Die Wahrheit über die Internationale. — Altona: Bauer 1872. 15 S. 4°
12: 2° Pol. g. 72–3. 25. 28. 29. 41. 83. 106. 109. 203.
12.13261

— Die Censur-Instruction [Zensurinstruktion] vom 31. Januar 1843. — Leipzig: Wigand 1843. 60 S. 8°
1: Fm 10817. 10. 12: J. germ. 8 m. 14. 18. 19. 36. 41. 44. 46. 52. 60. 109.
12.13262

Bauer, Edgard s. *Bauer*, Edgar.

Bauer, Edmund: Ausflug nach Griechenland. Flüchtige Reise-Notizen. — Triest 1858: Oesterr. Lloyd. 41 S. 8°
12: It. sing. 56 d. 300: 45.085–B. 302.
12.13264

— Einige Bemerkungen über den Handels- und Schifffahrts-Verkehr Triest's mit Ostindien, China, Brasilien und andern transatlantischen Ländern. — Triest 1864: Oesterr. Lloyd. 71 S. 8° 31. 300: 174.703–B. 305.
12.13265

— — 2. Aufl. Triest: Münster 1864. 71 S. 8°
1: Stala 764. 106. 205.
12.13266

— Novellen. — Wien [usw.]: Stöckholzer v. Hirschfeld 1846. 210 S. 8° 302.
12.13267

Bauer, Edmund, Novellen. 12. (210 S.) Wien 847, Stöckholzer v. Hirschfeld. 1/3 ₰

Bauer, Edmund, Mülheim a. Rhein: Untersuchungen zur Geographie und Geschichte der nordwestlichen Landschaften Griechenlands nach den delphischen Inschriften. Halle a. S. 1907 (Köster & Schell, Marburg). (80 S., 1 Taf.) 8°
Halle, Phil. Fak., Ref. Niese, Diss. v. 22. März 1907
[Geb. 4. Jan. 81 Mülheim a. Rhein; Wohnort: Marburg a. L.; Staatsangeh.: Preußen; Vorbildung: Gymn. Mülheim a. Rhein Reife O. 01; Studium: Bonn 3, Marburg 7 S.; Rig. 30. Nov. 06.]

Bauer, Édouard: Über die Leucocytose erregende Wirkung subcutaner Terpentinölinjektionen und der dadurch entstehenden aseptischen Abscesse bei Kaninchen. Neuchâtel 1898. 27 S. 8°.
Bern. Med. Diss. 1898/99.

Bauer, Eduard, Bürger- u. Gewerbeschul-Fachlehrer, Wien. 1884: Die Bedeutung der Kinder-Ausspeisevereine in hygienischer, socialer und pädagogischer Hinsicht. Ein Mahnruf, gerichtet an alle Kinder- u. Schulfreunde. — Wien: Verein 1893. 29 S. 8° 300: 147.898–B. 302.
12.13273

Bauer, Eduard, appr. Arzt a. Laasphe i. W.: Ueber die Behandlung der Mastitis mit Saugapparaten. Bonn 1906: E. Eisele. (48 S.) 8°
Bonn, Med. Fak., Ref. Bier, Diss. v. 15. Dez. 1905
[Geb. 12. Okt. 79 Laasphe; Wohnort: Bonn; Staatsangeh.: Preußen; Vorbildung: Gymn. Hagen i. W. Reife O. 00.; Studium: Gießen 1, Bonn 5, München 1, Berlin 1, Bonn 1, Berlin 1, Bonn 1 S.; Coll. 22. März 05; Approb. 1. Sept. 05.]

Bauer, Eduard: Leitfaden des Pferdewesens, s. Görgey, Georg

Bauer, Ed., und A. Tschiedel, Methodik des Unterrichts in der Geometrie und im geometrischen Zeichnen, s.a. Handbuch der speciellen Methodik.

— Methodik des Unterrichts in der Geometrie und im geometrischen Zeichnen von Eduard Bauer und Alexander Tschiedel. — Wien: Pichler 1884. 90 S. 8° (Handbuch d. speciellen Methodik. 8.) 300: 163.360–B. 2. 302.
12.13274

— Militär-Administration. Oekonomisch-administrativer Dienstbetrieb bei einer Unterabtheilung des k. k. Heeres. Zsgest. von Eduard Bauer u. Georg v. Görgey. — Wien: Seidel in Comm. 1876. 201 S. 8° 302.
12.13269

— — 2. Aufl. Wien: Seidel 1878. 211 S. 8°
300: 178.085–B. 302.
12.13270

Bauer, Ed. und Geo. v. Görgey, Militär-Administration. Oekonomisch-administrativer Dienstbetrieb bei einer Unterabtheilung des k. k. Heeres. 3. Aufl. [Lehrbuch für Kadettenschulen.] gr. 8. (VII, 215 S.) Wien 882, Seidel und Sohn.

Bauer, Ed., der technische Pionnierdienst für Cadetten, Reserve- und Landwehr-Officiers-Aspiranten bearb. gr. 8. (III, 208 S. mit 261 eingedr. Holzschn.) Wien 872, Seidel und Sohn.

Bauer, Eduard: Was haben die Griechen und was die Römer für die Kultur der Menschheit geleistet? S. 20—28. 8.
Progr. K. k. Staats-Gymn. *Pola* 1907.

Bauer, Eduin: Abfertigung der Sporschil'schen Praktischen Bedenken gegen den Versuch, eine sogenannte apostolisch-katholische Kirche in Deutschland zu bilden. Grimma: Verl.-Comptoir 1845. 48 S. 8°
12: H. eccl. 3047 c. 14. 15. 19. 32. 35. 41. 45. 123.
12.13275

Bauer, Eduin, Abfertigung der Sporschil'schen prakt. Bedenken gegen den Versuch, eine sogenannte apostolisch-kathol. Kirche in Deutschland z. bilden. 2. Aufl. gr. 8. (3 B.) Grimma 845, Verlags-Comptoir.

— Das Christenthum der Apostel, das ist die mit dem Urchristenthum theils übereinstimmende, theils von ihm abweichende eigenthümliche Auffassung und Darstellung des Christenthums durch die Apostel. — Dresden [usw.]: Arnold 1847. XIV, 391 S. 8°
2. 5. 7→10. 12: Dogm. 63 e. 14. 15. 30. 44. 106. 117.
12.13277

—— das Christenthum der Kirchen in seinen auffälligen Widersprüchen mit der Lehre Jesu und seiner Apostel und mit der Wissenschaft und Vernunft. Für Gebildete aller Confessionen dargestellt. gr. 8. (VIII und 436 S.) Leipzig 847, Arnoldische Buchh.

— Das Christenthum der Kirchen in seinen auffälligsten Widersprüchen mit der Lehre Jesu und seiner Apostel und mit der Wissenschaft und Vernunft. — Dresden [usw.]: Arnold 1849. IV, 436 S. 8°
7. 10. 12: Polem. 175 m. 19. 207. 302.
12.13278

— Die Demagogie in Sachsen. — Grimma: Verl.-Comptoir 1849. IV,52 S. 8° 11. 14.
12.13279

— — 2. Aufl. Ebd. 1849. IV,52 S. 8° 14. 106.
12.13280

Bauer, Eduin, Galerie der Reformatoren, s. Schäfer, With.

— Allgemein-christliches Gebetbuch für Anbeter Gottes im Geist und in der Wahrheit; zunächst zum Gebrauche für Deutschkatholiken bestimmt u. hrsg. von Eduin Bauer u. Franz Rauch. — Dresden [usw.]: Arnold 1846. VIII, 344 S. 8° 15. 106.
12.13281

— Geschichte der Gründung und Fortbildung der deutsch-katholischen Kirche. — Meißen: Klinkicht 1845. 288 S. 8°
1: Cq 8427. 7. 11. 12: H. eccl. 3047 d. 14. 15. 17. 19. 21. 24. 30. 32. 35. 41. 43. 117. 302.
12.13282

— das deutsch-kathol. Glaubensbekenntniß in 10 Predigten, gehalten. gr. 8. (98 S.) Dresden 847, Adler & Dietze in Comm. n. 1/3 ₰

— Das deutsch-katholische Glaubensbekenntniß in zehn Predigten. — Dresden: Selbstverl. 1847. 94 S. 8°
1: Cq 8716. 15. 106.
12.13283

Bauer, Eduin, 15 Katechesen über den 2. Artikel. Eine Handreichung, namentlich den jüngern Lehrern dargeboten. 8. (XII und 168 S.) Leipzig 868, Klinkhardt.

Bauer, Eduin (Hrsg.), s. Kirchenzeitung, Deutsch-katholische.

[—] Klagelieder der Geistlichen, oder die traurige Stellung des Theologen in Rundgemälden. Eine Leidensgeschichte d. protestantischen Geistlichen vor, zu u. in d. Amte. Grimma: Verl.-Comptoir 1839. 106 S. 8° 2.
12.13285

— Dreiundzwanzig Predigten beim deutsch-katholischen Gottesdienste zu Leipzig, Dresden, Dahlen, Chemnitz, Annaberg und Glauchau. — Meißen: Klinkicht 1846. 192 S. 8° 14. 15. 32.
12.13286

Bauer, Eduin: Allgem. Predigtsammlung, s. Predigtsammlung.

— Rede, s. Einführung, die feierliche, des Pfarrers Eduin Bauer.

— Ein Scherflein auf den Altar der innern Mission der evangelischen Kirche. — Zwickau: Pinther in Komm. 1852. 37 S. 8° 3. 15.
12.13287

Bauer, Aurel Reinhard Eduin, ein Scherflein auf den Altar der innern Mission der evangelischen Kirche. gr. 8. (37 S.) Zwickau 852, (Thieme.)

Bauer, ARE, e. Scherflein auf d. Altar d. inn. Mission. 8. (37) Zwick. 52, Werner. n. — 6

Bauer, Eduin, der Schulbote aus Sachsen, s. Schulbote.

— Symbolik des Kosmos in ihrer Anwendung auf Psychologie, Pädagogik, Politik, Religion und Ethik. Ein Versuch. Weimar: Voigt 1851. 177 S. 8°
1: Lf 1105. 2. 12: Ph. Sp. 57 m. 14. 17. 28. 32. 45. 106. 207.
12.13288

Bauer, Eduin, Symbolik des Kosmos in ihrer Anwendung auf Psychologie, Pädagogik, Politik und Religion. Nebst einem Anhange: Aphorismen gegen Oersted's Philosophem. Ein Versuch. 2. verm. (Titel-) Aufl. Weimar (851) 854. Voigt. gr. 8. (VI, 206 S.) 25 ngr

Bauer, Eduin, die Tellerhäuser am Fichtelberge, s. Volksbibliothek, deutsche.

— Die Tellerhäuser am Fichtelberge. Einer Volkssage nacherzählt. — Stuttgart: Greiner & Pfeiffer 1891. 101 S. 8° (Deutsche Volksbibliothek für Lesevereine u. d. Haus. 15.) 14. 24. 207.
12.13290

— Das Urchristenthum, das ist Christi Lehre in ihrer ursprünglichen Reinheit. — Dresden [usw.]: Arnold 1845. VIII,224 S. 8° 2. 5. 10. 12: Dogm. 63 f. 15. 19. 27. 30. 31. 43. 60. 207. 302.
12.13291

— die Volksbibliothek. Ein Lesebuch für Jung u. Alt; besonders für Stadt-, Dorf- u. Schulbibliotheken u. Lesezirkel. 1. Bdchen.: Heinr. Zschokke, der Verf. der „Stunden der Andacht" und Konrad u. Johanna, oder die Strafe bleibt nicht aus. 8. Meißen 844, Klinkicht u. Sohn. 1/3 ₰ — 2. Bdchn. Des Landpfarrer Friedr. Cotta's Lebensgeschichte. 8. Ebd. 845. 6 ngr — 3. Bdchn. Dorothea Blankenfeld, oder: Die Mörder als Reisegesellschaft. — Des Pfarrers Cotta's häusl. Andachtsübungen. 8. Ebd. 845. 3 1/2 ngr

Bauer, Eduin (I.), Volkserzählungen. Ein Lesebuch für Jung und Alt, besonders für Stadt-, Dorf- und Schulbibliotheken und Lesezirkel. 1. Bdchn. 8. (V und 203 S.) Leipzig 848, Arnoldische Buchh. Thlr.

Bauer, Edwin: Der Baron Vampyr. Ein Kulturbild aus d. Gegenwart. — Berlin: Heichen [1892]. 129 S. 8°
1: Ez 17364/6. 9. 30.
12.13294

Bauer, Edwin, der Baron Vampyr. Ein Kulturbild aus der Gegenwart. 8. (129 S.) Berlin 892. [P. Heichen.] Frankfurt a/O, Th. Heinrich. n. 1. —

Bauer, Egbert, mein Erlebniß an der englischen Gasanstalt zu Berlin. Berlin 861. (Heinicke.) gr. 8. (12 S.) 2 ngr

Bauer, Egmont: Casimir Bonjour als Sittenschilderer seiner Zeit. Heidelberg 1910: Zöller. 154 S. 8°
Heidelberg, Phil. Diss. v. 13. Dez. 1910, Ref. Neumann
[Geb. 15. Aug. 86 Eberstadt; Wohnort: Heidelberg; Staatsangeh.: Baden; Vorbildung: Oberrealsch. Freiburg i. B. Reife M. 06; Studium: Heidelberg 3, Grenoble 1, Heidelberg 4 S.; Rig. 8. Nov. 10.] [U 11. 2236

Bauer, Elias Christoph: Schilderungen oder Wanderbüchlein. — Nürnberg: Felsecker in Comm. 1827. 47 S. 8° 23.
12.13295

(—) Das alte Bergschloß Straufhain oder Strauf im Herzogthum Sachsen-Hildburghausen. Nebst e. kurzen Darstellung d. Geschichtlichen u. Wesentlichen d. henneberg-koburgischen Burgen überhaupt u. einigen Geschichts- u. andern Nachrichten über Straufs gleich alte villa Streufdorf. — Schleusingen: Verf. 1825. 40 S. 8°
12: Germ. sp. 27 g.
12.13296

Bauer, Emil, Technischer Leiter d. Spiritus- u. Pottasche-Fabrik, Raab (Ungarn). 1891: Abriss der mykologischen Analyse und bakteriologischen Technik mit bes. Berücks. d. Spiritusindustrie als Anh. zu den Gärungstechnischen Untersuchungsmethoden. — Braunschweig: Vieweg 1905. IX, 63 S. 8° 12: H. nat. 21 c. 84. 86. 89. 210. 305.
12.13297

Bauer, Emil, s.: Fachkalender m. Vormerkblättern f. Spiritus-Industrie u. Spiritus-Handel.

Bauer, Emil, Rechtsanwalt, Dr., Heidelberg. 1902: Feststellung des Landgerichtsrats Dr. Bauer. — (Heidelberg) 1902: (Rößler). 6 S. 4° 31.
12.13299

Bauer, Emil, Referendar: Das Recht des deutschen Eisenbahnfrachtbriefs. Borna-Leipzig 1910: Noske. VIII, 50 S. 8°
Leipzig, Jur. Diss. v. 16. April 1910
[Geb. 21. Sept. 80 Neu-Oppach; Wohnort: Blasewitz; Staatsangeh.: Sachsen; Vorbildung: Fürstensch. Grimma Reife O. 01; Studium: Leipzig 10 S.; Rig. 19. Juli 06.] [U 10. 2652

Bauer, Emil: 25 Jahre Unfallverhütung ,. s. Bauer ,Ernst.

Bauer, Emil. Gährungstechnische Untersuchungsmethoden f. die Praxis d. Spiritus- u. Presshefe-Industrie, m. besond. Berücksicht. d. Bestimmg. stickstoffhalt. organ. Substanzen u. d. Kohlehydrate. Ein Hand- u. Hülfsbuch f. Gährungstechniker, landwirthschaftl. u. techn. Lehranstalten u. Versuchsstationen. gr. 8. (XX, 408 S. m. 40 Holzst.) Braunschw. 891, Vieweg u. Sohn. * 11 —

Bauer, Emma

— auf zu Gott! Bibelworte u. geistl. Lieder, ausgewählt. 12. (16 S. mit farb. Bildern.) Ebd. 889. geb. n. 1. 30

Bauer, Emma, Er ist auferstanden! Dichtung. 12. (9 S. mit farb. Illustr.) München 889. Stroefer. cart. n. — 75

— Passionsblume. (6 Bl. m. Illustr. in Kreuzform.) Ebd. 889. n. — 50

Bauer, Erich, der Rennsport, s.a. Bibliothek f. Sport u. Spiel. VIII.

Bauer, Erich, Hauptmann a. D. 1901: Der Rennsport. — Leipzig: Grethlein (1901). 230 S. 8° (Bibliothek für Sport u. Spiel. 8.) 1: Os 6837/128-8. 11. 12: Gymn. 7g-8. 24. 26. 60. 62. 209.
12.13304

Bauer, Ernst, Anfangsbuch zum Erlernen des Freihandzeichnens. Rothenburg 853. (Nürnberg, Riegel u. Wiessner.) 4. (32 lith. Bl.) 7½ ngl

BAUER, Ernst (Ansbach): Die Erfolge der manuellen Placentarlösung in den letzten 10 Jahren.- München: Müller & Steinicke 1910. 22 S. Diss. Ingolst.-Landsh.-Münch. 27.5.1911 - Chr 1910/11,26; U 11.3592

Bauer, Ernst, a. Neckarsulm: Hölderlin und Schiller. Borna-Leipzig 1908: R. Noske. (74 S.) 8°
Tübingen, Phil. Fak., Ref. v. Fischer, Diss. v. 27. April 1908
[Geb. 17. März 81 Neckarsulm; Wohnort: Schwenningen; Staatsangeh.: Württemberg; Vorbildung: Gymn. Rottweil Reife M. 01; Studium: Tübingen 4, Lausanne 2, Tübingen 1, Techn. Hochsch. Stuttgart 1 S.; Coll. 16. Jan. 08.]

Bauer, Ernst, Volkstümliche Liederreigen für Turnvereine, m. Abb., Werdohl, 89 S., 8°.

Bauer, Ernst, a. Osterode a. Harz, Tierarzt: Aus der medizinischen Klinik der Tierärztlichen Hochschule zu Hannover. ⟨Prof. Dr. Malkmus.⟩ Ueber den Nachweis und die Bedeutung des Indikans im Harn des Pferdes. Mit einer Farbtafel. Osterode a. H. 1905: G. Bergmann. (49 S.) 8°
Gießen, Verein. Med. Fak., Ref. Geppert, Diss. v. 3. Mai 1905
[Geb. 24. Jan. 81 Osterode a. Harz; Wohnort: Osterode a. Harz; Staatsangeh.: Preußen; Vorbildung: Realgymn. Osterode Reife O. 00; Studium: Hannover Tierärztl. H. 4, Berlin 1, Hannover 3 S.; Rig. 14. März 05.]

Bauer, Ernst: Französ. Reimgrammatik. (36) 8° Ludwigsbg, (J Aigner) '12. — 80 d

Bauer, Ernst, Ingenieur, Berlin. 1904: Die Unfallgefahren und ihre Beseitigung bei Meng-, Knet- und Mischmaschinen in der Nahrungsmittel-Industrie. — Berlin: Seydel 1904. 51 S. 4° (Schriften d. Vereins Deutscher Revisions-Ingenieure. 9.)
1: 4° Og 8508-9. 11. 86. 87. 91. 201. 203. 305.
12.13308

— 25 Jahre Unfallverhütung. Eine Studie ... Bearb. von E. Bauer u. M. Gary. — Berlin: Seydel 1910. 172 S. 4° (Schriften d. Vereins Deutscher Revisions-Ingenieure. 10.)
1: 4° Og 8508-10. 7. 11. 30. 36. 83. 84. 86. 87. 90. 201. 203. 210. 305.
12.13309

Bauer, Ernst. Allgemein medizinische, gerichtlich-med' und statistische Untersuchungen über die Unfallsverhältnisse bei den grossen schweizerischen Tunnelbauten der letzten 50 Jahre. Diss. Med. Univ. Zürich. [Mit 1 Figur.] *Kopftitel:* Aus dem gerichtlich-med. Institut Zürich. Direktor: ... Prof. Dr. (H[einrich]) Zangger. VIII + 52 S. 8. Weinfelden, A.-G. Neuenschwander, 1908.

Bauer, Erwin (wirkl. Name), s.a. Lynkeus (Pseud.)

Bauer, Erwin, Dr., Redakteur, Leipzig. 1857-1901. 1883: Aut Caesar aut nihil! Geschichtlicher Roman aus d. zeitgenössischen Rußland. Bd 1.2. — Leipzig: Elischer [1892]. 8° 9. 12: P. o. germ. 1751 o. 31.
12.13318

— aut Caesar aut nihil! Geschichtlicher Roman aus dem zeitgenöss. Rußland. 2 Bde. 8. (223 u. 267 S.) Leipzig 893. B. Elischer Nachf. n. 6. —
2.Aufl. s. Bauer: Um die Zarenkrone.

— Das literarische Berlin ⟨1887–1892⟩. Offenherzige Briefe an den Banquier Itzig Teiteles in Posen von Dr. Isidor Feilchenfeld. — Leipzig: Werther [1893]. II,261 S. 8° (Bauer: Aus der Mischpoke. 1.)
1: Ez 17422-1. 2. 5. 12: Jud. 5 i-1. 35. 62. 109.
12.13319

— — 2. Aufl. Ebd. 1895. II,261 S. 8° 2. 14. 24. 203.
12.13320

— — 3. Aufl. Münden: Werther 1897. II,261 S. 8° 7. 35.
12.13321

Bauer, Erwin. Der Fall Bleichröder. Vortrag. 12. (24 S.) Lpz. 891, [Ubl.] Germanicus-Verlag. * — 20
Aus: Leipziger Tages-Anzeiger, besonders abgedruckt.

— dasselbe, s.a. Sammlung deutsch-socialer Flugschriften.

— — Mit dem Programm der deutsch-sozialen ⟨antisemitischen⟩ Partei u. mehreren Anlagen. — Ebd. 1891. 32 S. 8° (Sammlung deutsch-sozialer Flugschriften. 2.)
5. 14. 15. 17. 18. 30. 48. 207.
12.13323

— Graf Caprivi und die Conservativen. Ein Wort zu d. Handelsvertrags-Verhandlungen im Reichstage. — Leipzig: Werther 1894. 27 S. 8° 1: Rz 16411. 33. 41. 106. 169.
12.13324

— — 2. Aufl. Ebd. 1894. 27 S. 8° 8. 18.
12.13325

— Caveat Caesar! Ein offenes Wort zu d. letzten Reichstagswahlen von Lynkeus [d. i. Erwin Bauer]. — Leipzig: Elischer 1898. 50 S. 8° 30. 180.
12.13326

— Caveat populus! ⟨Deutsches Volk, sei auf der Hut!⟩ Wider den 'neuen Kurs'. — Leipzig: Werther 1892. 124 S. 8°
1: Rz 16006. 4. 7. 12: J. publ. G. 982 h. 14→18. 30. 31. 35. 41. 47. 106. 203. 205→207.
12.13327

— — 2., um e. Nachw. verb. Aufl. Ebd. 1892. 128 S. 8°
5. 15. 16. 32. 64. 79. 302.
12.13328

— England und das Deutsche Reich. Eine Abrechnung zur Jahrhundertwende. — Leipzig: Elischer 1900. 80 S. 8°
1: Qo 17108. 2. 17. 30. 35. 38. 41. 48. 75. 106. 203. 203.
12.13329

— Engl. u. d. Deut. Reich. Eine Abrechng z. Jahrhundertwende. 8° (80) Lpzg 1909, B Elischer Nf. 1 —

— Die Gefahr im Osten. Beiträge zur neuesten Geschichte Rußlands u. zur Beurtheilung d. russischen Politik. — Berlin: Räde 1895. 236 S. 8° 2. 30. 44. 61. 109.
12.13330

— — Ebd. 1895. VIII,236 S. 8°
4. 11. 12: Russ. 9 ttr. 21. 35. 41. 79. 106. 203.
12.13331

— — 2. Aufl. Ebd. 1896. 236 S. 8° 1: Ue 6767.
12.13332

— — 2. Aufl. Ebd. 1896. VIII,236 S. 8°
1: Ue 6767a. 10. 128. 302.
12.13333

— Einfache Geschichten. gr. 8. (162 S.) Lpz. 892, Elischer Nachf. * 2 40

Bauer, Erwin (Hrsg.), s. Jahrhundert, Das Zwanzigste.

— aus der Mischpoke. I. Das literar. Berlin (1887—1892). Offenherzige Briefe an den Banquier Itzig Teiteles in Posen v. Isidor Feilchenfeld. gr. 8. (III, 11, 261 S.) Leipzig 893. R. Werther. n. 3. —

—— Naturalismus, Nihilismus — Idealismus in der russischen Dichtung. Literar-histor. u. krit. Streifzüge. Mit 9 Portr. 8. (VIII, 352 S.) Berl. 890, Lüstenöder. * 4 50

— Naturalismus, Nihilismus, Idealismus i. d. russ. Dichtg. Literarhistor. u. krit. Streifzüge. Neue [Titel-]Ausg. 8. (VIII, 352 S. m. 9 Porträts.) Leipzig (890) 896. A. Warnecke. n. 3. —; geb. 4. —

— der Sensationsfall Carl Paasch. Vortrag, geh. den 13. Aug. 1891. 12. (23 S.) Leipzig 891. [Th. Fritsch.] Herm. Beyer. n. — 20

— Der Sensationsfall Carl Paasch. Vortrag. — Leipzig: Wauer 1891. 23 S. 8° Aus: Leipziger Tages-Anzeiger. 1891. 1: Fy 14677. 15. 18. 27. 41. 106. 203.
12.13337

— Paragraph 203. Lustspiel. — Berlin: Entsch 1888. 87 S. 8° 30. 31. 32.
12.13338

— Am Rande des Abgrundes. Wider Socialdemokratie u. Anarchismus. Ein Mahnruf an Fürsten u. Völker von Lynkeus [d. i. Erwin Bauer]. — Leipzig: Elischer 1894. 50 S. 8° 12: Pol. g. 1044 m. 14. 123. 203.
12.13339

Bauer, Erwin (Hrsg.), s. Rundschau, Nordische.

[—] Russland am Scheidewege. Beiträge zur Kenntniss d. Slavophilenthums u. zur Beurtheilung seiner Politik. — Berlin: Wilhelmi 1888. 341 S. 8° 1: Ue 6604. 2. 10. 19. 24. 27. 35. 41. 48. 79. 106. 203. 205.
12.13340

— Der Fall Seeger. Ein Nothschrei d. rechtlosen Bauhandwerkes. Von Kassandra [d. i. Erwin Bauer]. — Leipzig: Werther 1894. 46 S. 8° 203.
12.13341

— d. Selbstmord d. Lieutenants v. Mergenthin, s.: Hamann's Bücherei.

— Der Sohn des Kommerzienraths. Schauspiel. — Hamburg 1886: Richter. 79 S. 8° 31. 32.
12.13342

—— Berlin: Deubner 1887. 86 S. 8° 1: Ys 24736. 30.
12.13343

—— Der Sohn des Kommerzienraths. Schauspiel in 5 Akten. gr. 8. (86 S.) Berl. 887, Lüstenöder. * 1 80

— Russische Studenten. Ein Beitrag zur Geschichte d. revolutionären Bewegung in Russland. — Annaberg: Graser 1901. 168 S. 8° 1: Az 42177. 5. 10. 12: Russ. 9tts. 17. 20. 38. 41. 47. 203.
12.13344

Bauer, Erwin, russische Studenten. Ein Beitrag zur Geschichte der revolutionären Bewegg. in Rußland. Volks-Ausg. (168 S.) 8. Annaberg 906. Graser. n. 1. —

— Aus den Tagen der Nihilistengefahr. Erinnerungen u. Erlebnisse. — Leipzig: Friese [1897]. 137 S. 8° 30. 41. 48. 106. 203. 205.
12.13346

— Aus d. Tagen d. Nihilistengefahr. Erinnergn u. Erlebnisse. 8° (137) Lpzg 97. Gotha, R Schmidt. 2 — || 2. [Tit.-]Afl. 09. 1 —

—— 2. Aufl. Leipzig: Elischer [1901]. 137 S. 8° 47. 169.
12.13347

[—] Der Untergang der antisemitischen Parteien. Ein Mahnwort an d. nationale Bewegung im Deutschen Reiche von e. alten Antisemiten. — Leipzig: G. A. Müller 1895. 62 S. 8° 12: Jud. 51 db. 30. 203. 205.
12.13348

— um die Zarenkrone. Geschichtlicher Roman aus dem zeitgenöss. Rußland. 2. [Titel-]Aufl. v. „Aut Caesar aut nihil!“ 2 Tle. in 1 Bd. gr. 8. (223 u. 267 S.) Leipzig [893.] (901). B. Elischer Nachf. n. 5. —

— Aus dem Zarenlande. Gestalten u. Geschichten. — Berlin: Deubner 1887. 256 S. 8° 1: Yx 23101. 30. 31.
12.13349

—— Neue Ausg. Berlin: Lüstenöder 1890. 256 S. 8° 24.
12.13350

— Die sogenannte 'Zuchthausvorlage' und der deutsche Reichstag. Zeitgemäße Betrachtungen von Junius redivivus [d. i. Erwin Bauer]. — Berlin [usw.]: Luckhardt 1899. 106 S. 8° 2. 6. 12: Cam. 248 g. 30. 41. 106.
12.13351

Bauer, Erwin Heinrich, s. Bauer, Erwin. 1883.

Bauer, Etienne, s.: Bauer, Steph.

Bauer, Eugen [aus Isny]: Über die Electrolyse von Acetaten verschiedener Metalle ... Giessen, grossh. Hof- u. Univ.-Dr. C. v. Münchow, 1897; 74 S., 1 Bl. 8.
Giessen, Phil. Fak., Inaug.-Diss. v. 1897

Bauer, Eus.: Zur Geschichte der griechischen Schriftzeichen, Dialekte u. Aussprache. 10 S.
Progr. Požega 1856.

Bauer, F., 40 Betrachtt. üb. d. Leiden, Sterben u. Auferstehung Jesu Christi. 8. Augsb. 807.

Bauer, F.: Über d. Einfluß d. äußeren Wärme u. Kälte auf den ... menschl. Körper, s. Bauer, Wilhelm Friedrich

Bauer, F., s. Erzählungen, Novellen u. Gedichte.

Bauer, F., s. Geschichte d. Staaten d. Alterthums. 1 r Bd.

Bauer, F., s. Geschichte d. außereurop. Staaten

— Gründe für u. wider d. Einführung d. deutschen Liturgie. 8. Donauwörth 812.

— Historia Vera, ChronoDIstICa ManUsCrIpta, De BeLLo NapoLeonIs, aeqVa CUM LaetItIa fInIto, eX LXXXVII ChronoDIstICIs. DonaVWerDae 815. Mit deutscher Uebersetzung.

Bauer, F.: Ist die Klage über zunehmende Verarmung und Nahrungslosigkeit in Deutschland begründet? Eine von der Academie der Wissenschaften zu Erfurt gekrönte Preisschrift.
Erfurt: Otto 1838.

— vom Plane der Illuminaten oder Jakobiner in Frankreich. 8. Donauwörth 793.

Bauer, F.: Das Servieren, Serviettenbrechen, Tischdecken u. Transchieren, s. Bauer, Fritz.

Bauer, F. [app. Arzt]: Über die angeborne Wirbelspalte ... Ansbach, Druck v. C. Brugel & Sohn (1888); 23 S. 8°
Erlangen, Med. Fak., Inaug.-Diss. v. 1888

Bauer, F.A., s.a. Bauer, Anton Friedrich.

Bauer, F. Anton: Der Bey von Tunis. Eine Erzählung aus d. Geschichte Spaniens. Vom Verf. d. 'Maienglöckchen' [d. i. F. Anton Bauer]. — Augsburg: v. Jenisch & Stage 1851. IV, 202 S. 8° 12: Paed. Pr. 268. 19.
12.13356

Bauer, F. A., der Bey von Tunis. Eine Erzählung aus der Geschichte Spaniens für die reifere Jugend und das christl. Volk. 2. verb. Aufl. 8. (153 S. mit 1 Stahlst.) [Regensburg] 881. Straubing, Volks- und Jugendschriften-Verlag. cart.

— Der Dienstboten-Freund. Ein gemeinnütziges Geschenk ... an dienende Mädchen u. Jungfrauen. — Augsburg: v. Jenisch & Stage 1851. 166 S. 8°
12: Var. 282cd. 19.
12.13357

— Der Freund für Handwerksgesellen. — Augsburg: Jaquet 1851. 131,147 S. 8° 12: Var. 282c. 19.
12.13358

—— der Freund für Handwerksgesellen. Ein getreuer Führer und wohlmeinender Rathgeber in allen Vorkommnissen, sowohl in der Heimath, auf der Wanderschaft, als in der Fremde, wie auch beim Auswandern in einen andern Welttheil. Nebst einer Beschreibung von Deutschland, und Münztabellen 2c. 12. (147 S. mit 1 Karte von Deutschland in 4.) Augsburg 851, Jaquet's Vrlgsh.

—— der Freund für Handwerkslehrlinge. Oder Anweisung, wie sich ein junger Mensch während seiner Handwerkslehrzeit und nach derselben aufführen soll 2c.; dann, was ihm von der Rechtschreiblehre, dem Brief- und Kontoschreiben, so wie aus der Erdbeschreibung vorzüglich zu wissen nothwendig ist. 12. (120 S.) Augsburg 851, Jaquet's Vrlgsh.

Bauer, F. A., Handbüchlein für praktische Musiker, oder das Allernothwendigste von den musikal. Saiten-, Blas- und Schlag-Instrumenten, den Spielmanieren der Instrumentalmusikstücken, Tanzmusikstücken, Verdeutschung der fremden Kunstausdrücke und Abbreviaturen. 12. (236 S.) Augsburg 854, Jacquet's Vrlgsh.

— Der Kirchenbauer und seine Familie. Eine schwäbisch-bayrische Dorfgeschichte. — Ulm: Ebner 1854. 124 S. 8°
7. 24.
12.13361

— Maienglöcklein. Der christlichen Jugend gepflückt. Durchges. u. mit e. Vorw. begleitet vom Verf. von 'Pater Edmunds Erzählungen u. Volkssagen' [d. i. Franz Georg Heissler]. — Augsburg: Lampart 1843. 144 S. 8°
12: Paed. Pr. 267. 19.
12.13362

—— der Schutzengel oder: Wo die Noth am größten, da ist Gottes Hülfe am nächsten. Eine Erzählung für die liebe Jugend. 16. (104 S. mit 4 lithogr. Bildern.) Schwäbisch Hall 853, Nitzschke.

—— der Studenten-Freund. Ein getreuer Führer des angehenden Studenten durch die latein. Schulen und das Gymnasium, so wie ein aufrichtiger Rathgeber für Eltern und Vormünder. gr. 12. (250 S.) Augsburg 851, Jaquet's Vrlgsh.

— Taschenbüchlein für Auswanderer und Reisende nach den vereinigten Staaten von Nord-Amerika, oder Rathgeber für Alle, welche nach den vereinigten Staaten von Nord-Amerika übersiedeln und daselbst sich häuslich niederlassen und eine sichere Existenz gründen wollen. Augsburg 854. Jaquet. 12. (87 S.)
6 ngr.

— Die Versuchung oder: Die Macht des Gebetes. Eine Erzählung für d. liebe Jugend. — Schw. Hall: Nitzschke [1853]. 110 S. 8° 207.
12.13365

—— Wohlthun tragt Zinsen. Eine Reihe kleiner Erzählungen für die liebe Jugend. 16. (128 S. mit 4 lithogr. und ill. Bildern.) Schwäbisch Hall 853, Nitzschke.

—— Zwerg-Pflänzchen. Eine Reihe kleiner Erzählungen für die liebe Jugend. 16. (127 S. mit 4 lithogr. Bildern.) Schwäbisch Hall 853, Nitzschke.

Bauer, F. C.: Der Thierarzt, wie er sein soll und muß oder allgemein brauchbares Vieharzneibuch. — Hanau: Edler 1846. XII,395 S. 8° 4. 34. 66.
12.13366

Bauer, F. Chr. (Hrsg.), s. Jahrbücher, Theologische.

Bauer, F. E., de Jobo, qui ob (natalem et) passionalem noctem Christi suo nativitatis diei maledicere noluit. Viteb. 1748. 4.

Bauer, F. G. s. *Bauer*, Friedrich Wilhelm v.

Bauer, F. W. F.

Festmusik zur Stiftungsfeier d. g. u. v. St. J. L. z. Standhaftigkeit, im M. v. Potsdam. Am 15. Sept. 1816. [Unterz.:] Bauer. o. O. [1816.] 2 Bl. 8° [Umschlagtit.]
Kantate ohne Noten.

Hundert Gesänge für die F[rei]-M[aurer]L[oge] z. Standhaftigkeit [in Potsdam], gesamm. von [F. W. F.] Bauer. [Nebst] Nachtr. Potsdam: 1826—[1828]. 8°
[Nebentit.:] Nachtrag geselliger Gesänge für die g. u. v. St. J. L. z. Standhaftigkeit im O. v. Potsdam, besorgt von Br Bauer.
Gesangbuch. 1826 IV, 132, IV S.
Nachtr. [1828] 16 S.
Ohne Noten.

[Lied.] Gesungen in der Loge zur Standhaftigkeit. [Unterz.:] Bauer. [Potsdam ca 1815.] 1 Bl. 8° [Kopftit.]
Ohne Noten: „Im vertrauten Kreis' der Brüder . . .“

[Lied.] An Br. Hey, bei desselben feierlicher Wiedereinführung in die grossmeisterliche Würde. Berlin, 58 6/2 25. [Unterz.:] Bauer. Im Namen d. g. u. v. St. J. L. z. Standhaftigkeit i. M. v. Potsdam. o. O. [1825]. 1 Bl. 8° [Kopftit.]
Ohne Noten.

Tafellied bei der funfzigjährigen Jubelfeier d. g. u. v. St. J. L. z. Standhaftigkeit, am 30. Sept. 1827. [Unterz.:] Bauer. [Potsdam 1827.] 1 Bl. 8° [Kopftit.]
Ohne Noten: „Der Hammer hat mächtig das Wirren gestillt . . .“

Wiederholung des Liedes, welches Br. Bauer, bei seiner Aufnahme im vorigen Jahrhundert, zum Dank darbrachte. Berlin am 3. October 5832. 1 Bl. 8°. [Lith.]
„Ein Bauer, Preußens Unterthan“ . . .

Bauer. Felix [aus Dresden]: Zur Kenntniss des Di-Para-Nitro-Stilbens und des Di-Ortho-Nitro-Stilbens . . . . Leipzig, Druck v. G. Kreysing, 1888; 31 + 1 S. 8°
Freiburg i. B., Phil. Fak., Inaug.-Diss. v. 1887

Bauer, Ferdinand [aus Unterpleichfeld]: Einfluss von Veränderungen in den Ovarien auf uterine Blutungen ... Würzburg, P. Scheiner's Buchdr., 1892; 31 S. 8.
Würzburg, Med. Fak., Inaug.-Diss. v. 1892

— Ferdinand (Neukirchen), De natura et cura hydroceles. Diss. chir. Lpz. (Sturm & Koppe/ A. Dennhardt) 30. IX. 1854. 24 S. mit Biogr. (M.: E. Paul.) (4.—) 1290
Gew.: Aug. Wilh. Heden.

Bauer, Ferdinandus, Trevir.: Quaestiones scaenicae Plautinae. *Strassburg i. E. 1902: Hertzer, Hubert & Fritsch.* (54 S.) 8°
¶ (Gekr. Preisschr.)
Strassburg, Phil. Diss. v. 1902

Bauer, Ferdinand ; Untersuchungen über den Schädel der Hemicephalen mit besonderer Berücksichtigung des Felsenbeines. Diss.
Dorpat 1866.
34 S. 8°.

Bauer, Fr., Prof. d. Forstwissenschaft. 1830-1897,
s. Baur, Franz.

Bauer, Fr. (Red.), s. Arbeiter-Zeitung, Württembergische.

— Auszug aus d. hinterlass. Werken Friedrich II s.a. Friedrich II.

Bauer, Fr., (I.) Auszug a. d. hinterlass. Werken Friedrich d. II., mit Bemerkungen. 8. (4 B.) Dilingen 827. (Augsburg, Kranzfelder'sche Buchh.)

Bauer, Fr.: Katechismus der Kellerwirtschaft. 1878.

Bauer, Fr. Adolf Ed., a. Schönbach b. Großbothen: Ein Beitrag zur Kenntnis von den pathologischerweise im Auge auftretenden Knochenneubildungen. Leipzig 1905: B. Georgi. (62 S.) 8°
Leipzig, Med. Fak., Ref. Sattler, Diss. v. 16. März 1905
[Geb. 28. Jan. 81 Schönbach b. Grimma; Wohnort: Leipzig; Staatsangeh.: Sachsen; Vorbildung: Gymn. Freiberg i. S. Reife O. 00; Studium: Berlin 3, Leipzig 7 S.; Coll. 30. März 05; Approb. 17. Febr. 05.]

Bauer, František, Gymnasialprofessor, Brünn, geb. 1845. 1880: Praktische Anleitung zur Verbindung des lateinischen und deutschen grammatischen Elementarunterrichtes. — Wien: Hölder 1880. 54 S. 8° 6. 300:195.282-B. 302.
12.13372

— Die Correctur [Korrektur] der schriftlichen Aufsätze aus dem Deutschen in den zwei untersten Gymnasialclassen. — Wien: Verf. 1881. 17 S. 8°
Aus: Zeitschrift für d. österreichischen Gymnasien. 32. 1881.
300:27.902-B. 302.
12.13378

— Die Macochaschlucht in Mähren. — Brünn: Verf. 1880. 14 S. 8° 300:21.885-A.
12.13380

— Die Felsenstädte Weckelsdorf und Adersbach in Böhmen. — Brünn: Selbstverl. 1880. 15 S. 8°
300:40.500-A. 302.
12.13383

Bauer, Franz, Gymnasialprofessor, Brünn, geb. 1845. 1880 s. *Bauer*, František.

Bauer, Franz
Bauer, Frz, s: Adressenbuch v. Steiermark f. Industrie, Handel u. Gewerbe.

Bauer, Franz, s. M. Boitard, die Kunst Thiere auszustopfen.

— Die Buchdruck-Zylinderschnellpressen. — Berlin: Papier-Zeitung 1910. X,174 S. 8°
1:An 820/15. 86. 201. 210.
12.13390

Bauer, Franz, Gymnasialprofessor, Freiburg i. Br. 1867: Zur Erinnerung an die Feier des für Deutschland so ruhmvollen Friedens 1871. [Verf.: Franz Bauer.] — (Freiburg) 1871: (Wagner). 12 S. 4° 31.
12.13390

Bauer, Franz, s. Hamilton, Leben u. Sitten in Nordamerika.

Bauer, Franz: Die Ichthyosaurier des oberen weissen Jura. *Stuttgart: E. Schweizerbart 1898.* (283—328 S.) 4° ¶ (Aus: Palaeontographica, Bd 44. — Mit Tafeln.)
München, Phil. Diss. v. 1898

— Leben und Feldzüge des Herzogs von Wellington. Nach W.H. Maxwell, G.N. Wright und Alexander sowie mit Benutzung d. übrigen neuesten engl. Quellen deutsch bearb. Bd 1-6. — Quedlinburg [usw.]: Basse 1840-44. 8°
1:Tu 6384. 3. 10. 11. 15. 17. 18. 20. 27. 34. 43. 45. 46. 109. 303.
12.13389

(—) Die höhere Mädchenschule zu Freiburg i. B. — Freiburg i. Br. 1881: Poppen. 39 S. 8° 25.
12.13391

Bauer, Franz, Polizeibeamter, Wien. 1908: Das Meldewesen in Wien und die Reform des Meldzettels. — Wien: Manz 1908. 24 S. 8° 300:458.505-B. 302.
12.13397

Bauer, Frz., Predigt über Offenb. Johann. 14, 13, gehalten bei dem für den höchstsel. König Maximilian II. von Bayern in der protestant. Pfarrkirche zu Passau am 19. März 1864 stattgefund. Trauer-Gottesdienste. Passau 864. Elsässer & Waldbauer. gr. 8. (15 S.) 1½ ngr.

Bauer, Franz, Referendar in Brieg: Die Reallast und die Rentenschuld. *Breslau 1904: Bresl. Genoss.-Buchdr.* (87 S.) 8°
Breslau, Jur. Diss. v. 2. Juli 1904

Bauer, Franz, s. Reisebilder aus d. Pyrenäen.

Bauer, Franz. 1800: Der ungarische Robinson, oder: Schicksale und wunderbare Abentheuer Karls Jetting, eines gebohrnen Ungars. — Wien: Binz 1800. 162 S. 8° 24.
12.13388

Bauer, Franz, Medizinalprakt.: Aus d. Universitätskinderkl. zu München (Direktor: Pfaundler). Scharlachinfectionen auf der Diphtheriestation der Universitäts-Kinderklinik zu München vor und nach Einführung der Serumtherapie. München: Steinicke 1910. 50 S., 1 Taf. 8°
München, Med. Diss. v. 26. Sept. 1910, Ref. v. Bauer
[Geb. 20. Dez. 81 Laer, Bez. Münster i. W.; Wohnort: Laer; Staatsangeh.: Preußen; Vorbildung: Gymn. Koesfeld Reife O. 03; Studium: Heidelberg 1, Marburg 1, Würzburg 1, Marburg 4, München 7 S.; Coll. 26. Sept. 10; Approb. 15. Sept. 10.] [U 11.3593

Bauer, F., a selection of the most beautiful thoughts on men and manners from Lord Chesterfield's letters to his son. Mit grammat. und erklärenden Noten für den Schul- und Privatunterricht hrsg. gr. 12. (IV und 128 S.) Celle 850, Schulze'sche Buchh.

— Die Tiegeldruckpressen. — Berlin: Papier-Zeitung 1909. VI,145 S. 8° 1:An 820/10. 86. 201. 210.
12.13401

Bauer, Franz, Geologe. 1903: Petrographische Untersuchung des Duppauer Theralithvorkommens. — Wien: Hölder 1903. S. 266-290. 8°
Aus: Tschermak's mineralogische u. petrographische Mitteilungen. N. F. 22. 1903.
302.
12.13396

Bauer, Franz, Tierarzt, Racendowo. 1900: Der puerperale Uterus des Frettchens. — Wiesbaden: Bergmann 1900. S. 126–150. 8°
Aus: Anatomische Hefte. 1,15. 1900.
Zugleich Diss. Gießen 1900. 4. 16. 27. 29.
12.13395

— Die Vorstände der Freiburger Lateinschule nach ihrem Leben und Wirken. Von d. Mitte d. 13. Jahrh. bis 1773. Freiburg i. Br. 1867: Wangler. 83 S. 8°
Zugleich Progr. Freiburg i. Br. 1866/67.
1: Ay 24314. 14→17. 21. 24. 25. 31. 90.
12.13392

Bauer, Franz, Eisenbahn-Beamter, Wien. 1892: Wesen der Verkehrs-Gemeinschaft, Form der Verband-Tarif-Erstellung und deren Wirkung auf die Gemeinschafts-Abrechnung. — Wien: Verf. 1892. 23 S. 4° 302. 305.
12.13394

—— vollständiges orthoepisches und erklärendes Wörterbuch zu Thom. Day's history of Sandford and Merton. 2. Aufl. 8. (107 S.) Celle 850, Schulze'sche Buchh. *

Bauer, Frz., vollständiges orthoepisches und erklärendes Wörterbuch zu Thomas Day's history of Sandford and Merton. 3. Aufl. 8. (106 S.) Celle 859, Schulze'sche Buchh.

Bauer, Franz August: Das Bild des Fürsten, ein Wort an d. deutsche Nation bei d. Wahl d. Erzherzogs Johann von Oesterreich zum deutschen Reichsverweser. — Bamberg: Züberlein 1848. 20 S. 8° 12: Hom. 1799–35. 22.
12.13425

— Bürger- und Christentreue als das eine Nothwendige in unseren Tagen. Eine Abschieds-Rede an d. ehrenfesten Bürger d. Stadt Kronach. — Bamberg: Züberlein 1849. 24 S. 8° 22.
12.13426

(—) Denkschrift über die Anwesenheit des französischen Kaisers Napoleon im Pfarrhause zu Kronach 1806. (Verf.: Franz August Bauer u. Joh. Peter Hafner.) — Dat. Kronach 30. Juni 1840. 7 S. 8° 12: Bavar. 198bw.
12.13427

— Der Messias oder die heilige, evangelische Geschichte von der Erlösung der Menschheit durch Jesus Christus in homiletischen Betrachtungen. — Bamberg: Drausnick 1820. XIV,285 S. 8° 12: Hom. 102h. 22. 214.
12.13428

Bauer, F. A., d. Messias od. d. heilige evangel. Geschichte gr. 8. (Bamberg.) Leipz., Barth. 820.

Bauer, Frz. Aug., der Messias, od. die heilige Geschichte d. Welterlösers in homilet. Betrachtungen zur Erheb. ins wahre Leben f. alle Christen. 2., umgearb. Aufl. gr. 8. (15½ B. u. 1 Stahlst.) Bamberg 842, Literar. artist. Institut.

— Der Patriotismus der Stadt Kronach im dreißigjährigen Kriege, dargest. in Denk- u. Ehren-Reden nebst der Original-Chronik. — Bamberg: Züberlein 1846. XVIII,341 S. 8°
Sondert.: Zitter, Hans Nikolaus: Die Ehrenkrone der Stadt Kronach ... nach dem Orig.-Ms. ed. u. mit e. Vorr. vers. von Franz August Bauer.
1: Sg 1720. 12: Bavar. 198c. 14. 15. 16. 19. 20. 22. 29. 38. 39. 203. 209. 300: 500.023–B.
12.13430

— Rede von den hohen Bürgertugenden der Stadt Kronach bei Gelegenheit einer dreimaligen Belagerung derselben im dreißigjährigen Kriege. — Erlangen: Bläsing 1835. 40 S. 8°
Nebent.: Die hohen Bürgertugenden d. Stadt Kronach bei ihrer dreimaligen Belagerung im dreißigjährigen Kriege.
1: Sg 1718. 12: Hom. 102 i. 22. 29.
12.13431

— Rede von der Wohlthat, eine Kirche zu haben, bey der gegenwärtigen Sammlung zum Besten der Katholiken in Gotha u. zur Erbauung eines lieblichen Kirchleins für die armen Wilhelmsthaler. — o. O. 1828. 11 S. 8°
12: 4° Don. Lud. XIX–4.
12.13432

— Der Tag der ersten heiligen Kommunion, ein feyerliches Wort an Kinder, Eltern u. Freunde. — Fürth: Volkhart [um 1840]. 32 S. 8° 22.
12.13433

— Die ernsten Wahrheiten, welche bei grossen Weltereignissen und insbesonders bei Beachtung der gegenwärtigen Zeitverhältnisse sich dem Christen aufdrängen. Bamberg: Züberlein 1848. 16 S. 8°
12: Hom. 1799–36. 22.
12.13434

Bauer, Franz Christoph Wilhelm: Offener Brief an den ungenannten und unbekannten Verfasser des 3. Aufsatzes in dem Schriftchen: 'Beleuchtung der Verhandlungen der bayerischen Generalsynode 1885 in drei Punkten. Nürnberg ... 1887'. (Verf.: Bauer.) — Schwabach: Hensolt 1887. 8 S. 8° 12: Bavar. 230m/1. 29.
12.13435

Bauer (I.), offener Brief an den ungenannten und unbekannten Verfasser des 3. Aufsatzes in dem Schriftchen: „Beleuchtung der Verhandlungen der bayer. Generalsynode 1885 in drei Punkten. Nürnberg, Löhe's Buchh. 1887". gr. 8. (8 S.) Schwabach 887. (Nürnberg, Raw'sche Buchh.)
Vgl.: Beleuchtung der Verhandlungen der bayer. General-Synode vom J. 1885 in drei Punkten.

— Predigt über 2. Sam. 7,18 zur Feier des siebenhundertjährigen Regierungs-Jubiläums des bayerischen Königshauses, gehalten in der Stadtpfarrkirche zu Schwabach ... 1880. — Schwabach: Schreyer [1880]. 14 S. 8°
12: Bavar. 2960 k–17.
12.13436

— Predigt beim Schlussgottesdienste der Generalsynode, gehalten ... 1873 in der Stadtkirche zu Bayreuth. — Bayreuth [1873]: Burger. 17 S. 8° 29.
12.13137

Bauer, Franz Ludwig s. *Bauer*, Ludwig. 1900.

Bauer, Franz Nikolaus s. *Baur*.

Bauer, Franz Sales
— Predigt. Andenken an die Installation des Hochwürdigen Herrn Cyrill Riedl als Pfarrers von St. Jakob in Brünn ... 1900. — Brünn: Selbstverl. 1900. 19 S. 8°
300: 406.582–A. 302.
12.13440

— Sermo Episcopi Francisci Salesii in dedicatione novi Episcopalis Alumnatus aedificii die 14. Oct. a. 1903. habitus. — [Brünn]: Sumpt. Episc. Alumnati [1903]. 11 S. 8°
300: 428.975–A.
12.13441

Bauer, Franz Wilhelm: Ueber das α-Aethylpyridylketon. 1890. 36 S. 8°
Karlsruhe, Dipl.-Diss. v. 10. 6. 1890

Bauer, Franz Wilhelm [Diplom. Chemiker aus Pforzheim]: Reduktionsversuche des α-Aethylpyridylketons, dessen Ueberführung in Pseudoconhydrin und Coniin ... Leipzig-Reudnitz, Druck v. M. Hoffmann, 1892; 38 S. 8.
Rostock, Phil. Fak., Inaug.-Diss. v. [14. Febr.] 1892

Bauer, Friedrich: Andeutungen über eine gründliche und fruchtbare Behandlungsweise des deutschen Sprachunterrichts namentlich in Gewerbschulen. pg. 3 - 12. 4°. Campe'sche Off.
Progr. Nürnberg 1847/48.

Bauer, Friedrich, gepr. Rechtsprakt. in Nürnberg: Die Anfechtung der Willenserklärungen wegen arglistiger Täuschung. Nach dem Bürgerlichen Gesetzbuch unter Berücksichtigung des gemeinen Rechts. Nürnberg 1908: Th. Birkner. (80 S.) 8°
Erlangen, Jur. Fak., Ref. Oertmann, Diss. v. 29. Juni 1908
[Geb. 9. Nov. 80 Nürnberg; Wohnort: Nürnberg; Staatsangeh.: Bayern; Vorbildung: Neues Gymn. Nürnberg Reife 98; Studium: München 3, Erlangen 5 S.; Rig. 7. Mai 08.]

Bauer, Friedrich, Gerichtsadvokat. 1825: Anleitung zur schriftlichen Geschäftsführung für das bürgerliche Leben ... Für Süddeutschland bearb. von C. J. Kraft. — Stuttgart: Munder 1830. 231 S. 8° 24.
12.13450

—— 2. Aufl. Ebd. [um 1840]. 224 S. 8° 87.
12.13451

Bauer, Friedrich, Dr. med., München, geb. 1869. 1905: Aerzte als Gewerbe-Inspektoren. Referat. — München: Seitz & Schauer 1905. 17 S. 8° 12: Pol. civ. 10 he. 19.106.203.
12.13494

(B) **Bauer,** Frdr., die Ärzte als Gewerbeinspektoren. 905. — Schutz der Mutterschaft. 905. (KBL 88.) Jetzt: München, Verlag d. ärztl. Rundschau.

— Freie Arztwahl, ihre Vorteile für Versicherte und Aerzte und ihre Durchführbarkeit. Referat. — München: Aerztlicher Bezirksverein [um 1905]. 31 S. 8° 12: Cam. 240x. 30.
12.13495

Bauer, Frdr.: Bankgiro- u. Postscheckverkehr. Abrechngsverkehr d. kgl. Rentämter unter sich u. m. d. bayer. Finanzkassen. [Aus: „Blätter f. d. bayr. Finanzwesen".] (19) 8° Münch., CH Beck ('11). — 25 d

Bauer, Friedrich (Red.), s. Beobachter, Der graphische.

Bauer, Friedrich: Aus d. bot. Garten d. Univ. Breslau. Die Blattanatomie der pleiandrischen Weiden. Breslau: Fleischmann 1909. 66 S. 8°
Breslau, Phil. Diss. v. 21. Juni 1909, Ref. Pax
[Geb. 21. Juli 83 Breslau; Wohnort: Breslau; Staatsangeh.: Preußen; Vorbildung: Oberrealsch. Freiburg i. Schl. Reife O. 06; Studium: Breslau 10 S.; Rig. 12. Mai 09.] [U 09. 587

Bauer, Friedrich, Inspektor d. Missionsanstalt, Neuendettelsau. 1850: Der sogenannte Chiliasmus. Ein Wort zur Verständigung für unsere Zeit. Conferenzvortrag. — Nördlingen: Beck 1860. 31 S. 8° 12: Dogm. 63 m. 19. 33.
12.13455

Bauer, Frdr. (Hrsg.), s. Correspondenzblatt der Gesellschaft für die innere Mission nach dem Sinne der luther. Kirche.

— Dienstanweisungen über den Geldvermittlungsverkehr zwischen den Kassen der allgemeinen Finanzverwaltung, den Rentämtern und der K. Bank vom 15. Dezember 1902, 15. Juli 1905 und 11. März 1909. Bankgiro-Verkehr. — Augsburg: Selbstverl. [um 1910]. 37 S. 8° 12: Bavar. 4507q.
12.13499

Bauer, Friedrich: Disquisitiones circa nonnullarum avium systema arteriosum.
Berolini 1825: Starck.
24 S. 4°
Berlin, Med. Diss. v. 10. Okt. 1825.

Bauer, Friedrich, Gymnasialprofessor, Wien. 1896: Das Dramatische in Schillers Balladen. Ein Vortrag. — Karlsbad: Stark 1897. 14 S. 8° 14. 300: 90.089-B.
12.13488

— Ueber den Einfluss Laurence Sternes auf Chr. M. Wieland. — Karlsbad (1898): Franieck. XXXV S. 8°
Zugleich Progr. Karlsbad 1897-1900.
300: 102.904-B. 302. 303.
12.13489

Bauer, Frdr., die Elemente der lateinischen Formenlehre, in gründlicher Einfachheit, gestützt auf die Resultate der vergleichenden Grammatik. Ein Lehrmittel für Lateinschulen zur Ergänzung eines jeden Uebungsbuches für Anfänger und zur steten Repetition bis in die höheren Klassen. 1. Thl. Nördlingen 865. Beck. gr. 8. (XII, 172 S.) n. 16 ngr.

— — 2. Thl.: Die Partikeln der lateinischen Sprache, in übersichtlicher, auf ihrer Grundbedeutung ruhender u. nach Kategorien ordnender Weise. Ebend. 865. gr. 8. (XIX, 123 S. u. 1 lith. Taf. in 4.) n. 14 ngr.

— Christliche Ethik auf lutherischer Grundlage ... Umgearb. u. verm. von Joh. Deinzer. Rev. ... von M. Deinzer. — Neuendettelsau: Missionsanst. 1904. XI, 372 S. 8° 12: Mor. 87 hs. 29.
12.13457

Bauer, Frdr., die Etymologie der neuhochdeutschen Sprache nach ihren praktischen Bedeutung und nach ihren wichtigsten Gesichtspunkten dargestellt, mit Anleitung zur methodischen Behandlung. Ein Hilfsbuch für Lehrer und Freunde einer gründlichen Einsicht in die deutsche Sprache, insonderheit für die welche des Verf. „Grundzüge der neuhochdeutschen Grammatik 7. Aufl." gebrauchen. Nördlingen 859. Beck. gr. 8. (IV, 88 S.) n. 10 ngr.

Bauer, Friedr., Etymologie der neuhochdeutschen Sprache mit ausführlichem Wörterverzeichniss. Ein Hilfsbuch für Lehrer, wie auch für Freunde einer gründl. Einsicht in die deutsche Sprache, insonderheit für die, welche des Verf. „Grundzüge der neuhochdeutschen Grammatik" gebrauchen. 2. durchaus überarb. und namhaft erweit. Aufl. gr. 8. (VII, 160 S.) Nördlingen 877, Beck'sche Buchh. *

Bauer, Frdr., Etymologie der neuhochdeutschen Sprache, 3. Aufl., s.: Duden, Konr.

Bauer, Friedrich, s.a. Gedanken eines Landpfarrers ...

Bauer, Friedrich, Pfarrer, Mertingen, geb. 1748. 1789: Gedanken eines Landpfarrers über den Ungrund des Hexenglaubens vom Herrn Professor Weber, und über die Hexenreformation, von einem katholischen Weltmanne (d.i. Friedrich Bauer). — München 1789. 84 S. 8° 12: Polem. 3027-14. 17. 19.
12.13449

Bauer, Frdr., Grundzüge der neuhochdeutschen Grammatik für die unteren u. mittleren Klassen höh. Bildungsanstalten. gr. 8. (VI u. 121 S.) Nördlingen 850, Beck. — 2. sehr verm., zum Theil gänzlich umgearb. Aufl. gr. 8. (X u. 130 S.) Ebd. 852. 1/2 ₰ bei Partien von 15 Expl. à n. 12 ngr

Bauer, Friedr., Grundzüge der Neuhochdeutschen Grammatik für höhere Bildungs-Anstalten. 3. verm. u. verb. Aufl. 1853. (X, 146 S.) — 4. verm. u. verb. f. Oesterreich bestimmte Aufl. Nördlingen 857. Beck. gr. 8. (XII, 152 S.) 15 ngr

Bauer, Friedr., Grundzüge der neuhochdeutschen Grammatik für höhere Bildungs-Anstalten. Ausg. für kathol. Schulen. 7., verm. und verb. Aufl. gr. 8. (XV und 160 S.) Nördlingen 859, Beck'sche Buchh. *

—— dass. — Ausg. für protestant. Schulen. 4., sehr verm. und verb. Aufl. gr. 8. (XV und 160 S.) Ebendas 859. *

—— Ausg. für kathol. Schulen. 7. Aufl. 859. (XV, 160 S.) — 8. Aufl. — 9. sehr verm. u. verb. Aufl. Ebend. 863. gr. 8. (XVI, 200 S.) n. 14 ngr.

—— dass. — Für Oesterreich bestimmte Ausg. 9., sehr verm. und verb. Aufl. gr. 8. (XVI und 200 S.) Ebendas. 863. *

—— Grundzüge der neuhochdeutschen Grammatik für höhere Bildungsanstalten. Ausg. für kathol. Schulen. 9. Aufl. 1863. und 10., bericht. Aufl. gr. 8. (XVI und 209 S.) Nördlingen 865, Beck'sche Buchh. *

—— dass. — 6.–8. bericht. Aufl. Ausg. für protestant. Schulen. gr. 8. (XVI und 209 S.) Ebendas. 863, 65, 67. *

— Grundzüge der neuhochdeutschen Grammatik für höhere Bildungs-Anstalten. 7—9. bericht. Aufl. Ausg. für protest. Schulen. Nördlingen 865—68. Beck. gr. 8. (XVI, 210 S.) n. 14 ngr.

— — 10–12. bericht. Aufl. [Ausg. für kathol. Schulen.] Ebend. 865—70. gr. 8. (XVI, 210 S.) n. 14 ngr.

Bauer, Friedr., Grundzüge der neuhochdeutschen Grammatik für höhere Bildungs-Anstalten. 11.—13. bericht. Aufl. [Ausg. für kathol. Schulen.] 1867—71. * ℳ 1,40., und 14. Aufl. gr. 8. (XVI, 210 S.) Nördlingen 875, Beck'sche Buchh. *

Bauer, Frdr., Grundzüge der neuhochdeutschen Grammatik f. höhere Bildungs-Anstalten. 13. bericht. Aufl. Ausg. f. kathol. Schulen. gr. 8. (XVI, 210 S.) Nördlingen 871. Beck. n. 1. 40

Dasselbe ist auch in e. Ausg. f. österreich. Schulen zu gleichem Preise erschienen.

—— dass. — 9. Aufl. 1868. * ℳ 1,40., und 10. bericht. Aufl. [Ausg. für protestant. Schulen.] gr. 8. (XVI, 210 S.) Ebendas. 874. *

—— dass. — 11.—13. bericht. Aufl. [Für Oesterreich bestimmte Ausg.] 1869—72. * ℳ 1,40., und 14. Aufl. gr. 8. (XVI, 210 S.) Ebendas. 875. *

— — 12. bericht. Aufl. [Für Oesterreich bestimmte Ausg.] Ebend. 870. gr. 8. (XVI, 210 S.) n. 14 ngr.

—— Grundzüge der neuhochdeutschen Grammatik für höhere Bildungs-Anstalten. 14. und 15. bericht. Aufl. Ausg. für protestant. Schulen. gr. 8. (XVI, 222 S.) Ebendas. 874,76. *

—— dass. — 15.—17. Aufl. Für Oesterreich bestimmte Ausg. gr. 8. (XVI, 222 S.) Ebendas. 874—76. *

—— dass. — 21. für Oesterreich bestimmte und mit Rücksicht auf die in Oesterreich eingeführte amtl. Orthographie neu bearb. Aufl., hrsg. von Konr. Duden und Aug. Hofer. gr. 8. (XVII, 247 S.) Ebendas. 881. *

Bauer, Friedr., Grundzüge der neuhochdeutschen Grammatik für höhere Bildungs-Anstalten und zur Selbstbelehrung für Gebildete. 18. Aufl., bearb. von Konr. Duden. (XVIII, 285 S.) 1881; 19. und 20. [der neuen Folge 2. und 3.] Aufl., bearb. von Konr. Duden. gr. 8. (XVIII, 290 S.) Nördlingen 882,83, Beck'sche Buchh. *

Bauer, Frdr., Grundzüge der neuhochdeutschen Grammatik f. höhere Bildungsanstalten u. zur Selbstbelehrung f. Gebildete. 22. [der neuen Folge 2.] f. Österreich bestimmte u. m. Rücksicht auf die in Österreich amtlich eingeführte Orthographie bearb. Aufl., hrsg v. Aug. Hofer. gr. 8. (XIV, 250 S.) Nördlingen 883. Beck. n. 1. 80

Bauer, Friedr., Grundzüge der neuhochdeutschen Grammatik für höhere Bildungsanstalten und zur Selbstbelehrung für Gebildete. 20. [der neuen Folge 3.] Aufl., bearb. von Konr. Duden. gr. 8. (XVI, 216, 75 S.) Nördlingen 887, Beck'sche Buchh. *

Bauer, Friedr. (I.). Grundzüge der neuhochdeutschen Grammatik f. höhere Bildungsanstalten u. zur Selbstbelehrg. f. Gebildete. 21. [der neuen Folge 4.] Aufl., bearb. v. Konr. Duden. gr. 8. (XVI, 212, 75 S.) Münch. 891, Beck. * 2 —; geb. * 2 40

Bauer, Frdr., Grundzüge d. neuhochdeutschen Grammatik f. höh. Bildungsanst. u. zur Selbstbelehrg. f. Gebildete. 22. (d. N. F. 5.) Aufl., bearb. v. Konr. Duden. gr. 8. (XVI, 222 u. 75 S.) München 896. C. H. Beck. n. 2. —; geb. in Leinw. n. 2. 40

Bauer, F: Grundz. d. neuhochdeut. Grammatik f. höh. Bildgsanst. u. z. Selbstbelehrg f. Gebildete. 23. (d. neuen Folge 6.) Afl. v. K Duden. 8° (222 u. 78) Münch. 01, CH Beck. 2 —; geb. 2,40

Bauer, Frdr., Grundzüge der neuhochdeutschen Grammatik f. höhere Bildungsanstalten u. zur Selbstbelehrung f. Gebildete. 25. (der neuen Folge 8.) Aufl., bearb. v. Konr. Duden. (XVIII, 224 u. 71 S.) 8. München 905. C. H. Beck. Geb. n. 2. 40

— Handbuch für Buchdrucker. Theorie u. Praxis d. Maschinenmeisters. — Frankfurt a. M. 1909. XII,612 S. 8° (Klimschs graphische Bibliothek. 9.) 30. 86.
12.13472

— Handbuch der schriftlichen Geschäftsführung für das gemeine Leben. — Quedlinburg [usw.]: Basse 1825. XII, 155 S. 8°
2.-9. Aufl. vorhanden in: 1, 8, 23, 28, 47 u. 48. 23. 35.
12.13452

Bauer, (Fr.,) Handbuch d. schriftl. Geschäftsführung für d. gemeine Leben. Enthält: alle Arten v. Aufsätzen, welche in den mancherlei Verhältnissen d. Menschen vorkommen. 3te Aufl. 8. Quedlinburg 827, Basse.

Bauer, Fr., (II.) Handbuch d. schriftl. Geschäftsführung f. d. bürgerl. Leben. Enthalt. alle Arten v. Aufsätzen, welche in d. mancherlei Verhälten. d. Menschen, so wie insbesond. in den verschied. Verzweigungen d. bürgerl. Verkehrs vorkommen. Durch ausführl. Formulare erläut. 4. u. 5. Aufl. (à 14 B.) 828, 29. 6., mit neu. Formul. verm. A. (15½ B.) 8. Quedlinburg 831, Basse. à Thlr.

Bauer, Fr., Handbuch d. schriftl. Geschäftsführung f. d. bürgerl. Leben. Enthaltend alle Arten v. Aufsätzen, welche in d. mancherlei Verhältnissen d. Menschen ꝛc. vorkommen. 5e mit neuen Formularen verm. A. 8. Quedlinb. 830. 6e A. 831. Basse. 10 gℓ

Bauer, Friedr., Handbuch d. schriftl. Geschäftsführung f. d. bürgerl. Leben. Durch ausführl. Formulare erläut. 7., verm. Aufl. (14½ B.) 837. ⁵⁄₁₂ Thlr., 8. A. (?), 9., verb. u. verm. A. 8. (18½ B.) Quedlinburg 842, Basse.

— Handbuch für Schriftsetzer. — Frankfurt a. M.: Klimsch 1904. VIII,288 S. 8° 30. 210.
12.13476

Bauer, Frdr., Handbuch f. Schriftsetzer. 2. neu bearb. Aufl. m. Abbildgn. u. Beispielen, sowie m. e. ausführl. Wörterverzeichnis. (VIII, 288 S.) Lex.-8. Frankfurt a/M. 905. Klimsch & Co. Geb. in Leinw. n. 4. 50

— — 3., neu bearb. Aufl. Ebd. 1910. VIII,288 S. 8° (Klimschs graphische Bibliothek. 8.) 201.
12.13478

— Hülfsbuch f. den Unterricht in der Litteraturkunde f. höhere Mädchenschulen. Neuzeit. gr. 8. (IV, 94 S.) Tauberbischofsheim 884. Lang. geb n. 1. 20

— Sternescher Humor in Immermanns 'Münchhausen'. Als Beitrag zur Geschichte d. deutschen Romans. — Wien: Selbstverl. 1896. 18 S. 8°
Zugleich Progr. Wien V. K. k. Elisabeth-G. 1895,96.
302. 303.
12.13490

Bauer, Friedrich, Arbeiter-Sekretär, Flensburg. 1891: Kaiser und Arbeiter. Aufruf zur Bildung einer kaiserlich-sozialistischen Partei. — Bonn: Hanstein 1891. 158 S. 8°
1: Fc 5840/4. 5. 14. 30. 44. 48. 106. 121. 203. 302.
12.13460

Bauer, Friedrich [Alfred], a. Mülhausen i. E.: Über die Konstitution der Inosinsäure und die Muskelpentose. Braunschweig 1907: F. Vieweg & Sohn. (15 S.) 8°
Straßburg, Med. Fak., Ref. Hofmeister, Diss. v. 11. Okt. 1907
[Geb. 22. Juni 83 Straßburg i. E.; Wohnort: Straßburg i. E.; Staatsangeh.: Elsaß-Lothringen; Vorbildung: Gymn. Mülhausen Reife Juni 01; Studium: Straßburg 5, Leipzig 2, Straßburg 5 S.; Coll. 1. Aug. 07; Approb. 15. Jan. 07.]

Bauer, Fr., Lehrbuch der Rechenkunst od. sämmtliche Rechnungsarten des gewöhnl. Lebens zum Selbstunterricht u. zur Wiederholung theoretisch u. praktisch bearbeitet. gr. 8. Berlin, Maurersche Buchh. 820.

Bauer, Frdr., die Lehre vom Accidenzsatz, s.: Waldow, Alex.

Bauer, Dr. Friedrich, Jellinek, Dr. Franz, Streinz, Dr. Franz, Leitfaden der deutschen Literaturgeschichte für österreichische Mittelschulen. Ausgabe für Realschulen. I. Teil. (Für die V. Klasse.) Wien 1900. Schulbücherverlag. Geh. K 1.—.

Bauer, Dr. Friedrich, Jellinek, Dr. Franz und Streinz, Dr. Franz, Deutsches Lesebuch für österreichische Mittelschulen. I. Band. Wien 1907. Schulbücherverlag. Geh. K 1 80, geb. K 2.10. (Min.-Erl. vom 1. Juli 1906, Z. 21758.)

Bauer, Dr. Friedrich, Jelinek, Dr. Franz, und Streinz, Dr. Franz, Deutsches Lesebuch für österreichische Mittelschulen. II. Band. Wien 1907. Schulbücherverlag. Geh. K 2.20, geb. K 2.50. (Min.-Erl. vom 6. Juni 1907, Z. 22390.)

Bauer, Dr. Friedrich, Jelinek, Dr. Franz und Streinz, Dr. Franz, Deutsches Lesebuch für österreichische Mittelschulen. Ausgabe für Gymnasien. V. Band. Wien 1907. K. k. Schulbücherverlag. Geh. K 2 40, geb. K 2.80.
(Min.-Erl. vom 7. März 1906, Z. 7951.)
Dass. Ausg.f.Realschulen. Bd.V. 1907.

Bauer, Dr. Friedrich, Jelinek, Dr. Franz und Streinz, Dr. Franz, Deutsches Lesebuch für österreichische Mittelschulen. Ausgabe für Gymnasien. VI. Band. Mit mittelhochdeutschen Texten. Wien 1907. Schulbücherverlag. Geh. K 2.50, geb. K 2.90. (Min.-Erl. vom ?. Juni 1907 Z. 24268.)
Dass. VI.Bd. Ausg. ohne mhdt.Texte.1907

Bauer und Fehrle, Lesebuch für den Unterricht in der Litteraturkunde zu dem Hülfsbuch von Bauer. Mittelalter. gr. 8. (IV, 116 S.) Tauberbischofsheim 884, Lang. geb. 4

-- Liederhort der deutschen Buchdrucker. Prologe, Lieder u. andere Poesien f. Buchdrucker-Feste, gesammelt v. B. 12. (VIII, 152 S.) Hamburg 901. A. Lefèvre Nachf. Geb. n n. 1.—

Bauer, Friedrich, s. M a g i e , Die teuflische.

Bauer, Friedrich: Die S c h u l a r z t f r a g e ,
s. B a u e r , Ludwig.

Bauer, Fd., musikal. Schulgesangbuch von 52, Religion u. Moral betreff. Gesängen, nebst e. Kanons u. 25 d. bekannt. u. beliebt. Kirchen-Melodien f. Volksschulen. gr. 8. Berl. 820. Maurersche B. 12 gGr

— **Schutz der Mutterschaft.** Vortrag. — München: Seitz & Schauer [1905]. 23 S. 8° 12:Pol. civ. 10 hf. 19.
12.13497

—— der deutsche Secretair. Eine prakt. Anweis. alle Arten schriftl. Aufsätze gründl. u. umfassend anzufertigen. 10., verb. u. verm. Aufl. 8. (20 B.) Quedlinburg 846, Basse.

Bauer, Friedr. (I.), der deutsche Secretair. Eine prakt. Anweisung, alle Arten schriftl. Aufsätze, welche sowohl im amtl. Geschäftsleben, als im bürgerl. Verkehre vorkommen, gründlich und umfassend anzufertigen. Durch ausführl. Formulare erläutert. 11., verb. und verm. Aufl. 8. (XVI und 299 S.) Quedlinburg 850, Basse.

Bauer Friedr. (I.), der deutsche Secretair. Eine prakt. Anweisung, alle Arten schriftliche Aufsätze, welche sowohl im amtl. Geschäftsleben, als im bürgerl. Verkehre vorkommen, gründlich und umfassend anzufertigen.. Durch ausführliche Formulare erläutert. 12., verb. und verm. Aufl. 8. (XVI und 290 S.) Quedlinburg 852, Basse. Thlr.

— kl. deutsche Sprachlehre. 1r Thl. Anleit., um richtig deutsch sprechen zu lernen. 2r Thl. Anleit., um richtig schreiben zu lernen. 8. Berl. 820. Maurersche B. 6 gGr

— acht Tafeln oder kurze Anleit., um richtig deutsch sprechen u. schreiben zu lernen, nebst e. Anweis. d. übl. Scheidezeichen. Fol. Berl. 820. Maurersche B. 12 gGr

—— alphabetisch geordnetes Verzeichniß derjenigen Wörter ꝛc., welche in Bauer's neuhochdeutscher Grammatik besprochen werden. 8. (20 S.) Ebendas. 873. *

— s. H. G. Vollmers deutscher Universal-Briefsteller.

Bauer, Friedrich Ernst: Die Bereitwilligkeit des Propheten Jeremiä, das Kreutz Christi auf sich zu nehmen aus Jer. XI. 18.19.20. bewiesen. — Wittenberg [1748]: Boßögel. 20 S. 8° 19. 41.
12.13505

— **Friedr. Ernst,** Consideratio theologiae regiae. Präs. Christian Fried. Bauer (Vater). Wittenbg. (E. G. Eichsfeld) Jan. 1746. 30 S. (5.—) 1291

Bauer, Friedr. Eugen [aus Heilbronn a/N.]: Beiträge zur chemischen Kenntnis der Pfefferfrucht ... (Aus d. Forschungsber. üb. Lebensmittel u. ihre Bezieh. z. Hyg. ...) München, E. Wolff, 1896; 2 Bl., 14 S., 1 Bl. 4.
München, Phil. Fak., Inaug.-Diss. v. 1896

Bauer, Friedrich Wilhelm
— **Friedr. Wilh.,** De feudo novo atque veteri. Diss. jur. I. Lpz. (Langenheim) 9. IX. 1762. 47 S. (5.—) 1292

Bauer, Friedrich Wilhelm, Schriftschneider. 1910: Bauersche Fraktur. 1910
s. *Bauer,* Schriftgießerei, Frankfurt a.M. 1900.

Baur, **Fr. Wlh.,** († d. 4. Febr. 1783.) s. *Mémoires* historiques etc.

Bauer, Friedrich Wilhelm v., Offizier, zuletzt in russischen Diensten, 1731-1783. 1762: Mémoires historiques et géographiques sur la Valachie ... Publ. par M. de B*** [d. i. Friedrich Wilhelm v. Bauer]. — Francfort [usw.]: Broenner 1778. 136 [vielm. 236]S. 8° 1:Ui 23984 [u.] 8° Bibl. Diez 1220. 2. 3. 4. 7. 12:Turc. 6 p. 14. 17. 18. 19. 23. 24. 26. 27. 30. 31. 35. 36. 44. 45. 300:C3 L 34. 302.
12.13506

Bauer, Fritz [aus Karlsruhe '(Baden)']: Ein Beitrag zur Lehre vom Gliom ... München, kgl. Hofbuchdr. Kastner & Lossen, 1897; 27 S. 8.
München, Med. Fak., Inaug.-Diss. v. 1897

Bauer, Fritz [cand. med. aus Schwäb. Hall]: *Ein Fall von* Primärem Carcinom der Gallenblase ... München, kgl. Hof-Buchdr. Kastner & Lossen, 1897; 35 S. 8.
München, Med. Fak., Inaug.-Diss. v. 1897

Bauer, Fritz, Staatsoberbibliothekar, Würzburg. 1893: Ideal und Leben. Schauspiel. — Würzburg: Stahel 1893. 153 S. 8° 1:Ys 30370/75. 12:P. o. germ. 78 ce. 20. 38. 41.
12.13508

Bauer, F: Ideal u. Leben. Schauspiel. 8° (153) Würzbg 98, Stahel's V. 2.50

[--] Kistler's 'Kunihild' epochemachend? Nein!!! Eine kritische Studie mit nicht minder kritischem Vorw. u. noch kritischerem Anh. von -R. — Würzburg: Dornauer 1893. 29 S. 8° 12:Mus. Th. 4801 m. 20.
12.13509

Bauer, Fritz, die Kunst des Tranchierens u. Anrichtens der verschiedenen Speisen. Neue Ausg. 11. Aufl. (16 S. m. Abbildgn.) 8. Gotha (905). P. Hartung. — 80

Bauer, Fritz, appr. Arzt: Ueber Myoclonus und seine Beziehungen zur Hysterie. Leipzig 1909: Georgi. 56 S. 8°
Leipzig, Med. Diss. v. 19. März 1909, Ref. Flechsig
[Geb. 14. Aug. 82 Dresden-Striesen; Wohnort: Alt-Scherbitz; Staatsangeh.: Sachsen; Vorbildung: Kreuz-Gymn. Dresden Reife O. 02; Studium: Leipzig 11 S.; Coll. 25. März 09; Approb. 31. Jan. 09.] [U 09. 2749

Bauer, Fritz, Expeditionsleiter. 1904: Die deutsche Niger-Benue-Tsadsee-Expedition 1902-1903. — Berlin: D. Reimer 1904. VIII, 182 S. 4° 1:4° Us 4849. 3. 5. 6. 7. 10. 11. 12:It. sing. 56 f. 14. 16. 18. 21. 25. 26. 29. 30. 31. 33. 34. 38. 39. 41. 44. 60. 66. 91. 93. 106. 109. 123. 169. 203. 205. 209. 212. 300:434.507-B. 302.
12.13510

Bauer, Fritz, aus Würzburg: Das Personalpronomen in Le Pelerinage de Vie Humaine von Guillaume de Deguileville. *Würzburg 1899: H. Stürtz.* (76 S.) 8°
Würzburg. Phil. Diss. v. 1899

Bauer, Fritz, prakt. Arzt aus Stuttgart: Ueber kryptogenetische Septico-Pyämie. *München 1902: M. Ernst.* (39 S.) 8°
München. Med. Diss. v. 1902

Bauer, F., Das Servieren, Serviettenbrechen, Tischdecken und Tranchieren. (48, 14 S. m. Abb.) Regensburg 1889. Verlagsbüreau. 1.--

Bauer, Fritz. Das Servieren, Serviettenbrechen, Tischdecken u. Tranchieren. 2. Aufl. 8. (48, 14 S. mit vielen Abbildgn.) Regensb. 889, Verlagsbureau. * 1 —

Bauer, Fritz, das Servieren. Das Tischdecken. Das Serviettenbrechen. Das Tranchieren. Das Anrichten. Mit vielen Abbildgn. u. ausführl. Text. 8. [Umschlag-]Aufl. 8. (79 u. 16 S.) Regensburg (895). Backnang, J. Rath. n. 1. —

Bauer, F: Das Servieren. Das Tischdecken. Das Serviettenbrechen. DasTranchieren. DasAnrichten. 10.Afl. 8° (96 m.Abb.) Backnang 1900. J Rath. 1 —

— das Servieren. — Das Tischdecken. — Das Serviettenbrechen. — Das Tranchieren. — Das Anrichten. Mit vielen Abbildgn. u. ausführl. Text. 11. Aufl. (96 S.) 8. Ebd. (905). n. 1. —

Bauer, Fritz, das Servieren. Das Tischdecken. Das Serviettenbrechen. Das Tranchieren. Das Anrichten. 12. Aufl. (96 S. m. Abbildgn.) 8. Gotha 910. P. Hartung. 1.—; geb. in Halbleinw. 1. 50

— Das Serviettenbrechen. 11. Afl. (81 m. Abb.) 8° Ebd. (05). — 50 d
Bisher unter „Aabel" aufgenommen.

Bauer, Fritz, Betriebschemiker, München. 1910: Tabellen zum direkten Ablesen der Sudhausausbeute. Unter Zugrundelegung der durch das neue bayer. Malzaufschlaggesetz vom 18. März 1910 vorgeschriebenen Berechnungsformel. — München [usw.]: Oldenbourg 1910. V S., 68 Bl. 4°
1: 4° Oq 3142/4. 11. 12: 4° Oecon. 22 cd. 19. 91. 210.
12.13511

— Das Tischdecken u. Servieren bei verschied. Gelegenh. [S.-A.] (48 m. Abb.) 8° Ebd. (05). — 50 d

Bauer, Fulgenz: Dissertatio experimentalis de electricitatis theoria et usu. — Viennae [usw.]: Jahn 1767. 144 S. 8°
2. 4. 8. 12: Phys. sp. 39. 14. 17. 19. 21. 27. 29. 202.
12.13516

— [deutsch] Experimental-Abhandlung von der Theorie und dem Nutzen der Elektricität von Fulgenz Bauer. und von der Würkung der Luft-Elektricität in dem menschlichen Körper von Marherr u. Kirchvogel. (Übers.: L. O[bereit].) — Chur [usw.] 1770: Typogr. Ges. 304 S. 8°
1: My 6652. 7. 8. 12: Phys. sp. 40. 17. 22. 31. 48. 78. 202. 302. 303. 307.
12.13517

— Experimental-Abhandl. von d. Theorie u. Nutzen d. Elektricität. A. d. Latein. (v. L. Obereit). gr. 8. Lindau 770. Otto. 16 gr

— – Augsburg: Bürglen in Komm. 1793. 304 S. 8°
12: Phys. sp. 41.
12.13518

Bauer, G. (Hrsg.), s. Der Bureau-Angestellte.

Bauer, G., biblische Geschichte für Schule und Haus. Mit color. (Holzschn.-)Bildern. gr. 8. (VI, 170 S.) Stuttgart 876, [Lindemann.] Knapp. cart. *

—— dass. — 2. Aufl. gr. 8. (VI, 170 S.) Stuttgart 879, Knapp. * M 1,20.; geb. *
Ausg. mit color. Bildern cart. *

—— biblische Geschichten für Elementaranstalten, die 1. und 2. Klasse der Latein- und Realschulen, für Mittelschulen und Töchterinstitute. gr. 8. (VI, 170 S.) Stuttgart 875, [Lindemann] Knapp. *

Bauer, G., de presbyteris, duplici honore dignis. Erf. 1745. 4.

Bauer, G., neue Touristen-Karte vom Odenwald, Spessart, Bergstrasse, Taunus, Mittelrhein etc. 1: 280,950. 2. verb. Aufl. Chromolithogr. qu. gr. Fol. Frankfurt a. M. 878, Jügel's Nachf. *

Bauer, G.A.: Das Fichten- und Kiefernadel-Wannen-Dampf- und Harz-Bad und die Molkenkur-Anstalt Ottenstein zu Schwarzenberg im sächsischen Erzgebirge. — Schneeberg [usw.] 1863: Gärtner. 14 S. 8°
14.
13.1

— Bauer's patentirter Kiefernadel-Dampfdouche-Apparat zur Einrichtung in Badeanstalten, Hospitälern, Krankenhäusern und Privatwohnungen. — Schneeberg [usw.] 1869: Gärtner. 10 S. 8°
14.
13.3

(—) — Das Kiefernadel-Wannen- und Dampf-Bad und die Molkenkur-Anstalt Ottenstein zu Schwarzenberg im sächsischen Erzgebirge. 2., verb. Aufl. — Ebd. 1864. 12 S. 8°
2. 33. 106.
13.2

— Die Milchwein-Kur in Bad Ottenstein in Schwarzenberg im Königr. Sachsen. — Schneeberg [usw.] 1870: Gärtner. 8 S. 8°
47.
13.4

Bauer, G.C., Prof., Orientalist, Altdorf, zuletzt Heidelberg, 1755-1806, s. Bauer, Georg Lorenz. 1781.

Bauer, G. F. C., Erläut. des Syntaxis d. Langischen Grammatik. 8. Wolfenbüttel, Meißner. 765.

Bauer, G. F. L., Diss. de vomitu chronico. Marb. 817. Krieger. 4 gr

Bauer, G.H., Prof., Orientalist, Altdorf, zuletzt Heidelberg, 1755-1806, s. Bauer, Georg Lorenz. 1781.

Bauer, G.J.: Commentatio de vi caloris frigorisque ... in corpus humanum ..., s. Baur, Wilhelm Friedrich

Bauer, G.M.G., s. Bauer, Gottlieb Martin Gerhard.

Bauer, Gallus, a. Unterleinach bei Würzburg: Über einen sehr seltenen Mischtumor Fibromyolipocystadenom am Dünndarme eines 10jährigen Knaben. Würzburg 1906: F. Staudenraus. (49 S.) 8°
Würzburg, Med. Fak., Ref. v. Rindfleisch, Diss. v. 26. April 1906
[Geb. 15. Okt. 80 Unterleinach; Wohnort: Würzburg; Staatsangeh.: Bayern; Vorbildung: Gymn. Münnerstadt Reife 00; Studium: Würzburg 8. Berlin 1, München 1 S.; Coll. 14. März 06; Approb. 6. März 06.

Bauer, Georg, Prof. f. Math., Mü. gest. 1906, s. Bauer, Gustav.

Bauer, G., Anleit. z. bürgerl. kaufmänn. Arithmetik. 8. Minden 808. (Marb., Krieger). 6 gr

Bauer, Georg: Ueber einige Anwendungen der Glasprismen in der praktischen Geometrie. pg. 3 - 7. 4°. Mit einer Tafel. Beck'sche Off.
Progr. Nördlingen 1851/52.

Bauer, Georg, Arzt, Berlin. 1887: Das Asthma, seine Entstehung, Wesen und Heilung. — Berlin: Steinitz 1887. 45 S. 8°
1: Ix 740. 16. 19. 107. 304.
13.25

Bauer, G., über diagnostische u. prognostische Bedeutung des Urins. Inaugural-Abhandl. 8. Dillingen 838. Aulinger. 1/4 ℔

BAUER, Georg (Holzhein): Ueber diagnostische und prognostische Bedeutung des Urins.- Dillingen: Aulinger 1839. 61 S.
16.8.1837 - Urk; F 63 Diss. Ingolst.-Landsh.-Mchn.

Bauer, Georg: Ein Beitrag zur Förderung des Unterrichts in der Meteorologie. Greifswald (1908): Adler. 42 S. 8°
Greifswald, st. G u. R OP 1908 (187) [S 08. 1]

Bauer, Georg, Pfarrer, Schernau. 1875: Das Bekenntniß der evangelisch-lutherischen Kirche, sein Recht und seine Bedeutung. — Erlangen: Deichert 1875. 99 S. 8°
12: Dogm. 63 n. 15. 29. 78.
13.16

Bauer, Georg, Rechtskonsulent, Forchheim, geb. 1885. **1910: Praktischer Berater in Rechtsangelegenheiten im täglichen Leben. 1. Aufl. — Forchheim: Verf. 1910. 61 S. 8°**
12: J. germ. 8md. 29.
13.45

Bauer, Georg: Ueber die Berechnung und Absteckung der Schienenwege in Bahnhöfen. Ein Beitrag zur praktischen Geometrie und Eisenbahnbaukunde. pg. 3 - 15. 4°. Mit einer Tafel. C.H. Beck'sche Off.
Progr. Nördlingen 1852/53.

Bauer, Georg, Bäckermeister, Deggendorf, 1848-1907. **1894: Chronik der kgl. bayerischen unmittelbaren Stadt Deggendorf. — Deggendorf: Nothhaft [1894]. 208 S. 8°**
12: Bavar. 198 cd. 19. 29. 75.
13.26

— — [Ausz.] Deggendorf als Kriegsschauplatz. ⟨Aus der Deggendorfer Chronik.⟩ — o. O. [um 1895]. 1 Bl. 4°
12: 4° Bavar. 3180 x. 19. 29.
13.27

Bauer, Georg, Oberlehrer, Nürnberg. **1910: Abgezählte Diktate für stenographische Fortbildungs- und Schnellschrift-Kurse. — Nürnberg: Korn 1910. IV,82 S. 8°**
12: Graph. 422. 29. 207.
13.29

Bauer, G., Erläuterung d. bürgerl. u. kaufmänn. Arithmetik. 8. Bremen. Müller. 808.

Bauer, Georg, Lehrer d. reformierten Gemeinde, Münden. **1808: Erläuterung der bürgerlichen und kaufmännischen Arithmetik in Fragen und Antworten. — Münden 1808: Caspar. VIII,193 S. 8°**
47.
13.11

Bauer, Georg, Betriebsingenieur, Regensburg. **1871: Practische Erläuterungen zu den 'Regeln für den Bau der Durchlässe'. — München: Ackermann 1879. 18 S. 8°**
Aus: Zeitschrift für Baukunde. 2. 1879.
12: A. hydr. 5w/1. 19. 210.
13.14

Bauer, Georg, Professor, Realschullehrer, Agram. **1885: Der Fortschritt der Weltsprache-Idee, insbesondere meines Weltsprache-Projektes Spelin. ⟨Bruchstücke.⟩ — Agram: Suppan 1888. 15 S. 8°** **12: L. rel. 2381 ha/1. 24.**
13.17

Bauer, Geo. (II.), [Juraj], sprachwissenschaftliche Kombinatorik. Ein Vorschlag, Volapük vokalreicher und dennoch etwas kürzer darzustellen. gr. 8. (XII, 36 S. mit dem Bildniss des Weltsprache-Erfinders.) Agram 886, (Suppan's Universitäts-Buchh.) *

— Sprachwissenschaftliche Kombinatorik. Ein Vorschlag Volapük vokalreicher u. dennoch etwas kürzer darzustellen. — Zagreb: Albrecht & Fiedler 1886. XII,36 S. 8°
12: L. rel. 2404 c/10. 30. 300: 173.108-C.
13.19

Bauer, Georg, Buchhändler, Nürnberg, 1721-1768. **1756: Die Kunst, die Welt mitzunehmen in den verschiedenen Arten der Spiele, so in Gesellschafften höhern Standes ... üblich sind. Nebst e. Anh. von dem neuen Spiel Lotto di Genova. (Verf.: Georg Bauer.) Th. 1.2. — Wien [usw.]: Bauer 1756. 8°**
1.2. Die Kunst, die Welt erlaubt mitzunehmen in den verschiedenen Arten der Spiele. **14. 24. 44. 180. 300: 49 V 27.**
13.6

[—] — Die Kunst, die Welt erlaubt mitzunehmen. Th. 1.2. Nürnberg: Zeh 1769. 8°
2[=1]. 3. 17[=2]. 18[=2]. 39[=1]. 78. 300: 569.862-B. 302.
13.7

— **Lehrbuch der Gabelsbergerschen Stenographie. T. [1.]2. Nürnberg: Selbstverl. (2: Wolfenbüttel: Heckner) 1910-[11]. 8°** 1. Verkehrsschrift. 1910. 2. Redeschrift. [1911.]
12[=2]: Graph. 422d. 29. 207[=2].
13.34

— dass. 2 Tle. 8° Wolfenb., Heckner '11.
1. Verkehrsschrift. (60) 1 — ‖ 2. Redeschrift. (32) — 60

— Lese- u. Übgsb. zu d. Lehrb. d. Gabelsb. Stenogr. 2 Tle. 8° Ebd. '12. d
1. Verkehrsschrift. (12) — 25 ‖ 2. Redeschrift. (19) nn — 35

Bauer, Georg
Bauer Györgytöl. Magyar német Olvasó könyvecske kezdök számára — —. Ungarisch-deutsches Lesebüchlein für Anfänger von Georg Bauer. Pest. 1855. Müller Emil könyvnyom. (36 S. 8.) (Ungarisch und deutsch.)

— Auserlesene und nützliche **Neuigkeiten** für alle Münzliebhaber. Stück 1-20. — Nürnberg: Selbstverl. (15-20: Zeh) 1764-71. 398 S. 8°
1: 4° Pl 292. 2. 7. 10. 12[=15/20]: 4° Num. rec. 6. 24. 25. 31. 32. 43. 75. 205. 307.
13.8

— — (2. Aufl.) Stück 1-20. Nürnberg: Zeh 1772. 398 S. 8°
Die einzelnen Stücke haben z. T. die Angabe 2. Aufl. u. abweichende Erscheinungsjahre.
1: 4° Pl 293. 3. 4. 12: 4° Num. rec. 8d [2 Ex.] 14. 15. 19. 20. 21. 23. 26. 28. 34. 35. 38. 39. 41. 45. 46. 75. 78. 121. 300: 33.781-B. 302.
13.9

Bauer, Georg, Dr. iur., Rechtspraktikant, Unterleinach. **1902: Der strafrechtliche Nothstand mit bes. Berücks. d. Nothstandes d. Bürgerlichen Gesetzbuches u. seines Einflusses auf das Strafrecht. — Würzburg 1902: Scheiner. 58 S. 8°**
Zugleich Diss. Würzburg 1902. **12: Crim. 10fh. 27. 29.**
13.28

— **Regeln für den Bau der Durchlässe. — München: Ackermann 1871. 24 S. 8°**
Aus: Zeitschrift d. Bayerischen Architekten- u. Ingenieur-Vereins. 3. 1871.
12: A. hydr. 5w. 19. 82. 210.
13.15

— Der **Schlüssel** zum rechten und vollen Verständnisse des paulinischen Hebräer-Briefes. — Bamberg: Reindl 1867. VIII,92 S. 8° **12: Exeg. 78x. 20. 21.**
13.13

(—) Die 'American Philosophical **Society**' über Weltsprache. o. O. (1888). 4 S. 8°
3.
13.20

Bauer, G., [Juraj]. Spelin. Eine Allsprache, auf allgemeinen Grundlagen der sprachwissenschaftl. Kombinatorik aufgebaut. gr. 8. (VIII, 71 S.) Agram 888. Suppan. n. 1. 20

— **Spelin. Eine Allsprache auf allgemeinen Grundlagen der sprachwissenschaftlichen Kombinatorik. — Bruxelles: Mouquardt [usw.] 1888. VIII,72 S. 8°**
1: V 8609. 3. 12: L. rel. 2381 h [2 Ex.] 24. 33. 302.
13.21

— **Spelin-Wörterbuch ⟨Vodobuk Spelinir⟩. Wider d. internationalen Wörter u. d. Möglichkeit eine Weltsprache aus sogenannten internationalen Wörtern zu klauben. — Zagreb-Agram: Hartman 1892. 43 S. 8°**
24. 117. 300: 196.070-B.
13.22

— **Übertragungs-Aufgaben zu dem Lehrbuch der Gabelsbergerschen Stenographie ⟨Verkehrs-Schrift⟩. — Nürnberg: Selbstverl. 1910. 16 S. 8°**
12: Graph. 422d/1. 29. 207.
13.41

- - Übertraggs-Aufg. zu d. Lehrb. d. Gabelsb. Stenogr. (Verkehrs-Schrift). (16 autogr. S.) 8° Nürnberg '10. Wolfenbüttel, Heckner. — 25

— **Verbesserungen und Zusätze zu meinem Weltsprache-Projekte. Prospekt d. Spelin-Wörterbuches. — Agram: Suppan 1891. 23 S. 8°** **24. 300: an 196.076-B.**
13.23

Bauer, *Carl Ernst* Georg [aus Gera]: Verlauf der Januarnullgradisotherme in Norddeutschland ... Halle a. S., Hofbuchdr. v. C. A. Kaemmerer & C., 1891; 44 S., 2 Bl., 1 Kte; 8.
Halle, Phil. Fak., Inaug.-Diss. v. [29. Dez.] 1891

Bauer, Georg, Kath. Geistlicher, Oberstrubach b. Bamberg, 1820-1877.
1866: Das Verständniss der ewigen Erlösung durch Jesus Christus, der einzige Weg zur Verständigung der gläubigen christlichen Confessionen. Eine Skizze von Sincerus Agricola [d.i. Georg Bauer]. — Bamberg: Reindl 1866. 48 S. 8° 22.
13.12

Bauer, Georg. [Editor.]
* Nützliche Versuche und Bemerkungen aus dem Reiche der Natur, allen Erz- und Naturkündigern, Bergwerksverwandten, wie auch denen Liebhabern der Alchimie zum Gebrauch und Nutzen herausgegeben. Mit Kupfern. Nürnberg, *n. d.* [1760]. pp. 214, 12mo.
Contains 23 treatises, and facsimiles of alchemistic coins.

— Volapük und meine sprachwissenschaftliche Kombinatorik. Allgemeines, Kritik und Vorschläge. gr. 8. (32 S.) Agram 887, Suppan's Universitäts-Buchh. *

Bauer, Georg Friedrich
— **Georg Friedrich** (Brieg), De specifica quorundam remediorum efficacia. Diss. med. Präs. Friedr. Hoffmann. Halle (Jo. Chn. Hilliger) April 1727. 28 S. (5.—) 1293
Gew.: Frz. Leop. Weissenbeck, Ferd. Leop. Liedlinger, Joh. Gg. Schneider, Joh. Gg. Nitsch, Aug. Fehn, Joach. Pihl.

Bauer, Georg Friedrich Albrecht, a. Reichelsheim ⟨Odenwald⟩: Aus d. pharmakol. Institut d. Universität Gießen. Über den Aetherextrakt aus tierischem Serum. Gießen 1906: v. Münchow. (19 S.) 8°
Gießen, Med. Fak., Ref. Geppert, Diss. v. 12. April 1906
[Geb. 27. Okt. 78 Reichelsheim i. O.; Wohnort: Höchst i. O.; Staatsangeh.: Hessen: Vorbildung: Realgymn. Darmstadt Reife O. 97; Studium: Gießen 4, Berlin Tierarztl. Hochsch. 6, Gießen 1 S.; Rig. 26. Febr. 06.]

Bauer, Georgius Gothofredus: De purpura haemorrhagica Halae (1828) Gebauer. 43 S. 8°
Halle-Wittenberg, Med. Diss. v. 6. Sept. 1828
Geb. Düsseldorf 22. 10. 1801. V.

Bauer, Georg Heinrich
Bauer, G. H., Dissert. inaug. patholog.-anatomica, exhibens casum memorabilem inversionis vesicae urinariae una cum epispadia et hernia inguinali congenita. Cum tab. aen. 4 maj. (5¼ B.) Jenae 828, (Cröker.)

Bauer, Georg Lorenz, s. Abulfaragius: Kurze Geschichte d. Dynastien.

Bauer, Georg Lorenz, Professor, Orientalist, Altdorf, zuletzt Heidelberg, 1755-1806. **1781: Animadversiones criticae in duo priora Prophetae Michae capita.** — Altorfii (1790): J. P. Meyer. XVI S. 8° 4. 15. 19. 27. 45. 75.
13.52

— **Beschreibung der gottesdienstlichen Verfassung der alten Hebräer.** Bd 1.2. — Leipzig: Weygand 1805-06. 8°
1: Bh 9240. 2. 3. 7. 10. 12: Exeg. 79. 15. 21. 25. 26. 27. 35. 45. 75. 214. 302. 304.
13.53

[—] **Betrachtungen über die vier letzten Dinge, für denkende Christen von M. G. L. B.** — Leipzig: Hilscher 1781. 479 S. 8° 207.
13.54
Dass. s.a.: Betrachtungen...

— **Breviarium theologiae biblicae.** — Lipsiae: Weygand 1803. XVI, 268 S. 8°
1: Bf 9362. 8. 15. 21. 24. 45. 46. 78. 117.
13.55

— **Chrestomathia e paraphrasibus Chaldaicis et Talmude delecta, notis brevibus et indice verborum difficiliorum illustrata.** — Norimbergae [usw.]: Monath & Kussler 1792. XII, 260 S. 8° 1: an Zu 2105. 6→9.
12: L. as. 35 m. 14. 15. 17. 21. 24. 27. 28. 30. 75. 102. 308.
13.56

— Chrestomathia et paraphras. chaldaic., et Talmulde delecta, c. not. et indic. 8. Nürnb. 793. Monath et K. 18¼

— **Critica sacra Veteris Testamenti.** — Lipsiae: Weygand 1795. XVI, 464 S. 8°
Frühere Ausg. s. *Glass,* Salomon: Philologia sacra. 2, 1. 1795.
4. 7. 10. 14. 21. 28. 41.
13.57

[—] **Dicta classica Veteris Testamenti notis perpetuis illustr.** Sect. 1.2. — Lipsiae: Weygand 1798-99. 8°
1: Bl 2588. 3. 10. 15. 26. 30. 45. 75.
13.58

— **Dicta classica Veteris Testamenti post Georgii Laurentii Baueri curas notis perpetuis et philologicis et historico-dogmaticis illustr. Carol. Frider. Stegmannus.** P. 1. — Lipsiae: Weygand 1838. XVIII, 265 S. 8°
1. Theologiam complectens.
3. 7. 10. 12: Dogm. 977 m. 21. 28. 302. 307.
13.59

— **Entwurf einer Einleitung in die Schriften des alten Testaments.** — Nürnberg [usw.]: Monath & Kußler 1794. 432 S. 8°
1: Bl 451. 2. 7. 12: Exeg. 80. 14. 16. 21. 24. 45. 79. 308.
13.60

— **Entwurf einer historisch-kritischen Einleitung in die Schriften des Alten Testaments.** 2., verb. u. ganz umgearb. Ausg. — Ebd. 1801. XII, 492 S. 8°
9. 17. 19. 20. 24. 42. 78. 117. 123. 214. 302. 308.
13.61

—— 3., verb. Aufl. Ebd. 1806. IV, 514 S. 8°
1: Bl 453. 2. 4. 9. 12: Exeg. 81. 15. 18. 19. 26. 27. 42. 207.
13.62

— **Entwurf einer Hermeneutik des Alten und Neuen Testaments.** — Leipzig: Weygand 1799. XXIV, 182 S. 8°
1: Bf 4680. 5. 7. 8. 11. 12: Exeg. 82. 14. 15. 17. 19. 21. 24. 27. 29. 45. 78. 117. 302. 307.
13.63

— Gespräche e. Lehrers mit seinen Eleven über d. Wahrheiten d. christl. Religion, 6 Hefte. 8. Nürnb. 785. Milbrodt.

— **Gespräche eines Lehrers m. seinem Eleven üb. Religion.** 8. Nürnberg, Milbrodt. 8o5.

— **Gespräche eines Lehrers mit seinem erwachsenen Eleven über die Wahrheiten der christlichen Religion.** — Nürnberg: Six 1785. 476 S. 8° 4. 19. 29.
13.64

— **Handbuch der Geschichte der hebräischen Nation von ihrer Entstehung bis zur Zerstörung ihres Staats.** Th. 1.2. Nürnberg [usw.]: Monath & Kußler 1800-04. 8°
1: Bh 4530. 7. 8. 10. 12: B. hist. 10 u. 14. 15. 17. 26. 27. 30. 38. 41. 46. 48. 75. 78. 102. 211. 302. 304.
13.65

— **Hermeneutica sacra Veteris Testamenti.** — Lipsiae: Weygand 1797. X, 414 S. 8°
Frühere Ausg. s. *Glass,* Salomon: Philologia sacra. 2, 2. 1797.
4. 5. 9. 19. 21. 27. 41. 75. 79.
13.66

— **Kurzes Lehrbuch der hebräischen Alterthümer des Alten und Neuen Testaments.** — Leipzig: Weygand 1797. XXIV, 256 S. 8° 12: Exeg. 79a. 15. 16. 17. 19. 23. 24. 27. 30. 34. 75. 214. 302. 304.
13.67

Bauer, Geo. Lor., kurzgefaßt. Lehrbuch d. hebrä. Alterthümer d. Alten u. Neuen Testaments. Zur weitern Erläuter. in Vorlesn. bestimmt. 2., verb. u. verm. Ausg. v. Er. Friedr. Karl Rosenmüller. gr. 8. (16 B.) Leipzig 835, [Gebhardt u. Reisland.]

Bauer, Geo. Lor., kurzgefaßtes Lehrbuch d. hebräischen Alterthümer des Alten u. Neuen Testaments. Zur weitern Erläuterung in Vorlesungen bestimmt. 2e verb. u. verm. Ausg. v. Er. Fr. Karl Rosenmüller. gr. 8. Leipz. 835. Weygand. 1 rß

[—] Neuestes Lehrbuch der Erdbeschreibung vornehmlich über den Homännischen Schulatlas von sechs und dreyßig Karten. — Nürnberg: Homann 1787. 704 S. 8° 16. 13.69
Dass. s.a.: Lehrbuch der Erdbeschreibung...

— Memoriam ... Georgii Andreae Willii ... commendat Georgius Laurentius Bauer. — Altdorfii (1798): J.P. Meyer. 4 Bl. 4° 5. 19. 24. 75. 13.70

— Biblische Moral des Alten Testaments. Th. 1. 2. — Leipzig: Weygand 1803. 8°
1: Bl 2595. 2. 3. 5. 16. 25→28. 45. 75. 79. 211. 302. 13.71

— bibl. Moral d. A. Testaments. 2 Thle. gr. 8. Leipz. 803. u. 4. Weygand. 3 rß 16 gl

— Biblische Moral des Neuen Testaments. Th. 1. 2. — Leipzig: Weygand 1804–05. 8°
1. Sittenlehre Jesu nach d. Evangelisten. 1804.
2. Sittenlehre Pauli, Petri u. Judä, Jacobi u. des Briefs an d. Hebräer. 1805.
1: D 5210. 2. 8. 14. 16. 25. 27. 28. 41. 42. 45. 46. 79. 302. 13.72

— Hebräische Mythologie des alten und neuen Testaments, mit Parallelen aus der Mythologie anderer Völker, vornemlich der Griechen und Römer. Bd 1. 2. — Leipzig: Weygand 1802. 8°
1: Bl 2590. 2→5. 8. 9. 10. 12: Exeg. 83. 15. 16. 18→21. 23→29. 35. 41. 43. 44. 48. 102. 117. 214. 302. 304. 308. 13.73

— hebräische Mythologie d. A. u. N. Testaments, u. Parallele aus d. Mythologie anderer Völker etc. 2 Thle. gr. 8. Leipz. 802, 3. Weygand. 3 rß

— Samml. u. Erklär. d. parabolischen Erzähll. unsers Herrn. 8. Leipz. 781. Compt. f. Litt. 8 gl

— Sammlung und Erklärung der parabolischen Erzählungen unsers Herrn. — Leipzig: Hilscher 1782. 248 S. 8°
8. 19. 27. 13.74

— Summarien über d. Sonntagsepisteln. gr. 8. Frankf. a. M. 780. Grattenauer in N. 16 gl

— Theologie d. A. u. N. Test. s. a. Theologie.

[—] Biblische Theologie des Neuen Testaments. Bd 1–4. — Leipzig: Weygand 1800–02. 8°
1. Christologie nach d. drey ersten Evangelisten. 1800.
2. Theologie u. Anthropologie nach d. drey ersten Evangelisten, u. christliche Religionstheorie nach Johannes. 1801.
3. Christlicher Religionsbegriff 1. nach d. Apocalypse, 2. nach Petrus, 3. nach d. zweyten Brief Petri u. d. Briefe Judä. 1801.
4. Nach d. Lehrbegriff Pauli. 1802.
1: Bp 9256. 2. 3. 5. 7. 8. 15. 16. 19. 26. 27. 28. 44. 45. 79. 102. 117. 214. 13.75

[—] Theologie des alten Testaments oder Abriß der religiösen Begriffe der alten Hebräer. [Nebst] Beyl. — Leipzig: Weygand 1796–1801. 8°
Beyl. Enth. die Begriffe von Gott u. Vorsehung. 1801.
1: Bl 2586. 3. 8. 15. 18. 19. 23. 25. 27. 28. 44. 45. 75. 79. 117. 13.76

— Untersuchungen d. kleinen Propheten s. a. Propheten, d. kleinen.

— Untersuchungen der kleinen Propheten m. Commentar. 2 Thle. gr. 8. Leipzig, Schwickert. 786—90.

— Verzeichniß der Bücher des verstorbenen Kurbadischen Kirchenraths ... Herrn G. L. Bauer. [Auktionskat.] — Heidelberg [1806]: Gussmann. 64 S. 8° 21. 13.77

— Was hielt Mohammed von der christlichen Religion und ihrem Stifter? — Nürnberg: Stiebner 1782. 94 S. 8°
1: Zu 7407. 8. 12: Polem. 175r [2 Ex.] 19. 21. 28. 13.78

Bauer, Georg Ludwig s. *Bauer,* Georg Lorenz. 1781.

Bauer, George [Hrsg.]
s. *Baginski,* Max: Syndikalismus. 1909.

Bauer, George Robert: Ueber das Eigenthumsrecht an den unterirdischen Mineralschätzen und die Reformen, welche die Gesetzgebung in Ansehung desselben zu bewirken hat. — Freiberg: Engelhardt 1849. 38 S. 8°
1: Gm 11885. 3. 7. 12: Metall. 8. 14. 35. 39. 43. 47. 83. 208. 302. 13.88

Bauer, Georgius Laurentius s. *Bauer,* Georg Lorenz. 1781.

Bauer, Gilbert s. *Baur.*

Bauer, Gottfried, Präzeptor, Stuttgart. 1809: Albumblätter für deutsche Frauen und Töchter. — Stuttgart: Belser [1872]. VIII, 232 S. 8° 24. 13.92

— Interessante Erzählungen für die Jugend und das reifere Alter. Mit e. Einl. von Eisenmann. Samml. [1]–4 [nebst] Neue Samml. — Stuttgart: Belser (N.S.: Schmidt & Spring) 1869–[74]. 8° 24. 107 [=1/3. Neue Samml.] 13.93

Bauer, G., interessante Erzählungen für die Jugend und das reifere Alter gesammelt und bearb. Mit einer Einleitung von Eisenmann. 1.—4. Sammlung. gr. 16. (166 S. mit 4 Holzschntaf.; 180 S. mit 4 Holzschntaf.; 180 S. mit 4 Stnt. in Tondr.; 179 S. mit 4 Stnt. in Tondr.) Stuttgart 869—73, Belser's Verlag. cart. 1.—3. Sammlung à 4. Sammlung

— interessante Erzählungen f. die Jugend u. das reifere Alter gesammelt u. bearb. Mit e. Einleitg. v. Eisenmann. 3—5. Sammlung. Mit à 4 (lith.) Bildern (in Tondr.) gr. 16. (180 S.) Ebend. 870—74. 6. 30
3. (180 S.) 1. 50. — 4. (179 S.) 1. 80. — 5. (VIII, 190 S.) 3. —

— dass. — Neue (5.) Sammlung. gr. 8. (VIII, 190 S. mit 4 chromolithogr. Bildern.) Stuttgart 874, Schmidt und Spring. geb.

Bauer, Gottfried, Magister, Leipzig. 1734: De fanaticis academiarum Hostibus disserit atque ... Christiano Schmidio ... gratulatur Godofredus Bauerus. — Lipsiae [1734]: Langenheim. 26 S. 8°
2. 7. 9. 10. 14. 17. 18. 19. 23. 27. 30. 41. 13.89

— deutsches Lesebuch für die 2. Klasse der Elementaranstalten, Mittelschulen und Töchterinstitute. gr. 8. (VIII, 256 S.) Stuttgart 877, Belser'sche Verlagsh. *
geb. in Halbleinw. ** ℳ 1,90.; in Halbleder **

— Prüfungsdiktate, gegeben an Ostern und im Spätjahr zum Eintritt in die I. Klasse des humanist. und realist. Gymnasiums und die I. und II. Klasse der Realanstalt. Gesammelt, geordnet und bearb. 1.—3. Aufl. gr. 16. (79 S.) Stuttgart 879, Levy und Müller. * 50 Pf.; cart. *

Bauer, G., Prüfungsdiktate, gegeben an Ostern und im Spätjahr zum Eintritt in die I. Klasse des humanist. und realist. Gymnasiums und die I. und II. Klasse der Realanstalt. Gesammelt, geordnet und bearb. 4. Aufl. 12. (79 S.) Stuttgart 880, Levy und Müller. 50 Pf.; cart. *

— Prüfungsdiktate, gegeben im Früh- u. Spätjahre zum Eintritt in die I. Klasse des humanist. u. realist. Gymnasiums u. die I. u. II. Klasse der Realanst. Gesammelt, geordnet u. bearb. nach den amtlich festgestellten Regeln der neuesten deutschen Rechtschreibung. 5. verm. Aufl. 8. (VII, 83 S.) Stuttgart 882. Levy & Müller. n. — 50; cart. n. — 60

Bauer, G., Prüfungsdiktate, gegeben im Früh- u. Spätjahre zum Eintritt in die I. Klasse d. humanist. u. realist. Gymnasiums u. die I. u. II. Klasse der Realanstalt. Gesammelt, geordnet u. bearb. nach den amtlich festgestellten Regeln der neuesten deutschen Rechtschreibg. 6. verm. Aufl. 12. (VII, 83 S.) Stuttgart 884. Levy & Müller. n. — 50; cart. n. — 60

Bauer, G. (II.), Prüfungsdiktate, gegeben im Früh- und Spätjahre zum Eintritt in die I. Klasse des humanist. und realist. Gymnasiums und in die I. und II. Klasse der Realanstalt. Gesammelt und für die Hand des Schülers bearb. nach der neuesten deutschen Rechtschreibung. 8. Aufl., durchges. und verm. von K. Ed. Fetzer. 8. (VII, 88 S.) Stuttgart 887, Levy und Müller. cart. *

Bauer, G., u. C. Ed. Fetzer, Prüfungsdiktate f. die Vorschulen höherer Lehranstalten, besonders zum Eintritt in die unteren Klassen d. humanist. u. realist. Gymnasiums u. der Realschule, nebst weiteren Diktaten f. die folg. Schuljahre. Gesammelt u. nach der neuen deutschen Rechtschreibg. f. die Hand der Schüler bearb. 9. Aufl. 12. (VIII, 112 S.) Stuttgart 891. Levy & Müller. Kart. n. — 60

Bauer, G. u. CE Fetzer, Prüfungsdiktate f. d. Vorschulen höh. Lehranstalten, bes. z. Eintritt in d. unt. Klassen d. humanist. u. realist. Gymnasiums u. d. Realschule, nebst weit. Diktaten f. d. folg. Schuljahre. 11. Afl. 12° (112) Stuttg. 91, Levy & M. Kart. — 60

Bauer's, G., Prüfungsdiktate f. d. Vorschulen höh. Lehranst., bes. z. Eintritt i. d. unt. Klassen d. Gymnasien u. Realschulen, nebst weit. Diktaten f. d. folg. Schuljahre. F. d. Hand d. Schüler neubearb. u. m. e. alphabetisch geordn. Wörterverzeichnis vers. v. Adf. Staiger. 12. Aufl. 12. (VIII, 140 S.) Stuttgart 898. Levy & Müller. Kart. n. — 75

Bauer's, G, Prüfgsdiktate f. d. Vorsch. höh. Lehranst., bes. z. Eintritt in d. unt. Kl. d. Gymnasien u. Realsch., nebst weit. Diktaten f. d. folg. Schuljahre. 13. Afl. v. A Staiger. (140) 12° Stuttg., Levy & M. ('03). Kart. — 75 d

— praktischer Rathgeber bei Abfassung von Bittschriften und Eingaben an höhere Behörden mit Berücksicht. der neuesten Verordnungen, nebst einem Anhang mit den übl. Titulaturen, mit der württemberg. Rangordnung, den Central- und Kreis-Verwaltungsstellen nach den 6 Ministerial-Departements geordnet. Mit empfehlenden Worten von Fischer. gr. 8. (188 S.) Ulm 875, Ebner'sche Buchh.

Bauer, G, s. a. Sammlung neuer Geburtstags- usw. Wünsche.

Bauer, G., Sammlung neuer Geburtstags- und Neujahrs-Wünsche. Ein Hilfsmittel für die Jugend von 7—14 Jahren in Versform und Prosa. 16. (72 S.) Ulm 864, Ebner'sche Buchh.

— Sammlung neuer Geburtstags- und Neujahrs-Wünsche. Ein Hilfsmittel für die Jugend von 7—14 Jahren in Versform und Prosa. Mit einem Vorwort von Haßler. 2. verm. Aufl. 16. (72 S.) Ulm 870, Ebner.

— Sammlung neuer Geburtstags-, Namenstags- und Neujahrs-Wünsche. Ein Hülfsmittel für die Jugend von 7—14 Jahren in Versform und Prosa. Mit einem Vorwort von Haßler. 3. stark verm. Aufl. 16. (128 S.) Ulm 882, Ebner'sche Buchh.

— Sanctum esse matrimonium demonstrat ... Godofredus Bauerus. — Lipsiae [1736]: Langenheim. 20 S. 8°
Glückwunsch zur Vermählung von Johann Friedrich Oesterreich mit Christiane Dorothea Haenel. 1:11 in D 6. 21.
13.90

— De matrimonii sanctitate ex divinis aliisque rationibus probata ... occasione quadam data disseruit Godofredus Bauerus. — Ebd. 1736. 19 S. 8° 1:34 in Bd 8603–152.
3. 4. 9. 10. 14. 18. 21. 23. 36. 41. 45.
13.91

Bauer, G., praktischer Unterrichtsgang im Rechtschreiben für die ersten Schuljahre, nebst einem Anhang prosaischer und poetischer Diktate, bearb. nach den amtlich festgestellten Regeln der deutschen Rechtschreibung. Stuttgart 862. Belser. 8. (88 S.) 3 ngr

— praktischer Unterrichtsgang im Rechtschreiben für die ersten Schuljahre, nebst einem Anh. prosaischer und poet. Diktate bearb. nach den amtlich festgestellten Regeln der deutschen Rechtschreibung. 1. Aufl. 1862. und 2., verm. und verb. Aufl. 8. (104 S.) Stuttgart 868, Belser's Verlagsh.

— praktischer Unterrichtsgang im Rechtschreiben für die ersten Schuljahre, nebst e. Anh. prosaischer u. poetischer Dictate, bearb. nach den amtlich festgestellten Regeln der deutschen Rechtschreibung. 2. Aufl. 866. (94 S.) — 3. Aufl. 868. — 4. unveränd. Aufl. Stuttgart 869. Belser's Verlag. 16. (104 S.) 4 ngr

— dass. — 5., verm. Aufl. 1871, und 6. durchgesch. [Doppel-] Aufl. gr. 16. (120 S.) Ebendas. 878. * cart. *

— praktischer Unterrichtsgang im Rechtschreiben für die ersten Schuljahre, nebst einem Anhang pros. und poet. Diktate, bearb. nach den amtlich festgestellten Regeln der deutschen Rechtschreibung. 7.—10. verb. Aufl. 8. (120 S.) Stuttgart 875—79, Belser'sche Buchh. ** 50 Pf.; cart. **

— prakt. Unterrichtsgang im Rechtschreiben f. d. ersten Schuljahre. 8. Afl. 16. (120) Stuttg. 75, Belser. n. — 50; cart. n. — 60

— praktischer Unterrichtsgang im Rechtschreiben f. die ersten Schuljahre, nebst e. Anh. pros. u. poet. Diktate, bearb. nach den amtlich festgestellten Regeln der deutschen Rechtschreibg. 9., verm. u. verb. Aufl. gr. 16. (120 S.) Stuttgart 876. Belser. n.n. — 50; cart. n. — 60

— praktischer Unterrichtsgang im Rechtschreiben f. die ersten Schuljahre, nebst e. Anh. prosaischer u. poetischer Diktate, bearb. nach den neuesten, amtlich festgestellten Regeln der deutschen Rechtschreibg. 15. Aufl., durchges. u. verb. v. Fick. 8. (120 S.) Stuttgart 890. Belser. cart. n.n. — 65

— praktischer Unterrichtsgang im Rechtschreiben für die ersten Schuljahre, nebst einem Anhang pros. und poet. Diktate, bearb. nach den amtlich festgestellten Regeln der deutschen Rechtschreibung. 11.—13. verb. Aufl. 8. (120 S.) Stuttgart 880—81, Belser'sche Buchh. cart. **

— praktischer Unterrichtsgang im Rechtschreiben für die ersten Schuljahre, nebst einem Anhang prosaischer und poetischer Diktate, bearb. nach den neuesten amtl. festgestellten Regeln der deutschen Rechtschreibung. 14. verb. Aufl. 8. (VIII, 120 S.) Stuttgart 885, Ch. Belser'sche Verlagsh. cart. **

— Prakt. Unterr.-Gang im Rechtschreiben f. d. ersten Schulj., nebst e. Anh. pros. u. poet. Diktate. 16. Afl. v. Fick. 12° (120) Stuttg. 1900, C Belser. Kart. nn — 65

Bauer, G., praktischer Unterrichtsgang im Rechtschreiben f. die ersten Schuljahre, nebst e. Anh. prosaischer u. poetischer Diktate u. e. Wörterverzeichnis. 17. Aufl., nach der neuen amtl. Rechtschreibg. berichtigt u. ergänzt v. Fick. 8. (IV, 120 S.) Stuttgart 903. Ch. Belser. Kart. n.n. — 65

Bauer, Gfried. Wach auf! Ein freies Wort an die Zeitgenossen. gr. 8. (48 S.) Berl. 891, Schneider u. Comp. * — 60

Bauer, Gottlieb, Übersetzer im Saratowschen Kontor für die ausländischen Ansiedler, Saratow. 1908: Geschichte der deutschen Ansiedler an der Wolga seit ihrer Einwanderung nach Rußland bis zur Einführung d. allgemeinen Wehrpflicht ⟨1766–1874⟩. — Saratow 1908: Buchdr. Energie. IV,182 S. 8° 1: Uf 8990. 6. 10. 30.
13.98

Geschichte der deutschen Ansiedler an der Wolga seit ihrer Einwanderung nach Rußland bis z. Einführung d. allgem. Wehrpflicht ⟨1766–1874⟩ nach geschichtl. Quellen u. mündl. Überlieferungen bearb. von Gottlieb **Bauer**. Saratow 1908: Buchdr. Energie [auf d. Umschl. aufgekl.: Riga: Jonck & Poliewsky in Comm.]. 182 S. 8°
10. 16799

Bauer, Glieb., Geschichte d. deutsch. Ansiedler an d. Wolga seit ihrer Einwanderg. nach Rußland bis zur Einführg. der allgem. Wehrpflicht (1766—1874), nach geschichtl. Quellen u. mündl. Uberlieferan. bearb. 2. Aufl. (182 S.) gr. 8. Saratow 908. (Riga, Jonck & Poliewsky.) 2. —

— Marie Liebrecht. Ein Poem. — Dresden: Pierson [1905]. 275 S. 8° **212.**
13.97

Bauer, G: Marie Liebrecht. Ein Poem. (277) 8° Dresd., E Pierson ('06). 8 —; geb. n 4 — d

Bauer, Gottlieb Johann
— Struensee's Feldbefestigungskunst zum Selbstunterrichte umgearb. ... und mit eigenen Erfahrungen verm. München 1832: Hübschmann. VI,145 S., 15 Taf. 8° 12: App. mil. 135d. **20. 209.**
13.100

Bauer, Gottlieb Martin Gerhard: Biblischer Lehrgang im Christenthum mit Zugrundelegung des kleinen Katechismus Luthers. Mit e. Vorw. von Pastor Harms. — Kiel: Schwers 1850. X,248 S. 8° **8. 23. 29. 47.**
13.101

— **Gottlob Benjamin** (Guben), De scarlatina observationes et meletemata quaedam. Diss. med.-chir. Präs. Salomon Constantin Titius. Wittenbg. (Tzschiedrich) 2. VIII. 1796. 26 Seiten. (5.—) 1298

Bauer, Gottlob Friedrich Karl: Kurze Beschreibung der, den 15. October 1576. celebrirten Inauguration der Universität Helmstädt. — Wolfenbüttel: Meißner [um 1760]. 6 Bl. 8° **7. 23.**
13.102

— Grundrisse von gewissen Wahrheiten aus der Vernunft und Religion. Nebst e. kurzen Anh. — Wolfenbüttel: Meißner 1764. 380 S. 8° **5. 23.**
13.103

— Rede von den großen Verdiensten des unsterblichen Julius um die Religion und Wißenschaften. — Goslar [1754]: Duncker. 30 S. 8° **23.**
13.104

— **Gottlob Samuel,** De pacis interpretibus diss. Annaberg (Fries) 1763. 12 S. (3.50)
Namen.

— — Ordinum aequalitatem in his terris locum habere non posse probat. Annaberg (Hasper) 10. IV. 1793. 8 S. (1.20)
Namen.

— — Juvenum quorundam in studiis litterarum praecipitantiam perstringit. Annaberg (Fries) 24. IV. 1770. 4 Bl. (3.—)
Namen.

— — De pruritu vertendi prolusio. Chemnitz (C. Fr. Gebhard) Mai 1778. 8 S. (2.50)
Namen.

Bauer, Guilelmus, s. Bauer, Wilhelm.

Bauer, Guilhelmus s. *Baur*, Johann Wilhelm.

Bauer, Gustav, Postamts-Administrator, Kyritz. 1847 [Hrsg.] s. *Bauer*, Heinrich. 1800: Lehrbuch der neuhochdeutschen Sprache. 1847.

Bauer, Gustav, Prof. für Mathematik, München, † 1906. 1857: Bemerkungen über zahlentheoretische Eigenschaften der Legendre'schen Polynome. — München 1894. S. 343–359. 8°
Aus: Sitzungsberichte d. Kgl. Bayerischen Akademie d. Wissenschaften zu München. Math.-phys. Cl. 24. 1894.
12: Math. U. 13r–9. **19. 29.**
13.106

Bauer, Gustav, Ober-Ingenieur, Dr., Stettin. 1899: Berechnung und Konstruktion der Schiffsmaschinen und -Kessel. Ein Handbuch zum Gebrauch für Konstrukteure, Seemaschinisten u. Studierende. Unter Mitw. d. Ing. E. Ludwig [u.a.] — München [usw.]: Oldenbourg 1902. XVI,663 S. 8° 1: Hz 35008. 12: Math. A. 16eb–1. **15. 19. 43. 79. 83. 86→91. 93. 201. 210. 305. 307.**
13.135

— — 2., verm. u. verb. Aufl. Ebd. 1904. XVI,727 S. 8° 1: Hz 35008^{2}. 12: Math. A. 16ec–1. **19. 44. 82. 83. 84. 86. 89. 90. 91. 93. 201.**
13.136

— — 3., verm. u. verb. Aufl. Ebd. 1908. XVIII,820 S. 8° 1: Hz 35008^{3}. 11. 12: Math. A. 16ed. **19. 83. 86. 87. 90. 91. 93. 201.**
13.137

— — 4., unveränd. Aufl. Ebd. 1910. XX,820 S. 8°
Spätere Aufl. s. *Bauer:* Der Schiffsmaschinenbau. 1923-27.
1: Hz 35008^{4}. **82. 84. 85. 88. 91. 210.**
13.138

— — [Erg. Band] Schiffsturbinen. Von G. Bauer u. O. Lasche unter Mitw. d. Ing. E. Ludwig [u.a.] — Ebd. 1909. XII, 200 S. 8° 1: Hz 35008^{3}–Erg. Bd. **6. 11.** 12: Math. A. 16eb–2. **19. 83→91. 93. 201. 210. 305.**
13.139

— Ueber die Darstellung binärer Formen als Potenzsummen und insbesondere einer Form vom Grade 2n als eine Summe von n+1 Potenzen. — München 1892. 20 S. 8°
Aus: Sitzungsberichte d. Kgl. Bayerischen Akademie d. Wissenschaften. Math.-phys. Cl. 22. 1892.
12: Math. U. 13r–7. **19. 29.**
13.107

— Von der Hesse'schen Determinante der Hesse'schen Fläche einer Fläche dritter Ordnung. — München 1883. 14 S. 4°
Aus: Abhandlungen d. Kgl. Bayerischen Akademie d. Wissenschaften. Math.-phys. Cl. 14,3. 1883.
12: 4° Math. P. 31 fd [2 Ex.] **19. 21. 29. 75.**
13.108

Bauer, Gustav [app. Arzt aus Friedrichshof]: Die Entzündungen der Rippen nach Typhus abdominalis ... Rostock, C. Boldt'sche Hof-Buchdr., 1894; 39 S. 8.
Rostock, Med. Fak., Inaug.-Diss. v. [1. Febr.] 1894

— Mathematischer Verein München. Fest-Vortrag zum 16. Stiftungs-Feste ... 1893: 'Erinnerungen aus meinen Studienjahren, insbesondere mit Rücksicht auf die Entwickelung der Mathematik in jener Zeit'. — München 1893: Wolf. 15 S. 8° (Semester-Bericht d. Mathematischen Vereins München. 32, Beil.)
12: Math. U. 13r–8. **19. 29.**
13.109

— Von den Gammafunctionen und einer besonderen Art unendlicher Producte. — [Berlin 1860.] 18 S. 4°
Aus: Journal für d. reine u. angewandte Mathematik. 57. 1860.
19. 29.
13.110

— Gedächtnissrede auf Otto Hesse gehalten in der öffentlichen Sitzung der k.b.Akademie der Wissenschaften zu München... 1882. — München: Akademie 1882. 30 S. 4°
1:4° At 6960a-5[u.] 4° At 6960a-6. 2→8. 10. 11.
12:4° Bavar. 2134a-7 [2 Ex.] 15→22. 24→30. 43.
75. 86. 91. 210. 300:169.027-C. 303.
13.111

Bauer, Gustav, Rektor, Erfurt, † 1904. 1888: Die Gesundheitspflege in der Schule. Vortrag. — Langensalza: Beyer 1888. 50 S. 8° 1:Ne 8318. 3. 4. 7. 38M. 107. 207.
13.123

Bauer, G., D. Gesundheitspflege i. d. Schule. Vortrag, geh. a. d. Volksschullehrer-Konferenz i. Erfurt am 30. VI. 1897. 2., verm. u. verb. Aufl. gr. 8. (VIII, 83 S.) Langensalza 897. H. Beyer & Söhne. n. — 80

— Von den Integralen gewisser Differential-Gleichungen, welche in der Theorie der Anziehung vorkommen. — München 1857: Wild. 47 S. 4° 91.
13.112

— s.: Kalender f. Seemaschinisten.

— Von einem Kettenbruche Euler's und einem Theorem von Wallis. — München 1872. 20 S. 4°
Aus: Abhandlungen d. Kgl. Bayerischen Akademie d. Wissenschaften. Math.-phys. Cl. 11,2. 1872.
12:4° Math.P.31f[2 Ex.] 19. 21. 29. 75. 91.
13.113

Klagen über die nach der Schulzeit hervortretenden Mängel der Schulunterrichtserfolge. Von Gustav Bauer, Rektor in Erfurt. *Langensalza: H. Beyer & Söhne 1903.* (23 S.) 8°
= Magazin, Pädagogisches. H. 207. [03. 8]

Bauer, Gust., von der Kurve 6. Ordnung, welche der Ort der Brennpunkte der Kegelschnitte ist, welche durch vier Punkte gehen. (S. 97—108.) gr. 8. München 905. (G. Franz' Verl.) n. — 20
Sonderabdruck aus: „Sitzungsber. d. bayer. Akad. d. Wiss."

Bauer, Gustav [aus München]: Ueber eine neue Methode zur Bestimmung des specifischen Gewichtes von gesättigten Dämpfen ... M. e. Taf. Leipzig, J. A. Barth, 1895; 31 S., 1 Taf. 8.
München, Phil. Fak., Inaug.-Diss. v. 1895

— Richtergeschichten, bearb. von Gustav Bauer, und Israelitische Königsgeschichten, bearb. von Gerhard Gille. Leipzig: Wunderlich 1900. VIII,279 S. 8° (Präparationen für d. evangelischen Religionsunterricht. 2.) (Evangelischer Religionsunterricht. 5.) 45. 109. 207.
13.126

— — 2., verb. Aufl. Ebd. 1905. VIII,279 S. 8° (Präparationen ... 2.) (Evangelischer Religionsunterricht. 5.)
Spätere Aufl. s. *Gille*, Gerhard: Geschichten von den Königen und Propheten Israels. 1908 u. 6. 207.
13.127

— Israelit. Schriftpropheten. Hilfsbüchl. f. d. ev.-christl. Relig.-Unterr. (36) 8° Langens., H Beyer & S. '02. — 20 d

Israelitische Schriftpropheten. Hilfsbüchlein f. d. evang.-christl. Religions-Unterr. Von G[ustav] Bauer, (Erfurt). 2. Aufl. Langensalza: H. Beyer & Söhne 1906. (36 S.) 8° [β.] [07. 968]

Bauer, Gust.: Israelit. Schriftpropheten. Hilfsbüchl. f. d. evang.-christl. Relig.-Unterr. 4. Afl. (4, 36) kl8° Langens., H Beyer & S. '12. — 20 d

— Von einigen Summen- und Differenzenformeln und den Bernoullischen Zahlen. — [Berlin 1861.] 10 S. 4°
Aus: Journal für d. reine u. angewandte Mathematik. 58. 1861.
19. 29.
13.115

Bauer, Gustav (Hrsg.), s. Taschenbuch für Schiffsingenieure.

— Von zwei Tetraëdern, welche einander zugleich eingeschrieben und umschrieben sind. — München 1897. S. 359-366. 8°
Aus: Sitzungsberichte d. Kgl. Bayerischen Akademie d. Wissenschaften zu München. Math.-phys. Cl. 27. 1897.
12: Math. U.13r-10. 19. 29.
13.116

— Ueber das Pascal'sche Theorem. — München 1874. 31 S. 4°
Aus: Abhandlungen d. Kgl. Bayerischen Akademie d. Wissenschaften. Math.-phys. Cl. 11,3. 1873.
12:4° Math.P.402-31[2 Ex.] 19. 21. 29. 75.
13.117

(—) Untersuchungen über den Schraubenwiderstand des Schnelldampfers 'Kaiser Wilhelm der Grosse' auf Grund von Messungen der Rotations-Geschwindigkeit der Welle. Dat. Stettin 2.4.1899. 22 S. 4° 86.
13.144

— Urgeschichten, Moses- und Josuageschichten. — Leipzig: Wunderlich 1900. X,259 S. 8° (Evangelischer Religionsunterricht. 4.) 46.
13.128

— — 2., verb. Aufl. Ebd. 1904. IX,237 S. 8° (Evangelischer Religionsunterricht. 4.) 207.
13.129

— — Durchges. u. teilw. umgearb. von A. Reukauf. 3., verb. Aufl. — Ebd. 1907. IX,299 S. 8° (Evangelischer Religionsunterricht. 4.)
1: Eo 4020-4. 12: Catech. 553rd-4. 46. 47. 109.
13.130

— — 4., verb. Aufl. Ebd. 1909. IX,299 S. 8° (Evangelischer Religionsunterricht. 4.) 61.
13.131

— Von den gestaltlichen Verhältnissen der parabolischen Curve auf einer Fläche dritter Ordnung. — [München 1883.] S. 321-343. 8°
Aus: Sitzungsberichte d. Kgl. Bayerischen Akademie d. Wissenschaften zu München. Math.-phys. Cl. 13. 1883. 19. 29.
13.118

— Vorlesungen über Algebra. (Hrsg.: Karl Doehlemann.) Leipzig: Teubner 1903. VI,375 S. 8°
1: Oc 747. 3. 4. 7. 8. 11. 12: Math.P. 25k. 15. 18. 19. 25. 26. 27. 30. 46. 82. 83. 86→91. 169. 219. 302. 303. 305.
13.119

— — 2. Aufl. Leipzig [usw.]: Teubner 1910. V,366 S. 8°
1: Oc 747². 2. 5. 6. 7. 9. 10. 11. 12: Math.P. 25kb. 16. 19. 20. 21. 24. 29. 38. 82. 84. 87. 88. 91. 302. 304. 305.
13.120

— Von der Zerlegung der Discriminante der cubischen Gleichung, welche die Hauptaxen einer Fläche zweiter Ordnung bestimmen, in eine Summe von Quadraten. — [Berlin 1870.] 14 S. 4°
Aus: Journal für d. reine u. angewandte Mathematik. 71. 1870.
19. 29.
13.122

Bauer, Gustav Adolf, staatlich geprüfter Nahrungsmittelchemiker und Apotheker aus Niederstetten: Über die Konstitution der bei der Einwirkung von Schwefelkohlenstoff und Ätzkali auf Ketone entstehenden Verbindungen. Erlangen 1908: Junge & Sohn. (73 S.) 8°
Erlangen, Phil. Fak., Ref. Paal-Fischer, Diss. v. 29. Juni 1908
[Geb. 21. April 80 Niederstetten; Wohnort: Waiblingen; Staatsangeh.: Württemberg; Vorbildung: Gymn. Cannstatt Reife 96; Studium: Erlangen 10 S.; Rig. 13. Mai 08.]

Bauer, György, s. Bauer, Georg.

Bauer, H., s. a. Anleitung z. Eisenhüttenkunde.

Bauer, H., Arbeiter auf d. Blaufarbenwerk zu Schneeberg, Grünhayn, geb. 1777. 1819: **Kurze Anleitung zur Eisenhüttenkunde in mineralogischer, chemischer und hüttenmännischer Hinsicht. Ein Handbuch für Hammergewerken, Officianten u. unstudirte Hüttenmänner. (Verf.: H. Bauer.) — Sondershausen [usw.]: Voigt 1819. XX,186 S. 8°** **31. 83.**
13.148

Bauer, H., s.a. Anweisung aus Kartoffeln etc.

(—) **Vortheilbringende und gründliche Anweisung aus nicht erfrornen und vorzüglich aus erfrornen Kartoffeln einen Brantwein von gutem Geschmack und Stärke zu erlangen; wie auch sehr guten Essig ... bereiten zu können. Nebst e. Nachtr., die Bereitung sehr guter Hefen ... betreffend. — Sondershausen [usw.]: Voigt 1819. VIII, 48 S. 8°** **10. 91.**
13.149

Bauer, H. (Red.), s. Bethania.

Bauer, H.: Handbuch f. Buchbinder,
s. Bauer, Christian.

Bauer, H., Die Herren von Berlichingen in Bayern. 8.

Bauer, H., s.a. Hülfsbuch f.d. Bürger u. Landmann.

(—) **Hilfsbuch, oder Anweisung, vorzüglich für den Bürger und Landmann, in Hinsicht der Gesundheit, hauptsächlich bei verschiedenen äußerlichen Zufällen. — Neustadt a. O.: Wagner in Comm. 1819. XIV,264 S. 8°** **32.**
13.150

Bauer, H: Psychol. d. Jugendlichen, s: Aus d. Arbeit — f. d. Arbeit.

Bauer, H., der Türkenschreck in Europa, s.a. Vorträge, gemeinfaßliche, zum Vorlesen in Vereinen.

Bauer, H., Redakteur, Breslau. 1877: **Der Türkenschreck in Europa. — Breslau: Koebner 1877. 21 S. 8° (Gemeinfaßliche Vorträge zum Vorlesen in Vereinen. [Ser.1,]4.)**
1: Ag 9224–1,4. 2. 304.
13.151

Bauer, H., Dr. 1907: **Vademekum. Statistisches Nachschlagebuch. — Mülheim ‹Ruhr›: Bagel [1907]. 64 S. 8°**
1: Sa 5063. 5. 12: Cam. 293 m.
13.152

Bauer, H., Zierschnitte, s.: Horn.

Bauer, H. Th. s. *Bauer*, Hermann. 1892.

Bauer, Hanna. 1904: **Das Land der Jugend. Komödie. — Berlin: Entsch 1904. 101 S. 8°**
31. 32. 300: 624.860–B. Th.
13.155

—— Lustspiel. Ebd. 1906. 95 S. 8° **24. 31.**
13.156

— Die Redaktrice. Komödie. — Berlin: Entsch 1904. 87 S. 8° **31.**
13.157

—— Lustspiel. Ebd. 1904. 94 S. 8° **24. 31. 32.**
13.158

Bauer, Hans, bisher Assistenzarzt am Allg. Krankenhause Hamburg-St. Georg: Aus d. Allg. Krankenhause Hamburg-St. Georg. Zur Aetiologie der Melaena neonatorum. *Würzburg 1903: A. Boegler.* (22, III S.) 8°
Kiel, Med. Diss. v. [5. Okt.] 1903

Bauer, Hans, illustriertes Buchbinderbuch, s.: Brade, L.

Bauer, Hans, Referendar am Kgl. Amtsgericht Dresden: Die Haftung des Aufsichtsrats der Aktiengesellschaft. Leipzig: O. Wigand 1906. (68 S.) 8°
Leipzig, Jur. Fak., Diss. v. 29. Aug. 1906
[Geb. 2. Jan. 82 Dresden; Wohnort: Dresden; Staatsangeh.: Sachsen; Vorbildung: Gymn. z. heil. Kreuz Dresden Reife O. 01; Studium: Leipzig 6 S.; Rig. 23. Juli 04.]

Bauer, Hans
— Katechismus der Buchbinderei, s.a. Weber's illustrierte Katechismen.

— Katechismus der Buchbinderei. — Leipzig 1899. XII, 340 S. 8° (Webers illustrirte Katechismen. 180.)
1: Op 19405. 8. 12: Var. 332 f–180. 14. 17. 18. 25. 26. 52. 60. 62. 91. 201. 210. 305.
13.163

Bauer, Hans: Lehrb. d. Buchbinderei. 2. Afl. (11, 333 m. Abb.) kl8° Lpzg. JJ Weber '11. L 4 — d

— Prospekt der Geraer Fachschule für Buchbinderei. — o. O. [1905]. 24,17 S. 8° **101.**
13.165

Bauer, Hans: Die Psychol. Alhazens, s: Beiträge z. Gesch. d. Philos. d. MAlters.

Bauer, Hans: Die Tempora im Semitischen, ihre Entstehung und ihre Ausgestaltung in den Einzelsprachen. (Leipzig 1910: Pries.) 53 S. 8° ¶ (Aus: Beiträge z. Assyriol. u. semit. Sprachwiss. 8, 1.)
Berlin, Phil. Diss. v. 13. Aug. 1910, Ref. Delitzsch
[Geb. 16. Jan. 78 Grasmannsdorf; Wohnort: Bamberg; Staatsangeh.: Bayern; Vorbildung: Gymn. Bamberg Reife Juli 97; Studium: Berlin 5, Leipzig 1 S.; Rig. 3. März 10.] [U 10. 126

— Die Tempora im Semitischen. Ihre Entstehung u. ihre Ausgestaltung in den Einzelsprachen. — Leipzig: Hinrichs 1910. 53 S. 8° (Beiträge zur Assyriologie u. semitischen Sprachwissenschaft. 8,1.) Zugleich Diss. Berlin 1910.
1: Ph 9856/35–8,1 [u.] Zt 5030. 2→11. 12: A. or. 2940 p–8,1. 14. 15. 16. 18. 20. 21. 25→30. 102. 300: 390.590–B. Per. 8. 302→304.
13.172

Bauer, Hans, Referendar in Verden a. d. Aller: Welchen Nutzen gewährt der § 20 B.G.B.? Borna-Leipzig 1906: R. Noske. (4 Bl., 36 S.) 8°
Heidelberg, Jur. Fak., Ref. Bekker, Diss. v. 27. Okt. 1906
[Geb. 9. Juni 82 Hildesheim; Wohnort: Verden a. d. Aller; Staatsangeh.: Preußen; Vorbildung: Gymn. Andreanum Hildesheim Reife O. 01; Studium: Göttingen 7 S.; Rig. 26. Juli 06.]

Bauer, Heinrich: Anfangsgründe der Geometrie,
s. 1. Bauer: Lehrbuch d. reinen Math. Bd. I. 2.
2. Anfangsgründe ...

Bauer, Heinrich, Journalist, Berlin, 1838–1902. 1886: **Der verzauberte Apfel. — Stuttgart: Lutz 1886. IV,143 S. 8°**
1: Yx 22550/130. 16. 24. 79. 93.
13.219

—— der verzauberte Apfel oder Hugenbubels Leiden. Eine seltsame und kläglich zu lesende Historie in 6 Abentewern. 2. Aufl. Illustriert von E. Klein. 8. (143 S.) Ebendas. 886. *
cart *

—— dass. — 3. Aufl. Illustriert von E. Klein. 8. (143 S.) Ebendas. 888. *ℳ 2.—.: cart. *

Bauer, Heinrich: Der verzauberte Apfel. 4. Aufl.,
s. Bauer: Hunger u. Liebe.

— Bemerkungen über die deutsche Sprache in Zusätzen und Verbesserungen zur Kleinern deutschen Sprachlehre des verstorbenen Predigers Stutz. — Potsdam: Horvath 1800. 135 S. 8° **1: Y 4516. 32. 207.**
13.185

Bauer, Heinr., s.: Buch, das goldne.

— Denkschrift über die Hinrichtung des Kämmerers Carl Friedrich Schulz und des Kaufmanns Carl Friedrich Kersten durch die Franzosen in Kyritz am 8. April 1807. — Kyritz: Magistrat; Berlin: Wohlgemuth in Comm. 1845. XI,64 S. 8° 1: Sw 5394 [u.] 5395. 2. 3. 6. 12: Eur. 49 si. 18. 24. 35. 61. 109. 111. 203.
13.186

— — 2., verb. u. verm. Aufl. Ebd. 1846. XIX,85 S. 8° 1: Sw 5396. 11.
13.187

Bauer, Heinrich, Maler u. Bühnendichter, Wien, geb. 1817. 1856: Der Eine möcht', der And're nicht. Posse mit Gesang u. Tanz. — Wien 1856: Ullrich. 32 S. 8° 300: 624.861-B.Th.
13.200

— Über die allgemeine Entwickelung aller möglichen Wurzeln der numerischen algebraischen Gleichungen jedes Grades, nach einer neuen Formel. — Potsdam: Verf.; Horvath in Comm. 1810. XII,100 S. 8° 1: Oc 207. 5. 10. 11. 26. 82. 107. 111. 169.
13.188

— üb. d. allgem. Entwickelung aller mögl. Wurzeln d. numerischen Gleichungen jedes Grades rc. 4. Potsd. 812. Verf. (Horvath). 1 ₰ 2e Aufl. 4. Berl. 825. Rücker. 2 ₰

— Entwickelung aller möglichen Wurzeln der bestimmten numerischen Gleichungen jedes Grades, nach einer neuen Formel. 2., umgearb. u. verm. Aufl. — Berlin: Rücker 1825. VIII,234 S. 8° 1: Oc 208. 5. 6. 11. 17. 89. 300: 42 V 11. 302. 305.
13.189

— Ueber den Entwurf einer Kirchengemeinde- und Synodal-Ordnung für Frankfurt am Main. — Frankfurt a. M.: Elsiepen & Lange 1897. 20 S. 8° 30.
13.202

(—) Zur Erinnerung an das treue Schwesternpaar Fräulein Marie Bauer in Heidelberg, geb. 4. September 1833; gest. 19. November 1888; und Fräulein Amalie Bauer in Heidelberg, geb. 5. April 1836; gest. 8. December 1888. — (Darmstadt 1889: Winter.) 26 S. 8° 30. 31.
13.203

— Erinnerungen eines Feldgeistlichen aus den badischen Feldlazarethen im Kriege 1870–71. — Heidelberg: Winter 1872. 136 S. 8° 1: Kr. Samml. Ka 2. 12: Eur. 694d–343. 16. 26. 29. 30. 31. 202. 203.
13.201

Bauer, Heinrich, Dr. 1900: Berufswahl: Die vier Fakultäten. [Verf.: Heinrich Bauer.] — Stuttgart [usw.]: Union [1900]. 127 S. 8° (Illustrierte Taschenbücher für d. Jugend. 9.) 1: Ng 213-9. 12: H. lit. P. 37n. 17. 24.
13.223

— — 3. Aufl. Ebd. [um 1900]. 127 S. 8° (Illustrierte Taschenbücher für d. Jugend. 9.) 19. 33. 207.
13.224

— — 4. Aufl. Ebd. [um 1902]. 127 S. 8° (Illustrierte Taschenbücher für d. Jugend. 9.) 204.
13.225

— — 6. Aufl. Ebd. [um 1905]. 127 S. 8° (Illustrierte Taschenbücher für d. Jugend. 9.) 17.
13.226

— Gerechtigkeit – der Grundpfeiler, auf welchem die Wohlfahrt eines Volkes und Reiches ruht. Predigt. — Frankfurt a. M.: Elsiepen & Lange 1896. 13 S. 8° 30.
13.205

Bauer, Heinrich, Oberlandesgerichtsrat, Bamberg. 1909: Geschichte der Stadt Pegnitz und des Pegnitzer Bezirks. — Pegnitz: Rixner 1909. IV,554 S. 8° 1: Sg 5329/29. 12: Bavar. 198ci. 14. 20. 22. 29. 75. 300: 648.531-B.
13.235

— Gott mit Dir! Der Festgruß unseres Volkes an seinen Kaiser u. König. Predigt. — Frankfurt a. M.: Schriften-Niederlage d. evang. Vereins 1886. 15 S. 8° 30.
13.204

Bauer, Heinr., Gott mit Dir! Der Festgruß unseres Volkes an seinen Kaiser u. König. Predigt, geh. am 3. Jan. 1886. 2. Aufl. 8. (15 S.) Frankfurt a/M. 886. Drescher. n. – 20

Bauer, H, Gott m. Dir! Der Festgruss uns. Volkes an s. Kaiser u. König. Predigt. 2. Afl. 8. (15) Lpzg 88. Rother. n. — 20

Bauer, Heinr., vollständ. Grammatik d. neuhochdeutschen Sprache. 5 Bde. gr. 8. Berlin, Reimer. [1. (40½ B.) 827. 2 Thlr. 8 Gr., 2. (45 B.) 828. 2 Thlr. 12 Gr., 3. (44 B.) 830. 2 Thlr. 12 Gr., 4. (46½ B.) 832. 2 Thlr. 16 Gr., 5. (29 B.) 832. 1 Thlr. 18 Gr.]

— Vollständige Grammatik der neuhochdeutschen Sprache. Bd 1–5. — Berlin: G. Reimer 1827–33. 8° 1: Y 5246. 2. 3. 5. 7. 11. 14. 16. 35. 111. 207. 305.
1 - 4 : 3(
13.190

— Hadrian VI. Ein Lebensbild aus d. Zeitalter d. Reformation. — Heidelberg: Winter 1876. IV,104 S. 8° 1: Cd 8924. 2→7. 12: H. eccl. 94b. 14. 15. 17. 18. 19. 21. 23→32. 34. 35. 38. 41. 45. 62. 123. 211. 302. 304.
13.207

— Systematisches Handbuch der deutschen Sprache. Hälfte 1.2. — Berlin: Hayn 1846–48. 8° 1: Y 6071. 11. 12: L. germ. 20b. 38. 41 [**2].
13.191

Bauer, Heinr. (I.), systematisches Handbuch der deutschen Sprache, namentlich zur Vermeidung der zahllosen Fehler, deren sich noch immer die meisten selbst der gebildeten Deutschen gegen die Grammatik der neuhochdeutschen Sprache schuldig machen. 2 Hälften. gr. 8. (XXIV und 476 S., X und 429 S.) Berlin 847—48, Hayn.

Bauer, Heinr., systemat. Handbuch der deutschen Sprache, namentlich zur Vermeidung der zahllosen Fehler, deren sich noch immer die meisten selbst der gebildeten Deutschen gegen die Grammatik der neuhochdeutschen Sprache schuldig machen. 2 Hälften. gr. 8. (XXIV u. 476 S., X u. 429 S.) Berlin 848. 49, Hayn. (1: 1½ ₰ 2: 2 ₰) 3½ ₰

— Der christliche Hausstand. 7 Predigten. — Frankfurt a. M.: Schriften-Niederlage d. evang. Vereins 1884. VI, 83 S. 8° 21. 26. 30. 39.
13.208

Bauer, H., der christliche Hausstand. Sieben Predigten. 8. Frankfurt a. M. 884. Leipzig, W. Weber. [*ℳ 1.—] *
cart. mit Goldschn. [*ℳ 1.80.] *
geb. mit Goldschn. [*ℳ 2.—.] *

Bauer, H: Hunger u. Liebe. Eine seltsam u. kläglich zu les. Historie. 4. Afl. (v.: „Der verzauberte Apfel"). (157) 8° Stuttg., R Lutz '04. 1.50 d

— Ich gedenke an die Thaten des Herrn! Sedan-Fest-Predigt. — Frankfurt a. M.: Elsiepen & Lange 1895. 15 S. 8° 30.
13.209

Bauer, Heinrich, Baumeister, Mannheim. 1882: Die Jesuitenkirche in Mannheim. Baugeschichtliche Skizze. — Mannheim: Verf. 1882. 20 S. 8° 52.
13.217

— — Neue Aufl. Mannheim: (Gremm & Lorenz) 1893. 22 S. 8° 31. 107.
13.218

Bauer, Heinr., Jesus Christus — der Name, in welchem wir uns segnen beim Eingange in das neue Jahr u. Jahrhundert. Neujahrs-Predigt, geh. am 1. I. 1900. 8. (13 S.) Frankfurt a/M. 900. R. Ecklin. n. — 25

— Jesus Christus – der Name, in welchem wir uns segnen bei dem Eingange in das neue Jahr und Jahrhundert. Neujahrs-Predigt. — Frankfurt a. M.: Elsiepen & Lange 1900. 13 S. 8° **10. 30.**
13.210

Bauer, Heinr., die Kirche als Mutter der leiblichen und geistlichen Barmherzigkeit. Dem kathol. Volke dargestellt. 1. Aufl. (VIII, 344 S.) 1876; 2. verm. Aufl. gr. 8. (VIII, 346 S.) Donauwörth 879, Buchh. des kathol. Erziehungsvereins.

Bauer, Heinr.: Konfirmanden-Unterr. (48) 8° Frankf.M. '10. (Heidelbg, Evang. Verl.) — 75 d

Bauer, Heinrich, Pfarrer, Eltersdorf-Tennenlohe, † 1911. 1906: Biblisch-kirchlicher Konfirmandenunterricht. 3. Aufl. o.O.: Verf.; Nürnberg: Löhe in Komm. 1906. 62 S. 8° **12: Catech. 14hd. 29.**
13.234

Bauer, Heinrich, Kanzlei-Diätar im Kgl. Bayer. Kriegsministerium. 1880: Landwehrbezirks-Einteilung des Königreiches Bayern (vom 1. April 1880 an). — München: Fritsch 1880. 51, LXVIII S. 8° **12: Bavar. 198cf. 19.**
13.215

— — München 1880: Gotteswinter & Moeßl. 51, LXVIII S. **209.**
13.216

— Lehrbuch der Arithmetik. Bd 1. — Potsdam: Horvath 1801. XXII, 550 S. 8°
1. Bauer: Vollständiges Lehrbuch der einfachen Rechnungsarten.
1: Ob 2640.
13.192

— — [Ausz.] Kurzgefaßtes Lehrbuch der deutschen Sprache. Besonders zum Gebrauch in Volksschulen. — Potsdam: Horvath 1812. 366 S. 8°
Nebent.: Johann Ernst Stutz Kleinere deutsche Sprachlehre. Neu bearb. u. hrsg. von Heinrich Bauer. **1: Y 4523. 10.**
13.195

— Dass. im Ausz. oder kurzgefaßtes Lehrbuch rc., z. Gebr. f. Schulen. 8. Potsd. 813. Horvath. 18 Gr. (od. Stutz, kleine deutsche Sprachlehre).

— Lehrbuch d. reinen Mathematik, zum Gebr. d. Militärschulen. 1r Thl. in 2 Abtheill. (1e Abtheil. Anfangsgründe d. Arithmetik. 1 Thlr. 8 Gr. 2e Abtheil. Anfangsgr. d. Geometrie, mit Kpf. 1 Thlr. 8 Gr.) gr. 8. Berl. 818. Mittler. 2 Thlr. 16 Gr.

— Lehrbuch der deutschen Sprache. Besonders zum Gebrauch in Schulen. Bd 1–3. — Potsdam: Horvath 1811. 8°
1.2 mit Nebent.: Johann Ernst Stutz Kleinere deutsche Sprachlehre. 2. Aufl. Neu bearb. u. hrsg. von Heinrich Bauer. Th. 1.2.
3. Zusätze zum 1. u. 2. Th. von Bauers Lehrbuche der deutschen Sprache. Abth. 1.2.
1: Y 4521. **10. 12: L. germ. 20. 17. 19. 34. 43.**
13.194

— vollständ. Lehrbuch d. deutschen Sprache. 1r—3r Bd. 1e u. 2e Abtheil. gr. 8. Potsd. 812. Horvath. 3 Thlr. (1r u. 2r Bd. auch u. d. T.: J. E. Stutz, deutsche Sprachlehre. 2e Aufl. 811.)

— Lehrbuch der neuhochdeutschen Sprache für gebildete Leser und auch zum Gebrauch in oberen Classen höherer Schulen. (Hrsg.: Louis Bauer u. Gustav Bauer.) — Berlin: Hayn 1847. XXXII, 412 S. 8° **11. 12: L. germ. 20bd.**
13.196

— Vollständiges Lehrbuch der einfachen Rechnungsarten. Potsdam: Horvath 1801. XXII, 550 S. 8° (Bauer: Lehrbuch d. Arithmetik. 1.) **1: Ob 2640-1.**
13.197

— vollständ. Lehrbuch d. einfachen Rechnungsarten. gr. 8. Potsd. 805. u. 812. Horvath. Hbg. Pr. 1 Thlr.

Bauer, H., Predigt am Lob- und Dankfeste in Kyritz zur Beantwortung der Frage: welche Ursach hat der ganze preußische Staat, die Erinnerung an das Jahr 1411 auch kirchlich durch ein Lob- und Dankfest jährlich zu begehen? gr. 8. Neu-Ruppin 841, Oehmigke u. Riemschneider. n. 1/8 Thlr.

— Die drei ersten Predigten des Doctors Bauer als Oberprediger in Kyritz. — Potsdam: Horvath in Comm. [1826]. 31 S. 8° **207.**
13.199

— Der Protestantismus keine Religion des Umsturzes. Reformationsfestpredigt ... Nebst e. Anh. über d. Reformationsgeschichte Bruchsals. — Bruchsal: Rodrian 1868. 16 S. 8° **31.**
13.211

Bauer, Heinrich
— — [Ausz.] Der Rechenlehrer, oder kurzgefaßter Unterricht im Rechnen, zum Gebrauch für Anfänger. — Potsdam: Horvath 1806. IV, 280 S. 8°
Nebent.: Auszug aus Bauers Vollständigem Lehrbuch der einfachen Rechnungsarten. **10.**
13.198

— Richard Rothe als akademischer Lehrer. Vortrag. — Freiburg i. B. [usw.]: Mohr 1899. 39 S. 8°
1: Av 9189/6. 4. 12: Biogr. 997dg. 14. 16. 18. 21. 25. 26. 30. 31. 62. 302.
13.212

Bauer, H.: Sind wir Deutsche oder Teutsche? Zweite Probe einer Bearbeitung meines größern Lehrbuch der deutschen Sprache. 15 S.
Progr. Potsdam 1826.

Bauer, Heinrich, Forstamtsassessor an d. chem. bodenk. Abt. d. Forstl. Versuchsanst.: Stoffbildung und Stoffaufnahme in jungen Nadelhölzern. Eine forstchem. Untersuchung. Stuttgart: Ulmer 1910. 47 S., 12 Taf. 8° ¶ (Aus: Naturw. Zeitschrift f. Forst- u. Landwirtsch. Jg. 8, H. 10.)
München, Staatswirtsch. Diss. v. 25. Juli 1910, Ref. Ramann, v. Tubeuf
[Geb. 12 Sept. 77 Rosenheim; Wohnort: München; Staatsangeh.: Bayern; Vorbildung: Luitpold-Gymn. München Reife Juli 98; Studium: Aschaffenburg Forstl. Hochsch. 4, München 4 S.; Rig. 25. Juli 10.] [U 11.3553

Bauer, H., das technische Studium, s. a. Taschenbücher, illustrierte, f. die Jugend. 14. Bdchn.

— Berufswahl: Das technische Studium. — Stuttgart [usw.]: Union [1901]. 138 S. 8° (Illustrierte Taschenbücher für d. Jugend. 14.) **24.**
13.227

— — 2. Aufl. Ebd. 1901. 138 S. 8° (Illustrierte Taschenbücher für d. Jugend. 14.) **38.**
13.228

— — 3. Aufl. Ebd. [1901]. 138 S. 8° (Illustrierte Taschenbücher für d. Jugend. 14.) **1: Ng 213³-14. 207.**
13.229

— — 4. Aufl. Ebd. [1902]. 138 S. 8° (Illustrierte Taschenbücher für d. Jugend. 14.) **12: Techn. 101m. 180.**
13.230

— — 5. Aufl. Ebd. [1902]. 138 S. 8° (Illustrierte Taschenbücher für d. Jugend. 14.) **204.**
13.231

Bauer, Heinrich [app. Arzt aus Frankfurt a. M.]: Über die Ursache der veränderten Zusammensetzung des Humor aqueus nach Entleerung der vorderen Augenkammer ... M. 2 Curventaf. (Aus: v. Graefe's Arch. f. Ophthalmol., Bd XLII Abth. 3.) Leipzig, W. Engelmann, 1896; 23 S. 8.
Heidelberg, Med. Fak., Inaug.-Diss. v. [6. März] 1896

Bauer, Heinrich, Dekan, Künzelsau. 1865: Versuch einer urkundlichen Geschichte der Edelherren von Hürnheim. 8°
Aus: Jahres-Bericht d. historischen Kreis-Vereins im Regierungsbezirke von Schwaben u. Neuburg für d. Jahr 1864. 1865.
16. 25.
13.201

— Weidet die Heerde Christi! Antritts-Predigt. — Frankfurt a. M.: Presbyterium [1875]. 15 S. 8° 30.
13.213

— Wilhelm I. und Friedrich III. 2 Trauerreden. — Frankfurt a. M.: Diesterweg 1888. 20 S. 8°
1: Sw 10393. 14. 38.
13.214

Bauer, Heinr. Balthas. (Hrsg.), s. M i n e r v a medica.

Bauer, Heinrich Gottfried

— — Summos in utr. jure honores Heinr. Ferdin. Hübel (Dresden) — de actione Pauliana. Lpz. (Büttner) 18. IV. 1782. 16 S. (3.—) 1319
Mit Biogr. (M.: J. R. Kalx.)

— — Sollemnia inauguralia candidati Joh. Aug. Barthel (Leipzig) — an debitori praevia creditoris interpellatione solvere obligato concedenda sit praescriptionis exceptio. Lpz. (Langenheim) 23. II. 1775. 14 S. (3.—) 1315
Mit Biogr. (M.: S. Ch. Albrecht.)

— — Summos in utr. jure honores candidato Joh. Friedr. Bauer (Leipzig) — an pactum simultaneae investitutrae adjectum alienato feudo statim adeo corruat, ut, surrogato in locum prioris alio, effectu omnino destituator. Lpz. (Langenheim) 20. II. 1766. 14 S. (3.20) 1310
Mit Biogr. (M.: J. Fr. Roch.)

— — Summos in utr. jure honores candidato Christian Anton Ludwig Melchior (Naumburg) — aestimanda successione ex simultanea investitura non otiosam esse. Lpz. (Klaubarth) 16. XII. 1784. 15 S. (3.—) 1323
Mit Biogr. (M.: M. S. Kreckemeyer.)

Bauer, Heinrich Gottfried [Hrsg.] s. *Bauer*, Johann Gottfried: Opusculorum academicorum tomi 2 [Teils.] 1787.

— — Summos in utr. jure honores Christian Wilhelm Werner (Frankenhausen) — de consensu ac dissensu novissimam legem tutelarem et jus commune intercedente. Lpz., 1. IV. 1784. 16 S. (3.—) 1321
Mit Biogr. (M.: Ch. J. Quehl.)

— — Dasselbe. Mit eingedruckt. Wappen des Heinrich Wilhelm Lehnemann (Frankfurt/M.) (6.50) 1322

Bauer, Hnr. Gf. 1., († d. 4. Mai 1811.) die kurfürstl. Sächs. Decisiones, ſ. *Decisiones.*

— — Summos juris scientiae honores candidato Carl Friedr. Behrisch (Meissen) — super decisionibus novissimis I. et II da. Lpz. (Langenheim) 25. X. 1769. 15 S. (3.—) 1312
Mit Biogr. (M.: M. D. Jauch.)

— — Summos juris scientiae honores candidato Carl Heinr. Geisler (Pforta) — super decis. IVta de ao. 1746. Lpz. (Langenheim) 10. IV. 1770. 16 S. (3.—) 1313
Mit Biogr. (M.: Ch. M. Hofmann.)

Bauer, Heinrich Gottfried [Präs.]: Dissertatio super Saxon. decis. XII. de anno 1746, s. B e c k , Beatus Benedict [Resp.]

— — Summos in utr. jure honores candidato Friedr. Wilh. Carl Sartorius (Lübben/Laus.) — super decis. el. Sax. 16. d. a. 1746. Lpz. (Langenheim) 26. V. 1775. 10 S. mit Biogr. (3.—) 1316

— — Summos in utr. jure honores Aug. Ferdin. Hauschild (Dresden) — causa paucis comment. super decis. elect. 27 d. a. 1746. Lpz. (Saalbach) 14. XI. 1786. 18 S. (3.—) 1324
Mit Biogr. (M.: E. F. Schilling.)

— — Summos in utr. jure honores Carl Gottfr. Lebrecht Rentzsch (Dresden) — super deciss. elect. d. a. 1746. 28 u. 29. Lpz. (Saalbach) 24. IV. 1788. 18 S. (3.—) 1325
Mit Biogr. (M.: J. M. Voland.)

— — Summos in utr. jure honores Heinr. Blümner (Leipzig) — super decis. elect. d. a. 1746. 30. Lpz. (Breitkopf) 6. XII. 1788. 19 S. (3.—) 1326
Mit Biogr. (M.: F. A. A. Scharf.)

— — Supremos in jure honores Carl Christoph Kind (Leipzig) — deciss. nov. 33, 34, 39. Lpz. (Breitkopf) 23. IX. 1790. 16 S. (3.—) 1327
Mit Biogr. (M.: M. E. Gerber.)

— — Summos in utr. jure honores candidato Ferdin. Gotthelf Fleck (Sorau) — comm. decis. 35 d. a. 1746. Lpz. (Klaubarth) 9. XII. 1790. 16 S. mit Biogr. (3.—) 1328

— — Summos in utr. jure honores candidato Friedrich August Prentzel (Bautzen) — decis. 36 d. a. 1746. Lpz. (Klaubarth) 27. IX. 1791. 19 S. (3.—) 1330
Mit Biogr. (M.: J. Ch. Ferber.)

— — De effectu infitiationis sub tormentis in convicto. Praelusio qua candidato Aug. Sebastian Sembach (Coburg). Lpz. (Langenheim) 20. IX. 1772. 15 S. (3.—) 1314
Mit Biogr. (M.: S. M. Eschenbach.)

— — Summos in utr. jure honores candidato Christian Gottlob Heymann (Leisnig) — Formulam, qua pecunia, dotalitium serviens, vidua mortua, in feudum ad filios reverti jubetur, fideicommissum non inferre. Lpz. (Jacobaeer) 28. X. 1779. 12 S. (3.—) 1317
Mit Biogr. (M.: J. S. Lippmann.)

— — u. (Bruder) **Friedrich Wilhelm Bauer** (Lpz.). De tacita hypotheca pupillo in bonis tutoris allodialibus pariter atque feudalibus in territorio et extra territorium sitis competente. Dissert. jur. Lpz. (Langenheim) 31. III. 1761. 48 Seiten. (5.—) 1308

— **Heinrich Gottfried** (Leipzig), De jure consuetudinario universali Germaniae medii aevi in speculis Saxonico et Suevico eiusque cognoscendi ratione. Diss. jur. German. Präs. Friedr. Heinr. Mylius. Lpz. (Langenheim) 3. VI. 1756. 48 S. (5.—) 1303

— — De emphyteutae jure, vero dominio. Comment. Lpz. (Langenheim) 1760. 16 S. (3.—) 1304
Namen: Joh. Chn. Herrmann (Chemnitz), Chn. Friedr. u. Chn. Heinr. Weinlig (Dresden), Joh. Friedr. Roch (Strauca/Misn.), Joh. Aug. Neumann (Merseburg), Carl Gotthelf Fritsche (Neuhaus), Joh. Friedr. Securius (Sangerhausen), Chph. Heinr. Blüher (Schneeberg), Chn. Friedr. Sachse (Zwickau), Chn. Gotthelf Lorenz (Zwönitz), Friedr. Ernst Gottlob Jaenicke (Grimma), Theoph. Rud. Cunitius (Zittau).

— — Summos in utr. jure honores candidato Christian Friedrich Schneider (Lauchstedt) — de jure pecuniae feudalis quae vocatur Lehns Quantum in concursu creditorum. Lpz., 7. VI. 1781. 15 S. (3.—) 1318
Mit Biogr. (M.: S. Ch. Kron.)

— — (Leipzig), De jure vindicantium praeclusorum exercitatio. Präs. Wilh. Sigism. Teucher. Lpz. (Hirschfeld) 18. IV. 1805. 36 S. (5.—) 1347

Bauer, Heinrich Gottfried : Diss. ius venandi contra privatum an sit praescriptioni obnoxium. – Leipzig 1764.

— — (Leipzig) u. **Joh. Chn. Herrmann** (Chemnitz), De marito fundi dotalis domino, comm. jur. civilis. Lpz. (Breitkopf) 18. XII. 1760. 47 S. (5.—) 1307

— — u. **Carl Christoph Schumann** (Leipzig), De matrimonio conscientiae commentatio. Leipzig (Langenheim) 12. III. 1760. 56 S. (5.—) 1305

— Parentalia pie defuncto Ordinario Carolo Godofredo de Winckler ... a. C. MDCCXCI in auditorio ictorum solemni oratione celebranda ... indicit Henricus Gottfriedus Bauerus. Praefatus De Mediis delicta minuendi. — ([Lipsiae 1791]: Saalbach.) XXVIII S. 8° 3. 10. 11. 17. 208.
13.241

— — Honores . . August Siegismund Kori (Frauenstein) — meditat. 4 circa ordinat. proc. recogn. monendor. Lpz. (Saalbach) 12. XII. 1805. 16 S. (3.—) 1348
Mit Biogr. (M.: B. S. Muemmer.)

— — (Leipzig) u. **Christ. Heinr. Kind** (Dresden), Observationes grammaticae atque historicae circa pignerationem privatam. Disput. Lpz. (Hoehm) 10. II. 1810. 30 S. (4.60) 1351

— observationes grammaticae atque historicae in pignorationem privatam. 4. Leipz. 811.

— observationes de jure locatorio ex conductoris perpetuarii ad Mandati Regii vectigalibus regundis d. d. 24. Mens. Mart. a. MDCCX. quaest. 19. Pars I. Diss. etc. 4. Leipz. 820.

— — u. **Paul Leplay** (Leipzig), Observ. de juribus locatoris ac conductoris perpetuarii ad mandati regii vectigalibus regundis. Lpz. (Carl Phil. Melzer) Sept. 1820. 34 S. latein., 21 S. deutsch. (4.80) 1353

— De Pecunia feudali exercitationem orationi solenni ... habendae praemisit Henricus Godofredus Bauer. — Lipsiae (1764): Langenheim. XXIV S. 8°
4. 5. 9. 11. 14. 15. 17. 19. 26. 28. 31. 208. 300: •25.357.
13.242

— — Summis in utr. jure honoribus candidato Georg Conr. Stockhausen (Hessen) — de pecunia non feudali. Lpz. (Langenheim) 3. XII. 1768. 16 S. (3.—) 1311
Mit Biogr. (M.: E. W. Haberkorn.)

— — De pigneratione privata. Exercit. jur. civil. Lpz. (Joh. Gg. Friedr. Hoehm) 13. II. 1810. 46 S. (4.80) 1352

— Diss. inaug. exercitatio juris civilis de pignoratione privata. 4. Leipz. 811.

— — De pugnore pupilli. Diss. jur. Lpz. (Breitkopf) 13. III. 1760. 64 S. (5.—) 1306

— Responsorum ad quaestiones ex iure vario, civili inprimis, feudali et iudiciario dubias per sententias a collegio ictorum Lipsiensium latas illustratorum volumen ... Henr. Gottfriedi Baueri. Vol. 1. 2. — Lipsiae: Göthe 1801. 8°
1. Quod generalia ad processum iudiciarium et ad statum familiae pertinentia cont.
2. Quod potissimum ad iura pertinet, quae ex conventione prodeunt.
2. 7. 9. 12: Decis. 9n. 14. 20. 21. 23. 24. 26. 27. 33. 39. 45. 46. 106. 117.
13.243

— Henr. Gottfr. Baueri Responsa ad quaestiones ex iure vario, civili inprimis, feudali et iudiciario dubias per sententias a collegio ictorum Lipsiensium latas illustrata. Vol. 1. 2. Ebd. 1801–02. 8° 3. 19. 28. 30. 208.
13.244

— — Summos in utr. jure honores candidato Friedrich August Ferdinand Apel (Leipzig) — respons. juris 4 u. 5. Lpz. (Klaubarth) 8. XII. 1791. 20 S. (3.—) 1331
Mit Biogr. (M.: J. Ch. Kirst.)

— — Summos in utr. jure honores viro Jacob Wilhelm Persch (Zeitz) — resp. jur. 22 Pauli consilium, rapiendi occasionem, quae benignius respons. praebeat, ad criminalem potiss. instit. pertinere. Lpz. (Klaubarth) 2. V. 1793. 23 S. (3.—) 1332
Mit Biogr. (M.: Rittler.)

— — Summos in utr. jure honores Friedrich Wilhelm Engler (Freiberg) — resp. jur. 33, 34, 35. Lpz. (Saalbach) 17. IV. 1794. 19 S. (3.—) 1333
Mit Biogr. (M.: A. S. Kaestner.)

— — Summos in utr. jure honores candidato Carl Friedr. Moritz Kleep (Stoermthal) — resp. jur. 40—43. Lpz. (Saalbach) 23. XII. 1794. 20 S. (3.—) 1334
Mit Biogr. (M.: J. Ch. Vogel.)

— — Summos in jure honor. Christian Gotthelf Hübner (Chemnitz) — resp. jur. 58, 59. Lpz. (Saalbach) 24. IX. 1795. 20 S. mit Biogr. (3.—) 1335

— — Summos in jure honores candidato Carl Friedr. Proelss (Dresden) — resp. jur. 68—70. Lpz. (Saalbach) 10. I. 1797. 16 S. (3.—) 1336
Mit Biogr. (M.: S. F. Sigert.)

— — Summos in jure honores candidato Carl Theodor Gutjahr (Sorau) — resp. jur. 82, 83. Lpz. (Saalbach) 19. IX. 1797. 16 S. (3.—) 1337
Mit Biogr. (M.: J. E. Ortholph.)

— — Summos in jure honores Joh. Wilh. Volckmann (Zschortau) — resp. 84, 85. Lpz. (Saalbach) 5. X. 1797. 16 S. (3.—) 1338
Mit Biogr. (M.: E. H. Welk.)

— — Supremos in jure honores candidato Christian Friedrich Eberhard (Leipzig) — resp. jur. 98 de natura bonorum uxoris receptitiorum. Lpz,. 2. IV. 1799. 15 S. (3.—) 1339
Mit Biogr. (M.: Ch. F. Drechsel.)

— — Summos in utr. jure honores candidato Carl August Gottschalk (Leisnig) — resp. 108, 109 de solutis in concursu sorti inprimis inputendis, et de collaterali masculo filiae in feudo promiscuae successionis postponendo. Leipzig (Saalbach) 29. IV. 1800. 18 S. (3.—) 1340
Mit Biogr. (M.: Ch. Fr. Kunz.)

— — Summos in utr. jure honores candidato Carl Maximil. August Petschke (Bautzen) — resp. 111 de testamenti judicialis requisitis. Leipzig (Saalbach) 24. VII. 1800. 16 S. (3.—) 1341
Mit Biogr. (M.: J. M. Zeibig.)

— — Summos in utr. jure honores candidato Christian August Gottschald (Grünhayna) — resp. jur. 133, 134 quaedam de successione viduae ignobilis. Leipzig (Saalbach) 11. XI. 1802. 16 S. (3.—) 1342
Mit Biogr. (M.: E. Doehnel.)

— — Summos in jure honores Christian Wilhelm Schweitzer (Naumburg) — resp. jur. 138, 139 de jurejurando, quod instrumento adversatur, non deferendo. De dominio et successione in fideicommisso familiae relicto. Lpz. (Saalbach) 21. IV. 1803. 19 S. (3.—) 1343
Mit Biogr. (M.: Ch. D. Frencel.)

— — Summos in jure honores Joh. Friedr. Aug. Diedemann (Leipzig) — resp. jur. 155 num legatum non delatum praeviae inter vivos dispositioni auxilietur. Lpz. (Saalbach) 6. IX. 1804. 16 S. (3.—) 1344
Mit Biogr. (M.: J. E. Wirth.)

— — (jur. stud.) Memoriam J. Fr. Mager. — Resp. jur. 157, 158 de justis repudii causis. De reservatis rusticorum. Lpz. (Saalbach) 6. XI. 1804. 8 S. (2.20) 1345

— — Summos in utr. jure honores candidato Friedr. Christian Ermel (Dresden) — resp. jur. 159 vindiciae vulgatissimi, confirmatio nihil dat novi. Lpz. (Saalbach) 6. XII. 1804. 16 S. (3.—) 1346
Mit Biogr. (M.: Gehe.)

— — Summos in utr. jure honores viro Carl Friedr. Richter (Zittau) — resp. 168, 169. quatenus defens. causa prolatum injur. opprobr. non tollat et except, quae ex lege actioni obstant, ratio habenda est, objiciantur, vel non. Lpz. (Walmon) 25. VI. 1807. 16 S. (3.—) 1349
Mit Biogr. (M.: Ch. S. Burkhard.)

— — A promotore Christian Rau viro Eman. Gottlob Roesger (Forchheim/Freibg.) — resp. 177 de verae et fictae praesumtionis ad probationem vi. Lpz. (Walmon) 20. IX. 1808. 16 S. (3.—) 1350
Mit Biogr. (M.: S. F. Rau.)

— — Summos in utr. jure honores candidato August Wilhelm Füssel (Dresden) — de vasallo ad pecuniam, qua antecessor debitum feudale soluit, ejus heredi restituendam obligato. Lpz. 1783. 15 S. (3.—) 1320
Mit Biogr. (M.: J. Ch. Weber.)

Bauer, Heinz, s: Bibliothek d. physikal.-medizin. Techniken.

Bauer, Heinz, Rechtsprakt.: Die telegraphische Depesche als Gegenstand der Urkundenfälschung im deutschen Strafrecht. Borna-Leipzig 1907: R. Noske. (IX, 81 S.) 8°
Heidelberg, Jur. Fak., Ref. v. Lilienthal, Diss. v. 31. Jan. 1907
[Geb. 10. Febr. 82 Mannheim; Wohnort: Bruchsal; Staatsangeh.: Baden; Vorbildung: Großh. Gymn. Mannheim Reife Juli 00; Studium: München 2, Straßburg 1, Heidelberg 6 S.; Rig. 12. Dez. 06.]

Bauer, Heinz, die Elektrizität in Haus u. Gewerbe, s. a. Ullstein's Sammlung praktischer Hausbücher. 11. Bd.

— Die Elektrizität in Haus und Gewerbe. — Berlin [1901]. 156 S. 8° (Ullstein's Sammlung praktischer Hausbücher. 11.)
1: Ah 4228–11. 47. 60. 83.
13.246

Die Elektrizität in Haus und Gewerbe. Von Heinz Bauer, Ing. Mit 100 Abb. 2. Aufl. *Berlin: Ullstein & Co. [1902].* (156 S.) 8° [F.]
— Sammlung, Ullstein's, prakt. Hausbücher. Bd 11.

— Elektrizitätszähler. Vortrag. — Berlin: Duncker 1901. 21 S. 8°
1: Op 29824. 11. 83. 91. 206.
13.247

— Die elektrische Maschinenanlage. Eine allgemeinverständliche Darstellung. — Berlin: Duncker 1901. VIII, 112 S. 8°
1: Op 29820. 11. 30. 79. 83. 91. 210.
13.248

Bauer, Heinz
— Das Starkstromnetz. Eine allgemeinverständliche Darstellung. — Berlin: Duncker 1909. 197 S. 8°
1: Op 29943/4. 11.
13.250

Bauer, Heinz, Telegraphie ohne Draht, Röntgenstrahlen, Teslalicht. Eine Einführg. in die neueren elektrophysikal. Forschgn. u. deren prakt. Ausgestaltg. (VII, 230 S. m. 98 Abbildgn.) 8. Berlin 903. C. Duncker. n. 4. —

Bauer, Heribert, treu im Kampf. Roman. 8. (296 S.) Köln 894. J. P. Bachem. 3. —; geb. n. 4. 50

Bauer, Hermann, Ev. Pfarrer, zuletzt Dekan, Weinsberg, 1814-1872. 1845: Abstammung und Ursprung des Wirtembergischen Fürstenhauses. Ein Versuch. — Heilbronn 1867. 48 S. 8° Aus: Wirtembergisch Franken. 7,3. 1867.
12: Germ. sp. 27 ho. 14. 24.
13.257

Bauer, Herm., Abstammung u. Ursprung des wirtembergischen Fürstenhauses. Ein Versuch. Heilbronn 867. (Schmidt.) gr. 8. (49 S.) n. 8 *ngr.*

Bauer, Hermann [app. Arzt aus Markneukirchen]: Ein Beitrag zur Kenntnis der Schrotschuss-Verletzungen des Auges. . . . München, k. Hof- u. Univ.-Buchdr. v. Dr. C. Wolf & Sohn, 1891; 25 S 8°
München, Med. Fak., Inaug.-Diss. v. 1891

— Christ ist geboren. Ein Weihnachtsspiel mit eingelegten Chor- u. Gemeindegesängen. 2. Aufl. — Leipzig: Jansa 1896. 46 S. 8°
207.
13.271

Bauer, H., Christ ist geboren. E. Weihnachtsspiel m. eingelegten Chor- u. Gemeindegesängen. 3. u. 4. Taus. 8. (46 S.) Leipzig 897. F. Jansa. n. — 50

Bauer, H: Christ ist geboren. Weihnachtssp. m. eingelegten Chor- u. Gemeindegesängen. 5. u. 6. Taus. (30) kl8° Lpzg. F Jansa '08. — 50 d

Bauer, Herm., Ehre sei Gott! Ein Weihnachtsspiel. Mit e. Musikbeilage v. Thdr. Maillard. 12. (87 S.) Leipzig 900. F. Jansa. n. — 75

— Die Einigkeit im Geist. — Barmen: Wuppertaler Traktat-Ges. 1905. 19 S. 8° (Salz u. Licht. 11.)
1: Bd 6992/94–11. 5. 12: Th. U. 331 fi–11. 62. 101.
13.274

— Zur Feier des fünfundzwanzigjährigen Bestehens des historischen Vereins für Wirtembergisch Franken. — Heilbronn 1872: Schell. 28 S. 8°
1: in Sh 234–9. 8. 17. 24. 30. 41. 43.
13.258

Bauer [Hermann], Dr., u. Güth [Anton], Direktor Prof.: Festschrift zur Gedenkfeier des fünfzigjährigen Bestehens der Anstalt 1857—1907. Wiesbaden 1907: C. Ritter. (63 S.) 4°
Wiesbaden, st. OR u. Reform-RG i. E. P 1907 (522)

— 'Freiheit'. — Göttingen: Vandenhoeck & Ruprecht 1899. 32 S. 8° (An die deutschen Studenten. 4.)
1: Stala 765. 7. 35. 41. 106. 203. 207.
13.279

— Friede auf Erden! Ein Weihnachtsspiel. Mit e. Musikbeil. von Theodor Raillard. — Leipzig: Jansa 1899. 64 S. 8° 17.
13.280

Bauer, Hermann, Major im Eisenbahn-Regiment Nr. 2. † 1911. 1900: Fuhrkolonne, Motorfahrzeug und Feldbahn. — Berlin: Mittler 1900. 31 S. 8°
Aus: Kriegstechnische Zeitschrift. 3.1900. 2. 30. 41. 209.
13.299

[—] Gebet der Schule, was der Schule ist! Auch ein Votum über d. Neugestaltung d. Volksschulwesens. Von e. Schulinspector. — Heilbronn: Claß 1862. 60 S. 8° 24. 207.
13.259

Bauer, Herm., Geschichte und Beschreibung der ehemaligen freien Reichsstadt Aalen. gr. 8. (XII und 136 S.) Aalen 853. Stuttgart, (Liesching und Comp.) *

— Geschichte und Beschreibung der ehemaligen freien Reichsstadt Aalen. — Aalen: Münch [usw.] [1852]. XII, 136 S. 8° 1: Sh 5998. 12: Germ. sp. 27 hm. 18. 19. 21. 24. 29. 30. 39. 203. 300: 152.962–B.
13.260

— — (Neue Ausg.) Erg. u. hrsg. von J. G. Röhm. Aalen: Stierlin 1884. XVI, 201 S. 8° 21. 24. 25.
13.261

Bauer, Herm. Christliche Geselligkeit. Ein Freundeswort an d. akadem. Jugend. gr. 8. (23 S.) Lpz. 892, Akadem. Buchh. * — 40

Bauer, (Carl Dieter) Herm (geb Zempelburg 6 5 1843): De iure haereditario adoptivorum Berolini (1866) (59 S.) 8°
Berlin, Jur Diss v 21 März 1866

—— de iure haereditario adoptivorum. Dissertatio inauguralis. gr. 8. (60 S.) Berlin 866, (Calvary und Comp.) *

Bauer, Hermann, Pfarrer, Hettstadt b. Würzburg, 1814-1892. 1876: Die Kirche als Mutter der leiblichen und geistlichen Barmherzigkeit. — Donauwörth: Buchh. d. kath. Erziehungs-Vereins 1876. VIII, 344 S. 8° 12: H. eccl. 94c. 19.
13.266

— — 2., verm. Aufl. Ebd. 1879. VIII, 346 S. 8° 302.
13.267

— Manneswürde und Mädchenehre. Ein Vortrag über d. Sittlichkeit. — Göttingen: Vandenhoeck & Ruprecht 1895. 22 S. 8° (An die deutschen Studenten. 1.)
1: Stala 766. 7. 9. 11. 14. 32. 35. 106.
13.293

— — 2., durchges. Aufl. Ebd. 1908. 22 S. 8° 7. 30.
13.294

— Das Männliche im Christentum. Vortrag. — Karlsruhe: Evang. Schriftenverein 1903. 43 S. 8°
12: Polem. 3061 s. 26. 107.
13.285

— d. innere Mission u. die männl. Jugend. Vortrag a. d. 26. Jahresversammlg. d. Prov.-Ausschusses f. inn. Mission i. d. Prov. Sachsen z. Halle a. d. S. Hrsg. v. d. Prov.-Aussch. f. inn. Mission i. Magdeburg. gr. 8. (36 S.) Magdeburg 895. (Leipzig, H. G. Wallmann.) n. — 50

— D. Mitarbeit d. Gebildeten a. d. innern Mission. Vortrag, b. d. 22. Jahresversammlg. d. Prov.-Vereins f. innre Mission i. Westpreußen, geh. i. Graudenz a. 17. VI. 1897. gr. 8. (40 S.) Danzig 897. Ev. Vereinsbuchh. n. — 50

Bauer, Hermann, Referendar am Landgericht II in Berlin: Die rechtliche Natur der Erfüllung. *Rostock 1903: C. Hinstorff.* (91 S.) 8°
Rostock, Jur. Diss. v. [10. Dez.] 1903

Bauer, H., der Gotteskinder Pflicht u. Recht. Zwei Predigten, geh. in Gnadenfrei den 13. VIII. 1902. gr. 8. (17 S.) Herrnhut (902). Missionsbuchh. n. — 20

Bauer, Hermann, Fabrikant, Schwäbisch Gmünd. 1901: Gewerbe-Museum Gmünd. Rückblick auf die 25 Jahre seines Bestehens. 1876–1901. — Gmünd [1901]: Kraus. 8 S. 8° 24.
13.300

Bauer, Herm., über die Siedepunktsanomalieen der chlorirten Acetonitrile und einiger ihrer Abkömmlinge. Inaugural-Dissertation. gr. 8. (VIII, 55 S.) Tübingen 884, (Fues'sche Sortimentsh.) *

— üb. die Sittlichkeit, s.: Bericht üb. die Verhandlungen des christlichen Studentenkongresses, Frankfurt a/M. 1894.

Bauer, Hermann [aus Wiesbaden]: Ueber die Sprache und Mundart der altenglischen Dichtungen Andreas, Gūdlāc, Phönix, hl. Kreuz und Hollenfahrt Christi. . . . Marburg, Univ.-Buchdr. (R. Friedrich), 1890; 3 Bl., 98 S., 1 Bl. 8°
Marburg, Phil. Fak., Inaug.-Diss. v. [7. Okt.] 1890

— Aeltere hohenlohische Stammtafel für den Zeitraum 1182–1551. — Hall: Nitzschke 1856. 1 Bl. quer-2° 30.
13.262

— Die künftige Stellung des Landesfürsten zur evangelischen Kirche. — Nördlingen: Beck 1849. IV, 79 S. 8°
7. 12: J. can. P. 93 n. 19. 21. 24. 41.
13.263

Bauer, Herm., der Stern des Heils. Ein Weihnachtsspiel. (63 S.) kl. 8. Leipzig 904. F. Jansa. n. — 50

Bauer, Hermann [app. Arzt aus Konstanz]: Über eine seltene Veränderung der Sehnervenpapille . . . M. e. Abb. Bühl, Baden, Druck d. Aktienges. Konkordia, *1892*; 19 S., 1 Taf. 8.
München, Med. Fak., Inaug.-Diss. v. 1892

(—) Versuch einer entscheidenden Erörterung und Beantwortung der Frage: Ob und wie Kirchenzucht in der evangelischen Kirche weiter eingeführt werden soll? — Heilbronn: Drechsler 1845. VIII, 163 S. 8° 24.
13.264

— Der Wandel im Licht (Rechtfertigung u. Heiligung). — Barmen: Wuppertaler Traktat-Ges. 1906. 32 S. 8° (Salz u. Licht. 12.)
1: Bd 6992/94–12. 5. 12: Th. U. 331 fi–12. 62. 101.
13.296

— Weihnachtsspiel. Dramat. Dichtg m. eingelegten Chor- u. Gemeindegesängen. 8° (86) Herrnh. 95. Lpzg, F Jansa. — 80

— Weihnachtsspiel. Eine dramat. Dichtg. m. eingelegten Chor- u. Gemeindegesängen. 8. (VI, 36 S.) Herrnhut 895. P. H. Verbeek. n. — 80

— Zinzendorf und die Brüdergemeine. Vortrag. — Leipzig: Jansa 1900. 32 S. 8° 4. 14.
13.298

— Hermann Otto (Oberschlema), De haematemesi symptomate. Diss. med. Lpz. (J. Ch. Ackermann) 4. VI. 1850. 18 S. (3.50) 1354
Mit Biogr. (M.: M. Seydewitz.)

Bauer, Hugo: Chemie d. menschl. Genussmittel, s: Volksbücherei. Naturwissenschaftl.-techn.

— Chemie d. Kohlenstoffverbindgn, s. a. Sammlung Göschen 191.

— Chemie der Kohlenstoffverbindungen. 1–4. — Leipzig 1904. 8°
1.2. Aliphatische Verbindungen. 1.2.
3. Karbocyklische Verbindungen.
4. Heterocyklische Verbindungen.
(Sammlung Göschen. 191/194.)
11. 12: Var. 323–191/194. 15. 17. 18. 26. 30. 36. 38. 52. 60. 62. 79. 93. 109. 121. 207. 210. 302. 304.
13.694

Bauer, Hugo
— Die Chemie d. menschl. Nahrgsmittel, s: Volksbücherei, Naturwissenschaftl.-techn.

Bauer, Hugo, aus Stuttgart. Über Cyanursäurederivate. *Würzburg 1902: C. J. Becker.* (36 S.) 8°
Würzburg, Phil. Diss. v. 1902

— Die Gehaltsbestimmgn d. deut. Arzneib. 5. (5, 92) gr8° Stuttg., F Enke '11. 2.40: L n 2.80

Bauer, Hugo: Gesch. d. Chemie, s. a. Sammlung Göschen 265.

— Geschichte der Chemie. 1.2. — Leipzig: Göschen 1905–06. 8°
1. Von d. ältesten Zeiten bis zur Verbrennungstheorie von Lavoisier. 1905.
2. Von Lavoisier bis zur Gegenwart. 1906.
(Sammlung Göschen. 264.265.)
11. 12: Var. 323–264.265. 15. 18. 26. 30. 44. 46. 52. 60. 62. 64. 79. 102. 121. 207. 210. 302.
13.699

Bauer, Hugo, a. Frankfurt a. M.: Zur Kenntnis aliphatischer Azo-, Azoxy- und Nitrosoverbindungen. München 1908 (Nördlingen: C. H. Beck). (VIII, 60 S.) 8°
München, Phil. Fak., Ref. v. Baeyer, Diss. v. 19. Juni 1907
[Geb. 29. Mai 83 Frankfurt a. M.; Wohnort: Frankfurt a. M.; Staatsangeh.: Preußen; Vorbildung: Kaiser-Friedrichs-Gymn. Frankfurt a. M. Reife O. 01; Studium: München 12 S.; Rig. 19. Juni 07.]

— Nahrgsmittelchem. Praktikum. (8, 252 m. Abb.) gr8° Ebd. 7 —: L 8 —

— Trinkwasser u. Trinkwasserversorgg, s: Volksbücherei, Naturwissenschaftl.-techn.

Bauer, Hugo, Lehrer, Arbesbach. 1910: Der bodenständige Unterricht in der Volksschule. Referat. — (Wien 1910.) 9 S. 8°
Aus: Österreichische Zeitschrift für Lehrerbildung. 2. 1910.
207. 300: 606.535–C. 309.
13.304

Bauer, J., Stadtschultheiß u. Landtagsabgeordneter, Schelklingen. 1833 s. *Bauer*, Johann Baptist.

Bauer, J., Prof. an d. Industrieschule, München. 1886 s. *Bauer*, Johann Baptist.

Bauer, J v., s: Annalen d. städt. allg. Krankenhäuser zu München.

Bauer, J. 1897: Der moderne Antichrist. Eine weitere Kennzeichnung arger Mißhandlungen d. Christenthums. Berlin: Germania (1898). 39 S. 8° (Katholische Flugschriften zur Wehr u. Lehr'. 128.)
1: Di 9254–128. 12: Polem. 1008 p–128. 29. 169.
13.307

Bauer, J.: Einige Betrachtungen über die Gleichungen höherer Grade. pg. 5 - 26. 4°. Dr. C. Wolf.
Progr. München 1847/48.

Bauer, J., üb. die Ernährung v. Kranken u. diätetische Heilmethoden, s.: Handbuch d. allgemeinen Therapie.

Bauer, J., Handbuch der Krankheiten des chylopoëtischen Apparates,
— Handbuch der Krankheiten des Circulations-Apparates,
} s. Handbuch der speciellen Pathologie und Therapie.

Bauer, J., Handbuch der Krankheiten des Nervensystems, s. Handbuch der speciellen Pathologie und Therapie.

[J.] Kirchenstürmer und Pfaffenfresser. E. Kennzeichng roher Misshandlgn d. Christenthums u. d. hl. Schrift. Von Dr. J. Bauer. *Berlin: Germania (1897).* (47 S.) 1 Bd 8.
= Flugschriften, Kathol., z. Wehr u. Lehr'. No 120. (98 5016

Bauer, J., s.: Klassiker-Bibliothek, französisch-englische.

Bauer, J: Musterbeispiele zur Selbst-Anfertigg v. Schriftstücken u. Urkdn z. deut. u. preuss. Recht. (8, 831) Lex8° Berl., K. Reuschel '12. L nn 7.50 d

Bauer, JA, s.: Anleitg z. Breviergebet.

Bauer, J. A., Arzt, Freiburg. 1886: Belchen-Erinnerungen. Bdch. 1. — Freiburg: Selbstverl. 1886. 97 S. 8° 31.
13.312

Bauer, J. A. 1875: Nero. Eine Tragödie. — o. O. [um 1875]. 116 S. 4° Titelblatt u. Text handschriftlich autographiert. 31.
13.311

Bauer, J. A., Amtsrevisorats-Inzipient, Buchen. 1839: Zusammenstellung der Verordnungen und Belehrungen im Gemeinderechnungswesen. — Buchen: Verf. 1839. 140 S. 8° 31.
13.310

Bauer, J. C.: Sammlung der d.dt. Schulwesen betreffenden Gesetze . . . , s. Bauer, Johann Konrad.

Bauer, J.C.A. s. *Bauer*, Johann Christian August.

Bauer, J.C.S. s. *Bauer*, Karl Johann Siegmund.

J. F. Bauer (resp. J. H. Hoffmann) de causa foecunditatis gentis circumcisae in circumcisione quaerenda. Lips. 1739. 4.

Bauer, J.F.: Andreas Hofer ..., s. Bau r, Johann Friedrich

Bauer, J. G.: Ueber die dringende Nothwendigkeit einer Leihanstalt zur Rettung und Aufhülfe des Nährstandes in Bayern. — Paßau: Pustet 1820. 96 S. 8°
12: Bavar. 198 d. 19. 21.
13.313

Bauer, J. Gttl. (Praes.): De nervis eorumque praestantia..., s. Heintze, God. (Resp.)

Bauer, J. H., Arbeiter auf d. Blaufarbenwerk zu Schneeberg, Grünhayn, geb. 1777. 1819 s. *Bauer*, H.

Bauer, J. H. Schach-Lexikon. Hilfsbuch zur raschen Auffindg. v. Meisterpartien jeder belieb. Eröffnungsvariante. Zugleich Behelf f. e. neue u. prakt. Art d. Berichterstattg. bei Schachturnieren. gr. 8. (XII, 81 S.) Wien 889, Bermann u. Altmann. geb. ** 4 —

Bauer, J. H., Wien. 1889: Schach-Lexikon. Hilfsbuch zur raschesten Auffindung von Meisterpartien jeder beliebigen Eröffnungsvariante. — Wien: Holzwarth & Ortony 1889. XII, 75 S. 8° 41. 306: 82.909–B. 302.
13.314

Bauer, J. H., Schach-Lexikon. Hilfsbuch zum Nachschlagen v. Meisterpartien jeder belieb. Eröffnungsvariante. Mit e. Anleitg. zu e. prakt. Art der Berichterstattg. bei Schachturnieren. 2. (Titel-)Ausg. 8. (XII, 81 S. m. 1 Diagramm.) Leipzig 893. Veit & Co. n. 2.50; geb. in Leinw. n. 3.—

Bauer, J.H.B., Jahrbücher f. die Heilkunde, } s. Minerva.
—— Minerva medica,

Bauer, J. H. L., Rabattabellen, s. Rabattabellen.

Bauer, J.H.L.: Tabellen zur leichten Berechnung des Rabatts ins Hundert von 1 bis 50 pr. Cent. Unter Aufsicht d. Hrn. Professor Michelsen berechnet. — Berlin: Königl. Preuß. Akad. Kunst- u. Buchh. 1790. 90 S. 8° 1: Fg 6495. 12: Merc. 17.
13.316

Bauer, J. Heinrich, Konrektor, Potsdam, 1773-1846, s. Bauer, Heinrich. 1800.

Bauer, J.J.: De Sophistis. 21 S. Progr. Ansbach (Onoldinum) 1870.

Bauer, J.M.: Auswahl der schönsten Lieder ..., s. Bauer, Johann Michael.

Bauer, I.M.: Wahrheit und Dichtung. — Wien: Grund [usw.] 1844. 184 S. 8° 300: 45.314-A. 302.
13.317

Bauer, J.N.: Der Schnellrechner für die neuen Hohlmaße auf den Schrannen &c. — Straubing: Attenkofer 1872. 204 S. 8° 12: Oecon. 178 u. 19.
13.318

Bauer, J. N., der Schnellrechner für die neuen Hohlmaße auf den Schrannen 2c. Zum Gebrauche für Landwirthe, Getreidehändler, Brauer, Bäcker und Alle, die mit Getreide im Handel stehen. Mit einer Erläuterung des metr. Hohlmaßes. 1. Aufl. (IV, 204 S.) 1872, und 2. Aufl. 16. (IV, 208 S.) Straubing 872, Attenkofer.

Bauer, JN, d. Schnellrechner f. d. neuen Hohlmasse auf d. Schraunen etc. 2. Afl. 16. (208) Straub. 73, Attenkofer. n. 1. —

Bauer, J. N., der Schnellrechner für die Schranne nach der neuen Reichswährung. Zum Gebrauche für Landwirthe, Getreidehändler, Brauer, Bäcker und Alle, die mit Getreide im Handel stehen. 3. gänzlich umgearb. Aufl. gr. 16. (IV, 260 S.) Straubing 876, Attenkofer'sche Buchh. *

Bauer, J. N., theoret. u. practisch verfaßte deutsche Sprachlehre in Fragen u. Antworten. Nebst pract. Uebungen u. e. Anh. von d. Synonimik. (2 Bde.) 8. (39¼ B.) Wien 843. (Gerold u. Sohn.) *

Bauer, J. N., neue Vorschriften z. deutsch. Current-Handschrift. 4. Nürnb., Campe. 10 ℳ

Bauer, J.R. von, s. Bauer, Josef (Ritter von).

Bauer, J. S., die für viele Oekonomen so nöthigen, höchst bequemen u. ausführlichen Dresch-Tabellen, worin d. jedesmalige Lohn der Metz-Drescher, sie mögen nun den 14., 15., 16. od. 17. Scheffel bekommen, ganz genau angegeben ist. 8. (2½ B.) Dresden 842. (Bautzen, Helfer.)

Bauer, J. S., die für viele Oekonomen so nöthigen, höchst bequemen u. ausführlichen Dresch-Tabellen, worin der jedesmalige Lohn der Metz-Drescher, sie mögen nun den 14., 15., 16. oder 17. Scheffel bekommen, ganz genau angegeben ist. 8. Dresden 842. (Bautzen, Schultze.) ¼ ₰

Bauer, Jakob, Bürgermeister, München, geb. 1787. 1845: Die Armenpflege in Bayern, insbesondere in der königl. Haupt- und Residenzstadt München. — München 1850: Weiß. VIII,152 S. 8° 1: Fd 5885 [u.] Sg 3043. 12: Bavar. 198 co. 19. 20. 25. 31. 38. 91. 106. 302. 308.
13.322

Bauer (II.), die Armenpflege in Bayern insbesondere in der königl. Haupt- und Residenzstadt München. gr. 8. (VIII und 152 S.) München 850, (Palm's Hofbuchh.)

Bauer, Jak., das Bild in der Sprache. gr. 8. (59 S.) Ansbach 889. Brügel & Sohn. n. 1. —

— dasselbe. II. gr. 8. (41 S.) Ansbach 889. (Leipzig, Fock.) n. 1. —

Bauer, Jakob [Prof.]: Das Bild in der Sprache. III. [Forts. d. P-Beil. 1879. 89.] Ansbach, Druck v. C. Brügel & Sohn, 1897; 36 S. 8.
Ansbach, k. humanist. G, P 1897*

— Grundzüge der Verfassung und Vermögens-Verwaltung der Stadtgemeinde München. — München 1846: Weiß. XII,290 S. 8° 1: Sg 2918. 12: Bavar. 198 cm [2 Ex.] 19. 20. 24. 25. 29. 38. 106. 302.
13.323

Bauer, Jakob, Schullehrer, Adersbach. 1833: Der Küchengartenfreund, oder Anleitung zur vortheilhaften Benützung d. Gemüsegärten. — Carlsruhe: Braun 1838. VIII, 127 S. 8° 17. 25. 31. 106. 309.
13.319

— Der praktische Landwirth. Bdch. 1-3. — Carlsruhe: Braun 1841. 8°
1. Der Feldbau. 2. Der Obstbau, Küchengartenbau u. Weinbau. 3. Die Thierzucht.
16. 25. 31.
13.320

Bauer, Jakob, Stadtpfarrer, Bruck a. d. Leitha. 1896: Die Stadtpfarrkirche zur Allerheiligsten Dreifaltigkeit in Bruck an der Leitha. — Bruck: Sagl in Comm. 1896. VI,118 S. 8° 1: Sc 1519/21. 300: 92.891-B. 302.
13.325

Bauer, Jac., D. Stadtpfarrkirche z. allerheiligsten Dreifaltigkeit i. Bruck a. d. Leitha. Jubiläumsgabe z. 200jähr. Feier d. Gründg. d. Pfarrkirche i. J. 1696. gr. 8. (VII, 118 S. m. Abb.) Bruck a/L. 896. (Wien, Mayer & Co.) n. 1. —

— Gründlicher Unterricht in der Obstbaumzucht. — Heidelberg: Winter 1833. XX,259 S. 8° 16. 21. 25. 28. 31.
13.321

— Verwaltungs-Bericht über das Gemeinde- und Stiftungs-Vermögen des Magistrates der K. Haupt- und Residenzstadt München von den Jahren 1843/44 bis 1847/48 incl. — München 1849: Weiß. IV,147 S. 8° 12: Bavar. 198 cp. 19. 24.
13.324

Bauer, Jakob (Hrsg.), s. Wahrheit, Die.

Jo. Chr. Bauer diss. inaug. sistens examen criticum variarum opinionum de procreatione hominis. Erlang. 1805. 8.

Jo. Chr. Bauer (resp. Sal. Hermann) formatio animalium : ... occasione loci Genes. 2, v. 19. Lips. 1706. 4.

Bauer, Jo. H. Jos., De odoratu abortivo. 13 pp. Altd. 4°.
1751

Bauer, Johann

Bauer, Johs: Die Agendenreform d. Gegenwart, s: Sammlung gemeinverständl. Vortr. u. Schriften aus usw. Theol. u. Relig.-Gesch.

— Dorf- und Stadtpredigt. Vortrag. — Berlin: Reuther & Reichard [usw.] 1909. 17 S. 8°
Aus: Monatsschrift für Pastoraltheologie. 5. 1909.
10. 11. 20. 29.
13.339

Bauer, Johann, Hofprediger u. Consistorialrat, Kastell, 1724-1806. 1797: Der Fündling. Eine wahre Geschichte. (Verf.: Bauer.) — Bayreuth [usw.]: Lübeckische Hofbuchh. 1797. 8 S. 8° Aus: Fliegende Volksblätter. 1. 1797. 17.
13.327

Bauer, Johann, Gymnasialprof., Mannheim. 1875: Die christliche Gemeinde. — Mannheim: Bender 1875. 54 S. 8°
1: Da 10447/4. 2. 31. 60. 180.
13.328

— Gemeinde und Jünglingsverein. Predigt. — Cassel: Becker & Rennert 1906. 27 S. 8° 4. 10. 34.
13.342

— Schleiermachers Konfirmandenunterricht. — Langensalza: Beyer 1909. 36 S. 8° (Pädagogisches Magazin. 388.) 1: Nc 3971–388. 2→7. 10. 11. 12: Paed. Th. 6609 c–388. 14. 15. 18. 19. 21. 25. 26. 27. 29. 30. 31. 207. 300: 457.827–B. Per. 388. 309.
13.345

Bauer, Joh. u. Th. Link. Französische Konversationsübungen f. den Schul- u. Privatgebrauch. 1. u. 2. Tl. 8. Münch., Oldenbourg. [1. Tl. (XI, 228 S.) 889. * 1 80, geb. * 2 30; 2. Tl. (V, 148 S.) 890. * 1 50, geb. * 2 —.] * 3 30; geb. * 4 30

— Französisches Lesebuch von J. Bauer, A. Englert u. Th. Link. [Nebst] Wörterverzeichnis. — München [usw.]: Oldenbourg 1889–[92]. 8° 19.
13.330

— — 2., durchges. Aufl. [Nebst] Wörterverzeichnis. Ebd. 1895. 8° 41.
13.331

— — 3., durchges. u. verm. Aufl. Ebd. 1901. XI,334 S. 8° 11.
13.333

— Lieder für den Kindergottesdienst im Anschluß an d. Evangelische Kirchengesangbuch d. Konsistorialbezirks Cassel. Hrsg. von J. Bauer u. H. Hollstein. — Cassel: Lometsch 1905. 32 S. 8° 4.
13.346

— — (2. Aufl.) Ebd. 1907. 32 S. 8° 1: Ek 9012². 4. 10.
13.347

— Th. Link u. A. Ulrich, Materialien z. Übersetzen a. d. Deutschen ins Franz. gr. 8. (VIII, 229 S.) München 894. J. Lindauer. n. 2. 40; Einbd. n.n.n. — 30

— dasselbe. Schlüssel. gr. 8. (104 S.) Ebd. 898. n.n.n. 1. 60
Wird nur direkt an Lehrer abgegeben.

— Th. Link u. A. Ulrich, Materialien zum Übersetzen aus dem Deutschen ins Französische. Mit e. Anh., enth. Repetitionsstoff aus den Absolutorialaufgaben. 2. Aufl. gr. 8. (XII, 237 S.) München 902. J. Lindauer. n. 1. 80; kart. n. 2. —; geb. in Leinw. n.n. 2. 10

Bauer, Johann: Napoleon I. und seine militärischen Proklamationen. pg. 3 bis 68. 8°. Carl Gerber.
Progr. München 1894/95.

Bauer, Joh., Napoleon I. u. s. militär. Proklamationen. Progr. gr. 8. (68 S.) München 895. (M. Kellerer.) n. 1. —

— Predigten über Worte Jesu. — Tübingen [usw.]: Mohr 1903. VII,125 S. 8°
1: Ec 27376. 4. 10. 12: Hom. 2028 r. 18. 21. 26. 27. 46. 121.
13.351

— s: Predigten, 2, bei d. 63. Hauptversammlg d. evang. Vereins d. Gustav-Adolf-Stiftg in Frankfurt a. M. geh.

— Petit Questionnaire sur la grammaire française. Par J. Bauer et Th. Link. — München: Lindauer 1894. 47 S. 8°
12: L. lat. f. 10dc. 19.
13.337

— Schleiermacher als patriotischer Prediger. Ein Beitrag zur Geschichte d. nationalen Erhebung vor 100 Jahren. Mit e. Anh. von bisher Ungedruckten Predigtentwürfen Schleiermachers. — Gießen: Töpelmann 1908. XII,304 S. 8° (Studien zur Geschichte d. neueren Protestantismus. 4.)
1: Cm 11490–4. 2→7. 9. 10. 11. 12: H. ref. 365 c–4. 14→18. 20. 21. 24. 26→31. 39. 41. 44. 45. 46. 60. 79. 109. 207. 300: 459.516–B. Per. 4. 302. 304.
13.353

Bauer, Johann (Hrsg.), s. Schleiermacher, Friedr.: Letzte Predigt.

— s.: Schleiermacher's, Frdr. Dan. Ernst, ungedr. Predigten a. d. J. 1820—28.

— s.: Schleiermacher, Fr. D. E., Werke.

— Des Staatsministers Grafen Alexander Dohna Stellung zu Union und Agende 1817–1827. — Königsberg i. Pr.: Beyer in Komm. 1910. 49 S. 8° (Schriften d. Synodalkommission für ostpreußische Kirchengeschichte. 8.)
1: Sz 4310–8. 4. 6. 7. 10. 12: H. ref. 661 n–8. 14. 15. 18. 21. 203.
13.354

Bauer, Johannes [Pfarrer a. D.]: Die Trostreden des Gregorios von Nyssa in ihrem Verhältnis zur antiken Rhetorik ... (Erscheint in: Lobreden d. griech. Kirchenväter d. 4. Jhs ...) Marburg, Univ.-Buchdr. v. J. A. Koch, 1892; 2 Bl., 90 S. 8.
Marburg, Theol. Fak., Hab.-Schr. u. zugleich Lic.-Diss. v. 9. Aug. 1892

— Der köstliche Weg des Paulus. 3 Predigten. — Tübingen: Mohr 1904. 64 S. 8°
1: Ec 27377. 4. 10. 16. 21. 26. 30. 121.
13.361

Bauer
— **Johann August** (Querfurt), Quaestio jur. controv. an legata eadem quantitas pluries in eodem testamento pluries quoque ab herede solvenda. Präs. Christian Heinr. Breuning. Lpz. (Langenheim) 23. III. 1776. 8 S. (4.—) 1355

— — (Zeuda), De lite sine appendice contestanda. Präs. Ernst Gottfr. Christian Kluegel. Wittenbg. (C. Chn. Dürr) 29. X. 1782. 24 S. (4.—) 1356

— — Germanorum veterum quosdam mores ad honiernum jus Saxonicum electorale retulit. Wittenberg (A. Ch. Charisius) 14. XI. 1802. 32 S. (4.80) 1357

Bauer, Johann Baptist, Klosterarzt d. Klosters Muri. 1843: Bin ich ein landesflüchtiger Hochverräther? Eine Rechtfertigung ... gegen die ... gegen mich angebrachten Anschuldigungen. — Schwyz 1843: Kälin. 46 S. 8° 21.
13.367

BAUER, Johann Baptist (Sarmensdorf/Schweiz): De adris constitutionibus ad formandas indicationes rite aestimandis.- Landshut: Thomann 1815. 30 S. 14.5.1815 - Pe 347; F 57 Diss. Ingolst.-Landsh.-Mchn.

Bauer, Johann Baptist, Congregationspräses, Benefiziat. 1796: Dankrede über die Rettung von gefährlichen Kriegsplagen. — Amberg [1796]: Koch. 20 S. 8° 19.
13.364

Bauer, Johann Baptist. Schriftliche Eingabe an das Tit. Bezirksgericht Muri. In Folge öffentlicher Ausschreibung desselben vom 26. April 1841. Als Verantwortung von J. B. Bauer.... (Schwyz, den 17. Mai 1841.) 8. o. O. Mai 1841.

Bauer, Johann Baptist, Prof. an d. Industrieschule, München. 1886: Die mechanische Fassfabrikation und die I. Münchener Fassfabrik von Jos. Dorn. — München: Riedel in Komm. 1890. 79 S. 4°
Aus: Bayerisches Industrie- u. Gewerbeblatt. N.F. 22.1890.
12:4° Techn. 16o/5. 84. 91. 201.
13.368

— Hemmungen und Pendel für Präcisionsuhren und die Uhren des Riefler'schen Systems. — München 1893: Wolf. 54 S. 4° 12:4° Math.A.19ek. 19. 91. 98. 201. 210.
13.369

— Über die Konservierung der Kohlensäure des Bieres. Vortrag. — München: Polytechnischer Verein [1886]. 20 S. 8°
Aus: Bayerisches Industrie- u. Gewerbeblatt. N.F. 18.1886.
12:4° Techn. 76k/4.
13.370

BAUER, Johann Baptist (Todtenweis): Über Moratorien nach Römisch- Deutsch- und Baierischen Bestimmungen.- Landshut: Storno 1819. 36 S.
28.8.1817 - Fe 358; F 48 Diss. Ingolst.-Landsh.-Mchn.

Bauer, J. B., Inaugural-Abhandl. üb. Moratorien, nach röm.-deutſchen u. baierſchen Beſtimmungen. gr. 8. Landsh. 819. Weber in Münch. 4 gr

Bauer, J. B., Inaugural-Abhandlung über Moratorien nach Römiſch-Deutſch- u. Baierſchen Beſtimmungen. gr. 8. Landshut, Weber. 820.

Bauer, Johann Baptist, Stadtschultheiß u. Landtagsabgeordneter, Schelklingen. 1833: Zusammenstellung der wesentlichen Bestimmungen der württembergischen Bau- und Feuer-Polizei-Gesetze. 3., verb. Aufl. — Blaubeuren: Mangold 1833. VI,30 S. 8° 21. 24.
13.365

— — 4., verb. u. verm. Aufl. Ebd. 1838. 48 S. 8° 24.
13.366

Bauer, Johann Bernhard: Beschreibung und Gebrauch der Rechenmaschine. (Verf.: Johann Bernhard Bauer.) — [Nürnberg um 1792.] 2 Bl. 8° 75.
13.371

Bauer, Johann Christian August: Unterhaltende Anekdoten aus dem achtzehnten Jahrhunderte. Vom Verf. d. Geschichte d. merkwürdigsten Begebenheiten d. achtzehnten Jahrhunderts (5 ff.: Von Johann Christian August Bauer). Bdch. 1-8. — Leipzig: Weigel (8: Berlin: Frölich) 1802-06. 8°
1. [Bauer:] Peter der Erste, Kaiser von Rußland. 1802.
2. [Bauer:] Carl der Zwölfte, König von Schweden. 1802.
3. (Bauer:) Ludwig der Vierzehnte, König von Frankreich. 1803.
4. (Bauer:) Eugen und Marlborough. 1803.
5. Bauer: Ludwig der Funfzehnte, König von Frankreich. 1804.
6.7. Bauer: Friedrich der Zweite, König von Preußen. Bdch. 1.2. 1804-05.
8. Bauer: Franklin und Washington. 1806.
In einzelnen Exemplaren u. Bänden fehlt d. Titel d. Sammlung.
Die Besitzvermerke sind nur bei den Stücktiteln angegeben.
13.372

Bauer, Jh. Chr. Aug., († d. 13. Juni 1813.) unterhalt. Anekdoten aus d. 18. Jahrh. 8 Bde. 8. Leipz. 804—8. (Dunker u. H. in Berl.) 5 Thlr 12 gr (1r Bd. Peter I., Kaiſer v. Rußland. 8. Leipz. 802. 2e A. 804. 16 gr 2r Bd. Karl XII., König v. Schweden. 8. Leipz. 802. 2e Aufl. 805. 16 gr 3r Bd. Ludwig XIV., König v. Frankreich. 8. Leipz. 803. 2e Aufl. 806. 16 gr 4r Bd. Eugen u. Marlborough. 8. Ebd. 803. 2e Aufl. 808. 16 gr 5r Bd. Ludwig XV., König v. Frankreich. 8. Ebd. 804. 16 gr 6r u. 7r Bd. Friedrich II., König v. Preußen. 8. Ebd. 804, 5. 1 Thlr 8 gr 8r Bd. Franklin u. Waſhington. 8. Ebd. 806. 20 gr)

— — 2., verb. Aufl. Bdch. 1-4. Leipzig: Weigel (3.4: Berlin: Frölich) 1804-08. 8°
1. Bauer: Peter der Erste, Kaiser von Rußland. 1804.
2. Bauer: Carl der Zwölfte, König von Schweden. 1805.
3. Bauer: Ludwig der Vierzehnte, König von Frankreich. 1806.
4. Bauer: Eugen und Marlborough. 1808.
Die Besitzvermerke sind nur bei den Stücktiteln angegeben.
13.373

— Blätter zur Belehrung, ſ. J. G. D. Schmiedtgen.

Bauer, J. Chr. Aug. (Hrsg.), s. Blätter, Gemeinnützige, zur Belehrung und Unterhaltung.

(—) Eugen und Marlborough. Oder Sammlung d. interessantesten Züge aus d. Leben dieser merkwürdigen Männer. — Leipzig: Weigel 1803. IV,259 S. 8° (Bauer: Unterhaltende Anekdoten aus d. achtzehnten Jahrhunderte. 4.)
7. 17. 32. 41. 46. 300:9165. Bd 4. 308.
13.374

— 2. Aufl. Berlin: Frölich 1808. 260 S. 8° (Bauer: Unterhaltende Anedkdoten aus d. achtzehnten Jahrhunderte. 4.)
10.
13.375

— Franklin und Washington, oder Sammlung d. merkwürdigsten bekannten Züge aus d. Leben dieser um Amerika verdienten Männer. — Berlin: Frölich 1806. XIV,350 S. 8° (Bauer: Unterhaltende Anekdoten aus d. achtzehnten Jahrhunderte. 8.) 1:Qk 235-8. 2. 7. 10. 17. 32.
13.376

— Friedrich der Zweite, König von Preußen: oder Sammlung d. merkwürdigsten Züge aus d. Leben dieses ausgezeichneten Regenten. Bdch. 1.2. — Leipzig: Weigel 1804-05. 8° (Bauer: Unterhaltende Anekdoten aus d. achtzehnten Jahrhunderte. 6.7.)
1:Qk 235-6.7. 7. 17. 27. 32. 300:9165. Bd 6.7.
13.377

— Geſch. d. merkwürd. Begebenheiten d. 19. Jahrh. 2 Bde. 8. Leipz. 803 u. 4. (Dunker u. H. in Berl.) 2 Thlr

— Geschichte der merkwürdigsten Begebenheiten des neunzehnten Jahrhunderts. Bd 1.2. — Leipzig: Weigel 1803-05. 8°
1 mit Nebent.: Bauer: Historisches Jahrbuch auf das Jahr 1803, enthaltend die Geschichte des Jahres 1801.
2 mit Nebent.: Bauer: Historisches Jahrbuch auf die Jahre 1804 und 1805, enthaltend die Geschichte des Jahres 1802.
2[∞1]. 12[∞2]: H. Un. 21 c. 14[∞2]. 15[∞2]. 17. 20[∞2]. 39[∞2]. 52[∞2]. 61[∞1]. 66[∞1]. 117. 300:9166.
13.378

[—] Kurze Geschichte der merkwürdigsten Begebenheiten des achtzehnten Jahrhunderts für den Bürger und Landmann. Bdch. 1-3. — Leipzig: Weigel 1800-01. 8°
17. 18[∞1]. 117.
13.379

[—] — 2. Aufl. Bdch. 1. Ebd. 1801. VIII,216 S. 8° 18. 117.
13.380

— — Neue, verb. Aufl. Th. 1-4. Ebd. 1803-04. 8° 14. 42. 207.
13.381

— kurze Geſchichte d. merkwürd. Begebenheiten d. 18. Jahrh., f. d. Bürger u. Landmann. 4 Thle. 8. Leipz. .. N. A. 803 u. 4. (Dunker u. H. in Berl.) 1 Thlr 12 gr

[—] — [Ausz.] Kurze und unpartheyische Geschichte des französischen Krieges, vom Anfang der Revolution bis zum allgemeinen Frieden. — Frankfurt [usw.] 1803. 304 S. 8°
4. 21. 24.
13.382

[—] — Karlsruhe: P.F. Müller & Gräff 1803. 304 S. 8°
1:Qm 2610. 31.
13.383

[—] Carl [Karl] der Zwölfte, König von Schweden, oder Sammlung d. interessantesten Züge aus d. Leben dieses merkwürdigen Mannes. Nebst e. Anh. von d. unglücklichen Patkuls Schicksalen u. seiner Verurtheilung. — Leipzig: Weigel 1802. VI,276 S. 8° ([Bauer:] Unterhaltende Anekdoten aus d. achtzehnten Jahrhunderte. 2.)
7. 14. 17. 32.
13.385

— — 2., verb. Aufl. Ebd. 1805. VIII,308 S. 8° (Bauer: Unterhaltende Anekdoten aus d. achtzehnten Jahrhunderte. 2.)
9. 10. 300:9165. Bd 2.
13.386

Bauer, Jh. Chr. Aug., Lesebuch f. deutsche Kinder, zum Lesen-lernen. 8. Leipz. 795. Grieshammer. 12 gr.

— Lesebuch f. deutsche Kinder z. lesen lernen. 8. Leipzig, Grieshammer. 804.

— Ludwig der Funfzehnte, König von Frankreich: oder Erzählung d. Merkwürdigsten aus d. Privatleben u. d. Regierung dieses Königs. — Leipzig: Weigel 1804. VI,298 S. 8° (Bauer: Unterhaltende Anekdoten aus d. achtzehnten Jahrhunderte. 5.) 7. 10. 17. 22. 32. 48. 300:9165. Bd 5.
13.387

(—) Ludwig der Vierzehnte, König von Frankreich, oder Sammlung d. interessantesten Züge aus d. Leben dieses Regenten. Nebst e. Schilderung seines Hofes. — Leipzig: Weigel 1803. XIV,224 S. 8° (Bauer: Unterhaltende Anekdoten aus d. achtzehnten Jahrhunderte. 3.)
6. 12: Biogr. C. 403 t-3. 15. 17. 41. 300:9165. Bd 3.
13.388

— — 2. Aufl. Berlin: Frölich 1806. 224 S. 8° (Bauer: Unterhaltende Anekdoten aus d. achtzehnten Jahrhunderte. 3.)
10. 32.
13.389

[—] Das Mittelalter und die Ritterzeiten, nicht wie sie seyn konnten, sondern wie sie waren. (Verf.: J.C.A.B-r.) — Leipzig: Verf.; Grieshammer in Komm. 1800. XXVI, 203 S. 8°
1:8° Bibl. Diez 3505. 12: H. misc. 18 o. 32. 35. 46. 106. 302.
13.390

[—] Peter der Erste, Kaiser von Rußland, oder Sammlung d. interessantesten Züge aus d. Leben dieses großen Mannes. — Leipzig: Weigel 1802. VI,268 S. 8° ([Bauer:] Unterhaltende Anekdoten aus d. achtzehnten Jahrhunderte. 1.)
1: Qk 235-1. 14. 17. 25.
13.392

— — 2., verb. Aufl. Ebd. 1804. X,310 S. 8° (Bauer: Unterhaltende Anekdoten aus d. achtzehnten Jahrhunderte. 1.)
4. 10. 300:9165. Bd 1.
13.393

— Alexander Selkirchs Schicksale zu Wasser u. zu Lande, zur Erleichterung d. geograph. Unterrichts. 1r Thl. 8. Berl. 806. Dunker u. H. 1 rthl 12 gr — Dessen 2r bis 4r Thl. 8. Leipz. 807—10. Wienbrack. 4 rthl 12 gr

— Alexander Selkirchs sonderbare Schicksale zu Wasser und zu Lande. Zur Erleichterung d. geographischen Unterrichts. Th. 1–4. — Berlin: Frölich (2–4: Leipzig: Gräff) 1806–10. 8°
1. Allgemeine Einl. u. Asien. 1806. 2. Afrika. 1809.
3. Polynesien. 1809. 4. Amerika. 1810.
7. 10[= 3.4]. 14[= 1.3.4]. 15[= 2.3]. 17. 24[= 1.2]. 26. 46.
13.394

s.a. Uebersicht d. merkwürd. Begebenheiten d. J. 1801.

— kurze Uebers. d. merkw. Begebenh. d. J. 1801. 8. Berlin, Dunker u. H. 802.

(—) Kurze Uebersicht der merkwürdigsten Begebenheiten des Jahres 1801. In tabellarischer Ordnung. — Leipzig: Weigel 1802. XIV,55 S. 8° 5. 12: Eur. 829. 14. 15. 17. 19.
13.395

— Unterhaltende Züge aus dem Mittelalter und den Ritterzeiten. 2., verb. Aufl. — Leipzig: Dürr 1808. VIII,213 S. 8°
1: Qc 8960³. 19. 39.
13.391

Bauer, Johann Christoph: Abhandlung von der richtigen Beschaffenheit, dem rechten Gebrauche, der Erhaltung und gehörigen Behandlung der Taschen-Uhren. — Wien 1798. 46 S. 8° 2. 20.
13.396

Bauer, Johann Ernst: Commentatio chronologica de vera aetate mundi per diem Christi emortualem determinanda. Quam ... in lucem collocare studuit Joannes Ernestus Bauerus. — Vitembergae 1757: Gerdesius. 22 S. 8°
1:14 in 4° Bibl. Diez 2384 [u.] 23 in 4° Bibl. Diez 2800. 2. 12:4° Diss. 1882/12. 24. 300:27.111-B.
13.397

Bauer, Johann Evangelist: Lied auf das Fest der glücklichen Wiedervereinigung des Innviertels mit dem großen Kaiserstaate von Oesterreich. — Salzburg 1816: Zaunrith. 8 S. 8° 307. 308.
13.398

Bauer, Johann Friedrich: De hodiernorum empiricorum Fraudibus. [Resp.:] Daniel Gothofredus Schultz. Lipsiae (1720:) Schede.
24 S. 8°
Leipzig, Med. Disp. v. 14. Aug. 1720

Bauer, Johann Friedrich, Pastor, Dömitz, später Hanstorf, 1776-1821. 1797: Gefühle eines Deutschen bei den beglückenden Unternehmungen Sr. Majestät des Kaisers Alexander von Rußland. — Rostock 1813: Müller. 2 Bl. 2° 28.
13.399

— Carl von Hochberg. Ein Trauerspiel. — Rostock [usw.]: Stiller in Comm. 1797. 61 S. 8° 28.
13.400

— Cantate [Kantate] zur Feier des Friedensfestes. — Rostock 1814: Müller. 2 Bl. 8° 28.
13.401

— **Jo. Friedrich** (Leipzig), Dissertat. de medicamentis e corpore humano desumtis merito negligendis. Präs. Joh. Wilh. Pauli. Lpz. (Schede) 18. VII. 1721. 32 S. (6.—) 1359

Bauer, Johann Friedrich, Lehrer, Nürnberg. 1837: Reimklänge über die vorzüglichsten Regeln der Orthographie und Interpunktion, durch Beispiele erl. — Nürnberg: Bäumler 1837. X,131 S. 8° 12: L. germ. 20bx.
13.406

Bauer, Joh. Friedr., Reimklänge üb. die vorzüglichsten Regeln d. Orthographie u. Interpunction, durch Beispiele erläut. zum Gebr. f. Schule u. Haus. 2., verm. u. verb. Aufl. 8. (8 B.) Nürnberg 845, Korn'sche Buchh.

— — Rhapsodiae quaestionum in foro quotidie obvenientium neque tamen legibus decisarum collect. IX. Präs. Carl Ferdinand Hommel. Lpz. (Langenheim) 20. II. 1766. S. 129—162. (4.—) 1360

— Die Stimmung guter Unterthanen bei der Rückkehr ihres Fürsten. Predigt. — o.O. 1807. VI,26 S. 8° 33.
13.402

— — 2., neu bearb. Aufl. o.O. 1807. VI,30 S. 8° 28. 109.
13.403

— Trauer-Cantate auf den Tod der Durchlauchtigsten Herzogin und Frau, Louise, Herzogin zu Mecklenburg. — Schwerin 1808: Hofbuchdr. 2 Bl. 2° 33.
13.404

Bauer, Johannes Friedrich: (Johannus Fridericus Bauerus.) De usu medico exercitiorum corporis potissimum personis illustribus familiarium. [Resp.] Antonius Wilhelmus Plaz.
Leipzig, Med. F., Diss. 1726

— Was that Mecklenburg im Kampfe für die Befreiung Deutschlands? Eine Skizze. — o.O. 1813. 15 S. 8° 28. 33.
13.405

Bauer, Johann Friedrich Christoph: Abschieds-Predigt am ... 26. August 1855 in der protestantischen Pfarrkirche zu Bamberg. — Bamberg: Buchner in Comm. 1855. 14 S. 8° 12: Bavar. 4087–49. 29.
13.408

— Abschiedspredigt am ... 13. Januar 1839 in der Stadtpfarrkirche zu Marktbreit. — Marktbreit [1839]: Höreth. 15 S. 8° 29.
13.409

— Die Altar- und Kanzelweihe in der prot. Pfarrkirche zu Bamberg, am 18. Okt. 1840 vollzogen. — Bamberg [1840]: J.G.W. Schmidt. 25 S. 8° 22.
13.410

— Antritts-Predigt bei seiner feierlichen Installation am ... 9. September 1855 in der Haupt- und Pfarrkirche zu Neustadt an der Aisch. — Neustadt: Engelhardt [1855]. 16 S. 8° 29.
13.411

— Gamaliel, oder die Garantieen d. Kirche. Rede am 21. Juli 1840 vor d. Synode der protestant. Diöcese Bamberg. gr. 8. Bamberg 840. Raw. 1/8 ℛ

Bauer, Jh. Fr. Cph., Gedächtnißrede auf den am 19. Dec. 1833 zu Frauenberg in Böhmen verst. Fürsten Joseph zu Schwarzenberg, gefürsteten Landgrafen in Kleggau rc., bei dem feierl. Trauergottesdienste den 16. Jan. 1834 in d. protestant. Stadtpfarrkirche zu Marktbreit gehalten. (2e Aufl.) gr. 8. Marktbreit 834. (Erlang., Bläsing.) 1/8 ℛ

— Gedächtnißrede auf den am 19. December 1833 zu Frauenberg in Böhmen verstorbenen Durchlauchtigsten Fürsten Joseph zu Schwarzenberg ... ⟨2. Aufl.⟩ — Marktbreit a. M.: Höreth [usw.] [1834]. 15 S. 8° 29. 101. 300: 22.743-B.
13.413

— Gedächtnißrede auf I. M. die verewigte Königin-Witwe Caroline von Bayern, geb. Prinzessin von Baden und Hochberg. — Bamberg: Literarisch-artistisches Inst. 1841. 12 S. 8° 22.
13.414

— Gedächtnißrede beim Trauergottesdienste für I. M. die ... Königin Therese von Bayern. — Bamberg: Buchner [1854]. 12 S. 8° 22.
13.415

— Vom kirchlichen Gemeinsinne. Predigt. — Bayreuth [1840]: Höreth. 14 S. 8° 22. 29.
13.416

— Vom kirchlichen Indifferentismus im protestantischen Volke. Rede. — Bamberg: Literarisch-artistisches Inst. 1839. 22 S. 8° 19. 22. 29.
13.417

— Jubel-Predigt zur festlichen Feier der vor 50 Jahren erfolgten Vereinigung des Fürstenthums Bayreuth mit der Krone Bayern, am 30. Juni 1860. — Neustadt a. d. Aisch: Engelhardt [1860]. 14 S. 8° 29.
13.418

— Predigt am Reformationsfeste, den 31. Oktober 1852 in der protestantischen Pfarrkirche zu Bamberg. — Bamberg: Buchner in Comm. 1852. 14 S. 8° 12: Hom. 1801–5. 22.
13.419

— Rede und Gebet bei der Einsegnung der Überreste der Prinzessin Paul von Württemberg, geb. Prinzessin von Sachsen-Altenburg am 19. Dez. 1847. — Bamberg [1847]: Gärtner. 11 S. 8° 22.
13.420

Bauer, J. Fr. Chr., „Sehet zu, daß euch nicht Jemand verführe." Predigt am letzten Trinitatissonntage vor Veröffentlichung der Ansprache des königl. Oberconsistoriums vom 8. Nov. 1856 „die kirchlichen Zustände" betreffend, zu Neustadt a. d. A. gehalten. gr. 8. (11 S.) Nürnberg 857(59), Raw'sche Buchh.

—— über d. Theilnahme d. Geistlichen an d. Armenpflege in ihren Gemeinden. Eine Monographie a. d. Gebiete d. geistl. Berufes, vorgetr. in e. Synodalrede. gr. 8. (2 B.) Nürnberg 841, Raw'sche Buchh.

BAUER, Johann Georg: Beitrag zur Casuistik der Beckenfracturen.- München: Wolf 1889. 28 S., 1 Bl.
7.2.1889 - Chr 1888/89,18; Jv 1888/89,210
Diss. Ingolst.-Landsh.-Mchn.

Bauer, Johann Georg Christian, s. Bauer, Johann Georg Sebastian.

Bauer, Johann Georg Christoph, s. Jugendkalender

Bauer, Johann Georg Sebastian: Ein Jahrgang von Predigten mehrentheils gehalten während der Mittagpredigerstelle zum heiligen Kreutz. Nebst e. Anh. von 12 Casualpredigten. — Nürnberg [usw.]: Seidel 1806. XVI, 654 S. 8° 12: Hom. 102m. 79.
13.423

Bauer, Jh. Geo. Chr., († d. 28. Jan. 1805.) ein Jahrgang von Predigten. Nach d. Verf. Tode herausg. von G. C. F. Seidel. gr. 8. Sulzb. 806. v. Seidel. 2 ℛ

Bauer, Johann Gottfried

— — De actore, an et quatenus post ordinationem processus Saxonici electoralis recognitam in possessorio summariissimo remedio gaudeat suspensivo? Diss. summos in utr. jure honores candidato Andr. Sigismund Green (Chemnitz). Lpz. (Langenheim) 24. X. 1754. 16 S. (3.—) 1380
Mit Biogr. (M.: S. Ch. Rivinus.)

— — Summos in utr. jure honores candidato Andreas Wagner (Leipzig) — an et qua ratione hypotheca feudalis confusione extincta reviviscat diss. Lpz. (Langenheim) 3. VIII. 1752. 16 Seiten. (3.—) 1378
Mit Biogr. (M.: Ch. S. Baudis.)

— — Summos in utr. jure honores candidato Georg Heinrich Bose (Leipzig). Lpz. (J. G. I. Breitkopf) 29. II. 1748. 6 Bl. (3.—) 1372
Mit Biogr. (M.: E. S. Bachmaier.)

— Dissertatio iuridica De Concubitu matrimonii perfectione ante copulam sacerdotalem, i. e. wie der Beyschlaf vor der Trauung eine Ehe mache. [Resp.:] Joh. Ehrenfried Kirsten. Recogn. et recusa. — Lipsiae [1747]: Langenheim. 68 S. 8° Erschien zuerst als Diss. Leipzig 1725.
4. 9. 12: 4° Diss. 1691/5. 17. 19. 24. 26. 28. 41.
13.425

— — De feudi consolidatione temporaria. Dissert. jur. Altdorf (Jod. Wilh. Kohlesius) 27. VI. 1718. 48 S. (5.50) 1363

— — Dasselbe. Ed. II: Lpz. (Jo. Christ. Langenheim) 1752. 56 S. (5.—) 1364

Bauer, J. G., Discours v. deutschen Lehnrecht üb. G. A. Struv. syntagma juris feudalis. 4. 746.

— Dissertatio iuridica De Eo, quod iustum est circa formam exheredationis. [Resp.:] Jo. Fridericus Sonnenburgius. Ed. 2. — Lipsiae 1756: Langenheim. 40 S. 8°
Erschien zuerst als Diss. Leipzig 1731.
4. 7. 9. 10. 12: 4° Diss. 2365/26. 14. 16. 17. 19. 24. 25. 26. 208.
13.427

— — De foro schrifftsassiatus realis praefat. summos in utr. jure honores candidato David Gottfried Aegidius Wilcke (Wurzen). Leipzig (Langenheim) 9. X. 1761. 24 S. (3.20) 1383
Mit Biogr.: (M.: J. E. Eckardt.)

— — Summos in utr. jure honores candidato Samuel Gottlieb Froelich (Görlitz). Lpz. (Langenheim) 6. VI. 1748. 12 S. (3.—) 1373
Mit Biogr. (M.: A. H. Ender.)

— — Summos in utr. jure honores candidato Christian Gotthelf Gutschmid (Kahrena/Laus.). Lpz. (Langenheim) 1. X. 1750. 16 S. (3.—) 1374
Mit Biogr. (M.: C. Greiffenhagen.)

— — Summos in utr. jure honores candidato Christian Hartmann (Hamburg). Lpz. (Langenheim) 22. X. 1744. 12 S. (3.—) 1369
Mit Biogr. (M.: R. Offeor.)

— Exercitatio feudalis De Hypotheca feudali absque consensu agnatorum et simultanee investitorum subsistente. [Resp.:] Fridericus Carolus Augustus Trützchler de Falkenstein. Ed. 2. — Lipsiae 1754: Langenheim. 63 S. 8°
Erschien zuerst als Diss. Leipzig 1721.
4. 12:4° Diss. 5246/25. 16. 17. 19. 23. 26. 36.
13.428

Bauer, Joh. Gottfried (Leipzig). Institutionum jurisprudentiae naturalis. Präs. Carl Otto Rechenberg. Lpz. (Brandenburger) 17. IX. 1712. S. 65 bis 86.) (3.50) 1362
Gew.: Joh. Sam. Stryk, Euchar. Gottlieb Rinck, Gottfr. Bauer.

— — u. (Resp.) **Christian Gottlob Reinhardt** (Merseburg). Investituram Ernesti et Alberti electoris ducum Saxoniae de jure succedendi in ducatus Juliae et Montium feuda masculina. Lpz. (Langenheim) 29. X. 1739. 100 S. (7.—) 1366

— — Summos in utr. jure honores candidato Friedr. August Junius (Leipzig). Lpz. (J. G. I. Breitkopf) 27. IX. 1746. 12 S. (3.—) 1370
Mit Biogr. (M.: A. E. Olearius.)

— — De landsassiis et foro amtsassiorum praefatus summos in utr. jure honores candidato Joh. Georg Lebrecht Wilke (Merseburg). Lpz. (Breitkopf) 23. VIII. 1753. 16 S. (3.—) 1379
Mit Biogr. (M.: C. E. Streitel.)

— — Summos in utr. jure honores candidato Joh. Friedrich Loeffler (Zwenkau). Lpz., 27. IV. 1751. 12 S. (3.—) 1375
Mit Biogr. (M.: A. J. Straube.)

— — De communi Saxonum manu in feudo hereditario et alienabili diss. Lpz. (Langenheim) 12. IV. 1752. 31 S. (3.50) 1377

— — Summos in utr. jure honores candidato Carl Friedr. Menser (Leipzig). Lpz. (Langenheim) 15. II. 1742. 12 S. (3.—) 1367
Mit Biogr. (M.: A. C. Kumpsthoff.)

Bauer, Jh. Gf., opuscula jurid. tam civil. quam feudalia. II. Tom. ed. H. G. Bauer. 4. Leipz. 787. Göthe. 4 ₰

Bauer, Johann Gottfried: [Teils.] Johannis Godofredi Baueri Opusculorum academicorum tomi 2. Quorum 1. ex iure civili Romano, Saxonico et iudiciario, 2. ex iure feudali depromta continet. Quae suis sumtibus recudi curavit adiectoque ind. copioso auxit Henricus Godofredus Bauer. T. [1.] 2. — Lipsiae 1787: Jacobaeer. 8°
1: Fi 5297. 2→5. 7. 8. 10. 12: 4° Diss. 5191. 14→19. 21. 23. 24. 27. 28. 29. 32. 33. 44. 45. 78. 106. 111. 117. 208. 302.
13.424

— — Oratio parentalis Carolo Ottoni Rechenbergio. Lpz. (Langenheim) 7. IV. 1752. 32 S. (4.50) 1376

— — De pretio in locum investiturae simultaneae succedente praef. summos in utr. jure honores candidato Joh. Gotthelf Martin (Leipzig). Lpz. (Breitkopf) 2. IX. 1762. 16 S. (3.—) 1384
Mit Biogr. (M.: C. R. Hauff.)

— — De re immobili absque resignatione ac investitura judiciali vendita et tradita praef. summos in utr. jure honores candidato Heinr. Andreas Hommel (Leipzig). Lpz. (Langenheim) 1. XI. 1759. 16 S. (3.—) 1382
Mit Biogr. (M.: J. R. Konhard.)

— Dissertatio iuridica De Successione legitimatorum per nuptias exsule in feudis. [Resp.:] Joannes Laurentius Holderrieder. Recusa. — Lipsiae 1768: Langenheim. 52 S. 8°
Erschien zuerst als Diss. Leipzig 1734. 4. 9. 17. 26. 34.
13.429

— — De admittendo famulitii hodierni in favorem domini testimonio praef. summos in utr. jure honores candidato Jul. August Philipp Klipsch (Frankenhausen). Lpz. (Langenheim) 5. II. 1756. 16 S. (3.—) 1381
Mit Biogr. (M.: Ch. M. Schrader.)

— De Veritate criminis perpetrati corpus delicti vocari solita in adulterio. — (Lipsiae 1739: Langenheim.) XXIV S. 8°
2. 4. 9. 17. 19. 23. 36. 41. 48.
13.430

— — Summos in utr. jure honores candidato Abraham Gottlob Winckler (Leipzig). Lpz. (J. Chr. Langenheim) 31. I. 1747. 16 S. (3.—) 1371
Mit Biogr. (M.: J. M. Dornfeld.)

— — Summos in utr. jure honores candidato Friedr. Gottlieb Zoller (Leipzig). Lpz. (Breitkopf) 18. IV. 1743. 12 S. (3.—) 1368
Mit Biogr.: (M.: D. S. Kellner.)

Bauer, Johann Gottlieb: Epistola de motis intestinorum ad ... Joannem Godofredum de Hahn. — Dresdae: Walther 1747. XVI S. 8° 1:10 in Ia 140. 15. 16. 24. 27. 61.
13.431

Bauer, Johann Jacob. Bibliotheca librorum rariorum universalis; ... Nürnberg 1770—1772. H: *Will, Georg Andreas.* (ML)

— Bibliotheca librorum rariorum universalis. Th. 1–4 [nebst] Suppl. Bd 1–3. — Nürnberg: M. J. Bauer (Suppl. Bd 3: Bauer-Mann) 1770–91. 8°
2 mit Sondertitel:
1. Westphal, Andreas: Epistola I. ad fratrem Christianum Westphalium, qua libri publica auctoritate comburti recensentur atque exhibentur. Sedini 1709.
2. Westphal, Andreas: Epistola II. ad fratrem Christianum Westphalium sistens decadem librorum publica auctoritate combustorum. Sedini 1710.

Bauer, Jh. Jak., († d. 29. Jan. 1772.) Bibliotheca librorum rariorum universalis. Vollständ. Verzeichniß rarer Bücher aus d. besten Schriftstellern. 4 Thle. (1r Thl. Schluß [die 7 letzten Bogen] u. 2r bis 4r Thl. sammt literar. Vorreden v. G. A. Will, u. 3 Suppl.-Bde v. B. F. Hummel). gr. 8. Nürnb. 770—91. (Winter). 6 ₰ 20 ℊ

Bauer, Johann Jakob: Gespräch im Reich der Todten zwischen dem Buchhändler Johann Jacob Bauer und dem Kaufmann L*** von den vielerley Arten des Buchhandels. (Verf.: Johann Jacob Bauer.) — Nürnberg: M. J. Bauer 1770. 124 S. 8° 5. 18. 75.
13.432

Bauer, Johann Jakob
— Vollständiges Verzeichniss rarer Bücher aus den besten Schriftstellern. — Nürnberg: Bauer [vor 1770]. 160 S. 8°
75.
13.433

Bauer, Joh. Jos. (Hrsg.), s. Frauenzeitschrift, Grätzer.

Bauer, Johann Karl Benjamin: Die Leidensgeschichte des Herrn Jesu nach den vier Evangelien zusammengestellt, für sechs Passionsandachten liturgisch eingerichtet. — Leipzig: Böhme in Comm. 1879. 39 S. 8° **29.**
13.436

Bauer, Johann Karl Theodor: Gesangbuch für die häusliche Gottesverehrung. Nebst e. Anh. Über die kirchlichen Benennungen der Sonn-, Fest- und Feyertage. Mit einigen Worten über d. religiösen Gesang statt e. Vorr. von Wilhelm Friedrich Hufnagel. — Frankfurt a.M.: Simon 1807. XXX,554 S. 8°
1: Ek 410 [u.] 411. **9. 12:** Liturg. 1369 u. **18. 30.**
13.436

— Praktisches Rechenbuch mit Aufgaben aus der Naturwissenschaft, Erdbeschreibung, Geschichte und dem gemeinen Leben, für Schulen u. zum Privat-Gebrauch. Th.1.2 [nebst] Antworten d. Aufgaben. Th.1.2. — Frankfurt a. M.: Jäger 1820. 8° **302.**
13.437

Bauer, Johann Konrad
Bauer, J. C., Sammlung der das deutsche Schulwesen betreffenden Gesetze, Verordnungen 2c. s.a. **Sammlung.**

Bauer, Joh. Konr., Nachtrag zur Sammlung der das Schulwesen betreffenden Gesetze, s. Nachtrag, erster, 2c.

Bauer, Johann Konrad: Sammlung der das deutsche Schulwesen betreffenden allerhöchsten und höchsten Gesetze, Verordnungen und Vollzugs-Vorschriften, im Regierungsbezirke der Oberpfalz und von Regensburg, die Jahre 1800 bis 1843 umfassend. (Hrsg.: Johann Conrad Bauer.) [Nebst] Nachtr. 1. — Sulzbach: Seidel in Komm. 1844–53. 8°
Nachtr. 1. Die Jahre 1844–1852 umfassend. (Hrsg.: Johann Konrad Bauer.) 1853.
12 [°° Nachtr.]: 4° Bavar. 1592d. **19.**
13.438

Bauer, Johann Lorenz: Herkunft der schädlichen Waldraupen, Maden und Käfer mit beygefügten natürlichen Abhilfs- und Sicherungsmitteln aus eigenen angestellten Beobachtungen. — Erlangen 1797. 16 S. 8°
12: Oecon. 179. **27. 29.**
13.439

Bauer, Jh. Lor., Versuch e. Unterr. f. d. Forstmann zur Verhütung d. Waldverheerung durch Insekten. 3 Abtheill., mit 2 ill. Kpf. 8. Erlang. 800. u. 801. Palm. 1 ℛ 11 ℊ.

— Versuch eines Unterrichts für den Forstmann zur Verhütung der Waldverheerungen durch Insecten. Abth. 1–3. — Erlangen: Palm 1801. 362 S. 8° 1. 2. 1800. 3. 1801.
1 [°° 2.3]: 8° Bibl. Diez 7316. **12:** Oecon. 180. **21. 24. 29. 31.**
13.440

Bauer, Joh. Mart., Gedichte vermischten Inhalts. 8. (14 B.) Gera 835. [Greiz, Schumann.] Thlr.

Bauer, Johann Matthaeus: Vetter Andres, Kanter und Kunz. Ein politisch-komischer Dialog gehalten in e. Wirthshause zu Lüneburg. — Lüneburg 1803. 16 S. 8° **35.**
13.441

Bauer, Johann Michael: Auswahl der schönsten Lieder und Gesänge für fröhliche Gesellschaften. — Nördlingen 1811. XIV,248 S. 8° **1:** Yd 5446. **26.**
13.442

— — Nebst e. Anh. d. auf allen Universitäten Deutschlands üblichen Commerce-Lieder. 2., verm. Aufl. — Nürnberg: Stein 1815. 356,VIII S. 8° **17. 18. 22. 23.**
13.443

Bauer, J. M., Auswahl d. schönsten Lieder und Gesänge für frohe Gesellschaften. Nebst 1 Anh. d. auf allen Universitäten üblichen Commerce-Lieder. 2te verb. Aufl. 8. Nürnberg, Bauer u. Raspe. 819.

— — 3., verm. Aufl. Nürnberg: Bauer & Raspe 1827. VI,448 S. 8° **1:** Yd 5446[a]. **10. 12:** P. o. germ. 78c. **25. 75.**
13.444

— Johann Michael (Vohenstrauss), De defectibus quibusdam psychologiae rationalis. Präs. Ahasver Johann Biel (Schwarzburg). Lpz. (Langenheim) 27. VI. 1744. 28 S. (5.—) 1380

Bauer, *Johann* Peter [aus Köln]: Bestimmung des Grenzwertes für das Produkt der Hauptkoefficienten in reducierten quadratischen quaternären Formen ... Bonn, Univ.-Buchdr. v. C. Georgi, 1894; 29 S., 1 Bl. 8.
Bonn, Phil. Fak., Inaug.-Diss. v. [4.] Aug. 1894

Bauer, Johann Phillipp. 1819: Der Mensch in Bezug auf sein Geschlecht ... Nach d. neuesten Werken d. franz. Aerzte deutsch bearb. — Leipzig: Hartleben 1819. 447 S. 8°
10.
13.445

— — 2. Aufl. Ebd. 1820. 412 S. 8° **10. 19. 33. 303.**
13.446

— Der Mensch in Bezug auf sein Geschlecht ... Nach d. neuesten Werken d. franz. Aerzte deutsch bearb. — Reutlingen: Maecken 1820. 359 S. 8° **25.**
13.447

Bauer, J. Phil., der Mensch in Bezug auf sein Geschlecht. Od. Aufsätze üb. Zeugung, Befruchtung, Fruchtbarkeit, Enthaltsamkeit, Beischlaf, Empfängniß, Ehe u. a. ähnl. Gegenstände. Nach d. neuest. Werken d. französ. Aerzte deutsch bearb. 3., verb. Aufl. 8. (16½ B.) Leipzig 834, Hartlebens Verlags-Expedition.

— — 4., verb. Ausg. Leipzig: Frohberger 1841. VIII,272 S. 8° **12:** Anat. 58m. **24. 46.**
13.449

Bauer, J. Phil., der Mensch, in Bezug auf sein Geschlecht. Oder Aufsätze über Zeugung, Befruchtung, Fruchtbarkeit, Enthaltsamkeit, Beischlaf, Empfängniß, Ehe u. a. ähnliche Gegenstände. Nach den neuesten Werken der französ. Aerzte deutsch bearbeitet. 4. verb. Ausg. 8. Pesth 841, Hartleben. (Leipzig, Frohberger.) 1/8 ℛ

Bauer, Johann Valerius: Kurtzer, doch ausführlicher Bericht, von dem zu Untern-Eppach ... entdeckten mineralischen Heil- und Gesund-Brunnen. [Nebst] Anh. [1.] 3.4. — Oehringen 1725–27: Holle. 8°
[Hauptwerk.] 1725. Anh. [1.] 1726. Anh. 3. 1727. Anh. 4. o. J.
1 [°° Anh. 1.3.4]: Is 10880. **4** [°° Anh. 1.3.4]. **15** [°° Anh. 4]. **19** [°° Anh. 1.3.4]. **21. 24** [°° Anh. 3.4]. **29** [°° Anh. 4]. **30** [°° Anh. 1.3.4].
13.451

— Sciagraphia physico-chymico-medica. Oder: Kurtze, doch eigentl. und gründliche Beschreibung deß ... H. R. R. Freyer Stadt Biberach zugehörigen Heil-Brunnens, genannt: Der Jordan. — o. O.: Autor 1710. 64 S. 8°
12: M. med. 82m. **17. 19. 21. 29.**
13.452

Bauer, Johann Wilhelm
— — Neue chirurgische Wahrnehmungen. Mit kurzen Erl. begleitet. — Rotenburg a. F.: Hermstädt 1777. 32 S. 8°
3. 5. 8. 15. 17. 23. 34. 45. 48. 66. 75.
13.454

Bauer, Johann Wilhelm: Zwo chirurgische Wahrnehmungen bei einer Kopfwunde und einem wahren Krebsgeschwüre. Mit kurzen Erl. begleitet. — Hersfeld [usw.]: Hermstädt-Thiry 1773. 22 S. 8° 8. 15. 16. 17. 34. 45.
13.453

— Joh. Wolfgang (Werhda-Noric.), Jura viduarum clericorum & professorum vulgo Das Wittwen-Recht der Professoren und Geistlichen Weiber. Präs. Erhard Spitz (Altdorf). Altdorf (J. W. Kohles) 23. VI. 1712. 76 S., tlw. dtsch. (6.—) 1387
Widm. v.: Chn. Gottlieb Schwarz, Jo. Jac. Pfizer, J. L. Mylius, Jac. Wilh. Feuerlin, J. C. Oesterlin, Cas. Gottfr. v. Beust, Phil. Jac. Schmid v. Schmidsfelden, Joh. Adam Auer v. Herrnkirchen.

— — De justificatione aresti. Altdorf (M. D. Meyer) 27. XI. 1714. 40 S. (5.—) 1388
Widm. v.: G. F. L. B. v. Preysing, J. C. Schnizlein (deutsch), J. L. Lozbeck (deutsch), Heinr. Felix Spitz.

Bauer, Johannes, s. Bauer, Johann.

Bauer, Josef, Stadtpfarrer, Mühldorf. 1847 s. *Baur*, Josef.

— Der kaufmännische Agent. — Leipzig: Zeitschrift für d. gesamte Aktienwesen 1893. 60 S. 8° 208.
13.470

Bauer, Jos., der kaufmännische Agent. Eine kurze Darstellung der Rechte u. Pflichten der kaufmänn. Agenten. Für Inhaber v. kaufmänn. Agenturen u. f. Geschäftsherren zum prakt. Gebrauche an der Hand der Rechtsprechg. d. Reichsgerichtes u. anderer Obergerichte bearb. 8. (IV, 60 S.) Leipzig 893. Zittau, Pahl. n. 1. 50

Bauer, Jos., das Aktiengesetz. Ein bewährter Ratgeber für Aktionäre, Direktoren u. Aufsichtsräte v. Aktiengesellschaften m. Benutzg. der Motive auf Grund d. Gesetzes vom 18. Juli 1884. [Aus: „Der Handelsstand rc."] gr. 8. (III, 70 S.) Leipzig 889. Ernst Meißner. n. 1. —

Bauer, Jos., das Aktiengesetz in der Fassung des neuen Handelsgesetzbuches vom 10. V. 1897. Unter Berücksicht. der besonderen Bedürfnisse des Vorstandes u. des Aufsichtsrates auf Grund der Rechtsprechg., der Motive u. der sonst. Materialien eingehend bearb. 8. (VI, 332 S.) Leipzig (An der alten Elster 6) 899. Verlag des „Handelsgesellschafter". Geb. in Leinw. n n. 6. —

Bauer, Josef Rf v., Prof. an d. Hochschule für Bodenkultur, Wien. 1885: Amts- und Antragsdelicte in den neueren Personalsteuergesetzen. — Wien 1902. 84 S. 8°
Aus: Juristische Blätter. 31. 1902. 300:422.278-B. 302.
13.463

Bauer, Josef, Dr., Österreichischer Verwaltungsjurist. 1876: Die Anfänge der Ostmark. Vortrag. — Wien 1876. 20 S. 8°
Aus: Blätter d. Vereines für Landeskunde von Niederösterreich. 10. 1876. 300:33.843.
13.459

Bauer, Jos., s.: Arbeiten aus dem medicinisch-klinischen Institute der k. Ludwig-Maximilians-Universität zu München.

Bauer, Josef, Syndikus, Leipzig, geb. 1861. 1888: Das deutsche Aerzterecht ... Unter ... Mitw. des Dr. med. P. Glitsch zsgest. u. erl. — Leipzig: Meißner 1888. 152 S. 8°
1:Kr 724. 6. 10. 20. 106. 203. 208.
13.460

— Auflösung und Liquidation der Gesellschaft mit beschränkter Haftung. — Leipzig: Verl. d. 'Handelsgesellschafter' 1904. V,113 S. 8° 203. 208.
13.471

Bauer, Jos.: Auflösg u. Liquidation d. Ges. m. b. H. 2. Afl. (6, 186) 8° Lpzg. Verl. d. „Handelsgesellschafter" '11. L nn 4.50 d

— Der Aufsichtsrat. Rechte u. Pflichten d. Aufsichtsratsmitglieder von Aktiengesellschaften u. Kommanditgesellschaften auf Aktien. Auf Grund d. Reichsgesetzes vom 18. Juli 1884. — Leipzig: Zeitschrift für d. gesamte Aktienwesen 1892. 184 S. 8° 1:Fn 3190/16.
4. 6. 12:Merc. 380 r. 16. 47. 75. 79. 106. 203. 208.
13.473

— — Auf Grund d. neuen Handelsgesetzbuches ... bearb. 2., verm. u. verb. Aufl. — Leipzig: Verl. d. 'Handelsgesellschafter' 1900. VIII,220 S. 8°
1:Fn 3190/16a. 6. 9. 17. 19. 20. 29. 203. 208.
13.474

— der Aufsichtsrat. Rechte u. Pflichten der Aufsichtsratsmitglieder v. Aktiengesellschaften u. Kommanditgesellschaften auf Aktien. Auf Grund des neuen Handelsgesetzbuches unter Benutzg. der Rechtsprechg. des Reichsgerichtes u. anderer Obergerichte, sowie der eigenen reichen Erfahrgn. f. den prakt. Gebrauch bearb. 3. Aufl. (X, 340 S.) 8. Ebd. 905. Geb. in Leinw. n.n. 6. 75

— Der Aufsichtsrat. Rechte u. Pflichten d. Aufsichtsrats u. d. Aufsichtsratsmitgl. v. Aktiengesellsch. u. Aktienkommanditgesellsch. 4. Afl. (12, 439) 8° Ebd. '12. L nn 10 — d

—— aus welchen Gründen kann eine Ehe geschieden werden? Eine erschöpfende Darstellung des in Deutschland geltenden Ehescheidungsrechtes. 8. (92 S.) Leipzig 888, Spohr. *

Bauer, Josef, Stadtpfarrer, Mühldorf. 1884: Beiträge zur Geschichte von Altmühldorf und Ecksberg. — Mühldorf [um 1902]: Geiger. 12,8 S. 8° 12:Bavar. 198 ctd. 19.
13.460

— Das Bruderschaftswesen in Nieder-Oesterreich. — Wien [1885]. 24 S. 8°
Aus: Blätter d. Vereines für Landeskunde von Niederösterreich. 19. 1885. 300:187.045-B. 302.
13.464

Bauer, Josef, s. Ecclesiasticus, das Buch.

Bauer, Joseph, Das Buch Ekklesiastikus oder die weisen Sprüche Jesu des Sohnes Sirach. Bamberg, Klietsch, 1793, 12°. 13 Bogen 2. Aufl.

Bauer, Jos.: Die hl. Elisabeth, s.: Volksbühnenwerke.

Bauer, Joseph [Kand. d. Med. aus Kelheim]: Zwei Fälle von Spontanfractur des Oberschenkels infolge von Osteosarkom ... München, Buchdr. v. M. Ernst, 1896; 28 S., 2 Bl. 8.
München, Med. Fak., Inaug.-Diss. v. 1896

Bauer, Josef. 1904: Fritz und Mucki. Bubengeschichten. Berlin ([1904]: Möller & Borel). 24 S. 8° 1:Yo 29993.
13.536

— Geschäftsführung u. Aufsichtsrat b. Gesellschaften m. beschr. Haftg. E. umfass. Behandlg. d. Rechte u. Pflichten v. Geschäftsführern u. Aufsichtsratsmitgliedern b. Gesellschaften m. beschr. Haftg. N. d. Reichsges. v. 20. IV. 1892 u. d. einschläg. Gesetzen f. d. prakt. Gebr. bearb. 8. (VIII, 295 S.) Leipzig 897. Verlag des „Handelsgesellschafter". n. 6. —

— Geschäftsführung u. Aufsichtsrat bei Gesellschaften m. beschränkter Haftung. Nebst dem Wortlaut des Reichsgesetzes, betr. die Gesellschaften m. beschränkter Haftg. vom 20. IV. 1892 in der neuen Fassg. vom 20. V. 1898. Eine umfass., der Praxis dien. Behandlg. der Rechte u. Pflichten v. Geschäftsführern u. Aufsichtsratsmitgliedern bei Gesellschaften m. beschränkter Haftg., auf Grund der neuen Reichsgesetze, der Rechtsprechg. u. der eigenen reichen Erfahrgn. bearb. 2., umgearb. u. verm. Aufl. gr. 8. (X, 398 S.) Ebd. 900. n.n. 7. —

— — 3., verb. u. verm. Aufl. Ebd. 1904. XII,455 S. 8° 11.
13.480

Geschäftsführung und Aufsichtsrat bei Gesellschaften mit beschränkter Haftung unter besond. Berücks. d. Buchführungs- und Bilanzwesens. Nebst d. Wortlaut d. Reichsgesetzes, betr. d. G. m. b. H., v. 20. Apr. 1892 in d. Fassung v. 20. Mai 1898 ... bearb. von Syndicus Josef **Bauer.** 4., umgearb. u. verm. Aufl. Leipzig: 'Handelsgesellschafter' 1910. XIV, 586 S. 8° [11. 2332

Bauer, Jos., Geschichte der Aderlässe. Gekrönte Preisschrift. Lex.-8. (VI, 280 S.) München 870, Beck. *

BAUER, Joseph (Regensburg): Geschichte der Aderlässe.- München: Gummi 1870. VI,290 S. 31.7.1869 - Urk (Titel: De historia venaesectionis.); F 72; Chr 1869/70,12

Diss. Ingolst.-Landsh.-Mchn.

— **Kurze Geschichte und Geographie der Stadt und des Amtsgerichtes Wasserburg. — Wasserburg: Dempf 1884. 29 S. 8° 12: Bavar. 198 ct. 19.**
13.461

— **Kurze Geschichte der Stadt Mühldorf a/I. — Mühldorf: Geiger 1902. 75 S. 8° 12: Bavar. 198 ctc. 19.**
13.462

— **Die stille Gesellschaft. (Artikel 250 bis 265 des Allgemeinen deutschen Handelsgesetzbuches.) Eine erschöpfende Behandlung d. Rechte u. Pflichten d. Geschäftsinhaber u. d. stillen Teilhaber. — Leipzig: Verl. d. 'Handelsgesellschafter' 1894. 93 S. 8° 12: Merc. 17b. 208.**
13.482

— Ges., betr. d. Verwaltg gemeinschaftl. Jagdbezirke v. 4. VII. '05. Mit d. Ausführgsanweisg v. 25. VIII. '05. (67) 8° Neud., J Neumann '06. 1 — d

— Die Gesetze und Schutzvorschriften für Frauen nach der deutschen Reichs- und den Landesgesetzgebungen in leichtverständlicher Darstellung. — Leipzig: Weigel [1894]. 248 S. 8° **106. 203.**
13.483

Bauer, Josef, s. Goffine, Unterrichtsbuch.

Bauer, Jos., aktienrechtliches Handbuch f. Vorstands- u. Aufsichtsratsmitglieder. Ein dem Selbstunterricht u. der Belehrg. dien. Lesebuch, enth. prakt. Abhandlgn. u. Entscheidgn., deren Kenntnis den Personen der aktiengesellschaftl. Verwaltungsorgane z. Vorteil gereicht. (XVIII, 563 S.) 8. Leipzig 908. Verl. des „Handelsgesellschafter". Geb. in Leinw. nn 10. —

— reichsgesetzliches Handbuch f. Bierbrauer. Enth. alle Reichsgesetze, welche sich auf die Obliegenheiten der Brauer u. s. w. beziehen. Mit sachgemäßen Erläutergn., sowie den ergangenen Entscheidgn. d. Reichsgerichtes versehen u. zum prakt. Gebrauche hrsg. 8. (IX, 205 S.) Leipzig 891. Verlags-Magazin (R. F. Vierey). n. 3. —

— **Reichsgesetzliches Handbuch für Gemeindevorstände, Amtsvorsteher, Schulzen, Bürgermeister, Standesbeamte, Polizei- und Gemeindebeamte. — Leipzig: Minde (1889). VIII,516 S. 8° 33. 106.**
13.480

— reichsgesetzliches **Handbuch** f. Gemeindevorstände, Amtsvorsteher, Schulzen, Bürgermeister, Standesbeamte, Polizei- u. Gemeindebeamte. Enth. alle Reichsgesetze, welche sich auf die amtl. Obliegenheiten dieser Personen beziehen od. für dieselben Interesse bieten. Mit sachgemäßen Erläutergn. versehen u. hrsg. gr. 8. (516 S.) Leipzig 889. (E. G. Weimann.) Geb. in Leinw. n. 5. 50

—— Das Reichsgesetzliche Handbuch f. Gemeindevorstände &c. gr. 8. (480 S.) Lpz. 890, Minde. geb. 7 50

— reichsgesetzliches **Handbuch** f. Colonialwaaren-, Droguen- u. Farbwaarenhandlungen. Ein jurist. Nachschlage- u. Lehrbuch f. die Angehörigen dieser Berufszweige, welches alle einschläg. Reichsgesetze mit sachgemäßen Erläutergn. enthält. Zum prakt. Gebrauch hrsg. gr. 8. (303 S.) Leipzig 891. E. M. Pfeffer. n. 4. —

Bauer, Jos., s.: Handelsgesellschafter, der.

— der Handelsstand, seine persönlichen Rechte u. Pflichten. Das Rechtsverhältnis der im Handelsbetriebe thät. Gewerbs- u. Handlungsgehilfen, der Kaufleute, Handelsgesellschaften u. Aktiengesellschaften. gr. 8. (VI, 178 S.) Leipzig 889. Ernst Meißner. n. 3. —

— u. O. **Bollinger,** üb. idiopathische Herzvergrösserung. Festschrift der med. Facultät der Universität München zur Feier des 50jähr. Doctor-Jubiläums des Geh.-R. Prof. Dr. Max v. Pettenkofer. Lex.-8. (103 S. m. 1 Taf.) München 893. J. F. Lehmann's Verl. n. 5. —

Bauer, Jos. u. O. Bollinger. Ueber idiopathische Herzvergrösserung. Festschrift der Med. Fakultät d. Universität München zur Feier d. 50jähr. Doktor-Jubiläums des H. Geheimrath Prof. Dr. M. v. Pettenkofer. M. 1 Tafel. Kl. in-4°. 103 S. Zürich-Oberstrass, E. Speidel. 1893 6 25

Bauer, Josef, u. O. Bollinger
Idiopathische Herzvergrößerungen. 103 S 2 lithogr. Taf. Lehmann. München. 1893.

Bauer, Josef

— **Die Jagdgesetze Preußens. Nach d. neuesten Stande. Neudamm: Neumann 1896. VI,378 S. 8° 1: Gr 10520. 3. 6. 11. 12: Oecon. 180 cb. 18. 41. 203. 208.**
13.489

— — **2. Ausg. Mit e. Anh., betr. d. bis auf d. jüngste Zeit ergangenen Reichs- u. Landesgesetze &c. auf d. Gebiete d. Jagdwesens. — Ebd. 1900. VI,378 S. 8° 30. 35. 38. 203. 302.**
13.490

— — **3., verm. u. verb. Aufl. Ebd. 1904. XVI,644 S. 8° 1: Gr 10520³. 12: Oecon. 180 cc. 15. 24. 28. 44. 203. 208.**
13.491

— — **3., verm. u. verb. Aufl. Neue Ausg., enth. d. Gesetz, betr. d. Verwaltung gemeinschaftlicher Jagdbezirke vom 4. Juli 1905 nebst Komm. — Ebd. 1905. XVI,644,67 S. 8°**
Sondert.: Gesetz, betr. die Verwaltung gemeinschaftlicher Jagdbezirke vom 4. Juli 1905 ... Erl. von Josef Bauer. 1906.
6. 7. 11. 61. 203.
13.492

— **Die Jagdgesetze Preußens. 4., umgearb. Aufl. in 2 Bänden. Bd 1. — Ebd. 1909. IX,503 S. 8°**
1. Bauer: Die Jagdordnung vom 15. Juli 1907. 1909.
1: Gr 10520⁴. 2. 5. 6. 7. 11. 12: Oecon. 180 ccb. 19. 24. 30. 38. 41. 203. 208.
13.493

— **Die Jagdordnung vom 15. Juli 1907. Ausführlicher Kommentar. (4., umgearb. Aufl.) — Neudamm: Neumann 1909. IX,503 S. 8° (Bauer: Die Jagdgesetze Preußens. 1.) 1: Gr 10520⁴-1. 2. 5. 6. 7. 11. 12: Oecon. 180 ccb-1. 19. 24. 30. 38. 41. 203. 208.**
13.494

— **Der Jagdpachtvertrag. — Neudamm: Neumann 1899. 32 S. 8° 1: Gr 10536. 10. 41. 203. 208.**
13.497

— **In wie weit haftet die Ehefrau für die Schulden des Mannes? — Leipzig: Spohr (1889). 68 S. 8° 29.**
13.498

— Inventur u. Bilanz d. Aktiengesellschaften u. Kommanditgesellschaften a. Aktien. E. Darstellg. d. f. d. Aktienvereine n. d. bisher. u. d. neuen Handelsgesetzbuche gelt. Vorschriften üb. Inventur u. Bilanz nebst Gewinnberechng.; m. zahlr. Beispielen betr. d. Bilanz, d. Gewinn- u. Verlustrechng. Bearb., unt. weitgeh. Berücksicht. d. Rechtsprechg. f. d. Praxis d. Aktienvereine. 2. Aufl. 8. (IV, 140 S.) Leipzig 898. Verl. d. Handelsgesellschafter. Geb. in Leinw. n.n. 4. —

— Inventur u. Bilanz bei Aktiengesellschaften u. Kommanditgesellschaften auf Aktien. Eine ausführl. Darstellg. der f. die Aktienvereine gelt. Vorschriften üb. Buchführg., Inventur u. Bilanz nebst Gewinn- u. Tantiemeberechng., sowie der m. der Rechnungslegg. in Beziehg. steh. Rechtsverhältnisse; m. Beispielen betr. die Bilanz, die Gewinn- u. Verlustrechng. 3., neubearb. Aufl. Von O. J. Bauer jr. (VIII, 280 S.) 8. Leipzig 906. Verlag des „Handelsgesellschafter". Geb. in Leinw. n.n 6 —

— Inventur und Bilanz sowie Gewinnberechnung bei der offenen Handelsgesellschaft, Kommanditgesellschaft und stillen Gesellschaft. — Leipzig: Verl. d. 'Handelsgesellschafter' 1895. 155 S. 8°
2. Aufl. s. *Bauer:* Bilanz und Gewinnberechnung ... bei der offenen Handelsgesellschaft. 1913.
208.
13.501

— Die Land- und Forstwirtschaft im Personalsteuergesetze. Ein Handbuch. — Wien [usw.]: Fromme 1906. VII,154 S. 8° 26. 30. 210. 300: 440.945–B. 302.
13.405

Bauer, Josef, K. k. Oberlieutenant d. 17. Divisions-Artillerie-Regiments. 1898: Böhmische Militär-Sprache. Ein Handbuch für den Vorgesetzten im Verkehre mit den Untergebenen. — Wien: Seidel 1898. 152 S. 8° 302.
13.532

Bauer, Jos.: Mysterienspiele. Bethlehem. Dramat. Szenen. (65) kl8° Münch., Verl. d. Volksbühne ('11). — 80 (Pp.) d

BAUER, Joseph (Sarmensdorf/Schweiz): De odontalgia.- Bonschil: Poessenbacher 1830. 23 S. 14.8.1830 - Urk; F 59
Diss. Ingolst.-Landsh.-Mchn.

Bauer, Jos., Ratgeber f. Geschäftsführ. v. Ges. m. b. H. Eine ausgewählte Sammlg. v. Abhandlgn. u. Entscheidgn., die sich auf die wichtigsten Rechtsverhältnisse d. Gesellsch. m. beschränkt. Haftg. u. deren Geschäftsführ. beziehen. 1. Bd. (XVI, 448 S.) 8. Neudamm 907. J. Neumann. Geb. in Leinw. nn 8. —

— Ratgeber f. Geschäftsführer (v. Ges. m. b. H.). 2. Bd. Die Praxis d. Geschäftsführer u. Aufsichtsratsmitgl. v. Ges. mit b. H. (20, 608) 8° Ebd. '11. L nn 10 — (1 u. 2: geb. nn 18 —) d

—— das Recht des Angeklagten in Strafsachen. Ein Ratgeber für Jedermann, insbesondere für Schöffen und Geschworene, auf Grund der Reichsgesetze gemeinverständlich bearb. 8. (IV, 92 S.) Leipzig 888, H. Bennewitz. *

—— das Recht des Arbeiters. Auf Grund der ergangenen deutschen Reichs-Gesetze gemeinverständlich dargestellt. 8. (89 S.) Leipzig 888, Leopold und Bär.

Bauer, Josef: Das Recht der Frau. E. gemeinverständl. Darst. der in Bezug auf das weibl. Geschlecht ergangenen Deutschen Reichs- u. Landesgesetze. — Leipzig: Meissner 1888. 176 S. 8°

— Das in Deutschland geltende Recht, revierende Hunde und Katzen zu töten. — Neudamm: Neumann 1891. 129 S. 8°
Aus: Deutsche Jäger-Zeitung. 16. 1890/91. 1: Gm 10729. 208.
13.506

[ff.] Das in Deutschland geltende Recht, revierende Hunde und Katzen zu töten. Bearb. u. m. zahlr. ausführl. Erläutergn vers. v. Syndikus Josef Bauer, 2. umgearb. u. verm. Aufl. *Neudamm: J. Neumann 1897.* (69 S.) 1 Bd 8. (97 8100

—— 3., verb. Aufl. Ebd. 1904. 99 S. 8°
1: Gm 10729³. 12: Oecon. 180 cd. 17. 24. 28. 38. 208.
13.508

— Das in Deutschld gelt. Recht, revierende Hunde u. Katzen zu töten. Mitsamt d. sonst. auf Hunde u. Katzen sich bezieh. u. hier einschlag. Rechtsverhältn. An d. Hand d. Rechtsprechg bearb. 4. Afl. (160) 8° Neud., J. Neumann '12. HL 3.50 d

— Juristisches Taschenbuch für Arbeitgeber. Rechte und Pflichten des Arbeitgebers gegenüber den Gewerbsgehilfen, Gesellen, Fabrikarbeitern und Lehrlingen. — Leipzig: Verl. Magazin 1890. 96 S. 8° 17. 24. 30. 91. 166.
13.510

Bauer, Jos., Rechte u. Pflichten der Handlungsgehilfen, Prokuristen, Handlungsbevollmächtigten, Reisenden u. kaufmännischen Lehrlinge. Auf Grund d. Handelsgesetzbuches u. der einschläg. Reichsgesetze unter Benutzg. der ergangenen Entscheidgn. bearb. gr. 8. (40 S.) Leipzig 888. Gloeckner. n. 1. —

— Rechte u. Pflichten d. Handlungsgehilfen, Prokuristen, Handlungsbevollmächtigten, Reisenden u. kaufmännischen Lehrlinge. Für die Personen des Handelsstandes auf Grund des Handelsgesetzbuches u. der einschläg. Reichsgesetze unter Benutzg. der ergangenen Entscheidgn. des Reichsoberhandelsgerichtes u. d. Reichsgerichtes für den prakt. Gebrauch bearb. 2., verm. Aufl. gr. 8. (95 S.) Leipzig 892. G. A. Gloeckner. n. 1. 20

— Rechte und Pflichten des Vorstandes. Eine Samml. von Abhandlungen ... d. sich auf d. Rechtsstellung ... d. Vorstandsmitglieder von Aktiengesellschaften beziehen. — Leipzig: Verl. d. 'Handelsgesellschafter' 1905. XIV,383 S. 8° 38. 169. 208.
13.513

— Vade mecum für Reisende! Rechtskunde für den reisenden Kaufmann. — Leipzig: Gloeckner 1891. 102 S. 8°
38. 208.
13.514

Bauer, Jos. Ritter v., u. Dominik Mayer: Rechtslehre f. Landwirte, Forstwirte u. Kulturtechniker. 1. Tl: Österr. Zivilrecht v. M. (15, 207) gr8° Wien, C Fromme '12. 3.70

— deutsches Reichs-Gesetz, betr. die Invaliditäts- u. Altersversicherung. Officielle Textausg. m. vollständ. Sachregister. 1. u. 2. Aufl. gr. 8. (79 S.) Leipzig 889. Minde. — 25

— das Reichsgesetz, betr. die Gewerbegerichte, Einigungsämter u. das Verfahren vor dem Gemeindevorsteher. Zum prakt. Gebrauch bearb. 8. (IV, 140 S.) Leipzig 890. Verlags-Magazin (Bierey). n. 1. 60

— die deutschen Reichsgesetze in Bezug auf Kirche, Religion u. Geistlichkeit. Für Geistliche u. Religionsdiener unter Benutzg. der ergangenen Reichsgerichtsentscheidgn. zum prakt. Gebrauche bearb. gr. 8. (VI, 103 S.) Leipzig 892. Dürr'sche Buchh. n. 1. 80

— die Reichs-Gesetze, betr. den Verkehr m. Nahrungs-Mitteln, Genuß-Mitteln u. Gebrauchs-Gegenständen, m. gesundheitsschädl. Farben bei der Herstellg. v. Nahrungsmitteln ꝛc.; m. Ersatzmitteln f. Butter (Margarine); m. blei- u. zinkhaltigen Gegenständen u. die Reichsverordng. üb. das gewerbsmäßige Verkaufen u. Feilhalten v. Petroleum. An der Hand der ergangenen Reichsgerichtsentscheidgn. erläutert u. f. den prakt. Gebrauch hrsg. Nebst dem amtl. Gutachten d. kaiserl. Gesundheitsamtes üb. die Verfälschg. v. Mehl, Conditorriwaaren, Zucker, Fleisch, Wurst, Milch, Butter, Bier, Wein, Kaffee, Thee, Chocolade, Mineralwasser, Soda- u. Selterwasser, Limonade, Petroleum u. Gebrauchsgegenständen. 8. (IV, 148 S.) Leipzig 890. Verlags-Magazin (R. Bierey). n. 1. 60

-- u. Erwin **Hönncher**, Sammlung v. Gesetzen f. Handel, Industrie u. Gewerbe, f. nicht juristisch gebild. Angehörige dieser Stände, sow. f. Handels- u. Gewerbeschulen erl. unt. Berücksicht. d. Motive, sow. d. einschläg. Rechtsprechg. u. d. Bedürfnisse d. Praxis. 1.—5. Bd. 8. Zittau, Pahl. Kart. n. 13. 70

1. Allgem. deutsches Handelsgesetzbuch (Buch I—IV), nebst Ergänzungsgesetzen. Erläut. f. d. Zwecke v. Handelslehranst. u. Gewerbeschulen, sow. f. d. prakt. Kontorgebr. u. z. Selbstbelehrg. f. nicht juristisch gebild. Kaufleute. (VIII, 385 S.) 895. n. 2. 70
2. D. Seerecht, d. Binnenschiffahrt u. d. Flößerei, nebst einschläg. Nebengesetzen. Erl. f. d. Zwecke v. Handelslehranst. u. Gewerbeschulen, sow. f. d. prakt. Kontorgebr. u. z. Selbstbelehrg. f. nicht juristisch gebild. Kaufleute. (VIII, 315 S.) 895. n. 2. —
3. Allgem. deutsche Wechselordnung nebst d. Reichsgesetz üb. d. Wechselstempelsteuer u. e. Darstellg. d. Wechselprozesses, nebst zahlr. Formularen u. Mustern. Erl. f. d. Zwecke v. Handelslehranst. u. Gewerbeschulen, sow. f. d. prakt. Kontorgebr. u. z. Selbstbelehrg. f. nicht juristisch gebild. Kaufleute. (VIII, 203 S.) 895. n. 2. —
4. D. Reichskonkursordnung nebst Einführungsgesetz u. Gesetz, betr. d. Anfechtg. v. Rechtshandlungen e. Schuldners außerh. d. Konkursverfahrens. Erl. f. d. Zwecke v. Handelslehranst. u. Gewerbeschulen, sow. f. d. prakt. Kontorgebr. u. z. Selbstbelehrg. f. nicht juristisch geb. Kaufleute. (VIII, 312 S.) 895. n. 3. —
5. D. Gewerbeordnung f. d. deutsche Reich nebst Ergänzungsgesetzen. Erl. f. d. Zwecke v. Handelslehranst. u. Gewerbeschulen, sow. f. d. prakt. Kontorgebr. u. z. Selbstbelehrg. f. nicht juristisch gebild. Kaufleute. (VIII, 524 S.) 896. n. 4. —

— **Sammlung der deutschen Jagdgesetze. — Neudamm: Neumann 1891. VI,320 S. 8° 1:Gm 10731. 14. 208.**
13.517

— **Sammlung deutscher Jagdgesetze. 2., erg. Ausg. Ebd. 1896. VI,358 S. 8°**
1:Gm 10731². 11. 12:Oecon. 180 c. 106. 203. 208.
13.518

— Sammlg deut. Jagdges. 2. Asg. 12° (358) Ebd. 99. 2 —; kart. 2.50

— **Der Schutz des Gläubigers im Konkurs. — Leipzig: Meißner 1889. 57 S. 8° 18.**
13.520

Bauer, Josef, Die Schwestern. s: Damen-Bühne.

— **Das Seerecht, die Binnenschiffahrt und die Flößerei nebst einschlägigen Nebengesetzen. Erl. für d. Zwecke von Handelslehranstalten u. Gewerbeschulen ... von Josef Bauer u. Erwin Hönncher. — Zittau: Pahl 1895. VIII, 315 S. 8° (Sammlung von Gesetzen für Handel, Industrie u. Gewerbe. 2.) 203. 208.**
13.521

— der Selbstvertheidiger. Strafrecht u. Strafproceß. Ein leichtfaßl. Wegweiser, wie man in allen Strafsachen seine Vertheidigg. selbst führen, beziehentlich die Strafverfolgg. gegen andere betreiben kann. gr. 8. (256 S.) Leipzig 889. Minde. n. 3. —

— — **2. Aufl. Ebd. [um 1890]. 256 S. 8° 111.**
13.523

Bauer, Josef, Fabrikant, Prag. 1902: **Zur Spiritus-Contingentfrage. — Prag: Selbstverl. 1902. 19 S. 8°**
300:422.633–B.
13.533

— **Der Stärkere. Schauspiel. (32) 8° Ebd. ('11). — 80 (Pp.) d**

— juristisches Taschenbuch f. Arbeitgeber. Rechte u. Pflichten d. Arbeitgebers gegenüber den Gewerbsgehilfen, Gesellen, Fabrikarbeitern u. Lehrlingen. Auf Grund der Reichsgewerbeordng. u. der einschläg. Reichsgesetze f. den prakt. Gebrauch bearb. 8. (IV, 96 S.) Leipzig 890. Verlags-Magazin (R. Bierey). n. 1. —

Bauer, Josef, s. Tobias, das Buch.

Bauer, Jos., Das Buch Tobias nach der Vulgata mit Zuziehung der orientalischen Übersetzungen verdeutscht, erläutert und mit sittlichen Anmerkungen versehen. Bamberg, 1793, 12°. 5¼ Bg.

-- das musikalische Urheberrecht. Nebst der internationalen Litterarkonvention vom 9. Septbr. 1889 u. den zwischen Deutschland u. den ausländ. Staaten zum Schutz v. Litteratur u. Kunst geschlossenen Verträgen, unter Anziehg. der sämtl. einschläg. Entscheidgn. d. Reichsgerichts u. d. Reichsoberhandelsgerichts. Für den prakt. Gebrauch hrsg. gr. 8. (VIII, 135 S.) Leipzig 890. Fock. n. 4. —; geb. n. 5. —

— **Die Verfassung und Verwaltung des Deutschen Reichs. Mit Berücksichtigung d. Verfassungen d. Deutschen Bundesstaaten. Eine volkstümliche Darstellung. — Berlin: A. Schultze 1895. 126 S. 8°**
Nebent.: Die Verfassung u. Verwaltung d. Deutschen Reichs u. d. Deutschen Bundesstaaten.
30. 36.
13.526

— **Die Verfassg u. Verwaltg d. Deut. Reiches, Preussens u. d. übr. deut. Bundesstaaten. 5. Afl. (128) 8° Berl., F Euler '10.** 1 — d

— **Die auf Verlobung und Eheschließung bezüglichen gesetzlichen Vorschriften im Reiche und in den Einzelstaaten gemeinfaßlich dargest. — Kassel: Brunnemann 1889. 40 S. 8° 1:Stala 767. 4. 11. 34. 47. 51. 208.**
13.527

— **Wann ist der Bankerott strafbar? Der betrügliche u. d. einfache Bankerott u. seine Strafen. — Leipzig: Verl. Magazin 1890. 122 S. 8° 17. 25. 106. 111. 205. 208.**
13.528

— **Was kostet ein Process? Eine Anleitung zur Selbberechnung [!] d. Gerichts- u. Anwaltskosten in streitigen Civilsachen, Strafsachen u. Zwangsvollstreckungen, sowie d. Gebühren d. Zeugen u. Sachverständigen. — Leipzig: Minde [1889]. 75 S. 8° 30. 47.**
13.529

—— **was kostet e. Prozess? Anleitg z. Selbstberechng d. Gerichts- u. Anwaltskosten in streit. Civilsachen, Strafsachen u. Zwangsvollstreckgn, sowie d. Gebühren d. Zeugen u. Sachverständigen. 2. Afl. 8. (75) Lpzg 89. Minde.** *n.* 1. —

Bauer, Jos., was kostet e. Prozeß? Eine Anleitg. zur Selbstberechng. der Gerichts- u. Anwaltskosten in streit. Civilsachen, Strafsachen u. Zwangsvollstreckgn., sowie der Gebühren der Zeugen u. Sachverständigen. An Beispielen erläutert u. f. d. Laiengebrauch hrsg. 5. Aufl. 8. (75 S.) Leipzig 891. M. Spohr. n. 1. —

— der Wechsel. Gefälligkeitswechsel, Wechselreiterei u. Kellerwechsel. Nebst e. systemat. Darstellg. d. deutschen Wechselrechtes. 8. (VI, 108 S.) Leipzig 889. Verlags-Magazin. n. 1. 20

— **Wie errichtet man rechtsgültig ein Testament? — Leipzig: Spohr (1888). 103 S. 8° 47.**
13.530

— wie kann der Frau ihr in die Ehe einzubringendes Vermögen gesichert werden? Auf Grund der deutschen Reichs- u. Landesgesetze f. den Laiengebrauch leichtverständlich dargestellt. (Neue Titel-Ausg.) 8. (IV, 37 S.) Leipzig 894. G. Weigel. n. 1. —

— wie kann sich die Ehefrau ihr eingebrachtes Vermögen erhalten? Auf Grund der Reichs- u. Landesgesetze gemeinverständlich dargest. 8. (VI, 87 S.) Leipzig 888. Ernst Meißner. n. 1. —

— **Wie verschafft man sich Genugthuung auf gesetzlichem Wege, wenn man beleidigt wird? — Leipzig: Weigel (1894). VIII,97 S. 8° 30.**
13.531

—— Das preußische Wildschadengesetz vom 11. Juli 1891. 12. (VI, 102 S.) Neudamm 892, Neumann. cart. * 1 75

— das preußische Wildschadengesetz vom 11. VII. 1891 u. die Bestimmungen des neuen bürgerlichen Gesetzbuches üb. den Wildschaden, f. Jagdpächter, Forstmänner, Amtsvorsteher, Gemeindevorsteher u. Juristen zum prakt. Gebrauch erläutert. 2., verb. Aufl. gr. 8. (V, 87 S.) Ebd. (901). Kart. n. 1. 20

— Wildschonges. v. 14.VII.'04. (52) 8° Ebd.'04. 1 — ‖ 2. Afl. dass., nebst d. Ausführgsanweisgn v. 30.VII.'04 u. 15.VIII'04. (71) 06. 1 — d

— Wildschongesetz vom 14. VII. 1904, nebst den Ausführungsanweisgn. vom 30. VII. 1904 u. 15. VIII. 1904. Für den prakt. Gebrauch ausführlich erläutert. 2., verb. Aufl. (71 S.) 8. Ebd. '06. 1. —

Bauer, Josef, In d. Wüste, s: Damen-Bühne.

— s.: Zeitschrift f. Aktiengesellschaften.

Bauer, Josef (Hrsg.), s. Zeitschrift für das gesamte Aktienwesen.

BAUER, Joseph Anton (Wallerstein): De febri scarlatina epidemica.- Bonnhil: Giesser 1841. 14 S. 27.8.1841 - Urk: F 65
Diss. Ingolst.-Landsh.-Mchn.

Bauer, Josef Anton: Nr 181. Dorotheum. Versteigerungsamt Wien I. Dorotheergasse 17. Nachlaß des akademischen Malers und Kunstlithographen Josef Anton Bauer ⟨Mitarbeiter Kriehubers⟩. [Auktionskat.] — (Wien 1909: Hamburger.) 31 S. 8° 302.
13.542

Bauer, Jos. Ant., d. wirthschaftl. Tausendkünstler etc. 8. Augsburg, J. A. Rieger. 796.

Bauer, Josef Emanuel: Denkschrift der Tiroler Landes-Jahrhundertfeier in Innsbruck. — Innsbruck: Wagner 1910. 81 S. quer-8°
12:4° Austr. 10m. 300:473.415–C. 304.
13.543

— Tiroler Kriegslieder aus den Jahren 1796 und 1797. Innsbruck: Edlinger 1896. XV,162 S. 8°
1:Yd 4826. 7. 11. 12:P. o. germ. 78 ci. 14. 16. 18. 24. 30. 43. 117. 300:90.246–B. 302→304. 308.
13.544

— Der Landes-Oberstschützenmeister. — Innsbruck: Selbstverl. 1908. 12 S. 8° 304.
13.545

Bauer, Josef Emanuel: Die denkwürdigsten Schützenfahnen von Tirol. Innsbruck, 1908, 59 S.

— Die denkwürdigsten Schützenfahnen von Tirol. — Innsbruck 1909: Wagner. 59 S. 4° 304.
13.546

— Innsbrucker Schützenwesen und Schützenfeste von der frühesten Zeit bis zur Gegenwart. — Innsbruck: Verl. d. K. k. Landes-Hauptschießstandes 1903. 245 S. 8°
25. 300:43.084. 304.
13.547

Bauer, Jos. Frz., Jesus ist das Muster der christl. Vollkommenheit. Gebete u. Betrachtungen nach dem Sinne u. Inhalte der heil. Evangelien auf alle Sonn- u. Feiertage des ganzen Jahres. Mit 2 Steindr. 8. Prag, Leitmeritz u. Töplitz 837. Medau. $^5/_{12}$ ₰ geb. $1^1/_2$ ₰

Bauer, Jos. Franz, Jesus ist d. Muster d. christl. Vollkommenheit. Gebete u. Betrachtn. nach d. Sinne u. Inhalt der h. Evangelien, auf alle Sonn- u. Festtage d. ganzen Jahres, zur Andacht u. z. Troste in d. traurigsten Lebensverhältnissen gewidmet. 2. Aufl. gr. 12. ($11^3/_8$ B. u. 4 Lithogr.) Leitmeritz 840, Medau.

Bauer, Jos. Frz., Jesus ist d. Muster d. Vollkommenheit. Gebete u. Betrachtungen nach d. Sinne u. Inhalte d. heil. Evangelien etc., zum Troste in den traurigen Lebensverhältnissen. 3. Aufl. (14 B. u. 1 Kpfr. $12^1/_2$ Ngr.) u. 4., verb. u. verm. Aufl. 12. ($15^3/_4$ B. u. 1 Stahlst.) Prag 843, 46. [Haase Söhne, Vrls.-Expedition.] Thlr.

Bauer, Josef Heinrich
— Abhandlung von dem mineralischen Gesundbrunnen nahe bey der Stadt Tätschen ... 2. Aufl. — Prag: Gröbl 1771. 128 S. 8°
Nebent.: Tractatus de fonte minerali Tetschnensi ... Ed. 2.
Text lateinisch u. deutsch. 19.
13.550

Bauer, Josef Heinrich, Doktor d. Philosophie u. Medizin. 1770: Tractatus de fonte minerali Tetschnensi ... Abhandlung von dem mineralischen Gesundbrunnen nahe bey der Stadt Tätschen. — Wien: Kurtzböck 1770. 64 S. 8°
Text lateinisch u. deutsch. 1: Ir 36393. 8. 15. 17.
13.548

— Tractatus de fonte minerali Tetschnensi ... Ed. 2. Pragae 1771: Gelinek. 128 S. 8°
Nebent.: Abhandlung von d. mineralischen Gesundbrunnen nahe bey d. Stadt Tätschen ... 2. Aufl.
Text lateinisch u. deutsch. 7. 19. 27.
13.549

— Untersuchung nach der Naturkunde und Chymie, des uralten mineralischen Sauerbrunns zu Liebwerda im Königreiche Böhmen. — Prag: v. Schönfeld 1785. 40 S. 8°
1: Ir 34383. 2. 15. 19. 27.
13.551

Bauer, Josef Karl: Praktische Anleitung zur Journalisirung, Liquidirung, Zusammenstellung des Monatsabschlusses und Verfassung der Steuer-Jahres-Rechnungen bei den K. k. ⟨Haupt-⟩ Steuerämtern. — Krems: Verf. [1898]. 88 S. 4° 300:96.781–C. 302.
13.557

Bauer, Jos. Carl, praktische Anleitung zur Journalisirung, Liquidirung, Zusammenstellung des Monatsabschlusses u. Verfassung der Steuer-Jahres-Rechnungen bei den k. k. (Haupt-)Steuerämtern. gr. 4. (90 S.) Wien 899. M. Perles. n. 4. —

— Die österreichischen directen Steuern und die auf die Verwaltung derselben Bezug habenden Normen für jedermann leicht faßlich ... dargest. H. 1–3. — Krems: Selbstverl. [1898]. 8°
1. Die österreichische Steuerverwaltung. Die Grundsteuer.
2. Die Gebäudesteuern ⟨Hausclassen-, Hauszins- u. 5%ige Steuern⟩.
3. Fälligkeiten. Verzugszinsen. Execution. Zufristung. Rechtsmittel. Steuerzahlung im Wege d. Postsparcasse. Nachlässe an d. Realsteuern. 300:406.988–B. 302.
13.559

— die österreichisch. directen Steuern u. die auf die Verwaltung derselben Bezug habenden Normen f. Jedermann leicht faßlich — in Fragen u. Antworten — dargestellt. 1.–3. Hft. gr. 8. Krems 899. (F. Oesterreicher.) n. 2. —
1. Die österreich. Steuerverwaltung. — Die Grundsteuer. (47 S.) n. — 60
2. Die Gebäudesteuern (Hausclassen-, Hauszins- u. 5%ige Steuer). (37 S.) n. — 80
3. Fälligkeiten, Verzugszinsen, Execution, Zufristung, Rechtsmittel. Steuerzahlung im Wege der Postsparcasse. Nachlässe an den Realsteuern. (20 S.) n. — 40

Bauer, Josif s. *Bauer*, Josef.

Bauer, Isaak, approb. Arzt aus Frankfurt a. M.: Beiträge zu den Folgeerscheinungen der Uterusmyome und zur Kasuistik der Kolossaltumoren der weibl. Genitalien. *Straßburg i. E. 1903: C. Müh & Co.* (33 S.) 8°
Straßburg, Med. Diss. v. 1902

Bauer, Isidor: Der strebsame Landmann. Ein interessantes u. lehrreiches Hausbuch für d. freien Stunden d. Landmannes, namentlich für d. Winterabende. 2. Aufl. H. 1. — Köln: Schmitz 1882. 102 S. 8° 207.
13.560

Bauer, Julius, aus Czernowitz ⟨Oesterr.⟩: Über Alkylidendipyridoylessigester und Isonitrosopyridoylessigester. *Berlin (1903): G. Schade.* (45 S.) 8°
Berlin, Phil. Diss. v. 11. Aug. 1903

Bauer, Jul.: Neue Apparate z. Bestimmg v. Kohlenoxyd u. Kohlensäure in d. atmosph. Luft od. d. Grubenwettern. [Aus: „Der Kohleninteressent".] (8) Lex8° Tepl.-Sch., A Becker ('06). — 50

Bauer, Julius, Technischer Direktor, Sächs. Zinn- u. Arsenik-Werke. 1881: Bericht des technischen Directors an den Aufsichtsrath der Sächsischen Zinn- und Arsenik-Werke, Actien-Gesellschaft über die Bergbau-Unternehmungen bei Ehrenfriedersdorf. (Verf.: Jul. Bauer.) — (Berlin 1881: Mercantilische Verl. Anst.) 38 S. 8° 14. 82. 83. 90. 106.
13.561

Bauer, J: Die Biochemie u. Biol. d. Kolostrums, s: Engel, St.

Bauer, Julius, Kunstgärtner. 1881: Der praktische Blumengärtner. Goldene Regeln für Blumenfreunde . . . Stereot.-Ausg. — Reutlingen: Enßlin & Laiblin [1881]. 80 S. 8°
24.
13.562

Bauer, Jul.: Der prakt. Blumengärtner. Goldene Regeln f. Blumenfreunde. Anleitg z. einfachen u. künstl. Zucht d. Pflanzen f. Zimmer u. Blumengarten. Nebst e. Anh. üb. Topfobstorangerien, d. Herstellg v. Gartenrasen u. d. Einfassg v. Blumen-Beeten u. Rabatten. 3. Afl. (80) kl8° Reutl.. Ensslin & L. ('12). — 50 d

Bauer, Jul.: Üb. Bodensenkgn beim Steinkohlenbergbau. Nach e. Abhandlg v. Sainte-Claire-Deville frei bearb. [SA] (14 m. 2 Taf.) Tepl.-Sch., (A Becker) '07. — 60

Bauer, Julius, Assekuranz-Inspektor, Wien. 1885: Buchhaltung für Brauereien. — Wien: Selbstverl. 1885. 137 S. 8°
123.
13.563

Bauer, Jul., Buchhaltung für Brauereien. gr. 8. (137 S.) Wien 885, (Edm. Schmid.) *

Bauer, Jul., Buchhaltung f. Brauereien. gr. 8. (137 S.) Wien 885. Spielhagen u. Schurich. n. 3. 60

— Über ordnungsmässige Buchhaltung. Vom Standpunkte des Praktikers. — Wien: Verf. 1894. 67 S. 8° 302.
13.565

— Der moderne Damenhut. In d. Auffassung berühmter Maler u. Bildhauer. Text von Julius Bauer. Originalzeichn. für das 'Illustrierte Wiener Extrablatt' von Zygm. Ajdukiewicz [u. a.] — Wien: 'Elbemühl' 1909. 22 S. 4°
300: 466.552–C. 302.
13.567

Bauer, J(ulius), Arzt a. Moers: Aus der Kgl. Chirurgischen Universitäts-Klinik zu Bonn. Ueber einen eigenartigen Fall von Chondrom am linken Knie. Bonn 1906: E. Eisele. (81 S.) 8°

Bonn, Med. Fak., Ref. Bier, Diss. v. 31. Jan. 1906

[Geb. 10. Aug. 73 Allendorf a. d. Werra; Wohnort: Moers; Staatsangeh.: Preußen; Vorbildung: Gymn. Moers Reife Sommer 91; Studium: Bonn 5, Freiburg i. B. 1, Göttingen 6 S.; Coll. 31. Jan. 06; Approb. 3. Febr. 99.]

— Die Gerberei-Buchführung. Mit e. Anh.: Wiener Usancen für den Handel mit Gerbstoffen, Häuten, Fellen, Wolle etc. — Wien: Schönmann 1888. 48 S. 8° 302.
13.566

— Das Collesche und Profetasche Gesetz im Lichte der modernen Serumforschung. — Wien [usw.]: Braumüller 1908. 7 S. 8°

Aus: Wiener klinische Wochenschrift. 21. 1908. 302.
13.570

— Über Heizwertbestimmungen auf empirischem Wege und die Verwendbarkeit der Gmelin'schen Formel für unsere Braunkohlen. — Teplitz-Schönau: A. Becker 1909. 18 S. 8° Erweitert aus: Der Kohleninteressent. 20. 1909. 90.
13.575

— Die tatsächl. Höhe d. Depotkosten f. uns. Braunkohlenrevier. [Aus: „Der Kohleninteressent".] (21) Lex8° Tepl.-Sch., A Becker '09. 1.25

— über die Konservierung der Kohlensäure d. Bieres. Vortrag, geh. im polytechn. Verein in München. Lex.-8. (20 S. m. Fig.) München 886. Polytechn. Verein. n. 1. —

— Die Rücklagen für Abschreibungen und Erneuerungen beim Bergbau. — Teplitz-Schönau: A. Becker 1910. 32 S. 4° (Sonderdrucke d. Kohleninteressent. 10.) 83.
13.579

— Ueber die Spezifität der biologischen Eiweißdifferenzierung. — Jena: Fischer [1907]. S. 71–82. 8°

Aus: Arbeiten aus d. Königlichen Institut für experimentelle Therapie zu Frankfurt a. M. 3. 1907.
27. 101.
13.572

— Klinische und experimentelle Studien zur Pathologie und Therapie der Tuberkulose im Kindesalter. Von Bauer u. Engel. — Würzburg: Kabitzsch 1909. II S., S. 246–734 [vielm. 437]. 8°

Aus: Beiträge zur Klinik d. Tuberkulose. 13. 1909. 16.
13.573

Bauer, Juraj s. *Bauer*, Georg.

Bauer, K., d. Kunst- u. Feinwäscherei (Schnellwäsche) i. d. Haushaltung. Enth.: D. Kunst-Wäscherei i. ganzem u. getrenntem Zustande. D. Fleckenreinigungskunde. D. Hauswäscherei. D. Appretur u. d. Spannen d. Vorhänge. D. Strohhutbleicherei u. -Färberei. D. Handschuhwäscherei u. -Färberei. D. Federnfärberei. D. Putzen u. Färben all. Arten Spitzen, Schleier, Krawatten, Gold- u. Silberborten, d. Tressen, d. Teppiche, Läufer u. Kokosnußmatten. D. Unverbrennlichmachen d. Zeuge. 8. (44 S.) Regensburg 895. Verlagsbureau. n. — 50

Bauer, K., die Kunst- u. Feinwäscherei (Schnellwäsche) in der Haushaltung. Enth.: Die Kunst-Wäscherei in ganzem u. getrenntem Zustande. Die Fleckenreinigungskunde. Die Hauswäscherei. Die Appretur u. das Spannen der Vorhänge. Die Strohhutbleicherei u. -Färberei. Die Handschuhwäscherei u. -Färberei. Die Federnfärberei. Das Putzen u. Färben aller Arten Spitzen, Schleier, Krawatten, Gold- u. Silberborten, der Tressen, der Teppiche, Läufer u. Kokosnußmatten. Das Unverbrennlichmachen der Zeuge. 3. Aufl. 8. (48 S.) Backnang (900). J. Rath. n. — 50

Bauer, K.: Die Mitarbeit d. Gebildeten an d. inneren Mission, s. Bauer, Hermann.

Bauer, K, s: Schriften d. Vereins f. Reformationsgesch., Jubiläumsschrift.

Bauer, Karl, a. Altena: Die sozialpolitische Bedeutung der Kleinkraftmaschinen. (Berlin 1907: G. Schade.) (90 S.) 8°

Berlin, Phil. Fak., Ref. Sering, Diss. v. 15. März 1907

[Geb. 16. Aug. 79 Altena (Westfalen); Wohnort: Berlin; Staatsangeh.: Preußen; Vorbildung: Realgymn. Iserlohn Reife O. 00; Studium: Berlin T.H. 9, Univ. 3 S.; Rig. 4. März 07.]

Bauer, Karl, a. Heimerdingen O. A. Leonberg: Beiträge zur Chemie des Phenanthrens und Fluorens. Tübingen 1905: H. Laupp jr. (57 S.) 8°

Tübingen, Naturw. Fak., Ref. Wislicenus, Diss. v. 1. Aug. 1905

[Geb. Heimerdingen; Wohnort: Heimerdingen; Staatsangeh.: Württemberg; Vorbildung: Pharmaz. Staatsprüfung mit 1 Cl. Tübingen 02; Studium: Tübingen 3, Stuttgart T.H. 4, Tübingen 1 S.; Coll. 1. Aug. 05.]

BAUER, Karl: Beiträge zur experimentellen Petrographie. — 1899. 72 S.
Diss. Graz, Univ

Meerane: Bericht über das 25jährige Stiftungsfest des Freimaurerklubs „Bruderverein" in Meerane am 10. Dez. 1893. [Unterz.:] [Karl] Bauer. [Meerane 1893: Sievers.] 32 S. 8°
Rede von K. Bauer: Mahnung, Wege des Lichtes, der Liebe u. der Wahrheit zu wandeln; Bericht üb. die 25jähr. Tätigkeit der Loge von eben diesem Br. Beigefügt ein Verzeichn. der Mitgl. von 1868—1893.

— Carlo Borromeo und seine Zeit. Ein Bild aus d. Tagen d. Gegenreformation. — Halle 1910. 22 S. 8° (Flugschriften d. Evangelischen Bundes. 293.)
1:Di 8860–293. 2→10. 12:Polem. 1008 o–293. 14→21. 24→30. 32. 33. 35. 36. 38. 39. 46. 51. 62. 75. 203.
13.619

— — Ebd. 1910. 24 S. 8° (Flugschriften d. Evangelischen Bundes.) 4. 14. 17. 31. 41. 47. 169.
13.620

— Charakterköpfe zur deutschen Geschichte. 32 Federzeichnungen. — Leipzig [usw.]: Teubner 1906. 32 Bl. 2°
Im Exemplar von 101 fehlt das Erscheinungsjahr auf d. Titelblatt.
1:2° Nr 282. 11. 62. 101. 123. 207.
13.634

Bauer, Carl [aus Augsburg]: Ueber einen seltenen Fall von Bauchblasengenitalspalte ... Würzburg, Druck v. F. Fromme, 1894; 38 S., 1 Bl. 8.
Würzburg, Med. Fak., Inaug.-Diss. v. 1894

Bauer, Karl de. 1900: Faust und Gretchen. Lustspiel. Neu bearb. — o.O. [um 1900]. 28 S. 8° 1:Yr 5121/15.
13.612

Bauer, Carolus: * De formulis vetandi apud Homerum. 103 S. 4° (2°)
Halle-Wittenberg, Phil. Diss. v. 8. Mai 1872
Geb. [Weissenfels 4. 1. 1849]
Die Seiten mit graden Zahlen sind leer.

Bauer, Karl, Baumeister, Berlin. 1901: Die zweite schwere Garde-Batterie im Feldzuge 1870/71, nach d. Kriegstagebüchern ... zsgest. — Berlin 1901: (Sperling in Magdeburg). 275 S. 8° 1:Kr. Samml. Fa 104. 9. 10. 15. 21. 31. 60.
13.615

Bauer, Karl, Superintendent, Brandenburg. 1836: Gedächtnisspredigt auf den am 8. Julius 1837 verstorbenen Herrn Joh. Christ. Wilh. Neuendorff. — Brandenburg: Wiesike 1837. 16 S. 8° 1:4 in E 211. 101.
13.600

Bauer, Karl, Gedichte. gr. 16. (189 S.) Chicago 894. (Koelling & Klappenbach.) Geb. in Leinw. n. 2. —

Bauer, Karl. 1894: Gedichte. 1. Aufl. — Chicago, Ills. 1894: Severinghaus & Beilfuß. 189 S. 8° 1:Yo 25435. 7.
13.610

Bauer, Carl, doppelwirkender Geldumrechner zur schnellsten und verlässigsten Reduction aus der Reichs-Währung in süddeutsche und umgekehrt mit gleichzeit. Berücksicht. der hauptsächlichsten Abrundungsarten für Cassen, Banken, Expeditionen etc. 3. Aufl. hoch 4. (4 S.) München 875, (Fritsch.) *
1. und 2. Aufl. erschienen 1874,75 im Selbstverlag.

Bauer, Karl, Stadtbibliothekar, Hildesheim. 1891: Geschichte von Hildesheim von dem Anfange bis zur Gegenwart. — Hildesheim: Gude 18(91–)92. 402 S. 8°
1:Sm 5169. 5. 6. 7. 12: Germ. sp. 27 fw. 14. 29. 30. 34. 35. 38. 43. 45. 46. 51. 60. 109. 121. 203. 205. 211.
13.605

Bauer, (Karl), Dir. Prof.: Zur Geschichte der Realschule mit Progymnasium zu Meerane in Sachsen 1875—1900. (Umschlagt.: ... in den ersten 25 Jahren 1875—1900.) *(Meerane 1900: J. Sievers.)* (S. 1—40.) 4° [J.]
Meerane i. S., R u. PG, Festschr. 1900 (613)

— Geschichte des akademisch-theologischen Vereins zu Heidelberg während der ersten vierzig Jahre seines Bestehens. — Heidelberg 1903: Evang. Verl. 171 S. 8°
12:H. lit. P. 474 o. 16. 31.
13.623

— Hat Jesus gelebt? Osterpredigt. — Karlsruhe: Reiff 1910. 20 S. 8° 31.
13.624

Bauer, Carl, med. pract. von Zürich: Aus dem Pathologischen Institut der Universität Zürich. Ueber endotheliale Hautwarzen und ihre Beziehungen zum Sarcom. Mit einer Tafel. (S. A. aus: Virchow's Archiv f. pathol. Anatomie u. Physiologie, Bd 142 [S. 407—428]). Berl. (G. Reimer) 1895. 26 S., Tafel VIII. 8°.
Zürich, Med. Diss. [v. 11. Dec. 1895].

— s.: Jubiläumsschrift (des Vereins f. Reformationsgeschichte).

Bauer, Carl [aus Schorndorf (Königr. Württemberg)]: Zur Casuistik der Verletzungen des Sehnerven von der Stelle des Gefässeintritts bis zum Chiasma. ... Berlin, Buchdr. v. Gustav Schade (Otto Francke) (1888); 32 S. + 1 Bl. 8°
Berlin, Med. Fak., Inaug.-Diss. v. 4. Dez. 1888

Bauer, Karl, Assistent d. Lehrkanzel für Botanik an d. Universität in Wien. 1892: Compendium der systematischen Botanik für Mediciner und Pharmaceuten. — Leipzig [usw.]: Deuticke 1892. 188 S. 8° 300:151.120–B. 302. 305.
13.609

— Goethes Kopf und Gestalt. — Berlin: Mittler 1908. XI, 62 S. 8° (Stunden mit Goethe. Sonderh.)
1:Au 5814/18–Sonderh. 1. 5. 10. 11. 12: Biogr. 2512–1. 14. 15. 17. 18. 23. 24. 25. 27. 28. 30. 32. 33. 36. 38. 39. 44. 46. 48. 64. 75. 79. 107. 109. 117.
13.641

Bauer, Karl, Arbeiter, Gerlingen, 1823-1910. 1898: Lebens- und Bildungslaufbahn des Carl Bauer in Gerlingen Oberamts Leonberg. — Stuttgart: Verf. 1898. 44 S. 8° 24.
13.611

— Das Licht der Welt und Die Nachfolge des Herrn. 2 Weihnachtspredigten. — Berlin: Enslin 1846. 31 S. 8°
1:14 in E 241.
13.601

— Unser evangelischer Männerverein. — Donaueschingen: Mory 1906. 19 S. 8° 31.
13.625

— Maria Magdalena. Eine Predigt. — Brandenburg 1836: Wiesike. 12 S. 8° 1:3 in E 231.
13.602

— Mensch und Tier, wesentlich oder nur graduell verschieden? Ein Versuch zur Beantwortung der Frage. — Riga: Jonck & Poliewsky 1905. 158 S. 8° 12:H. nat. 21 bi.
13.632

— Eduard Mörike, 1804–1875. Eine Betrachtung. — Hildesheim: Helmke 1909. 15 S. 8° 1:Av 1830/35. 7. 35.
13.606

Bauer, Carl [aus Potsdam]: Über das ätherische Oel von Phellandrium aquaticum und das in demselben enthaltene Terpen .... Freiburg i. B., Univ.-Buchdr. v. H. M. Poppen & Sohn, 1885; 64 S. 8°.
Freiburg i. B., Phil. Fak., Inaug.-Diss. v. 1885.

— Rede am Grabe des Archidiaconus zu St. Katharinen, Herrn Joh. Christ. Wilh. Neuendorff, am 11. Julius 1837. — (Brandenburg): Bibelges. [1837]. 8 S. 8° 101.
13.603

— Zum Besten der Abgebrannten in Donaueschingen. Seid getrost! Predigt über Haggai 2,1–9. — Heidelberg: Evang. Verl. 1908. 16 S. 8° 4. 12: Hom. 2038d. 14. 29. 30. 31.
13.627

Bauer, Carl, Referendar: Die staatsrechtliche Stellung des Reichskanzlers nach der Reichsverfassung unter Berücksichtigung des Reichsgesetzes vom 17. März 1878. Borna-Leipzig 1908: Noske. VIII, 57 S. 8°
Erlangen, Jur. Diss. v. 2. Okt. 1908, Ref. Rieker
[Geb. 16. Nov. 82 Cöln; Wohnort: Cöln: Staatsangeh.: Preußen; Vorbildung: Gymn. Münstereifel Reife O. 03; Studium: Gent 1, Berlin 1, Bonn 4, Münster 2 S.; Rig. 14. Juli 08.] [U 09. 657

— Hildesheimer Studien. — Hildesheim: Helmke 1903. 52 S. 8° 7. 12: Bor. 259 l. 14. 35.
13.607

— Literarische Studien über Grillparzer, Halm, Raimund und Stifter. — Hildesheim: Helmke 1909. 107 S. 8° 7. 35. 302.
13.608

— An Luther's Tische, s: Flugschriften d. evang. Bundes.

Bauer, *Carl Otto Ludwig Gottgetreu* Das Trauerjahr 1888. 4 (S 3—13). Progr. Rsch. *Meerane i. S* 1889

— Was e. evang. Christ heute wissen muss. Unter bes. Berücks. d. bad. Verhältn. (131) 8° Ebd. '10. geb. — 65 u. 1.20 d

— Was ein evangelischer Christ heute wissen muß. 2., erw. Aufl. — Heidelberg: Evang. Verl. 1910. VII,150 S. 8° 16. 26. 31. 207.
13.630

— Das Wort der Jünger in Emmahus: 'Brannte nicht unser Herz in uns?' Predigt. — Brandenburg 1836: Wiesike. 11 S. 8° 1: 2 in E 231.
13.604

Bauer, Karl, Rechtsanwalt, Arolsen, 1830-1880. 1902: Waldeckisches Wörterbuch nebst Dialektproben. Hrsg. von Hermann Collitz. — Norden [usw.]: Soltau 1902. XXV,105, 320 S. 8° (Wörterbücher. Hrsg. vom Verein für niederdeutsche Sprachforschung. 4.)
1: Yc 450–4 [u.] Yc 450a–4. 2→11. 12: L. germ. 290p–24. 14→19. 21. 24→30. 32→35. 38. 41. 43. 46. 48. 61. 107. 208. 300: 52.904–B. 4. 302. 303.
13.616

Bauer, Karl August Ludwig: Das Institut der Wundaerzte 1. Klasse und seine Gegner. — Stolp: Fritsch 1840. VIII,111 S. 8° 12: Med. g. 27n.
13.652

Bauer, Karl Christian, Fürstl. Stollbergischer Konsistorialrat. 1763: Die nützliche Anwendung des von Gott geschenkten Friedens. — Laubach in d. Wetterau [1763]: Hildebrand. 32 S. 8° 19.
13.653

Car. Chr. Bauer (praes. Leop. Socr. Riecke) diss. inaug. de arte obstetricia Hippocratica. Tubing. 1823. 8.

— **Carl Christian** (Sylda/Mansfeld), Diss. qua genuinam similitudinum de panno novo vestimento veteri non assuendo ac de musto in utres veteres non condendo sententiam e Matth. IX v. 16, 17. Präs. Jo. Dav. Kuttner. Lpz. (H. Ch. Tack) 17. III. 1728. 30 S. (5.—) 1267

— — (Hamburg), De hydrorhachitide. Diss. med.-chir. Erfurt (J. Ch. Goerling) 24. III. 1798. 22 S. (4.80) 1268

Bauer, Karl Christian, Arzt, Hamburg. 1801: Ueber ansteckende Krankheiten und Verwahrungsmittel dagegen. Hamburg: Nestler 1801. 23 S. 8° 16. 18. 202.
13.654

Bauer, Karl Dieter Hermann, s. Bauer, Hermann.

Bauer, Karl Ernst Georg, s. Bauer, Georg

Bauer, Karl Ferdinand

Gesetz-Buch der ger.·. und vollk.·. St.·. Johannis-Loge gen. Pythagoras, No 86, constituirt den 2. April 5841 installirt den 24. Juni 5841 im Or.·. zu New-York. Angenommen im Jahre 5846 [Bearb. von Karl Ferd. Bauer.] [New York 1846.] VIII, 136 S. 8°
Auszug in: FZ. 5 (1851) S. 110–111, 113—120. cf. L. 9 (1847) S. 135—139.

Bauer, Karl Franz

— **Carl Franz** (Ratibor), De natura robusta optima sanitatis longae conservatrice. Diss. med. Präs. Joh. Juncker. Halle (J. Ch. Hilliger) Aug. 1746. 48 S. (5.50) 1269
Gew.: Friedr. Gregor v. Lautensack. — Widm. v.: F. A. Koehler, G. F. Becker, Gottfr. Grossmann (Brieg), C. M. Musig (Brieg, dtsch.)

Bauer, Karl Friedrich

— Kopfrechnungsspiel, nebst Anl. z. Kopfrechnen. 8. Berlin, Maurer. 805.

Bauer, Karl Friedrich, Superintendent u. Oberprediger, Zossen. 1806: Kopfrechnungs-Spiel. Nebst einer sich darauf beziehenden Anleitung zum Kopfrechnen. — Berlin: Maurer 1806. XII,132 S. 8° 10.
13.655

Bauer, Karl Friedrich, Pfarramtskandidat u. design. Missionar aus Neu-Ulm: Die Lehre des Athenagoras von Gottes Einheit und Dreieinigkeit. *Bamberg [1903]: Handels-Druckerei.* (60 S.) 8°
Leipzig, Phil. Diss. v. [26. März] 1903

— Rede am 7. April 1809 dem Tage der Stadtverordneten-Wahl in Zossen. — Berlin [1809]: Dieterici. 16 S. 8° 1: Td 10172.
13.656

— neu. geograph. Reisespiel. m. K. 8. Berlin, Dieterici. illum.

— neues geograph. Reisespiel, mit Kpf. 8. Berl., (Mittler). 12 ggr ill. 16 ggr

Bauer, Karl Gottfried

— Bedenken über verschiedene dermalen in der evangelischen Landeskirche des Königreichs Sachsen sich regende Wünsche. — Leipzig: Vogel 1833. 106 S. 8° 1: Sr 662. 7. 14. 17. 106. 117.
13.657

Bauer, Karl Gottfried: De caussis quibus nititur rectum super notione regni divini in N.T. passimobvia judicium.
Lpz.: Joh. Gg. Höhm 23./24. VIII. 1810.
44 S.

Bauer, K. Gf., Denkschrift auf d. Prof. Reiz. gr. 8. Leipzig, F. C. W. Vogel. 790.

Bauer, Karl Gtfr., über Eigenthümlichkeiten d. höh. Alters, s. Cicero.

— s. Einladung zur 2ten Säcularfeier.

— Die Gewissenhaftigkeit, zu welcher wir als Christen in unserer erneuerten Stadtverfassung verpflichtet sind. Predigt. — Leipzig 1831: Fleischer. 16 S. 8° 15.
13.658

— Das Glück eines friedlichen Genusses der göttlichen Gaben und Güter, eine Predigt. — Leipzig: Beer in Komm. [1789]. 23 S. 8° 12: J.can. U. 140s/3.
13.659

— Homilien und Predigten. Bd 1. — Leipzig: Gabler (1794). XVI,238 S. 8° 117.
13.660

— Homilien u. Predigten. 1r Bd. gr. 8. Jena 794. Gabler. (Knobloch in Leipz.) 16 gl.

— Homilien u. Predigten 1r Bd. gr. 8. Jena, Gabler. 795.

— Jubelfeyer der evangelischen Kirche am Anfange des vierten Jahrhunderts seit ihrer Gründung in 5 Liedern. — Leipzig: Dürr 1817. 16 S. 8° 1:10 in Cn 21104. 23.
13.661

— die rechte Jubelfreude d. Augsburg. Confessionsverwandten, dargestellt u. empfohlen in zwei Predigten am 25. u. 27. Jun. 1830. gr. 8. (2¼ B.) Leipzig 830, Hinrichs.

— Jubel-Predigt bey der Feyer der vor funfzig Jahren angetretenen Regierung Sr. Majestät des Königs von Sachsen Friedrich August. — Leipzig: Dyk in Comm. [1818]. 30 S. 8° 14. 15. 34.
13.663

— Catalog [Katalog] der von Herrn Dr. theol. Bauer hinterlassenen Bibliothek. [Auktionskat.] — Leipzig: Weigel [1843]. 324 S. 8° (Serapeum. Beil.)
12: Cat. 35 g. 14. 18.
13.664

— Des Volkes Leben. Ein Versuch zur Befreundung d. Regierenden u. d. Regierten. — Berlin: G. Reimer 1831. VIII, 108 S. 8° 1: Fc 2238. 11. 15. 34. 44. 106. 117.
13.665

— Mahnungen der Zeit an die Vorstände der evangelisch-protestantischen Kirche. — Leipzig: Vogel 1830. 118 S. 8°
7. 12: J. can. P. 93m. 15. 44. 53. 109. 117. 302.
13.666

— Mittheilungen [Mitteilungen] eines Traurenden [!] an seines Gleichen und alle die es werden könnten, in einigen Predigten. — Jena: Cröker 1803. XXXII,207 S. 8° 117.
13.667

— Über die Mittel, dem Geschlechtstriebe eine unschädliche Richtung zu geben ... Mit e. Vorr. u. Anm. von C. G. Salzmann. — Leipzig: Crusius 1791. XVI,498 S. 8°
4. 7. 8. 10. 12: Pol. g. 41 rf. 15. 16. 17. 19. 23. 30. 31. 39. 43. 111. 117. 121. 207. 302. 303.
13.668

— üb. d. Mittel, dem Geschlechtstrieb eine unschädliche Richtung zu geben. 8. Leipzig, F. C. W. Vogel. 791.

— Paragraphen als Grundlage zu Vorlesungen über die Homiletik. — Leipzig: Hinrichs 1826. IV,100 S. 8°
14. 21. 29.
13.669

— Predigt zur Feier sein. 50jähr. Amtsverwaltung, gehalt. am 23. Oct., d. 21. Sonnt. nach Trinit. d. J. u. auf Verlangen nebst d. am folgenden Sonntage z. Gedächtniß d. sel. Hrn. Past. Dr. J. Dav. Goldhorn gehalt. hrsg. gr. 8. (2⅛ B.) Leipzig 830, Schreck.

— Predigt in der reformirten Kirche zu Leipzig ... über Ebräer 13,9. — Leipzig: Hinrichs 1827. 20 S. 8° 16.
13.671

— Predigt am ersten Pfingstfeiertage 1839, dem Jubeltage d. vor 300 Jahren eingeführten Reformation in Leipzig, über Ephes. 5, 8—10 gehalt. gr. 8. (1¼ B.) Leipzig 839, (Hinrichs'sche Buchh.)

— Auswahl einiger Predigten. — Leipzig: Hahn 1822. XIV, 330 S. 8° 1: Eb 13443. 2. 7. 35. 117.
13.672

— Predigten an Fest- und Bußtagen, ingleichen über verschiedene andere Gegenstände des praktischen Christenthums. — Leipzig: Crusius 1790. 486 S. 8° 2. 7. 117.
13.673

— Predigten an Fest- u. Bußtagen. gr. 8. Leipzig, F. C. W. Vogel. 790.

— Predigten über die Sonn- und Fest-Tags Evangelien des ganzen Jahres. Th. 1. 2. — Züllichau [usw.]: Darnmann 1798–99. 8° 15. 117.
13.674

— Predigten über d. Sonn- u. Festtags-Evangelien. 2 Thle. gr. 8. Züllichau 798 u. 99. 2 ₰ 16 gl. (Leipz., Gerig). Hbg. Pr. 1 ₰ 12 gl.

— Psalm der Geretteten zur Gedächtnißfeier des 19. Octobers 1813. — o. O. [1813]. 2 Bl. 8° 18.
13.675

— Friedrich Wolfgang Reiz. Einige Grundstriche zur Charakteristik. — Leipzig: Crusius 1790. 31 S. 8°
1:8 in Am 81. 2. 5. 7. 10. 11. 14. 15. 16. 23. 27.
13.676

— Fr. Wolfg. Reiz; einige Grundstriche zur Charakteristik desselben. gr. 8. Leipz. 790. (W. Vogel). 2 gl.

— Dr. Joh. Conr. Sickel, Präsident des Königlich Sächsischen Appellations-Gerichtes zu Leipzig ... Ein Schattenriß. — Leipzig: Vogel 1837. 46 S. 8° 3. 7. 14. 15. 117.
13.677

— Ueber den Unterricht der Taubstummen. Anm. zu Kant's Anthropologie. Von Karl Gottfried Bauer u. Ernst Adolf Eschke. Nebst e. Schreiben des Herrn J. G. C. Kiesewetter. — Berlin: Taubstummen-Inst. 1801. 99,86 S. 8°
Nebent.: Ueber den Unterricht der Taubstummen. Anm. zu Kant's Anthropologie. Von Bauer u. Eschke. Nebst e. Schreiben des Herrn Professor Kiesewetter, u. e. Beschreibung des Königl. Preuß. Taubstummen-Instituts vom Herrn Prediger Ahlemann.
Sondert.: Ahlemann, Ernst Heinrich Friedrich: Herr Professor Eschke und das von ihm gestiftete, jetzt Königl. Taubstummen-Institut zu Berlin.
1: Nf 11950. 2. 3. 8. 16. 17. 23. 36. 123. 202. 302.
13.678

Bauer, K. G., über die vornehmsten Ursachen des jetzt so häufig sich ereignenden Selbstmordes. gr. 8. Leipzig, Dürr. 818. geh. Rthlr.

— philosoph. Versuche üb. Gegenstände d. Moral u. Pädagogik. 8. Leipz. 797. Andrä. 1 ₰

— philos. Versuche üb. Gegenstände der Moral u. Pädagogik. 8. Leipzig, Bauer. 797.

— Philosophische Versuche über Gegenstände der Moral und Pädagogik. — Leipzig: Kleefeld 1797. XVI,366 S. 8°
20. 29. 111. 117. 207.
13.679

— Was sind in der gegenwärtigen Zeit evangelisch-protestantische Christen der Ehre ihrer Kirche schuldig? — Leipzig: Hinrichs 1830. 20 S. 8° 1:15 in Df 4256.
13.680

— was sind in d. gegenwärt. Zeit evangel.-protestant. Christen d. Ehre ihrer Kirche schuldig? Rede am Reformationsfeste 1830. Vor d. versammelten evangel. Schuljugend beider Geschlechter in d. Nicolaikirche zu Leipzig gehalten. gr. 8. (1¼ B.) Leipzig 831, Hinrichs.
Val. Beck, Chr. Dan.

— Über Christian Felix Weisse, ein Beytrag zur Gallerie verdienstvoller Deutschen. — Leipzig: Crusius 1805. 114 S. 8° 1: Av 22161. 3. 4. 5. 7. 12: Biogr. 1240d. 14. 15. 27. 32. 35. 44. 109. 117. 207. 300: 623.157–B. Th.
13.681

— üb. Christian Felix Weiße. gr. 8. Leipzig, F. C. W. Vogel. 805.

Bauer, Karl Gfr., wie soll unser Herz sich in schwerer Zeit z. Gott wenden? Predigt, die am Anfange des neuen Kirchenjahres 1812—1813 gehalten werden sollte. gr. 8. (1¼ B.) Leipzig 843, C. H. Reclam sen.

— Worte der Erbauung nach Tagen harter Noth und hocherfreulicher Entscheidung in einer Wochen-Andacht. — Leipzig: Barth in Comm. 1813. 23 S. 8°
5. 12: Hom. 849d/3. 60.
13.682

Bauer, Karl Gotthelf: Missionsvortrag. — Annaberg (1858): Hasper. 13 S. 8° 15.
13.683

Bauer, Karl Hugo, s. Bauer, Hugo.

Bauer, Karl J., Prof. Dr.: Demosthenes und der Harpalische Prozess. Ein Beitrag zur Lösung d. Harpalosfrage. *Freiburg i. B. 1900: Ch. Lehmanns Nachf.* (22 S.) 4°
Freiburg i. B., grossh. G, MP 1900 (651)

Bauer, Karl J.: Demosthenes und der Harpalische Prozess, ein Beitrag zur Lösung der Harpalosfrage. *Freiburg i. B. 1900: Ch. Lehmann's Nachf.* (35 S.) 8°
Freiburg i. B., Phil. Diss. v. 1900

Bauer, Karl J., (Prof.) Dr.: Ludwig Wilhelm, Markgraf von Baden 'der Türkenlouis'. Heidelberg 1904: E. Geisendörfer. (24 S.) 4°
Heidelberg, großh. G P 1904 (710)

Bauer, Karl Johann Siegmund: Beschreibung der v.Drais'schen Fahr-Maschine und einiger daran versuchten Verbesserungen. Nebst e. Anleitung zum Gebrauch dieser Maschine und einigen Nachrichten über d. berühmten Hautsch'schen Kunstwagen. — Nürnberg: Stein 1817. 32 S. 8° 8. 17. 23. 31. 201. 305.
13.709

Bauer, Karl Julius: Die Geschichte der evangelischen Diakonissensache in Oesterreich. — Klagenfurt: Bertschinger 1905. 30 S. 8°
Aus: Evangelische Vereins- u. Liebestätigkeit in Oesterreich. 1905.
1: Cv 39293/60. 302. 309.
13.711

[—] Zur Geschichte der evangelischen Kirchengemeinde Gallneukirchen bei Linz, O.-Ö. — Gallneukirchen: Oberösterr. evang. Verein für innere Mission [1906]. 21 S. 8° 302.
13.712

Bauer, Karl Ludwig

Bauer, Karl Lbw., (+ d. 3. Sept. 1799.) Anfang oder Versuch einiger Bemerkk. vom rührenden Drama. 4. Hirschb. 774.

Bauer, Karl Ludwig: Animadversiones Horatianae, s.a. Bauer: Observationes in Horatii editionem.

— animadversionum Horatianarum periculum I. II. 4. Hirschb. 781.

Bauer, Karl Ludwig, Rektor, Hirschberg, 1730-1799. 1747: Anleitung zum richtigen und guten Ausdruck der lateinischen Sprache. — Breslau: Korn 1775. 388 S. 8°
1: Wa 1515. 2. 3. 25. 32. 78. 117. 121.
13.713

— — 2. Aufl. Ebd. 1779. 388 S. 8° 7. 16. 19. 25. 60. 180.
13.714

— — 3., verb. Aufl. Ebd. 1798. 429 S. 8°
1: Wa 1520. 2. 10. 14. 15. 17. 23.
13.715

Bauer, K. L., Anleit. z. gut. u. richtig. Ausdruck d. lat. Sprache. 8. Breslau, W. G. Korn. 799.

— — (Leipzig), De arte critica scripturae interprete. Exercit. philologica. Präs. Joh. Georg Richter. Lpz. (I. G. I. Breitkopf) 23. IX. 1750. 40 S. (4.80) 1274

— Beantwortung der in dem Leipziger Intellig. Bl. 1775 ... vorgegebnen Frage: Warum itzt weniger gut vorbereitete junge Leute von Schulen auf die Akademie gehen? Eine Preis-Schrift. — Halle: Waisenhaus 1781. 88 S. 8° 15. 27.
13.716

Bauer, Karl Ludwig, Prof. am Realgymnasium, Karlsruhe. 1866: Behandlung einiger Aufgaben aus der Integral-Rechnung. — Karlsruhe 1871: Malsch & Vogel. 15 S. 8° 31.
13.738

— Pr. I. II. Betrachtung der sogenannten cursor. Lesung d. Alten. 4. Hirschb. 794, 95.

— Summos in philosophia honores Viro Doctissimo Joanni Andreae Bauero ... gratulatur, simulque De vera disciplinarum Comparatione quaedam commentatur Carolus Ludovicus Bauerus. — Lipsiae [1747]: Langenheim. VIII S. 8° 15.
13.717

— Der Erfinder des Lullinschen Versuchs und seine Abhandlung über die Elektricität. Ein Beitrag zur Geschichte d. Physik. — Karlsruhe 1886. 18 S. 4°
Aus: Festschrift, dem Gymnasium Karlsruhe zur Feier seines 300jährigen Jubiläums gewidmet vom Realgymnasium, Karlsruhe. 1887.
Zugleich Progr. Karlsruhe, Humboldtschule 1886/87.
2→7. 9. 12: 4° Techn. 239–1886. 15. 16. 19. 26. 27. 29. 31. 82. 83. 88. 89. 207. 300: 187.816-C. 302. 303.
13.739

— excerpta Liviana III Ptes. 8. Lauban 770—74. Ed. N. sub tit.: Chrestomathia Liviana, castigat. repetit. III Ptes. 8. Leipz. 785. Ed. II. ... Ed. III. Liviana excerpta vel Chrestomathia Liviana. 8. ibid. 811. Ed. IV. denuo ed. et annott. adj. Fr. Büttner. 8maj. ibid. 824. Hahn. 1 ₰

— Liviana excerpta vel. Chrestomathia Liviana. 3 part. 8. Leipzig, Fritsch. 801.

Bauer, C. L., Liviana excerpta vel Chrestomathia Liviana in usum scholarum castigatum repetita, editio III. emendatior, III. Partes. 8. Lips. Hahn. 812.

Bauer, Karl Ludwig, Hofrat, Berlin. 1787: Feier des sechszehnten Octobers 1787. — o.O. [1787]. 2 Bl. 8°
1: 5 in Yf 6654.
13.737

— Formulae ac disciplinae Ernestianae indolem et conditionem veram adumbrare conatus in ... Jo. Aug. Ernestium ... pietatis suae monumentum exstare voluit Carol. Ludov. Bauerus. Acc. praeter Indicem scriptorum Ernestianorum Elogium b. viri publice scriptum (Verf.: Aug. Guil. Ernesti-us). — Lipsiae: Crusius 1782. 144 S. 8°
2→5. 7. 10. 12: Biogr. 361 m. 14. 15. 19. 23. 24. 32. 39. 43. 46. 75. 78. 117. 207.
13.718

— formulae ac disciplinae Ernestianae indolem et conditionem veram adumbrare conatus. 8maj. Leipz. 782. (W. Vogel). 8 gl.

— Glossarium Theodoreteum ad usus exegeticos et criticos separatim ed. Carolus Ludovicus Bauerus. — Halae Magd.: Orphanotropheum 1775. VIII, 469 S. 8° 2. 10. 15. 21. 29.
13.720

— In grammaticae laudem quaedam disserens tres Lycei praeceptores publice inaugurandos ... nuncupat Carolus Ludovicus Bauerus. — Laubani [1758]: Schill. 4 Bl. 8° 17.
13.721

— — u. **Christoph Naumann** (Steinens. Misn.), De lectione Thucydidis optima interpretandi disciplina. Lpz. (Breitkopf) 12. X. 1753. 74 S. (5.50) 1275

— Deutsch-lateinisches Lexicon. — Breslau: Korn 1778. 2468, 72 Sp. 8° 2. 16. 32. 44. 117.
13.722

— — 2., verm. Ausg. Ebd. 1798. 3076 Sp. 8° 1: Wb 2038. 2. 7. 10. 14. 18. 19. 21. 27. 32. 44. 47. 111. 117.
13.723

— deutsch-lateinisch. Lexikon. gr. 8. Breslau, W. Korn. 805.

— — 3., unveränd. Ausg. Ebd. 1806. 3076 Sp. 8°
1: Wb 2039. 10. 15. 23. 34. 75. 78.
13.724

— — Neue, durchges. Aufl. Ebd. 1814. 3076 Sp. 8°
8. 18. 19. 21. 27. 31. 32. 41. 61.
13.725

Bauer's, C. L., Deutsch-lateinisches Lexicon. Bresl. 778. 8. 3 rthl. Eb. 798. 8. 3 rthl. 12 gr. Eb. 806. 8. 3 rthl. 12 gr. Eb. 814. 8. 3 rthl. 12 gr. Eb. 819. 8. 3 rthl. 12 gr. (Die letzte wird die *vierte* neu berichtigte Ausg. genannt.)

— — Neue, berichtigte Aufl. Ebd. 1820. 3076 Sp. 8°
2. 21. 78. 214.
13.726

— Ad Virum ... Joannem Henricum Osvaldum ... cum Comes Palatinus Caesareus creatus esset, De Q. Horatii Locis nonnullis epistola subitaria hunc honorem gratulaturi, Caroli Ludovici Baueri. — Laubani [um 1765]: Schill & Scharf. 4 Bl. 8°
117.
13.730

— Caroli Ludovici Baueri Logica Paullina, vel notatio rationis, qua utatur Paullus Apostolus in verbis adhibendis, interpretando, definiendo, enuntiando, argumentando, et methodo universa: In usum exegeseos et doctrinae sacrae. Halae Magd.: Orphanotrophaeum 1774. 412 S. 8°
1: Bt 302. 2. 3. 5. 7. 14. 18. 21. 24. 27. 44. 45. 75. 78.
13.731

— — [deutsch] Die wahre Natur und Beschaffenheit der Ernestischen Lehrart. Übers. von Adolph Heinrich Strodtmann. — Flensburg [usw.]: Korten 1785. 255 S. 8°
23. 207.
13.719

Bauer, Karl Ludwig: Observationes in Horatiieditionem, s.a. Bauer: Animadversiones Horatianae.

— — Observationum in Horatii editionem nuperrimam Cel. Jani periculum II. Ad discessum sex juvenum. Hirschberg (J. Krahn) 20. II. 1781. 6 Bl. (4.—) 1280
Biogr. v.: J. Chph. Zingel, Reinh. Benjamin Gringmuth, Ferd. Brendel, J. Gottlob Worbs. Gottfr. Kahl, Friedr. Rudnick.

— — Horatianas observationes ad editionem excell. Jani persecutus. Hirschberg (Wwe. Im. Krahn) Jan. 1788. 8 Bl. (4.80) 1282
Biogr. v.: Jo. Sam. Gottfr. Adolf, J. Gottfr. Menzel, C. Gottfr. Chn. Rosenhain, Jo. Gg. Bieder, Jo. Jac. Zedach, Jo. Gottfr. Sommer, Jo. Fried. Wilh. Kuehn, Jo. Dav. Scholze, Carl Theoph. Grabs, Carl Gottlob Klemke, C. Benj. u. Christ. Gottlob John, Jo. Theoph. Kullmann, Carl Erdm. Gottlob Heinrich.

— Ven. Eliae Palaireti, Sacerd. Tornav. Observationes in N.T. philologico-criticas ... specimine castigare ausus ... Christiano Guilielmo Thalemanno ... gratulatur Carolus Ludovicus Bauerus. Specimen 1.2. — Lipsiae [1769–75]: Breitkopf (2: Halae [1775]: Hessius). 8°
2. Vener. Eliae Palaireti, Concionat. Tornac. Observationes in N. T. philol. crit. altero animadversionum specimine prosecutus ... Christiano Guilielmo Thalemanno ... gratulatur Carolus Ludovicus Bauer.
1[*1]: 11 in 4° Bibl. Diez 2540. 2. 10[*1]. 15. 26[*2]. 45.
13.732

— — Horatianarum observatiuncularum spec. 3. Hirschberg (Imman. Krahn) 12. II. 1782. 4 Bl. (3.—) 1281
C. I. Scholze, J. Glafey, J. Gottlob Hoffmann, J. Ferdin. Oelsner.

— Philologia Thucydideo-Paullina: Vel notatio figurarum dictionis Paullinae cum Thucydidea comparatae, in usum exegeseos sacrae vulgata a Carolo Ludovico Bauero. — Halae Magd.: Orphanotrophaeum 1773. 304 S. 8°
1: Bt 301. 2. 3. 7. 8. 10. 15. 21. 23. 24. 25. 27. 41. 44. 45. 75. 78.
13.733

Bauer, Carl Ludwig, De philosophia hermeneutica sive philologica ad Ciceronis exemplum prolusio. Lauban (Schill) 23. VIII. o. J. (18. Jahrh.) 8 Bl. (4.—) 1272

— — De praeceptis bonarum artium studio noxiis quaedam praefatus. Vota pro salute ampl. senatus Laubanensis. Lauban (Wwe. Schill & Scharf) 29. X. 1764. 6 Bl. (3.—) 1278
Namen: Krigel, Opitz, Kund, Horn, v. Schweinitz, v. Uichteritz, Wagner, Roessel, March, Feigs, Anton.

— rhetorica Paulina. 5 prts. 8. Halle, Waisenh. 781. 782.

— Rhetoricae Paullinae, vel, quid oratorium sit in oratione Paulli; notante Carl. Lud. Bauero, p. 1–3. — Halae: Orphanotropheum 1782. 8°
1. Inventionem (materiam) vel res oratorie tractatas, complexa.
2.3. Tractationem et elocutionem (formam) complexa.
1: Bt 303. 2. 3. 7. 8. 12: Hom. 103. 14. 15. 21. 27. 29. 44. 45. 66. 75. 309.
13.734

Bauer, Karl Ludwig, s. Sanctius Frz.

— von d. Schädlichkeit d. meisten neumod. witzigen Schriften. 3 Abtheill. 4. Hirschb. 775—77.

— — De studiis in orbem. Ad 3. oratiunculas acad. candidat. Lauban (Wwe. Schill & Scharf) 11. IV. 1765. 4 Bl. (3.—) 1279
Biogr. v.: Jo. Theoph. Kuhnd, Conr. Gottlob Anton. Aug. Abr. Krigel.

— Zur Theorie dioptrischer Instrumente. — München 1866: Schurich. 23 S. 8° Zugleich Diss. München 1866.
2. 4. 5. 9. 10. 12: Math. A. 16e. 15. 16. 18. 19. 21. 25→28. 43.
13.740

Bauer, Karl Ludwig, s. Thucydides.

— Uebungsmagazin zum Lateinisch-Schreiben in Verbindung nützlicher Sach-Kenntnisse mit richtigem Ausdrucke für öffentliche und Privat-Lehrer, auch eignen Fleiß. Versuch 1.2. — Breslau: Korn 1787–88. 8°
5[*1]. 10[*2]. 41. 44[*1]. 180.
13.735

— — Versuch 1. Ebd. 1788. 346 S. 8°
44.
13.736

— Uebungsmagazin z. Lateinschreiben etc. 3 Thle. Breslau, W. G. Korn. 787—92. (1r 14 gr., 2r 10 gr., 3r 8 gr.)

— Übungsmagazin zum Lateinischschreiben. Berlin 787–93. 3 Theile. 8. 1 rthl. 8 gr.

Bauer, Carl Ludwig, Vota pro salute ampl. senatus et fautores ac patronos. Lauban (Wwe. Schill) April 1762. 4 Bl. (3.—) 1277
Nam: Blochmann, Prox, Lachmann, Scholz, Kund, Zimmermann, Ruffer, Mildner, Anton.

— Deutsch-lateinisches Wörterbuch ... Neue, verb. u. verm. Aufl. Bd 1.2. — Reutlingen: Fleischhauer & Spohn [usw.] 1821. 8°
24.
13.727

— — Neue verb., verm. Aufl. Bd 1.2. Reutlingen: Mäcken 1821. 8°
21.
13.728

— — Neue, verb. u. verm. Aufl. Bd 1.2. Wien: B.Ph. Bauer 1827. 8°
306: 83.591-B.
13.729

Bauer, Karl Otto Ludwig Gottgetreu, s. Bauer, Karl.

Bauer, Karolina, neues Kochbuch m. 337 einfachen Rezepten u. Küchenzettel f. je 1 Monat der 4 Jahreszeiten für die bürgerl. Küche, gesammelt aus eigener Erfahrg. 12. (147 S.) Zürich 893. (E. Leemann.) Kart. 1. 60

Bauer, Karolina, neues Kochbuch m. 850 einfachen Rezepten u. Küchenzettel f. je 1 Monat d. 4 Jahreszeiten f. d. bürgerl. Küche, ges. a. eig. Erfahrg. 2., verm. Aufl. 12. (152 S.) Zürich 895. (C. Leemann.) Kart. 1. 20

Bauer, K: Neues Kochb. m. 850 einf. Rezepten u. Küchenzettel f. je 1 Monat d. 4 Jahreszeiten f. d. bürgerl, Küche. 3. Afl. (179) 8° Zür., (Gebr. Leemann & Co.) '08. Kart. 1.50 d

Bauer, Karoline: Karoline Bauer in ihren Briefen. Hrsg. von Arnold Wellmer. Th. 1. — Berlin: Gerschel 1878. VIII, 350 S. 8° (Bauer: Aus d. Leben einer Verstorbenen. 1.)
1: Yp 1740-1. **2. 3. 5. 11. 12**: Biogr. 71 rp-1. **14. 15. 17. 24. 25. 27. 28. 30. 33. 35. 38. 39. 43. 51. 79. 87. 109. 300**: 185.009-B. 1. **302.**
13.741

— Aus meinem Bühnenleben. Erinnerungen. Hrsg. von Arnold Wellmer. — Berlin: Königl. Geh. Ober-Hofbuchdr. 1871. XVI, 475 S. 8°
1: Yp 1742. **2. 4. 5. 8. 9. 11. 12**: Biogr. 71 ro. **14. 15. 17. 24. 30. 33. 38. 44. 64. 79. 82. 109. 300**: 67.416-B.
13.742

Bauer, Karoline, aus meinem **Bühnenleben**. Erinnerungen. Hrsg. v. **Arnold Wellmer**. Mit dem Bildniß der Verf. in Photogr. gr. 8. (XVI, 475 S.) Berlin 872. v. Decker. 7. 50

Bauer, Karoline, aus meinem Bühnenleben. Erinnerungen. Hrsg. von Arnold Wellmer. 2. reich verm. Aufl. 2 Thle. 8. Berlin, v. Decker's Verlag. [1. Thl. (LXX, 323 S. mit dem Jugendbildniß der Verf. in Photogr.) 876; 2. Thl. (XII, 387 S. mit dem Bildniß aus den letzten Lebensjahren der Verf. in Photogr.) 877.] à Bd. ℳ 5,25.
geb. à Bd. * ℳ 6,75. *

Bauer, Karoline, verschollene Herzensgeschichten, nachgelassene Memoiren, s. **Wellmer, Arnold**, aus dem Leben einer Verstorbenen.

— Verschollene Herzensgeschichten. Nachgelassene Memoiren. Bearb. von Arnold Wellmer. Bd 1–3. — Berlin: Gerschel 1880–81. 8° (Bauer: Aus d. Leben einer Verstorbenen. 2/4.)
1: Yp 1740-2/4. **2. 3. 5. 8. 9. 11. 12**: Biogr. 71 rp-2/4 [auch Bd 1.2 – Biogr. 3125 y-2.3]. **14. 15. 17. 22. 24. 25. 27. 28. 30. 33. 35. 38. 39. 43. 45. 46. 51. 79. 87. 109. 117. 169. 300**: 185.009-B. 2/4 [u. ö.] **302.**
13.745

— Komödianten-Fahrten. Erinnerungen u. Studien. Hrsg. von Arnold Wellmer. — Berlin: Königl. Geh. Ober-Hofbuchdr. 1875. XLIII, 424 S. 8°
1: Yp 1745. **3. 4. 5. 7. 10. 11. 12**: L. eleg. g. 553 e. **14→17. 19. 24. 26. 27. 29. 30. 38. 39. 41→45. 48. 51. 61. 75. 79. 87. 109. 117. 169. 180. 300**: 153.045-B. **302.**
13.748

— Aus dem Leben einer Verstorbenen. Hrsg. von Arnold Wellmer. Bd 1–4. — Berlin: Gerschel 1878–81. 8°
1. Bauer: Karoline Bauer in ihren Briefen. Th. 1. 1878.
2-4. Bauer: Verschollene Herzensgeschichten. Bd 1-3. 1880-81.
Die Besitzvermerke sind nur bei d. Stücktiteln angegeben.
13.749

— Letzte Lebensjahre in vertraulichen Briefen an Alexander v. Königk-Tollert. Ein Beitrag zu seinen: 'Memoiren eines Schauspielers'. — St. Petersburg 1879. IV, 54 S. 8°
Aus: St. Petersburger Zeitung. 1: Yp 1747/11.
13.751

— nachgelassene **Memoiren**, s.: **Wellmer**, A., aus dem Leben einer Verstorbenen.

Bauer, Kaspar
Bauer, Ksp., Anfangsgründe d. prakt. Geometrie; nebst e. Abhandl. über d. Theorie u. den Einfluß d. unvermeidl. Fehler in d. größern Operationen d. Landesvermessung, v. J. B. Bartak. Mit 5 Kpfr. gr. 8. Wien 833. (eigentl. 832.) Gerold. 2 ₰

Bauer, Kaspar, Mathematiker, Wien. 1833: Anfangsgründe der praktischen Geometrie. Von Kaspar Bauer. Mit e. Abhandlung über die Theorie und den Einfluß der unvermeidlichen Fehler in den größeren Operationen der Landesvermessung von Joh. Bapt. Bartak. — Wien: Gerold 1833. VIII, 303 S. 8° **31. 33. 37. 90. 91. 302→305.**
13.752

Bauer, Kaspar, Lehrer, Saarbrücken-Malstatt. 1905: Die Doppelschreibungen der neuen deutschen Rechtschreibung vor und nach dem Beschlusse des Königlichen Staatsministeriums vom 11. Juni 1903. Nebst d. jetzt vorgeschriebenen Formen u. e. Vorzugsform d. noch bestehenden Doppelschreibungen. — Saarbrücken: Schmidke 1905. 32 S. 8° 1: Ya 8719. **5.**
13.753

Bauer, Kaspar, Lehrer, Würzburg. 1905: Führer in die Umgebung von Würzburg. — Würzburg: Bauer 1905. 41 S. 8°
12: Bavar. 198 bm. **20.**
13.758

— Die Schwierigkeiten im Sprachgebrauch in falscher und richtiger Form. — Arnsberg i. W.: Stahl 1910. 42 S. 8°
6. 207. 211.
13.754

— — 2., unveränd. Aufl. Ebd. 1910. 42 S. 8° 1: N 10.4077.
13.755

Bauer, Klara
Pseudonyme: Karl Detlef u. Karl Detlev

— Unlösliche Bande. Novelle von Karl Detlef. — Stuttgart: Hallberger 1869. 330 S. 8° **17. 24.**
13.759

— — 2. Aufl. Ebd. 1872. 330 S. 8°
1: Yx 15162[2]. **12**: P. o. germ. 78 bc. **31.**
13.760

— — 3. Aufl. Stuttgart [usw.]: Hallberger 1877. 315 S. 8°
7.
13.761

— Benedikta. Roman von Karl Detlef. Bd 1–3. — Berlin: Janke 1876. 8°
1[**3]: Yx 17401. **2. 4. 12**[**2.3]: P. o. germ. 1843 s. **31. 33.**
13.762

— Bis in die Steppe. Novelle von Karl Detlef. — Stuttgart: Hallberger 1869. 244 S. 8° **17. 24.**
13.763

— — 2. Aufl. Ebd. 1871. 244 S. 8°
2. 12: P. o. germ. 78 az. **31.**
13.764

— Auf Capri. Novelle von Karl Detlef. Bd 1.2. — Stuttgart: Hallberger 1874. 8°
12: P. o. germ. 1838 y. **14. 24. 30. 31. 38.**
13.765

— Ein Dokument. Roman von Karl Detlef. Bd 1–4. — Stuttgart: Hallberger 1876. 8°
5[**3.4]. **9. 12**[**4]: P. o. germ. 1843 t. **17. 24.**
13.766

— — 2. Aufl. Bd 1–4. Ebd. 1878. 8° **2. 31.**
13.767

— Russische Idyllen. Nachgelassene Novellen von Karl Detlef. Inh.: Meine Nachbarn auf dem Lande. Russisches Landleben. — Breslau: Schottländer 1878. 279 S. 8°
1: Yx 18257. **2. 4. 12**: P. o. germ. 1851 u. **24. 31.**
13.768

— Mußte es sein? Roman von Karl Detlef. Bd 1.2. — Stuttgart: Hallberger 1873. 8°
9. 12: P. o. germ. 78 bd. **17. 24. 30.**
13.769

— — 2. Aufl. Bd 1.2. Ebd. 1875. 8° **28. 31.**
13.770

— Nora. Eine Charakterstudie aus d. deutschen Gesellschaft von Karl Detlef. Bd 1.2. — Stuttgart: Hallberger 1871. 8°
12:P. o. germ. 78 ay. 17. 24. 30. 40.
13.773

—— 3. Aufl. Bd 1.2. Ebd. 1876. 8° 30. 33. 300:75.962-B.
13.774

Bauer, Klara
Nora. Charakterstudie aus der deutschen Gesellschaft. Von Karl Detlef [d.i. Klara Bauer]. 3. Aufl. Bd 1. Stuttgart, Leipzig: Dt. Verl-Anst. (1876). 307 S. 8°

— Novellen von Karl Detlef. Bd 1.2. — Braunschweig: Westermann 1874. 8°
7. 12[=1]:P. o. germ. 1840b. 24. 31. 43. 123.
13.775

— Die geheimnißvolle Sängerin. Novelle von Karl Detlef. Stuttgart: Hallberger 1876. 191 S. 8° 24. 33.
13.776

Die geheimnisvolle Sängerin. Roman von Karl Detlef [d. i. Clara Bauer]. Mit 95 Ill. von R. Blumenau. 3. Aufl. Stuttgart, Leipzig, Berlin, Wien: Deutsche Verl.-Anst. 1895. 247 S. 8° A

Bauer, Clara: Die geheimnisvolle Sängerin. Roman. (181) kl8° Deuben-Dresd., Klio-Verl. ('12). 1 —; geb. 1.50 d

— Schuld und Sühne. Roman von Karl Detlef. Bd 1.2. — Stuttgart: Hallberger 1872. 8°
2. 12:P. o. germ. 78 b. 17. 24.
13.779

— Zwischen Vater und Sohn. Roman von Karl Detlef. Bd 1.2. — Stuttgart: Hallberger 1874. 8°
12:P. o. germ. 1838 d. 17. 24. 26. 31. 302.
13.780

Bauer, Klemens. 1876: Dem heiligen Vater der katholischen Christenheit, Papst Pius IX, zu seinem dreißigjährigen Papst-Jubiläum am 16. Juni 1876. — Paderborn: Kleine 1876. 16 S. 8° 1:3 in Cd 13900. 6.
13.781

Bauer, Clemens, Herr Schwamm, der Heirathskandidat, s.: Theater, kleines.

— e. Unglücksvogel, s.: Leonard.

Bauer, Konrad
Bauer, Conr., Bauausführung, s.: Engel.

Bauer, Konrad [Assist. am anatom. Inst. d. Univ. Strassburg]: Ein Fall von Verdoppelung der oberen Hohlvene und ein Fall von Einmündung des Sinus coronarius in den linken Vorhof ... Jena, G. Fischer, 1896; 1 Bl., 24 S. 8.
Strassburg, Med. Fak. Inaug.-Diss. v. 1896

Bauer, Konr., s.: Jahresberichte üb. etc. Anatomie u. Entwicklungsgeschichte

Bauer, Konr.: Im roten Lenz. Volks- u. Liebesdrama a. d. Bauernkriegen. (119) 8° Berl. '06. Lpzg, Deutsch-amerikan. Verl. (?) (Komm.: Giegler's S.) 2 — d

Bauer, Konrad: Ueber die Stabilitätsuntersuchung eines Gewölbes, das von einer unsymetrisch conzentrierten Last beansprucht wird. S. 3-10. Mit einer Tafel. 8°. Thein (Stürtz).
Progr. Würzburg 1885/1886.

Bauer, Konrad Aloys: Kritische Bemerkungen über einige Nachrichten aus dem Leben Juvenals. [Verf.: Konrad Aloys Bauer.] — Regensburg 1833: Brenck. 60 S. 8°
1:Wk 3419. 10.
13.783

[—] Reichsverfassungsmäsige Betrachtungen über die Fortsezung des Reichstags unter der hohen Reichsvikarien Autorität und über die Nothwendigkeit und Gesezlichkeit ihrer Befugnisse. Angestellt von e. Verehrer d. deutschen Konstitution. — o. O. 1790. 48 S. 8° 7. 14. 17. 21. 24.
13.784

[—] Erörterung der Archiv-Ansprüche des teutschen Reichs auf die Bestandteile des ehemaligen Königreichs Burgund und Arelat. Zum Behuf e. Grenzberichtigung zwischen Teutschland u. Frankreich. — o. O. 1793. 128 S. 8°
1:Qm 7263. 7. 12:J. publ. E. 104. 14→17. 19. 21. 29. 30. 31. 121. 300:38.904-A. 308.
13.785

[—] Ueber die Parifikation der erzherzoglich Oestreichischen Gesandten mit den Gesandten der Kurfürsten des H. R. Reichs. — o. O. 1793. 84 S. 8°
7. 12:4° J. publ. G. 53/3. 14. 17. 21. 24.
13.786

Bauer, Konr. Al., s. *Tibullus Albius.*

Bauer, Konstantin
— Die Elegien Pierre de Ronsarts. Ein Beitrag zum Studium der Plejade. — Leipzig: Seele 1907. VIII, 66 S. 8°
Zugleich Diss. Leipzig 1907. 101. 207.
13.792

Bauer, Kurt, Kunstschriftsteller, Berlin. 1908: Aesthetik des Lichts. — München [usw.]: Piper 1908. 231 S. 8°
1:Nu 715/92. 12:Art. 22 bac. 14. 15. 19. 38. 79. 91. 109. 300:463.851-B. 302.
13.794

Bauer, Curt, approb. Arzt aus Dux (Böhmen): Ueber die Todesursache nach ausgedehnten Verbrennungen. *Leipzig 1901: B. Georgi.* (53 S.) 8°
Leipzig, Med. Diss. v. (8. Febr.) 1901

Bauer, L. F. A., Tabellen, enth. die Versicherungs-Prämien für alle Summen von 1—1,000,000, s. Verhoeff, J. J.

Bauer, L. M. s. *Bauer,* Loerincz.

Bauer, Leo. Zur Kenntnis der Oxazone. Diss. Phil. [II.] Univ. Zürich. 96 S. 8. Prag, Alois Wiesner, 1904.

Bauer, Leo: Die heilige Nacht. Dramatisches Gemälde. — Eßlingen a. N.: Langguth 1893. 20 S. 8° 24.
13.803

— Die Nebelhöhle vom Jahr 1861-1881. Zur Feier d. 20jährigen Stiftungsfestes gedichtet. — Pforzheim 1881: Flammer. 35 S. 8° 25. 31.
13.804

Bauer, Leonhard, Jerusalem. 1896: Das palästinische Arabisch. Die Dialekte d. Städters u. d. Fellachen. Grammatik, Übungen u. Chrestomathie. 2., vollst. umgearb. Aufl. — Leipzig: Hinrichs 1910. VIII, 256 S. 8°
1:Zu 2460/8. 2→5. 10. 11. 14. 15. 18. 21. 30. 300:470.187-B. 302. 303.
13.806

— Lehrbuch zur praktischen Erlernung der arabischen Sprache (Schrift- und Vulgärarabisch). [Nebst] Schlüssel. Jerusalem: Syrisches Waisenhaus; Leipzig: Wallmann in Komm. 1896-97. 8° 12:L. as. 3fn. 21.
13.809

Bauer, Leonhard, Jurist, Wien. 1711: Leonardi Baueri De Nobilitate iuris consultorum aliisque eorundem praerogativis dissertationes iuridico-politicae. — Viennae 1711. 47 S. 8° 2. 5. 12:Diss. 23/3 [2 Ex.] 23. 78. 121. 180.
13.805

— Volksleben im Lande der Bibel. — Leipzig: Wallmann in Komm. 1903. 312 S. 8°
1:Bh 1319. 2. 7. 10. 11. 12:H. As. 181 e. 17. 18. 25. 26. 30. 48. 64. 79. 123. 300:425.578-B.
13.810

—— 2. Aufl. Ebd. 1903. VII, 351 S. 8°
1:Bh 1319ª. 3. 5. 6. 9. 14. 21. 25. 38.
13.811

Bauer, Leopold

Bauer, Leop., das Haus e. Kunstfreundes, s.a.Meister der Innen-Kunst.

— Das Haus eines Kunst-Freundes. Ein Entwurf in 12Taf. von Leopold Bauer. (Text von Felix Commichau.) — Darmstadt: Koch [1902]. 2 S.,12 Taf. gr. 2° [(Meister d. Innen-Kunst. 3.)] 17. 87. 93. 101.
13.814

BAUER, LEOPOLD· Ode zu Ehren Sr. Excellenz dem hochwürdigst-hochwohlgebornen Herrn Alexander von Alagovich . als Hochselber zum Bischof von Agram erwählt wurde. Carlstadt 1829. Gedr. bey Johann Nep. Prettner. 4 f - 4°

BAUER, Leopold 724
Verschiedene Skizzen, Entwürfe und Studien. Ein Beitrag zum Verständnis unserer modernen Bestrebungen in der Baukunst von Leopold Bauer. Wien. 1899. Schroll & Co. Folio. 86 S. mit 30 Tafeln. Geb. 12.—

Bauer, Lorenz, Architekt, München. 1878: Architektonische Entwürfe. — München: Kellerer 1881. 13 Bl. 2°
12:2° A. civ. 14 no. 82. 91.
13.817

Bauer, Lor., Entwürfe für Architektur und Kunstgewerbe. 18 (photolithogr.) Blätter. gr. 4. München 881, [Kellerer's Verlag.] de Crignis. *

— Der geheime Rath in Bausachen. — München: Kellerer 1895. 10 S.,30 Taf. 4° 12:4° A. civ. 17em. 19. 30.
13.820

— Münchener Renaissance von Ende des XVI. bis Ende des XVIII. Jahrhunderts. — München (1878): Bolhoevener. 70 Taf. 2° 1:2° Ny 1118/23. 7. 19. 89. 210.
13.819

Bauer, Loerincz

Bauer, L. M., deutsche Elementar-Grammatik. Ein Hilfsbuch zum deutschen Sprachunterricht in den Haupt- und Mittelschulen. 3. Aufl. Pest 864. Gebr. Lauffer. 8. (88 S.) n. 6 ngr.

Bauer, LM, deut. Element.-Grammatik. 4. Afl. 8. (88) Pest 64, Lauffer. n. — 6

Bauer, L. M., deutsche Elementar-Grammatik. Nach dem gegenwärtigen Standpunkt der Sprachwissenschaft. Ein Hilfsbuch zum deutschen Sprachunterricht in den Haupt- u. Mittelschulen. 4—10. verb. u. stark verm. Aufl. Pest 864—70. Lauffer's Verlag. 8. (137 S.) n. 7 ngr.

Bauer, L. M., deutsche Elementar-Grammatik. Nach dem gegenwärt. Standpunkte der Sprachwissenschaft. Ein Hilfsbuch zum deutschen Sprachunterricht in den Haupt- und Mittelschulen. 11.—25. Aufl. (II, 137 S.); 26.—30. verb. und stark verm. Aufl. 8. (141 S.) Budapest 867—79, Lauffer. cart. *

Bauer, L. M., deutsche Elementar-Grammatik. Nach dem gegenwärt. Standpunkte der Sprachwissenschaft. Ein Hilfsbuch zum deutschen Sprachunterricht in den Haupt- u. Mittelschulen. 24. verb. u. stark verm. Aufl. 8. (II, 137 S.) Budapest 877. Lauffer. cart. n. — 80

— dasselbe. 26. verb. u. stark verm. Aufl. gr. 16. (141 S.) Ebend. 879. cart. n. — 68

Bauer, L. M., deutsche Elementar-Grammatik. Nach dem gegenwärt. Standpunkte der Sprachwissenschaft. Ein Hilfsbuch zum deutschen Sprachunterricht in den Haupt- und Mittelschulen. 31. und 32. verb. und stark verm. Aufl. 8. (141 S.) Budapest 882,83, Lauffer. cart. *

Bauer, L. M., deutsche Elementar-Gramatik. Nach dem gegenwärtigen Standpunkte der Sprachwissenschaft. Ein Hilfsbuch zum deutschen Sprachunterricht in den Haupt- und Mittelschulen. 33.—37. verb. und stark verm. Aufl. 8. (139 S.) Budapest 884—87, Lauffer's Verlag. geb. *

Bauer, L. M. Deutsche Elementar-Grammatik. Ein Hilfsbuch zum deutschen Sprachunterricht in den Haupt- u. Mittelschulen. 37. von Stef. Szemák verm. u. verb. Aufl. 12. (139 S.) Budapest 891, Lauffer. cart. * — 68

Bauer, Loerincz: Ma-zóbü. Festklänge zur Feier der Einweihung des neuerbauten isr. Cultus-Tempels zu Pest. Im September 1859. — [Pest 1859.] 8 S. 8° 30.
13.816

—— neue Geografie. Für gehob. Volks- und Mittelschulen. Nach dem neuesten Standpunkt der geograf. Wissenschaft. 2 Thle. 8. Pest 866, Lauffer's Verlag. *

Inhalt:

Thl. 1. Allgemeine Geografie. 1. Aufl. 1864. und 2. Aufl. (XII und 132 S.) geb. * 9 Ngr.
" 2. Spezielle Geografie. Das österreich. Kaiserthum und das Königr. Ungarn. (56 S.) cart. Einzeln * 5 Ngr.

— ungarische Konversazions-Grammatik. Für Schulen u. Selbstlernende. 4. Aufl. Ebend. 866. 8. (XVI, 150 S. u. 1 Tab. in Fol.) n. 11½ ngr.; cart. n. 12 ngr.

Bauer, Loerincz (Red.), s. Sprachblätter, Engl. u. französ. . . .

Bauer, Louis, Regierungsrat, Berlin. 1847 [Hrsg.] s. *Bauer,* Heinrich: Lehrbuch der neuhochdeutschen Sprache. 1847.

Bauer, Louis, Handbuch der orthopädischen Chirurgie. Uebersetzt und nach Angaben des Verf. veränd. und verm. von B. L. Scharlau. gr. 8. (IX, 286 S. mit 93 in den Text gedr. Holzschn. und 2 lithogr. Taf., wovon 1 in Buntdr.) Berlin 870, Hirschwald. *

Bauer, Louis, Evang. Pfarrer, Michelstadt, 1820-1874. 1847: Die Symbolfrage oder: Beleuchtung der Dr. Haupt'schen Schrift: Herr Rupp im hessischen Odenwalde. — Michelstadt: Delp 1847. 30 S. 8° 17.
13.822

Bauer, Louis, die zahnärztliche Technik der Engländer. [Abdr. aus Schmedicke's Monatsschrift „der Zahnarzt" Jahrg. 1852.] gr. 8. (41 S) Berlin 852, Förstner. ¼ ℔

— Die zahnärztliche Technik der Engländer. — Berlin: Jeanrenaud 1852. 41 S. 8° Aus: Der Zahnarzt. 7. 1852.
1:K 1720. 11. 27. 45. 47. 202.
13.831

Bauer, Louis *Agricola* [aus Washington, District of Columbia]: Beiträge zur Kenntniss des Wesens der Säcular-Variation des Erdmagnetismus ... Berlin, Mayer & Müller, 1895; 54 S., 1 Bl., 2 Taf. 8.
Berlin, Phil. Fak., Inaug.-Diss. v. 12. Jan. 1895

Bauer, Ludw., Alexander d. Gr., Karaktergemälde in 3 Abthln. gr. 8. (24 B.) Stuttgart 836, Hallberger'sche Vrlsh.

Bauer, Ludwig, Dr. phil., Journalist u. Schriftsteller, Wien, später Lugano, Korrespondent d. National-Zeitung Basel, geb. 1876. 1890: Andreas der Dieb. Ein Geschichtenband. — Berlin: Fleischel 1910. 193 S. 8° 1:Yx 40280. 11. 302.
13.882

— Anklageschrift in der Preßklagesache Bauer contra Dr. med. Kantor in Warnsdorf. — o.O. [um 1910]. 27 S. 8°
14.
13.898

Bauer, Ludwig, Stud. iur., München. 1873: Der deutschen Hochschulen Antheil am Kampfe gegen Frankreich. — Leipzig: Hirth 1873. XII,487 S. 8° 1:Kr. Samml. L 7 [u.] Qo 9633. 2→11. 12:Eur. 694 d-414. 14. 15. 16. 19. 20. 21. 25→29. 31. 32. 33. 39. 43. 46. 48. 93. 109. 117. 203.
13.872

Bauer, Ludwig, Physiologe, Kötzschenbroda. 1900: Eine neue Aetiologie und Therapie der Zuckerharnruhr. Vorläufige Mittheilungen. — (Dresden: Tittel in Comm. [1900].) 68 S. 8°
Nebent.: Das Chinin des Diabetes.
In d. Exemplaren von 14 u. 26 fehlt d. Verlagsangabe auf d. Umschlagtitel.
14. 15. 26.
13.897

Bauer, Ludw., das Chinin des Diabetes. Eine neue Aetiologie u. Therapie der Zuckerharnruhr. Vorläufige Mittheilgn. üb. sein combinirtes — pflanzlich, hygienisch-diätetisch u. physikalisch wirksam unterstütztes — Djoontheilverfahren bei der chron. Selbstinfectionskrankheit, dem ebenso complicirten wie complicationssücht. Diabetes mellitus. gr. 8. (68 S.) Dresden (900). (F. Tittel Nachf.) n. 2. 50

— Theater: Aufstand in Syrakus. Eine hellenische Tragödie. Automobil. Eine satyrische Komödie. — Minden: Bruns [1906]. 96 S. 8° 1:Ys 35769. 6. 13.883

— Auswahl römischer Satyren und Epigramme oder Horaz, Persius, Juvenal u. Martial, für reifere Schüler bearb. — Stuttgart: Krabbe 1841. IV,298 S. 8° 10. 21. 24. 13.851

— Theater. Automobil. Eine satyrische Komödie. — Minden: Bruns [um 1905]. 58 S. 8° 300:624.864-B. Th. 13.884

— Kaiser Barbarossa. Dichtergabe zum kölner Dombau. Stuttgart [usw.]: Cotta 1842. 120 S. 8° 1:Ys 7576. 12:P. o. germ. 78 d. 20. 24. 27. 32. 38. 93. 13.852

Bauer, Ludwig, Vegetarianer. 1882 [Übers.] s. *Beketov*, Andrej Nikolaevič: Die Ernährung des Menschen in der Gegenwart und in der Zukunft [O Pitanii čelověka v nastojaščem i buduščem, deutsch]. 1882.

Bauer, Ludwig, Schulrat, 1833-1910. 1860: Über Berg und Thal. Gedichte und Geschichten für die Jugend. — Augsburg: Rieger 1883. IV,224 S. 8° 12:Paed. Pr. 275. 19. 13.860

— Die Besiegten. Kleine Tragödien d. Zeit. — Minden: Bruns [1903]. 163 S. 8° 1:Ys 33991. 6. 13.885

— Bauer's Special-Institut für Diabetiker ... Neue, die Zukunft beherrschende, Diabetes-Therapie. Streng naturwissenschaftlich begründetes, praktisch bewährtes Heilverfahren. — (Niederlössnitz-Dresden [um 1910]: Adam.) 15 S. 8° 14. 13.899

Bauer, Ludw., des Volksschülers Dichtergarten. Auswahl deutscher Gedichte für die Oberklassen der Volksschulen. 12. (144 S.) München 874, Oldenbourg. * cart. *

— Dieses Buch gehört der Jugend! Erdichtetes und Erlebtes. — Augsburg: Schwäb. perm. Schulausstellung [usw.] 1893. 134 S. 8° 12:P. o. germ. 78 dk. 19. 13.861

Bauer, L., dieses Buch gehört der Jugend. Erdichtetes u. Erlebtes. 12. (V, 136 S. m. Bildnis.) Augsburg 893. (B. Schmid's Sort.) Geb. in Leinw. n. 1. —

Bauer, Ludw., s.: Don Quixote.

Bauer, Ludwig, approb. Arzt aus Pfalzgrafenweiler: Aus d. Tübinger Universitäts-Augenklinik. Über den Einfluß von Temperatur und Jahreszeit auf den Ausbruch des acuten primären Glaucomanfalls nach dem Material der Klinik. *Tübingen 1903: G. Schnürlen.* (29 S.) 8°
Tübingen, Med. Diss. v. 1903

[J.] Bauer, Ludwig [Dr., Prof.]: Handschriftliche und kritisch-exegetische Erörterungen zu den Punica des Silius Italicus. Augsburg, Druck v. Ph. J. Pfeiffer, 1893; 55 S. 8.
Augsburg, k. h. G bei St. Anna, P 1893*

Bauer, Ludw., handschriftliche u. kritisch-exegetische Erörterungen zu den Punica des Silius Italicus. Progr. gr. 8. (55 S.) Augsburg 893. (Leipzig, G. Fock.) n. 1.20

Bauer, Ludwig: Die Errichtung des Kollegiums bei St. Anna in Augsburg 1580—1582. Augsburg 1908: Pfeiffer. 68 S. 8°
Augsburg, G bei St. Anna P 1908* [S 08. 18

Bauer, Ludwig, Pfarrer, Mainz, † 1874. 1874: Festpredigt gehalten bei der Sedan's-Feier am 2. Sept. 1874 ... zu Mainz. Mainz 1874: Hellermann. 8 S. 8° 26. 13.873

— Fort mit der lebensgefährlichen Operation bei Gallenstein- und Nierensteinleiden. Neue bewährte Therapie durch Lithosanol. — Leipzig: Mittelbach 1907. 51 S. 8°
Nebent.: Die Gallen- u. Nierenstein-Behandlung ohne Operation. 14. 13.900

—— Friebel, s. Kinder-Bibliothek, deutsche.

Bauer, Ludw., Frisch gesungen! Ein Sängerbrevier in heitren Liedern für Deutschlands Liedertafeln. 16. (80 S.) Berlin 861, Riegel's Verlag. *

Bauer, Ludw., Frisch gesungen! Ein Sängerbrevier in heiteren Liedern für Deutschlands Liedertafeln. 2. Aufl. 16. (80 S.) Würzburg 863, Stuber.

— Gedichte. — Berlin: Riegel 1860. 238 S. 8° 1:Yo 9541. 11. 12:P. o. germ. 78 de. 13.864

— Gedichte. Berlin 861. Riegel's Verlag. 16. (238 S.) n. 1 Thlr 6 ngr

—— Gedichte. 2., veränd. Aufl. 16. (244 S.) Würzburg 864, Stuber. *

— Geist der Jahreszeiten. Ein Reimspiel zum Maifest für die Jugend. — Würzburg: Richter [1862]. 16 S. 8° 12:P. o. germ. 78 dc. 20. 13.866

Bauer, Ludw., der Heilige, s. Theater d. Gegenwart. Nr. 3.

— Der Heilige. Ein Drama. — Berlin: Dramaturgisches Inst. 1899. 68 S. 8° (Theater d. Gegenwart. 3.) 1:Yp 6414/15-3. 7. 11. 38. 13.888

— Das Kind. Drama. — Wien 1897: 'Reichswehr'. 24 S. 8° 30. 32. 300:89.448-B. 302. 13.890

— Der Königstrust. Operette ohne Musik. (147) 8° Ebd. '11. 2 —; geb. 3 — d

Bauer, L., s. Land u. Volk, deutsches.

Bauer, L., Karl Theodor Körner's Leben, s. d. Jugend- u. Volksbibliothek, deutsche.

— Karl Theodor Körner's Leben. Dem Volke u. der Jugend geschildert. — Stuttgart: Steinkopf 1883. 124 S. 8° (Deutsche Jugend- u. Volksbibliothek. 92.) 5. 24. 207. 13.874

—— Theodor Körners Leben ... 2. Aufl. Ebd. 1907. 144 S. 8° (Deutsche Jugend- u. Volksbibliothek. 92.) 43. 13.875

Bauer, L., und G. R. Marschall, deutsches Lesebuch für die Oberklassen der Volksschulen. 2 Hälften. gr. 8. München 877, Oldenbourg. **
Inhalt:
Hälfte 1. 5. Schuljahr. (XII, 260 S.) ** M 1.
" 2. 6. und 7. Schuljahr. (XII, 292 S.) ** M 1,20.

Bauer, L., und G. N. Marschall, deutsches Lesebuch für die Oberklassen der Volksschulen. 1. Hälfte. 5. Schulj. 2. Aufl. gr. 8. (XII, 258 S.) München 884, Oldenbourg, Abthl. für Schulbücher. **ℳ 1.20.; geb. **
2. Hälfte. Ebendas. 1877. **ℳ 1.30.

— u. GN **Marschall**, deut. Lesebuch f. d. Oberklassen d. Volksschulen. 2 Hlften. 4. Afl. 8° Ebd. 91. n.n. 2.20; Einbde à n.n. — 40
1. 5. Schulj. (258) 91. n.n. 1 — ‖ 2. 6. u. 7. Schulj. (292) 98. n.n. 1.20.

— u. G. N. Marschall, deutsches Lesebuch f. d. Oberklassen der Volksschulen. 2 Hlftn. gr. 8. Ebd. n.n. 2. 20; geb. in Leinw. n.n. 3. —
1. 5. Schuljahr. 5. Aufl. (XII, 258 S.) 896. n.n. 1. —; geb. n.n. 1. 40
2. 6. u. 7. Schuljahr. 4. Aufl. (XII, 292 S.) 898. n.n. 1. 20; geb. n.n. 1. 60

— u. G. N. Marschall, deutsches Lesebuch f. die Oberklassen der Volksschulen. 1. Hälfte. 5. Schulj. 6. Aufl. gr. 8. (XII, 258 S.) Ebd. (901). n.n. 1. — geb. in Leinw. n.n. 1. 40

— — dasselbe. 2. Hälfte. 6. u. 7. Schulj. 5. Aufl. gr. 8. (XII, 292 S.) Ebd. (900). n.n. 1. 20; geb. in Leinw. n..n 1. 60

Bauer, L., F. Krieger, G. N. Marschall. Lesebuch f. das 2. Schulj. der Volksschulen. 10. u. 11. Aufl. 8. (189 S. m. Bildern.) Münch. 891.92. Oldenbourg. ** — 50; geb. ** — 80

—— —— —— Lesebuch f. das 5. Schulj. der Volksschulen. 7. u. 8. Aufl. 8. (VIII, 336 S.) Ebd. 892. ** — 90; geb. in Leinw. ** 1 25

— F. Krieger, G. N. Marschall, Lesebuch f. das 2. u. 5. Schuljahr der Volksschulen. 8. München, R. Oldenbourg, Abteilg. f. Schulbücher. n.n. 1. 40; geb. in Leinw. n.n. 2. 5
2. 12. Aufl. (189 S. m. Bildern.) 891. n.n. — 50; geb. n.n. — 80
5. 8. Aufl. (VIII, 336 S.) 892. n.n. — 90; geb. n.n. 1. 25

— F **Krieger**, GN **Marschall**, Lesebuch f. d. 2. u. 5. Schulj. d. Volksschulen. 8° Münch., R Oldenbourg. n.n. 140; geb. in Lnw. n.n. 2.05
2. 14. Afl. (159 m. Bildern.) 95. n.n. — 50; geb. n.n. — 80
5. 8. Afl. (336) 92. n.n. — 90; geb. n.n. 1.25

Bauer, L., F. Krieger, G. N. Marschall, Lesebuch f. d. 2. u. 5. Klasse d. Volksschulen i. München. Neu bearb. v. mehr. Schulmännern. gr. 8. München, R. Oldenbourg. n.n. 1. 35; geb. in Leinw. n.n. 2. —
2. 17. Aufl. (159 S. m. Bild.) 898. n.n. — 50; geb. n.n. — 80
5. 11. Aufl. (VII, 224 S.) 897. n.n. — 85; geb. n.n. 1. 20

Bauer, L, F **Krieger**, GN **Marschall**: Leseb. f. d. 2. u. 5. Klasse d. Volkssch. in München. Neu bearb. v. mehreren Schulmännern. 8° Münch., R Oldenbourg. nn 1.35; geb. nn 1.85
2. 20. Afl. (159 m. Abb.) 1900. nn — 50; geb. nn — 65 ‖ 5. 12. Afl. (224) 99. nn — 85; geb. nn 1.20.

Bauer, L., F. Krieger, G. N. Marschall, Lesebuch f. die 2. u. 5. Klasse der Volksschulen in München. Neu bearb. v. mehreren Schulmännern. gr. 8. München, R. Oldenbourg. n.n. 1. 35
2. 22. Aufl. (159 S. m. Bildern) 902. n.n. — 50; kart. n.n. — 65
5. 12. Aufl. (VII, 224 S.) 899. n.n. — 85; geb. n.n. 1. 20

Bauer, L, F **Krieger**, GN **Marschall**: Leseb. f. d. 2. Kl. d. Volkssch. in München. Neu bearb. v. mehreren Schulmännern. 26. Afl. (159 m. Abb.) 8° Münch., R Oldenbourg ('05). nn — 50; kart. nn — 65

Bauer, L, F **Krieger** u. GN **Marschall**: Leseb. f. d. 2. Kl. d. Volkssch. in München. Neu bearb. v. mehreren Schulmännern. 31. Afl. (159 m. Abb.) 8° Münch., R Oldenbourg ('09). nn — 50: kart. nn — 65 d

Bauer, Ludwig

— **Zum Maifest! Ein Reimspiel für die Jugend. — München: Central-Schulbücher-Verl. 1872. 20 S. 8° 207.**
13.867

— **Der heimliche Maluff. Drama. — Stuttgart: Franckh 1828. 167 S. 8° 1:Ys 5351. 4. 21. 24. 27. 31. 307.**
13.853

Bauer, Ludwig, Direktor Prof. Dr.: M. Peter Meiderlin, Ephorus des Kollegiums bei St. Anna von 1612–1650. Beitrag z. Gesch. d. Kollegiums im 30j. Krieg. Augsburg 1906: Ph. J. Pfeiffer. (58 S.) 8°
Augsburg, k. G bei St.Anna P 1906*

Bauer, Ludwig, Oberrechnungsrat, Karlsruhe. **1890: Die Mitglieder der Ersten Kammer der Badischen Ständeversammlung in den Jahren 1819 bis 1890. — Karlsruhe 1890: G. Braun. 83 S. 8°**
12:36/9408 [2 Ex.] 15. 16. 25. 31. 90. 203. 208.
13.877

Die Mitglieder der Ersten Kammer der Badischen Ständeversammlung in den Jahren 1819–1896. Im Auftr. d. Hohen Hauses zsgest. von Archivar Ludwig **Bauer**, Oberrechn.R. 2. Ausg. Als Ms. gedr. Karlsruhe: G. Braun 1896. (87 S.) 8° [F.] 108, 7139

— — In den Jahren 1819 bis 1900. 3. Ausg. Ebd. 1900. 89 S. 8°
12:36/5864. 16. 21. 25. 31. 90. 180. 203. 208.
13.879

— — In den Jahren 1819 bis mit 1904. 4. Ausg. Karlsruhe 1906: Fidelitas. 93 S. 8°
12:36/5865. 16. 17. 25. 31. 90. 180. 203.
13.880

Bauer, Ludw., d. schwäbische Mundart i. d. Schule. [Aus: „Schramm's Schulwart".] gr. 8. (12 S.) Nürnberg 895. F. Korn. n. — 20

Bauer, Ludw., Panorama der deutschen Klassiker, s. Panorama.

— Panorama der deutschen Klassiker ... Auswahl ... hrsg. durch Ludwig Bauer (2: Albert Schott). 1.2. — Stuttgart: Göpel [um 1845]. 4° 1:Yc 8232. 11. 24. 41. 61. 302.
13.854

— — Auswahl ... hrsg. durch Ludwig Bauer. 2. Aufl. 1. Ebd. [1851]. 384 S. 4°
Im Exemplar von 11 fehlt d. Auflagebezeichnung auf d. Titelblatt.
2. 11. 38. 61.
13.855

Bauer, Ludwig: Der Prolog und die ersten 2 Satyren des Aulus Persius Flaccus metrisch übersetzt.
Progr. Stuttgart 1839.

(—) Mein Prozess über Pressangriffe gegen 'Djocat', 'Bauer's Antidiabeticum' und meine neue Diabetes-Therapie wider Dr. med. Kantor ... vor dem Schwurgericht in Böhm.-Leipa. — Niederlössnitz-Dresden [1907]: Adam. 8,22 S. 8°
6. 14. 26.
13.901

— Rede am Schiller-Feste (den 7ten Mai 1836) gehalten. — Stuttgart: Zumsteeg in Comm. [1836]. 15 S. 8° 24.
13.856

Bauer, Ludwig: Die 4., 8., u. 13. Satyre des Juvenalis metrisch übersetzt.
Progr. Stuttgart 1842.

— An Paul Schlenther. Ein offener Brief. — Wien: A. Bauer 1898. 16 S. 8° 38. 300:523.789-B [u.ö.] 302.
13.893

Bauer, Ludw., An Paul Schlenther. E. off. Brief. (2. Aufl.) gr. 8. (16 S.) Wien 898. A. Bauer. n. — 35

— [Teils.] Schriften. Nach seinem Tode in e. Auswahl hrsg. Stuttgart 1847: (Blum & Vogel). LXIV, 480 S. 8°
1:Yc 9769. 2. 3. 5. 7. 10. 11. 12:P. o. germ. 78db. 14. 16. 18. 21. 24. 26. 28. 32. 34. 43. 64. 79. 180. 302.
13.849

Bauer, L. (Red.), s. Schul-Anzeiger, Schwäbischer.

Bauer, Ludwig, Arzt, Stuttgart, 1863-1911. **1904: Die Schularztfrage. — München: Freistatt-Verl. [1905]. 20 S. 8°**
12:Paed. Th. 327. 19. 24. 207.
13.904

Bauer, F (richtig: L): Die Schularztfrage. (20) 8° Münch. (05). Berl.-Schönebg, Verl. d. Hilfe. — 20 d

—— Schwaben wie es war u. ist, s. Schwaben.

Bauer, So weit die deutsche Zunge klingt oder Lieder-Harfe, den deutschen Schulen und Familien gewidmet. 8. (IV und 204 S.) Stuttgart (861)62, Hallberger's Verlagsh. *

Bauer, Ludw., fliegender Sommer. Neue Gedichte. 16. (125 S.) Augsburg 873. Schmid'sche Verl. 1. 80

— Fliegender Sommer. Neue Gedichte. — Augsburg: B. Schmid 1874. 125 S. 8°
1:Yo 15166. 9. 11. 12:P. o. germ. 78 di. 19. 26. 60.
13.869

Bauer, L., fliegender Sommer. Neue Gedichte. 16. (125) Augsb. 75, Schmid's V. 1. 80

— Stimmen der Zeit. Pädagogische Dichtungen. — Nürnberg: Korn 1895. 48 S. 8°
12:P. o. germ. 78 dm. 29. 107. 207.
13.870

— Theater. Aufstand in Syrakus. Eine hellen. Tragödie. — Automobil. Eine satyr. Komödie. (96 S.) " Ebd. (906). n. 2 —

— Unser Theaterpublikum. — Wien: A. Bauer 1896. 24 S. 8° 300:78.334-B [u. 5.] 302.
13.896

— — Lud., Theologia moralis. II Tomi. 8. Mogunt. 1796.

— Die Ueberschwänglichen. Komischer Roman. Bd 1.2. Stuttgart: Hallberger 1836. 8° 1:Yx 3041. 7. 19. 21. 24.
13.857

Bauer, L., Verhältnis d. Punica d. C. Silius Italicus z. 3. Dekade d. T. Livius. Diss. 1883. 60 S. 2.—

Bauer, Ludw., auf Wegen u. Stegen. Gedichte u. Geschichten f. die Jugend. 8. (228 S. m. 1 Musikbeilage.) Augsburg 881. Kranzfelder. cart. n. 1. 68

— Allgemeine Weltgeschichte ... bis ... 1835 (5: 1838; 6: 1839) fortgeführt. Bd 1–6. — Stuttgart: Belser 1836–39. 8° 2. 3. 16. 17. 21. 24. 79. 87. 123.
13.859

—— allgem. Weltgeschichte f. alle Stände, mit besond. Rücksicht auf d. Geschichte d. Religionen, sowie auf d. Bedürfniß d. gebild. Jugend beiderlei Geschlechts bearb. u. bis auf d. J. 1840 fortgeführt. 6 Bde. M. 6 Stahlst. gr. 8. (268½ B.) Stuttgart 830 – 40, Belser'sche Buchh.

[—] Neu! Kein Geheimmittel! Zuckerkrankheit (Diabetes mellitus) endlich heilbar durch 'Das Chinin des Diabetes' 'Djoeat' ... Eingeführt vom Bauer'schen Institut für Diabetikerheilung. — [Kötzschenbroda um 1900.] 36 S. 8° 1:Kc 2506.
13.902

(—) — Prüfe - dann urtheile! Zuckerkrankheit (Diabetes mellitus und Diabetes insipidus) ist zu heilen durch Gebrauch des 'Djoeat', 'dem Chinin des Diabetes'. Naturwissenschaftlich begründet. — [Kötzschenbroda um 1905.] 47 S. 8° 14. 30.
13.903

Bauer, Ludwig, Dr. med. i. Stuttgart: Der Zug nach der Stadt und die Stadterweiterung. Eine rassenhygienische Studie. Berlin. Stuttgart. Leipzig: Kohlhammer 1904. VI, 171 S. 8⁰ ¶ Auch als Buch.
Stuttgart Te. II., Hab.-Schr. v. 29. 3. 1904

Bauer, M., Die Essäer und ihr Verhältnis zur Synagoge und Kirche. Wien, Braumüller, 1869, 78 S., 8°.
Separatabdruck aus der Österr. Vierteljahrsschr. f. kath. Theol. Jahrg. VII, 1868, S. 489—562.

Bauer, M.R. von, s. Bauer, Moritz (Ritter von).

Bauer, Maria Johanna (Pseud.: M. J. Balder)
Balder, MJ: Sylvester, d. gute Hirt, s: Höfling's Vereins- u. Dilettanten-Theater.

Bauer, Maria Johanna, Am steilen Weg. Einige Worte üb. d. Beruf der Frau. (107 S.) Augsbg. 1868. Lit. Instit. v. Dr. M. Huttler. Geb. in Lw. 2.20

Bauer, Marie, s.: Mörike's Gedichte u. Briefe an seine Braut Margarete v. Speeth.

Bauer, Marie, e. arme Seele. gr. 8. (428 S.) Frankfurt a/M. 891. Alt. n. 5. —; geb. n. 6. —

Bauer, Marie Bernard
Bauer (Abbé), Le judaïsme comme preuve du christianisme. Conférences prêchées à Vienne, à l'église des Ecossais, pendant la station de l'avent 1865. Wien, Sartori, 1866, gr. 8°, VII und 179 S., 2,40 Mk.

Bauer, Martin [Pseud.], s. Martini, Selma [wirkl. Name]

[J.] Ein Blondomane. Junge Liebe. Novellen v. Martin Bauer [d. i. Selma Martini]. *Breslau: S. Schottlaender 1897.* (144 S.) 1 Bd 8. (Unterwegs u. Daheim.) [97. 6663]

Bauer, Martin, a. Oberhatzkofen: Über Digitalsclerosen. Würzburg 1905: F. Staudenraus. (30 S.) 8°
Würzburg, Med. Fak., Ref. v. Leube, Diss. v. 21. Aug. 1905
[Geb. 10. Nov. 77 Oberhatzkofen; Wohnort: Würzburg; Staatsangeh.: Bayern; Vorbildung: Gymn. Regensburg Reife Juli 98; Studium: München 6, Würzburg 7 S.; Coll. 19. Juni 05; Approb. 13. Juni 05.]

Bauer, M., Enid. Roman. 2 Bde. 8. (274 u. 275 S.) Breslau 887. [Schottländer] Schlesische Verlagsanstalt. n. 9. —; geb. n. 11. —

— Enid. Roman. Bd 1.2. — Breslau: Schottlaender 1888. 8° 1:Yx 23576. 2. 12:P. o. germ. 1799 a. 31.
13.927

Bauer, Mart., Gräfin Erika. Roman. 8. (359 S.) Breslau 892. Schles. Verlags-Anstalt. n. 5. —; geb. n. 6. —

— Gräfin Erika. Roman. (Neue [Titel-]Ausg.) 8. (359 S.) Breslau (892) 898. Schles. Buchdruckerei rc. n. 2. —

[J.] Um Glück und Leben. Roman v. Martin Bauer [d. i. Selma Martini]. Bd 1. 2. *Breslau: S. Schottlaender 1898.* 2 Bde 8.
1. (284 S.) 2. (279 S) [98 135]

— Gerdas Heirat. Roman. Bd 1.2. — Stuttgart: Deutsche Verl. Anst. 1892. 8° 1:Yx 25841. 12:P. o. germ. 1767 h. 24. 31.
13.930

— Gerdas Heirat. Roman. 2 Tle. i. 1 Bd. (Neue [Titel-]Ausg.) 8. (260 u. 268 S.) Stuttgart (892) 897. Deutsche Verlags-Anstalt. n. 1. 50; geb n. 1. 75

— Herzensirren. Roman. Bd 1.2. — Breslau [usw.]: Schottlaender 1890. 8° 1:Yx 24831. 2. 12:P. o. germ. 1756 g. 31.
13.931

— Herzensirren. Roman. Illustr. von Paul Wendling. 8. (317 S.) Breslau 891. Schles. Verlags-Anstalt. n. 5 —; geb. n. 6. —

— Herzensirren. Roman. Illustrirt v. Paul Wendling. (Neue [Titel-]Ausg.) gr. 8. (317 S.) Ebd. (891) 898. n. 2. —

Bauer, Mart., (Frau Selma Martini), Evelyn's Lehrjahre! Roman. 2 Bde. gr. 8. (229 u. 288 S.) Breslau 901. Schles. Buchdruckerei rc. n. 7. —; geb. n. 9. —

— Malchow. Oberschlesischer Roman. Bd 1.2. — Breslau: Schles. Buchdr., Kunst- u. Verl. Anst. [usw.] 1895. 8° 1:Yx 28003. 2. 7. 12:P. o. germ. 1761 l. 31. 60.
13.934

— Um den Namen. Roman. Bd 1.2. — Breslau: Schles. Buchdr., Kunst- u. Verl. Anst. [usw.] 1892 (1893). 8° 1:Yx 25611. 2. 12:P. o. germ. 1768 e. 31.
13.935

— Die Rechte. Roman. Bd 1.2. — Breslau: Schles. Buchdr., Kunst- u. Verl. Anst. [usw.] 1898. 8° 1: Yx 30160. 2. 31.
13.936

— Unter Rosen. Roman. — Breslau: Schottlaender 1885. 260 S. 8° 1: Yx 22256. 2.
13.937

— Die Schloßfrau von Ildenau. Roman. — Stuttgart [usw.]: Deutsche Verl. Anst. 1888. 340 S. 8° (Deutsche Romanbibliothek. Salon-Ausg. 130.) 24. 31. 60. 66.
13.938

— Die Schloßfrau v. Ildenau. Roman. 8. (338 S.) Stuttg. 890. Deutsche Verlags-Anstalt. * 4 —: geb. * 5 —

— die Schloßfrau v. Ildenau. Roman. (Neue Titel-Ausg.) 8. (338 S.) Stuttgart 893. Deutsche Verlags-Anstalt. n. 1. 50; geb. n. 1. 75

Wahre Schönheit. Roman von Martin Bauer [d. i. Selma Martini]. Breslau: Schles. Verl.-Anst. 1907. (271 S.) 8° [F.]
(Kollektion Schottlaender.) [04. 10303]

— Die Schwestern. Roman. Bd 1.2. — Breslau: Schles. Buchdr., Kunst- u. Verl. Anst. [usw.] 1894. 8°
1: Yx 26761. 2. 12: P. o. germ. 1751 y.
13.941

Bauer, Martin C. J. W.: Die Schillerbildnisse. — [Gehlsdorf i. M.]: Verf. [1905]. 44 gez. Bl., S. 45–47. 8°
1: Av 11322/152. 5. 8. 11. 14. 16. 21. 25. 26. 27. 29. 30. 52. 107.
13.943

— Zug um Zug. Ein Lebensbild. — Breslau: Schles. Buchdr., Kunst- u. Verl. Anst. [usw.] 1901. 236 S. 8°
1: Yx 32548. 2.
13.942

Bauer, Max, Dr. jur., Rittergutsbesitzer, Schriftsteller, Berlin, 1839-1914. 1863
Pseudonyme: Rusticus, Max Rusticus u. Maximilian Rusticus

Bauer, Max, s.a. R u s t i c u s [Pseud.]

Bauer, Max, Allotria (Gesellschaftskünste), s. a. Ullstein's Sammlung praktischer Hausbücher. 10. Bd.

Bauer, Max, Redakteur, Berlin, 1861-1932. 1899: Allotria. Ein Buch d. Gesellschaftskünste. — Berlin [1901]. 143 S. 8° (Ullstein's Sammlung praktischer Hausbücher. 10.)
1: Ah 4228–10. 11.
13.984

— Arbeitsteilung und Kulturfortschritt, speziell in gewissen landwirtschaftlichen Konsekutiv-Gewerben. Ein Wort über d. Abhängigkeit sozialer Verhältnisse von d. Lebensinteressen einzelner Berufsstände. Von Rusticus. — Berlin: Walther 1902. 30 S. 8° 1: Fe 5883. 41. 106.
13.944

— Aus düsterem Flor – zu lichtem Humor. Residenzliche Stimmungsbilder. — Berlin: Lüdtke 1888. 138 S. 8°
1: Yo 22519. 109.
13.945

Bauer, Max (Rusticus): Aussenseiter ... u. so weiter. Sportl. Revue f. '06. Ungereimte Plaudereien. (147) 8° Berl., Verl. Deut. Sport ('06). 2 —

Bauer, Max, Beiträge z. Kenntniss d. niederhessischen Basalte. gr. 8. (17 S.) Berlin 900. (G. Reimer.) n. 1. —
Sonderabdruck aus: „Sitzungsber. d. preuss. Akad. d. Wiss."

Bauer, Max, Prof. d. Mineralogie u. Petrographie, Marburg, 1844-1917. 1871: Beiträge zur Mineralogie. Reihe 1. — Stuttgart: Schweizerbart 1880. S. 63–82. 8°
Aus: Neues Jahrbuch für Mineralogie, Geologie u. Palaeontologie. 1880.
21.
13.971

Bauer (Max), Beiträge zur Mineralogie, I., V., VI. u. VII. Reihe. (Separat-Abdruck aus dem Neuen Jahrbuch für Mineralogie. Jahrgang 1880, 1887, 1890 und 1891. 8.

Bauer, Max, vorläufiger Bericht üb. weitere Untersuchungen im niederhessischen Basaltgebiet. (5 S.) gr. 8. Berlin 903. (G. Reimer.) n. — 50
Sonderabdr. aus: „Sitzungsber. d. preuss. Akad. d. Wiss."

Bauer, Max, s.: Bericht der k. k. Central-Commission f. Erforschung u. Erhaltung der Kunst- u. historischen Denkmale.

Bauer, Max, a. Friedrichshagen: Der Bilderschmuck frühchristlicher Tonlampen. Greifswald 1907: J. Abel. (71 S.) 8°
Greifswald, Phil. Fak., Ref. Pernice, Diss. v. 10. April 1907
[Geb. 16. Sept. 80 Friedrichshagen, Kr. Ueckermünde; Wohnort: Greifswald; Staatsangeh.: Preußen; Vorbildung: Gymn. Anklam Reife O. 01; Studium: Erlangen 2, Bonn 1, Berlin 2, Greifswald 2 S.; Rig. 20. Okt. 06.]

Der Blitz. Eine Abenteurergeschichte von Max Bauer. Mit Ill. von W. Roegge. Berlin, Eisenach, Leipzig: H. Hillger [1904]. (94 S.) 8° [F.]
= Bücherschatz, Kurschners. No 409. [05. 10588]

Bauer, Max (Hrsg.), s. C e n t r a l b l a t t für Mineralogie, Geologie und Paläonthologie.

Bauer (M.). Das diluviale Diatomeenlager aus der Wilmsdorfer Forst bei Zinten in Ostpreussen. (Sep.-Abdr. a. d. Zeitschr. d. Deutschen geol. Ges. Jahrg. 1881.) 8.

Bauer, Max, Referendar in Cöln a. Rh.: Das Dienstverhältnis der Schiffsmannschaft nach der Seemannsordnung. Begriff und Begründung. Cöln 1908: Greven & Bechtold. (80 S.) 8° [F.]
Leipzig, Jur. Fak., Diss. v. 16. Juli 1908
[Geb. 28. Febr. 85 Düsseldorf; Wohnort: Cöln; Staatsangeh.: Preußen; Vorbildung: Gymn. an d. Apostelkirche Cöln Reife O. 03; Studium: Freiburg i. B. 1, Munchen 1, Kiel 1, Berlin 1, Bonn 2 S.; Rig. 23. Juni 06.]

Bauer, Max: Die Dirne u. ihr Anhang s: Kultur-Sünden.

Bauer, Max, um 20 Millionen Dollars. Nach e. Erzählg. v. Fernand-Hue f. die Jugend bearb. Mit 5 Autotyp. nach Originalen v. W. Schmitt. gr. 8. (III, 222 S.) Berlin (899). H. J. Meidinger. Geb. in Leinw. n. 3. 50

— Der deutsche Durst. Methyologische Skizzen aus d. deutschen Kulturgeschichte. — Leipzig: H. Seemann [1903]. 409 S. 8° 1: Sa 7565. 3. 5. 6. 10.
12: Germ. g. 30 pd. 14. 16. 17. 19. 25. 30. 32. 36. 38. 41. 43. 44. 60. 61. 90. 106. 107. 109. 169. 207. 303.
13.989

Bauer, Max, Edelsteinkunde. E. allgem. verständl. Darstellg. d. Eigenschaften, d. Vorkommens u. d. Verwendg. d. Edelsteine, nebst e. Anleitg. z. Bestimmg. ders. f. Mineralogen, Steinschleifer, Juweliere etc. M. 20 Taf. i. Farbendr., Lith., Autotyp. etc., sow. 94 Abb. i. Text. Lex.-8. (XVI, 711 S.) Leipzig 896. Ch. H. Tauchnitz. n. 27. 50; geb. in Halbfrz. n. 31. 50
Auch in 11 Lfgen. à n. 2. 50 zu beziehen.

Edelsteinkunde. Eine allgemein verständl. Darstellung d. Eigenschaften ... der Edelsteine, nebst e. Anleitung z. Bestimmung derselben f. Mineralogen, Edelsteinliebhaber ... Von Dr. Max Bauer, Prof., Marburg. Mit 21 Taf., sowie 115 Abb. 2., vollkomm. durchges. u. teilw. neubearb. Aufl. (In 15 Lfgen.) Leipzig: Tauchnitz 1909. XVI, 766 S. 4°(8°) [11. 9704]

— Favoriten und Outsiders. Sportliche Weltstadtbilder. Von Rusticus. — Berlin: Steinitz (1898). 132 S. 8°
1: Yx 30170.
13.947

Bauer, Max, a. Augsburg: Über die Frage nach dem Verhältnis des Urteils zur Anklage im Strafprozeß. München 1907: F. Straub. (89 S.) 8°
Würzburg, Jur. Fak., Ref. Oetker, Diss. v. 7. Sept. 1907
[Geb. 25. Okt. 81 Augsburg; Wohnort: München; Staatsangeh.: Bayern; Vorbildung: Gymn. Augsburg Reife Juli 00; Studium: München 8 S.; Rig. 21. Febr. 07.]

— Die deutsche Frau in der Vergangenheit. — Berlin: Schall [1907]. 435 S. 8° (Verein d. Bücherfreunde. [16,4.])
1: Yt 684–16,4. 4. 6. 8. 10. 11. 12: Var. 377 v–16,5. 14. 24. 28. 34. 38. 41. 43. 45. 48. 52. 64. 79. 91. 107. 109. 111. 117. 203. 207. 302.
13.990

— Laute Geheimnisse. Residenzliche Stimmungsbilder. Berlin: Horn 1890. 180 S. 8° 111.
13.948

— Das Geschlechtsleben in der deutschen Vergangenheit. Leipzig: H. Seemann 1902. 305 S. 8°
7. 26. 62. 75. 203. 302.
13.993

— — 2. Aufl. Ebd. 1902. 365 S. 8° 18. 25. 35. 38. 109.
13.994

— — 3. Aufl. Berlin [usw.]: H. Seemann [1907]. 365 S. 8°
11.
13.995

— — 5. Aufl. Ebd. [1907]. 365 S. 8°
1: Sa 600/124⁵. 10. 12: Germ. g. 30 pe. 14. 17. 22. 30. 60.
13.996

— — 6. Aufl. Ebd. [1908]. 365 S. 8° 21.
13.997

Bauer, Max: Gesteinsproben d. Witu-Inseln, v. Zanzibar-Archipel, v. d. Comoren, Madagaskar, Ceylon etc., s: Reise in Ostafrika.

— Harmlos, aber unverzagt! Residenzliche Stimmungsbilder. — Berlin: Zieger 1893. 156 S. 8° 1: Yo 24731.
13.949

— Heiteres und Weiteres von der Gewerbe-Ausstellung. Skizzen in Knittelversen von Max Rusticus. — Berlin: Lenz [1896]. 63 S. 8° 33.
13.950

— Humor im Felde. Kriegs-Reminiscenzen a. d. ungedr. Papieren e. Zivilisten im Feldzuge 1870—71. (64 m. 1 Abb.) 8° Berl. (SW. Lindenstr. 14), Dr. Max Bauer '03. — 60 d

— Humor im Felde. Kriegs-Reminiscenzen aus d. ungedruckten Papieren eines Zivilisten im Feldzuge 1870–71. Berlin: Schulz 1903. 64 S. 8° 1: Kr. Samml. R 385. 47. 111.
13.951

— s.: Jahrbuch, neues, f. Mineralogie etc.

— Vor zehn Jahren. Aus ungedruckten Tagebüchern eines Zivilisten im Kriege. — Berlin: Norddeutsche Buchdr. u. Verl. Anst. 1881. 75 S. 8°
1: Qo 9499 [u.] Kr. Samml. R 167. 111. 209.
13.952

Bauer, Max: Über die Kondensation von Phtalsäureanhydrid mit Phenylmethylpyrazolon. 1905. 60 S., 1 Tab. 8⁰
¶ Vgl. Journal f. prakt. Chemie. Bd 195. N. F. Bd 87. 1913. S. 119ff.
München, Dr.-Ing.-Diss. v. 10. 1. 1905

Bauer, M: Über die Kondensation von Phtalsäureanhydrid mit Phenylmethylpyrazolon. Diss. Neuß a. Rh. 1905

Bauer, Max, s.: Kreuz, das rothe.

— Dreissigjährige Kriegs-Erinnerungen eines Civilisten aus dem Feldzuge 1870/71. — Berlin 1901: (Haebringer). 289 S. 8° 1: Kr. Samml. R 501.
13.953

— Nordfranzösische Landwirthschaft und ihr Vergleich mit den entsprechenden deutschen Cultur-Verhältnissen. Halle: Pfeffer 1869. 125 S. 8°
1: Ov 6700. 8. 12: Oecon. 180 d. 14. 15. 16. 21. 27. 28. 31. 39. 46. 84. 91. 106.
13.954

Bauer, Max [† Rusticus], ein Jahr Berliner Leben. Humoristische gereimte Chronik. gr. 8. (VIII, 192 S. mit 8 Illustr.) Berlin 885, Eckstein Nachf. * ℳ 2.—.; geb. *

— Ein Jahr Berliner Leben. Humoristische gereimte Chronik. 2. Aufl. — Berlin: Eckstein 1885 192 S. 8°
1: Yo 20166. 109.
13.955

— leben noch Mammuths? s.: Schulze's Zehnpfennigbücher in vereinfachter deutscher Stenographie. Nr. 20.

Bauer, Max, Lehrer d. Handelswissenschaften. 1884: Lehrbuch der einfachen und doppelten Buchführung. — Berlin: Mode [1884]. 142 S. 8° 1: Fg 7442. 11. 16.
13.982

Bauer, Max, Lehrbuch der Mineralogie. gr. 8. (XI, 562 S. mit 588 Holzschn.) Berlin 886, Guttentag. *
geb. *

— Lehrbuch der Mineralogie. gr. 8. (XI, 562 S) Berlin 896. Stuttgart, E. Schweizerbart. n. 12. —

Lehrbuch der Mineralogie von Max Bauer. 2., völlig neubearb. Aufl. Mit 670 Fig. *Stuttgart: E. Schweizerbart 1904.* [XII, 924 S.) 8° [03. 1918

— Die Lehre von der Buchführung mit Rücksicht auf das technische Studium. — Berlin: Selbstverl. 1885. 9 S. 8°
16. 87. 88.
13.983

— Berliner Lust und Laune. Humoristische gereimte Chronik. — Berlin: Stuhr 1880. 162 S. 8° 1: Yo 20611.
13.956

Bauer, M. [Rusticus], Berliner Lust u. Laune. Humorist. gereimte Chronik. (2. Afl.) 8. (162) Berl. 80. Gerstmann. n. 2. —

— von der Maas-Armee. gr. 8. (VII, 96 S.) Dresden 870. (Halle, Pfeffer.) n. 1. 50

— Von der Maas-Armee. — Dresden 1870: Teubner. 96 S. 8°
1: Qo 7036 [u.] Kr. Samml. F 15. 7. 12: Eur. 694 d-179. 14. 17. 31. 43. 106. 209.
13.957

Bauer, Dr. Max. Von der Maas-Armee. 8. Dresden 1871.

— Gekrönte Messalinen. Geschichtliche Studien von M. B. v. Teplitz [d. i. Max Bauer]. 2. Aufl. — Berlin: Iris-Verl. [1903]. 173 S. 8° 1: Pb 6598. 32.
13.1001

— Vorläuf. Mitteilg üb. d. Eruptivgesteine am Westrande d. niederhess. Basaltgebiets nördl. v. d. Eder. [Ausg.: „Sitzgsber. d. preuss. Akad. d. Wiss."] (990—995) Lex8° Berl., G Reimer '10. — 50

Bauer, Max., Ornamenten-Schule für Gymnasien, Real- und Bürgerschulen. 1—10. Heft. Wien 853. Paterno. qu. Fol. Jedes Heft von 4 lith. Bl. 10 𝔑𝔤𝔯

Proteste. Residenzliche Stimmungsbilder e. zwanglosen Revue von 1905. Knittelverse von Dr. Max Bauer ⟨Rusticus⟩. Berlin: Boll & Pickardt 1906. (88 S.) 8° [J.] [06. 3809

† Karl Friedrich Rammelsberg, Geh. Reg.R., ord. Prof. ... zu Berlin. Mit 1 Portr. (Verf.: Max Bauer.) *Stuttgart: E. Schweizerbart 1900.* (39 S.) 8° Aus: Centralblatt f. Mineralogie, Geol. u. Palaeontologie. 1900. [00. 763

— Rückhaltslose Residenz-Briefe. Ein Wintertagstraum von Maximilian Rusticus. — Berlin: Klönne & Müller 1878. IX, 102 S. 8° 14.
13.959

— — 2. Aufl. Ebd. 1878. IX, 102 S. 8° 1: Yo 16966.
13.960

— Rubin u. Sapphir, s. a. Sammlung gemeinverständl. wissenschaftl. Vorträge.

— Rubin und Sapphir. — Hamburg: Verl. Anst. u. Dr. A.-G. 1897. 47 S. 8° (Sammlung gemeinverständlicher wissenschaftlicher Vorträge. N. F. Ser. 12. H. 274.)
1: Ag 9017-274. 2→6. 9. 11. 12: Var. 366 m-274. 16→19. 24→28. 30. 31. 33. 35. 36. 38. 41. 43. 44. 45. 47. 51. 52. 61. 82. 83. 84. 87. 89. 90. 93. 205. 207. 300: 395. 139-B. N. F. 274. 302. 305. 308.
13.979

— Hohe Schule. Sportliche Plaudertouren in wechselnder Gangart. Von Maximilian Rusticus. — Berlin: Wilhelmi 1882. VIII,140 S. 8° 1:Yz 8672.
13.961

— Sport-Abenteuer. Erlebtes auf internationalem Turf. Berlin: Steinitz (1900). 99 S. 8° 1:Yz 9001.
13.962

— Unter rothgekreuzten Standarten im Felde und daheim. Jubiläums-Erinnerungen an Kriegsfahrten 1870–71. — Berlin: Rosenbaum & Hart 1895. 133 S. 8°
1: Kr. Samml. Ia 42. 10. 11. 12: Eur. 694 d–773. 26. 30. 34. 44. 46. 111. 202. 203. 303.
13.963

Bauer, Max (I.), wirthschaftliche Studien in französischen Musterwirthschaften an der Hand der in der Weltausstellung 1878 zu Paris gewonnenen neuen Erfahrungen und erhaltenen Orig.-Mittheilungen. Lex.-8. (VII, 256 S. mit 4 eingedr. Holzschn. und 1 lithogr. Taf.) Hannover 880, Cohen's Verlag. *

— Krystallographische Untersuchung des Scheelits. — Stuttgart: Schweizerbart 1871. 70 S. 8°
Aus: Jahreshefte d. Vereins für vaterländische Naturkunde in Württemberg. 27.1871.
Zugleich Univ.-Schrift. Tübingen 1871.
2. 7. 12: Lith. 28 m. 15. 19. 21. 24. 27. 28.
13.980

Bauer, Max

— 'Unterwegs'. Intime Reiseskizzen für sportliche, literarische u. musikalische Pfadfinder von Rusticus. — Leipzig: Grethlein 1904. 111 S. 8° 1:Yz 9099/94.
13.965

— Die Verfälschung der Nahrungsmittel in großen Städten – speciell: Berlin – und die Abhülfe dagegen. — Berlin: Heymann 1877. 136 S. 8°
1: Ik 7227. 9. 11. 12: Pol. civ. 10 hr. 20. 21. 22. 26. 29. 30. 34. 38M. 41. 43. 60. 79. 83. 84. 89. 106. 111. 203. 205.
13.966

— Die geologischen Verhältnisse der Seeberge und des Galberges bei Gotha. Eine geologische Monographie. — Königsberg 1882: Hartung. 62 S. 8° 39.
13.981

— Berliner Vollblut und Halbblut. Residenzliche Stimmungsbilder. — Berlin: Braun 1887. 164 S. 8°
1:Yo 20836. 111.
13.967

Bauer, M. (Rustious), in arte voluptas! Residenzliche Stimmungsbilder. 8. (VI, 159 S.) Berlin 890. Kühling & Güttner. n. 1, 25

— In arte Voluptas! Residenzliche Stimmungsbilder. — Berlin: Kühling & Güttner 1891. 159 S. 8°
1:Yo 23771.
13.968

— Vom Start zum Ziel. Sportliche Plaudertouren in wechselnder Gangart von Rusticus. — Berlin: Militär-Verl. Anst. 1898. 201 S. 8° 1:Yz 9047. 11.
13.969

Bauer, Max (Hrsg.), s. Warte, Neue deutsche.

— s.: Zentralblatt f. Mineral. usw.

Bauer, Max, Civil im Kriege. Studien und heitere Skizzen zum Versuch einer Reorganisation der freiwill. Krankenpflege im Felde und Daheim. gr. 8. (VI, 194 S.) Berlin 875, C. Heymann's Verlag. *

Bauer, Max Heinrich

— Hilfsmittel zur Konstruktion und Berechnung von Schiffslinien. — Berlin: Driesner 1903. 60 S. 8° 83. 86. 201.
13.1023

— Das Motorboot und seine Behandlung. — Leipzig: R. C. Schmidt 1906. 207 S. 8° (Küster's autotechnische Bibliothek. 15.) 38. 44. 79. 83. 93. 201. 210.
13.1024

— — 2., verb. u. verm. Aufl. Berlin: C. A. Schmidt 1907. 226 S. 8° (Küster's autotechnische Bibliothek. 15.)
1: Oo 5111/85^{2}–15. 11. 86. 91. 201.
13.1025

— — 3., verb. u. verm. Aufl. Ebd. 1910. 246 S. 8° (Autotechnische Bibliothek. 15.) 1: Oo 5111/85^{3}–15. 11. 83. 201.
13.1026

— Schiffbautechnische Gesellschaft. 9. ordentliche Hauptversammlung ... Schnellaufende Motorboote. — (Berlin: Springer 1907.) 39 S. 4° 93.
13.1030

— s.: Motorboot-Kalender.

BAUER, Maximilian (Landshut): Versuch einer Darstellung des Kindbettfiebers. (Titel nach der Urkunde)
26.6.1838 – Urk; F 64 Diss. Ingolst.-Landsh.-Mchn.

Bauer, Michael, aus der Buckau. 1707: Unterschiedene schöne geistliche Berg-Reyhen, einen jeden bauenden Gewercken, Steigern und Berg-Leuten zu einen Trost, nebst einen Berg-Gebeth. — o. O. 1707. 31 S. 8° 7.
13.1038

Bauer, Mich., rationelle Chorgesang-Lehre, f. Schulen u. zum Selbstunterrichte verf. 2., unveränd. Aufl. 8. (IV, 72 S.) Wien 896. A. Robitschek. n. -- 60

Bauer, Michael, Wien. 1873: Der Elementar-Gesangunterricht in Schule und Haus. — Wien [usw.]: Buchholz & Diebel 1873. 62 S. 8° 207. 300: M. S. 28.397.
13.1041

Bauer, Mich., der Elementar-Gesangunterricht in Schule und Haus. 2. Aufl. 8. (III, 63 S.) Troppau 877, Buchholz und Diebel. *

Bauer, Mich., der Elementar-Gesangunterricht in Schule und Haus. 3. Aufl. 8. (III, 64 S.) Troppau 887, Buchholz und Diebel. *

Bauer, Mich., der Elementar-Gesangunterricht in Schule u. Haus. 4. Aufl. 8. (III, 64 S.) Troppau 894. Buchholz & Diebel. n. — 60

Bauer, Mich., Kirchenlieder für Gymnasien und Realschulen. 8. (28 S.) Wien 880, Klinkhardt. *

Bauer, Mich., Kirchenlieder f. Gymnasien u. Realschulen. 3. Aufl. gr. 8. (II, 38 S.) Wien 895. Manz. n. — 48

Bauer, Mich, Kirchenlieder f. Gymnasien u. Realschulen. 4. Aufl. (38 S.) gr. 8. Wien 904. Manz. n. — 56

Bauer, Michael, Oberbetriebsinspektor, Freiburg. 1896: Vom badischen Kriegsschauplatze im Jahre 1870/71. Nachträgliche Darstellung d. Erlebnisse eines damaligen Bewohners von Kehl (d. i. M. Bauer). — Freiburg i. B. 1896: Wagner. 32 S. 8° 1: Kr. Samml. R 431. 25.
13.1042

Bauer, Mich., Liedersammlung f. österreichische Mittelschulen. qu. gr. 8. (III, 60 S.) Wien 882. Manz. n. — 56

Bauer, M[ich.]. Liedersammlung für österreichische Mittelschulen. 2. verb. Aufl. qu. gr. 8. (II, 62 S.) Wien 889, Manz. * — 56

— Liedersammlung f. österreichische Mittelschulen. 4. Aufl. qu. gr. 8. (II, 62 S.) Wien 901. Manz. n — 56

Bauer, M., Liedersammlung, 2. Thl., s.: Rentwig, Sigm.

— Männer-Chorgesangschule für die oberen Klassen höherer Lehranstalten, sowie für Gesangvereine. gr. 8. (64 S.) Leipzig 880, Klinkhardt. *

—— Männer-Chorgesangschule f. d. ob. Klassen höh. Lehranstalten, sowie f. Gesangvereine. 2. Afl. 8. (64) Ebd. 84 n. — 80

— Männer-Chorgesangschule f. die oberen Klassen höherer Lehranstalten, sowie f. Gesangvereine. 2. Aufl. gr. 8. (64 S.) Ebend. 885. n. — 80

Bauer, M., Männer-Chorgesangschule f. d. oberen Klassen höherer Lehranstalten, sowie für Gesangvereine. 3., verb. Aufl. gr. 8. (64 S.) Wien 889. Manz. n. — 80

— Männer-Chorgesangschule f. die oberen Klassen höherer Lehranstalten sowie f. Gesangvereine. 4. Aufl. gr. 8. (64 S.) Wien 893. Manz. n. — 80

Bauer, Michael, Gerichtsakzessist, später Geh. Justizrat, Nauheim, 1820-1899. 1863: Schlagschatten aus dem Accessistenleben in naturwissenschaftlicher und anderer Beziehung. Eine ungereimte Rede, gehalten von Plinius dem Jüngsten, Dr. legens [d. i. Michael Bauer], auf dem 4. Judithfest der Accessisten ... in Darmstadt ... 1862. — Darmstadt: Küchler 1863. 17 S. 8° 17. 26.
13.1039

[—] Der Judith Thronrede. Gehalten von ihrem bevollmächtigten Minister beim 5. Judithfest der Accessisten ... 1863 ... zu Darmstadt. ⟨Vom Verf. der 'Schlagschatten aus dem Accessistenleben'.⟩ — Darmstadt: Küchler 1864. 14 S. 8° 17.
13.1040

Bauer, Michael, Dreistimmige Uebungen und Lieder für Sopran und Alt zum Gebrauche für Schulen und Chorvereine. 8. (66 S.) —.30
Wien: Manz 1890.

—— prima vista. Eine Gesanglehre in Form von streng progressiv geordneten Uebungen für Bürger- und Volksschulen. 8. (35 S.) Wien 879, Klinkhardt. *

—— Prima vista. Eine Gesanglehre in Form von streng progressiv geordneten Übungen für Schulen. 3. und 4. Aufl. gr. 8. (35 S.) Wien 882,83, Klinkhardt. *

—— prima vista. Eine Gesanglehre in Form von streng progressiv geordneten Übungen für Schulen. 5. Aufl. gr. 8. (35 S.) Wien 886, Manz'sche Hof-Verlags- und Universitäts-Buchh. *

— prima vista. Eine Gesanglehre in Form von streng progressiv geordneten Übgn. f. Schulen. 7. Aufl. gr. 8. (35 S.) Ebd. 893. n. — 40

— Prima vista. Gesanglehre in Form v. streng progressiv geordneten Übgn f. Schulen. 8. Afl. 8° (35) Wien 98, Manz. — 40

— Prima vista. Eine Gesanglehre in Form v. streng progressiv geordneten Übgn. 9. Aufl. gr. 8. (35 S.) Ebd. 901. n. — 40

— Prima vista. Gesanglehre in Form v. streng progressiv geordneten Übgn. 10. Afl. (35) 8° Ebd. '04. — 40 d
Hinrichs' Fünfjahrskatalog 1901—1905.

Bauer, Mich.: Prima vista. Eine Gesanglehre in Form v. streng progressiv geordneten Übgn. 11. Afl. (35) 8° Wien, Manz '09. — 40 d

Bauer, Moritz, Dr. med., Wien. 1887: Antiseptik bei der Impfung. — Wien 1887. 8 S. 8°
Aus: Wiener medizinische Presse. 1887. 308.
13.1050

Bauer, Moritz, approb. Arzt aus Hamburg: Beitrag zur Histologie des Muskelmagens der Vögel. *Bonn: F. Cohen 1901.* (24 S. 8° ¶ Aus: Archiv f. mikrosk. Anat. u. Entwicklungsgesch., Bd 57
Freiburg i. B., Med. Diss. v. 1901

Bauer, Moritz. Beiträge zur anthropologischen Untersuchung des harten Gaumens. Diss. Phil. [II.] Univ. Zürich. [Mit 1 Figur und 1 Tafel. Sep.-Abdr. aus: Archiv für Anthropologie.... Hrg. von Johannes Ranke und Georg Thilenius. Neue Folge. Band 2.] *Kopftitel:* Aus dem Anthropologischen Institut der Universität Zürich. II + 26 S. 4. Zürich (Braunschweig, Vieweg,) 1904. Nq 3850⁴

Bauer, M.: Chloralhydrat bei Delirium potatorum. Br. d. k. k. Krankenhauses Wieden 1871. 147. Wien. 1873.

Bauer, Moritz Rr v., Brünn. 1903: Die Entwickelung des ländlichen Kreditwesens in Mähren. Eine volkswirtschaftliche Studie. — Brünn: Winiker 1903. 62 S. 4°
1:4° Fg 11252. 203. 300:426.621–B. 302.
13.1052

Bauer, Moritz, Professor d. Musikwissenschaft, Frankfurt a. M. 1908: Gedächtnisrede gehalten anlässlich des 100 jährigen Geburtstages von Felix Mendelssohn-Bartholdy. — Frankfurt a. M. 1909. 8 S. 8°
Aus: Jahresbericht von Dr. Hoch's Conservatorium zu Frankfurt a. M. 31. 1909. 30.
13.1054

— Historie oder Pamphlet? Ein Vademecum für den Musikschriftsteller Fr. Spiro. — Frankfurt a. M.: André 1908. 12 S. 8° 30.
13.1055

Bauer, Moriz Robert Ritter von, a. Brünn: Die Landwirtschaft in Mähren vor Aufhebung der Untertänigkeit. 1781—1848. Erlangen 1907: Junge & Sohn. (178 S.) 8°
München, Staatswirtsch. Fak., Ref. Brentano, Diss. v. 9. Febr. 1907
[Geb. 11. Okt. 82 Brünn in Mähren; Wohnort: Brünn; Staatsangeh.: Österreich; Vorbildung: 1. deutsches k. k. Staats-Obergymn. Brünn Reife Juli 00; Studium: Halle 5, München 3 S.; Rig. 9. Febr. 07.]

Bauer, Moritz, Schriftenmaler, Fachlehrer. 1903: Schriften für Maler und verwandte Gewerbe. 12 Tafeln Alphabete mit illustr. Lehrbuch zum Selbstunterricht sowie für Fach- u. Gewerbeschulen. T. [1.] 2. — Pasing (2: München): Heyder [1903]. 4° [u.] 8°
1. Tafeln. 2. Text. 12:4° Techn. 521 p.
13.1053

— Die Schutzpockenimpfung und ihre Technik, mit bes. Berücks. der Impfschäden, ihrer Verhütung u. Behandlung. — Stuttgart: Enke 1890. IV, 91 S. 8°
9. 12: Chir. 13 qe. 20. 24. 38M. 302.
13.1051

Bauer, Moritz, Kaufmann, Hamburg, 1833-1878. 1877: Silhouetten. Poesie u. Prosa. — Hamburg: Gassmann 1878. 123 S. 8° 1: Yz 8619. 18.
13.1048

Bauer, M: Rhein. (Es-dur) Sinfonie v. Rob. Schumann. (16) kl8° Lpzg. Breitk. & H. ('09). — 20 d

— Rheinische ⟨Es-dur⟩ Sinfonie von Robert Schumann. Kleiner Konzertführer. — Leipzig: Breitkopf & Härtel [1910]. 12 S. 8° (Breitkopf & Härtels Musikbücher. Abt. 2: Kleine Konzertführer. 638.) 1: Mus. D 276-638.
13.1058

Bauer, Mor., sorglose Stunden. Dichtungen. 16. (100 S.) Hamburg 876. Gaßmann's Sort. n. 1. 50; cart. n. 1. 80; geb. m. Goldschn. n. 2. 25

— Kaiser Sigismund's Traum. Erzählendes Gedicht. — Hamburg: Gassmann 1877. 33 S. 8° 1: Yo 16807. 109.
13.1049

Bauer Moritz: Untersuchung der Paraphrase von Kitâb al Amânât wa'l-Itiqâdât des Saadja b Jusuf al-Fajjumi mit besonderer Rücksicht auf den VII. Abschnitt.
II. 1897 PN 1062 Diss. Wien, Univ. 2860

Bauer, Moritz Adolf: Gedenkblätter zum siebzigsten Geburtstage Seiner Hoheit des Herzogs Adolph von Nassau am 24. Juli 1887. (Verf.: Moritz Adolph Bauer.) — ([Wien]: Bauer [1887].) 23 S. 8° **43. 302.**
13.1060

Bauer, Moritz Gottfried
— — De legato ususfructus specimen I. Leipzig (Saalbach) 19. III. 1795. 48 S. (4.—) 1390
Gew.: Carl Wilh. Müller, Chn. Gottfr. Herrmann.

— — u. **Aug. Wilh. Schmidt,** De matrimonio sterili partium voto solvendo. Diss. Lpz. (Staritz) 30. I. 1823. 44 S. (4.—) 1391

— **Mor. Gottfr.** (Leipzig), De subsidiaria feminarum successione, in feudo feminino ad collaterales transeunte. Exerc. jur. feudalis Saxonici. Präs. Joh. Aug. Otto Gehler. Lpz. (Jacobäer) 20. IX. 1791. 26 S. u. 16 S. dtsch. Anhang. (4.—) 1389
Lehnsbrief d. Ritter-Guths Kriebstein (Moritz Friedrich v. Milckau). Mit Namen der Vorbesitzer u. Gutachten (deutsch) über d. Erbfolge dieser Familien. — Ferner: Privat-Responsum d. Geh. Justizrats G. L. Böhmer, Göttingen.

Bauer, Moriz Robert Ritter von, s. Bauer, Moritz (Ritter von).

Bauer, N., Pieter. Scene aus dem Burenkriege. In 2 Aufzügen. 8. (24 S.) Berlin 902. Buchh. des ostdeutsch. Jünglingsbundes. n. — 50

Bauer, N. Ueber den Wassergehalt der Organismen und ihren Gehalt an chemischen Bestandtheilen. Würzburg, 1856. Diss.

Bauer, Nic., und Phpp. Schreibmüller, Lesebuch für das erste Schuljahr. 1. Aufl. (IV, 80 S., wovon 28 lithogr., mit 8 Stnt.) 876. ** 60 Pf.; 2. und 3. verb. Aufl. 8. (88 S., wovon 32 lithogr., mit 8 Stnt.) Hof 877,79, Grau und Comp. cart. **

Bauer, Nic., und Phpp. Schreibmüller, Lesebuch für das erste Schuljahr. 4. Aufl. (88 S. mit 8 Stnt.); 5. Aufl. gr. 8. (96 S. mit Fig.) Hof 881, Grau und Comp. * geb. *

—— —— dass. — 6. Aufl. 8. (96 S. mit Fig.) Ebendas. 882. geb. **

—— —— dass. — 7. Aufl. 8. (96 S. mit Fig.) Ebendas. 882. geb. **

—— —— dass. — 8. und 9. Aufl. gr. 8. (88 S. mit eingedr. Fig. und 8 Stnt.) Ebendas. 883. geb. **

Bauer, Nik. u. Phpp. Schreibmüller. Lesebuch für das 1. Schuljahr. 17. Aufl. 8. (104 S. m. Bildern.) Hof 889, Lion. geb. ** — 65

Bauer, Nik., u. Phpp. Schreibmüller, Lesebuch f. d. 1. Schuljahr. 28. Aufl. gr. 8. (96 u. 8 S. m. Abb.) Hof 898. R. Lion. Geb. n.n. — 65

Bauer, Nik., u. Phpp. Schreibmüller, Lesebuch f. das 1. Schuljahr. 33. Aufl. gr. 8. (96 u. 8 S. m. Abbildgn.) Hof (900). R. Lion. Geb n.n. — 65; in Leinw. n.n. · 75

—— —— Wandfibel. 32 Taf. qu. gr. Fol. Ebendas. 877. *

Bauer, O.: Metallo-Graphie, s. Heyn, E. u. O. Bauer.

Bauer, O: Die Metallographie. [S.-A.] (8) 4° Stuttg. '04. (Karlsr., J Bielefeld.) 1.50

— u. **E Deiss:** Probenahme u. Analyse v. Eisen u. Stahl. (258 m. Abb.) Lex8° Berl., J Springer '12. L 9 —

Bauer, O: Untersuchgn e. geriss. Flammrohrschusses, s: Mitteilungen üb. usw. des Ingenieurwesens, Heyn.

Bauer, O. G., Freud und Leid. Gedichte. 16. (188 S.) [Straßburg] Mannheim 877, Schneider's Verlag. * geb. *

Bauer, O. G., Freud und Leid. Gedichte. 2. unveränd. Ausg. 12. (138 S.) Leipzig 880, Balbamus. *M 1,20.; geb. *

Bauer, O. G., Freud und Leid. Gedichte. 8. Ausg. 12. (138 S.) Leipzig 886, U. Kracht Nachf. geb. *

Bauer, Oscar [Gerichtsass. a. D.]: Haftpflichtgesetz und Unfallversicherung … Göttingen, Druck d. Dieterich'schen Univ.-Buchdr., 1892; 2 Bl., 57 S. 8.
Göttingen, Jur. Fak., Inaug.-Diss. v. [26. Febr.] 1892

Bauer, Osc., Haftpflichtgesetz und Unfallversicherung. Diss. gr. 8. (III, 57 S.) Göttingen 892. (Vandenhoeck & Ruprecht.) n. 1. —

Bauer, Oskar Josef [Hrsg.] s. *Bauer,* Josef: Inventur und Bilanz bei Aktiengesellschaften und Kommanditgesellschaften auf Aktien. 3. Aufl. 1906.

Bauer, Osw., der ehrbare Kaufmann u. sein Ansehen. (VII, 196 S.) kl. 8. Dresden (906). Steinkopff & Springer. n. 3. —; geb. n.n. 4. —

Bauer, Osw.: Der ehrbare Kaufmann u. s. Ansehen. (196) kl8° Dresd. ('06). Stuttg., Union. 3 —; geb. n 4 — d

Bauer, Otto: Der Balkankrieg u. d. deut. Weltpolitik. (52) 8° Berl., Buchh. Vorwärts '12. — 40 d

Bauer, Otto: Bergmannsnot u. Kohlenwucher, s. Werbeschriften, Sozialdemokr.

Bauer, Otto, u. Jos. Weigert: Die Bodenverhältnisse d. Flurbereinigsgebiete v. Obrigheim u. Colgenstein, s: Jahrbuch, Landwirtschaftl., f. Bayern.

Bauer, Otto, k. Obergeometer d. bayer. Flurbereinigungs-Kommission i. München: Bonitierungsversuch auf agronomisch-naturwissenschaftlicher Grundlage, angewendet auf die Flurbereinigungs-Gebiete von Lindflur, Zellingen a. M. und Gundelfingen. 1909. 100 S., 3 Taf. 8°
München, Dr.-Ing.-Diss. v. 8. 7. 1909

— Die Dareingabe beim Kauf nach römischem Rechte. — München: Schweitzer 1887. 90 S. 8°
Zugleich Diss. München 1887.
1:Gg 925. **6. 16. 18. 19. 21. 27. 29. 208. 302.**
13.1072

— Deutschtum und Sozialdemokratie. — Wien: Wiener Volksbuchh. 1907. 32 S. 8° (Lichtstrahlen. 13.)
300:401.064-A. Per. 13. **302. 303.**
13.1081

Bauer, Otto, Rechnungsrat, Berlin-Friedenau, geb. 1845. 1893: Gedichte. — Berlin: Paul 1895. XV,275 S. 8°
1:Yo 25521.
13.1077

— — 2. Aufl. Berlin: Paetel 1895. XV,275 S. 8° **32.**
13.1078

Bauer, Otto: Gesch. Oesterreichs, s.: Sammlung v. Unterr.-Anleitgn.

Bauer, Otto: Großkapital u. Militarismus, s. Werbeschriften, Sozialdemokrat.

Bauer, O., s. Kampf, der.

Bauer, Otto: Nationaler K a m p f o. Klassenkampf?
s. W e r b e s c h r i f t e n , Sozialdemokrat.

— Krieg od. Frieden in d. Gewerkschaften? (20) 8° Wien, Wiener Volksbh. '10. — 25 d

[—] Deutsche Lieder von einem Deutschen. — Steglitz 1893: Löper. 16 S. 8° 1:Yo 24982.
13.1079

Bauer, Otto: Liederb. f. mittl. u. höh. Mädchensch., s: Kühn. Gust.

Bauer, Otto
— **Die Nationalitätenfrage und die Sozialdemokratie.** — Wien: Wiener Volksbuchh. 1907. VIII,576 S. 8° (Marx-Studien. 2.) 1:Fc 407-2. 12:Cam. 107 h-2. 15. 16. 21. 24. 30. 47. 106. 169. 203. 205. 208. 300:429.745-B. Per. 2. 302. 303. 307.
13.1103

— — Ebd. 1907 (1908). VIII,500 S. 8°
Aus: Marx-Studien. 2. 1907.
109. 204. 300:454.096-B. 302. 309.
13.1104

— dass., s.: Marx-Studien.

Bauer, Otto: Das Pollard-System u. s. Einführg in Deutschld, s: Aus d. Quelle d. Mimir.

Bauer, Otto v., die englischen Postsparkassen. Deren Vorschriften u. Jahres-Bilanzen vom 16. Sept. 1861 bis 31. Dezbr. 1879, m. Anwendung auf Oesterreichs Verhältnisse. gr. 8. (93 S.) Wien 881. Manz. n. 2. —

- Nationale u. soziale P r o b l e m e des Deutschtums in Mähren. Vortrag, geh. auf d. Parteitage der deutsch-mähr. Sozialdemokratie in Olmütz am 12. IV. 1909. Hrsg. v. der Landesparteivertretg. der deutschen sozialdemokrat. Arbeiterpartei in Mähren. (16 S.) gr. 8. Brünn (909). (Wien, Wiener Volksbuchh.) — 40

Bauer, Otto, Referendar: Die Selbsthilfe im Bürgerlichen Gesetzbuche. Borna-Leipzig 1910: Noske. VII, 50 S. 8°
Würzburg, Jur. Diss. v. 21 Jan. 1910, Ref. v. Burckhard
[Geb. 26. Dez. 84 Neu-Ruppin; Wohnort: Wilmersdorf b. Berlin; Staatsangeh.: Preußen; Vorbildung: Landessch. Pforta Reife O. 04; Studium: Grenoble 1, Berlin 3, Marburg 2 S.; Rig. 17. Nov. 09.] [U 10. 4279

— **Die Teuerung.** Eine Einführung in d. Wirtschaftspolitik d. Sozialdemokratie. — Wien: Wiener Volksbuchh. 1910. 99 S. 8°
1:Stala 769. 27. 38. 106. 203. 205. 300:471.811-B. 302.
13.1116

Bauer, Otto v., e. Wort zur Einführung der Goldwährung in Oesterreich-Ungarn. gr. 8. (47 S.) Wien 891. Manz. n. 1. 20

Bauer, P.: Im S e e b a d.
Berlin: H.Conitzer o.J. [um 1890]
20 Taf. 4°.

Bauer, P. B.: 'Es muß anders werden!' — (Berlin 1889.) 4 S. 8° ([Traktate der] Deutschen Evangelischen Buch- u. Tractat-Gesellschaft. 337.) 1:Cv 52148-337.
13.1133

— 'Ich werde alt.' Eine Geschichte zum neuen Jahr. — Berlin 1889. 12 S. 8° ([Traktate der] Deutschen Evangelischen Buch- u. Tractat-Gesellschaft. 329.) 1:Cv 52148-329.
13.1135

— Die Rechnung ohne den Wirth gemacht. — Berlin 1896. 8 S. 8° ([Traktate der] Deutschen Evangelischen Buch- u. Tractat-Gesellschaft. 704.) 1:N 20.57-704.
13.1136

Bauer, Paul
— **Brauerei und Mälzerei.** — Hannover 1909. VI,59 S. 8° (Bibliothek d. gesamten Landwirtschaft. 42.) (Jäneckes Bibliotheken. Reihe B.) 7. 35. 88. 94. 91.
13.1141

Bauer, Paul: Das unterfränkische B r a u g e r s t e n - g e b i e t.
Leipzig o.J.

— **Haben die Kampfesmethoden der Abstinenten einen einwandfreien wissenschaftlichen und kulturellen Wert?** Beiträge zur Alkoholfrage. — Berlin: Parey 1910. 106 S. 8°
1:Iq 10027. 2. 12:Pol. civ. 10 ht. 41. 44. 205.
13.1143

Bauer, Paul [aus Hamburg]: Das electromagnetische Kraftlinienfeld eines kreisförmigen Oscillators ... *Berlin, Druck v. Rosenbaum & Hart, 1895;* 56 S. 8.
München, Phil. Fak., Inaug.-Diss. v. 1895

Bauer, Paul, aus Halle a S.: Ueber die Producte der Einwirkung von Hydrazin auf Thioharnstoffe. *Leipzig 1900: B. Georgi.* (31 S.) 8°
Erlangen, Phil. Diss. v. 29. Mai 1900

Bauer, Paul, Dr. jur., Rechtsanwalt, München. 1902: **Das Staatsrecht des Königreiches Bayern.** [Nebst] Nachtr. — München: Treuenfeld 1908–09. 8°
12:Bavar. 198 cy. 19. 29. 75. 203. 206.
13.1137

— **Der unlautere Wettbewerb und seine Behandlung im Recht unter bes. Berücks. der ausländischen Rechtsprechung, Gesetzgebung u. Litteratur.** — München: Ackermann 1902. 116 S. 8° Zugleich Diss. München 1902.
1:Fn 3351/10. 5. 7. 12:Merc. 17 bl. 16. 19. 31. 37. 106. 201. 208.
13.1138

Bauer, Peter, neue Liedersammlung f. Gymnasien, höhere Bürger- u. Töchterschulen 2c. 3., verm. u. verb. Aufl. 1. Hft. Enth. 70 zweistimm. Lieder. qu. 4. (5 B.) Aachen 840, Hensen u. Comp.

Bauer, Peter Willibald
— **Pet. Willbald** (Schweinfurt). De eruditione Caroli M. ejusque meritis in rem litterariam, ubi simul facies historiae litterariae illorum temporum quodammodo ill. Diss. hist.-litt. Präs. Joh. Heinr. Bocrisius. Schweinfurt (Morich) Mai 1716. 31 S. (5.—) 1392
Gew.: Joh. Casp. Fehr. — Deutsche Widm. v. Präs.

Bauer, Philipp, Dr., Assistent am Statist. Landesamt, Karlsruhe. 1903: **Die Aktienunternehmungen in Baden.** Ein Beitrag zur Kenntnis d. großindustriellen u. Verkehrs-Entwicklung d. Landes. — Karlsruhe: Macklot 1903. VIII,372 S. 8° Zugleich Diss. Freiburg i. Br. 1925.
1:Si 1734. 12:Merc. 17 bp. 16. 17. 21. 25. 31. 38. 90. 106. 180. 203. 208.
13.1170

BAUER, Philipp (München): Ueber die Incubationsdauer der Wuthkrankheit beim Menschen.- München: Finsterlin 1886. 1 Bl.,9 S.,3 Taf.
26.7.1886 - Chr 1886/87,10; Jv 1886/87,177 Diss. Ingolst.-Landsh.-Mchn.

Bauer, Phillipp, Dr., Kaufmann, später Lehrer in Hamburg, geb. 1834. 1880: **Das Licht des Lebens.** Ein Lied von Jesu. Hamburg: Kriebel 1880. 132 S. 8° 18. 23.
13.1167

Bauer, Phpp., tot u. lebendig, s. a. Esser's, J., Sammlung leicht aufführbarer Theaterstücke.

Bauer, Philipp, Gesellenpräses. 1900: **Tot und lebendig.** Schwank. — Paderborn 1900. 33 S. 8° (J. Esser's Sammlung leicht aufführbarer Theaterstücke. 69.)
1:Yp 6376-69. 6.
13.1168

Bauer, Philipp Jakob: Verzeichniß einer Sammlung von Gemälden, welche der verstorbene Herr Capitain Bauer hinterlassen. [Auktionskat.] — Frankfurt a.M. 1808. 6 S. 8° 30.
13.1172

Bauer, Reinhard Walter

Bauer, Rhard. Walth., die Ansaat d. Erde. 16. (III, 19 S.) Leipzig 896. (G. Wittrin.) n. — 50

Bauer, Reinhard Walter: Die 'Ansaat der Erde'. Den studirten Landwirthen, Agriculturchemikern, Naturwissenschaftslehrern und studiosis rerum naturalium sive agronomiae ... gewidmet. 3., verm. u. verb. Aufl. — Leipzig 1898:(Holz & Szernus in Memel). 28 S. 8° 14. 15.
13.1176

— dass. 8. Afl. 12° (88 m. Bildnis.) Lpzg (Bauhofstr. 8III) 98, Selbstverl. — 75

—— 4. Aufl. Leipzig 1903: (Zeugner in Liebertwolkwitz). 36 S. 8° 15.
13.1177

— s.: Jugend, deutsche, übe Pflanzenschutz!

Bauer, Reinhardt Walther: Agriculturchemische Nova, s.a. Nova.

— agriculturchemische Nova! gr. 8. (17 S. m. Abbildgn.) Leipzig (900). (G. Wittrin.) n. — 50

— dasselbe. (Fortsetzung.) gr. 8. (14 S. m. Bildnis.) Ebd. 901. n. — 30

— dasselbe. (III. Fortsetzg.) gr. 8. (12 S. m. 5 Abbildgn.) Ebd. 902. n. — 20

Bauer, Reinh. Walter, üb. den aus Agar-Agar entstehenden Zucker, üb. e. neue Säure aus der Arabinose, nebst dem Versuch e. Classification der gallertbildenden Kohlehydrate nach den aus ihnen ent-

Bauer, Remig., s.: Schul-Kalender, bad.

Bauer, Renward: Papst Honorius und Professor Dr. Aemil Ruckgaber, Pfarrer von Wurmlingen. Vom Verf. d. Regensburger Broschüre 'Die Honorius-Frage' [d.i. Renward Bauer]. — Regensburg [usw.]:Pustet 1871. 30 S. 8°
11. 12:H. eccl. 524 od. 19. 21. 102.
13.1178

[—] Die Honorius-Frage. Eine kritische Beleuchtung d. Schrift d. hochw. Herrn Bischofes von Rottenburg. — Regensburg [usw.]:Pustet 1870. 36 S. 8°
1:Deutsche Flugschr. 1870–88/1. 12:H. eccl. 524 o. 19. 21. 23. 25. 60. 308.
13.1179

Bauer, Richard

Bauer, R, K Gabriel, I Wagner: Der moderne Ausbau. Studien. 6 Lfgn. (78 [80 farb.] Taf. u. 1 Bl. Titel u. Register.) 45×85 cm. Düsseldf, F Wolfrum (05). Mit M. je 15 — d

Bauer, Richard, Architekt, Düsseldorf, geb. 1875. 1905: Der moderne Ausbau. Studien von Richard Bauer, Kurt Gabriel, Ignaz Wagner. — Leipzig:Baumgärtner [1905]. 78 Taf. gr. 2° 66.
13.1183

Bauer, Rich., **Kurt Gabriel,** Ign. **Wagner:** Der moderne Ausbau. (78 [80 farb.] Taf.) Sonderausg. I u. II. (Je 30 Taf. m. 5 S. Text.) 45×85 cm. Düsseldf (06). Lpzg, Baumgärtner. In M. (72 —) 30 — d
I. Bautischlerarbeiten. | II. Stilgerechte Details u. Innenräume.
Die Einzel-Ausg. sind eingegangen.

Bauer, Rich.: Bauvorschriften in Alt-Leipzig u. Dresden a. d. Reformationszeit. Vortr. (27 m. Abb. u. 2 Taf.) gr8° Lpzg, F Eckardt '11. 1 — d

Bauer, Richard, Dr. med., Wien. 1909: Beitrag zum Wesen der Wassermannschen Reaktion. Von Richard Bauer u. Ada Hirsch. — Wien [usw.]:Braumüller 1910. 8 S. 8°
Aus: Wiener klinische Wochenschrift. 23. 1910. 302.
13.1186

Bauer, Richard, Ober-Revident im Eisenbahn-Ministerium, Wien. 1893: Die elektrischen Einrichtungen der Eisenbahnen. Eine Anleitung zum Selbststudium der Telegraphen-, Telephon- und elektrischen Signal-Einrichtungen. Von R. Bauer, A. Prasch, O. Wehr. — Wien [usw.]:Hartleben 1893. XXIV,455 S. 8° 30. 82. 84. 86. 87. 123. 201. 300:181.278–B. 302. 305. 307.
13.1180

Bauer, R., **A. Prasch, O. Wehr,** die elektrischen Einrichtungen der Eisenbahnen. Eine Anleitg. z. Selbststudium der Telegraphen-, Telephon- u. elektr. Signal-Einrichtgn. 2. Aufl. gr. 8. (XXIV, 429 S. m. 318 Abb.) Wien 902. A. Hartleben. Geb. in Leinw. n. 6.—

Bauer, R, A **Prasch,** O **Wehr:** Die elektr. Einrichtgn d. Eisenb. Anleitg z. Selbststudium d. Telegraphen-, Telephon- u. elektr. Signal-Einrichtgn. 3. Afl. (24, 432 m. Abb. u. 4 Taf.) 8° Wien, A Hartleben '13. L 6 —

Bauer, Rich., Lues u. innere Medizin. Nebst e. Anh.: Technik der Wassermannschen Reaktion. (88 S.) gr. 8. Wien 910. F. Deuticke. 2 50

— Zur Technik und klinischen Bedeutung der Wassermannschen Reaktion. Von Richard Bauer u. Georg Meier. Wien [usw.]:Braumüller [1909]. 18 S. 8°
Aus: Wiener klinische Wochenschrift. 21. 1908. 302.
13.1189

Bauer, Robert. 1908: Apries, König von Egypten. Dramatisches Gedicht. — Dresden:Pierson [1908]. 67 S. 8° 44.
13.1198

Bauer, Robert, Referendar: Der Begriff des Schutzgesetzes in § 823 II B.G.B. Frankfurt a. M. 1907: A. Weisbrod. (85 S.) 8°
Marburg, Jur. Fak., Ref. Leonhard, Diss. v. 3. Febr. 1908
[Geb. 17. Jan. 86 Frankfurt a. M.; Wohnort: St. Goarshausen; Staatsangeh.: Preußen; Vorbildung: Gymn. Frankfurt a. M. Reife O. 04; Studium: Heidelberg 1, München 2, Berlin 2, Marburg 2 S.; Rig. 20. Dez. 07.]

Bauer, Robert, Medizinalprakt.: Aus d. Univ.-Augenklinik zu Tübingen. Anatomische Beiträge zu den Erkrankungen beider Zentralgefässe und Zirkulationsstörungen der Netzhaut mit Glaukom bei gleichzeitig bestehendem Nierenleiden. Mit 2 Abb. im Text u. 10 Fig. auf Tafel A/B. Wiesbaden: Bergmann 1908. 48 S. 8° (Aus: Archiv f. Augenheilk. Bd 63.)
Tübingen, Med. Diss. v. 26. Febr. 1909, Ref. Schleich
[Geb. 2. Okt. 81 Reinsberg, O.-A. Hall; Wohnort. Tubingen; Staatsangeh.: Wurttemberg; Vorbildung: Gymn. Schw.-Hall Reife M. 02; Studium: Tubingen 5, Kiel 1. Tübingen 5 S.; Coll. 4. Nov. 08: Approb. 18 Febr. 09.]
[U 09. 3919

— Erben des Glücks. Ein Schauspiel. — Frankfurt a. M.: Schirmer & Mahlau 1909. 78 S. 8° 101.
13.1199

Bauer, Robert, Prof., Direktor d. Großherzogl. Zeichen- u. Gewerbeschule, Eisenach. 1877: Zur Geschichte der Grossherzogl. Zeichen-Schule zu Eisenach. Denkschrift zum 100jährigen Jubiläum derselben. — Eisenach 1884: Eisenacher Tagespost. 60 S. 8° 20. 27. 32.
13.1193

Bauer, R, d. Netzzeichnen als Unterstützg f. d. Anschauungsunterricht. 8. (1 m. 9 L.) Dresd. 76. Bleyl u. K. n. — 60

Bauer, Rob., das Netzzeichnen als Unterstützung für den Anschauungsunterricht. Eine Vorstufe zu des Verf. Werk: Das Zeichnen der Volks- und Bürgerschule methodisch geordnet. gr. 8. (4 S. mit 9 Stnt.) [Eisenach] Kassel 876, Bacmeister. *

Bauer, R., Peter Vischer u. das alte Nürnberg, s. a. Sammlung gemeinverständlicher wissenschaftlicher Vorträge.

— Peter Vischer und das alte Nürnberg. — Berlin: Habel 1886. 36 S. 8° (Sammlung gemeinverständlicher wissenschaftlicher Vorträge. N. F. Ser. 1,3.)
1: Ag 9017–N. F. Ser. 1,3. 2→7. 9. 11. 12: Var. 306 an–3. 16→19. 24→33. 35. 36. 38. 39. 41. 43→48. 51. 52. 61. 75. 79. 82. 83. 84. 87. 89. 90. 93. 109. 123. 169. 180. 205. 300: 395.139–B. Per. N. F. 1,3. 302. 304. 305.
13.1194

Bauer, Rob., Vorbilder f. das Freihandzeichnen an Fortbildungs-, Handwerker- u. Gewerbeschulen aus dem Bereich der Zimmerleute, Maurer, Tüncher etc. 50 (autogr.) Taf. in 2 Serien m. begleit. Text. gr. Fol. (2 S.) Dresden 882. Bleyl & Kaemmerer. In Mappe. n. 12. —

— u. W. Rein, stigmographisches Vorlagenwerk als Vorstufe zum Freihandzeichnen. 1. Abth. 1. Punktweite. 2. Aufl. qu. gr. 4. (38 Steintaf. m. 10 S. Text.) Ebend. 879. n. 2. —
Allg. Bücher-Lexikon. VIII. Supplement-Band. 1.

Bauer, Rob., u. W. Rein, stigmatisches Vorlagenwerk als Vorstufe zum Freihandzeichnen. 2. Abth. Zweite u. dritte Punktweite. 2. Aufl. qu. gr. 4. (38 Steintaf. m. 2 S. Text.) Dresden 880. Bleyl & Kämmerer. n. 2. —

Bauer, R., Uber e. Wohlanständigkeitslehre an Gewerbe- u. Fortbildungsschulen, s. a. Magazin, pädagogisches.

Bauer, Robert, Professor, München. 1898: Über eine Wohlanständigkeitslehre an Gewerbe- und Fortbildungsschulen. — Langensalza: Beyer 1898. 15 S. 8° (Pädagogisches Magazin. 107.) 1: Nc 3971–107. 2. 7. 12: Paed. Th. 6609 c–107. 15. 27. 204. 207. 211. 309.
13.1196

—— stigmographische Zeichenhefte. 3 Hefte. gr. 8. (à 24 S.) Ebendas. 879. à Heft * 25 Pf. *

Bauer, Rob., und Wilh. Rein, Zeichenvorlagen für den Elementar-Unterricht in drei aufsteigenden Cursen nach der stigmograph. Methode bearb. und mit einleitendem Text versehen. 6 Hefte. qu. 4. Eisenach 878, Baemeister. à Heft ** 75 Pf. **

Inhalt:
1. Stufe. Einfache Punktweite: 1 Centimeter.
Heft 1. Taf. 1–12. Elementar-Uebungen mit senkrechten und wagerechten Linien. Zusammensetzungen derselben zu leichten rechtwinkligen Ornamenten.
» 2. Taf. 13–24. Elementar-Uebungen mit schrägen Linien. Leichte Ornamente aus schrägen, senkrechten und wagerechten Linien zusammengesetzt.
» 3. Taf. 25–36. Flächen-Verzierungen mit verstärkten Linien und Schraffirung.
2. Stufe. Doppelte Punktweite: 2 Centimeter.
» 4. Taf. 37–48. Flächen-Verzierungen mit verstärkten Linien und Schraffirung.
» 5. Taf. 49–60. Elementar-Uebungen und Flächen-Verzierungen in gebogenen Linien.
3. Stufe. Dreifache Punktweite: 3 Centimeter.
» 6. Taf. 61–72. Reichere Flächen-Verzierungen.

—— stigmographische Zeichenvorlagen. 1.–3. Stufe. hoch 4. (à 6 Bl.) Eisenach 878, Baemeister. à Stufe ** 25 Pf. **

—— stigmograph. Zeichenvorlagen. 1–3. Stufe. 4. (à 6 L.) Ebd. 75. à n.n. — 25

— das Zeichnen der Volks- u. Bürgerschule methodisch geordnet. Eine Anweisung f. den Lehrer zur Ertheilung des Zeichenunterrichts. 1. Stufe. Das stigmographische Zeichnen in 3 aufsteig. Punktweiten. gr. 8. (14 S. m. 29 Steintaf.) Ebend. 877. n. 1. 80; (Vorstufe u. 1. Stufe: n. 2. 40)

— das Zeichnen der Volks- u. Bürgerschule methodisch geordnet. Eine Anweisg. f. den Lehrer zur Ertheilg. d. Zeichenunterrichts. 2. Stufe. Das Freihandzeichnen, nebst Anh.: Das Modellzeichnen u. das Grund- u. Aufrißzeichnen. gr. 8. (13 S. m. 28 Steintaf.) Ebend. 878 n. 1. 50
Die 1. Stufe erscheint später.

Bauer, Rudolph, aus Freiberg i. Sa.: Ueber die Einwirkung von ω-Dihalogen-Ketonen und einigen aromatischen Aldehyden auf Benzamidin. *Rostock 1902: C. Hinstorff.* (89 S.) 8°
Rostock, Phil. Diss. v. [28. Febr.] 1902

Bauer, Rudolph, aus Gera, Reuss: Ueber die Reduktion der m-Amidobenzoesäure. *München 1900: Kastner & Lossen.* (59 S.) 8°
München, Phil. Diss. v. 1900

Bauer, Rudolf, a. Treuen i. V.: Synthesen von asymmetrischen Dialkyläpfelsäureestern und Dialkyloxalessigestern sowie Beiträge zur Herstellung von α-Halogenfettsäureestern. Leipzig 1908: Sturm & Koppe. (VIII, 45 S.) 8°
Leipzig, Phil. Fak., Ref. Hantzsch-Beckmann, Diss. v. 23. Juli 1908
[Geb. 24. Okt. 83 Treuen i. V.; Wohnort: Leipzig; Staatsangeh.: Sachsen; Vorbildung: Nikolai-Gymn. Leipzig Reife O. 03; Studium: Leipzig 10 S.]

BAUER, RUDOLF. Ueber einige Thiosulfonsäuren und Sulfinsäuren des Azobenzols. Greifswald, 1885. Diss. G. S.

Bauer, Rudolf: Über die subjektiven Wendungen in den altfranzösischen Karlsepen mit besonderer Berücksichtigung der verschiedenen Versionen des afr. Rolandsliedes.... Frankfurt a. M. u. Lahr. Druck v. Moritz Schauenburg, 1889; 124 S. 8°
Heidelberg, Phil. Fak., Inaug.-Diss. v. 9. Mai 1889

Bauer, R., üb. d. subjektiven Wendgn in d. altfranz. Karlsepen m. bes. Berücks. d. verschied. Versionen d. afr. Rolandsliedes. 8° (124) Frankf. a/M u. Lahr 89. (Freib. i/B., Lorenz & W.) n.n. 1.40

Bauer, Rud. Ueber die subjektiven Wendungen in den altfranzösischen Karlsepen m. besond. Berücksicht. der verschiedenen Versionen d. afr. Rolandsliedes. Diss. gr. 8. (124 S.) Frankf. a. M. u. Lahr 889. (Freib. i. Br., Ohnesorge.) ** 1 40

Bauer, Samuel s. *Baur.*

Bauer, Schorschl s. *Bauer*, Georg.

Bauer, Sebastian, s. Erholungen f. d. Jugend.

— s. Gedächtniß- u. Vortragsuebungen.

Bauer, Sebast., (?) Gedächtniß- u. Vortragsübungen f. declamirende Schüler b. öffentl. Prüfungen u. bei häusl. Veranlassungen. Eine Samml. v. Gedichten f. Kinder v. 6–14 Jahren, mit e. Anh. v. Orig.-Gedichten f. Familienfeste. 8. ... Wien 829, (Tendler.)

Bauer, Sebastian
— Der schnelle Kopfrechner, oder theoretisch-practische Anleitung, auf die möglichst einfache Weise Fortschritte im Kopfrechnen zu machen. — Wien: Verf. 1828. 226 S. 8°
302.
13.1205

—— der schnelle Kopfrechner, od. theoret.-prakt. Anleitung, auf mögl. einfachste Weise Fortschritte im Kopfrechnen zu machen. 8. ... Wien 828, (Tendler.)
Vgl. Baur.

Bauer, Seb., der schnelle Kopfrechner, od. theoret.-pract. Anleit. auf d. möglichst einfache Weise Fortschritte im Kopfrechnen zu machen. Sowohl f. Lehrer als Hülfsbuch, als f. d. Selbstunterr. verfaßt. 2. Ausg. 8. (14½ B.) 830. ⅔ Thlr., 3. verb. u. mit vielen Beyspielen verm. Aufl. gr. 12. (9½ B.) Wien 838, Mayer u. Comp.
Vgl. Baur.

Bauer, Sebast., der theoretisch-practische Kopfrechner, oder Anleitung auf die möglichst einfache Weise Fertigkeit im Kopfrechnen zu erlangen. Sowohl für Lehrer als Hilfsbuch, als für den Selbstunterricht verfaßt. Ganz neu verfaßte und mit vielen Beispielen verm. Aufl. gr. 8. (XII und 276 S.) Wien 852 (853,) Wallishausser'sche Buchh.

Bauer, Sebastian —. Lese-Halle für die vaterländische Jugend. Eine ausgewählte Sammlung von moralischen Erzählungen, Gedichten, Fabeln, Parabeln und Aufsätzen aus der Geschichte, Geographie, Natur- und Vaterlandskunde, nebst Biographien berühmter ausgezeichneter Staatsmänner. Von — —. 2. 3. Band. Wien. 1855. Druck und Verlag von Leopold Grund. (120 S. und 1 Abbildg; 120 S. und 1 Abbildg. 8.)

Bauer, Sebastian —. Lesehalle für die vaterländische Jugend. Eine ausgewählte Sammlung von moralischen Erzählungen, Gedichten, Fabeln, Parabeln und Aufsätzen aus der Geschichte, Geographie, Natur- und Vaterlandskunde, nebst Biographien berühmter ausgezeichneter Staatsmänner. Von — —. Vierter Band. Wien, 1855. Druck und Verlag von Leopold Grund. (120 S. und 1 Abbildung. 8.)

Bauer, Sebastian — Lesehalle für die vaterländische Jugend. Eine ausgewählte Sammlung von moralischen Erzählungen, Gedichten, Fabeln, Parabeln und Aufsätzen aus der Geschichte, Geographie, Natur- und Vaterlandskunde, nebst Biographien berühmter ausgezeichneter Staatsmänner. Von — —. Fünfter und sechster Band. Wien, 1855. Druck und Verlag von Leopold Grund. Mit Holzschnitten. (119 S. 119 S. 8.)

— Der Rechenmeister, oder: Anleitung, gründlich und schnell zu rechnen. Ein theoretisch-practisches Lehrbuch. Bd 1.2. — Wien: Verf. 1832. 8° **302.**
13.1208

Bauer, Sebast., der schnelle Rechenmeister für Stadt- und Landschulen. Ein theoretisch-pract. Lehrbuch für öffentl. und Privatlehrer der Normal- und Gymnasial-Schulen als Hilfsbuch verfaßt. 2 Thle. gr. 8. (VIII und 388 S.) Wien 851, Wallishausser.

Bauer, Sebastian — Schnellrechner, oder Universal-Rechnungsfaulenzer. Ein unentbehrliches Hilfs- und Nachschlagebuch für jeden Geschäfts- u. Gewerbsmann, für Steuerbeamte, Bürgermeister, Gemeindebeamte etc., für Kauf- und Handelsleute, für Wechsler und Kapitalisten nebst vielen anderen Tabellen und Berechnungen. Bearbeitet von — —. Wien, 1857. Druck und Verlag von A. Dorfmeister. (XVI. 524 S. 1 Bl. 8.)

Bauer, Siegfried, aus Nürnberg: Ueber Cysten- und Divertikelbildung der ableitenden Harnwege. *Würzburg 1902: C. J. Becker.* (37 S.) 8°
Würzburg, Med. Diss. v. 1902

Bauer Siegfried: Qua ratione Jordanes usus sit in excursibus libri de origine actibusque Getarum conscripti.
H. 1906 PN 2072 Diss. Wien, Univ.

Bauer, Siegmund

Bauer, S., Handbuch der Landwirthschaft und Viehzucht für Oekonomen und jeden Garten-, Feld- oder Waldbesitzer. 2. (Titel-) Aufl. 4 Thle. in 1 Bd. gr. 8. (444 S.) Augsburg 851, Jaquet's Vrlgsh.

Bauer, Siegmund: Lehrbuch der Landwirthschaft und Viehzucht für Landwirthschafts- und Gewerbsschulen. — München: Jaquet 1840. Getr. Pag. 8°
12: Oecon. 180f. 15. 106.
13.1218

— Landwirthschaftliche und technische Naturgeschichte oder die Naturgeschichte in Anwendung auf Gewerbe, Land- und Forstwirthschaft. Ein Handbuch. Bd 1. — Amberg: Klöber 1830. XXIII,416 S. 8° 1. Mineralogie. **31.**
13.1219

Bauer, Sigmund: Ueber den Einfluss der Ackergeräthe auf den Reinertrag. pg. 1-28. 4°. Wittwe Müller.
Progr. Freising 1839/40.

Bauer, Sigmund: Ueber den Einfluss des örtlichen Klima's und der Grösse des Grundbesitzes auf die Wahl der landwirthschaftlichen Culturpflanzen. S. 3-12. 4°. Friedrich Enst Thein.
Progr. Würzburg 1853/1854.

Bauer, Sigmund: Die Nonne, Bombyx Monacha, und ihre Raupe. pg. 3 - 42. 4°. Carl Anton Zürn.
Progr. Würzburg 1844/1845.

Bauer, Sigismund

— Die homöopathische Selbstbehandlung und ihr Arzneischatz für alle Geschlechtskrankheiten. — Wien [1909]: Genossenschafts-Buchdr. 94 S. 8° **300: 478.158-B. 302.**
13.1215

Bauer, Sophie, Rosengeplauder. Märchen für junge Damen. Mit (color.) Titelbild (in Stahlst.). Stuttgart 858. Ghelius. 16. (54 S.) 18 ngr

Bauer, Stephan

Bauer, Steph., s: Arbeiten, Basler volkswirtschaftl.

— [Bearb.]
s. *Arbeiter*, Die, der Brünner Maschinen-Industrie. 1895.

— Die Aufgaben des Internationalen Arbeitsamtes. Vortrag. — (Zürich: Schweiz. Grütliverein 1901.) 31 S. 8° [(Schweizerische Vereinigung zur Förderung d. internationalen Arbeiterschutzes. 5.)]
Franz. Ausg. s. *Bauer:* L'Office international du travail, son organisation et son but. 1901.
203. 206.
13.1223

(—) Statistischer Bericht der Handels- und Gewerbekammer in Brünn über die volkswirtschaftlichen Zustände in ihrem Bezirke im Jahre 1890. — Brünn: Handels- u. Gewerbekammer 1894. VIII,755 S. 4° **300: 71.540-C.**
13.1224

Bauer, Stephan. Die Bevölkerung des Kantons Basel-Stadt am 1. Dezember 1900. Im Auftrage des h. Regierungsrates bearbeitet. VIII + 100 + *Tabellen* XCII S. 4. Basel, Komm. C. F. Lendorff, 1905. [fr. 3. 50] O[u] Bas

Bauer, Steph., s.: Forschungen, socialgeschichtl.

(—) Gewerbezählung des Brünner Kammerbezirkes nach dem Stande vom 1. Juni 1897. Statistik der der gesetzlichen Arbeiterunfallversicherung unterliegenden gewerblichen Betriebe, Arbeiter und Betriebseinrichtungen im Brünner Kammerbezirke für das Jahr 1895. Statistik der Märkte des Brünner Kammerbezirkes in den Jahren 1894, 1895, 1896. — Brünn 1897. XX,375 S. 4° (Statistische Arbeiten d. Brünner Handels- u. Gewerbekammer.)
19. 300: 83.685-C. 2.
13.1227

Bauer, Stephan (Hrsg.), s. Industrien, Gesundheitsgefährliche

Bauer, Stephan Dr., Sieben Kartellstatuten österreichischer Industrien. Schriften d. Vereins f. Sozialpol., Bd. 61. gr. 8⁰. Leipzig 1895.

— s.: Nachtarbeit, die gewerbliche, der Frauen.

— L'Office international du travail, son organisation et son but. Discours. — Zurich: Soc. suisse du Grutli 1901. 30 S. 8° [(Schweizerische Vereinigung zur Förderung d. internationalen Arbeiterschutzes. 5.)]
Deutsche Ausg. s. *Bauer:* Die Aufgaben des Internationalen Arbeitsamtes. 1901.
203.
13.1230

— s.: Schriften der internationalen Vereinigung f. gesetzlichen Arbeiterschutz.

— Erster allgemeiner Schweiz. Heimarbeiterschutzkongress. Die Stellung des Staates zur Heimarbeit. — (Zürich): Schweiz. Grütliverein in Komm. [1909]. 47 S. 8°
1: Fd 2513/5-1.
13.1234

— s: Vierteljahrsschrift f. Social- u. Wirtschaftsgesch.

Bauer, S. (Hrsg.), s. Zeitschrift für Sozial- und Wirtschaftsgeschichte.

Bauer, Th., Diakon. 1876: Predigt über Psalm 66, geh. ... in Christiansfeld. — Flensburg 1876: (Herzbruch). 14 S. 8°
1: 12 in E 251-2.
13.1237

Bauer, Th. 1846: Warnung vor der Thierquälerei. In Erzählungen und Bildern der Jugend gegeben. — Nürnberg: Lotzbeck [1846]. 34 S. 8°
12: Paed. Pr. 283. 29.
13.1236

Bauer, Th., Warnung vor der Thierquälerei. In Erzählungen und Bildern der Jugend gegeben. 8. Mit 8 color. Abbild.) Nürnberg 846, Zeh'sche Buchh. 1/4 ₰

Bauer, Theodor, Divisions-Prediger, Stralsund. 1857: Dass der Geist des Herrn mit dem Verein der Gustav-Adolf-Stiftung ist. Predigt. — Stralsund 1857: Regierungs-Buchdr. 14 S. 8°
1: Cv 2008. 2. 9. 10. 27.
13.1241

Bauer, Theodor, Referendar: Eigentumsvorbehalt an Maschinen im Wege der Dienstbarkeit. Marburg a. L. 1908: H. Bauer. (49 S.) 8°
Marburg, Jur. Fak., Ref. Leonhard, Diss. v. 27. Juli 1908
[Geb. 16. Mai 85 Frankfurt a. M.; Wohnort: Frankfurt a. M.; Staatsangeh.: Preußen; Vorbildung: Lessing-Gymn. Frankfurt a. M. Reife O. 04; Studium: München 3, Berlin 1, Marburg 3 S.; Rig. 21. Mai 08.]

Bauer, Theodor, Fabrikant, Brünn. 1851: Meine Reise nach Tiflis und Tauris und zurück über Trapezunt, Constantinopel und Triest. (Verf.: Theodor Bauer.) — Brünn 1851: Rohrer. 62 S. 8°
300: 35.943-B.
13.1240

Bauer, Theodor Emil: Flora des württembergischen Oberamtes Blaubeuren. — Blaubeuren: Mangold 1905. 177 S. 8°
21. 24.
13.1247

! Bauer, TE: Flora v. Blaubeuren. Jetzt: Blaub., H Baur. 01/05

— Botanischer Führer durch die Umgebung von Isny im württembergischen Allgäu. — (Isny 1907: Münst.) 46 S. 8°
1: Lx 21990 24.
13.1248

Bauer, Therese: Das lust. Glückwunsch-Büchl., s.: Rohm, Sofie.

Bauer, Thomas
Bauer, Prof. in Passau, Freiheit der Wissenschaft u. Lehrautorität der Kirche, o. S. 345.
I. Welche Unfehlbarkeit beansprucht die Kirche in wissenschaftlichen Fragen? II. Ob dem Urteile der römischen Kongregationen u. insbesondere dem des Inquisitionstribunals über Galilei Unfehlbarkeit zukomme?

Bauer, Thom., Geheimnisse oder die Kunst allen Blumen, wie Astern, Scabiosa, Pelargonien ꝛc. nebst den beliebten Schmuck-Gräsern, als: Briza minor und maxima alle Farben zu geben und zu trocknen, nebst einer Anweisung Moos bis in das dunkelste Grün mit wenigen Kosten herzustellen. Nach vieljähriger Erfahrung herausg. In 16 Abthlgn. Würzburg 863. Kellner in Comm. 13. n. 1 ₰

Bauer, Thomas: Geheimnisse oder die Kunst allen Blumen, wie Astern, Scabiosa ... alle Farben zu geben, Blumen im Sand zu trocknen, Gräser zu christallisiren ... 2., verm. Aufl. — Würzburg: Kellner 1865. 3 Bl. 8°
12: Oecon. 180 h. 20.
13.1249

Bauer, Thomas, Über die Unfehlbarkeit päpstlicher Entscheidungen ex cathedra. Passau 1864, 4°, 39 S., Progr. des Gymn.

Bauer, Tobias: Der Grosse Kurfürst und die Könige von Preußen. Portrait-Gallerie nach d. besten Originalen gestochen. — Darmstadt: Literarisch-artistische Anst. [um 1870]. 9 Bl. 4°
17.
13.1250

Bauer, Ulrich, Antiquitätenhändler, München. 1892 s. *Baur*.

Bauer, Ulr.: Jesus, Dir leb' ich! Bibl. Vorbilder z. Beherzigg b. Empfange d. hl. Kommunion. 1—5. Taus. (48) 16° Augsburg, (Lit. Instit. v. Dr. M Huttler) '11. nn — 05 ‖ 6—10. Taus. (48) '13. — 08 (Pp.) d

Bauer, Ulr., Proprium der Diözese Augsburg. Die Messen an den in der Diözese Augsburg besonders gefeierten Heiligenfesten. Zur Ergänzg. d. Meßbuches v. P. Schott. (31 S.) 16. Augsburg 910. Literar. Institut v. Dr. M. Huttler. — 20

BAUER, V.
Beiträge zur Kenntniss des Tannins und einiger verwandter Substanzen Eine pharmakologische Studie. Dorpat 1896 8vo.

Bauer, W. F., s. Baur.

Bauer, Viktor R. v., Industrieller, Wien. 1906: Oesterreichische Exportpolitik. Vortrag. — Wien: Frick 1906. 18 S. 8°
30. 38. 169. 203. 205. 206. 300: 444.538-C. 302.
13.1257

Bauer, Viktor, Zoologe. 1910: (Aus der physiologischen Abteilung der zoologischen Station zu Neapel.) Über das Farbenunterscheidungsvermögen der Fische. — Bonn: Hager 1910. S. 8-26. 8°
Aus: Pflüger's Archiv für d. gesammte Physiologie d. Menschen u. d. Tiere. 133. 1910.
19.
13.1259

Bauer, Vict.: Zur Kasuistik d. Appendicitis u. ihrer Komplikationen. (Diss.) (23) gr 8° Berl., R Trenkel '11. 1.20

— Neue Massnahmen zur Förderung unseres Aussenhandels. Vortrag. — Wien: Niederösterreichischer Gewerbeverein 1910. 19 S. 8°
205. 300: 494.798-B. 302.
13.1258

Bauer, Viktor, aus Stettin: Aus d. Zool. Institut zu Freiburg i. B. Zur innern Metamorphose des Centralnervensystems der Insecten. Mit 1 Taf. und 7 Abb. im Text. *Jena: G. Fischer 1904.* (32 S.) 8° ¶ (Aus: Zool. Jahrbücher, Abth. f. Anat. ... Bd 20, H. 1.)
Freiburg i. B., Phil. Diss. v. 1904

Bauer W.: Discussion einer Curve. 18. Kaaden 85. Progr.

Bauer, W: Fach-Rechenb. f. d. Metallgewerbe, s: Maass, R: Rechenb. f. gewerbl. Fortbildgssch.

— Die darstellende Geometrie als Unterrichtsgegenstand an Realschulen. 29. ibd. 76. Progr.

Bauer, W. A. Ueber den Einfluss der Musik auf den Menschen im gesunden und kranken Zustande. Wien 1836.

Bauer, W. C., Winterlandschaften. 2 Hfte. qu. Fol. (à 4 Farbendr.) Leipzig 892. E. Baldamus, Sep.-Cto. à n. 7. 50; einzelne Blätter n.n. 2. 25

Bauer, Walter. 1904: 292 Ansichten aus der Gebirgswelt mit einleitendem Text, nebst einer Gliederungskarte der Alpen von A. Rothpletz. — München: Vereinigte Kunstanstalten A.G. 1904. 14 Sp., 116 Taf. 2° (Alpine Majestäten u. ihr Gefolge. 4.)
12: 2° It.coll. 12m-4. 19. 300: 416.911-D. Ks. 4.
13.1265

Bauer, Walter, Lic., Prof., Marburg, später Göttingen, geb. 1877. 1903: Der Apostolos der Syrer in der Zeit von der Mitte des vierten Jahrhunderts bis zur Spaltung der Syrischen Kirche. — Gießen: Ricker 1903. IV,80 S. 8°
1: Br 2794. 2. 4→7. 9. 10. 11.
12: Exeg. 83g. 14→18. 20. 21. 25→30. 102. 211. 214. 302.
13.1261

Bauer, W: Der Apostolos d. Syrer in d. Zeit v. d. Mitte d. 4. Jahrh. bis z. Spaltg d. syr. Kirche. (80) 8° Giess., A Töpelmann'03. 1.80

— Die katholischen Briefe des Neuen Testaments. — Tübingen: Mohr 1910. 64 S. 8° (Religionsgeschichtliche Volksbücher für d. deutsche christliche Gegenwart. R.1,20.)
1: Bd 7001/8-1,20. 2. 3. 4. 6. 7. 9. 10. 11.
12: Th. U. 387 z-1,20. 15→18. 20. 21. 24. 26. 27. 29. 30. 31. 38. 39. 44. 60. 79. 123. 207. 211. 302→304.
13.1262

Bauer, Walt.: Evangelium, Briefe u. Offenbarg d. Johannes, s.: Holtzmann, HJ.

— DasEvangelium Johannes, erklärt, s: Handbuch z. Neuen Test.

— Das Leben Jesu im Zeitalter der neutestamentlichen Apokryphen. — Tübingen: Mohr 1909. XV,568 S. 8°
1: Bq 2200. 2→11. 12: B. hist. 10 u i. 14. 15. 17. 18. 19. 21. 24→30. 36. 39. 41. 45. 46. 102. 180. 211. 300: 468.074-B. 302.
13.1263

Bauer, Walt.: Lehrb. d. neutestamentl. Theol., s: Holtzmann, Heinr. Jul.

Bauer, Walth., s.: Majestäten, alpine.

Bauer, Walter, Repetent am Seminarium Philippinum: Mündige und Unmündige bei dem Apostel Paulus. *Marburg 1902: H. Bauer.* (44 S.) 8°
Marburg, Theol. Diss. v. 6. Mai 1902

Bauer, Wilhelm, Pfarrer, Professor, Herborn. 1842 s. *Bauer,* Wilhelm Ludwig.

Bauer, Wilhelm, Direktor der K. k. Normalschule u. Universitätsprofessor, Wien. 1786: Vollständige Abhandlung der mathematischen Wissenschaften nach der einzig wahren Lehrart. Stück 1.2. — Wien 1786: Jahn. 8°
16(=2). 300(=1): 492.850-B.
13.1270

— Die Anfänge Ferdinands I. — Wien [usw.]: Braumüller 1907. XII,264 S. 8° 1: Ry 4107. 2. 3. 5. 7. 8. 10. 11.
12: Germ. g. 30 pg. 14. 15. 16. 18. 20. 21. 24→27. 29. 30. 32. 38. 41. 75. 93. 208. 300: 452.013-B. 302. 304. 305.
13.1280

Bauer, Guilelmus: De atomis, quas philosophia et de rerum natura disciplinae statuunt. Halis Saxonum (1861): Ploetz. 30 S. 8°
Halle-Wittenberg, Phil. Diss. v. 10. Juli 1861
Geb. [Herborn 14. 2. 1839]

Bauer, Wilhelm, aus Nieder-Modau: Die Bestrebungen nach Verbesserung der laryngoskopischen Untersuchungs-Methoden mit Angabe eines neuen Laryngoskopes. *Würzburg 1898: A. Boegler.* (31 S.) 8°
Würzburg, Med. Diss. v. 1898

Bauer, Wilhelm (Hrsg.), s. Christoterpe, Neue.

Bauer Wilhelm: Das „Cursit"-Motiv. Diss. Wien, Univ. H. 1910 PN 2852

Bauer, Wilhelm, aus Neuenstein: Ueber das Benachbarte Dihydrotetrazin. *Tübingen: F. Pietzcker 1901.* (77 S.) 8°
Tübingen, Naturw. Diss. v. 1901

Bauer, Wilh., u. Xav. Stürzer: Einführg in d. Berechng u. Konstruktion v. Dampflokomotiven. (12, 326 m. Abb. u. 16 Taf.) Lex8° Wiesb., CW Kreidel '11. 13.60; geb. 16 —

Bauer, Wilhelm (Hrsg.), s. Eisenbahn-Zeitung, Nürnberger.

Bauer, Wilhelm, aus Neu-Ulm (Schwab.): Ueber die Entschwefelung von aryldithiocarbaminsauren Ammoniaksalzen. *Bamberg 1902: Handels-Druckerei.* (45 S.) 8°
Erlangen, Phil. Diss. v. 14. Mai 1902

Bauer, Wilhelm, Dr. phil. 1862: Geschichte der Philosophie für gebildete Leser zugleich als Einleitung in das Studium der Philosophie. — Halle: Schwetschke 1863. VIII,374 S. 8° 1: Nk 1338. 3. 16. 17. 20. 22. 24. 30. 34. 39. 43. 45. 52. 61. 169. 207. 209. 300: 58.242-B. 303. 305. 309.
13.1271

Bauer, Dr. W., Geschichte der Philosophie. München 1867. 8.

— — 2., verb. u. verm. Aufl. von Friedrich Kirchner. Ebd. 1876. X,432 S. 8°
1: Nk 1339. 3. 12: Ph. U. 29 q. 31. 32. 33. 79. 169.
13.1272

Bauer, Wilhelm, Pfarrer, Titschendorf, später Langenberg, Reuß j. L. 1884: Die Gewißheit unseres Christenglaubens. — Gotha: F. A. Perthes 1884. IV,133 S. 8°
1: Dc 7070. 16. 21. 27. 39. 60.
13.1274

Bauer, Wilhelm (Red.), s. Globus, Der.

Bauer, Wilh., s.: Globus-Kalender.

Bauer, Wilhelm [aus Erfurt]. Die psychologischen Grundanschauungen Pestalozzis. . . . Jena, Frommannsche Buchdr. (Hermann Pohle), 1889: 2 Bl. + 47 S. 8°
Jena, Phil. Fak., Inaug.-Diss. v. 1889

Bauer, W., Die psycholog. Grundanschauungen Pestalozzi's. (47 S.) Jena 1890. Pohle. 1.—

Bauer, Wilhelm, Stadtbauinspektor. 1903: Der Hafen zu Köln. (Verf.: W. Bauer.) — Köln 1903. 11 S., 4 Taf. 8°
Aus: Festschrift zur Begrüßung d. 14. deutschen Geographentages. 1903.
38.
13.1278

— Unser Leben im Lichte des Wortes Gottes. Dorfpredigten. — Leipzig: Rother in Comm. 1891. 89 S. 8° 27.
13.1275

Bauer, Wilh., u. Erich v. Hanzlečen: Lehrb. d. Mathematik f. Gymn. Arithmetik f. Gymn. Bearb. v. B. Unterst. (10, 256 m. z. Tl farb. Fig. u. 1 Taf.) gr8° Braunschw., F Vieweg & S. '12. L 3.60 d

— — dass. Oberst. (8, 164 m. z. Tl farb. Fig.) gr8° Ebd. '12. L 2.40 d

— — dass. Planimetrie f. Gymn. Bearb. von v. H. Unterst. (9, 158 m. z. Tl farb. Fig.) gr8° Ebd. '12. L 3 — d

— — dass. Geometrie f. Gymn. Bearb. von v. H. Oberst. (12, 308 m. z. Tl farb. Fig.) gr8° Ebd. '12. L 4.20 d

— — dass. Zum Gebr. an Lehrerseminaren, bearb. v. Aug. Eymer. 2 Bde. gr8° Ebd. '12. L 5.20 d
1. Arithmetik. (8, 206 m. z. Tl farb. Fig.) 2.80 ‖ 2. Planimetrie, Stereometrie u. Trigonometrie. (8, 179 m. z. Tl farb. Fig.) L 2.40

— — dass. z. Gebr. an Lyzeen. 3 Bde. gr8° Ebd. '11. d
1. Planimetrie u. Arithmetik. Pensum d. Kl. 3. (8, 105 m. z. Tl farb. Fig.) L (3 —) 2.40 ‖ 2. Planimetrie, Trigonometrie u. Arithmetik. Pensum d. Kl. 2 (8, 128 m. z. Tl farb. Fig.) L (3.50) 2.80 ‖ 3. Stereometrie, Arithmetik, analyt. Geometrie d. Ebene. Pensum d. Klasse 1. (10, 176 m. z. Tl farb. Fig.) L (4.60) 3.60

Bauer, Wilh., u. Erich v. **Hanxleden**: Lehrb. d. Mathematik z. Gebr. an höh. Mädchensch. 1. Bd. Planimetrie u. Arithmetik. Pensum v. Kl. IV u. Kl. III. (11, 147 m. z. Tl farb. Fig.) gr8° Brnschw., F Vieweg & S. '09. Geb. 2.40 d

— — dass. z. Gebr. an höh. Mädchensch. u. Lyzeen. 1. u. 2. Bd. gr8° Ebd. d
1. Planimetrie u. Arithmetik Pensum v. Kl. 4 u. Kl. 3. 2. Afl. (11, 149 m. z. Tl farb. Fig.) '10. L 2.40 ‖ 2. Planimetrie, Stereometrie u. Arithmetik. Pensum v. Kl. 2 u. Kl. 1. (10, 237 m. z. Tl farb. Fig. u. 2 Taf.) '10. L 4 —

— — dass. z. Gebr. an Präparandenanst., bearb. v. Aug. Eymer. Planimetrie u. Arithmetik. (10, 223 m. z. Tl farb. Fig.) gr8° Ebd. '12. L 3 — d

— — dass. z. Gebr. an Studienanst. Pensum d. Obertertia, Untersekunda, Obersekunda u. Prima. gr8° Ebd. '11. d
IIIa. Planimetrie u. Arithmetik. (9, 163 m. z. Tl farb. Fig.) L 3 — ‖ IIb. Planimetrie, Trigonometrie u. Arithmetik. (9, 174 m. z. Tl farb. Fig. u. 1 Taf.) L 3.20 ‖ IIa. Planimetrie, Trigonometrie, Stereometrie u. Arithmetik. (9, 175 m. z. Tl farb. Fig.) L 3.20 ‖ I. Arithmetik, analyt. Geometrie, Stereometrie u. sphär. Trigonometrie. (11, 309 m. z. Tl farb. Fig. u. 1 Taf.) L 5 —

Bauer, Wilhelm, Referendar aus Gildehaus ⟨Hann.⟩: Die akzessorische Natur der Teilnahme. *Göttingen 1904: E. A. Huth.* (128 S.) 8°
Göttingen, Jur. Diss. v. [20. Apr.] 1904

Bauer, Wilh., die akzessorische Natur der Teilnahme. Diss. (129 S.) 8. Göttingen 904. (Vandenhoeck & Ruprecht.) n. 2. 60

Bauer, Wilh., D. ältere Pythagoreismus, s. a. Studien, Berner, z. Philosophie u. ihrer Geschichte.

Bauer, Wilhelm, Dr. phil., Bern. 1897: **Der ältere Pythagoreismus. Eine kritische Studie. — Bern: Steiger 1897. VIII,232 S. 8° (Berner Studien zur Philosophie u. ihrer Geschichte. 8.)** Zugleich Diss. Bern 1897. **1: Nh 11538-8. 9. 12: Ph. U. 483 g-8. 18. 20. 21. 25. 27. 30. 302.**
13.1277

Bauer, Wilhelm, früher Artillerie-Unterofficier, später k. russ. Submarine-Ingen. Die unterseeische Schiffahrt, erfunden und ausgeführt von ..... In geschichtlicher und technischer Hinsicht auf den Grund authentischer Urkunden und Belege dargestellt und mit Andeutungen über weitere Erfindungen Bauer's versehen von Ludwig Hauff Mit 4 lithogr. Zeichnungen und einem Anhange, das Phillips-Delany'sche submarine Boot betreffend. (Mit 1 Taf.) 8. Bamberg 1859.

Bauer Wilhelm: Kaspar Schlick. Diss. Wien, Univ. 1901 PN 1442

Bauer, Wilhelm (Red.), s. Schlosser- und Schmiedezeitung, Deutsche.

— **Herrn Professor Erdmann's Schmähredе auf Fichte. — Halle: Berner 1862. 46 S. 8°**
1: Au 3406-2. 3. 12: Ph. U. 433 h-10. 27. 123.
13.1273

Bauer, Wilhelm [aus Allendorf a. Werra]: Ueber Veränderungen der Schleimhaut des Intestinaltractus durch in den Säftekreislauf aufgenommene Carbolsäure ... Bonn, Druck v. E. Heydorn, *1893: 22* S., 1 Bl. 8.
Bonn, Med. Fak., Inaug.-Diss. v. [1. Mai] 1893

Bauer, Wilh., s: Veröffentlichungen d. Kommission f. neuere Gesch. Österr., Korrespondenz Ferdinands I.

Bauer, Guilelmus *(geb Summin in Oberschles 7. 11. 1812)*: De Hamanni vita et scriptis. Vratislaviae (1842). (76 S.) 8°
Breslau, Phil Diss v 9. Juli 1842

Bauer, Wilhelm, Wien. 1907: **Vorschläge zur Reform des Stadtbahn-Verkehrs. Erstattet vom Ausschuß des Vereines 'Stadtbahn' für die Interessen der Wiener Stadt- und Verbindungsbahn und ihres Publikums. (Verf.: Wilhelm Bauer, Carl Colbert.) — Wien: Verein 1907. 13 S. 8°**
302.
13.1288

Bauer, Wilhelm Ludwig
Bauer, W. L., Apologetisches zum 4. Artikel der augsburgischen Confession. (Als Denkschrift des herzogl. nass. evangel.-theolog. Seminars zu Herborn für das J. 1859.) 4. (75 S.) Wetzlar 859, Rathgeber.

Bauer, Wilh., üb. den Eid, moralisch-theolog. Versuch. 4. (9½ B.) Herborn. Frankfurt a. M. 846, Andreäische Buchh. *

— **Ueber den Eid, moral-theologischer Versuch. — Herborn 1846: Beck. 76 S. 8° (Denkschrift d. Herzoglich Nassauischen evangelisch-theologischen Seminars zu Herborn. 1846.) 1: 9 in Dp 6583-3. 7. 26. 27. 30. 43. 107.**
13.1301

— — **Ebd. 1846. 75 S. 8°**
Aus: Denkschrift d. Herzoglich Nassauischen evangelisch-theologischen Seminars zu Herborn. 1846. **12: 4° Mor. 39 m. 27.**
13.1302

— **das Evangelium St. Marci in Bibelstunden behandelt. Zum Gebrauche bei sonntäglichen Haus- und öffentlichen Lesegottesdiensten, sowie zur Beförderung eines prakt. Verständnisses des Gotteswortes bestimmt. Dillenburg 859. Jacobi. gr. 8. (XIV, 422 S.)** n. 1 *ℳ* 10 *ngr.*

— **Predigt, am letzten Sonntage des Kirchenjahres, den 24. nach Trinitatis 1854, in der Hauptkirche zu Herborn gehalten. — Herborn 1854: Beck. 16 S. 8° 43.**
13.1304

— **Ueber die Sprachengabe, oder das *γλώσσαις λαλεῖν* im N.T. — Herborn 1842: Kempf. 84 S. 8° (Denkschrift d. Herzoglich Nassauischen evangelisch-theologischen Seminariums zu Herborn. 1842.)**
1: Bp 10760 [u.] 5 in Dp 6583-3. 7. 8. 26. 30. 43.
13.1305

— **Versuch über die religiöse Organisation des Menschen. (Als „Denkschrift d. Herzogl. Nassauischen evangelisch-theolog. Seminars zu Herborn für das J. 1856.") Wetzlar 856. Rathgeber. 4. (80 S.)** 15 *ngr.*

Bauer, Wilh., über das Wesen der Religion von dem Standpunkte des Neuen Testamentes. (Als Denkschrift des Herzogl. Nassauischen evangelisch-theolog. Seminars zu Herborn für d. J. 1853.) Dillenburg 853. Jacobi. 4. (63 S.) n. 10 *ngr.*

Bauer, Willi, approb. Arzt aus Braunschweig: 17 **Fälle von** subkutaner Nierenruptur. *Leipzig 1903: B. Georgi.* (46 S.) 8°
Leipzig, Med. Diss. v. (28. Juli) 1903

Bauer, William, Referendar a. Hannover: Die Rechtsverhältnisse eines nichtrechtsfähigen Vereins. Hannover 1906: Göhmann. (68 S.) 8°
Heidelberg, Jur. Fak., Ref. Bekker, Diss. v. 26. Sept. 1906
[Geb. 9. Juni 82 Hildesheim; Wohnort: Wülfel b. Hann.; Staatsangeh.: Preußen; Vorbildung: Gymn. Andreanum Hildesheim Reife O. 00; Studium: Halle 2, Göttingen 4 S.; Rig. 26. Juli 06.]

Bauer. Willy. Vale Vital, s. a. 1-Mark-Bibliothek Continent.

Vale vital Ein Novellenzyklus von Willy Bauer. 1.–3. Taus. Berlin: Continent [1905]. (95 S.) 8° [...]
= 'Continent', 1 Mark-Bibliothek. No 2.

Bauer, Willy: Die Verfasser- und Zeitfrage des dialogus de oratoribus. Hattingen-Ruhr 1905: C. Hundt. (91 S.) 8°
Hattingen ⟨Ruhr⟩, st. PG 1905 [417)

Bauer, Wolfgang
Bauer, Wolfg., Aufgaben zu griechischen Stilübungen für die oberen Gymnasialklassen. Bamberg 850. Buchner. gr. 8. (VIII, 163 S.) n. 22 *ngr.*

Bauer, Wolfgang: Aufgaben zu griech. Stilübungen, spätere Aufl., s. Bauer: Übungsbuch z. Übers. aus d. Dt. ins Griech. T.3.

Bauer, Wolfg., Aufgaben zu lateinischen Stilübungen, s. a. Englmann, L.

— u. Lorenz Englmann, Aufgaben zu lateinischen Stilübungen. 1. u. 2. Thl. 3. Aufl. gr. 8. (IV, 221 S.) Ebend. 874. 76. 5. 30
1. Secunda. (IV, 221 S.) 2. 70
2. Prima. (IV, 213 S.) 2. 60

— u. L. Englmann, Aufgaben zu lateinischen Stilübungen. 1. Teil. [Sekunda.] 4. Aufl. gr. 8. (IV, 222 S.) Ebend. 879. n. 2. 60

—— und Lor. Englmann, Aufgaben zu lateinischen Stilübungen. 2 Tle. gr. 8. Ebendas. à Tl. * ℳ 2,60. *
Inhalt:
Tl. 1. [Sekunda.] 5. und 6. Aufl. (IV, 222 S.) 885,88.
„ 2. [Prima.] 4. und 5. Aufl., nach dem Tode der Verf. mit einem Anhang, stilist. Bemerkungen, hrsg. von Joh. Gerstenecker. (IX, 229 S.) 885,88. Anhang und die in die 4. Aufl. neu aufgenommenen Übungsstücke allein (89 S.) * 60 Pf.

— u. Lorenz Englmann, Aufgaben zu latein. Stilübungen f. Prima. 7. Aufl., nach dem Tode d. Verff. m. e. Anh. stilist. Bemerkgn. hrsg. v. Joh. Gerstenecker. (VIII, 234 S.) gr. 8. Ebd. 906. Geb. 3. —

Bauer, W. (Red.), s. Blätter für das bayerische Gymnasialschulwesen.

— Aus dem Diarium gymnasii S. J. Monacensis. Ein Beitrag zur Geschichte d. k. Wilhelmsgymnasiums in München. — München 1878: Gotteswinter & Mössl. 32 S. 4°
Zugleich Progr. München K. Wilhelms-G. 1878.
1: 4° Az 6736. 3. 8. 9. 11. 12: 4° Bavar. 190 p. 15. 16. 21. 24. 58. 302.
13.1308

Bauer, W.: Zu den Herakliden des Euripides. 17 S. Progr. München W. 1870.

Bauer, Wolfg., zu den Herakliden des Euripides. Kritisches und Exegetisches. hoch 4. (20 S.) München 870, (Lindauer'sche Buchhh.) *

— Zu Euripides' Iphigenie auf Taurien. Kritisches und Exegetisches. Festschrift. — München 1872: Gotteswinter & Mössl. 21 S. 4°
Zugleich Progr. München K. Wilhelms-G. 1871/72.
12: 4° Bavar. 1904–36.
13.1309

—— zu Euripides' Iphigenie auf Taurien. Kritisches und Exegetisches. gr. 4. (21 S.) München 872, (Lindauer'sche Buchh.) *

Bauer, Wolfg.: Zur Medea des Euripides, Kritisches und Exegetisches. 31 S. 4°
Progr. München W.G. 1871.

Bauer, Wolfg., zur Organisation der bayerischen Gelehrtenschulen. gr. 8. (25 S.) München 863. (Bamberg, Buchner'sche Buchh.) *

— Zur Reform der bayerischen Gymnasien. — München: Lindauer 1869. 48 S. 8°
1: Stala 771. 12: Bavar. 198 f. 15. 19. 22. 27. 29. 302.
13.1310

Bauer, Wolfg., griechisches Übungsbuch. 1. Tl.: Formenlehre. 9. Aufl., bearb. v. Augustin Stapfer. gr. 8. (VII, 286 S.) Bamberg 892. C. C. Buchner, Verl. n.n. 2. 50; geb. in Leinw. n.n. 2. 90

Bauer, Wolfg., griechisches Übungsbuch. 1. Tl.: Formenlehre. 2 Hälften. gr. 8. Bamberg, C. C. Buchner's Verl. Geb. à 2. —
1. Nomen u. regelmäßiges Verbum auf ω m. Ausschluß d. Verba liquida. 12. Aufl., bearb. v. August. Stapfer. (V, 208 S.) 908.
2. Verba liquida. Verba auf μι u. unregelmäß. Verba. 11. Aufl. bearb. v. Augustin Stapfer. (III, 234 S.) 905.

—— Uebungsbuch zum Uebersetzen aus dem Deutschen ins Griechische. 2 Thle. gr. 8. Bamberg 862,63, Buchner'sche Buchh. à Thl. * 22 Ngr.
Inhalt:
Thl. 1. Formenlehre. (VIII und 204 S.)
„ 2. Syntax. (VI und 214 S.)

—— Uebungsbuch zum Uebersetzen aus dem Deutschen ins Griechische. 3 Thle. gr. 8. Bamberg, Buchner'sche Buchh. *
Inhalt:
Thl. 1. Formenlehre. 2. und 3. Aufl. 1868,70. * ℳ 2,20., und 4. Aufl (IV, 227 S.) 874. * ℳ 2,70.
„ 2. Syntax. 2., verb. Aufl. (IV, 220 S.) 871. * ℳ 2,20.
„ 3. Aufgaben zu griechischen Stilübungen für die oberen Gymnasialklassen. 2. Aufl. (VI, 182 S.) 875. * ℳ 2,50.

Bauer, Wolfgang: Übungsbuch z. Übersetzen aus d. Dt. ins Griech. T. 3. früh. Aufl., s. Bauer: Aufgaben zu gr. Stilübungen ...

— Uebungsbuch zum Uebersetzen aus dem Deutschen ins Griechische. 1—3. Thl. gr. 8. Bamberg 875. 77. Buchner. n. 7. 70
1. Formenlehre. 4. Aufl. (IV, 227 S.) n. 2. 70
2. Syntax. 3. Aufl. (IV, 227 S.) n. 2. 50
3. Aufgaben zu griech. Stilübgn. f. die oberen Gymnasialklassen. 3. Aufl. (VI, 182 S.) 2. 50

Bauer, Wolfg., Uebungsbuch zum Uebersetzen aus dem Deutschen ins Griechische. 3 Thle. gr. 8. Bamberg, Buchner'sche Buchh. *
Inhalt:
Thl. 1. Formenlehre. 5. Aufl. (IV, 235 S.) 877. * ℳ 2,60.
„ 2. Syntax. 3. Aufl. (IV, 227 S.) 876. * ℳ 2,50.
„ 3. Aufgaben zu griechischen Stilübungen für die oberen Gymnasialklassen. 3. Aufl. (VI, 182 S.) 875. * ℳ 2,50.

Bauer, W, Uebungsbuch z. Uebersetzen a. d. Deutschen ins Griech. 1. Thl. Formenlehre. 6. Afl. 8. (236) Bamb. 79, Buchner. n. 2. 60 ‖ 2. Thl. Syntax. 3. Afl. (227) 77. n. 2. 50

Bauer, Wolfg., Uebungsbuch zum Uebersetzen aus dem Deutschen ins Griechische. 1—3. Thl. gr. 8. Bamberg 880—82. Buchner. à n. 2. 60
1. Formenlehre. 6. Aufl. (IV, 235 S.)
2. Syntax. 4. Aufl. (IV, 228 S.)
3. Aufgaben zu griechischen Stilübungen f. die oberen Gymnasialklassen. 4. Aufl. v. Frdr. Zorn. (VII, 190 S.)

—— dass. — 1. Teil: Formenlehre. 2 Hälften. 7. Aufl., nach dem Tode des Verf. mit einem Vokabular hrsg. von Aug. Brunner. gr. 8. Ebendas. *
Inhalt:
Hälfte 1. Lehrstoff der 4. Lateinklasse mit Vokabular. (VI, S. 1—96 und Vokabular 24 S.) 883. * ℳ 1,60.; Vokabular allein * 30 Pf.
„ 2. Lehrstoff der 5. Lateinklasse, nebst Vokabular. (VIII, S. 97—245 und Vokabular 32 S.) 884. * ℳ 2,40.

Bauer, W, Ubungsbuch z. Übersetzen a. d. Deutschen ins Griech. 3 Tle. 8. Bamb., Buchner. n. 9. 20
1. Formenlehre. 7. Afl., hrsg. v. A Brunner. (412) 83. 84. n. 4. —
2. Syntax. 5. Afl. (227) 85. n. 2. 60
3. Aufgaben zu griech. Stilübgn f. d. ob. Gymnasialkl. 4. Afl. v. F Zorn. (190) 83. n. 2. 60

Bauer, W., Übungsbuch zum Übersetzen aus dem Deutschen ins Griechische. (In 3 Tln.) 1. Tl.: Formenlehre. 2 Hälften. 8. Aufl., nach dem Tode des Verf. mit einem Vokabular hrsg. v. A. Brunner. gr. 8. Bamberg, Buchner. n. 4. 20
1. Lehrstoff der 4. Lateinklasse mit Vokabular. (VIII, S. 1—96; Vokabular 24 S.) 886. n. 1. 80
2. Lehrstoff der 5. Lateinklasse, nebst Vokabular. (VIII, S. 97—245; Vokabular 32 S.) 888. n. 2. 40

Bauer, W, Übungsbuch z. Übersetzen a. d. Deut. ins Griech. 3. Tl. Aufgaben zu griech. Stilübgn f. d. ob. Gymnasialklassen. 5. Afl. v. F Zorn. 8. (191) Bamb. 87, Buchner's V. n. 2. 60

Bauer, Wolfg. Übungsbuch zum Übersetzen aus dem Deutschen ins Griechische. 3 Teile. gr. 8. Bamberg, Buchner Verlag. geb. ** 8 50
1. Formenlehre. 9. Aufl. bearb. v. Augustin Stapfer. (VII, 286 S.) 892. geb. ** 2 50. — 2. Syntax. 6. Aufl. bearb. v. Aug. Brunner. (VIII, 208, XXXIII S.) 889. geb. ** 3 —. — 3. Aufgaben zu griech. Stilübungen für die oberen Gymnasialklassen. 5. Aufl. bearb. v. Friedr. Zorn. (VIII, 191 S.) 887. geb. ** 3 —.
1. Teil wird auch geteilt (Kursus f. die 4. u. f. die 5. Lateinklasse) geb. à ** 1 80 abgegeben.

— Übungsbuch zum Übersetzen aus dem Deutschen ins Griechische. 2. Tl.: Syntax. 6. Aufl., nach dem Tode des Verf. hrsg. v. Aug. Brunner. gr. 8. (VIII, 208 XXXIII S.) Ebd. 889. Geb. in Leinw. n.n. 3. —

Bauer, Wolfg., Übungsbuch zum Übersetzen aus d. Deutschen ins Griechische. 2. Tl.: Syntax. 7. Aufl., völlig umgearb. v. Siegm. Preuß. gr. 8. (V, 211 S.) Bamberg 899. C. C. Buchner Verl. Geb. in Leinw. n. 3.—

— Ubgsb. z. Ubers. a. d. Deut. ins Griech. 2. u. 3. Tl. gr8° Ebd. Geb. 5.80 d
2. Syntax. 8. Afl. v. Siegm. Preuss. (248) '07. 2.80 ‖ 3. Aufg. zu griech. Stilübgn f. d. ob. Kl. 8. Afl. v. Frdr. Zorn. (176) '08. 3 —

—— und Lor. Englmann, Uebungsbuch zum Uebersetzen aus dem Deutschen ins Lateinische für die oberen Klassen der Gymnasien. (Prima.) gr. 8. (III und 204 S.) Bamberg 860, Buchner'sche Buchh. *

— und L. Englmann, Uebungsbuch zum Uebersetzen aus dem Deutschen ins Lateinische für die unteren Klassen der Gymnasien. [Secunda.] Bamberg 859. Buchner. gr. 8. (IV, 272 S.) n. 21 ngr.

Bauer von Adelsbach, Johann Josef Heinrich,
s. Bauer, Josef Heinrich.

Bauer von Bauern, Hilmar, Referendar in Braunschweig: Die Lehre von der Consideration in ihrer Anwendung auf das Wechselrecht der Bills of Exchange Act 1882. ⟨Eine Studie zum englischen Wechselrecht.⟩ Borna-Leipzig 1905: R. Noske. (VI, 53 S.) 8°
Leipzig, Jur. Fak., Diss. v. 24. Juli 1905
[Geb. 27. Aug. 80 Stettin; Wohnort: Braunschweig; Staatsangeh.: Preußen u. Braunschweig; Vorbildung: Neues Gymn. Braunschweig Reife M. 98; Studium: Berlin 2, Göttingen 2, Berlin 3 S.; Rig. 24. Juni 05.]

Bauer v. Bauern, Kurt: 1823–1898. Geschichte der Großherzoglich Hessischen Garde-Unteroffiziers-Compagnie. Darmstadt: Schlapp 1898. 54 S. 8°
1: Sk 2393/6. 14. 17. 26. 123. 209.
13.1311

[F.] Leitfaden für Waffenoffiziere aufgest. im Anschl. an d. Vorschr. f. d. Instandhaltg d. Waffen bei d. Truppen ... v. [Curt] Bauer v. Bauern, Sec.-Lieut. im ... Inf.- .. Reg. No 115. *Berlin: A. Bath 1897.* (47 S.) 1 Bd 8.
[98 464

Bauer v. Eiseneck s. auch *Baur* v. Eiseneck.

Bauer v. Eiseneck, Marie Juliane: Herzliche Erinnerung und Ermahnung einer Mutter an ihre Kinder. — Neu-Ruppin: Bergemann [um 1880]. 16 S. 8° 12: Mor. 1194–26.
13.1315

Bauer v. Heppenstein, Christoph Phil. Friedr. (Bamberg), De jure reformandi antiquo. Diss. prior. Präs. Joh. Casp. Barthel. Würzburg (Joh. Jac. Christoph Kleyer) 18. VII. 1744. 8 Bl., 196 S. 7 Bl. (6.50) 1394

Bauer-Lechner, Natalie
— Fragmente. Gelerntes und Gelebtes. — Wien: Lechner 1907. IV, 236 S. 8°
12: Var. 176p. 38. 44. 109. 207. 300: 452.014–B. 302.
13.1328

Bauer-Arzt. — Der Bauer-Arzt, ein Lustspiel ... mit e. Nachspiel, Die neueste Verheyrahtung. — Berlin [usw.] 1759. 56 S. 8° 12: P.o.lat. 334/2. 24. 32. 44. 300: 3263–A.
13.1340

Bauerband, Johann Josef
Q. B. F. F. F. S. Viro illvstrissimo collegae carissimo Ioanni Iosepho **Baverband** ... eivs diei, qvo ante hos 50 annos primvm forvm adtigit, laetam memoriam ... congratvlantvr rector et senatvs vniversitatis Fridericiae Gvilelmiae Rhenanae ... d. II m. Sept. a. 1872 ... [Bonnae], form. C. Georgi (1872). 1 Bl. 2.

De arbitris ad decidendas contestationes inter mercatores socios ex lege necessariis a iudice nominandis disquistio [!]. Qua ad audiendam orationem de legum in provincia Rhenana vigentium ingenio et natura pro adeundo munere prof. ord. in ordine iurecons. universitatis Fridericiae Guilelmiae Rhenanae d. XIV Dec. ... habendam ... invitat Josephus **Bauerband** ... Bonnae, typ. F. P. Lechneri 1844. 1 Bl., 12 S. 4.

Bauerband, Johann Josef: Institutionen des französischen, in den deutschen Landen des linken Rheinufers ... geltenden Civilrechtes. — Bonn: Marcus 1873. VIII, 305 S. 8° 1: Ht 8675.
2→5. 7→11. 12: J. gall. 6 c. 14. 16→21. 24→31. 36. 38. 43. 45. 47. 52. 61. 79. 82. 107. 180. 203. 208. 302. 304.
13.1341

Sacram memoriam ... Friderici Gvilelmi III vniversitatis Fridericiae Gvilelmiae Rhenanae conditoris ... ab eadem vniversitate d. III m. Avg. a. 1862 ... recolendam victorvmqve renvntiationem e litt. certaminibvs prodevntivm ... indicit Ioannes Iosephvs **Baverband**, ord. ivrecons. h. a. decanvs. — Praecedvnt observationes nonnvllae praecepta ivris Francogallici de continva defvncti eivsqve heredvm possessione illvstrantes. Bonnae, form. C. Georgi (1862). 1 Bl., 15 S. 4.

—— Responsum über die Vertretung, Verwaltung und Verwendung der Stiftungen, s. Höpfl, H.

— Offenes Schreiben an die Wahlmänner des Bonn-Rheinbacher Wahlkreises. — (Bonn [1861]: Georgi.) 16 S. 8° 52.
13.1342

Bauer-Efalt. — Wuhlgemehnte Bauer-Efalt vu dam Schweintzscha Freda-Laba, doss woar gehaaln im Mäye die Mitwoch derfür, eh wirs letzte Virtel hotta, ei dam Johre do doar liebe Printz gebauhren wohr. Im Thon: Noach a Nota. — Schweidnitz 1716. 4 Bl. 8° 41.
13.1343

Bauereisen, Adam, approb. Arzt aus Heilsbronn: Die Nabelschnurrestbehandlung des Neugebornen. *Weissenburg a. S. 1901: Braun & Elbel.* (34 S.) 8°
Erlangen, Med. Diss. v. 24. Juni 1901

Bauerfeind, Friederike: Die Kunst, das Zuschneiden der Damenkleider nach dem Maaß in kurzer Zeit ... zu erlernen. 3. Aufl. — (Ellwangen) 1839: Schönbrod. 8 S. 8° 24.
13.1344

Bauerfeind, Georg Friedrich Christian: Eine Antwort auf des Herrn Professor Dr. Adolf Harnack 'Apostolisches Glaubensbekenntnis'. — Gütersloh: Bertelsmann 1893. 28 S. 8° 1: Df 817. 3. 6. 17. 29. 61. 123. 207.
13.1345

— Bericht über die Erziehungsanstalt für arme Kinder in Gefell bei Hof. [Nebst] Beil. — (Neustadt a. d. Orla) 1853: (Wagner). 8°
Beil.: Die Entstehung d. Erziehungsanstalt für arme Kinder in Gefell bei Hof.
33.
13.1346

[—] Durch Nacht zum Licht. Ein Seelenbild von d. Verf. der Schrift 'Ein Jahr in Chalonnes'. — Erfurt: Villaret 1858. IV, 202 S. 8° 1: Yx 10206. 3. 33. 79.
13.1347

Bauerfeind, G. F. Chr., das Gewisse von des Menschen Zukunft. Ein Vortrag, gehalten in Torgau am 16. März 1868. 8. (36 S.) Halle 868, Fricke. *

— Das Gewisse von des Menschen Zukunft. Vortrag. Halle: Fricke 1868. 36 S. 8°
Aus: Perlenbächlein. 1: 2 in Cz 1.
13.1348

— Das apostolische Glaubensbekenntnis und sein Ursprung. — Gütersloh: Bertelsmann 1889. 75 S. 8°
Aus: Der Beweis d. Glaubens. N. F. 10. 1889. 6. 17.
13.1349

— Glaubenspredigten über die altkirchlichen Sonntagsevangelien des Kirchenjahres. H. [1]–3. — Gütersloh: Bertelsmann 1891–95. 8°
1 u. d. T.: Bauerfeind: Predigten über d. vier Adventsevangelien. 1891.
2. Weihnachten bis Karfreitag. 1894.
3. Ostern bis Himmelfahrt. 1895.
1: Ec 25072. 6. 28 [= 1.3]. 33.
13.1350

[—] Ein Jahr in Chalonnes. — Halle: Fricke 1857. IV,286 S. 8°
1: Yx 9621. 3. 7. 26. 33.
13.1351

— Missionsstunden. — Halle: Fricke 1882. VI,262 S. 8°
1: Cv 8010. 3.
13.1500

— Das altkirchliche Perikopensystem der abendländischen Kirche auf Grundlage und unter dem Lichte des apostolischen Glaubensbekenntnisses behandelt. — Gütersloh: Bertelsmann 1890. XXIV,456 S. 8°
1: Dy 14160. 6. 7. 15. 28. 29.
13.1352

— Predigten über die vier Adventsevangelien unter dem Lichte des ersten Artikels des apostolischen Glaubensbekenntnisses. — Gütersloh: Bertelsmann 1891. 53 S. 8° [(Bauerfeind: Glaubenspredigten über d. altkirchlichen Sonntagsevangelien d. Kirchenjahres. 1.)]
1: Ec 25072-1. 6. 33.
13.1353

— Das Recht des Glaubens. Vortrag. — Halle: Fricke 1867. 56 S. 8°
1: Theol. Flugschr. 1867-1.
13.1354

—— Synodalpredigt, über 1. Petri 5, 1—6 gehalten vor der ersten Kreissynode in Lützen. 16. (20 S.) Halle 865, Fricke.

Bauerfeind, G. Fr. Chr., Was haben wir an der Bibel? Predigt über 2. Petr. 1, 19 gehalten in der Domkirche zu Merseburg am Bibelfeste 1859. Halle 859. Fricke. 16. (35 S.) 2⅙ ngr.

Bauerfeind, Gotthold Einige sprachliche Eigentümlichkeiten aus dem Wupperthale. 23 S. Progr Barmen-Wupperfeld 1876.

Bauerfitte, Moritz (Hrsg.), s. Stadt- und Landbote, Der Breslauer.

Bauerfrau. — Bauerfrau s. *Bauersfrau.*

Bauergespraech. — Bauergespräch s. *Bauerngespraech.*

Bauerhahn, Karl [Dr., prakt. Arzt aus Berlin]: Beiträge zur Würdigung der Resectio pedis osteoplastica nach Wladimiroff-Mikulicz .. (Aus d. Deutsch. Zeitschr. f. Chirurgie. XXVII. Bd.) Leipzig, Druck v. J. B. Hirschfeld, 1888; 2 Bl. + 33 S. 8°
Würzburg, Med. Fak., Inaug.-Diss. v. 1888

Bauerheim, Friedrich: Klassische Briefe mit Anmerkungen für Töchter, welche sich im Briefstile vervollkommnen wollen. — Stuttgart [usw.]: Nieger [vielm. Rieger] 1837. VI,357 S. 8°
24. 60.
13.1357

Bauerheim, Friedr., klass. Briefe mit Anmerkn. Für Töchter, welche sich im Briefstile vervollkommnen wollen. Mit Titbild. gr. 12. (15⅙ B.) Stuttgart 837, [Scheible, Rieger u. Sattler.] *

—— Lehrbuch d. französ. Sprache nach Hamilton-Jacotot-schen Grundsätzen, mit e. Anleit. f. d. Lehrer. Für Knaben- u. Mädchen-Schulen. 8. (16 B.) Stuttgart 835, Köhler.

Bauerheim, F., praktischer Lehrgang der französischen Sprache für Anfänger und zum Selbstunterricht. Nach H. G. Ollendorff's neuer Methode, in einem halben Jahre eine Sprache lesen, schreiben und sprechen zu lernen, mit Rücksicht auf die Aussprache bearb. 1. Kursus. gr. 8. (IV und 186 S.) Stuttgart 855, Belsersche Buchh.

—— deutsches Lese- u. Sprachbuch f. d. obern Klassen in höh. Töchterschulen. gr. 8. (39½ B.) Stuttgart 837, Beck u. Fränkel. *

— franz. Lesebuch, mit sprachlich u. geschichtlich erläut. Anmerkk., für höhere Töchterschulen. (Nebst Wörterbuch.) 8. Stuttg. 835. Brodhag. 1¼ ₰ 2e Aufl. gr. 8. Ebd. 839. n. ⅚ ₰

—— französ. Lesebuch mit erläut. Anmerkn. u. e. Wörterverzeichn. f. Töchter v. 12 bis 16 Jahren. 1. Aufl. 8. (24 B.) 835. 1¼ Thlr., 2., verb. u. verm. Aufl. gr. 8. (23¼ B.) Stuttgart 839, [Scheible, Rieger u. Sattler.] *

— Französisches Lesebuch mit erl. Anm. ... für Töchter von zwölf bis sechzehn Jahren. 2., verb. u. verm. Aufl. — Stuttgart: Brodhag 1839. VIII,361 S. 8°
22.
13.1358

Bauerheim, F., französisches Lesebuch für mittlere Klassen in höheren Töchterschulen. (Töchter von 12—15 Jahren.) Mit Anmerkungen und einem vollständigen Wörter-Verzeichnisse. gr. 8. (286 S.) Stuttgart 854, Belsersche Buchh.

Bauernheim, F., französisches Lesebuch für mittlere Klassen in höheren Töchterschulen. [Töchter von 12--15 Jahren.] Mit Anmerkungen u. e. vollständ. Wörter-Verzeichniß. 2., verb. Aufl. Stuttgart 866. Belser's Verlag. gr. 8. (VIII, 288 S.) 16 ngr.

— französisches Lesebuch für obere Klassen in höheren Töchterschulen. (Töchter von 12—18 Jahren.) 3. umgearb. u. verm. Aufl. Stuttgart 854. Rieger. gr. 8. (IV, 402 S.) 27 ngr.

— französisches Lesebuch für untere Klassen in höheren Töchterschulen. (Töchter von 9—12 Jahren.) Mit Anmerkungen, einem ganz vollständigen Wörter-Verzeichniß, und den Paradigmen der im Buche vorkommenden Zeitwörter. Stuttgart 854. Belser. gr. 8. (VIII. 343 S.) 15 ngr.

—— unterhalt. u. belehr. Lesebuch f. Schule u. Haus. 2 Thle. gr. 8. Stuttgart 838, [Scheible, Rieger u. Sattler.]
T. u. d. Titln.:
Thl. 1. Fabeln u. Räthsel, nützliche Lehren m. Beispielen u. poet. Erzähln. Zur Erheiter., Belehr. u. Veredlung d. Jugend. (8½ B.) 7½ Gr.
2. Unterhaltungen aus d. Naturgeschichte, Geographie u. Weltgeschichte f. d. wißbegier. Jugend. (15¾ B.) 15 Gr.

Bauerheim, Friedr., die Mädchenschule. Ein nützl. u. unterhalt. Festgeschenk f. d. weibl. Jugend. M. 1 ill. Kpfr. gr. 8. (20½ B.) Stuttgart 834, Scheible.
Hat gleichen Inhalt mit nachsteh. „Sammlung" rc.

Bauerheim, Friedr., Sammlung v. Briefen, Erzähln. u. Lehr-Aufsätzen, nebst ein. Anh. Gedichte, z. Gebr. f. Töchterschulen. gr. 8. (20½ B.) Stuttgart 834, Scheible. Thlr.

Bauerhorst, Rudolf: Jesus nimmt die Sünder an! Gastpredigt. — Bremen 1843: Schünemann. 15 S. 8°
46.
13.1301

Bäuerin, Die, s. Bauer, Der Zürcher

Bäuerin, Die durch ihre tugendhafte auffuehrung hoch erhabene und glücklich gewordene. Oder die besonderen Begebenheiten der Frau Marquisin v. L. V. von einem Cavalier v. M. in Frantzösischer Sprach beschrieben und ... in das Hoch Teutsche übersetzet. Franckfurt 1740. V: *Marivaux, Pierre Carlet de.* (BGE I³, 164)

Bäuerin, die durch ihre Tugend zu hoh. Ehren gelangte, od. Begebenh. d. Frau. v. L. V. u. d. Ritter v. Mouchy, m. K. 8. Frankf. Bronner. 772.

Bäuerin, Die verlohrne, ein Lustspiel in einem Aufzuge ... Hannover 1764. V: *Raspe, Rud. Erich.* (KY) (ML) (Stri)

Bauerkalender, s.a. Bauernkalender

Bauer-Kalender. der Schweizer. f. d. schweizer. Landwirte auf d. Jahr 1901. Herausgeg. v. d. ökonom. und gemeinnützigen Gesellsch. des Kantons Bern. 4°. 136 S. Bern, K. J. Wyss, Verlag. - - 40
1900

Bauerkeller, Georg

Bauerkeller, Atlas in Relief für Blinden-Institute. 1. u. 2: Europa. — Frankreich. Fol. Paris 842, Bauerkeller u. Comp. (Leipzig, Thomas.) à n. $1/2$ Thlr

Bauerkeller sen., Georg, Carte routière de l'Allemagne et des pays limitrophes. — Post- u. Routen-Karte von Deutschland u. den Hauptstrassen durch Europa. Entworfen u. nach zuverläss. Quellen bearb. Mit Bemerkn. Durch Buch- u. Steindruck vereint ausgeführt. Fol. Frankfurt a. M. 832, Streng.
Ist auch dem „Post- u. Reise-Buch durch Deutschland etc." Frankfurt a. M., Streng. 1832, beigegeben.

— Deutschland und die Niederlande. In Relief u. Farbendruck. 16 Zoll hoch und 14 Zoll breit. Darmstadt, Bauerkeller's Präganstalt, Jonghaus u. Venator 844. (Leipzig, Thomas.) In Rahmen und Kasten. n. $2^{1}/_{12}$ Thlr

Bauerkeller, G.: Deutschland und die Niederlande. In Relief u. Farbendruck. 25 Zoll hoch u. 14 Zoll breit. Bauerkellers Prägeanstalt, Darmstadt, 1844. (Leipzig, Thomas.)

Bauerkeller, la France et la Belgique. In Relief und Farbendruck. 28 Zoll hoch u. 26 Zoll breit. Darmstadt 844, Bauerkeller's Präganstalt, Jonghaus u. Venator. (Leipzig, Thomas.) In Rahm. n. $4^{1}/_{2}$ Thlr

— blos. In Farbendruck. 28 Zoll hoch und 26 Zoll breit. Ebd. 844. n. $2/3$ Thlr

— Frankreich und Belgien. In Relief und Farbendruck. 14 Zoll hoch und 16 Zoll breit. Ebd. 844. In Rahmen und Kasten. n. $2^{1}/_{3}$ Thlr

Bauerkeller's Handatlas der allgem. Erdkunde, s. a. Ewald, L.

Bauerkeller's Handatlas der allgem. Erdkunde, d. Länder- u. Staatenkunde, zum Gebr. beim method. Unterricht u. Selbststudium etc. in 80 Karten, nebst ein. Abrisse d. allgem. Erdkunde u. der physischen Beschreib. der Erdoberfläche, statist. Uebersichten u. topograph. Registern. Bearb. v. L. Ewald. 1—7. Hft. gr. Fol. (14 Bl. in Farbendr., 2 Tab. u. $7^{3}/_{4}$ B. Text.) Darmstadt 846, 47. Bauerkeller's Präganstalt. à * -

Bauerkeller's Handatlas der allgem. Erdkunde, der Länder- und Staatenkunde zum Gebrauch beim method. Unterricht und Selbststudium etc. Mit Text bearb. von L. Ewald. 8—25. Heft. Fol. (24 lithochrom. Karten in Farbendr. und 1 Bl. Text.) Darmstadt 851, Bauerkeller's Präganstalt. à * $12^{1}/_{2}$ Ngr. *
1—7. Heft. Ebendas. 1846—47. * 2 Thlr. $27^{1}/_{2}$ Ngr.

Bauerkeller, Geo. s. a. Post- u. Reisebuch.

Bauerkeller, sen., Go., Post- und Reisebuch durch Deutschland und dessen angrenzende Länder. 8. Aufl. Frankfurt a. M. 1832. . . . . (RPA.)

—— geograph.-statist. Post- u. Reisekarte zu d. besuchtesten Rhein- u. Main-Gegenden. 4farbig durch Buch- u. Steindruck vereint ausgeführt. gr. Fol. (M. 1 B. Text: Merkwürdigkeiten u. statist. Notizen.) Frankfurt a. M. (832), Streng.

— la Suisse et les pays limitrophes. — Die Schweiz und angrenz. Länder. In Relief, nebst Karte in Farbendr. Roy.-Fol. Paris 842, Bauerkeller u. C. (Leipzig, Thomas.) In Holzrahm. n. 9 Thlr

Bauerknabe, der großmüthige. Spiel für Kinder, (v. J. H. Röding l.) 8. Hamb. 777. Reuß.

Bauerknittelvers

—Schlesischer Bauerknittel-Vers an die neuen Verfassungsentwerfer. — Berlin: Vereins-Buchdr. 1848. 2 Bl. 8° 1:11 in 4° Yf 6761b. 11. 41. 109.
13.1716

Bauerle, Wilhelm: Notwendigkeit, Wesen und Ziel der Bekehrung; göttliches und menschliches Wirken dabei. — Stuttgart: Philadelphia [1899]. 36 S. 8° 24.
13.1362

—— 2. Aufl. Ebd. [1900]. 38 S. 8° 17.
13.1363

Bäuerle's Löschblock-Schreibunterlags-Notiz-Kalender pro 1893:
Große Ausgabe, 45/58 *cm* 1.35
Kleinere Ausgabe, 42/56 *cm* 1.35

Bäuerle's Löschblock-Schreibunterlags-Notiz-Kalender für 1895. Ausgabe *A* 1.20
— — Ausgabe *B* 1.20
— — Portemonnaie-Kalender für 1895. Fünfzehnter Jahrgang. (156 S.) In Leinwand gebunden -.35
— — Taschen-Notiz-Kalender für die k. u. k. Armee, 1895. 11. Jahrgang. Mit einer Uebersichts-Karte von Oesterreich-Ungarn. 16. (80 S. und Notizblätter.) In Buchform und in Leinwand gebunden —.40

Bäuerle's Memoiren, s. Bäuerle, Adolf

Bäuerle's k. u. k. Militär-Notizwandkalender für 1892. Quer-Folio. Vierseitig auf Carton .60
— — k. u. k. Notiz-Wandkalender pro 1892. Quer-Folio. Zweiseitig auf Carton —.32
— — Portemonnaie-Kalender für die k. u. k. Armee. 1892. XII. Jahrg. In Lwd geb —.60
— — in Leder geb. —.80
— Taschen-Notizkalender für die k. u. k. Armee. 1892. VIII. Jahrg. 16. (198 S. mit Notizblättern.) In Lwd. geb. —.80

— — Brieftaschenformat m. Karte in Lwd. 1.10
— — In Leder 1.50
— — für die k. k. Finanzwache. 1892. Achter Jahrgang. Redigirt von Adolf Ritter von Strigl. 16. (215 S. mit Notizblättern.) In Lwd. geb. —.85
— — Brieftaschen-Ausgabe. Mit Karte in Lwd. geb. 1.10
— — In Leder 1.50

— — In Leder 1.50
— — für Unterofficiere der k. u. k. Armee. 1892. IX. Jahrg. 16. (252 S. mit Notizblättern.) In Lwd. geb. —.85
— — Brieftaschen-Ausgabe. Mit Karte in Lwd. geb. 1.10
— — In Leder 1.50

— — für die k. k. Gendarmerie und Sicherheitswache. 1892. VIII. Jahrg. 16. (192 S. mit Notizblättern.) In Lwd. geb. —.85
— — Brieftaschen-Ausgabe. Mit Karte in Lwd. geb. 1.10
— — In Leder geb. 1.50
— — für alle Stände. 1892. 16. (144 S. mit Notizblättern.) In Lwd. geb. -.85
— — Brieftaschen-Ausgabe. Mit Karte in Lwd. geb. 1.15

Bäuerle's Portemonnaie-Kalender für die k. u. k. Armee. 1893 13. Jahrg. (163 S.) In Leinwand geb. —.65, in Leder geb. —.80

— — Portemonnaie-Kalender für alle Stände. 1893. 1. Jahrg. (74 S.) In Lwd. geb. —.45 in Leder geb. —.60

— Taschen-Notiz-Kalender für die k. u. k. Armee. 1893. 9. Jahrg. 16. (212 S. mit Notizblättern.) In Lwd. geb. —.90, Brieftaschenform, mit Karte, in Lwd. geb. 1.10, in Leder geb. 1.50

— — für Unterofficiere der k. u. k. Armee. 1893. 10. Jahrg. 16. (260 S. mit Notizblättern.) In Lwd. geb. —.90, Brieftaschenform, mit Karte, in Lwd. geb 1.10, in Leder geb. 1.50

— — für die k. k. Gendarmerie und Sicherheitswache. 1893. 9. Jahrg. 16. (196 S. mit Notitzblättern.) In Lwd. geb. —.90, Brieftaschenform, mit Karte, in Lwd. geb. 1.90 in Leder geb. 1.50

— — für die k. k. Finanzwache. 1893. 9. Jahrg. 16. (200 S. mit Notizblättern.) In Lwd. geb. —.90, Brieftaschenform, mit Karte, in Lwd. geb. 1.10, in Leder geb. 1.50

— — für alle Stände, 1895. IV. Jahrg. In Buchform, mit einer Karte. 16. (96 S., mit Notizblättern.) In Lnwd. geb. —.45

— — In Notizbuchform, mit einer Karte. 16. (96 S., mit Notizblättern.) In Lnwd. geb. —.65

— — für die k. k. Gendarmerie und Sicherheitswache, 1895. XI. Jahrg. In Buchform, mit einer Karte. 16. (16 S., mit Notizblättern.) In Lnwd. geb. —.45

— — In Notizbuchform, mit einer Karte. 16. (96 S., mit Notizblättern.) In Leinwand gebunden —.65

— — für die k. k. Finanzwache, 1895. Elfter Jahrgang. In Buchform, mit einer Karte. 16. (228 S., mit Notizblättern.) In Leinwand gebunden —.55

— — In Notizbuchform, mit einer Karte. 16. (228 S., mit Notizblättern.) In Leinwand gebunden —.75

— — In Notizbuchform, mit einer Uebersichts-Karte von Oesterreich-Ungarn. 16. (80 S., mit Notizblättern.) In Lnwd. geb. —.60

— — für Unterofficiere der k. u. k. Armee, 1895. XII. Jahrg. In Buchform, mit einer Uebersichts-Karte von Oesterreich-Ungarn. 16. (156 S., mit Notizblättern.) In Leinwand gebunden —.45

— — In Notizbuchform, mit einer Uebersichts-Karte von Oesterreich-Ungarn. 16. (156 S., mit Notizblättern.) In Lnwd. geb. —.65

Baeuerle, Adolf
Pseudonym: Otto Horn

— **Almanach für Theater, Musik und Poesie auf das Jahr 1811.** — Wien (1810):Grund. 142 S. 8°
300:620.052-A. Th. S.
9.9568

Bäuerle, Adf., Director Carl. Roman und Wirklichkeit. 2 Thle. 8. (584 S. mit lithogr. Portr.) Wien 856, Hartleben's Verlagsexpedition.

Director Carl. Roman aus Wiens Vergangenheit. — Wien: Illustr. Wiener Extrablatt 1889. 202 S. 8° (Beilage zum Illustr. Wiener Extrablatt.)
300:621.443-B. Th. S.
9.9570

— — Ebd. 1890. 202 S. 8° (Beilage zum Illustr. Wiener Extrablatt.)
1:Yx 9130.
9.9571

Bäuerle, Adf.(Hrsg.), s. Courier, Oesterreichischer.

Bäuerle, Adolf —. De Dame mit dem Todtenkopfe in Wien. Roman von — —. Zwei Theile. Wien. 1855. Druck von Leopold Sommer. Pesth, Wien und Leipzig Hartleben's Verlags-Expedition. (152, 156 S. 8.) (Bildet einen Theil der „Erholungsstunden", unter welchem Titel eine Reihe von Wiener Original-Romanen erscheint)

— — Denkmahl der Unterthanenliebe und Völkertreue während der glorreichen Regierung Sr. Majestät unsers angebetheten Landesvaters Franz I. Abth. 1. — Ebd. 1830. 174 S. 4°
302.
9.9577

— Die Enkelin des Freimanns. Roman. Th. 1–3. — Pest [usw.]: Hartleben 1855. 8° (Erholungsstunden.)
7. 17. 38. 44. 300:5096-A. 307.
9.9573

— die Enkelin des Freimanns. Roman aus dem J. 1772 in Wien. 3 Thle. 8. (463 S.) Wien 855, Hartleben's Verlagsexpedition.

— Der Freund in der Noth. Lustspiel. — Pesth: Hartleben 1820. 56 S. 8°
300:568.370-B.
9.9574

— Friedens-Almanach für das Jahr 1810. — Wien [1809]. 128 S. 8°
30.
9.9575

— Das sechzigste Geburtsfest Sr. Majestät des Kaisers von Oesterreich Franz I. — Wien 1828: v. Haykul. 180 S. 4°
1:4° Sb 4311. 11. 302. 308.
9.9576

— [Teils.] Gedichte und kleine prosaische Aufsätze. Bdch. [1.]2. — Wien [1809–10]. 8°
2 mit Nebent.: Baeuerle: Friedens-Almanach auf das Jahr 1811. Den Patrioten Oesterreichs gewidmet. [1810.]
109[∞ 1]. 300:1-25.867-A; 2-620.171-A. Th. S. 302[∞ 1].
9.9564

Aus den Geheimnissen eines Wiener Advokaten. Wahrheit u. Dichtung von Otto Horn. Bd 1–3. — Wien: Jasper & Hügel 1854. 8°
7. 12:P.o.germ. 70pcd. 300:6186-A. 302.
9.9578

— Gott erhalte Franz den Kaiser! Erinnerungsbuch der Unterthanenliebe. — Wien 1827: v. Haykul. VIII,263 S. 4°
1:4° Sb 4310. 11. 12:4° Don. Lud. 62. 15. 30. 32. 46. 48. 300:49 D 46. 302. 303.
9.9579

— — 2. Aufl. Ebd. 1828. Getr. Pag. 4°
308.
9.9580

— Das Haus der Laune. Orig.-Lustspiel. — Pesth: Hartleben 1821. 90 S. 8°
15.
9.9581

Bäuerle, Adolf: Kabale und Liebe. Parodie und Zauberspiel in zwei Aufzügen. Musik von Jos. Drechsler. Wien 1827.

— — An Seine Majestät den Kaiser, bey seiner Zurückkunft nach den glorreichen Tagen des Jahrs 1814 im Nahmen der 300 Kinder, welche ... Johann Wolfgang Kugler dem Landesvater am 16. Juny zum freudigen Empfang entgegen führte. — Wien 1814: Stöckholzer v. Hirschfeld. 2 Bl. 8°
300:568.325-B.
9.9582

— Kinder und Narren reden die Wahrheit. Ein Lustspiel. — Wien: Wallishausser 1806. 43 S. 8°
1: Ys 2366. 300: 2069-A.
9.9583

— Therese Krones. Roman ... Von Otto Horn. Bd 1-5. — Wien: Jasper & Hügel 1854. 8°
1: Yx 8003. 300: 5941-A. 302.
9.9584

— — 2. Aufl. Bd 1-5. Wien: Hügel 1855. 8°
44. 109. 300: 6023-A. 307.
9.9585

— An Louise, Kaiserinn von Frankreich, bey ihrer Ankunft in Paris, am 20. März 1810. — Wien 1810(: v. Haykul). 8 S. 8°
300: 531.994-C.
9.9586

— das eingemauerte Mädchen. Wiener Criminalgeschichte aus der neuesten Zeit. 2 Bde. Ebend. 856. 8. (247; 238 S.)
1 ℛ 6 ngr.

Bäuerle, Adf., das eingemauerte Mädchen. Wiener Criminalgeschichte aus der neuesten Zeit. 2 Bde. 8. (485 S.) Wien 857, Hartleben's Verlagsexpedition.

— Doctor Fausts Mantel, ein Zauberspiel mit Gesang in 2 A. 8. Wien 818. Grund. 8 ℛ

— Doctor Faust's Mantel. Ein Zauberspiel. [Komp.: Wenzel Müller.] — Wien: Grund 1819. 104 S. 8°
1: Ys 4220. 7. 17. 31. 41. 300: 4734-A.
9.9588

— Memoiren. Bd 1. — Wien: Autor; Lechner in Comm. 1858, 192 S. 8°
1: At 8767. 5. 7. 8. 11.
12: Biogr. 52 l. 15. 22. 61. 300: 304.319-B. 302.
9.9589

— Napoleon und Louise. — Wien 1810: v. Haykul. 6 S. 8°
300: 531.995-C.
9.9591

— die falsche Prima Donna. Posse in 2 A. mit Gesang. gr. 8. Pesth 820. Hartleben. 12 ℛ

— Ferdinand Raimund. Roman ... Von Otto Horn. Bd 1-3. Wien: Hügel 1855. 8°
1: Yx 9010/20.
12: P. o. germ. 70pe. 14. 15. 18. 44. 300: 6.024-A.
9.9592

— — Von Otto Horn (Adolph Bäuerle). Wien: Illustr. Wiener Extrablatt 1889. 334 S. 8° (Beilage zum Illustr. Wiener Extrablatt.)
1: 4° Yx 9010/25. 300: 623.704-C. Th. S.
9.9593

— s.: Raimund's Vorgänger.

— Die Reise nach Paris, oder Wiesels komische Abenteuer. Lustspiel. — Pesth: Hartleben 1823. 97 S. 8°
15.
9.9594

— Eine schlimme Schwester. Charakterbild in einem Akt nach Bäuerle's 'Schlimme Liesel'. Couplets von D. Kalisch. Musik von A. Conradi. — Berlin 1857: Kolbe. 31 S. 8°
32.
9.9595

[—] Spanien und Tyrol tragen keine fremde Fesseln. — [Wien] 1809[: Hirschfeld]. 8 S. 8°
300: 464.709-B.
9.9596

— Tankredi. Eine lokale Parodie. Die Musik vom Herrn Kapellmeister Müller. 2. Aufl. — Wien: Tendler 1817. 61 S. 8°
19. 32. 300: 4.729-A. M. S. [u.] 622.065-B. Th. S.
9.9597

Bäuerle, Adolf (Hrsg.), s. Taschenbuch für die deutsche Schaubühne auf das Jahr 1817.

— Der Tausendsassa. Locale Posse. — Pesth. Hartleben 1821. 96 S. 8°
1: Ys 4371/100. 15.
9.9598

— — Komisches Theater. Bd 1-6. Pesth: Hartleben 1820-26. 8°
1. Die falsche Prima Donna. Posse. Der Leopoldstag, oder kein Menschenhaß und keine Reue. (Parodie von Menschenhaß und Reue.) Posse. Der Freund in der Noth. Posse. 1820.
2. Die Bürger in Wien. Posse. Staberls Hochzeit oder der Curier. Posse. Staberls Wiedergenesung. 1820.
3. Der Fiaker als Marquis. Komische Oper. Die Gespensterfamilie. Schwank. Der verwunschene Prinz. Locale Parodie. 1821.
4. Das Haus der Laune. Original-Lustspiel. Der Tausendsassa. Locale Posse. Der Untergang der Welt. Gelegenheitsschwank. 1821.
5. Die Reise nach Paris, oder Wiesels komische Abenteuer. Lustspiel. Moderne Wirthschaft und Don Juans Streiche. Posse. Die natürliche Zauberey. Scherz- und Possenspiel. 1823.
6. Aline, oder: Wien in einem andern Welttheile. Volkszauberoper. Die schlimme Liesel. Lustspiel. Wien, Paris, London und Constantinopel. Zauberspiel. 1826.
1: Ys 4284. 5. 7. 12: P. o. germ. 70pc. 17. 24.
300: 32 Y 9 [u.] 621.778-B. Th. S. 302. 307.
9.9565

Bäuerle, Adf. (Hrsg.), s. Theaterzeitung, Allgemeine.

Bäuerle, Adolph (Hrsg.), s. Theaterzeitung, Wiener.

— Der Untergang der Welt. Gelegenheitsschwank. — Pesth: Hartleben 1821. 80 S. 8°
15.
9.9599

[—] Gesänge und Arien zu Staberls Verlobung. Posse mit Gesang in 4 Akten. Als 2. Theil von den Bürgern in Wien. o. O. [um 1820]. 14 S. 8°
14.
9.9600

Bäuerle, Adf, s.: Raimund's Vorgänger.

Bäuerle, Adv., was verdankt Oesterreich d. beglückenden Regierung Sr. Maj. Kaiser Franz d. Ersten? M. 3 Kpfr. gr. 8. (32½ B.) Wien 834, (Gerold.) * 4 Thlr., Schrbp. * Thlr.

— Was verdankt Oesterreich der beglückenden Regierungs-Epoche Sr. Majestät Kaiser Franz des Ersten? — Wien 1834: v. Haykul. 320 S. 8°
1: Sb 3784. 14. 300: 33 Q 10. 304. 309.
9.9601

— — Ebd. 1834. XX, 510 S. 8°
302.
9.9602

Bäuerle, Adf: Ausgew. Werke, s. Klassiker-Bibliothek, Deutsch-österr.

— — Ausgewählte Werke. Hrsg. u. mit Einl. vers. von Otto Rommel. Bd 1. 2. — Wien [usw.]: Prochaska [1909-11]. 8°
1. Die Bürger in Wien. Aline oder Wien in einem andern Weltteile. [1909.]
2. Der Fiaker als Marquis. Die falsche Primadonna. Die schlimme Lisel. [1911.]
(Deutsch-österreichische Klassiker-Bibliothek. 14. 23.)
21. 101. 300: 459.650-A. Per. 14.23. 302. 303 [= 2].
9.9566

— Staberls Wiedergenesung. Ein Lustspiel. — Wien: Verf.; Tendler in Comm. 1815. 44 S. 8°
300: 2.582-A [u.] 5 in 621.080-A. Th. S.
9.9603

Bäuerle, Adolf —. Wien vor zwanzig Jahren, oder Baron Rothschild und die Tischlerstochter. Roman von —. 1. und 2. Theil. Wien, 1855. Druck von Leop. Sommer. Pest, Wien und Leipzig Hartlebens Verlags-Expedition. (212, 216 S. 8.)

— Wien vor zwanzig Jahren, oder: Baron Rothschild u. die Tischlerstochter. Roman. Th. 1. 2. — Pest [usw.]: Hartleben 1855. 8° (Erholungsstunden.)
1: Yx 9010.
12: P. o. germ. 70pd. 14. 17. 30. 300: 6044-A. 302.
9.9604

— Wien, Paris, London und Constantinopel. Zauberspiel. o. O. [um 1824]. 151 S. 8°
1: Ys 4090/60.
9.9605

— Moderne Wirthschaft und Don Juans Streiche. Posse. Pesth: Hartleben 1823. 84 S. 8° 1: Ys 4603/100. 15. 109.
9.9606

Bäuerle Adolph — Zahlheim. Ein Wiener-Kriminalroman. Von — —. Fünf Theile. Wien, 1856 Druck von L. Sommer. Pesth, Wien und Leipzig. Hartlebens Verlags-Expedition. (164, 168, 168, 142, 188 S. 8.) (Bildet einen Theil der Erholungsstunden unter welchem Titel eine Reihe von Wiener Original-Romanen erscheint.)

— Die natürliche Zauberey. Scherz- u. Possenspiel ... Musik von Ignaz Schuster. — Pesth : Hartleben 1823. 80 S. 8° 1:Ys 4683. 15. 109.
9.9008

Bäuerle, Adolf (Hrsg.), s. Zeitung für die gebildete Welt.

Baeuerle, Ferdinand: Der Glaubenssatz von der Unfehlbarkeit des Papstes in katechetischer Form erklärt und beleuchtet für das katholische Publikum. — Deggingen: Selbstverl. (1874). 43 S. 8° 24.
9.9026

Bäuerle, Ferd., der heilige Alphonsus Maria von Liguori als Lehrer der katholischen Kirche in seinen Werken. Eine systemat. Darstellung seiner Werke als Fingerzeig für kathol. Priester und Studirende der Theologie, und ein Beitrag zu seiner Ernennung zum Doctor Ecclesiae. 8. (139 S.) Regensburg 872, Manz.

— Predigt auf das fünfzigjährige Priester-Jubiläum Papst Pius IX. am 10. April 1869. — Comburg b. Schw. Hall: Selbstverl. (1869). 10 S. 8° 24.
9.9028

— — 2., verm. u. verb. Aufl. Ebd. (1869). 11 S. 8° 24.
9.9029

— Die Verdienste des Römischen Stuhles. Eine kurz gefaßte Belehrung für das katholische Volk und ein Beitrag zur XVIII. Sekularfeier des Martyriums der heiligen Apostelfürsten. — Rottenburg: Bäuerle in Comm. 1867. 31 S. 8° 24.
9.9030

Bäuerle, Ferd., Die Verdienste des römischen Stuhles. Eine kurz gefaßte Belehrung für das kath. Volk u. ein Beitrag zur 18. Säkularfeier des Martyriums der hl. Apostelfürsten. Rottenburg (Tübingen, Osiander), 1867, gr. 8°, 32 S., 50 Pf.

Baeuerle, Gustav: Die Bibliothek des Düsseldorfer Bildungs-Vereins und Nachtrag zum Katalog vom 1. October 1892. — Düsseldorf 1893: Lintz. 15 S. 8° (Baeuerle: Katalog der Bibliothek des Bildungs-Vereins Düsseldorf Bestand am 1. October 1892. [Nachtr. 1.]) 61.
9.9032

— Katalog der Bibliothek des Bildungs-Vereins Düsseldorf. Bestand am 1. October 1892. [Nebst] Nachtr. [1.] 2. — Düsseldorf [1892–94]: Bagel (Nachtr. 1: Lintz). 8°
Nachtr. 1 u. d. T.: Baeuerle: Die Bibliothek des Düsseldorfer Bildungs-Vereins und Nachtr. zum Katalog vom 1. October 1892. 1893.
Nachtr. 2. Text handschriftlich autographiert. [1894.]
61.
9.9033

— — Bestand am 1. October 1894. [Nebst] Nachtr. Bestand am 1. October 1895. — Düsseldorf [1894–95]: Bagel. 8° 61. 303 [°° Nachtr.]
9.9034

— — Bestand am 1. October 1897. [Nebst] Nachtr., 15. Aug. 1899. — Ebd. [1897–99]. 8° 18 [°° Nachtr.] 61.
9.9035

— Katalog der Bibliothek des Vereins zur Wahrung der gemeinsamen wirthschaftlichen Interessen in Rheinland und Westfalen. Bestand am 30. Sept. 1887. [Nebst] Nachtr., abgeschlossen am 31. Aug. 1889. — (Düsseldorf [um 1890]: Bagel.) 8° 1:Ao 0128. 5 [°° Nachtr.] 61 [°° Nachtr.]
9.9036

Bäuerle, Hermann: Musikphilologische Studie über die „Sieben Busspsalmen" ⟨Septem psalmi poenitentiales⟩ des Orlando di Lasso. Leipzig: Breitkopf & Härtel 1906. (91 S.) 4°
Leipzig, Phil. Fak., Ref. Riemann, Köster, Diss. v. 7. Juni 1906
[Geb. 24. Okt. 69 Ebersberg b. Stuttgart; Wohnort: Regensburg; Staatsangeb.: Württemberg; Vorbildung: Gymn. Ehingen Reife Juli 90; Studium: Tübingen 8 S.; Rig. 14. Mai 06.]

— Die 'Sieben Busspsalmen' (Septem psalmi poenitentiales) des Orlando di Lasso. — Leipzig: Breitkopf & Härtel 1906. 91 S. 4°
Erschien auch als Diss. u. d. T.: Baeuerle: Musikphilologische Studie über die 'Sieben Busspsalmen' des Orlando di Lasso. Leipzig 1906. 1:Mus. Dl 116. 12:4° Mus. Th. 1849 c. 14. 15. 300:448.639–C. M. S. 302.
9.9037

Bäuerle, Herm., der vatikanische Choral in Reformnotation m. Beibehaltung d. nota quadrata. Versuch e. erleichterten, nach Sinn u. Übersicht vereinfachten Notenschrift f. d. gregorian. Choralgesang auf zeitgemäßer Grundlage entsprechend d. neuesten Verordngn. d. kirchl. Oberbehörde, kurz e. Reform-Choralnotation. (43 S.) 8. Graz 907. Styria. 1. —

Bäuerle, Hermann, s. Chrysologus.

Bäuerle, Hermann, s.a. Graduale parvum.

Bäuerle, H., Graduale parvum. Auszug aus dem Graduale Vaticanum. Hilfsausgabe in moderner Choralnotation. Gr.-8°. (X. 330, 125, 93 S.) K 4.50
Styria, Graz 1910.

Bäuerle, H., Kyriale sive Ordinarium Missae. Eine Hilfsausgabe in moderner Choralnotation. Gr.-8°. (93 S.) † K 1.20
Styria, Graz 1908.

— Kyriale sive Ordinarium missae. Ausg. Vaticano-Styria-Bäuerle, d. h. Ausg. m. Choralnoten auf 5 Linien im Violinschlüssel, unter Transposition in d. günstigste Tonlage, zugl. m. deutscher Übersetzg d. Texte u. Rubriken sowie m. Phrasiergs- u. Vortragszeichen versehen. (4. Heft d. Graduale parvum, hrsg. v. H Bäuerle.) (93) gr8° Ebd. '08. 1 —
Heft 1—3 sind noch nicht erschienen.

— Kyriale sive ordinarium missae. Hilfsausg. in moderner Choralnotation, d. h. Ausg. m. Choralnoten auf 5 Linien im Violinschlüssel, unter Transposition in d. günstigste Tonlage, zugl. m. deut. Übersetzg d. Texte u. Rubriken sowie m. Vortragszeichen u. Phrasiergsangaben versehen. 3. Afl. (4, 93) gr8° Graz, Styria '12. 1 —

Bäuerle, Hermann, s. Kyriale parvum.

— Liturgie. Theorie des römisch-katholischen Kultus. — Regensburg: Pustet 1908. VI, 101 S. 8° 24. 31.
9.9640

Bäuerle, Herm., Palestrina muss populärer werden u. zwar auf breiterer, dabei zeitgemässer Grundlage. Leichtverständliche Worte d. Einladg. an strebsame Dirigenten u. eifr. Anhänger d. hl. Musik, in hl. Ernste u. bester Absicht offen ausgesprochen am Anfang des 20. Jahrh. (30 S.) gr. 8. Regensburg 903. A. Coppenrath's Verl. n. — 40

Bäuerle, Herm., Repetitorium der Harmonielehre in fortlaufender Reihe v. Fragen, f. Musikexaminanden zum prüf. Selbststudium zusammengest. u. seinen ersten Musikeleven z dauernden Andenken gewidmet. Mit e. Anh.: Literatur zum Studium d. Harmonielehre. 8. (30 S.) Leipzig 902. M. Hesse. n. — 50

Baeuerle, Johann Balthasar: Gesetz-Entwurf betreffend Ausübung und Ablösung der Waid-Rechte auf landwirtschaftl. Grundstücken; sowie Ablösung der Wald-Waide, Waldgräserei und Waldstreu-Rechte. — Aalen 1870: Stierlin. 15 S. 8° 24.
9.9644

Baeuerle, Michael
Ordensname: P. Michael v. Neukirch

— Harmonie der sieben vorzüglichsten Meßopfer-Theorien. Von P. Michael. — Mainz: Lehrlingshaus (1907). 70 S. 8° 302.
9.9645

Baeuerlein, Augenarzt, Würzburg. 1876 s. *Baeuerlein,* Adolf.

Baeuerlein. 1845: Unmaßgebliche freimüthige Vorschläge die Beschränkung der zeitigen Armuth durch reelle Beschäftigung brodloser Arbeiter betreffend. Hrsg. von Bäuerlein u. Schultze. — Berlin: Jahncke in Comm. 1845. 15 S. 8° 3.
0.9664

Baeuerlein, Adolf: Zur Accomodation des menschlichen Auges. — Würzburg 1876: Stahel. 55 S. 8°
1: Ky 13800. 5. 12: Anat. 42 w. 20. 304.
0.9665

Bäuerlein, A. Augen-Klinik in Würzburg. Bericht über deren 15jähr. Wirksamkeit (1869—1883), nebst e. Abhandlg üb. 400 Staar-Operationen. 8. (55) Würzb. 84, Staudinger. n. 1. 25

— Meine Erfahrungen über Staar und Staaroperationen in 25 Jahren. — Wiesbaden: Bergmann 1894. IV,145 S. 4°
1: 4° Km 9312. 9. 12: Chir. 10 o. 17. 20. 21. 26. 43. 202. 302.
0.9667

— über die Kurzsichtigkeit des menschlichen Auges, s.a. Fortbildungsschule, die unterfränkische.

— Über die Kurzsichtigkeit des menschlichen Auges. — Würzburg: Stahel 1880. 17 S. 8° (Unterfränkische Fortbildungsschule. Gruppe D,3.)
12: Bavar. 833 w-D,3. 20. 21.
0.9668

Bäuerlein, Johann Georg, s. B ä u e r l e n, Johann Georg

Bäuerlen, Johann Georg

— Anleit. zum Rechnungswesen, als Lehrbuch f. Schreiber. 1r Bd. gr. 8. Heilbr. 800. (Vielleicht e. 1e Aufl. d. Vorsteh.?)

Baeuerlen, Johann Georg: Briefe über die gegenwärtigen theuren Preise der nothwendigsten Lebensmittel. [Verf.: Johann Georg Bäuerlen.] — Schwaben [vielm. Stuttgart] 1790. 38 S. 8° 5. 7. 203.
0.9669

— Lehrbuch sämtlicher Cameral- und Rechtswissenschaften, welche Schreibern, die auf Staatsämter Anspruch machen wollen, unentbehrlich sind. Bd 1, Th. 1. — Heilbronn [usw.]: Class. 1802. X,420 S. 8° 12: Cam. 8t.
0.9670

— — Lehrbuch sämtlicher Cameral- und Rechtswissenschaften, welche dem wirtembergischen Schreiber unentbehrlich sind. Bd 1, Th. 1. — Ebd. 1802. X,420 S. 8°
21. 24. 31.
0.9671

— Allgemeine populäre Staatsverfassungslehre. Nebst e. Anh. politisch-moralischer Aufsätze. — Heilbronn: Claß 1800. 244 S. 8° 24. 35. 117.
0.9672

BÄUERLEN, J. Geo.: Allgem. popul. Staatsverfassungslehre, nebst e. Anh. moralischer Aufsätze. *Heilbronn,* Class. 803. 8. (15 Gr.)

BÄUERLEN, J. Geo.: Taschenbuch f. angehende würtemberg. Rechtsgelehrte u. Schreiber auf d. J. 1793. 94. *Stuttgart,* Metzler. 8. (1 Thl.)

[—] Ueber die Ursachen der Armuth, und über die Mittel, sie zu vermindern. — o.O. [um 1790]. 32 S. 8° 24.
0.9673

— Versuch einer Anleitung zur Selbstbildung für wirtembergische Schreiber. — Stuttgart: Mezler 1793. 219 S. 8°
21. 24.
0.9674

Bäuerlein, Johann Georg: W o r t e der Erinnerung an Jünglinge und Mädchen, die sich auf eheliche Glückseligkeit vorbereiten wollen . . .
Stuttgart 1792.
8°
–Dass.
Stuttg.: Metzler 1793.

Bauermädchen (Bauermädgen), s. B a u e r n m ä d c h e n.

Bauermagd, die, s.a. Schillings-Bücher 2c.

— Die Bauermagd. 4. Aufl. — Hamburg: Rauhes Haus (1874). 44 S. 8° (Hamburger Hausfreund. 19.) 39.
13.1735

— — 5. Aufl. Ebd. (1897). 48 S. 8° (Hamburger Hausfreund. 19.) 18.
13.1736

Bauermägdgen, s. B a u e r n m ä d c h e n.

Bauermann, Karl: Die Berle der Nadur. Die Ritterplatte. Leipzig: Vormeyer 1896. 2 Bl. 8° (Säk'sche Boesien. 2,7.)
1: in Yb 10730/96². 14.
13.1373

Bauermann, Carl, s.: Boosion, säk'scho.

Bauermann, Karl: F l o t t e n t r e u e, s.a. Vereinstheater.

Bauermann, C: Flottentreue. Volksstück. [S.-A.] (26) 8° Dess., Anhalt. Verl.-Anst. (08). (Lpzg, R Hoffmann.) — 50 d

— Der schreckliche Gastwirth. Stossseifzer ännes säk'schen Dichtersch. — Leipzig: Vormeyer 1896. 2 Bl. 8° (Säk'sche Boesien. 2,3.) 1: in Yb 10730/96². 14.
13.1375

Bauermann, C: Die Gemeinderatssitzg, s.: Theater-Bibliothek, alpine.

— Die draurige Geschichte von der Kabale un Liewe. Fr. v. Schillern säk'sch nachempfunden. — Leipzig: Vormeyer 1896. 4 Bl. 8° (Säk'sche Boesien. 2,1.2.)
1: in Yb 10730/96². 14.
13.1376

Bauermann, C: Knallbonbons. Humorist. Naschwerk f. Lektüre u. z. Vortr. in gesell. Kreisen. (116) 8° Stuttg., Schwabacher (04). 1 —: geb. 1.50 d

— Lachpastillen. Humoristische Allotria für Lektüre u. Vortrag. — Stuttgart: Schwabach [1901]. 107 S. 8°
1: Yb 10740/50. 24.
13.1377

— Eine Löwenballade. Monolog eines Schauspielers. — Leipzig: Vormeyer 1896. 2 Bl. 8° (Säk'sche Boesien. 2,6.)
1: in Yb 10730/96². 14.
13.1378

— Die Mihle im Dhale. Lieweskläge. — Leipzig: Vormeyer 1896. 2 Bl. 8° (Säk'sche Boesien. 2,10.)
1: in Yb 10730/96². 14.
13.1379

— Der endeckte Nordpol. Abendeier ännes säk'schen Forscher'sch. — Leipzig: Vormeyer 1896. 4 Bl. 8° (Säk'sche Boesien. 2,8.9.) 1: in Yb 10730/96². 14.
13.1380

— Die Raiwer. Friedrich v. Schiller'sch Dragedie säk'sch nachempfunden. — Leipzig: Vormeyer 1896. 4 Bl. 8° (Säk'sche Boesien. 2,4.5.) 1: in Yb 10730/96². 14.
13.1381

Bauermann, Karl: V e r e i n t durchs Rote Kreuz, s.a. Vereinstheater.

— vereint durchs Rote Kreuz. Volksstück in 1 Akt. (28 S.) gr. 8. Ebd. (903). n. — 50
Sonderabdruck aus: „H. Oesterwitz u. W. Stork, unter dem Roten Kreuz".

Bauermeister: Beiträge zur Frage über die lateinischen Collectanea der Schüler. 16 S.
Progr. Luckau 1866.

Bauermeister: Ueber den Gebrauch der Copulativ-Partikeln im Lateinischen. 24 S.
Progr. Luckau 1853.

Bauermeister: Cicero's Rede de imperio Gn. Pompei nach ihrem rhetorischen Werthe erläutert. 31 S.
Progr. Luckau 1861.

Bauermeister, A., s.: Quellenbuch, historisches.

Bauermeister, Alb(ertus): *De Thucydidis genere dicendi, quatenus ex collocatione verborum, structura verborum enuntiationumque conformatione, figuris cognosci possit. 60 Bl. 8° (4°)
Halle-Wittenberg, Phil. Diss. v. 22. Dez. 1869
Geb. Klein-Germersleben (Kr. Wanzleben) 24. 4. 1845. V.

Bauermeister, Carl. Ueber das ständige Vorkommen pathogener Mikroorganismen, insbesondere der Rothlaufbacillen, in den Tonsillen des Schweines. Diss. Vet.-Med. Bern. 53 S. 8. Wolgast, Emil Hoffmann, 1901. V Bern

Bauermeister, Georg Heinrich Levin: Predigt am Dankfeste wegen Rettung des Königs, gehalten zu Northeim am 20. Julius 1800. — Hannover 1800: Wittig. 31 S. 8° 7. 35.
13.1387

— Die Religion als die wichtigste Angelegenheit des Menschen. Eine Predigt wegen Einführung e. neuen Katechismus. — Göttingen: J. H. Schulze [1791]. 32 S. 8° 7. 35.
13.1388

Bauermeister, H: Turnspiele f. d. Volkssch., s: Scheidemann, H.

Bauermeister, Heinrich Wilhelm Christoph,
s. Bauermeister, Wilhelm

Bauermeister, Joh. Phil.

— s. J. Chrysostomi Homiliae II.

— Commentarius in Sapientiam Salomonis librum Vet. Test. apocryphum. — Gottingae: Dieterich 1828. IV,176 S. 8° 1:Bo 14310. 3. 4. 5. 7→11. 14→17. 19. 21→30. 35. 60. 302.
13.1392

— Observationum in Hesiodi Carmina specimen... Ed. 2., priore em. Spec. 1. — Gottingae 1815: Dieterich. 18 S. 8°
Erschien zuerst als Diss. Göttingen 1815. 7. 24.
13.1393

— observationum in Hesiodi carmina Spec. I. II. 4. Götting. 815.

— De Systemate Socinianorum dogmatico. Commentatio 4.5. — Rostochii 1841–42: Adler. 8°
Zugleich Univ.-Schriften. Rostock 1841-42.
Comm. 1-3 erschienen nur als Univ.-Schriften. Rostock 1830-33.
5. 12: 4° Diss. 3861–43.44. 15. 17. 18. 19. 26. 27. 28. 33. 48.
13.1394

Bauermeister, Karl [aus Ribnitz i. Meckl.]: Zur Sprache Spensers auf Grund der Reime in der Faerie Queene ... Freiburg i. B., Univ.-Buchdr. v. Ch. Lehmann, 1896; 185 S. 8.
Freiburg i. B. Phil. Fak., Inaug.-Diss. v. 1896

Bauermeister, Max: Reelle Absichten. Dramatischer Scherz. — Berlin [1872]. 10 S. 8° (Eduard Bloch's Theater-Gartenlaube. 140.) 1:Yp 6302–140.
13.1399

Bauermeister, M., e. komische Alte, s.: Wallner's allgemeine Schaubühne.

— Seine komische Alte. Original-Lustspiel. — Berlin: Michaelson in Comm. 1871. 18 S. 8° 31. 48.
13.1400

— — Eine komische Alte. Original-Lustspiel. Erfurt: Bartholomäus [1873]. 20 S. 8° (Wallner's allgemeine Schaubühne. 37.) 1:Yp 6312–37.
13.1401

Bauermeister, Max: Anna, die Probir-Mamsell, s.a. Bloch's, E., Theater-Gartenlaube.

— Anna, die Probir-Mamsell. Solo-Scene. — Berlin [1870]. 11 S. 8° (Eduard Bloch's Theater-Gartenlaube. 129.) 1:Yp 6302–129.
13.1402

Bauermeister, Max, auf die Prämisse kommt es an! s.a. Theater-Mappe.

— Auf die Prämisse kommt es an! Dramatisches Genrebild. Berlin: Kühling [1875]. 17 S. 8° (Theater-Mappe. 7.) 1:Yp 6327–7.
13.1403

Bauermeister, Max, der erste Ball, s. Bloch's, E., Dilettanten-Bühne.

lebende Bilder, s.a. Bloch's, E., Volks-Theater.

— Lebende Bilder. Familiengemälde. — Berlin [1873]. 23 S. 8° (Eduard Bloch's Volks-Theater. 28.) 1:Yp 6300–28. 101.
13.1404

— bei Bismarck, s.a. Bloch's, E., Dilettanten-Bühne.

— Bei Bismarck. Schwank. — Berlin: Michaelson 1871. 14 S. 8° 32.
13.1405

– Bolongaro, s.a. Wallner's allgemeine Schaubühne.

— Bolongaro. Lustspiel. — Erfurt: Bartholomäus [1873]. 24 S. 8° (Wallner's allgemeine Schaubühne. 36.) 1:Yp 6312–36.
13.1406

— ihr erster Brief, s.: Kühlings, A., Album f. Liebhaber-Bühnen.

— Cotillon. Original-Lustspiel. — Berlin: Bloch [um 1870]. 20 S. 8° 30.
13.1407

- mit Damen, s.a. Wallner's allgemeine Schaubühne.

— Mit Damen. Lustspiel. — Berlin: Michaelson in Comm. 1870. 20 S. 8° 30. 31. 32.
13.1408

— — Erfurt: Bartholomäus [1876]. 23 S. 8° (Wallner's allgemeine Schaubühne. 44.) 1:Yp 6312–44.
13.1409

— er lügt, s.a. Kühling's, A., Album f. Liebhaber-Bühnen.

Bauermeister, Max, er lügt! s.a. Thalia.

Er lügt! Lustspiel in 1 Akt von Max Bauermeister. *Mühlhausen i. Th.: G. Danner 1900.* (23 S.) 8° [Š.]
— Thalia. 74. [... 98..]

— Er lügt! Lustspiel. — Mühlhausen i. Thür.: Danner [1901]. 23 S. 8° (Thalia. 74.) 1:Yp 6389–74. 3.
13.1410

— er macht Visite, s.a. Bloch's, E., Theater-Korrespondenz.

— er macht Visite, s.a. Wallner's allgemeine Schaubühne.

— Er macht Visite. Lustspiel. — Erfurt: Bartholomäus [1871]. 24 S. 8° (Wallner's allgemeine Schaubühne. 18.) 1:Yp 6312–18. 4. 7. 48.
13.1411

— — Berlin [1888]. 27 S. 8° (Eduard Blochs Theater-Korrespondenz. 214.) 1:Yp 6305–214.
13.1412

– Farbe halten, s.a. Wallner's allgemeine Schaubühne.

— Farbe halten. Conversations-Lustspiel. — Erfurt: Bartholomäus [1874]. 23 S. 8° (Wallner's allgemeine Schaubühne. 38.) 1:Yp 6312–38.
13.1413

- doppeltes Fiasko, s.a. Wallner's allgemeine Schaubühne.

— Doppeltes Fiasco. Original-Lustspiel. — Erfurt: Bartholomäus [1871]. 18 S. 8° (Wallner's allgemeine Schaubühne. 30.) 1:Yp 6312-30. 32.
13.1414

– Freunde, s.a. Wallner's allgemeine Schaubühne.

— Freunde. Original-Lustspiel. — Erfurt: Bartholomäus [1875]. 20 S. 8° (Wallner's allgemeine Schaubühne. 43.) 1:Yp 6312-43.
13.1415

– frisch! fromm! froh! frei!, s.a. Bloch's, E., Dilettanten-Bühne.

Bauermeister, Max, Frisch! froh! fromm! frei! Turner-Soloscherz f. einen Herrn, Berlin, 8 S., 16°.

— das vierte Gebot, s.a. Bloch's, Ed., Theater-Korrespond.

— das 4. Gebot, s.a. Theater-Mappe.

— Das vierte Gebot. Zeitbild mit Gesang. Musik von Felix Jäger. — Berlin: Kühling [1875]. 18 S. 8° (Theater-Mappe. 6.) 1:Yp 6327-6.
13.1416

Das vierte Gebot. Zeitbild mit Gesang in 1 Akt. Von Max Bauermeister. *Berlin: E. Bloch (1902).* (31 S.) 8° [F.]
— Theater-Korrespondenz, Eduard Blochs. No 325 [illegible]

– Hurrah, die Marine, s. Bloch's, E., Dilettanten-Bühne.

— in sicherer Hut, s.a. Wallner's allgemeine Schaubühne.

— In sicherer Hut. Original-Lustspiel. — Berlin: Michaelson in Comm. 1872. 26 S. 8° 32.
13.1418

— — Erfurt: Bartholomäus [1872]. 26 S. 8° (Wallner's allgemeine Schaubühne. 31.) 1:Yp 6312-31.
13.1419

—— das alte und das neue Jahr, s. Bloch's, E., Dilettanten-Bühne.

—— besondere Kennzeichen, s. Kühling's, A., Album für Liebhaber-Bühnen.

— Kutschke auf Vorposten, s.a. Bloch's, E., Theater-Correspondenz.

— Kutschke auf Vorposten. Humoristisch-militärische Soloscene mit Gesang. 2. Aufl. — Berlin [1876]. 11 S. 8° (Eduard Bloch's Theater-Korrespondenz. 93.) 1:Yp 6305-93.
13.1420

— Laura am Klavier, s.a. Bloch's, E., Theater-Correspondenz.

— Laura am Klavier. Solo-Scene. — Berlin [1883]. 10 S. 8° (Eduard Bloch's Theater-Korrespondenz. 166.) 1:Yp 6305-166.
13.1421

—— der Herr Lieutenant, s. Bloch's, E., Dilettanten-Bühne.

Bauermeister, Max, Marketenderliebe, s.a. Wallner's allgem. Schaubühne.

— Marketender-Liebe. Militärisches Zeitbild. — Erfurt: Bartholomäus [1871]. 22 S. 8° (Wallner's allgemeine Schaubühne. 14.) 1:Yp 6312-14.
13.1422

— — 2. Aufl. Ebd. [1895]. 22 S. 8° (Wallner's allgemeine Schaubühne. 14.) 3.
13.1423

– m. gleicher Münze, s.a. Wallner's allgemeine Schaubühne.

— Mit gleicher Münze. Solo-Scene für eine Dame. — Erfurt: Bartholomäus [1871]. 10 S. 8° (Wallner's allgemeine Schaubühne. 11.) 1:Yp 6312-11. 21.
13.1424

— Deutsche National-Couplets für das Kriegs-Jahr 1870. Berlin: Bloch [1870]. 15 S. 8° 1:2 in Kr. Samml. U 56. 7. 14.
13.1425

— deutsche National-Couplets f. das Kriegs-Jahr 1870. gr. 8. (12 S.) Berlin 870. Lassar. — 75

– Peti, der Zigeuner, s.a. Bloch's, E., Theater-Gartenlaube.

— Peti, der Zigeuner. Charakter-Soloscene mit Gesang. — Berlin [1871]. 10 S. 8° (Eduard Bloch's Theater-Gartenlaube. 135.) 1:Yp 6302-135.
13.1426

Bauermeister, Max. Reden u. Ansprachen in Prosa, s. Bloch's, L., Militär-Festmappe.

— glückliche Reise! s.a. Wallner's allgemeine Schaubühne.

— Glückliche Reise! Dramatischer Scherz. — Erfurt: Bartholomäus [1873]. 16 S. 8° (Wallner's allgemeine Schaubühne. 34.) 1:Yp 6312-34.
13.1427

— Rüdesheimer, s.a. Kühling's, A., Album für Liebhaber-Bühnen.

— Rüdesheimer. Dramatischer Scherz. — Berlin: Michaelson in Comm. 1867. 13 S. 8° 24. 30. 31. 32. 38.
13.1428

– zwei Schachspieler, s.a. Bloch's, E., Dilettanten-Bühne.

– Eine alte Schachtel, s.a. Bloch's E., Theater-Gartenlaube.

Bauermeister, M., e. alte Schachtel, s.a. Solo-Scene.

— Eine alte Schachtel. Solo-Scene. — Berlin [1871]. 10 S. 8° (Eduard Bloch's Theater-Gartenlaube. 134.) 1:Yp 6302-134.
13.1429

Eine alte Schachtel. Solo-Scene von M[ax] Bauermeister. *Berlin: E. Bloch (1892).* (13 S.) 8° [F.]
— Solo-Scene. No 7. [illegible]

— Ländliche Schöne. Lustspiel. — Berlin: Michaelson in Comm. 1871. 71 S. 8° 31. 41. 48.
13.1431

— Silberblumen od. e. Jubelpaar, s.: Bloch's, E., Dilettanten-Bühne.

– Soldatenliebe, s.a. Bloch's, E., Dilettanten-Bühne.

— Soldatenliebe: s.a. Bloch's, Ludw., Militär-Festmappe.

— Soldatenliebe. Schwank. 2. Aufl. — Berlin (1894). 18 S. 8° (Ludwig Blochs Militär-Festmappe für vaterländische Gedenktage. 38.) 1:Hu 14955-38.
13.1432

— Steh' ich in finst'rer Mitternacht. Humoristisch-militärische Soloscene. — Berlin: Bloch [1870]. 7 S. 8° 1:14 in Yy 5.
13.1433

—— Steh' ich in finst'rer Mitternacht! Humoristisch-militärische Soloscene. gr. 16. (7 S.) Berlin 870, Lassar's Buchh. *

— die Stimme d. Herzens, s.a. Kühling's, A., Album f. Liebhaber-Bühnen.

— die Stimme d. Herzens, s.a. Thalia.

— Die Stimme des Herzens. Original-Lustspiel. — Berlin: Entsch [in Komm.] 1867. 15 S. 8° 30. 31.
13.1434

— — Mühlhausen i. Thür.: Danner 1900. 24 S. 8° (Thalia. 66.) 1:Yp 6389-66. 3.
13.1435

– ein flotter S t u d e n t , s.a. B l o c h ' s , E., Theater-Correspondenz.

— **Ein flotter Student.** Soloscherz mit Gesang. — Berlin [1883]. 10 S. 8° (Eduard Bloch's Theater-Korrespondenz. 169.) 1:Yp 6305–169.
13.1436

Bauermeister, M., die vier Temperamente, s.a. Bloch's, E., Theater-Gartenlaube.

— **Die vier Temperamente.** Solo-Scherz. — Berlin [1871]. 12 S. 8° (Eduard Bloch's Theater-Gartenlaube. 126.) 1:Yp 6302–126.
13.1437

— — 2. Aufl. Ebd. [1882]. 13 S. 8° (Eduard Bloch's Theater-Gartenlaube. 126.) 101.
13.1438

— eine Thräne, s.a. Wallner's allgemeine Schaubühne.

— **Eine Thräne.** Lustspiel. — Erfurt: Bartholomäus [1871]. 19 S. 8° (Wallner's allgemeine Schaubühne. 26.) 1:Yp 6312–26.
13.1439

– eine lustige T u r n e r f a h r t , s.a. B l o c h ' s , E., Theater-Correspondenz.

— **Eine lustige Turnerfahrt.** Schwank. — Berlin [1883]. 22 S. 8° (Eduard Bloch's Theater-Korrespondenz. 171.) 1:Yp 6305–171.
13.1440

— ein kleiner Unart, s.a. Bloch's, Ludw, Damen-Bühne. Nr. 29.

— ein kleiner Unart, s.a. Bloch's, E., Theater-Gartenlaube.

— **Ein kleiner Unart.** Dramatischer Scherz. — Berlin [1872]. 13 S. 8° (Eduard Bloch's Theater-Gartenlaube. 148.) 1:Yp 6302–148.
13.1441

Ein kleiner Unart. Dramat. Scherz in 1 Akt von M[ax] Bauermeister. *Berlin: E. Bloch (1900).* (15 S.) 8° [5.]
= Damen-Bühne, Ludwig Blochs. No 29. [illegible]

— unversöhnlich, s.a. Kühling's, A., Album f. Liebhaberbühnen.

— **Unversöhnlich.** Lustspiel. — Berlin: Michaelson in Comm. 1872. 16 S. 8° 30. 31. 32.
13.1443

– V e r t r a u e n , s.a. B ü h n e n f r e u n d , Der.

– V e r t r a u e n , s.a. K ü h l i n g ' s , A., Album f. Liebhaber-Bühnen.

— **Vertrauen.** Dramatischer Scherz. — Berlin: Nolte 1877. 16 S. 8° (A. Kühling's Album für Liebhaber-Bühnen. 117.) 1:Yp 6329–117.
13.1444

— **Auf Werbung.** Lustspiel. — Berlin: Michaelson in Comm. 1874. 16 S. 8° 32.
13.1445

Bauermeister. *Heinrich* Wilhelm *Christoph* [app. Arzt aus Jerxheim]: Ein Fall von Ulcus ventriculi chronicum und Sanduhrmagen. ... Halle a. S., Hofbuchdr. v. C. A. Kaemmerer & Co., 1890: 36 S., 1 Bl. 8°
Halle, Med. Fak., Inaug.-Diss. v. 20. Dez. 1890

Bauermeister, Wilhelm, Geistlicher. 1888: Zur Philosophie des bewussten Geistes. Abth. 1. — Hannover: Helwing 1888. 105 S. 8° 1. Die Hypothese. 5. 15.
13.1446

— — 2. Aufl. Abth. 1. Ebd. 1888. 105 S. 8°
1. Die Hypothese. 10. 35. 84.
13.1447

Bauermeistr, M. s. *Bauermeister,* Max.

Bauerminfer, M. s. *Bauermeister,* Max.

Bauermueller, Johann Simon: Specimen theoriae medicae ad usum practicum accommodatae, physiologiam, pathologiam ac therapiam ... complectens. — [Nürnberg]: Lochner 1710. 157 S. 8°
2. 3. 7. 12: Med. g. 28. 14→17. 19. 26. 29. 36. 202.
13.1449

Bauern, die, zu Ackermannshofen, s. Handbuch f. d. Landmann.

Christliche Bauern! Wie sollt ihr wählen? deutschnational oder christlichsocial? — Klagenfurt 1902. 18 S. 8° (Flugschrift d. Katholisch-Politischen Volksvereines. 12.)
300: 421.063–B. Per. 12.
13.1450

Die edelmüthigen Bauern. Ein Nachspiel. — Halle: Hemmerde 1771. 32 S. 8° 3. 23. 302.
13.1451

Bauern einigt Euch! Ein Mahnruf an die rheinischen Bauern von einem rheinischen Bauer. 2. Aufl. [Paulshof 1901]. V: *Bitzer, W.* (StBKöln II, 211)

Bauern, die, und der Esel, s. Bilderbücher, Münchener.

Bauern, Die geadelte... Saltzburg [1750]. V: *Wimmer, Jacob Anton Marian.* (Hr) (Wagner)

Die gefoppten Bauern. Eine lehrreiche Geschichte für d. Volk. (Zugleich eine Antwort auf die 'Verkauften Bauern'.) — Linz: Kathol. Preßverein [1896]. 16 S. 8° 307.
13.1453

Die Pfälzer Bauern an den provisorischen Landes-Ausschuß der Volksvereine. — o.O. [1849]. 3 S. 8° 25.
13.1454

Die Pfälzer Bauern (noch einmal) an den provisorischen Landes-Ausschuß der Volksvereine. — o.O. [1849]. 3 S. 8° 25.
13.1455

Bauern (Die) und der Socialismus des Symmachos. 8°. Wien, Selbstverlag des „Socialist", 1879.

Die Bauern vom Stande. Ein Nachspiel. Aus d. Franz. Breßlau 1756. 40 S. 8° 18. 23. 41. 302.
13.1459

Die Bauern und Studenten Dänemarks. Wo Dänemark an der Spitze der Entwickelung schreitet. — Copenhagen 1895: Petersen. 21 S. 8° 12: H. sept. 14 dm.
13.1460

Bauern, uns., u. d. Parole: Gleiches Wahlrecht u. bill. Nahrg! (Die Reichstagswahlen 07.) (Von Otto Bielefeld.) (44) gr8° Freibg i/B., J Bielefeld '07. — 50 d

Bauern, vereinigt Euch, Einigkeit macht stark; von einem mährischen deutschen Bauer. 8°. Mährisch-Trübau, Verl. von Ant. Gromer, s. a.

Bauern, Kurt Bauer v. s. *Bauer* v. Bauern.

Bauernalbum. — Bauern-Album. Ein Gedenkblatt für die Mitglieder des 'Nordost'. — Danzig: Kafemann 1897–98. 2 Bl. 4° 10.
13.1465

Bauern-Almanach, s. Bauren-Almanach.

Bauernansichten, s. B a u r e n - A n s i c h t e n

Bauernband, Johann Josef, s. B a u e r b a n d , Johann Josef.

Bauernberger Hermann: Apparat zur Darstellung von Kraftlinien von Stromleitern. (Mit einer Abbildung). (2). Urfahr 05. **Progr.**

Bauernberger, Herm., üb. die Stärke elektrischer Wellen, wenn der Primärfunke in Öl überspringt. (Aus dem physikal. Institute der k. k. Universität in Innsbruck.) [Aus: „Sitzungsber. d. k. Akad. d. Wiss."] Lex.-8. (11 S. m. 2 Fig.) Wien 893. (F. Tempsky.) n. — 30

Bauernblatt, s. W o c h e n z e i t u n g , Schweizer (II).

Bauernblatt, Bayerisches. – München : 1905-1929.

Bauernbrief

Merkwürdiger Bauern-Brief aus Westpreußen. Abdruck aus der deutschen Arbeiter-Zeitung Gedruckt bei J. Sittenfeld. 1 Bl. 8.
Flugblatt. Berlin, 6. Mai 1848.

Bauernbriefe. Landwirt Vorwärts an s. Sohn. (Von Jak. Ils.) (119) kl8° M. Gladb., Volksver.-Verl. ('12). L — 75 d

Bauernbund

① Politisches Organ des Schweizer Bauern. Offizielles Organ des Zürcher Bauernbundes (seit 4. 11. 1892). Offizielles Organ des schweizerischen Bauernbundes (seit 19. 2. 1897) ④ Bauernfreund ⑤ 1. 5. 1891—? ⑥ 4°, 2° (seit 2. 11. 1894) ⑦ 14tägig, Wochenblatt ⑧ Andelfingen· J. U. Akeret; Affoltern a. A.· H. Hagenbüchli; Zürich J. Bollmann ⑨ gelegentliche Beilage ⑩ K. Keller, Oberglatt-Zürich ⑪ K. Keller, Oberglatt, J. Großmann, Knonau (4. 11. 1892) ⑭ Zh· Z.

Bauern(-bund): Bauern- und Arbeiterbund Baselland

① a) (wechselnd): Offizielles Organ basellandschaftlicher Genossenschaften. Seit Mai 1915 Offizielles Organ der Birseck'schen Produktion- und Konsumgenossenschaft. Offizielles Organ der Konsumgenossenschaft in Birseck (1917—20. 12. 1919). Offizielles Organ des Allgemeinen Consumvereins beider Basel für die Mitglieder des Birseck (3. 1. 1920—23. 12. 1932) — b) (gleichbleibendes Motto) »Wir wollen nicht den Kampf Ge'n Geld und Kapital. Wir wollen Kampf ge'n Wucher Durch Geld und Kapital«. — »Die politische und Geistesfreiheit ist ohne die ökonomische Freiheit ein leerer Wahn« ⑤ 1. 12. 1892—23. 12. 1932 ⑥ 2° ⑦ monatlich 1—2×, alle 14 Tage (seit 11. 1. 1896) ⑧ Binningen G. Lüdin, Genossenschaftsdruckerei Binningen (Bertram Wirz) (seit 1909), Buchdruckerei Binningen (Bertram Wirz) (1912—23. 12. 1932) ⑩ Der Vorstand des Bauern- und Arbeiterbundes; seit Mai 1915· der Vorstand der Birseck'schen Produktions- und Konsum-Genossenschaft; seit 1917: Vorstand der Konsumgenossenschaft Birseck; seit 3. 1. 1920 Allgemeiner Konsumverein beider Basel ⑪ Landrat Stefan Gschwind (Gründer, 1. 12. 1892—24. 12. 1898), A. Gisiger (7. 1. 1899—23. 2. 1932), Bertram Wirz (1909—1932) ⑫ Bis Mai 1915 Organ des Bauern- und Arbeiterbundes (Vereinigung demokratische gesinnter Wähler). Zeitweise Opposition gegen die Regierung von Baselland (Auslieferungsaffäre Dr. Hans Müller). Für Sozialreform und Genossenschaftswesen, vor allem Verstaatlichung des Hypothekarwesens im Zusammenwirken mit den basellandschaftlichen Grütli- und Arbeitervereinen Seit Mai 1915 unpolitisches Genossenschaftsblatt ⑬ BGSZ 60 ⑭ Bs: WA (einige Nummern fehlen)

Deutscher **Bauernbund**. Wöchentl. erscheinende wirtschaftspolit. Zeitschrift. Hrsg. v. Zentralbureau d. Deutschen Bauernbundes. Jg. 1. Berlin: Nagel 1909. 4° 111. 4704

Bauernbund, Deutscher. Wöchentl erschein wirtschaftspolit. Zeitschrift. Hrsg. vom Zentralbureau d. Deutschen Bauernbundes Jg 2 ff. Berlin 1910 ff. 4°

Bauernbund: Thurgauischer Bauernbund
v. **Thurgauer Tagblatt** (II).

Bauernbunds-Kalender '10. 12. J. (104 m. Abb.) Lex8° Würzbg, Memminger. nn — 80 d

Bauernbunds-Kalender '11. 13. J. (102 m. Abb.) Lex8° Würzbg, Memminger. — 30 d

Bauerncalender, s.a. B a u e r n k a l e n d e r

Bauerncalender, Der,
Philadelphia, PA: M. Brunner & Co

Bauerncalender 17.. H: *Scholz, Franz.* (Ign. Böhm, Histor. Nachr. des Normalinstit. in Böhmen. Prag 1784. S. 230) (BIBLPORT)

Bauern Calender, Allgemeiner, für 1791. Leipzig 1792. H: *Stumpf, Joh. Gg.* (KY 5/362) (BIBLPORT)

Bauerncalender, Allgemeiner, oder Hausbuch für den Bauernstand. Dortmund 1811—1813. H: *Mallinckrodt, Arnold.* (KY)

Bauerncalender, neuer, a. d. J. 801—806. 6 Stck. 8. Leipzig, Weigel. (a. Solbrig.) (16 ½ gr., 2—6tes à 5 gr.)

Der rechte Bauern=Calender, Auf das Jahr 1753.
Culmbach: Paul Ernst Lumscher [1752]. 26 Bl. 4°
[Mit Holzschnitten.]

Bauerndiskurs, s.a. B a u r e n - D i s k u r s

Bauerndiskurse. — Bauern-Discurse am ersten und zweyten Jäner 1806. — o.O. 1806. 32 S. 8° 1:Yb 9324. 12:Bavar. 4065-15 [2 Ex.] 19. 300:476.832-A.
13.1481

Bauerndoctor, der, ein rechtes u. wahres Noth- u. Hülfsbüchlein f. verständ. u. brave Bauersleute; aber auch f. Alle, denen ihr eignes u. der Ihrigen leibl. u. geist. Wohl am Herzen liegt. Vom Doct. Volksfreund. gr. 8. (6¾ B.) Jena 840, Cröker'sche Buchh.

Der wohlerfahrene Bauern-Doktor oder: Vollständiges ... Hilfsbuch für jeden vernünftigen Landmann, der sich vor Schaden bewahren will. — Graz: Cieslar [1876]. 148 S. 8° 303.
13.1482

Bauern-Doktor, der wohlerfahrene, oder vollständiges u. gemeinnütz. Hilfsbuch f. jeden vernünft. Landmann, der sich vor Schaden bewahren will. Mit vielen färb. Abbildgn. (2 Chromolith. in qu. 4.) 8. (148 S.) Graz 877. Cieslar. cart. n. 2. —

Bauern-Einmaleins, großes Euernbacher. 10. Aufl. 12. (56 S.) Freising 884. Dr. Datterer. — 20

— kleines, zur Umrechnung d. alten Geldes ins neue u. umgekehrt. 6. Aufl. 32. (28 S.) Ebd. 884. — 10

Bauernfang. — Der Bauernfang im Großen. (Hrsg. vom Conservativen Verein zu Kötzschenbroda u. Umgegend.) (Radeburg [1891]: Fritzsche.) 1 Bl. 4° 14.
13.1485

Bauernfänger, die, von Berlin. Ein Noth- u. Hilfsbüchlein für Jedermann aus dem Volke. Mit 6 Illustr. (Holzschn.) 1. u. 2. Aufl. Berlin 867. Uthemann & Müller. 32. (32 S.) 2½ ngr.

Bauernfaenger. — Die Bauernfänger von Berlin. Ein Noth- u. Hilfsbüchlein für jedermann aus dem Volke. 6. Aufl. — Berlin: Uthemann & Müller [um 1870]. 32 S. 8° 9.
13.1483

Bauernfeind: Die B e z i e h u n g e n des Hauses Habsburg-Österreich, s. B a u e r n f e i n d , Thomas

Bauernfeind: E l e m e n t e der Vermessungskunde (und anderes geodät. Schrifttum), s. B a u e r n f e i n d , Karl Maximilian.

Bauernfeind: Gemeindehaus u. Gemeindeleben in e. provinzialsächs. ländl. Industriegemeinde, Frohse (Elbe). (56 m. Abb.) 8° Schönebeck ('11). (Magdebg, Ev. Bh.) — 75 d

Bauernfeind: Josef U t z s c h n e i d e r , s. B a u e r n f e i n d , Karl Maximilian

Bauernfeind, C. v. s. *Bauernfeind*, Karl Max v.

Bauernfeind, C.W.: Strahlenbrechung, s. B a u e r n f e i n d , Karl Maximilian

Bauernfeind, Carl Max, s. B a u e r n f e i n d , Karl Maximilian

Bauernfeind, Ernst Heinr., s. a.: Heinrich, Ernst.

Bauernfeind, Ernst Heinrich: Erden- oder Aschen- und Ammoniak-Geschöpfe oder: Natur und Unnatur! — Ansbach: Verf. 1900. 8 S. 8°
Erschien zuerst in: Vegetarische Warte. 33. 1900.
12:Med.g. 28d-3. 29. 30.
13.1488

— Erden- od. Aschen- u. Ammoniak-Geschöpfe od.: Natur u. Unnatur! Der deutschen Lehrerschaft, den Naturärzten u. dem Naturforscher Julius Hensel gewidmet. gr. 8. (8 S.) Ansbach 900. (Berlin, H. Zitelmann.) n. — 10
Sonderabdruck aus: „Vegetar. Warte."

— Ueber gesunde Körner-Ernährung oder: Die fleisch-, eier-, käse- und milchfreie Ernährung ... als Ersatz für ... Obst. — Rothenburg o.T.: Verf.; Leipzig: Lentze in Komm. 1901. 50 S. 8° 12: Med.g.28d-5. 29.
13.1489

— Ueb. gesunde Körner-Ernährg od.: Die fleisch-, eier-, käse- u. milchfreie Ernährg m. Brot od. Speisen a. ganzen, vollwert., ungeschälten od. doch unpolierten Getreide- od. Hülsenfrüchten, nebst Oel, Fett od. Butter u. Blattgemüsen od. Blattsalaten u. Kern-Obst: als Ersatz f. uns. streng naturgemässe Nahrg: Das Obst (Samen- u. Kern-Obst). (50) 8° Rothenbg o/T.'01. (Berl., H Zitelmann.) 1 —

— Ausführliche Nährmittel-Tabellen über die allgemeine und Aschen-Zusammensetzung sämtlicher pflanzlichen und der meisten tierischen Nahrungsmittel. — Rothenburg o.T.: Verf.; Leipzig: Lentze in Komm. 1901. 84 S. 8° 12: Med.g.28d-6. 29.
13.1490

— Ausführl. Nährmittel-Tab. üb. d. allg. u. Aschen-Zusammensetzg sämtl. pflanzl. u. d. meisten tier. Nahrgsmittel, m. e. kurzen Abhandlg üb. gesunde Ernährg od. d. 5 mögl. Ernährgsarten d. Menschen. Zugl. e. Nachweis u. e. Ergänzg d. polaren Verteilg d. Aschen- od. Mineralstoffe in d. Nährmitteln. (84) 8° Ebd.'01. 1.80

— Natur- und Kunstdüngung oder die Bedeutung d. Erden-, Mineral- oder Aschenstoffe für d. Gesunderhaltung ... Neue Bearb. meiner 2. Schrift: Die Wahrheit über d. Unterschied zwischen Stall- u. Abortmist. Neue, verb. u. verm. Aufl. — Weidenbach: Verf. 1908. 120 S. 8° 101.
13.1491

(—) Der Natürlichkeit letzter Schluß. 2. Aufl. 7. Bearb. — (Weidenbach-Triesdorf: Verf. 1905.) 11 S. 8° 12: Med.g.28d-12. 29. 101.
13.1492

—— Mit d. Lehrgedichte: Giordano Bruno und die 'triumphierende Bestie'! 3. Aufl. 8. Bearb. — Ebd. 1906. 88 S. 8° 12: Med.g.28d-11. 29. 101. 307.
13.1493

— Die polare Verteilg d. Aschen- od. Mineralstoffe in d. verschied. Nährmitteln, sowie ihre Beziehgn zu e. gesunden Ernährg d. Pflanzen, Tiere u. Menschen. (80 m. 12 Tab.) 8° Ansb. 1898. (Berl., H Zitelmann.) 1.20

— die polare Verteilung der Aschen- od. Mineralstoffe in den verschiedenen Nährmitteln, sowie ihre Beziehungen zu e. gesunden Ernährung d. Pflanzen, Thiere u. Menschen. Ein Beitrag zur Ernährungschemie, zugleich e. Ernährungslehre f. Lehrer, Schüler u. Ärzte. Mit 1 Nährmittel-, 5 Aschen- u. 6 Ernährungstabellen. gr. 8. (80 S.) Ansbach 899. Ebd. n. 1.20

— Die polare Verteilung der Aschen- oder Mineralstoffe in den verschiedenen Nährmitteln sowie ihre Beziehungen zu einer gesunden Ernährung der Pflanzen, Thiere und Menschen. — Ansbach: Verf.; Leipzig: Lentze in Komm. 1898. 80 S. 8° 12: Med.g.28d-1. 17. 29. 30.
13.1494

[—] Die Vorteile der Aschen-, Mineral-, Steinmehl- oder Naturdüngung und die Nachteile der jetzt üblichen Mist- und Kunstdüngung. — [Weidenbach-Triesdorf um 1910.] 31 S. 8° 101.
13.1495

— was uns am meisten u. am dringendsten not thut! Ein Aufruf an die Lehrer u. Erzieher des Volkes! 12. (16 S.) Ansbach 900. Ebd. n.n. — 05
Sonderabdruck aus: „Der natürliche Mensch".

(—) Was uns am meisten und am dringendsten not thut! Ein Aufruf. — (Berlin [1900].) 16 S. 8°
Aus: Der natürliche Mensch. 12: Med.g.28d-2. 29.
13.1496

— Zur Wirkung des Gärungsgiftes oder Alkohols und der gegorenen Getränke auf den menschlichen Körper. — Weidenbach-Triesdorf: Verf.; Leipzig: Lentze in Komm. 1903. 24 S. 8° 12: Med.g.28d-10. 29. 30. 101.
13.1497

Bauernfeind, Georg Friedr. Christ, s. Bauerfeind, Georg Friedr. Christ.

Bauernfeind, Hans [app. Arzt]: Ein Fall von Stenose des ösophagus mit Bildung eines Pulsions-Divertikels ... München, J. F. Lehmann, 1893; 24 S. 8.
München, Med. Fak., Inaug.-Diss. v. 1893

Bauernfeind, Heinrich s. *Bauernfeind*, Ernst Heinrich.

Bauernfeind, Karl Maximilian v.: Ein Apparat zur mechanischen Lösung der nach Pothenot, Hansen u. a. benannten geodätischen Aufgaben. — München 1871. 19 S. 4°
Aus: Abhandlungen d. mathematisch-physikalischen Classe d. Königlich Bayerischen Akademie d. Wissenschaften. 11,1. 1871.
12: 4° Math. A. 19f. 83. 84. 169. 209. 210.
13.1503

Bauernfeind, Carl Max, e. Apparat zur mechanischen Lösung der nach Pothenot, Hansen u. A. benannten geodätischen Aufgaben. Mit e. Steindrucktaf. [Aus „Abhandlgn. der k. bayer. Akad. d. Wiss."] gr. 4. (19 S.) München 871. Franz in Comm. n. 1. —

Bauernfeind, Carl Max v., staatswirthschaftliches Bauwesen und technischer Unterricht in Bayern unter König Ludwig I. Vortrag, gehalten bei der Schlussfeier der techn. Hochschule im 100. Jahre nach der Geburt König Ludwigs I. am 28. Juli 1886. gr. 4. (32 S.) München 886, (Franz' Verlag.) *

Bauernfeind, Carl Max., die Bedeutung moderner Gradmessungen. Vortrag in der öffentl. Sitzung der k. Akademie der Wissenschaften am 25. Juli 1866 gehalten. gr. 4. (42 S.) München 866, (Franz.) *

— Hydrotechnische Bemerkungen zur Schwemmcanalisation. — München: Cotta 1893. 12 S. 8°
Aus: Allgemeine Zeitung. München. 1893.
12: Bavar. 198k. 16. 91. 210.
13.1506

— Neue Beobachtungen über die tägliche Periode barometrisch bestimmter Höhen. — München 1883. 50 S. 4°
Aus: Abhandlungen d. mathematisch-physikalischen Classe d. Königlich Bayerischen Akademie d. Wissenschaften. 14,3. 1883.
12: 4° Phys. sp. 15k. 88. 169. 209. 302. 305.
13.1507

— Beobachtungen und Untersuchungen über die Eigenschaften und die practische Verwerthung der Naudet'schen Aneroïdbarometer. — München 1874. 56 S. 4°
Aus: Abhandlungen d. mathematisch-physikalischen Classe d. Königlich Bayerischen Akademie d. Wissenschaften. 11,3. 1873.
12: 4° Phys. sp. 15 i. 83. 84. 89. 91. 169. 209. 210. 305.
13.1508

Bauernfeind, Carl Max., Beobachtungen und Untersuchungen über die Genauigkeit barometrischer Höhenmessungen und die Veränderung der Temperatur und Feuchtigkeit der Atmosphäre. Mit 79 Tab., darunter 6 zu Höhenberechnung u. 1 Steinzeichng. (in Fol.) München 862. Literar.-artist. Anstalt. Lex.-8. (VII, 144 S.) n. 1 ₰ 6 ngr.

Bauernfeind, Carl Max, Beschreibung der k. bayer. Staats-Eisenbahnen. 2. Heft. In 4 Situations-, Nivellements- und Uebersichtskarten, die Ludwig-Südnordbahn vom Bodensee bis zur Donau umfassend. Lex.-8. (38 S., 1 Kpfrt. und 4 Karten in gr. 4. und Fol.) Nürnberg 847, Schrag. *
1. Heft. Ebendas. 1845. * 20 Ngr.

— Geodaetische Bestimmung der Erdkrümmung und Lothablenkung. — München 1872. 39 S. 4°
Aus: Abhandlungen d. mathematisch-physikalischen Classe d. Königlich Bayerischen Akademie d. Wissenschaften. 11,2. 1872.
12: 4° Math. A. 19fc. 33. 39. 84. 93. 209. 210. 305.
13.1510

— s.a. Bestimmung d. geograph. Längenunterschiedes zwischen Leipzig u. München.

— Über die graphischen Bestimmungen der Erdabgleichungen und Transportweiten. — München: Cotta 1856. 10 S. 4°
Aus: Bauernfeind: Vorlegeblätter zur Straßen- u. Eisenbahn-Baukunde. 1856.
210.
13.1511

Bauernfeind, K. M. Ueber eine neue Eigenschaft des Prismas der Camera lucida. 1868.

— Ueber den Einfluss der exacten Wissenschaften auf die allgemeine Bildung und auf die technischen Fachstudien insbesondere. Rede. — München 1869: Straub. 19 S. 8°
12: 4° Bavar. 2130-VIII,16 [2 Ex.] 91.
13.1512

Bauernfeind, Carl Max., Elemente der Vermessungskunde. (In 2 Bdn.) 1. Bd.: Die Messinstrumente und ihr Gebrauch. Lex.-8. (XV und 452 S. mit 250 eingedr. Holzschnttg.) München 856, Literarisch-artistische Anstalt. *

Bauernfeind, Carl Max., Elemente der Vermessungskunde. 2. (Schluss-)Bd.: Die Messungen und das Abbilden des Gemessenen. Lex.-8. (XV und 471 S. mit 800 eingedr. Holzschntfg. und 15 Tab. nebst Anhang: Tafeln über verschiedene Gegenstände der prakt. Geometrie 56 S.) München 858, Literarisch-artistische Anstalt. *
Anhang apart. *
1. Bd. Ebendas. 1856. * 3 Thlr. 24 Ngr.

—— Elemente der Vermessungskunde. 2., verm. und verb. Aufl. Lex.-8. (XXIII und 840 S. mit 580 Holzschn. und 22 Taf.) München 862, Literarisch-artistische Anstalt. *

—— Elemente der Vermessungskunde. 3. Aufl. 2 Abthlgn. 1869. * ℳ 13., und 4. verm. und verb. Aufl. 2 Bde. gr. 8. (XVI, 460; VI, 533 S. mit eingedr. Holzschn.) Stuttgart 873, Cotta'sche Buchh.

—— Elemente der Vermessungskunde. Ein Lehrbuch der techn. Geometrie. 5. verm. Aufl. 2 Bde. gr. 8. (XVI, 478; VII, 540 S. mit eingedr. Holzschn.) Stuttgart 876, Cotta'sche Buchh.

— Elemente der Vermessungskunde. Ein Lehrbuch der techn. Geometrie. 6. sehr verm. Aufl. 2 Bde. gr. 8. (XVI, 557 u. XII, 633 S.) Stuttgart 879. Cotta. n. 18.—

Bauernfeind, C. M. v., Elemente d. Vermessungskunde. 7. Aufl. 2 Bde. gr. 8. (XVI, 570 u. XV, 669 S. m. Abbildgn.) Stuttgart 890. A. Bergsträsser. (n. 18.—); erhöht. Preis n. 32.—; in Leinw. geb. n. 36.—

Bauernfeind, C. M. v., Elemente der Vermessungskunde. Ein Lehrbuch der prakt. Geometrie. 7., verm. u. verb. Aufl. 2 Bde. gr. 8. (XVI, 570 u. XV, 669 S. m. Abbildgn.) Stuttgart 890. Cotta Nachf. n. 18.—
Anhang, s.: — Tafeln.

— Entwurf einer Schulordnung für die technischen Lehranstalten im Königreiche Bayern. — (München 1857: Wolf.) 47 S. 4°
12: 4° Bavar. 190 rv.
13.1520

— Ergebnisse aus Beobachtungen der terrestrischen Refraction. 1. Mittheilg., enth. die Feststellg. v. Thatsachen. Mit 2 Steindr.-Taf. [Aus: „Abhandlgn. d. k. b. Akad. d. Wiss."] gr. 4. (132 S.) München 880. Franz in Comm. n. 5.—

— Ergebnisse aus Beobachtungen der terrestrischen Refraktion. 2. Mittheilg., enth. weitere Thatsachen u. ihre Erklärg. Mit 2 Steindr.-Taf. [Aus: „Abhandlgn. d. k. b. Akad. d. Wiss."] gr. 4. (102 S.) Ebend. 883. n. n. 4.— (1. u. 2.: n.n. 9.—)

— Ergebnisse aus Beobachtungen der terrestrischen Refraktion. 3. Mittheilg., enth. e. Rückblick auf frühere Mittheilgn., Darstellg. der Beobachtgn. d. J. 1885 u. Schlussbetrachtgn. üb. die Theorie der atmosphär. Strahlenbrechg. Mit 1 Steindr.-Taf. [Aus: „Abhandlgn. d. k. b. Akad. d. Wiss."] gr. 4. (51 S.) München 888. (Franz' Verl.) n.n. 1. 60 (1—3.: n.n. 10. 60)

Bauernfeind, Carl Max v., Ergebnisse aus Beobachtungen der terrestrischen Refraktion. Nachtrag zur 2. u. 3. Mittheilg. [Aus: „Abhandlgn. d. k. bayer. Akad. d. Wiss."] gr. 4. (12 S.) München 890. (G. Franz' Verl.) n.n. — 40 (1—3 u. Nachtrag: n.n. 11. —)

— Gedächtnisrede auf Joseph von Fraunhofer zur Feier seines hundertsten Geburtstags. — München: Akad. d. Wissenschaften 1887. 30 S. 4°
1: 4° Au 4166. 2→8. 10. 11. 12: 4° Bavar. 190 sl [2 Ex.] 14. 15. 16. 18→30. 43. 75. 83. 86. 91. 201. 209. 210. 300: 108.259-C. 303. 305.
13.1522

— Gedächtnisrede auf Georg Simon Ohm den Physiker. München: Franz in Komm. 1882. 44 S. 4°
Zugleich Univ.-Schrift. München TeH 1882.
12: 4° Biogr. 190c. 22. 29. 91. 210. 303. 305.
13.1523

— Gedächtnissrede auf Georg Simon Ohm, den Physiker, geh. bei der Jahresschlussfeier der königl. Techn. Hochschule zu München am 28. Juli 1882. gr. 4. (44 S.) Ebend. 882. n. 2.—

— Gedächtnisrede auf Friedrich August von Pauli. — München: Franz in Komm. 1884. 24 S. 4°
Zugleich Univ.-Schrift. München TeH 1884.
1: 10 in 4° At 6963. 11. 14. 29. 75. 83. 91. 209. 210. 303. 305.
13.1524

—— Gedächtnissrede auf Friedrich August v. Pauli, gehalten bei der Jahresschlussfeier der königl. techn. Hochschule zu München am 26. Juli 1884. gr. 4. (24 S.) (Ebendas.) 884. *

Bauernfeind, Carl Max: Die Paulische Gewölbetheorie analytisch bearbeitet. pg. 3 - 16. 4°. Mit einer Tafel. Dr. C. Wolf. Progr. München 1845/46.

Bauernfeind, Carl Max v., Grundriss der Vorlesungen über Erd- und Strassenbau. [Als Mscr. für die Studirenden am K. Polytechnikum zu München gedr.] Mit Illustrationen im Text. 4. (279 autograph. S.) München 875, Th. Ackermann. geb. *

— Grundriß der Vorlesungen über Erd- und Straßenbau. München: Ackermann 1875. 279 S. 8°
Text handschriftlich autographiert.
12: 4° A. hydr. 8k. 19. 91. 210.
13.1525

— Die allgemeine Konferenz der Europäischen Gradmessung zu Rom im Oktober 1883. — München: Cotta 1884. 59 S. 8°
Aus: Das Ausland. 57. 1884. 12: Math. P. 707 l. 91. 169. 210.
13.1526

— Die physicalische Constitution [Konstitution] der Atmosphäre nach der Theorie des k. k. Hauptmanns Herrn W. Schlemüller in Prag. — München: Franz in Komm. 1880. 16 S. 8°
Aus: Sitzungsberichte d. mathematisch-physikalischen Classe d. k. b. Akademie d. Wissenschaften. 10. 1880.
12: Phys. sp. 41 hb. 19. 88. 91. 209. 210.
13.1527

Bauernfeind, C. M. von, und C. v. Orff, Die Bayerische Landesvermessung in ihrer wissenschaftlichen Grundlage. Herausg. . . . von der k. Steuer-Cataster-Commission in Gemeinschaft mit dem topogr. Bureau des K. Generalstabes. Mit 11 Taff. München 1873.

— Näherungs-Verfahren zur Ausgleichung der zufälligen Beobachtungsfehler in geometrischen Höhennetzen. — München 1876. 30 S. 8°
Aus: Sitzungsberichte d. mathematisch-physikalischen Classe d. k. b. Akademie d. Wissenschaften. 6. 1876.
210.
13.1528

— über die Organisation der Studien u. Prüfungen an den deutschen Bau- u. Ingenieur-Schulen. Vortrag für die Wanderversammlg. deutscher Architekten u. Ingenieure, geh. am 4. Septbr. 1876 im königl. Odeon zu München. [Aus: „Zeitschr. d. bayer. Archit.- u. Ingen.-Ver."] gr. 8. (17 S.) München 876. Th. Ackermann. n. — 60

— Die Planimeter von Ernst, Wetli und Hansen, welche den Flächeninhalt ebener Figuren durch das Umfahren des Umfangs angeben. — München: Palm 1853. IV,48 S. 8°
12: Math. A. 16eg. 19. 21. 39. 82. 88→91. 93. 209. 210. 305.
13.1530

— das bayerische Präcisions-Nivellement. 1.—3. Mittheilung. gr. 4. München, (Franz'sche Buchh.) [1. Mitth. (110 S. mit 1 Stnt.) 870. * ℳ 4.; 2. Mitth. (55 S.) 872. * ℳ 2.; 3. Mitth. (33 S.) 874. * ℳ 1,35.]
Aus: Abhandlungen der k. bayer. Akademie der Wissenschaften, besonders abgedruckt.

— das bayerische Präcisions-Nivellement. 2—4. Mittheilg. [Aus „Abhandlgn. d. k. bayer. Akad. der Wiss."] gr. 4. München 872—76. Franz in Comm. n. 5. 35 (1—4.: n. 9. 35)
2. (55 S.) n. 2. —. — 3. (33 S.) n. 1. 35. — 4. (52 S.) n. 2. —

— das bayerische Präcisions-Nivellement. 5. Mittheilg. Mit einer (lith.) Uebersichtskarte u. e. Anh., betr. den geograph. Längenunterschied zwischen Leipzig u. München. [Aus: „Abhandlgn. d. k. bayer. Akad. d. Wiss."] gr. 4. (87 S.) München 879. Franz in Comm. n.n. 2. 80

— das bayerische Praecisions-Nivellement. 6. Mittheilg. Mit e. farb. Steindr.-Taf. [Aus: „Abhandlgn. d. k. b. Akad. d. Wiss."] gr. 4. (75 S) Ebend. 883. n.n. 2. 50

— das bayerische Praecisions-Nivellement. 7. Mitteilg. gr. 4. (93 S.) Ebd. 888. n.n. 2. 80

— dasselbe. 8. Mitteilg. [Aus: „Abhandlgn. d. k. bayer. Akad. d. Wiss."] gr. 4. (88 S.) Ebd. 888. n.n. 2. 60

— Das Bayerische Präcisions-Nivellement und seine Beziehungen zur Europäischen Gradmessung. — München: K. Bayerische Commission für d. Europäische Gradmessung 1880. VIII,150 S. 8° 1: Stala 774. 12: Bavar. 198 le.
15. 19. 84. 89. 91. 93. 209. 210. 302. 305.
13.1532

— das Präcisionsnivellement in Bayern rechts des Rheins. Ausgeführt unter Leitg. von C. M. v. B. Endgültig bearb. v. Carl Oertel. Veröffentlichung der königl. bayer. Commission f. die internationale Erdmessg. gr. 4. (III, 192 S. m. 2 Steindr.-Taf.) München 893. (G. Franz' Verl.) n. 8. —

— Georg von Reichenbach und seine Leistungen auf den Gebieten der Mechanik und des Ingenieurwesens. Vortrag. — München: Franz in Komm. 1883. 27 S. 4°
Zugleich Univ.-Schrift. München TeH 1883.
12: 4° Bavar. 190sh. 21. 22. 29. 91. 201. 210. 303. 305.
13.1533

— Georg v. Reichenbach und seine Leistungen auf den Gebieten der Mechanik und des Ingenieurwesens. Vortrag, gehalten bei der Jahresschlussfeier der königl. techn. Hochschule in München am 28. Juli 1883. gr. 4. (27 S.) (Ebendas.) 883. *

— Benjamin Thompson Graf von Rumford. Festvortrag. — München: Franz in Komm. 1889. 27 S. 4°
Zugleich Univ.-Schrift. München TeH 1889.
12: 4° Bavar. 190sm. 19. 91. 305.
13.1541

— Benjamin Thompson Graf v. Rumford. Festvortrag, geh. bei der Jahresschlussfeier der Königl. Techn. Hochschule in München am 27. Juli 1889. gr. 4. (27 S.) Ebd. 889. n. 1. 60

— Johannes Scharrer und seine Bedeutung für die Entwicklung der technischen Schulen und der Eisenbahnen in Bayern. Rede. — München: Franz in Komm. 1881. 25 S. 4° Zugleich Univ.-Schrift. München TeH 1881.
1: 14 in 4° At 6964a. 7. 11. 16. 29. 75. 91. 210. 303. 305.
13.1534

— Johannes Scharrer und seine Bedeutung für die Entwicklung der technischen Schulen und der Eisenbahnen in Bayern. Rede, bei der Jahresschlussfeier der Techn. Hochschule in München am 27. Juli 1881 gehalten. Mit dem Bildniss Scharrer's in Kpfrst. gr. 4. (25 S.) (Ebendas.) 881. *

— Situations- und Nivellements-Karten der K. Bayerischen Staats-Eisenbahnen von München bis Hof, nebst Notizen über deren Geschichte, Technik und Betrieb. — Nürnberg: Schrag 1845. 46 S. 8° (Bauernfeind: Die Königl. Bayerischen Staats-Eisenbahnen. 1.)
1: Stala 775. 3. 12: Bavar. 198 l-1. 16. 18. 19. 22. 24. 30.
31. 75. 89. 91. 106. 210. 302. 304.
13.1535

— Johann Georg von Soldner und sein System der Bayerischen Landesvermessung. Vortrag. — München: Franz in Komm. 1885. 23 S. 4°
Zugleich Univ.-Schrift. München TeH 1885.
91. 169. 201. 210. 305.
13.1536

— Johann Georg v. Soldner u. sein System der bayerischen Landesvermessung. Vortrag, geh. bei der Jahresschlussfeier der königl. Techn. Hochschule zu München am 27. Juli 1885. Mit J. G. Soldner's (Lichtdr.-) Bildnis. gr. 4. (23 S.) Ebend. 885. n. 1. 50

— Die Königl. Bayerischen Staats-Eisenbahnen. 1.2. — Nürnberg: Schrag 1845–46. 8°
2 mit Nebent.: Bauernfeind: Beschreibung d. Königl. Bayerischen Staats-Eisenbahnen.
1. Bauernfeind: Situations- u. Nivellements-Karten d. K. Bayerischen Staats-Eisenbahnen von München bis Hof. 1845.
2. In 4 Situations-, Nivellements- u. Übersichts-Karten d. Ludwig-Südnordbahn vom Bodensee bis zur Donau umfassend. 1846.
1[∞2]: Stala 775. 12: Bavar. 198 l [auch 2 – Bavar. 4291 y].
22. 30. 75. 91. 106. 210. 302. 304.
13.1537

— Die atmosphärische Strahlenbrechung auf Grund einer neuen Aufstellung über die physikalische Constitution der Atmosphäre. Abschn. 1.2. — München: Cotta 1864–66. 4°
1. Die astronomische Strahlenbrechung. 1864.
2. Die terrestrische Refraction u. ihr Einfluß auf trigonometrische Höhenmessungen. 1866.
Aus: Astronomische Nachrichten. 62. 67. 1864–66.
12: 4° Phys. sp. 15h. 19. 26. 39. 90. 169. 304. 305.
13.1538

— die atmosphärische Strahlenbrechung auf Grund einer neuen Aufstellung über die physikalische Constitution der Atmosphäre. 2. Abschnitt: Die terrestrische Refraction u. ihr Einfluss auf trigonometrische Höhenmessungen. [Aus den „Astronomischen Nachrichten" abgedr.] München 867. Literar.-artist. Anstalt. (Stuttgart, Cotta.) 4. (28 S. u. 1 lith. Taf.) n. 14 ngr.

— Tafeln über verschiedene Gegenstände der praktischen Geometrie. — München: Cotta 1858. 56 S. 8° (Bauernfeind: Elemente d. Vermessungskunde. Anh.)
9. 12: Math. P. 25 m. 16. 17. 19. 21. 24. 25. 26. 43. 45.
46. 60. 83. 88→91. 93. 123. 207. 209. 305.
13.1539

— Tafeln üb. verschiedene Gegenstände d. praktischen Geometrie. Anh. der Elemente der Vermessungskunde. 7., verm. u. verb. Aufl. gr. 8. (58 S.) Stuttgart 890. Cotta Nachf. n. 1. 50

— Theorie und Gebrauch des Prismenkreuzes. — München: Palm 1851. 32 S. 8°
2. 4. 7. 12: Math. A. 16ef. 19. 39. 82. 84. 88. 89.
210. 305.
13.1540

Joseph von Utzschneider und seine Leistungen auf staats- und volkswirthschaftlichem Gebiet. Rede an die Studirenden der Technischen Hochschule beim Antritte des Rectorats f. d. Jahre 1880 bis 1883 geh. am 18. Dec. 1880 von Carl Max v. Bauernfeind. München: Franz in Comm. 1880. 50 S. 4° M

— **Vorlegeblätter zur Brückenbaukunde mit erläuterndem Texte.** — München: Cotta 1853. IV,22 S.,52 Taf. 2°
12:2° A.hydr. 1s. 19. 33. 46. 47. 60. 64. 82. 83. 84. 88→91. 210. 300:46.132-D. 305.
13.1543

—— Vorlegeblätter zur Brückenbaukunde mit erläut. Texte. In 2. Aufl. neu bearb. von A. Doehlemann und W. Frauenholz. 2 Hefte. Fol. (50 Stnt. in qu. gr. Fol. und XXVI, 85 S. mit eingedr. Holzschn. und 2 Stnt.) Stuttgart 872, Cotta'sche Buchh. geb. *

Inhalt:
Heft 1. Hölzerne Brücken. Einzeln * ℳ 10.
» 2. Eiserne Brücken. Einzeln * ℳ 19.

—— **Vorlegeblätter zur Brückenbaukunde mit erläuterndem Texte. Belege zu Vorträgen über Brückenbau und Dispositionen zu Entwürfen neuer Brücken. In 3. Aufl. bearb. von W. Frauenholz und G. Asimont. 2 Bde. Fol. (55 Stnt. in qu. gr. Fol. mit IX, 146 S. Text mit eingedr. Holzschn. und 7 Stnt.) Ebendas. 876.** cart. *

— **Vorlegeblätter zur Strassen- und Eisenbahn-Baukunde.** Mit erl. Texte u. einer Abhandlung über Erdabgleichung und Transportweiten. — München: Cotta 1856. 22 S., 30 Taf. 2° 1:2° Nz 12425. 12:2° A. hydr. 1sd. 15. 19. 45. 82. 84. 85. 86. 88→91. 210. 305.
13.1546

— **Vorlegeblätter zur Wasserbaukunde** mit erl. Texte. — München: Cotta 1866. 30 Taf. 2°
12:2° A.hydr. 1se. 15. 19. 82. 84. 88→91. 305.
13.1547

Bauernfeind, Lena, u. Berta **Bauernfeind,** Blumenmalen f. Kinder, s.: Malbücher, neue.

Bauernfeind, M.v.: Präcisions-Nivellement, Das bayerische (u. ähnl. Schriften), s. B a u e r n f e i n d , Karl Maximilian

Bauernfeind, Michael s. *Bauernfeind.*

Bauernfeind, Thomas

Bauernfeind: Die Beziehungen d. Hauses Habsburg-Oesterreich z. Schweiz von Rudolf von H. bis zum Anwuchs der Eidgenossenschaft auf die acht alten Orte. 47 S. 8°.
Progr. Steyr R. 1865-67.

Bauernfeind Thomas: Geschichte des Stiftes Kremsmünster von 777—993. 20. Steyr R. 91. Progr.

Bauernfeind, Thomas: Kurze Geschichte Steyrs. — Steyr 1880: Haas. 39 S. 8° 300:83.244-B. 304. 307.
13.1549

Bauernfeind, W, u. M **Burgmayer:** Führer durch d. Waldnaabtal. (2. Afl.) (47 m. 6 Ansichtspostk. u. 1 Karte.) 16° Weiden, H Hollwitzer (05). — 60 ₰
Die 1. Afl. s.: Burgmayer, M, u. W Bauernfeind.

Bauernfeind, Wolfgang: Aus dem Volksleben. Sitten, Sagen u. Gebräuche d. Nordoberpfalz. — Regensburg: Manz 1910. XIII,191 S. 8°
1:Sf 5251. 10. 12:4° Bavar. 190 u. 16. 17. 19. 21. 22. 25. 26. 41. 169. 300:473.183-B. 302.
13.1550

Bauernfeld. Ein Dichterportrait, s. Stern, Bernh.

Bauernfeld (Dramatiker), s. B a u e r n f e l d , Eduard

Bauernfeld, Eduard v.

— **Das letzte Abenteuer.** Lustspiel. — Wien: Wallishausser 1834. 118 S. 8° 1:Ys 6264. 5. 11. 17. 41. 64. 180. 300:23.225-B [u.ö.] 302. 309.
13.1560

Bauernfeld, Alkibiades. Drama in 5 Akten. 8. (93 S.) Dresden 888, Ehlermann. *

— **Alkibiades.** Drama. — Dresden: Ehlermann 1889. 40 S. 8° 1:Ys 26009.
13.1561

—— Ebd. 1889. 93 S. 8° 11. 101. 300:81.339-B.
13.1562

— **Der Alte vom Berge.** Schauspiel. — Wiesbaden 1873: Schellenberg. 48 S. 8°
1:Ys 18042. 8. 11. 12: Heyse-Archiv XI-17,3. 15. 32.
13.1563

— **Im Alter.** Häusliche Scenen nach Octave Feuillet. — ([Wien 1853]: Klopf & Eurich.) 22 S. 8°
1:Ys 26206. 14. 31. 48. 300:5773-B. 302.
13.1564

Bauernfeld's, Eduard v., ges. Aufsätze, s.a. Schriften d. literar. Ver. in Wien.

—— Gesammelte Aufsätze. In Auswahl hrsg. u. eingel. von Stefan Hock. — Wien 1905. XXII,391 S. 8° (Schriften d. Literarischen Vereins in Wien. 4.) 1:Ag 418/20-4. 2→11. 12:P.o.germ. 1346 bg-4. 14→21. 24→27. 29. 30. 32. 38. 41. 46. 61. 109. 300:434.165-B.Per. 4 [u.ö.] 302→304. 308. 309.
13.1558

— **Die Bauern vor Weinsberg.** Schauspiel. — Wien: Verf. 1864. VI,92 S. 8°
1:Ys 13375. 14. 300:51.186-B [u.ö.] 302.
13.1566

(—) **Muntere Beiträge zum La Roche-Bankett am 15. März 1873.** — Wien: Rosner 1873. 29 S. 8°
12:P.o.germ. 78ih. 30. 300:58.092-A.
13.1567

Bauernfeld, E.v.: Die Bekenntnisse, s.a. A u s w a h l deutscher Bühnenstücke.

– Die B e k e n n t n i s s e , s.a. S a m m l u n g deutscher Lust- u. Schauspiele.

Bauernfeld, Ed. v. D.: Bekenntnisse, s.a. U n i v e r s a l - B i b l i o t h e k .

— **Die Bekenntnisse.** Lustspiel. Zum Uebers. ... in d. Englische bearb. von J. Morris. — Dresden: Ehlermann 1867. 80 S. 8° (Sammlung deutscher Lust- u. Schauspiele zum Uebersetzen in d. Englische bearbeitet. 9.) 14.
13.1568

—— Zum Uebers. ... in d. Franz. bearb. von A. Peschier. Ebd. 1867. 90 S. 8° (Auswahl deutscher Bühnenstücke zum Uebersetzen in d. Französische bearbeitet. 6.)
12:P.o.germ. 62u-6. 60. 101.
13.1569

—— Zum Übers. ... in das Englische neubearb. von Ph. Hangen. 2. Aufl. — Ebd. 1893. 100 S. 8° (Englische Übungs-Bibliothek zur Benutzung an höheren Lehranstalten. 9.) 101.
13.1570

—— Leipzig: Reclam [1898]. 56 S. 8° (Universal-Bibliothek. 3827.)
1:Ag 7201-3827. 10. 15. 300:410.411-A.Per. 3827. 302.
13.1571

— ein Besuch in St. Cyr. Komische Oper in 3 Akten. Musik von Dessauer. gr. 12. Wien 840. Mausberger; Leipzig, P. Baumgärtner. 1/3 ₰

Bauernfeld, ein Besuch in St. Cyr. Kom. Oper in 3 Akt. Musik v. Dessauer. gr. 12. (2½ B.) Wien 840, Mausberger. (Leipzig, Hunger.)

— **Ein Buch von uns Wienern in lustig-gemüthlichen Reimlein von Rusticocampius [d.i. Eduard v. Bauernfeld].** — Leipzig: Hirschfeld 1858. XVI,220 S. 8° 1:Yo 8737. 11. 12:P.o.germ. 1725a. 14. 27. 30. 47. 300:558-B [u.ö.] 302. 303.
13.1572

– Bürgerlich u. romantisch, s.a. U n i v e r s a l - B i b l i o t h e k

—— [Ausz.] Eduard v. Bauernfeld. (Bürgerlich und Romantisch. Ein Lustspiel. ⟨Im Ausz.⟩) — New-York [um 1850]. 112 S. 8° (Meyer's Groschen-Bibliothek d. deutschen Classiker. 283.) 1:Yc 7543-283. 10. 11. 26. 214.
13.1575

— Bürgerlich und romantisch. Lustspiel. — Leipzig: Reclam [1897]. 78 S. 8° (Universal-Bibliothek. 3655.) 1:Ag 7201-3655. 7. 10. 14. 15. 27. 43. 47. 300:410.411-A.Per. 3655. 302.
13.1573

[—] Pia Desideria eines österreichischen Schriftstellers. — Leipzig: Wigand 1842. 93 S. 8° 1:Ag 8650. 11. 12:H. lit. P. 431-10. 14. 24. 27. 41. 109. 300:47.369-B. 302→304.
13.1576

— Wiener Einfälle und Ausfälle. Illustr. von Zampis. H. 1. Wien: Manz 1852. 52 S. 8° 12:P.o.germ. 78ib. 302. 309.
13.1577

— Die reiche Erbin. Lustspiel. — Leipzig: Mutze 1876. 37 S. 8° 1:Ys 19557. 8. 11. 15. 300:624.870-B. Th.
13.1578

v. Bauernfeld, E., Ernst und Humor, s. a. Taschenbuch dramat. Originalien.

— Ernst und Humor. Lustspiel. — [Wien 1842.] 27 S. 8° 30. 31. 180.
13.1580

— Excellenz oder: Der Backfisch. Lustspiel. — Wien: Verf. 1865. 22 S. 8° 31. 300:174.714-B [u.ö.] 302.
13.1581

— Zwei Familien. Schauspiel. — o.O. [um 1840]. 31 S. 8° 14. 27. 300:4874-B.
13.1582

—— zwei Familien. Schausp. in 4 Aufz. gr. 12. (5¼ B.) Wien 840, Mausberger. (Leipzig, Hunger.)

— Fata Morgana. Lustspiel. — [Wien um 1855]: Klopf & Eurich. 61 S. 8° 14. 31. 300:6033-B. 302.
13.1584

— Meister Favilla. Zur Erinnerung an Josef Dessauer. — Wien: Verf. 1877. 16 S. 8° Aus: Die Heimat. 2. 1877. 11.
13.1585

Bauernfeld, Fortunat, s. a. Bibliothek der Gesamtlitteratur.

— Fortunat. Dramatisches Märchen. Musik von Selmar Meyrowitz. Hrsg. von Eugen Kilian. — Halle: Hendel (1902). 92 S. 8° (Bibliothek d. Gesamtlitteratur d. In- u. Auslandes. 1610.) 1:X 8366-1610. 2. 10. 17. 31. 32. 52.
13.1586

— Frauenfreundschaft. Lustspiel. — Wien: Verf. 1865. 22 S. 8° 11. 14. 31. 180. 300:120.672-B. 302.
13.1587

— Die Freigelassenen. Bildungsgeschichte aus Oesterreich. Bd 1.2. — Berlin: Janke 1875. 8° 1:Yx 16942. 7. 11. 17. 24. 60. 109. 207. 300:415.707-A. 302. 303.
13.1588

—— 2. Aufl. Bd 1.2. Ebd. 1875. 8° 15 [= 2]. 207 [= 1].
13.1589

Bauernfeld, (Ed. v.,) flüchtige Gedanken über das deutsche Theater. Mit besond. Rücksicht auf das Hofburgtheater in Wien. 8. (38 S.) Wien 840, Klang.

— Gedichte. — Leipzig: Brockhaus 1852. XIV,344 S. 8° 1:Yo 5616. 11. 12:P. o. germ. 78id. 14. 21. 23. 27. 109.
13.1591

—— 2., verm. Aufl. Ebd. 1856. X,375 S. 8° 1:Yo 5617. 5. 7. 10. 14. 15. 16. 23. 28. 31. 38. 43. 61. 117. 302. 308.
13.1592

—— Gedichte. 1. Aufl. (XIV und 344 S.) 1852., und 2., verm. Aufl. 8. (X und 375 S.) Leipzig 856, Brockhaus.
Vgl.: Klassiker, moderne.

—— Genesis der Revolution. Die Bekenntnisse. Die Kriegslustigen. Politische Zeitgedichte. — Wien: Jasper, Hügel & Manz 1850. 36 S. 8° 11. 12:P. o. germ. 1694-53. 22. 30. 300:160.679-A. 302. 309.
13.1555

— die Geschwister von Nürnberg. Lustspiel in 4 Aufzügen. gr. 8. (136 S.) Wien 847, Doll's Enkel. (Greß.) n. ⅚ ₰

– A. d. Gesellschaft, s. a. Universal-Bibliothek.

— Aus der Gesellschaft. Schauspiel. — Wien 1867: Schweiger. 44 S. 8° 1:Ys 14900. 31. 180. 300:69.879-B [u.ö.] 302.
13.1594

—— Bühneneinrichtung d. k. k. Hofburgtheaters von Adolf Sonnenthal. — Leipzig: Reclam [1897]. 75 S. 8° (Universal-Bibliothek. 3646.) 1:Ag 7201-3646. 7. 15. 31. 47. 75. 107. 300:410.411-A.Per. 3646. 302. 309.
13.1595

— Großjährig. Lustspiel. — o.O. [1846]. 29 S. 8° 30. 31. 300:23.105-B. 302.
13.1596

—— Lustspiel in 2 Aufz. u. d. Nachspiel: Ein neuer Mensch. Wien: Gerold 1849. XII,130 S. 8° 1:Ys 8590. 5. 10. 11. 15. 17. 31. 300:4004-A [u.ö.] 302. 303.
13.1597

— Zu Hause. Familien-Scenen. — Wien 1852: Ullrich. 48 S. 8° 11. 17. 30. 31. 180. 302.
13.1599

— Das Herrenrecht. Komödie. — Leipzig: Mutze 1876. 41 S. 8° 1:Ys 19559. 15. 300:624.871-B. Th.
13.1601

— Der kategorische Imperativ. Lustspiel. — Wien 1851: Keck & Pierer. 51 S. 8° 31. 32. 300:54.695-B [u.ö.]
13.1602

—— (Neue Bearb.) Wien: Verf. [um 1860]. 84 S. 8° 31. 300:624.894-A. Th.
13.1603

— Industrie und Herz. Lustspiel. — o.O. [um 1840]. 24 S. 8° 17. 300:624.895-B. Th.
13.1605

— Industrie u. Herz. Lustspiel in 4 Aufz. gr. 8. (135 S.) Wien 847, Doll's Enkel. (Greß.) n. ⅚ ₰

– Moderne Jugend, s. a. Universal-Bibliothek.

— Moderne Jugend. Lustspiel. — Wien: Verf. 1869. VI,98 S. 8° 32. 300:120.498-B. 302.
13.1607

—— Ebd. 1870. VI,76 S. 8° 11. 14. 15. 32. 180. 300:624.886-B. Th. 302.
13.1608

—— Leipzig: Reclam [1897]. 66 S. 8° (Universal-Bibliothek. 3730.) 1:Ag 7201-3730. 10. 12:Var. 380k-3730. 15. 47. 300:410.411-A.Per. 3730. 302.
13.1609

— s. Klassiker. moderne.

— Ein deutscher Krieger. Schauspiel. — Wien: Doll 1846. 150 S. 8° 300:624.875-B. Th.
13.1610

—— ein deutscher Krieger. Schauspiel in 3 Aufzügen. gr. 8. (150 S.) Wien 847, [Greß.]

— Krisen. Charaktergemälde. — [Wien um 1850]: Klopf & Eurich. 55 S. 8° 17. 31. 180.
13.1612

—— Leipzig: Reclam [1897]. 74 S. 8° (Universal-Bibliothek. 3667.) 1:Ag 7201-3667. 10. 15. 31. 47. 107. 180. 300:410.411-A. Per. 3667. 302. 309.
13.1613

– Landfrieden, s. a. Universal-Bibliothek.

— Landfrieden. Deutsche Komödie. — Wien: Verf. 1870. 102 S. 8°
1: Ys 16376. 14. 15. 30. 31. 32. 180. 300: 624.885–B. Th.
13.1614

— — Leipzig: Reclam [1898]. 72 S. 8° (Universal-Bibliothek. 3887.)
1: Ag 7201–3887. 10. 31. 47. 107. 123. 300: 410.411–A. Per. 3887. 302.
13.1615

– D. Liebes-Protokoll, s.a. Universal-Bibliothek.

— Das Liebes-Protokoll. Lustspiel. Neue durchges. Aufl. Wien: Doll 1847. 127 S. 8°
1: Ys 8356. 11. 15. 30. 300: 22.476–B [u.ö.] 302.
13.1617

— — Das Liebes-Protokoll. Lustspiel. Leipzig: Reclam [1898]. 59 S. 8° (Universal-Bibliothek. 3869.) 1: Ag 7201–3869. 10. 15. 300: 410.411–A. Per. 3869. 302.
13.1618

— die schöne Literatur in Oesterreich. Histor. Skizze. Aus d. österr. Zeitschrift für Geschichte u. Staatskunde. gr. 8. Wien 835. J. P. Kaltenbaek. 1/3 ₰ (auch Klang.) 5 gl

—— Lustspiele. (: Leichtsinn aus Liebe. — Das Liebes-Protokoll. — Die ewige Liebe.) gr. 12. (12 B.) Wien 833, Sollinger.

— Lustspiele. 1r Bd. Leichtsinn aus Liebe oder Täuschungen. — Das Liebesprotokoll. — Ewige Liebe. 8. Wien 833 Sollinger. 5/6 ₰

— Mädchenrache oder die Studenten von Salamanca. Komödie. — Wien: Verf. 1882. 82 S. 8°
15. 30. 32. 300: 49.802–B [u.ö.] 302.
13.1620

— Der Magnetiseur. Ein Lustspiel. — Wien: Mausberger 1823. 7 S. 8°
30.
13.1621

Bauernfeld, Ed. v., aus der Mappe des alten Fabulisten, s.a. Bibliothek, Gabelsberger stenographische.

— Aus der Mappe des alten Fabulisten. — Wien: Rosner 1879. VIII,341 S. 8° 1: Yo 17629. 5. 10. 11. 14. 17. 18. 24. 30. 38. 64. 109. 300: 162.827–B. 302.
13.1622

— — In stenographischer Uebertragung … hrsg. von Vincenz Zwierzina. — Wien: Zwierzina (1879). 80 S. 8° (Gabelsberger stenographische Bibliothek. 2.)
15. 61. 207. 300: 177.249–A. 2. 302.
13.1623

— — In Correspondenzschrift. 2. Aufl. In stenographischer Übertragung … hrsg. von Vinc. Zwierzina. — Ebd. 1882. 39 S. 8° (Gabelsberger stenographische Bibliothek. 2.)
30. 300: 42.702–A. 2.
13.1624

— der Musikus von Augsburg, s. Taschenbuch dramat. Originalien.

— An eine Mutter. — Wien: Seidel 1866. 10 S. 8°
300: 71.259–B. 302.
13.1625

— — Dramatischer Nachlaß. Hrsg. von Ferdinand v. Saar. Stuttgart: Cotta 1893. XVI,280 S. 8° 1: Ys 27866. 2. 5. 8. 9. 11. 12: P. o. germ. 78 il. 14. 15. 16. 20. 21. 24. 26. 30. 31. 32. 109. 300: 157.265–B [u.ö.] 302. 307.
13.1556

Bauernfeld, E. v., Novellenkranz, s.a. Bibliothek f. Ost u. West.

— Novellenkranz. — Berlin [usw.]: Engel [1884]. 244 S. 8° (Bibliothek für Ost u. West. 2.) 1: Ag 7216–2. 9. 11. 12: L. eleg. g. 549 r–2. 30. 109. 123. 300: 48.613–B. 2. 302.
13.1626

—— die Republik der Thiere. Phantastisches Drama sammt Epilog. gr. 8. (95 S. mit 7 Radirungen und eingedr. Holzschn.) Wien 848, Seidel.

[—] Schreiben eines Privilegierten aus Oesterreich. Zur Beleuchtung der merkwürdigen Broschüre: Ueber Denk-, Rede-, Schrift- und Preßfreiheit. Wien 1847. — Leipzig: Grunow 1847. 37 S. 8° 14. 300: 43.820–B. 303.
13.1629

[—] — 2. Aufl. Ebd. 1847. 32 S. 8°
14.
13.1630

Bauernfeld, Eduard v.: [Werke] Gesammelte Schriften. Bd 1–12. — Wien: Braumüller 1871–73. 8°
1. Leichtsinn aus Liebe. Das Liebes-Protokoll. Der Musikus von Augsburg. 1871.
2. Das letzte Abenteuer. Helene. Die Bekenntnisse. 1871.
3. Fortunat. Bürgerlich u. romantisch. Der literarische Salon. 1871.
4. Das Tagebuch. Der Vater. Der Selbstquäler. 1871.
5. Die Geschwister von Nürnberg. Ein deutscher Krieger. Großjährig. 1871.
6. Die Republik d. Thiere. Aus Versailles. Franz von Sickingen. 1872.
7. Der kategorische Imperativ. Zu Hause. Krisen. 1873.
8. Fata Morgana. Die Zugvögel. Die Virtuosen. Das Beispiel. 1872.
9. Frauenfreundschaft. Excellenz. Aus der Gesellschaft. Moderne Jugend. 1872.
10. Der Landfrieden. Die Prinzessin von Ahlden. Die Vögel. 1872.
11. Reime u. Rhythmen. 1873.
12. Aus Alt- u. Neu-Wien. 1873.

1: Yc 9974. 2. 3. 5. 7→11. 12: P. o. germ. 78 if. 14→18. 24. 31. 32. 34. 38. 41. 46. 88. 109. 207. 300: 59.158–A. 302→304. 307. 309.
13.1551

—— der Selbstquäler. Charakter-Gemälde in 3 Aufz. u. in Versen. gr. 12. (5¼ B.) Wien 840, Mausberger. (Leipzig, Hunger.)

— Franz v. Sickingen. Schauspiel. — o.O. [1849]. 52 S. 8°
30. 31. 32. 302.
13.1632

— Das Tagebuch. Lustspiel. — Leipzig: Reclam [1897]. 44 S. 8° (Universal-Bibliothek. 3678.) 1: Ag 7201–3678. 10. 14. 15. 300: 410.411–A. Per. 3678. 302.
13.1633

— Poetisches Tagebuch. In zahmen Xenien von 1820 bis Ende 1886. — Berlin: Freund & Jeckel 1887. V,178 S. 8°
1: Yo 20820. 5. 11. 12: P. o. germ. 78 ii. 30. 38. 64. 300: 76.719–B. 302. 308. 309.
13.1634

— — 2. Aufl. Ebd. 1887. V,178 S. 8°
14. 18.
13.1635

— — 3. Aufl. Ebd. 1887. V,178 S. 8°
15. 109.
13.1636

— Aus Bauernfelds Tagebüchern. Hrsg. von Carl Glossy. 1.2. — Wien: Konegen 1895–96. 8°
1. 1819–1848. 1895. 2. 1849–1879. 1896.
Aus: Jahrbuch d. Grillparzer-Gesellschaft. 5.6. 1895–96.
5. 12: Biogr. 71 s. 24. 64. 203. 300: 410.781–B. 302→305. 308. 309.
13.1637

— — Theater. Mannheim: Löwenthal 1835. 286 S. 8°
11. 16. 17. 25. 31. 180.
13.1553

— Theater. (Inhalt: Die Bekenntnisse, Lstspl in 3 Aufz. – Franz Walter, Charaktergemälde in 4 Aufz.) 8. Mannh. 836. (Hoff.) 1½ ₰ 2r Bd. (Inhalt: Helene, Charaktergemälde. — Der Zauberdrache, Lstspl.) 8. Ebd. 1½ ₰ (1. 2: 3 ₰

— — Bd 1.2. Mannheim: Hoff 1837. 8°
1. Die Bekenntnisse. Franz Walter.
2. Helene. Der Zauberdrache.

1: Ys 6676. 5. 180. 300: • 28 Q 126 [u.ö.]
13.1554

—— der Vater. Lustsp. in 4 Aufz. gr. 12. (6 B.) Wien 840, Mausberger. (Leipzig, Hunger.)

— die Verlassenen, s.a. Theater, neues Wiener.

— Die Verlassenen. Lustspiel. — Wien: Rosner 1878. 31 S. 8° (Neues Wiener Theater. 80.)
15. 22. 30. 31. 32. 300: 104.092–B. 80 [u.ö.] 302.
13.1640

— Aus Versailles. Schauspiel. — [Wien 1852]: Klopf & Eurich. 40 S. 8°
1: Ys 16964. 24. 30. 48. 300: 5321-B [u.ö.] 302.
13.1641

Bauernfeld. Aus Versailles. Schauspiel in 3 Akten. (Bühnenmanuskript.) 8. (90 S.) Wien, U. Klopf. sen. und Alex. Eurich 1853.

— Die Virtuosen. Lustspiel. — [Wien um 1850]: Klopf & Eurich. 37 S. 8°
1: Ys 16965. 14. 31. 32. 48. 180. 300: 9207-B [u.ö.]
13.1642

Bauernfeld. Die Virtuosen. Lustspiel in zwei Akten von — —. (Als Manuskript gedruckt.) Wien, 1855. Druck von U. Klopf sen. und Alex. Eurich. (37 S. 8.) (Falz.)

— Welt und Theater. Lustspiel. — ([Wien 1853]: Klopf & Eurich.) 54 S. 8°
1: Ys 26207. 30. 31. 300: 5452-B [u. ö.] 302.
13.1643

— — Ausgewählte Werke. Mit e. biographisch-kritischen Einl. hrsg. von Emil Horner. Bd 1-4. — Leipzig: Hesse (1905). 8°
1. Einleitung d. Hrsg. Reime u. Rhythmen.
2. Leichtsinn aus Liebe. Das Liebesprotokoll. Die ewige Liebe. Helene. Die Bekenntnisse. Fortunat. Bürgerlich u. romantisch.
3. Ein deutscher Krieger. Großjährig. Krisen. Aus d. Gesellschaft. Landfrieden.
4. Aus Alt- u. Neu-Wien (1873).
(Hesses neue Leipziger Klassiker-Ausgaben.)
2. 3. 5. 6. 10. 12: P. o. germ. 78 im. 14. 19. 20. 21. 26. 30. 38. 39. 43. 48. 53. 61. 79. 91. 109. 111. 123. 300: 604.127-A. 302. 305.
13.1657

— Wien an die Provinzen. — Wien: Braumüller & Seidel 1848. 2 Bl. 4°
302.
13.1644

— Die Zugvögel. Lustspiel. — ([Wien 1855]: Klopf & Eurich.) 27 S. 8° 1: Ys 16966. 31. 180. 300: 6013-B [u.ö.]
13.1645

— Zum Abschied an Carl Fichtner. — Wien: Seidel 1865. 7 S. 8°
27. 300: 624.622-B. Th. 302.
13.1646

Demokratische Bauernflagge: 1835 1836
Weekly Carlisle PA

Bauernfrage. — Zur Bauernfrage in Neuvorpommern und Rügen. Inhalt: 1. Bittschrift der Kossäthen Dankwardt und Lange an Se. Majestät den Kaiser und König. 2. Bemerkungen zu dem Gutachten des Provinziallandtages vom 20. August 1861. — Bergen auf Rügen [1893]: Krüger. 21 S. 8°
79.
13.1647

Bauernfrage und Socialdemokratie in Bayern. (1893-1896.) — (Nürnberg: Wörlein [1896].) 24 S. 8°
12: Bavar. 198 li. 29. 75. 203.
13.1648

Bauernfragen. — Hundert Bauernfragen. Beantwortet von e. Bauernfreunde. 2. Aufl. — Prag: Verl. d. Landboten 1884. 60 S. 8°
300: 50.302-B.
13.1649

Hundert Bauernfragen. Beantw. v. e. Bauernfreund. 3. Aufl. Prag, Administr. d. „Landboten". 80 kr. 1885. Ins. 4

Bauernfrau. — Bauernfrau s. *Bauernfrau.*

Bauernfreiheit. — Ueber die neuerlich begründete Bauernfreiheit in den russischen Ostseeprovinzen. (Verf.: N.T.) Leipzig 1855. S. 85-109. 8° Aus: Hermes. 11. 1821. 18. 30.
13.1651

Bauernfreude, s. Baur-Freude

Bauernfreund [Sachl. OW]

Bauernfreund, Der. 1768. V: *Mühler, Johann Georg.* (MGT)

Bauernfreund, der, e. nüzl. Lesebuch f. Bürger u. Landleute. 8. Münch.... N. A. 794. Fleischmann. 9 K

Bauernfreund, der, Lesebuch. 8. Wien, Doll. 794.

Bauernfreund, Der, oder Wetter- und Wirthschaftskalender für das gemeine Jahr 1811. Brünn 1810. H: *Melzer, Zacharias.* (GGr VI/755, Nr. 87/2) (GGr VII/7) BiblPort)

Der Bauern Freund: 1828 Pottstown, PA

Bauernfreund: 1830? 1838 |
Democratic See Philadelphia Demokrat, June 21, 1848. Issue of 18 Sept. 1833 quoted in York Gazette of Sept. 24, 1833 Sumneytown PA

— der, Landwirthschaftlicher Kalender auf das Jahr 1854. Herausg. von L. v. Babo. Nebst einem Landwirthschaftlichen Arbeits-Kalender (in Fol.). Heidelberg, Emmerling. 4. (9 Bl., 40 S. m. Holzschn. im Text.) n. 4 ngr.

Bauernfreund, der, landwirthschaftlicher Kalender auf die J. 1854—56. Hrsg. von L. v. Babo. Mit eingedr. Holzschn. 4. Heidelberg, J. Groos'sche Universitäts-Buchh. [1854. (XVIII und 42 S.) 1855. (XXII und 40 S.) à * 4 Ngr., 1856. (60 S.) ** 3 Ngr.] *

Bauernfreund, der. Landwirthschaftlicher Kalender auf das J. 1857. Mit dem amtl. Marktverzeichniß. Hrsg. von Frhrn. L. v. Babo. 4. (letzter) Jahrg. 4. (56 S. mit eingedr. Holzschn.) Heidelberg 857, [Emmerling.] **

Bauernfreund. Landwirthschaftlicher Kalender für Kurhessen. Ein Schreib- u. Notizbuch f. d. Jahr 1856. Cassel, Bertram. 8. (LXXXIV, 80 S.) n. 8 ngr.

Bauernfreund, der. Landwirthschaftlicher Kalender für Kurhessen. Ein Schreib- und Notizbuch auf das J. 1857. 8. (IV und 156 S. mit eingedr. Holzschn.) Cassel 857. [Göttingen, Wigand.] * 10 Ngr.; cart. * 12½ Ngr.; geb. Thlr. *

Bauernfreund. Illustrirter landwirthschaftlicher Kalender für Kurhessen. Ein Schreib- u. Notizbuch auf d. J. 1858—64. Herausg. von Wendelstadt. 3—9. Jahrg. Cassel, Bertram'sche Buchh. 16. Jeder Jahrg. n. 10 ngr.

Bauernfreund. Landwirthschaftlicher Kalender. Ein Schreib- und Notizbuch für die J. 1862—66. Hrsg. von C. Wendelstadt. 7.—11. Jahrg. 8. (à Jahrg. ca. 300 S.) Göttingen, Wigand. cart. 12½ Ngr.; geb.

Bauernfreund. Illustrirter landwirthschaftl. Kalender für die Prov. Hessen-Nassau auf das J. 1879. Hrsg. vom J. 1856 an von Wendelstadt, fortgesetzt von Th. Kraus. gr. 16. (IV, 240 S. mit eingedr. Holzschn.) Kassel 878, (Freyschmidt.) *
Jahrg. 1868—1878 sind nicht erschienen.

Bauernfreund: Der Bauernfreund
① Monatsblatt zur Anregung und Belehrung des Landmanns, überhaupt zur Beförderung der Volkswohlfahrt ⑤ 1862—1868 ⑥ 4° ⑦ Monatsblatt ⑧ Baden J. Zehnder ⑩ Th Schmid ⑫ bäuerliche Interessen ⑬ BGSZ 12, p. 215 ⑮ Gratisbeilage zu den Zeitungen «Das freie Wort» (Ag) und «Schweizerische Volkszeitung»

Das 1. Kreiscomite der Oberpfalz. **Der Bauernfreund**, Mittheilungen. – Regensburg, 1866.

Der Bauernfreund oder Erfahrungen und Beobachtungen aus d. Gebiete d. Landwirthschaft von e. praktischen Landwirthe. — Worms: Schmuck (1866). 42 S. 8° 123.
13.1653

Bauernfreund, der. Kalender für Bürger und Landmann auf die J. 1884 und 1885. 1. und 2. Jahrg. (Protestant. und katholische Ausg.) 4. (40; 60 S. mit eingedr. Holzschn.) Kaiserslautern, Gotthold's Buchh. jede Ausg. à Jahrg.

Bauernfreund, der. Kalender für Bürger und Landmann auf die J. 1886—1889. 3.—6. Jahrg. (Protestant. und kathol. Ausg.) 4. (à Jahrg. 40—60 S. mit Illustr.) Kaiserslautern, A. Gottbold's Verlag. à Jahrg.

Bauernfreund, der. Kalender für Bürger u. Landmann auf das J. 1890—1893. 7.—10. Jahrg. (Protestant. u. kathol. Ausg.) gr. 8. (à Jahrg. ca. 60 S. m. Abbildgn.) Kaiserslautern, Gotthold. à Jahrg. — 12

Bauernfreund, der. Kalender f. Bürger u. Landmann auf d. J. 894. gr. 8. (56 S. m. Abbildgn.) Kaiserslautern, A. Gotthold. — 12; kathol. Ausg. — 12

Bauernfreund, der. Kalender f. Bürger u. Landmann f. 1897. 14. Jahrg. 4° (85 m. Abb.) Kaisersl., A Gotthold. — 10
Fortsetzg war nicht zu erhalten.

Bauernfreund, der. Kalender f. Bürger u. Landmann 1903. 8. (48 u. 16 S. m. Abbildgn.) Kaiserslautern, A. Gotthold. — 15

· der. Land- u. hauswirtschaftl. Kalender f. d. J. 1904. Hrsg. unter Mitwirkg. hervorrag. Landwirte u. Fachmänner v. Fr. L. Götz. (64 S. m. Abbildgn.) 4. Straßburg (J. Singer). — 30

Bauernfreund, der. Kalender f. 1905. (56 m. Abb.) 4° Kaisersl., A Gotthold. — 15 d

Bauernfreund, Der. – Esslingen : 1896 (?) - 1899.
Fortges. u.d.T.: Z e i t u n g , Plochinger.

Bauernfreund, Der. – Frankfurt: 1897 - 1905.

— der. Landw. Kalender f. 1897. Hrsg. v. RFL Götz. 1. Jahrg. 4° (82 m. Abb.) Strassbg, Strassb. Druckerei u. Verl.-Anst. nn — 25

Bauernfreund, der. Landwirtschaftl. Kalender f. d. J. 1898. Hrsg. unt. Mitwirkg. hervorrag. Landwirte u. Fachmänner v. Fr. L. Götz. 2. Jahrg. gr. 8. (102 S. m. Abb.) Straßburg, F. Engelhardt. n. — 40

— der. Land- u. hauswirtschaftlicher Kalender f. d. J. 1903. Hrsg. unter Mitwirkg. hervorrag. Landwirte u. Fachmänner v. Fr. L. Götz. 4. (64 S. m. Abbildgn.) Straßburg. (J. Singer). — 30

— der. Land- u. hauswirtschaftl. Kalender f. 1904. Hrsg. v. FL Götz. (64 m. Abb.) 4° Strassbg. (J Singer.) — 30 d ô H

Bauern-Freund: Jahrgang 1, 1900 ?
Monthly. Large quarto, each issue 8 pages, joint index, 1912 1913, 2 pages. Place name given also Estrela. Subtitle Organ des „Riograndenser Bauernvereins" für Landwirtschaft und Genossenschaftswesen. Edited by Josef Winge. Printed by Druck, Typ. de Centro, Porto Alegre
Porto Alegre

Bauernfreund

① 1. Untertitel. Politisches Organ für den Bauernstand (7. 1. 1905—Ende 1905) ③ Bauernbund ⑤ 7. 1. 1905—31. 12. 1944 ⑥ 2° (1905). 4° (1907—1944) ⑦ Wochenblatt ⑧ Affoltern a A H Hagenbuchli (7. 1 1905—30. 6 1923). Ad. Schuppli (7. 7. 1923—1929). Buchdruckerei des «Bauernfreund» (1930—13 1. 1934). A. Schönbächler & Co (20. 1. 1934—31. 12. 1944) ⑨ Schweizer. landwirtschaftl. Marktzeitung (Beilage seit 1911); Schweizerische Bauernzeitung (Beilage seit 1911). v Schweizerische Bauernzeitung (Ag); In der Bauernstube (1926—1931, 4°, Wochenbeilage); Für die Landfrau (10. 1. 1931—21. 12. 1940, 4°, Wochenbeilage); Aus Haus, Hof und Garten (1935—1941. 4°, Wochenbeilage). Zur Unterhaltung (19 5. 134—31. 12. 1944. 4°, Wochennbeilage); Schweizerische Landfrauenzeitung. Wochenschrift für Schweizerische Landfrauen und Landfrauen-Vereinigung Beilage zum «Bauernfreund» (4. 1 1941—31. 12. 1944) ⑩ die Drucker ⑪ die Drucker, außerdem: Dr. K. Rohrer, Brugg (1917—1919). Hans Spiegelberg, Zürich (11. 6 1942—31 12. 1944). Mitarbeiter· Oberstkorpskommandant Wildbolz ⑫ Vertretung der Bauerninteressen, vor allem der ostschweizerischen Milchproduzenten ⑬ E. Berchtold Zur Geschichte der landwirtschaftlichen Zeitung «Bauernfreund» Nr 8, 21 2 1931, p 111: 60 Jahre Bauernfreund «Bauernfreund» Nr. 1. 3. 1 1942 ⑭ Bs. WA (1911—1912, 1925—1944); Be· L; Zh Z (ungebunden, fehlt 1906).

Bauernfreund: Der Allgemeine Schweizerische Bauernfreund

④ Neue St. Galler Zeitung (I) ⑤ Juli 1830—Ende Dezember 1830 ⑦ Wochenblatt ⑧ Flawil· Johann Caspar Steiger ⑩ der Drucker ⑫ freisinnig ⑬ BGSZ 1046—1047.

Bauern(-freund): Der Bauern- und Arbeiterfreund

⑮ Die von Heeb (BGSZ. 52, p. 27) unter diesem Titel aufgeführte Zeitung heißt «Bauern- und Arbeiterbund Baselland».

Bauernfreund, der badische. 1869 und 1870. Zu Nutz und Lehr des Bauernstandes. Hrsg. von Fritz Möhrlin. 4. (80—84 S. mit eingedr. Holzschn.) Stuttgart, Cohen und Risch. à Jahrg. *
Erschien auch als „bayerischer" und „schwäbischer" Bauernfreund.

Bauernfreund, der bayrische, 1870. Zu Nutz u. Lehr d. Bauernstandes hrsg. v. F. Mörlin. 4. (84 S. m. eingedr. Holzschn.) Würzburg. Stuber. n. 4 Ngr.
Erscheint auch als „bayrischer" u. „schwäbischer" Bauernfreund.

Canadischer Bauernfreund und Allgemeiner Anzeiger für Waterloo County: 1851? ? Waterloo, Ont.
Independent conservative weekly. Circulation 1881: 1,300, 1892 1,850, 1907. 2,175. Owner Joachim Kalbfleisch & Hartmann Schnaat. Editor Jacob Teuscher, A Weidenhammer. Publisher Joachim Kalbfleisch. Title varies Canadischer Bauernfreund and Deutsche Zeitung (in 1907) Purchased Volksblatt of New Hamburg and Deutsche Zeitung, Berlin, then absorbed by Berliner Journal, which see

Bauern-Freund und Pennsburg Demokrat: Aug 6, 1828—Apr 1908
Democratic weekly, supported Tilden. Absorbed Der Pennsburg Demokrat. Title varies: 1) Der Bauern-Freund, Aug 6, 1828 June 1858, 2) Der Bauernfreund und Pennsburg Demokrat, 1858 62. Place of publication varies Sumneytown, Pa., Aug. 6, 1828 June 1858, Pottstown? Circulation 1869, 2000, 1875, 3000, 1893, 3100, 1907, 3200. Edited & published by Enos Benner & Adam Skinner, Aug 6– Oct 28, 1828, by Enos Benner, Nov. 1828—June 1858, by Albrecht Kneule, July 1858 Aug 1881, by E. I. Kunkel, Sept 6, 1881—Apr. 11, 1882, by Albrecht Kneule, Apr 1882 1896, by Henry Kneule, 1896 1908.
Pennsburg, PA

— deutscher, s. a. Volkskalender, ill., f. Stadt u. Land.

— deutscher. Landwirthschaftlicher Kalender f. d. J. 1895. 4. (88 S. m. Abbildgn., 1 Farbendr. u. Wandkalender.) Berlin, H. Schildberger. n. — 50

— deutscher. Volkskalender f. 1902. Hrsg. vom Bauernverein „Nordost". gr. 4. (48 u. 4 S. m. Abbildgn., 1 Farbdr. u. Wandkalender.) Berlin, H. Schildberger. n. — 50
Erscheint nicht mehr.

—— der Luxemburger. Kalender für Acker- und Gartenbau für die J. 1875—1880. Hrsg. vom Acker- und Gartenbau-Verein des Großherzogth. Luxemburg. 21.—26. Jahrg. 8. (à 127 S. mit eingedr. Holzschn.) Luxemburg, (Brück.) à Jahrg. *

—— der luxemburger. Kalender für Acker- und Gartenbau für die J. 1863—68. 9.—14. Jahrg. Hrsg. vom Acker- und Gartenbau-Verein des Großherzogth. Luxemburg. 16. (à Jahrg. 198 S.) Luxemburg, Bück. à Jahrg. *

— in Niedersachsen. s. a. Bauernfreund.

—— der schwäbische. Jahrg. 1881—1885. Kalender und Schreibebuch, hrsg. von Fritz Möhrlin. 4. (à Jahrg. 64 S.) Stuttgart, A. Koch. à Jahrg. * *

—— dass. — 1879 und 1880. Kalender und Schreibebuch, hrsg. von Fritz Möhrlin. 4. (à 64 S.) Ebendas. à Jahrg. * *

— der, in Niedersachsen. 2 Bdchen. 8. Lemgo 775. Meyer. 12 gl

—— der schwäbische. Zu Nutz und Lehr des Bauernstandes. 1872—1878. Hrsg. von Fritz Möhrlin. 4. (à 64 S.) Stuttgart, A. Koch. à Jahrg. * *

—— der schwäbische. 1871. Zu Nutz und Lehr des Bauernstandes. Hrsg. von Fritz Möhrlin. 4. (77 S.) Stuttgart, Koch. *

Bauernfreund, der schwäbische. Zu Nutz u. Lehr des Bauernstandes hrsg. von Fritz Möhrlin. Jahrg. 1869 u. 1870. Stuttgart, Cohen & Risch. 4. (à 5 Bgn. m. Holzschn.) Jeder Jahrg. n. 4 ngr.

— schwäbischer, s. a. Möhrlin, Fritz.

Bauernfreund, Schwäbischer. Hrsg. v. Farny, Keilbach u. Seitz. Red.: Keilbach. J. '11. 52 Nrn. (Nr 1 u. 2: 16) 33×24,5 cm. Stuttg., „Deut. Volksbl.". viertelj. nnn — 30; f. Mitgl. d. Zentralgenossensch. d. oberschwäb. landwirtschaftl. Vereine viertelj. nnn — 15 d 6H

Bauern-Freund: Vaterländischer Bauern-Freund

① Ein landwirthschaftliches Volksblatt, allen Ständen zum Nutzen und Interesse, besonders aber jedem Bauer oder Landwirthe zur Lehre und Nachahmung ⑥ 4° ⑦ in Lieferungen ohne Datum ⑧ Bern (?) ⑫ belehrender Charakter ⑭ Be: L.

Bauernfreund [Verfasser]
Bauernfreund, A.: A u f zur Wahl (u. ähnl. Schriften), s. B a u e r n f r e u n d , Alban

Bauernfreund s.a. B ü r g e r - und Bauern f r e u n d .

Bauernfreund, Alban
Bauernfreund, A., auf zur Wahl in den deutschen Reichstag, s.a. **Compaß f. das kath. Volk.**

Bauernfreund, Alban: Auf zur Wahl in den Deutschen Reichstag! — Würzburg:Woerl 1876. 22 S. 8° (Compaß für d. katholische Volk. H. 48–Bd 5,8.)
Spätere Auflagen sind vorhanden in 30, 30 u. 41. **20.**
13.1654

Bauernfreund, Alban, auf zur Wahl in den deutschen Reichstag. 1.—10. Aufl. 8. (22 S.) Würzburg 876, Wörl.

Bauernfreund, Alban: Bauer wach auf!, s.a. C o m p a ß f. das katholische Volk.

— Bauer wach' auf! — Würzburg:Woerl 1874 (1873). 20 S. 8° (Compaß für d. katholische Volk. H. 31–Bd 4,1.) 20.
13.1655

Bauernfreund, Alban: Bittersalz f. liberale Mägen, s.a. C o m p a ß f. das katholische Volk.

— Bittersalz für liberale Mägen. — Würzburg:Woerl 1874. 32 S. 8° (Compaß für d. katholische Volk. H. 32–Bd 4,2.) 20.
13.1656

Bauernfreund, Alban, Bittersalz für liberale Mägen. Würzburg, Woerl, 1875, 8°, 32 S., 20 Pf. (Kompaß f. d. kath. Volk Bd. 4 [1875] Nr. 2.)

Bauernfreund, Alban: Der Finger Gottes in der Geschichte, s.a. C o m p a ß f. das katholische Volk.

-- Der Finger Gottes in der Geschichte. — Würzburg: Woerl 1875. 24 S. 8° (Compaß für d. katholische Volk. H. 40–Bd 4,10.) 20.
13.1657

Bauernfreund, Alban: Herüber od. hinüber, s.a. C o m p a ß f. das katholische Volk.

— Herüber oder hinüber. — Würzburg:Woerl 1875 (1876). 31 S. 8° (Compaß für d. katholische Volk. H. 41–Bd 5,1.) 20.
13.1658

Bauernfreund, Albert, Rechtsprakt.: Die Abandonnierung der Geschäftsanteile in der Gesellschaft mit beschränkter Haftung. München 1909: Gäßler. 54 S. 8°
Erlangen, Jur. Diss. v. 22. April 1909, Ref. Sehling
[Geb. 13. Mai 84 München; Wohnort: München; Staatsangeh.: Bayern; Vorbildung: Luitpold-Gymn. München Reife 03; Studium: München 8, Erlangen 2 S.; Rig. 13. Okt. 08.] [U 09. 658

Bauernfreund, Antoni

Bauernfreund, Antoni, An die Bürger und Landleute, s.a. An.

Bauernfreund, Antoni: An die Bürger und Landleute von wegen einer deutschen Republik und einigen andern Sachen. Von einem Freund des Volkes [d. i. Antoni Bauernfreund]. — Augsburg:Herzog 1848. 32 S. 8° 304.
13.1659

Bauernfreund, Antoni, Aufklärung über die Grundursachen des Merzen-Donnerwetters u. seiner Folgen. 8. (46 S.) Augsburg 848, Doll. (Regensburg, Manz.) 1/12 ß

— Aufklärung über die Grundursachen des Merzen-Donnerwetters und seiner Folgen. — Augsburg:Herzog 1848. 46 S. 8° 11. 12:Bavar. 4080–38. 19.
13.1660

—— etwas Besonderes für die Katholiken nebst einem guten Neujahrswunsch für Alle. 1. und 2., unveränd. Aufl. 8. (24 S.) Augsburg 849, Schmid'sche Buchh.

—— Es brennt. Helft löschen, besonders den Brand von wegen des Ablösungsgesetzes. 2., verm. Aufl. 8. (30 S.) Augsburg 848, Doll. (Regensburg, Manz.)

Bauernfreund, Antoni, Es brennt. Helft löschen, besonders den Brand von wegen des Ablösnngsgesetzes. Zweite vermehrte Auflage Augsburg, A. Herzog, 1848. 30 S. 8°.
Fr. Str. (C. R.)
Ultramontan. — Erste Auflage erschien vor dem 25. April.

Bauernfreund, F.: Briefe über Landwirthschaft. Hrsg. vom steiermärkischen Volksbildungsverein. (1.3.) — Graz: Volksbildungsverein 1870. 8° 300:121.545–B.
13.1663

Bauernfreund, Ferd [Pseud.], s.a. K a u s e n , Armin [wirkl. Name]

Bauernfreund, Ferd., s.a. **Muster-Partei, e.**

Bauernfreund, Ferdinand: Eine Muster-Partei oder die Bauernbündler unter sich, wie sie sich schlagen und vertragen. — Augsburg:Huttler 1896. IV,230 S. 8°
1:Sf 3260. 10. 12:Bavar. 198 mc. 19. 30. 106. 203.
13.1664

Bauernfreund, G.: Der Tannenwirth. Bruchstücke aus dem Leben eines Landspekulanten.– Freising 1869.

Bauernfreund, Gotthelf: Die Politik gehört nicht auf die Kanzel! Politische Volkspredigt. — Linz 1870. 45 S. 8° (Gabe d. katholischen Volksvereines für Oberösterreich. 2.) 307.
13.1665

Bauernfreund, H.: Die Schuld. Lustspiel. — München 1843:Hübschmann. 40 S. 8° 12:P.o.germ. 78ir. 30.
13.1666

— Ein froher Tag. Lustspiel. — München 1842. 40 S. 8° 12:P.o.germ. 1484sbe/2. 30.
13.1667

Bauernfreund, H.C.: Der neue Sparofen mit Luftzugrohren. — Ansbach:Haueisen 1801. 13 S. 8°
Bauernfreund ist vermutlich Pseudonym für Haueisen.
2. 10. 21.
13.1668

Bauernfreund, Wendelinus: Mahnruf: Höchste Zeit ist's, Bauern! 4., verb. Aufl. — Eggenfelden:Niederbayerischer Bauer 1897. 22 S. 8° 12:Bavar. 198md. 19.
13.1669

Bauernfreunde. — Die neuen Bauernfreunde mit der rothen Kravatte. Ein Mahnwort an d. landwirthschaftliche Bevölkerung. — (M.-Gladbach 1898.) 2 Bl. 8° (Centralstelle d. Volksvereins für d. katholische Deutschland. Flugblatt. 2.) 25. 203.
13.1670

Der Bauernfreund Kalender Current in 1892 Pennsburg, PA
Published by A. Kneule

Bauerngedanken, s. B a u r - G e d a n c k e n

Bauerngespraech. —

Bauerngespräch, s.a. B a u r e n - G e s p r ä c h

— Ernsthaftes und vertrauliches Bauern-Gespräch. [1–]4. o.O. 1758. 8°
[1.2.] Gehalten im Schulzen-Gericht zu R. und W.
3.4. Gehalten zu S. **16. 22.**
13.1678

— Ernsthaftes und vertrauliches Bauergespräch, den gegenwärtigen Krieg betreffend ... In die hochdeutsche Sprache übers. Unterredung 1–8. — Frankfurt [usw.] 1758. 192 S. 8° 1[∞ 3/8]: 2 in Yc 2224. 41.
13.1679

—— Unterredung 1–12. Ebd. 1758–60. 192 S. 8°
1-4. Gehalten zu P***. 1758. 5. Gehalten zu D***. 1758.
6. Gehalten zu L***. 1758. 7. Gehalten zu R***. 1758.
8. Gehalten im Schultzen-Gerichte zu W***. 1759.
9. Gehalten zu B**. 1759.
10. Gehalten im Schultzen-Gerichte zu N**. 1760.
11. Gehalten zu P. und B. 1760.
12. Gehalten zu V. und D. 1760. **27. 41[∞ 1/4. 7/12].**
13.1680

— Ernsthaftes und vertrauliches Bauergespräch. Unterredung 5. — o.O. 1759. S. 108–122. 8°
5. Gehalten im Schulzen-Gerichte zu D. **18.**
13.1680a

— Ernsthaftes und vertrauliches Bauergespräch, den jetzigen Krieg betreffend ... In die hochdeutsche Sprache übers. (Unterredung 1–13.) — Frankfurt [usw.] 1762. 254 S. 8° Verschiedene Drucke. 1:Yc 2231.
3[∞1/12]. 18[∞1/4.6/13]. 30. 39[∞1/11.13]. 46[∞1/12].
13.1681

— Kriegerisches Bauern-Gespräch (2: Fortsetzung des kriegerischen Bauern-Gesprächs) zwischen einem Baier, Böhm, Schlesier, und Sachsen ... In welchem sie den dermaligen Kriegeslauf ... lebhaft abschildern wollen. Stück 1.2. — o.O. 1778–79: Lebrecht. 8°
12[∞1]: Bavar. 4051/1a. 19. 25.
13.1682

— Curieus [Kurioses] und lustiges Bauern-Gespräch des steyrischen Rieppel und so genannten saltzburgerischen Rauff-Jodl, uber den jetzt angehenden Feld-Zug der gesammten Kayserl. Armee, wider den stoltzmüthigen Frantzosen, und seine Aliirte, am Rhein, und im Mayland [!]. — Wien: Lercher (1734). 2 Bl. 4° 1:Yb 9506.
13.1683

— Schlesisches Bauerngespräch, zwischen Vetter Hans, und Muhm Ohrten, gehalten zu R ... bey Großglogau, im Monat Nov. 1758. Mit e. Anh. — o.O. 1759. 16 S. 8° 39.
13.6861

— Wirtembergisches Bauern-Gespräch, wegen verschiedenen Ständen und Beschwerden, nach schwäbischer Mund-Art, manches aus Erfahrung und Wahrheit von einem darunter Leidenden gedichtet ... Verfaßt von Johann Martin St ... — o.O. 1825. 16 S. 8° 24.
13.1688

Bauerngespraeche. — Bauerngespräche über König und Regierung, Volk und Revolution. — Königsberg: Gräfe & Unzer 1848. 56 S. 8° 1: Deutsche Flugschr. 1848–176. 10.
13.1680

Bauerngut, Das. 1798. V: *Treitschke, Friedrich.* (GGr VI, 573) (Zeitschr. f. Büch. 1923, S. 79)

Bauerngut, Das. Ein Lustspiel in einem Aufzuge. Fortsetzung der beiden Billets, und des Stammbaums. Leipzig 1798. V: *Sievers, G. L. P.* (BrMn)

Bauerngut, das. Lustspl. in 1 A. 8. Leipz. 798. Linke. 4 gr

Das bestiftete Bauerngut. — Wien 1882. 26 S. 8° (Weckstimmen für d. katholische Volk. 13,3.)
300:146.430–B. 13,3. 302.
13.1691

Bauerngut, Das von einer gewissen Gränze herab unteilbare sächsische, von rein nationalem Standpunkte betrachtet. Hermanstadt 1863. V: *Löw, Wilhelm.* (Bibl. d. ev. Landeskirche in Siebenb. Hermannst. 1889.)

Bauern-Hallelujah, s. Bauren-Hallelujah

Bauernhaus. —

Bauernhaus, Für das, s. Ostschweiz, Die

Bauernhaus, Für das, s. Tagblatt, Bündner.

Das Bauernhaus in Deutschland, Oesterreich und der Schweiz. [1–]3. — Dresden: Kühtmann [u.a.] 19(01–)06. 4°, 2° [u.] gr. 2°
[1.] Das Bauernhaus im Deutschen Reiche u. in seinen Grenzgebieten. Dresden 19(01–)06.
[2.] Das Bauernhaus in Oesterreich-Ungarn u. in seinen Grenzgebieten. Wien 19(01–)06.
3. Das Bauernhaus in d. Schweiz. Zürich [1903].
Die besitzenden Bibliotheken sind bei d. Stücktiteln verzeichnet.
13.1693

Bauernhaus, d., im bayer. Gebirge u. s. Vorlande. Denkschrift d. Münch. Architekten- u. Ingenieur-Ver. (Von A Thiersch.) [S.-A.] (19 m. Abb.) 4° Münch., Süddeut. Verl.-Anst. ('03). 1 —

— Das Bauernhaus in Kroatien. ⟨Kroatische Bauformen.⟩ Text. Atlas. — Zagreb ⟨Agram⟩: Kroatischer Ingenieur- u. Architekten-Verein; Dresden: Kühtmann 19(05–)11. 4° [u.] gr. 2° 1: gr. 2° Ny 1367/20.
12: 2° A. civ. 14 nvc. 14. 25. 86. 89. 91. 302. 303. 305.
13.1694

— d., in Kroatien. (Kroat. Reformen.) Hrsg. v. kroat. Ingenieur- u. Architekten-Ver. (In 5 Lfgn.) 1. Lfg. (10 [1 farb.] Taf.) 50×36 cm. Ebd. ('05). In M. 8 —

— d., in Kroatien. (Kroat. Bauformen.) Hrsg. v. kroat. Ingenieur- u. Architekten-Ver. 2—4. Lfg. (30 [4 farb.] Taf.) 50×36 cm. Ebd. ('06). In M. je 8 — (1—4: 32 —)

Bauernhaus, Das, in Kroatien. (Kroat. Bauformen.) Hrsg. v. kroat. Ingen.- u. Architekten-Ver. in Zagreb. 5. Lfg. (10 [1 farb.] Taf.) 50×36 cm. (Nebst Text: 15,59 m. Abb.) Dresd., G Kühtmann ('10). in M (je) 8 — (vollst.: 40 —)

Bauernhaus. Das B' in Österreich-Ungarn und in seinen Grenzgebieten. Hrg. vom Österr. Ingenieur- und Architekten-Verein. Mit 67 [*d. i.* 70] Abbildungen im Texte, 6 Texttafeln, 75 Foliotafeln und 1 Landkarte. [2 Teile.] (5 Lieferungen.) Wien, Verlag des Österr. I'- und A'-Vereines, und Dresden, Gerhard Kühtmann, 1906. (*pro* Liefg. K. 13. —; *cpl.* K. 65. — = M. 56. 25, Subscr. K. 50.—) K
[Teil 1:] (...Textband mit 67 [*d. i.* 70] Abbildungen und 6 Texttafeln. I. Geschichtlicher Teil. Bearb. von Dr. M[ichael] Haberlandt; II. Anlage, Herstellung und Zierformen des Bauernhauses. Bearb. von Anton Dachler.) XVIII + 228 S. gr.-8. 1906.
[Teil 2:] *u. d. T.:* Das B' in Öst'-U' (und in s' G'). Hrg. vom Österreichischen I'- u. A'-V'. (Atlas.) (II Bl. + 75 Tafeln + 1 Karte,) *in Mappe*, fol. (1901–1906.)
(Liefg.: 1. 1901; — 2. 1902; — 3. 1903; — 4. 1905; — Schluss-Liefg. 5, *mit* Textband. 1906.)
[Das Bauernhaus in Deutschland, Oesterreich und der Schweiz. Band 2.]

Bauernhaus. Das B' im Deutschen Reiche und in seinen Grenzgebieten. Hrg. vom Verbande Deutscher Architekten- und Ingenieur-Vereine. (*Teil 1:* Mit historisch-geographischer Einleitung von Professor Dr. Dietrich Schäfer.) [2 Teile.] (10 Lieferungen.) fol. Dresden, Gerhard Kühtmann, (1901—)1906. (*pro* Liefg. M. 8. —; *cpl.* 80. —, Subscr. 60. —) K
[Teil 1:] Text, mit 548 Abbildungen. ... XIV + 332 S. kl.-fol. 1906.— [Teil 2:] Atlas. ... [IV S. +] 120 Tafeln. *in Mappe*, fol. (1901—)1906.
(Liefg.: 1—3. 1901; — 4—7. 1902; — 8. 1903; — 9. 1904; — 10, *mit* Textband.) 1906.
[Das Bauernhaus in Deutschland, Oesterreich und der Schweiz. Band 1.]

— Das Bauernhaus im Herzogtum Sachsen-Gotha. (Hrsg.: Bergfeld; Zeichnungen von Carus [u.a.]) — (Gotha [1910].) 60 Taf. gr. 2° 39.
13.1697

Bauernhaus. Das B' in der Schweiz. Hrg. vom Schweiz. Ingenieur- und Architekten-Verein. (— *A. u. d. T.:* Maisons de Ferme Suisses. Ouvrage publié par la Société Suisse des Ingénieurs et Architectes. — [Illustrierter Text von] Eugen Probst [und Tafeln].) IV + VI + 30 S. + 62 Tafeln, *in Mappe* fol. Zürich (= Zurich), Hofer & Co., [1901—1904]. (cpl. Subscr. fr. 45. —, *im Buchh.* 60. —) K
(Liefg.: 1. [1901]; — 2 u. 3—5. [1902]. — *Text* [1904.])
(Das Bauernhaus in Deutschland, Oesterreich und der Schweiz. Band 3.)

— Das Bauernhaus in Tirol und Vorarlberg. Hrsg. von Joh. W. Deininger. [Text. Taf.] — Wien: Czeiger [um 1900]. gr. 2° 1: gr. 2° Ny 1214. 17. 21. 24. 25. 30.
300: 426.088–E. 305.
13.1699

das, in Ungarn. Hrsg. m. Unterstützg. d. kön. ung. Ministeriums f. Cultus u. Unterricht u. d. Ministerium des Innern v. ungar. Ingenieur- u. Architekten-Verein. Nach Aufnahmen v. K. Reh. Kertész u. Jul. Sváb gezeichnet v. Jul. Sváb. (In ungar., deutscher u. engl. Sprache.) 1. u. 2. Heft. (24 [1 farb.] Taf.) 50,5×33,5 cm. Budapest (907). (Leipzig, K. W. Hiersemann.) à 8. —

Bauernheim, Fr., s. Bauerheim, Friedrich

Bauernhochzeit. Lustsp. 8. Hamb. Gladitsch. 773.

Bauernhochzeit. — Die Bauernhochzeit. Fastnachts-Posse. [Köln 1834]: Creteur. 8 S. 8° 38.
13.1704

Eine Bauern-Hochzeit. 1.2. — Kempten [1896]: Dobler. 8°
1. Ländliche Charakterkomödie in 3 Aufzügen.
2. Ländliche Charakterkomödie in 4 Aufzügen.
12: P.o.germ. 769e/3. 19.
13.1705

Bauernhochzeit: Die l u s t i g e Bauernhochzeit. Ein komisches Schauspiel, in niedersächsischer Sprache und vier Auftritten.
O.O. 1773.
8°
—Dass.
Hamburg 1774.
8°

Bauernhof, der. Modellierbuch. (6 farb. Taf. m. 4 S. Text.) 30,5 ×26 cm. Nürnbg, T Stroefer (07). 1.20 d

Der Bauernhof und was dazu gehört. Figürliche Darstellung mit Beschreibung. — Berlin: Söhlke [1864]. 22 S. 8°
1: 7 in 2° An 8630-66.
13.1706

Bauernjahr. — Ein Bauernjahr in vier Quartalen dargestellt. Passau: Pustet 1843. 272 S. 8° 12: Oecon. 181f. 19.
13.1707

Bauernjahr, ein, in vier Quartalen dargestellt. Neue (Titel-) Ausg. Passau (843) 853. Pleuger. 12. (4 Bl., 272 S.) 5 ngr

Bauernjöpel, Jos., († d. 9. März 1795.) das Buch innerer Zufriedenheit ꝛc. 8. Wien 793. 2e A. 809. v. Mösle. 16 K

— Samml. von Gedanken solcher Männer, die sich selbst, andere Menschen ꝛc. kannten. 8. Wien 783. v. Mösle. 14 K

Bauern Journal: Band 1—6t, Aug 1856—Sept 1862t

Monthly. Published by Orange Judd Co., New York. Subscription held by Harmony Society. Oct. 1858—Sept. 1862.

Allentown, PA

Bauern-Journal. Eine Monatschrift für Feldbau, Gärtnerei, Obstkultur, Viehzucht, Hauswirthschaft ꝛc. Zur Mittheilung neuer Erfindungen und prakt. Erfahrungen in allen nützlichen Betrieben. Hrsg. von Mohr und Trexler. 1. Bd. oder Jahrg. 1857. 12 Nrn. (Bog. mit eingedr. Holzschn.) gr. Lex.-8. Allentown 857. (Philadelphia, Schäfer und Koradi.) *

Bauernjunge, Der evangelische, in der Katholischen Kirche. O.O. 6789. [1789.] V: *Blumauer, Joh. Alois.* (GGr)

Bauernkalender, s.a. B a u e r k a l e n d e r

Bauernkalender, s.a. B a u e r n c a l e n d e r

Bauern-Kalender für 1861. 16. Wien 860, Dorfmeister.

Bauern-Kalender mit Figuren (Mandl-Kalender). 16. (32 S.) Wien 862—67, Gorischek's Universitäts-Buchh. à Jahrg. *

Der B a u e r n k a l e n d e r auf d. Jahr 1871. Mit Holzschn. 68 S. 4. Langnau, Chr. Blaser. —. 35
1871

B a u e r n - K a l e n d e r f. 1872. 64 Stn. 8. Langnau, Chr. Blaser. 1871 —. 35

— — Der B a u e r n - K a l e n d e r auf d. J. 1873. 68 Stn. 4. Langnau, Chr. Blaser. --. 35
1872

— — Der B a u e r n - K a l e n d e r auf d. J. 1874. 68 Stn. 4. Langnau, Chr. Blaser. 1874 —. 35

Bauern-Kalender, der, auf die J. 1875—1880. 4. (à 64 S. mit eingedr. Holzschn.) Bern, (Jenni's Buchh.)
Jahrg. 1875—1877 à ** 80 Pf.; Jahrg. 1878—1880 à **

Bauern-Kalender auf das Schaltjahr 1880. In-4°. Langnau, Chr. Blaser 1879 — 40

Bauern-Kalender, der, auf die J. 1881—1885. 4. (à Jahrg. 68 S. mit eingedr. Holzschn.) Langnau. (Bern, Jenni's Buchh.) à Jahrg. *

Bauern-Kalender, Der, auf das Jahr 1882. In-4°, 74 S. mit Illustrationen. Langnau, Chr. Blaser.
1881 -- 40

Bauern-Kalender, der, auf die J. 1886—1889. 4. (à Jahrg. 70—80 S. mit Illustr.) Langnau. (Bern, Jenni's Buchh.) à Jahrg. *

Bauernkalender, Der, f. 1890.-4. (82 S. mH.) Langnau. (Bern, Koehler.).

Bauern-Kalender, der, auf d. J. 1891. 4. (82 S. m. Abbildgn.) Langnau. (Bern, Köhler.) n. — 40

— der, a. d. J. 1897. 4. (70 S. m. Abb.) Langnau. (Bern, W. Goepper.) n. — 40

Bauernkalender. Der B'-K' auf das Jahr.... [Illustriert.] 4. Langnau, Chr. Blaser. [fr. —. 40] P
... 1901. [Mit 1 Tafel.] 112 S. — ... 1902 u. ... 1903 u. ... 1904 u. ... 1905. je 112 S. — ... 1906. Jahrg. 50. 108 S. — ... 1907. Jahrg. 51. [Mit 3 Tafeln.] 108 S.

Bauernkalender. Der B'-K' auf das Jahr.... [Illustriert.] 4. Langnau, Chr. Blaser. [fr. —. 40] P
... 1908. Jahrg. 52. 128 S. — ... 1909. Jahrg. 53. 128 S. — ... 1910. Jahrg. 54. 130 S.

— Der, '13. 57. J. (92 m. Abb. u. 2 farb. Taf.) 8° Bern, Stämpfli & Co. — 40 d

Bauern-Kalender 1890—1893. 8. (à Jahrg. ca. 160 S. m. Illustr.) Warendorf i. W., Schnell. à Jahrg. * — 50

— f. d. J. 1891. 8. (120 u. XXVII S. m. Abbildgn.) Warendorf 890. Schnell. n. — 50

— 1894. Auf Veranlassg. des Vorstandes des Westfäl. Bauern-Vereins hrsg. v. Mart. Faßbender. 8. (128 u. XXXII S. m. Illustr.) Warendorf i/W. 893. J. Schnell. n. — 50

— 1894. Im Auftr. d. Vorstandes d. westfäl. Bauern-Ver. hrsg. v. M Fassbender. 8° (160 m. Abbildgn.) Warend., J Schnell. — 50
1895 s. u. d. T.: Fassbender's, M, Bauernkalender. — 1896 s. u. d. T.: Bauernkalender.

— 1896. Hrsg. v. M Fassbender. 8° (96 m. Illustr.) Warend., J Schnell. — 50
1896 s.: Fassbender's, M, Bauernkalender.

Bauernkalender f. d. J. 1899. In Verbindg. m. mehr. Freunden d. Bauernstandes hrsg. v. Mart. Faßbender. 10. Jahrg. 4. (96 u. 15 S. m. Bild.) Warendorf, J. Schnell. n. 50

Bauernkalender 1901. In Verbindg. m. mehreren Freunden des Bauernstandes hrsg. v. Mart. Faßbender. 12. Jahrg. 4. (88 u. 16 S. m. Abbildgn.) Warendorf, J. Schnell. n. — 50
Fortsetzung s.: Faßbender's Bauernkalender.

Bauernkalender 1905. Jahrb. z. Unterhaltg u. Belehrg uns. lieben deut. Bauernstandes. Hrsg. v. M Fassbender. (Umschl.: Fassbender's Bauernkalender.) 16. Jahrg. (85, 16 u. 8 m. Abb.) 8° Warendf, J Schnell. — 50 d
Bis 1904 u. 1906 u. d. T.: Fassbender's Bauernkalender.

Bauernkalender '10. (85 u. 8 m. Abb. u. 1 Farbdr.) Lex8° Warendf, J Schnell. — 50 d

Bauernkalender '13. (91 u. 8 m. Abb.) Lex8° Warendf, J Schnell. — 50 d

Bauern-Kalender pro 1899. XL. Jahrgang. Kl.-4. (63 S.) Wien: Moritz Perles —.12
Derselbe. Cart. —.20

Bauern-Kalender pro 1903, XLVI. Jahrg. K —.16
Derselbe, kartoniert Wien: Perles 1902 K —.30

(F) **Bauernkalender.** Jahrbuch für das Landvolk Österreich-Ungarns. Schaltjahr 1904. Lex.-8°. K —.90, geb. K 1.—
Wien: Hassenberger 1903.

059. (F) **Bauernkalender.** Jahrbuch für das Landvolk Österreich-Ungarns. 1907. Gr.-8°. (143 S.) K —.80
Wien: Hassenberger 1906.

— Jahrb. f. d. Landvolk Österr.-U.'s f. '10. 9. J. Red. v. Eduard Hassenberger. (112 u. 97—144 m. Abb. u. 1 Farbdr.) gr8° Wien, E Hassenberger & Co. — 80 d

— f. '13. 12. J. Red. v. Eduard Hassenberger. (158 m. Abb. u. 1 Farbdr.) 8° Wien, Druck- u. Verl.-Anst. „Adria". — 80 d

Bauernkalender, Allgemeiner.

Bauernkalender, allgem., oder Hausbuch f. d. Bauernstand. 8. Dortm. Jahrg. 811—13. (A. u. d. T.: Historie v. Vater Jakob ꝛc. herausg. v. A. Mallinckrodt.) (Wundermann in Hamm). 6 ℳ

—— dass. — auf die J. 1880—1885. 5.—10. Jahrg. Illustrirtes Jahrbuch für Jedermann, und ein besonders wohlmein., unterhalt. Hausfreund und Rathgeber für den Landwirth, Oekonomen, Kleingrundbesitzer ꝛc. 4. (à Jahrg. 128 S.) Winterberg i. Böhm., Steinbrener's Verlag. à Jahrg. *

—— allgemeiner, auf die J. 1886—1889. Illustrirtes Jahrbuch für Jedermann, und ein besonders wohlmeinender, unterhaltender Hausfreund und Rathgeber für den Landwirth, Oekonomen, Kleingrundbesitzer ꝛc. 4. (à Jahrg. 130—150 S.) Winterberg, Steinbrener. à Jahrg. *

Bauernkalender, Allgemeiner, für das gemeine Jahr 1890. 4. (144 S.) —.45
Winterberg: Steinbrener

— allgemeiner, auf d. J. 1891. Illustrirtes Jahrbuch für Jedermann. 4. (114 u. 32 S.) Winterberg 890. Steinbrener. n. — 90

Bauernkalender, Allgemeiner, auf das Schaltjahr 1892. Illustrirtes Jahrbuch für Jedermann und ein besonders wohlmeinender, unterhaltender Hausfreund und Rathgeber für den Landwirth, Oekonom und Kleingrundbesitzer. 4 (112 S. und Jahrmärkte-Verzeichniß) —.45
Winterberg: Steinbrener

Bauernkalender, Allgemeiner, auf das Jahr 1893. Illustrirtes Jahrbuch für Jedermann und ein besonders wohlmeinender, unterhaltender Hausfreund und Rathgeber für den Landwirth, Oekonom und Kleingrundbesitzer. 4 (112 S. und Jahrmärkte-Verzeichniß) .45
Winterberg: Steinbrener

Bauernkalender, Allgemeiner, auf das Jahr 1894. Illustrirtes Jahrbuch für Jedermann und ein besonders wohlmeinender, unterhaltender Hausfreund und Rathgeber für den Landwirth, Oekonom und Kleingrundbesitzer. 4. (112 S. u. Jahrmärkte-Verzeichniß) —.45
Winterberg: Steinbrener

Bauernkalender, Allgemeiner, auf das Jahr 1895. Illustrirtes Jahrbuch für Jedermann und ein besonders wohlmeinender, unterhaltender Hausfreund und Rathgeber für den Landwirth, Oekonom und Kleingrundbesitzer. 4. (112 S. und Jahrmärkte-Verzeichniß) —.45
Winterberg: Steinbrener

Bauernkalender, Allgemeiner, auf das Jahr 1896. Illustrirtes Jahrbuch für Jedermann und ein besonders wohlmeinender, unterhaltender Hausfreund und Rathgeber für den Landwirth, Oekonom und Kleingrundbesitzer. 4. (110 S. und Jahrmärkte-Verzeichniß) —.45
Winterberg: Steinbrener

Bauernkalender, Allgemeiner, auf das Jahr 1897 Illustrirtes Jahrbuch für Jedermann und ein besonders wohlmeinender, unterhaltender Hausfreund und Rathgeber für den Landwirth, Oekonom und Kleingrundbesitzer. 4. (110 S. und Jahrmärkte-Verzeichniß) —.45
Winterberg: Steinbrener

Bauernkalender, Allgemeiner, auf das Jahr 1898. Illustrirtes Jahrbuch für Jedermann und ein besonders wohlmeinender, unterhaltender Hausfreund und Rathgeber für den Landwirth, Oekonom und Kleingrundbesitzer. 4. (110 S. und Jahrmärkte-Verzeichniß) —.45
Winterberg: Steinbrener

Bauernkalender, Allgemeiner, auf das Jahr 1899. Illustrirtes Jahrbuch für Jedermann und ein besonders wohlmeinender, unterhaltender Hausfreund und Rathgeber für den Landwirth, Oekonom und Kleingrundbesitzer. 4. (110 S. und Jahrmärkte-Verzeichniß) —.45
Winterberg: Steinbrener

(F) **Allgemeiner Bauern-Kalender** für das Jahr 1900. Illustrirtes Jahrbuch für Jedermann, und ein besonders wohlmeinender, unterhaltender Hausfreund und Rathgeber für den Landwirth, Oekonom, Kleingrundbesitzer etc. Winterberg. Steinbrener. Gr.-8°. 110, XVI S. mit 2 Tafeln. K —.90, cart. K 1.—

Bauern-Kalender, Allgemeiner, 1903 K —.90, geb. K 1.—
Winterberg: Steinbrener

(F) **Allgemeiner Bauernkalender** für das Jahr 1905. Gr.-8°. (ill. 41 S.) Ebda. K —.90, geb. K 1.—

— allg., f. 1906. (144, 16 u. 16 m. 1 Taf. u. 1 farb. Wandtaf.) 8° Winterbg, J Steinbrener. — 70; geb. — 80 d

Bauernkalender, allgemeiner, f. d. J. 1907. Illustriertes Jahrbuch f. Jedermann u. e. besonders wohlmein., unterhalt. Hausfreund u. Ratgeber f. den Landwirt, Ökonomen, Kleingrundbesitzer ꝛc. (144, XVI u. XVI S. m. 2 Taf., 1 farb. Beilage u. 1 farb. Wandtaf.) gr. 8. Winterberg, J. Steinbrener. — 70; geb. — 80

(F) **Allgemeiner Bauernkalender** für das Jahr 1908. Gr.-8°. Ebd. K —.90, geb. K 1.—

allgemeiner, f. d. J. 1910. Illustr. Jahrbuch f. Jedermann u. e. besonders wohlmein., unterhalt. Hausfreund u. Ratgeber f. den Landwirt, Ökonomen, Kleingrundbesitzer ꝛc. 82. Jahrg. (II, 144. XVI u. XVI S. m. 7 z. Tl. farb. Taf.) gr. 8. Winterberg, J. Steinbrener. — 70; geb. — 80

— Allgemeiner, f. '13. (128, 4, 12 u. 2 m. Abb. u. 3 farb. Taf.) gr8° Winterbg. J Steinbrener. — 70 d

—— allgemeiner, für das J. 1885. (1. Jahrg.) gr. 8. (167 S. mit eingedr. Holzschn.) Essen, Silbermann. *

—— allgemeiner, für das J. 1886. (2. Jahrg.) gr. 8. (76 S. mit Illustr.) Essen, Silbermann. *
Nicht weiter erschienen.

Bauernkalender, Bayerischer.

—— bayerischer, auf die J. 1857—61. 4. (à Jahrg. 32 S.) Sulzbach, v. Seidel'sche Buchh. Jahrg. 1857. Jahrg. 1858—61. à
In zwei Ausgaben: für Katholiken und für Protestanten.

Bauernkalender, Deutscher.

—— deutscher, f. d. J. 1890—1893. 1.—4. Jahrg. Hrsg. v. der Redact. des deutschen Bauern-Bundes. [M. Horn.] 16. (à Jahrg. ca. 180 S. m. Bildern.) Berl., Schuhr. à Jahrg. * — 40

— deutscher, f. d. J. 1891. 2. Jahrg. Hrsg. v. d. Red. d. Deutschen Bauern-Bundes (M. Horn). gr. 16. (165 S. m. Illustr.) Berlin, Ißleib. n. — 40; geb. n. 1.—

— deutscher, f. d. J. 1894. V. Jahrg. Hrsg. v. der Red. des Bundes der Landwirthe (M. Horn). gr. 16. (176 S. m. Abbildgn.) Berlin, G. Schuhr. n. — 50
Fortsetzung s. u. d. T.: Bundeskalender.

— deutscher. Landwirtschaftl. Kalender f. 1895. 4° (88 m. Abbildgn.) Berl., H Schildberger. — 50
Fortsetzg s. u. d. T.: Volkskalender, illustr., f. Stadt u. Land.

— Bauernkalender für das Faschingskränschen des Lesezirkels Hottingen. 13. März 1897. — (Zürich [1897]: Amberger.) 24 S. 8° 32.
13.1708

Bauernkalender, Frankfurter.

—— Frankfurter, s. Hubert, Hans.

—— Frankfurter, für die J. 1887—1889 von Hans Hubert. 8. (à Jahrg. ca. 210 S. mit Illustr.) Frankfurt a. O., Trowitzsch und Sohn. à Jahrg. *

— Frankfurter, f. d. J. 1890 v. H. Hubert. 8. (IV, 216 S. m. 1 Bild.) Frankfurt a/O., Trowitzsch & Sohn. 1891 s.: Hubert, Hans n. 1.—

Bauernkalender, Großer.

—— großer, mit Bildern auf die J. 1884 und 1885. Hrsgbr.: Frz. Schlinkert. Beiträge von Ed. Freunthaller, P. K. Rosegger, Frz. Schlinkert u. A. Bilder von Alois Greil, Hugo Ströbl, Willib. Nagel u. A. (1. und 2. Jahrg.) gr. 8. (à Jahrg. 130 S.) Wien, Fromme. à Jahrg.

—— großer, mit Bildern auf die J. 1884—1889. 1.—6. Jahrg. Hrsgbr.: Frz. Schlinkert. gr. 8. (à Jahrg. ca. 130 S.) Wien, Fromme. à Jahrg.

— großer, mit Bildern, f. d. J. 1890. 7. Jahrg. Hrsg.: F. Schlinkert. gr. 8. (137 S.) Wien, Fromme. — 80

Bauernkalender, Illustrirter österreichischer.

—— illustrirter österreichischer, für die J. 1881—1885. 8. (à Jahrg. ca. 70 S. mit eingedr. Holzschn.) Wien, (Sallmeyer'sche Buchh.) à Jahrg. * *

—— illustrirter österreichischer, für die J. 1886—1888. 8. (à Jahrg. ca. 45 S. mit Illustr.) Wien, (Sallmayer'sche Buchh.) à Jahrg. * *

— illustrirter österreichischer, f. d. J. 1891. 8. (XVI, 82 S.) Wien 890. (Sallmayer'sche Buchhandlg.) — 80

— illustrirter österreichischer, f. d. J. 1892. 8. (52 S.) Wien, Sallmayer'sche Buchh. n.n. — 24

— illustr. österr., f. 1904. (Umschl.: Dorfmeister's illustr. österr. Bauern-Kalender.) (114) 8° Wien. Dorfmeister. — 15 d

Bauernkalender, Krakauer.

—— krakauer, für 1861. 16. (84 S.) Wien 860, Ueberreuter.

Bauernkalender für Nassau u. Hessen.

—— für Nassau u. Hessen für d. J. 1892. Hrsg. vom Nassauischen Bauernverein. 8. (132 S. m. Bildern.) Limburg a. d. L., Gläßer. — 30

Bauernkalender, Neuer.

— neuer, od. Taschenbuch f. deutsche Landwirthe. J. 1800—6. 8. Leipz. (Fr. Fleischer). à J. 5 gr. Der J. 1806 auch Dresd., Arnold. 5 gr.

Bauernkalender, neuer, f. d. J. 1847—1851. Hrsg. v. d. landwirthschaftl. Verein d. Kantons Solothurn. 1—5. Jahrg. (1847 : 56 S. — 1848 : 44 S. — 1849 : 47 S. — 1850 : 52 S. — 1851 : 44 S. Mit eingedr. Holzschn.) Solothurn, Jent & Gaßmann. à 4 ngr

Bauern-Kalender, Neuer — auf das Gemeinjahr 1854. Mit k. k. Privilegium, bei Strafe 10 Mark löthigen Goldes keinen in Steiermark einzuführer. 8. (16 Blätter.) Gratz. Zu haben bei Franz Xav. Pruggmayer. (Adolph Koppitsch.) Gedruckt bei A. Leykam's Erben.

Bauernkalender, Neuer — auf das Schaltjahr 1856. Gedruckt bei Leykam's Erben. Zu haben bei Franz Xav. Pruggmayer. (15 Bl. kl. 16.)

Bauernkalender, neuer — auf das gemeine Jahr 1857. Mit k. k. Privilegium, bei Strafe 10 Mark löthigen Goldes keinen in Steiermark einzuführen. Gedr. bei A. Leykams Erben. Zu haben bei Fr. X. Pruggmayer. (16 Bl. 16. Mit lauter hieroglyphischen Xilographien.)

Bauernkalender, neuer, auf die J. 1872—1875. 32. (à Jahrg. 28—32 S. mit eingedr. Holzschn.) Gratz, Verlag Leykam-Josefsthal. à Jahrg. **

—— neuer, auf die J. 1876—1880. 32. (à 32 S. mit eingedr. Holzschn.) Graz, Verlag Leykam-Josefsthal. à Jahrg. **

—— neuer, auf die J. 1881—1885. 16. (à Jahrg. 32 S. mit color. Fig.) Graz, Verlagsh. „Leykam". à Jahrg. * *

Bauernkalender, Neuer, auf das gemeine Jahr 1894. 24. (32 S.) Graz, Leykam — 12

— neuer, auf d. J. 1895. 16. (32 S. m. farb. Bildern.) Graz, Leykam. n.n. — 24

— neuer, f. 1896. 16° (32 m. farb. Bildern.) Graz, Leykam. n.n. — 21

Bauernkalender, Neuer, auf das Gemein-Jahr 1897. 24. (32 S.) Graz, Leykam --.12

— neuer, a. d. J. 1898. 16. (32 S. m. farb. Bild.) Graz, Leykam. n.n. — 24

Bauernkalender, Neuer, auf das Gemein-Jahr 1899. 24. (32 S.) Graz, Leykam —.12

— neuer, auf d. J. 1903. 16. (32 S.) Graz, Leykam. n.n. — 15

— neuer, f. 1906. (32) 16° Graz, Leykam. nn — 15 d

— neuer, f. d. J. 1907. (32 S.) 16. Graz, Leykam. n.n. — 15

Bauernkalender, neuer, f. d. J. 1910. (32 S.) 16. Graz, Leykam. nn — 15

— Neuer. f. '13. (32) 16° Graz. Leykam. nn — 16 d

—— neuer, für die J. nach der Geburt Jesu Christi 1876—1880. 16. (à 45—48 S.) Wien, Perles. à Jahrg. * cart. à Jahrg. *

—— neuer, für die J. 1881—1885. 12. (à Jahrg. 48 S.) Wien, Perles. à Jahrg. *

—— neuer, für die J. 1886—1889. 12. (à Jahrg. 48 S.) Wien, Perles. à Jahrg. * 24 Pf.; cart. à Jahrg. *

—— neuer, für d. J. 1890—1893. gr. 16. (à Jahrg. ca. 50 S.) Wien, Perles. à Jahrg. * — 24; cart. * — 40

Bauernkalender, Neuer, für das gem. Jahr nach der Geburt Jesu Christi 1894. 12 (46 S.) —.12
Wien: Perles 1893.

— neuer, f. d. J. 1895. 16. (48 S.) Wien, M. Perles. n. — 24; kart. n. — 40

— neuer, f. 1896. 16° (48) Wien, M Perles. — 24; kart. — 40

Bauern-Kalender, Neuer, für das gemeine Jahr nach der Geburt Jesu Christi 1897. 40. Jahrg. 12. (44 S.) Wien: Perles —.12

— neuer, f. d. J. 1899. gr. 16. (49 S.) Wien, M. Perles. n. — 24; kart. n. — 40

- neuer, f. 1900. 16° (48) Wien, M Perles. — 24; kart. — 40
|| 1901. (49) — 16: kart. — 30

Bauernkalender, neuer, f. d. J. 1903. gr. 16. (51 S.) Wien, M. Perles. n. — 16; kart. n. — 30

(F) Neuer Bauernkalender für das Schaltjahr nach der Geburt Jesu Christi 1904. 8°. (46 S.) Ebd. K —.16

(F) Neuer Bauernkalender für das gemeine Jahr nach der Geburt Jesu Christi 1905. 8°. (46 S.) Ebd. K —.16

— neuer, f. 1906. (52) 16° Wien, M Perles. — 16 d

— neuer, f. d. J. 1907. (52 S.) 16. Wien, M. Perles. — 16; kart. — 30

— neuer, f. '10. (52) 16°. Wien, M Perles. — 16; kart. — 30 d

1773.059. Neuer Bauernkalender für das Jahr 1911. 8°. K —.16
Wien: Perles

— Neuer, f. '13. (52) 16° Wien, M Perles. — 16; geb. — 30 d

Bauernkalender, Neuer, für das Jahr nach der Geburt Jesu Christi. 1883. 12. geb. 12 kr. Wien: C.Fritz

— Neuer, für das Schaltj 1884. 16. (48 S.) Wien, Karl Fritz 12 kr. 3310

— — f. d. J. 1885. kl. 8. Wien, Carl Fritz. 12 kr. 3094

— Neuer, f. d. J. 1886. 12. Wien, Carl Fritz. 12 kr. 3285

Bauern-Kalender, neuer, für das Jahr nach der Geburt Jesu Christi 1888.
Wien: Carl Fritz 1887.
40 S. 12°.

Bauern-Kalender, Neuer, für das Jahr 1890. 34. Jahrg. 8. Wien: Dittmarsch —.12

Bauernkalender, Neuer, für das Schaltjahr 1892. 36. Jahrg. 8. Wien: Dittmarsch —.12

neuer, f. d. J. 1895. 12. (52 S. m. Abbildgn.) Wien. (Leipzig, Literar. Anstalt, A. Schulze.) n. — 24

— neuer, f. 1896. 12° (56 m. Abbildgn.) Wien. (Lpzg, Lit. Anst., A Schulze.) — 24

Bauernkalender, neuer, f. d. J. 1898. 12. (49 S. m. Abb.) Wien. (Leipzig, Literar. Anstalt, A. Schulze.) n. — 24

Neuer Bauernkalender für das Gemeinjahr 1909. 16°.
Klagenfurt, J.Heyn K —.20

— neuer, f. '10. (32 m. farb. Abb.) 16°. Klagenf., J Heyn. — 20 d

— Neuer, f. '11. (32 m. farb. Abb.) 16° Klagenf., J Heyn. — 20 d

Bauernkalender, Neuer illustrirter.
— — — XXIX. Jahrg. 12. (46 S.) Wien, Moritz Perles. 12 kr., cart. 20 kr. 1883

Bauernkalender, Neuer illustrirter, pro 1890. XXXV. Jahrg. 12. (46 S.) —.12, cart. —.20
Wien: Perles

Bauern-Kalender, Neuer illustrierter, für das Jahr 1893. XXXVIII. Jahrg. 12. (46 S) —.12
Derselbe cartonnirt Wien: Perles —.20

Bauernkalender, Neuer österreichischer.
—— neuer österreichischer, für das J. 1861. 14. Jahrg. 12. (56 S.) Wien 860, F. Klemm.

Bauern-Kalender, Neuer Unterösterreich. — auf das Jahr Jesu Christi 1854, welches ein gemeines Jahr von 365 Tagen ist. 12. Wien. Bei J. P. Sollingers Witwe.

Bauernkalender, Neuer westfälischer.
—— neuer westfälischer, auf d. J. 1890 u. 1891. In Verbindg. m. Fachmännern hrsg. v. M. Faßbender. 1. u. 2. Jahrg. 8. (à Jahrg. ca. 165 S.) Osnabrück, Wehberg. à Jahrg. * — 50

Bauernkalender, Neuester.
—— neuester, für die J. 1866 und 1867. 8. (à Jahrg. 80 S.) Wien, Literarisch-artistische Anstalt von C. Dittmarsch. à Jahrg. *

Bauern-Kalender, neuester für das Jahr 1871. 12. (45 S.) Wien, lit.-art. Anstalt (C. Dittmarsch). 12 kr. (Weniger als 50 Stück werden nicht abgegeben.)

Bauernkalender, Norddeutscher.
—— norddeutscher. Ein Jahrbuch f. d. landw. Praxis v. R Plönnis. 1. Jahrg. 1889. 8. (289) Kiel 88, Lipsius & T. geb. n. 2. 50
Nicht wieder erschienen.

Bauern-Kalender, Oesterreichischer — für das gemeine Jahr 1854. 8. (48 S.) Wien. A. Dorfmeister's verm. Mausbergers Verlag.

Bauernkalender, österr. — für das J. nach der Geburt Jesu Christi 1858, welches ein gemeines Jahr von 365 Tagen ist. Wien. Gedruckt und im Verlage des Leop. Grund. (24 Bl. 12.)

—— österr., f. d. J. 1861. 12. (38 S.) Wien, Grund. 12 kr.

—— österreichischer, für das J. 1861. 12 (38 S.) Wien 860, [Gorischek's Universitäts-Buchh.]

—— österreichischer, für die J. 1863—68. gr. 16. (à Jahrg. ca. 40 S. mit eingedr. Holzschn.) Wien, Gorischek's Universitäts-Buchh. à Jahrg. * cart. und durchschossen *

—— österreichischer, für die J. 1869—1875. gr. 16. (à 40 S.) Wien, Gorischek's Universitäts-Buchh. à Jahrg. cart. und durchschossen *

—— österreichischer, für das Schaltj. 1876. gr. 16. (40 S.) Wien 875, Gorischek's Universitäts-Buchh. cart. und durchschossen *
Nicht weiter erschienen.

—— österreichischer, für die Jahre 1863 und 1864. 20. und 21. Jahrg. 8. (à Jahrg. XCV S.) Wien, Dorfmeister. à Jahrg.

—— österreichischer, für die J. 1865 und 1866. 22. und 23. Jahrg. 12. (à Jahrg. LXXX S.) Wien, Karaflat's Kalender-Expedition. à Jahrg. *

—— österreichischer, für die J. nach der Geburt Jesu Christi 1869—1875. 77.—83. Jahrg. gr. 16. (36 S.) Wien, Perles. à Jahrg. *

Bauern-Kalender, österreichischer, für das Jahr 1887. Unentbehrliches Handbuch für jeden Bauersmann. Mit zahlreichen Original-Illustrat. Prag: Verlagsbuchhandlung 1886. 8°.

Bauernkalender, Rheinischer.

—— rheinischer, für das J. 1888. 5. Jahrg. 8. (166 S. mit Illustr.) Kempen a. Rh., Klöckner und Mausberg.

—— rheinischer, f. d. J. 1889—1893. 6.—10. Jahrg. 8. (à Jahrg. ca. 150 S. m. Bildern u. 1 Wandkalender.) Kempen, Klöckner u. Mausberg. à Jahrg. — 50

— rheinischer, f. d. J. 1894. XI. Jahrg. 8. (168 S. m. Bildern u. Wandkalender.) Kempen, Klöckner & Mausberg. — 50

— rhein., f. 1896. 13. Jahrg. 8° (161 m. Abbildgn.) Kemp., Klöckner & M. — 50

— rhein., f. 1899. 16. Jahrg. 8° (208 m. Abb. u. 1 Bildnis.) Kemp., Klöckner & Mausberg. — 50
Fortsetzg s. u. d. T.: Bauern-Vereins-Kalender, rhein.

Bauernkalender, Der schwäbische.

—— der schwäbische. Jahrg. 1886 u. fg., s. Möhrlin's, Fritz, schwäbischer Bauernfreund.

Bauern-Kalender, schweizerischer, auf das J. 1861. Frauenfeld, Huber. 8. (18 Bl., 166 S. m. Holzschn. im Text.) 12 ngr.

— — auf d. J. 1862 u. 1863. Herausg. von H. Erzinger. Ebend. gr. 8. (16 Bl., 142 S.; 19 Bl., 154 S. m. Holzschn. im Text.) Jeder Jahrg. n. 8 ngr.

—— schweizerischer, auf die J. 1864—66. Hrsg. von H. Erzinger. gr. 8. (à Jahrg. ca. IV und 170 S.) Frauenfeld, Huber. à Jahrg. *

—— schweizerischer, für die J. 1882—1885. Hrsg. von F. Anderegg. 4. (à Jahrg. ca. 72 S. mit eingedr. Holzschn.) St. Gallen. (Chur, Kellenberger'sche Buchh.) à Jahrg. *

—— schweizerischer, für das J. 1887. 5. Jahrg. Hrsg. von F. Anderegg. 4. (76 S. mit Illustr.) St. Gallen, (F. B. Müller.) *

Bauernkalender, Tiroler.

— Tiroler, 1907. Ein sehr reichhalt. Auskunftsbuch belehr. u. unterhalt. Inhaltes, zu Nutz u. Frommen der Tiroler Landwirte u. ihrer Freunde unter Mitwirkg. v. Landwirten u. Bauernräten zusammengestellt v. Karl Aichinger. (162 S. m. Abb.) 8. Bozen, „Tyrolia". — 60

— tiroler, '10. Zusammengest. v. Karl Aichinger. (186 m. Abb.) gr8° Boz.. Bh. d. Verl.-Anst. „Tyrolia". — 60 d

— Tiroler, '11. Ein sehr reichhalt. Auskunftsb. belehr. u. unterhalt. Inhaltes. Zusammengestellt v. Karl Aichinger. (152 m. Abb.) g8° Boz., Verl.-Anst. „Tyrolia". nn — 50 d
Fortsetzg, s: Tyrolia-Kalender.

Bauernkalender, Trierischer.

— Trierischer, auf d. J. 1895. Hrsg. vom Trier. Bauernverein. 9. Jahrg. 8. (176 S. m. Abbildgn., 1 Bildnis u. Wandkalender.) Trier, (Paulinus-Druckerei). n. — 50

— Trier., f. 1896. Hrsg. v. Trier. Bauernver. 10. Jahrg. 8° (184 m. Abbildgn u. 1 Bildnis.) Trier. (Paulinus-Dr.). — 50

— trierischer, a. d. J. 1899. Hrsg. v. trier. Bauern-Verein. 13. Jahrg. 8. (198 S. m. Abb. u. Wandkal.) Trier. (Paulinus-Druckerei.) n. — 50

— trier., f. 1901. Hrsg. v. Trier. Bauern-Ver. 15. Jahrg. 8° (174 m. 1 Bildnis.) Trier (Fleischstr. 64), Trier. Bauernver. — 50

— trierischer, f. d. J. 1903. Hrsg. vom trier. Bauern-Verein. 17. Jahrg. 8. (163 S. m. Abbildgn. u. Wandkalender.) Trier, Trierischer Bauernverein. (Nur direkt.) n. — 70

— trier., f. 1906. Hrsg. v. trier. Bauernver. 20. Jahrg. (153 m. Abb.) 8° Trier, Trier. Bauernver. (Nur dir.) — 50 d

— trierischer, f. d. J. 1907. Hrsg. vom trier. Bauernverein. 21. Jahrg. (148 S. m. Abbildgn. u. Wandkalender.) 8. Trier, Trierischer Bauernverein. (Nur direkt.) — 50

— trier., f. '10. Hrsg. v. trier. Bauernver. 24. J. (156 m. Abb.) 8° Trier, Trierischer Bauernver. (Nur dir.) — 50 d

— Trierischer, f. '13. Hrsg. v. trier. Bauern-Verein. Schriftleitg: A Jacoby. 27. J. (191 m. Abb.) 8° Trier (Glockenstr.), Trierischer Bauern-Verein. nn — 50 d

Bauernkalender, Westfälischer.

—— westfälischer, auf das J. 1881. 1. Jahrg. 8. (128 S. mit eingedr. Holzschn.) Lingen, van Acken. *

—— dass. — auf die J. 1882—1885. Dem westfäl. Bauernverein gewidmet von einem Mitgliede desselben. 2.—5. Jahrg. 8. (128; 128; 140; 141 S. mit eingedr. Holzschn.) Ebendas. à Jahrg.

—— westfälischer, auf die J. 1886 und 1887. Dem westfäl. Bauern-Verein gewidmet von einem Mitgliede desselben. 6. und 7. Jahrg. 8. (à Jahrg. 139 S.) Lingen, van Acken. à Jahrg.
Nicht weiter erschienen.

Bauernkirmis. — Die Bauern-Kirmis. [Gedicht in schlesischer Mundart.] — o.O. [um 1815]. 8 S. 8° 41.
13.1709

Bauernknabe, Der grossmüthige. Spiel für Kinder. Hamburg 1777. V: *Röding, Johann Heinrich.* (Ky)

Bauernknittelvers, s. Bauerknittelvers

Bauernkomödien, moderdeutsche, des 17. Jahrhdts., s.: Bibliothek d. litterar. Vereins in Stuttgart. 147.

Bauernkreisen (Aus). Betrachtungen eines Wirtschaftsbesitzers in Deutschböhmen. 8°. Krems, Verl. v. Fritz Faber, s. a.

Bauernkrieg, s.a. Baurenkrieg

Der deutsche Bauernkrieg. Gleichzeitige Urkunden, hrsg. u. eingel. von Heinrich Schreiber. [1-3.] — Freiburg: Wangler (1863-66). 8°
1. Jahr 1524. 1863. 2. Jahr 1525. Jan.-Juli. 1864.
3. Jahr 1525. Juli-Dez. 1866.
(Urkundenbuch d. Stadt Freiburg im Breisgau. N.F.)
1: Ry 2400. 2. 3. 5→11. 12: Germ. sp. 422kg—N.F.
14→19. 21. 24. 25. 61. 207. 208. 302.
13.1723

Bauernkrieg. Der B' im Jahr 1653. Aarau 1831 u. Aarau... 1837 s.a. [Vock, Alois].

Bauernkrieg, der, im J. 1653, od. d. große Volksaufstand in d. Schweiz. Aus handschriftl. Chroniken u. Berichten der Zeitgenossen, aus Rathsbüchern, Tagsatzungsabschieden, u. and., bisher meist unbenutzt. Quellen treu dargest. in 4 Büchern. 2. Aufl. Mit Abbild. (4 Portraits.) gr. 8. (34½ B.) Aarau 831, Christen.

Bauernkrieg, d., im J. 1653, od. d. große Volksaufstand in d. Schweiz. Aus handschriftl. Chroniken u. Berichten d. Zeitgenossen ꝛc. dargestellt in 4 Büchern. Mit (4) Portraits. 2e Aufl. gr. 8. Aarau 831. Christen. (Kummer in Leipz.) 2 ₰

Bauernkrieg, mecklenburgischer, Andeutungen über die politische Bedeutung der Vererbpachtung der Domanial-Bauerhufen im Großherzogthum Mecklenburg-Schwerin. gr. 16. (26 S.) Leipzig 869, Matthes.

Bauernkrieg, Der, in Oberösterreich. Nach 275 Jahren seinen lieben Freunden erzählt von einem Oberösterreicher. Wels 1902. V: *Strnadt, Julius.* (EB)

Bauernkrieg, d., in Oberösterr. Erzählt v. e. Oberösterreicher. 1—3. Afl. (181 m. 1 Taf.) 8° Wels, J Haas '02. 1 — d

Bauernkrieg. Der B' 1653. Bern s. [Stierlin, Emanuel].

[F.] Bauernland. E. Gespräch m. Vater Brinkhöfer üb. d. Ansiedelungswesen in den Prov. Posen u. Westpreussen. Hrsg. v. Heinrich Sohnrey. *Berlin: Trowitzsch & Sohn 1897.* (48 S.) 1 Bd 8. (96 1544

Bauernleben. — Das edle Bauernleben. Eine Wochenschrift. (Stück 1–3.) — Nürnberg: Bauer 1769. 47 S. 8°
10.
13.1726

Bauernliebe. Oper in 2 Aufz. 8. Wien, Wallishäußer. 802.

Bauernliebe. Ländliche Oper in 2 Aufz. Wien 1804. V: *Hensler (Henseler), Carl Frdr.* (GGr)

Bauernlied

Ein schön, neu Bauernlied gedruckt in diesem Jahre, als der Herr Erbprinz mit der Frau Erbprinzessin nach Braunschweig kam. — o.O. [1802]. 8 S. 8° 23. 35.
13.1729

Bauernlieder, s.a. B a u r e n - L i e d e r

Bauernlieder, vermischte, aus d. besten neuen deutschen Dichtern gesammelt. 8. Augsb. 776. v. Jenisch u. St. 8 ℋ

Vermischte Bauernlieder. (Hrsg.: v. B.W.G.v.Z.) — Kempten: Fritzsch 1776. 151 S. 8°
1:Yd 6801. 2. 12:P.o. germ. 78k. 18. 29. 32.
13.1731

Zwei lustige Bauern- und Handwerks-Lieder. 1. Der verliebte Bauern-Bursche. 2. Tanzlied auf die Handwerker. o.O. [um 1800]. 2 Bl. 8° 15.
13.1732

Bauernmaedchen. — Das bezauberte Bauermägdgen: Oder Geschichte von dem ... Landmägdgen Johannen Elisabethen Lohmannin; aufgesetzt durch e. vom Vorurtheil Befreyeten, u. mit Anm. eines Rechtsgelahrten versehen. — Breslau: J.E. Meyer 1760. 107 S. 8°
1:Na 1898[u.] 3 an Na 1892. 2. 3. 17. 19. 23. 26→29. 39. 78. 300:15.544–A.
13.1733

— d. glücklich gewordene, in d. Gräfin v. C*** Lebensgesch. a. d. Franz. 8. Dresd. Zeh. 755.

Bauermädchen, das, am Hofe. Ein Singspiel in 2 Aufz. Aus d. Italien. 8. Münch. 777. (...). 4 ℋ

Bauernmädchen: Das l u s t i g e Bauermädgen oder besonderer Mischmasch von Gesprächen zwischen einem Bauermädgen und einer aufgeräumten Gesellschaft.–Der in das lustige Bauermädgen verliebte Moralist.
O.O. u. J. (c.1760).
8°

Das unschuld'ge Bauermädgen, ein Duodrama. — Frankfurt [usw.] 1780. 24 S. 8° 1:Yr 7433. 19. 302.
13.1734

Bauermädchen, das unschuldige. Duodrama. 8. Wetzlar, Winkler. 780.

Bauernmagd, s. B a u e r m a g d

Bauern-Monatschrift, Schlesische, herausgeg. von J. G. Elsner. 1843. Octbr.—Decbr. 3 Hefte. gr. 4. Breslau, W. G. Korn. n. 1/3 ℛ — Jahrg. 1844 u. 1845. à 12 Hfte. gr. 4. Ebd. à n. 1 1/3 ℛ

—— dies., hrsg. v. Dems. 2. u. 3. Jahrg. 1844, 45, à 12 Hfte. (à 3 B.) gr. 4. Ebds. à 3. *

Bauern-Moral, Ludwig Toelpels ganz funkelnagelneue, .. [a. d. Lat.] übersetzt . . . Kamschatka [Ulm] 1752. V: *Dedekind, Fr.* (BrMm) (Wr)

Bauernnot. — Die Bauernnoth. Darstellung ihrer Ursachen u. d. Mittel zu ihrer Beseitigung, mit d. Entwurfe e. Programmes. — Wien: Reichspost 1896. 106 S. 8° (Stimmen aus Österreich. 5.) 300:203.919–B. 5. 302.
13.1439

Bauernnot (Die). Darstellung ihrer Ursachen und der Mittel zu ihrer Beseitigung, mit dem Entwurfe eines Programmes. 8°. Wien, Verlag der „Reichspost“, 1897.

Bauern-Notiz-Kalender. Taschenbuch f. den Landwirt f. d. J. 1910. Hrsg. vom westfäl. Bauern-Verein Münster. (229 S. m. 1 Bildnis.) kl. 8. Dülmen, J. Horstmann.
Geb. 1. —

Bauern-Notiz-Kalender. Taschenb. f. d. Landwirt f. '13. Hrsg. v. westfäl. Bauern-Verein Münster. (264 m. 1 Bildn.) kl8° Dülmen, J Horstmann. L 1 — d

Bauernordnung, s. B a u e r o r d n u n g

Bauernphilosophie

— od. Belehr. üb. d. wichtigst. Gegenst. d. Abergl. 2 Thl. 8. Augsburg, Dalsenberger.

Bauernphilosophie, od. gemeinnütz. Unterr. f. Bürger u. Landleute zur Verminderung d. Aberglaubens 2c. (v. H. L. Fischer). 3 Thle. 8. Leipz. 800. (Brockhaus). 2 ℛ 16 ℋ (3r Thl. A. u. d. T.: Samml. n. Erfahrr. u. Versuchen im Gebiete d. Oekonomie 2c. 801. 1 ℛ)

Bauernphilosophie od. Belehr. üb. mancherley Gegenstände des Aberglaubens ec. 3 Bdchn. 8.
Leipzig, Gleditsch.
800.

Bauernpolitik. — Bauern-Politik! oder: Was verlangt das Landvolk vom Staate? Von e. Bauernfänger. — Graz: Katholischer Preßverein 1871. 29 S. 8° 300:145.843–A.
13.1742

Bauern - Practica, s.a. B a u e r n p r a k t i k

—— Bauern-Practica, oder Wetter-Büchlein, wie man die Losung der Zeiten durch das ganze Jahr erlernen ... mag ... Jetzund wieder aufs neue verm. ... Durch Heine von Ury. Gedruckt in diesem Jahr. — o.O.u.J. 48 Bl. 8° 2.
13.1746

—— Bauern-Practica, oder Wetter-Büchlein. Wie man die Witterung eines jeden Jahrs ... erlernen ... mag. Jetzt wiederum aufs neue ... verm. ... Durch Henericum von Uri. Neu gedr. — o.O.u.J. 88 S. 8°
1:Mz 22624/30. 5. 35.
13.1747

—— Jetzt wiederum aufs neu ... verm. ... Samt e. Bauern-Compaß ... Durch Henericum von Uri. Gedruckt in diesem Jahr. — o.O.u.J. 96 S. 8° 1:Mz 22624/60.
13.1748

— — Bauern-Practica oder Wetter-Büchlein, wie man die Witterung eines jeden Jahrs ... erlernen ... mag ... Jetzt wiederum aufs neue ... verm. ... Sammt e. Bauern-Compaß ... durch Henricum von Uri. Gedruckt in diesem Jahr. — o.O.u.J. 96 S. 8° 1:3 an Yu 1601.
13.1749

— — Bauern-Practica, oder Wetter-Büchlein. Wie man die Witterung eines jeden Jahrs ... erlernen ... mag. Jezt wiederum aufs neu ... verm. ... Samt e. Bauern-Compaß ... Durch Henericum von Uri. Gedruckt in diesem Jahr. — o.O.u.J. 96 S. 8° 1:Mz 22624/70.
13.1750

— — Bauern-Practica, oder: Wetter-Büchlein, wie man die Witterung eines jeden Jahrs ... erlernen ... mag ... Jetzt wiederum aufs neue ... verm. ... Samt e. Bauern-Compaß ... Durch Henericum von Uri. Gedruckt in diesem Jahr. — o.O.u.J. 66 [vielm. 96] S. 8° 1:Mz 22624/80.
13.1751

— — Durch Henricum von Uri. Gedruckt in diesem Jahr. o.O.u.J. 96 S. 8° 18.
13.1752

— — Bauren-Practica oder Wetter-Büchlein, wie man die Witterung eines jeden Jahrs ... erlernen ... mag ... Jetzt wiederum aufs neu ... verm. ... Samt e. Bauren-Compaß ... Durch Henricum von Uri. Gedruckt in diesem Jahr. — o.O.u.J. 96 S. 8° 12:Astr.P.110/2.
13.1753

— — Bauren-Practica oder Wetter-Büchlein. Wie man die Witterung eines jeden Jahrs ... erlernen ... mag ... Jetzt wiederum aufs neu ... verm. ... Samt e. Bauren-Compaß ... durch Henricum von Uri. Gedruckt in diesem Jahr. — o.O.u.J. 96 S. 8° 111.
13.1754

— — Bauern-Practica, oder Planeten-Büchlein, wie man die Witterung eines jeden Jahrs ... erlernen ... mag ... Jezt wiederum aufs neue mit etlichen nützlichen Stücken verm. ... Samt e. Bauern-Compaß ... Durch Henricum von Uri. Gedrukt in diesem Jahr. — o.O.u.J. 96 S. 8° 17. 32.
13.1755

— — Bauern-Practica, oder Planeten-Büchlein, wie man die Witterung eines jeden Jahrs ... erlernen ... mag ... Jetzt wiederum aufs neue ... verm. ... Sammt e. Bauern-Compaß ... Vom Henricum von Uri. — Frankfurt [usw.] o.J. 88 S. 8° 12:Var.633-3.
13.1762

— — Bauern-Practica oder Wetter-Büchlein, wie man die Losung der Zeiten durch das ganze Jahr erlernen ... mag ... Jetzund wieder auf's neue verm. ... durch Heinrich von Uri. — (Znaim: Lenck) o.J. 96 S. 8° 30a.
13.1768

Bauern-Practica, verbesserte, od. neu. Planetenbüchl., worin d. im Kalender vorkommend., merkw. Begebenh. a. Himmel, d. Zeitrechn. u. Kalenderzeichen faßl. erklärt sind. 8. ... München 830, [Jaquet.]

Bauern-Practica, auf's neue verbesserte, oder Planeten-Büchlein worin die im Calender vorkommenden, merkwürdigsten Begebenheiten am Himmel, die Zeitrechnungen und Calender-Zeichen faßlich erklärt sind. Mit einem Anhang von Witterungs-Anzeigen, und Haus- und Kranken-Büchlein. Auf's neue hrsg. zunächst für den Bürger und Landmann. 4., verm. und verb. Aufl. 12. (72 S.) Augsburg 853, Jaquet's Vrlgsh.

— — Bauern-Practika, oder Wetter-Büchlein, wie man die Witterung eines jeden Jahres ... erlernen ... mag ... Jetzt wiederum aufs neue ... verm. ... Sammt e. Bauern-Compaß ... Durch Henricum von Uri. — Oels: Ludwig o.J. 80 S. 8° 1:Mz 22624/90.
13.1765

Bauernpraktik, s.a. B a u e r n p r a c t i c a

— — Die Bauern-Praktik. 1508. Facsimiledruck mit e. Einl. (von G. Hellmann). — Berlin: Asher 1896. 72 S., 6 Bl. 8° (Neudrucke von Schriften u. Karten über Meteorologie u. Erdmagnetismus. 5.)
1:Mz 355-5. 2. 3. 4. 6→9. 11. 12:4°Phys. sp. 1801-5. 14. 15. 16. 18. 20. 21. 24. 26. 29. 32. 34. 39. 48. 302.
13.1794

Bauern-Praktika, s. B a u e r n - P r a c t i c a

Bauern-Predigt, Weltliche, [Worte der Wahrheit an alle braven Landsleute] ... Gratz 1849. V: *Macher, Mathias.* (GGr)

Bauernprophet. — Der Bauern-Prophet. Witterungs-Beobachtungen nach d. hundertjährigen Kalender. — München: Deschler 1839. 35 S. 8° 12:Phys.sp.41i. 19.
13.1813

Bauernrechtsordnung. — Bauernrechts- und Gerichtsordnung der Alten Mark-Brandenburg; ein Landtagsschluß vom Jahre 1531. Mit Anm. u. einer Übersicht d. altmärkischen Gerichtswesens vom Jahre 1100-1806 von U. Hübbe. (In 2 Abth.) Abth. 1. — Berlin 1835. 92 S. 8°
Aus: Jahrbücher für d. preußische Gesetzgebung. 89. 1836.
8. 15. 18. 44.
13.1817

Bauernrede. — Die erste deutsche Bauernrede in unserem Reichsrathe. — B.-Leipa: Selbstverl. 1885. 22 S. 8° 300:47.685-B. 302. 303.
13.1818

Bauernregeln. — Katholische Bauern-Regeln in fünf Schreiben von Freiherrn v.R. — Klagenfurt: Selbstverl. 1874. IV,31 S. 8°
Als Verfasser wird Franz Thaddäus Frhr v. Royer genannt.
300:64.214-A.
13.1819

Bauern-Regeln und Los-Tage. Weisheits-, Wahr- u. Wetter-Sprüche d. deutschen Bauern. Mit e. Einl. von Heinz Grube. — Aachen: G. Schmidt [1905]. XIII,79 S. 8° 1:Ov 16234. 5. 6. 14. 31. 52.
13.1820

Bauernschaftsbeliebung. — Eine Bauernschaftsbeliebung aus dem Jahre 1603, in Abschrift beglaubigt 1682. Mitgetheilt durch Th. Andresen. — Marne 1882: Altmüller. 12 S. 8° 1:Gm 15295.
13.1822

Bauernschatz, der. I.: Der Dorfgarten. Von G. A. Fintelmann. 16. (30 S.) Potsdam 855, Horvath'sche Buchh.

Bauernschatz, der. 1. (Heft.) 2. Aufl. und 2. und 3. (Heft.) 16. Potsdam 857. 59, [Döring.] à Heft 1½ Ngr.!
Inhalt:]
Heft 1. Fintelmann, G. A., der Dorfgarten. (30 S.)
" 2. —— die Feldrüben und der Viehkohl. (38 S.)
" 3. —— die Vertiefung der Ackerkrume. (46 S.)

Bauernschatz, der. Potsdam, Horvath. 16. Jedes Heft 1½ ngr.
I. Der Dorfgarten. Von G. A. Fintelmann. 1855. — 2. Aufl. 1857. (1 Bl., 30 S.)
II. Die Feldrüben und der Viehkohl. Von G. A. Fintelmann. 1857. (1 Bl., 38 S.)

Bauernschatz, der. Potsdam, Horvath. 16. Jedes Heft 1½ ngr.
III. Die Vertiefung der Ackerkrume. Von G. A. Fintelmann. 859. (1 Bl., 46 S.)

Bauernschmidt, Josef Erhard Franz Lothar, s. B a u e r n s c h m i t t, Jos. Erh. Fr. Lothar.

Bauernschmitt, Josef Erhard Franz Lothar
Bauernschmidt, Jos. Erh. Frz. Loth., die Bleichsucht, ihre Formen und Unterformen, nach neuer Eintheilung und eigener Erfahrung in patholog. u. therapeut. Hinsicht systematisch dargestellt. 12. Sulzbach 846, v. Seidel. 5/12 ng

Bauernschmitt, Josef Erhard Franz Lothar: Die Bleichsucht, ihre Formen und Unterformen ... in pathologischer u. therapeutischer Hinsicht systematisch dargest. Sulzbach: v. Seidel 1847. X,372 S. 8°
12: Path. 93 i. 22. 33. 52. 111.
13.1823

Bauernschmidt, Jos. Erh. Frz Loth., Die Pflanzenwelt ein Spiegelbild des Göttlichen u. Heiligen. Poetische Versuche. Sulzbach, v. Seidel, 1845, gr. 8°, 1,50 Mk.

— Die Pflanzenwelt ein Spiegelbild des Göttlichen und Heiligen. Poetische Versuche. — Sulzbach: v. Seidel 1846. VIII,208 S. 8°   12: P.o.germ. 78 l. 15. 19. 20. 22. 41. 102.
13.1824

Bauernschule in Böhmen auf d. Schönfeld'schen Gute Trnowa bei Prag. 8. Prag 791. Schönfeld. 5 Kr

Bauernsohn, s.a. Baurensohn

Bauernsohn. — Der junge Bauernsohn in der Maskerade. Eine komische Geschichte, wie besonders lustig es da zu gieng. — o.O. [um 1720]. 1 Bl. 4°   1: 1 in Yf 6656.
13.1828

Bauern-Spiegel, der, oder Lebensgeschichte des Jeremias Gotthelf. Von ihm selbst beschr. gr. 12. Burgdorf 837. Langlois 2/3 rf 2e, durchgeseh. u. verm. Ausg. gr. 12. Ebd. 839. 2/3 rf

Bauern-Spiegel, der, od. Lebensgesch. d. Jeremias Gotthelf. 1. Aufl. (15 B.) 837., 2., durchges. u. verm. Ausg. gr. 12. (10 1/2 B.) Burgdorf 839, Langlois. à

Bauernspiegel, Der. 8° Jena, E Diederichs. d
Reymont, WS: Die poln. Bauern. (Aus d. Poln. v. Jean Paul d'Ardeschah.) (4 Bde.) Herbst, Winter, Frühling u. Sommer. (32, 321; 352; 439 u. 363) '12. je 2.50; geb. je 3.50

Bauernspiel, Das Tyroler. Charaktergemälde aus den Jahren 1809—1816. V: *Lentner, J. F.* (EE)

Bauernsprüche, musikalische, aus dem groben Tagebuche eines alten Musikmachers. Ein Neujahrsblatt für seine Schüler und Schülerinnen und für einige Andere noch auf das J. 1871. 8. (15 S.) Dresden, L. Wolf's Buchh.

Bauernstand, s.a. Baurenstand

Bauernstand, Der, politisch betrachtet. Berlin 1810. V: *Arndt, Ernst Moritz.* (Kat. Jaeckel Nr. 10.)

— d., polit. betrachtet, mit e. Beilage. 8. Berl. 810. Schmidt. 16 gr

Bauernstand, der, von seiner ehrwürd., angenehmen u. nützl. Seite betrachtet. Ein Wort z. Empfehl. dess., nebst einigen Winken zu seiner Veredlung. Von ein. Freunde dies. Standes u. d. Vaterlandes. Dem lieben Landvolke, vorzügl. aber uns. Gesetzgebern u. Erziehungsräthen z. Beherzig. empfohlen. gr. 8. (1 1/4 B.) Zürich 832, Orell, Füssli u. Comp.

Bauernstand (Der) an seinen gerechten König Friedrich Wilhelm III. Ueber die gutsherrlichen und bäuerlichen Verhältnisse mit besonderer Rücksicht auf die Grafschaft Mark und die Provinz Westphalen überhaupt. 8°. Dortmund 1816.

Bauernstand (Der glückliche). 8°. Leipzig, Boetius, 1711.

Bauernstand, Der, in Russland in geschichtlicher, statistischer und landwirthsch. Hinsicht. St. Petersburg 1848. V: *Storch, Plato von.* (EH)

Bauernstand (Der unglückselige u. glückselige). 8°. Halle, Renger, 1711.

Der westpfälische Bauernstand. Ein zeitgemäßes Wort von d. Verf. der 'Westpfälischen Zustände' u. der 'Kritik der Landgemeinden-Ordnung'. — Elberfeld: Büschler 1843. VI,230 S. 8°
1: Tg 3204. 5. 10. 16. 17. 28. 34. 64. 106.
13.1832

Bauernstein
Bauernstein, üb. Migränin (Dr. Overlach). [Aus: „Allg. med. Centralzeitg."] gr. 8. (3 S.) Berlin 894. O. Coblentz. n. 1.—

Bauernstein, Ernestus: De rupturis uteri et vaginae in partu spontaneis. Halis Saxonum (1857): Heynemann. 38 S. 8°
Halle-Wittenberg, Med. Diss. v. 28. Dez. 1857
Geb. Görlitz 1. 9. 1831. V.

— **Friedr. Sam. Fürchtegott** (Görlitz), De encephalitide et phrenitide. Diss. med. Präs. Chn. Heinr. Theod. Schreger. Wittenberg (Ch. H. Grässler) 8. XII. 1812. 32 S. (4.80) 1397

Bauernstube: Die Bauernstube
v. Berner Volkszeitung (II).

Bauernstube: In der Bauernstube
v. Bauernfreund.

Bauernstuben, die, im Germanischen Nationalmuseum zu Nürnberg. (12 T) fol (in Mappe) Nürnberg (1903)

Bauerntag, der allgemeine bayerische, im Velodrom zu Regensburg am 22. X. 1901. Stenograph. Bericht. Hrsg. v. der Red. des „Bayer. Bauer". gr. 8. (32 S.) Regensburg (G. 109) 901. Verl. des „Bayer. Bauer". n.n. — 10

Bauerntag (Der allgemeine deutsche) im Velodrom zu Regensburg am 22. X. 1901. Stenogr. Bericht. Hrsg. v. der Red. des „Bayer. Bauer". gr. 8°. Regensburg, Verl. d. „Bayer. Bauer", 1901.

Bauern-Tanzboden, Neueröffneter. 10 Bll. Kupferstiche (aus d. Anfang d. XVIII. Jahrh.) mit Text in deutschen Reimen. Fol.-obl.

Bauerntheater. —
Exl's 1. Tiroler Bauern-Theater aus Innsbruck. — (Innsbruck: Exl [1904].) 32 S. 8°   304.
13.1836

Bauerntheater, das Schliersee'r. 12. (120 S. m. Bildnissen.) München 894. Brakl's Rubinverlag. — 20

— Schlierseer. Schliersee'r Bauerntheater-Kalender 1895. 32. (25 S. m. Abbildgn.) Ebd. 894. — 20

— dasselbe. Gesänge. 1.–7. Hft. 12. Ebd. 894. à — 20
1. 's Busseln. (7 S.) — 2. Couplet aus „Jägerblut". (3 S.) — 3. Finken-Duett aus „Schlagring". (11 S.) — 4. Der ewige Jungg'sell. (7 S.) — 5. Herz u. Allamal. (6 S.) — 6. Der „Schimmel" aus „Schlagring". (3 S.) — 7. Schliersee'r Schimmelmarsch. (6 S.)

— dasselbe. Jäger-Blut. 32. (32 S. m. Abb.) Ebd. 894. — 20

— dasselbe. Der Protzenbauer v. Tegernsee. Der Herrgottschnitzer v. Ammergau. 32. (32 S. m. Abb.) Ebd. 894. — 20

— dasselbe. Der Schlagring. Der Ausgestoßene. 32. (32 S. m. Abbildgn.) Ebd. 894. — 20

— dasselbe. Kleiner Schliersee-Führer. 32. (32 S. m. Abbildgn.) Ebd. 894. — 20

Das Schliersee'r Bauerntheater. — (München [1894]: Seitz & Schauer.) 93 S. 8° 75.
13.1837

— Ebd. [um 1895]. 116 S. 8° 19. 30.
13.1838

Bauerntheater, Schlierseer. 's Haberfeldtreiben. Georgithaler. Bergteufel. 82. (32 S. m. 4 Bildn.) München (898). Rubinverlag. n. — 20

— (München: Seitz & Schauer [um 1900].) 117 S. 8°
1:Yp 1238/300. 12:Bavar. 198 n. 109.
13.1839

Bauerntrachten, Minden-Bückeburgische. 12 Bilder (Farbdr.) in Umschlag. 12. Minden (900). M. Volkening. 1. 50

Bauernunruhen, die jetzigen, u. die Stimme Luthers in den Wirren unserer Zeit. Ein Wort der Verständigung u. Beruhigung an Alle, die es mit d. Volke gut meinen, insbesond. an d. Bauernstand. 8. (75 S.) Grimma 848, Verlags-Comptoir. n. 4 ngr

Bauern Vater unser, Das bey jetzigen Zeiten wider die Franzosen neu aufgekommene. Flugblatt in Versen aus der Zeit des Span. Erbfolgekrieges (je zwei Verszeilen zu jedem einzelnen Satz des Gebetes, zus. 44 Zeilen, um 1705). Schm.-Fol. 12.—

Bauern-Verein, der christliche, f. Schwaben u. Neuburg. Seine Ziele u. Bestrebgn. (Programm, Statut, Vergleichsämter, Schiedsgerichte u. s. f.) Anleitg. f. d. Obmänner u. Mitglieder. gr. 8. (31 S.) Augsburg 897. (Literar. Institut v. Dr. M. Huttler). n. — 20

Ermländischer Bauern-Verein. 1882—1907. Festschrift zur Jubelfeier in Heilsberg am 14. Okt. 1907. — (Heilsberg 1907: Wolff.) 80 S. 8° 1. 38 A.

Der Rheinische Bauern-Verein. Jubiläumsbericht zur Feier seines 25jährigen Bestehens. — Köln [1907]. 131 S. 8°
38. 169.
13.1843

Der rheinische Bauernverein gegen die Neuwieder Organisation. Neuwied: Raiffeisendruckerei 1904.

Nochmals der rheinische Bauernverein gegen die Neuwieder Organisation. Neuwied: Raiffeisendruckerei 1904.

Bauernvereine und Genossenschaften in Bayern. 8⁰. M.-Gladbach, Volksvereins-Verlag, 1910. (Sociale Volksbibliothek, Nr. 20.)

Der bayer. Christl. Bauernverein, Bauernvereinskalender. Regensburg, 1904.

Bauern-Vereins-Kalender, rhein., f. 1901. 2. Jahrg. 8° (200 m. Abb.) Kemp., (Klöckner & Mausberg). — 50
Bisher u. d. T.: Bauern-Kalender, rhein.

Bauern-Vereins-Kalender, rheinischer, f. das J. 1903. 4. Jahrg. 8. (184 S. m. Abbildgn.) Kempen (Klöckner & Mausberg). — 50

Bauernverordnung, s. Bauerverordnung

Bauernvolk. — Das Bauernvolk. Im November. J.B.St. — o.O. [um 1790]. 2 Bl. 8° 12:4° Bavar. 2120-II,11.
13.1817

Bauernwappen der deutschen Nordsee-Marschen. Hrsg. v. histor. Ver. „Männer vom Morgenstern zu Weddewarden." Buch 1. Wappenbuch d. Landes Wursten. Bearb. von H. D. Dirksen, Lehe, mit Vorw. von Herm. Allmers. [Mehr nicht erschienen.] (Bremerhafen & Leipzig: Ch. G. Tienken) 1892. (VIII, 8 S., 11 Taf) 8° [F.] [07. 15965]

Bauernwürger, Die. Eine Geschichte mit 12 Bildern aus dem Leben. Leipzig [1894]. V: *Liebermann von Sonnenberg, Max.* (EB)

Bauernwürger, die. Eine Geschichte m. 12 (farb.) Bildern aus dem Leben. gr. 8. (13 S.) Leipzig 894. H. Beyer. — 25

Bauernzeitung, s. a. Fürst.

Bauernzeitung (u. Dorfdoktor), s. a. Schweizer-Bauernzeitung, Allgemeine u. Bauernzeitung, Schweizer.

Bauernzeitung. Graz 1785—1795 (ab 1795 u. d. T. Der steyrische Biedermann). H: *Ambros, Michael.* (wrztg 1785, S. 2940; 1786, S. 1125; 3049) (A. Wolf, Eleonore Liechtenstein, S. 228) (Anton Schlosser, Inneröst. Stadtleben. Wien 1877) (BiblPort)

Bauern-Zeitung, die. Ein Wochenblatt zu Nutz u. Frommen wie z. Kurzweil gescheidter Land- u. Hauswirthe v. Lor. Strúf. 1. Jahrg. 846. 52 Nrn. (à ½—1 B.) hoch 4. Ulm, Seitz. *

Bauern-Zeitung, illustrirte. Ein Wochenblatt zu Nutz u. Frommen wie zur Kurzweil gescheidter Land- u. Hauswirthe von Lor. Strúf. 2. u. 3. Jahrg. 1847 u. 1848 à 52 Nrn. gr. 4. (½ Bog.) Mit Beiblatt: Der Bauernspiegel. 26 Nrn. (½ Bog.) Ulm, Seitz. (Gebr. Nübling.) à Jahrg. n. ½ ℛ︀

Bauern-Zeitung, allgemeine illustrirte. Ein Wochenblatt zu Nutz und Frommen wie zur Kurzweil gescheidter Land- und Hauswirthe von Lor. Strúf. (Mit dem Beiblatt: Der Bauernspiegel, 26 Nrn. ½ Bog.) 2. und 3. Jahrg. 1847 und 1848, à 52 Nrn. (½ Bog.) gr. 4. Ulm, [Gebr. Nübling.] à Jahrg. *
1. Jahrg. 1846. [Ebendas.] * 15 Ngr.

Bauern-Zeitung: Apr (1853) Easton, PA.
Daily? Edited & published by Henry Guenther

Bauernzeitung. Jahrg. 1864. Juli bis Decbr. 26 Nrn. (Bog. mit eingedr. Holzschn.) gr. 4. Freysing, Datterer. Vierteljährlich *

Bauernzeitung. Jahrg. 1865 u. 1866. à 52 Nrn. (à 1 Bgn. m. Holzschn.) Freysing, Datterer. 4. Jeder Jahrg. n. 1 ℛ︀ 10 ngr.
Forts. u. d. T.: Der Landwirth.

Bauernzeitung, die. Organ für Landeskultur und Kleingewerbe [13.—16. Jahrg.] und der Dorfdoktor, Hausfreund und Rathgeber bei Menschen- und Thierkrankheiten. Nach den Grundsätzen der Homöopathie und Naturheilkunde hrsg. von A. v. Fellenberg-Ziegler, Fritz Rödiger, J. Zuppinger rc. Jahrg. 1868—71. à Jahrg. 12 Nrn. (à 1—1½ Bog. mit eingedr. Holzschn.) gr. 8. Solothurn, (Scherer.) à Jahrg. *

Bauernzeitung. Wochenschrift f. Landwirthschaft. Hrsg. v. A. v. Fellenberg-Ziegler u. Fritz Rödiger. 17—21. Jahrg. 1872—1875. à 52 Nrn. (B. m. eingedr. Holzschn.) Mit „Dorfdoctor." hoch 4. Zürich, Verlags-Magazin. n. 4. —; Jede der beiden Zeitschriften apart à n. 2. 40

Bauernzeitung. Wochenschrift für Landwirthschaft. Hrsg. von A. v. Fellenberg-Ziegler und Fritz Rödiger. 21. und 22. Jahrg. 1875 u. 1876. à Jg. 52 Nrn. (à 1/2 Bog.) Zür., Verl.-Magazin. Mit dem "Dorfdoktor".
Forts. siehe u. d. T.: Bauernzeitung, Schweizerische.

Bauernzeitung. Redact.: E. Lehnert. 1. und 2. Jahrg. 1882 und 1883. à Jahrg. 52 Nrn. (Bog. mit eingedr. Holzschn.) gr. 4. Freising, Datterer. à Jahrg. *

Bauernzeitung (Be)
① Organ des Verbandes Schweizerischer Berner Fleckviehzüchtender Viehzuchtgenossenschaften, ab 1893 statt Viehzuchtgenossenschaften Genossenschaften Der Untertitel setzt die Zählung des vorangegangenen Berner Boten fort und führt das Berner Heim und seinen jeweiligen Redaktor auf ③ Berner Bote (I) ④ Berner Tagblatt (III) ⑤ 1 7 1890—28 12. 1898 ⑥ 2° ⑦ halbwöchentlich ⑧ Bern Buchdruckerei des Berner Tagblatt ⑨ Berner Heim. redigiert von Pfr. G Strasser, Grindelwald, ab 9 10 1895 redigiert von Rudolf von Travel, ab 29 4 1896 redigiert von Ch. von Gerber; Schweizer Blätter. Vierteljährliche Beilage, herausgegeben vom eidgenössischen Verein, 1892 ⑩ Verband Schweizerischer Berner Fleckviehzüchtender Genossenschaften ⑪ F Burren ⑫ freisinnig aber mit konservativem Einschlag ⑬ BGSZ 12, 973 ⑭ Be L, S ⑮ Nr 104. 28 12. 1898· Mitteilung, daß die »Bauernzeitung« auf Neujahr 1899 mit dem »Berner Tagblatt« (III) verschmilzt.

Bauernzeitung: Aargauische Bauernzeitung
① Organ für die politischen Interessen des Bauernstandes Offizielles Organ des Bauernbundes im Kt. Aargau ④ Badener Wochenblatt und Aargauer Bauernzeitung ⑤ 1893—1905 (Jg. 1894 ist als der zweite angeführt) ⑦ Wochenblatt ⑧ Baden Jos Jäger ⑨ Badener Sonntagsblatt ⑩ der Drucker ⑪ der engere Vorstand des Bezirksbauernbundes Baden ⑫ Haberbosch Badener Zeitungen (1950) ⑭ Baden Stadtarchiv (1902—1905).

Bauern-Zeitung, Allgemeine, s.a. Bürger- u. Bauern-Zeitung.

Bauernzeitung, luxemburger. Ein Wochenblatt für Belehrung und Unterhaltung. Redig. von P. Heintze. 1. Jahrg. 1857. 52 Nrn. (Bog.) 4. Luxemburg, Gebr. Heintze's Verlag.
Eine Fortsetzung ist hiervon nicht erschienen.

Bauernzeitung, Schweizer, s.a. Schweizer-Bauernzeitung.

Bauernzeitung, allgemeine. Schweizer Centralorgan für schweizer. Landwirthschaft. Unter Mitwirkung eines Vereins schweizer. Land-, Forst- und Hauswirthe hrsg. von Fritz Rödiger. 3. Jahrg. 1856. 52 Nrn. (½ Bog.) gr. 4. Schaffhausen 856, (Beck und Sohn.) Thlr. *
Vgl.: Schweizer-Bauern-Zeitung.

Bauernzeitung, Allgemeine . s. Bauernzeitung, Schweizer (Allgemeine). Schaffhausen 1856 ff.

Bauernzeitung, Allgemeine illustrirte, s. Bauernzeitung , Die. Ulm 1847-1848.

—— allgemeine schweizer. Centralorgan für schweizer. Landwirthschaft. Unter Mitwirkung eines Vereins schweizer. Land-, Forst- und Hauswirthe hrsg. von Fritz Rödiger. 4. Jahrg. 1857. 52 Nrn. (½ Bog.) gr. 4. Aarau, Christen. *

Bauernzeitung, Illustrirte. s. Bauernzeitung, Die. Ulm 1847-1848.

—— schweizer. Organ des Vereins schweizerischer Landwirthe. Jahrg. 1858—61. (Der „Schweizer Bauernzeitung" 5—8., des „Vereinsblattes" 1—4. Jahrg.) à Jahrg. 52 Nrn. (½ Bog.) gr. 4. Aarau, Christen. à Jahrg. *

—— Schweizer. Organ des Vereines schweizer. Landwirthe. (Der „Schweizer Bauernzeitung" 9. und 10., des „Vereinsblattes" 5. und 6. Jahrg.) 1862 und 1863. à Jahrg. 52 Nrn. (à ½—1 Bog.) gr. 4. Aarau, (Christen.) à Jahrg. *

Bauernzeitung, schweizerische. Wochenschrift für Landwirthschaft. Hrsg. von A. v. Fellenberg-Ziegler und Fritz Rödiger. 23.—25. Jahrg. 1877—1879. à Jahrg. 52 Nrn. (à ½ Bog.) hoch 4. Ebendas. à Jahrg. *
23. Jahrg. mit dem „Dorfdoktor" *
24. und 25. Jahrg. mit dem „Schweizer Volksarzt" à *
Forts. von: Bauernzeitung.

—— schweizerische. Wochenschrift für Landwirthschaft. Hrsg. von A. v. Fellenberg-Ziegler und Fritz Rödiger. 26. Jahrg. 1880. 52 Nrn. (à Nr. ½ Bog.) hoch 4. Herzogenbuchsee, Expedition. ℳ 3,60.; mit dem „Schweizer. Volksarzt" *
Nicht weiter erschienen.

. Bauernzustaende, Baltische, namentlich livländische. Leipzig 1862. V: *Woldemar, Chr.* (Winckelmann, Bibl. Liv. hist. 2. Aufl. 3447)

Bauernzustände, baltische namentlich livländische. gr. 8. (45 S.) Leipzig 862, (Brockhaus' Sortiment und Antiquarium.) *

Bauerordnung.

Bauer-Ordnung für das Hertzogthum Vor- und Hinter-Pommern. — Stettin 1765: Effenbart. 18 S. 4° 79.
13.1741

Die privaten **Bauerrechte** Estlands für die Gebiete von Fickel, Kaltenbrunn, Kandel u. Essemäggi. Hrsg. v. G. Olaf Hansen. *Dorpat '(Jurjew)': Schnakenburg's Buchdr. 1896.* (XXI, 341 S.) 1 Bd 8.
= **Verhandlungen** d. gelehrten Estnischen Gesellschaft zu Dorpat Bd 18.
[illegible]

Bauerreis, Heinrich Friedrich Wilhelm: Etwas aus der Geschichte des sogenannten Deutschen Handels- u. Gewerbvereins vom Jahre 1819 für die Verwirklichung der Idee eines gemeinsamen deutschen Zoll-Vereines in Betreff der Leistungen des Doctors Friedrich List ... Nebst e. Ausz. aus d. Schrift: 'Der deutsche Zollverein und Dr. List' (von Ernst Emil Hofmann). — Nürnberg: Riegel & Wießner 1847. 16 S. 4° 12:4° Merc. 135-20. 17. 29. 205.
13.1851

(—) Kurzgefaßte Geschichte des deutschen Handels- u. Gewerbs-Vereins vom Jahre 1819, in seinen Haupt-Momenten. — Nürnberg 1833: Sebalds Druck. 16 S. 8°
12:4° Merc. 7i.
13.1852

Bauerreis, Maximilian: Beschreibung und Eintheilung des Römischen Raths nach seinen Aemtern, Geschäften und ganzer ehemaliger Verfassung. — Nürnberg 1794: Bieling. 72 S. 8° 14. 32. 75.
13.1853

Bauerreiss, Carl, s. Bauerreiss, Karl

Bauerreiss, Heinrich, Bankbeamter, Wien. 1863
Pseudonym: Heinrich Freimann

Bauerreiß, Heinr., s.a. Freimann, Heinr.

— 1813 [Achtzehnhundertdreizehn]. Ein Gedicht von Heinrich Freimann. — Berlin: Duncker in Comm. 1863. VI,165 S. 8° 1: Yo 10480. 15.
13.1854

Bauerreiss, Heinrich. 1900: Anleitung zum Lösen von Schachproblemen. T. 1-3. — Ansbach: Brügel 1900-01. 8°
Nebent.: Schach-Probleme.
1: Os 10553. 12: Gymn. 5 md [u. ö.] 14. 29. 41. 207.
13.1855

Bauerreiss, H: Anleitg z. Lösen v. Schachproblemen. 1. Tl: Zweizüger. 2. Afl. (7, 103 m. Fig.) kl8° Ansb., C Brügel & S. 11. 1 —

— Dichtungen von Heinrich Freimann (Heinrich Bauerreiß). — Wien: Huber & Lahme 1890. 223,IV S. 8°
1: Yo 23609. 306: 80.259-B. 302.
13.1856

Bauerreiß, Heinr., Ferienaufgaben aus der Planimetrie, s.: Stahel's Sammlung v. Prüfungsaufgaben. Nr. 12.

— Johannes. Eine poetische Erzählung. Von Heinrich Freimann. — Kassel: Freyschmidt [1871]. 75 S. 8°
1: Kr. Samml. Ua 248. 4. 14. 15. 34. 43. 46. 109.
13.1856

— Wirth am Berg. Frei nach e. deutschen Volkssage von Heinrich Freimann. — (Cassel 1880: Trömner.) 2 Bl. 8°
15. 46.
13.1857

Bauerreiss, Karl: Die heilige Passion unsres Herrn. Nach d. evangelischen Geschichte mit Summarien nach Veit Dietrich. — Nürnberg: Mäsch in Comm. 1861. VIII,184 S. 8° 29.
13.1860

Bauerreiß, Carl, die heilige Passion unsres Herrn. Nach der evangel. Geschichte mit Summarien nach Veit Dietrich. Zum kirchl. Gebrauche in 7 Andachten für die Gemeinden Freiherrl. v. Crailsheim'schen Patronats. 16. (VIII und 184 S.) Nürnberg 866, (Zeiser.) geb.

— — Neue Ausg. Cannstatt 1881: Rapp. 154 S. 8° 24.
13.1861

Bauerreiss, W., s. Bauerreiss, Heinrich

Bauer's, d. Russ. Generals, Ehrengedächtniß. 8. (Leipz.) 783. Hartknoch. 20 gr

Bauersachs, Johann Konrad: Verzeichnis über eine vorzügliche Sammlung von Büchern, welche ... allhier in Meiningen im Bauersachsischen Hause ... öffentlich versteigert werden sollen. [Auktionskat.] — Meiningen 1812. 128 S. 8° 21.
13.1865

Bauerschmid, Johann Ernst s. *Bauerschmidt.*

Bauerschmid, Karl, Interessen-Tabelle zu 5 Perzent von den Kapitalien in österreichischer Währung für die Beträge von 5000 Gulden bis 1 Kreuzer und für die Zeit von 2 Jahren bis 1 Tag: nebst einem Anhang über die Zinsenberechnung überhaupt, und mit Tabellen über die 6perzentigen u. 4perzentigen Interessen. Graz 859. Kienreich. (Leipzig, Haessel.) Lex.-8. (39 S.) n. 10 ngr.

Bauerschmidt, C. C. D., Aerndte-Predigt v. 24. Sept. 1809. Hannov. 810. Hahn. 2 gr

Bauerschmidt, Hans: Staatsbürgerl. Belehrg u. Erziehg. Wegweiser f. d. verschied. Schulgattgn. (4, 120) gr8° Münch., J Lindauer '13. 2 — d

— Bürgerkde im Rahmen d. Gesch.-Unterr. an höh. Schulen, method. zusammengestellt. (4, 73) 8° Nürnbg, F Korn '11. — 75 d

Bauerschmidt, Hans, aus Stadtsteinach: Ergebnisse einer Vergleichung zwischen Ciceros Schriften 'De oratore' und 'Orator'. *Erlangen 1900: E. Th. Jacob.* (47 S.) 8°
Erlangen, Phil. Diss. v. 6. Febr. 1900

Bauerschmidt, Johann Ernst: Hochwichtige Bedenckens-Motiva, wie sich derjenige evangelische Christ zu verhalten hat, dem heutiges Tages mitten unter dem Pabstthum lebenden, von denen Päbstlern, päbstliche Lehre anzunehmen ... will aufferleget ... werden ... Von Johanne Ernesto Bauerschmid. — Dreßden 1713. 31 S. 8° 23.
13.1874

Bauerschubert, Johann, s. Bauerschubert, Josef.

Bauerschubert, Josef

— s.a. Erbauungsbuch f. Katholiken rc.

Bauerschubert, Josef: Erbauungsbuch für Katholiken, die eine reine und vernünftige Andacht lieben von J[osef] B[auerschubert]. — Frankfurt a. M.: Varrentrapp & Wenner 1793. 228 S. 8° 7. 30.
13.1876

Bauerschubert, Jos., Erbauungsb. f. Katholiken, d. e. reine u. vernünft. Art lieben. 8. Münster, Aschend. 793.

— Neue Festpredigten nebst einigen Gelegenheitsreden. Frankfurt a. M.: Andreä 1797. XII,404 S. 8° 20. 102.
13.1877

Bauerschubert, Jos., († d. 17. Juli 1797.) neue Festpredigten, nebst einigen Gelegenheitsreden. 8. Frankf. a. M. 797. 2e A. 799. 3e A. 812. Andreä. 20 gr 2r Bd. nach d. Verf. Tode herausg. von B. Laubender. 8. Leipz. 801. Fr. Fleischer. 1 ₰ Schrbp. 1 ₰ 8 gr

— Kurze Volkspredigten zum Unterrichte und zur Erbauung auf alle Sonn- und Festtage des katholischen Kirchen Jahres. Bd 1–6. — Erfurt: Keyser 1795–1800. 8°
4-6. Nach seinem Tode hrsg. von Bernard Laubender. 1799-1800.
102[= 3/6]. 303[= 3]. 308[= 4/6].
13.1878

— kurze Volkspredigten auf alle Sonn- u. Festtage d. kathol. Kirchenjahrs. 1r—6r Bd. 8. Erfurt, Keyser. (Kösel, Kempten.) 799. 800. (à 12 gr.)

— — Neue, verb. Aufl. Bd 1–4. Ebd. 1798–99. 8°
4. Nebst e. Biographie nach seinem Tode hrsg. von Bernard Laubender. 1799.
211[= 1.2]. 303[= 4]. 308[= 2/4].
13.1879

— — Neue, verb. Aufl. Bd 1–6. Ebd. 1802. 8°
4-6. Nach seinem Tode hrsg. von Bernard Laubender. 19.
13.1880

— — Neue, verb. Aufl. Bd 1–3. Ebd. 1803. 8° 307.
13.1881

— — Neue, durchges. u. verb. Aufl. Bd 1–6. Grätz: Kienreich 1807. 8°
4-6. Nach seinem Tode hrsg. von Bernard Laubender. 302.
13.1882

Bauerschubert, Viktor Josef: Der bayerische Brandsteuer-Rechner. — Würzburg: Selbstverl. 1856. 26 S. 8°
12:4° Bavar. 3007–VIII,20. 20.
13.1883

Bauersfeld, Walther: Über die automatische Regulierung der Turbinen. Berlin: (Springer) 1905. 186 S. 8° ¶ Buchausg. mit erw. Einl. u. d. T.: Die automatische Regulierung ...
Berlin, Dr.-Ing.-Diss. v. 16. 12. 1904

— · Die automatische Regulierung der Turbinen. — Berlin: Springer 1905. VII,208 S. 8°
Erschien teilweise auch als Diss. Berlin TeH 1905.
1: Og 29004. 7. 11. 27. 30. 82→86. 89. 90. 91. 180. 210.
13.1885

Bauersfrau. — Die alte Bauernfrau aus der Schweiz oder aus Gnaden seyd ihr selig geworden! William der arme Kranke. Eine wahre Geschichte. — Barmen 1827: Schober. S. 133–172. 8° ([Schriften der] Tractat-Gesellschaft im Wupperthale. 115.) 1: Cv 52040–115.
13.1886

Die alte Bauernfrau aus der Schweiz. Berlin 1828. 20 S. 8° ([Traktate, hrsg. vom] Verein für christliche Erbauungs-Schriften. 49.) 1:49 in Cv 52060–1. 33.
13.1887

Die alte Bauerfrau in der Schweiz, oder: aus Gnaden seid ihr selig geworden! — [Hamburg um 1855.] 16 S. 8° ([Traktate der] Niedersächsischen Gesellschaft zur Verbreitung christlicher Erbauungsschriften. 50.) 18.
13.1888

Die alte Bauernfrau in der Schweiz, oder aus Gnaden seyd ihr selig geworden! — Hamburg [um 1855]: Nestler. 17 S. 8° ([Traktate der] Niedersächsischen Gesellschaft ... 50.) 33.
13.1889

– Die alte Bauerfrau in der Schweiz, oder aus Gnaden seid ihr selig geworden! — (Hamburg 1856.) 16 S. 8° ([Traktate der] Niedersächsischen Gesellschaft ... 50.) 18.
13.1890

Bauersfrau, die alte, in der Schweiz, od. aus Gnaden seid ihr selig geworden! 11. Aufl. 8. (16 S.) Stuttgart 881. Buchh. der Evangel. Gesellschaft. n. — 4

Die treuherzige Bauersfrau auf der Kirmeß in Möckern. (Leipzig: Dederich [um 1845].) 2 Bl. 8°
1:5 in Yb 10411. 3.
13.1891

Die treuherzige Bauerfrau in Leipzig den 9. August 1844. (Leipzig: Dederich [1844].) 2 Bl. 8° 1:1 in Yb 10411.
13.1892

Die treuherzige Bauerfrau auf den Redouten zu Leipzig im Januar 1845. — (Leipzig: Dederich [1845].) 2 Bl. 8°
1:2 in Yb 10411. 3.
13.1893

Bauersleute. — An alle wackeren Bauersleute in den Hannoverschen Landen. — (Hannover [1848]:Jänecke.) 4 S. 4° 7.
13.1894

Bauersmann. —

Bauersmann, Der fromme.

Ein Lehr- und Gebeth-Buch für das liebe Land-Volk. Pesth 1822. V: *Csereney, Joseph Benedict.* (SZMJ)

Der getröstete Bauersmann. — Hamburg:Agentur d. Rauhen Hauses (1885). 23 S. 8° 18.
13.1895

Der getröstete Bauersmann. Wir pflügen und wir streuen. Das Leid der theuren Zeit. Zwei Lieder Kindern vorzusingen. Allerlei altdeutscher Witz und Verstand. — Ebd. [1885]. 24 S. 8° (Schillings-Bücher d. Rauhen Hauses. 1.) 12:Asc.4335h-1.
13.1896

Bauersmann, Ein überrheinischer,

an seinen Churfürsten zu München im Bayerlande. Mainz 1792. V: *Maus, Isaak.* (Hessische Biographien, hgbn. von Herman Haupt. Darmstadt 1918. I, 150.)

Das Deutsche Bauer's Register: Nov 29, 1800—1803

Democratic weekly, with special attention to agricultural subjects. German edition of THE FARMERS REGISTER. Has been cited as THE GERMAN FARMERS' REGISTER. Edited & published by John M. Snowden & William McCorkle.
Greensburg, PA.

Bauerverordnung

Die **Estländische Bauer-Verordnung** vom 5. Juli 1856 und die die Bauer-Verordnung abändernden und ergänzenden Gesetze und Verordnungen. Hrsg. von Eduard v. Bodisco. Nichtoffizielle Ausg. *Reval: Kluge & Ströhm in Comm. 1901.* (XXXII, 771 S.) 8° [7.]

Bauerverordnung, livländ., am 13. Nov. 1860, m. Reg. 2 Bde. Riga 861—62.

Livländische **Bauer-Verordnung** am 13. Nov. 1860 Allerhöchst bestätigt, mit allen z. Zeit gültigen, abändernden, ergänzenden u. erläuternden Erlassen u. Verordnungen, sowie sämmtl. Entscheidungen d. dirigirenden Senats. Hrsg. von A. v. Kieseritzky. Nichtoff. Ausg. Hälfte 1. *St.-Petersburg 1900: Buchdr. d. Kais. Akad. d. Wiss.* (aufgekl.: *Riga: Jonck & Poliewsky in Comm.*). 8°

2693 Livländische **Bauer-Verordnung** am 13. Nov. 1860 Allerhöchst bestätigt. Hrsg. v. A. v. Kieseritzky. Nichtoff. Ausg. Hälfte 1. St.-Petersbg '00 (aufgekl.: Riga). [Mehr nicht ersch.]

Bauet.

Bauet euch zum geistlichen Hause und zum geistlichen Priesterthum. Ordinations-, Einführungs- u. Weihereden ... Hrsg. von Gustav Leonhardi. — Leipzig:Richter 1891. 84 S. 8° (Im Reiche d. Gnade. [1,]6.) 26.
13.8032

— — Ebd. 1901. 84 S. 8° (Im Reiche d. Gnade. 1,6.)
1:Ec 25106-1,6. 4. 101.
13.8033

Bauetat. — Bau-Etat der Stadt Königsberg pro 1871. — Königsberg 1870:Rosbach. 8 S. 4° 10.
13.1898

Baufach, das höhere, in Preußen und seine Zukunft. Betrachtungen eines preuß. Technikers über die Verhandlungen des Abgeordnetenhauses am 6. Decbr. 1882 und 8. März 1883. gr. 8. (III, 84 S.) Hamburg 888, Hoffmann und Campe. *

Baufachzeitung, Sächs.-Thür., s. Zeitung, Gruner'sche.

Baufluchtengesetz. — Baufluchten- u. Strassengesetz in Frankfurt a. M. Nach e. in d. Techn. Gesellschaft Bauhütte Frankfurt a. M. gehaltenen Vortrag. — Frankfurt a. M.:Rudolph 1901. 24 S. 8°
Aus: Anzeiger für Industrie u. Technik. 14. 1901. 30.
13.1907

Baufluchtliniengesetz. Vom 2. Juli 1875
s. **Gesetz** betr. d. Anlegung u. Veränderung von Straßen u. Plätzen in Städten u. ländl. Ortschaften.

Bauformen, moderne. Monatshefte f. Architektur. Hrsg. v. MJ Gradl. 3. u. 4. Jahrg. 1904 u. 5 je 12 Hefte. (Je 8—12 S. m. Abb. u. 8 [meist farb.] Taf.) 4° Stuttg., J Hoffmann.
Je 2 —; Einzelpr. je 4 —; M. dazu je 2 —
Den 1. u. 2. Jahrg. s.: Gradl, MJ.

Bauformen, moderne. Monatshefte f. Architektur. Hrsg. v. MJ Gradl. 5—8 J. '06—'09 je 12 Hefte. (432, 520, 544 u. 600 m. Abb. u. 92, 90, 82 u. 87 z. Tl farb. Taf.) Lex8° Stuttg., J Hoffmann.
Das Heft 2 —; Einzelpr. je 4 —

Bauformen, Moderne. Monatshefte f. Architektur u. Raumkunst. Hrsg.: O Baer. 9—11. J. '10—12 je 12 Hefte. (8, 630 m. Abb. u. 76 Taf.; 8, 608 m. Abb. u. 86 Taf.; 8, 596 m. Abb. u. 107 Taf.) Lex8° Stuttg., J Hoffmann. d. Heft 2 —;
Einzelpr. je 4 —

— dass. Probebd. (48, 433—472 u. 48 m. Abb. u. z. Tl farb. Taf.) Lex8° Ebd. ('12). 2 —

Niedersächsische **Bauformen**. Hrsg. v. Verein f. niedersächs. Volkstum, selbständ. Zweigverein d. Bundes Heimatschutz mit d. Sitz in Bremen. Bearb. von Dr. K[arl] Schäfer. H. 1. Bremen: (Verein; Stuttgart: J. Hoffmann in Komm.) 1906. 2°

Bauformen-Bibliothek. 1. u. 2. Bd. 30,5×24 cm. Stuttg., J Hoffmann. L. je 25 —
Ellwood, GM: Möbel u. Raumkunst in Engld 1680—1800. (13, 187 m. Abb.) '09. [2.]
Hoffmann, Jul.: Baukunst u. dekorative Skulptur d. Renaissance in Deutschl. Mit e. Einl. v. Paul Klopfer. (225 m. Abb.) '09. [1.]

Bauformen-Bibliothek. 3—7. Bd. 30,5×24,5 cm. Stuttg., J Hoffmann. L je 25 —
Baer, CH: Farb. Raumkunst. 120 Entwürfe moderner Künstler. (120 farb. Taf. m. 7 u. 8 S. Text.) '11 [4]
— Deut. Wohn- & Festräume a. 6 Jahrh. (16, 236 m. Abb.) '12 [6]
Baum, Jul.: Roman. Baukunst in Frankr. (16, 232 m. Abb.) '10 [3]
Popp, Herm.: Die Architektur d. Barock- u. Rokokozeit in Deutschld u. d. Schweiz. (16, 287 m. Abb.) '13 [7]
Ricci, Corrado: Baukunst u. dekorative Skulptur d. Barockzeit in Italien. (18, 280 m. Abb.) '12 [5]

Baufrage. — Die Baufrage der Kaiser Ferdinands-Nordbahn. Wien:Sommer 1864. 35 S. 8° 300:168.109-B. 302. 303.
13.1908

Baufreiheitsreglement. — Baufreiheits-Reglement für die Stadt Berlin. — Berlin 1824. 16 S. 8°
1:Td 1464 [u.] 16 in Tc 8902. 109.
13.1909

Baufuehrer-Handbuch. — Bauführer-Handbuch. A. — Berlin [um 1875]:Veit. X,524 S. 2°
A. Der Wasserbau. 1.2.
Titelblatt u. Text handschriftlich autographiert. 36. 90.
13.1910

Baugebuehrausmass. — Baugebühr-Ausmaß als Norm für die gesammte k.k. Militär-Bau-Administration, betr. d. beim Land-, Straßen- u. Wasserbau vorkommenden Erd-, Maurer-, Dachdecker- u. Zimmermannsarbeiten. — Wien 1854:K.-k. Hof- u. Staatsdr. XVI,119 S. 4° 302. 306.
13.1915

— — Ebd. 1875. XII,92 S. 4° 91. 302.
13.1916

Baugebühr-Ausmaß als Norm für die gesammte k. u. k. Militär-Bau-Administration, betreffend die beim Land-, Straßen- und Wasserbau vorkommenden Erd-, Maurer-, Dachdecker- und Zimmermanns-Arbeiten und die Baumaterialien-Erzeugung. 2. Auflage. 4. (XII, 96 S.) 1.—
Wien Staatsdruckerei 1893.

Baugenossenschaft, die. Zeitschrift des Beamten-Wohnungs-Vereins zu Berlin (e. G. m. b. H.). Red.: Max Koska. 1. Jahrg. März—Dezbr. 1901. 10 Hfte. Lex.-8. (78 S.) Berlin, C. Heymann. n. 4. —

— dasselbe. 2. Jahrg. 1902. 12 Hfte. Lex.-8. (à ca. 12 S.) Ebd. n. 4. —

Baugenossenschaft, die. Zeitschr. d. Beamten-Wohnungs-Vereins zu Berlin. Red.: Koska. 3. Jahrg. 1903. 12 Hefte. Lex.-8. Berlin, C. Heymann. 4. —

Baugenossenschaft, die. Zeitschr. d. Beamten-Wohnungs-Vereins zu Berlin. Red.: Koska. 4. Jahrg. 1904. 12 Hefte. Lex.-8. Berlin, C. Heymann. 4. —

Baugenossenschaft, die. Zeitschr. d. Beamten-Wohnungs-Vereins zu Berlin. Red.: Koska. 5. Jahrg. 1905. 12 Hefte. Lex.-8. Berlin, C. Heymann. 4. —

Baugenossenschaft, die. Zeitschr. d. Beamten-Wohnungs-Vereins zu Berlin. Red.: H. Riese. 6. Jahrg. 1906. 12 Hefte. Lex.-8. Berlin, C. Heymann. 4. —

Baugenossenschaft, die. Zeitschr. d. Beamten-Wohnungs-Vereins zu Berlin. Red.: H. Riese. 7. Jahrg. 1907. 12 Hefte. Lex.-8. Berlin, C. Heymann. 4. —

Baugenossenschaft, die. Zeitschr. d. Beamten-Wohnungs-Vereins zu Berlin. Red.: H. Riese. 8. Jahrg. 1908. 12 Hefte. Lex.-8. Berlin, C. Heymann. 4. —

Baugenossenschaft, die. Zeitschrift d. Beamten-Wohnungs-Vereins zu Berlin. Red.: H. Riese. 9. Jahrg. 1909. 12 Hefte. Lex.-8. Berlin, C. Heymann. 4. —; einz. Hefte —. 40.

Baugenossenschaft, Die. Zeitschr. d. Beamten-Wohngs-Vereins zu Berlin. Red.: Hans Riese, seit '11 Thdr Radtke. 10—12. J. '10—12 je 24 Hefte. ('12, 1. Heft: 20) Lex8° Berl., C Heymann. je 4 —; einz. Hefte— 40 d

Baugenossenschaften. — Ueber englische Baugenossenschaften. (Unterzeichn.: H.W.) — [Breslau 1867.] 12 S. 8° Aus: Schlesische Zeitung. 1867. **41.** 13.1924

— Ueber englische Baugenossenschaften. (Unterzeichn.: A.S.) 2. — (Breslau [1867].) 14 S. 8°
Aus: Breslauer Gewerbe-Blatt. 1867.
Als Verfasser wird Anton Serbin genannt. **41.** 13.1925

Baugeschichte und Beschreibung der berühmten Elbbrücke zwischen Alt- und Neu-Dresden, von ihrer Entstehung an bis zu ihrem Ruin, am 19. März 1813. Nebst 1 Abbild. 4. (Berlin Cranz.) 1/4 ₰

Baugeschichte. — Baugeschichte und Beschreibung der berühmten Elbbrücke zwischen Alt- und Neu-Dresden, von ihrer Entstehung an bis zu ihrem Ruin, am 19. März 1813. — Dresden: Hilscher [1813]. 2 Bl. 4° **14. 86.** 13.1928

Baugeschichte u. Beschreib., nebst Abbild. d. Dresdn. Elbbrücke. gr. 4. Dresd. 813. Hilscher. (Celle, Schulze). 6 K

Baugeschichte des Basler Münsters. Hrsg. vom Basler Münsterbauverein. (Vorr.: C. Burckhardt.) [Nebst] Taf. [u.] Spec. Beil. — Basel 1895. 4°, 2° [u.] gr. 2°
Taf. Das Münster zu Basel. Aufnahme von Julius Kelterborn 1880 bis 1892.
Spec. Beil. Das Münster zu Basel. Aufnahmen von Chr. Riggenbach u. G. Lasius 1855 bis 1874. Specielle Beilage zu Abschn. III ... ⟨Die Restauration der 1850er Jahre⟩.
1: 4°, 2° [u.] gr. 2° Ru 9768. **3.** 12: 2° A. civ. 14 o. **17. 18. 19. 25. 30. 38. 82. 84. 86. 106. 109. 300**: 181.467-D-F. **305.** 13.1929

Baugeschichte d. Basler Münsters. Hrsg. v. Basler Münsterbauverein. Nebst 2 Mappen m. Zeichngn. gr. 4. (VI, 416 S. m. 25 Lichtdr.-Taf. in Fol. u. 29 Taf. i. Holzschn. u. Kpfrst. in gr. 4. u. gr. Fol.) Basel 895. (Berlin, E. Wasmuth.) n. 40. —

Linie Temesvár-Orsova erbaut durch die k. k. pr. ö. Staats-Eisenbahn-Gesellschaft 1875-1878 unter d. Leitung d. Bau-Directors A.W. de Serres. Bau-Geschichte. H. 1.2. — o.O. [um 1880]. 4°
1. Text. 2. Zeichnungen.
Titelblatt u. Text handschriftlich autographiert. **305.** 13.1930

Baugesellschaft. — Barmer Bau-Gesellschaft für Arbeiter-Wohnungen, Barmen. — Barmen 1876: Hyll & Klein. 28 S. 8° **38. 62.** 13.1931

—— Ebd. 1880. 25 S. 8° **38.** 13.1932

Die Berliner gemeinnützige Baugesellschaft und die damit verbundene Alexandra-Stiftung. Ein Bericht für d. internationale Ausstellung zu Paris im Jahre 1867. Société pour la construction de petits logements à Berlin ... Rapport ... (Unterzeichn.: Gaebler.) — (Berlin [1867]: Königl. Geh. Ober-Hofbuchdr.) 33 S., 6 Taf. 4°
Text deutsch u. französisch. **44. 91.** 13.1933

Baugesellschaft für Familienhäuser und Villen ⟨Heimstätten G. m. b. H.⟩ [1.2.] — München 1901–02: (Brunn [usw.]) 8° [u.] 4° **12**: Bavar. 198q. 13.1934

Baugesetz. — Allgemeines Bau-Gesetz für das Königreich Sachsen vom 1. Juli 1900 nebst Ausführungs-Verordnung ... Hrsg. von Robert Peitz. — Flöha: A. Peitz 1900. 208 S. 8° **208.** 13.1935

Das allgemeine Baugesetz für das Königreich Sachsen vom 1. Juli 1900 nebst Ausführungsverordnung. Textausg. ... Von A. Rumpelt. — Leipzig: Roßberg & Berger 1900. 101 S. 8° (Leipziger juristische Handbibliothek. 12.) **14. 15. 106. 203. 208.** 13.1936

Allgemeines Baugesetz für das Königreich Sachsen vom 1. Juli 1900 nebst Ausführungsverordnung. Textausg. ... Von Walter Troitzsch. — Ebd. 1900. VIII, 112 S. 8° (Leipziger juristische Handbibliothek. 122.) **29. 208.** 13.1937

Allgemeines Baugesetz für das Königreich Sachsen vom 1. Juli 1900. Handausg. ... Von A. Rumpelt. — Ebd. 1900. IX, 405 S. 8° (Leipziger juristische Handbibliothek. 326b.) **14. 15. 18. 28. 88. 208.** 13.1938

Allgemeines Bau-Gesetz für das Königreich Sachsen vom 1. Juli 1900 nebst Ausführungsverordnung. Text-Ausg. (Hrsg.: Robert Peitz.) — Flöha: A. Peitz 1901. 104 S. 8° 1: Gm 13754. **14. 15.** 13.1939

Allgemeines Baugesetz für das Königreich Sachsen vom 1. Juli 1900. Handausg. ... Von A. Rumpelt. 2., verm. u. verb. Aufl. — Leipzig: Roßberg & Berger 1902. XI, 447 S. 8° (Leipziger juristische Handbibliothek. 326b.) **14. 15. 16. 24. 203. 208.** 13.1940

Allgemeines Baugesetz für das Königreich Sachsen vom 1. Juli 1900/20. Mai 1904 nebst Ausführungsverordnungen. Textausg. ... Von A. Rumpelt. 2. Aufl. — Leipzig: Roßberg 1904. 101 S. 8° (Juristische Handbibliothek. 12.) **27. 105.** 13.1941

Allgemeines Baugesetz für das Königreich Sachsen vom 1. Juli 1900 mit dem Abänderungsgesetze vom 20. Mai 1904. Handausg. ... Von A. Rumpelt. 3., verm. u. verb. Aufl. — Ebd. 1904. VIII, 533 S. 8° (Juristische Handbibliothek. 326.) 1: Fi 8256-326. **14. 15. 27. 30. 61. 86. 88. 89. 90. 203. 204. 208.** 13.1942

Baugesetz für die **Dörfer** des Herzogthums Sachsen-Altenburg. Vom 14. Jan. 1901. — Altenburg: Bonde 1901. 31 S. 8° **14. 106.**
13.1946

Das preußische Baugesetz von 1875 und die Coblenzer Ortsstatuten, beleuchtet von e. Nicht-Juristen. — Coblenz 1881: Hildenbrandt. 48 S. 8° **38.**
13.1948

Baugesetz für die **Städte** des Herzogthums Sachsen-Altenburg. Vom 14. Jan. 1901. — Altenburg: Bonde 1901. 35 S. 8° **14. 106.**
13.1949

Baugesetze. — Baugesetze für das Erzherzogthum Oesterreich unter der Enns mit Ausschluß der Haupt- und Residenzstadt Wien, dann Gesetze über Steuerfreijahre bei Neu-, Um- u. Zubauten, u. gesetzliche Bestimmungen bei Vermiethung u. Selbstbenützung oder unentgeldlichen Ueberlassung, dann d. Hauszinsverheimlichung u. bei Leerstehung d. Wohnungen, nebst e. Anh., enthaltend d. Feuerpolizeiordnung für d. Erzherzogthum Oesterreich unter der Enns. — Krems 1873: Pammer. 87 S. 8° **302.**
13.1950

[F.] Preussische **Bau-Gesetze** und -Verordnungen nebst d. neuest. Bestimmgn üb. Anlage v. Strassen u. öffentl. Plätzen f. Baumeister, Bauunternehmer, Bau- u. Polizeibeamte ... Unt. Berücks. d. ... neueren Ministerialreskripte ... Hrsg. v. Weinand, Kgl. Polizeiinsp. *Neuwied, Berlin & Leipzig: Heuser [1896].* (196 S.) 1 Bd 8. [97. 3690

Bau-Gesetzsammlung, enthaltend sämmtliche Gesetze und Verordnungen über Bau-Angelegenheiten, zusammengestellt von F. C. Anton. 8. (IV und 79 S.) Schönebeck 858, (Berger.)

Baugesetzsammlung. — Lübeckische Baugesetz-Sammlung enthaltend Bauordnung für d. Stadt Lübeck, derer. Vorstädte u. Vororte, für Travemünde sowie für d. Landgebiet, u. d. wichtigsten ... Gesetze u. Verordnungen. — Lübeck: Borchers [1908]. X, 277 S. 8° 1: Gm 13840/15. 4°.
13.1951

Baugesuch, Das. 1. Tl. Hausmann, W: Leitf. z. Anfertigg bau- u. gewerbepolizeil. Gesuche u. deren Zeichngn, unter Berücks. d. Bestimmgn d. ländl. Baupolizeiverordngn d. Rheinprov. u. d. in Frage steh. reichs- u. landesgesetzl. Vorschriften. — 2. Tl. Behr, v.: Gesetz gegen d. Verunstaltg v. Ortsch. u. landschaftl. hervorrag. Gegenden. Vom 15.7.'07. Textausg. m. Erläutergn. — 3. Tl. Freymuth, A: Gesetz üb. d. Sicherg d. Baufordergn. Vom 1.6.'09. Textausg. m. Übersicht, Anmerkgn u. Formularen. (375, 92 u. 87) 8° Trier, A Sonnenburg '11. L 5 — d

Baugewerbe, die. Zeitschrift für Architekten, Bauunternehmer, Bauherren rc. Unter Mitwirkung bewährter Fachmänner hersg. von Frz. Fink. 1. u. 2. Jahrg. 1865 u. 1866. à 12 Nrn. (à 1½—2 Bgn. m. Holzschn. u. lith. Taff. Abbildgn.) Darmstadt, Beyerle. gr. 4. Jeder Jahrg. 3 ₰

Baugewerbe, das. Wochenschrift für baugewerbl. Praxis. Unter Beteiligung angesehener Mitarbeiter hrsg. von André Lambert und Ed. Stahl. 1. Jahrg. Mai 1885—April 1886. à Jahrg. 52 Nrn. (à Nr. 1—1½ Bog.) gr. 4. Karlsruhe, Bielefeld's Verlag. *
Nicht weiter erschienen.

Baugewerbe, das. Organ f. d. wirtschaftl. Interessen d. Baugewerbe. Hrsg. u. Schriftleiter: H Becher. 1. Jahrg. Juli—Dezbr 1902. 26 Nrn. (Nr. 1—4. 48 m. Abb.) 4° Berl., Das Baugewerbe. ‖ 2—4. Jahrg. 1903—5 je 52 Nrn. Viertelj. 1.50

Baugewerbe, das. Organ f. d. wirtschaftl. Interessen d. Baugewerbe. Hrsg. u. Schriftleiter: Heinr. Becher. 5. J. '06. 52 Nrn. (Nr 1. 8 m. Abb.) 4° Berl. (C, An d. Schleuse 5), Das Baugewerbe. (?) Viertelj. nnn 1.50 öH Erloschen

Baugewerbe, Das gesamte.
— **Das gesamte Baugewerbe.** Handbuch d. Hoch- u. Tiefbauwesens ... Red. von O. Karnack. Bd 1-15 [nebst] Vorlagewerk u. Musterbuch. H. 1-15. — Potsdam [usw.]: Bonneß & Hachfeld [1896-1902]. 8° [u.] gr. 2°
1: 8° [u.] gr. 2° Ny 7249/5.
13.1956

Baugewerbe, d. gesamte. Hdb. d. Hoch- u. Tiefbauwesens. Zugleich: Nachschlageb. f. alle Gebiete d. Bauwesens u. verwandter Techniken. Red. v. O Karnack. 1—60. Hft. 8° Potsd. 96—1900, Bonness & Hachfeld. Subskr.-Pr. à — 60; Einzelpr. à — 90
1—10. 1. Bd. Baukonstruktionslehre. Karnack, O: Arbeiten in Stein. (282 m. Fig. u. 14 Taf. in Fol.)
11—20. 2. Bd. Arbeiten in Holz. Rathke, P: Zimmerarbeiten. (168 m. Fig.) — Rathke, P: Bautischler- u. Ausbau-Arbeiten. (111 m. Fig. u. 14 Taf. in Fol.)
21. 22. 3. Bd. Baukonstruktionslehre. Arbeiten in Stein. 2. Tl.: Steyrer, J: Bogen u. Gewölbe. (55 m. Fig.)
23—25. Dass. 3. Tl.: Steyrer, J: Bogen u. Gewölbe. Fortsetzg. (70 m. Fig.)
26—28. Rathke, P: Dachdeckgn. Klempner- u. Dachdeckerarbeiten. Neu bearb. v. J Steyrer. (88 m. Fig.)
29—31. Karnack, O (Müller): Entwerfen u. Baukde. (87 m. Abb. u. 17 Taf. in Fol.)
32—40. Dass. 2. Tl. (231 m. Abb. u. 12 Taf. in Fol.)
41—50. Erd- u. Tunnelbau. Feldmessen. (239 m. 12 Taf. in Fol.)
51—60. 6. Bd. Der Eisenbahnbau. 1. Tl. (257 m. Abb. u. 12 Taf. in Fol.)

— d. ges. Hdb. d. Hoch- u. Tiefbauwesens. Red. v. O Karnack. 61—150. (Schl.-)Heft. (2252 m. Abb. u. Vorlagewerk 90 Taf. in Fol.) 8° Potsd., Bonness & H. ('01-'04). Subskr.-Pr. je — 60; Einzelpr. je — 90 d

Baugewerbe, Das gesamte. Lehr- u. Handb. f. Studium u. Praxis. 4. Afl. Hrsg. v. J Abraham, H Hacker. gr8° Potsd., Bonness & H. d. Bd 15 —
Bauconstruction. Hrsg. v. H Hacker. 1. Bd: Arbeiten in Stein, Holz usw. (7, 138, 204, 136, 100 u. 104 m. Abb.) ('12) ‖ 2. Bd: Arbeiten in Eisen u. Eisenbeton. (5, 361 u. 135 m. Abb.) ('12)
Hochbau, Der. Hrsg. v. H Hacker. 1. Bd: Bauhandwerkerarbeiten. (7, 88, 146, 43, 45, 32, 24, 54, 27, 68 u. 38 m. Abb.) ('12)

Baugewerbe-Adressbuch, deut. I. Bd. Süddeutschl. 1897. 8° (176 u. 48) Lpzg 97, (Eisenschmidt & Sch.). Geb. in L. 6 —

— f. Hamburg u. Umgeg. N. amtl. Quellen a. d. Sorgfältigste bearb. u. zusammengest. v. F. W. Kampmann. gr. 8. (VIII, 128 S.) Hamburg 897. Gebr. Lüdeking. Kart. n. 3. —

Baugewerbe-Adressbuch, rheinisch-westfäl. Ausg. 1903/4. (758) 8° Köln, F & H Schaffstein ('03). L. 12 —

Baugewerbeschule. System Karnack-Hachfeld. Unterrichtsbriefe f. d. Selbststud. d. ges. Hoch- u. Tiefbauwesens. Bearb. v. hervorrag. Fachleuten. D. Baugewerksmeister. Red. v. O. Karnack. Gemeinverständl. Handbuch z. Ausbildg. v. Baugewerksmeistern m. Beigbn., enth. e. Vorlagewerk v. Entwürfen z. Villen, Stadthäusern, Geschäftshäusern, landwirtschaftl. Bauten, Arbeiterwohngn. rc. in Façaden, Grundr., Querschnitten rc., d. Bedürfn. d. Baugewerksmeisters entsprech., sow. m. vielen hundert Text-Ill. u. color. Abb. 1.—104. Hft. gr. 8. (III, 3029 S. m. 88 Taf.) Potsdam 896—898. Bonneß & Hachfeld. Subskr.-Pr. à — 60; Einzelpr. à — 90

Baugewerbeschule. System Karnack-Hachfeld. Unterrichtsbriefe f. das Selbststudium des gesamten Hoch- u. Tiefbauwesens. Bearb. v. hervorrag. Fachleuten. Red. v. O. Karnack (Müller). Der Baugewerksmeister. Gemeinverständliches Handbuch zur Ausbildg. v. Baugewerksmeistern. Mit Beigaben, enth. e. Vorlagewerk v. Entwürfen zu Villen, Stadthäusern, Geschäftshäusern, landwirtschaftl. Bauten, Arbeiterwohngn. rc. in Façaden, Grundrissen, Querschnitten rc., den Bedürfnissen des Baugewerksmeisters entsprechend. Mit vielen hundert Text-Illustr. u. kolor. Abbildgn. 105.—157. Hft. gr. 8. (1612 S. m. 32 Taf.) Potsdam 899—902. Bonneß & Hachfeld. Subskr.-Pr. à — 60; Einzelpr. à — 90

Baugewerbeschule. System Karnack-Hachfeld. Unterrichtsbriefe f. das Selbststudium des gesamten Hoch- u. Tiefbauwesens. Bearb. v. hervorrag. Fachleuten. Red. v. O. Karnack (Müller). Der Baugewerksmeister. Gemeinverständliches Handbuch zur Ausbildg. v. Baugewerksmeistern. Mit Beigaben, enth. e. Vorlagewerk v. Entwürfen zu Villen, Stadthäusern, Geschäftshäusern, landwirtschaftl. Bauten, Arbeiterwohnungen ꝛc. in Façaden, Grundrissen, Querschnitten ꝛc., den Bedürfnissen des Baugewerksmeisters entsprechend. Mit vielen hundert Text-Illustr. u. kolor. Abbildgn. 158. Hft. (35 S.) gr. 8. Potsdam 903. Bonneß & Hachfeld.
Subskr.-Pr. n. — 60; Einzelpr. n. — 90

— dasselbe. D. Polier. Red. v. O. Karnack. Gemeinverständl. Handbuch z. Ausbildg. d. Poliere m. Beigbn., enth. e. Vorlagewerk v. Entwürfen z. Land- u. einf. Stadthäusern, Geschäftshäusern, landwirtschaftl. Bauten, Arbeiterwohngn. ꝛc. i. Façaden, Grundr., Querschn. ꝛc., d. Bedürfn. d. Poliers u. kl. Meisters entsprech., sow. m. vielen hundert Textill. u. color. Abb. 1.—90. Hft. gr. 8. (III, 2646 S. m. 78 Taf.) Ebd. 896—898.
Subskr.-Pr. à — 60; Einzelpr. à — 90

— dasselbe. Der Polier. Gemeinverständliches Handbuch zur Ausbildg. der Poliere. Mit Beigaben, enth. e. Vorlagewerk v. Entwürfen zu Land- u. einfachen Stadthäusern, Geschäftshäusern, landwirtschaftl. Bauten, Arbeiterwohngn. ꝛc. in Façaden, Grundrissen, Querschnitten ꝛc., den Bedürfnissen des Poliers u. kleineren Meisters entsprechend, sowie m. vielen hundert Textillustr. u. kolor. Abbildgn. 91.—115. Hft. gr. 8. (791 S. m. 20 Taf.) Ebd. 899—902. Subskr.-Pr. à — 60; Einzelpr. à — 90

— dasselbe. D. Tiefbautechniker. Red. v. O. Karnack u. Curt Merkel. Gemeinverständl. Handbuch z. Ausbildg. v. Tiefbautechnikern. M. Beigbn., enth. e. Vorlagewerk v. Entwürfen z. ausgef. u. projekt. Anlgn. a. d. Geb. d. Tunnel-, Wege- u. Straßenbaues, d. Kanalisations- u. Eisenbahnwesens, d. Brücken- u. Wasserbaues, d. Wasserversorgg. u. d. Meliorationswesens. M. vielen hundert Textill. u. ein. color. Abb. 1.—104. Hft. gr. 8. (III, 2824 S. m. 48 Taf.) Ebd. 896—898.
Subskr.-Pr. à — 60; Einzelpr. à — 90

— dasselbe. Der Tiefbautechniker. Gemeinverständliches Handbuch zur Ausbildg. v. Tiefbautechnikern. Mit Beigaben, enth. e. Vorlagewerk v. Entwürfen zu ausgeführten u. projektierten Anlagen aus dem Gebiete des Tunnel-, Wege- u. Straßenbaues, des Kanalisations- u. Eisenbahnwesens, des Brücken- u. Wasserbaues, der Wasserversorgg. u. des Meliorationswesens. Mit vielen hundert Textillustr. u. einigen kolor. Abbildgn. 105—147. Hft. gr. 8. (1331 S. m. 32 Taf.) Ebd. 899—902.
Subskr.-Pr. à — 60; Einzelpr. à — 90

— dass. Der Tiefbautechniker. 139—154. (Schl.-)Heft. (512 m. Abb. u. 2 Taf.) 8° Ebd. (01/03). Subskr.-Pr. je — 60; Einzelpr. je — 90 d

Baugewerbetarif. — Baugewerbe-Tarif für die Bau-Periode 1900/1901 zum Gebrauche für Bauunternehmer, Baumeister, Architekten, Ingenieure etc. — München: A. H. Müller [1900]. 11 gez. Bl. 4° 12:2° A.civ.14ob. 13.1900

Baugewerbe-Zeitung. Fachorgan deutscher Baugewerbetreibender, sowohl Baukünstler wie auch namentlich der verschiedenen Baugeschäftführenden und prakt. Handwerkerstände, Fachinstitute, Baubeflissenen ꝛc., überhaupt für Interessenten aller Branchen. Redact.: G. Boudriot. 1. Jahrg. Octbr. 1880—Septbr. 1881. 52 Nrn. (à Nr. ¾—1 Bog.) gr. 4. Bonn, Hanstein. *

— dass. — 2. Jahrg. Octbr. 1881—Sept. 1882. 52 Nrn. (à Nr. ¾—1 Bog.) gr. 4. Ebendas. *
Nicht weiter erschienen.

Baugewerbezeitung, deutsche, s. a. Bau-Zeitung f. d. Königr. Sachsen.

Baugewerbe-Zeitung, deutsche, [vorm. „Deutscher Bauunternehmer"]. Illustr. Zeitschrift f. das deutsche Bauwesen. Redact.: Th. Weber. 6. Jahrg. Juli 1890—Juni 1891. 24 Nrn. (Bog.) gr. 4. Lpz., [L. Weber]. * 6 —

Baugewerbe-Zeitung, deutsche, [vorm. „Deutscher Bauunternehmer"]. Illustr. Zeitschrift f. das deutsche Bauwesen. Red.: Geo. Reinhard. 7. Jahrg. Juli 1891—Juni 1892. 24 Nrn. (Bog.) gr. 4. Bremen, A. Marbes. n. 6. —

— dass. — 8. Jahrg. Juli—Dec. 1892. 12 Nrn. (Bog.) gr. 4. Brem., Nössler. * 3 —
Von 1893 ab mit der Gruner'schen Zeitg. für Bauwesen etc. verschmolzen. Vgl.: Bauunternehmer, der deutsche.

Bau- u. Kunstgewerbezeitung, Kölner.
— — Kölner. Red.: A. Reith. 1. Jahrg. 1888. 24 Nrn Nebst 150 Lichtdr.-Taf. (B.) Imp.-4. Berlin, (Asschenfeldt). n. 36. —; ohne Lichtdr.-Taf. n. 10. —

Bau- u. Kunstgewerbe-Zeitung f. das deutsche Reich. Mit Album (Lichtdr.-Taf.). Hrsg.: Ravizza & Co. Red.: O. Reisner. 1. Jahrg. Oktbr. 1885—Septbr. 1886. 24 Nrn. (B.) gr. 4. München, Votsch. n. 24. —

Bau- u. Kunstgewerbe-Zeitung f. das deutsche Reich. Mit Album (Lichtdr.-Taf.). Hrsg.: Osk. Titz. Red.: O Reisner. 2. Jahrg. Oktbr. 1886—Septbr. 1887. 24 Nrn. (B.) gr. 4. Berlin. (Leipzig, Fernau.) n.n. 27. —

— dasselbe. Gegründet v. Osk. Titz. Red.: A. Nothnagel. 3. u. 4. Jahrg. Oktbr. 1887—Septbr. 1889. à 24 Nrn. (B.) gr. 4. Ebd. à Jahrg. n.n. 27. —

— dasselbe. Hrsg. v. A. Nothnagel. Schriftleitung O. Odrich. Jahrg. 1890. gr. 4. Ebd. — —
Hörte mit Nr. 7 auf zu erscheinen.

Baugewerks-Anzeiger, nordwestdeutscher. Organ f. die Interessen sämtl. Baugewerke im Bezirke der Hamb. Baugewerks-Berufsgenossenschaft. Red.: Geo. Koehler. 1. Jahrg. Mai—Decbr. 1891. 30 Nrn. (Bog.) gr. 4. Hamburg, Gebr. Lüdeking. n. 3. 35
Fortsetzung:
Baugewerks-u. Ziegelei-Anzeiger, Nordwestdeutscher

— u. Ziegelei-Anzeiger, nordwestdeutscher. Red.: Geo. Koehler. 2. Jahrg. 1892. 48 Nrn. (Bog.) gr. 4. Ebd. n. 5. —

— — dasselbe. 3. Jahrg. 1893. 53 Nrn. (Bog.) gr. 4. Ebd. n. 6. 50
Seit 1. Juli 1893 u. d. T.: Norddeutscher Baugewerks-Anzeiger. Red.: A. Klücher.

— — norddeutscher. Red.: A Klücher. 3. Jahrg. 1893. 2. Sem. 26 Nrn. Fol. (Nr. 27. 8) Ebd. 4 — || 4. u. 5. Jahrg. 1894 u. 1895. Red.: G Koehler. à 52 Nrn. à Jahrg. 8 —

Baugewerks-Anzeiger u. Ziegelei-Anzeiger, norddeutscher. Red.: Geo. Koehler. 5. u. 6. Jahrg. 1895—1896. à 52 Nrn. (à 8 S. m. Abb.) Fol. Hamburg, Gebr. Lüdeking. à Jahrg. n. 8. —

— dasselbe. 7. u. 8. Jahrg. 1897—1898. à 52 Nrn. (à 8 S.) Fol. Ebd. à Jahrg. n. 4. —
Kann auch vierteljährlich bezogen werden.

Baugewerks-Anzeiger u. Ziegelei-Anzeiger, norddeutscher. Red.: Geo. Koehler. 9.—12. Jahrg. 1899—1902. à 52 Nrn. Fol. (à 8 S. m. Abbildgn.) Hamburg, Gebr. Lüdeking. à Jahrg. n. 4. —; einzelne Nrn. n. — 20

Baugewerks-Anzeiger u. Ziegelei-Anzeiger, norddeut. Red.: (+ Koehler. 11—15. Jahrg. 1901—5 je 52 Nrn. (Nr. 1. 8 m. Abb.) Fol. Hambg, Gebr. Lüdeking. Viertelj. 1 —; einz. Nrn — 20 d

Baugewerksberufsgenossenschaftler. — Der Baugewerks-Berufsgenossenschaftler. Ein Leitfaden für alle Bauunternehmer zum Verständnis d. Unfallversicherung. 1. Aufl. München: Münchener techn. Zeitungsverl. 1902. 176 S. 8° **210.**
13.1961

Baugewerks-Blatt, deutsches. Wochenschrift für die Interessen des prakt. Baugewerks. Nebst Ergänzungsblatt: Erfindungen im Hochbauwesen aller Länder. Neue Folge von J. A. Romberg's Zeitschrift für prakt. Baukunst [42. Jahrg.]. Redact.: O. Ostmann. Unter Mitwirkung erster Kräfte. Neue Folge. 1. und 2. Jahrg. 1882 und 1883. à Jahrg. 48 Nrn. (à Nr. 2 Bog. mit Illustr.) Fol. Berlin, Engelmann. Jahrg. 1882 *
Jahrg. 1883 †
Vgl. Romberg's, J. A., Zeitschrift für praktische Baukunst.

—— dass. — Mit besond. Berücksicht. der Erfindungen im Hochbauwesen aller Länder. Neue Folge von J. A. Romberg's Zeitschrift für prakt. Baukunst. [44. Jahrg.] Redact.: H. Diesener. Unter Mitwirkung erster Kräfte. Neue Folge. 3. Jahrg. 1884. 52 Nrn. (à Nr. 2 Bog. mit Illustr.) Fol. Ebendas. *

Baugewerks-Blatt, deutsches. Wochenschrift für die Interessen des prakt. Baugewerks. Mit besond. Berücksicht. der Erfindungen im Hochbauwesen aller Länder. Neue Folge von J. A. Romberg's Zeitschrift für prakt. Baukunst. [45. Jahrg.] Redact.: H. Diesener. Unter Mitwirkung erster Kräfte. Neue Folge. 4. Jahrg. 1885. 52 Nrn. (à Nr. 2 Bog. mit Illustr.) Fol. Berlin, Engelmann. *

—— dass. — [46. Jahrg.] Redact.: R. Matthey. Unter Mitwirkung erster Kräfte. Neue Folge. 5. Jahrg. 1886. 36 Nrn. (à Nr. 2 Bog. mit Illustr.) Fol. Ebendas. *

Baugewerks-Blatt, deutsches. Wochenschrift f. d. Interessen d. prakt. Baugewerks. Neue Folge v. J. A. Romberg's Zeitschrift f. prakt. Baukunst. [47. Jahrg.] Red.: R. Matthey. Unter Mitwirkg. erster Kräfte. Neue Folge. 6. Jahrg. 1887. 36 Nrn. (2 B. mit Illustr.) Fol. Berlin, Engelmann. n. 12. —

Baugewerks-Blatt, deutsches. [48. Jahrg.] Redact.: R. Matthey. Unter Mitwirkung erster Kräfte. Neue Folge. 7. Jahrg. 1888. 36 Nrn. (Bog. mit Illustr.) Fol. Berlin, Engelmann. *

Baugewerks-Blatt, deutsches. Wochenschrift f. die Interessen d. prakt. Baugewerks. Neue Folge v. J. A. Romberg's Zeitschrift für prakt. Baukunst. 49.—52. Jahrg. Redact.: R. Matthey. Neue Folge. 8.—11. Jahrg. 1889—1892. à Jahrg. 36 Nrn. (à Nr. 1 Bog. m. Illustr.) Fol. Berl., J. Engelmann. à Jahrg. * 4 —

Baugewerks-Blatt, deutsches. Wochenschrift f. die Interessen d. prakt. Baugewerks. Neue Folge v. J. A. Romberg's Zeitschrift f. praktische Baukunst. 51.—54. Jahrg. Red.: R. Matthey. Unter Mitwirkg. erster Kräfte. Neue Folge. 10.—13. Jahrg. 1891—1894. à 36 Nrn. (Bog. m. Illustr.) Fol. Berlin, J. Engelmann. à Jahrg. n. 4. —

Baugewerks-Blatt, deutsches. Wochenschrift f. d. Interessen d. prakt. Baugewerks. N. F. v. J. A. Romberg's Zeitschrift f. prakt. Baukunst. 14.—17. Jahrg. D. ganzen Reihe 55.—58. Jahrg. 1895—1898. à 36 Nrn. (Bog. m. Abb.) gr. 4. Berlin, J. Engelmann. à Jahrg. n. 4. —; einzelne Nrn. n. — 20
Kann auch vierteljährlich bezogen werden.

Baugewerks-Blatt, deutsches. Wochenschrift f. die Interessen des prakt. Baugewerks. Neue Folge v. J. A. Romberg's Zeitschrift f. prakt. Baukunst. 18. Jahrg. Der ganzen Reihe: 59. Jahrg. 1899. 36 Nrn. (Bog.) gr. 4. Berlin, J. Engelmann. n. 4. —
Weiter nicht erschienen.

Baugewerkschule, Die, zu Holzminden. Braunschweig 1836. V: *Liebau.* (Loewe, Bibliogr. der Hannov. und Braunschw. Gesch. Hann. 1908. S. 313.)

Baugewerkschule. — Baugewerkschule der Stadt Idstein in Nassau. — Idstein 1871: Ohlenmacher. 7 S. 8° **41.**
13.1962

Die Königlich Württembergische Baugewerkschule zu Stuttgart und ihre bisherige Entwicklung. Festschrift. — Stuttgart [1889]: Metzler. Getr. Pag. 4° **180.**
13.1964

Baugewerkschulen. — Die deutschen öffentlichen Baugewerk- und Maschinenbau-Schulen. Eine Zusammenstellung von deutschen technischen Unterrichtsbehörden, schulgesetzlichen Bestimmungen, Lehrkörpern u. den Dienstverhältnissen d. letzteren. 2. Aufl. — Duisburg 1906: Ewich. 85 S. 8° **207.**
13.1965

— 3. Aufl. Ebd. 1909. 96 S. 8°
1: Ny 3290/68. 5. 12: Techn. 10 m. 83.
13.1966

Die hessischen Baugewerkschulen. Schulverfassung, Lehrpläne u. Prüfungsordnung. Amtliche Handausg. — Darmstadt: Staatsverl. 1909. 31 S. 8° (Sammlung von amtlichen Handausgaben. Bauwesen. 4.)
17. 26. 36. 101.
13.1967

Baugewerk- u. Maschinenbau-Schulen, die deutschen öffentlichen. Eine Zusammenstellg. v. deutschen techn. Unterrichtsbehörden, schulgesetzl. Bestimmgn., Lehrkörpern u. den Dienstverhältnissen d. letzteren. Hrsg. vom Verbande deutscher Gewerbeschulmänner. 2. Aufl. (IV, 85 S.) 8. Duisburg 906. (J. Ewich.) 1. 60

Deutscher **Baugewerks-Kalender** ⟨Deutscher Handwerker-Kalender⟩. Taschenkalender f. Bauhandwerker u. Bauunternehmer. [1.] Für d. J. 1907. Gotha, Hamm i. W., Leipzig: Th. O. Weber 1907. 8° [F.] [07. 10788 6

Baugewerks-Kalender, deutscher (deutscher Handwerker-Kalender). Taschen-Kal. f. Bauhandwerker u. Bauunternehmer f. d. J. 1910. (IX S., Schreibkalender u. 222 S. m. 1 Karte.) 16. Hamm, Th. O. Weber.
Geb. in Leinw. 2. —

Baugewerks-Kalender, Deutscher, (deut. Handwerker-Kaldr) f. '11. (9, Schreibkaldr u. 219 m. Fig.) 16° Hamm, Th. O Weber. L 2 — d

Baugewerksmeister, Der. Gemeinverständliches Handbuch zur Ausbildung von Baugewerksmeistern ... Potsdam, Leipz. u. Berlin [1896]. H: *Müller, O.* (Berl)

[F.] Der **Baugewerksmeister.** Gemeinverständl. Handb. z. Ausbildg v. Baugewerksmeistern m. Beigaben, enth. e. Vorlagewerk v. Entwürfen zu Villen, Stadthäusern, Geschäftshäusern ... sowie m. vielen hundert Text-Ill. u. color. Abb. Heft 1—27. (Hrsg. v. O. Karnack.) *Potsdam, Leipzig & Berlin: Bonness & Hachfeld [1896].* 8.
= **Baugewerbeschule.** Unterrichtsbriefe f. d. Selbststudium d. ges. Hoch- u. Tiefbauwesens. [Bd 2.] [96. 6705

Baugewerksmeister, Der. Hochbau u. Tiefbau. Monatshefte f. Baupraxis u. heim. Bauweise in Stadt u. Land. Begründet v. H Schütte. Mit d. Beil.: Die Architektur d. alten u. neuen Zeit. 1. J. Okt. '10—Dez. '10. 3 Hefte. (12, 36 m. Abb.) 37×26,5 cm. Lpzg, Degener & Co. 5 — ‖ (2. J.) '11. 12 Hefte. (48, 144 m. Abb.) 20 —; einz. Hefte 2—

— dass. Hrsg. v. Heinr. Quint u. Fresow. 3. J., 1. Halbj. Jan.—Juni '12. 6 Hefte. (23, 72 m. Abb.) Ebd. viertelj. 3 —; einz. Hefte 1 — ‖ 2. Halbj., vereint m. Architektur d. alten u. neuen Zeit u. Der Bauwart. Juli—Dez. '12. 12 Hefte. (74, 72 m. Abb.) viertelj. 5 —; einz. Hefte 2 —

— Der prakt. Ein Hand-, Lehr- u. Nachschlageb. in 2 Bdn. Hrsg. v. Eman. Siebdraht. 6. Afl. 2 Bde m. sep. Grundr. u. Fassadenalbum. (100 Taf. auf 50 Bl. 27×19,5 cm.) Ausg.'09 —10. (8, 1324 u. 86) Lex8° Lpzg, J J Arnd ('09). L 30 — d

Baugewerksordnung. — Neue Baugewerks-Ordnung für die Residenzstadt Neustrelitz vom 10. Sept. 1878. — Neustrelitz [1878]: Spalding. 3 Bl. 8° 28. 13.1908

Baugewerks-Ordnung für die Residenzstadt Neustrelitz d. d. Neustrelitz den 25. Jan. 1804. — Neubrandenburg [1804]: Korb. 20 S. 8° 28. 13.1909

Baugewerks-Zeitung. Organ der deutschen Baugewerken-Vereine. Zeitschrift für praktisches Bauwesen. Red.: G. J. Schmidt (O. Schäffer), u. B. Felisch. 1. u. 2. Jahrg. 1869 u. 1870. à 52 Nrn. (à 1 Bgn. m. Holzschn.) Berlin. F. Schulze. gr. 4. Jeder Jahrg. n. 4 ℛ

Baugewerks-Zeitung. Central-Organ der deutschen Baugewerken-Vereine. Zeitschrift für prakt. Bauwesen. Redact.: B. Felisch. 3.—5. Jahrg. 1871—1873. à 52 Nrn. (Bog. mit eingedr. Holzschn. und Stnt.) hoch 4. Berlin, (F. Schulze's Buchh.) à Jahrg. *

—— dass. — 6. Jahrg. 1874. 104 Nrn. (Bog. mit eingedr. Holzschn. und Stnt.) hoch 4. (Ebendas.) *

Baugewerks-Zeitung, Central-Organ der deutschen Baugewerken-Vereine. Zeitschrift für prakt. Bauwesen. Redact.: B. Felisch. 7. Jahrg. 1875. 104 Nrn. (Bog. mit eingedr. Holzschn.) hoch 4. Berlin, (F. Schulze's Verlag.) *

—— Organ des Verbandes deutscher Baugewerksmeister. Zeitschrift für prakt. Bauwesen. Redact.: B. Felisch. 8.—11. Jahrg. 1876—1879. à Jahrg. 104 Nrn. (Bog. mit eingedr. Holzschn.) gr. 4. (Ebendas.) à Jahrg. *

Baugewerks-Zeitung. Organ des Verbandes deutscher Baugewerksmeister. Zeitschrift für prakt. Bauwesen. Redact.: Bernh. Felisch. 12.—14. Jahrg. 1880—1882. à Jahrg. 104 Nrn. (Bog. mit eingedr. Holzschn.) gr. 4. Berlin, (F. Schulze's Verlag.) à Jahrg. *

—— dass. — 15. und 16. Jahrg. 1883 und 1884. à Jahrg. 104 Nrn. (Bog. mit eingedr. Holzschn.) gr. 4. Berlin, Expedition. à Jahrg. *

Baugewerks-Zeitung. Organ des Verbandes deutscher Baugewerksmeister und der Baugewerks-Berufsgenossenschaften. Zeitschrift für prakt. Bauwesen. Redact.: Bernh. Felisch. 17.—20. Jahrg. 1885—1888. à Jahrg. 104 Nrn. (Bog. mit eingedr. Holzschn.) gr. 4. Berlin, Expedition. à Jahrg. *

Baugewerks-Zeitung. Organ d. Verbandes deutscher Baugewerksmeister, d. Innungsverbandes deutscher Baugewerksmeister u. der Baugewerks-Berufsgenossenschaften. Zeitschrift f. prakt. Bauwesen. Redact.: Bernh. Felisch. 21.—24. Jahrg. 1889—1892. à Jahrg. 104 Nrn. (à Nr. 1 Bog. m. eingedr. Holzschn.) gr. 4. Berl., Expedition. à Jahrg. * 12 —

Vgl.: Kalender der Baugewerks-Zeitung.

Baugewerks-Zeitung. Organ d. Verbandes deutscher Baugewerksmeister, d. Innungsverbandes deutscher Baugewerksmeister u. der Baugewerks-Berufsgenossenschaften. Zeitschrift f. prakt. Bauwesen. Red.: Bernh. Felisch. 23.—25. Jahrg. 1891—1893. à 104 Nrn. (Bog. m. Abbildgn.) gr. 4. Berlin, Exped. à Jahrg. n. 12. —

Baugewerks-Zeitung. Org. d. Verb. deutscher Baugewerksmeister, d. Innungsverb. deutscher Baugewerksmeister u. d. Baugewerks-Berufsgenossensch. Zeitschr. f. prakt. Bauwesen. Red.: Bernh. Felisch. 27.—30. Jahrg. 1895—1898. à 104 Nrn. (Bog. m. Abb.) gr. 4. Berlin, Exped. à Jahrg. n.n. 12. —

Kann auch vierteljährlich bezogen werden.

Baugewerks-Zeitung. Organ des Innungsverbandes deutscher Baugewerksmeister, der Baugewerksberufsgenossenschaften u. des deutschen Arbeitgeberbundes f. das Baugewerbe. Zeitschrift f. prakt. Bauwesen. Red.: Bernh. Felisch. In Vertretg.: Paul Schaefer. 31.—34. Jahrg. 1899—1902. à 104 Nrn. gr. 4. (à ca. 12 S. m. Abbildgn.) Berlin, Expedition. à Jahrg. n.n. 12. —

Baugewerks-Zeitung. Zeitschrift f. prakt. Bauwesen. Red.: B Felisch. In Vertretg: P Schaefer. 33—37. Jahrg. 1901—5 je 104 Nrn. (1901. Nr. 1. 12 m. Abb.) 4° Berl. Exp. Viertelj. nn 3 — d

Baugewerks-Zeitung. Zeitschrift f. prakt. Bauwesen. Red.: Bernh. Felisch. In Vertretg: Paul Schaefer. 38—41. J. '06—9 je 104 Nrn. (Nr 1—32. 382 m. Abb.) 33×24 cm. Berl., Exp. Viertelj. nn 3 — d

Baugewerks-Zeitung. Hrsg.: Bernh. Felisch. Red.: Paul Schaefer. 43. J. '11. 104 Nrn. (Nr 1: 8 m. Abb.) 32,5×24 cm. Berl., Exp. viertelj. nn 3 — d

Baugewerkszeitung, Badische.

— badische. Allgemeiner Anzeiger der Bau- u. Maschinen-Industrie. Holz- u. Metallindustrie-Zeitung. Bau- u. Submissions- u. Holzverkaufs-Anzeiger. Amtliches Organ der südwestl. Baugewerks-Berufsgenossenschaft Sektion I Mannheim, II Karlsruhe u. III Freiburg i. B. (Grossherzogt. Baden u. Reg.-Bez. Sigmaringen.) Red.: H. Korsting. 4. Jahrg. 1894. 24 Nrn. (Bog.) gr. 4. Karlsruhe, F. Thiergarten. 2. —

Jahrg. I u. II, sowie III bis Nr. 9 erschienen u. d. T.: Bau- u. Maschinen-Industrie. Bis zum 1. Oktbr. 1892 erschien das Blatt in Pforzheim u. wurde gratis versandt.

— badische. Allgem. Anzeiger d. Bau- u. Maschinen-Industrie. Holz- u. Metallindustrie-Zeitg. Bau-, Submissions- u. Holzverkaufs-Anzeiger. Amtl. Organ d. Genossensch.-Vorstandes d. südwestl. Baugewerks-Berufsgenossensch. i. Strassburg, sow. d. südwestl. Baugewerks-Berufsgenossenschaft. Sektion I Mannheim, II Karlsruhe u. III Freiburg i/B. (Grossherzogt. Baden, Hohenzollern u. Elsass-Lothringen.) Red.: K. Korsting. 5. Jahrg. 1895. 24 Nrn. (Bog.) gr. 4. Karlsruhe, F. Thiergarten. n. 2. —

Baugewerkszeitung, Bayerische.

— bayer. Mit ihren Unterabteilgn „Münch. Bauzeitg", „Die Holzindustrie", „Der Ziegelbau", Das Installationswesen", „Der Eisenkonstrukteur", „Der deut. Bautennachweis" u. „Südd. Submissionsanzeiger" nebst d. interimist. Gratisbeil. „Veröffentlichgn d. deut. Arbeitgeberbundes f. d. Baugewerbe". Chefred.: T Ruppert u., seit 1904, A Weissgärber. 6. u. 7. Jahrg. 1903 u. 4 je 52 Nrn. (Nr. 24. 24) 4° Münch. (V, Rumfordstr. 23), JB Lindl 1903. Viertelj. 1.50 d

— dass. Mit ihrer Unterabteilg „Münch. Bauzeitg", nebst d. interimist. Gratisbeil. „Veröffentlichgn d. deut. Arbeitgeberbundes f. d. Baugewerbe". Red.: K Hertel. 8. Jahrg. 1905. 52 Nrn. (Nr. 1. 12 m. Abb.) 4° Münch. (V, Rumfordstr. 23), JB Lindl. Viertelj. 1.50 d

— bayer. Fachorgan f. d. Interessen d. Bauwelt u. verwandter Berufe. Unterabteilgn: „Münch. Bauzeitg", „Amtl. Verdinggs-Anzeiger" u. „Allg. Bauten-Nachweis" nebst d. interimist. Gratisbeil. „Veröffentlichgn d. deut. Arbeitgeberbundes f. d. Baugewerbe". Schriftleitg '06: Kurt Hertel; '07: JB Lindl; '08—9: F Kufner. 9—12. J. '06—9 je 52 Nrn. (Nr 1. 16 m. Abb.) 32,5×24 cm. Münch. (II, Holzstr. 5), Bayer. Baugewerkszeitg. Viertelj. 1.50 d

— Bayerische. Fachorgan f. Interessen d. Bauwelt u. verw. Berufe. Unterabteilgn: „Münchener Bauzeitg", „Amtl. Verdinggs-Anzeiger" u. „Allgem. Bauten-Nachweis" nebst d. interimist. Gratisbeil. „Veröffentlichgn d. deut. Arbeitgeberbundes f. d. Baugewerbe". Schriftleitg: Frz Kufner. 13—15. J. '10—12 je 52 Nrn. ('12, Nr 1: 12 u. 5 m. Abb.) 32×24 cm. Münch. (II, Holzstr. 5), Bayer. Baugewerkszeitg. viertelj. 1.50 d

Baugewerkszeitung, Württemberg.

— württemb. Fachorgan f. d. ges. Baugewerbe Württemb.'s. 1. J. Apr.'08—März'09. 52 Nrn. (Nr 1. 16 m. Abb. u. 1 farb. Taf.) 37,5×28 cm. Stuttg., Zeller & Schmidt. Viertelj. 1 —

Baugniet, C., les Artistes contemporains: Portraits, lithographiés d'après nature, accomp. de notices sur la vie et les ouvrages de chacun d'eux. Livr. 1 à 7. Mit 21 Bildn. u. 7 Bl. Text. ½ Imp.-Fol. Bruxelles 839. (Muquardt.) In Umschlag n. 16⅓ ℳ

Baugniet, C., les Artistes contemporains. Portraits, lithographies d'après nature, accomp. de notices sur la vie et les ouvrages de chacun d'eux. Livr. 8—10. ½ Imp.-Fol. (9 Bildn. auf Chines. Papier u. 3 Blätter Text.) Bruxelles 839 (841, Muquardt.) n. 7 ℳ (1—10: n. 23⅓ ℳ,

Baugott, Ehrgang Harrendt Die durch Anfechtung bewährte und mit der Kron des Lebens bekrönte Gedult. — Königsberg 1715: Zäncker. 2 Bl. 4° 10.
13.1985

Baugut, Bernhard: Über die Bedeutung des Wortes Logographus. Phil. Diss. Prag 1882/83.

Baugut, Bernhard J.: Anleitung zum Legen der Bahnhof-Geleise. — Brünn: Buschak & Irrgang 1861. VI,224 S. 8°
1:Nz 15570. 12:A. hydr. 340. 31. 33. 66. 82. 88. 89. 210. 300:115.512-B. 302. 304. 305.
13.1986

Bauhalle, die. Wochenschrift für techn., industrielle und volkswirthschaftl. Interessen. Redact.: R. Wittmann. Jahrg. 1873. 52 Nrn. (Bog.) mit Beilage: „Bau-Anzeiger". (½ Bog.) gr. 4. Wien, v. Waldheim. *

Bauhandbuch, deutsches, s.a. Baukunde des Architekten.

Bauhandbuch, Deutsches.
— Bd 1-3. Berlin: Toeche in Komm. 1879-84. 8°
1. Theil 1: Tabellen. Theil 2: Hülfs-Wissenschaften. 1879.
2. Halbbd 1.2. Baukunde d. Architekten. Th. [1.]2. 1880-84.
3. Baukunde d. Ingenieurs. 1879.
Neubearb. s. *Handbuch* d. Baukunde. 1885-05.
Spätere selbständige Ausg. von Bd 2 s. *Baukunde* d. Architekten. 1884 u. ö.
1:Ny 6971. 3. 5. 10. 15. 24. 26. 38. 39. 47. 60. 82→86. 88→91. 123. 201. 210. 305.
13.1989

Bauhandbuch, deutsches. Eine systemat. Zusammenstellung der Resultate der Bauwissenschaften mit allen Hülfswissenschaften in ihrer Anwendung auf das Entwerfen und die Ausführung der Bauten. Veranstaltet von den Hrsgbrn. der deutschen Bau-Zeitung und des deutschen Baukalenders. Mit mehren tausend (eingedr.) Holzschn. und einer (lithogr.) Maasstabstab. 1. und 2. Lfg. gr. 8. (1. Bd. VIII, 507 S.; 2. Bd. S. 1—144.) Berlin 874, Beelitz. à Lfg. * ℳ 5 *

Bauhandbuch, deutsches. Eine systemat. Zusammenstellung der Resultate der Bauwissenschaften mit allen Hülfswissenschaften in ihrer Anwendung auf das Entwerfen und die Ausführung der Bauten. Veranstaltet von den Herausgebern der Deutschen Bauzeitung und des Deutschen Baukalenders. Mit mehreren 1000 Holzschn. und Maasstabtabelle. 3. und 4. Lfg. gr. 8. (2. Bd. S. 49—144 und 3. Bd. S. 145—432; 1. Bd. I—VIII und 3. Bd. S. 433—720.) Berlin 877, [Beelitz.] (Toeche.) à Lfg. * ℳ 6. *
1. und 2. Lfg. (Ebendas.) 1874. * ℳ 10.

Bauhandbuch, deutsches. Eine systemat. Zusammenstellung der Resultate der Bauwissenschaften mit allen Hülfswissenschaften in ihrer Anwendung auf das Entwerfen und die Ausführung der Bauten. Veranstaltet von den Herausgebern der Deutschen Bauzeitung und des Deutschen Baukalenders. Mit mehren 1000 Holzschn. und Maassstabtabelle. 5.—7. (Schluss-)Lfg. gr. 8. Berlin, (Toeche.) [5. Lfg. (2. Bd. 1. Hälfte. Auch u. d. T.: Baukunde des Architekten, VIII, S. 241—587.) 880. * ℳ 6.; 6. Lfg. (S. 1—336.) 882. * ℳ 7.; 7. Lfg. (X, S. 337—1123.) 884. * ℳ 15.] *
compl. *
1.—4. Lfg. Ebendas. 1874—79. * ℳ 22.

Bauhandbuch, deut. Baukde d. Ingenieurs. Hrsg. v. d. deut. Bauzeitg. gr8° Berl., Deut. Bauzeitg. 26 —; geb. n 29.50
Brennecke, L.: Der Grundbau. 3. Afl. (505 m. Abb.) '06. 12 —; geb. n 13.50
Wagner, Frdr.: Landw. Bauten. 3. Afl. (626 m. Abb. u. 11 Taf.) '07. 14 —; geb. n 16 —

Bauhandbuch, Deutsches. Baukde d. Ingenieurs. Hrsg. v. d. deut. Bauzeitg: Der Brückenbau. 1. Bd. gr8° Berl., Deut. Bauzeitg.
Bernhard, Karl: Eiserne Brücken. (18, 545 m. Abb. u. 12 Taf.) '10 [11] 15 —; geb. 17 —

Bau-Handbuch f. Landwirthe in Ehst- u. Liefland (von C. v. Rosen). Mit 16 lith. Taf. Abbildgn. gr. 8. (VIII u. 168 S.) Reval 851, Kluge. n. 3 ℳ

— technisches. Wegweiser durch Technik u. Industrie des Hoch- u. Tiefbauwesens sowie verwandter Gebiete in Reihenfolge der Bauausführgn. Red.: Erwin Grossmann. 2 Bde. 1. Ausg. Jahrg. 1902. Lex.-8. (XXII, 1114 u. XXVI, 820 S. m. Fig.) Hannover 902. Dunkmann. Geb. n.n. 15. —

Bauhandwerker, der. Zeitschrift zum prakt. Gebrauch und für die Fortbildung der Bauhandwerker. Für Maurer und Zimmerleute, Bautischler, Schlosser rc., sowie für Baumeister, Architecten und Ingenieure. Jahrg. 1869. 12 Hefte. (à 2 Bog. mit eingedr. Holzschn. und 1 Stnt.) gr. 4. Halle, Knapp's Verlag.

Bauhandwerker, der. Ein Handbuch zum Selbst-Unterricht im Decimalrechnen und der Geometrie unter Anwendung des Metermaßes für Zimmerleute, Maurer, Tischler, Klempner, Schlosser und alle Bau-Handwerker, von einem Mitgliede des Orts-Vereins der Tischler-Arbeitgeber in Magdeburg. 8. (VIII, 84 S. mit 3 Stnt. in qu. gr. 4.) Leipzig 876, H. Schultze's Sortiment. cart. *

Bauhandwerker, d. Ein Handbuch z. Selbst-Unterricht im Decimalrechnen u. d. Geometrie unter Anwendg d. Metermasses. 8. (84 m. 3 L.) Lpzg 77, H Schultze. n. 1. 50

Bauhandwerker: Der Bauhandwerker
① Offizielles Organ des Verbandes der Maurer und Handlanger der Schweiz (7 5 1907—2 10. 1909) Organ des Verbandes der Maurer und Handlanger der Schweiz (14 10 1909—?). Organ des Schweizerischen Bauarbeiter-Verbandes (um 1913—26 6. 1920) ③ Arbeit - Le Travail - Il Lavoro (Fusion Anfangs 1920) ④ Der Bauarbeiter (vereinigt mit »Der Zimmermann«) ⑤ 7. 5. 1907—26 6 1920 ⑥ 1° ⑦ Wochenblatt (während der Kriegszeit unregelmäßig) ⑧ Basel- Genossenschafts-Buchdruckerei (7 5. 1907—2. 10 1909. 6. 1. 1917—26 6 1920). Zurich Conzett & Cie (14 10. 1909—1916) ⑩ Verband der Maurer und Handlanger der Schweiz (1907—um 1912). Schweizerischer Bauarbeiter-Verband (um 1913—1920) ⑪ für die Redaktionskommission Emil Christen Basel (1907—30 5 1908), Georg Käppler, Basel später Zürich (14 10 1909—?). Verbandsvorstand Zurich (um 1913—1920) ⑫ sozialdemokratisch ⑬ Bs WA (1913—1920), Be L (1908—1910).

Die Bauhandwerker Barmens und das Stadtverordneten-Kollegium zur Submissionsfrage. Bericht d. Stadtverordneten-Versammlung vom 1. Dez. 1908. — Barmen: Ortsgruppe d. Deutschen Mittelstands-Vereinigung [1900]. 63, 43 S. 8° 1:N 10.1242. 5. 38. 208.
13.1993

Bauhandwerker, d., Barmens u. d. Stadtverordneten-Kollegium z. Submissionsfrage. Bericht d. Stadtverordnetenversammlg v. 1.XII.08 u. d. Stellgnahme d. beteil. Handwerker zu derselben in d. öffentl. Versammlg am 17.XII.08. Hrsg. vom Inngs-Ausschuss Barmen. (43) 8° Barm., (DB Wiemann) ('09). nn — 60 d

Bauhandwerker, Der neue Organ zur Vertretung der geistigen und materiellen Interessen der Bauhandwerker Deutschlands. Red. u. Herausg. A. Bitter. Jhg. 1. 2. 1886 87—87/88. Hamburg Fol
[Nicht mehr ersch.]

Bauhandwerker, der neue. Organ zur Vertretung der geist. und materiellen Interessen der Bauhandwerker Deutschlands. Redact. und Hrsgbr.: A. Bitter. 2. Jahrg. 1887/1888. 52 Nrn. (Bog.) Fol. Hamburg, (Jensen und Comp.) *
Nicht weiter erschienen.

Bauhandwerker-Kalender, deutscher, für 1875. [1. Jahrg.] Unter Mitwirkung namhafter Fachleute hrsg. von W. Jeep. gr. 16. (104 S. mit 83 eingedr. Holzschn.) Leipzig, Scholtze. geb. *

Bauhardt, F. W. Leopold: Der wohlerfahrne, praktische Braumeister oder auf vieljährige Erfahrung sich gründende Anweisung, feine und gewöhnliche ... Lagerbiere ... zu brauen ... Von I. W. Leopold [d. i. F. W. Leopold Bauhardt]. — Weimar: W. Hoffmann 1840. X,112 S. 8° 305.
13.1995

Bauhardt, L., gründl. Anleit. zum Einlegen d. Pflanzen u. wie man schöne u. dauerhafte Herbarien anlegt. I—XXII. Klasse des Linné'schen Sexual-Systems. gr.8. Weimar 822. (Ilmen., Voigt). 1 ℛ 8 gℊ

Bauhardt, L.: Gründliche Anleitung zum Einlegen der Pflanzen und wie man schöne und dauerhafte Herbarien anlegt. — Weimar 1823: Albrecht. XIV,356 S. 8°
15. 17. 32. 41. 308.
13.1996

Bauhardt, (L.,) gründl. Anleit. z. Einlegen d. Pflanzen u. wie man schöne u. dauerhafte Herbarien anlegt. I—XXII. Classe des Linne'schen Sexual-Systems. gr. 8. Weimar 823. (Ilmenau Voigt.)

Bauhin, Eman., Basel. Dissertatio inauguralis physico-medica de tunicis cellularibus earumque morbis. Basel, Med.Diss. 1739. 1468

Bauhin, Gaspard s. *Bauhin*, Kaspar.

Bauhin, Kaspar
Der Name d. Verfassers erscheint meist in d. Form Caspar Bauhinus.

Bauhini, Kasp., Pinax et Prodrom. theatri botan. plantar. circa 6000 nomina, c. earund. synonymis etc. c. fig. 4. Basel ... Schweighäuser. 1 ℛ 16 gℊ

— *Πίναξ* Theatri botanici sive index in Theophrasti, Dioscoridis, Plinii et botanicorum qui à seculo scripserunt opera. Basileae: Rex 1623. 522 S. 8°
1: 4° Lw 24045. 2. 3. 5. 7→10. 12: 4° Phyt. 27. 14→19. 21→24. 27. 29. 30. 31. 35. 39. 41. 43. 44. 46. 48. 66. 117. 214. 300: BE 4 O 13 [u.ö.] 304.
13.2042

— — Basileae: Brandmüller 1740. 518 S. 4° 15.
13.2044

Bauhof, Johann Friedrich: Lichtstralen [!] aus der Ewigkeit; oder Erzählung von d. außerordentlichen Krankheit u. d. dabei vorgekommenen Entzückungen des Johann Friedrich Bauhof, des Jüngern. — Kirchheim: Verf. 1848. VIII,29 S. 8° 19.
13.2053

Bauhofer, Arth., Klaus u. der Amaranth. Eine Dichtg. 12. (204 S.) Glarus 890. J. Vogel. 2.10

Bauhofer, Georg, s. Bauhofer, Janos Gyoergy

Bauhofer, János Gyoergy

Bauhofer, G., Ansichten und Zeugnisse hervorragender Männer über die alte Verfassung und Verwaltung der protestantischen Kirche in Ungarn. 8. (29 S.) Pest 860, (Lauffer und Stolp.)

Bauhofer, János Gyoergy: Ansichten und Zeugnisse hervorragender Männer, über die alte Verfassung und Verwaltung der prot. Kirche in Ungarn, zur unparteiischen Würdigung des k. Patentes vom 1. Sept. u. dessen Durchführung vom 2. Sept. 1859. — Pest 1860: Wodianer. 29 S. 8° 300: 175.164-B.
13.2055

[—] Geschichte der evangelischen Kirche in Ungarn vom Anfange der Reformation bis 1850 mit Rücksicht auf Siebenbürgen. Mit e. Einl. von Merle d'Aubigné. — Berlin: Wiegandt & Grieben 1854. XIV,658 S. 8°
1: Se 9636. 3. 4. 5. 7→10. 12: H. ref. 165 h. 16. 17. 18. 24. 25. 28. 29. 30. 35. 46. 61.
13.2057

Bauhofer, Geo., Predigt, zur Todesfeier der weil. Durchl. Frau Maria Dorothea, k. k. Erzherzogin von Oesterreich, verwitweten Palatinissa von Ungarn, geb. kön. Prinzessin von Würtemberg, gehalten am 29. April 1855. gr. 8. (23 S.) Pest 855, Heckenast's Verlag. *

—— Sendschreiben an die evangel. Kirche beider Confessionen in Ungarn, das kaiserl. Patent vom 1. September und die hohe ministerielle Durchführung desselben vom 2. September 1859 betreffend. 4. (1 Bl.) Pest 860, (Lauffer und Stolp.)

Bauhofer, Georg —. Trauerrede und Gebete am Sarge Ihrer am 30. März 1855 verstorbenen k. k. Hoheit der durchlauchtigsten Frau Maria Dorothea, Erzherzogin von Oesterreich, verwitweten Palatinissa von Ungarn, gehalten im k. k. Schlosse zu Ofen, am 4. April 1855, von — —. Pesth. 1855. Druck von Joh. Herz. (4 Bl. 8).

Bauhofer, Pelag [med. pract. von Glarus]: Über einen Fall von Miliartuberkulose. Zürich 1899. 23 S. 8°.
Zürich. Med. Diss. 1899/1900.

Bauhofer, W., der Handarbeits-Unterricht für die männliche Jugend und der Slöjdunterricht in der Schule vom Standpunkte der Pädagogik, s. Erziehung, Unterricht, Schulwesen.

Bauhofer, W., der Handarbeits-Unterricht f. die männliche Jugend u. der Slöjdunterricht in der Schule vom Standpunkte der Pädagogik, s. a. Urban, J.

Bauhofer, W: Physik, Chemie u. Mineral., s.: Arnhart, L.

— Tier- u. Pflanzenkde, s.: Frank, F.

Bauholztaxe. — Bau-, Nutz- und Brennholz-Taxe, wornach das Holz in der Chur- und Alt-Mark verkauft und berechnet werden soll. De dato Berlin, den 9. Januar 1801. — (Berlin 1801): Decker. 19 S. 2° 1: 54 in An 8630-13.
13.2062

— — Ebd. (1801). 88 S. 8°
1: Oy 14319 [u.] 55 in An 8630-13.
13.2063

Bauhütte, die. Illustrirte Freimaurer-Zeitung herausg. von J. G. Findel. Red.: G. Bär in Leipzig. (Handschrift für Brüder.) (1.) Jahrg. Juli—December 1858. 26 Nrn. (à 1 Bgn. mit Holzschn. im Text.) Leipzig, Luppe in Comm. n. 1 ℛ

Bauhütte, die. Begründet u. herausg. von J. G. Findel. Organ des Vereins deutscher Freimaurer. 2—7. Jahrg. 1859—64. à 52 Nrn. (à 1 Bgn.) Leipzig, Förster & Findel. Jeder Jahrg. n. 2 ℛ

Bauhütte, die. Begründet und hrsg. von J. G. Findel. Organ des Vereins deutscher Freimaurer. 5.—8. Jahrg. 1862—65. à Jahrg. 52 Nrn. (Bog.) gr. 4. Leipzig Förster und Findel. à Jahrg. *

—— dass. — 9. und 10. Jahrg. 1866 und 1867. à Jahrg. 52 Nrn. (Bog.) gr. 4. Ebendas. à Jahrg.

Bauhütte, die. Begründet und hrsg. von J. G. Findel. Organ des Vereins deutscher Freimaurer. 11.—14. Jahrg. 1868—71. à Jahrg. 52 Nrn. (Bog.) gr. 4. Leipzig, Findel. à Jahrg.

—— dass. — 15.—17. Jahrg. 1872—1874. à Jahrg. 52 Nrn. (Bog.) gr. 4. Ebendas. à Jahrg.

Bauhütte, die. Begründet und hrsg. von J. G. Findel. Organ des Vereins deutscher Freimaurer. 18.—21. Jahrg. 1875—1878. à Jahrg. 52 Nrn. (Bog.) gr. 4. Leipzig, Findel. à Jahrg. *

—— dass. — Organ für die Gesammt-Interessen der Freimaurerei. 22. Jahrg. 1879. 52 Nrn. (Bog.) gr. 4. Ebendas. *

Bauhütte, die. Begründet und hrsg. von J. G. Findel. Organ für die Gesammt-Interessen der Freimaurerei. 23.—27. Jahrg. 1880—1884. à Jahrg. 52 Nrn. (Bog.) gr. 8. Leipzig, Findel. à Jahrg. *

—— die. Organ für die Gesamt-Interessen der Freimaurerei. Begründet und hrsg. von J. G. Findel. 28.—31. Jahrg. 1885—1888. à Jahrg. 52 Nrn. (Bog.) gr. 4. Leipzig, Findel. à Jahrg. *

Bauhütte, die. Organ f. die Gesamt-Interessen der Freimaurerei. Begründet u. hrsg. v. J. G. Findel. 32.—34. Jahrg. I. Sem. Jan. 1889 bis Juni 1891. à Jahrg. 52 Nrn. (Bog.) gr. 4. Lpz., Findel. à Sem. * 5 —; à Jahrg. * 10 —

—— dass. — Hrsg. v. der aus Brr Freimaurern gebildeten Aktien-Gesellschaft „Bauhütte". Redact.: C. Gotthold. 34. Jahrg. II. Sem. —35. Jahrg. 1892. à Jahrg. 52 Nrn. (Bog.) gr. 4. Frankf. a. M., (Mahlau u. Waldschmidt). à Sem. * 5 —; à Jahrg. * 10 —

— dasselbe. Red.. C. Gotthold. 35.—37. Jahrg. 1892—1894. à 52 Nrn. (Bog.) gr. 4. Ebd. à Jahrg. n. 10. —

— die. Org. f. d. Gesammt-Interessen d. Freimaurerei. Hrsg. v. d. aus Brr. Freimaurern gebild. Aktion-Gesellschaft „Bauhütte". Red.: C. Gotthold. 38.—41. Jahrg. 1895—1898. à 52 Nrn. (Bog.) gr. 4. Frankfurt a/M. (Mahlau & Waldschmidt.) à Jahrg. n. 10. —

Bauhütte, die. Organ f. die Gesamt-Interessen der Freimaurerei. Hrsg. v. der aus Brr. Freimaurern gebildeten Aktien-Gesellschaft „Bauhütte". Red.: C. Gotthold. 42.—45. Jahrg. 1899—1902. à 52 Nrn. gr. 4. (à ca. 8 S.) Frankfurt a/M.. (Mahlau & Waldschmidt). à Jahrg. n. 10. —

Bauhütte, die. Organ f. d. Ges.-Interessen d. Freimaurerei. Hrsg. v. d. A.-G. „Bauhütte". Red.: C Gotthold u., seit 1903, R Mahlau. 44—48. Jahrg. 1901—5 je 52 Nrn. (Nr. 1. 8) 4° Frankf. a/M., (Mahlau & W.). Je 10 —; einz. Nrn — 25

Bauhütte, die. Organ f. d. Ges.-Interessen d. Freimaurerei. Red.: Rhold Mahlau. 49—52. J. '06—9 je 52 Nrn. (Nr 1. 8) 32,5×24 cm. Frankf. a/M., (Mahlau & W.). Je 10 —; einz. Nrn — 25

Bauhütte, Die. Organ f. d. Gesamt-Interessen d. Freimaurerei. Red.: Reinhold Mahlau. 53—55. J. '10—12 je 52 Nrn. ('12, Nr 1: 8) 32,5×24 cm. Frankf.M., (Mahlau & W.). 10 —; einz. Nrn — 25

— — Zeitschrift für alle Baugewerke. Organ des Gewerkvereines der deutschen Maurer, Steinhauer u. verwandter Berufsgenossen. Hersg. von Karl Jahn; redig. von O. Mothes. 1. u. 2. Jahrg. 1869 u. 1870. à 52 Nrn. (à 1 Bgn.) Leipzig, Expedition. Fol. Jeder Jahrg. n. 1 ℛ 10 𝓃𝓅

Bauhütte, die. Eine Sammlung architekton. Details. Hrsg. von H. Herdtle. 1.—6. Heft. (1. Bd.) (à Heft 16 Stnt.) hoch 4. Stuttgart 877—78, Spemann. à Heft * ℳ 2,50. *
—— dass. — 7.—12. Heft. (2. Bd.) (à Heft 16 Stnt.) hoch 4. Ebendas. 878—79. à Heft * ℳ 2,50. *
—— dass. — 13.—15. Heft. (3. Bd. 1.—3. Heft.) (à Heft 16 Stnt.) hoch 4. Ebendas. 879—80. à Heft * ℳ 2,50. *

—— die. Eine Sammlung architekton. Details. Hrsg. von H. Herdtle. 16.—18. Heft. (3. Bd. 4.—6. Heft.) (à Heft 16 Stnt.) hoch 4. Stuttgart 880—81, Spemann. à Heft * ℳ 2,50. *

Bauhütte, die. Eine Sammlung architekton. Details. Hrsg. von H. Herdtle. 19.—24. Heft. (4. Bd.) hoch 4. (19. und 20. Heft à 16 Stnt.; 21.—24. Heft à 12 Stnt.) Stuttgart 882—83, Spemann. à Heft * ℳ 2.50. *

—— die. Eine Sammlung architekton. Details. Hrsg. von H. Herdtle. 25.—42. Heft. hoch 4. (à Heft 12 autogr. Taf.) Stuttgart 883—87, Spemann. à Heft * ℳ 2.50. *

Bauhütte, die. Entwürfe im Stile des Mittelalters, angefertigt von Studirenden der techn. Hochschule zu Berlin unter Leitung von Carl Schaefer. 2 Bde. gr. Fol. Berlin, Wasmuth. In Mappe *

Inhalt.
Bd. 1. Kirchenbau. (60 Lichtdr.-Taf.) 883. * ℳ 40.—.
„ 2. 1. Abthl. —— dass. — (30 Lichtdr.-Taf.) 886. * ℳ 30.—.
2. Abthl.: Profanbau. (30 Lichtdr.-Taf.) 886. * ℳ 30.—.

Bauhütte, die. Entwürfe im Stile d. Mittelalters, angefertigt v. Studirenden d. techn. Hochschule zu Berlin unter Leitg v. C Schaefer. 3. Bd. Fol. (60 Lichtdr.-Taf. m. 1 Bl. Text.) Berl. 95, E Wasmuth. In Mappe 40 — (1—3.: 120 —)

Bauhütte, Deutsche.
— deutsche. Zeitschrift f. alle Zweige prakt. Baukunst. Chefred.: F. Rud. Vogel. 3.—5. Jahrg. 1899—1901. à 52 Nrn. Fol. (VIII, 316 S. m. Abb. u. 18 Taf.; VIII, 360 S. m. Abb. u. 21 Taf. u. VIII, 344 S. m. Abb. u. 25 Taf.) Hannover, C. R. Vincentz. à Jahrg. n. 7. —

Bauhütte, deutsche. Zeitschrift f. alle Zweige prakt. Baukunst. Chefred : F. Rud. Vogel. 1902. 52 Nrn. Fol. (VIII, 402 S. m. Abb. u. 29 Taf.) Hannover, C. R. Vincentz. n. 10. —

— deut. Zeitschrift f. alle Zweige prakt. Baukunst. Chefred.: FR Vogel. 5. Jahrg. 1901. 52 Nrn. (Nr. 1. 12 m. Abb.) Fol. Hannov., CR Vincentz. Viertelj. 1.75 ‖ 6—9. Jahrg. 1902—5 je 52 Nrn. Viertelj. 2.50; einz. Nrn — 25

Bauhütte, Deutsche. Jg. 6. 1902 ff. Hannover und Leipzig
Darin seit 1909: Betonbau, Der.

— deut. Zeitschrift u. Anzeiger f. alle Zweige prakt. Baukunst. Red.: G Rud. Vogel. 10. J. '06. 52 Nrn. (Nr 1. 12 m. Abb. u. 2 Taf.) 35,5×26,5 cm. Hannov., CR Vincentz. Viertelj. 2.50; einz. Nrn — 25 ‖ 11—13. J. 07—9. Viertelj. 3 —; einz. Nrn — 30

— Deutsche. Zeitschr. u. Anzeiger f. alle Zweige d. prakt. Baukunst. 14—16. J. '10—12 je 52 Nrn. ('12, Nr 1: 16 m. Abb. u. 2 Taf.) 35×26 cm. Hann., Vincentz' techn. Verl. viertelj. 3 —; einz. Nrn — 25

Bauhütte, Stuttgart.
— Stuttgart. Vereins-Mitteilgn. Hrsg. v. d. Ausschuss d. Bauhütte. Schriftleiter: E Lohr. 22. u. 23. J. '08 u. 9 je 12 Nrn. (Nr 1. 32) 8° Stuttg., (J Weise). Je 3 —
Bisher u. d. T.: Mitteilungen d. Ver. Bauhütte.

— Stuttgart. Vereins-Mitteilgn. Hrsg. v. d. Ausschuss d. Bauhütte. 24. u. 25. J. '10 u. '11 je 12 Nrn. ('11, Nr 1: 24 m. Bildn.) Stuttg., J Weise. je 3 — 6H
Von '12 an Selbstverl. d. Bauhütte. 6H

Bauhütte, Süddeutsche.
— süddeut. Illustr. Zeitschrift f. Hoch- u. Tiefbau u. d. ges. Baugewerbe, m. d. Beil.: Bayer. Submissionsblatt u. Der süddeut. Holzmarkt. Für d. architekton. Tl verantwortlich: O Dietrich. 6. Jahrg. Juli 1905—Juni 1906. 104 Nrn. (Nr. 1. 16) 4° Münch., O Haushalter. Viertelj. 3 —; einz. Nrn — 20
Bisher u. d. T.: Bauindustrie, süddeut.

— süddeut. Illustr. Zeitschr. f. Hoch- u. Tiefbau u. d. ges. Baugewerbe. Mit Beil.: Bayer. Submissionsbl. Red.: K Gerstle. 7. J. Juli '06—Juni '07. 104 Nrn. (Nr 1. 10) 4° Münch., GDW Callwey. Viertelj. 2.20; einz. Nrn — 20

— dass. Leitg: Raim. Hager, v. 10. J. an: Alex. Heilmeyer. 8. J. Juli '07—Juni '08 104 Nrn. (416) 30,5×22,5 cm. Ebd. ‖ 9. J. Juli —Dezbr '08. 52 Nrn. (Nr 1. 8 u. 2 m. 1 Taf.) ‖ 10. J. '09. 104 Nrn. Viertelj. 2.40; einz. Nrn — 25 d

Bauhütte, Süddeutsche. Illustr. Zeitschr. f. Hoch- u. Tiefbau u. d. ges. Baugewerbe. Mit bayer. Submissionsbl. Schriftleitg: Alex. Heilmeyer. 11—13. J. '10—12 je 104 Nrn. ('12, Nr 1: 8, 2, 6 u. 4 m. 1 Taf.) Lex8° Münch., GDW Callwey. viertelj. 2.40; einz. Nrn — 25; v. 13. J. an — 30 d

Bauhygiene. — Specielle Bauhygiene. Teil B. Bearb. von Brähmer [u. a.] H. 1-5. — Jena: G. Fischer 1897. 8°
1. Osthoff, Georg: Anlagen für d. Versorgung d. Städte mit Lebensmitteln. 1894.
2[.1]. Schultze, Rudolf: Volks- u. Hausbäder. 1894.
2[.2]. Buesing, Friedrich Wilhelm Felix: Die Sicherheit in Theatern u. in grösseren Versammlungs-Räumen. 1894.
3[.1]. Knauff, Max: Asyle, niedere Herbergen, Volksküchen u. s. w. Bearb. von M. Knauff, Th. Weyl. 1895
3[.2]. Kulenkampff, Dietrich: Schiffshygiene. (1895.)
4. Braehmer, Otto: Eisenbahnhygiene. 1896.
5. Helbig, Karl Ernst: Gesundheitliche Ansprüche an militärische Bauten. 1897.
(Handbuch d. Hygiene. Hrsg. von Theodor Weyl. 6.)
Teil A s. Bau und Betrieb der Krankenhäuser. 1899.
1: Kr 2458-6. 2. 3. 4. 6→11. 12: Pol. civ. 156 oc-6. 14→17. 20. 21. 22. 24→27. 28. 30. 34. 38M. 86. 90. 111. 123. 202.
13.2079

Bau- und Wohnungshygiene. Allgemeiner Teil. Bearb. von H. Albrecht [u.a.] Abt. (1.) 2. — Jena: G. Fischer 1895–96. 8°

1,1. Oldendorff, Adolf: Oldendorff: Einfluß d. Wohnung auf d. Gesundheit. Albrecht: Wohnungsstatistik u. Wohnungsenquête. Weber: Die Beleuchtung. Rosenboom: Die Gasbeleuchtung. 1895.

1,2. Kallmann, Martin: Grundzüge d. Sicherheitstechnik für elektrische Licht- u. Kraft-Anlagen. 1895.

1,2 [vielm. 1,3]. Schmidt, Karl: Heizung u. Ventilation. 1896

2,1. Stuebben, Josef: Hygiene d. Städtebaus. Bearb. von J. Stübben. Wohnungs-Aufseher (Wohnungs-Polizei). Wohnungsämter. Bearb. von A. Wernich. 1896.

2,2. Nussbaum, Christian: Das Wohnhaus. Bearb. von Chr. Nussbaum, A. Wernich, F. Hueppe. 1896.

(Handbuch d. Hygiene. Hrsg. von Theodor Weyl. 4.)

1: Kr 2458-4. 2. 3. 4. 6→11. 12: Pol. civ. 156 oc-4. 14→17. 20. 21. 24→27. 29. 30. 34. 36. 38M. 86. 90. 109. 111. 123. 202. 303. 305.

13.2080

Baujahr

Das erste Baujahr der Leipzig-Dresdner Eisenbahn. (Auszug aus e. Berichte d. Directoriums an d. Ausschuss d. Actionäre.) — (Leipzig 1836: Haack.) 18 S. 8°

1:15 in 4° Nz 33096. 14. 15. 31. 45. 117.

13.2084

Berliner **Bau-Jahrbuch** für Veranschlagung und Verdingung. Hrsg. von R[ichard] Lang, Reg.Baumeister. Jg. 1. 2. Berlin: O. Elsner (1904–05). 2 Bde 4° [F.]

1. (1904) 2. 250 Text-Fig (1905)

Forts. s. u d. T.: Deutsches Bau-Jahrbuch f. Veranschlagung u. Verdingung. 1906.

[06. 6403]

Deutsches **Bau-Jahrbuch** für Veranschlagung und Verdingung. Hrsg. von R[ichard] Lang, Landesbauinsp., [&] J[ulius] Habicht, Reichsbankbauinsp. Jg. 3. Berlin: O. Elsner (1906). 4° [F.]

Anf. s. u. d. T.: Berliner Bau-Jahrbuch f. Veranschlagung u. Verdingung. [06. 6404]

— dass. IV—VI. J. Lex 8° Lpzg, JJ Arnd. Geb. 17 — d

IV. V. '07.08. (600 u. 77, 600 m. Abb.) Je 6 — ‖ VI. '09. (580 m. Abb.) 5 —

Der IV. J. erschien noch in Berlin.

Bau-Jahrbuch, Deutsches, f. Veranschlagg u. Verdingg. (Begründet v. Lang u. Habicht.) Hrsg. v. R Lang u. Perrey. (9. J. '12.) (18, 584 m. Abb.) Lex8° Lpzg, JJ Arnd. HL 7.50 d

Die früheren Jahrgänge erschienen in 2 Ausg. Die west- u. süddeut. Ausg. erscheint nicht mehr seit '10, die nord-, ost- u. mitteldeut. Ausg. nicht mehr seit '11.

Bauinck, Hermann s. *Bavinck.*

Bau-Industrie. Anzeiger f. d. Bau- u. Maschinenwesen, d. Elektrotechnik u. d. Holz-Industrie (bisher „General-Anzeiger f. d. ges. Bauwesen Deutschlands"). 5. Jahrg. Juli 1895 - Juni 1896. 52 Nrn. (à ca. 16 S.) gr. 4. Strassburg, Strassburger Druckerei u. Verlagsanstalt. n. 6. —

— dasselbe. 6. Jahrg. Juli 1896—Juni 1897. 52 Nrn. (à ca. 16 S.) gr. 4. Strassburg, Strassburger Druckerei u. Verlagsanstalt. n.n.n. 1. —

Nur durch die Post zu beziehen.

Bau-Industrie. Generalanzeiger f. d. ges. Bauwesen Deutschlds. Anzeiger f. d. Bau- u. Maschinenwesen, d. Elektrotechnik u. d. Holz-Industrie. Schriftleitg: Rich. Gebhardt. 19. u 20. J. '08 u. 9 je 52 Nrn. (Nr 14. 16 m. Abb.) 34×25,5 cm. Stuttg., Zeller & Schmidt. Viertelj. 1 —

Bau- u. Maschinen-Industrie, s.: Baugewerks-Zeitung, badische.

Bauindustrie, süddeut., m. bayer. Submissions-Blatt. 5. Jahrg. Juli 1904—Juni 1905. 104 Nrn. (Nr. 1. 18) 4° Münch., C Haushalter. Viertelj. 2 —; einz. Nrn — 20

Bisher u. d. T: Submissionsblatt, bayer. — Fortsetzg s.: Bauhütte, süddeut.

Bau-Industrie-Adressbuch, Berliner. Hrsg. von G. Stumpf. 1. Jahrg. 1877/78. gr. 8. (VII, 249 und 71 S.) Berlin 877, Polytechnische Buchh. geb. *

Nicht weiter erschienen.

Bau-Industrie-Adressbuch, Berliner. Hrsg. von G. Stumpf. Jahrg. 1884—1885. gr. 8. (IV, 242 S.) Berlin 884, Pasch. geb. +

Bauindustrie—Adressenbuch als Baumaterialien—Bezugsquellenbuch für die Bau—Interessenten herausgegeben von P. Baumbach. 1. Jahrgang 1886. Wien: P. Baumbach's Selbstverlag. gr. 8°. (XV, 258 S.)

Bauindustrie-Kalender, Wiener, m. Vormerkblättern. Jahrg. 1895. Hrsg. u. red. v. d. Red. der „Wiener Bauindustrie-Zeitg." schmal Fol. (IV, 218 S. m. 1 Tab.) Wien, Volkswirtschaftl. Verl. A. Dorn. Kart. 2. —

Bauindustrie - Kalender, Wiener, mit Vormerkblättern. Jahrg. 1896. Schmal-Folio. (220 S. mit einer Tabelle.) Geb. * 1.20

Dorn, Wien 1895.

Bauindustrie-Kalender, Wiener, mit Vormerkblättern. Jahrgang 1898. Herausgegeben und redigirt von der Redaction der „Wiener-Bauindustriezeitung". Schmal - Folio. (212 S.) Geb. Volkswirtschaftl. Verlag, Wien 1897. + 1.20

Bauindustrie-Kalender, Wiener, m Vormerkblättern. Jahrg. 1899. Hrsg. u. red. v. d. Red. d. „Wiener Bauindustrie-Zeitg." schmal Fol. (IV, 224 S.) Wien 898. Volkswirtschaftl. Verlag A. Dorn. Kart. n. 2. —

Bauindustrie-Kalender, Wiener, m. Vormerkblättern. Jahrg. 1899. Hrsg. u. red. v. d. Red. d. „Wiener Bauindustrie-Zeitg." Fol. (224) Wien, Volksw. Verl. A Dorn. Kart. 2 — ‖ 1901. Red. v. J Röttinger. (304) Kart. 2.50

Bauindustrie-Kalender, Wiener, m. Vormerkblättern. 10. Jahrg. 1902. Red.: v. Jos. Röttinger. schmal Fol. (V, 297 S.) Wien, Volkswirtschaftl. Verlag A. Dorn. Kart. n. 2. 50

Erscheint nicht mehr.

Bauindustriekatalog

Bau- u. Maschinen-Industrie-Katalog, schweizerischer. — Catalogue à l'usage des architectes, ingénieurs, entrepreneurs bâtiments et de l'industrie mécanique de la Suisse. III. Jahrg. 1900/1901. gr. 4. (XIV, 44 S.) Zürich (900). C. Schmidt. n. 2. —

Bauindustrie - Zeitung, Wiener. Praktisch - bauindustrielles Organ f. Architekten, Bau - Ingenieure, Stadt- u. Landbaumeister etc., wie überhaupt f. alle Bau-Interessenten. Mit besond. Rücksicht auf die gesammten baugeschäftl. Interessen u. neue Erfindgn. u. Verbessergn. auf bautechn. u. baugewerbl. Gebiete unter Mitwirkg. prakt. Specialisten d. Baufaches red. u. hrsg. v. Peter Bambach. Nebst Beilage: Wiener Bauten-Album, e. Sammlg. interessanter Photogr. - Druckbeilagen schöner, moderner Bauten v. Wien u. Umgebg. nach speciellen photogr. Aufnahmen. 1. Jahrg. 1883/84. 24 Nrn. (à 2—3 B. m. Illustr.) gr. 4. Wien, Administration. n. 20. —; halbjährlich n. 11. —

— dasselbe. Red. u. hrsg. v. P. Bambach u. M. Grebner. 2. u. 3. Jahrg. Octbr. 1884—Septbr. 1886. à 52 Nrn. (à 1½—2 B. m. Illustr.) gr. 4. Ebend. à Jahrg. n. 24. —; halbjährlich n. 13. —

Bauindustrie-Zeitung, Wiener. Mit besond. Rücksicht auf die gesammten baugeschäftl. Interessen, sowie neue Erfindgn. u. Verbessergn. auf bautechn. u. baugewerbl. Gebiete unter Mitwirkung bekannter Fachschriftsteller. Hrsg.: M. Rohaczek u. M. Grebner. Nebst Beilage: Wiener Bauten-Album. 4.—8. Jahrg. Octbr. 1886—Septbr. 1891. à 52 Nrn. (à 1½—2 B. m. Illustr.) gr. 4. Wien, (Perles). à Jahrg. n. 27. —

Bauindustrie-Zeitung, Wiener. Praktisch-bauindustrielles Organ f. Architekten, Bauingenieure, Baumeister etc., wie überh. f. alle Bauinteressenten. Mit besond. Rücksicht auf die gesammten baugeschäftl. Interessen sowie neue Erfindungen u. Verbesserungn. auf bautechn. u. baugewerbl. Gebiete unter Mitwirkg. bewährter Fachschriftsteller. Hrsg.: M. Rohaczek. Red. v. M. Grebner. Nebst Beilage: Wiener Bauten-Album. 9. Jahrg. Octbr. 1891—Septbr. 1892. 52 Nrn. (à 1½—2 Bog. m. Illustr.) gr. 4. Wien, Volkswirtschaftl. Verl. A. Dorn. n. 27. —; Bautenalbum allein n. 22. —

— dasselbe. Red.: Ed. Hoffmann. Nebst Beilage: Bauten-Album. 10. u. 11. Jahrg. Oktbr. 1892—Septbr. 1894. à 52 Nrn. (à 1½—2 Bog. m. Illustr.) gr. 4. Ebd. à Jahrg. n. 27. —; Bautenalbum allein n. 22. —

Bauindustrie-Zeitung, Wiener. Org. f. Architekten, Ingenieure, Baumeister etc., u. alle Bauinteressenten m. bes. Rücksicht a. d. ges. baugeschäftl. Interessen sow. neue Erfindgn. u. Verbessergn. a. bautechn. u. gewerbl. Geb. unt. Mitwirkg. bew. Fachschriftsteller. Red.: Ed. Hoffmann. Nebst Beilage: Bauten-Album. 12. u. 13. Jahrg. Octobr. 1894—Septbr. 1896. à 52 Nrn. (à ca. 20 S. m. Abb. u. Taf.) gr. 4. Wien. Volkswirtschaftl. Verlag, A. Dorn. à Jahrg. n. 27. —; Bautenalbum allein à n. 22. —

— — dasselbe. Red.: Heinr. Kestel. 14. u. 15. Jahrg. Octbr. 1896—Septbr. 1898. à 52 Nrn. (à ca. 20 S. m. Abb. u. Taf.) gr. 4. Ebd. à Jahrg. n. 27. —; Bautenalbum allein à n. 22. —

Bauindustrie-Zeitung, Wiener. Organ f. Architekten, Ingenieure, Baumeister etc. u. alle Bauinteressenten m. bes. Rücksicht a. d. ges. baugeschäftl. Interessen sow. neue Erfindgn. u. Verbessergn. a. bautechn. u. gewerbl. Geb. unt. Mitwirkg. bew. Fachschriftsteller. Red.: Jos. Röttinger. Nebst Beilage: Bauten-Album. 16. Jahrg. Octbr. 1898—Septbr. 1899. 52 Nrn. (à ca. 20 S. m. Abb. u. Taf.) gr. 4. Ebd. n. 27. —; Bautenalbum allein n. 22. —

Bauindustrie-Zeitung, Wiener. Organ f. Architekten, Ingenieure, Baumeister etc., u. alle Bauinteressenten. Red. v. Jos. Röttinger. Nebst Beilage: Bauten-Album. 17.–20. Jahrg. Oktbr. 1899—Septbr. 1903. à 52 Nrn. gr. 4. Wien, Volkswirtschaftl. Verlag A. Dorn. à Jahrg. n. 28. 60; Bauten-Album allein à Jahrg. n. 22. —

17. Jahrg. (VIII, 839 S. m. Abb. u. 100 Taf.). — 18. Jahrg. (VIII, 800 S. m. Abb. n. 100 Taf.) — 19. Jahrg. (VIII, 787 S. m. Abb. u. 100 Taf.)

Bauindustrie-Zeitung, Wiener. Red. v. J Röttinger. Nebst Beil.: Bauten-Album. 19—23. Jahrg. Octbr 1901—Septbr 1906 je 52 Nrn. (Nr. 1. 24 m. Abb. u. 6 Lichtdr.) 4° Wien, Volksw. Verl. A Dorn. Je 28.60; Bauten-Album allein je 22 —

Bauindustrie-Zeitung, Wiener. Red. v. Jos. Röttinger. Nebst Beil.: Bauten-Album. 24—27. J. Oktbr'06—Septbr '10 je 52 Nrn. (Nr 1. 10 u. 4 m. Abb. u. 6 Taf.) 33,5×26 cm. Wien, Volkswirtschaftl. Verl. A Dorn. Je 28.60; einz. Nrn —50; Bauten-Album allein je 22 —; einz. Hefte 1 —

Bauindustrie-Zeitung, Wiener. Chefred.: Ferd. Fellner Ritter v. Feldegg. Nebst Beil.: Bauten-Album. 28. J. Okt. '10—Sept. '11. 52 Nrn. (Nr 1: 10 u. 8 m. Abb. u. 8 Taf.) 33,5×26 cm. Wien, Volkswirtschaftl. Verl. A Dorn. 28.60; einz. Nrn —50; Bauten-Album allein 22 —; einz. Hefte 1—

— dass., m. d. Beil. „Der Bauinteressent" u. m. Monatsheft, jährl. 100 Taf., hervorrag. Bauten, Villen, Skulpturen, Intérieurs usw. a. Wien, Oesterr.-U. u. d. Auslde. Chefred.: Ferd. Fellner Ritter v. Feldegg. 29. u. 30. J. Okt. '11—Sept. '13 je 52 Nrn. (29. J., Nr 1: 12 u. 8 m. Abb. u. 8 Taf.) 33,5×26 cm. Ebd. je 28.60; einz. Nrn — 50; Bauten-Album allein je 22 —; einz. Hefte 1 —

Bauingenieurwesen, Das, auf der Weltausstellung in Brüssel 1910. Hrsg. vom Internationalen ständigen Verband der Schiffahrtskongresse.
5 Teile.
Brüssel 1910.

Bauingenieurwesen.— Bau- und Civil-Ingenieurwesen. Von Schwedler [u.a.] — Braunschweig: Vieweg 1874. 110 S. 8°
Aus: Amtlicher Bericht über d. Wiener Weltausstellung im Jahre 1873. 2. 1874.
91.
13.2091

Bauingenieur-Zeitung. Hrsg.: Heinr. Becher u. Franz Boerner. Schriftleitung: Heinr. Becher. 1. Jahrg. Aug. 1900—Dezbr. 1901. 68 Nrn. hoch 4. (à ca. 8 S. m. Abbildgn.) Berlin [E. Olawski], H. Steinitz. n. 10.—

Bauingenieur-Zeitung. Hrsg.: H Becher u. F Boerner. Schriftleitg: F Boerner. 1. Jahrg. 2—5. Viertelj. Jan.—Dezbr 1901. 52 Nrn. (Nr. 17. 8 m. Abb.) 4° Berl., Das Baugewerbe. ‖ 2—5. Jahrg. 1902—5. Schriftleitg: H Becher. Je 52 Nrn. Viertelj. 2 —

Bauinghius, Hermann s. *Bavinck.*

Bau-Innung, die, des Saargebietes. gr. 8. (IX, 52 S.) Elberfeld 879, Fassbender's Buchh.
Aus: Die dreistufige Arbeit und der deutsche Genossenschafts-Staat. Geschichte ihrer 100jähr. Entwickelung, besonders abgedruckt.

Bauinstruction
—— über Anlage und Einrichtung von Schulgebäuden, welche der allgemeinen Schulpflicht dienen, sowie allgemeine Bestimmungen über die technischen Erfordernisse der Schulbauentwürfe. Anweisung der königl. Regierung zu Breslau vom 22. März 1884. 2. Aufl. Lex.-8. (30 S. mit 7 Taf.) Breslau 886, Woywod. *

! Bauinstruction üb. Anlage usw. v. Schulgebäuden. Jetzt: Bresl., F Goerlich. 86/90

Bau-Instruction für die k. k. Montan-Verwaltungen (Bergdirectionen, Berg- u. Hütten-Verwaltungen). Mit 2 Beil. — Wien: K.-k. Hof- u. Staatsdr. 1877. 58 S. 4°
300:117.505–C. 302. 305.
13.2093

Bau-Instruction für die Organe der k. k. Forst- und Domainen-Verwaltung. Mit 2 Beil. — Wien: K.-k. Hof- u. Staatsdr. 1877. 59 S. 4°
302.
13.2094

Bau-Instruction für die Organe der k. k. Staats- und Fonds-Forst- und Domänen-Verwaltung. Fol. (III, 50 S. mit 3 chromolithogr. Taf.) Wien 887, (Frick.) cart. *

Bau-Instruction für die Organe der k. k. Staats- und Fonds-Forst- und Domänen-Verwaltung. — Wien: K.-k. Hof- u. Staatsdr. 1887. 50 S. 4°
210. 300:187.885–D. 302.
13.2095

Provisorische Bau-Instruction für die k. k. Berg-, Hütten- und Salinen-Werke, oder Vorschriften zur Verfassung von Bau-Anträgen . . . Mit 2 Beil. nebst e. Exemplar d. Baugebühren-Ausmaß. — Wien: K.-k. Hof- u. Staatsdr. 1858. 68 S. 4°
300:458.736–C.
13.2096

Bau-Journal 1906. 3. Jahrg. Schreibtisch-Notiz-Kalender f. d. ges. Baugewerbe u. d. techn. Industrie. (Schreibkalender u. 120 m. Fig. u. 1 Karte.) 4° Berl., E Heckendorff. L. 2.50
Bis 1905 bearb. v. A Lehmann.

Bau-Journal 08. 5. J. Schreibtisch-Notiz-Kldr f. d. ges. Baugewerbe u. d. techn. Industrie. 1. u. 2. J. bearb. v. A Lehmann. Durchgesehen u. ergänzt v. F Jaffé. (Schreibkldr u. 121 m. Fig. u. 1 Karte.) 33,5×23,5 cm. Berl., E Heckendorff. L. 2.50 ‖ 09. 6. J. Gänzlich neu bearb. v. Wolter. (Schreibkldr, 64 u. 112 m. Fig.) 32,5×23,5 cm. L. 3 —

Bau-Journal '13. 10. J. Schreib- u. Zeichentisch-Notiz-Kaldr f. d. gesamten Baugewerbe u. d. techn. Industrie. Bearb. v. Wolter. (5, Schreibkaldr, 64 u. 112 m. Fig.) 32,5×23 cm. Berl., E Heckendorff. L. 3 —

Bau-Kalender f. d. J. 1848—1853. Ein Geschäfts- u. Notizbuch f. Baumeister, Zimmer- u. Maurermeister u. alle übrigen Bau-Gewerksmeister so wie für Ingenieure u. Geometer. Hrsg. v. Ludw. Hoffmann. 1—6. Jahrg. (1848: 96 S. Schrbp. u. bauwissenschaftl. Anh: VIII u. 156 S. m. eingedr. Holzschn. — 1849: 184 S. Schrbp. u. bauwissenschaftl. Anh.: VIII u. 164 S. — 1850: 96, VIII u. 164 S. — 1851: 186, VIII u. 164 S. — 1852: 187, VI u. 172 S. — 1853: 180, VI u. 141 S.) Berlin, Bessers Verlag. [Franz Duncker.] In Leder geb. à n. 11/12 ß Ohne Angabe der Wochentage u. d. astronom. Notizen u. d. T. Bau-Taschenbuch. à 11/12 ß

Bau-Kalender für d. J. 1854—58. Ein Geschäfts- und Notizbuch für Baumeister, Zimmer- und Maurermeister und alle übrigen Bau-Gewerksmeister, sowie für Ingenieure und Geometer. Herausg. von Ludw. Hoffmann. 7—11. Jahrg. Berlin, Besser's Verlhdlg. gr. 16. Jeder Jahrg. n. 27 1/2 ngr

Bau-Kalender für d. J. 1859—64. Ein Geschäfts- u. Notizbuch für Baumeister, Zimmer- u. Maurermeister u. alle übrigen Bau-Gewerksmeister etc. Herausg. von Ludw. Hoffmann. 12—15. Jahrg. Berlin, F. Duncker. gr. 16. Jeder Jahrg. n. 27 1/2 ngr

— — für d. J. 1863—65. Herausg. von Emil Hoffmann. 16—18. Jahrg. Ebend. gr. 16. Jeder Jahrg. n. 27 1/2 ngr

Bau-Kalender für das J. 1866—1868. Ein Geschäfts- u. Notizbuch für Baumeister, Zimmer- u. Maurermeister u. alle übrigen Bau-Gewerksmeister etc. 19. u. 20. Jahrg. hersg. von Emil Hoffmann, 21. Jahrg. hersg. von A. Deetz. Berlin, F. Duncker. 8. Jeder Jahrg. (à ca. 350 S.) n. 27 1/2 ngr

Bau-Kalender. Bearb. unter Mitwirkg. bedeutender Fachmänner. 26. Jahrg. 1873. Mit besond. Beigabe. 2 Thle. 16. (1. Thl. 258 S. m. e. lith. Karte in Fol.) Berlin, F. Duncker. In Leder geb. n. 3. —; in Saffian geb. m. Goldschn n. 3. 75

— dasselbe. Bearb. v. A. Salomon. 27. Jahrg. 1874. Mit e. besond. Beigabe. 2 Thle. 16. (1. Thl. 108 S. m. e. lith. Karte in Fol.) Ebend. 873. In Leder geb. n. 3. 50; m. Goldschn. n. 4. —

Baukalender 1891—93. Hrsg. vom Architekten-Verein zu Riga. gr. 16. (à Jahrg. ca. 120 S. m. Fig., 1 Taf. u. Schreibkalender.) Riga, Kymmel's Sort. à Jahrg. * 5 —

Baukalender 1893. Hrsg. v. Architekten-Ver. zu Riga. 16° (Schreibkalender u. 116 m. Fig. u. 1 Taf.) Riga, N Kymmel's S. Geb. 5 —

Baukalender 1894. Hrsg. vom Architekten-Verein zu Riga. IV. Jahrg. gr. 16. (IV S., Schreibkalender u. 64 S.) Riga, A. Stieda's Verl. Geb. in Leinw. n. 3. —

Bau-Kalender 1895. Hrsg. v. Architekten-Verein z. Riga. V. Jahrg. gr. 16. (IV S., Schreibkal. u. 130 S.) Riga, A. Stieda. Geb. in Leinw. n. 5. —

Baukalender, allg. 8. J. '10. 2 Tle. (189, 63 u. 147 m. Fig.) kl8° Spandau (Neuendorferstr. 101), Stückrath & Co. L. u. geh. 1.80
08 s. u. d. T.: Notiz-Kalender z. Gebr. in allen Zweigen d. Bauwesens.

Baukalender, Allgemeiner. 11. J. Ausg.'13. 2 Tle. (288 u. 56 m. Fig.) kl8° Spandau (Neuendorfer Str. 101), Stückrath & Co. L u. geh. 1.80

Baukalender, baltischer, 1889. Hrsg. v. F. Schmidt. Ausg. ohne Tagebuch. gr. 16. (XIV, 64 S.) Mitau, Behre's Verl. geb. n. 4. —; Ausg. m. Tagebuch. (XIV, 366 u. 64 S.) n. 5. —

Baukalender, Deutscher.
—— deutscher. Bearb. von den Hrsgbrn. der deutschen Bauzeitung. 6.—8. Jahrg. 1873—1875. Nebst einer besond. Beigabe. 16. (78 S. mit 1 chromolithogr. Karte in 4. und 1 Chromolithogr. und Beigabe 128 S. mit eingedr. Holzschn.; 81 und 181 S. mit eingedr. Holzschn. und 1 chromolithogr. Karte; 215 und 148 S. mit eingedr. Holzschn., 1 Chromolithogr. und 1 chromolithogr. Karte.) Berlin, Beelitz. à Jahrg. geb. und geh. * geb. mit Goldschn. *
Vgl.: Architekten-Kalender.

Baukalender, deutscher. Bearb. von den Herausgebern der deutschen Bauzeitung. 9.—13. Jahrg. 1876—1880. Nebst einer besond. Beigabe, gr. 16. (VIII, 112 und 111 S. mit 1 chromolithogr. Zoll-Vergleichungstab. und 1 chromolithogr. Eisenbahnkarte in qu. 8.; Beigabe 157 S. mit eingedr. Holzschn.; X, 224, 153; X, 229, 159; XII, 232, 163; XII, 287, 167 S. mit eingedr. Holzschn. und 1 lithogr. Eisenbahnkarte.) Berlin, [Beelitz.] (Toeche.) à Jahrg. in Lederbd. * In Brieftaschenform mit Schloss *

Baukalender, deutscher. Bearb. von den Herausgebern der Deutschen Bauzeitung. 14.—18. Jahrg. 1881—1885. Nebst einer besond. Beigabe. Mit eingedr. Holzschn. gr. 16. (XII, 144, 175; XVI, 218, 202; 246, 288; XL, 242, 225.) Berlin, (Toeche.) geb. in Leder und geh. à Jahrg. * In Brieftaschenform mit Schloss à Jahrg. *

Baukalender, deutscher. Bearb. von den Herausgebern der Deutschen Bauzeitung. 19.—22. Jahrg. 1886—1889. Nebst einer besond. Beigabe. gr. 16. (à Jahrg. ca. 580 S.) Berlin, (Toeche.) geb. in Leder à Jahrg. * geb. in Brieftaschenform mit Schloss à Jahrg. *

—— deutscher. Bearb. v. den Herausgebern der Deutschen Bauzeitg. 23.—26. Jahrg. 1890—1893. gr. 16. (à Jahrg. ca. 500 S. m. Abbildgn., 1 Karte u. Schreibkalender.) Berl., (Toeche). geb. in Ldr. u. geh. à Jahrg. * 3 50 In Brieftaschenform mit Schloss * 4 —

— deutscher. Bearb. v. den Herausgebern der Deutschen Bauzeitg. 28. Jahrg. 1895. Nebst e. besond. Beigabe. gr. 16. (XLVIII S., Schreibkalender, 150, 130 S. u. 247 Sp. m. Abbildgn. u. 1 Karte.) Berlin, (E. Toeche). Geb. in Ldr. u. geh. n. 3. 50; in Brieftaschenform m. Schloss n. 4. —

— deut. Bearb. v. d. Herausgebern d. Deut. Bauzeitg. 29. Jahrg. 1896. Nebst e. bes. Beigabe. 16° (Schreibkalender, 336 S. u. 244 Sp. m. Abbildgn u. 1 Karte.) Berl., (E Toeche). Geb. in Ldr u. geh. 3.50; in Brieftaschenform m. Schloss 4 —

— deutscher. Bearb. v. d. Herausgebern d. Deutschen Bauzeitg. 32. Jahrg. 1899. Nebst e. bes. Beigabe (Thl. II). 12. (LII S., Schreibkal., 142, 128, XLII S. u. 254 Sp. u. S. m. Abb. u. 1 Karte.) Berlin. (E. Toeche.) Geb. in Ldr. u. geh. n. 3. 50; in Brieftaschenform m. Schloss n. 4. —

Baukalender, deut. Bearb. v. d. Hrsg. d. Deut. Bauzeitg. 34. Jahrg. 1901. 2 Thle. 12° (52, Schreibkalender, 148, 128, 51 S. u. 269 Sp. u. S. m. Abb. u. 1 Karte.) Berl., (E Toeche) Geb. in Ldr u. geh. 3.50; in Brieftaschenform m. Schloss 4 —

Baukalender, deutscher. Hrsg. v. den Herausgebern der Deutschen Bauzeitg. 36. Jahrg. 1903. Nebst e. besond. Beigabe (Thl. II.) 12. (XXVI S., Schreibkalender, 144, 175 S. u. 281 Sp. u. S. m. Abbildgn. u. 1 Karte.) Berlin, Deutsche Bauzeitg. Geb. in Ldr. u. geh. n. 3. 50; in Brieftaschenform m. Schloss n. 4. —

Baukalender, deut. Hrsg. v. d. Deut. Bauzeitg. 39. Jahrg. 1906. 3 Tle. (28, Schreibkalender, 159, 208 u. 324 m. Fig., 61 Taf. u. 1 Karte.) 8° Berl., Deut. Bauzeitg. Ldr u. geh. 3.50; in Brieftaschenform m. Schloss 4 —

— deut. Hrsg. v. d. Deut. Bauzeitg. 43. J. '10. Nebst 2 besond. Beigaben (Tl II u. III). (28, Schreibkldr, 200, 256 u. 371 m. Fig., 64 Taf. u. 1 Karte.) kl8° Berl., Deut. Bauzeitg. Ldr u. geh. 3.50; in Brieftaschenform m. Schloss 4 —

— Deutscher. Hrsg. v. d. deut. Bauzeitg. 46. J. '13. Nebst 2 besond. Beigaben (Tl 2 u. 3). (28, Schreibkaldr, 224, 288 u. 392 m. Fig., 63 Taf. u. 1 farb. Kte.) kl8° Berl., Deut. Bauzeitg. L u. geh. 3.50; in Brieftaschenform m. Schloss 4 —

Bau- und Gewerbs-Kalender für die J. 1869—1873. Bearb. von E. Hemberle und E. Bardenwerper. 16. (VI, 229; 238 S. mit 1 chromolithogr. Karte in qu. 4.; VIII, 260 S. mit 1 lithogr. Karte in gr. 4.; VIII, 266 S.) Lahr, Schauenburg. geb. à Jahrg. *

Bau- und Gewerbs-Kalender für die J. 1874 und 1875. Bearb. von E. Bardenwerper. gr. 16. (VIII, 284 S. mit 1 chromolithogr. Karte; 246 S.) Strassburg [Lahr], Schauenburg. geb. à Jahrg. *

Bau- und Gewerbskalender für die J. 1876—1880. Bearb. von E. Bardenwerper. gr. 16. (XIII, 247; X, 229; VIII, 282; VIII, 179 mit 1 chromolithogr. Karte in qu. 4.; 246 S. mit lithogr. Portr. Karmarsch's.) Lahr, Schauenburg. geb. à Jahrg.

Baukalender, Norddeutscher.

— norddeut., 1896. Taschenbuch norddeut. Baupreise. Bearb. v. J Volquardts. X. Jahrg. 2 Thle. 16° (Schreibkalender u. 440 m. Fig.) Zür., C Schmidt. Geb. in Lnw. u. geh. 3.50
Bisher u. d. T.. Taschenbuch deut. Baupreise.

Baukalender, norddeutscher, für 1897. Taschenbuch norddeutscher Baupreise. Bearb. von *G. Volquardts.* 11. Jahrg. 2 Tle. Mit Abb. In-12° 464 S. Zürich, Cäsar Schmidt. Brosch. u. gebd. 3 50

Baukalender, norddeutscher, 1898 u. Taschenbuch norddeutscher Baupreise. Bearb. v. *G. Volquardts.* XII. Jg. 2 Thle. Gr. in-16°. 185 S., Schreibkalender, 118 u. 65 S. m. Fig. Zürich, Cäsar Schmidt. **1897** Geb. in Lwd. 3 50

— norddeutscher, 1899 u. Taschenbuch norddeutscher Baupreise. Unt. Mitwirkg. v. Fachgenossen bearb. v. G. Volquardts. XIII. Jahrg. M. e. mathem.-techn. Beilage, d. Personal-Verzeichn. d. Baubehörden, techn. Hochschulen u. Baugewerksschulen u. 1 Eisenbahnkarte. 2 Thle. 12. (XI, 136 S., Schreibkal., IV, 111 u. V, 67 S. m. Fig.) Zürich, C. Schmidt. Geb. in Leinw. u. geh. n. 3. 50

— norddeut., 1901 u. Taschenb. norddeut. Baupreise. Bearb. v. G Volquardts. XV. Jahrg. 2 Thle. 12° (129, Schreibkalender, 182 u. 79 m. Fig. u. 1 Karte.) Zür., C Schmidt. Geb. in L. u. geh. 3.50

— norddeutscher, 1903 u. Taschenbuch norddeutscher Baupreise. Unter Mitwirkg. v. Fachgenossen bearb. v. G. Volquardts. XVII. Jahrg. 2 Thle. 12. (XVI, 138 S., Schreibkalender, IV, 148 u. VI, 89 S. m. Fig. u. 1 Karte.) Zürich, C. Schmidt. Geb. in Leinw. u. geh. n. 3. 50

— norddeut., 1905 u. Taschenb. norddeut. Baupreise. Bearb. v. G Volquardts. 19. Jahrg. 2 Tle. (137, Schreibkalender, 170, 155 u. 92 m. Fig. u. 1 Karte.) 8° Zür., C Schmidt. L. u. geh. 3.50

Baukalender, norddeut. '10 u. Taschenb. norddeut. Baupreise. Bearb. v. Peringer u. Rogler. 22. J. 2 Tle. (198 u. 175 u. Schreibkldr m. Fig.) kl8° Zür., Schweiz. Druck- u. Verl.-Haus. L. u. geh. 3.50
Früher bearb. v. G Volquardts.

— Norddeutscher, u. Taschenb. d. norddeut. Baupreise f. '13. Bearb. v. Peringer u. Rogler. 25. J. (34, 347 m. Fig.) kl8° Zür., Schweizer Druck- u. Verlagshs. L 3 —

Baukalender, Österreichisch-Ungarischer.

—— österreichisch-ungarischer, für die J. 1882—1885. Bearb. unter Mitwirkung von Fachgenossen von M. Kulka. Neue Folge. 1.—4. Jahrg. gr. 16. (à Jahrg. ca. 360 S.) Wien, Perles. geb. à Jahrg. *
Frühere Jahrg. u. d. T.: Bau-Almanach.

—— österreichisch-ungarischer, für die J. 1886 und 1887. Bearb. unter Mitwirkung von Fachgenossen von M. Kulka. 5. und 6. Jahrg. gr. 16. (242, 130; VI, 244, 130 S.) Wien, Perles. geb. à Jahrg. *

—— dass. — für das J. 1888. Bearb. unter Mitwirkung von Fachgenossen von der Redact. des „Bautechniker", vormals von M. Kulka. 7. Jahrg. gr. 16. (VIII, 280 S. mit 1 Karte.) Wien, Perles. geb. in Leinw. * ℳ 3.40; in Leder *

— österreichisch-ungarischer, f. d. J. 1889. Bearb. unter Mitwirkg. v. Fachgenossen v. d. Redaction der „Bautechniker", vormals v. M. Kulka. 8. Jahrg. gr. 16. (VIII, 256 S. m. 1 Karte.) Wien, Perles. geb. in Lwd. n. 3. 40; in Ldr. n. 4. 60

Bau-Kalender, Oesterreichisch-ungarischer, für das Jahr 1890. Bearbeitet unter Mitwirkung von Fachgenossen von der Redaction des „Bautechniker" vormals von M. Kulka. IX. Jahrg. 16. (VIII, 308 S. mit Notizblättern.) In Leinwd. geb. 1.70, in Leder Ebd. 2.30

—— oesterreichisch-ungarischer f. d. J. 1890—1893. Bearb. von der Redact. des „Bautechniker". 16. (XII, 298; XII, 300; XII, 300; XII, 304 S.) Wien, Perles.
geb. in Leinw. à Jahrg. * 3 40; geb. in Ldr. à Jahrg. * 4 60

Bau-Kalender für Oesterreich-Ungarn pro 1893. Neue Folge. XII. Jahrgang. Bearbeitet unter Mitwirkung von Fachgenossen von der Redaction des „Bautechnikers". Gr.-8. (XII, 312 S. mit Notizblättern.) Eleg. geb. in Leinwand Wien, M.Perles 1.70
Derselbe eleg. gebunden in Leder 2.30

Baukalender, Oesterreichisch-ungarischer, für das Jahr 1894. Bearbeitet unter Mitwirkung von Fachgenossen von der Redaction des „Bautechnikers", vormals von M. Kulka. XIII. Jahrg. Taschenformat. (XI, 352 S. mit Notizblättern.) In Lnwdbd. 1.70
Derselbe in Leder Wien, M.Perles 2.30

Baukalender, oesterreichisch-ungarischer, f. d. J. 1895. Bearb. unter Mitwirkg. v. Fachgenossen v. der Red. des „Bautechniker", verm. v. M. Kulka. 14. Jahrg. gr. 16. (VIII, X, 302 S. m. Fig. u. 1 Karte.) Wien, M. Perles. Geb. in Leinw. n. 3. 40; in Ldr. n. 4. 60

— oesterr.-ungar., f. 1896. Bearb. v. d. Red. d. „Bautechniker", vormals v. M Kulka. 15. Jahrg. 16° (300 m. Fig. u. 1 Karte.) Wien, M Perles. Geb. in Lnw. 3.40; in Ldr 4.60

Baukalender, Oesterr.-ungar., für das Jahr 1897. Bearbeitet unter Mitwirkung von Fachgenossen von der Redaction des „Bautechniker", vormals von M. Kulka. XVI. Jahrg. Taschenf. (XII, 358 S, mit Notizblättern.) In Lnwdbd. 1.70
Derselbe in Lederband Wien, M.Perles 2.30

Baukalender, Oesterr.-ungar., für das Jahr 1898. Bearbeitet unter Mitwirkung von Fachgenossen von der Redaction des „Bautechniker", vormals von M. Kulka. XVII. Jahrg. Taschenf. (XII, 362 S., mit Notizblättern.) In Lnwdbd. 1.70
Derselbe in Lederband 2.30
Wien, M.Perles

— österreichisch-ungarischer, f. d. J. 1899. Bearb. unt. Mitwirkg. v. Fachgenossen v. d. Red. d. „Bautechniker", vorm. v. M. Kulka. 18. Jahrg. 12. (XIX, 317 S. m. Fig. u. 1 farb. Karte.) Wien, M. Perles. Geb. in Leinw. n. 3. 40; in Ldr. n. 4. 60

Oesterreichisch-ungarischer Bau-Kalender für das Jahr 1900. Bearbeitet unter Mitwirkung von Fachgenossen von der Redaction des „Bautechniker" vormals von M. Kulka. XIX. Jahrgang. Wien. Perles. 8°. 372 S. mit 1 Tafel. Geb. fl. 1.70

059

Oesterreichisch-ungarischer Bau-Kalender für das Jahr 1901. Bearbeitet unter Mitwirkung von Fachgenossen von der Redaction des „Bautechniker" vormals von M. Kulka. XX. Jahrgang. Wien. Perles. 8°. XX. 382, 43 S. Geb. K 3.50 in Leder K 4.60

Oesterreichisch-ungarischer Bau-Kalender für das Jahr 1902. Bearbeitet unter Mitwirkung von Fachgenossen von der Redaction des „Bautechniker" vormals von M. Kulka. XXI. Jahrgang. Wien. Perles. 8°. XX. 388 S. mit 1 Karte. Geb. K 3.50, in Leder K 4.60

— österreichisch-ungarischer, f. d. J. 1903. Bearb. unter Mitwirkg. v. Fachgenossen v. der Red. des „Bautechniker", vormals v. M. Kulka. 22. Jahrg. 12. (XX, 341 S. m. Fig. u. 1 farb. Karte) Wien, M. Perles. Geb. in Leinw. n. 3. 50; in Ldr. n. 4. 60

Österreichisch-ungarischer Baukalender für das Jahr 1904. 23 Jahrg 8°. (XX, 376, 56 S.) geb. K 3 50, in Leder K 4.60
Wien, M.Perles

Österr.-ungar. Baukalender für das Jahr 1905. 24. Jahrg. 16°. (392 S.) geb. K 3.50. in Leder K 4.60
Wien, M.Perles

— österr.-ungar., f. 1906. Bearb. v. d. Red. d. „Bautechniker", vormals v. M Kulka. 25. Jahrg. (362 m. Fig. u. 1 Karte.) 8° Wien, M Perles. L. 3.50; Ldr 4.60

Österreichisch-ungarischer Baukalender für das Jahr 1907. 26 Jahrg. 8°. geb. K 3.50
Wien, M.Perles

— österr.-ungar., f. '10. Bearb. v. d. Red. d. „Bautechniker", vormals v. M Kulka. 29. J. (19, 397 m. Fig. u. 1 Karte.) kl8° Wien, M Perles. L. 3.70; Ldr n 5 —

— Oesterreich.-ungarischer, f. '13. Bearb. v. d. Red. d. „Bautechniker" vorm. v. M Kulka. 32. J. (20, 428 m. Fig. u. 1 Taf.) kl8° Wien, M Perles. L 4 —

Baukalender, schweizerischer. Herausgegeben von Alex. Koch, Architect in Zürich. 1881. In-12°, 288 S. Zürich, Cæsar Schmidt. In Leinw. geb. 3 80

, Zweiter Jahrgang des Taschenbuchs der schweizerischen Baupreise.

1881

—— dass. — 3.—6. Jahrg. 1882—1885. gr. 16. (VIII, 296 S. mit 2 Stnt.; IV, 262; VI, 222, 78; VI, 205 S. mit eingedr. Fig. und 2 Stnt.) Ebendas. geb. à Jahrg. 4

Bau- u. Ingenieurkalender, schweizerischer. Begründet v. Alex. Koch, fortgesetzt v. Heinr. Ernst u. Jul. Weber. 7. Jahrg. 1886. gr. 16. (IX, 275 u. 111 S.) Zürich, Schmidt. geb. n. 4. —

Bau- und Ingenieur-Kalender, schweizerischer, herausgegeben von *Heinrich Ernst*, Architekt in Zürich. 8. Jahrgang, 1887. In-8°, 278 S. Zürich, Cäsar Schmidt. 1887 5 —

—— dass. — Hrsg. von Mart. Koch. 9. Jahrg. 1888. 2 Abthlgn. gr. 16. (VI, 195; 111, 103 S.) Ebendas. geb. *
Die Jahrg. 1—6 erschienen u. d. T.: Baukalender, schweizerischer.

Bau- u. Ingenieurkalender, schweizerischer. Begründet v. Alex. Koch. Hrsg. v. Martin Koch. 10.—13. Jahrg. 1889—1892. à Jahrg. 2 Abtlgn. gr. 16. (à Jahrg. ca. 360 S. m. Tab. u. Schreibkalender.) Zürich, Schmidt. geb. in Leinw. u. geh. à Jahrg. * 4 —

Bau- und Ingenieurkalender, Schweizer. Begründet von *A. Koch*. 14. Jahrg. 1893. Hrsg. von *M. Koch*. 2. Abth. In-12°. 223. Kalendarium u. 139 S. Zürich, Cäs. Schmidt. Geb. 5 —

Bau- und Ingenieurkalender, Schweizerischer. Begründet von *A. Koch*. 15. Jahrg. 1894. Herausg. von *M. Koch*. 2 Abth. M. Fig. u. 1 Tab. In-12°. XVII, 263 S., Schreibkalender u. 168 S. Zürich, Cäsar Schmidt. 1894 Geb. 5 —

Bau- u. Ingenieurkalender, schweizerischer. Begründet v. *A. Koch*. Hrsg. v. *M. Koch*. 16. Jahrg. 1895. 2 Abtlgn. Gr. in-16°. XX, 234 S. Schreibkal. XVII, 202 S. m. Fig. Zürich, C. Schmidt. geb. Lwd. u. geh. 5 —

Bau- und Ingenieur-Kalender, schweizer. Begründet von *Alex. Koch*. 17. Jahrg. 1896. 2 Abteilgn. Mit Fig. u. Schreibkal. In-12°. XXIV, 233, X u. 179 S. Zürich, Cäsar Schmidt. In Leinw. gebd. u. geh. 5 —

Bau- u. Ingenieur-Kalender, schweizer. Begründet v. *A. Koch*. 18. Jahrg. 1897. 2 Abteilungen. Mit Fig. u. Schreibkal. In-12°. 226 u. 246 S. Zürich, Caesar Schmidt. 1897 Leinw. 5 —

Bau- u. Ingenieurkalender, schweizerischer. Begründet von *A. Koch*. 19. Jg. 1898. 2 Abt. In-12°. (252 S. Schreibkal. u. 255 S. m. Fig.) Zürich, Cäsar Schmidt. 1898 geb. 5 —

Bau- und Ingenieur-Kalender, schweizer. Redaktion: *E. Isler*. 21. Jahrg. 1900. 2 Abtheilungen. 12°. XXX, 258 S. Schreibkalender und X, 261 S. m. Fig. Zürich, Caesar Schmidt. 5 -

Baukalender. Schweizerischer Bau- und Ingenieur-Kalender. Jahrg. 22. 1901. [Mit Figuren.] 4 Theile. 8. Zürich, Caesar Schmidt. [fr. 7. —] P
Theil 1. Allgemeines. [Mit 1 Karte der Schweiz.] VI + 127 S.
Abteilung 2. Hochbau. Revidirt von Th[eodor] Oberländer... (zus. 382 S.)
Abteilung 3. Ingenieurwesen. XX + 264 S.
Abteilung 4. Tarife, Gesetze, Verordnungen und Verzeichniss Schweizer. Techniker. VIII + 116 S.

Bau- u. Ingenieurkalender, schweiz. 23. Jahrg. 1902. 4 Thle. (286, 34, 267, 269 u. Kalendarium m. Fig. u. 1 Karte.) 12° Zür., C Schmidt. L. u. geh. 5.60
Fortsetzg s: Baukalender, schweiz. — Ingenieur-Kalender, schweiz.

Baukalender. Schweizerischer Bau-Kalender (*Theil 1:* Bau- und Ingenieur-Kalender). Jahrg. 23. 1902. [Mit Figuren.] 3 Theile. 8. Zürich, Cäsar Schmidt. [fr. 5. —] P
Theil 1: A. Allgemeines. B. Tarife, Gesetze, Verordnungen und Bestimmungen ..., nebst Verzeichniss der schweizer Techniker... [Mit 1 Karte der Schweiz.] VIII + 286 S.
Abteilung 2: Hochbau. Revidirt von Th[eodor] Oberländer... XLVIII + 267 + 18 S.
[Theil 3] *u. d. T.:* Kalendarium 1902. Schweizer Ausgabe. [112 S.]
s. *auch* Ingenieurkalender.

Baukalender. Schweizerischer Bau-Kalender. Jahrg. 24. 1903. [Mit Figuren.] 3 Theile. 8. Zürich, Cäsar Schmidt. [fr. 5. —] P
Theil 1: A. Allgemeines. B. Tarife, Gesetze, Verordnungen und Bestimmungen .., nebst Verzeichnis der schweizer Techniker.... [Mit 1 Karte der Schweiz.] X + 152 + 109 + 37 S.
Abteilung 2: Hochbau. Revidirt von Th[eodor] Oberländer... XLVIII + 281 + 46 S.
[Theil 3] *u. d. T.*: Kalendarium 1903. Schweizer Ausgabe. [112 S.]

Baukalender. Schweizerischer B'-K'. Jahrg. 25. 1904. [Mit Figuren.] 3 Theile. 8. Zürich, Cäsar Schmidt. [fr. 5. —] P
Theil 1: A. Allgemeines. B. Tarife, Gesetze, Verordnungen und Bestimmungen ..., nebst Verzeichniss der Schweizer Techniker.... [Mit 1 Karte der Schweiz.] X + 152 + 109 + 40 S.
Abtheilung 2: Hochbau. Neu bearb. von E[mil] Usteri ... LVI + 333 + 48 S.
[Theil 3] *u. d. T.*: Kalendarium 1904. [112 S.]

Baukalender. Schweizerischer B'-K'. Jahrg. 26. 1905. [Mit Figuren.] 3 Teile. 8. Zürich, Cäsar Schmidt. [fr. 5. —] P
Teil 1: A. Allgemeines. B. Tarife, Gesetze, Verordnungen und Bestimmungen ..., nebst Verzeichnis der Schweizer Techniker.... X + 150 + 154 S.
Abteilung 2: Hochbau. Redaktion: E[mil] Usteri.... [Mit 1 Karte der Schweiz.] LIV + 346 + 48 S.
[Teil 3] *u. d. T.*: Kalendarium 1905. [112 S.]

— schweiz. 26. Jahrg. 1905. 3 Tle. (150, 154, 50, 344 u. Schreibkalender m. Fig. u. 1 Karte.) 8° Zür., C Schmidt. L. u. geh. 4 —
Bis 1902 u. d. T.: Bau- u. Ingenieurkalender, schweiz.

Baukalender. Schweizerischer B'-K'. Jahrg. 27. 1906. [Mit Figuren.] 3 Teile. 8. Zürich, Cäsar Schmidt. [fr. 5.—] P
Teil 1: Allgemeines. B. Tarife, Gesetze, Verordnungen und Bestimmungen.., nebst Verzeichnis der Schweizer Techniker.... X + 150 + 50 S.
Abteilung 2: Hochbau. Redaktion: E[mil] Usteri.... [Mit 1 Karte der Schweiz.] LIV + 351 + 4 + 60 S. *geb.*
[Teil 3] *u. d. T.*: Kalendarium 1906. [111 S.]

— schweiz. 30. J.'09. 3 Tle. (9, 147, 133, 72, 45, 353 u. Schreibkldr m. Fig.) kl8° Zür., Schweiz. Druck- u. Verl.-Haus. L. u. geh. 4 —

— Schweizerischer. 33. J. '12. 2 Tle. (9, 148, 137, 38, Schreibkaldr u. 48, 402 m. Fig.) kl8° Zür., Schweizer Druck- u. Verlagshs. L u. geh. 4 —

Baukalender, Süddeutscher.
—— süddeut., 1890. Bearb. v. G Schäufelin. 4. Jahrg. [d. „Taschenbuches d. süddeut. Baupreise", hrsg. v. M Sapper]. 2 Thle. 16. (296 m. Fig.) Zür., C Schmidt. geb. u. geh. *n.* 3. 50

—— süddeutscher, 1889—1892. 3.—6. Jahrg. à Jahrg. 2 Thle. gr. 16. (à Jahrg. 270—300 S.) Zür., Schmidt. geb. u. geh. à Jahrg. * 3 50
Fortsetzung, s. Taschenbuch der Baupreise für Süddeutschland.

— süddeut., 1893. Bearb. v. CG Finter. 6. Jahrg. 2 Tle. 16° (Schreibkalender u. 270 m. 1 Karte.) Zür., C Schmidt. Geb. in Lnw. u. geh. 3.50
Fortsetzg bis 1895 u. d. T.: Taschenbuch deut. Baupreise, f. 1896 u. d. T.:

— süddeut., 1896. Taschenbuch süddeut. Baupreise. Bearb. v. J Volquardts. X. Jahrg. 16° (Schreibkalender u. 460 m. Fig.) Ebd. Geb. in Lnw. u. geh. 3.50

süddeutscher, für 1897. Ebenda. 3 50

— süddeutscher, 1898 u. Taschenbuch süddeutscher Baupreise. Bearb. v. *G. Volquards*. XII. Jg. 2 Thle. (1r. in-16°. 185 S., Schreibkalender, 118 u. 65 S. m. Fig. Zürich, Cäsar Schmidt. 1897 Geb. in Lwd. 3 50

— süddeutscher, 1899 u. Taschenbuch süddeutscher Baupreise. Unt. Mitwirkg. v. Fachgenossen bearb. v. G. Volquardts. XIII. Jahrg. M. o. mathem.-techn. Beilage, d. Personal-Verzeichn. d. Baubehörden, techn. Hochschulen u. Baugewerksschulen u. 1 Eisenbahnkarte. 2 Thle 12. (XV, 136 S., Schreibkal., IV, 111 u. V, 67 S. m. Fig.) Zürich, C. Schmidt. Geb. in Leinw. u. geh. n. 3. 50

— süddeut., 1901 u. Taschenb. süddeut. Baupreise. Bearb. v. G Volquardts. XV. Jahrg. 2 Thle. 12° (129, Schreibkalender, 132 u. 79 S. m. Fig. u. 1 Karte.) Zür., C Schmidt. Geb. in L. u. geh. 3.50

— süddeutscher, 1903 u. Taschenbuch süddeutscher Baupreise. Unter Mitwirkg. v. Fachgenossen bearb. v. G. Volquardts. XVII. Jahrg. 2 Thle. 12. (XXVI, 138 S., Schreibkalender, IV, 148 u. VI, 89 S. m. Fig. u. 1 Karte) Zürich, C. Schmidt. Geb. in Leinw u. geh. n. 3. 50

— süddeut., 1905 u. Taschenb. süddeut. Baupreise. Bearb. v. G Volquardts. 19. Jahrg. 2 Tle. (170, Schreibkalender, 152 u. 92 m. Fig. u. 1 Karte.) 8° Ebd. L. u. geh. 3.50

— süddeut., '10 u. Taschenb. süddeut. Baupreise. Bearb. v. Peringer u. Rogler. 22. J. 2 Tle. (198, 175 u. Schreibkldr m. Fig.) kl8° Ebd. L. u. geh. 3.50
Früher bearb. v. G Volquardts.

— Süddeutscher, u. Taschenb. d. süddeut. Baupreise f. '13. Bearb. v. Peringer u. Rogler. 25. J. (34, 347 m. Fig.) kl8° Ebd. L. 3 —

Baukapital, s. Baucapital

Baukasten. — Söhlke's verbesserte Baukasten. — Berlin: Söhlke [1861]. 7 S. 8° 1:110 in 2° An 8630-57.
13.2098

Söhlke's verbesserter Baukasten. Ebd. [1866]. 12 S. 8° 1:187 in 2° An 8630-68.
13.2099

Baukatalog, deut. 1898. 4° (99 m. Abb.) Zür., C Schmidt. Geb. 8 —

Bauke: Untersuchungen, Rechtswissenschaftliche, s. Bauke, Leopold

Bauke, David: Mittheilungen über die Stadt und den landräthlichen Kreis Gardelegen. — Stendal: Verf. 1832. 336 S. 8°
1: Te 3016. 3. 10. 11. 12: Bor. 21 t. 15. 21. 23. 29. 35. 203.
13.2102

Bauke, David, Mittheilungen üb. die Stadt u. d. Landräthl. Kreis Gardelegen. 8. (21½ B.) Stendal 832, Franzen u. Große.

Bauke, Fritz, die Raoult'sche Gefriermethode f. die Molekulargewichtsbestimmung u. ihr Nutzen f. die chemische Forschung. Ein Kapitel aus der Entwicklungsgeschichte der modernen Chemie. Ehrenvoll anerkannte Preisarbeit der philosoph. Fakultät der kgl. Friedrich-Wilhelms-Universität zu Berlin 1890. gr. 8. (98 S. m. 1 Tab.) Berlin 890. Driesner. n. 2. —

Bauke, Fritz [aus Berlin]: Über die Konstitution des Dianisidins und Diphenitidins ... Berlin, Druck v. M. Driesner, 1892; 28 S. 8.
Rostock, Phil. Fak., Inaug.-Diss. v. [18. Dez.] 1891

Bauke, Hermann, Badearzt, Sonneberg i. Th. 1862: Zur Aetiologie des 'acuten angioneurotischen' oder 'umschriebenen' Hautödem's. — (Berlin) 1862: (Schumacher). 9 S. 8°
32.
13.2104

Bauke (H.). Beitr. zur Keimungs-ges. der Schizaeaceen. Berl. 1878. 8°.

Bauke, Herm., Beiträge zur Kenntniss der Pycniden. I. gr. 4. (72 S. mit 6 lithogr., zum Theil farb. Taf.) Dresden 876. (Leipzig, Engelmann.) *
Aus: Verhandlungen der kaiserl. Leop.-Carol. deutschen Akademie der Naturforscher, besonders abgedruckt.

Bauke, Hermann, Dr., Botaniker. 1875: **Beiträge zur Kenntniss der Pycniden. 1.** — Dresden; Jena: Frommann in Comm. 1876. 72 S. 4° (Nova Acta Academiae Caesareae Leopoldino-Carolinae Germanicae naturae curiosorum. 38,5.)
1: 4° Lc 6491–38,5.
2. 3. 4. 6. 7. 9. 10. 11. 12: 4° Acad. 5–38,5. 14. 15. 16. 18. 21. 23→30. 33. 34. 39. 45. 46. 48. 84. 302. 303.
13.2105

— zur Entwickelungsgeschichte der Cyatheaceen. [Aus: Abhandlgn. d. Heidelb. naturhist.-medicin. Ver."] gr. 8. (5 S.) Heidelberg 876. C. Winter.
n. — 40

— **Entwicklungsgeschichte des Prothalliums bei den Cyatheaceen, verglichen mit derselben bei den anderen Farrenkräutern.** — Berlin 1875. S. 49–116. 8°
Aus: Jahrbücher für wissenschaftliche Botanik. 10. 1876. 21.
13.2106

Bauke, Hermann [approb. Arzt aus Erfurt]: Ein Fall von Trophoneurose der Haut.... Erfurt, Ohlenroth'sche Buchdr., 1887; 21 S. 8°.
Göttingen, Med. Fak., Inaug.-Diss. v. 11. Dez. 1886.

Bauke, Herm., ein Fall von Trophoneurose der Haut. Inaugural-Dissertation. gr. 8. (21 S.) Erfurt 887. (Göttingen, Vandenhoeck und Ruprecht.) *

Bauke, Leopold
Pseudonyme: Th(eodor) Zell u. Leopold Ketschendorf

— **Ist das Tier unvernünftig? Neue Einblicke in d. Tierseele von Th. Zell.** — Stuttgart: Kosmos [1904]. VIII, 198 S. 8° (Kosmos. [Ordentliche Veröffentlichungen. 3. 4.])
Spätere Auflagen sind vorhanden in 1, 5, 7→10, 14, 15, 17, 19, 20, 21, 24→30, 33, 36, 38, 41, 60, 62, 79, 101, 107, 109, 111, 123, 207, 209, 210, 302, 303, 305 u. 309.
12: Var. 332 rm–1904, 3/4. 32. 33. 44. 52.
13.2123

Ist das Tier unvernünftig? Neue Einblicke in d. Tierseele. Von Dr. Th. Zell [d. i. Leopold Bauke]. 7. Aufl. *Stuttgart: Kosmos; Franckh in Komm. [1904].* (VIII, 198 S.) 8° [F.]

Ist das Tier unvernünftig? Neue Einblicke in d. Tierseele von Dr. Th. Zell [d. i. Leopold Bauke]. 23. Aufl. Stuttgart: Kosmos [1908]. (VIII, 198 S.) 8° [F.] 108. 17018

— **Noch einmal der rezeptive Charakter der Entdeckung.** — (Berlin [1900].) 30 S. 8°
Aus: Gewerblicher Rechtsschutz u. Urheberrecht. 5. 1900.
205.
13.2127

— **Das rechnende Pferd. Ein Gutachten über den 'Klugen Hans' auf Grund eigener Beobachtungen von Th. Zell.** Berlin: Dietze 1904. 80 S. 8°
1: Ln 11285. 7. 11. 19. 24. 31. 38. 44. 109. 203. 302.
13.2128

Banke, Leopold: Der Polizeihund als Gehilfe der Strafrechtsorgane. Ein Hilfsbuch f. Staatsanwälte ... von Dr. Th. Zell. Mit d. Abb. d. gebräuchlichsten Polizeihunde. Berlin: Guttentag 1909. 164 S. 8°

— **Polyphem ein Gorilla. Eine naturwissenschaftliche u. staatsrechtliche Untersuchung von Homers Odyssee Buch IX, V. 105 ffge. von Th. Zell.** — Berlin: Junk 1901. 184 S. 8°
1: Ve 9122. 6. 11. 12: A. gr. a. 1335. 15. 19. 28. 34. 39. 79. 300: 412.881 B. 302.
13.2131

— **Straußenpolitik. Neue Tierfabeln von Th. Zell.** — Stuttgart: Kosmos [1907]. 88 S. 8° (Kosmos. [Buchbeil. 17.])
Spätere Auflagen sind vorhanden in 1, 5, 7, 8, 10, 14, 17, 24, 29, 32, 101, 109 u. 123.
4. 12: Var. 332 rm–1907, 2. 17. 19. 24. 25. 26. 30. 34. 36. 38. 41. 43. 44. 46. 51. 60. 62. 79. 86. 90. 91. 107. 123. 207. 209. 210. 302. 309.
13.2140

Straußenpolitik. Neue Tierfabeln von Dr. Th. Zell [d. i. Leopold Bauke]. 6. Aufl. Stuttgart: Kosmos [1908]. (88 S.) 8° [F.] 108. 17019

— **Streifzüge durch die Tierwelt von Th. Zell.** — Stuttgart: Kosmos [1906]. 96 S. 8° (Kosmos. [Buchbeil. 13.])
Spätere Auflagen sind vorhanden in 1, 4, 5, 10, 14, 17, 19, 24, 29, 32, 38, 62, 86, 101, 109 u. 123.
7. 12: Var. 332 rm–1906, 3. 17. 20. 24. 25. 26. 28. 30. 34. 36. 41. 44. 60. 79. 90. 107. 109. 123. 207. 209. 210. 309.
13.2142

Streifzüge durch die Tierwelt. Von Th. Zell [d. i. Leopold Bauke]. 4. Aufl. Stuttgart: Kosmos [1907]. (96 S.) 8° [F.] 108. 17080

— **Die sogenannte unwahre Thatsache. Eine Untersuchung über d. Bedeutung d. Scheins im Recht.** — Berlin: K. Hoffmann 1902. 71 S. 8° 1: Fl 2373. 11. 15. 28. 106. 208.
13.2143

— **Tierfabeln und andere Irrtümer in der Tierkunde. Von Th. Zell.** — Stuttgart: Kosmos [1905]. VIII, 84 S. 8° (Kosmos. [Buchbeil. 8.])
Spätere Auflagen sind vorhanden in 1, 5, 7, 10, 14, 17, 19, 20, 24, 28, 29, 33, 38, 41, 43, 51, 60, 62, 101, 107, 109, 123, 169, 209 u. 302.
8. 12: Var. 332 rm–1905, 3. 17. 24. 26. 30. 36. 44. 52. 79. 90. 109. 123. 210. 309.
13.2150

Tierfabeln und andere Irrtümer in der Tierkunde. Von Th. Zell [d. i. Leopold Bauke]. 7. Aufl. Stuttgart: Kosmos [1908]. (VIII, 84 S.) 8° [F.] 108. 17081

— **Unterscheidet das Tier Mann und Frau? Von Th. Zell.** Berlin: Concordia 1908. 92 S. 8° 1: Ll 6357/10.
11. 12: Zool. 559 k. 16. 18. 19. 28. 38. 44. 79. 302.
13.2151

Bauke, Leop., Rechtswissenschaftl. Untersuchungen. I. D. Bestrafg. d. Chikane. II. D. Schutz d. § 193 Reichsstrafgesetzbuchs b. öffentl. Beleidiggn. III. Bemerkgn. z. Begriffe d. Versuches. Anh. I. Z. jurist. Terminologie. Anh II. D. zeitl. Unbegrenztheit d. Gesetze. gr. 8. (IV, 271 S.) Berlin W. (Göbenstr. 20) 897. Selbstverlag.
n. 4. —

— rechtswissenschaftliche Untersuchungen. I. Die Bestrafg. der Chikane. II. Der Schutz des § 193 Reichsstrafgesetzbuchs bei öffentl. Beleidiggn. III. Bemerkungen zum Begriffe des Versuches. Anh. I. Zur jurist. Terminologie. Anh. II. Die zeitl. Unbegrenztheit der Gesetze. 2., unveränd. Aufl. gr. 8. (VIII, 271 S.) Ebd. 902.
n. 4. —

— **Th. Zell. Zärtliche Verwandte in der Tierwelt und andere zoologische Plaudereien.** — München: Ackermann 1910. VI, 236 S. 8°
Spätere Ausg. s. *Bauke:* Das Gemütsleben in d. Tierwelt. 1921 u. ö.
10. 12: Zool. 559 kc. 17. 19. 28. 33. 79. 109.
13.2155

— **Was muß in diesem Jahrhundert noch erfunden werden? Ein Appell an die deutschen Erfinder von Leopold Ketschendorf.** — Berlin 1892: Haberlandt. 14 S. 8°
1: Ky 9997. 38.
13.2158

— — 2. Aufl. Berlin: Stahn 1893. 14 S. 8°
1: Ky 9997[a]. 12: Techn. 119 t. 38.
13.2159

Bauke, L., d. Zulässigkeit d. Nothwehr gegenüber beleidig. Aeussergn seitens d. Geistlichen währ. d. Gottesdienstes. 8° (57) Berl. 93, C Heymann's V. 1 —

— **Die Zulässigkeit der Nothwehr gegenüber beleidigenden Aeußerungen seitens des Geistlichen während des Gottesdienstes.** — Berlin: Heymann 1894. IV, 57 S. 8°
1: Fv 5011. 6. 7. 10. 11. 12: Crim. 10 g. 21. 27→30. 203. 208. 302.
13.2163

Bauke, Th.: Die Bedeutung des Lupinenbaues nach eigenen Erfahrungen. — Berlin: Wiegandt 1855. IV,35 S. 8°
1:4 in Ow 19430. 7. 12: Oecon. 181 m. 28. 44. 91. 106.
13.2164

Baukenhaider, J.: Einfluss von Land und Wasser auf das Klima. 47 S. 8°.
Progr. Eger OG. 1872.

Baukenhaider, Ignaz: Kaiser Barbarossa und die Normannen in Unteritalien. — Wien 1865: Schweiger. 48 S. 8°
Zugleich Progr. Wien Ober-Realschule am Bauernmarkte 1865.
27. 304. 308.
13.2165

Baukeramik. Neue Folge des „Central-Anzeigers". Zeitschrift f. Bauwesen, Ziegel-, Thon-, Mörtel- u. verw. Industrien. Organ des österr. Thonindustrie-vereines in Wien. Schriftleitung: Jul. v. Bük. Verantwortlich: Jos. Czech 19.—21. Jahrg. 1900—1902. à 24 Nrn. Fol. (à ca. 16 S. m. Abb.) Leitmeritz, F. Seifert & Co. (Nur direkt.) à Jahrg. n. 8. —

Baukeramik. Neue Folge d. „Central-Anzeigers". Zeitschrift f. Bauwesen, Ziegel-, Ton-, Mörtel- u. verw. Industrien. Schriftleitg: J v. Bük. Verantwortlich: J Czech. 20—22. Jahrg. 1901—3 je 24 Nrn. (1902. 842) Fol. Leitmeritz, F Seifert & Co. Je 8 —

— dass. Zeitschrift f. d. Ton-, Kalk-, Gips-, Zement-, Beton- u. Kunststein-Industrie. Schriftleitg: J Czech. 23. u. 24. Jahrg. 1904 u. 5 je 24 Nrn. (1905. 856 u. 88 m. Abb.) 4° Ebd. Je 8 —

Baukeramik. Zeitschrift f. d. Ton-, Kalk-, Gips-, Zement-, Beton- u. Kunststein-Industrie. Geleitet v. P Schliephak. Schriftleitg: Jos. Czech. 25. J. '06. 24 Nrn. (Nr 1. 12 m. Abb.) 38,5×26 cm. Leitmer., F Seifert & Co. (Nur dir.) 8 —

— dass. Oesterr.-ungar. Zeitschr. f. d. Ziegel-, Tonwaren-, Kalk- u. Zement-Industrie. Schriftleitg: P Schliephak. Verantwortlich: Jos. Czech. 26. u. 27. J. '07 u. 8 je 52 Nrn. (08. Nr 1—15. 200 m. Abb.) 38,5×26 cm. Ebd. Je 8 — ‖ 8. J. 09. 12 —

Baukeramik. Oesterreich.-ungarische. Zeitschr. f. d. Ziegel-, Tonwaren, Kalk- u. Zement-Industrie. Schriftleitg: Jos. Czech. 29. J. '10. 52 Nrn. (Nr 1: 20 m. Abb.) 38,5×26 cm. Leitmeritz, F Seifert & Co. (Nur dir.) 12 —
Fortsetzg s: Tonindustrie-Zeitung, Österreichische.

Bau- u. Kunst-Keramik alter u. neuer Zeit. Hrsg. v. K Dümmler. 1. Jahrg. 4 Hfte. 4° (1. Hft. VII S. m. 19 z. Tl farb. Taf.) Halle 09.1900, W Knapp. à Hft 3 —; f. Abonnenten d. „Deut. Töpfer- u. Ziegler-Ztg" 2 —
(Mehr nicht erschienen)

Bauknecht, Hermann: Täglich 15-30 Minuten Körperkultur. Übungen eines 63jährigen Turners. — Hof a. S.: Lion 1908. 48 S. 4°
1:N 16.1043. 12:4° Gymn. 4 q. 20. 24.
13.2170

Bauknecht, Karl: Der Schindelmacher als Volksdichter. Dichterklänge aus d. nördlichen Schwarzwald. — (Hundsbach): Verf. 1904. 111 S. 8° 1:Yb 9098/228. 31.
13.2172

Bauknecht, K: Der Schindelmacher als Volksdichter. Dichterklänge a. d. nördl. Schwarzwald. (111 m. Abb.) 8° Hundsb. '04. (Lpzg, Fritzsche & Schmidt.) 1 — d

— Hundsbacher Waldkinder. Gedichte u. Erzählungen. — (Hundsbach): Verf. 1903. 103 S. 8° 16. 25. 31.
13.2173

Baukonstruktionen, s. B a u c o n s t r u c t i o n e n

Baukonstruktionslehre.
Baukonstruktionslehre. T. 1-4. — Leipzig: Voigt 1900-01. 8°
1. Opderbecke, Adolf: Der Zimmermann. 1900.
2. Opderbecke, Adolf: Der Maurer. 1900.
3. Issel, Hans: Der Holzbau. 1900.
4. Schoeler, Richard: Die Eisenkonstruktionen d. Hochbaues. 1901.
(Das Handbuch d. Bautechnikers. 1.2.8.9.)
52[∞1/3]. 82. 84[∞1/3]. 89[∞1]. 93[∞1.2.4].
13.2179

— (2. Aufl.) T. 1-4. Ebd. 1902-05. 8°
1. 1902. 2. 1903. 3. 1905. 4. 1904.
Inhalt wie in 13.2179.
(Das Handbuch d. Bautechnikers. 1.2.8.9.)
88[∞1/3]. 89[∞3]. 101[∞1.2.4].
13.2180

— (3. Aufl.) T. 1-4. Ebd. 1905-20. 8°
1. 1905. 2. 1906. 3. 1920. 4. 1909.
Inhalt wie in 13.2179.
(Das Handbuch d. Bautechnikers. 1.2.8.9.)
1[∞1.2.4]:Ny 2826/44[3]-8. 86[∞3.4].
89[∞1.2.4]. 93[∞1/3]. 101[∞1.2].
13.2181

— (4. Aufl.) T. 1.[2.]4. Ebd. 1908-22. 8°
1. 1908. 2. 1910. 4. 1922.
Inhalt wie in 13.2179.
(Das Handbuch d. Bautechnikers. 1.2.9.)
1[∞1.2]:Ny 2826/44[4]-9. 24[∞2.4]. 101[∞1].
13.2182

Baukonzession, s. B a u c o n c e s s i o n

Baukunde d. Architekten. Unter Mitwirkg. v. Fachmännern der verschiedenen Einzelgebiete bearb. von den Herausgebern der Deutschen Bauzeitung u. des Deutschen Baukalenders. Mit etwa 1608 (eingedr.) Holzschn. 1. Thl. gr. 8. (VIII, 587 S.) Berlin 880. Toeche in Comm. n. 10. —

— dasselbe. 2. Thl. 1. Hälfte. [6. Lfg. d. deutschen Bauhandbuchs.] gr. 8. (336 S.) Ebend. 882. n. 7. —

B a u k u n d e d. Architekten. Unter Mitwirkg. v. Fachmännern der verschiedenen Einzelgebiete bearb. v. den Herausgebern der deutschen Bauzeitung u. d. deutschen Baukalenders. 1. Bd. 2 Theile. 2. gänzlich umgearb. Aufl. gr. 8. Berl., (Toeche). [1. Thl. (VIII, S. 1—594 mit 1759 Abbildgn. im Text u. 12 Taf.) 890; 2. Thl. (XII, S. 595—1313 mit 1375 Abbildgn. im Text u. 11 Taf. 891.] à Thl. * 10 —; geb. à Thl. ** 11 50; * 20 —; geb. ** 23 —
2. Bd. u. d. T.: B a u h a n d b u c h, deutsches, 6. u. 7. Lfg. [* 22 —] * 15 —.
Vgl.: H e i n z i u s, B.-L., XVII. Bd. 1. Abthl. S. 101.

Baukunde des Architekten (2,1: Deutsches Bauhandbuch. Baukunde des Architekten) ... 3., verb. Aufl. Bd 1, Th. 1.2. (Bd 2, Th. 1.) — Berlin: Toeche in Komm. (2,1: Deutsche Bauzeitung) 1893-1907. 8°
2,1. Wagner, Friedrich: Landwirtschaftliche Bauten. 1907.

1,1.2	17. 28.
1,1.2,1	1:Ny 7156[3]. 85. 89. 210.
1,1	16. 29. 36. 45. 91. 305.
1,2	82.
2,1	2. 11. 83. 84. 86. 88. 90. 121.

13.2191

Baukunde d. Architekten. Unt. Mitwirkg. v. Fachmännern d. verschied. Einzelgebiete bearb. v. d. Herausgebern d. Deutschen Bauzeitung u. d. Deutschen Baukalenders. M. rd. 2000 Abb. u. 16 Taf. i. Text. 1. Bd. 1. Thl. (D. Aufbau d. Gebäude). 4., wes. verb. u. verm. Aufl. gr. 8. (XI, 830 S.) Berlin 895. (E. Toeche.) n. 12. —; geb. in Leinw. n.n. 13. 50

— dasselbe. 1. Bd. 2. Thl. (D. Ausbau d. Gebäude). 4., wesentl. verb. u. verm. Aufl. gr. 8. (XI, 768 S.) Ebd. 896. n. 10. —; geb. in Leinw. n.n. 11.50
(1. Bd. kplt.: n. 22. —; geb. n.n. 25. —)

Baukunde. — Baukunde des Architekten. Unter Mitwirkung von Fachmännern ... bearb. von d. Herausgebern d. Deutschen Bauzeitung u. des Deutschen Baukalenders. Bd 2. — Berlin: Toeche in Komm. 1884. X,1123 S. 8°
2. (Gebäudekunde.)
Die Schrift ist eine selbständige Ausgabe von: Deutsches Bauhandbuch. 2. 1880-84.
16. 17. 29. 45. 51. 82. 84. 93. 121. 210. 305.
13.2188

— dasselbe. 2. Bd. Gebäudekunde. 1. Thl. M. 900 Abb. i. Text u. 9 Doppel-Taf. 2., vollst. neu bearb. Aufl. gr. 8. (VII, 621 S.) Ebd. 897. n. 12 —; geb. in Leinw. n. 13. 50
II. 2. Gebäudekunde. 2. Thl. Mit 705 Abbildgn. im Text u. 2 Doppel-Taf. 2., vollst. neu bearb. Aufl. (III, IV, 389 S.) 899. n. 8. —; geb. in Leinw. n.n. 9. —
3. dasselbe. 3. Thl. Mit 822 Abbildgn. im Text. 2., vollst. neu bearb. Aufl. (III, V, 579 S.) 900. n. 10. —; geb. in Leinw. n.n. 11. 50
4. dasselbe. Mit 785 Abbildgn. 2., vollst. neu bearb. Aufl. (III, VI, 555 S.) 900. n. 10. —; geb. in Leinw. n.n. 11. 50
5. dasselbe. 5. Thl. Mit 810 Abbildgn. im Text auf 22 Doppeltaf. 2., vollst. neu bearb. Aufl. (XI, 534 S.) 902. n. 10. —; geb. in Leinw. n.n. 11. 50

Baukunde d. Architekten. (Deut. Bauhdb.) Hrsg. v. d. Herausgebern d. Deut. Bauzeitg u. d. Deut. Baukalenders. I. Bd, 2 Thle u. II. Bd, 5. Thl. 8° Berl., Deut. Bauzeitg. 86 —; geb. nn 41.50
I,1. Der Aufbau d. Gebäude. 5. Afl. (872 m. Abb.) '03. 14 —; HLdr nn 16 —
2. Der Ausbau d. Gebäude. 5. Afl. (728 m. Abb.) 05. 12 —; HLdr nn 14 —

Baukunde d. Architekten. (Deut. Bauhdb.) Hrsg. v. d. Hrsg. d. Deut. Bauzeitg u. d. Deut. Baukldrs. II. Bd: Gebäudekde. 6. Thl. 2. Afl. (488 m. Abb. u. 17 Doppeltaf.) 8° Berl., Deut. Bauzeitg '04. 10 —; in L. n 11.50 (II,1—6: 60 —; geb. n 68.50)

Baukunde d. Ingenieurs, s.a. Bauhandbuch, Deutsches.

—— des Ingenieurs. Unter Mitwirkung von Fachmännern der verschiedenen Einzelgebiete bearb. von den Herausgebern der Deutschen Bauzeitung und des Deutschen Baukalenders. gr. 8. (XI, 720 S. mit etwa 1650 eingedr. Holzschn.) (Ebendas.) 879. *

Landwirtschaftliche Baukunde. — Potsdam [usw.]: Bonneß & Hachfeld [um 1896]. 74 S.,7 Taf. 8° (System Karnack-Hachfeld. Baugewerbeschule. Unterrichtsbriefe. Der Polier.) 1: in Ny 7235-1, B,3.
13.2194

— Ebd. [um 1896]. 74 S.,7 Taf. 8° (System Karnack-Hachfeld. Baugewerbeschule. Unterrichtsbriefe. Der Baugewerksmeister.) 1: in Ny 7235-2, B,3.
13.2195

Landwirtschaftliche Baukunde. *Potsdam & Leipzig: Bonneß & Hachfeld [1898].* (S. 181–231.) 8° [5.]
— Baugewerbe, Das gesamte Bd 4, [2.]

Baukunst, die, s.a. : **Wochenbände, Nr. 73.**

Die Baukunst. Aus d. Engl. von Franz Kottenkamp. — (Stuttgart [1847]: Scheible, Rieger & Sattler.) 47 S. 8° [(Wochenbände für d. geistige u. materielle Wohl d. deutschen Volkes. 73.)] 32. 300: 637.965-A. 2,6.
13.2196

Die Baukunst. Hrsg. von R. Borrmann u. R. Graul. Ser. [1]-3, H. 1. — Berlin [usw.]: Spemann [1897-1906]. 2°
Ser. [1.] 1. Luthmer, Ferdinand: Das deutsche Wohnhaus d. Renaissance. [1897.]
2. Neuwirth, Josef: Der Dom zu Prag. [1897.]
3. Franz, Julius: Die Grab-Moschee d. Sultans Kait-Bai. [1898.]
4. Holtzinger, Heinrich: Altchristliche Basiliken in Rom u. Ravenna. [1898.]
5. Haupt, Albrecht: Portugiesische Frührenaissance. [1898.]
6. Pauli, Gustav: Das Rathaus zu Bremen. [1898.]
7. Renard, Edmund: Die Schlösser zu Würzburg u. Bruchsal. [1898.]
8. Schumann, Paul: Der Dom zu Pisa. [1898.]
9. Schaefer, Karl: Die Kathedrale von Reims. [1898.]
10. Holtzinger, Heinrich: Die Sophienkirche u. verwandte Bauten d. byzantinischen Architektur. [1898.]
11. Hasak, Max: Die Kirchen Gross St. Martin u. St. Aposteln in Köln. [1899.]
12. Neuwirth, Josef: Das Münster zu Ulm. [1899.]
Ser. 2,1. Schumacher, Fritz: Leon Battista Alberti u. seine Bauten. [1899.]
2. Meyer, Alfred Gotthold: Die Certosa bei Pavia. [1900.]
3. Borrmann, Richard: Die Alhambra zu Granada. [1900.]
4. Borrmann, Richard: Der dorische Tempel d. Griechen. [1900.]
5. Schubring, Paul: Schloss- u. Burgbauten d. Hohenstaufen in Apulien. [1901.]
6. Leixner, Othmar v.: Der Kirchenbau d. Hoch- u. Spätrenaissance in Venedig. [1901.]
7. Streiter, Richard: Die Schlösser zu Schleissheim u. Nymphenburg. [1901.]
8. Schaefer, Karl: Mauern u. Thore d. alten Nürnberg. [1902.]
9. Buchlmann, Josef: Der römische Tempelbau. [1902.]
10. Leixner, Othmar v.: Der St. Stephansdom zu Wien. [1902.]
11. Wulff, Oskar: Das Katholikon von Hosios Lukas u. verwandte byzantinische Kirchenbauten. [1903.]
12. Hoffmann, Friedrich Wilhelm: Die Nürnberger Kirchen. [1904.]
Ser. 3,1. Holtzinger, Heinrich: Timgad u. d. römische Provinzialarchitektur in Nordafrika. [1906.]
1: 2° Ny 2797/5. 11. 12: 2° A. civ. 14 od. 17. 22. 24. 29. 30. 33. 66. 82. 83. 84. 86. 91. 300 [$^{∞}$3,1]: 450.377-D. 305.
13.2197

Bürgerliche Baukunst. Eine Vorbildersammlung für Schule u. Praxis ... Hrsg. von Bruno Specht. Lfg 1. — Breslau: Trewendt & Granier [1902]. 40 Taf. gr. 2°
1: gr. 2° Ny 7363. 2. 30.
13.2201

—**Deutsche.** Der Bauzeichner. Bautechn. Zeitschr. Red.: F Rissom. 10. u. 11. J. '11 u. '12 je 52 Nrn. (12, Nr 1: 10 m. Abb. u. 1 Taf.) 32×23,5 cm. Lüb., Ch. Coleman. viertelj. 3 —; seit 1.7.'11 2.50; einz. Nrn — 30
Bisher u. d. T.: Bauzeichner, Der.

Baukunst, von Deutscher, (v. J. W. v. Göthe). 8. ... 772.

Baukunst des Mittelalters. Entwürfe von Studirenden an der techn. Hochschule zu Berlin der Studienj. 1879/80 unter Leitung von Johs. Otzen. 1. Jahrg. Mit 45 (Lichtdr.-)Taf. gr. Fol. (1 Bl. Text.) Berlin 880, Wasmuth. *

—— dass. — 1880/81. 2. Jahrg. Mit 31 (Lichtdr.-)Taf. gr. Fol. (1 Bl. Text.) Ebendas. 881. *

Baukunst d. Mittelalters. Entwürfe v. Studirenden an der techn. Hochschule zu Berlin der Studienj. 1881/82. u. 1882/83 unter Leitg. v. Johs. Otzen. 3. Jahrg. Mit 45 (Lichtdr.-)Taf. gr. Fol. (1 Bl. Text.) Berlin 883. Wasmuth. n. 36. —

— Münch. bürgerl., d. Gegenwart. Mit e. Vorwort v. R Streiter. 1—3. Abth. 4° Münch., L Werner. In Mappe 50 —
1. Wohnhäuser u. Villen im Barockstil. (30 Taf. m. 4 S. Text.) 98. 16 —
2. Dass. in Renaissance u. mittelalterl. Bauart. (30 Taf. m. 6 S. Text.) 99. 16 —
3. Gemeindebauten u. and. öffentl. Gebände. (68 Taf. m. 3 S. Text.) 1900. 18 —

— Münch. bürgerl., d. Gegenwart. Ausw. v. charakterist. öffentl. u. privaten Neubauten. Mit e. Vorwort v. R Streiter. Abtlg 4—7, 8a, 9a, 10 u. 11. 4° Münch., L Werner. In M. 138 — (1—8a, 9a, 10 u. 11: 188 —)
4. Wohn- u. Geschäftshäuser in verschied. Stilarten. (28 Taf. m. 3 S. Text.) '01. 14 —
5. Wohn-, Geschäfts- u. Landhäuser in neuerer Stilrichtg. (23 Taf. m. 3 S. Text.) '01. 12 —
6. Grässel, H: Gemeindebauten. (50 Taf. m. 6 S. illustr. Text.) '02. 25 —
7. Bierkeller, Gasthäuser, Vergnüggs-Etablissements, Aussen- u. Innen-Ansichten. (32 Taf.) '03. 16 —
8a. Innenräume a. Privathäusern in ält. Stilarten. (30 Taf.) '04. 15 —
9a. Gemeindebauten, neuere. (34 Taf. u. 8 S. Text.) '05. 18 —
10. Neuere Privatbauten in ält. Stilarten. (45 Taf. u. 3 S. Text.) '04. 20 —
11. Geschäfts-, Wohn- u. Landhäuser in neuerer Stilrichtg. (32 Taf. m. 3 S. Text.) '05. 18 —
Abtlg 8b u. 9b sind noch nicht erschienen.

— Münch. bürgerl., d. Gegenwart. Ausw. v. charakterist. öffentl. u. privaten Neubauten. Abtlg VIIIb, IXb u. XII. 36×28 cm. Münch., L Werner. In M. 50 — (I—XII: 238 —)
VIIIb. Moderne Innenräume. (30 Taf. m. 3 S. Text.) '09. 15 — ‖ IXb. Gemeindebauten v. Hans Grässel. 2. Heft. (33 Taf. m. 8 S. Text m. Abb.) '06. 15 — (1 u. 2: 33 —) ‖ XII. Familienhäuser a. München u. Umgebg. (18 Taf. m. 3 S. Text.) '09. 20 —

— Münchener städt., a. d. letzten Jahrzehnten. 1—6. Lfg 32,5×25,5 cm. Münch., GDW Callwey. je 2 —; Subskr. je 1.50 d
1. (I. Bldg u. Erziehg.) Schulhäuser. (15 Taf. m. 8 S. Text.) ('12) ‖ 2. (II. Oeffentl. Gesundheitspflege.) Das städt. Krankenhaus in München-Schwabing. (14 Taf. m. 10 S. Text.) ('12) ‖ 3. (III. Festbauten.) Festbauten d. 15. deut. Bundesschiessens '06. Strassendekorationen Kaiser-Empfang '07. Festbauten d. Münchener Ausstellg '08. (14 Taf. m. 4 S. Text.) ('12) ‖ 4. (II. Oeffentl. Gesundh.-Pflege.) Hocheder, Karl, Müller'sches Volksbad. (16 Taf. u. 6 S. Text.) ('12) ‖ 5. (II. Oeffentl. Gesundh.-Pflege.) Brause- u. Wannenbäder u. neuere öffentl. Bedürfnisanst. in München. (14 Taf. m. 6 S. Text.) ('12) ‖ 6. (III. Wohlfahrtseinrichtg.) Feuerwachgebäude in München. (14 Taf. m. 5 S. Text.) ('12)

Baukunst, die Ottomanische. Durch kaiserl. Iradè genehmigtes Werk. — L'architecture Ottomane. (Text in deutscher, französ. u. arab. Sprache.) Französischer Text v. Marie de Launay. Zeichnungen v. Montani Effendi, Boghos Effendi Chachian u. Maillard. Technische Documente v. Montani Effendi. Materielle Ausführung v. Sebah. gr. Fol. (XII, 112 S. m. 191 Steintaf. wovon 14 color.) Constantinopel 872. (Berlin, Friedlaender & Sohn.) n.n. 200. —

Baukunst, die Ottomanische. Durch kaiserl. Iradè genehmigtes Werk. — L'Architecture ottomane. (Text in deutscher, französ. und arab. Sprache.) Französ. Text von Marie de Launay. Zeichnungen von Montani Effendi, Boghos Effendi Chachian und Maillard. Technische Documente von Montani Effendi. Materielle Ausführung von Sebah. gr. Fol. (XII, 112 S. mit 191 Stnt., wovon 14 color.) Constantinopel 873. (Berlin, Friedlaender und Sohn.) * * §

Baukunst der Renaissance. Entwürfe von Studirenden der technischen Hochschule zu Berlin unter Leitung von J. C. Raschdorff. Mit 35 (Lichtdruck-) Taf. Fol. (5 S.) Berlin 880. Wasmuth. In Mappe. n. 40. —

Baukunst der Renaissance. Entwürfe von Studirenden der techn. Hochschule zu Berlin unter Leitg. v. J. C. Raschdorff. 2.—4. Jahrg. Fol. (65; 65; 64 Lichtdr.-Taf. m. je 3 S. Text.) Berl. 881,82,90, Wasmuth. In Mappe à Jahrg. * 40 —
1. Jahrg. Ebd. 1880. * 40 —.

— d. Renaissance. Entwürfe v. Studir. d. techn. Hochschule zu Berlin unter Leitg v. JC Raschdorff. 5. J. Jubiläums-Bd. (67 Taf. u 8 S. Text.) 49×38,5 cm. Berl., E Wasmuth '08. In M. 40 — (1—5: 200 —)

Baukunst, Die schöne.
Baukunst, D. schöne, angewandt auf öffentl. u. landwirthschaftl. Gebäude rc. f. angehende Baumeister, Bauliebhaber rc. deutsch u. franz. 2 Hefte. quer Fol. Leipzig, Leo. 809.

— die schöne, angewandt auf öffentl. u. landwirthschaftl. Gebäude, Stadt- u. Landhäuser, f. angehende Baumeister, Bauliebhaber rc. 3 Hefte. Deutsch u. Französ. (v. C. L. Grüning). qu. Fol. Lpz. 809, 10. 7 ₰ 12 gr 2e A. gr. 4. Hann. 811. Hahn. 6 ₰

* Baukunst, die schöne, angewandt auf öffentliche u. landwirthschaftl. Gebäude, Stadt- u. Landhäuser, für angehende Baumeister, Bauliebhaber rc. 3s Heft. Querfol. Leipz. Leo. (in Comm.) 810.

Baukunst und dekorative Skulptur der Renaissance in Deutschland, s. Bauformenbibliothek Bd. 1.

Die Baukunst Spaniens dargestellt in ihren hervorragendsten Werken. Bd 1-3. — Dresden: Gilbers [1893-]98. gr. 2°
1 mit Nebent.: Die Baukunst Spaniens in ihren hervorragendsten Werken dargest. von Max Junghändel.
1.2. Aufnahmen von Max Junghändel. Text von Cornelius Gurlitt. [1893.]
3. Aufnahmen nach Auswahl von Pedro de Madrazo. Text d. deutschen Ausg. von Cornelius Gurlitt. Text d. spanischen Ausg. von Pedro de Madrazo. 1898.
1:gr. 2° Ny 587. 12:2° A. civ. 91 hf. 16. 17. 30. 34. 43. 44. 45. 84. 88. 89. 91. 109. 305.
13.2218

Die Baukunst der christlichen Zeit in ihren Hauptzügen nebst einigen Vorbemerkungen über die griechischen Tempelbauten. — Steyl: Janssen [um 1900]. 31 S. 8°
211.
13.2219

Baukünstler, der gothische, zum Unterricht u. zur Unterhaltung für d. Jugend, bestehend aus 45 einzeln auf Holz geklebten Theilen, womit man eine große Anzahl Bauwerke im gothischen Style, als Dome, Abteyen, Dorfkirchen, Schlösser, Stadtthore, Triumphbögen rc. aufstellen kann. Nebst 6 Muster-Abbildd. qu. gr. 8. Wien 836. Müller. (In e. Schachtel.) 2¼ ₰

— u. Meubel-Schreiner, der, od. Elementar-Schule der zeichnenden schönen Baukunst, z. Beherzigung u. Anwendung f. Kunstelf. Tischler. Ein Unterrichts-, Muster- u. Bildungsbuch f. Baugewerks-Schulen u. Bau- u. Meubel-Tischler, Zimmerleute rc. u. alle, welchen an einer geschmackvollen Einrichtung gelegen ist. Zuerst im J. 1828 hrsg. v. M. Wölfer. Jetzt aber gänzl. umgearb. u. m. 145 Fig. verm. durch C. Matthaey. qu. gr. Fol. (4 B. u. 10 Stnt.) Ilmenau 830, Voigt. Vgl. Wölfer.

Baulast. — Die kirchliche Baulast. (Verf.: J.H.) — Berlin: Heinicke in Comm. 1881. 34 S. 8°
Aus: Neue preußische Zeitung. 1881. 1:11 in Fp 720. 11.
13.2221

Die kirchliche Baulast nach märkischem Provinzialrecht. Hrsg. vom Magistrat zu Berlin. Urkundenbuch [nebst] Nachtr. [1.] 2. — Berlin 1899-[1903]: Grunert. 4°
Nachtr. 1. Nebst Verzeichniß der im Urkundenbuche, im Nachtrage u. in d. beiden als Ms. gedruckten Schriftsätzen wiedergegebenen Urkunden u. Aktenstücke. 1900.
Nachtr. 2. [1903.]
Als Herausgeber wird Gustav Kauffmann genannt.
1:4° Fs 8692. 41. 109. 203. 208.
13.2222

Baule, Anton: Lehrbuch der Vermessungskunde. — Leipzig: Teubner 1890. X,404 S. 8°
0. 21. 26. 46. 47. 82. 83. 84. 88->91. 302. 305.
13.2236

— — 2., erw. u. umgearb. Aufl. Leipzig [usw.]: Teubner 1901. VIII,471 S. 8° 2. 3. 7. 11. 12: Math.P. 25 pb. 15. 16. 26. 30. 34. 38. 83. 84. 86. 89. 90. 91. 93. 210. 302.
13.2237

Baule, A., Ueber Raumcurven 6. Ordnung. (Inaug.-Dissert.) Göttingen 1872. 8°. brosch. (46 S.)

— Repetitorium der niederen Geodäsie. — Münden: Augustin 1887. 49 S. 8° 7.
13.2238

— Sammlung von Aufgaben der praktischen Geometrie, nebst kurzer Anleitung zur Lösung derselben. Zum Gebrauch für alle Anstalten, an denen Vermessungskunde gelehrt wird, besonders für Gymnasien und Realschulen. 8. (IV, 48 S.) Berlin 888, Springer. cart. *

Baule, EW: Scribtol. Anleitg z. Kunstschrift. 14 Taf. m. Schriftbeisp. (Mit 4 S. illustr. Text.) 31×23 cm. Hann., G Wagner ('12). (Durch Siegismund u. V., Lpzg.) 1.50; Ausg. in M 3 —

Bauler, Emil Rudolf. Untersuchungen über die Rolle der Syphilis und der Arteriosklerose bei der Entstehung der Aortenaneurysmen. Diss. Med. Basel. [Mit 1 Tafel.] *Kopftitel:* Aus der patholog.-anatom. Anstalt der Universität Basel, früherer Vorsteher Prof. E(d[uard]) Kaufmann. 60 S. 8. Basel, Emil Birkhäuser, 1908. V Bas

Bauler, Johann Jacob
Bauler, J. Jac., Artikel d. christlich. Lehre u. d. Glaubens. 4. Ulm.

— Kalender, was ein Christ thun soll. 4. Ebend.

— 83 Hochzeitpredigt. 4. Ebend. 717.

— sonntäg. Catechismusübung. in 52 Predigt. 4. Ebend. 702.

— Mark u. Kern üb. d. kl. Propheten. 4. Ebend.

— Deß Neuen Testaments Jesu Christi süsses Mark und Kern, das ist: 261 Predigten über alle Bücher u. Capitel deß Neuen Testaments. Th. 1.2. — Ulm: Kühn 1683–84. 8°
Verschiedene Drucke von Th. 2. 23. 24 [ᵐ2]. 41. 75.
13.2260

—— Th. 1.2. Ebd. 1700–01. 8° 23 [ᵐ2]. 24 [ᵐ1].
13.2261

— süßer Mark u. Kern des N. Testam. in 261 Predigt. üb. d. vornehmst. Sprüche. 2 Thle. 4. Ebend. 724.

— Dulcissima passionis Medulla, das ist: Allersüssestes Marck u. Kern d. hochtröstlichen Paßions-Histori ... Jesu Christi, in 40 Predigten dargeleget ... In Druck gegeben von Wilhelm Knollen. — Franckfurt [usw.]; Ulm: Kühn 1701. 348 [vielm. 362] S. 8° 24. 38.
13.2262

—— Ebd. 1702. 348 [vielm. 362] S. 8° 302.
13.2263

— Nuptialia, das ist: 83 geist-reiche Hochzeit-Predigten, uber außerlesene Materien ... Zum 2. mahle zum Dr. befördert. — Ulm: Bartholomaei 1717. 768 S. 8° 28. 33.
13.2264

Baulexikon. Erklärung der im gesammten Bauwesen am häufigsten vorkommenden technischen u. Kunstausdrücke. Begonnen von C. F. v. Ehrenberg, fortgesetzt von Ed. Knoblauch u. L. Hoffmann. 2. Aufl. (14 Lfgn.) Lex.-8. (66 B. u. 11 Stnt. in gr. 4.) Frankfurt a. M. 843. [Sauerländer's Verl.]

Baulexikon. Erklärung der im gesammten Bauwesen am häufigsten vorkommenden technischen- und Kunstausdrücke. Für Baumeister, Künstler, Ingenieure ꝛc. begonnen von C. F. v. Ehrenberg, fortgesetzt von Ed. Knoblauch und L. Hoffmann. Wohlfeile (Titel-)Ausg. gr. 8. (1056 S. mit 11 Stnt. in qu. gr. 4.) Frankfurt a. M. 854, Sauerländer's Verlag. *

Baulexikon. — Illustrirtes Bau-Lexikon. Praktisches Hülfs- u. Nachschlagebuch im Gebiete d. Hoch- u. Flachbaues, Land- u. Wasserbaues, Mühlen- u. Bergbaues, d. Schiffs- u. Kriegsbaukunst ... Hrsg. von Oscar Mothes. 2., umgearb. u. verm. Aufl. des Allgemeinen deutschen Bauwörterbuchs. Bd 1–3. — Leipzig [usw.]: Spamer 1863–68. 8°
1. Aufl. s. *Mothes*, Oskar: Allgemeines deutsches Bauwörterbuch. 1858–59.
4. 9. 12: A. civ. 70 v. 14. 17. 19. 24. 26. 33. 47. 82. 84. 89. 90. 117. 308.
13.2246

— 3., umgearb. u. verm. Aufl. Bd 1–4 [nebst] Erg.Bd. Ebd. 1874–78. 4°
Erg.Bd. Illustrirtes archäologisches Wörterbuch d. Kunst d. germanischen Alterthums, d. Mittelalters u. d. Renaissance ... Hrsg. von Hermann Alex. Müller u. Oscar Mothes. Abth. 1.2. 1877–78.
1 [ᵐErg.Bd]: Ny 3206³. 3. 5. 10. 16. 30. 31. 45. 46. 47. 52. 307.
13.2247

Baulexikon, illustrirtes. Praktisches Hülfs- und Nachschlagebuch im Gebiete des Hoch- und Flachbaues, Land- und Wasserbaues, Mühlen- und Bergbaues, der Schiffs- und Kriegsbaukunst, sowie der mit dem Bauwesen in Verbindung stehenden Gewerbe, Künste und Wissenschaften. In Verbindung mit bewährten Fachmännern hrsg. von O. Mothes. 4. gänzlich umgearb. und verm. Aufl. Mit nahezu 8000 Text-Abbild. und 4 Titelbildern. 70 Lfgn. oder 4 Bde. gr. 8. Leipzig, Spamer. à Lfg. * 50 Pf. *
geb. *

Inhalt:
Bd. 1. A. und B. (VI, 864 S. mit 1055 Text-Abbild. und Titelbild.) 881. *ℳ 9.; geb. *ℳ 10,75.
" 2. C—G. (852 S. mit 1013 Text-Abbild. und Titelbild.) 882. *ℳ 8,50.; geb. *ℳ 10,50.
" 3. H—P. (881 S. mit 832 Text-Abbild. und Titelbild.) 884. *ℳ 9,80.; geb. *ℳ 11,50.
" 4. Q—Z. (838 S. mit 734 Text-Abbild. und Titelbild.) 884. *ℳ 8.; geb. *ℳ 10.

Baulichkeiten. — Baulichkeiten für Kur- und Badeorte. Gebäude für Gesellschaften und Vereine. Baulichkeiten für den Sport. Panoramen; Musikzelte; Aussichtstürme, Bellevuen und Belvedere. Von Jakob Lieblein [u. a.] 3. Aufl. Stuttgart: Kröner 1904. VIII, 314 S. 4° (Gebäude für Erholungs-, Beherbergungs- u. Vereinszwecke. 2.) (Entwerfen, Anlage u. Einrichtung d. Gebäude. 4,2.) (Handbuch d. Architektur. T. 4, Halbbd 4,2.)
Frühere Aufl. s. *Mylius*, Jonas: Baulichkeiten für Cur- und Badeorte. 1885 u. 5.
1: 4° Ny 7018ᵃ–4, 4, 2. 7. 11. 12: 4° A. civ. 44 yb–IV, 4. 14. 15. 17. 18. 24. 36. 38. 43. 60. 61. 82. 83. 84. 88→91. 93. 107. 111. 201. 304. 305.
13.2249

Baulieu s. *Beaulieu*.

Bauller, Johann Jakob, s. B a u l e r, Johann Jacob

Bauloge, Die, am 14. VI. 5817. Darmstadt 1817. V: *Wedekind, Chn Gottlieb Freih. von.* (Ky)

Baum [Sachliches OW]
Baum. — Der am 14ten Junii 1762. vom Gärtner abgehauene fruchtbare Baum im Garten von der ersten Größe. o.O. [1762]. 4 Bl. 8° 1: 39 in 4° Yf 6757.
13.2277

Baum, Der, der Diana. Heroisch-komisches Singspiel in 2 Aufzügen frey aus dem Italienischen [des da Ponte] übersetzt. Musik von V. Martin. Wien 1788. V: *Eberl, Ferdinand.* (GGr)

Baum, der Diana. Komische Oper. 8. Leip 795. (Gehr in Bresl.) 5 gr

Baum, Der, der Diana. Eine heroisch-komische Oper in zwey Aufzügen. Die Musik ist von Herrn Vinzent Martin. Wien 1802. V: *Da Ponte, Lorenzo.* Ü: *Eberle, Ferdinand.* S. a. GGr V/332, Nr. 112/2. (BiblPort)

— der Diana. Oper in 2 A. 8. Wien 802. Wallishausser. 6 gr

— Elisabeth Baum. Eine Erzählung von Th. St. 2. Aufl. — Wolfenbüttel: Zwissler 1877. 84 S. 8° (Deutsche Volksbücher. 3.) 23.
13.2278

Baum, Der, des Erkäntnüsses . . . Bresl. 1711. V: *Neumann, Caspar.* (Kat. d. Druckschr. üb. Breslau. Breslau 1903. S. 10.)

Baum, Der, der Erkenntniss des Guten und Bösen, . . . [A. d. Lat.] Berlin [Gotha] 1760. V: *Beverland, A.* Ü: *Fielding, E.* (Wr)

Baum, Der, der Erkenntniss des Guten und Bösen wider einen neuen Nachfolger Beverlands vertheidigt. Gotha 1761. V: *Münter, Balth.* (JL)

Baum des Lebens, der fruchtbare, ein aus d. heil. Schrift zusammengetragenes Gebetbuch. 8. Augsb., Wagner. Schrbp. 12 K

Baum, Der singende, (Vernahmst du die Kunde). [Berlin 1826.] V: *Bernstein, Caroline.* (GGr)

Baum, der immerdar Früchte tragende, des Lebens, oder christl. Denksprüche auf alle Tage des Jahres, aus der heil. Schrift und dem Munde der Heiligen und bewährten Freunde Gottes; zur Beherzigung und Bildung der Seele. 24. (IV und 44 S.) Warendorf 861, Schnell.

Baum [Verfasser]

Baum, Dr. jur., Rechtsanwalt, Berlin. 1903 s. *Baum*, Georg.

Baum, Bergassessor, Essen, später Professor an d. Bergakademie, Berlin, 1871-1909. 1904 s. *Baum*, Georg.

Baum, Eisenbahnobersekretär, Berlin. 1905 s. *Baum*, H.

Baum, Prof. d. Veterinäranatomie, Dresden, später Leipzig. 1891 s. *Baum*, Hermann.

Baum, Prof. d. Theologie, Straßburg. 1838 s. *Baum*, Johann Wilhelm.

Baum, Dr. phil., Kunsthistoriker, Stuttgart, später Ulm, geb. 1882. 1905 s. *Baum*, Julius.

Baum, Polizeisekretär, Hanau. 1878 s. *Baum*, Karl.

Baum, O.S. Birgittae, Marienforst b. Bonn. 1768 s. *Baum*, Simon.

Baum, Prof. d. Chirurgie, Göttingen, 1799-1883. 1847 s. *Baum*, Wilhelm.

Baum, Adolf: Magistrat und Reformation in Strassburg bis 1529. (Hrsg.: Mathilde Baum.) — Strassburg: Heitz 1887. XXIII,212 S. 8° 1:Rh 6732. 2→7. 9. 11. 12:H. ref. 17 k. 14. 15. 16. 20. 21. 23. 24. 25. 27→31. 33. 34. 38. 43. 45. 123. 203. 300:183.574–B.
13.2282

Baum, Alb., Führer durch die Sammlungen des städt. Kunst- u. Gewerbe-Museums zu Dortmund. Im Auftrage der städt. Behörden zur Feier des 25 jähr. Bestehens des Museums bearb. (171 S. m. Taf.) gr. 8. Dortmund 908. (F. W. Ruhfus). 1. —

Baum, Alb.: Kl. Führer durch d. Sammlgn d. städt. Kunst- u. Gewerbe-Museums zu Dortmund. (29 m. 4 [1 farb.] Grundr.) 8° Dortm., FW Ruhfus '11. — 20

Baum, Alfred, Referendar: Die Vertragsnatur der Einigung beim Sachenrechtserwerb. Breslau 1910: Breslauer Genossensch.-Buchdr. VIII, 52 S. 8°
Breslau, Jur. Diss. v. 4. März 1910, Ref. Meyer, Fischer
[Geb. 9. Nov. 83 Tarnowitz O.-S.; Wohnort: Breslau; Staatsangeh.: Preußen; Vorbildung: Realgymn. Tarnowitz Reife O. 02; Studium: Genf 1, Berlin 2, Breslau 4 S.; Rig. 21. Febr. 07.] [U 10. 463

Baum, Anton: Archaeologische Fragen verf. von A. Baum u. F. J. Lehner. — (Prag: Verl. d. Christl. Akad. [1879].) 32 S. 8° 300:24.915–B.
13.2293

Baum, Anton (geb. am 27 Jan. 1844 in Köln): Ueber Wundstarrkrampf . . . Bonn, Buchdr. v. P. Neusser 1868. 31 S. 8.
Bonn, Med. Fak., Diss. v. [25 Juli] 1868

Baum, Arthur: Aus dem Boudoir einer Kaiferin. Berlin, Arthur Baum (um 1905) 8°

Baum, August: Die Demarkationslinie Papst Alexanders VI. und ihre Folgen. . . . Köln, Buchdr. v. J. B. Eeimann, 1890; 54 S. [falsch pag.] + 2 Bl. n. 1 Kart. 8°
Bonn. Phil. Fak. Inaug.-Diss. v. [31. Jul.] 1890

Baum, Aug., Kommentar u. Wörterbuch z. Rolfs, Moderne Handelsbriefe i. gen. Wiedergabe d. Originale. I. Tl. Franz. Briefe. gr. 8. (76 S.) Köln 895. P. Neubner. n. 1. —

Kommentar und Wörterbuch zu Rolfs, Moderne Handelsbriefe in genauer Wiedergabe der Originale. Hrsg. von Dr August **Baum.** 2. verb. Aufl. T. 1. Köln a. Rh.: P. Neubner (1904). 8° [F.] (08. 106)

Baum, August, städt. Tierarzt zu Frankfurt a. M.: Klinische Untersuchungen über den Wert und die Wirkung zweier neuer Salicylpräparate, des Mesotan und Spirosal in perkutaner Anwendung. Giessen 1908. 43 S. 8°. ⟨Arbeiten aus der mediz. Veterinärklinik der Universität Giessen. Direktor: Prof. Gmeiner. Nr. 19.⟩ [23. VII. 08]
Bern Vet.-med. Diss. 1908/09

Baum, C.: Geschichte eines Hessen. Bearb. nach d. Engl. Cleveland, O.: Deutsches Verlagshaus [um 1910]. 187 S. 8° (Christliche Jugend-Bibliothek. 7.) 212.
13.2294

Baum, Carl, s. Baum, Karl

Baum, E.: 30 Jahre deutschen Lebens in Neapel. Eine Festrede, gehalten . . . auf d. Schluss-Bankett d. Deutschen Casinos. — (Napoli [1893]: Richter.) 18 S. 8° 12:Ital. 32 s. 30.
13.2302

Baum, E. W., Dr. med., Assistenzarzt an der Kgl. Chirurg. Klinik zu Kiel: Knochenbrüche bei Tabes und deren ätiologische Stellung. Leipzig 1907: A. Pries. (72 S.) 8°
Kiel, Med. Fak., Hab.-Schrift v. 1907 Nicht für den Austausch.

Baum, Elisabeth, s.: Novellen-Bibliothek, christliche.

Baum, Elisabeth, s.: Volksbücher, deutsche.

Baum, Emil, Câmpina. 1887: Ein Combinations-Studium über die Entwicklungs-Geschichte der Erdkruste. — Wien: Allg. öst. Chemiker- u. Techn.-Zeitung 1887. 64 S. 8° 1:Mp 1292. 7. 11. 12:Lith. 28 x. 14. 18. 21. 30. 46. 82. 302.
13.2303

Baum, Emilius ⟨geb. am 14 Apr. 1837 in Denklingen Rgbs. Köln⟩: De historia et diagnosi morborum syphiliticorum, qui corporis humani integumenta inficiunt ... Bonnae, typ. expr. P. Neusser 1865. 1 Bl., 26 S., 1 Bl. 8.
Bonn, Med. Fak., Diss. v. 7 Aug. 1865

Baum, Erich, aus Dresden: [1.] Brenzschleimsäurechlorid als Acylierungsmittel, verglichen mit Benzoylchlorid. [2.] Synthese der Pyromykursäure. *Berlin 1903: A. W. Schade.* (42 S.) 8°
Berlin, Phil. Diss. v. 24. Jan. 1903

Baum, Ernst: Philipp Hafners Anfänge. Ein Beitrag zur Geschichte d. Wiener Volksstücks. — Friedek 1908: Orel. 52 S. 8°
Zugleich Progr. Friedek K. k. Kronprinz Rudolf-G. 1908.
45. 207. 302.
13.2306

Baum, Ernst: Beitrag zur Lehre von der Schrumpfniere bei Kindern. *Berlin (1898): E. Ebering.* (28 S.) 8°
Berlin, Med. Diss. v. 25. Febr. 1898

Baum Ernst: Hafners Verhältnis zur Kritik. Seine Stellung in der Literaturgeschichte.
II. 1904 Diss. Wien, Univ.

Baum, Erwin, Tierarzt a. Deutmannsdorf ⟨Schlesien⟩: Aus d. chirurg. Klinik d. Königl. Tierärztl. Hochschule zu Dresden. Direktor: Medizinalrat Prof. Dr. Röder. Beiträge zur Collargol-Therapie in der Veterinärchirurgie. Mit 1 Fieberkurve. Berlin: R. Trenkel 1908. (56 S.) 8°
Leipzig, Med. Fak., Ref. Röder, Diss. v. 9. Juli 1908
[Geb. 8. Sept. 83 Deutmannsdorf; Wohnort: z. Z. Briesen b. Fürstenau a. d. Spree; Staatsangeh.: Preußen; Vorbildung: Gymn. Jauer Reife O. 04; Studium: Tierärztl. Hochsch. Dresden 4, Berlin 4 S.; Coll. 25. Juli 08; Approb. O. 08.]

Baum, Ewald: Sind die Tschechen ein slawisches Volk? Neuestes über die Motive des Sprachenkampfes in Österreich. — Straßburg [usw.]: Singer 1908. 83 S. 8°
24. 203. 302. 304.
13.2307

Baum, Felix, Amtsrichter, Görlitz. 1883: Anleitung zur Absetzung von Verfügungen und Beschlüssen im streitigen und nichtstreitigen amtsgerichtlichen Verfahren. — Berlin: Weidmann 1883. XIV, 168 S. 8°
1: Hc 11820. 9. 10. 16. 29. 60. 208.
13.2310

Baum, F., Briefwechsel bayerisch. Abgeordneten z. Landtage d. Jahr. 1831. gr. 8. (4¼ B.) München, [Jaquet.]

Baum, Felix, München. 1831: Briefwechsel bayerischer Abgeordneten zum Landtage des Jahres 1831. — München: Lindauer in Comm. [1831]. 76 S. 8°
12: Bavar. 198s. 19.
13.2308

— (Bemerkk.) Bürgergespräche über Polizei- u. Gemeinde-Verwaltung, in besond. Beziehung auf d. Stadt München. Nebst e. Sendschreiben an den neuen königl. Polizei-Direktor. gr. 8. Münch. 831. (Jaquet). 8 K

— Bürger-Gespräche über Polizei- und Gemeinde-Verwaltung in besonderer Beziehung auf die Stadt München. Nebst e. Sendschreiben an d. neuen königl. Polizei-Director. — München: Lindauer 1831. 83 S. 8°
Nebent.: Bemerkungen über Polizei- u. Gemeinde-Verwaltung.
12: Bavar. 198t. 19.
13.2309

— Die Pflichten des Waisenrathes. — Berlin: Heine 1891. 32 S. 8°
Spätere Auflagen sind vorhanden in 1, 10, 11, 18, 30, 38, 41, 44, 79, 104, 109, 169 u. 208.
1: Gr 20209. 2. 30. 106. 208.
13.2311

[F.] Die Pflichten des Waisenrates. E. prakt. Leitf. f. Waisenräte u. Verwaltgsbeamte bearb. v. F[elix] **Baum**, Amtsgerichtsr. ... des Amtsger. Görlitz. 2. verm. u. verb. Aufl. *Berlin: J. J. Heine 1897.* (3 Bl., 33 S.) 1 Bd 8. [98 3649

Baum, F., D. Pflichten d. Waisenrates. E. prakt. Leitfaden f. Waisenräte u. Verwaltungsbeamte. 3. Aufl. 12. (VI, 33 S.) Berlin 898. J. J. Heine. n. — 60

Baum, Felix: Die Pflichten des Waisenrates nach dem BGB. und dem Reichsgesetz über die Angelegenheiten der freiw. Gerichtsbarkeit. E. prakt. Leitfaden. 4. Aufl. Berlin 1899.

Baum, F., die Pflichten des Waisenrates nach dem bürgerlichen Gesetzbuche, dem Reichsgesetze üb. die Angelegenheiten der freiwilligen Gerichtsbarkeit u. dem Fürsorgeerziehungsgesetze Minderjähriger vom 2. VII. 1900. Ein prakt. Leitfaden f. Waisenräte u. Verwaltungsbeamte. 7. verm. u. verb. Aufl. 8. (IX, 38 S.) Berlin 901. [J. J. Heine.] J. Guttentag. n. — 60
5. u. 6. Aufl. (à VI, 34 S.) Ebd. 899. n. — 60.

Die Pflichten des Waisenrates nach d. BGB., dem Reichsgesetz über d. Angelegenheiten d. freiwilligen Gerichtsbarkeit u. d. Fürsorgeerziehungsgesetze Minderjähriger. Ein prakt. Leitfaden f. Waisenräte u. Verwaltungsbeamte bearb. von Geh. Just.R. F[elix] **Baum**. 8., verm. u. verb. Aufl. Berlin: J. Guttentag 1906. (46 S.) 8° [F.] [07. 6878

Baum, Felix: Aus d. Prov.-Frauenklinik u. Hebammenlehranst. zu Posen. Dir.: M. Lange. Über Schmerzlinderung während der Geburt durch die Stoeckel-Koblancksche Methode. Mit 3 Abb. u. 1 Taf. Borna-Leipzig 1909: Noske. 36 S. 8°
Leipzig, Med. Diss. v. 20. Juli 1909, Ref. Zweifel
[Geb. 20. Febr. 83 Schroda; Wohnort: Posen; Staatsangeh.: Preußen; Vorbildung: Sophien-Gymn. Berlin Reife M. 02; Studium: Berlin 1, Heidelberg 6, Breslau 2, Heidelberg 2 S.; Coll. 4. Aug. 09.] [U 09. 2750

— Der Vormund, Gegenvormund, Pfleger und Familienrat nach dem Bürgerlichen Gesetzbuch, dem Reichsgesetz über die Angelegenheiten der freiwilligen Gerichtsbarkeit und dem Ausführungsgesetz zum Bürgerlichen Gesetzbuch. — Berlin: Heine 1899. VI, 58 S. 8°
1: Gn 7008. 6. 8. 11. 61. 111. 169.
13.2312

Baum, Ferdinand Ignaz, s. Baum, Simon

Baum, Franz Josef
— Gedenkblatt aus dem Pfarrgedenkbuche der kathol. Pfarrei Rockenhausen. — Weinheim i. B. [1893]: E. Baum. 37 S. 8°
107.
13.2317

Baum, Franz Ludwig, Arzt aus Berlin: Über die Blutgefäß-Naht. *Greifswald 1902: H. Adler.* (32 S.) 8°
Freiburg i. B., Med. Diss. v. 1902

Baum, Friedrich, Pfarrer, Bayreuth. 1865: Biblisches Hausbuch. Die Ehe, die Familie u. das Hauswesen nach d. heiligen Schrift. Mit e. Vorw. von Chr. Ernst Luthardt. — Leipzig: Dörffling & Franke 1865. XII, 234 S. 8° 15. 101.
13.2318

Baum, Frdr., Kirchengeschichte für Haus u. Schule. Mit zahlreichen authent. Abbildgn., Beilagen u. 2 Karten. gr. 8. (VIII, 392 S. m. eingedr. Holzschn., Holzschnitttaf. u. 1 Karte.) Nördlingen 880. Beck. n. 5. 60; geb. n. 7. —

— Kirchengeschichte für Haus und Schule. — Nördlingen: Beck 1881. VII, 392 S. 8°
1: Cb 4018. 12: H. eccl. 991. 14. 17. 19. 21. 24. 25. 26. 30. 38. 44. 62. 79. 107. 121.
13.2319

— — Kirchengeschichte für das evangelische Haus. 2. Aufl., in vollst. Neubearb. hrsg. von Christian Geyer. — München: Beck 1889. XII, 743 S. 8° 3. 12: H. eccl. 991b. 17. 18. 19. 21. 28. 42. 44. 47. 53. 109. 117. 128. 180.
13.2320

Baum, Friedr. Kirchengeschichte f. das evangelische Haus. 2. Aufl. in Neubearbeitg. von Chrn. Geyer. Mit 590 Textabbildgn. u. 35 Beilagen. 2. u. 3. Lfg. Lex.-8. Münch. 889, Beck. [2. Lfg. (S. 225—448.) * 3 60; 3. Lfg. (XII, S. 449—753.) * 4 30.] * 7 90
1. Lfg. Ebd. 1888. * 3 60.

Baum, Frdr., u. Christian Geyer, Kirchengeschichte f. das evangelische Haus. 3. aufs neue umgearb. u. verm. Aufl. Mit mehr als 600 Abbildgn. im Text u. vielen Beilagen. Lex.-8. (XII, 964 S.) München 902. C. H. Beck. n. 11.—; geb. in Halbfrz. n. 15.—
Erschien auch in 6 Lfgn. à n. 2.20.

Baum, Friedrich [aus Pilsen]: Ueber die Konstitution des Dibrompseudocumenolbromids und seiner Umwandlungsprodukte ... Heidelberg, Univ.-Buchdr. v. J. Hörning, 1897; 42 S., 1 Bl. 8.
Heidelberg, Naturw.-math. Fak., Inaug.-Diss. v. [11. März] 1897

Baum, Friedrich:
Der Kruzifixus uber dem Speisealtar der Schwabacher Stadtkirche. Eine kunstkritische Untersuchung. Mit 2 Abbildungen. 18 S., 1 Abb. 8. **Progr.** Kgl. Progymn. *Schwabach* 1910.

—— das Leben Dr. Martin Luthers. Der deutschen evangelischen Christenheit und im besonderen auch der Jugend derselben erzählt. 5 Lfgn. 1. Aufl. und 2. und 3. durchges. Abdr. 8. (VIII, 291 S. mit 13 Vollbildern und 86 Textillustr.) Nördlingen 883, Beck'sche Buchh. à Lfg. * 85 Pf. *
geb. *

—— (2. Aufl.) Ebd. 1883. VIII,291 S. 8°
12: Biogr. 662o. 35. 46.
13.2323

— Lioba, die Freundin und Gehilfin des Bonifacius, des Apostels der Deutschen. — Leipzig: Dörffling & Franke 1866. 44 S. 8° 1: Dw 14122. 15. 66.
13.2326

—— Lioba die Freundin und Gehilfin des Bonifacius des Apostels der Deutschen. Ein Frauenbild aus der altdeutschen Kirche. gr. 16. (44 S.) Leipzig 867, Dörffling und Franke. *

Baum, Friedrich: Veranschaulichung im Religionsunterricht Eine padagogische Studie. 29 S. 8. **Progr.** Kgl. Progymn. *Schwabach* 1908.

Baum, Fried. Wilh. Jul. (Berlin), De fungo medullari et haematode. Diss. med. Bln. (Nietack) 20. I. 1836. 32 S. mit Biographie. (M.: Triest.) (4.80) 1398
Oppon.: L. Krappe, J. Lange, W. Wesch. — Gew.: Dr. Schultz.

Baum, Fritz: Bewusstwoll. Wahnidee. Epos. 1. Tl. (128) 8° Altenburg, S.-A. (Moltkestr. 7 II), Selbstverl. '11. 1 — d

Baum, G., Prof. d. Theologie, Straßburg, 1809-1878. 1838
s. *Baum*, Johann Wilhelm.

Baum, G. F. s. *Baum*, Georg.

Baum, Georg

Baum, Geo., der geprellte Bauer od.: Die lustigen Schornsteinfeger am Reck. s.: Turner-Pantomimen. Nr. 8.

Baum, der Dienstvertrag der kaufmännischen Angestellten, s.: Schriften der Gesellschaft f. soziale Reform 20. Heft.

Baum, Georg [Kammerger.-Ref.]: Das schwebende und das widerrufliche Eigentum ... Berlin, Druck v. R. Mosse, *1896*; 68 S. 8.
Berlin, Jur. Fak., Inaug.-Diss. v. 3. Okt. 1896

Baum, Georg, Bergassessor, Essen, später Professor an d. Bergakademie, Berlin, 1871-1909. 1904: Die neueste Entwicklung der Wasserhaltung. Versuche mit verschiedenen Pumpensystemen. Bericht d. Versuchskommission, erstattet von Baum unter Mitarb. von Hoffmann. — Berlin: Springer 1905. IV,116 S. 4°
Aus: Glückauf. 1904. 11. 82. 84. 85. 210. 305.
13.2351

Baum, Geo., das Fleischbeschaugesetz, s.: Lebbin, Geo.

— Die Gefahren der Elektrizität im Bergwerksbetriebe. — Berlin: Springer 1904. VI,138 S. 4°
Aus: Glückauf. 1904. 6. 14. 60. 86. 210.
13.2352

— Handbuch für Gewerbegerichte. — Berlin: G. Reimer 1904. XCIV,471 S. 8°
Forts. s. *Baum:* Handbuch für Gewerbe- u. Kaufmannsgerichte. 1912.
1: Gm 4159/4. 4. 5. 7. 8. 10. 11. 12: 37/3017. 14. 15. 17. 24. 25. 27. 30. 31. 38. 43. 46. 48. 60. 64. 79. 106. 111. 201. 203. 208.
13.2338

Baum, Geo.: Handb. f. Gewerbe- u. Kaufmannsgerichte. Fortsetzg d. Handb. f. Gewerbegerichte. (124, 733) gr8° Berl., G Reimer '12. 13.50; L 14.50 d

Baum, G., Kohle u. Eisen in Nordamerika. Reisebericht. Mit 175 Abbildgn. u. 1 [farb.] Taf. (III, 152 S.) Lex. 8. Essen 908. Verlag des „Glückauf". 4. —
Sonderabdruck aus „Glückauf".

Baum, G., s.: Müller, Eduard, Ratgeber f. Grund- u. Gebäudebesitzer.

-- Deutsches Nahrungsmittelrecht. 1907
s. *Lebbin*, Georg.

— Das Recht d. Arbeitsvertrages. 10 Vortr. (4, 101) gr8° Lpzg, GA Gloeckner '11. 1.60; L 2 —

— Der Steinkohlenbergbau und seine Gefahren. — Stuttgart: Moritz [1909]. 87 S. 8°
1: Ot 23661/33. 11. 24. 30. 43. 64. 91. 206. 210. 305.
13.2354

Baum, G.: Versuche mit verschiedenen Pumpensystemen. Bericht der Versuchskommission, erstattet unter Mitarbeit von H. Hoffmann.
Berlin 1905.
52 S. mit 63 Abb.

Baum, G.: Versuche an Wasserhaltungen, s. Mitteilungen ü. Forschungsarbeiten.

Baum, G., u. H. Hoffmann: Versuche an Wasserhaltungen (Dampfwasserhaltung der Zeche Viktor, hydraulische Wasserhaltung der Zeche Dannenbaum, Schacht II. und elektrische Wasserhaltungen der Zechen Viktor A A. v. Hansemann und Mansfeld)
Berlin 1905
85 S. mit 64 Abb.

— Die Verwertung des Koksofengases, insbesondere seine Verwendung zum Gasmotorenbetriebe. — Berlin: Springer 1904. IV,124 S. 4° Aus: Glückauf. 1904.
1: 4° Op 26848. 2→11. 15. 16. 19. 21. 25. 26. 27. 29. 38. 82→83. 88. 90. 91. 93. 201. 210. 305.
13.2355

Baum, Guilelmus, s. Baum, Wilhelm

Baum, Gustav

Baum, Gust., eine Bergfahrt nach dem hohen Stein. Ein Scherz-Idyll in Hexametern, seinen ehemal. lieben Collegen, Schülern und Freunden gewidmet zur freundl. Erinnerung. gr. 8. (22 S.) Plauen 887, Kell. *

Baum, Gustav: Über einen Fall katalytischer Reaktionsablenkung. Die Molybdänsäurekatalyse der Wasserstoffsuperoxyd-Natriumthiosulfatreaktion. 135 S.
Diss. TH Wien 1910.

Baum, Gust., Gefunden! s.: Reuters Bibliothek f. Gabelsberger-Stenographen.

Baum, Gustav, Schriftsteller, Dresden, 1869-1916. **1894: Gefunden! Schwank. — Dresden 1901. 36 S. 8° (Reuter-Bibliothek. 125.) 61. 207.**
13.2359

Baum, Gust., Manschetten, s.a. Reuter's Bibliothek f. Gabelsberger-Stenographen.

— Manschetten! Schwank. — Dresden 1894. 46 S. 8° (Reuter-Bibliothek. 76.) 1:Ys 30349. 60. 61. 75. 207.
13.2360

Manschetten! Schwank in 1 Aufzug von Gustav **Baum**. Als Ms. gedr. Dresden: W. Reuter 1898. (46 S.) 8° [F.]
— Reuter-Bibliothek. Bd 76.

— d. Naturmensch. Schwank i. 2 Aufzügen. 8. (82 S.) Dresden 897. E. Pierson. n. 1. —

Baum, Gust., Amors Schutzmänner, s.a. Reuter's Bibliothek für Gabelsberger-Stenographen. 160. Bd.

— Amors Schutzmänner. Lustspiel. — Dresden 1904. 42 S. 8° (Reuter-Bibliothek. 160.) 1:V 13710-160. 61. 207.
13.2362

— Der Stenographenfeind. Schwank. (1. Aufl.) — Neustadt a.d.H. [1894]. 44 S. 8° (Marnet's Büchersammlung für Gabelsberger'sche Stenographen. 29.)
Spätere Auflagen sind vorhanden in 61, 101 u. 207.
12:Graph. 502m-29.
13.2363

Baum, Gustav. 1870: Waren die Phönizier an der deutschen Ostsee-Küste? Abhandlung. — Chemnitz [um 1870]: Pickenhahn. 20 S. 8° **207.**
13.2358

Baum, H., Eisenbahnobersekretär, Berlin. **1905: Denkschrift über die Wirksamkeit des Vereins (2: Denkschrift. Wirksamkeit des Vereins) ehemaliger Kameraden des Grenadier-Regiments König Friedrich III. ⟨2. Schlesischen⟩ Nr 11 in Berlin. (Unterzeichn.: Baum.) T. [1.] 2. — (Berlin [1905–13].) 8°**
1. Vom Zeitpunkt der Gründung am 9. März 1899 bis Ende d. Jahres 1904. [1905.]
2. 1905-1912. [1913.] **1 [∞ 1]: 2 in Hx 48924. 101.**
13.2365

— '11 Elfersprossen' aus der Berliner Vereinstätigkeit während der Zeit vom 9. 3. 1899 bis 18. 10. 1908 anläßlich der '100-Jahr-Feier' des Königl. Gren.-Reg. König Friedrich III. ⟨2. Schlesischen⟩ Nr 11. — [Berlin 1908.] 7 Bl. 8° 1:3 in Hx 48924. 2.
13.2366

Baum, H.: Motive aus der Pflanzenwelt, s. Baum, Hermann

Baum, H., üb. d. prakt. Wert v. Theinhardt's Kindernahrung u. Hygiama. [Aus: „Kinder-Arzt".] gr. 8. (2 S.) Leipzig 898. Verl. d. Reichs-Medicinal-Anzeigers, B. Konegen. n. 1. —

Baum, Hans [aus Lieser pr. Arzt]: Zur Lehre vom Antagonismus ... Rostock, C. Boldt'sche Hof-Buchdr., 1892; 43 S. 8.
Rostock, Med. Fak., Inaug.-Diss. v. [30. Mai] 1892

Baum, Hans Peter [Hrsg.]
s. *Aufwaerts*. 1906 [Zeitschriften].

— Darwinismus und Entwicklungstheorie. — Regensburg: Manz 1909. IV,154 S. 8° 12:H. nat. 21d. 19. 24. 60.
13.2367

Baum, H. P., mathematische Geographie, s.a. Sammlung Kösel. 7.

— Mathematische Geographie. — Kempten [usw.] 1906. IV,125 S. 8° (Sammlung Kösel. 7.) 12:Var. 332pg-7. 19. 31. 36. 38. 44. 48. 52. 75. 79. 121. 169. 210. 302→304.
13.2368

Baum, Heinr., die doppelte Buchführung, e. prakt. Kursus f. den Selbstunterricht. (Erläuterungen 7 u. 3 S. m. 3 Formularen u. 7 Übungsheften.) 8 u. Lex. 8. Berlin (908). R. W. Maybaum. 10. —

Baum, Heinr.: Die doppelte Buchführg. Ein prakt. Kursus f. d. Selbstunterr. 2. Afl. (Erläutergn 7 u. 3 m. 3 Formularen.) 8° u. Lex8° Berl. '11. Giess., RW Maybaum Nf. 10 —

Baum, Heinrich, approb. Arzt aus Breslau: Ein **Fall** von Mediastinitis suppurativa als Beitrag zu ihrer Kenntnis. *München 1901: Kastner & Lossen.* (56 S.) 8°
München, Med. Diss. v. 1901

Baum, Heinrich [aus Cöln a. Rh.]: Aus d. Klinik f. Hautkrankheiten. Ueber Hemiatrophia facialis progressiva ... Siegburg, Druck v. Wilh. Reckinger, 1888; 31 + 1 S. + 1 Bl. u. 1 Taf. 8°
Bonn, Med. Fak., Inaug.-Diss. v. 12. März 1888

— Reform-Buchführung nach amerikanischem System. (Erläuterungen 3 u. 3 S. m. 3 Formularen u. 9 Übungsheften.) 8. u. Lex. 8. Ebd. (908). 5. —

Baum, Heinr.: Die „Reform"-Buchführg nach amerikan. System z. Selbstunterr., f. d. deut. Praxis bearb. 2. Afl. (Erläutergn 3 u. 3 m. 3 Formularen u. 2 Übgsheften.) 8° u. Lex8° Giess., RW Maybaum Nf. '11. 5 —

Baum, Hermann, Prof. d. Veterinäranatomie, Dresden, später Leipzig. **1891: Systematische und topographische Anatomie des Hundes. 1891 s. *Ellenberger*, Wilhelm.**

Baum, Herm., Topograph. Anatomie d. Pferdes, s.: Ellenberger, W.

Baum, Hermann [aus Plauen i./V.]: Die Arterienanastomosen des Hundes und die Bedeutung der Collateralen für den thierischen Organismus. ... Dresden, Druck v. E. Blochmann & Sohn, 1889: 48 S. 8°
Erlangen, Phil. Fak., Inaug.-Diss. v. 1889

— Atlas anatomischer Abbildungen des Pferdes, bezw. des Rindes, s.: Ellenberger, W.

Baum, H., Atlas d. Anatomie d. Pferdes, s.: Leisering.

Baum, Hermann: Über das 1-Phenyl-3-Essigsäure-5-Pyrazolon und dessen Derivate. Rostock 1908: Adler. 178 S. 8°
Rostock, Phil. Diss. v. 6. Juni 1908, Ref. Michaelis
[Geb. 23. April 75 Kurtenbach; Wohnort: Rostock; Staatsangeh.: Preußen; Vorbildung: Gymn. Schleusingen bis O. 01; Studium: Bonn 1, Heidelberg 4, Rostock 5 S.; Rig. 2. Juni 08.] [U 09. 3739

Baum, H., Handbuch der Anatomie der Tiere für Künstler, s.: Ellenberger, W.

— Handbuch der vergleichenden Anatomie der Hausthiere. 1900 u. ö. s. *Ellenberger*, Wilhelm.

— s.: Jahresbericht üb. etc. Veterinär-Medicin.

— Das Lymphgefässsystem d. Rindes. (12, 170 m. 32 farb. Taf.) 32,5×25 cm. Berl., A Hirschwald '12. IIL 24 —

Baum, H: Motive a. d. Pflanzenwelt. Ornamentale Studien. 1. Serie. (20 Taf.) 4° Berl., B Hessling ('01). In M. 6 —

— Motive aus der Pflanzenwelt. Ornamentale Studien. — Berlin [usw.]: Hessling 1902. 20 Taf. 4° 91.
13.2370

— die Nasenhöhle u. ihre Nebenhöhlen (Stirn- u. Kieferhöhle) beim Pferde. [Aus: „Archiv f. wissenschaftl. u. prakt. Thierheilkunde".] gr. 8. (87 S. m. 12 Abbildgn.) Berlin 894. A. Hirschwald. n. 2. —

Baum, H: Moderne plast. u. Neue plast. Studien, s.: Kruse, B.

Baum, J., Dr. 1860: Neues Fremdwörterbuch, enthaltend mehr als 15000 fremde Wörter. — Mülheim a. d. Ruhr: Bagel [um 1860]. 171 S. 8° **66.**
13.2378

Baum, J., neues u. vollständiges Fremdwörterbuch, enth. mehr als 27,000 fremde Wörter, die im gewerbl. Verkehr, in der Schrift- u. Umgangssprache, in den Zeitgn. rc. vorkommen u. hier m. ihrer Aussprache u. Rechtschreibg. verdeutscht erklärt werden. Ein bequemes u. unentbehrl. Handbuch f. jedes Alter u. jeden Stand, besonders f. Kaufleute, Fabrikanten, Gewerbtreibende rc. 16. (XII, 318 S.) Mülheim a. d. R. 872. Bagel. 1. 25; cart. 1. 50

Baum, J. (I.), neues und vollständiges Fremdwörterbuch, enth. mehr als 27,000 fremde Wörter, die im gewerbl. Verkehr, in der Schrift- und Umgangssprache, in den Zeitungen rc. vorkommen und hier mit ihrer Aussprache und Rechtschreibung verdeutscht erklärt werden. Ein bequemes und unentbehrl. Handbuch für jedes Alter und jeden Stand, besonders für Kaufleute, Fabrikanten, Gewerbtreibende rc. 2. Aufl. 16. (XII, 318 S.) Mülheim 874, Bagel's Verlagsh. ℳ 1,25.; cart.

Baum, J., neues und vollständiges Fremdwörterbuch, enthaltend mehr als 25000 fremde Wörter, die im gewerbl. Verkehr, in der Schrift- und Umgangssprache, in den Zeitungen und besonders bei Gerichts- und Verwaltungsverhandlungen vorkommen und hier mit ihrer Aussprache und Rechtschreibung verdeutscht erklärt werden. Ein bequemes und unentbehrl. Handbuch für jedes Alter und jeden Stand, besonders für Kaufleute, Fabrikanten, Gewerbetreibende rc. 3. Aufl. 16. (299 S.) Mühlheim 881, Bagel's Verlag. ℳ 1,25.; geb.

Baum, J., neues u. vollständiges Fremdwörterbuch, enth. mehr als 25000 fremde Wörter. 4., verm. Aufl. (IV, 287 S.) Mülheim a/Rh. 889. Bagel. 1. 20; cart. 1. 60
— dasselbe, über mehr als 15000 fremde Wörter. 16. (IV, 171 S.) Ebd. 889. cart. — 60

(--) **Gedenkblatt** zur Erinnerung an den Eintritt in das hundertste Lebensjahr des großen, glaubensstarken Menschenfreundes, des edlen hochherzigen Vertheidigers der Menschenrechte Sir Moses Montefiore, würdiger Namensbruder ... unseres erhabenen Lehrers Moses ben Amram. Lobositz 1884: Plattig in Bilin. 5 Bl. 8° **300:196.157-C.**
13.2382

Baum, J., Jona, die biblische Fischsage u. der israelitische Versöhnungstag. Ein Bild höherer sittl. Weltordng. gr. 8. (47 S. m. e. eingedr. Holzschn.) Löbau Wpr. 879. Skrzeczek. n. — 75

Baum, I., Stenographielehrer, Prag. 1875: Stenografischer Lehrgang ... Brieflicher Schreib- u. Leseunterricht für d. Studium d. deutschen Stenografie nach Gabelsbergers Sistem. Brief (3f.: H.) 1-4. — (Prag: Verf.) 1875-77. 66 S. 4° **15.**
13.2381

— **Moses,** sein Leben, Streben und Wirken und dessen culturhistorische Bedeutung. Lfg 1-7. — Prag: Hynek (3ff.: Löbau Westpr.: Skrzeczek) 1879-81. 240 S. 8° **2.**
13.2384

— — (Bd 1.) Prag: Verf. 1883. VII,444 [vielm. 446] S. 8° **26. 302.**
13.2385

Baum, J., Moses, sein Leben, Streben und Wirken und dessen culturhistorische Bedeutung. Eine geschichtlich-philosoph. Umschau auf dem Gesammtgebiete der Religion der Menschheit. In leichtfaßl. Weise für denkende Leser jedes Standes, Berufes und Glaubens nach den besten Quellen bearb. 2. (Titel-)Aufl. 1. Bd. Lex.-8. (VII, 444 S.) Leipzig 885, (Scholtze.) *
Nicht weiter erschienen.

— Der **Universalismus** der mosaischen Heilslehre in seiner ethischen, socialen und allgemein culturhistorischen (2.3: allgemein ethischen, socialen und culturhistorischen) Bedeutung. Buch [1]-3. — Frankfurt a. M.: Kauffmann in Comm. 1895-97. 8° **30. 214[^3]. 300:84.801-B. 302[^3].**
13.2386

Baum, J., d. Universalismus d. mosaischen Heilslehre i. s. ethischen, socialen u. allgem. culturhistor. Bedeutg. E. populär-wissenschaftl. Abhandlg. gr. 8. 3 Bücher. (76, 80 u. 88 S.) Frankfurt a/M. 895/898. (J. Kauffmann.) à n. 2. —

Baum, Jean Guillaume s. *Baum*, Johann Wilhelm.

Baum, Johan Christian
— über d. 3n Artikel d. im J. 1530 auf d. Reichstag zu Augsburg übergebenen Confession rc. gr. 8. Lingen 791. Jülicher. 8 ℛ
Zusätze dazu. 8. Ebd. 792. 3 ℛ

— [**Reekenschap** van een christen leeraar aan zijne gemeente, **deutsch**] Rechenschaft eines christlichen Lehrers vor seiner Gemeine, zum Beweis, dass er seine heilige Pflicht ... erfüllt habe ... Übers. von A. F. G. Glaser. — Lingen 1791: Jülicher. 86 S. 8°
1:Ed 15646 [u.] an Tm 6880. 4. 5. 24.
13.2390

Baum, Johan Christian: [De **Messias**, Israels koning, of proeve over het koninkrijk van Christus, **deutsch**] Versuch über das Nationalreich Christi. Übers. von Frantz Georg Christoph Rütz. Von d. Verf. selbst durchges. u. verm. — Göttingen: Boßiegel 1783. 12,72,478 S. 8°
7. 8. 35. 45. 302.
13.2389

Baum, Jh. Chr., Versuch über d. Nationalreich Christi. A. d. Holländ. (v. F. G. Cph. Rütz). gr. 8. Götting. 783. Vandenhöck u. R. 1 ß 4 ℛ

Baum, Joh. Dav. Hubert [!] ⟨geb. am 5 Jan. 1836 in Köln⟩: Uroscopia exacta quantum conferat ad diagnosim ... Bonnae, form. H. B. Koenig 1862. 27 S., 2 Bl. 8.
Bonn, Med. Fak., Diss. v. 30 Juli 1862

Baum, Johann Heinrich: Des Heiligen Apostels Pauli **Geburt** und Auferziehung, nebst dessen erfolgten plötzlichen Bekehrung, seine Reisen, Lehre, Leben und Wandel, wie auch dessen endliche Marter und Tod. — Nürnberg: Rüdiger 1733. 146 S. 8° **14.**
13.2392

[—] Deren auf ihrer Wanderschafft verstorbenen Salzburger-Emigranten grünende **Todten-Gebeine**, auf den evangelischen Freythöfen, durch verschiedene ehrliche Begräbnisse dererselben kürzlich, doch klärlich vorgestellt von J. H. B. — o. O. 1733. 24 S. 8°
1:3 in Sy 10918. 3. 15. 302.
13.2393

[—] Der saltzburgischen Emigranten freuden-müthige und höchst-gesegnete **Wanderschafft** in die Königlich-Preussische Lande. [Nebst] Nachlese. — Nürnberg: Monath 1732-34. 8°
Nachlese zu der Salzburgischen Emigranten Wanderschafft, oder fernere March-Route, worinnen ... die jüngsten Transporte, von denen dürnbergischen und Berchtoldsgader-Emigranten, nebst einer Nachricht von etlich-wieder zuruckgegangenen, enthalten ... Von Johann Heinrich Baum. 1734.
1:Hauptwerk - 5 in Sy 11108; Nachlese - an Sy 10932-2 [u.] 7 in Sy 10932[2]. 2. 7. 12:4° H. ref. 540 [auch Hauptwerk - 4° H. ref. 739]. 15. 32. 41. 44. 117. 302. 308.
13.2394

Baum, Johann Konrad, Buchhändler, Kassel. 1723: **Catalogus** miscellaneus, unterschiedlicher theologisch-juristisch-medicinisch-philosophischer u. a. m. so wohl alt- als neuer gebundener und wohl conditionirter Bücher. [Auktionskat.] — (Cassel) 1723: Hampe. 56 S. 8° **14.**
13.2395

Baum, Johann Peter, aus Wiesbaum ⟨Eifel⟩: Die wirtschaftliche Entwickelung des Obereichsfeldes in der Neuzeit mit besonderer Berücksichtigung der Hausindustrie. *Berlin (1903): Germania.* (31 S.) 8° ¶ (Erscheint vollst. u. d. T.: Zur wirtschaftlichen Entwickelung d. Obereichsfeldes.)
Berlin, Phil. Diss. v. 10. Jan. 1903

Baum, Johann Peter: Der Geisterseher. — Friedenau-Berlin: Bohres in Comm. 1894. 22 S. 8° **1:Yo 25321.**
13.2396

Baum, Johann Peter [gebürtig aus Kirdorf (Rheinland)]: Über Zellteilungen in Pilzhyphen. Fulda 1900. 36 S., 3 Taf. 8°.
Basel. Phil. Diss. 1899/1900.

Baum, Johann Theophil
— **Joh. Theophil** (Lahr), De sumtibus studiorum in legitimam non imputandis. Diss. jur. Präs. Joh. Andr. Hofmann. Marburg (Joh. Bayrhoffer) Mai 1790. 21 S. (4.80) 1399

Baum, Johann Wilhelm [Hrsg. u. Übers.]
s. *Aubigné*, Théodore Agrippa d': Der Hugenott von altem Schrot und Korn. Denkwürdigkeiten [Mémoires de la vie de Théodore-Agrippa d'Aubigné, deutsch]. 1854.

Baum, Joh. Wilh., Theodor Beza nach handschriftl. Quellen dargestellt. 1. Thl. gr. 8. (34 B. u. B's. Bildn.) Leipzig 843, Weidmann'sche Buchh.

Baum, Joh. Wilh., Theodor Beza nach handschriftlichen und anderen gleichzeitigen Quellen dargestellt. 2. Thl. gr. 8. (XIV und 731 S.) Leipzig 851, Weidmann'sche Buchh.
1. Thl. Ebendas. 1843. 2 Thlr. 15 Ngr.

Baum, Joh. Wilh., Theodor Beza nach handschriftlichen und anderen gleichzeitigen Quellen dargestellt. Anhang zum 2. Thl. Die Beilagen enthaltend. gr. 8. (V und 211 S.) Leipzig 852. [Berlin,] Weidmannsche Buchh.
1. und 2. Thl. Ebendas. 1843—51. 5 Thlr. 15 Ngr.

— Capito und Butzer, Straßburgs Reformatoren. Nach ihrem handschriftlichen Briefschatze, ihren gedruckten Schriften u. anderen gleichzeitigen Quellen dargestellt. — Elberfeld: Friderichs 1860. XIX,611 S. 8° (Leben u. ausgewählte Schriften d. Väter u. Begründer d. reformirten Kirche. 3.) **1:Cn 504–3. 2→11. 12:H. ref. 225 i–3. 14→21. 23→32. 34. 35. 36. 38. 39. 41. 43. 45. 46. 48. 60. 61. 62. 79. 102. 117. 203. 300:8445–B.3. 302.**
13.2398

— Daß evangelisch-protestantische Eltern verpflichtet sind, den ersten Religionsunterricht ihrer Kinder selbst in die Hand zu nehmen. — Straßburg 1873. 16 S. 8°
Aus: Evangelisch-protestantischer Kirchenbote für Elsaß-Lothringen. 1873.
21.
13.2399

— Zur Erinnerung an den Brand des Collegium Wilhelmitanum und des protestantischen Gymnasiums am 20. Juni 1860. (Hrsg.: A. Erichson.) — Straßburg: Heitz 1885. 12 S. 8° **27. 62.**
13.2401

[—] Gravamina. [Verf.: Johann Wilhelm Baum u. Eduard Cunitz.] [Nebst] Der Gravaminist noch einmal. — o.O. [1852]. 8° **3. 30**[°° Gravaminist].
13.2402

— Franz Lambert von Avignon. Nach seinen Schriften u. d. gleichzeitigen Quellen dargestellt. — Straßburg [usw.]: Treuttel & Würtz 1840. 236 S. 8°
1:As 9231. 2→8. 10. 12:Biogr. 597 m. 14→17. 19. 20. 21. 24. 26. 28. 30. 33. 34. 35. 41. 48. 102.
13.2403

†* Baum, J. W., Franz Lambert v. Avignon (ein abtrünniger Katholik des 16en Jahrhunderts) Leben u. literär. Wirken desselben geschildert. 8. Straßb. 1842, Treuttel u. W. 1 Thlr. — 1 fl. 48 kr.

— [Hrsg.] s. *Leben* und ausgewählte Schriften der Väter und Begründer der reformirten Kirche. 1857–63.

— Der Methodismus. — Zürich: Orell, Füßli & Co. 1838. 160 S. 8° **1:Cp 8740. 3. 5. 7. 8. 9. 11. 12:H. ref. 17 m. 15. 24. 28. 33. 44. 62. 79.**
13.2404

— [Hrsg.] Alte Reime von der praktischen Theologie. 1873 s. *Andreae*, Johann Valentin: Geistliche Kurtzweil.

— Ueber den christlichen Religionsunterricht bis zur Confirmation. — Straßburg 1854: Heitz. 37 S. 8° **3. 21. 30.**
13.2406

— Schrift und Geist. Eine Rede bei d. 50jährigen Jubelfeier der Straßburger Bibelgesellschaft gehalten. — Straßburg 1867: Berger-Levrault. 12 S. 8° **1:Cv 47200. 3.**
13.2407

— Johann Georg Stuber, der Vorgänger Oberlin's im Steinthale und Vorkämpfer einer neuen Zeit in Straßburg. — Straßburg 1846: Silbermann. 184 S. 8°
1:Av 17091. 3. 4. 9. 12:Biogr. 1127 s. 14. 15. 17. 24. 25. 29. 51.
13.2408

— Johann Georg Stuber, d. Vorgänger Oberlin's im Steinthale u. Vorkämpfer e. neuen Zeit in Straßburg. 12. (7⅝ B.) Straßburg 846. (Treuttel u. Würtz.) *

Baum, Jacob Sturm v. Sturmeck, Straßburgs großer Stettmeister u. Scholarch. Standrede gehalten in Straßburg bei der Enthüllg. seines Denkmals am 14. Juni 1870. Nebst e. Vorworte hrsg. v. Carl Manchot. 8. (VII, 16. S.) Berlin 870. München, Th. Ackermann. n. — 40

— Jakob Sturm von Sturmeck, Straßburgs großer Stettmeister und Scholarch. Standrede, gehalten bei der Enthüllung seines Denkmals am 14. Juni 1870. — Straßburg 1870: Heitz. 14 S. 8° **3. 12:Biogr. 1129 a. 17. 25. 26. 27.**
13.2409

Baum, Jacob Sturm v. Sturmeck, Straßburgs großer Stettmeister und Scholarch. Standrede gehalten in Straßburg bei der Enthüllung seines Denkmals am 14. Juni 1870. Nebst einem Vorworte hrsg. von Carl Manchot. 1. und 2. Aufl. 8. (VII, 16 S.) Berlin 870, Henschel. *

— — Jakob Sturm von Sturmeck ... 3., unveränd. Abdr. Straßburg: C. F. Schmidt 1872. 19 S. 8°
1:Av 17135^{3}. 3. 8. 10. 14. 27. 30. 31. 121. 203.
13.2411

— Winke über religiöse Geschichtanschauung. Eine Rede an Studierende. — Straßburg 1840: Dannbach. 11 S. 8°
21.
13.2412

Baum, Joseph [aus Euskirchen]: Oxydationsderivate des Coniins ... Freiburg i. B., Univ.-Buchdr. v. Chr. Lehmann 1886; 40 S. 8°.
Freiburg i. B., Phil. Fak., Inaug.-Diss. v. 1886.

— Ein soziales Problem des Kaufmannsstandes. — Wiesbaden: Kaufmännischer Verein 1910. 21 S. 8°
Spätere Auflagen sind vorhanden in 1, 3, 4→8, 10, 11, 12, 15→21, 25, 26, 27, 29, 30, 32, 38, 41, 43, 106, 180, 205 u. 212.
1:Fg 2509/7. 3. 4. 19. 30. 38. 41. 43.
13.2413

Baum, Jos.: Ein soz. Problem d. Kaufmannsstandes. 11. Afl. (23) 8° Wiesb., H Rauch '11. — 30 d

Baum, Julius
— Romanische Baukunst in Frankreich. — Stuttgart: J. Hoffmann 1910. XIX,232 S. 4° (Bauformen-Bibliothek. 3.)
1:4° Ny 7418/9–3. 8. 12:4° A. civ. 112 f–3. 14. 16. 17. 22. 24. 29. 30. 36. 45. 52. 60. 64. 83→86. 88. 89. 91. 109. 300:463.947–C. Per. 3. 305.
13.2420

— Die Bauwerke des Elias Holl. — Strassburg: Heitz 1908. X,131 S., 33 Taf. 8° (Studien zur deutschen Kunstgeschichte. 93.) **1:Nr 7092–93. 2. 3. 5→11. 12:Art. 276 sb–93. 14→21. 24. 25. 27→31. 36. 38. 39. 43. 44. 47. 52. 61. 75. 83. 89. 91. 109. 117. 300:394.053–B. Ks. 93. 302. 303. 305.**
13.2422

Baum, Julius, prakt. Arzt aus Nordheim v. Rh.: ⟨Aus d. Laboratorium d. Instituts f. vergleichende Anatomie, Mikroskopie u. Embryologie zu Würzburg.⟩ Beiträge zur Kenntnis der Muskelspindeln. *Wiesbaden: J. F. Bergmann 1899.* (59 S.) 8° ¶ (Aus: Anat. Hefte, Abth. 1, H. 42 = Bd 13, H. 2.)
Würzburg. Med. Diss. v. 1899

- - Württemb. Fürstensitze, s: Auslese. Die architekton.

— Die Pfullinger Hallen. (15 m. 22 Taf.) 32,5×25 cm. Münch., M Mörike '12. Samt 10 —

— Drei Mainzer Hallenkirchen. — Freiburg i. B.: Herder 1906. S. 355–370. 4°
Aus: Studien aus Kunst u. Geschichte. 1906. 30. 36. 43.
13.2434

Baum, Julius, a. Wiesbaden: Die Kirchen des Baumeisters Heinrich Schickhardt. Stuttgart 1905: W. Kohlhammer. (87 S.) 8° [F.]
Tübingen, Phil. Fak., Ref. v. Lange, Diss. v. 8. Jan. 1906
[Geb. 9. April 82 Wiesbaden; Wohnort: Wiesbaden; Staatsangeh.: Preußen; Vorbildung: Gymn. Wiesbaden Reife O. 00; Studium: Berlin 1, München 5, Tübingen 3 S.; Coll. 8. März 05.]

— Theodor Fischers Kirchenbauten in Württemberg. [Aus: „Der Profanbau".] (65—104 m. Abb.) 34,5×24,5 cm. Lpzg, J J Arnd ('11). 2 —

— Ulmer Kunst. (32, 96 m. Abb.) Lex8° Stuttg., Deut. Verl.-Anst. '11. 2—; Pappbd 2.50 d

— Die Kunst- u. Altertums-Denkmale im Oberamt Blaubeuren, s: Kunst- u. Altertums-Denkmale, Die, im Kgr. Württemberg.

- - Die Kunst- und Altertums-Denkmale im Donaukreis. Oberamt Biberach. Bearb. von Julius Baum und Bertold Pfeiffer. — Eßlingen a. N.: Neff 1909. 260 S. 4°
Aus: Die Kunst- u. Altertumsdenkmale im Königreich Württemberg. Donaukreis. 1. 1914. 24. 48. 107.
13.2441

— s.: Kunst- u. Altertums-Denkmale, die, im Königr. Württemberg.

— Die Ulmer Plastik um 1500. (16, 176 m. 58 Taf.) 30,5×21,5 cm. Stuttg., J Hoffmann '11. Pappbd 30 —

— Das alte Augsburger Rathaus. 1907
in: *Dirr*, Pius: Handschriften und Zeichnungen Elias Holls.

— Der Saalbau des Weikersheimer Schlosses. — Berlin: Ernst 1907. 13 S. 4°
Aus: Zeitschrift für Bauwesen. 57. 1907. 17. 21. 24. 36. 43.
13.2445

— Süddeutschld, s: Stadt, Die schöne deut.

Baum, Julius, Fabrikbesitzer, Wien. 1893: Kleine Sünden der großen Eisenbahnen. Vortrag. — Wien 1893. 14 S. 8°
Aus: Wochenschrift d. Niederösterreichischen Gewerbe-Vereins. 54. 1893. 300: 106.882-B. 302.
13.2416

** — Krit. Verz. d. Handzeichngn z. d. Medicigräbern. Strassbg, JHE Heitz.

Baum, Julius, Dr. med., Assistenzarzt, Berlin. 1905: Zur Wirkung und Verwendung der Nebennierenpräparate, insbes. in d. Dermatologie. — Wien [usw.]: Braumüller 1905. 50 S. 8° Aus: Archiv für Dermatologie u. Syphilis. 74. 1905. 11.
13.2417

Baum, K. Fritz [aus Mannheim]: Beiträge zur Kenntnis der aromatischen Ketone, ihrer Oxime und Hydrazone ... Heidelberg, Univ.-Buchdr. v. J. Hörning, 1896; 29 S. 8.
Heidelberg, Naturw.-math. Fak., Inaug.-Diss. v. [16. Juli] 1896

Baum, Karl
Baum, Carl, die Anfangsgründe des Linearzeichnens. Eine Reihe der wichtigsten im Praktischen vorkommenden einfachen geometr. Constructionen f. Lehrer u. Schüler an Volks- u. Gewerbeschulen. gr. 4. (IV u. 10 S. m. 10 lith. Taf.) Wiesbaden 851. (Kreidel.) n. 18 ngr

Baum, Karl, Architekt, Lehrer an d. Gewerbeschule, Wiesbaden. 1851: Die darstellende Geometrie. Ein Hülfsbuch für Lehrer u. Schüler an Gewerbeschulen. Mit Atlas. — Wiesbaden: Verf.; Ritter in Comm. 1851. VIII, 63 S., 29 Taf. 8° [u.] 4°
Die Tafeln sind in einigen Exemplaren gesondert gebunden.
17. 43. 305.
13.2450

—— die darstellende Geometrie. Ein Hülfsbuch für Lehrer und Schüler an Gewerbeschulen. gr. 8. (VIII und 64 S. mit Atlas von 29 Stnt. in qu. gr. Fol.) Wiesbaden 851, (Kreidel und Niedner.) •

Baum, Karl, Polizeisekretär, Hanau. 1878: Sammlung allgemeiner polizeilicher Anordnungen für den Kreis Hanau in Verbindung mit den Uebertretungen des Straf-Gesetz-Buches und anderen einschlagenden gesetzlichen Vorschriften. — Hanau: Verf. 1881. 156 S. 8° 4. 30. 34.
13.2451

— — Die Polizeiverordnungen und sonstigen allgemeinen polizeilichen Anordnungen für den Stadt- und Landkreis Hanau in Verbindung mit anderen einschlagenden gesetzlichen Vorschriften. 2., verm. u. verb. Aufl. — Hanau: Alberti 1887. 327 S. 8° 4. 26. 30. 34. 203. 208.
13.2452

Baum, Karl: Sündig! (83) 8° Strassbg, J Singer '11. 2 —

— Die Vieh- und Fleischschau sowie die Schlächtereiordnung im Stadt- und Landkreise Hanau. — (Hanau): Selbstverl. [1890]. 33 S. 8° 1: Ib 8930. 4.
13.2453

— Uebersichtliche Zusammenstellung des vom 1. Januar 1879 ab in Kraft tretenden Reichsgesetzes vom 17. Juli 1878 über die Verhältnisse der Arbeitgeber und Arbeitnehmer, nebst Anhang der darauf bezüglichen Vorschriften u. Erlasse. — Hanau: Hrsg. (1878). XVI, 45 S. 8°
4. 30. 34.
13.2454

Baum, Karl Thdr: Der Kreis u. s. Quadrate, d. arithmet. Wage, $\pi = 3{,}125$ od. $3^1/_8$ u. d. Quadratur d. Kreises. 2 Tle. Saarbr., O Schmidtke. 1.75
1. (3, 11 m. 5 [2 farb.] Taf.) gr8° '11. | 2. Kreis-Segmente = Quadratecken, welche durch d. Quadratseiten u. d. Kreislinie abgeschnitten werden, wenn d. Kreis u. s. Quadrat denselben Mittelpunkt haben; Mantel e. Zylinders = Oberfläche e. Kugel, wenn Grundflächen. Durchmesser, Höhe u. Achse gleich sind; Bedeutg d. 4 in d. Formel $4r^2\pi$; d. Dezimalbruch 0,3137 ... × 10. (3, 15 m. 1 Taf.) Lex8° '12.

Baum, Kaspar Arnold: Epiphania lucis novae in horizonte Franconico, quando Adamus Fridericus Josephus Maria ... a Seinsheim ... Episcopus Herbipolensis ... solemniter renunciatus ... ad templum aulicum ... deductus fuit. — Wirceburgi [1755]: Engmann. 10 S. 2°
36.
13.2467

— Exultatio montis Mariani quando ... Carolus Philippus Henricus ... de Greiffenclau ex Vollraths ... Episcopus Herbipolensis ... solemniter renuntiatus ... ad castrum ac templum Marianum supra civitatem Herbipolim ... deductus fuit. — [Würzburg 1749]: Engmann. 2 Bl. 2°
36.
13.2468

Baum, Ludwig Heinrich
— Chronik von Hinterweidenthal. — Pirmasens (1902): Jander. 122 S. 8° 1: Sg 1160. 12: Bavar. 198 v. 16. 107.
13.2473

Baum, Margarete: Aus unseren vier Wänden. 28 Bilder mit d. Scheere aus freier Hand geschnitten von Margarethe Baum mit Texten von Frau Alma Blasius. — Berlin: Dames [1907]. 31 S. quer-8° 1: Nv 5810/9. 11.
13.2470

Baum, Margar., u. Frau Alma Blasius, aus unseren vier Wänden. 28 Bilder m. der Scheere aus freier Hand geschnitten v. M. B., m. Texten v. A. B. (31 S.) 24×32 cm. Berlin (907). Verlag Hellas. 2. —

Baum, Marie: Die gewerbliche Ausbildung der Industriearbeiterin. — Leipzig: Dietrich 1907. 10 S. 8° (Kultur und Fortschritt. No. 107.)

— Ein Beitrag zur Frage der Beziehungen zwischen Kinderzahl und Kindersterblichkeit. — Berlin: Allg. Medizinische Verl. Anst. 1910. 4 S. 4°
Aus: Medizinische Reform. 18. 1910. 61.
13.2483

Baum, Marie, die Bekämpfg. d. Säuglingssterblichkeit, s.: Brugger.

Baum, Marie: Der Einfluss der gewerblichen Arbeit auf das persönliche Leben der Frau. — Der Einfluß d. gewerbl. Gifte auf d. Organismus d. Frau. Von Dr. med. Agnes Bluhm. — Die Frau in d. Gewerbe-Inspektion. Von Dr. E. Jaffé-Richthofen. 3 Vorträge, geh. auf d. 2. Konferenz z. Förderung d. Arbeiterinnen-Interessen. Jena: Fischer 1910. 69 S. 8° (Schriften d. Ständigen Ausschusses z. Förd. d. Arbeiterinnen-Interessen. H. 3.)

— Die Folgen ungelernter Arbeit f. die Arbeiterin, s.: Kultur u. Fortschritt Nr. 282. 83.

— Grundr. d. Säuglingsfürsorge, s: Engel, St.: Grundr. d. Säuglingskde.

Baum, M., Industriearbeiterin, s. Kultur u. Fortschritt.

— drei Klassen v. Lohnarbeiterinnen in Industrie u. Handel der Stadt Karlsruhe. Bericht, erstattet an das grossherzogl. Ministerium des Innern u. hrsg. v. der grossherzogl. bad. Fabrikinspektion. (XI, 232 S.) gr. 8. Karlsruhe 906. G. Braun'sche Hofbuchdr. n. 1. 80

Baum, M., s. Kultur u. Fortschritt.

— Lebensbedingungen und Sterblichkeit der Säuglinge in den Kreisen Mörs und Geldern. — Leipzig: Barth [1910]. 47 S. 8°
Aus: Zeitschrift für Säuglingsfürsorge. 4. 1910. 61.
13.2490

— Zentralstelle für Volkswohlfahrt in Berlin. Mutter- und Säuglingsschutz in dem neuen Entwurfe zu einer Reichsversicherungsordnung. — Berlin: Heymann [1909]. 18 S. 8° Aus: Concordia. 16. 1909. 61.
13.2491

Baum, Marie [aus Danzig]: Über p-Xylylhydroxylamin. Beiträge zur Kenntnis der 1-2-Naphtalendiazooxyds. Zürich 1899. 83 S. 8°.
Zürich. Phil. Diss. II. S 1899/1900.

Baum, M., s. Schriften z. Förderung d. Arbeiterinnen-Interessen.

— Ueb. Säuglingsfürsorge auf d. Lande, s: Schriften d. Prov.-Abteilg Rheinprov. d. deut. Vereins f. ländl. Wohlfahrts- u. Heimatpflege.

— Sterblichkeit und Lebensbedingungen der Säuglinge in den Stadtkreisen M.-Gladbach und Rheydt und in dem Landkreise M.-Gladbach. — Leipzig: Vogel 1909. S. 65-126. 8°
Aus: Zeitschrift für soziale Medizin, Säuglingsfürsorge u. Krankenhauswesen. 5. 1910. 38M. 61.
13.2493

— Sterblichkeit und Lebensbedingungen der Säuglinge im Kreise Neuß. — Leipzig: Vogel 1909. 46 S. 8°
Aus: Zeitschrift für soziale Medizin, Säuglingsfürsorge u. Krankenhauswesen. 4. 1905. 61.
13.2494

[Hrsg.] s. *Veroeffentlichungen* des Vereins für Säuglingsfürsorge im Regierungsbezirk Düsseldorf. 1908ff. [Zeitschriften].

— Vormundschaft und Pflegschaft über vermögenslose Minderjährige. — Berlin: Heymann 1909. VIII, 50 S. 8° (Veröffentlichungen d. Vereins für Säuglingsfürsorge im Regierungsbezirk Düsseldorf. 2.)
1: Fd 9568-2. 11. 14. 21. 31. 33. 38. 38M. 61. 62. 203. 207. 208.
13.2495

Baum, Marie, s. Wohnung u. Frau

Baum, Mathilde, geb. Böckel: Johann Wilhelm Baum. Ein protestantisches Charakterbild aus d. Elsaß. 1809–1878. Bremen: Bruns 1880. 171 S. 8°
1: At 9408. 2. 3. 7. 11. 12: Biogr. 71 v. 14. 15. 17. 21. 25. 26. 27. 30. 32. 43. 46. 121. 123.
13.2498

Baum, Mathilde, geb. Böckel, Johann Wilhelm Baum. Ein protest. Charakterbild aus dem Elsaß 1809—1878. 2., stark verm. Aufl. gr. 8. (VIII, 183 S.) Straßburg 902. J. H. E. Heitz. n. 3.—; geb. n. 4.—

— [Hrsg.] s. *Baum*, Adolf: Magistrat und Reformation in Strassburg bis 1529. 1887.

Baum, Matthias: Vergleichung der republikanischen Zeitrechnung mit dem gregorianischen Kalender für 50 Jahre. — (Köln 1846): Eschbach. 24 S. 8° 38.
13.2500

Baum, Max: Die künstliche Beschränkung der Kinderzahl. Ein Mittel zur Verhütung der Conception (Empfängniss). — Berlin: H. Schmidt [1892]. 63 S. 8°
1: Kd 534. 5.
13.2502

Baum, Max, Chirologie. Lehrbuch der Handlesekunst. (64 S. m. 2 Taf.) 8. München (908). (Leipzig, E. Marré.) 1. 60

Baum, M., das Unwohlsein der Frauen, s.: Albrecht, J. K.

Baum, Max, wie beseitige ich meine Nervosität? Erprobte ärztl. Ratschläge f. nervöse Menschen. Allen Nervenkranken zur Beachtg. u. Befolgg. bestens empfohlen. 1. u. 2. Aufl. (à V, 87 S.) 8. Leipzig (903. 904). Ernst. 1. —

Baum, Max: Wie beseitige ich meine Nervosität? 3. Afl. (80) 8° Lpzg, Ernst (08). 1 — d

Baum, Max, wie beseitige ich meine Nervosität? Erprobte ärztl. Ratschläge f. nervöse Menschen. Allen Nervenkranken zur Beachtg. u. Befolgg. bestens empfohlen. 4. Aufl. (V, 86 S.) 8. Leipzig (910). Ernst. 1. —

Baum, Max S., Gerichtsrefer.: Zur Lehre vom Gerichtsstand des Erfüllungsortes. Wiesbaden 1909: Wiesbadener Zeitung. 89 S. 8°
Marburg, Jur. Diss. v. 27. April 1909, Ref. Leonhard
[Geb. 12 Mai 84 Mengede; Wohnort: Camberg; Staatsangeh.: Preußen; Vorbildung: Realgymn. Osterode a. H. Reife M. 04; Studium: Berlin 1, Würzburg 2, Bonn 3, Marburg 1 S.: Rig. 3. März 09.] [U 09. 3116

Baum, Moritz
— Ein wichtiges Kapitel oder Abhandlung über die Bedeutung und Würde nach den Gesetzen der Thora der Völker unserer Zeit, sowie der Vorzeit, im Talmud gewöhnlich 'Akkum' genannt. — Frankfurt a. M.: Selbstverl. 1884. III,11,61 S. 8° 47.
13.2504

— — Ein wichtiges Kapitel über die Bedeutung und Würde der Völker unserer Zeit, sowie derjenigen der Vorzeit, welche im Talmud gewöhnlich Akkum genannt werden, nach den Vorschriften der Thora. 2., verb. Ausg. — Frankfurt a. M.: Verf. 1884. 7,48,11 S. 8° 1:Ez 17208. 4. 30. 44. 47. 123.
13.2505

— — Ein wichtiges Kapitel über die Stellung des Judenthums zu den Völkern unserer Zeit ... 3., erw. Aufl. — Ebd. 1884 (1890). 42,121 S. 8° 203.
13.2506

— Mōhēl kaddāt. Der theoretisch-praktische Mohel. — Frankfurt a. M.: Hrsg. 1884. 54 S. 8° [Hebr. u. Ant.] 1:Ez 17833. 30.
13.2507

Baum, Moritz (Red.), s. Reichsbote, Israelitischer.

Stimmen über Juden und Judenthum von hervorragenden christlichen Gelehrten Nord-Amerikas, erschienen im 'American Hebrew' in New-York, in's Deutsche übertr. u. mit Anm. vers. von Moritz Baum. — Frankfurt a. M.: Hrsg. 1890. 72 S. 8° 1:Ez 17297. 29. 33. 41. 42. 111.
13.2508

Baum, Oscar, Marine-Oberassistenzarzt a. Langendreer: Aus d. Psychiatrischen u. Nervenklinik zu Kiel. Über Eifersuchtswahn bei chronischem Alkoholismus. Kiel 1906: E. Göttsch. (25 S.) 8°
Kiel, Med. Fak., Ref. Siemerling, Diss. v. 11. Okt. 1906
[Geb. 9. Okt. 78 Langendreer i. W.; Wohnort: Dortmund; Staatsangeh.: Preußen; Vorbildung: Gymn. Dortmund Reife O. 98; Studium: Berlin 9 S.; Coll. 25. Sept. 06; Approb. 12. Febr. 04.]

— Das Leben im Dunkeln. — Stuttgart [usw.]: Juncker [1909]. 131 S. 8° 1:Yx 40076. 11. 16. 24. 43. 203. 302.
13.2511

Baum, Osc., das Leben im Dunkeln. 2. Aufl. Den Umschlag zeichnete J. Tom. (431 S.) 8. Stuttgart (909). Berlin-Charlottenburg, A. Juncker. 5.—; kart. n 6.50

— Die Memoiren d. Frau Marianne Rollberg. (216) 8° Ebd. ('12). 3 —; geb. n 4 — d

Uferdasein. Abenteuer u. Tägliches aus d. Blindenleben von heute. Mit e. Geleitw. von Max Brod. — Berlin [usw.]: Juncker [1908]. 165 S. 8° 1:Yx 39300. 11. 38. 43. 302.
13.2518

Baum, Otto Ernst: Ueber die ungeschlechtliche Vermehrung der phanerogamischen Pflanzen. — Hamburg: Kittler 1850. 28 S. 8°
Aus: Neue allgemeine deutsche Garten- u. Blumenzeitung. 6. 1850.
8. 12:Phyt. 802-39. 14. 18. 19. 21. 28. 47. 90.
13.2523

Baum, P. (Red.), s. Rundschau für Bücherfreunde.

Baum, Paulin [Referendar]: Der accessorische Charakter des Pfandrechts im Römischen Recht und nach modernen deutschen Hypothekenordnungen ... Bonn, Buchdr. v. A. Henry, 1895; 55 S. 8.
Erlangen, Jur. Fak., Inaug.-Diss. v. Sept. 1895

Baum, Pet., Gott. — Und die Träume. Dichtungen. Umschlag u. Buchschmuck v. Th. Schinkel. 8. (111 S.) Berlin 902. Stuttgart, A. Juncker. n. 2.—; geb. n. 3.—

Baum, Pet., im alten Schloß. Novellen. (Die Originallith. auf dem Umschlag ist v. Max Slevogt.) (118 S.) 8. Berlin 908. P. Cassirer. 2.50; geb. 4.—

Baum, Pet., Spuk. Roman. (181 S.) 8. Berlin 905. Concordia. n. 3.—; geb. n. 4.—

Baum, Ph.: Schloss Stern bei Prag. Nach Originalaufnahmen hrsg. von Ph. Baum. Autographiert von demselben u. M. Haas. H. 1-4. — Leipzig: Seemann 1877. 40 Taf. 2° (Italienische Renaissance. H. 8/11 [=Ser. 3,1/4].)
1:2° Ny 674-Ser. 3. 12:2° Art. 64 hg-3. 17. 32. 82. 83. 91. 210. 300:37.674-D. Ser. 3.
13.2532

Baum, Philipp, a. Hassfurt: Über die Wirkung der Reform des bayerischen Gewerbsteuergesetzes vom Jahre 1899. Würzburg 1904: F. Staudenraus. (98 S.) 8°
Heidelberg, Phil. Fak., Ref. Rathgen, Diss. v. 13. Dez. 1904
[Geb. 20. Sept. 76 Hassfurt (Unterfranken); Wohnort: Schweinfurt; Staatsangeh.: Bayern; Vorbildung: Gymn. Schweinfurt Reife 95; Studium: Würzburg 2, München 3, Würzburg 2 S.; Rig. 14. Mai 04.]

Baum, Richard, approb. Arzt aus Berlin: Aus d. Freiburger Universitäts-Augenklinik. Direktor: Prof. Dr. Axenfeld. Ein Beitrag zur Aetiologie und Statistik der primären Uvëitis, ⟨Iritis, Irido-Cyclitis, Irido-Chorioiditis⟩ nach dem Material der Freiburger Universitäts-Augenklinik aus den Jahren 1890—1901. *Freiburg i. B.: Speyer & Kaerner 1902.* (43 S.) 8°
Freiburg i. B., Med. Diss. v. 1902

Baum, Rich.: Einfache, doppelte u. amerikan. Buchführg. f. Praxis u. Selbstunterr. bearb. 1—4. Afl. (380) 8° Berl., R Wichert '11'12. L 3 —; eleg. geb. 3.50 d

— dass., s: Bibliothek, Neueste kaufmänn.

Baum, Rich., Fibel u. erstes Lesebuch. Zugleich Vorstufe des „Deutschen (Neuen Berliner) Lesebuches" v. Otto F. Schmidt u. Herm. Schillmann. gr. 8. (112 S. m. Bildern.) Leipzig 893. J. Klinkhardt. Geb. n.n. —60

Baum, Rich., Fibel u. erstes Lesebuch. Zugl. Vorstufe d. „Deutschen (Neuen Berliner) Lesebuchs" v. Otto F. Schmidt u. Herm. Schillmann. 2., verb. Aufl. gr. 8. (112 S. m. Bild.) Leipzig 895. J. Klinkhardt. Geb. n.n. —60

Baum, Rich., Rentenkurs u. Rentenpolitik. (23 S.) gr. 8. Wien 909. Manz. —50

Baum, Robert: Die Begründung eines Vereins zur Hebung des Dienstbotenstandes in Riga in Vorschlag gebracht. — Riga 1883: Häcker. 20 S. 8° 18.
13.2538

— Ueber die Dienstbotenfrage. Vortrag. — Riga: Stieda in Comm. 1880. 15 S. 8° 31.
13.2539

Baum, Rose: Hysterisch. Novellen von Lilli Arber [d.i. Rose Baum]. — Dresden [usw.]: Pierson 1902. 75 S. 8° 1:Yx 33693.
13.2542

— Lilli Arber [d.i. Rose Baum]. Todtentanz. Drama. — München: Haas 1894. 28 S. 8° 30. 31.
13.2543

Baum, Siegfried, appr. Arzt a. Rheine i. Westfalen: Aus der medizinischen Poliklinik der Universität Marburg Prof. Dr. L. Brauer. Der Venenpuls. Marburg 1905: A. Stuber, Würzburg. 8° (42 S.) ¶(Aus: Verhandlungen der physik.-med. Gesellschaft zu Würzburg N. F. Bd 38. S. 62—102.)
Marburg, Med. Fak., Ref. Brauer, Mannkopf, Diss. v. 21. Nov. 1905
[Geb. 3. Jan. 81 Rheine; Wohnort: Marburg; Staatsangeh.: Preußen; Vorbildung: Gymn. Rheine Reife O. 99; Studium: Berlin 6, Heidelberg 3 S.; Coll. 6. Sept. 05; Approb. 26. Okt. 04.]

Baum, Siegfr., der Venenpuls. (42 S.) gr. 8. Würzburg 906. A. Stuber's Verl. n. 1.50
Sonderabdruck aus: „Verhandlgn. d. phys.-med. Gesellschaft zu Würzburg"

Baum, Sigism., zur Behandlung d. akuten Gelenkrheumatismus m. besond. Berücksicht. der Hydrotherapie. [Aus: „Wiener medizin. Presse."] gr. 8. (15 S.) Wien 874. Czermak. n. 1. —

Baum, Simon: Arithmetische Baumschule oder Fortpflanzung der gesamten Rechen-Kunst, bestehend in lauter aufgelöseten Exempeln über alle darzu gehörige Regeln ... (2: Baumens Rechenbuch in lauter aufgelöseten Exempeln). Th. 1.2. — Cölln: Nöthen [usw.] 1768 (2: o. J.) 625 S. 8°
1 mit Nebent.: Baumens Rechenbuch in lauter aufgelöseten Exempeln. Cölln o. J.: Willm.
38.
13.2545

Simon. Baum's vollständiges Rechenbuch. In zwey Theilen. Frankf und Leipz. Perrenon. 8. gegen 4 Alph. (1 Rthlr. 8 gr.)

Baum, Sim., vollständ. Rechnenbuch aller nur möglichen Rechnungen. 2 Thle. 8. Frankf. 771. (Coppenrath in Münster). 1 ᵣₜₗ 8 gl

Baum, Theodorus (Ludovicus) Robertus *(geb Breslau 30 1 1816)*: De superficiebus orientibus motu rectae lineae quae abscissarum plano parallela per lineam rectam in abscissarum plano perpendicularem, et per lineas secundi gradus ducitur Part 1 Vratislaviae (1842). (28 S.) 8°
Breslau, Phil Diss v 3 Sept 1842

Baum, Wilhelm, Prof. d. Theologie, Straßburg, 1809-1878. 1838 s. *Baum,* Johann Wilhelm.

Bavm, Gvilelmvs ‹geb. am 10 Sept. 1832 in Köln›: De carcinomate osteoidi et carcinomate medvllari adiectis dvobvs casibvs singvlaribvs in clinico chirvrgico Bonnensi observatis ... Cvm 1 tab. lith. Bonnae, typ. C. Georgi 1858. 15 S., 1 Taf. 4.
Bonn, Med. Fak., Diss. v. 11 Aug. 1858

Baum, Wilhelm [aus Koeln a. Rh.]: Ueber Carvacrol-p-sulfonsaeure und bromierte Derivate des Carvacrols ... Freiburg i. B., Buchdr. v. Chr. Ströcker, 1891; 40 S., 1 Bl. 8.
Freiburg i. B., Phil. Fak., Inaug.-Diss. v. 1891

Baum, Wilhelm: De urethrae virilis F i s s u r i s congenitis speciatim vero de epispadia.
Berolini 1822: Brueschck.
36 S. 4°
Berlin, Med. Diss. v. 27. Juli 1822.

Baum, Wilh., der Mohrenfürst, s. Volks-Erzählungen, kleine.

Baum, Wilh., der Mohrenfürst. Eine Erzählung. 16. (64 S.) Mülheim 878, Bagel's Verlagsh. *

Baum, Wilh., s: Rundschau, Akademische.

Baum (Hrsg.), s. Z e i t s c h r i f t , Deutsche, für Chirurgie.

Baum, Wilhelm Georg
Baum, Guil Georg (geb Danzig) De laesionibus aneurysmatibusque arteriarum glutaeae et ischiadicae Accedit descriptio aneurysmatis per anastomosin dictarum arteriarum liquoris ferri sesquichlorati injectione sanati Berolini (1859) (38 S) 8°
Berlin, Med Diss v 3 Sept 1859

Baum-Album d. Schweiz. — Les arbres de la Suisse. — Bilder v. Bäumen, d. durch Grösse u. Schönheit hervorragen od. e. besond. geschichtl. Interesse bieten. 5 Lfgn. Fol. (25 Lichtdr. m. 12 S. Text in deut. u. französ. Sprache.) Bern 96—1900, Schmid & Fr. à 6 —; Mappe un 3 —

B a u m a n n. Professor Johann B*... und seine Entlassung s. [S t e i g e r, Jacob Robert].

Baumann, Direktor d. Nationalen Sport- u. Erholungsgesellschaft, Berlin. 1910 s. *Baumann,* Edmund.

Baumann, Studienrat, Halle. 1900 s. *Baumann,* Edmund.

Baumann, Archidiakon an St. Elisabeth, Berlin. 1877 s. *Baumann,* Eugen.

Baumann, Prof. d. Math., Munster, gest. 1832. 1830, s. B a u m a n n , Franz

Baumann, Preußischer Oberstleutnant, 1789-1856. 1845 s. *Baumann,* Friedrich.

Baumann, Dr. med., Sanitätsrat, Schlangenbad. 1864 s. *Baumann,* Friedrich.

Baumann, Prof. am K.K. Franz-Joseph-Gymn. Wien. 1873, s. B a u m a n n , Heinrich

Baumann, Schullehrer, Merklingen. 1897 s. *Baumann,* Jakob.

Baumann, Arzt, Buxheim bei Memmingen. 1857 s. *Baumann,* Jakob Friedrich.

Baumann, Prof. d. Philosophie, Göttingen, 1837-1916. 1868 s. *Baumann,* Julius.

Baumann, Oberzollinspektor, Kehl. 1865 s. *Baumann,* Karl.

Baumann, Oberlehrer, Dresden-Blasewitz. 1908 s. *Baumann,* Karl Gustav.

Baumann, Sohn des Christian Jakob Baumann, Angermünde. 1824 s. *Baumann,* Ludwig Adolf.

Baumann, Prof. Dr. phil., Studienrat, Berlin. 1891 s. *Baumann,* Max.

Baumann, Pfarrer, Zarnekow bei Greifswald, später Berlin. 1893 s. *Baumann,* Otto.

Baumann, Oberpfarrer, Tann. 1880 s. *Baumann,* Philipp.

Baumann: C h r i s t u s , s. B a u m a n n , Edmund

Baumann: Kurze und faßliche D a r s t e l l u n g der Verträge über das menschliche Leben ..., s. B a u m a n n , Ludwig Adolf

Baumann s: Eisenbahn-Technik, Die, d. Gegenwart.

Baumann, Die E r b g r a f e n des Unterwaldes, s. B a u m a n n, Ferdinand

Baumann, s.: Handbuch, grosses kritisches, der Reklame.

Baumann's illustrirter Haus- u. Familienkalender f. das Herzogth. Anhalt auf d. J. 1893. 4. (48 S. m. 1 Wandkalender.) Dessau, P. Baumann. — 20
Erscheint nicht mehr

Baumann: Polit.-statist. K a r t e von Deutschland ... s. C h a m p i o n

Baumann's Special-Karte des Herzogt. Anhalt. 1 : 100,000. 2 Blatt. Lithogr. u. color. gr. Fol. Nebst Ortsverzeichniss unter Angabe der Poststationen. gr. 8. (8 S.) Dessau 889, Baumann.

— Specialkarte d. Herzogt. Anhalt. 1:100,000. 2. Afl. 2 Bl. 57×118,5 cm. Lith. u. kol. Mit Ortschaftsverzeichniss unter Angabe d. Poststation. 8° (8) Ebd. 92. 2 —; auf Lnw. m. St. 5 —

Baumann: V e r s u c h einer Kritik über Platon's Apologie ..., s. B a u m a n n, Heinrich

Baumann. Einige Worte über die Notwendigkeit einer allgemein verbindlichen Versicherung gegen Hagelschlag. Luzern 1851.

Baumann, A., Agrikulturchemiker, Direktor der Kgl. Bayer. Moorkulturanstalt, 1856-1912. 1884, s. B a u m a n n , Anton

Baumann, A., Beiträge zur Förderung u. Verbreitung des Obstbaues. 1. Thl. Baden-Baden 870. Wild. gr. 8. (12 S.) n. 2 ngr.

Baumann, A: Die Fibel. Beitrag zu d. Problemen d. 1. Leseunterr. (16) 8° Berl.-Lichterf.. KGTh. Schoffer '12. — 50 d

Baumann, A: Wohin schicke ich meinen Sohn? Gymnasium, Realgymn., Realsch., Oberrealsch., Reformgymn.? 1—3. Taus. (47) gr8° Münch., M Kollerer's V. '12. 1 — d

Baumann, A.E., s. B a u m a n n, Aegidius

Baumann, Adalb., Gedichte. 12. (8½ B.) Halle 844, Graeger. –

— **Das bayerische Handelswesen** im 18. Jahrhundert, speziell unter Kurfürst Max III. Josef. — Kaiserslautern: Gotthold 1898. 76 S. 8°
Erschien teilweise auch als Diss. u. d. T.: Baumann: Kurfürst Max III. Josef von Bayern und das bayerische Handelswesen. Erlangen 1897.
1: Sf 3538. 7. 12: Bavar. 198 yc. 14. 19. 20. 21. 25. 30. 75. 106. 203. 205. 300: 96.383-B.
13.2591

Baumann, Adalbert: Kurfürst Max III. Josef von Bayern und das bayerische Handelswesen. *Kaiserslautern: A. Gotthold 1898.* (27 S.) 8° * [Erschien vollständig 1898 im gleichen Verlage u. d. T.: Das bayerische Handelswesen im 18. Jahrhundert speziell unter Kurfürst Max III. Josef...]
Erlangen, Phil. Diss. v. 16. Juli 1897

(B[aumann], Ad[olf].) Offene Antwort an Herrn Pfarrer [Carl] R[ohr] in Bern auf seine Einsendung: « Licht- und Schattenseiten verschiedener religiöser Gemeinschaften » in den Februarnummern des « Berner Sonntagsblattes » [Jahrg. 31, 1904].... — (Millennium-Tages-Anbruch[-Schrift].) 24 S. 8. [Thun, Verlag der « Aussicht », 1904.] N 1694*

Baumann, Adolf, Armenvorsteher, Frankfurt a. M. 1887: **Der IV. Armen-Distrikt in Frankfurt a. Main.** Versuch e. social-statistischen Schilderung. — Frankfurt a. M.: Klimsch [1887]. 59 S. 8° 5. 27. 30.
13.2598

Baumann, A., der IV. Armen-Distrikt in Frankfurt a. M. Versuch e. social-statist. Schilderg. Decbr. 887. gr. 8. (59 S.) Frankfurt a/M. 888. Klimsch & Co. n. — 50

Baumann, Adolf [aus Lichtenstein]: Die Ausrottung der Schadel- und Hirnhautgeschwulste .... Erlangen, Druck d. Univ.-Buchdr. v. E. Th. Jacob, 1888; 26 S. 8°
Erlangen, Med. Fak., Inaug.-Diss. v. 20. Jul. 1887

Baumann, Ad., Durchmesser u. Höhe der Litermaasse für Flüssigkeiten. Nach Maassgabe der von der Bundes-Normal-Eichungs-Commission erlassenen Eichordnung vom 16. Juli 1869 gezeichnet. Berlin 869, Moeser. Fol. 2½ ngr.

Baumann, Adolf, Hilfsarbeiter d. Normal-Eichungs-Kommission, Berlin. 1870: **Durchmesser und Höhe der Litermaasse für Flüssigkeiten.** Nach Maassgabe der ... Eichordnung vom 16. Juli 1869. — Berlin: Moeser [um 1870]. 1 Bl. 2°
1: Fh 1608.
13.2595

Baumann, Ad., Fehlergrenzen der aichpflichtigen Gegenstände und sonstige Zahlenangaben in den Aichungsvorschriften. Im Auftrage der kaiserl. Normal-Aichungs-Kommission zusammengestellt für Aichungsbeamte und Gewerbtreibende. 8. (24 S.) Berlin 887, Springer. cart. +

— — 2., vervollst. Aufl. Ebd. 1895. 32 S. 8°
1: Fh 1807². 86. 93. 201. 210.
13.2597

Baumann, Adolf. a. Kaiserslautern: Formen der Argumentation bei den vorsokrateischen Philosophen. Würzburg 1906: C. J. Becker. (v, 88 S.) 8°
Würzburg, Phil. Fak., Ref. Külpe, Diss. v. 10. Juli 1906
[Geb. 27. Juli 80 Kaiserslautern; Wohnort: Würzburg; Staatsangeh.: Bayern; Vorbildung: Gymn. Kaiserslautern Reife Juli 98; Studium: Würzburg 6, München 4 S.; Rig. 1. Juni 06.]

Baumann, Adolf, Dr.: Formen der Argumentation bei den vorsokratischen Philosophen. Würzburg 1906: C. J. Becker. (88 S.) 8°
Würzburg, k. Altes G P 1906*

— **Haushaltungs-Budget** eines Arbeiters der Königl. Staats-Eisenbahn-Werkstätte in Frankfurt a. M. — Frankfurt a. M. 1890: Knauer. 49 S. 8° (Schriften d. Freien Deutschen Hochstiftes.) 30.
13.2599

— Tabellen und Notizen zum Gebrauch beim Anfertiger, Prüfen und Revidieren von Massen, Gewichten und Wagen. (16 S) Berlin 1878

Baumann, Adolf (Trebsen), Theses juris controversi Präs. Carl Klien. Lpz. (Staritz) 19. XII. 1834. 2 Bl. (1.80) 1400

Baumann, Adolf, von Stäfa [Kt. Zürich]: Über V e r e i t e r u n g der Schilddrüse.
Zür. F. Walder u. S. Dr. 1856.
35 S. 8°.
Zürich, Med. Diss. v. 9. Aug. 1856.

Baumann, Adolf Wilhelm, appr. Arzt: Aus d. Prosektur d. städt. Krankenh. München r. d. I. Prosektor: Oberndorfer. Ueber den hämorrhagischen Infarkt des Magens, hervorgerufen durch embolischen Verschluss arterieller Magengefässe. München 1909: Wolf. 33 S. 8°
München, Med. Diss. v. 22. Juni 1909, Ref. v. Bollinger
[Geb. 3. Juli 77 München; Wohnort: München; Staatsangeh.: Bayern; Vorbildung: Ludwigs-Gymn. München Reife Juli 97; Studium: München 10 S.; Coll. 22. Juni 09; Approb. 21. März 03] [U 09. 3287

Baumann, Adrian, Mars. Erklärung der Oberfläche des Planeten Mars. (14 S. m. 1 Taf.) gr. 8. Zürich 909. Rascher & Co. 2. —

Baumann, Aegidius, Ehemaliger Conventuale, Langheim, geb. 1776. 1809: **Kurzer Unterricht in der Obstbaumzucht.** — Bamberg: Verf. 1809. 96 S. 8° 12: Oecon. 182. 15. 22.
13.2605

Baumann, Aegid., kurzer Unterricht in d. Obstbaumzucht für Schullehrer auf d. Lande. gr. 8. Bamberg 809. 2e Aufl. 811. 3e Aufl. 813. Lachmüller. 1/6 ₰

— — 2., verb. u. verm. Aufl. Bamberg [usw.]: Goebhardt 1811. 84, 56 S. 8° 20. 22.
13.2606

— — 3., verb. u. verm. Aufl. Ebd. 1813. 84, 60 S. 8°
12: Oecon. 183. 22. 26.
13.2607

Baumann, Aegid., kurzer Unterricht zur Erzieh. d. Obstbäume, Küchen-, Handels- u. Arzneigewächse, besond. in Industrie-Gärten. 4., verb. Aufl. 8. (5½ B.) Bamberg 836, Lachmüller.

Baumann, Albrecht [app. Arzt aus Guntersblum]: Ein Fall von Doppelmissbildung '(Thoracopagus tetrabrachius)' ... Heidelberg, Univ.-Buchdr. v. J. Hörning, 1894; 34 S., 2 Bl. 8.
Heidelberg, Med. Fak., Inaug.-Diss. v. [21. Dez.] 1893

Baumann, Albrecht. 1892: **Konradin.** Trauerspiel. — Dresden [usw.]: Pierson 1892. 129 S. 8° 32.
13.2610

Baumann, Alexander, Dialektdichter, Wien. 1814-1887. 1848: [Teils.] **Beiträge für das deutsche Theater.** Er darf nicht fort. Posse. Anmaßend und bescheiden. Lustspiel. Die beiden Aerzte. Lustspiel. — Wien 1840: Ghelen. 160 S. 8°
12: P. o. germ. 78 rm. 300: 22.135-B [u. ö.]
13.2612

Baumann, Alex., Beiträge für das deutsche Theater. gr. 8. (100 S.) **Wien 840, (Wallishausser.)** *

Baumann, Alexander
— Ehrenbuschn für d' Oestereicher Armee in Italien. — (Wien [1850]:Rauh.) 63 Bl. 4°
1:Yb 9593. 209. 300:164.185–C. 302.
13.2015

—— Ehrenbuschn für d'Oesterreicher Armee in Italien z'sambrockt in 100 Schnadahipfln für seini liabn tapfern Landsleit. gr. 8. (63 Stnt. mit Randzeichnungen.) Wien 850, (Seidel.) *

—— 2. Aufl. Wien (1853):Rauh. 66 Bl. 8°
111. 300:525.720–A. 308.
13.2016

—— Ehrenbuschn für d'Oesterreicher Armee in Italien, z'sambrockt in 102 Schnadahipfln für seini liabn tapfern Landsleit. 2. Aufl. 8. (8 S. und 62 Zinkt. mit Text.) Wien 854, (Hügel.) *

Baumann, Alex. Ehrenbuschn für d' Oesterreicher Armee in Italien. Z'sambrockt in 100 Schnadahipfln für seini liabn tapfern Landsleit. 3. Aufl. gr. 8. (8 S. u. 60 Bl. m. Illustr.) Wien 890, Künast.
* 2 60; cart. * 3 —

— Die Engländerin. Schwank. — [Wien 1853]:Klopf & Eurich. 20 S. 8°
48. 300:5.209–B [u. ö.] 302.
13.2018

— Der blaue Frack und seine Folgen. Ein Familienjammer ... als parodirender Schwank oder schwankende Parodie. Wien:Wallishausser 1870. 10 S. 8° (Wiener Theater-Repertoir. 243.)
300:23.032–B. 13 [u.ö.] 302.
13.2019

— Der Freiherr als Wildschütz. Eine Scene aus d. österreichischen Alpen, als Nachspiel zum 'Versprechen hinterm Herd'. — [Wien um 1850]:Klopf & Eurich. 15 S. 8°
30. 31. 48. 300:624.905–B. Th.
13.2020

— — Wien:Wallishausser 1878. 14 S. 8° (Wiener Theater-Repertoir. 337.) 1:Ys 20508. 300:23.032–B. 17. 302.
13.2021

Baumann, Alex., Gebirgsbleamln. Lieder in österr. Mundart nach National-Melodien gesammelt, in Form von Potpourri's übertragen von Edm. Winterle, Op. 15, Heft 6. Wien, Spina. 81 kr.
1861

Baumann, Alexander. Gebirgs-Bleameln. Lieder in österreichischer Mundart für eine oder zwei Singstimmen mit Begleitung des Pianoforte. Nach National-Melodien gedichtet und herausgegeben von — —. 9. Heft. Nr. 10875. Enthält: 1. 's Hoamweh. — 2. d'Frosch-Mirl. — 3. Was er suacht. — 4. 's Leicht-Käferl. — 5. Aus'n Wald. — 6. Der Traunkirchner Bua. Folio. (15 S.) Wien, C. A. Spina. K. K. Hof-Lith. und Steindruck von A. Grube. 1857

Baumann, Alex., Aus der Heimath. Lieder und Gedichte in der österreich. Volksmundart. 16. (XVIII und 148 S. mit 1 Holzschnt.) Berlin 856(57,) Hofmann und Comp.

— Aus der Heimath. Lieder u. Gedichte in d. österreichischen Volksmundart. — Berlin:A.Hofmann 1857. XVIII, 145 S. 8° 1:Yb 9626. 8. 12:P.o.germ. 78 ro. 300:34.042–A.
13.2022

— Die unnöthigen Intrignen [!]. Lustspiel. — [Wien 1850]: Klopf & Eurich. 49 S. 8° 24. 30. 300:624.903–B. Th.
13.2023

— Eine Liebschaft in Briefen. Posse. — (Wien:Schreiber & v. Blomberg [1851].) 24 S. 8° 24. 31. 180.
13.2024

—— Singspiele aus den österreichischen Bergen im Volksdialekt. Das Versprechen hinterm Herd. Der Freiherr als Wildschütz. 's erschti Bußerl. Nebst einem Schwank: Der Löwenrachen. — Wien:Seidel 1850. 153 S. 8° 1:Yb 9715. 12:P. o. germ. 78 m. 17. 19. 31. 79. 109. 300:3939–A.M. [u.ö.] 302. 307.
13.2013

—— Singspiele aus den österreichischen Bergen im Volksdialekt. Das Versprechen hinterm Herd. Der Freiherr als Wildschütz. 's erschti Busserl. Nach d. Erstausg. vom J. 1850. — Halle: Hendel [1901]. 64 S. 8° (Bibliothek d. Gesamtlitteratur d. In- u. Auslandes. 1472.)
1:X 8366–1472. 3. 52. 79. 302. 307.
13.2614

Baumann, Alexander, Fabrikant, Heilbronn. 1874: Strassen-Lokomotiven und Schiffszug. — Heilbronn 1874: Schell. 22 S. 4°
24.
13.2035

— Das Versprechen hinterm Herd. Eine Scene aus d. österreichischen Alpen mit Nationalgesängen. — Wien [1848]:Klopf & Eurich. 18 S. 8° 300:624.906–B.Th.
13.2025

—— 2. Aufl. Wien:Wallishausser 1872. 16 S. 8° (Wiener Theater-Repertoir. 270.) 300:10 in 23.032–B. 14. 302.
13.2026

—— (3. Aufl.) Ebd. 1883. 16 S. 8° (Wiener Theater-Repertoir. 270.)
23.
13.2027

—— Das Versprechen hinterm Herd. Eine Scene aus d. österreichischen Alpen mit Nationalgesängen. [Regiebuch.] — Ebd. 1883. 23 Bl. 8° 1:Mus.T 217/1.
13.2028

—— Das Versprechen hinterm Herd. Singspiel. Berlin [1888]. 10 S. 8° (Eduard Blochs Theaterkorrespondenz. 216.)
1:Yp 6305–216. 14.
13.2029

— Hrsg. von Carl Friedrich Wittmann. Leipzig: Reclam [1888]. 35 S. 8° (Universal-Bibliothek. 2122.)
1:Ag 7201–2122. 14. 15. 17. 29. 31. 36. 60.
300:110.111–A Per. 2122 [u.ö.] 302.
13.2630

—— Das Versprechen hinterm Herd. Eine Scene aus d. österreichischen Alpen mit Nationalgesängen. 3. Aufl. — Wien: Künast 1890. 26 S. 8° (Neues Wiener Theater. 131.)
300:104.092–B. 131. 302.
13.2631

Baumann, Alex., d. Versprechen hinter'm Herd. Kom. Singspiel i. 1 Akt (2 Bild.) F. d. Aufführg. durchges. v. Demetrius Schrutz. 8. (32 S.) Berlin 897. M. Böhm. 1. 50

—— Das Versprechen hinterm Herd. Singspiel aus d. österreichischen Alpen. Mit e. Nachspiel Der Freiherr als Wildschütz. — Mühlhausen i.Th.:Danner [1899]. 48 S. 8° (Thalia. 45.) 1:Yp 6389–45. 3.
13.2632

—— 1899 in: *Baumann:* Das Versprechen hinterm Herd.

—— Das Versprechen hinterm Herd. Eine Scene aus d. österreichischen Alpen, mit Nationalgesängen. — Wien: Daberkow [1901]. 32 S. 8° (Allgemeine National-Bibliothek. 277.) 32. 300:186.514–B. 277. 302.
13.2633

Baumann, Anton, Agrikulturchemiker, Direktor d. Moorkulturanstalt, München, 1856–1912. 1884: Ueber die Bestimmung des im Boden enthaltenen Ammoniak-Stickstoffes und über die Menge der assimilirbaren Stickstoffmenge im unbearbeiteten Boden. Habilitationsschrift. — Berlin 1886: Unger. 57 S. 8°
22.
13.2646

Baumann, Anton: Erfahrungen auf dem Gebiete der Moorkultur.
München 1898

Baumann, Anton, Pfarrer, Wassen, 1839-1902. 1898: Erinnerungen an die Eisenbahn-Bauzeit in Wassen (1880–82). Von Anton Baumann. Ein alter Bittgang auf Ennetmärcht. Von Joseph Müller. — (Altdorf 1901: Gisler.) 73 S. 8° (Historisches Neujahrsblatt. Hrsg. vom Verein für Geschichte u. Alterthümer von Uri. 8.) 1: Rv 7661/391–8.
13.2050

— Geschichte der Pfarrgemeinde Wassen. Von Anton Baumann. Heini Wolleb, Hauptm. der Urner, Held zu Frastenz im Schwabenkriege gefallen d. 20. April 1499 daselbst. Von Josef Müller. — (Altdorf 1898: Gisler.) 69 S. 8° (Historisches Neujahrsblatt. Hrsg. vom Verein für Geschichte u. Alterthümer des Kantons Uri. 4.)
1: Rv 7661/391–4.
13.2051

Baumann, Ant., s: Jahrbuch, Landwirtschaftl., f. Bayern, Bericht üb. d. Arbeiten d. usw. Moorkulturanst.

Baumann, Anton, appr. Arzt a. Cöln a. Rh.: Die Morbidität im Wochenbette bei praecipitierten Geburten. Marburg 1906: Köster u. Schell. (31 S.) 8°
Gießen, Med. Fak., Ref. Pfannenstiel, Diss. v. 6. März 1906
[Geb. 13. Nov. 78 Cöln; Wohnort: Cöln; Staatsangeh.: Preußen; Vorbildung: Gymn. Brilon Reife O. 00; Studium: München 1, Marburg 4, Berlin 2, Gießen 3 S.; Coll. 17. Jan. 06; Approb. 13. April 05.]

Baumann, Anton (Bearb.): Nikolaus von Myra, s. Beatillo, Antonio

A. Baumann's Sol- und Moorbad Schwartau. [Verf.: (A. Baumann)] Lübeck. o. J. [Umschlagt.]

Baumann, A., Tabelle zur Berechnung der Salpetersäure aus dem gefundenen Volumen des Stickoxyds durch e. Multiplikation. qu. Fol. München 889. Rieger. n. — 60

— **Tabelle zur gasvolumetrischen Bestimmung der Kohlensäure [nach Th. Dietrich, erweitert v. A. Baumann] aus den Tafeln zur Gasometrie v. A. B. qu. Fol. Ebd. 889.** n. — 60

— **dasselbe d. Stickstoffs. qu. Fol. Ebd. 889.** n. — 60

Baumann, Ant., Tafeln zur Gasometrie. Zum Gebrauch in chem. und physikal. Laboratorien, sowie an hygien. Instituten. 8. (VII, 194 S.) München 885, Rieger'sche Universitäts-Buchh. cart. *

Baumann, A. (I.), Umwandlungstabellen von Gulden und Kreuzer in Mark und Pfennig aufsteigend von Kreuzer zu Kreuzer bis zu 15 Gulden und von da an von 100 fl. zu 100 fl. bis zu 10,000 Gulden. 8. (10 S.) Eichstätt 876, Krüll'sche Buchh.

Baumann, Anton. 1874: Umwandlungstabellen von Gulden und Kreuzer in Mark und Pfennig aufsteigend von Kreuzer zu Kreuzer bis zu 100 Gulden und von da an von 100 fl. zu 100 fl. bis zu 10000 Gulden. 2. Aufl. — München: Kaiser [1871]. 51 S. 8° 12: Merc. 278–5. 19.
13.2613

Baumann, Ant., Umwandlungstabellen von Gulden und Kreuzer in Mark und Pfennig aufsteigend von Kreuzer zu Kreuzer bis zu 100 Gulden und von da an von 100 Gulden zu 100 Gulden bis zu 10,000 Gulden. 1.—4. Aufl. 8. (54 S.) München 874, Kaiser.

Baumann, A, Umwandlungstab. v. Gulden u. Kreuzer in Mark u. Pfennig aufsteigend v. Kreuzer zu Kreuzer bis zu 100 Gulden und v. da an v. 100 Gulden zu 100 Gulden bis zu 10,000 Gulden. 4. Afl. 8. (54) Münch. 75. Kaiser. — 30

—— dass. — aufsteigend von Kreuzer zu Kreuzer bis zu 100 Gulden und von da an von 100 fl. zu 100 fl. bis zu 10,000 Gulden. 5. und 6. Aufl. 8. (54 S.) München 875, Kaiser.

— **Die Urbarmachung preußischer Moore durch Gefangene. Reisebericht. — (München [um 1900]): Pössenbach. 34 S. 8°** 1: Ow 6433/300.
13.2647

— **Über die Verwendung von Strafgefangenen zur Moorkultur. — Stuttgart: Ulmer 1908. 37 S. 8°**
Aus: Mitteilungen der K. Bayr. Moorkulturanstalt. 2. 1908.
12: 37/3019 [2 Ex.] 91.
13.2648

— **Ueber die Wirkung der Zinksalze auf Pflanze und Boden. Berlin 1884. 53 S. 8°**
Aus: Die landwirtschaftlichen Versuchs-Stationen. 31. 1885.
Zugleich Diss. München 1884.
2. 3. 5. 9. 10. 12: Oecon. 183 f. 15. 16. 18. 19. 21. 22. 26. 28. 29. 202.
13.2649

Baumann, Armand: Die Belagerung Mannheims durch die Oesterreicher im October und November 1795. Vortrag. — Mannheim: Loeffler 1885. 19 S. 8° (Sammlung von Vorträgen gehalten im Mannheimer Altertumsverein. 1,4.) 1: Si 4027–1,4. 7. 8. 9. 12: Germ. sp. 401 c–1,4 [2 Ex.] 16. 17. 24. 25. 26. 30. 31. 36. 38. 43. 52. 61. 90. 107. 180. 209.
13.2652

— **Mannheimer Altertums-Verein. Zur Geschichte Mannheims und der Pfalz. Pläne u. Bilder aus d. Sammlung d. Mannheimer Altertums-Vereins. — Mannheim: Loeffler 1897. 74 S. 8°** Nebent.: Bilder aus Mannheim's Vergangenheit.
1: Si 4030. 4. 9. 16. 17. 24. 25. 26. 30. 31. 36. 38. 43. 52. 61. 64. 90. 107. 123. 180.
13.2653

Baumann, Arno, approb. Arzt aus Dresden: Aus d. Med. Universitäts-Poliklinik Dir. Geh. Med. Rat Prof. Dr. F. A. Hoffmann. Ueber einige seltene hysterische Störungen des Magens. *Leipzig 1904: B. Georgi.* (43 S.) 8°
Leipzig, Med. Diss. v. (24. März 1903)

Baumann, A., die Zuckerharnruhr (Diabetes mellitus) u. ihre Behandlung. Gemeinverständlich m. Kostanordngn. u. Kochanleitg. dargestellt. (74 S.) 8. Berlin (910). [Verlagsgesellschaft Berlin] R. Hirsekorn. 2. —

Baumann, Arnold: Der Gift- und Farbwaaren-Handel. Gesetz- u. Waarenkunde. — Berlin: Springer 1901. VI, 129 S. 8° 1: Im 10240. 11. 26. 38. 201. 208.
13.2655

Baumann, August, approb. Arzt: Ueber einen Fall von Decubitus pharyngis mit Papillombildung. Erlangen 1904: E. Th. Jacob. (39 S.) 8°
Erlangen, Med. Fak., Ref. Hauser, Diss. v. 4. Juli 1904
[Geb. 15. Aug. 80 Wattenheim (Rheinpfalz); Wohnort: Erlangen; Staatsangeh.: Bayern; Vorbildung: Gymn. Erlangen Reife 99; Studium: Erlangen 9 S.]

Baumann, August, Stadtbaumeister, Paderborn, 1839-1909. 1875: Gedichte. — Aachen: Barth 1875. VIII, 208 S. 8°
5. 43. 52.
13.2659

— Die ersten 50 Jahre der Paderborner Liedertafel. — Paderborn 1888: Sprückmann. 65 S. 8° 211.
13.2660

Baumann, Aug., d. lauretanische Litanei. E. Sonettenkranz z. Ehren d. allersel. Jungfrau u. Gottesmutter Maria. 12. (108 S.) Paderborn 895. F. Schöningh.
n. 1. 60; geb. n. 2. 60

Baumann, Aug[ust]. Reminiscenzen aus dem Jahre 1859. Bearb. von Aug. B', Kantonsrat, Rapperswil. Teil 1: Politisches. (Vortrag vor der liberalen Parteiversammlung am 16. Juni 1910.) — Teil 2: Verkehrspolitisches. (Vortrag an der Generalversammlung des Verkehrs- und Verschönerungsvereins am 14. Juli 1910.) [Mit 1 Ansicht.] 24 S. 8. Rapperswil, H. Gasser-Akeret, 1910. N 8650[17]

Baumann, B. B. v. s. *Baumann*, Bernhard v.

Baumann, Bernhard v., Kgl. Sächsischer Oberstleutnant. 1854: **Aphorismen** über die Schützen der Infanterie, ihre Ausbildung und Verwendung. — Dresden: Meinhold 1855. VII,135 S. 8°
12: Sc. mil. 31. 14. 17. 18. 22. 30. 45. 46. 209.
13.2663

— Die militairische Beredtsamkeit dargestellt in Erörterung und Beispiel. — Dresden: Kuntze 1859. XIV,192 S. 8° 14. 15. 18. 30. 31. 45. 209. 303.
13.2665

— Der Feldwach-Commandant. Eine Anleitung für d. Ausübung d. Feldwachdienstes. — Dresden 1854: Blochmann. 123,331 S. 8°
12: Sc. mil. 215f. 14. 24. 26. 33. 45. 209.
13.2666

—— der Feldwach-Commandant. Eine Anleitung für die Ausübung des Feldwachdienstes, so wie für die dabei vorkommende Besetzung und Vertheidigung von Oertlichkeiten. 2. Aufl. 8. (X und 459 S. mit 1 Holzschn.) Dresden 855, Burdach. **

--— Der Feldwach-Kommandant ... 2. Aufl. Dresden: Kuntze 1855. X,459 S. 8° 7. 14. 17. 46. 106. 117.
13.2667

—— der Feldwach-Commandant. Eine Anleitung für die Ausübung des Feldwachdienstes, so wie für die dabei vorkommende Besetzung und Vertheidigung von Oertlichkeiten. 3., verm. Aufl. 8. (X und 453 S. mit 1 Holzschn.) Dresden 857, Kuntze. *

Baumann, Bernh., Frauenleiden u. deren Behandlung durch die Naturheilmethode, s.: Zschommler, Olga.

— weibliche Geschlechts-Leiden während der Kinderjahre, s.: Zschommler, Olga.

—— Die Schützen der Infanterie, ihre Ausbildung und Verwendung. 2., verb. u. verm. Aufl. — Dresden: Kuntze 1858. XI,136 S. 8°
In einem der beiden in 14 vorhandenen Exemplare ist fälschlich als Erscheinungsjahr 1885 angegeben. 14. 15. 17. 24. 30.
13.2664

— Der Sicherheitsdienst im Marsche. — Dresden: Kuntze 1857. XXIII,208,448 S. 8°
1: Hv 30316. 10. 12: Sc. mil. 31c. 14. 17. 24. 26. 30. 45. 46. 79. 209. 300: 40.909-A.
13.2669

— der Sicherheitsdienst im Marsche. Bearb. und durch kriegsgeschichtl. Beispiele erläutert. Ebend. 858. 8. (XXIII, 448 S. u. 1 Tab. in 4.) n. 2 ℛ 15 ngr

—— dass. — 2 Thle. Neue wohlfeile (Titel-)Ausg. 8. Ebendas. 861. *
Inhalt:
Thl. 1. Lehre vom Sicherheitsdienst. (IX und 268 S. mit 1 Tab. in 4.) * 1 Thlr.
" 2. Kriegsgeschichtliche Beispiele. (XIII und 448 S.) * 20 Ngr.

— der Sicherheitsdienst im Marsche. Bearb. u. durch kriegsgeschichtliche Beispiele erläutert. 2 Thle. Neue wohlf. Ausg. Dresden 862. Kuntze. 8. n. 1 ℛ 20 ngr.
1. Thl.: Lehre vom Sicherheitsdienst. (IX, 268 S. u. 1 Tab. in 4.) n. 1 ℛ
2. Thl.: Kriegsgeschichtliche Beispiele. (XIII, 448 S.) n. 20 ngr.

— Störungen des Monatsflusses, s.: Zschommler, Olga.

Baumann, Bernh. v., Studien über die Verpflegung der Kriegsheere im Felde. (In 2 Bdn.) 1. Bd. (Historischer Theil.) 2 Abthlgn. gr. 8. (VI und 854 S.) Leipzig 863,67, C. F. Winter'sche Verlagsh. à Abthl. * 2 Thlr. 10 Ngr. *

Baumann, Bernh. v., Studien üb. die Verpflegung der Kriegsheere im Felde. Historischer Thl. [2. Bd.] 3. Abth. gr. 8. (529 S.) Leipzig 874. C. F. Winter. n. 9. — (1—3. Abth.: n. 23. —)

Baumann, Bernh. v., Studien über die Verpflegung der Kriegsheere im Felde. Historischer Thl. [2. Bd.] 3. und 4. (Schluss-) Abthlg. gr. 8. (VIII, S. 529—794.) Leipzig 880, C. F. Winter'sche Verlagsh. 4
1.—3. Abthl. Ebendas. 1863—74. * ℳ 23.

Baumann, C., Zisterzienser, Kloster Ebrach, geb. 1739. 1764 s. *Baumann*, Christian.

Baumann, C., Oberzollinspektor, Kehl. 1865 s. *Baumann*, Karl.

Baumann, C., Köln. 1905: **Die künstlerischen Grundsätze** für die bildliche Darstellung, deren Ableitung und Anwendung. — Halle: Knapp 1905. 185 S. 8°
1: Nu 715/3. 3. 4. 12: Art. 22 bad. 17. 18. 91. 210.
13.2673

Baumann, C., Observat. grammat. de modorum usu in D. H. „antiquitatibus Romanis". Diss. 1875. 76 S. 1.50

Baumann, C.: Ein Versuch z. Darstellung d. philosoph. Systems Anaximanders, s. Baumann, Karl

Baumann, C.A.: Elementarunterricht in der Naturlehre . . ., s. Baumann, Ludwig Adolf

Baumann, C. A., die Haupt- u. Residenzstadt München u. ihre Umgebungen. Ein Taschenbuch f. Fremde u. Einheimische. M. 6 Ansichten vorzügl. Gebäude, u. 1 (ill.) Plan d. Stadt (in kl. Fol.) 16. (13¼ B.) München 832, [Jaquet.]

Baumann, C. A.: Die Haupt- und Residenzstadt München und ihre Umgebungen. Ein Taschenbuch für Fremde u. Einheimische. — München: Michaelis [1832]. 198 S. 8° 12: Bavar. 198y. 24. 75.
13.2674

Baumann, C. A., die Haupt- u. Residenzstadt München u. ihre Umgebungen. Ein Taschenbuch für Fremde u. Einheimische. Mit 6 Ansichten u. 1 (ill.) Plan. 16. Münch. 832. Michaelis. (Leipz., Michelsen). 16 K

Baumann, C. F. Gegenüber den vielfach im Parthei-Interesse verbreiteten falschen Nachrichten. — Gedruckt bei J. Sittenfeld. 1 Bl. Fol.
Flugblatt. Berlin, 14. Sept. 1848.

Baumann, C. F. A.: Über den Krebs . . ., s. Baumann, Ernst Friedrich August

Baumann, C. Friedr.: Liederkranz ..., s. Baumann, Karl Friedrich

Baumann, C. Sigismund [aus Riga, Russl.]: Studien ueber die m-Jod-o-Oxychinolin-ana-Sulfonsaeure '(Loretin)' ... Freiburg i. B., Buchdr. v. Ch. Ströcker, 1895; 59 S. 8.
Freiburg i. B., Phil. Fak., Inaug.-Diss. v. 1895

Baumann, Carl, s. Baumann, Karl

Baumann, Caroline, s. Baumann, Karoline

Baumann, Christian: Kurze Anleitung z. Pflanzung der Maulbeer-Bäume ..., s.a. Anleitung, Kurze, z. Pflanzung s. Maulbeerbäume ...

[—] Kurze Anleitung zur Pflanzung der Maulbeer-Bäume, und Erziehung der Seiden-Würme, welche nach vieljähriger Erfahrung den Liebhabern des Seiden-Baues mitgetheilet wird. — Wien: Krüchten 1764. 60 S. 8°
12: Oecon. 78. 44. 83. 300: 21.924-A.
13.2679

[—] — Freyburg i. Br.: Wagner 1779. 53 S. 8° 16.
13.2680

Baumann, Christian, Zisterzienser. Kloster Ebrach. geb. 1730. 1764: Kürzeste Anleitung zur Pflanzung der Maulbeerbäume, zur Erziehung der Seidenwürme, und die davon gewonnene Seide zuzurichten. — München 1783. 24 S. 8°
308.
13.2078

Baumann, Christian, s.a. A n l e i t. u. Futterkräuter

(—) Oekonomisch-praktische Anleitung für das Landvolk, durch Anbauung der Futterkräuter und durch vortheilhafte Bearbeitung der Felder wohlhabend zu werden. — München: Selbstverl. 1786. 168 S. 8°
12: Oecon. 84. 16. 19. 20. 44.
13.2081

Baumann, Christian; s.a. F a s t e n d. Deutschen.

[—] Das von seinem Endzwecke und erster Einsezung in Mißbräuche ausgeartete Fasten der Deutschen ... Verf. vom Verf. Entdeckter Geheimnisse der Land- u. Hauswirthschaft. — Frankfurt [usw.] 1787. 429 S. 8°
1: Dt 4260. 12: Path. 384. 302. 308.
13.2082

Baumann, Chr., entdeckte Geheimnisse d. Land- u. Hauswirthschaft. 4 Thle, mit Kpf. gr. 8. Wien 783. Gerold. 8 ß (Barth in Leipz.) 5 ß (Vergl. Reise durch Deutsch- u. Welschland.)

— — Entdeckte Geheimnisse der Land- und Hauswirthschaft, eines jeden Landes für jedes Land. Th. [1]–4. — Wien: Gerold 1783–85. 8° 12: Oecon. 184. 16[* 2]. 19. 20[* 4]. 36[* 4]. 106[* 4]. 303[* 2/4]. 308[* 3.4].
13.2086

— auserlef. Hausbuch, f. d. Landmann. gr. 8. Lpz'g, Barth. 784.

— Auserlesenes Hausbuch für den Landmann, in 3 Abth. Wien: Gerold 1784. 372 S. 8°
20.
13.2083

— Land- und hauswirthschaftlicher Kalender. 1782 in: *Baumann:* Benützte Reise durch Deutsch- und Wälschland.

— der Kern u. das Wesentlichste entdeckter Geheimnisse in d. Haus- u. Landwirthschaft. 3 Bde. 8. Brünn 802, 3. Gastl. 5 ß 4 gl. Hbg. Pr. 1 ß

— — Der Kern und das Wesentliche entdeckter Geheimnisse der Land- und Hauswirthschaft. 3. Aufl. Bd 2.3. — Brünn: Siedler 1803. 8°
308.
13.2087

— Der praktisch geübte Landmann. Oder: Ausführlicher Unterricht vom Wiesenbau, der Vieh- und Bienenzucht; wie auch einer vorzüglich guten Pflege der Wälder, in den k.k. Staaten. — Wien: Gerold 1798. XVI,460 S. 8° 309.
13.2084

Baumann, Christian, s.a. M ä r t e r, F.J., Obstbaumzucht

Baumann, Chr.: Die P f l i c h t e n der Geistlichkeit und der Weltbeamten in Anbetracht der zeitlichen und ewigen Glückseligkeit, nach den Grundsätzen der gesunden Oekonomie und Staatsklugheit, sammt den guten und widrigen Wirthschaftsgründen.
Frankfurt a.M. und Leipzig 1785, Brönner.

[—] Benützte Reise durch Deutsch- und Wälschland mit angemerktem Hauswirthschaftlichen eines jeden Landes für jedes Land ... Von P.C.B. ... Sammt e. Land- u. hauswirthschaftlichen Kalender. — Augsburg: Veith 1782. XVI,454,60 S. 8°
Sondert.: [Baumann:] Land- u. hauswirthschaftlicher Kalender. Von P. C. B.
1[* Hauptwerk]: an Sk 8450. 7. 12: Oecon. 1452. 16. 19. 31. 38. 302. 303.
13.2085

Baumann, Christian
— Die vermehrte Rindviehzucht bey verbesserten Wiesen und Gräsern. — Augsburg: Doll 1783. 48 S. 8°
5. 12: Oecon. 185 [2 Ex.] 15. 19. 20. 30. 210.
13.2088

— die vermehrte Rindviehzucht, mit Hausmitteln wider Viehkrankheiten. 8. Augsb. 784. 2e A. 785. 4e A. 8. Klagenf. 792.... 4 gl.

— — 2., verb. Aufl. Ebd. 1784. 48 S. 8°
20.
13.2089

— — 2., verb. Aufl. Ebd. 1785. 48 S. 8°
38.
13.2090

— d. vermehrte Rindviehzucht. 8. Wien, Doll. 797.

— Der Seidenbau in Deutschland oder ausführlicher Unterricht samt der Geschichte vom Seidenbaue ... Samt e. kurzen Anh. von den Seiden- und Baumwollepflanzen. 3. Aufl., verf., verm., u. erkl. von Christian Baumann. — Eichstätt: Widenmann 1784. XXXII,XVI,240 S. 8°
12: Oecon. 186. 19. 20. 38. 210. 302.
13.2091

Baumann, Christian, s.a. U n t e r r. v Seidenbaue.

(—) Kurzer Unterricht vom Seidenbaue für jeden Landeseinwohner ... Nebst e. Anh. von d. Rindviehzucht, wie auch von Schafen u. Schweinen. — Eichstätt: Widenmann 1784. 71 S. 8° 12: Oecon. 186/1. 19. 30. 38.
13.2092

Baumann, Christian Friedrich
— **Christian Friedrich** (Schneeberg), Utrum herede instituto intra annum deliberandi mortuo substitutus admittatur. Präs. Chph. Ludw. Crell. Wittenbg. (Eichsfeld) Okt. 1734. 24 S. (4.50) 1402
— — Dasselbe. 1757. (4.50) 1403

Baumann, Christian Jakob: Abhandlung vom Bau und Nutzen des türkischen Weitzens. Nebst e. Auszuge aus Kalms Beschreibung vom Meyskorne. [Verf.: Christian Jakob Baumann.] — Berlin: Winter 1757. 84 S. 8°
1: 8° Bibl. Diez 7323. 2. 12: Oecon. 7. 16. 17. 24. 27. 28.
13.2093

[—] — Abhandlung vom Bau und Nuzen des türkischen Weizens. — o.O. 1762. 48 S. 8°
9. 10. 21. 25. 29. 31. 33. 302.
13.2094

Baumann, Christian Jakob: Abhandl. üb. Maulbeerbäume, s. A b h a n d l u n g e n etc.

– Bemerkungen üb. Maulbeerbäume, s. B e m e r k u n g e n etc.

— Die Kunst wohl zu sterben, in e. Predigt über d. Evangelium am Feste d. Reinigung Mariä vorgestellet. 2. Aufl. — Berlin: Haude & Spener 1753. 48 S. 8°
41.
13.2095

— [Hrsg.] s. *Suessmilch,* Johann Peter: Die göttliche Ordnung in den Veränderungen des menschlichen Geschlechts. 4. Ausg. 1775–76 u.ö.

(—) Warnung an das Publikum, die Sterbebeytragsgesellschaften betreffend, nebst einer Anleitung, wie Sterbecassen ... einzurichten sind. — Berlin: Realschulbuchh. 1781. XX,122 S. 8° 1: Fe 9716. 2. 6. 7. 41.
13.2096

Baumann, Christoph Karl: Briefe über die Obstbaumzucht in kalten Gegenden. — Wunsiedel: Verf. 1811. XXI,158 S. 8°
83.
13.2097

Baumann, C., Adreßbuch der Stadt Pforzheim, s. A d r e ß b u c h.

—— Adreßkalender für Carlsruhe, s. A d r e ß k a l e n d e r.

Baumann, E., über die synthetischen Processe im Thierkörper. Oeffentlicher Vortrag, zur Habilitation bei der philosoph. Facultät der Friedrich-Wilhelms-Universität Berlin gehalten. gr. 8. (31 S.) Berlin 878, Hirschwald. *

Baumann, E., s.: Zeitschrift f. physiolog. Chemie.

Baumann, E., Kgl. Oberpostmeister. 1868: Zucht der japanesischen Seidenraupe Bombyx-Yama-mayu. — Bamberg: Buchner 1868. 30 S. 8° 12:Oecon. 186i. 20. 91.
13.2698

Baumann, E. A., universelle Münz-Vergleichungen nach dem effektiven Werthe der örtlichen Münzgesetze. 1 Tab. gr. Fol. Zürich 866, Kraut und Bosshart.

Baumann, E. A. Uebersicht der Maasse, Gewichte und Münzen aller Länder. Zürich 1851 4.

Baumann, Eberhard
— Der Aufbau der Amosreden. — Giessen: Ricker 1903. VIII,69 S. 8° (Zeitschrift für d. alttestamentliche Wissenschaft. Beih. 7.)
1:Bl 9595-Beih. 7. 2→11. 12:Exeg. 1234 sa-7. 14→18. 20. 21. 24→30. 38. 60. 300:414.031-B. Per. 7. 302→304.
13.2700

Baumann, Eberhard [cand. min. aus Lübbenow, Pr. Brandenb.]: Theologische Thesen ... zur Erwerbung des Grades eines Licentiaten der Theologie ... Berlin, Buchdr. v. G. Schade, *1897;* 2 Bl. 4.
Berlin, Theol. Fak., Thes. v. 19. Juni 1897

Baumann, Eberhard Christian Friedrich: Auswahl aus dem schriftlichen Nachlasse. Hrsg. von e. Freunde (d. i. E. F. Kling) mit e. Vorr. von Conz. Abth. 1. — Tübingen: Laupp 1823. XXX,473 S. 8° ·1:Wb 9820. 21.
13.2719

Baumann, Ebhd. Chr. F., († 1819.) Auswahl aus seinem schriftl. Nachlasse, herausg. (v. M. Kling). Mit e. Vorrede v. Conz. (Tacitus Annalen. I—IV. Buch, mit Anmerkk.) 1e Abtheil. gr. 8. Tübing. 823. Laupp. 2 ₰

Baumann, Ed., neuer deutscher Liederhain. Auswahl ein-, zwei- und dreistimm. Lieder für Volks- und Bürgerschulen, sowie für höhere Lehranstalten. 4 Hefte. 8. Leipzig 878, Merseburger. *
Inhalt:
Heft 1. Für Knaben und Mädchen. (32 S.) * 20 Pf.
" 2. Für Knaben und Mädchen. (48 S.) * 30 Pf.
" 3. Für Knaben. (48 S.) * 30 Pf.
" 4. Für Mädchen. (48 S.) * 30 Pf.

Baumann, Edgar: Im Gottesländchen. Aufzeichnungen e. wanderfrohen Studenten aus d. J. 1893. — Leipzig: Hartmann [usw.] 1904. 120 S. 8°
1:Uf 5733. 15. 21. 26. 212.
13.2720

Baumann, Edg., im Gottesländchen. Aufzeichnungen eines wanderfrohen Studenten aus d. J. 1893. (VIII, 120 S. m. 1 Kartenskizze.) 8. Reval 904. (Kluge & Ströhm.) n. 1.60

Baumann, Edmund, s.a. Jost, Henry Edward (Pseud.)

Baumann, Edmund
— Reichs Christi Arth, auff freyglaubige Unarth ubel erklärt, durch einen ungenennten Grund-Sätzer: Uber die Frag, was der Obrigkeit, und Prediger Pflicht seye, Ketzerey, und Irrthum in Religion-Sachen zuverhüten, und wie sie mit Irrenden sollen umgehen. (Th. 1.2.) — Wetzlar: Stock (2: Duderstadt: Hunoldt) 1713. 8° 66.
13.2725

— Apostolischer Beruff der römisch-cath. Priester, oder Richtigkeit deß wahren, eigentlichen, catholischen Priesterthums. — Duderstadt 1700: Hunoldt. 223,186,103 S. 8°
1:Dh 10030. 6. 17. 20. 21. 24. 34. 36. 66. 180. 300:14 F 33.
13.2727

— Christus. Ein Schauspiel. — Berlin: Goethe-Haus 1904. 176 S. 8° 1:Ys 34591. 11. 18. 30. 31.
13.2748

Baumann, Christus. Ein Schauspiel in 5 Aufzügen u. 2 Vorspielen. 2. Aufl. (VII, 176 S.) kl. 8. Charlottenburg 904. [Vorlag im Goethehaus.] Berlin, Concordia. Mit Goldschn. n. 3.50; geb. n. 5. —

—— 3. Aufl. Ebd. 1904. 176 S. 8° 7.
13.2750

—— 3. Aufl. Ebd. 1908. 176 S. 8° 32.
13.2751

— Demonstration, oder deutliche Darthuung, daß mein Bewehrter Augenschein, der luth. Uneinigkeit, und Fehlbarkeit von beyden Gestalten ... richtig, aber D. J. A. Frohns ... Bestreitung nichtig seye. — Duderstadt 1701: Hunoldt. 882 [vielm. 288], 328 S. 8°
5. 6. 17. 20. 26. 34. 36. 66. 180.
13.2729

— Emmanuel. Gott mit uns in allen catholischen Glaubenssachen, auch im h. eucharistischen Sacrament vor der Geniessung, in einer Gestalt. — Duderstadt 1700: Hunoldt. 424 S. 8° 10. 17. 19. 20. 30. 66.
13.2730

Baumann, Edmund
— Henry Edward Jost. Über den Erfolg. Lfg 1-21. — Berlin: Modern-Pädagog. u. Psycholog. Verl. 1902-03. 8°
1:Np 18771. 26[= 12.13].
13.2752

—— Neue, wohlfeile Ausg. Ebd. (1906). 229 S. 8°
1:Np 18771². 11. 17. 30. 36. 60. 72.
13.2753

— Methode Henry Edward Jost. Über den Erfolg im Beruf und im Leben. — Charlottenburg: Modern-Pädagog. u. Psycholog. Verl. [um 1900]. 32 S. 8° 14.
13.2755

— Immerwahr catholisch unfehlbar: Alles was, wie, dieweil, Gott die ewige Wahrheit so offenbahrend bezeuget, durch seine eine heilige catholische Kirche zu glauben vorstellt, und anzeigt. — Duderstadt 1711: Hunoldt. 135 S. 8°
1:Dh 10740. 17. 36. 66. 78. 300:14 G 50. 308.
13.2731

— Libertas christiana, Freyheit der Christenheit. Was sie, wie vielerley, und recht üblich sey. — Duderstadt 1713: Hunold. 608 S. 8°
1:Dh 10030. 2. 5. 17. 20. 21. 24. 30. 38. 66.
13.2733

— Nothwendigste Mittel zum Himmel, förchte Gott und halte sein Gebott, das ist: Was jeder Mensch thun soll? Th. 1.2. — Würtzburg 1711: Hertz. 8°
2. 24. 30. 66. 300:14 G 51.
13.2734

— Nomen & omen; Nahm mit der That: Oder Nothwendigkeit guter Wercken und Tugenden. — o. O. 1722. 132 S. 8°
66.
13.2736

— Pflücke das Leben! Gesichte. (128 S.) kl. 8. Berlin-Charlottenburg 904. [Modern-pädagog. u. psycholog. Verlag.] Berlin, Concordia. n. 1. —

— Pflücke das Leben! Gesichte. 2. Aufl. (Volks-Ausg.) — Berlin: Modern-Pädagog. u. Psycholog. Verl. 1904. 128 S. 8° 1:Yo 20999³. 27. 38.
13.2757

—— 7. Aufl. Ebd. 1904. 128 S. 8° 18.
13.2758

— — [Werke] Henry Edward Jost's Schriften (6:. Werke). No 2 6. — Charlottenburg (4–6: Berlin): Modern-Pädagog. u. Psycholog. Verl. [1902-05]. 8°
2. Über echtes Musikverständnis. [1902.]
3. Über echtes Kunstverständnis. [1902.]
4. Über Gedächtnisbildung. [1902.]
5. Der Magnetismus in Wissenschaft u. Kirche. [1905.]
6. Wie arbeitet das Talent? 1903.
2 6 . . . . 1:Ak 4365. 11.
2 4.6 . . . . 31.
2 4 . . . . 207.
2.3.6 . . . . 62.
2.4 . . . . 3.
3 . . . . 2. 10. 169.
4 . . . . 30. 33. 38. 43. 60. 79. 304.
5 . . . . 30. 47. 53. 64.
6 . . . . 24. 107. 109.
13.2738

— — 2. Aufl. No 1. Berlin: Modern-Pädagog. Verl. 1901. 74 S. 8°
1. Über die beste Art geistig zu arbeiten. 1:Ak 4365[a].
13.2739

— — 4. Aufl. No 1. Charlottenburg: Modern-Pädagog. u. Psycholog. Verl. [1901]. 97 S. 8°
1. Über die beste Art geistig zu arbeiten. 38. 47.
13.2740

— — 5. Aufl. No (3: Bd) 1.3. Charlottenburg (3: Berlin): Modern-Pädagog. u. Psycholog. Verl. [1902–05]. 8°
1. Über die beste Art geistig zu arbeiten. [1902.]
3. Über die beste Art Kunstwerke zu betrachten. [1905.]
1.3 . . . . 11. 79.
1 . . . 3. 7. 10. 14. 16. 18. 24. 27. 31. 34. 38. 42. 52. 107. 169. 207. 308.
13.2741

— — 6. Aufl. No 1. Berlin: Modern-Pädagog. u. Psycholog. Verl. [um 1910]. 128 S. 8°
1. Über die beste Art geistig zu arbeiten. 26. 33. 79.
13.2742

— — 7. Aufl. No 1.4. Berlin: Concordia (4: Modern-Pädagog. u. Psycholog. Verl.) 1903/4–[17]. 8°
1. Über die beste Art geistig zu arbeiten. [1917.]
4. Über Gedächtnisbildung. 1903/4.
24 [**1]. 41 [**4]. 101 [**4].
13.2743

— — 9. Aufl. No 4. Berlin: Modern-Pädagog. u. Psycholog. Verl. 1903/4. 123 S. 8° 4. Über Gedächtnisbildung. 10.
13.2745

— — 11. Aufl. Bd 2.4. Ebd. 1903/04–[05]. 8°
2. Über die beste Art, Musik anzuhören. [1905.]
4. Über Gedächtnisbildung. 1903/04.
1 [**4]: Ak 4365[11]-2. 41 [**2]. 79 [**4]. 207 [** 2].
13.2746

Baumann, Eduard (Pseud.): Die dekorative Bildnerei d. Griechen, s. Baumgärtel, Max

Baumann, Eduard, wichtige Enthüllungen um schöne Kinder zu erhalten, Knaben od. Mädchen nach Wunsch der Erzeuger. Günstige u. ungünstige Tage u. s. w. (52 S.) kl. 8. Dresden (904). H. L. Diegmann. n. 1.—

Baumann, Eduard, wichtige Enthüllungen. Im Deutschen Reiche verboten.

Baumann, Ed., mythologische Hülfstafeln für Präparanden u. Solche, die sich zum Examen in der Musiklehre vorbereiten wollen. gr. 12. (2¼ B.) Leipzig 843, Fr. Fleischer.

Baumann, Eduard (Pseud. f. Max Baumgärtel): Die Kunst des alten Orients, s. Schultz, Alwin

Baumann, Eduard [aus Untermeitingen]: Ein Porro-Kaiserschnitt bei Carcinoma cervicis uteri inoperabile nebst Statistik d. Porro-Operationen v. J. 1889—1894 ... München, Buchdr. Kastner & Lossen, 1896; 37 S. 8.
Erlangen, Med. Fak., Inaug.-Diss. v. 1896

Baumann, Eduardus [Lehramtspraktikant]: Quaestionum Terentianarum liber prior. — De Terentiano verbi substantivi usu ita agitur, ut generalis quae ad ellipsin huius verbi pertinet quaestio accurate tractetur. Mannheim Druck v. Wendling Dr. Haas & Co., 1890; XLV S. 4°
Mannheim, gr. HG, MP 1890 (609)

— — Toiletten-Spiegel f. Schwangere u. junge Mütter. gr. 12. (10¼ B. u. 1 Stnt.) Leipzig 842, C. H. Reclam sen.

Baumann, Eduard: Wie erhöhe ich meine Körpergrösse? Der wahre Muskelstärker! Die Erhaltg völl. Gesundh. u. perfekter körperl. Entwicklg „auf rein wiss. Basis". (81 m. Abb.) 8° Dresd. (07). Pankow, HL Diegmann. 2 — d

Baumann, Eduard, wie erhöhe ich meine Körpergröße? Der wahre Muskelstärker! Die Erhaltung völliger Gesundheit u. perfekter körperl. Entwicklung „auf rein wissenschaftl. Basis". Bestes Verfahren, um ohne Hilfsmittel u. Berufsstörg. Athlet zu werden. (81 S. m. Abb.) 8. Dresden (907). Pankow, D. Linser Verl. 2.—

Baumann, Eduard. 1910: Wie erhöhe ich meine Körpergröße? — Berlin: Linser [um 1910]. 31 S. 8°
1:N 11.3289.
13.2764

Baumann, **Edw., Diss. inaug. med.-chirurgica. Collectanea quaedam ad tetanum traumaticum spectantia. 8. Dorpat 823.**

Baumann, Emil, appr. Arzt aus Werbach (Baden): Ein Fall von Hauthorn des Augenlides. *Würzburg 1898: A. Boegler.* (25 S.) 8°
Würzburg, Med. Diss. v. 1898

Baumann, Emil, Schuldirektor, Geringswalde. 1906: Lehrplan für den evangel.-luth. Religionsunterricht der achtklassigen Volksschule. — Leipzig: Klinkhardt 1906. 64 S. 8° 207.
13.2774

Baumann, Emil, approb. Arzt aus Engelskirchen: Aus d. Ambulanz d. Hrn Privat-Doz. Dr. Eschweiler u. dessen Abt. f. Hals-, Nasen- u. Ohrenkranke am 'Krankenhaus d. barmherzigen Brüder' in Bonn. Die tertiär-syphilitische Mittelohreiterung. *Bonn 1902: C. Georgi.* (38 S.) 8°
Bonn, Med. Diss. v. [20. Dez.] 1902

Baumann, Ernst: Vergleichende Beobachtungen über das Credésche und exspectative Verfahren in der Nachgeburtszeit aus der Halleschen Frauenklinik. *Halle a. S. 1898: C. A. Kaemmerer & C.* (40 S.) 8°
Halle, Med. Diss. v. 20. Juli 1898

Baumann, Ernst, Pfarrer, Melsungen. 1906: Der Beruf der niederhessischen Mission und Die Lehre des Metropolitan Vilmar vom Fürstentum von Gottes Gnaden. 2 Vorträge. Cassel: Freyschmidt in Komm. 1906. 46 S. 8°
4. 17. 34.
13.2814

Baumann, Ernst, der Beruf der niederhessischen Mission u. die Lehre des Metropolitan Vilmar vom Fürstentum v. Gottes Gnaden. 2 Vorträge, geh. in der niederhess. Pastorenkonferenz vom 8. VII. 1903 u. 11. VII. 1906. (46 S.) 8. Cassel 906. (A. Freyschmidt.) n. — 60

Baumann, Ernst. Die Einziehung im schweizerischen Strafrecht. Diss. Staatsw. Univ. Zürich. XVI + 108 S. 8. Zürich, Emil Rüegg, 1907.
Ausg. A: Umschlag = Titel. V Zür
Ausg. B: Umschlag ohne Bezeichnung als Diss. N 5494

BAUMANN, Ernst (München): Ein Fall von Leberverwundung mit Pylephlebitis traumatica aus dem Krankenhause München r./I.- München: Straub 1881. 1 Bl.,14 S.
3.8.1881 - Urk (Titel: De hepatis vulneribus.); Chr 1881/82,7
Diss. Ingolst.-Landsh.-Münch.

Baumann, Ernst [prakt. Arzt in Riehen]: Ueber Geburtsverlauf nach Vaginofixation. Basel 1898. 41 S. 8°.
Basel. Med. Diss. 1897/98.

Baumann, Ernst, Aus d. Seelenleben eines jungen Deutschen. Veröffentlicht v. Mich. Oehler. (164 S.) gr. 8. Berlin 904. C. A. Schwetschke & Sohn. n. 3. —; geb. n. 4. —

Baumann, Ernst Friedrich August
— **Ernst Friedrich August** (Gräfenhainichen), De cancro subjuncta remedii, hactenus arcani, contra cancrum labiorum et faciei declaratione. Diss. med.-chir. Präs. Carl Gottlob Kühn. Leipzig (Hirschfeld) 14. X. 1814. 52 S. (4.80) 1404
Gew.: Friedr. Hermann Otto v. Hohenzollern-Hechingen.

Baumann, Ernst Friedrich August: [De Cancro, deutsch] Ueber den Krebs im allgemeinen nebst der Anzeige eines ... Mittels gegen den Lippen- und Gesichts-Krebs. — Leipzig: Industrie-Comtoir 1817. 96 S. 8°
Das Original erschien als Diss. Leipzig 1814.
1: Ix 5870. 2. 12: Path. 93m. 14. 17. 26. 53. 61. 202.
13.2819

— Einige Verhaltungsregeln in verschiedenen Krankheiten der Zähne, so wohl zur Verhütung als Beseitigung derselben, nebst Anweisung zum richtigen Gebrauche seiner Zahnmedikamente. — Leipzig 1817. 24 S. 8° 14.
13.2820

Baumann, Eugen, Archidiakon an St. Elisabeth, Berlin. 1877: Bericht über die Allianz-Versammlung zu Florenz. — Berlin 1891: Jäckel. 20 S. 8° 1: Cv 2682.
13.2821

— Bericht über das evangelisch-christlichen [!] Leben in Deutschland. Erstättet auf der Kopenhagener Allianz. Versammlung 1884. — Kopenhagen 1884: Graebe. 16 S. 8° 29.
13.2822

Baumann, Eug., Christenspiegel. Tägliche Andachten aus Hl. Schrift u. Erfahrg. (VII, 367 S.) 8. Leipzig 907. G. Strübig. n. 3. —; geb. in Leinw. n. 4. —

Baumann, Eugen, Prof. d. Chemie, Berlin, später Freiburg, 1846-1896. 1895: Zur Erinnerung an Felix Hoppe-Seyler. Von E. Baumann u. A. Kossel. — Straßburg: Trübner 1895. LXI S. 8° Aus: Zeitschrift für physiologische Chemie. 21.1895.
3. 4. 16. 25. 26. 30. 210. 303.
13.2841

Baumann, Eug., kurzgefaßte Erläuterungen zum kleinen Katechismus Luther's, nebst Sprüchen, Liedern und Beispielen aus der bibl. Geschichte. 2. Aufl. 8. (62 S.) Berlin 879, F. Schulze's Verlag.) *
geb. *
1. Aufl. erschien 1876 im Selbstverlag.

Baumann, Eug., kurzgefaßte Erläuterungen zum kleinen Katechismus Luthers, nebst Sprüchen, Liedern und Beispielen aus der bibl. Geschichte. 3. Aufl. 8. (64 S.) Berlin 885, (F. Schulze's Verlag.) *

Baumann, Eug., kurzgefaßte Erläuterungen zum kleinen Katechismus Luthers, nebst Sprüchen, Liedern u. Beispielen aus der bibl. Geschichte. 4. Aufl. 8. (64 S.) Berlin 892. Frdr. Schulze's Verl. n. — 40; geb. n. — 50

Baumann, Eug., kurzgefaßte Erläuterungen z. kleinen Katechismus Luthers, nebst Sprüchen, Liedern u. Beispielen aus der bibl. Geschichte. 5. Aufl. 8. (64 S.) Halle 901. E. Strien. n. — 40

—— der Frieder von Stolberg. Eine Kindergeschichte. 8. (20 S. mit 3 Holzschn.) Berlin 888, (Hennig.) *

— Die Gemeine der Heiligen im Lichte der Gottesstadt. Predigt. — Halle: Strien [1899]. 11 S. 8° (Evangelischer Predigt-Hausschatz. 28.) 1: Ec 26504-28. 3.
13.2825

— Die Gerechtigkeit, die vor Gott gilt. Predigt. — Halle: Strien [1899]. 12 S. 8° (Evangelischer Predigt-Hausschatz. 35.) 1: Ec 26504-35. 3.
13.2826

Baumann, Eug., Vater Hennefuß. Lebensbild eines alten Berliners, aus seinen Schriften gezeichnet. 8. (144 S.) Berlin 883, (F. Schulze's Verlag.) 1

— s.: Hoppe-Seyler.

— Der Konfirmanden-Unterricht in Frageform. — Halle: Strien (1900). IV, 75 S. 8° 1: Eo 14412. 3. 15. 29.
13.2828

— Drei Kreuze - drei Sinnbilder. Predigt. — Berlin: F. Schulze in Komm. 1882. 8 S. 8° 1: 13 in E 251-2. 2.
13.2829

— Thomas Münzers Kriegszug gegen Stolberg. Eine Kindergeschichte aus d. Bauernkriege. — Berlin: Hennig in Komm. 1889. 20 S. 8° 21.
13.2830

Baumann, Eugen
— Oberlin u. die Oberlin-Sache. Vortrag zum Besten d. Oberlin-Zweig-Vereins Berlin im 1. evangel. Vereinshause am 16. Mai 1877 geh. 8. (18 S.) Berlin 877. (Beck.) n. — 50

— Oberlin und die Oberlin-Sache. Vortrag. — Berlin (1877): Jäckel. 18 S. 8° 1: Av 3976. 21.
13.2831

— Rede am Sarge des Bildhauers Herrn Professor Paul Otto am 10. April 1893. — Berlin: F. Schulze 1893. 11 S. 8°
1: Nt 5420. 14.
13.2832

Baumann, Eug., Rede, bei der Trauung d. Bildhauers Hrn. Max Kruse m. Frl. Anna Pavel am 30. Jan. 1884 in der Jerusalemskirche zu Berlin geh. gr. 8. (6 S.) Berlin 884. (F. Schulze's Verl.) n. — 20

— Das Selbstcommuniciren des evangelischen Geistlichen aus Geschichte, heiliger Schrift und Bedürfniß gerechtfertigt. — Berlin: Schleiermacher 1880. 82 S. 8°
1: Dp 7327. 18. 24. 29.
13.2833

— Christliche Totenschau. Totenfestpredigt. — Halle: Strien [1899]. 12 S. 8° (Evangelischer Predigt-Hausschatz. 21.) 1: Ec 26504-21. 3.
13.2834

Baumann, Eug.: Die Vegetation d. Untersees (Bodensee). Eine florist.-krit. u. biolog. Studie. (5, 554 m. Fig. u. 15 Taf.) gr8° Stuttg., E Schweizerbart '11. 24 —

BAUMANN, EUGEN. Ueber einige Vinylverbindungen. Tübingen, 1872. Diss. G. S.

— Der Berliner Volkscharacter in der Seelsorge. — Berlin: Schleiermacher 1880. 133 S. 8°
1: Dp 7324. 2. 14. 29. 30. 78. 109.
13.2835

—— der Berliner Volkscharakter in der Seelsorge. 2. bill. (Titel-)Ausg. 8. (135 S.) Prenzlau (880)87, Biller. *

Baumann, Eug., Vorbereitungen zum Kindergottesdienst. Aus der Praxis gesammelt und nach dem Kirchenjahr geordnet. Altes Testament. 1. Buch Mose. gr. 8. (92 S.) Berlin 885, (F. Schulze's Verlag.) *

— Vortrag über die Schatten- und Lichtseiten des Berliner Volkscharakters. — Berlin 1886: (Jäckel). 15 S. 8° 203.
13.2838

— Wundersucht - Wunderglaube - Wunderwirkung. Predigt. — Halle: Strien [1899]. 11 S. 8° (Evangelischer Predigt-Hausschatz. 17.) 1: Ec 26504-17. 3.
13.2839

— Zeitbilder aus meinem Leben. Erinnerungen. — Berlin: Warneck 1905. VI, 432 S. 8°
1: At 9420. 11. 12: Biogr. 71 vs. 21. 109. 203.
13.2840

Baumann, F., Ditbrechentafel, f.: Kolb, A.

Baumann, F., Hand-Fibel f. Unterklassen der Volksschule. 2. verb. Aufl. 8. (79 S.) Cassel 849, Luckhardt. n. 2²/₃ ngr — 3. verb. Aufl. 12. (79 S.) Ebd 851. n. 4 ngr

Baumann, F., Hand-Fibel für Unterklassen der Volksschule. 24. verb. Aufl. Hierzu als Gratis-Beilage: Schreib-Lesefibel als Vorschule zum Lesen der Druckschrift. 8. (90 S.) Kassel 876, Grobel.

Baumann, F., s. Liederbuch

Baumann, F., deutscher Liederschatz, f.: Stoffregen, H. A.

—— Wandfibel. Enthaltend 21 Uebungen auf 16 Bogen. 2., verb. Aufl. gr. Fol. Cassel 850, Luckhardt. *

Baumann, F. E., s. Baumann, Friedrich Eduard

Baumann, F. L., s. Baumann, Franz Ludwig

Baumann, Felix, Journalist. 1902: Im dunkelsten Amerika. Sittenschilderungen aus d. Vereinigten Staaten. — Dresden: Beutelspacher 1902. 104 S. 8°
10. 14. 16. 27. 41. 203. 205.
13.2851

Baumann, Felix, approb. Arzt aus Hunsberden (Rheinl.): Ueber operative Behandlung eines veralteten paralytischen pes varo-calcaneus. *Leipzig 1902: B. Georgi.* (32 S.) 8°
Leipzig, Med. Diss. v. (13. Mai) 1902

Baumann, Fel., englisch-deutsches Ergänzungswörterbuch, f. Langenscheidt's Sachwörterbücher.

-- Methode Toussaint-Langenscheidt. Ergänzungswörterbuch zu Naubert, Land und Leute in Amerika. — Berlin: Langenscheidt (1906). 64 S. 8° **11. 109. 180. 203.**
13.2855

— New Yorker 'Kadetten'. Enthüllungen über d. Mädchenhandel in d. Vereinigten Staaten. — Dresden: Engelmann 1905. 162 S. 8° **30. 203. 205.**
13.2858

Ⓑ — New-Yorker „Kadetten" 905. (KBL 83.) Jetzt: Möhringen, E. Engelmann's Nachf. Erm. Pr. 2. 50

Baumann, Fel., Japaner Mädel. (296 S. m. 8 Taf.) gr. 8. Gross-Lichterfelde-Ost (908). Dr. P. Langenscheidt. 6.—; geb. 7. 50

Baumann, Felix, Installateur, Zwickau. 1910: Überlandzentralen und Monopolwesen. Vortrag. — Frankfurt a. M. 1910. 19 S. 8° (Veröffentlichungen d. Verbandes d. Elektrotechnischen Installationsfirmen in Deutschland.) **86.**
13.2861

Baumann, Ferdinand
Baumann: Die Erbgrafen des Unterwaldes. 33 S.
Progr. Mühlbach 1868.

Baumann, Ferdinand: Geschichte d. evangelischen Gymnasiums A. B. in Mühlbach. Beil. zum Mü. G.-P. 1895/96. Hermannstadt: Krafft 1896. 44 S. 4°. Mit 1 Abb. d. Schule.

Baumann, Ferdinand: Zur Geschichte von Mühlbach. Beil. zum Mü. G. P. 1881/82. Hermannstadt: Filtsch's Buchdr. W. Krafft 1882. 76 S. 4°.

Baumann, Ferdinand Zur Geschichte von Mühlbach 1526—1571. 4 (S. 3—108)
Progr. Ev. G. u. Elementarsch. *Muhlbach* 1889

Baumann, Ferdinand, Gymnasiallehrer, Mühlbach. 1874: Geschichte der terra Siculorum terrae Sebus des Andreanischen Freibrief's oder des adligen Gutes Gießhübel bei Mühlbach. — Hermannstadt 1874. 50 S. 8°
Aus: Programm d. Untergymnasiums Mühlbach. 1873-74.
1:4° Sd 10392. 2. 8. 12:4° Austr. 10r. 36. 41. 300:35.253-B. 302.
13.2863

Baumann, Ferd., die Schenkung der Stadt und des Stuhles Mühlbach an die Brüder Johann und Andreas Pongratz. Ein Beitrag zur Geschichte Mühlbachs unter Mathias und Wladislaus II. gr. 8. (50 S.) Hermannstadt 876, (Michaelis.) *

Baumann, Ferd Die Schenkung der Stadt und des Stuhles Mühlbach an die Brüder Johann und Andreas Pongratz Ein Beitrag zur Geschichte Mühlbachs unter Matthias und Wladislaus II. 50 S 8 **Progr.** *Muhlbach* 1876.

Baumann, Fr., Schriftleiter, Rostock. 1893: Mecklenburgische Landes-Gewerbe- und Industrie-Ausstellung Rostock 1892. — Rostock 1893: Boldt. 276 S. 4°
28. 33. 42. 43. 117.
13.2865

Baumann, Franz. Beiträge zur Biologie der Stockhornseen. Diss. Phil. Bern. (Mit einer Kartenskizze. Extrait de la Revue suisse de Zoologie. T[ome] 18, 1910.) IV S. + S. 647—728. 8. Genève, Albert Kündig, 1910. V Bern

Baumann, Franz: Ueber Keratokonus. *Stuttgart (1898): Greiner & Pfeiffer.* (32 S.) 8°
Erlangen, Med. Diss. v. 3. Jan. 1898

Baumann, Franz, K. k. Hauptmann, Wien. 1905: Richtapparat für Artilleriekommandanten. — Wien: Selbstverl. 1905. 38 S. 8° **201. 209. 302.**
13.2867

Baumann, Frz., Richtapparat f. Artilleriekommandanten. (38 S. m. Abbildgn. u. 2 Taf.) kl. 8. Wien 905. (L. W. Seidel & Sohn.) n. 1. —

Baumann, Franz
Baumann, Fr., Tafel d. Hauptlehren d. Elementär-Mathematik. 1. Hft. (Arithmetik, Algebra, ebene Geometrie.) 2. Hft. (Körperl. beschreib. analyt. Geometrie, beide Trigonometrien.) Zum Leitfaden akadem. Vorlesn. bestimmt. (à 3 B.) gr. 12. Münster 830, Theissing. à

— Tafel der Hauptlehren des ... halbjährigen Cursus der Elementär-Mathematik, zum Leitfaden akademischer Vorlesungen bestimmt. 1.2. — Münster: Theissing 1830. 8°
1:1-Oa 1030; 2-Oa 1031. 9.
13.2866

Baumann, Frz., landschaftliche Zeichenvorlagen aus dem Elsass, dem badischen Schwarzwald, Bodensee u. Hohenzollern, nach der Natur gezeichnet. Für Schulen, Pensionate, Gewerbeschulen etc. etc. Aufgenommen u. in Lichtdr. ausgeführt v. J. Kraemer. (50 Taf. m. IV S. Text.) gr. Fol. Strassburg (905). (J. H. E. Heitz.) In Mappe n.n. 20.—

Baumann, Franz Ludwig R^r v. [Hrsg.]
s.a. *Acta* S. Petri in Augia. 1877.

Baumann, Frz. Ludw., Acta s. Petri in Augia. 4 Quellenschriften d. 13. Jahrh. aus dem Kloster Weissenau bei Ravensburg. [Aus: „Zeitschrift f. Gesch. d. Oberrheins".] gr. 8. (137 S.) Karlsruhe 877. Braun. n. 2. —

— [Hrsg.] s.a. ***Akten* zur Geschichte des deutschen Bauernkrieges aus Oberschwaben. 1877.**

— Akten zur Geschichte des deutschen Bauernkrieges aus Oberschwaben. gr. 8. (XII, 444 S.) Freiburg i. Br. 877. Herder. n. 6. —

Baumann, F[ranz] L[udwig]. Das Kloster Allerheiligen in Schaffhausen. Hrg. von Dr F. L. B^r: Urkunden. Die altesten U^r von Allerheiligen. Basel 1883.

— das Kloster Allerheiligen in Schaffhausen, s.a. **Quellen zur Schweizer Geschichte.**

— Die zwölf Artikel der oberschwäbischen Bauern 1525. — Kempten: Kösel 1896. IV, 160 S. 8°
1: Ry 2874. 2. 3. 5. 7. 11. 12: Germ. sp. 27 knd. 14. 15. 16. 18→21. 24→27. 29. 30. 31. 34. 41. 100. 109. 123. 180. 203. 208. 300: 89.087-B. 302. 304.
13.2868

— Die oberschwäbischen Bauern im März 1525 und die zwölf Artikel. — Kempten: Kösel 1871. 102 S. 8°
Zugleich Diss. München 1871.
1: Ry 2635. 5. 7→10. 12: Germ. sp. 27kh. 14. 16. 19. 21. 24. 25. 27→32. 64. 123. 300: 106.686-B. 302.
13.2869

Baumann, FL, d. Werdensteiner Chronik. Eine Quelle z Geschichte d. Bauernkrieges im Allgäu. 12. (36) Kempt. 88, Kösel. n. 1. —

Baumann, F. L. Die Eidgenossen u. der deutsche Bauernkrieg bis März 1525. In-8°. 29 S. München, K. Akad. 1896

— Forschungen zur schwäbischen Geschichte. — Kempten: Kösel 1898 (1899). VII,625 S. 8°
20. 27. 43. 107. 123. 304. 308.
13.2870

—— Ebd. 1899. VII,625 S. 8° 1: Sa 9736. 2. 4→11. 12: Germ. sp. 27kne. 14. 15. 16. 18→22. 24. 25. 28→31. 34. 36. 41. 45. 46. 180. 203. 208. 302. 303.
13.2871

— die Gaugrafschaften im wirtembergischen Schwaben. Ein Beitrag zur historischen Geographie Deutschlands. Mit einer (lith. u. color.) Karte (in Fol.). gr. 8. (172 S.) Stuttgart 879. Kohlhammer. n. 8. —

Baumann, Franz Ludwig R[r] v.
— Geschichte des Allgäus. Bd 1-3. — Kempten: Kösel 1881-90. 8°
1: Sf 7024. 2→8. 10. 11. 12: Bavar. 108yd [2 Ex.] 14→22. 24. 25. 26. 29. 30. 31. 34. 36. 38. 41. 43. 45. 46. 75. 109. 123. 203. 209. 300: 59.925-B. 302→304.
13.2873

— Geschichte d. Allgäus von den ältesten Zeiten bis zum Beginne d. 19. Jahrh. (In 2 Bdn. od. ca. 18 Hftn.) 1–7. Hft. gr. 8. (1. Bd. S. 1—448 m. eingedr. Holzschn., 2 Steintaf., 2 Chromolith. u. 4 Lichtdr.) Kempten 881. 82. Kösel. à n. 1. 20

Baumann, Frz. Ludw., Geschichte d. Allgäus v. den ältesten Zeiten bis zum Beginne d. 19. Jahrh. 8—14. Hft. gr. 8. (1. Bd. VII, S. 449—512 u. 2. Bd. S. 1—256 m. eingedr. Holzschn. u. 1 Lichtdr.) Kempten 883—86. Kösel à n. 1. 20

Baumann, F. L., Geschichte des Allgäus. 15.—23. Hft. gr. 8. (2. Bd. S. 257—776 m. eingedr. Illustr. u. 12 Taf.; 3. Bd. S. 1—64 m. eingedr. Illustr. u. 1 Lichtdr.-Taf.) Kempten 887—890. Kösel. à Hft. n. 1. 20

Baumann, Frz. Ludw., Geschichte des Allgäus. 24.—32. Hft. gr. 8. (3. Bd. S. 65—640 m. Abbildgn., 1 farb. Karte u. 14 farb. Taf.) Kempten 891—894. J. Kösel. à n. 1. 20

— Geschichte d. Allgäus. 33. (Schluß-) Hft. gr. 8. (3. Bd. S. 641—729 m. Abb. u. 1 farb. Taf.) Ebd. 895. n. 1. 20 (3 Bde. kplt: n. 39. 60, geb. in Leinw. n.n. 45. 90; in Halbfrz. n.n. 43. 30)

— Zur Geschichte des Lechrains und der Stadt München. [München 1902.] 92 S. 8°
Aus: Archivalische Zeitschrift. N. F. 10. 1902.
12: Bavar. 4276e. 303.
13.2874

Baumann, Frz. Ludw., zur Geschichte Münchens. (S. 189—281.) Lex. 8. München 908. (Th. Ackermann.) 1. 20
Sonderabdruck aus „Archival. Ztschr."

— d. bayerische Geschichtsschreiber Karl Meichelbeck 1669—1734. Festrede, geh. i. d. öffentl. Sitzg. d. k. b. Akademie d. Wiss. z. München z. Feier ihres 138. Stiftungstages am 27. III. 1897. gr. 4. (53 S.) München 897. (G. Franz' Verl.) n. 1. 50

Baumann, Frz. Ludw., s.: Mitteilungen aus dem Fürstenbergischen Archive.

— [Hrsg.] s. *Necrologia* Germaniae. 1.3. 1888–1905.

— Die Ortsnamen der badischen Baar und der Herrschaft Hewen. 8°
Aus: Schriften d. Vereins für Geschichte u. Naturgeschichte d. Baar. 4. 1882.
12: Germ. sp. 618b. 25.
13.2877

Baumann, F. L. Quellen zur Geschichte des Bauernkrieges in Oberschwaben. (906.) 8. Stuttgart 1876.

Baumann, F. L. Quellen zur Geschichte des Bauernkrieges aus Rothenburg an der Tauber. (723.) 8. Stuttgart 1878.

— u. Tumbült, Quellen z. Geschichte d. Hauses Fürstenberg u. s. ehedem reichsunmittelb. Gebietes, s.: Mittheilungen a. d. Fürstenberg. Archive.

— Die Territorien des Seekreises 1800. — Karlsruhe: Braun 1894. 64 S. 8° (Badische Neujahrsblätter. 4.)
1: Si 125–4. 4→7. 11. 12: Germ. sp. 341 lag–4. 14→17. 21. 24. 25. 29. 30. 31. 38. 43. 90. 107. 121. 123. 180. 208. 300: 393.630–B. Per. 4. 302.
13.2878

Baumann, Frz Ludw.: Die Benediktbeurer Urkdn bis 1270, s: Sitzungsberichte d. kgl. bayer. Akad. d. Wiss.

Baumann, Franz Martin: Gedichte von Franz Martin [d. i. Franz Martin Baumann]. — Altona: Mentzel 1859. VIII,200 S. 8° 18.
13.2880

Baumann, Franz Xaver, a. Bachhagel, Rechtsprakt. aus Augsburg: Hausgesetz und Staatsgesetz. Lauingen 1906: St. Johannes Buchh. (II, 41 S.) 8° [F.]
Erlangen, Jur. Fak., Ref. Rieker, Diss. v. 17. Juli 1906
[Geb. 29. Nov. 80 Bachhagel: Wohnort: Augsburg: Staatsangeh.: Bayern; Vorbildung: Gymn. Neuburg a. D. Reife Juli 01; Studium: München 4. Erlangen 4 S.; Rig 26. Juli 05.]

BAUMANN, FRANZ XAVER, Ord S. Franc Kanzel Rede uber die Liebe Jesu unsers Erlösers Vorgetragen am heil Charfreitage Ofen 1826 Gedr mit kön. ung Universitäts-Schriften 20 S - 8°

Baumann, Friedrich, Gewerbeschullehrer, Hildesheim. 1900: Zehn Jahre Arbeitsunterricht. Bericht über d. 10jährige Thätigkeit d. städtischen Knaben-Handarbeitsschule in Hildesheim. — Hildesheim: Helmke 1900. 62 S. 8°
1: Nf 5813/60. 7. 35. 207.
13.2907

Baumann, Friedrich, Gesanglehrer, München. 1859: Die Ausbildung der Kehle zum Instrument. Eine kurze und gründliche Anweisung, richtig zu singen. — Leipzig: Verlags-Contor (1859). VI,135 S. 8° 12: Mus. Th. 274. 15. 22. 30.
13.2890

Baumann, Friedrich, Preußischer Oberstleutnant, 1789-1856. 1845: Eram. Skizzen aus den Jugendjahren eines Veteranen. (Verf.: Baumann.) Mit e. einl. Vorw. von Ludwig Rellstab. Berlin: Reichardt 1845. 222 S. 8° 6. 12: Biogr. 71 w. 17.
13.2886

Baumann, Friedrich
Baumann, ..., (Oberst-Lieut.), meine Erlebnisse. Erinnerungen aus den Jugend- u. Kriegsjahren eines Veteranen. 2. verm. Ausg. 8. Berlin 846, Reichardt u. Comp. 1 ℳ

Baumann, (Oberst-Lieut.), meine Erlebnisse. Erinnerungen aus den Jugend- und Kriegsjahren eines Veteranen. 2., verm. Ausg. 8. (IV und 247 S.) Berlin 847, [Danz.]

Baumann, ..., meine Erlebnisse. Erinnerungen aus den Jugend- u. Kriegesjahren eines Veteranen. 2. verm. Ausg. 8. (IV u. 247 S.) Berlin 847. (Hoffmann u. Co.) 1 ℳ

Baumann, Frdr.: Meine Erlebnisse. Jugend- u. Kriegserinnergn a. d. J. 1805—15. 3. Afl. v. Eberh. Baumann. (162 m. Bildn.) 8° Halle, Buchh. d. Waisenhs '12. IIL 1.85: L 2.50 d

Baumann, Fr., die fachl. Gestaltung des Zeichenunterrichts in der gewerblichen Fortbildungsschule. Dargestellt in mehreren Lehrgängen f. schmück. Gewerbe u. e. Kapitel üb. ornamentale Schrift. (III, 245 S. m. z. Tl. eingeklebten, z. Tl. farb. Abbild.) Lex. 8. Hannover 910. C. Meyer. Geb. 6. 50

Baumann, Fridr., Pietatis exercitia cultui divino, B. Mariae V., S. Leopoldi, sanctorumque patronorum honori debita. 16. (18½ B. u. 1 Stahlst.) Wien 846, Mechitaristen-Congreg.-Buchh.

— — [engl.] Guide to the use of the Schlangenbad-Waters. 3., rev. and enl. ed. — Wiesbaden: Staadt 1901. 64 S. 8° 43. 13.2899

Baumann, Friedrich. 1896: Mit Gunst! Meister und Gesellen! Sammlung von Reden u. Sprüchen bei Grundsteinlegungen u. Richtfesten. — Berlin: Weichert [1896]. 91 S. 8° 1: Nz 6079. 30. 123. 13.2904

Baumann, Friedr. (II.), Herr! erbarme Dich unser. Ein christkatholisches Gebetbuch, gesammelt und geordnet. 4. Aufl. 32. (304 S. mit 1 Stahlst.) Wien 862, Mechitharisten-Congregations-Buchh. *

Baumann, Friedrich: Victor Hugo et Pierre Gringoire. *Torgau 1902: Buchdr. d. Torgauer Bank.* (S. 3—14.) 4°
Torgau, G, OP 1902 (279)

— Lehr- und Übungsbuch für den Unterricht der Buchdrucker im Satzbau und Fachzeichnen. — Hannover [usw.]: C. Meyer 1909. VIII, 176 S. 4° 7. 35. 43. 201. 13.2910

— Lehrgang in Skizzen und Vorlagen für das Fachzeichnen der Buchbinder in gewerbl. Fortbildungsschulen. — Hannover [usw.]: C. Meyer 1910. 40 Taf. 8° 7. 35. 43. 207. 13.2911

— Lehrgang in Skizzen und Vorlagen für das Fachzeichnen der Glaser in gewerblichen Fortbildungsschulen. — Hannover [usw.]: C. Meyer 1910. 32 Taf. 8° 7. 35. 43. 207. 13.2912

— Lehrgang in Skizzen und Vorlagen für das Fachzeichnen der Goldschmiede in gewerbl. Fortbildungsschulen. — Hannover [usw.]: C. Meyer 1910. 24 Taf. 8° 7. 35. 43. 207. 13.2913

— Lehrgang in Skizzen und Vorlagen für das Fachzeichnen der Konditoren in gewerbl. Fortbildungsschulen. — Hannover [usw.]: C. Meyer 1910. 33 Taf. 8° 7. 35. 43. 207. 13.2014

Baumann, Friedrich, a. Elsterberg i. Sa.: Livius, Bersuire und Bellenden. Vergleichende Studien zu Bellenden's Liviusübersetzung. Leipzig-Reudnitz 1905: A. Hoffmann. (94 S.) 8°
Leipzig, Phil. Fak., Ref. Wülker, Birch-Hirschfeld, Diss. v. 17. Jan. 1906
[Geb. 26. Mai 81 Elsterberg; Wohnort: Elsterberg; Staatsangeh.: Sachsen; Vorbildung: Realgymn. Zwickau Reife O. 01; Studium: Jena 3, München 1, Leipzig 2 S.; Rig. 20. Juli 05.]

Baumann, Friedrich, Dr. med., Sanitätsrat, Schlangenbad. 1864: Aerztliche Mittheilungen über Schlangenbad und seine Indicationen. — Wiesbaden: Jurany & Hensel 1880. 52 S. 8° 16. 18. 27. 43. 202. 13.2893

— Die Musik als ein Mittel zur Erreichung der menschlichen Bestimmung, und die Bedingungen, unter welchen sie es werden kann. Eine musikalische Vorlesung. — München 1860: Schurich. 15 S. 8° 12: Mus. Th. 274a. 28. 13.2891

Baumann, Friedrich, Oberlehrer, Torgau. 1902: Reform und Antireform im neusprachlichen Unterricht. — Berlin: Weidmann 1902. 44 S. 8°
Erweitert aus: Zeitschrift für d. Gymnasialwesen. 50. 1901.
1: V 1821. 9. 15. 207. 13.2916

Baumann, Friedrich, Pfarrer, Weidling bei Wien. 1846: Divi Patris Aurelii Augustini Regula ad mentem piorum autorum exposita. — Viennae 1846: Strauss & Sommer. 138 S. 8° 300: 15.505-A. 302. 304. 13.2889

Baumann, F., Schlangenbad. Kurzgefasste, für Aerzte bestimmte Darstellung seiner Kurverhältnisse, Wirkungsweise und Indicationen. gr. 8. (IV und 122 S.) Wiesbaden 864, (Jurany und Hensel.) cart. *

— — [engl.] Schlangenbad or the Serpents-Bath. Medical hints on its effect and the indications for its use. Transl. by M. Müller. — (Wiesbaden: Jurany & Hensel;) Schwalbach 1881: Herber. 48 S. 8° 43. 52. 13.2894

Baumann, Schlangenbad. Kurze Schilderg. des Kurortes, seiner Heilmittel, Wirkgn. u. Indikationen. 3., vielfach veränderte Aufl. des „Fremdenführers", nebst Karte der Umgegend u. Preislisten. 12. (IV, 116 S.) Wiesbaden 894. R. Bechtold & Co. n. 1. —

— Schlangenbad mit bes. Berücks. der Königlichen Kur- und Bade-Anstalten. — Wiesbaden 1888: Hagen. 62 S. 8° 1: Is 10180. 15. 16. 18. 36. 43. 13.2897

— — 2. Aufl. Wiesbaden 1895: Brems & Plaum. 63 S. 8° 1: Is 10180[a]. 15. 13.2898

Baumann, F., Schlangenbad au point de vue médical. Traduit de l'allemand par J. P. Magnin. Wiesbaden 865. Jurany & Hensel. gr. 8. (IX, 134 S.) n. 20 *ngr.*

— Schlangenbad und Umgegend. Neuester Führer für dessen Kurgäste. 2. Aufl. — Schlangenbad: Bauer 1881. 55 S. 8° 43. 61. 13.2900

— — 2. Aufl. Ebd. 1886. 55 S. 8° 43. 13.2901

— — 2. Aufl. Ebd. 1888. 55 S. 8° 18. 13.2902

Baumann, Frdr., Sprachpsychologie u. Sprachunterricht. Eine krit. Studie. (148 S.) gr. 8. Halle 905. M. Niemeyer. n. 3. —

Baumann, Fr.: Übgn m. d. Quellstift in ornamentaler Schrift. (28 Bl. m. 1 Linienbl.) Lex8° Hann., C Meyer '10. — 50

Baumann, Frdr., das Unentbehrlichste aus der Gesangskunst. Eine kurze und gründliche Anweisung die Stimme gut erhalten und richtig gebrauchen zu lernen. Nach rationellen Grundsätzen u. mit besonderer Rücksicht auf die Mitglieder der verschiedenen Sängervereine Deutschlands bearb. u. herausg. München 864. (J. A. Finsterlin.) gr. 8. (VIII, 39 S.) n. 12 *ngr.*

Baumann, Friedrich, Chef-Redakteur, Düsseldorf. 1896: Homöopath Dr. med. Volbeding und die Seinen. Ein Beitrag zur Cultur- und Sittengeschichte unserer Zeit von Fr. Aug. Heinrich [d. i. Friedrich Baumann]. — Leipzig: Jahn in Comm. 1896. 79 S. 8° 61. 13.2905

— — (2. Aufl.) Ebd. 1896. 79 S. 8° 61. 13.2906

— Der Zeichenunterricht in der gewerblichen Fortbildungsschule nach den ministeriellen Grundsätzen vom 28. Jan. 1907. — Hannover [usw.]: C. Meyer 1908. 93 S. 8° 1: Nf 5171/65. 7. 12: Paed. Th. 327x. 35. 43. 207. 13.2915

Baumann, Friedrich Eduard

Baumann, FE: Ar Lamechs v. Sirap d. Sündflut entriss. Gesänge, s: Eckartshausen, Karl v.

Baumann, F. E., Gesundheits-Kolonien, s.a. Gesellschaftsbilder.

— Gesundheits-Kolonien. — Bitterfeld: Verf. 1893. 20 S. 8° (Gesellschaftsbilder. 1.) 1: Ag 9786/10-1. 3. 106.
13.2918

Baumann, F. E., Gesundheits-Kolonien. (2. Aufl.) (16 S. m. 2 Abbildgn.) kl. 8. Bitterfeld (903). Schmiedeberg, F. E. Baumann. n. — 15

— s.: Gott mit uns!

— die Heilkraft des Lebens-Magnetismus. Dr. P. Braun's neue magnet. Heilmethode, rationell, wissenschaftlich u. erfolgreich. Deutsch hrsg. (76 S.) 8. Schmiedeberg (906). F. E. Baumann. n. 1. 35

— Le maître d'accordéon pour l'accordéon à 10 touches (sans notes de musique) contenant des airs anciens et nouveaux ainsi qu'une instruction. (16) 8° Bitterfeld (1899). Schmiedebg, FE Baumann. — 50

— s.: Im Reiche d. Geister.

Baumann, Friedrich Josef: Nachrichten und Aktenstücke über das höchstbedauerliche Ableben Seiner Königlichen Hoheit des Großherzogs Leopold von Baden und den Regierungs-Antritt Seiner Königlichen Hoheit des Prinzen und Regenten Friedrich von Baden. — Karlsruhe: Chr. Fr. Müller 1852. IV, 82 S. 8° 17.
13.2023

Baumann, Friedrich Victor, s. Baumann, Victor

Baumann, Fritz: ... Beiträge zur Erforschung der Käse-Reifung. '(M. e. Taf.)' ... Merseburg, Buchdr. v. F. Stollberg, 1893; 38 S., 1 Bl., 1 Taf. 8.
Königsberg, Phil. Fak., Inaug.-Diss. v. 29. März 1893

2570. **Baumann, Fritz:** Die quantitative Bestimmung des Arsens als Arsentrisulfid. 1907. 68 S. 8°
München, Dr.-Ing.-Diss. v. 13. 6. 1907

BAUMANN, Fritz (Passau): Erfolg der Wendung für Mutter und Kind in 368 Fällen.- München: Kastner & Callwey 1910. 57 S.
12.12.1910 - Chr 1910/11,24; U 11.3995 Diss. Ingolst-Landsh-Mchn

Baumann, Fritz: Mit der großen Armee 1812, s.a. Als Deutschland erwachte. Bd.12.

Baumann, Fritz: Mit der grossen Armee 1812. (Nach dem Bericht e. Mitkämpfers.) Hrsg. u. mit e. Einl. versehen von Jul. Hahn. Hamburg 1910. 8°. (Als Deutschland erwachte. Lebens- u. Zeitbilder a.d. Befreiungskriegen. Bd. 12)

Baumann, Fritz, appr. Arzt a. Donaueschingen: Nierenerkrankungen in Schwangerschaft, Geburt u. Wochenbett. München 1904: Kastner & Callway. (41 S.) 8°
München, Med. Fak., Ref. v. Winckel, Diss. v. 21. Dez. 1904
[Geb. 9. Sept. 77 Donaueschingen; Wohnort: Donaueschingen; Staatsangeh.: Baden, Vorbildung: Gymn. Konstanz Reife M. 98; Studium: Heidelberg 4, Kiel 1, München 5 S; Coll 26. Juli 04; Approb. 15. März 04.]

Baumann, Fritz (Assistent an d. städt. Knaben-Handelssch. in München): Alberto Nota. F-e Quellenstudie. Erlangen 1907: Junge & Sohn. (VIII, .9 S.) 8° ¶ [Erscheint in: Romanische Forschungen.]
München, Phil. Fak., Ref. Breymann, Diss. v. 15. Mai 1907
[Geb. 30. Sept. 79 München; Wohnort: München; Staatsangeh.: Bayern; Vorbildung: Ludwigs-Gymn. München Reife Juli 98; Studium: München 3, Dijon 1, München 6 S.; Rig. 15. Mai 07.]

Baumann, Fritz: Aus der chirurgischen Klinik zu Bonn. Tracheotomie und Heilserum. *Bonn 1898: J. Bach Wwe.* (26 S.) 8°
Bonn, Med. Diss. v. [23.] Juli 1898

Baumann, Fritz, Ursachen des Geldmangels (und die grosse Zahl der Arbeitslosen). 8°. Leipzig, C. Demme, 1909. (Demme's Sammlung volkswirtschaftl. Schriften, 2.) 64 S.

Baumann, Fritz. Volksfeste in der Schweiz. Mit Abbild. In-8°. VIII, 78 S. Bern, A. Siebert. 1 —
*** Kulturbilder aus dem schweizer. Volksleben. 1. Band. 1896

Baumann, F: Kulturbilder a. d. schweiz. Volksleben. Volksfeste in d. Schweiz. 1. Bd. 8° (78 m. Abb.) Bern 96, C Sturzenegger. 1 —
Fortsetg erscheint nicht.

Baumann, G.: Beitrag z. Kenntnis der Gliome ..., s. Baumann, Gustav

Baumann, G.
Vom Feldlazarett zur Bahnstation
Berlin 1891. 17 S.

Baumann, Dr. G. Vom Gefechtsplatze in das Feldlazarett. Berlin 1889 24 S.

Baumann, G. K.: Dämon Alkohol, s. Baumann, Jakob Konrad

Baumann, Georg [Assist. am Mineral. Inst. d. Kgl. Univ. Breslau, aus Striegau]: Aus d. chem. Institut d. Univ. Breslau. Über ein Dimethyl- und ein Methyläthylglyoxalidin, sowie über die Spaltung des Propylendiamins in seine beiden optischen Isomeren ... Breslau, Druck v. Dr. R. Galle, 1896; 49 S., 1 Bl. 8.
Breslau, Phil. Fak., Inaug.-Diss. v. 20. März 1896

Baumann, Georg [Bearb.] s. *Repertorium* der mineralogischen und krystallographischen Literatur vom Anfang d. J. 1897 bis Ende d. J. 1902 und Generalregister der Zeitschrift für Krystallographie und Mineralogie Band 31-40. 1910 [Zeitschriften].

Baumann, Georg Adam: Das russische Dampfbad und die Priessnitz'sche Schwitz- und Kalte-Bad-Art neben einander gestellt und verglichen. — Heilbronn: Landherr 1814. 24 S. 8° 24.
13.2028

Baumann, G. A., d. russische Dampfbad u. d. Priessnitzische Schwitz- u. Kalte-Bad-Art nebeneinander gestellt u. verglichen. 1. Aufl. (1 B.) u. 2. Aufl. gr. 8. (1½ B.) Heilbronn 844, 45, Landherr. à

Baumann, Gottlieb
Baumann, G., Berechnungen über das Gewindeschneiden. Nebst gründlicher Anleitung und Erklärung des Verfahrens. Geprüft und empfohlen von Autenheimer, Direktor des Technikums. 72 Stn. Zürich, Volksbuchhdlg. (J. Franz) 8. 1. 50
1875

Baumann, G., Berechnungen über das Gewindeschneiden nach allen vorkommenden Maßen und Drehbankkonstruktionen, nebst Beispielen über Eintheilung mehrfacher Gewinde. Ein prakt. Handbuch für Eisen- und Metalldreher, Maschinenbauer und Schlosser. 2. stark verm. und verb. Aufl. (Geprüft und empfohlen von Friedr. Autenheimer. 12. (123 S.) Steckborn 881. (Zürich, Schmidt.)

Baumann, G., Berechnungen üb. das Gewindeschneiden nach allen vorkommenden Maßen u. Drehbankkonstruktionen, nebst Beispielen üb. Eintheilg. mehrfacher Gewinde. Ein prakt. Handbuch f. Eisen- u. Metalldreher, Maschinenbauer u. Schlosser. 3., stark verm. u. verbess. Aufl. Geprüft u. empfohlen von Frdr. Autenheimer. 12. (135 S.) Steckborn 882. (Zürich, Schmidt.) n. 2. —

Baumann, G., Berechnungen über das Gewindeschneiden nach allen vorkommenden Massen und Drehbankkonstruktionen. Ein prakt. Handbuch für Metalldreher. Geprüft und empfohlen von Friedr. Autenheimer. 4. Aufl. 8. (158 S.) Leipzig 885, (Klötzsch.) *

Baumann, G. Berechnung über das Gewindeschneiden nach allen vorkommenden Massen und Drehbankconstructionen. Ein Handbuch für Metalldreher. 4. Aufl. geprüft und empfohlen von *F. Autenheimer*, Direktor des schweiz. Technikums. In-8°, 160 S. Aarau, H. R. Sauerländer. 2 —
1888

Baumann, G. Berechnungen über das Gewindeschneiden nach allen vorkommenden Maassen u. Drehbankkonstruotionen. Ein praktisches Handbuch für Metalldreher. 5. Aufl. Durchges. und empfohlen von F. Autenheimer. In-12°, VIII, 144 S. Aarau, H. R. Sauerländer's Verlag. 2 —
1889

Baumann, G. Berechnungen über das Gewindeschneiden nach allen vorkommenden Maassen und Drehbankconstructionen. Ein praktisches Handbuch für Metalldreher. Durchgesehen und empfohlen von *F. Autenheimer*. 6. Aufl. In-12°. VIII, 144 S. Aarau, H. R. Sauerländer.
1891 2 —; gebd. 2 60

Baumann, G., Berechnungen üb. das Gewindeschneiden nach allen vorkommenden Massen u. Drehbankkonstruktionen. Ein prakt. Handbuch f. Metalldreher. Durchgesehen u. empfohlen v. Frdr. Autenheimer. 7. Aufl. 12. (VIII, 144 S.) Aarau 895. H. R. Sauerländer & Co. Geb. in Leinw. n. 2. 20

Baumann, G., Berechnungen üb. das Gewindeschneiden nach allen vorkomm. Massen u. Drehbankkonstruktionen. Ein prakt. Handbuch f. Metalldreher. Durchges. u. empfohlen von Frdr. Autenheimer. 8. Aufl. 12. (VIII, 144 S.) Aarau 899. H. R. Sauerländer & Co. Geb. in Leinw. n. 2. 20

Baumann, G(ottlieb). Berechnungen über das Gewindeschneiden nach allen vorkommenden Massen und Drehbankkonstruktionen. Ein praktisches Handbuch für Metalldreher. Durchgesehen und empfohlen von Friedrich Autenheimer, Professor.... 9. Aufl. VIII + 144 S. 8. Aarau, H. R. Sauerländer & Cie., 1906. [geb. fr. 2.60] N 5641

Baumann, Gottlob
Baumann, Glob., christl. Hausbüchlein. Eine Sammlg. meist alter, bewährter Gebete u. Lieder, besonders über die Heilsordng., m. Bibellesetafel f. besond. Fälle des Lebens. 12. Aufl. 12. (128 S.) Stuttgart 901. Buchh. der ev. Gesellschaft. Geb. n. — 35; in Leinw. m. Goldschn. n. — 70

Baumann, Gottlob, Pfarrer, Notzingen bei Kirchheim unter Teck, Württ. 1834: Christliches Hausbüchlein. Eine Sammlung meist alter, bewährter Gebete und Lieder ... 13. Aufl. — Stuttgart: Buchh. d. Evang. Gesellschaft 1905. 127 S. 8°
24.
13.2938

— Die neue Kirche in Nozingen, Oberamts Kirchheim, und ihre Einweihung am 20. Octbr. 1833. — Kirchheim u. T. 1834: Schwarz. 64 S. 8° 1: Sh 7825. 19. 21. 24.
13.2939

Baumann, Gottlob, Schuhmachermeister und Jakobstürmer, Weimar. 1840: Panorama von Weimar, oder panoramische Rundreise vom Jacobsthurme aus in die Umgegend von Weimar. — Weimar 1840: Tantz. IV, 44 S. 8°
27. 32. 78.
13.2943

— Neunundsiebenzig Predigten über die Evangelien des zweiten württ. Jahrgangs auf alle Sonn-, Fest- und Feiertage, von Gottlob Baumann. Nach dessen Tode hrsg. von Freunden d. Wahrheit. — Stuttgart [1865]: Hasselbrink. 504 S. 8° 1: Ec 16905. 24. 101.
13.2940

— — Von Gottlob Baumann. 2. Aufl. Stuttgart: Buchh. d. Evang. Gesellschaft 1901. 464 S. 8° 9. 24.
13.2941

Baumann, Gust., Beitrag zur Kenntnis der Gliome und Neurogliome. Inaugural-Dissertation. gr. 8. (21 S.) Tübingen 885, (Fues's Verlag.) *

Baumann, Gustav [aus Tarpen b. Wismar i. Mecklenburg]: Beitrag zur Kenntnis der Gliome und Neurogliome.... Tubingen, Druck v. H. Laupp jr., 1887; 21 S. 8°.
Tübingen, Med. Fak., Inaug.-Diss. v. 1887.

Baumann, G., Beitrag zur Kenntnis der Gliome u. Neurogliome. Inaug.-Diss. gr. 8. (21 S.) Tübingen 887. (Fues' Verl.) n. — 60

Baumann, Gustav [aus Guntersblum a. Rh.]: Über die Berechtigung der oberflächlichen Einschnitte in die Cervix ... Berlin, Buchdr. v. G. Schade, *1897*; 34 S., 1 Bl. 8.
Berlin, Med. Fak., Inaug.-Diss. v. 5. Aug. 1897

Baumann, Gustav, Dr., Generalarzt, München. 1873: Die klassische Bildung der deutschen Jugend vom pädagogischen und vom deutsch-nationalen Standpunkte aus betrachtet. Berlin: Salle 1900. 53 S. 8°
1: Nf 2346. 2. 7. 11. 15. 30. 32. 207. 302.
13.2944

Baumann, Gust., Gedichte. gr. 8. (75 S. m. Bildn.) St. Petersburg 896. (Leipzig, F. L. Herbig.) Geb. in Leinw. m. Goldschn. n. 2. 50

— Zum Problem einer internationalen Sprache. — München: Lindauer 1910. 21 S. 8°
1: V 8646/120. 12: L. rel. 2381 hd. 19. 38.
13.2945

Baumann, Gustav, Rechtsprakt.: Seit wann schließt in Deutschland Regierungsunfähigkeit von der Thronfolge nicht mehr aus? Nürnberg 1909: Sebald & Busch. 75 S. 8°
Erlangen, Jur. Diss. v. 22. April 1909, Ref. Rieker
[Geb. 8. Jan. 83 München; Wohnort: München; Staatsangeh.: Bayern; Vorbildung: Luitpold-Gymn. München Reife 02; Studium: München 10 S.; Rig. 2. Febr. 09.] [U 09. 659

— Die Zwoelfer im Feldzuge von 1870–71. Den Soldaten des Regiments, sowie allen Freunden desselben erzählt von einem, der mit draußen war [d. i. Gustav Baumann]. Neu-Ulm: Helb 1873. 103 S. 8°
1: Kr. Samml. Fa 2. 209.
13.2947

Baumann, H, s: Karte d. nutzbaren Lagerstätten Deutschlds.

Baumann, H, s.: Wanderkarte d. Lüneburger Heide.

Baumann, Hans, Stabsarzt a. D. aus Hildburghausen: Die Aufgabe und die Organisation der Freiwilligen Krankenpflege im Kriege. *Berlin (1899): G. Schade.* (43 S.) 8°
Berlin, Med. Diss. v. 5. Mai 1899

Baumann, Hans. 1901: Von Einst. Dichtungen. — Dresden [usw.]: Pierson 1901. II, 88 S. 8° 14.
13.2966

Baumann, Hans, Dr. iur., Rechtsanwalt, München. 1905: Das neue Liegenschaftsrecht in der Rechtsprechung, von Hans Baumann u. Otto Kahn. — Fürth i. B.: Rosenberg 1905. VI, 207 S. 8°
1: Gm 8328. 12: J. germ. 1142. 29. 203. 208.
13.2967

Baumann, Hans, München. 1888 [Übers.] s. *May*, Karl: Täv aventürs in Kurdän ed in Lapän [Werke, Ausz., Volapük]. 1888.

BAUMANN, Hans: Die Notstandsbestimmungen des B.G.B. in ihren Beziehungen zum Strafgesetzbuch.- Bamberg: Handels-Druckerei (1902). 80 S.
1.2.1902 - Chr 1901/02,21; Jv 1901/02,265 Diss. Ingolst.-Landsh.-Münch.

Baumann, Hans, die Notstandsbestimmungen d. B. G. B. in ihren Beziehungen z. Strafgesetzbuch. (III, 80 S.) 8. Bamberg (905). Handels-Druckerei u. Verlagsh. n. 2. —

Baumann, Hans, Berlin. 1908: Die Berliner Universitätsbehörde und die Freie Studentenschaft. Der Konflikt im Sommer-Semester 1908. Mit e. Anh.: Urteile über die Berliner Freie Studentenschaft. 3., erw. Taus. — (Charlottenburg: Verl. freistudentischer Schriften) 1908. 37 S. 8°
1. u. 2. Taus. erschienen als Sondernummer der Berliner Freistudentischen Blätter. 1908. 6. 11. 27.
13.2069

Baumann, H[ans] J[acob]. Gedächtnisworte bei der Beerdigung des Herrn a. Pfarrer Wilh(elm) Sigmund Fäsi von Zürich. gesprochen 6. Juli 1898 in der Kirche zu Kilchberg. 8. Zürich 1898. A 768⁴

Baumann, Heinrich, Prof. am K. K. Franz-Joseph-Gymnasium, Wien. 1885: Zum ersten Buche der Commentarien Cäsars über den Gallischen Krieg. — Wien 1885. 10 S. 8°
Zugleich Progr. Wien K. K. Franz-Joseph-G. 1885.
300:634.877-C. 302.
13.2079

Baumann, Heinrich, Rechtsprakt.: Die Einrede der Rechtshängigkeit. Würzburg 1910: Becker. IX, 122 S. 8°
Würzburg, Jur. Diss. v. 16. April 1910, Ref. Mendelssohn-Bartholdy
[Geb. 23. Febr. 85 Schweinfurt; Wohnort: Würzburg; Staatsangeh.: Bayern; Vorbildung: Gymn. Würzburg Reife Juli 04; Studium: Würzburg 8 S.; Rig. 27. Okt. 09.] [U 10. 4280

Baumann, H., M. A., der kleine Toussaint-Langenscheidt. Mit Angabe der Aussprache nach dem phonet. System der Methode Toussaint-Langenscheidt. Englisch. Zur schnellsten Aneignung der Umgangssprache durch Selbstunterricht. Reisesprachführer, Konversationsbuch, Grammatik u. Wörterbuch, Gespräche, auch zur Anwendg. für Sprechmaschinen. (VII, LXXX, 862 S. m. 1 Leserost u. 1 farb. Taf.) kl. 8. Berlin-Schöneberg (905). Langenscheidt's Verl. Geb. in Leinw. n. 8. —

— — Ebd. [1910]. Getr. Pag. 8° (Methode Toussaint-Langenscheidt. Der kleine Toussaint-Langenscheidt.)
30.15. 27. 70. 302.
13.2081

Baumann, H.: Kritik über Platons Apologie und Gorgias. 45 S. 8°. Progr. Wien G. Inn. St. 1873.

Baumann H und H Quayzin, englische und französische Lektüre für Kaufleute. (Handbibliothek der Handelswissenschaften 19) Stuttgart 1895

Baumann, Heinrich, Dekorationsmaler, Nürnberg. 1893: Licht u. Schatten. Entwürfe für mod. Decorationen. Lfg (1.) — [Berlin: Sensenhauser 1893.] 13 Taf. 2°
12:2° Art. 7b. 29.
13.2087

Baumann, H., Licht u. Schatten. Entwürfe f. moderne Decorationen. In Lichtdr. ausgeführt v. J. Einberger. 1. u. 2. Lfg. Fol. (12 u. 10 Taf.) Nürnberg 893. Obere Pirckheimerstr. 33, Decorationsmaler H. Baumann. à n. 8. —

Baumann, Heinrich, Pfarrer, Flintsbach, Oberbayern. 1827: Die wechselseitige Liebe des Seelsorgers und seiner Pflegempfohlenen. — München 1827. 36 S. 8° 19.
13.2078

Baumann, Heinr., Londinismen — Slang und Cant —. Alphabetisch geordnete Sammlung der eigenart. Ausdrucksweisen der Londoner Volkssprache, sowie der üblichsten Gauner-, Matrosen-, Sport- und Zunft-Ausdrücke. Mit einer geschichtl. Einleitung und Musterstücken. Ein Supplement zu allen englisch-deutschen Wörterbüchern. gr. 8. (CVI, 239 S.) Berlin 887, Langenscheidt'sche Verlagsh. **
geb. *

— Londinismen (Slang und Cant) ... 2., verb. u. verm. Aufl. — Ebd. 1902. CXX, 285 S. 8° 1:Z 6168³. 3. 6. 10. 11. 16. 18. 20. 21. 26. 32. 38. 39. 43. 91. 109. 201. 203. 208. 300:482.233-B. L. 302. 308.
13.2083

Baumann, H., Londinismen (slang u. cant). Wörterbuch der Londoner Volkssprache sowie der üblichsten Gauner-, Matrosen-, Sport- u. Zunft-Ausdrücke. Mit Einleitg. u. Musterstücken. Ein Suppl. zu allen englisch-deutschen Wörterbüchern. 2., verb. u. stark verm. Aufl. gr. 8. (CXX, 285 S.) Berlin 903. Langenscheidt's Verlag. n. 5. —; geb. n. 6. 60

Baumann, Heinrich, Oberlehrer, Lampertheim, Hessen. 1898: Aus Notwehr! Zur Geschichte meiner amtlichen Maßregelung. — Lampertheim: Emrich [1898]. 30 S. 8° 17.
13.2988

Baumann, Heinr., s.: Notwörterbuch der englischen u. deutschen Sprache.

— Herrn Karg's 'Glänzende Rechtfertigung'. Zur Geschichte meiner dienstlichen Maßregelung. — Lampertheim: Emrich [1900]. 61 Bl. 8° 17.
13.2989

Baumann, Heinr.: Der Versicherungsbetrug im Sinne § 265 d. Reichsstrafgesetzb. Beitrag z. Strafrechtsreform. (15, 126) 8° Stuttg. (Römerstr. 144), Verl. d. „Versicherungs-Adressb." '11. 2 —

Baumann: Versuch einer Kritik über Platon's Apologie nach dem jetzigen Stande der Wissenschaft. 15 S. 8°.
Progr. Znaim 1868.

— **vocabulary**, s.: Echo of conversational Italian.

— the world of commerce. Select readings with notes both for the use of commercial, real-, continuation- and technical-schools and also for the self-instruction of private students. 12. (VIII, 136 S.) Stuttgart 894. A. Brettinger. n. 1. 20; geb. in Leinw. n. 1. 50

Ⓑ **Baumann, Heinr.**, the world of commerce. 894. (KBL 27.) Jetzt: Stuttgart, W. Violet.

— dasselbe, s.a. **Handbibliothek** der gesamten Handelswissenschaften.

— encyklopädisches englisch-deutsches u. deutsch-englisches Wörterbuch, s.: **Muret.**

Baumann, Henr. Maur (geb Labischin Okt. 1805): De Artemisia vulgari Berolini (1838) (32 S) 8°
Berlin, Med Diss. v. 22 März 1838

Baumann, Hermann, Regierungsbaumeister: Der Erweiterungsbau des Königl. Wilhelms-Gymnasiums zu Krotoschin. 1904–1906. Krotoschin 1906: Kosmäl. (14 S. einschl. 3 Taf.) 4° [F.]
Krotoschin, k. Wilhelms-G OP 1906 (200)

Baumann, J., Prof. d. Philos., Göttingen, 1837-1916. 1868, s. Baumann, Julius

Baumann, J., Kgl. Bayr. Betriebsingenieur. 1899: Die Abschaffung der Briefmarke durch den Frankostempel. — Regensburg 1899: Habbel. 32 S. 8° 107.
13.2994

— · Das Amselfeld <Kosovo polje>. Berlin 1900. 29 S.

Baumann, J., de arte metrica Catulli. 4. (22 S.) Landsberg a/W. 881. (Schaeffer & Co.) n. 1. —

Baumann, J.: Bibl. Geschichte, Katechismus u. Kirchenlied ... (u. and. katechet. Schriften), s. Baumann, Julius Wilhelm

Baumann, J. Auf dem thessalischen Kriegsschauplatze. Berlin 1900. 61 S.

Baumann, J., 500 Pflanzennamen (16 Bog. m. 500 perforierten u. gummierten Pflanzennamen, 1 Bog. mit perforierten u. gummierten Etiketten u. 1 Bog. gummierte perforierte Streifen.) qu. gr. 4. Esslingen (899). W. Langguth. 1. —; m. weissem u. Löschpap. in Mappe als Herbarium 1. 50

Baumann, J.: Quae de anima eiusque partibus Aristoteles in libris Ethicorum Nicomach. proposuerit, s. Baumann, Isidor

Baumann, J. Die Russen auf dem Schipka-Balkan im Winter 1877/78. Berlin 1899. 48 S.

Baumann, J., Tabellen zur Berechnung der organischen Elementaranalyse, s. Wolff, H.

Baumann, J. A. Commentatio de nonnullis Euthydemi platonici locis. 25 S. 8. Progr. *Landau* 1877

Baumann, J. A.: Zum Unterrichte in der Aussprache des Französischen. 24 S. 4°
Progr. Augsburg St. A. 1871.

Baumann, J. J., s. Baumann, Julius

Baumann, J. J. Valent., Fahrniß-Register, zum Gebr. bei Vermögens-Aufnahmen auf d. Lande, nebst Abhandln. üb. d. Verlosn., Aufnahme d. Forderungen u. Schulden, Obsignationen u. d. Vorbehalt bei Vermögens-Uebergaben. Auszug d. im J. 1828 bei Herder in Freiburg gedr. größ. Werkes üb. Vermögens-Aufnahmen ꝛc. Als 2. revid. Aufl. 8. (4 B.) Carlsruhe 840, Braun'sche Hofbuchh. *

Baumann, J. J. V., über Vermögensaufnahmen, Theilungen u. Verweisungen auf d. Lande. Mit Bezieh. d. im prakt. Geschäftsleben vorkomm. Gegenstände, u. der Anwend. d. Großherzogl. Badisch. Landrechts auf solche. Nebst neu u. vollständ. eingericht. Fahrniß-Register. 8. Freiburg 828. Herder. 20 gr

Baumann, J. M. von: Katechismus der Obstbaumzucht, s. Baumann, Josef M. von

Baumann, J.M.W., s. Baumann, Joachim Moritz Wilhelm

Baumann, J.R.: Dämon Alkohol, s. Baumann, Jakob Konrad

Baumann, J.W., s. Baumann, Julius Wilhelm

Baumann, Jakob
Baumann, Jak., s. a.: Terherdi, J. v. (Pseud.)

— Die Amerikaner. Ein Studentenstreich. 2. Aufl. — Speyer: Jäger 1893. 59 S. 8° 12: P.o.germ.78sc.
13.2998

— — 3. Aufl. Ebd. 1898. 60 S. 8° 12: P.o.germ.78scb.
13.2999

— — 4. Aufl. Ebd. 1907. 60 S. 8° 107.
13.3000

Baumann, Jak.: Joseph Georg v. Ehrler, Bischof v. Speyer. Ein Lebensbild. (9, 348 m. Bildn.) 8° FreiburgB., Herder '11. 3.50; L 4.30 d

— Die Elenchen der Pfarrei Hördt von 1695–1705. — Speier 1907. 74 S. 8°
Aus: Mitteilungen d. historischen Vereines d. Pfalz. 28. 1905.
107.
13.3002

— Die Erteilung der heiligen Weihen in der kathol. Kirche. An der Hand des Pontificale Romanum für das Volk bearb. — Speyer: Jäger 1897. 30 S. 8°
12: Asc. 2324d–7/2.
13.3003

— — (4. Aufl.) Ebd.. 1897 (1907). 30 S. 8° 107.
13.3004

— Die Gebräuche bei der Einweihung einer katholischen Kirche. An der Hand des Pontificale Romanum für das Volk bearb. — Kaiserslautern: Doerner 1892. 23 S. 8°
12: Liturg. 35c.
13.3005

— — (3. Aufl.) Ebd. 1900. 26 S. 8° 12: Liturg. 35cb. 24.
13.3006

— — (4. Aufl.) Ebd. 1900. 26 S. 8° 107.
13.3007

— Der kurierte Geizhals. Schauspiel. 2. Aufl. — Speyer: Jäger 1899. 62 S. 8° 107.
13.3008

— Zur Geschichte von Hördt. 5 Vorträge. — Speyer: Jäger 1909. 130 S. 8°
1: Sg 1215. 12: Bavar. 198ygd. 16. 19. 33. 107.
13.3009

— Der Räuber Kneißl oder der geplagte Redakteur. Posse. Speyer: Jäger 1901. 16 S. 8° 12: P.o.germ.78sd.
13.3011

Baumann, Jakob, Samenhändler, Wien. 1812: Ueber die Cultur der spanischen Pfefferpflanze, und die Anwendung ihrer Früchte als Pfeffer-Surrogat. — Wien [usw.]: Geistinger 1812. 32 S. 8° 300: 14.811. 302.
13.2997

Baumann, Jak., über d. Kultur d. span. Pfefferpflanze u. d. Anwendung ihrer Früchte als Pfeffer-Surrogat. 8. Wien 819. Geistinger (Gerold). 2e Aufl. 824. (Ebd.) 8 gr Hbg. Pr. 4 gr

— Geschichtliche Nachrichten über die kathol. Pfarrgemeinde Hördt. — Landau 1904: Meixner. 50 S. 8° 107.
13.3012

— Nur keinen Krieg! Erlebnisse aus dem deutsch-französischen Krieg 1870/71. Dargest. in 5 Aufz. — Speyer: Jäger 1898. 64 S. 8° 107.
13.3013

— Die Öffnung der Kaisergräber im Dom zu Speyer. — Speyer: Verl. d. Christlichen Pilger 1906. 38 S. 8°
1: Sg 7212. 5. 7. 12: Bavar. 198ygc [2 Ex.] 14. 16. 19. 20. 22. 23. 61. 79. 107. 180. 300: 447.453-B.
13.3014

— Die Reblaus. Lustspiel. — Speyer: Jäger 1902. 58 S. 8°
12: P.o.germ.78sf. 107.
13.3018

— Konr. Reither, Bischof v. Speyer, s: Remling, Frz Xav.

— Dr. Franz Xaver Remling. Eine Denkschrift zu seinem 100jährigen Geburtstag. — Speyer: (Verf.) 1903. 114 S. 8°
1: Av 7681. 2. 12: Biogr. 954e. 16. 107.
13.3019

— Romanus und Germanus oder die ersten Spuren des Christentums am Rhein. Dramatisches Festspiel. — Speyer: Jäger 1900. 68 S. 8° 12: P.o.germ.78se. 107.
13.3020

— Singen mer emol! Neupfälzisches Liederbuch, aus Vergangenheit u. Gegenwart f. gesell. Vereine zusammengestellt. (127 S.) 16. Speyer (910). (Dr. Jäger).
Geb. in Wachstuch nn — 50

— Verzeichniß einiger einheim. u. fremden Zierpflanzen, deren Samen in Wien zur rothen Rose Nr. 939. zu bekommen sind. Wien 826. Baumann: 3 gr

Baumann, Jakob, Schullehrer, Merklingen. 1897: Die evang. Volksschulstellen Württembergs. 1897
s. *Dreher*, Benjamin.

— Wie die Schauspieler wieder Studenten werden. Lustspiel. Speyer: Jäger 1905. 60 S. 8° 12: P.o.germ.78scg/1. 107.
13.3022

Baumann, Jakob
— Wie Studenten Schauspieler werden. Lustspiel.— Speyer: Jäger 1897. 59 S. 8° 12:P.o.germ.78sce. 19.
13.3023

— — 2. Aufl. Ebd. 1905. 56 S. 8° 12:P.o.germ.78scg. 107.
13.3024

Baumann, Jakob Friedrich, Arzt, Buxheim bei Memmingen. 1857: Das alte und neue Heilverfahren mit Medicin. — Memmingen: Besemfelder 1857. 182 S. 8°
12:Path.93o. 19. 48. 52. 303.
13.3029

Baumann, J. Fr., das alte und neue Heilverfahren mit Medicin. Nach den Schriften Anderer u. nach eigener Erfahrung für das Publikum besprochen. Memmingen 857. (Leipzig, Hübner). gr. 8. (1 Bl., 184 S.) n. 20 ngr

Baumann, die Homöopathie u. ihre Gegner. 1. u. 2. verm. Aufl. Memmingen 869. Hartwig in Comm. 8. (38 S.)
n. 5 ngr

— Die Homöopathie und ihre Gegner. 2., verm. Aufl. — Memmingen: Otto 1869. 38 S. 8°
12:Med.g.28h. 19. 48
13.3030

Baumann, Jak. Konr., Dämon Alkohol. Votiv-Tafeln. 8. (V, 44 S.) Frauenfeld 885. Huber. n. — 80

Baumann, Ida: Die Sprache der Urkunden aus Yorkshire im 15. Jahrhundert. *Heidelberg: C. Winter 1902.* (76 S.) 8° x)
¶ [Erschien vollst. 1902 als: Anglistische Forschungen, H. 11.]
Heidelberg, Phil. Diss. v. 1902

Baumann, Ida: Die Sprache der Urkunden aus Yorkshire im 15. Jahrhundert. — Heidelberg: Winter 1902. 108 S. 8° (Anglistische Forschungen. 11.)
Erschien teilweise auch als Diss. Heidelberg 1902.
1:Z 9612-11. 2. 3. 4. 7. 8. 9. 11. 12:L. g. sept. 19xm-11. 14→18. 20. 21. 25. 26. 27. 30. 36. 38. 300:409.856-B.Per.11. 302.
13.3032

Baumann, Immanuel Gottlieb H. [Übers.] s. *Charnock*, John: Nelson's Leben [Biographical Memoirs of Lord Viscount Nelson, deutsch]. 1807.

Baumann, Joachim, s. Kirchenagende, Lettische.

Baumann, Joachim, s. Stender, G.F.: Bibl. Geschichte.

Baumann, Joachim Moritz Wilhelm
— — Divus Gordianus sive de vita et constitutionibus M. Antonii Gordiani III imperatoris Exerc. I. Leipzig (Saalbach) 24. V. 1792. 64 S. (5.—) 1407
Gew.: Vinc. Baumann (Trebsen, Vater).
— — Dasselbe. Exerc. sec. Lpz. (Saalbach) 12. IX. 1793. 20 S. (3.—) 1408
Gew.: Joh. Conr. Sickel. — S. 20 Namen: Blümner, Curtius, Franke, Gehler, Haubold, Hausmann, Herrmann, Heydenreich, Hommel, Knoetzschker, Lunze, Müller, Schacher, Weber, Weise, Wendler, Wilgenroth, Winckler.

— **Joach. Mor. Wilh.** (Leipzig), De servitute a proprietatis domino fundo fructuario imponenda. Exerc. jur. Präs. Christ. Gottl. Richter. Leipzig (Klaubarth) 13. VIII. 1789. 64 S. (5.—) 1406

— Leipziger Bücher-Auction, 16. Sept. 1850. Bibliotheca historico naturalis ... Verzeichniß der von J. M. W. Baumann in Trebsen hinterlassenen bedeutenden naturhistorischen Bibliothek. — Leipzig: Weigel [1850]. III,314 S. 8° 1:Ap 1028. 4. 12:Cat. LXXIX,9r. 14. 15. 18. 23. 30.
13.3035

— Verzeichniß von Doubletten aus der hinterlassenen Bibliothek des Herrn Dr. Baumann auf Trebsen, aus mehreren Fächern der Literatur. [Auktionskat.] — Leipzig [1850]: Melzer. 59 S. 8° 14.
13.3036

Baumann, Johann [Prof.]: Kritische und exegetische Bemerkungen zu Platos Phädo. Augsburg, Druck d. J. P. Himmer'schen Buchdr., 1889; 19 S. 8°
Augsburg, I StA bei St. Anna, P 1889 •

Baumann, J., kritische u. exegetische Bemerkungen zu Plato's Phädo. gr. 8. (19 S.) Augsburg 889. (Leipzig, Fock.) n. — 80

Baumann, Johann, Prof. d. Naturgeschichte, Luzern, 1805-1847. 1830: Bilder aus der Heimath. Bdch. 1. — Stuttgart [usw.]: Cotta 1830. 228 S. 8°
7. 12:P. o. germ. 78s. 19. 27. 75.
13.3041

Baumann, Johannes, approb. Arzt aus Leipzig: Aus d. chirurg. Klinik zu Kiel. Ein Fall von Hernia inguino-intermuscularis duplex. *Kiel 1898: H. Fiencke.* (16 S.) 8°
Kiel, Med. Diss. v. [1. Sept.] 1898

— Fußreise durch Italien und Sizilien. Bd 1.2. — Luzern: X. Meyer 1839. 8° 1:Rm 8788. 2. 7.
12:It. sing. 56m. 17. 19. 24. 31. 43. 46. 48. 51. 111.
13.3042

Baumann, Johann, Stud. iur., aus Eschenbach, Pfalz. 1721: Disputatio iuridica de Laudemiis. Nunc recus. 1721 s. *Beckmann*, Lukas.

— Naturgeschichte für das Volk. Ein Buch für Schule u. Haus, zur Verbreitung der Erkenntniß Gottes aus seinen Werken. Mit 208 in den Text eingedruckten Abbildd. gr. 8. Luzern 837. Meyer n. $1^1/_3$ rf Velinp. $1^3/_4$ rf 2e Aufl., durchaus umgearb. u. bedeutend vermehrt. Mit 280 im Text eingedr. Abbildd. (In 2 Lfrgg.) 1e Lfrg., enth.: Himmel u. Erde. Mineralreich. Pflanzenreich. gr. 8. Ebd. 839. $1^1/_3$ rf 2e Lfrg. Das Thierreich. Der Mensch. gr. 8. Ebd. 840. 1 rf 13 gl

— — 2. Aufl., umgearb. u. verm. Ebd. 1840. XVI,726 S. 8°
21. 33. 48. 207.
13.3044

Baumann, J., Naturgeschichte in Bildern und Text für das Volk und seine Schulen. 2., umgearb. und verm. Aufl. 2., wohlf. Abdr. gr. 8. (XVI und 726 S. mit 284 eingedr. Abbild.) Luzern 847, Meyer.
Mit ill. Abbildungen

—— Naturgeschichte für das Volk. Ein Buch für Schule und Haus. Hrsg. von W. H. Schmidt. 3. durchaus umgearb. und verm. Aufl. In 12 Lfgn. gr. 8. (XVI, 797 S. mit 450 in den Text eingedr. Abbild.) Frankfurt a. M. 871, Sauerländer's Verlag. à Lfg. 60 Pf.
geb. *

— Naturgeschichte für Volksschulen. — Luzern: X. Meyer 1838. VI,162 S. 8°
Spätere Auflagen sind vorhanden in 78, 207 u. 314.
14. 48. 123. 207.
13.3046

— Naturgeschichte f. Volksschulen. 2. Aufl., durchgesehen v. W. J. G. Curtman. Mit 120 in den Text eingedr. Abbildgn. (in Holzschn.) gr. 8. (VI u. 156 S.) Frankfurt a. M. 851, Sauerländer. n. 12 ngr

Baumann, J., Naturgeschichte für Volksschulen. Durchgesehen von W. J. G. Curtmann. 3. Aufl. 1854. 12 Ngr. und 4., unveränd. Aufl. gr. 8. (IV und 156 S. mit 120 in den Text eingedr. neuen Abbildungen in Holzschn.) Frankfurt a. M. 856, Sauerländer's Verlag. •

Baumann's, J., Naturgeschichte für Volksschulen. 5. durchaus verb. Aufl. von D. F. Weinland. Mit 150 in den Text gedr. Abbildgn. (Holzschn.) Frankfurt a. M. 861. Sauerländer's Verlag. gr. 8. (IV, 156 S.) 10 ngr.

Baumann's, J. (I.), Naturgeschichte für den Schulgebrauch. 6. und 7., durchaus verb. Aufl. von W. H. Schmidt. gr. 8. (VIII und 181 S. mit 175 in den Text eingedr. Abbildungen in Holzschn.) Frankfurt a. M. 865,68, Sauerländer's Verlag.

Baumann's, J., Naturgeschichte für den Schulgebrauch. 8. und 9. verb. Aufl. von W. H. Schmidt. gr. 8. (VIII, 184 S. mit 175 in den Text eingedr. Abbild.) Frankfurt a. M. 871,73, Sauerländer's Verlag.

Baumann's, J., Naturgeschichte für den Schulgebrauch. 10. und 11. verb. Aufl. von Friedr. Aug. Finger. gr. 8. (VIII, 204; XII, 204 S., mit 177 in den Text eingedr. Holzschn.-Abbild.) Frankfurt a. M. 876,79, Sauerländer's Verlag. *

Baumann's, J. (I.), Naturgeschichte für den Schulgebrauch. 11. verb. Aufl. von Friedr. Aug. Finger. 2. Abdr. in neuer Orthogr. gr. 8. (VIII, 204 S. mit 177 in den Text eingedr. Holzschn.-Abbild.) Frankfurt a. M. 882, Sauerländer's Verlag.

Baumann's, J., Naturgeschichte f. den Schulgebrauch. 12. verb. Aufl. v. Heinr. Reichenbach. Mit 200 in den Text eingedr. Abbildgn. gr. 8. (XII, 244 S.) Frankfurt a/M. 884. Sauerländer. n. 1. 20

Baumann's, J., Naturgeschichte f. den Schulgebrauch. 13., verb. Aufl. v. H. Reichenbach. Mit über 200 eingedr. Abbildgn. gr. 8. (VIII, 239 S.) Frankfurt a. M. 890. Sauerländer. n. 1. 20

Baumann's, J., Naturgeschichte f. Schule u. Haus. 14., verb. Aufl. von H. Reichenbach. Mit üb. 200 in den Text eingedr. Abbildgn.) gr. 8. (VIII, 241 S.) Frankfurt a/M. 899. J. D. Sauerländer. n. 1. 20; geb. n. 1. 70

Baumann's, J., Naturgeschichte für Schule u. Haus. 15., verb. Aufl. v. H. Reichenbach. (VIII, 251 S. m. 204 Abbildgn.) 8. Frankfurt a/M. 906. J. D. Sauerländer. n. 1. 20; geb. n. 1. 70

Baumann, Joh.: Rechtsgeschichte der reformierten Kirche von Appenzell A.-Rh. Basel 1898. 104 S. 8°.
Bern. Jur. Diss. 1897/98.

Baumann, Johs., Rechtsgeschichte d. reform. Kirche v. Appenzell A.-Rh. Diss. gr. 8. (104 S.) Basel 898. R. Reich. n. 1. 60

Baumann, Johann Baptist: Predigt von dem wichtigen Amte christlicher Kinderzucht, bey der feyerlichen Eröffnung des ... Katholischen Militair-Weysenhauses. — Stuttgard [1779]: Cotta. 16 S. 8° 21. 24.
13.3047

— Predigt, daß der Geist der Religion die Seele der Erziehung sey. — Stuttgard [1779]: Cotta. 30 S. 8° 24.
13.3048

— Predigt von dem Eigendünkel und dem Undanke in der Erziehung. — Stuttgard [1781]: Cotta. 28 S. 8° 24.
13.3049

— Predigt von der Erziehung, daß es dem Manne gut sey, wenn er das Joch von seiner Jugend an getragen hat. — Stuttgard [1780]: Cotta. 32 S. 8° 24.
13.3050

Baumann, Johann Baptist
— Kurzer Predigt-Versuch von der Gelehrigkeit der Beherrscher gegen die Weisheit Gottes. — Stuttgard [1782]: Cotta. 16 S. 8° 1:7 in Ah 20192. 24.
13.3051

— Eine Stimme des Ruffenden in der Wüste: Richtet den Weg des Herrn! Joh. 1,23. — o.O. [1778]. 16 S. 8° 24.
13.3052

— **Joh. Carl Ernst August** (Leipzig), De ebriositate. Diss. med. Lpz. (Staritz) 6. V. 1836. 47 S. mit Literatur. (4.80) 1411
Gew.: Ernst Fried. Aug. Baumann, Carl Gottlob Kühn, Joh. Aug. Christ. Clarus, Carl Aug. Kuhl.

Baumann, Johann Friedrich: Aphorismen u. Fantasien eines Britten, s.a. Aphorismen u. Phantasien eines Britten.

Baumann, Johann Friedrich, Kriminalassessor. Bielsk. Westpr. 1792: Aphorismen und Fantasien eines Britten [d. i. Johann Friedrich Baumann]. — Dresden [usw.]: Richter 1792. 237 S. 8° 12: L. eleg. m. 72. 14.
13.3056

— **Johann Friedrich** (Wertheim), Voluntarium imperii consortium inter Fridericum Austriacum et Ludovicum Bavarum Augg. ex pacto de anno 1325 adstructum. Präs. Joh. Dav. Koeler. Altdorf (M. D. Meyer) 24. IV. 1733. 96 S., teilw. dtsch. Mit Abb. (7.—) 1412

Baumann, Johann Friedrich v., Sacrae Caesareae Maiestatis Consiliarius actualis. 1735: Voluntarium Imperii Consortium inter Fridericum Austriacum et Ludovicum Bavarum Augg. quod ex pacto de anno 1325. adstruxit Johannes Fridericus Nobilis de Baumann. Ed. nova. — Francofurti [usw.] 1735. 148 S. 4° Erschien zuerst a. s. Diss. Altdorf 1733.
1: 2° Rx 22715. 2→5. 7. 8. 12: 2° Bavar. 90. 14→20. 22→30. 32. 35. 38. 41. 42. 44. 53. 78. 89. 107. 117. 211. 300: 39 C 10. 302. 304.
13.3054

Baumann, I. F. de, Voluntarium imperii consortium inter Frideric. Austriae. et Ludov. Bavar. Fol. Frankf. Straub 735.

— Darstellungen nach dem Leben. Aus e. Skizze d. Sitten u. d. Nationalcharakters d. ehemaligen Pohlen. — Königsberg: Goebbels & Unzer 1803. VIII, II, 186 S. 8°
1: Sz 3750. 7. 16. 12: Polon. 3 i. 14. 17. 26. 30. 44.
13.3057

Baumann, Johann Friedrich, Pastor. Prenzlau. 1725-1786. 1786: Gedächtnißrede oder Trauerklage beym Sarge des Königs von Preußen Friederichs des Zweiten gehalten ... 1786. in der Nikolaikirche zu Prenzlau. — [Prenzlau 1786]: Ragoczy. 19 S. 8° 2.
13.3055

Baumann, Johann Friedrich, Koch d. Grafen Bünau v. Dahlen, Dresden. 1830: Der Dresdner Koch, oder: Die vereinigte teutsche, französische und englische Koch- und Back-Kunst. Th. 1.2. — Dresden: Verf.; Walther in Comm. 1830. 8°
1: Oq 7629.
13.3058

Baumann, Jh. Fr. II., der Dresdner Koch, oder: die vereinigte deutsche, französ. u. engl. Koch- u. Backkunst, nebst Anleit. zu Dessert-Zuckerbäckereien, Gefrornem, Einmachfrüchten, Getränken ꝛc. 2 Thle. Mit 8 lithogr. Abbildd. gr. 8. Dresd. 831. Verf. (Walther). 3 ₰ (Leipz., Hartmann). 2 ₰ 16 gr

Baumann, Jh. Fr., der Dresdener Koch, od. die vereinigte deutsche, franz u. engl. Koch-, Brat- u. Backkunst, nebst Anleitung zu Dessert-Zuckerbäckereien, Gefrornem, Einmachfrüchten, Getränken ꝛc., so wie einer Sammlung von Speisezetteln und Anweisung zu Anordnung der Tafeln. Mit 8 lithogr. Abbildd. Ein Buch f. alle Stände. 2 Thle. 2e, mit Zusätzen verm. Aufl. gr. 8. Dresden 840. (Leipzig, Serigsche Buchh.) n. 2 ₰

Baumann, Joh. Friedr., der dresdener Koch, od. d. vereinigte teutsche, franz. u. engl. Koch-, Brat-, u. Backkunst ꝛc. Mit 8 lith. Abbild. Ein Buch für alle Stände. 3., mit neuen Zusätzen verm. Aufl. 2 Thle. gr. 8. (60¾ B.) Dresden u. Leipzig 844. (Arnoldische Buchh.) *

— — Vermehrte Zusätze zur dritten Auflage des Dresdener Kochs. — (Dresden) 1844: (Meinhold). VIII, 60 S. 8°
106.
13.3060

— Die Dresdener Köchin oder die feine und allgemeine bürgerliche Koch-, Brat- und Backkunst der neuesten Zeit. Dresden: Verf.; Arnold in Comm. [usw.] 1844. XXXII, 343 S. 8° 14. 106.
13.3061

Baumann, Joh. Friedr., die Dresdener Köchin oder die feine u. allgemeine bürgerliche Koch-, Brat- u. Backkunst der neuesten Zeit, nebst Anweisung zum Einmachen der Früchte, zu warmen u. kalten Getränken, Speisezetteln u. Anordnung der Tafeln rc. auf 45jährige Erfahrung u. praktische Uebung gegründet. 2. (Titel-) Ausg. Dresden (844) 854. Türk. gr. 8. (XXXII, 343 S.) n. 1 ℛ

Baumann, J. F., Spezial-Buchhaltung f. Aerzte. (VII, 52 S. m. 1 Taf.) Lex.-8. Zürich (904). Bürdeke & Herwig. n. 2. —

Baumann, Johann Friedrich. 1904: Spezial-Buchhaltung für Aerzte. — Zürich [usw.]: Schröter [1904]. V,52 S. 8°
17. 24. 38.
13.3062

Baumann, Johann Friedrich August: Calamitates belli funesti a Neofrancis tam in sua ipsorum patria quam contra Germanos vicinosque populos vario Marte gesti carmine elegiaco descripsit Jo. Fridericus Augustus Baumann. — Lipsiae: Fleischer 1798. XVI,99 S. 8°
1:Xe 18344. 12:P. o. lat. 167. 14. 15. 23. 78.
13.3063

— **Joh. Friedr. August** (Collmen) u. **Heinr. Ernst Benedict Lehmann** (Ebersdorf), De litteris elegantioribus jurisprudentiae studium mirifice adjuvantibus diss. Lpz. (Schultz) 14. V. 1794. 65 S. (5.—) 1413
Gew.: Carl Wilh. Mueller, Vincenz Baumann (Trebsen).

— Immortalia Caroli Guilielmi Mülleri ... in Lipsiam Merita carmine elegiaco enarrare conatus est Jo. Fridericus Augustus Baumann. — Lipsiae: Auctor; Barth [in Komm.] 1802. XII,104 S. 8°
1:4° Xe 18350. 14. 15. 18. 23. 78.
13.3064

— Immortalia Car. W. Müller in Lips. merit. cum versione germanica. 4maj. Leipz. 803. Barth. 1 ℛ

— — De tutissima criminum in civitatibus minuendorum via bona puerorum educatione. Lpz. (Sommer) 21. V. 1795. 60 S. (5.—) 1414

Baumann, Johann Friedrich Theodor von

[—] — [franz.] De l'administration prussienne dans les cidevant provinces polonaises. Essai pour servir au développement des causes qui ont amenés leur séparation de la métropole. [Übers.: Adalbert v. Chamisso.] — o.O. 1808. 68 S. 8°
7.
13.3066

Baumann, Johann Friedrich Theodor v.: Ueber Preußens Verwaltung seiner ehemaligen polnischen Provinzen. Ein Versuch zur Darstellung der Gründe, die ihren Abfall vom Mutterlande veranlaßten. [Verf.: Johann Friedrich Theodor v. Baumann.] — Berlin [usw.] 1808. 76 S. 8°
1:Sz 10324. 17.
13.3065

Baumann, Johann Gottfried: Commentatio historico-theologica de cultu adorationis religioso. — Lipsiae: Langenheim 1769. 60 S. 8°
12:Mor. 87 m.
13.3067

— Schediasma historico-theologicum de hymnis et hymnopoeis veteris et recentioris ecclesiae verae atque christianae religioni promovendae ac propagandae inservientibus. — Bremae: Cramer 1765. 54 S. 8°
1:Eg 650. 5. 10. 18. 20. 34. 53.
13.3068

Baumann, Johann Gumbert

— **Johann Gumbert** (Weissenburg), Commentat. super moralitate legum ceremonialium et forensium. Präs. Christoph Sonntag. Altdorf (J. W. Kohles) 10. XI. 1706. 32 S. (6.—) 1415

Baumann, Johann Heinrich: Jagd-Anecdoten, die zwar mehrentheils ans Lügenhafte gränzen, aber sich doch wirklich zugetragen. Nebst e. Anh. von Reden &c. — Riga [usw.]: Meinshausen 1817. 119 S. 8°
44. 121. 214.
13.3069

Baumann, J. H., Jagd-Anekdoten rc. nebst 1 Anh. von Jagdreden rc. gr. 8. Riga, Meinshausen. 818.

Baumann, Johann Julius s. *Baumann*, Julius. 1868.

Baumann, Johannes, s. Baumann, Johann

Baumann, Josef, München. 1883: Der wahlweise Anruf in Telegraphen- und Telephonleitungen und die Entwicklung des Fernsprechwesens. — München [usw.]: Oldenbourg 1904. VI,96 S. 8° (Die Schwachstromtechnik in Einzeldarstellungen. 1.)
1:Op 29870/4-1. 11. 12:Techn. 191 i-1. 19. 86. 91. 201. 210. 305.
13.3072

Baumann, Josef, Kgl. Bayerischer Hauptmann. 1892: Briefe eines Kanoniers in seine Heimath. — Berlin 1896. 101 S. 8°
Erschien zuerst in: Deutscher Soldatenhort. 6.7. 1895-97.
1:Hu 15034.
13.3075

[F.] Briefe eines Kanoniers in seine Heimath. Von J[osef] Baumann, Kgl. bayer. Hauptm. (Vorr.: [Hugo] v. Below, Gen.-Lieut. z. D.) *Berlin: K. Siegismund 1896.* (2 Bl., 101 S.) 1 Bd 8. [96. 7030

— Geschichte des k. b. 1. Feld-Artillerie-Regiments 'Prinz-Regent Luitpold' 1601–1893. Den Unteroffizieren u. Kanonieren erzählt. — Ingolstadt: Ganghofer 1892. IV,184 S. 8°
1:Sf 3670. 12:Bavar. 198 yg [2 Ex.] 19. 22. 29. 209.
13.3070

Baumann, J., Geschichte d. k. b. 1. Feld-Artillerie-Regiments „Prinz-Regent Luitpold" 1601—1893. Den Unteroffizieren u. Kanonieren erzählt. 8. (VI, 184 S. m. 1 Bildnis.) Ingolstadt 892. (München, J. Lindauer.) Kart. n.n. — 80

Baumann, Josef

— Unsere Kanoniere. 30 Kunstlichtdrucke nach Originalaufnahmen von J. Baumann u. J. Wasum. — München: Vereinigte Kunstanstalten 1900. 30 Taf. quer-4°
12:2° Bavar. 80 d. 19.
13.3077

— — Mein Regiment. 30 Kunstlichtdrucke nach Originalaufnahmen von J. Baumann u. J. Wasum. — Ebd. 1900. 30 Taf. quer-4°
12:4° Don. Reg. 8 w.
13.3078

— Der Schwachstrom-Monteur. Ein Handbuch für Anlage u. Unterhaltung von Schwachstromanlagen. — München [usw.]: Oldenbourg 1908. XII,251 S. 8° (Die Schwachstromtechnik in Einzeldarstellungen. 5.)
1:Op 29870/4-5. 11. 12:Techn. 191 i-5. 19. 62. 86. 91. 201. 210. 302. 305.
13.3073

Baumann, Josef (Hrsg.), s. Schwachstromtechnik, Die, in Einzeldarstellungen.

Baumann, Jos., Telegraph u. Telephon in Bayern, s.: Schormaier, Mich.

— Die Telephongebühr. Ein Beitrag zur Neuordnung des Telephontarifs in Deutschland. — München: Reinhardt 1908. 40 S. 4°
12:4° Cam. 1d. 19. 38. 106. 203. 205. 208.
13.3074

— s.: Zeitschrift f. Schwachstromtechnik.

Baumann, Josef M. von

Baumann, JM v., Catech. d. Obstbaumzucht. 8. (92) Rgsbg 55, (Coppenrath.) — 3

Baumann, J. M. v., Catechismus der Obstbaumzucht. Zum Schul- u. Selbstunterricht. Im Auftrage des landwirthschaftl. Kreis-Comité's der Oberpfalz u. Regensburg bearb. nach eigener u. anderer Obstbaumzüchter Erfahrung. Mit einem Verzeichnisse der in diesem Regierungsbezirke vorkommenden Giftpflanzen rc. Regensburg 855. (Montag u. Weiß.) 8. (92 S.) 3 ngr

Baumann, Josef M. v.: Catechismus der Obstbaumzucht. Zum Schul- und Selbstunterrichte. — Regensburg 1855: Reitmayr. VI,88 S. 8° 12:Bavar. 4248d. 22. 91.
13.3080

— — 3. Aufl. Ebd. 1857. VI,88 S. 8°
12:Oecon. 186m. 19. 91.
13.3081

BAUMANN, Joseph Maria von (Ernstfeld): De prosopalgia.- Monachii: Giesser 1836. 20 S.
16.8.1834 - Urk; F 61

Diss. Ingolst.-Landsh.-Mchn.

Baumann, *Josua.*
—— Miscellanea medico-botanica. D. Marpurgi 1791. 8. 38 p.

Baumann, Isidorus: Quae de anima ejusque partibus Aristoteles in libris Ethicorum Nicomach. proposuerit. Halae Saxonum (1874): Ploetz. 32 S. 8°
Halle-Wittenberg, Phil. Diss. v. 11. Apr. 1874
Geb. Wriezen (Kr. Oberbarnim) 9. 12. 1848. V.

Baumann, Julius

Baumann, Jul., Anti-Kant. Mit Benutzg. von Tiedemanns „Theätet" u. auf Grund jetz. Wissenschaft. (VI, 195 S.) 8. Gotha 905. F. A. Perthes. n. 4.—

Rede zur Feier des Geburtstages Seiner Majestät des Kaisers und Königs am 27. Januar 1889 im Namen der Georg-Augusts-Universität gehalten von Julius Baumann. Über die Aufgabe unserer Universitäten. Göttingen, Druck d. Dieterichschen Univ.-Buchdr. W. Fr. Kaestner, 1889; 17 S. 4°

— Wolff'sche Begriffsbestimmungen, s. a. Bibliothek, philos.

Wolffsche Begriffsbestimmungen. Ein Hilfsbüchlein b. Studium Kants. Zsgest. von Julius **Baumann**, Prof., Göttingen. Leipzig: Dürr 1910. IV, 54 S. 8°
(Philosophische Bibliothek. [Neue Ausg.] Bd 122.) fu 105, 11

— **Realwissenschaftliche Begründung der Moral, des Rechts und der Gotteslehre.** — Leipzig: Dieterich 1898. VII,295 S. 8° 1:Nm 22446. 2→6. 9. 10. 11. 12:Ph. Pr. 106oh. 14. 15. 18. 20. 21. 25. 27. 30. 31. 41. 106. 107. 208. 302→304.
13.3085

— **Dedekind und Bolzano.** — Leipzig: Veit [1908]. S. 445–449. 8° Aus: Annalen d. Naturphilosophie. 7. 1908. 84.
13.3086

Baumann, (Joan.) Julius (geb. Frankfurt a. M. 22. 4. 1837) Doctrina Cartesiana de vero et falso explicata atque examinata. Berolini (1863) (94 S.) 8°
Berlin, Phil. Diss. v. 21. März 1863

— **Einführung in die Pädagogik.** Geschichte d. pädagogischen Theorien. Allgemeine Pädagogik (pädagogische Psychologie). — Leipzig: Veit 1890. VI,120 S. 8° 1:Nc 552. 2. 3. 4. 6. 9. 12:Paed. Th. 328. 14. 15. 20. 21. 22. 25. 29. 30. 31. 33. 36. 41. 44. 45. 51. 62. 79. 107. 207. 302.
13.3087

Baumann, Jul., Einführung in die Pädagogik. Geschichte der pädagog. Theorien. Allgem. Pädagogik (pädagog. Psychologie). 2., durchgesch. u. verm. Aufl. gr. 8. (VII, 124 S.) Leipzig 901. Veit & Co. n. 2. —; geb. in Lnw. n. 2. 60

Baumann, Julius [aus Berlin]: Die Einwirkung von Aminen auf die Äthylendibenzoyl-o-carbonsäure .... Berlin, Buchdr. v. Max Bading, 1887; 37 + 1 S. + 1 Bl. 8°.
Berlin, Phil. Fak., Inaug.-Diss. v. 23. Apr. 1887.

Baumann, Julius, die Einwirkung von Aminen auf die Äthylendibenzoyl-o-carbonsäure. Diss. Berlin 1887, Mayer & Müller. 8°. 37 S.

— **Elemente der Philosophie.** Logik, Erkenntnistheorie und Metaphysik, Moral (praktische Psychologie). — Leipzig: Veit 1891. VI,196 S. 8° 1:Ni 8594. 5. 6. 9. 10. 11. 12:Ph. U. 29 ub. 15. 16. 21. 26. 27. 29. 31. 32. 36. 41. 47. 79. 84. 106. 302. 303.
13.3089

[—] **Das Evangelium der armen Seele,** in welchem dem Menschen sein wahrer Beruf auf Erden gewiesen ... wird. Mit e. Vorw. von Hermann Lotze. — Leipzig: Hirzel 1871. XII,197 S. 8° 1:Et 13440. 2→5. 7. 8. 9. 12:Asc. 2938 s [2 Ex.] 15. 18. 21. 24. 25. 30. 39. 60. 123.
13.3090

— **Die Gemütsart Jesu.** Nach jetziger wissenschaftlicher, insbesondere jetziger psychologischer Methode erkennbar gemacht. — Leipzig: Kröner 1908. 80 S. 8° 1:Bq 2180. 6. 12:B. hist. 10 wc. 14. 15. 17. 18. 21. 27. 29. 30. 38. 45. 46. 123. 207. 302→304. 309.
13.3091

— **Gesamtgeschichte der Philosophie.** 1903 s. *Baumann:* Geschichte der Philosophie.

— **Geschichte der Philosophie nach Ideengehalt und Beweisen.** — Gotha: F. A. Perthes 1890. IV,383 S. 8° 1:Nk 1538. 2. 3. 5. 6. 9. 10. 11. 12:Ph. U. 29 u. 15. 18. 20. 21. 24. 26. 27. 28. 29. 41. 46. 48. 51. 107. 202. 304.
13.3092

— **Gesamtgeschichte der Philosophie.** 2. Aufl. der Geschichte der Philosophie nach Ideengehalt u. Beweisen. Durchgesehen u. verm. (IV, 426 S.) gr. 8. Gotha 903. F. A. Perthes. n. 8. —

Baumann, Julius, Regierungsassessor, Kassel. 1865: **Das Gesinderecht auf Grundlage des gemeinen Rechts und seiner Ausbildung in Kurhessen.** (Hrsg.: A. Stölzel.) — Cassel: Wigand 1865. 31 S. 8° 1:an Gm 17395. 4. 15. 19. 21. 34. 47. 66. 106. 208.
13.3093

— **Die Grundfrage der Religion.** Versuch e. auf d. realen Wissenschaften ruhenden Gotteslehre. — Stuttgart: Frommann 1895. 72 S. 8° 1:Nq 2983. 2. 4→7. 9. 10. 11. 12:Dogm. 63 r. 14. 15. 20. 21. 23. 24. 26. 29. 36. 88. 203. 207.
13.3094

— **Gymnasium und Realgymnasium** verglichen nach ihrem Bildungswert und unter Rücksichtnahme auf die Überbürdungsfrage. Vortrag. — Leipzig: Dieterich 1898. 44 S. 8° 1:Ne 11954. 7. 9. 10. 14. 15. 21. 27. 36. 41. 47. 61. 79. 106. 203. 302.
13.3095

— **Handbuch der Moral,** nebst Abriss der Rechtsphilosophie. — Leipzig: Hirzel 1879. IV,445 S. 8° 1:Np 5352. 2→11. 12:Ph. Pr. 106 o. 14. 15. 16. 18. 20. 21. 24→30. 45. 46. 203. 210. 302.
13.3096

— **Ein Lebensbund.** Erzählung aus d. Zukunft. — Frankfurt a. M.: Koenitzer in Comm. 1891. 112 S. 8° 1:Np 14724. 19. 21. 33.
13.3098

— **Die Lehren von Raum, Zeit und Mathematik** in der neueren Philosophie nach ihrem ganzen Einfluss dargest. u. beurtheilt. Bd 1.2. — Berlin: G. Reimer 1868–69. 8°
1. Suarez, Descartes, Spinoza, Hobbes, Locke, Newton. 1868.
2. Leibniz, Leibniz u. Clarke, Berkeley, Hume. Kurzer Lehrbegriff von Geometrie, Raum, Zeit u. Zahl. Schluss u. Regeln aus d. Ganzen. 1869.

1: Nk 3380. 2→11. 12:Ph. U. 29 s. 14→21. 24→27. 29. 30. 32. 35. 36. 41. 46. 84. 90. 102. 109. 210. 300:119.385-B. 302→305.
13.3099

- Die Lehrpläne von 1901 beleuchtet aus ihnen selbst und aus dem Lexisschen Sammelwerk. — Langensalza: Beyer 1904. 81 S. 8° (Pädagogisches Magazin. 223.)
1:Nc 3971 223. 2. 3. 5→8. 10. 11. 12:Paed. Th. 6609c-223. 14. 15. 18. 19. 21. 23. 26. 27. 29. 30. 62. 107. 169. 207. 309.
13.3100

— Denifle's Luther und Luthertum vom allgemeinwissenschaftlichen Standpunkt aus beleuchtet. — Langensalza: Beyer 1904. 47 S. 8° 1:Cn 8154. 3. 12:H. ref. 17 n. 14. 15. 16. 18. 21. 27. 28. 29. 38. 41. 75. 109. 203. 302.
13.3101

-- Eine neue Nachfolge Jesu oder Moralchristen und Wissenschaftsfreunde. Zum Weltkongreß für freies Christentum und religiösen Fortschritt. — (Berlin [um 1910]: Scholem.) 47 S. 8° 107.
13.3102

— Eine neue Nachfolge Jesu oder Moralchristen u. Wissenschaftsfreunde. Zum Weltkongreß f. freies Christentum u. religiösen Fortschritt. (48 S.) 8. Berlin 910. F. Wunder. — 75

— Neuchristenthum u. reale Relig. Streitschrift wider Harnack u. Steudel. Nebst e. Katech. realer Relig. (56) 8° Bonn '01. Stuttg., A Kröner. 1.60 d

— Neuchristenthum und reale Religion. Eine Streitschrift wider Harnack u. Steudel. Nebst e. Katechismus realer Religion. — Bonn: Strauß 1901. 56 S. 8° 1:Dn 10822. 3. 4. 5. 7. 9. 11. 15. 20. 21. 26. 29. 41. 203. 302. 309.
13.3104

— — 2. Aufl. Ebd. 1901. 56 S. 8°
12:Th. U. 23t. 14. 17. 23. 38. 46. 52. 207.
13.3105

— Neues zu Sokrates, Aristoteles, Euripides. (4, 127) gr8° Lpzg, Veit & Co. '12. 3.50

— Platons Phädon philosophisch erklärt und durch die späteren Beweise für die Unsterblichkeit ergänzt. — Gotha: F.A.Perthes 1889. VIII,208 S. 8° 1:Vs 4920. 2→6. 8→11. 12:A. gr. b. 2609v. 14. 15. 18→21. 24→27. 29. 30. 39. 46. 102. 107. 123. 207. 302.
13.3107

– Deutsche und außerdeutsche Philosophie der letzten Jahrzehnte. — Gotha: F.A.Perthes 1903. VIII,533 S. 8°
1:Nk 17265. 2→11. 12:Ph. U. 29ui. 14. 15. 18. 20. 21. 25. 26. 27. 29. 30. 35. 36. 38. 39. 41. 44. 45. 46. 51. 52. 62. 79. 102. 106. 117. 169. 203. 208. 300:425.579-B. 302. 303.
13.3108

-- Philosophie als Orientirung über die Welt. — Leipzig: Hirzel 1872. VI,506 S. 8°
1:Nm 22444. 2→5. 7→11. 12:Ph. U. 29t. 14→17. 21. 22. 24→30. 32. 43. 45. 300:68.283-B. 302. 304.
13.3109

— Preussisch? oder zugleich deutsch und auch allgemeinmenschlich? Eine angewandte Rechts- u. Staatslehre. — Frankfurt a.M.: Jaeger 1894. 181 S. 8°
1:F 4335. 6. 10. 12:J. publ. G. 43 ci. 14. 15. 16. 21. 33. 106. 107. 203. 208. 302.
13.3110

— Über Religionen und Religion. Worte zur Verständigung. Langensalza: Beyer 1905. VI,186 S. 8° 1:Pn 5848/5. 3. 6. 8. 9. 11. 12:Ph. Pr. 106 oi. 14. 15. 16. 19. 21. 24. 25. 27. 30. 31. 34. 36. 46. 64. 79. 207. 302. 307.
13.3111

— „Schulwissenschaften“ als besondere Fächer auf Universitäten. Vortrag, geh. auf der Versammlg. deutscher Philologen u. Schulmänner zu Bremen 1899. gr. 8. (44 S.) Leipzig (899). Dieterich. — 75

— Die Staatslehre des h. Thomas von Aquino. Ein Nachtrag u. zugleich e. Beitrag zur Wertschätzung mittelalterlicher Wissenschaft. — Leipzig: Hirzel 1909. 101 S. 8°
1:F 235. 3. 5→8. 11. 12:P. lat. 1047ewh. 14. 15. 16. 19. 21. 25. 26. 27. 30. 106. 203. 204. 208. 211. 300:465.609-B. 302.
13.3113

—— die Staatslehre des heil. Thomas v. Aquino, des größten Theologen und Philosophen der katholischen Kirche. Aus seinen Werken authentisch zusammengestellt und mit einer Einleitung versehen. Ein Beitrag zur Frage zwischen Kirche und Staat. 8. (XVI, 203 S.) Leipzig 873. Hirzel. *

— Stunden der Andacht u. Erbauung in realwissenschaftlicher Religion. (VI, 308 S.) 8. Gotha 909. F. A. Perthes. 5. —

— Die grundlegenden Thatsachen zu einer wissenschaftlichen Welt- und Lebensansicht. Ein Boden d. Gemeinsamkeit im Streit d. Weltanschauungen. — Stuttgart: Neff 1894. 135 S. 8°
1:Ni 5198. 3→7. 9. 10. 11. 12:Ph. U. 29uc. 14. 15. 19. 21. 26. 30. 31. 41. 302.
13.3116

— Die grundleg. Thatsachen zu e. wiss. Welt- u. Lebensansicht. 2. [Tit.-]Afl. (185) 8° Stuttg. [1894]'02. Essl., P Neff. 3 —

Baumann, Julius, Arzt a. Kerspenhausen: Typhus und Psychose. (Friedrichshagen) 1906: (A. Kunzke.) (16 S.) 8° [F.]
Rostock, Med. Fak., Ref. Schuchardt, Diss. v. 10. Aug. 1906
[Geb. 20. Juni 81 Kerspenhausen, Hessen-Nassau; Wohnort: Kirchhain; Staatsangeh.: Preußen; Vorbildung: Friedrichsgymn. Kassel Reife O. 00; Studium: Erlangen 1, Rostock 3, Kiel 1, München 2, Rostock 2 S.; Coll. 16. Jan. 05; Approb. 5. Febr. 05.]

-- Für freie Universitäten neben den Staatsuniversitäten. Zugleich mit Ratschlägen für d. letzteren. — Langensalza: Beyer 1907. VI,69 S. 8° (Pädagogisches Magazin. 309.)
1:Nc 3971-309. 2. 3. 5→11. 12:Paed. Th. 6609 c-309. 15. 18→21. 25. 26. 27. 29. 30. 46. 61. 203. 207. 300:457.827-B. Per. 309. 302. 309.
13.3119

— Unsterblichkeit und Seelenwanderung. Ein Vereinigungspunkt morgenländischer u. abendländischer Weltansicht. — Leipzig: Hirzel 1909. VIII,101 S. 8°
1:Nq 10170. 2. 3. 7. 14. 15. 21. 203. 300:471.424-B. 302.
13.3120

— Volksschulen, höhere Schulen und Universitäten. Wie sie heutzutage eingerichtet sein sollten. — Göttingen: Vandenhoeck & Ruprecht 1893. VIII,144 S. 8°
1:Nc 2103. 2. 3. 5. 6. 7. 11. 12:Paed. Th. 328b [2 Ex.] 18→21. 25. 26. 27. 29. 30. 31. 35. 46. 48. 64. 106. 117. 203. 207. 208. 302. 305. 309.
13.3121

— Sechs Vorträge aus dem Gebiete der praktischen Philosophie. — Leipzig: Hirzel 1874. 168 S. 8°
1:Np 1130. 4. 5. 7. 9. 11. 12:Ph. Pr. 106n. 15. 20. 21. 24→27. 30. 32. 38. 207. 304.
13.3122

— Dichterische und wissenschaftliche Weltansicht. Mit besonderer Beziehung auf 'Don Juan', 'Faust' u. die 'Moderne'. — Gotha: F.A.Perthes 1904. VI,247 S. 8°
1:X 7706/9. 6. 7. 9. 11. 12:H. lit. U. 42vb. 14. 15. 18. 21. 25. 26. 30. 35. 39. 41. 45. 46. 61. 169. 207. 302.
13.3123

— Welt- und Lebensansicht in ihren realwissenschaftlichen und philosophischen Grundzügen. Mit Vorbemerkungen über Kant, Joh. Schultz u. L. Goldschmidt. — Gotha: F.A.Perthes 1906. 81 S. 8°
1:Ni 5199. 5. 9. 10. 12:Ph. Sp. 57tc. 14. 15. 18. 25. 27. 30. 38. 39. 41. 46. 207. 302. 303.
13.3124

— Häckels **Welträthsel** nach ihren starken und ihren schwachen Seiten mit e. Anh. über Häckels theologische Kritiker. — Leipzig: Dieterich 1900. 94 S. 8°
1: Lf 5285. 3. 11. 12: Ph. Sp. 57 t. 14. 15. 21. 27. 35. 36. 46. 107. 300: 407.529-B. 303.
13.3125

— — 2., durchges., im Anh. verm. Aufl. Ebd. 1900. 102 S. 8°
4. 5. 16. 21. 28. 31. 38. 41. 60. 66. 86. 111.
13.3126

— — 3. Aufl., mit e. Nachw. über Häckels 'Lebenswunder'. Ebd. 1905. 120 S. 8°
14. 15. 16. 21. 26. 27. 32. 45. 48. 51. 62. 203. 211.
13.3127

— Wie Christus urteilen und handeln würde, wenn er heutzutage unter uns lebte. — Stuttgart: Frommann 1896. 88 S. 8°
1: Nq 2994. 3. 7. 9. 10. 11. 12: Polem. 175 t. 14. 15. 16. 21. 24. 26. 28. 29. 41. 53. 207.
13.3128

— **Wille** u. Charakter. Eine Erziehungslehre auf moderner Grundlage. 2., durchgeseh. u. verm. Aufl. (V, 98 S.) gr. 8. Berlin 905. Reuther & Reichard. n. 1.50

— **Wille** u. Charakter. Eine Erziehungslehre auf moderner Grundlage. 3., durchgeseh. u. verm. Aufl. (IV, 92 S.) gr. 8. Berlin 910. Reuther & Reichard. 1.60

— Über **Willens- und Charakterbildung** auf physiologisch-psychologischer Grundlage. — Berlin: Reuther & Reichard 1897. 86 S. 8° (Sammlung von Abhandlungen aus d. Gebiete d. pädagogischen Psychologie u. Physiologie. 1,3.)
1: Nc 3996-1,3. 2. 4. 7. 8. 9. 11. 12: Paed. Th. 4917 b-1,3. 14. 15. 17. 18. 21. 22. 24. 25. 28. 30. 31. 33. 36. 46. 61. 79. 82. 84. 107. 123. 169. 207. 302. 303. 309.
13.3129

— Der **Wissensbegriff**. Eine historisch-philosophische u. philosophisch-kritische Monographie. — Heidelberg: Winter 1908. VIII, 231 S. 8° (Synthesis. 1.)
1: Nk 402-1. 3. 4. 6. 7. 11. 12: Ph. Sp. 821-1. 14→21. 24. 26. 30. 31. 35. 38. 41. 45. 46. 84. 86. 107. 207. 300: 462.440-B. Per. 1. 302. 303.
13.3132

Baumann, Julius Wilhelm: **Biblische Geschichte**, Katechismus und Kirchenlied für evangelische Schulen von J. Baumann, B. Preating, F. Schultz. — Breslau: Hirt 1889. 143 S. 8° (Vorbereitungen u. Entwürfe aus d. gesamten Unterrichtsgebiete d. deutschen Volksschule. 17.18.)
1: Ne 14890-17.18. 46.
13.3133

Baumann, J., **Hilfsbüchlein** zum Katechismus-Unterricht in der Volksschule. Für die Hand der Schüler hrsg. gr. 8. (55 S.) Breslau 885. F. Hirt. n. — 30

Baumann, J., neues **Hilfsbüchlein** zum Katechismus-Unterricht in der Volksschule. Für die Hand d. Schüler hrsg. 2., umgearb. Aufl. gr. 8. (81 S.) Breslau 889. F. Hirt. n. — 20

— f.: **Vorbereitungen** u. Entwürfe aus dem gesamten Unterrichtsgebiete der deutschen Volksschule.

— **Vorbereitungen** auf den Katechismus-Unterricht in der Volksschule. — Berlin: Keller 1881. 96 S. 8°
1: Eo 12750. 207.
13.3134

Baumann, J. (H.), Vorbereitungen auf den Katechismus-Unterricht in der Volksschule. gr. 8. (IV, 96 S.) [Berlin 881, Keller.] Breslau, Hirt.

— — 2., durchges. Aufl. Breslau: Hirt 1885. 94 S. 8°
1: Eo 12751. 207.
13.3135

— — 3., durchges. Aufl. Ebd. 1893. 94 S. 8° 17.
13.3136

— — 4., durchges. Aufl. Ebd. 1899. 92 S. 8°
1: Eo 12751⁴. 2.
13.3137

Baumann, K.
— allgemeines Gratulations- und Complimentirbuch. Enthaltend die reichhaltigste Auswahl von Geburts-, Neujahrs- und Namenstagswünschen, Polterabendscherzen u. Anreden, Hochzeits- u. Jubelfeiergedichten u. Anreden nebst Heirathsanträgen u. Devisen zu Hochzeitsgeschenken, ferner Glückwünsche, Anzeigen, Einladungen, Anreden u. Complimente bei verschied. Veranlassungen, so wie auch Sylvesterlieder, Trinksprüche, Stammbuchsaufsätze u. Grabschriften u. als Anhang eine Sammlung anziehender Declamationsstücke aus d. neuest. Dichtern. gr. 12. Pesth 839. Heckenast. 3/4 ₰

Baumann, K., allgemeines **Gratulations**- u. Complimentir-Buch. Enthaltend die reichhaltigste Auswahl von Geburts-, Neujahrs- u. Namenstagswünschen, Polterabendscherzen u. Anreden, Hochzeits- und Jubelfeier-Gedichten und Anreden nebst Heiraths-Anträgen u. Devisen zu Hochzeitsgeschenken, ferner Glückwünsche, ꝛc. ꝛc. 2. Aufl. 8. Pesth 844, Verlags-Magazin, jetzt Haendel in Leipzig. 2/3 ₰

Baumann, K., **Hülfsbüchlein** bei Verfertigung schriftl. Aufsätze, s. Aufgaben für Schule u. Haus.

Baumann, Karl, Gymnasialprofessor, Mannheim. 1802: Der **7. April 1862 in Mannheim**. (Verf.: K. Baumann, Eller u. C. Nestler.) — Mannheim: Schneider 1862. 21 S. 8° (Mannheimer Anzeiger. 1862, 85, Extrabeil.) 109. 180.
13.3143

Baumann, Karl, Oberzollinspektor, Kehl. 1865: **Bericht über Gewerbe- und Verkehrsverhältnisse von Paris**, erstattet aus Anlaß einer ... im Frühjahr 1864 unternommenen Reise nach Paris. — Karlsruhe 1865: Braun. 98 S. 8°
25. 31. 106. 305.
13.3148

Baumann, Karl, Ehrenmitglied der Kgl. Preuß. Gartenbaugesellschaft, Berlin. 1828: **Bollweilerer Camellien-Sammlung** ... von Carl Baumann u. N. Baumann. Lfg 1-3. — Bollweiler 1828-32. 4° 18. 28 [**2.3].
13.3140

Baumann, K: Röm. Denksteine u. Inschriften d. verein. Altertums-Sammlgn in Mannheim. (66 m. 2 Taf.) 4° Mannh., (Mannheimer Altertumsver.) 1890. (Nur dir.) nn 1 —

— Römische **Denksteine** und Inschriften der Vereinigten Altertums-Sammlungen in Mannheim. — Mannheim 1890: Walther. 65 S. 8°
Zugleich Progr. Mannheim 1889.
1: Ph 5627. 12: 4° Arch. 16 ue. 16. 17. 21. 24→27. 30. 31. 38. 52. 61. 64. 90. 123. 180.
13.3144

Baumann, Karl: Pindars Dichtungen, als Ausdruck des dorischen Stammcharakters, nachgewiesen an dem ersten pythischen Siegesgesang. 40 S.
Progr. Offenburg 1845.

Baumann, K.: Erklärung einiger Stellen im Agricola des Tacitus, zugleich ein Beitrag zur Methodik der Interpretation. 26 S.
Progr. Mannheim 1854.

Baumann, *Karl:* Lateinische Exercitien für die Oberstufe der Gymnasien. Neustadt Westpr., Druck v. H. Brandenburg, 1897; 26 S. 4.
Neustadt in Wpr., k. G, OP 1897 (37)

Baumann, Karl, appr. Arzt a. München: Über Geschwulstbildungen bei Tieren: Adenom der Rehleber und sarkomartige Tuberkulose der Hundelunge. München 1904: C. Wolf & Sohn. (39 S.) 8°
München, Med. Fak., Ref. v. Bollinger, Diss. v. 24. Jan. 1905
[Geb. 7. Juli 78 München; Wohnort: München; Staatsangeh.: Bayern; Vorbildung: Ludwigsgymn. München Reife Juli 97; Studium: München 5, Genf 1, München 6 S.; Coll. 26. Juli 04; Approb. 20. Juli 03.]

— **Gesetze**, in Betreff der Freigebung der Theilnahme an der Ablösungskasse, der Beseitigung der Ueberreste älterer Abgaben, der Erläuterung u. theilweisen Abänderung einiger Bestimmungen des Gesetzes über Beseitigung der auf dem Grund und Boden ruhenden Lasten und des Jagdwesens. — Stuttgart: Metzler 1849. 38,108 S. 8° (Hand-Ausgabe d. neuesten Ablösungsgesetze für d. Königreich Württemberg. 2.) **24. 302.**
13.3142

Baumann, Carl (I.), Handausgabe der neuesten Ablösungsgesetze für das Königr. Würtemberg, s. Hand-Ausgabe.

Baumann, Carl, d. Kameliendame. Solo-Scherz (f. 1 Dame) m. Gesg. Musik v. Walt. Jerichow. 12. (8 S.) Berlin (895). M. Böhm. 1. —

— **Karte zur Urgeschichte von Mannheim und Umgegend.** Mannheim 1907. 33 S., 1 Kt. 8°
Aus: Mannheimer Geschichtsblätter. 8. 1907.
16. 31. 107. 123. 180.
13.3145

Baumann, Karl: Karte z. Urgesch. v. Mannheim u. Umgegend. 1:100000. (Neue Afl.) 45,5×51 cm. Farbdr. Nebst Text (d). [SA] (33) 8° Mannh., Mannheimer Altertumsverein '07. 1 —

Baumann, Karl. 1815: Kriegs- und Familienscenen in und bey Dresden erlebet, oder Ergießungen meines Herzens bey d. Rückblick u. bey d. Erinnerung an das Jahr 1813. — Dresden: Verf. 1815. 156 S. 8° **14. 15. 106.**
13.3139

Baumann, Karl, Pfarrer, Zürich. 1909: Der Mangel an Schuldbewußtsein beim modernen Menschen und die besondere Aufgabe der Kirche angesichts dieser Erscheinung. — Zürich: Füsi & Beer 1909. 60 S. 8° **1: Cx 18655. 6.**
13.3151

K. *Baumann.* Die antiken Marmorsculpturen des Grossh. Antiquariums zu Mannheim. Beitrag zur Festschrift der 36. Versammlung deutscher Philologen und Schulmänner zu Karlsruhe 27.—30. Sept. des Jahrs 1882. S 15—23.

Progr. Mannheim 1882.

Baumann, Karl. 1910: Nachfahrentafel des Johannes Ludwig Reutter und der Maria Christina Hertling, verm. 30. Jan. 1731 in Gernsheim. (Verf.: Carl Baumann.) — (Bonn [1910].) Getr. Pag. 4°
Text maschinenschriftlich autographiert. **101.**
13.3152

Baumann, Karl, Arzt. 1849: Ueber die Natur und Behandlung der Wunden. Handbuch für Militärärzte u. Chirurgen. — Leipzig: Kollmann 1849. X,166 S. 8°
12: Chir. 13 u. 19. 21. 27.
13.3141

Baumann, Karl
— Die historischen und naturhistorischen Sammlungen in Mannheim als volkstümliche Museen. Von Karl Baumann u. Wilhelm Föhner. — (Mannheim 1903.) 25 S. 8°
Sondert.: 1. Baumann: Ziele u. Aufgaben e. Mannheimer Museums.
Sondert.: 2. Foehner: Die Ausgestaltung des Großh. Naturhistorischen Museums.
Aus: Mannheimer Geschichtsblätter. 4. 1903.
16. 30. 31. 107. 180.
13.3146

Die historischen und naturhistorischen Sammlungen in Mannheim als volkstümliche Museen. Von KARL BAUMANN und WILHELM FÖHNER. Der am 21. und 22. September 1903 in Mannheim tagenden Konferenz der Centralstelle für Arbeiterwohlfahrtseinrichtungen gewidmet vom Vorstand des Mannheimer Altertumsvereins. 8° (Darin mit bes. Titelbl.: KARL BAUMANN, Ziele und Aufgaben eines Mannheimer Museums. Sonderabdruck aus IV, 4 der vom Mannheimer Altertumsverein herausgegebenen „Mannheimer Geschichtsblätter". Mannheim 1903. Dr. H. Haas'sche Buchdruckerei G. m. b. H. 8°.)

— **Urgeschichte von Mannheim und Umgegend. Vortrag.** (Mannheim: Loeffler 1888.) 29 S. 8° (Sammlung von Vorträgen geh. im Mannheimer Altertumsverein. 2,1.)
Verschiedene Ausgaben.
1: Si 4027-2,1. 7. 8. 9. 12: Germ. sp. 401 c-2,1. 16. 17. 24. 25. 30. 31. 36. 38. 52. 61. 90. 107. 123. 180.
13.3147

Baumann, Karl. 1793: Von der Verschiedenheit und den Absichten der Geschlechter nebst Maaßregeln wider die Unkeuschheit. — Quedlinburg: Ernst 1793. 78 S. 8°
16. 17. 28.
13.3138

Baumann, Rev. C[arl], [geb. in Muzzaferpol. Ostindien, evangelischer Prediger und Missionar in Ostindien]: Ein Versuch zur Darstellung des philosophischen Systems Anaximanders. Ein Beitrag zur Geschichte der Philosophie. Berl. G. Lange Dr. [1868]. 1 Bl., 33 S. 8°.
[Zürich, Phil. Diss. v. 7. Juli 1868].

(**Baumann,** [Karl], Prof. Dr.): Verzeichnis des Bestandes der Lehrer-Bibliothek des Königlichen Gymnasiums zu Husum. [T. 1.] *Husum 1902: J. G. Jebens Nachf.* (162 S.) 8°
Husum, k. G, OP 1902 (310)

Baumann, Karl, Prof., Dr., Gymnasialoberlehrer, Husum. 1904: Verzeichnis des Bestandes der Lehrer-Bibliothek des Königlichen Gymnasiums zu Husum. [Verf.: Karl Baumann.] 2. — Husum 1904: Petersen. 231 S. 8°
1 erschien als Progr. Husum Kgl. G. 1902.
1: Ao 6725-2. 8. 30.
13.3150

Baumann, Karl, Ziele u. Aufgaben e. Mannheimer Museums, s.: Sammlungen, die historischen u. naturhistorischen, in Mannheim als volkstümliche Museen.

Baumann, Carl: Zinksulfat ein neues Fällungsmittel für Albumosen. *Rostock 1897: C. Boldt.* (60 S.) 8°
Rostock, Phil. Diss. v. [15. Juli] 1897

Baumann, Karl, Weingarten, Württ. 1877: Die Zuschneide-Kunst. Neuestes System ... ein tadellos sitzendes Kleidungsstück anfertigen zu können. Erfunden, verfaßt u. hrsg. von Carl Baumann. — Ravensburg 1877: C. Maier. 15 S. 8° **24.**
13.3149

Baumann, Karl Friedrich
Baumann, Karl Fr., Gesangbuch für kirchliche Chöre, enth. Lieder und Gesänge für den sonntägl. Gottesdienst so wie für alle höheren Feste etc. Nach dem Kirchenjahr geordnet und in Musik gesetzt für Sopran-, Alt-, Tenor- und Baßstimmen. 1. Heft. Advent und Weihnachten. qu. gr. 4. Zürich 844, Meyer u. Zeller. 1/2 ℛ

— dass. 2. Heft. Passionszeit. qu. gr. 4. Ebd. 844. 1/2 ℛ

— dass. 3. Heft. Ostern und Himmelfahrt. qu. gr. 4. Ebd. 844. 1/2 ℛ

— dass. 4. Heft. Pfingsten. Ebd. 845. 1/2 ℛ

— dass. 5. Heft. Communion und Confirmation. qu. gr. 4. Ebd. 844. 1/2 ℛ

— dass. 6. Heft. Das bürgerl. Kirchenjahr. Ebd. 845. 1/2 ℛ

— dass. 7. Heft. besondere Feierlichkeiten etc. 1.—4. Stimme. Ebd. 845. à 1/8 ℛ

— dass. 8. Heft. Begräbnißgesänge. Ebd. 845. 1/2 ℔

— dass. 9. 10. Hft. Sonntägl. Gottesdienst (leichtere Stücke.) Ebd. 846. à 1/8 ℔

Baumann, Carl Frdr., Gesangbuch f. kirchliche Chöre. Nach dem Kirchenjahr geordnet u. in Musik gesetzt f. Sopran-, Alt-, Tenor- u. Baßstimme. 11. u. 12. Hft. (Schluß.) Sonntäglicher Gottesdienst. [Schwerere Stücke.] 4 Stimmen. qu. gr. 4. (64 S.) Zürich 850, Meyer & Zeller. à Stimme 1/8 ℔ — Partitur. 11. u. 12. Hft. qu. gr. 4. (47 S.) Ebd. 850. à 18 ngl.

— dass. Partitur. 1. Hft. Advent u. Weihnachten. qu. gr. 4. Ebd. 844. 5/8 ℔

— dass. Partitur. 2. Heft. Passionszeit. qu. gr. 4. Ebd. 844. 5/8 ℔

— dass. Partitur. 3. Hft. Ostern u. Himmelfahrt. qu. gr. 4. Ebd. 844. 5/8 ℔

— dass. Partitur. 4. Heft. Ebd. 845. 18 ngl

— dass. Partitur. 5. Heft. Communion und Confirmation. qu. gr. 4. Ebd. 844. 5/8 ℔

— dass. Partitur. 6.—8. Heft. Ebd. 845. à 18 ngl

— dass. Partitur. 9. 10. Heft. Ebd. 846. à 18 ngl

—— Gesellschaftslieder für Sopran-, Alt-, Tenor- und Bassstimmen in Musik gesetzt. 4 Hefte Stimmen und 1 Heft Partitur. qu. 8. (40 S.) Zürich 849, Meyer und Zeller. à Heft *

—— 18 Schweizer-Lieder für 3 ungebrochene oder gebrochene Stimmen in Musik gesetzt und vorzüglich der schweizer. Jugend gewidmet. 2., veränd. Aufl. qu. 8. (32 S.) Zürich 849, Meyer und Zeller. Thlr.

—— Liederkranz für gesellige Kreise. Leicht ausführbare Lieder für den gemischten Chor. 4 Stimmen. (à 15 S.) gr. 8. Zürich 850, Meyer und Zeller. à Stimme

—— dass. Partitur. gr. 8. (16 S.) Ebds. 850. *

Baumann, C. Friedr., Liederkranz für gesellige Kreise. Leicht ausführbare Lieder für den gemischten Chor. 3. Heft. Op. 38. Partiturausg. gr. 8. (16 S.) Zürich 853, Höhr. *

Baumann, Carl Friedr., zwei Volkslieder im Schweizer-Dialekt. qu. 8. (4 S.) Zürich 849, Meyer und Zeller. *

Baumann, C. Fr., s. Wehrli's, J. R., Anleitung zum Unterricht im Gesange.

Baumann, Karl Gustav: Denkschrift, die Regelung der Lehrerbesoldungen betr., den geehrten Herren Schulvorstehern und Gemeindevorständen im Bezirk der Amtshauptmannschaft Dresden-A. und Dresden-N. überreicht. — (Loschwitz [1908]: Eymann.) 4 Bl. 4° 14. 13.3156

Baumann, Karoline: Die Köchin aus eigener Erfahrung oder allgemeines Kochbuch für bürgerliche Haushaltungen. — Breslau: Freund 1843. XII,184 S. 8° 2. 13.3157

Baumann, Caroline, die Köchin aus eigener Erfahrung oder allgem. Kochbuch für bürgerl. Haushaltungen. Mit e. nach d. Jahreszeiten u. Monaten geordneten Speisekarte. 1. Aufl. (12 1/4 B.) u. 2. Aufl. 8. (14 B.) Breslau 843, 45. [Trewendt.] 8*

Baumann, Caroline, die Köchin aus eigener Erfahrung, oder allgemeines Kochbuch f. bürgerl. Haushaltungen. Ein Buch, das leicht verständl. u. genaue Anweisgn. zum wohlfeilen u. schmackhaften Kochen, Braten 2c. enthält. Mit einer, nach den Jahreszeiten u. Monaten geordneten Speisekarte. 3. Aufl. 8. (VIII u. 216 S.) Breslau 850, Trewendt (& Granier). 1/3 ℔

Baumann, Caroline, die Köchin aus eigener Erfahrung. Allgemeines Kochbuch für bürgerliche Haushaltungen. Ein Buch, das leicht verständliche und genaue Anweisungen zum wohlfeilen und schmackhaften Kochen, Braten, Backen, Einmachen 2c. enthält. Mit einer nach den Jahreszeiten und Monaten geordneten Speisekarte. 4. verb. Aufl. Breslau 860. Trewendt. 8. (VIII, 212 S.) 15 ngr.

Baumann, Caroline, die Köchin aus eigener Erfahrung. Allgemeines Kochbuch für bürgerliche Haushaltungen. Ein Buch, das leicht verständliche u. genaue Anweisungen zum wohlfeilen u. schmackhaften Kochen, Braten, Backen, Einmachen 2c. enthält. Mit e. nach den Jahreszeiten u. Monaten geordneten Speisekarte. 5. verb. Aufl. Breslau 865. Trewendt. 8. (VIII, 212 S.) 15 ngr.

Baumann, Caroline, die Köchin aus eigener Erfahrung. Allgemeines Kochbuch für bürgerl. Haushaltungen. Ein Buch, das leicht verständl. und genaue Anweisungen zum wohlfeilen und schmackhaften Kochen, Braten, Backen, Einmachen, Getränke-Bereiten und andere für die Küche und die Kochkunst nothwendige Regeln und Belehrungen enthält. Mit einer nach den Jahreszeiten und Monaten geordneten Speisekarte. 7. verb. Aufl. Mit Berücksichtigung der neuen Maße und Gewichte. 8. (VIII, 212 S.) Breslau 874, Trewendt. cart.

Baumann, Caroline, die Köchin aus eigener Erfahrung. Allgemeines Kochbuch f. bürgerl. Haushaltgn. Ein Buch, das leicht verständl. u. genaue Anweisgn. zum wohlfeilen u. schmackhaften Kochen, Braten, Backen, Einmachen, Getränke-Bereiten u. andere f. die Küche u. die Kochkunst nothwend. Regeln u. Belehrgn. enthält. Mit e. nach den Jahreszeiten u. Monaten geordneten Speisekarte. 7. verb. Aufl. Mit Berücksicht. der neuen Maße u. Gewichte. 8. (VIII, 212 S.) Breslau 875. Trewendt. 1. 50

Baumann, Caroline, die Köchin aus eigener Erfahrung. Allgemeines Kochbuch für bürgerl. Haushaltungen. Ein Buch das leicht verständl. und genaue Anweisungen zum wohlfeilen und schmackhaften Kochen, Braten, Backen, Einmachen, Getränke-Bereiten und andere für die Küche und die Kochkunst nothwend. Regeln und Belehrungen enthält. Mit einer nach Jahreszeiten und Monaten geordneten Speisekarte. 8. verb. Aufl. Mit Berücksicht. der neuen Maße und Gewichte. 8. (VIII, 212 S.) Breslau 878, Trewendt. cart.

Baumann, Karoline, die Köchin aus eigener Erfahrung. Allgemeines Kochbuch für bürgerl. Haushaltungen. Ein Buch, das leicht verständl. und genaue Anweisungen zum wohlfeilen und schmackhaften Kochen, Braten, Backen, Einmachen, Getränke-Bereiten und andere für die Küche und die Kochkunst notwendige Regeln und Belehrungen enthält. Mit einer nach den Jahreszeiten und Monaten geordneten Speisekarte. 9. verb. und verm. Aufl. 8. (VIII, 216 S.) Breslau 887, Trewendt. geb.

Baumann, Karoline, die Köchin aus eigener Erfahrung. Allgemeines Kochbuch f. bürgerl. Haushaltgn. Mit e. nach den Jahreszeiten u. Monaten geordneten Speisekarte. 10., verm. Aufl. 8. (VIII, 216 S.) Breslau 891. Trewendt. Geb. 1. 50

Baumann, Kaspar: Rückblicke auf unsere Reise nach Rom im Jahre 1853. — Wien: Grund 1855. 258 S. 8° 300:45.097–B. 302. 13.3163

Der Gottesbegriff in der Freimaurerei. Vom Verf. [d. i. Konr. **Baumann**] als Ms. d. Druck übergeben, zu Handen [!] der BB.·. der □ M[odestia] c[um] l[ibertate in Zürich]. Zürich 1875: Schiller & Co. 30 S. 8°
Tt. 1948.

Baumann, L., 40 Rechenblätter. kl. 8. Mit Text: Zum Gebrauche der Rechenblätter f. die 3 oberen Schuljahre. (4 S.) 8. — Resultate zu den Aufgaben der 40 Rechenblätter (Aufgab.-Sammlg.) f. die Hand des Lehrers. (7 S.) 8. Bruchsal (906). O. Kap. In Futteral nn 1. 50

Baumann, L.v.: S t u d i e n über die Verpflegung der Kriegsheere im Felde, s. B a u m a n n , Bernhard von

Baumann, Lina. Die englischen Übersetzungen von Goethes Faust. VI + 124 S. 8.
Ausg. A: Diss. Phil. I. Univ. Zürich ... von L.'B' aus Zürich. Halle a.S., Druck Ehrhardt Karras, 1907. V Zür
Ausg. B: Von L.' B'. Halle a.S., Verlag Max Niemeyer, 1907. [M. 3. –]
N 5981

Baumann. Lorenz. Erinnerungen aus dem Leben eines verstorbenen luzernerischen Advokaten. (Geschrieben im Jahr 1846.) Von L' Baumann [von Oberkirch]. 8. Luzern 1853. A 739[5]

Baumann, Lorenz Matthaeus: Jubilaeum templi arcis Stolpensis. Das Jubel-, Lob- und Danck-Fest der Königlichen Schloss-Kirche zu Stolp. — [Stolp 1702.] 24 S. 8°
10.
13.3166

— Schediasma historicum breve, de templo arcis Stolpensis. — o.O.1702. 6 Bl. 8° 2. 3. 15. 19. 300:38.457-B.
13.3167

Baumann, Ludwig

Baumann, L., u. E. Bressler, Barock. Eine Sammlg. v. Plafonds, Cartouchen, Consolen, Gittern, Möbeln, Vasen, Öfen, Ornamenten, Interieurs etc., zumeist in kaiserl. Schlössern, Kirchen, Stiften u. anderen Monumentalbauten Österreichs aus der Epoche Leopold I. bis Maria Theresia aufgenommen u. gezeichnet. 1—6. Lfg. Fol. (à 10 Taf.) Wien 884—86. Schroll. à n. 6.—

Baumann, L., E. Bressler u. F. Ohmann, Barock. Eine Sammlung von Plafonds, Cartouchen, Consolen, Gittern, Möbeln, Vasen, Öfen, Ornamenten, Interieurs etc., zumeist in kaiserl. Schlössern, Kirchen, Stiften u. anderen Monumentalbauten Österreichs aus der Epoche Leopold I. bis Maria Theresia, aufgenommen u. gezeichnet. 7.—10. (Schluss-) Lfg. Fol. (à 10 Taf.) Wien 887. 888. Schroll & Co. à n. 6. —; cplt.: n. 60. —

(—) Baubeschreibung des 'Olympion'. — (Wien: Verl. d. Wiener Eislauf-Vereines [1897].) 8 S. 4° 300:194.990-D.
13.3170

— Erläuterungen zu dem Concurrenz-Project für die Verwertung der Rotunde bei der im Jahre 1898 geplanten Ausstellung. — Wien: Verf. 1896. 18 S. 8° 302.
13.3171

[—] Erläuterungs-Bericht zum Entwurfe für einen General-Regulirungsplan über das gesammte Gemeindegebiet von Wien. — Wien: Jasper 1893. 37 S. 4°
300:568.138-D. 305.
13.3172

Baumann, Ludw., Erläuterungs-Bericht zum Entwurfe f. e. General-Regulirungsplan üb. das gesammte Gemeindegebiet v. Wien. gr. 4. (37 S.) Wien 893. (A. Schroll & Co.) n. 2. —

— — Wien: Schroll 1894. 43 S. 4° 300:88.152-C.
13.3173

Baumann, Ludwig Adolf

— Abriß d. Staatsverfassung von Afrika. 8. Ebend. 775.

Baumann, Ludwig Adolf, Konrektor am Lyzeum, Brandenburg. 1734-1802. 1761: Abriß der Staatsverfassung der vornehmsten Länder in Afrika. Nebst e. Anh. von den Südländern. — Brandenburg: Halle & Halle 1778. 696 S. 8°
1:Pn 7410. 17. 32. 34. 111. 121.
13.3174

Baumann, Ldw. Ad., Abriß d. Staatsverfassung d. vornehmsten Länder in Afrika rc. 8. Brandenb. 778. Hessenland. 1 ꝛß

— Abriß der Staatsverfassung der vornehmsten Länder in Amerika. Nebst e. Anh. von den nordlichen Polarländern. Brandenburg: Halle 1776. 700 S. 8°
1:Ut 3825. 14. 17. 26. 32. 47. 51. 111. 300:75 O 81.
13.3175

— Abriß d. Staatsverfassung v. Amerika. 8. Brandenb. 776. Hessenland. 1 ꝛß

— Abriß der Staatsverfassung der vornehmsten Reiche und Länder in Asien. Nebst e. Anh., der die kurzgefaßte Geschichte der europäischen ostindischen Handlungscompagnien enthält. — Brandenburg: Halle 1775. 700 S. 8°
1:Pn 7402. 2. 7. 15. 17. 18. 26. 111. 302.
13.3176

— Abriß d. Staatsverfassung d. Reiche u. Völker in Asien. 8. Brandenb. 775. Hessenland. 1 ꝛß

[—] Aphorismen der Staatswirthschaftslehre und der Finanzwissenschaft. — Berlin: Stuhr 1827. VI,102 S. 8°
1:Fe 3311. 5. 11. 21. 29. 45.
13.3177

(Baumann), Darstellung d. Verträge üb. d. menschl. Leben, s. a. Darstellung.

— Kurze und faßliche Darstellung der Verträge über das menschliche Leben nach Rechtsgrundsätzen. (Verf.: Baumann.) — Berlin: Stuhr 1828. 108 S. 8°
1:Fe 9950. 8. 11. 21. 109. 302.
13.3198

— Elementarunterricht in d. Naturlehre u. Naturgeschichte. 8. Berl. 793. 2e A. 806. 3e A. 812. 4e A. verb. v. Fr. Franke. 8. Ebd. 819. Franke. 6 gr Die Fragen zu diesem Buche. 8. Berl. 806. Ebd. 4 gr

Baumann, Ludwig Adolf

— Kurzer Entwurf der Geographie für Anfänger. — Brandenburg: Halle 1768. 168 S. 8°
44.
13.3178

— kurzer Entwurf d. Geographie f. Anfänger. 8. Brandenb. 768. 2e A. 776. 3e A. 790. Hessenland in Magdeb. 10 gr

— — Neue Aufl. Homburg v. d. H.: Göllner 1773. 174 S. 8°
17. 19. 36. 66. 123.
13.3179

— — 3., umgearb. u. verm. Aufl. Brandenburg: Halle 1790. 402 S. 8° 1:Pp 3050.
13.3180

— Kurzer Entwurf einer Historie der Gelehrsamkeit zum Gebrauch d. Jugend auf Schulen. — Brandenburg [usw.]: Halle & Halle 1762. 160 S. 8°
2. 7. 14. 15. 17. 21. 22. 26. 27. 44.
13.3182

— Kurzer Entwurf der Staatsverfassung aller europäischen Reiche, zum Gebrauch d. Jugend auf Schulen. — Brandenburg: Halle & Halle 1761. 200 S. 8°
7. 21. 23. 31. 34. 60. 121. 302.
13.3183

— — 2., verm. Aufl. Brandenburg: Halle 1766. 274 S. 8°
14. 15. 28.
13.3184

— — 3., verm. u. verb. Aufl. Ebd. 1781. 515 S. 8°
1:Pn 7324. 2. 16. 111.
13.3185

— Kurzer Entwurf der Universalhistorie, zum Gebrauch der Jugend auf Schulen. — Brandenburg: Halle & Halle 1774. 275 S. 8° 14. 27. 28. 117.
13.3186

— — 2., bis auf gegenwärtige Zeit fortges. Aufl. Ebd. 1784. 300 S. 8° 1:Px 9924.
13.3187

— kurzer Entwurf d. Universalhistorie. 8. Brandenb. 774. 2e A. 784. 3e A. 796. Hessenland. 20 gr

— Entwurf der Naturlehre und Naturgeschichte, zum Gebrauch der Schulen. — Brandenburg: Halle & Halle 1785. 518 S. 8° 1: Le 3595. 2. 9. 27. 30. 41. 60. 117.
13.3188

— — Entwurf der Naturlehre (2: der Naturgeschichte) zum Gebrauch der Schulen. 2., verb. Aufl. [1.2.] — Brandenburg: Leich 1799–1800. 8° 1: Le 3595[a]. 10[∞ 1].
13.3189

— Entwurf d. Naturlehre u. Naturgeschichte. 8. N. A. Magdeb. 799. Hessenland. 12 gr

— Entwurf d. Naturgeschichte, zum Gebr. d. Schulen. 8. Magdeb... 2e A. 800. Hessenland. 18 gr

— Kurzgefaßte Geschichte der Kuhrmark Brandenburg, zum Gebrauch der Jugend auf Schulen. — Brandenburg: Halle 1773. 193 S. 8° 1: St 554. 2. 14. 109. 214.
13.3190

— — Kurzgefaßte Geschichte der Churmark Brandenburg ... 2., verb. Aufl. — Ebd. 1788. 220 S. 8° 1: St 554[a].
13.3191

— — Kurzgefaßte Geschichte der Kurmark Brandenburg ... 3., verb. Aufl. — Potsdam: Horvath 1801. V,295 S. 8° 1: St 555. 43.
13.3192

— — Kurzgefaßte Geschichte der Preußischen Monarchie. Th. [1.] 2. — Ebd. 1809–16. 8°
1. Von ihrer Entstehung bis auf den Kayser-Congreß zu Erfurt, und bis zum 31. März 1809. 4., verm. Aufl. (Hrsg.: Friedrich Janisch.) 1809.
2. 2. Theil, der die Geschichte des preußischen Staats von 1809 bis 1816 enthält, von Christian Gottfried Daniel Stein. 1816.
1[∞ 1]: St 556. 10[∞ 2]. 17[∞ 2]. 23[∞ 1]. 41[∞ 2].
13.3193

— — Kurzgefaßte Geschichte der preußischen Monarchie von ihrer Entstehung an, bis zum Jahre 1816 fortges. von Christian Gottfried Daniel Stein. 5., verm. Aufl. Th. [1.] 2. Ebd. 1816. 8°
2. 2. Theil, der die Geschichte des preußischen Staats von 1809 bis 1816 enthält, von Christian Gottfried Daniel Stein.
23. 214.
13.3194

— — Kurzgefaßte Geschichte der preußischen Monarchie. 6., bis zum Jahre 1819 verm. u. verb. Aufl. von Christian Gottfried Daniel Stein. Th. [1.] 2. — Ebd. 1819. 8°
2. Fortges. bis zum Jahre 1819 von Christian Gottfried Daniel Stein.
30.
13.3195

Baumann, Ludwig Adolf, s. Koch, Erd. Jul.: Spiel- u. Lesebuch.

— Lehrbuch d. Naturgeschichte für d. Jugend. Nach Linné'scher Ordnung bearbeitet, nebst dessen Bildniß. gr. 8. Potsd. 816. 2e A. verb. u. verm. v. Chr G. D. Stein. Mit 360 Abbildd. aus d. 3 Naturreichen. gr. 8. Ebd. 820. Horvath u. S. ohne Kpf. 20 gr mit schwarz. Kpf. 2 rß 20 gr mit ill. Kpf. 4 rß 20 gr

— Ueber die Mängel in der Verfassung des platten Landes der Kurmark Brandenburg. — Potsdam: Horvath 1796. 184 S. 8° 1: Tc 3856. 2. 8. 14. 18. 38.
13.3196

Baumann, Ludwig Adolf, s. Plutarchus: Vitae parallelae.

[—] Sendschreiben an den Verfasser der Dringenden Bitte und Vorstellung der sämmtlichen Einwohner Berlins an die beiden Herren Stadtpräsidenten Philippi und v. Eisenhardt, der Theuerung der Lebensmittel vorzubeugen. — Berlin: Franke 1792. 96 S. 8° 1: Tc 7230. 2. 10. 14. 28.
13.3197

[—] Ueber den gegenwärtigen Zustand der Königlich Preußischen Allgemeinen Wittwen-Verpflegungs-Anstalt 1823. Berlin: Stuhr [1824]. 67 S. 8° 2. 18.
13.3199

Baumann, M.: Strassenlokomotiven und Schiffszug, s. Baumann, Alexander

Baumann, Martin Nikolaus: Abhandlung von Verbesserung der niederösterreichischen Landwirthschaft. — Wien: v. Trattner 1767. 206 S. 8° 1. 31. 106. 302. 308.
13.3200

Baumann, Max
Baumann, (Hrsg.), s. Ansprachen und Erlasse Sr. Maj. d. Kaisers aus den J. 1888, 1889, 1890.

— Geographie. — Potsdam [usw.]: Bonneß & Hachfeld [um 1900]. 528 S. 4° (Methode Rustin. Selbstunterrichtsbriefe.) 44.
13.3201

Baumann, Max, die Handelsprivilegien Lübecks im XII., XIII. u. XIV. Jahrh. Eine Vorarbeit f. den Verfasser einer Handelsgeschichte Lübecks. Inaugural-Dissertation. gr. 8. (90 S.) Sangerhausen 882. (Göttingen, Vandenhoeck & Ruprecht.) n. 2. 40

— Theodor von Schön. Seine Geschichtsschreibung und seine Glaubwürdigkeit. — Berlin: Mittler 1910. V,196 S. 8° 1: Sw 4383. 2→5. 7. 9. 10. 11. 12: Biogr. 1067 bd. 14. 15. 16. 20. 21. 25. 27. 28. 30. 33. 34. 35. 38. 41. 43→48. 51. 79. 109. 180. 203. 205. 300: 408.859–B. 302.
13.3207

Baumann, Max: Strömungen und Ereignisse der früheren deutschen Geschichte im Spiegel gleichzeitiger Dichtung. *Berlin: R. Gaertner 1898.* (44 S.) 4°
Berlin, Victoria-S, OP 1898**

Baumann, Meta, wie reinigt, wäscht u. färbt man Kleider, Wäsche usw. im Hause? Ein prakt. Ratgeber. (80 S.) 8 Berlin (909). H. Steinitz. 1. —

BAUMANN, MICHAEL Predigt bei Gelegenheit, als der in der Pfarre St Laurenz im Schottenfeld gebildete erste organisierte Kirchenmusik-Verein Wiens am 22 Nov 1829 als am Fest der heil Caecilia das statutenmäßige Dankfest zum 70 Male beging Wien 1830· Mechitaristen-Congregations-Buchhandlung · 8°

Baumann, Morand Leo: Über Hydrazinderivate des Di-p-diamidodiphenylmethans und Di-p-diamidodi-o-tolylmethans. 1908. 47 S. 8°
Darmstadt, Dr.-Ing.-Diss. v. 4. 4. 1908

Baumann, Moritz
— Moritz (Leipzig), Commentatio ad legem 13 d de usuris. Lpz. (C. P. Melzer) 3. V. 1827. 48 S. (4.80) 1116
Gew.: Joh. Conr. Sickel, Joach. Mor. Wilh. Baumann.

Baumann, Maur (geb Freistadt in Westpr 1. 3 1831) De gangraena cutanea morbis dyscraticis et paralyticis superveniente. Berolini (1859). (32 S.) 8°
Berlin, Med Diss v 14 Okt 1859

Baumann, Moritz, von Horgen [Kt. Zürich]: Zur Kenntnis der bei Einwirkung von salzsaurem Hydroxylamin auf Isonitrosoketone entstehenden Körper mit der Gruppe N_3O_3.
Zür. J. Schabelitz Dr. 1896.
71 S. 8°.
Zürich, Phil. Diss. [v. 1o. Oct. 1896].

Baumann, N.: Führer durch den Luftkurort Speicher und Umgebung. [Verf.: N. Baumann.] — Bitburg [1910]: Schilz. 39 S. 8° 38.
13.3231

Baumann, Napoleon: Bollweilerer Camellien-Sammlung. 1828–32 s. *Baumann*, Karl. 1828.

Baumann, Nikolaus: Anbauwürdige Obstsorten. [Verf.: Nikolaus Baumann.] — Wiesbaden: Bechtold [1907]. VI, 40 S., 52 Taf. 4° **42.**
13.3232

[—] — 2. Aufl. Ebd. [1908]. 40 S., 52 Taf. 4° **42.**
13.3233

Baumann, O.: Die Bewegung 2er mat. Punkte auf zwei parallelen Geraden.
Math.Diss. Freiburg i.Brsg. 1878.
8°

Baumann, Oskar

Baumann, O., Beiträge zur Ethnographie d. Congo. Mit 81 Illustr. v. Ign. Spöttl nach Orig.-Skizzen u. selbst gesammelten Objecten d. Verf. [Aus: „Mittheilgn. d. Anthropolog. Gesellsch. in Wien".] gr. 4. (22 S.) Wien 887. (Hölder.) n. 1. 50

— Beiträge zur physischen Geographie des Congo. — Wien: Hölzel 1887. 25 S. 8°
Aus: Mittheilungen d. K.K. Geographischen Gesellschaft in Wien. 30 = N.F. 20. 1887. **31. 205.**
13.3236

— durch Massailand zur Nilquelle. Reisen u. Forschgn. der Massai-Expedition des deutschen Antisklaverei-Komite in den J. 1891—1893. Mit 27 Vollbildern u. 140 Text-Illustr. in Heliograv., Lichtdr. u. Autotypie nach Photogr. u. Skizzen des Verf. v. Rud. Bacher u. Ludw. Hans Fischer u. 1 (farb.) Orig.-Karte in 1 : 1,500,000 reducirt v. Bruno Hassenstein. gr. Lex.-8. (XIV, 385 S.) Berlin 894. D. Reimer. n. 14. —; geb. n. 16. —

— Die kartographischen Ergebnisse der Massai-Expedition des Deutschen Antisklaverei-Comités. Von Oscar Baumann ... unter Mitw. von Bruno Hassenstein u. L. Ambronn. — Gotha: J. Perthes 1894. 56 S. 4° (Dr. A. Petermanns Mitteilungen aus Justus Perthes' Geographischer Anstalt. Erg. H. 111.) **1: 2 in 4° Po 2184–Erg. Bd 24. 2→11. 12: 4° Geo. U. 84 h–Erg. Bd 24. 14→21. 24. 25. 26. 28→36. 38. 39. 43→48. 51. 53. 60. 61. 66. 79. 82. 84. 86. 88→91. 93. 109. 111. 117. 203. 205. 300: 393.053–C. K. Erg. Bd 24. 302→305. 308.**
13.3238

Baumann, Osc., eine afrikanische Tropen-Insel. Fernando Póo und die Bube. gr. 8. (IX, 150 S. mit 16 Illustr. von Ludw. Hans Fischer und Frz. Zimerman, nach Skizzen des Verf. und 1 Orig.-Karte.) Wien 888, Hölzel. *

— Eine afrikanische Tropen-Insel. Fernando Póo und die Bube dargestellt auf Grund einer Reise. — Wien [usw.]: Hölzel 1888. IX, 150 S. 8°
Erschien teilweise auch als Diss. u. d. T.: Baumann: Versuch einer Monographie von Fernando Póo. Leipzig 1888.
1: Us 8757. 5. 12: H. Afr. 1532. 14. 15. 17. 20. 27. 30. 31. 32. 34. 52. 83. 106. 109. 205. 300: 37.442. 302. 308. 309.
13.3239

— in Deutsch-Ostafrika während des Aufstandes. Reise der Dr. Hans Meyer'schen Expedition in Usambara. Mit 18 Illustr. v. L. H. Fischer u. F. Zimerman nach Skizzen des Verf., sowie nach Photographien u. e. Orig.-Karte. gr. 8. (VIII, 224 S.) Wien 890. Hölzel. n. 3. 60

— Karte d. nordöstl. Deutsch-Ostafrika, f. d. Deutsch-Ostafrikan. Gesellschaft aufgenommen, construiert u. gezeichnet. 1:300,000. Mit 4 Nebenkarten. 94,5×81 cm. Farbendr. Berl. 93, D Reimer. Auf Lnw.-Falz 8 —

Baumann, O. Karte der Insel Fernando Póo 1 : 200 000 Gotha 1887. 1 Bl. c. A. Sch.

Die Insel Mafia. Von Dr. Oskar **Baumann**. Mit 1 Originalkarte. Leipzig: Duncker & Humblot 1896. (38 S.) 8°
= Baumann: Der Sansibar-Archipel. H. 1.
= **Veröffentlichungen**, Wissenschaftl., d. Vereins f. Erdkunde zu Leipzig. Bd 3, H. 1. [96 4558

Baumann, Dr O Originalkarte von Usambara Nach eigenen Aufnahmen 1 : 400 000 Gotha 1889. 1 Bl c L. Sch.

Baumann, Oskar: Die Insel Pemba und ihre kleineren Nachbarinseln. (Mit 1 Originalkarte.)
Leipzig: Duncker & Humblot 1899.)
15 S. 8°.
= Baumann: Der Sansibar–Archipel. H. 3
= Veröffentlichungen, Wissenschaftliche, d Vereins f. Erdkunde zu Leipzig. Bd.3, H.3.

[Umschlagt.:] Die Insel Sansibar. Von Dr. Oscar **Baumann**. M. 1 Originalkt. der Insel u. 1 Pl. der Stadt Sansibar. *Leipzig: Duncker & Humblot 1897.* (1 Bl., 48 S., 1 Kt., 1 Pl.) 8.
= Baumann, O.: Der Sansibar-Archipel. H. 2.
— **Veröffentlichungen**, Wissenschaftliche, d. Vereins f. Erdkunde zu Leipzig. Bd 3. H. 2. [97. 3061

— Der Sansibar-Archipel. Ergebnisse einer ... 1895/96 ausgeführten Forschungsreise. H. 1–3. — Leipzig: Duncker & Humblot 1896–99. 101 S. 8°
1. Die Insel Mafia u. ihre kleineren Nachbarinseln. 1896.
2. Die Insel Sansibar u. ihre kleineren Nachbarinseln. 1897.
3. Die Insel Pemba u. ihre kleineren Nachbarinseln. 1899.
(Wissenschaftliche Veröffentlichungen d. Vereins für Erdkunde zu Leipzig. 3.)
1: Po 2420–3. 2. 5. 8. 10. 11. 12: Geo. U. 477 x–3. 14. 15. 16. 21. 24→30. 45. 46. 48. 106. 109. 117. 203. 205→207. 300: 393.911–B. K. 3. 302. 304. 305.
13.3241

Baumann, Osk., Afrikanische Skizzen gr. 8. (III, 119 S. m. 7 Abbildgn. u. 13 Lichtdr.-Taf.) Berlin 900. D. Reimer. Geb. in Leinw. n. 8. —

— Übersicht der Forschungsreisen nach Neu-Guinea und den anliegenden kleineren Inseln. — Wien: Steyrermühl 1882. 19 S. 8°
Aus: Mittheilungen d. K. K. Geographischen Gesellschaft in Wien. 25 = N. F. 15. 1882. **302.**
13.3243

—— s.a. Umgebung, die, von Ango-Ango am unteren Congo.

— Die Umgebung von Ango-Ango am unteren Congo. — Wien: Hölzel 1886. 15 S. 8°
Aus: Mittheilungen d. K. K. Geographischen Gesellschaft in Wien. 29 = N. F. 19. 1886. **31. 302.**
13.3244

Baumann, Osc., Usambara u. seine Nachbargebiete. Allgemeine Darstellg. d. nordöstl. Deutsch-Afrika u. seiner Bewohner auf Grund e. im Auftrage d. deutsch-ostafrikan. Gesellschaft im J. 1890 ausgeführten Reise. Mit 24 ethnograph. Abbildgn., 2 Textplänen, 9 Orig.-Kartenbeilagen u. 4 Notenseiten. gr. 8. (XI, 375 S.) Berlin 891. D. Reimer. Kart. n. 12. —

Baumann, Oscar [aus Wien]: Versuch einer Monographie von Fernando Póo .... Wien, Verl. v. Eduard Holzel, 1888; 65 S. + 1 Bl. 8°
Leipzig, Phil. Fak., Inaug.-Diss. v. 15. Febr. 1888
Vgl. Baumann: Fernando Poo...

Baumann, Otto. 1905: Über das Differential. Studie. — New York [um 1905]. 10 Bl. 8°
Text handschriftlich autographiert. **19. 84. 90.**
13.3252

Baumann, Otto. 1720: Treuhertzige Erinnerung und Warnung, nebst dem gantz gewissen Kehn-Zeichen, worbey der Mensch bey zeiten erkennen kan, wann seine Zähne und Zahn-Fleisch in das Verderben gerathen wollen, denen er aber bey zeiten helffen kan. — o.O. [um 1720]. 4 Bl. 8° **15.**
13.3247

Baumann, Otto, Pfarrer, Zarnekow bei Greifswald, später Berlin. 1893: Eine Festfahrt nach Jerusalem. — Berlin: Vaterländische Verl. Anst. 1898. 61 S. 8°
Aus: Das Volk. 1898. **1: Ul 6093. 9.**
13.3248

Baumann-Zarnekow, e. Festfahrt nach Jerusalem. 8. (61 S.) Berlin 899. Vaterländ. Verlags-Anstalt. n. — 50
Sonderabdruck aus: „Das Volk".

Baumann, Otto, der Kalk, der Kalkzucker, ihr Wirken und Auftreten bei der Behandlung der Rüben-Säfte mit Kalk und die verschied. in der grossen Praxis der Rübenzuckerfabrikation bis jetzt zur Ausübung gekomm. auf der Anwendung von Kalk oder Kalk und Kohlensäure beruhenden Rübensaft-Reinigungs-Methoden in ihrem Werthe zu einander. gr. 8. (VI und 34 S.) Warschau 864. (Berlin, Gaertner.) *

— Sedanfestpredigt, gehalten ... 1892 in der Kirche zu Zarnekow bei Züssow. — Berlin 1893. 12 S. 8° ([Traktate der] Deutschen Evang. Buch- u. Tractat-Gesellschaft. 605.)
1: Kr. Samml. N 38.
13.3249

— Sedanpredigt, gehalten ... 1895. — Berlin 1895. 12 S. 8° ([Traktate der] Deutschen Evang. Buch- u. Tractat-Gesellschaft. 715.)
1: Cv 52148-715.
13.3250

— Neue Stimmen über die Konfirmationsfrage. — Berlin: Berliner Stadtmission 1902. 178 S. 8° (Hefte d. freien kirchlich-sozialen Konferenz. 23.24.)
1: Fc 392-23.24. 11. 12: Pol. g. 1039 n-23.24. 14. 15. 21. 26. 29. 30. 106. 203.
13.3251

Baumann, Otto, aus Weida i. Thür.: Untersuchungen über die Hilfsquellen und Bevölkerungsverhältnisse von Persien. *Marburg 1900: H. Bauer.* (159 S.) 8°
Marburg, Phil. Diss. v. [22. Jan.] 1901

Baumann, Otto, aus Cottbus: Über Verkettungsprodukte des Hydrazobenzols mit aliphatischen Aldehyden und die Einführung eines Benzoylrestes in dasselbe. *Leipzig 1902: Metzger & Wittig.* (24 S.) 8°
Leipzig, Phil. Diss. v. [30. Jan.] 1902

Baumann, Otto: Ueber Wärme und Dampfbildung. pg. 3 - 8. 4°. Ed. Kaussler.
Progr. Landau 1863/64.

Baumann, P.C.: Die vermehrte Rindviehzucht ..., s. Baumann, Christian

Baumann, Paul: Das Geheimn. d. Redekunst. (4, 74) 8° Lpzg, FW Gloeckner & Co. ('11). 1.25 d

Baumann, Paul: Gewichtsveränderungen der Schwangeren ..., s. Baumm, Paul

Baumann, Paul: Menschentum. Dramat. Dichtg. (87) 8° Berl.-Friedenau '10. Berl.-Lichterf. (Holbeinstr. 25), Selbstverl. 2 — d

— Menschentum. Dramatische Dichtung. — Berlin: Verl. d. Bureau Fischer 1910. 87 S. 8°
1: Ys 39037. 11.
13.3262

Baumann, Paul, Jurist, Leipzig. 1683: Benedicti Carpzovii Iurisprudentiae ecclesiasticae seu consistorialis Synopsis ... adornata à Paulo Baumanno. — Lipsiae: Frommann 1683. 204 S. 8°
2. 4. 9. 15. 23. 30. 31.

— — Lipsiae: Starck 1700. 264 S. 8°
23. 33. 78.
13.3254

— — Nunc vero Andreae Beyeri Additionum Synopsi iustis locis inserta, auctior atque em. ed. a Johanne Christiano Starckio. — Dresdae [usw.]: Autor 1722. 326 S. 8°
23.
13.3255

Baumann, Paul Jacob, Gerichtsref. aus Köln a. Rh.: De condicione pendente. *(Cöln 1903): Kölner Verl.-Anst. u. Druckerei.* (126 S.) 8°
Erlangen, Jur. Diss. v. 21. Jan. 1898

Baumann, Peter: Festschrift zur Eröffnung des Kaiser Wilhelm Schiessplatzes in Brück bei Cöln am 4. Juni 1910. (Verf.: Peter Baumann u. Franz Löwenstein.) — Cöln a. Rh.: Hoursch & Bechstedt 1910. 36 S. 8°
38.
13.3268

Baumann, Philipp, Oberpfarrer, Tann a. d. Rhön. 1880: Predigt am letzten Abende eines Trübsalsjahres über Hiob 1. V. 21. Leipzig: Böhme 1880. 14 S. 8°
12: Hom. 546 rif/7. 34.
13.3269

Baumann, Richard

— Bericht über Versuche mit autogen geschweißten Blechen und Kesselteilen. 1910 s. *Bach*, Karl v. 1881.

Baumann, Richard: Elastizität u. Festigkeit, s. Bach, Karl von

— Die Festigkeitseigenschaften der Metalle in Wärme und Kälte. — Stuttgart: Kröner 1907. 72 S. 4°
Zugleich Univ.-Schrift. Stuttgart TeH. 1907.
15. 20. 21. 24. 30. 82→85. 88→91. 93. 210. 302. 305.
13.3272

— Die Grundlagen d. deut. Material- u. Bauvorschriften f. Dampfkessel. (131 m. Fig.) 8° Berl., J Springer '12. HL 2.80

— s. a. Handbuch des Maschinentechnikers.

— Handbuch des Maschinentechnikers. Bernoulli's Vademekum des Mechanikers. 24. Aufl. — Leipzig: Kröner 1908. VIII, 600 S. 8°
Frühere Aufl. s. *Bernoulli*, Christoph: Vademecum des Mechanikers. 1829 u. ö.
15. 24. 30. 84. 86. 93. 109. 208.
13.3275

— Der heutige Stand der Frage der Rißbildung in Kesselblechen. — (Berlin: Springer in Komm.) 1907. 8 S. 4°
Aus: Zeitschrift d. Vereines deutscher Ingenieure. 51,2. 1907.
210.
13.3283

— Versuche m. Aluminium, geschweisst u. ungeschweisst, bei gewöhnl. u. bei höh. Temperatur, s: Mitteilungen üb. usw. des Ingenieurwesens.

Baumann, Robert, Direktor d. Berliner Bank. 1872: Firmen-Baedeker. Adressen-Sammlung von Banken, Handelshäusern und Privaten in Deutschland, Oesterreich und der Schweiz. — Berlin: Selbstverl.; Stuhr in Komm. 1872. 338 S. 4°
30.
13.3287

Baumann, Rudolf, Dr. phil., aus Starrkirch. 1909: Ein Beitrag zur Geschichte der solothurnischen Buchdruckerei und der solothurnischen Zeitungen bis zum Jahre 1848. — Balsthal 1909: Baumann. VI, 135, 4 S. 8° Zugleich Diss. Bern 1909.
1: An 7056. 14. 21. 25. 27. 29. 36.
13.3292

Baumann, Rud., ein Beitrag zur Geschichte der solothurnischen Buchdruckerei u. der solothurnischen Zeitungen bis zum J. 1848. (III, 185 u. 4 S.) gr. 8. Solothurn 909. A. Lüthy. 2. —

Baumann, Rudolf, Schriftsteller, Zürich. 1907: Sonnenscheinchen. Ein Reiseroman in Bildern. — Zürich: Schulthess 1907. 206 S. 8°
38. 41.
13.3291

Baumann, Rud.: Die schweiz. Volkserhebg im Frühj. 1799, s: Studien, Schweizer, z. Geschichtswiss.

Baumann, Rudolf. Waldspuk. [Erzählungen.] 178 S. 8. Zürich, Schulthess & Co., 1905. [geb. fr. 3. 80] N 3711

Baumann, S.: Der geschichtliche Sachverhalt des Schenkungsstreites im Schweizer-Verein der Neuen Kirche. — Zürich 1879: (Schauwecker in Reutlingen). 96 S. 8°
24.
13.3299

Baumann, Sim. (Caplan das.), Geschichte des Marktes (u. Badeortes) Murnau in Oberbayern. Mit 1 kl. (guten) Landkarte (vom Caplan *Michael Schmid*) u. 3 Lithogr. (vom Maler *Phil. Sporer* aus Murnau). Murnau, Selbstverl. d. Vf., 1855. (Druck von Hartmann in Augsburg.) 8°. Ppb.
VIII—191 S. u. Karte. Die 3 Lithogr. (in Tondruck) stellen vor Murnau gegen Nord. — Insel Wörth (im Staffelsee) gegen Ost. — Ettaler Schloss gegen West.

Baumann, Sim., Geschichte des Marktes Murnau in Oberbayern aus den betreffenden Quellen geschöpft. Mit 1 kleinen (lith.) Landkarte (in 4.) u. 3 Lithogr. Murnau 855. (München, Kaiser.) gr. 8. (VIII, 191 S.) 20 ngl

— Der Markt Oberdorf im Kreise Schwaben und Neuburg. Historisch-statistisch beschrieben. — Augsburg 1864: Kremer. 268 S. 8° 12: Bavar. 198 yk. 19.
13.3301

Baumann, Sophie: Franz Grillparzer. Vortrag. — Edenkoben [um 1870]: Mietens. 16 S. 8° 107.
13.3302

Baumann, Th.: Die Berichtigung der Aräometer besonders der Alkoholometer. — Berlin: v. Decker 1865. VIII, 40 S. 8°
1: Or 15103. 11. 12: Math. A. 16 en. 17. 19. 205. 305.
13.3303

Baumann, Theodor: Vergleichende Verechnung [vielm. Berechnung] einer verbesserten Drei-Felder-Wirthschaft hiesiger Gegend mit der einer Acht-Felder-Wirthschaft in Beziehung auf deren Geldertrag, Futter- und Dünger-Gewinn. (Verf.: Theodor Baumann.) — Colditz 1858: Heinke. 15 S. 8° 108.
13.3304

Baumann, Valentin: Catalogus librorum in omni scientiarum genere, magna ex parte rariorum. (Verf.: Valentinus Baumann; Sammler: Josephus Antonius Beecke.) [Auktionskat.] — Spirae Nemetum 1788: Enderes. VI, 269 S. 8°
4. 7.
13.3305

Baumann, Vict., Karte von Elsass-Lothringen. Nach den neuesten Quellen entworfen. 1 : 840,000. 3. Aufl. Fol. Freiburg i. Br. 875, Herder'sche Verlagsh. *

Baumann, Vict., Karte von Elsass-Lothringen. Nach den neuesten Quellen entworfen und bearb. 1 : 840,000. Ausg. 1879. Lithogr. und color. gr. Fol. Freiburg i. Br., Herder'sche Verlagsh. *

Baumann, *Friedrich* Victor: Hebräische Relativsätze ... Leipzig, Druck v. G. Kreysing, 1894; 50 S., 1 Bl. 8.
Leipzig, Phil. Fak., Inaug.-Diss. v. [12. Nov.] 1894

Baumann, Vict., hebräische Relativsätze. Ein Beitrag zu vergleich. Syntax der semit. Sprachen. Diss. gr. 8. (50 S.) Leipzig 894. O. Harrassowitz. n. 1. 60

Baumann, W., s.: Gebet-Buch f. katholische Christen.

Baumann, W., Pfarrassistent, Berneburg. 1864: Grabrede, bei Beerdigung von sechs am 14. Juni 1864 zu Berneburg in Wassernoth Verunglückten, gehalten und nebst e. Bericht über die durch Ueberschwemmung in Berneburg und im Kirchspiel gleichen Namens angerichteten Verheerungen ... in d. Druck gegeben. — Cassel [1864]: Trömner & Dietrich. 23 S. 8° 4. 34.
13.3307

Baumann, W., nach den Marschall-Inseln. Eine Erzählg. 8. (64 S.) Hamburg 889. Kramer. —25

— in Ostafrika. Eine Erzählg. 8. (64 S.) Ebd. 890. —25

Baumann, W., Agronom, Reval. 1851: Die Witterungs-Verhaeltnisse in Ehstland in dem Jahre 1850. (Verf.: W. Baumann.) — Reval 1851: Gressel. 14 S. 8° 2.
13.3306

Baumann, Walther, Volontärarzt d. Kgl. Univ.-Poliklinik f. Nervenkranke in Breslau: Aus der Kgl. Univ.-Poliklinik f. Nervenkranke zu Breslau. Beiträge zur Kasuistik der Poliomyelitis anterior acuta. Breslau 1904: Breslauer Genossenschafts-Buchdr. (36 S.) 8°
Breslau, Med. Fak., Ref. Bonhoeffer, Diss. v. 15. Dez. 1904
[Geb. 5. Jan. 81 Breslau; Heimatsort: Breslau; Staatsangeh.: Preußen; Vorbildung: Johannes-Gymn. Breslau Reife M. 99; Studium: Breslau 4, Heidelberg 1, Breslau 4 S.; Coll. 22. Dez 04; Approb. 11. Nov. 04.]

Baumann, Wilhelm, Vorsitzender der 'Stenographischen Gesellschaft Gabelsberger', Breslau. 1892: Kurze theoretisch-praktische Darstellung des Unterrichts in Gabelsbergerscher Stenographie. — Breslau: Verf. 1892. 39 S. 8°
Text in Stenographie. 15. 29. 60.
13.3312

— Entwurf zu einer zeitgemässen Umgestaltung der Gabelsbergerschen Redezeichenkunst, zugleich vollständige systematische Darstellung einer neuen deutschen Stenographie nach Gabelsberger. — (Breslau 1893.) 11 S. 4°
Text handschriftlich autographiert. 15.
13.3313

Baumann, Wilhelm. 1871: Geschichte des deutschen Volkes in seiner Entwickelung zum National-Staat. Aus des Verf. literarischem Nachlass hrsg. und bis auf die neueste Zeit fortges. von Max Moltke. H. 1-5. — Leipzig: Deutsche Volksbuchh. 1871. 272 S. 8° 111.
13.3310

Baumann, Wilh., Geschichte des deutschen Volkes in seiner Entwickelung zum National-Staat. Aus des Verf. literar. Nachlass hrsg. und bis auf die neueste Zeit fortgesetzt von Max Moltke. 1.—6. Heft. gr. 8. (S. 1—240.) Leipzig 871, Deutsche Volksbuchh. à Heft * 50 Pf.

Baumann, Wilh., Geschichte d. deutschen Volkes in seiner Entwickelung zum National-Staat. Aus d. Verf. literar. Nachlass hrsg. u. bis auf die neueste Zeit fortges. v. Max Moltke. 1. Halbbd. gr. 8. (240 S.) Leipzig 875. Siegismund & Volkening in Comm. n. 3. —

Baumann, Wilhelm, Gymnasiallehrer, Essen. 1890: Die Essener Schützen und ihre Feste. Eine historische Skizze. Festschrift zum 500jährigen Jubiläum. — Essen: Essener Schützen-Verein 1890. 68 S. 8° 52.
13.3311

Baumann, W., die Essener Schützen der früheren Zeit u. der Schützenzug nach Welheim, s.: Beiträge zur Geschichte von Stadt u. Stift Essen.

— Neue deutsche Stenographie. Noch ein Vorschlag. — Breslau: Verf. (1894). 10 S. 8°
Text handschriftlich autographiert. 3. 15.
13.3314

Baumann's, Wilh., Unterrichts-Briefe d. „vereinf. deutschen Stenographie (Einigungs-System Stolze—Schrey—Velten“). Autogr. v. Adf. Schöttner. gr. 8. (11, 20 S. u. 1 Bl. in gr. 4.) [Reick-Dresden 897. Selbstverlag | (Leipzig, J. H. Robolsky.) n.n.n. 1. 10; 10 Explre. n. 11. —

Baumann, Wilhelm Konrad
— Der treue Rath Salomons, in Ausübung der grössesten Weißheit eines Jünglings, vorgestellt in denen Pflichten, so nach solchem einem jeden Menschen ... wahrzunehmen obliegen. — Franckfurt [usw.]: Waesberg & Pauli aus Amsterdam 1730. 20, 441 S. 8° 18.
13.3315

Baumann, Xaver [app. Arzt aus Altkirch '(Ob.-Els.)']: Ueber einen Fall von Lichen ruber planus combinirt mit Pityriasis rubra pilaris ... Strassburg, Buchdr. C. Goeller, 1892; 44 S. 8.
Strassburg, Med. Fak., Inaug.-Diss. v. 1892

Baumann-Zarnekow, Pastor in Zarnekow, Pommern, später in Berlin. 1893 s. *Baumann*, Otto.

Baumann-Zürrer, C., Berichte üb. Textil-Industrie, s. a. Welt-Ausstellung. Wiener.

Baumann-Zuerrer, C.: Wiener Weltausstellung. 1873. Schweiz. Bericht über Gruppe V Textil-Industrie Section IV. Sectionen I, II, III, V, VI nebst Gruppe XXI Hausindustrie von Jb. Steiger-Meyer. — Schaffhausen: Baader 1874. 115 S. 8° 31. 305.
13.3325

Baumannshöhle, die, s. Beschreibung.

Baumannus s. *Baumann*.

Baumanus s. *Baumann*.

Baumarkt, Der. Zeitschrift f.d. ges. Bauwesen. Dresden, s. B a u m a r k t , Dresdner. Jg 2 ff.

Baumarkt, der. Wochenblatt f. den Handel mit Baumaterialien. Red.: H. Dueberg u. R. Dümmler. 1. Jahrg. April 1890—März 1891. 52 Nrn. (1½ B. m. Abbildgn.) gr. 4. Halle a. S., Knapp. n. 12. —
nur Nr. 1 ist erschienen.

Baumarkt, Dresdner. Zeitschrift f. die Bauhandwerker u. Bauinteressenten der Kreishauptmannschaft Dresden. Red.: Hugo Dammmüller. 1. Jahrg. Oktbr. 1910—Septbr. 1911. 52 Nrn. (à ca. 8 S.) 31,5×23,5 cm. Dresden, Verlag „Dresdner Baumarkt". 6.40

Baumarkt, Dresdner. Zeitschr. f. d. Bauhandwerker u. Bauinteressenten d. Kreishauptmannsch. Dresden. Red.: Hugo Dammmüller. 1. J. Okt.—Dez. '10. 13 Nrn. (Nr 1—4: Jo 9) 31,5×23,5 cm. Dresd., Verl. „Der Baumarkt". 1.60; einz. Nrn — 15

Fortsetzg u. d. T.:

— Der. Zeitschr. f. d. gesamte Bauwesen. Hrsg. v. Hugo Dammmüller. Red.: Ernst Schürmann. Mit Beibl.: „Wohngsfürsorge". Red.: Hugo Dammmüller. 2. u. 3. J. Okt.'11—Sept. '13. je 52 Nrn. (3. J., Nr 1: 20 u. 4 m. Abb. u. 4 S. Abb.) 31,5×23,5 cm. Ebd. viertelj. 1.60; einz. Nrn — 20

Baumaschinen, die, hrsg. v. F. Lincke, s. Handbuch der Ingenieurwissenschaften. IV.

Baumaschinen. —

— Die Baumaschinen. Hrsg. von L. Franzius u. F. Lincke (2.3: Unter Mitw. von L. Franzius hrsg. von F. Lincke). Abt. 1–3 [nebst] Anh. — Leipzig: Engelmann 1883–90. 4°

1. Kraftmaschinen, Triebwerke, Wasserhebemaschinen, Baggermaschinen, Rammen u. zugehörige Hülfsmaschinen. Bearb. von E. Brauer [u. a.] 1883.
2. Hilfsanlagen für d. Materialtransport u. d. Errichtung von Hochbauten ... Bearb. von Pröll [u. a.] 1888.
3. Gewinnung u. Bearbeitung von Bausteinen ... Bearb. von L. Franzius [u. a.] 1890.

Anh.: Goerges, Hans: Die Elektrotechnik in ihrer Anwendung auf das Bauwesen. Bearb. von H. Görges u. K. Zickler. 1890.

(Handbuch d. Ingenieurwissenschaften. 4,1/3.Anh.)

1: 4° Ny 6944–4,1/3. Anh. 12: A. hydr. 47 z–IV. 14. 16. 17. 24. 33. 35. 44. 45. 82. 83. 84. 86. 89. 90. 91. 93. 210. 305.
13.3326

— — Die Baumaschinen. Unter Mitw. von L. Franzius hrsg. von F. Lincke (3.4: Hrsg. von F. Lincke). 2., verm. (4: 2., neu bearb. u. verm.) Aufl. Abt. (3.4: Bd) 1–4. — Leipzig: Engelmann 1897–1911. 4°

1. Einleitung, Wasserhebemaschinen, Baggermaschinen, Rammen u. zugehörige Hilfsmaschinen. Bearb. von F. Lincke [u. a.] 1897.
2. Vorrichtungen u. Maschinen zur Herstellung von Tiefbohrlöchern ... Bearb. von G. Köhler [u. a.] 1903.
3. Lasthebemaschinen. Elektrischer Antrieb von Lasthebemaschinen ... Bearb. von F. Lincke [u. a.] 1908.
4. Vorkommen, Beschaffenheit u. Gewinnung von Bausteinen ... Bearb. von A. Steuer [u. a.] 1911.

(Handbuch d. Ingenieurwissenschaften. 4,1/4.)

1: 4° Ny 6945[3]–4,1/4. 16. 17. 24. 43. 60. 82. 83. 84. 89. 90. 91. 93. 210. 305.
13.3327

— — Die Baumaschinen. Begründet von F. Lincke u. L. Franzius. Hrsg. von H. Weihe. 3., verm. (2: 3.) Aufl. Bd 1.2. — Leipzig: Engelmann 1910–25. 4°

1. Einleitung, Baggermaschinen, Rammen u. zugehörige Hülfsmaschinen, Wasserhebemaschinen. Bearb. von H. Weihe [u. a.] 1910.

2,1. Das Tiefbohrwesen. Bearb. von A. Schwemann. 1924.

2,2. Der Schachtbau. Nach der von W. Schulz bearb. 2. Aufl. ergänzt u. neu bearb. von O. Stegemann. 1924.

2,3.4. Gesteinsbohrmaschinen mit Hand-, Druckluft- u. Wasserdruck-Betrieb. Von Otto Schueller. Elektrische Gesteinsbohrmaschinen. Von W. Philippi. 1925.

2,5. Schräm- u. Schlitzmaschinen. Tunnelbohr- u. Treibmaschinen. Bearb. von Otto Schueller. 1925.

(Handbuch d. Ingenieurwissenschaften. 4,1.2.)

1: 4° Ny 6945[3]–4,1.2. 10. 12[=2]: A. hydr. 47 zb–4,1. 15. 34. 82→85. 90. 91. 93. 111. 305.
13.3328

Baumaterialien, die, des Mineralreiches im Kanton St. Gallen in ihrer Vertretung an der allgemeinen schweizerischen Ausstellung für Baumaterialien in Olten im Spätjahr 1865, zusammengestellt u. beschrieben durch das St. Gallische Kantonalkomite. St. Gallen 865. Scheitlin & Zollikofer. 8. (24 S., 2 lith. Taff. u. 1 Tab. in 4. u. Fol.) 7½ ngr

Baumaterialien. — Die Baumaterialien der Schweiz an der Landesausstellung 1883. Bearb. u. hrsg. von U. Meister, Fritz Locher [u. a.] 3. Aufl. — Zürich: C. Schmidt 1884. XI,306 S. 8° 89.
13.3329

Baumaterialien, die, der Schweiz an der Landesausstellung 1883. Bearb. v. den Fach-Experten U. Meister, Fritz Locher, Alex. Koch u. Lud. Tetmajer. 4. Aufl. [m. der 2. vervollständ. u verm. gleichlautend]. gr. 8. (XI, 306 S. m. Tab. u. graph. Steintaf.) Zürich 884. Schmidt. n. 6. —

Baumaterialienkunde. Internat. Rundschau üb. Alles, was natürl. u. künstl. Baumaterialien betrifft. Im officiellen Teil: Org. d. internat. Verbandes f. d. Materialprüfg. d. Technik. — Les matériaux de construction. (Deutsch u. franz.) Unt. Mitwirkg. v. Fachgelehrten u. Männern d. Praxis a. all. Kulturländern hrsg. u. red. v. H. Giessler. 1.—3. Jahrg. Juli 1896—Juni 1899. à 24 Hfte. (à ca. 20 S. m. Abb.) gr. 4. Stuttgart. (Stähle & Friedel) à Jahrg. n. 15. — ; f. Mitgl. d. Verb. n. 10. —

Baumaterialienkunde. Internationale Rundschau üb. Alles, was natürl. u. künstl. Baumaterialien betrifft. Im officiellen Tl.: Organ des internationalen Verbandes für die Materialprüfg. der Technik. — Les matériaux de construction. (Deutsch u. französisch.) Unter Mitwirkg. v. Fachgelehrten u. Männern der Praxis aus allen Kulturländern hrsg. u. red. v. Herm. Giessler. 4. u. 5. Jahrg. 1899 u. 1900. à 26 Hfte. gr. 4. (à ca. 16 S. m. Fig. u. Taf.) Stuttgart (Stähle & Friedel). à Jahrg. n. 15. – ; f. Mitglieder d. Verbandes n. 10. —
Nicht mehr im Buchhandel.

Baumaterialienkunde. Internat. Rundschau üb. Alles, was natürl. u. künstl. Baumaterialien betrifft. — Les matériaux de construction. (Deutsch u. französisch.) Hrsg. u. red. v. H Giessler. 6—10. Jahrg. 1901—5 je 26 Hefte. (1903. 1. u. 2. Heft. 24 m. Fig. u. 6 Taf.) 4° Stuttg. (Karlsr., J Bielefeld.) Je 15 —; f. Mitglieder d. Verbandes f. d. Materalprüfg d. Technik je 10 —; einz. Hefte — 80

Baumaterialienkunde. Internationale Rundschau üb. d. natürl. u. künstl. Materialien d Technik. In d. offiziellen Beilagen Organ d. internationalen Verbandes f. d. Materialprüfg. der Technik. — Les matériaux de construction. (Deutsch u. französisch.) Unter Mitwirkg. v. Fachgelehrten u. Männern der Praxis aus allen Kulturländern hrsg. u. red. v. Herm. Giessler. 11. Jhrg. 1906. 26 Hfte. (XI, 388 S. m. 72 Fig.) 4. Freiburg i/B., J. Bielefeld. n. 16. —

Baumaterialienkunde. Internat. Rundschau üb. die natürl. u. künstl. Materialien der Technik. In den offiziellen Beilagen Organ des internat. Verbandes f. die Materialprüfg. der Technik. — Les matériaux de construction. (Deutsch u. französ.) Unter Mitwirkg. v. Fachgelehrten u. Männern der Praxis aus allen Kulturländern hrsg. u. red. v. Herm. Giessler. 12. Jahrg. 1907. 24 Hefte. (X, 408 S.) 31,5×23,5 cm. Stuttgart. Freiburg i/B., J. Bielefeld. 16. —
Erscheint nicht mehr.

Baumaterialien-Markt. Rundschau f. Erzeugg, Vertrieb u. Verarbeitg v. Baumaterialien aller Art. Schriftl.: P Nietzschmann (u. Alb. Müller). 6—8. J.'07—9 je 52 Nrn. (Nr 1. 16) 30,5×23 cm. Lpzg, Verl. d. Baumaterialien-Markt. Viertelj. 1.50

Baumaterialien-Markt. Rundschau f. Erzeugg., Vertrieb. u. Verarbeitg. v. Baumaterialien aller Art. Offizielles Organ f. den „Verband verein. Baumaterialienhändler Deutschlands e. V." usw, Schriftleitung: A. Müller. 9. Jahrg. 1910. 52 Nrn. (1260 S. m. Abbild.) 33×25,5 cm. Leipzig, Baumaterialien-Markt. 6. —

Baumaterialien-Markt. Rundschau f. Erzeugg, Vertrieb u. Verarbeitg v. Baumaterialien aller Art. Geleitet v. Alb. Müller. Verantwortl.: Alb. Müller, v. '11 an: W Ritter. 9. u. 10. J. '10 u. '11 je 52 Nrn. ('11, Nr 1: 24 m. Abb.) 33×25,5 cm. Lpzg, Baumaterialien-Markt. viertelj. 1.50
Fortsetzg u. d. T.:
— Zentralorgan f. d. gesamten Baumarkt. Geleitet v. Alb. Müller. Verantwortl.: W Ritter. 11. J. '12. 52 Nrn. (Nr 1: 84 m. Abb.) 33×25,5 cm. Ebd. viertelj. 1.60

Baumbach, Johann Christoph. Ein biographisches Denkmal. Mitau 1801. V: *Schmidt von der Launitz, Christian Friedrich.* (R-N)

Baumbach, Dr. phil., Gymnasialoberlehrer, Duisburg. 1872 s. *Baumbach,* Felix.

Baumbach, Deutscher Pfarrer, Durben, Kurland, 1742-1801. 1779 s. *Baumbach,* Johann Christoph.

Baumbach, Dr. iur., Vizepräsident d. Reichstages, Oberbürgermeister von Danzig, 1844-1896. 1882 s. *Baumbach,* Karl.

Baumbach: A r n o l d v. Selchofen . . . , s. B a u m b a c h , Felix

Baumbach's ill. Briefmarken-Album. Enth. üb. 16000 Markenfelder. Ill. m. üb. 3700 Marken-Abb., 100 Kopfleisten, 67 Wasserzeichen, nebst e. Anleitg. z. Briefmarkensammeln. 2 Tle. in 1 Bde. (Nr. 14 C.) gr. 4. (V, 224 u. 248 S.) Leipzig 897. Verl. des Universal-Briefmarken-Album. Geb. 4. --

— dasselbe. Enth. üb. 7000 Markenfelder. Ill. m. üb. 3000 Marken-Abb, 90 Wappen, 45 Porträts, 67 Wasserzeichen, nebst e. Anleitg. z. Briefmarkensammeln. (Nr. 116 a.) Neue, verb. Aufl. gr. 4. (158 S.) Ebd. 897. Geb. 2. —

Baumbach: F r a u e n als Ärzte, s B a u m b a c h , Karl

Baumbach's Postwertzeichen-Katalog u. Manko-Liste zum Universal-Briefmarken-Album. Enth. sämtl. bis Mitte 1894 erschienenen Postmarken, Briefumschläge, Streifbänder, Postkarten, Kartenbriefe, Geldanweisgn., Packet-Begleitkarten u. Rückscheine. Nebst beigesetzten Tagespreisen. 12. (VII, 216 S. m. Abbildgn.) Leipzig 894. Vereinigte Dampf-Buchbindereien, Baumbach & Co. Geb. — 75

— Postwertzeichen-Katalog u. Manko-Liste z. Universal-Briefmarken-Album. Enth. sämtl. b. Febr. 1895 erschien. Postmarken, Briefumschläge, Streifbänder, Postkarten, Kartenbriefe, Geldanweisgn., Packet-Begleitkarten u. Rückscheine. Nebst beiges. Tagespreisen. 2. Aufl. 12. (XI, 217 S. m. Abb.) Ebd. 895. Geb. n. 1. —

— Universal-Briefmarken-Album. Enth. alle sammelberecht. Postwertzeichen. Ill. m. üb. 6000 Marken u. 67 Wasserzeichen-Abb., ca. 100 Kopfleisten u. 45 Bildn. regier. Fürsten, nebst Anh. 8., verb. Aufl. (Nr. 112.) gr. 4. (IV, 549 S. m. 1 farb. Karte.) Ebd. 897. Geb. 5. —; geb. in Leinw. (Nr. 113 a) 6. —

Baumbach, [Adolf]: Das Recht des Gemeingebrauchs. *Frankfurt a. M. 1898: Gebr. Fey.* (61 S.) 8°
Rostock, Jur. Diss. v. [11 Juli] 1898

Baumbach, August Bⁿ v.: Geschichte der zur althessischen Ritterschaft gehörenden Familie von Baumbach. — Marburg: Elwert 1886. 94 S. 8°
1: S 2466. 4. 5. 7. 12: Geneal. 8 b. 14. 17. 21. 24. 26. 30. 31. 34. 61. 78. 202.
13.3338

Baumbach, Aug. v., die hessischen leichten Truppen im Feldzug von 1793 am Oberrhein. Nach Tagebüchern u. anderen Quellen; in Tagebuchform bearb. Hanau 864. König's Verlag. gr. 8. (VII, 148 S.) 21 *ngr.*

Baumbach, C.F. von: Kurze B e t r a c h t u n g e n . . . , s. B a u m b a c h , Karl Friedrich von

Baumbach, C. F. A.: Vertheidigung einer Florentin. Lesart in l. 2. D. qui potiores sunt in pignor. *Jena.* 820.

Baumbach, C.J.A (br)., s. B a u m b a c h , Konrad Johann Alexander

Baumbach, Christian Friedrich: Tabellarische Ausrechnungen des Holz–, Stamm– und Pflanz–Geldes in Silbergeld.
Berlin 1825.
45 S.

Baumbach, Clara, s. B a u m b a c h , Klara

Baumbach, E., die Madonnen-Darstellung in der Malerei. Eine kunstgeschichtl. Studie. 1. u. 2. Aufl. gr. 8. (16 S.) Dresden 893. A. Beyer. n. – 75

Baumbach, E.: Die Madonnen-Darstellung in der Malerei. Eine kunstgeschichtliche Studie. — Dresden [1893]: Schönfeld. 16 S. 8° 12: Art. 22 bb. 121.
13.3340

Baumbach, Eduard: Gedichte. — Leipzig: Hartmann in Comm. 1854. VIII, 270 S. 8° 1: Yo 6746.
13.3342

Baumbach, Ed., Gedichte. 2. veränd. Aufl. Mitau 870. (Leipzig, Klinkhardt in Comm.) 8. (VI, 258 S.) n. 1 *ℛ*

— Neue Gedichte. — Riga: Kymmel 1876. 226 S. 8°
1: Yo 15975/6. 8. 23. 30. 36. 38. 78.
13.3344

Baumbach, Ernst: Zur N o t h und Hilfe der L. in den Voralpen.
München 1891.
Verf. Landwirt in Nantesbuch. Ueber die Krise der 90er Jahre, mit bes. Berücksichtigung des Loisach-Tals.

Baumbach, Ernst: Zur Noth und Hilfe der Landwirthschaft in den Voralpen. — München: Ackermann 1892. 50 S. 8° 12: Oecon. 186 s. 19. 302.
13.3345

Baumbach, Felix, Dr. phil., Gymnasialoberlehrer, Duisburg. 1872: Arnold von Selehofen, Erzbischof von Mainz. — Berlin: Mittler 1872. 104 S. 8° Zugleich Diss. Göttingen 1871.
1: Sk 7621/4. 2. 3. 9. 11. 12: Biogr. 44 g. 16. 19. 20. 23. 27. 29. 30. 35. 36. 300: 64.051-B.
13.3346

Baumbach, Felix, Oberspielleiter am Landestheater Karlsruhe. 1902: Letzte Feier. Ein letzter Akt. — [Karlsruhe 1902.] 51 S. 8°
Text handschriftlich autographiert. 31.
13.3348

Baumbach, F., die Duisburger Münzen. s.a. Beiträge zur Geschichte der Stadt Duisburg.

— Die Duisburger Münzen. Ein Beitrag zur Geschichte Duisburgs. — Duisburg 1881. S. 57–77. 8°
Aus: Festschrift zur Feier des fünfzigjährigen Bestehens der Realschule I.O. in Duisburg. 1881.
38.
13.3347

Baumbach, Felix: Persepolis, s. Zingel, Rudolf Ewald

— Neue Wege. Ein Drama aus d. Ärztestand. — Karlsruhe: Gutsch [1908]. 122 S. 8° 1:Ys 37325. 25. 31. 101.
13.3349

Baumbach, Fr.: Physisch-chemische Untersuchung der Mineralquellen von Sztubitza in Croatien. (Verf.: Fr. Baumbach.) — Agram: Novoszel 1820. 109 S. 8°
300:123.780–A. 303.
13.3350

Baumbach, Herm. Frid. (geb. Langensalza 7. xi. 1816). De melanosi. Berolini (1839). (26 S.) 8°
Berlin, Med. Diss. v. 17. Aug. 1839

Baumbach, J.: Die Atmosphäre, ihre Beschaffenheit, ihre Eigenschaften und Erscheinungen. — Stuttgart: Egersdorff 1859. VIII,167 S. 8° (Fortbildungs-Bibliothek für Leser aller Stände. 2.) 24. 82.
13.3352

Baumbach, Jul. Gustav (Massfeld/Meining.). De morborum exanthematicorum sede in variis corporis regionibus. Diss. pathol. Bln. (Nietack) 27. VIII. 1836. 64 S. mit Biographie. (M.: M. E. Jahn.) (4.80) 1418
Oppon.: Aug. Herm. Krause, Carl Fried. Helmuth, Herm. Luettge.

Baumbach, Karl
—— s. Beiträge, kritische, zur herrschenden Wirthschaftspolitik.

Baumbach, Karl, Dr. iur., Vizepräsident d. Reichstags, Oberbürgermeister von Danzig, 1844-1896. 1882: Frauen als Ärzte. Rede in d. Reichstagssitzung vom 23. Febr. 1893. — Berlin: Fortschritt 1893. 16 S. 8° 1:Ie 4064. 75. 203. 308.
13.3359

Baumbach, K., Frauenarbeit u. Frauenschutz, s.a. Zeitfragen, volkswirthschaftliche.

— Frauenarbeit und Frauenschutz. — Berlin: Simion 1889. 46 S. 8° (Volkswirthschaftliche Zeitfragen. H. 81 – Jg. 11,1.)
1:Fe 630–11,1. 3. 5→8. 10. 11. 12:Cam. 187 h–11,1. 14→19. 21. 24. 26. 27. 29. 30. 36. 38. 41. 43. 44. 47. 51. 52. 62. 79. 93. 106. 109. 205. 206. 300:410.630–B. Per. 81. 302.
13.3360

— Der Colportagebuchhandel [Kolportagebuchhandel] und die Gewerbenovelle. — Berlin: Simion 1883. 34 S. 8° (Volkswirthschaftliche Zeitfragen. H. 33 – Jg. 5,1.)
1:Fe 630–5,1. 2. 3. 5→8. 10. 11. 12:Cam. 187 h–5,1. 14→19. 21. 24. 27. 29. 30. 36. 38. 41. 44. 46. 47. 48. 52. 60. 62. 86. 93. 106. 109. 203. 205. 206. 300:410.630–B. Per. 33. 302.
13.3361

— Der Kolportagebuchhandel und seine Widersacher. Berlin: Simion 1894. 32 S. 8° (Volkswirthschaftliche Zeitfragen. H. 118 – Jg. 15,6.) 1:Fe 630–15,6. 2. 3. 6. 7. 8. 10. 11. 12:Cam. 187 h–15,6. 14→19. 21. 24. 25. 26. 29. 30. 38. 41. 43. 44. 47. 51. 52. 79. 86. 93. 106. 109. 203. 205. 206. 208. 300:410.630–B. Per. 118.
13.3362

— Der Normal-Arbeitstag. — Berlin: Simion 1885. 43 S. 8° (Volkswirthschaftliche Zeitfragen. H. 54 – Jg. 7,6.)
1:Fe 630–7,6. 2. 3. 5→8. 10. 11. 12:Cam. 187 h–7,6. 14→19. 21. 24. 26. 27. 29. 30. 38. 41. 43. 44. 46. 47. 52. 60. 62. 79. 86. 93. 106. 109. 180. 203. 205. 206. 300:410.630–B. Per. 54. 302. 304.
13.3363

— Die Novelle zur neuen Gewerbeordnung. (Die Gegenwart, Bd. 24, 1883.)

— der deutsche Reichstag, s.a. Freund's politische Handbücher.

— Der deutsche Reichstag. — Breslau 1890. 74,5 S. 8° (Freund's politische Handbücher. 1.)
1:F 4252–1. 2. 7. 12:Pol. g. 329 n–I,1. 31. 30. 39. 41. 44. 107. 109. 203.
13.3364

Baumbach, Karl, Staatslexikon. Handbuch für jeden Staatsbürger zur Kenntnis des öffentlichen Rechts und des Staatslebens aller Länder, insbesondere des deutschen Reiches. 8. Leipzig 882, Fock. geb. [*ℳ 6.50.] *

— Staats-Lexikon. — Leipzig: Bibliogr. Inst. 1882. IV, 639 S. 8° (Meyers Fachlexika.) 1:A 9775–1. 5. 10. 12:Pol. g. 41 ak. 14→17. 24. 25. 27. 29. 30. 36. 39. 43. 44. 47. 48. 52. 60. 79. 106. 107. 109. 123. 203. 205. 206. 208. 211. 305.
13.3365

— Zünftlerthum. gr. 8°. Berlin 1887.

Baumbach, Karl Friedrich v.: Kurze Betrachtungen über neue Finanzoperationen in deutschen Staaten, nach Zerstörung des Reichs der Napoleoniden. — Cassel: Krieger 1814. XIV,48 S. 8°
4. 16. 12:Cam. 8 ftv. 19. 24. 32. 34. 35.
13.3368

— Statistische Tabelle von und über den deutschen Bundes-Staat Kur-Hessen, im Jahre 1819. Grösstentheils nach officiellen Quellen bearb. von C. F. v. Baumbach-Freudenthal. — o.O. [1819]. 1 Bl. quer-2°, gefaltet in 8° 34. 35.
13.3369

Baumbach, Karl J. Alexander, s. Baumbach, Konrad Johann Alexander

Baumbach, Klara (Pseud.), s.a. Behrend, Klara (wirkl. Name)

Baumbach, Klara
— In Schönheit. Lyrik in Vers u. Prosa. — Berlin: Pulvermacher [1909]. 78 S. 8° 1:Yo 31798.
13.3371

Baumbach, Clara, wie Frauen lieben. Roman. gr. 8. (190 S.) Kiel 902. A. Mißfeldt. n. 1.50; geb. n. 2. —

Baumbach, Konrad Johann Alexander
Baumbach, Karl J. Alex., Ansichten d. class. Pandektenrechts. 1s Buch. A. u. d. T.: Das Wahlrecht d. allgem. Pfandgläubigers im class. Pandektenrechte. 8. Jena 822.

Baumbach, Konrad Johann Alexander: Einleitung in das Naturrecht als eine volksthümliche Rechtsphilosophie, besonders für Deutschland's bürgerliches Recht. — Leipzig: Klein 1823. XIV,258 S. 8°
Nebent.: Lehrbuch d. Naturrechts. 5. 10. 12:Ph. Pr. 107. 14. 17. 20. 21. 23. 24. 27. 28. 29. 32. 34. 39. 53. 117. 203.
13.3372

— Diss. inaug. de genuina quam Romani secuti sunt Juris naturalis notione. 8. Jena 811.

Baumbach, L., Vorübungen im Lesen u. Denken, oder neuester ABC-Buch ꝛc. Mit Kpf. gr. 8. Naumb. 805. Rüßler. 12 ℊℊ

Baumbach, Ludwig v., Milwaukee. 1851: Neue Briefe aus den Vereinigten Staaten von Nordamerika in die Heimath mit bes. Rücksicht auf deutsche Auswanderer. — Cassel: Th. Fischer 1856. XIV,333 S. 8° 1:Uu 7002. 4. 5. 15. 19. 22. 24. 30. 34. 46. 66. 302. 304.
13.3373

— Briefe aus den Vereinigten Staaten von Nordamerika in die Heimath mit bes. Rücksicht auf deutsche Auswanderer. Cassel: Th. Fischer 1851. IV,192 S. 8° 1:Uu 7000. 4. 7. 12:Am. B. 256. 15. 31. 34. 47. 66. 205. 212. 302.
13.3374

Baumbach, Nikolai: Gedichte. — Mitau [usw.]: Reyher 1859. 236 S. 8° 14.
13.3375

— Nordische Melodien. Gedichte. — St. Petersburg: Erickson 1883. 268 S. 8° 1:Yo 19181
13.3376

Baumbach, Peter (Hrsg.) ..., s. Bauindustrieadressenbuch.

Baumbach, Reinhold v.: Carl Ludwig Friedrich August von Baumbach. Ein Lebensbild. — Rudolstadt 1910: Mitzlaff. 177 S. 8° 78.
13.3378

Baumbach, Rudolf: Abenteuer und Schwänke alten Meistern nacherzählt. — Leipzig: Liebeskind 1883. 165 S. 8° 3. 4. 5. 12:P. o. germ. 78ul. 15. 31. 45. 79. 107.
13.3379

— dasselbe. Mit Holzschn. nach Zeichngn. v. Mohn. 2. Tausend. 4. (234 S.) Ebend. 884. n. 20. —; geb. m. Goldschn. n. 25. —

Baumbach, Rud., Abenteuer und Schwänke, alten Meistern nacherzählt. 2. Tausend. 4. (234 S. mit Holzschn. nach Zeichnungen von Paul Mohn.) Leipzig 885, Liebeskind. cart. * M 17.—.; geb. *

Baumbach, Rud., Abenteuer u. Schwänke. Alten Meistern nacherzählt. Mit Holzschn. nach Zeichngn. v. Paul Mohn. 3. Taus. 4. (234 S.) Leipzig 885. Stuttgart, J. G. Cotta Nachf.
Geb. in Halbfrz. m. Goldschn. n. 10. —

— — Ebd. 1886. 165 S. 8° 30. 38. 75. 111. 180. 309.
13.3382

Baumbach, Rud., Abenteuer u. Schwänke. Alten Meistern nacherzählt. 9. Taus. gr. 16. (III, 165 S.) Leipzig 889. A. G. Liebeskind. n. 2. 80; geb. in Leinw. m. Goldschn. n. 4. 20; in Ldr. m. Goldschn. n.n. 5. 60

Baumbach, Rud. Abenteuer und Schwänke. Alten Meistern nacherzählt. 10. Tausend. 16. (165 S.) Lpz. 889, Liebeskind. * 2 80

— — Ebd. 1892. 165 S. 8° 15. 16. 41.
13.3384

— dasselbe. Ausg. m. grosser Schrift m. Zeichnungen v. Paul Mohn u. A. 13. Taus. 8. (III, 151 S.) Ebd. 893. Geb. in Leinw. m. Goldschn. n. 4. —

Baumbach, R, Abenteuer u. Schwänke. Alten Meistern nacherzählt. 12. Taus. 16° (165) Lpzg 95, AG Liebeskind. 2.80 geb. in Lnw. m. G. 4.20; in Ldr m. G. n.n. 5.60

— — Ebd. 1898. 165 S. 8° 302.
13.3386

Baumbach, Rud., Abenteuer u. Schwänke. Alten Meistern nacherzählt. 21. Taus. (III, 171 S.) kl. 8. Stuttgart 904. J. G. Cotta Nachf. Geb. in Leinw. m. Goldschn. n. 4. —; in Ldr. n. 5. 80

Baumbach, Rud., Abenteuer u. Schwänke. Alten Meistern nacherzählt. 23. u. 24. Taus. (V, 171 S.) kl. 8. Stuttgart 909. J. G. Cotta Nachf. Geb. in Leinw. m. Goldschn. 4. —; in Ldr. m. Goldschn. 5. 80

— Bunte Blätter. Gelegenheitsgedichte. — Leipzig: Liebeskind 1897. VII, 126 S. 8°
1:Yo 26752. 7. 12:P. o. germ. 78uq. 24. 109. 302. 309.
13.3390

Baumbach, Rud., Bunte Blätter. Gelegenheitsgedichte. 2. Taus. 12. (VII, 126 S.) Leipzig 897. A. G. Liebeskind. Geb. in Leinw. m. Goldschn. n. 3. —; in Kalbldr. n. 5. —

— — Stuttgart [usw.]: Cotta 1908. 121 S. 8°
1:Yo 26752a. 14. 24. 300:475.225–A.
13.3391

— Der Gesangverein Brüllaria und sein Stiftungsfest. Ein lustiges Bilderwerk für Gross u. Klein. Dichtung von Rudolf Baumbach. In Bildern von Ludwig Bechstein. — München: Ackermann 1893. 17 Bl., 15 Taf. quer-4°
1:4° Nv 5750. 10. 12:4° Art. 5qt. 22. 30. 60.
13.3392

Baumbach, R. *Der Gesangverein Brüllaria* und sein Stiftungsfest. Ein lustiges Bilderwerk für Groß und Klein. Dichtung von Rudolf Baumbach. In Bildern von Ludwig Bechstein. 2. Aufl. München, F. A. Ackermann, 1893. 30 Bl. mit 15 ganzseit. farbigen Bildern und einigen farb. Vignetten. Querfolio. Farbig illustr. grüner Or.Leinenbd. 25.—
Sehr amüsantes, s. Zt. beliebtes Bilderbuch, prächtig ausgestattet, reizendes buntes Vorsatzpapier (Singvögel).

— Erzählungen und Märchen. — Leipzig: Liebeskind 1885. 188 S. 8° 2. 4. 12:P. o. germ. 78um. 22. 26. 31.
13.3393

— — Ebd. 1888. 188 S. 8° 1:Yt 3533. 20. 38. 44. 111.
13.3394

— Erzählungen u. Märchen. 9. u. 10. Tausend. 16. (188 S.) Ebd. 891,92. * 2 —

— Erzählungen u. Märchen. 10. Taus. gr. 16. (V, 183 S.) Ebd. 891. n. 2. —; geb. in Leinw. m. Goldschn. n. 3. —; in Ldr. m. Goldschn. n.n. 4. 50

— Erzählgn u. Märchen. 11. Taus. 16° (183) Ebd. 95. 2 —; geb. in Lnw. m. G. 3 —; in Ldr m. G. n.n. 4.50

— Erzählungen u. Märchen. 13. Taus. 12. (III, 188 S.) Ebd. 897. Geb. in Leinw. m. Goldschn. n. 3. —; in Ldr. n. 5. —

— Erzählungen u. Märchen. 15. Taus. (170 S.) kl. 8. Ebd. 904. Geb. in Leinw. m. Goldschn. n. 3. —; in Ldr. n. 5. —

Baumbach, Rud.: Erzählgn u. Märchen. 17. Taus. (170) kl8° Stuttg., JG Cotta Nf. '11. L m. G 3 —: Ldr m. G 5 — d

— Es war einmal. Märchen. — Leipzig: Liebeskind 1890. 157 S. 8° 1:Yt 3571. 3. 4. 14. 16. 19. 24. 28. 31. 32. 33. 38. 60. 66. 75. 300:91.720–A. 302. 309.
13.3400

— Es war einmal. Märchen. 5.—10. Tausend. 16. (157 S.) Ebd. 890. * 2 80

— es war einmal. Märchen. 11. Taus. 12. (III, 157 S.) Ebd. 895. Geb. in Leinw. m. Goldschn. n. 3. 80; in Ldr. n. 5. 80

— dasselbe. 12.—18. Taus. 12. (à III, 157 S.) Stuttgart 901. J. G. Cotta Nachf.
Geb in Leinw. m. Goldschn. n. 3. 80; in Ldr. n. 5. 80

Es war einmal Märchen von Rudolf **Baumbach**. 15. u. 16. Taus. Stuttgart & Berlin: J. G. Cotta Nachf. 1908. (157 S.) 8° [J.] [illegible]

— Es war einmal. Märchen. 15. u. 16. Taus. (III, 157 S.) kl. 8. Ebd. 909.
Geb. in Leinw. m. Goldschn. 3.80; in Ldr. n 5. 80

— Mein Fruehjahr. Gesammelte Gedichte aus 'Enzian. Ein Gaudeamus für Bergsteiger'. — Leipzig: Liebeskind 1882. VIII, 185, IX S. 8° 1:Yo 18926. 12:P. o. germ. 78ui. 24. 30. 31. 41. 45. 61. 79. 107. 309.
13.3404

— mein Frühjahr. Gesammelte Gedichte aus „Enzian, ein Gaudeamus für Bergsteiger". 1.—5. Tausend. 12. (VIII, 189 S. mit eingedr. Holzschn.) Ebendas. 882—84.

— — Ebd. 1886. VIII, 189 S. 8° 15. 17. 22. 23. 28. 38. 169.
13.3406

— — Mein Frühjahr. Ebd. 1891 (1886). VIII, 189 S. 8° 16.
13.3407

— Mein Frühjahr. Gesammelte Gedichte aus „Enzian, ein Gaudeamus für Bergsteiger". 11. u. 12. Tausend. 16. (189 S.) Ebd. 891,92. * 2 80

— mein Frühjahr. Gesammelte Gedichte aus „Enzian, e. Gaudeamus f. Bergsteiger". 12. Taus. gr. 16. (VIII, 189 S. m. Titelbild.) Ebd. 892. n. 2. 80; geb. in Leinw. m. Goldschn. n. 3. 80; in Ldr. m. Goldschn. n.n. 5. 60

— — Ebd. 1896. VIII,189 S. 8° 44.
13.3409

Mein Frühjahr. Gesammelte Gedichte aus 'Enzian, ein Gaudeamus für Bergsteiger' von Rudolf **Baumbach**. 18. Taus. Stuttgart & Berlin: J. G. Cotta Nachf. 1902. (IX, 185 S.) 8° [F.] [07. 17318

— Mein Frühjahr. Gesammelte Gedichte aus „Enzian, e. Gaudeamus f. Bergsteiger". 19. u. 20. Taus. (IX, 185 S. m. Abb.) kl. 8. Ebd. 907.
Geb. in Leinw. m. Goldschn. 3.80; in Ldr. n 5. 80

— die Geschichte des Erstlingswerks, s.: Franzos, Karl Emil.

— Frau Holde. Gedicht. — Leipzig: Liebeskind 1880. 90 S. 8°
3. 12: P. o. germ. 78 uf. 25. 302. 303.
13.3413

— — 2. Aufl. Ebd. 1881. 90 S. 8° 31.
13.3414

— — Frau Holde. Gedicht. Ebd. 1882. 90 S. 8° 43. 45.
13.3415

— — Frau Holde. Gedicht. Leipzig: Liebeskind 1883. 90 S. 8°
9. 24. 32. 39.
13.3416

— — Ebd. 1885. 90 S. 8° 30. 46. 48.
13.3417

— — Ebd. 1886. 90 S. 8° 15. 22. 88.
13.3418

— — Ebd. 1888. 90 S. 8° 26. 33. 66. 123. 309.
13.3419

— — Ebd. 1889. 90 S. 8° 9. 38. 60.
13.3420

— — Ebd. 1891. 90 S. 8° 300: 91.728–A.
13.3421

— Frau Holde. Gedichte. 25. Taus. gr. 16. (90 S.) Leipzig 892. A. G. Liebeskind. n. 2. —; geb. in Leinw. m. Goldschn. n. 3. —; in Ldr. m. Goldschn. n.n. 4. 50

Frau Holde. Ged. v. Rudolf **Baumbach**. 27. Taus. *Leipzig: A. G. Liebeskind 1893.* (1 Bl., 90 S.) 1 Bd 8. [96. 649

— — Ebd. 1894. 90 S. 8° 27.
13.3424

— Frau Holde. Gedichte. 29. Taus. 16° (90) Lpzg 95, AG Liebeskind. 2 —; geb. in Lnw. m. G. 3 —; in Ldr m. G. n.n. 4.50

— — Ebd. 1898. 90 S. 8° 14. 75.
13.3426

— Frau Holde. Gedicht. 37. Taus. 12° (92) Stuttg. 1900, JG Cotta Nf. Geb. in L. m. G. 3 —; in Ldr m. G. 5 —

— — Frau Holde von Rudolf Baumbach und anderes. Russische Schulausg. von M. Bruneneek. — Kiew: (Idzikowsky) 1900. 97 S. 8° (Deutsche Autoren. 7.) 41.
13.3427

— — Frau Holde. Gedicht. Stuttgart: Cotta 1901. 91 S. 8°
302.
13.3428

— Frau Holde. Gedicht. 41. u. 42. Taus. (à 92 S.) kl. 8. Ebd. 901. 904. Geb. in Leinw. m. Goldschn. n. 3. —

Frau Holde. Gedicht von Rudolf **Baumbach**. 43. Taus. Stuttgart & Berlin: J. G. Cotta Nachf. 1904. (91 S.) 8° [F.] [04. 3485 11

— Frau Holde. Gedicht. 45.—47. Taus. (92 S.) kl. 8. Ebd. 908. Geb. in Leinw. m. Goldschn. 3. —; in Ldr. n 5. —

— Horand und Hilde. Gedicht. — Leipzig: Breitkopf & Härtel 1878. 146 S. 8°
12: P. o. germ. 78 ud. 14. 27. 31. 43. 44.
13.3434

Baumbach, R., Horand u. Hilde. Gedicht. Neue, veränderte Ausg. [2. Tausend.] gr. 16. (III, 146 S.) Leipzig 887. Liebeskind. n. 2. 50

— Horand u. Hilde. Gedicht. Neue, veränd. Ausg. (6. Taus.) gr. 16. (III, 146 S.) Ebd. 887. n. 2. 50; geb. in Leinw. m. Goldschn. n. 3. 50; in Ldr. m. Goldschn. n.n. 5. —

— Horand u. Hilde. Gedicht. Neue veränd. Ausg. 7. Tausend. 16. (146 S.) Ebd. 887. * 2 50

— — Neue, veränd. Ausg. Ebd. 1892. 146 S. 8° 15. 16.
13.3438

— Horand u. Hilde. Gedicht. Neue veränd. Ausg. (10. Taus.) 12. (III, 148 S.) Leipzig 897. Stuttgart, J. G. Cotta Nachf.
Geb. in Leinw. m. Goldschn. n. 3. 50; in Ldr. n. 5. 50

— dasselbe. (11. u. 12. Taus.) 12. (148 S.) Stuttgart 902. J. G. Cotta Nachf.
Geb. in Leinw. m. Goldschn. n. 3 50; in Ldr. n. 5. 50

— Horand u. Hilde. Gedicht. 14. Taus. (148 S.) kl. 8. Ebd. 910. Geb. in Leinw. m. Goldschn. 3 50; in Ldr. n 5. 50

— Aus der Jugendzeit. — Leipzig: Liebeskind 1895. 445 S. 8°
1: Yx 28114[7]. 4. 5. 7. 12: P. o. germ. 78 up [2 Ex.] 15. 24. 27. 30. 31. 39. 43. 48. 73. 300: 83.972–A.
13.3441

— a. d. Jugendzeit. 5. Taus. gr. 16. (III, 445 S.) Ebd. 895. n. 5. —; geb. in Leinw. n. 6. 30

Aus der Jugendzeit v. Rudolf **Baumbach**. 7. Taus. *Leipzig: A. G. Liebeskind 1895.* (2 Bl., 415 S.) 1 Bd 8. [97. 1037

— aus der Jugendzeit. 8. Taus. 12. (V, 445 S.) Leipzig 895. Stuttgart, J. G. Cotta Nachf.
Geb. in Leinw. m. Goldschn. n. 6. 20; in Ldr. n. 8. —

Aus der Jugendzeit. Von Rudolf **Baumbach**. 9. Taus. Stuttgart & Berlin: J. G. Cotta Nachf. 1907. (374 S.) 8° [F.] [08. 1064

— Krug und Tintenfass. Gedichte. — Leipzig: Liebeskind 1887. V,128 S. 8°
1: Yo 21102. 5. 12: P. o. germ. 78 umd. 14. 19. 20. 25. 30. 32. 38. 41. 48. 66. 78. 168. 300: 91.729–A.
13.3444

— Krug u. Tintenfass. Gedichte. 3. Tausend. 16. (128) Ebd. 87. n. 2. —

— — Ebd. 1889. VII,128 S. 8° 9. 14. 42.
13.3445

— Krug u. Tintenfass. Gedichte. 10. u. 11. Tausend. 16. (128 S.) Ebd. 889—92. * 2 —

— — Ebd. 1894. VII,128 S. 8° 309.
13.3447

— Krug u. Tintenfass. Gedichte. 15. Taus. 12. (VII, 128 S.) Ebd. 898. Geb. in Leinw. m. Goldschn. n. 3. —; in Ldr. n. 5. —

— dasselbe. 16. u. 17. Taus. 12. (VII, 128 S. m. 1. Faksm.) Stuttgart 902. J. G. Cotta Nachf.
Geb. in Leinw. m. Goldschn. n. 3. —; in Ldr. n. 5. —

— Krug u. Tintenfaß. Gedichte. 18. Tauf. (VII, 128 S. m. 1 Fksm.) kl. 8. Ebd. 902.
Geb. in Leinw. m. Goldschn. n. 3. —; in Ldr. n. 5. —

— Krug u. Tintenfaß. Gedichte. 19. u. 20. Tauf. (VII, 128 S. m. 1 Fksm.) kl. 8. Ebd. 908.
Geb. in Leinw. m. Goldschn. 3.—; in Ldr. n 5. —

Baumbach, Rudolf

— Von der Landstrasse. Lieder. — Leipzig: Liebeskind 1882. IV,107 S. 8° 24. 26. 30. 31. 79.
13.3452

— — Ebd. 1883. IV,107 S. 8° 12:P. o. germ. 78 uk. 14. 15. 25. 28. 43. 44. 45. 48. 60. 66.
13.3453

— — Ebd. 1888. IV,107 S. 8° 38. 169.
13.3454

—— Von der Landstrasse. Lieder. 11. u. 12. Tausend. 16. (107 S.) Lps. 890, Liebeskind. * 2 —

— — Ebd. 1893. IV,107 S. 8° 1:Yo 18928.
13.3456

— v. d. Landstrasse. Lieder. 13. Taus. 16° (107) Ebd. 95. 2 —; geb. in Lnw. m. G. 3 —; in Ldr m. G. n.n. 4.50

— Von d. Landstrasse. Lieder. 17. Taus. 12° (107) Stuttg. 1900, JG Cotta Nf. Geb. in L. m. G. 3 —; in Ldr m. G. 5 —

— Von d. Landstrasse. Lieder. 18. Taus. (107) 8° Ebd. 1900. L. m. G. 3 —; Ldr 5 — d

— von der Landstraße. Lieder. 19. u. 20. Tauf. (à IV, 107 S.) kl. 8. Ebd. 906. Geb. in Leinw. m. Goldschn. n. 3.—; in Ldr. n. 5. —

— Das Lied vom Hütes. — [Meiningen]: Löffler 1883. 3 Bl. 8° 32.
13.3462

— Lieder eines fahrenden Gesellen. — Leipzig: Liebeskind 1878. VIII,93 S. 8° 12:P. o. germ. 78ub-1. 302.
13.3463

— — 2. Aufl. Ebd. 1880. IV,104 S. 8° 5. 9. 30. 41. 47. 61. 79.
13.3464

— — 3. Aufl. Ebd. 1881. VI,205 S. 8° 27. 31. 44. 45. 66. 302.
13.3465

— — 4. Aufl. Ebd. 1882. VI,205 S. 8° 43.
13.3466

— — 5. Aufl. Ebd. 1882. VI,205 S. 8° 24.
13.3467

— Lieder e. fahrenden Gesellen. 9. Tausend. gr. 16. (VI, 205 S.) Leipzig 883. Liebeskind. n. 3. 20; Einbd. in Leinw. n. 1. —; in Kalbldr. n.n. 2. 20

—— Lieder e. fahrenden Gesellen. 9. Tausend. 12. (205) Lpzg 84, Liebeskind. *n.* 3. 20; Einbd. in Leinw. *n.* 1. —; in Kalbldr. *n.n.* 2. 20

— — Ebd. 1885. VI,205 S. 8° 10. 17. 22. 38.
13.3470

— — Ebd. 1888. VI,205 S. 8° 169.
13.3471

— — Ebd. 1889. VI,205 S. 8° 10. 15. 66. 309.
13.3472

—— Lieder eines fahrenden Gesellen. 24.—27. Tausend. 16. (205 S.) Ebd. 890. * 3 20

— Lieder e. fahrenden Gesellen. 29. Taus. gr. 16. (VI, 205 S.) Ebd. 893. n. 3. 20; geb. in Leinw. m. Goldschn. n. 4. 20; in Ldr. m. Goldschn. n.n. 6. —

— — Ebd. 1896. VI,205 S. 8° 14. 25. 36.
13.3475

— Lieder e. fahrenden Gesellen. 39. Taus. 12. (VI, 205 S.) Leipzig 898. Stuttgart, J. G. Cotta Nachf. Geb. in Leinw. m. Goldschn. n. 4. 20; in Ldr. n. 6. 20

— dasselbe. 40.—42. Tauf. 12. (à VI, 205 S.) Stuttgart 902. J. G. Cotta Nachf.
Geb. in Leinw. m. Goldschn. n. 4. 20; in Ldr. n. 6. 20

— Lieder e. fahrenden Gesellen. 44.—46. Tauf. (à VI, 205 S.) kl. 8. Ebd. 902.
Geb. in Leinw. m. Goldschn. n. 4. 20; in Ldr. n. 6 20

— Lieder e. fahrenden Gesellen. 47.—51. Tauf. (VIII, 205 S.) kl. 8. Ebd. 907.
Geb. in Leinw. m. Goldschn. 4.20; in Ldr. n 6. 20

— Neue Lieder eines fahrenden Gesellen. — Leipzig: Liebeskind 1880. IV,100 S. 8° 12:P. o. germ. 78 ub-2. 41. 47. 79. 302.
13.3482

— Thüringer Lieder. — Leipzig: Liebeskind 1891. V,142 S. 8° 1:Yo 18690. 16. 22. 24. 27. 28. 31. 41. 66. 79. 121. 180. 300:185.743-A. 302.
13.3483

— Thüringer Lieder. 4. u. 5. Taus. gr. 16. (VII, 142 S.) Ebd. 891. n. 2. 50; geb. in Leinw. m. Goldschn. n. 3. 50; in Ldr. m. Goldschn. n.n. 5. —

— Thüringer Lieder. 6. Taus. 16° (142) Ebd. 95. 2.50; geb. in Lnw. m. G. 3.50; in Ldr m. G. n.n. 5 —

— — Ebd. 1897. V,142 S. 8° 109. 309.
13.3484

— — Stuttgart [usw.]: Cotta 1906. 145 S. 8° 1:Yo 18690[11]. 11. 24. 32.
13.3485

— Neue Märchen. — Leipzig: Liebeskind 1894. VI,197 S. 8° 1:Yt 3598/160. 4. 12:P. o. germ. 78 uo. 15. 18. 24. 29. 31. 32. 46. 300:79.239-A. 302. 309.
13.3487

Neue Märchen von Rudolf Baumbach. 4. Taus. *Leipzig: A. G. Liebeskind 1894.* (VI, 197 S.) 8°
[illegible]

— — Stuttgart [usw.]: Cotta 1903. 175 S. 8° 24. 109.
13.3488

— neue Märchen. (7. Tauf.) (175 S.) 12. Ebd. 903. Geb. in Leinw. m. Goldschn. n. 4. —; in Ldr. n. 6. —

— Neue Märchen. 8. Tauf. (175 S.) kl. 8. Ebd. 908.
Geb. in Leinw. m. Goldschn. 4.—; in Ldr. n 6. —

— Kaiser Max und seine Jäger. Dichtung. — Leipzig: Liebeskind 1888. 130 S. 8° 10. 12:P. o. germ. 78 un. 24. 25. 30. 31. 38. 41. 46. 300:81.190-A.
13.3492

— Kaiser Max u. seine Jäger. Dichtung. 3. Tausend. gr. 16. (130 S.) Ebd. 888. n. 2. 50; geb. in Kalbldr. n.n. 4. 50; in Leinw. n.n. 3. 25

—— Kaiser Max und seine Jäger. Dichtung. 6.—10. Tausend. 16. (130 S.) Ebd. 889. * 2 50

— Kaiser Max u. seine Jäger. Dichtung. 11. Taus. gr. 16. (130 S.) Ebd. 893. n. 2. 50; geb. in Leinw. m. Goldschn. n. 3. 50; in Ldr. m. Goldschn. n.n. 5. —

— — Ebd. 1898. 130 S. 8° 43. 75. 109. 211. 302.
13.3495

— — Stuttgart [usw.]: Cotta 1906. 134 S. 8° 24.
13.3496

— Kaiser Max u. seine Jäger. Dichtung. 15. Tauf. (184 S.) kl. 8. Ebd. 906. Geb. in Leinw. m. Goldschn. n. 3. 50; in Ldr. n. 5. 50

— Kaiser Max u. seine Jäger. Dichtung. 16. Tauf. (184 S.) kl. 8 Ebd. 910. Geb. in Leinw. m. Goldschn. 3.50; in Ldr. m. Goldschn. 5. 50

— Der Pathe des Todes. Dichtung. — Leipzig: Liebeskind 1884. 120 S. 8° 4. 22. 31. 302.
13.3498

—— der Pathe des Todes. Dichtung. 2. Tausend. 12. (120 S.) Ebendas. 884. *

— — Ebd. 1885. 120 S. 8°. 28. 38. 300:91.035-A. 309.
13.3499

—— der Pathe des Todes. Dichtung. 9. u. 10. Tausend. 16. (120 S.) Ebd. 890. * 2 —

Baumbach, Rud., der Pathe des Todes. Dichtung. 11. Taus. gr. 16. (120 S.) Leipzig 893. A. G. Liebeskind. n. 2. —; geb. in Leinw. m. Goldschn. n. 3. —; in Ldr. m. Goldschn. n.n. 4. 50

Der Pathe des Todes. Dichtung von Rudolf Baumbach. 12. Taus. *Leipzig: A. G. Liebeskind 1893.* (120 S.) 8°

— der Pathe des Todes. Dichtung. 13. Taus. 12. (120 S.) Leipzig 895. Stuttgart, J. G. Cotta Nachf. Geb. in Leinw. m. Goldschn. n. 3. —; in Ldr. n. 5. —

Baumbach, Rud., der Pathe des Todes. Dichtung. 14.—16. Tauf. 12. (à 126 S.) Stuttgart 900. J. G. Cotta Nachf. Geb. in Leinw. m. Goldschn. n. 3. —; in Ldr. n. 5. —

— — Stuttgart [usw.]: Cotta 1905. 126 S. 8° 1:Yo 2494517.
13.3502

— Der Pate d. Todes. Dichtg. 18. Taus. (126) kl8° Ebd. '08. L. m. G. 3 —; Ldr 5 — d

— Der Pate des Todes. Dichtung. 18. Tauf. (126 S.) kl. 8. Ebd. 909. Geb. in Leinw. m. Goldschn. 3.—; in Ldr. n 5. —

— Samiel hilf! Erinnerungen eines alten Studenten an die 'Rudelsburg' und von 'der Saale hellem Strande'. — Jena: Hermsdorf [1867]. 86 S. 8° 27. 41. 45. 47. 62. 304. 309.
13.3509

— — Berlin: Jacobsthal 1883. 86 S. 8° 300:91.724-A.
13.3510

— — Ebd. [1885]. 86 S. 8° 1:Yo 20126. 25.
13.3511

— — s. Schildereien aus dem Alpenlande.

— Sommermärchen. — Leipzig: Liebeskind 1881. VIII, 280 S. 8° 1:Yt 3511. 9. 12:P. o. germ. 78 uh. 30. 31. 300:53.208-A.
13.3512

—— dass. — 2. Aufl. (Billige Ausg.) 12. (X, 280 S. mit Portr. in Lichtdr.) Ebendas. 881. *

— — Sommermärchen. Ebd. 1882. VIII, 280 S. 8° 14. 24.
13.3514

— — Ebd. 1883. VIII, 280 S. 8° 111.
13.3515

— Sommermärchen. Mit Zeichngn. v. Paul Mohn (eingedr. Holzschn. u. 16 farb. Chemigr.). 4. (VII, 192 S.) Leipzig 885. Liebeskind. cart. n. 17. —; geb. m. Goldschn. n. 20. —

— — Ebd. 1887. VIII, 280 S. 8° 22. 111.
13.3518

—— Sommermärchen. 17.—20. Tausend. 16. (280 S.) Ebd. 890,91. * 3 —

— dasselbe. Ausg. m. grosser Schrift m. Zeichnungen v. Paul Mohn. 21. Taus. 8. (VIII, 191 S.) Ebd. 892. Geb. in Leinw. m. Goldschn. n. 5. —

— dasselbe. Ausgabe mit grosser Schrift. 22. Taus. 8. (VII, 191 S. m. Abbildgn.) Ebd. 892. Geb. in Leinw. m. Goldschn. n. 4. 20

— Sommermärchen. 26. Taus. gr. 16. (VIII, 280 S. m. Bildnis.) Ebd. 892. n. 3. —; geb. in Leinw. m. Goldschn. n. 4. 40; in Ldr. m. Goldschn. n.n. 5. 60

— — Ebd. 1894. VIII, 280 S. 8° 29.
13.3523

— Sommermärchen. 33. Taus. 12. (VIII. 280 S. m. Bildnis.) Leipzig 898. Stuttgart, J. G. Cotta Nachf. Geb. in Leinw. n. 4. 20; in Ldr. n. 6. —

— dasselbe. 34. u. 35. Tauf. 12. (à VIII, 280 S. m. Bildnis.) Stuttgart 901. J. G. Cotta Nachf. Geb. in Leinw. m. Goldschn. n. 4. 20; in Ldr. n. 6. —

— Sommermärchen. 36. u. 37. Tauf. (à VIII, 280 S. m. Bildnis.) kl. 8. Ebd. 904. Geb. in Leinw. m. Goldschn. n. 4. 20; in Ldr. n. 6. —

— Sommermärchen. 38. u. 39. Tauf. (VIII, 280 S. m. Bildnis.) kl. 8. Ebd. 907. Geb. in Leinw. m. Goldschn. 4.20; in Ldr. n 6. —

— Sommermärchen. 40. u. 41. Taus. (8, 280 m. Bildn.) kl8° Ebd. '11. L m. G 4.20; Ldr m. G 6 — d

— Spielmannslieder. — Leipzig: Liebeskind 1882. 83 S. 8° 5. 15. 22. 30. 31. 44. 45. 79. 302.
13.3531

— — Ebd. 1883. 83 S. 8° 17. 24. 28. 41. 48. 180.
13.3532

— — Ebd. 1886. 83 S. 8° 25. 38.
13.3533

— — Ebd. 1887. 83 S. 8° 169. 309.
13.3534

—— Spielmannslieder. 15. u. 16. Tausend. 16. (83 S.) Ebd. 891.92. * 2 —

— — Ebd. 1895. 83 S. 8° 6. 9. 29. 302.
13.3537

— Spielmannslieder. 23. Taus. 12° (83) Stuttg. 1900, JG Cotta Nf. Geb. in L. m. G. 3 —; in Ldr m. G. 5 —

Spielmannslieder von Rudolf Baumbach. 25. Taus. *Stuttgart & Berlin: J. G. Cotta Nachf. 1902.* (83 S.) 8° [J.]

— Spielmannslieder. 26. u. 27. Tauf. (à 83 S.) kl. 8. Ebd. 902. 906. Geb. in Leinw. m. Goldschn. n. 3. —; in Ldr. n. 5. —

— Spielmannslieder. 29. Taus. (83) kl8° Ebd. '10. L m. G 3 —; Ldr m. G 5 — d

— Trug-Gold. Erzählung aus d. 17. Jahrhundert von Paul Bach [d. i. Rudolf Baumbach]. — Berlin [1878]. 316 S. 8° (Goldschmidt's Bibliothek für Haus u. Reise. 42.) 1:Yx 16403. 7. 11.
13.3544

— — Trug-Gold. Erzählung aus d. 17. Jahrhundert. 2. Aufl. Berlin: Goldschmidt 1883. 384 S. 8° 5. 12:P. o. germ. 1802 d. 24. 31. 79.
13.3545

— — 3. Aufl. Ebd. 1884. 383 S. 8° 4. 30.
13.3546

— — 4. Aufl. Ebd. 1884. 383 S. 8° 1:Yx 18403[4]. 109. 302.
13.3547

— Trug-Gold. Erzählung aus dem 17. Jahrh. 5. Aufl. 16. (384 S.) Berlin 886, Goldschmidt. *
geb. mit Goldschn. *

— dass. — gr. 4. (216 S. mit Illustr. [eingedr. Lichtdr.] von Phpp. Grot Johann.) Ebendas. 887. geb. mit Goldschn. *

— Truggold. Erzählung aus dem 17. Jahrh. 6. u. 7. Aufl. 16. (384 S.) Berl. 888—90, A. Goldschmidt. * 5 —

— — Volks-Ausg. Ebd. 1895. 265 S. 8° 1:Yx 18404. 11. 109.
13.3552

— dasselbe. Volks-Ausg. 2. Aufl. 12. (265 S.) Ebd. 897.
Geb. n. 3. —

— Trug-Gold. Erzählg. a. d. 17. Jahrh. Min.-Ausg. 11. Aufl., m. 8 Ill. v. Ph. Grot Johann. 12. (384 S.) Berlin 899. A. Goldschmidt.
Geb. in Leinw. m. Goldschn. n. 6. —

— Trug-Gold. Erzählung aus dem 17. Jahrh. 3. u. 4. Aufl. der Taschen-Ausg. 12. (à 265 S.) Berlin 900. 902. A. Goldschmidt. Geb. n. 3. —

— dasselbe. Mit Illustr. v. Philipp Grot Johann. (216 S.) gr. 8. Ebd. 904. Geb. in Leinw. n. 12. —

— Trug-Gold. Erzählung aus dem 17. Jahrh. 51.—62. Taus. 5. u. 6. Aufl. der Taschen-Ausg. (IV, 265 S.) 16. Berlin 904. 906. A. Goldschmidt.
Geb. in Leinw. n. 3. —

— — 7. Aufl. d. Taschen-Ausg. Ebd. 1910. 265 S. 8°
62. 109.
13.3558

— Truggold. Illustriert v. P. Grot Johann. In Farbe gesetzt v. Curt Agthe. (218 S.) Lex 8. Berlin 910. Neufeld & Henius. Geb. in Leinw. 8. 50

— Wanderlieder aus den Alpen. Mit Randzeichngn. (eingedr. Holzschn.) v. Joh. Stauffacher u. e. Holzschn. nach dem Gemälde v. Ernst Heyn. gr. 4. (65 S.) Leipzig 883. Liebeskind. geb. m. Goldschn. n. 10. —

— das Wasser des Vergessens u. andere Erzählungen, s. a. Handbibliothek. Cotta'sche. Nr. 84.

— Das Wasser des Vergessens und andere Erzählungen. — Stuttgart [usw.] [1904]. 62 S. 8° (Cotta'sche Handbibliothek. 84.) 1:Yc 7682-84. 11. 24. 26. 30. 121. 207. 302. 309.
13.3567

— Zlatorog, eine Alpensage. — Leipzig: Liebeskind 1877. 96 S. 8° 1:Yo 16665. 2. 12:P. o. germ. 78 u. 23. 52.
13.3569

— — Zlatorog. Eine Alpensage. 2. Aufl. Leipzig: Liebeskind 1880. 100 S. 8° 79.
13.3570

— — 3. Aufl. Ebd. 1881. 100 S. 8° 30. 38. 302.
13.3571

— — Zlatorog. Eine Alpensage. Ebd. 1882. 100 S. 8° 32.
13.3571 a

— — 4. Aufl. Ebd. 1882. 100 S. 8° 22. 31. 45.
13.3572

— — 5. Aufl. Ebd. 1882. 100 S. 8° 304.
13.3573

— — Zlatorog. Eine Alpensage. Ebd. 1883. 100 S. 8° 4. 24.
13.3574

— — Ebd. 1884. 100 S. 8° 10. 14. 18. 44.
13.3575

— — Ebd. 1885. 100 S. 8° 15. 18. 19. 23. 28. 30. 109. 169.
13.3576

— — Ebd. 1887. 100 S. 8° 3. 9. 27. 38. 61.
13.3577

— — Ebd. 1889. 100 S. 8° 26. 211.
13.3578

— Zlatorog. Eine Alpensage. 34.—37. Tausend. 16. (100 S.) Ebd. 890—92. * 2 —

— Zlatorog. Eine Alpensage. 38. Taus. gr. 16. (100 S.) Ebd. 892. n. 2. —; geb. in Leinw. m. Goldschn. n. 3. —; in Ldr. m. Goldschn. n.n. 4. 50

— dasselbe. Ausg. m. grosser Schrift m. Zeichnungen v. Kunz Meyer. 39. u. 40. Taus. 8. (88 S.) Ebd. 892. Geb. in Leinw. m. Goldschn. n. 4. —

— — Ebd. 1893. 100 S. 8° 1[defekt]:Yo 1666.
13.3582

— Zlatorog. Eine Alpensage. 49. Taus. 16° (100) Lpzg 95, A G Liebeskind. 2 —; geb. in Lnw. m. G. 3 —; in Ldr m. G. n.n. 4.50

— Zlatorog. Eine Alpensage. 61.—68. Taus. 12. (à 100 S.) Stuttgart 900. 901. J. G. Cotta Nachf.
Geb. in Leinw. m. Goldschn. n. 3. —; in Ldr. n. 5. —

— Zlatorog. Eine Alpensage. 69.—80. Taus. (100 S.) kl. 8. Stuttgart 903—906. J. G. Cotta Nachf.
Geb. in Leinw. m. Goldschn. n. 3. —; in Ldr. n. 5. —

— Zlatorog. Eine Alpensage. 73. Taus. (100) 8° Stuttg., J G Cotta Nf. '05. L. m. G. 3 —; Ldr 5 — d

— Zlatorog. Eine Alpensage. 81.—84. Taus. (100 S.) kl. 8. Stuttgart 908. J. G. Cotta Nachf.
Geb. in Leinw. m. Goldschn. 3. —; in Ldr. n 5. —

— Zlatorog. Eine Alpensage. 85—89. Taus. (100) kl8° Stuttg., J G Cotta Nf '11. L m. G 3 —; Ldr m. G 5 — d

Baumbach, Wilhelm von

— Die Unfallversicherung. Handbuch für d. bei d. Durchführung d. Unfallversicherung betheiligten Staats- u. kommunalen Behörden u. für d. Organe d. Berufsgenossenschaften. Von W. v. Baumbach-Kirchheim. — Berlin: Heymann 1892. VIII, 326 S. 8° 1:Fe 11103/5. 11. 17. 19. 27. 39. 46. 78. 106. 111. 206. 208.
13.3597

Baumbach-Freudenthal, C. F. v.
s. *Baumbach*, Karl Friedrich v.

Baumbach-Holle, Klara s. *Baumbach*, Klara.

Baumbach-Kirchheim, v. s. *Baumbach*, Wilhelm v.

BAUMBAUER, H.
Leitfaden der Chemie. Theil 1, Anorganische Chemie. Freiburg, 1884. 8vo.

Baumberg, A. (Frau Antonie Kreiml-Baumberg), kleine Erzählungen u. Skizzen. 8. (V, 221 S.) Wien 902. C. Konegen. n. 2. 50

BAUMBERG, A.
(F) Das Kind. Volksstück in vier Aufzügen von A. Baumberg. Wien. 1901. Konegen. Gr.-8°. 116 S. K 2.40

BAUMBERG, A.
(F) Eine Liebesheirat. Lebensbild in drei Acten und einem Vorspiel von A. Baumberg. Wien. 1900. Konegen. 8°. 122 S K 2.40

— der Nachtwächter v. Schlurn, s.: Berlepsch, G. v.

BAUMBERG, A.
(F) Nur aus Trutz. Charakterskizze in einem Act von A. Baumberg. Wien. 1900. Konegen, Gr.-8°. 36 S. K 1.—
Den Bühnen gegenüber als Manuscript gedruckt.

— Max Wiebrecht. Komödie in 1 Akt. 8. (VII, 52 S.) Ebd. 902. n. 1. —

Baumberg, Emil: Alt Arnstadt. Eine Wanderung durch d. Stadt vor 70 Jahren. — Arnstadt 1894: Bußjaeger. 93 S. 8° 1:Ss 6955. 27. 44. 78.
13.3598

— Arnstädter Leben vor siebenzig Jahren. Erinnerungen u. Rückblicke. — Arnstadt 1897: Frotscher. 52 S. 8° 12:Germ. sp. 27 kng. 39.
13.3599

Baumberg, Gabriele v s.a. *Batsányi*, Gabriele.

v. Baumberg, Gabriele, (vermählte Batsány), sämmtl. Gedichte. 8. Wien 800. Trattner. 1 fl R. A. mit e. Abhandl. üb. d. Dichtkunst. 8. Ebd. 805. (Eggenberger in Pesth). 2 fl

Baumberger, A., Hilfstafel zur Berechnung der Rohrkaliber für eiserne Wasserleitungen. 8. (2 lith. S. auf Carton.) Mosbach 882. Kindler. n. — 50

Baumberger, Ed. s. *Baumberger*, Ernst.

Baumberger, E(rnst). Ueber Facies und Transgressionen der untern Kreide am Nordrande der mediterrano-helvetischen Bucht im westlichen Jura. Mit 2 Tafeln. 44 S. 4

Bericht der Töchterschule in Basel. Schuljahr 1900—1901. Wissenschaftliche Beilage.... Basel, Franz Wittmer, 1901.

Baumberger, Ernst [aus Koppigen, Bern]: Fauna der untern Kreide im westschweizerischen Jura. I. Teil: Stratigraphische Einleitung. Mit drei Tafeln. Zürich 1903. 60 S. 4°.
Basel. Phil. Diss. 1902/1903.

Baumberger, Ernst, Fauna der untern Kreide im westschweizerischen Jura. 6 Tle. [Aus: „Abhdlgn. der schweiz. paläontol. Gesellsch."] (III, 60, 80, 28, 48; III, 40 u. 57 S. m. Fig., 33 Taf. u. 30 Bl. Erklärgn.) 32,5×23,5 cm. Zürich 903—10. (Basel, Georg & Co. — Berlin, R. Friedländer & Sohn.) nn 48.—.

Baumberger, Ernst. Fauna der untern Kreide im westschweizerischen Jura. Teil 1: Stratigraphische Einleitung. [Mit 29 Figuren und 3 Tafeln.] IV + 60 S. 4. Zürich, Zürcher & Furrer, 1903.
Abhandlungen der schweizerischen paläontologischen Gesellschaft. Vol. 30. 1903. (Basel und Genf, Georg & Cie. ... [Nº] 4.)

Baumberger, Ernst. Fauna der untern Kreide im westschweizerischen Jura. Teil 2: Die Ammonitiden der u' K' im w' J'. mit einer kurzen Übersicht über die Stratigraphie der Hauterivien sedimente in diesem Gebiete. Mit zehn Tafeln [nebst Tafelerklärungen] und vielen Textfiguren. II + 80 S. 4. Zürich, Zürcher & Furrer, 1906.
Abhandlungen der schweizerischen paläontologischen Gesellschaft. Vol. 32. 1905. (Basel und Genf, Georg & Cie. ..., 1905. [Nº] 3.)

Baumberger, E(rnst). Fauna der untern Kreide im westschweizerischen Jura. Teil 3: Die Ammonitiden der u' K' im w' J'. ⟨Fortsetzung.⟩ Mit 5 Tafeln [nebst Tafelerklärungen] und vielen Textfiguren. II + 29 S. 4. Zürich, Zürcher & Furrer, 1906.
Abhandlungen der schweizerischen palaeontologischen Gesellschaft Vol. 33. 1906. (Basel und Genf, Georg & Cie. ..., 1906. [Nº] 2.)

Baumberger, E(rnst). Fauna der untern Kreide im westschweizerischen Jura. Teil 4: Die Ammonitiden der u' K' im w' J'. ⟨Fortsetzung.⟩ Mit 6 Tafeln [nebst Tafelerklärungen] und vielen Textfiguren. II + 49 S. 4. Zürich, Zürcher & Furrer, 1907.
Abhandlungen der schweizerischen paläontologischen Gesellschaft. Vol. 34. 1907. (Basel und Genf, Georg & Cie. ..., 1907. [Nº] 1.)

Baumberger, E[rnst]. Fauna der untern Kreide im westschweizerischen Jura. Teil 5: Die Ammonitiden der u' K' im w' J'. ⟨Fortsetzung.⟩ Mit 4 Tafeln [nebst Tafelerklärungen] und vielen Textfiguren. IV + 40 S. 4. Zürich, Zürcher & Furrer, 1908.
Abhandlungen der schweizerischen paläontologischen Gesellschaft. Vol. 35. 1908. (Basel und Genf Georg & Cie. ..., 1908. [Nº] 5.)

Baumberger, E[rnst]. Fauna der untern Kreide im westschweizerischen Jura. Teil 6: Die Ammonitiden der u' K' im w' J'. ⟨Schluss.⟩ Mit 5 Tafeln [nebst Tafelerklärungen] und vielen Textfiguren. II + 57 S. 4. Zürich, Zürcher & Furrer, 1910.
Abhandlungen der schweizerischen paläontologischen Gesellschaft. Vol. 36. 1909—1910. (Basel und Genf, Georg & Cie. ..., 1910. [Nº] 3.)

Baumberger, E(rnst). Die Felsenheide am Bielersee. Mit 4 Profilen und 2 Landschaftsbildern in Autotypie. Wissenschaftliche Beilage zum Bericht der Töchterschule in Basel pro 1903/04. 40 S. 4. (Basel, J. Frehner, 1904.)

Baumberger, Ernst, u. Arnold Heim, palaeontologisch-stratigraphische Untersuchg. zweier Fossilhorizonte an der Valangien-Hauterivien-Grenze im Churfirsten-Mattstockgebiet, m. einigen Bemerkgn. üb. die Stratigraphie der analogen Schichten der Zentralschweiz v. Aug. Buxtorf. (33 S. m. Abb. u. 1 Taf.) 32×23,5 cm. Zürich 907. (Basel, Georg & Co. — Berlin, R. Friedländer & Sohn.) nn 4. 80
Sonderabdr. a. „Abhdlgn. d. schweiz. paläontol. Gesellsch."

— Palaeontologisch-stratigraphische Untersuchung zweier Fossilhorizonte an der Valangien-Hauterivien-Grenze im Churfirsten-Mattstockgebiet von Ernst Baumberger u. Arnold Heim, mit einigen Bemerkungen über die Stratigraphie der analogen Schichten der Zentralschweiz von Aug. Buxtorf. — Zürich 1907: Zürcher & Furrer. 33 S. 4° (Abhandlungen d. schweizerischen palaeontologischen Gesellschaft. 34,2.)
1:4° Mi 762-34,2. 7. 10. 12:4° Lith. 0 g-34,2. 15. 16. 17. 24. 25. 27. 29. 30. 84. 88. 302.
13.3602

Baumberger, E., üb. die geologischen Verhältnisse am linken Ufer des Bielersees. [Aus: „Mitteilgn. d. naturforsch. Gesellsch. in Bern".] gr. 8. (57 S. m. 1 autogr. Taf. u. 1 farb. Karte.) Bern 894. K. J. Wyss. n. 1. 60

Baumberger, G.: Lehrbuch der Planimetrie . . . ,
s. Baumberger, Gottfried

Baumberger, Georg. Im Banne von drei Königinnen. Alte und neue Bilder aus Palästina, Aegypten und der Türkei. 2 Bände. 8. Einsiedeln..., Benziger & Co. A. G., 1910.
Band 1: Palästina. Mit einem Titelbild [Tafel, 1 Melodie], 121 Illustrationen und 3 Plänen [sowie illustriertem Umschlag]. 474 S. [fr. 7.50, geb. 9.25]
Band 2: Aegypten und Türkei. Mit einem Titelbild [Tafel], 77 Ill', einer Karte und zwei Plänen [auf 1 Tafel, sowie illustr' Umschlag]. 345 S. [fr. 5. —, geb. 6.25]

— — 2. Aufl. Bd 1.2. Ebd. [1910]. 8° Inhalt wie in 13.3603.
1[⁰⁰1]: Pu 4328-2. 5[⁰⁰1]. 38[⁰⁰1]. 41[⁰⁰1]. 102[⁰⁰2].
13.3604

— — 3. Aufl. Bd 1.2. Ebd. [1910]. 8°
Inhalt wie in 13.3603. 5[⁰⁰2]. 38[⁰⁰2]. 101[⁰⁰1].
13.3605

— Sr. Maria Paula Beck, Generaloberin d. Lehrschwestern v. Menzingen. Eine kathol. Ordensfrau des XX. Jahrh. Biograph. Nachruf. 3. Aufl. (47 S. m. Abb. u. 1 Bildnis.) 8. Ebd. 908. — 70

Baumberger, Georg. Sr. Maria Paula Beck (1861—1908), Generaloberin der Lehrschwestern von Menzingen. Eine katholische Ordensfrau des XX. Jahrhunderts. Biographischer Nachruf. [Illustriert.] 48 S. 8. Einsiedeln etc., Benziger & Co. A. G. [fr. —. 85]
[1. Aufl.] 1908. 2. Aufl. [1908.] —

(—) Henri Dunant, der Begründer der Genfer Konvention und des Roten Kreuzes. Ein Wort zur Verbesserung seiner Lage. — Stuttgart 1896: Greiner & Pfeiffer. 18 S. 8°
Erschien zuerst in: Ueber Land u. Meer. 74. 1894-95.
1: As 7170. 21. 24.
13.3610

Baumberger, Geo., in den Exerzitien zu Tisis. Eine psycholog. Skizze aus der Gegenwart. (80 S.) kl. 8. Stans 906. H. v. Matt & Co. n. — 80
Sonderabdruck aus: „Schweiz. Rundschau".

— Die Appenzeller Freiheitskriege. Geschichtliches Volksfestspiel. Anläßlich d. Fünfhundertjahr-Feier d. Schlacht am Stoß zu Appenzell. Musik von Eugen Kutschera. — Zürich: Orell Füßli 1905. 109 S. 8° 1: Ys 35403.
13.3612

[—] Frisch auf zur Proporzionalität! Ein paar kurze Briefe zur Einführung d. proporzionalen Wahlverfahrens im Kanton St. Gallen von e. St. Galler Bürger. — St. Gallen 1892: Buchdr. d. 'Ostschweiz'. 24 S. 8° 106.
13.3613

Baumberger, Georg s. Fuhrer durch das Rheinthal. Altstatten.

Baumberger, Geo. Geschichte des Zentralverbandes der Stickerei-Industrie der Ostschweiz u. d. Vorarlbergs u. ihre wirthschafts- u. sozialpolitischen Ergebnisse. gr. 8. (278 S. m. 1 Tab.) St. Gallen 891, Hasselbrink * 2 50

Baumberger, Geo., grüeß Gott! Volks- u. Landschaftsbilder aus der Schweiz. Illustriert v. Hans Wieland. gr. 8. (329 S.) Einsiedeln 900. Verlagsanstalt Benziger & Co. 3. 20; geb. in Leinw. 4. —; erm. Pr. 2. 40; geb. 3. 20

— — 3. Aufl. Ebd. 1907. 329 S. 8° 64.
13.3616

Baumberger, Georg. Im Flug an südliche Gestade. Reiseeindrücke aus Spanien, Marokko und Italien. Mit dem Bilde des Verfassers [Tafel] und über 100 Textillustrationen. 486 S. 8. Einsiedeln *etc.*, Benziger & Co. A. G., 1909. [fr. 7. 50, geb. 8. 75]

Baumberger, Georg. «Juhu — Juuhu!» Appenzellerland und Appenzellerleut'. Skizzen und Novellen. Mit 60 Bildern nach Originalzeichnungen von Karl Liner und nach Photographien. 296 S. 8. Einsiedeln *etc.*, Benziger & Co. A. G., 1903. [fr. 4. —, geb fr. 5. —]

— — 3. Aufl. Ebd. 1906. 292 S. 8° 60. 64.
13.3621

Baumberger, Georg. St. Galler Land — St. Galler Volk. (Landschafts- und Charakterbilder, Volkssitten und -Bräuche. Mit 90 Bildern nach Originalzeichnungen namhafter st. gallischer Künstler und 14 Originalaufnahmen [Tafeln, sowie illustriertem Umschlag und Melodien].) 207 S. 4. Einsiedeln *etc.*, Verl. Benziger & Cie. (Zollikofer'sche Buchdr. in St. Gallen), 1903. [fr. 6. 50]
[Sep.-Abdr. des Abschnittes II von: Der Kanton St. Gallen 1803—1903. Denkschrift....]

Baumberger, Georg. Blaues Meer und schwarze Berge. Volks- und Landschaftsbilder aus Krain, Istrien, Dalmatien, Montenegro. Mit 60 Illustrationen [und illustriertem Umschlag]. 336 S. 8. Einsiedeln *etc.*, Benziger & Co. A. G., 1902. [br. M. 3. 20, geb. M. 4. —]

— — 2. Aufl. Ebd. 1905. 336 S. 8° 60. 75. 102. 211.
13.3625

— — 3. Aufl. Ebd. 1908. 336 S. 8° 60. 64.
13.3626

— — 4. Aufl. Ebd. [1910]. 336 S. 8° 24.
13.3627

— der sel. Nikolaus v. Flüe, s. a. Sammlung illustrierter Heiligenleben. IV.

— Der sel. Nikolaus von Flüe. — Kempten [usw.]: Kösel 1906. XI, 94 S. 8° (Sammlung illustrierter Heiligenleben. 4.) 1: Du 4768–4. 6. 12: V.SS.C. 223 q–4. 19. 22. 25. 52. 169. 300: 443.094–B. Per. 4. 302. 303.
13.3629

Baumberger, Georg

— Questa la via! Volks- u. Landschaftsbilder aus Tirol. — St. Gallen: Hasselbrink & Ehrat 1895. VII, 290 S. 8° 1: Sc 9105/152. 12: It. sing. 56 n. 24. 30. 38. 212.
13.3630

Baumberger, G: „Questa la via!" Volks- u. Landschaftsbilder a. Tirol. (Neue Tit.-Asg.) 8° (290) Einsied. [95] 99, Verl.-Anst. Benziger & Co. 2.40

— questa la via! Volks- u. Landschaftsbilder aus Tirol. 2., illustr. Ausg. (320 S.) 8. Einsiedeln 906. Verlagsanstalt Benziger & Co. n. 3. 20; geb. in Leinw. n. 4. —

— — 4. Aufl. Ebd. [um 1910]. 320 S. 8° 43.
13.3632

Baumberger, Geo.: 3 Tage bei d. Jesuiten. Psycholog. Skizze a. d. Gegenwart. (32) 8° Boch., H Potthoff ('12). — 50 d

— Aus sonnigen Tagen. Volks- u. Landschaftsbilder aus d. Schweiz. — St. Gallen: Hasselbrink & Ehrat 1897. VII, 177 S. 8° 12: It. sing. 56 nb. 30.
13.3636

— Aus sonnigen Tagen. Volks- u. Landschaftsbilder a. d. Schweiz. 8° (178 m. Abb.) St. Gall. 97. Einsied., Verl.-Anst. Benziger & Co. 3.50; geb. 3.50 || Neue [Tit.-]Asg. 99. 1.60; geb. 2.40

— aus sonnigen Tagen. Volks- u. Landschaftsbilder aus der Schweiz. Illustriert v. Hans Wieland. (Neue Titel-Ausg.) gr. 8. (VII, 177 S.) Ebd. [897.] 899. 1.60; geb. in Leinw. 2. 40

Baumberger, Geo., aus sonnigen Tagen. Volks- u. Landschaftsbilder aus der Schweiz. Mit 75 Illustr. nach Orig.-Zeichngn. u. Photographien. 2. Aufl. (247 S.) 8. Einsiedeln 907. Verlagsanstalt Benziger & Co. n. 3. 20; geb. in Leinw. n. 4. —

— — 3. Aufl. Ebd. 1910. 247 S. 8° 32.
13.3639

Baumberger, Georg. Der neue schweizerische Zolltarif. Eine wirtschafts-, handels- und zollpolitische Studie. [Mit 3 Tabellen.] 90 S. 8. St. Gallen, Verlag der Buchdr. der «Ostschweiz», 1903. [fr. 1. —]

Baumberger, Gottfried [von Koppigen (Bern)]: Die Cassinische Fläche. Bern 1900. 33 S. 2 T. 4°.
Bern. Phil. Diss. 1900/1901.
4

Baumberger, G[ottfried]. Lehrbuch der Planimetrie mit Aufgabensammlung, für Mittelschulen, insbesondere technische Lehranstalten, bearbeitet. [Mit Figuren.] VI + 82 S. 8. Bern, Stämpfli & Cie., 1906. [cart. fr. 2. —]

Baumbilder. — Baum- und Waldbilder aus der Schweiz. Hrsg. vom Schweizerischen Departement d. Innern, Abt. Forstwesen. ⟨Oberforstinspektorat⟩ (2.3: Eidgenössische Inspektion für Forstwesen). (Vorr.: J. Coaz.) Ser. 1–3. — Bern: Francke 1908–13. 4° 5. 21. 101 [= 1.2].
13.3649

Baum- u. Waldbilder aus der Schweiz. 1. Serie. Hrsg. vom schweiz. Departement des Innern, Abteilg. Forstwesen (Oberforstinspektorat). 20 Lichtdr.-Taf. u. 22 S. Text m. 2 Abbild.) 33×26 cm. Bern 908. A. Francke. In Mappe 5.—; französ. Ausg. 5. —

Baumblatt, Luitpold

Baumblatt, L.: Anleitung zur Buchführung für Landwirthe und Handwerksleute. pg. 1 - 8. 4°. J. Kayser.
Progr. Kaiserslautern 1851/52.

Baumblatt, Luitpold: Buchführung für Gewerbe, Handel und Landwirthschaft. Lfg 1–4. — Mannheim: I. Schneider 1874. 8°
1. Ein Müller-Geschäft. 2. Ein Möbel-Magazin.
3. Eine landwirthschaftliche Buchhaltung.
4. Eine kaufmännische Buchhaltung.
12: Merc. 17 ed. 107 [= 2.4]. 180.
13.3650

Baumblatt, L., Buchführung f. Gewerbe, Handel u. Landwirthschaft. Zur Benütz. beim Unterricht in Gewerbs-, Handels-, Industrie- u. Fortbildungs-Schulen, sowie zum Selbstgebrauch f. den Gewerbestand, den angehenden Kaufmann u. den Landwirth. Gewerbl. Buchführung. 1—4. Lfg. gr. 8. (348 S.) Straßburg 874. Schneider. à n. 2. —

Baumblatt, L, Buchführung f. Gewerbe, Handel u. Landwirthschaft. 1—4. Lfg. 8. (318) Mannh. 74. 75. Schneider. à n. 2. --

— Das Fräulein von Flörsheim auf Landstuhl. Eine Novelle aus d. Zeit d. Franz von Sickingen. Nebst e. kurzen Geschichte d. Burg Landstuhl und d. Familie Sickingen. [Kaiserslautern]: Selbstverl.; Mannheim 1860: I. Schneider. 98 S. 8° 12: P. o. germ. 78 w. 13.3651

— Handelskunde für Handels-, Gewerbs- und Fortbildungsschulen, sowie für Industrieschulen. — Kaiserslautern: Selbstverl. 1873. III, 80 S. 8°
Text handschriftlich autographiert. 12: Merc. 17 e. 13.3652

—— Handelskunde für Handels-, Gewerbe- und Fortbildungsschulen sowie für Industrieschulen. 2. Aufl. 8. (48 S.) Mannheim 874, Schneider's Verlag. *

— Judith oder die Franzosen in Worms. Eine historische Novelle. — Worms: D. Schmidt 1857. 107 S. 8° 7. 17. 36. 123. 13.3653

— Der verführte Jüngling. Eine Erzählung. — Würzburg: Voigt & Mocker 1842. 68 S. 8° 12: Paed. Pr. 288. 20. 24. 13.3654

Baumblatt, Luitpold, Der Katholizismus u. d. Judaismus, s. Drach, L. B.

— Der Kaufherr und seine Söhne. Eine Erzählung. — Augsburg: Lampart 1854. 152 S. 8° (Lehrreiche Abendunterhaltungen für Jugend- u. Familienkreise. 27.) 12: Paed. Pr. 48-27. 19. 13.3655

Baumblatt, Luitp., der Kaufherr und seine Söhne. Eine Erzählung für die Jugend und Erwachsene. 2. Aufl. 8. (151 S. mit 1 Stahlst.) Regensburg 877, Volks- und Jugendschriften-Verlag. cart.

(Baumblatt, Luitpold,) das christl. Museum, s. Museum.

[—] Das christliche Museum. Erzählungen. Vom Verf. d. Schicksale eines Waisenmädchen's. — Bamberg: Züberlein 1844. 250 S. 8° 12: Paed. Pr. 292. 22. 13.3656

—— vollständiges Rechenbuch für alle Stände im bürgerlichen Leben. Nach dem in Deutschland gesetzl. eingeführten metr. Maß und Gewicht für Schulen und zum Selbststudium bearb. 4 Lfgn. gr. 8. (XII, 474, VIII S.) Mannheim 870, 71, Schneider's Verlag. [1. Lfg. ℳ 1.; 2. Lfg. ℳ 1,50.; 3. und 4. Lfg. à ℳ 1,20.]

— Das praktische Rechnen. Mit bes. Berücks. d. Decimalsystems. Ein Handbuch. — Kaiserslautern: Meuth 1865. VIII, 215 S. 8° 12: Math. P. 25 r. 123. 13.3658

Baumblatt, L., die deutsche Reichsmünze mit ihrer Anwendung auf das Geschäftsleben. Für Schulen und zum Selbststudium. gr. 8. (VIII, 69 S.) Mannheim 872, Schneider's Verlag.

— Die fränkische Rose. Eine Erzählung. — Würzburg: Voigt & Mocker 1842. 43 S. 8° 12: Paed. Pr. 289. 24. 13.3660

[—] Schicksale eines Waisenmädchen. Der Jungfernsprung bei Dahn. 2 Erzählungen. Vom Verf. d. 'Verführten Jünglings'. — Augsburg: Lampart 1843. 115 S. 8° 12: Paed. Pr. 291. 19. 13.3661

— Die Stiefmutter oder der errungene Preis. Eine Erzählung. — Würzburg: Voigt & Mocker 1842. 55 S. 8° 12: Paed. Pr. 290. 24. 13.3662

— Die Tochter des Bauherrn. Eine historische Novelle aus d. 17. Jahrhundert. Von Friedrich Haller [d. i. Luitpold Baumblatt]. — Kaiserslautern: Rohr 1866. 72 S. 8° 12: P. o. germ. 78 x. 13.3663

— Des Domglöckners Töchterlein. Eine historische Novelle. — Leipzig [usw.]: Payne [um 1850]. 71 S. 8° 12: P. o. germ. 1935 f/1. 13.3664

—— Wechsellehre für Schule und Volk. Nach der allgemeinen deutschen Wechselordnung, den Erläuterungen der Rechtsgelehrten und den Nürnberger Conferenzprotokollen bearb. gr. 8. (VIII, 170 S.) Mannheim 868, Schneider's Verlag.

— Zins-Tabelle zu 4, 4½, 5 und 6%, auf Jahr, Monate und Tage, von Mark 1 bis 10 000 berechnet, nebst e. Abhandlung über d. Conto-Corrent. — Mannheim: I. Schneider 1874. VIII S., 43 Doppel-S. 8° 12: Merc. 17 ef. 180. 13.3666

Baumbusch, pract. Handbuch f. Schullehrer zu richtigem Lautiren rc. gr. 8. Stockholm 820. (Leipz., Rein.)

Baumbusch, ... prakt. Handbuch f. Schullehrer zu richtigem Lautiren rc. gr. 8. Stockholm 820. (Stuttg., Sonnewald). 18 gr

Baum-Catechismus, Ökonomisch-praktischer, zum Gebrauch für Landschulen. Heilbronn 1802. V: *Scheler, Carl Ernst Friedrich von.* (MGT)

Bäumchen, schmücke dich! Anleitg. z. Selbstverfertigg. v. allerlei Christbaumschmuck aus Papier. (15 S. m. Abb.) Lex. 8. Dresden (907). Internationale Schnittmanufaktur. — 80

Baume. — Vom Baume der Erkenntniß [Erkenntnis]. Erfahrungen u. Ideen e. Ungenannten. 1887-88 s. *Backhaus*, Wilhelm Emanuel.

Baumé, Antoine

—— [deutsch] Erläuterte Experimental-Chimie, übers. von Johann Carl Gehlern. Th. 1-3. — Leipzig: Fritsch 1775-76. 8° 1: Mr 2224. 2. 3. 5. 7. 8. 9. 12: Chem. 8. 15. 16. 17. 19. 24. 27. 31. 34. 39. 91. 109. 210. 302. 307. 13.3675

— erläuterte Experimentalchymie. Aus d. Französ. v. Jh. K. Gehler. 3 Thle. Mit Kpf. 8. Leipz. 775, 76. (Hahn). 5 rß

Handbuch der Scheidekunst, oder Beschreibungen der chemischen Behandlungen und ihrer Erzeugnisse. Aus dem französischen des Baumé ins deutsche übersetzt und mit Anmerkungen vermehrt von Franciscus Xavier von Wasserberg. Wien, 1774. 8vo.

— Handbuch d. Scheidekunst a. d. Franz. 8. Wien, Ca... 7/4.

— Handbuch d. Scheidekunst. Aus d. Französ. v. F. X. v. Wasserberg. 8. Wien 774. (Heubner). 14 gr

—— [deutsch] Handbuch der Scheidekunst. Übers. u. mit Anm. verm. von F. X. v. Wasserberg. — Wien: Kurzböck 1774. 436 S. 8° 1: Mr 2197. 8. 9. 10. 17. 13.3692

Baume, Jean Baptiste Théodore s. *Baumes.*

Baume, Perrine de La Roche et de s. *Perrine.*

Baume, Robert

Der Eid beim Eintritt in die Bruderschaft der englischen Werkmaurer im Mittelalter. — Das Messbuch in der katholischen Zeit der Bauhütte in England. Eine Studie von Rob. Baume. [Hamburg 1899: Rademacher. 24 S. 8° [Kopftit.]
Aus: HZC. 33 (1899–1900) S. 5—15, 37—50.
Recens: BZC. 29 (1900) S. 196—197 (W. Wald).
Histor. Abhandlung üb. den Satz „Tunc unus ...“ am Anfang der Pflichten in den Konstitutionenhandschriften der englischen Werkmaurer, die Kunde von der Eidesleistung der Mr im Mittelalter geben.

Baume, R., Odontolog. Forsch. 2 Teile. Leipzig 82. A. Felix. M. 21.—. I. Versuche einer Entw.-Gesch. des Gebisses. Mit 97 H. (VIII, 307 S.) M. 13.—; II. Die Defekte der harten Zahnsubstanzen. Mit 55 H. (X, 191 S.) M. 8.—

Eigene Gedanken über Absicht und Lehrinhalt des Meistergrades. Vortrag, gehalten am 12. Febr. 1901 in der Loge „Hammonia zur Treue“ Or. Berlin von Rob. Baume. Berlin [1901]: Denter & Nicolas. 16 S. 8°
[Dasselbe.] [Ohne Erscheinungsverm.] 16 S. 8°
cf. L. 24 (1901) S. 64 (R. Fischer).
Bespricht die ganze Liturgie der Meistererhebung in den einzelnen Szenen u. knüpft daran die symbolischen Deutungen.

Baume, Rob., die Kieferfragmente v. La Naulette u. aus der Schipkahöhle als Merkmale f. die Existenz inferiorer Menschenrassen in der Diluvialzeit. Mit 14 (eingedr.) Holzschn. gr. 8. (IV, 46 S.) Leipzig 883. Felix. n.n. 2. 60

Baume, Rob., Lehrbuch der Zahnheilkunde. Mit 122 in den Text gedr. Holzschn. gr. 8. (XVI, 609 S.) Leipzig 877. Felix. n. 20. —

Baume, Rob., Lehrbuch der Zahnheilkunde. 2. umgearb. Aufl. gr. 8. (XV, 749 S. mit 220 eingedr. Holzschn.) Leipzig 885, Felix. *M 26.—.; geb. *
Auch in 4 Lfgn. à *M 6.50 erschienen.

Baume, Rob., Lehrbuch der Zahnheilkunde. 3., umgearb. Aufl. gr. 8. (XVI, 876 S. m. 223 Holzschn.) Leipzig 890. Felix. n. 30. —

Baume, Robert (Red.), s. Monatsschrift, Deutsche, für Zahnheilkunde.

Das Wort Mystery und andere Namen der Bruderschaften des Mittelalters in Beziehung auf die Logen in England. Von Rob. Baume. [Hamburg 1903: Rademacher.] 18 S. 8° [Kopftit.]
Aus: HL. 37 (1903—1904) S. 38—55.
cf. FT. 11 (1904) S. 50—51. Mystery steht in keinem Zshang mit Mysterium, sondern ist Bezeichnung für gewerbl. Genossenschaften, wie auch Gilde, Bruderschaft, Societas u. a. m.

Die Symbolik des Bausteins. Vortrag, gehalten in der Loge „Hammonia zur Treue“ [in Berlin] von Rob. Baume. [Berlin 1901: Unger.] 8 S. 8° [Kopftit.]
Aus: BstF. 10 (1901) S. 229—236; abgedr. in: Bh. 45 (1902) S. 115—116, 122—123.

Zur Vorgeschichte der Freimaurerei. Der Ursprung des Wortes „Loge“ und die Theorie vom Ursprung des Brauchthums und der Konstitutionen der alten englischen Masonen von den deutschen Steinmetzen. Von Rob. Baume. [Berlin 1898: Mittler & S.] 44 S. 8° [Kopftit.]
Aus: BZC. 27 (1898) S. 325—346, 369—361.
Recens: Bbl. 13 (1899) S. 24 (G. Diercks).
cf. S. 6 (1899) S. 4—7 (J. G. Findel), 23 (O. Mothes).
Vertritt die Ansicht, dass das mrische Gebrauchtum den Einflüssen der franz.-normännischen Bauleute zuzuschreiben ist.

Baume, W. la, s.: Bericht üb. die wissenschaftl. Leistgn. im Gebiete der Entomologie.

Bäume, Die beiden. Quodlibet in 2 Cantaten, 4 Nächten und 18 Träumen. O. O. [ca. 1830]. V: *Vogt*, *Nic.* (Bibl. Görres III, 84.)

Bemerkenswerte Bäume im Großherzogtum Hessen in Wort und Bild. — Darmstadt: Zedler & Vogel 1904. 84 S. 4° 17. 25. 26. 36. 66. 87.
9.9675

Bäume, fruchttragende und fruchtlose, Gan-Eden und Gêj-Hinnom. gr. 8. Wien 875, Löwy. *

Bäume, fruchttragende u. fruchtlose, Gan-Eden u. Gêj-Hinnom. Eine Zeitbetrachtg. v. S. gr. 8. (32 S.) Wien 875. Brüder Winter. n. — 60

Bäume, Die, im Walde, als stumme Verehrer der Herrlichkeit Gottes. Nürnberg 1782. V: *Bach*, *Joh. Mich.* (MGT)

Baumecker, Emil
— Leopoldshall, seine Entstehung, Entwicklung und Bedeutung. Festschrift. — Leopoldshall 1901: Buchdr. d. 'Anhaltiner'. 47 S. 8° 12: Germ. sp. 615. 111.
13.3711

Baumecker, E., Leopoldshall, seine Entstehung, Entwicklung u. Bedeutung. Festschrift, anläßlich des 25jähr. Bestehens der St. Johanniskirche hrsg. (47 S. m. 1 Abbildg.) 8. Leopoldshall 901. (Staßfurt, R. Weicke.) n.n. — 50

Baumecker, Otto [app. Arzt aus Quedlinburg]: Tracheotomie und Intubation bei Diphtherie. '(Aus d. chirurg. Klinik zu Marburg)' ... Marburg, Univ.-Buchdr. '(R. Friedrich)', 1894. 75 S. 8.
Marburg, Med. Fak., Inaug.-Diss. v. 12. Juli 1894

Baumeier, Wilhelm. Veterinairarzt zu Halle a. S.: Zur vergleichenden Anatomie und Morphologie des Musculus obliquus abdominis externus und der Fascia flava. Aus der anat.-phys. Abt des Landwirtschaftlichen Instituts der kgl. Universität Halle a. S. unter Leitung von Prof. Rudolf Disselhorst. Stuttgart 1908. II + 23 S. 4°. S.-A. aus der Bibliotheca Medica. Abt. A. Heft 7. [19. VI. 08.]
Bern. Vet.-med. Diss. 1907/08.

Baumeier, Wilhelm: Zur vergleichenden Anatomie und Morphologie des Musculus obliquus abdominis externus und der Fascia flava. — Stuttgart: Schweizerbart 1908. 23 S. 4° (Bibliotheca medica. A,7.)
Zugleich Diss. Bern 1908. 1:4° I 6222-A,7. 2. 3. 7. 9. 12:4° Med. g. 35r-A,7. 15. 21. 24. 25. 29. 38M. 202. 302.
13.3713

Baumeister (Sachl. OW)

Baumeister, der s.a. Bibliothek, compendiöse.

— Der Baumeister, oder compendiöse Bibliothek des Wissenswürdigsten, um neue Gebäude aller Art zweckmäßig anzulegen, oder alte zu erhalten u. zu verbessern. [Hrsg.: Christian Karl André.] H. 1-4. — Eisenach [usw.]: Gebauer 1797. 8° (Compendiöse Bibliothek d. gemeinnützigsten Kenntnisse für alle Stände. 18.)
8. 10. 12:A. civ. 10. 14. 17. 21. 34.
13.3714

Baumeister, der. Monatshefte f. Architektur u. Baupraxis. Technische Leitg.: Herm. Schütte. Schriftleitung: F. v. Biedermann. 1. Jahrg. Oktbr. 1902—Septbr. 1903. 12 Hfte. Fol. (à ca. 12 S. m. Abbildgn. u. Taf.) Berlin, B. Hessling. à Hft. n. 2.—

Baumeister, der. Monatshefte f. Architektur u. Baupraxis. Hrsg.: Herm. Jansen u. William Müller. Schriftleitung: F. v. Biedermann. Verantwortlich seit d. 5. Jahrg.: Herm. Jansen. 2.—5. Jahrg. Oktbr. 1903—Septbr. 1907. à 12 Hfte. (II.—IV. Jahrg., IV, 144 u. 144; IV, 144 u. 132 u. IV, 144 u. 112 S. m. Abb. à je 120 Taf.) Fol. München, G. D. W. Callwey. à Jhrg. n. 24.—
Der 2. Jahrgang erschien noch in Berlin.

Baumeister, der. Monatsheft f. Architektur u. Baupraxis. Hrsg.: Herm. Jansen u. William Müller. Verantwortl.: Herm. Jansen. 6.—8. Jahrg. Oktbr. 1907—Septbr. 1910. à 12 Hefte. (à Jhrg. VI, 144 S. m. Abb., u. 120 Taf.) 40×30 cm. München, G. D. W. Callwey. à Jhrg. 24.—

Baumeister, Der. Monatshefte f. Architektur u. Baupraxis. Hrsg.: Herm. Jansen u. William Müller. Verantwortl.: Herm. Jansen, f. d. 11. J.: Carl Zetzsche. 9—11. J. Okt. '10—Sept. '13 je 12 Hefte. (10. J., 1. Heft: 12 u. 20 m. Abb. u. 10 Taf.) 40×30 cm. Münch., GDW Callwey. vierteljj. 6 —; einz. Hefte 3 —

Die Baumeister für die Baukunst. Hrsg. vom Verein der Baumeister in Nieder-Österreich. — Wien: Lehmann & Wentzel 1906. 19 S. 4° 800:444.539-C. 302. 305.
13.3715

Baumeister, Die, gegen die Baukunst. Eine Schrift zur Abwehr der kunstfeindlichen Beschlüsse am sogenannten Baumeistertage . . . Wien [1905]. V: *Lux, Joseph August.* (EB)

die, gegen die Baukunst. Eine Schrift zur Abwehr der kunstfeindl. Beschlüsse am sogenannten Baumeistertage. Hrsg. v. der Gesellschaft österreich. Architekten. (15 S.) Lex.-8. Wien (905). A. Schroll & Co. n. —80

Baumeister, Der entlarvte, oder Vorschläge, wie man sich im Bauen vor den Missgriffen der Bauleute hüten könne. . . . Erfurt 1754. V: *Weichselfelder, Johann Michael.* (ML)

Baumeister, Minna: Lebenslauf der ledigen Schwester Minna Baumeister, heimgegangen in Herrnhut, 4. October 1862. — Budissin 1862: Monse. 20 S. 8° 101.
13.3893

Der praktische Baumeister. Notiz- u. Nachschlagebuch für jeden Bau-Gewerbetreibenden. Hrsg. vom Münchener technischen Zeitungsverl. — München: Münchener u. bayerische Bauzeitung 1901. 208, XCVII S. 8°
12:A. civ. 10 d. 19.
13.3716

Der Baumeister in Thann. — Straßburg: Levrault 1850. 35 S. 8° 1:Ng 12385. 30.
13.3717

An die Baumeister der neuen Welt. Vom Verf. d. Neuwieder-Zeitung. — o. O. 1797. 8 Bl. 8°
12:Eur. 870-13.
13.3718

Baumeister (Verf.)

Baumeister, Dr., Obergerichtsrat, Hamburg, 1806-1877. 1829 s. *Baumeister,* Hermann.

Baumeister, Badearzt, Teplitz. 1886 s. *Baumeister,* Johann.

Baumeister, Professor d. Ingenieurwissenschaft, Karlsruhe, 1833-1917. 1864 s. *Baumeister,* Reinhard.

Baumeister, Prof. an d. Kgl. Tierarzneischule Stuttg., 1802-1846. s. Baumeister, Wilhelm 1827

Baumeister: Anmerkungen zum vierten Denkgesetze . . . , s. Baumeister, Ernst

Baumeister. 1784: Ueber das Bethaus der reformirten Gemeinde, nebst einer Kritik über den Gräfl. Friesischen Pallast auf dem Josephsplatze. — Wien 1784: Salzer. 77 S. 8°
800:168.134-A.
13.3720

Baumeister, Adolf, Pfarrer, Widdern. 1886: Die Behandlung der Offenbarung bei Karl Planck. — Schwäb. Hall: Braun 1886. 126 S. 8° 21. 24. 29. 169.
13.3722

Baumeister, Adolf, Gymnasialprofessor, Ulm, geb. 1855. 1879: Chronik der Familien Baumeister, Schiess und Fackler seit der Mitte des achtzehnten Jahrhunderts. — o. O. [1879]. 19 S. 4° 61.
13.3721

Baumeister, Adolf [Dr.]: Über Schillers Lebensansicht insbes. in ihrer Beziehg z. Kantschen. Tübingen, Buchdr. v. G. Schnürlen, 1897; 60 S. 4.
Tübingen, k. G, P 1897 (616)

Baumeister, Ansgar: Die Ethik d. Pastor Hermae, s: Studien, Freiburger theolog.

Baumeister, Anton, Ratsakzessist d. Kgl. Rechnungskammer, München. 1854: Grundriß eines bayerischen Finanzkassenverwaltungs- und Rechnungsrechtes. — München: Franz 1854. VIII, 157 S. 8°
12:Bavar. 198 z. 19. 21. 22. 27. 209. 302.
13.3730

Baumeister, August [Übers.] s. *About,* Edmond: Der Fürst der Berge [Le Roi des montagnes, deutsch]. 1900.

— [Übers.] s. *About,* Edmond: Die Spielhölle in Baden-Baden [Trente et quarante, deutsch]. Um 1898 u. ö.

— Commentatio de Atye et Adrasto. — Lipsiae 1860: Teubner. 16 S. 4°
Begrüßungsschrift d. Braunschweiger Philologenversammlung. 1860. 1:4° Qb 6850. 4. 6. 7. 12:4° A. gr. b. 720 [2 Ex.] 14. 15. 23. 26. 32. 34. 48. 111.
13.3733

— Die Aufgabe der Burschenschaft. Zugleich eine Entgegnung auf die hieselbst erschienene Schrift 'Die studentischen Verbindungen'. — Göttingen: Deuerlich in Comm. 1852. 47 S. 8° 11. 12: H. lit. U. 327–28. 35. 304.
13.3731

— Batrachomyomachia Homero vulgo attributa, s. Batrachomyomachia.

— Bilder aus dem griechischen und römischen Altertum. Für Schüler zsgest. Gesamtausg. d. 8 Bilderhefte. — München: Oldenbourg 1889. 316 S. 4°
Nebent.: Bilderhefte aus d. griechischen u. römischen Altertum. Aus: Denkmäler d. klassischen Altertums. 1884-88.
12:4° Arch. 16 w. 14. 17. 19. 24. 31. 36. 43. 64. 109. 111. 210. 211. 304.
13.3732

Baumeister, A., Bilderhefte aus dem griechischen u. römischen Altertum f. Schüler. (8 Hfte.) gr. 4. München 889. 890. Oldenbourg. à n. 1. 25; cplt. geb. n.n. 12. —
1. Waffen, Krieg, Gymnastik, Spiele. (36 S.)
2. Götterbilder der Griechen u. Römer. (S. 37–76.)
3. Sagenkreis d. trojanischen Krieges. (S. 77–116.)
4. Herakles u. andere Mythen. (S. 117–156.)
5. Griechische Bildnisse u. Sitten. (S. 157–196.)
6. Römische Bildnisse u. Sitten. (S. 197–236.)
7. 8. Kunstentwicklung. (S. 237–316.)

Baumeister, A., s. Denkmäler des klassischen Altertums zur Erläuterung des Lebens der Griechen und Römer in Religion, Kunst und Sitte.

Die Einrichtung und Verwaltung des höheren Schulwesens in den Kulturländern von Europa und in Nordamerika. Unt. Mitw. zahlr. Vf. hrsg. v. Dr. A[ug.] Baumeister. *München: C. H. Beck 1897.* (VIII, 894 S.) 1 Bd 8.
— Handbuch d. Erziehungs- u. Unterrichtslehre f. höh. Schulen. Bd 1. Abt. 2.
[97. 000

— Gymnasialreform und Anschauung im klassischen Unterricht. Zur Einführung der Bilderhefte aus d. griechischen u. römischen Altertum für Schüler. — München: Oldenbourg 1889. 56 S. 8° 1: Ne 11905. 12:4° Arch. 16 w-2. 17. 19. 30. 31. 43. 207. 300: 409.803–B.
13.3734

— [Hrsg.] s. *Handbuch* der Erziehungs- und Unterrichtslehre für höhere Schulen. 1895–98 u. ö.

— Culturbilder [Kulturbilder] aus Griechenlands Religion und Kunst. Populäre Vorträge. — Mainz: Kunze 1865. VI, 232 S. 8° 7. 8. 12: Ant. 42 i. 16. 17. 18. 26. 29. 30. 36. 38. 41. 43. 44. 48. 209. 302.
13.3735

Baumeister, A., Culturbilder aus Griechenlands Religion und Kunst. Populäre Vorträge. 2. (Titel-)Ausg. gr. 8. (VII, 232 S. mit 7 lithogr. Abbild.) Mainz (865)69, Kunze's Nachf. [Frankfurt a. M., Schwelm.] (*M* 2,70.) *M* 1,50.; geb. *

Baumeister, A., D. Organisation d. höh. Unterrichts i. Reichsland Elsass-Lothringen. (Aus: „B., Handb. d. Erziehungs- u. Unterrichtslehre f. höh. Schulen".) gr. 8. (28 S.) München 897. C. H. Beck. n. — 80

— dasselbe i. Königr. Preussen. (Aus: B., Handb. d. Erziehungs- u. Unterrichtslehre f. höh. Schulen".) gr. 8. (77 S.) Ebd. 897. n. 2. 20

Baumeister, A., s.: Quellenbuch zur alten Geschichte.

— Topographische Skizze der Insel Euboia. — Lübeck 1864. 74 S. 8°
Zugleich Progr. Lübeck Catharineum 1864.
4. 12:4° H. gr. 7. 14. 15. 21. 34. 45. 61. 123. 302.
13.3737

Baumeister, Aug., topographische Skizze der Insel Euboia. 4. (74 S. mit 2 Stnt.) Lübeck 864, Dittmer'sche Buchh.

— Spicilegi critici in scriptores Graecos et Latinos particula 1. 2. — Geraviae 1868–69: Typogr. aulica. 4°
Einladung zur Gedächtnisfeier für Heinrich Christoph Schüßler, Gera. 1:4° Vb 4038. 5. 12:4° Philol. 2 t.
13.3738

Baumeister, August
[—] Der höhere Unterricht. Bemerkungen u. Vorschläge weiteren Kreisen vorgelegt von e. Schulmanne im Elsaß. Straßburg: Trübner 1878. 65 S. 8°
1: Ne 11821. 2. 12: Paed. Th. 330. 21.
13.3739

— Ein Vorschlag zur Neugestaltung des Geschichtsunterrichts in der obersten Klasse unserer höheren Schulen. — Erfurt: Villaret 1904. 20 S. 4°
Aus: Jahrbücher d. Königlichen Akademie gemeinnütziger Wissenschaften zu Erfurt. N. F. 30. 1904. 12:4° H. Un. 200 h. 169.
13.3740

Baumeister, Bernhard Friedrich: Einige Reden am letzten Abende des Jahres gehalten, nebst e. Worte über Errichtung e. Gottesdienstes am Jahres-Schlusse. — Stuttgart: Metzler 1821. 55 S. 8° 21. 24.
13.3741

Baumeister, C.: Zimmermanns-Sprüche, s. Baumeister, Ed.

Baumeister, C. A. s. *Baumeister,* Karl August.

Baumeister, Carl, s. Baumeister, Karl

Baumeister, Christian Friedr. (Görlitz), De therapia per jucunda. Disp. med. Präs. Ant. Wilh. Plaz. Lpz. (Langenheim) 20. VI. 1760. 40 S. (6.—) 1419

Baumeister, E.W., s. Baumeister, Wilhelm

Baumeister, Ed., Zimmermanns-Sprüche, s. Zimmermanns-Sprüche.

Baumeister, Ed.: Zimmermanns-Sprüche. — Dortmund [1840]: C. L. Krüger. 74 S. 8° 1: Nz 6050.
13.3742

— — 2. Aufl. Dortmund: C. L. Krüger [1844]. 72 S. 8°
12: P. o. germ. 1674 c.
13.3743

Baumeister, Ed., Zimmermanns-Sprüche, gesammelt u. hrsg. 2. Aufl. 16. (3 B.) Dortmund 846, Krüger.

Baumeister, Ed., Zimmermanns-Sprüche gesammelt und hrsg. 3. (Titel-)Aufl. 12. (72 S.) Dortmund 851, Krüger.

Baumeister, E., Zimmermanns-Sprüche, gesammelt und herausg. 4. Aufl. Dortmund 853. Krüger. 12. (72 S.) 5 ngr

Baumeister, Ed., Zimmermanns-Sprüche. 5., verm. Aufl. 1862. und 6., verb. und verm. Aufl. 12. (98 S.) Dortmund 866, Krüger.

— — 7., verb. u. verm. Aufl. Ebd. 1878. 105 S. 8° 6. 60.
13.3746

Baumeister, Eduard: Ueber einige Derivate des Coffeins. *München 1898: V. Höfling.* (34 S.) 8°
München, Phil. Diss. v. 1898

Baumeister, Eduard (geb. am 4 Juli 1846 in Aldenhoven bei Jülich): Ueber die Ursachen des Todes in Folge ausgedehnter Verbrennung ... Bonn, Buchdr. v. P. Neusser 1869. 2 Bl., 31 S. 8.
Bonn, Med. Fak., Diss. v. 20 Juli 1869

Baumeister, Emil: Vom Tigris zum Ganges. Episches Gedicht. — Brandenburg: Wiesike 1876. 62 S. 8°
1: 11 in Yf 6765.
13.3747

Baumeister, Engelbert: Rokoko-Kirchen Oberbayerns. Berlin 1907: W. Pilz. (84 S.) 8°
München, Phil. Fak., Ref. Riehl, Diss. v. 23. Juli 1906
[Geb. 18. März 80 Berlin; Wohnort: Friedenau b. Berlin; Staatsangeh.: Preußen: Vorbildung: Gymn. Bromberg Reife O. 99; Studium: Philos. Freiburg i. B. 1, Jura München 2, Berlin 1, Philos. München 6 S.; Rig. 23. Juli 06.]

— Rokoko-Kirchen Oberbayerns. — Strassburg: Heitz 1907. 78 S., 31 Taf. 8° (Studien zur deutschen Kunstgeschichte. 92.) Zugleich Diss. München 1906.
1: Nr 7092-92. 2. 3. 5→11. 12: Art. 276 sb-92 [2 Ex.] 14→18. 20. 21. 24. 25. 27→31. 38. 39. 43. 44. 47. 52. 61. 75. 83. 86. 89. 91. 109. 117. 300: 394.053-B. Ks. 92. 302→304.
13.3750

Baumeister, [Ernst], Prof. Dr.: Anmerkungen zum vierten Denkgesetz mit besonderer Berücksichtigung seiner Behandlung in der Logik von Karl Christian Planck. *Ulm 1901: Wagner.* (S. 1—22.) 4°
Ulm, k. G, P 1901 (649)

Baumeister, Eugen
— Sechzig Jahre Berliner Buchdrucker-Geschichte. Festschrift zum 60jährigen Berufs-Jubiläum von Rafael Boll, Berlin, am 1. Aug. 1908. — Berlin: Boll & Pickardt [1908]. 14 Bl. 4° 1: 4° An 8477. 109.
13.3755

Baumeister, Ferdinand: Milch und Molkerei-Producte. Ein Handbuch d. Molkereibetriebes. — Wien [usw.] 1895. VIII, 415 S. 8° (A. Hartleben's chemisch-technische Bibliothek. 217.) 12: Techn. 24st-217. 28. 43. 60. 62. 201. 300: 393.131-B. Per. 217. 302. 305.
13.3756

Baumeister, Ferd., Milch- u. Molkerei-Producte. E. Handbuch d. Molkereibetriebes. Umfass.: D. Gewinnung u. Conservirg. d. Milch, d. Bereitg. v. Butter u. Käse, Kefir u. Kumys u. d. Nebenproducte d. Molkereibetriebes, sow. d. Untersuchg. v. Milch u. Butter. D. neuesten Standpunkte entsprech. M. 143 Abb. u. 10 Tab. 8. (VIII, 415 S.) Wien 895. A. Hartleben. n. 6.—; geb. n. 6. 80

Baumeister, Fr. M., Berechnung der Zinsen zu 2½, 3, 3⅓, 3½, 4, 4½ u. 5 pro Cent von 1 bis 29 sgr., 1—100, 200 rc., 1000, 2000 bis 10,000 u. 20,000 Thlr. auf 1 bis 30 Tage, 1 bis 12 Monate. gr. 8. (13⅜ B.) Königsberg 844. [Mangelsdorf u. Klähr.]

Baumeister, Fr. M.: Berechnung der Zinsen zu 2½, 3, 3⅓, 3½, 4, 4½ und 5 pro Cent von 1 bis 29 sgr., 1-100, 200 &c., 1000, 2000 bis 10,000 und 20,000 Thlr. auf 1 bis 30 Tage, 1 bis 12 Monate. — Königsberg: Mangelsdorf [um 1845]. 107 Bl. 8° 10.
13.3758

Baumeister, Franz (Hrsg.), s. Der Grobian.

Baumeister, Friedrich Christian
— Anfangsgründe d. Redekunst. 8. Görl. 750. 2e A. 754. 3e A. 765. N. A. 780. Deinzer. 8 gr.

— Anfangsgründe der Redekunst in kurzen Sätzen. Zum Gebrauch der oratorischen Vorlesungen in dem Gymnasio zu Görlitz. — Leipzig [usw.]: Richter 1751. 44 S. 8° 1: Xb 2550. 2. 12: Exeg. 631/2. 17. 304.
13.3763

— — Anfangsgründe der Redekunst in kurzen Sätzen abgefaßt, u. mit Exempeln erl. Nebst e. Anh. der neuesten politischen Reden u. Schreiben aus den Zeitungen gesammlet. — Leipzig [usw.]: Bollmann 1754. 244 S. 8° 5. 8. 15. 27.
13.3764

— — 2. u. verb. Aufl. Ebd. 1760. 244 S. 8° 2. 9. 14. 28.
13.3765

— — Anfangsgründe der Redekunst in kurzen Sätzen zum Gebrauch der oratorischen Vorlesungen in dem Gimnasio zu Görlitz. Neue u. verb. Aufl. — Königsberg: Hartung 1764. 48 S. 8° 1: an Dy 2152. 10.
13.3766

— — Anfangsgründe der Redekunst in kurzen Sätzen abgefaßt, u. mit Exempeln erl. Nebst e. Anh. der neuesten politischen Reden u. Schreiben aus den Zeitungen gesammlet. 3. u. verb. Aufl. — Leipzig [usw.]: Deinzer 1765. 244 S. 8° 3. 14. 16. 30. 111.
13.3767

— — 4. u. verb. Aufl. Ebd. 1780. 244 S. 8° 1: Xb 2553. 12: L. eleg. g. 30. 14. 16. 28. 78. 117.
13.3768

— Anfangsgründe der Redekunst. 8. Görlitz, Deinzer. 781.

— Aufrichtige Anzeige der vortheilhaften Einrichtung für die zarte und erwachsene studierende Jugend auf dem Görlitzischen Gymnasio. — Görlitz: Richter 1747. 30 S. 8° 1: 38 in Ah 16121. 3. 4. 14. 24. 29. 41.
13.3769

— Succincta Commentatio de eruditis qui sensa animi exprimere nesciunt. Von den Gelehrten, so es nicht können von sich geben. Ed. 2. et locupletior. — Vitembergae 1735: Koberstein. 19 S. 8° 1: 21 in Am 2502. 2. 3. 7. 9. 10. 11. 12: 4° Diss. 1667/14. 14. 29. 32. 41. 45. 300: 55 E 40.
13.3770

— — Ed. 3. et locupletior. Vitembergae 1740: Tzschiedrich. 19 S. 8° 1: Am 2888; 22 in Am 2502 [u.] 26 in 8° Bibl. Diez 2494. 3. 5. 7. 10. 14. 15. 23. 24. 29. 31. 32. 34. 78.
13.3771

— — Ed. 4. et locupletior. Ebd. 1748. 19 S. 8° 3. 4. 5. 10. 45. 211.
13.3772

— — Definitiones ac positiones philosophicae ex systemate Lib. Bar. a Wolf in unum coll. Ed. nova. [1.] — Ebd. 1762. IIX, 298 S. 8° 20.
13.3830

— — [deutsch] Denkungswissenschafft, übers. u. mit Anm. vers. von Johann Christian Messerschmid. — Wittenberg [usw.]: Ahlfeldt 1765. 284 S. 8° 16. 19. 29. 31. 38. 303.
13.3817

Baumeister, Fr. Chr., († d. 8. Oct. 1785.) Denkungswissenschaft. Aus d. Latein. mit Anmerkk. v. J. G. Messerschmidt. 8. Wittenb. 765. Kühne. 10 gr.

— Elementa philosophiae recentioris usibus iuventutis scholasticae accommodata et pluribus sententiis exemplisque ex veterum scriptorum Romanorum monimentis illustrata. — Lipsiae: Gleditsch 1747. 550 S. 8° 2. 3. 5. 7. 9. 10. 12: Ph. U. 30. 14. 17. 18. 24. 25. 27. 29. 33. 38. 41. 42. 44. 47. 51. 78. 123. 300: 71 V 148. 308.
13.3773

— elementa philosophiae recentioris. 8. Leipz. 750. 2e A. 755. 3e A. 761. 4e A. 781. (Brockhaus). 12 gr.

— — Ed. nova, auctior et em. Ebd. 1755. 588 S. 8° 5. 12: Ph. U. 30 m. 14. 16. 17. 18. 21. 24. 25. 28. 29. 31. 33. 41. 44. 52. 78. 300: 71 Zz 72. 302.
13.3774

— elementa philosophiae recentioris. 8. Leipzig, Gleditsch. 761.

— — Ed. novissima. Ebd. 1770. 588 S. 8° 2. 6. 22. 29. 61.
13.3775

— — Ed. novissima. Viennae 1774: de Trattnern. 586 S. 8° 2. 12: Ph. U. 31. 16. 27. 309.
13.3776

— — Elementa philosophiae recentioris usibus iuventutis scholasticae accomodata et pluribus sententiis exemplisque ex veterum scriptorum Romanorum monimentis illustrata. Ed. novissima. — Viennae 1777: de Trattnern. 586 S. 8° 12: Ph. U. 31 d. 19. 102.
13.3778

— — Ed. novissima. Lipsiae: Gleditsch 1781. 588 S. 8° 12: Ph. U. 31 g. 20. 25. 28. 45. 123. 214. 307.
13.3779

— De Eruditis qui memoriam quam iudicium diligentius colunt. Von den Gedächtniß-Gelehrten disserit ... Fridericus Christianus Baumeisterus. — Gorlicii [1741]: Richter. 8 Bl. 8° **3. 5. 9. 24. 45. 78.**
13.3782

— exercitationes academ. et scholast. varii gen. argumenta etc. complexae. 4. Görl. 741. Ed. N. 766. (J. F. Korn in Bresl.) 12 ℛ

Baumeister, Friedrich Christian: [Teils.] Exercitationes academicae et scholasticae. Varii generis argumenta ad recentiorem philosophiam elegantiorisque stili cultum spectantia complexae. — Lipsiae [usw.]: S. E. Richter 1741. 424 S. 8° **3. 7. 8. 14. 15. 16. 18. 19. 24. 35. 41. 48. 78.**
13.3759

— — Ebd. [nach 1741]. 424 S. 8°
3. 5. 9. 10. 11. 12:4° Var. 2[u.ö.] 22. 25. 302. 307.
13.3760

— Gedancken von der vortheilhafftesten Lehr-Art, der Jugend auf Schulen und Gymnasiis die Grund-Sprachen beyzubringen. — Leipzig [usw.]: S. E. Richter 1740. 23 S. 8° **9. 24. 48.**
13.3783

— **Friedr. Christian,** Historiam doctrinae recentius controversae de mundo optimo exponit. Ad. orationes tres juvenes Joh. Joseph (Streidford/Siebenb.) Pet. Rimner (Kronstadt), Mich. Girald (Kronstadt). Görlitz (Richter) 1740. 28 Bl. (6.—) 1420

— Historiam doctrinae recentius controversae de mundo optimo exponit Fridericus Christianus Baumeisterus. — Lipsiae [usw.]: Richter 1741. 71 S. 8°
1:1 in Nk 3180 [u.] 29 in Bd 8603–24. 2. 8. 14. 24. 27. 28.
13.3784

— — Ed. 2. Ebd. 1741. 71 S. 8°
1:17 in 8° Bibl. Diez 2598. 9. 12:4° Diss. 2182–4. 14.
13.3785

— Das hundert-jährige Andencken der 1641. d. 3. Octobr. st. v. d. 23. Sept. aufgehobenen Belagerung der Sechs-Stadt Görlitz wurde ... erneuert, und zugleich einige Nachricht von der ehemaligen Belagerung der Stadt Görlitz mitgetheilet von Friedrich Christian Baumeister. — Görlitz [1741]: S. E. Richter. 28 S. 8° **15.**
13.3786

— institut. metaphysicae etc. 8. Wittenb. 736. N. A. 774. Zimmermann. 16 ℛ

— Institutiones metaphysicae, ontologiam, cosmologiam, psychologiam, theologiam denique naturalem complexae methodo Wolfii adornatae. — Wittenbergae [usw.]: Zimmermann 1738. 638 S. 8° **2. 10. 17. 21. 24.**
13.3788

— — Ed. nova, auctior et corr. Ebd. 1739. 638 S. 8°
12:Ph. Sp. 58. 18. 23. 29. 44.
13.3789

— — Ed. nova, auctior et corr. Ebd. 1743. 638 S. 8°
2. 10. 17. 22.
13.3790

— — Ed. nova, auctior et corr. Ebd. 1744. 638 S. 8°
3. 24. 28. 52. 121.
13.3791

— — Ed. nova, auctior et corr. Ebd. 1749. 638 S. 8°
12:Ph. Sp. 58m. 19. 23. 41. 202. 308.
13.3792

— — Ed. nova, auctior et corr. Ebd. 1754. 638 S. 8°
12:Ph. Sp. 58o. 18. 25. 29. 53. 66. 102. 303. 308.
13.3793

— — Ed. nova, auctior et corr. Ebd. 1762. 638 S. 8°
5. 12:Ph. Sp. 59. 19. 20. 30. 302.
13.3794

— — Ed. nova, auctior et corr. Ebd. 1774. 638 S. 8°
4. 6. 12:Ph. Sp. 60. 16. 19. 25. 29. 31. 61. 303. 307.
13.3795

— institutiones philosophiae moralis etc. 8maj. Ofen 779. Univ.-B. 8 ℛ

Baumeister, Friedrich Christian
— Institutiones philosophiae rationalis methodo Wolfii conscriptae. — Vitembergae: Ahlfeld 1735. 388 S. 8°
7. 44.
13.3796

— — Ebd. 1736. 388 S. 8° **24. 44. 180.**
13.3797

— — Ed. 2., auctior et em. Ebd. 1738. 368 S. 8° **4. 7. 17.**
13.3798

— — Ed. 3., auctior et em. Ebd. 1739. 368 S. 8°
3. 28. 41. 78.
13.3799

— — Ed. 4., auctior et em. Ebd. 1739. 368 S. 8° **41.**
13.3800

— — Ed. 5., auctior et em. Ebd. 1741. 368 S. 8°
18. 22. 28. 29. 75. 78.
13.3801

— — Ed. 6., auctior et em. Ebd. 1742. 368 S. 8°
1: Nl 20116. 53.
13.3802

— — Ed. 8., auctior et em. Ebd. 1744. 368 S. 8°
1: Nl 20116[8].
13.3803

— — Ed. 9., auctior et em. Ebd. 1745. 292 S. 8°
3. 24. 28. 31. 202.
13.3804

— — Ed. 10., auctior et em. Ebd. 1746. 292 S. 8°
17. 21. 26. 29. 45. 111.
13.3805

— — Ed. 11., auctior et em. Ebd. 1747. 292 S. 8°
12:Ph. Sp. 415/3. 53.
13.3806

— — Ed. 12., auctior et em. Ebd. 1749. 292 S. 8°
10. 19. 24. 29. 33. 35. 38. 41. 52. 308.
13.3807

— — Ed. 13., auctior et em. Ebd. [um 1755]. 292 S. 8°
2. 5. 16. 28. 43. 102. 180.
13.3808

— — Ed. 14., auctior et em. Ebd. 1759. 272 S. 8°
21. 36. 111. 303. 308.
13.3809

— — Ed. 15., auctior et em. Vitembergae: Ahlfeld & Weinmann 1761. 232 S. 8°
4. 5. 12:Ph. Sp. 60 x. 20. 23. 53. 61. 121.
13.3810

— — Ed. 16., auctior et em. Vitebergae: Ahlfeld 1765. 216 S. 8°
20. 41. 302. 307.
13.3811

— — Ed. 16., auctior et em. Ebd. 1765. XII, 228 S. 8°
27. 61.
13.3812

— — Institutiones philosophiae rationalis methodo Wolfii conscriptae. Ed. nova, auctior et em. — Witebergae: Ahlfeld 1774. 216 S. 8° **12:Ph. Sp. 61. 14. 61. 307. 308.**
13.3814

— — Institutiones philosophiae rationalis methodo Wolfii conscriptae. — Viennae 1775: de Trattnern. XII, 228 S. 8°
6. 12:Ph. Sp. 62. 25. 31. 38.
13.3815

— — Ed. nova, auctior et em. Vitembergae: Ahlfeld 1780. 216 S. 8°
1:Nl 20119. 2. 12:Ph. Sp. 63. 14. 18. 19. 25. 32. 75.
13.3816

— institutiones philosophiae rationalis methodo Wolfii. 8. Ibid. 790.

— Die von der Vorsicht nach Sachsen abgeschickte Irene oder Göttin des Friedens, in einem Gedichte an dem Friedens-Feste, so in dem Gymnasio zu Görlitz 1746. den 31. Jan. feyerlichst begangen wurde. — Görlitz: S. E. Richter [1746]. 16 Bl. 8° 3. 10. 14. 15. 28. 78. 169.
13.3819

— — Meißen: Löwe [1746]. 16 Bl. 8° 41.
13.3820

— Logica. 8. Wittenberg, Kühne. 780.!

— — [griech.] Φριδερίκου Χριστιανοῦ Βαυμαϊστέρου Λογική. Συνυφανθεῖσα μὲν ὑπ' αὐτοῦ λατινιστὶ μεθόδῳ μαθηματικῇ κατὰ Βόλφιον. Μεταφρασθεῖσα δὲ ἀπὸ τῆς Λατινίδος εἰς τὴν Ἑλλάδα φωνὴν παρὰ Νικολάου Βαρκοση ... Τύποις ἐκδ. ἀναλώμασιν Ἀθανασίου Γεωργίου Μανούση. — Ἐν Βιέννῃ 1795: Βενδώτης. 250 S. 8° 7.
13.3818

— De Christiani Wolfii educatione, studiis iuvenilibus vitaque scholastica Memorabilia. — Gorlicii: Fickelscherer [1754]. XX S. 8° Zugleich Progr. Görlitz 1754.
1:36 in Bd 8138. 2. 3. 41. 78. 169.
13.3821

— Memoria Viri cum viveret Amplissimi Excellentissimique Jo. Henrici Koehleri Professoris Jenensis eruditissimi ... nuper admodum fatis functi ... renovata a Frid. Christ. Baumeistero. — Gorlicii [1737]: Richter. 14 Bl. 8°
4. 15. 44.
13.3822

— — Memoria Viri cum viveret Amplissimi Excellentissimique Henrici Koehleri Professoris Jenensis eruditissimi ... nuper admodum fatis functi ... renovata a Frid. Christ. Baumeistero. Recusa. — Jenae [1737]: Marggraf. 8 Bl. 8° 5. 15. 27. 45.
13.3823

— — Kurtzgefaßte Nachricht von der ehemahligen Belagerung der Sechs-Stadt Görlitz. — Leipzig [usw.]: S. E. Richter 1741. 28 S. 8° 1:Deutsche Flugschr. 1741-15.
3. 12:4° Diss. 583/29. 14. 15. 27. 45. 46.
13.3787

— Oratio sollemnis Serenissimi Principis Electoris Saxoniae Friderici Augusti ... nomini cultuique sacra in splendidissimo ... Promarchionis Superioris Lusatiae itemque ... Ordinum provincialium consessu ipso Friderici festo die d. V Mart. 1765. in Gymnasio Gorlicensi habita. — Gorlicii [1765]: Fickelscherer. XIV S. 8° 2. 3. 14. 169.
13.3824

— — Orationes annivers. Sylverstainianas. Görl. (Fickelscherer) 10. V. 1776. 8 S. (3.—) 1424
Chn. Sam. Schmidt (Görlitz), J. Traug. Leder, Christ. Gotth. Imman. Hübel.

— philosophia definitiva. II Part. 8. Wittenb. 733. Ed. II. 767. Ed. III. 771. Kühne. 20 gr

— Philosophia definitiva, hoc est definitiones philosophicae ex systemate Celeberr. Wolfii in unum coll. P. [1.] 2. — Vitembergae: Ahlfeld 1735. 8°
4. 9. 10. 17. 18. 19. 24. 28. 29. 41.
13.3825

— — Philosophia definitiva, hoc est definitiones philosophicae ex systemate Celeb. Wolfii in unum coll. ... Ed. 2., aucta et em. — Vitembergae: Ahlfeld 1738. 342 S. 8° 78.
13.3827

— — Ed. 3., aucta et em. Ebd. 1739. 254 S. 8° 5. 29.
13.3828

— — Ed. 4., aucta et em. Ebd. 1740. 254 S. 8°
10. 23. 24. 38. 53. 66. 78. 308.
13.3829

— — Philosophia definitiva, hoc est definitiones philosophicae ex systemate Celeb. Wolfii in unum coll. ... Ed. 6., aucta et em. — Vitembergae: Ahlfeld 1743. 254 S. 8°
1:Nl 18660 [u.] an Nl 20116[8]. 18.
13.3831

— — Ed. 7., aucta et em. Ebd. 1746. 230 S. 8°
18. 26. 45.
13.3832

— — Philosophia definitiva, hoc est definitiones philosophicae ex systemate Lib. Bar. a Wolf in unum coll. ... Ed. 7., aucta et em. — Vitembergae: Ahlfeld 1749. IIX, 288 S. 8°
35. 78.
13.3834

— — Ed. 7., aucta et em. Ebd. 1750. IIX, 288 S. 8°
24. 202.
13.3835

— — Ed. 8., aucta et em. Ebd. 1752. IIX, 288 S. 8°
5. 16. 24. 25. 38. 41. 42. 180.
13.3836

— — Ed. 9., aucta et em. Ebd. 1758. IIX, 288 S. 8°
12:Ph. U. 33-1. 16. 20. 303.
13.3837

— — Ed. nova, aucta et em. P. [1.] 2. Ebd. 1762. 8°
2. Capiens definitiones ex omni philosophia activa quarum Lib. Bar. a Wolf atque Mich. Christ. Hanovius auctores sunt, coll. ab Frid. Christ. Baumeistero ac Jo. Christ. Messerschmid.
2. 3 [*1]. 12:1=Ph. U. 33d-1; 2=Ph. U. 33-2. 16 [*1].
25 [*1]. 27 [*1]. 66 [*1]. 300:20.154.
13.3838

— — Philosophia definitiva. Ed. 2. P. 2. Ebd. 1764. 250 S. 8°
Inhalt wie in 13.3838.
12:Ph. U. 33d-2. 16. 25. 304. 308.
13.3840

— — Philosophia definitiva, hoc est definitiones philosophicae ex systemate Lib. Bar. a Wolf in unum coll. ... Ed. nova, aucta et em. [1.] — Vitembergae: Ahlfeld 1767. VIII, 306 S. 8° 4. 12:Ph. U. 34. 14. 16. 25. 75.
13.3842

— — Philosophia definitiva. Ed. 3. P. 2. Vitembergae: Ahlfeld 1771. 250 S. 8°
Im Exemplar von 4 abweichend Vitemberae statt Vitembergae. Inhalt wie in 13.3838. 4. 22. 25. 75.
13.3843

— — Philosophia definitiva, hoc est definitiones philosophicae ex systemate Lib. Bar. a Wolf in unum coll. ... Ed. nova, aucta et em. P. [1.] 2. — Viennae 1775: de Trattnern. 8°
2. Capiens definitiones ex omni philosophia activa, quarum Lib. Bar. a Wolf atque Mich. Christ. Hanovius auctores sunt, coll. ab Frid. Christ. Baumeistero ac Jo. Christ. Messerschmid. Ed. 4. Vindobonae 1775: de Trattnern.
12:Ph. U. 34d. 16. 19. 25. 38.
13.3844

— — Philosophia definitiva, hoc est definitiones philosophicae ex systematae [!] Lib. Bar. a Wolf et Hanovii in unum coll. ... Ed. nova, auctior et em. [1.] — Vitembergae: Kuehne 1789. VIII, 308 S. 8° 22. 27. 39.
13.3845

— philosophia recens. controversa etc. 8. Görl. 738. 2e A. 741. 3e A. 766. (J. F. Korn in Bresl.) 12 gr

— — Philosophia recens controversa complexa definitiones, theoremata et quaestiones nostra aetate in controversiam vocatas. — Lipsiae [usw.] 1738: Marche. 344 S. 8°
1:Nh 1296. 24. 27. 42. 44. 304.
13.3826

— — Philosophia recens controversa complexa definitiones, theoremata et quaestiones nostra aetate in controversiam vocatas. — Lipsiae [usw.] 1741: Marche. 384 S. 8°
9. 12:Ph. U. 32. 18. 23. 27. 41.
13.3830

— — Philosophia recens controversa complexa definitiones, theoremata et quaestiones nostra aetate in controversiam vocatas. — Lipsiae [usw.] 1749: Marche. 384 S. 8°
3. 4. 14. 17. 20. 22. 25. 29. 38. 66. 303.
13.3833

— — Philosophia recens controversa complexa definitiones, theoremata et quaestiones nostra aetate in controversiam vocatas. [1.] — Vratislaviae: Gampert 1766. 384 S. 8°
18. 19. 25. 27. 38. 123. 308.
13.3841

— — Posit. nonnullas de praecipuis orationis pulchrae virtutibus apta connexaque ratione demonstratas juvenes Joh. Gottfr. Geisler (Langenau) u. Adam Ehregott Schoen defend. Görlitz (S. E. Richter) 15. III. 1744. 12 Bl. (4.80) 1421

— — Prolusia I qua eclogas stili elegantioris disput. . . . Görlitz (Fickelscherer) 5. IV. 1770. 8 S. (3.—) 1423
Gottl. Friedr. Herrmann (Görlitz).

— Samml. d. Jubelschriften zum Andenken d. 200jähr. Stiftungstages d. Gymnasiums zu Görlitz. 4. Görl. 765. Deinzer. 1 ₰

— Solennia saecularia memoriae pacis Augustanae renovandae sacra indicit . . . Fridericus Christianus Baumeisterus. — Gorlicii [1755]: Fickelscherer. XXIII S. 8°
78.
13.3846

— Verzeichniß aller derjenigen Studirenden, so unter meiner Rectorats-Verwaltung von Ao. 1736. bis 1785. in Prima Classe des Görlitzischen Gymnasii sich als Zuhörer befunden . . . haben. — Görlitz: Fickelscherer 1785. 21 S. 8° 3. 8. 14. 15. 19. 32. 41.
13.3847

[—] Vita, fata et scripta Christiani Wolfii philosophi. — Lipsiae [usw.]: S. E. Richter 1739. 126 S. 8°
Als Verfasser wird auch Johann Christoph Gottsched genannt.
1:6 an Yy 3963. 2→9. 11. 12: Biogr. 1251 m [2 Ex.] 14. 15. 17. 21. 24. 25. 27. 29. 33. 41. 61.
13.3848

— Ein Wort der Liebe und Ermahnung an diejenigen Studirende, so zu unsern Zeiten sich der Gottesgelahrheit zu ergeben, und dem geistlichen Stande zu wiedmen gesonnen sind. — Görlitz: Fickelscherer 1779. 10 S. 8°
14.
13.3849

(—) — Ein väterliches Wort an alle diejenigen, welche sich der Gottesgelehrtheit und dem geistlichen Stande zu wiedmen gesonnen sind. — Basel: Traktat-Ges. 1812. 16 S. 8°
12: Past. 461–14.
13.3850

— — Ein Wort an diejenige, so sich der Gottesgelahrtheit zu ergeben und dem geistlichen Stand zu widmen gesonnen sind. Neue Aufl. — Schaffhausen: Schalch 1834. 34 S. 8°
12: Past. 511 n.
13.3851

Baumeister, F. Chr., ein Wort an diejenigen, so sich der Gottesgelahrtheit zu ergeben und dem geistl. Stande zu widmen gesonnen sind. 12. Zürich 834, Hanke. 1/12 ₰

Baumeister, Frdr. Christian († 1785), ein Wort an Diejenige, so sich der Gottesgelahrtheit zu ergeben u. dem geistl. Stand zu widmen gesonnen sind. (16 S.) 8. Gütersloh 908. C. Bertelsmann. —20
Sonderabdruck aus „Ev. Monatsbl. f. Westf."

Baumeister, G. D., s. Archiv, Schlesisches.

Baumeister, Georg, Architekt, München. 1888: Faiencefliesen aus alten türkischen Baudenkmälern. — Nürnberg: Schrag 1888. 13 Taf. 2°
1: 2° Nu 7096. 12: 2° Techn. 1 mk. 17.
13.3853

Baumeister, Georg: Der Paragraph 193 R.St.G.B. mit besonderer Berücksichtigung der preßrechtlichen Verhältnisse. Kaiserslautern 1905: „Pfälzer Volksbote". (VII, 84 S.) 8° [J.]
Heidelberg, Jur. Fak., Ref. v. Lilienthal, Diss. v. 4. Okt. 1905
[Geb. 6. Nov. 77 Poppenhausen, Baden; Wohnort: Kaiserslautern; Staatsangeh.: Bayern; Vorbildung: Gymn. Wertheim Reife Juli 97; Studium: Würzburg 4. Berlin 1. Freiburg i. B. 4 S.; Rig. 30. Mai 05.]

Baumeister, Geo., der Paragraph 193 des Reichsstrafgesetzbuches, m. besond. Berücksicht. der preßrechtl. Verhältnisse. (VIII, 84 S.) 8. Leipzig 905. Buchh. G. Fock. n. 1.50

Baumeister, Heinr. [aus Dortmund]: Giftwirkung macerirter Foeten . . . Würzburg, Etlinger's Buchdr., 1892; 23 S. 8.
Würzburg, Med. Fak., Inaug.-Diss. v. 1892

Baumeister, Hermann

Baumeister, H., das Anwachsungsrecht unter Miterben, nach Röm. Rechte. Ein Versuch, gr. 8. Tübing. 828, Laupp. 1 ₰

Baumeister, Hermann: Das Anwachsungsrecht unter Miterben nach römischem Rechte. — Tübingen: Laupp 1829. VIII, 239 S. 8°
1: Gi 4490. 2→11. 12: J. rom. m. 33 f. 15→18. 20. 21. 24. 25. 27→30. 43. 45. 48. 203. 205. 208. 302. 304.
13.3856

— Drey Artikel über summarischen Proceß in Hamburg. — Hamburg: Perthes-Besser & Mauke 1846. 68 S. 8°
16. 18. 21. 26. 48. 205. 302.
13.3857

[—] Der constituirende Bastard. — ([Hamburg]: Thiele [1848].) 2 Bl. 8° 18.
13.3858

— Bemerkungen zur Strafgesetzgebung. H. 1. — Leipzig: Breitkopf & Härtel 1847. 127 S. 8°
12: Crim. 10k. 15. 16. 18. 21. 28. 29. 45. 48. 208. 302.
13.3859

[—] Betrachtungen über das Verhältniß der beiden gelehrten Anstalten Hamburgs, des akademischen Gymnasii und des Johannei, zu einander und zu den Anforderungen der Zeit; veranlaßt durch die jüngst erschienenen amtlichen Schriften der Herren Professoren Hipp und Lehmann. — Altona: Hammerich 1829. IV, 78 S. 8°
1: Ay 29059. 4. 8. 18. 205.
13.3860

— Blicke auf einzelne Gegenstände des hamburgischen Rechts. — Hamburg: Perthes-Besser & Mauke 1852. 552 S. 8° 1: Gq 15315. 4. 6. 7. 8. 10. 12: J. germ. 8 n. 15. 17. 18. 19. 21. 24. 25. 28. 29. 48. 106. 203. 205. 208. 304.
13.3861

Baumeister, H, Blicke auf einz. Gegenstände d. Hamburg. Rechts. 8. (552) Hamb. 53. (Lpzg, Mauke.) n. 2. —

— Denkschrift über die Verfassung des Freistaates Hamburg vom 11. Juli 1849. Im Auftrage der constituirenden Versammlung von ihren Mitgliedern Baumeister, Wiebel, Wolffson. — Hamburg: Niemeyer 1849. 48 S. 8°
18. 106. 205.
13.3862

— Ueber die Entscheidungs-Deputation zwischen Rath und Bürgerschaft in Hamburg. — Hamburg: Perthes-Besser & Mauke 1846. 77 S. 8° 7. 18. 21. 205.
13.3863

— Ueber Injurien. — Berlin: Habel 1880. 30 S. 8° (Sammlung gemeinverständlicher wissenschaftlicher Vorträge. 343.) 1: Ag 9016–343. 2→7. 9. 10. 11. 12: Var. 366 am–343. 15→21. 24→31. 33. 35. 36. 38. 39. 41→47. 51. 61. 64. 79. 82. 83. 84. 89. 90. 93. 121. 123. 169. 180. 203. 205. 207. 208. 300: 395.139–B. Per. 343. 302. 304. 305. 308.
13.3864

— Die Mündigkeit unserer Jungfrauen und Wittwen. Gesetzentwurf mit Motiven. — Hamburg: Hoffmann & Campe 1862. 48 S. 8° 1: Gq 15330. 18. 48. 205. 208.
13.3865

—— das Privatrecht der freien und Hansestadt Hamburg. 2 Bde. (Allgemeiner Theil. Sachenrecht. Obligationenrecht. — Familienrecht. Erbrecht.) gr. 8. (XVI und 876 S.) Hamburg 856, Hoffmann und Campe. *

[—] **Rückblick, Prüfung und Wunsch.** Drei Briefe aus Hamburg. — Hamburg: Niemeyer 1850. 40 S. 8°
18. 205.
13.3867

Baumeister, H., die halböffentlichen milden Stiftungen in Hamburg. 8. (IV, 75 S.) Hamburg 869, Hoffmann und Campe. *

— **Vorschläge zu einigen Grundzügen der hamburgischen Verfassung.** — Hamburg: Hoffmann & Campe 1848. 55 S. 8°
1:Sp 2999/20. 8. 11. 18. 28. 48. 205.
13.3870

[—] **Die Trennung der Justiz und Verwaltung in Hamburg.** — Hamburg 1857: Pontt & Döhren. 88 S. 8°
7. 18. 205.
13.3869

— **Vortrag,** gehalten am 19. Mai in der 'freien Zusammenkunft' der 'Gesellschaft für sociale und politische Interessen der Juden'. — Hamburg 1847: Halberstadt. 10 S. 8°
8. 18. 23. 205.
13.3871

[—] **Votum über die Befugniß der Rath- und Bürger-Deputation zur Ausführung eines Sielplanes.** (Verf.: H.B.) — Hamburg: Perthes-Besser & Mauke 1843. 42 S. 8°
15. 18. 205. 302.
13.3872

Baumeister, Hubert, appr. Arzt: Ein Fall von Aneurysma des rechten Sinus Valsalvae der Aorta. Giessen 1910: v. Münchow. 37 S. 8°
Gießen, Med. Diss. v. 13. Aug. 1910, Ref. Bostroem
[Geb. 13. Nov. 83 Bedburg; Wohnort: Gießen; Staatsangeh.: Preußen; Vorbildung: Gymn. Bedburg Reife O. 03; Studium: Bonn 3, Kiel 2, München 1, Bonn 1, Gießen 3 S.; Coll. 18. Mai 09; Approb. 24. Mai 09.] [U 10. 1128

Baumeister, J.E. von, s. Baumeister, Josef (Edler von)

Baumeister, J. G. L., die Religion als die wichtigste Angelegenheit d. Menschen; e. Predigt. gr.8. Leipz. 791. Kummer. 1/12 ɲß

Baumeister, J.S., s. Baumeister, Johann Sebald

Baumeister, Johann

— **Erinnerungsblätter zusammengestellt aus Anlass der am 10. März 1841 erfolgten Stiftung des Friedrich Wilhelm-Hospitals zu Teplitz.** — Teplitz [1891]: Schors. 28 S. 8°
1:Ib 14739/500. 300:39.524.
13.3874

Baumeister. Das Friedrich Wilhelm Hospital in Teplitz. 8. (60 S.) Teplitz 891, (Dominicus Nachf.). 1 —

Baumeister, Johann Sebald: Abbildung der Statuen in der Wöllwarthischen Todtenhalle in dem Kloster Lorch. (Gmünd: Ritter 1808.) 12 Bl., 20 S. 8°
Beigedr.: (Pahl): Historische Bemerkungen über die Statuen in der Wöllwarthischen Todtenhalle in dem Kloster Lorch. Gmünd: Ritter 1808.
1[unvollst.]:Sh 7512. 12:4° Art. 5q. 14. 19. 21. 23. 24. 32.
13.3875

— — (Hrsg.: Max Frhr v. Woellwarth-Lauterburg.) Berlin: Mittler 1903. 43 S. 8°
Darin außerdem: Pahl: Historische Bemerkungen über die Statuen in der Woellwarthischen Totenhalle in dem Kloster Lorch.
1:Sh 7512ᵃ. 11. 24.
13.3876

— **Familienbilder des Hauses Hohenzollern.** Von den in dem Hochfürstlichen Schlosse zu Hechingen befindlichen Originalien copirt. — Dat. Gmünd Mai 1817. 55 Bl. 4°
12:4° Don. Lud. XX,2. 17. 33. 169. 300:17.688.
13.3877

— **Gallerie der Familien Bilder des ehemals Kaiserlichen Hauses der Hohenstauffen.** Nach den in dem Churfürstlich Würtembergischen Kloster Lorch befindlichen Originalien gezeichnet. — [Gmünd 1805.] 23 Bl. 8° 51.
13.3878

— — Nach den in dem Königlich Würtembergischen Kloster Lorch befindlichen Originalien gezeichnet. — [Gmünd nach 1805.] 22 Bl. 8° Nebent.: Abbildung der Hohenstauffen.
2. 12:4° Don. Lud. 56. 14. 21. 23. 24. 32. 300:10.432.
13.3879

Baumeister, Jh. Seb., Gallerie d. Familienbilder d. ehemal. kaiserl. od. Hauses d. Hohenstaufen, mit 11 Gemälden. 4. Gmünd 806. Ritter. 5 ɲß 8 ₰ Holl. P. 8 ɲß Basl. P. 10 ɲß

Baumeister, J. S., Gallerie d. Familienbilder des ehemal. kais. od. Hauses d. Hohenstaufen, mit 11 Gemälden. 4. Gmünd, Ritter. 811.
Holl. Pap.
Basler. Pap.

— **Gallerie der edeln Regenten Baierns,** von Theodo, dem ersten baierischen Regenten und Stammvater an, in ununterbrochener Reihenfolge. H.(1)–4. — Augsburg [1819]: Eckhardt. 45 gez. Bl. 4°
12[∞3.4]:4° Don. Lud. XX,9. 19. 300:19.036.
13.3880

Baumeister, Joh. Sebast., technolog. Zeitungsblätter, 1. Suite, 12 Blätter m. Erklär. rc. 4. Gmünd, Ritter.

Baumeister, Johann Wilhelm s. *Baumeister*, Wilhelm. 1827.

Baumeister, Josef Edler v.: **Genealogie der Markgrafen,** Herzoge und Erzherzoge von Oesterreich, aus dem babenbergischen, habsburgischen und lotharingischen Geschlechte. In 4 Stammtafeln. — Wien: Strauß in Comm. 1814. 4 Bl. quer-4°
300:176.923-D. 302.
13.3881

— **Chronologisch:synchronistische Uebersicht der Weltgeschichte zum Gebrauche der Durchlauchtigsten Erzherzoge Ludwig und Rudolph.** — Wien: Eder [usw.] 1798. 1 Taf. gr. 2°
300:• 28 C 57.
13.3882

v. Baumeister, Jos. Edler, († 18..) chronolog. Uebersicht d. Weltgeschichte rc. gr. Fol. Wien 798. Schalbacher. 1 ɲß 8 ₰

Baumeister, Josef Edler v.

— **Von der Verschiedenheit der Menschen und ihren Beschäftigungen.** Bd 1. — Wien: Hartl in Komm. 1793. 200 S. 4°
300:1664.
13.3883

(—) **Versuch einer Staatsgeschichte von Steyermark.** Von den ersten Zeiten nach C. G. bis auf den im Jahre 1246 erfolgten Tod Friedrichs des Streitbaren. — Wien: Krause 1780. 16,144 S. 8°
1:Sc 4800. 2. 7. 12:Austr. 335. 17. 19. 24. 32. 300:37 H 87. 302→305. 307. 309.
13.3884

Baumeister, Joseph Edler v. (Hrsg.), s. Welt, Die in Bildern . . .

— **Die Welt in Bildern,** vorzüglich zum Vergnügen und Unterricht der Jugend. Bd 1–6. — Wien 1788–94. 4°
16[∞4/6]. 19. 24[∞3/6]. 300:1665.
13.3885

— **die Welt in Bildern, vorzügl. zum Vergnügen u. Unterr. d. Jugend. 11 Thle. gr. 4. Wien 788—94. (Wallishauser).** 40 ɲß ill. 60 ɲß

Baumeister K. d. Abwicklung d. Volksbankangelegenheit. (15 S) Stuttgart (1886)

Baumeister, Karl

Baumeister, Carl, a. Selbeck: Beitrag zur traumatischen Aetiologie der Geschwülste. Würzburg 1905: J. Seelmeyer. (25 S.) 8°
Würzburg, Med. Fak., Ref. v. Rindfleisch, Diss. v. 15. März 1905
[Geb. 12. Jan. 78 Selbeck; Wohnort: Geisa; Staatsangeh.: Preußen; Vorbildung: Gymn. Mörs Reife O. 99; Studium: Bonn 2, Marburg 3, Berlin 4, Würzburg 1 S.; Coll. 21. Dez. 04; Approb. 18. Nov. 04.]

Baumeister, Karl August: Zwey Predigten bey der Feyer des dritten Jubelfestes der Reformation in Herrnhut, gehalten von C.A.Baumeister u. L.Fabricius. — Altona: J.Schultz [1817]. 46 S. 8° **8.**
13.3886

[—] Was hat man von der Veränderung der alten Lieder und der Einführung der geänderten, durch neue Gesangbücher, zu halten und zu erwarten? — Leipzig: Hilscher 1776. 54 S. 8° 1:Eg 7300 [u.] 2 an Eg 650. **9. 18. 29. 33. 109.**
13.3887

Baumeister, Karl Borromaeus: Hin nach Rom über Padua, Loreto und Assisi. Führer. — Coblenz [usw.]: [Schuth] 1908. XI,192 S. 8° 1:Rr 5539/8. **5.**
13.3888

Baumeister, Ludwig. Beiträge zur Anatomie und Physiologie der Rhinophiden. Integument, Drüsen der Mundhöhle, Augen und Skeletsystem. Diss. Phil. Basel. [Mit 4 Tafeln.] (Abdruck aus den Zoologischen Jahrbüchern. Bd. 26. Abt. f. Anatomie. 1908.) IV + 104 S. 8. Naumburg a. S., Lippert & Co., 1908.

Baumeister, Ludw., Schule des Lebens. Schauspiel in 4 Aufzügen. (V, 145 S.) 8. Dresden 905. E. Pierson. n. 2.—

Baumeister, Max: Zur Erinnerung an unsere Mittelmeer-Studien-Reise (Deutsche Touristen-Vereinigung) vom 10. bis 27. Juli 1906. — Lauban 1906: Baumeister. 55 S. 8° **107.**
13.3892

Baumeister, Max [app. Arzt aus Dortmund]: Ein Myxom der Wade ... Würzburg, P. Scheiner's Buchdr., 1892; 22 S. 8.
Würzburg Med. Fak., Inaug.-Diss. v. 1892

Baumeister, Oskar: Der grosse Brand in Donaueschingen am 5. August 1908. — Donaueschingen: Meder 1926. 95 S. 8° **25. 101.**
13.3894

Baumeister, Reinhard: Die Abstufung von Bauordnungen für den Stadtkern, Aussenbezirke und Vororte. — Berlin: Ernst 1892. 25 S. 8°
Aus: Centralblatt d. Bauverwaltung. 12. 1892. **90. 91. 180.**
13.3895

Baumeister, R[einhard]: Wirtschaftliche Aufgaben des Ingenieurs. 1895. 15 S. 4° Karlsruhe

— Normale Bauordnung nebst Erläuterungen. — Wiesbaden: Kreidel 1880. 88 S. 8°
10. 12: A. civ. 10 m. **21. 26. 27. 30. 31. 36. 39. 41. 43. 48. 52. 60. 64. 79. 82. 83. 85. 86. 88→91. 106. 208. 305.**
13.3896

Baumeister, Reinhard: Bauordng u. Wohngsfrage, s: Vorträge, Städtebauliche.

-- die unterschiedliche Behandlung der Bauordnungen f. das Innere, die Aussenbezirke u. die Umgebung v. Städten, s.: Adickes.

Baumeister, Reinhard: Berechnung unterirdischer Kanäle.
1884.
4°.

Baumeister, R., F. Heinzerling, F. Lorey, hölzerne Brücken, Wasserleitungs- u. Kanalbrücken, die Kunstformen d. Brückenbaus, s. Handbuch der Ingenieurwissenschaften. II. 2.

Hölzerne Brücken. Wasserleitungs- u. Kanalbrücken. Die Kunstformen d. Brückenbaues. Bearb. von R[einhard] **Baumeister**, Dr. F[riedrich] Heinzerling, F[riedrich] Lorey, hrsg. von Th[eodor] Landsberg, Prof. in Darmstadt, begründet von Dr. Th. Schäffer in Darmstadt u. Ed. Sonne, Prof. 4. verm. Aufl. Mit 215 Textabb., vollst. Sachreg. u. 11 Taf. Leipzig: W. Engelmann 1904. (X, 250 S.) 4°(8°)
— Handbuch d. Ingenieurwissenschaften. T. 2, Bd 2. [07. 1916]

[—] Denkschrift über Reinigung und Entwässerung der Städte mit besonderer Beziehung auf Karlsruhe. — (Karlsruhe 1874: Chr. Fr. Müller.) 15 S. 4°
16. 24. 31. 86. 90.
13.3898

Baumeister, R., der Eisenbahnbau, s. Handbuch für specielle Eisenbahn-Technik.

— Ueber Flußverunreinigung. Referate d. Herrn Professor Baumeister u. Sanitäts-Rath Dr. Lent, sowie Verhandlungen auf d. 5. Versammlung d. 'Deutschen Vereins für öffentliche Gesundheitspflege' zu Nürnberg am 26. Sept. 1877. — Braunschweig: Vieweg 1878. 32 S. 8°
Erschien zuerst in: Deutsche Vierteljahrsschrift für öffentliche Gesundheitspflege. 10. 1878. **84.**
13.3899

Baumeister, R., architektonische Formenlehre für Ingenieure. 3 Lfgn. 4. (VI und 426 S. mit 362 Holzschn. im Text und 5 Stnt., wovon 2 in Buntdr., in gr. 4. und qu. Fol.) Stuttgart 866, Hoffmann'sche Verlags-Buchh. à Lfg. 1 Thlr. 25 Ngr.

— [Hrsg.] s. *Fuehrer*, Hygienischer, durch die Haupt- und Residenzstadt Karlsruhe. 1897.

Baumeister, R., s.: Geschäftsbericht des Vereins f. Förderung des Arbeiterwohnungswesens.

(—) Gutachten über die Canalisation der Stadt Mannheim. (Verf.: Baumeister, A.Bürkli-Ziegler u. W.H.Lindley.) — [Mannheim 1888]: Raisberger. 20 S. 4° **90.**
13.3903

(—) Gutachten über die Klärung des Kanalwassers von Baden-Baden. — Baden-Baden 1894: Kölblin. 15 S. 4° **84.**
13.3904

— Gutachten, die Stadterweiterung von Wiesbaden betreffend. — Dat. Karlsruhe 20. April 1894. 33 S. 4° **43.**
13.3905

— Die technischen Hochschulen. — Berlin: Habel 1886. 36 S. 8° (Sammlung gemeinverständlicher wissenschaftlicher Vorträge. N.F.1,5.)
1:Ag 9017-N.F.1,5. **2→7. 9. 11. 12:** Var. 366 an-5. **16→20. 24→31. 33. 35. 36. 38. 39. 41. 43→47. 51. 52. 61. 79. 83. 84. 89. 90. 93. 169. 180. 203→205. 207. 210. 300:** 395.139-B.Per. N.F. 1,5. **302. 304. 305. 308.**
13.3906

— Der evangelische Kirchenbau. — Heidelberg: Winter 1885. S. 195–237. 8° (Sammlung von Vorträgen für d. deutsche Volk. 14,6.)
1:Ag 9324-14,6. **3. 5. 11. 12:** Var. 366 ai-14,6. **15. 16. 17. 19. 20. 24. 29. 30. 31. 35. 90. 91. 123. 203.**
13.3907

— — Allgemeine Constructionslehre des Ingenieurs. Ausgearbeitet nach dessen Vorträgen von Ed. v. Feldegg. Karlsruhe 1878. (Autographirt). 2 Bände Text u. 2 Bände Atlas.
Bd. 1: Holzconstructionen, Eisenconstructionen, Constructionen in Mauerwerk, Erdbau. Text 4°. Atlas von 35 Tfln. 4°.
Bd. 2: Strassenbau, Theorie des Erddrucks, Stutzwände gegen Erddruck, Tunnelbau, Fundirungen. Text 4°. Atlas von 24 Tfln. 4°.

Baumeister, R., allgemeine Constructionslehre des Ingenieurs. Nach Vorträgen ausgearb. von Ed. v. Feldegg. 2 Bde. und Atlas. gr. 4. (III, 998; 718 autogr. S. mit eingefügten Fig. und 24 Stnt.) Karlsruhe 878, (Bielefeld's Hofbuchh.) **

—— die Kunstformen des Brückenbaues, s. Handbuch der Ingenieurwissenschaften.

— Die Kunstformen des Brückenbaus. — Leipzig: Engelmann 1886. S. 476–560. 4°
Aus: Handbuch d. Ingenieurwissenschaften. 2. Aufl. 2,1. 1886. **90.**
13.3908

— — Ebd. 1904. S. 131-250. 4°
Aus: Handbuch d. Ingenieurwissenschaften. 4. Aufl. 2,2. 1904. **22. 27.**
13.3909

— Notizen über die projektirte Murgthal-Bahn von Rastatt nach Gernsbach. — Rastatt 1864: Vogel. 16 S. 8° **31.**
13.3910

— Stadtbaupläne in alter u. neuer Zeit, s.a. Zeitfragen des christlichen Volkslebens.

— Stadtbaupläne in alter und neuer Zeit. — Stuttgart: Belser 1902. 34 S. 8° (Zeitfragen d. christlichen Volkslebens. 27,6.)
1: Bd 6860–27,6. 3. 5. 7. 12: Var. 392dg–27,6. 17. 18. 21. 24. 28. 29. 30. 33. 83. 86. 90. 91. 106. 205.
13.3911

Baumeister, Reinhard

— Stadt-Erweiterungen in technischer, baupolizeilicher und wirthschaftlicher Beziehung. — Berlin: Ernst & Korn 1876. X,492 S. 8° 1: Fb 8840. 5. 12: Pol. civ. 10k. 14. 17. 21. 27. 31. 38. 39. 43. 47. 48. 60. 61. 64. 79. 82. 83. 84. 86. 88→91. 93. 106. 204. 205. 305.
13.3912

— Moderne Stadterweiterungen. — Hamburg: J. F. Richter 1887. 34 S. 8° (Deutsche Zeit- u. Streit-Fragen. N. F. Jg. 2,7 = N. F. H. 23.)
In d. Exemplaren von 83 u. 180 fehlt d. Gesamttitel.
1: in Ag 9123–N. F. 2. 3. 5. 11. 12: Var. 392da–23. 14. 15. 17→20. 24. 26→31. 35. 36. 47. 52. 60. 82. 83. 84. 90. 91. 93. 106. 180. 203. 204. 208. 300: 406.065–B. N. F. 2,23. 305.
13.3913

— städtisches Strassenwesen u. Städtereinigung, s.: Handbuch der Baukunde.

— J. Classen, J. Stübben, D. Umlegung städt. Grundstücke u. d. Zonenenteignung, s.a. Denkschriften d. Verb. deutscher Architekten- u. Ingenieur-Vereine.

— Die Umlegung städtischer Grundstücke und die Zonenenteignung. Von R. Baumeister, J. Classen, J. Stübben. — Berlin: Toeche 1897. XII,152 S. 8° (Denkschriften d. Verbandes Deutscher Architekten- u. Ingenieur-Vereine. 2.)
1: Ny 7174–2. 5. 11. 12: A. civ. 30v–2. 18. 30. 31. 33. 36. 38. 47. 60. 86. 88→91. 93. 106. 203. 208. 302. 305.
13.3915

Baumeister: Zeichnungen über Wasser- und Straßen-Bau. Carlsruhe 1866. Fol.

— [Mitarb.] s. *Zuwachssteuer*, Die. 1904.

Bavmeister, Rvdolfvs (geb. am 31 Aug. 1838 in Monheim (Rheinl.)): De laryngoscopia ... Bonnae, typ. F. Krvegeri (1862). 59 S., 2 Bl. 8. Bonn, Med. Fak., Diss. v. 30 Juli 1862

Baumeister, Samuel Gottfried

— **Samuel Gottfried** (Görlitz), Num vasallus de feudo in Lusatia superiore per ultimam voluntatem disponens praecise proximitatem gradus observare teneatur? Diss. jur. Präs. Chn. Friedr. Imman. Schorch. Erfurt (H. R. Nonn) 9. VII. 1777. 12 S. (4.—) 1426

Baumeister, Theodorus (geb. am 11 Juli 1807 in Bilk (Düsseldorf)): De tumoribus nervorum adjecto eorum casu novo ... Cum tabula lith. Bonnae, ex off. Moestiana (1833). 3 Bl., 23 S., 1 Bl., 1 Taf. 8. Bonn, Med. Fak., Diss. v. 2 Sept. 1833

Baumeister, Wilhelm

— **Abbildungen der ausgezeichnetsten Rindvieh-, Schaaf- und Schweine-Racen. Mit 24 lithogr. Abbildd. auf 12 Bl. u. 1 B. Text. qu. 4. Stuttgart 840. Köhler. 1 1/8 ℳ**

Baumeister, Wilhelm, Professor an d. Kgl. Tierarzneischule, Stuttgart, 1802–1846. 1827: Abbildungen der auf der Königl. Würtembergischen Lehr- und Musteranstalt Hohenheim aufgestellten Vieh-Stämme. — Stuttgart: Köhler 1838. 8 S., 12 Taf. 4° 1: 2° Ou 22929. 15. 24. 39. 106.
13.3920

Baumeister, W., Abbildungen der auf der Königl. Würtembergischen Lehr- u. Musteranstalt Hohenheim aufgestellten Vieh-Stämme. Mit 26 Abbildd. auf 12 Steintaf. u. 2 Bog. Text. Fol. Stuttg. 838. Köhler. n 1 1/2 ℳ Ausg. in 4. 840. 1 1/8 ℳ Ausg. Imper.-Fol. 2 1/2 ℳ

— Anleitung zum Betriebe der Pferdezucht. — Stuttgart: Ebner & Seubert 1845. 226 S. 8° (Baumeister: Handbuch d. landwirthschaftlichen Thierkunde u. Thierzucht. 1,2.)
In d. Exemplaren von 9, 17, 22 u. 302 fehlt d. Gesamttitel.
7. 9. 12: Oecon. 2033t–1,2. 17. 20. 21. 22. 24. 25. 28. 31. 41. 43. 48. 202. 209. 302.
13.3922

— — Ebd. 1852. 226 S. 8° (Baumeister: Handbuch ... 1,2.)
Im Exemplar von 302 fehlt d. Gesamttitel.
4. 12: Oecon. 187f–1,3. 14. 17. 19. 25. 28. 30. 31. 38. 79. 302.
13.3923

— — 2., von Rueff umgearb. u. verm. Aufl. Ebd. 1854. VI, 210 S. 8° (Baumeister: Handbuch ... 1,2.)
In d. Exemplaren von 21 u. 91 fehlt d. Gesamttitel.
9. 10. 15. 21. 24. 46. 91. 106.
13.3924

— — 2., von Rueff umgearb. u. verm. Aufl. Ebd. 1854. VI, 210 S. 8° (Baumeister: Handbuch ... 4. Aufl. 1,2.) 30.
13.3926

Baumeister, Wilh., Anleitung zum Betriebe der Pferdezucht für Thierärzte, Gestütsbeamte und Landwirthe. 2. Aufl. (VI und 210 S.) 1854. 1 Thlr. und 3., verm. Aufl. gr. 8. (VIII und 232 S. mit eingedr. Holzschn.) Stuttgart 858(57,) Ebner und Seubert.

— — 3., vielfach umgearb. u. mit Anm. vers. Aufl. von A. Rueff. Ebd. 1863. X,218 S. 8° (Baumeister: Handbuch ... 4. Aufl. 1,2.) In d. Exemplaren von 1, 21 u. 91 fehlt d. Gesamttitel.
1: Ov 19714[3]. 3. 17. 21. 28. 34. 44. 91. 106.
13.3927

— — 4. Aufl., neu bearb. von A. v. Rueff. Berlin: Wiegandt, Hempel & Parey 1874. XII,236 S. 8°
3. 5. 7. 10. 169. 302.
13.3928

—— Anleitung zum Betriebe der Pferdezucht für Thierärzte, Gestütsbeamte und Landwirthe. 4. gänzlich umgearb. und verm. Aufl. von A. v. Rueff. gr. 8. (XII, 236 S. mit eingedr. Holzschn. nach Orig.-Zeichnungen.) Stuttgart 874, Schickhardt und Ebner.

— — 4., umgearb. u. verm. Aufl. von A. v. Rueff. Stuttgart: Schickhardt & Ebner 1874. XII,236 S. 8° (Baumeister: Handbuch ... 4. Aufl., 2. Ausg. 1,2.)
In d. Exemplaren von 21, 24 u. 91 fehlt d. Gesamttitel.
15. 16. 21. 24. 91.
13.3929

— Anleitung zum Betriebe der Rindviehzucht.
s.a. *Baumeister:* Kurzgefaßte Anleitung zum Betriebe der Rindviehzucht.

— — Anleitung zum Betriebe der Rindviehzucht. Ebd. 1852. 236 S. 8° (Baumeister: Handbuch ... 2,1.)
4. 10. 12: Oecon. 187f–2,2. 14. 19. 28. 30. 31. 38. 79. 91. 305.
13.3958

— — Anleitung zum Betriebe der Rindviehzucht. 5. Aufl., neu bearb. von F. Knapp. — Berlin: Parey 1889. V,250 S. 8° 1: Ov 25152[6]. 17. 24. 91. 201.
13.3962

Baumeister, Wilhelm: Anleitung zum Betriebe der Schweinezucht, s.a. Baumeister: Kurzgefaßte Anleitung zum richtigen Betriebe der Schweinezucht. u. Baumeister: Anleitung zur Schweinezucht u. Schweinehaltung.

— — Anleitung zum Betriebe der Schweinezucht. 3., umgearb. u. verm. Aufl. von A. Rueff. — Ebd. 1859. VIII,100 S. 8° (Baumeister: Handbuch ... 4. Aufl. 3,2.)
In d. Exemplaren von 26 u. 91 fehlt d. Gesamttitel.
1: Ov 28350. 3. 15. 17. 26. 30. 34. 91. 106.
13.3952

— Anleitung zur Beurtheilung des Aeußern des Rindes. — Stuttgart: Ebner & Seubert 1845. 274 S. 8° (Baumeister: Handbuch d. landwirthschaftlichen Thierkunde u. Thierzucht. 2,1.) 7. 12: Oecon. 2036t-2,1. 20. 21. 24. 25 [unvollst.] 28. 31. 38. 43. 48. 169. 202.
13.3930

— — Ebd. 1846. 274 S. 8° 9. 24. 26. 91.
13.3931

— — Ebd. 1852. 274 S. 8° (Baumeister: Handbuch ... 2,1.) 4. 9. 10. 12: Oecon. 187f-2,1. 14. 19. 28. 30. 31. 79. 91. 305.
13.3932

— — 2., rev. Aufl. von A. Rueff. Ebd. 1858. VIII,232 S. 8° (Baumeister: Handbuch ... 3. Aufl. 2,2.)
Im Exemplar von 12 fehlt d. Gesamttitel.
12: Oecon. 187 d. 15. 34. 46. 91. 106.
13.3933

— — 2., rev. Aufl. von A. Rueff. Ebd. 1858. VIII,232 S. 8° (Baumeister: Handbuch ... 4. Aufl. 2,1.) 26. 30. 34.
13.3934

— — Anleitung zur Beurtheilung des Rindes. 3. Aufl., hrsg. von A. v. Rueff. — Berlin: Parey 1863. X,245 S. 8° 7.
13.3935

— — 3. Aufl., hrsg. von A. v. Rueff. Berlin: Wiegandt, Hempel & Parey 1863. X,245 S. 8° 5.
13.3936

— — 3., rev. Aufl. von A. Rueff. Stuttgart: Ebner & Seubert 1863. X,245 S. 8° (Baumeister: Handbuch ... 4. Aufl. 2,1.)
In d. Exemplaren von 24 u. 31 fehlt d. Gesamttitel.
3. 15. 17. 24. 31. 91. 106.
13.3937

— Anleitung zur Kenntniß des Aeußern des Pferdes. — Stuttgart: Ebner & Seubert 1844. 315 S. 8°
9. 22. 31. 79. 122. 209.
13.3939

— — Ebd. 1845. 270 S. 8° (Baumeister: Handbuch d. landwirthschaftlichen Thierkunde u. Thierzucht. 1,1.)
Im Exemplar von 17 fehlt d. Gesamttitel.
7. 12: Oecon. 2036t-1,1. 17. 20. 21. 24. 25. 28. 31. 43. 48. 202. 209.
13.3940

— — 2., verm. Aufl. Ebd. 1845. 276 S. 8°
32. 34. 209. 308.
13.3941

— — 3., durchgearb. Aufl. von Duttenhofer. Ebd. 1852. VIII, 311 S. 8° (Baumeister: Handbuch ... 1,2.)
In d. Exemplaren von 12, 24, 91, 107 u. 302 fehlt d. Gesamttitel.
4. 8. 9. 10. 12: Oecon. 187f-1,2 [2 Ex.] 14. 19. 24. 26. 28. 30. 31. 38. 45. 79. 91. 107. 209. 302.
13.3942

— — 4., umgearb. u. verm. Aufl. von A. Rueff. Ebd. 1857. X,322 S. 8° (Baumeister: Handbuch ... 3. Aufl. 1,2.)
In d. Exemplaren von 24 u. 91 fehlt d. Gesamttitel.
15. 24. 34. 46. 91. 106. 209.
13.3943

— — 5., umgearb. u. verm. Aufl. von A. Rueff. Ebd. 1863. VIII,360 S. 8° (Baumeister: Handbuch ... 4. Aufl. 1,1.)
In d. Exemplaren von 11, 21, 24, 111 u. 180 fehlt d. Gesamttitel.
11. 17. 21. 24. 30. 34. 111. 180. 209.
13.3944

Baumeister, Wilh., Anleitung zur Kenntniß des Aeußern des Pferdes für Thierärzte, Gestütsbeamte und Pferdebesitzer jeden Standes. 6. vielfach umgearb. und verm. Aufl. von A. Rueff. gr. 8. (VIII, 464 S. mit 214 eingedr. Holzschn. nach Orig.-Zeichnungen.) Stuttgart 870, Ebner und Seubert. [Schickhardt und Ebner.]

— — 6., umgearb. u. verm. Aufl. von A. Rueff. Ebd. 1870. VIII,464 S. 8° (Baumeister: Handbuch ... 4. Aufl. 1,1.)
In d. Exemplaren von 15 u. 26 fehlt d. Gesamttitel.
3. 15. 26. 106. 169.
13.3945

— — 7. Aufl., vollst. neu bearb. von F. Knapp. Berlin: Parey 1891. VII,493 S. 8° 1: Ov 245047. 8. 24. 79. 91.
13.3947

Baumeister, Wilhelm: Kurzgefaßte Anleitung z. richt. Betrieb d. Schweinezucht, s.a. Baumeister: Anleitung z. Betrieb d. Schweinezucht.

— Kurzgefaßte Anleitung zum richtigen Betriebe der Schweinezucht. — Stuttgart: Ebner & Seubert 1847. 76 S. 8° (Baumeister: Handbuch d. landwirthschaftlichen Thierkunde u. Thierzucht. 2,3.)
7. 12: Oecon. 2036t-2,3. 20. 21. 24. 28. 43. 48. 169. 202.
13.3948

— kurzgefaßte Anleitung zum richtigen Betriebe der Schweinezucht, für den Landwirth als Schweinezüchter und für das Aufsichtspersonal der Eberhaltungen in Gemeinden. Mit Holzschn. nach Originalzeichnungen. gr. 8. (VIII und 76 S.) Stuttgart 848, Ebner und Seubert.
Aus des Verf. Handbuch der landwirthschaftl. Thierheilkunde rc., besonders abgedruckt.

— — Ebd. 1852. 76 S. 8° (Baumeister: Handbuch ... 2,3.)
4. 12: Oecon. 187f-2,3. 14. 19. 28. 30. 31. 38. 79. 91. 305.
13.3949

— — 2., von Rueff umgearb. u. verm. Aufl. Ebd. 1853. 77 S. 8° (Baumeister: Handbuch ... 2,3.)
In d. Exemplaren von 7 u. 46 fehlt d. Gesamttitel.
7. 9. 10. 15. 46.
13.3950

— — 2., von Rueff umgearb. u. verm. Aufl. Ebd. 1853. 77 S. 8° (Baumeister: Handbuch ... 3. Aufl. 3,2.) 34. 106.
13.3951

Baumeister, Wilhelm: Kurzgefaßte Anleitung z. Betrieb d. Rindviehzucht, s.a. Baumeister: Anleitung z. Betrieb d. Rindviehzucht.

— Kurzgefaßte Anleitung zum Betriebe der Rindviehzucht. Stuttgart: Ebner & Seubert 1844. 168 S. 8°
15. 17 [unvollst.] 21. 24. 31. 106.
13.3955

— — Ebd. 1846. 236 S. 8° (Baumeister: Handbuch d. landwirthschaftlichen Thierkunde u. Thierzucht. 2,2.)
7. 12: Oecon. 2036t-2,2. 21. 24. 28. 43. 48. 169. 202.
13.3956

Baumeister, Wilh., kurzgefaßte Anleitung zum Betriebe der Rindviehzucht für den Landmann als Rindviehzüchter, Thierärzte rc. 2., verm. Aufl. Mit Holzschn. nach Originalzeichnungen. gr. 8. (VIII und 238 S. mit 1 Tab. in qu. 4.) Stuttgart 849, Ebner und Seubert.
Aus des Verf. Handbuch der landwirthschaftl. Thierheilkunde rc., besonders abgedruckt.

— — Kurzgefaßte Anleitung zum Betriebe der Rindviehzucht. 3., verm. Aufl. — Ebd. 1857. VIII,232 S. 8° (Baumeister: Handbuch ... 3. Aufl. 2,3.)
Im Exemplar von 46 fehlt d. Gesamttitel.
15. 22. 34. 46. 106.
13.3959

— — 3., verm. Aufl. Ebd. 1857. VIII,232 S. 8° (Baumeister: Handbuch ... 4. Aufl. 2,2.) 26. 30. 34.
13.3960

— — 4., verm. Aufl. Ebd. 1863. VIII,224 S. 8° (Baumeister: Handbuch ... 4. Aufl. 2,2.)
Im Exemplar von 31 fehlt d. Gesamttitel.
3. 16. 17. 24. 31. 44. 91. 106. 304.
13.3961

— — Kurz gefasste Anleitung zum Betriebe der Rindviehzucht. (IV.) Mit Abbildgn. (250 S.) Berl. 63. Parey. M. 2.—

— Kurzgefaßte Anleitung zur Haus-Pferdezucht, für den Landwirth als Pferdezüchter. — Ulm: Nübling 1843. VIII, 154 S. 8° 9. 21. 22. 24. 34. 47. 107. 305.
13.3964

— — Kurzgefasste Anleitung zur Haus-Pferdezucht, für den Landwirt als Pferdezüchter. 8. (103 S.) Ulm 1845. Nübling. M. 1.—

Baumeister, Wilhelm: Anleitung zur Schweinezucht und Schweinehaltung, s.a. Baumeister: Kurgefaßte Anleitung zum richtigen Betriebe der Schweinezucht.
u. Baumeister: Anleitung z. Betrieb d. Schweinezucht.

—— Anleitung zur Schweinezucht und Schweinehaltung für den Landwirth, Thierarzt und das Aufsichtspersonal der Eberhaltungen in Gemeinden. 4. vollständig umgearb., durch Abhandlungen und Abstammung, Racenbildung, Castration rc. verm. Aufl. von A. Rueff. gr. 8. (IX, 172 S.) Stuttgart 871, Ebner und Seubert. [Schickhardt und Ebner.]

—— 5. Aufl., vollst. neu bearb. von F. Knapp. Berlin: Parey 1890. V,220 S. 8° 1:Ov 28352. 106. 302.
13.3954

— Belehrung über das Scelet des Rindes als Grundlage richtiger Beurtheilung des Aeußern desselben. Von J.W. Baumeister. — Stuttgart: Beck & Fränkel 1841. X,86 S. 8°
21. 24. 31.
13.3965

—— Stuttgart: Ebner & Seubert [nach 1841]. X,86 S. 8°
12: A. vet. 6 hf. 15. 34.
13.3966

— Darstellung der gewöhnlichsten, am Aeussern des Pferdes sichtbaren, Gebrechen und Mängel. — Gmünd 1827. 15 S. 8°
24.
13.3972

Baumeister, Wilhelm. Ueber die Darstellung der Oxyxanthone aus den Salolen mehrwertiger Phenole. (Bern) Köln, 1893. G. S., S. I.

Diss.

Baumeister, W. Über die Darstellung der Oxyxanthone aus den Salolen mehrwertiger Phenole. In-8°. 40 S. Bern. Diss. 1894

— Die thierärztliche Geburtshülfe. Ein Handbuch für Thierärzte, Gestütsbeamte und Landwirthe. — Stuttgart: Ebner & Seubert 1844. 222 S. 8°
7. 9. 12: A. vet. 6h. 24. 25. 29. 48.
13.3973

—— Die thierärztliche Geburtshülfe für Thierärzte, Gestütsbeamte u. Landwirthe. (2. Aufl.) — Ebd. 1847. VIII,232 S. 8° (Baumeister: Handbuch d. landwirthschaftlichen Thierkunde u. Thierzucht. 3,2.)
7. 20. 21. 24. 28. 43. 48. 169. 202.
13.3974

Baumeister, Wilhelm: Die thierärztliche Geburtshülfe. 2. Aufl. Stuttgart 1849. 228 S. Fig.

—— 2. Aufl. Ebd. 1852. XII,228 S. 8° (Baumeister: Handbuch ... 3,2.)
14. 28. 31. 79. 305.
13.3975

—— 2. Aufl. Ebd. 1852. VIII,232 S. 8° (Baumeister: Handbuch ... 3,2.) Im Exemplar von 91 fehlt d. Gesamttitel.
4. 12: Oecon. 187f-3,2. 19. 30. 91.
13.3976

—— 3., von Rueff umgearb. u. verm. Aufl. Ebd. 1853. XII,300 S. 8° (Baumeister: Handbuch ... 3,2.)
In d. Exemplaren von 12, 19 u. 43 fehlt d. Gesamttitel.
9. 10. 12: A. vet. 6hb. 15. 19. 24. 26. 43. 47. 91.
13.3977

—— 3., von Rueff umgearb. u. verm. Aufl. Ebd. 1853. XII, 300 S. 8° (Baumeister: Handbuch ... 3. Aufl. 3,3.)
46. 106.
13.3978

—— 4., umgearb. u. verm. Aufl. von A. Rueff. Ebd. 1861. X,362 S. 8° (Baumeister: Handbuch ... 4. Aufl. 3,3.)
In d. Exemplaren von 15 u. 24 fehlt d. Gesamttitel.
15. 17. 24. 26. 30. 34.
13.3979

—— die thierärztliche Geburtshilfe nebst den Krankheiten der Mutterthiere und Jungen für Thierärzte, Thierzüchter und Gestütsbeamte. 5. vollständig umgestaltete und vielfach verm. Aufl. von A. Rueff. gr. 8. (XV, 500 S. mit 70 eingedr. Holzschn. nach Orig.-Zeichnungen.) Stuttgart 869, Ebner und Seubert. [Schickhardt und Ebner.]

—— Die thierärztliche Geburtshülfe nebst den Krankheiten der Mutterthiere und Jungen für Thierärzte, Thierzüchter und Gestütsbeamte. 5., umgestaltete u. verm. Aufl. von A. Rueff. — Ebd. 1869. XV,500 S. 8° (Baumeister: Handbuch ... 4. Aufl. 3,3.)
In d. Exemplaren von 21, 25, 26, 31 u. 302 fehlt d. Gesamttitel.
3. 21. 25. 26. 31. 302.
13.3980

—— 6. Aufl., neu bearb. von A. v. Rueff. Berlin: Wiegandt, Hempel & Parey 1878. XV,560 S. 8° 3. 5. 7. 10.
13.3982

—— 6., umgestaltete u. verm. Aufl. von A. v. Rueff. Stuttgart: Schickhardt & Ebner 1878. XV,560 S. 8°
1: Ks 20900. 24. 302.
13.3983

— Gemeinfaßliches Handbuch der gesammten Thierheilkunde in alphabetischer Ordnung ... Bearb. von W. Baumeister u. F. M. Duttenhofer. — Stuttgart: Metzler 1844. IV,640 S. 8° 4. 12: A. vet. 6g. 15. 24.
13.3984

—— und F. M. Duttenhofer, gemeinfaßliches Handbuch der gesammten Thierheilkunde in alphab. Ordnung enth. die Beschreibung der Krankheiten des Pferdes, Rindes, Schafes, Schweines, Hundes rc.; ihre Pflege und Haltung, nebst genauer Angabe der Arzneimittel rc. für Thierärzte und zum Selbstgebrauch für Landwirthe nach eigenen Erfahrungen und den vorzüglichsten Quellen bearb. 2. Ausg. gr. 8. (IV und 640 S. mit 278 eingedr. Holzschn.) Stuttgart 847, Metzler'sche Buchh.

— Handbuch der landwirthschaftlichen Thierkunde und Thierzucht. 8°
Baumeister: Anleitung zum Betriebe d. Pferdezucht.
Baumeister: Anleitung zur Beurtheilung d. Aeußern d. Rindes.
Baumeister: Anleitung zur Kenntniß d. Aeußern d. Pferdes.
Baumeister: Kurzgefaßte Anleitung zum richtigen Betriebe d. Schweinezucht.
Baumeister: Kurzgefaßte Anleitung zum Betriebe d. Rindviehzucht.
Baumeister: Die thierärztliche Geburtshülfe.
Baumeister: Die Knochenlehre d. Rindes.
Duttenhofer, Friedrich Martin: Anleitung zur Erkenntniß u. Heilung d. Krankheiten unserer Hausthiere.
Rueff, Adolf v.: Ueber d. Bau u. d. Verrichtungen d. Körpers unserer Hausthiere.
Schmidt, Gottlob Friedrich v.: Die Schafzucht u. Wollkunde.
Vgl. die Einzelaufnahmen. 13.3986

—— Handbuch der landwirthschaftl. Thierkunde u. Thierzucht. Mit Holzschn. nach Originalzeichn. d. Verf. 1—11. Lfg. gr. 8. (99⅝ B.) Stuttgart 843, 47, Ebner u. Seubert. à 15 Ngr.

—— Handbuch der landwirthschaftl. Thierkunde und Thierzucht. Mit eingedr. Holzschn. 12—15. (letzte) Lfg. gr. 8. (3. Bd. 1. Abthl. S. 513—688., 2. Abthl. VIII und 233 S. und 3. Abthl. 80 S.) Stuttgart 847, Ebner und Seubert.
1—11. Lfg. Ebendas. 1843—47. 5 Thlr. 15 Ngr.

Baumeister, Wilhelm, Prof., Hauptlehrer und Mitvorsteher an der k. württemb. Thierarzneischule zu Stuttgart etc. Handbuch der landwirthschaftlichen Thierkunde und Thierzucht. I. Bd. 1. Abth. Das Aeussere des Pferdes. 2. Abth. Die Pferdezucht. II. Bd. 1. Abth. Das Aeussere des Rindes. 2. Abth. Die Rindviehzucht. 3. Abth. Die Schweinezucht. III. Bd. 1. Abth. Erkenntniss und Heilung der Krankheiten. 2. Abth. Die thierärztliche Geburtshilfe. (Mit Abbildungen im Text.) (3 Bde.)
8. Stuttgart 1845 u. 1846.

— Handbuch d. landwirthschaftl. Thierkunde u. Thierzucht. Mit Holzschnitten nach Originalzeichn. des Verf. 15. Liefg. (1.—3. Bd. 1.—3. Abthl.) gr. 8. Ebd. 845—47. cpl. 7¼ ₰

—— Handbuch der landwirthschaftlichen Thierkunde und Thierzucht. Neu hrsg. von Duttenhofer, Rueff und Schmidt. Mit (eingedr.) Holzschn. und Abbildungen in Farbendruck nach Originalzeichnungen. 7—12. Lfg. gr. 8. (XXXII und 872 S. mit 8 Taf. und 1 Tab. in qu. 4.; Schluß.) Stuttgart 852, Ebner und Seubert.
1—6. Lfg. Ebendas. 1851. 3 Thlr.

—— dass. — Neu hrsg. von Duttenhofer, Rueff und Schmidt. Mit (eingedr.) Holzschn. und Abbild. in Farbendr. nach Originalzeichnungen. 1—6. Lfg. gr. 8. (XXIV und 681 S. mit 11 lithochrom. Taf.) Ebds. 851. à Lfg. 15 Ngr.

Baumeister, Wilh., Handbuch der landwirthsch. Thierkunde u. Thierzucht. Für Thierärzte, Landwirthe, Gestütsbeamte ꝛc. Neu hrsg. von (F. M.) Duttenhofer, (A.) Rueff u. (G. B.) Schmidt. 3 Bde. in 12 Lfgn. gr. 8. 1. Bd. 1. Abthl. Ueber den Bau u. die Verrichtungen des Körpers unserer Hausthiere. Anatomisch-physiolog. Einleitung in die Thierzüchtkunde, bearbeitet f. den Landwirth, Gestütsbeamten, Thierbesitzer ꝛc. von A. Rueff. (VIII u. 85 S.) 2. Abthl. Anleitung zur Kenntniß des Aeußern des Pferdes f. Thierärzte, Gestütsbeamte u. Pferdebesitzer jeden Standes v. Wilh. Baumeister. 3. durchgearbeitete Aufl. v. (F. M.) Duttenhofer. Mit (eingedr.) Holzschn. u. (8 lith.) Abbild. in Farbendr. (VIII u. 311 S.) 3. Abthl. Anleitung zum Betriebe der Pferdezucht f. Thierärzte, Gestütsbeamte u. Pferdebesitzer jeden Standes. Mit (eingedr.) Holzschn. nach Originalzeichngn. des Verf. (VI u. 226 S.) 2. Bd. 1. Abthl. Anleitung zur Beurtheilung des Aeußern des Rindes f. Thierärzte, Landwirthe u. Rindviehbesitzer. Mit (eingedr.) Holzschn. nach Originalzeichngn. des Verf. (VIII u. 274 S. m. 1 lithochrom. Taf.) 2. Abthl. Anleitung zum Betriebe der Rindviehzucht f. Thierärzte, Rindviehzüchter u. Aufseher bei Farren-Anstalten. Mit (eingedr.) Holzschn. nach Originalzeichngn. (VI u. 238 S. m. 1 Tab. in in qu. gr. 4.) 3. Abthl. Kurz gefaßte Anleitung zum richtig Betriebe der Schweinezucht. 2. v. (A.) Rueff umgearbeit. u. verm. Aufl. Mit (eingedr.) Holzschn. nach Originalzeichngn. (VI u. 77 S. m. 1 lithochrom. Taf.) 3. Bd. 1. Abthl. Die Schafzucht u. Wollkunde f. Schafzüchter u. Landwirthe. Von G. F. Schmidt. Mit (eingedr.) Holzschn. u. (9 lith.) Abbild. in Farbendr. nach Originalzeichngn. (VIII u. 228 S.) 2. Abthl. Die thierärztl. Geburtshülfe f. Thierärzte, Gestütsbeamte u. Landwirthe. 3. v. (A.) Rueff vielfach umgearb. u. verm. Aufl. Mit (eingedr.) Holzschn. nach Originalzeichngn. (XII u. 300 S.) Stuttgart 852.53, Ebner & Seubert. (à Lfg. 1/2 ℛ) 6 ℛ

—— Handbuch der landwirthschaftlichen Thierkunde und Thierzucht. Für Thierärzte, Landwirthe, Gestütsbeamte ꝛc. 8., vielfach verm. Aufl. 3 Bde. à 3 Abthlgn. gr. 8. Stuttgart 857. 58, Ebner und Seubert. à Bd. * 2 Thlr. 4 Ngr. *

Inhalt:

- 1. Bd. 1. Abthl. Rueff, A., über den Bau und die Verrichtungen des Körpers unserer Hausthiere. Anatomisch-physiolog. Einleitung in die Thierzüchtungskunde. (84 S.)
- 2. " Anleitung zur Kenntniß des Aeußern des Pferdes. 4., viel fach umgearb. und verm. Aufl. von A. Rueff. (X und 322 S. mit 211 eingedr. Holzschn. nach Orig.-Zeichnungen.)
- 3. " Anleitung zum Betriebe der Pferdezucht. 3., umgearb. und verm. Aufl. von A. Rueff. (VI und 210 S. mit eingedr. Holzschn. nach Orig.-Zeichnungen.) 854.
- 2. " 1. " Die Knochenlehre des Rindes als Grundlage richtiger Beurtheilung des Aeußeren desselben für angehende Thierärzte und Landwirthe. 2., durchaus umgearb. Aufl. von F. A. Leyh. (VIII und 96 S. mit 18 eingedr. Holzschn. nach Orig.-Zeichnungen und 1 Stnt. in qu. gr. Fol.)
- 2. " Anleitung zur Beurtheilung des Aeußern des Rindes, für Thierärzte, Landwirthe und Viehschauer. 2., revid. Aufl. von A. Rueff. (VIII und 232 S. mit eingedr. Holzschn. nach Orig.-Zeichnungen.)
- 3. " Kurzgefaßte Anleitung zum Betriebe der Rindviehzucht für den Landmann als Rindviehzüchter, Thierärzte, Aufseher bei Farren-Anstalten ꝛc. 3., verm. Aufl. (VIII und 232 S. mit eingedr. Holzschn. nach Orig.-Zeichnungen und 1 Tab. in qu. gr. 4.)
- 3. " 1. " Schmidt, G. F., die Schafzucht und Wollkunde für Schafzüchter und Landwirthe. (VIII und 228 S. mit eingedr. Holzschn. und 9 Stnt. in Tondr. nach Orig.-Zeichnungen.)
- 2. " Kurz gefaßte Anleitung zum richtigen Betriebe der Schweinezucht. 2., umgearb. und verm. Aufl. von A. Rueff. (VI und 77 S. mit eingedr. Holzschn. nach Orig.-Zeichnungen.)
- 3. " Die thierärztliche Geburtshülfe für Thierärzte, Gestütsbeamte und Landwirthe. 3., vielfach umgearb. und verm. Aufl. von A. Rueff. (XII und 300 S. mit eingedr. Holzschn. nach Orig.-Zeichnungen.)

— Handbuch der landwirthschaftlichen Thierkunde und Thierzucht. Für Thierärzte, Landwirthe, Gestütsbeamte ꝛc. 3 Bde. 4. vielfach verm. Aufl. Ebend. 862. gr. 8. (LXX, 1045 S. m. Holzschn., 12 lith. Taf. u. 1 Tab.) 6 ℛ 12 ngr.

—— Handbuch der landwirthschaftlichen Thierkunde und Thierzucht. Für Thierärzte, Landwirthe, Gestütsbeamte ꝛc. 8 Bde. 4., vielfach verm. Aufl. gr. 8. (LXX und 1945 S. mit eingedr. Holzschn., 12 Stnt., wovon 9 in Ton- und 2 in Buntdr., und 1 Tab. in gr. 8. und qu. Fol.) Stuttgart 863, Ebner und Seubert. *

— Die Jagd- und andere Hunde in allen ihren Verhältnissen, oder Anleitung zur zweckmäßigen Behandlung, Erziehung u. Abrichtung dieser gelehrigen Thiere ... Von J.W. Baumeister. — Ulm: Ebner 1832. VIII,208 S. 8°
21. 24. 31. 47.
13.3987

Baumeister, Wilhelm

-- — Die Knochenlehre des Rindes als Grundlage richtiger Beurtheilung des Aeußern desselben. 2., umgearb. Aufl. von F.A. Leyh. — Ebd. 1857. VIII,96 S. 8° (Baumeister: Handbuch d. landwirthschaftlichen Thierkunde u. Thierzucht. 3. Aufl. 2,1.)
In d. Exemplaren von 24 u. 91 fehlt d. Gesamttitel.
15. 24. 34. 46. 91. 106.
13.3967

—— 2., umgearb. Aufl. von F. A. Leyh. Ebd. 1857. VIII, 96 S. 8° (Baumeister: Handbuch ... 4. Aufl. 2,3.)
17. 26. 30. 34.
13.3968

—— Knochenlehre des Rindes als Grundlage richtiger Beurtheilung des Exterieurs. 3. Aufl., hrsg. von F.A. Leyh. Berlin: Wiegandt, Hempel & Parey 1864. VIII,96 S. 8°
3. 5. 7.
13.3969

- — Die Knochenlehre des Rindes als Grundlage richtiger Beurtheilung des Aeußern desselben. 3., unveränd. Aufl. von F.A. Leyh. — Stuttgart: Ebner & Seubert 1864. VIII, 96 S. 8° (Baumeister: Handbuch ... 4. Aufl. 2,3.)
In d. Exemplaren von 24 u. 31 fehlt d. Gesamttitel.
3. 24. 31. 91. 106.
13.3970

Baumeister, [Wilhelm]: Die ausseren Mängel und Gebrechen des Pferdes. E. Taschenbuch für Pferdekäufer ... mit 1 Abb. in Stahlstich. Stuttgart 1850.
8 S.

Baumeister, W., Radirungen. 6 Blätter (in Kpfrst.). Ein Andenken an seine Freunde. gr. 4. Stuttgart 874, Schickhardt und Ebner. In Mappe *

Baumeister, Wilh., Radirungen. Ein Andenken für seine Freunde. 6 Blatt. (2. Abdr.) gr. 8. Stuttgart 881. Schickhardt & Ebner. In Mappe. n. 1.—

Baumeister, Tierheilkunde. 1838-39. Manuskript von A Holland.

Biiumel, Fanny, Empfundenes. Gedichte. (IV, 106 S.) 8. Dresden 906. E. Pierson. n. 1. 50; geb. n.n. 2. 50

Biiumel, Fanny, Empfundenes. Gedichte. II. Bd. (IV, 102 S.) 8. Dresden (907). E. Pierson. 2.—; geb. n 3. —

— Aus „Schwalbmann's Tagebuch". (Fortsetzung aus „Empfundenes II".) II. Tl. u. Anderes. Gedichte. (III, 156 S.) kl. 8. Ebd. (909). 2.—; geb. n 3. —

Bäumel, Fanny: Aus Schwalbmanns Tageb. Novelle a. d. Vogolwolt in 3 Tln. 3. (Schl.-)Tl. Schwalbmann als Grossvater. (103 m. Bildn.) kl8° Drosd., E Pierson '11. (jo) 2 —; geb. (jo) n 3 — d

Baeumen, Aug. v., nach Marokko. Reise und Kriegsmemoiren. Mit 1 (lithogr.) Zeichnung der Stadt Tetuan und dem (lithogr.) Bildnisse des General Prim. 8. (883 S.) Berlin 861, Springer's Verlag.

Baumer, Naturwissenschaftler, Erfurt, 1719-1788. 1749
s. *Baumer*, Johann Wilhelm.

Baumer, Albrecht v.: Handbuch der Befestigungskunst im Felde, darin die Grundsätze durch geschichtliche Beispiele ... erläutert sind. — Leipzig: Kummer 1825. X, 298 S., 17 Kt. 8° 1: Hy 15233. 17. 24. 209.
13.3994

Baumer, Anna: Praktische Reisküche. 201 Recepte zur Bereitung d. mannigfachsten Reisspeisen. — Schongau: Selbst-Verl. 1899. 103 S. 8° 12: Oecon. 187t. 19.
13.3996

Baumer, Frau Anna, praktische Reisküche. 201 Recepte zur Bereitg. der mannigfachsten Reisspeisen. 12. (103 S.) Schongau 899. (München, E. Scherzer.) n.n. — 75

Baumer, Frau Anna, praktische Reisküche. 212 Rezepte zur Bereitg. der mannigfachsten Reisspeisen. 2. verm. Aufl. (111 S.) 12. Schongau 900. (Leipzig, Fritzsche & Schmidt.) n.n. — 75

Baumer, Benj., De consensu partium corporis humani ejusque causis. 66 pp. Giss. 4°. 1781

Baumer, E[mil]. Der Kanton Frickthal und Rheinfelden vor 100 Jahren. Separatabdruck aus dem «Taschenbuch der hist. Gesellschaft des Kantons Aargau 1902». II + 32 S. 8. Aarau, H. R. Sauerländer & Co., 1902. [fr. —. 80]

Baumer, E., Marie v. Hagenbach, od. Der Liebe Sieg, s. a. Bibliothek vaterländischer Schauspiele. 81.

Baumer, E[mil]. Marie von Hagenbach, oder: Der Liebe Sieg. Historisches Schauspiel in 5 Akten ⟨Zeit 1669—1670⟩. 72 S. 8. Aarau, H. R. Sauerländer & Co., 1904 (*Umschlag: 1903*). (fr. 1. —)
(Bibliothek vaterländischer Schauspiele. 81.)

Baumer, Ferdinand

Baumer, F., das Conserviren der Früchte mit Baumer's Patentverschluß. Ein neues Verfahren zur Herstellg. der vorzüglichsten Compots. Ohne Anwendg. antisept. oder anderer chem. Hilfsmittel u. ohne Nachdunsten der Gefäße. Zugleich die sicherste Art der Conservirg. der Farbe, des Wohlgeschmacks u. des Aromas der Früchte. 8. (111 S. m. 18 Abbildgn.) Wien 890. (Frick.) n. 2. —

Baumer, Gottfried v.: Eine Betrachtung über die Frage: wem die Errungenschaft auf Ableben eines der Ehegatten nach Bayreuther Recht gehöre. — Nördlingen: Beck 1863. 20 S. 8° 12: Bavar. 198 zm. 19. 29.
13.3997

Baumer, Heinrich: Gedenkblatt zum hundertjährigen Jubiläum der Pfarre Groß-Jedlersdorf. — Wien: Eipeldauer 1883. 15 S. 8° 300: 39.409–B.
13.3998

— Predigt, gehalten bei der Einweihung des neuen Hochaltares und dem Dankfeste nach vollendeter Kirchenrestauration in Großnondorf ... 1874. — Wien: Selbstverl. d. Pfarre Großnondorf 1874. 16 S. 8° 302.
13.3999

— Predigt zur Secundiz des Hochwürdigen Herrn Mathias Poppenberger. — Wien: Eipeldauer 1880. 13 S. 8° 300: 40.474–B. 302.
13.4000

Baumer, JB: Wunder d. Natur im Bereiche d. Lichtes. Eine relig.-wissenschaftl. Naturbetrachtg. (5, 192 m. Abb. u. Titelbild.) 8° Regensbg. F Pustet '13. 2 —: L 3 — d

Baumer, J. B., C. Ss. R., Wunder der Pflanzenwelt od. Offenbarung Gottes im Pflanzenleben. Eine religiös-wissenschaftl. Naturbetrachtg. (263 S. m. 20 Abb.) 8. Regensburg 911. F. Pustet. 1.50; geb. in Leinw. 2. 20

Baumer, Johann: Hinlängliche Nachricht, wie man eine bevorstehende Ruhr-Seuche abwenden oder verhüten könne. — o.O. 1752. 16 S. 8° 4. 8. 300: 36 J 29.
13.4001

Baumer, Johann Albrecht: Tractatus theologicus de perspicuitate Scripturae Sacrae a Joanne Albrechto Baumero conscriptus, ed. autem a Joanne Guilielmo Baumero. Francofurti [usw.] 1751. 78 S. 8° 17. 18.
13.4002

Baumer, Johann Paul

Baumer, Jh. Paul, († d. 19. Sept. 1771.) ökonom.-physikal. Abhandl. über d. Bienenpflege, besond. in Thüringen. Aus d. Latein. v. J. L. Eyrich. 8. Ansbach 774. (Gassert). 5 gr.

— — [deutsch] Oekonomisch-physikalische Abhandlung über die Bienenpflege, besonders im Thüringischen, übers. ... u. ... hrsg. von Joh. Leonh. Eyrich. — Anspach: Haueisen 1774. 120 S. 8° 3. 7. 12: Oecon. 188. 16. 19. 20. 302.
13.4013

Baumer, Johann Paul: Beschreibung eines zu Erspahrung des Holtzes eingerichteten Stuben-Ofens. — Berlin: Haude & Spener 1765. XXIV,30 S. 8° 1: an Nz 2361 [u.] 5 an Ab 52. 2. 3. 7. 14. 17. 19. 21. 22. 24. 28. 33. 44. 51. 78. 202. 210. 302.
13.4007

— — Ebd. 1768. XXIV,32 S. 8° 7. 8. 83.
13.4008

— Beschreib. e. holzersparenden Stubenofens. Mit Kpf. 8. Berl. 788. Haude u. Sp. 10 gr.

— De Colore, densitate atque crassitie pulmonum foetus, qui respiravit, et eius qui non respiravit. — Erfordiae [1768]: Nonnius. 16 S. 8° 4. 15. 17.
13.4009

— Jo. Paul. Baumer ... aperit publicas scholas medicas, Quaedam de Methodo morsum canis rabidi curandi rationali, nec non publicas scholas philosophicas, Quaedam de experientia disserens. — [Erfurt 1765]: Nonnius. 20 S. 8° 4. 15. 17.
13.4010

Baumer, Jo. Paul, Diss. Prodromus methodi, surdos a nativitate faciendi audientes et loquentes. Erf. 4°. 1749

— — [deutsch] Unterricht, wie man einem Menschen, wie auch Thieren, so von einem tollen Hund gebissen worden, ... helfen soll. Nebst e. Vertheidigung seiner ohnlängst hrsg. Programmatum. — Erfurt: Straube 1765. 20 S. 8° 1: 1 an Kh 5322. 4. 5. 8. 12: 4° Path. 32. 15. 17. 21. 28. 30. 169.
13.4011

— Tractatus oeconomico-philosophicus, de apum cultura cum primis in Thuringia. — Erfordiae: Nonnius 1770. 24 S. 4° 4. 5. 7. 21.
13.4012

Baumer, Johann Wilhelm: Anthropologia anatomico-physica. — Francofurti: Andreä 1784. 438 S. 8° 1: Ku 1309. 15. 17. 23. 30. 45.
13.4014

Baumer, Jo. Wilh. [Präs.] u. Jak. Dav. Ludw. Rübsamen [Resp.]
Dissertatio physico-medica de aquis soteriis carbonsibus in qua, aquarum alcalinarum ortum montium marmoreorum seriei deberi, simul ostenditur.
Giessae [S.] April 1769: Schröder. 28 S. 4°
exercitii gratia

— [Hrsg.]
s. *Bass*, Heinrich: Tractatus de morbis venereis. 1763.

— [Hrsg.] s. *Baumer*, Johann Albrecht: Tractatus theologicus de perspicuitate Scripturae Sacrae. 1751.

— Bibliotheca chemica. — Giessae: Krieger 1782. 116 S. 8° 1: Mr 400. 5. 7. 8. 12: Chem. 10 a. 14. 16. 17. 18. 21. 22. 27. 30. 303.
13.4015

— bibliotheca chemica. 8. Marburg, Krieger. (Pott et Comp. in Lausan.) 782.

Baumer, Joh. Wilh. [Präs.] u. Georg Philipp Pfeffer (Freyensee) [Autor et Resp.]
Dissertatio inauguralis medica de convulsionibus clonicis.
Giessae 2. Okt. 1778: Joh. Jac. Braun. 48 S. 4°

Baumer, Johann Wilhelm [Präs.] u. Joh. Karl Friedr. Merle (Korbach) [Autor et Resp.]
Dissertatio inauguralis med. de convulsionibus tonicis particularibus.
Giessae 3. Juli 1778: Braun. 36 S. 4°
pro gradu doctoris.

Baumer, Jo. W., De delirio hysterico. Erf. 4°. 1763

Baumer, Jo. W., resp. Go. Fr. Schraffius, De ecstaseos atque catalepseos differentia. 12 pp. Giss. 4°. 1776

— D. Jo. Guil. Baumer ... scholas aperit, Quaedam de electricitatis Effectibus in corpore animali commentans. — Erfordiae [1755]: Hering. 16 S. 8°
1:28 in Ia 305. 4. 12: 4° Diss. 3020-12. 26.
13.4016

Baumer, Joh. Wilh. [Präs.] u. Justus Anton Grimmel (Gronavia-Hassus) [Auctor]
Dissertatio inauguralis medica de effectu acidorum salutari et nocivo in corpore humano.
Giessae 24. Aug. 1769: Joh. Jac. Braun. 24 S. 4°
pro gradu doctoris .

Baumer, Jo. Wilh. [Präs.] u. Joh. Heinr. Phil. Kück (Hamburg) [Auct. et Resp.]
Dissertatio inauguralis medica de emprosthotono.
Giessae 26. April 1776: Jo. Jak. Braun. 24 S. 4°
pro gradu doctoris atque privilegiis in scientia salutari rite obtinendis.

Baumer, Joh. Wilh. [Präs.] u. Georg Philipp Volckmer [Autor et Resp.]
Dissertatio inauguralis medica de febre catarrhali epidemica maligna.
Giessae [25.] Aug. 1780: Joh. Jac. Braun. 40 S. 4°
pro gradu doctoris.

Baumer, Johann Wilhelm [Präs.] u. Joh. Friedr. Caesar Kramer (Corbach) [Resp.]
Dissertatio inauguralis medica de febre rubra, vulgo Scarlatina dicta.
Gissae [21.] Sept. 1775: Joh. Jac. Braun. 40 S. 4°
pro gradu doctoris atque privilegiis in scientia salutari rite obtinendis.

— Fundamenta chemiae theoretico-practicae. — Giessae: Krieger 1783. 528 S. 8°
5. 10. 12: Chem. 10. 16. 17. 26. 27. 36. 38.
13.4017

— Fundamenta chemiae theoretico-pract. 8. Marb. 783. 2e A. 787. Krieger. 20 gr

— Fundamenta geographiae et hydrographiae subterraneae. Giessae 1779: Krieger. 234 S. 8° 1: Ml 101. 3. 5. 7. 8. 12: Phys. sp. 41 m. 14. 16. 17. 21. 24. 26. 34. 43. 202. 302.
13.4018

— fundamenta geographiae et hydrograph. subterr. c. fig. 8. Ibidem. 797.

— Fundamenta politiae medicae cum annexo catalogo commodae pharmacopoliorum visitationi inserviente. — Francofurti [usw.] 1777: Fleischer. 200 S. 8°
5. 8. 10. 16. 17. 19. 25. 28. 30. 31. 36. 303.
13.4019

— Fundamenta psychologico-logica. — Francofurthi [usw.] 1752. 158 S. 8° 17. 21. 22. 26. 78. 117.
13.4020

Baumer, Jo. Wilh. [Präs.] u. Joh. Wilh. Wolff (Worms) [Auct. et Resp.]
Dissertatio inauguralis medico-chirurgica de funiculo umbilicali.
Giessae [27.] Aug. 1771: Jo. Jak. Braun. 24 S. 4°
pro gradu doctoris.

Baumer, Joh. Wilh. [Präs.] u. Joh. Felix Seb. Müller (Ittera-Hassus) [Autor et Resp.]
Dissertatio inauguralis medica de glandulis et vasis lymphaticis.
Giessae [10.] Okt. 1765: Braum. 40 S. 4°
pro gradu doctoris ... in arte salutari rite obtinendis.

Baumer's, J. W., vollständige lateinische Grammatik nach demonstrativischer Lehrart. Erfurt 749. 50. 3 Theile. 8. 14 gr.

— Historia naturalis lapidum pretiosorum omnium, nec non terrarum et lapidum hactenus in usum medicum vocatorum. — Francofurti: Fleischer 1771. 153 S. 8°
1: Ot 32358. 12: Lith. 29. 14. 17. 21. 24. 26. 27. 30. 39. 62.
13.4021

— historia natural. regni mineral. c. fig. 8. Frankf. 780. Brönner, a. Hermann, Gebhardt u. K. 1 ꝑ

— historia natural. regni mineral. c. fig. 8. Frankf. Brönner, auch Herrmann. (Pott et Comp. in Lausan.) 780.

— Historia naturalis regni mineralogici ad naturae ductum tradita. — Francofurti 1780: Garbe. 554 S. 8°
7. 12: Lith. 30. 14. 17. 18. 22. 30. 38. 202. 307.
13.4023

Baumer, Joh. Wilh. [Präs.] u. Joh. Paul Jodocus Kück (Castello-Francus) [Autor et Resp.]
Dissertatio inauguralis medica de hydrope anasarca.
Giessae [13.] Okt. 1774: Joh. Jac. Braun. 44 S. 4°
pro gradu doctoris atque privilegiis in scientia salutari rite obtinendis.

—, resp. Ad. Schacht, De iis, quae spasmis rigidis particularibus communia sunt, agit. 16 pp. Giss. 4°. 1776

Baumer, Jo. W., Diss. de mali hysterici vera indole et curatione. Erf. 4°. 1762

— medicina forensis. 8. Frankf. u. Leipz. 778. Brönner, a. Gebhardt u. K. 16 gr

— Medicina forensis, praeter partes consuetas, primas lineas iurisprudentiae medico-militaris et veterinario-civilis continens. — Francofurti [usw.] 1778: Garbe. 359 [vielm. 350] S. 8° 1: Kr 3165. 5. 7. 8. 10. 12: Med. for. 2h. 15. 17. 19. 22. 23. 25. 28. 30. 31. 33. 34. 36. 123. 180. 202. 307.
13.4024

Baumer, Joh. Wilh., Candidati Friedr. Christian Bruch (Obersulz/Els.) sol. ingaug. — De protocolli in sectionibus medico legalibus. Giessen (J. J. Braun) Sept. 1782. 8 S. (3.—) 1427
Mit Biogr. Br.'s. (M.: M. L. Pauli.)

Baumer, J. W., resp. G. H. Mechtoldt, De memoria ejusque labe et praesidiis. 30 pp. Erf. 4°. 1760

Baumer, J. Will. Chr., De meningibus. 20 pp. Giss. 4°.
Haller, Bibl. anat. II, 720. (Ossicula in falciformi processu.) 1775

— Jo. Guilielm. Baumer ... scholas apperit, Quaedam de Morbis articulorum commentans. — Erfordiae [1754]: Hering. 16 S. 8° 2. 4. 17.
13.4025

Baumer, Joh. Wilh. [Präs.] u. Joh. Philipp Hettler (Frankf. a. M.) [Auctor et Resp.]
Dissertatio inauguralis medica de liquoris amnii natura ac indole.
Giessae [15.] März 1776: Joh. Jac. Braun. 34 S. 4°
pro gradu doctoris.

— Naturgeschichte aller Edelgesteine. Aus d. Latein. v. Karl v. Meidinger. gr. 8. Wien 774. (Heubner). 8 gr

— — [deutsch] Naturgeschichte aller Edelsteine; wie auch der Erden und Steine, so bisher zur Arzney sind gebraucht worden ... Übers. von Karl Frhr u. Reichsrittern v. Meidinger. — Wien: Krauße 1774. 149 S. 8°
Abweichend in einigen Exemplaren Medinger statt Meidinger.
1: Ot 32360. 5. 7. 8. 14→17. 21. 25. 27. 28. 29. 31. 33. 39. 44. 52. 304.
13.4022

— Naturgeschichte des Mineralreichs mit bes. Anwendung auf Thüringen. Buch [1.] 2. — Gotha: Dieterich 1763-64. 8° 1: Mn 4328. 2. 3. 5. 7. 8. 12: Lith. 31. 14. 16→22. 24. 27. 29. 30. 31. 39. 52. 78. 79. 169. 202. 300 [= 1]: • 44 L 1. 302→304.
13.4026

Baumer, Johann Wilhelm [Präs.] u. Georg Friedr. Schraff (Dillenburg) [Resp]
Dissertatio inauguralis medica de vera catalepseos notione ac rationali curatione.
Gissae 18. April 1776: Joh. Jac. Braun. 32 S. 4°
pro gradu doctoris atque privilegiis in scientia salutari rite obtinendis.

Baumer, Joh. Wilh. [Präs.] u. Joh. Christian Louis (Lahra-Nassovicus) [Autor et Resp.]
Dissertatio inauguralis medica de Opisthotono.
Giessae Juli 1777: Joh. Jac. Braun. (4), 36 S. 4°
pro gradu doctoris.

Baumer, Johann Wilhelm [Präs.] u. Friedr. Alex. Polexius Lindisch (Siegen) [Auctor et Resp.]
Dissertatio inauguralis medica de seri profluviis haemorrhagiarum vices sustinentibus.
Gissae 11. Juli 1765: Braum. 36 S. 4°
pro gradu doctoris atque privilegiis in arte salutari rite obtinendis.

Baumer, Jo. Wilh. [Präs.] u. Ernst Just. Theod. Hoepfner (Giessen) [Resp.]
Dissertatio historico-physica de re Cattorum metallica.
Giessae Juni 1769: Schröder. 24 S. 4°

— Vollständige lateinische Sprach-Kunst, nach wissenschaftlicher Lehr-Art abgehandelt. — Franckfurt [usw.]: Jungnicol 1749. 506 S. 8° 12:L. lat. 84 m. 17. 22. 27. 304.
13.4027

Baumer, Joh. Wilh. [Präs.] u. Wilh. Adolf Schacht (Dillenburg) [Auctor et Resp.]
Dissertatio inauguralis medica de tetano.
Giessae [20.] Sept. 1776: J. J. Braun. 44 S. 4°
pro gradu doctoris atque privilegiis in scientia salutari rite obtinendis.

Baumer, Johann Wilhelm

— Via valetudinem secundam tuendi et vitae terminum prorogandi. — Giessae: Krieger 1771. 206 S. 8°
1:8° Bibl. Diez 7492. 4. 5. 7. 10. 14. 15. 17. 19. 26. 31. 61. 180. 302.
13.4028

— via valetudinem secundam tuendi et vitae terminum prorogandi compend. 8. Marburg, Krieger, (Pott et Comp. in Lausan.) 771.

Baumer, Mor., über Reingewinn, Gewinn-Vortrag u. Tantième-Berechnung b. Aktiengesellschaften. gr. 8. (28 S.) Nürnberg 902. J. Zeiser. n. — 40

Baumer, Theodor: Das Mönchensteiner Eisenbahnunglück. Ein Sünden-Register für d. Eidgenossen! Zugest. anlässlich d. Vorkommnisse nach d. Katastrophe. — (Freiburg i. B.: Fehsenfeld [1891].) 23 S. 8° 30. 106.
13.4032

Baumer, W.: Marmor u. Mosaik in der Architektur, s. Bäumer, Wilhelm

Baumer, Wilh. v., Betrachtungen üb. die Abnahme d. Wälder, ihrer Ursachen u. Folgen u. die Mittel, derselben Einhalt zu thun. 8. (12⅓ B.) Nördlingen 846, Beck'sche Buchh.

Baeumer, Oberpostassistent. 1900 s. *Baeumer*, Heinrich.

Baeumer, Pfarrer, Bodelschwingh. 1808 s. *Baeumer*, Wilhelm

Bäumer, Ant., Samml. von neuen u. kurzen Predigten auf d. Feste d. Herrn etc. 4 Thle. gr. 8. Münch. 791 — 92. Fleischmann. 2 ₰ 10 K

Bäumer, Eduard [aus Barmen]: Beiträge zur Histologie der Urticaria simplex und pigmentosa m. bes. Berücks. d. Bedeutg d. Mastzellen f. d. Pathogenese d. Urticaria pigmentosa ... Berlin, Druck v. B. Paul, 1895; 33 S., 2 Bl. 8.
Berlin, Med. Fak., Inaug.-Diss. v. 9. Aug. 1895

Bäumer, Eduard: Constantin Brunner üb. d. Prinzipien d. Naturwissensch. u. d. Aberglaube in d. modernen Medizin. (88) gr8° Münch., Verl. d. ärztl. Rundschau '11. 2 —

Bäumer, Eduard, zur Geschichte des Badewesens, s.Abhandlungen zur Geschichte der Medizin. 7. Hft.

— Die Geschichte des Badewesens. — Breslau: Kern 1903. 79 S. 8° (Abhandlungen zur Geschichte d. Medizin. 7.)
1:Ib 1178-7. 2. 3. 7. 9. 10. 12:Med. g. 1 aa-7. 14→17. 20. 22. 24. 25. 26. 38. 41. 43. 53. 61. 75. 202. 210. 300:418.367-B. Per. 7. 302.
9.9682

— Hippokratismus. — München: Gmelin 1910. 29 S. 8° (Von ärztlicher Kunst u. den Grenzen medizinischer Wissenschaft. 1.) 1:Ie 570/100-1. 12:Med. g. 271 c-1. 17. 24.
9.9683

Bäumer, Eduard, von ärztlicher Kunst u. den Grenzen medizinischer Wissenschaft. 1. Heft: Hippokratismus. (29 S.) 8. München 910. Verl. d. ärztl. Rundschau. — 75

— Von ärztl. Kunst u. d. Grenzen medizin. Wissensch. 1. Heft: Hippokratismus. (29) 8° Ebd. '10. — 75
Fortsetzg s.: Von ärztl. Kunst.

— Ältere u. neuere Methoden der Quecksilberbehandlung, s. Klinik, Berliner. 264. Heft.

— Ältere und neuere Methoden der Quecksilberbehandlung. — Berlin: Fischer's med. Buchh. 1910. 18 S. 8° (Berliner Klinik. 264.) 1:Ic 2548-264. 7. 11. 12:Path. 685 ac-1910. 15. 17. 25. 43. 302.
9.9685

Bäumer, Gertrud

Bäumer, Gertr., s.: Aufgaben u. Ziele des Bundes f. Schulreform.

— Entwicklg u. Stand d. Frauenstudiums u. d. höh. Frauenberufe. [Aus: „Die Frau".] (22) Lex8° Berl., W Moeser '12. — 40 d

Bäumer, Gertrud (Hrsg.), s. Die Frau.

Bäumer, Gertr., die Frau in der Kulturbewegung der Gegenwart, s. Grenzfragen des Nerven- u. Seelenlebens. Hft. 32.

— Die Frau in der Kulturbewegung der Gegenwart. Mit e. Vorw. von L. Loewenfeld. — Wiesbaden: Bergmann 1904. XII, 49 S. 8° (Grenzfragen d. Nerven- u. Seelenlebens. 32.)
1:Ky 16985-32. 6. 7. 10. 11. 12:Anthr. 47 m-32. 15. 17. 19→22. 26. 27. 30. 32. 38. 43. 46. 62. 79. 106. 107. 109. 202. 207. 302.
9.9696

— Die Frau u. d. geist. Leben, s: Kulturaufgaben, Die, d. Frau.

— s.: Frauenbewegung u. Sexualethik.

— Die Frauenbewegung und die Zukunft unserer Kultur. Berlin 1909: Moeser. 20 S. 8°
Erschien zuerst in: Die Frau. 16. 1908-09. 9. 44. 47. 86. 109.
9.9700

— s: Frauenkongress, Der deut., Berlin '12.

— Ika Freudenberg †. Ansprache bei d. Trauerfeier. [Aus: „Die Frau".] (15 m. 1 Bildn.) gr8° Berl., W Moeser '12. — 30 d

— Goethes Freundinnen. Briefe zu ihrer Charakteristik. — Leipzig [usw.]: Teubner [1909]. IV, 318 S. 8°
18. 41. 64. 79. 117.
Dass. s.a.: Goethe's Freundinnen.
9.9703

— — Ebd. 1909. IV, 318 S. 8° (Deutsche Charakterköpfe. 5. 6.) 1:Pb 3943-5.6. 11. 12:Biogr. C. 70 i-5.6. 15. 30. 31. 32. 46. 51. 60. 111. 133. 307.
9.9704

[—] Geschichte der Gymnasialkurse für Frauen zu Berlin. Berlin 1906: Moeser. 84 S. 8° 1:Ay 13577/42. 2→11. 16. 17. 19. 20. 21. 25→29. 31. 32. 38. 109. 203. 207.
9.9707

— Soziale Gewissensfragen. Ansprache. — Leipzig 1905: Teubner. S. 110-116. 8°
Aus: Der Säemann. 1. 1905. 26. 203.
9.9708

Bäumer, Gertr., s.: Handbuch der Frauenbewegung.

Bäumer, Gertrud (Hrsg.), s. Hilfe, Die.

— Die soziale Idee in den Weltanschauungen des 19. Jahrhunderts. — Heilbronn: Salzer 1910. 375 S. 8°
1:Fc 1082. 2. 5. 7. 8. 10. 11. 12:Pol. g. 1037 o. 14. 15. 17. 20→27. 30. 31. 32. 34. 35. 38. 41. 43. 45. 46. 51. 60. 61. 84. 87. 91. 104. 109. 117. 121. 203. 205. 207. 211. 300: 472.853-B. 302.
9.9714

— — 2. Aufl. Ebd. 1910. 375 S. 8°
9. 16. 18. 39. 47. 61. 107. 109.
9.9715

— Von der Kindesseele. Beiträge zur Kinderpsychologie aus Dichtung und Biographie. Hrsg. von Gertrud Bäumer u. Lili Droescher. — Leipzig: Voigtländer 1908. VIII, 428 S. 8° 1:Nn 850. 11. 12:Paed. Th. 260. 14. 16. 22. 24. 46. 61. 79. 84. 102. 109. 207. 300: 458.458-B. 302.
9.9717

— — Gekürzte (Schul-)Ausg. Ebd. 1909. 288 S. 8°
1:Nn 850/1. 64. 211.
9.9732

— u. Lili Droescher: Von d. Kindesseele. Beiträge z. Kinderpsychol. a. Dichtg u. Biogr. Gekürzte (Schul-)Ausg. 2.Afl. (320) gr8° Lpzg, R Voigtländer '12. L 2.80 d

— Die deutschen Klassiker in der höheren Mädchenschule. Vortrag. — Gera 1899:Hofmann. 12 S. 8°
Aus: Verhandlungen d. 5. Generalversammlung d. Allgemeinen deutschen Lehrerinnenvereins. 1899.
32.
9.9726

Bäumer, Gertr., s. Lebensziele, neue.

— Die höh. Lehranst. u. d. Mädchenschulwesen im Deut. Reich, s.: Rethwisch, C.

— s.: Mädchenbildung, die höhere.

— s: Religion, Die, u. d. Frau.

Bäumer, Gertrud, a. Hohenlimburg: Goethes Satyros. (Einleitung, Kap. 1 u. 2.) (Leipzig 1905: B. G. Teubner.) (53 S.) 8° ¶ (Erschien vollst. 1905 im Verlag von B. G. Teubner, Leipzig.)
Berlin, Phil. Fak., Ref. E. Schmidt, Heusler, Diss v. 21. Jan. 1905
[Geb. 12. Sept. 73 Hohenlimburg in Westfalen; Heimatsort: Berlin; Staatsangeh.: Preußen; Vorbildung: Viktoria-Lyceum Berlin: Oberlehrerinnenprüfung 12. u. 13. Juni 00; Studium: Berlin 9 S.; Rig. 9. Juni 04.]

— Goethes Satyros. Eine Studie zur Entstehungsgeschichte. — Leipzig:Teubner 1905. 125 S. 8°
Erschien teilweise auch als Diss. Berlin 1905.
1:Yv 5915. 3. 4. 5. 10. 11. 12:P.o.germ. 494 ie. 14→20. 25. 26. 28. 32. 38. 43. 46. 61. 93. 109. 300:439.424–B. 302. 303.
9.9735

— Schiller u. d. Seinen, s.: Wychgram, J

— Der Wandel d. Frauenideals in d. modernen Kultur. Eine Jugendansprache. (24) 8° Münch., Buchh. Nationalver.'11. — 30

Was sind wir unserm geistigen Ich schuldig? Von Gertrud Bäumer. Leipzig: R. Voigtländer 1907. (S. 8–15.) 8° [Umschlagt. F.]
= Lebensziele, Neue. H. 2, [2.] 07. 4334

Bäumer, Gertrud: Was sind wir unserem geistigen Ich schuldig? S. 8-15 in: Lange, Helene: Soziale Arbeit – eine Lebensaufgabe. 1907. (Neue Lebensziele. Ansprachen an junge Mädchen. 2.)

Baeumer, H.: Diktando-Aufgaben zum Zweck methodischer und sicherer Einübung der Schüler der Volksschule in die neue Rechtschreibung. — Lingen: van Acken 1880. 24 S. 8°
7.
9.9748

Bäumer, H., Lesebuch für Oberclassen katholischer Volksschulen nebst einem Anhang enth. kleine deutsche Sprachlehre. 8. (VIII und 228 S.) Papenburg 866, Lüken'sche Buchh. *

—— kleine deutsche Sprachlehre für Volksschulen. (Anhang zu „Bäumer's Lesebuch für Oberclassen kathol. Volksschulen".) 8. (44 S.) Papenburg 866, Lüken'sche Buchh. cart. *

—— kleine deutsche Sprachlehre, nebst Aufgaben und vollständ. Wörterverzeichniß. 2. Aufl. (32 S.) 1873; 3. vollständig umgearb. Aufl. 8. (48 S.) Ebendas. 882. *

Bäumer, H., kleine deutsche Sprachlehre, nebst Aufgaben und vollständ. Wörterverzeichnis. 4. Aufl. 8. (48 S.) Lingen 887, van Acken. *

— Kleine deutsche Sprachlehre nebst Aufgaben und einem Wörterverzeichnis. 5., umgearb. Aufl. — Lingen: van Acken 1903. 55 S. 8°
35.
9.9749

Baeumer, Heinrich: Die Entwickelung des Fernsprechverkehrs in Düsseldorf während seines 25jährigen Bestehens von 1883 bis 1908. (Verf.: H. Bäumer.) — Düsseldorf (1908): Bagel. 15 S. 8°
61.
9.9750

Baeumer u. Wüst, das Kassen- u. Rechnungswesen bei den Post- u. Telegraphenämtern. Ein Hülfsbuch f. Post- u. Telegraphenbeamte. gr. 8. (X, 316 S.) Düsseldorf 900. (Elberfeld, Baedeker.) n. 3. —

Baeumer, Julius, (Guestfalus): De Posidonio Megasthene Apollodoro M. Annaei Lucani auctoribus. *Monasterii Guestf. 1902: Soc. typogr. Guestf.* (47 S.) 8°
Munster, Phil. Diss. v. (7. Nov.) 1902

Baeumer, Lambert: Die Kapelle 'Klein-Jerusalem' bei Neersen. — Neersen: Verf. 1870. VIII,115 S. 8°
1:Ti 1898. 5. 38. 61.
9.9752

Bäumer, Rudolf [aus Morsbach bei Remscheid]: Untersuchungen über die Bergreihen von 1531, 1533, 1536 und 1537 ... (Soll vollst. erscheinen.) Jena, Frommannsche Hof-Buchdr., 1895; 43 S. 8.
Jena, Phil. Fak., Inaug.-Diss. v. [19. Jan.] 1895

Bäumer, Rud., Untersuchungen üb. d. Bergreihen v. 1531, 1533, 1536 u. 1537. Diss. gr. 8. (43 S.) Jena 895. (H. Pohle.) n. 1. —

Baeumer, S. Wilhelm s. *Baeumer*, Wilhelm.

Bäumer, Suitbert

— Die Benedictiner-Martyrer in England unter Heinrich VIII. — Brünn 1887: Raigerner Benedictiner-Buchdr. 70 S. 8°
Aus: Studien u. Mitteilungen aus d. Benedictiner- u. d. Cistercienser-Orden. 8/9. 1887-88.
52.
9.9757

— Geschichte des Breviers. Versuch einer quellenmässigen Darstellung der Entwicklung des altkirchlichen und des römischen Officiums bis auf unsere Tage. — Freiburg i. Br.: Herder 1895. XX,637 S. 8°
1:Dq 11264 [u.] 11264a. 2→11. 12:Liturg. 30 hn. 14→22. 24→29. 31. 36. 38. 39. 41. 43. 45. 52. 60. 61. 66. 102. 121. 169. 211. 300:85.063–B.II.S. 302.
9.9758

Baeumer, Suitbert: Das Apostolische Glaubensbekenntnis. Seine Geschichte und sein Inhalt. — Mainz: Kirchheim 1893. VIII,240 S. 8°
1:Df 832. 2. 6. 9. 10. 11. 12:Dogm. 53 w. 15. 17. 20. 22. 25. 26. 29. 30. 36. 52. 66. 102. 121. 169. 211. 302. 304.
9.9759

Bäumer, Suitbert. Johannes Mabillon. Ein Lebens- u. Literaturbild aus dem XVII. u. XVIII. Jahrh. gr. 8. (XI, 270 S. m. Bildn.) Augsb. 892, Literar. Institut Huttler. * * 3 50

Baeumer, Wilhelm, Prof. d. Architektur. 1862 [Hrsg.]
s. *Aufnahmen* & Scizzen der Architectur-Schule in Rothenburg o. d. T. 1869.

— Über römische Bäder der alten und neuen Zeit. Festschrift. — Wien: v. Waldheim 1877. 40 S. 8°
Aus: Allgemeine Bauzeitung. 5.6. 1877.
12:Ant. 407 z. 21. 300:34.433.
9.9767

— Die Bedeutung des kunstgewerblichen Unterrichts für Württemberg. Vortrag. — Stuttgart 1870: Böhm. 15 S. 8°
24. 89. 93.
9.9768

— Zur Feier des Geburtsfestes Seiner Majestät des Königs Wilhelm von Württemberg. Eine Denkschrift der Königl. polytechnischen Schule zu Stuttgart über das bürgerliche Wohnhaus bei den Griechen und Römern, im deutschen Mittelalter, im 16., 17., 18. & 19. Jahrhundert. Stuttgart 1862(:Ebner). IV,19 S. 4°
Erschien auch als Univ.-Schrift. Stuttgart 1862.
1:4° Ny 222. 12:4° A. civ. 16p. 17. 18. 21. 24. 30. 38. 88. 91. 93. 305.
9.9769

Baeumer, Wilhelm, Pfarrer, Bodelschwingh. 1814: Entwurf einer Agende für den Synodalbereich der Grafschaft Mark ... Von Bäumer, Rauschenbusch u. v. Oven. — Essen: Bädeker 1829. XXX,172 S. 8° 1:Tg 6740,6740a [u.] 6740b. 5. 8. 19. 26. 30. 38. 43. 60. 61. 62. 64.
9.9762

— Die Freiheit der evangelischen Kirche. Eine Predigt. — Dortmund 1836: Krüger. 22 S. 8° 1:15 in E 213. 6.
9.9763

Bäumer, W., die Freiheit der evangel. Kirche. Eine Predigt, gehalten am Versammlungstage der Kreissynode Dortmund, u. auf den Wunsch der Kreissynode herausg. gr. 8. Dortmund 837. Krüger. 1/12 ℛ

Bäumer, Wilh., der kleine Haussekretair, oder prakt. Anweisung zur Abfassung aller Arten von Briefen, Eingaben, Verträgen, Reklamationen, Vollmachten und sonst. Aufsätzen des geschäftl. und häusl. Lebens. 1. und 2. Aufl. 8. (V, 155 S.) Oberhausen 879,80, Spaarmann. cart. *

Bäumer, Wilh., der kleine Haussekretair, oder praktische Anweisung zur Abfassung aller Arten von Briefen, Eingaben, Verträgen, Reklamationen, Vollmachten u. sonst. Aufsätzen des geschäftlichen u. häuslichen Lebens. 2. Aufl. 8. (V, 155 S.) Oberhausen 881. Spaarmann. cart. n. 1. —

Bäumer, Wilh., der kleine Haussekretair od. prakt. Anweisg. zur Abfassg. aller Arten v. Briefen, Eingaben, Verträgen, Reklamationen, Vollmachten u. sonst. Aufsätzen d. geschäftl. u. häusl. Lebens. 3. Aufl. 8. (160 S.) Oberhausen 885. Spaarmann. cart. 1. —

Bäumer, Wilh., der kleine Haussekretair oder praktische Anweisung zur Abfassung aller Arten von Briefen, Eingaben, Verträgen, Reklamationen, Vollmachten und sonst. Aufsätzen des geschäftl. und häusl. Lebens. 3. Aufl. gr. 8. (160 S.) Oberhausen (Styrum) 887, Spaarmann. cart.

Bäumer, Wilh., über das ehemalige Lusthaus in Stuttgart als Monument des früheren Renaissancestyls. Imp.-4. (17 S. mit 4 lithogr. Fig.-Taf. und 3 eingedr. Holzschn.) Stuttgart 870. (Tübingen, Fues'sche Sortimentsh.) *

— Marmor- und Mosaik in der Architektur. Vortrag. — Wien: Selbstverl. (Leipzig: Weigel in Komm.) 1875(-76): Reißer & Bayer. 7 S. 4°
Aus: Wochenschrift d. Niederösterreichischen Gewerbevereins. 1875. 21. 24. 30. 37. 89. 90. 91. 93.
9.9770

Bäumer W, der Nordwest-Bahnhof in Wien. (13 T mit Text) fo: Wien 1873

Bäumer, Predigt gehalt. am 2. April, an d. Tage der Eröffng. des verein. Landtages zu Berlin. gr. 8. (15 S.) Arnsberg 848, Ritter. 1/12 ℛ

—— zwei Predigten. Die erste bei d. Niederleg. seines Pfarramtes zu Bodelschwingh 1832, die zweite bei d. Antritt seines Pfarramtes zu Arnsberg 1832. gr. 8. (2 B.) Arnsberg 837, (Ritter.)

— Zwei Predigten über Evangelium Luca 16,19-31 und Joel 2,12-13. — Dortmund 1846: Krüger. 24 S. 8°
1:15 in E 241. 6.
9.9764

Bäumer, W., 2 Predigten am 1. Sonnt. nach Trinit. u. am Bußtage 1846 gehalt. 8. (1½ B.) Dortmund, Krüger. *

— Die Presbyterial-Verfassung in ihrer Begründung und in ihrem Werth. — Hamm: Schulz & Wundermann 1823. 74 S. 8°
4. 12: J. can. P. 76m. 19. 24. 27. 30. 45. 60. 79.
9.9765

Bäumer, d. Presbyterial-Verfassung in ihrer Begründung u. in ihrem Werth. gr. 8. Hamm 824, Wundermann.

[—] Staat und Kirche. — Dortmund: Mallinckrodt 1808. IV,97 S. 8° 6. 24.
9.9766

— Wo ist die allein seligmachende Kirche. Predigt. gr. 8. Arnsberg 838. (Hamm, Schulzische Buchh.) n. 1/6 ℛ

Baeumer, Wilh., das bürgerliche Wohnhaus der Stadt bei den Griechen und Römern, im deutschen Mittelalter, im 16. bis 19. Jahrh. gr. 4. (IV und 19 S. mit 6 lithogr. Figurentaf., wovon 2 in Buntdr., und 8 eingedr. Holzschn.) Stuttgart 862. (Tübingen, Fues'sche Sortimentsh.) * -

Baumert's Führer durch die alte Markgrafen- und Bischofsstadt Meissen und Umgegend. Ein Handbuch für Fremde und Einheimische, bearb. unter freundl. Mitwirkung mehrerer Meissner Herren auf Grund der vom Verschönerungs-Verein „Naturfreund" veröffentl. Tourentafel. 2. verb. und ergänzte Aufl. 16. (20 S. mit 1 Plane der Stadt.) Meissen 885, Baumert. *

Baumert, Albert: Das alte Kloster Grüssau. Vortrag. — (Breslau 1877: Baumert.) 8 S. 8° 2. 169.
13.4038

Baumert, Dieter Paul s. *Baumert*, Paul.

Baumert, F. Julius: Adreßbuch der Rittergutsbesitzer resp. -Pachter, Gutsbesitzer, Gemeindevorstände und Wirthschaftsbesitzer &c. in den 279 Ortschaften der Kgl. Amtshauptmannschaft Meißen. — Meißen: Baumert 1885. 132 S. 8° 14.
13.4040

Baumert, Georg

Baumert: Aufsätze üb. d. preuss. Wassergesetz-Entwurf nebst e. Vortr. üb. d. Fischereigesetz-Entwurf. (6, 44) 8° Halle, W Knapp '13. 1.20 d

Baumert, Aufsätze aus dem Wasserrecht. 1. Hft., betr. das Mühlenrecht, enth. die Aufsätze: I. Errichtung von Triebwerken. II. Veränderung an Triebwerken. III. Der Merkpfahl. [Aus: „Glaser's Annalen f. Gewerbe u. Bauwesen".] gr. 8. (43 S.) Berlin 888. Dierig & Siemens. n. 1. 40

Baumert, Geo., Beiträge zur Kenntniss der californischen Weine, nebst einem Anhang über die Zusammensetzung amerikan. Weine, californ. Weinlandserde und eines californ. „Grape Brandy". Eine monograph. Untersuchung aus dem königl. chem. Institute zu Halle a. S. gr. 8. (50 S.) Berlin 886, Parey. *
Aus: Landwirthschaftliche Versuchsstationen, besonders abgedruckt.

Baumert, Georg: Derivate des Diacetonalkamin's u. des Acetophenon's Halle a. S. 1878: Plötz. 39 S. 8°
Halle-Wittenberg, Phil. Diss. v. 8. Juni 1878
Geb. Hirschberg (Schlesien) 13 [vielmehr 13.] 3. 1852. V.

— Central-Verein für Hebung d. deutschen Fluss- u. Kanalschiffahrt. Das fiskalische Eigentum an den öffentlichen Strömen in Preussen in seinen Beziehungen zu den Uferbesitzern. Vortrag. — Berlin 1907: (Hermann). 27 S. 8°
Erschien zuerst in: Zeitschrift für Binnenschiffahrt. 13. 1906.
5. 30.
13.4048

— Einiges über die Wertzuwachssteuer. — Spandau: Graßmann in Stettin 1907. 27 S. 8° (Mitteilungen d. Preußischen Landesverbandes städtischer Haus- u. Grundbesitzer-Vereine. 29.) 1:Fd 3489/3-29. 9. 44. 60. 79.
13.4049

—— 2., verb. Aufl. Ebd. 1907. 31 S. 8° (Mitteilungen d. Preußischen Landesverbandes d. Haus- u. Grundbesitzer-Vereine. 29.) 4. 18. 26. 29. 180.
13.4050

— Zur Justizreform. Einzelrichter oder Kollegialgericht. Spandau 1908. 7 S. 8° Aus: Preußische Jahrbücher. 131. 1908. (Mitteilungen d. Preußischen Landesverbandes d. Haus- u. Grundbesitzer-Vereine. 37.)
1: Fd 3489/3-37. 4. 9. 26. 29. 41. 60.
13.4051

— Zum Entwurf eines preußischen Wassergesetzes. Bericht, erstattet an d. Sonderausschuß für Wasserrecht d. Deutschen Landwirtschafts-Gesellschaft. — Berlin 1894: Unger. 47 S. 8° 34.
13.4052

Baumert, [Georg]: Zum neuen Entwurf eines preußischen Wassergesetzes. Bericht. Berlin 1908. 8°

— Die Grundwertsteuer und die Wohnungsreformer. — Spandau 1907: National-Zeitung. 8 S. 8° (Mitteilungen d. Preußischen Landesverbandes d. Haus- u. Grundbesitzer-vereine. 30.) 1: Fd 3489/3-30. 4. 9. 18. 26. 44. 60. 180.
13.4054

— Lehrbuch der gerichtlichen Chemie. Mit Berücks. sanitätspolizeilicher u. medicinisch-chemischer Untersuchungen. — Braunschweig: Vieweg 1889–93. XX,422 S. 8°
3. 6. 7. 9. 12: Med. for. 2 hd. 20. 23. 26. 27. 30. 82. 84. 91. 93. 208. 210. 302.
13.4071

— M. Dennstedt u. F. Voigtländer, Lehrbuch der gerichtlichen Chemie in 2 Bdn. 2. gänzlich umgearb. Aufl. 1. Bd. gr. 8. Braunschweig, F. Vieweg & Sohn. 12. —; geb. in Leinw. 18. —
Der Nachweis v. Giften u. gesundheitsschädlichen Stoffen in Leichenteilen, Harn, Nahrungs- u. Genußmitteln, Gebrauchsgegenständen, Wasser, Luft u. Boden, m. Berücksicht. steueramtl. Untersuchgn., sowie der Vegetationsschädiggn. durch Rauch u. dergl. (Lehrbuch der gerichtl. Chemie m. Berücksicht. sanitätspolizeil. u. medizinisch-chem. Untersuchgn. Zum Gebrauche bei Vorlesgn. u. im Laboratorium bearb. von Geo. Baumert. Mit 53 eingedr. Abbildgn. (XVI, 490 S.) 907. Bd. II. Ebd. 906. 9. —; geb. 10. —.

Baumert, Geo., M. Dennstedt u. F. Voigtländer, Lehrbuch der gerichtlichen Chemie in 2 Bdn. 2. gänzlich umgearb. Aufl. 2. Bd. gr. 8. Braunschweig, F. Vieweg & Sohn n. 9. – ; geb. in Leinw n. 10. —
2. Der Nachweis v. Schriftfälschungen, Blut, Sperma usw. unter besond. Berücksicht. der Photographie, m. e. Anh. üb. Brandstiftgn. Für Chemiker, Pharmazeuten, Mediziner, Juristen, Polizeiorgane usw. Von M. Dennstedt u. F. Voigtländer. Mit 98 Abbildgn. einschl. 1 farb. Spektraltaf. (X, 248 S.) 906.
Der 1. Bd. ist in 2. Aufl. noch nicht erschienen.

Baumert, G., d. Böhnert'sche Lupinen-Entbitterungsverfahren u. gemeinschaftl. m. W. Lenz u. L. Steiner ausgef. vergleich. Untersuchgn., s.: Berichte a. d. physiolog. Laboratorium u. d. Versuchsanstalt d. landwirthschaftl. Instituts d. Universität Halle.

Baumert, Georg: Das Lupinin. Ein Beitrag zur Kenntniss der Lupinenalkaloide. Berlin 1881: Unger. 50 S. 8°
Halle-Wittenberg, Phil. Hab.-Schr. v. 26. Apr. 1881
Aus: Die landwirthschaftl. Versuchsstationen. Bd 27. Chemnitz u. Berlin 1882. S. 15–64

— Zur Neugestaltg d. Mietrechts. Beitrag z. Umfrage d. deut. Juristentages üb. d. Wohngswesen. (42) Lex8° Berl., K Reuschel '12. — 75

— Pfandbriefinstitute für Häuser. — Berlin 1910: Grassmann in Stettin. 21 S. 8° (Schriften d. Zentralverbandes d. städtischen Haus- u. Grundbesitzer-Vereine Deutschlands. N.F. 15,1.) 1: Fd 3480-15,1. 9. 26. 47. 106. 203.
13.4058

—— Spandau 1910: Graßmann in Stettin. 21 S. 8° (Druckschriften d. Brandenburgschen Verbandes d. Haus- u. Grundbesitzer-Vereine. 30.) 4. 6. 26. 30. 207.
13.4059

—— Ebd. 1910. 21 S. 8° (Mitteilungen d. Preußischen Landesverbandes d. Haus- u. Grundbesitzer-Vereine. 55.)
1: Fd 3489/3-55. 9. 29. 41. 64. 79.
13.4060

Baumert, G., üb. Pferdefleisch, s.: Goltz.

Das Recht der Schleswiger Fischer an der Schleifischerei. Eine Entgegnung. [Verf.: Justizrat Dr. Baumert.] Mit 1 Vorwort vom Vorstande des Zentralfischereivereins. Schleswig 1917. 8° SHt 287: Nr. 2

— Der projektirte Großschifffahrtsweg Stettin–Charlottenburg–Berlin. 2 Vorträge geh. von Baumert u. M. Broemel. (Charlottenburg [1898].) 18 S. 8°
Aus: Neue Zeit. 1898. 9. 27. 90. 203.
13.4064

—— die Unzulänglichkeit der bestehenden Wassergesetze in Deutschland und die Nothwendigkeit gesetzlichen Schutzes des Wassers als Triebkraft. Vorschläge zur Abänderung und Ergänzung der ersteren und Herbeiführung der letzteren. Eine vom Verbande deutscher Müller und Mühleninteressenten gekrönte Preisschrift. gr. 8. (XIV, 272 S.) Berlin 876, Puttkammer und Mühlbrecht. *

— Zum preußischen Wohnungsgesetzentwurf. — Berlin: Heymann 1905. V,86 S. 8°
1: Fd 3812/90. 2. 11. 12: Pol. civ. 101. 21. 26. 27. 30. 38. 60. 64. 106. 169. 180. 203. 205. 206. 208. 302.
13.4068

Baumert, Geo., die Zuckerfabrikation, s. Bibliothek der gesamten Landwirtschaft 37. Bd.

— Die Zuckerfabrikation. — Hannover: Jänecke 1908. VIII,59 S. 8° (Bibliothek d. gesamten Landwirtschaft. 37.) (Jäneckes Bibliotheken. Reihe B.) 7. 35. 83. 210.
13.4073

— Ueber die Zurechnungsfähigkeit und Bestrafung jugendlicher Personen. — Breslau: Maruschke & Berendt 1877. 79 S. 8° Zugleich Diss. Breslau 1877.
1: Fv 3575. 2. 6. 12: Crim. 10 kh. 16. 19. 21. 27. 28. 33. 208.
13.4069

Baumert, H., Apionis quae ad Homerum pertinent fragmenta. Dissertatio inauguralis. gr. 8. (52 S.) Königsberg 886, (Koch.) *

Baumert, H. [Oldeslonensis]: Apionis quae ad Homerum pertinent fragmenta . . . . Regimonti Borussorum, typ. Leupoldianis, 1886; 2 Bl. + 52 S. + 2 Bl. 8°.
Königsberg, Phil. Fak., Inaug.-Diss. v. 25. Aug. 1886.

Baumert, Hans: Verzeichnis der Büchersammlung der Historischen Gesellschaft für den Netzedistrikt zu Bromberg. Abgeschl. im Jan. 1898. — Bromberg [1898]: Gruenauer. 16 S. 8° 9.
13.4074

Baumert, Joannes (Augustus) *(geb. Köppernig in Schles. [28. 8.] 1813)*: De delirio tremente. Vratislaviae (1837) (29 S.) 8°
Breslau, Med. Diss. v. 22. Nov. 1837

Baumert, Kurt, a. Magdeburg: Experimentelle Untersuchungen über Lichtschutzeinrichtungen an grünen Blättern. Mit 6 Abb. Breslau 1907: R. Nischkowsky. (79 S.) 8°
Erlangen, Phil. Fak., Ref. Solereder-Wiedemann, Diss. v. 5. Aug. 1907
[Geb. 16. Jan. 84 Magdeburg; Wohnort: Magdeburg; Staatsangeh.: Preußen; Vorbildung: Guericke-Oberrealsch. Magdeburg Reife M. 02; Studium: Halle 8 S.; Rig. 6. März 07.]

Baumert, Leberecht

Baumert, L., Anleitung zur Erteilung des Gesangsunterrichtes in der Volksschule mit einem Anhang, enthaltend Winke für Chorgesang und musikal. Kirchendienst. 2. Aufl. gr. 8. (109 S.) Breslau 888, F. Hirt. *M 1.—; geb. *

Baumert, L., 180 Choral-Melodien der evangelischen Kirche Deutschlands, zum Gebrauche für Kirche, Schule und Haus; mit einem Anh., enth. das Vaterunser, die Einsetzungsworte, die liturg. Chöre für Sonn- und Festtage, Collekten-Responsorien und vier Psalmen im 1. und 5. Psalmentone. 8. (100 S.) Langensalza 871, Verlags-Comptoir. *

Baumert, L., 200 Choral-Melodien der evangel. Kirche Deutschlands, zum Gebrauch für Kirche, Schule und Haus; mit einem Anhang, enthalt. das Vaterunser, die Einsetzungsworte, die liturg. Chöre für Sonn- und Festtage, Kollekten-Responsorien und 5 geistl. Arien, zusammengestellt und bearb. Op. 17. 2. Aufl. 8. (VIII, 96 S.) Langensalza 884, Beyer und Söhne. *

— Chorlieder zu Schulfeierlichkeiten. [Der „Schulgesänge" 4. Hft.] 75 Lieder f. Diskant, Alt, Tenor u. Baß, gesammelt u. bearb. Op. 45. 8. (VI, 122 S.) Langensalza 887. Beyer & Söhne. n. — 80

Baumert, L., Chorlieder z. Schulfeierlichkeiten. (D. „Schulgesänge" 4. Hft.) 80 Lieder f. Diskant, Alt, Tenor u. Baß, ges. u. bearb. Op. 45. 2. Aufl. 8. (VI, 126 S.) Langensalza 896. H. Beyer & Söhne. n. — 80

Baumert, Leberecht: Der Gesang-Unterricht in der Volksschule. Eine praktische Anleitung. — Löwenberg i. Schl.: Köhler 1869. 44 S. 8°
1:5 an Mus. E 149². 2. 41. 207.
13.4075

—— der Deutschen Heldenkampf im J. 1870. Sechszehn patriotische Lieder für den Schulgebrauch zwei- und vierstimmig bearb. 8. (24 S.) Görlitz 871, Wollmann.

—— geistliche Männerchöre, gesammelt und bearb. 1. Heft, enthalt. Choräle, liturg. Chöre, Vaterunser und Einsetzungsworte. Op. 39. qu. gr. 8. (35 S.) Liegnitz 884, Kaulfuß'sche Buchh. *

—— geistliche Männerchöre. 2. Heft, enthaltend: 50 geistl. Lieder, Motetten und Psalmen. Op. 40. qu. gr. 8. (96 S.) Liegnitz 884, Kaulfuß. *
1. Heft. Ebendas. 1884. * 50 Pf.

—— 25 Orgel-Vorspiele für den gottesdienstlichen Gebrauch. Op. 32. 4. Sammlung. qu. 4. (20 S.) Görlitz 874, Tischaschel.

Baumert, L., 12 kleine und leichte Orgelvorspiele. Für den gottesdienstl. Gebrauch componirt. qu. 4. (16 S.) Görlitz 867, Köhler. *

—— Preußens Ruhm im J. 1866. 6 Lieder zur Feier vaterländ. Gedenktage für den Schulgebrauch 2- und 4stimmig in Musik gesetzt. 6. Aufl. 8. (16 S.) Görlitz 867, (Köhler.) **

—— Schulgesänge. Eine Sammlung alter und neuer Lieder für den Schulgebrauch zusammengestellt und bearb. 2 Hefte. 8. Görlitz 869, Wollmann. [1. Heft. (23 S.) 25 Pf.; 2. Heft. (52 S.) 50 Pf.]
(3.Heft s.Baumert:Dt. V o l k s l i e- d e r.

Baumert, L., Schulgesänge. Eine Sammlung alter und neuer Lieder für den Schulgebrauch zusammengestellt und bearb. 2. Aufl. 2 Hefte. 8. Langensalza 877, Beyer und Söhne. *
Inhalt:
Heft 1. 50 Lieder für die Mittel- und Unterstufe. (36 S.) * 30 Pf.
" 2. 70 Lieder für die Oberstufe und 10 Canons. (79 S.) * 40 Pf.

Baumert, L., Schulgesänge. Eine Sammlung alter und neuer Lieder, für den Schulgebrauch zusammengestellt und bearb. 2 Hefte. 3. Aufl. 8. Langensalza 884, Beyer und Söhne. *
Inhalt:
Heft 1. 60 Lieder für die Unter- und Mittelstufe. Op. 11. (40 S.) * 20 Pf.
" 2. 80 Lieder für die Oberstufe und 10 Kanons. Op. 12. (IV, 84 S.) * 40 Pf.

Baumert, L. Schulgesänge. Eine Sammlung alter u. neuer Lieder, f. den Schulgebrauch zusammengest. u. bearb. 2 Hefte. 4. Aufl. 8. Langensalza, Beyer u. Söhne. * — 60
1. 60 Lieder für die Unter- und Mittelstufe. Op. 11. (40 S.) 891. * — 20; 2. 84 Lieder f. d. Oberstufe u. 12 Kanons. (IV, 82 S.) 889. * — 40.

— Schulgesänge. E. Sammlg. alt. u. neuer Lieder, f. d. Schulgebr. zusammengest. u. bearb. 2 Hfte. 5. Aufl. 8. Ebd. n. — 65
1. 60 Lieder f. d. Unter- u. Mittelstufe u. 4 Singspiele. (IV, 40 S.) 898. n. — 25
2. 90 Lieder f. d. Oberstufe u. 12 Kanons. (VI, 68 S.) 897. n. — 40

Baumert, L., Schulgesänge. Eine Sammlg. alter u. neuer Lieder, f. den Schulgebrauch zusammengestellt u. bearb. 1. Heft. 60 Lieder f. die Unter- u. Mittelstufe u. 4 Singspiele. 6. Aufl. (48 S.) kl. 8. Langensalza 908. H. Beyer & Söhne. — 25

Baumert, L., Schulgesänge. Eine Sammlg. alter u. neuer Lieder, f. den Schulgebrauch zusammengestellt u. bearb. 2. Hft. 90 Lieder f. die Oberstufe u. 12 Kanons. 6. Aufl. (VI, 88 S.) kl. 8. Langensalza 904. H. Beyer & Söhne. n. — 40

Baumert, L: Schulgesänge. Sammlg alter u. neuer Lieder. 2. Heft. 90 Lieder f. d. Oberst. u. 12 Kanons. 7. Afl. (6, 88) 8° Langens., H Beyer & S. '11. — 40 d

Baumert, L., deutsche Volkslieder. 80 alte und neue Lieder für den Schulgebrauch mit einem Anh. enth. 2 Toaste, 8 Singspiele und 10 Canons. Op. 30. 8. (84 S.) Langensalza 874, Verlags-Comptoir. *

— deutsche Volkslieder. 80 alte u. neue Lieder f. den Schulgebrauch; m. e. Anh., enth. 2 Toaste, 8 Singspiele u. 10 Canons. Op. 30. 2. Aufl. [3. Hft. der „Schulgesänge" d. Verf.] 8. (87 S.) Langensalza 876. Beyer & Söhne. n. — 40

— deutsche Volkslieder. [Der „Schulgesänge" 3. Hft.] 80 alte u. neue Lieder für den Schulgebrauch mit einem Anhang, enthaltend 10 Singspiele u. 10 Kanons. Op. 30. 3. Aufl. 8. (III, 84 S.) Ebend. 881. n. — 40

—— deutsche Volkslieder. [Der „Schulgesänge" 3. Heft.] 84 alte und neue Lieder für den Schulgebrauch mit einem Anhang, enthaltend 12 Singspiele und 12 Kanons, gesammelt und bearb. Op. 30. 4. Aufl. 8. (III, 92 S.) Langensalza 885, Beyer und Söhne. *

— deutsche Volkslieder. (D. „Schulgesänge" 3. Hft.) 84 alte u. neue Lieder f. d. Schulgebr., m. e. Anh., enth. 12 Singspiele u. 12 Kanons. Op. 30. 5. Aufl. 8. (92 S.) Ebd. 895. n. — 40

Baumert, L., deutsche Volkslieder. (Der „Schulgesänge" 3. Hft.) 85 alte u. neue Lieder f. den Schulgebrauch, m. e. Anh., enth. 12 Singspiele u. 12 Kanons, gesammelt u. bearb. Op. 30. 6. Aufl. (III, 92 S.) kl. 8. Langensalza 904. H. Beyer & Söhne. n. — 40

Baumert, Max: E i n i g e s üb d. Wertzuwachssteuer, s. B a u m e r t , Georg

Baumert, Moritz (Hirschberg), De rheumatismo musculari uteri et hysteralgia rheumatica. Diss. med.-obst. Bln. (Nietack) 22. VIII. 1842. 31 S. mit Biogr. (M.: L. Werner.) (4.50) 1428
Oppon.: F. Feldmann, H. Schaefer, H. Arndt. — Gew.: Fr. Wilh. Stumpf.

Baumert, Moritz: Chemische Untersuchungen über die Respiration des Schlammpeizgers ‹Cobitis fossilis›. — Heidelberg 1852: Mohr. 73 S. 4°
Zugleich Univ.-Schrift. Breslau 1853.
1:4° Lo 22160. 2. 10. 15. 16. 21. 28. 90. 169.
13.4077

—— Breslau: Hirt 1855. 73 S. 4°
2. 5. 12:4° Zool. 23 m. 20. 302.
13.4078

Baumert, *Paul* Über die ultraelliptischen Integrale der dritten Ordnung. Erster Teil. (Umschlagtitel: ... Ordnung.) 4 (10 S.). II 4 (20 S.). Progr. Prg. *Striegau* 1887 (196). 1890

Baumert, *Paul* [Dr.]: Ueber die ultraelliptischen Integrale der dritten Ordnung II. (Forts. d. P-Beil. 1887.) Striegau, Druck v. P. Tschörner (1890); 1 Bl., 20 S. 4°
Striegau, st. PG, OP 1890 (202)

Baumert, Paul, zur Operation hochsitzender Mastdarmtumoren. Diss. Greifswald 1885, Jul. Bindewald. 8°. 32 S.

Baumert, Paul *(geb. Lauban 21 10 1852)*: Zur Theorie der elliptischen Functionen. Breslau 1879. (34 S.) 8° *[Im Buchhandel 1879 bei Koebner in Breslau.]*
Breslau, Phil. Diss. v. 11. März 1879

Baumert, Reinhold, Apotheker, Assistent am land.-techn. Institut der Kgl. Universität: Aus dem landwirtschaftlich-technologischen Institut der Universität Breslau. Über Azo-Farbstoffe aus der Pyridinreihe. Breslau 1906: H. Fleischmann. (46 S.) 8°
Breslau, Phil. Fak., Ref. Ladenburg, Diss. v. 2. Juni 1906
[Geb. 13. April 75 Schweidnitz; Wohnort: Breslau; Staatsangeh.: Preußen; Vorbildung: Oberrealsch. Gleiwitz Reife M. 04; Studium: Berlin 4, Breslau 4 S.; Rig. 23. Mai 06.]

Baumes, Jean Baptiste Théodore

— [Mémoire ... sur la question proposée en ces termes: Déterminer par l'observation quelles sont les maladies qui résultent des émanations des eaux stagnantes, deutsch] Abhandlung über den aufgegebenen Satz: Daß durch Beobachtungen zu bestimmen sey, was das für Krankheiten sind, welche von den Ausdünstungen stehender Wasser und sumpfiger Gegenden entspringen. — Leipzig: Schwickert 1792. 202 S. 8°
1: Ik 1910. 3. 8. 12: Path. 94. 15. 16. 17. 19. 21. 23. 46. 302.
13.4095

Baumés... von d. Convulsionen d. Kinder; aus d. Französ. (v. W. F. Cappel). gr. 8. Leipz. 791. (Brockhaus). 1 ß

Baumés v. d. Convulsionen d. Kinder. gr. 8. Leipzig, Gleditsch. 791.

— — [deutsch] Von den Convulsionen der Kinder, von ihren Ursachen und ihrer Behandlung. — Leipzig: Junius 1791. VIII, 390 S. 8° 2. 5. 8. 12: Path. 95. 14. 15. 16. 19. 20. 21. 23. 24. 27. 30. 33. 46. 79. 202. 302. 308.
13.4080

— gekrönte Preisschr. v. d. Lungensucht; übers. v. Chr. Ph. Fischer. 2 Thle. gr. 8. Hildburgh. 809. (Leipz., Er. Fleischer). 2 ß 8 gr

— — [deutsch] Von der Lungensucht ... Übers. von Christian Philipp Fischer. Th. 1. 2. — Hildburghausen: Hanisch 1809. 8°
12: Path. 95 h. 14. 16. 18. 20. 21. 24. 36. 121. 202. 302.
13.4099

Baumes, Jean Baptiste Théodore

— Preisschrift über d. Satz: welches d. vortheilhaftesten Umstände zur Entwickelung d. skrophulösen Uebels sind. Aus d. Französ. gr. 8. Halle 794. Renger. 18 gr

— — [deutsch] D. Baume's Preisschrift über den aufgegebenen Satz: welches die vortheilhaftesten Umstände zur Entwickelung des skrophulösen Uebels sind. — Halle: Renger 1795. 264 S. 8°
1: Iw 6046. 3. 8. 10. 12: Path. 95 m. 20. 21. 23. 27. 28. 29. 48. 202. 300: 60 H 19. 302.
13.4001

— — [deutsch] Kleine chemische Schriften. Frankfurt a. M.: Guilhauman 1800. 521 S. 8° 17. 26. 302.
13.3700

— [Essai d'un système chimique de la science de l'homme, deutsch] Versuch eines chemischen Systems der Kenntnisse von den Bestandtheilen des menschlichen Körpers. Übers. von C. J. B. Karsten, mit einigen Anm. u. e. Vorr. begleitet, von Sigism. Friedrich Hermbstädt. — Berlin: Realschulbuchh. 1802. XIV, 129 S. 8°
1: Ms 8855. 2. 3. 10. 12: Anat. 63 h. 17. 18. 19. 21. 23. 28. 33. 302.
13.4089

Baumés... Versuch e. chem. Systems d. Kenntnisse von d. Bestandtheilen d. menschl. Körpers. Aus d. Französ. v. C. J. B. Karsten; mit Anmerkk. v. S. F. Hermbstädt. gr. 8. Berl. 802. Reimer. 12 gr

Baumeyer, Herm., das künstliche Ausbrüten u. die Hühnerzucht nach 20jähr. Erfahrgn. aus prakt. Betriebe der künstl. Ausbrütg. u. der Hühnerzucht. Mit 2 (Holzschn.-)Taf. u. 26 (eingedr.) Holzschn.-Fig. Anh.: Abbildung u. Beschreibg. e. Brütapparates zum Betriebe im Kleinen. gr. 8. (IV, 56 S.) Hamburg 876. Richter. n. 2. —

Baumeyer, Herm., das künstliche Ausbrüten und die Hühnerzucht nach 20jährigen Erfahrungen aus prakt. Betriebe der künstl. Ausbrütung und der Hühnerzucht. 2. verm. und verb. Aufl. gr. 8. (X, 80 S. mit 4 Taf. und 27 Abbild.) Hamburg 887, Verlags-Anstalt und Druckerei. *

Baumfeld, Lisa, Gedichte. Mit e. Vorwort v. Ferd. Gross. gr. 8. (VII, 142 S. m. Bildnis.) Wien 900. Gesellschaft f. graph. Industrie. n. 3. —

Baumfelder, Gerhard, approb. Arzt aus Ortmannsdorf b. Zwickau: Sarcoma ovarii. *Leipzig 1902: B. Georgi.* (39 S.) 8°
Leipzig, Med. Diss. v. (12. Juli) 1902

Baumfelder, Gust., Choralbuch f. gemischten Chor an höh. Lehranstalten der Prov. Sachsen, nach den v. der Prov.-Synode festgesetzten Melodien 4stimmig bearb. u. hrsg. 8. (IV, 58 S.) Quedlinburg 901. P. Peter. n. — 75

Baumfelder, H[enry], appr. Arzt aus Dresden: Dreifaches Aneurysma am Ursprunge der Aorta. *Würzburg 1893 [rielm. 1901 02]: J. M. Richter.* (19 S.) 8°
Würzburg, Med. Diss. v. 1893

Baumfelder, Karl Friedrich Gotthelf: Die Eckernförder Elementarschul-Einrichtung. 1835
s. *Mueller,* Ernst Maximilian.

— I. Wiederholte Prüfung d. Eckernförder Elementarschuleinrichtung, mit Rücksicht auf Dr. Diesterweg's Urtheil hierüber. II. Nachträge üb. d. Anwend. ders. bei d. Unterr. in d. Gesange, der Gymnastik u. Industrie. III. Grundzüge zu e. Beaufsichtigungs- u. Beschäftigungsanstalt f. d. Jugend in größ. Städten. Hierzu 1) 16 nähere Nachweisn. zur Beschreib. d. Freischule zu St. Marien in Flensburg. 2) 1 Tafel mit Figuren. 3) 10 Tab. (Musikbeil.) gr. 8. (9 B.) Dresden 838, [Gottschalck.] *

— 1. Wiederholte Prüfung der Eckernförder Elementarschuleinrichtung, mit Rücksicht auf Dr. Diesterweg's Urtheil hierüber. 2. Nachträge über d. Anwendung derselben ... 3. Grundzüge zu e. Beaufsichtigungs- u. Beschäftigungsanstalt. — Dresden: Wagner 1838. XII, 132, 8 S. 8°
Nebent.: Ueber d. Eckernförder Elementarschuleinrichtung. 1837.
3. 16. 48. 79. 109. 207.
13.4124

— Christlich-fromme Zucht und Sitte, insbesondere bei unsern Vätern und Großvätern ... Vortrag. — Dresden: Blochmann [1839]. VIII, 26 S. 8° 27. 207.
13.4125

Baumfeldt, Rich. Pet., eine Königsnacht. Drama in 1 Akte. (63 S.) kl. 4. Leipzig 903. Berlin, H. Seemann Nachf. n. 1. —

— das klagende Lied. Ein Märchen in 3 Abteilen. (72 S.) kl. 4. Ebd. 903. n. 1. —

Baumfrevel, über d. 8. Münch. 790. Lentner. 2 gr

Baumgard, Viktor: [Ansichten über allgemeine Fragen des öffentlichen Lebens.] — (Cassel 1881: Scheel.) 16 S. 8°
Titel fingiert. 4. 34.
13.4316

— Dramatische Versuche von Konrad zu Hessen [d. i. Viktor Baumgard]. 1. — Cassel: Th. Fischer 1877. 120 S. 8°
1. Carl v. Anjou. 4. 33. 34.
13.4317

Baumgardt, Albert: Die ersten 100 Jahre des Königlichen Polizeipräsidiums zu Königsberg i.Pr. — Königsberg i.Pr.: Ostpreußische Dr. u.Verl. Anst. [1909]. 31 S. 8°
Nebent.: Zur 100jährigen Jubelfeier d. Königl. Polizeipräsidiums zu Königsberg Pr. 1809-1909.
1: Gu 3901/5. 10.
13.4319

Baumgardt, Ernst: Flora der Mittelmark, mit bes. Berücks. der Umgegend von Berlin u. Potsdam. — Berlin: G. Reimer 1856. CXX, 240 S. 8°
1: Lx 9150. 3. 4. 11. 14. 28. 32. 61. 109. 207.
13.4322

Baumgardt, E., Flora der Mittelmark mit besond. Berücksichtigung der Umgegend von Berlin und Potsdam. gr. 16. (CXX und 240 S. nebst einer chromolith. Karte des Gebiets in qu. gr. 4.) Berlin 856, G. Reimer.

Baumgardt, *E.*, Director der Realschule in Potsdam.
—— Ueber die Flora der Insel Rügen. Programm. Putbus, typ. Friedel. 1845. 4 17 p

Baumgardt, Ernestus *(geb Gollnow in Pomm. [17 4] 1818)*: De lineis duplicis curvaturae sectione superficierum rotatoriarum secundi ordinis oriundis, quarum axes rotationis sunt principales et alter alteri paralleli Vratislaviae (1842). (34 S.) 8° *(Breslauer gekr Preisschr)*
Breslau, Phil Diss v 29 Jan. 1842

Baumgardt, Friedr., über die Wassersucht der Schleimbeutel und Sehnenscheiden. gr. 8. (66 S.) Dorpat 861, (Gläser's Verlag.) *

Baumgardt, Gertrud
— Familienchronik der Nachkommen von Wilhelmine Barnewitz. 1907 u.ö. s. *Baumgardt,* Rudolf.

Baumgardt, Rudolph
(—) Familienchronik der Nachkommen von Wilhelmine Barnewitz geb. Gräfin v. Küssow und Henriette Reimer, geb. Gräfin v. Küssow. (Verf.: Rudolph Baumgardt u. Gertrud Baumgardt.) [Nebst] Gedenkblatt zur Familienchronik für d. Kriegsjahr 1914. — (Göttingen) 1907-[15]. quer-8°
1 [ᵒᵒ Gedenkblatt]: S 6749 [u.] 6749a. 9. 101 [ᵒᵒ Gedenkblatt].
13.4324

Baumgart s. auch *Baumgarten.*

Baumgart, Pastor, Fürstenau b. Metthau, Reg.-Bez. Breslau, 1821-1882. 1871 s. *Baumgart,* August.

Baumgart, Philologe u. Musiker, Breslau, 1817-1871. 1862 s. *Baumgart,* Expedit Friedrich.

Baumgart, Prof. d. Theologie, Halle, † 1757. 1723 s. *Baumgarten,* Siegmund Jakob.

Baumgart (Red.), s. Buchbinder-Zeitung, Berliner.

Baumgart: Über die Flora der Insel Rügen, s. Baumgardt, Ernst

Baumgart, A.: Der Arbeiter und seine Berufskrankheiten. Die Gewerbekrankheiten, ihr Wesen, Beseitigung u. Heilung. Moderne Gewerbehygiene. — Leipzig: Marré [um 1907]. 32 S. 8°
1: Ik 9687.
13.4336

Baumgart, A., 190 Fragen über deutsche Sprachlehre und Raumlehre. Für Elementarschulen bearb. 8. (16 S.) Bunzlau 872, (Kreuschmer.) *

Baumgart, A., hundert Fragen über deutsche Sprachlehre und Raumlehre. Für Elementarschulen bearb. 2. Aufl. 8. (16 S.) Bunzlau 875, Kreuschmer. **

—— Leitfaden für den geographischen Unterricht und die brandenburgisch-preußische Geschichte. Ein Handbuch für Schüler. 2., bericht. Aufl. 8. (64 S.) Bunzlau 872, (Kreuschmer.) *

— Leitfaden für den geographischen Unterricht u. die brandenburgisch-preußische Geschichte. Ein Handbuch für Schüler. 3., verm. Aufl. 8. (72 S.) Bunzlau 877. Kreuschmer. cart. n. — 40

Baumgart, A., Leitfaden für den geographischen Unterricht und die brandenburgisch-preuß. Geschichte. 4. bericht. Aufl. 8. (58 S.) Bunzlau 886, Kreuschmer. *

Baumgart, A., Meeresrauschen, Aus tiefster Not, s. Schulze's Zehnpfennigbücher. Nr. 27.

Meeresrauschen. Skizze. Aus tiefster Not. Erzählung. Von A. Baumgart. In vereinf. deutscher Stenogr. ⟨System Stolze-Schrey⟩. Berlin: F. Schulze [1903]. (10 S.) 8°
= Zehnpfennigbücher, Schulzes. No 27. [cs. 7386

Baumgart, A., Naturgeschichte, der lern. Jugend zur Übersicht u. zur Benutzg. im Anschluß an das Lesebuch dargereicht. 2. Aufl. 8. (27 S.) Bunzlau 886. Kreuschmer. — 15

Baumgart, A: Die Quelle d. Gesundh. Im Einfamilienhaus f. jede Familie e. Stätte reinen Glückes u. Wohlbefindens 1—10. Taus. (48 m. Abb.) 8° Wiesb., Westdeut. Verl.-Gesellsch. ('11). 1 —

Baumgart, Alex., Leitfaden f. den Zeichenunterricht in preußischen Volksschulen. Nach dem neuen Lehrplan u. den Intentionen der königl. Kunstschule in Berlin verf. I. u. II. Tl. gr. 8. Hannover (Kirchwenderstr. 2) 905. Wwe. Garve & Sohn. Kart. n. 3. 60
I. Die Unterstufe. (1., 2. u. 3. Schulj.) Das vorbereit. Gedächtniszeichnen m. 256 Textfig. Hierzu e. Mappe m. 21 Bl. ausgeführten Zeichngn. (in 4). 7. u. 8. Aufl. (Je 75 S.)
II. Die Mittelstufe. (4. u. 5. Schulj. Höhere Lehranstalten. Quarta.) Das Zeichnen nach flachen Gegenständen. Hierzu e. Mappe m. 25 Bl. ausgeführten Zeichngn. (in 4). 6. Aufl. (91 S. m. Abbildgn.) 906.

Baumgart, Alexander: Leitfaden für den Zeichenunterricht in preussischen Volksschulen. 5. Aufl. T. 2 [nebst] Taf. — Hannover: Garve 1906. 8° [u.] 4°
2. Die Mittelstufe. Das Zeichnen nach flachen Gegenständen.
46.
13.4339

— — Nach d. neuen Lehrplan u. d. Intentionen d. Königl. Kunstschule in Berlin. 8. Aufl. T. 1. 2 [nebst] Taf. — Ebd. 1905-06. 8° [u.] 4°
1. Die Unterstufe ⟨1., 2. u. 3. Schuljahr.⟩ 1905.
2. Die Mittelstufe. ⟨4. u. 5. Schuljahr. Höhere Lehranstalten, Quarta.⟩ Das Zeichnen nach flachen Gegenständen. 1906.
61 [ᵒᵒ 1]. 111 [ᵒᵒ 2].
13.4340

— — 10. Aufl. T. 1 [nebst] Taf. Ebd. 1906. 8° [u.] 4°
Inhalt wie in Ausg. 1905.
61.
13.4341

Baumgart, Alex., Leitfaden f. den Zeichenunterricht in preußischen Volksschulen. Nach dem neuen Lehrplan u. den Intentionen der königl. Kunstschule in Berlin verf. III. Tl.: Die Oberstufe. (6., 7. u. 8. Schulj. Für höhere Lehranstalten v. Tertia an aufwärts.) A. Freihandzeichnen. Das Zeichnen u. Malen nach räuml. Gegenständen, Natur- u. Kunstformen. 2. Aufl. (121 S. m. Abbildgn.) 8. Hierzu e. Mappe m. 30 Bl. ausführl. Zeichngn. 34×27 cm. Hannover (Kirchwenderstr 2) 909. Wwe. Garve & Sohn. Geb. u. in Mappe. 5. —

Baumgart, Alexander
— der moderne Zeichenunterricht in der preußischen Bürger- u. Volksschule. Nach dem neuen Lehrplan u. nach den Intentionen der königl. Kunstschule in Berlin. Für die Lehrerschaft bearb. u. hrsg. (63 S. m. Abbildgn. u. 18 Taf.) gr. 4. Ebd. 904. Kart. n. 5. 50

Baumgart, Aug., biblische Festblüthen für das evangelische Kirchenjahr. Mit einem Vorwort v. K. Weinhold. 12. (V, 178 S. m. eingedr. Holzschn.) Striegau 880. Hoffmann. 2. —

(—) Für Straßburg. [Aufruf zu Spenden für die neue Kirche in Straßburg.] — Dat. Fürstenau April 1871. 2 Bl. 8°
1: 3 in Kr. Samml. U 56-A/K.
13.4343

Baumgart, Bernh. (Neuhaldenleben), De concubinatu, a Christo et apostolis prohibito. Dissert. theolog. Präs. Joach. Just. Breithaupt (Abt. Bergensi Magdeburgio). Halle, 29. IV. 1713. 24 S. (5.—) 1435

— — Dasselbe. 1726. (4.60) 1436

Baumgart, Expedit Friedrich: Die erste Aufführung des Händel'schen Messias in Breslau im Jahre 1788. — Breslau: Max 1862. S. 46–73. 8°
Aus: Abhandlungen d. Schlesischen Gesellschaft für vaterländische Cultur. Phil.-hist. Abth. 2. 1862.
1: Mus. Dh 72. 41.
13.4345

Baumgart, E. F.: Ueber die Betonung der rhytmischen Reihe bei den Griechen. 36 S.
Progr. Breslau 1869.

Baumgart, Expeditus F. (*geb. Glogau 13. 1 1817*): De Q. Fabio Pictore, antiquissimo Romanorum historico. Part. I. Vratislaviae (1842). (52 S.) 8°
Breslau, Phil. Diss. v 11 März 1842

Baumgart, Expedit Friedrich

Baumgart, E., Ueber den Streit zwischen Phöbus und Pan. Ein Drama per musica von J. S. Bach. Vorgetragen in der musikalischen Section. S.-A. 1878. 24 S. 1.—

[—] Herr Richard Wagner und seine neueste Schrift: 'Das Judenthum in der Musik.' Von Dr. B. — Breslau: Heidenfeld 1869. 13 S. 8°
41.
13.4346

Baumgart, Fr., und Ed. Woysche, kleine deutsche Fibel für den verbundenen Lese-, Schreib- und Rechtschreibe-Unterricht. 8. (54 S.) Frankfurt a. O. 853, Trowitzsch und Sohn. Thlr. *

Baumgart und Woysche, deutsche Fibel mit besond. Berücksichtigung des verbundenen Lese-, Schreib- und Rechtschreibe-Unterrichts. 19. Aufl. 8. (143 S. mit eingedr. Holzschn.) Berlin 862, Trowitzsch und Sohn. * *

Baumgart und Woysche, deutsche Fibel. Mit besond. Berücksicht. des verbundenen Lese-, Schreib- und Rechtschreibe-Unterrichts. Ausg. A. Nach der verordneten Rechtschreibung. 45.—51. Aufl. 8. (143 S.) Berlin 880—83, Trowitzsch und Sohn. * 40 Pf.; geb. * *

—— dass. — Ausg. B. Nach der analytisch-synthetischen Methode bearb. von E. Vogel. 50. Aufl. 8. (143 S.) Ebendas. 880. * 40 Pf.; geb. * *

Baumgart u. Woysche. Deutsche Fibel m. besond. Berücksichtigung d. verbundenen Lese-, Schreib- u. Rechtschreibe-Unterrichts. Ausg. A. 57. Aufl. 8. (143 S. m. Abbildgn.) Berl. 889, Trowitzsch u. Sohn. * — 40; geb. ** — 50

—— —— dass. — Nach der analytisch-synthet. Methode bearb. v. E. Vogel. Ausg. B. 54. Aufl. 8. (143 S. m. Abbildgn.) Ebd. 889. * — 40; geb. ** — 50

— — dasselbe. N. d. analyt.-synthet. Methode bearb. v. E. Vogel. Ausg B. 55. Aufl. 8. (143 S. m. Bildern.) Ebd. 891. n. — 40; geb. n.n. — 50

Baumgart u. Woysche, deutsche Fibel m. besond. Berücksicht. des verbundenen Lese-, Schreib- u. Rechtschreibeunterrichts. Ausg. A. Nach der verordneten Rechtschreibg. 61. Aufl. 8. (143 S. m. Abbildgn.) Berlin 898. Trowitzsch & Sohn. n. — 40; geb. n.n. — 50

—— —— deutsches Lesebuch für die oberen Abtheilungen ein- und mehrklassiger Elementarschulen in der Stadt und auf dem Lande. 8. (VIII und 411 S.) Frankfurt a. d. O. 853, Trowitzsch und Sohn. *

—— dass. — Deutsche Wandfiebel. 8. Aufl. 21 Taf. Fol. Ebendas. 878. 4

Baumgart, Georg

BAUMGART, Georg (Fulda): Ein Fall von Aortaerkrankung, Lebercirrhose und Tabes auf syphilitischer Basis.- Fulda: Fuldaer Aktiendruckerei 1896. 36 S.
20.7.1896 – Chr 1896/97,18; Jv 1896/97,228 Diss. Ingolst.-Landsh. [illegible]

Baumgart, Helene, Ill. Kochbuch, s.: Herrmann, Sophie

Baumgart, Hermann, Prof., Dr. phil., Königsberg. 1843-1926. 1873: Aelius Aristides als Repräsentant der sophistischen Rhetorik des zweiten Jahrhunderts der Kaiserzeit. — Leipzig: Teubner 1874. VIII,240 S. 8°
1: Vx 9660. 2→11. 12: A. gr. b. 524 d. 14→17. 19. 20. 21. 25→29. 38. 43. 109. 300: 66.565–B. 302. 304.
13.4355

— Aristoteles, Lessing und Goethe. Ueber d. ethische u. d. aesthetische Princip d. Tragödie. — Leipzig: Teubner 1877. 83 S. 8° 1: Xa 6704. 2→7. 9. 10. 11. 12: A. gr. b. 938 m. 15. 16. 18. 19. 24. 26. 29. 35. 38. 41. 46. 60. 64. 79. 300: 183.920–B. 302. 304.
13.4356

Baumgart, Herm., Elektra. Betrachtungen üb. das „Klassische" u. „Moderne" u. ihre literaturgeschichtl. Wertbestimmg. (40 S.) 8. Königsberg 908. Gräfe & Unzer. —.90

— Goethes Faust, als einheitliche Dichtung erläutert. 1. Bd. gr. 8. (IV, 420 S.) Königsberg i/Pr. 893. W. Koch. n. 4. —; geb. n. 5. —

Baumgart, Herm., Goethes Faust als einheitl. Dichtung erläutert. 2. Bd. Die Erklärg. des 2. Tls. des Faust. gr. 8. (VII, 513 S.) Königsberg 902. W. Koch. n. 5. —; geb. n. 6. —
1. Bd. Ebd. 893. n. 4. —; geb. n. 5. —.

Baumgart, Hermann *Festgedicht zur Feier des Geburtstages Sr. Maj. des Kaisers.* 4 (S. 24)
Progr. Kgl. Wilhelms-G. *Königsberg i. Pr.* 1893

Baumgart, Hermann [Prof.]: *Festgedicht zur Feier des Geburtstages Sr. Maj. des Kaisers.* [— Jg. 5 No 152.] Königsberg i. Pr., Hartungsche Buchdr., 1895; 10—11 S. 4.
Königsberg i. Pr., K. Wilhelms-G, P 1895 (8)

— Goethes 'Geheimnisse' und seine 'Indischen Legenden'. Stuttgart: Cotta 1895. VI,110 S. 8°
1: Yl 9696. 2. 3. 5. 6. 7. 10. 11. 12: P. o. germ. 489 tkf. 14. 15. 16. 18. 22. 24→27. 31. 34. 43→46. 48. 60. 79. 93. 109. 169. 300: 190.911–B. 302.
13.4359

Baumgart, Herm. Eine hansische Gesandtschaft an den kaiserl. Hof zu Prag i. J. 1628, s. Ueberlieferungen z. Litteratur, Geschichte u. Kunst.

Baumgart, Hermann, Syndikus, Braunschweig. 1586-1636. 1892: (Relatio legationis Hanseaticae ad imperatorem Ferdinandum II in communi Hansae negotio pro pace reducenda) Eine hansische Gesandtschaft an den kaiserlichen Hof zu Prag im Jahre MDCXXVIII. Hrsg. von Heinrich Mack. — Wolfenbüttel: Zwißler 1892. XXIV,86 S. 8° (Ueberlieferungen zur Litteratur, Geschichte u. Kunst. 5.)
1: Ag 7225–5. 2→7. 10. 11. 12: Var. 376 u–5. 14. 15. 17. 18. 23. 25. 29. 35. 36. 38. 41. 44. 51. 64. 300: 102.774–B.5. 302. 304.
13.4360

[B.] Gerhart Hauptmanns Märchendrama 'Die versunkene Glocke'. Von H[ermann] B[aumgart]. *Königsberg: B. Teichert [1897].* (16 S.) 1 Bd 8.
[97 4379

—— die Hamlet-Tragödie und ihre Kritik. gr. 8. (VIII, 165 S.) Ebendas. 875. 4

— Die Hamlet-Tragödie und ihre Kritik. — Königsberg 1877: Hartung. VIII,165 S. 8°
1: Zc 7816. 5. 7. 10. 11. 12: P. o. angl. 525 g. 15. 16. 25. 27. 30. 33. 34. 38. 60. 109. 123.
13.4360

— Handbuch der Poetik. Eine kritisch-historische Darstellung d. Theorie d. Dichtkunst. — Stuttgart: Cotta 1887. XII,735 S. 8° 1: Xa 2040. 2→11. 12: L. eleg. g. 30 f. 14. 15. 16. 18. 19. 21. 24→30. 34. 35. 36. 39. 41. 46. 48. 60. 61. 64. 79. 117. 169. 302. 304. 308. 309.
13.4361

— Goethe's Märchen, ein politisch-nationales Glaubensbekenntniß des Dichters. — Königsberg: Hartung 1875. 131 S. 8°.
1:Yv 9026. 4. 5. 7. 9. 10. 11. 12:P.o.germ. 494c. 14→17. 26. 29. 31. 38. 44. 46. 64. 107. 109. 117. 300:64.392-B.
13.4362

— Pathos und Pathema im Aristotelischen Sprachgebrauch. Zur Erläuterung von Aristoteles' Definition der Tragödie. Königsberg i. Pr.: Koch 1873. 58 S. 8° 1:Vu 9800. 2. 5. 7. 9. 10. 16. 24. 30. 31. 38. 46. 300:55.301-B.
13.4363

Baumgart, Hermann: Relatio legationis Hanseaticae ..., s. Baumgart: Eine hansische Gesandtschaft...

— Goethes Weissagungen des Bakis und die Novelle, zwei symbolische Bekenntnisse des Dichters. — Halle: Waisenhaus 1880. 98 S. 8°
1:Yl 10006. 2→6. 9. 10. 11. 12: P.o.germ. 489 tk 14. 15. 16. 18. 26. 30. 44. 45. 46. 60. 109. 123. 300:47.816-B. 302. 303.
13.4365

Baumgart, Karl, meine Kriegs-Erlebnisse bei den Buren. Erinnerungen u. Skizzen aus dem südafrikan. Kriege. Mit e. Geleitwort v. A. H. Schiel, e. Karte Südafrikas, zwei Notenblättern, 4 Illustr.-Beilagen u. zahlreichen Abbildgn. im Text. 1.—45. Taus. (156 S.) Minden 903. W. Köhler. n. 1.—

Baumgart, Karl, meine Kriegs-Erlebnisse bei den Buren. Erinnerungen u. Skizzen aus dem südafrikan. Kriege. Mit e. Geleitwort v. A. H. Schiel, e. Karte Südafrikas, zwei Notenblättern, 4 Illustr.-Beilagen u. zahlr. Abbildgn. im Text. 46.—80. Taus. (156 S.) Minden 903. W. Köhler. n. 1.—; erm. Pr. — 70

Baumgart, Martin [aus Kobylin]: Vergleichende Untersuchungen über Mus rattus und Mus decumanus und über die Ursachen der Verdrängung der Hausratte durch die Wanderratte. Mit zwei Tafeln. (Aus dem Physiolog. Institut d. Tierärztl. Hochschule in Dresden. Geh. Med.-Rat Prof. Dr. Ellenberger.) Dresden 1904. 96 S. 8°. [20. V. 04.]
Zürich. Phil. Diss. II. S. 1903/1904.

Baumgart, Martin. Vergleichende Untersuchungen über Mus rattus und Mus decumanus und über die Ursachen der Verdrängung der Hausratte durch die Wanderratte. Diss. Phil. [II.] Univ. Zürich. Mit 2 Tafeln. 96 S. 8. (Dresden, C.C. Meinhold & Söhne, [1904].)

Baumgart, Max, Dr. phil., Redakteur, Berlin. 1884: Kleine Erlebnisse aus großer Zeit. Aus dem Kriegsjahr 1870/71. Berlin: Verf. 1895. 59 S. 8° 1:Kr. Samml. R 288. 11.
13.4369

— Grundsätze und Bedingungen zur Erlangung der Doctorwürde bei allen Facultäten der Universitäten des deutschen Reichs. — Berlin: v. Decker 1884. VIII, 222 S. 8°
1:Ay 2590. 2→5. 7. 8. 10. 11. 12:H. lit. P. 33h. 14. 15. 16. 19→22. 24→29. 34. 38. 89. 91. 93. 203. 211. 300:409.869-B. 302. 303.
13.4370

Baumgart, Max, Grundsätze und Bedingungen zur Erlangung der Doctorwürde bei allen Facultäten der Universitäten des deutschen Reichs, nebst einem Anhang, enthaltend die Promotionsordnungen der übrigen Universitäten mit deutscher Unterrichtssprache: Basel, Bern, Zürich, Dorpat, Czernowitz, Graz, Innsbruck, Prag und Wien. Nach amtl. Quellen zusammengestellt und hrsg. 2. revid. und verm. Aufl. (XVI, 316 S.) 1885; 3. durchges. und verm. Aufl. gr. 8. (XVI, 328 S.) Berlin 888, v. Decker's Verlag. *

Baumgart, Max, Grundsätze u. Bedingungen der Ertheilung der Doctorwürde bei allen Facultäten der Universitäten d. deutschen Reichs, nebst e. Anh., enth. die Promotionsordngn. der übrigen Universitäten mit deutscher Unterrichtssprache: Basel, Bern, Zürich —Dorpat—Czernowitz, Graz, Innsbruck, Prag u. Wien. Nach amtl. Quellen zusammengestellt u. hrsg. 4., verm. Aufl. gr. 8. (XVI, 332 S.) Berlin 892. R. v. Decker. n. 3.—

Baumgart, Max, Grundsätze u. Bedingungen d. Ertheilg. d. Doctorwürde b. all. Facultäten d. Universitäten d. deutschen Reichs, n. e. Anh., enth. d. Promotionsordngn. d. übr. Universitäten m. deutscher Unterrichtssprache: Basel, Bern, Freiburg, Zürich — Czernowitz, Graz, Innsbruck, Prag u. Wien. Nach amtl. Quellen zusammengest. u. hrsg. 5., durchgeseh. u. verm. Aufl. gr. 8. (X, 260 S.) Berlin 898. R. v. Decker. Geb. in Leinw. n. 3.—
6.Aufl. s. Baumgart: Wegweiser...

— Die Literatur des In- und Auslandes über Friedrich den Grossen. Anlässlich d. 100jährigen Todestages d. grossen Königs. — Berlin: v. Decker 1886. XII, 272 S. 8°
1:Sv 45 [u.] 45a. 5→8. 10. 11. 12: Bor. 21 u. 14. 15. 17→20. 24→31. 34. 35. 38. 44. 45. 46. 48. 52. 109. 121. 180. 203. 205. 209. 302.
13.4376

Baumgart, M., die Stipendien u. Stiftungen [Convicte, Freitische etc.] zu Gunsten der Studirenden der Universität Berlin. [Aus: „Die Stipendien etc. an allen Universitäten des Deutschen Reichs".] gr. 8. (145 S.) Ebd. 887. n. 2.—

— Die Stipendien und Stiftungen (Convicte, Freitische u.s.w.) zu Gunsten der Studirenden an allen Universitäten des deutschen Reichs nebst den Statuten und Bedingungen für die Bewerbung. — Berlin: v. Decker 1885. XVI, 760 S. 8°
1:Ay 1966, 1966a [u.] 1966b. 2. 3. 5→11. 12:H. lit. P. 33 hf. 14→21. 24→31. 35. 38. 44. 47. 52. 61. 79. 83. 84. 93. 106. 202. 203. 302.
13.4377

Baumgart, Max (Red.), s. Studenten-Zeitung.

Baumgart, Max (Red.), s. Studenten-Zeitung, Allgemeine deutsche.

Baumgart, Max, Wegweiser zur Erlangung akademischer Würden. Grundsätze u. Bedinggn. der Erteilg. der Doktor- u. Lizentiaten-Würde bei allen Universitäten u. Hochschulen des Deutschen Reiches u. der Universitäten u. Hochschulen in der Schweiz u. Österreich m. deutscher Unterrichtssprache. Nach amtl. Quellen zusammengestellt u. hrsg. v. Ernst Lommatzsch u. Karl Lommatzsch. 3. durchges. u. verm. Aufl. (XI, 407 S.) 8. Berlin 905. R. v. Decker. Geb. in Leinw. n. 5.—
Früh.Aufl. s. Baumgart: Grundsätze und Bedingungen...

Baumgart, Max Oskar: Untersuchungen zu den Reden des M. Porcius Cato Censorius. T. 1. Breslau 1905: Th. Schatzky. (43 S.) 8° ¶ (Erscheint vollständig.)
Breslau, Phil. Fak., Ref. Cichorius, Diss. v. 22. Dez. 1905
[Geb. 2. Sept. 80 Deutsch-Marchwitz, Kr. Namslau; Wohnort: Breslau; Staatsangeh.: Preußen; Vorbildung: Gymn. Oels Reife O. 01; Studium: Breslau 9 S.; Rig. 25. Nov. 05.]

Baumgart, Oswald [aus Pretzschendorf]: Über das quadratische Reciprocitätsgesetz. Eine vergleichende Darstellung der Beweise des Fundamentaltheoremes in der Theorie der quadratischen Reste und der denselben zu Grunde liegenden Principien .... Dresden, Druck v. B. G. Teubner, 1885: 2 Bl. + 104 S. + 1 Bl. 8°.
Göttingen. Med. Fak., Inaug.-Diss. v. 1885.

Baumgart, Oswald: Über das quadratische Reciprocitätsgesetz. Eine vergleichende Darstellung der Beweise des Fundamentaltheoremes in der Theorie der quadratischen Reste und der denselben zu Grunde liegenden Principien. — Leipzig: Teubner 1885. 104 S. 8°
Zugleich Diss. Göttingen 1885. **90.**
13.4381

Baumgart, Rudolf

***Baumgart, Rud.:** Die Entwicklg d. Schuldhaft im italien. Recht d. Frührenaissance. Berl.-Wilmersd., Dr. W Rothschild. Subskr. ca 10 —

Baumgart, Rud., die Stellung des gläubigen Kaufmanns in Klagesachen u. dergl. Referat. (14 S.) gr. 8. Leipzig 910. M. Kölß. — 10

Baumgart, Theodor, über die Trepanation des Warzenfortsatzes. Diss. Würzburg 1886, Stahelsche Univ.-Buchh. 8°. 24 S.

Baumgart, Waldemar: Ein Beitrag zur Volks- und Jugendliteratur. Kurze u. übersichtliche Darstellung d. gesamten Gebietes unter bes. Berücks. d. Punkte, welche beim Vorbereiten auf pädagogische Prüfungen bedeutungsvoll sind. — Berlin: Winckelmann [1905]. 184 S. 8°
1: Ng 25016. 12: Paed.Th. 332. **48. 79. 100. 169. 207. 302.**
13.4389

D **Baumgart, Wald.,** e. Beitrag z. Volks- u. Jugendliteratur. 905. (KBV. 33.) Jetzt: Chemnitz, Ed. Röthig.

Baumgart, William: Alphabetisches Ortschafts-Verzeichniß enthaltend die sämmtlichen zum Landgerichtsbezirk Tilsit gehörigen Ortschaften der Kreise Tilsit, Ragnit, Niederung, Heydekrug und Memel. — Tilsit: Reyländer 1880. 49 S. 4° **10.**
13.4391

Baumgärtchen

KLEINES Baum-Gärtchen oder tägliches Handbüchlein, in welchem Morgen-, Abend-, Mess-, Beicht- und Communion-Gebete, die Litanei zu unserer lieben Frau und allen Heiligen wie auch alle Kirchengesänge des ganzen Jahres hindurch enthalten sind Pest 1855· Bucsánszky 157, 3 S. - 126 mm
- Dass Pest 1856 A. Bucsánszky 157, 3 S - 118 mm
- Dass. Pest 1857· A. Bucsánszky 157, 3 S - 130 mm
- Dass Pest 1862: A. Bucsánszky. 157, 3 S 7 t. - 130 mm
- Dass Pest o J.: A Bucsánszky. 149, 13 S - 105 mm

KLEINES Baum-Gärtchen enthaltend: Morgen-, Abend-, Mess-, Beicht-, Kommunion-Gebete; wie auch der heil. Kreuz-Weg nebst Litaneyen und Kirchenliedern Preßburg 1855: A. Bucsánszky 4, 213, 3 - 130 mm

Baum-Gärtchen, Kleines — enthaltend: Morgen-, Abend-, Meß-, Beicht-, Kommunion-Gebete wie auch der heil. Kreuzweg nebst Litaneyen und und Kirchenliedern. Pesth, Druck und Verlag des Alois Bucsánsky. (213 S. 16.) Mit Holzschnitten.
1856

Baumgärtchen, neues christkatholisches — für Jung und Alt. Enthält: Morgen-, Abend-, Meß-, Beicht-, Kommunion- und verschiedene andere Gebete, nebst Kreuzwegandacht und Tagzeiten, so wie auch alle Kirchengesänge und Litaneien. Gesammelt von einem frommen Christen. Wien, 1857. Gedr. bei Josef Stöckholzer v. Hirschfeld. Jakob Wallners Verlag. (378 S. 8) Mit einem Titelkupfer.

Baumgarte, Johann Adolf: Christum den gebornen Welt-Heyland als den ehmals verheissenen Saamen und Segen Abrahams, wollte aus 1. Buch Mose XII,2.3. und XXII,18 am ersten u. andern heiligen Weyhnachts-Tage 1741 in den Nachmittagspredigten vorstellen ... Johann Adolph Baumgarte. — Königsberg: Hartung 1743. 46 S. 4° **10.**
13.4393

Baumgartel. — Geistliches Baumgartel, im grössern Drucke, worin auserlesene schöne Morgen-, Abend-, Mess-, Beicht-, Communion-Gebete und Litaneien zu finden sind. (Verm. Aufl.) — Gratz: Koppitsch [1843]. 250 S. 8° **308.**
13.4394

Das MITTLERE Baumgartel, darinnen schöne und kräftige Morgen-, Abend-, Meß-, Vesper-, Beicht- und Communiongebeter . enthalten sind Grobdruck Erlau 1833 Erzbischöfl Schul-Buchdruckerey 285 S. - 140 mm

Baumgärtel (Sachl. OW)

Baumgärtel, geistliches — Darinr schöne, nützliche und anmuthige Morgen-, Abend-, Meß-, Beicht- und Kommunionsgebete u. s. w. zu finden sind. Neue verbesserte Auflage. Maria-Zell, 1856. Druck von Alois Josef Lancfraß in Neuhaus 1855. (352 S. 5 Bl. 8.)

Das kleine BAUM-GÄRTEL, bestehend aus erlösenen und sehr kräftigen Morgen- auch Abend- Mess- Beicht- und Kommunion Gebethen. Pressburg o. J : Fr. A. Patzko 250, 4 S. - 120 mm

Das KLEINE Baum-Gärtel, bestehend in auserlesenen, und sehr kräftigen Morgen-, auch Abend-, Beicht- und Communion-Gebetern sammt denen Tag-Zeiten zu der unbefleckten Empfängniß Mariä und Officio zu der göttlichen Vorsichtigkeit. Kaschau 1857: Ellinger'sche Buchdruckerey. 256 S. 1 t. - 90 mm
- Dass Preßburg o J · Franz Aug. Patzko 250, 4 S - 90 mm

Baumgärtel, kleines, mit Morgen-, Meß-, Abend-, Vesper- rc. Gebeten. 18. Presb., Weber. 3 ℳ

MITTLERES Baumgärtel, worinnen schöne und kräftige Morgen-, Abend-, Meß-, Vesper-, Beicht- und Kommunion-Gebeter . . enthalten sind Komorn 1811 Gedr bei Wittwe Klara Weinmüller. 285, 3 S. - 140 mm

Baumgärtel (Verf.)

Baumgärtel, Baumeister, Dresden. 1900., s. Baumgärtel, Gustav

Baumgärtel, Oberlehrer an d. Realschule zu Bautzen. 1889, s. Baumgärtel, Hermann

Baumgärtel, B., Über eine in der Gegenwart andauernde Erdbewegung. Leipzig, 1907. 5 S. mit 3 Abb. u. 1 Taf.

Baumgärtel, Bruno, aus Plauen i. V.: **Der Erzberg** bei Hüttenberg in Kärnten. Mit 2 Taf. u. 10 Zinkotypien im Text. *Wien 1902: Brüder Hollinek.* (20 S.) 4° ¶ Aus: Jahrbuch d. k. k. geol. Reichsanst., Bd 52, H 2.
München, Phil. Diss. v. 1902

Baumgärtel, Bruno: Der Oberharzer Erzbergbau. (69 m. Abb.) 8° Clausth., H Uppenborn ('12). Pappbd 2.25

Baumgärtel, Bruno, Oberharzer Gangbilder. 6 farb. Lichtdr.-Taf. in Kombinationsdr. nach kolor. Photogr. hrsg. u. m. Begleittext versehen. (28 S. m. 1 eingedr. Karte. 82,5×25 cm. Leipzig 907. W. Engelmann. In Mappe 7 —

Baumgärtel, Carl, s. Baumgärtel, Karl

Baumgaertel, Friedrich, Kantor, Kohren. 1893: Die 36 Choräle des Lehrplanes für die einfachen Volksschulen des Königreiches Sachsen vom 5. November 1878 in Ziffern. Ein Beitrag zur Methodik d. Gesangunterrichts. — Borna: Veit in Comm. 1893. 27 S. 8° **14.**
13.4136

Baumgärtel, Friedrich Hermann, s. Baumgärtel, Hermann

Baumgärtel, Geo. Friedr., Blumenkränze, d. erwachs. Jugend gewid. — A. m. d. Umschlagst.: Beispiele z. Erweckung d. Guten. 8. (17½ B.) Leipzig 838, Cerig'sche Buchh.

Baumgärtel, G. F., d. Briefe d. Apost. Petri m. Anmerkung. 8. Leipz. Graffé. 788.

Baumgärtel, Geo. Fr., katechet. Entwickelungen religiöser Gegenstände. 16 Stück. 8. Leipz. 800. Graffé. 10 ℳ

— s. Petrus des Apostels Briefe.

Baumgaertel, Gustav

Baumgaertel, Gustav, Baumeister, Dresden. 1900: **Arbeit macht arm . . .!** Appell an d. Bau-Interessenten Deutschlands. Anh. zu der dem Deutschen Reichstag unter d. 25. Dez. 1905 überreichten Petition d. Baumeisters Gustav Baumgärtel . . . die 'Sicherung der Bauforderungen' betreffend. Dresden: Weise [1906]. 82 S. 8° 14. 18. 41. 203. 305.
13.4141

-- Absoluter juristischer **Beweis** in bildlicher Darstellung für die Berechtigung der gesetzlichen Annahme des von mir in meiner Schrift 'Schlüssel zur Bodenreform', Seite 24, aufgestellten Fundamentalsatzes. — [Dresden 1903] 1 Bl. 2° 27.
13.4142

Baumgaertel, Gustav, Wundarzt u. Geburtshelfer, Kornwestheim, 1841-1916. 1908: Verein Württembergischer Wund-Ärzte und Geburtshelfer. **Jubiläums-Rede.** — (Fellbach 1908.) 16 S. 8° 24.
13.4155

[--] **Lösung** der Jahrhundertfrage mit dem Zirkel von einem Deutschen. — Dresden: Kühtmann 1900. 65 S. 4° 1: 4° Pg 3102. 12: 2° H. Un. 41 h-3. 15. 18. 21. 208.
13.4144

— **Novelle** zum Grundrecht zwecks Sicherung der Bauforderungen, vom Standpunkt d. technischen Wissenschaft, sowie d. kaufmännischen Buchführung. — Dresden: Weise [1905]. 8,83 S. 8° 1: Gm 13802. 12: J. pract. 4131. 36. 39. 106. 111. 302. 305.
13.4145

— An den Hohen Reichstag, Berlin. **Petition** des Baumeisters Gustav Baumgärtel . . . die 'Sicherung der Bauforderungen' betreffend. — (Dresden: Selbstverl. 1905.) 8 Bl. 4°
Anh. s. *Baumgaertel:* Arbeit macht arm. 1906. 203.
13.4146

Polemik uber die Jahrhundertfrage zwischen dem Culturhistoriker Prof. Dr. Henne am Rhyn, Staatsarchivar in St. Gallen, und dem Architekten Gustav **Baumgärtel**, Dresden, als Verf. d. beiden Schriften: 'Lösung d. Jahrhundertfrage mit d. Zirkel' u. 'Warum konnte d. Jahrhundertfrage nicht einheitlich gelost werden?' [Nebst] Anh.: Erörterung über d. Bedeutung der 'o' als Jahresbezeichnung vom Standpunkte d. Chronologie. *Dresden: G. Baumgartel 1901.* (20, 4 S.) 4° [01. 20440 7

Baumgärtel, Gust., Schlüssel zur Boden-Reform. Die wahren Ursachen der gegenwärt. Krisis, sowie Vorschläge zu deren Beseitigg. in Baugewerbe, Landwirthschaft, Industrie, Handel, Geldverkehr. Denkschrift zu den Entwürfen e. Reichsgesetzes betr. die Sicherg. der Bauforderg. Enth. drei statist. Tabellen, zusammengestellt nach dem statist. Jahrbuch f. das Deutsche Reich. Jahrg. 1901. gr. 8. (IV, 187 S.) Dresden 902. (E. Weise). n. 3. --

Die Sicherung der Bauforderungen der Kern der Mittelstandsfrage. Kritik d. Reichsgesetz-Entwurfes über d. Sicherung d. Bauforderungen u. Abänderungs-Vorschlag hierzu, den der 22. Delegiertentag d. Innungs-Verbandes Deutscher Baugewerksmeister zu Halle a. S. beschlossen hat, der Reichstags-Komm. als Material zu überweisen. Von Baumeister Gustav **Baumgärtel**. (In d. Anlage d. Reichsgesetzentwurf über d. Sicherung d. Bauforderungen u. 3 Erl. Taf.) Dresden: R. Kraut 1907. (125 S.) 8° [J.] [07. 16641

[—] **Warum** konnte die Jahrhundertfrage nicht einheitlich gelöst werden? 1900 oder 1901. — Dresden: Kühtmann 1901. 8 S. 4° 1: 4° Pg 3103. 2. 4. 5. 7→11. 15. 16. 18→21. 25. 26. 27. 29. 83. 90. 91. 208. 302. 305.
13.4150

— **Was** dem einen recht, ist dem andern billig! § 641/§ 879 BGB. Zur Petition d. Baumeisters Gustav Baumgärtel betr. d. Sicherung d. Bauforderungen. — Dresden: Kraut [1909]. 42 S. 8° 2. 3. 7. 10. 11. 15. 16. 19. 21. 25. 27. 83. 88. 90. 91. 203. 302. 305.
13.4151

— Das letzte **Wort** an den Reichstag zur Sicherung der Bauforderungen. Petition. — (Dresden [1908]: M. E. Fischer.) 23 S. 8° 88. 180.
13.4152

— — Das letzte Wort an den Reichstag zur Sicherung der Bauforderungen. Petition an d. Reichstag u. Nachtrag hierzu. Dresden: Kraut [1908]. 63 S. 8° 1: Gm 13825. 15. 36. 106. 203. 305.
13.4154

— — Nachtrag zu Das letzte Wort an den Reichstag zur Sicherung der Bauforderungen. Denkschreiben an d. Reichstagskommission. — Dresden (1908: M. E. Fischer). 39 S. 8° 23. 88.
13.4153

Baumgaertel, Hermann: Bautzen im siebenjährigen Kriege. — (Bautzen [um 1890]: Monse.) 34 S. 8° 14.
13.4156

— Die ältesten **Feuerordnungen** Bautzens. — o. O. [um 1890]. 18 S. 8° 14.
13.4157

Baumgärtel s: Führer, Neuer, durch Bautzen u. Umgeg.

— **Geschichte** des Fleischerhandwerks zu Bautzen, nach den Handwerksbüchern der Innung und Akten des Ratsarchivs zu Bautzen. — Bautzen 1909: Monse. 28 S. 4°
Nebent.: 500. Festschrift zur Feier d. 500jährigen Gedenktages d. Verleihung e. Fahne an d. Fleischer-Innung zu Bautzen durch König Wenzel von Böhmen. 14.
13.4159

(--) Zur **Geschichte** des Hospitals und der Kirche 'Zum Heiligen Geist'. — (Bautzen [um 1895]: Monse.) 8 S. 8° 14.
13.4160

-- Kurze **Geschichte** von Bautzen. Für reifere Schüler bearb. — Bautzen: Monse 1898. 47 S. 8° 14. 207.
13.4161

Baumgärtel, Herm., Kurze Geschichte v. Bautzen. F. reif. Schülerbearb. gr. 8. (47 S.) Bautzen 898. (Weller.) n. — 50

— **Geschichte** des Pönfalls der Oberlausitzer Sechsstädte. — Bautzen: Weller [usw.] 1898. 109 S. 8° 1: Sr 2543. 3. 7. 12: Germ. sp. 27 kni. 14. 15. 18. 106. 109. 203. 300: 102. 102-B. 302.
13.4162

[—] Das **Handwerk** der Fleischer zu Bautzen. Ein Bild aus d. Innungsleben. Von Dr. Bg. — (Bautzen [um 1890]: Monse.) 31 S. 8° 14.
13.4163

— Die **Huldigung** Johann Georgs I. — (Bautzen [um 1895]: Monse.) 16 S. 8° 14.
13.4164

— Bautzener **Kleiderordnungen**. — (Bautzen [um 1890]: Monse.) 16 S. 8° 14.
13.4165

— Die **Petrikirche** zu Bautzen, 1619-1622. — (Bautzen [um 1900]: Monse.) 18 S. 8° 14.
13.4166

(--) Peter **Preischwitz**, der Verräter Bautzens. — (Bautzen [um 1900]: Monse.) 2 Bl. 8° 14.
13.4167

— **Rathsverfassung** und Rathslinie der Stadt Bautzen. — Bautzen [1901]: Monse. 59 S. 8° 1: Sr 3705. 2. 14. 15. 18. 106.
13.4168

Baumgärtel, Herm., Rathsverfassg. u. Rathslinie d. Stadt Bautzen. gr. 8. (59 S.) Bautzen (901). (Weller). n. — 60

-- Die **Uebergabe** der Lausitz an den Kurfürsten von Sachsen. — (Bautzen [um 1890]: Monse.) 18 S. 8° 14.
13.4169

Baumgärtel, Friedrich Hermann [Oberlehrer a. d. Realschule zu Bautzen]: Die kirchlichen Zustände Bautzens im 16. und 17. Jahrhundert. . . . Bautzen, Druck v. E. Monse, 1889; 64 S. 8°
Rostock, Phil. Fak., Inaug.-Diss. v. 24. Dez. 1888

Baumgärtel, Friedrich Hermann [Oberl.]: Die kirchlichen Zustände Bautzens im 16. und 17. Jahrhundert. *Bautzen* (1889); 64 S. 8°
Bautzen, R, OP 1880 (532)

Baumgärtel, Friedr. Herm. Die kirchlichen Zustände Bautzens im 16. u. 17. Jahrh. Nach urkundl. Quellen dargestellt. gr. 8. (64 S.) Bautzen 889, (Weller). * 1 20

Baumgärtel, Hugo: Evolution, nicht Revolution. § 94 BGB 2 Vortr. (8, 74 m. 1 Taf.) kl8° Dresd., Vorl. „Der Baumarkt" '12. 1.20

Baumgaertel, Karl: Die deutschen Bestandteile des lettischen Wortschatzes. — Leipzig: Graebner in Komm. 1868. 59 S. 8°
Zugleich Diss. Würzburg 1868. 8. 14. 15. 16. 20. 21.
13.4171

Baumgärtel, Carl, Referendar aus Kiel: Die Verpflichtung des Besitzers zur Herausgabe oder zum Ersatze von Früchten nach B.G.B. im Vergleiche zum gemeinen Recht. *(Plön 1902: S. W. Hirt.)* (47 S.) 8°
Rostock, Jur. Diss. v. [15. Okt.] 1902

Baumgaertel, Carl Georg (Leipzig), De hydrocephalo acuto interno. Diss. therapeut. Präs. Joh. Carl Friedr. Leune. Lpz. (J. Fr. Glück) 4. V. 1824. 62 S. (4.80) 1429

Baumgärtel, Konrad [aus Lengenfeld im Vogtl.]: Über Oxycaron und Ket...rpin ... München, Druck v. V. Höfling, 1897; 49 S. 8.
München, Phil. Fak., Inaug.-Diss. v. 1897

Baumgaertel, Max
Pseudonyme: Eduard Baumann u. M. Wartburger

— Die dekorative Bildnerei der Griechen. Die griechische Malerei. Die altitalische und die römische Kunst. Die Kunst im neupersischen Reiche der Sassaniden. Von Ed. Baumann. Die Kunst des alten Indiens. Von Albert Grünwedel. — Berlin: Baumgärtel (1901-03). XVIII,636 S. 4° (Allgemeine Geschichte d. bildenden Künste. 1,2.)
1: 4° Nr 4048-1,2. 2. 5. 6. 7. 11. 12: 4° Art. 40z-1,2. 14. 17→20. 27. 31. 34. 39. 41. 300: 391.924-C. Ks. 1,2. 305.
13.4181

Dass. s.a.: Geschichte, Allgem., d.bild.Künste. I,2.

Baumgärtel, Max, der Führer durch die Wartburg u. Eisenach. Mit 41 Taf.: Ansichten, Abbildgn., Bildnisse, Karten, Pläne, Grundrisse, Panorama. (167 S.) 16. Berlin 910. Historischer Verlag Baumgärtel. Geb. p — 90

— Die Kunst des alten Orients. Die Architektur und Plastik Griechenlands. 1895-98 s. *Schultz*, Alwin.

— Martin Luther. Lebensgeschichte d. Reformators von M. Wartburger. Mit d. 24 Bildern d. Luther-Galerie gemalt von Wilhelm Weimar. — Berlin: Baumgärtel 1905. X,78 S. 4° 1: 4° Cn 8174. 7. 8. 11. 18.
13.4183

—— Ebd. [1910]. XXX,171 S. 8° 1: Cn 8257. 11.
13.4184

— Die Martin-Luther-Galerie. 24 Bilder (auf 18 Taf.), gemalt v. Wilh. Weimar, aus Mart. Luthers Leben u. Wirken. Mit den Lucas Cranach'schen Wartburg-Bildnissen Martin Luthers u. seiner Eltern. Für die Wartburg-Besucher hrsg. (25 S. m. 16 S. Text.) 11. 8. Ebd. (910.) p — 50

— Das Sankt-Elisabeth-Büchlein der Wartburg. Lebensgesch. der hl. Elisabeth, Landgräfin v. Thüringen. Mit 18 (Voll-)Bildern, Mor. v. Schwinds Gemälden aus dem Leben der hl. Elisabeth u. anderen Abbildgn. aus der Wartburg. (79 S.) 16. Ebd. (910.) Geb. p — 75

— s. a. Wartburg, die.

— Die Wartburg. Ein Album mit 25 Abb. u. 4 Wartburg-Dichtungen von Ernst v. Wildenbruch u.a. — Berlin: Baumgärtel [1910]. 8 S. quer-8° Nebent.: Wartburg-Album.
1: N 11.1347 [u.] Kart. quer-8° Y 42010. 11. 24.
13.4187

Die Wartburg-Sagen. Hrsg. von Max **Baumgärtel**. Mit e. Wartburg-Ansicht u. Moritz v. Schwinds 7 Wandgemälden im Landgrafensaale d. Wartburg. Berlin: Baumgärtel 1910. 110 S. 8° [11. 1604]

Baumgarten [Sachliches OW]

Baumgarten. — Der Baumgarten, wie auch Bemerkungen und Erfahrungen von besondern Vermehrungen der Bäume. — Leipzig: Schwickert 1792. VIII,150 S. 8°
1: 1 an Oy 13496a. 2. 12: Oecon. 189. 16. 17. 78.
13.4395

Baumgarten, der, wie auch Bemerkk. u. Erfahrr. von besond. Vermehrung d. Bäume u. einem Baumgartenkalender u. von d. Rechten d. Bäume. gr. 8. Leipz. 792. Schwickert. 12 gr

— Wider Professor Dr. Baumgarten. Ein offenes Wort von einem parteilosen Protestanten. — Berlin: Stilke & van Muyden 1870. 35 S. 8°
1: 8 in Cv 4601. 12: H. ref. 17 qr. 28. 48.
13.4396

Baumgarten im Bunde mit der Lehrfreiheit. (Abdr. aus dem Vorworte d. „Neuen Zeitblattes für die Angelegenheiten der luther. Kirche" vom J. 1859. Herausg. von Münkel.) Verden 859. Steinhöfel. gr. 8. (31 S.) n. 4 ngr

CHRISTLICHER Baumgarten, darinnen schöne und kräftige Morgen-, Abend-, Meß-, Vesper-, Beicht- und Communionsgebete, wie auch der heilige Kreuzweg, nebst Litaneien enthalten sind. Vermehrt mit vielen neuen und schönen Meßgebeten. Pest o. J.: A. Bucsánszky. 533, 3 S - 12°

Baumgarten, Eychstättischer, zu Ehren ... Johann Antons, des Zweyten, Bischoffen, ... Eychstätt [1745]. V: *Weitenauer, Ignaz.* (Jes)

— d., ein Gebetbuch f. Landleute. 12. Köln 830. Mathieux. Großer Druck. 3 gr

Baumgarten, geistlicher, s. a. **Erhard**, Casp., kathol. Gebet- u. Erbauungsbuch.

GEISTLICHER Baumgarten im größeren Drucke. Worin besonders kräftige Morgen-, Abend-, Meß-, Beicht- und Communion-Gebethe, wie auch vom Leiden Christi, zu verschiedenen Heiligen für Lebendige und Abgestorbene, und auch etwelchen Tagzeiten und Gebether auf alle hohen Feste des Jahres, nebst dem Kern aller Gebether, mehreren Litaneyen und in allen in den k. k. österreichischen Staaten allgemein eingeführten Meß- und Kirchen-Gesängen mit einem Anhange christlicher Gedanken auf alle Tage des Monats, und der Kreuzweg-Andacht nach den gewöhnlichen Stationen enthalten sind. Eisenstadt o. J.: Anton Wiederkomm. 21, 349, 5 S - 170 mm

GEISTLICHER Baumgarten, das ist: Gebethbuch eines frommen katholischen Christen, bestehend in Morgen-, Abend-, Mess-, Beicht- und Communion-Gebeten, mehreren Litaneyen zum nachmittägigen Gottesdienst, Gebetern in besondern Anliegen und vorzüglichen Kirchengesängen. Kaschau o. J.: St. Ellinger. - 12°

Baumgarten, geistl., oder tägliche Andachtsübungen auf die Morgens- u. Abendzeit, heilige Messe, wie sie der Priester am Altare betet etc. 12. Regensburg 840. Reitmayr. 5 gr

GEISTLICHER Baum-Garten. Eines Christen für die Morgens- und Abends-Zeit. Heilige Meß, Beicht und Kommunion. Ödenburg 1810: Sießische Erben. Grobdruck. 276, 24 S. - 140 mm

Der GROSSE Baumgarten, das ist: Kurze tägliche Besuchungen zu dem Allerheiligsten Sacramente des Altars sammt unterschiedlichen andern Andachts-Uebungen, sowohl für geist- als weltlichen Standes-Personen zu gebrauchen eingerichtet 8., um vieles vermehrte Aufl. Pesth o. J.: Trattner-Károlyi. 23 Bogen. - 8°

— d. große. gr. 8. Sulzb. 803. v. Seidel. 9 gr

Baumgarten, der große, im großen Druck, darin kräftige Morgens-, Abends-, Meß-, Vesper-, Beicht- und Communiongebete etc. Aufs Neue umgearbeitet. von einem kathol. Geistlichen. gr. 8. Paderborn 843, Junfermann. 1/2 rf — Schreibpap. 3/4 rf

— Der große Baumgarten. Enthaltend verschiedene Morgen-, Abend-, Meß- ... Andachten ... Ferner Andachtsübungen ... Auf's neue umgearb. u. verm. — Paderborn: Junfermann [1847]. 618 S. 8° 1: Er 4766.
13.4398

—— der große. Enthaltend verschied. Morgen-, Abend-, Meß-, Vesper-, Beicht- und Communion-Andachten rc. Aufs Neue umgearb. und verm. von einem kathol. Geistlichen. 8. (VIII und 608 S.) Paderborn 848, Junfermann'sche Buchh. Thlr.

Baumgarten, der große. Enthaltend verschiedene Morgen-, Abend-, Meß- rc. Andachten; Gebete zur Verehrung des hochwürdigsten Altarsakramentes, sowie zu der heil. Dreifaltigkeit; zu Christo rc. Ferner: Andachtsübungen auf alle Festtage des Jahres; zwölf Litaneien und die sieben Buß-Psalmen. Aufs Neue umgearb. und verm. mit den kurzen Tagzeiten von der unbefleckten Empfängniß der Mutter Gottes und der Todesangst-Bruderschaft. 8. (VIII und 618 S. grober Druck mit 1 Stahlst.) Paderborn 835, Junfermann'sche Buchh.

— großer, worin sowohl schmackhafte Früchte zur Labung d. Seele in diesem Leben, als eine trostreiche Aussicht in die glückl. Ewigkeit zu finden ist. Oder: vollständ. Gebetbuch rc. gr. 8. Prag. (Brünn, Gastl). 10 ℊ

— Der himmlische Baumgarten. Ein vollständiges Gebet- und Andachtsbuch. — Trier: A. Müller 1858. 319 S. 8°
5.
13.4399

— himmlischer, worin die auserlef. Morgen-, Abend-, Meß-, Vesper-, Complet-, Beicht- u. Kommuniongebete, nebst d. deutschen Singmesse enthalten sind. Mit 1 Bildn. 18. Köln 832. Mathieux. Das Dutzend in Leder geb. 1 ₰ 14 ℊ in Pappe geb. 1 ₰ 8 ℊ

Der KLEINE Baumgarten. Gebetbuch zur Erbauung für katholische Christen. Pesth 1810: M. Trattner. 4. Aufl. - 12°
- Dass. Pesth o. J: M. Trattner-Károlyi. 5. Aufl. 8 Bogen - 12°

— d. kleine, in großem Druck. Darin kräftige u. andächtige Morgen- u. Abend-, Meß-, Beicht- u. Kommuniongebete, wie auch zu Christo dem bittern Leiden rc. begriffen sind. Aus d. großen Baumgarten gezogen. Mit Holzschn. gr. 12. Prag 826. (Lpz., Centr.-Compt.) 8 ℊ

— Der kleine Baumgarten, darin Morgen-, Abend-, Meß-, Vesper-, Beicht- u. Kommunion-Gebeter ... enthalten sind. — Saarlouis: Stein [1827]. 310 S. 8° 1: Er 4778.
13.4400

—— der kleine, darin Morgen-, Abend-, Meß-, Vesper-, Beicht- und Communiongebete rc. enthalten sind. Neue, durchgeseh. und verm. Ausg. gr. 16. (279 S. mit eingedr. Holzschn.) Paderborn 847, Junfermann'sche Buchh. *

Baumgarten, der kleine, worin Morgen-, Abend-, Meß-, Vesper- rc. Gebete, wie auch Gebete zum hochwürdigsten Sakramente des Altars, der allerheil. Dreifaltigkeit, zu Jesu Christo rc. und auf alle Festtage rc. 3., stark verm. Ausg. gr. 16. (287 S. und 1 lithogr. Titelkpfr.) Paderborn 857, Junfermann'sche Buchh. *

Baumgarten, der kleine, worin Morgen-, Abend-, Meß-, Beicht- und Communiongebete, Gebete zum hochwürdigsten Sakramente des Altars, zur allerheiligsten Dreifaltigkeit, zu Jesu Christo, zur Mutter Gottes und zu den Heiligen, ferner in allgemeinen Nöthen und besondern Anliegen, für Kranke, Sterbende und Abgestorbene, nebst vielen Litaneien, enthalten sind. Ausg. in grobem Druck. 12. (256 S. mit 1 Stahlst.) Werl 879, Stein'sche Buchh.

Baumgarten, der kleine, worin Morgen-, Abend-, Meß-, Beicht- u. Communiongebete, Gebete zum hochwürdigsten Sakramente d. Altars, zur allerheiligsten Dreifaltigkeit, zu Jesu Christo, zur Mutter Gottes u. zu den Heiligen, ferner in allgemeinen Nöthen u. besonderen Anliegen, f. Kranke, Sterbende u. Abgestorbene, nebst vielen Litaneien, enthalten sind. Ausg. in grobem Druck. 12. (256 S. m. 1 Stahlst.) Werl 880. Stein. — 50

Baumgarten, kleiner, od. andächt. christkathol. Gebetbüchlein. Neue Aufl. 32. (192 S.) Luxemburg 874. Brück. n. — 20

Baumgarten, kleiner, bepflanzt mit den schönsten Morgen-, Abend-, Meß-, Vesper-, Beicht- und Communiongebeten, nebst Andachts-Uebungen für die Festtage des Herrn, der sel. Jungfrau Maria und der Heiligen Gottes. 47. Aufl. 16. (338 S.) Saarlouis 883, Stein. *

—— Kleiner Baumgarten, bepflanzt mit den schönsten Morgen-, Abend-, Meß-, Vesper-, Beicht- u. Communiongebeten. 48. Aufl. — Ebd. 1886. X, 338 S. 8° 5.
13.4401

Baumgarten, Kleiner, bepflanzt mit den schönsten Morgen-, Abend-, Mess- ... und Communiongebeten ... 50. Aufl. Saarlouis [1894]. V: *Cochem, Martin v.* (Berl)

Baumgarten, kleiner, bepflanzt m. den schönsten Morgen-, Abend-, Meß-, Vesper-, Beicht- u. Communiongebeten, nebst Andachts-Uebgn. f. die Festtage des Herrn, der sel. Jungfrau Maria u. der Heiligen Gottes. 50. Aufl. 16. (338 S. m. Titelbild.) Saarlouis 893. F. Stein Nachf. — 40

—— 50. Aufl. Saarlouis: Hausen [1894]. 338 S. 8°
1: Er 1284850. 5.
13.4402

KLEINER Baum-Garten oder Sammlung auserlesener Gebete, worin besonders schöne Morgen-, Abend-, Meß-, Beicht- und Communion-Gebete, nebst Litaneien zu finden sind. Desgleichen vom Leiden Christi, Offizium zu unserer lieben Frau und verschiedenen Heiligen Gottes in allerlei Anliegen. Budapest 1899: Koloman Rózsa u. Frau. 4, 221, 3 S. - 130 mm
- Dass. Pest o. J.: A. Bucsánszky. 252, 4 S. - 16°

Baumgarten, kleiner, bepflanzt m. den schönsten Morgen-, Abend-, Meß-, Vesper-, Beicht- u. Kommuniongebeten, nebst Andachts-Uebgn. f. die Festtage des Herrn, der sel. Jungfrau Maria u. der Heiligen Gottes. 52. Aufl. (352 S. m. Titelbild.) 16. Saarlouis 903. F. Stein Nachf. n. — 40; geb. n. — 75

— Der kleinere Baumgarten, darin Morgen-, Abend-, Messe-, Vesper-, Beicht- und Kommuniongebete ... begriffen sind. — Paderborn: Junfermann 1796. 285 S. 8° 211.
13.4404

Baumgarten, Marianischer, geziert mit d. schönsten u. kräftigsten Gebethen. (Neue Ausg. M. Titlkpfr.) 8. (18½ B. grobe Schrift u. Titvign.) Linz 841. (Regensburg, Manz.)

— Marianischer, (a. u. d. Titeln: Marianischer Liliengarten. — Marianischer Myhrrengarten,) od. vollständ., sehr nützl., christkathol. Gebetbuch, enth. die kräftigsten u. anmuthigsten Morgen-, Abend-, Meßgebete rc., wie auch zum heil. Sakramente, zu Jesus Christus, dem bittern Leiden, zu Maria der Mutter Gottes u. den Heiligen rc. 8. (XII u. 468 S. m. 1 Stahlst.) Würzburg 850, Etlinger. 5/12 ₰

Baumgarten, Marianischer —. Geziert mit den schönsten und kräftigsten Gebeten: Goldener Schlüssel zur Himmelspforte. Ein christkatholisches Gebetbuch, bestehend in auserlesenen Morgen-, Abend-, Meß-, Beicht- und Kommunion-Gebeten, dann auch in verschiedenen Andachten zur allerseligsten Jungfrau und Gottes-Mutter Maria, zu den Heiligen Gottes, an allerlei Kirchenfesten; mit beigefügtem nachmittägigen Gottesdienste, mehreren Litaneien, den gewöhnlichen Kirchenliedern, dem heil. Kreuzwege, der Tafel der beweglichen Feste und dem geistlichen Betkalender für alle Tage u. s. w. Zweite vermehrte Auflage. 8. (344 S. und 4 Blätt.) Linz. Gedruckt bei Johann Huemer's Wwe. 1854.

Baumgarten, Marianischer, oder vollständiges, sehr nützliches, christkatholisches Gebetbuch, enthalt. die vorzüglichsten Morgen-, Abend-, Meß- rc. Gebete, wie auch zum heil. Sakramente, zu Jesus Christus rc. (Neue Ausg.) Berlin 859. Henrich. 8. (XVI, 408 S. u. 3 Stahlst.) 15 ngr.; feine Ausg. 20 ngr.

Wurde auch u. d. T.: Marianischer Himmelsschlüssel — Marianischer Liliengarten und Marianischer Myrrhengarten ausgegeben.

—— Marian., od. vollst. christkath. Gebetbuch. (N. Asg.) 8. (468) Berl. 59. (Pass., Waldbauer.) — 15; f. Asg. — 20
Wird auch u. d. Tit.: Marian. Himmelsschlüssel; Marian. Liliengarten; Marian. Myrrhengarten ausgegeben.

— Metallischer Baumgarten, in welchem das einzige wahre Subiectum philosophiae oder primum ens metallorum bloß und gantz offenbar, vor Augen gelegt, und beschrieben worden ist; von einem Freunde, deme die Wahrheit bewust ist. — Franckfurt [usw.]: Fleischer 1741. 87 S. 8°
Als Verfasser wird Christian Friedrich v. Steinbergen genannt.
1: Mu 5291. 2. 12: Alch. 30 [2 Ex.] 14. 27. 29. 30. 36. 300: 75 H 43.
13.4408

—— Ebd. 1753. 87 S. 8° 2. 12: Alch. 30 c. 16. 17.
13.4409

— metallischer. 8. Frankf. (Sommer, L.) 753.

— Der mittlere Baumgarten in großen Druck: Darinn überaus kräftige und anmüthige Fest-, Morgen-, Abend- ... u. Communion-Gebeter ... begriffen sind. — Neisse [1782]: Rosenkranz. 316 S. 8° 2.
13.4410

—— Der mittlere Baumgarten in grossem Druck: Darinn überaus kräftige und anmüthige Morgen-, Abend-, Meß-, Vesper-, Beicht- und Communion-Gebethe ... begriffen sind. — Striegau [um 1785]: Weber. 364 S. 8° 41.
13.4411

— der mittlere. 8. Sulzb. 803. v. Seidel. 12 gr.

Der MITTLERE Baumgarten, worinnen schöne und kräftige Morgen- Abend- Meß- Vesper- Beicht Kommunion Gebeter wie auch zu der allerheiligsten Dreyfaltigkeit, zum Sakramente des Altars, und zu Christo bittern Leiden zu der Mutter Gottes, und den Heiligen für Lebendige und abgestorbene samm Litaneyen, nebst den Tagzeiten zu der göttlichen Vorsichtigkeit und dem Normal wie auch neuen Meß und andern Liedern enthalten sind. Segedin 1809. Gedr. bey Urbar Grünn (2) 288 S - 145 mm

— der mittlere, mit großem Druck, darin überaus kräftige Gebete enthalten sind. gr. 8. Neiße 827. (Centr.-Compt.) 14 gr.

MITTLERER Baumgarten, darinnen schöne und kräftige Morgen-, Abends-, Meß-, Beicht- und Communion-Gebeter, wie auch zu der allerheiligsten Dreifaltigkeit, zu dem hochwürdigsten Sakrament des Altars, zu der Mutter Gottes und den Heiligen, für Lebendige und Abgestorbene: dann Litaneyen nebst den Tagzeiten zu der göttlichen Vorsichtigkeit, den Meß- und anderen Gesängen enthalten sind Ofen 1817 Landerer 285 S. - 140 mm
- Dass. Ofen 1835: Druck Gyurián und Bagó. 283, 5 S. - 150 mm
- Dass. Pest o. J.: Alois Bucsánszky, 285, 3 S. - 12°
- Dass. Preßburg o. J.: Bucsánszky. 286, IV S. - 8°
- Dass. Pest 1875: Alois Bucsánszky. 288 S. - 150 mm
- Dass Budapest 1895: Coloman Rózsa u Frau (vorm A. Bucsánszky) 285, 3 S. - 160 mm

Baumgarten, neubepflanzter, s. Himmelsschlüssel, kleiner.

Baumgarten, neugepflanzter, im mittleren Drucke. Enthält eine Auswahl andächtiger Morgen-, Abend- etc. Gebete etc. Neue, gänzl. umgeänd. Aufl. (Eigenth. des Verlegers). *Neuhaus* 1858, Druck und Verlag v. *Alois Landfrass.* XIV. 344 S., 2 Bl., 16°. 20 kr.

—— neu gepflanzter. Ein sehr nützliches und trostreiches Gebetbuch für geistliche und weltliche Personen, für schwangere und säugende Mütter, dann Christen beiderlei Geschlechtes. Enthaltend: Morgen-, Abend-, Meß-, Vesper-, Beicht- und Communiongebete, wie auch Gebete zum hochwürdigsten Sacramente des Altars und der heiligsten Dreieinigkeit, zu Christo und seinem bittern Leiden, zur Mutter Gottes, zu den Heiligen, an allen hohen Festen und verschiedenen Zeiten, in gemeinen und besonderen Nöthen, für kranke und sterbende Personen und für die armen Seelen im Fegfeuer. Neue mit einer geistlichen Schildwache, dem Rosenkranz und Kreuzweg-Andacht in Bildern, dann allen Kirchenliedern verm. Aufl. 8. (422 S. mit vielen Holzschn. im Text.) Neuhaus 866, Landfraß und Sohn. *

— Sigmund Jacob Baumgarten, der heiligen Schrifft Doctor ... in Halle. — o. O. [1745]. 3 Bl. 2° 3.
13.4412

— Unserem theueren Vater Emanuel Baumgarten zur Erinnerung an seinen 70. Geburtstag 15. Jänner 1898. — Wien: Jasper 1899. 88, 47 S. 8° 30. 300: 94.957-B. 302. 303.
13.4413

Baumgarten (Verf.)

Baumgarten, Prof., Oberlehrer, Coburg. 1875
s. *Baumgarten,* Adolf.

Baumgarten, Arzt, Wörishofen. 1893., s. Baumgarten, Alfred

Baumgarten, Gymnasiallehrer, Kremsmünster. 1852., s. Baumgarten, Amand

Baumgarten, Gymnasiallehrer, Koblenz. 1852., s. Baumgarten, Johann

Baumgarten, Lehrer, Magdeburg. 1800, s. Baumgarten, Johann Christoph Friedrich

Baumgarten, Lehrer am Gymn. zu Wertheim, sp. Prof. d. Kunstgeschichte, Freiburg. 1888., s. Baumgarten, Fritz

Baumgarten, Justizrat, Luckau. 1844
s. *Baumgarten,* Johann Karl Friedrich.

Baumgarten, der Fest-Ordner und Gelegenheits-Dichter in heiterer Gesellschaft. Eine reichhaltige Sammlung von Spielen, Pfänder- und Gesellschaftsspielen, leichten Taschenspielerkünsten rc. Ein unentbehrl. Handbüchlein, um in Gesellschaften, auf Besuchen, Bällen und Landpartien Munterkeit, Scherz und Frohsinn herbeizuführen. gr. 16. (VIII, 127 S.) Mülheim a. d. R. 871, Bagel.

Baumgarten, der Festordner, Balldirector und Gelegenheitsdichter in heiterer Gesellschaft. Eine reichhalt. Sammlung von Spielen, Pfänder- und Gesellschaftsspielen rc. Ein unentbehrl. Handbüchlein, um in Gesellschaften, auf Besuchen, Bällen und Landpartien Munterkeit, Scherz und Frohsinn herbeizuführen. 2. verm. Aufl. gr. 16. (VIII, 125 S.) Mülheim 875, Bagel's Verlagsh. cart.

Baumgarten, Westfalen. 1845: Die Flug- oder fliegende Schrift des A. G. Friedr. Freiherrn v. Strachwitz, angeblich nur den katholischen Priester Herrn Johannes Ronge vor dem lesenden Volke besprechend. Ein unversiegeltes Privatschreiben an deren Verf. u. a. m. — Breslau: A. Schulz 1845. 20 S. 8° 2. 41. 169.
13.4414

Baumgarten, Gelegenheitsgedichte f. jung u. alt. E. reichhalt. Sammlg. v. Glückwünschen b. Geburtstags-, Neujahrs-, Weihnachts- u. Familienfesten f. Verw. u. Freunde rc. 12. (80 S.) Mühlheim a/R. 898. J. Bagel. n. — 50

Baumgarten, Gelegenheitsgedichte f. jung u. alt. Eine reichhalt. Sammlg. v. Glückwünschen bei Geburtstags-, Neujahrs-, Weihnachts- u. Familienfesten f. Verwandte u. Freunde rc. (3. [Umschlag-]Aufl.) 12. (80 S.) Mülheim a/R. (900). J. Bagel. n. — 50

— D. fröhliche Gesellschafter. E. reichhalt. Sammlg. v. Pfänder- u. Gesellschaftsspielen, leichten Taschenspielerkünsten, Rätseln, Charaden, Cotillon-Touren rc. rc. E. unentbehrl. Handbüchl., um in Gesellschaften, auf Besuchen, Bällen u. Landpartien Munterkeit, Scherz u. Frohsinn herbeizuführen. 12. (64 S.) Ebd. 898. n. — 50

Der fröhliche **Gesellschafter.** Eine reichhalt. Sammlung von Pfänder- u. Gesellschaftsspielen, leichten Taschenspielerkunsten, Ratseln, Charaden, Cotillon-Touren etc. Ein unentbehrl. Handbüchlein ... Hrsg. von Dr **Baumgarten**. *Mülheim a. d. Ruhr: J. Bagel [1899].* (61 S.) 8° (w. 40-6

— der fröhliche Gesellschafter. Eine reichhalt. Sammlg. v. Pfänder- u. Gesellschaftsspielen, leichten Taschenspielerkünsten, Rätseln, Charaden, Cotillon-Touren rc. rc. Ein unentbehrl. Handbüchlein, um in Gesellschaften, auf Besuchen, Bällen u. Landpartien Munterkeit, Scherz u. Frohsinn herbeizuführ. (3. [Umschlag-]Aufl.) 12. (64 S.) Ebd. (900). n. — 50

— Gustav Adolf u. die deutschen Protestanten. Vortrag, geh. am 20. Febr. 1893 im Kunst- u. Gewerbeverein zu Coburg. gr. 8. (20 S. m. 1 Bild.) Ebd. 893. n. — 40

Baumgarten: Leitfaden der Homiletik ..., s. Baumgarten, Otto

— Lessing's Nathan der Weise u. seine Tendenz, erläutert. gr. 8. (24 S.) Ebd. 893. n. — 40

Baumgarten: Der Volksrechtslehrer, s. Baumgarten, Viktor

— Goethe's religiöse Weltanschauung. Ein Vortrag, geh. im Kunst- u. Gewerbeverein in Coburg 1887. gr. 8. (III, 24 S.) Ebd. 893. n. — 40

Baumgarten, A.: Über das Vorkommen des Vanadium in dem Aetznatron des Handels. Göttingen. 46 S.- Schul-/Univ.-Schrift. 1865.

Baumgarten, A.Z., s. Baumgarten, Alexander Gottlieb

Baumgarten, Adolf: Einige bescheidene Einwendungen gegen die Theorie Darwin's von der Abstammung des Menschen. — Coburg: Verf. 1879. 28 S. 8° **66.**
13.4416

Baumgarten, einige bescheidene Einwendungen gegen die Theorie Darwin's v. der Abstammung d. Menschen. Vortrag, geh. im Kunst- u. Gewerbeverein zu Coburg. gr. 8. (24 S.) Coburg 893. (G. Sendelbach.) n. — 40

Baumgarten, Geschichte der Jungfrau v. Orléans. Nach den besten Quellen erzählt. Mit einem (lith.) Porträt der Jungfrau, einer lith. Karte d. Kriegsschauplatzes u. einem (lith.) Plane der Stadt Orléans. gr. 8. (40 S.) Koburg 879. Riemann'sche Hofbuchh. in Comm. n. 1. —

— **John Milton und das Verlorene Paradies. — Coburg: Sendelbach in Comm. [1875]. 56 S. 8°**
Zugleich Progr. Coburg Herzogl. Realschule 1875.
6. 24. 29. 169.
13.4419

Baumgarten, A., deutsche Musterstücke zur Uebung in der französischen und englischen Composition, mit angehängtem französ. u. engl. Wörterverzeichniß. 1. Hft. Coburg 860. Mensel & Sohn in Comm. 8. (59 S.) n. 7 ngr.

Das Rundschreiben des heiligen Vaters Leo XIII. gegen die Freimaurer vom 20. April 1884 beleuchtet von A. Baumgarten. Coburg: Selbstverl. 1884. 16 S. 8° [Umschlagtit.]
Recens: Bh. 27 (1884) S. 214—215 (J. G. Findel).
Tt. 1453 a. Verteidigung der Frmrei gegenüb. der Enzyklica Leo XIII.

Baumgarten, A., das Rundschreiben des heil. Vaters Leo XIII. gegen die Freimaurer vom 20. April 1884, beleuchtet. 8. (16 S.) Coburg 884, (Sendelbach's Verlag.) *

Baumgarten, Adolf

— Unsere gefallenen Schwestern. — Berlin: Bureau d. deutschen Sittlichkeitsvereine 1893. 24 S. 8°
1: Fb 4813. 17. 106.
13.4421

-- unsere gefallenen Schwestern. 12. (24 S.) Berlin 893. (Leipzig, R. Werther.) n. — 10

— Ein Tag aus dem Leben Friedrichs des Großen. Drei Tage aus dem Leben Kaiser Wilhelms. — Coburg: Sendelbach 1878. 53 S. 8° **1: St 3874. 16. 29.**
13.4422

— **Vernunftreligion und Christentum zur Zeit der Französischen Revolution. — Leipzig: Spamer 1890. 71 S. 8°**
12: 38/425. 16. 18. 34. 39. 107. 109. 302.
13.4423

Baumgarten, Albert, Verleger, Barmen. 1909: **Führer durch das Bergische Land. — Barmen: (Baumgarten) 1909. 111 S. 8° 61.**
13.4426

Baumgarten, Albert, Obergerichts-Advokat, Wolfenbüttel. 1873: **Der Fall Löhneysen nach den gerichtlichen Verhandlungen. — Braunschweig: Wreden 1873. 60 S. 8°**
1: Hf 9185. 3. 7. 9. 12: Decis. 9 t. 16. 18. 19. 23. 47. 205.
13.4424

— Der Rechtszustand im Stadtmagistrat zu Wolfenbüttel. Wolfenbüttel: Zwißler 1892. 31 S. 8° 1: Sl 7948/48. 23.
13.4425

Baumgarten, Alexander: Strafrecht u. Volksempfinden, s. Baumgarten, Artur

Baumgarten, Alexander Gottlieb: Acroasis logica. In Christianum L. B. de Wolff. — Halae Magd.: Hemmerde 1761. 208 S. 8° 1: Nl 20026 [u.] 20026a. 3. 7. 10. 14. 15. 19. 25. 33. 41. 42. 180. 300: 53 Z 81.
13.4431

— acroasis logica. 8. Halle 761. Schwetschke et S. 6 gl.

— — Acroasis logica, aucta, et in systema redacta, a Joanne Gottlieb Toellnero. — Ebd. 1765. 232 S. 8°
1: 5 in Nh 279. 2. 5. 6. 10. 19. 20. 22. 25. 36. 38. 41. 75. 102. 302.
13.4432

— — 2. ed. Ebd. 1773. 232 S. 8° 3. 4. 10. 12: Ph. Sp. 63 f. 19. 27. 38. 202. 300: 20.156. 304. 307.
13.4433

— Dissertatio de amicitia inimic. philosoph. 4. ibid.

— Aesthetica. P. (1.) 2. — Traiecti cis V. (2: Francofurti cis V.): Kleyb 1750–58. 623 S. 8°
1: X 1306. 2. 3. 4. 6→16. 12: L. eleg. g. 30 g. 14. 15. 17. 18. 19. 23. 24. 25. 28. 29. 34. 45. 78. 117.
13.4434

Baumgarten, Alex. G., aesthetica acroamatica II part. 8. Francf. Kunze. 750—58.

Baumgarten, Alex. Gli., († d. 26. Mai 1762.) aesthetica acroamatica. Prs. I. et II. 8. Frankf. a. d. O. 750—58. Strauss. 14 ℛ

— Philosophische Brieffe von Aletheophilus [d. i. Alexander Gottlieb Baumgarten]. — Frankfurth [usw.] 1741. 108 S. 8° 1:1 in Nh 10427 [u.] 18 in 4° Bibl. Diez 2598. 3. 7. 10. 14.
13.4435

— Alethophili philos. Briefe. 8. Halle, Hemmerde u. Schw. 741.

— Catalogus librorum Alexandri Gottlieb Baumgarten suos et amicorum in usus comparatorum. [Auktionskat.] — Francofurti a. V. [1762]: J. C. Winter. 222 S. 8° 1: Ap 1051. 30.
13.4436

Baumgarten, A. G. De disciplinis oeconomico-politico-cameralibus. 8°. Francof. ad Viadr. 1747.

Baumgarten, Alex. Glieb., diss. qua existentiam corporum angelicorum probat. Frcf. ad V. 1741. 4.

— Ethica philosophica. — Halae Magd.: Hemmerde 1740. 277 S. 8° 1: Np 3506. 2. 3. 9. 10. 14. 17. 22. 23. 30. 38. 41. 42. 78. 180. 207.
13.4437

— ethica philosophica. 8. Halle 751. 2e A... 3e A. 763. Schwetschke et S. 12 ℛ

— — (Nova ed.) Ebd. 1751. 282 S. 8° 1: Np 3508. 2. 7. 15. 19. 180. 202.
13.4438

— — 3. ed. Ebd. 1763. 326 S. 8° 3. 16. 18. 19. 21. 23. 25. 29. 36. 41. 61. 78. 300: 53 Z 85. 302.
13.4439

— Alexander Gottlob Baumgarten eröffnet Einige Gedancken vom vernünfftigen Beyfall auf Academien, und ladet zu seiner Antritts-Rede ... ein. — Franckfurth a. O. 1740: Alex. 16 S. 8° 1: an Ay 602. 2. 10. 12: 4° Diss. 537/27. 14. 16.
13.4440

— — Gedancken vom vernünfftigen Beyfall auf Academien. 2., verm. Aufl. — Halle: Hemmerde 1741. 45 S. 8° 3. 5. 9. 10. 12: Ph. Sp. 319/2 [2 Ex.] 21. 24. 28.
13.4441

— Gedanken bei den Reden Jesu in den vier Evangelisten. 2 Abthl. 8. Frankf.: Academ. Buchhdl. 797.

Baumgarten, A. G., Gedanken bei den Reden Jesu in den vier Evangelisten. 2 Abtheill. 8. Frankf. a. d. O. 797. (Sander in Berl.) 12 ℛ

Baumgarten, A. G., Gedanken bei den Reden Jesu in den vier Evangelisten. 2 Abtheil. 8. 797. jetzt Flittner in Berlin.

— Gedanken über die Reden Jesu nach dem Inhalt der Evangelischen Geschichten. Hrsg. von Friedrich Gottlob Scheltz u. Anton Bernhard Thiele. Abth. 1. 2. — Pförten 1796–97: Brükner. 8°
2. Gedanken bei d. Reden Jesu in d. vier Evangelisten d. Evangelischen Geschichten. 1: Bq 4000.
13.4442

— — [deutsch] Allerunterthänigster Glückwunsch bey dem erfreulichem Antritt der erfreulichen Regierung des Allerdurchlauchtigsten und Großmächtigsten Königs und Herrn, Friedrichs, König von Preussen ... Ins teutsche gebracht durch Nathanael Baumgarten. — Berlin: Nicolai 1740. 11 Bl. 8° 1: 5 in Yf 6643. 2. 7. 26.
13.4442

— Inhalt d. Reden Jesu. 4. Frankf. a. d. O. 797. (Akad. B.) 8 ℛ

-- Initia philosophiae practicae primae acroamatice. — Halae Magd.: Hemmerde 1760. 139 S. 8° 1: an Nl 20026a. 3. 7. 10. 11. 12: Ph. Pr. 145/1. 19. 20. 22→25. 27. 38. 300: 53 Z 86. 302.
13.4443

— initia philosophiae pract. prim. acroamat. 8. Halle 760. Schwetschke et S. 4 ℛ

— Ius naturae. — Halae Magd.: Hemmerde 1763. 168 S. 8° 1: Fl 5530. 2. 3. 7. 10. 15. 16. 31. 36. 41. 44. 45. 117. 300: 53 Z 82. 302. 307. 308.
13.4444

— jus naturae. 8. Halle 763. Schwetschke et S. 6 ℛ

— Metaphysica. — Halae Magd.: Hemmerde 1739. 292 S. 8° 3. 7. 9. 16. 23. 26. 41. 44. 45.
13.4445

— — Ed. 2. Ebd. 1743. 363 S. 8° 1: Nl 20020. 2. 10. 17. 21. 23. 27. 41.
13.4446

— — Ed. 3. Ebd. 1750. 387 S. 8° 1: 8° Bibl. Diez 6201. 2→4. 7. 15. 25. 28. 29. 44. 117.
13.4447

— — Ed. 4. Ebd. 1757. 432 S. 8° 2. 3. 10. 17. 24. 30. 41. 180. 302.
13.4448

— — Ed. 5. Ebd. 1763. 432 S. 8° 2. 3. 6. 11. 14. 16. 19. 20. 24. 44. 66. 300: 20.157.
13.4449

— — Ed. 6. Ebd. 1768. 432 S. 8° 2. 3. 5. 9. 19. 22→27. 38. 304.
13.4450

— — Ed. 7. Ebd. 1779. 432 S. 8° 3. 10. 23. 36. 300: 53 Z 87.
13.4451

— — [deutsch] Metaphysik. (Übers.: Ge. Friedrich Meier.) Halle: Hemmerde 1766. 380 S. 8° 6. 10. 22. 23. 27. 32. 36. 38. 66. 302.
13.4452

— — (Hrsg.: Joh. Aug. Eberhard.) Neue, verm. Aufl. Ebd. 1783. 302 S. 8° 3. 4. 5. 9. 10. 16. 29. 36. 42. 169. 202. 302. 307.
13.4453

— — u. Nathan. Baumgarten (Resp.), De nonnullis ad poema pertinentibus. Meditat. philos. Halle (J. H. Grunert) Sept. 1735. 40 S. (5.—) 1439

Baumgarten, Alexand. Gottl. (Berlin), Notiones superi et inferi, indeque adscensus et descensus, in chorographiis sacris occurentes, evolvens. Disp. chorograph. Präs. Christian Benedict Michaelis. Halle (Jo. Gottfr. Meyh) 26. II. 1735. 62 Seiten. (5.50) 1438
Widm. v.: Sigism. Jacob Baumgarten (Bruder).

De Ordine in audiendis philosophicis per triennium academicum quaedam praefatus acroases proximae aestati destinatas indicit Alexander Gottlieb Baumgarten. — Halae Magd.: Bauer 1738. XXIIII S. 8° 1: 11 in Ah 10854; 3 in Nh 260 [u.] 3 in 4° Bibl. Diez 2607. 3. 9. 12: 4° Diss. 2546/3. 18. 19. 29. 34. 41. 45.
13.4454

Baumgarten, Alexander Gottlieb

— Philosophia generalis. Ed. cum dissertatione prooemiali De dubitatione et certitudine Joh. Christian Foerster. — Halae Magd.: Hemmerde 1770. 262 [vielm. 162] S. 8° 1: Ni 7840. 6. 7. 10. 25. 27. 31. 38. 41. 117. 300: 53 Z 84. 302.
13.4455

— — Ebd. 1770. 232 S. 8° 3.
13.4456

— philosophia generalis ed. J. C. Förster. 8. Halle 770. Schwetschke et S. 6 gr.

— praelectiones theologiae dogmat. Praef. adj. Jh. Sal. Semler. 8. Frankf. a. d. O. 773. Strauss. (Schwetschke et S. in Halle). 16 gr.

- - Alex. Gottl. Baumgartenii Praelectiones theologiae dogmaticae. Praef. adiecit Jo. Salom. Semler. — Halae Magd.: Hemmerde 1773. 352 S. 8°
1:Cw 9770. 3. 10. 19. 20. 28. 41.
13.4457

Sciagraphia encyclopaediae philosophicae. Ed. et praef. est Joh. Christian Foerster. — Halae Magd.: Hemmerde 1769. 112 S. 8° 1:Ni 7836. 3. 7. 10. 18. 19. 23. 25. 27. 28. 38. 41. 117. 202. 300:53 Z 83. 302.
13.4458

— sciagraphia encyclopaediae philosoph. ed. Jh. Chr. Förster l. 8. Halle 769. Schwetschke et S. 6 gr.

— Scriptis, quae moderator conflictus academici disputavit, praefatus rationes acroasium suarum Viadrinarum reddit Alexander Gottlieb Baumgarten. — Halae Magd.: Hemmerde 1743. 16 Bl. 8° 1:10 in Ah 11854.
13.4459

— Serenissimo, Potentissimo Principi, Friderico, Regi Borussorum ... felicia regni felicis auspicia, a. d. III. Non. Quinct. 1740 professoris Viadrini munus aggressus, gratulabatur Alexander Gottlieb Baumgarten. — o.O. [1740]. 9 Bl. 8° 2.
13.4460

— — Francofurti a. V.: Conrad [1740]. 9 Bl. 8° 2. 35.
13.4461

Baumgarten, Alfred, Dr. med., Arzt, Wörishofen. 1893: Abhärtung. Zeitgemäße Erörterung u. Ratschläge. — Wörishofen: Buchdr. u. Verl. Anst. Wörishofen 1908. 48 S. 8°
19. 30.
13.4463

— — Ebd. 1910. 48 S. 8° 12:Path. 96 um.
13.4464

BAUMGARTEN, Alfred (Koblenz): Catheterismus forcé oder Blasenstich? - München: Wolf 1885. 26 S.
14.3.1885 - Urk (Titel: De catheterismo forcé aut punctione vesicae.); Chr 1884/85,21

Diss. Ingolst.-Landsh.-Mchn.

Baumgarten, Alfr., s.: Centralblatt f. das Kneipp'sche Heilverfahren.

— 300 Fälle nach Kneipp'scher Heilmethode geheilt oder gebessert. — Kaufbeuren: Borchert & Schmid [1898]. 91 S. 8° 12:M.med. 86i/2. 19.
13.4468

— 300 Fälle nach Kneipp'scher Heilmethode geheilt u. gebessert. Aus meinem statist. Material gesammelt u. zusammengestellt. 8. (91 S.) Kaufbeuren (899). Wörishofen, Buchdruckerei u. Verlagsanstalt. n. — 50

— Ein Fortschritt des Wasserheilverfahrens. Untersuchung u. Kritik d. Systeme Priessnitz u. Kneipp. — Wörishofen: Buchdr. u. Verl. Anst. Wörishofen 1901. XXXIX, 456 S. 8° 1:Ir 12232. 12:Path. 96 ug. 16. 17. 19. 21. 27. 38 M. 47. 202. 303.
13.4470

BAUMGARTEN, Dr. med. Alfred
Die Kneippschen Güsse. Gemeinverständlich erklärt. 1. Aufl 1904. Buchdruckerei und Verlagsanstalt, Wörishofen. 4. Aufl Schriftenreihe: Gesundheit fur Alle, Heft Nr. 31, 1923. Karl Neuwihler, Bad Worishofen.

— Lose Hefte über Kneipp'sches Heilverfahren im Hausgebrauche. 1. 2. — Kaufbeuren: Borchert & Schmid 1895-96. 8°
1. Kurze Anweisung für erste Hilfe. 1895.
2. Die Krankenstube. 1896. 12:Path. 96 uf. 19.
13.4475

Baumgarten, Alfr., lose Hefte üb. Kneipp'sches Heilverfahren i. Hausgebrauche. I. 8. Kaufbeuren 895. (G. Mayr.) n. — 20
Kurze Anweisg. f. erste Hilfe b. kleineren Unglücksfällen. (11 S.)

— lose Hefte. II. Die Krankenstube. 8. (80 S.) Kaufbeuren 896. Ebd. n. — 25
Hft. 1. jetzt Ebd. 895. Erhöht. Pr. n. — 25.

BAUMGARTEN, Dr. med. Alfred
Lose Hefte über Kneippsches Heilverfahren im Hausgebrauche. I. Kurze Anweisung für erste Hilfe bei kleineren Unglücksfällen. 2. Aufl. 1896. Borchert und Schmidt, Kaufbeuren; 3. Aufl. Karl Neuwihler, Wörishofen. II. Die Krankenstube. 1896. Borchert und Schmidt in Commission der P. Schön'schen Buchhandlung in Wörishofen und Kaufbeuren. Auch: Schriftenreihe: Gesundheit für Alle; Heft Nr. 38, 1910. Karl Neuwihler, Wörishofen.

— — 2. Aufl. 2. Wörishofen: Buchdr. u. Verl. Anst. Wörishofen [1910]. 31 S. 8°
2. Die Krankenstube. 12:M.med. 1230h-2 [2 Ex.] 19.
13.4476

— — 3. Aufl. 1. Ebd. [1910]. 8°
1. Kurze Anweisung für erste Hilfe. 1910.
12:Path. 96 ufb-1. 19.
13.4477

— Die Kneipp'sche Hydrotherapie. 1—21. Lfg. (S. 1—672 m. Abb. u. Kurv.) Lex.-8. Ebd. 906—08. à — 80

Baumgarten, Alfr., die Kneipp'sche Hydrotherapie. Mit 109 Holzschn., 13 Zinkätzgn., 78 Tab. u. 567 Sphygmogrammen. 22.—29. (Schluss-) Lfg. (XLIII u. S. 673—895.) Lex. 8. Wörishofen 909. Buchdruckerei u. Verlagsanstalt Wörishofen. à — 80 (vollst. 30. —)

— s.: Jahrbuch, hydriatrisches.

Baumgarten, Alfr., s.: Kalender, Wörishofer, f. Kneipp'sches Heilverfahren.

— Katechismus der Gesundheitslehre für die Schuljugend. Wörishofen: Buchdr. u. Verl. Anst. Wörishofen 1903. IV, 79 S. 8° 12:Paed. Pr. 293. 19. 207.
13.4479

— Das Kinderasyl in Wörishofen nebst seinen Einrichtungen. Zugleich Jahresbericht über das Jahr 1895. — Kaufbeuren: Borchert & Schmid 1896. 27 S. 8°
12:Bavar. 198 zs. 19.
13.4481

— das Kinderasyl in Wörishofen nebst seinen Einrichtungen. Zugleich Jahresbericht üb. das J. 1895. Auf Grund actenmäß. Materials zusammengestellt. 8. (27 S. m. Abbildgn.) Kaufbeuren 896. Wörishofen, Buchdruck. u. Verlagsanstalt. n. — 30

— Kinderkrankh. u. ihre Behandlg. Die ansteck. Kinder-Krankh. (7. 167 m. Abb.) 8° Wörish., K. Neuwihler '12. 2.50 d

— Spinale Kinderlähmung. Wesen und Verlauf d. Krankheit, Heilung, Vorbeugung. — Wörishofen: Buchdr. u. Verl. Anst. Wörishofen 1910. 22 S. 8°
12:Path. 1520 y [2 Ex.] 19. 101.
13.4484

Baumgarten, Alfr., für u. gegen Kneipp. Eine ärztl. Aussprache v. beiden Seiten. Nebst e. Abhandlg. üb. die medicin. Berechtigg. des Kneipp'schen Heilverfahrens. 12. (159 S.) Köln 893. J. P. Bachem. Kart. n. 2. —

— Sebastian Kneipp. Biograph. Studie. M. e. farb. Portr. Seb. Kneipps u. ca. 150 Abb. i. Text, Vignetten u. Randleisten. gr. 4. (XXIII, 263 S.) Berlin 898. J. Becker. Geb. in Leinw. n. 20. —

— Sebastian Kneipp. Biograph. Studie. 4° (263 m. Abb. u. 1 Bildnis.) Berl. 98, M. Oldenbourg. Geb. in L. 20 —

— Sebastian Kneipp Wörishofen. Das Kneipp'sche Heilverfahren. — Wörishofen : Buchdr. u. Verl. Anst. Wörishofen 1903. 40 S. 8°
12:4° M.med.24i. 19.
13.4486

— An einige ärztliche Kritiker des Kneipp'schen Heilverfahrens. Ein weiterer Beitrag zur Klärung und Aufklärung. Wörishofen; Kaufbeuren: Borchert & Schmid 1894. 43 S. 8° (Central-Blatt für d. Kneipp'sche Heilverfahren. Wissenschaftliche Beilage. 1.)
21. 203.
13.4488

— an einige ärztl. Kritiker d. Kneipp'schen Heilverfahrens. E. weit. Beitrag. z. Klärg. u. Aufklärg. 2. Aufl. 8. (62 S.) Wörishofen-Kaufbeuren 895. (G. Mayr.) n. — 50

BAUMGARTEN, Dr. med Alfred
Leitfaden fur die Freunde des Kneippschen Heilverfahrens Entnommen aus dem Centralblatt fur das Kneipp'sche Heilverfahren, Offizielles Organ des internat Vereins Kneippscher Arzte, mit Genehmigung des Verfassers Dr Baumgarten. Kneipp-Verein, Berlin

Baumgarten, Alfr., Nervenkraft, ihre Abnutzg. u. ihre Wiedergewinnung. Vortrag. (23 S.) 8. Wörishofen 909. Buchdruckerei u. Verlagsanstalt. — 50

— Nervenkraft, ihre Abnutzg u. ihre Wiedergewinng. 2. Afl. (27) gr8° Wörish., (K Neuwihler) '13. — 50 d

— Die Nervosität und ihre Heilung. Aus Vorträgen. — Wörishofen : Buchdr. u. Verl. Anst. Wörishofen 1910. 21 S. 8°
12:Path.96un. 19.
13.4493

— Neurasthenie. Wesen, Heilung, Vorbeugung. Für Ärzte u. Nichtärzte. — Wörishofen : Buchdr. u. Verl. Anst. Wörishofen 1903. XX,347 S. 8°
3. 12:Path. 96ui. 19. 24. 30. 46. 66.
13.4496

— — 2. Aufl. Ebd. 1903. XX,347 S. 8°
25. 62.
13.4497

Baumgarten, Alfred

— Neurasthenie. Wesen, Heilg., Vorbeugg. Nach eigenen Erfahrgn. bearb. 3. Aufl. (XXIV, 320 S.) gr. 8. Ebd. 905. n. 4. —; geb. n. 5. 50

— Neurasthenie. Wesen, Heilg, Vorbeugg. 4. Afl. (24, 329) gr8° Ebd. '05 (Umschl. '06). 4 —

— Regeln und Ratschläge für Kurgebrauchende und jedermann. — [Wörishofen]: Buchdr. u. Verl. Anst. Wörishofen 1910. 95 S. 8°
12:M.med.86ic. 19.
13.4501

Baumgarten Alfred: Wallensteins Stellung zu Kaiser Ferdinand II., den Sachsen und Schweden von seiner Absetzung bis zu seinem definitiven Wiedereintritte in die kaiserlichen Dienste. Diss.Wien, Univ.
1890 PN 643 731

— hydriatrische Tagesfragen. Professor Wesener in Aachen u. Generalstabsarzt D. Dr. v. Vogl in München über Kneipp u. sein Heilverfahren. Nach offiziellen stenograph. Versammlungsberichten hrsg. gr. 8. (80 S.) Ebd. 901. n. 1. —

BAUMGARTEN, Dr. med. Alfred
Volkstumliche Vorträge gehalten zu Wörishofen (in vier Lieferungen)
1. Lieferung 1896. Borchert und Schmidt, Kaufbeuren
2. Lieferung 1896. Borchert und Schmidt, Kaufbeuren.
3. Lieferung 1897. Borchert und Schmidt, Kaufbeuren
4. Lieferung 1898. Borchert und Schmidt in Commission der P. Schon'schen Buchhandlung in Wörishofen und Kaufbeuren.
5. Lieferung mit dem Untertitel: Die Kneipp'schen Wickel, Auflagen und Dämpfe sowie Barfuß-, Gras- und Wassergehen 1898 Karl Neuwihler, Wörishofen.

— Populäre (3-5: Volksthümliche) Vorträge gehalten in der Wandelbahn zu Wörishofen (4.5: gehalten zu Wörishofen). Lfg [2]-5. — Kaufbeuren : Borchert & Schmid (5: [Bad Wörishofen: Neuwihler]) 1896-[1913]. 8°
[2.] Zwölf weitere populäre Vorträge. 1896. 3. 1897. 4. 1898. 5. Baumgarten: Die Kneipp'schen Wickel, Auflagen u. Dämpfe. 1913.
12[∞5]: M.med.86h. 19[∞5]. 101[∞2/4]. 211[∞3.5].
13.4504

— 10 populäre Vorträge, geh. in d. Wandelbahn zu Wörishofen üb. d. Kinderasyl z. Wörishofen, Blutarmuth, Neurasthenie, d. Haut, Hautkrankheiten, Wundbehandlung u. Kneipp'schen Lehren, Fettleibigkeit, Magerkeit. 2. Aufl. gr. 8. (IV, 52 S.) Ebd. 895. n. — 50

— 12 weitere populäre Vorträge, geh. in der Wandelbahn zu Wörishofen üb. 1. Lungenerkrankungen I. 2. Lungenerkrankungen II. 3. Das Auge. 4. Migräne. 5. Zuckerkrankheit. 6. Hysterie. 7. Vergiftung durch Kohlenoxydgas u. andere Unglücksfälle. 8. Krämpfe, insbesond. Epilepsie. 9. Lähmungen. 10. Gicht. 11. Halskrankheiten. 12. Wassersucht. 8. (IV, 95 S.) Wörishofen 896. Buchdruckerei u. Verlagsanstalt. n. — 50

— Vortragsreisen. Eindrücke u. Erinnerungen. — Wörishofen 1904: In eigener Offizin. 137 S. 8°
12:It.sing.56q. 19. 31.
13.4506

BAUMGARTEN, Dr. med Alfred
Der wahre Kneipp bedeutet weder eine neue Erfindung noch einen prinzipiellen Fortschritt im Wasserheilverfahren. 1901. Verlag Rudolf Abt, Munchen.

— wann, wo u. wie ist e. Kneipp'sche Kur am besten zu gebrauchen? Kurze Anleitg. [Aus: „Kneipp-Führer".] 8. (32 S.) Münster 894. A. Russell. — 50

— — 1894 in: *Kneipp-Fuehrer.*

BAUMGARTEN, Dr. med Alfred
Die Kneippschen Wickel, Auflagen und Dampfe sowie Barfuß-, Gras- und Wassergehen 1 Aufl 1909. Buchdruckerei und Verlagsanstalt, Wörishofen 2 Aufl Die Kneippschen Wickel, Auflagen und Dämpfe Welche Auflagen und wann. Schriftenreihe: Gesundheit für Alle, Heft Nr. 32, 1926. Karl Neuwihler, Bad Worishofen

— Wo fehlt's??! Ueber einige traurige Erscheinungen auf ärztlichem Gebiete. — Kaufbeuren: Borchert & Schmid 1897. 21 S. 8°
12:M.med.86i/1. 19. 26.
13.4510

— Wo fehlt's??! Ueb. ein. traur. Erscheingn auf ärztl. Geb. (21) 8° Kaufbeur. 1897. Wörish., Buchdr. u. Verl.-Anst. — 30 d

Baumgarten, Alfr., s.: Zentralblatt f. das Kneipp'sche Heilverfahren.

Baumgarten, Alois v.: Alt-Prags bei Niederdorf im Pusterthale. Seinen Tiroler Freunden gewidmet von BGT [d. i. Alois v. Baumgarten]. — Wien: Selbstverl. 1882. 36 S. 8°
27. 300:184.860-B. 302. 304.
13.4513

[—] — Wien 1884. 34 S. 8° (Braumüller's Bade-Bibliothek. 61.)
300:400.725-B.Per.61a. 302. 304. 305.
13.4514

Baumgarten, Amand

Baumgarten: Michael Denis. Eine literaturgeschichtliche Biographie. 20 S.
Progr. Kremsmünster 1852.

Baumgarten, Amand: Kleine poetische Gabe zur eilfhundertjährigen Jubel-Feier des Stiftes Kremsmünster. — (Wels [1877]: Haas.) 3 Bl. 4°
300:118.288-C. 302. 304.
13.4515

Baumgarten: Das Jahr und seine Tage in Meinung und Brauch der Heimat. 32 S.
Progr. Kremsmünster 1860.

(—) **Ode auf die feierliche Vermählung ... Franz Joseph I. mit Prinzessin Elisabeth von Bayern. — Wels 1854: Haas. 2 Bl. 8°**
307.
13.4517

— Aus der volksmäßigen Ueberlieferung der Heimat. [1.2.] — (Linz 18[62–]64.) 8°
1.1. Zur volksthümlichen Naturkunde.
2.2. Allerlei abergläubisches Thun, um zu nützen u. zu schaden.
3. Der Teufel. 4. Schatz- oder Hortsagen. 5. Sagen von Riesen ... 6. Pestsagen. 7. Eschatologisches. 8. Schwabenstückl.
Aus: Bericht über das Museum Francisco-Carolinum. 22. 24. 1862-64.
32.
13.4518

(—) Verzeichnis von ehemaligen P.T.Herren Kremsmünster Studenten, welche vom Jahre 1800–1873 ganz oder theilweise ihre Studien hier zurückgelegt haben. — Kremsmünster: Selbstverl. des k.k. Gymnasiums 1877. 138 S. 8°
300:156.096-C. 302→305. 307.
13.4519

Baumgarten, Andreas: Aräometrie, s. Baumgartner, Andreas

Baumgarten, Arnold: Aus d. pathologisch-chemischen Laboratorium u. d. gynäkologischen Abteilung d. k.k. Krankenanstalt Rudolfstiftung in Wien. Über die Ausscheidung von Azetonkörpern bei Erkrankungen des weiblichen Genitales. Vorläufige Mitteilung von A. Baumgarten u. H. Popper. — Wien [usw.]: Braumüller 1906. 4 S. 8° Aus: Wiener klinische Wochenschrift. 19. 1906. **302.**
13.4521

Baumgarten, Arth., die Lehre von der Idealkonkurrenz u. Gesetzeskonkurrenz. s. Abhandlungen, strafrechtliche.

Baumgarten, Arthur, Referendar: Die Lehre von der Idealkonkurrenz und Gesetzeskonkurrenz. Breslau: Schletter 1909. VIII, 105 S. 8° ¶(Ersch. auch als: Strafrechtl. Abhandlungen. H. 103.)
Berlin, Jur. Diss. v. 26. Juli 1909, Ref. v. Liszt
[Geb. 31. März 84 Königsberg i. P.; Wohnort: Tübingen; Staatsangeh.: Preußen; Vorbildung: Gymn. Tübingen Reife M. 02; Studium: Tübingen, Genf, Berlin, Leipzig, zus. 9 S.; Rig. 2. März 09.] [U 09. 10

Baumgarten, Arth.: Notstand u. Notwehr. Studie im Hinblick auf d. künft. Strafrecht. (8, 126) gr8° Tüb., JCB Mohr '11. 3 —

Baumgarten, Artur

— Strafrecht und Volksempfinden. Ein Beitrag zur Lehre vom richtigen Recht. Vortrag. — Berlin: Vahlen 1909. 38 S. 8°
107.
13.4530

Baumgarten, August, Techniker, Basel. 1908: Kalkulationstabelle zur Berechnung von polierten Arbeiten aus schwarz-schwedischem Granit und anderen Hartgesteinen. Basel: Böhm 1908. 40 S. 8° **12: Merc. 17 ex. 19.**
13.4534

Baumgarten, Aug., Kalkulationstabelle zur Berechnung v. polierten Arbeiten aus schwarz-schwedischem Granit u. anderen Hartgesteinen. (40 S. m. Fig.) 8. Basel 908. (München, E. Pohl.) 1.80

Baumgarten, August, Schlossermeister, Quedlinburg. Um 1855: Die Schule des Schlossers. Eine deutliche und praktische Belehrung ... Nebst e. Anhange praktischer Recepte. — Leipzig: Henning [um 1855]. VIII, 152 S. 8° (Handwerkerschule. 2.)
14. 91.
13.4533

Baumgarten, B. (Red.), s. Zeitschrift, Schweizerische landwirtschaftliche.

Baumgarten, Bruno: Dann und wann ... Gedichte. — Stuttgart: Greiner & Pfeiffer 1907. VII, 123 S. 8°
1: Yo 31135. 24.
13.4535

Baumgarten, Bruno: Der einzelne und die Masse bei Schiller. Magdeburg 1908: Baensch jun. S. 1—18. 4°
Magdeburg, st R OP 1908 (349) [S 08 10

Baumgarten, Bruno, aus Magdeburg: Stilistische Untersuchungen zum deutschen Rolandsliede. *Halle a. S. 1898: E. Karras.* (35 S.) 8° ¶[Erschien vollst. 1899 bei M. Niemeyer in Halle.]
Halle, Phil. Diss. v. 1898

— Stilistische Untersuchungen zum deutschen Rolandsliede. — Halle: Niemeyer 1899. V, 102 S. 8°
Erschien teilweise auch als Diss. Halle 1898.
1: Yg 724. 3→7. 10. 11. 12: L. germ. 20 egk. 14. 15. 18. 23. 26. 30. 38. 52. 107. 300: 96.161-B. 302. 303.
13.4536

Baumgarten, Bruno: Im Vorhof z. Heiligen. Schriften u. Dichtgn. (12, 222 m. Bildn.) 8° Magdeburg, Creutz '11. 3.50; geb. 4.50 d

Baumgarten, C.G.A., s. Baumgarten-Crusius, Gottlob August

Baumgarten, Eduard, Volksschullehrer. 1845: Aufgaben zum Tafel-Rechnen in geordneter Stufenfolge. Ein Handbuch für Schüler. (H. 1-8.) — Magdeburg: Baensch 1845. 19 S. 8°
1: Oc 3463.
13.4538

Baumgarten, E., Aufgaben zum Tafel-Rechnen in geordneter Stufenfolge. Ein Handbuch f. Schüler. 8 Hfte. (6—13. Stufe.) 8. (196 S. u. 2 Taf. in 4.) Magdeburg 847, Baensch. (Hft. 1—4. 6. 7. à n. $^1/_{24}$ Thlr 5.: $1^1/_2$ ngr 8: $^1/_{12}$ Thlr) n. $11^1/_2$ ngr

— dass. 6. Stufe: Nummeriren, Addiren u. Subtrahiren. 2. verb. u. verm. Aufl. 8. (30 S.) Ebd. 850. n. n. $^1/_{24}$ Thlr

— dass. Auflösungen d. Aufgaben zum Tafel-Rechnen der 6—13. Stufe in übersichtl. Tabellenform. Roy. 4. (29 S.) Ebd. 847. $^1/_2$ Thlr

Baumgarten, Eduard Hilfsmittel resp. Verhaltungsmaßregeln beim ersten Zeichenunterricht. 11 S. Progr *Sprottau* 1883

—— Rechen-Fibel, ein Leitfaden für den Elementar-Unterricht im Rechnen, nebst Beispiel-Sammlung. 1—5. Stufe. gr. 8. (70 S.) Magdeburg 847, Baensch. *

Baumgarten, E., Rechnen-Fibel, ein Leitfaden für den Elementar-Unterricht im Rechnen, nebst Beispiel-Sammlung. 1. bis 5. Stufe. 2. (Titel-)Aufl. gr. 8. (70 S.) Magdeburg [und Leipzig] 852, Gebr. Baensch. *

Baumgarten, E, Rechnen-Fibel. 1. bis 5. Stufe. 2. Afl. 8. (70) Magdeb. 52. (Lpzg. Klinkhardt) *n.* — 5

Baumgarten, E., der Zeichen-Unterricht in der Volksschule. Theoretisch und practisch in einem pädagogisch-method. Lehrgange dargereicht aus der Volksschule zu Sülldorf für ein-, zwei- und dreiclass. Volksschulen in 4 Abthlgn. gr. 8. (202 S. mit 41 Stnt. in qu. gr. 4.) Magdeburg 879, Friese. *

Baumgarten, Edwin, Referendar in Tübingen: Das Recht der Persönlichkeit und der Zweckgedanke in Theorie und Praxis des deutschen Strafrechts von der Carolina bis auf Feuerbach. Ein Beitrag zum geschichtlichen Verständnis der Strafrechtstheorie Anselm von Feuerbachs. Tübingen 1907: G. Schnürlen. (X, 131 S.) 8°
Tübingen, Jur. Fak., Ref. Frank, Diss. v. 25. Mai 1907
[Geb. 25. Febr. 81 Königsberg i. Pr.; Wohnort: Tübingen; Staatsangeh.: Württemberg; Vorbildung: Gymn. Tübingen Reife M. 00; Studium: Tübingen 3, Leipzig 3, Tübingen 1 S.]

Baumgarten, Egmont: Die Epistaxis und ihre Behandlung vom rhinochirurgischen Standpunkte. — Wien: Toeplitz & Deuticke 1886. 47 S. 8° **6. 30. 302.**
13.4543

— Die Neurosen und Reflexneurosen des Nasenrachenraumes. — Leipzig: Breitkopf & Härtel 1892. 18 S. 8° (Sammlung klinischer Vorträge. N.F. 44.)
1: Ic 2472-N.F.44. 2→11. 12: Path. 1352 ga-1,15. 15. 16. 17. 20. 21. 25→30. 33. 34. 38M. 43. 61. 202. 308.
13.4544

— Das Phenolum natrosulforicinicum in der Rhino-Laryngologie. — Wien [usw]: Braumüller 1899. 9 S. 8°
Aus: Wiener klinische Wochenschrift. 12.1899. 302.
13.4545

Über Schlingbeschwerden bei Erkrankungen des oberen und unteren Rachenanteiles. Von Univ.-Doz. Dr. Egmont Baumgarten in Budapest. *Halle a. S.: C. Marhold 1902.* (22 S.) 8° [Umschlagt.]
Aus: Sammlung zwangloser Abhandlungen aus d. Geb. d. Nasen-, Ohren-, Mund- u. Halskrankh. Bd 6, H. 12.

— Über Schlingbeschwerden bei Erkrankungen des oberen und unteren Rachenanteiles. — Halle: Marhold 1902. 22 S. 8°
Aus: Sammlung zwangloser Abhandlungen aus d. Gebiete d. Nasen-, Ohren-, Mund- u. Halskrankheiten. 6. 1902.
1: K 6447. 30. 38M.
13.4546

Baumgarten, Emanuel. 1853 [Übers.]
s. *Bahjā* Ben-Jōsēf: Liber de officiis cordium [Kitāb al-Hidāja, hebr. u. deutsch]. 1854 u. ö.

— Die Juden in Steiermark. Eine historische Skizze. — Wien: Löwit 1903. 91 S. 8° 1: Ez 10704. 15. 30. 302. 303.
13.4547

Baumgarten, E., Ruth. Ein episch-lyrisches Gedicht in 4 Gesängen. (In hebräischer Sprache.) Wien 864. Herzfeld & Bauer. 8. (XVIII, 38 S.) n. 12 *ngr.*

Baumgarten, Ernst, aus Gartz a. O.: Der Kampf des Pfalzgrafen Philipp Wilhelm mit den jülich-bergischen Ständen von 1650—1672. T. 1. *Düsseldorf 1903: E. Lintz.* (54 S.) 8° ¶ [T. 1 erschien vollst. 1903 in: Beiträge zur Gesch. d. Niederrheins, Bd 18.]
Göttingen, Phil. Diss. v. [5. Dez.] 1903

Baumgarten, Eug. v., D. G'schaftlhuaber, s.: Rauchenegger, Benno.

Baumgarten, Eug. v.: s: Hotzlerlade, Die.

Baumgarten, Eug. v., aus dem Lande der Märchen, s.: Lorenz, Fel.

Baumgarten, F., goldne Sprüche aus der Heiligen Schrift. Orig.-Handzeichngn. gr. 4. (12 Chromolith.) Leipzig 889. Meißner & Buch. geb. n. 5.—

Baumgarten, F. C., siehe: Adreßbuch der Haupt- u. Residenzstadt Breslau f. 1852.

Baumgarten, Ferdinand

Baumgarten, Ferd. u. Arth. Meszlény, Kartelle u. Trusts. Ihre Stellg. im Wirtschafts- u. Rechtssystem d. wichtigten Kulturstaaten. Eine nationalökonomisch-jurist. Studie. Preisgekrönt v. der ungar. Akademie der Wissenschaften. (VI, 362 S.) Lex.-8. Berlin 906 O. Liebmann. n. 8. 60; geb. n. 11.—

Baumgarten, Fr. Siegm., der bewährte Schreibemeister, oder gründl. Anweis., wie man sich in kurzer Zeit eine schöne u. leichte deutsche Geschäftshand verschaffen kann. Nach 13 in Kupfer gestochenen Vorschriften u. 3 Bl. Signaturen. gr. 4. Berl., Amelang. 1 ꝑ 4 ℊℊ

Baumgarten, Friedrich

Baumgarten, Frdr., de Christodoro poeta Thebano. Dissertatio philologica. gr. 8. (64 S.) Bonn 881. (Behrendt). n. 1. 20

Baumgarten, Friedr., fünfzig Confirmations-Scheine. Holzschnitttafeln mit Text. qu. 4. Mannheim 874, Löffler. *

Baumgarten, Friedrich Ernst (Hrsg.), s. Almanach, Chirurgischer, für das Jahr 1838.

Baumgarten, Friedr. Er., chirurg. Almanach f. d. J. 1838—42. 1—5. Jahrg. gr. 16. Osterode, Sorge. [838. (15¼ B.), 39. (21¾ B., 1 Portr. u. 2 Stnt.), 40. (21¾ B. u. 1 Stnt.), 41. (18 B.), 42. (18 B.) à * ⅔ Thlr.]

Baumgarten, Fr. Er., chirurgischer Almanach für das Jahr 841—46. 4.—9. Jahrg. gr. 16. Osterode und Goslar, Sorge. 4.—6. Jahrg. à n. ⅔ ꝑ — 7.—9. Jahrg. à n. 1 ꝑ

—— Lehrbuch der Chirurgie. III. Abth. A. u. d. T.: Lehrb. d. primär-mechanischen Krankheiten. gr. 8. (13⅛ B.) Osterode 843, Sorge. *
Die 1. u. 2. Abth. ist noch nicht erschienen.

Baumgarten, Fr. Er. (Hrsg.), s. Zeitschrift für Chirurgen von Chirurgen.

Baumgarten, Frid. Gust. (geb. Guben 9. 4. 1812): De febris intermittentis affinitate cum morbis typhosis nonnulla. Berolini (1840). (28 S.) 8°
Berlin, Med. Diss. v. 27. Mai 1840

— Friedrich Ludwig Alexander (Dresden), De dysarthrosibus mandibulae. Diss. med.-chir. Lpz. 22. XII. 1843. Dresden (B. G. Teubner). 42 S. (3.60) 1441
Gew.: Friedr. Aug. v. Ammon, Friedr. Mor. Baumgarten (Bruder).

— Friedr. Moritz Oswald (Dresden), De chiloplastice et stomato poesi adjecta nova illam instituendi methodo. Diss. med.-chir. Lpz. (Breitkopf & Härtel) 4. VIII. 1837. 59 S. mit Bibliogr. (4.80) 1442
Mit 4 Taf. Abb. (Mor. Krantz del. Dresden). — Gew.: Joh. Christian August Clarus, Friedr. Aug. v. Ammon.

Baumgarten, Frid. Maur. Osw., de Chiloplastice et Stomatopoesi, adjecta nova illam instituendi methodo. Dissert. inaug. med.-chirurg. Acced. IV tab. lith. 8maj. (3¾ B.) Lipsiae 837, (Voss.) *

Baumgarten, Fritz, Lehrer am Gymnasium zu Wertheim a. M., später Prof. d. Kunstgeschichte, Freiburg i. Br. 1888: Altes und Neues aus Griechenland. Vortrag. — Mannheim: Löffler 1892. 43 S. 8° (Sammlung von Vorträgen gehalten im Mannheimer Altertumsverein. 4,1.)
9. 12: Germ. sp. 401 c-4, 1. 16. 17. 24. 25. 26. 30. 31. 36. 38. 43. 52. 61. 90. 107. 180. 302.
13.4572

— Offenburg 1892: Reiff. 43 S. 8° 31. 39.
13.4573

Baumgarten, Fritz, Dr.: Hans Baldungs Bildercyklus am Hochaltar zu Freiburg. *Straßburg: J. H. Ed. Heitz 1903.* (47 S.) 8° ¶ (Erscheint vollst. als H. 49 d. Studien zur deutschen Kunstgeschichte u. d. T.: Der Freiburger Hochaltar, kunstgeschichtlich gewürdigt.)
Freiburg i. B., Phil. Hab.-Schr. v. 1903

— Die Denkmäler [Denkmaeler] des Offenburger Kirchplatzes. — Offenburg [1891]: Reiff. 15 S. 8° 31. 107.
13.4574

— Die Denkmalspflege im Dienste des Freiburger Münsters. Vortrag. — Freiburg i. Br. 1906: Wagner. 31 S. 8°
17. 25. 30.
13.4575

Baumgarten, Fritz: Deutsches in alter deut. Kunst, s: Jugendvorträge, Nationale.

Baumgarten, Fritz, (Die Universität) Freiburg im Breisgau, s. d. Hochschulen, die deutschen. I.

Baumgarten, Fritz. Freiburg im Breisgau. [Illustriert.] VIII + 200 S. gr.-8. Berlin, Dr. Wedekind & Co, 1907. [M. 4.—] —
Die deutschen Hochschulen. Illustrierte Monographien, hrg. von Theodor Kappstein. Band I...

Baumgarten, Fritz: Freiburg i. B., s. a. Beckmann-Führer.

Freiburg i. B. und Umgebung mit Stadtplan. 3. Ausg. Stuttgart: Seifert [1906]. XVI, 128 S. 8° (Beckmann-Führer.) 31.
13.4577

— Italienische Frühlingstage. — Freiburg i. Br.: Mohr 1891. VII,135 S. 8° 1:Rm 9072. 4. 12:It. sing. 56 rb. 16. 17. 21. 26. 31. 34. 35. 121. 306: 157.275-B. 13.4578

— Der wilde Graf (Wilhelm von Fürstenberg) und die Reformation im Kinzigthal. — Halle: Verein für Reformationsgeschichte 1895. 27 S. 8° (Schriften für d. deutsche Volk. 26.) 1: Cm 680-26. 2→7. 9. 10. 11. 12:H. ref. 351ng-26. 14→18. 21. 23→26. 28→31. 34. 35. 36. 41. 43. 45. 48. 60. 61. 62. 75. 106. 107. 109. 123. 203. 207. 209. 300: 84.369-A. 26. 13.4579

Baumgarten, Fritz. Der Freiburger Hochaltar, kunstgeschichtlich gewürdigt. Mit 5 Bildertafeln und 17 Abbildungen im Text. VIII + 73 S. 8. Strassburg, Heitz, 1904. (M. 5. —) —
Studien zur Deutschen Kunstgeschichte. Heft 49.
Darin S. 8 f. 29. 33. 38. 69 f. u. Taf. 3 f. Basel *und* H[ans] Holbein [d. J.] *betr.*

Baumgarten, Fritz, Prof. Dr.: Knosos. Freiburg i. B. 1907: U. Hochreuther. (35 S., 1 Taf.) 4°
Freiburg i. B., großh. Bertholds-G P 1907 (764)

— Kreuz und quer durch die Campagna. Vortrag. — Mannheim: Löffler 1891. 38 S. 8° (Sammlung von Vorträgen gehalten im Mannheimer Altertumsverein. 3,1.) 1:Si 4027-3,1. 7. 9. 12:Germ. sp. 401c-3. 16. 17. 25. 30. 31. 32. 36. 38. 43. 52. 61. 99. 107. 180. 13.4581

— Frz. Poland, Rich. Wagner, die hellenische Kultur. Mit 7 farb. Taf., 2 Karten u. gegen 400 Abbildgn. im Text u. auf 2 Doppeltaf. (X, 491 S.) Lex.-8. Leipzig 905. B. G. Teubner. n. 10. —; geb. in Leinw. n. 12. —
Erscheint auch in 5 Lfgn. à n. 2. —.

Baumgarten, Fritz, Frz. Poland u. Rich. Wagner, die hellenische Kultur. 2. starkverm. Aufl. Mit 7 farb. Taf., 2 Karten u. üb. 400 Abbildgn. im Text u. auf 2 Doppeltaf. (XI, 530 S. Lex. 8. Leipzig 908. B. G. Teubner. 10. —; geb. in Leinw. 12. —

— Frz Poland, Rich. Wagner: Die hellenistisch-röm. Kultur. (14, 674 m. Abb., 11 [5 farb.] Taf., 4 [3 farb.] Ktn u. Plänen) Lex8° Lpzg, BG Teubner '13. 10 —: L 12.50

— das Freiburger Münster, beschrieben u. kunstgeschichtlich gewürdigt. Mit 9 Kunstbeilagen u. e. Grundriss des Münsters. (VII, 59 S.) 8. Stuttgart (906). W. Seifert. n. — 75

Baumgarten, Fritz [Dr., Prof.]: Friedrich August Nüsslin. M. e. Bildnis Nüsslins. Freiburg i. Br., Univ.-Buchdr. v. Ch. Lehmann, 1896; 22 S., 1 Portr. 4.
Freiburg i. B., grossh. G, P 1896 (617)

— Friedrich August Nüsslin. 4. (22 S. m. 1 Bildn.) Freiburg i/B. 896. (Leipzig, G. Fock.) n. 1. —

— Ein Rundgang durch die Ruinen Athens. — Leipzig: Hirzel 1888. VI,83 S. 8°
Zugleich Progr. Wertheim Großherzogl. G. 1887.
1:Uh 4661. 7. 10. 12:Arch. 4 he. 15. 16. 18. 21. 25. 27. 31. 35. 45. 84. 89. 169. 13.4588

Baumgarten, F., e. Rundgang durch d. Ruinen Athens. Mit 10 Abbildgn. gr. 8. (VI, 83 S.) Leipzig 889. Hirzel. n. 2. —

— [Bearb.] s. *Waegner,* Wilhelm: Hellas. 1902 u. ö.

— Unser Wertheim zu Anfang des 16. Jahrhunderts. Vortrag ... Im Anh.: 'Besuch in Wertheim', Gedicht von Heinrich Vierordt. — Wertheim 1889: Bechstein. 27 S. 8° 7. 16. 25. 31. 109. 13.4589

— Wie Wertheim evangelisch wurde. — Halle: Verein für Reformationsgeschichte 1890. 66 S. 8° (Schriften für das deutsche Volk. 8.) 1:Cm 680-8. 2→7. 9. 10. 11. 12:H. ref. 351ng-8 [2 Ex.] 14→18. 20. 21. 23→32. 34. 35. 36. 41. 43. 45. 48. 61. 62. 64. 75. 107. 109. 123. 203. 207. 300: 84.369-A. 8. 13.4590

(—) Hofrat Wiedersheim und das humanistische Gymnasium. — Karlsruhe: Gutsch in Komm. 1894. 4 Bl. 8°
Aus: Südwestdeutsche Schulblätter. 11.1894. 25. 13.4591

Baumgarten, G. (Resp.): De plexibus oesophageis nervosis..., s. Haase, J. G. (Praes.)

Baumgarten, G.J.: Examen miraculi legionis fulminatricis, s. Baumgarten, Siegmund Jakob

Baumgarten, Georg: Das lenkbare Flügel-Luftschiff, der Flug-Apparat, die Vertikal-Erhebungs-Maschine und der Luftverdünnungszylinder-Fortbewegungs-Apparat. — (Wien: Lehmann & Wentzel in Komm. 1877.) 24 S. 4° 30. 13.4593

— Grundriss einer deutschen Tachygrafie. — Chemnitz 1872: Wilisch. IX,16 S. 8° 1:V 21336. 15. 45. 106. 13.4594

Baumgarten, Geo., Grundriss e. deutschen Tachygrafie. 4. (IX, 16 S.) Chemnitz 873. Focke in Comm. n. 1. —

Baumgarten, Georg, Medizinalpraktikant: Aus d. Augenklinik zu Jena. Zur Kenntnis der Retinitis pigmentosa und ihrer Complicationen mit Glaukom und Maculaveränderungen. Rudolstadt 1907: Mänicke u. Jahn. (28 S.) 8°
Jena, Med. Fak., Ref. Wagenmann, Diss. v. 3. Febr. 1908
[Geb. 9. Sept. 81 Rudolstadt; Wohnort: Rudolstadt; Staatsangeh.: Schwarzburg-Rudolstadt; Vorbildung: Realgymn. Saalfeld Reife O. 00; Studium: Jena 5, Kiel 1, Jena 4 S.; Coll. 23. März 07; Approb. 3. Febr. 08.]

— **Georg Friedrich** (Strassburg), De febris hemitritaeae antiquitatibus. Präs. Jo. Friedr. Gottl. Goldhagen. Halle (Stephan) 23. IV. 1782. 28 S. (4.80) 1443
Gew.: Joh. Reinhold Forster.

Baumgarten, Gottfried: Dankpredigt auf den Sieg des Königs bey Roßbach. — Brandenburg: Halle 1757. 38 S. 8° 5. 13.4595

Baumgarten, Gotthilf v. (Hrsg.), s. Beobachtungen in der literarischen und moralischen Welt zur Aufnahme des guten Geschmackes und der guten Sitten in Schlesien.

Baumgarten, Gust. Experimentelle Unterlagen zur Bestimmung der Elasticitätskonstanten des Kalkspaths. 20 S.
Progr. G. Dresden-Neustadt 1879

Baumgarten, Gustav Wilhelm [Übers.] s. *Aničkov,* Viktor Michajlovič: Der Feldzug in der Krim [Voenno-istoričeskie Očerki Krymskoj Ėkspedicii, deutsch]. 1857-60.

Baumgarten, G., 60 Jahre des kaukasischen Krieges, mit besonderer Berücksichtigung des Feldzuges im nördlichen Daghestan im J. 1839. Mit 2 (lith.) Uebersichtskarten (in 4. u. Fol.) u. 5 (lith.) Plänen (in 4.). Nach russischen Orig. deutsch bearb. Leipzig 861. Schlicke. Lex.-8. (IX, 207 S.) n. 3 *2/3*

Baumgarten, H, H Jahns, S Meyer u. E Schlüter: Braunschweigische Fibel. 1. u. 2. Afl. (112 m. Abb.) gr8° Braunschw., E Appelhans & Co. '10'11. geb. — 70; m. Anh. (Latein. Schrift. 124) geb. — 75

Baumgarten, H., das Wichtigste aus der Rechtschreibung und Sprachlehre. Leitfaden und Übungsbuch für einfache Schulverhältnisse. Mit Berücksicht. des Schulplanes von Schönen. 8. (54 S.) Köln 884, DuMont-Schauberg'sche Buchh. **

Baumgarten, Hans

— **Hans** (Dramburg/Pomm.), Beiträge z. Entwicklungsgeschichte der Gehörknöchelchen. Dissert. med.-chir. Bln. (G. Schade [O. Francke]) 30. VII. 1892. 32 S. mit Biogr. (3.70) 1444
Oppon.: Haverbeck, Neubeck, Puhlmann.

Baumgarten, Heinrich, Rektor, Köln. 1895: Die Bildung des Gemütes in der Volksschule. Vortrag. — Köln: Theissing in Komm. 1895. 16 S. 8° 1:Ne 10658. 5. 38.
13.4597

Baumgarten, H., d. Bildung d. Gemütes i. d. Volksschule. Vortrag, geh. a. d. III. rhein. Provinzial-Versammlg. d. kathol. Lehrer-Verb. a. 27. März 1894 z. Köln. gr. 8. (16 S.) Köln 895. (H. Theissing.)
n. — 30

Baumgarten, Heinr., deutsche Dichter der neueren Zeit, nebst e. Überblick üb. die Geschichte der deutschen Dichtg. u. dem Wichtigsten aus der Lehre v. der Dichtkunst. Für die Oberstufe mehrklass. Volksschulen bearb. 1. u. 2. Aufl. 8. (à 44 S. m. Abbildgn.) Köln 899. 901. H. Theissing.
n. — 25

Baumgarten, H: Deut. Dichter d. neueren Zeit, nebst e. Überblick üb. d. Gesch. d. deut. Dichtg u. d. Wichtigsten a. d. Lehre v. d. Dichtkunst. Für d. Oberst. mehrklass. Volkssch. bearb. 3. Afl. (45 m. Abb.) 8° Cöln, H Theissing ('04). — 25 d

Baumgarten, Heinr., deutsche Dichter der neueren Zeit, nebst e. Überblick üb. die Geschichte der deutschen Dichtg. und dem Wichtigsten aus der Lehre v. der Dichtkunst. Für die Oberstufe mehrklass. Volksschulen bearb. 4. Aufl. (45 S. m. Bildnissen.) kl. 8. Cöln (906). H. Theissing.
n. — 25

Baumgarten, Heinr.: Deut. Dichter d. neueren Zeit, nebst e. Überblick üb. d. Gesch. d. deut. Dichtg u. d. Wichtigsten a. d. Lehre v. d. Dichtkunst. Für d. Oberst. mehrklass. Volkssch. 5. Afl. (45 m. Bildn.) kl8° Cöln, H Theissing ('09). — 25 d

Baumgarten, Heinrich: Leitfaden der Unterrichtslehre . . . ,
s. Baumgartner, Heinrich

Baumgarten, Heinrich, Oberingenieur, Wien. 1897: Normalschiffstyp für Flussschiffe. Vorträge von Heinrich Baumgarten, Wilhelm Renner. — Berlin: Siemenroth & Troschel 1897. 37 S. 8° (Mitteilungen über d. derzeitige u. angestrebte Schiffbarkeit d. Hauptströme u. ihrer Nebenflüsse. 2.) (Deutsch-Oesterreichisch-Ungarischer Verband für Binnenschiffahrt. Verbands-Schriften. 23.)
1: Sa 6022-23. 11. 12: A. hydr. 80 w-23. 14. 41. 90. 106. 203. 300: 393.545-B. Per. 23.
13.4598

Baumgarten, Hermann

— Archive und Bibliotheken in Frankreich und Deutschland. — (Berlin [1875].) S. 627-654. 8°
Aus: Preußische Jahrbücher. 36. 1875. 21. 60. 169.
13.4600

Baumgarten, H, histor. u. polit. Aufsätze u. Reden. Mit e. biograph. Einl. v. E Marcks. 8° (669 m. Bildnis.) Strassb. 93, KJ Trübner, V. 10 —; geb. in Hlbfrz. 12 —

Baumgarten, Herm., historische u. politische Aufsätze u. Reden. Mit e. biograph. Einleitg. v. Erich Marcks. gr. 8. (CXLI, 528 S. m. 1 Bildnis.) Straßburg 894. K. J. Trübner Verl. n. 10. —; geb. in Halbfrz. n. 12. —

— Vor der Bartholomäusnacht. — Strassburg: Trübner 1882. XIX, 263 S. 8° 1: Qw 8470. 2→11. 12: Gall. g. 79 ku. 14→21. 23→27. 29→36. 38. 39. 43. 45. 46. 52. 75. 109. 117. 121. 123. 180. 203. 211. 300: 52.913-B. 302. 307.
13.4601

[—] Deutschland und die italienische Frage. Zur Verständigung zwischen Nord und Süd. — Nördlingen: Beck 1859. 33 S. 8° 5. 7. 12: Eur. 293 d-48. 16. 17. 24. 27. 46. 109. 203. 300: 170.653-B.
13.4602

Baumgarten, Herm., die religiöse Entwickelung Spaniens. Vortrag gehalten am 22. Febr. 1875 in der St. Nicolaikirche zu Straßburg. 8. (38 S.) Straßburg 875, Trübner. *

— Zum Gedächtniß Kaiser Friedrichs. Rede bei d. Gedenkfeier d. Kaiser-Wilhelms-Universität am 30. Juni 1888. Straßburg: Heitz 1888. 15 S. 8°
5. 14. 17. 19. 23. 27. 30. 31. 38. 46. 109. 121.
13.4605

— Dem Gedächtnisse des Professor Dr Ludwig Spach, Director d. Archivs von Unter-Elsaß. Rede. — (Straßburg [1879]: R. Schultz.) 6 S. 8°
3. 21. 25. 31. 46. 109. 203.
13.4606

[—] Gervinus und seine politischen Ueberzeugungen. — Leipzig: Engelmann 1853. 119 S. 8° 1: Au 5284. 4. 5. 7. 10. 11. 12: Biogr. 451 as [2 Ex.] 14→18. 21. 23. 24. 27. 31. 41. 45. 107. 109. 203. 207. 300: 424.466-B. 308.
13.4607

Baumgarten, Herm., Geschichte Karls V. (In 3—4 Bdn.) 1. Bd. gr. 8. (XVI, 586 S.) Stuttgart 885. Cotta.
n. 10. —

— Geschichte Karl's V. 2. Bd. gr. 8. (VIII, 717 S.) Stuttgart 888. Cotta'sche Buchh. Nachf. n. 12. —
(I. u. II.: n. 22. —)

— Geschichte Karls V. 3. Bd. gr. 8. (XVIII, 371 S.) Stuttgart 892. J. G. Cotta Nachf. n. 7. — (1—3: n. 29. —)

— Zur Geschichte des Schmalkaldischen Kriegs. — o. O. [1876]. 56 S. 8° Aus: Historische Zeitschrift. 36. 1876. 21.
13.4609

Baumgarten, Herm., Geschichte Spaniens, s. Staatengeschichte der neuesten Zeit.

— Geschichte Spaniens vom Ausbruch der französischen Revolution bis auf unsere Tage. Th. 1-3. — Leipzig: Hirzel 1865-71. 8° (Staatengeschichte d. neuesten Zeit. 9. 14. 17.) 1: Qn 2501-9. 14. 17 [u.] Qn 2501 a-9. 14. 17. 2→11. 12: H. Un. 566-9. 14. 17. 14→21. 23. 24. 25. 27→36. 38. 39. 41. 43→46. 48. 51. 52. 53. 61. 66. 90. 91. 102. 109. 117. 169. 180. 203→205. 208. 209. 300: 392.030-B. L. 9. 14. 17 [u. ö.] 302→304. 308.
13.4610

Baumgarten, Herm., Geschichte Spaniens zur Zeit der französischen Revolution. Mit einer Einleitung über die innere Entwickelung Spanien's im 18. Jahrh. Berlin 861. G. Reimer. gr. 8. (XX, 586 S.) 2 ℛ︁ 20 ngr.

— Treitschke's Deutsche Geschichte. — Straßburg: Trübner 1883. XI, 59 S. 8°
1: Ry 319. 5→8. 12: Germ. g. 30 pl. 14. 16. 17. 19. 20. 21. 24. 25. 27. 30. 31. 32. 36. 43. 46. 48. 61. 107. 109. 117. 123. 203. 205. 300: 405.048-B. 302.
13.4612

— — 2. Abdr. Ebd. 1883. XI, 59 S. 8°
2. 3. 4. 6. 26. 27. 29. 34. 38. 41. 44. 60. 64. 75. 106. 169.
13.4613

— — 3., durch e. Nachtr. verm. Aufl. Ebd. 1883. XI, 73 S. 8°
Der Nachtrag zur 3. Aufl. ist selbständig vorhanden in 1: an Ry 319, 2, 5, 8, 16, 17, 23, 27 u. 106.
11. 15. 18. 21. 25. 29. 31. 38. 39. 109. 123.
13.4614

(—) Herder und Georg Müller. — (Berlin [1872].) 64 S. 8°
Aus: Preußische Jahrbücher. 29. 1872. 12: Biogr. 517 u. 207.
13.4615

— Ignatius von Loyola. Vortrag zum Besten der Überschwemmten Spaniens. — Strassburg: Trübner 1880. 34 S. 8° 1: Ci 1409. 5. 6. 7. 9. 11. 12: V. SS. 380 p. 16. 17. 21. 24. 29. 30. 31. 33. 36. 121. 300: 424.355-B.
13.4616

— Staatsminister Jolly. Ein Lebensbild von Hermann Baumgarten u. Ludwig Jolly. — Tübingen: Laupp 1897. VII, 294 S. 8°
1:Si 895. 2. 3. 5→11. 12:Biogr. 561 g. 14→18. 20. 21. 23→27. 28. 30. 31. 34. 35. 36. 39. 41. 43→46. 48. 51. 61. 62. 80. 90. 93. 102. 106. 107. 109. 117. 180. 203. 205. 208. 209. 300:90.445-B. 302.
13.4617

— Karl V. und die deutsche Reformation. — Halle 1889. 88 S. 8° (Schriften d. Vereins für Reformationsgeschichte. Jg. 7,2 = Nr. 27.)
1:Cm 660-27. 2→11. 12:H. ref. 351 nh-27. 14→21. 23→36. 38. 39. 41. 43. 45. 46. 48. 51. 52. 60. 61. 75. 78. 79. 106. 107. 109. 117. 123. 211. 300:391.420-B. Per. 27. 302.
13.4618

— Karl V. u. die deutsche Reformation. Ein Vortrag, geh. am 31. Oktbr. u. 7. Novbr. 1892 im Kunst- u. Gewerbe-Verein zu Coburg. gr. 8. (II, 42 S.) Ebd. 893. n. — 60

[—] Deutsche Kriegspredigten. 1. — o.O. [1870]. 4 S. 8°
1. Was wir in diesem Krieg wollen. 14.
13.4619

— Über Sleidans Leben und Briefwechsel. — Strassburg [usw.]: Trübner 1878. 118 S. 8°
1:Av 14843. 2→11. 12:Biogr. 1098 d. 14→21. 23→32. 34. 35. 36. 38. 39. 41. 43→46. 48. 61. 64. 107. 109. 117. 203. 300:181.934-B. 302.
13.4620

— Der deutsche Liberalismus. Eine Selbstkritik. — Berlin: G. Reimer 1866. 114 S. 8°
Aus: Preußische Jahrbücher. 18. 1866. 5. 16. 17. 20. 48. 180.
13.4621

Baumgarten, Herm., der deutsche Liberalismus. Eine Selbstkritik. [Abdr. aus den preuß. Jahrbüchern.] Berlin 867. G. Reimer. gr. 8. (114 S.) 15 ngr.

[—] Partei oder Vaterland? Ein Wort an die norddeutschen Liberalen. — Frankfurt a. M.: Mahlau & Waldschmidt 1866. 16 S. 8° 16. 20. 30. 34. 41. 90. 117. 203.
13.4622

— Die deutsche Presse und die Frankfurter Pfingstversammlung. — Frankfurt a. M.: Brönner 1862. 15 S. 8°
1:Ae 1198. 20. 21. 24. 30. 31. 35. 47. 48. 106. 109. 117. 203.
13.4623

— die deutsche Presse und die Frankfurter Pfingstversammlung. gr. 8. (15 S.) Frankfurt a. M. 862, [Winter.]

— Straßburg vor der Reformation. — (Leipzig: Hirzel 1879.) 11 S. 8° Aus: Im neuen Reich. 9. 1879. 21.
13.4624

— Jacob Sturm. Rede, geh. bei der Uebernahme d. Rectorats der Universität Strassburg am 1. Mai 1876. gr. 8. (34 S.) Strassburg 876. Trübner. n. — 80

— Römische Triumphe. — Halle 1887. 16 S. 8°
Aus: Deutsch-evangelische Blätter. 12. 1887. 21. 29. 41. 106.
13.4626

— — Halle: Strien 1887. 18 S. 8° (Flugschriften d. Evangelischen Bundes. 2.) 1:Di 8860-2. 3. 4. 10. 14. 16. 17. 21. 24. 26. 27. 33. 109. 203.
13.4627

Baumgarten, Herm., wie wir wieder ein Volk geworden sind. 1. Aufl. (119 S.) 1870. und 2. verm. Aufl. gr. 8. (XV, 108 S.) Leipzig 870, Hirzel. *

Baumgarten, Hugo (Hrsg.), s. Fachblatt der Vereinigung deutscher Perückenmacher und Friseure.

Baumgarten, J.: Die Lehre vom Versuche der Verbrechen, s. Baumgarten, Isidor

Baumgarten, J. C. F., Lehrer, Magdeburg. 1800
s. *Baumgarten*, Johann Christoph Friedrich.

Baumgarten, J. C. F., Bürgermeister, Luckau. 1837
s. *Baumgarten*, Johann Karl Friedrich.

Baumgarten, J.S., s. Baumgarten, Siegmund Jakob

Baumgarten, Johann

Baumgarten, Johs., Abenteurerleben in Guyana u. am Amazonas nach Selbsterlebnissen v. Emil Carrey, Bonyer, Jusselain, Agassiz u. A. 2., bedeutend erweit. u. vollständig umgearb. Aufl. v. Robin Jouet's Fahrten u. Erlebnissen in den Urwäldern v. Guyana u. Brasilien. Mit 27 (Holzschn.-)Illustr. gr. 8. (XI, 352 S.) Stuttgart 882. Rieger. 5. 40; cart. 6. 30

— Amerika. Eine ethnographische Rundreise durch d. Kontinent u. d. Antillen. — Stuttgart: Rieger 1882. VIII, 456 S. 8° 1:Ut 3918. 4. 24. 30. 34. 38. 43. 44. 52. 66. 106. 212.
13.4646

— Anthologie polytechnique et militaire. 1874
s. *Baumgarten:* Handbuch der französischen Sprache und Litteratur für Polytechniker.

Baumgarten, J., Chrestomathie aus d. französischen Litteratur des 19. Jahrh. f. die Prima an Gymnasien u. höhern Bürgerschulen. Als Anh.: Notizen über die bedeutendsten französ. Schriftsteller d. 19. Jahrhunderts. gr. 8. (XII u. 299 S.) Coblenz 852, Hölscher. n. 3/4 ℛ

— — 2., erw. Aufl. Ebd. 1861. XVI, 406 S. 8° 5.
13.4647

Baumgarten, J., Chrestomathie aus der französischen Litteratur d. 19. Jahrh., f. die Prima v. Gymnasien u. Realschulen. 3. umgearb. Aufl. m. Anmerkungen, einem Verzeichnisse der Synonyma u. biograph. Notizen über die Schriftsteller. gr. 8. (VIII, 429 S.) Koblenz 877. Hölscher. n. 3. 20

Baumgarten, J., Chrestomathie aus der französischen Litteratur des 17. und 18. Jahrh. nebst leichtern Proben aus Prosaikern des 19. für die Secunda an Gymnasien und höhern Bürgerschulen sowie für Militairschulen. gr. 8. (XXIII und 460 S.) Coblenz 853, Hölscher's Verlag. *

Baumgarten, J. (I.), Chrestomathie aus der französischen Litteratur des 17., 18. und 19. Jahrh. für die Secunda der Gymnasien und Realschulen, sowie für Militärschulen. 2. gänzlich umgearb. und zugleich erweiterte Aufl. gr. 8. (VIII, 421 S.) Koblenz 870, Hölscher. *

Baumgarten, J., Deutsch-Afrika u. seine Nachbarn im schwarzen Erdteil. Eine Rundreise in abgerundeten Naturschildergn., Sittenscenen u. ethnograph. Charakterbildern. Nach den neuesten u. besten Quellen, für Freunde der geograph. Wissenschaft u. der Kolonialbestrebgn., sowie f. den höheren Unterricht. Mit 1 Karte v. Deutsch-Afrika. gr. 8. (XV, 507 S.) Berlin 887. Dümmler's Verl. n. 5. —; geb. n. 6. 50

— dasselbe. 2., bis auf die Gegenwart ergänzte Ausg. Mit 1 Karte v. Deutsch-Afrika. gr. 8. (XXIV, 586 S.) Ebd. 890. n. 5. —; geb. n. 6. 50

Baumgarten, J. (II.), Elementar-Grammatik der französischen Sprache. Mit besond. Berücksicht. der Aussprache und der Einführung in die Lektüre, auf Grundlage von Bernh. Beumelburg's prakt. Lehrgange. 4. umgearb. und bedeutend erweiterte Aufl. 8. (VIII, 292 S.) Berlin 885, Dümmler's Verlag. *
Ausg. für Lehrer. (XXIV, 292 S.) *

— Elementar-Grammatik der französischen Sprache ... Auf Grundlage von Bernh. Beumelburg's Praktischem Lehrgange. 4., umgearb. u. erw. Aufl. — Berlin: Hempel 1885. XXIV, 292 S. 8° 1:Xs 4124. 207.
13.4651

Baumgarten, J. (II.), Robin Jouet's abenteuerliche Fahrten und Erlebnisse in den Urwäldern von Guyana und Brasilien. In deutscher Umarbeitung nach Emil Carrey, ethnographisch ergänzt und illustr. nach Bouyer, Agassiz, Brett, Juffelain u. a. Quellen. Mit 24 Illustr. (Holzschntaf.) von Girardet, gestochen von Herington, Barbant, Pontenier u. A. gr. 8. (XVI, 327 S.) Stuttgart 877, Rieger'sche Verlagsh. cart. *

— La France comique et populaire. Choix d'études de moeurs parisiennes et provinciales, scènes comiques, charges d'atelier, récits drôlatiques, etc. — Stuttgart: Neff [1871]. X,410 S. 8° 5. 6. 15. 24. 25. 32. 38. 44. 84. 13.4654

— la France comique et populaire. Choix d'études de moeurs parisiennes et provinciales, scènes comiques, charges d'atelier, récits drôlatiques etc. Ein Beitrag zur Kunde der heiteren Seite des französischen Nationalcharakters, sowie der Volkssprache in Paris und der Neologismen der Schriftsprache, mit erklär. Anmerkungen und einem Wort-Register. 1872, und Neue Ausg. gr. 16. (X, 410 S.) Stuttgart 874, Neff. cart. *

! Baumgarten, J: La France comique. Jetzt: Berl.-Sch., Langenscheidt's V. 71/75

— La France contemporaine, ou les Français peints par eux-mêmes. Études de moeurs et de littérature. — Cassel: Kay 1878. XIV,393 S. 8°
1: Re 428. 4. 5. 12: Gall. g. 791. 15. 17. 19. 21. 24. 26. 30. 32. 34. 35. 36. 38. 43. 47. 66. 75. 79. 107. 109. 13.4656

— A travers la France nouvelle. Scènes de moeurs, esquisses littéraires et tableaux ethnographiques. — Cassel: Kay 1880. XXXII,372 S. 8°
1: Re 436. 3. 4. 5. 9. 11. 17. 30. 31. 34. 38. 43. 61. 13.4657

— la France qui rit. [Les farceurs populaires anciens et modernes. — Facéties ingénieuses. — Contes drôlatiques. — Bouffonneries désopilantes. — Scènes de moeurs comiques. — Croquis et scènes soldatesques. — Les bonnes gens de province: chroniques rurales et historiettes burlesques. — Revue comique des tribunaux, etc.] 2 parties. 8. (XI, 403 S.) Kassel 881, Kay. *

Baumgarten, J.: Glossaire des idiomes populaires du nord et du centre de la France. 26 S.
Progr. Coblenz 1869.

Baumgarten, J. Vorrede und Probe eines glossaire des idiomes populaires du nord et du centre de la France. Coblenz, G., 1869. 26 S. 4.

— Glossaire des idiomes populaires du Nord et du Centre de la France. T. 1(,1). — Paris: Frank; Coblentz: Hergt 1870. 160 S. 8°
Nebent.: Glossar d. Volksmundarten von Nord- u. Mittelfrankreich. Erschien teilweise auch als Progr. Coblenz Kgl. G. 1869.
1: Xs 9134. 3. 5. 6. 7. 10. 12: L. lat. f. 10m. 17. 21. 25. 31. 32. 34. 39. 46. 83. 300: 170.003-B. 302. 13.4659

— Handbuch der französischen Lectüre für die mittleren Klassen höherer Töchterschulen und Pensionate. 2., umgearb. u. mit e. franz.-deutschen Wörterbuche verm. Aufl. Coblenz: Hergt 1874. VIII,171 S. 8° 1:1 an Xs 5003. 5. 13.4660

— Handbuch der französischen Lectüre für die oberen Klassen höherer Töchterschulen und Pensionate. — Coblenz: Hergt 1857. XVIII,374 S. 8° 5. 36. 121. 13.4661

Baumgarten, J., Handbuch der französischen Lectüre für die oberen Klassen höherer Töchterschulen und Pensionate. 2. umgearb. Aufl. gr. 8. (XIV, 327 S.) Coblenz 878, Herat. *

— Handbuch der französischen Sprache und Litteratur für Polytechniker. Eine Sammlung gediegener und interessanter Abhandlungen und Aufsätze aus der neuesten polytechn. Litteratur Frankreichs nebst militär. Studien und Schilderungen von französ. Darstellern des letzten Krieges. gr. 8. (XVI, 391 S.) Cassel 874, Kay. *

Baumgarten, J., Coblenz u. seine Umgebung. Mit 1 Plane der Stadt. 4. Aufl. 12. (IV, 32 S.) Coblenz 888. Groos' Verl. cart. n. — 50

— — Coblenz nebst Ausflügen u. Rundreisen am Rhein, an Lahn u. Mosel. Führer. (2. Aufl.) — Ebd. 1880. VI,113 S. 8° 1: Th 3675. 13.4665

— — Coblenz nebst Ausflügen u. Rundreisen am Rhein, an Lahn und Mosel, sowie in der Eifel. Führer. (3. Aufl.) — Coblenz: Groos 1884. VII,223 S. 8°
1: Th 3675³. 5. 6. 16. 38. 13.4666

Baumgarten, J., Coblenz und seine Umgebungen. Führer für Einheimische und Fremde. 8. (VIII, 70 S. mit 1 lithogr. Plane der Stadt und 4 chromolithogr. Specialkärtchen.) Coblenz 874, Denckert und Groos. *

— Coblenz u. seine Umgebungen. Führer f. Einheimische u. Fremde. Mit einem (lith.) Plane der Stadt u. 4 (chromolith.) Specialkärtchen. 2., m. Rücksicht auf die Moselbahn erweit. Aufl. 8. (VI, 118 S.) Coblenz 880. Denkert u. Groos. n. 1. 50

— Die deutschen Kolonien und die nationalen Interessen. Köln: Du Mont-Schauberg 1887. XIII,114 S. 8°
1: Sa 5896. 3. 5. 30. 31. 43. 44. 48. 106. 203. 206. 212. 13.4668

— die Lahn von Niederlahnstein bis Marburg u. der Westerwald. Nebst Abstechern v. Diez nach Schwalbach u. von Limburg nach Königstein im Taunus. Ein Führer. Mit 2 Spezialkärtchen. 12. (28 S.) Coblenz 888. Groos' Verl. n. — 60

Baumgarten, J. Lectures geographiques. L'Afrique pittoresque et merveilleuse. Peintes par les explorateurs: Baker, Barth, Burton, Cameron etc. gr. 8. (XIII, 229 S. m. 1 Karte.) [Cassel 890, Kay.] Frankf. a. M., Kesselring. * 2 60

— praktischer Lehrgang zur gründlichen und schnellen Erlernung der französischen Sprache. Mit besond. Berücksicht. der Aussprache. 1. Thl.: Elementar-Grammatik. 3. Aufl. des Bernh. Beumelburg'schen Lehrgangs. Neu bearb., verb. und durch Lesestücke erweitert. 8. (XII, 268 S.) Berlin 880, Hempel. *

— Mittelrhein, Mosel, Lahn, Ahr und Eifel. Führer. 3., umgearb. Aufl. — Coblenz: Groos 1886. VII,223 S. 8°
38. 60. 13.4670

— Mittelrhein, Mosel, Lahn, Eifel, Taunus u. Westerwald. 4. Aufl. 12. (VII, 244 S. m. 2 Karten.) Ebd. 888. In Leinw. cart. n. 2. —

— Die Mosel nebst Ausflügen in die Eifel. — Coblenz: Groos 1888. 62 S. 8° 1: Th 1275/56. 5. 38. 13.4672

— les mystères comiques de la province. Études de moeurs et curiosités ethnographiques, tirées des meilleurs écrivains français. 2e édit. considérablement augmentée. 8. (IX, 505 S.) Leipzig 878, C. A. Koch's Verlagsh. *

— die komischen Mysterien des französischen Volkslebens in der Provinz. — Les mystères comiques de la province. — Eine Sammlung von Sittenstudien, kom. und burlesken Scenen, Volksschwänken etc. Aus französ. Schriftstellern der Gegenwart. Mit einer Einleitung, deutschen Anmerk. und einem Vocabular von mehr als 1200 Neologismen, Provinzialismen und populären Ausdrücken. 8. (XIV, 469 S.) Coburg 873, Sendelbach. *

— Der Orient. Ein Spaziergang durch d. muhamedanische u. d. indische Welt. — Stuttgart: Rieger 1882. VIII,350 S. 8°
1: Uk 6952. 2. 17. 21. 22. 24. 30. 34. 52. 106. 107. 205. 13.4675

— Ostafrika, der Sudan u. das Seeengebiet. Land u. Leute. Naturschilderungen, charakterist. Reisebilder u. Scenen aus dem Volksleben, Aufgaben u. Kulturerfolge der christl. Mission, Sklavenhandel. Die Antisklaverei-bewegg., ihre Ziele u. ihr Ausgang. Kolonialpolitische Fragen der Gegenwart. Nach den neuesten u. besten Quellen. gr. 8, (XVI, 563 S.) Gotha 890. J. A. Perthes. n. 8. —

—— le Parnasse allemand du 19e siècle ou œuvres choisies des poëtes les plus distingués de l'Allemagne. Avec un commentaire perpétuel en français contenant l'explication de tous les termes poétiques et de tous les passages difficiles. gr. 8. (XVI, 432 S.) Kassel 878, Kay. cart. *
geb. **

—— die außereuropäischen Völker. Abgerundete Charakterbilder, Scenen aus dem Volksleben und kulturgeschichtl. Darstellungen. Zur Belebung und Vertiefung des geograph. Unterrichts, sowie für Freunde der Völkerkunde. Nach den besten und neuesten Quellen. gr. 8. (XIV, 481 S.) Kassel 885, Kay. geb.

— — 2., unveränd. Aufl. Ebd. [um 1890]. XIV,481 S. 8° 109.
13.4679

[—] Kurzgefasstes französisch-deutsches Wörterbuch zum Gebrauche bei d. französischen Lectüre in d. mittleren Klassen höherer Lehranstalten. — Coblenz: Hergt 1874. 64 S. 8° 1:2 an Xs 5003.
13.4680

Baumgarten, Johann Christian: Sontägliche Blumen-Lust, nach welcher jeden Ruhe-Tag des Herrn in der Gemeinde Gottes aus Christi Blumen-Garten ein Blümgen zur Erqvickung gebrochen worden. — Freyberg [um 1730]: Matthäi. 15 S. 8° 15.
13.4681

— Davidis theologi Systema theologicum. Das ist: König Davids Probe seiner heimlichen Weißheit und Gottes-Gelahrheit ... Sammt einer Vorr. an Christian Ziegra. — Hamburg 1735: Beneke. 48 S. 8° 18.
13.4682

Baumgarten, Johann Christian Gottlob

— — u. **Fr. Ludw. Kreysig** (Eilenburg), De arte decoratoria I. Diss. pol.-phys. Lpz. (Solbrig) 30. III. 1791. 43 S. (5.—) 1446
Gew.: Christoph Gottlob v. Burgsdorff.

Baumgarten, Joh. Chr. Glob., Enumeratio stirpium magno Transsilvaniae principatui praeprimis indigenarum, in usum nostratum botanophilor. conscripta inque ordinem sexuali-naturalem concinnata. Tom. IV. Classis XXI. Cryptogamarum Sect. I—III. exhibens. gr. 8. (IV u. 236 S.) Cibinii 846. (de Hochmeister.) n. 2/3 ℛ (Vol. I—III. Viennae 814—16, Volke. 6 ℛ Schrbp. 8 ℛ)

Baumgarten, J. C, G., Enumeratio stirpium magno transilvaniae principatui praeprimis indigenarum in usum nostratum botanophilorum conscripta, inque ordinem sexual. naturalem concinnata. Tom. I. Class. I. —IX Phaenerogamarum exhibens. 8maj. Viennae, Camesina. 815.

Baumgarten, Johann Christian Gottlob: Enumeratio stirpium magno Transsilvaniae principatui praeprimis indigenarum. T. 1-4. — Vindebonae (2.3: Vindobonae): Libr. Camesinae 1816-46. 8°
4. Cibinii 1846: v. Hochmeister.
Sondert.: 1. Fuss, Michael: Joh. Christ. Gottl. Baumgarten Enumerationis stirpium Transsilvaniae indigenarum Mantissa 1. 1816.
Sondert.: 2. Indices ad J. C. G. Baumgarten Enumerationem stirpium Transsilvanicarum curante Michaele Fuss. o. J.
1: Ly 11170. 7. 12: Phyt. 29. 15. 24. 46. 300: 70 S 13 [u. ö.]
13.4683

— Flora Lipsiensis sistens plantas in agris Circuli Lipsici tam sponte nascentes quam frequentius cultas secundum systema sexuale rev. atque em. descriptas. — Lipsiae: Crusius 1790. 142,741 S. 8°
1: Lx 19699. 3. 7. 9. 10. 12: Phyt. 30. 14→17. 19. 22. 23. 24. 28→31. 45. 117. 300: 80 Cc 6. 302. 304.
13.4684

Baumgarten, Jh. Chr. Glo., Flora Lipsiensis, sist. plant. circul. Lips. spont. sec. systema sexuale revisum emendatumque distributas c. synonymis perpaucis etc. Cum IV tabb. aen. 8maj. Leipz. 790. (W. Vogel). 2 ℛ 8 ℊ ill. 2 ℛ 20 ℊ

— **Joh. Christian Gottlob** (Luckau/Laus.), Viro Carl Christ. Lebrecht Weigel (Leipzig) medic. baccalaureo philos. mag. honores Präs. Joh. Georg Friedrich Franz gratul. — Brevis trepani coronati historia. Leipzig (Sommer) 10. II. 1789. 11 S. (4.50) 1445
Gratulanten: J. G. Wolf, B. G. Schreger, A. G. Eysold, F. G. Duerr, S. C. Titius, F. A. Treutler, F. L. Kreysig, Ch. U. Buettner.

— — De corticis ulmi campestris natura viribus usuque medico. Diss. med. Lpz. (Solbrig) 6. V. 1791. 36 S. (4.80) 1447
Gew.: Joh. Ehrenfried Pohl.

— Sertum Lipsicum seu stirpes omnes praeprimis exoticas circa urbem olim maximeque nuperrime plantatas digessit atque descripsit secundum methodum Linnaeanam Joannes Christianus Gottlob Baumgarten. — Lipsiae [1790]: Holl. 48 S. 8° 3. 12: Phyt. 31. 14. 15. 18. 27. 117.
13.4686

— Vita Joannis Guilielmi Leberecht Passerini, olim Consulis Luccaviensis ab eius nepotibus J. C. G. Baumgarten & J. C. F. Baumgarten conscripta. — Luccaviae 1837: Entleutner. 17 S. 8° 1: Td 7568.
13.4687

Baumgarten, Johann Christoph Friedrich: Anleitung zur Anfertigung schriftlicher Aufsätze in geordneter Stufenfolge ... Ein Hand- u. Hülfsbuch für Lehrer in Volks- u. Bürgerschulen. — Leipzig: Barth 1830. X,268 S. 8° 52.
13.4688

Baumgarten, Joh. Christph. Friedr., Anleitung zur Anfertigung schriftl. Aufsätze, in geordn. Stufenfolge &c. Ein Hand- u. Hülfsb. f. Lehrer in Volks- u. Bürgerschulen, so wie in den unt. Klassen d. Gymnasien. 2., verb. u. verm. Ausg. 8. (19 B.) Leipzig 835, Barth.

[—] Neueste und zweckmäßigste Anleitung zum Unterrichte im praktischen Kopfrechnen, in der Orthographie, in der Sprachlehre, in schriftlichen Aufsätzen und im Briefschreiben, in der Formenlehre und zum Katechisiren. Für Volksschullehrer. — Quedlinburg [usw.]: Basse 1826. VI,148 S. 8° ([Baumgarten:] Handbuch für Volksschullehrer. 2.) 1: Ne 14204-2. 2. 102. 207.
13.4690

[—] Neueste und zweckmäßigste Anleitung zum Unterrichte in der Religion, zur Behandlung der biblischen Erzählungen und der biblischen Geschichte, und zum Unterrichte in den gemeinnützlichen Kenntnissen und der Weltkunde. Für Volksschullehrer. — Quedlinburg [usw.]: Basse 1828. VI,103 S. 8° ([Baumgarten:] Handbuch für Volksschullehrer. 3.) 1: Ne 14204-3. 2. 102. 123. 207.
13.4691

— neueste u. zweckmäßigste Anleit., im Lesen, Schreiben, Rechnen u. Singen zu unterrichten, u. im Denken zu üben. 8. Quedlinb. 816. Basse. 20 ℊ 2e Aufl., s. Handbuch für Volksschullehrer.

[—] Neueste und zweckmäßigste Anleitung im Lesen, Schreiben, Rechnen und Singen zu unterrichten und im Denken zu üben. Für Volksschullehrer. 2., berichtigte u. verm. Aufl. — Quedlinburg [usw.]: Basse 1826. XVI,168 S. 8° ([Baumgarten:] Handbuch für Volksschullehrer. 2. Aufl. 1.) 1: Ne 14204-1. 2. 46. 102. 207.
13.4692

— Praktische Anleitung zum Kopfrechnen nebst einer zureichenden Anzahl von Uebungsaufgaben und unter diesen mehrere mit preußischen Silbergroschen. — Leipzig: Barth 1825. IV,190 S. 8° 207.
13.4693

— prakt. Anleit. zur katechet. Lehrart. Für angehende u. ungeübte Katecheten, Seminaristen ꝛc., welche sich mit den vorzügl. Regeln d. Katechetik vertraut machen, u. in d. Anwendung derselben üben wollen; nach den besten katechet. Lehrbüchern, auf Vorlegeblättern bearb. 2 Thle. qu. 8. Magdeb. 825. Heinrichshofen. 1 rß 8 gr

— Anweis. zum Briefschreiben f. Bürgerschulen. 8. Magdeb. 805. Heinrichshofen. 6 gr 2e A. s. unt. Briefsteller f. Bürgerschulen.

— Anweisung zum Briefschreiben für Bürgerschulen. — Magdeburg: Keil 1805. 112 S. 8° 207.
13.4695

Baumgarten, Johann Christoph Friedrich

—— 800 Aufgaben z. Kopfrechnen, welche aus d. 4 Grundrechn. in gleich- u. ungleich benannt. Zahlen u. in Brüchen zusammenges., u. v. denen d. meisten so gestellt sind, daß mit ein u. ders. Aufgabe 2 od. 3 verschied. Schüler-Abtheiln. zu gleicher Zeit beschäft. werden können. 8. (11¾ B. incl. Auflösn.) Magdeburg 834, Heinrichshofen.

— Aufgaben zu Denkübungen f. Schulkinder, auf Vorlegeblättern, nebst Handbuch f. Lehrer. 8. Leipz. 815. 2e A. 819. Barth. 1 rß

— Aufgaben zu Denkübungen für Schulkinder, auf Vorlegeblättern, zur schriftlichen Bearbeitung. Nebst einem Hand- und Hülfsbuche für Lehrer, welches Materialien zur Auflösung jener Aufgaben enthält. 2., verm. Ausg. — Leipzig: Barth 1819. 127 S. 8°
Enthält nur Hand- u. Hülfsbuch für Lehrer. 207.
13.4697

—— 3., verm. Aufl. Ebd. 1836. 48 Bl., VIII,136 S. 4° u. 8°
Zugabe s. *Baumgarten:* Scherz u. Ernst. 1838. 48.
13.4698

— leichte Aufgaben f. Kinder zur angenehmen u. nützlichen Selbstbeschäftigung, auf Vorlegeblättern für den häusl. u. Schul-Gebrauch. Nebst einem Handbuche für den Lehrer. 2 Thle. qu. 4. Quedlinb. 817. 2e Aufl. 2 Liefrgn. 830. Basse. 1 rß 16 gr

—— leichte Aufgaben f. Kinder, z. angeneh. u. nützl. Selbstbeschäftigung, auf Vorlegeblättern f. d. häusl. u. Schul-Gebr. Nebst ein. Handbuche f. d. Lehrer. 1. Lfg., f. jüng., ungeübte Schüler u. Schülerinnen. 2., bericht. u. verb. Ausg. (1 B. in 8., u. 16 B. in qu. 8.) Quedlinburg 830, Basse.

—— dass. 2. Lfg., für geübtere Kinder u. Schüler. (1 B. in 8. u. 16 B. in qu. 8.) Ebds. 830.

Baumgarten, Joh. Chrstph. Friedr., Aufgaben f. zwei Schülerabtheil. einer untern, einer mittl. u. einer obern Schulklasse, welche nach ihrer verschied. Befähig. auf eine dies. angemessene Weise zu gleicher Zeit im Kopfrechnen geübt werden sollen. 3 Hfte. 8. (17¾ B.) Quedlinburg 845, Basse. à 7½ Ngr.

— Aufgaben zur Uebung des Kopfrechnens in Knabenschulen über Gegenstände d. Beschäftigung d. Handwerkers, d. Kaufmanns, d. Oekonomen etc. — Magdeburg: Heinrichshofen 1809. 155 S. 8° 207.
13.4700

— Aufgaben zur Uebung d. Kopfrechnens in Knabenschulen. 8. Magdeb. 809. 2e A. 818. Heinrichshofen. 16 gr

— Aufgaben zur Uebung d. Kopfrechnens in Mädchenschulen. 8. Ebd. 808. 2e A. 817. 16 gr

— Aufgaben zur Uebung des Kopfrechnens in Mädchenschulen über Gegenstände d. weiblichen Beschäftigung und häuslichen Oeconomie. 2., verb. u. verm. Ausg. — Magdeburg: Heinrichshofen 1817. VIII,200 S. 8° 207.
13.4701

— Berechnung d. neuen Preuß. Scheidemünze, nebst Auflösung, e. Anh. zu d. 2n Aufl. d. Rechnungsvorlegeblätter. 8. Leipz. 822. Barth. 1½ gr

Baumgarten, J. C. F., Bibelstellen u. Liederverse ꝛc. 1r Thl. 8. Magdeburg, Schüß. 806.

— Bibelstellen und Liederverse über die vorzüglichsten Lehren der christlichen Religion zum Auswendiglernen für Kinder. Th. 1.2. — Leipzig: Lauffer 1829. 8°
1. 2., umgearb. Ausg. Die Glaubenslehre.
2. Die Sitten- oder Pflichtenlehre. 18.
13.4702

—— Bibelstellen u. Liederverse üb. d. vorzügl. Lehren d. christl. Religion z. Auswendiglernen f. Kinder, erklärt durch kurze Katechisationen u. Umschreibungen. 1. u. 2. Thl. 2., umgearb., Ausg. 8. (21½ B.) Leipzig 829, Lauffer.

— Bibelstellen und Liederverse über die vorzügl. Lehren der christl. Religion, zum Auswendiglernen für Kinder, erklärt durch kurze Katechisationen u. Umschreibungen. 3r Thl. Verschiedene, in den ersten beiden Theilen nicht enthaltene Religionslehren umfassend. 8. Leipzig 834. Lauffer. ½ rß

— Briefsteller f. niedere Bürgerschulen. 2e Aufl. 8. Magdeb. 823. Heinrichshofen. 6 gr 3e Aufl. 830. 8 gr

—— kleiner Briefsteller f. nied. Bürgerschulen; nebst e. kurzen Anweis. z. Orthographie, ꝛc. z. Briefschreiben selbst, u. ein. klein. Fremdwörterbuche. 3., verb. u. mit vielen Briefen verm. Ausg. 8. (12 B.) Magdeburg 830, Heinrichshofen.

— kleiner Briefsteller f. Landschulen. 4. Magdeb... 2e A. 804. 3e A. 814. 4e A. 819. 5e A. 824. 6e A. 830. Heinrichshofen. 8 gr

— Kleiner Briefsteller für Landschulen. 2., verm. u. verb. Aufl. — Magdeburg: Keil 1804. 119 S. 8° 1: Yb 2871.
13.4703

—— 3., verm. Aufl. Magdeburg: Heinrichshofen 1810. 120 S. 8° 207.
13.4704

—— kleiner Briefst. f. Landschulen, nebst e. Erklärung gangbarer fremder, besond. auch französ., Wörter, u. hinzugefügter Aussprache d. letztern, zugleich brauchbar f. Dorfvorsteher u. and. Landleute. 6., verb. u. mit e. kurzen Anleit. zum richtigen Gebr. d. Genitiv's, Dativ's u. Accusativ's, so wie mit Aufgn. u. Materialien zu Briefen verm. Aufl. 8. (11 B.) Magdeburg 830, Heinrichshofen.

— kleiner Briefsteller f. Mädchenschulen. 8. Magdeb. 807. Heinrichshofen. 6 gr 2e A. 832. Ebd. 8 gr

— Kleiner Briefsteller für Mädchenschulen. 2., umgearb., verm. ... Ausg. — Magdeburg: Heinrichshofen 1832. 194 S. 8° 1: Yb 2882.
13.4706

[—] Das Buch für Schüler oder Leitfaden für Schüler in Bürgerschulen bei dem Unterrichte in d. Naturlehre, Chemie, Astronomie. — Leipzig: Barth 1822. VIII,227 S. 8° 207.
13.4707

— Entwürfe und Materialien zu schriftlichen Aufsätzen ... in 3 Abtheilungen ... auf Vorlegeblättern. — Magdeburg: Heinrichshofen 1821. VIII S.,211 gez. Bl. quer-8° 207.
13.4708

— Entwürfe und gesammelte Materialien zu Katechisationen über die Lehren und Wahrheiten der christlichen Religion. Ein Hand- u. Hülfsbuch für Lehrer. Th. 1-3. — Berlin: Dümmler 1824-25. 8°
1 [∞ 1]: Eo 3432. 18 [∞ 2.3]. 27. 29. 123.
13.4709

—— Entwürfe u. gesammel. Materialien zu Katechisationen üb. d. Lehren u. Wahrheiten d. christl. Religion. Ein Hand- u. Hülfsb. f. Lehrer, die d. Religionsunterr. in Schulen zu ertheilen haben u. sich auf dens. vorbereiten wollen. 3 Thle. 2., verb. u. verm. Ausg. gr. 8. Berlin, Dümmler.
Thl. 1. Die christl. Glaubenslehren. (11 B.) 836. 12 Gr.
» 2. Die Pflichten geg. Gott, geg. uns selbst u. geg. den Nächsten im Allgemeinen. (11½ B.) 837. 12 Gr.
» 3. Die gegenseit. gesell. Pflichten, die Lehren v. d. Sünde, d. Besserung, d. Gebete, d. öffentl. Gottesverehrung, d. Taufe, d. Abendmahle u. d. Beichte enthalt. Mit e. Anh., ausgesuchte Liederverse zu allen Religionslehren in d. 3 Thln. dies. Buches enthalt. (12¼ B.) 838. 14 Gr.

— sonntägl. Erbauungsstunden f. Schulkinder. 1r Thl. 8. Magdeb. 805. Heinrichshofen. 12 gr

— Sonntägliche Erbauungsstunden für Schulkinder. Bdch. 1. — Magdeburg: Keil 1805. 198 S. 8°
1: an Eo 10060.
13.4711

Baumgarten, Johann Christoph Friedrich, s. Hand- u. Hülfsbuch f. Verkäufer.

— Kleines Handbuch für Lehrer in Volksschulen bei den Uebungen der Schüler im Bibelaufschlagen. — Magdeburg: Heinrichshofen 1810. 61 S. 8° 24.
13.4712

—— Handbuch f. Lehrer, welche zu gleicher Zeit 2 od. 3 Schülerabthln. nach verschied. Abstufungen im Kopfrechnen üben wollen etc. 2 Thle. — 1. Thl. Aufgabn. für 2 Schülerabthln., 2. Thl. Aufgabn. für 3 Schülerabthln. (18¼ u. 15¼ B.) qu. 4. Quedlinburg 827, Basse. à 20 Gr.

Baumgarten, Joh. Chrstph. Friedr., theoret.-pract. Handbuch d. deutsch. Sprache u. d. Briefschreibens, z. Selbst-Unterr. — A. u. d. T.: Theoret.-prakt. Anleitung z. Briefschreiben f. Diejen., welche durch e. faßl. u. gründl. Belehr., aber auch durch eigene Lösung mitgetheilter zweckmäß. Uebungs-Aufgaben, alle Arten v. Briefen nach d. Regeln d. Orthographie, d. Sprach-, Satz- u. Wortfolge-Lehre, richtig u. gut abfassen lernen wollen. gr. 12. (16½ B.) Leipzig 840, Schuberth u. Comp. Thlr.

— Handbuch f. Volksschullehrer, welche die neuesten u. zweckmäß. Lehrmethoden kennen lernen wollen. 1r Theil. — A. u. d. T.: Anleitg. im Lesen, Schreiben, Rechnen u. Singen zu unterrichten, u. im Denken zu üben. 2e Aufl. Mit 1 Steintaf. 8. Quedlinburg 826, Basse.

[—] Handbuch für Volksschullehrer, welche die neuesten und zweckmäßigsten Lehrmethoden kennen lernen wollen. Th. 2.3. — Quedlinburg [usw.]: Basse 1826–28. 8°
2. [Baumgarten:] Neueste u. zweckmäßigste Anleitung zum Unterrichte im praktischen Kopfrechnen, in der Orthographie, in der Sprachlehre. 1826.
3. [Baumgarten:] Neueste u. zweckmäßigste Anleitung zum Unterrichte in der Religion. 1828.
Die Besitzvermerke sind nur bei d. Stücktiteln angegeben.
13.4714

[—] — 2., berichtigte u. verm. Aufl. Th. 1. Ebd. 1826. XVI,168 S. 8°
1. [Baumgarten:] Neueste u. zweckmäßigste Anleitung im Lesen, Schreiben, Rechnen u. Singen zu unterrichten.
1: Ne 14204-1. 2. 46. 102. 207.
13.4715

— Handbuch nützlicher Wirthschafts- und Berufskenntnisse für junge Frauenzimmer. Th. 1–3. — Leipzig: Barth 1811–12. 8°
3. Handbuch für erwachsene Frauenzimmer über d. Verhältnisse u. Obliegenheiten d. Ehegattin, Mutter u. Erzieherin. 1812.
15.
13.4716

[—] Handwörterbuch für Volksschullehrer. Oder Belehrungen über Erziehung u. Unterricht. Th. 1.2. — Quedlinburg [usw.]: Basse 1828. 8° 1: Nc 9048. 23. 24. 46. 102.
Dass. s.a.: Handwörterbuch für Volksschullehrer.
13.4717

[—] Wilhelm Herzmann, Cantor zu Silbersdorf. Ein Beitrag zur richtigern Kenntniß u. Würdigung d. Landschullehrerstandes. — Köthen: Aue 1800. 250 S. 8° 18.
13.4718

—— 2. Aufl. Ebd. 1805. 250 S. 8° 60.
13.4719

— Ein Hülfsbuch für junge Handwerker, Lehrlinge und Gesellen, welche sich selbst ... im Rechnen, im Recht- und Briefschreiben, sowie in Anfertigung von Quittungen, Anzeigen ... u. dgl. m. unterrichten u. darin üben wollen. Leipzig: Kollmann 1841. VI,182 S. 8° 207.
13.4720

Baumgarten, J. C. F., ein Hülfsbuch für junge Handwerker, Lehrlinge u. Gesellen, welche sich selbst, ohne Lehrer, auf eine leichtfaßliche Weise im Rechnen, im Recht- u. Briefschreiben, sowie in Anfertigung von Quittungen, Anzeigen, Attestaten, Schuldscheinen, Rechnungen über gefertigte Arbeiten u. dgl. m. unterrichten u. darin üben wollen. 2. (Titel-) Aufl. Leipzig (841) 858. Kollmann. 8. (VI, 242 S.) 15 ngr

Baumgarten, Ioan[nes] Christoph[orus] Fridericus: *De Hyperide oratore Attico. 69 [vielmehr: 67] S. 4°
Halle-Wittenberg, Phil. Diss. v. 12. Juni 1830
Geb. [Magdeburg 20. 12. 1805]

— Katechesen mit Schülern der untersten Klasse einer Elementarschule über kleine Sittensprüche und moralische Erzählungen. 8. Leipzig 842, Lauffer. ⅓ th

Baumgarten, J. C. F., Katechisirkunst, e. Handb. f. Anfäng. u. Ungeübte in derselb. 3 Thle. 8, Ebend. 801 bis 806.

— Die Katechisirkunst. Ein Handbuch für Anfänger. Neue, umgearb. u. verb. Ausg. Th. 1.2. — Köthen (2: Cöthen): Aue 1822–26. 8° 20[=2]. 111.
13.4722
Dass. s.a.: Katechisirkunst.

— Kopfrechenbuch zum Gebrauche des Lehrers bey den Uebungen der ersten Anfänger. — Berlin: Hitzig 1812. 114 S. 8° 1: Oc 2277. 24.
13.4723

—— 2., verm. u. verb. Ausg. Berlin: Dümmler 1823. IV, 182 S. 8° 1: Oc 2277[a].
13.4724

— Kopfrechnenbuch zum Gebr. d. Lehrers bei d. Unterricht f. geübtere Schüler. 8. Berl. 827. Dümmler. 16 gr

—— 3., durchges. u. verm. Ausg. Ebd. 1833. IV,210 S. 8° 1: Oc 2277[a]. 207.
13.4725

— Kopfrechenexempel ... Ein Hülfsbuch für Schullehrer. — Quedlinburg [usw.]: Basse 1826. IV,137 S. 8° 1: Oc 2571. 79. 204.
13.4726

— Lehr- und Lesebuch für Töchterschulen. 2., berichtigte u. verm. Ausg. — Berlin: Dümmler 1826. XVI,294 S. 8° 1: Ng 1164.
13.4727

— Lehr- u. Lesebuch f. Töchterschulen. 2e bericht. u. verm. Ausg. 8. Berl. 826. Dümmler. 12 gr
(Die 1e Aufl. erschien 810 mit F. P. Wilmsens Namen).

—— Lehr- u. Uebungsbuch f. die, welche sich ohne Lehrer mit d. Hauptregeln d. deutschen Sprache bekannt machen, u. in d. Gebr. ders. so üben wollen, daß sie sich mündl. u. schriftl. sprachlehr-richtig ausdrücken lernen. Ein Seitenstück zu d. Lehr- u. Uebungsbuche im Rechtschreiben. 8. (11½ B.) Leipzig, 835, Barth.

—— Lehr- u. Uebungsbuch f. Diejenigen, welche sich selbst, ohne Lehrer, im Rechtschreiben (in d. Orthographie) unterr. u. üben wollen. 8. (8 B.) Leipzig 828, Barth.

Baumgarten, Jh. Cph. Fr., Lehr- u. Uebungsbuch für Diejenigen, welche sich selbst ohne Lehrer im Rechtschreiben (in d. Orthographie) unterrichten wollen. 8. Leipz. 829. Barth. 9 gr

Baumgarten, Johann Christoph Friedrich, s. Lektions- u. Übungstabellen.

— Liedersammlung für Landschulen, mit einer Singstimme, zur Verbesser. u. Beförder. des ländl. Volksgesanges. 8. Leipz. 807. Barth. 6 gr.

— Morgen- (2: Abend-) Betrachtungen auf alle Tage im Jahre für die Jugend ... Mit e. Vorr. von Johann Georg Rosenmüller. Bd [1.] 2. — Leipzig: Hinrichs 1806–07. 8° 111.
13.4729

— — Bd [1.] 2. Ebd. 1807. 8° 33.
13.4730

— s. J. D. Pfannenbergs Magazin.

— Redesätze, welche solche Wörter enthalten, die in mehrfacher, in uneigentl., in bildl. u. in sprichwörtl. Bedeut. gebraucht werden. Ein Handb. f. Lehrer, welche ihre dazu befähigten Schüler mit solchen Wörtern so vertraut machen wollen, daß diese v. jenen nicht nur richtig verstanden werden, sond. sie auch selbst gebrauchen lernen. 2 Abthln. gr. 8. (17½ B.) Leipzig 839, Barth.

Baumgarten, Johann Christoph Friedrich: Die vorzüglichsten Regeln der Orthographie u. Materialien z. dictiren. Ein Handb. f. Lehrer in d. Orthographie-Lehr- u. Uebungsstunden.
Leipzig 1815
8°

— die vorzügl. Regeln d. Orthographie u. Materialien zum Diktiren. 8. Leipz. 816. 2e A. 820. 3e A. 828. Barth. 10½ gr.

— Die vorzüglichsten Regeln der Orthographie und Materialien zum Dictiren. Ein Handbuch für Lehrer. 2., verb. u. verm. Ausgabe. — Leipzig: Barth 1820. VI,161 S. 8° 22.
13.4731

— — 2., verb. u. verm. Ausg. Wien: Grund 1820. 159 S. 8° 207.
13.4732

Baumgarten, (J. C. F.,) die vorzügl. Regeln der Orthographie u. Materialien z. Dictiren. 3e Aufl. 8. Leipzig 827, Barth.

— — 3., verb. u. verm. Ausg. Leipzig: Barth 1828. VI, 158 S. 8° 207.
13.4733

— — 4., verb. u. verm. Ausg. Ebd. 1836. VI,162 S. 8° 46. 207.
13.4734

— Der erste Religionsunterricht für die jüngern Schulkinder, in Sprüchen moralischen und religiösen Inhalts, nebst Morgen-, Tisch- u. Abendgebeten etc. — Leipzig: Barth 1816. VI,194 S. 8° 1: Eo 10310. 10. 61.
13.4735

— Der zweite Religionsunterricht für Schulkinder in Bibelsprüchen und Liederversen und dazu passenden biblischen und moralischen Erzählungen. — Leipzig: Barth 1821. VI,218 S. 8° 1: an Eo 10310.
13.4736

— kurze Sätze, zur Einübung der wichtigsten Regeln d. deutsch. Sprachlehre durch's Dictiren; ein Seitenstück zu den vorzüglichsten Regeln d. Orthographie, u. ein Handbuch f. Lehrer. 8. Leipzig 821, Barth.

— Kurze Sätze, zur Einübung der wichtigsten Regeln der deutschen Sprachlehre durch's Dictiren ... Ein Handbuch für Lehrer. — Leipzig: Barth 1822. IV,96 S. 8° 17.
13.4737

Baumgarten, Jh. Cph. Fr., kurze Sätze, zur Einübung der wichtigsten Regeln d. deutschen Sprachlehre durch Dictiren. Ein Seitenstück zu den vorzügl. Regeln der Orthographie, u. e. Handbuch für Lehrer. 2e verm. u. verb. Ausg. 8. Leipzig 836. Barth. 7½ gr.

— Scherz und Ernst. Ein Buch, das Kindern Vergnügen macht ... Als Zugabe zu d. Aufgaben zu Denkübungen auf Vorlegeblättern. — Leipzig: Barth 1838. IV,232 S. 8° 47. 78. 207.
13.4739

— — orthograph. Schultabelle. Fol. Ebendas. 819.

— orthograph. Schultabelle. Fol. Leipz. 8e Aufl. 830. Barth. 3 gr.

— orthogr. Schultabelle. 9. Aufl. Fol. (1 B.) Leipzig 838, Barth.

Baumgarten, Johann Christoph Friedrich, s. Sprachlehre, kl. dt.

— Stoff zu angenehmen Denkübungen für die Jugend. 8. Quedlinb. 816. 2e Aufl. 826. Basse. 18 gr. 2e Samml. 8. Ebd. 827. 12 gr.

— Stoff zu angenehmen Denkübungen für die Jugend. Samml. [1.] 2. — Quedlinburg [usw.]: Basse 1826–28. 8°
[1.] 2., verm. Aufl. 1826. 2. 1828. 27.
13.4740

— Die Synonymen oder sinnverwandten Wörter in d. deutschen Sprache auf Vorlegeblättern, zum Gebrauche in Schulen. — Leipzig: Barth 1824. XIV S.,251 Bl. 8° 207.
13.4741

— Taschenwörterbuch für diejenigen, welche sich ... nicht bloß darüber belehren wollen: ob ein deutsches oder ein gebräuchliches Fremdwort im Genitive, Dative oder Accusative stehen ... müsse; sondern auch darüber: wie der Genitiv, Dativ oder Accusativ eines regierten Wortes lautet. — Halle: Kümmel 1832. VI,309 S. 8° 1: Ya 3201. 2.
13.4742

— Uebungsaufgaben f. d. Kopfrechnen, bei welchen ausschließl. nur d. neue gesetzmäß. Münzeintheilung d. Preuß. Thalers nach Silbergr. z. Grunde gelegt worden ist. Nebst ein. kurz. Anleit. z. leicht., schnell. u. richtig. Auflös. dies. Aufgaben. 8. (7 B.) Quedlinburg 830, Basse.

— Uebungsaufgaben u. Materialien zu Briefen, auf Vorlegeblättern. qu. 8. Magdeb. 815. 2e A. 819. Heinrichshofen. 1 ℛ︎ß

— Uebungsaufgaben und Materialien zu Briefen, auf Vorlegeblättern. 2., verb. u. verm. Ausg. — Magdeburg: Heinrichshofen 1819. 188 Bl. quer-8° 27.
13.4743

— Uebungsaufgaben u. Materialien zu Briefen, auf Vorlegeblättern; zunächst f. Schulen, aber auch f. Diejen. brauchbar, welche sich nach zurückgelegten Schuljahren im Briefschreiben fortüben wollen. 3., verb. u. verm. Ausg. qu. 8. (20½ B.) Magdeburg 837, Heinrichshofen.

Baumgarten, Johann Christoph Friedrich, s.a. Unterhaltungen, lehrreiche u. angen. f. Mädchen.

— lehrreiche u. angenehme Unterhaltungen f. Mädchen in Näh-, Strick- u. Industrieschulen u. während d. Handarb. 2 Thle. 8. Cöthen, Aue. 806. (I. 12 gr., II. 16 gr.)

— Verdeutschungs-Vorlegeblätter, um die in der deutschen Sprache am häufigsten vorkomm. Wörter aus fremden Sprachen verstehen. u. statt derselben deutsche Ausdrücke brauchen zu lernen. qu. 8. Berl. 812. (Dümmler). 20 gr.
Dass. Berl.: Hitzig 1812.

— Orthographische Vorlegeblätter und Uebungsstücke. Ein Hülfsmittel zur Erleichterung und Beförderung des Unterrichts. — Leipzig: Barth 1807. VI S.,123 Bl. quer-8° 60.
13.4744

— orthograph. Vorlegeblätter, z. Erleicht. d. Rechtschreib. f. Volksschul. 8. Leipz. Barth. 810.

— — 3., verm. u. verb. Ausg. Ebd. 1813. IX S., 130 Bl. quer-8° 27.
13.4745

— — 3., verm. u. verb. Ausg. Reutlingen: Mäcken 1814. X S., 129 Bl. quer-8° 24. 307. 308.
13.4746

— — 4., umgearb. u. verm. Ausg. Leipzig: Barth 1815. X S., 218 Bl. quer-8° 47.
13.4747

— — 5., durchges., verm. u. verb. Ausg. Ebd. 1818. X S., 222 Bl. quer-8° 17.
13.4748

— orthographische Vorlegeblätter u. Uebungsstücke. 7e verb. Ausg. quer 8. Leipzig 825, Barth.

—— orthographische Vorlegeblätter u. Uebungsstücke. Ein Hülfsmittel z. Erleicht. u. Beförderung d. Unterr. in d. Rechtschreib. u. d. Gebr. d. Genit., Dat. u. Accus.; nicht blos f. Volksschulen in Städten u. Dörfern, sond. auch f. d. untern Klass. höh. Schulen brauchbar. 8., verm. Ausg. qu. 8. (32¼ B. u. 1 orthogr. Schul-Tab. in 2 Fol.-B.) Leipzig 830, Barth.
Die Tabelle apart 8 Gr.

— orthograph. Vorlegeblätter u. Uebungsstücke. 9e, zum Theil umgearb., richtiger geordnete u. verm. Ausg. 36 B., wovon 35 nur auf einer Seite bedruckt sind u. 1 Tab. auf 2 B. qu. 8. Leipzig 838. Barth. 1 ꝛß

Baumgarten, Joh. Chrstph. Friedr., orthographische Vorlegeblätter und Uebungsstücke. 10., großentheils umgearb. und verb. Aufl. qu. 8. (38 Bog.) Leipzig 843, Barth.

— Vorlegeblätter zu Rechenübungen in fortschreitender Ordnung vom Leichtern zum Schwerern ... Nach d. neuesten Königl. Württembergischen Maaß-Ordnung umgearb. von J. Hägelin. — Reutlingen: Mäcken 1816. 134 S. 8° 24.
13.4750

— Vorlegeblätter zu Rechnenübungen, in fortschreit. Ordnung vom Leichten zum Schweren. 8. Leipz. 81.. 2e A. 819. 3e A. 824. Barth. 21 gl Anh. zu obigen Aufgaben mit Preuß. Thalern, Silbergroschen u. Pfennigen enthalt. qu. 8. Leipz. 822. Barth.. 2 gl

— — Vorlegeblätter zu Rechenübungen in fortschreit. Ordnung vom Leichtern zum Schwerern. 2te verb. Aufl. 8. Ebendas. 820.

— Vorlegeblätter zu Rechenübungen, in fortschreit. Ordnung vom Leichten zum Schweren. 3te genau durchges. u. verm. Ausg. 8. Leipzig 824, Barth.

—— Vorlegeblätter zu Rechenübn., in fortschreit. Ordnung vom Leichtern zum Schwerern, für Land- u. Bürgerschulen. Nebst d. dazu gehör. Auflösung d. Aufgaben, ein. kurzen Anleit. z. Berechn. ders., u. ein. Schul-Tab., welche das Ein mal Eins u. d. gewöhnl. Münz-, Gewicht- u. Maaß-Arten enthält. Neue Ausg. f. Schulen d. Preuß. Staates, in welcher ausschließl. nur die neue gesetzmäß. Münzeintheil. d. Preuß. Thlrs.. zu 30 Silbergr. z. Grunde gelegt worden ist. 8. (1 B. u. 15 nur auf einer Seite bedr. B. in qu. 8.) Leipzig 833, Barth.

—— Vorlegeblätter zu Rechnenübungen in fortschreit. Ordn. v. Leichteren z. Schwereren f. Land- u. Bürgerschulen. Nebst Auflös. d. Aufgaben rc. 4., genau durchges., mehr geord., verb., verm. u. abermals mit Aufgaben, welche preuß. Thaler u. Silbergroschen, Gulden u. Kreuzer rc. benennen, verseh. Ausg. 8. (23½ B. u. 1 Tab.) Leipzig 840, Barth.

— Vorlegeblätter zur Uebung im richtigen Gebrauche des Genitivs, Dativs und Accusativs. — Magdeburg: Heinrichshofen 1818. Getr. Pag. quer-8° 78.
13.4751

— Vorlegeblätter zur Uebung d. Kopfrechnens. qu. 8. Magdeb. 820. Heinrichshofen. 22 gl

— Vorlegeblätter, um die gewöhnlichsten deutschen Sprachfehler kennen und vermeiden zu lernen, nebst den dabei zu beobachtenden Regeln d. deutschen Sprachlehre. — Leipzig: Barth 1817. Getr. Pag. quer-8° 17.
13.4752

— — Vorlegebl., um die gewöhnlichsten deutschen Sprachfehler kennen und vermeiden zu lernen, nebst den dabei zu beobacht. Regeln d. deutschen Sprachlehre u. d. Verbess. der auf den Vorlegeblättern befindl. Fehler. 5te Aufl. qu. 8. Leipzig, Barth. 821. Rthlr.

— Die Vorschule im elterlichen Hause, oder Hand- und Hülfsbuch für Väter u. Mütter, welche ihre Kinder ... im Aufmerken ... üben ... u. für d. Unterricht in d. öffentlichen Schule vorbereiten wollen. — Neustadt a. d. O.: Wagner 1832. VIII, 200 S. 8° 32. 207.
13.4753

— Einige Vortheile und Erleichterungen beim Kopfrechnen mit ungebrochenen Zahlen, nebst einer großen Menge berechneter Uebungsaufgaben. — Leipzig: Barth 1815. IV, 210 S. 8° 207.
13.4754

— Vorübungen zu schriftl. Aufsätzen u. Aufgaben zu Stylübungen. qu. 8. Leipz. 807. 6e A. 831. Barth. 1 ꝛß 3 gl

— Vorübungen zu schriftl. Aufsätzen, Aufgaben u. Stylübungen in Vorlegebl. z. Schul- u. Privatgebr. 4. Ebend. 811.

— Vorübungen zu schriftlichen Aufsätzen und Aufgaben zu Stylübungen ... auf Vorlegeblättern ... nebst einem Hand- und Hülfsbuche für Lehrer und Eltern, welches d. Auflösung d. auf d. Vorübungs-Vorlegeblättern befindlichen Aufgaben ... enthält. 3., verm. u. verb. Ausg. — Leipzig: Barth 1814. Getr. Pag. quer-8° 47.
13.4755

— — 3., verm. u. verb. Ausg. Reutlingen: Mäcken 1815. Getr. Pag. quer-8° 24. 307.
13.4756

— — 4., durchges. Ausg. Leipzig: Barth 1817. XVI S., 232 Bl., 47 S. quer-8° 17.
13.4757

Baumgarten, Johann Christoph Friedrich: Vorübungen zu schriftl. Aufsätzen u. Aufgaben zu Stylübungen.
Leipzig: Barth 1823
5. Ausg, quer, 8°

— — 5., verm. u. verb. Ausg. Ebd. 1824. XVI S., 267 Bl. quer-8° 32.
13.4758

— — 6., verm. u. verb. Ausg. Stuttgart: Macklot 1826. 56 S. 8°
Beide Exemplare enthalten nur die Auflösungen. 24. 123.
13.4760

—— Vorübungen zu schriftl. Aufsn. u. Aufgn. zu Stylübn., in fortschreit. Stufenfolge v. Leichtern z. Schwer., z. Schul- u. Privatgebr. rc. 6., verm. Ausg. qu. 8. (58 B. u. 2 B. in 8.) Leipzig 831, Barth.

Baumgarten, Johann Karl Friedrich: Rückblicke in die Vergangenheit und Angabe des Mittels zur steten Bewahrung des frommen Andenkens an unsere in Luckau entschlafenen geliebten Vorfahren und Angehörigen. Eine alterthümlich historische Schrift. — Berlin 1844: Petsch. IV, 79 S. 8° 101.
13.4761

— Vita Joannis Guilielmi Leberecht Passerini. 1837 s. *Baumgarten*, Johann Christian Gottlob.

Baumgarten, Io(annes) Valentinus: De induratione textus cellulosi neonatorum. Halae (1821): Grunert. 32 S. 8°
Halle-Wittenberg, Med. Diss., nachgeliefert von dem am 5. Sept. 1821 auf Thesen promovierten Verf.
Geb. Aschersleben 6. 8. 1798. V.

Baumgarten, Johannes, s. B a u m g a r t e n , Johann

Baumgarten, Josef Gotthard

Baumgarten, Jos. Gtthrd., (+ d. 16. Sept. 1816.) Saxonia aurea, oder histor., geneal., chronol., kritisches Verzeichniß aller sicher bekannten, runden u. viereckigen Goldmünzen der Albert. Hauptlinie des uralten Sächs. Hauses. (Herausg. v. K. F. W. Erbstein). Mit 1 Kpf. gr. 8. Dresd. 811. (Walther). 1 ₰ 8 ⁄

Baumgarten, Josef Gotthard: Historisch-genealogisch chronologisch-kritisches Verzeichniß aller bekannten ducatenförmigen Goldmünzen der albertinischen Hauptlinie des uralten sächsischen Hauses. [Nebst] Erg. — Dresden: Walther 1812-16 (Erg.: Dresden 1816: Ramming). 8°
Vollst. . . . . 14. 24.
[∞ Erg.] . . . 1:Pm 1068. 3. 12:Num. rec. 6g. 15. 19. 20. 27. 32. 78. 117. 302.
13.4765

Baumgarten, Isidor: Die Lehre vom Versuche der Verbrechen. Criminalistische Studie. — Stuttgart: Enke 1888. 471 S. 8° 1:Fv 1960. 2→11. 12:Crim. 10kp. 16. 19. 20. 21. 24. 25. 26. 28. 29. 30. 48. 203. 208. 302.
13.4766

Baumgarten, Julius. Messias. Schauspiel. Wissen nicht Glauben. Philosophische Betrachtung. New York, 1904. UC

Baumgarten, Karl: Ein ideales deut. Wahlrecht. (26 m. Fig.) 8° Berl., H Klokow '11. — 50

Baumgarten, Leo., die österreichische Sozialversicherung, dargestellt f. Arbeitgeber. 1. Tl.: Allgemeiner Teil. Krankenversicherung. (76 S.) 8. Wien (XIII/1, Maxingstr. 2), 907. Verlag der „Arbeit". 1.—

Baumgarten, Leo: Die österreichische Sozialversicherung dargestellt für Arbeitgeber. T. 1. — Wien: Verl. d. 'Arbeit' 1909. 74 S. 8°
1. Allgemeiner Teil. Krankenversicherung.
300:469.442-B. 302. 304.
13.4770

Baumgarten, Lili v., Ikariden. (78 S. m. Abbildgn.) 8. Straßburg 907. J. Singer. Geb. n. 3. —

— Märchen. — Straßburg: Singer 1906. 115 S. 8°
17. 30. 44.
13.4772

Baumgarten, Louis, der diätetische [Schrothsche] Arzt. Ein Rathgeber zur Verhütung sowie zur raschen u. sichern Heilung aller Krankheiten vermittelst richtiger Leitung der Naturheilkraft, u. ein Wegweiser zur richtigen Erziehung der Kinder. Berlin 869. Voss. gr. 8. (VII. 116 S.) 15 *ngr.*

Baumgarten, L., und Paul Kadner, die diätetische Heillehre in ihrer praktischen Anwendung, s. Kadner, Paul.

Baumgarten, Ludwig v.: Freie Betrachtungen über Natur und Wesen der Lichtsubstanz. — Regensburg: Selbstverl. 1896. 52 S. 8° 12:Math. A. 16 et. 19.
13.4774

Baumgarten, L. v., freie Betrachtungen üb. Natur u. Wesen d. Lichtsubstanz. gr. 8. (53 S.) Regensburg 896. (H. Bauhof.) n.n. 1.—

— **Lud. Christian** (Neuburg/Hoya), De recto calefacientium in morbis usu. Diss. med. Präs. Jo. Gottfr. Brendel. Göttingen (Hager) 12. IX. 1752. 36 S. (5.—) 1448
Gew.: Aug. Joh. v. Hugo, Jo. Sam. v. Berger, Paul Gottl. Werlhoff. — Widm. v.: C. L. Gelpcke (Osterode).

Baumgarten, M., s. B a u m g a r t e n , Michael

Baumgarten, Mathilde v., geb. v. Wolff, Herzensklänge. Gedichte. Hrsg. v. allen Kindern u. Großkindern. (237 u. VII S. m. Bildnis.) 8. Petersburg 903. (Reval, Kluge & Ströhm.) n. 4. —

Baumgarten, Mathilde v.: Herzensklänge. Gedichte. — Petersburg 1903: (Lašinskij). 237, VI S. 8° 1:Yo 29012.
13.4776

Baumgarten, Max v.: Ererbt und erworben. Eine Studie. Wien: Seidel 1881. 19 S. 8° 300:50.842-B. 302.
13.4777

Baumgarten, Max v., Schulwandkarte des Herzogthums Bukowina. 1:115,200. 4 Bl. Chromolithogr. Imp.-Fol. Wien 877, Hölzel. * *M* 8.; auf Leinw. in Mappe *

Baumgarten, M. v., kritischer Versuch üb. e. Maass f. Schall-Intensitäten. gr. 8. (15 S.) Wien 886. Toufon. n. — 60

v. Baumgarten, Mar. Siegm., (Thl. I. S. 164) s. richtiger unter v. Paumgarten.

Baumgarten, Mendel s. *Baumgarten*, Emanuel.

Baumgarten, Michael

Baumgarten, Michael s. *Aktenstuecke.* — Actenstücke, die Amtsentlassung des Professor der Theologie Dr. Baumgarten in Rostock betreffend. 1858.

Baumgarten, M, an m. ehem. holstein. Amtsbrüder. 8. (16) Rost. 63, Kuhn. — 3

— An meine ehemaligen holsteinischen Amtsbrüder. — Rostock: Leopold 1863. 15 S. 8° 7. 8. 18. 28. 33. 109.
13.4779

— An die Freunde aus dem Gefängniß. — Berlin: Springer 1862. 40 S. 8°
4. 7. 8. 11. 12:H. ref. 17 qk. 18. 26. 28. 33. 45. 48.
13.4780

— s. *Angelegenheit*, Zu der Baumgartenschen. 1858.

Baumgarten, M., Anti-Kliefoth, s. Zeit- und Streit-Fragen, deutsche.

— Anti-Kliefoth oder die gefährlichste Reichsfeindschaft an einem Beispiel aufgezeigt. — Berlin: Lüderitz 1874. 46 S. 8° (Deutsche Zeit- u. Streit-Fragen. Jg. 3. H. 42.)
1:in Ag 9122-3. 2. 3. 5. 7. 8. 9. 11. 12:Var. 392 d-3,42. 14. 17→21. 23. 24. 26. 28. 30. 31. 33. 34. 35. 38. 39. 41. 43. 45. 47. 61. 62. 82. 93. 106. 111. 203. 205. 208. 211. 300:406.065-B. 3,42. 302. 303. 305.
13.4781

— Protestantische Antwort an Herrn Peter Reichensperger. Berlin: Heymann 1876. 89 S. 8°
1:Fq 9642. 5. 7. 12:J. publ. G. 43 d. 15. 17. 19. 21. 27. 28. 30. 33. 38. 41. 47. 51. 52. 64. 203.
13.4782

Baumgarten, M., die Apostelgeschichte oder der Entwickelungsgang der Kirche von Jerusalem bis Rom. Ein biblisch-histor. Versuch. 2 Thle. gr. 8. Halle 852. [Braunschweig,] Schwetschke und Sohn.
Inhalt:
Thl. 1. Von Jerusalem bis Antiochia. (VI und 308 S.) 1 Thlr. 18 Ngr.
„ 2. Abthl. 1. Von Antiochia bis Korinth. (III und 342 S.) 1 Thlr. 21 Ngr.
„ 2. „ 2. Von Korinth bis Rom. (III und 525 S.) 2 Thlr. 12 Ngr.

Baumgarten, M., die Apostelgeschichte, oder der Entwickelungsgang der Kirche von Jerusalem bis Rom. Ein biblisch-histor. Versuch. 2., verb. Aufl. 2 Bde. gr. 8. Braunschweig 859, Schwetschke und Sohn.
Inhalt:
Bd. 1. Von Jerusalem bis Korinth. (XXIV und 630 S.) 3 Thlr. 9 Ngr.
2. Von Korinth bis Rom. (III und 504 S.) 3 Thlr. 12 Ngr.

— Unsere Aufgaben in den religiösen Bewegungen der Gegenwart. — Berlin 1875: Haack. 20 S. 8° 17. 47. 123. 203.
13.4785

Baumgarten, Professor Dr. theol. Michael. Ein aus 45jähr. Erfahrg. geschöpfter biograph. Beitrag zur Kirchenfrage. Aus handschriftl. Nachlaß hrsg. v. H. H. Studt. 2 Bde. gr. 8. (X, 335; III, 277 S. m. Lichtdr.-Bildern.) Kiel 891, [Homann] Eckardt. * 10 —

Baumgarten, Professor Dr. theol. Michael. E. aus 45jähr. Erfahrg. geschöpfter biograph. Beitrag z. Kirchenfrage. Als handschriftl. Nachlaß hrsg. v. H. H. Studt. 2. Taus. Neue wohlf. [Titel-]Ausg. 2 Bde. gr. 8. (X, 335 u. III, 277 S. m. Bildnis.) Kiel [891] 898. M. Liebscher. Geb. in Leinw. n. 6. 50

Baumgarten, Prof. Dr. theol. Michael. Ein aus 45jähr. Erfahrg geschöpfter biograph. Beitr. z. Kirchenfrage. Als handschrifl. Nachlass hrsg. v. HH Studt. 2. Taus. Neue wohlf. [Tit.-]Asg. 2 Bde. 8° (335 u. 277 m. Bildnis.) Kiel [91] 98. Siegen, Westdeut. Verl.-Anst. Geb. in L. 6.50

—— das neueste Blatt mecklenburgischer Kirchengeschichte oder die Ankündigung einer Appellation an den deutschen Reichstag. 8. (VII, 60 S.) Rostock 871, Kuhn. [Werther's Verlag.]

—— d. schlesw.-holstein. Burg. 8. (16) Rost. 64, Kuhn. — 3

— Die schleswig-holsteinische Burg. Predigt. — Rostock: Leopold 1864. 16 S. 8° 1:So 4019. 7. 8. 18. 28. 29. 33. 48.
13.4789

— Stöckers gefälschtes Christenthum. — Berlin: Stuhr 1881. 33 S. 8°
1:15 in Dm 202. 4. 11. 19. 21. 28. 33. 38. 47. 169. 203.
13.4790

—— David d. König ohne Gleichen. 8. (191) Berl. 61, Springer's V. 1. —

— David der König ohne gleichen. 4 Vorträge. — Berlin: Springer 1862. XIII,191 S. 8°
1:Bn 2180. 8. 12:B. hist. 10xh. 15. 26. 27. 28. 33. 48.
13.4791

— Ein Denkmal für Claus Harms. — Braunschweig: Schwetschke 1855. 70 S. 8°
1:Au 7842. 3. 7. 8. 12:Biogr. 1283–17. 15. 18. 19. 21. 23. 27. 28. 29. 33. 44. 48. 109.
13.4793

— Doctrina Jesu Christi de lege Mosaica ex Oratione montana hausta et exposita. — Berolini: Oehmigke [1833]. 78 S. 8° 4. 8. 28.
13.4794

— — Ebd. 1838. 78 S. 8° 1:Bs 1255*. 7. 15. 18. 43. 302.
13.4795

— Die Aechtheit [Echtheit] der Pastoralbriefe, mit bes. Rücks. auf den neuesten Angriff des Herrn Dr. Baur. — Berlin: Oehmigke 1837. IV,264 S. 8°
1:Bt 9958. 2→5. 7. 8. 9. 12:Exeg. 83 s. 15. 16. 18. 20. 24. 26→29. 42. 48. 52.
13.4796

—— meine Entlassung aus der theologischen Prüfungscommission. Ein urkundlicher Beitrag zur Charakteristik der kirchlichen Gegenwart. gr. 8. (43 S.) Braunschweig 850(57,) Schwetschke und Sohn.

— Meine Entlassung aus der theologischen Prüfungscommission. — Braunschweig: Schwetschke 1857. 43 S. 8°
1:Dn 5742. 4. 8. 18. 19. 23. 28. 29. 33. 34. 42. 48.
13.4797

— Festpredigt für die Jahresfeier des Hauptvereins der Gustav-Adolph-Stiftung im Herzogthum Meiningen, gehalten in Pößneck am 28. Juli 1869. Pößneck, Latendorf. gr. 8. (15 S.) 3 ngr

Baumgarten, Michael, Theol. Lic et phil. Dr.: De fide libri Estherae Part. 1. Halae (1839): Ploetz. 48 S. 8°

Halle-Wittenberg, Theol. Hab.-Schr. v. 2. März 1839

Geb. [Haseldorf (holstein. Elbmarsch) 25. 3. 1812]

Ersch. vollst. u. d. T.: De fide libri Estherae commentatio historicocritica. Halae. Anton 1839. VI, 151 S. —

Verf. trat nach wenigen Tagen wegen des beharrlichen Widerstands bei seiner Disputation von der Habilitation zurück. Vgl. Die hallische Disputation vom 2. März und die Hengstenberg'sche Propaganda, in: Hallische Jahrbucher fur deutsche Wissenschaft und Kunst, Jg. 2. Nr. 73, Leipzig 28. 3. 1839 S. 593—600, sowie Thilo und Gesenius, Erklarung, in: ALZ. 1839, V, Int.-Bl S 257/59.

— Der dunkle Fleck in der Lutherfeier zu Rostock. — Rostock [usw.]: Hinstorff 1883. 31 S. 8°
1:Dn 9112. 4. 7. 12:Biogr. 676gk–71. 14. 28. 33.
13.4799

Baumgarten, Mich., die verbotene Fürbitte und die schleswigschen Prediger und Gemeinden. gr. 8. (72 S.) Schleswig 840, Bruhn. *

— Gedenkblatt für die Rostocker Gemeinde. Zur Erinnerung an den Abend des 8. Sept. 1862. — Berlin: Springer 1862. 13 S. 8° 7. 8. 11. 12:Hom. 2060h. 26. 28. 33.
13.4801

— Die kirchliche Gegenwart in dem Lichte des tridentinischen Concils. Vortrag. — Berlin: Henschel 1870. VI, 31 S. 8° (Protestantische Vorträge. 1,4.)
1:Bd 6840–1,4. 11. 15. 17. 26. 27. 28. 30. 41. 109.
13.4802

— Die Geschichte Jesu ... in ... Vorträgen dargestellt. Braunschweig: Schwetschke 1859. VI,445 S. 8°
1:Bq 1401. 7→10. 12:B. hist. 10xd. 16. 18→21. 23. 27. 28. 29. 33. 43. 48. 61. 300:73.943–C.
13.4803

— Die Gewissensfrage der schleswigschen Beamten. — Schleswig: Bruhn 1849. 26 S. 8°
1:7 in So 2770 [u.] Deutsche Flugschr. 1849–109. 4. 5. 7. 8. 9. 18. 22. 25. 106. 109. 203.
13.4805

—— der Glaube und die Gewissensfreiheit. Ein Vortrag, gehalten in der Tonhalle zu Hamburg am 31. Jan. 1859. 1. und 2. Abdr. gr. 8. (19 S.) Hamburg 859, Nolte und Köhler. *

— Herr Generalsuperintendent Dr. W. Hoffmann in Berlin vor den Richterstuhl der deutschen Christenheit gestellt. Berlin 869. G. Reimer. gr. 8. (51 S.) n. 5 ngr

—— dass. — Fortsetzung. gr. 8. (80 S.) Ebendas. 870.

— der kirchliche Kampf in Mecklenburg nach seiner Eigenthümlichkeit und Bedeutung. Sendschreiben an Hrn. Lic. der Theologie H. Krause, Herausgeber der protestant. Kirchenzeitung. Berlin 862. J. Springer. gr. 8. (53 S.) n. 8 ngr

— Mein kirchlicher Kampf in Mecklenburg. Eine Belehrung für d. christlichen Gemeinden. — Kiel: C. Schröder 1865. 54 S. 8° 4. 7. 12:H. ref. 17qm. 18. 48.
13.4810

— Der Kampf um das Reichscivilstandsgesetz in der deutschen protestantischen Kirche. — Berlin: Habel 1876. 56 S. 8° (Deutsche Zeit- u. Streit-Fragen. Jg. 5. H. 75.)
1:in Ag 9122–5. 2→5. 7. 8. 9. 11. 12: Var. 392d–75. 14. 15. 17→21. 23. 24. 26. 28→31. 33→36. 38. 39. 41. 45. 47. 61. 62. 82. 93. 106. 203. 205. 208. 211. 300:406.065–B. 5,75. 302. 305.
13.4811

—— ein rückständiges Capitel für die mecklenburgische Reichstagsdebatte. Offenes Sendschreiben an Herrn Prof. H. v. Treitschke. 8. (57 S.) Rostock 872, Kuhn. [Werther's Verlag.]

— Luthers Kirche der Zukunft. Vortrag. — Rostock [usw.]: Hinstorff 1883. 30 S. 8° 1:3 in Cn 7755–A/C. 14. 27. 28.
13.4813

— die Kirche der Zukunft. Predigt für den siebenten deutschen Protestantentag am 18. Aug. 1878 in der Nikolaikirche zu Leipzig gehalten. gr. 8. (14 S.) Leipzig 878, Barth.

Baumgarten, Mich., theolog. Commentar zum Alten Testament. 1. Thl.: Allgem. Einleit.; Pentateuch. 2 Hlftn. gr. 8. Kiel, Universität-Buchh. *
Hlfte. 1. Einleitung, Genesis, Exodus. Cap. 1—19. (30 B.) 843. * 2 Thlr. 20 Ngr.
" 2. Exodus. Cap. 20—40., Leviticus, Numeri, Deuteronomium. (36½ B.) 844. * 2 Thlr. 10 Ngr.

— der Krieg und die Reichstagswahlen. Eine kirchl. Stimme an das mecklenburg. Volk. 8. (56 S.) Rostock 871, Kuhn. [Werther's Verlag.]

— eine Criminal-Untersuchung gegen Sechshundert. Vorläufige Actenstücke mit einem Vorwort. Hamburg 860. Nolte & Köhler. gr. 8. (74 S.) n. 7½ ngr.

— Eine kirchliche Krisis in Mecklenburg. — Braunschweig: Schwetschke 1858. 169 S. 8°
1:Dn 5836. 4. 7. 8. 10. 12:H. ref. 17 r. 14. 16. 17. 18. 21. 23. 24. 27. 28. 29. 33. 35. 42. 45. 48.
13.4817

— Eine Krisis innerhalb des deutschen Protestanten-Vereins. — Rostock: Werther 1876. 32 S. 8°
1:Cv 4672. 12:H. ref. 17 qu. 16. 28. 31. 33. 123.
13.4818

— eine Krisis innerhalb d. deutschen Protestanten-Vereins. 2. Aufl. gr. 8. (32 S.) Ebend. 876. n. — 60

— Liturgie und Predigt. Ein theologischer Tractat. — Kiel: Univ. Buchh. 1843. 84 S. 8°
7. 8. 12:Liturg. 35 f. 18. 27. 29.
13.4819

Baumgarten, M., Doctor Martin Luther. Volksbuch zum Lutherfest am 10. Novbr. 1883. 8. (VI, 204 S. m Holzschn.-Portr.) Rostock 883. Hinstorff's Verl. cart. n. 1. 50; auf besserem Pap., broch. n. 1. 50

— Das Lutherfest und die mecklenburg-schwerinsche Landeskirche. — Rostock [usw.]: Hinstorff 1883. 82 S. 8°
1:Dn 9114. 2. 3. 4. 7. 10. 12:Biogr. 676 gk–72. 14. 15. 16. 19. 20. 21. 24→29. 33. 35. 43.
13.4821

— Lutherus redivivus oder die kirchliche Reaction, ihre Gefahr und ihre Ueberwindung. — Frankfurt a. M.: Heyder & Zimmer 1878. 256 S. 8° 1:Dn 8500. 8. 12:Polem. 175 x. 14. 15. 16. 23. 28. 29. 33. 43. 46. 48. 79. 102. 123. 203.
13.4822

[—] Zweierlei Maaß oder der Consistorialrath Prof. Dr. Krabbe und der Prof. Dr. Baumgarten vor dem akademischen Gericht in Rostock. Eine nothgedrungene Appellation an das deutsche Rechtsbewußtsein. — Kiel: Homann 1865. VIII,160 S. 8°
1:Dn 6510. 8. 12:H. ref. 244 fr. 16. 27. 28. 29. 33.
13.4823

— Mittheilungen aus der Rostocker Gemeinde an seine Hamburger Freunde zur Aufklärung und Rechtfertigung. Hamburg: Nolte & Köhler 1859. 34 S. 8°
7. 8. 12:H. ref. 17 qh. 18. 23. 28. 33. 48.
13.4824

— Die Nachtgesichte Sacharias. Eine Prophetenstimme an d. Gegenwart. Hälfte 1.2. — Braunschweig: Schwetschke 1854–55. 8° 2. 4. 5. 7. 9. 12:B. g. Prot. 148. 15. 16. 18→21. 23. 27. 28. 29. 33. 45. 48. 58. 211.
13.4825

— die Nachtgesichte Sacharias. Eine Prophetenstimme an die Gegenwart. 855. — Neue (Titel-) Ausg. Ebend. 857. gr. 8. (2 Bl., 386; 2 Bl., 548 S.) 4 ℛ 24 ngr

— — Neue Ausg. Hälfte 1.2. Ebd. 1858. 8°
1:Bo 11190. 3. 24. 29. 43.
13.4826

— Natanael und Jona. 2 biblische Lebensbilder in 2 ... Vorträgen. — Braunschweig: Schwetschke 1855. XV,80 S. 8° 1:Bg 6462. 9. 12:B. hist. 10 xc. 23. 28. 29. 33. 207.
13.4827

— der kirchliche Nothstand in Mecklenburg. Ein fliegender Brief an die deutsche Christenheit. gr. 8. (56 S.) Leipzig 861, [Hennings'sche Buchh.]

— Der kirchliche Nothstand in Mecklenburg. — Leipzig: A. Lehmann 1861. 56 S. 8°
1:Sn 8121. 4. 7. 8. 12:H. ref. 17 ph. 15. 18. 21. 27. 28. 33.
13.4828

— eine theologische Nothwehr. gr. 8. (36 S.) Braunschweig 854, Schwetschke und Sohn. *

— Eine theologische Nothwehr. — Braunschweig: Schwetschke 1855. 36 S. 8°
12:Exeg. 1243–4. 19. 29. 32. 41. 48.
13.4829

— Die Nothwendigkeit eines freien und allgemeinen deutschen Kirchentages. — Berlin: Springer 1863. 48 S. 8°
1:15 in Cv 40. 7. 8. 9. 12:J. can. P. 93 ze. 21. 26. 28. 29. 33. 45. 48.
13.4830

— Die Posaune des Krieges. Eine Schriftauslegung. — Leipzig: A. Lehmann 1861. VIII,191 S. 8°
1:So 3899. 8. 12:Germ. g. 30 pi. 14. 27. 28. 29. 33. 48.
13.4831

— Predigt im Auftrage des evangel. Kirchentages gehalten am 17. Septbr. 1858 in der Waisenhauskirche zu Hamburg. gr. 8. (21 S.) Leipzig 859, R. Hoffmann. (Rostock, Leopold's Universitäts-Buchh.)

— mein Preß-Prozeß nach den Acten. gr. 8. (III und 51 S.) Leipzig 859, [Hennings'sche Buchh.] *

— Mein Preß-Prozeß nach den Acten. — Leipzig: A. Lehmann 1859. 51 S. 8° 1:Fm 17086. 4. 7. 8. 12:H. ref. 17 qf. 14. 23. 28. 33. 35. 48. 61. 109.
13.4833

— Der deutsche Protestantenverein und ein mecklenburgischer Dunkelmann oder: Unfug an hoher Stelle. — Kiel: C. Schröder 1865. 16 S. 8° 8. 28. 33. 79.
13.4834

— der deutsche Protestantenverein, ein heiliges Panier im neuen deutschen Reich. 8. (101 S.) Berlin 871, Henschel. [Leipzig, Barth.] *

— Der mecklenburgische Protestantenverein und die rostocker Pastoren. — Gera: Strebel 1873. 72 S. 8°
1:5 in Cv 4601 [u.] an Sn 8133. 7. 19. 27. 28. 33.
13.4836

— der mecklenburgische Protestantenverein und die rostocker Pastoren. gr. 8. (72 S.) Gera 874, Strebel's Verlag. *

— Der Protestantismus als politisches Princip im deutschen Reich. — Berlin: Lüderitz 1872. 55 S. 8° (Deutsche Zeit- u. Streit-Fragen. Jg. 1. H. 9.)
1:in Ag 9122–1: 3. 5. 7→11. 12:Var. 392 d–1,9. 14. 15. 16. 18→21. 24. 25. 26. 28→31. 33→36. 38. 41. 44. 45. 47. 48. 61. 62. 79. 82. 93. 106. 109. 111. 203. 205. 207. 208. 211. 300:406.065–B.1,9. 302. 303. 305.
13.4837

— Ein brüderlicher Rath an die schleswig-holsteinische Geistlichkeit. — Kiel: C. Schröder 1865. 15 S. 8° 8. 28.
13.4838

— Rede über die Frage: „Welche Stellung nimmt der Protestantenverein gegenüber der christologischen Frage ein?" Gehalten auf dem 2. Protestantentag am 27. Septbr. 1867 in Neustadt a. d. H. gr. 8. (23 S.) Elberfeld 867, Friderichs.

Baumgarten, M, Rede üb. d. Frage: „Welche Stellg nimmt d. Protestantenver. gegenüber d. christol. Frage ein?" 8. (23) Elberf. 68, Friderichs. n. — 5

— Eine deutsche Reveille zum Lutherfest am 10. November 1883. — Ludwigslust [usw.]: Hinstorff 1883. 49 S. 8°
Aus: Evangelisch-kirchlicher Anzeiger von Berlin. 33. 1882.
1: Dn 9110. 3. 5. 12: H. ref. 17qv. 19. 21. 28. 33. 34. 35. 41. 46. 79. 106. 107. 109.
13.4840

— Meine Sache vor dem Landtage zu Malchin. — Hamburg: Nolte & Köhler 1859. XV,53 S. 8°
Darin außerdem: Herrmann, E.: Rechtsgutachten über d. Entlassung des Professor Baumgarten.
1: Dn 5928. 4. 7. 8 [unvollst.] 18. 23. 28. 33. 42. 48.
13.4841

— Schild und Schwert. — Leipzig: R. Hoffmann [1858]. 62 S. 8° 1: 22 in 4° Dm 200. 4. 7. 8. 12: H. ref. 17qc. 15. 18. 23. 28. 29. 33. 45. 48. 203.
13.4842

— Schleiermacher als Theologe für die Gemeinde der Gegenwart. 4 Vorträge. — Berlin: Springer 1862. VIII, 148 S. 8° 1: Av 11560. 7. 8. 11. 12: Biogr. 1060ta. 14. 15. 17. 21. 25. 28. 29. 30. 33. 38. 43. 45. 48. 109. 169.
13.4843

—— Schleiermacher, eine ihrer Erfüllung entgegengehende Weissagung der deutschen Volkskirche. Eine Festrede zum hundertjährigen Geburtstage Schleiermachers gehalten zu Berlin am 25. Novbr. 1868. gr. 8. (24 S.) Berlin 869, G. Reimer. *

— Schreiben an den Earl von Shaftesbury über die Bedrängniß der Christen in dem Herzogthum Schleswig durch die Dänen. — Braunschweig: Schwetschke 1857. 21 S. 8°
1: So 7845. 7. 8. 12: H. ref. 17q. 17. 18. 28. 31. 33.
13.4845

—— christl. Selbstgespräche. 8. (204) Rost. 61, Kuhn. n. 1. —; geb. n. 1. 10

— Christliche Selbstgespräche. — Rostock: Leopold 1861. IV,204 S. 8° 1: Et 12440. 8. 15. 19. 28. 29. 33. 46. 47. 48.
13.4846

— offenes Sendschreiben an Hrn. Consistorialrath Prof. Dr. Krabbe. Leipzig 858. Hoffmann. (Rostock, Leopold.) gr. 8. (1 Bl., 208 S.) n. 1 ℛ︎

—— offenes Sendschreiben an Hrn. Consist.-R. Prof. Dr. Krabbe. gr. 8. (208 S.) Leipzig 859, R. Hoffmann. (Rostock, Leopold's Universitäts-Buchh.) *

— Lucius Annaeus Seneca und das Christenthum in der tief gesunkenen antiken Weltzeit. — Rostock: Werther 1895. VIII,368 S. 8° 1: Wo 7840. 3. 5. 7. 9. 10. 11. 12: A. lat. b. 1738o. 14. 15. 16. 18. 20. 21. 27. 28. 29. 31. 32. 33. 43. 45. 48. 300: 92.356-B. 302. 304.
13.4848

Ⓑ Baumgarten, Mich., Lucius Annaous Senoca u. das Christentum. (KBL. 20.) 895. Jetzt: Rostock, Herm. Koch. Laienpr. aufgeh.

—— soll die mecklenburgische Landeskirche zu Grunde gehen? Ein dringl. Antrag an die hochwürd. Kirchenconferenz zu Eisenach. gr. 8. (24 S.) Leipzig 861, [Hennings'sche Buchh.]

— Soll die mecklenburgische Landeskirche zu Grunde gehen? Ein dringlicher Antrag an die Hochwürd. Kirchenconferenz zu Eisenach. Leipzig 861. Lehmann. (Wolf.) gr. 8. (24 S.) 5 ngr

— wider Herrn Hofprediger Stöcker. Eine christl. Stimme über die Judenfrage. 1. u. 2. Aufl. gr. 8. (25 S.) Berlin 881. Stuhr. n. — 50

—— wider Herrn Hofprediger Stöcker. Eine christl. Stimme über die Judenfrage. 1. u. 2. Aufl. (25 S.) * 50 Pf.; 3. mit einem Anhang verm. Aufl. gr. 8. (33 S.) Berlin 881, Stuhr'sche Buchh. *

— Zwölf Thesen über Gegenwart und Zukunft der Kirche. Schleswig: Bruhn 1848. 95 S. 8°
1: Cy 16764. 5. 8. 11. 12: J. can. P. 93z. 15. 18. 23. 48.
13.4852

Baumgarten, Michael. Theses theologicae Berolini (1837) (2 Bl.) 4°
Berlin, Theol. Thes. v. 21. Okt. 1837

— Die Ueberreichung der schleswig-holsteinischen Adresse an die Landesversammlung am 5. November. — Kiel: Akad. Buchh. 1849. 54 S. 8°
1: 18 in 4° So 33 [u.] 5 in So 37b. 7. 8. 16. 18. 23.
13.4853

— — 2. Aufl. Ebd. 1849. 54 S. 8° 3. 5. 7. 8. 9. 18. 33. 35.
13.4854

—— Vater, nicht mein, sondern dein Wille geschehe! Eine Passionsbetrachtung. gr. 8. (29 S.) Leipzig 858, R. Hoffmann. (Rostock, Leopold's Universitäts-Buchh.)

—— die Verheißung der furchtlosen Predigt für das deutsche Volk. Predigt für den ersten nordwestdeutschen Protestantentag. Gehalten in der Aegidienkirche zu Hannover am 7. Juni 1871. gr. 8. (20 S.) Berlin 871, Henschel. [Leipzig, Barth.] *

— Protestantische Volkspredigt und Welfen-Scandal. Eine thatsächliche Appellation an d. Gewissen aller 'Bekenntnißtreuen'. — Bremen: Heinsius 1876. 73 S. 8°
12: H. ref. 17qt. 28. 41. 46. 203.
13.4857

— Zwölf kirchengeschichtliche Vorträge zur Beleuchtung der kirchlichen Gegenwart. — Bremen: C. E. Müller 1869. 320 S. 8° 1: Cb 6988. 8. 12: H. ref. 17qo. 17. 27. 28. 46.
13.4858

—— protestantische Warnung und Lehre wider die Gefahr einer Erneuerung alter Irrthümer in unserer mecklenburgischen Landeskirche. I. Der Anlaß und die persönliche Verhandlung. gr. 8. (99 S.) Braunschweig 856(57.) Schwetschke und Sohn.

—— protestantische Warnung und Lehre wider die Gefahr einer Erneuerung alter Irrthümer in unserer mecklenburgischen Landeskirche. 2. und 3. gr. 8. Braunschweig 857, Schwetschke und Sohn.
Inhalt:
2. Die Rechtfertigung aus dem Glauben und die kirchl. Ordnung. (VIII und 190 S.) 24 Ngr.
3. Die heil. Schrift und der Landeskatechismus. 1. Abthl. (VII und 287 S.) 1 Thlr. 6 Ngr.
1. Ebendas. 1856. 12 Ngr.

— Ein Weg zum Frieden. Oeffentliche Ansprache. — Braunschweig: Schwetschke 1859. 31 S. 8°
1: Dn 5930. 3. 8. 18. 23. 28. 33. 42. 48.
13.4860

[—] Gottes Wege auf deutscher Erde. — Berlin: Evangelischer Verein 1880. 43 S. 8°
Aus: Evangelisch-kirchlicher Anzeiger von Berlin. 31. 1880. 33.
13.4861

— Auf dem Wege nach Kanossa. Eine christliche Ansprache an das deutsche Gewissen. — Berlin: Stuhr 1881. 99 S. 8°
1: Sy 9146. 2. 11. 12: Polem. 176b. 16. 18. 21. 28. 30. 33. 41. 106. 109. 205. 207.
13.4862

— Wie der Blick auf Jesum uns mitten in der Unseligkeit des Lebens zur Seligkeit gereicht. Predigt. — Braunschweig: Schwetschke 1856. 35 S. 8° 1: Ec 16876. 28. 33.
13.4863

— An Seine Majestät, Wilhelm den Ersten, König von Preußen. Ein nothgedrungenes Wort zum Schutz des deutschen Protestantenvereins. — Berlin: Lüderitz 1870. 40 S. 8°
1: Cv 4653. 4. 5. 7. 9. 11. 12: H. ref. 17qp. 14. 16. 17. 21. 26. 28. 30. 36. 38. 41. 45. 48. 52. 79. 109. 123. 203.
13.4864

— Ein Wort zum Frieden in dem bremer Kirchenstreit. — Bremen: Heyse 1869. 32 S. 8°
Aus: Norddeutsches Protestantenblatt. 1. 1868. 28. 46.
13.4865

— Nothgedrungenes Wort in einer schleswigschen Sache. Braunschweig: Schwetschke 1856. XXIX,66 S. 8°
1: Flugschr. 1856-6. 3. 4. 7. 8. 9. 12: Hols. 30. 18. 23. 25. 27. 28. 33. 35. 205.
13.4866

—— kirchliche Zeitfragen in Vorträgen. 8. (391 S.) Rostock 874, Kuhn. [Werther's Verlag.] *

— Zeugniß [Zeugnis] des Glaubens für die Gemeinde der Gegenwart. Predigten. — Braunschweig: Schwetschke 1856. XIII,136 S. 8° 8. 15. 23. 33. 48.
13.4868

Baumgarten, Moritz

Baumgarten, Mor., d. plast. Chirurgie, s. Ammon, F. A. v.

Baumgarten, (Mor.), Generalvereinsblatt norddeutsch. Chirurgen, s. Generalvereinsblatt.

Baumgarten, Moritz: Kritik der plastischen Chirurgie. 1842 s. *Ammon*, Friedrich August v.

Baumgarten, Mor., das Schielen u. dess. operat. Behandl., nach eigenen Beobachtn. u. Erfahrn. wissenschaftl. dargest. M. 1 Stndrt. gr. 8. (6 B) Leipzig 841, Voss.

Baumgarten, Nathanael: Die große Absicht des kleinen Dienstes der Menschen am Evangelio Jesu Christi aus Ap.Gesch. 4. 29–32 bey feyerlicher Einführung des ... Herrn Johann David Cube, zum dritten Prediger der Jerusalems und Neuen Kirche der Friedrichs-Stadt in Berlin ... betrachtet. — Berlin: G.L.Winter 1759. 40 S. 8° 1:9 in Eb 5910.
13.4874

— Das Antheil getreuer Unterthanen an ihres Landesherrn gerechter Sache, ward bey dem Danck-Fest für den zu Lowoschütz in Böhmen den 1.Oct. 1756 erfochtenen herrlichen Sieg ... erwogen. — Berlin [1756]: Michaelis. 32 S. 8° 1:5 in Eb 5910[u.]3 in Sv 31. 3.
13.4875

——— Cassel [1756]: Lüdicke. 19 S. 8° 34.
13.4876

— [Übers.] s. *Baumgarten*, Alexander Gottlieb: Allerunterthänigster Glückwunsch bey dem ... Antritt der ... Regierung des ... Königs und Herrn, Friedrichs, König von Preussen [Serenissimo, Potentissimo Principi, Friderico, Regi Borussorum ... gratulabatur, Alexander Gottlieb Baumgarten, deutsch]. 1740.

— Bibliotheca Baumgarteniana. [Auktionskat.] — Berolini 1762: G.L.Winter. 124,168,19 S. 8° 1:Ap 1055. 7.
13.4877

— Dank-, Pfingst- und Friedens-Predigt, bey feyerlichster Bekantmachung des zwischen Sr. Königl. Majestät unserm allergnädigsten König und Herrn und Sr. Kayserl. Majestät dem Kayser aller Reussen &c. geschlossenen Friedens, am ersten H.Pfingst-Tag 1762. — Berlin [1762]. 16 S. 8° 1:65 in Yf 6653[u.]38 in Yf 6757. 10. 109.
13.4878

—— Berlin: Haude & Spener 1762. 26 S. 8° 1:22 in Sv 33[u.]8 in Yl 6670. 2. 7. 10. 14. 18. 109.
13.4879

—— Halberstadt: Delius 1762. 20 S. 8° 35.
13.4880

— Dank-Predigt wegen des, den 6ten May 1757, bey Prag, erfochtenen herrlichen Sieges. — Berlin [1757]. 30 S. 8° 1:6 in Eb 5910. 109.
13.4881

— Danck-Predigt [Dankpredigt] wegen des Sieges bey Roßbach über Psalm 106. V. 40-48. — Berlin; Schwabach: Ender in Comm. 1758. 16 S. 8° 30.
13.4882

— Danck-Predigt [Dankpredigt] wegen des Sieges bey Roßbach in Sachsen. — Berlin [1757]. 32 S. 8° 1:7 in Eb 5910[u.]4 in Sv 31. 5. 8.
13.4883

— Doctissimo amicissimo Georgio Ludovico Roloffio ... gratulatur simul de optimarum litterarum in Ecclesia Romana Fatis quaedam praefatus. — Halae Magd. 1787: Grunert. XVI S. 8° 12:4° Diss. 425-82.
13.4884

— Gedächtniß-Predigt nach der Beerdigung des ... Johann Christian Jocardi. — Berlin [1749]. 32 S. 8° 1:1 in Eb 5910.
13.4885

— Gedächniß-Predigt nach der Beerdigung des ... Johann Ernst Müller. — o.O. [1755]. 32 S. 8° 1:3 in Eb 5910.
13.4886

— Gedächtniß-Predigt nach der Beerdigung des ... Immanuel Heinrich Plühmcke. — Berlin: Haude & Spener [1757]. 40 S. 8° 1:8 in Eb 5910.
13.4887

— Gottes Kraft und Menschen Schwachheit bey der Predigt des Evangelii wurde ... bey feyerlicher Einführung des ... Herrn Johann Friedrich Hähne zum ordentlichen Pastor Adiunctus bey der H.Dreyfaltigkeits-Kirche auf der Friedrichs-Stadt in Berlin vorgestellet. — [Berlin 1753.] 35 S. 8° 1:2 in Eb 5910.
13.4888

— Gottes Kraft und des Menschen Schwachheit bey der Predigt des Evangelii wurde ... bey der Introduction des evangelisch-lutherischen Pastoris Adiuncti der Gemeine zur H.Dreyfaltigkeit auf der Friedrichsstadt in Berlin vorgestellet. — Berlin: Buchh. d. Realschule [1753]. 23 S. 8° 1:Eb 5913
13.4889

— Jubel-Ode auf das Gedächtniß der vor zwey hundert Jahren in der Chur-Marck Brandenburg erfolgten Verbesserung des Gottes-Dienstes. — Berlin: Nicolai 1739 8 Bl. 8° 7.
13.4890

—— Ebd. 1739. 9 Bl. 8° 1:Yk 6351[u.]2 in Yf 6643. 2. 7. 10. 15.
13.4891

Baumgarten, Nathanael (Resp.): De nonnullis ad poema pertinentibus, s. Baumgarten, Alexander Gottlieb

— Nathan. (Berlin), Observat. quasdam ad rem athleticam pertinentes. Präs. Jo. Heinr. Schulze. Halle (J. H. Grunert) 12. X. 1737. 36 S. (5.—) 1449 Widm. v.: Sigism. Jac. Baumgarten, A. G. Baumgarten (Brüder), J. C. Decker.

— Die ganze Pflicht des Menschen, in dem Gebot: Du sollst nicht begehren, dir selbst zu helfen, in 3 Predigten vorgestellt. — Berlin: Nicolai 1756. 142 S. 8° 1:Eb 5916[u.]4 in Eb 5910. 3. 5. 10. 18. 24. 28.
13.4892

— Zwey Predigten an dem heiligen Oster-Feste. — Berlin: Nicolai 1746. 54 S. 8° 1:4 in E 182.
13.4893

— Der sterbende Socrates. Ein Trauerspiel. Mit e. Vorr. hrsg. von George Gottfr. Würful. — Berlin: Spener 1741. 47 S. 8° 1:1 in Yf 6643. 7. 14. 16. 17. 21. 31. 42. 109.
13.4894

—— 2. Aufl. Berlin: Schütz 1746. 48 S. 8° 300:624.909–B. Th.
13.4895

— Verzeichniß einer seltenen Collection von Ducaten, goldenen und silbernen Medaillen, Thalern ... nebst e. Anh. verschiedener zur Müntzwissenschaft gehörigen Bücher. [Auktionskat.] — Berlin [1763]: Vogel. 172 S. 8° 39.
13.4896

— Das Zeichen des Propheten Jonas, ein Warnungs-Bild in unsern Tagen ... in einer Wochen-Predigt ... vorgestellt. Berlin [1759]: Michaelis. 48 S. 8° 1:10 in Eb 5910.
13.4897

Baumgarten, O.: Die Abendmahlsnot (u.a. theologische Schriften), s. Baumgarten, Otto

Baumgarten, O.: Studien über die Absorptionsfähigkeit der Bodenarten. . . . München, M. Rieger'sche Univ.-Buchh. (Gustav Himmer.), 1889; 38 S. 8°
Erlangen, Phil. Fak., Inaug.-Diss. v. 1889

Baumgarten, O. A. fon- s. *Baumgarten*, Olga v.

Baumgarten, Olga v., wie Port Arthur fiel! Tagebuch der barmherz. Schwester des russ. roten Kreuzes O. v. B. Einzig autoris. Übersetzg aus dem Russ. von Lili v. Baumgarten. (262 S.) 8. Strassburg 906. J. Singer. n. 3. 50; geb. in Leinw. n. 4. 50

Baumgarten, Oscar: Quaestiones scenicae in Aeschyli Choephoris. Halis Saxonum (1878: Lange in Berlin). 33 S. 8°
Halle-Wittenberg, Phil. Diss. v. 9. Nov. 1878
Geb Magdeburg 3. 6. 1849. V.
Im Buchhandel Halis Saxonum (Berlin: Calvary) 1878.

Baumgarten, Oswald, Dr., Assistent d. medic. Klinik in Halle: Ein Beitrag zur Kenntnis des Diabetes mellitus. Berlin 1905: L. Schumacher. (24 S.) 8° (Aus: Zeitschr. f. exp. Path. u. Ther., Bd 2.)
Halle, Med. Fak., Hab.-Schr. v. 1905

Baumgarten, *Wilhelm Robert* Oswald [app. Arzt aus Braunschweig]: Die Luxationen des Talus ... Halle a. S., Hofbuchdr. v. C. A. Kaemmerer & C., 1896; 25 S., 1 Bl. 8.
Halle, Med. Fak., Inaug.-Diss. v. 8. Aug. 1896

Baumgarten, Otto

Baumgarten, Otto: Die Abendmahlsnot, s: Volksbücher, Religionsgeschichtl.

— Altes u. Neues a. d. Schatz d. Psalters, s: Predigt-Bibliothek, Moderne.

Baumgarten, Otto [Pastor a. D.]: Herder's Anlage und Bildungsgang zum Prediger. . . . Halle a. S., Druck v. Ehrhardt Karras, 1888; 104 S. + 1 Bl 8°
Halle, Theol. Fak., Inaug.-Diss. v. 3. Nov. 1888

Baumgarten, O, üb. Anwendg u. Ausbreitg d. Predigtgedanken unter d. Kanzel, s.: Weber, L, Christus ist unser Friede.

— Neue Bahnen. Der Unterricht in der christlichen Religion im Geist d. modernen Theologie. — Tübingen [usw.]: Mohr 1903. 120 S. 8° 1: Eo 2336. 3→6. 8. 9. 11. 12: Catech. 14 ib. 14→17. 20. 21. 24. 26. 28→31. 33. 38. 43. 44. 46. 47. 51. 60. 61. 66. 79. 109. 169. 207.
13.4907

Baumgarten, Otto, neue Bahnen. Der Unterricht in der christl. Religion im Geist der modernen Theologie. 6. u. 7. Taus. (III, 120 S.) gr. 8. Tübingen 903. J. C. B. Mohr. n. 1. 20

Baumgarten, Otto, neue Bahnen. Der Unterricht in der christl. Religion im Geist der modernen Theologie. 2., erweit. Aufl. (IV, 185 S.) gr. 8. Tübingen 909. J. C. B. Mohr. 1. 40; geb. 2. —

— s: Berichterstattung üb. d. Absetzg d. Pfarrers Jatho.

— Carlyle u. Goethe, s. a. Lebensfragen. 13.

— Carlyle und Goethe. — Tübingen: Mohr 1906. XII, 177 S. 8° (Lebensfragen. 13.) 1: Ag 7235–13. 4→11. 12: Var. 335 mf–13. 14→18. 20. 21. 24. 26. 27. 30. 32. 36. 41. 43. 46. 51. 61. 93. 107. 109. 123. 180. 203. 302.
13.4012

— Kirchliche Chronik. — Tübingen [usw.]: Mohr 1903. 10 S. 8° Aus: Monatsschrift für d. kirchliche Praxis. 3. 1903. **12: H. ref. 637 r.**
13.4914

— Religious education in Germany. An adress. [Aus: „5. internat. congr. of free christianity".] (9) gr8° Berl.-Schönebg. Protestant. Schriftenvertrieb '11. — 50

— Unsoziale Einrichtungen der evangelischen Kirche. — Göttingen: Vandenhoeck & Ruprecht 1906. 30 S. 8° Aus: Verhandlungen d. 16. Evangelisch-sozialen Kongresses. 1905. **7. 27. 35. 106. 169. 203.**
13.4917

— Die persönlichen Erfordernisse des geistlichen Berufs. Oeffentliche Vorlesung. — Tübingen: Mohr 1910. 62 S. 8° 1: Dp 7750. 4. 6. 8. 11. 19. 24. 26. 41. 47. 60. 203. 207. 302.
13.4918

— Die religiöse Erziehung in Deutschland. Vortrag. [Aus: „Protokoll d. 5. Weltkongr. f. freies Christent. u. relig. Fortschritt Berlin 1910".] (9 S.) gr. 8. Berlin-Schöneberg 910. Protestant. Schriftenvertrieb. — 40

Baumgarten, D. christliche Familie. 2 akadem. Predigten. (Aus: Ztschr. f. prakt. Theol.") gr. 8. (14 S.) Frankfurt a/M. 898. M. Diesterweg. n. — 20

— [Hrsg.]
s. *Freiheit*, Evangelische. 1907 ff. [Zeitschriften].

— Gustav Frenssens Glaubensbekenntnis. Vortrag, in der Universitätsaula zu Kiel geh. am 1. II. 1906. (23 S.) gr. 8. Kiel 906. W. G. Mühlau. n. — 50

— Jesuspredigten, geh. in d. Kieler Universitätsaula. (7, 228) 8° Tüb., JCB Mohr '11. 3 —; geb. 4 — d

— Ueber Kindererziehung. Erlebtes u. Gedachtes. — Tübingen: Mohr 1905. VII, 75 S. 8° 3. 4. 6. 12: Paed. Th. 332k. 16. 17. 24. 26. 27. 29. 38. 46. 61. 66. 79. 106. 109. 207. 302. 309.
13.4935

— Ueb. Kindererziehg. Erlebtes u. Gedachtes. 2. Afl. (7, 75) 8° Ebd. '11. — 80; geb. 1.60 d

Baumgarten, Otto, s. Kirchen, Die evang., u. d. Staat.

— Herders Lebenswerk und die religiöse Frage der Gegenwart. — Tübingen: Mohr 1905. V, 105 S. 8° 1: Au 9198/68. 3. 4. 5. 7. 8. 10. 11. 12: Biogr. 518 eeo. 14. 15. 16. 18. 21. 24. 26. 27. 32. 41. 43. 46. 302.
13.4941

Leitfaden der Homiletik zu den Vorlesungen des Prof. D. [Otto] **Baumgarten** in Kiel. Als Ms. gedr. Kiel 1899: Schmidt & Klaunig. (62, 8 S.) 8° [F.]
(O8. 5398

— s.: Monatsschrift f. die kirchliche Praxis.

— Predigten aus der Gegenwart. Gehalten in der Kieler Universitätsaula. — Tübingen [usw.]: Mohr 1903. 272 S. 8° 1: Ec 27370. 4. 8. 10. 16. 21. 24. 26. 29. 30. 107.
13.4945

— Predigten a. d. Gegenwart, geh. in d. Kieler Universitätsaula. 2. Afl. (8, 283) 8° Ebd. '11. 3.50; geb. 4.50 d

— Predigt-Probleme. Hauptfragen d. heutigen Evangeliumsverkündigung. — Tübingen [usw.]: Mohr 1904. IV, 149 S. 8° 1: Dy 4410. 2. 5. 6. 8. 11. 14. 15. 16. 20. 21. 24. 26. 29. 30. 61. 302.
13.4948

Predigt-Probleme. Hauptfragen d. heutigen Evangeliumsverkündigung von Prof. D. Otto **Baumgarten** in Kiel. 3. Taus. Tübingen: J. C. B. Mohr 1905. (IV, 149 S.) 8° [F.]
(07. 407 10

— Ein starker Protestantismus — d. Hort echter Freih. Vortr. (5) 8° Halle, Verl. d. ev. Bundes ('09). n — 10 d

— Rede bei der Begräbnisfeier für Konsistorialrat Professor Dr. F. Nitzsch. — (Kiel [1898]: Schmidt & Klaunig.) 15 S. 8° Zugleich Univ.-Schrift. Kiel 1898. **61.**
13.4950

— s.: Schriften, die, des Neuen Testaments.

Baumgarten, O., der Seelsorger unsrer Tage, s. a. Zeitfragen, evangelisch-soziale.

— **Der Seelsorger unsrer Tage.** — Leipzig: Grunow 1891. 52 S. 8° (Evangelisch-soziale Zeitfragen. 1,3.)
1: Fc 346–1,3. 3→8. 10. 12: Pol. g. 1005d–1,3. 14. 15. 17. 21. 23. 26→30. 32. 33. 34. 38. 44. 64. 79. 106. 123. 203. 205. 206.
13.4953

— **Bismarcks Stellung zu Religion und Kirche.** — Tübingen [usw.]: Mohr 1900. 128 S. 8° (Hefte zur 'Christlichen Welt'. 44.)
1: Bd 1261–44. 2. 4. 5. 6. 11. 12: Th. U. 180m–44. 14→18. 21. 24→32. 34. 41. 43. 60. 61. 79. 88. 106. 109. 121. 169. 203. 213.
13.4955

— **Das Urteil d. preuss. Oberkirchenrats üb. Traub, analysiert u. beurteilt.** [Aus: „Evang. Freih."] (356—371) gr8° Ebd. '12. — 25

— **Volksschule und Kirche. Auch eine soziale Frage. Ein Beitrag zur Diesterweg-Feier.** — Leipzig: Grunow 1890. IV,62 S. 8° Aus: Die christliche Welt. 4. 1890.
3. 4. 17. 27. 31. 38. 106. 107. 207.
13.4957

Baumgarten, Otto, Prof.: Die Voraussetzungslosigkeit der protestantischen Theologie. *Kiel: Lipsius & Tischer in Komm. 1903.* (18 S.) 8°
Kiel, Rede bei Antritt d. Rektorats 1903

Baumgarten, Otto (Hrsg.), s. Zeitfragen, Evangelisch-soziale.

— s.: Zeitschrift f. praktische Theologie.

Baumgarten, Otto Nathanael, s.a. Briefwechsel üb. d. gegenw. Justizreform.

Baumgarten, Otto Nathanael: Brief-Wechsel über die gegenwärtige Justiz-Reform in den Preußischen Staaten, nebst einigen nach den Vorschriften der neuen Prozeß-Ordnung instruirten Acten. [Verf.: Otto Nathanael Baumgarten u. Karl Gottlieb Svarez.] H. 1–3. — Berlin 1780–84: Decker. 8°
1: Gr 440. 2. 5. 10. 12[=3]: J. germ. 26. 14. 15. 19. 27. 31. 34. 41. 208. 302.
13.4958

(—) — Berlin: Haude & Spener 1765. 102 S. 8°
1: 1 in Yp 5057. 10. 32. 42. 300: 5667–A.
13.4959

– s. Karl von Drontheim.

Baumgarten, P., s. Baumgarten, Paul v.

Baumgarten, P. M., s. Baumgarten, Paul Maria

Baumgarten, Paul v., Dr. med., Professor, Tübingen, 1848-1928.
1877 [Hrsg.] s. *Arbeiten* auf dem Gebiete der pathologischen Anatomie und Bacteriologie. 1891ff.

— [Hrsg.] s. *Arbeiten*, Bakteriologische. 1889.

— [Hrsg.] s. *Arbeiten* aus dem Pathologischen Institute zu Königsberg in Preussen. 1887.

Baumgarten, P., Arbeiten aus dem pathologischen Institute zu Königsberg, s. Beiträge zur pathologischen Anatomie und zur allgemeinen Pathologie.

— Beitrag zur Lehre v. der natürlichen Immunität gr. 8. (16 S.) Braunschweig 899. [H. Bruhn.] Leipzig, S. Hirzel. n. — 80
Sonderabdruck aus: „Arbeiten a. d. patholog.-anatom. Institut zu Tübingen". 3. 1899.

— die Bekämpfung der Tuberkulose. Rede, gen. am 27. I. 1904 im Festsaale der Aula der Universität Tübingen. (28 S.) gr. 8. Leipzig 904. S. Hirzel. n. 1. —

(—) **Festgedicht** der medicinischen Gesellschaft zu Königsberg i. Pr. zum Stiftungsfest am 26. Januar 1881 gewidmet. Königsberg [1881]: Hartung. 13 S. 8° 10.
13.4963

— [Hrsg.]
s. *Jahresbericht* über die Fortschritte in der Lehre von den pathogenen Mikroorganismen. 1886ff.

— Lehrb. d. pathogenen Mikroorganismen. Die pathogenen Bakterien. (10, 955 m. z. Tl farb. Abb. u. 1 Steindr.-Taf.) gr8° Lpzg, S Hirzel '11. 24 —; geb. 26.50

— Lehrbuch der pathologischen Mykologie. Vorlesungen für Aerzte und Studirende. 1. Hälfte: Allgemeiner Theil. gr. 8. (IX, S. 1—220 mit 25 grössentheils nach eigenen Präparaten des Verf. in Photozinkogr. ausgeführten Orig.-Abbild.) Ebendas. 886. *

— dass. — 2. Hälfte. 1. Halbbd. gr. 8. (S. 221—618 mit 48 grösstentheils nach eigenen Präparaten des Verf. ausgeführten Orig.-Abbild. im Text, davon 24 in Farbendr., und Literatur 24 S.) Ebendas. 887. *

— dass. — 2. Hälfte. 2. Halbbd. 1. Lfg. gr. 8. (S. 619 – 790 mit 13 grösstentheils nach eigenen Präparaten des Verf. ausgeführten Orig.-Abbild. im Text, davon 8 in Farbendr., und 1 lithogr. Taf.) Ebendas. 888. *

Baumgarten, P. Lehrbuch der pathologischen Mykologie. Vorlesungen f. Aerzte u. Studirende. 2. Hälfte. 2. Halbbd. 2. Lfg. (Schluss d. Werkes.) Mit 15 nach eigenen Präparaten d. Verf. ausgeführten Orig.-Abbildgn. im Text, 5 davon in Farbendr. gr. 8. (IV, S. 791—973.) Braunschw. 890, Bruhn. * 5 40
1. Hälfte. — 2. Hälfte. 2. Halbbd. 1. Lfg. Ebd. 1886—88. * 21 60.

— **Lehrbuch der pathologischen Mykologie. Vorlesungen.** 1.2. — Braunschweig: Bruhn 1890. IX,973 S. 8°
1: Ik 10796. 2→5. 7. 8. 10. 11. 12: Path. 96uo. 15. 17. 20. 21. 24. 26. 27. 29. 30. 36. 38M. 43. 45. 48. 90. 111. 202. 302. 303.
13.4965

Baumgarten, üb. pathogene pflanzliche Mikroorganismen, s.: Sonderabdrücke der deutschen Medizinal-Zeitung.

— üb. die Nabelvene d. Menschen u. ihre Bedeutung f. die Circulationsstörung bei Lebercirrhose. [Aus: „Arbeiten auf dem Gebiete der patholog. Anatomie u. Bacteriologie aus dem pathologisch-anatom. Institut zu Tübingen".] gr. 8. (46 S. m. 10 Taf.) Braunschweig 891. H. Bruhn. n. 4. —

Baumgarten, Paul, die sogenannte Organisation des Thrombus. Eine Experimentaluntersuchung. gr. 8. (107 S. mit 2 Stnt. in qu. gr. 4.) Leipzig 877, O. Wigand. *

— über Tuberkel u. Tuberkulose. 1. Thl. Die Histogenese d. tuberkulösen Processes. Mit 7 (chromolith.) Taf. [Aus: „Ztschr. f. klin. Med."] gr. 8. (125 S.) Berlin 885. Hirschwald. n. 8. —

— **Der Tuberkelbacillus und die Tuberkulin-Literatur des Jahres 1891.** — Braunschweig: Bruhn 1893. 223 S. 8°
Aus: Jahresbericht über d. Fortschritte in d. Lehre von d. pathogenen Mikroorganismen. 7. 1893.
10. 15. 17.
13.4970

— **Ueber latente Tuberkulose.** — Leipzig: Breitkopf & Härtel 1882. S. 1955–1976. 8° (Sammlung klinischer Vorträge. 218.) 1: Ic 2467–218. 3→11. 12: Path. 1352g–1,74. 15. 16. 17. 20. 21. 24→30. 33. 34. 38M. 43. 46. 61. 202. 308.
13.4971

— s.: Untersuchungen, chemische u. medicinische.

Baumgarten, Paul Maria

— [Hrsg.] s. *Cartularium* vetus Campi Sancti Teutonicorum de Urbe. 1908.

— Giovanni Battista De Rossi, der Begründer der christlich-archäologischen Wissenschaft. Eine biogr. Skizze. Köln: Bachem 1892. 114 S. 8°
Nebent.: Giovanni Battista De Rossi. Festschrift.
1: Ar 9790. 5. 7. 12: Biogr. 995 mf. 16→19. 21. 25. 38. 43. 102. 211. 300: 58.748–B.
13.4975

Deutschland, die Schweiz, Luxemburg und Oesterreich-Ungarn. Unter Mitw. von Fachgenossen u. unter Benutzung amtl. Materials bearb. von Paul Maria Baumgarten u. Joseph Schlecht. Mit Karten, Taf. u. Abb. (In 30 H.) *München: Allg. Verl.-Ges. [1899–] 1900.* (x, 699 S.) 4°
= Kirche, Die katholische, unserer Zeit u. ihre Diener. Bd 2. (09 2448)

— Hat das System Kneipp eine soziale Bedeutung? Ferienuntersuchung e. Augenzeugen mit e. Vorw. von Sebastian Kneipp. — Frankfurt a. M.: Foesser 1893. 28 S. 8° 17. 211.
13.4979

— — Ebd. 1893. 28 S. 8° (Frankfurter zeitgemäße Broschüren. N. F. 14,9.)
1: Ag 8981–N. F. 14,9. 4. 5. 6. 12: H. misc. 47 rm–N. F. 14,9. 17. 21. 25. 29. 30. 38. 41. 102. 302.
13.4980

Baumgarten, PM. d. deut. Hexenprozesse, s. a. Broschüren, Frankfurter zeitgemässe.

— Die deutschen Hexenprozesse. — Frankfurt a. M.: Foesser 1883. 40 S. 8° (Frankfurter zeitgemäße Broschüren. N. F. 4,5.)
1: Ag 8981–N. F. 4,5. 4. 5. 6. 12: H. misc. 47 rm–N. F. 4,5. 17. 21. 26. 29. 30. 36. 38. 41. 52. 102. 109. 211.
13.4981

— Von der Apostolischen Kanzlei. Untersuchungen über d. päpstlichen Tabellionen und die Vizekanzler d. Heiligen Römischen Kirche im 13., 14. u. 15. Jh. — Köln: Bachem 1908. 186 S. 8° (Görres-Gesellschaft zur Pflege d. Wissenschaft im katholischen Deutschland. Sektion für Rechts- u. Sozialwissenschaften. 4.) 1: Fi 9860–4. 2→7. 10. 11. 12: Jur. is. 55 m–4. 14→21. 24. 25. 27. 29. 30. 36. 38. 41. 43. 52. 169. 203. 208. 300: 458.302–B. Per. 4. 302. 304.
13.4984

— Aus Kanzlei u. Kammer. Erörterungen zur kurialen Hof- u. Verwaltungsgeschichte im XIII., XIV. u. XV. Jahrh. Bullatores, taxatores, domorum cursores. (XVIII, 412 S.) gr. 8. Freiburg i/B. 907. Herder 20. —

Baumgarten, P. M. und **Swoboda**, H., Die katholische Kirche auf dem Erdenrund. Darstellung der Kirchenverfassung und kirchlichen Einrichtungen in allen fünf Weltteilen. [Die katholische Kirche unserer Zeit und ihre Diener in Wort und Bild. 2. Bd.] Fol. (ill. X, 620 S. mit 96 Tafeln) geb. K 42.— Wien: Leo-Gesellschaft 1907.

Baumgarten, Paul Maria, s.: Kirche, die katholische, unserer Zeit.

— Zur Naturgeschichte der Presse. — Frankfurt a. M. [usw.]: Foesser 1885. 32 S. 8° (Frankfurter zeitgemäße Broschüren. N. F. 7,3.) 1: Ag 8981–N. F. 7,3. 4. 5. 6. 12: H. misc. 47 rm–7,3. 14. 17. 29. 30. 36. 38. 41. 52. 102. 211.
13.4989

— — Hamm: Breer & Thiemann [1886]. 27 S. 8° (Frankfurter zeitgemäße Broschüren. N. F. 7,3.) 302.
13.4990

Baumgarten, Paul Maria, der Papst, die Regierung u. die Verwaltung der hl. Kirche in Rom. Mit e. ausführl. Lebensbeschreibg. Papst Pius X. Mit 4 Farbenbildern, 52 Tafelbildern u. 770 Bildern im Text. Neubearbeitung des Werkes: Rom, das Oberhaupt, die Einrichtg. u. die Verwaltg. der Gesamtkirche. (Einzelausg. des 1. Bds. v.: Die kathol. Kirche unserer Zeit u. ihre Diener in Wort u. Bild.) (XII, 567 S.) 4. München (905). Allgemeine Verlags-Gesellschaft. Geb. in Leinw. n. 30. —

— Das päpstliche Siegelamt beim Tode und nach Neuwahl des Papstes. — Rom 1907. 18 S. 8°
Aus: Römische Quartalschrift für christliche Altertumskunde u. für Kirchengeschichte. 21. 1907. 41.
13.4991

— Kirchliche Statistik. Wie steht es um d. kirchliche Statistik in Deutschland? Ein Wort über kirchliche Statistik. Statistische Beschreibung d. kirchlichen Verhältnisse Italiens. — Wörishofen: Verl. Anst. Wörishofen 1905. 222 S. 8° 1: Cc 8202. 5. 11. 12: H. eccl. 99 w. 15. 19. 20. 21. 25. 29. 30. 38. 169. 203. 208. 211. 302.
13.4992

— Untersuchungen und Urkunden über die Camera Collegii cardinalium für die Zeit von 1295 bis 1437. — Leipzig: Giesecke & Devrient 1898. XVIII, CCXIII, 378 S. 4° 1: 4° Cc 12666. 2→7. 10. 12: 4° H. eccl. 71 d. 14→18. 20. 21. 25→28. 30. 31. 36. 208. 214. 300: 101.538–C. 302. 303.
13.4993

— Verfassung u. Organisation der Kirche, s. a. Sammlung Kösel.

— Verfassung und Organisation der Kirche. — Kempten [usw.] 1906. IV, 167 S. 8° (Sammlung Kösel. 2.)
12: Var. 332 pg–2. 14. 15. 18. 19. 26. 28. 38. 46. 52. 62. 79. 102. 121. 169. 203. 207. 208. 211. 302.
13.4994

— 'Voraussetzungslosigkeit' in Theorie und Praxis. Kritische Beleuchtung d. 'Falles Lenz' u. d. 'Falles Lehmann' von Dr. Moritz Mai [d. i. Paul Maria Baumgarten]. München: Riedel 1902. 54 S. 8°
Aus: Historisch-politische Blätter für d. katholische Deutschland. 129. 1902. 12: H. lit. P. 33 hl.
13.4997

Baumgarten, Paul Maria: Die Vulgata sixtina v. 1590 u. ihre Einführgsbulle, s: Abhandlungen, Alttestamentl.

— Die Werke von Henry Charles Lea und verwandte Bücher. Nebst e. Auseinandersetzung mit d. Kölner städtischen Archivar Prof. Dr. Joseph Hansen. — Münster: Aschendorff 1908. 142, L S. 8°
Erweitert aus: Theologische Revue. 6. 1907.
1: Ax 12651. 5. 6. 12: Polem. 176 c. 14. 18. 21. 25. 26. 121. 208. 300: 458.506–B. 302.
13.5000

Das Wirken der katholischen Kirche auf dem Erdenrund, unter bes. Berücks. d. Heidenmissionen. Unter Mitw. von Fachgenossen u. unter Benutzung amtl. Materials bearb. von Paul Maria Baumgarten. Mit Bild. u. Karten. (In 20 H.) *München. Allg. Verl. Ges. 19[00–]02* (ix, 430 S.) 4°
= Kirche, Die katholische, unserer Zeit u. ihre Diener. Bd 3. (09 2449)

— Ein Wort über kirchliche Statistik. — Wien: Verf. [1904]. S. 111–115. 8° Aus: Die Kultur. 5. 1904. 302.
13.5001

Baumgarten, Philipp: Kurze Nachricht von dem Leben, dem Character und den Verdiensten ... des Herrn Johann Karl Heinrich Dreyer. — Lübeck 1802: Green. 56 S. 8° 1: Au 1993. 8. 12: Biogr. 309 hg. 35. 48.
13.5002

— **Philipp** (Lübeck), De studiis legislatorum et eruditorum seculi decimi octavi in reformando et colendo jure criminali collocatis. Diss. jur. Göttingen (J. G. Rosenbusch) 7. VII. 1798. 44 S. (5.—) 1450
Gew.: Joh. Carl Heinr. Dreyer. — Widm. v. demselben.

Baumgarten, Reinhold, appr. Arzt a. Uchtenhagen (Altmark): Über interne Syphilisbehandlung mit Sozojodol-Hydrargyrum nebst Bemerkungen über Quecksilber-Dermatitis. Halle a. S. 1908: C. A. Kaemmerer & Co. (30 S.) 8°
Halle, Med. Fak., Ref. Schmidt, Diss. v. 29. Febr. 1908
[Geb. 13. Sept. 80 Uchtenhagen; Wohnort: Halle a. S.; Staatsangeh.: Preußen: Vorbildung: Latina Halle a. S. Reife M. 01; Studium: Jena 1, Halle 9 S.; Coll. 14. Febr. 08; Approb. 23. Jan 08.]

Baumgarten, Rob. (geb. [illegible] 13. 12. 1859): Ueber einen Fall von extrauteriner Schwangerschaft. Berlin (1883). (30 S.) 8°
Berlin, Med. Diss. v. 5. Juli 1883

Baumgarten, Rudolf: Der II. Europäische Blindenlehrer-Congress in Dresden am 25., 26. und 27. Juli 1876. Dresden: Congress-Comité 1876. 104, 58 S. 8°
10. 12: Paed. Th. 542. 14. 17. 33. 39. 106. 302.
13.5004

Baumgarten, S. J., s. B a u m g a r t e n, Siegmund Jakob

Baumgarten, Sam., d. Entfernung e. währ. d. chirurg. Behandlung i. d. Harnblase zurückgeblieb. Bougie conductrice durch e. Instrument neuer Construction. [Aus: „Allg. med. Centralzeitg."] gr. 8. (11 S. m. 1 Fig.) Berlin 896. O. Coblentz. n. 1. —

Baumgarten, Samuel, Dr. med., Budapest. 1910: Die durch Gonokokken verursachten Krankheiten des Mannes. Ihre medikamentöse u. chirurgische Behandlung. — Wien [usw.]: Hölder 1910. 415 S. 8° **300:474.738–B. 302.**
13.5005

Baumgarten, Siegmund Jakob

Baumgarten, Sg. Jac., Abhandl. z. Erläuter. d. alt. Gesch. 2 Thle. 4. Halle. 747—48. Rthlr.

— Abhandl. v. d. Freiheit d. Kirchen in Frankreich. 4 Leipz. Graffe. 753.

— Abhandlung von den Freiheiten der Kirche von Frankreich. Zu Erleuterung d. jetzigen Streits d. Parlemente u. Bischöfe. — Halle: Franke 1752. 48 S. 8°
1:25 in Bd 8120 [u.] 2 in Fq 17201. **2. 3. 8. 10.** 12:4° J. can P. 101. **14. 15. 16. 23. 24. 26. 27. 28. 30. 31. 32. 35. 41. 44. 302.**
13.5009

Baumgarten, Sigm. Jak., († d. 4. Juli 1757.) Abhandl. von d. Freiheiten d. gallicanischen Kirchen in Frankreich. 4. Leipz. 753. Beer. 3 gl (Französ. v. E. G. Pohlmann. 4. Ebd. 752.)

— [Commentatio de genealogia Jesu Domini, deutsch] Abhandlung von dem Geschlechtsregister Jesu Christi. — Halle: Gebauer 1754. 64 S. 8°
Das Original erschien als Univ.-Schrift. Halle 1749.
1: Bs 1180. **3. 5. 10.** 12: Exeg. 558/1. **19. 24. 33. 41.**
13.5060

— Abris einer Geschichte der Religionsparteien, oder gottesdienstlichen Geselschaften. — Halle: Gebauer 1755. 322 S. 8° 1: Ck 470. **2. 3. 8. 10. 11.** 12: H. eccl. 100. **14. 15. 18. 19. 21→24. 27. 28. 33. 38. 41. 48. 78. 117. 302.**
13.5011

— Dissertatio theologica de Ἀναμαρτησία Christi eiusdemque necessitate. [Resp.:] Carolus Ludovicus Hoevel. Recusa. — Halae Magd. 1749: Grunert. 37 S. 8°
Erschien zuerst als Diss. Halle 1740. **3. 9. 16. 19. 121.**
13.5012

— [Anleitung zur theologischen Bücherkenntnis.] — [Halle: Gebauer 1756.] 336 S. 8°
Titelblatt, Einleitung u. Schluß sind nicht erschienen. **8. 15.**
13.5013

— Anweisung zum erbaulichen Predigen, für seine Zuhörer ausgefertiget ... Hrsg. von Johan Philip Christian Bast. — Frankfurt a. M.: Stock 1752. 164 S. 8°
1: Dy 1890. **4.** 12: Hom. 104. **19. 32.**
13.5014

— Anweisung zum erbaulichen Predigen zum Gebrauch homiletischer Vorlesungen. Neue Aufl. — Altdorf [usw.]: Schüpfel 1770. XXXX,112 S. 8° **21. 117.**
13.5015

Baumgarten, Sg. Jac., Anzeige s. academisch. Arbeit. 4. Halle, Gebauer. 744.

– Dasselbe, s.a. B a u m g a r t e n : Von den vornehmsten V o r t h e i l e n . . . .

— [Vorr.] s. *Arnold,* Gottfried: Wahre Abbildung der ersten Christen [Die erste Liebe]. 1740.

— [Vorr.] s. *Arnold,* Gottfried: Denckmahl des alten Christenthums. 1740.

— Auslegung und Anwendung einiger Psalmen. — Halle: J. A. Bauer 1751. 906 S. 8° 1: Eb 3948. **10. 19. 22. 28.**
13.5016

— Ausleg. d. Briefs an die Hebräer, mit Anmerkk. v. A. G. Masch, u. Semler's Beiträgen. 4. Halle 763. Gebauer. 2 rß

— Auslegung des Briefes Jacobi. — Halle: Gebauer 1750. 24,246,LV S. 8° 1: Bt 12650 [auch unvollst. – Bt 12650a]. **2. 3** [unvollst.] **4. 7. 8. 10.** 12: 4° Exeg. 63/1. **14. 15. 18. 19. 20. 24. 28. 41. 44. 45. 211.**
13.5017

— Ausleg. d. Briefs Jacobi. 4. Halle 751. Gebauer. 20 gl

— Auslegung des Briefes Pauli an die Römer. — Halle: Gebauer 1749. 824,XXXXIIII S. 8°
In einigen Exemplaren ist d. letzte Seitenzahl verdruckt.
1: Bt 2981. **2→8. 10.** 12: 4° Exeg. 63. **14. 15. 18. 19. 20. 24. 26→30. 41. 45. 48. 53. 79.**
13.5018

— Auslegung d. beiden Briefe an d. Corinther. 4. Ebend. 761.

— Auslegung der beiden Briefe St. Pauli an die Corinthier mit Anm. u. e. Paraphrasi Johann August Nösselts nebst e. Vorr. hrsg. von Johann Salomon Semler. — Halle: Gebauer 1761. 48,976,96 S. 8° 1: Bt 4975. **2. 3. 5. 7. 8. 10.** 12: 4° Exeg. 64. **14. 15. 17. 18. 21. 23. 27. 41. 44. 45.**
13.5019

— Auslegung der Briefe Pauli an die Galater, Epheser, Philipper, Colosser, Philemon und Thessalonicher. Mit einigen Beyträgen hrsg. von Johann Salomon Semler. — Halle: Gebauer 1767. 28,1028 S. 8° 1: Bt 1780 **7. 8. 10.** 12: 4° Exeg. 66. **14. 17. 19. 27. 29. 41. 45. 48.**
13.5020

— Auslegung des Evangelii St. Johannis unter d. Aufsicht u. mit e. Vorr. hrsg. von Johann Salomo Semler. — Halle: Gebauer 1762. 16,850 S. 8° 1: Bs 7376. **3. 5. 7. 8. 10. 11.** 12: 4° Exeg. 62. **14. 15. 17. 19. 23. 33. 39. 45. 48.**
13.5021

— gründl. Ausleg. d. Psalters, mit e. Vorrede v. Semler. 2 Bde. 4. Halle 759. Gebauer. 6 rß

— Auslegung des Buchs Hiob. Th. 1. — Halle: J. A. Bauer 1740. 480 S. 8° 1: Bn 921. **3. 5. 9. 10.** 12: 4° Exeg. 60. **15. 19. 22. 28. 33. 41. 42.**
13.5022

— Auslegung des Propheten Joels. — Halle: Francke 1756. 238 S. 8° 1: Bo 7720 [u.] an Bt 8670. **2. 3. 8.** 12: 4° Exeg. 61. **28. 33. 41. 211.**
13.5023

— Ausleg. d. Prophet. Joels. 4. Hulle 756. Gebauer. 12 gl
N. A. 4. Leipz. 785. Beeı. 12 gl

— — dasselbe. 4. Leipz. Graffe. 785.

— — Neu aufgelegt. Leipzig: Beer 1786. 238 S. 8° **17. 19. 27. 45. 302.**
13.5024

— Auslegung der Leidens-, Sterbens- und Auferstehungsgeschichte Jesu Christi nach harmonischer Ordnung der vier Lebensbeschreibungen desselben. (Hrsg.: Johan George Kirchner; Vorr.: Joh. Salomon Semler.) — Halle: Gebauer 1757. 608 S. 8°
1: Bs 2850. **3. 6. 7. 8. 10. 14. 15. 33. 41. 45. 214.**
13.5025

— Ausleg. etl. Psalmen in offentl. Festbetracht. 8. Ebend. 751.

— Auslegung der epistolischen Texte auf alle Son- und Festtage des ganzen Jahres. Th. 1. 2. — Halle: Gebauer 1754–55. 8° 1: Eb 3952. **3. 4. 5. 8. 9. 10.** 12: 4° Hom. 175. **14. 28. 41. 45. 48. 79.**
13.5026

— Auslegung der evangelischen Texte am Tage Pauli Bekehrung und am Grünen Donnerstage. — Halle: Gebauer 1754. 56 S. 8° **3. 8. 33. 41.**
13.5027

— Auslegung der evangelischen Texte auf alle Son- und Festtage des ganzen Jahres. Th. 1.2. — Halle: Gebauer 1752. 8° 1:Eb 3950. 5. 8. 10. 12:4° Hom. 174. 28. 41.
13.5028

— Ausleg. aller evangel. Texte auf alle Sonn- Fest- u. Aposteltage des ganzen Jahres. 2 Thle. 4. Halle 752—54. Gebauer. 4 ɥß

— — 2. Aufl. Th. 1.2. Ebd. 1755. 8° 3. 9. 17. 19. 26. 45. 78. 79.
13.5029

— — 2. Aufl. Th. 1. Ebd. 1768. 656 S. 8° 32.
13.5030

(—) Einer christlichen Glaubenslere zusammenhängender Auszug. (Verf.: Baumgart; Hrsg.: J. B. v. Cotwitz [d. i. Johann Blasius].) — o. O. 1746. 66 S. 8°
1:8° Libri impr. rari 277.
13.5031

— Auszug der Kirchengeschichte, von der Geburt Jesu an. Th. 1-4. — Halle: J. A. Bauer (4: Gebauer) 1743-62. 8°
4. Semler, Johann Salomon: Volständiger Auszug aus d. Kirchengeschichte d. Christen. 1762.
1[∞1]: Cb 2410-2/4. 4. 7→10. 12:H. eccl. 101. 15. 19. 23. 39. 53. 169. 302. 307.
13.5032

— Auszug d. Kirchengeschichte von der Geburt Jesu. 3 Thle. 8. Halle 743—46. 2e Aufl. 743—48. 4r Thl. Fortges. v. S. J. Semler. 8. Ebd. 762. Gebauer. 2 ɥß 3 ɣ

— — 2. Aufl. Th. 1-3. Halle: J. A. Bauer 1743-53. 8°
1[∞2.3]: Cb 2410-1. 2[∞3]. 16. 21[∞3]. 22[∞3]. 24[∞3]. 26.
13.5033

— — 2. Aufl. Th. 1-3. Halle: Gebauer 1743-53. 8°
8[∞1.2]. 17. 31[∞1.2]. 46. 53. 117.
13.5034

Baumgarten, S. J., authentia doxologiae. Hal. 1753. 4.

— [Vorr.] s. *Baker*, J.: Volständige Historie der Inquisition [The History of the Inquisition, deutsch]. 1741.

— Beantwortung Johann Heyns Sendschreibens vom Schlaf der abgeschiedenen Seelen, aus der sechsten Samlung Theologischer Bedencken ... besonders abgedruckt. — Halle: J. A. Bauer 1748. S. 273-662. 8° 1:2 an Cp 14230. 10.
13.5035

— Bedenken d. theolog. Facult. in Halle. 4 Thle. 8. Halle, Waisenh. 747—51. (1r 6 gr., 2r, 3r, 4r à 5 gr.)

— Theologische Bedencken. Saml. 1-7. — Halle: J. A. Bauer 1742-50. 8° 1:1.2.4-7 = D 4304-1.2.4/7; 3 = D 4305-3 [auch Saml. 4 = D 4305-4]. 4. 5. 10. 11. 19. 23. 24. 26. 41. 78.
13.5036

— — 2. Aufl. Saml. 1-6. Ebd. 1744-53. 8°
1[∞4/6]: 1.2 = D 4305-1.2; 3 = D 4304-3. 7[∞3/6]. 8. 9[∞3.4.6]. 14[∞1.2.4/6]. 15[∞4/6]. 16[∞6]. 17[∞3/6]. 18[∞1.2.5.6]. 23[∞4/6]. 24[∞3/6]. 27[∞5.6]. 28[∞6]. 32[∞6]. 46[∞3/6]. 78[∞6].
13.5037

— — 2. Aufl. Saml. 1-4.6. Halle: Gebauer 1744-53. 8°
28[∞1/4]. 30[∞6]. 33[∞6]. 75[∞4.6].
13.5038

— theolog. Bedenken. 7 Sammll. 8. Halle 744—53. Gebauer. 4 ɥß 3 ɣ

— — Theologische Bedenken. Saml. 7. Ebd. 1750. 122, 328 S. 8° 33.
13.5039

— Theologisches Bedenken von gewissenhafter Duldung der Juden und ihres Gottesdienstes unter den Christen und über Christian Wilhelm Christliebs Kurzen Auszug aus den Selichoth oder jüdischen Busgebeten. — Halle: Gebauer 1745. 80 S. 8°
1:1 in Bd 8561. 10. 12:4° Diss. 2566-4. 18. 23. 41.
13.5040

— Kurzer Begrif der theologischen Streitigkeiten, zum academischen Gebrauch ausgefertiget. Hrsg. von Johan Philip Christian Bast. — Frankfurt a. M.: Stock & Schilling 1750. 188 S. 8° 3. 12:Polem. 176 e. 14. 32. 41. 61.
13.5041

— — 2. Aufl. Frankfurt a. M.: Stock, Schilling & Weber 1753. 188 S. 8° 9. 15. 16. 28. 33. 123. 302.
13.5042

— — Von neuem mit e. Vorr. von der heutigen Polemik hrsg. von Johann Salomo Semler. 3. u. verm. Aufl. — Halle: Hemmerde 1759. 198 S. 8° 1:an Cw 9730. 10. 21. 22. 24.
13.5043

— Kurzer Begrif der theologischen Streitigkeiten, zum akademischen Gebrauch ausgefertigt. Neue Aufl. — Jena: Auf Kosten guter Freunde 1759. 188 S. 8° 8. 27. 32. 39.
13.5044

— — Von neuem mit e. Vorr. von der heutigen Polemik hrsg. von Johann Salomo Semler. 4. u. verb. Aufl. — Halle: Hemmerde 1771. 198 S. 8° 3. 14. 26. 78.
13.5045

— Betrachtung des Namens Jesus. — Halle: J. A. Bauer [1735]. 48 S. 8° 1:Eb 3940 [u.] 2 in E 218. 9. 18. 41. 78.
13.5046

— — 2. Aufl. Ebd. 1737. 56 S. 8° 1:3 in E 198-3. 19. 207.
13.5047

— — 3. Aufl. Ebd. 1745. 56 S. 8° 1:4 in Cw 101. 5.
13.5048

— Betracht. üb. Sirach 33, 17. 18.; b. Gelegenh. d. Begeh. d. 300jähr. Gedächtn. der Buchdruckerkunst. 4. Halle, Gebauer. 740.

— Betrachtung über Sirach 33,17.18. zur feierlichen Begehung des dreihundertjährigen Gedächtnisses der Buchdruckerkunst. — Halle: Gebauer 1741. 40 S. 8° 10.
13.5049

— Betrachtung vom Wandel vor Gott über I B. Mos. 17,1. Halle: J. A. Bauer 1737. 128 S. 8°
1:Et 2714. 3. 8. 17. 19. 23. 28.
13.5050

— — 2. Aufl. Ebd. 1741. 128 S. 8° 1:an Et 2714. 5. 45.
13.5051

— Betrachtungen uber einige Schrifft-Stellen aus dem Propheten Jesaia auf den jährlichen hohen Festen angestellet. — Halle: J. A. Bauer 1735. 256 S. 8° 19.
13.5052

— s.a. Bibliotheca Baumgarteniana.

— Bibliothecae Baumgartenianae p. 1.2. [Auktionskat.] — Halae: Gebauer 1765-67. 8°
1:Ap 1061. 3. 5. 8. 10. 12:Cat. 36. 14. 15. 18. 21. 23. 24. 27. 28. 32. 34. 39. 41. 44. 117.
13.5053

— Breviarium historiae christianae in usum scholarum. — Halae: Gebauer 1754. 384 S. 8° 1:Cb 2414. 2. 3. 7. 10. 12:H. eccl. 101 c. 18. 22. 23. 26. 27. 31. 41. 42. 66.
13.5054

Baumgarten, J. S., de Christo a Judaeis conspiciendo, quando dixerint: celebretur veniens in nomine Domini. Hal. 1736. 4.

— Dissertatio de Christo a Judaeis conspiciendo. [Resp.:] Joannes Christianus Grundler. Ed. novissima. — Halae Magd. 1744: Grunert. 28 S. 8°
Erschien zuerst als Diss. Halle 1736.
1:27 in Bd 8603-84. 2. 3. 12:4° Diss. 3690-24. 35. 41. 45.
13.5055

— — Recusa. Ebd. 1756. 30 S. 8° 17. 28. 34. 41. 45. 61.
13.5056

— Dissertatio theologica de Christo homine obligatione legum divinarum antecedente et externa soluto. [Resp.:] Joannes Nicolaus Kirchhoff. — Halae Magd. 1748: Hilliger. 34 S. 8°
Erschien zuerst als Diss. Halle 1742.
1:7 in Ah 7735. 3. 9. 41.
13.5057

— Dissertatio theologico-historica de Circumspectione haeresiologica. [Resp.:] Joannes Andreas Thal. — Halae Magd. 1754: Hilliger. 33 S. 8°
Erschien zuerst als Diss. Halle 1744.
3. 30. 41.
13.5058

— commentatio in IV symbola theotisca. 4. Halle 752. Gebauer. 3 gl

— Dissertatio theologica de ultima Coena Christi paschali. [Resp.:] Benedictus Guilielmus Munch. Recusa. — Halae Magd. 1750: Hilliger. 61 S. 8°
Erschien zuerst als Diss. Halle 1743.
1:21 in Bd 8603-85 [u.] 31 in Bd 8603-215. 14. 61.
13.5059

— (Hrsg.), s. Concordienbuch, Christliches.

— Disputatio theologica de Conversione non instantanea. [Resp.:] Ernestus Fridericus Bening. Recusa. — Halae Magd. 1753: Hendel. 30 S. 8°
Erschien zuerst als Diss. Halle 1743.
1:5 in Bd 8138 [u.] 24 in Bd 8603-145. 17. 24.
13.5061

— Dissertatio theologica exhibens Demonstrationem extra Ecclesiam non dari salutem. [Resp.:] Christianus Fridericus Jericho. — Halae Magd. 1749: Hilliger. 43 S. 8°
Erschien zuerst als Diss. Halle 1742.
3. 7. 9. 15. 41. 61.
13.5062

— Disputatio theologica exhibens paedobaptismi Demonstrationem et vindicias. [Resp.:] Johann Friedrich Kleinschmidt. Recusa. — Halae Magd. 1749: Schneider. 53 S. 8°
Erschien zuerst als Diss. Halle 1739.
41.
13.5063

Baumgarten, S. J., de ministrorum ecclesiae apud vett. Christianos ope sortitionis designatione. Hal. 1751. 4.

— Dicta ordinem salutis, s. C. F. *Helwing*.

— Dissertatio theologica de Dictis Scripturae sacrae probantibus. [Resp.:] Matthias Drude. Ed. 2., em. & auctior. Halae Magd. 1739: Hendel. 30 S. 8°
Erschien zuerst als Diss. Halle 1735.
10. 12:4° Diss. 3029-21. 41.
13.5064

— — Ed. 3., auctior et em. Ebd. 1744. 30 S. 8°
3. 8. 12:4° Diss. 2476-3. 41. 45.
13.5065

— Dissertatio theologica de Dictis Scripturae sacrae probantibus. — Ebd. 1749. 30 S. 8°
1:47 in Bd 8603-132. 3. 9. 41. 45.
13.5066

— — Ebd. 1760. 32 S. 8° 12:4° Diss. 1191-11. 17. 19. 41.
13.5067

— Exercitatio theologica de Discrimine eius quod naturale et morale dicitur in theologia. [Resp.:] Georg. Frid. Meier. Halae Magd. 1744: Hendel. 63 S. 8°
Erschien zuerst als Diss. Halle 1738.
3. 9. 41.
13.5068

— — Ebd. 1751. 63 S. 8° 1:3 in Bd 7319 [u.] 4 in Bd 8603-224. 12:4° Diss. 718-36. 17. 31. 41.
13.5069

— Dissertatio theologica de Discrimine revelationis et inspirationis. [Resp.:] Jacob Dieterich Litzmann. — Halae Magd. 1748: Hilliger. 36 S. 8°
Erschien zuerst als Diss. Halle 1745.
1:21 in Bd 8603-133. 3. 8. 12:4° Diss. 2345-5. 25. 32. 41.
13.5070

— Dissertatio theologico-moralis de Discrimine virtutum aeternarum et cessantium post mortem. [Resp.:] Josephus Fridericus Bando. — Halae Magd. 1754: Hilliger. 37 S. 8°
Erschien zuerst als Diss. Halle 1749.
41. 61.
13.5071

— s. Dufresnoy: Tafeln.

— Disputatio theologica de Efficacia S. Scripturae naturali et supernaturali. [Resp.:] Martinus Felmer. Recusa. — Halae Magd. 1753: Hendel. 44 S. 8°
Erschien zuerst als Diss. Halle 1742.
1:4 in Bd 7319. 12:4° Diss. 2444-4. 24. 25. 34.
13.5072

— s.a. Ehrengedächtniß, Baumgartens.

— Ehrengedächtniß. gr. 4. Ebend. 758.

— enarratio solemnium, quibus memoria Christi in lucem editi antiquitus celebrata est. Ibid. 1743. 4; rep. in ejsd. opusc. 2. p 59 — 94.

— Entwurf verschiedener homiletischen Zergliederungen oder Dispositionen von Predigten über alle son- und festtägliche Episteln. Th. 1.2. — Halle: Gebauer 1754-55. 8°
4. 8. 10. 26. 41.
13.9073

— — (Hrsg.: Johan Georg Kirchner.) Ebd. 1757. 194, 246 S. 8°
1: Dy 13210. 14. 42.
13.5074

— Entwurf verschiedener homiletischen Zergliederungen oder Dispositionen von Predigten über alle son- und festtägliche Evangelia. Th. 1.2. — Halle: Gebauer 1752. 8°
1: Dy 13209. 8. 10. 28. 41. 79.
13.5075

— — Th. 1.2. Ebd. 1754. 8°
3. 45.
13.5076

— Entwurf verschiedener homiletischen Zergliederungen oder Dispositionen von Predigten über alle son- und festtägliche Evangelia des ganzen Jahrs. (Th. 1.2.) — Ebd. 1754. 8°
9. 33[= 1].
13.5077

— — 2. Aufl. Th. 1. Ebd. 1768. 204 S. 8°
3. 33.
13.5078

— Epistola de veterum coniunctione matheseos cum philosophia. Qua ... Jo. Gottlob Krugero summos in philosophia honores ... obtinendos ... gratulatur Sigism. Jac. Baumgarten. — o.O. [1737]. 2 Bl. 8°
1:6 in O 2345. 2. 9. 12:4° Diss. 458-95. 26.
13.5079

— Ergänzung und Fortsetzung der Saligschen Gelehrten-Geschichte der Tridentischen Kirchen-Versamlung. 1745 in: *Salig*, Christian August: Vollständige Historie des Tridentischen Conciliums. 3.

— Erklärung des Briefes St. Pauli an die Hebräer mit Andreas Gottlieb Maschens Anmerkungen u. Paraphrasi, auch Johann Salomon Semlers Beiträgen zu genauerer Einsicht dieses Briefs. — Halle: Gebauer 1763. 8, 150, 538 S. 8°
1: Bt 11312. 2. 3. 5. 7. 8. 10. 12:4° Exeg. 65. 14. 15. 17. 18. 19. 24. 27. 41. 45. 46. 48.
13.5080

— Erbauliche Erklärung der Psalmen... Mit e. Vorr. Johann Salomon Semlers. Th. 1.2. — Halle: Gebauer 1759. 8°
1: Bn 3970. 2. 3. 5. 7. 8. 10. 12:4° Exeg. 67. 14. 18. 19. 21. 24. 28. 30. 33. 41. 45. 48. 78. 207.
13.5081

— Erläuterung der christlichen Alterthümer. Hrsg. von Josch. Christoph Bertram. — Halle: Gebauer 1768. 12, 580 S. 8° 1: Cc 7384. 2. 3. 5. 7. 8. 10. 12: H. eccl. 102 i. 14. 15. 17. 19. 27. 28. 29. 32. 44. 46. 79. 117. 214. 307.
13.5082

— Erleuterung [Erläuterung] des Kleinen Catechismi D. Martin Luthers. — Halle: Waisenhaus 1749. 564 S. 8°
1: Eo 8744. 10. 19. 24. 32. 38. 41. 78. 79. 300: 20 Z 18.
13.5083

— — 2. Aufl. Ebd. 1753. 564 S. 8° 1:Eo 8745. 28. 33. 41. 44.
13.5084

— Erläuterung des Kleinen Catechismi D. Martin Luthers. 3. Aufl., aufs neue durchges., auch noch ... verm. von Johann George Kirchner. — Ebd. 1764. 33,564 S. 8°
1:Eo 8746. 3. 5. 8. 9. 10. 17. 32. 207.
13.5085

— Erleuterungen [Erläuterungen] der im Christl. Concordienbuch enthaltenen symbolischen Schriften der evangelischlutherischen Kirche. — Halle: Gebauer 1747. 370 S. 8° 1:Df 15140. 2. 3. 5. 7. 8. 10. 11. 12: Dogm. 63 w. 14. 15. 17. 18. 19. 21. 23. 28. 29. 30. 33. 41. 42. 44. 48. 61. 78. 79.
13.5086

— — 2. u. mit Anm. verm. Aufl. Ebd. 1761. 496,56 S. 8°
1:Df 15140^{8}. 2. 4. 5. 7. 8. 10. 14. 18. 19. 24. 26. 27. 33. 41. 60. 117. 300:20.173.
13.5087

— Ermanung [Ermahnung] Christi zur Barmhertzigkeit aus dem ersten Theil der Hamburgischen Kantzelreden ... besonders hrsg. — Halle: J. A. Bauer 1742. 39 S. 8°
Aus: Neue Sammlung auserlesener u. überzeugender Canzel-Reden. 1. 1738. 1:10 in E 183 [u.] 3 in E 218. 5. 10. 19. 41.
13.5088

— Ermahnung z. Glaub. u. Ausüb. d. wahrh. Gottesdienstes. 8. Halle, Gebauer. 741.

— examen variantium lectionum in epistola Jacobi obviarum. 4. Halle 751. Gebauer. 4 ℊ

Baumgarten, G. J., examen miraculi legionis fulminatricis. I—III. Hal. 1740. 4.

— Examen variarum opinionum de regno posterorum Abrahami in Aegypto. [Resp.:] Maximilianus Hoppert. — Halae Magd. 1749: Hilliger. 44 S. 8°
Erschien zuerst als Diss. Halle 1744.
1:3 in Bd 8138 [u.] 2 in Ur 5. 3. 8. 12:4° Diss. 705–27. 17. 32. 61.
13.5089

— Examen sententiae veterum christianorum de militia. [Resp.:] Joh. Gottlieb Calov. — Halae Magd. 1745: Hilliger. 28 S. 8° Erschien zuerst als Diss. Halle 1741.
3. 7. 12:4° Diss. 3930–7 [2 Ex.] 17. 31. 41.
13.5090

— — Ebd. 1754. 30 S. 8° 7. 17. 19. 61.
13.5091

— Dissertatio theologica Explicationem loci difficilioris Joh. X., 33–38. et vindicias divinitatis Christi ex eodem exhibens. [Resp.:] Joachimus Fridericus Hitzwedell. — Halae Magd. 1749: Hendel. 30 S. 8°
Erschien zuerst als Diss. Halle 1735. 9.
13.5092

— — Ebd. 1760. 30 S. 8° 17. 19. 41. 45. 61.
13.5093

– s. Ferrara: Historie.

— Festbetrachtungen über einige Stellen aus dem Jesaia. 2. Aufl. — Ebd. 1741. 256 S. 8° 3. 5. 22. 29.
13.5082a

Piam ac religiosam natalis domini celebr. Fridericianae prorector **Sigismund Jacob Baumgarten** una cum directore cancellario ac reliquo senatu academico indicit civibus. — Simul de forma servi a Christo sumta breviter diss. Halle (Orphanotrophei) 1748. 10 Bl. (4.—) 1451

— [Vorr.]
s. *Franck*, David: Alt- und neues Mecklenburg. 1753–58.

— geistliche Gedichte. 4 Sammll. gr. 8. Halle 748—52. Gebauer. 1 ℛ 18 ℊ

Baumgarten, Sigism. Jac., Commentatio de genealogia Jesu Domini qua natalem ipsius academiae nomine indixit. Halle 1749. 36 S. (4.50) 1452

— [Vorr.] Algemeine Geschichte der Länder und Völker von America. 1752–53 s. *Schroeter*, Johann Friedrich.

— Geschichte der Religionspartheyen. Hrsg. von Johann Salomon Semler. — Halle: Gebauer 1766. 30,1335 S. 8°
1:Ck 520. 2. 3. 5. 7→11. 12:4° H. g. hum. 1 c. 14. 15. 17→21. 24. 26→29. 32. 36. 41. 44. 61. 66. 169. 300:21.358. 302.
13.5094

— Evangelische Glaubenslehre. Mit einigen Anm., Vorr. u. historischen Einl. hrsg. von Johann Salomon Semler. Bd 1–3. — Halle: Gebauer 1759–60. 8°
1:Cw 9611. 2→5. 7. 8. 10. 11. 12:4° Dogm. 50. 14. 18→21. 23. 24. 26. 28. 29. 31. 32. 41. 302.
13.5095

— — 2. Aufl. Bd 1–3. Ebd. 1764–66. 8°
10[=2.3]. 14. 15[=3]. 16[=3]. 17[=2.3]. 19[=3]. 21[=3]. 33[=3]. 36[=3].
13.5096

— Dissertatio theologico-moralis de Gradibus peccatorum. [Resp.:] Joannes Andreas Eilers. Ed. nova. — Halae Magd.: Hendel 1744. 46 S. 8° Erschien zuerst als Diss. Halle 1736.
1:48 in Bd 8603–139. 3. 8. 12:4° Diss. 1743–14. 16. 41.
13.5097

— — Ed. novissima. Ebd. 1749. 46 S. 8° 1:2 in Bd 7319. 7.
13.5098

— Theologische Gutachten. Saml. 1.2. — Halle: Gebauer 1753–55. 8° 1:D 4310. 3. 5. 7. 8. 10. 11. 12[=2]: J. can. P. 94. 15. 17. 19. 24. 28. 30. 33. 41. 46. 75.
13.5099

— [Vorr.] s. *Gutschmid*, Johann Friedrich: Die Wahrheit der Geschichte von der Auferstehung Jesu, wider Edelmanns Angriffe vertheidigt. 1753.

— Historia Trisagii. [Resp.:] Georg Philipp Schunter. — Halae Magd. 1753: Hilliger. 35 S. 8°
Erschien zuerst als Diss. Halle 1744.
3. 4. 12:4° Diss. 3929–31. 17. 32. 41. 61. 302.
13.5100

— [Mitarb.] s. *Hollatz*, David: Lautere Gnadenspuren des Evangelii allen menschlichen eigenen und gesetzlichen Wegen entgegengestellet. 1747.

— [Vorr.] s. *Hooghe*, Romein de: Hieroglyphica oder Denkbilder der alten Völker [Van de Hieroglyphica of merkbeelden der oude volkeren, deutsch]. 1744.

— [Vorr.] s. *Houtteville*, Claude François: Erwiesene Wahrheit der christlichen Religion durch die Geschichte [La Religion chrétienne prouvée par les faits, deutsch]. 1745.

— Celeberrimi cuiusdam viri Hypothesis etymologica, de Hebraea et adfinibus Orientis linguis a Graeca derivandis. 1759 s. *Michaelis*, Christian Benedikt.

— Dissertatio theologica de Imputatione peccati Adamitici posteris facta. [Resp.:] Stephanus Christophorus Lentze. Halae Magd. 1744: Hilliger. 85 S. 8°
Erschien zuerst als Diss. Halle 1742.
3. 12:4° Diss. 1719–8. 23. 180.
13.5101

— — Ebd. 1749. 85 S. 8°
1:2 in Ah 7735. 3. 12:4° Diss. 3361–20. 41. 302.
13.5102

— — Ebd. 1754. 85 S. 8° 16.
13.5103

— — Halae Magd. 1759: Hendel. 85 S. 8°
1:7 in Bd 8138. 4. 12:4° Diss. 2442–25. 19. 41. 61.
13.5104

-- Sigismundi Jacobi Baumgarten Index tam disputationum sub praesidio suo adhuc habitarum quam argumentorum quae opportune disputari posse videntur. — Halae Magd.: J.A.Bauer 1742. XVI S. 8°
1:8 in Bd 7317; 5 in Bd 8132 [u.] 11 in Bd 8561. 3. 8. 10. 12:4° Diss. 462-1. 23.
13.5105

— Dissertatio historico-theologica de Infallibilitate pontificum Romanorum αὐτοκατακρίτῳ. [Resp.:] Gottefriedus Schüz. Recusa. — Halae Magd. 1751:Grunert. 32 S. 8°
Erschien zuerst als Diss. Halle 1740.
1:10 in Bd 8138. 7. 10. 16. 17. 19. 41.
13.5106

— Institutionum hermeneuticarum particula 1–5. — Halae: Gebauer 1752–55. 8°
1. De interpretatione Scripturae sacrae. Ad Breviarii hermeneutici §. 1-4 seu prolegomena. 1752.
2-5. De sensu Scripturae sacrae. Ad Breviarii hermeneutici cap. 1, §. 5-20. 1752-55.
Particula 4.5 zugleich Diss. Halle 1753-55.
12:4° Diss. 463-7. 28 [= 4.5.]. 45. 61.
13.5107

— Dissertatio theologica de Juda sacrae coenae conviva. [Resp.:] Joannes Henricus Gerling. — Halae Magd. 1750: Hilliger. 39 S. 8° Erschien zuerst als Diss. Halle 1744.
1:15 in Bd 8603-85. 12:4° Diss. 2313-20. 17. 41. 61.
13.5108

— merkwürd. Lebensbeschreibungen berühmter Leute, größtentheils aus d. Britann. Biographien genommen. 10 Thle. (5r —10r Thl von Semler.) gr.8. Halle 754—70. Gebauer. (à 2 ₰) 20 ₰

— [deutsch] Theologische Lehrsätze von den Grundwarheiten der christlichen Lehre, nach Ordnung der Freylinghausischen Grundlegung ... Übers. von Anton Friedrich Büsching, nebst e. neuen Vorr. d. Verf. — Halle: Waysenhaus 1747. 422 S. 8°
1:Cw 9607. 3. 6. 10. 15. 17. 23. 33. 41. 78. 207.
13.5137

-- Primae Lineae Breviarii antiquitatum christianarum. — Halae Magd.: Hemmerde 1747. 90 S. 8°
2. 3. 7. 10. 17. 19. 22. 23. 28. 32. 48. 207.
13.5109

— — Scholia multa add. J.S.Semler. Ebd. 1766. 254 S. 8°
1:Cc 7382. 2. 3. 10. 12:H.eccl. 102h. 15. 25. 27. 34. 41. 75. 117. 302.
13.5110

Baumgarten, S. J., de martyriis christianis variisque circa eadem notandis. Hal. 1752. 4.

— Meditationes de limitibus in conciliandа rationi doctrina revelata observandis. [Resp.:] Georgius Henricus Langreuter. — Halae Magd. 1760:Hendel. 40 S. 8°
Erschien zuerst als Diss. Halle 1751.
12:4° Diss. 3355-23. 17. 41.
13.5111

— theolog. Moral in Tabellen von Prager. gr. 8. Ebend. 768.

Baumgarten, Sigm.Jak. (Hrsg.), s. Nachrichten von Begebenheiten und Schrifften berühmter Gelehrten.

— [Hrsg.] s.a. *Nachrichten* von einer hallischen Bibliothek. 1748ff.

Baumgarten, S. J., Nachrichten von einer Hallischen Bibliothek. Hallo 748-51. 8 Th. (48 St.) 8. 4 rthlr. Beschreibung seiner eigenen Bibliothek.

Baumgarten, Sieg. Jakob (Hrsg.), s.a. Nachrichten von merkwürdigen Büchern.

— Nachricht v. merkw. Büchern. 12 Bde. in 66 Stck. 8. Ebend. 752—57. (à Stck. 3 gr.)

-- Nachrichten von einigen schätzbaren Handschriften der zalreichen Bibliothek des weiland hochberümten Kanzlers von Ludwig. — Halle 1749: Gebauer. 45 S. 8°
1:Ap 14632; 3 in Ao 6045a [u.] 8° Bibl. Diez 10151. 2. 3. 12:Diss. 24-4 [2 Ex.] 14. 18. 24. 27. 32. 34. 41. 48.
13.5112

— s. Neal: Geschichte.

— Dissertatio theologica de naturae et gratiae Nexu. [Resp.:] Joannes Fridericus Page. — Halae Magd. 1756:Hilliger. 47 S. 8° Erschien zuerst als Diss. Halle 1751. 41. 61.
13.5113

— [Bearb.] s. *Niceron*, Jean Pierre: Nachrichten von den Begebenheiten und Schriften berümter Gelehrten [Mémoires pour servir à l'histoire des hommes illustres dans la république des lettres, deutsch]. 1–15. 1749–57.

-- Observationes de Concilio Tridentino, quantum per illud melior deteriorque facta fuerit Ecclesia Romana quantumque ex eo nostra Ecclesia ceperit emolumenti demonstrantes. [Resp.:] Georgius Ludovicus Roloffius. Recusa. Hallae Magd. 1749:E.Schneider. 55 S. 8°
Erschien zuerst als Diss. Halle 1737.
1:9 in Bd 8138. 5. 7. 14. 15. 16. 19.
13.5114

— Opuscula, quae Latine scripsit Sigism. Jac. Baumgarten. Coll. et digessit Gotthilf Christoph Bakius. Fasc. 1.2. — Ebd. 1740–46. 8°
1[= 1]: 8° Bibl. Diez 7718. 2. 3. 4. 7. 8. 27. 28. 121.
13.5007

— Ordnung d. Heils nach Luthers Catechism. 8. 752.

Baumgarten, J. S., de solemnium Christo nato sacrorum originibus. Hal. 1738. 4.

— Dissertatio theologica moralis de Participatione peccatorum alienorum. [Resp.:] Samuel Gottlieb Olearius. — Halae Magd. 1760:Hendel. 24 S. 8°
Erschien zuerst als Diss. Halle 1752. 41. 61.
13.5115

-- Kurtzgefaste casuistische Pastoraltheologie, erl. u. hrsg. von Johan Friedrich Hesselberg. — Halle: J.A.Bauer 1752. 954 S. 8° 1:Dp 1230. 3. 4. 10. 12:Past. 185. 15. 17. 20. 21. 23. 24. 26. 29. 41.
13.5116

— Dissertatio philologico-theologica de Peccato in Spiritum Sanctum ad ductum[!]loci classici Ebr. VI,4.5.6. [Resp.:] Jo. Samuel Hichtel. — Halae Magd. 1744:Hilliger. 46 S. 8°
Erschien zuerst als Diss. Halle 1740.
1:18 in Bd 7312 [u.] 26 in Bd 8603-139. 3. 14. 180.
13.5117

— — Ebd. 1748. 46 S. 8° 1:27 in Bd 8603-121. 3. 4. 9. 41.
13.5118

— Dissertatio philologico-theologica de Peccato in Spiritum Sanctum ad dictum loci classici Ebr. VI,4.5.6. [Resp.:] Joann. Samuel Hichtel. — Halae Magd. 1759 : Hendel. 48 S. 8° 12:4° Diss. 3276-19 [2 Ex.] 25. 41. 61.
13.5119

Baumgarten, S. J., de periculosa sacramentorum in ceremonias et harum in sacramenta permutatione. Hal. 1753. 4.

— Dissertatio moralis de Pietate ministri Ecclesiae ab auditore caute examinanda. [Resp.:] Georg. Frider. Gerling. Recusa. — Halae Magd. 1750:Grunert. 24 S. 8°
Erschien zuerst als Diss. Halle 1740.
3. 4. 12:4° Diss. 3689-22. 19. 41. 61.
13.5120

— Dissertatio theologica de Polygamia simultanea illegitima. [Resp.:] Benjamin Christophorus Hermann. Recusa. — Halae Magd. 1748:Grunert. 34 S. 8°
Erschien zuerst als Diss. Halle 1739. 3. 25. 41.
13.5121

— — Recusa. Ebd. 1756. 34 S. 8° 16.
13.5122

— — Recusa. Ebd. 1757. 34 S. 8°
4. 8. 12:4° Diss. 1880-6 [2 Ex.] 15. 19. 25. 61.
13.5123

— De Praestantia religionis revelatae prae naturali. [Resp.:] Christoph. Joseph. Sucro. Recusa. — Halae Magd. 1753: Grunert. 37 S. 8° Erschien zuerst als Diss. Halle 1743.
3. 7. 17. 19. 29. 31.
13.5124

— Exercitatio theologico-exegetica de Precatione Christi pro avertendo calice ad Matth. XXVI. v. 39. [Resp.:] Christianus Henricus Nehring. — Halae Magd. 1744: Hendel. 22 S. 8° Erschien zuerst als Diss. Halle 1735.
1:11 in Ah 7735. 3. 41. 45.
13.5125

— — Ebd. 1750. 22 S. 8°
1:1 in Bd 7319 [u.] 30 in Bd 8603-85. 45.
13.5126

Baumgarten, S. J., de precatione Christi pro avertendo calice. Hal. 1785. 4.

— Predigt, v. d. Geburt d. Seeligmachers. 8. Halle, Gebauer. 753.

— Predigten. Saml. 1-3. — Halle: Francke 1756-59. 8°
3. Hrsg. von Johan George Kirchnern. 1759.
1:Eb 3956. 3. 10. 33 [** 1.3].
13.5127

— Predigten. 3 Thle. gr. 8. Leipz. 756—59. Beer. 1 rß 16 gr

— Predigten. 3 Thle. gr. 8. Leipz. Graffe. 756—59.

— Dissertatio historico-ecclesiastica de Procrastinatione baptismi apud veteres eiusque caussis. [Resp.:] Antonius Fridericus Büsching. — Halae Magd. 1754: Hilliger. 32 S. 8° Erschien zuerst als Diss. Halle 1747.
1:8 in Bd 8138. 12:4° Diss. 3077-23. 17. 41. 61.
13.5128

Baumgarten, Siegmund Jakob: [Teils.] Programmata cum app. Epistolarum. Coll. et digessit Gotthilf Christoph Bakius. — Halae Magd.: J. A. Bauer 1740. 344 S. 8°
1:8° Bibl. Diez 7717. 7. 12: Opp. 20h. 14→19. 24. 25. 41. 45.
13.5006

— Programmata et opuscula. II part. 8. Hal. Hemmerde et Schw. 745.

— Dissertatio theologica de Propagatione et gradibus peccati originalis. [Resp.:] Joannes Fridericus Litzmann. — Halae Magd. 1748: Hilliger. 60 S. 8° Erschien zuerst als Diss. Halle 1745.
3. 12:4° Diss. 1600-10. 16. 25. 41.
13.5129

— [Bearb.] s. *Rapin* Thoyras, Paul de: Algemeine Geschichte von England [Histoire d'Angleterre, deutsch]. 1-5. 1755-57.

— Dissertatio theologica de captivanda Ratione sub fidem. [Resp.:] Samuel Christophorus Haltmeier. — Halae Magd. 1760: Hendel. 80 S. 8° Erschien zuerst als Diss. Halle 1752.
19. 41. 61.
13.5130

— [Vorr.] s. *Roques*, Pierre: Gestalt eines evangelischen Lehrers [Le Pasteur évangélique, deutsch]. 1741-44.

Baumgarten, S. J., de sacramentis generatim spectatis. Hal. 1733. 4.

— Samml. einiger Bedenken d. theol. Facultät in Halle. 4 Thle. 8. Halle 747—51. Waisenhausbuchh. 21 gr

— Kleine teutsche Schriften. Saml. 1.2. Halle: Hemmerde 1743-45. 8° 7. 8. 10. 18. 19. 23. 25. 27. 31. 33. 41.
13.5008

— [franz.] Traité des libertés de l'Église gallicane pour l'éclaiseissement [!] de la dispute présente entre les parlemens et les évêques. Trad. par E. C. Pohlmann. — Halle: Francke 1753. 68 S. 8° 41.
13.5010

— [Vorr.] s. *Schulze*, Johann Heinrich: Bibliotheca Jo. Henrici Schulze. 1745.

— Dissertatio theologica de veris Signis vocationis divinae ad ministerium ecclesiasticum. [Resp.:] Christoph. Wilhelmus Weissenborn. — Halae Magd. 1754: Hilliger. 37 S. 8° Erschien zuerst als Diss. Halle 1746.
7. 12:4° Diss. 3645-23. 19. 61.
13.5131

— Exercitatio historico theologica de patrum primitivae Ecclesiae feliciori Successu in profliganda gentium superstitione quam in confirmanda doctrina christiana. [Resp.:] Joannes Melchior Goeze. Recusa. — Halae Magd. 1747: Schneider. 32 S. 8° Erschien zuerst als Diss. Halle 1738.
3. 7. 12:4° Diss. 3224-25. 25. 30. 34. 41.
13.5132

Baumgarten, S. J., de veterum temporibus memoriae Christi vitae restituti sacris. Hal. 1736. 4; rep. in ejsd. opusc. I. p. 77 ss.

Baumgarten, S. J.: De tentatione Christi in deserto. – Hal. 1755.

— Theses dogmaticae ad ductum Compendii Freylinghausiani. Acc. Theses theologiae moralis et alia. Curante Joach. Christoph. Bertram. — Ebd. 1767. 528 S. 8°
1:Cw 9603. 7. 9. 23. 33.
13.5136

— Theses theologiae moralis. 1767 in: *Baumgarten:* Theses dogmaticae ad ductum Compendii Freylinghausiani [Theses theologicae].

— theses theol dogmaticae ad ductum compend. Freylinghausiani. 8. Halle 746. Ed. II. 757. Ed. nova c. F. Bertram. 767. Waisenhausbuchh. 10 gr

— Theses theologicae elementa doctrinae sanctioris ad ductum Breviarii dogmatici Jo. Anastas. Freylinghausen complexae. — Halae: Orphanotropheum 1746. 370 S. 8°
1:Cw 9601. 9. 10. 29. 30. 41. 111.
13.5133

— — Ed. 2. Ebd. 1750. 380 S. 8°
1:Cw 9602. 8. 17. 27. 28.
13.5134

— — Ed. 3. Ebd. 1758. 380 S. 8° 18: Dogm. 65.
13.5135

— Uebersetz. d. allgem. Welthistorie s. Welthistorie.

— Unterricht von Auslegung der heiligen Schrift. — Halle: J. A. Bauer 1742. 216 S. 8°
1:an Eo 8744. 8. 15. 18. 19. 23. 24. 28. 29. 41.
13.5138

— — 2., verm. Aufl. Ebd. 1745. 232 S. 8°
3. 10. 17. 19. 61. 79. 207.
13.5139

— — 3., verm. Aufl. Ebd. 1751. 232 S. 8°
24. 28. 32. 45. 78. 211.
13.5140

— — 3., verm. Aufl. Halle: Gebauer 1751. 232 S. 8° 33.
13.5141

— — Neue u. mit des sel. Verf. hinterlassenen eigenhändigen Zusätzen u. Anm. verm. Aufl. (Hrsg.: Johann Salomon Semler.) — Ebd. 1759. 262 S. 8°
3. 10. 12: Exeg. 83 tm. 17. 19. 22. 27. 28. 41. 45. 47. 78.
13.5142

— Unterricht vom rechtmässigen Verhalten eines Christen oder theologische Moral zum academischen Vortrag ausgefertiget. — Halle: J. A. Bauer 1738. 836 S. 8°
1:an Av 15209a. 4. 6. 7. 15. 19. 22. 23. 24. 27. 29. 33. 41.
13.5143

— — 3. Aufl. Ebd. 1744. 806 S. 8°
1:D 4293. 2. 3. 5. 9. 17. 24. 27. 33. 42. 78. 123. 180.
13.5144

— — 4. Aufl. Ebd. 1750. 806 S. 8°
1:D 4294. 5. 11. 18. 22. 23. 25. 26. 28. 41. 48. 78.
13.5145

— — 5. u. verb. Aufl. Halle: Gebauer 1756. 482 S. 8°
8. 12: Mor. 88. 26. 29. 41. 45. 79.
13.5146

— — 6. u. verb. Aufl. Ebd. 1762. 482 S. 8° 10. 44.
13.5147

— Untersuchung theolog. Streitigkeiten. Mit e. Vorrede ꝛc. herausg. v. J. S. Semler. 3 Thle. 4. Halle 761—64. Gebauer. 7 ᵣₜₗ

— **Untersuchung** theologischer Streitigkeiten. Mit einigen Anm., Vorr. u. fortgesetzten Geschichte d. christlichen Glaubenslehre hrsg. von Johann Salomo Semler. Bd 1–3. Halle: Gebauer 1762–64. 8° 1: Dh 14430. 2→8. 10. 11.
12: 4° Polem. 313. 14→21. 23→27. 29. 31. 32. 33.
39. 41. 42. 48. 75. 78. 79. 117. 214. 302.
13.5149

— **Vindiciae** demonstrationum divinitatis Sacrae Scripturae a suspicione circuli vitiosi. [Resp.:] Georg. Christian. Haine. Recusa. — Halae Salicae 1753: Grunert. 50 S. 8°
Erschien zuerst als Diss. Halle 1742.
1: 22 in Bd 8603–133. 3. 7. 12: 4° Diss. 3246–7. 16.
17. 19. 25.
13.5150

Baumgarten, Sigism. Jac. [Präs.]: Vindiciae omniscientiae in deo, s. Bangert, Christoph [Resp.]

— **Vindiciae** poenarum aeternarum oppositae auctori epistolarum Sur la religion essentielle. [Resp.:] Joannes Godofredus Weinschenck. Recusa. — Halae Magd. 1753: Grunert. 24 S. 8° Erschien zuerst als Diss. Halle 1742.
3. 12: 4° Diss. 2444–7. 17. 19. 61.
13.5151

— **Vindiciae** verae et realis corporis et sanguinis Christi in sacra coena praesentiae ab oppugnationibus Benjaminis Hoadly. [Resp.:] Joannes Carolus Leekeny. Recusa. — Halae Magd. 1759: Grunert. 28 S. 8°
Erschien zuerst als Diss. Halle 1744. 19. 61.
13.5152

— **Vindiciae** potiorum Christi testimoniorum quibus superioritatem Patris affirmare videtur contra Neo Arrianos et imprimis Thomam Chubbium. [Resp.:] Joannes Gebhardus Pfeil. Recusa. — Hallae Magd. 1749: Schneider. 39 S. 8°
Erschien zuerst als Diss. Halle 1741. 1: 11 in Bd 8138. 25.
13.5153

— **Vindiciae** textus Graeci Novi Testamenti contra Jo. Harduinum. [Resp.:] Christianus Fridericus Curtius. — Halae Magd. 1740: Hilliger. 32 S. 8°
Erschien zuerst als Diss. Halle 1742.
9. 12: 4° Diss. 2345–2. 25. 41. 180.
13.5154

— — Ebd. 1754. 30 S. 8°
1: 4 in Bd 8138. 12: 4° Diss. 3121–2. 19. 28. 29. 45. 61.
13.5155

— Disputatio theologica de **Vocatione** Dei ad salutem, variis eius gradibus et graduum rationibus. [Resp.:] Joannes Fridericus Danneil. — Halae Magd. 1746: Hilliger. 48 S. 8°
Erschien zuerst als Diss. Halle 1742.
1: 2 in Bd 8603–145. 12: 4° Diss. 3123–8. 15. 41.
13.5156

— Siegmund Jacob Baumgartens Öffentliche Anzeige seiner dißmaligen academischen Arbeit, dabey zugleich von den vornehmsten **Vortheilen** bey Erlernung der Theologie auf hohen Schulen gehandelt wird. — Halle: J. A. Bauer 1734. 23 S. 8° 1: 7 in Ah 11854 [u.] 3 in Bd 7312. 8.
13.5157

— — 2. Aufl. Ebd. 1744. 23 S. 8°
1: 17 in Bc 4301 [u.] 10 in E 156. 10. 17. 78.
13.5158

— Ausführlicher **Vortrag** der biblischen Hermeneutic. Hrsg. von Joachim Christoph Bertram. — Halle: Gebauer 1769. 572 S. 8° 1: Bf 4590. 2. 3. 7→10.
12: 4° Exeg. 68. 14. 24. 28. 36. 214.
13.5159

— ausführl. Vortrag d. theolog. Moral. Mit e. Vorrede v. J. S. Semler. 4. Halle 764. Gebauer. 4 ᵣₜₗ

— Ausführlicher Vortrag der theologischen Moral mit e. Vorr. Joh. Salomo Semlers. (Hrsg.: Joachim Christoph Bertram.) — Ebd. 1767. 20,1622 S. 8°
1: D 4296. 3. 5. 8. 10. 11. 14→20. 28. 31. 34. 78.
13.5148

— Dasselbe in Tabellen; herausg. v. J. C. Prager, mit Millers Vorrede. gr. 8. Halle 768. Gebauer. 21 gγ

— [Hrsg.] s. *Watts*, Isaac: Reden von der Liebe Gottes [Discourses on the love of God, deutsch]. 1740 u. ö.

— [Vorr.] s. *Watts*, Isaac: Verwarung gegen die Versuchung zum Selbstmord [A Defence against the temptation to self-murder, deutsch]. 1740 u. ö.

— [Vorr.] s. *Watts*, Isaac: Zukünftige Welt [The World to come, deutsch]. 1745 u. ö.

Baumgarten, S. J. und J. S. Semler. Allgemeine Weltgeschichte. Aus dem engl. Halle 1746—66. 30 Bde. 4. Forts. durch Schlözer, etc. Halle 1771—79. 11 Bde. 4.

— Das zuverläßige und aller Aufname würdige **Wort** von der Geburth des Seligmachers ... Predigt. — Halle: J. A. Bauer [1735]. 48 S. 8° 1: 1 in E 218. 19. 28. 78.
13.5160

— — 2. Aufl. Ebd. 1739. 48 S. 8°
1: Eb 417 [u.] 4 in E 198–3. 3. 9. 41.
13.5161

— — 3. Aufl. Ebd. 1753. 48 S. 8° 5. 28.
13.5162

— Siegm. Jac. Baumgartens **Zuschrift** an seine Zuhörer. — Dat. Halle 19. Jan. 1743. 4 Bl. 8°
1: 19 in Bc 4301. 10. 17. 26. 78.
13.5163

— Siegm. Jac. Baumgartens Zweite **Zuschrift** an seine Zuhörer. — Dat. Halle 29. Mai 1744. 32 S. 8°
1: 20 in Bc 4301. 10. 17. 78.
13.5164

Baumgarten, Sigism(und) Jacob, s. Baumgarten, Siegmund Jakob

Baumgarten, T. G. v.: **Die Hausschwamm-Frage** der Gegenwart. 1891 s. *Gottgetreu*, Rudolf.

Baumgarten, Viktor: Der **Volksrechtslehrer**. Eine Rede zur Eröffnung d. rechtlichen Abendunterhaltungen in Rudolstadt. — Rudolstadt: Hof-Buch- u. Kunsthandlung 1842. 14 S. 8° 78.
13.5167

Baumgarten, Wilhelm: **Gedichte**. — Wien: Gerold in Comm. 1860. VIII,220 S. 8° 300: 160.540–B. 302.
13.5168

Baumgarten, Wilh. Ernst: Ist Jesus Christus auferstanden? Krit. Beleuchtg d. Auferstehgslegende an d. Hand d. Bibel. (16) 8° Lpzg, Monist. Central-Bh., Teichmann & Co. ('08.) — 20 d

Baumgarten, Wilhelm Robert Oswald, s. Baumgarten, Oswald

Baumgarten-Crusius, s. Baumgarten-Crusius, Artur

Baumgarten - Crusius, A(rthur), s. Baumgarten-Crusius, Artur

Baumgarten - Crusius, Artur, Generalmajor. 1858 - 1932.
1880: **Abriß** der sächsischen Geschichte mit bes. Berücks. der Geschichte der einzelnen Königl. Sächs. Truppentheile bis einschließlich des Feldzuges 1870/71. — Zittau 1882: (Menzel). 79 S. 8°
117.
13.5171

— — 3., verb. Aufl. Ebd. 1883. 79 S. 8° **14. 17. 209.**
13.5172

Baumgarten-Crusius, Abriß der sächsischen Geschichte m. besond. Berücksicht. der Geschichte der einzelnen Königl. Sächs. Truppentheile bis einschließlich d. Feldzuges 1870/71, f. den Unterricht bei den Königl. Sächs. Truppentheilen bearb. 3. Aufl. gr. 8. (79 S.) Zittau 883. (Schaeffer.) cart.
n. 1. 25

Baumgarten-Crusius, A: Ägypten. Eindrücke u. Erinnergn. (171 m. 1 farb. Kte u. 1 Pl.) 8° Lpzg, Woerl's Reisebb. V. ('12).
1 — d

— Der strategische **Aufmarsch** der französischen Armee im nächsten deutsch-französischen Kriege. 1882 u.ö.
in: *Aufmarsch,* Der strategische, der deutschen Truppen im nächsten deutsch-französischen Kriege [Déploiement stratégique probable des forces allemandes sur la frontière française, deutsch].

Baumgarten-Crusius, Artur, Landgerichtsrat, Dresden. † 1885.
1848: Die **Bürgertugenden** des klassischen Alterthums, nebst e. Anh. aus Ciceros Buche Über den Staat. — Löbau: Dümmler 1849. 77 S. 8° **2. 11. 12: Ant. 42m. 14. 18.**
13.5169

— [Hrsg.]
s. *Foratstrafgesetz,* Das, für das Königreich Sachsen. 1848.

— **Leben** des Rektors und ersten Professors der königl. sächs. Landesschule zu Meißen, Dr. Detlev Karl Wilhelm Baumgarten-Crusius. — Oschatz: Beck 1853. 177 S. 8°
1: A f 9471. 7. 11. 12: Biogr. 72c. 14. 15. 18. 26. 27. 39. 78. 106. 207.
13.5170

Baumgarten-Crusius, Arth., Leben des Rektors und ersten Professors der königl. sächs. Landesschule zu Meißen, Dr. Detlev Karl Wilh. Baumgarten-Crusius, beschrieben und nach den von ihm hinterlassenen Mittheilungen zusammengestellt von seinem Sohne. Oschatz 853. (Oldecop.) gr. 8. (3 Bl., 177 S.)
n. 20 ngr.

Baumgarten-Crusius. Sattelbuch für den deutschen Recognoscierungsofficier in Frankreich. (Mit 1 Taf. Abbild.)
kl. 8. Zittau (1870?)

— **Sattelbuch** für den deutschen Recognoscirungsofficier in Frankreich. (3. Aufl.) — Zittau: (Verf. [um 1880]): Menzel. 47 S. 8°
17.
13.5198

— — (5. Aufl.) Ebd. [um 1880]. 47 S. 8° **1: Hv 33902.**
13.5199

— — (6. Aufl.) Ebd. [um 1880]. 46 S. 8° **22.**
13.5200

— — 7., verb. Aufl. Ebd. 1884. 48 S. 8° **209.**
13.5201

— — (Nachträge u. Veränderungen bis Febr. 1887.) 10., verb. Aufl. Ebd. 1884-[87]. 48 S. 8° **209.**
13.5202

— — (Nachträge u. Veränderungen bis Febr. 1887.) 11., verb. Aufl. Ebd. 1884-[87]. 48 S. 8° **47. 209.**
13.5203

— Sattelbuch für den deutschen Recognoscirungsofficier in Frankreich. 12., verb. Aufl. — Zittau: Verf. 1884. 48 S. 8°
4.
13.5204

[—] Der oesterreichisch-russische **Zukunftskrieg** ... Von B.-C. — Hannover: Helwing 1884. 68 S. 8°
1: Qo 15650. 7. 24. 79. 300: 49.107-B. 302.
13.5205

[—] — 3. Aufl. Ebd. 1887. 68 S. 8°
1: Qo 15651. 2. 12: 38/1914. 203. 302.
13.5206

Baumgarten-Crusius, Aug. Maur., s. Baumgarten-Crusius, August Moritz

Baumgarten-Crusius, August Moritz

Baumgarten-Crusius, Aug. Mor. u. Ernst Fr. Carl Heinr. Lambrecht (Resp.), Fragmenta physiognomices medicae. Diss. med.-semiolog. Halle (C. Grunert) 6. IV. 1833. 116 S. (5.50) 1453
Gew.: C. W. Hufeland.

Baumgarten-Crusius, August Moritz: **Fragmenta** physionomices medicae. — Lipsiae: Barth in Comm. 1833. XI, 115 S. 8° Zugleich Univ.-Schrift. Halle 1833.
10. 15. 21. 27. 29. 202.
13.5207

— Moritz Aug. (Merseburg), De gastro-et enteromalacia infantum. Diss. med. Bln. (C. F. Brettschneider) 26. III. 1831. 48 S. mit Biogr. (M.: J. Clauswitz.) (4.80) 1468
Opponenten: Heinr. Heidenhain, Heinr. Em. Succow, Franz Bergener. — Gewidm. N. E. A. Baumgarten-Crusius (Vater).

— **Periodologie,** oder die Lehre von den periodischen Veränderungen im Leben des gesunden und kranken Menschen. (Hrsg.: J. G. Gruber.) — Halle: Schwetschke 1836. XX, 457 S. 8° **1: Ku 8390. 2→5. 7. 10. 11. 12: Path. 96 v. 15. 16. 17. 19. 20. 22. 24. 25. 27. 28. 29. 31. 36. 43. 46. 47. 52. 53. 202. 300: BE 7 G 52. 303.**
13.5208

Baumgarten-Crusius, C(arl), s. Baumgarten-Crusius, Detlev Karl Wilhelm

Baumgarten-Crusius, D. C. W., s. Baumgarten-Crusius, Detlev Karl Wilhelm

Baumgarten-Crusius, Detlaus Carl Wilhelm, s. Baumgarten-Crusius, Detlev Carl Wilhelm

Baumgarten-Crusius, Detlev Karl Wilhelm: **Briefe** über Bildung und Kunst in Gelehrtenschulen. — Leipzig: Hartmann 1824. VI, 102 S. 8° **1: Nf 3754. 8. 12: H. lit. U. 43. 17. 19. 28. 29. 43. 78. 107. 207.**
13.5209

Baumgarten-Crusius, Detl. Karl Wlh., Briefe über Bildung u. Kunst in Gelehrtenschulen. gr. 8. Leipz. 824. (Lehnhold). 12 gr.

— Briefe über Erziehung und Bildung in Gelehrtenschulen. — Ebd. 1824. VI, 102 S. 8° **7. 15. 33. 42.**
13.5210

— Disciplina juvenilis Platonica cum nostra comparatur. Gol. 1886. 85 S. 4°.

— Die **Einführung** der neuen städtischen Behörde und der allgemeinen Städteordnung in der Residenzstadt Dresden am 31sten Mai 1832. — Dresden [usw.]: Arnold 1832. 31 S. 8° **14. 15. 106. 117.**
13.5211

— [Hrsg.] s. *Eutropius,* Flavius: Breviarium historiae Romanae. 1824 u.ö.

— [Hrsg.] s. *Fabricius,* Georg: Epistolae ad Wolfg. Meurerum et alios aequales. 1845.

—— die Geschichte d. Schweiz. 2 Bdchn. 8. Dresden 826. [Grimmer.]
Vgl. histor. Taschenbibliothek, 11 u. 12. Bdchn.

— Die Geschichte der Schweiz. Bdch.1.2. — Dresden: Hilscher 1826. 8° (Allgemeine historische Taschenbibliothek für jedermann. 5,1.2.)
Im Exemplar von 30 fehlt d. Titel d. Sammlung.
1:Ru 1317. 7. 10. 14. 15. 19. 22. 23. 25. 27. 29. 30. 33. 34. 36. 38. 39. 44. 48. 106. 109. 117. 206. 207. 304.
13.5212

— [Hrsg.] s. *Homerus:* Odyssea. 1822-24.

– s.a. Kirche, Die unsichtbare.

— Die unsichtbare Kirche. Darstellungen d. innern Lebens in d. äußern. — Leipzig: Göschen 1816. 220 S. 8°
1:Yw 8010. 3. 7. 8. 10. 12:P.o.germ. 79 p. 15. 18. 19. 22. 29. 32. 35. 44. 47. 48.
13.5213

— Leben des Kön. Preuß. Regierungs- und Consistorialraths, Stiftssuperintendenten zu Merseburg, D. Gottlob August Baumgarten-Crusius. — Dresden: Verf.; Hilscher in Comm. 1820. VIII,77 S. 8°
1:At 9476. 2. 12:Biogr. 72 cf. 15. 21. 27. 207.
13.5214

– s. Leroy: Erzähl. Lateiner.

— Licht und Schatten. Darstellungen aus d. Schule d. Lebens. Th.1.2. — Dresden: Hilscher 1821. 8°
7. 18. 33. 39. 43.
13.5215

— — 2., unveränd. Ausg. Th.1.2. Ebd. 1824. 8° 19. 41.
13.5216

— Licht u. Schatten. 2 Thle. 2e Ausg. 8. Dresden 824. (Gerold in Wien.) 2 rß, jetzt 1 rß

— [Hrsg.] s. *Livius*, Titus: Historiarum libri qui supersunt omnes et deperditorum fragmenta [Ab Urbe condita]. 1825–26 u.ö.

— [Übers.] s. *Loveday*, Douglas: Bittschrift an die Kammer der Pair's zu Paris, wegen heimlicher Verführung seiner Familie zum Uebertritt in die Römisch-katholische Kirche [Pétition à la Chambre des Pairs, deutsch]. 1822.

— — Memoriam anniversariam dedic. ante hos 297 annos scholae regiae Afranae Meissen (M. Ch. Klinkicht) 2. VII. 1840. 56 S. mit Jahresber. (Namen.) (3.50) 1455
Schumann, Gust. Adolf, De libertate interpretis diss. I.

— — Memoriam anniversariam dedic. ante hos 298 annos scholae regiae Afranae. Meissen (M. Ch. Klinkicht) 1. VII. 1841. 64 S. mit Jahresbericht. (Namen.) (3.80) 1456
Fluegel, Gust. Orthob. Diss. de arabicis scriptorum graecorum interpretibus.

— — Memoriam anniversariam dedic. ante hos 299 annos scholae regiae Afranae. Meissen (M. Ch. Klinkicht) 30. VI. 1842. 36, 23 S. mit Jahresbericht. (Namen.) (4.—) 1457
Diller, Eduard August, Comment. de consensu notionum qualis est in vocibus eiusdem originis diversitate formarum copulatis.

Baumgarten-Crusius, Detlev Carl Wilhelm (Hrsg.), s. Merkur.

— [Hrsg.] s. *Mueller*, Wilhelm: Homerische Vorschule. 1836.

— — Oratio quam sacris scholae Afranae saecularibus tertium instauratis. Meiss. (C. E. Klinkicht & Sohn) . 3. VII. 1843. 8 S. (3.—) 1459

— **Detlaus Carl Wilhelm,** De oratoribus Graecis, maxime Isocrate, egregiis institutionis publicae magistris. Meissen (M. Chn. Klinkicht). (Memoriam annivers. dedicatae ante hos 290 annos scholae regiae Afranae) 3. VII. 1833. 38 S. mit Schulnachrichten. (3.80) 1454
Namen.

— [Hrsg.]
s. *Ovidius* Naso, Publius: Metamorphoses. 1834 u.ö.

— [Hrsg.]
s. *Ovidius* Naso, Publius: Opera omnia [Werke]. 1824.

— [Hrsg.] s. *Plutarchus:* Agesilaus et Xenophontis Encomium Agesilai [Vitae parallelae, Einzelausg., Agesilaus]. 1812.

Baumgarten-Crusius, D. C. W, De Psyche fabula Platonica. Pr. 1835. 44 S. 4°.

— Rede bei der ersten Jahresfeier des Dresdner Missions-Hülfsvereins den 16. August 1820. — Dresden: Eule [1820]. 16 S. 8° 2. 15. 106.
13.5217

— Vier Reden über Vaterland, Freiheit, deutsche Bildung, und das Kreuz. — Leipzig [usw.]: Brockhaus 1815. 159 S. 8° 1:Rz 7224. 3. 10. 14. 21. 23. 27. 32. 39. 203. 207.
13.5218

— — Neue Aufl. Ebd. 1816. 159 S. 8° 12:Germ.g. 607 m.
13.5219

— — vier Reden über Vaterland. Freiheit, deutsche Bildung u. das Kreuz. An die deutsche Jugend gesprochen. Eine Weihnachtsgabe. 8. Leipzig, Brockhaus. 816.

— Reise aus dem Herzen in das Herz. Th.1.2. — Dresden: Hilscher 1819. 8° 1:Yw 8726. 3. 7. 18. 19. 30. 33. 35. 41. 44. 53. 78. 106. 121. 207.
13.5220

— Reise aus dem Herzen in das Herz. 2 Thle. 8. Dresden 819. (Gerold in Wien.) 1 2/3 rß, jetzt 1 rß

— Reise auf der Post von Dresden nach Leipzig. Eine humoristische Erzählung. — Dresden: Hilscher 1820. 164 S. 8°
1:Yw 8920/380. 7. 12:It.sing. 56 r. 14. 15. 17. 19. 28. 29. 39. 41. 53. 106. 117. 180.
13.5221

Baumgarten-Crusius, Detl. Karl Wlh., Reisen auf der Post von Dresden nach Leipzig; e. humorist. Erzählung. 8. Dresd. 820. (Gerold in Wien). 18 Gr Hbg. Pr. 8 Gr

— — Sacra saecularia scholae regiae Afranae tertium instauranda. Meissen (C. E. Klinkicht & Sohn) 2.—4. VII. 1843. 76 S. mit Jahresbericht. (Namen.) (5.—) 1458
Kraner, Friedr., Narratio de humanitatis studiorum quinto et sexto decimo saeculo in Germania origine et indole.

— Ueber das Schulwesen der Stadt Dresden. Darstellung d. gegenwärtigen Zustandes u. Wünsche für d. Zukunft. Ein offner Brief an Dresdens Einwohner. — Dresden [usw.]: Arnoldi 1831. 31 S. 8°
7. 14. 15. 18. 44. 78. 106. 11[illegible].
13.5222

— Dissertatio de Scriptoribus saeculi post Christum secundi, qui novam religionem impugnarunt vel impugnasse creduntur. — Misenae 1845: Klinkicht. 42 S. 4° 32.
13.5223

— [Hrsg.] s. *Suetonius* Tranquillus, Gaius: Opera [Werke]. 1816–18 u.ö.

Baumgarten-Crusius, D. C. W., Symbolae ad lexica Graeca ex Arataeo Cappadoce, scriptore medico. Pr. 1834. 48 S. 4°. 1.50

— De Georgii Fabricii Chemnicensis Rectoris Afrani Vita et scriptis. P.1. — Misenae: Klinkicht 1839. 144 S. 8°
1: Au 3040. 3. 5. 7. 12: Biogr. 390vb. 14. 15. 17. 18. 19. 21. 23. 45. 111. 302.
13.5224

Baumgarten-Crusius, Detl. Car. Guil., de Georgii Fabricii Chemnicensis Rectoris Afrani vita et scriptis, praemissa epistola ad Jo. Theoph. Kreyssigium XXV. A. Prof. Afranum. P. I. de Ge. Fabricii vita. — Epiblemata Fabriciana et Afrana. Cum effigie Ge. Fabricii lapidi insculpta. 8 maj. Misenae 839. Klinkicht et fil. 3/4 ℔

Baumgarten-Crusius, F.L.O., s. Baumgarten-Crusius, Ludwig Friedrich Otto

Baumgarten-Crusius, Gottlob August: Elementa historiae antiquae. — Lipsiae: Jacobaeer 1775. 543 S. 8°
8. 12: H. ant. 32m. 15. 42. 78.
13.5226

— elementa histor. singular. Europae ac Germ. 8. Leipz. 772. (Aue in Altona). 16 gr

(—) Elementa historiae singularum Europae ac Germaniae in primis rerum publicarum insigniorum. — Lipsiae: Jacobaeer 1772. 645 S. 8°
1: 8° Bibl. Diez 3791. 5. 8. 10. 19. 21. 30. 38. 78.
13.5227

Baumgarten-Crusius, Gottlob August: Filantropin für Pferde, s. Hippofilos (Pseud.)

— Gedanken über den Vortrag des Apostel Paulus, 1. Cor. 15, 35—50, von der Beschaffenheit d. Leiber bei Auferstehung. 4. Dresd. 782.

— **Gottlob Aug.** (Merseburg), De lege morali Mosaica. Leipzig (Klaubarth) 5./6. VIII. 1789. 50 S. (4.80) 1460
Gew.: Joh. Adolf Grf. v. Loos (Hirschstein), Friedr. Ludw. Wurmb (Grosenfurra), Chn. Gotthelf Frh. v. Gutschmid (Kl.-Wolmsdorf), Adolf Heinr. Grf. v. Schönberg, Otto Ferd. v. Loeben (Gerlachsheim), Friedr. Gottlob v. Berlepsch (Hennigsleben).

— Predigt bei der Sr. Majestät, dem Könige von Preußen, von den Abgeordneten des Herzogthums Sachsen am 3. August 1815 in Merseburg feierlich geleisteten Erbhuldigung in der Schloß- und Domkirche daselbst gehalten. — Halle: Kümmel in Comm. 1815. 16 S. 8°
1: Te 41/575.
13.5228

— Predigt am 8ten Sonntage nach Trinitatis 1789 in der Universitäts-Kirche zu Leipzig gehalten. — Leipzig [1789]: Dürr. 24 S. 8°
3.
13.5229

— Predigten über sonn- u. festtägl. Evangelien im ganzen Jahre. 2 Thle. 4. Dresd. 788. Hilscher. 2 ℔

— zwei Predigten, im Lager vor Leipzig gehalten. 8. Leipz. 780.

— Zwo Predigten im Lager bey Leipzig 1780 gehalten von Gottlob August Baumgarten genannt Crusius. — Zeitz: Huchoin [1780]. 23 S. 8°
111.
13.5230

— Rede bei der Taufe e. Jüdin, nebst ihrem abgelegten Glaubensbekenntnisse. 4. Dresd. 784.

— Schrift und Vernunft für denkende Christen. Bdch. 2.3. Leipzig: Kummer 1793–94. 8°
12: Dogm. 64.
13.5231

Baumgarten-Crusius, Glo. Aug., Schrift u. Vernunft für denkende Christen. 6 Bdchn. gr. 8. Berl. 793—97. Pauli. 3 ℔ 16 gr

— — Bdch. 1–6. Berlin: Pauli 1795–97. 8°
1-3. 1795. 4. 1796. 5.6. 1797.
1: Dd 2700 [u.] 8° Bibl. Diez 5676.5677. 2. 4. 9. 12 [** 1/3]: Dogm. 64c-4/6. 15. 41.
13.5232

— — Bdch. 1–3. Ebd. 1796. 8°
5. 6. 7. 12: Dogm. 64c–1/3. 14. 30. 48.
13.5233

— Unterricht vom Eide und Warnung für Meineid von Gottlob August Baumgarten genannt Crusius. — Leipzig: Hilscher 1779. 78 S. 8°
17. 23.
13.5234

— Verzeichniß der Bibliothek des ... Regierungs- und Consistorialraths D.G.A.Baumgarten-Crusius. [Auktionskat.] — Leipzig 1817. 444 S. 8°
1: Ap 1066. 14. 117.
13.5235

Baumgarten-Crusius, Gustav Samuel Theodor

Baumgarten-Crusius, **Gust. Sm. Thdr., Diss.** (Praef. A. Corn. Stockmann) de jurisprudentia in interpretando N. Test. Lucina; Spec. I., Evangel. Matthaei continens. 4. Leipz 801. Spec. II., Evangel. Marci, Lucae ac Johannis cont. 4. Ibid. 802.

— **Gustav Samuel Theodor u. Friedrich August Wolf** (Leipzig), Jurisprudentia in interpretando novo testamento Lucina. Spec. II evangelia Marci Lucae et Joannis continens. Lpz. (C. Tauchnitz) 19. V. 1802. 32 S. (4.80) 1461

Baumgarten-Crusius, Gustav Samuel Theodor

— — (Dresden), De sacerdotibus Romanis epiblemata. Leipzig (Carl Tauchnitz) 23. VI. 1803. 48 S. (4.80) 1462
Gewidm.: Gottlob Aug. Baumgarten-Crusius (Vater).

Baumgarten-Crusius, J. A., Erbhuldigungspredigt d. 3. Aug. 1815 in Merseburg gehalten. gr. 8. Halle, Kümmel. 815.

Baumgarten-Crusius, K. (W.), s. Baumgarten-Crusius, Detlev Karl Wilhelm

Baumgarten-Crusius, Karl
s. *Baumgarten*-Crusius, Detlev Karl Wilhelm.

Baumgarten-Crusius, L. F. O., s. Baumgarten-Crusius, Ludwig Friedrich Otto

Baumgarten-Crusius, Ludwig Friedrich Otto

Baumgarten-Crusius, Ldw. Fr. Otto, theol. Auslegung der Johanneischen Schriften. 1. Bd. Das Evangelium. 1. Abthlg. Die Einleitung und Auslegung von Cap. 1—8. gr. 8. Jena 843, Luden. 2 1/2 ℔ — 2. Bd. Das Evangelium von Cap. 9. u. die Briefe. Aus d. handschriftl. Nachlasse des Verf. herausg. v. Er. Jul. Kimmel. gr. 8. Ebd. 845. 1/2 ℔

— Betrachtungen über einige Schriften von F. R. de la Mennais. — Jena: Bran 1834. 86 S. 8°
1: Ct 8777. 7. 12: Polem. 176i. 14. 19. 21. 23. 27. 32. 39. 48. 106. 117.
13.5240

— Prgr. De origine epistolae ad Ebraeos conjecturae. 4 maj. Jena 829. Bran. 6 gr

— — **De Dionysio Areopagita.** Jena (Croecker) 1823. (Sacra paschalia.) 23 S. (3.—) 1464

— Pr. De vero scholasticorum nominalium et realium discrimine et sententia theologica. 8. Jena 821.

— Einleitung in das Studium der Dogmatik. — Leipzig: Engelmann 1820. VIII,194 S. 8° 1:Cz 10640. 2. 3. 4. 7. 8. 10. 12:Dogm. 64 da. 15. 17. 19. 27. 28. 33. 45.
13.5241

— Festrede bei der akademischen Secularfeier von der Erfindung der Buchdruckerkunst zu Jena am 24. Juni 1840 gehalten. — Jena: Bran [1840]. 24 S. 8° 32. 39.
13.5242

— — Jena [1840]: Bran. 25 S. 8° 2. 4. 7. 8. 9. 11. 12:Diss. 2093-9. 16. 19. 21. 23. 26. 27. 30. 31. 78.
13.5243

— Ueber wissenschaftliche Freiheit an sich und in Beziehung auf die deutschen Universitäten. Rede. — Jena: Frommann 1826. 29 S. 8° Zugleich Univ.-Schrift. Jena 1826. 2. 3. 10. 11. 18. 21. 27. 32. 39. 45.
13.5244

— Ueber Gewissensfreiheit, Lehrfreiheit und über den Rationalismus und seine Gegner. — Berlin: Duncker & Humblot 1830. 91 S. 8° 1:Dn 2440. 3. 4. 5. 7. 9. 11. 12:Polem. 176k. 15. 16. 18. 19. 21. 23. 27→30. 32. 33. 41. 44. 109. 300:20.289-B. 302.
13.5245

Baumgarten-Crusius, Ludw. Fr. Otto, über Gewissensfreiheit, Lehrfreiheit, u. üb. d. Rationalismus u. seine Gegner. Eine Stimme a. d. evangel. Kirche, in Beziehung auf Aeußerungen d. Berl. Kirchenzeitung. gr. 8. (6 B.) Berlin 830, Duncker u. Humblot. Thlr.

— Grundriss der evangelisch-kirchlichen Dogmatik. Für Vorlesungen. — Jena: Cröker 1830. VI,91 S. 8° 1:Cw 10875. 3. 4. 7. 8. 11. 15. 19. 20. 21. 23. 25. 27. 32. 39.
13.5246

— Grundzüge der biblischen Theologie. — Jena: Frommann 1828. XVI,451 S. 8° 1:Bf 9425. 2→5. 7→11. 12:Exeg. 83 uc. 15→20. 22→29. 32. 39. 42. 48. 53. 302.
13.5247

— De Homine Dei sibi conscio. — Jenae: E Bibliopolio acad. 1813. 60 S. 4° 1:4° D 10460. 10. 14. 19. 21. 24. 27. 32. 39. 308.
13.5248

Baumgarten-Crusius, Ldw. Fr. Otto, de homine Dei sibi conscio. 4. Jena 813. (Hennings in Neisse). 12 gr

— — Index scholarum publice privatimque in universitate litterarum Jenensi per hiemem anni 1826. — Praefatus est Heinr. Carl Abr. Eichstad acad. programm. Jena (Bran). 16 S. mit Namen. (3.—) 1465

— — Index scholarum hibernarum publice privatimque in univers. litter. Jenensi. — Praef. est Heinr. Carl Abr. Eichstad, acad. programm. Jena (Bran) 1841. 20 S. mit Namen. (3.—) 1467

— [Vorr.] s. *Justinus* Martyr: Opera [Werke]. 1842-48.

— Compendium [Kompendium] der christlichen Dogmengeschichte. (2: Hrsg. von Karl Hase.) Th. (1.)2. — Leipzig: Breitkopf & Härtel 1840-46. 8° 1:Cz 13266. 2. 3. 4. 8. 10. 11. 12:Dogm. 64 e. 15. 16. 19. 20. 21. 27. 28. 29. 32. 33. 46. 53. 78. 79.
13.5249

— Lehrbuch der christlichen Dogmengeschichte. [1.] — Jena: Cröker 1831. 747 S. 8° 1:Cz 13264-1. 10. 19.
13.5250

— — Abth. 1.2. Ebd. 1832. XIV,1312 S. 8° 1[∞1]:Cz 13264-2. 2. 3. 6→11. 12:Dogm. 64 d. 14. 15. 18→22. 24. 26. 27. 29→32. 34. 38. 39. 79. 102. 121. 214. 302.
13.5251

— Lehrbuch d. christl. Moral. gr. 8. Leipzig 826, Hartmann.

— Lehrbuch der christlichen Sittenlehre. — Leipzig: Hartmann 1826. VIII,406 S. 8° 1:D 5540. 2. 3. 5. 6. 9. 10. 11. 15→20. 23. 24. 27. 28. 29. 42. 48. 64. 207.
13.5252

— Lehrbuch der christl. Sittenlehre. gr. 8. Leipz. 826. (Lehnhold). 1 ß 16 gr

— Lehrbuch d. christl. Sittenlehre. gr. 8. Leipz. 127, Hartmann.

Baumgarten-Crusius, L.F.O. (Hrsg.), s. Literatur-Zeitung, Neue Jenaische allgemeine.

— Das Menschenleben und die Religion. 6 Vorlesungen. Jena: Cröker 1816. XII,406 S. 8° 1:Dc 4760. 7. 12:Ph. Pr. 107 c. 18. 21. 24. 27. 29. 30. 32. 39. 53.
13.5253

— — De notionibus mediati et immediati in disciplina theologica. Jena (Bran) 1827. Sacra paschalia. 10 S. (2.80) 1466

Baumgarten-Crusius, **Ludwig Friedrich Otto**: [Teils.] Opuscula theologica, pleraque nondum edita. — Jenae: Bran 1836. XII,349 S. 8° 1:Be 4240. 2. 3. 4. 7. 8. 10. 11. 12:Th. U. 24 d. 14. 15. 16. 18. 19. 21. 26. 27. 28. 32. 39.
13.5236

—— de libror. Hermeticorum origine atque indole. Progr. 4. ... Jenae 827, Bran.

— Ludwig Fried. Otto u. Gottfr. Aug. Benedict Wolff (Laucha/Thür.), De Philebo Platonico dissertatio I. Leipzig (Klaubarth) 13. IX. 1809. 66 S. (5.50) 1463
Gew.: Chn. Dan. Beck, Carl Aug. Theoph. Keil, Jo. Aug. Heinr. Tittmann.

[--] Rede eines Sachsen an die mit Sieg und Ruhm gekrönten zurückkehrenden russischen Helden. — Jena 1814. 11 S. 8° Verfasser nach e. handschriftlichen Notiz im Exemplar. 27.
13.5254

— Ueber Dr. Friedrich Schleiermacher, seine Denkart und sein Verdienst. — Jena: Frommann 1834. IV,44 S. 8° 1:Av 11521. 2. 3. 5. 7. 11. 12:Biogr. 1060 tf. 14. 18. 19. 21. 23. 27. 30→33. 39. 41. 44. 45. 46. 79. 123. 169.
13.5255

— Exegetische Schriften zum Neuen Testament ... Hrsg. von Joh. Carl Theod. Otto (2.3,1: Ernst Julius Kimmel; 3,2: Johann Carl Schauer). Bd 1-3. — Jena: Mauke 1844-18. 8°
1,1. Commentar über d. Evangelium d. Matthäus. 1844.
1,2. Commentar über d. Evangelien d. Markus u. Lukas. 1845.
2,1. Commentar über d. Brief Pauli an d. Römer. 1844.
2,2. Commentar über d. Brief Pauli an d. Galater. 1845.
3,1. Commentar über d. Brief Pauli an d. Epheser u. Kolosser. 1846.
3,2. Commentar über d. Briefe Pauli an d. Philipper u. Thessalonicher. 1848.
1:Br 4101. 2. 3. 5. 8. 10. 12:Exeg. 83 u. 16. 19. 20. 24. 27. 28. 32. 53.
13.5237

— — Hrsg. von Ernst Julius Kimmel u. Johann Carl Schauer. Bd 3,1. — Ebd. 1847. VI,302 S. 8°
3,1. Commentar über d. Brief Pauli an d. Epheser u. Kolosser.
4. 7. 9. 11. 17. 18. 20. 21. 27. 29. 39. 207. 302.
13.5238

— Spicilegium observationum in Joannem evangelium e Nonni metaphrasi. 4. Jena 824. (Bran). 9 gr

— paratur denique, brevi proditura: Summa theologiae christianae observationibus histor. illustr. 8. Leipz 822.

— de theologia Scoti. 4. Jena 826. (Bran). 6 Ngr

— Theses theologicae XCV contra superstitionem et profanitatem; Diss. 4 maj. Jena 819. Cröker. 3 Ngr

— Pr. De philosophiae Hegelianae usu in re theologica. 4. Jena 826. (Bran). 4 Ngr

— Verzeichniß der Bibliothek des ... Geh. Kirchen-Raths ... L. Baumgarten-Crusius. [Auktionskat.] — Jena 1844. 248 S. 8° 1: Ap 1068. 18.
13.5256

Baumgarten-Crusius, Moritz August, s. Baumgarten-Crusius, August Moritz

Baumgarten-Fallenstein, Ida: Soziale Bilder aus dem Kriegsjahr 1870/71. Von I.B.F. [d.i. Ida Baumgarten-Fallenstein]. — Karlsruhe: Reiff 1896. 38 S. 8° 1: Kr. Samml. S 151. 4. 31.
13.5257

Baumgartenius s. *Baumgarten.*

Baumgarth, Ewald: Lenzesblüten. Gedichte. (48) 8° Lpzg. Raschw., B Volger ('12). 1.50; geb. 2 — d

Baumgarth, Hans, approb. Arzt aus Liegnitz: Cor biloculare mit Dexiokardie. *Halle a. S. 1902: C. A. Kaemmerer & Co.* (51 S.) 8°
Halle, Med. Diss. v. 13. Aug. 1902

Baumgarth, Robert, a. Poln. Peterwitz: Anlagerung von Merkaptanen an ungesättigte Säuren. Greifswald 1907: H. Adler. (43 S.) 8°
Greifswald, Phil. Fak., Ref. Auwers, Diss. v. 1. Aug. 1907
[Geb. 28. Juni 73 Poln. Peterwitz (Schl.); Wohnort: Benneckenbeck; Staatsangeb.: Preußen; Vorbildung: Realgymn. Weimar Reife O. 95; Studium: Jena 3, Berlin 6, Greifswald 7 S.; Rig. 16. Juli 07.]

Kleines Baumgartl oder tägliches Handbüchlein, darinnen Morgen-, Abend-, Meßgebete enthalten sind. Raab 1842 - 12°

Baumgartl, kleines neubearbeitetes goldenes Maria-Zeller. zur Pforte der ewigen Seligkeit. Worin besonders kräftige heilsame und trostreiche Andachtsübungen, Gebete und Litaneien u. s. w. u. s. w., wie diese bei dem kirchlichen Gottesdienste in den k. k. österr. deutschen Staaten eingeführt sind. Auf alle Werk-, Sonn- und Gedächtnißfesttage, die im menschlichen Leben vorkommen, bei allen verschiedenen Zeiten und Gelegenheiten. Zum Gebrauche für Junge und Alte, Geistliche und Weltliche u. s. w., wie auch zum Nutzen und Frommen der armen Seelen im Fegfeuer, herausgegeben, jedoch ganz neu umgearbeitet, verbessert und vermehrt mit einem heil. Kreuzweg sammt Kreuzgang, Kern aller Gebete und Beichtspiegel. St. Pölten, gedruckt bei Franz Lorenz. Maria-Zell, 1840. Im Verlage und allein zu haben bei Franz Emler. (383 S. 8. Mit einem Titelbild.)

BAUMGÄRTL Ein Gebethbüchel zum täglichen Gebrauch eines andächtigen Christen Pesth 1830 Zu finden bei Bernhard Hoffmann 214 S. - 120 mm

Baumgärtel, geistl., d. i. schöne, auserles. u. eifrige Morgen-, Abend-, Meß-, Beicht- u. Kommuniongebeter ꝛc. 12. Regensb., Pustet. 6 Ngr Dass. in 18. 5 Ngr

Baumgaertl. — Das kleine Baum-Gärtl, in kleinem Druck; darinnen überaus kräftige, nutzliche und anmuthige Morgen- und Abends-, Meß-, Vesper-, Beicht- u. Communion-Gebetter ... Auf d. neue überlesen u. verb. — Crembs 1768: Präxli. 332 S. 8° 300: 508.283-A.
13.4197

KLEINES Baumgärtl Raab 1807· Leopold Streibig 144 S. - 108 mm

*Baumgärtl, Kleines. Villach, Hoffmann, (vor 1858).

Baumgärtl, E: Naturgesch. f. Bürgersch., s: Schmeil, Otto.

KLEINES Baumgartlein, worinnen schöne, auserlesene, sehr nutzbare Morgen- und Abendgebether ... zu finden. Neu aufgelegt und verbessert. Eisenstadt o. J. 248 S. - 120 mm

Baumgärtlein. Vollständiges Gebet- und Andachtsbuch für alle Stände. Mit einem Anhang der in Oesterreich gebräuchlichsten Kirchenlieder. Neue, gänzlich umgearb. Aufl. 32. (320 S. mit 1 Chromolithogr.) Einsiedeln 879, Gebr. Benziger.

Baumgärtlein, das, bepflanzt mit den schönsten Andachtsübungen für kathol. Christen. 16. (384 S. mit Stnt.) Einsiedeln 874, Eberle, Kälin und Comp.

—— bepflanzt mit den schönsten Andachtsübungen zu Gott und seinen Heiligen. 33. Aufl. 18. (320 S. mit 2 Abbild.) Einsiedeln 869, Gebr. Benziger.
Mit Meßanhang. (416 S.)

Baumgaertlein. — Christ-catholisches Baum-Gärtlein: Darin überaus kräfftige Morgens- u. Abends-, Meß-, Beicht- u. Communion-Gebetter ... begriffen. — Erfurth: Windhauer 1750. 407 S. 8° 1: Er 4774.
13.4198

CHRISTLICHES Baum-Gärtlein in welchem überaus kräftige, nützliche und anmuthige Morgen-Abend-Meß- Beicht- und Kommunion-Gebethe, wie auch: zu dem Hochwürdigsten Sakrament des Altars der heiligsten Dreyfaltigkeit, zu Christo und den bitteren Leiden; zu der Mutter Gottes, und denen Heiligen; für Lebendige und Abgestorbene, sammt vielen Litaneyen enthalten sind. Preßburg und Pesth 1819. 10. überaus vermehrte Auflage. 330, 4 S. 1 t. - 145 mm

Baumgärtlein, christl., in welchem überaus kräftige, nützl. u. anmuthige Morgen-, Abend-, Meß-, Vesper-, Beicht- u. Kommuniongebete ꝛc. 12. Preßb. u. Pesth 819. (Brünn, Gastl). 4 Ngr

- Dass Mit d. Zusatz i. T.: Jetzt aber mit den Tagzeiten zu der göttlichen Vorsichtigkeit vermehret Eilfte durchaus verbesserte Auflage. Preßburg und Pesth 1829: Bei Ludwig Landerer, Edlen von Füskut. 378 S - 140 mm

Baumgärtlein, geistliches. Ein kathol. Gebet- u. Erbauungsbuch für alle Stände u. Zeiten. 6. verb. Aufl. Mit 1 Titelbild (in Holzschn.) Regensburg 859. Manz. 32. (476 S.) 6¾ ngr.

GEISTLICHES Baumgärtlein, in welchem überaus kräftige Morgen-, Abend-, Meß, Vesper, Beicht und Communionandachten nebst vielen anderen Gebeten und den gewöhnlichen Kirchenliedern sammt den heil. Kreutzwege zu finden sind Ungarisch-Altenburg ca 1820· Franz Matzke (31) 249 (1) S. - 140 mm

Das KLEINE Baumgaertlein, worin auserlesene christkatholische Gebethe begriffen sind. Skalitz 1843: F. X. Skarnitzl. 186 S. - gr 8°

Das KLEINE Baumgärtlein, worin auserlesene christkatholische Gebete für alle Stände in verschiedenen Anliegen begriffen sind. Skalitz o. J.: Skarnitzl.

Das KLEINE Baum-Gärtlein in groben Druck darinnen ... Morgen-, Abend-, Mess-, Vesper-, Beicht- und Communion-Gebeter ... anjetzo aber mit den Tagzeiten zu der göttlichen Vorsichtigkeit vermehrt. Preßburg (1780): Landerer. 401 (5) S. 1 t. - 140 mm

- Dass. Pressburg-Pesth (1809): Landerer. 408 S. - 140 mm

Das KLEINE Baumgärtlein, worin auserlesene schöne Morgen-, Abend-, Mess-, Beicht- und Communion-, wie auch vom Leiden Christi zur Mutter Gottes, den Heiligen und Abgestorbenen Gebethen und Litaneyen zu finden sind. Pressburg 1810. Gedr. bey J. G. Belnay. - 16°
- Dass. Preßburg 1828. Gedr. bey Belnay's Erben. 249 (3) S. - 120 mm

Das KLEINE Baum-Gärtlein in groben Druck: darinnen überaus kräftige, nützliche und anmuthige Morgen-, Abend-, Meß-, Vesper-, Beicht- und Communion-Gebether wie auch zu dem hochwürd. Sakrament des Altars, der heiligsten Dreyfaltigkeit, zu Christi und den bitteren Leyden; zu der Mutter Gottes, und denen Heiligen, für lebendige und abgestorbene, samt zehn Litaneyen. Anjetzo mit denen Tagzeiten zu der göttlichen Vorsichtigkeit. Preßburg o. J.: Landerer. 403, 5 S. - 12°

- Dass. Preßburg u. Pest 1792: Joh. Mich. Landerer Edl. v. Füskut. 403, 5 S. - 140 mm

— **Das kleine Baumgärtlein, darin die kräftigsten Morgen-, Abend-, Vesper-, Beicht- u. Kommunionsgebeter ... enthalten sind. — Zweibrücken: Rost 1828. 252 S. 8° 107.**
13.4199

Baumgärtlein, Kleines geistreiches, oder Sammlung der kräftigsten Morgen-, Abend-, Meß-, Beicht- und Kommuniongebether. Klgft., Schotter, 1787. Duodez. 222 S.

— kleines, bepflanzt mit den schönsten Morgen-, Abend-, Meß-, Beicht- u. Kommunionandachten, nebst andern gottsel. Uebungen zu Gott u. seinen Heiligen. 19e Aufl. 18. Einsiedeln 830. (Augsb., Kollmann. Zürich, Orell). 5 ggr

Baumgärtlein, kleines, bepflanzt mit den schönsten Morgen-, Abend-, Meß-, Beicht- und Communionandachten, wie auch andern gottsel. Uebungen zu Gott und seinen Heiligen. 18. Einsiedeln 840, Gebr. Benziger. 6¼ ngr

Baumgärtlein, kleines, bepflanzt mit den schönsten Morgen-, Abend-, Meß-, Beicht- und Kommunionandachten, nebst andern Andachtsübungen zu Gott und seinen Heiligen. 24. (312 S. mit 1 Stnt.) Einsiedeln 852, Gebr. Benziger.

—— kleines, bepfl. m. d. schönsten Morgen-, Abend-, Mess- etc. And. 24. (312) Eins. 58, Benziger. — 5

Baumgärtlein, kleines, bepflanzt mit den schönsten Morgen-, Abend-, Meß-, Beicht- ꝛc. Andachten, nebst vielen andern Andachtsübungen zu Gott und seinen Heiligen. 80. Aufl. 1866. und 81. Aufl. 82. (816 S. mit 2 Stnt.) Einsiedeln 867, Gebr. Benziger.

—— dass. — Mit Meßanhang. 82. (408 S.) Ebendas. 867

Baumgärtlein, kleines — bestehend in Morgen-, Abend-, Meß-, Beicht- und Kommuniongebeten, in Andachtsübungen, Litaneien und Psalmen. Dann kurzen Tagzeiten von der unbefleckten Empfängniß Mariä, sammt Meß- und andern Gesängen, nebst dem nachmittägigen Gottesdienste, der Kreuzwegandacht und Gebeten zu verschiedenen Heiligen. Neuhaus, 1856. Druck und Verlag von Alois Josef Landfraß. (212 S. kl. 8. Mit einem Titelbild.)

—— neues, bestehend in Morgen-, Abend-, Meß-, Biecht- und Communiongebeten, in Andachtsübungen, Litaneien und Psalmen. 16. (213 S. mit Vignetten.) Neuhaus 864, Landfraß und Sohn. *

Baumgartner [Sachl.OW]
Baumgartner. Werke von Alex(ander) Baumgartner S. J. Verlag von Herder zu Freiburg i. B. [Illustriert.] [8 S.] 8. 1902.

Baumgartner, Wilhelm; ein Lebensbild. Zürich 1868. V: *Widmer, Conrad.* (Biogr. Jahrb. 8, 161.) (Cat. d. Stadtbibl. Zürich. Zürich 1864—97.)

Baumgartner [Verf.]
Baumgartner, Direktor d. Steiermärk. Landes-Ackerbauschule. 1861, s. Baumgartner, Adolf

Baumgartner, Kantonsrat, später Landammann, St. Gallen, 1797-1869. 1835 s. *Baumgartner*, Gallus Jakob.

Baumgartner (Hrsg.), s. Blätter, Pädagogische.

Baumgartner: Über die Entstehung und Organisirung des Bürgermilitärs in Bayern, s. Baumgartner, Anton

Baumgartner: Naturlehre, s. Baumgartner, Andreas von

Baumgartner: Schweizer Studien zur Geschichtswissenschaft, s. Baumgartner, Adolf

Baumgartner, A., Aufgaben zum schriftlichen Rechnen f. schweizerische Volksschulen. 8 Hfte. gr. 8. Mörschwil. Zürich, Verlagsanstalt Zürich. (Nur direkt.) n.n. 1.65
1. (1. Schulj.) 2. Aufl. (20 S. m. Abbildgn.) 899. n.n. —20
2. (2. Schulj.) 2. Aufl. (24 S.) 899. n.n. —20
3. (3. Schulj.) 2. Aufl. (32 S.) 899. n.n. —20
4. (4. Schulj.) 3. Aufl. (32 S.) 900. n.n. —20
5. (5. Schulj.) 2 Aufl. (32 S. m. 1 Fig.) 899. n.n. —20
6. (6. Schulj.) 2. Aufl. (32 S. m. Fig.) 899. n.n. —20
7. (7. Schulj.) (32 S. m. Fig.) 899. n.n. —20
8. Aufgaben zum mündlichen u. schriftlichen Rechnen. (8. Schulj.) (48 S. m. Fig.) 900. n.n. —25

— dasselbe. Lehrerausgabe. (Mit Vorslbgn. u. method. Anleitgn.) 8 Hfte. gr. 8. Ebd. n.n. 4.20
1. (1. Schulj.) (III S. u. 20 Doppels. m. Abbildgn.) 896. n.n. —50
2. (2. Schulj.) (I S. u. 24 Doppels.) 896. n.n. —50
3. (3. Schulj.) (I S. u. 32 Doppels.) 897. n.n. —50
4. (4. Schulj.) (I S. u. 32 Doppels.) 897. n.n. —50
5. (5. Schulj.) (I S. u. 32 Doppels. m. 1 Fig.) 897. n.n. —50
6. (6. Schulj.) (I S. u. 32 Doppels. m. Fig.) 898. n.n. —50
7. (7. Schulj.) (I S. u. 32 Doppels. m. Fig.) 899. n.n. —50
8. (8. Schulj.) (I S. u. 48 Doppels. m. Fig.) 900. n.n. —70

Baumgartner, A.: Zur Erinnerung an die Einweihung der neuen Länggass-Krippe, s. Baumgartner, Albert

Baumgartner, A.: Die Gaisbergbahn, s. Baumgartner, Alfred

Baumgartner, A.: Neues Lehrbuch d. französ. Sprache, s. Baumgartner, Andreas

Baumgarten, A.: Die Liebe höret nimmer auf, s. Baumgartner, Albert

Baumgartner, A., počátkové silozpytu. Přeložil J. K. Sešitek I. 1 2. gr. 8. (S. 1—100 mit eingedr. Holzschn.) Prag 851, Calve's Verlag.)

Baumgartner, A.: Von der Aare zur Wupper, s. Baumgartner, Albert

Baumgartner, A.J., s. Baumgartner, Antoine Jean

Baumgartner, Adolf, Dr. phil., Univ.-Prof., Basel, geb. 1855. 1880: Ueber das Buch 'Die Chrie'. — Leipzig 1886. S. 457–515. 8°
Aus: Zeitschrift d. Deutschen Morgenländischen Gesellschaft. 40. 1886.
2. 5. 38. 117.
13.5267

Baumgartner, Adolf, Direktor d. Steiermärkischen Landes-Ackerbauschule. 1861: Die Darlehenscassen-Vereine nach Raiffeisen. Vortrag. — Linz: K. k. o. ö. Landwirthschafts-Ges. 1887. 15 S. 8° 302. 307.
13.5261

Baumgartner, Adolf. Zur Geschichte und Literatur der Griechischen Sternbilder. Vortrag gehalten in der Basler Historischen und Antiquarischen Gesellschaft am 15. Februar 1904. 42 S. 8. Basel, Komm. C. F. Lendorff, 1904. [fr. 1.25]

Baumgartner, Adf., d. Grundlagen d. ration. Futterbaues f. mittl. u. klein. Grundbesitzer, s. a. Schriften d. Vereins z. Verbreitg. landwirthschaftl. Kenntnisse.

Baumgartner, A, d. Grundlagen d. rationellen Futterbaues f. mittl. u. kleinere Grundbesitzer. 8° (87 m. Abbildgn.) Linz 90. (Znaim, Fournier & H.) — 80

Baumgartner, Adf. die Grundlagen d. rationellen Futterbaues f. mittlere u. kleinere Grundbesitzer, gestützt auf vieljähr. prakt. Erfahrgn. u. auf die Ergebnisse wissenschaftl. Forschgn. gr. 8. (87 S. m. Abbildgn.) Linz 890. (Leipzig, H. Voigt.) n. 1. 20

Baumgartner, Adf. (II.), die Grundlagen des einträglichen Getreidebaues für mittlere und kleine Grundbesitzer, gestützt auf vieljähr. prakt. Erfahrungen und auf die Ergebnisse wissenschaftl. Forschungen. 8. (46 S.) Linz 888. (Znaim, Fournier und Haberler.) *

— Haupt-Bedürfnisse der Landwirthschaft in den deutsch-österreichischen Provinzen. — Graz: Baumgartner 1884. 35 S. 8° 300:50.132–B. 302. 303.
13.5263

— Dr. M. Lauer und das zweite Buch des Mõses Chorenazi. Leipzig: Stauffer in Comm. 1885. 24 S. 8°
1:Zy 2361. 5. 12:A. or. 2248. 19. 21. 26. 28. 39. 117.
13.5269

— Über die Quellen des Cassius Dio für die ältere römische Geschichte. — Tübingen 1880: Laupp. 61 S. 8°
1:Vo 2478. 2. 5. 10. 11. 14. 21. 24. 26. 27. 30.
13.5270

— [Hrsg.] s. *Studien*, Schweizer, zur Geschichtswissenschaft. 1909 ff.

— Die Umwandlung der Dreifelder- und Sechsfelder-Wirthschaft in die Fruchtwechsel-Wirthschaft, das sicherste Mittel zur Erhöhung der Wirthschafts-Erträge und Erleichterung der Nothlage der Landwirthschaft. — Linz: Verf. 1887. 14 S. 8° 300:76.711–B. 307.
13.5264

— Wartung, Behandlung und Zucht des Pferdes nebst Erläuterungen über gesunde und kranke Pferdehüfe und deren zweckmäßiges Beschläg. — Linz: Danner in Comm. 1801. 65 S. 8° 91. 300:116.673–B. 307.
13.5265

— Zucht, Pflege und Wartung des Kaninchens. — Wien: Gerold 1875. 15 S. 8° 106. 300:108.446–B. 302.
13.5266

Baumgartner, Adf., Zucht, Pflege und Wartung des Kaninchens. gr. 8. (16 S.) Wien 876, Gerold und Comp. **

Baumgartner, Albert. Heinrich Baumgartner gew. Pfarrer in Brienz. Ein Zeit- und Lebensbild. Mit vier (*Umschlag:* fünf) Porträts und zwei Ansichten [4 Textbilder und 3 Tafeln]. Separatabdruck aus dem «Hardermannli» von Interlaken. 51 S. 8. Interlaken, K. J. Wyss, 1902. [fr. 1.—]

Baumgartner, A[lbert]. Zur Erinnerung an die Einweihung der neuen Länggass-Krippe [in Bern. — Festgabe: Gedichte]. Der Länggass-Krippe gewidmet von A. Baumgartner, Pfr. [Illustriert.] 32 S. 8. Bern, Stämpfli & Cie., [1903]. [fr. —. 80]

Baumgartner, Alb., s: Kursatlas d. Wiener Börse.

Baumgartner, A[lbert]. Die Liebe höret nimmer auf. Acht Predigten. Seiner lieben Berner Gemeinde gewidmet. Mit dem Porträt des Verfassers [Tafel]. 105 S. 8. Bern, K. J. Wyss, 1907. [fr. 1. 60]

2. [unveränderte] Aufl. 1908.

Baumgartner, Albert [Assistenzarzt am Inselspital]: Über progressive Paralyse. Bern 1900. 37 S. 8°.
Bern. Med. Diss. 1899/1900.

(Baumgartner, Albert.) Die Schulsparkassen. (Referat ... = Les Caisses d'épargne scolaires). 8.
In: Jahresbericht der Gemeinnützigen Gesellschaft von Biel für das Jahr 1905 = Rapport sur la marche de la Société d'Utilité publique de Bienne ... 1905. Biel, C. Schwoizer & Co., 1906. S. 9–35 = p. 45–71.

Baumgartner, A., sie sind Jungfrauen u. folgen dem Lamme nach, wo es hingeht. Ein Büchlein f. Jungfrauen u. Jungfrauen-Vereine. 2., durch e. Lebensbild v. Vater Heiniger u. 12 Lieder verm. Aufl. 12. (162 S.) Bern 893. K. J. Wyß. n. 1. —; kart. 1. 20; geb. in Leinw. n. 1. 60

Baumgartner, A[lbert]. Von der Aare zur Wupper! Reiseerinnerungen und Konferenzeindrücke von der 17. Internationalen Konferenz (der evangelischen Jünglingsvereine und) der Christlichen Vereine junger Männer in Barmen, 28. Juli bis 1. August 1909. Allen Teilnehmern und Freunden der Ch' V', insonderheit den deutschen, gewidmet von A. B'.... [Illustriert.] 88 S. 8. Basel, Ernst Finckh, 1909. [fr. 1. 20]

Baumgartner, Alexander: Der Alte von Weimar. Göthe's Leben und Werke von 1808 bis 1832. — Freiburg i. Br. [usw.]: Herder 1886. VIII, 296 S. 8° (Stimmen aus Maria-Laach. Erg. Bd 9. H. 35. 36.) 1:in Bd 3371–9. 2→7. 10. 11. 12:Per. 186 px–Erg. Bd 9. 14→17. 20. 21. 24. 25. 28. 30. 35. 38. 41. 46. 52. 61. 93. 109. 117. 169. 203. 211. 300:393.119–B. Per. Erg. Bd 9, 35. 36. 302. 303. 308.
13.5276

— [Hrsg.] s. *Baumgartner*, Gallus Jakob: Geschichte des schweizerischen Freistaates und Kantons St. Gallen. 3. 1890.

— Gallus Jakob Baumgartner, Landammann von St. Gallen, und die neuere Staatsentwicklung der Schweiz ⟨1797 bis 1869⟩. Mit Benützung d. schriftlichen Nachlasses. — Freiburg i. Br. [usw.]: Herder 1892. VIII, 535 S. 8°
1:Ru 4242. 5. 7. 10. 11. 12:Helv. 134 v. 14. 17. 21. 25. 36. 52. 102. 205. 211. 300:145.583–C. 302.
13.5277

Baumgartner, Alex., Calderon. Festspiel zum 25. Mai 1881. Mit einer Einleitung über Calderons Leben und Werke. Mit dem Bildniß Calderons in Lichtdr. 8. (LII, 67 S.) Freiburg i. Br. 881, Herder'sche Verlagsh. *

— Calderon. Festspiel zum 25. Mai 1881. Mit e. Einl. über Calderons Leben u. Werke. 2., verm. u. verb. Ausg. — Freiburg i. Br. [usw.]: Herder 1881. LII, 67 S. 8°
Erschien zuerst in: Stimmen aus Maria-Laach. 20. 1881.
10. 14. 15. 25. 26. 38. 106. 121. 214. 300:52.604–A. 304.
13.5278

— Longfellow's Dichtungen. Ein literarisches Zeitbild aus d. Geistesleben Nordamerika's. — Freiburg i. Br. [usw.]: Herder 1877. 176 S. 8° (Stimmen aus Maria-Laach. Erg. Bd 2. H. 5.) 1:in Bd 3371–2. 2→7. 10. 11. 12:Per. 186 px–Erg. Bd 2. 14→17. 20. 21. 25. 28. 29. 38. 41. 52. 61. 66. 102. 169. 211. 302. 303.
13.5279

— — 2., verm. u. verb. Aufl. Ebd. 1887. XIX, 384 S. 8°
1:Ax 12710. 6. 12:P. o. angl. 212 dx. 18. 25. 29. 30. 38. 43. 52. 60. 111. 211. 214. 303.
13.5280

Baumgartner, A., nordische Fahrten. Skizzen u. Studien. (II.) Durch Skandinavien nach St. Petersburg. Mit e. Titelbilde in Farbendr., 80 in den Text gedr. Abbildgn. u. 22 Tonbildern. gr. 8. (XVIII, 552 S.) Freiburg i/Br. 890. Herder. n. 9. —; geb. n. 12. —

— Durch Skandinavien nach St. Petersburg. (2. Aufl.) — Freiburg i. Br. [usw.]: Herder 1890. XVII, 551 S. 8° (Baumgartner: Nordische Fahrten. 2.)
3. 9. 12:It. sing. 56 rd–2. 22. 24. 30. 31. 35. 36. 39. 45. 52. 64. 102. 106. 117. 169. 209. 300:188.531–C. 2. 302.
13.5281

Durch Skandinavien nach St. Petersburg. Von Alexander Baumgartner S. J. Mit 1 Titelbilde, 161 Abb. u. 1 Karte. 3. Aufl. Freiburg im Br.: Herder 1901. (XXI, 619 S.) 8° [F.]
— Baumgartner: Nordische Fahrten. [2.] 108. 7390

— Lessing's religiöser Entwicklungsgang. Ein Beitrag zur Geschichte d. 'modernen Gedankens'. — Freiburg i. Br. [usw.]: Herder 1877. 168 S. 8° (Stimmen aus Maria-Laach. Erg.Bd 1. H. 2.)
1: in Bd 3371-1. 2→7. 10. 11. 12: Per. 186 px-Erg. Bd 1. 14→17. 20. 21. 23. 25. 28. 29. 32. 38. 52. 61. 66. 102. 109. 121. 169. 207. 211. 302. 304. 308.
13.5283

— — Ebd. 1879. 168 S. 8° 52.
13.5284

— Erinnerungen an Dr. Karl Johann Greith, Bischof von St. Gallen. — Freiburg i. Br. [usw.]: Herder 1884. 113 S. 8°
Erschien zuerst in: Stimmen aus Maria-Laach. 24. 26. 1883-84.
1: Au 6660. 12: Biogr. 477 fr. 14. 20. 25. 41. 52. 107. 203. 211. 214.
13.5285

Baumgartner, Alexander: Nordische Fahrten.
Bd. 1. s. Baumgartner: Island u. d. Faröer.
Bd. 2. s. Baumgartner: Durch Skandinavien nach St. Petersburg.
Bd. 3. s. Baumgartner: Reisebilder aus Schottland.

— Geschichte der Weltliteratur. 1-6 [nebst] Erg.Bd. — Freiburg i. Br. [usw.]: Herder 1897-1912. 8°
1. Die Literaturen Westasiens u. d. Nilländer. 1897.
2. Die Literaturen Indiens u. Ostasiens. 1. u. 2. Aufl. 1897.
3. Die griechische u. lateinische Literatur d. klassischen Altertums. 1. u. 2. Aufl. 1900.
4. Die lateinische u. griechische Literatur d. christlichen Völker. 1. u. 2. Aufl. 1900.
5. Die französische Literatur. 1.-4. Aufl. 1905.
6. Die italienische Literatur. 1.-4. Aufl. 1911.
Erg.Bd. Baumgartner: Untersuchungen u. Urteile zu d. Literaturen verschiedener Völker. Gesammelte Aufsätze. 1.-4. Aufl. 1912.
1: Al 665 [auch 5-Al 665a]. 12: H. lit. U. 43 f [auch 5-H. lit. U. 43fa-5]. 18. 19. 20. 24. 26. 36. 38. 43. 44. 45. 52. 60. 62. 66. 86. 102. 117. 121. 202. 203. 211. 300: 94.499-B. H. 302→304.
13.5290

— — 2., unveränd. Aufl. Bd 1. Ebd. 1897. XIX,620 S. 8°
1. Die Literaturen Westasiens u. d. Nilländer.
5. 6. 17. 24. 28. 30. 34. 302.
13.5291

Baumgartner, A: Gesch. d. Weltlit. I—V. 8° Freibg i/B., Herder 05. 51.60; HSaff. nn 64.80 d
I. Die Lit. Westasiens u. d. Nilländer. 3. u. 4. Afl. (638) '01. 9.00; geb. nn 12 —
II. Die Lit. Indiens u. Ostasiens. 3. u. 4. Afl. (650) '02. 9.00; geb. nn 12 —
III. Die griech. u. latein. Lit. d. klass. Altertums. 3. u. 4. Afl. (610) '02. 9 —; geb. nn 11.40
IV. Die latein. u. griech. Lit. d. christl. Völker. 3. u. 4. Afl. (703) '05. 11.40; geb. nn 14.40
V. Die französ. Lit. 1—4. Afl. (747) '05. 12 —; geb. nn 15 —; auch in 10 Lfgn (Lfg 33—42) zu 1.20

Baumgartner, Alex.: Gesch. d. Weltlit. 6. Die italien. Lit. 1—4. Afl. (23, 943) gr8° FreiburgB., Herder '11. 15 —; HSaff. n 18 — d

— dass. Ergänzgsbd zu 1—6. Untersuchgn u. Urteile zu d. Literaturen verschied. Völker. 1—4. Afl. (12, 949) gr8° Ebd. '12. 12—: HSaff. n 15 — (vollst.: 78.60; geb. n 97.80)

— Göthe. Sein Leben u. seine Werke. 2., verm. u. verb. Aufl. Bd 1-3. — Freiburg i. Br. [usw.]: Herder 1885-86. 8°
1. Jugend, Lehr- u. Wanderjahre. (Von 1749 bis 1790.) 1885.
2. Die Revolutionszeit. Göthe u. Schiller. (Von 1790 bis 1805.) 1886.
3. Deutschlands Nothjahre. Der alte Göthe. Faust. (Von 1806 bis 1832.) 1886.
1. Aufl. von Bd 1 s. *Baumgartner:* Göthe's Jugend. 1879 [u.] *Baumgartner:* Göthe's Lehr- u. Wanderjahre in Weimar u. Italien. 1882.
1: Au 6360. 7. 10. 11. 12: Biogr. 1730. 14. 15. 17. 19. 22. 24. 25. 32. 35. 38. 52. 53. 61. 93. 102. 117. 203. 211. 214. 300: 77 Bb 69. 302. 307. 309.
13.5295

— Goethe. Leben u. Werke. 3. Afl. v. Alois Stockmann. (In 3 Bdn.) 1. Bd. Jugend-, Lehr- u. Wanderjahre. 1749—90. (26, 509 m. Bildn.) gr8° Ebd. '11. 10 —; L 12 —; HSaff. 14 — d

— Göthe und Schiller. Weimars Glanzperiode. — Freiburg i. Br. [usw.]: Herder 1886. VIII,393 S. 8° (Stimmen aus Maria-Laach. Erg. Bd 9. H. 33. 34.)
1: in Bd 3371-9. 2→8. 10. 11. 12: Per. 186 px-Erg. Bd 9. 14→17. 20. 21. 25. 28. 29. 30. 35. 36. 38. 41. 46. 52. 61. 93. 109. 117. 203. 211. 300: 393.119-B. Per. Erg. Bd 9,33.34. 302. 303.
13.5298

Island und die Faröer. Von Alexander Baumgartner, S. J. Mit 1 Titelbilde, 36 Abb., 16 Tonbild. u. 1 Kt Freiburg i. B.: Herder 1889. XIV, 462 S. 8°
(Baumgartner: Nordische Fahrten. [1.]) [11. 10478

— Island und die Faröer. (2. Aufl.) — Freiburg i. Br. [usw.]: Herder 1889. XIV,462 S. 8° (Baumgartner: Nordische Fahrten. [1.])
1: Tz 3250-1. 2. 3. 9. 12: It. sing. 50 rd-1. 16. 17. 22. 24. 31. 34. 35. 36. 38. 39. 45. 52. 62. 106. 111. 117. 207. 209. 300: 188.531-C. 1. 302. 303.
13.5299

— Island u. die Färöer. (Nordische Fahrten. Skizzen u. Studien.) Mit 1 Titelbilde in Farbendr., 135 Abbildgn. u. 1 Karte. 3., verm. Aufl. gr. 8. (XIX, 571 S.) Ebd. 902. n. 9. —; geb. in Leinw. n. 12. —

— Göthe's Jugend. Eine Culturstudie. — Freiburg i. Br. [usw.]: Herder 1870. 153 S. 8° (Stimmen aus Maria-Laach. Erg. Bd 3. H. 10.) 2. Aufl. s. *Baumgartner:* Göthe. 1. 1885.
1: in Bd 3371-3. 2→7. 10. 11. 12: Per. 186 px-Erg. Bd 3. 15. 16. 17. 20. 21. 24. 25. 27. 28. 29. 32. 38. 41. 43. 44. 52. 60. 61. 66. 109. 111. 117. 203. 211. 302.
13.5301

— Göthe's Lehr- und Wanderjahre in Weimar und Italien. (1775-1790.) — Freiburg i. Br. [usw.]: Herder 1882. VIII, 376 S. 8°
3. 14. 17. 20. 24. 29. 30. 32. 35. 43. 44. 52. 60. 64. 93. 107. 109. 111. 117. 169. 203. 211. 300: 53.116-B. 307.
13.5302

— — Ebd. 1882. VIII,376 S. 8° (Stimmen aus Maria-Laach. Erg. Bd 5. H. 19. 20.) 2. Aufl. s. *Baumgartner:* Göthe. 1. 1885.
1: in Bd 3371-5. 2→8. 10. 11. 12: Per. 186 px-Erg. Bd 5. 15. 16. 17. 21. 25. 28. 38. 41. 60. 61. 106. 109. 300: 393.119-B. Erg. Bd 5,19.20. 302.
13.5303

Baumgartner, Alexander. Papst Leo XIII. Ein Blatt der Erinnerung von Alexander Baumgartner S. J. Mit dem Bildnis Leos XIII [Tafel]. (Sonderabdruck aus den «Stimmen aus Maria-Laach». [Jahrg.] 1903 [Heft 7 = Bd. 65, H. 2].) 31 S. 8. Freiburg im Breisgau, Herder, 1903. [M. —. 30]

—— die Lauretanische Litanei. Sonette. 8. (V, 58 S.) Ebendas. 883. *ℳ 1.; geb. mit Goldschn. *

— Die Lauretanische Litanei. Sonette. 2. Aufl. — Freiburg i. Br. [usw.]: Herder 1886. 59 S. 8° 30. 38. 211.
13.5305

— die lauretanische Litanei. Sonette. 2. Aufl. 8. (V, 59 S.) Ebd. 887. n. 1. —; geb. n. 2. —

— — 3. Aufl. Ebd. 1904. VII,60 S. 8°
38. 101. 300: 434.508-B. 302.
13.5306

Die französische Literatur. Von Alexander Baumgartner S. J. 1.-4. Aufl. *Freiburg i. Br.: Herder 1905.* (XVII, 747 S.) 8° [F.]
= Baumgartner: Geschichte d. Weltliteratur. 5. [04. 16640 B

Die griechische und lateinische Literatur des klassischen Altertums. Von Alexander Baumgartner, S. J. 1. u. 2. Aufl. (In 5 Lfgn.) *Freiburg i. B.: Herder 1900.* (XII, 596 S.) 8° [F.]
= Baumgartner Geschichte d. Weltliteratur. Bd 3. [01. 7760

Die griechische und lateinische Literatur des klassischen Altertums. Von Alexander **Baumgartner** S. J. 3. u. 4. verb. Aufl. Freiburg i. Br.: Herder 1902. (XII, 610 S.) 8° [F.]
= **Baumgartner**: Geschichte d. Weltliteratur. 3. [03. 16 3

Die lateinische und griechische Literatur der christlichen Völker. Von Alexander **Baumgartner**, S. J. 1. u. 2. Aufl. (In 5 Lfgn.) *Freiburg i. Br.: Herder 1900.* (XVI, 694 S.) 8° [F.]
= **Baumgartner**: Geschichte d. Weltliteratur. 4. [01. 9…

Die lateinische und griechische Literatur der christlichen Völker. Von Alexander **Baumgartner** S. J. 3. u. 4. verb. Aufl. Freiburg i. Br.: Herder 1905 (XVI, 703 S.) 8° [F.]
= **Baumgartner**: Geschichte d. Weltliteratur. 4 [5. 17 3

Die Literaturen Indiens und Ostasiens. Von Alexander **Baumgartner**. 3. u. 4., verb. Aufl. *Freiburg i. Br.: Herder 1903.* (XVI, 650 S.) 8° [F.]
= **Baumgartner**: Geschichte d. Weltliteratur 2. [03 …16] 3

[F.] Die Literaturen Westasiens und der Nilländer. Von Alexander **Baumgartner** S. J. Lfg 1. *Freiburg i. B.: Herder 1897.* 8.
= **Baumgartner**, A.: Geschichte d. Weltliteratur. Bd 1. Lfg 1. [97. 1848

Die Literaturen Westasiens und der Nilländer. Von Alexander **Baumgartner** S. J. 3. u. 4 verb. Aufl. *Freiburg i. B.: Herder 1901.* (XIX, 638 S.) 8° [F.]
= **Baumgartner**: Geschichte d. Weltliteratur. 1. [03. 5057 7

— Doctor Martin Luther. Ein Charakterbild. Von Jakob Wohlgemuth [d. i. Alexander Baumgartner]. — Trier: Paulinus-Dr. 1883. 134 S. 8° **2. 5. 29.**
13.5307

— — Ebd. 1883. 136 S. 8° **1:Cn 7818⁶. 4.**
13.5308

— — 2. Aufl. Ebd. 1883. 136 S. 8° **1:Cn 7818³. 52.**
13.5309

— Namameha u. Watomilka, s.: Aus fernen Landen. 6 Bdchn.

— dasselbe, s.: Talos of foroign lands.

— **Das Râmâyana** und die Râma-Literatur der Inder. Eine literaturgeschichtliche Skizze. — Freiburg i. Br. [usw.]: Herder 1894. XI,170 S. 8° (Stimmen aus Maria-Laach. Erg. Bd 16. H. 62.) 1: in Bd 3371-16. **2→8. 10. 11. 12**: Per. 186 px-Erg. Bd 16 [2 Ex.] **15. 17. 20. 21. 25. 28. 29. 30. 36. 38. 41. 43. 45. 46. 52. 66. 79. 169. 211. 300**: 393.119-B. Erg. Bd 16,62. **302→304.**
13.5310

— **Reisebilder** aus Schottland. — Freiburg i. Br. [usw.]: Herder 1884. XI,316 S. 8° 1: Ty 2936. **6. 12**: It. sing. 56 rc. **25. 28. 30. 35. 61. 90. 169. 180.**
13.5311

Baumgartner, Alex., S. J., nord. Fahrten. Skizzen u. Studien. (3 Bd.) Reisebilder a. Schottland. M. 1 Titelbilde in Farbendr., 23 i. d. Text gedr. Abb. u. 19 Tonbild. 2., verb. Aufl. gr. 8. (XII, 325 S.) Freiburg i/B. 895. Herder. n. 5. —; geb. in Leinw. n. 7. 50

— — 3., verm. Aufl. Ebd. 1906. XIV,369 S. 8° (Baumgartner: Nordische Fahrten. 3.) 1: Tz 3256-3. **2. 5. 8. 11. 14. 24. 30. 52. 53. 60. 79. 102. 107. 169. 300**: 422.280-B. K. 3. **302.**
13.5313

Baumgartner, Alexander, S. J. Die Stellung der deutschen Katholiken zur neueren Literatur. 1. bis 5. Tausend. VIII + 86 S. 8. Freiburg im Breisgau, Herder, 1910. [M. 1.—]

— Joost van den **Vondel**, sein Leben und seine Werke. Ein Bild aus d. niederländischen Literaturgeschichte. — Freiburg i. Br. [usw.]: Herder 1882. XIII,379 S. 8°
Erschien zuerst in: Stimmen aus Maria-Laach. 18. 19. 1880.
1: Aw 28104. **2→6. 10. 11. 12**: Biogr. 1225 g. **14→17. 20. 23. 24. 25. 28. 30. 35. 36. 38. 43. 45. 52. 60. 64. 66. 111. 117. 169. 211. 214. 300**: 53.618-B. [u. ö.] **302. 303.**
13.5316

Baumgartner, Alfred, Salzburg. 1877: Die **Gaisbergbahn**. Eine ausführliche Beschreibung mit Panorama. — Salzburg: Dieter [1887]. 1 Taf., 24 S. 8° **308.**
13.5317

Baumgartner, A., die Gaisbergbahn. Eine ausführl. Beschreibung mit Panorama. qu. Fol. Lithogr. mit Text. (8 S.) Salzburg 888, Dieter. *

— — 3. Aufl. Ebd. [1892]. 1 Taf., 8 S. 8° **308.**
13.5318

Baumgartner, Alfr., die **Gaisbergbahn**. Ausführliche Beschreibg. u. Panorama vom Gipfel aus, 1286 Meter üb. dem Meere. Nach der Natur gezeichnet. 13×123,5 cm. Lith. 12. (4 S.) Salzburg (899). H. Dieter. n. — 60

Baumgartner's, A[lfr.], Panorama, s. **Gaisbergbahn**, die.

Baumgartner, Alfr., **Panorama** vom Aussichtsthurm d. elektrischen Aufzuges auf den Mönchsberg in Salzburg. Steindr. 21,5×99,5 cm. Salzburg 891. (H. Korber.) n. — 70

Baumgartner, Alfr.: Panorama v. Aussichtsturme d. elektr. Aufzuges auf d. Mönchsberg in Salzburg. 20,5×85,5 cm. Salzbg, H Dieter ('10). — 35

— Panorama v. Aussichtsthurm d. Festg Hohensalzburg. 542 m. 22×149 cm. Lith. Mit Gesch. u. Beschreibg d. Festg u. d. neuen Drahtseilbahn. 8° (4) Ebd. 97. Erm. Pr. — 60

Baumgartner, Alfr., Panorama vom Aussichtsturm der Festung **Hohensalzburg**, 542 Meter über d. Meere. Nach der Natur aufgenommen u. m. der Feder gez. 15,5×87 cm. Salzburg (909). H. Dieter. — 35

— Panorama bei der Fahrt auf dem St. Wolfgang- od. Aber-See. Nach der Natur gezeichnet. 12×181 cm. Lith. Salzburg (902). H. Dieter. n. 1. —

— Panorama bei der Fahrt auf dem **Traun- oder Gmundner-See**. Nach der Natur gezeichnet. 12×191 cm. Lith. Ebd. (902). n. 1. —

— **Panorama** vom Gaisberg bei Salzburg 1286 m. Mit ausführlicher Beschreibung. — Salzburg: Dieter [1879]. 8 S., 1 Taf. 8° **300**: 25.866-A. **307. 308.**
13.5320

Baumgartner, Alfr., Panorama vom Gaisberg bei Salzburg [1286 m.] Nach der Natur gezeichnet. Mit ausführl. Beschreibung. 8. (8 S. mit 1 Stnt.) Salzburg 880, Dieter. *

Baumgartner, Alfr., Panorama vom Gaisberg bei Salzburg (Österreichs Rigi), 1286 m üb. dem Meere. Nach der Natur gezeichnet. 5. Aufl. 13×107 cm. Salzburg (910). H. Dieter. —35.

— Panorama vom **Imbachhorne 2472** m, e. Stunde oberhalb der Gleiwitzer Hütte (2250) im Hirzbachthale am Hochtenn. Nach der Natur aufgenommen u. gezeichnet. Hrsg. vom deutschen u. österreich. Alpen-Verein, Section Gleiwitz. 18,5×119,5 cm. Lith. Salzburg (902). (E. Höllrigl.) n. — 85

— **Panorama** v. Kreuzberg im Rhoengebiete. Photogr.-Imitation. qu. schmal Fol. Kissingen 889. Weinberger. In Decke. n. 3. —

BAUMGARTNER. Alfred
Panorama bei der Rundfahrt auf dem **Zeller-See**. Nach der Natur gezeichnet von Alfred **Baumgartner**. **Salzburg**. [1900.] Dieter. 16°. K —.50

— **Panorama** vom Schafberg [1780 m]. Nach der Natur gezeichnet. Farbendr. 30×57 cm. Ebd. 891. n. — 90

(—) **Panorama** von der Schmidtenhöhe bei Zell am See 1935 m. Mit Beschreibung. — Salzburg: Dieter [1878]. 6 S., 1 Taf. 8°
Spätere Ausgaben sind vorhanden in 12, 33, 300, 302 u. 308.
12: Austr. 336.
13.5321

Panorama von der **Schmittenhöhe** bei Zell am See, 1968 Meter über dem Meere. Nach der Natur gezeichnet von Alfr. **Baumgartner**. Mit ausführlicher Beschreibung. **Salzburg**. [1899.] Dieter. 16°. 4 S. mit 1 Tafel. fl. —.40

— Panorama v. der Schmittenhöhe bei Zell am See. 15×118,5 cm. Mit ausführl. Beschreibg. (4 S.) kl. 8. Ebd. (908). — 60

Baumgartner, Alfr., Panorama vom Untersberg bei Salzburg. [1975 m.] Nach der Natur gezeichnet. Mit ausführl. Beschreibg. u. genauer Angabe aller Touren u. Wege. 2. Aufl. Lith. qu. Fol. Mit Text. 12. (12 S.) Salzburg 883. Dieter. n. — 80

— Panorama vom Untersberge, 1975 m über dem Meere. Nach der Natur gezeichnet. 15,5×95,5 cm. Steindr. Mit ausführl. Beschreibg. u. genauer Angabe aller Touren u. Wege. 3. Aufl. 12. (8 S.) Ebd. 899. n. — 80

[—] Der Untersberg. Panorama u. Beschreibung. — Salzburg: Dieter 1877. 1 Taf., 12 S. 8° 308.
13.5322

BAUMGARTNER, Alois: Der Wortschatz des Dichters Bacchylides mit besonderer Berücksichtigung des Homerischen und Pindarischen. — 1910. 68 Bl. Diss. Graz, Univ.

Baumgartner, Andreas

Baumgartner, Andr., Anfangsgründe d. Naturlehre, als Ausz. aus d. Naturlehre nach ihrem gegenwärt. Zustande mit Rücksicht auf mathemat. Begründ. Mit Holzschn. gr. 8. (17 B.) Wien 837, Heubner.

— [Ausz.] Anfangsgründe der Naturlehre als Auszug aus der Naturlehre nach ihrem gegenwärtigen Zustande. — Wien: Heubner 1837. IV,263 S. 8°
19. 27. 47. 88. 91. 123. 202. 300:45 S 4. 302.
13.5351

— Anfangsgründe der Naturlehre. 2., umgearb. u. verm. Aufl. — Ebd. 1850. 382 S. 8°
12:Phys.g.30dh. 30. 66. 91. 302.
13.5352

— — 3., verm. Aufl. Ebd. 1851. VII,384 S. 8° 304. 305. 308.
13.5353

— — 4., verm. Aufl. Ebd. 1851. VII,388 S. 8° 307.
13.5354

— — 5., verm. Aufl. Ebd. 1852. VII,395 S. 8°
207. 300:46.258–B. 302.
13.5355

Baumgartner, Dr. Andreas —. Anfangsgründe der Naturlehre, von — —. Sechste, durchaus umgearbeitete und vermehrte Auflage. Mit 138 in den Text eingedruckten Holzschnitten. Wien. 1855. Gedruckt bei Ferd. Ullrich. Verlag von J. G. Heubner. (VII, 424 S. 8.) geh.

Baumgartner, A, Aufangsgr. d. Naturlehre. 6. Afl. 8. (424) Wien 55, (Sallmayer u. Co.) n. 1. 10

— Anleitung zum Heitzen der Dampfkessel und zur Wartung der Dampfmaschinen. — Wien: Heubner 1841. VIII, 132 S. 8° 8. 17. 83. 89. 300:56 Y 86. 302. 304. 305.
13.5328

— und Krell Anwendung der galvanischen Telegraphie zur geographischen Langenbestimmung. S 1. 90 . . . . vgr.
Separatabdruck

Baumgartner, Andreas Frhr v., Prof. d. Physik, Wien, 1793-1865. 1820: Das mechanische Äquivalent der Wärme und seine Bedeutung in den Naturwissenschaften. Vortrag. — Wien 1856. 29 S. 8°
Aus: Almanach d. Kaiserl. Akademie d. Wissenschaften. 7. 1857.
1:10 in Mx 16950. 12:Phys. sp. 41 s. 123. 302. 303.
13.5327

— Aräometrie, oder Anleitung zur Bestimmung des specifischen Gewichtes und zur Verfertigung genauer Aräometer. — Wien: Heubner 1820. 82 S. 8°
1:Or 15075. 8. 12:Math. A. 16 ex. 14. 19. 21. 26. 29. 83. 89. 300:19 Y 7. 302. 305. 307.
13.5329

Baumgartner, Andr. v., Chemie und Geschichte der Himmelskörper nach der Spectral-Analyse. Vortrag gehalten in der feierl. Sitzung der k. Akad. d. Wiss. am 30. Mai 1862. Wien, (Gerold.) 8. (16 S.) Separatabdruck 3 ngr.

Baumgartner, Andreas. Choix de Lectures Anglaises. ([Traduit par] Jeanne Hornung. [Avec des illustrations et 2 cartes.]) *Kopftitel:* Baumgartner's Reading-Book. VIII + 176 p. 8. Zurich, Art. Institut Orell Füssli, 1902. [relié fr. 2.60]
Traduction de: Lehrgang der Englischen Sprache. Teil 2: Lesebuch.

Baumgartner, Andr.: Choix de lectures anglaises. (Baumgartner's reading-book.) 2. éd. (7, 176 m. Abb. u. 1 farb. Ktc.) 8° Zür., Art. Instit. Orell Füssli '12. HL 2.20

Baumgartner, Andreas, ein vergessener Dichter. Beitrag zur Geschichte der Dreißigerjahre. (Umschlag: Kaspar Schiesser v. Schwändi.) (II, 58 S. m. 4 Bildern.) gr. 8. Zürich 904. Art. Institut Orell Füßli. n. 1. —

Baumgartner, Andr. Frhr. v., von den allgemeinen Eigenschaften der Kräfte in der unorganischen Natur und ihre Bedeutung in der Naturlehre. Lex.-8. (18 S.) Wien 858, (Gerold's Sohn.) *
Aus: Sitzungsberichte der k. Akad. der Wissenschaften Jahrg. 1857, besonders abgedruckt.

Baumgartner, Andr., französische Elementar Grammatik. 8. (VIII, 121 S.) Zürich 882, Orell, Füßli und Comp. cart.

— Elementi di fisica. Trad. e cont. del Dr. Bernardino Zambra. — Vienna: Direzione per la vendita dei libri scolastici 1858. 296,189 S. 8° 207. 302.
13.5358

— Erinnerungen aus Amerika. — Zürich: Orell Füßli [1906]. 221 S. 8°
1:Uu 7215/10. 7. 10. 21. 24. 30. 64. 79. 93. 205.
13.5360

Baumgartner, Andr., Erinnerungen aus Amerika. (221 S. m. 49 Abbildgn.) 8. Zürich (907). Art. Institut Orell Füßli. 3.50; geb. in Leinw. 4.50

Baumgartner, Andr., Exercices de français. Übungsbuch z. Stud. d. franz. Grammatik. I. Anschl. a. d. Verf. „Grammaire française". 1. u. 2. Aufl. 8. (IV, 80 S.) Zürich 897. Art. Institut Orell Füssli. In Leinw. kart. n. — 80

— Exercices de français. Übungsbuch zum Studium der französ. Grammatik. Im Anschluss an des Verf. „Grammaire française". 3., verb. Aufl. 8. (IV, 80 S.) Ebd. 899. In Leinw. kart. n. — 80

Baumgartner, Andreas. Exercices de Français. Übungsbuch zum Studium der französischen Grammatik. Im Anschluss an des Verfassers «Grammaire francaise». 5., verbesserte Aufl. IV + 80 S. 8. Zürich, Art. Institut Orell Füssli, 1903. [cart. fr. —.90]

Baumgartner, Andreas. Exercices de Français. Übungsbuch zum Studium der französischen Grammatik. Im Anschluss an des Verfassers «Grammaire française». 6. verbesserte Aufl. IV + 80 S. 8. Zürich, Orell Füssli, 1905. (cart. fr. —. 90)

— Excercices de français. Übungsbuch z. Studium der französ. Grammatik. Im Anschluß an des Verf. „grammaire francaise". 7. Aufl. (IV, 80 S.) 8. Ebd. 909. In Leinw. kart. — 80

— Ein Fall ungleichzeitiger Wiederkehr des Sehvermögens für verschiedene Farben S. 29. 57 . . . . - - 10
Separatabdruck

— über den Geist der Naturforschung unserer Zeit u. ihre Resultate. Ein Vortrag, gehalten in der feierlichen Sitzung der k. Akademie d. Wissenschaften am 31. Mai 1858. Wien 858. (Gerold.) 8. (35 S.) n. 4 ngr.

— Über Gewitter überhaupt, Hagelwetter insbesondere. — Wien: Gerold in Comm. 1857. 28 S. 8°
Aus: Sitzungsberichte d. Kaiserl. Akademie d. Wissenschaften. Math.-nat. Kl. 23. 1857.
1:My 18153. 12:Phys. sp. 41 se. 302. 303.
13.5333

Baumgartner, A. Grammaire française. Französische Grammatik für Mittelschulen. In-8°. X, 160 S. Zürich, Art. Inst. Orell Füssli. gebd. 1 60
1896

— grammaire française. Franz. Grammatik f. Mittelschulen. 2., verb. Aufl. 8. (X, 160 S.) Ebd. 896. Geb. n.n. 1.25

— Grammaire française. Französische Grammatik f. Mittelschulen. 4. Aufl., unveränd. Abdr. 8. (XI, 168 S.) Ebd. 898. Geb. n.n. 1.25

Baumgartner, Andreas. Grammaire Française. Französische Grammatik für Mittelschulen. 5., teilweise umgearb. Aufl., mit Angabe der seit Februar 1901 amtlich erlaubten Vereinfachungen. XII + 173 S. 8. Zürich, Art. Institut Orell Füssli, 1901. (geb. fr. 1.60)

Baumgartner, Andreas. Grammaire Française. Französische Grammatik für Mittelschulen. 7. Aufl. XII + 168 S. 8. Zürich, Orell Füssli, (1904). (geb. fr. 1.60)

Baumgartner, Andreas. Grammaire Française. Französische Grammatik für Mittelschulen. 8. Aufl. XII + 168 S. 8. Zürich, Orell Füssli, [1905]. [geb. fr. 1.60]

Baumgartner, Andreas. Grammaire Française. Französische Grammatik für Mittelschulen. 9. verbesserte Aufl. VIII + 175 S. 8. Zurich, Orell Füssli, (1907). (geb. fr. 1.60)

— Grammaire franç. Französ. Grammatik f. Mittelsch. 10. Afl. (7, 175) 8° Ebd. ('12). HL 1.25

— Über den Grund der scheinbaren Abweichung des mechanischen Wärme-Äquivalentes bei verschiedenen Gasen. Wien: Gerold in Comm. 1860. 13 S. 8°
Aus: Sitzungsberichte d. Kaiserl. Akademie d. Wissenschaften. Math.-nat. Kl. 28. 1859.
12:Phys.sp.773-24. 302.
13.5334

— Über Grundgesetze der Naturwissenschaft und ihre Geltung im praktischen Leben. Vortrag. — Wien 1860. 32 S. 8°
Aus: Almanach d. Kaiserl. Akademie d. Wissenschaften. 10. 1860.
12:Phys.g.30dm. 123. 302.
13.5331

Baumgartner, Andr., Grundriß der Naturlehre. 1. und 2. Lfg. gr. 8. (288 S. mit eingedr. Holzschn.) Wien 851—52, (Gerold, Verlag.) à Lfg. * 14 Ngr. Thlr. *

— Grundriß der Naturlehre. — Wien: K.k. Schulbücher-Verl. 1858. 411 S. 8° 207.
13.5336

— Trigonometrisch bestimmte Höhen von Österreich, Steiermark, Tyrol, Istrien und den Inseln des Golfo del Guarnero, Kärnthen und Krain mit Einschluß des Görzer und Triester Kreises. — Wien: Gerold 1832. 101 S. 8°
Aus: Zeitschrift für Physik u. Mathematik. 10. 1832.
2. 14. 15. 31. 61. 83. 209. 302. 304. 307→309.
13.5337

(Baumgartner, Andreas.) Richter (Abraham) Knobel von Schwändi. (Ein Schulveteran.) [Mit Porträt und 2 Ansichten.] Sonderabdruck aus der «Schweiz. Lehrerzeitung», No. 12, Jahrg. 1903, mit einem ergänzenden Nachtrag. II + 15 S. 8. Zürich, Orell Füssli.

Baumgartner, Andr., Lehrbuch der französischen Sprache. gr. 8. (X, 112 u. 136 S.) Zürich 885. Orell Füßli & Co. Verl. geb. n. 2. —

— u. A. Zuberbühler, neues Lehrbuch d. franz. Sprache. 1. u. 2. Tl. 8. (VI, V, 240 u. 4 S.) Ebd. 896. Kart. à n.n. 1.25

Baumgartner, A., u. A. Zuberbühler. Neues Lehrbuch der franz. Sprache. 4. Aufl. 2 Tle. In-8°. 240 S. Zürich, Art. Inst. Orell Füssli. Leinw. 2 25
1896

— u. A. Zuberbühler: Neues Lehrb. d. französ. Sprache. 14. Afl. 8° (240) Zür. 1900, Art. Instit. Orell Füssli. Geb. 2 —; in 2 Bde kart. à nn 1.25

Baumgartner, A(ndr[eas]), [und] Zuberbühler, A[rnold]. Neues Lehrbuch der Französischen Sprache. 18. Aufl. [Mit Noten.] X + 232 S. 8. Zürich, Art. Institut Orell Füssli, (1903). [geb. fr. 2.25]

Baumgartner, A[ndreas], (und) Zuberbühler, A[rnold]. Neues Lehrbuch der Französischen Sprache. [Mit Noten.] *20. Aufl.* 8. Zürich, Orell Füssli.
Ausg. A: 20. Aufl. (2 Teile.) X + 232 [+ 4] S. (1904.) (geb. fr. 2.25)
Ausg. B (in zwei Hälften): (20. Aufl.) 2 Teile. IV + 96 [+ 4] u. IV S. + S. 97—236. [1904.] (*je* geb. fr. 1.25)

Baumgartner, A(ndreas), und Zuberbühler, A[rnold]. Neues Lehrbuch der Französischen Sprache. *21. Aufl.* 8. Zürich, Orell Füssli, (1907).
Ausg. A: 21. vollständig umgearbeitete Aufl. (2 Teile.) VIII + 250 S. (geb. fr. 2.25; *daraus sep.* Wörterverzeichnis —.30)
Ausg. B (in zwei Hälften): (21. Aufl.) 2 Teile. VIII + 96 [+ 3] S. *u.* VI S. + S. 97—250. (*je* geb. fr. 1.25)

— u. A Zuberbühler: Neues Lehrb. d. französ. Sprache. 22. Afl. (8, 250) 8° Ebd. ('12). L 2 — d

Baumgartner, A. Lehrgang der englischen Sprache. I. Theil. In-8°, 134 S. Zürich, Orell Füssli & Cie. 1884 cart. 1 80

—— Lehrgang der englischen Sprache. 2. Tl. 8. (XI, 140 S.) Ebendas. 885. cart. *
1. Tl. Ebendas. 1884. *.ℳ 1.80.

Baumgartner, Andr., Lehrgang der englischen Sprache. I. Tl. 4., vollständig umgearb. Aufl. 8. (VIII, 152 S.) Zürich 894. Art. Institut Orell Füßli, Verl. Kart. n. 1.80

— Lehrg. d. engl. Sprache. 2 Tle. 8° Ebd. Kart. 3.80
I. 6. Afl. (160) 98. 1.80 ‖ II. 3. Afl. (186 m. Abb. u. 2 Kart.) 96. 2 —

— Lehrgang der englischen Sprache. 3 Tle. 8. Ebd. n. 4.60
1. 8., verb. Aufl. (VIII, 160 S.) 902. Kart. n. 1.80
2. Lesebuch. 4., neubearb. Aufl. u. 5. verb. Aufl. m. 23 Illustr. u. 2 kolor. Karten. (à VII, 194 S.) 900. 901. Kart. n. 2. —
3. Grammatik. (Verb. Abdr. aus: Tl. 2, 3. Aufl., 896.) (61 S.) 901. n. — 80

Baumgartner, Andreas. Lehrgang der Englischen Sprache. 3 Teile. 8. Zürich, Art. Institut Orell Füssli.
Teil 1. (Elementarbuch.) 8., verbesserte Aufl. VIII + 160 S. 1902. (geb. fr. 1.80)
Teil 2. Lesebuch, mit 23 Illustrationen und 2 kolorirten Karten. 5., verbesserte (*Umschlag:* neubearb.) Aufl. VIII + 194 S. 1901. (geb. fr. 2.40, M. 2.—)
Teil 3. Grammatik (mit Übersetzungen. Verbesserter Abdruck des grammatischen Abschnittes [aus Teil 2, 3. Aufl., 1896]). 61 S. 1901. (fr. 1.—)

Baumgartner, Andreas. Lehrgang der Englischen Sprache. 3 Teile. 8. Zürich, Orell Füssli.
Teil 1: Elementarbuch. 10. Aufl. VIII + 160 S. 1904. (geb. fr. 1.80)
Teil 2: Lesebuch, mit 28 Illustrationen und 2 kolorierten Karten. 6., verbesserte Aufl. VIII + 198 S. 1904. (geb. fr. 2.40)
Teil 3: Grammatik (mit Übersetzungen. Abdruck des grammatischen Abschnittes [aus Teil 2, 3. Aufl. 1896]. Neuer Abdruck mit Verbesserungen, im Sommer 1902). 61 S. 1902. (fr. 1.—)

Baumgartner, Andreas. Lehrgang der Englischen Sprache. 3 Teile. 8. Zürich, Orell Füssli.
Teil 1: Elementarbuch. 11. Aufl. [Mit Melodien.] VIII + 160 S. 1904. (geb. fr. 1.80)
Teil 2: Lesebuch, mit 24 Illustrationen und 2 kolorierten Karten. 7., umgearbeitete Aufl. VIII + 224 S. 1908. (geb. fr. 2.80)
Teil 3: Grammatik (mit Übersetzungen). 3. Aufl. 61 S. 1905. (fr. 1.—)

Baumgartner, Andreas. Lehrgang der Englischen Sprache. Teil 1: Elementarbuch. 12. Aufl. [Mit Melodien.] VIII + 164 S. 8. Zürich, Orell Füssli, (1907). [geb. fr. 1.80]

— Lehrgang der englischen Sprache. 1. u. 2. Tl. 8. Ebd. Geb. 4.80
I. Elementarbuch. 13. Aufl. (VIII, 164 S.) 910. Geb. 1.80
II. Lesebuch, m. 24 Illustr. u. 2 kolor. Karten. 7., umgearb. Aufl. (VIII, 224 S.) 908. Geb. 2.50

— Lehrg. d. engl. Sprache. 1. u. 3. Tl. 8° Ebd. d
1. Elementarb. 13. Afl. (8, 164) ('10) geb. 1.80 ‖ 3. Grammatik. 4. Afl. (8, 247) '11. HL 2.40

— dass. Kl. Ausg. (6, 152) 8° Ebd. '12. geb. 2 — d

— Über die Leitkraft der Erde für Elektrizität S 2. 95 . . —.20
Separatabdruck

——- Lese- und Übungsbuch für die Mittelstufe des französischen Unterrichtes. 8. (VIII, 88 S.) Ebendas. 883. cart.

Baumgartner, Andreas. Lese- und Übungsbuch für die Mittelstufe des Französischen Unterrichtes. A. 4., erweiterte Aufl. Mit 18 Illustrationen. VIII + 121 S. 8. Zürich, Art. Institut Orell Füssli, 1901. [geb. fr. 1.90]

— Lese- u. Übungsbuch f. die Mittelstufe des französ. Unterrichts. A. 5., verm. Aufl. (VIII, 127 S.) gr. 8. Ebd. 903. Geb. n.n. 1.60

— dasselbe. B. (VII, 142 S.) 8. Ebd. (904). Kart. n. n. 1.60

Baumgartner, Andreas. Lese- und Übungsbuch für die Mittelstufe des Französischen Unterrichtes. Ausgabe A. 6., verbesserte Aufl. Mit 18 Illustrationen. VIII + 127 S. 8. Zürich, Orell Füssli, (1907). (geb. fr. 1.90)

Baumgartner, Andreas. Lese- und Übungsbuch für die Mittelstufe des Französischen Unterrichtes. Ausgabe B. 2., verbesserte Aufl. VIII + 132 S. 8. Zürich, Orell Füssli, (1907). (geb. fr. 1.90)

— dasselbe. Ausg. B. 2., verb. Aufl.) VII, 182 S.) 8. Ebd. (908). Geb. nn 1.60

– Die Macht der Arbeit. Vortrag, geh. bei der feierl. Sitzung d. Kais. Akad. d. Wiss. am 30. Mai 1855.
Wien: Gerold. 8^{0}

— Die Mechanik in ihrer Anwendung auf Künste und Gewerbe. Gemeinverständlich dargestellt. — Wien: Heubner 1823. XXII,297 S. 8°
5. 8. 12: Math. A. 16 f. 17. 19. 28. 39. 44. 48. 83. 88. 201. 210. 300: BE 12 N 8. 302→304. 309.
13.5338

Baumgartner, (A.,) die Mechanik in ihrer Anwendung auf Künste u. Gewerbe. M. 30 Kpfrt. gr. 8. Wien 824, Heubner.

—— 2., verm. u. ganz umgearb. Aufl. Wien: Gerold 1834. VIII,404 S. 8°
4. 5. 12: Math. A. 16 g. 15. 17. 19→22. 24. 25. 28. 31. 41. 43. 82. 83. 84. 88. 91. 93. 210. 300: • 38 S 19. 302→305. 307. 308.
13.5339

— Die edlen Metalle und ihre natürliche Rangordnung als Geldstoffe. Vortrag. — Wien 1857. 31 S. 8°
Aus: Almanach d. Kaiserl. Akademie d. Wissenschaften. 8. 1858.
1:12 in Fh 4106. 12: Merc. 17 f. 205. 302.
13.5341

— Die Naturlehre nach ihrem gegenwärtigen Zustande mit Rücksicht auf mathematische Begründung. Th. 1–3 [nebst] Suppl. Bd. — Wien: Heubner 1824–31. 8°
1: Hauptwerk – Mv 5227; Suppl. – Mv 5231. 2. 12 [°° Hauptwerk]: Phys. g. 30 d–2. 15. 25. 83. 169. 300: Hauptwerk – 49 S 31; Suppl. – BE 10 G 36. Suppl. 302→305. 307→309.
13.5342

—— 2., umgearb. u. verb. Aufl. Ebd. 1826. XXXIV,711 S. 8°
2. 4. 5. 8. 17. 26. 30. 123. 300: 36 G 9. 302. 303. 307. 308.
13.5343

—— die Naturlehre nach ihr. gegenwärt. Zustande, mit Rücksicht auf mathem. Begründung. 3., umgearb. u. verm. Aufl. M. 8 Kpfrt. (in Fol.) gr. 8. (50 B.) Wien 829, Heubner.

—— dass. — Supplementband, den mathemat. u. experimentellen Theil enthaltend. (3 Lfgn.) M. 9 Kpfrt. (in Fol.) gr. 8. (68 B.) Ebds. 830, 31.

—— 4., umgearb. u. verm. Aufl. Ebd. 1832. XII,841 S. 8°
1: Mv 5232. 2. 5. 12: Phys. g. 30 d–1. 15. 19. 31. 46. 52. 60. 88. 90. 93. 102. 302→304. 308.
13.5345

—— die Naturlehre nach ihrem gegenwärt. Zustande, mit Rücksicht auf mathemat. Begründ. dargestellt. 5., umgearb. u. verm. Aufl. (3 Abthln.) gr. 8. (55 B. u. 9 Kpfrt.) Wien 835, 36, Heubner.

—— 6. Aufl., von Genanntem u. von Andreas v. Ettingshausen gemeinschaftlich umgearb. — Wien: Gerold 1839. VIII,777 S. 8°
1: Mv 5234. 3. 7. 12: Phys. g. 30 dc. 14. 17. 19. 20. 25. 31. 33. 36. 84. 89. 90. 91. 207. 210. 300: 73 V 78. 302→304. 307. 308.
13.5347

— die Naturlehre nach ihrem gegenwärt. Zustande, mit Rücksicht auf mathemat. Begründung dargestellt. 7. Aufl., von genanntem u. Andr. von Ettingshausen gemeinschaftl. umgearb. Mit 8 Kupfrt. gr. 8. Wien 842, Gerold. 4 fl. — 8. verm. Aufl. (In 2 Abthl.) Mit 10 Kupft. gr. 8. Ebd. 844, 45. 4 fl

— [Ausz., ital.] Principii fondamentali di fisica. Vienna: Amministrazione della dispensa dei libri scolastici 1854. 456 S. 8° 207.
13.5357

(B[aum]g[artner, Andreas].) Kaspar Schiesser von Schwändi. (1812—1839.) [Mit Porträt und Gedichtproben.] Separat-Abdruck aus der «Schweiz. Lehrerzeitung», Jahrg. 1903. No. 41.) 14 S. 8. [Zürich, Orell Füssli.]

Baumgartner, Andreas. D dte Spr in A. Festschr z 14. Neuphilologentage. Zurich, 1910.

[—] Tabelle zur Bestimmung der Luftfeuchtigkeit nach den Anzeigen des Thermo-Hygrometers ⟨Psychrometers⟩ nach Percenten der bei der bestehenden Temperatur möglichen Feuchtigkeit und nach dem Gewichte des Wasserdunstes in einem Wiener Kubikfuss in W. Granen, bei 28 P. Z. Luftdruck. — [Wien: Heubner 1832]: Strauss. 1 Bl., quer-4°, gefaltet in 4° 305.
13.5361

Baumgartner, A. The international English teacher. First book of English for German, French and Italian schools. In-8°. 254 S. Zürich, Art. Inst. Orell Füssli. 1898 Geb. 2 50

Baumgartner, Andr. The international English Teacher. First book of English for German, French and Italian schools. 8°. X, 244 S. Zürich, Art. Institut Orell Füssli. 1899 Geb. 2 40

— The international English teacher. A first book of English for German, French, and Italian schools. 3. ed., largely revised. 8. (IX, 247 S.) Ebd. 900. Geb. n. 2.—

Baumgartner, A(ndreas). The International English Teacher. A First Book of English for German, French, and Italian Schools. 4th Ed., remodelled. VIII + 228 p. 8. Zurich, Orell Füssli, 1903. (bound fr. 2.40)

Baumgartner, A(ndreas). The International English Teacher. A First Book of English for German, French, and Italian Schools. 5th Ed., revised. VIII + 236 p. 8. Zurich, Orell Füssli, (1907). (geb. fr. 2.40)

— The internat. English teacher. A first book of English for German, French, and Italian schools. 6. ed. (8, 236) 8° Ebd. ('11). geb. 2 —

Baumgartner, Andreas. Alfred Tennyson. (Zu seinem hundertsten Geburtstag. 6. August 1809. Sonderabdruck aus dem Feuilleton der Neuen Zürcher Zeitung.) II + 20 S. 8. Zürich, Orell Füssli. [1910]. [fr. —.30]

—— die mechanische Theorie der Wärme. Vortrag gehalten in der feierl. Sitzung der k. Akademie der Wissenschaften am 30. Mai 1864. 8. (24 S.) Wien 864, (Gerold's Sohn.) +

— Die mechanische Theorie der Wärme. Vortrag. — Wien 1864: K.k. Hof- u. Staatsdr. 24 S. 8° 302. 303.
13.5362

Baumgartner, Andreas. Englisches Übersetzungsbuch. Im Anschluss an des Verfassers «Lesebuch» ⟨Lehrgang der englischen Sprache, Teil 2⟩. II + VI + 62 S. 8. Zürich, Orell Füssli, (1908). [cart. fr. 1. —]

— Englisches Übersetzungsbuch. Im Anschluß an d. Verf. „Lesebuch" (Lehrgang der engl. Sprache, II. Tl.). (VI, 62 S.) 8. Ebd. (909). Kart. 1.—

— französisches Übersetzungsbuch f. den Unterricht auf der Mittelstufe, sowie zur Wiederholung der Grammatik. Im Anschluß an d. Verf. „Franz. Elementargrammatik". 8. (48 S.) Zürich 886. Orell Füßli & Co. Verl. cart. n. — 60

Baumgartnor, Andreas. Französisches Übersetzungsbuch für den Unterricht auf der Mittolstufe, sowie zur Wiederholung der Grammatik. Im Anschluss an des Verfassers «Grammairo françaiso» und «Franz. Elementargrammatik». 3. Aufl. 52 S. 8. Zürich, Orell Füssli, [1906]. (cart. fr. —.70)

Baumgartner, Andreas. Französisches Übersetzungsbuch für den Unterricht auf der Mittelstufe, sowie zur Wiederholung der Grammatik. Im Anschluss an des Verfassers «Grammaire française» und «Franz. Elementargrammatik». 4. Aufl. 55 S. 8. Zürich, Orell Füssli, (1908). (cart. fr. —.70)

Baumgartner, Andreas. Englisches Übungsbuch für Handelsklassen. Vorschule und Hilfsbuch für kaufmännische Korrespondenz. 8°, VIII, 148 S. Zürich, Art. Inst. Orell Füssli. 1900 cart. 2 80

Baumgartnor, Andreas. Englisches Übungsbuch für Handelsklassen. Vorschulo und Hilfsbuch für kaufmännische Korrespondenz. 2., verbesserte Aufl. VIII + 152 S. 8. Zürich, Orell Füssli, (1907). [geb. fr. 2.30]

— Ubgshoft z. engl. Grammatik. (60) 8° Ebd. ('11). — 70 d

— Von der Umwandlung der Wärme in Elektricität. [Nebst] Nachtr. — Wien: Gerold in Comm. 1857–58. 8°
Aus: Sitzungsberichte d. Kaiserl. Akademie d. Wissenschaften. Math.-nat. Kl. 22. 32. 1856-58.
12[** Hauptwerk]:Phys.sp.773–18. 302. 303[** Nachtr.]
13.5363

— Unterricht über den Zweck, die Einrichtung und den Gebrauch des Rittinger'schen, des Stumpe'schen und des Jacquier'schen Spiritus-Meßapparates. — Wien 1862: K.k. Hof- u. Staatsdr. 36 S. 8° 300:116.105–B. 302. 305.
13.5364

— Weitere Versuche über den elektrischen Leitungswiderstand der Erde S 8. . —.10
Separatabdruck

— Verzeichniß der vorzügl. Höhen d. Berge u. Wohnplätze, in Pariser-Fußmaaß. (A. d. 2. Aufl. d. „Naturlehre" dess. besond. abgedr.) qu. Fol. Wien 827, Heubner.

Baumgartner, Andr., Verzeichniß d. vorzügl. Höhen d. Berge u. Wohnplätze in Pariser Fußmaß. qu. Fol. Wien 832. Heubner. 4 ℔.

Über die Wichtigkeit des Naturstudiums F S 1852 . . . . —.30
Separatabdruck

Baumgartner Andreas, Freiherr von Über die Wirkungen der natürlichen Elektrizität auf elektro-magnetische Telegraphen (mit 1 Taf.). S. 1. 250 . . —40
Separatabdruck

— Über die Wissenschaften des Geistes und deren Verhältnis zu den Wissenschaften der Natur F. S 1853 . . . . Ngr
Separatabdruck

Baumgartner, A[ndreas]: William Wordsworth. Ein Beitrag zu einer besseren Würdigung des Dichters auf deutschem Boden. Zür. Zürcher u. Furrer Dr. 1896. 27 S. 4°.
Programm der Kantonsschule in Zürich 1896.

– s.a. Wordworth, W. 12 Gedichte.

— William Wordsworth. Nach seiner gemeinverständlichen Seite dargestellt. Mit ... Zwölf Originalgedichten u. Übers. Zürich: Orell Füßli 1897. 119 S. 8°
Erschien zuerst als Progr. u. d. T.: Baumgartner: William Wordsworth, ein Beitrag zu einer besseren Würdigung des Dichters auf deutschem Boden. Zürich 1896.
1:Aw 17803/10. 4. 11. 15. 18. 25. 26. 30. 62.
13.5371

Baumgartner, A. (Hrsg.), s. Zeitschrift für Physik und Mathematik.

Baumgartner, Andreas (Hrsg.). s. Zeitschrift für Physik und verwandte Wissenschaften.

— Der Zufall in den Naturwissenschaften. F. 8. 1854 . . . . Ngr.
Separatabdruck

Baumgartner, Antoine. Todtengespräch. (Joseph) Leu und [Martin] Disteli. Von Dr. M. Anton B" in Genf. Aus dem Französischen übersetzt ([von] Joh[ann] Kasp[ar] Wilhelm). 8. Bern 1846.

Baumgartner, Antoine Jean
— Étude critique sur l'état du texte du Livre des proverbes d'après les principales traductions anciennes. — Leipzig 1890: Drugulin. 282 S. 8° Zugleich Diss. Leipzig 1890.
1:Bn 8032. 3. 12:Exeg. 83 ul. 21. 27. 29. 169. 303.
13.5376

Baumgartner, A. J., étude critique sur l'état du texto du livre des proverbes d'après les principales traductions anciennes. Thèse pour le doctorat. gr. 8. (284 S.) Leipzig 890. (Fock.) n. 8.—

— Le Prophète Habakuk. Introd. critique et exégèse avec examen spécial des commentaires rabbiniques du Talmud et de la tradition. — Leipzig 1885: Drugulin. VIII, 236 S. 8° Zugleich Diss. Montauban 1885.
1:Bo 10290. 15. 18. 21. 27. 29.
13.5378

Baumgartner, Anton, s.a. Baumgärtner, Anton

Baumgartner, Anton, Baurat, München. 1812: Ansichten und Empfindungen bey Gelegenheit der baierischen Oktober-Nationalfeste in München. (Verf.: Anton Baumgartner.) München 1812: Lindauer. 20 S. 8°
12:4° Bavar. 88i [2 Ex.]
13.5398

— Feyerlicher Auszug zum freyen Pferderennen und zum Vogelschießen bey dem Oktoberfeste 1820 in München. Nebst e. Beschreibung d. silbernen Schützen-Ketten und d. Dezenniums dieser National-Feste. — München [1820]: Hübschmann. 64 S. 8° 3. 12: Bavar. 200 m. 75. 307.
13.5399

Baumgartner, Anton, Auditor d. Kurfürstl. Leib-Regiments, später Polizei-Direktor, München, geb. 1761. 1783: Kurzer, deutlicher, und vollständiger Auszug aus der Geschichte von Baiern zum Unterrichte für die Kinder. — München: Strobl 1786. 123 S. 8° 12: Bavar. 190. 308.
13.5381

(—) Ausführliche Beschreibung des Einzuges der Kanonen in München, welche bey verschiedenen Gelegenheiten verlohren gegangen, und von der grossen französischen Armee bey der Einnahme von Wien in den dasigen Zeughäusern gefunden, und heute den 2. Jänner 1806. feyerlichst unter grossen Jubel des Volkes eingeführt wurden. Nebst d. Geschichte u. Ausrufung Maximilian Josephs zum König in Baiern. — (München: Zängl) 1806. 4 Bl. 8° 304.
13.5382

— Beschreibung des Brandes im Königlich-Baierischen großen Hof- und Nationaltheater den 14. Jänner 1823, nebst d. Darstellung d. Mittel, welche zur Rettung d. Umgebungen ergriffen worden sind. — München 1823: Hübschmann. 32 S. 8° 12: Bavar. 4063–3 [2 Ex.] 23. 75.
13.5400

(—) [Beschreibung der Festlichkeiten, die anläßlich der Rückkehr bayerischer Regimenter nach München am 24. und 29. Januar 1806 im Kgl. Hof- und Nationaltheater sowie im großen Rathaussaal stattgefunden haben.] — München: Zängl [1806]. 4 Bl. 8° Titel fingiert. 19.
13.5383

— Beschreibung der Fronleichnams Procession in der Königl. baier. Haupt- und Residenz-Stadt München. — [München] 1822: Lentner. 67 S. 8°
1: Sg 2982. 12: Bavar. 202. 75.
13.5401

Baumgärtner, (A.) Beschreib. d. Frohnleichnams-Procession in München ꝛc. gr. 8. München 823, Lentner.

(—) Beschreibung der dritten k. bayer. Fürsten-Gruft in der königl. Hofkirche zum heil. Cajetan in München. — [München 1825.] 2 Bl. 8° 12: 4° Don Lud. XI, 4/2. 75.
13.5402

(—) Beschreibung der neuhergestellten älteren K. Baier. Fürsten-Gruft in der Unser Lieben Frauen-Metropolitan-Kirche zu München. — [München 1823.] 4 S. 4°
12: Bavar. 4349e [2 Ex.] 47. 75.
13.5404

(—) Beschreibung der im Jahre 1805 neuhergestellten zweyten königl. bayerischen Fürsten-Gruft in der Hofkirche zu St. Michael in München. — [München um 1820.] 2 Bl. 4° 12: 4° Don. Lud. XI,4/1. 47. 75.
13.5405

(—) — Beschreibung der neuhergestellten dritten Königlich-Bayerischen Fürstengruft in der königl. Hofkirche zu St. Cajetan in München. — ([München um 1855]: Wild.) 2 Bl. 4° 47.
13.5403

— Beschreibung der Stadt, und des Gerichtes zu Neustadt an der Donau. — München: Strobel 1783. 182 S. 8°
1: Sg 3312. 12: Bavar. 201. 19. 20.
13.5384

— — Ebd. 1784. 182 S. 8°
7. 12: Bavar. 2080 n/1. 19. 22. 29. 209.
13.5385

— Beschreib. d. Stadt u. des Gerichts Neustadt an d. Donau. 8. Münch. 784. (Fleischmann). 8 gr.

— Der berühmte Bockkeller in der Stadt München. — München [um 1820]: Hübschmann. 40 S. 8°
12: Bavar. 201 h.
13.5406

— Dank dem König Maximilian I. bey dessen fünf und zwanzig jähriger Regierungs-Feyer im Namen der Bürgerschaft und der gesammten Stadt München, von dem Magistrate und der Gemeinde den 16. Februar 1824 durch eine große Illumination auf dem Maximilians-Platze dargebracht. — [München 1824]: Hübschmann. 18 S. 8°
12: Bavar. 4053-7. 14.
13.5407

— üb. d. Entstehung u. Organisation d. Bürgermilitärs in Baiern rc. Mit 2 Kpf. gr. 4. Münch. 808. Fleischmann, (a. J. Lindauer). 9 gr.

— Ueber die Entstehung und Organisirung des Bürgermilitärs in Baiern, und über dessen Vorschritte in der königlichen Haupt- und Residenzstadt München. — München [1808]: Zangl. 104 Sp. 8°
1: Sf 3645. 12: 4° Bavar. 194. 19. 22. 24. 29. 107. 209. 304.
13.5386

Baumgärtner, A., üb. d. Entsteh. u. Organis. d. Bürgermilit. in Baiern rc. gr. 4. München, Lindauer. 809.

(*Baumgartner*, Ant., k. b. Baurath) Erklarung der konigl. *Fürstengruft* in der Michaeli-Hofkirche zu Munchen. O. O. u. J. (München, Jos. Zängl, *nach* 1800). 4°. Cart Beibd.
TKpf (worauf 2 Darstell.) u. 1 Bl. Text zweispaltig.

[—] Fanny, die den 14ten Wintermonat 1785. in München vom Frauenthurm stürzte. Ein Traumgesicht. — Frankfurt [usw.] 1785. 70 S. 8° 12: Rar. 220. 75.
13.5387

— Fanny, die den 14n des Wintermonats 1785 sich vom Frauenthurm stürzte. 1e u. 2e Aufl. gr. 8. Münch. 785. Fleischmann. 6 gr.

— — München: Strobl 1785. 70 S. 8°
1: Yw 2126. 11. 12: Rar. 221. 19. 42.
13.5388

— — 2., verb. Aufl. Ebd. 1785. 76 S. 8° 19. 53.
13.5389

— Die Feyer [Feier] des heil. Johannes des Täufers in der K. b. Gräflich-Törring-Seefeldischen Hofmark Haidhausen bey München. Nebst mehreren historischen Notitzen. — München 1822: Hübschmann. 60 [vielm. 62] S. 8°
12: Bavar. 204. 75.
13.5408

— Das Fest der Fußwaschung am grünen Donnerstage in der königl. Residenz in München nebst d. Bildnisse des 113 jährigen Apostels u. Lebens-Notizen von alten Personen. — München 1818. 32 S. 8° 1: Sg 2980.
13.5409

— Freudenkranz der königl. baier. Hauptschützen-Gesellschaft in München, als die fünfundzwanzigjährige Regierung des Königs Maximilian Joseph von Baiern, von dem Magistrate und der Gemeinde vom 17. bis 24. Februar 1824 durch ein Festinschießen gefeyert wurde. Nebst e. kurzen Beschreibung dieser Haupt-Schützen-Gesellschaft von 350 Jahren her. — [München 1824]: Hübschmann. 85 S. 8° 12: Bavar. 1382/10. 19.
13.5410

Baumgartner, Anton, Benefiziat, München. 1855: Geschichte des Wallfahrtsortes Aufkirchen am Würm- oder Starnbergersee in Oberbayern. [Verf.: Anton Baumgartner.] — München 1855: Pössenbacher. VIII,54 S. 8°
1: Sf 7657. 12: Bavar. 207 o.
13.5422

— Das Herz Maximilian Josephs I., Königs von Bayern, in Altenötting. Nebst e. Grundrisse d. Gnadenkapelle, u. verschiedenen vaterländischen Notizen. — München 1826: Hübschmann. 36 S. 8° 12: Don. Lud. XXVI, 19.
13.5411

(—) Auf das Jubelfest des Herrn Andreas Koppolt, königlich-baierischen Artillerie-Hauptmanns in München den 12ten May 1808. Nebst Beyträgen zur Geschichte dieses Regiments. — ([München] 1808): Zängl. 34 S. 8°
12: Bavar. 201 n. 19. 209.
13.5390

- 2. Aufl. München 1808.

— Fahrender Küchenwagen. Marmites ambulantes. — München 1806: Zängl. 23 S. 8°
Text deutsch u. französisch. 1: Oq 6415. 209. 210.
13.5391

— Feyerliches Leichenbegängniß Seiner Königlichen Hoheit des den 21. Februar 1824 in München verstorbenen Herzogs Eugen von Leuchtenberg, Fürstens zu Eichstädt. München 1824: Hübschmann. 16 S. 8°
1: Rb 6209. 12: Bavar. 4068-10.
13.5412

(—) (Lied, von den Militair-Eleven ... abgesungen, als die baierischen Trouppen den 24. Jäner 1806. in München einrückten ... Baierische Armee, wie selbe im Jahre 1805 ... unter ... Napoleon gegen Oesterreich gefochten hat ... Darstellung d. wichtigsten Begebenheiten während diesem Kriege.) — (München: Zängl 1806.) 6 Bl. 8°
12: 4° Bavar. 3000-III,5. 19.
13.5392

— An meine lieben Mitbürger, als das hohe wittelspachische Haus im Monat August 1786 in der zweybrückischen und birkenfeldischen Linie mit zween Prinzen erfreut wurde. — München: Strobl 1786. 31 S. 8° 12: Bavar. 202d. 16.
13.5393

[—] Nekrolog [auf Josef Hepp, München]. — [München 1811.] 28 S. 8° 12: Bavar. 4007-I,31.
13.5394

— Die Oktober-Feste auf der Theresien-Wiese bey München von 1820 bis 1823. Nebst d. Beschreibung d. silbernen altbaierischen Regenten-Medaillen. — München 1823: Hübschmann. 19 S. 8° 3. 12: Bavar. 200 m/1. 15. 75.
13.5413

Baumgartner, Ant. (Forts.), *Polizei-Erinnerungen* f. d. churfürstl. Haupt- u. Residenzstadt München, vom Jahre 1798. *Erster* (!) *Heft*. Gedr. bey Jos. Zängl, bürgerl. Stadtbuchdr. 4°. 2 Bll., 75 S. — *Zweyter* (!) *Heft*, vom J. 1799—1805. 4°. 4 Bll., 200 S. Zus. in 1 Ppbde.
Culturgeschichtl. interessant. In 2 Spalten gedr. — Nicht häufig.

— Polizey-Uebersicht von München vom Monat Dezember 1804 bis zum Monat April 1805. Nebst 52 Kupferstichen mehrerer Kirchen, Gebäude, Nationalgebräuche u. Gewerbe vorstellend u. beschreibend. — München: Zängl 1805. 106 Bl., 52 Taf. 4° 12: Rar. 234. 19 [unvollst.]
13.5395

— Alphabetisches Register über die Königlich-Baierische Verfassungs-Urkunde vom 26sten May 1818 nebst d. dazu gehörigen Edikten.— München 1819: Hübschmann. 170 S. 8° 1: Sf 2992. 12: Bavar. 203. 19.
13.5414

— Rückkehre des Pabstes Pius VII. nach Rom. Von d. bürgerlichen Congregation in München den 15. May 1814 gefeyert. Nebst e. Beschreibung d. Bürgersaales. — [München 1814]: Zängl. 40 S. 8° 12: Bavar. 202h.
13.5415

— Der Schäffler-Tanz in München. — [München] 1830: Hübschmann. 20 S. 8° 12: Bavar. 4083-47 [2 Ex.]
13.5416

— Schilderungen bey Gelegenheit der feyerlichen Eröffnung des großen neuen Königl. Baier. Hof-Theaters in München den 12. October 1818. — München 1818. 32 S. 8° 1: Yp 1172. 12: Bavar. 205. 75. 109.
13.5417

(—) Kurze Uebersicht der St. Peters Stadtpfarrkirche in München, und des Thurmes daselbst von dem Thurm- und Feuerwächter Ruppert Diemmer. — Dat. München 30. März 1822. 2 Bl. 8° 1: Sg 3029.
13.5418

(—) Weck mich nit awf! [Nebst] Nachtr. — (München [1806]: Zängl.) 8° 10 [** Nachtr.] 19. 24 [** Nachtr.]
13.5396

(—) Willkommen an die königlich baierische Armee bey ihrer Wiederkehr nach dem Kriege mit Preußen und Rußland im December 1807. — (München: Zängl [1808].) 32 Sp. 8° 12: 4° Bavar. 3000-III,6. 209.
13.5397

— Willst ein braver Metzger werden? Der Faschings-Montag, an welchem die Metzger zu München in den Brunnen springen. — München 1826: Hübschmann. 24 S. 8° 12: Bavar. 202m [2 Ex.] 30.
13.5419

— Wohnungs-Anzeige über die bei der ersten ständischen Versammlung in München versammelten Herren Reichsräthe und Verordneten. — München 1819: Hübschmann. 27 S. 8° 12: Bavar. 207.
13.5420

— Der feyerliche Zug zur Legung des Grundsteines für das Sr. Königlichen Majestät von Baiern Maximilian I. bestimmte Monument auf dem Max-Joseph-Platze zu München, den 16. Februar 1824. Nebst e. Beschreibung d. bürgerl. Standarten u. der meisten seit 350 Jahren über d. Stadt München herausgekommenen Kupferstiche. — München: Lentner 1824. 40 S. 8° 12: Bavar. 207m [2 Ex.]
13.5421

Baumgartner, August: Kurz gefasste Anleitung zur musikalischen Stenographie oder Tonzeichenkunst. — München: Franz 1853. IV,42,16 S. 8° 1: Mus. Gb 121. 3. 12: Mus. Th. 280. 14. 15. 19. 25. 29. 30. 38. 47. 121. 207.
13.5424

Baumgartner, Aug., kurzgefaßte Geschichte der musikalischen Notation mit einer (lithogr. und ill.) Uebersichtstaf. in Tableauform (in Imp.-Fol.) und erläut. Notenbeispielen verfaßt und entworfen. gr. 8. (47 S. Text und 15 lithogr. S. Melod.) München 856, (Franz.) *

Baumgartner, B., s. Baumgartner, Bonaventura

Baumgartner, Bonaventura, Regierungsrat, Präsident d. Schweiz. Landwirtschaftlichen Vereins, Solothurn, 1823-1888. 1872: Die schweizerische landw. Ausstellung in Freiburg (vom 18. bis 25. September 1877). — Solothurn: Zepfel 1877. 32 S. 8°
Aus: Landwirtschaftliches Volksblatt. 1877. 31.
13.5430

— Kurzer Bericht über die landwirthschaftliche Landesausstellung von Elsaß-Lothringen abgehalten in Straßburg vom 11. bis 18. September 1881. — Solothurn 1881: Zepfel. 15 S. 8° 17.
13.5431

— Schweizerisches Heerdebuch ... Ein Verzeichniss edler Zuchtthiere d. Berner-Fleckvieh- u. der Braunvieh-Raçe d. deutschen Schweiz. Bd 1. — Solothurn [um 1880]: Zepfel. 102 S. 8° 1. Berner Fleckvieh-Raçe. 17.
13.5432

Baumgartner, B., les races bovines de la Suisse. Élève, soins et utilisation. Traduit de l'allemand. Avec 6 planches chromolithogr. gr. 8. (99 S.) Basel 874. Georg. †

— Die schweizerischen Rindvieh-Rassen, ihre Zucht, Pflege und Benutzung, gemeinfaßlich bearb. für d. Schweizerbauer. — Solothurn [1872]: Zepfel. 175 S. 8° 17. 51.
13.5433

Baumgartner B.: Die schweizerischen Rindvieh-Rassen, ihre Zucht, Pflege u. Benutzung, gemeinfasslich dargestellt f. den Schweizerbauer. Solothurn 1875. 175 S. 6 kol. Tvl.

Baumgartner, B., die schweizerischen Rindvieh-Rassen, ihre Zucht, Fütterg. u. Pflege, gemeinfaßlich bearb. f. den Schweizerbauer. 2. Aufl. 8. (178 S. m. 2 Holzschntaf.) Solothurn 882. (Jent.) n. 1. 10

Baumgartner, C., Sein Mädchen, s. c. Bloch's, Ed., Dilettantenbühne.

Baumgartner, C.: Sein Mädchen. Dramatischer Scherz. Berlin: (Böhm [um 1875]). 12 S. 8° 31. 32.
13.5436

Baumgartner, Christoph Konrad: Geschichts-mäßiger Beytrag zu der im Jahr 1748. vorläuffig ausgegangenen Nachricht von der wahren Beschaffenheit des hohen Ausschreib-Amts in dem Fränckischen Reichs-Crayß ... Mit weitern Anlagen. [Verf.: Christoph Konrad Baumgartner.] Onolzbach 1751: Messerer. 140,110 S. 2° 29.
13.5437

[—] Ohnumstößliche Erläuterung der Notae, wie sie in dem jüngst-ausgegangenen Hoch-Fürstlich-Brandenburgischen Geschichts-mäßigen Beytrag zu der im Jahr 1748. vorläuffig mitgetheilten Nachricht von der wahren Beschaffenheit des Ausschreib-Amts in dem Fränckischen Reichs-Crayß ... denen dreyen Anlagen sub Lit: O. P. Q. beygeruckt worden. — Onolzbach 1751: Messerer. 68 S. 2° 29.
13.5438

[—] Vorläuffige, in der Wahrheit vestgegründete Nachricht, was es mit dem Ausschreib-Amt in dem Fränckischen Reichs-Crayß für eine Beschaffenheit hat. — Onolzbach 1748: Messerer. 98 S. 2° 29.
13.5439

Baumgartner, E., s. Baumgartner, Eugen

Baumgartner, Eduard
— Der Bauer im Mittelalter. Vorträge im Salzburger Antiklerikalen Kartell. — Salzburg: Selbstverl. 1909. 40 S. 4° 106. 300: 469.443-C. 308.
13.5443

Baumgartner, Ephrem, O. Cap.
Weltlicher Name: Heinrich Baumgartner

Baumgartner, P. Dr. Ephrem, Ord. Min. Cap.: Die Agapen in der Didache. Solothurn 1909. 63 S. 8°.
Freiburg i. Schw. Theol. Diss. 1909/10.

Baumgartner, Ephrem, O. M. Cap., Eucharistie u. Agape im Urchristentum. Eine literar-histor. Untersuchg. (XV, 335 S.) gr. 8. Solothurn 909. Buch- u. Kunstdruckerei Union. 6. 50

Baumgartner, Eugen, aus Freiburg i. B.: Die neuhochdeutschen Adverbia auf -lings. *Strassburg: K. J. Trübner 1902.* (38 S.) 8° [J. u. Ant.] ¶[Aus: Zeitschrift f. deutsche Wortforschung, Bd 3, H. 1.]
Freiburg i. B., Phil. Diss. v. 1902

Baumgartner, E., Bedeutung des Skizzierens in der Projektionslehre u. Hilfsmittel f. den Unterricht. (4 S. m. 4 Taf. in 31×24,5 cm.) 8. Pforzheim (909). Leipzig, Seemann & Co. — 48

Baumgartner, Eugen, Dr. iur., Bankbeamter. 1903: Philosophische Betrachtungen zum Bank- und Börsenwesen. Graz: Leuschner & Lubensky 1903. 173 S. 8° 1: Stala 780. 4. 6. 12: Cam. 8 tlyd. 38. 106. 205. 208. 302. 303.
13.5460

— Die Gerichtspraxis in Versicherungssachen. — Strassburg: Le Roux in Komm. 1895. VII,1371 S. 8° 1: Fe 9563. 4→7. 11. 12: Cam. 8 tly. 15. 17. 18. 24. 30. 34. 38. 106. 203. 205. 208. 302.
13.5459

Baumgartner, Eug., d. Gerichtspraxis i. Versicherungssachen. gr. 8. (VII, 1371 S.) Strassburg 895. (K. J. Trübner.) n. 14. —

Baumgartner, Eug., Geschichte u. Recht des Archidiakonates der oberrheinischen Bistümer m. Einschluß v. Mainz u. Würzburg, s. a. Abhandlungen, kirchenrechtl. 80. Hft.

— Geschichte und Recht des Archidiakonates der oberrheinischen Bistümer, mit Einschluss von Mainz und Würzburg. — Stuttgart: Enke 1907. XVI,224 S. 8° (Kirchenrechtliche Abhandlungen. 39.)
Zugleich Diss. Freiburg 1925.
1: Fp 800–39. 2→11. 12: J. can. U. 0h–39. 14→21. 23→31. 33. 36. 38. 43. 45. 52. 61. 102. 203. 208. 211. 300: 450.333–B. Per. 39. 302→304.
13.5462

Baumgartner, Eug., s.: Handwörterbuch des gesamten Versicherungswesens.

Baumgartner, Eug.: Übgn im Skizzieren elektr. Schaltgn f. Schüler u. z. Selbstunterr. f. Handwerker: Mechaniker, Schlosser, Blechner, Installateure u. s. w. 4 Hefte. 34×21,5 cm. Karlsr., G Braun'sche Hofbdr. in M je — 90
1.2. Einfache Starkstromanlagen. (1. Stufe.) (Je 9 Bl. m. 4 S. Text.) '11. ‖ 3.4. Dass. (2. Stufe.) (Je 9 Bl. m. je 4 S. Text.) '11.

— s.: Zeitschrift f. Versicherungs-Recht u. -Wissenschaft.

Baumgartner, F.: Handbuch des Mühlenbaues (u.ä. Titel), s. Baumgartner, Ferdinand

Baumgartner, F.: Die Nacherzählung ..., s. Baumgartner, Franz

Baumgartner, Ferdinand

Baumgartner, F., Handbuch des Mühlenbaues u. der Müllerei. I. Bd. Der Mühlenbau. 1. u. 2. Thl. gr. 8. Berlin, W. & S. Loewenthal. n. 27. —; geb. n. 28. 50
I. 1. Die Müllerei-Maschinen. (VI, 521 S. m. 482 Abbildgn.) 900. n. 15. —; geb. n.n. 16. —
II. 2. Der eigentliche Mühlenbau. Mit 280 Abbildgn. im Texte u. 3 photol. Taf. (IV u. S. 523–876.) 902. 12. —; geb. n. 13. —

Baumgartner, F: Hdb. d. Mühlenbaues u. d. Müllerei. I. Bd, 2. Thl u. II. Bd. 8° Berl., W & S Loewenthal. 24 —; geb. 26 — (Vollst.: 39 —; geb. 41.50)
I,2. Der Mühlenbau. 2. Thl: Der eigentl. Mühlenbau. (523–876 m. Abb. u. 3 Taf.) '02. 12 —; geb. 13 — (Vollst.: 27 —; geb. 28.50)
II. Müllerei. Von B. u. L Graf. (352 m. Abb. u. 6 Taf.) '04. 12 —; geb. 13 —

Baumgartner, F., Mehlfabrikation, Bäckerei u. Teigwarenfabrikation, s.: Uhland's, Wilh. Heinr., Handbuch f. den praktischen Maschinen-Konstrukteur. IV, 2.

Baumgartner, F., Mühlen- u. Speicherbau, s. a. Bibliothek der gesamten Technik, 13. Bd.

— Mühlen- und Speicherbau. — Hannover: Jänecke 1906. 132 S. 8° (Bibliothek d. gesamten Technik. 13.)
7. 15. 30. 35. 60. 84. 85. 89. 93. 109. 201. 210. 305.
13.5470

— Die Müllerei, s. a. Bibliothek der gesamten Technik. 43. Bd.

— Die Müllerei. — Hannover: Jänecke 1907. 101 S. 8° (Bibliothek d. gesamten Technik. 43.)
7. 17. 35. 44. 60. 84. 85. 89. 91. 109. 180. 201. 207. 210.
13.5472

Baumgartner, Fr.S.Edmund

Baumgartner, Fr. S. Edm., Geschichte der Ritterburg Hochwinzer an der Donau. Nach Originalurkunden, nach andern authentischen Quellen u. Volkssagen bearb. 8. München 833. (Franz.) 2/3 nß

Baumgartner, Fr.S.Edmund: Geschichte der Ritterburg Hochwinzer an der Donau. — München 1833: Giesser. VIII,151 S. 8° 1: Sg 1180. 7. 11. 14. 19.
13.5475

BAUMGARTNER, Fr. S. Edmund (Haardorf): De mammis.- Monachii: Giesser 1834. 15 S. 26.5.1834 - Urk; F 61

Diss. Ingolst.-Landsh.-Mchn.

Baumgartner, Franz, Fachjournalist, Wien. 1881: Eine Antwort an den Club selbständiger Kaufleute u. Industriellen in Prag, in bezug auf die in der am 21. März d. J. stattgehabten General-Versammlung des Club gefaßten, gegen die Verwaltung der böhmischen Sparkasse gerichteten Beschlüsse. Von e. Freunde der Wahrheit [d. i. Franz Baumgartner]. — Wien: Baumgartner 1889. 16 S. 8°
300: 82.275–B. 302.
13.5476

— Die serbischen Bahnen. Ein ernstes Wort an die Mitglieder d. serbischen National-Versammlung. — Wien: Baumgartner 1881. 7 S. 8° 300: 32.327–B. 302.
13.5477

Baumgartner, Franz (Hrsg.), s. Die Coulisse.

BAUMGARTNER, Franz (Breitenberg): Ueber Diphterie.- Munchen: Wühlthaler 1872. 18 S. 6.8.1869 - Urk (Titel: De diphteritide.); F 72; Chr 1869/70,12

Diss. Ingolst.-Landsh.-Mchn.

— Entwurf eines modificirten Sparkassen-Regulativs. — Wien: Verf. 1887. 30 S. 8° 300: 185.831–B. 302.
13.5478

(—) Fremden-Führer der Wiener Wohnungs-Zeitung. — Wien: Verf. 1888. 43 S. 8° 302.
13.5479

— Eine neue Gefahr für die Sparcassen im Hinblicke auf die Bestimmungen des niederösterreichischen Armen-Gesetz-Entwurfes. — Wien: Verf. 1892. 16 S. 8°
300: 106.121–B. 302.
13.5480

— Die Lebens-Versicherung als einziges Mittel gegen Noth und Armuth. Auf Grund ziffermässiger Daten populär besprochen. — Wien: Verf. 1888. 22 S. 8°
300: 81.481–B. 302.
13.5481

Baumgartner, Franz [app. Arzt aus Freiburg i. B.]: Ueber Mischgeschwülste und Carcinome des Hodens ... Freiburg i. B., Buchdr. v. Ch. Ströcker, 1893; 31 S. 8.
Freiburg i. B., Med. Fak., Inaug.-Diss. v. 1893

Baumgartner, F: Die Nacherzählg u. d. damit zusammenhäng. Aufsatzarten. Mit 20 ausgeführten Erzählgn u. Angaben zu 50 Umgestaltgn. (50) 8° Diessen, JC Huber '11. 1.20 d

— Ueber die Nachtheile der Zulassung der ausländischen Versicherungs-Unternehmungen zum Geschäftsbetriebe in Oesterreich und die Nothwendigkeit einer Revision des Gesetzes vom 29. März 1873 über die Zulassung ausländischer Versicherungs-Gesellschaften zum Geschäftsbetriebe in den im Reichsrathe vertretenen Königreichen und Ländern. — Wien: Baumgartner 1887. 24 S. 8°
300: 189.122–B. 302.
13.5482

— Der Niedergang der wechselseitigen Lebensversicherungs-Anstalt 'Janus'. — Wien: Verf. 1887. 15 S. 8°
300: 173.152–B. 302.
13.5483

— Gegen die Verländerung des Versicherungswesens. — Wien: Verf. 1887. 15 S. 8° 300: 189.124–B. 302.
13.5484

— Die Versicherung ist für jedermann eine Pflicht. Ein Mahnwort an alle unversicherten Familienväter u. Realitätenbesitzer. — Wien: Baumgartner 1881. 22 S. 8°
300: 50.701–B. 302.
13.5485

— Die österr.-ungar. Versicherungs-Anstalten vom Jahre 1822–1888 und deren Leiter. — Wien: Verf. 1889. 20 S. 8° 300:81.025-B. 302.
13.5486

— Ein offenes Wort über die Agitationen der Feuerwehren gegen die Versicherungs-Anstalten. — Wien: Verf. 1887. 12 S. 8° 300:77.052-B. 302.
13.5487

— Ein populäres Wort über die Nothwendigkeit und Bedeutung der Mobilien-Versicherung. — Wien: Verf. 1888. 15 S. 8° 302.
13.5488

— Ein populäres Wort über die Wasser-Versorgung der Stadt Wien. — Wien: Baumgartner 1884. 15 S. 8° 300:49.316-B. 302.
13.5489

Baumgartner, Gallus Jakob: Die Bisthümelei. Das versprochene Wort. — St. Gallen: Huber 1839. 40 S. 8° 18.
13.5491

Baumgartner, J., die Bisthümelei. Das versproch. Wort. 8. (2½ B.) St. Gallen 840, Huber u. Comp.

(—) Briefe eines St. Gallischen Staatsmannes. (Hrsg.: Johannes Dierauer.) — St. Gallen 1893: Zollikofer. 34 S. 8° (St. Gallische Analekten. 5.) 1:Rv 2742-5.
13.5492

— Erlebnisse auf dem Felde der Politik. Als Beitrag zur heimischen Geschichte. — Schaffhausen: Hurter 1844. 671 S. 8° 1:Rv 2892. 12:Helv. 135. 15. 19. 20.
13.5493

— Geschichte des schweizerischen Freistaates und Kantons St. Gallen, mit bes. Beziehung auf Entstehung, Wirksamkeit und Untergang des fürstlichen Stiftes St. Gallen. Bd 1-3. — Zürich [usw.]: Woerl (3: Einsiedeln [usw.]: Benziger) 1868–90. 8°
3. Geschichte des Kantons St. Gallen von 1830 bis 1850. Nach d. Tode d. Verf. hrsg. von Alexander Baumgartner. 1890.
1:Rv 2770. 12:Helv. 138 c. 14. 19. 24. 203. 300[*3]: 154.467-B.
13.5494

Baumgartner, Gallus Jak. Geschichte d. schweizerischen Freistaates u. Kantons St. Gallen, m. besond. Beziehg. auf Entstehg., Wirksamkeit u. Untergang d. fürstl. Stiftes St. Gallen. 3. Bd. Geschichte d. Kantons St. Gallen von 1830 bis 1850. Nach dem Tode d. Verf. hrsg. v. seinem Sohne Alex. Baumgartner. gr. 8. (XVI, 437 S.) Einsiedeln 890, Benziger u. Comp. [* 6 —] * 4 —
1. u. 2. Bd. erschien 1870 im Verlage v. Leo Woerl in Würzburg. 12 —.

—— die Jesuitenfrage und die Instruktion von St. Gallen. 8. (40 S.) Rorschach 847, Koch.

— Die Jesuitenfrage und die Instruktion von St. Gallen. — Rorschach: Magazin für Literatur 1847. 82 S. 8° 12:Jes. 95 p. 21. 203.
13.5495

— Kommissionalbericht an den Großen Rath über Sanktion des Bisthumskonkordates vom 30. Oktober 1844, erstattet von e. Minderheit d. ... Großrathskommission, bestehend aus d. Kantonsräthen Baumgartner und J. J. Müller. — St. Gallen 1845: Zollikofer. 96 S. 8° 27. 300:16.079-B.
13.5496

— Minderheitsgutachten der Tagsatzungskommission über die Angelegenheit der Flüchtlinge, mit Bezugnahme auf die allgemeine Stellung der Schweiz zum Auslande. — St. Gallen: Huber 1836. 15 S. 8° 7. 18. 41.
13.5497

— Minoritätsbericht in Sachen des kaufmännischen Fondes. Wörtl. Abdruck des in der Sitzung des Gr. Rathes vom 17. Nov. vorgelesenen Originals. gr. 8. St. Gallen 841, Huber u. Comp. n. 1/12 ₰

— Die Postunterhandlungen zwischen den schweizerischen Kantonen und dem österreichischen Kaiserstaate. St. Gallen: Scheitlin & Zollikofer 1847. 32 S. 8° 302.
13.5498

— Reden über die schweizerische Bundesreform. 1835 s. *Pfyffer*, Kasimir.

— S[ank]t Gallerspiegel. Ein Hauptmöbel zur nächsten Verfassungsrevision. — Zürich: Orell, Füßli & Co. 1851. 89 S. 8° 12:Helv. 136. 15.
13.5499

[—] Die Schweiz im Jahre 1842. — St. Gallen: Scheitlin & Zollikofer 1842. IV, 119 S. 8° 1:Ru 3059/15. 7. 12:Helv. 634. 19. 21.
13.5500

Baumgartner, J., die Schweiz in ihren Kämpfen und Umgestaltungen von 1830 bis 1850. Geschichtlich dargestellt. 2 Bde. à 2 Abthlgn. Zürich 853, 54. Schultheß. 8. (XII, 496; 1 Bl., 470, S.) Jeder Bd. 1 ₰ 18 ngr.

Baumgartner, J., die Schweiz in ihren Kämpfen u. Umgestaltungen von 1830—1850. Geschichtlich dargestellt. 3. u. 4. Bd. Zürich 865, 66. Schultheß. gr. 8. (IV, 558 S.; 611 S.) Jeder Bd. 1 ₰ 24 ngr.

—— Bd 1-4. Zürich [usw.]: Woerl 1868. 8° 7. 20. 30.
13.5502

— Schweizerspiegel. Drei Jahre unter d. Bundesverfassung von 1848. — Zürich: Orell, Füßli & Co. 1851. X, 244 S. 8° 1:Ru 3170. 7. 12:Helv. 137. 15. 17. 18. 21. 24. 31. 45. 106. 302.
13.5503

Baumgartner, Geo., über den Einfluss der Temperatur auf die Verdampfungsgeschwindigkeit v. Flüssigkeiten. [Aus: „Sitzungsber. d. k. Akad. d. Wiss."] Lex.-8. (10 S.) Wien 877. (Gerold's Sohn.) n. — 20

Baumgartner, Georg, Dechant u. Stadtpfarrer, Wels, 1860-1927. 1896: Pilgerfahrt und Ferienreise. 7.–27. Juli 1895. Flüchtige Reiseskizzen. — Wels: Baumgartner 1896. 297 S. 8°
Erschien zuerst in: Welser Zeitung. 7. 8. 1895-96. 307.
13.5504

—— Versuche über Verdampfung. Lex.-8. (7 S.) (Ebendas.) 877. *
Vorstehende zwei Schriften sind aus: Sitzungsberichte der k. Akademie der Wissenschaften, besonders abgedruckt.

Baumgartner, Gottlieb. Das Curfirstengebiet in seinen pflanzengeographischen und wirtschaftlichen Verhältnissen. Diss. Phil. (II.) Univ. Zürich. Separatabdruck aus dem Jahresberichte der St. gallischen naturwissenschaftlichen Gesellschaft. [Mit 1 Abbildung im Text, 1 Tabelle, 16 Tafeln Ansichten und Profile und 1 Karte.] VI + 244 S. 8. St. Gallen, Zollikofer, 1901.

Baumgartner, Gustav [aus Saeckingen (Baden)]: Ein weiterer Beitrag zu den congenitalen Anomalien an den Extremitäten. ... Würzburg, Druck d. Bonitas-Bauer'schen k. b. Hofbuchdr., 1890; 32 S., 2 Taf. 8°
Würzburg, Med. Fak., Inaug.-Diss. v. 1890

Baumgartner, H., Kohlgrub-Bad u. Kohlgrub-Dorf, s.: Woerl's Reisehandbücher.

Baumgartner, Heinrich, O. Cap. 1909
s. *Baumgartner*, Ephrem.

Baumgartner, Heinrich, Seminardirektor. Zug, 1846-1904. 1885: Abriß der Denklehre. 1890 u.ö.
in: *Baumgartner:* Leitfaden der Unterrichtslehre.

Baumgartner, Heinrich: Der getreue Anbeter,
s.a. Anbeter, Der getreue.

[—] Der getreue Anbeter. Gebet- u. Erbauungsbuch für katholische Christen. — Einsiedeln [usw.]: Benziger [um 1902]. 382 S. 8° 1:Er 17193.
13.5516

Baumgartner. (Heinrich /). und Fellenberg. (Emanuel [von]). Bericht der Bürger B' und F' über den Erfolg ihrer Sendung zur Unterstützung der letzthin verunglückten Unterwaldner. (Kersatz, den 6ten Oktober 1798. Philipp E' F'. H' B', Provisor. — [Mit] Nachschrift.) 8. *o. O.* 1798.

— Johann Amos Comenius. Blick auf sein Leben u. Wirken zur Feier d. 3. Zentenariums seines Geburtstages ... Vortrag. — Goßau 1892: Cavelti-Hangartner. 30 S. 8°
1:Ne 5481.
13.5517

Baumgartner, Heinrich, Pfarrer, Briens. 1886: Die Gefahren des Bergsteigens. — Zürich: Schulthess 1886. 64 S. 8°
12:It. coll. 11f. 15. 25. 30. 32. 44. 109. 207.
300:589.451–B.
13.5531

Baumgartner, H. Die Gefahren des Bergsteigens. Kl. in-8°. 64 S. Zürich, F. Schulthess. 1 —
1892

Baumgartner, H., d. Gefahren d. Bergsteigens. Hrsg. v. Schweizer Alpenclub. 8. (III, 64 S.) Zürich 896. F. Schulthess. n. 1. —

— Geschichte der Pädagogik in besonderer Berücksichtigung des Volksschulwesens. — Freiburg i. Br. [usw.]: Herder 1902. XVI,283 S. 8°
1:Nc 570. 52. 61. 79. 169. 203. 300:418.710–B. 302.
13.5518

Baumgartner, Heinrich, Gymnasialprofessor für Natur- u. Erdkunde, Wiener-Neustadt, 1848-1899. 1880: Tausend Höhen-Angaben. — Graz: Styria 1888. 140 S. 8°
16. 30. 89. 300:79.955–A. 303. 305.
13.5508

— — 2. Aufl. W[iene]r-Neustadt: Verf. 1890. IV,61 S. 8°
300:84.763–A. 302.
13.5509

— — 3. Aufl. Ebd. 1892. 75 S. 8°
1:Pr 4758³. 38. 300:92.568–B. 302.
13.5510

Baumgartner, Heinr., tausend Höhenangaben. 3. Aufl. 8. (75 S. m. Illustr.) Wr.-Neustadt 892. (Klagenfurt, A. Raunecker.) n.n. 2. —

[—] Höhentabelle der österreichischen Alpen. — W[iene]r-Neustadt: Baumgartner [1892]. 1 Bl. quer-4°, gefaltet in 8°
302.
13.5511

— Höhentabelle der österreichischen Alpen. Plakat. 32×23,5 cm. (Mit 2 Abbildgn.) Wiener-Neustadt 894. Selbstverl. n. — 5

Baumgartner, H., die Jesuiten und die Bundesrevision. Vortrag. 31 Stn. 8. Zug, Buchdr. Elsener. 1871 —. 20

Baumgartner, H. (Kaplan), die Jesuiten und die Bundesrevision. Vortrag gehalten am Piusverein in Steinhausen den 4. Dezember 1870. 2. Aufl. Zug, Buchdr. Elsener. 1871 —. 20

Baumgartner, Heinr., Katechismus oder kurzer Unterricht in der christl. Lehre. Von der Synode der reformirten bern. Landeskirche gekrönte Preisschrift. Nach der Kritik des Preisgerichts überarb. und veröffentlicht mit Erlaubniß des Synodalraths. 8. (80 S.) Biel 881, Kuhn. cart. *

— Katechismus od. kurzer Unterricht in der christl. Lehre. Gekrönte Preisschrift, m. Erlaubniß d. Synodalraths hrsg. 2. Aufl. 8. (80 S.) Biel 882. Kuhn. cart. n.n. — 50

Baumgartner, Heinr. (I.), Katechismus, oder kurzer Unterricht in der christl. Lehre. Gekrönte Preisschrift. 3. Aufl. 8. (80 S.) Biel 888. Kuhn. ** — 50

Baumgartner, Heinr., Katechismus od. kurzer Unterricht in der christl. Lehre. Gekrönte Preisschrift, m. Erlaubniß des bern. Synodalraths hrsg. 4.—6. Aufl. 8. (à 80 S.) Biel 893—902. E. Kuhn. Kart. n.n. — 50

Baumgartner, Heinrich. Katechismus oder kurzer Unterricht in der christl(ichen) Lehre. Gekrönte Preisschrift, mit Erlaubniss des bernischen Synodalraths hrg. von [†] H' B', Pfarrer in Brienz. 5. Aufl. (**Umschlag:* 6. Aufl.) 80 S. 8. Biel, Ernst Kuhn, 1898 (**Umschlag:* 1902). [cart. fr. —. 50]

Baumgartner, Heinr.: Katech. od. kurzer Unterr. in d. christl. Lehre. 7. Afl. (80) kl8° Biel, E Kuhn '07. Kart. nn — 50 d

Baumgartner, Heinr., D. hohe niederösterr. Landes-Schulrath. E. Jubelfestschrift 1848—1898. Materialien. gr. 8. (XXII, 38 S. m. Abb. u. 1 Bildn.) Wiener-Neustadt 898. Selbstverlag (durch Simmel & Co. in Leipzig). n. 2. —

Baumgartner. Heinrich *III* [geb. 1846]. Joh(ann) Heinrich Pestalozzi's Leben. Wirken und Bedeutung. Vortrag, gehalten an der Pestalozzi-Feier in Zug. den 13. Januar 1896. 8. Zug 1896.

Baumgartner, H. Leitfaden der Erziehungslehre besonders für Lehrer und die es werden wollen. In-8°, 120 S. Zug, Anderwert. 1885

— Leitfaden der Erziehungslehre, besonders für Lehrer und die es werden wollen. 2., verm. u. verb. Aufl. — Freiburg i. Br. [usw.]: Herder 1885. XVI,208 S. 8° 207.
13.5520

Baumgartner, Heinrich: Leitfaden der Erziehungslehre. 3. Aufl. ff., s. Baumgartner: Pädagogik oder Erziehungslehre.

Baumgartner, H. Leitfaden der Seelenlehre oder Psychologie, besonders für Lehrer und die es werden wollen. In-8°, 70 S. Zug, W. Anderwert (in Commission). 1884 1 20

— Leitfaden der Seelenlehre oder Psychologie, besonders für Lehrer und Erzieher. 2., verb. Aufl. — Freiburg i. Br. [usw.]: Herder 1885. VIII,96 S. 8° 46. 207.
13.5527

Baumgartner, Heinr.: Leitfaden der Seelenlehre... 3. Aufl. ff., s. Baumgartner: Psychologie oder Seelenlehre.

— Leitfaden der Unterrichtslehre, besonders für Lehrer und die es werden wollen. Dazu als Anh.: Abriß der Denklehre. — Freiburg i. Br. [usw.]: Herder 1890. VIII, 254 S. 8° 61. 64. 302.
13.5524

Baumgartner, Heinr.: Leitfaden d. Unterrichtslehre. 2. Aufl. ff., s. Baumgartner: Unterrichtslehre.

Baumgartner, Heinrich. 1903: Lieder und Gesänge von der Isar. — Berlin: Schildberger [1903]. 88 S. 8°
1:Yo 29414.
13.5532

— Zur Litteratur der Erdkunde. Eine Zusammenstellung älterer u. neuerer Schriften über Geographie u. verwandte Fächer im Anschluß an d. 'Geschichte d. Erdkunde von J. G. Lüdde, Berlin 1841'. — Leipzig: Simmel 1895. 75 S. 8°
1:Po 1204. 15. 38. 46. 109. 207. 300:190.083–B. 302. 303.
13.5513

— [Hrsg.] s. *Nachricht*, Kurtze, von der Republique, so von denen R.R.P.P. der Gesellschaft Jesu der portugießisch- und spanischen Provinzen in den über Meer gelegenen ... Königreichen aufgerichtet worden. 1892.

Baumgartner, Heinrich: Pädagogik oder Erziehungslehre. 1. u. 2. Aufl., s. Baumgartner: Leitfaden d. Erziehungslehre.

Baumgartner, Heinr., Pädagogik od. Erziehungslehre, m. bes. Berücksicht. d. psycholog. Grundlagen f. Lehrer u. Erzieher. 3., umgearb. Aufl. gr. 8. (VIII, 238 S.) Freiburg i/B. 895. Herder. n. 1. 80

— — 4., verb. Aufl. Ebd. 1902. VIII,252 S. 8°
1:Nd 2907⁴. 24. 109. 203. 300:422.281-B. 302.
13.5522

— — 5., verb. Aufl., bearb. von H. Alois Keiser. Ebd. 1909. XII,252 S. 8° 31. 300:468.732-B. 302.
13.5523

Baumgartner, Heinrich: Psychologie ... 1. u. 2. Aufl., s. Baumgartner: Leitfaden der Seelenlehre...

Baumgartner, Heinr., Psychologie od. Seelenlehre, m. besond. Berücksicht. der Schulpraxis f. Lehrer u. Erzieher. 3., umgearb. Aufl. gr. 8. (VIII, 182 S.) Freiburg i/B. 894. Herder. n. 1. 20

— Psychologie od. Seelenlehre, m. besond. Berücksicht. der Schulpraxis f. Lehrer u. Erzieher. 4., umgearb. Aufl. gr. 8. (XII, 156 S.) Ebd. 899. n. 1. 40; Einbd. in Halbleinw. n.n.n. — 30

BAUMGARTNER, Heinrich: Die Reptilien keineswegs nahe verwandt mit den Amphibien, vielmehr die Vorläufer der Vögel. — 1872. 36 S.
Diss. Graz, Univ.

— — Taschenbuch zur Naturkunde. Prakt. Nachschlagebüchlein über naturwissenschaftl. Gegenstände und Begriffe. (96 S.) 1875. ℳ 1,50.; 2. Aufl. 16. (III, 135 S.) Wien 880, Pichler's Wwe. und Sohn.

— Taschenbuch zur Naturkunde. Praktisches Nachschlagebüchlein über naturwissenschaftliche Gegenstände u. Begriffe. 2. Aufl. — Wien: Pichler 1880. 135 S. 8°
300:32.584-A. 302.
13.5514

— Taschenbuch der Naturkunde. Ein prakt. Nachschlage-Büchlein üb. naturhistor. Gegenstände u. Begriffe f. jeden Naturfreund. 3. Aufl. 16. (III, 212 S.) Wien 890. Hölder. cart. n. 2. —

Baumgartner, Heinr.: Unterrichtslehre. 1. Aufl., s. Baumgartner: Leitfaden der Unterrichtslehre.

— Unterrichtslehre, bes. f. Lehrer u. d. es werden wollen. Dazu als Anh.: Abriß d. Denklehre. 2., vielfach verm. u. verb. Aufl. gr. 8. (XI, 316 S.) Ebd. 898. n. 2. 40; Einbd. in Halbleinw n.n.n. — 30

Baumgartner, Heinr., Unterrichtslehre, besonders f. Lehrer u. Lehramtskandidaten. Dazu als Anh.: Abriß der Denklehre, 3., verm. u. verb. Aufl., bearb. v. Vinzenz Fischer. (XVI, 335 S.) 8. Freiburg i/B. 910. Herder. 3.20; geb. in Leinw. 3.60

Baumgartner, J., s. Baumgartner, Gallus Jakob

Baumgartner, J., s. Baumgartner, Joseph

Baumgartner, J. J., 100 Denksprüche und Liederverse zur Admission. Biel 863. Steinheil. gr. 8. n. 20 ngr

Baumgartner, J. J., hundert Denksprüche und Liederverse. 2. revidirte Auflage v. A. Thellung, Dekan in Biel. 100 Stn. 8. Biel, E. Kuhn. 1873 2. —

Baumgartner, J. J., 100 Denksprüche und Liederverse zur Admission. 3. revid. Aufl. von H. Baumgartner. gr. 8. Biel 888, Kuhn. 2 —

Baumgartner, J. M., s. Baumgartner, Johann Michael

Baumgartner, Jacob, Kantonsrat, sp. Landammann, St. Gallen, 1797–1869. 1835, s. Baumgartner, Gallus Jakob

Baumgartner, J[acob]. Den Kampf gewonnen, das Vaterland verloren! Vaterländisches Schauspiel in drei Akten. Als Manuscript gedruckt. 56 S. 8. Oberwangen, Selbstverlag (Druck von Bühler & Werder, Bern). [1901]. (fr. —. 80)

Baumgartner, Johann

Baumgartner, J, Anl. z. einträgl. Betr. d. Weinbaues in Oesterr. 8. (156 m. 6 K.) Wien 56, Faesy u. F. n. — 20

Baumgartner, Joh., Anleitung zum einträglichsten Betriebe des Weinbaues in Oesterreich, gegründet auf mehr als vierzigjährige Erfahrung. Mit 23 lith. Abbildgn. (auf 6 Taf. in 4.) Wien 856. Seidel in Comm. gr. 8. (3 Bl., 156 S.) n. 20 ngr

Baumgartner, Joh., die Decimaluhr. Einige empfehlende Notizen zur Einführung der Decimaluhr u. ihrer Anwendung beim Militair-, Marine-, u. Gesundheits-Dienst, den Fachwissenschaften u. s. w., als ergänzender Beitrag zum Maassen-System der Natur u. seiner Verhältnisse zwischen Zeit u. Raum. Genf 867. Müller-Darier. gr. 8. (24 S. u. 2 lith. Taff.) n. 8 ngr

— Zur Zollfrage beim Gartenbaue. 1901. — Mödling: Wehhofer [1901]. 28 S. 8° 300:412.184-B.
13.5538

Baumgartner, Joh. Chn. (Ansbach), De regressu ad bona, ab illustribus praecipuè filiabus renunciata, etiam in casu stemmatis prorsus sublati. Präs. Ferd. Chph. Harpprecht. Tübingen (Hiob Francke) Juli 1711. 64 S., z. Tl. dtsch. (5.50) 1469

Baumgartner, Joh. Georg: Lat. Grammatik..., s. Baumgärtner, Johann Georg

Baumgartner, Johann Heinrich: Standrede bei der Hinrichtung der Mordbrennerin Elisabetha Weyeneth, von Madretsch, Kirchgemeinde Mett, alt 27 Jahre. — Bern: Jenni [1829]. 8 S. 8° 19.
13.5540

Baumgartner, Johann Jakob

Baumgartner, Johann Jakob: Eine gantz neue Invention von Hirschfänger und Degengefaeß. — A[ugustae]V[ind.]: Baumgartner [um 1720]. 17 Taf. quer-8°
89[*Titelbl.u.Taf.2–13].
13.5541

— Gantz neue Inventionen von Rauch und Schnupff Toback Dosen, Stock Knöpff, Uhrhagen und Spring-Bixlein wie auch andere Dinge vor allerhand Künstler nützlich zugebrauchen. — Augspurg: Baumgartner [um 1730]. 6 gez. Bl. quer-8° 18.
13.5542

— Gantz neu inventiertes Laub und Bandelwerk. — Augspurg: A. Schmidt 1726. 6 gez. Taf. quer-8° 89.
13.5543

— Gantz neu inventiertes Laub und Bandlwerck (2: Bandelwerck; 3: Bandelwerk). Th. 1–3. — Augspurg: Baumgartner 1727. quer-8° Von Th. 3 ist nur d. Titelblatt vorhanden.
18[*3]. 89[*1.2].
13.5544

— Gantz neues Reiß-Büchel von Laub und Bandelwerck. Th. 2. — Augspurg: Baumgartner [um 1730]. quer-8°
Von diesem Werk ist nur d. Titelblatt vorhanden. 89.
13.5545

Baumgartner, Johann Ludwig Viktor: Aychstättisches Je länger je lieber, bestehend in kurtzer Lebens-Beschreibung deß Heiligen Wilibaldi, ersten Bischoffen zu Aychstätt. — Aychstätt 1745: Strauß. 238 S. 8°
1:Dx 10650. 12:Bavar. 208.
13.5546

Baumgartner. Johann Marx. Davids Unvergänglicher Nachruhm Und Seliges Ende.... Bey der Begräbniß... Herrn Adrian Wetters / Bey Leben. höchst-verdientesten Herrn Land-Ammanns Loblichen Stande- Appenzell V.R.... zu Herrisau, Mittwochen. den 21. Jenner, St. Vet. 1764. vorgestellet, Von Herr J' M' B'.... Nun von neuem dem Druck übergeben.... 4. St. Gallen.

Baumgartner, Johann Michael: Darstellung einer Maschine und ihrer Wirkungen zur schnellen und wohlfeilen Einräumung der aufgeschobenen Fahrgeleise. — Wien: Verf. 1826. X,77 S. 8°
19. 17. 21. 30. 31. 83. 300:•69 O 450. 302. 304. 305. 307.
13.5547

Baumgärtner, J. M., Darstell. e. Maschine zur schnellen u. wohlfeilen Einräumung d. aufgeschobenen Fahrgeleise. 8. Wien 826. Ant. Strauß. 10 ℊ

Baumgartner, Joseph: Die ausdauernden Arten der Sectio Enalyssum aus der Gattung Alyssum.
Diss. Prag 1905/1906.

Baumgartner, Jos., die neuesten u. vorzüglichsten Kunst-Straßen üb. d. Alpen. Beschrieben auf e. Reise durch Oestreich, Steyermark, Kärnthen, Krain u. Tyrol, das Küstenland u. d. Lombardie, e. Theil v. Piemont u. d. südl. Schweiz. M. 13 Stnt. gr. 8. (21½ B.) Wien 834, (Beck's Univ.-Buchh.) *

Baumgartner, Josef: Die neuesten und vorzüglichsten Kunst-Straßen über die Alpen. — Wien 1834: Ullrich. X,332 S. 8° 1: Ru 6742. 7. 12: A. hydr. 5 x. 14. 22. 24. 30. 51. 53. 82. 83. 84. 89. 91. 93. 210. 300: 19.884-B. 302→305. 308. 309.
13.5548

Baumgartner J., Kunststrassen über die Alpen. Wien 1836. 8°.

Baumgartner, J. Die neuesten u. vorzügl. Kunststrassen über die Alpen. Wien 1843.

Baumgartner, Josef, appr. Arzt und Zahnarzt: Ueber Osteosarkom der Extremitäten nebst kasuistischen Beiträgen. München 1906: Kastner & Callwey. (74 S.) 8°
München, Med. Fak., Ref. v. Angerer, Diss. v. 13. Juni 1906
[Geb. 6. Nov. 75 Kempten; Wohnort: München; Staatsangeh.: Bayern; Vorbildung: Gymn. Kempten Reife Juli 95; Studium: München 20 S.; Coll. 13. Juni 06; Approb. 19. Mai 06.]

— Vorschlag zur Regulirung der Donau bei Wien. — Wien: Verl. d. Vertretung des II. Gemeindebezirkes Leopoldstadt 1866. 33 S. 8° 30. 91. 106. 300: 73.841-B. 302. 305.
13.5549

Baumgartner, Jul.: Studien üb. d. Verbreitg d. Gehölze im nordöstl. Adriagebiete, s: Abhandlungen d. k. k. zool.-botan. Gesellsch. in Wien.

Baumgartner, Karl: Über vulcanische Auswürflinge von Bad Tusnád in Siebenbürgen. — Wien: Hölder [1902]. S. 31-64. 8°
Aus: Tschermak's mineralogische u. petrographische Mittheilungen. N. F. 21. 1902.
302.
13.5552

Baumgartner, L.: Lehrbuch der französ. Sprache, s. Baumgartner, Andreas

Baumgartner, Matthias, s.a. Beiträge zur Geschichte d. Philosophie des Mittelalters.

Baumgartner, Matthias: Beiträge zur Psychologie und Erkenntnislehre des Wilhelm von Auvergne ... (Erscheint vollst. in: Beitr. z. Gesch. d. Philos. d. Mittelalters, Bd II.) Munster [!] i. W., Druck d. Aschendorffschen Buchdr., 1892; 1 Bl., 40 S. 8.
München, Phil. Fak., Inaug.-Diss. v. 1892

— Die Erkenntnislehre des Wilhelm von Auvergne. — Münster: Aschendorff 1893. VIII,102 S. 8° (Beiträge zur Geschichte d. Philosophie d. Mittelalters. 2,1.)
Erschien teilweise auch als Diss. u. d. T.: Baumgartner: Beiträge zur Psychologie u. Erkenntnislehre des Wilhelm von Auvergne. München 1892.
1: Nk 16290-2,1. 2→11. 12: Ph. U. 51 b-2,1. 14→21. 25→28. 30. 38. 102. 107. 109. 211. 300: 100.699-B. 2,1. 302→304.
13.5556

— Grundriß der Metaphysik. — Dillingen 1908: Keller. V, 218 S. 8° 102.
13.5559

— d. Philosophie d. Alanus de Insulis i. Zusammenhange m. d. Anschauungen d. 12. Jahrh., s. a. Beiträge z. Gesch. d. Philosophie d. Mittelalters.

Baumgartner, *Matthias* [Dr.]: Die Philosophie des Alanus de Insulis, im Zshange m. d. Anschauungen d. 12. Jhs dargest. (= Beiträge z. Geschichte d. Philosophie d. Mittelalters ... Hrsg. v. C. Baeumker u. G. Frh. v. Hertling, Bd II Heft IV.) Münster, Aschendorff, 1896; XII, 145 S. 8.
München, Phil. Fak., Hab.-Schr. v. 1896
(Nicht für den Austausch)

Baumgartner, Mich., kurze Geschichte eines lange Krankhaften, und getreue Beschreibung der angewendeten hydropathischen, mechanischen, meteorologischen, diätetischen und localen Mittel zur Erreichung seines hohen Alters und insbesondere zur Verhütung oder Linderung u. Heilung des Schnupfens u. Rheumatismus, der Entzündungen des Halses u. Kehlkopfes, der Verkühlungen u. s. w. Verfaßt in seinem 80. Lebensjahre. Wien 853. (Gerold in Comm.) gr. 8. (1 Bl., 48 S.) n. 12 ngr

Baumgartner, O. P., s. Baumgartner, Otto Paul

Baumgartner, Oscar. Nietzsche-Hölderlin. Diss. Phil. Bern ... von Oskar B'. 114 S. 8. Zürich, Gebr. Leemann & Co., 1910.

Baumgartner, Otto: Über Placentalösung mit spezieller Berücksichtigung der Abgangszeit. Luzern 1899. 75 S. 8°.
Bern. Med. Diss. 1898/99.

Baumgartner, Otto Paul

Baumgartner, O. P., Peter Flury. Lebensbild eines bündner. Pfarrers. 8. (51 S.) Chur 881, (Kellenberger'sche Buchh.) *

— Peter Flury. Lebensbild e. bündnerischen Pfarrers. — Heiden 1881: Weber. 51 S. 8° 207.
13.5568

— 1837–1887. Geschichte der Erziehungsanstalt zu Schiers, Kt. Graubünden. — Schiers [1887]. V,251 S. 8° 1: Az 30770. 27.
13.5569

— — 2., verb. Aufl. Ebd. [1887]. 253 S. 8° 7.
13.5570

Baumgartner, R.: Zweierlei Justiz, s. Baumgartner, Remigius

Baumgartner, R. (Hrsg.), s. Wacht, Hohe.

Baumgartner, Reinhard: Conclusiones ex quinque libris Decretalium deductae, & ratione, ac authoritate breviter illustratae. Liber 1-5. — Pedeponti [usw.]: Gastl 1750. 8° 12: J. can. U. 4. 19. 20. 22. 25. 31.
13.5572

— — Liber 1-5. [München usw.]: Gastl 1751. 8° 7. 12: J. can. U. 5 [auch 4.5 – Diss. 180]. 16. 307. 308.
13.5573

Baumgärtner, R., conclusiones ex V lib. decretalium deductae etc. IV Part. 8. Münch. 751. Lentner. 1 ℛ 8 ℊ

— Medulla universi iuris canonici, seu conclusiones ex universo iure canonico deductae, et ratione ac authoritate breviter illustratae. Liber 1-5. — Pedeponti: Gastl 1756. 8° 12: J. can. U. 6. 25. 31 [unvollst.] 214.
13.5574

Baumgartner, R[emigius]. Zweierlei Justiz. Sensationelles Gegenstück zum Mordprozess der Frieda Keller in St. Gallen. Nach wahren Begebenheiten erzählt. 30 S. 8. ([Luzern, J. Hartmann,] 1904.) (fr. —. 80)

Baumgartner, Th., Die Stellung der Handlungsgehilfen im Kampf ums Dasein. Winterthur, Technikum 1883. Progr.-Schw.

Baumgartner, Wilh., 12 Jugend-Lieder für Sopran und Alt drei- und vierstimmig componirt. Zürich 863. Gebr. Hug. gr. 8. (16 S.) n. 4 ngr

Baumgartner, Wlh., 6 vierstimmige Lieder für Sopran und Alt (Tenor). Partitur und Stimmen. Lex.-8. St. Gallen 844, Huber u. Comp. 1 ℛ — Jede Stimme einzeln 1/6 ℛ

— Liedersammlung für vierstimmigen Männergesang. 4 Hefte. 8. Zürich 863, (Gebr. Hug.) [1. Heft. 2. Aufl. (VIII und S. 1—72.) Einzeln * 10 Ngr., 2. Heft. (VIII und S. 73—138.) Einzeln * 8 Ngr., 3. Heft. (VIII und S. 139—210.) Einzeln * 10 Ngr., 4. Heft. (VIII und S. 211—282.) Einzeln * 10 Ngr.] *

Baumgartner, Wilhelm: Sängergruß auf das Eidgenössische Sängerfest in Zürich 1858 gedichtet von Gottfried Keller, für Männerchor comp. — Zürich: Hug in Comm. [1858]. 24 S. 8° 1:Yo 8291. 2. 5. 16. 21. 46. 60. 109.
13.5584

Baumgartner-Schlatter, H., deutsche und französische Normalschrift, vorgeschlagen durch eine Experten-Commission, genehmigt von den Erziehungsbehörden und eingeführt in den Schulen Basel's, in 12 grossen Schrifttabellen. Imp.-Fol. (12 Stnt.) Dorpat 879, Schnakenburg's Verlag. *

Baumgartner-Schlatter H, methodisch geordnete Vorlagensammlung in 24 Bl zu der deutschen und französ. Normalschrift der Schulen Basels. (24 Bl) Basel 1877

Baumgärtner [Sachl. OW]
Der aufrichtige Baumgärtner, oder Kurze und deutliche Anweisung, wie man auf eine zweckmäßige Art Bäume erziehen ... soll.
3. Ausg.
Basel o.J.
100 S.

— d. aufrichtige. 8. Münch. ... Fleischmann. 4 gr.

Baumgärtner, Der aufrichtige. .. Halle 1797. V: *Löhr, Johann Andreas Christian.* (Ky) (MGT)

— d. aufrichtige, od. kurze u. deutl. Anweis., wie man auf e. zweckmäss. Art Bäume erziehen, veredlen u. versetzen soll. 8. Halle, 1797. 2. Aufl. 1801. Renger. — 7½

— d. aufrichtige, oder kurze Beschreib., wie man auf e. zweckmäß. Art Bäume erziehen u. veredeln soll. 8. Basel 802. 3e Aufl. (Neukirch). 6 gr.

Der deutsche Baumgärtner. Nach d. Grund- u. Lehrsätzen der berühmtesten Männer in der Gärtnerey, bes. aber d. Franzosen, Mr. Quintinye, d. Engländers, Herrn Millers, u. d. Deutschen, Herrn Reicharts. [Hrsg.: Johann Georg Dauling.] — Schleusingen: Rennsperger 1764. 260 S. 8° 1:Ow 35215. 2. 4. 7. 12:Oecon. 193. 17. 18. 19. 22. 29. 34. 46. 78. 303.
13.4201

— d. deutsche, n. d. Grundsätz. d. berühmtest. Männer. 8 Eisenach. Wittekind. 770.

— der deutsche, nach d. Grund- u. Lehrsätzen d. berühmtesten Männer in d. Gärtnerei, besonders d. Franzosen Quisny, d. Engländ. Miller u. d. Deutschen Reichard. Herausg. v. Jh. Geo. Dauling. 8. Eisenach 770. (Bäreke). 10 gr. 2e verm. Aufl. m. Kpf. 8. Eisenach u. Frankf. 773.

— — 2., verb. Aufl. Eisenach [usw.]: Grießbach 1773. 296 S. 8° 16. 20. 43.
13.4202

Baum-und Obstgärtner

— — d. kunsterfahrne rc. Wien, Pichler. 804.

Baum- u. Obstgärtner, od. Anleit. z. Zucht u. Wart. d. Obstbäume rc. 8. Wien, Sammer. 804. Rthlr.

Der wienerische Baum- und Obstgärtner; oder Anleitung zur vortheilhaften Zucht und Wartung der Obstbäume für alle Jahreszeiten ... Von e. Freunde d. Gärtnerey hrsg. — Wien: Hofmeister 1798. 194 S. 8° 12:Oecon. 194. 300:6487.
13.4203

— — d. wienerische. 8. Wien, (Liebeskind, 2.) 798.

— — 2. Aufl. Wien: Pichler 1804. XII, 177 S. 8° 12:Oecon. 194b.
13.4204

— d. wohlunterrichte. 8. Basel, Flick. 802.

Baumgärtner [Verf.]
Baumgaertner, Schultheiß, Botnang in Württemberg. 1830-1914. 1874 s. *Baumgaertner,* Eduard.

Baumgaertner, Medizinalrat, Baden-Baden, 1837-1913. 1861 s. *Baumgaertner,* Julius.

Baumgaertner, Buchhändler u. Kunstsammler, Leipzig. † 1855. 1845 s. *Baumgaertner,* Julius Alexander.

Baumgärtner, A.: Die Mechanik.., s. Baumgartner, Andreas

Baumgaertner, Albrecht Heinrich: Abhandlung von der Kunst der Alten in Steine zu schneiden. 1770 in: *Theophrastus:* Von den Steinen [De Lapidibus, deutsch].

— [Übers.] s. *Aelianus,* Claudius, Tacticus: Von Schlacht-Ordnungen [Tactica, deutsch]. 1779 u.ö.

— [Übers.] s. *Cebes:* Gemälde des menschlichen Lebens [Tabula, deutsch]. 1781.

— [Übers.] s. *Demophilus:* Gleichnisse und pythagorische Sittensprüche [Similitudines, deutsch]. 1781.

— [Übers.] s. *Demophilus:* Goldene Sittensprüche [Aureae Sententiae, deutsch]. 1781.

Baumgärtner, Albr. Hnr., († d. 26. Sept. 1809.) Gesch. der Götter u. vergötterten Helden Griechenlands u. Latiens. 3 Hfte. Mit 24 Kpf. gr. 4. Erlang. 784 — 86. (Heyder). 4 Rthlr 12 gr. (Zusammen mit e. Einleit. unter d. T.: Gesch. d. vier ältesten Gottheiten d. Orients. 4. Ebd. 786.)

— Geschichte der vier ältesten Gottheiten des Orients. Nebst e. Einl. von d. gentilischen Theologie. — Erlangen: Walther 1786. LX, 108 [vielm. 110] S. 4°
Nebent.: Geschichte d. Goetter.
Die Schrift erschien ursprünglich u. d. T.: Baumgaertner: Geschichte d. Götter u. vergötterten Helden Griechenlandes u. Latiens. 1. 2. 1784-85. Der ursprüngliche Titel ist in einigen Exemplaren noch erhalten.
1:4° Bibl. Diez 1360. 2. 7. 8. 10. 15. 19. 21. 29. 30. 35. 39. 42. 102 [unvollst.]
13.4205

– Der gute König. Ein ländl. Singspiel.– Erlangen 1801.

— [Übers.] s. *Onasander:* Unterricht eines Feldherrn [Strategicus, deutsch]. 1786.

– s. Ruinen, Die, von Paestum.

Baumgärtner, Albrecht Heinrich, Hochfürstl. Brandenburgischer Rath. Vollständige Sammlung aller Kriegsschriftsteller der Griechen, sowohl strategischen als taktischen Inhalts. Aus dem Griechischen übersetzt, und mit Anmerkungen erläutert. (Donation Liechtenstein) 1. Frankenthal und Mannheim 1779.

— Samml. d. Kriegsschriftsteller d. Griechen, m. K. gr. 4. Mannh. Schwan u. G. 779.

— Sammlung d. Kriegsschriftsteller d. Griechen. M. Kpf. gr. 4. Manh. 779. Schwan u. G. 2 Rthlr A. u. folg. Titeln: Onosander's Unterricht e. Feldherrn. A. d. Griech. v. A. H. Baumgärtner. 4. Ebd. 780. 1 Rthlr Aelian v. Schlachtordnungen. A. d. Griech. v. A. H. Baumgärtner. Mit Kpf. gr. 4. Ebd. 786. 12 gr.

— [Übers.] s. *Theophrastus:* Von den Steinen [De Lapidibus, deutsch]. 1770.

Baumgärtner, Anton, s.a. Baumgartner, Anton

Baumgärtner, Ant., kurzer Auszug aus d. Westenriederschen Gesch. v. Baiern, f. Kinder. 8. Münch. 785. Fleischmann. 8 gr.

— Beschreib. d. Priesterjubiläums Jos. Mr. Wibmers, nebst dessen Leben. 8. Münch. 820.

Baumgaertner, Anton, Professor am Realgymnasium, Regensburg. 1815-1871. 1854: Dr. Joseph Wolfgang Eberl, k. Lycealprofessor. Nekrolog. — München 1858. 7 S. 8°
Aus: Jahresbericht d. historischen Vereins von u. für Oberbayern. 20. 1858.
12: Bavar. 4092-24.
13.4207

— Erinnerung an Joseph Laber, königl. geistl. Rath, Stadtpfarrer und Districts-Schulinspektor in Moosburg. — München 1863. 7 S. 8°
Aus: Jahresbericht d. historischen Vereins von u. für Oberbayern. 24. 25. 1863.
12: Bavar. 4094-3. 19.
13.4208

Baumgaertner, Anton. 1784: Aktenmäßige Geschichte Thomas Hartmanns von Roppersbuch, eines 1780 in Eichstädt unmenschlich behandelten Pfarrherrns. [Verf.: Anton Baumgärtner.] — [München : Strobl] 1784. 19 Bl., 50 S. 8°
12: Crim. 103 [u. 6.] 17. 19. 38.
13.4206

Baumgärtner, Anton (Priester): Geschichte der königl. Landwirthschafts- , Gewerbs- und Handelsschule zu Freising. Programm zur Feier des fünfundzwanzigjährigen Bestehens derselben. pg. 1-25. 4°. Franz Datterer.
Progr. Freising 1858/59.

— [Hrsg. u. Forts.]
s. *Meichelbeck*, Karl: Geschichte der Stadt Freising. 1854.

Baumgärtner, Anton (Priester): Historische Notizen über die Stadt Freysing und ihre letzten Bischöfe vom Jahre 1727-1850. I. Abschnitt vom Jahre 1727-1802. pg. 1-47. 4°. Franz Datterer.
Progr. Freising 1849/50.

Baumgärtner, Anton: Historische Notizen über die Stadt Freysing etc. II. Abschnitt. Die Jahre 1802-1803. Die Säkularisation des Fürstbisthums Freysing. pg. 1 - 46. 4°. Franz Datterer.
Progr. Freising 1850/51.

Baumgärtner, Anton: Historische Notizen über die Stadt Freysing etc. III. Abschnitt. Von der Säkularisation bis auf unsere Zeit oder vom Jahre 1804-1850. pg. 1-53. 4°. Franz Datterer.
Progr. Freising 1851/52.

Baumgärtner, Anton: Historische Notizen etc. IV. Abschnitt. (Schluss.) Geschichte der Schule Freysings. pg 1 - 60. 4°. Mit einer Tabelle. F. Datterer.
Progr. Freising 1852/53.

— Tegernsee u. seine Umgebung, s.a. H. Stolz.

— Tegernsee u. seine Umgebung, nach d. Natur ausgemessen u. aufgenommen, u. als Mappa plactica dargestellt, v. H. Stolz beschrieben. gr. 8. München 822, Lentner.

— d. Wegweiser v. München. 8. Landsh. 805. (Weber in Münch.) 6 gl.

Baumgärtner, Christoph Conrad (Ansbach), De juribus peculii militaris. Diss. jur. Präs. Nicol. Chph. Lyncker (Fluhrstät u. Kötschau). Jena (Werther) Okt. 1697. 75 S. (5.50) 1430
— — Dasselbe. Wittenbg. (Hak) 1753. (5.—) 1431

Baumgaertner, Eduard: Beschreibung des Gemeindebezirks Bothnang. — Stuttgart 1888: Buchdr. d. Paulinenpflege. 127 S. 8°
24.
13.4211

— Handbuch über die Gebühren der Gemeindediener. — Leonberg 1874: Lindenberger. 33 S. 8°
24.
13.4212

— — 3. (Umschlagt.: 2.) Aufl. Stuttgart 1874: Buchdr. d. Neuen Tagblatts. 33 S. 8°
24.
13.4213

Baumgärtner, Ernst, bacc. iur. in Wiesbaden: Lotterie und Ausspielung. Eine civil- und strafrechtliche Studie. Leipzig: O. Wigand 1906. (118 S.) 8°
Leipzig, Jur. Fak., Diss. v. 16. Sept. 1906
[Geb. 11. Jan. 76 Wiesbaden; Wohnort: Wiesbaden; Staatsangeh.: Preußen; Vorbildung: Kgl. Gymn. Wiesbaden Reife O. 94; Studium: München 4, Marburg 1, Bonn 2 S.; Rig. 10. Juni 05.]

Baumgärtner, F. G., s. Baumgärtner, Friedrich Gotthelf

Baumgaertner, Ferdinand: A. Anleitung, den Brutansatz eines Biens ohne Absperrgitter, ohne Schiedbrett, ohne Einschließung oder Beseitigung der Königin ganz nach Belieben zu regeln. — [Burgbernheim]: Selbstverl. 1904. 12 S. 8°
12: Oecon. 194 fd-1.
13.4214

— Die einfachste und billigste Art und Weise, Bienen zu füttern und zu tränken. — Rothenburg o. T. [1902]: Peter. 13 S. 8°
12: Oecon. 194 f.
13.4215

BAUMGÄRTNER, Ferdinand (Illertissen): Num vulnera supraorbitalia amaurosin excitare possint?- Monachii: Giesser 1859. 15 S.
27.5.1857 - Urk; F 63
Diss. Ingolst.-Landsh.-Mchn.

— Broschüre B. Wie gewinnt der Imker auf die einfachste Weise mühelos und kostenlos viele Königinnen aus seinem besten Volke? — [Burgbernheim]: Selbstverl. 1904. 8 S. 8°
12: Oecon. 194 fd-2.
13.4216

Baumgärtner, Friedrich
— Die K. Württembergische Straßenbau-Polizei. Für d. Unterricht in d. Baugesetzgebung an d. K. Baugewerkeschule in Stuttgart. — Stuttgart 1875: Metzler. 40 S. 4°
24.
13.4220

Baumgärtner, Fr., die k. württembergische Straßenbau-Polizei. Für den Unterricht in der Baugesetzgebung an der k. Baugewerkeschule in Stuttgart zusammengestellt. Als Mscr. gedruckt. 2. Aufl. gr. 8. (96 S. mit 5 Stnt. in Fol.) Stuttgart 880, Metzler'sche Sortimentsh.
1. Aufl. erschien im Selbstverlag des Verfassers.

— — 3. Aufl. Ebd. 1896. VIII, 259 S. 8°
24.
13.4222

Baumgaertner, Friedrich Gotthelf

Baumgärtner, F. G., Aesthetik f. Damen, s. Aesthetik.

Baumgaertner, Friedrich Gotthelf: Bemerkungen über die Theorie und schickliche Zusammenstellung der Farben. Um 1810 s. *Mueller*, Johann Ernst Friedrich Wilhelm: Versuch einer Ästhetik der Toilette [Ausz.]

— Beschreibung und Abbildung einer neuen Windmühle ohne äussere Flügel. — Leipzig: Baumgärtner [1798]. 4 S. 4°
Aus: Magazin aller neuen Erfindungen, Entdeckungen u. Verbesserungen. 2. 1798.
12: 4° Techn. 5. 14. 83.
13.4223

– s. Beschreibung eines einfachen Mittels, um ein Boot ....

Baumgärtner, Fr. Gtthlf., Beschreib. e. von ihm erfund. Windmühle ohne äußere Flügel. M. 2 Kpf. gr. 4. Leipz. 803. Baumgärtner. 12 gl.

— [Angebl. Verf.] Politische Betrachtungen über die großen Vortheile, welche die von Frankreich ausgegangene Verwüstung Europas in der besseren Zukunft gewähren kann und soll. 1814 s. *Butte*, Wilhelm.

Baumgärtner, (F. G.;) neue Gartenbaukunst, s.a. Gartenbaukunst.

— Neue Gartenbaukunst, oder Sammlung neuer Ideen zur Verzierung der Gärten und Parks. Lfg [1]-6. — Leipzig: Baumgärtner 1818-24. 4°
14. 17. 28 [=6]. 39 [=2/6]. 300: 79 B 35.
13.4224

Baumgärtner, F. G., neue Gartenbaukunst, oder Sammlung neuer Ideen zur Verzierung der Gärten und Parks, 1—3 Lief. mit 8 Kupfertaf. Fol. Leipzig, Baumgärtner. à Lief. 2 Rthlr. 1819 u. 20.

– s.a. Geschichte des jungen Grafen Fernando v. Sendoza.

[—] Geschichte des jungen Grafen Fernando v. Sendoza. [Leipzig: Baumgärtner 1794.] 292 S. 8° 1:Yw 3512/125.
13.4225

- s.a. G u s t a v Adolph. . . .

— Gustav Adolph, König der Schweden, als Freund und Liebender. — Leipzig: Baumgärtner 1801. XVI,158 S. 8°
19. 53. 302.
13.4226

— [Angebl. Verf.] Ideen über die Bildung eines freien germanischen Staatenbundes. 1814 s. *Butte*, Wilhelm.

— [Angebl. Verf.] Ideen über das politische Gleichgewicht von Europa. 1814 s. *Butte*, Wilhelm.

Baumgärtner, Friedr. Gotth. (Hrsg.), s. I d e e n - M a g a z i n, Neues, für Liebhaber von Gärten.

— [Hrsg.] Lebensbeschreibung des Heiligen Römischen Reichs Grafen Friedrich Ludwig v. Solms zu Tecklenburg. 1795 s. *Reussmann*, Johann Gottfried.

Baumgärtner, F.G. (Hrsg.), s. M a g a z i n, Asiatisches.

Baumgärtner, F.G. (Hrsg.), s. M a g a z i n aller neuen Erfindungen, Entdeckungen und Verbesserungen für Fabrikanten, Künstler, Handwerker...

Baumgärtner, F.G. (Hrsg.), s. M a g a z i n der neuesten Erfindungen, Entdeckungen und Verbesserungen. . .

- s. M a g a z i n zur Erweiterung der Natur-und Weltkenntniß.

- s. M a g a z i n, Neues.

Baumgärtner, Fr. Gotth. (Hrsg.), s. M u s e u m des Wundervollen oder Magazin des Außerordentlichen in der Natur, der Kunst und dem Menschenleben.

- s.a. R e c u e i l, Nouveau, d'idées . . . .

— nouveau r e c u e i l d'idées nouvelles pour la décoration des jardins. 2 cah. av. planch. Fol. Leipz. Industrie-Comptoir.

— Reise d. ein. Theil. Spaniens. 1788. m. K. 8. Leipzig, Baumgärtner. 793.

— Reise durch einen Theil Spaniens nebst der Geschichte des Grafen von S. — Leipzig: Baumgärtner [1793]. X,296 S. 8° 4. 7. 12:It. sing. 56p. 14. 15. 18. 22. 26. 33. 53. 209.
13.4227

— Verzeichniß der von den Herren Friedr. G. Baumgärtner, Aug. Weichert und Carl Heydenreich hinterlassenen Bibliotheken. [Auktionskat.] — Leipzig [1845]. 562, 34 S. 8° 1:Ap 1031. 14. 18.
13.4228

— Verzeichniss der Gemälde-Sammlung von Friedrich Gotthelf Baumgärtner. 1820 s. *Mueller*, Ernst.

— Neue und nüzliche Vorrichtung, um ohne Schaden der Augen bei Licht zu lesen, zu schreiben . . . Nebst e. Aufsaz von Joh. Gottlieb Böttcher. — Leipzig: Baumgärtner [1799]. 8 S. 8°
Aus: Magazin aller neuen Erfindungen, Entdeckungen u. Verbesserungen. 3. 1799.
5. 12:4° Techn. 5/1. 17. 33. 210.
13.4229

— neue u. nützl. Vorrichtung, um ohne Schaden der Augen bei Licht zu lesen, zu schreiben ꝛc. gr. 4. Leipz. 803. Baumgärtner. 12 gl.

Baumgaertner, Fritz, München. 1903: Aus der Praxis für die Praxis. Fachmännische Original-Artikel über Reklame. — München: Selbstverl. [1903]. 24 S. 8°
12: Merc. 17et.
13.4230

Baumgärtner, G.: Pfeile nach einem Ziel. Sieben Aufsätze z. Pädagogik d. höh. Schulen.
Elberfeld: Bädeker 1904.
63 S. 8°
1 u. 7 aus: Neue Bahnen, 6 aus: Hallesche Hochschulzeitung.

Baumgärtner, G., Pfeile nach e. Ziel. 7 Aufsätze zur Pädagogik der höheren Schulen. (63 S.) gr. 8. Elberfeld 904. A. Martini & Grüttefien. n. 1. —

Baumgärtner, G.: Satzungen der Hopfenversicherung in der königl. bayer. Stadt Sulzbach.
Sulzbach 1845.

Baumgaertner, Georg: Berechnung der Einkommen- und Capitalrenten-Steuern im Königreiche Bayern nach dem Gesetze vom 31. Mai 1856. — Bamberg: Buchner 1856. 35 S. 8° 12: Bavar. 4089-10.
13.4231

Baumgärtner, Geo., Berechnung der Einkommen- und Capitalrenten-Steuern im Königr. Bayern nach dem Gesetze vom 31. Mai 1856. 2., berichtigte Aufl. gr. 8. (IV und 28 S.) Bamberg 856, Buchner'sche Buchh.

— Berechnung der Zinsen über die bei Sparcassen angelegten Capitalien und die wieder zu Capital angelegten Zinsen hieraus auf ein bis zehn Jahre. — Sulzbach: Selbstverl.; v. Seidel in Comm. 1844. 4 Bl. 8°
12:4° Math. P. 401-13/1. 19.
13.4233

— Berechnung der Zinsen aus Spar-Casse-Einlagen. — Sulzbach: Selbstverl.; v. Seidel in Comm. 1844. 4 Bl. 8°
12:4° Math. P. 401-13. 19.
13.4234

— Hülfs-Tabelle (4-6: Hülfs-Tabellen) zur Berechnung der Gemeinde- und Districkts-Umlagen (4-6: Districts-Umlagen) nach dem gesetzlichen Maßstabe, nehmlich (4-6: nämlich) den landesherrlichen Steuern. Abth. 1-6. (Schwarzenbach): Verf. (4-6: Sulzbach: Verf.; v. Seidel in Comm.) 1838-43. 2° 1[∞ 1/3]: an 2° Gz 9095^{2}.
12:2° Bavar. 90m. 19 [∞ 1/3]. 30 [∞ 1/3].
13.4235

Baumgärtner, Georg, Hülfs-Tabelle zur Berechnung der Gemeinde- und Distrikts-Anlagen nach d. gesetzlichen Maßstabe, nehmlich d. landesherrl. Steuern. 3e Abthlg Lithogr. kl. Fol. Schwarzenbach 838. (Hof- u. Wunsiedel, Grau.) n. 1 1/6 ₰

Baumgärtner, Georg, Hülfs-Tabellen z. Berechn. der Gemeinde u. Districts-Umlagen nach d. gesetzl. Maßstabe, nämlich d. landesherrl. Steuern. 6 Abthlgn. Fol. (33 B.) Sulzbach 843, 44, (v. Seidel'sche Buchh.)

— Hülfs-Tabellen zur Berechnung der Gemeinde- und Districts-Umlagen nach dem gesetzlichen Maßstabe, nämlich den landesherrlichen Steuern. 2. Aufl. Abth. 1-3. — Sulzbach: Verf.; v. Seidel in Comm. 1844. 2°
1:2° Gz 9095^{3}. 12:2° Bavar. 90n. 19. 20. 30.
13.4236

— Reductions-Tabelle über die Münzen nach dem 24- und 20-Guldenfuße, Thalerfuße zu 30 preuß. Silbergroschen od. 1 Fl. 45 Xr. rhein. und Thalerfuße zu — 24 gl sächs. od. 1 Fl. 48 Xr. rhein., von — ½ Xr. bis zu 20000 Fl. rhein., zum Gebrauche f. sämmtl. Administrativbeamte, Kaufleute ꝛc. Fol. Schwarzenbach 840. (Nördlingen, Beck'sche Buchh. Hof u. Wunsiedel, Grau.) n. 1/6 ₰

Baumgärtner, Geo., Reductions-Tabellen. A. der Münzen nach dem Rheinischen oder 24 Gulden-, dem Preuß'schen und Sächs'schen Thaler-Fuß (à 30 Silber- oder Neugroschen). B. der ganzen, halben und viertels Kronenthaler nach ihrem gegenwärt. Werthe in pfennig-kreuzer-groschen- und thalerweisen und was das Kronengeld betrifft, in 1 stückweisen Steigerungen bis zu 1000 ganzen Kronenthalern. 16. Nürnberg 841, Rectnagel. n. 1/8 ₰ — Schreibpap. 1/6 ₰

Baumgärtner, Geo., Vorschläge zur Abwendung der Nachtheile, welche das Gesetz vom 4. Juni 1848 üb. die Aufhebung, Fixirung u. Ablösung der Grundlasten mit sich führt, m. 5 Plänen u. Berechngn. f. Gemeinde- u. Stiftungs-Beamte u. Verwaltgn. ꝛc. entworfen. gr. 8. (47 S.) Bayreuth 850, Grau. 6 ngl.

— Zusammenstellung der wissenswürdigsten Stellen aus den Gesetzen a, vom 15. Aug. 1828, die allgem. Grundsteuer betreffend. b, vom 15. Aug. 1828 u. 25. Juli 1850, die allgem. Häusersteuer betreffend, unter Beifügung 1. mehrerer Erläutergn. hiezu u. zur Berechng. der Güterwerthe, 2. einer Vergleichung der Bonitäts-Classen m. dem Mittelertrage der Realitäten an Früchten ꝛc. 3, einer exemplificirten Anweisg. zur Anfertigung v. Lastenrepartitions-Plänen bei Gutsdismembrationen nach dem Definitivo, f. Finanz-Beamte, Praktikanten, Privat-Grundherren ꝛc. Auf prakt. Erfahrgn. gegründet u. entworfen. gr. 8. (48 S.) Bayreuth 850, Grau. 6 ngr

Baumgaertner, H.: Der Horizont. Erster Beitrag zu einer geistbildenden Behandlung d. Lehren d. mathematischen Geographie in höheren Lehranstalten. — Essen: Bädeker 1843. 31 S. 8°
Aus: Rheinische Blätter für Erziehung u. Unterricht. N.F. 27. 1843.
5. 60. 305.
13.4246

BAUMGARTNER, Hans (Bruck): Ueber conservative Behandlung tuberkulöser Gelenkleiden der unteren Extremität.- München: Meller 1888. 27 S. Diss. Ingolst.-Land...
14.12.1888 - Chr 1888/89,18; Jv 1888/89,210

Baumgaertner, Hans: Die moderne Behandlung der Zuckerkrankheit und die diabetische Küche. — München: Seitz & Schauer 1903. 34 S. 8° **12:**Path. 78 w. **19. 24. 207.**
13.4247

(G) **Baumgärtner,** Hans, moderne Behandlung d. Zuckerkrankheit. 903. (KBl. 33) Jetzt: München, Verlag d. ärztl. Rundschau.

Baumgärtner, Heinrich, s.a. Baumgärtner, Karl Heinrich

Baumgärtner, Heinrich [app. Arzt aus Baden-Baden]: Ueber die wahre Ankylose des Kiefergelenks und ihre operative Behandlung ... (Aus: Beitr. z. klin. Chir., Bd XVII Heft 1.) Tübingen, H. Laupp, 1896; 2 Bl., 16 S. 8.
Freiburg i. B., Med. Fak., Inaug.-Diss. v. 1896

Baumgärtner, J., s. Baumgärtner, Julius

Baumgärtner, J. G., s. Baumgärtner, Johann Georg

Baumgärtner, J.M.: Darstellung einer Maschine, ... s. Baumgartner, Johann Michael

Baumgärtner, Jo. Michael (Resp.): De efficacia jurisjurandi in actibus invalidis . . . , s. Kayser, Jo. Friedrich

Baumgaertner, Johann Christian: Vollständige lieblich- und annehmliche Garten-Lust, das ist: Neu-eröffnete sonderbare Geheimnisse vieler raren zur Gärtnerey gehörigen Künste und Wissenschafften. — Nürnberg: Buggel & Seitz 1730. 184 S. 8° **29. 75.**
13.4249

— — Ebd. 1731. 184 S. 8° **308.**
13.4250

Baumgaertner, Johann Christoph: Dissertatio inauguralis iuridica, De Ecclesia matre. Rec. — Altorfi 1734: Kohlesius. 31 S. 8° Erschien zuerst als Diss. Altdorf 1713.
3. 9. 12:4° Diss. 3029–19. **14. 17. 19. 29. 302.**
13.4251

Baumgaertner, Johann Friedrich: [Entwurf eines Kriminalgesetzbuches für das Großherzogtum Baden.] — [Karlsruhe 1822.] 374 S. 8° Titel fingiert. **31.**
13.4252

Baumgärtner, Johann Georg

Baumgärtner's, J. G., Lateinische Grammatik für die Vorbereitungsschulen. Sulzb. 818. 8. 16 gr.

Baumgaertner, Johann Georg: Lateinische Grammatik für die lateinischen Vorbereitungsschulen. — Sulzbach: v. Seidel 1819. IV,324 S. 8° **12:**L. lat. 84 r.
13.4253

— Lateinische Grammatik für die untern Klassen der Vorbereitungsschulen. 2., verb. Ausg. — Ebd. 1841. VIII, 336 S. 8° **12:**L. lat. 84 q.
13.4254

— Uebungen zum Uebersetzen aus dem Deutschen in das Lateinische zur Lateinischen Grammatik für die Vorbereitungs-Schulen. — Sulzbach: v. Seidel 1824. IV,188 S. 8°
12:L. lat. 84 t [2 Ex.] **19. 30. 78. 309.**
13.4255

Baumgaertner, Josef: Prolog auf das allerhöchste Namens-Fest Sr. Majestät des Königs von Baiern Maximilian Joseph ... aufgeführt zu Landshut den 12. Okt. 1813. — [Landshut 1813]: Thomann. 14 S. 8° **19.**
13.4256

— **Joseph S.** (Eschenbach), Diss. med.-chir. rariorum et memorabilem morbi renalis historiam. Landshut (Jos. Thomann) 1816. 32 S. (4.50) 1434

Baumgaertner, Julius: Der Athmungsprozess im Ei. — Freiburg i. B.: Wagner 1861. VI,118 S. 8°
1:L 11015. **5. 7. 9. 15. 16. 17. 19. 20. 25. 27. 28. 31. 202. 300:**116.639-B. **305.**
13.4257

— [Bearb.] s. *Baden-Baden* und seine Kurmittel. 1886.

— Ueber Blinddarmentzündung. Wann soll operiert werden? — München: Aerztl. Rundschau 1906. 41 S. 8°
6. 8. 12: Path. 96 s. **17. 19. 24. 25. 30. 38M. 302.**
13.4258

— — 2. Aufl. Ebd. 1908. 41 S. 8° **12:**Path. 96 sa. **30. 64.**
13.4259

Baumgärtner, Jul., die Krankheiten des Kehlkopfes u. deren Behandlung nebst neuem Inhalationsapparate und Anleitung zu laryngoskopischer Untersuchung. Freiburg i. Br. 864. Wagner. gr. 8. (VII, 124 S.) n. 22 ngr

Baumgaertner, Julius Alexander: Beschreibendes Verzeichniß der Baumgärtnerschen Oelgemälde-Sammlung im Römischen Hause zu Leipzig. — Leipzig 1855: (Giesecke & Devrient). 11 Taf.,39 S. 8° **1:**Ns 9025. **14.**
13.4261

— Verzeichniß der Bücher, Charten und Kunstblätter, welche in Baumgärtners Buchhandlung in Leipzig bis Mitte des Jahres 1855 verlegt worden sind. — (Altenburg) 1855: (Pierer). 154 S. 8° **14.**
13.4262

— Verzeichniß der Bücher, Charten und Kunstblätter, welche in Baumgärtners Buchhandlung in Leipzig bis zum Schluß des Jahres 1844 verlegt worden sind. — (Leipzig) 1845: (Hirschfeld). 125 S. 8° **14.**
13.4263

Baumgaertner, Karl, Königl. Rechnungs-Kommissar d. Verkehrsanstalt, München. 1878: Sammlung der über das Tax- und Stempelwesen im Königreiche Bayern bestehenden Gesetze und Verordnungen. 1878 s. *Hoffmann,* Ed.

Baumgaertner, Karl, Stadt-Direktor, Karlsruhe. 1825: Feierliche Worte gesprochen bey der Einweihung des neuen Rathhauses in der Residenzstadt Karlsruhe, den 28. Jenner 1825. Von Carl Baumgärtner u. Bernhard Dollmätsch. Karlsruhe [1825]: Chr. Fr. Müller. 15 S. 8° **31.**
13.4264

Baumgaertner, Karl, Sparkassenbeamter, Wien. 1867: Die Centralisierung aller österreichischen Communicationen nächst Wien durch ein Verbindungsbahn-Fragment und durch die Regulirung der Donau, beide in ihrer einfachsten, erspriesslichsten und darum billigst realisirbaren Form. — Wien: Gerold in Comm. 1867. 55 S. 4°
300:70.684-C. **302.**
13.4265

Baumgaertner, Karl Heinrich

— Anfänge zu einer physiologischen Schöpfungsgeschichte der Pflanzen- und der Thierwelt. — Stuttgart: Rieger 1855. 13 S. 8° **1:**Li 7400-8. **4.**
12:H. nat. 505/1. **15. 18. 19. 24. 25. 31. 45. 82. 305.**
13.4267

— — 3., verm. u. verb. Aufl. Bd 1.2 Stuttgart: Rieger 1842. 8°
3. 6. 8. 16. 17. 20. 21. 24. 25. 26. 30. 31. 33. 47. 79. 107. 180. 202. 300: 69 O 37. 302. 304. 308.
13.4283

—— Handbuch d. speciellen Krankheits- u. Heilungslehre für prakt. Aerzte u. Studirende. 2 Bde. s. a. Dess. dualyst. System d. Medicin. 2. Thl.

— Handbuch der speciellen Krankheits- u. Heilungslehre für prakt. Aerzte u. Studirende geschrieben. 4. verm. u. verb. Aufl. (In 8 Lfgn.) 2 Bde. gr. 8. (1. Bd.: XVI u. 621 S. 2. Bd.: 664 S.) Ebd. 847. (48.) (à Lfg. 27 ngr) 7 ß 6 ngr

— Der letzte Hohenstaufen. Trauerspiel. — Freiburg: Emmerling 1846. 205 S. 8°
25.
13.4285

— Der letzte Hohenstaufe. Trauerspiel. Ebd. 1846. 208 S. 8°
31.
13.4286

— Der letzte Hohenstaufen. Trauerspiel. — Freiburg: ~~Em-~~ Wagner 1859. 159 S. 8°
1: Ys 10866. 16. 25. 30. 31.
13.4287

— Die Hohenstaufenbraut. Schauspiel. Neue Bearb. d. Schauspiels 'Der Kaiserhof zu Palermo'. — Leipzig: Brockhaus 1879. 130 S. 8°
16. 26.
13.4288

—— der Klatsch oder: Die Nadelstiche. Ein Lustspiel in 4 Aufzügen. (Manuscript.) 8. (87 S.) Freiburg 861, Mayer. *

— Kranken-Physiognomik. A. u. d. T.: Physiognomice pathologica. Nebst e. Atlas v. 72 nach der Natur gem. Krankenbildern. (Mit 1 Blatt Inh.-Verzeichn.) Imp.-4. (In deutscher u. latein. Sprache.) Stuttg. 839. Rieger u. Comp. n. 100 ß

Baumgärtner, Karl Heinr., Kranken-Physiognomik. 2., verm. u. verb. Aufl. M. 80 n. d. Natur gem. Krankenbildern. (1—5. Lfg., B. 1—7. u. Portr. 1—20.) Lex.-8. Stuttgart 841, 42, [Scheible, Rieger u. Sattler.] à L. *
Soll in 20 Lfgn. erscheinen.

— Kranken-Physiognomik. 2., verm. u. verb. Aufl. Stuttgart: Rieger 1842. 250 S., 80 Taf. 8°
1: Yf 921. 5. 7. 8. 14. 15. 16. 20. 22. 24. 26. 31. 33. 43. 48. 111. 303.
13.4296

—— Kranken-Physiognomik. 2., verm. u. verb. Aufl. 6—20. Lfg. enth. Bog. 8—16 u. Portr. 21—80. (Schluss.) Lex.-8. Stuttgart 842, 43, Scheible, Rieger u. Sattler. à L. 25 Ngr. *
1—5. Lfg. Ebds. 1841, 42. * 4 Thlr. 5 Ngr.

— Anleitung für Nichtärzte zur Behandlung der Cholera, eine Darstellung einer neuen und einfachen Heilmethode dieser Krankheit. — Freiburg: Wagner in Komm. 1832. 35 S. 8°
15. 25. 27. 31.
13.4268

—— physiologischer Atlas. qu. gr. 4. (III und 60 Bl. Text mit 46 zum Theil ill. Stnt.) Stuttgart 853, Rieger'sche Vrlgsh. *

— nähere Begründung der Lehre von der Embryonalanlage durch Keimspaltungen und den Polarisationen der organischen Körper. Zugleich Ergänzung des Lehrbuchs der Physiologie. Stuttgart 854. Rieger. Lex.-8. (1 Bl., 31 S.) 6 ngr

Baumgärtner, Karl Heinr., neue Behandlungsweise der Lungenentzündung u. anderer Brustkrankheiten; nebst e. Darstellung der Abortivmethode. Mit Beiträgen von Helbing, v. Rotteck, Schmidt u. A. gr. 8. (56 S. m. 4 Tab. in Fol.) Stuttgart 850, Rieger. 18 ngr

— Beiträge zur Physiologie und Anatomie. — Stuttgart: Scheible, Rieger & Sattler 1842. XII, 134 S. 8°
Aus: Baumgaertner: Lehre von d. Gegensäzen in d. Kräften im lebenden thierischen Körper. 2. Aufl. 1842.
7. 10. 30.
13.4272

— Beobachtungen über die Nerven und das Blut in ihrem gesunden und krankhaften Zustande. — Freiburg: Groos 1830. VI, 288 S. 8°
1: Kv 6896. 2. 3. 5. 7. 8. 10. 12: Anat. 63 k. 15. 18. 19. 20. 22. 24. 25. 27. 28. 30. 31. 43. 48. 53. 96. 111. 202. 300: 43 J 33. 302. 304.
13.4273

[—] Die Entstehungsweise des Menschengeschlechtes und der Glaube. — (Darmstadt 1870: Herbert.) 2 Bl. 4°
8. 10. 16. 19. 20.
13.4274

— Festrede zur vierten Säcularfeier der Hochschule Freiburg gesprochen den 4. August 1857 in der Universitätskirche. — Freiburg i. Br. 1857: Poppen. 23 S. 8°
2. 4. 9. 16. 19. 21. 25. 26. 31. 303.
13.4275

— Gedächtnissrede auf Karl Joseph Beck bei dessen akademischer Todtenfeier. — Freiburg 1839: Groos. 32 S. 8°
2. 4. 5. 9. 11. 12: 4° Diss. 3847-1. 15. 16. 18. 19. 25→29. 31. 302.
13.4276

— Gedächtnissrede auf Carl Fromherz, Grossh. Bad. Hofrath u. ord. Professor der Chemie und Mineralogie, bei dessen academischer Todtenfeier. — Freiburg i. Br. 1855: Poppen. 22 S. 8°
2. 4. 5. 9. 11. 12: 4° Diss. 3916-3. 15. 18. 19. 21. 25→29. 31. 302.
13.4277

Baumgärtner, Karl Heinr., Grundzüge z. Physiologie etc., s. unten dess., dualist. System d. Medicin, 1. Thl.

— Grundzüge zur Physiologie und zur allgemeinen Krankheits- und Heilungslehre. — Stuttgart [usw.]: Rieger 1837. X, 629 S. 8° (Baumgaertner: Dualistisches System d. Medicin. 1.)
1: Id 9680-1. 2. 7. 10. 11. 12: Path. 96 e-1. 15. 19. 20. 21. 24. 25. 27. 31. 33. 36. 46. 90. 123. 207. 300: • 44 W 51. T. 1. 303. 304. 308.
13.4278

— Grundzüge der Physiologie und z. allgemeinen Krankheits- und Heilungslehre. 2. verb. u. verm. Aufl. 4 Lfgn. Mit 4 Tabellen und 8 Tafeln. Lex.-8. Stuttgart 842, Scheible, Rieger u. Sattler. 3⅓ ß

—— Handbuch d. speciell. Krankheits- u. Heilungslehre etc. 2 Bde., s. unten dess., dualist. System d. Medicin, 2. Thl.

— Handbuch der speciellen Krankheits- und Heilungslehre mit besonderer Rücksicht auf die Physiologie. Bd 1.2. Stuttgart [usw.]: Rieger [usw.] 1835. 8°
1 [= 1]: Id 9681. 5. 11. 12: Path. 96 d. 15. 19. 20. 21. 24. 25. 29. 31.
13.4281

— — 2., verb. u. verm. Aufl. Bd 1.2. Stuttgart [usw.]: Rieger 1837. 8° (Baumgaertner: Dualistisches System d. Medicin. 2.)
2. 8. 10. 12: Path. 96 e-2, 1.2. 19. 21. 24. 31. 33. 46. 48. 90. 123. 202. 300: • 44 W 51. T. 2. 304.
13.4282

— Lehre von den Gegensäzen in den Kräften im lebenden thierischen Körper. Ein Grundriß zur Physiologie u. allgemeinen Pathologie u. Therapie. 2., verm. u. verb. Aufl. Stuttgart: Scheible, Rieger & Sattler 1842. XXXI, 490 S. 8°
2. 3. 5. 6. 7. 12: Path. 96 m. 15. 16. 19. 20. 24. 31. 33. 53. 107. 121. 180. 202. 300: 31 V 1. 302. 308.
13.4279

—— Lehrbuch der Physiologie mit Nutzanwendungen auf die ärztliche Praxis. Lex.-8. (XV und 502 S. mit 4 Tab. in Lex.-8., 4. und Fol.) Stuttgart 853, Rieger'sche Vrlgsh.

— Lehrbuch der allgemeinen Pathologie und Therapie. 3., umgearb. Aufl. — Stuttgart: Rieger 1854. XII, 468 S. 8°
1: Id 9690. 12: Path. 96 i. 15. 16. 19. 20. 24. 25. 308.
13.4280

— Ueber die Natur und die Behandlung der Fieber oder Handbuch der Fieberlehre nebst e. Anh. über die Brustbräune. Bd 1.2. — Frankfurt a. M.: Brönner 1827. 8°
1: It 1330. 5. 10. 12: Path. 96. 17. 19. 20. 21. 25. 27. 30. 31. 46. 48. 300: 78 G 7. 304.
13.4291

— über d. Natur u. Behandlung d. Fieber, od. Handbuch d. Fieberlehre. 2 Bde. gr. 8. Frankf. a. M. 827. (Schmerber). 3 ß

— Natur und Gott. Studien über die Entwickelungsgesetze im Universum u. die Entstehung d. Menschengeschlechts. Leipzig: Brockhaus 1870. X,624 S. 8° 1: Li 10129. 3. 9. 12: Phys. g. 30c. 16. 17. 19→22. 24. 26. 82.
13.4202

— Die Naturreligion oder was die Natur zu glauben lehrt. Leipzig: Brockhaus 1865. 123 S. 8°
1: Li 9374. 12: Ph. Pr. 107c. 15. 17. 22. 27. 30. 46.
13.4203

—— die Naturreligion oder die allgemeine Kirche. 2. Aufl. 8. (IX und 146 S.) Leipzig 868, Brockhaus.

— Physiognomice pathologica. [Nebst] Atlas. — Stuttgardiae [usw.]: Rieger 1839. 4° [u.] gr. 2°
Nebent.: Baumgaertner: Kranken-Physiognomik.
Text lateinisch u. deutsch.
1: 4° [u.] gr. 2° If 920. 12[=Text]: 2° Path. 120e. 16. 19. 25. 29. 30. 31. 202.
13.4295

— Schöpfungsgedanken. Th. 1. — Freiburg 1856: Poppen. VIII,383 S. 8° 1. Der Mensch u. seine Bestimmung. 17.
13.4299

— Schöpfungsgedanken. Physiologische Studien für Gebildete. 1. Thl. A. u. d. T.: Der Mensch. Lebensprozesse, Schöpfung u. Bestimmung. Mit 2 (lith.) Taf. Abbildgn. Freiburg im Br. 856. Wagner. gr. 8. (X, 383 S.) n. 1 ß 20 ngr

Baumgärtner, K. H., Schöpfungsgedanken. Physiologische Studien für Gebildete. 2. Thl. A. u. d. T.: Blicke in das All. Freiburg im Br. 859. Wagner. gr. 8. (XI, 119 S.) n. 18 ngr;
1. u. 2. Bd. jetzt nur n. 2 ß

— — Ebd. 1859. X,501 S. 8° 20. 30. 52.
13.4301

Baumgaertner, Karl Heinrich: [Teils.] Dramatische Schriften und Studien über das Leben. Bdch. 1–3. — Leipzig: Brockhaus 1865–66. 8°
1. Der letzte Hohenstaufen. 1865.
2. Die Wahrzeichen. Die unterbrochene Brautschau. Das Leben im Universum. 1865.
3. Der Kaiserhof zu Palermo. Zwecke u. Mittel in der Natur. 1866. 1[=3]: Ys 13914. 14. 16. 17. 26. 31. 106. 180. 300: 116.892-B [u.ö.] 302.
13.4266

—— dramatische Schriften und Studien über das Leben. 3 Bdchn. 8. Leipzig 865,66, Brockhaus. à Bdchn. * 24 Ngr.
Inhalt:
Bdchn. 1. Der letzte Hohenstaufen. Trauerspiel in 5 Aufzügen. Nebst einem Anh.: Die Hohenstaufengeschichte. Erzählung und Betrachtungen. (178 S. mit 1 Photogr.)
" 2. Die Wahrzeichen. Lustspiel in 4 Aufzügen. — Die unterbrochene Brautschau. Lustspiel in 2 Aufzügen. — Das Leben im Universum. Eine Studie. (207 S.)
" 3. Der Kaiserhof zu Palermo. Ein Charakterbild aus der Hohenstaufenzeit, 1228. In 4 Aufzügen. — Zweck und Mittel in der Natur. Eine Studie. (164 S. mit 1 Musikbeilage in 4. von Carl Ecker.

—— dualistisches System der Medicin, oder Lehre von den Gegensätzen in den Kräften im lebenden thierischen Körper. 2 Thle. gr. 8. Stuttgart, [Scheible, Rieger u. Sattler.] *
A. u. d. Tln.:
Thl. 1. Grundzüge zur Physiologie u. z. allgem. Krankheits- u. Heilungslehre. 1. Aufl. (40 B. u. 2 Tab.) 837. * 3 Thlr., 2., verm. u. verb. Aufl. (… B.) 842. * 3 Thlr. 8 Gr.
" 2. Handbuch d. speciellen Krankheits- u. Heilungslehre, m. besond. Rucksicht auf d. Physiologie ausgearbeitet. 2 Bde. 1. Aufl. (83 B.) 835. * 6 Thlr. 16 Gr., 2., verb. u. verm. A. (100 B.) 837. * 7 Thlr. 12 Gr., 3., verm. u. verb. A. (in 9 Lfgn.) 842. * 7 Thlr. 12 Gr.
Der 2. Thl. bildet in d. 3. Aufl. ein selbstständ. Werk ohne Nebentitel.

— Dualistisches System der Medicin oder Lehre von den Gegensäzen in den Kräften im lebenden thierischen Körper. Th. 1.2. — Stuttgart [usw.]: Rieger 1837. 8°
1. Baumgaertner: Grundzüge zur Physiologie.
2. Baumgaertner: Handbuch d. speciellen Krankheits- u. Heilungslehre. 2. Aufl. Bd 1.2.
Die Besitzvermerke sind nur bei d. Stücktiteln angegeben.
13.4302

— Neue Untersuchungen in den Gebieten der Physiologie und der praktischen Heilkunde. — Freiburg: Emmerling 1845. VIII,402 S. 8° 1: Kt 5420. 2. 5. 7. 9. 10. 11. 16. 20. 25. 28. 30. 31. 304. 307.
13.4303

— Vermächtnisse eines Klinikers zur Feststellung zweckmäßiger Kurmethoden. Nebst physiologischen Briefen. — Freiburg: Wagner 1862. XII,419 S. 8° 1: Id 10660. 3. 12: Path. 96 r. 15. 16. 17. 20. 25. 29. 30. 31. 46. 48. 123.
13.4304

— Was müssen und was können wir glauben? ⟨Nach naturwissenschaftlichen Forschungen beantwortet.⟩ — (Baden: Hohmann 1876.) 16 S. 8°
Die Schrift enthält Auszüge aus Baumgaertner: Natur und Gott. 1870 [u.] Baumgaertner: Die Weltzellen. 1875. 5. 19. 26.
13.4305

— Die Weltzellen. Mit Betrachtungen über die Glaubensbekenntnisse. — Leipzig: Brockhaus 1875. XII,138 S. 8° 1: Lf 4450. 2→5. 7→11. 12: Phys. g. 30cd. 14→17. 19. 20. 21. 24→30. 39. 46. 302→304.
13.4306

[—] Die kosmische Zelle und die Fortdauer in der Körperwelt. — (Baden 1871: Hohmann.) 1 Bl. 4°
8. 10. 16. 19. 20.
13.4307

[—] Die kosmischen Zellen. — Baden [1871]. 1 Bl. 4°
Aus: 'Badeblatt' von Baden-Baden. 8. 10. 16. 19.
13.4308

Baumgaertner, Lionel: Hermann von Stahleck, Pfalzgraf bei Rhein. ⟨1142–1156.⟩ — Leipzig: Baumgärtner 1877. 49 S. 8° Zugleich Diss. Leipzig 1877.
12: Biogr. 518gt. 16. 21→25. 36. 203. 207. 304.
13.4309

Baumgaertner, Otto, von Rockport, Ind. U. S. A.: Aus der medizinischen Klinik des Herrn Prof. Eichhorst in Zürich. Über Familiäre multiple Hirn-Rückenmarksklerose nebst Bemerkungen über Argyrie. Zür. Orell Füssli Dr. 1897. 31 S. 8°.
Zürich, Med. Diss. [v. 31. Juli 1897].

Baumgärtner, Otto, im Reiche des Märchens, s. Kostümfest-Aufführungen. 4.

Baumgaertner, Otto: Im Reiche des Märchens. — Mühlhausen i. Th.: Danner [1910]. 31 S. 8° (Kostümfestaufführungen. 4.) 1: Pn 3605–4. 3.
13.4310

Baumgärtner, P., s. Baumgärtner, Paul

Baumgaertner, Paul [Übers.] s. *Abailard*, Pierre: Briefwechsel zwischen Abaelard und Heloise mit d. Leidensgeschichte Abaelards [Epistolae, deutsch]. 1894.

Baumgärtner, P., s.: Briefwechsel zwischen Abaelard u. Heloise.

Baumgärtner, P., die Einheit d. Hermas-Buchs. Gekrönte Preisschrift. gr. 8. (VII, 95 S.) Freiburg i/Br. 889. J. C. B. Mohr. n. 2. —

Baumgärtner, R. †1884, s. Baumgärtner, Roman

Baumgärtner, R.: Conclusiones ex quinque libris Decretalium deductae . . . , s. Baumgartner, Reinhard

Baumgärtner, Roman

Baumgärtner, Rom., (†1814.) vollständ. Beicht- u. Kommunionbuch. gr. 8. Amberg … 2e A. 809. Uhlmann. 20 gr (Regensb., Pustet). Hbg. Pr. 10 gr

Baumgärtner, Romanus, s. v. Cochem, M., goldener Himmels-Schlüssel.

— s. Cochem, Myrrhengarten

— Gebet- u. Betrachtungsbuch für Katholiken. 2 Bde. gr. 8. Amb. 804. N. wohlf. A. 819. Uhlmann. 2 ß (Regensb., Pustet). Hbg. Pr. 1 ß

— — auf alle Tage. gr. 8. Ebend.-809.

— — b. versch. Veranlassung. gr. 8. Ebend. 809.

— Gebete bei d. heil. Messe u. beim nachmittägl. Gottesdienste. gr. 8. Amb. 809. Uhlmann. 16 gl (Regensb., Pustet). Hbg. Pr. 8 gl

— Gedichte. Neue Aufl. Ebd. 1811. 444 S. 8° 39. 308.
13.4313

— Gedichte, verm. Inhalts. gr. 8. Amb. 804. N. A. 811. Uhlmann. 1 rℓ 6 gl (Regensb., Pustet). Hbg. Pr. 18 gl

Baumgaertner, Roman: Gedichte vermischten Inhalts. — Amberg: Uhlmann 1804. 444 S. 8° 12: P. o. germ. 79. 39.
13.4312

— [Bearb.] s. *Martin* v. Cochem: Goldener Himmel-Schlüssel. 1821 u. ö.

— [Bearb.] s. *Martin* v. Cochem: Der mittlere goldene Himmelschlüssel [Goldener Himmel-Schlüssel, Ausz.] 1823.

— Reden an Jünglinge über moralisch-religiöse Gegenstände zur Veredlung sittlicher Gefühle. Bd [1.]2. — Amberg [usw.]: Seidel 1801–08. 8° 12: Hom. 103 q. 20.
13.4314

— poetisch. Versuche u. Fabeln. 8. Ebend. 801.

Baumgaertner, Stanislaus [Mutmaßl. Verf.] s. *Dorfschulmeister*, Ein, auf die Frage: Was ist der Papst? 1782.

— [Mutmaßl. Verf.] s. *Moench*, Der vertraute, an seinen über den entworffenen Reformations-Plan bekümmerten Mitbruder. 1782.

Baumgärtners, L., mein Gebet u. meine Betracht. 2. Bd. gr. 8. Amb. Uhlmann. 805.

Baumgartten, Samuel. 1701: Iugi coronationis memoriae Friderici Regis in Prussia Sacrum. (Verf.: Samuel Baumgartt.) — o. O. [1701]. 4 Bl. 2° 1: 6 in 2° Su 2952. 14.
13.5587

Baum-und Waldgebiete aus der Schweiz. Hrsg. v. schweizer. Departement des Innern. Eidgenöss. Inspektion f. Forstwesen. Ser. 1–3. Bern 1908 - 1913.
1. 22 S. 1908.
2. 20 S., 20 Taf. 1911
3. 18 S., 20 Taf. 1913.

Baoumges, Matth[ias], approb. Arzt aus Selhausen: Ueber traumatische Lähmungen nach Chloroformnarkose. *Heidelberg [1898]: J. Hörning.* (26 S.) 8°
Heidelberg, Med. Diss. v. [9. Nov.] 1894

Baumhackl, Franz Borgias: Rede über den Einfluß des Schulwesens auf die Seelsorge. — Friedberg [1782]: Köll [usw.] 20 S. 8° 19.
13.5588

Baumhackl Friedrich: Der Rosengarten. Eine Untersuchung des Gedichtes I.
1891 PN 669 Diss. Wien, Univ. 52

Baumhämel, Johann Friedrich
Baumhämel, ..., Bocklet, d. Kurort.

Baumhämel, Johann Friedrich: Über den Kurort, Mineralbrunnen und das Bad zu Bocklet. (Verf.: Johann Friedrich Baumhämel.) Mit Zusätzen vom Hrn. Brunneninspektor Dinkler. - o. O.: Hrsg. 1793. 56 S. 8° 19.
13.5589

(—) — Ueber den Kurort, Mineralbrunnen und das Bad zu Bocklet. — Bayreuth 1803: Hagen. 69 S. 8° 19.
13.5590

— Tractatus de morbo cum rheumatismo in hoc et in elapso anno in Eichsfeldia epidemico. — Mühlhusii 1786: Müller. 51 S. 8° 4. 20.
13.5591

Baumhard, Carl, aus Cassel (Aus d. II. medicin. Klinik d. Königl. Charité.) Beitrag zur Ätiologie der primären Schrumpfniere. *Berlin (1898): H. S. Hermann.* (30 S.) 8°
Berlin, Med. Diss. v. 28. Okt. 1898

Baumhauer, Kreisschulinspektor, Schrimm. 1897 s. *Baumhauer*, R.

Baumhauer und Jansen. Geographisch-statistische Karte des Regierungs-Bezirks Aachen Aachen 1824 1 Bl. c 1

v. Baumhauer, A. J. G., Specimen toxicologico-medicum de venenis irritantibus anorganicis. gr. 8. (83 S.) Amstelodami 847, Müller in Comm. n. 1 rℓ 18 ngl

Baumhauer, C. M. v., disputatio literaria, qua examinatur, quam vim sophistae habuerint Athenis ad aetatis suae disciplinam, mores ac studia immutanda. Smaj. (12¼ B.) Trajecti ad Rhen. 844. (Düsseldorf, Bötticher'sche Buchh.) *

Baumhauer, Christian [Mitarb.] s. *Baumhauer*, Michael Paul: Planmäßige kurze Geschichte der Dißidenten. 1768.

Baumhauer, Eduard Heinrich v.

Baumhauer, E. H. v., und F. H. van Moorsel, Tafeln zur Bestimmung des Alkoholgehaltes von Gemengen aus Alkohol und Wasser mittelst des hundertheiligen Areometers und Thermometers, zugleich eingerichtet zum Gebrauche bei dem niederländ. und Beaumé'schen Areometer etc. 8. (VI und 68 S.) Amsterdam 861. Leipzig, Fr. Fleischer. Thlr. * *

— Tafeln zur Bestimmung der Procente reinen Alkohols im Weingeist (Spirit), vermittelst des hunderttheiligen Areometers und Thermometers. — Bonn: Weber 1863. 32 S., 58 Taf. 8° 1: Or 15100. 5. 11.
13.5599

Baumhauer, Heinrich
Baumhauer, Heinr., über die Aufeinanderfolge u. die gegenseitigen Beziehungen der Krystallformen in flächenreichen Zonen. (12 S.) gr. 8. Berlin 904. (G. Reimer.) n. — 50
Sonderabdruck aus: „Sitzungsber. der preuss. Akad. d. Wiss."

Baumhauer, Heinrich: Die Beziehungen zwischen dem Atomgewichte und der Natur der chemischen Elemente. Braunschweig: Vieweg 1870. 23 S. 8° 1: Mr 6889. 7. 12: Chem. 10 h. 15. 17. 36. 83. 89. 202. 210. 302. 305.
13.5604

Baumhauer, Heinr., die Beziehungen zwischen dem Atomgewichte und der Natur der chemischen Elemente. gr. 8. (23 S. mit 1 lithogr. Taf. in gr. 4.) Braunschweig 871, Vieweg und Sohn.

Universität Freiburg. Schweiz. Bericht über das Studienjahr 1901—1902. Erstattet von dem zurücktretenden Rektor Professor Dr. Heinrich Baumhauer. Freiburg (Schweiz) 1903. 32 S. 8°.
Freiburg. Univ.-Schr. 1902/1903.

— Darstellung der 32 möglichen Krystallklassen auf Grund der Deck- und Spiegelachsen nebst Beschreibung von Achsenmodellen zur Demonstration der Symmetrieverhältnisse der Krystalle. — Leipzig: Engelmann 1899. IV, 36 S. 8° 7. 12: Lith. 31 i. 15→18. 20. 27. 79. 89. 107. 210. 302. 305.
13.5605

Baumhauer, Heinrich, a. Lüdinghausen ⟨Westfalen⟩: Über Disulfide mit benachbarten Doppelbindungen. Freiburg ⟨Schweiz⟩ 1908: St. Paulus-Druckerei. (60 S.) 8°
Freiburg i. B., Phil. Fak., Ref. Gattermann, Diss. v. 1908
[Geb. 20. Juli 81 Lüdinghausen; Wohnort: Freiburg (Schweiz); Staatsangeh.: Preußen; Vorbildung: Gymn. Konstanz Reife Juli 01; Studium: München 1, Freiburg (Schweiz) 3, München Techn. Hochsch. 2, Univ. 2, Freiburg i. B. 3 S.; Rig. 28. Febr. 08.]

— die sogenannten allgemeinen **Eigenschaften** der Körper nach ihrem Zusammenhange entwickelt. Zugleich als erste Einleitg. in das Studium der theoret. Physik. gr. 8. (40 S. m. e. eingedr. Holzschn.) Hildesheim 872. Gerstenberg. n. 1. —

Baumhauer, Heinrich (geb. am 26 Okt. 1848 in Bonn): Die Einwirkung von Brom- und Chlorwasserstoff auf Nitrobenzol ... Bonn, gedr. bei J. F. Carthaus [1869]. 30 S., 1 Bl. 8.
Bonn, Phil. Fak., Diss. v. [11 Aug. 1869]

— die neuere Entwickelung der Kristallographie, s. a. **Wissenschaft, die.** 7. Heft.

Baumhauer, H[einrich]. Die neuere Entwickelung der Kristallographie. Von Dr. H. B', Professor ... zu Freiburg ⟨Schweiz⟩. Mit 46 eingedruckten Abbildungen. VIII + 184 S. 8. Braunschweig, Friedrich Vieweg & Sohn, 1905. [M. 4. —]
Die Wissenschaft. Sammlung naturwissenschaftlicher und mathematischer Monographien. Heft 7....

— **Gedichte.** — Freiburg i. Br. [usw.]: Herder 1882. 126 S. 8°
1: Yo 19048. 7. 25. 101.
13.5608

— — kurzes **Lehrbuch** der Mineralogie [einschließlich Petrographie] zum Gebrauch an höheren Lehranstalten, sowie zum Selbstunterricht. gr. 8. (VIII, 190 S. mit 179 in den Text gedr. Holzschn. und 1 lithogr. Taf.) Ebendas. 884. *

Baumhauer, H., kurzes Lehrbuch d. **Mineralogie** (einschliessl. Petrographie) z. Gebr. a. höh. Lehranstalten sow. z. Selbstunterr. 2. Aufl. gr. 8. (VIII, 208 S. m. 187 Holzschn.) Freiburg i/B. 896. Herder. n. 2. 20; Einbd. in Halbldr. n.n.n. — 35

Baumhauer, Heinrich. Kurzes Lehrbuch der Mineralogie mit einem Abriss der Petrographie, zum Gebrauch an höheren Lehranstalten sowie zum Selbstunterricht, von Dr H' B', Professor ... zu Freiburg i. d. Schweiz. 3. Aufl. Mit 191 in den Text gedruckten Figuren. VIII + 224 S. 8. Freiburg im Breisgau, Herder, 1906. [M. 2. 80, geb. 3. 30]

—— **Leitfaden** der Chemie insbesondere zum Gebrauch an landwirtschaftlichen Lehranstalten. 1. Teil.: Anorganische Chemie. gr. 8. (VII, 149 S. mit 31 in den Text gedr. Abbild.) Ebendas. 884.

Baumhauer, H., Leitfaden der Chemie insbesondere zum Gebrauch an landwirtschaftlichen Lehranstalten. 2. Tl.: Organische Chemie, mit besond. Berücksicht. der landwirtschaftlich-techn. Nebengewerbe. gr. 8. (VII, 78 S. mit 16 in den Text gedr. Abbild.) Freiburg i. Br. 885, Herder'sche Verlagsh. * — 80
1. Tl. Ebendas. 1884. * ℳ 1.50.

Baumhauer, H, Leitf. d. Chemie, insbes. z. Gebr. an landwirtschaftl. Lehranstalten. 2 Tle, 2. Afl. 8° Freib. i/B., Herder. 2.30; Einbde à n.n.n. — 35
1. Anorgan. Chemie. (148 m. Abbildgn.) 92. 1.50
2. Organ. Chemie, m. bes. Berücks. d. landwirtschaftlich-techn. Nebengewerbe. (83 m. Abbildgn.) 94. — 80

— Leitfaden d. **Chemie** insbes. z. Gebr. a. landwirthschaftl. Lehranst. 1. Tl. Anorgan. Chemie. 3. Aufl. gr. 8. (VIII, 150 S. m. 32 Abb.) Ebd. 897. n. 1. 50; Einbd. n.n.n. — 35

Baumhauer, H., Leitfaden der **Chemie** insbesondere zum Gebrauch an landwirtschaftlichen Lehranstalten. 2. Tl. Organische Chemie, m. besond Berücksicht. der landwirtschaftlich-techn. Nebengewerbe. 3. Aufl. gr. 8. (VIII, 87 S. m. 16 Abbildgn.) Freiburg i/B. 900. Herder. n. 1. —; Einbd. in Halbldr. n.n n. — 35
Tl. 1. Ebd. 897. n. 1. 50.

Baumhauer, Heinrich. Leitfaden der Chemie, insbesondere zum Gebrauch an landwirtschaftlichen Lehranstalten. 2 Teile. 4. Aufl. 8. Freiburg im Breisgau, Herder, 1904—1910.
Teil 1: Anorganische Chemie. Mit 34 in den Text gedruckten Abbildungen. VIII + 167 S. 1904. [M. 2. —, geb. 2. 50]
Teil 2: Organische Ch', mit besonderer Berücksichtigung der landwirtschaftlich-technischen Nebengewerbe. Mit 17 Abb'. VIII + 93 S. 1910. [M. 1. 40, geb. 1. 80]

Baumhauer, Heinrich. Leitfaden der Chemie, insbesondere zum Gebrauch an landwirtschaftlichen Lehranstalten, von Dr H' B', Professor ... zu Freiburg in der Schweiz. Teil 1: Anorganische Chemie. 5. Aufl. Mit 34 in den Text gedruckten Abbildungen. VIII + 172 S. 8. Freiburg im Breisgau, Herder, 1907. [M. 2. 20]

Baumhauer, Heinr.: Leitf. d. Chemie insbes. z. Gebr. an landwirtschaftl. Lehranst. 2 Tle. gr8° Freiburg i B., Herder. d
1. Anorgan. Chemie. 6. Afl. (8, 174 m. Abb.) '11. 2.20; geb. 2.70 ‖
2. Organ. Chemie, m. bes. Berücks. d. landwirtschaftl.-techn. Nebengewerbe. 4. Afl. (8, 93 m. Abb.) '10. 1.40; L 1.80

Baumhauer, H., das Reich der **Krystalle**, f. jeden Freund der Natur, insbesondere f. Mineraliensammler leichtfasslich dargestellt. gr. 8. (VIII, 364 S. m. 281, darunter vielen nach der Natur gez. Abbildgn.) Leipzig 889. Engelmann. n. 8. —; geb. n.n. 8. 80

— Die **Resultate** der Aetzmethode in der krystallographischen Forschung, an einer Reihe von krystallisirten Körpern dargestellt. — Leipzig: Engelmann 1894. VI, 131 S., 12 Taf. 8° [u.] 4°
In einigen Exemplaren sind d. Tafeln gesondert gebunden.
1: 8° [u.] 4° Mg 1738. 2. 4. 7. 12: 4° Lith. 9 q. 15. 16. 18. 25. 27. 29. 30. 82. 89. 91. 93. 210. 305.
13.5610

Baumhauer, Heinrich

— Ueber den **Rutil** des Binnenthals im Kanton Wallis. — Fribourg ⟨Suisse⟩ 1898. 12 S. 8°
Aus: Compte rendu du Congrès scientifique international des catholiques. 4. Congrès, Sect. 7. 1898. 210.
13.5611

— über den **Seligmannit**, e. neues dem Bournonit homöomorphes Mineral aus dem Dolomit des Binnenthals. gr. 8. (8 S. m. 3 Fig.) Ebd. 901. n. — 50
Sonderabdruck aus: „Sitzungsber. d. preuss. Akad. d. Wiss."

Baumhauer, Heinrich. Über den Ursprung und die gegenseitigen Beziehungen der Krystallformen. Rektoratsrede gehalten am 15. November 1901 zur feierlichen Eröffnung des Studienjahres 1901—1902 [der] Universitæt Freiburg, Schweiz. 46 S. 8. Freiburg ⟨Schweiz⟩, Buchdr. des Werkes vom heiligen Paulus, 1901. [fr. —. 75]

— über die krystallographischen Verhältnisse des **Jordanit.** gr. 8. (14 S. m. 1 Fig.) Berlin 900. (G. Reimer). n. — 50
Sonderabdruck aus: „Sitzungsber. d. preuss. Akad. d. Wiss."

— über die regelmässige **Verwachsung** v. Rutil u. Eisenglanz. (6 S. m. 2 Fig.) Lex.-8. Berlin 906. (G. Reimer.) n. — 50
Sonderabdruck aus: Sitzungsber. d. preuss. Akad. d. Wiss."

Baumhauer, Johann Philipp: Gebundene **Rede**, an dem höchsterfreulichen Geburts-Tage ... Christian des Sechsten, souverainen Erb-Königes zu Dännemarck ... Anno 1733. den 30sten Novembr: da zugleich ... das allhier in ... Heiligenhafen Anno 1730. durch eine fatale Feuers-Brunst ... eingeäscherte; in diesem itztlauffenden Jahr aber neu errichtete ... Raht-Haus ... eingeweyhet ward. Lübeck [1733]: Green. 8 Bl. 8° 8.
13.5612

Baumhauer, Maria Matthaeus v.: Aperçu des travaux statistiques dans le royaume des Pays-Bas. (Verf.: M. M. v. Baumhauer.) — o.O. [1863]. 4 S. 4° 205.
13.5615

— Disputatio literaria, qua examinatur, quam vim sophistae habuerint Athenis ad aetatis suae disciplinam, mores ac studia immutanda. 8maj. Trajecti ad Rhenum 844. (Düsseldorf, Bötticher.) n. 1 ℳ

Baumhauer, Maria Matth. v., περὶ τῆς εὐλόγου ἐξαγωγῆς. Veterum philosophorum praecipue Stoicorum doctrina de morte voluntaria. 8 maj. (25 B.) Trajecti ad Rhen. 843. (Kemink u. Sohn.) Thlr. *

Baumhauer, M. M. v., das Königreich der Niederlande, s. Stein, C. G. D., und F. Hörschelmann, Handbuch der Geographie.

— disquisitio historico-juridica et critica de morte voluntaria. 8maj. Trajecti ad Rhen. 843. (Berolini, A. Duncker.) n. 1⅚ ℳ

v. Baumhauer, Maria Matth., disquisitio critica de Aristotelis vi in Ciceronis scriptis. 8maj. Trajecti ad Rhen. 841. (Kemink.) n. 1⅓ ℳ

Baumhauer, Michael Paul: Neue juristische Gedanken über das Recht der Wiederbezahlung der Capitalien bey Veränderung des Münzfußes; nebst e. Anwendung auf den Zustand von Frankfurt am Mayn. — Frankfurt [usw.]: G. D. Schulz 1767. 48 S. 8°
1:an Gf 4767. 2. 3. 7. 15. 25. 26. 27. 30. 39. 121. 205.
13.5622

— Gedicht auf das Angedencken des Herrn Pfarrer H. D. Pförtners bey Gelegenheit der Herausgabe seiner auserlesenen Predigten. — Franckfurth a. M.: Raspe 1765. 8 Bl. 8° 17.
13.5623

— Planmäßige kurze Geschichte der Dißidenten in Religions-Sachen vom achten Jahrhundert nach Christi Geburth bis auf die neuere pohlnische Unruhen; nebst Historischen u. diplomatischen Nachrichten von Christian Baumhauer. — Frankfurt [usw.]: G. D. Schultz 1768. 40 S. 8° 1:Ck 530. 19. 30. 36. 39.
13.5624

Baumhauer, Mich. P., planmäßige Gesch. d. Dissidenten in Religionssachen. 4. Hanau, Schulz. 768.

— Versuch eines neuen und richtigen Lehr-Gebäudes der politischen Münz-Wissenschaft im Grund-Risse ... Nebst e. Vertheidigung des hohen Münz-Fußes. — Frankfurt [usw.]: G. D. Schulz 1766. 122 S. 8° 1:Fh 4791. 7. 12:4° Num. ant. 11. 14. 19. 21→24. 27. 28. 30→36. 39. 45. 46. 78. 106. 117. 121. 205. 300:44 H 64.
13.5625

Baumhauer, R.: Ergänzungsheft zu den Lehrplänen für ein- bis dreiklassige Landschulen. 1.2. — Lissa i. P.: Ebbecke 1904. 8° 1:Ne 14993/8.
13.5626

—— 2. Aufl. 1.2. Ebd. 1907. 8° 1:Ne 14993/8². 207 [= 1].
13.5627

—— 3. Aufl. 1. Lissa i. P.: Eulitz 1909. 15 S. 8°
1:Ne 14993/8³. 207.
13.5628

— Heimatkunde des Kreises Schrimm. — Lissa i. P.: Ebbecke 1898. 19 S. 8° 1:Sz 11886.
13.5629

— Lehrplan für ein- und zweiklassige Volksschulen (evangelische, katholische, utraquistische). — Posen: Türk 1897. 44 S. 8° 1:Ne 14993.
13.5630

—— 2. Aufl. Lissa i. P.: Ebbecke 1902. 56 S. 8°
1:Ne 14993². 111.
13.5631

—— 3. Aufl. Ebd. 1907. 60 S. 8° 1:Ne 14993³. 207.
13.5632

-- Lehrplan f. dreiklassige Volksschulen (evangelische, katholische, utraquistische). gr. 8. (III, 56 S.) Posen 900. [L. Türk.] Lissa, F. Ebbecke. n. 1. —

— Lehrpl. f. dreiklass. Volksseh. (ev., kathol., utraquist.). 2. [Umschl.-]Afl. (56) 8° Ebd. [1900] (02). 1 — d

Baumhauer, R: Lehrpl. f. 3klass. Volksseh. 3. Afl. (80) gr8° Lissa, O Eulitz '12. 2 — d

— Lehrplan für sechsklassige Volksschulen (evangelische, katholische, utraquistische). — Lissa i. P.: Ebbecke 1902. 84 S. 8° 1:Ne 14993/4.
13.5635

Baumhauer, R., Lehrpläne f. ein- bis dreiklassige Landschulen. 1. u. 2. Ergänzungheft. 8. Lissa 904. F. Ebbecke. n.n. — 35
1. (16 S.) n.n. — 15. — 2. (44 S.) — 20.

Baumheyer, Johann: Ueber die Bedeutung der Mineralien in geologischer und cultureller Beziehung. Vortrag, gehalten von J(oh.) B(aumheyer). — Korneuburg: Kühkopf [1877]. 19 S. 8° 302.
13.5638

Baumhoeer, Anton: Mittel wider die gelbe Pest nebst e. Schreiben an d. Akademie d. Wissenschaften zu Paris, über die in d. Pestlanden allgemein anzustellenden Räucherungen mit thierischen Substanzen. — Würzburg: Stahel 1805. 28 S. 8° 5. 6. 15.
13.5639

Baumhoeers, s. Baumhoeer

Baumhöfener, Heinr(ich) Friedr(ich) Wilhelm, aus Minden i. W.: Die mit chron. Nephritis complicierten Geburtsfälle der Marburger Entbindungsanstalt aus den Jahren 1883—1900. *Marburg 1902: J. Hamel.* (26 S.) 8°
Marburg, Med. Diss. v. 10. Juli 1902

Baumhoefener, Wilhelm: Eine Weltanschauung und ihre Bedeutung auf einigen Gebieten. Die Überzeugung von W. Baumhöfener. — Leipzig: A. Hoffmann 1907. 84 S. 8° 6. 11. 302.
13.5641

Baumhoefner. — Dietrich Baumhöfner, ein Missionar aus dem Ravensberger Land. — Berlin: Berliner evang. Missions-Ges. 1890. 24 S. 8° [(Neue Missionsschriften. 18.)]
1:Cv 11694-18.
13.5642

Baumhögger, Max, Referendar in Bonn: Die rechtliche Natur der Naturalisation nach Deutschem Reichsstaatsrecht. Bonn 1906: C. Georgi. (62 S.) 8°
Bonn, Jur. Fak., Ref. Bergbohm, Diss. v. 25. Okt. 1906
[Geb. 25. Okt. 80 Düsseldorf; Wohnort: Bonn; Staatsangeh.: Preußen; Vorbildung: Gymn. Düsseldorf Reife O. 00; Studium: Bonn 6 S.; Rig. 28. Sept. 06.]

Baumholder, s.: Preussen. Messtischblätter.

Bäuminghaus, Klemens Schulte-
s. Schulte-Bäuminghaus

Baumkatechismus, s. Baumcatechismus

Bäumker, Oberlehrer, Paderborn. 1856., s. Bäumker, Franz

Bäumker, Clemens
— [Hrsg.] s. *Amaurianos*, Contra. 1893 u. 5.

Baeumker, Clem.: Der Anteil d. Elsass an d. geist. Beweggn d. MAlters. Redo. (59) gr8° Strassbg, JHE Heitz '12. 2 —

Bäumker, Clemens (Hrsg.), s. Beiträge zur Geschichte der Philosophie (z.T.: und Theologie) des Mittelalters.

— **Dominicus Gundissalinus als philosophischer Schriftsteller. — Münster: Aschendorff 1899. 20 S. 8°**
Aus: Compte rendu du 4e Congrès scientifique international des catholiques. 3. 1898.
6. 12: Biogr. 492 in.
9.9785

— **Elemente der Logik. Ein Grundriss für akademische Vorlesungen. — Münster: Aschendorff 1890. 158 S. 8°**
41.
9.9786

Baeumker, Clem., s.: Geschichte, allg., d. Philosophie.

Bäumker, Cl., Handschriftliches zu den Werken des Alanus. S.-A. 1894. 42 S.

— Die Impossibilia d. Siger v. Brabant, s.: Beiträge z. Gesch. d. Philosophie d. Mittelalters.

Baeumker, Clem., des Aristoteles Lehre von den äussern und innern Sinnesvermögen. Inaugural-Dissertation. gr. 8. (IV, 91 S.) Leipzig 877, (F. Schöningh.) *

— **Ueber die Philosophie Herbert Spencer's, im besondern über seine Psychologie. Vortrag. — Köln: Bachem 1890. 22 S. 8°**
38.
9.9789

— **Das Problem der Materie in der griechischen Philosophie. Münster: Aschendorff 1890. XV,436 S. 8°**
1: Nk 5848. 2→11. 12: Ph. U. 25h. 14→21. 23→27. 30. 38. 39. 102. 211. 302. 303.
9.9791

Bäumker, C. Quibus antiquis auctoribus Petrarca in conscribendis rerum memorabilium libris usus sit. Pars prior. Münster, G., 1882. 18 S. 4.

Baeumker, Klemens [Hrsg.] Ein Traktat gegen die Amalricianer. 1893 s.a *Amaurianos*, Contra.

— e. Traktat gegen die Amalricianer aus dem Anfang des XIII. Jahrh. Nach der Handschrift zu Troyes hrsg. [Um e. Register verm. Sonderausg. aus: „Jahrb. f. Philos. u. spekulative Theol.“] gr. 8. (IV, 69 S.) Paderborn 893, F. Schöningh. n. 2. —

— Witelo, s.a. Beiträge zur Geschichte der Philosophie des Mittelalters. III, 2.

— **Witelo, ein Philosoph und Naturforscher des XIII. Jahrhunderts. — Münster: Aschendorff 1908. XXII,686 S. 8° (Beiträge zur Geschichte d. Philosophie d. Mittelalters. 3,2.)**
1: Nk 16290–3,2. 2→11. 12: Ph. U. 51 b–3,2. 14→21. 25→28. 30. 38. 102. 121. 210. 211. 300: 100.699–B. Per. 3,2. 302. 304.
9.9795

Bäumker, Franz, Rechtlicher Besitz und wechselnde Geschicke vom linksseitigen Stromgebiete des Rheines. Paderborn 1875. 4. . . . . (D)

Baeumker, Franz, Oberlehrer, Paderborn. **1857: Geschichte des brandenburgisch-preußischen Staates in seiner äußern und innern Entwickelung. — Paderborn: Schöningh 1857. XIV [vielm. XXIV], 206 S. 8°** **1: St 2018. 14. 102. 211.**
9.9772

Baeumker, Frz: Die Lehre Anselms v. Canterbury üb. d. Willen u. s. Wahlfreih., s: Beiträge z. Gesch. d. Philos. d. MAlters.

Bäumker: Thaten, Charakter und geschichtliche Bedeutung des fränkischen Königs Chlodwig. 24 S.
Progr. Paderborn 1856.

Baeumker: T. Livii antiquissimarum rerum Romanarum historiis quae fides atque auctoritas tribuenda sit. 23 S.
Progr. Paderborn 1863.

Baeumker, Johs., experimentelle Beiträge zur Kenntniss der pharmakologischen Wirkung der Frangularinde. Inaugural-Dissertation. 8. (32 S.) Meppen 880. (Göttingen, Vandenhöck & Ruprecht.) n. — 80

Bäumker, Klemens, s. Bäumker, Clemens

Baeumker, Wilhelm [Mitarb.] s. *Ambros*, August Wilhelm: Geschichte der Musik. Namen- und Sachregister. 1882.

— **Der hl. Camillus von Lellis und sein Orden. — Frankfurt a. M. [usw.]: Foesser 1887. S. 34–62. 8° (Frankfurter zeitgemäße Broschüren. N. F. 9,2.)**
1: Ag 8981–N.F. 9,2. 2. 5. 6. 12: H. misc. 47 rm–9,2. 21. 30. 38. 41. 52. 102. 207. 211.
9.9796

Bäumker, Wilh., zur Geschichte der Tonkunst in Deutschland von den ersten Anfängen bis zur Reformation. Eine Reihe verschiedener Abhandlungen. 8. (VIII, 188 S.) Freiburg i. Br. 881, Herder'sche Verlagsb. *

—— das katholische deutsche Kirchenlied in seinen Singweisen von den frühesten Zeiten bis gegen Ende des 17. Jahrh. Begonnen von Karl Severin Meister. Auf Grund handschriftl. und gedruckter Quellen bearb. 2 Bde. gr. 8. Freiburg i. Br. 886, Herder'sche Verlagsh. [1. Bd. (XV, 768 S.) 886. * M 12.—.; 2. Bd. (IX, 411 S.) 883. * M 8.—.] * 20 —

Bäumker, Wilh. Das katholische deutsche Kirchenlied in seinen Singweisen. 3. [Schluß-]Bd. Mit Nachträgen zu den 2 ersten Bänden. Auf Grund handschriftl. u. gedruckter Quellen bearb. gr. 8. (XI, 360 S.) Freib. i. Br. 891, Herder. * 8 —; geb. in Hlbsaff. * 10 —
1. u. 2. Bd. Ebd. 1883—86. * 20 —.

Bäumker, Wilh.: Das kathol. deut. Kirchenlied in Singweisen. 4. u. letzter Bd. Mit Nachträgen zu d. 3 ersten Bdn. Hrsg. v. Jos. Gotzen. (16, 833) gr8° FreiburgB., Herder '11. 15 —; HSaff. 18 — (vollst.: 38 —; geb. 48 —) d

— **Niederländische geistliche Lieder nebst ihren Singweisen aus Handschriften des XV. Jahrhunderts. — Leipzig: Breitkopf & Härtel 1888. S. 154–254, 288–350. 8°**
Aus: Vierteljahrsschrift für Musikwissenschaft. 4. 1888.
12: Liturg. 1376 b–1.2. 121. 123.
9.9799

Bäumker, Wilh., e. deutsches geistl. Liederbuch m. Melodien a. d. XV. Jahrh., n. e. Handschrift d. Stiftes Hohenfurt hrsg. gr. 8. (XVIII, 98 S.) Leipzig 895. Breitkopf & Härtel. n. 3. —; geb. n. 4 —

— **Orlandus de Lassus, der letzte große Meister der niederländischen Tonschule. — Freiburg: Herder 1878. VII, 86 S. 8° (Sammlung historischer Bildnisse. 4,4.)**
1: Pb 3530–4,4 [u.] Mus. Dl 104. 2. 5. 12: Mus. Th. 4819m [2 Ex.] 14. 16. 19. 20. 21. 25. 38. 52. 107. 109. 300: 98.786–B.M.S. 4,4. 302.
9.9800

— **Palestrina. Ein Beitrag zur Geschichte der kirchenmusikalischen Reform des 16. Jahrhunderts. — Freiburg: Herder 1877. VI,76 S. 8° (Sammlung historischer Bildnisse. 4,1.)**
1: Pb 3530–4,1 [u.] Mus. Dp 106. 5. 12: Biogr. C. 284y–IV,1. 14. 20. 21. 25. 38. 52. 211. 302. 304.
9.9801

— der Todtentanz, s.a. Broschüren, Frankfurter zeitgemäße.

— **Der Todtentanz. — Frankfurt a. M.: Foesser 1881. S. 175–205. 8° (Frankfurter zeitgemässe Broschüren. N.F. 2,6.)**
1: Ag 8981–N.F. 2,6 [u.] Nv 8947. 5. 6. 10. 12: H. misc. 47 rm–1881, II,6. 15. 21. 30. 38. 41. 52. 62. 102. 123. 211.
9.9802

Baeuml J, die notwendige Kalligraphie. Ein praktisches Schreib-Lehr-System für Lehrer und Schuler. 4 Auflage. (24 S 24 T) 4° Berlin 1869

Bäumlein: Geschichte und Schilderung des Klosters u. Seminars Maulbronn. s. Bäumlein, Wilhelm

Bäumlein, Ernst Christian Friedrich: De scutellaria galericulata seu tertianaria. 22 S., gbd.

Erlangae:(Walther) 1789
(Adversaria argumenti physico-medici, Fasc. 6,29)

JB 1.608

Bäumlein, Jakob, s. Bäumlin, Jakob

Baeumlein, W. F. L., De compositione Iliadis et Odysseae. Gel. 1847. 32 S. 4°.

Baeumlein, Wilhelm: Teutsche Alterthümer der Mythologie und Sprache. 1817 s. *Ammon*, J.

— Ansichten über gelehrtes Schulwesen mit bes. Rücks. auf Württemberg. — Heilbronn: Drechsler 1841. 160 S. 8°
1: Ay 9805. 2. 6. 14. 21. 41. 42. 43.
9.9803

Baeumlein, Wilhelm: Die Bedeutung der klassischen Studien für eine ideale Bildung. — Heilbronn: Landherr 1849. 69 S. 8°
2. 5. 10. 12: H. lit. U. 327-15. 15. 21. 31. 41. 42. 43. 106. 207. 302.
9.9804

— und A. Pauly, Griechische Chrestomathie, für die mittlern Abtheilungen der Gymnasien. gr. 12. Stuttg. 837. Metzler'sche Buchh. $^{2}/_{3}$ ₰

— Geschichte und Schilderung des Klosters und Seminars Maulbronn. Stuttgart 859. (Tübingen, Fues' Sorthdlg.) 4. (32 S.) n. 10 ngr.

— Commentar [Kommentar] zu der Griechischen Chrestomathie für die mittleren Abtheilungen der Gymnasien, bearb. von W. Bäumlein und A. Pauly, für den Gebrauch des Lehrers hrsg. von W. Bäumlein. H. 1. — Stuttgart: Metzler 1837. 210 S. 8°
1. Isokrates. 17.
9.9805

— Commentar [Kommentar] über das Evangelium des Johannes. — Stuttgart: Metzler 1863. VIII, 196 S. 8°
1: Bs 7807. 3. 4. 7. 8. 9. 12: Exeg. 66o. 15. 19. 20. 21. 24. 25. 27. 29. 123.
9.9806

— Prüfung der in Betreff der niederen Seminarien den Ständen vorgelegten Anträge. — Stuttgart 1849: Zu Guttenberg. 22 S. 8° 1: Ay 9817. 21. 24.
9.9807

— C. Holzer und J. Rieckher, Sammlung von Aufgaben zum Uebersetzen in's Griechische. 2. Thl. A. u. d. T.: Themata zur griech. Composition mit grammat. u. lexical. Anmerkungen für obere Classen herausg. Stuttgart 859. Metzler. gr. 8. (XVI, 220 S.) n. 24 ngr.
1. Bd. u. d. T.: Gaupp, W., und C. Holzer, Materialien zur Einübung der griech. Grammatik.

— — — griechische Uebersetzung der Themata zur griech. Composition für obere Classen. Ebend. 859. gr. 8. (122 S.) n. 1 ₰

— Carl Holzer u. J. Rieckher, Sammlung von Aufgaben zum Uebersetzen in's Griechische. 2. Thl. Ebend. 866. gr. 8. n. 1 ₰ 4 ngr.
Inhalt: Themata zur griechischen Composition mit grammat. u. lexikal. Anmerkungen für obere Klassen. 2., verm. u. verb. Aufl. (XIX, 280 S.)

—— —— —— griechische Uebersetzung der Themata zur griechischen Composition für obere Classen gefertigt. 2., verm. und verb. Aufl. gr. 8. (171 S.) Stuttgart 866, Metzler'sche Buchh. Verlags-Conto.

—— Carl Holzer und J. Rieckher, Sammlung von Aufgaben zum Uebersetzen in's Griechische. 2. Thl. A. u. d. T.: Themata zur griech. Composition, mit grammat. und lexikal. Anmerkungen für obere Classen hrsg. 3. Aufl., besorgt von J. Rieckher. gr. 8. (XIX, 275 S.) Stuttgart 878, Metzler'sche Buchh. *
1. Thl.: Materialien zur Einübung der griech. Grammatik, vgl.: Gaupp, Wilh., und Carl Holzer.

Bäumlein, Wilh., griechische Schulgrammatik. Mit einer griech. (lithogr.) Schreibvorschrift. gr. 8. (X und 318 S.) Stuttgart 856(56,) Metzler'sche Buchh. *

Bäumlein, Wilh., griechische Schulgrammatik. 2. verb. Aufl. Ebend. 857. gr. 8. (XII, 323 S.) n. 20 ngr.

Bäumlein, Wilh., griechische Schulgrammatik. 3. verb. Aufl. Stuttgart 865. Metzler. gr. 8. (XII, 328 S.) n. 26 ngr.

Bäumlein, Wilh., griechische Schulgrammatik. 4. Aufl. neu bearb. von W. Gaupp. gr. 8. (XVI, 363 S.) Stuttgart 872, Metzler's Verlag. *

Bäumlein, Wilh., griechische Schulgrammatik. 5. Aufl. bearb. v. W. Gaupp. gr. 8. (XVI, 357 S.) Stuttgart 876. Metzler. n. 3. —

Bäumlein, Wilh., Karl Holzer und J. Rieckher, Themata zur griechischen Komposition f. obere Klassen. Griechische Übersetzung. 3. unveränd. Aufl. gr. 8 (171 S.) Stuttgart 883. Metzler's Verl. n.n. 4. —
Wird von der Verlagshandlung nur direkt an die Herren Lehrer geliefert.

Bäumlein, Wilh., Karl Holzer und J. Rieckher, Themata zur griechischen Komposition, mit grammatikal. und lexikal. Anmerkungen für obere Klassen hrsg. 4. verb. Aufl., hrsg. von C. C. Holzer. gr. 8. (VIII, 311 S.) Stuttgart 888, Metzler's Verlag. *

Bäumlein, Wilh., Karl Holzer u. J. Rieckher, Themata z. griech. Komposition m. grammat. u. lexikal. Anmerkgn. f. ob. Klassen. 5. Aufl., neu bearb. v. A. Gaupp. gr. 8. (VIII, 151 S.) Stuttgart 895. J. B. Metzler's Verl. n. 2. 20

— Untersuchungen über die ursprüngliche Beschaffenheit und die weiteren Entwicklungen des griechischen und über die Entstehung des gothischen Alphabets. — Tübingen: Laupp 1833. IV, 116 S. 8° 1: V 7932.
2→11. 12: Graph. 5 r [2 Ex.] 15. 19. 21. 24. 30. 302.
9.9808

— Untersuchungen über die griechischen Modi und die Partikeln κέν und ἄν. — Heilbronn: Landherr 1846. X, 382 S. 8°
1: Vc 8160. 2→11. 12: L. gr. 7 x. 15. 17. 21. 24→27. 30. 31. 38. 48. 211. 302. 303. 305.
9.9809

— Untersuchungen über griechische Partikeln. — Stuttgart: Metzler 1861. IV, 320 S. 8°
1: Vc 8626. 2→7. 9. 10. 11. 12: L. gr. 7 xf. 14→17. 20. 21. 24. 25. 26. 29. 30. 38. 123. 211. 302. 303. 304.
9.9810

— festum natalitium Guilielmi, Würtemb. regis august. in Gymnasio Heilbronnensium Carolino oratione solenni pie celebr. — Inest Commentatio de Habacuci vaticiniis. 4. Ibidem 841. $^{1}/_{3}$ ₰

— Versuch die Bedeutung des Johanneischen Logos aus den Religionssystemen des Orients zu entwickeln. — Tübingen: Laupp 1828. 122 S. 8°
1: Bs 8660. 2. 5. 7. 8. 15. 16. 19→22. 24. 27. 28. 207.
9.9811

— Uebersichtliche Zusammenstellung der Regeln über den Gebrauch der Tempora, der Modi und der Negationen im Griechischen. — Heilbronn [usw.]: Landherr 1852. 34 S. 8° 4. 9. 10. 22. 48. 302. 303.
9.9812

Baeumler, Superintendent, Weißenfels. 1831 s. *Baeumler,* Andreas Ernst Friedrich.

Bäumler: Über das Nutschitzer E r z l a g e r . . . (u. a. geologische Schriften), s. B ä u m l e r , Ernst

Reden gehalten . . . am 9. Mai 1889 bei der öffentlichen Feier der Uebergabe des Prorectorats . . . von dem abtretenden Prorector Geh. Hofrath Prof. Dr. Bäumler und dem antretenden Prorector Hofrath Prof. Dr. Lüroth Freiburg i. B., Univ.-Buchdr. v. Chr. Lehmann, 1889, 51 S. 4°

Baeumler, Andreas Ernst Friedrich: Predigt am 7. Sonntage n. Tr. 1832 ... gehalten. — Weißenfels (1832): Kell. 14 S. 8° 27.
9.9816

— Predigt am 2. Sonntage nach Adv. 1831 ... vor der nach erfolgter Annahme der neuen Königl. Preuß. Städteordnung vorzunehmenden Wahl der Stadtverordneten gehalten. — Weißenfels (1831): Kell. 15 S. 8° 27.
9.9817

Baeumler, Andr. Ernst Friedr., De studio linguarum antiquarum verbi divini ministris numquam negligendo. Diss. theol. Lpz. (Staritz) 25. VI. 1830. 40 S., z. Tl. dtsch. (4.80) 955

Bäumler, Anna, aus München: Über Höhlenbildungen im Rückenmark. (Aus der Medicinischen Klinik in Zürich). Mit 2 Tafeln. [S. A. aus: Deutsches Archiv für klinische Medicin. Bd 40. S. 443—543]. Leipz. J. B. Hirschfeld Dr. 1887. 1 Bl., 101 S., 2 Taf. 8°.
Zürich, Med. Diss. [v. 2. Mai 1887].

Bäumler, Art., Leitfaden der amerikanischen-doppelten Buchhaltung nebst praktisch. Beispielen. Mit 7 Übungsheften. (64 S. u. 7, 7, 23, 11, 7, 7 u. 7 S. in Fol.) 8. Hannover 903. (Leipzig, G. E. Schulze.) n. 2. 50; Leitfaden allein n. 1. —

Bäumler, Christian
— Behandlung der Blutgefässkrankheiten. — Jena: G. Fischer 1902. S. 707–765. 8°
Aus: Handbuch d. Therapie innerer Krankheiten. 3. Aufl. 3. 1902.
29.
9.9820

— Behandlung der Erkrankungen des Herzbeutels. — Jena: G. Fischer 1902. S. 686–705. 8°
Aus: Handbuch d. Therapie innerer Krankheiten. 3. Aufl. 3. 1902.
29.
9.9821

— Die Entwickelung der Medizin einst und jetzt. — Tübingen [usw.]: Mohr 1902. IV,104 S. 8°
1: Ib 5310. 9. 20. 21. 24. 25. 26. 30. 31. 43. 52.
9.9822

— Festrede. Gehalten bei der Enthüllung des Kußmaul-Denkmals am 15. Mai 1909. — Freiburg i. Br. [1909]: Wagner. 15 S. 8° 25. 26. 38.
9.9824

— Der chronische Gelenkrheumatismus und seine Behandlung. — Wiesbaden: Bergmann 1897. 37 S. 8°
Aus: Verhandlungen des 15. Kongresses für innere Medizin zu Berlin. 1897.
31. 43.
9.9825

Bäumler, D. chron. Gelenkrheumatismus u. s. Behandlung. [Aus: „Verhandlgn. d. XV. Congresses f. inn. Medicin".] gr. 8. (37 S.) Wiesbaden 898. J. F. Bergmann. n. 1. —

Baeumler, C., Handbuch der chronischen Infectionskrankheiten, s. a. Handbuch der speciellen Pathologie und Therapie.

— Handbuch der chronischen Infectionskrankheiten. Von Chr. Baeumler, A. Heller, O. Bollinger. — Leipzig: Vogel 1874. X,629 S. 8° (Handbuch d. speciellen Pathologie u. Therapie. 3.) 2→6. 15→18. 20. 21. 24→31. 36. 38. 45. 46. 61. 75. 79. 202. 302. 304.
9.9826

Bäumler, C., Handbuch der Syphilis, der Invasionskrankheiten und der Zoonosen, s. a. Handbuch der speciellen Pathologie und Therapie.

— Handbuch der Syphilis, der Invasionskrankheiten und der Zoonosen von Chr. Bäumler, A. Heller, O. Bollinger. 2. Aufl. — Ebd. 1876. X,712 S. 8° (Handbuch d. speciellen Pathologie u. Therapie. 3.)
5. 6. 16. 17. 19. 20. 21. 24→27. 30. 33. 38. 43. 47. 60. 66. 121. 202. 302.
9.9827

— Syphilis. 3., umgearb. Aufl. Ebd. 1886. VI,335 S. 8° (Handbuch d. chronischen Infektionskrankheiten. 1.) (Handbuch d. speciellen Pathologie u. Therapie. 3,1.)
5. 6. 11. 12: Path. 1410 oe–3,1. 16. 18. 20. 21. 24. 25. 28. 33. 38. 202. 302. 303.
9.9828

— Ueber die Influenza von 1889 und 1890. — Wiesbaden: Bergmann 1890. 37 S. 8°
Aus: Verhandlungen d. 9. Kongresses für innere Medizin zu Wien. 1890.
22. 43.
9.9829

— üb. Krankenpflege. Vortrag, geh. f. die Akadem. Gesellschaft in Freiburg i/B. am 16. Jan. 1891. 8. (33 S.) Freiburg i/B. 892. J. C. B. Mohr. n. — 80

Bäumler, Chrn., der sogenannte animalische Magnetismus oder Hypnotismus. Unter Zugrundelegung eines für die akadem. Gesellschaft zu Freiburg i. Br. gehaltenen populären Vortrages. gr. 8. (III, 74 S.) Leipzig 881, F. C. W. Vogel. *

— Die Pocken. — Berlin [usw.]: Urban & Schwarzenberg 1902. S. 390–416. 8°
Aus: Die deutsche Klinik. 2. 1903.
29. 31.
9.9832

Programm wodurch zur Feier des Geburtsfestes Seiner K. Hoheit unseres durchlauchtigsten Grossherzogs Friedrich . . . einladet der gegenw. Prorector Dr. Christian Baeumler. Inhalt: Neuere Richtungen und nächste Ziele auf dem Gebiete der Behandlung innerer Krankheiten. Freiburg, Univ.-Buchdr. v. Chr. Lehmann, 1888: 4 Bl. + 76 S. 4°

Bäumler, Ch., Syphilis, s. Handbuch der speciellen Pathologie und Therapie.

Bäumler, Ernst, das Abteufen des Mayrau-Schachtes bei Kladno. Vortrag, gehalten am 9. Decbr. 1879 in der Fachversammlung der Berg- und Hüttenmänner im österreich. Ingenieur- und Architekten-Verein. gr. 4. (10 S. mit 3 lithogr. Taf.) Wien 880, Manz'sche Hofverlagsh. *
Aus: Oesterreichische Zeitschrift für Berg- und Hüttenwesen, besonders abgedruckt.

Bäumler, E., Über das Nutschitzer Erzlager bei Kladno in Böhmen. Wien, 1887. 12 S. mit 1 Taf.

Baeumler, Ernst: Ueber Körnchenzellen, ihre Entstehung und Bedeutung. Halle a. S. 1881: Plötz. 53 S., 1 Taf. 8°
Halle-Wittenberg. Med. Diss. v. 25. Okt. 1881
Geb. Dortmund (Westf.) 14. 4. 1858. V.
Verf. erlebte die Diplomerneuerung 1931 als Sanitätsrat in Dresden.

— Das Vorkommen der Eisensteine im Westfälischen Steinkohlengebirge. (Preufs. Zeitschr., Bd. 17.) Berlin 1869. 4.

Bäumler, E. F. W., Über das Vorkommen der Eisensteine im westfälischen Steinkohlengebirge Bonn, 1870. 93 S. mit 1 Taf. u. 1 Karte.

Baeumler, Ueber das Vorkommen von Nikkelerzen im Mansfeldschen Kupferschiefergebirge. (Zeitschr. der Deutschen Geologischen Gesellschaft.) Berlin 1857. 8.

Baeumler, Gottfried Samuel, Oberamtsphysikus, Germersheim, † 1743. 1718: **Mitleidiger Artzt** uberhaupt gegen alle arme Krancke, ins besondere gegen die von Medicis abgelegene Land-Leute. — Straßburg: Dulßecker 1731. 416 S. 8°
6. 9. 16→19. 24. 25. 27. 29. 30. 31. 41. 202. 207. 300: • 69 J 297 •. 304.
9.9835

— — 2. u. viel verm. Auffl. Ebd. 1736. 598 S. 8°
2. 20. 25. 28. 29. 31. 32. 211.
9.9836

— Mitleidiger Artzt, welcher überhaupt alle arme Krancke, insonderheit aber die abgelegene Land-Leute gründlich und aufrichtig lehret. 3. Aufl., hin und wieder verm. u. mit e. neuen Vorr. vers. von Georg Heinrich Behr. — Ebd. 1743. 598 S. 8°
12: Path. 79. 19. 303. 307.
9.9837

— — 4. Aufl., hin und wieder verm. und mit e. Vorr. vers. von Georg Heinrich Behr. — Ebd. 1757. 598 S. 8°
42.
9.9838

— — 4., verm. Aufl., von Georg Heinrich Behr. Frankfurt [usw.]: Brönner 1763. 596 S. 8°
7. 14. 17. 20. 22. 31. 300: 70 Z 19. 306.
9.9839

— — 5., umgearb. u. mit neuen Zusätzen verm. Aufl. von Georg Heinrich Behr. — Ebd. 1780. 636 S. 8° 304.
9.9840

— **Präservirender Artzt,** oder gründliche Anweisung, wie sich der Mensch ... durch eine ordentliche Diät bey guter Gesundheit erhalten ... könne ... Verm. von Georg Heinrich Behr. — Strasburg: Dulßecker 1738. 566 S. 8°
1: Ii 898. 4. 5. 7. 12: Path. 80. 17→26. 25. 28→31. 34. 36. 38. 41. 300: • 69 M 241. 302. 304.
9.9841

— **Präservirender Artzt,** oder gründliche Anweisung zu einer ordentlichen Diät. Hrsg. u. mit e. Vorr. begleitet von Georg Heinrich Behr. — Franckfurt [usw.]: Brönner 1764. 542 S. 8°
14. 17. 19.
9.9842

— **Kurtze Beschreibung** des im Novemb. vorigen 1734ten Jahrs zu Germersheim und anliegenden Orten angefangenen und biß diese Stunde annoch fortwährenden hitzigen-bößartigen Fiebers. — Straßburg: Dulßecker 1735. 46 S. 8° 1: 2 an Kq 467. 7. 8. 14. 16. 23. 24. 29. 41. 107.
9.9843

Baeumler, Gottfried Samuel, Oberamtsphysikus. Germersheim. † 1743. 1718: **Kurtze Beschreibung** des im Winter-Monat 1734 zu Germersheim und andern Orten am Rhein-Strohm herumgegangenen hitzigen und bößartigen Fiebers. Strasburg: Dulßecker 1743. 48 S. 8°
2. 12: Path. 79/1. 211. 303.
9.9844

— — Ebd. 1757. 48 S. 8° 2. 14. 20. 31. 42. 308.
9.9845

— — Frankfurt [usw.]: Brönner 1780. 48 S. 8°
12: Var. 585/1. 304.
9.9846

[—] **Merck-Mahl** eines wahren und falschen Christen oder: gründliche Prüfung, ob man unter die Zahl wahrer Christen gehöre ... Zur Prüfung vorgelegt von G.S.B. — Speyer 1718: Rosten. 621 S. 8° 19.
9.9847

Baeumler, Gottlieb [Hrsg.] s. *Baudenkmale,* Nürnberg's untergegangene, oder Abbildung von Kirchen und andern öffentlichen Gebäuden, welche ehemals in Nürnberg standen. 1846 u. ö.

(—) Nürnbergs **Handelsadreßbuch** oder Verzeichniß aller Kaufleute und Fabrikanten der Stadt Nürnberg und ihres Burgfriedens. Neue, völlig umgearb. ... Aufl. — Nürnberg: Bäumler 1835. IV, 48 S. 8°
12: Bavar. 4061–10. 75.
9.9848

Baeumler, J.: **Theater-Journal** des Stadt-Theaters zu Stralsund für die Monate October, November und December 1860. — Stralsund 1861: Kgl. Reg.-Buchdr. 8 S. 8°
1: Yp 991.
9.9850

Baeumler, J. Andreas: **Beiträge** zur Cryptogamen-Flora des Presburger Comitates. H. 1–4. — Presburg 1887–1902: Wigand.
Aus: Verhandlungen des Vereins für Natur- und Heilkunde in Presburg. N. F. 6. 1887-1902.
15. 305.
9.9851

— Mykologische **Fragmente.** Fungi nov. Herbarii Musei Palatini Vindobonensis. — Wien: Hölder 1899. S. 439–442. 4°
Aus: Annalen des K. K. Naturhistorischen Hofmuseums. 13. 1898.
302.
9.9852

Bäumler J. A.: Notiz üb. *Brefeldia.* 1899. [Rostr. Saml.].

Bäumler, Konr., die Waldstreu. Eine Betrachtg. f. den Landmann, e. Kritik d. Waldstreubroschüre des Geo. Ebermayer. gr. 8. (16 S.) Regensburg 894. J. Habbel.
n. — 20

Bäumler, Paul Wolfg., s. **Catalogus Dissertationum.**

Baeumler, Siegfried: **Gedichte** eines jungen deutschen Patrioten in London aus dem Kriegsjahre 1870/71, seinen zurückkehrenden Brüdern gewidmet. [Verf.: Siegfried Bäumler.] — Ansbach: Brügel 1871. 32 S. 8° 109.
9.9855

Bäumler, Wilhelm, Referendar: Das beschränkte Wechselakzept. Borna-Leipzig 1910: Noske. VIII, 69 S. 8°
Leipzig, Jur. Diss. v. 7. Jan. 1910
[Geb. 20. Juli 82 Zschertnitz; Wohnort: Dresden; Staatsangeh.: Sachsen; Vorbildung: Kreuz-Gymn. Dresden Reife O. 02; Studium: Tübingen 1, Leipzig 1, München 1, Berlin 1, Leipzig 5 S.; Rig. 19. Juli 06.] [U 10. 2650

Baumli, L[eonz]. Über Psoriasis und Diabetes mellitus auf Grund von Beobachtungen auf der Zürcher medizin. Klinik. Diss. Med. Univ. Zürich. *Kopftitel:* Aus der medizinischen Universitäts-Klinik des Herrn Prof. Dr. H[ermann] Eichhorst in Zürich. 25 S. 8. [1901.]

Bäumlin. Jakob [prakt. Arzt aus Rothenhausen, Thurgau, Assistenzarzt der medizin. Klinik]: Über familiäre Erkrankungen des Nervensystems. Leipzig 1901. 64 S. 8°.
Basel. Med. Diss. 1901/1902.

Bäumlin, Jacob. Ueber familiäre Erkrankungen des Nervensystems. Diss. Med. Basel... von Jakob Bäumlein. [Mit 1 Figur.] 64 S. 8. Leipzig, August Pries, 1901.

Baumm, Gustav, Arzt: 100 Fälle komplizierter Frakturen aus der chirurgischen Abteilung der städtischen Krankenanstalt zu Königsberg i. Pr. Königsberg i. Pr. 1907: O. Kümmel. (53 S.) 8°
Königsberg, Med. Fak., Ref. Lexer, Diss. v. 8. März 1907
[Geb. 3. Okt. 78 Hohensalza; Wohnort: Breslau; Staatsangeh.: Preußen; Vorbildung: Wilhelms-Gymn. Königsberg i. Pr. Reife O. 00; Studium: Königsberg 9 S.; Coll. 24. Febr. 07; Approb. 11. März 05.]

Baumm, Paul
— **Beiträge** zu neueren therapeutischen Massnahmen in der Geburtshilfe. Von P. Baumm. Über Parametritis posterior und ihre Behandlung. Von M. Graefe. — Halle: Marhold 1909. 55 S. 8° (Sammlung zwangloser Abhandlungen aus d. Gebiete d. Frauenheilkunde u. Geburtshilfe. 7, 8.)
1: Ih 1729–7, 8. 8. 12: A. obst. 45 a–7, 8. 15. 24. 302. 303.
13.5647

— Die Frauenmilch, deren Veränderlichkeit und Einfluss auf die Säuglingsernährung. Unter Mitw. von R. Illner. — Leipzig: Breitkopf & Härtel 1894. 48 S. 8° (Sammlung klinischer Vorträge. Ser. 4,15 = N.F.105 = Gynäkologie. 41.)
1: in Ic 2472–N.F. Ser. 4. 2→11. 12: Path. 1352 ga–III,41. 14→17. 20. 21. 24→29. 33. 34. 38M. 43. 46. 61. 123. 202. 304. 308.
13.5648

Baumm, Paul, die practische Geburtshilfe in ihren Hauptzügen. Ein Wiederholungsbuch f. Hebammen. 3. Aufl. (6.–7. Tausf.) gr. 8. (VIII, 107 S. m. Fig.) Berlin 901. E. Staude. In Leinw. kart. n. 1.—
1. u. 2. Aufl. (VIII, 106 u. VIII, 107 S.) Ebd. 901. n. 1.—

— Die praktische Geburtshilfe. Wiederholungsbuch für Hebammen u. Einführung in d. neue Preußische Hebammenlehrbuch. 4. Aufl. — Ebd. 1905. VIII,124 S. 8°
10. 17. 61.
13.5651

— Die praktische Geburtshilfe. Wiederholungsbuch f. Hebammen u. Einführg. in das neue preuß. Hebammenlehrbuch. 5. Aufl. 12—14. Tausf. (VIII, 131 S. m. Abb.) 8. Berlin 907. E. Staude.
In Leinw. kart. nn 1. 30

Baumm, Paul: Die prakt. Geburtshilfe. Wiederholgsb. f. Hebammen u. Einführg in d. neue preuss. Hebammenlehrb. 6. Afl. (8, 131) 8° Berl., E Staude '12. L nn 1.30 d

BAUMM, Paul (Kunzendorf): Gewichtsveränderungen der Schwangeren, Kreissenden und Wöchnerinnen bei der in der Münchener Frauenklinik üblichen Ernährungsweise derselben.- München: Finsterlin 1887. 2 Bl.,30 S.
29.7.1886 - Chr 1886/87,10 (= Baumann, Paul); Jv 1886/87,184 (Prom.-Datum: 1887)
Diss. Ingolst.-Landsh.-Mchn.

— Die Indikation d. Nierendekapsulation bei Eklampsie. [Aus: „Der Frauenarzt".] (14 m. Kurven.) gr8° Lpzg, B Konegen '11. 1 —

Baumm, P., Kopf u. Becken in ihrer gegenseitigen Beziehung unter der Geburt, s. a. Sammlung zwangloser Abhandlungen aus dem Gebiete der Frauenheilkunde u. Geburtshilfe. VI, 7.

— Kopf und Becken in ihrer gegenseitigen Beziehung unter der Geburt. — Halle: Marhold 1905. 29 S. 8° (Sammlung zwangloser Abhandlungen aus d. Gebiete d. Frauenheilkunde u. Geburtshilfe. 6,7.) 1: Ih 1729-6,7. 3. 12: A. obst. 45 a-6,7. 15. 24. 30. 302. 303.
13.5655

— Rückblick auf 40 suprasymphysäre Entbindungen. (20 S.) gr. 8. Leipzig 910. B. Konegen. 1. —
Sonderabdruck aus: „Der Frauenarzt".

— Die Verwendung tierischer Blasen in der Geburtshilfe. Halle: Marhold 1902. 16 S. 8° (Sammlung zwangloser Abhandlungen aus d. Gebiete d. Frauenheilkunde u. Geburtshilfe. 4,7.) 1: Ih 1729–4,7. 3. 12: A. obst. 45 a–4,7. 15. 24. 26. 30. 302. 303.
13.5656

[Umschlagt.:] Baumm, *Wilhelm:* Die Freiheit des Menschen. Tl 1: Willensfreiheit. Kreuzburg O.-S., Druck v. E. Thielmann, *1894;* 2 Bl., 1—41 S. 4.
Kreuzburg O.-S., k. G, OP 1894 (192)

[Umschlagt.:] Baumm, Wilhelm: Die Freiheit des Menschen. Tl 2. (Forts. d. P-Beil. 1894.) Kreuzburg O.-S., Druck v. E. Thielmann, *1895;* 1—34 S. 4.
Kreuzburg O.-S., k. G, OP 1895 (194)

Baumm, W. De rhetoribus graecis a Seneca in suasoriis et controversiis adhibitis 20 S. Progr. *Kreuzburg O/S.* 1885

Baumm, Wilhelm: Die Willensfreiheit und der Streit um die Umsturzvorlage. Offener Brief an Herrn Prof. N. N. als Vorwort für d. Kreuzburger Gymnasialprogramm 1895. Kreuzburg O.-S.: Thielmann 1895. 56 S. 8°
1: Nq 8707. 2. 23. 106. 203.
13.5657

Baummassentafeln.–
Über Baummassentafeln mit besonderer Beziehung auf die Untersuchungen der Königl. Württ. Forstl. Versuch sstation. – o.O. o.J.
57 S.

Baumodele. — Kleines Bau-Modele nach dem Grund-Riß des sogenannten iuris reformandi. 1757
s. *Kraus,* Johann Baptist.

Baumodell, Kleines, nach dem Grundriß des juris reformandi. O. O. 1757. V: *Kraus, Johann Baptist.* (Pütter, Litt. des Teutsch. Staatsr. Gott 1773—91. III, 720.)

Baumotte, Hermann. Der Bauschwindel oder die Hypothekarkredit-Halunkation. Teil 1: Klage des H' B' in Birsfelden; Teil 2: Einladung zur gemeinschaftlichen Notwehr und gemeinschaftlichem Angriff, mit vorhergehendem Vergleichsantrag; Teil 3: Ein Wort an die Notare; Teil 4: Liste der Beitretenden. II + 14 S. 8. Birsfelden, beim Verfasser H' B', [1905]. fr. —.50, 100 Stück à —. 25

Baumotte, Hermann. Die Hypothekarkredit-Halunkation. [Heft I u. II.] 8. Birsfelden, beim Verfasser Herm. B', [1905]. *je* fr. —.50, *je* 100 Stück à —. 25
[Heft I] *u. d. T.:* Der Bauschwindel oder die H'-H'. Teil 1: Klage des H' B' in Birsfelden; Teil 2: Einladung zur gemeinschaftlichen Notwehr und gemeinschaftlichem Angriff, mit vorhergehendem Vergleichsantrag; Teil 3: Ein Wort an die Notare; Teil 4: Liste der Beitretenden. II + 14 S.
[Heft II:] Die Hypothekar-Kredit-H'. Fortsetzung 1: Geschichtliche Entwicklung nach amtlichen Quellen der Stadt Basel. Zugleich Ergänzung meiner veröffentlichten Klage. II S. + S. 15–30.

Baumotte, Hermann. Die Hypothekar-Kredit-Halunkation. [Heft III.] ⟨Fortsetzung 2:⟩ Petition an das souveräne Volk von Basel-Stadt. (1905 September 20.) S. 31 40. 8. Birsfelden, beim Verf. H' B', (1905). fr. 1. —, 50 Stück 25. —

Baumrucker, V. v., Communications-Uebersichtskarte von Tyrol und Vorarlberg. 1 : 522,000. Chromolithogr. Imp.-Fol. Wien 879. (Artaria und Comp.) **

Baums, Herm., Repetitorium f. den Apotheker-Lehrling. 4. Aufl. (144 S.) 12. Bremervörde (908). A. Peters. (Nur direkt.) n. 2. 80

Baums, Hermann. 1893: Lieder eines fahrenden Gesellen. Kaiserslautern: Gotthold [1893]. VIII,130 S. 8°
1: Yo 24928. 12: P. o. germ. 79 pc.
13.5667

Baumschabel Berthold: Gerus und Gerneck.
1878 PN 5 Diss. Wien, Univ. 629

Baumschule, physikal.-ökonom., oder Anweis., Wildlinge aus tüchtigen Kernen zu ziehen ꝛc. (v. J. J. Meyen). Mit 1 Kpf. 8. Frankf. u. Leipz. 792. (Dannheimer in Kempten, Köhler in Lpz.) 12 gr. 2r Thl., s. J. J. Meyen, Anweis.

Baumstarck, Edw., s. Baumstark, Eduard

Baumstark, Gymn.-Prof., sp. Prof. d. klass. Philologie, Freiburg. 1800 - 1876. 1826, s. Baumstark, Anton

Baumstark, Prof. f. Orientalistik, geb. 1872. 1894, s. Baumstark, Anton

Baumstark, Adolf: Was ist das Recht? — Mannheim: J. Schneider 1874. 34 S. 8° 1: 7 in Fl 1400. 27. 31. 106. 302.
13.5672

Baumstark, Adf., was ist das Recht? gr. 8. (34 S.) Strassburg 874. Schneider. n. 1. —

Baumstark, Anton

Baumstark, Anton, Professor für Orientalistik, Bonn u. Münster, geb. 1872. 1894 [Hrsg.] s. *Aristoteles*. — Aristoteles bei den Syrern vom V.–VIII. Jahrhundert. 1900.

— Die freie religiöse Aufklärung, ihre Geschichte und ihre Häupter. Von Hermann vom Busche. Eingeführt durch eine irenische Abhandlung über die nur durch historisch und philosophisch gründliche Aufklärung mögliche Vereinigung zwischen Wissen und Glauben, von H. E. G. Paulus. Abth. 1. 2. — Darmstadt: Leske 1846. 8°
1: Dd 9790. 7. 10. 12: H. g. hum. 12x. 17. 21. 30.
13.5073

Baumstark, Ant., Babylon. Z. Stadtgesch. u. Topographie. [Aus: „Pauly u. Wissowas Realencyclopädie d. class. Altertumswissenschaft".] M. e. Plane u. e. Kartenskizze i. Text. gr. 8. (34 Sp.) Stuttgart 896. J. B. Metzler's Verl. n. 1. 50

Baumstark, Anton. Seine Lebensgeschichte, v. ihm selbst verfaßt, aus seinem Nachlaß hrsg. u. abgeschlossen von seinem Sohne Rhold. Baumstark. 8. (47 S.) Freiburg i/Br. 876. Herder. n. — 50

Baumstark, Ant., syrisch-arabische Biographien des Aristoteles, s.a. Aristoteles bei den Syrern vom V. – VIII. Jahrh. I.

Baumstark, Anton: Syrisch-arabische Biographieen des Aristoteles. *Leipzig 1898: B. G. Teubner.* (130, 2 S.) 8°
• (Erscheint vollständig im gleichen Verlage u. d. T.: Aristoteles bei den Syrern vom V. bis VIII. Jahrhundert, Bd 1.)
Heidelberg, Phil. Hab.-Schr. v. [24. Juni] 1898

Baumstark, Ant., s.a. Blüthen der griech. Dichtkunst.

— Blüthen der griechischen Dichtkunst in deutscher Nachbildung. Mit e. geschichtlichen Überblicke u. ... Erl. Bdch. 1–6. — Karlsruhe: Groos 1840–41. 8°
1. 2. Blüthen der epischen Dichtkunst der Griechen. Abth. 1. 2. 1840.
3. Blüthen der elegischen Dichtkunst der Griechen. 1840.
4. Blüthen der lyrischen Dichtkunst der Griechen. 1840.
5. Blüthen der dramatischen Dichtkunst der Griechen. 1840.
6. Geschichte der griechischen Dichtkunst in darstellender Übersicht. 1841.
14. 16. 17. 19. 21. 25. 31. 78. 109.
13.5075

— [Hrsg.] s. *Caesar*, Gaius Julius: Commentarii de bello Gallico et civili [Werke]. 1828 u. ö.

— [Übers.] s. *Caesar*, Gaius Julius: Denkwürdigkeiten des gallischen und des Bürgerkriegs [Werke, deutsch]. 1854.

— [Übers.]
s. *Caesar*, Gaius Julius: Werke [deutsch]. 1835–40 u. ö.

— Ostsyrisches Christentum und ostsyrischer Hellenismus. 8°
Aus: Römische Quartalschrift für christliche Altertumskunde u. für Kirchengeschichte. 22. 1908.
5.
13.5092

Baumstark, Ant., de curatoribus emporii et nautodicis apud Athenienses. Disputatio. 8 maj. (5 B.) Friburgi 828. (Francofurti ad M., Varrentrapp.)

— De Curatoribus emporii et nautodicis apud Athenienses disputatio. — Friburgi 1828: Wagner. 80 S. 8°
1: Uh 5330. 2. 3. 5. 10. 12: Diss. 820–9. 14. 16. 17. 18. 25. 39. 78. 180. 304.
13.5076

— [Hrsg.] s. *Curtius* Rufus, Quintus: De gestis Alexandri Magni [De Rebus gestis Alexandri Magni]. 1829.

— Ausführliche Erläuterung des allgemeinen Theiles der Germania des Tacitus. — Leipzig: Weigel 1875. XXIII, 744 S. 8° 1: Wn 1732. 2→11. 12: A. lat. b. 1935 g–1. 14→21. 24→27. 29. 30. 32. 34. 35. 38. 39. 45. 46. 107. 109. 203. 208. 300: 68.208–B. 1. 302→304.
13.5077

— Ausführliche Erläuterung des besondern völkerschaftlichen Theiles der Germania des Tacitus. (Hrsg.: Reinhold Baumstark.) — Leipzig: Weigel 1880. IV, 339 S. 8°
1: Wn 1733. 2→11. 12: A. lat. b. 1935 g–2. 14→17. 19. 20. 21. 24→27. 29. 30. 32. 34. 35. 36. 43. 45. 46. 107. 109. 121. 203. 208. 211. 300: 68.208–B. 2. 302. 303.
13.5078

! Baumstark, A: Erläuterg d. Germania. Jetzt: CH Tauchnitz. 71/80

— Eremos [d. i. Anton Baumstark]. Auf der Fahrt nach dem Frieden. Eine Seelengeschichte in italienischen Tagebuchaufzeichnungen. — Rom & Regensburg: Pustet 1904. 273 S. 8° 5. 12: 38/1913.
13.5095

— Quintus Horatius Feldbausch zu Carlsruhe. Eine Ferienschrift. — Freiburg i. Br.: R. Mayer 1864. 29 S. 8°
1: Wh 8350. 2. 25. 31. 123.
13.5079

— Das 'syrisch-antiochenische' Ferialbrevier. [1–3.] 8°
Aus: Der Katholik. 82. 83. 1902–03.
5.
13.5696

Baumstark, Ant., Festbrevier u. Kirchenjahr d. syrischen Jakobiten, s.a. Studien zur Geschichte u. Kultur des Altertums. 3. 5. Heft.

— Festbrevier und Kirchenjahr der syrischen Jakobiten. Eine liturgiegeschichtliche Vorarbeit. — Paderborn: Schöningh 1910. XII, 308 S. 8° (Studien zur Geschichte u. Kultur d. Altertums. 3,3/5.) 1: Pz 708–3,3/5. 2→11. 12: H. ant. 369 p–3,3/5. 14→21. 24→27. 29. 30. 31. 38. 39. 52. 102. 121. 211. 300: 533.499–B. Per. 3,3/5. 302. 303.
13.5697

— Die Formen des Perfecti und Supini der lateinischen Zeitwörter. (Beilage zur Bröderischen Schulgrammatik.) — Freiburg i. Br.: Wagner 1830. 26 S. 8° 25. 31.
13.5080

Baumstark, , Ant., Geschichte der griechischen Dichtkunst, s. Blüthen.

— Index prosodiacus Latinae linguae antibarbarus. Ein Anhang zu jeder lateinischen Schulgrammatik. — Freiburg Groos 1830. IV, 80 S. 8° 10. 16. 18. 25. 31. 78. 102.
13.5081

Baumstark, Ant., Indices Attici, oder prakt. Anleitung zur richtigen Messung und Aussprache der griechischen Penultima, mit besond. Berücksichtig. der attischen Dichter. Aus d. Engl. bearb. gr. 8. Freiburg 833. Gebr. Groos. 1/2 ₰

— Das Kirchenjahr in Antiocheia zwischen 512 und 518. [1. 2.] 8°
Aus: Römische Quartalschrift für christliche Alterthumskunde u. für Kirchengeschichte. 11. 13. 1897–99.
5. 21.
13.5699

Baumstark, Anton: Lectiones Tullianae. 35, mit d. Schulnachr. 52 S. Progr. Freiburg 1832.

— Lectiones Tullianae. 8 maj. Freyburg 832. Gebr. Groos. 6 gr

— [Übers.] s. *Letronne*, Antoine Jean: Grundriss der alten und neuen Geographie [Cours élémentaire de géographie ancienne et moderne, deutsch]. 1833.

— Die christl. Literaturen d. Orients, s: Sammlung Göschen 527. 28.

— Lucubrationes Syro-Graecae. — Lipsiae: Teubner 1894. S. 358–524. 8°
Aus: Jahrbücher für klassische Philologie. Suppl. Bd 21. 1894. Zugleich Diss. Leipzig 1894.
5. 27. 48. 207. 303.
13.5703

Baumstark, Ant., die Messe im Morgenland, s.a. Sammlung Kösel. 8. Bd.

— Die Messe im Morgenland. — Kempten [usw.] 1906. VIII, 184 S. 8° (Sammlung Kösel. 8.)
1: Ag 7241/51–8. 2. 5. 7. 11. 12: Var. 332 pg–8 [2 Ex.] 14. 17. 19. 20. 24. 26. 27. 30. 31. 33. 36. 38. 41. 46. 52. 60. 61. 78. 121. 169. 207. 211. 214. 302.
13.5705

– Die konstantinopolitanische Messliturgie vor dem 9. Jahrh., s. a. Texte, kleine, f. theolog. u. philolog. Vorlesgn. u. Übungen.

— Die konstantinopolitanische Messliturgie vor dem 9. Jahrhundert. Übersichtliche Zusammenstellung d. wichtigsten Quellenmaterials. — Bonn: Marcus & Weber 1909. 16 S. 8° (Liturgische Texte. 3.) (Kleine Texte für theologische u. philologische Vorlesungen u. Übungen. 35.)
1: Bd 6995–35. 2. 3. 5. 6. 8→11. 12: Th. U. 369 t–35. 14. 16→19. 21. 22. 25. 26. 27. 29→32. 41. 45. 102. 123. 169. 302. 304.
13.5707

— Friedrich Carl Freiherr v. Moser. Aus seinen Schriften sein Geist an das neunzehnte Jahrhundert. Von Hermann vom Busche. — Stuttgart: Hallberger 1846. VIII, 397 S. 8°
1: Av 2256. 2→5. 7→10. 12: Biogr. 821 t. 17. 18. 20. 21. 24. 30. 39. 203. 208. 300: 37.914–B.
13.5682

— Zur Neugestaltung des badischen Schulwesens. — Leipzig 1862: Teubner. 60 S. 8°
1: Stala 781. 12: Paed. Th. 333. 15. 17. 25. 31. 302.
13.5683

— Orationes latinae virorum recentioris aetatis disertissimorum Graevii, Wyttenbachii, Mureti, Hemsterhusii, Facciolati, Ernesti, Chelucci, Bencii, Majoragii, Perpiniani, Palearii, Eichstadii. In usum juventutis literarum studiosae collegit et brevi annotatione instruxit. 12 maj. Freiburg 835. Gebr. Groos. 2/3 ℳ

— Orationes Latinae virorum recentioris aetatis disertissimorum. — Friburgi: Groos 1835. XII, 353 S. 8°
1: Xg 9246. 16. 17. 25. 31. 36. 300: 146.420–B. 303. 307.
13.5684

— [Hrsg.] s. *Oriens* christianus. 1901 ff.

— Abendländische Palästinapilger des ersten Jahrtausends und ihre Berichte. Eine kulturgeschichtliche Skizze. — Köln: Bachem in Komm. 1906. VI, 87 S. 8°
1: Ul 4689/56. 5. 12: It. coll. 11 hm. 14. 21. 26. 27. 31. 38. 212. 303.
13.5712

— — Ebd. 1906. VI, 87 S. 8° (Görres-Gesellschaft zur Pflege d. Wissenschaft im katholischen Deutschland. Vereinsschrift. 1906, 2.) 1: Ab 1639–1906, 2. 2. 3. 5→8. 10. 11. 12: Per. 61 hm–1906, 2. 15→20. 23. 25. 29. 30. 41. 52. 60. 61. 66. 102. 107. 169. 211. 300: 183.138–B Per. 1906, 2. 302.
13.5713

— Palaestinensia. Ein vorläufiger Bericht. — Rom 1906: Forzani. 60 S. 8° 25. 211.
13.5714

— Der Pessimismus in d. griech. Lyrik. 8° (85) Hdlbg 97, C. Winter. 1 —

— Der Pessimismus in der griechischen Lyrik. Vortrag. Heidelberg: Winter 1898. 35 S. 8°
1: Vf 5426. 11. 16. 25. 30. 31. 75. 302.
13.5716

— Die Petrus- und Paulusacten in der litterarischen Ueberlieferung der syrischen Kirche. Festgruss, dem Priestercollegium d. deutschen Campo Santo zu Rom zur Feier seines 25jährigen Bestehens. — Leipzig: Harrassowitz 1902. 79 S. 4° 1: 4° Br 2512. 2. 3. 5. 7. 9. 12: 4° Exeg. 1000 b. 14. 15. 18. 20. 21. 25. 29. 30. 300: 417.438–C. 302. 303.
13.5717

— Prolegomenorum in oration. Demosthenis adversus Phormionem caput prius, sive de litigantium personis ac statu civili commentatio. 8 maj. Heidelb. 826. (Groos, a. Varrentrapp in Frankf.) 6 ℊℊ

— Prolegomenorum in Orationem Demosthenis adversus Phormionem caput 1. — Heidelbergae 1826: Gutmann. 56 S. 8° Zugleich Diss. Heidelberg 1826. 1: Vx 7630. 3. 10. 12: Diss. 805–6. 15. 16. 21. 25. 30. 31. 52. 180. 303.
13.5085

— Urdeutsche Staatsalterthümer zur schützenden Erläuterung der Germania des Tacitus. — Berlin: W. Weber 1873. XIX, 977 S. 8° 1: Wn 1720. 2→11. 12: A. lat. b. 1935 f. 14→21. 24→31. 34. 35. 36. 38. 43. 46. 64. 111. 117. 300: 45.834–B. 302. 303.
13.5080

— urdeutsche Staatsalterthümer zur schützenden Erläuterung der Germania d. Tacitus. gr. 8. (XIX, 977 S.) Berlin 874. Weber. n. 22. –

— Staatslexicon in einem Bande. Hrsg. durch Hermann vom Busche. (In 30 Lfg.) — Stuttgart: Hallberger 18(46–) 52. VIII S., 2844 Sp. 4° Nebent.: Populäres Staatslexicon.
1 [unvollst.]: F 5324. 12: Pol. g. 41 t. 24. 89. 304.
13.5087

— [Hrsg.] s. *Tacitus*, Publius Cornelius: Germania. 1876 u. ö.

— [Übers.]
s. *Tacitus*, Publius Cornelius: Germania [deutsch]. 1876.

— Die arabischen Texte der *Διαθήκη τοῦ Κυρίου*. 8°
Aus: Römische Quartalschrift für christliche Alterthumskunde u. für Kirchengeschichte. 14. 1900.
5.
13.5720

— Ueberlieferung und Bezeugung der *Διαθήκη τοῦ κυρίου ἡμῶν Ἰησοῦ Χριστοῦ*.
Aus: Römische Quartalschrift für christliche Alterthumskunde u. für Kirchengeschichte. 14. 1900.
5.
13.5721

— Fr. Aug. Wolf und die Gelehrtenschule oder die Gymnasialpädagogik auf positiver und rationeller Grundlage. — Leipzig: Teubner 1864. V, 128 S. 8° 1: Ne 11760. 2. 4. 5. 15. 21. 22. 25. 27. 31. 109. 207. 302. 303.
13.5688

Baumstark, Arthur [aus Karlsruhe]: Über die nach Frakturen zurückgebliebenen Kontrakturen ... *Karlsruhe. Badische Verl.-Dr., 1895;* 27 S. 8.
Erlangen, Med. Fak., Inaug.-Diss. v. [11.] März 1895

Baumstark, Christian Eduard: Christliche Apologetik auf anthropologischer Grundlage. (3: Das Christenthum in seiner Begründung und seinen Gegensätzen.) Bd 1–3. Frankfurt a. M.: Heyder & Zimmer (3: Heidelberg: Winter) 1872–89. 8°
1. 1872.
2. Das Christentum in seiner Begründung und seinen Gegensätzen. 1879.
3. Das Christenthum als Religion der Erlösung. Das Christenthum als Culturmacht. 1889.
1: Dc 6778. 2. 7. 9. 12: Polem. 176 kx. 16. 17. 21. 28→31. 36. 45. 302.
13.5723

Baumstark, Chrn. Ed., das Christenthum in seiner Begründung u. seinen Gegensätzen. Christliche Apologetik auf anthropolog. Grundlage. 3 Bde. gr. 8. Heidelberg 889. C. Winter. n. 24. —
1. I. Anthropologische Grundlage. II. Die außerchristlichen Religionen. 2. (Titel-)Ausg. (XV, 400 S.) (872.) n. 6. –
2. I. Die Erkenntnißquelle d. Christenthums. II. Das Christenthum als Bestätigung der natürlichen Religion. 2. (Titel-)Ausg. (VI, 613 S.) (879.) n. 9. —
3. I. Das Christenthum als Religion der Erlösung. II. Das Christenthum als Culturmacht. (VI, 485 S.) n. 9. —

— Zum kirchlichen Frieden. Eine wissenschaftliche Behandlung der gegenwärtigen kirchlichen Streitfragen. — Straßburg: R. Schultz 1880. 110 S. 8° 1: Fq 9694. 2. 4. 5. 10. 12: J. can. P. 94 f. 14. 16. 21. 29. 31. 106. 121. 203.
13.5725

— Das Verhältniß zwischen Kirche und Staat nach den Bedürfnissen der Gegenwart. — Heidelberg: Mohr 1873. 174 S. 8° 1: Fq 9537. 5. 6. 11. 12: J. publ. G. 43 e. 15. 16. 17. 20. 21. 24. 25. 27→31. 34. 35. 36. 39. 203. 205.
13.5726

Baumstark, E., s. B a u m s t a r k , Eduard

Baumstark, Ed., Festschrift zu seinem 50jähr. Professor-Jubiläum, s. Ulmann, Heinr., Maximilian's I. Absichten auf das Pabstthum in den Jahren 1507—1511.

Baumstark, Eduard

Baumstark, Eduard: Ueber staats- und landwirthschaftliche Academien und deren Verbindung mit Universitäten. Nebst e. kurzen Nachricht über die königlich preußische staats- und landwirthschaftliche Academie Eldena bei Greifswald. — Greifswald: Koch 1839. IV,128 S. 8° 1:Ou 21772. 9. 10. 11. 12:Cam. 8 tm. 17. 26. 27. 28. 84. 106. 302. 305.
13.5727

Baumstark, E., und W. v. Waldbrühl, Bardale. Sammlung auserlesener Volkslieder der verschied. Völker der Erde, alter u. neuer Zeiten, mit deutschem Texte u. begleitet durch Pianoforte und durch Guitarre. qu. 4. Leipzig 836. Crayen. 1 ß

—— und W. v. Waldbrühl, Bardale. Samml. auserles. Volkslieder d. verschied. Völker d Erde, alter u. neuer Zeiten, mit deutsch. Texte u. Begleit. d. Pianoforte u. d. Guitarre. qu. 4. (0¾ B.) Leipzig 836, [Friedlein u. Hirsch.]

— Zur Einkommensteuer-Frage. — Greifswald: Koch 1850. 84 S. 8°
Aus: Jahrbücher d. königlich preußischen staats- u. landwirthschaftlichen Academie Eldena. 2. 1851. **1:Ff 3304. 5. 7. 8. 9. 12:Cam. 8 tn. 14→17. 19. 21. 22. 24→27. 34. 35. 36. 38. 41. 45. 53. 61. 106. 109. 117. 203. 205. 302.**
13.5728

Baumstark, Dr. E., Einleitung in das wissenschaftliche Studium der Landwirthschaft. Wirklich gehaltene Vorlesungen. Als Anhang: Historisch-statistische Nachricht über den Besuch der Academie Eldena seit ihrer Eröffnung, u. Namensverzeichniß aller ihrer Studirenden seit dem Jahre 1855. Berlin 858. G. Reimer. gr. 8. (VIII, 143 S.) 20 ngr

Baumstark, E., die koenigliche staats- und landwirthschaftliche Academie Eldena bei der Universitaet Greifswald. gr. 8. (III, 77 S. mit 1 Plane des Dorfes und des Gutes Eldena auf 2 Stnt. in gr. 8. und qu. 4.) Berlin 870, Wiegandt, Hempel und Parey. *

Baumstark, Edw., kammeralist. Encyclopädie. Handbuch der Kammeralwissenschaften und ihrer Literatur, für Rechts- und Verwaltungs-Beamte, Landstände, Gemeinde-Räthe u. Kameral-Kandidaten. gr. 8. Heidelberg 834. Groos. 4 ß

— Kameralistische Encyclopädie. — Heidelberg [usw.]: Groos 1835. XVI,799 S. 8° 1:Fe 3617. 2. 4→11. 12:Cam. 8 tlzo. 14→18. 20. 21. 24→32. 34. 35. 36. 39. 44. 48. 60. 79. 83. 91. 106. 117. 180. 203. 205. 298. 302. 305.
13.5731

—— volkswirthschaftl. Erläuterungen, vorzügl. üb. D. Ricardo's System, s. a. Ricardo.

— Volkswirthschaftliche Erläuterungen vorzüglich über David Ricardo's System. — Leipzig: Engelmann 1838. X,830 S. 8° (Ricardo: Grundgesetze der Volkswirthschaft u. Besteuerung [On the Principles of political economy and taxation, deutsch]. 2.) 1:Fe 2926–2. 2. 4. 5. 7. 9. 10. 12:Cam. 114 mc–2. 16. 17. 18. 21. 25. 27. 29. 30. 33. 34. 35. 38. 39. 43. 45. 51. 79. 90. 206. 300:16.926–B. 2. 302→304.
13.5732

— zur Geschichte der arbeitenden Klasse. Eine Rede zur Feier des Allerh. Geburtsfestes Sr. Maj. des Königs von Preussen Friedrich Wilhelm IV. am 15. October 1853 auf der Universität zu Greifswald gehalten. Greifswald 853. (Bamberg.) gr. 8. (1 Bl., 54 S.) n. 10 ngr

— Die Universität Greifswald vor hundert und vor fünfzig Jahren. Akademische Festschrift zur Feier der fünfzigjährigen Angehörigkeit Neuvorpommerns und Rügens zum Königreich Preussen. — Greifswald 1866: Kunike. 119 S. 4° 1:Ay 26732. 2. 3. 4. 9. 10. 11. 16. 18. 26. 34. 44. 79. 202. 203.
13.5733

— Funfzehn Jahre Gründung der königlichen staats- und landwirthschaftlichen Academie Eldena. Festrede. — Greifswald 1860: Kunike. 82 S. 8° 1:Ou 22672. 2. 5→11. 17. 18. 19. 21. 27. 39. 79. 106. 123.
13.5734

— [Hrsg.] s. *Jahrbuecher* der königlich preussischen staats- und landwirthschaftlichen Academie Eldena. 1848 ff. [Zeitschriften].

— Ueber die Mittel zur Verbesserung der Zustände der arbeitenden Klasse. Vortrag. — (Berlin [1859].) 30 S. 8°
Aus: Zeitschrift d. Zentral-Vereins in Preussen für d. Wohl d. arbeitenden Klassen. 2. 1860. **9.**
13.5735

— [Übers.] s. *Ricardo*, David: Grundgesetze der Volkswirthschaft und der Besteuerung [On the Principles of political economy and taxation, deutsch]. 1837 u. ö.

——, Ant. Friedr. Justus Thibaut. Blätter d. Erinnerung f. seine Verehrer u. f. d. Freunde d. reinen Tonkunst. gr. 8. (11½ B.) Leipzig 841, Engelmann.

Baumstarck, Edw., des Herzogs v. Sully Verdienste um das französ. Finanzwesen. Gekr. Preisschrift. gr. 8. Manh. 828. (Groos in Heidelb.) 16 fl

— Des Herzogs von Sully Verdienste um das französische Finanzwesen. — Mannheim 1828: Katholisches Bürgerhospital. 144 S. 8° Zugleich Diss. Heidelberg 1828. **2→5. 7. 9. 12:Gall. g. 79 m. 15. 16. 17. 19. 20. 21. 25→29. 117. 180. 205.**
13.5737

— staatswissenschaftl. Versuche über Staatskredit, Staatsschulden und Staatspapiere, nebst 3 Anhängen, enthalt. 2 Uebersichten der engl. und franz. Finanzen seit dem 11. Jahrh. und einer Zusammenstellung aller im europ. Handel vorkomm. Staatspapiere. gr. 8. Heidelberg 833. Reichard. 3 ß

— Staatswissenschaftliche Versuche über Staatskredit, Staatsschulden und Staatspapiere. Nebst 3 Anh. — Heidelberg: Reichard 1833. XX,604 S. 8° 1:Ff 3894. 2. 4. 5. 7→11. 12:Cam. 8 tls. 15→21. 24→28. 30. 31. 33→36. 38. 39. 43. 44. 46. 48. 90. 106. 117. 180. 203. 205. 296. 302. 303. 305.
13.5736

— Ueber den Wochenmarkts-Verkehr. — Mannheim: Hoff 1836. 50 S. 8°
Aus: Der Nationalökonom. 2. 1836. **8. 9. 28.**
13.5739

Baumstark, Edward s. *Baumstark*, Eduard.

Baumstark, F. H., der allgemeine deutsche Rechtsanwalt für Stadt und Land oder: Erklärung und Verdeutschung aller in der Rechtssprache, in gerichtlichen und polizeilichen Bekanntmachungen, Erlassen, Bescheiden, Urteln u. s. w. vorkommenden lateinischen Wörter u. Redensarten. Cöslin 853. Volger in Comm. 24. (3 Bl., 116 S.) n. 5 ngr

Baumstark, Ferd.: B e i t r ä g e zur Kenntniss der Chlorverbindungen des Schwefels.
Greifswald, Schul-/Univ.-Schrift 1865.
55 S.

Baumstark, H. (M.), s. B a u m s t a r k , Hermann M.

Baumstark, Heinrich Thomas: Duldsamkeit, Wahrheit und Lüge; Antwort auf Herrn Böckels Bericht über die Einweihung eines protestantischen Bethauses &c. — Straßburg [1841]: Le Roux. 24 S. 8° 30.
13.5740

— Die freie **Prüfung** des Glaubens im Protestantismus. — Straßburg [1841]: Le Roux. 32 S. 8° 30.
13.5741

Baumstark, Hermann M.

Baumstark, H. M., Geschichte der christlichen Kirche. Für christl. Leser insgemein bearb. 1. Bd. Die Geschichte der christlichen Kirche in den ersten drei Jahrhunderten umfassend. gr. 8. (XX, 444 S.) St. Louis, Mo. 867. (Philadelphia, Schäfer und Koradi.)

Baumstark, Hermann M.: Geschichte der christlichen Kirche. Für christliche Leser insgemein bearb. Bd 1. St. Louis, Mo.: Wiebusch 1867. XX,444 S. 8°
1. Die Geschichte der christlichen Kirche in den ersten drei Jahrhunderten.
5.
13.5742

— Unsere Wege zur katholischen Kirche. 1870 u.ö. s. *Baumstark*, Reinhold.

Baumstark, Reinhold

— Mein Ausflug nach Spanien im Frühling 1867. — Regensburg: Manz 1868. XII,666 S. 8°
1: At 1989. 3. 7. 12: Hisp. 2 wm. 14. 17. 19. 22. 24. 25. 31. 32. 33. 38. 52. 98. 180. 211. 214. 300: • 7923. 308.
13.5744

Baumstark, Rhold., mein Ausflug nach Spanien im Frühjahr 1867. 2., verb. Aufl. gr. 8. (XII, 495 S.) Regensburg 869. Manz. 3. 75

— [Hrsg.] s. *Baumstark*, Anton. 1826: Dr. Anton Baumstark. Seine Lebensgeschichte. 1876.

— [Hrsg.] s. *Baumstark*, Anton. 1826: Ausführliche Erläuterung des besondern völkerschaftlichen Theiles der Germania des Tacitus. 1880.

— [Übers.] s. *Calderón* de La Barca, Pedro: Der standhafte Prinz [El Principe constante, deutsch]. 1891.

— Der selige Petrus **Canisius** S. J. In seinem Leben u. Wirken geschildert von Cl. Beck [d. i. Reinhold Baumstark]. Eine Weihegabe zu d. am 14. August 1881 beginnenden Canisius-Feier zu Freiburg in der Schweiz. — Einsiedeln [usw.]: Benziger 1881. 52 S. 8°
Aus: Alte und neue Welt. 1881. 5.
13.5746

— **Cervantes**. Ein spanisches Lebensbild. — Freiburg i. Br.: Herder 1875. 124 S. 8°
5. 7. 14. 18. 25. 32. 36. 38. 52. 79. 109. 204. 211. 214.
13.5747

— [Übers.] s. *Cervantes* Saavedra, Miguel de: Musternovellen [Novelas ejemplares, deutsch]. 1868.

— **Columbus**. — Münster: Russell 1873. 55 S. 8°
Aus: Zeitgemäße Broschüren. 8. 1873. 33. 52.
13.5748

— Columbus. [Aus: „Zeitgemäße Broschüren."] gr. 8. (55 S.) Münster 874. Russell. — 60

Baumstark, R., er sucht seine Frau, s.: Familienfreund.

— **Fegfeuer-Gespräche**. Von Lukianos Dendrosthenes [d.i. Reinhold Baumstark]. — Freiburg i. Br. [usw.]: Herder 1872. 95 S. 8° 31. 121.
13.5749

— — 2. Aufl. Ebd. 1872. 95 S. 8°
12: Jes. 1100y/1. 19. 21. 36. 52. 60. 211
13.5750

— — 3. Aufl. Ebd. 1872. 95 S. 8° 29. 300: 117.566–B.
13.5751

— — 4. Aufl. Ebd. 1872. 95 S. 8°
12: J. publ. G. 43 fc–1. 38.
13.5752

— — 5., unveränd. Aufl. Ebd. 1873. 95 S. 8°
1: Pa 9620. 5. 16. 17. 20. 25. 27. 102.
13.5753

— Fegfeuer-Gespräche. Von Lukianos Deudrosthenes [d. i. Reinhold Baumstark]. N.F. — Ebd. 1876. XI,159 S. 8°
1: Pa 9620–N. F. 12: J. publ. G. 43 fc–2. 16. 21. 27. 30. 36. 121.
13.5754

— — N.F. 2. Aufl. Ebd. 1876. XI,159 S. 8°
5. 7. 25. 38. 52.
13.5755

— **John Fisher**, Bischof von Rochester. — Freiburg i. Br.: Herder 1879. 238 S. 8° 2. 14. 25. 30. 38. 41. 52. 121. 180.
13.5756

— Zur spanischen **Frage**. Historisch-politische Skizzen. — Würzburg: Woerl 1875. 72 S. 8° (Katholische Studien. 1,3.) 1: Bd 6856–1,3. 5. 12: Th. U. 366 ko–1,3. 20. 31. 82. 123. 203. 211. 303.
13.5757

Baumstark, Reinhld., Gedanken e. Protestanten über die päpstliche Einladung zur Wiedervereinigung mit der römisch-katholischen Kirche. 1–4. Aufl. Regensburg 868. Manz. gr. 8. (30 S.) 4 ngr.

— — 2. Aufl. Ebd. 1868. 30 S. 8° 16.
13.5759

— Gedanken eines Protestanten über die päpstliche Einladung zur Wiedervereinigung mit der römisch-katholischen Kirche. 4. Aufl. gr. 8. (30 S.) Regensburg 868, Manz.
Vgl.: Antwort, Eine protestantische, . . .

— — 6. Aufl. Ebd. 1868. 30 S. 8° 1: Di 6198[6]. 25. 31. 180.
13.5760

— — 7. Aufl. Ebd. 1868. 30 S. 8° 2. 214.
13.5761

— — 8. Aufl. Ebd. 1868. 30 S. 8° 22.
13.5762

— — 10. Aufl. Ebd. 1869. 30 S. 8° 30.
13.5763

— — 11. Aufl. Ebd. 1869. 30 S. 8° 19. 21. 211.
13.5764

— — 12. Aufl. Ebd. 1869. 30 S. 8° 12: Conc. 362. 19. 60.
13.5765

— — 13. Aufl. Ebd. 1869. 30 S. 8° 5.
13.5766

[—] Die kirchenpolitischen **Gesetze** und Verordnungen für die römisch-katholische Kirche im Großherzogthum Baden. Zusammengestellt nach ihrer geschichtlichen Entwickelung seit dem Jahre 1860 u. in ihrer rechtlichen Geltung nach d. Gesetzgebung vom Jahr 1888. — Karlsruhe: Malsch & Vogel 1888. IX,173 S. 8° 31.
13.5769

— **Isabella** von Castilien und Ferdinand von Aragonien, die 'katholischen Herrscher' Spaniens. — Freiburg i. Br. [usw.]: Herder (1874). VIII,212 S. 8° (Sammlung historischer Bildnisse.) 25. 211. 214. 302.
13.5770

— — Ebd. 1874. VIII,212 S. 8° (Sammlung historischer Bildnisse. 2,10.) 1: Pb 3530–2,10.
12: Biogr. C. 284 y–II,10. 14. 22. 28. 30. 31. 38. 52. 107. 121. 169. 204. 300: 98.786–B. 2,10.
13.5771

— '**Kulturkampf** gegen Rom!' oder wo stehen wir? Dem katholischen Volke Deutschlands u. Oesterreichs vorgetragen. — Wien [usw.]: Sartori 1874. 54 S. 8° (Weckstimmen für d. katholische Volk. 5,3.4.)
5. 15. 21. 25. 300: 146.430–B. 5. 302. 308.
13.5772

— Bartholomäus de Las Casas, Bischof von Chiapa. — Freiburg i. Br. [usw.] : Herder 1879. 194 S. 8° (Sammlung historischer Bildnisse. 4,7.)
1:Pb 3530-4,7. 5. 12:Biogr. C. 284 y-IV,7. 18. 25. 31. 52. 121. 180. 211. 214. 300:98.786-B. 4,7. 302.
13.5773

— Kaiser Leopold I., s. Sammlung historischer Bildnisse.

— Kaiser Leopold I. — Freiburg i. Br.: Herder 1873. VII, 213 S. 8° (Sammlung historischer Bildnisse. 2,3.)
1:Pb 3530-2,3. 12:Biogr. C. 284 y-II,3 [2 Ex.] 25. 31. 33. 38. 52. 109. 169. 211. 214. 300:98.786-B. 2,3. 302.
13.5774

— Morgendämmerung im deutschen Reiche. — Wien 1879. 44 S. 8° (Weckstimmen für d. katholische Volk. 10,3.) 5. 25. 121. 123. 203. 300:146.430-B. 10. 302.
13.5775

— Thomas Morus. — Freiburg i. Br.: Herder 1879. 259 S. 8° 1:Tr 6096. 5. 14. 15. 21. 25. 30. 35. 41. 52. 106. 109. 121. 180. 203. 211. 302.
13.5776

Baumstark, Rhld, Thomas Morus 8°.
Freiburg i. Br, Herder, 1889.

— die spanische National-Literatur im Zeitalter der habsburgischen Könige, s. Vereinsschrift der Görres-Gesellschaft.

— Die spanische National-Literatur im Zeitalter der habsburgischen Könige. — Köln: Bachem in Comm. 1877. 104 S. 8° (Görres-Gesellschaft zur Pflege d. Wissenschaft im katholischen Deutschland. Vereinsschrift. 1877,3.)
1: Ab 1639-1877,3. 2. 3. 5→8. 10. 11. 12:Per. 61 mh-1877,3. 15. 17→20. 25. 29. 30. 36. 38. 41. 52. 61. 66. 102. 111. 203. 204. 211. 300:183.138-B. Per. 1877,3. 303.
13.5777

— Daniel O'Connell. — Freiburg i. Br.: Herder 1873. VI, 232 S. 8° (Sammlung historischer Bildnisse. 2,1.)
52. 169. 211. 300:98.786-B. 2,1.
13.5778

— — 2. Aufl. Ebd. 1873. VI,232 S. 8° (Sammlung historischer Bildnisse. 2,1.)
1:Pb 3530-2,1. 12: Biogr. C. 284 y-II,1. 31. 33. 302.
13.5779

— Philipp II. von Spanien. 8. (IV, 254 S.) Freiburg i. Br. 874, Herder'sche Verlagsh. *

— Philipp II. König von Spanien. — Freiburg i. Br.: Herder 1875. 254 S. 8°
1:Qr 7504. 5. 10. 15. 19. 33. 38. 41. 52. 75. 109. 169. 203. 204. 211. 214. 300:+8494. 302. 309.
13.5780

Baumstark, Rhold., Plus ultra! Schicksale eines deutschen Katholiken 1869—1882. 8. (VIII, 392 S.) Straßburg 883, Trübner.

Baumstark, Rhold., Plus ultra! Schicksale eines deutschen Katholiken 1869—1882. Erzählt von R. B. 2. Aufl. 8. (VIII, 392 S.) Straßburg 885, Trübner. + 3 —

der höchste Posten in Madrid, s. Familien-Bibliothek.

— Don Francisco de Quevedo. Ein spanisches Lebensbild aus d. 17. Jahrhundert. — Freiburg i. Br.: Herder 1871. XI,257 S. 8° 1:Ar 1023. 2. 3. 5. 7. 12:Biogr. 930 u. 14. 18. 20. 24. 25. 28. 30. 32. 33. 36. 38. 45. 52. 121. 204. 211. 300:68.270-B. 302.
13.5783

— Der erste deutsche Reichstag und die Interessen der katholischen Kirche. — Freiburg i. Br.: Herder 1871. 60 S. 8°
1:Sa 8694/5. 5. 11. 12:J. publ. G. 43f. 14. 16. 19. 25. 28. 31. 46. 52. 60. 121. 123. 203.
13.5784

— s. Rom, Das neue, und sein neuester Don Quixote. Ein freies deutsches Wort über d. Ultramontanismus und d. Concilgedanken d. Protestanten Baumstark. 1869.

— Unser Sieg. — Wien: Sartori 1875. 36 S. 8° (Weckstimmen für d. katholische Volk. 6,12.)
15. 300:146.430-B. 6. 302.
13.5785

Baumstark, Reinhold: [Werke, Ausz.] Reinhold Baumstark über Ultramontanismus, Zentrum und Jesuitismus. Berlin ([1908]: Winser). 14 S. 8° (Antiultramontaner Reichsverband. Flugschrift. 1.) 1:Fc 4697/57-1. 2. 4. 9. 10. 12:J. publ. G. 962 s-1. 16. 17. 21. 31. 41.
13.5743

— Vergib uns unsere Schulden. Sich selbst und anderen zu Gemüth geführt. — Wien: Sartori 1875. 32 S. 8° (Weckstimmen für d. katholische Volk. 6,3.)
14. 15. 300:146.430-B. 6. 302.
13.5786

— Die katholische Volkspartei in Baden und ihr Verhältniß zum Kriege gegen Frankreich. — Freiburg i. Br.: Herder 1870. 29 S. 8° 5. 12:Eur. 694 d-80. 16. 21. 25. 31. 52.
13.5787

— — 2. Aufl. Ebd. 1870. 29 S. 8°
1:Flugschr. 1870-34 [u.] Kr. Samml. Pd 2. 16. 214.
13.5788

— Was uns noch retten kann. Dem katholischen Volke Deutschlands u. Oesterreichs vorgeschlagen. — Wien [usw.]: Sartori 1873. 32 S. 8° (Weckstimmen für d. katholische Volk. 4,6.) 14. 15. 20. 300:146.430-B. 4. 302. 308.
13.5789

— Unsere Wege zur katholischen Kirche. Von Reinhold Baumstark u. Hermann Baumstark. — Freiburg i. Br.: Herder 1870. VI,221 S. 8° 1:Di 6470. 21. 31. 211. 304.
13.5790

— und Herm. Baumstark, unsere Wege zur katholischen Kirche. 1. und 2. Aufl. gr. 8. (VI, 223 S.) Freiburg im Br. 871, Herder'sche Verlagsh.

— die Wiederherstellung der katholischen Seelsorge im Großherzogthum Baden. Dem kathol. Clerus und Volke Badens nach authent. Actenstücken und eigenen Erlebnissen erzählt. gr. 8. (119 S.) Freiburg i. Br. 880, Wagner'sche Buchh. *

— die Zeit dauert länger als das Glück, } s. Familien-
— die Zweifel des heiligen Petrus, } Bibliothek.

Baumstark, Robert

Baumstark, Rob., der Einfluss der Mineralwässer auf Verdauungs- u. Stoffwechsel-Krankheiten, s. a. Sammlung zwangloser Abhandlungen aus dem Gebiete d. Verdauungs- u. Stoffwechsel-Krankheiten. I, 8.

Baumstark, Robert: Der Einfluss der Mineralwässer auf Verdauungs- und Stoffwechsel-Krankheiten. — Halle: Marhold 1909. 62 S. 8° (Sammlung zwangloser Abhandlungen aus d. Gebiete d. Verdauungs- u. Stoffwechsel-Krankheiten. 1,8.) 1:Iw 4641-1,8. 3. 7. 8. 11. 12:Path. 1104 n-1. 15. 17. 27. 28. 38M. 121. 202. 302.
13.5793

Baumstark, Robert: Ueber Epilepsia procursiva. *Freiburg i. B. 1897: E. Kuttruff.* (37 S.) 8°
Freiburg i. B., Med. Diss. v. 1897

— Bad Homburg und seine Heilquellen dargestellt für Ärzte und Kurgäste. — Wiesbaden: Bergmann 1901. 93 S. 8°
25. 43.
13.5791

Baumstark's „Gedanken eines Protestanten über die päpstliche Einladung" beurtheilt von einem Convertiten und Priester. 8. (16 S.) Augsburg 869, Kollmann'sche Buchh.
Aus: Sion, besonders abgedruckt.

Baumstaetter, A.: Die Rechtsverhältnisse der deutschen Frau nach der geltenden Gesetzgebung. Volkstümlich dargestellt. — Köln: Bachem [1900]. VIII,144 S. 8°
Erschien zuerst in: Kölnische Volkszeitung.
1: Gm 1681. 5. 38. 43. 106. 109. 202. 208.
13.5671

Baumstudien. Englisch. Baumstudien (burnham beeches). (8 Bl.) gr. 4. Berlin-Steglitz (903). Neue photograph. Gesellschaft. In Umschlag 12. —; einzelne Bl. 2. —

Baumueller: Der lustige Sängerschmaus nächtlich zelebrirt in einem niederrheinischen, zwischen Schlettstadt und Weissenburg gelegenen Rebenweiler. In gemeiner Bauernsprache niedergeschrieben zum freundlichen Neujahrsgruße. (Verf.: Baumüller.) — Straßburg 1861: Christophe. 8 S. 8° 30.
13.5796

Baumüller, Edmund, appr. Tierarzt: Aus d. chir. Klinik d. tierärztl. Hochsch. zu Berlin. ⟨Vorstand: Eberlein.⟩ Untersuchungen über die Sprunggelenksgalle des Pferdes. Mit 7 Textfig. u. 2 Abb. auf 1 Taf. Stuttgart 1909: Union. 28 S. 8° ¶(Aus: Monatshefte f. prakt. Tierheilk. Bd 21.)
Gießen, Veterinär-Med. Diss. v. 9. Jan. 1910, Ref. Pfeiffer
[Geb. 6. Okt. 83 Ostrowo; Wohnort: Barth; Staatsangeh.: Preußen; Vorbildung: Gymn. Ostrowo Reife O. 01; Studium: Tierärztl. Hochschulen Berlin 4, Hannover 3 S.; Rig. 14. Mai 09] [U 10. 1175

BAUMÜLLER, Emil (Bayreuth): Ueber Endocarditis.- München: Wild 1847. 15 S.
5.8.1846 - Urk (Titel: De endocarditide.); P 65
Diss. Ingolst.-Landsh.-Mchn.

Baumueller, Rudolf

Baumüller, R: Der Bilmesschneider, s.: Theater-Bibliothek, Regensburger.

Baumueller, Rudolf: Der Bilmesschneider. Schwank. Regensburg: Habbel [1905]. 26 S. 8° (Regensburger Theater-Bibliothek. 3.) 12: P. o. germ. 1445 pi-3. 19.
13.5797

Baumüller, Rud., von der Grenze, s.a. Für Herz u. Haus.

— Von der Grenze. Humoresken u. Erzählungen. — Regensburg: Habbel [1909]. 259 S. 8° (Für Herz und Haus! Familienbibliothek. 48.)
12: P. o. germ. 617 co-48. 14. 19.
13.5798

Baumwolle

Die explodirende Baumwolle. Original-Zeit-Schwank. — (Hamburg [um 1850]: Weisbach.) 16 S. 8° 18.
13.5802

Die Baumwolle in Kleinasien. Bericht d. Deutsch-Levantinischen Baumwoll-Gesellschaft mit beschraenkter Haftung, dem 5. Internationalen Baumwoll-Kongress, Paris, Juni 1908, erstattet. — Manchester [usw.]: Taylor, Garnett, Evans & Co. [1908]. 10 S. 8°
12: Oecon. 2047 y.
13.5803

Die Baumwolle und die deutschen Kolonien. — (Berlin [um 1910]: Mittler.) 8 S. 8° 1: N 13.4733. 21.
13.5804

Baumwolle-Aktien-Gesellschaft (Berlin). Denkschrift. — (Berlin 1909: Mittler.) 16 S. 4° 38 A.

Baumwollenindustrie (Die oberelsassische) und ihre Arbeiter. 350. Straßburg. 1887.

Baumwollen Ringe: Und wie denselben am besten vorzubeugen ist. Beitrag von einem Spinner und Fabrikant aus Lancashire. Internationaler Kongress der Baumwollen Spinner und Fabrikanten, in Zurich, Vom 23—28 Mai, 1904. 6 S. 8. Manchester, Marsden & Co., [1904].

Baumwollexpedition. —
Kolonial-Wirtschaftliches Komitee. Baumwoll-Expedition nach Togo. Begründung durch die Schrift: 'Zur Baumwollfrage' von Karl Supf. Gutachten von Wohltmann. — (Berlin [1900].) 18 S. 8°
Aus: Der Tropenpflanzer. 4. 1900.
10. 12: Cam. 231 z-1. 17. 18.
13.5807

Baumwoll-Expedition nach Togo. Bericht 1901. Mit 2 Taf., 1 Karte u. 12 Abb. Berlin: 'Tropenpflanzer' (1902). (S. 37-91.) 8°
= Tropenpflanzer, Der. Beihefte. Bd 3, No 2. [05 4939

Baumwollfrage, Die, s: Veröffentlichungen d. Reichskolonialamtes.

Baumwollhandel. — Bremens Baumwollhandel. — Bremen: Bösking [um 1900]. 13 S. 8° 101.
13.5811

Baumwollspinnerei. — Kollnauer Baumwollspinnerei und Weberei. 1870–1895. — (Lahr 1895: Geiger.) 13 S. 4° 31.
13.5814

Leipziger Baumwollspinnerei (Leipzig-Lindenau), 1884—1909. (Geschäftsberichte u. Bilanzen d. verflossenen 25 Jahre.) — (Leipzig-Plagwitz 1909: Stephan.) 106 S. 2° [Umschlagt.] 38 A

Baumwollspinnerei am Stadtbach in Augsburg. Bericht über die Gründung 1851 und den 50jährigen Betrieb 1853—1903. [Augsburg 1903.] 44 gez. Bl. 4° [Schreibmaschinenschrift.]

Baumwollspinnerei am Stadtbach in Augsburg. Bericht über die Gründung <1851> und den 50jähr. Betrieb <1853—1903>. — Augsburg [1903]: Himmer. 39 S. 8° 38 A.

Baumwolltermingeschaeft. — Das Baumwoll-Termin-Geschäft. — Liverpool: de Jersey 1907. 21 S. 8° 38.
13.5817

Baumwoll-Verbrauch, Der, in Europa. 1821—66. Wien 1868. V: *Peez, Alex.* (Kat. d. stat. Bureaus. Dresden 1890.)

Baumsucht, d., s.: Geiger, Frz. Xav.

— d., auf d. Lande; od. gründl. u. deutl. Unterricht, wie sich auch d. geringste Landmann d. schonsten Obstbaume auf e. leichte Art selbst erziehen etc. kann. 8. Leipzig (1783). Neue Ausg. 1820. Joachim. — 20

— die, auf dem Lande, oder gründl. u. deutl. Unterricht, wie sich auch der geringste Landmann d. schönsten Obstbäume auf eine leichte Art selbst erziehen, rc. kann. N. A. 8. Leipz. 820. Central-Compt. 18 gr.

Baumzucht, die neuere wilde, in e. alphabet. u. systemat. Verzeichnisse aufgestellt, (v. Chr. Fr. Ludwig). 8. Leipz. 783. 2e A. 796. 3e A. 802. Joachim. 10 gr.

Baun, Oberregierungsrat, Ellwangen. 1874 s. *Baun,* Albert v.

Baun, Albert v.: Die württembergische Bau- und Feuerpolizei-Gesetzgebung. Eine Dienst-Instruction für Oberamtsbautechniker u. Oberfeuerschauer. — Heidenheim: Rees 1874. VIII,383 S. 8° 24. 106.
13.5820

Baun, A., s.a. Staatsbürgerhandbuch.

[—] Staatsbürger-Handbuch. Die wichtigsten Rechte und Pflichten der Bürger, wie sie bei den Ruggerichten verkündigt werden. — Heidenheim: Rees 1874. 125 S. 8°
Die Abweichungen im Wortlaut d. Titel d. späteren Auflagen sind nicht berücksichtigt.
24.
13.5821

[—] — 2., verb. Aufl. Ebd. 1875. IV,138 S. 8° 24.
13.5822

[—] — 3., verb. Aufl. Ebd. 1876. IV,151 S. 8° 24.
13.5823

[—] — 6. Aufl. Ebd. 1880. IV,194 S. 8° 24.
13.5824

[—] — 7. Aufl. Ebd. 1881. IV,264 S. 8° 24.
13.5825

[—] — 8. Aufl. Ebd. 1886. IV,260 S. 8° 24.
13.5826

[—] — 9. Aufl. Ebd. 1890. IV,210 S. 8° 24. 27.
13.5827

[—] — 10. Aufl. Ebd. 1893. IV,208 S. 8° 24.
13.5828

[—] — 12. Aufl. Ebd. 1901. 217 S. 8° 24.
13.5829

Baun, Staatsbürgerhandbuch, enth. die wichtigsten Rechte u. Pflichten der Bürger. Für junge Bürger zur Erinnerung an den abgelegten Huldigungs-Eid. 13. Aufl. (IV, 239 S.) 8. Heidenheim 906. C. F. Rees. n. — 60
Die früheren Auflagen erschienen anonym.

Baun, v., Staatsbürgerhandbuch, enth. die wichtigsten Rechte u. Pflichten der Staats- u. Gemeindebürger. Für junge Bürger zur Erinnerg. an den abgelegten Huldigungs-Eid. 14. Aufl. (VII, 286 S.) 8. Heidenheim 910. C. F. Rees. p — 85

Baun, Friedrich

Baun, Frdr.: Andachten a. d. Heinrichsbad. (63) 8° Herisau '11. (St Gall., Buchh. d. ev. Gesellsch.) nn — 50 d

Baun, Friedrich: Fünf Bauernbrüder aus dem schwäbischen Volk. — Stuttgart: Evang. Gesellschaft (1909). 237 S. 8° 1: Cv 1272. 12: H. ref. 660 y. 21. 24.
13.5831

— Johann Albrecht Bengel. Der Vater d. schwäbischen Pietismus. (1687–1752.) 3. Aufl. — Stuttgart: Evang. Gesellschaft 1910. 62 S. 8° (Christliche Charakterbilder = Schwäbische Charakterbilder. 1.)
1: Du 17820–1. 12: Biogr. C. 402 s–1. 21. 24. 26. 62.
13.5835

— Christliche Charakterbilder. Volkstümliche Lebensbeschreibungen von Fr. Baun u. E. Kiefner. — Stuttgart: Evang. Gesellschaft 1904. 205 S. 8°
Sondertitel:
1. Baun: Schulmeister Kolb von Dagersheim. (1784–1859.) Ein Charakterbild aus d. Hahnschen Gemeinschaftkreisen Württembergs.
2. Baun: Johannes Kullen. Ein schwäbischer Stundenhalter. (1787–1842.)
3. Kiefner, Erhard: Wilhelm Friedrich Thumm in Wilhelmsdorf. (1818–1889.) Ein schwäbischer Lehrer u. Ortsvorsteher.
18. 24.
13.5840

— u. Erhard Kiefner, christliche Charakterbilder. Volkstümliche Lebensbeschreibungen. (III, 207 S. m. 3 Bildnissen.) gr. 8. Stuttgart 904. Buchh. der ev. Gesellschaft. Geb. in Leinw. n. 2. —; auch in 3 Hftn. Kart. n. 1. 80
1. Schulmeister Kolb v. Dagersheim. (1784–1859.) Ein Charakterbild aus den Hahnschen Gemeinschaftskreisen Württembergs. Von B. (48 S. m. 1 Bildnis.) n. — 40
2. Johannes Kullen. Ein schwäb. Stundenhalter. (1787–1842.) Von B. (39 S. m. 1 Bildnis.) n. — 40
3. Wilhelm Friedrich Thumm in Wilhelmsdorf. (1818–1889.) Ein schwäb. Lehrer u. Ortsvorsteher. Von K. (119 S. m. 1 Bildnis.) n. 1. —

Baun, Frdr., d. Christ u. d. Krankheit. Vortrag, geh. a. d. Predigerschulkonferenz z. Basel d. 11. Juni 1896. 8. (32 S.) Stuttgart 896. Buchh. d. Evang. Gesellschaft. n. — 20

— Erzählungen und Beispiele zum kleinen lutherischen Katechismus. 1906
s. *Baun:* Erzählungen zum Katechismus. 2. Aufl.

— Erzählungen und Erläuterungen zum württembergischen Konfirmationsbüchlein. — Stuttgart: Holland & Josenhans 1908. 160 S. 8° 24.
13.5845

— Erzählungen zum Katechismus hauptsächlich aus neuerer Zeit. — Stuttgart [usw.]: Holland & Josenhans [1903]. VIII,328 S. 8° 12: Catech. 817 l. 24.
13.5847

— Erzählungen und Beispiele zum kleinen lutherischen Katechismus hauptsächlich aus neuerer Zeit. 2., veränd. u. verb. Aufl. — Stuttgart: Holland & Josenhans [1906]. VIII,309 S. 8° 17. 24. 26. 169.
13.5848

— Erzählungen u. Beispiele zum kleinen lutherischen Katechismus hauptsächlich aus neuerer Zeit. Gesammelt u. geordnet. 2., veränd. u. verb. Aufl. (VIII, 309 S.) 8. Stuttgart (907). Holland & Josenhans. 2.40; geb. 3.40

— Das schwäbische Gemeinschaftsleben in Bildern und Beispielen gezeichnet. Ein Beitrag zur Geschichte d. Pietismus. — Stuttgart: Evang. Gesellschaft 1910. 227 S. 8°
1: Dm 8090. 6. 12: H. ref. 648e. 18. 21. 24. 26. 79.
13.5850

— Johann Michael Hahn, der Gründer der Hahnschen Gemeinschaften in Württemberg, s. a. Charakterbilder, christliche.

— Johann Michael Hahn, der Gründer der Hahnschen Gemeinschaften in Württemberg. (1758–1819.) — Stuttgart: Evang. Gesellschaft 1906. 47 S. 8° 24.
13.5852

— — 2. Aufl. Ebd. 1908. 47 S. 8° 24. 62.
13.5853

— — 2. Aufl. Ebd. 1908. 47 S. 8° (Christliche Charakterbilder = Schwäbische Charakterbilder. 8.)
12: Biogr. C. 402 s–8.
13.5854

— Der blinde Hansjörg, s. a. Charakterbilder, christliche.

— Der blinde Hansjörg. Ein Führer vieler Sehenden. (1781–1863.) — Stuttgart: Evang. Gesellschaft 1909. 46 S. 8° (Christliche Charakterbilder = Schwäbische Charakterbilder. 9.) 1: Du 17820–9. 18. 24. 26. 101.
13.5857

— Der Hansmartin v. Mägerkingen, s. a. Charakterbilder, christl.

— Der Hansmartin von Mägerkingen. (1804–1856.) Vom Wirt zum Stundenhalter. — Stuttgart: Evang. Gesellschaft 1909. 51 S. 8° (Christliche Charakterbilder = Schwäbische Charakterbilder. 10.)
1: Du 17820–10. 12: Biogr. C. 402 s–10. 18. 24. 26.
13.5858

Baun, Friedrich. Das Heinrichsbad im Appenzellerland. Seine Entstehung und bisherige Entwicklung, mit einem Lebensbild seines ersten Pfarrers Rudolf Wenger (1873—1896). [Mit Illustrationen und 1 Tafel.] 60 S. 8. Selbstverlag des Heinrichsbad bei Herisau; St. Gallen, Komm. Buchh. der Evang. Gesellschaft, 1908. fr. 1.—

— Der Karle v. Beuren (Karl Buck), s. a. Charakterbilder, christl.

— Der Karle von Beuren. (Karl Buck, 1813–1898.) Ein Stiller im Lande. — Stuttgart: Evang. Gesellschaft 1909. 38 S. 8° (Christliche Charakterbilder = Schwäbische Charakterbilder. 11.)
1: Du 17820–11. 12: Biogr. C. 402 s–11. 18. 24. 26.
13.5861

— Schultheiß Klaß v. Beuren, s. a. Charakterbilder, christliche.

— Schultheiß Klaß von Beuren. (1822–1888.) Ein schwäbischer Gemeinschaftspfleger. — Stuttgart: Evang. Gesellschaft 1909. 47 S. 8° (Christliche Charakterbilder = Schwäbische Charakterbilder. 12.)
1: Du 17820–12. 12: Biogr. C. 402 s–12. 18. 24. 26.
13.5863

— Schulmeister Kolb von Dagersheim. (1784–1859.) Ein Charakterbild aus d. Hahnschen Gemeinschaftskreisen Württembergs. — Stuttgart: Evang. Gesellschaft 1904. 47 S. 8° 18. 24.
13.5864

—— Stuttgart: Evang. Gesellschaft 1904 (1905). 47 S. 8° (Christliche Charakterbilder = Schwäbische Charakterbilder. [2.]) 12:Biogr. C. 402a-2.
13.5865

Baun, Fr., Johannes Kullen. Ein schwäb. Stundenhalter. (1787—1842.) 8. (40 S. m. Abbildgn.) Stuttgart 902. Buchh. der ev. Gesellschaft. n. —20

—— 1904 in: *Baun:* Christliche Charakterbilder.

—— Ebd. 1904. 37 S. 8° 18. 24. 26. 62. 101.
13.5870

— Der Glemser Marte (1767—1856), s.a. Charakterbilder, christl.

— Der Glemser Marte. (1767—1856.) Ein schwäbischer Bauer u. Gemeinschaftsmann. — Stuttgart: Evang. Gesellschaft 1905. 58 S. 8° (Christliche Charakterbilder [= Schwäbische Charakterbilder]. 5.)
12:Biogr. C. 402a-5. 18. 21. 24.
13.5873

—— 2. Aufl. Ebd. 1908. 46 S. 8° (Christliche Charakterbilder [= Schwäbische Charakterbilder]. 5.)
1:Du 17820-5. 12:Biogr. 393 lk. 24. 26. 101.
13.5874

— Die Evangelische Predigerschule in Basel. — (Gütersloh [1899].) 16 S. 8°
Aus: Monatsschrift für innere Mission. 19. 1899. 24.
13.5878

— Drei Schulmänner vom alten Schlag. Volkstümliche Lebensbeschreibungen von Fr. Baun u. E. Kiefner. — Ebd. (1904). 205 S. 8° 24.
Sondertitel wie Baun: Christliche Charakterbilder. 13.5841

— u. E. Kiesner: 3 Schulmänner v. alten Schlag. Volkstüml. Lebensbeschreibgn. (48, 39 u. 119 m. 3 Bildn.) 8° Stuttg., Verl. d. ev. Gesellsch. ('09). L. 2 — d

— Sektenbüchlein f. evangelische Christen. Die 12 wichtigsten Sekten der Gegenwart, gemeinverständlich dargestellt u. beurteilt. (61 S.) 8. Stuttgart 907. Verlag der ev. Gesellschaft. p —40

— D. achtfache Thür z. Himmelreich, s.: Lühr, Karl, u. Frdr. Baun, d. Seligpreisgn. i. Predigten.

— Wohin des Wegs? Eine bilderreiche Unterweisung für Jünglinge u. Jungfrauen. Mit eingestreuten Originalgedichten von Paul Kaiser [u. a.] — Barmen: Westdeutscher Jünglingsbund [um 1910]. 61 S. 8° 12:Mor. 1221 m.
13.5882

Baun, Friedrich. Wohin des Wegs? (**Umschlag:* Wegweiser.) Eine bilderreiche Unterweisung für Jünglinge und Jungfrauen von Friedrich (**Ausg. A:* F.) B', mit eingestreuten Originalgedichten von Paul Kaiser, Schmid-Hiller und Georg Zinser (**Ausg. B:* S Sch'-H', G' Z' u. A.), sowie vielen Originalbildern und Illustrationen. 54 S. 8. [1910.]

Ausg. A: 2. Aufl. Stuttgart, Komm. Holland & Josenhans. (M. —. 30.) — Weckstimmen. Erzählungen für die reifere Jugend. Hrg. von Bruno Mehmke .... Heft 7.

Ausg. B: [2. Aufl.] Barmen, Verlag des Westdeutschen Jünglingsbundes. [cart. M. —. 35 *u.* —. 60.] — (Weckstimmen, christliche Erzählungen aus dem Leben .... Hrg. von B' M'. Heft [7])

— Zitatenschatz zu d. Grundwahrh. d. Christentums. (336) 8° Stuttg., Holland & J. ('06). 2.50; geb. 3.50 d

— Zitatenschatz zu den Grundwahrheiten des Christentums. Nach Aussprüchen berühmter Männer alter u. neuer Zeit. — Stuttgart: Holland & Josenhans (1907). 336 S. 8°
6. 12:Th. U. 24 k. 24. 38. 169.
13.5883

Baunach, F. s.a. Wogen u. Schaum.

Baunach, F.: Wogen und Schaum. Reimlein vom alten Meergreis (Rurik, der Seefahrer). (Verf.: F. Baunach.) 1. Aufl. — Altona: Altonaer Rundschau 1905. 144 S. 8°
8. 9. 18.
13.5885

Baunach- und Itzgrundzeitung. – Bamberg: 1. I. 1876 - 30. VI. 1877.
Fortges. u. d. T.: Zeitung, Allgemeine. - Bamberg.

Baunack, G. F. Biblische Geschichte u. religiöser Memorierstoff f. die Mittelstufe der Volksschule. Eine prakt. Anleitg. zur Erklärung solcher Stoffe durch die bibl. Geschichte. Mit 2 Anhängen. 2 Tle. in 1 Bde. gr. 8. (X, 218, VI, 228 S.) Lpz. 890. Brandstetter. * 4 —

Baunack, G. F., biblische Geschichte u. religiöser Memorierstoff f. die Mittelstufe der Volksschule. Eine prakt. Anleitung zur Erklärg. solcher Stoffe durch die bibl. Geschichte. 2. Aufl. Durchgesehen v. Gäbler. 2 Tle. 8. Leipzig 906. F. Brandstetter. à n. 2. —;
in 1 Bd. geb. n.n. 4.50
1. Das Alte Testament. Mit e. Anh. (X, 231 S.)
2. Das Neue Testament. Mit e. Anh. (IV, 210 S.)

Baunack, Gottlob Franz: Lehrplan für die zwei- und dreiklassigen (und zugleich als Grundlage für gegliederte einfache) Schulen des Oelsnitzer Inspektionsbezirks. — Oelsnitz i.V. 1905: Götze. 146 S. 8° 207.
13.5887

Baunack, J. F., Schedae grammaticae. Diss. 1877. 80 S.

Baunack, Johann
Baunack, J., Beiträge zur altgriechischen Onomatologie. S. A. s. a. 62 S.

Baunack, Johannes. Aus Epidauros. Eine epigraphische Studie 1 (20 S.) [= Aus Epidauros. Eine epigraphische Studie 1 (IV, 104 S.) Leipzig 1890, Hirzel (.M 6,-) S. 1—21]
Progr. Nikolaig. Leipzig 1890

Baunack, Johann: Aus Epidauros. Eine epigraphische Studie. — Leipzig: Hirzel 1890. IV, 104 S. 4°
Erschien teilweise auch als Progr. Leipzig 1890.
1:4° Ph 6415. 2. 3. 5. 7. 10. 11. 12:4° Arch. 16 x. 14. 16. 18. 24. 26. 27. 29. 30. 38. 39. 45. 102. 117. 169. 300:152.911–C. 302.
13.5888

Baunack, Johannes. Gedächtnisrede auf Prof. Dr. Friedrich Traumüller. S. XI- XVIII. 4. Progr.
Stadt. Gymn. zu St. Nicolai. - Nikolaischule. Leipzig 1907

— Die Inschrift von Gortyn. Bearb. von Johannes Baunack u. Theodor Baunack. — Leipzig: Hirzel 1885. VI, 167 S. 8°
1:Ph 6515. 2→11. 12:Arch. 4 hf. 14. 15. 16. 18→21. 25→30. 45. 64. 102. 121. 302.
13.5889

Baunack, Johs., d. delphischen Inschriften, s.: Sammlung d. griech. Dialekt-Inschriften.

— Zwei archaische Inschriften aus Mantinea. Ak. 1898. 86 S. u. 2 Taf.

— [Bearb.] s. *Sammlung* der griechischen Dialekt-Inschriften. 2,3-6 4,2,1. 1888–99.

Baunack, Johann, und Theodor Baunack
—— —— Studien auf dem Gebiete des Griechischen und der arischen Sprachen. 1. Bd. 1. Tl. gr. 8. (X, S. 1—218.) Leipzig 886, Hirzel. * 6 —

— u. Th. Baunack, Studien auf dem Gebiete d. griechischen u. der arischen Sprachen. 1. Bd. 2. Tl. gr. 8. Leipzig 888. Hirzel. n. 7. —
(1. Bd. cplt.: n. 13. -)
a) Ein Grenzstreit zwischen Epidauros u. Korinth. — Analekten. Von J. B. — b) Die drei wichtigsten Gebete der Parsen m. ihren Commentaren u. der Yasna haptanhâiti. Von Th. B. (S. 219–478.)

— Wortregister, s.: Sammlung der griechischen Dialekt-Inschriften.

Baunack, Theodor: Die Inschrift von Gortyn. 1885 s. *Baunack*, Johann.

— Studien auf dem Gebiete des Griechischen und der arischen Sprachen. 1886–88 s. *Baunack*, Johann.

Baunard, Alois s. *Baunard,* Louis.

Baunard, L.P.J., s. B a u n a r d , Louis

Baunard, Louis

— [deutsch] Geschichte des heiligen Ambrosius. Übers. u. mit Anm. vers. von Johann Bittl. — Freiburg i. Br.: Herder 1873. XXXV,476 S. 8° **2. 3. 5. 6. 9. 12:V.SS. 48k. 14. 19. 20. 25. 29. 38. 41. 52. 211. 214.**
13.5903

Baunard, Alois, Geschichte d. heiligen Ambrosius. Aus dem Franz. übers. u. m. Anmerkgn. versehen v. Joh. Bittl. gr. 8. (XXXV, 476 S.) Freiburg i. B. 874. Herder. n. 5. 80

Baunard, L. P. J., Leben der ehrwürdigen Dienerin Gottes Mutter Magdalene Sophie Barat und Gründung der Gesellschaft des heiligsten Herzens Jesu. Aus dem Französ. übers. Mit einem Vorworte von Otto Zardetti. 2 Bde. gr. 8. (XLVIII, 484; 492 S. mit photogr. Portr.) Regensburg 880, Pustet. *ℳ 6.; geb. *

— — 2., verb. Aufl. Ebd. 1884. LVI,735 S. 8° **102.**
13.5908

Baunard, L. P. J., Leben der Mutter Philippine Duchesne, Ordensfrau des heil. Herzen Jesu, Gründerin der ersten Häuser dieser Gesellschaft in Amerika. Nach der 3. Aufl. des französ. Urtextes. Mit einem Vorwort des hochwürd. H. Paul Leop. Haffner, Bischofs von Mainz. 8. (496 S.) Regensburg 888. Pustet. * 3 —

Baunard, D. Leben d. Generals de Sonis. Nach s. Aufzeichngn. u. Briefen. N. d. 44. Aufl. des franz. Originals frei bearb. v. L. van Heemstede. Autor. Uebersetzg. gr. 8. (IX, 405 S. m. 1 Bildn.) Fulda 898. Fuldaer Actiendruckerei. n. 3. — ; geb. n. 4. —

— Lobrede zu Ehren der heil. Teresia, geh. in der Kapelle der Carmelitinnen zu Lille am 15. Octbr. 1886 Aus d. Franz. ins Deutsche übers. gr. 8. (28 S.) Linz 887. Webering. n. — 20

Baunard, Louis: Romana v. Todi, s. Jugendbücherei.

— [Romaine de Todi, deutsch] Romana von Todi. Übertr. von Paula v. Quaglio. — Graz [usw.]: Styria [1908]. 50 S. 8° (Jugendbücherei. 26.) **300:476.440-B. Per. 26. 303.**
13.5926

Baunormalien. — Baunormalien. Sammlung von Bauvorschriften für Wien bestehend in Verordnungen, Entscheidungen d. obersten Behörden u. Gerichte, Beschlüssen d. Gemeinderathes u. Stadtrathes etc., welche in d. letzten 5 Jahren 1894-1898 veröffentlicht wurden. — Wien: Selbstverl. d. Redaction 1899. VI,164 S. 8°
Aus: Wiener Communal-Blatt u. Allgemeine Baugewerbe-Zeitung. 22-25. 1896-99.
300:402.617-B. 302.
13.5939

Baunscheidt, Karl [Hrsg.] s. *Archiv* für das Baunscheidtsche Heilverfahren. 1860 [Zeitschriften].

Baunscheidt, Carl, das Auge, seine Krankheiten u. deren Heilung durch Baunscheidtismus. Mit erläut. Holzschn. (im Text.) Bonn 859. Wittmann. gr. 8. (VIII, 68 S.) n. 15 ngr.

— — 2. Aufl. Ebd. 1860. X,68 S. 8° **22.**
13.5943

Baunscheidt, Carl, das Auge, seine Krankheiten u. deren Heilung durch den Baunscheidtismus v. dem Erfinder dieser neuen Heillehre. 4. Aufl. Mit erläut. (eingedr.) Holzschn. gr. 8. (VIII, 68 S.) Bonn 874. Wittmann. n. 1. 50

Baunscheidt, Carl, das Auge, seine Krankheiten und deren Heilung durch den Baunscheidtismus. 5. Aufl. Mit erläut. (eingedr.) Holzschn. gr. 8. (XVI, 72 S.) Bonn 877, Schulten. *

— — 6. Aufl. Bonn 1907: Georgi. VIII,72 S. 8° **307.**
13.5944

—— Baunscheidtism or a new method of cure. Extracted and translated from the 10th German edit. gr. 8. (XXVI, 122 S. mit eingedr. Holzschn., 1 Holzschntaf. und Portr. in Stahlst.) Bonn 870, Wittmann Nachf. *

— [Ausz., engl.] Baunscheidtism or a new method of cure. Extracted and transl. — Ebd. [1905]. XXVI,124 S. 8° **101.**
13.5960

—— le Baunscheidtisme. Extrait traduit de l'allemand sur la Xe édit. par un praticien Baunscheidtisme. 3e édit. Avec des figures explicatives intercalées dans le texte. gr. 8. (XVI, 205 S. mit 1 Portr. in Stahlst.) Bonn 871, Wittmann Nachf. *

— [Ausz., span.] El Baunscheidtismo. Extracto trad. ... por Juan Quellen. — Altona 1861: Hammerich & Lesser. 92 S. 8° **8.**
13.5962

Baunscheidtismus, der, od. die Baunscheidt'sche Heilmethode im Gebiete des Rheumatismus rc. m. dem f. dieselbe construirten Instrumente, genannt: der „Lebenswecker." gr. 8. (24 S.) Bonn 851, Wittmann. 1/6 ℛ

(—) Der Baunscheidtismus oder die Baunscheidt'sche Heilmethode im Gebiete der Gicht, des Rheumatismus u. s. w. mittelst des für dieselbe construirten Instrumentes, genannt: der „Lebenswecker". 2., stark verm. Aufl. Ebend. 853. gr. 8. (VIII, 152 S. u. lith. Portr.) n. 20 ngr.

Baunscheidt, Carl, der Baunscheidtismus. Vom Erfinder dieser neuen Heillehre. 3., sehr bereicherte Aufl. Bonn 855. Wittmann. gr. 8. (XVI, 340 S. u. Bildn. in Stahlst.) n. 1 ℛ

— — 4., bereicherte Aufl. Ebd. 1856. XXIII,508 S. 8° **1:If 10614a. 15. 16. 28.**
13.5949

— — Mit erläuternden Holzschn. (im Text) u. Kupfertaf. 5. abermals sehr bereicherte Aufl. 1857. (XXIV, 672 S. u. Bildn. in Stahlst.) — 6. rc. Aufl. Ebend. 858. gr. 8. (XXVII, 529 S. u. Bildn. in Stahlst.) n. 1 ℛ 20 ngr.

— — 7., bereicherte Aufl. Ebd. 1860. XXXII,592 S. 8° **10. 21. 302.**
13.5952

— — 8., bereicherte Aufl. Ebd. 1862. XXXII,600 S. 8° **14. 20. 33. 34. 41. 64.**
13.5953

Baunscheidt, Carl, der Baunscheidtismus. 9., bereicherte Aufl. gr. 8. (XXXII und 597 S. mit erläut. eingedr. Holzschn. und mit Portr. in Stahlst.) Bonn 864, Wittmann. *

— [Ausz., ungar.] A Baunscheidtismus. Magyarítá Szabó P.M. — Bonn: Wittmann 1865. 144 S. 8° **300:153.000-B.**
13.5963

Baunscheidt, Carl, der Baunscheidtismus. Mit erläuternden Abbildgn. (Holzschn. im Text). 10., nochmals sehr bereicherte Aufl. Bonn 869. Wittmann. gr. 8. (XXXIII, 590 S. u. Portr. in Stahlst.) n. 1 ℛ 20 ngr.

— — 11., bereicherte Aufl. Bonn: Schulten 1872. XXXV, 676 S. 8° **33.**
13.5955

— der Baunscheidtismus. Mit erläut. Abbildgn. (in eingedr. Holzschn.) 12., nochmals sehr bereicherte Aufl. gr. 8. (XLIV, 678 S. m. Portr. d. Verf. in Stahlst.) Ebend. 874. n. 5. —

— der Baunscheidtismus. Vom Erfinder dieser neuen Heillehre. Mit erläut. Abbild. 10. und 11. Aufl. 1869,72, und 12., nochmals sehr bereicherte Aufl. gr. 8. (XLIV, 678 S. mit Portr. des Verf. in Stahlst.) Bonn 874, Wittmann Nachf. *

Baunscheidt, Carl, der Baunscheidtismus. Mit erläut. Abbildgn. 13., nochmals sehr bereich. Aufl. gr. 8. (XLIV, 692 S. m. Portr. d. Verf. in Stahlst.) Bonn 878. Schulten. n. 5. —

Baunscheidt, Carl, der Baunscheidtismus. Vom Erfinder dieser neuen Heillehre. 14. unveränd. Aufl. gr. 8. (XLIV, 692 S. mit Stahlst.-Bild und erläut. Abbild.) Bonn 886, (Schulten.) *

— der Baunscheidtismus und die Hygea in Hader. Eine Cantate für Großmäuler, insonderheit für die Herren Redakteurs der Hygea H. H. Prof. Dr. Karsch und Kreisphysikus Dr. Schwarz. gr. 8. (16 S.) Bonn 858, Wittmann. *

— die Burg Dottendorf bei Bonn von Carl dem Grossen bis zu Carl Baunscheidt. Von Letzterm nach Quellen und Urkunden dargestellt. qu. 4. (VII, 59 S. mit 4 Stahlst.) Bonn 869, Henry. geb. *

Baunscheidt, Karl, s.: Handbüchlein usw. d. Baunscheidtismus.

Baunscheidt, Carl (Hrsg.), s. Mücke, Die.

— Ökonomische Neuerungen in Geräthen, Maschinen und Werkzeugen. H. 1. — Bonn: Baunscheidt [usw.] 1842. 7 S. 4° 5.
13.5966

— das Ohr, seine Krankheiten und deren Heilung durch den Baunscheidtismus. gr. 8. (74 S.) Bonn 874, Wittmann Nachf. *

— der wissenschaftliche Standpunkt des Baunscheidtismus. Beleuchtung der in dem „Bulletin général de thérapeutique méd. et chirurg." 1862 enth. „Note sur l'emploi du révulseur de M. Ch. Baunscheidt" des Hrn. Prof. Dr. A. Le Roy de Méricourt. gr. 8. (29 S.) Bonn 862, Habicht. *

Baunscheidt, Carl, des Rindvieh-Milzbrandes Ursache, Erkennung, Vorbeugung u. Heilung! Eine homöopath. Gabe f. den Landwirth u. Viehbesitzer. In populärer Darstellung. gr. 12. (IV u. 56 S.) Bonn 847, Habicht in Comm. n. 5/12 *

Baunscheidtismus. — Der Baunscheidtismus. 1851
s. *Baunscheidt*, Karl.

Bauordnung. — Bauordnung
Vgl. auch Baupolizeiordnung u. Baupolizeiverordnung.
Unter Bauordnung sind auch die Schriften mit dem Ordnungswort Bauordnungen eingeordnet.
Der Abschnitt ist, unter Voranstellung der Titel, die keinen geographischen Namen enthalten, nach dem Alphabet der geographischen Namen geordnet.

Allgemeine Bauordnung. Königliche allerhöchste Verordnung vom 30. Aug. 1877. 1877
s. *Bauordnung* [Bayern].

Allgemeine Bauordnung. Königl. allerhöchste Verordnung vom 19. Sept. 1881. 1881
s. *Bauordnung* [Bayern].

Die allgemeine Bauordnung für die Landestheile dießseits des Rheins. 1864 u.ö. s. *Bauordnung* [Bayern].

Bau[ordnung] u. Feuerordnung für die Landgemeinden ... Hildesheim, s. Bauordnung [Hildesheim]

Bauordnung für die Herstellung und Erweiterung von Stadt-Fernsprecheinrichtungen im Reichs-Post- und Telegraphengebiet. — Berlin 1893: Reichsdr. VII,117 S. 8° 1: Gz 5589.
13.5981

Bauordnung vom 16. Jan. 1741. 1741
s. *Bauordnung* [Dinkelsbuehl].

Neue allgemeine Bauordnung vom 6. Okt. 1872. 1873 u. ö.
s. *Bauordnung* [Wuerttemberg].

Die neue Bauordnung, ihre Bedeutung für Groß-Lichterfelde, ihre Unterschiede gegenüber der alten Bauordnung. 1907 in: *Baupolizeiverordnung*, Die, für die Vororte von Berlin vom 28. Mai 1907.

Bau-Ordnungen für Städte und Dörfer. 1868
s. *Bauordnung* [Sachsen].

Achern

Örtliche Bau-Ordnung für die Stadt Achern (vom 23. Juli 1910). — Achern [1910]: Welchert. 15 S. 8° 31. 90.
13.5988

Altenburg

Bauordnung für die Residenzstadt Altenburg (vom 26. Nov. 1859). — (Altenburg [1859]: Hofbuchdr.) 16 S. 8° 39. 111.
13.5989

Altona

Bau-Ordnung für die Stadt Altona. (Altona 1882.) 8° [Kopft]

Bau-Ordnung für die Stadt Altona (vom 4. Aug. 1891). — (Altona [1891]: Köbner.) 68 S. 8° 1: Gm 13692. 8.
13.5990

Bau-Ordnung f. die Stadt Altona, nebst Anh. u. Uebersichtskarte. 12. (71 S.) Altona 891, (Schlüter). ** 1 —

Bau-Ordnung für die Stadt Altona (vom 15. Nov. 1892). — (Altona [1892]: Köbner.) 68,XIV S. 8° 1: Gm 13693. 8.
13.5991

— f. die Stadt Altona, nebst Anh. u. (farb.) Uebersichtskarte. (2. Aufl.) 12. (68 u. XIV S.) Altona 892. (Schlüter.) n.n. 1. —

[Umschlagt.:] [J.] Bau-Ordnung für die Stadt Altona ... (*Altona: Dr. v. H. W. Köbner [1896].*) (44 S.) 1 Bd 8. (97 '99)

Bau-Ordnung f. d. Stadt Altona. gr. 8. (44 S.) Altona 896. (Schlüter.) n. 1. —

Bau-Ordnung für die Stadt Altona (vom 15. Nov. 1892/ 13. Juni 1895). [Nebst] Nachtr. 4.5. — Ebd. [1896–1900]. 8° 1[°°Nachtr.]: Gm 13694. 8. 208[°°Nachtr.]
13.5992

Bau-Ordnung f. die Stadt Altona vom 15. XI. 1892 in der durch die Nachträge I—VI (vom 13. VI. 1895, 25. XI. 1897, 6. I. 1899, 9. X. 1899, 12. II. 1900 u. 15. VI. 1901) abgeänderten Fassung. gr. 8. (51 S.) Altona 901. (J. Harder). r.. — 70

Bau-Ordnung f. d. Stadt Altona v. 15.XI.1892 in d. durch d. Nachtr. I—VIII (v.13./6.1895, 25./11.1897, 6./1.1899, 9./10.1899, 12./2.1900, 15./6.'01, 5./9.'02 u. 6./5.'04) abgeänd. Fassg. (51) 8° Alt., (J Harder, S.) '04. nn — 50 d

Bau-Ordnung f. die Stadt Altona vom 15. XI. 1892 in der durch die Nachträge I–IX (vom 13./6. 95, 25./11. 97, 6./1. 99, 9./10. 99, 12./2. 1900, 15./6. 1901, 5./9. 1902, 6./5. 1904 u. 6./2. 1906 abgeänderten Fassung. (51 S.) gr. 8. Altona, J. Harder, Sort. 1905. —. 50.

Bau-Ordnung für die Stadt Altona vom 15. Nov. 1892 in der durch die Nachträge 1–9 (vom 13.6.95...6.5.1904 u. 6.2.1906 abgeänderten Fassung. — o.O. 1906. 46 S. 8° 86.
13.5995

— f. die Stadt Altona vom 15. XI. 1892 in der durch die Nachträge I–IX (vom 13./6. 95, 25./11. 97, 6./1. 99, 9./10. 99, 12./2. 1900, 15./6. 1901, 5./9. 1902, 6./5. 1904 u. 6./2. 1906 abgeänderten Fassung. (51 S.) gr. 8. Altona 906. (J. Harder, Sort.) n.n. — 50

Bauordnung für den Stadtkreis Altona (vom 30. Sept. 1910). Gültig ab 1. Okt. 1910. — Altona [1910]: Mattig. 40 S. 8° 8. 203.
13.5996

Bauordnung der Stadt Amberg, s. Paw-Ordnung

Anhalt

Bauordnung für das Herzogthum Anhalt (vom 1. Juli 1881). Nebst d. Ausführungs-Verordnung zu derselben. — Dessau: Reiter 1882. VIII,113 S. 8° 111.
13.5998

— f. d. Herzogth. Anhalt, nebst d. Ausführungs-Verordng zu derselben unter Berücks. d. durch d. Gesetze v. 12. März 1884 u. v. 8. Apr. 1885, sowie durch d. Verordng v. 24 Apr. 1885 erfolgten Abändergn derselben. 12° (136) Dess. 85, C Dünnhaupt. Kart. 1 —

— dasselbe. Unt. Berücksicht. sämmtl. b. 1. Apr. 1893 erschien. Abändergn. u. Ausführungs-Verordngn., sow. d. Ortsbau-Statuts d. Haupt- u. Residenzstadt Dessau, z. pract. Gebrauche zusammengest. 12. (99 u. Bau-Journal 7 S.) Dessau 893. Anhalt. Verlagsanstalt. Kart. n. 1. —

— dass. Unter Berücks. sämmtl. bis 1. Apr. 1893 erschienenen Abändergn u. Ausführungs-Verordngn, sowie d. Ortsbau-Statuts d. Haupt- u. Residenzstadt Dessau. 12° (99 u. Bau-Journal 7) Dess. 93, H Kahle. Kart. 1 —

— f. d. Herzogth. Anhalt, nebst d. Ausführungs-Verordng. z. ders. unt. Berücksicht. d. durch d. Gesetze vom 12. März 1884 (Nr. 664 d. Gesetz-Sammlg.) u. vom 8. Apr. 1885 (Nr. 695 d. Gesetz-Sammlg.), sow. durch d. Verordng. vom 24. Apr. 1885 (Nr. 696 d. Gesetz-Sammlg.), erfolgten Abändergn. ders., nebst d. Ortsbau-Statuten d. Städte Dessau, Cöthen, Zerbst u. Ballenstedt. 12. (VIII, 192 S.) Dessau 896. C. Dünnhaupt. Kart. n. 1. 50

— f. das Herzogth. Anhalt nebst der Ausführungsverordnung zu derselben, unter Berücksicht. der durch die Gesetze vom 12 III. 1884 (Nr. 664 der Ges.-Samml.) u. vom 8. IV. 1885 (Nr. 695 der Ges.-Samml.), sowie durch die Verordng. vom 24. IV. 1895 (Nr. 696 der Ges.-Samml.) erfolgten Abändergn. derselben, u. den Ortsbaustatuten der Städte Dessau, Cöthen, Zerbst u. Ballenstedt. 2. Aufl. 12. (VIII, 194 S.) Dessau 899. C. Dünnhaupt. Kart. n. 2. —

Bauordnung für das Herzogtum Anhalt. Nach der Fassung d. Gesetzes ... vom 19. Juni 1905. Mit Erl. von G. Teichmüller. — Dessau: Dünnhaupt 1905. VII,100 S. 8° 111.
13.6002

Bauordnung für das Herzogtum Anhalt (vom 19. Juni 1905). Mit Ergänzungsgesetzen, d. Ausführungsverordnung, Erl. ... hrsg. von Karl Pannier. — Cöthen: Schettler 1906. VI,179 S. 8° (Sammlung anhaltischer Gesetze. 11.) 1: Gq 8020-11. 11. 14. 111. 203. 208.
13.6003

Bauordnung für das Herzogtum Anhalt nebst der Ausführungsverordnung. Nach d. Fassung d. Gesetze ... vom 19. Juni 1905 u. ... vom 21. Mai 1906. Mit Erl. von G. Teichmüller. 2., durchges. Aufl. — Dessau: Dünnhaupt 1906. VII,176 S. 8° 111.
13.6004

— 3., neu durchges. Aufl. Ebd. 1908. VII,176 S. 8° 111.
13.6005

Anhalt-Bernburg

Herzoglich Anhalt-Bernburgische Bauordnung. Vom 4. April 1828. — (Ballenstedt 1828.) 40 S. 8° 111.
13.6006

Auerbach

Bau-Ordnung (vom 8. Sept. 1852), nach welcher sich bei allen im Stadtbezirke Auerbach vorkommenden Bauten zu richten ist. — Dresden [1853]: Blochmann. 47 S. 8° 14.
13.6007

Augsburg

Eines hoch-edel, und hochweisen Raths wohl-löblicher deß Heil. Röm. Reichs Stadt Augspurg erneuerte Bau-Ordnung Anno 1740. (Th. 1.2.) — (Augspurg [1740]): Labhart. 8° Verschiedene Drucke.
12: 4° J. germ. 12ma [auch 2–4° J. germ. 12m]. 16. 17. 19. 24.
13.6008

Barmen

Bauordnung für die Stadt Barmen vom 12. Sept. 1906. — Barmen 1906: Wiemann. 54 S. 8° 62.
13.6009

— Ebd. 1908. 54 S. 8° 86.
13.6010

Bayern

Allgemeine Bauordnung. Königliche allerhöchste Verordnung vom 30. Aug. 1877. — Würzburg: Stahel 1877. IV,44 S. 8° (Würzburger Volksausgabe. 49.) 20.
13.6026

Allgemeine Bauordnung. Königl. allerhöchste Verordnung vom 19. Sept. 1881. Nebst d. betr. Ergänzungsvorschriften — Würzburg: Stahel 1881. 58 S. 8° (Würzburger Volksausgabe. 49.) 20.
13.6032

Allgemeine allerhöchste Bauverordnung vom 30. Juni 1864 für das Königreich Bayern, mit den baupolizeilichen Bestimmungen ... Dem Druck übergeben von Ludwig Daffenreither. — München: Selbstverl. 1864. 46 S. 8° 12: Bavar. 208 l.
13.6016

Allgemeine allerhöchste Bauverordnung vom 30. Juni 1864 mit den unterm 15. März 1866 eingetretenen Modifikationen für das Königreich Bayern und mit den baupolizeilichen Bestimmungen ... Dem Druck übergeben von Ludwig Daffenreither. 5. Aufl. — Ebd. 1868. 48 S. 8° 12: Bavar. 208 ld.
13.6017

Die allgemeine Bauordnung vom 30. Aug. 1877. Nebst d. übrigen über Bau- u. Feuer-Polizei in Bayern rechts d. Rheines bestehenden Gesetzen, Verordnungen u. Ministerialvorschriften. — München: General-Comité d. landwirthschaftlichen Vereines 1877. VI,166 S. 8° 75. 91.
13.6020

Allgemeine Bauordnung für das Königreich Bayern. Vom 30. Aug. 1877. — Bamberg: Buchner 1877. 31 S. 8° 38.
13.6019

— dass. — 32. (102 S.) Kempten 877, Kösel'sche Buchh.

Allgemeine Bauordnung für das Königreich Bayern vom 30. Aug. 1877. 3. Aufl. — München 1877: Huber. 77 S. 8° 17. 75. 210.
13.6022

Allgemeine Bauordnung für das Königreich Bayern vom 30. Aug. 1877. — München: Stahl 1877. 77 S. 8° 12: Bavar. 208 pd.
13.6023

— allgemeine, — für das Königr. Bayern vom 30. Aug. 1877. 1.–3. verb. Aufl. 8. (82 S.) Bamberg 878, Buchner'sche Buchh.

— dass. — Nebst der Nachtragsverordnung vom 21. Mai 1878. Mit einem Sachregister. 8. (IV, 38 S.) Erlangen 878. Deichert. *

Allgemeine Bauordnung für das Königreich Bayern vom 19. Sept. 1881. — München: Huber 1881. 85 S. 8° 12: Bavar. 208 pk. 17. 19. 91.
13.6028

— München: Stahl 1881. 48 S. 8° 12: Bavar. 208 pi. 19.
13.6029

Allgemeine Bauordnung für das Königreich Bayern vom 19. Sept. 1881. — Bamberg: Buchner 1882. 27 [vielm. 39] S. 8° 1: Gm 13670. **12**: Bavar. 208pg. **22.**
13.6033

Allgemeine Bauordnung für Bayern rechts des Rheins. ⟨Mit Ausnahme von München.⟩ Königl. Verordnung vom 31. Juli 1890. Mit verschiedenen ergänzenden Vorschriften ... u. mit Anm. vers. Bauordnung für die Pfalz. Kgl. Verordnung v. 30. Aug. 1890. — Würzburg 1890. IV, 85 S. 8° (Stahel'sche Sammlung deutscher Reichsgesetze u. bayerischer Gesetze. 123.) **12**: Bavar. 2744d-123.
13.6039

Die allgemeine Bauordnung vom 30. Juni 1864 für das Königreich Bayern diesseits des Rheins. — München: Franz 1864. 35 S. 8° **12**: Bavar. 208k. **17. 30. 89.**
13.6014

Die allgemeine Bauordnung vom 30. Juni 1864 für das Königreich Bayern diesseits des Rheins mit d. Abänderungen vom 15. März 1866 u. d. Verordnung vom 27. Juni 1872. 3., verm. u. verb. Aufl. — München: Franz 1873. 53 S. 8° **12**: Bavar. 4365d [2 Ex.]
13.6018

Bauordnung, die allgemeine, vom 30. Juni 1864 für das Königr. Bayern diesseits des Rheins, mit den Ergänzungen der Verordnungen vom 15. März 1866 und 28. Jan. 1872 und anderer Vollzugs-Bestimmungen, ferner den auf das Bauwesen bezügl. Bestimmungen des Strafgesetz- und des Polizei-Strafgesetzbuches und der Gewerbeordnung. Mit allerhöchster Genehmigung. 8. (58 S.) München 876, Franz'sche Buchh.

Bauordnung, die allgemeine, vom 30. Juni 1864 in ihrer dermaligen Geltung m. den durch die allerhöchsten Verordgn. vom 15. März 1866 u. 28. Januar 1872 hierzu ergangenen Aendergn. 8. (32 S.) Bamberg 874. Buchner. — 60

Die allgemeine Bauordnung für die Landestheile Bayerns diesseits des Rheins, mit Ausnahme der Haupt- und Residenzstadt München, vom 30. Juni 1864. Mit d. einschlägigen gesetz- u. verordnungsmäßigen Bestimmungen, dann Erl. u. Sachreg. — München: Grubert 1864. 89 S. 8° **12**: Bavar. 208lc. **19. 23. 209. 210.**
13.6015

Die allgemeine Bauordnung für die Landestheile Bayerns rechts des Rheins mit Ausnahme der Haupt- und Residenzstadt München, vom 30. Aug. 1877. Mit d. gesetzlichen u. sonstigen bau- u. feuerpolizeilichen Bestimmungen, dann Erl. u. Sachreg. — München: Grubert 1877. VII,124 S. 8° **12**: Bavar. 208pb. **19. 210.**
13.6021

Die allgemeine Bauordnung für die Landestheile Bayerns rechts des Rheins mit Ausnahme der Haupt- und Residenzstadt München, vom 30. Aug. 1877, nebst d. Nachtragsverordnung vom 21. Mai 1878. — Erlangen: Deichert 1877 (1878). IV,38 S. 8° **12**: Bavar. 208pe. **29.**
13.6020

Die allgemeine Bauordnung für die Landestheile Bayerns rechts des Rheins mit Ausnahme der Haupt- und Residenzstadt München, vom 19. Sept. 1881. Mit d. gesetzlichen u. sonstigen bau- u. feuerpolizeilichen Bestimmungen, dann Erl. u. Sachreg. — München: Grubert 1881. VII,135 S. 8° **12**: Bavar. 208ph. **19. 208. 210.**
13.6027

Bauordnung, die allgemeine, für die Landestheile Bayerns rechts des Rheins mit Ausnahme der Haupt- und Residenzstadt München, vom 19. Septbr. 1881. Mit einem Sachregister. 8. (IV, 42 S.) Erlangen 886, Deichert'sche Verlagsbuchh. Nachf. cart. * — 60

—— dass. — Mit den gesetzl. und sonst. bau- und feuerpolizeil. Bestimmungen, dann Erläuterungen und Sachregister. 12. (VII, 135 S.) München 886, Grubert. cart. * — 60

Die allgemeine Bauordnung für die Landestheile dießseits des Rheins (vom 30. Juni 1864). — Bamberg: Buchner 1864. 21 S. 8° **12**: Bavar. 208o. **30. 91. 106.**
13.6012

Die allgemeine Bauordnung für die Landestheile dießseits des Rheins. Königl. allerh. Verordnung vom 30. Juni 1864. — Bamberg: Enke [1864]. 30 S. 8° **90.**
13.6013

Allgemeine Bauordnung für die Landestheile diesseits des Rheins vom 30. Aug. 1877 nebst ergänzenden Vorschriften etc. — Nördlingen: Beck 1877. IV,56 S. 8° **12**: Bavar. 208p. **22.**
13.6024

—— allgemeine, in den Landestheilen rechts des Rheins. 1. und 2. Lfg. Ergänzungs-Vorschriften &c. 8. (IV, S. 1—44.) Würzburg 877,79, Stahel'sche Buchh. [1. Lfg. 50 Pf.; 2. Lfg. 25 Pf.]

Die allgemeine Bauordnung für die Landestheile rechts des Rheins vom 19. Sept. 1881. Mit Erl. u. d. einschlägigen Gesetzesbestimmungen u. Verordnungen ... hrsg. von J. Kopplstätter. 3., umgearb. u. verm. Aufl. — Nördlingen: Beck 1884. VIII,94 S. 8° **12**: Bavar. 208pm. **75.**
13.6034

Die allgemeine Bauordnung für die Landestheile rechts des Rheins mit Ausnahme der Haupt- und Residenzstadt München vom 19. Sept. 1881. Mit Erl. u. d. einschlägigen Gesetzesbestimmungen u. Verordnungen ... hrsg. von J. Kopplstätter. 4., verm. Aufl. — Nördlingen: Beck 1889. VIII,103 S. 8° **12**: Bavar. 208pp. **14. 29. 208.**
13.6036

Die bayerische Bauordnung vom 17. Febr. 1901. Mit Erl. u. e. Anh. ... hrsg. von Ferdinand Englert. 2., neubearb. Aufl. — München: Beck 1905. XVI,236 S. 8° **12**: Bavar. 208psh. **19. 22. 38. 203. 208. 210.**
13.6049

— 3. Aufl. Ebd. 1906. XVI,251 S. 8° **12**: Bavar. 208pshc. **19. 26. 208. 210.**
13.6050

Die bayerische Bauordnung vom 17. Febr. 1901. Anh.: Bau-Unfallversicherungsgesetz vom 30. Juni 1900. Bau-Unfallverhütungsvorschriften vom 24. Juli 1904/4. Sept. 1905. Das Nachbarrecht. Verordnung betr. 'Wohnungsaufsicht' vom 10. 2. 1901. Kaminkehrerordnung vom 26. März 1903. — Nürnberg: Henkelmann 1907. 135 S. 8° (Nürnberger Volksausgabe.) **12**: Bavar. 2743v-1. **29.**
13.6051

— die, f. das Königr. Bayern einschließlich der Pfalz. Königl. Allerhöchste Verordng. vom 17. II. 1901. (Textausg. Mit e. Anh.) 8. (78 S.) Speyer 901. Jäger. Kart. — 60.

Bauordnung für das Königreich Bayern ⟨rechts des Rheins und die Pfalz⟩ mit Ausnahme der Haupt- und Residenzstadt München. Allerh. Verordnung vom 17. Febr. 1901. Nebst den Oberpolizeilichen Vorschriften vom 1. Jan. 1901 zum Schutze d. bei Bauten beschäftigten Personen. München: Gerber 1901. 60 S. 8° **91.**
13.6047

Die Bau-Ordnung vom 17. Febr. 1901 für das Königreich Bayern mit Ausnahme der Haupt- und Residenzstadt München. Textausg. — Kirchheimbolanden: Thieme [1901]. 44 S. 8° **107.**
13.6043

Die Bauordnung vom 17. Febr. 1901 für das Königreich Bayern mit Ausnahme der Haupt- und Residenzstadt München. Mit Erl. u. e. Anh. hrsg. von Ferdinand Englert. — München: Beck 1901. XV,183 S. 8° **12**: Bavar. 4275 l. **14. 19. 22. 29. 75. 107. 203. 208.**
13.6044

— 2., unveränd. Abdr. Ebd. 1901. XV,183 S. 8° **12**: Bavar. 208psg. **19.**
13.6045

— 3., unveränd. Abdr. Ebd. 1901. XV,183 S. 8° **19. 30. 86.**
13.6046

Die Bauordnung vom 31. Juli 1890 für die Landesteile rechts des Rheins mit Ausnahme der Haupt- und Residenzstadt München. Mit Erl. u. e. Anh., die einschlägigen Gesetzes- u. Verordnungsbestimmungen sowie d. Bauordnung für die Pfalz vom 30. Aug. 1890 etc. enthaltend, ferner unter Anfügung von Grundplänen hrsg. von J. v. Herrmann. München: Beck 1890. X,115 S. 8°
12: Bavar. 208ppx. 22. 29. 208.
13.6037

— 2., unveränd. Abdr. Ebd. 1890. X,115 S. 8°
12: Bavar. 208pq. 16. 91.
13.6038

Die Bauordnung vom 31. Juli 1890 für die Landesteile rechts des Rheins mit Ausnahme der Haupt- und Residenzstadt München. Mit Erl. u. e. Anh., die einschlägigen Gesetzes- u. Verordnungsbestimmungen sowie d. Bauordnung für die Pfalz vom 30. Aug. 1890 etc. enthaltend ... hrsg. von J. v. Herrmann. 3. Aufl. — München: Beck 1891. X,115 S. 8°
1: Gm 13090³. 12: Bavar. 208pr. 14. 29. 30. 51.
13.6040

— 4., verm. Aufl. Ebd. 1894. X,131 S. 8°
1: Gm 13090⁴. 12: Bavar. 208ps. 22. 29. 75. 91. 203. 208→210.
13.6041

Die Bauordnung vom 31. Juli 1890 für die Landesteile rechts des Rheins mit Ausnahme der Haupt- und Residenzstadt München. Mit Erl. u. Anh. hrsg. von Ferdinand Englert. — Ebd. 1898. IV,172 S. 8°
1: Gm 13744. 12: Bavar. 208psf. 22. 29. 208.
13.6042

Die revidirte allgemeine Bauordnung für die Landestheile rechts des Rheins mit Ausnahme der Haupt- und Residenzstadt München vom 19. Sept. 1881. Mit d. einschlägigen Gesetzesbestimmungen ... hrsg. von J. Kopplstätter. — Nördlingen: Beck 1881. IV,75 S. 8°
12: Bavar. 4247h. 22. 203. 208. 210.
13.6030

— 2. Abdr. Ebd. 1881. IV,75 S. 8° 12: Bavar. 208pf. 75.
13.6031

Bergedorf

Bau-Ordnung für das Städtchen Bergedorf. Publicirt im Dec. 1850. — Bergedorf [um 1850]: Eisenbahn-Zeitung. 9 S. 8°
18. 48.
13.6062

Berlin

Bau-Ordnung für die Stadt Berlin. Entwurf, bearb. von der seitens d. Magistrats ... ernannten Deputation. — Berlin [1835]: Dieterici. XII,102,XIII S. 4°
109.
13.6063

Bau-Ordnung für die Stadt Berlin. — Berlin 1877: Sittenfeld. VII,56 S. 8°
11.
13.6064

Blasewitz

Bauordnung für Blasewitz vom 21. Juni 1905. — Blasewitz: Beyer 1905. 48 S. 8°
86.
13.6071

Bochum

Bau-Ordnung für die Stadt Bochum (vom 1. Juni 1858). Bochum 1858: Stumpf. 14 S. 8°
27.
13.6072

Böhmen

Die neue Bauordnung für Böhmen, s.a. Landes-Gesetze für das Königreich Böhmen.

Die neue Bau-Ordnung vom 11. Mai 1864 für das Königreich Böhmen, mit Einschluß der königl. Hauptstadt Prag. Prag: Mercy 1864. 55 S. 8°
Tschechische Ausg. s. Řád stavební pro Království České. 1873 u.ö.
36. 300: 70.880-A. 305.
13.6073

—— die, für das Königreich Böhmen vom 11. Mai 1864, sammt dem Abänderungsgesetze vom 14. Decbr. 1881, unter Einbeziehung der bezugnehmenden Gesetze und Verordnungen mit Formularien für alle in Bauangelegenheiten vorkommenden Fälle, ergänzt durch die einschläg. Bestimmungen d. a. b. G. B., des Strafgesetzes, der Gewerbe- und Feuerpolizei-Ordnung rc., commentirt und erläut. mit Benutzung der Entscheidungen der obersten Behörden von einem prakt. Juristen. Mit einem ausführl., alphabet., nach Schlagwörtern abgefaßten Materienregister. 4. Aufl. 8. (161 S.) Prag 882, Mercy. +

Die Bau-Ordnung für das Königreich Böhmen vom 11. Mai 1864. Sammt allen bezugnehmenden Gesetzen u. Verordnungen ... Erg. durch d. einschlägigen Bestimmungen d.a.b.G.B., d. Strafgesetzes, d. Gewerbe- u. Feuerpolizei-Ordnung etc. Commentirt u. erl. ... 5. Aufl. — Ebd. 1886. 180 S. 8° (Gesetze für Böhmen. 2.)
300: 162.327-B. 302.
13.6074

Die Bau-Ordnung für das Königreich Böhmen (vom 8. Jän. 1889) mit Ausschluß jener Gemeinden, für welche die Prager Bauordnung vom 10. April 1886 gilt. Sammt einschlägigen Gesetzen u. Verordnungen namentlich mit d. Gesetze vom 26. Dec. 1893 sammt Nachtr. betreffend die Regelung der concessionirten Baugewerbe. ... Erl. u. mit Formularien vers. von Julius Nejedlý. 2., verm. u. ... bis auf die neueste Zeit erg. Aufl. — Prag: Höfer & Klouček 1894. XVI,308 S. 8° (Taschen-Ausgabe d. Gesetze für d. Königreich Böhmen. 224.)
Tschechische Ausg. s. Řád, Stavební, pro Království České. 1913.
300: 402.634-B. 224. 2. Aufl.
13.6075

Die Bau-Ordnung für das Königreich Böhmen (vom 8. Jän. 1889). Sammt ergänzenden Gesetzen u. Verordnungen, insbesondere betreffend d. Regelung d. concessionirten Baugewerbe. Commentirt ... von Josef Žalud. — Ebd. 1902. XV,506 S. 8° (Taschen-Ausgabe ... 224.)
300: 402.634-B. 224.
13.6076

Bonn

Bau-Ordnung für die Ober-Bürgermeisterei Bonn (vom 6. Febr. 1869). — Bonn: Hauptmann 1872. 16 S. 8° 52.
13.6077

Bau-Ordnung für die Oberbürgermeisterei Bonn (vom 6. Febr. 1869). — Bonn 1872: Neusser. 23 S. 8° 5.
13.6078

Bau-Ordnung für die Ober-Bürgermeisterei Bonn (vom 1. Sept. 1882). – Bonn 1882: Georgi. 31 S. 8° 5.
13.6079

Bozen

Bau-Ordnung der Stadt Bozen (vom 19. Juni 1886). — Bozen 1886: Perger. 30 S. 8°
91.
13.6080

Braunschweig

Bau-Ordnung für die Haupt- und Residenzstadt Braunschweig. — Dat. Braunschweig 12. März 1863. 50 S. 8°
23.
13.6081

Breslau

Aufs neu umgefertigte, vermehrte und verbesserte Bau-Ordnung der Stadt Breßlau, publiciret im Jahr 1688. Auf Verordnung von neuem gedr. — [Breslau] 1777. 40 S. 8°
2. 41.
13.6084

— Neu abgedr. Breslau: Korn 1828. 37 S. 8°
1a: an Gu 14045. 2. 41. 169. 208.
13.6085

Bruenn

— s. die Landeshauptstadt Brünn, s. die königl. Hauptstadt Olmütz, s. die königl. Städte Iglau u. Znaim, s.a. Landesgesetze, mährische.

— f. Brünn, Olmütz, Iglau u. Znaim, s. a. Taschenausgabe d. mähr. Landesges.

Bau-Ordnung für die Landeshauptstadt Brünn, für die königl. Hauptstadt Olmütz, für die königl. Städte Iglau und Znaim und für deren Vororte. (Gesetz vom 16. Juni 1894.) 2., erg. Aufl. — Brünn: Winkler 1899. 94 S. 8° (Taschenausgabe d. mähr. Landesgesetze. 3,1.) **203.**
13.6088

Buehl in Baden

Oertliche Bau-Ordnung für die Stadtgemeinde Bühl (vom 2. Dez. 1909). 1910. — Bühl [1910]: Röger. 15 S. 8° **31. 90.**
13.6090

Cassel s. Kassel

Bauordnung für die Stadt Celle. Celle 1855

Chemnitz

Allgemeine Bau-Ordnung für die Stadt Chemnitz (vom 24. May 1836). [Nebst] Nachtr. — [Chemnitz 1836–92.] 8°
Sämtliche Exemplare sind unvollständig. **4. 15. 88. 106.**
13.6091

Bauordnung für die Stadt Chemnitz (vom 13. Juli 1885). [Nebst] Nachtr. 27. — (Chemnitz [1885–91]): Pickenhahn. 8° **15[°° Nachtr.] 21[°° Nachtr.] 90. 106.**
13.6092

Bauordnung für die Stadt Chemnitz (vom 13. Juli 1885). [Chemnitz um 1900]: Pickenhahn. 113 S. 8° **14.**
13.6093

— der Stadt Chemnitz. schmal Lex.-8. (70 S.) Chemnitz (902). (C. Winter.) Kart n. 1.20

Colmar s. Kolmar

Coeln s. Koeln

Diedenhofen

Revidierte Bauordnung der Stadt Diedenhofen (vom 15. Mai 1902). — Diedenhofen 1902: Hollinger. 32 S. 8° **86.**
13.6094

Dinkelsbuehl

Bau-Ordnung [der Reichsstadt Dinkelsbühl]. — Dat. 16. Jan. 1741. 35 S. 4° **1: 17 in 2° Gp 5350. 24.**
13.6095

Donaueschingen

Bauordnung für die Stadt Donaueschingen (vom 20. Aug. 1908). [Nebst] Erg. — Donaueschingen [1908–09]: Meder. 8° **31. 90.**
13.6096

Dorpat

Dorpater Bau-Ordnung. Zsgest. aus d. Gesetzen, d. obligatorischen Verordnungen zur Regelung d. Bauwesens in d. Stadt Dorpat u. den von d. Stadtverordneten-Versammlung genehmigten Instructionen an d. Baucommission. — Dorpat: Laakmann 1885. 40 S. 8° **18.**
13.6097

Dresden

Allgemeine Bauordnung für die Residenz-Stadt Dresden (vom 12. Aug. 1827). — [Dresden 1827]: Meinhold. IV, 48 S. 8° **14. 88.**
13.6098

— [Nebst] Nachtr. [u.] Bekanntmachung. [Dresden 1827–30]: Königl. privil. Hofbuchdr. 8°
88[°° Nachtr. u. Bekanntmachung]. 106.
13.6099

— [Nebst] Nachtr. (Dresden [um 1865]: Blochmann.) 4° **302.**
13.6100

Entwurf 1877, abgeändert nach d. ersten u. d. auf Grund d. Stadtverordneten-Beschlüsse unterm 4. Febr. 1879 anderweit gefaßten Raths-Beschlüssen. Bau-Ordnung für die Stadt Dresden. — [Dresden 1879]: Henkler. 112 S. 4° **12: 4° A. civ. 17g. 106. 117.**
13.6102

Bauordnung für die Stadt Dresden vom 22. Dez. 1905. Nebst den Ortsgesetzen ... Handausg. mit Erl. ... hrsg. von Hermann Kretzschmar. — Dresden: Schürmann 1906. XVI,431 S. 8° **1: Gm 13805. 14. 15. 30. 88. 106. 203. 208.**
13.6103

Die neue Bauordnung für die Stadt Dresden nach den vom Stadtrathe beschlossenen und von der Verfassungsdeputation des Stadtverordnetencollegiums vorgeschlagenen Abänderungen des ursprünglichen Entwurfs d. Ministeriums d. Innern u. den von d. Maurer u. Zimmerinnung zu Dresden dazu beantragten Abänderungsvorschlägen u. Zusätzen. — Dresden 1867: Meinhold. 70 S. 4° **88. 106.**
13.6101

Durlach

Bauordnung für die Stadt Durlach (vom 19. April 1890). Amtl. Ausg. — (Durlach 1890: Walz.) 51 S. 8° **31.**
13.6108

Bau-Ordnung der Stadtgemeinde Durlach (vom 24. April 1866). [Nebst] Bekanntmachung. — Durlach 1866–[83]: Dups. 8° **31.**
13.6107

Duesseldorf

Bau-Ordnung für den innerhalb des Stadtbau- und Stadterweiterungsplanes liegenden Theil der Bürgermeisterei Düsseldorf (vom 12. April 1855). — Düsseldorf 1855: Stahl. 24 S. 8° **61.**
13.6106

Eberbach am Neckar

Bau-Ordnung für die Stadt Eberbach (vom 14. Mai 1909). (Eberbach [1909]: Wieprecht.) 22 S. 8° **31. 90.**
13.6109

Einbeck

Bau-Ordnung für die Stadt Einbeck (vom 28. Juli 1903). Einbeck [1903]: Feist. VI,58 S. 8° **86.**
13.6110

Elberfeld

Bauordnung für den Umfang der Stadtgemeinde Elberfeld vom 20. April 1909. 1909
s. *Polizeiverordnung* für den Umfang der Stadtgemeinde Elberfeld.

Eppingen

Bau-Ordnung für die Stadt Eppingen. Vom 7. Febr. 1910. Eppingen [1910]: Hoffmann. 7 S. 8° **90.**
13.6112

Erfurt

Bau-Ordnung für die Stadt Erfurt (vom 20. Nov. 1879). — Erfurt 1880: Ohlenroth. VII,56 S. 8° **3. 39.**
13.6113

Bauordnung für die Stadt Erfurt (vom 18. Febr. 1905). — Erfurt 1905: Ohlenroth. 64 S. 8° (Allgemeiner Anzeiger. 1905, 61, Beibl.) **3.**
13.6114

— Ebd. [1905]. 68 S. 8° **86.**
13.6115

Erstein

Bau-Ordnung der Stadt Erstein (vom 1. Aug. 1906). — Erstein: Bürgermeisteramt 1908. 11 S. 8° **86. 101.**
13.6116

Eschwege

Bau-Ordnung für die Städte Eschwege, Fulda, Hanau, Hersfeld, Marburg, Rinteln und Schmalkalden, sowie die Gemeinde Kesselstadt vom 1. Jan. 1875. 1875
s. *Bauordnung* [Kassel].

Flensburg

Bau-Ordnung für die Stadt Flensburg (vom 19. VIII. 1856). [Flensburg 1856]: Kastrup. 31 S. 8° 8.
13.6118

Bau-Ordnung für den Stadtkreis Flensburg (vom 10. Juli 1908). Handausg. ... hrsg. von d. Polizeiverwaltung, Abt. 4. Flensburg: Huwald 1908. 119 S. 8° 1: Gr 12801/16. 8.
13.6119

Frankfurt am Main

Bauordnung für die Stadt Frankfurt am Main vom 27. März 1896. Mit e. Anh. enthaltend die in d. Bauordnung angezogenen baupolizeilichen Verordnungen u. Verfügungen. Frankfurt a. M.: Fey 1896. 128 S. 8° 64. 180.
13.6120

Bauordnungen für den Gemeindebezirk der Stadt Frankfurt am Main. — (Frankfurt a. M. [1906].) S. 646–685. 4°
Aus: Bürgerbuch (Sammlung von Verordnungen) der Stadtgemeinde Frankfurt am Main. 1906.
30.
13.6122

Bauordnungen für die Stadtgemeinde Frankfurt a. M. Nebst Polizei-Verordnung zur Verhütung von Unfällen bei baulichen Arbeiten, sowie Regulativ über Erhebung von Baupolizeigebühren. Bearb. von der Stadt-Kanzlei. — Frankfurt a. M.: Knauer [1904]. 40 S. 8° 30.
13.6121

Bauordnungen für die Stadtgemeinde Frankfurt a. M nebst Polizei-Verordn. z. Verhüt. von Unfallen bei baul. Arbeiten, sowie Regulativ üb. Erheb. von Baupolizeigebühren. Bearb. von d. Stadt-Kanzlei. Frankfurt a. M. [1905]. 8° (4°.) *[Umschlagtit.]*

Freiburg im Breisgau

Bau-Ordnung für die Großherzoglich badische Hauptstadt Freiburg, nebst den dazu gehörigen Ortschaften Herdern und Wiehre (vom 11. Febr. 1839). — Freiburg 1839: Wangler. 28 S. 8° 25.
13.6124

Bauordnung für die Stadt Freiburg (vom 19. Juni 1828). Freiburg [1828]: Wangler. 22 S. 8° 25.
13.6123

Bauordnung für die Stadt Freiburg i. B. Ortspolizeiliche Vorschrift vom 11. Juni 1887, von Gr. Herrn Landeskommissär für vollziehbar erklärt mit Erlaß vom 10. Juni 1887. [Nebst.] Nachtr. [1.]2. — Freiburg i. B.: Wagner 1887[–89]. 8° 25 [[2] Nachtr.] 31. 90.
13.6126

Bauordnung für die Stadt Freiburg i. Br. (vom 27. Okt. 1900). Mit e. Anh., enthaltend alle auf d. Bauwesen bezüglichen ... orts- u. bezirkspolizeilichen Vorschriften nach d. Stande vom 1. Dez. 1900 ... Zsgest. u. hrsg. von Wilhelm Hollerbach. — Freiburg i. Br.: Hrsg. 1900. 159 S. 8°
25. 31.
13.6127

Bauordnung für die Stadt Freiburg im Breisgau vom 27. Okt. 1900. Mit d. seit Erscheinen derselben getroffenen Aenderungen u. Erg., sowie e. Anh., enthaltend alle auf d. Bauwesen bezüglichen ... orts- u. bezirkspolizeilichen Vorschriften nach d. Stande vom 1. Aug. 1903 ... Zsgest. u. hrsg. von Wilhelm Hollerbach. [Nebst] Erg. — Freiburg i. Br.: Wagner 1903–05. 8°
Erg. Die Abänderung u. Ergänzung der Bauordnung für die Stadt Freiburg betr. ortspolizeiliche Vorschrift vom 24. Juli 1905.
25 [[2] Erg.] 31. 90.
13.6128

Bauordnung für die Stadt Freiburg i. Br. (vom 7. März 1910). Mit e. Anh., enthaltend alle auf d. Bauwesen bezüglichen ... orts- u. bezirkspolizeilichen Vorschriften nach d. Stande vom 1. Sept. 1910 ... Hrsg. von Wilhelm Riedinger. — Freiburg i. Br.: Hrsg. 1910. VII,142 S. 8°
31. 86. 90.
13.6129

Bau-Ordnung für die Stadtgemeinde Freiburg (vom 28. Dez. 1871). — Freiburg i. B. 1872: Flamm & Wagner. 16 S. 8° 25. 31. 106.
13.6125

Fuerstenberg in Baden

Hochfürstlich Fürstenbergische Bauordnung, vorzüglich das herrschaftliche Bauwesen betreffend, von 1801. — Donaueschingen [1801]: Mieth. 41,29 S. 4° 25.
13.6130

Fuerstenberg in Mecklenburg

Bau-Ordnung der Stadt Fürstenberg i. Meckl. (vom 21. Jan. 1907). — o. O. [1907]. 1 Bl. 2° 28. 86.
13.6131

Geestemuende

Bauordnung für Geestemünde und Lehe vom 3. Sept. 1908. — Geestemünde: Henke 1908. 64 S. 8° 90.
13.6133

Gelsenkirchen

Bau-Ordnung für die Stadt Gelsenkirchen (vom 26. Juli 1910). Polizei-Verordnung. — Gelsenkirchen: Bertenburg 1910. 90 S. 8° 1: Tg 5368. 86.
13.6134

Gerstheim

Bauordnung der Gemeinde Gerstheim (vom 15. Aug. 1907). Erstein [1908]: Hotop. 11 S. 8° 86.
13.6135

Goslar

Bau-Ordnung für die Stadt Goslar (vom 11. Juni 1906). — Salzgitter 1906: Witt. 45 S. 8° 86.
13.6138

Goettingen

Bau-Ordnung für die Stadt Göttingen. — Dat. Hannover 16. Dec. 1833. 8 S. 8° 7.
13.6136

Bau-Ordnung für die Stadt Göttingen (vom 12. Juli 1877). (Göttingen [1877]: Hofer.) 28 S. 8° 7.
13.6137

Graz

Bauordnung, Allgemeine
—— für die Landeshauptstadt Graz. Gesetz vom 7. Septbr. 1881, wirksam für das Herzogth. Steiermark vom Tage der Kundmachung am 8. Octbr. 1881. gr. 8. (44 S.) Graz 883, Verlagsh. „Leykam". *

Bau-Ordnung für die Landeshauptstadt Graz (vom 1. Okt. 1856), genehmigt mit Statthalterei-Verordnung vom 16. Aug. 1856. — ([Graz 1856]: Leykam.) 27 S. 4° 30.
13.6139

Grimma

Bau-Ordnung (vom 11. Sept. 1856), nach welcher sich bei allen im Stadtbezirke Grimma vorkommenden Bauten zu richten ist. — Grimma [1856]: Roeßler. VI,58 S. 8° 14.
13.6142

— [Nebst] Nachtr. 1. Ebd. 1857–59. 8° 14.
13.6143

Großschoenau in Sachsen

Bau-Ordnung für die Gemeinde Großschönau (vom 5. Jan. 1905). — Großschönau i. S. [1905]: Engelhardt. 19 S. 8°
86.
13.6144

Hannover

Bauordnung, Allgemeine
—— für die königl. Residenzstadt Hannover vom 20/25. Febr. 1880. gr. 8. (VIII, 14 S.) Hannover 880, (Schmorl und v. Seefeld.) *

Bauordnung für das am 1. Okt. 1907 eingemeindete Gebiet der Königlichen Haupt- und Residenzstadt Hannover (vom 5. Mai 1909). Amtl. Ausg. — Hannover: Göhmann 1909. 93 S. 8° 86.
13.6100

Bau-Ordnung für die Königliche Haupt- und Residenzstadt Hannover (vom 25. Okt. 1894). — Hannover 1894: Jänecke. VII,64 S. 8° **89. 106.**
13.6150

— f. die königl. Haupt- u. Residenzstadt Hannover. gr. 8. (VIII, 64 S. m. 1 farb. Karte.) Hannover 894. (Schmorl & v. Seefeld Nachf.) n. 1. 60

Bau-Ordnung für die Königliche Haupt- und Residenzstadt Hannover vom 25. Okt. 1894. — Hannover 1897: Jänecke. VII,92 S. 8° **30.**
13.6152

Bauordnung für die Königliche Haupt- und Residenzstadt Hannover (vom 9. Dez. 1901). Amtl. Ausg. — Hannover 1901: Jänecke. IV,71 S. 8° **30.**
13.6154

— Amtl. Ausg. [Nebst] Nachtr. Ebd. 1902–07. 8° **35. 86. 89.**
13.6155

[Stadt Hannover] Bau-Ordnung für die Königliche Residenzstadt Hannover vom 20./25. Febr. 1880. — Hannover 1880: Culemann. VIII,60,14 S. 8° **7. 35. 48. 89. 93.**
13.6148

Bau-Ordnung für die Königliche Residenzstadt Hannover vom 3. Juli 1888. [Nebst] Anh. — Hannover 1888: Culemann. 8° **30.**
13.6149

Bauordnung für die Stadt Hannover (vom 9. Dez. 1901). Mit Anm. u. Sachreg. hrsg. von Plathner. Nebst e. Sonderbeil. [Nebst] Anh. — Hannover: Hartmann 1901 (Sonderbeil.: Hannover [1901]: Pokrantz). 8°
21[∞ Sonderbeil. u. Anh.] **30**[∞ Hauptwerk u. Sonderbeil.]
89. 180[∞ Hauptwerk u. Sonderbeil.]
13.6153

Hannoversche Bauordnung vom 25. Oct. 1894. [Nebst] Nachtr. — Hannover: Culemann 1895–[96]. 8°
14. 203[∞ Nachtr.] **208**[∞ Nachtr.]
13.6151

— hannoversche, v 25. Octbr. 1894. gr. 16. (60 S.) Hannover 895. (H. Lindemann.) n. — 75

[Landkreise d. Regierungsbezirks] Bau-Ordnung für die Landgemeinden und selbständigen Besitzungen des Regierungsbezirks Hannover vom 28. März 1894 mit den Erg. vom 27. Nov. 1900 u. vom 29. Febr. 1904. — Hameln: Fuendeling 1906. 33 S. 8° **35. 89.**
13.6165

— 1. f. die selbständigen Städte des Reg.-Bez. Hannover a) Hameln, Nienburg, b) Bodenwerder, Eldagsen, Münder, Neustadt a. R., Pattensen, Wunstorf, 2. f. die Gemeinden Barnstorf, Barsinghausen, Bruchhausen, Bücken, Diepholz, Eystrup, Springe, Hoya, Vilsen vom 21. XII. 1905. (40 S. m. Fig.) 8. Hameln 905. Th. Fuendeling. n. — 60

Bauordnung 1. für die selbständigen Städte des Regierungsbezirks Hannover: a) Hameln, Nienburg, b) Bodenwerder, Eldagsen, Münder, Neustadt a. R., Pattensen, Wunstorf, 2. für d. Gemeinden Barnstorf, Barsinghausen, Bruchhausen, Bücken, Diepholz, Eystrup, Hoya, Springe, Vilsen vom 21. Dez. 1905. 3. Aufl. [Nebst] Nachtr. — Hameln: Fuendeling 1909. 8° **35. 89.**
13.6163

Bauordnung für die Stadt Harburg. Harburg 1856

Bauordnung für die Stadt Harburg vom 1. Nov. 1907, nebst e. Anh., enth. die neben d. Bauordnung geltenden wichtigsten Gesetze, Ministerialerlasse u. Verordnungen auf d. Gebiete d. Baupolizei. Harburg a. d. Elbe 1908: G. Lühmann. (X, 351 S.) 8° [F.] 108. 6661

Heidelberg

Bauordnung der Stadt Heidelberg. Genehmigt mit Regierungs-Erlaß vom 3. Jan. 1862. — Heidelberg: Mohr 1862. 38 S. 8° **31.**
13.6168

Bauordnung der Stadt Heidelberg. Genehmigt durch Erlaß vom Gr. Landes-Commissär vom 12. Dez. 1865. — Heidelberg: Mohr 1866. 38 S. 8° **31.**
13.6169

— f. d. Stadt Heidelberg v 7. Dezbr. 1893. Mit e. Anh., enth. d. einschläg. Gesetze u. Verordngn. gr. 8. (VIII, 153 S.) Heidelberg 894. J. Hörning. n n. 1. 25

— d. Stadt Heidelberg v. 7. XII. 1893 unter Berücks. d. bis z. 1. X. '02 erlass. Aendergn u. Ergänzgn. (64) 8° Hdlbg, J Hörning '02. nn — 60 d

— der Stadt Heidelberg vom 7. XII. 1893 unter Berücksicht. der bis zum 1. VI. 1907 erlassenen Aenderungen u. Ergänzungen. (VIII, 72 S.) 8. Heidelberg 907. J. Hörning. — 80

— f. die Stadt Heidelberg. Erlassen auf Grund des § 116 Polizeistrafgesetzbuches, des § 2 Landesbauordng., m. Zustimmg. des Stadtrats Heidelberg u. nach Vollziehbarkeitserklärg. durch großh. Landeskommissär in Mannheim. (48 S.) 8. Ebd. 911. — 80

— dass. v. 8.6.'10. Mit e. Anh. einschlüg. örtl. Vorschriften. Amtl. Ausg. (4, 67) gr8° Ebd. '11. nn 1.25 d

Hessen

Die allgemeine Bau-Ordnung für das Großherzogthum Hessen. Hrsg. von Friedrich Pfaff (3: W. Zeller; 4–6: Glässing). Th. [1]–6. — Mainz: Diemer 1883–1918. 8°
1[∞ 6]: Gm 13673. **12**[∞ 1.3/6]: A.civ. 209z–2. **14**[∞ 1].
17. 26[∞ 5,1.6]. **36. 86**[∞ 1/3.5.6]. **90**[∞ 2/6].
203[∞ 4/6]. **208**[∞ 6].
13.6175

— — 2. Aufl. Th. 1. Ebd. 1892. VIII,208 S. 8°
12: A.civ. 209z–1. **14. 17. 26.**
13.6176

— — 3. Aufl. [Th. 1.] Ebd. 1899. VIII,208 S. 8° **26.**
13.6177

— die allgemeine, f. das Großherzogt. Hessen. 4. Tl., enth. die Aendergn. des Gesetzes, die Amtsblätter u. Ausschreiben seit 1882, die Nachträge u. Ergänzgn. der Ortsbaustatuten, die seit 1895 erlassenen Ortsbaustatuten, Baupolizeiverordngn., m. e. Sachregister, fortgeführt v. Glässing. (XI, 4, 44 u. 668 S.) gr. 8. Mainz 906. J. Diemer. n. 6. —
Vergl.: Pfaff, Frdr.

— Die allg., f. d. Grossh. Hessen. 5. Tl, enth. d. Aendergn d Gesetzes, d. Amtsblätter u. Ausschreiben, d. Nachträge u. Ergänzgn d. Ortsbaustatuten, wie d. seit '05 erlassenen Ortsbaustatuten, Baupolizeiverordngn, m. e. Sachreg., fortgeführt v. Glässing. 2 Abtlgn. (28, 282 u. 6, 248) gr8° Mainz, J Diemer '11. je 3 — (1—5: 25 —) d

Hildesheim

Bau- u. Feuerordnung für die Landgemeinden des Landdrostei-Bezirks Hildesheim. Hildesheim 868. Lax. 8. (16 S.) n 2⅓ nnr

[Landkreise d. Regierungsbezirks] Bau- und Feuer-Ordnung für die Landgemeinden des Landdrostei-Bezirks Hildesheim (vom 26. März 1868). 3. Aufl. — Hildesheim: Lax 1883. 16 S. 8° **7.**
13.6180

Bau- und Feuer-Ordnung für die Landgemeinden des Regierungsbezirks Hildesheim (vom 24. März 1897). 4. Aufl. Hildesheim: Lax 1897. 16 S. 8° **7.**
13.6181

Bau- und Feuerordnung für die Landgemeinden einschließlich der amtssässigen Städte und Flecken des Regierungsbezirks Hildesheim vom 12. Juni 1907. — Hildesheim: Lax 1907. 74 S. 8° 7. 35.
13.6183

[Stadt Hildesheim] Bau-Ordnung der Stadt Hildesheim. [Nebst] Nachtr. 1.2. — Hildesheim [1902–08]: Gerstenberg. 8° 86.
13.6179

— f. die Landgemeinden des Reg.-Bez. Hildesheim vom 24. III. 1897. (In der durch die Polizeiverordngn. vom 18. XII. 1900 u. vom 10. XI. 1908 veränderten Fassg.) (20 S.) gr. 8. Hildesheim 908. A. Lax. n. — 80

Hohenzollern

Bauordnung für die der Fürstlich Hohenzollernschen Hofkammer unterstehende Verwaltung vom 30. April 1898. — Stuttgart [1898]: Scheufele. 45 S. 4° 24.
13.6184

Illkirch-Grafenstaden

Bauordnung für die Gemeinde Illkirch-Grafenstaden (vom 29. März 1905). — Straßburg: Straßburger Dr. u. Verl. Anst. 1905. 16 S. 8° 86.
13.6185

Innsbruck

Bau- und Feuerlöschordnung für die Provinzial-Hauptstadt Innsbruck. (Gubernialverordnung vom 17. July 1817.) — Innsbruck 1820: Wagner. 42 S., 15 Bl. 4° 304.
13.6186

Bau-Ordnung der Landeshauptstadt Innsbruck. Gesetz vom 17. Nov. 1864. — Innsbruck 1864: Wagner. 24 S. 4°
300: 75.639-C. 304.
13.6188

Bau-Ordnung der Landeshauptstadt Innsbruck. (Gesetz vom 30. März 1896.) — Innsbruck: Wagner 1902. 86 S. 8°
304.
13.6189

Bauordnung für die k. k. Provinzial-Hauptstadt Innsbruck (vom 1. Horn. 1844). — Innsbruck 1844: Wagner. 15 Bl. 4°
304. 308.
13.6187

Iserlohn

Bauordnung für die Stadt Iserlohn vom 1. Oct. 1898. — Iserlohn 1898: Wichelhoven. 102 S. 8° 86.
13.6190

Karlsruhe

— f. d. Haupt- u. Residenzstadt Karlsruhe. M. Anh. u. (farb.) Stadtplan. Amtl. Ausg. 12. (XI, 281 S.) Karlsruhe 898. Macklot. Geb. in Leinw. n. 4. —

Bau-Ordnung für die Residenzstadt Karlsruhe (vom 11. Aug. 1843). — Karlsruhe 1843: Chr. Fr. Müller. 34 S. 8°
1: Si 3673. 16. 18. 25. 31. 304.
13.6193

Bauordnung für die Residenzstadt Karlsruhe (vom 14. Mai 1877). Amtl. Ausg. Mit 9, die betr. Gesetze u. Verordnungen enthaltenden Anl. — Karlsruhe: Chr. Fr. Müller 1878. IV, 79 S. 8° 25. 31. 90.
13.6194

Bauordnung für die Residenzstadt Karlsruhe [vom 8. Mai 1890]. Amtl. Ausg. — Karlsruhe: Macklot 1890. 124 S. 8°
25. 31. 180.
13.6195

Kaernten

Bau-Ordnung für das Herzogthum Kärnten mit Ausschluß der Landeshauptstadt Klagenfurt. (Gesetz vom 13. März 1866.) — Klagenfurt: v. Kleinmayr 1866. 72 S. 8°
302. 309.
13.6191

(F) Bau-Ordnung für das Herzogthum Kärnten mit Ausschluss der Landeshauptstadt Klagenfurt. (3., ergänzte Auflage.) (Redactionelle Beilage des Kärntner. Gemeindeblattes von Mitte März 1901.) [Klagenfurt. 1901. Heyn.] Gr.-8°. 29 S. K —.45

— f. das Herzogt. Kärnten m. Ausschluß d. Landeshauptstadt Klagenfurt. (5. ergänzte Aufl.) Mit e. Anh.: Begünstigung f. Neubauten. Red. Beilage d. Kärntner. Gemeindeblattes vom Aug. 1910. (32 S.) gr. 8. Klagenfurt 910. (F. Heyn). nn — 90

Kassel

[Städte II d. Regierungsbezirks] Bau-Ordnung für die Städte Eschwege, Fulda, Hanau, Hersfeld, Marburg, Rinteln und Schmalkalden, sowie die Gemeinde Kesselstadt. Dat. Cassel 1. Jan. 1875. — Cassel: Reform. Waisenhaus 1875. VI, 30 S. 8°
Nebent.: II. Bau-Ordnung für die Städte Eschwege ... sowie die Gemeinde Kesselstadt.
34.
13.6200

[Landkreise d. Regierungsbezirks] Bau-Ordnung für den Regierungsbezirk Cassel mit Ausnahme der Stadt Cassel und der Theile der Gemeindebezirke Wehlheiden, Wahlershausen und Kirchditmold, für welche die Verordnung vom 1. Jan. 1874 erlassen ist, und der Städte Bockenheim, Eschwege, Fulda, Hanau mit Kesselstadt, Hersfeld, Marburg, Rinteln und Schmalkalden, sowie des Kreises Gersfeld und des Amtsbezirks Orb (vom 1. Jan. 1875). — Cassel: Reform. Waisenhaus 1875. 16 S. 8°
Nebent.: III. Bau-Ordnung für den Regierungsbezirk Cassel.
34.
13.6201

[Städte I d. Regierungsbezirks] Bau-Ordnung für die Residenzstadt Cassel und einen Theil der Gemeindebezirke von Wehlheiden, Wahlershausen und Kirchditmold (vom 1. Jan. 1874). — Cassel: Reform. Waisenhaus 1874. IV, 41 S. 8°
Nebent.: Bauordnung vom 1. Jan. 1874. 34. 66.
13.6197

Bau-Ordnung für die Residenzstadt Cassel und einen Theil der Gemeindebezirke von Wehlheiden, Wahlershausen und Kirchditmold, sowie für die Stadt Bockenheim (vom 1. Jan. 1874). ⟨2. Aufl.⟩ — Ebd. 1883. IV, 44 S. 8° 4.
13.6198

Kiel

Bau-Ordnung für die Stadt Kiel (vom 20. Juli 1872). — Kiel: Magistrat 1872. 32 S. 8° 8.
13.6204

Bau-Ordnung für die Stadt Kiel (v. 20. Juli 1872.) Kiel. 1872. 8°. Nebst: Abänderungen der Bauordnung mit Genehmigung der Königlichen Regierung. o. O. u. J. 8° lithogr., und 2 Polizeiverordnungen betr. die Abänderung einiger Paragraphen der Bauordnung. (Kiel. 1885.) 8°.

Kirchberg in Sachsen

Bau-Ordnung (vom 5. Juli 1852), nach welcher sich bei allen im Stadtbezirke Kirchberg vorkommenden Bauten zu richten ist. — Dresden [1853]: Blochmann. 47 S. 8°
14.
13.6205

Klagenfurt

Bauordnung für die Landeshauptstadt Klgft. Klgft., Leon, (1867). Folio. 16 S.

Bauordnung für die Landeshauptstadt Klgft. u. deren politischen Bezirk. Klgft., Leon, (1869). Folio. 16 S. — (1870.) Folio. 20 S.

Bau-Ordnung für die Landes-Hauptstadt Klgft. Klgft., v. Kleinmayr, 1872. 73 S.

Bauordnung vom 13. Mai 1904 für die Landeshauptstadt Klagenfurt. L. G. Bl. vom 25. Juni 1904. — Klagenfurt: v. Kleinmayr 1904. 82 S. 8° 309.
13.6207

Koeln

Erneuerte Bauordnung für die Stadt Köln. — Dat. Köln 31. Okt. 1844. 8 S. 8° 38.
13.6208

Bauordnung für den Stadtkreis Köln (vom 1. Juni 1901). Köln: Bachem 1901. 63 S. 8° 29. 38.
13.6209

Bau-Ordnung ⟨in Kraft getreten 1. Juli 1901⟩ für den Stadtkreis Köln (vom 1. Juni 1901). — Köln: Geerling [1901]. 62 S. 8° 1:Gr 12744. 5.
13.6210

Bau-Ordnung für den Stadtkreis Köln (vom 1. Juni 1901). — [Köln 1901]: Kölner Verl. Anst. 52 S. 8° 38.
13.6211

Bau-Ordnung f. den Stadtkreis Cöln vom 1. VI. 1901, berichtigt durch die Polizei-Verordnungen vom 13. VIII. 1903, 23. XII. 1903, 10 VIII. 1905 u. 12. IX. 1905. In nachsteh. Fassg. am 15. X. 1905 in Kraft getreten, nebst Polizei-Verordng. üb. die Entwässerg. der bebauten Grundstücke u. den Anschluss der Grundstücke an die Strassenkanäle vom 20. VII. 1901. Mit e. Anh.: Normalprofile von I u. ⌋ Eisen, sowie Tabellen der Trägheitsmomente u. Querschnitte der am häufigsten vorkomm. Säulenprofile, nebst Anleitg. zur Bestimmg. derselben. Zusammengestellt v. W. Liesegang. (87 u. 26 S) kl 8. Cöln, K. Geerling. 1905 1. —

Koenigsberg in Preussen

[Stadt Königsberg] Bauordnung für die Haupt- und Residenzstadt Königsberg vom 10. März 1887. — Königsberg: Hartung 1887. 19 S. 8° 1:Gr 12552. 10.
13.6216

Bau-Ordnung für die Königliche Haupt- und Residenzstadt Königsberg vom 10. März 1887. Mit Ergänzungsbestimmungen ... Amtl. Abdr. — Königsberg: Ostpreuß. Zeitungs- u. Verl. Dr. 1900. 80 S. 8° 10. 30.
13.6217

Bauordnung für die Königliche Haupt- und Residenzstadt Königsberg i. Pr. (vom 26. März 1907). — Königsberg: Ostpreuß. Dr. u. Verl. Anst. 1907. 96 S. 8° 10. 44.
13.6218

[Landkreise d. Regierungsbezirks] Ländliche Bauordnung für den Regierungsbezirk Königsberg vom 1. Juni 1910. 1910 s. *Baupolizeiverordnung* [Koenigsberg].

[Städte d. Regierungsbezirks] Bauordnung für die Städte des Regierungsbezirks Königsberg vom 15. Jan. 1901. 1905 u. ö. s. *Baupolizeiverordnung* [Koenigsberg].

Konstanz

Bauordnung für die Kreishauptstadt Konstanz. Amtl. Ausg. Konstanz: Reuß 1892. XV,102 S. 8° 31.
13.6223

Bauordnung für die Kreishauptstadt Konstanz. Amtl. Ausg. — Konstanz: Reuß & Itta 1904. XVI,105 S. 8° 31.
13.6224

Kurhessen

Kurhessische Bauordnung vom 9. Jan. 1784. — Marburg: Koch 1859. 31 S. 8° 4. 34.
13.6225

Bauordnung für die Stadt Leer. Leer 1854

Leipzig

Bauordnung für die Stadt Leipzig. — (Leipzig [um 1885]: Bär & Hermann.) VIII,153 S. 8° 14. 106. 117.
13.6226

Bauordnung für die Stadt Leipzig (vom 27. Okt. 1897). Gültig vom 1. Jan. 1898. — Leipzig: Schimmelwitz [1898]. 31,8 S. 8° 14. 15. 117. 208.
13.6227

Leisnig

Bau-Ordnung für die Stadt Leisnig (vom 17. Nov. 1860). Leisnig 1863: Ulrich. 76 S. 8° 14.
13.6228

Lemgo

Bauordnung für die Stadt Lemgo (vom 23. Okt. 1883). — Lemgo 1883: Wagener. 24 S. 8° 51.
13.6229

Lengenfeld

Bau-Ordnung (vom 9. Sept. 1852), nach welcher sich bei allen im Stadtbezirke Lengenfeld vorkommenden Bauten zu richten ist. — Dresden [1853]: Blochmann. 47 S. 8° 14.
13.6230

— Anhang zur Bauordnung. (Reichenbach [1856]: Koch.) S. 55–65. 8° 14.
13.6231

Linz

Bau-Ordnung für die Gemeindegebiete der Landeshauptstadt Linz und der Stadt Wels (vom 1. Aug. 1887). — Linz: Feichtinger 1887. 48 S. 8° 307.
13.6232

(F) Bau-Ordnung für die Städte Linz und Wels. Steuerbefreiung für Neu-, Zu- und Umbauten. Normalmässige Mauerziegel-Stärke, Regulativ für Portalauslagen. Brunnen-Instruction. Strassen-Polizei-Ordnung. Bestimmung für die Benützung der allgemeinen Wasserleitung in Linz. Auszug aus dem Oberösterreichischen Amtskalender 1900. Linz. [1900.] Mareis. Gr.-8°. Pag. 121—152 S. K —.60

Loerrach

Bau-Ordnung für die Stadt Lörrach (vom 1. Jan. 1891). — Lörrach 1891: Gutsch. 90,VI S. 8° 31.
13.6233

Bau-Ordnung für die Stadt Lörrach (vom 27. Aug. 1909). [Nebst] Anh. — Lörrach 1909: Auer. 8° 31. 90.
13.6234

Loschwitz

Bauordnung für Loschwitz vom 20. Juli 1888. Nebst 1. Nachtr. vom 19. Febr. 1890 u. 2. Nachtr. vom 27. April 1898. [Nebst] Nachtr. 3–5. — Blasewitz [1898–1906]: Arnold. 8° 86.
13.6236

Loewenstein - Wertheim - Rosenberg

Bau-Ordnung für die Fürstlich Löwenstein-Wertheim-Rosenbergische Verwaltung (vom 1. Jan. 1887). — Speyer 1887: Jäger. 39 S. 4° 30. 31.
13.6236

Luebeck

Bauordnung für die Stadt Lübeck und deren Vorstädte sowie für das Städtchen Travemünde. Vom 16. Mai 1881. Lübeck: Borchers 1892. 34 S. 8° 48.
13.6237

Bauordnung für die Stadt Lübeck, deren Vorstädte und Vororte, sowie für Travemünde (vom 25. Mai 1903) und die wichtigsten mit derselben im Zusammenhange stehenden Gesetze und Verordnungen. — Lübeck: Borchers [1903]. X,195 S. 8° 8.
13.6238

Lüneburg

[Regierungsbezirk] Bauordnung für den Regierungsbezirk Lüneburg mit Ausnahme der Städte, auf welche die Städteordnung von 1858 Anwendung findet, sowie der Sammtgemeinde Wilhelmsburg (vom 25. Sept. 1897). Lüchow: Bergmann 1899. 33 S. 8°
Nebent.: Bau- und Feuer-Ordnung für den Regierungsbezirk Lüneburg.
35.
13.6242

— Lüneburg 1900: v. Stern. 47 S. 8°
Nebentitel wie in 13.6242.
Beigedr.: Feuer-Ordnung für den Regierungsbezirk Lüneburg mit Ausnahme der Städte, auf welche die Städteordnung von 1858 Anwendung findet.
86.
13.6243

Bau-Ordnung für die Stadt Lüneburg vom 5. Febr. 1904 und Baugebühren-Ordnung vom 8. Nov. 1899. — Lüneburg 1904: v. Stern. 160 S. 8° 86.
13.6240

Maehren

Bau-Ordnung (vom 20. Dez. 1869). Grundzüge für die Einführung von behördlich autorisirten Privat-Technikern. Feuerpolizei- u. Feuerwehr-Ordnung. Satzungen d. Verbandes d. allgemeinen Unterstützungscassa d. freiwilligen Feuerwehren in Mähren. Gesetz, betreffend d. Beitragsleistung d. Feuerversicherungs-Gesellschaften zu d. Kosten d. Feuerwehren u. zur Unterstützung verunglückter Feuerwehrmänner. — Brünn: Winkler 1883. 80 S. 8° (Taschen-Ausgabe d. mähr. Landes-Gesetze. 3.)
Tschechische Ausg. s. Řád stavební. Základní pravidla o zavedení soukromých technikův úředně zmocněných. 1884.
203. 300:48.657-A.Per.3.
13.6243

Bauordnung für sämmtliche Landstädte, Märkte und Dörfer in Mähren u. Schlesien. (Gubernial-Cirkular vom 12. Sept. 1835.) — Kremsier: Gusek 1868. 46 S. 8°
300:71.959-A.
13.6244

Die Bau-Ordnung für die Markgrafschaft Mähren. (Gesetz vom 20. Dec. 1869.) — Brünn: Rohrer 1870. 102 S. 8°
Tschechische Ausg. s. Řád stavební pro Markrabství Moravské. 1870.
300:64.012-A.
13.6245

— für die Markgrafsch. Mähren m. Ausschluß d. Landes-Hauptstadt Brünn, der königl. Hauptstadt Olmütz, der königl. Städte Iglau u. Znaim u. deren Vororte, s.a. Taschenausgabe der mähr. Landesgesetze. III.

— dasselbe, m. Ausschluß d. Landeshauptstadt Brünn, d. königl. Hauptstadt Olmütz, d. königl. Städte Iglau u. Znaim u. der. Vororte, s.a. Landesgesetze, mähr.

Bau-Ordnung für die Markgrafschaft Mähren mit Ausschluß der Landes-Hauptstadt Brünn, der königl. Hauptstadt Olmütz, der königl. Städte Iglau und Znaim und deren Vororte. (Gesetz vom 16. Juni 1894.) 2., erg. Aufl. Brünn: Winkler 1902. 95 S. 8° (Taschenausgabe d. mähr. Landesgesetze. 3,2.) 203.
13.6247

Mannheim

Amtliche Handausgabe der Bauordnung für die Hauptstadt Mannheim (vom 22. April 1901). Nebst d. bei Bauausführungen außerdem in Betracht kommenden Vorschriften. — Mannheim: Haas 1901. 399 S. 8°
25. 30. 31. 86. 180.
13.6250

Bau-Ordnung für die großh. badische Haupt-Stadt Mannheim (vom 7. März) 1856. — Mannheim: Hospital-Dr. [1856]. 27 S. 8° 25. 31.
13.6251

Bauordnung für die Stadt Mannheim (vom 29. Juli 1867). Mannheim: Kath. Bürgerhospital 1867. 12 S. 8° 31. 180.
13.6252

Bau-Ordnung für die Stadt Mannheim. Mannheim 867. Schneider. gr. 8. (16 S.) 2 ngr.

Bau-Ordnung für die Stadt Mannheim (vom 29. 7. 1867). — (Mannheim: Schneider [um 1870].) 16 S. 8°
180.
13.6253

Bau-Ordnung für die Stadt Mannheim (vom 29. Nov.) 1872. — (Mannheim): Walther [1872]. 23 S. 8° 31.
13.6254

Bau-Ordnung für die Stadt Mannheim. Vom 6. Mai 1879. Mannheim [usw.]: Bensheimer [1879]. 32,IV S. 8° 31.
13.6255

Bau-Ordnung für die Stadt Mannheim. Nebst e. Anh.: Die Sicherung der Arbeiter gegen Beschädigungen bei Bauausführungen. Giltig vom 1. Juli 1892. — Mannheim: Wendling, Haas & Co. 1892. 89 S. 8° 25. 107. 180.
13.6257

— Abänderungen und Ergänzungen der Bau-Ordnung für die Stadt Mannheim. (Ortspolizeiliche Vorschrift vom 1. Sept. 1894.) ... Anh.: Gebühren-Ordnung für Baupolizeisachen. (Gemeindebeschluß vom 12. Febr. 1895.) — Mannheim: Haas 1895. 24 S. 8° 180.
13.6258

Bau-Ordnung für die Stadt Mannheim (vom 1. Juli 1892) sowie für die Vororte Neckarau und Käferthal-Waldhof. Nebst e. Anh.: Die Sicherung der Arbeiter gegen Beschädigungen bei Bauausführungen und Bestimmungen über Eigengewicht, Belastung und Beanspruchung von Baustoffen und Bautheilen sowie Gebühren-Ordnung für Baupolizeisachen. — Ebd. 1900. 140 S. 8° 180.
13.6259

Neue Bau-Ordnung für die Stadt Mannheim (vom 6. 5. 1879). Nebst Allgem. Bauordnung für das Großherzogthum Baden. Ferner: die auf Neubauten u. Bauveränderungen Bezug habenden sonstigen Gesetze u. Verordnungen, u. a. badisches Gesetz u. Reichsbestimmungen wegen Anlage u. Betrieb d. Dampfkessel. — Mannheim: Walther 1879. 83 S. 8° 180.
13.6256

Meissen

Bau-Ordnung der Stadt Meißen vom Jahre 1838. — Meißen [1838]: Klinkicht. 22 S. 8° 88.
13.6264

Meran

Die Bauordnung von Meran. Gesetz vom 25. Okt. 1899. Meran 1900: (Jandl). 91 S. 8° 304.
13.6265

Metz

— der Stadt Metz vom 1. II. 1903. (V, 60 S.) 8. Metz (903). (R. Lupus.) n.n. 1. —

Bauordnung der Stadt Metz vom 1. Febr. 1903. — (Metz [1903]: Winckel.) III,60 S. 8° 17. 86. 208.
13.6266

Bau-Ordnung d. Stadt Metz. Jetzt: Metz, Metzer Stadt- u. Schlachtfelder-Verl. — 80

Minden

Bau-Ordnung für die Stadt Minden (vom 5. März 1902). — Minden 1902: Bruns. 51 S. 8° 1:Gr 12754. 6.
13.6267

Moringen

Bau-Ordnung für die Stadt Moringen (vom 12. April 1901). [Nebst] Nachtrags-Baupolizei-Verordnung. — Moringen 1901-[05]: Lindemann. 8° 86.
13.6268

Mosbach

Bau-Ordnung für die Stadt Mosbach (vom 25. Sept. 1910). Mosbach 1910: Laub. 24 S. 8° 31. 90.
13.6269

Muellheim in Baden

Bauordnung der Stadt Müllheim (vom 9. Febr. 1909). — Müllheim i. B. 1909: A. Schmidt. 16 S. 8° 31. 90.
13.6270

Muenchen

Allgemeine Bauordnung vom 2. Okt. 1863 für die Haupt- und Residenzstadt München mit den baupolizeilichen Bestimmungen. — München: Franz 1864. 31 S. 8°
12: Bavar. 208 m. 88. 209. 210.
13.6271

— 2. Aufl. Ebd. 1864. 31 S. 8° 89. 209.
13.6272

— für die Haupt- u. Residenzstadt München vom 3. April 1879. [Aus: „Bayerns Gesetze u. Gesetzbücher".] 8. (30 S.) Bamberg 879. Buchner. n. — 50

Die Bauordnung für die k. Haupt- und Residenzstadt München vom 3. April 1879. — München: Franz 1879. 48 S. 8°
1: Stala 783. 12: Bavar. 208 md [2 Ex.] 19. 91. 210.
13.6273

Bau-Ordnung für die Kgl. Haupt- und Residenzstadt München (vom 29. Juli 1895). — München [1895]: Franz. 19 S. 4° 30. 48.
13.6274

Bauordnung für die Kgl. Haupt- und Residenzstadt München. Giltig ab 1. Sept. 1895. Abdruck der Allerh. Verordng. v. 29. Juli 1895. — München: Gerber 1895. 32 S. 8° 12: Bavar. 208 meb. 19. 30.
13.6275

Bauordnung für die k. Haupt- und Residenzstadt München vom 29. Juli 1895. Mit Erl. u. e. Anh. hrsg. von Wilhelm v. Borscht. — München: Beck 1896. XIII, 498 S. 8°
1: Gm 13735. 12: Bavar. 208 mf. 17. 19. 91. 93. 203. 208. 210.
13.6277

Die Münchener Bauordnung vom 29. Juli 1895. Mit Erl. u. e. Anh. hrsg. von Ferdinand Englert. — München: Lindauer 1895. VIII, 112 S. 8° 1: Gm 13736.
12: Bavar. 208 me. 14. 19. 22. 30. 89. 106. 203. 208. 210.
13.6276

Muenster in Westfalen

Bau-Ordnungen für die Stadt Münster i.W. Amtl. Ausg. — Münster 1906: (Der Westfale). 103 S. 8° 6. 86.
13.6279

Netzschkau

Bau-Ordnung (vom 10. April 1851), nach welcher sich bei allen in dem Stadtbezirke Netzschkau vorkommenden Bauten zu richten ist. — Reichenbach 1851: Koch. 54 S. 8°
14.
13.6280

Neustadt im Schwarzwald

Bauordnung für die Stadt Neustadt im Schwarzwald (vom 10. Nov. 1908). — Neustadt [1909]: Pfefferle. 8 S. 8°
31. 90.
13.6281

Niederoesterreich

—— die neue, für Niederösterreich. (Textausg.) Gesetz vom 17. Jänner 1883, L. G. B. Nr. 36. Mit einem alphabet. Register. kl. 8. (VI, 48 S.) Wien 885, Manz'sche Hof-Verlagsh. * — 40
A. u. d. T.: Manz'sche Gesetz-Ausgabe Nr. 20.

Die neue Bauordnung für das Land Nieder-Österreich ⟨außer Wien⟩. Gesetz vom 17. Jän. 1883. — Wien 1884. 58 S. 8° (Manz'sche Gesetz-Ausgabe. [Separat-Ausg.] 20.)
203. 302.
13.6284

Die Bauordnung vom 17. Jän. 1883 ... für das Land Niederösterreich (außer Wien). Hilfsbuch zu deren Handhabung u. zur Anwendung der darauf Bezug habenden Gesetze u. Vorschriften von Erich Graf Kielmansegg. 3., erg. u. verb. Aufl. — Ebd. 1894. XI, 422 S. 8° (Manz'sche Gesetz-Ausgabe. [Separat-Ausg.] 18.)
300: 391.096–A. Per. 18.
13.6285

Bauordnung für Niederösterreich mit Ausschluß von Wien. Gesetz vom 17. Jän. 1883. — Ebd. 1897. VIII, 92 S. 8° (Manz'sche Separat-Ausgabe d. österreichischen Gesetze. 20.) 300: 391.096–A. Per. 20.
13.6286

Bau-Ordnung für das Erzherzogthum Oesterreich unter der Enns 1. Gesetz, womit eine Bau-Ordnung für das Erzherzogthum Oesterreich unter der Enns mit Ausschluß der Haupt- und Residenzstadt Wien erlassen wird — 2. Gesetz, betreffend die Steuerfreijahre bei Neu-, Um- und Zubauten — 3. Bestimmungen wegen Bewilligung von Steuerfreijahren bei Neu-, Um- und Zubauten an alle der Hauszins- und Haus-Klassensteuer unterliegenden Orte 16. 1869 (52 S.) Wien, k. k. Hof- und Staatsdruckerei
20 kr

Bau-Ordnung für das Erzherzogthum Oesterreich unter der Enns (vom 28. März 1866). — Wien: K.k. Hof- u. Staatsdr. 1869. 52 S. 8° 302.
13.6282

— 2., verm. Aufl. Ebd. 1870. 66 S. 8°
106. 300: 109.224–B.
13.6283

Nuernberg

Bau-Ordnung (vom 11. Aug. 1797). — Nürnberg 1797: Six. 16 S. 8° 19.
13.6287

Oberhausen im Rheinland

Bau-Ordnung für die Stadt Oberhausen vom 18. April 1906. — Oberhausen Rhld. 1906: Kühne. 145 S. 8° 86.
13.6288

Oberoesterreich

Die Bau-Ordnung für Oberösterreich (vom 13. März 1875) nebst den einschlägigen Gesetzen und Vorschriften mit Ausnahme jener Orte, welche eine eigene Bau-Ordnung besitzen, samt einschlägigen Landes- u. Reichsgesetzen bis 1890. — Linz a. D.: Mareis [1890]. 48 S. 8° 14.
13.6290

— die f. Oberösterreich nebst den einschlägigen Gesetzen u. Vorschriften mit Ausnahme jener Orte, welche e. eigene Bau-Ordnung besitzen, samt einschlägigen Landes- u. Reichsgesetzen bis 1890. (48 S.) kl. 8. Linz (905). Zentraldruckerei vorm. E. Mareis. n. — 60

Die Bauordnung für Oberösterreich nebst den einschlägigen Gesetzen und Vorschriften.
40 S. 8°
Linz: Feichtinger's Erben 1908.

Oberschlesien

Die Bau-Ordnung für das Herzogthum Ober- und Nieder-Schlesien (vom 2. Juni 1883) und das Baugewerbegesetz. Mit erl. Anm., d. einschlägigen Gesetzen u. Verordnungen, d. Materialien d. schles. Landtages u. d. Erkenntnissen d. k.k. Verwaltungsgerichtshofes. Hrsg. von Albert Herbatschek. — Mähr.-Ostrau: Papauschek 1902. XII, 382 S. 8
300: 418.187–B.
13.6293

Offenburg

Die Bauordnung der Kreis-Hauptstadt Offenburg (vom 12. Mai 1910). [Nebst] Änderung. — (Offenburg): Reiff 1910–12. 8° 90.
13.6295

Oldenburg

Bauordnung für die Stadtgemeinde Oldenburg. ⟨Statut 68.⟩ Dat. Oldenburg 6. Jan. 1908. 35 Bl. 8° 86.
13.6296

Oliva

Bau-Ordnung für die Gemeinde Oliva (vom 8. Mai 1907). Danzig 1907: Kafemann. 31 S. 8° 86.
13.6297

Oesterreich

Die Bauordnungen sammt allen darauf bezüglichen Gesetzen und Vorschriften insbesondere über die Bautaxen, welche seit 2. Dec. 1848 bis Ende Juni 1875 für die im Reichsrathe vertretenen Königreiche und Länder erflossen sind. — Wien: Manz 1875. XII, 528 S. 8° (Taschenausgabe d. österreichischen Gesetze. 14.)
12: J. austr. 20ad–14. 15. 24. 47. 106. 208.
300: 390.486–A. Per. 14. 302. 305.
13.6294

Oesterreich unter der Enns

s. *Niederoesterreich*

Ostritz

Bau- und Wohnungs-Ordnung für die Stadt Ostritz. — Ostritz i. Sa. 1906: Lampel. 23 S. 8° 86.
13.6300

Paderborn

Bauordnung für die Stadt Paderborn (vom 4. Juli 1904). [Nebst] Nachtr. 1.3. — (Paderborn [1904–08]: Schöningh.) 8° 86.
13.6301

Pegau

Bau-Ordnung (vom 9. Nov. 1857), nach welcher sich bei allen im Stadtbezirke Pegau vorkommenden Bauten zu richten ist. — Pegau [1858]: Jacob. 56 S. 8° 14.
13.6302

Peine

Bau-Ordnung für die Stadt Peine (vom 1. Juni 1907). — Peine 1907: Heuer. VI,69 S. 8° 86.
13.6303

Pest

[Stadt Pest] Allgemeine Bauordnung für die kön. Freistadt Pesth (vom 15. Jän. 1839). — Pesth 1839: v. Trattner-Károlyi. 23 S. 4° 302.
13.6304

[Vorstädte d. Stadt Pest] Besondere Bauordnung für die äußeren Theile der Vorstädte Pesth's (vom 15. Jän. 1839). Pesth 1839: v. Trattner-Károlyi. 11 S. 4° 302.
13.6305

Pfalz

Pfälzische Bauordnung (vom 30. Aug. 1890). Zusammenstellung der für d. bayerische Pfalz giltigen oberpolizeilichen Bestimmungen über d. Hochbauwesen. — Speyer: Jäger 1890. 36 S. 8° 12: Bavar. 208x. 107.
13.6306

Pforzheim

Bau-Ordnung für die Stadt Pforzheim vom Jahr 1876. — Pforzheim: Flammer 1876. 64 S. 8° 31.
13.6307

Pfullendorf

Bau-Ordnung für die Stadtgemeinde Pfullendorf vom 6. Febr. 1894. — Pfullendorf [1894]: List. 36 S. 8° 31. 90.
13.6308

Pirna

Bau-Ordnung für den Stadtbezirk Pirna (vom 19. März 1851). — Pirna [1851]: Diller. 54 S. 8° 14. 106.
13.6309

Prag

Die neue Bau-Ordnung für die königliche Hauptstadt Prag und deren Vororte (vom 10. April 1886): die Städte Karolinenthal, Smichow, Königliche Weinberggemeinde, Žižkow, dann die Ortsgemeinden Koschiř, Střeschowic mit Klein-Střeschowic, Břewnow mit Teynka, Dejwic, Bubentsch, Lieben, Troja, Wrschowic, Nusle u. Pankrac, Michle u. Podol. Giltig vom 18. Mai 1886. Zum allgemeinen Gebrauche ... erl. u. mit Formularien vers. von Julius Nejedlý. — Prag: Mercy 1886. S. 274–530. 8° [(Gesetze für d. Königreich Böhmen. Taschen-Ausg. 195.)]
300: 161.371–B.
13.6313

Die Bau-Ordnung für die königl. Hauptstadt Prag und Vororte (vom 10. April 1886), die königl. Stadt Pilsen und Budweis sammt ergänzenden Gesetzen u. Verordnungen, insbesondere betreffend die Regelung d. concessionirten Baugewerbe u. d. Prager Assanirungsgesetz. Commentirt u. mit d. gesammten Judicatur d. Verwaltungsgerichtshofes ... vers. von Josef Žalud. — Prag: Höfer & Klouček 1902. XV,544 S. 8° (Taschen-Ausgabe d. Gesetze für d. Königreich Böhmen. 195.) 300: 402.634–B. 195.
13.6314

Rastatt

Bau-Ordnung für die Stadt Rastatt (vom 24. März) 1910. Rastatt [1910]: Greiser. 19 S. 8° 31. 90.
13.6315

Reichenbach im Vogtland

Anhang zur Bauordnung für Reichenbach. — (Reichenbach [1856]: Koch.) S. 55–65. 8° 14.
13.6316

Riga

Bauordnung
— f. Riga. Ortsstatut der Rigaschen Stadtverordnetenversammlg., bestätigt vom Herrn Livl. Gouverneur, den 27. VIII. 1904. „Livl. Gouv.-Ztg." No. 97, vom 10. IX. 1904. Übers. von J. A. v. Hagen. (60 S.) 8. Riga 904. Jonck & Poliewsky. n. 1. 20

Saargemünd

Bau-Ordnung die für [!] Stadt Saargemünd (vom 1. Juni 1899). — (Saargemünd 1899): Saargemünder Zeitung. 31 S. 8° 31.
13.6317

Sachsen

Bau-Ordnungen für Städte und Dörfer. — Dresden 1868: Lommatzsch. 78 S. 8° 106.
13.6318

Sachsen-Meiningen

— u. Einkommensteuergesetz f. d. Herzogt. Sachsen-Meiningen, s. a. Landesgesetze f. d. Herzogt. Sachsen-Meiningen.

Bauordnung vom 24. Jan. 1896. Einkommensteuergesetz vom 18. März 1890 mit Ausführungsverordnung vom 25. April 1890. — Saalfeld: Niese 1903. V,132 S. 8° (Landesgesetze für d. Herzogtum Sachsen-Meiningen. 2.)
208.
13.6319

Saeckingen

Bauordnung für die Stadt Säckingen [vom 16. April 1896]. Säckingen 1896: Mehr. 26 S. 8° 90.
13.6320

Salzburg

[Herzogtum Salzburg] Die Bauordnung für das Herzogtum Salzburg mit Ausschluss der Landeshauptstadt Salzburg. Zsgest. unter Berücks. der im Laufe d. Zeit durch Nachtragsgesetze eingetretenen Änderungen. (Gesetz vom 7. Juli 1879.) — Salzburg: Oberer 1902. 51 S. 8°
304.
13.6325

[Stadt Salzburg] Bau-Ordnung für die Kronlandes-Hauptstadt Salzburg (vom 27. Aug. 1851). — (Salzburg 1851: Oberer.) 9 Bl. 4° 308.
13.6322

Bau-Ordnung für die Landeshauptstadt Salzburg. Kundgemacht im Landesgesetz- und Verordnungsblatte für das Herzogthum Salzburg am 28. Febr. 1873. — Salzburg: Stadtgemeinde-Amt 1873. 55 S. 8° 308.
13.6323

Bau-Ordnung für die Landeshauptstadt Salzburg. — (Salzburg: Stàdt. Bauamt [1883].) 33 S. 4° 308.
13.6324

Sarajevo

Bauordnung für Sarajevo vom 14. Mai 1880. — Wien: K. k. Hof- u. Staatsdr. 1881. 25 S. 4° 302.
13.6326

Bau-Ordnung für die Landeshauptstadt Sarajevo (vom 5. Aug. 1893). — Sarajevo 1893: Landesdr. 26 S. 4° 302.
13.6327

Schleswig-Holstein

— für das platte Land, s. die Landgemeinden u. Gutsbezirke des Reg.-Bez. Schleswig vom 10. IV. 1910. Nebst Sachregister u. e. Anh., enth. den Wortlaut der in dieser Bauordng. angeführten wichtigeren Stellen aus anderen Gesetzen u. Verfüggn. (148 S.) kl. 8. Garding 910. (H. Lühr & Dircks). Geb. i. Halbleinw. 1. 20

Bau-Ordnung für das platte Land des Regierungsbezirks Schleswig vom 10. April 1910. — Schleswig: Bergas 1910. V,150 S. 8° 1: Gm 13840/10. 8.
13.6341

— s. das platte Land des Reg.-Bez. Schleswig. (Vom 10. IV. 1910.) Die in der Bauordng. angeführten Verordngn. sind zum Tl. im Anh. abgedruckt. (172 S.) kl. 8. Schleswig 910. J. Ibbeken. Geb. 1 25.

— dasselbe. Mit 16 Anhängen: Ministerialerlasse, Verordngn., Verfüggn. usw., auf die in der Bauordng. Bezug genommen u. die bei Bauten zu beobachten sind. (V, 150 S.) kl. 8. Schleswig 910. J. Bergas' Verl. Geb. 1. 25

— dass. Nebst Sachreg. u. Anh., enth. d. Wortlaut d. in dieser Bauordng angeführten wichtigeren Stellen a. and. Gesetzen u. Verfüggn. Neue Afl (155) kl8° Garding, H Lühr & D. '12. HL 1.20 d.

[Landkreise d. Provinz] Bau-Ordnung für die Landgemeinden und Gutsbezirke der Provinz Schleswig-Holstein vom 19. Juli 1894. — Garding: Lühr & Dircks 1894. 112 S. 8° 1:Gm 13728. 8. 106. 208.
13.6337

Bau-Ordnung für die Landgemeinden und Gutsbezirke der Provinz Schleswig-Holstein (vom 19. Juli 1894). — Schleswig: Bergas 1894. 56 S. 8° 1:Gm 13727. 8.
13.6338

Bau-Ordnung für die Landgemeinden u. Gutsbezirke der Prov. Schleswig-Holstein vom 19. VII. 1894. Nebst e. Anh., enth. den Wortlaut aller in dieser Bau-Ordng. angeführten wichtigeren Stellen aus anderen Gesetzen u. Verfüggn. 3. Aufl. gr. 16. (112 S.) Garding 899. H. Lühr & Dircks. Kart. n. 1. 20

Bauordnung für die Landgemeinden u. Gutsbezirke d. Prov. Schleswig-Holstein vom 19. VII. 1894 nebst Ergänzungen. Mit e. Anh., enth. den Wortlaut aller in dieser Bauordnung angeführten wichtigeren Stellen aus anderen Gesetzen u. Verfüggn. 4. Aufl. (123 S.) 16. Garding 903. H. Lühr & Dircks. Kart. n. 1. 20

[Städte d. Regierungsbezirks] Bau-Ordnung für die kleineren Städte und Flecken des Regierungsbezirks Schleswig vom 8. Dez. 1893. — Garding: Lühr & Dircks 1894. 112 S. 8° 1:Gm 13721. 8. 106. 208.
13.6328

Bau-Ordnung für die kleineren Städte und Flecken des Regierungsbezirks Schleswig (vom 8. Dez. 1893). Amtl. Ausg. — Schleswig: Bergas 1894. 59 S. 8° 1:Gm 13724. 8.
13.6329

Bau-Ordnung für die kleineren Städte und Flecken des Regierungsbezirks Schleswig vom 8. Dez. 1893. 2., erg. Aufl. — Garding: Lühr & Dircks 1895. 112 S. 8° 8.
13.6330

Bau-Ordnung für die kleineren Städte und Flecken des Regierungsbezirks Schleswig vom 18. März 1901. — Garding: Lühr & Dircks 1901. 154 S. 8° 14. 208.
13.6331

Bau-Ordnung für die kleineren Städte und Flecken des Regierungsbezirks Schleswig (vom 18. März 1901). Nach d. amtl. Ausg. — Schleswig: Bergas 1901. 86 S. 8° 1:Gm 13760. 8. 208.
13.6332

Bau-Ordnung fur die kleineren Städte und Flecken des Regierungsbezirks Schleswig. Vom 18. Marz 1901. Schleswig, Johs. Ibbeken (1901.) 8°.

— für die kleineren Städte u. Flecken des Reg.-Bez. Schleswig. Vom 18. III. 1901. 8. (75 S.) Schleswig (901). F. Johannsen. n. — 50

— f. die kleineren Städte u. Flecken d. Reg.-Bez. Schleswig. Nach der amtl. Ausg. vom 7. X. 1907. Mit 4 Anhängen u. e. alphabet. Sachregister. (81, 19, 8 u. 7 S.) kl. 8. Schleswig 907. J. Bergas Verl. — 80

— dasselbe in der durch Nachträge vom 27. VI. 1903, 2. XI. 1905, 30. XI. 1906 u. 7. X. 1907 abgeänderten Fassung. (148 S.) kl. 8 Schleswig 908. J. Ibbeken. Kart. 1. 25

— dasselbe. Nebst Sachregister u. e. Anh., enth. den Wortlaut aller in dieser Bau-Ordng. angeführten wichtigeren Stellen aus anderen Gesetzen u. Verfüggn. Neuabdr. (176 S.) kl. 8. Garding 908. H. Lühr & Dircks. Kart. 1. 20

Neuabdruck der Bau-Ordnung für die kleineren Städte und Flecken des Regierungsbezirks Schleswig (vom 18. März 1901) in der durch Nachträge vom 27. Juni 1903, 2. Nov. 1905, 30. Nov. 1906 u. 7. Okt. 1907 abgeänderten Fassung. Garding: Lühr & Dircks 1908. 174 S. 8° 1:Gm 13823/2. 8.
13.6334

Bau-Ordnung für die kleineren Städte und Flecken des Regierungsbezirks Schleswig (vom 18. März 1901) in der durch Nachträge vom 27. Juni 1903, 2. Nov. 1905, 30. Nov. 1906 u. 7. Okt. 1907 abgeänderten Fassung. — Schleswig: Ibbeken 1908. 146 S. 8° 1:Gm 13823. 8.
13.6335

Schoenau an der Wiese

Bau-Ordnung für die Stadt Schönau (vom 8. Aug. 1892). Schopfheim 1893: Uehlin. 28 S. 8° 90.
13.6344

Schoeneck im Vogtland

Bau-Ordnung für Schöneck (vom 1. Aug. 1856). — (Plauen [1856]: Wieprecht.) 112 S. 8° 14.
13.6345

Schwarzburg-Rudolstadt

Neue revidirte Bauordnung für das Fürstentum Schwarzburg-Rudolstadt vom 10. Dec. 1878. 2. Aufl. — Rudolstadt 1882: Hofbuchdr. IV, 24 S. 8° 78.
13.6346

Schwarzburg-Sondershausen

Bauordnung für das Fürstentum Schwarzburg-Sondershausen (vom 31. März 1904). — Sondershausen: Eupel 1904. 47 S. 8° 78.
13.6348

Sebnitz

Bau-Ordnung (vom 30. Sept. 1854), nach welcher sich bei allen im Stadtbezirke Sebnitz vorkommenden Bauten zu richten ist. — Sebnitz [1854]: Stopp. 60 S. 8° 14.
13.6350

Seifhennersdorf

Bau-Ordnung für Seifhennersdorf (vom 18. März 1897). [Nebst] Nachtr. — (Seifhennersdorf [1897–1900]: Großmann.) 8° 86.
13.6351

– für Serajevo vom 14. Mai 1880, s. Bauordnung für Sarajevo . . .

Stade

Bau-Ordnung für die Stadt Stade. — Dat. Stade 12. März 1847. 15 S. 8° 46.
13.6354

Steiermark

Bau-Ordnung für das Herzogthum Steiermark mit Ausnahme der Landeshauptstadt Graz. Kundmachung der k.k. Statthalterei vom 9. Febr. 1857 mit d. Abänderungen vom 26. Jän. 1876. 2. Ausg. — Graz: Leykam 1877. 64 S. 8° 303.
13.6356

— für das Herzogthum Steiermark, mit Ausnahme der Landeshauptstadt Graz. Kundmachung der k. k. Statthalterei vom 9. Febr. 1857 mit den Aenderungen vom 26. Jänner 1876. [1. Abthl.: Für Städte und Märkte. — 2. Abthl.: Für das platte Land.] Anhang: I. Ueber die Erzeugung von gebrannten Ziegeln. II. Gesetz vom 12. März 1866. 3. Ausg. gr. 8. (64 S.) Graz 883, Verlagsh. „Leykam“.

Bau-Ordnung für das Herzogtum Steiermark mit Ausnahme der Landeshauptstadt Graz. Kundmachung der k.k. Statthalterei vom 9. Febr. 1857 mit d. einschlägigen späteren Bestimmungen. 4., verm. u. verb. Ausg. — Ebd. 1893. 70 S. 8° 303.
13.6357

— 5., verm. u. verb. Ausg. Ebd. 1905. 71 S. 8° 303.
13.6358

— f. d. Ortschaften Stellingen-Langenfelde u. Lokstedt. 12° (61) Alt. 94, (J Harder, S.). n.n. 1.25

Stettin

[Stadt Stettin] Bau-Ordnung. Polizei-Verordnung für den Gemeindebezirk der Stadt Stettin (vom 12. Aug. 1897). Amtl. Abdr. — Stettin: Grassmann 1897. 46 S. 8° 79.
13.6360

Bauordnung. Polizeiverordnung für den Gemeindebezirk der Stadt Stettin (vom 26. Okt. 1906) Amtl. Abdr. — Stettin 1906: Hessenland. 44 S. 8° 79. 86.
13.6361

Strassburg

Bauordnung für die Stadt Straßburg (vom 4. Dez. 1891). Straßburg 1892: DuMont-Schauberg. 59 S. 8° 80. 89.
13.6365

— f. die Stadt Straßburg. gr. 8. (59 S.) Straßb. l. E. 892, (Heinrich). * 1 50

Bauordnung für die Stadt Straßburg (vom 8. April 1910). Straßburg 1910: DuMont Schauberg. VI, 70, 25 S. 8° 80. 189.
13.6366

— f. Strassburg nebst Anlagen. (Anlage 1 Einteilg d. Stadtgebiets in d. Bauklassen, Anlage 2 Gewichte u. zuläss. Beanspruchg.) (6, 70 u. 25 m. 4 Taf. u. 1 farb. Ktc.) 8° Strassbg, W Heinrich '10. nu 4 — d

Trier

[Stadt Trier] Allgemeine Bau-Ordnung für den Bezirk der Polizei-Verwaltung zu Trier (vom 3. Jan. 1852). — Trier: Lintz 1852. 15 S. 8° 121.
13.6367

— f. d. Reg.-Bez. Trier v. 1.2.'12. Mit Anh., enth. baupolizeil. u. bautechn. Vorschriften f. besond. Fälle. (7, 199) 8° Trier, F Lintz '12. 1.60; geb. 2.10 d

— f. d. Stadt Trier u. Vororte, v. 6.4.'11. (181) 8° Trier, (Paulinus-Dr.) '11. 1 —; geb. 1.40 d

Ulm

Eines ehrsamen Raths der Stadt Ulm von neuem reformirte, und verbesserte Bau-Ordnung vom Jahr 1683. Neue Aufl. — Ulm 1773: Wagner. 52 S. 8° 24.
13.6372

Vorarlberg

Bauordnung für das Land Vorarlberg. Gesetz vom 27. Febr. 1874. — Bregenz [usw.]: Wagner 1874. 43 S. 8° 300: 64.213-A. 304.
13.6373

Bauordnung für das Land Vorarlberg. Gesetz vom 20. März 1886. — Feldkirch: Wagner 1886. 45 S. 8° 304.
13.6374

Waldheim in Sachsen

Bau-Ordnung (vom 17. Nov. 1852), nach welcher sich bei allen im Stadtbezirke Waldheim vorkommenden Bauten zu richten ist. — Waldheim 1853: Seidel. 55 S. 8° 14.
13.6375

— [Nebst] Nachtr. 5-8. Ebd. 1875[-95]. 8° 14.
13.6376

Bau-Ordnung für die Stadt Wandsbek. Vom 2. Oct. 1894. Wandsbek. 1894. 8°.

Weimar

Bauordnung für die Haupt- und Residenz-Stadt Weimar (vom 27. Nov. 1838). — Weimar 1838: Tantz. 38 S. 8° 1: Sa 2978. 27. 32.
13.6379

Bau-Ordnung für die Großherzogliche Haupt- und Residenzstadt Weimar (vom 3. Juli 1896). — Weimar: Panse 1896. 134 S. 8° 27. 32. 86.
13.6380

Weinheim an der Bergstrasse

Bau-Ordnung für die Stadt Weinheim (vom 14. Dez.) 1910. — Weinheim [1910]: Diesbach. 25 S. 8° 31. 90.
13.6381

Wertheim

Stadtgemeinde Wertheim. Bauordnung (vom 15. Juli 1909). Im Anh.: Gesundheits-Verordnung. 1909. [Nebst] Änderung. — Wertheim [1909–10]: Bechstein. 21 S. 8° 90.
13.6382

Wien

Bauordnung für Gross-Wien. Gesetz vom 17. Jän. 1883 in der Fassung des Gesetzes vom 26. Dec. 1890. Nebst d. Vorschriften über Bauanlage, Einrichtung u. Betrieb d. Theater. Mit Erl. . . . von Leo Geller. — Wien: Perles 1891. 90 S. 8° (Österreichische Gesetze. Einzelausgaben. 30.) 300: 393.832-A. Per. 30. 302.
13.6388

Bau-Ordnung für die k.k. Reichshaupt- und Residenzstadt Wien (vom 2. Dec. 1868). — Wien: Hof- u. Staatsdr. 1868. 47 S. 8° 1: Stala 784. 300: 121.096-A. 302.
13.6383

— 2., verm. Aufl. Ebd. 1870. 71 S. 8° 21. 302.
13.6384

Bauordnung für die k.k. Reichshaupt- und Residenzstadt Wien. Gesetz vom 17. Jän. 1883. — Wien 1884. VII, 56 S. 8° (Manz'sche Gesetz-Ausgabe. Separat-Ausg. [46b.]) 300: 391.096-A. Per. 46b. 302.
13.6386

Bauordnung für die k.k. Reichshaupt- und Residenzstadt Wien. (Gesetz vom 17. Jän. 1883.) — Ebd. 1891. VIII, 76 S. 8° (Manz'sche Gesetz-Ausgabe. [Separat-Ausg.] 46b.) 300: 391.096-A. Per. 46b. 302. 303.
13.6387

Bau-Ordnung für die k.k. Reichshaupt- und Residenzstadt Wien. Gesetz vom 17. Jän. 1883 . . . und Gesetz vom 26. Dec. 1890. — Wien: Magistrat 1892. IV, 127 S. 8° 30.
13.6389

Bauordnung für die k.k. Reichshaupt- und Residenzstadt Wien (vom 17. Jän. 1883). 3. Aufl. — Wien 1893. VIII, 98 S. 8° (Manz'sche Gesetz-Ausgabe. Separat-Ausg. 46b.) 106. 300: 391.096-A. Per. 46b, 3. Aufl. 302. 305. 307.
13.6390

Bau-Ordnung für die k.k. Reichshaupt- und Residenzstadt Wien. (Entwurf des Gemeinderats-Ausschusses.) — Wien: Gemeinderats-Präsidium 1906. XIX, 116 S. 4° 302. 303.
13.6391

Bau-Ordnung für die k.k. Reichshaupt- und Residenzstadt Wien. (Entwurf.) — Wien: Gemeinderats-Präsidium 1909. XXI, 120 S. 8° 302.
13.6392

Grundlage der Enquete-Beratungen Bau-Ordnung für die k.k. Reichshaupt- und Residenzstadt Wien. (Entwurf vom Jahre 1910.) — Wien: Gemeinderats-Präsidium 1910. XXI, 120 S. 4° 300: 486.682-D. 302.
13.6393

Wiener Bauordnung. (Wien: v. Waldheim [1880].) 62 S. 8° (Oesterreichischer Ingenieur- u. Architekten-Kalender. 13. 1881, Beil.) 300: 52.081-A.
13.6385

Württemberg

Bauordnung v. 28. VII. 1910, s.a. Gesetzessammlung, württemb.

Bauordnung vom 28. Juli 1910. Textausg. T. (2.3: Lfg) 1-3. — Stuttgart: Kohlhammer 1910–11. 8° (Württembergische Gesetzessammlung.) 24. 84. 90.
13.6418

Neue allgemeine Bauordnung (vom 6. Okt. 1872). Nebst d. zu derselben gehörigen Gesetzen u. Verordnungen u. d. Ortsbau-Statut Stuttgart. (Taschenausg.) Mit ausführlichem alphabetischem Sachreg. vers. von Friedrich Bitzer. Stuttgart: Metzler 1874. 252 S. 8°
12: A. civ. 200 z. 17. 90. 203.
13.6407

— 2. Aufl. Ebd. 1881. 256 S. 8° 24.
13.6408

Neue allgemeine Bauordnung vom 6. Okt. 1872. Nebst d. zu derselben erlassenen Vollzugs-Vorschriften nach d. Stande vom 30. Okt. 1882. — Stuttgart: Metzler 1883. VIII,172 S. 8° 24.
13.6411

Neue allgemeine Bauordnung für das Königreich Württemberg (vom 6. Okt. 1872). Mit d. vollständigen Auslegungsmaterial u. Erl. ... von Friedrich Bitzer. [Nebst] Suppl. — Stuttgart: Metzler 1872–73. 8° 2. 24. 106. 111.
13.6402

Neue allgemeine Bauordnung für das Königreich Württemberg. Gegeben den 6. Okt. 1872. — Stuttgart: Levy & Müller 1873. 48 S. 8° 21. 24.
13.6403

Neue allgemeine Bauordnung (vom 6. Okt. 1872). Nebst d. zu derselben gehörigen Gesetzen u. Verordnungen. Mit ausführlichen alphabetischen Sachreg. vers. von Friedrich Bitzer. (Taschenausg.) — Stuttgart: Metzler 1873. 216 S. 8° 24.
13.6404

Neue allgemeine Bauordnung für das Königreich Württemberg (vom 6. Okt. 1872). Nebst d. Vollziehungsvorschriften ... Gesetzen, Verordnungen u. s. w. Handausg. mit Erl. von Ludwig Schüz. — Stuttgart: Rieger 1873. XVI,387 S. 8° 21. 24.
13.6405

— 2., durchges. Aufl. Ebd. 1873. XVI,387 S. 8°
21. 24. 90. 93.
13.6406

Neue allgemeine Bau-Ordnung für das Königreich Württemberg (vom 6. Okt. 1872). Nebst d. neuesten Vollziehungsvorschriften ... (Hrsg.: L. Schüz.) — Stuttgart: Rieger 1882. VIII,280 S. 8° 1: Gm 13480. 24. 93.
13.6409

Neue allgemeine Bauordnung für das Königreich Württemberg vom 6. Okt. 1872. Sammt d. Vollzugs-Verfügungen. Mit e. Einl., betr. das polizeiliche Verfahren in Bausachen. Stuttgart: Kohlhammer 1883. XVI,100 S. 8° 17. 24.
13.6410

Neue allgemeine Bau-Ordnung für das Königreich Württemberg (vom 6. Okt. 1872). Nebst d. Vollziehungsvorschriften ... Gesetzen, Verordnungen u.s.w. sowie dem Ortsbaustatut für d. Stadt Stuttgart. (Hrsg.: L. Schüz.) 2., verm. Aufl. — Stuttgart: Rieger 1890. XII,476 S. 8°
12: 36/5870. 24. 93. 106. 208.
13.6412

— neue allgemeine, f. das Königr. Württemberg, nebst den Vollziehungsvorschriften u. den weiteren auf die Bau- u. Feuerpolizei sich bezieh. Gesetzen, Verordngn. u. s. w., sowie dem Ortsbaustatut f. die Stadt Stuttgart. 2., verm. Aufl. 8. (XII, 476 S.) Stuttgart 890. [Rieger.] W. Kohlhammer. Geb. n. 3.- -

Neue allgemeine Bauordnung für das Königreich Württemberg (vom 6. Okt. 1872). Nebst d. Vollziehungsvorschriften ... Gesetzen, Verordnungen u.s.w. Handausg. mit Erl. von Karl Abele. — Saulgau: Wörz 1895. 279 S. 8°
24. 31.
13.6413

Neue allgemeine Bauordnung für das Königreich Württemberg (vom 6. Okt. 1872). Mit d. Vollziehungsverfügungen u. d. ... gesetzlichen Vorschriften. Handausg. mit Erl. von Friedrich v. Schindler. — Stuttgart: Kohlhammer 1896. VII,517 S. 8°
12: J. germ. 8 nfk. 14. 21. 24. 86. 93. 203. 208.
13.6414

Neue allgemeine Bauordnung für das Königreich Württemberg (vom 6. Okt. 1872). Mit den Vollzugsbestimmungen ... Handausg. mit Erl. von H. Reiff. — Ebd. 1902. VII,564 S. 8° 1: Gm 13777. 21. 24. 30. 86. 93. 203. 208.
13.6415

Bauordnung, neue, f. das Königr. Württemberg, s.a. Gesetzessammlung, württembergische.

— Neue, f. d. Kgr. Württemberg v. 28.7.'10. Textausg. m. Inhalts-Verz. u. Sachreg. (6, 104) kl8° Tübingen '10. (Stuttg., W Kohlhammer.) L 1.50 d

Neue Bauordnung für das Königreich Württemberg vom 28. Juli 1910. Vollständ. Textausg. — Tübingen: Weil 1910. 104 S. 8° 24.
13.6417

Bauordnung, revidirte, d. Herzogth. Würtemberg. 8. Tübing. 758. (v. Cotta in Stuttg.) 12 gr.

Des Hertzogthums Würtemberg revidierte Baw-Ordnung (vom 2. Jan. 1655). — Stuttgart: Rößlin 1701. 192 S. 4°
24.
13.6401

Bauordnung für das Königreich Württemberg vom 28. Juli 1910. Textausg. mit Erl. ... hrsg. von W. Liebmann nebst zeichnerischen Beispielen von H. Klotz. — Stuttgart: Wittwer [1910]. 138 S. 8°
1: Gm 13840/4. 21. 24. 30. 38. 86. 91. 93. 203. 208.
13.6416

Die württembergische Bauordnung vom 28. Juli 1910. Nebst d. Vollzugsbestimmungen bearb. u. erl. von Gustav Külber u. Eugen Mörike. T. (1.) 2. — Stuttgart: Heß 1910–14. 8° 1: Gm 13840/14.
13.6419

Wurzen

Bau-Ordnung für die Stadt Wurzen (vom 18. Oct. 1861) mit Einreihung der von der K. Kreis-Direction zu Leipzig genehmigten Nachtragsbestimmungen vom 16. Febr. 1865. [Nebst] Nachtr. — (Wurzen) 1885: (Jacob). 8° 14.
13.6124

Zittau

Bau-Ordnung für den Stadtbezirk Zittau (vom 7. Mai 1860). [Nebst] Nachtr. — Dat. Budissin 12. Juni 1860 (Nachtr.: [Zittau 1875: Zöllner]). 8° 14. 15 [° Nachtr.]
13.6425

Zwickau

Bauordnung für die Stadt Zwickau (vom 4. Juli 1845). — (Zwickau [1845]: Zückler.) 75 S. 8° 88.
13.6426

Bauordnungen. — Bauordnungen
s. *Bauordnung.*

Bau-Ordnungen für Städte und Dörfer,
s. Bauordnung [Sachsen]

Bauornamente. — Ausgeführte Bauornamente von Prager Bildhauern (4: Zumeist Arbeiten von Prager u. Wiener Bildhauern; 5: Zumeist Arbeiten von Budapester, Prager u. Wiener Bildhauern; 6: Arbeiten von Prager u. Wiener Bildhauern). T. (4–6: Ser.) [1]–6. — Wien: Schroll [1904–12]. 2°
[1]-3 mit Nebent., tschechisch: Ornamenty stavební provedené pražskými sochaři. Díl [1]-3.
Text in 1-3 deutsch u. tschechisch.
300[[∞]2–6]:433.747–D. Ks. 302. 305.
13.6427

Bauornamente, ausgeführte. III. Tl. u. IV. Serie. 41,5×32 cm. Wien, A Schroll & Co. In M. je 32 — (I—IV: 128 —)
III. Von Prager Bildhauern. (56 Taf. m. 3 S. Text.) ('07.) ‖ IV. Zumeist Arbeiten v. Prager u. Wiener Bildhauern. (54 Taf. m. 3 S. Text.) ('09.)

Bauornamente, Ausgeführte. 5. u. 6. Serie. (Mit je 3 S. Text.) 41,4×32 cm. Wien, A Schroll & Co. HL-M je 32 —
5. Zumeist Arbeiten von Budapester, Prager u. Wiener Bildhauern. (55 Taf.) ('10) ‖ 6. Arbeiten v. Prager u. Wiener Bildhauern. (50 Taf.) ('12)

Baupflege im Kreise Tondern. Abdruck aus dem Tondernschen Kreis-Kalender für 1909. 1910. Plön. 1909—10. 8°, geb. in 4°
Außerdem 1 Prospekt und 1 Abdruck aus der Tondernschen Zeitung vom 18. Febr. 1909.
—— Tafeln. Bl. 1—25. Photolithographie Hamburg. (Bl. 13 ff.: Tondern.) [1908—10.] 4°
—— Neuaufführungen. Bl 1—6 Petershof ⟨Glaserkrug⟩ bei Leck Sonderdruck aus: „Der Bauzeichner“, Lübeck. Nr. 21 22. Mai 1910. 4°
—— Bl. 7—14. Weinstube Max Th. Nissen, Westerland a. Sylt. o. O. u. J. 4°

Baupflegegesetz in Hamburg v. 3.4.'12. (12) 16° Hambg, Boysen & M. '12. — 20 d

Baupflicht. — Die auf dem Zehentrechte lastende kirchliche Baupflicht, Gesetz vom 28. Mai 1852 und die bis Ende 1855 erschienenen Vollzugsvorschriften über deren Sicherung, Fixirung u. Ablösung nebst Erl., Berechnungs-Beispielen u. Citaten. — München: Franz 1856. 56 S. 8°
12: Bavar. 4087–48. 19. 302.
13.6431

Baupflicht, die, an den Pfründe-Gebäuden. Ein Nothruf an den Landtag und den Episcopat Bayerns von Philaleth vom Felde. Amberg 863. Pohl. gr. 8. (16 S.) 3 ngr.

Bauplan. — Bauplan und Beschreibung des vom Berliner Asyl-Verein für Obdachlose erbauten Männer-Asyls. — Berlin 1896: (Dreyer). 2 Bl. 4° 18.
13.6434

Bauplan für die Glückstadt-Heider Eisenbahn. — (Itzehoe 1848: Schönfeldt.) 38 S. 2° 8.
13.6435

Bau-Plan der Haupt- und Residenz-Stadt Karlsruhe. — Dat. Karlsruhe 13. März 1857. 8 S. 8° 25. 31.
13.6436

Bau-Plan der Haupt- und Residenz-Stadt Karlsruhe. Carlsruhe 857. (Müller.) gr. 8. (8 S.) n. 2 ngr.

Bauplan für die projectirte holsteinische Westbahn zur Herstellung der Verbindung des westlichen Holsteins mit dem holsteinischen und schleswigschen Eisenbahnnetz. — Itzehoe 1858: Pfingsten. 43 S. 2° 8.
13.6437

Bauplaene. — Hessische Baupläne für Kleinwohnungen. Hessischer Zentralverein für Errichtung billiger Wohnungen, Darmstadt. — Darmstadt 1910. 18,83 S. 4° 82. 90.
13.6432

Sämmtliche Bauplane der Glasmanufactur-Oefen, die auf der K.k. Patrimonial Herrschaft Gutenbrunn in der daselbst neu erbauten Glasfabrike mit Torfbefeuerung verwendet werden. — (Wien [um 1820]: Schrämbl.) 19 Taf. quer-2° 308.
13.6433

Für Bauplatz u Werkstatt Mitteilungen der K. Württ. Beratungsstelle für das Baugewerbe. Beiblatt zum Gewerbeblatt aus Württ. 1906-13. 4° Stuttgart 1906-13

Bauplatzsteuerordnung. — Bauplatzsteuerordnung der Stadtgemeinde Königshütte O.-S. — Dat. Königshütte 28. Mai 1895. 2 Bl. 8° 1:1 in Tb 4694/1.
13.6430

Baupolizei. — Baupolizei der Stadt Breslau. 1901 s. *Baupolizeiordnung* für die Stadt Breslau vom 5. Dez. 1892. 2. Aufl.

Baupolizei für das platte Land des Regierungsbezirks Breslau. 1905 s. *Baupolizeiverordnung* für das platte Land des Regierungsbezirks Breslau vom 1. Mai 1905.

Die Bau-Polizei des Preußischen Staats. Eine Sammlung aller durch d. 'Zeitschrift für Bauwesen' vom Jahre 1854 bis incl. 1869 im amtlichen Theile mitgetheilten Verordnungen. Zsgest. von e. Fachmann. — Schleswig: Heiberg 1870. VII,246 S. 8°
Die Schrift ist eine Fortsetzung von Roenne, Ludwig v.: Die Baupolizei des Preußischen Staates. 2. Aufl. 1854.
1: Stala 785. 12: J. germ. 8ng. 28. 39. 47. 66. 83. 89. 90.
13.6440

Bau-Polizei, die, des preußischen Staats. Eine Sammlung aller durch die „Zeitschrift für Bauwesen“ vom J. 1854 bis incl. 1869 im amtl. Theile mitgetheilten Verordnungen. Supplement zu den Baupolizei-Verordnungen bis 1858 incl. Zusammengestellt von einem Fachmanne. gr. 8. (VII, 246 S.) Schleswig 870, Schulbuchh. [Bergas.] (* ℳ 1,80.) *

Baupolizei-Gebühren-Ordnung für die Gemeinde Wehlheiden. — Dat. Wehlheiden 20. Aug. 1897. 7 S. 8°
1: Si 9332/5. 2. 4. 7. 9. 47.
13.6444

Baupolizei-Gebühren-Ordnung für die Gemeinde Wehlheiden. *(Cassel 1897.)* (7 S.) 8° [F.] (os. 384) 9

Baupolizeigesetz. — Baupolizei-Gesetz. Auf Befehl E. H. Senats d. freien u. Hansestadt Hamburg publicirt den 3. Juli 1865. — Hamburg [1865]: Meißner. 48 S. 8° 205.
13.6445

Baupolizei-Gesetz. 16. (48) Hamb. 66, O Meissner. n. — 6

Baupolizei-Gesetz (vom 31. Jan. 1872) und Provisorisches Gesetz, betreffend die Handhabung der Baupolizei in einem Theile des Landgebiets, so wie Bekanntmachung, betreffend die Errichtung und Verlegung von Feuerstätten. Hamburg: Meißner 1872. 55 S. 8° 18.
13.6446

Baupolizei-Gesetz und provisorisches Gesetz, betreffend die Handhabung der Baupolizei in einem Theile des Landgebiets, sowie Bekanntmachung, betreffend die Errichtung und Verlegung von Feuerstätten. 16. (55 S.) Hamburg 875, O. Meißner. *

—— dass. — Anhang: Gesetz, betreffend die Anlegung von Sielen und die Anlegung neuer Straßen durch Privatpersonen. 16. (8 S.) Ebendas. 875. *

Baupolizei-Gesetz der Stadt Hamburg, der Vorstadt St. Pauli und der Vororte (vom 23. Juni 1882). [Nebst] Nachtr. — Hamburg: Meißner 1882–[91]. 8°
1[[∞]Nachtr.]: Stala 786. 14[[∞]Nachtr.] 18[[∞]Nachtr.] 90[[∞]Nachtr.] 208.
13.6447

— Ebd. 1884. 70 S. 8° 18. 33.
13.6448

— Textausg. mit Nachtr., Anm., Sachreg. u. Beih. ... Bearb. u. hrsg. von L. Bargum. — Ebd. 1892. Getr. Pag. 8°
Sondert.: Beiheft zur Textausgabe d. Baupolizei-Gesetzes d. Stadt Hamburg.
1: Gm 13699. 14. 18. 28. 33. 89. 106. 205. 208.
13.6449

Baupolizei-Gesetz der Stadt Hamburg vom 23. Juni 1882. Textausg. mit Einfügung d. nachträglich erlassenen ... Verordnungen, Anm., nebst Sachreg. u. Anh. ... Zsgest. von H. Olshausen. [Nebst] Nachtr. — Ebd. 1902–06. 8°
1[[∞]Nachtr.]: Gm 13704. 14[[∞]Hauptwerk]. 18. 89. 203[[∞]Nachtr.] 208.
13.6450

Baupolizeigesetz der Stadt Hamburg vom 23. Juni 1882 und die dazu erlassenen Novellen und Erg. ... Zsgest. von H. Olshausen. 2. Aufl., erg. von J. Classen. — Ebd. 1909. VII,246 S. 8° 1: Gm 13704². 18. 208.
13.6451

Revidirtes Baupolizei-Gesetz. Mittheilung d. Bürgerschaft an d. Senat vom 23. Oct. 1872. Abänderungs-Vorschläge d. Architekten- u. Ingenieur-Vereins. — ([Hamburg 1872]: Reese.) 46 S. 4° 18.
13.6452

Revidirtes Baupolizei-Gesetz. Mittheilung d. Bürgerschaft an d. Senat vom 23. Oct. 1872. Abänderungs-Vorschläge d. vom Architektonischen Verein ernannten Commission. — ([Hamburg 1872]: Reese.) 46 S. 4° 18.
13.6453

Baupolizei-Gesetze u. Verordnungen, die Preußischen. Ein Handbuch f. Polizei- u. Communal-Beamte, Baumeister, Bauhandwerker u. Hauseigenthümer. Mit besond. Berücksicht. der, f. die Residenz Berlin u. die Provinz Brandenburg bestehenden, baupolizeil. Bestimmungen nach den einzelnen Materien zusammengestellt u. hrsg. v. C. Jäschke. Ergänzt u. berichtigt, u. m. e. Nachtrage versehen v. W. Emmich. gr. 8 (VI u. 204 S.) Berlin 850, C. Heymann. 1 ₰

Bau-Polizei-Gesetze und Verordnungen, die preußischen. Ein Handbuch für Baumeister, Bauhandwerker, Polizei- und Communal-Beamte und Hauseigenthümer. Mit besond. Berücksichtigung der für die Residenz Berlin und die Provinz Brandenburg bestehenden baupolizeilichen Bestimmungen, ursprünglich hrsg. von C. Jäschke, gänzlich umgearb. und bis auf die neueste Zeit fortgeführt von Horwitz. gr. 8. (VIII und 192 S.) Berlin 856(57,) C. Heymann.

Baupolizeigesetze und Verordnungen, die preußischen, mit den neuesten Bestimmungen über Anlage von Straßen und öffentlichen Plätzen 2c. Zum Handgebrauche für Baumeister, Bauhandwerker, Polizei- und Kommunalbeamte und Hauseigentümer und unter Berücksicht. der ergangenen Ministerial-Rescripte, sowie der Rechtsprechung des Oberverwaltungsgerichts bearb. von einem prakt. Verwaltungsbeamten. 12. (190 S.) Neuwied 882, Heuser's Verlag. cart.

Baupolizei-Gesetze für die Stadt Rostock, deren Vorstädte und Stadtfeldmark. [Nebst] Änderungen u. Erg. bis 1. Oct. 1900. — Rostock: Werther (Änderungen: Koch) 1894–[1900]. 8° 28. 33. 86. 208.
13.6455

Baupolizeiliche
Bau- u. feuerpolizeiliche Vorschriften f. den Reg.-Bez Osnabrück. 8. (72 S.) Lingen 887. van Acken. cart n.n. 1. —

Baupolizeiordnung. — Baupolizeiordnung.
Vgl. auch Bauordnung u. Baupolizeiverordnung.
Der Abschnitt ist, unter Voranstellung der Titel, die keinen geographischen Namen enthalten, nach dem Alphabet der geographischen Namen geordnet.

Bau-Polizei-Ordnung vom 21. Juli 1894. 1900
s. *Baupolizeiordnung* [Ahlen].

Bau-Polizei-Ordnung für die Städte vom 10. Nov. 1868. 1868 u.ö.
s. *Baupolizeiordnung* [Frankfurt an der Oder].

Aachen

Baupolizei-Ordnung für die Stadt Aachen vom 1. Mai 1900. Nebst den damit in Verbindung stehenden gesetzlichen Bestimmungen u. Verordnungen. Zsgest. u. erl. von C. Böhm. — Aachen: Hrsg. 1900. VI,265 S. 8° 52.
13.6457

Bau-Polizei-Ordnung für die Stadt Aachen (vom 1. Mai 1900). — Aachen 1900: A. Jacobi. 55 S. 8° 52.
13.6458

Baupolizei-Ordnung für die Stadt Aachen und die beiden Verbindungswege nach Burtscheid (vom 28. Juni 1853). — Aachen: Kaatzer 1853. 16 S. 8°
Aus: Echo d. Gegenwart. 1853,200. 52. 90.
13.6456

Ahlen

Bau-Polizei-Ordnung vom 24. [vielm. 21.] Juli 1894 für den Bezirk der Städte Ahlen, Beckum, Bocholt, Borken, Burgsteinfurt, Coesfeld, Dorsten, Dülmen, Gronau, Ibbenbüren, Lengerich, Lüdinghausen, Oelde, Recklinghausen mit Ausschluß der Bauerschaft Hillen, Rheine, Warendorf und der Landgemeinden Borghorst, Bottrop, Gladbeck. Dülmen: Horstmann [1894]. 47 S. 8° 6.
13.6459

Bau-Polizei-Ordnung v. 24. VII. 1894 f. d. Bezirk der Städte Ahlen, Beckum, Bocholt, Borken, Burgsteinfurt, Coesfeld, Dorsten, Dülmen, Gronau, Ibbenbüren, Lengerich, Lüdinghausen, Oelde, Recklinghausen m. Ausschluß der Bauerschaft Hillen, Warendorf, Rheine, u. d. Landgemeinden Borghorst, Bottrop, Gladbeck (Kreis Recklinghausen); sow. derj. Ortschaften od. Ortstheile, auf welche auf Antr. d. Gemeindevorstandes u. d. Polizei-Behörde d. Ausdehng. dieser Verordng. d. d. Regierungs-Präsidenten ausgesprochen wird. 2. Aufl. 12. (47 S.) Dülmen 897. J. Horstmann. — 30

Bau-Polizei-Ordnung vom 24. VII. 1894 m. Abänderungen vom 13. XI. 1896 u. 27. I. 1899 f. den Bezirk der Städte Ahlen, Beckum, Bocholt, Borken, Burgsteinfurt, Coesfeld, Dorsten, Dülmen, Gronau, Ibbenbüren, Lengerich, Lüdinghausen, Oelde, Recklinghausen m. Ausschluß der Bauerschaft Hillen, Warendorf, Rheine, u. d. Landgemeinden Borghorst, Bottrop, Gladbeck (Kreis Recklinghausen); sowie derjenigen Ortschaften od. Ortsteile, auf welche auf Antrag des Gemeindevorstandes u. der Polizei-Behörde die Ausdehng. dieser Verordng. durch den Regierungs-Präsidenten ausgesprochen wird. Nebst Ausführungs-Anweisg. 3. Aufl. 12. (61 S.) Dülmen 900. J. Horstmann. n. — 50

Altona

Baupolizei-Ordnung für die Stadt Altona vom 1. Febr. 1874. — [Altona] 1874: Hammerich & Lesser. 64 S. 8° 14.
13.6461

Aschersleben

Bau-Polizei-Ordnung für die Stadt Aschersleben (vom 23. Nov. 1893). — Aschersleben (1893): Felix. 69 S. 8° 86.
13.6462

Barth

Bau-Polizei-Ordnung für die Stadt Barth (vom 8. Febr. 1859). — Barth 1859: Anthony. 20 S. 8° 9.
13.6463

Berlin

Bau-Polizei-Ordnung für die Haupt- und Residenzstadt Berlin. 12. (36 S.) Berlin 887, Polytechnische Buchhandlung. * — 60

—— dass. — Nachträge. 12. (12 S.) Ebendas. 887. — 30

—— dass. — 8. (33 S.) Berlin 887, Dierig und Siemens.

—— dass. — [Veröffentlicht am 23. Jan. 1887.] Durchgesehen im Ministerium der öffentl. Arbeiten. 12. (31 S.) Berlin 887, Ernst und Korn. geb. **
Aus: Centralblatt der Bauverwaltung, besonders abgedruckt.

—— dass. Amtl. Asg. 16. (47) Berl. 87, Hayn's Erben. — 60; geb. n. 1. 25 || Anh. Polizei-Verordng betr. d. baul. Anlage u. d. innere Einrichtg v. Theatern, Circusgebäuden u. öffentl. Versammlungsräumen. (86) 89. — 15

—— dass. — vom 15. Jan. 1887. Mit ausführl. Inhaltsverzeichniß. 8. (36 S.) Berlin 887, C. Heymanns Verlag. cart. *

—— dass. — gr. 16. (36 S.) Berlin 887, R. Kühn.

—— dass. — 8. (40 S.) Berlin 887, Wasmuth. cart. *

—— dass. — 2. Aufl. [Mit Nachtrag.] 12. (54 S.) Ebendas. 888. *

Bau-Polizei-Ordnung für Berlin und dessen Bau-Polizei-Bezirk (vom 21. April 1853). Amtl. Abdr. — Berlin: Hayn in Comm. 1853. VI,35 S. 4° 1:4° Gr 12376. 34. 106. 109.
13.6465

[Stadt Berlin] Bau-Polizei-Ordnung für die Stadt Berlin. Vom 21. April 1853. — Berlin: Decker 1853. 27 S. 8°
1:3 in 4° Gd 13850. 11. 47. 205.
13.6464

Bau-Polizei-Ordnung für die Stadt Berlin. Vom 21. April 1853. — Berlin: Decker 1866. 44 S. 8°
1:Gr 12380. 11. 21. 27. 305.
13.6466

— Mit d. bis jetzt erschienenen Erg. u. Abänderungen ... bearb. u. hrsg. von G. Steinbrück. — Berlin: Kühn 1871. VIII,80 S. 8° 1:Gr 12450. 11.
13.6467

Die Bau-Polizei-Ordnung für den Stadtkreis Berlin vom 15. Jan. 1887. Erl. von K. Parey. — Berlin: Heine 1887. 116 S. 8° 1:Gr 12540. 11. 89. 106. 208.
13.6468

Bau-Polizei-Ordnung für den Stadtkreis Berlin vom 15. Jan. 1887. — Berlin: Heymann 1887. 36 S. 8°
1:Gr 12530. 79.
13.6469

— Erl. von Karl Hilse. Ebd. 1887. VI,136 S. 8°
1:Gr 12535. 7. 11. 12:Pol. civ. 283 l. 47. 79. 208.
13.6470

Bau-Polizei-Ordnung für den Stadtkreis Berlin (vom 15. Jan. 1887). — Berlin: Kühn 1887. 36 S. 8° 7.
13.6471

Bau-Polizei-Ordnung für den Stadtkreis Berlin vom 15. Jan. 1887. — Berlin: Plahn 1887. 24 S. 8° (Klaus, Reinhard: Sammlung derjenigen neuesten Polizei-Verordnungen, welche von d. Haus- u. Grundbesitzern in Berlin zu beachten sind. Nachtr.) 12:Pol. civ. 2560.
13.6472

Bau-Polizei-Ordnung für den Stadtkreis Berlin (vom 15. Jan. 1887). [Nebst] Nachtr. — Berlin: Wasmuth 1887. 8°
1:Gr 12526. 30[$^{\infty}$Nachtr.] 109[$^{\infty}$Nachtr.] 180[$^{\infty}$Nachtr.]
13.6473

Bau-Polizei-Ordnung für den Stadtkreis Berlin (vom 15. Jan. 1887). (Veröffentlicht am 23. Jan. 1887.) Durchges. im Ministerium d. öffentlichen Arbeiten. [Nebst] Nachtr. [1.]2. — Berlin: Ernst & Korn 1887–[91]. 8°
1[$^{\infty}$Nachtr.]: Gr 12538. 29.
13.6475

Bau-Polizei-Ordnung für den Stadtkreis Berlin (vom 15. Jan. 1887). 2. Aufl. — Berlin: Seydel 1888. 54 S. 8°
1:Gr 12542^{2}. 11. 36. 64.
13.6476

Die Bau-Polizei-Ordnung für den Stadtkreis Berlin (vom 15. Jan. 1887). 2., durch Nachtr. erg. Aufl. — Berlin: Dierig & Siemens 1889. 40 S. 8° 1:Gr 12544^{2}. 14. 208.
13.6477

—— dass. — vom 15. Jan. 1887. Anh.: Polizei-Verordnung betreff. die bauliche Anlage u. die innere Einrichtg. v. Theatern, Circusgebäuden u. öffentl. Versammlungsräumen. Amtl. Ausg. 8. (36 S.) Berl. 889, Hayn's Erben. — 15
Hauptwerk. Ebd. 1887. cart. — 60.

— f. den Stadtkreis Berlin, vom 15. Jan. 1887. Berlin 890.

—— dass. — [veröffentlicht am 23. Jan. 1887.] Durchgesehen im Ministerium der öffentl. Arbeiten. Nebst 1. u. 2. Nachtrag. 12. (31, 2, 8 S.) Berl. 892, Ernst u. Sohn. geb. in Leinw. ** 1 —
Aus: Centralblatt d. Bauverwaltung, besonders abgedruckt.

Bau-Polizei-Ordnung für den Stadtkreis Berlin vom 15. Jan. 1887. 3. Aufl. [Nebst] Nachtr. — Berlin: Seydel 1893–[94]. 8° 1:Gr 12542^{3}. 30. 82. 106[$^{\infty}$Nachtr.]
13.6478

—— 4. Aufl. Ebd. 1896. VI,111 S. 8°
1:Gr 12542^{4}. 11. 18. 64. 208.
13.6479

Die Baupolizeiordnung für den Stadtkreis Berlin vom 15. Aug. 1897. Amtl. Ausg. — Berlin: Norddeutsche Buchdr. u. Verl. Anst. 1897. 52 S. 8° 27. 30. 52.
13.6480

Bau-Polizei-Ordnung für den Stadtkreis Berlin vom 15. Aug. 1897. — Berlin: Polytechnische Buchh. 1897. 52 S. 8° 1:Gr 12733. 11. 14. 30.
13.6481

— dasselbe. 12. (82 S.) Berlin 897. Deutscher Verlag.
n.n. — 25

— Berlin: Hayn 1897. 51 S. 8° 1:Gr 12732.
13.6482

— dassolbo v. 15. VIII. 1897, nobst Anh., onth.: dio Baupolizoigebühronordng., o. Darstellg. d. b. Noubanton anzuwond. Wandstärken, sowio o. alphabet. Sachreg. 12. (68 S.) Berlin 897. Schustor & Buflob.
M. Schroibpap. durchsch. n. 1. —

— Berlin: Siemens 1897. 68 S. 8° 208.
13.6484

— 2. Aufl. Ebd. 1897. 68 S. 8° 1:Gr 12734^{2}.
13.6485

Bau-Polizei-Ordnung für den Stadtkreis Berlin. Veröffentlicht am 15. Aug. 1897. Durchges. im Ministerium d. öffentlichen Arbeiten. [Nebst] Anh. — Berlin: Ernst 1897–[98]. 8° 52[$^{\infty}$Anh.] 60[$^{\infty}$Anh.] 201[$^{\infty}$Anh.] 203.
13.6486

Bau-Polizei-Ordnung für den Stadtkreis Berlin vom 15. Aug. 1897. [Nebst] Nachträgen. Berlin: (A. Seydel) 1897–1902. 2 Bde 8° [F.] [07. 8219

Bau-Polizei-Ordnung, die, f. den Stadtkreis Berlin vom 15. VIII. 1897, nebst Anh. enth. die Baupolizeigebührenordng., Eigengewichte u. Beanspruchg. v. Baumaterialien u. Bautheilen, e. Darstellg. der bei Neubauten anzuwend. Wandstärken sowie e. alphabet. Sachregister. 3. Aufl. 12. (70 S.) Berlin 1900, G. Siemens. —. 60.

Bau-Polizei-Ordnung für den Stadtkreis Berlin. Veröffentlicht am 15. Aug. 1897. [Nebst] Anh. — Berlin: Ernst 1900–[01]. 8° 1:Gr 12734/12. 10. 11.
13.6488

— f. den Stadtkreis Berlin vom 15. VIII. 1897. Nachträge. 12. (48 S. m. Abbildgn.) Berlin 902. Polytechn. Buchh. A. Seydel. n. — 50
Hauptwerk. Ebd. 897. n. — 50.

— dass. Nachträge. (48 m. Abb.) 12° Berl., Polytechn. Bh. A Seydel '02. — 50 || 2. Afl. (54 m. 2 Fig.) '04. 1 — (Hauptwerk u. Nachtr.: 1.60) d

Die Bau-Polizei-Ordnung für den Stadtkreis Berlin vom 15. Aug. 1897. 4., verm. Aufl. — Berlin: Siemens 1902. 70 S. 8° 1:Gr 12734^{4}. 203. 208.
13.6489

Die Bau-Polizei-Ordnung für den Stadtkreis Berlin vom 15. Aug. 1897 nebst Anh. enth. d. Baupolizeigebührenordnung, Eigengewichte u. Beanspruchung von Baumaterialien u. Bautheilen, e. Darstellung der bei Neubauten anzuwendenden Wandstärken, sowie e. alphab. Sachreg. 4. verm. Aufl. *Berlin: G. Siemens 1903.* (70 S.) 8° [F.] [04. 1331

— dasselbe, nebst den Bekanntmachgn. betr. Eigengewichte v. Baumaterialien usw. u. zuläss. Beanspruchgn., der Baupolizei-Gebührenordng., den Bekanntmachgn. betr. einzureich. Bauvorlagen, den allgemeinen Verfüggn., betr. Auslegg. einzelner Bestimmgn. der Bauordng. u. dem Nachtrag betr. Baubeschränkgn. der Schöneberger Wiesen usw. Nach dem amtl. Wortlaut. (74 S.) kl. 8. Berlin 904. W. Ernst & Sohn. n. 1. —

Bau-Polizei-Ordnung für den Stadtkreis Berlin vom 15. VIII. 1897. Nachträge. 2. verm. Aufl. (54 S. m. 2 Fig.) 12. Berlin 904. Polytechn. Buchh. A. Seydel. n. 1. —
(Hauptwerk u. Nachträge n. 1. 50)

Bau-Polizei-Ordnung, d., f. d. Stadt-Kreis Berlin v. 15.VIII. 1897, nebst Anh., enth. d. Baupolizeigebührenordng, Eigengewichte u. Beanspruchg v. Baumaterialien u. Bautheilen, e. Darstellg d. bei Neubauten anzuwend. Wandstärken sowie e. alphabet. Sachregister. 5. Afl. (70) 12° Berl., G Siemens '04. — 60 d

— dasselbe, nebst Anh., enth. die Baupolizeigebührenordng., Eigengewichte u. Beanspruchg. v. Baumaterialen u. Bauteilen, e. Darstellg. der bei Neubauten anzuwend. Wandstärken sowie e. alphabet. Sachregister. 6. Aufl. (70 S. m. Fig.) kl. 8. Berlin 906. G. Siemens. n. — 75

Bau-Polizei-Ordnung f. den Stadtkreis Berlin vom 15 VIII. 1897 nebst den dieselbe ergänzenden neueren Polizeiverordnungen. 7. Aufl. (92 S.) kl. 8. Berlin '08, Polytechn. Buchh. A. Seydel. Kart. 1. —

— — 7. Aufl. Berlin: Siemens 1908. 92 S. 8°
1:Gr 12734[7]. 11.
13.6494

— dasselbe. Neue Nachträge. Bau-, Gewerbe- u. Feuerpolizei betr. (Neue Ausg.) (62 S.) kl. 8. Ebd. 908. Kart. 1. —

Hieraus einzeln:
Benutzung v. Koksöfen. Verfügung v. 15. II. 1908. (4 S.) — 15
Einrichtung v. Stallungen unter zu dauerndem Aufenthalt bestimmten Räumen. Verfügung des königl. Polizei-Präsidiums zu Berlin. (3 S.) — 15
Grundsätze f. die Einrichtung v. Fleischereibetrieben m. Ausnahme der Schlachthäuser. Aufgestellt vom königl. Polizei-Präsidium zu Berlin. (3 S.) — 15
— f. die Lagerung v. Mineralöl u. anderen leichtentzündlichen Flüssigkeiten unter dem Druck von flammenerstickenden Gasen u. Flüssigkeiten. Aufgestellt vom königl. Polizei-Präsidium zu Berlin. (3 S.) — 15
— f. die gewerbliche Ueberwachung der Betriebe zur Herstellung v. Zelluloid-Waren u. der zugehörigen Lagerräume. Aufgestellt vom königl. Polizei-Präsidium zu Berlin. — 15
— für die an Zelluloid-Lager (für Rohstoff, fertige Waren u. Abfälle) zu stellenden Anforderungen. Aufgestellt vom königl. Polizei-Präsidium zu Berlin. (4 S.) — 15
Polizeiverordnung betr. die Aufbewahrung u. Lagerung von Brennmaterialien u. Nutzholz. Verordnung vom 10. XII. 1907. (6 S.) — 15
— betr. die Sicherheit in Kinematographen-Theatern. Verordnung vom 30. VIII. 1907. (7 S.) — 15
Sonderanforderungen an Warenhäuser u. an solche anderen Geschäftshäuser, in welchen größere Mengen brennbarer Stoffe feilgehalten werden. Vom 2. XI. 1907. (15 S.) — 30
Vorschriften, allgemeine, f. die Einrichtung gewerblicher Anlagen (gemäß § 120 a—d der Reichs-Gewerbe-Ordnung). (6 S.) — 15

Bau-Polizei-Ordnung für den Stadtkreis Berlin vom 15. Aug. 1897. Abänderungen u. Nachträge von 1903 u. 1909, sowie d. Polizeiverordnung über d. Einrichtung u. d. Betrieb von Bäckereien u.s.w. — Ebd. 1909. 11 S. 8°
1:Gr 12802/18. 86.
13.6500

— dass. Ergänzgn Bau-, Gewerbe- u. Feuerpolizei betr. 3. Afl. d. bisher unter d. Bezeichng: Nachträge u. Neue Nachträge z. BPO erschienenen Ausgaben. (79) kl8° Ebd. '11. HL 1 — d

Bau-Polizei-Ordnung f. d. Stadtkreis Berlin v. 15.8.1897. 8. Afl. Mit Berücks. d. bis Ende '10 erlassenen Ändergn u. vermehrt durch neuere baupolizeil. Bestimmgn. (104 m. 1 farb. Pl.) kl8° Berl., Polytechn. Buchh. A Seydel '11. HL 1.25 d

— neue, f. die Vororte v. Berlin. Vom 28. V. 1907. Mit e. alphabet. Sach- u. Ortsegister. (142 S.) kl. 8. Berlin, Polytechn. Buchh. A. Seydel. 1907 Kart. 2. —

[Vororte d. Stadt Berlin] Baupolizeiordnung für die Vororte von Berlin vom 5. Dec. 1892. — Berlin: Ernst 1892. 71 S. 8°
1:Gr 12604. 47. 60.
13.6502

Baupolizeiordnung für die Vororte von Berlin (vom 5. Dez. 1892). [Nebst] Erl. — Berlin: Hayn 1892–93. 8°
83. 86. 208 [∞ Erl.]
13.6503

Bau-Polizei-Ordnung fuer die Vororte von Berlin vom 5. Dez. 1892. — Berlin: Wasmuth 1893. 58 S. 8° 30.
13.6504

— Ebd. 1893. 63 S. 8° 64.
13.6505

Baupolizeiordnung für die Vororte von Berlin (vom 5. Dez. 1892). Red. auf d. Königlichen Regierung zu Potsdam. — Berlin: Hayn 1894. 56 S. 8°
1:Gr 12606. 11. 30. 106.
13.6506

— Ebd. 1896. 63 S. 8° 180. 203.
13.6507

— dasselbe, Abänderungsbestimmgn. n. d. Erlass d. Regierungs-Präsidenten v. Potsdam v. 24. August 1897. [Aus: „Centralbl. d. Bauverwaltg."] 12. (8 S.) Berlin 897. W. Ernst & Sohn. n. — 20
(Hauptwerk u. Abänderungsbest.: n. 1. —)

— dass. Ergänzg. 8° (6) Berl. 97. (AW Hayn's Erben). — 15; m. d. Hauptwerk zugleich bezogen unentgeltlich. *Vergriffen.*

Bau-Polizei-Ordnung für die Vororte von Berlin vom 5. Dec. 1892. Mit d. Erlassen vom 31. Mai 1894 u. vom 24. Aug. 1897. — Berlin: Seydel 1899. 58 S. 8°
1:Gr 12607. 11.
13.6508

Baupolizeiordnung für die Vororte von Berlin vom 5. Dez. 1892. In d. jetzt gültigen Fassung u. ergänzt durch d. für d. Teil 'Westend' von Charlottenburg erlassenen neueren Polizeiverordnungen. Neue Ausg. 1908. — Ebd. 1908. 63 S. 8°
1:Gr 12607/2. 208.
13.6509

Bochum

(Bau-Polizei-Ordnung für den Bezirk der Stadt Bochum vom 28. Juni 1893.) [Nebst] Nachtr. — [Bochum 1893–98.] 8°
27 [∞ Titelbl.]
13.6510

Boizenburg

Bau-Polizei-Ordnung für die Stadt Boizenburg (vom 26. Aug. 1884). [Nebst] Aenderung. — Boizenburg a. Elbe 1884–[1910]: Herold. 8° u. 4°
28.
13.6511

Brandenburg

Bau-Polizei-Ordnung für das platte Land der Provinz Brandenburg und der Kreise Dramburg und Schievelbein. (Vom 11. Oct. 1847.)

Baupolizei-Ordnung für das platte Land der Provinz Brandenburg (vom 15. März 1872). Nebst d. einschlägigen Paragraphen d. Allgemeinen Landrechts. — Oranienburg: Möller [1907]. 31 S. 8°
1:Gr 12799. 11.
13.6512

Breslau

Bau-Polizei-Ordnung v. 5.XII.1892 d. kgl. Haupt- u. Residenzstadt Breslau. Nachtr. (19) 8° Gross-Strehl., A Wilpert '04. — 30 (Hauptwerk u. Nachtr.: 1.30) d
Das Hauptwerk s. u. d. T.: Klein, J, Baupolizei d. Stadt Breslau.

Bau-Polizei-Ordnung für die Stadt Breslau (vom 25. April 1851). — ([Breslau 1851]: Graß, Barth & Co.) 16 S. 4°
2. 41.
13.6513

Baupolizei-Ordnung für die Stadt Breslau vom 5. Dec. 1892. Amtl. Ausg. — Breslau: Morgenstern [1892]. 44 S. 8°
1:Gr 12610. 2.
13.6514

Baupolizei-Ordnung für die Stadt Breslau vom 5. Dez. 1892. Hrsg. von J. Klein. — Groß-Strehlitz: Wilpert 1893. 41 S. 8° (Klein, Johann: Baupolizei d. Regierungsbezirks Breslau. Erg.)
1:an Gr 12613. 2. 208.
13.6515

Baupolizei der Stadt Breslau. Hrsg. von J. Klein. 2., verm. Aufl. [Nebst] Nachtr. — Ebd. 1901–04. 8°
Nachtrag zur Baupolizeiordnung vom 5. Dez. 1892 der Königlichen Haupt- und Residenzstadt Breslau.
(Klein, Johann: Baupolizei d. Regierungsbezirks Breslau. 2. Aufl. Erg.)
1:Gr 12613[2]. 2. 41. 208 [∞ Nachtr.]
13.6516

Bromberg

Bau-Polizei-Ordnung f. den Regierungs-Bezirk Bromberg. Vom 1. Juni 1874. Nebst Zusammenstellg. der zugehör. Verordngn. 8. (51 S.) Bromberg 874. Levit. — 75

Bau-Polizei-Ordnung für den Regierungsbezirk Bromberg (vom 6. Febr. 1882) und Lokal-Bau-Polizei-Ordnung für den Stadtkreis Bromberg. — Bromberg: Mittler [1883]. 43 S. 8° 1: Gr 12499.
13.6517

Buedingen

Baupolizei-Ordnung für die Stadt Büdingen (vom 27. Dez. 1904). — Büdingen [1904]: Heller. 10 S. 8° 86.
13.6518

Burg bei Magdeburg

Bau-Polizei-Ordnung für die Stadt Burg (vom 23. Jan. 1884). — Burg 1884: Colbatzky. 46 S. 8° 1: Gr 12503. 3.
13.6520

Buetzow

Bau-Polizei-Ordnung der Stadt Bützow (vom 18. März 1887). — Bützow 1887: Buhr. 20 S. 4° 28.
13.6519

Cassel s. Kassel

Charlottenburg

— f. Charlottenburg v. 22.8.1898 m. Ausnahme d. Teiles, welcher d. Baupolizeiordng v. 5.12.1892 untersteht, f. d. m. d. Namen Plötzensee bezeichneten Teil d. Forstgutsbez. Tegel u. f. d. Gemeinden Rummelsburg, Lichtenberg, Stralau, Deutsch-Wilmersdorf, Schöneberg, Tempelhof, Rixdorf u. Treptow, soweit dieselben innerhalb d. Berliner Ringbahn liegen. 3. Afl. m. d. bis '11 erlass. weiteren Verordngn. (84) kl8° Berl., Polytechn. Bh. A Seydel '11. BL 1 — d

Bau-Polizei-Ordnung vom 22. Aug. 1898 für Charlottenburg und für die Landgemeinden Rummelsburg, Lichtenberg, Stralau, Deutsch-Wilmersdorf, Schöneberg, Tempelhof, Rixdorf, Treptow und den Gutsbezirk Plötzensee, soweit diese Gemeinden innerhalb der Ringbahn liegen. — Berlin [usw.]: Ulrich 1898. 24 S. 8° 1: Gr 12738/12.
13.6523

— d. Regierungs-Präsidenten zu Potsdam v. 22. VIII. '98 f. d. Vororte Charlottenburg, Plötzensee u. f. d. Gemeinden Rummelsburg, Lichtenberg, Stralau, Deutsch-Wilmersdorf, Schöneberg, Tempelhof, Rixdorf u. Treptow, soweit diese innerh. d. Ringbahn liegen. 12° (38) Berl. 98, Deut. Verl. ' nn — 25

— f. d. Stadt Charlottenburg, ausgen. d. Theil, welcher d. Baupolizeiordng. v. 5. XII. 1892 untersteht, f. d. m. d. Namen „Plötzensee" bezeichneten Theil des Forstgutsbez. Tegel u. f. d. Gemeinden Rummelsburg, Lichtenberg, Stralau, Deutsch-Wilmersdorf, Schöneberg, Tempelhof, Rixdorf, Treptow, sow. diese innerhalb d. Berliner Ringbahn liegen. Amtl. durchgesch. Ausg. gr. 8. (39 S.) Berlin 898. A. W. Hayn's Erben. n. — 50

— f. d. Stadt Charlottenburg m. Ausn. d. Theiles, welcher d. Baupolizeiordng. v. 5. XII. 1892 untersteht, f. d. m. d. Namen Plötzensee bezeichn. Theil d. Forstgutbez. Tegel u. f. d. Gemeinden Rummelsburg, Lichtenberg, Stralau, Deutsch-Wilmersdorf, Schöneberg, Tempelhof, Rixdorf, Treptow, sow. dieselben innerhalb d. Ringbahn liegen. gr. 16. (47 S.) Berlin 898. Polytechn. Buchh. A. Seydel. n. — 50

Baupolizeiordnung (vom 22. Aug. 1898) für die Stadt Charlottenburg ausgenommen den Theil, welcher der Baupolizeiordnung vom 5. Dez. 1892 untersteht, für den mit dem Namen 'Plötzensee' bezeichneten Theil des Forstgutsbezirks Tegel und für die Gemeinden Rummelsburg, Lichtenberg, Stralau, Deutsch-Wilmersdorf, Schöneberg, Tempelhof, Rixdorf, Treptow, soweit diese innerhalb der Berliner Ringbahn liegen. Amtl. durchges. Ausg. — Potsdam: Hayn 1898. 39 S. 8° 1: Gr 12738/16. 11. 64. 203. 208.
13.6524

Bau-Polizei-Ordnung für die Stadt Charlottenburg vom 22. Aug. 1898 mit Ausnahme des Teiles, welcher der Baupolizeiordnung vom 5. Dez. 1892 untersteht, für den mit dem Namen Plötzensee bezeichneten Teil des Forstgutsbezirks Tegel und für die Gemeinden Rummelsburg, Lichtenberg, Stralau, Deutsch-Wilmersdorf, Schöneberg, Tempelhof, Rixdorf und Treptow, soweit dieselben innerhalb der Berliner Ringbahn liegen. 2., verm. Aufl. — Berlin: Seydel 1908. 70 S. 8° 1: Gr 12738/82.
13.6525

—— f. den Stadtkreis Charlottenburg u. f. die dem Kreise Niederbarnim angehörigen Gemeindebezirke Stralau, Lichtenberg rc. 2. durchgeseh. Ausg. 8. (44 S.) Berl. 889. Polytechn. Buchhandlg. * — 60

Bau-Polizei-Ordnung (vom 24. Juni 1887) für den Stadtkreis Charlottenburg und für die dem Kreise Niederbarnim angehörigen Gemeindebezirke Stralau, Lichtenberg mit Friedrichsberg, Neu-Weißensee, Pankow, Reinickendorf und für die Gutsbezirke Lichtenberg, Boxhagen, Rummelsburg, sowie für die dem Kreise Teltow angehörigen Amtsbezirke Treptow, Rixdorf, Tempelhof, Schöneberg, Wilmersdorf und Steglitz. 2., durchges. Ausg. — Berlin: Seydel 1889. 44 S. 8° 1: Gr 12557².
13.6521

Coblenz s. Koblenz

Crefeld s. Krefeld

Danzig

Bau-Polizei-Ordnung der Kgl. Preuss. Regierung zu Danzig vom 24. Jan. 1860 für die Städte des Regierungs-Bezirks Danzig und Ergänzung einzelner Bestimmungen derselben für die Stadt Marienburg vom 13. Dez. 1861. — Marienburg 1862: Kanter. 15 S. 8° 10.
13.6528

Bau-Polizei-Ordnung für die Stadt Danzig (vom 28. Aug. 1868). — (Danzig 1868: Wedel.) 16 S. 8° 44.
13.6529

Darmstadt

Baupolizei-Ordnung für die Haupt- und Residenzstadt Darmstadt. Entwurf nach d. Berathungen in d. städtischen Bau-Commission. — [Darmstadt um 1885.] 16 S. 8° 17.
13.6530

Detmold

Bau-Polizei-Ordnung für die Residenzstadt Detmold u. deren Bezirk (vom 16. Dez. 1874). — Detmold 1875: Meyer. 20, IV S. 8° 51.
13.6531

Bau-Polizei-Ordnung für die Residenzstadt Detmold u. deren Bezirk (vom 18. Jan. 1888). — Detmold 1888: Böger. 28 S. 8° 51.
13.6532

Deutz

Bau-Polizei-Ordnung für die Stadt Deutz vom 27. Mai 1873. — Deutz 1873: Dietz. 12 S. 8° 38.
13.6533

Doberan

Bau-Polizeiordnung für die Stadt Doberan (vom 4. April 1881). — (Doberan [1881]: Lesser.) 28 S. 8° 28.
13.6534

Doemitz

Bau-Polizei-Ordnung für die Stadt Dömitz (vom 3. Febr. 1899). — Dömitz 1899: Tschöpe. 14 S. 8° 28.
13.6535

Dortmund

Baupolizei-Ordnung für die Stadt Dortmund. — Dortmund 1877: Crüwell. 27 S. 4° 38.
13.6536

Duderstadt

Bau-Polizei-Ordnung für den Bezirk der Stadt Duderstadt (vom 12. März 1903). — Duderstadt 1903: Gerlach. 43 S. 8° 86.
13.6537

Duisburg

Baupolizei-Ordnung für die Stadtgemeinde Duisburg (vom 13. Sept. 1881). — Duisburg 1893: Nieten. 24 S. 8°
1: Gr 12622.
13.6553

Duesseldorf

[Stadt Düsseldorf] Bau-Polizei-Ordnung für die Oberbürgermeisterei Düsseldorf (vom 17. März 1874). — Düsseldorf 1874: Stahl. 35,III S. 8° 61.
13.6538

Bau-Polizeiordnung für die Oberbürgermeisterei Düsseldorf vom 17. März 1874 und 14. Febr. 1889. — Düsseldorf: Bagel [1889]. 36 S. 8° 1: Gr 12569. 5. 61.
13.6539

Baupolizeiordnung für die Oberbürgermeisterei Düsseldorf vom 20. Jan. 1894. Nebst 17 gültigen Polizei-Verordnungen, Decreten ... Zsgest. von Ernst Bach. — Düsseldorf: Voß 1894. 95 S. 8° 1: Gr 12683. 5. 61. 208.
13.6542

Bau-Polizei-Ordnung für die Stadt Düsseldorf vom 20. Jan. 1894. — Düsseldorf: Lintz 1894. 40 S. 8°
1: 2 in N 10.1583. 61.
13.6541

Baupolizeiordnung für die Stadt Düsseldorf vom 25. April 1896. (Mit Berücks. d. Abänderung bezw. Erg. gemäß d. Polizeiverordnungen vom 1. März 1898 u. 22. März 1901.) ... 3., verm. u. verb. Aufl. Zsgest. u. mit Anm. vers. von Ernst Bach. [Nebst] Nachtr. — Ebd. 1901–03. 8°
1[$^{\infty}$Nachtr.]: Gr 12708^{3}. 5[$^{\infty}$Nachtr.] 61. 203[$^{\infty}$Nachtr.] 208[$^{\infty}$Nachtr.]
13.6544

— f. die Stadt Düsseldorf vom 25. IV. 1896 (in der Fassung der abgeänderten Polizeiverordnungen vom 1. III. 1898 zu § 14 u. 16, 22. III. 1901 zu § 7, 13, 14, 16, 21, 28, 41, 54, 2. V. 1904 zu § 14, 25. VI. 1904 zu § 11, 13, 16). Mit ausführl. Sachregister. (IV, 102 S.) gr. 8. Düsseldorf 906. L. Schwann. Kart. n. 1. 50

Baupolizeiordnung für die Stadt Düsseldorf vom 8. Mai 1907. 1907 u. ö.
s. *Baupolizeiverordnung* [Duesseldorf].

Baupolizeiordnung für den Stadtbezirk Düsseldorf vom 25. April 1896. Nebst ... Verordnungen, Decreten ... zsgest. u. erl. von Ernst Bach. [Nebst] Nachtr. [1.]2. — Düsseldorf: Voß 1896–98. 8°
1: Gr 12708. 5. 52[$^{\infty}$Nachtr.] 61[$^{\infty}$Nachtr. 2]. 208.
13.6543

Düsseldorfer Bau-Polizeiordnung (vom 14. Febr. 1889) nebst Orts-Statut etc. Hrsg. u. mit Sachreg. vers. von A. Kollmann. — Düsseldorf: Schrobsdorff 1892. 65 S. 8°
5. 38. 61.
13.6540

[Landkreise d. Regierungsbezirks] Bau-Polizeiordnung vom 13. Febr. 1890 für die Landkreise des Regierungsbezirks Düsseldorf. Nebst d. früher erlassenen Polizeiverordnungen u. Bekanntmachungen. — Düsseldorf: Voß 1890. 60 S. 8° 64.
13.6546

Bau-Polizei-Ordnung für die Landkreise des Regierungsbezirks Düsseldorf vom 13. Febr. 1890 und Ausführungs-Anweisung hierzu vom 14. März 1890. [Nebst] Nachtr. — Düsseldorf: Schwann [1890–94]. 8°
1[$^{\infty}$Nachtr.]: Gr 12575. 61. 208[$^{\infty}$Nachtr.]
13.6547

— für die Landkreise des Reg.-Bez. Düsseldorf vom 1. VIII. 1894 u. Ausführungs-Anweisung hierzu vom 9. VIII. 1894. Nebst e. Anh., die anderen noch gült. baupolizeil. Verordngn. u. Bekanntmachgn. enth. 8. (85 S.) Düsseldorf (900). L. Schwann. Kart. n. — 55

— dasselbe, sowie Ausführungs-Anweisung dazu vom 9. VIII. 1894, nebst nachsteh. Polizeiverordngn. u. Bekanntmachgn.: betr. die Anlegg. u. Reinigg. der engen Schornsteine vom 31. I. 1854; Unfallverhütungsmaßregeln an Schornsteinen; die Anlage v. Windmühlen vom 18. II. 1864; den Schutz der in gewerbl. Anlagen beschäftigten Arbeiter wider Gefahren f. Leben u. Gesundheit vom 13. X. 1874; Arbeiterfürsorge auf Bauten vom 16. I. 1900; die Abwendg. v. Feuersgefahr bei der Errichtg. v. Gebäuden u. der Lagerg. v. Materialien in der Nähe der dem Gesetze üb. die Eisenbahnunternehmgn. vom 3. XI. 1838 (Ges.-S. 505) untersteh. Eisenbahnen vom 28. IX. 1892; das Halten v. Kost- u. Quartiergängern; Bauanlagen in der Nähe v. Pulvermagazinen vom 13. XI. 1834; die Anlage v. Strohdächern (Kabinetsordre) v. 2. VII. 1836; das Bekleiden der Außenwände der Gebäude m. Stroh vom 26. II. 1845; die Veränderg., Verlegg. 2c. von Deichen od. ähnl. Erhöhgn. der Erdoberfläche (Auszug aus dem Gesetze üb. das Deichwesen vom 28. I. 1848); gewerbl. Anlagen, welche e. besond. Genehmigg. bedürfen (Auszug aus der Gewerbeordng. f. das Deutsche Reich vom 21. VI. 1869 in d. Fassg d. Reichsgesetzes v. 19. VII. 1884.) 3. Aufl. 8. (51 S.) Düsseldorf 901. L. Voß & Co. n. — 40

Bau-Polizei-Ordnung für die Landkreise des Regierungsbezirks Düsseldorf vom 26. Okt. 1903 und Ausführungs-Anweisung hierzu vom 26. Okt. 1903. — Düsseldorf: Schwann [1903]. VII,142 S. 8° 1: Gr 12777/3. 5. 61. 208.
13.6549

Bau-Polizei-Ordnung für die Landkreise des Regierungsbezirks Düsseldorf vom 26. Okt. 1903. — Düsseldorf: Tönnes [1903]. 127 S. 8° 38. 61.
13.6550

— Rheinberg [1903]: Küpper. 60 S. 8° 64.
13.6551

Bau-Polizei-Ordnung für die Landkreise des Regierungsbezirks Düsseldorf vom 26. Okt. 1903 und Ausführungs-Anweisung hierzu vom 26. Okt. 1903. 2., verm. Aufl. [Nebst] Nachtr. — Düsseldorf: Schwann 1908–09. 8°
1[$^{\infty}$Nachtr.]: Gr 12777/3^{2}. 5. 61[$^{\infty}$Nachtr.] 64[$^{\infty}$Nachtr]
13.6552

— f. d. Landkreise d. Reg.-Bez. Düsseldorf v. 26.1.'12 m. Ausführgs-Anweisg. Nebst e. Anh., enth. d. and. noch gült. baupolizeil. Verordngn u. Bekanntmachgn. Mit Sachreg. (8, 252) 8° Düsseld., L Schwann '12. HL 1.60 d

Ehrenfeld

Bau-Polizei-Ordnung für die Stadtgemeinde Ehrenfeld und einen Theil der Gemeinde Müngersdorf (vom 26. Febr. 1878). — Köln [1878]: Gehly. 47 S. 8° 38.
13.6554

Elberfeld

Baupolizeiordnung für die Stadtgemeinde Elberfeld (vom 2. April 1869). — Elberfeld 1869: Friderichs. 20 S. 8°
62.
13.6555

Bau-Polizei-Ordnung für die Stadtgemeinde Elberfeld (vom 20. Dez. 1871). — Elberfeld 1872: Friderichs. 22 S. 8°
62.
13.6556

Eschwege

Bau-Polizei-Ordnung für die Städte Eschwege, Fulda, Hersfeld, Marburg, Rinteln und Schmalkalden sowie für die Gemeinde Kesselstadt vom 15. Juli 1885. 1885
s. *Baupolizeiordnung* [Kassel].

Essen

Bau-Polizei-Ordnung für die Stadt Essen (vom 17. April 1886). — Essen 1886: Geck. 48 S. 8° 1: Gr 12524. 38. 64.
13.6559

Baupolizei-Ordnung für den Stadtkreis Essen vom 15. Mai 1907. — Essen [1907]: Boeckling & Müller. 99 S. 8°
64. 86.
13.6560

Frankfurt an der Oder

[Landkreise d. Regierungsbezirks] Bau-Polizei-Ordnung für das platte Land (vom 23. März 1872). 5. Aufl. — Frankfurt a. O.: Trowitzsch [1893]. 39 S. 8°
1:Gr 12631[5]. 208.
13.6563

— f. d. platte Land d. Reg.-Bez. Frankfurt a. O. v. 23.III. 1872. 6. Afl. (30) 8° Frankf. a/O., Trowitzsch & S. '02. — 25 d

[Städte d. Regierungsbezirks] Bau-Polizei-Ordnung für die Städte ([des Regierungsbezirks Frankfurt a. O.] vom 10. Nov. 1868). — Sorau: Rauert 1868. 24 S. 8°
1:Gr 12443.
13.6561

Bau-Polizei-Ordnung für die Städte (vom 10. Nov. 1868/18. Febr. 1872). 5. Aufl. [Nebst] Nachtr. — Frankfurt a. O.: Trowitzsch [1893]. 8° 1:Gr 12630[5]. 208.
13.6562

Franzburg

Bau-Polizei-Ordnung für die Stadt Franzburg (vom 2. Jan. 1858). — (Stralsund [1858]: Regierungs-Buchdr.) 7 S. 8°
9.
13.6565

Garz

Bau-Polizei-Ordnung für die Stadt Garz auf Rügen (vom 16. Dec. 1859). — (Stralsund [1859]: Sandhop.) 15 S. 4° 9.
13.6566

Greifswald

Bau-Polizei-Ordnung für die Stadt Greifswald (vom 8. Nov. 1859). [Nebst] Nachtr. — Greifswald 1859–[65]: Kunike. 8°
9.
13.6567

Grimmen

Bau-Polizei-Ordnung für die Stadt Grimmen und deren Vorstädte (vom 9. Juli 1859). — Grimmen 1859: Radant. 12 S. 8°
9.
13.6568

Revidirte Bau-Polizei-Ordnung für die Stadt Grimmen (vom 5. Febr. 1866). — (Grimmen [1866]: Radant.) 9 S. 4° (Grimmer Wochenblatt. 1866, s, Beil.)
9.
13.6569

Gumbinnen

[Regierungsbezirk] Bau-Polizei-Ordnung für den Regierungs-Bezirk Gumbinnen. Handbuch. — Tilsit: Reyländer 1859. IV, 139 S. 8° 1:Gr 12393. 10.
13.6570

[Landkreise d. Regierungsbezirks] Bau-Polizei-Ordnung für das platte Land des Regierungsbezirks Gumbinnen (vom 24. April 1888). — Tilsit [1888]: Reyländer. 20 S. 8°
10.
13.6576

[Städte d. Regierungsbezirks] Bau-Polizei-Ordnung für die Städte des Regierungsbezirks Gumbinnen [vom 2. Dez. 1893]. — Tilsit 1894: Reyländer. 44 S. 8° 1:Gr 12661. 10.
13.6571

Bau-Polizeiordnung für die Städte des Regierungsbezirks Gumbinnen (vom 29. März 1901). — Gumbinnen: Reimer 1901. 71 S. 8°
10.
13.6572

— Tilsit [1901]: Reylaender. 51 S. 8° 10.
13.6573

Baupolizeiordnung für die Städte des Regierungsbezirks Gumbinnen vom 29. März 1901. Nebst d. Nachtr. vom 1. Juli 1901, 20. Okt. 1902, 7. Okt. 1903. — Gumbinnen: Krauseneck in Komm. [1903]. 80 S. 8° 86.
13.6574

Halle

Baupolizei-Ordnung für die Stadt Halle a. d. S. (vom 18. Juni 1879). — Halle: Hofstetter 1879. 76 S. 8°
1:6 in 4° Gd 13850. 3.
13.6577

Baupolizei-Ordnung für die Stadt Halle a. S. vom 10. April 1889. Nebst einschlägigen gesetzlichen Bestimmungen hrsg. u. erl. von v. Holly. — Halle: Hofstetter 1889. IX, 129 S. 8° 1:Gr 12480. 3. 208.
13.6578

Bau-Polizei-Ordnung für die Stadt Halle vom 10. April 1889 in d. Fassung d. Nachtrags-Verordnungen vom 28. Nov. 1892, 10. Jan. 1897, 20. Juli 1898 ... u. 26. Aug. 1898. — Halle: Hendel [1898]. 48 S. 8°
1:Gr 12740/8. 3. 30. 86. 106.
13.6579

— f. die Stadt Halle vom 10. IV. 1889 in der Fassung der Nachtrags-Verordnungen vom 28. XI. 1892, 10. I. 1897, 20. VII. 1898 (sog. Zonen-Bau-Ordnung) u. 26 VIII. 1898. gr. 8. (48 S.) Halle (899). O. Hendel. n. 1. —

Bau-Polizei-Ordnung der Stadt Halle a. S. (vom 10. April 1889) und Orts-Statut betr. Anlegung und Veränderung von Strassen und Plätzen im Stadtkreise Halle a. S. in d. Fassung der zu denselben ergangenen Nachtrags-Bestimmungen. — Halle [um 1910]: Gebauer-Schwetschke. 99 S. 8°
3.
13.6580

Bau-Polizei-Ordnung für die Stadt Halle a. S. (vom 9. Juni 1910). — Halle: Hendrichs 1910. V, 280 S. 8°
1:Gr 12802/42. 89.
13.6581

Hannover

Baupolizei-Ordnung für die Landgemeinden und selbständigen Besitzungen im Regierungsbezirk Hannover [vom 28. März 1894]. — Hannover: Göhmann 1906. 55 S. 8°
86.
13.6166

Baupolizei-Ordnung für die Landgemeinden, Gutsbezirke und selbständigen Besitzungen des Regierungsbezirks Hannover (vom 27. Mai 1909). — Hannover: Göhmann 1909. 62 S. 8°
35.
13.6583

Baupolizei-Ordnung f. die Landgemeinden d. Landdrosteibezirks Hannover vom 1. März 1884. Mit e. alphabet. Sachregister. gr. 8. (28 S.) Linden vor Hannover 886. (Meyer.) n. — 25

— für die selbstständigen Städte d. Landdrostei-Bezirks Hannover m. Ausnahme der Residenzstadt Hannover vom 1. Juli 1883. Mit e. alphabet. Sachregister. gr. 8. (31 S.) Ebend. 886. n. — 35

[Städte d. Regierungsbezirks] Baupolizei-Ordnung für die selbständigen Städte des Regierungsbezirks Hannover mit Ausnahme der Königlichen Haupt- und Residenzstadt Hannover vom 28. März 1894. — Hameln [usw.]: Fuendeling [1894]. 32 S. 8° 7. 15. 208.
13.6582

— f. d. selbstständ. Städte d. Reg.-Bez. Hannover, m. Ausn. d. königl. Haupt- u. Residenzstadt Hannover v. 28. März 1894. gr. 8. (32 S.) Hameln 895. Th. Fuendeling. — 50

— für die selbstständigen Städte des Reg.-Bez. Hannover m. Ausnahme der königl. Haupt- u. Residenzstadt Hannover vom 28. III. 1894. 2. Abdr. gr. 8. (36 S.) Hameln (901). Th. Fuendeling. n. — 50

[Städte d. Regierungsbezirks] Baupolizei-Ordnung für die selbständigen Städte des Regierungsbezirks Hannover sowie für die Gemeinden Barnstorf, Barsinghausen, Bruchhausen, Bücken, Diepholz, Eystrup, Hoya, Springe und Vilsen (vom 21. Dez. 1905). — Hannover: Göhmann 1906. 61 S. 8°
86.
13.6162

Hoerde

Baupolizei-Ordnung für die Landgemeinden (einschl. Westhofen) des Kreises Hörde (vom 27. Mai 1893). — Dat. Hörde 27. Mai 1893. 28 S. 8° 60.
13.6584

Jadegebiet

Bau-Polizei-Ordnung für das Königlich Preußische Jade-Gebiet. Vom 10. Aug. 1862. — (Oldenburg: Schulze 1862.) 26 S. 8° 45.
13.6585

Kassel

[Städte I d. Regierungsbezirks] Bau-Polizei-Ordnung (I) für die Residenzstadt Cassel, die Stadt Hanau und für einzelne Theile der Gemeindebezirke Wehlheiden, Wahlershausen und Kirchditmold (vom 1. Juli 1885). — Cassel: Reform. Waisenhaus 1885. IV,42 S. 8°
Nebent.: 1. Bau-Polizei-Ordnung für die Städte Cassel, Hanau etc. vom 1. Juli 1885. 30. 34.
13.6586

— Ebd. 1885. Getr. Pag. 8°
Nebent.: Bau-Polizei-Ordnungen I, II u. III für d. Regierungsbezirk Cassel.
Beigedr.: 1. Bau-Polizei-Ordnung für d. Städte Eschwege, Fulda, Hersfeld.
Beigedr.: 2. Bau-Polizei-Ordnung für d. Regierungsbezirk Cassel. 1: Gm 13430.
13.6587

— [Nebst] Polizei-Verordnung. o. O. [1885–97]. 8° 1: Gm 13739. 2. 4→7. 9. 10. 34.
13.6588

Bau-Polizei-Ordnung für die Residenzstadt Cassel, die Stadt Hanau u. f. einzelne Theile d. Gemeindebezirke Wehlheiden, Wahlershausen u. Kirchditmold. *(Cassel 1897.)* (56, 3 S.) 8° [𝔉.] [⁓ 6647

Baupolizeiordnung I für die Residenzstadt Cassel, die Städte Hanau und Marburg und für einzelne Theile der Gemeindebezirke Bettenhausen, Kirchditmold, Niederzwehren, Rothenditmold und Wahlershausen, sowie des Gutsbezirks Fasanenhof (vom 23. Nov. 1900). — Cassel: Reform. Waisenhaus 1900. IV,64 S. 8° 4.
13.6589

— Ebd. 1904. IV,64 S. 8° 47.
13.6590

Baupolizeiordnung I für die Residenzstadt Cassel und die Städte Hanau, Marburg (außer der Altstadt) und Fulda vom 1. Juni 1906. — Cassel: Reform. Waisenhaus 1906. IV,54 S. 8° 4. 86.
13.6591

— Ebd. 1909. IV,57 S. 8° 84.
13.6592

[Städte II d. Regierungsbezirks] Bau-Polizei-Ordnung (II) für die Städte Eschwege, Fulda, Hersfeld, Marburg, Rinteln und Schmalkalden, sowie für die Gemeinde Kesselstadt vom 15. Juli 1885. 1885 in: *Baupolizeiordnung* [Kassel, Städte I d. Regierungsbezirks].

Baupolizeiordnung II für alle Gemeinden, die nicht unter die Baupolizeiordnung I fallen und nach der jeweiligen letzten Volkszählung über 2000 Einwohner haben, sowie für den nicht unter die Baupolizeiordnung I fallenden Theil der Stadt Marburg ..., die Städte Hünfeld und Ziegenhain, die Landgemeinden Kesselstadt, Sooden a. d. Werra, Salzschlirf, Groß-Nenndorf und den Gutsbezirk Nenndorf (vom 1. Nov. 1902). — Cassel: Reform. Waisenhaus 1902. IV,52 S. 8° 4.
13.6595

[Landkreise d. Regierungsbezirks] Bau-Polizei-Ordnung (III) für den Regierungsbezirk Cassel mit Ausnahme der Stadt Cassel und der Theile der Gemeindebezirke Wehlheiden, Wahlershausen und Kirchditmold, für welche die Polizei-Verordnung vom 1. Juli 1885 erlassen ist, und der Städte Bockenheim, Hanau mit Kesselstadt, Eschwege, Fulda, Hersfeld, Marburg, Rinteln und Schmalkalden, sowie des Kreises Gersfeld und des Amtsgerichtsbezirks Orb (vom 1. Aug. 1885). — Cassel: Reform. Waisenhaus 1885. 19 S. 8° 47.
13.6596

— 1885 in: *Baupolizeiordnung* [Kassel, Städte I d. Regierungsbezirks].

Baupolizeiordnung III für alle Gemeinden und Gutsbezirke, die nicht unter die Baupolizeiordnung I fallen und nach der jeweiligen letzten Volkszählung nicht über 2000 Einwohner haben, mit Ausnahme der Städte Hünfeld und Ziegenhain, der Langemeinden [!] Kesselstadt, Sooden a. d. Werra, Salzschlirf, Groß-Nenndorf und des Gutsbezirkes Nenndorf (vom 3. Nov. 1902). — Cassel: Reform. Waisenhaus 1902. IV,45 S. 8° 4.
13.6597

— III v. 9.8.'11 f. alle Gemeinden u. Gutsbezz. d. Reg.-Bez. Cassel, d. nicht unter d. Baupolizeiordng 1 fallen u. nach d. jeweil. letzten Volkszählg nicht üb. 2000 Einwohner haben, m. Ausnahme d. Städte Hünfeld, Ziegenhain u. Hess. Lichtenau, d. Landgemeinde Sooden a. d. W., Salzschlirf, Gross-Nenndorf u. d. Gutsbez. Nenndorf. (64) 8° Frankenberg, F Kahm ('11). — 60 d

Koblenz

Bau-Polizei-Ordnung für den Regierungsbezirk Koblenz mit Ausnahme der Städte Koblenz, Kreuznach, Neuwied und Wetzlar (vom 1. Nov. 1884). — Trier: Paulinus-Dr. 1885. 20 S. 8° 1: Gr 12512. 5.
13.6601

Bau-Polizei-Ordnung für den Regierungsbezirk Coblenz (mit Ausnahme der Städte Coblenz, Kreuznach, Neuwied und Wetzlar) vom 3. Dec. 1887. — Neuwied: Strüder 1888. 20 S. 8° 1: Gr 12560. 5.
13.6602

Kolberg

Baupolizei-Ordnung für die Stadt Kolberg vom 28. Mai 1903. — Kolberg [1903]: Courtois. 31 S. 8° 86.
13.6616

Koeln

Bau-Polizei-Ordnung für die Bauten in den Städten (vom 6. Juni 1888). Amtl. Ausg. [Nebst] Anh. — Köln 1888: Greven & Bechtold. 8° 38.
13.6606

— 2. Aufl. [Nebst] Anh. 1–3. Ebd. 1890–91. 8° 89.
13.6607

[Stadt Köln] Bau-Polizei-Ordnung für die Stadt Köln vom 1. Juli 1869. — Köln 1869: DuMont-Schauberg. 19 S. 8° 38.
13.6603

— Mit d. durch d. Polizei-Verordnungen vom 16. Aug. 1870 u. 3. Juni 1875 abgeänderten §§. 16, 17, 20, 27, 30 u. 33. — Köln 1875: Gehly. 30 S. 8° 38.
13.6604

[Landkreise d. Regierungsbezirks] Bau-Polizei-Ordnung für das platte Land (vom 20. Juni 1888). Amtl. Ausg. — Köln 1888: Greven & Bechtold. 29 S. 8° 38.
13.6613

Baupolizeiordnung für die Landgemeinden des Regierungsbezirks Cöln, nebst einem von d. Reg.Sekr. [Fritz] Grüne zsgest. Anh. Cöln: P. Neubner [1904]. (88 S.) 8° [Umschlagt. 𝔍.] [od. 2036

Bau-Polizei-Ordnung (in Kraft getreten 1. April 1894) für die Stadtgemeinden des Regierungsbezirks Köln sowie für die Gemeinden Brühl ... (vom 20. März 1894). Amtl. Ausg. — Köln 1894: Greven & Bechtold. 52 S. 8° 38.
13.6610

Baupolizei-Ordnung für die Stadtgemeinden des Reg.-Bez. Köln sowie für die Gemeinden Brühl, Godesberg, Plittersdorf, Rüngsdorf, Poppelsdorf, Endenich und Kessenich (vom 20. März 1894). Hrsg. von Weinand. — Köln: Neubner 1894. 30 S. 8° 1: Gr 12676. 5. 38. 208.
13.6608

— f. die Stadtgemeinden des Reg.-Bez. Köln, sowie f. die Gemeinden Brühl, Godesberg, Plittersdorf, Rüngsdorf, Poppelsdorf, Endenich u. Kessenich, vom 1. Apr. 1894. gr. 8. (34 S.) Köln 894. K. Warnitz & Co. n. — 40

— f. d. Stadtgemeinden d. Reg.-Bez. Köln, sow. f. d. Gemeinden Brühl, Godesberg, Plittersdorf, Rüngsdorf, Poppelsdorf, Endenich u. Kessenich v. 20. März 1894, nebst Nachträgen: Polizei-Verordng. v. 10. Dezbr. 1895 weg. Abänderg. d. §§ 29 u. 31 d. Bau-Polizei-Ordng. u. weg. d. Abbruches v. Gebäuden, u. Bau-Polizei-Verordng. v. 20. Febr. 1896 weg. d. Bauten i. d. Aussenstadt Köln u. weg. off. Bebaug. innerhalb d. Umwallg. u. Polizei-Verordng. v. 20. Dezbr. 1889 weg. d. Bauten i. 1. u. 2. Rayon. Uebersichtsplan z. d. beiden letzten Verordngn. v. Wilh. Groß, Köln. A. Veranlassg. d. städt. Polizeiverwaltg. z. Köln hrsg. 12. (69 S.) Köln 896. P. Neubner. Kart. n. 1.50

Baupolizei-Ordnung für die Stadtgemeinden des Reg.-Bez. Köln (mit Ausnahme der Stadt Köln), sowie für die Gemeinden Brühl, Godesberg, Plittersdorf, Rüngsdorf, Poppelsdorf, Endenich, Kessenich und Beuel (vom 20. März 1894). Erg. nach den z. Z. gültigen Polizeiverordnungen von Fr. Grüne. — Ebd. [1903]. 47 S. 8°
1:Gr 12777/10. 5. 38. 86. 208.
13.6612

[Städte d. Regierungsbezirks] Bau-Polizei-Ordnung für den Umfang der Stadtgemeinden des Regierungsbezirks Köln vom 20. Juni (vielm. 6. Juni) 1888. — Köln: Warnitz [1888]. 39 S. 8° 1:Gr 12567. 5. 38.
13.6605

Koenigsberg in Preussen

[Stadt Königsberg] Bau-Polizei-Ordnung für Königsberg (vom 1. Febr. 1857). — Königsberg 1863: Hartung. 16 S. 8° 10.
13.6614

Baupolizeiordnung für das platte Land des Regierungsbezirkes Königsberg (Sonderabdr. d. Extrabeil. zu Stück 8 d. Amtsblatts d. Kgl. Regierung zu Königsberg pro 1902) nebst Ausführungs-Anweisung. Königsberg i. Pr. 1905: E. Rautenberg. (32 S.) 8° [F.] [05. 1937 10

Krackow

Baupolizei-Ordnung für die Stadt Krackow (vom 5. Febr. 1887). — Güstrow [1887]: Waltenberg. 28 S. 8° 28.
13.6617

Krefeld

Bau-Polizei-Ordnung für den Bürgermeistereibezirk Crefeld (vom 23. Jan. 1877). — Crefeld [1877]: Kramer & Baum. 16 S. 8° 1:Gr 12473.
13.6618

Kriel

Bau-Polizei-Ordnung für die Gemeinde Kriel in der Bürgermeisterei Efferen (vom 21. Sept. 1878). — Köln [1878]: Quos. 38 S. 8° 38.
13.6619

Langensalza

Bau-Polizei-Ordnung für die Stadt Langensalza (vom 10. Mai 1905). — Langensalza 1905: Wendt & Klauwell. 47 S. 8° 86.
13.6020

Liegnitz

Bau-Polizei-Ordnung für das platte Land des Regierungs-Bezirk Liegnitz vom 1. Novbr. 1862. Freistadt 863. (Sagan, Schönborn.) 8. (16 S:) 1½ ngr.

—— f. d. pl. Land d. Reg.-Bez. Liegnitz. 8. (16) Freist. 64. (Sagan, Schönborn.) — 1½

Ludwigslust

Bau-Polizei-Ordnung für die Stadt Ludwigslust (vom 12. Nov. 1881). — Ludwigslust [1881]: Hinstorff. 39 S. 8° 28.
13.6622

Magdeburg

Baupolizeiordnung (vom 17. Mai 1887). Die ortsstatutarischen Bestimmungen in Bauangelegenheiten für d. Gemeindebezirk d. Stadt Magdeburg. — Magdeburg: Creutz 1887. 34 S. 8° 1:Gr 12555. 3.
13.6624

Baupolizeiordnung vom 17. Mai 1887. Nebst Nachtr. vom 5. April 1889. Die ortsstatutarischen Bestimmungen in Bauangelegenheiten für d. Gemeindebezirk d. Stadt Magdeburg. — Ebd. 1889. 40 S. 8° 3.
13.6625

Baupolizeiordnung (vom 13. Sept. 1877/29. April 1878) sowie d. ortsstatutarischen Bestimmungen für d. Gemeindebezirk d. Stadt Magdeburg. — Magdeburg: Creutz 1879. 28 S. 8° 1:Gr 12477.
13.6623

Mainz

Baupolizei-Ordnung für die Provinzialhauptstadt Mainz (vom 1. Aug. 1898). — Mainz: Mainzer Verl. Anst. u. Dr. 1898. 57 S. 8° 17. 36.
13.6626

— Mainz 1906: Joh. Falk III. 56 S. 8° 86.
13.6627

Malchin

Bau-Polizei-Ordnung der Stadt Malchin (vom 6. Juni 1889). [Nebst] Nachtr. — Malchin 1889–[1911]: Böckenhagen. 8° 28.
13.6629

Merseburg

— nebst Feuer-Polizei u. Feuer-Lösch-Ordnung f. das platte Land d. Reg.-Bez. Merseburg. Neuer unveränd. Abdr. gr. 8. (24 S.) Merseburg 882. Stollberg. — 30

Mombach

Baupolizei-Ordnung für die Gemeinde Mombach. — Dat. Mainz 29. April 1903. 1 Bl. 2° 86.
13.6630

Moritzberg

Baupolizei-Ordnung für den Flecken Moritzberg (vom 12. Febr. 1901). — Hildesheim [1901]: Lax. 4 Bl. 8° 86.
13.6631

Muenster in Westfalen

Bau-Polizei-Ordnung für das Gebiet der Stadt Münster (vom 25. April 1892). — Münster 1892: Krick. 55 S. 8° 6.
13.6634

Bau-Polizei-Ordnung für die Stadt Münster (vom 4. Aug. 1857). — (Münster 1857: Coppenrath.) 14 S. 8° 6.
13.6632

Bau-Polizei-Ordnung für die Stadt Münster vom 25. April 1892. — Münster: Hülswitt [1892]. 31 S. 8° 6.
13.6633

Neubrandenburg

Bau-Polizei-Ordnung für die Vorderstadt Neubrandenburg (vom 10. Dec. 1866). [Nebst] Ergänzungsstatut [u.] Zusatzordnung 2. [3.] 4. — Neubrandenburg 1867[–1910]: Ahrendt. 4° [u.] 8° 28.
13.6635

Neustrelitz

Baupolizei-Ordnung für die Haupt- und Residenzstadt Neustrelitz (vom 18. Dec. 1899). — (Neustrelitz [1899]: Bohl.) 27 S. 8° 28.
13.6636

Nippes

Bau-Polizei-Ordnung für die Ortschaften Nippes, Niehl und Mauenheim der Bürgermeisterei Longerich (vom 10. Sept. 1878). — Köln [1878]: Gehly. 43 S. 8° 38.
13.6637

— Köln [1878]: Quos. 38 S. 8° 38.
13.6638

Baupolizeiordnung für die Stadt Oldenburg. Oldenburg 1858

Plau

Bau-Polizei-Ordnung für die Stadt Plau (vom 10. März 1890). — Plau 1890: Hancke. 12 S. 8° 28.
13.6639

Pommern

[Landkreise d. Provinz] Bau-Polizei-Ordnung für das platte Land der Provinz Pommern vom 5. Nov. 1880. — Stettin: Dannenberg 1880. 12 S. 8°
9. 79.
13.6650

— Ebd. 1881. 12 S. 8°
1:Gr 12484.
13.6651

Baupolizeiordnung für das platte Land der Provinz Pommern vom 25. April 1899. Textausg. mit Anm. von Kickhefel. — Cammin: Formazin & Knauff 1899. 24 S. 8°
1:Gr 12740/18. 9.
13.6652

Baupolizeiordnung für das platte Land der Provinz Pommern vom 25. April 1899 ... Mit Anm. von Kickhefel. 2., verm. u. verb. Aufl. — Ebd. 1902. 40,41 S. 8°
1:Gr 12740/18a. 9. 203. 208.
13.6653

— f. d. platte Land d. Prov. Pommern v. 7.III.'03, nebst e. Anh., enth. Auszüge a. d. BGB., d. allg. Landrecht, d. Strafgesetzb. u. d. Landesverwaltgsges. (22 u. 34) 12° Camm., Formazin & Knauff '03. — 75 d

— f. d. Städte u. d. platte Land d. Prov. Pommern, s.a. Polizei-Verordnung üb. d. Bauten f. d. Städte u. d. platte Land d. Prov. Pommern.

Baupolizei-Ordnung für die Städte (vom 25. April 1899) und für das platte Land (vom 25. April 1899) der Provinz Pommern. — Stettin: Dannenberg 1899. 32 S. 8°
1:Gr 12740/12. 9.
13.6645

Baupolizei-Ordnung für die Städte (vom 25. April 1899), sowie das platte Land (vom 25. April 1899) der Provinz Pommern. — Stettin: Hessenland 1899. 48 S. 8°
9. 79.
13.6646

Baupolizeiordnung für die Städte der Provinz Pommern vom 25. April 1899 ... Mit Anm. von Kickhefel. 2., verm. u. verb. Aufl. — Cammin: Formazin & Knauff 1902. 64,42 S. 8°
1:Gr 12740/16a. 9. 208.
13.6647

[Städte d. Provinz] Bau-Polizei-Ordnung für die Städte der Provinz Pommern vom 5. Nov. 1880. — Stettin: Dannenberg 1880. 19 S. 8°
9. 79.
13.6640

Bau-Polizei-Ordnung für die Städte der Provinz Pommern vom 5. Nov. 1880/25. Mai 1881. Nebst d. ... Zusätzen u. d. Ausführungs-Instruction d. Magistrats zu Greifswald vom 19. April 1881. — Greifswald 1881: Kunike. 27 S. 8°
9. 44.
13.6641

Bau-Polizei-Ordnung für die Städte der Provinz Pommern vom 5. Nov. 1880. — Stettin: Dannenberg 1881. 19 S. 8°
1:Gr 12485. 9.
13.6642

Die Bau-Polizei-Ordnung für die Städte der Provinz Pommern vom 5. Nov. 1880/25. Mai 1881. Nebst d. zur Ergänzung ... erlassenen Vorschriften. — Stralsund 1883: Regierungs-Buchdr. 21 S. 8°
1:11 in 4° Gu 11700. 9.
13.6643

Baupolizeiordnung für die Städte der Provinz Pommern vom 25. April 1899. Textausg. mit Anm. von Kickhefel. — Cammin: Formazin & Knauff 1899. 41 S. 8°
1:Gr 12740/16. 9
13.6644

— für die Städte der Prov. Pommern vom 7. III. 1903, nebst e. Anh., enth. Auszüge aus dem bürgerl. Gesetzbuche, dem allgemeinen Landrecht, dem Strafgesetzbuche u. dem Landesverwaltungsgesetze. (89 u. 84 S.) 12. Cammin 903. Formazin & Knauff. n. 1. —

Baupolizeiordnung für die Städte der Provinz Pommern (vom 7. März 1903). — (Stettin 1903: Hessenland.) 42 S. 8°
79.
13.6649

Posen

— die, f. die Prov.-Hauptstadt Posen vom 31. III. 1903. (45 S.) gr. 8. Berlin 903. A. W. Hayn's Erben. Geb. in Leinw. n. 1. 20
Sonderabdruck aus: „Polizei-Gesetze u. Verordngn. des Reg.-Bez. Posen".

Bau-Polizei-Ordnung für den Regierungs-Bezirk Posen vom 10. April 1886. — Rawitsch: Frank 1890. 63 S. 8°
1:Sz 11016.
13.6655

Die Bau-Polizei-Ordnung für den Regierungsbezirk Posen vom 10. April 1886. Nebst den dieselbe abändernden u. ergänzenden Regierungs-Polizei-Verordnungen vom 13. Jan. 1888 u. vom 18. März 1889. Erl. u. ... vervollständigt von Fritz Glasemann. — Posen: Merzbach 1892. 59 S. 8°
1:Gr 12596.
13.6656

Potsdam

[Städte d. Regierungsbezirks] Bau-Polizei-Ordnung 1. für die Städte (d. d. 26. Jan. 1872), 2. für das platte Land (d. d. 15. März 1872) des Regierungs-Bezirks Potsdam. Neuer Abdr. — Brandenburg: A. Müller 1873. 65 S. 8°
1:Gr 12450.
13.6657

Bau-Polizei-Ordnung 1. für die Städte, 2. für das platte Land der Regierungsbezirke Potsdam und Frankfurt a./O. d. d. 26. 1. u. 15. 3. 1872 resp. 18. 2. u. 23. 3. 1872. Neuer Abdr. — Ebd. 1874. 68 S. 8°
21.
13.6658

— I. f. die Städte u. II. f. das platte Land der Regierungs-Bezirke Potsdam u. Frankfurt a/O. d. d. 26/1. u. 15/3. 1872 resp. 18/2. u. 23/3. 1872. Neuer Abdr. Rev. v. e. höheren Baubeamten. 16. (82 S.) Berlin 886. Eisenschmidt. cart. — 60

— dass. f. d. Städte. 5. Afl. 16° (35) Ebd. 93. — 25

Bau-Polizei-Ordnung für die Städte des Regierungs-Bezirks Potsdam mit Ausnahme der Städte Charlottenburg, Köpenick und Teltow (vom 1. Dez. 1894). — (Berlin: Eisenschmidt [1894].) 56 S. 8° (Techow, Otto: Baupolizeiordnung 1. für d. Städte und 2. für d. platte Land d. Reg.-Bez. Potsdam und Frankfurt a. O. Nachtr.)
1:Gr 12458. 11.
13.6660

Baupolizeiordnung für die Städte des Regierungsbezirks Potsdam mit Ausnahme der Städte Charlottenburg, Köpenick und Teltow (vom 1. Dez. 1894). Amtl. Ausg. — Potsdam: Hayn 1894. 32 S. 8°
208.
13.6661

Baupolizeiordnung für die Städte des Regierungsbezirks Potsdam vom 1. Dez. 1894. Nebst allen ... außerdem gültigen baupolizeilichen Verordnungen. Textausg. mit Anm. u. Sachreg. von Emil Doerfel. 2. Aufl. — Pritzwalk: Hoepfner [um 1895]. VI,157 S. 8°
1:Gr 12696a [u.] 12696a°. 11. 208.
13.6662

Baupolizeiordnung für die Städte des Regierungsbezirks Potsdam vom 1. Dez. 1894, nebst allen für d. Reg Bez. ausserdem gült. baupolizeil. Verordnungen. Textausg. mit Anm. u. Sachreg. von Emil Doerfel, Bürgerm. in Pritzwalk. 2. Aufl. *Pritzwalk: A. Hoepfner [1900].* (VI, 157 S.) 8° [S.]
[oo. 1155]

Baupolizei-Ordnung für die Städte des Regierungsbezirks Potsdam mit Ausnahme der Städte Charlottenburg, Köpenick und Teltow (vom 1. Dez. 1894). — Oranienburg: Möller [1907]. 44 S. 8°
1:Gr 12792.
13.6663

— Ebd. [1907]. 45 S. 8°
11.
13.6664

— dass. Mit Anh.: Orts-Statut u. Baupolizei-Vorschriften d. Stadt Oranienburg. (60) kl8° Ebd. (07). — 50 d

Roebel

Baupolizei-Ordnung der Stadt Röbel (vom 28. Aug. 1909). Röbel [1909]: Beyer. 19 S. 8° 28.
13.6667

Rondorf

Bau-Polizei-Ordnung für einen Theil der Bürgermeisterei Rondorf (vom 21. Sept. 1878). — Köln [1878]: Gehly. 43 S. 8° 38.
13.6668

Rostock

Baupolizeiordnung für Stadt und Stadtfeldmark Rostock vom 4. Mai 1894. Mit allen bis 8. April 1909 verordneten Abänderungen u. Zusätzen u. d. für einzelne Stadtteile erlassenen besonderen baupolizeilichen Bestimmungen. Verordnung, betreffend Entwässerungsanlagen vom 27. April 1894. — Rostock: Koch 1909. 48 S. 8° 28. 33.
13.6669

Saarlouis

Bau-Polizei-Ordnung für die Stadtgemeinde Saarlouis (vom 1. Febr. 1900). — Saarlouis 1900: Hausen. 30 S. 8° 86.
13.6671

Salzuflen

Bau-Polizei-Ordnung der Stadt Salzuflen (vom 13. Jan. 1900). — Salzuflen [1900]: Uekermann. 24 S. 8° 51.
13.6672

Schleswig-Holstein

[Landkreise d. Provinz] Bau-Polizei-Ordnung für das platte Land der Provinz Schleswig-Holstein mit Ausschluß des Kreises Herzogthum Lauenburg (vom 14. Juni 1878). — Kiel 1878: Schmidt & Klaunig. XII,93 S. 8° 8.
13.6675

— — Schleswig: Johannsen 1878. 60 S. 8° 1: Gm 13660.
13.6676

Baupolizei-Ordnung für das platte Land der Prov. Schleswig-Holstein, mit Ausschluß d. Kreises Herzogthum Lauenburg, nebst Inhalts-Verzeichniß u. Anhang, enth. sämmtl. allgemein in Betracht komm. Gesetze u. Verordngn., auf welche hingewiesen ist. 8. (XII, 93 S.) Kiel 879. Universitäts-Buchhandlung. cart. n. 1. —

— — Garding: Lühr & Dirks 1888. 110 S. 8°
1: Gm 13660/5. 8. 208.
13.6677

— f. d. platte Land d. Prov. Schleswig-Holstein m. Ausschl. d. Kreises Herzogt. Lauenburg (vom 14. Juni 1878). Nebst e. Anh., enth. d. dazu ergangenen ergänz. u. abänd. Bestimmgn, sowie d. Wortlaut aller in dieser Bau-Polizei-Ordng angeführten Stellen a. and. Gesetzen u. Verfüggn. Neue Asg. 1893. 16° (110) Gard. 93, H Lühr & D. Kart. 1 —

Die Bau-Polizei-Ordnung für die Städte der Provinz Schleswig-Holstein vom 14. Mai 1875 Itzehoe 1875. 8°

— für die Städte der Prov. Schleswig-Holstein und des Kreises Herzogt. Lauenburg. Nebst einem Anhang, enthaltend die dazu ergangenen ergänz. und abänd. Bestimmungen. 16. (45 S.) Garding 883, Lühr und Dircks. cart.

— für die Städte der Prov. Schleswig-Holstein und des Kreises Herzogt. Lauenburg. Nebst einem Anhang, enth. die dazu ergangenen ergänzenden und abändernden Bestimmungen, sowie den Wortlaut aller in dieser Bau-Polizei-Ordnung angeführten Stellen aus anderen Gesetzen und Verfügungen. Neue Ausg. 16. (92 S.) Garding 888, Lühr und Dircks. cart. *

— dass. — Ausg. für das platte Land. 16. (110 S.) Ebendas. 888. cart. *

Schwerin

Bau-Polizei-Ordnung für die Stadt Schwerin (vom 15. Febr. 1858). — Schwerin 1858: Bärensprung. 27 S. 8° 28. 33.
13.6679

Baupolizei-Ordnung für die Stadt Schwerin vom 21. Juli 1906. — Schwerin 1906: Sengebusch. 44 S. 8° 86.
13.6680

Soest

Bau-Polizeiordnung für die Stadt Soest (vom 24. April 1895). — Soest 1895: Nasse. IV,46 S. 8° 6.
13.6681

Stettin

[Städte d. Regierungsbezirks] Neue revidirte Bau-Polizei-Ordnung für die Städte und das platte Land des Regierungs-Bezirks Stettin vom 20. Aug. 1870. — Stettin: Dannenberg 1871. 31 S. 8° 1: Stala 787.
13.6686

— — 2. Aufl. Ebd. 1874. 24 S. 8° 9. 79.
13.6687

Neu revidirte Baupolizeiordnung für die Stadt Stettin (vom 15. Febr. 1871). — Stettin: Nagel in Comm. 1871. V,28 S. 8° 79.
13.6683

[Stadt Stettin] Revidirte Bau-Polizei-Ordnung für die Stadt Stettin (vom 15. Febr. 1862). Amtl. Abdr. — Stettin: Nagel in Comm. 1862. V,28 S. 8° 1: Gr 12405. 79.
13.6682

— für die Stadt Stettin. Amtl. Abdr. gr. 8. (V, 28 S.) Stettin 871, (Nagel.) *

Bau-Polizei-Ordnung für die Stadt Stettin (vom 31. März 1877). Amtl. Abdr. — Stettin: Nagel 1877. 37 S. 8°
1: 22 in 4° Gd 13850. 79.
13.6684

Bau-Polizei-Ordnung für die Stadt Stettin vom 31. März 1877. Nebst e. Anh.: Baugebühren-Ordnung u. Entwässerungs-Ordnung für die Stadt Stettin. Amtl. Abdr. — Stettin: Pasenow 1895. 51 S. 8° 9. 79.
13.6685

Stralsund

[Stadt Stralsund] Bau-Polizei-Ordnung für die Stadt Stralsund mit Ausschluß der drei Vorstädte (vom 9. März 1857). — Stralsund 1857: Regierungs-Buchdr. 15 S. 8°
1: 14 in 4° Gu 11700. 9.
13.6688

Bau-Polizei-Ordnung für die Stadt Stralsund mit Ausschluß der drei Vorstädte (vom 26. Febr. 1862). [Nebst] Nachtr. [1.2.] — Stralsund 1862–74: Regierungs-Buchdr. 4°
1 [ohne Nachtr.]: an 4° T 7868. 9.
13.6689

Bau-Polizei-Ordnung für die Stadt Stralsund (vom 3. Oct. 1879). — Stralsund 1880: Regierungs-Buchdr. 20 S. 4°
1: 28 in 4° Gu 11700. 9.
13.6690

[Vorstädte d. Stadt Stralsund] Bau-Polizei-Ordnung für die Vorstädte, den Hafenbollwerksraum und die Feldmark der Stadt Stralsund (vom 28. März 1860). [Nebst] Zusatz. — Stralsund 1860–77: Regierungs-Buchdr. 8° [u.] 4°
1 [ohne Zusatz]: 13 in 4° Gu 11700. 9.
13.6691

Teterow

Baupolizei-Ordnung für die Stadt Teterow (vom 27. Mai 1884). — Teterow 1884: Kohlert. 28 S. 8° 28.
13.6692

Tribsees

Bau-Polizei-Ordnung für die Stadt Tribsees (vom 20. März 1858). [Nebst] Nachtr. — Greifswald 1858–62: Hache. 4° 9.
13.6693

Waren

Bau-Polizei-Ordnung für die Stadt Waren. Bestätigt am 2. Sept. 1898. — Waren 1898: Quandt. 11 S. 4° 28.
13.6694

Werther

Bau-Polizei-Ordnung für die Stadt Werther, Regierungs-Bezirk Minden (vom 13. Mai 1860). — Bielefeld [1860]: Küster. 14 S. 8° 6.
13.6695

Westpreussen

Baupolizei-Ordnung für Westpreußen (Städte) (vom 13. Juni 1891). — Danzig 1898: Schroth. 42 S. 8° 44.
13.6696

Das Baupolizeirecht fur die Stadt Coblenz. (Hrsg., Dr. [Willy] Steputat.) *Coblenz: W. Groos (1899).* (XV, 194 S.) 8° [F.]

Baupolizeirecht, das, f. die Stadt Coblenz. 8. (XV, 194 S.) Coblenz 900. W. Groos. n. 1. 50

[F.] Das Baupolizeirecht des Regierungsbezirks und der Stadt Königsberg. Gesetze, Polizeiverordngn, Ortsstatute, Regulative u. s. w. zsgest. u. hrsg. v. Dr. jur. Ernst Eilsberger, Reg.-Ass. [Nebst] Anh. *Konigsberg. Pr.: B. Teichert 1899.* 2 Bde 8.
Baupolizeirecht (VII, 274 S.) Anh. (8 S.)

Baupolizeiverordnung. — Baupolizeiverordnung.
Vgl. auch Bauordnung u. Baupolizeiordnung.
Unter Baupolizeiverordnung sind auch die Schriften mit dem Ordnungswort Baupolizeiverordnungen eingeordnet.
Der Abschnitt ist, unter Voranstellung der Titel, die keinen geographischen Namen enthalten, nach dem Alphabet der geographischen Namen geordnet.

Die Bau-Polizei-Verordnung vom 26. Dez. 1873. 1877 s. *Baupolizeiverordnung* [Nassau].

Bau-Polizei-Verordnung vom 9. Febr. 1905. 1905 s. *Baupolizeiverordnung* [Godesberg].

Baupolizei-Verordnung vom 21. Okt. 1909. 1909 s. *Baupolizeiverordnung* [Bonn].

Aachen

[Stadt Aachen] Baupolizeiverordnung für die Stadt Aachen (vom 12. Mai 1906). Nebst d. damit in Verbindung stehenden Bestimmungen u. Verordnungen. — Aachen: Stercken 1909. 147 S. 8° 52.
13.6698

— dasselbe vom 5. VIII. 1905 f. den Bezirk der Städte Ahaus, Ahlen, Beckum, Borken, Burgsteinfurt, Coesfeld, Dülmen, Gronau, Haltern, Ibbenbüren, Lengerich, Lüdinghausen, Oelde, Warendorf, Werne, Rheine m. Eschendorf u. Schotthock. (56 S.) kl. 8. Dülmen 906. J. Horstmann. n. — 50

[Landkreis Aachen] Bau-Polizei-Verordnung für die Landgemeinden des Landkreises Aachen (vom 14. Dec. 1888). Nebst d. zugehörigen gesetzlichen u. bezirkspolizeilichen Vorschriften ... zsgest. von Kummer. — Aachen: Barth 1889. 51 S. 8° 1:Gr 12572. 5. 208.
13.6701

[Regierungsbezirk] Bau-Polizei-Verordnung für die Landgemeinden und die Städte bis zu 10 000 Einwohnern im Regierungsbezirk Aachen (vom 8. Okt. 1900) sowie die Polizei-Verordnung betreffend Verschärfung d. vorgenannten Bau-Polizei-Verordnung für die Landgemeinden des Landkreises Aachen. Nebst Anh., enthaltend die am meisten im Regierungsbezirk Aachen in Betracht kommenden Bezirks-Polizei-Verordnungen, wie Feuer-Ordnung, Bau von öffentlichen Versammlungsräumen, Krankenanstalten u. a. m. — Aachen: Stercken [1900]. 135 S. 8° 52.
13.6699

Baupolizeiverordnung der königl. Regierung f. die Städte Aachen u. Burtscheid vom 27. Dezbr. 1871. 8. (24 S.) Aachen 872. Weyers-Kaatzer. n.n. — 30

Allenstein

Bau-Polizei-Verordnung für den Stadtbezirk Allenstein (vom 27. Dez. 1898). — Allenstein 1899: Harich. 17 S. 4° 10.
13.6702

Arnsberg

Baupolizei-Verordnung für den Regierungsbezirk Arnsberg vom 24. Nov. 1900. — [Bielefeld 1901: Bertelsmann.] 36 S. 8° 1:Gr 12741/16. 6.
13.6704

Baupolizeiverordnung für den Regierungsbezirk Arnsberg vom 16. März 1910. Nebst d. zugehörigen Regierungspolizeiverordnungen. — Arnsberg 1910: F.W. Becker. 84 S. 8° 1:Gr 12802/48. 6. 60. 211.
13.6706

Baupolizeiverordnung für die Landkreise des Regierungsbezirks Arnsberg vom 24. Nov. 1900. Nebst d. zugehörigen Regierungspolizeiverordnungen. — Arnsberg: F.W. Becker 1900. 64 S. 8° 1:Gr 12741/12. 6.
13.6703

Baupolizeiverordnung für die Landkreise des Regierungsbezirks Arnsberg vom 10. Mai 1905. Nebst d. zugehörigen Regierungspolizeiverordnungen. — Arnsberg: F.W. Becker 1905. 68 S. 8° 1:Gr 12780/7. 6.
13.6705

Aurich

[Stadt Aurich] Bau-Polizei-Verordnung für die Stadt Aurich. Vom 7. Juni 1902. — Aurich 1902: Tapper. 42 S. 8° 86.
13.6708

[Landkreise d. Regierungsbezirks] Baupolizei-Verordnung für die Landgemeinden und Gutsbezirke des Regierungsbezirks Aurich (vom 26. Mai 1898). — Aurich: Tapper 1898. 56 S. 8° 86.
13.6710

Berlin

Neue Baupolizei-Verordnung für die Vororte von Berlin. Vom 28. Mai 1907. — Berlin: Seydel 1907. 142 S. 8° 1:Gr 12795. 11. 106. 208.
13.6717

Neue Baupolizei-Verordnung für die Vororte von Berlin. Vom 28. Mai 1907. — Berlin: Seydel 1908. 142 S. 8° 109. 111.
13.6720

— Neue Ausg. [Nebst] Nachtr. Ebd. 1909–11. 8° 1:Gr 12795/2. 83. 203. 208 [**Hauptwerk].
13.6721

— Neue, f. d. Vororte v. Berlin v. 30.1.'12. Mit Anh.: Die Polizeiverordng v. 20.1.'12 betr. Arbeiterfürsorge auf Bauton. (192) kl8° Ebd. '12. IIL 2.50 d

— dass. 1. u. 2. Nachtrag. kl8° Ebd. '12. jc — 30 d
1. Polizeiverordng v. 27.8.'12. (12) ‖ 2. Polizeiverordng v. 18.6.'12. (16)

[Außerhalb der Ringbahn gelegene Teile d. Stadt Berlin] Baupolizeiverordnung für die zum Landespolizeibezirk Berlin gehörigen, außerhalb der Ringbahn belegenen Teile von Dt. Wilmersdorf, Schöneberg, Rixdorf, Lichtenberg, Boxhagen-Rummelsburg und Stralau (vom 15. März 1910). — Berlin: Hayn 1910. 91 S. 8° 1:Gr 12802/44. 11. 201. 208.
13.6711

Baupolizeiverordnung für die zum Landespolizeibezirk Berlin gehörigen, außerhalb der Ringbahn belegenen Teile von Deutsch-Wilmersdorf, Schöneberg, Rixdorf, Lichtenberg, Boxhagen-Rummelsburg und Stralau vom 15. März 1910. — Berlin: Seydel 1910. 92 S. 8° 1:Gr 12802/34. 205.
13.6712

— dass. f. ausserhalb d. Ringbahn belegenen Teile v. Charlottenburg, Deutsch-Wilmersdorf, Schöneberg, Neukölln, Lichtenberg, Boxhagen-Rummelsburg u. Stralau v. 26.3.'12. (106) kl8° Ebd. '12. HL 1 — d

— dass. (96) kl8° Berl., AW Hayn's Erben '12. 1 — d

[Vororte d. Stadt Berlin] Baupolizei-Verordnung für die Vororte von Berlin vom 21. April 1903. [Nebst] Erg. — Berlin: Ernst 1903. 8° 1:Gr 12767. 14. 86. 109.
13.6715

Baupolizeiverordnung für die Vororte von Berlin vom 21. IV. 1903. (VI, 90 S.) 12. Berlin 903. Polytechn. Buchh. A. Seydel. Kart. n. 1. —

Die Baupolizeiverordnung für die Vororte von Berlin vom 28. Mai 1907 ... Hrsg. von A. Rößler. [Nebst] Nachtr. 1.2. — Berlin: Hayn 1907–[09]. 8°
1: Gr 12796. 11 [∞ Nachtr.] 86 [∞ Nachtr.] 109 [∞ Nachtr.] 203 [∞ Nachtr.] 208 [∞ Nachtr.]
13.6719

Die **Baupolizeiverordnung** für die Vororte von Berlin vom 28. Mai 1907. Groß-Lichterfelde: J. Unverdorben & Co. 1907. (IV, 87, 12 S) 8° [J.]
[Sondert.:] Die neue Bauordnung, ihre Bedeutung f. Groß-Lichterfelde, ihre Unterschiede gegenüber d. alten Bauordnung
Aus: Groß-Lichterfelder Lokal-Anzeiger 1907, 21.–23. Juni. [07. 11318]

— dasselbe vom 15. III. 1910. M. e. alphabet. Sachreg. Veröffentlicht im 18. Stück des Amtsblatts der königl. Regierg. zu Potsdam u. d. Stadt Berlin am 1. IV. 1910. (92 S.) kl. 8. Berlin 910. Polytechn. Buchh. A. Seydel. Geb. 1. 50

— f. d. Vororte v. Berlin v. 28.5.'07. Nachtrag. Wichtige Ergänzgn u. Verändergn, enth. d. Polizei-Verordngn v. 3.4.'09, 21.2.'10, 4.6.'10, 11.11.'10, 21.1.'11, 13.2.'11, 8.3.'11 u. 6.9.'11. (29) kl8° Berl., Polytechn. Bh. A Seydel '11. — 50 (Hauptw. u. Nachtr.: 2.50) d

Bochum

[Landkreis Bochum] Die Baupolizeiverordnung (vom 26. Febr. 1898) nebst den Verordnungen des Landkreises Bochum ... Hrsg. ... von W. Assmann. — Bochum: Stumpf 1898. 56 S. 8° 1: Gr 12738. 6. 27. 208.
13.6729

Bonn

— f. den Stadtkreis Bonn vom 5. XII. 1904 sowie f. die Landgemeinden des Reg.-Bez. Cöln vom 1. I. 1905. (56 S.) kl. 8. Köln (904). K. Geerling. n. — 60

Bau-Polizei-Verordnung für den Stadtkreis Bonn vom 5. Dez. 1904 sowie für die Landgemeinden des Regierungsbezirks Cöln vom 1. Jan. 1905. — Köln: Geerling [1905]. 56 S. 8° 1: Gr 12781/8. 5. 208.
13.6731

Baupolizei-Verordnung (für den Stadtkreis Bonn). — Dat. Cöln 21. Okt. 1909. 12 gez. Bl. 8° 38.
13.6732

Bau-Polizei-Verordnungen der Stadt Bonn. [Nebst] Anh. — Bonn: Hauptmann [1899–03]. 8°
Nebent. Bau-Polizei-Verordnungen für die Stadt Bonn.
1 [∞ Anh.]: Gr. 12740. 5 [∞ Anh.] 38 [∞ Anh.] 121.
13.6730

Borkum

Baupolizei-Verordnung für die Inselgemeinde Borkum (vom 1. Juni 1906). — Emden 1906: Zorn. 60 S. 8° 86.
13.6734

Breslau

Baupolizeiverordnung für das platte Land des Regierungsbezirks Breslau (vom 1. Mai 1905). — Berlin: Hayn 1905. 28 S. 8° 1: Gr 12789/11. 11.
13.6735

— Amtl. Abdr. Breslau [1905]: Graß, Barth & Co. 43 S. 8° 41.
13.6736

Baupolizeiverordnung für das platte Land des Regierungsbezirks Breslau (vom 1. Mai 1905). — Breslau: Schletter 1905. 48 S. 8° 1: Gr 12789/9. 2.
13.6737

Baupolizei für das platte Land des Regierungsbezirks Breslau. Baupolizeiverordnung für das platte Land vom 1. Mai 1905. Nebst den sie ergänzenden gesetzlichen Bestimmungen. — Groß-Strehlitz: Wilpert 1905. 108 S. 8° 1: Gr 12785. 2.
13.6738

Baupolizeiverordnung für das platte Land des Regierungsbezirks Breslau vom 1. Mai 1905. — Schweidnitz: Heege [1905]. 35 S. 8° 1: Gr 12789/5. 2.
13.6739

Baupolizeiverordnung für das platte Land des Regierungsbezirks Breslau (vom 1. Juli/1. Aug. 1910). — Berlin: Hayn 1910. 38 S. 8° 1: Gr 12802/52. 11. 41.
13.6740

— Schweidnitz: Heege [1910]. 39 S. 8°
1: Gr 12802/56. 2.
13.6741

Bromberg

Baupolizei-Verordnung
— dass. d. Reg.-Bez. Bromberg v. 1.10.'11. (46,29,8 u. 5) 8° Brombg, Mittler ('11). nn — 75 d

[Städte d. Regierungsbezirks] Baupolizei-Verordnung für die Städte und einige Landgemeinden mit städtischer Bauart des Regierungsbezirks Bromberg (vom 12. Dez. 1905). Bromberg: Mittler 1906. 58 S. 8° 1: Gr 12790/4.
13.6744

Coblenz s. Koblenz

Colberg s. Kolberg

Coeln s. Koeln

Crefeld s. Krefeld

Danzig

[Stadt Danzig] Bau-Polizei-Verordnung für die innere Stadt Danzig vom 28. Mai 1897. — Danzig: A. Müller 1897. 32 S. 8° 30. 44.
13.6746

[Vororte d. Stadt Danzig] Baupolizeiverordnung für die Vororte der Stadt Danzig vom 7. April 1906. Nebst Anh.: Polizeiverordnung vom 7. April 1906 betreffend die sogenannte offene Bauweise in den Vororten der Stadt Danzig. Danzig: A. Müller 1906. 27 S. 8° 10. 44.
13.6749

— Ebd. 1906. 28 S. 8° 86.
13.6750

Bau-Polizei-Verordnungen für die innere Stadt Danzig ⟨vom 28. Mai 1897⟩ sowie für die Vorstädte – Städte Westpreußens – ⟨vom 13. Juni 1891⟩. Nebst ... e. Anh. enth. sämmtliche für Hausbesitzer u. Bauherren für Danzig in Frage kommenden Bekanntmachungen. [Nebst] Nachtr. 1–14. — Ebd. 1899[–1904]. 8° 10 [∞ Nachtr. 5/14]. 44. 86.
13.6747

Bau-Polizei-Verordnungen für die innere Stadt Danzig vom 28. Mai 1897 sowie für die Vororte der Stadt Danzig vom 7. April 1906. Nebst ... e. Anh. enth. sämtliche für Hausbesitzer u. Bauherren für Danzig in Frage kommenden Bekanntmachungen. — Ebd. 1909. VIII, 255 S. 8°
1: Gr 12802/8. 10. 84. 86.
13.6748

Dortmund

Baupolizei-Verordnung für den Gemeinde-Bezirk der Stadt Dortmund vom 6. März 1901. — Dortmund 1901: Jaeger. 87 S. 8° 6. 27. 30. 60.
13.6751

Baupolizei-Verordnung für den Gemeinde-Bezirk der Stadt Dortmund vom 28. Jan. 1908. Nebst ... Baupolizei-Gebührenordnung. [Nebst] Nachtr. — Dortmund 1908–[19]: Middendorf. 8° [u.] 4° 1 [∞ Nachtr.]: Gr 12801/30. 6. 30 [∞ Nachtr.] 36 [∞ Nachtr.] 60. 86 [∞ Nachtr.]
13.6752

Duesseldorf

Baupolizeiordnung für die Stadt Düsseldorf vom 8. Mai 1907. Nebst e. Sammlung einschlägiger Polizei-Verordnungen u. Bestimmungen. [Nebst] Nachtr. — Düsseldorf: Schwann 1909-[10]. 8°
1 [$^{\infty}$Nachtr.]: Gr 12797/2. 5 [$^{\infty}$Nachtr.] 60. 61.
13.6758

[Stadt Düsseldorf] Baupolizei-Verordnung für die Stadt Düsseldorf vom 8. Mai 1907 ... Handausg. mit Erl. ... hrsg. von Emil Mangold. — Düsseldorf: Bagel 1907. XII, 412 S. 8° 1: Gr 12800. 5. 43. 61. 111. 203. 208.
13.6754

Baupolizei-Verordnung für die Stadt Düsseldorf vom 8. Mai 1907. — (Düsseldorf): Düsseldorfer Zeitung [1907]. 61 S. 8° 86.
13.6757

Baupolizeiverordnung f. die Stadt Düsseldorf vom 8. V. 1907, nebst e. Sammlg. einschläg. Polizei-Verordngn. u. Bestimmgn., c. alphabet. Strassenverzeichnis u. ausführl. Sachregister. (VII, 182 S.) gr. 8. Düsseldorf, L. Schwann. 1907 Kart. 2. —

Baupolizei-Verordnung für die Stadt Düsseldorf ... vom 8. Mai 1907. — Düsseldorf: Tönnes 1907. X, 301 S. 8°
38. 61.
13.6756

Emden

Baupolizei-Verordnung für die Stadt Emden (vom 21. Sept. 1908). — Emden 1909: Hahn. 106 S. 8° 1: Gr 12802/5. 7. 35.
13.6768

Erfurt

Baupolizei-Verordnung f. d. Stadt Erfurt. 8. (86 S. m. 1 Taf. u. 1 Plan.) Erfurt 896. (H. Neumann.) n. — 75

Bau-Polizeiverordnung für die Stadt Erfurt (vom 29. Mai 1896). — Erfurt [1896]: Ohlenroth. 86 S. 8° 1: Gr 12728. 3.
13.6769

**— dass. d. Reg.-Bez. Erfurt. Erf., A Stenger. (Nur dir.)

Eschweiler

Bau-Polizei-Verordnung für die Stadt Eschweiler (vom 1. Nov. 1900). — Eschweiler 1901: Dostall. 52 S. 8° 52.
13.6770

Frankfurt am Main.

Baupolizeiverordnungen für die Stadtgemeinde Frankfurt am Main mit einem Bauzonenplan sowie einige einschlägige Bestimmungen. Neubearb. von d. Stadtkanzlei. Frankfurt a. M.: Knauer [1910]. 80 S. 4°
1: 4° Gm 13832. 30. 208.
13.6771

Baupolizeiverordnungen f. d. Stadtgemeinde Frankfurt a. M., m. 1 farb. Bauzonenpl. sowie einige einschläg. Bestimmgn. (Amtl. Ausg.) (118) Lex8° Frankf. M., Gebr. Knauer '12. nn 2.60 d

Frankfurt an der Oder.

[Landkreise d. Regierungsbezirks] Baupolizeiverordnung für das platte Land des Regierungsbezirkes Frankfurt a. O. vom 23. März 1872. 6. Aufl. 1902 s. *Baupolizeiordnung* [Frankfurt an der Oder].

Baupolizeiverordnung für die Landgemeinden und Gutsbezirke des Regierungsbezirks Frankfurt a. O. vom 12. Aug. 1910. Nebst d. zugehörigen Gesetzen u. Polizeiverordnungen. — Frankfurt a. O.: Trowitzsch 1910. VII, 101 S. 8° 1: Gr 12802/38. 11. 83. 203.
13.6776

[Städte d. Regierungsbezirks] Die Baupolizei-Verordnung für die Städte des Regierungsbezirks Frankfurt a. O. vom 28. Nov. 1895 ... Hrsg. von C. Zander. 2. Aufl. — Berlin: Frantz [1896]. 85 S. 8° 1: Gr 12703^{2}. 203. 208.
13.6773

Gladbach s. Muenchen-Gladbach

Glogau

Bau-Polizei-Verordnung für den Bezirk der Stadt Glogau (vom 15. Okt. 1907). — Glogau 1907: Glogauer Dr. 27 S. 8° 86.
13.6778

Godesberg

Bau-Polizei-Verordnung (für die Gemeinde Godesberg). Dat. Cöln 9. Febr. 1905. 11 S. 8° 38.
13.6779

Bau-Polizei-Verordnung für die Gemeinde Godesberg vom 9. Febr. 1905. — Dat. Cöln 9. Febr. 1905. 16 S. 8°
1: Gr 12781/6.
13.6780

Goerlitz

Baupolizeiverordnung für den Stadtkreis Görlitz (vom 26. Juli 1904). — Görlitz 1904: Hoffmann & Reiber. 63 S. 8° 86.
13.6781

Hagen

Bau-Polizei-Verordnung für die Stadt Hagen i. Westf. (vom 1. Nov. 1907). [Nebst] Nachtr. — (Hagen: Decker [1908].) 8° 1: Gr 12801/9. 6. 30. 86.
13.6783

— f. die Stadt Hagen i. Westf. (127 u. Nachtrag 11 S. m. 1 Taf. u. 1 farb. Plan. 8. Hagen (908). (O. Hammerschmidt.)
nn 1. 25

Halberstadt

Baupolizei-Verordnung für den Gemeindebezirk der Stadt Halberstadt (vom 27. Mai 1896). — Halberstadt 1896: Doelle. 37 S. 8° 86.
13.6784

Hildesheim

— f. d. Landgemeinden u. Gutsbezz. d. Reg.-Bez. Hildesheim v. 2. 1. '12 nebst einigen and. baupolizeil. Vorschriften. (6, 92) 8° Hildesh., A Lax '12. HL nn 1.30 d

Homburg vor der Höhe

Bau-Polizei-Verordnung für die Stadt Homburg v. d. H. Dat. Homburg v. d. Höhe 11. Jan. 1905. S. 148–215. 8°
86.
13.6791

Hoerde

Bau-Polizei-Verordnung für die Stadt Hörde (vom 13. Nov. 1897). — Hörde 1897: May. 30 S. 8° 6.
13.6789

Bau-Polizei-Verordnung für die Stadt Hörde (vom 30. Juni 1910). — Dortmund 1910: Lensing. 40 S. 8° 6.
13.6790

Kiel

Bau-Polizei-Verordnung für den Stadtkreis Kiel. (Beilage zur Stadtausgabe der Kieler Zeitung vom 11. September 1894.) (Kiel 1894). 8°

Kolberg

Baupolizei-Verordnung (vom 11. Nov. 1890). — (Colberg [1890]: Knobloch.) 4 S. 8° 9.
13.6805

Koeln

Baupolizei-Verordnung. — Dat. Köln 25. Febr. 1896. 10 S. 8° 38.
13.6796

[Stadt Köln] Bau-Polizei-Verordnung für die Stadt Köln vom 14. Jan. 1885. — Köln 1885: Bachem. 15 S. 8° (Kölnische Volkszeitung. 1885, Extra-Beil.) 38.
13.6793

— Köln 1885: DuMont-Schauberg. 15 S. 8° 38.
13.6794

— Köln: Warnitz [1885]. 22 S. 8° 38.
13.6795

— f. die Landgemeinden des Reg.-Bez. Cöln, nebst e. v. Grüne zusammengestellten Anh., enth. unter I. diejenigen Polizeiverordngn. u. Bekanntmachgn., auf deren Gültigkeit in § 86 der Bauordng. verwiesen wird, II. die f. Bauende wicht. nachbarrechtl. Bestimmngn. des bürgerl. Rechts. (88 S.) 8. Cöln (904.) P. Neubner. Kart. n. 2 —

Koenigsberg in Preussen

[Landkreise d. Regierungsbezirks] Ländliche Bauordnung (Baupolizeiverordnung) für den Regierungsbezirk Königsberg (vom 1. Juni 1910). — Königsberg 1910: Rautenberg. 52 S. 8° 10. 84.
13.6803

[Städte d. Regierungsbezirks] (Baupolizeiverordnung für die Städte und stadtähnlichen Ortschaften vom 15. Jan. 1901) Bauordnung für die Städte. — Königsberg 1905: Rautenberg. 72 S. 8° 10.
13.6799

(Baupolizeiverordnung für die Städte und stadtähnlichen Ortschaften vom 3. April 1909) Bauordnung für die Städte und stadtähnlichen Ortschaften. — Königsberg 1909: Rautenberg. 102 S. 8° 10. 84.
13.6800

Baupolizeiverordnung für die Städte und stadtähnlichen Ortschaften für den Regierungsbezirk Königsberg vom 3. April 1909. — Mohrungen: Rautenberg [1909]. 93 S. 8° 1:Gr 12802/16. 10.
13.6801

Krefeld

Bau-Polizei-Verordnung der Stadt Crefeld vom 20. April 1907. — Crefeld: Kramer & Baum in Komm. [1907]. 52 S. 8° 61. 86.
13.6806

Leer

Baupolizei-Verordnung für die Stadt Leer (vom 25. Mai/22. Juni 1904). — Leer: Leendertz 1904. VIII,110 S. 8° 86.
13.6807

Liegnitz

[Landkreise d. Regierungsbezirks] Baupolizeiverordnung für das platte Land des Regierungsbezirks Liegnitz (vom 18. Jan. 1908). — Berlin: Hayn 1910. 43 S. 8° 1:Gr 12802/40. 11.
13.6811

[Stadt Liegnitz] Baupolizei-Verordnung für den Stadtkreis Liegnitz (vom 12. Nov. 1906). — Liegnitz 1906: Krumbhaar. 78 S. 8° 1:Gr 12790/2. 2.
13.6808

— Liegnitz 1906: Seyffarth. V,64 S. 8° 86.
13.6809

Magdeburg

Bau-Polizei-Verordnung vom 24. Nov. 1893. Die ortsstatutarischen Bestimmungen in Bauangelegenheiten für d. Gemeindebezirk d. Stadt Magdeburg. — Magdeburg: Creutz 1893. 42 S. 8° 1:Gr 12641. 3. 30. 208.
13.6812

Baupolizeiverordnungen

- sämmtl., f. d. Gemeindebez. Magdeburg. Mit Anh.: Bauvorschriften f. d. Bauzonen d. Stadt Magdeburg, tabellarisch geordnet v. Peters. 8° (42, 16 u. 13 m. 1 Pl.) Mgdbg 96, Creutz. Geb. 2.40

Mauritz

Bau-Polizei-Verordnung für das Amt Mauritz. — Dat. Münster 23. Sept. 1897. 6 Bl. 8° 6.
13.6813

Memel

Bau-Polizei-Verordnung für die Stadt Memel (vom 14. Febr. 1900). — Memel 1900: Siebert. 36 S. 8° 10. 86.
13.6814

Merseburg

— f. d. platte Land d. Reg.-Bez. Merseburg. Vom 3.12.'10. (1. u. 2. Afl.) (46 bezw. 52 m. Fig.) kl8° Mersebg, F. Stollberg '11'12. — 60

Muehlhausen in Thüringen

Baupolizeiverordnung für die Stadt Mühlhausen i. Th. — Dat. Mühlhausen i. Th. 9. Okt. 1901. 60 S. 8° 86.
13.6825

Muelhausen im Elsass

Baupolizeiverordnung für die Stadt Mülhausen i. E. (vom 4. Nov. 1909). — Mülhausen 1909: Bahy. 98 S. 8° 86.
13.6826

Muelheim am Rhein

Bau-Polizei-Verordnung für die Stadtgemeinde Mülheim am Rhein (vom 5. Mai 1873). — (Mülheim a. Rh. [1873]: Künstler.) 11 S. 8° 19. 38.
13.6827

Muenchen-Gladbach

Bau-Polizei-Verordnung für die Bürgermeisterei Gladbach (vom 1. Dez. 1856). — (Gladbach 1857: Boehmer.) 16 S. 8° 38.
13.6828

Baupolizei-Verordnung (nebst Anlagen) für die Stadt M. Gladbach (vom 6. Juli 1889). — M. Gladbach [1889]: Hütter. 146 S. 8° 1:Gr 12570. 86.
13.6829

Muenster in Westfalen

[Landkreise d. Regierungsbezirks] Baupolizei-Verordnung für das platte Land des Regierungsbezirks Münster (vom 28. Juni 1901). — [Bielefeld: Bertelsmann 1901.] 32 S. 8° 1:Gr 12742/8. 6.
13.6832

— f. das platte Land des Reg.-Bez. Münster vom 28. VI. 1901. Nebst: Polizeiverordnung üb. die Beschaffenheit u. Benutzg. v. Wohngn. u. Wohnräumen vom 12. II. 1901. 12. (46 S.) Dülmen 902. J. Horstmann. n. — 60

[Städte d. Regierungsbezirks] Bau-Polizei-Verordnung für Städte des Regierungsbezirks Münster (vom 5. Aug. 1905). — Gronau i.W.: Schievink 1905. 36 S. 8° 1:Gr 12783. 6.
13.6830

Baupolizei-Verordnung für Städte des Regierungsbezirks Münster vom 5. Aug. 1905 für den Bezirk der Städte Ahaus, Ahlen, Beckum, Borken, Burgsteinfurt, Coesfeld, Dülmen, Gronau, Haltern, Ibbenbüren, Lengerich, Lüdinghausen, Oelde, Warendorf, Werne, Rheine mit Eschendorf und Schotthock. — Dülmen i.W.: Horstmann 1906. 56 S. 8° 1:Gr 12790/7. 6.
13.6831

Nassau

Die Bau-Polizei-Verordnung vom 26. Dez. 1873 (für den Umfang des vormaligen Herzogthums Nassau mit Ausnahme der Gemarkung der Stadt Wiesbaden). Nebst d. Polizei-Verordnungen über d. Errichtung von Gebäuden in d. Nähe von Eisenbahnen u. d. Anlage d. Schornsteine. 2. Aufl. — Idstein: Ohlenmacher 1877. 18 S. 8° 43.
13.6834

Norden

Bau-Polizei-Verordnung für die Stadt Norden vom 20. Jan. 1900. — Norden [1900]: Soltau. 36 S. 8° 86.
13.6835

Norderney

Baupolizei-Verordnung für die Inselgemeinde Norderney (vom 10. April 1902). — (Norden [1902]: Soltau.) 47 S. 8° 86.
13.6836

Nordhausen

Bau-Polizei-Verordnung für den Stadtkreis Nordhausen (vom 9. April 1903). — Nordhausen [1903]: Kirchner. 56 S. 8° **86.**
13.6837

Oberursel

Bau-Polizei-Verordnung für die Stadt Oberursel (vom 2. Juni 1905). — [Oberursel 1905]: Oberurseler Bürgerfreund. 116,VI S. 8° **86.**
13.6838

Oppeln

[Landkreise d. Regierungsbezirks] Baupolizei-Verordnung für das platte Land des Regierungsbezirks Oppeln ... (vom 31. Dec. 1889). — Groß-Strehlitz: Wilpert 1890. 63 S. 8° (Klein, Johann: Baupolizei d. Regierungsbezirks Oppeln. Erg.) **169. 208.**
13.6841

— Ebd. 1903. 78 S. 8° (Klein, Johann: Baupolizei d. Regierungsbezirks Oppeln. Erg.) 1:Gr 12777/8. **2. 169. 208.**
13.6842

[Städte d. Regierungsbezirks] Baupolizei-Verordnung für die Städte des Regierungsbezirks Oppeln (vom 1. April 1903). Hrsg. von J. Klein. — Groß-Strehlitz: Wilpert 1903. 104 S. 8° (Klein, Johann: Baupolizei d. Regierungsbezirks Oppeln. Erg.) 1:Gr 12777. **2. 169.**
13.6840

Posen

Baupolizei-Verordnungen für die Städte und das platte Land des Regierungsbezirks Posen v. 24. April 1904 nebst d. ergang. Anweisungen, Verfügungen u.s.w. zsgest. u. mit kurzen Erl. versehen von Max Kaiser. Rawitsch: R. F. Frank 1905 (VII, 95 S.) 8° [ð] 14 14134

Baupolizei-Verordnungen für die Städte und das platte Land des Regierungsbezirks Posen vom 28. April 1904. Text-Ausg. — Rawitsch: Frank 1906. VII,56 S. 8°
1:Gr 12790/20.
13.6863

[J.] Bau- und Strassenbau-Polizei-Verordnungen für den Kommunalbezirk der Stadt Posen, in ihrer gegenwärt. Geltg u. m. bes. Berücks. d. rayongesetzl. Vorschriften zsgest. u. erläut. v. Fritz Glasemann, Kgl. Polizei-Insp. a. D. in Posen. *Posen: W. Decker & C. 1894.* (1 Bl., 2 S., 1 Bl., 85 S.) 1 Bd 8. [96. 410

Rastatt

— f. die Stadt Rastatt. 1910. (19 S.) 8. Rastatt, H. Greiser. —. 80

Recklinghausen

Baupolizeiverordnung für die Stadt Recklinghausen vom 1. Juli 1908. Nebst sonstigen bau- u. feuerpolizeilichen Vorschriften. — Recklinghausen 1909: J. Bauer. 121 S. 8° **6.**
13.6849

Remscheid

Bau-Polizei-Verordnungen für die Stadt Remscheid. 1. Polizei-Verordnung vom 1. Juli 1897 (Bau-Ordnung). 2. Ortsstatut vom 20. April 1891, die Bebauung, Anlegung und Veränderung von Straßen betreffend. 3. Baupolizei-Verordnung vom 20. April 1894, den Ausbau von Straßen betreffend. — Remscheid: Schmidt 1902. 63 S. 8° **86.**
13.6850

Schwelm

Bau-Polizeiverordnung für die Stadt Schwelm (vom 3. Febr. 1904). [Nebst] Nachtr. 1-8. — Schwelm: Scherz [1904-16]. 8° 1[[m] Nachtr.]: Gr 12780/5. **6.**
13.6855

Siegen

Bau-Polizeiverordnung für die Stadt Siegen vom 11. Dez. 1903. [Nebst] Nachtr. — Siegen 1904-[08]: Vorländer. 8° **86.**
13.6857

Solingen

Bau-Polizei-Verordnung für den Stadtkreis Solingen (vom 4. Febr. 1904). — Solingen 1904: Boll. VIII,201 S. 8° **86.**
13.6859

Stade

[Landkreise d. Regierungsbezirks] Bau-Polizei-Verordnung für die Landgemeinden des Regierungsbezirks Stade vom 1. Jan. 1891. — Stade: Pockwitz [1891]. 32 S. 8° **7. 35.**
13.6861

Neuabdruck der Bau-Polizei-Verordnung für die Landgemeinden des Regierungsbezirks Stade vom 1. Jan. 1891 unter Berücks. d. aus d. Polizei-Verordnung vom 10. Oct. 1892 sich ergebenden Abänderungen. — Ebd. [1892]. 32 S. 8° **7. 35.**
13.6862

[Städte d. Regierungsbezirks] Baupolizeiverordnung für die Städte und stadtähnlich zusammenhängend gebauten Orte des Regierungsbezirks Stade (vom 2. April 1887). — (Stade 1887: Pockwitz.) 31 S. 8° **35.**
13.6860

— f. die Städte u. die stadtähnl. zusammenhängend gebauten Orte des Reg.-Bez. Stade. gr. 8. (31 S.) Ebd. 889. n. — 40

Stettin

Bau-Polizei-Verordnung für die Bezirke der Stadt Stettin mit landhausmässiger Bebauung (vom 10. Sept. 1903). — Stettin 1903: Grassmann. 12 S. 8° **79.**
13.6863

Stolberg im Rheinland

Bau-Polizei-Verordnung für die Stadt Stolberg Rhld. (vom 7. Jan. 1903). — Stolberg [1903]: Schmitz. 44 S. 8° **52.**
13.6864

Suhl

Bau-Polizeiverordnung vom 11. [vielm. 12.] Dez. 1899, Straßen-Polizeiverordnung vom 29. Mai 1900, sowie andere für die Stadt Suhl bestimmte giltige Verordnungen. — Suhl [1900]: Kaufmann. 82 S. 8° **86.**
13.6867

Trier

Baupolizei-Verordnung für den Umfang des Regierungsbezirks Trier mit Ausnahme der Stadtgemeinden (vom 4. Mai 1901). — Trier: Lintz 1901. 106 S. 8°
1:Gr 12742. **5. 208.**
13.6869

Baupolizeiverordnung für den Umfang des Regierungsbezirks Trier m. Ausnahme d. Stadtgemeinden vom 4. Mai 1901. 2 Aufl. Trier 1902. 8°.

Wiesbaden

Erweiterte Baupolizei-Verordnung für einige Städte und Landgemeinden im Regierungsbezirk Wiesbaden vom 29. Okt. 1907. — Wiesbaden: Plaum [1907]. VIII,108 S. 8° **30.**
13.6884

Bau-Polizei-Verordnung vom 2. Febr. 1888. — Wiesbaden 1888: Hagen. 40 S. 8° **43.**
13.6873

[Regierungsbezirk] Bau-Polizei-Verordnung für den Regierungsbezirk Wiesbaden vom 8. Febr. 1900. — Wiesbaden: Plaum 1900. 66 S. 8° **30.**
13.6882

Bau-Polizei-Verordnung für den Regierungsbezirk Wiesbaden vom 14. Aug. 1902. [Nebst] Nachtr. — Wiesbaden: Plaum [1902-03]. 8° **30. 43. 86.**
13.6883

Baupolizei-Verordnung für den Regierungsbezirk Wiesbaden ⟨Land-Bauordnung⟩ vom 3. Aug. 1910. — Wiesbaden: Plaum [1910]. VII,96 S. 8° **30.**
13.6865

[Stadt Wiesbaden] Bau-Polizei-Verordnung für die Stadt Wiesbaden (vom 30. Dez. 1873). — ([Wiesbaden 1873]: Schellenberg.) 4 Bl. 4° **43.**
13.6872

Die Baupolizeiverordnung für die Stadt Wiesbaden vom 2. Febr. 1888. Mit d. bezüglichen Gesetzen u. Verordnungen. — Wiesbaden: Limbarth 1888. 79 S. 8° **43. 208.**
13.6874

— die, f. die Stadt Wiesbaden vom 2. Febr. 1888 m. den bezüglichen Gesetzen u. Verordnungen. 2., verm. Aufl. gr. 8. (III, 100 S.) Wiesbaden 893. Ch. Limbarth. Kart. n. 2. —

— d., f. d. Stadt Wiesbaden v. 18. Novbr. 1895 m. d. bezügl. Gesetzen u. Verordngn. 3. Aufl. gr. 8. (104 S.) Wiesbaden 896. Ch. Limbarth. Kart. n. 2. —

— f. die Stadt Wiesbaden vom 18. XI. 1895 m. den bezüglichen Gesetzen u. Verordnungen. 4. Aufl. gr. 8. (IV, 87 S.) Wiesbaden 899. Ch. Limbarth's Verl. Kart. n. 2. —

Bau-Polizei-Verordnung für den Stadtbezirk Wiesbaden (vom 18. Nov. 1895). [Nebst] Nachtr. — Wiesbaden: Brems & Plaum 1895–[97]. 8° **30. 43.**
13.6876

Baupolizei-Verordnung für den Stadtbezirk Wiesbaden vom 18. Nov. 1895. — Wiesbaden: Limbarth [1895]. 31 S. 8° **43.**
13.6877

Baupolizei-Verordnung für den Stadtkreis Wiesbaden vom 7. Febr. 1905. — Wiesbaden: Rheinischer Kurier 1905. 90 S. 8° **43. 86.**
13.6880

Baupolizei-Verordnung für den Stadtkreis Wiesbaden vom 7. Febr. 1905. [Nebst] Nachtr. — Wiesbaden: Plaum [1905–07]. 8° **43.**
13.6881

Baupolizeiverordnungen. — Baupolizeiverordnungen s. *Baupolizeiverordnung.*

Bau-Polizeiverordnungen, s Bau-Polizeyverodnungen.

Baupolizeivorschriften. — Baupolizeivorschriften für den Umfang der Stadtgemeinde Elberfeld vom 16. Jan. 1894. 1894 s. *Polizei-Verordnung* für den Umfang der Stadtgemeinde Elberfeld.

Baupolizeiwesen. — Das Baupolizeiwesen der Stadt Hamburg, der Vorstadt St. Pauli und der Vororte rechts der Elbe. Eine Sammlung d. in diesen Gebietstheilen gültigen auf d. Baupolizei bezüglichen hamburgischen Gesetze, Verordnungen u. Bekanntmachungen sowie d. einschlägigen Gesetze u. Verordnungen für d. Deutsche Reich. Hamburg: Meißner, 1880. 79 S. 8° **14. 18. 203.**
13.6887

Bau-Polizeyverordnungen der Stadt Zürich 1788. 4.

Baupost, s.a. Bau-Zeitung f. d. Königr. Sachsen.

Baupost. Immobilien- u. Submissions-Anzeiger. Allg. Geschäfts-Organ f. d. Baufach u. d. verwandten Industrien u. Gewerbe. Red.: R Gruner. 1. u. 2. Jahrg. 1891 u. 1892. 23 Nrn. (B.) Fol. Lpzg, CF Gruner. 5 — ‖ 3. Jahrg. 1892. 10 Nrn. 1.25
Als Fortsetzg dazu erscheint seit Aug. 1892 d. „Gruner'sche Zeitung f. Bau- u. Immobilienwesen etc." — sowie seit 1895 die „Bau-Zeitung f. d. Kgr. Sachsen".

—— dass. — 3. Jahrg. 1892. 10 Nrn. (Bog.) Fol. Ebd. * 5 —
Fortsetzung u. d. T.: Zeitung, Gruner'sche, für Bau- u. Immobilienwesen etc. (s. d.)

Bauppen, J: Gnomonica mechanica oder: Mechanische Sonnen-Uhr-Kunst Lindau 1708
Beigeb.: Tabulae gnomonicae oder: Tafeln zur mechanischen Sonnen-Uhr-Kunst. Lindau 1708

Baupraxis, Die moderne. Mustergilt. Orig.-Entwürfe. 1. u. 2. Serie. 50,5×38,5 cm. Wien, F Wolfrum & Co.
d. Serie in HL-M 100 —
1. Einfamilienhäuser, Villen, Beamten- u. Arbeiterwohnhäuser. Fassaden, Grundrisse, Details. (72 farb. Taf. m. 3 S. Text.) ('10) ‖ 2. Eingebaute kleinere u. grössere Wohn- u. Geschäftshäuser, Fassaden, Grundrisse u. Details. (1. Hälfte: 36 farb. Taf.) ('12)

Die moderne Baupraxis. Serie V. Fol. (72 Tafeln) K 120.—
Wien: Friedrich Wolfrum & Co. 1910.

Baupré, J. J. de: Die allerleichtiste neue Weiß / den Adel in der Fechtkunst zu underweisen. Ingolstadt 1721. 78 S. m. Abb. [deutsch u französ.]

Bauprojekt. — Bauproject für eine holsteinische Westbahn zur Herstellung der Verbindung mit dem holsteinischen und schleswigschen Eisenbahnnetz. — Meldorf 1856: Bundies. 8 S. 4° **8.**
13.6891

Bauprojekte. — Die Bau-Projecte der österreichischen Staats-Eisenbahngesellschaft und das Privilegialrecht der Kaiser Ferdinands-Nordbahn. — Wien 1861: Sommer. VII,26 S. 4° **300: 110.793–C. 302. 305.**
13.6892

Bauquier, Joseph: Bibliographie de la Chanson de Roland. Heilbronn: Henninger [usw.] 1877. 24 S. 8°
1: Xt 2408. 2. 4→7. 9. 10. 12: P. o. gall. 363 hm. 14. 15. 16. 18→21. 23→28. 30. 32. 38. 84. 203. 300: 147.188–B. 302→304.
13.6894

Baur [Sachl. OW]
Der geadelte Baur. In e. Lust-Spiel zur Schau-Bühne auffgeführet ... im drey gecrönten Gymnasio PP. Soc. Jesu. zu Cölln ... 1750. — Cöllen [1750]: Gussen. 4 Bl. 8° **38.**
12.12807

Ferdinand Baur. Eine biographische Skizze. — Essen [1871]. 7 S. 8° Aus: Glückauf. 1871. **38.**
13.6897

— Hôtel Baur. Diplomatisches Heldenstück in 4 gereimten Conferenzen. — Hamburg: Hoffmann & Campe 1859. 43 S. 8° **7. 11. 17. 18. 24. 30. 39. 109.**
13.6899

Baur. Jakob B'. Ein Nekrolog. Zürich 1900 s. I[sliker], G[eorg]).

B**r der Schieferdecker. Nicht Fallstaf, nicht Eulenspiegel: Sondern ganz Er!! ... Mit einer Silhouette in Lebensgrösse. 1792. 8°.
Der Schieferdecker Baur, Schubart's Freund. Selten.

B*r, der Schieferdecker.** Nicht Fallstaf, nicht Eulenspiegel: Sondern ganz Er!! ... Mit einer Silhouette in Lebensgrösse. 1792. V: *Schubart, Christian Friedrich Daniel.* (GGr) V: *Hübner, Eberh. Friedrich.* (Heyd) (MGT)

— d. Schieferdecker, nicht Fallstaff, nicht Eulenspiegel, sondern ganz Er! 8. Stuttgart, Erhard. (e. Löflund.) 792.

Baur und Schubart oder Schieferdecker und Poet, zwei schwäbische Volks-Originale. — Stuttgart: Ullrich 1845. 52 S. 8° **24.**
13.6900

— 2. Aufl. Ebd. 1851. 44 S. 8° **24.**
13.6901

Baur (Verfasser)
Baur s. auch *Bauer*.

Baur, Schularzt, Hennef. 1896 s. *Baur*, Alfred.

Baur, Prof. d. physikalischen Chemie, Zürich. 1902 s. *Baur*, Emil.

Baur, Apotheker, Ichenheim, Baden. 1856 s. *Baur*, Franz Xaver.

Baur, Prof. d. Theologie, Leipzig, 1816-1889. 1844 s. *Baur*, Gustav.

Baur, Oberstleutnant, Lindenfels i. Odenwald, 1857-1937. 1884 s. *Baur*, Gustav.

Baur, v., Oberst, Stuttgart, 1837-1917. 1901 s. *Baur*, Hugo v.

Baur, Pfarrer, Friedberg, 1819-1888. 1856 s. *Baur*, Karl.

Baur, Oberamtsarzt, Wiesensteig, Württemberg. 1863 s. *Baur*, Karl.

Baur, Schwäbischer Schieferdecker. 1792 s. *Baur*, Leopold.

Baur, Prof. d. Chemie, Konstantinopel, 1834-1910. 1868 s. *Baur*, Richard.

Baur, Generalsuperintendent d. Rheinprovinz, 1826-1897. 1852 s. *Baur*, Wilhelm.

Baur, v., Württembergischer Generalleutnant, 1805-1882. 1837 s. *Baur*-Breitenfeld, Fidel Karl Friedrich v.

Baur, v., Großherzogl. Badischer Kammerherr u. Kreisrat, 1780-1849. 1810 s. *Baur* v. Eiseneck, Philipp Karl.

Baur, v.: Bericht über die Kriegsübungen . . . , s. Baur-Breitenfeld, Fidel Karl Friedrich

— Baur, Zur Chronologie der catilinarischen Verschwörung. Pr. 1875. 15 S. —.90

Baur, Die Fahnen d. braunschweigischen Infanterie-Regiments Nr. 92. Ein Gedenkblatt zur Feier ihrer vor 75 Jahren erfolgten Verleihg. [Aus: „Braunschw. Landwehr-Zeitg.") gr. 8. (16 S.) Braunschweig 889. (Haffersburg.) n.n. — 50

Baur: Forstakademie oder allgem. Hochschule? , s. Baur, Franz

Baur (Saulgau), die Frage der „Schulgärten". gr. 8. (7 S.) Tübingen 882, Fues'sche Sortimentsh. *

Baur, Essen. 1812: Das französische Maass und Gewicht verglichen mit dem in verschiedenen Gegenden Deutschlands gebräuchlichen. (Verf.: B[aur].) — Duisburg: Kürzel [usw.] [1812]. 26 Bl. 8° 2. 5. 14. 24. 60.
13.6902

Baur: Schweizerischer Patent- u. Industrieschutz, s. Baur, J.

Baur, Samml. nützlicher Kunststücke. Bregenz, Brentano.

Baur: Zeichnung, vorgetragen bei der Feier des Johannisfestes . . . , s. Baur, Karl

Baur, A., Abhandl. v. Urspr. u. Wachsthum d. Landeshoheit. gr. 8. Freiburg, Wagner. 779.

Baur, A.: Johann Calvin, s. Baur, August

Baur, Ad. Emil, s. Baur, Emil

Baur, Adrian: Von dem Ursprunge und Wachsthume der Landeshoheit. — Freyburg i. Br. 1777: Satron. 63 S. 8°
1: 1 in Gw 14173. 8. 23. 25.
13.6903

Baur, Albert
— [Übers.]
s. *Baudin*, Henry: Villen und Landhäuser in der Schweiz [Villas et maisons de campagne en Suisse, deutsch]. 1909.

Baur, Albert, Dr. med., Erlangen. 1858: Beiträge zur Naturgeschichte der Synapta digitata. Abh. 1–3. — Dresden 1864: Blochmann. 4° (Nova Acta Academiae Caesareae Leopoldino-Carolinae Germanicae naturae curiosorum. 31,1.) 1: 4° Lc 6491–31,1. 3→11. 12: 4° Acad. 5–31,1 [2 Ex.] 14. 15. 16. 18. 21. 24. 25. 27→30. 34. 39. 45. 46. 302.
13.6905

Baur, Alb., Beiträge zur Naturgeschichte der Synapta digitata. Drei Abhandlungen. Aus den Verhdlgn. d. K. L.-C. D. Akad. Mit 8 Taff. (lith. u. in Kpfrst.). Dresden 864. (Jena, Fr. Frommann.) gr. 4. (IX, 230 S.) n. 5 ₰

BAUR, ALBERT. Ueber zwei in der Harzessenz vorkommende Butyltoluole. Tübingen, 1883. Diss.

— Die Entwicklung der Bindesubstanz. — Tübingen: Laupp 1858. IV,86 S. 8° Zugleich Diss. Tübingen 1858.
1: Kv 292. 7. 8. 11. 12: Anat. 631. 15. 16. 21. 24. 25. 28. 30. 33. 43.
13.6906

BAUR, ALBERT. Direkte Hydroxylirung durch Oxydation. (Basel) Zürich, 1881. Diss. G. S.

Baur, Alb., s: Jahrbuch, Schweizerisches, f. Kunst u. Handwerk.

Baur, Albert, Prediger, Belzig. 1845: Die Kirchengeschichte in gedrängter Uebersicht. — Weimar: Landes-Industrie-Comptoir 1845. II,136 S. 8°
12: H. eccl. 3118 k. 27. 32. 47.
13.6904

— [Hrsg.] s. *Schleiermacher*, Friedrich: Christliche Lebensanschauungen [Werke, Ausz.] 1846.

Baur, Alfred: Die Abortdesinfektion in Schulhäusern. — Leipzig: Nemnich [um 1910]. 7 S. 8°
Aus: Die Gesundheitswarte d. Schule. 21.
13.6910

— Atlas der Krankheiten des Menschen ... Bearb. von A. Baur u. O. Frey. — Eßlingen [usw.]: Schreiber [1906]. S. 56–244, X S. 8° (Frey, Otto: Atlas d. Anatomie d. Menschen. 2.) 300: 455.709–B. 2. 307.
13.6911

Baur, Alfr., Atlas der Volks- u. Schulhygiene. Eine Anleitg. z. Pflege der Gesundheit nebst ausführl. Betrachtg. üb. die Heilg. v. Krankheiten u. die zahlreichen hiefür angewendeten Heilverfahren, sowie e. Anh.: Der Beistand bei Krankheiten u. Verletzgn. [Aus: „Gesundheitspflege fürs Haus".] (IV, S. 245—502 u. X S. m. 284 Abbildgn. u. 10 farb. Taf.) gr. 8. Eßlingen (907). J. F. Schreiber. Geb. in Leinw. 6. 50

— Atlas der Volks- und Schulhygiene. Eine Anleitung zur Pflege d. Gesundheit ... sowie e. Anh. Der Beistand bei Krankheiten und Verletzungen. — Eßlingen [usw.]: Schreiber [1907]. S. 247-502,X S. 8° ([Frey, Otto:] Atlas d. Anatomie d. Menschen. 3.)
7. 14. 16. 17. 61. 82. 102. 207. 300:455.709-B.3.
13.6913

— u. E. Fischer, Bau u. Tätigkeit des menschlichen Körpers. Erläuterungen zu den farb. Wandtaf. (72 S. m. Abb.) gr. 8. Leipz. 907. F. E. Wachsmuth. 1. 20

— hygienischer Bilder-Atlas f. Schule u. Haus. 26 (z. Tl. farb.) Taf. m. erläut. Text. (33 S.) 12. Wiesbaden 903. Leipzig, O. Nemnich. Geb. in Leinw. n. 1.50

— Hygienischer Bilder-Atlas für Schule und Haus. — Wiesbaden: Nemnich 1903. 33 Bl. 8°
Nebent.: Baur: Hygienischer Taschenatlas für Haus und Schule.
43. 123. 207.
13.6915

Baur, Alfr., üb. d. Burseraceen-Opoponax. Diss. gr. 8. (48 S.) Bern 895. (H. Körber.) n. — 90

— Populäre Darstellung und Anleitung zum zweckmäßigen Verhalten beim äußerlichen Gebrauch des kalten Wassers. — Schwäb. Gmünd 1896: Scharpf & Kraus. 38 S. 8°
Nebent.: Baur: Die Kneipp-Kur. Ein zweischneidiges Schwert.
24.
13.6916

Baur, Alfr.: Glückl. Eheleben, s: Ehrler, Ant.

Die Ermüdung der Schüler in neuem Lichte. Von Dr. med. A[lfred] Baur, Seminar-Arzt in Schwäb. Gmünd. Mit zahlr. Fig. *Berlin: Gerdes & Hödel 1902.* (20 S.) 8°
— Bausteine, Pädagogische. H. 17 [03. 0778

— Die Ermüdung im Spiegel des Auges, s. a. Magazin, pädagogisches.

— Die Ermüdung im Spiegel des Auges. — Langensalza: Beyer 1910. 88 S. 8° (Pädagogisches Magazin. 397.)
Erschien später als Diss. Münster 1912.
1: Nc 3971-397. 2. 3. 5→8. 10. 11.
12: Paed. Th. 6609 c-397. 14. 15. 18. 19. 21. 25. 26. 27.
29. 30. 202. 207. 300: 457.827-B. Per. 397. 309.
13.6918

Baur, Alfred, ein Fall von multipler degenerativer Neuritis mit besonderer Berücksichtigung des elektrischen Verhaltens. Diss. München 1886, A. Buchholz. 8°. 31 S.

BAUR, Alfred (Ehingen): Ein Fall von multipler degenerativer Neuritis mit besonderer Berücksichtigung des elektrischen Verhaltens.- München: Stahl 1886. 31 S.
27.5.1886 - Chr 1885/86,18; Jz 1885/86,162
Diss. Ingolst.-Landsh.-Mchn.

— Hygien. Fürsorge-Tafel f. Schulen. Mit drehbarer farb. Scheibe. Ausgestanzt. 39×32 cm. Stuttg., P Mähler ('12). 1.65

[—] Die Gesundheit. Ein Büchlein für Schule u. Haus. [Verf.: Alfred Baur u. Johann Schulten.] — M.-Gladbach: Volksvereins-Verl. 1908. 173 S. 8° 1: Ii 2168. 5. 207.
13.6920

— Gesundheit u. Schönheit, wie man sie erlangt u. behält! (80 S. m. 22 Abb.) 8. Stuttgart (907). P. Mähler. — 50

— die Gesundheit in der Schule. Bau u. Thätigkeit des menschl. Körpers. Allgemeine Gesundheitslehre. Schulgesundheitspflege im besonderen. Für Schulvorstände, Lehrer u. Schulamtskandidaten bearb. 8. (VIII, 383 S. m. 37 Abbildgn. u. 7 farb. Taf.) Stuttgart 901. Muth. n. 3. 60; geb. in Leinw. n. 4. 20

— Gesundheitspflege fürs Haus. Ein Ratgeber für Gesunde u. Kranke. Von Alfred Baur mit Beiträgen von O. Frey. — Eßlingen [usw.]: Schreiber [1905]. IV,587 S., 64 Taf. 8° 24. 300: 452.015-C. 302.
13.6923

— Gesundheitsregeln für Eltern bei Erziehung der Schulkinder. — München: Seitz & Schauer 1905. 41 S. 8°
12: Paed. Th. 333 lt. 19. 207.
13.6924

— Gesundheitsregeln f. Schulkinder. (27 S. m. Abbildgn.) 8. Ebd. 905. n. — 50

(B) — Gesundheitsregeln. 905. (KVL. 33.) Jetzt: München, Verlag der ärztl. Rundschau.

— [Hrsg.]
s. *Gesundheitswarte*, Die, der Schule. 1903 ff.

— Die Grenzen der Samariterthätigkeit. Ein Mahnwort an alle Samariter. — München: Seitz & Schauer 1903. 21 S. 8° 12: Med. g. 28 m. 19. 24.
13.6926

(B) — D. Grenzen der Samaritertätigkeit. 903. (KVL. 33.) Jetzt: Heidelberg, A. Hörning.

— Haberstroh-, Heublumen-, Zinnkraut- und Eichenrinden-Abkochungen und ihre heilkräftige Verwendung. — Kempten: Kösel 1899. 32 S. 8° 12: M. med. 86 r. 19.
13.6927

— erste Hilfe im Haushalt. Merkblätter der Gesundheitspflege. Ein Volksbüchlein f. Gesunde u. Kranke. (III, 44 S. m. Abbildgn.) gr. 8. Freiburg i/B. 903. Geschäftsstelle des Charitasverbandes f. das kathol. Deutschland. n. 1. 20

— Erste Hilfeleistung bei Unglücksfällen im Anschluss und als Erläuterung der erschienenen farbigen Wandtafeln von A. Baur u. E. Fischer. — Leipzig: Wachsmuth 1907. 48 S. 8° 207.
13.6928

Die Hygiene der Leibesübungen. Anleitung zu gesundheitsmäss. körperl. Übungen. Für Turnlehrer, Lehrer u. Ärzte bearb. von Dr. med. A[lfred] Baur in Gmünd. Mit 43 Abb. u. 2 Taf. *Stuttgart: Muth 1901.* (203 S.) 8° [F.] [00. 1099

— die Hygiene des kranken Schulkinds. Für Schulvorstände, Lehrer u. Schulbibliotheken bearb. Mit Beiträgen v. Koch u. Schmid-Monnard. (IV, 685 S. m. 275 Abbildgn.) gr. 8. Stuttgart 903. F. Enke. n. 14. —; geb. in Leinw. n. 16 —

— Kochkatechismus für Kranke in Stadt und Land. — Stuttgart: Muth 1901. 78 S. 8° 17. 24. 30.
13.6933

— Das Krankenpflegebüchlein. — München: Seitz & Schauer 1905. 29 S. 8° 12: Paed. Th. 333 lt/3. 19. 62. 207.
13.6934

(B) — D. Krankenpflegebüchlein. 905. (KVL. 33.) Jetzt: München, Verlag d. ärztl. Rundschau.

— Die Kunst, gesund zu bleiben. — Stuttgart: Mähler 1904. 59 S. 8° 15. 101.
13.6935

Baur, Alfr., Lehrbuch f. den Samariterunterricht an Seminarien, Präparandenanstalten, höheren, Mittel- u. Volksschulen, sowie zum Selbstunterricht. (III, IV, 297 u. IV S. m. 80 [2 farb.] Taf. m. Erklärgn. auf der Rückseite.) 12. Wiesbaden 905. Leipzig, O. Nemnich. Geb. in Leinw. n. 4. 50

— Die gesunde Lehrerin. Anleitg z. Erhaltg u. Kräftigg d. Lehrerinnenstandes. (119 m. Abb.) gr8° Stuttg., P Mähler ('12) 1.65; geb. 2.50 d

— Lehrerkrankheiten. — Stuttgart: Enke 1903. 47 S. 8°
Aus: Baur: Das kranke Schulkind. 2. Aufl. 1903.
17. 24. 202. 207.
13.6940

— Zwei Plagen der Schule. — Leipzig: Nemnich [um 1910]. 15 S. 8° Aus: Die Gesundheitswarte d. Schule. 21. 48.
13.6943

— Das Samariterbüchlein. Ein schneller Ratgeber bei Hilfeleistung in Unglücksfällen. — Stuttgart: Muth [1899]. 36 S. 8°
Spätere Auflagen sind vorhanden in 12, 17, 18, 24, 30, 38M, 62, 101, 121, 207 u. 305.
24. 30. 111.
13.6945

— das Samariterbüchlein. Ein schneller Ratgeber bei Hilfeleistgn. in Unglücksfällen. Für jedermann, insbesondere f. Mitglieder freiwill. Sanitätskolonnen bearb. 1.—6. Aufl. gr. 16. (à 36 S. m. 14 z. Tl. farb. Abbildgn.) Ebd. 899—901. n. — 40

Baur A, das Samariterbüchlein. 9. Aufl. (40 S) 16° Wien (1902)

Baur, Alfred, Das Samariterbüchlein, m. Abb., 11.—12. Aufl.

— Das Samariterbüchlein. Ratgeber bei Hilfeleistgn in Unglücksfällen. 12. Afl. (40 m. z. Tl farb. Abb.) 16° Stuttg., Muth ('05). — 40 d

— Das Samariterbüchl. Ein schneller Ratgeber bei Hilfeleistgn in Unglücksfällen. (Umschl.: 14. Afl.) (40 m. z. Tl farb. Abb.) 16° Stuttg., Muth ('06). — 40 d ‖ In neuer Bearbeitg v. Schleicher. (Umschl.: 18. Afl.) (40 m. Abb.) ('09.) — 40 d

— — in neuer Bearb. v. Schleicher, 18. u. 38. Aufl., Stuttgart o. J., 1909, 1915, 16°. 3 Bde.

— Das Samariterbüchlein. Ein schneller Ratgeber bei Hilfeleistg. in Unglücksfällen. Für jedermann, insbesondere f. Mitglieder freiw. Sanitätskolonnen bearb. In neuer Bearbeitg. v. Schleicher. (Umschlag: 21. Aufl. 141—147. Tausd.) (40 S. m. 44 Abbildgn.) 16. Stuttgart (910). Muth. — 40

— Das Samariterbüchl. Ratgeber bei Hilfeleistg in Unglücksfällen. 25. Afl. v. Schleicher. (41 m. z. Tl farb. Abb.) 16° Stuttg., Muth '12. — 40 d

— Sanitäts-Katechismus für die Mitglieder der freiwilligen Sanitätskolonnen und Roten Kreuzvereine. — Stuttgart: Muth 1901. 256 S. 8° 17. 24. 38M.
13.6947

— Schulgesundheitspflege. — München: Aerztl. Rundschau 1905. 100 S. 8° (Der Arzt als Erzieher. 19.)
1: Ic 2629/63-19. 12: Path. 55 d-19. 19. 24. 25. 38M. 48. 202. 207.
13.6948

— Schul-Gesundheitsregeln für Lehrer. — München: Seitz & Schauer 1905. 46 S. 8°
12: Paed. Th. 3331t/2. 19. 48. 202. 207.
13.6949

(B) — Schulgesundheitsregeln. 905. (ABB. 33.) Jetzt: München, Verlag d. ärztl. Rundschau.

— Moderne Schulhygiene. Lehrbuch der Schulgesundheitspflege in 30 Vorträgen, gehalten ... von A. Baur, gemeinsam bearb. mit F. Weigl. Mit e. Anh. — Horb: Christian 1908. 590 S. 8°
Verkürzte Ausg. s. *Baur:* Schulhygienisches Repetitorium. 1911.
24.
13.6950

— Moderne Schulhygiene. Lehrbuch der Schulgesundheitspflege in 30 Vorträgen, geh. am Lehrer- u. Lehrerinnen-Seminar Schwäb. Gmünd. Gemeinsam bearb. m. F. Weigl. Mit e. Anh.: 1. Curventab. 2. Lesestückchen aus dem Gebiete der Gesundheitspflege. 3. Anweisung f. den Schuldiener. 4. Schulhygienische gesetzl. Bestimmgn. (590 S.) 8. Horb 909. P. Christian. Geb. in Leinw. 6. —; illustr. Atlas dazu (15 Taf.) gr. 8. In Umschlag 3. —

— — [Nebst] Atlas. Ebd. 1910. 8° 48. 207 [** Anh. u. Atlas].
13.6952

— das kranke Schulkind. Anleitung zum physiologisch-psycholog. Beobachten in der Schule. Mit Beiträgen v. J. L. A. Koch, Eversbusch, Köbel, Schmid-Monnard. Für Schulamtsvorstände, Schulärzte, Lehrer u. Schulbibliotheken bearb. gr. 8. (VI, 306 S. m. 138 Abbildgn. u. 1 farb. Taf.) Stuttgart 902. F. Enke. n. 6. —; geb. in Leinw. n. 7. —

— — 2., neu bearb. Aufl. Ebd. 1903. VIII, 367 S. 8°
1: Ii 6153². 17. 24. 46. 169. 207. 309.
13.6954

— — 3., neu bearb. Aufl. Ebd. 1904. VIII, 339 S. 8°
6. 21. 24. 25. 27. 62. 109. 207.
13.6955

— Hygienischer Taschenatlas für Haus und Schule. 1903 s. *Baur:* Hygienischer Bilder-Atlas für Schule und Haus.

Die Tuberkulose und ihre Bekämpfung durch die Schule. Gemeinverständlich dargest. von Dr. med. A[lfred] Baur, Seminar-Arzt in Schwäb. Gmünd. Mit Karten, Pl. u. statist. Taf. *Berlin: Gerdes & Hödel 1902.* (65 S.) 8° [03. 2174]

! — Tuberkulose. Jetzt: Berl., Deut., Verl.- u. Lehrmittel-Anst. 01/05

— u. E Fischer: Anatomisch-hygien. Unterr.-Werk. Taf.: 1. Hilfe. (Taf. I u. IV). 60,5×82,5 cm. Farbdr. Lpzg, Leipz. Schulbilderverl. v. FE Wachsmuth ('05). Je 1.40

— — Anatom.-hygien. Unterr.-Werk. (1. Hilfeleistg.) Taf.: Armbruch u. Blutvergiftg. Je 55×80 cm. Farbdr. Ebd. ('06). Je 1.40; L.-Rand m. Oesen nnn — 20

— — u. Kolb: Anatom. Wandtaf. 7 Nrn. Je ca 60,5×83,5 cm. Farbdr. Lpzg, FE Wachsmuth ('07). Je 1.40; L.-Rand m. Oesen nnn — 20
1.2. Menschl. Skelett u. Muskulatur. ‖ 3. Atmgsorgane. ‖ 4. Unterleibsorgane. ‖ 5. Kreislaufsorgane. ‖ 6. Nervensystem. ‖ 7. Sinnesorgane.

— — u. Thiersch Anatom.-hygien. Wandtafelwerk. 4 Taf. Je ca 54×79 cm. Farbdr. Ebd. ('07). Je 1.40; L.-Rand m. Oesen nnn — 20
Blutgn a. Wunden. ‖ Folgen d. Schnürens. Druck auf d. Brustkorb. ‖ Dass., Druck auf d. Eingeweide. ‖ Hilfe beim Ertrinken.

— — Anatom.-hygien. Wandtafelwerk. Taf.: Falsches u. richt. Sitzen in d. Schulbank. 58×82,5 cm. Farbdr. Ebd. ('07). 1.40; m. L.-Rand n 1.60

— — Wie bleiben wir gesund? Erklär. Text zu d. anatom.-hygien. Wandtafelwerk. (159 m. Abb.) gr8° Ebd. '08. 1.20

Baur, wie soll man kneippen? Popul. Darstellg. u. Anleitg. z. zweckmäßg. Verhalten b. äußerl. Gebrauch d. kalten Wassers. 8. (VII, 38 S.) Kempten 896. J. Kösel. n. — 40

— Wie soll man kneippen? — Schwäb. Gmünd 1896: Scharpf & Kraus. 38 S. 8° 12: M. med. 524 sup-1/1. 19.
13.6958

Baur, Alois: Festpredigt auf das St. Fridolin-Fest 1858. Gehalten in d. Stifts- u. Wallfahrtskirche zu Säckingen. — Freiburg i. B. [1858]: Wangler. 15 S. 8° 16. 25.
13.6959

Baur, Anna, s.: Kinderspiele.

Baur, Anny, s.: Kinderspiele.

Baur, August
Baur, A., Johann Calvin, s. a. Volksbücher, religionsgeschichtliche.

Baur, August: Johann Calvin. — Tübingen: Mohr 1909. 48 S. 8° (Religionsgeschichtliche Volksbücher für d. deutsche christliche Gegenwart. 4,9.) 1: Bd 7001/8–4,9. 2→7. 9. 11. 12: Th. U. 387 z–IV,9. 15→18. 21. 24. 26→31. 36. 38. 39. 48. 60. 79. 107. 128. 207. 302→304.
13.6960

Baur, Aug., Deutschland in den J. 1517—1525. Betrachtet im Lichte gleichzeit. anonymer und pseudonymer deutscher Volks- und Flugschriften. Ein Beitrag zur Charakteristik der deutschen Reformation im ersten Zeitraum ihrer Entwickelung. gr. 8. (IV, 806 S.) Ulm 872, Stettin'sche Buchh. [München, Brissel.] (* *M* 6.) *

Baur, Aug., die erste Züricher Disputation am 29. Jan. 1523, s. a. Glaube, der evangelische, nach dem Zeugnis der Geschichte.

— Die erste Züricher Disputation am 29. Januar 1523. — Halle: Niemeyer 1883. 31 S. 8° (Der evangelische Glaube nach d. Zeugnis d. Geschichte.)
1: Cm 665–2. 3. 10. 21. 24. 28. 78.
13.6962

Baur, Aug., Martin Luther. Ein Lebensbild. gr. 8. (VIII, 394 S.) Tübingen 878. Fues. n. 6. —

Baur, Aug., Martin Luther. Ein Lebensbild. Neue (Titel-) Ausg. zum 10. Novbr. 1883. gr. 8. (XII, 396 S.) Tübingen 883, Fues'sche Sortimentsb.

— Predigt gehalten zu Weilimdorf am 18. Juni 1888 im Trauergottesdienst für Seine Majestät den deutschen Kaiser Friedrich. — (Stuttgart [1888]: Stähle & Friedel.) 13 S. 8°
24.
13.6965

Baur, August [Friedbergensis]: Quaestiones Sammoniceae. Giessae, typ. Kelleri, 1886; 78 + 1 S. 8°.
Giessen, Phil. Fak., Inaug.-Diss. v. 26. Jan. 1886.

Baur, August, quaestiones Sammoniceae. Diss. Giessen 1886, J. Rickersche Buchh. 8°. 78 S.

— [Übers.] s. *Sabatier*, Auguste: Theologische Erkenntnistheorie [Essai d'une théorie critique de la connaissance religieuse, deutsch]. 1896.

— [Übers.] s. *Sabatier*, Auguste: Religionsphilosophie [Esquisse d'une philosophie de la religion, deutsch]. 1898.

— Luthers Schrift Von der Freiheit eines Christenmenschen ... nach Entstehung, Inhalt u. Bedeutung dargest. u. entwickelt. — Zürich: Schultheß 1876. VIII,146 S. 8°
1: Dg 656. 4. 8. 10. 12: Ph. Pr. 107f. 21. 24. 25. 28. 29. 44. 53.
13.6966

— Zwinglis Theologie, ihr Werden und ihr System. Bd 1. 2. Halle: Niemeyer 1885–89. 8°
1: Cn 13420. 2→11. 12: Biogr. 1271 ag. 14→19. 21. 24→30. 34. 45. 48. 51. 169. 300: 48.009–B. 302.
13.6967

[F.] Baur, *August* [Dr.]: Ueber die deutschen Vorträge in Prima. Büdingen, A. Heller'sche Hofbuchdr., 1895; 3—11 S. 4.
Büdingen, grossh. G, OP 1895 (652)

Baur, Aug, d. Weltanschauung d. Christentums. 2. (Titel-) Aufl. 8. (VIII, 271 S.) Blaubeuren (881) 896. F. Mangold. n. 2. —

Baur, Bened.: Klarh. u. Wahrh. Erklärg d. Antimodernisteneides. (15, 161) 8° FreiburgB., Herder '11. 1.80; L 2.40 d

Baur, Benedikt
Baur, B., Psalmodia aegrotantium etc. 8. Augsburg. Doll, 747.

Baur, Benedikt, Franziskaner, Salzburg. 1747: Psalmodia aegrotantium, et agonizantium. (P. 1. 2.) — [Kempten]: Stadler, & Bartl 1747. 8°
1. Psalmodiae pro solatio aegrotantium.
2. Psalmodiae pro subsidio agonizantium.
12: Past. 23 m. 19. 61. 308.
13.6970

Baur, Bernh., die Einnahme von Jericho, oder die bekehrte Sünderin. Ein Gedicht in Prosa in vier Büchern nach Cottin bearbeitet für die gereiftere Jugend. 16. Reutlingen 844, Mäcken, Sohn. 1/4 ₰

Baur, C., Bayerischer Generalmajor, 1777–1847. 1812 s. *Baur*, Karl v.

Baur, C., Bürgermeister, Wesel. 1884 s. *Baur*, Kaspar.

Baur, C., Dr. phil., Ingenieur, Zürich, geb. 1857. 1886 s. *Baur*, Kaspar.

Baur, C. v., Großherzogl. Badischer Kammerherr u. Kreisrat, 1780–1849. 1810 s. *Baur* v. Eiseneck, Philipp Karl.

Baur, C.: Das elektrische Kabel, s. Baur, Kaspar

Baur, C.: Neue Karte von Europa, s. Baur, Karl Friedrich

Baur, C. Ueber ein neues Radiometer. 1882.

Baur, C. Die Strahlung des Steinsalzes bei verschiedenen Temperaturen. Leipzig 1883.

Baur, C. Ch.: Leben d. berühmt. Christ. Lehmann, s. Baur, Erhard Christoph

Baur, C. Chr. W.: Bacon von Verulam, s. Baur, Karl Chr. W.

Baur, C. F. s. *Baur*, Karl Friedrich.

Baur, C. F.: Neueste Karte der Erde ..., s. Bromme, Fr.

Baur, C. F. Kartenskizze zum Kriegsschauplatze in Indien. fol. Stuttgart 1857. 0.60.

Baur, C. F. Plan der Festung Gaeta. 4. Stuttgart 1861. 0.60.

Baur, C. W., Subkonrektor, Darmstadt, 1788–1877. 1811 s. *Baur*, Karl.

Baur, C. W. v., Prof. d. Mathematik, Stuttgart. 1890 s. *Baur*, Karl Wilhelm v.

Baur, Carl: Vorträge, gehalten in der Loge Johannes der Evangelist ..., s. Müller, Paulus

Baur, Charlotte: Die Brixner Malerschule des XV. Jahrhunderts. Studie. — Bozen: Auer 1895. 13 S. 4°
Aus: Der Kunstfreund. 11. 1895. 5. 12: 4° Art. 5 qg.
13.6976

Baur, Christian Jakob: Anatomische Abhandlung über das Bauchfell des Menschen. — Stuttgart: Schweizerbart 1835. IV,18 S. 8° 1: Kw 11560. 2. 7. 10. 21. 24.
13.6977

— Tractatus de nervis anterioris superficiei trunci humani, thoracis praesertim abdominisque. — Tubingae 1818: Fues. 32 S. 8°
1: Ky 4900. 2. 4. 7. 12: 4° Anat. 14 q. 15. 19. 21. 24. 28.
13.6978

Baur, Chr. Jak., Tractatus de nervis anterioris superficiei trunci humani, thoracis praesertim abdominisque. 4. Tübing. 818. Osiander. 6 gr.

— **Christian Ludwig** (Tübingen), Cephalalgiam methodo, naturae accommodata, in species digestam. Spec. nosologico-therapeut. Präs. Wilh. Gottfr. Ploucquet. Tübingen (Schramm) Septbr. 1787. 64 S. (5.—) 1474

Baur, Chr. Lud., praes. W. Gfd. Ploucquet, Specimen nosol.-therapeuticum exhibens cephalalgiam methodo, naturae accommodata, in specie digestam. 64 pp. Tüb. 4°. *Ludwig*, Lps. 1793, III, 294—321. 1787

— **Christoph** (Esslingen), Commentat. super moralitate legum ceremonialium et forensium. Präs. Christoph Sonntag. Altdorf (J. W. Kohle) 16. II. 1707. 32 S. (5.—) 1475

Baur, Emil, kurzer Abriss der Spektroskopie u. Kolorimetrie, s.a. Handbuch der angewandten physikal. Chemie. 5. Bd.

Baur, Emil: Kurzer Abriss der Spektroskopie und Kolorimetrie. — Leipzig: Barth 1907. VIII, 122 S. 4° (Handbuch d. angewandten physikalischen Chemie in Einzeldarstellungen. 5.)
2. Aufl. s. *Lifschitz*, Israel: Kurzer Abriss d. Spektroskopie u. Kolorimetrie. 1927.
1: 4° Mr 11906-5. 3. 4. 5. 7. 8. 9. 11. 12: Chem. 132-5. 15→21. 24→27. 29. 30. 82. 84. 85. 86. 88→91. 180. 201. 210. 302. 305.
13.6979

Baur, *Ad.* Emil [aus Baden-Baden]: Bestimmungen von Umwandlungspunkten, Affinitätsgrössen, Dissoziationswärmen etc. auf elektrischem Wege ... München, Druck v. V. Höfling, 1897; 49 S. 8.
München, Phil. Fak., Inaug.-Diss. v. 1897

— Einige Ergebnisse der experimentellen Vererbungslehre, s.: Klinik, medizinische. 1908. Beiheft 10.

Baur, Emil, appr. Arzt a. Stuttgart: Ein Fall von primärem Melanom des Oesophagus. Rudolstadt 1905: F. Mitzlaff. (13 S.) 8°
Tübingen, Med. Fak., Ref. v. Baumgarten, Diss. v. 25. Juni 1905
[Geb. 23. März 80 Stuttgart; Wohnort: Tübingen; Staatsangeh.: Württemberg; Vorbildung: Gymn. Stuttgart Reife M. 99; Studium: Tübingen 7, Kiel 2 S.; Coll. 17. Mai 05; Approb. 3. Aug. 04.]

Baur, Emil (Mitarb.), s. Die Fortschritte der anorganischen Chemie in den Jahren 1892 - 1902.

— Von den Hydraten in wässeriger Lösung. 1903 in: *Ladenburg*, Albert: Ueber Racemie.

— s.: Jahresbericht üb. d. Fortschritte d. Chemie.

— Chemische Kosmographie. Vorlesungen. — München [usw.]: Oldenbourg 1903. 228 S. 8°
1: Mr 14844. 7. 11. 12: Chem. 10 li. 15. 16. 18→21. 25. 29. 30. 53. 83→86. 88. 90. 91. 210. 302. 303. 305.
13.6981

— Über ein Modell der Kohlensäureassimilation. — Leipzig: Engelmann 1908. S. 683–710. 8°
Aus: Zeitschrift für physikalische Chemie. 63. 1908. 84.
13.6982

— Themen der physikalischen Chemie. Vorträge. — Leipzig: Akad. Verl. Ges. 1910. 113 S. 8° 1: Mr 11937. 7. 10. 20. 27. 29. 30. 38. 61. 83→86. 88→91. 201. 210. 302. 305.
13.6983

Baur, Erh. Cph., († .... 1767.) Leben d. berühmten Christian Lehmann. 8. Frankf. 756. Guilhaumann. 6 gr.

Baur, Erhard Christoph: Leben des berühmten Christoph Lehmanns nebst vielen unbekannten u. geheimen Nachrichten. — Franckfurt: Fleischer 1756. 216 S. 8°
1: Au 16806. 2→5. 7. 9. 12: Biogr. 615. 14→19. 21. 23. 24. 26. 27. 28. 30. 32. 34. 35. 39. 43. 107. 300: 26 Z 54. 302.
13.6985

— Primitiae typographicae Spirenses, oder Nachrichten von d. ersten u. berühmten Drachischen Buchdruckerey in d. Reichs-Stadt Speyer. — Speyer: Zeuner [usw.] 1764. 87 S. 8° 1: An 0711 [u.] 2 in An 2604. 2. 7. 12: Typ. 3 [u. 6.] 14→19. 21→25. 30. 31. 35. 36. 38. 45. 107. 117. 121. 300: 56 Y 89. 302. 303.
13.6986

Baur, Erich, Referendar a. Cöln a. Rh.: Das Verhältnis des Nebenintervenienten zu dem am Ausgange des Rechtsstreits interessierten Zeugen. Borna-Leipzig 1906: R. Noske. (62 S.) 8°
Freiburg i. B., rechts- u. staatsw. Fak., Ref. Merkel, Diss. v. 1906
[Geb. 28. Okt. 79 Cöln; Wohnort: Cöln; Staatsangeh.: Preußen; Vorbildung: Städt. Gymn. a. d. Kreuzgasse Cöln Reife O. 00; Studium: Freiburg i. B. 1, Berlin 1, Heidelberg 1, Bonn 3 S.; Rig. 6. Juli 03.]

Baur, Ernst, Hütteninspektor am Kgl. Württembergischen Hüttenwerk Wasseralfingen. 1904: Faber du Faur und die Verwendung der Gichtgase. — (Düsseldorf) 1904. 6 S. 4°
Aus: Stahl u. Eisen. 24. 1904. 216.
13.6988

Baur, Erwin, approb. Arzt aus Ichenheim: Aus d. städt. Krankenhause zu Kiel. Über complicierende Bauchfelltuberkulose bei Lebercirrhose. *Kiel 1900: L. Handorff.* (16 S.) 8°
Kiel. Med. Diss. v. [19. März] 1900

Baur, Erwin, über die infektiöse Chlorose der Malvaceen. (19 S.) Lex.-8. Berlin 906. (G. Reimer.) n. 1. —
Sonderabdruck aus: Sitzungsber. d. preuss. Akad. d. Wiss."

Baur, Erwin: Einführg in d. experimentelle Vererbgslehre. (8, 293 m. Fig. u. 9 farb. Taf.) Lex8° Berl., Gebr. Borntraeger '11. 8.50

— Einige Ergebnisse der experimentellen Vererbungslehre Berlin [usw.]: Urban & Schwarzenberg 1908. S. 265–292. 8° (Medizinische Klinik. Beih. 4, 10.)
1: I 6277-Beih. 4, 10. 2. 3. 6. 7. 9. 11. 12: Med. g. 265 k-4, 10. 16. 17. 21. 25. 26. 28. 29. 30. 33. 38M. 46. 52. 61. 123. 202. 300: 478.233-B. Per. Beih. 4, 10.
13.7001

— s.: Tabulae botanicae.

Baur, Erwin, Dr. med., aus Ichenheim: Untersuchungen über die Entwickelungsgeschichte der Flechtenapothecien. 1. *(Leipzig) 1904: (Breitkopf & Härtel).* (26 S.) 4° ¶ (Aus: Botan. Zeitung, Jg. 62.)
Freiburg i. B., Phil. Diss. v. 1904

— Untersuchungen über die Entwickelungsgeschichte der Flechtenapothecien. 1. — Leipzig: Felix 1904. S. 21–44. 8° (Botanische Zeitung. Jg. 62, Abth. 1, 2.)
Zugleich Diss. Freiburg i. Br. 1904.
1: 4° Lw 11405-62, 1, 2. 2→11. 12: 4° Phyt. 331-62. 14→19. 21. 24. 25. 29. 30. 46. 84. 93. 202.
13.7010

— [Hrsg.] s. *Zeitschrift* für induktive Abstammungs- und Vererbungslehre. 1908 ff.

Baur, Eugen: Von der Fahne auf die Kanzel. 2 Predigten. — Reutlingen 1871: Rupp. 15 S. 8° 24.
13.7014

Baur, F.v. s. *Baur*-Breitenfeld, Fidel Karl Friedrich v.

Baur, F . A.
Baur: Aliquot translationum quae dicuntur Livianarum genera collecta. 22 S.
Progr. Augsburg A. 1864.

Baur, F. C. , s. B a u r , Ferdinand Christian

Baur, Ferdinand, Rektor am Kgl. Gymnasium, Tübingen. 1856 s. *Baur*, Ferdinand Friedrich.

Baur, Ferdinand Christian: Drei Abhandlungen zur Geschichte der alten Philosophie und ihres Verhältnisses zum Christenthum. Neu hrsg. von Eduard Zeller. — Leipzig: Fues 1876. XII,480 S. 8°
1:Nk 3978. 2→7. 9. 10. 11. 12:Ph. U. 34 g. 14→19. 21. 24. 25. 27→31. 33. 35. 36. 38. 39. 302. 304.
13.7015

— Apollonius von Tyana und Christus, oder das Verhältniß des Pythagoreismus zum Christenthum. — Tübingen: Fues 1832. VIII,240 S. 8°
Aus: Tübinger Zeitschrift für Theologie. 1832.
1:Nk 14720. 2. 3. 5. 7→10. 12:H. eccl. 102 ml. 14. 17. 20. 26. 27. 28. 30. 39. 43. 45. 52. 302.
13.7016

— Beantwortung des Sendschreibens von Hase an die Tübingerschule. Siehe Hilgenfeld.

— Bis zu welcher Zeit und von wem muß das Lukas-Evangelium ... abgefaßt worden sein? ... Ein offenes Sendschreiben an Herrn Prof. Dr. Baur in Tübingen. 1848 s. *Hasert*, Christian Adolf.

— Die Ignatianischen Briefe und ihr neuester Kritiker. Eine Streitschrift gegen Herrn Bunsen. — Tübingen: Fues 1848. IV,147 S. 8° 1:B 3425. 2→5. 7→11. 12:P. gr. 223. 14. 15. 16. 18→21. 23. 24. 26. 29. 30. 33. 39. 43. 44. 45. 51. 52. 300:15.363–B. 302.
13.7017

— Das Christenthum und die christliche Kirche der drei ersten Jahrhunderte. — Tübingen: Fues 1853. XII,504 S. 8° [(Baur: Geschichte d. christlichen Kirche. 1.)]
1:Cb 3771–1. 2→5. 7. 8. 9. 11. 12:H. eccl. 102 oe. 15→22. 24. 26→32. 41. 44. 45. 47. 48. 102. 300:74.115–B. 302.
13.7018

— — 2., neu durchgearb. Ausg. Ebd. 1860. XXIV,535 S. 8° [(Baur: Geschichte ... 1.)] 3. 7→10. 12:H. eccl. 102 og–1. 14. 17. 19. 24. 27. 29. 30. 33. 51. 79. 304.
13.7019

— primae Rationalismi et Supranaturalismi historiae capita potiora. Prs I. De gnosticorum christianismo ideali dissertatio inaug. historico-theol. 4. Tübing. 827. (Osiander). 7 gl.

— Das Christliche des Platonismus oder Sokrates und Christus. — Tübingen: Fues 1837. VIII,154 S. 8°
Aus: Tübinger Zeitschrift für Theologie. 1837.
1:Nk 10796. 3. 4. 6. 10. 12:Ph. Sp. 63 h. 14. 17. 19. 21. 26→29. 39. 41→44. 51. 52. 300:58.538–B. 302. 303.
13.7022

— Comparatur Eusebius Caesariensis, histor. ecclesiast. parens, c. parente historiar., Herodoto Halicarnassensi. 4. (6 B.) Tubingae 834, (Fues.) *

— **Ferdinand Christian,** Festum pentecostes. — Comparatur Eusebius Caesariensis, historiae ecclesiasticae parens, cum parente historiarum, Herodoto Halicarnassensi. Tübingen (Hopfer de l'Orme) 1834. 48 S. (4.80) 1476

— s. Th. M'Crie, Geschichte der Reformation.

— Brevis Disquisitio in Andreae Osiandri de iustificatione doctrinam, ex recentiore potissimum theologia illustrandam. — Tubingae (1831): Hopfer de L'Orme. 23 S. 4°
Epistola gratulatoria ad D. Theophilum Jacobum Planck ... idibus Maii anni 1831 vitae quinquaginta per annos publicis in muneribus peractae solennia celebrantem. 2. 5. 9. 15. 19.
13.7023

— Die Epochen der kirchlichen Geschichtschreibung. — Tübingen: Fues 1852. XII,269 S. 8° 1:Cb 500. 2→11. 12:H. eccl. 102 oc. 14→21. 24→30. 33. 34. 38. 43. 45. 46. 48. 52. 79. 102. 111. 121. 300:428.464–B. 302.
13.7024

— Abgenöthigte Erklärung gegen einen Artikel der evangelischen Kirchenzeitung, herausgegeben von D. E. W. Hengstenberg ... Mai 1836. — Tübingen: Fues 1836. 68 S. 8° Aus: Tübinger Zeitschrift für Theologie. 1836.
12:Polem. 3029–23. 15. 21. 24. 43. 52.
13.7025

— Erwiederung auf Herrn Dr. Möhler's neueste Polemik gegen die protestantische Lehre und Kirche in der Schrift: Neue Untersuchungen der Lehrgegensätze zwischen d. Katholiken u. Protestanten. — Tübingen: Fues 1834. VI, 120 S. 8° 1:Di 2514. 2. 4. 5. 9. 10. 11. 12:Polem. 176 m. 17. 19→22. 26. 28. 29. 33. 43. 48. 79. 300:74.142–B. 302. 308.
13.7026

Baur, Ferd. Christ. Festrede z. seinem 100. Geburtstage, s. Weizsäcker, Carl.

— Der Gegensatz des Katholicismus und Protestantismus nach den Principien und Hauptdogmen der beiden Lehrbegriffe. Mit bes. Rücksicht auf Hrn. Dr. Möhler's Symbolik. — Tübingen: Fues 1834. VIII,439 S. 8°
2. 8. 11. 12:Polem. 176 n. 15. 16. 17. 19→22. 24. 26. 27. 28. 33. 41. 48. 111. 302. 304. 308.
13.7027

— — 2., verb., mit e. Uebersicht über d. neuesten ... Controversen verm. Ausg. — Ebd. 1836. XXVI,694 S. 8°
1:Di 2516. 2→7. 9. 10. 12:Polem. 176 o. 14. 15. 16. 18. 21→24. 26. 27. 28. 30. 31. 38. 39. 43. 44. 45. 61. 123. 214. 300:74.134–B. 302.
13.7028

— Geschichte der christlichen Kirche. Bd [1–]5. — Tübingen: Fues 1853–63. 8°
1 u. d. T.: Baur: Das Christenthum u. d. christliche Kirche d. drei ersten Jahrhunderte. 1853.
2 u. d. T.: Baur: Die christliche Kirche vom Anfang d. vierten bis zum Ende d. sechsten Jahrhunderts. 1859.
3 u. d. T.: Baur: Die christliche Kirche d. Mittelalters ... Hrsg. von Ferdinand Friedrich Baur. 1861.
4. Baur: Kirchengeschichte d. neueren Zeit, von d. Reformation bis zum Ende d. achtzehnten Jahrhunderts ... Hrsg. von Ferdinand Friedrich Baur. 1863.
5. Baur: Kirchengeschichte d. neunzehnten Jahrhunderts ... Hrsg. von Eduard Zeller. 1862.
Die Besitzvermerke sind nur bei den Stücktiteln angegeben.
13.7029

— — 2. Aufl. Bd [1]–3.5. Tübingen (3.5: Leipzig): Fues 1860–77. 8°
1 u. d. T.: Baur: Das Christenthum u. d. christliche Kirche d. drei ersten Jahrhunderte. 1860.
2. Baur: Die christliche Kirche vom Anfang d. vierten bis zum Ende d. sechsten Jahrhunderts. 1863.
3. Baur: Die christliche Kirche d. Mittelalters ... Hrsg. von Ferdinand Friedrich Baur. 1869.
5. Baur: Kirchengeschichte d. neunzehnten Jahrhunderts ... Hrsg. von Eduard Zeller. 1877.
Die Besitzvermerke sind nur bei den Stücktiteln angegeben.
13.7030

— Geschichte der christlichen Kirche. 5. Bd.: Kirchengeschichte des 19. Jahrh. Nach des Verf. Tode hrsg. von Ed. Zeller. 2. Aufl. gr. 8. (XVI, 584 S.) Ebendas. 877. *
1.–4. Bd. Ebendas. 1863–69. * ℳ 32,60.

— — 3. Ausg. Bd 1. Tübingen: Fues 1863. XXIV,535 S. 8°
1. Baur: Kirchengeschichte d. drei ersten Jahrhunderts.
1: Cb 3772. 5. 6. 9. 10. 14. 15. 16. 18. 19. 21. 24. 27. 28. 30. 33. 35. 36. 38. 39. 41. 43. 44. 46. 53. 60. 75. 79. 107. 121. 180. 203. 211. 302. 309.
13.7031

— Die christliche Gnosis. — Tübingen: Osiander 1835. XX, 762 S. 8° 1: Ck 3450. 2→11. 12: H. eccl. 102 n. 14→19. 21. 22. 24→33. 42→46. 48. 51. 52. 300: 21 X 15. 302. 304.
13.7032

Baur, Ferd. Chrn., An Hrn. Dr. Carl Hase, Prof. der Theol. an der Universität Jena, H. S. A. Geh. Kirchenrath ꝛc. Beantwortung des Sendschreibens: die tübinger Schule. 8. (104 S.) Tübingen 855, L. F. Fues.

— Die christl. Kirche vom 4. bis 6. Jahrhundert. Tüb. 1852. 8.

— Die christliche Kirche vom Anfang des vierten bis zum Ende des sechsten Jahrhunderts. — Tübingen: Fues 1859. X,326 S. 8° [(Baur: Geschichte d. christlichen Kirche. 2.)]
1: Cb 3771-2. 2→5. 7→11. 12: H. eccl. 102og-2. 16→22. 24. 26→30. 32. 33. 36. 45. 46. 47. 79. 300: 74.989-B. 302. 304.
13.7034

— — 2. Ausg. Ebd. 1863. XII,326 S. 8° (Baur: Geschichte ... 2.) 6. 14. 15. 18. 19. 21. 24. 27. 28. 30. 33. 35. 38. 39. 41. 43. 44. 48. 60. 79. 107. 121. 180. 203. 211. 302. 309.
13.7035

— Die christliche Kirche des Mittelalters ... Hrsg. von Ferdinand Friedrich Baur. — Tübingen: Fues 1861. XVI, 558 S. 8° (Baur: Geschichte d. christlichen Kirche. 3.)
1: Cb 3771-3. 3→11. 12: H. eccl. 102og-3. 14→21. 24→27. 29. 30. 32. 33. 36. 38. 39. 43→46. 48. 51. 60. 79. 180. 300: 74.686-B. 302. 304.
13.7037

— — 2. Aufl. Leipzig: Fues 1869. XVI,558 S. 8° (Baur: Geschichte ... 3.) 2. 14. 28. 41. 44. 93. 107. 203. 211. 302. 309.
13.7038

— Kirchengeschichte des neunzehnten Jahrhunderts ... Hrsg. von Eduard Zeller. — Tübingen: Fues 1862. XIV, 557 S. 8° (Baur: Geschichte d. christlichen Kirche. 5.)
1: Cb 3771-5. 2→11. 12: H. eccl. 102og-5. 14→21. 23. 24. 26→34. 38. 39. 43→46. 48. 51. 79. 93. 109. 121. 180. 300: 74.750-B. 303. 304.
13.7040

— — 2. Aufl. Leipzig: Fues 1877. XVI,584 S. 8° (Baur: Geschichte ... 5.) 1: Cb 3772-5. 15. 16. 21. 24. 41. 107. 109. 117. 203. 302. 309.
13.7041

— Kirchengeschichte der drei ersten Jahrhunderte. 3. Ausg. Ebd. 1863. XXIV,535 S. 8° (Baur: Geschichte ... 1.)
1: Cb 3772-1. 5. 6. 9. 10. 14. 15. 16. 18. 19. 21. 24. 27. 28. 30. 33. 35. 36. 38. 39. 41. 43. 44. 46. 53. 60. 75. 79. 107. 121. 180. 203. 211. 302. 309.
13.7020

— Kirchengeschichte der neueren Zeit, von der Reformation bis zum Ende des achtzehnten Jahrhunderts ... Hrsg. von Ferdinand Friedrich Baur. — Tübingen: Fues 1863. XX,707 S. 8° (Baur: Geschichte d. christlichen Kirche. 4.)
1: Cb 3771-4. 2→11. 12: H. eccl. 102og-4. 14→21. 24→30. 33. 38. 39. 41. 43→46. 51. 79. 93. 107. 180. 203. 302. 304. 309.
13.7042

— Der Kritiker und der Fanatiker, in der Person des Herrn Heinrich W. J. Thiersch. — Stuttgart: Becher 1846. 119 S. 8° 2. 5. 7. 12: Polem. 176 ma. 19. 21. 23. 24. 27. 30. 32. 43. 52. 79.
13.7043

Baur, Fd. Chr., Lehrbuch der christl. Dogmengeschichte. gr. 8. Stuttgart 846, Becher's Verlag. 1 ₰ 12 ngl

— Lehrbuch der christlichen Dogmengeschichte. — Stuttgart: Becher 1847. XVI,288 S. 8°
1: Cz 13351. 2. 4. 5. 8→11. 12: Dogm. 63 hb. 14. 16. 18→30. 33. 42. 45. 52. 79.
13.7044

— — 2., neu bearb. u. erw. Ausg. Tübingen: Fues 1858. XX, 403 S. 8° 1: Cz 13352. 2. 3. 5. 7→10. 12: Dogm. 65f. 14. 17. 19. 21. 24. 25. 28. 30. 33. 39. 43. 53. 60. 79. 300: 74.135-B. 302.
13.7045

— — 3. Ausg. Leipzig: Fues 1867. XX,403 S. 8°
6. 14. 15. 16. 23. 24. 27. 35. 39. 60.
13.7046

— Die christliche Lehre von der Dreieinigkeit und Menschwerdung Gottes in ihrer geschichtlichen Entwicklung. Th. 1-3. — Tübingen: Osiander 1841-43. 8°
1. Das Dogma d. alten Kirche bis zur Synode von Chalcedon. 1841.
2. Das Dogma d. Mittelalters. 1842.
3. Die neuere Geschichte d. Dogma, von d. Reformation bis in d. neueste Zeit. 1843.
1: Cx 2920. 2→11. 12: Dogm. 63 ha. 14→21. 24→30. 32. 38. 42. 44. 45. 48. 51. 52. 60. 300: 15.135-B. 302.
13.7047

— die christl. Lehre von d. Versöhnung in ihrer geschichtl. Entwicklung, von d. ältesten Zeit bis auf d. neueste. gr. 8. (49 B.) Tübingen 838, Osiander.

— [Vorr.] s. *MacCrie*, Thomas: Geschichte der Ausbreitung und Unterdrückung der Reformation in Spanien [History of the progress and suppression of the Reformation in Spain, deutsch]. 1835.

— Das Markusevangelium ... Nebst e. Anh. über das Evangelium Marcion's. — Tübingen: Fues 1851. VIII, 226 S. 8° 1: Bs 5150. 2→11. 12: Exeg. 78 sc. 14→17. 19. 20. 21. 23→30. 32. 33. 39. 43. 44. 45. 47. 52. 79. 300: 74.136-B. 302.
13.7049

Baur, F. C., de orationis habitae a Stephano consilio et de protomartyris hujus in christ. rei primordiis momento. Tubing. 1829. 4

— Die sogenannten Pastoralbriefe des Apostels Paulus aufs neue kritisch untersucht. — Stuttgart [usw.]: Cotta 1835. XII,152 S. 8°
1: Bt 9940. 2→11. 12: Exeg. 78 s [2 Ex.] 14→21. 24. 26→30. 42. 43. 46. 48. 52. 300: 74.114-B.
13.7050

— Paulus, der Apostel Jesu Christi. — Stuttgart: Becher & Müller 1845. X,698 S. 8° 1: Bt 496. 2→5. 7→11. 12: V. SS. 744. 14→17. 19. 21. 23→30. 35. 39. 41. 42. 43. 45. 46. 48. 51. 52. 60. 79. 102. 211. 300: 74.113-B.
13.7051

— Paulus, der Apostel Jesu Christi. Sein Leben und Wirken, seine Briefe und seine Lehre. Ein Beitrag zu einer krit. Geschichte des Urchristenthums. 2. Aufl. Nach dem Tode des Verf. besorgt von Ed. Zeller. 2 Thle. gr. 8. (XIV und 409 S., IV und 378 S.) Leipzig 866,67, Fues' Verlag. à Thl. * 2 Thlr. *

— Rede zur Feier des Gedächtnisses der fünfundzwanzigjährigen Regierung Seiner Majestät des Königs Wilhelm von Württemberg am 31. Oktober 1841 ... über die geschichtliche Bedeutung der fünfundzwanzig Jahre 1816–1841. (Hrsg.: Ferd. Baur.) — (Tübingen 1877: Fues.) 22 S. 4°
Gratulationsschrift des Gymnasiums zu Tübingen für die vierte Säcularfeier der Universität Tübingen 9.-11. August 1877.
Zugleich Progr. Tübingen Kgl. Gymnasium 1877.
1: 4° Sh 1693. 3→6. 9. 12: 4° H. lit. P. 231. 17. 19. 20. 24. 25. 27. 29. 30. 33. 303.
13.7053

— Das manichäische Religionssystem. — Tübingen: Osiander 1831. XI,500 S. 8°
1: Ck 4260 [u.] 4260a. 2→11. 12: H. eccl. 102m. 14→21. 24→30. 33. 39. 43. 45. 48. 52. 109. 211. 300: 16.528-B. 302. 307.
13.7054

— Die Tübinger Schule und ihre Stellung zur Gegenwart. Tübingen: Fues 1859. IV,168 S. 8°
1: Dn 5910. 2. 3. 5. 8. 12: Polem. 176pb. 14. 16. 17. 18. 22. 24→30. 43. 46. 61. 79. 302.
13.7056

— 2., durchges. u. verm. Aufl. Ebd. 1860. IV,171 S. 8°
4. 7. 8. 9. 11. 15. 20. 21. 23. 24. 27. 33. 109. 300: 74.183-B. 302.
13.7057

— Symbolik und Mythologie oder die Naturreligion des Alterthums. Th. 1.2,1.2. — Stuttgart: Metzler 1824-25. 8°
1: Qb 2110. 2→10. 12: H. g. hum. 12w. 14→18. 20→26. 28. 29. 32. 33. 36. 43. 44. 52. 78. 300: 49 F 27. 302.
13.7058

— Kritische Untersuchungen über die kanonischen Evangelien. — Tübingen: Fues 1847. X,626 S. 8°
1: Br 6743. 2→11. 12: Exeg. 78ab. 14→18. 20. 21. 24→30. 33. 38. 39. 43. 44. 45. 47. 48. 51. 52. 53. 54. 79. 300: 74.143-B. 302.
13.7059

— über den Ursprung des Episcopats in der christl. Kirche. Prüfung der neuestens v. Hrn. Dr. Rothe aufgestellten Ansicht. gr. 8. Tübingen 838. Fues. 1 ß

—— Vorlesungen über die christliche Dogmengeschichte. 3 Bde. gr. 8. Leipzig, Fues' Verlag. *

Inhalt:

Bd. 1. Abschn. 1. Das Dogma der alten Kirche. 1. Abschn.: Von der apostolischen Zeit bis zur Synode in Nicäa. Hrsg. von Ferd. Fr. Baur. (XVIII und 738 S.) 865. * 3 Thlr. 20 Ngr.

Baur, Ferd. Chrn., Vorlesungen über die christliche Dogmengeschichte etc.

Inhalt:

Bd. 1. Abschn. 2. Das Dogma der alten Kirche. 2. Abschn.: Von der Synode in Nicäa bis zum Ende des 6. Jahrh. Hrsg. von Ferd. Fr. Baur. (XIII und 453 S.) 866. * 2 Thlr. 10 Ngr.

» 2. Das Dogma des Mittelalters. Hrsg. von Ferd. Fr. Baur. (XII und 516 S.) 866. * 2 Thlr. 20 Ngr.

» 3. Das Dogma der neueren Zeit. Hrsg. von Ferd. Fr. Baur. (XIV und 646 S.) 867. * 3 Thlr. 10 Ngr.

—— Vorlesgn üb. d. christl. Dogmengesch. 1. Bd. 2. Abth. 2. u. 3. Bd. 8. Ebd. n. 8. 10 (cplt.: n. 12. —)

Das Dogma d. alten Kirche. 2. Abschn. Hrsg. v. FF Baur. (453) 66. n. 2. 10

Das Dogma d. Mittelalters. Hrsg. v. FF Baur. (516) 67. n. 2. 20

Das Dogma d. neueren Zeit. Hrsg. v. FF Baur. (646) 67. n. 3. 10

Baur, Ferd. Chrn., Vorlesungen üb. neutestamentliche Theologie. s.a. Bibliothek theologischer Klassiker.

— Vorlesungen über neutestamentliche Theologie. Hrsg. von Ferd. Fried. Baur. — Leipzig: Fues 1864. X,407 S. 8°
1: Bp 9360. 2→5. 7→11. 12: Exeg. 78ac. 14→30. 33. 39. 43→46. 60. 79. 109.
13.7062

— — Hrsg. von Ferd. Fried. Baur. Neue Ausg. Mit e. Einl. von Otto Pfleiderer. T. 1.2. — Gotha: F.A. Perthes 1892. 8° (Bibliothek theologischer Klassiker. 45.46.)
1: Bd 6960-45.46. 6. 11. 26. 29. 39. 302.
13.7063

— Das Wesen des Montanismus nach den neuesten Forschungen. 8° Aus: Theologische Jahrbücher. 10. 1851. 52.
13.7064

— s. *Worte* der Erinnerung an Ferdinand Christian von Baur. 1861.

— [Hrsg.] s. *Worte* der Erinnerung an Dr. Friedrich Heinrich Kern. 1842.

— s. Zeitschrift, Tübinger, für Theologie.

Baur, Ferdinand Friedrich [Hrsg.] s. *Baur*, Ferdinand Christian: Die christliche Kirche des Mittelalters. 1861 u.ö.

— [Hrsg.] s. *Baur*, Ferdinand Christian: Kirchengeschichte der neueren Zeit. 1863.

— [Hrsg.] s. *Baur*, Ferdinand Christian: Rede zur Feier des Gedächtnisses der fünfundzwanzigjährigen Regierung Seiner Majestät des Königs Wilhelm von Württemberg. 1877.

— [Hrsg.] s. *Baur*, Ferdinand Christian: Vorlesungen über die christliche Dogmengeschichte. 1865-67.

— [Hrsg.] s. *Baur*, Ferdinand Christian: Vorlesungen über neutestamentliche Theologie. 1864 u.ö.

— [Übers.] s. *Cicero*, Marcus Tullius: Werke [deutsch]. 72-76. 1860-61.

Baur, Ferd., sprachwissenschaftliche Einleitung in das Griechische u. Lateinische f. obere Gymnasialclassen. gr. 8. (XV, 110 S.) Tübingen 874. Laupp. n. 2. —

Baur, Ferd., sprachwissenschaftliche Einleitung in das Griechische und Lateinische für obere Gymnasialklassen. gr. 8. Tübingen 874. Freiburg i. Br., Mohr. *

— Grundzüge e. sprachwissenschaftlichen Cursus im Griechischen, m. Vergleichg. d. Lateinischen, f. obere Gymnasialclassen. gr. 4. (IV, 31 S.) Tübingen 871. (Fues.) n. 1. —

Baur, Ferd. Friedr., de Tacitea Tiberii imagine disputatio. Tubingae 856. (Fues' Sortbdlg.) gr. 4. (24 S.) n. 8 ngr

— [Übers.] s. *Lysias:* Die erhaltenen Reden [Orationes, deutsch]. 1856 u.ö.

— [Übers.] s. *Quintilianus*, Marcus Fabius: Zwölf Bücher Anleitung zur Beredtsamkeit [Institutionis oratoriae libri 12, deutsch]. 1865 u.ö.

— Die nominale Reduplication im Griechischen. 1876 in: *Begruessung*, Zur, der XXXI. Versammlung Deutscher Philologen und Schulmänner, gehalten vom 25. bis 28. September 1876 in Tübingen.

— die nominale Reduplication im Griechischen. gr. 4. (14 S.) Ebend. 876. n. — 60

— [Hrsg.]
s. *Schwegler*, Albert: Römische Geschichte. 3. 1858 u.ö.

Baur, Ferd. Frid., de Tyche in pragmatica Polybii historia disputatio. Tübingen 861. (Fues' Sortbdlg.) gr. 4. (25 S.) n. 10 ngr

Baur, Fidelis: Beschreibung der Fürstenthümer Hohenzollern-Hechingen und Sigmaringen, 1838 in: *Fischer*, Albert: Geographie, Statistik und Topographie des Königreichs Württemberg.

— Geschichte der hohenzollern'schen Staaten Hechingen und Sigmaringen. (In 8 Heften.) — Sigmaringen: Liehner 1834(-36). Getr. Pag. 8°
1: Ti 6548. 5. 6. 7. 10. 12: Germ. sp. 27h. 16. 20. 21. 24. 25. 26. 30. 31. 34. 38. 39. 208.
13.7065

— Historisch-kritische Untersuchung über den Ursprung und das Wachsthum des Fürsten-Hauses Hohenzollern. — Sigmaringen: Verf. 1839. 28 S. 8° 1:Sx 177. 17. 31.
13.7066

Baur, Fr.: Anleitung zur Aufnahme der Bäume ..., s. Baur, Franz

Baur, Fr. Wlh., s. Bauer, Friedrich Wilhelm

Baur, Franz, Lehrer, Mainz, 1793-1849. 1837: Abhandlung zur Beantwortung der Frage: Welchen Einfluss hat das Gefühl des Schönen auf die sittliche Vervollkommnung des Menschen? — Utrecht 1837: Altheer. 64 S. 8°
1:1 in Np 4862. 12:L. eleg. g. 30 l. 17. 27. 28. 36.
13.7068

— — Ebd. 1837. 64 S. 8° (Nieuwe Verhandelingen van het Provinciaal Utrechtsche Genootschap van Kunsten en Wetenschappen. 11[,3].) 12:Acad. 124c-11,3.
13.7069

Baur, Franz, Prof. d. Forstwissenschaft, Hohenheim, später München, 1830-1897. 1857: Anleitung zur Aufnahme der Bäume und Bestände nach Masse, Alter und Zuwachs. — Wien: Braumüller 1861. XV,375 S. 8°
7. 12:Oecon. 195 s. 14. 17. 21. 24. 33. 43. 48. 84. 89. 300:116.509-B. 302. 303. 305.
13.7071

Baur, Franz, Sanitätsrat, Bad Nauheim. 1892: Bad-Nauheim in seiner Bedeutung für die Behandlung der chronischen Herzkrankheiten. — Darmstadt: Waitz 1897. 36 S. 8°
17. 28.
13.7090

— [engl.] Bad Nauheim. Its importance in the treatment of chronic heart disease. — Friedberg [usw.]: Bindernagel 1898. IV,31 S. 8° 17.
13.7092

Baur, Franz (Darmstadt)
Beitrag zur Differentialdiagnose der Osteomyelitis acuta spontanea (multiplex) und des acuten Gelenkrheumatismus.
Darmstadt: Fr. Herbert 1883. 30 S.
Diss. med. Giessen 21.3.1883. vorh. 26. 7. la.

— Beitrag zur Wirkung kohlensäurehaltiger Soolbäder bei chronischen interstitiellen Morbus Brightii. — Friedberg [usw.] [um 1895]: Bindernagel. 4 S. 8° 17.
13.7094

— Ueber die Berechnung der zu leistenden Entschädigungen für die Abtretung von Wald zu öffentlichen Zwecken, mit Rücksicht auf d. neuere Theorie d. Waldbaues der höchsten Bodenrente. — Wien: Braumüller 1869. 110 S. 8°
3. 5. 12:J. pract. 21 t. 17. 24. 26. 39. 210. 300:123.074-B. 302. 305.
13.7076

— Die Fichte in Bezug auf Ertrag, Zuwachs und Form. — Berlin: Springer 1877. IV,103 S. 8°
Zugleich Progr. Hohenheim 1876. 1:Oy 12590.
12:Oecon. 195 u. 17. 20. 21. 24. 26. 43. 91. 210.
13.7077

Baur, Frz., die Fichte in Bezug auf Ertrag, Zuwachs u. Form. Unter Zugrundelegung der an der k. württ. forstl. Versuchsanstalt angestellten Untersuchungen bearb. Mit 7 lith. Taf. (in qu. gr. 4.) gr. 8. (IV, 103 S.) Berlin 877. Springer. n. 2. 80

— Formzahlen und Massentafeln für die Fichte. — Berlin: Parey 1890. VIII,111 S. 8°
1:Oy 14830. 12:Oecon. 195 xb. 21.
13.7078

— Forstakademie oder allgemeine Hochschule? — Stuttgart: Schweizerbart 1875. 39 S. 8°
Aus: Monatsschrift für d. Forst- u. Jagdwesen. 1875.
1:2 in Oy 1801. 21. 43. 111.
13.7079

— [Hrsg.] s. *Gedenkbuch* der vierten Jubelfeier der Erfindung der Buchdruckerkunst in Mainz. 1840.

Baur, Frz., mathemat. Geographie, s.: Miniatur-Bibliothek.

Baur, Franz (Hrsg.), s. Gymnasialblätter unter Mitw. hessischer Gelehrten.

— Handbuch der Waldwertberechnung. — Berlin: Parey 1886. XVI,409 S. 8° 1:Oy 14788. 3. 5. 7.
12:Oecon. 195 x. 16. 17. 19. 21. 22. 24. 26. 36. 48. 91. 180.
13.7080

Baur, Frz., Handbuch der Waldwerthberechnung. Mit besond. Berücksicht. der Bedürfnisse der forstl. Praxis bearb. gr. 8. (XVI, 409 S.) Berlin 888, Parey. geb. *

Baur, Franz

Bauer, Fr., die Holzmeßkunst. Anleitung zur Aufnahme der Bäume u. Bestände nach Masse, Alter u. Zuwachs. 2. umgearb. Aufl. Mit 63 (eingedr.) Holzschn. gr. 8. (XVI, 119 S.) Wien 875. Braumüller. n. 9. —

— Die Holzmeßkunde ... 3., umgearb. u. verm. Aufl. Berlin: Parey 1882. XVII,499 S. 8°
2. 3. 5. 7. 8. 21. 39. 91. 210.
13.7073

— — 3., umgearb. u. verm. Aufl. Wien: Braumüller 1882. XVII,499 S. 8° 1:Oy 14640[3].
7. 17. 26. 33. 34. 43. 93. 201. 300:64.474-B. 302. 305.
13.7074

— — 4., umgearb. u. verm. Aufl. Berlin: Parey 1891. XVI, 512 S. 8° 1:Oy 14640[4]. 11. 19. 21. 26. 201. 305.
13.7075

—— Die Holzmeßkunde. Anleitung zur Aufnahme der Bäume u. Bestände nach Masse, Alter u. Zuwachs. 4. umgearb. u. verm. Aufl. Mit 86 in den Text gedr. Holzschn. gr. 8. (XVI, 512 S.) Ebd. 892. geb. in Leinw. * 12 —

– Die Holzmeßkunde 1882 u.ö. s. Baur: Die Holzmeßkunst.

— 'Ist die Klage über zunehmende Verarmung und Nahrungslosigkeit in Deutschland gegründet, welche Ursachen hat das Uebel, und welche Mittel bieten sich zur Abhülfe dar?' ... Preisschrift. — Erfurt: Otto 1838. XVI,159 S. 8°
1:Fd 5660. 3. 11. 12:Pol. civ. 10 m. 15. 17. 20. 21. 26. 27. 33. 36. 38. 42. 43. 84. 106. 203. 305.
13.7070

Baur, Franz, *Dr., Prof. der Forstwiss. u. der Messkunst an der Forstlehranstalt zu Weisswasser in Böhmen.* Lehrbuch der niedern Geodäsie, vorzüglich für Forstwirthe, Cameralisten und Oeconomen, so wie zum Gebrauche auf niederen technischen Lehranstalten. Mit 226 in den Text eingedruckten Figuren und einer lithographirten Tafel. *Wien* 1858. *Wilhelm Braumüller*, k. k. Hofbuchhändler. XII, 484 S., 8°. 4 fl. 30 kr.

— Lehrbuch der niederen Geodäsie vorzüglich f. die prakt. Bedürfnisse der Forst- u. Landwirthe, Cameralisten u. Geometer, sowie zum Gebrauche an mittleren techn. Lehranstalten. 2. verm. u. verb. Aufl. Mit 274 (eingedr.) Holzschn. u. 1 lith. Taf. (in qu. 4.) gr. 8. (XI, 304 S.) Wien 871. Braumüller. n. 10. —

— Lehrbuch der niederen Geodäsie, vorzüglich für die praktischen Bedürfnisse der Forst- u. Landwirthe, Kameralisten u. Geometer, sowie zum Gebrauche an mittleren technischen Lehranstalten. 3. verm. u. verb. Aufl. Mit 278 (eingedr.) Holzschn. u. e. lith. Taf. gr. 8. (XX, 544 S.) Ebend. 879. n. 10. —

— — 4., verm. u. verb. Aufl. Berlin: Parey 1886. XVI,577 S. 8°
1: Of 4963[4]. 2. 3. 5. 7. 8. 10. 11. 21. 22. 26. 83. 88. 89. 210.
13.7084

— — 5., verm. u. verb. Aufl. Ebd. 1895. XVI,579 S. 8°
1: Of 4963[5]. 11. 12: Math. P. 25 ub [2 Ex.] 18. 19. 21. 24. 26. 30. 36. 83. 86. 91. 109. 203.
13.7085

— die Rothbuche in Bezug auf Ertrag, Zuwachs u. Form. Unter Zugrundelegung der an der kgl. Württemberg'schen forstlichen Versuchsanstalt angestellten Untersuchungen bearb. Mit 6 lith. Taf. gr. 8. (VIII, 203 S.) Berlin 881. Parey. n. 6. —

Baur, Franz: Über die Sonderstellung des Waldes im nationalen Wirthschaftsleben.
München 1895. 28 S.
Rede beim Antritt des Rektorats der Ludwig-Maximilians-Universität, gehalten am 23. Nov. 1895.

— Der gegenwärtige Stand der Behandlung der chronischen Herzkrankheiten mit bes. Berücks. d. Bewegungscuren u. Bäderbehandlung. — Darmstadt: Waitz 1892. 58 S. 8°
6. 17. 26. 28. 30. 33. 36. 42. 43. 47. 51. 60. 64. 123. 202.
13.7095

— — 2., verb. Aufl. Ebd. 1894. 57 S. 8°
17. 24. 26. 30. 61. 64.
13.7096

— Untersuchungen über den Festgehalt u. das Gewicht des Schichtholzes u. der Rinde. Ausgeführt v. dem Vereine deutscher forstlicher Versuchsanstalten u. in dessen Auftrag bearb. Mit 12 (eingedr.) Holzschn. u. vielen Tabellen. gr. 4. (III, 151 S.) Augsburg 879. Schmid's Verl. n. 5. —

— Zur Verbesserung und Vervollkommnung der Kurmittel und der Herzkrankenbehandlung in Bad-Nauheim. Friedberg: Bindernagel in Komm. 1908. 42 S. 8°
6. 17. 26. 30. 36. 123. 207.
13.7097

— Ueber forstliche Versuchsstationen. — Stuttgart: Schweizerbart 1868. 94 S. 8° (Monatschrift für d. Forst- u. Jagdwesen. Suppl.) 17. 20. 24. 28. 33. 48. 91. 106.
13.7088

– der Wald u. seine Bodendecke im Haushalte der Natur u. der Völker.
30 S. Ebd. 68. 8°

—— der Wald und seine Bodendecke im Haushalte der Natur und der Völker. Ein populär-wissenschaftl. Vortrag, gehalten zu Stuttgart am 18. Febr. 1869. gr. 8. (80 S.) Stuttgart 869, F. Schweizerbart. *

— Der Wald und seine Bodendecke im Haushalte der Natur und der Völker. Ein populär-wissenschaftlicher Vortrag. Stuttgart: Schweizerbart 1869. 30 S. 8°
Aus: Monatschrift für d. Forst- u. Jagdwesen. 1869.
1: Stala 788. 15. 21. 26. 30. 34. 48. 106. 300: 32.280. 302. 308.
13.7089

— [Hrsg.] s. *Winkler* Edler v. Brueckenbrand, Georg: Lehrbuch der Arithmetik und Algebra. 6. Aufl. 1866.

— [Hrsg.] s. *Winkler* Edler v. Brueckenbrand, Georg: Lehrbuch der Geometrie. 5. Aufl. 1857.

Baur, Franz (Hrsg.), s. Centralblatt, Forstwissenschaftliches.

Baur, Franz Adolph Gregor (Lindenfels)
Der Theodolit als Forstvermesser.
[In: 1. Jahresheft der Forstschule Weißwasser/Böhmen.]
Dr. phil. Giessen 21.7.1857.

Baur, Franz Nikolaus [Hrsg.] s. *Argus*. 1803

— [Hrsg.] Beiträge zur Erläuterung und Prüfung des Kantischen Sistems. 1794 s. *Primavesi*, Karl Ludwig.

— Beschreibung des heiligen Kreuzberges und seiner Umgebungen. — Würzburg 1816: Richter. XXIV,306 S. 8°
1: S 12841 [u.] Kart. 8° M 8337. 12: Don. Lud. 367. 19. 20. 22. 32. 66. 121. 209.
13.710:

— Beschreib. des heil. Kreuzberges u. dessen Umgebungen in Hinsicht auf die Erzeugnisse u. Schönheiten d. Natur, mit statist., geschichtl. u. religiösen Bemerkk. Mit 1 Kpf. u. 1 Karte. 8. Würzb. 816. Stahel. 1 ℛ 12 gr

— Wahre und kurze Beschreibung der merkwürdigen Ereignisse und wohlthätigen heiligen Handlungen Sr. Durchlaucht des Herrn Fürsten Alexanders von Hohenlohe ... während seiner 24tägigen Anwesenheit in d. Kreishauptstadt Würzburg (2: welche Se. Durchlaucht der Herr Alexander Fürst v. Hohenlohe ... während seiner Anwesenheit in d. Kreishauptstädten Würzburg u. Bamberg verrichtet hat). H. [1.]2. — o.O. (2: Würzburg) 1821. 8°
12: Bavar. 4004-1,3 [2 Ex.] 19. 22. 30. 211. 300 [∞ 1]: an 35 X 11. 302.
13.7102

— Wahre und kurze Beschreibung der merkwürdigen Ereignisse und wohlthätigen heiligen Handlungen, welche Se. Durchlaucht der Herr Alexander, Fürst v. Hohenlohe ... während seiner 24tägigen Anwesenheit in d. Kreishauptstadt Würzburg verrichtet hat. 2., verb. u. verm. Aufl. H. 1. — Würzburg: Stahel in Comm. 1821. 123 S. 8°
8. 12: Don. Lud. XXXII,4-1. 20→22. 33. 51. 211. 214. 300: 35 X 11. 308.
13.7103

Baur, (F. N.,) wahre u. kurze Beschreibung d. merkwürd. Ereignisse u. wohlthät. heil. Handlungen des Fürsten Alex. von Hohenlohe rc. 1s Hft. 2e Aufl. u. 2s Hft. 8. Würzburg 821—22, Stahel. 1s Hft. 3 gr. 2s Hft. 9 gr.

– s. Betrachtungen üb. d. Clerikal- u. Mönchsgeist.

— s.a. Blicke in d. Innere d. Prälaturen.

[—] Blicke in das Innere der Prälaturen oder Kloster-Ceremonien im achtzehnten Jahrhundert. In Briefen. Bdch. 1.2. [Gotha: Ettinger] 1794–99. 8°
Als Verfasser wird auch Johann Pezzl genannt.
1: Cf 3920. 12 [∞ 1]: H. mon. 43 c. 14. 17. 18. 19. 22. 24. 30. 32. 33. 35. 111.
13.7104

— [Hrsg.] s. *Grundsaetze*, Allgemeine, des Völkerrechtes, als Prämissen zur Entscheidung der Frage: Kann die Säcularisirung zur Basis des mit der fränkischen Republik zu schliessenden Friedens dienen? 1799.

— [Übers.] s. *Macchiavelli*, Niccolò: Der Fürst [Il Principe, deutsch]. 1805 u.ö.

Baur, Frz. Nikl.: Unpartheiliche Prüfung über d. Wunderheilung Sr. Durchl. d. Hrn. Fürsten Alex. v. Hohenlohe u. des J. Martin Michel, nebst Würdigung einiger hierüber erschienenen Gegenschriften. In 5 geheimen Briefen an Andreas R. – in M. – 8°. München 1822. (Finsterlin).

— Unparteyliche **Prüfung** über die Wunderheilungen Sr. Durchlaucht des Herrn Fürsten Alex.v.Hohenlohe ... und des J.Martin Michel, nebst Würdigung einiger hierüber erschienenen Gegenschriften. In 5 geheimen Briefen an Andreas R- in M-. — Würzburg:(Richter) 1822. XII, 116 S. 8° 12:Don.Lud.XXXII,12. 19→22.
13.7105

Baur, Franz Xaver, Deutscher Soldat d. franz.Fremdenlegion.1855: Ein schönes neues Lied ... Der **Krieg** im Orient, enthaltend ... ein ganz neues Kriegslied, nach e. alten Melodie, auf d. rauchenden Ruinen Sebastopols gemacht. — Augsburg: Lampart in Comm. (1855). 8 S. 8° 36.
13.7106

— — München (1855): Schurich. 8 S. 8°
12:L.eleg.m.851-12[2 Ex.] 19.
13.7107

Baur, F. X., Taxe für den Handverkauf der Apotheker, s. **Taxe.**

Baur, Franz Xaver, Apotheker, Ichenheim, Baden. 1856: **Versuch** einer allgemeiner einzuführenden pharmaceutischen Buchführung von Baur u. Leiner. — Leipzig [usw.]: C. F. Winter 1856. 43 S. 4° 15. 25.
13.7108

— **Friedrich** (Mezingen), Memorabile exemplum dyspnoeae et dyscatabroseos hyperoicae. Diss. med. Präs. Gottfried Wilhelm Ploucquet. Tüb. (Fues) Dez. 1797. 16 S. (4.—) 1477
Gew.: Arledter Haydter (Frankfurt).

Baur, Friedrich: Eine **Excursion** nach den Rocky Mountains. Briefe u. Berichte. (Verf.: F[riedrich] B[aur].) — Altona 1868: (Hammerich & Lesser). 54 S. 8° 27.
13.7109

Baur, Friedr.: Lehrbuch der niederen Geodäsie, s. Baur, Franz

Baur, Friedrich [Dir. Dr.]: Zusammenstellung der hauptsächlichsten Berechtigungen, welche durch den Besuch des Gymnasiums und der Realschule erworben werden können. Colmar, Buchdr. Decker, 1891; S. 31—32; 4°
Colmar, L, MP 1891 (501)

Baur, Friedrich [Dir. Dr.]: Zusammenstellung der hauptsächlichsten Berechtigungen, welche durch den Besuch des Gymnasiums und der Realschule erworben werden können. Colmar, Buchdr. Decker, 1893; 36—37 S. 4.
Colmar, L, MP 1893 (506)

Baur, Friedrich [Dir. Dr.]: Zusammenstellung der hauptsächlichsten Berechtigungen, welche durch den Besuch des Gymnasiums und der Realschule erworben werden können. [= P-Beil. 1893.] Colmar, Buchdr. Decker, 1894; 34—35 S. 4.
Colmar, L, MP 1894 (509)

Baur, Friedrich Emanuel
— — **Diss. qua commentationem ad verba i. p. o. art. V. § XVI (48) et intra terminos territorii cujusque jus diocesanum et jurisdicto ecclesiastica se contineat.** Präs. Gottfr. Dan. Hoffmann. Tübingen (Franck) 19. III. 1777. 48 S., z. Tl. deutsch. (4.80) 1479

— **Friedrich Emanuel** (Heppacensis), De praestantia regiminis monarchici. Dissertat. histor.-polit. Präs. Ludw. Joseph Uhland. Tübingen (Fues) Okt. 1767. 40 S. (5.—) 1478

(**Baur,** Fritz.) Das Birsigtal und der Schweizer Blauen. Hrg. vom Verkehrsverein des Birsigtals. [Mit Ansichten und 1 Karte im Text.] II + 28 S. 8. Basel, G. Böhm, (1904).

Baur, F., siehe: *Jahrbuch, Basler.*

— Die **Umgebung** von Basel. — Basel: Helbing & Lichtenhahn 1903. VI,216 S. 8° 109.
13.7110

(—) Der schweizerische **Verein** der Freunde des jungen Mannes. Was er ist und was er will. — Basel 1907: Gasser. 22 S. 8° 4.
13.7112

Baur, Fritz. Vom Rhein zum Leman. Wanderungen durch den Jura im Sommer 1908. [SA. aus: Basler Nachrichten, Jahrg. 1909.] 95 S. 8. Basel, Buchdr. zum Basler Berichthaus (**Umschlag*: Verlag der Basler Nachrichten), 1909. [fr. 1.—]

— Rätische Wanderungen. (119 S.) Basel 904. (Leipzig, C. Beck.) n. 1. —

Baur, Fritz. Rätische Wanderungen. [Sep.-Abdr. aus: Basler Nachrichten. Jahrg. 60 u. 61, 1904 u. 1905.] 119 S. 8. Basel, Buchdr. Basler Berichthaus (**Umschlag*: Verlag der Basler Nachrichten), 1904 [—1906]. [fr. 1.—]

Baur, Fritz. Wanderungen in Basels Umgebung. Jura, Schwarzwald, Elsass. Im Auftrage des Verkehrsvereins Basel zusammengestellt. 8. Basel 1891.

Baur, G.: Beiträge zur Morphogenie d. Carpus u. Tarsus der Vertebraten, s. Baur, Georg

Baur, G., s. Vorträge, Öffentliche.

Baur, G.A.L. s. *Baur,* Gustav.

Baur, G.L.: Commentatio de vi caloris frigorisque externi in corp. hum. vivum, s. Baur, Wilhelm Friedrich

Baur, Georg, Dr. phil., Paläontologe, New Haven, Conn., später Chicago, † 1898. 1885: Ueber die **Abstammung** der amnioten Wirbeltiere. — Erlangen: Besold [1888]. S. 481-493. 8° Aus: Biologisches Centralblatt. 7. 1888. 21.
13.7114

— **Beiträge** zur Morphogenie des Carpus und Tarsus der Vertebraten. Th. 1. — Jena: G. Fischer 1888. 86 S. 8°
1. Batrachia.
1: Lm 1389. 5. 7. 15. 16. 20. 21. 25. 26. 27. 29. 38M. 302.
13.7116

— Ein **Besuch** der Galápagos Inseln. — München 1892. 46 S. 8° Aus: Allgemeine Zeitung. 1892. 21.
13.7117

— **Dinosaurier** und Vögel. Eine Erwiederung an Herrn Prof. W. Dames in Berlin. — o. O. [1885]. S. 446-454. 8°
Aus: Morphologisches Jahrbuch. 10. 1885. 21.
13.7118

— Ueber die **Morphogenie** der Wirbelsäule der Amnioten. (Erlangen [1887].) S. 332-363. 8°
Aus: Biologisches Centralblatt. 6. 1887. 21.
13.7119

BAUR, Georg Fidel (Karlsruhe): Ein mikrokephaler Kyklops.- Karlsruhe: Gutsch 1895. 29 S.
14.3.1894 - Chr 1893/94,14; Jv 1895/96,218 (Prom.-Datum 1895) Diss. Ingolst.-Landsh.-Mchn

Baur, Georg Friedrich, Etatsrat, Altona, geb. 1804. 1887 [Hrsg.] s. *Heise,* Johann Arnold: Nachrichten von der Familie Heise in Hamburg. 1887.

Baur, Georg Friedrich, Referendar in Altona: Zahlungen an die Schiffsmannschaft nach § 48 der Seemannsordnung vom 2. Juni 1902. Altona 1907: J. W. Köbner & Co. (78 S.) 8°
Leipzig, Jur. Fak., Diss. v. 18. Febr. 1907
[Geb. 22. Juli 84 Altona; Wohnort: Altona; Staatsangeh.: Preußen; Vorbildung: Realgymn. Altona Reife O. 02; Studium: Bonn 1, München 2, Berlin 1, Kiel 2 S.; Rig. 22. Juni 06.]

Baur, Gilbert: Gilbert Bauer, Kurze Anzeige von der Ungewißheit des Todes bey todtscheinenden Personen und von den kräftigsten Mitteln, die Gewißheit des Todes zu erfahren. Nebst Hülf- und Rettungsmitteln bey Ertrunkenen ... &c. — Augsburg: Rieger 1798. 48 S. 8°
2. 5. 16. 19.
13.7122

— s.a. Hülfs- u. Rettungsmittel.

[—] Hülf- und Rettungs-Mittel für 1. Ertrunkene. 2. Erfrorne. 3. Erstickte. 4. Erhenkte sammt allgemeinen Gesundheitsregeln ... von P. G. B. C. M. — Augsburg: Rieger 1782. 94 S. 8° 8. 12: Path. 613. 15. 17. 19.
13.7123

Baur, Glb., dogmat. Catechism. 8. Augsb. Platzer. 804.

— Dogmatischer Katechismus in Fragen und Antworten, worinn gezeigt wird, daß die römischkatholische Kirche die wahre, sichere, seligmachende Kirche sey. — Augsburg: Platzer 1803. 162 S. 8°
25.
13.7124

— Katechismus oder Regeln der Höflichkeit in kurzen Fragen und Antworten. — Augsburg: Rieger 1790. 96 S. 8°
7.
13.7125

— Katechismus od. Regeln d. Höflichkeit. 8. Ulm 790. 2e A. 793. Wohler. 4 gr

— — Augsburg: Veith & Rieger 1800. 87 S. 8° 19.
13.7126

— Gilbert Bauer, Katechismus oder Regeln der Höflichkeit in kurzen Fragen und Antworten. — Ebd. 1816. 77 S. 8° 12: Paed.Pr. 271.
13.7127

— von d. Pflichten d. Eheleute gegen einander rc. 8. Augsb. 802. Rieger. 4 gr

— Merkwürdige Regeln, was und wie einem Kranken und Sterbenden zuzusprechen. 2., verb. Aufl. — Augsburg: Rieger 1782. 170 S. 8°
308.
13.7128

— merkwürd. Regeln, wie e. Sterbenden zuzusprechen rc. 8. Augsb. 786. 5e A. 811. Rieger. 5 gr

— Stallfütterung, Klee-, Hanf-, Flachs- und Grundbirnbau: sammt verschiedenen nützlichen Landwirthschafts-Gegenständen. — Augsburg: Rieger 1794. 152 S. 8°
12: Oecon. 196. 19. 21. 38.
13.7129

— monatl. Vorbereitung zu e. guten Tode. 8. Augsb. 783. Rieger. 8 gr

— Viertägige Zubereitung eines zum Tode verurtheilten Malefikanten. — Augsburg: Rieger 1785. 320 S. 8° 308.
13.7130

Baur, Gustav, Prof. d. Theologie, Leipzig, 1816-1889. 1844: Abschieds-Predigt über 2. Cor. 13,13, bei seinem Ausscheiden aus dem Amte als Hauptpastor zu St. Jacobi in Hamburg. — Hamburg: Nolte [usw.] 1870. 24 S. 8°
18. 24.
13.7131

— Der Prophet Amos, erklärt. — Giessen: Ricker 1847. X,452 S. 8° 1: Bo 8106. 2→5. 7→11. 12: Exeg. 84 f. 15→18. 20. 21. 24→29. 36. 45. 48. 211. 300: 15.262-B. 302.
13.7132

Baur, Gust. A. L., s.: Ansprachen, fünf.

Baur, Gust. Adf. Ludw., Antritts-Predigt über Römer 1, 9—12, bei seiner Einführung in das Amt als Hauptpastor zu St. Jacobi in Hamburg u. Scholarch am 3. Mai 1861 gehalten. Hamburg 861. Herold in Comm. gr. 8. (24 S.)
n. 3 ngr.

— Antritts-Predigt über Röm. 1,9-12, bei seiner Einführung in das Amt als Hauptpastor zu St. Jacobi in Hamburg und Scholarch. — Hamburg: Nolte in Comm. [1861]. 24 S. 8°
18. 27.
13.7133

— Ueber die weltgeschichtliche Bedeutung des israelitischen Volkes. Inauguralrede. — Gießen: Ricker 1847. IV,47 S. 8°
2. 4. 10. 12: Jud. 63/11. 14. 15. 17. 18. 26. 27. 36. 128. 302.
13.7134

Baur, Gustav, Kurarzt, Bad Ems. 1897: Zur klimatischen Behandlung der Lungenkranken. — Bad Ems: Pfeffer 1897. 39 S. 8°
6. 43.
13.7183

— — 2. Aufl. Ebd. 1898. 44 S. 8°
43.
13.7184

Baur, Gust. Ad. Ludw., die Berechtigung der Theologie als e. nothwendigen Gliedes im Gesammtorganismus der Wissenschaft. Vortrag auf der Conferenz zu Meißen am 10. Juni 1874. [Aus: „Theologische Studien u. Kritiken."] gr. 8. (27 S.) Gotha 875. F. A. Perthes. n. — 40

Baur, Gustavus
De Anicio Manlio Severino Boëthio, christianae doctrinae assertore. Disp. theologica.
Darmstadii: Bekker 1841. 64 S.
Diss. Habil. theol. 19.3.1841. vorh. 4. Δ.

Baur, G. A. L. Boetius und Dante. Univ. Leipzig 1873. 44 S. 4.

— Boetius u. Dante. hoch 4. (44 S.) Leipzig 874. Dürr'sche Buchh. 1. 50

— Christentum und Schule. Vortrag. — Gotha: F. A. Perthes 1877. 24 S. 8°
Aus: Theologische Studien u. Kritiken. 50. 1877. 16. 207.
13.7136

— Christus, der da kommt zu beleben, was todt ist. Adventspredigt. — Gießen 1854: Keller. 16 S. 8°
27.
13.7137

— durch Kampf zum Frieden. Predigten gehalten in der Universitätskirche zu Leipzig 1870—1871. gr. 8. (IV, 258 S.) Leipzig 872, Hinrichs' Verlag.
geb.

— Ehrengedächtniß unseres entschlafenen Königs Johann. Predigt gehalten am 19. Novbr. 1873 zu Leipzig. gr. 8. (18 S.) Leipzig 873, Hinrichs' Verlag.

— Ehrengedächtniß unseres entschlafenen Königs Johann. Predigt geh. am 19. Novbr. 1873 zu Leipzig. gr. 8. (18 S.) Leipzig 874. Hinrichs' Verl. — 30

— Erinnerungen an unsern Vater Gustav Adolph Ludwig Baur. 1889 s. *Baur*, Marie.

Baur, G., die vorchristliche Erziehung, s.: Schmid, K. A., Geschichte der Erziehung.

Baur, Gustav, Oberstleutnant, Lindenfels i. Odenwald, 1857-1937. 1884: Die Fahnen des Braunschweigischen Infanterie-Regiments Nr. 92. Ein Gedenkblatt zur Feier ihrer vor 75 Jahren erfolgten Verleihung. — Braunschweig: Hafferburg 1889. 16 S. 8°
Aus: Braunschweigische Landwehr-Zeitung. 17. 61.
13.7181

— Festpredigt. 1883 in: *Jubelfeier*, Fünfundzwanzigjährige, des studentischen Gustav-Adolf-Vereins zu Leipzig.

Baur, Gust. Adf. Ludw., Festpredigt bei der Generalversammlung des Holsteinischen evangel. Vereins d. Gustav-Adolf-Stiftung zu Heide am 18. Juni 1862 gehalten. Hamburg 862. Nolte. gr. 8. (16 S.) n. 3 ngr.

— Festrede zur Säcularfeier des Geburtsfestes Schiller's am 10. November 1859. — Gießen: Ricker 1859. 28 S. 8°
Zugleich Univ.-Schrift. Gießen 1859.
7. 10. 11. 16. 18. 26. 27. 30. 32. 36. 123.
13.7140

— u. B. Hartung, Festschrift zur 45jähr. Stiftungsfeier d. Prediger-Collegiums zu St. Pauli in Leipzig. gr. 8. (IV, 70 S.) Leipzig 887. Hinrichs' Verl. n. 1. —

— Festschrift zur fünfundzwanzigjährigen Stiftungsfeier des Prediger-Collegiums zu St. Pauli in Leipzig verf. von Gustav Baur u. Bruno Hartung. — Leipzig: Hinrichs 1887. 70 S. 8° **4. 14. 15. 17. 27. 28. 117. 211.**
13.7141

— Kurz gefaßte Geschichte des Herzogl. Braunschweigischen Inf.-Regts. Nr. 92 zur Belehrung für Unteroffiziere und Mannschaften. Für die Feier d. 75jährigen Jubiläums (1. April 1884) ... zsgest. — Metz [1884]: Lang. 44 S. 8° **17. 32.**
13.7182

— Geschichte der alttestamentlichen Weissagung. Th. 1. — Giessen: Ricker 1861. X, 420 S. 8° 1. Die Vorgeschichte.
1: Bg 8920. **2→11. 12: Exeg. 84ew. 14→21. 24→29. 36. 48. 60. 123. 302.**
13.7142

— Grundzüge der Erziehungslehre. — Gießen: Ricker 1844. XI, 171 S. 8°
5. 12: Paed. Th. 334. 17. 18. 26. 27. 30. 32. 36. 43. 123.
13.7143

— — 2., verm. u. umgearb. Aufl. Ebd. 1849. XX, 345 S. 8°
2. 4. 7. 8. 12: Paed. Th. 335. 15. 17. 25. 26. 28. 30. 36. 45. 46. 48. 79. 123. 207.
13.7144

— — 3., verb. u. verm. Aufl. Ebd. 1876. XX, 388 S. 8°
1: Nd 2324³. 5. 10. 14. 15. 17. 24. 26. 29. 33. 34. 36. 46. 121. 207. 302.
13.7145

— Grundzüge d. Erziehungslehre. 3. Afl. 8. (388) Giess. 77, Ricker. n. 6. —

— — 4., verb. u. verm. Aufl. Ebd. 1887. XIX, 417 S. 8°
5. 15. 17. 25→28. 107. 302.
13.7147

— Grundzüge der Homiletik. — Gießen: Ricker 1848. X, 252 S. 8° 1: Dy 3670. **4. 5. 6. 8→11. 12: Hom. 104m. 15. 17. 18. 21. 26. 27. 30. 36. 123. 214.**
13.7148

— Halte was du hast, daß niemand deine Krone nehme! Predigt zur Feier d. Verkündigung d. Grundrechte d. deutschen Volkes am 18. Januar 1849. — Gießen 1849: Keller. 16 S. 8° **17. 26.**
13.7149

— [Vorr.] s. *Henke*, Ernst Ludwig Theodor: Nachgelassene Vorlesungen über Liturgik und Homiletik. 1876.

— Die Hoffnung der Christen auf ein ewiges Leben. Predigt. — Hamburg: Nolte 1864. 15 S. 8° **18.**
13.7150

— Jesus Christus, der rechte Volksfreund. Predigt. — Hamburg: Nolte in Comm. 1861. 16 S. 8° **18.**
13.7151

— Kampf, Sieg und Friede. Predigten über die neue Folge epistolischer Texte für die lutherische Kirche Hamburgs. Hamburg: Nolte 1864. VI, 344 S. 8° 1: Ec 19294. **4. 41.**
13.7152

— Deutschlands Kriegern gewidmet von W. E. Kriegspredigt gehalten bei dem ausserordentlichen öffentlichen Gottesdienst am 3. Aug. 1870 in der Universitäts-Kirche zu Leipzig. — Leipzig: Steinacker 1870. 14 S. 8° **14. 33.**
13.7153

— Die Liebesthätigkeit der Gustav-Adolf-Stiftung als ein Lebenszeichen der Kirche. Predigt auf d. Jahresversammlung d. Hauptvereins d. Gustav-Adolf-Stiftung im Großherzogthum Hessen zu Darmstadt ... 1858. — Darmstadt: Leske 1858. 20 S. 8° **17. 26. 43.**
13.7154

— die Liebesthätigkeit der Gustav-Adolf-Stiftung als ein Lebenszeichen der Kirche. Predigt auf der Jahresversammlung des Hauptvereins der Gustav-Adolf-Stiftung im Großherzogth. Hessen zu Darmstadt am 30. Juni 1858 gehalten. gr. 8. (20 S.) Darmstadt 858, [Jernin.] **

— Die Mahnung, daß wir nicht auf das Fleisch säen sollen, sondern auf den Geist, die Hauptregel für die Erziehung unserer Kinder. Predigt. — Hamburg: Nolte 1863. 16 S. 8° **18. 26.**
13.7155

— Die Mahnung des scheidenden Kaisers an sein geliebtes deutsches Volk. Predigt bei d. Trauergottesdienste am 16. März 1888. — Leipzig: Böhme 1888. 16 S. 8°
14. 17. 117.
13.7156

— [Hrsg.] s. *Meier*, Friedrich Karl: Lehrbuch der Dogmengeschichte. 2. Aufl. 1854.

— Novalis als religiöser Dichter. Vortrag, gehalten am 10. Januar 1877 im evangel. Vereinshaus zu Leipzig. gr. 16. (46 S.) Leipzig 877. Böhme. n. — 60

— Predigt am 3. Aug. 1870, s. Predigten, sechs.

Baur, Predigt bei der 47. Hauptversammlung des Evangel. Vereins der Gustav-Adolf-Stiftung, s.: Doeblin.

— Predigt bei der 20. Hauptversammlung des evangelischen Vereins der Gustav-Adolf-Stiftung in Lübeck, s. Beyschlag.

— Predigt am 2. Pfingstfeiertage 1878 geh. 8. (15 S.) Ebend. 878. n. — 40

— Predigt zum Schluß der ersten Landessynode für die evangelisch-lutherische Kirche im Königreich Sachsen. — Dresden: Schönfeld [1871]. 14 S. 8° **14. 106.**
13.7158

— Predigt z. Schluss d. ersten Landessynode f. d. ev.-luth. Kirche im Königr. Sachsen am 8. Juni 1871 geh. 8. (14) Dresd. 71, v. Zahn. n. — 40

— s.: Predigt u. Vorträge geh. bei d. 25jähr. Jubelfeier d. Meissner Konferenz.

— Predigten. — Gießen: Ricker 1858. XVI, 434 S. 8°
1: Ec 17496. **9. 15. 17. 18. 26. 36.**
13.7159

— Drei Predigten bei der 20. Hauptversammlung des evangelischen Vereins der Gustav-Adolf-Stiftung in Lübeck. 1863 s. *Beyschlag*, Willibald.

— Predigten bei der 29. Hauptversammlung d. Evangelischen Vereins der Gustav-Adolf-Stiftung in Potsdam, s.: Brückner.

— Predigten in dem ersten halben Jahre seiner Amtsführung zu Hamburg. — Gießen: Ricker 1862. VIII, 445 S. 8°
15. 17. 18. 26. 27. 36. 61. 123.
13.7160

— Predigten über die epistolischen Perikopen. 1. Bd. Von Advent bis Ostern. — 2. Bd. Vom Sonnt. Misericordias bis zum 23. nach Trinit. Hamburg 862. Nolte. gr. 8. (2 Bl., 350 S.; IV, 376 S.) Jeder Bd. n. 1 *a* 12 ngr.

— Predigten über die epistolischen Perikopen, gehalten im Jahre 1869–1870. Bd 1.2. — Hamburg: Nolte 1870. 8°
27[*2]. 29.
13.7162

— Predigten über die evangelischen Perikopen. 2 Bde. Hamburg 865. Nolte. gr. 8. (1. Bd.: VIII, 320 S.)
n. 2 ₰ 20 ngr.

— — gehalten im Jahre 1868—1869. 2 Bde. Ebend. 869. gr. 8. (1. Bd.: VIII, 368 S.) n. 2 ₰ 15 ngr.

— — s. Predigten, sechs.

— Zwei Predigten bei der 29. Hauptversammlung des evangelischen Vereins der Gustav-Adolf-Stiftung in Potsdam. 1875 s. *Brueckner*, Benno Bruno.

— Zwei Predigten bei der 26. Hauptversammlung des evangelischen Vereins der Gustav-Adolf-Stiftung in Speyer ... 1872 gehalten von Baur u. K. Gerok. — Leipzig: Gustav-Adolf-Stiftung 1872. 24 S. 8° 10. 14. 26. 27. 29. 123.
13.7166

— — 2. Aufl. Ebd. 1872. 24 S. 8° 24.
13.7167

— Zwei Predigten bei der 32. Hauptversammlung des evangelischen Vereins der Gustav-Adolf-Stiftung in Hamburg ... 1878 gehalten von Baur u. Brückner. — Leipzig Gustav-Adolf-Stiftung 1878. 27 S. 8°
4. 7. 10. 15. 18. 24. 26.
13.7165

—— die Propaganda der römischen Kirche. Vortrag, gehalten am 27. Febr. 1877 in der Versammlung des student. Gustav-Adolfs-Vereins zu Leipzig. 1. und 2. Aufl. 8. (VIII, 31 S.) Leipzig 877, [Böhme und Drescher.] Böhme.

— Rede bei der Einweihung des Vereinshauses des Kaufmännischen Vereins zu Leipzig am 18. März 1877. — o.O. [1877]. 7 Bl. 8° 5. 47.
13.7170

—— Rede bei der Einweihung des Vereinshauses des Kaufmännischen Vereins zu Leipzig am 18. März 1877 gehalten. gr. 8. (12 S.) Leipzig 877. [Böhme und Drescher.] Böhme. *

— Rede am Sarge des Herrn Dr. Ernst Gotthelf Gersdorf. 1874 in: *Erinnerungsblaetter* an den K. S. Geh. Hofrath und Oberbibliothekar ... Herrn Dr. Ernst Gotthelf Gersdorf.

[--] Am Sarge des Herrn Dr. Johann Martin Lappenberg. ‹Geb. 30. Juli 1794, † 28. Nov. 1865.› — o.O. [1865]. 4 Bl. 8°
1: Au 16335.
13.7171

— Schleiermacher als Prediger in der Zeit v. Deutschlands Erniedrigg. u. Erhebg. Vortrag geh. am 3. Febr. 1871 im Gewandhaussaale zu Leipzig. (Aus „Vorträge zum Besten der deutschen Invaliden.") br. 8. (20 S.) Leipzig 871. Hinrichs' Verl. — 50

Zur Feier des Reformationsfestes und des Übergangs des Rectorats auf D. Franz Hofmann ladet hiermit ein der Rector der Universität D. Otto Ribbeck durch den designierten Decan der theolog. Facultät D. Gustav Adolf Ludwig Baur. — Johann Balthasar Schupp als Prediger. Beiträge zu seiner Würdigung. Leipzig, Druck v. Alexander Edelmann, Univ.-Buchdr., 1888; 2 Bl. + 55 S. 4°

— **Gustav (Wörstadt),** Ueber die Schussverletzungen des Herzens. Diss. med.-chir. Bln. (G. Schade [O. Francke]) 5. III. 1887. 31 S. mit Biographie. (3.60) 1480
Opponenten: Theo Eichel, Aug. Gunderloch, Walther Uthemann.

Baur, Gustav, über die Schussverletzungen des Herzens. Diss. Berlin 1887, Mayer & Müller. 8°. 29 S.

— Sechs Tabellen über die Geschichte des israelitischen Volkes, von d. ältesten Zeiten bis auf d. Erbauung d. Aelia Capitolina. — Giessen: Ricker 1848. 3 Bl., 6 Tab. 2°
1: 2° Bh 4767. 7. 10. 12: 2° Jud. 3. 15. 17. 26. 27. 29. 30. 36. 38. 43. 46. 123.
13.7173

— Die Thatsachen des Heils. Festpredigten über d. neue Folge evangelischer Texte für d. lutherische Kirche Hamburgs. — Hamburg: Nolte 1864. 188 S. 8° 18. 26. 29.
13.7174

— s. *Trauerfeier* bei dem Begräbniß des Herrn Geheimen Kirchenraths und Professor der Theologie D. theol. und phil. Gustav Adolph Ludwig Baur. 1889.

— s.: Urkundenbuch des Klosters Arnsburg.

— Das deutsche Volk und das Evangelium. Antrittsvorlesung. — Leipzig: Hinrichs 1871. 24 S. 8°
1: Theol. Flugschr. 1871–1. 14. 17. 18. 21. 26. 207.
13.7175

— Zur Vorbereitung und zur Feier des Leipziger Friedensfestes. 2 Predigten. — Leipzig: Hinrichs 1871. 24 S. 8°
15.
13.7176

— — 1871 in: *Baur:* Aus ernster Zeit.

— Weihrede. 1863 in: *Richt-Feier* der Kirchhofs-Capelle der St. Jacobi-Gemeinde auf dem Peterskamp.

— wer sein Leben verlieret um meinetwillen, der wird es finden. Predigt beim Trauergottesdienste der Universität Leipzig f. ihre im Kriege gegen Frankreich gebliebenen Commilitonen am 24. Juni 1871 geh. gr. 8. (10 S.) Ebend. 871. n. — 20

— — 1871 in: *Baur:* Aus ernster Zeit.

— [Hrsg.] s. *Wette*, Wilhelm Martin Leberecht de: Commentar über die Psalmen. 1856 u.ö.

—— Wie hat der Christ in Zeiten der Gefahr und Noth sich zu verhalten? Predigt am 8. Sonntag nach Trinitatis 1866 gehalten. gr. 8. (16 S.) Hamburg 866, Nolte.

— Aus ernster Zeit. 4 Predigten. — Leipzig: Hinrichs 1871. Getr. Pag. 8°
Sondert.: 1. Baur: Zur Vorbereitung u. zur Feier d. Leipziger Friedensfestes. 2 Predigten.
Sondert.: 2. Baur: Wer sein Leben verliert um meinetwillen, der wird es finden. Predigt.
15.
13.7179

— Das Zeugniß, mit welchem ein neuer Prediger in die Gemeinde sich einzuführen hat. Antrittspredigt ... gehalten in d. Universitätskirche zu Leipzig. — Hamburg: Nolte 1870. 18 S. 8° 18.
13.7180

Baur, Gustav Adolf Ludwig s. *Baur*, Gustav.

Baur, H., Hülfsbuch für den Bürger u. Landmann, in Hinsicht auf die Gesundheit, hauptsächlich bey verschiedenen äußern Zufällen. Nebst zwey Anhängen. 8. Neustadt, Wagner. 819.

Baur, Hans

— Die Entwicklungsfähigkeit des freien Christentums. Eine zeitgemäße Betrachtung. — Zürich: Frick 1908. 16 S. 8° (Schriften d. Schweizerischen Vereins für freies Christentum.) 13.
13.7192

Baur, Hans, er trug sein Kreuz. Joh. 19, 17. Bettagspredigt, geh. zu St. Matthäus. (7 S.) gr. 8. Basel 905. B. Wepf & Co. n. — 20

BAUR, Hans (München): Über neun Fälle von Fremdkörpern in der Harnblase.- München: Franz 1897. 27 S.
28.11.1895 - Chr 1895/96,8; Jv 1896/97,229 (Prom.-Datum 1897)
Diss. Ingolst.-Landsh.-Mchn.

— **Gebet, Ansprache und Predigt, gehalten bei der Feier des 25jährigen Wirkens des Herrn J. J. Baer, Pfarrer in Uster ... von den Herren Hans Baur, Krauer-Bossardt u. J. J. Baer. — St. Gallen [1901]: Zollikofer. 13 S. 8° 14.**
13.7191

Baur, Hans, Rechtspraktikant in Edenkoben: Die Religionsvergehen im deutschen Strafrecht. Landau 1907: J. Meixner. (98 S.) 8°
Heidelberg, Jur. Fak., Ref. v. Lilienthal, Diss. v. 1908
[Geb. 11. Sept. 81 Edenkoben; Wohnort: Edenkoben; Staatsangeh.: Bayern; Vorbildung: Gymn. Landau i. Pf. Reife Juli 00; Studium: München 2, Würzburg 4, Tübingen 1, Heidelberg 1 S.; Rig. 14. Mai 07.]

Baur, Hans. Weltverbesserung. Predigt zum 1. Mai über Matthäus 6, 12, gehalten zu St. Matthäus Basel. II + 10 S. 8. Basel, Wepf, Schwabe & Cie., 1910. [fr. —. 20]

BAUR, HEINRICH VON. Ueber Dimethyl-Xylidine, -Toluidine und -Aniline. Tübingen, 1882. Diss.

Baur, Hermann (Lindenfels)
Beiträge zur rapiden Einrichtung coxalgischer Luxationen ohne Maschinenbehandlung durch einfache Manualhülfe.
Giessen: Keller 1856. 50 S. (in Δ mit „Thesen")
Diss. med. 22.5.1856. vorh. 26. 7. 11. Δ.

Baur, Hermann
Die Falten des Mastdarms.
Giessen 1861. 39 S.
Habil. med. 23.4.1861. vorh. 26.

— [franz.] **Des frictions d'huile comme méthode hygiénique et curative. — Tubingue: Fues 1857. 39 S. 8° 24.**
13.7211

Baur, Hermann: Ueber die Mineralquellen von Niedernau und ihre Wirkungen. — **Cannstatt 1851. 9 S. 8°**
Aus: Medicinisches Correspondenz-Blatt d. Württembergischen Ärztlichen Vereins. 21. 1851. **12: M. med. 86a. 20. 24.**
13.7209

— **Die Ölcuren als Öleinreibungen im Bad Sebastiansweiler. Tübingen 1856: Fues. 21 S. 8°**
1: 19 in 4° II 1865. 12: M. med. 1131-21. 21. 24. 111.
13.7210

[Ansprachen beim Beginn der Arbeiten des Maurer-Jahres. Von **Hugo von Baur.**] 1899/1900, 1900/01, 1901/02, 1902/03, 1903/04. Stuttgart 1899 bis 1903. Je 2 Bl. 8°.

[Aufrufe des M. v. St. der Loge „zu den 3 Cedern" in Stuttgart Hugo von **Baur.** Von 1879 bis 1903.]

Baur, Hugo v., Oberst, Stuttgart, 1837-1917. **1901: Loge zu den 3 Cedern, Stuttgart. Festrede, gehalten an der Weihnachts-Feier, 26. Dez. 1901. — [Stuttgart 1901.] 14 S. 8°**
12: H. g. hum. 386v. 24. 101.
13.7212

Gedenkworte! des [Br. Hugo] v. **Baur.** [Stuttgart 1905: Lauser.] 19 S. 8°
Rückblick auf Verf. 6 jährige Amtsführung als M. v. St. der Loge zu den drei Cedern. Angabe der Aufnahmen u. der in dieser Zeit stattgefundenen Arbeiten.

Zum neuen Maurerjahr! Meine Abschiedsworte. [Unterz.: Hugo] v. Baur. [Stuttgart 1904.] 2 Bl. 8° [Kopftit.]
Rückblick auf Verf. 6 jährige Tätigkeit als M. v. St. der Cedernloge, Dank für die dabei erfahrene Unterstützung.

Baur, J. Bundesgesetze betr. die civilrechtlichen Verhältnisse d. Niedergelassenen u. Aufenthalter vom 25. Juni 1891 u. die persönl. Handlungsfähigkeit vom 22. Juni 1891. Text-Ausg. m. Vorwort. (Deutsch u. franz.) gr. 8. (17 Doppelf.) Bern 892, Wyß. * — 60

Baur, J. 1869: Zur Einweihung der Martins-Missionsanstalt der Bischöfl. Methodistenkirche zu Frankfurt a/M. am 17. Januar 1869. (Verf.: J. Baur.) — Bremen [1869]: Tractathaus. 14 S. 8° 46.
13.7216

—— Der schweizerische Patent- u. Industrie-Schutz. Leitfaden z. Erwirkg. u. Aufrechterhaltg. d. Patent-, Muster-, Modell-, Fabrik- u. Handels-Markenschutzes in d. Schweiz. 2. Aufl. gr. 8. (VII, 68 S.) Ebd. 891. * 1 20

Baur, schweizerischer Patent- u. Industrieschutz. Leitfaden zur Erwirkg. u. Aufrechterhaltg. d. Schutzes in der Schweiz. 2. Aufl. Bern 892.

— J. Schuldbetreibung und Konkurs. Bundesgesetz vom 11. April 1889, Gebühren-Tarif vom 1. Mai 1891 und Einführungsgesetz für den Kanton Bern vom 8. Sept. 1891. Text-Ausgabe. In-8°. 123 S Bern, K. J. Wyss. 1 20; gebd. 1 60

Baur, J. Schuldbetreibung und Konkurs. Bundesgesetz vom 11. April 1889, Gebühren-Tarif vom 1. Mai 1891 und Einführungsgesetz für den Kanton Bern vom 8. Sept. 1891. Text-Ausgabe. 2. Aufl. In-8°. 123 S. Bern, K. J. Wyss. 1 20
1892 gebd. 1 60

Baur's, J. N., Beschreibung des heiligen Kreuzberges und seiner Umgebungen in Hinsicht auf Erzeugnisse und Schönheiten der Natur, mit statistischen, geschichtlichen und religiösen-Bemerkungen. Mit 1 Karte und 1 Kupf. 8. Würzburg, Stahel. 816.

Baur, Jac. (Resp.): De transmigratione animarum humanarum..., s. O s i a n d e r, Jo. Adam (Praes.)

Baur, Ignaz Anton
Baur, J. A., praktische Anleitung zum Breviergebet, s.a. **Anleitung.**

Baur, J. A., praktische Anleitung zum Breviergebet. 2. Ausg. 865. (75 S.) 5 ngr. — 3., correkte Ausg. Stuttgart 867. Koch. 8. (81 S.) 7½ ngr.

—— **3., correkte Ausg. Lindau: Stettner 1871. 81 S. 8°**
12: Liturg. 35 l. 10. 211.
13.7219

— **Ign. Franzisk.** (Wertheim), Quaestiones miscellaneae ex vario jure desumptae. Diss.. Giessen (Eb. H. Lammers) April 1738. 39 S. (5.—) 1481

BAUR, Johann (Obenhausen): Ueber die hitzige Gehirnhöhlen-Wassersucht (Hydrocephalus acutus).- München: Rösl 1841. 24 S.
16.8.1839 - Urk; F 64 Diss. Ingolst.-Landsh.-Mchn.

Baur, Johann Baptist: *Ἀνασκευὴ τῆς διδασκαλίας τῆς Ἐκκλησίας ἀνατολικῆς δι' ἑαυτῆς τῆς ἰδίας.* **Argumenta contra Orientalem Ecclesiam eiusque synodicam encyclicam anni 1895. Fere unice hausta ex libris eius confessionalibus aliisque ipsius scriptoribus atque auctoribus. (Hrsg.: Michael Hetzenauer.) — Oeniponte: Rauch in Comm. 1897. 100 S. 8° 1: Cl 1576.**
12: Polem. 176 pm. 25. 28. 121. 300: 77.489-B. 302. 304.
13.7221

— **Die Kapuziner und die schwedische Generalität im dreißigjährigen Kriege. — Brixen: Weger 1887. 72 S. 8°**
1: Ry 5652. 10. 12: H. mon. 43 cd. 14. 15. 16. 19. 20. 22. 300: 108.095-B. 302. 304.
13.7222

Baur, Johann Christian, Kanzlist, Klosterebrach, Bayern. 1726: Ambtirungs-Manuale, in welchem die 5. Species kurtz verfasset, und verschiedene Praxes von allen ... Rechnungs-Sachen, von Resolvirungen der Reichsthaler, Ducaten und Pfunden in fränckische Gulden ... ausführlich zu finden seynd. — Nürnberg: Lochner 1726. 99 S. 8°
20.
13.7223

Baur, Johann Evangelist: Instructio practica, festa specialia cuiuscunque Ecclesiae secundum rubricas generales ordinandi. — Monachii 1837: Hübschmann. 159 S. 8°
12: Liturg. 35m.
13.7236

Baur, Johann Friedrich: Andreas Hofer oder der Befreiungskampf Tirols am 13. Aug. im Jahre 1809 am Berg Isel. Innsbruck: Verf. 1893. VII, 142 S. 8°
1: Yo 24740. 38. 300: 157.263-B. 302. 304.
13.7237

Baur, Joh. Frdr., Andreas Hofer od. der Befreiungskampf Tirols am 13. Aug. 1809 am Berg Isel in 30 Gesängen. 8. (VII, 142 S.) Innsbruck 893. (Wagner.) n. 1. 20

Baur, Johann Jakob (Hrsg.), s. Acta et compactata Tubingensia academico-oppidana.

Baur, Johann Jakob, Diakonus, Ebingen, 1762-1837. 1800: Beitrag zur Erklärung der Parabel von dem ungerechten Haushalter Luc. 16,1-13. Mit Rücksicht auf Flatt's Magazin für christliche Dogmatik u. Moral, 4. Stück. — Tübingen: Heerbrandt 1800. 32 S. 8°
15. 24. 29.
13.7242

Baur, Jh. Jak., Beitrag z. Erklärung d. Parabel von d. ungerechten Haushalter rc. gr. 8. Tübing. 800. (Osiander). 4 gl

Baur, Johann Jakob, Prof. d. Theologie u. Philologie, Tübingen, 1729-1776. 1758: Commentatio theologica qua asseritur: Operationes Dei in animis hominum gratiosas esse miracula. — Gottingae: Bossiegelius 1758. 54 S. 8°
7. 11. 21. 27. 28.
13.7238

— — (Genckingen) u. Johann Ulrich Moegling (Deuffring.), De vera experimentorum physicorum constitutione. Diss. phys. Präs. Gg. Wolfg. Krafft. Tübingen (Cotta) 15./16. VII. 1749. 31 S. (5.—) 1483

— Gedanken von der patriarchalischen Religion. — Tübingen [1769]: Fues. 28 S. 8°
5. 12: 4° Diss. 3758-6. 24. 32.
13.7239

— Joannis Jacobi Baurii Schediasma iuris publici ecclesiastici de compositione religionum amicabili ad textus Instrumenti pacis Osnabrugensis. — Francofurti [usw.] 1758. 56 S. 8°
3. 4. 5. 7. 8. 12: 4° Diss. 5253-8 [2 Ex.] 14. 15. 17. 19. 23→28. 30. 300: 23.171.
13.7240

Baur, Jh. Kasp., nothwend. Uebung d. vornehmst. Tugenden e. Christen. 12. Günzb. 772.

Baur, Johann Wilhelm

Bei den im folgenden verzeichneten Kupferstichwerken des Verfassers weichen die einzelnen Exemplare häufig in der Anzahl und Folge der Tafeln voneinander ab, ohne daß darauf besonders hingewiesen wäre.

— Augen und Hertzen belustigende Abbildungen der höchsttröstlichen Historie, wie der ewige Sohn Gottes ... seye Mensch gebohren ... In künstlichen Kupffern vorgestellet, von Johann Wilhelm Baurn gezeichnet u. von Melchior Küsel in Kupffer gebracht. — Ebd. 1703. 33 Taf. quer-4°
2. 32. 302 [°°Titelbl.]
13.7253

— Zu Erweckung der Andacht dienende Betrachtungen über das bittere Leiden, Sterben und Aufferstehen unsers Herrn und Heylandes Jesu Christi in anmuthigen Kupffern vor Augen gestellet, von Johann Wilhelm Baurn anfangs gezeichnet, u. von Melchior Küsel in d. Kupffer gebracht. — Ebd. [um 1700]. 24 Taf. quer-4°
16. 22. 300: 9582.
13.7252

— Sinn- und lehrreiche Emblemata. Mit schönen Carminibus stat einer Erklärung gezieret, von Joh. Wilh. Baurn gezeichnet, von Melchior Küßel in Kupffer gestochen. — Ebd. [um 1700]. 19 Taf. quer-4°
2. 121.
13.7250

— Allerhand schöne und prächtige Gärten u. Lust-Häuser, so in Italien und denen benachbarten Provincien und Landen nach d. Leben gezeichnet von Joh. Wilhelm Baurn u. von Melchior Küßel in Kupffer gebracht. — Ebd. [um 1700]. 18 Taf. quer-8°
5. 6. 22. 25. 89.
13.7249

— Dem Hoch Edlen unnd Gestrengen Herren, Herren Jonae von Heyssperg ... der Rom: Kay: May: Rath & unnd Beysitzer der N.O. Land. Meinem Genedigen unnd Gepietenden Herren d. d. d. Johann Wilhelm Baur inventor et fecit Viennae Austriae 1641. — Aug[ustae] Vind.: J. Wolff [um 1700]. 150 Taf. quer-8°
53.
13.7260

— — [Stecher: Johann Michael Hoffmann.] [Wien]: Hoffman [um 1700]. 150 Taf. quer-8°
300: 6944.
13.7261

— Dem Hoch Edlen unnd Gestrengen Herren, Herren Jonae von Heyssperg ... der Rom: Kay: May: Rath &. unnd Beysitzer der N.O. Land. Meinem Genedigen unnd Gepietenden Herren d.d.d. Johann Wilhelm Baur inventor et fecit Viennae Austriae 1641. — o.O. [nach 1700]. 150 Taf. quer-8°

In dieser Ausgabe fehlen d. Unterschriften zu d. Bildern.

7. 12 [°°Titelbl.]: 4° A. lat. a 451y. 17. 31. 45.
300: 6942.
13.7263

— [Mitarb.] s. *Krieg*, Der Spanisch-Niederländische, in dreissig Photo-Lithographien. Um 1880.

— [Ausz.] Schöne und rahre Landschafften in Italien und andern Ländern nach d. Leben gezeichnet von Joh. Wilhelm Baurn, solche von Melchior Küßel in Kupffer gestochen. Augspurg: Kraus [um 1700]. 17 Taf. quer-8°
5. 6. 17. 25. 43.
13.7247

— Allerhand wunder-würdige Meer- u. See-Porten, so in Italien zu sehen seyn, von Johann Wilhelm Baurn nach d. Leben abgezeichnet u. von Melchior Küsel in Kupffer gebracht. — Ebd. [um 1700]. 17 Taf. quer-4°
2. 5 [°°Titelbl.] 6. 19. 25.
13.7248

— Des vortrefflichen römischen Poëtens Publii Ovidii Nasonis Metamorphoseon, oder: Funffzehen Bücher der Verwandlungen, ehmahlen durch den berühmten Wilhelm Bauer in Kupffer gebracht; nun aber demselben ... der Inhalt solcher sinn-reichen Lehr-Gedichte, aus d. Lat. in teutscher Sprache summarisch beygefügt. — o.O. [um 1700]. 44 S., 150 Taf. quer-8°
31.
13.7259

— Des vortrefflichen römischen Poëtens Publii Ovidii Nasonis Metamorphoseon, oder: Funffzehen Bücher der Verwandlungen, ehmahlen durch den berühmten Wilhelm Bauer in Kupffer gebracht; nun aber demselben ... der Inhalt solcher sinn-reichen Lehr-Gedichte, aus d. Lat. in teutscher Sprache summarisch beygefügt. — Augspurg: J. Wolff 1700: Detleffsen. 150 S., 150 Taf. quer-8°

Nebent.: Dem Hoch Edlen unnd Gestrengen Herren, Herren Jonae von Heyssperg ... der Rom: Kay: May: Rath &. unnd Beysitzer der N.O. Land ... d.d.d. Johann Wilhelm Baur.
6.
13.7262

— Des vortrefflichen römischen Poëtens Publii Ovidii Nasonis Metamorphoseon, oder: Funffzehen Bücher der Verwandlungen, ehmahlen durch den berühmten Wilhelm Bauer in Kupffer gebracht; nun aber demselben ... der Inhalt solcher sinn-reichen Lehr-Gedichte aus d. Lat. in teutscher Sprache summarisch beygefügt. — Augspurg: J.Wolff 1709: Detleffsen. 150 S.,150 Taf. quer-4°
Im Exemplar von 12 fehlt d. Text.
12:4° A.lat.a.452. 24. 36.
13.7264

[—] P.Ovidii Nasonis Metamorphoseon libri XV. figuris aeneis 150. olim a peritissimo quodam pictore illustrati... Des vortrefflichen lateinischen Poeten P.Ovidii Nasonis XV. Verwandlungs-Bücher, ehemaln von einem berühmten Meister in 150. Kupfer gebracht, anjetzo ... auf das neue an d. Licht gestellet. — Nürnberg: Felßecker [um 1730]. 150 S.,150 Taf. quer-8°
In d. Exemplaren von 1, 41 u. 300 fehlen Titelblatt u. Text.
1: Wi 5538. 2. 41. 45. 300: Ks.B.273.
13.7265

[—] Des vortrefflich-lateinischen Poeten P.Ovidii Nasonis funffzehen Verwandlungs-Bücher, ehemals von einem berühmten Meister in 150 Kupfern vorgestellet ... Anjetzo ... aufs neue an d. Licht gegeben. — Nürnberg: Monath [um 1750]. 74 S. 4° 17.
13.7266

— Des vortrefflichen römischen Poëtens Publii Ovidii Nasonis Metamorphoseon, oder: Funffzehen Bücher der Verwandlungen, ehmahlen durch den berühmten Wilhelm Bauer in Kupffer gebracht; nun aber demselben ... der Inhalt solcher sinn-reichen Lehr-Gedichte, aus d. Lat. in teutscher Sprache summarisch beygefügt. — Nürnberg: Schmidhammer 1750. 44 S.,150 Taf. quer-8° 47. 52.
13.7267

— Anmuthige Palatia u. Prospecten, so in Italien hin und wider zu sehen seyn, von Joh. Wilhelm Baurn ad vivum gezeichnet worden, von Melchior Küßel aber in Kupffer gebracht. — Ebd. [um 1700]. 10 Taf. quer-4°
2. 5. 6. 17. 22. 25.
13.7251

Baur, Joseph: Meteorologische Beobachtungen in Straubing vom 1. April 1882 bis 31. Dezember 1887. pg. 3 - 56. 8°. Mit einer Tafel. A. Lechner'sche B.
Progr. Straubing 1887/88.

Baur, Joseph: Meteorologische Beobachtungen in Straubing. Zweiter Teil. pg. 3 - 37. 8°. Mit einer Tafel. Cl. Attenkofer'sche B.
Progr. Straubing 1888/89.

Baur, Josef, Stadtpfarrer, Mühldorf. 1847: Bericht über einen Antiquitäten-Fund in Polling bei Mühldorf ... erstattet von Joseph Bauer. — München 1847. 6 S. 8°
Aus: Oberbayerisches Archiv für vaterländische Geschichte. 8.1847.
12: Bavar. 4078–22.
13.7271

Baur, Jos., Max. Medicus und Jos. Probst, erster Bericht über die Kretinen-Heilanstalt zu Ecksberg bei Mühldorf in Oberbayern. Mit geschichtlichen Notizen über Ecksberg und 1 (lith.) Ansicht des Anstaltsgebäudes. München 854. (Finsterlin.) gr. 8. (54 S.) n. 7 1/2 ngr.

— Erster Bericht über die Kretinen-Heilanstalt zu Ecksberg bey Mühldorf in Oberbayern. Verfaßt von Jos. Baur, Max Medicus u. Jos. Probst. — München 1854: Hübschmann. 53 S. 8° 12: 4° Bavar. 601 m–1. 19.
13.7272

Baur, Josef, Rektor d. Kgl. Realschule, Traunstein. 1897: Geschichte der K. Realschule Traunstein und der mit ihr verbundenen Lateinabteilung und Fortbildungsschule. 1897 in: *Festschrift* zur Feier des fünfundzwanzigjährigen Bestehens der K. Realschule Traunstein.

Baur, Joseph: Geschichte der K. Realschule Traunstein und der mit ihr verbundenen Lateinabteilung und Fortbildungsschule (1872-1897). pg. 3 - 58. 8°. A. Miller & Sohn.
Progr. Traunstein 1896/97.

Baur, Josef, Vorstand d. Verkehrsvereins Hinterzarten. 1903: Hinterzarten im Schwarzwald. 1903 s. *Rudmann*, Otto.

Baur, J(osef). Organisation und erste Betriebsperiode der Zwangs-Erziehungs-Anstalt Aarburg (Kt. Aargau, dargestellt in den wesentlichsten Phasen, nebst Aus- und Rundblicken über die Materie bis zum Abgange des zweiten Dir. J[acob] Gloor-l'Orsa) von J. B', I. Direktor. II + 91 S. 8. Zürich, Jean Frey. 1906. [fr. 1.50]

Baur, Josef, Pfarrer, Dudenhofen bei Speyer, geb. 1868. 1897: Philipp von Sötern, geistlicher Kurfürst zu Trier, und seine Politik während des dreissigjährigen Krieges. Bd 1.2. Speyer: Jäger 1897–1914. 8°
1. Bis zum Frieden von Prag (1635). 1897.
2. Bis zum westfälischen Frieden (1648) u. d. nürnberger Vollzugstage (1650). 1914.
1[=2]: Ti 4032. 5. 6. 11.
12: Bor. 21 ut. 14. 15. 16. 18. 19. 20. 30. 38. 43. 107. 121. 203. 211. 300: 100.570–B. 302.
13.7273

— Das Fürstbistum Speier in den Jahren 1635 bis 1652. — Speier 1900. 163 S. 8°
Aus: Mitteilungen d. Historischen Vereines d. Pfalz. 24. 1900.
107.
13.7274

Baur, K. v. Strategisches Netz von Bayern. (Lithogr.) München 1845. 60 S

Baur, Karl

— Adonis oder die Rache des Ares. 1811 s. *Wagner*, Karl Jakob [Komp.]

Baur, Karl, Buchhändler, Blaubeuren. 1875: Album von Stadt und Kloster Blaubeuren in 7 photographischen Abb. von P. Sinner. Mit Text hrsg. von Carl Baur. — Blaubeuren: Mangold 1875. 10 Bl.,7 Taf. 2° 24.
13.7290

— — Ebd. 1877. 10 Bl.,7 Taf. 8° 24 [unvollst.] 38.
13.7291

— Dem Andenken Seiner Koeniglichen Hoheit des Allerdurchlauchtigsten Fürsten und Herrn Ludewig I. Regierenden Grosherzogs von Hessen und bei Rhein. Am Tage allerhöchst-dessen Beisetzung den 10.April 1830.— Darmstadt [1830]: Stahl. 4 Bl. 4° 17.
13.7277

— Dem Andenken Ihrer Königlichen Hoheit der allerdurchlauchtigsten Frau Frau Luise, Caroline, Henriette, Großherzogin von Hessen und bei Rhein, am Tage allerhöchst-ihrer Beysetzung geweiht. — [Darmstadt 1829.] 2 Bl. 4° 17.
13.7278

— **Karl,** Ueber die Art u. Weise, Sprachen zu erlernen, aus dem Französischen des Lemare übersetzt. Womit nebst Andeutungen d. Prof. Weber über d. Werth d. alten Sprachen, vorz. d. griech., f. d. Gymnasialbildung u. einig. v. d. Herrn Domcapitular Dahl zu Mainz mitgetheilten römisch. Steinschriften zu d. a. 26.—28. IX. im Gymnasium zu Darmstadt Statt findenden Schulfeierlichkeiten einladet Julius Friedrich Karl Dilthey. Darmstadt (R. Weiss) 1831. 104 S. mit Chronik d. Gymnasiums u. mit Namen. (4.80) 1485

Baur, Karl [app. Arzt aus Karlsruhe '(Baden)']: Ein Beitrag zur Casuistik der Coxa vara. Zwei Faelle aus d. chirurg. Klinik Erlangen ... Freiburg i. B., Buchdr. v. Ch. Ströcker, 1895; 29 S. 8.
Erlangen, Med. Fak., Inaug.-Diss. v. 1895

Baur, Karl, Oberamtsarzt, Wiesensteig, Württemberg. 1863: Beschreibung der Kur- und Bad-Anstalt Dizenbach. — Wiesensteig: Schmid 1863. 35 S. 8° 24.
13.7288

— — Ebd. 1868. 32 S. 8° 24.
13.7289

— Chimene. 1821 s. *Wagner*, Karl Jakob [Komp.]

— Ein Tausend Distichen auf den Flor in zwanglosen Lieferungen. Lfg 1. — Darmstadt 1845: Kichler. 14 S. 8°
17.
13.7279

Gedenksprüche dem Tempel der Bruderliebe gewidmet von [Karl] Baur. [Darmstadt] o. J.: [Will]. 8 S. 8° [Umschlagtit.]
Abgedr. in: Dingeldey, H.: Rede bei d. Schwester-Loge. 1875 S. 11—14.
Gedicht üb. Liebe.

[Gedicht.] Am Johannisfeste den 4. Juli 5849 vorgetragen im Or.·. zu Darmstadt vom [Br.] C[arl] Baur. (Ms. f. BBr.·.) [Darmstadt 1849.] 2 Bl. 8° [Kopftit.]
Abgedr. in: FZ. 3 (1849) S. 345—346.
„Dem Orient, den Meistern und Gesellen, . . ."

[Gedicht.] Zur Einweihung des neu hergestellten Harmonie-Lokals in der Loge Johannes der Evangelist zur Eintracht im Or.·. zu Darmstadt am 8. Juni 5853. [Unterz.: Karl] Baur. o. O. [1853]. 2 Bl. 8° [Kopftit.]
Gedicht: „Sey gegrüsst im neuen Schmucke, . . ."

Baur, Karl: Homerische Gleichnisse in Vergils Aeneide. (1. Tl.) Freising, Buchdr. v. Dr. F. P. Datterer, 1891; S. 87–67; 8°
Freising, StA, P 1891 ∘

— Der Hochaltar und das Gestühl im Chor der Klosterkirche, sowie der Neubronner-Altar in der Stadtkirche zu Blaubeuren. 23 Photographiedruckblätter von C. Ebner, mit einl. Text bearb. von Max Bach. Hrsg. von Karl Baur. — Blaubeuren: Mangold [1893–95]. 23 Taf. 2°
12: 2° Art. 7 c. 16. 24. 93.
13.7292

— Das Kloster zu Blaubeuren. Ein Führer. — Blaubeuren: Mangold 1877. 58 S. 8°
1: Sh 6152. 3. 12: H. mon. 43 bf. 17. 21. 24. 38. 107. 109.
13.7293

— — 2. Aufl. Ebd. 1908. 78 S. 8°
12: H. mon. 43 bfa. 14. 24. 30.
13.7294

Baur, Karl, Dr., Amtmann, Bonndorf. 1897 [Hrsg.] s. *Kopp*, Karl August: Wörterbuch zum Nachschlagen der für das Großherzogthum Baden wichtigen Gesetze. 4. Aufl. 1901.

Baur, Karl v., Bayerischer Generalmajor, 1777-1847. 1812: Der Krieg in Tirol während des Feldzugs von 1809, mit bes. Hinsicht auf das Corps des Obersten Grafen von Arco. — München: Verf. 1812. IV, 244 S. 8°
1: Sc 8378. 7. 12: Bavar. 209. 14. 16. 19. 24. 30. 31. 32. 209. 300: 7580-B. 302. 304.
13.7281

Baur, Karl, Pfarrer, Friedberg, 1819-1888. 1856: Aus dem Kriegsjahre ... Predigten u. Ansprachen. — Friedberg: Bindernagel & Schimpff 1871. IV, 72 S. 8°
1: Kr. Samml. K 2. 26. 41. 123.
13.7286

Baur, Karl *Joseph Felix* [aus Ellwangen Kgr. Württemb.]: Laparotomie bei geborstener Tubenschwangerschaft ... Berlin, C. Vogts Buchdr., *1895;* 35 S. 8.
Berlin, Med. Fak., Inaug.-Diss. v. 6. Aug. 1895

[Lied.] Dem Andenken heimgegangener Brüder geweiht von K[arl] Baur. o. O. u. J. 2. Bl. 8° [Umschlagtit.]
Ohne Noten: „In Nacht der Trauer eingehüllt, . . ."

Ludwig II., Grossherzog von Hessen: [Lied.] Zur Feier des hohen Geburtsfestes Ludwig II., des erhabenen Protectors der Loge Johannes der Ev.·. zur Eintr[acht] im O.·. v. Darmstadt am 10. Jan. 1831. [Unterz.: Karl] Baur. [Darmstadt 1831.] 2 Bl. 8° [Umschlagtit.]
Ohne Noten: „Brüder im Maurerbund, . . ."
Üb. Ludwig II. s. Allgem. Deutsche Biographie Bd 19 1884 S. 557—559 (Walther).

Baur, Carl (Wiesensteig), De morbis antri highmori. Diss. med. chir. Präs. Leop. Socr. Riecke. Tüb. (Gust. Bähr) Jan. 1836. 20 S. (3.50) 1473

— Das Polizeistrafverfahren im Großherzogthum Baden. 1897
in: *Schlusser*, Gustav: Das badische Polizeistrafrecht.

Baur, Carl, Pfarrer in Oppelsbohm: Das Raumproblem bei Herbert Spencer. Tübingen 1908: H. Laupp jr. (65 S.) 8°
Tübingen, Phil. Fak., Ref. Maier, Diss. v. 3. März 1908
[Geb. 2. Juni 71 Tübingen; Wohnort: Oppelsbohm; Staatsangeh.: Württemberg: Vorbildung: Gymn. Tübingen Reife M. 89; Studium: Tübingen 10 S.; Coll. 12. Dez. 07.]

— Rede am Grabe der Frau Juliane Wilhelmine Schwabe, gebor. Knapp. — Darmstadt 1856: Leske. 8 S. 8° 17.
13.7287

— [Hrsg.] s. *Schlusser*, Gustav: Die bau- und feuerpolizeilichen Vorschriften im Großh. Baden. 3. Aufl. 1904.

Baur, Karl, Subkonrektor, Darmstadt, 1788-1877. 1811: [Teils.] Vermischte Schriften. Bd 1. — Darmstadt: 1832: Will. VIII, 184 S. 8° 1. Gedichte. 17. 123.
13.7276

[—] Die verdeckte Schüssel. — ([Darmstadt 1843]: Kichler.) 11 S. 8° 17.
13.7280

(—) Süd-Westdeutschland nebst Strategisches Netz von Bayern. — o.O. 1845. 43 S., 1 Kt. 8°
Text handschriftlich autographiert. 12: Don. Lud. 330. 209.
13.7282

Baur, Carl, die bau- u. feuerpolizeilichen Vorschriften im Großh. Baden, s.a. Schlusser, Gust.

Baur, C. Die bau- und feuerpolizeilichen Vorschriften im Großherzogtum Baden. Karlsruhe 1904.

[—] Welches ist die ächte und natürliche Gränze zwischen Deutschland und Frankreich? Eine militärische Betrachtung. — o.O. 1813. 31 S. 8°
1: S 11408 [u.] Flugschr. 1813-49. 5. 6. 7. 12: Eur. 331 m. 14. 19. 117. 209. 300: 80 J 64. 302. 303. 308.
13.7283

[—] — o.O. 1814. 31 S. 8° 12: Mil. g. 19n/4.
13.7284

[—] Welches sind die wahren und natürlichen Bundesfestungen, und ist Ulm eine solche? Von e. süddeutschen Offiziere. — o.O. 1818. 40 S. 8°
1: Deutsche Flugschr. 1818-13. 17. 209.
13.7285

Baur, Karl, Wörterbuch zum Nachschlagen der f. das Großherzogth. Baden wichtigen Gesetze rc., s.: Kopp, K. A.

Zeichnung, vorgetragen bei der Feier des Johannisfestes am 5. August 5855 in der ger.·. und vollk.·. St.·. Joh.·. ☐ Johannes der Evangelist zur Eintracht im Or.·. von Darmstadt von [Karl] Baur. [Darmstadt 1855: Kichler.] 8 S. 8° [Umschlagtit.]
Ub. den Turmbau zu Babel als den absoluten Gegensatz zum salomonischen Tempelbau.

Baur, Karl Chr., Merope. Tragische Oper in 3 Akt. Darmst. 823.

Baur, Karl Chr. W., Bacon von Verulam u. unsre latein. Schulgrammatiken. Programm. 4. Darmst. 826. Leske. 6 gr

Baur, Karl Friedrich, Ingenieur-Topograph. 1857: Atlas für Handel und Industrie. — Mannheim: Bassermann 1857. 32 Bl., 21 Taf. quer-2° 12:2° Mapp. 17 on.
17. 31. 34. 47. 84 [unvollst.] 90. 91. 93. 205. 302. 305.
13.7299

— — 2., verm. u. verb. Aufl. Ebd. 1861. 30 Bl., 21 Taf. quer-2°
9. 33. 83. 88. 180. 205. 302. 305.
13.7300

Baur, Karl F., Neueste Eisenbahnkarte von Mittel-Europa. Stuttgart, Krais & Hoffmann, 1865. Imp.-Fol. Lith u kolor.
- , —— ... 1867. [1871.] . . . . (Br. Mus.)

Baur, C. F., Elementar-Schul-Atlas f. Volksschulen. qu. gr. 4. (10 Chromolith.) Wien 874. Hölzel. n. — 80

Baur, C. F., Elemente der Kartographie. Ein geographisches Lehrmittel für Bürger- und Mittelschulen. qu. gr. 4. (17 S. mit 4 Stnt.) Wien 874, Hölzel. *

Baur, Karl Friedrich, Großherzoglich Oldenburgischer Förster. 1842: Forststatistik der deutschen Bundesstaaten. Th. 1.2. — Leipzig: Brockhaus 1842. 8° 1:Oy 5574.
4. 7. 8. 9. 12: Oecon. 178 m. 15→21. 24. 26. 27. 28. 31.
32. 33. 45. 47. 48. 78. 106. 111. 169. 300: 16.847-B.
13.7298

Baur's, C. F., historisch comparatives Kärtchen von Württemberg. [Eine Reduction der grossen, histor. Wandkarte.] 1:1,050,000. 4. Stuttgart 868, Belsers' Sort. *

Baur, CF, Karte d. Erde nach Mercator. Polit. Uebersicht u. Darstellg d. Weltverkehrs. Rev. v. O Meinke. 1:54,600,000. 64×92 cm. Farbendr. Stuttg. 91. Essl., M Harburger. In Mappe 5 —; auf Lnw. n.n. 5 —; m. St. n.n. 6 —

Baur, C. F. Karte der Erde nach Mercator. Politische Uebersicht u. Darstellg. d. Weltverkehrs. Mit Angabe der Dampferlinien, der unterseeischen Kabel etc., sowie der Sitze der deutschen u. österreich-ungar. Konsulate. Revid. v. Osw. Meinke. 1:54,600,000. Farbendr. 64×92 cm. Stuttg. 891, J. Maier, Sep.-Cto.
In Mappe * 3 —; auf Leinw. * 6 —; m. Stäben * 7 —

Baur, C. F. Karte der Erde nach Mercator Revidiert von Osw Meinke Politische Uebersicht und Darstellung des Weltverkehrs Mit Angabe der Dampferlinien, der unterseeischen Kabel u. s. w. sowie der Sitze der deutschen und österreichisch-ungarischen Konsulate Stuttgart (1892) 1 Bl. c. 1.

! – Karte der Erde. Jetzt: Stuttgart: F. Doer.

Baur, C. F., und L. Ravenstein, Karte von Frankreich in 4 Bl. 1:1,700,000. Fol. Hildburghausen [Leipzig] 870, Bibliogr. Institut.

Baur, Karl F., Geneographische Karte von Deutschland oder Deutschlands geistige Grössen nach ihren Geburtsorten zusammengestellt. Ein Gedenkblatt der geistigen Entwicklung Deutschlands, entw. u. bearb. (Der Boden der Reformation in Deutschland) [Mit] Alphab. Verzeichniss der Gelehrten- u Künstler-Namen. Stuttgart 1867. Imp.-Fol. Mit Text in 8. . . . . (Br. Mus.)

Baur, C. F., geneographische Karte von Deutschland oder Deutschlands geistige Grössen nach ihren Geburtsorten zusammengestellt. Ein Gedenkblatt der geistigen Entwicklung Deutschlands. Stuttgart 867. Rieger. (1 lith. u. color. Bl. in gr. Fol. u. 8 S. Text in 4.) 15 ngr.

Baur, C. F., kleine Karte von Württemberg, Baden und Hohenzollern. 1873. 1:815,000. Fol. Freiburg i. Br., Herder'sche Verlagsh. *

Baur, C. F., kleine Karte von Württemberg, Baden und Hohenzollern. 1:815,000. Neuer Abdr. Lithogr. und color. Fol. Freiburg i. Br. 887, Herder'sche Verlagsh. *

Baur, C. F., neue Karte der Erde. In Mercator's Projection. Volksausg. Fol. Stuttgart 871, Maier. *

Baur, C. F., neue Karte von Europa, dem mittelländischen Meer, Nord-Afrika, Egypten, Syrien, Kleinasien, Kaukasien und dem schwarzen Meere. 1.—3. Aufl. 6 Bl. Fol. Stuttgart 871—73, Maier. *

Baur, C., neue Karte von Europa, dem Mittelländischen Meer, Nord-Afrika, Egypten, Syrien, Kleinasien, Kaukasien und dem Schwarzen Meere. 1:3,000,000. 4. und 5. Aufl. 6 Bl. Chromolithogr. Imp.-Fol. Stuttgart 879, Maier. *

Baur, C. F., neue Karte von Europa, dem mittelländischen Meer, Nord-Afrika, Egypten, Syrien, Klein-Asien, Kaukasien und dem schwarzen Meer. 1:3,000,000. Neue Ausg. 1885, 1886 und 1887. 6 Bl. Chromolithogr. Imp.-Fol. Stuttgart, S. Maier, Sep.-Cto. *

Baur, C. F. Neue Karte v. Europa, Nord-Afrika, Ägypten, Syrien, Klein-Asien, Kaukasien, dem Schwarzen Meer u. Mittelländ. Meer. In deutscher, französ. u. engl. Nomenklatur. 1:3,000,000. Ausg. 1892. 6 Bl. Farbendr. à 59×53 cm. Stuttg. 892, J. Maier, Sep.-Cto. (F. Doerr.) In Mappe * 8 —
Auf Leinw. in Mappe ** 12 —; m. Stäben ** 14 —

Baur, CF: Neue Karte v. Europa, d. Mittelländ. Meer, Nord-Afrika, Egypten, Syrien, Klein-Asien, Kaukasien u. d. schwarzen Meer. 1:3,000,000. (Nomenclatur in deut., französ. u. engl. Sprache.) Asg. 1896. 6 Bl. à 59,5×53 cm. Farbdr. Essl. 96. Stuttg., F Doerr. 8 —; auf L. in M. nn 12 —;
lackiert u. m. St. nn 14 —

Baur, C. F., neueste Karte von America mit den Haupt-Dampf- und Segel-Schiffs-Coursen, sowie mit den grösseren Eisenbahnen und den unterseeischen Telegraphen, vorzüglich für die Handels-Geographie von America bearb. 1:11,112,500. 6 Bl. Chromolithogr. Imp.-Fol. Stuttgart 881, Maier. * 8 —

Baur, C. F., neueste Karte von Amerika, mit den Haupt-Dampf- und Segelschiff-Kursen, sowie mit den grösseren Eisenbahnen und den unterseeischen Telegraphen. 1:4,000,000. 6 Bl. Chromolithogr. Imp.-Fol. Stuttgart 886, Maier, Sep.-Cto. *
—— dass. — Ausg. 1886 und 1887. Chromolithogr. Imp.-Fol. Ebendas. *

! – Karte v. Amerika. Jetzt: Stuttgart: F. Doer.

Baur, C. F., neueste Karte der Erde mit Rücksicht auf das Bedürfniss des Handelsstandes, sowie für den Unterricht an Lehranstalten. 2.—4. Aufl. 4 Bl. Chromolithogr. gr. Fol. Stuttgart 874—77, Maier. In Mappe *

Neue Ausg. u. d. T.:
Baur, C. F., neueste Karte der Erde in Mercators Projection. Mit Rücksicht auf das Bedürfnis des Handelsstandes, sowie für den Unterricht an Lehranstalten. Neue Ausg. 4 Bl. Chromolithogr. qu. gr. Fol. Stuttgart 887, J. Maier, Sep.-Cto. *

— (u. T Bromme), neueste Karte d. Erde (nach Mercators Projection). 4 Bl. à 44,5×59 cm. Farbendr. Ebd. 93. 6 —; auf Lnw. n.n. 9 —; m. St. u. lackiert n.n. 11 —

—— und E. Serth, neueste Karte vom deutschen Reich, der oesterreich.-ungar. Monarchie, der Schweiz, den Niederlanden, Belgien und Rumaenien nebst Theilen der angrenzenden Länder. 1:1,250,000. In 6 Bl. Fol. Stuttgart 873, Maier. *

Baur, C. F., und E. Serth, neueste Karte vom Deutschen Reich, der oesterreichisch-ungar. Monarchie, der Schweiz, den Niederlanden, Belgien, Rumänien, nebst Theilen der angrenz. Länder. Mit besond. Rücksicht auf Handel und Verkehrs-Interessen, sowie zum Hand- und Comptoir-Gebrauch. 1 : 1,250,000. 2. und 3. Aufl. 6 Bl. Lithogr. und color. Imp.-Fol. Stuttgart 877,79, Maier. *

Baur, C. F., und E. Serth, neueste Karte vom Deutschen Reich, der österreichisch-ungarischen Monarchie, der Schweiz, den Niederlanden, Belgien, Rumänien, nebst Theilen der angrenzenden Länder. Mit besond. Rücksicht auf Handel und Verkehrs-Interessen, sowie zum Hand- und Comptoir-Gebrauch. 1 : 1,250,000. 3. Aufl. 6 Bl. Lithogr. und color. Imp.-Fol. Stuttgart 881, Maier. *

Bauer, C. F., und E. Serth, neueste Karte vom Deutschen Reich, der österreichisch-ungarischen Monarchie, der Schweiz, den Niederlanden, Belgien, Rumänien, nebst Teilen der angrenzenden Länder. 1 : 1,250,000. 6 Bl. Ausg. 1885—1888. Chromolithogr. und color. Imp.-Fol. Stuttgart, Maier, Sep.-Cto.
In Mappe à Ausg. *

Baur, C. F., u. E. Serth. Neueste Karte vom Deutschen Reich, der Oesterreich.-ungar. Monarchie, der Schweiz, der Niederlande, Belgien, Rumänien, nebst Teilen der angrenzenden Länder. 6 Bl. in Farbendr. 1 : 1,250,000. 120×152 cm. Stuttg. 892, Jul. Maier, Sep.-Cto. In Mappe * 8 —; auf Leinw. in Mappe * 12 —
Auf Leinw. m. Stäben u. lackiert * 14 —

— u. E Serth: Neueste Karte v. Deut. Reich, d. österr.-ungar. Monarchie, d. Schweiz, d. Niederlanden, Belgien, Rumänien, nebst Thln d. angrenz. Länder. Mit bes. Rücks. auf Handel- u. Verkehrs-Interessen. 1 : 1,250,000. 6 Bl. à 59×51 cm. Farbdr. Stuttg. 1900, F Doerr. In Mappe 8 —; auf L. in M. nn 12 —;
m. St. u. lackiert nn 14 —

—— neueste Karte von Württemberg, Baden, Hohenzollern, die Rheinpfalz nebst den deutschen Reichslanden Elsass und Lothringen. Zum Hand- und Comptoir-Gebrauch bearb. und namentlich mit Rücksicht auf Eisenbahnen als Reise- und Verkehrskarte angelegt. 1 : 450,000. Ausg. 1879. Imp.-Fol. Stuttgart, Wittwer. In Leinw.-Carton *
Auf Leinw. gedr. *

—— neueste Karte von Württemberg, Baden, Hohenzollern, die Rheinpfalz, nebst den deutschen Reichslanden Elsass und Lothringen. Zum Hand- und Comptoir-Gebrauch bearb. und namentlich mit Rücksicht auf Eisenbahnen als Reise- und Verkehrskarte angelegt. 1 : 450,000. Ausg. 1887. Lithogr. und color. Imp.-Fol. Stuttgart, Wittwer's Verlag.
In Leinw.-Carton *
Auf Leinw. gedr. in Leinw.-Carton *

Bauer, C. F., oro-hydrographische Karte von Oesterreich-Ungarn. 1 : 800,000. 9 Bl. Fol. Wien 874, Hölzel. *
aufgez. * ℳ 18,80.; mit Stäben *

Baur, C. F., Karte von Württemberg, Baden und Hohenzollern. 1 : 815,000. Ausg. 1876—1880. Lithogr. und color. Fol. Freiburg i. Br., Herder'sche Verlagsh. *

Baur, C. F., Karte von Württemberg, Baden und Hohenzollern. 1 : 815,000. Ausg. 1884. Lithogr. und color. Fol. Freiburg i. Br., Herder'sche Verlagsh. *

Baur, C. F., la Monarchia austro-ungarica. 1 : 800,000. 9 Bl. Chromolithogr. und color. Imp.-Fol. Wien 877, Hölzel. * ℳ 11,20.; auf Leinw. in Mappe *
Mit Stäben *

Baur, C. F., Schulwandkarte vom Königr. Böhmen. Nach J. Zdenĕk's Situations-Entwurf und Kořistka's Höhenschichten-Karte. 4 Bl. Chromolithogr. Imp.-Fol. Wien 876, Hölzel. * ℳ 7,20.; auf Leinw. in Mappe *
Mit 2 Suppl.-Karten (oro-hydrographisch und hydro-topographisch) à 4 Bl. Chromolithogr. Imp.-Fol. *
Auf Leinw. in Mappe * ℳ 24.; die letzteren allein à *
Auf Leinw. in Mappe à *

Baur, C. F., Schulwandkarte von Oesterreich-Ungarn in 9 Bl. Ausg. I. für Volksschulen. 1 : 800,000. Fol. Wien 874, Hölzel. *
aufgez. * ℳ 16,80.; mit Stäben *

—— dass. — Ausg. II. für Bürger- und Mittelschulen. 1 : 800,000. 9 Bl. Fol. Ebendas. 874. *

Baur, C. F., Schulwandkarte des Herzogthums Salzburg. 1 : 148,000. 4 Bl. Chromolithogr. und color. Imp.-Fol. Wien 877, Hölzel. * ℳ 8.; auf Leinw. in Mappe *

Baur, C. F., Verkehrs-Karte von Deutschland und angrenzenden Ländertheilen mit Angabe der Zollvereinsgrenzen, Eisenbahnen, Telegraphen etc. 1 : 2,960,000. 4. (2 Bl. Text.) Stuttgart 868, Maier.

Baur, C. F., Wandkarte der österreichisch-ungarischen Monarchie. 1 : 800,000. 9 Bl. Ausg. 1882. Lithogr. und color. Fol. Wien, Hölzel. *
Auf Leinw. in Mappe * ℳ 14.; mit Stäben *

Baur, C. F., neue Wandkarte von America mit den Haupt-Dampf- und Segelschiffs-Coursen, sowie mit den grösseren Eisenbahnen und den unterseeischen Telegraphen. 1. Aufl. 1872, und 2. Aufl. 6 Bl. Fol. Stuttgart 873, Maier. *

Baur, C., Neueste Wandkarte von Deutschland nebst angrenzenden Ländern. 2. Aufl. 4 Blatt. Lith. u. kol. Freiburg im Br., Herder. 1868. Imp.-Fol.
——, —— Rev. u. nachgetr. M. 1 : 1066660. 3 Bl. Ebda. [1871.] . . . . . (Br. Mus.)

—— Wandkarte von Oesterreich-Ungarn. Enth. die wichtigsten Industrie- und Handelsplätze, polit. Bezirksorte, die Eisenbahn-, Post- und Dampfschifffahrts-Stationen, Handels- und Gewerbekammer-Sitze, Haupt- und Nebenzollämter etc. Nach statist. Angaben von A. Doležal gezeichnet von H. Ahrens. Durchaus neu bearb. 1 : 700,000. 12 Bl. Fol. Ebendas. 875. *

— Württemberg, wie es war. Historisch-geographische Karte von Württemberg, entw. u. für das Studium der vaterländ. Geschichte bearb. Vollendet von L. Rachel. 4 (lith. u. color.) Blatt. Stuttgart 869. Belser's Sortbdlg. Fol. n. 1 ℛ 6 ngr.

Baur, Karl Joseph Felix, s. Baur, Karl

Baur, Karl Wilhelm v.: Mathematische und geodätische Abhandlungen. Zum 70. Geburtstage d. Verf. hrsg. von seinen früheren Schülern. — Stuttgart: Wittwer 1890 VIII,236 S. 4° 1:4° O 3991. 2. 12:4° Math. U. 5 h.
21. 24. 82. 84. 90. 91. 93. 169. 210. 302. 305.
13.730:2

Baur, C. W. Trigonometrische Analysen geometrischer Aufgaben. Ulm 1849. 4.

Baur, C. W. Ausgleichungen der Richtungen in einem Dreiecknetz mit unvollständigem Zentralsystem. Stuttgart 1857. 4.

Baur, C. W. v., üb. die dialektisch-didaktische Begriffserweiterung in der Mathematik, nachgewiesen an der Lehre vom Negativen. Nach e. in der allgemeinen Reallehrerversammlg. zu Stuttgart v. 25. Juni 1891 geh. Vortrag. [Aus: „Korresp.-Bl. f. d. Gelehrten- u. Realschulen Württembergs".] gr. 8. (26 S.) Tübingen 892. F. Fues. n. — 60

—— die heuristische Methode und Reform der Euklidischen Elementargeometrie. [Vortrag, gehalten auf der „oberschwäb. Lehrerversammlung" in Ravensburg am 28. Juni 1882.] gr. 8. (16 S.) Ebendas. 882. *
Vorstehende zwei Schriften sind aus: Correspondenzblatt für die württembergischen Gelehrten- und Realschulen, besonders abgedruckt.

Baur, Kaspar

Baur, C Beiträge zur experimentellen Akustik. 1884.

Baur, C., die Entwicklung der Fernsprechkunst, s.a. Vorträge, öffentliche, gehalten in der Schweiz.

— Die Entwicklung der Fernsprechkunst. Vortrag. — Basel: Schwabe 1886 (1887). 37 S. 8° (Oeffentliche Vorträge, gehalten in d. Schweiz. 9,1.)
1: Ag 9128-9,1. 2. 5. 7. 9. 12: Var. 384 hc-9,1. 14. 15. 16. 18. 24. 28. 35. 43. 83. 84. 109. 210. 300: 170.006-B. 9,1. 303.
13.7307

— Das elektrische Kabel. — Berlin: Springer 1903. VIII, 331 S. 8° 1: Os 3086. 11. 12: Techn. 2078 f. 36. 38. 46. 84. 86. 88→91. 201. 210. 305.
13.7308

Baur, C[aspar]. Das Elektrische Kabel. Eine Darstellung der Grundlagen für Fabrikation, Verlegung und Betrieb. 2., umgearbeitete Aufl. Mit 91 Textfiguren [wovon 4 auf 1 Tafel]. XII + 398 S. 8. Berlin, Julius Springer, 1910. [geb. M. 12. —]

Baur, Kaspar, Bürgermeister, Wesel. 1884: Rhein-Ems-Kanal (Wesel-Salzbergen) nebst Lippe-Lateral-Kanal (Lünen-Borken). Eine Skizze. — Wesel 1884: Kühler. 27 S. 8°
38. 205.
13.7303

— Rhein-Ems-Kanal (Wesel-Salzbergen) nebst Zweigkanal in das Kohlenrevier und Lippe-Lateral-Kanal von C. Baur u. M. Becherer. — Wesel: Kühler in Comm. 1886. 40 S. 8°
5. 64. 88.
13.7304

— — [Nebst] Nachtr. Wesel 1886: Kühler. 8°
Vollst. . . . . 38. 52. 205.
[°Nachtr.] . . 1: Sa 6227. 2. 3. 7. 11. 61. 79. 208.
13.7305

Baur, Caspar, von Birmensdorf, Ct. Zürich: Experimentelle Untersuchungen über die Natur der Magnetisirungsfunction. Zür. Zürcher u. Furrer Dr. 1879. 32 S. 8°
Zürich. Phil. Diss. [v. 1. Aug. 1879].

Baur, Leopold. B**r der Schieferdeker. Nicht Fallstaf, nicht Eulenspiegel: sondern ganz Er!! 1792
s. *Huebner*, Eberhard Friedrich.

— s. *Baur*. — Baur und Schubart oder Schieferdecker und Poet. 1845 u.ö.

Baur, Louis: Zeitgemäße Erörterungen zu Erwägungen für den gesunden Menschenverstand, resp. was für Leute sollen wir in Zukunft als unsere Vertreter wählen? 2., verb. Aufl. — Biberach: Scheffold 1881. 8 S. 8°
24.
13.7311

— Zeitgemäße Erörterungen und Erwägungen zu: 'Was für Leute mangeln uns in unserm Land- und Reichstag und wen sollen namentlich Handwerker und Gewerbetreibende in Zukunft als Vertreter in dieselben wählen?' 4., verb. Aufl. — Biberach: Verf. 1890. 8 S. 8°
24.
13.7312

(—) Der städtische Haushalt Tübingens vom Jahre 1750 bis auf unsere Zeit. Historisch-statistisch beleuchtet vom Verf. der 'Rückblicke auf die Vergangenheit Tübingens' (d. i. L. B.) — Tübingen: Riecker 1863. 375 S. 8°
1: Sh 8916. 12: Germ. sp. 200 ft. 21. 24.
13.7313

Baur, Ludwig

Baur, Ludw. Arithmetische Aufgaben f. Lehrer u. Zöglinge d. niederen u. höheren Lehramts. Resultate nebst Auflösgn. u. Erläutergn. 8. (IV, 110 S.) Stuttg. 889, J. F. Steinkopf. cart. * 2 —
Hauptwerk. Ebd. 1888. cart. * 3 20.

Baur, Ludwig, Prof. am Schullehrerseminar, Saulgau, 1848-1930. 1888: Methodisch geordnete Aufgaben für das Kopfrechnen mit gelösten Beispielen und Resultaten zum Gebrauche in Schulen u. Lehrerbildungsanstalten sowie beim Selbstunterricht. — Stuttgart: Steinkopf 1908. VI,223 S. 8°
207.
13.7318

Baur, Ludw., methodisch geordnete Aufgaben aus dem Gebiete der Planimetrie u. Stereometrie m. Angabe u. Begründung der Berechnungsformeln f. Schul- u. Selbstunterricht. (VI, 107 S. m. Fig.) 8. Stuttgart 905. J. F. Steinkopf. n. 2. 40; geb. n. 3. —

Baur, Ludwig, Dr.: Aufstellung eines vollständigen Systems von Differentialen erster Gattung in einem cubischen Functionenkörper. 1894. S. 31—61. 8°
¶ Aus: Math. Annalen. Bd 46. 1895.
Darmstadt Te. H., Hab.-Schr. v. 5. 1. 1895

Baur, L., Bemerkungen üb. die Einrichtung d. Schulherbariums nebst Pflanzenverzeichnis. 8. (9 S.) u. Etiquetten schm. 8. (47 S.) Saulgau 888. (Ravensburg, Dorn.) n. —90; mit Herbarium. Fol. (129 B.) in Mappe n.n. 8.—

Baur, Ludw., Berichte des Hessen-Darmstädtischen Gesandten Justus Eberh. Passer an die Landgräfin Elisabeth Dorothea über die Vorgänge am kaiserl. Hofe u. in Wien von 1680 bis 1683. [Aus dem Archiv für Kunde österreich. Geschichtsquellen.] Wien 867. Gerold's Sohn in Comm. gr. 8. (139 S.) n. 20 ngr.

— u. Adf Remmele: Charakterbildg. Vorträge üb. d. Jakobusbrief. (11, 124) 8° FreiburgB., Herder '12. 1.50; L 2 — d

Baur, Ludwig, Archivdirektor, Darmstadt, 1811-1877. 1846: Denkmal der Allerdurchlauchtigsten Fürstin und Frauen, Frauen Mathilde Caroline Friederike Wilhelmine Charlotte, Großherzogin von Hessen und bei Rhein ... bei Gelegenheit der allerhöchst-deroselben den 22. Juni 1862 angeordneten Gedächtnissfeier. [Verf.: Ludwig Baur.] — o.O. [1862]. 2 Bl. 4°
17. 36.
13.7314

— Elemente der mathematischen Geographie, zugleich als erläut. Text f. die Wandtafeln der mathemat. Geographie. (VI, 36 S.) Ravensburg 890. Dorn. n. — 60

—— Elemente der mathematischen Geographie, zugleich als erläut. Text f. die Wandtafeln der mathemat. Geographie. gr. 8. (VI, 36 S.) Ravensburg 891, Dorn. * — 60

— Elemente der mathematischen Geographie zugleich als erläuternder Text für die Wandtafeln der mathematischen Geographie. — Ravensburg: Maier 1891. V,36 S. 8°
207.
13.7319

Baur, Ludw.: Die Forderg e. Weiterbildg d. Relig., s: Tagesfragen, Apologetische.

— Fragen und Aufgaben aus der mathematisch-physikalischen Geographie. Zur Repetition für höhere Lehranstalten u. Seminarien. — Stuttgart: Muth 1902. 216 S. 8°
24. 207. 300: 462.007-B. K.
13.7320

Baur, Ludwig, Obersteuerrat, Darmstadt. 1862: Die Gewerbsteuer im Großherzogthum Hessen. Zusammenstellung der hierauf bezüglichen gesetzlichen, verordnungsmäßigen und reglementären Bestimmungen. [Verf.: Ludwig Baur.] Darmstadt 1862: Brill. 200 S. 8° 17. 25. 26. 36.
13.7316

— [Hrsg.] s. *Gundissalinus*, Dominicus: De Divisione philosophiae. 1903.

Baur, Ludw., Handbuch des directen Steuerwesens u. der damit in Beziehung stehenden Gegenstände der Gesetzgebung u. Verwaltung im Großherzogth. Hessen. In 2 Thln. 1. Thl.: Geschichtliche Uebersicht der früheren u. Entwicklung der Grundsätze der gegenwärtigen Gesetzgebung, Organisation u. Grundsteuerverfassung. Heidelberg 868. Emmerling. gr. 8. (VIII, 484 S.) n. 2 ngr

— Kurzes Lehrbuch der Mineralogie und Geologie. Mit bes. Berücks. d. geognostischen Verhältnisse Württembergs. Zum Gebrauch an höheren Lehranstalten sowie zum Selbstunterricht. — Stuttgart: Muth 1901. VII,221 S. 8° Spätere Auflagen sind nicht berücksichtigt. 24.
13.7321

— Kurzes Lehrb. d. Mineral. u. Geol. Mit bes. Berücks. d. geognost. Verhältn. Württembergs. 2. Afl. (212 m. Abb. u. 1 Karte.) gr8° Stuttg., Muth'07. L. 3 — d

Baur, Ludw.: Kurzes Lehrb. d. Mineral. u. Geol. Mit bes. Berücks. d. geognost. Verhältn. Württembergs. 3. Afl. (7, 204 m. Abb. u. 1 farb. Kte.) 8° Stuttg., Muth '12. HL 3 —

— Lehr- und Übungsbuch der allgemeinen Arithmetik und Algebra zum Gebrauche an höheren Lehranstalten ... sowie zum Selbstunterricht. [Nebst] Resultate. — Stuttgart: Bonz 1904. 8°
Spätere Auflagen sind nicht berücksichtigt. 24. 207.
13.7322

— Lehr- u. Übungsbuch der allgemeinen Arithmetik u. Algebra. Resultate. 2. Aufl. (80 S.) 8. Stuttgart 909. A. Bonz & Co. Kart. 1. 60

— Lehr- u. Übgsb. d. allg. Arithmetik u. Algebra z. Gebrauche an Lehrerbildgsanst. u. f. Lehrer, auf Grund d. Lehrpl. v. 21. 2. '11 bearb. 2. Afl. (6, 274 m. z. Tl farb. Fig.) 8° Stuttg., A Bonz & Co. '12. 3.60; Resultate. 3. Afl. (50) L 1.60 d

Baur, L. (II.), kurzer Leitfaden der Geschichte für die katholischen Präparandenschulen Württembergs. 8. (63 S.) Stuttgart 888, Paulus. *

—— Kurzer Leitfaden der Geschichte f. die kathol. Präparandenschulen Württembergs. gr. 8. (63 S.) Stuttg. 889, [Paulus]. Bonz u. Comp. — 50

— Mathilde, Großherzogin von Hessen... Eine biographische Skizze. 2. Ausg. — Darmstadt: Küchler [1862]. 13 S. 8°
1: Sk 1802. 17. 26.
13.7315

— Metaphysik. — Tübingen: Laupp 1908. 288 S. 8° 24.
13.7333

— Illustrierte Naturgeschichte der drei Reiche. 4. Aufl. 1888 s. *Straessle*, Franz.

Baur, Ludw., Friedrich Nietzsche, s.a Vorträge, populär-wissenschaftliche. V.

— Friedrich Nietzsche. Vortrag ... in erweiterter Form hrsg. — Stuttgart: Deutsches Volksblatt 1904. 33 S. 8° (Populär-wissenschaftliche Vorträge. 5.) 24.
13.7336

— [Hrsg.] s. *Passer*, Justus Eberhard: Berichte an die Landgräfin Elisabeth Dorothea über die Vorgänge ... in Wien von 1680 bis 1683. 1867.

— Rechenbuch in Aufgaben und Auflösungen für Lehrer und Lehramtszöglinge sowie zum Selbststudium. 2., umgearb. Aufl. [Nebst] Resultate. — Stuttgart: Steinkopf 1897. 8°
Spätere Auflagen sind nicht berücksichtigt. 24. 207.
13.7323

— dasselbe. Resultate z. d. Aufgaben. gr. 8. (20 S.) Ebd. 897. n. — 40

— Rechenbuch in Aufgaben u. Auflösungen f. Lehrerbildungsanstalten sowie zum Selbstunterricht. 3. umgearb. Aufl. (VIII, 258 S.) 8. Stuttgart 904. J. F. Steinkopf. n. 3. 20; geb. in Leinw. n. 3. 80

— Rechenb. in Aufg. u. Auflösgn f. Lehrerbildgsanst., sowie z. Selbstunterr. 4. Afl. (6, 266) 8° Stuttg., JF Steinkopf '11. 3.20; L 3.80 d

— [Bearb.] Alphabetisches Repertorium über die Verhandlungen der zehn ersten Ständeversammlungen (des 11. bis 15. Landtags) des Großherzogthums Hessen. 1848-59 s. *Verhandlungen* in der ersten (zweiten) Kammer der Landstände des Grossherzogthums Hessen [Zeitschriften]. Alphabetisches Repertorium.

— Sammlung von arithmetischen Aufgaben für Lehrer und Zöglinge des niederen und höheren Lehramts. [Nebst] Resultate. — Stuttgart: Steinkopf 1888-89. 8° 24. 207.
13.7324

— dasselbe. Resultate nebst Auflösgn u. Erläutergn. 8. (IV, 110 S.) Ebd. 889. cart. n. 2. —

— Sammlung arithmetischer Aufgaben. Durch Erläuterungen, Andeutungen u. ... Auflösungen eingerichtet für Lehrer u. Lehramtskandidaten ... sowie zum Selbststudium. — Horb: Christian 1899. VIII, 211 S. 8°
Spätere Auflagen sind nicht berücksichtigt. 24. 30. 207.
13.7325

Baur, Ludwig (Darmstadt)
Ueber diejenigen Stellen im Gebiete von m Variabelen, die durch fortgesetzte Addition und Subtraction von (m + 1) Stellen aus diesem Gebiete hervorgehen. [Giessen 1880.] 29 S.
Diss. phil. Giessen 1880, 29. Nov. vorh. 26. 7.

— Substanzbegriff und Aktualitätsphilosophie. — Fulda [1904]. 45 S. 8°
Aus: Philosophisches Jahrbuch. 17. 1904. 21.
13.7339

Baur, L[udwig]. Untersuchungen über die verschiedenen Wurzeln einer algebraischen Gleichung. 32 S. 8.
Progr. Großh. Realschule *Heppenheim a. d. Bergstr.* 1901 (706).
Erschien in anderer Form in: Mathematische Annalen 50 (1898) S. 241 bis 246. 52 (1899) S. 113—119.

Baur, L(udwig), Dr., Dir.: Untersuchungen über die verschiedenen Wurzeln einer algebraischen Gleichung (und deren Ordnungen). *Leipzig 1901: B. G. Teubner.* (32 S.) 8°
¶(Erschien in anderer Form in: Mathemat. Annalen, Bd 50 u. 52.)
Heppenheim a. d. Bergstr., grossh. R, P 1901 (706)

Baur, L., hessische Urkunden, s. Archiv für hessische Geschichte.

Baur, L., Urkunden zur hessischen Landes- rc. Geschichte, s. Archiv f. Hessische Geschichte rc.

Baur, L., s. Urkunden, hessische.

— [Hrsg.] s. *Urkunden* zur hessischen Landes-, Orts- und Familiengeschichte. 1846-60.

— [Hrsg.] s. *Urkundenbuch* des Klosters Arnsburg in der Wetterau. 1851.

— s: Vorträge, 5, v. d. Generalversammlg d. Görresgesellsch. zu Metz.

Baur L u W Böhm, 3 Wandt. d. mathemat. Geogr. Mit Text. Ravensburg 1891

— u. W. Böhm, Wandtafeln zur mathematischen Geographie. 3 farb. Taf. qu. gr. Fol. Ravensburg 890. Dorn. In Mappe. 8. 50

—— u. W. Böhm. Wandtafeln zur mathematischen Geographie. 3 farb. Taf. 21×28 cm. Ravensburg 891, Dorn. In Mappe. * 3 50 Auf Leinw. in Mappe * 5 50; m. Stäben u. lackirt * 7 50

— Wiederholungs- und Übungsbuch für den Unterricht in der Geographie in Frage und Antwort nebst Aufgaben. Zur Repetition für höhere Lehranstalten, Seminarien u. Lehrer. — Stuttgart: Muth 1903. VII, 351 S. 8°
24. 207.
13.7326

Baur (Paur), M., Dissertatio psychologica de mutuo commercio inter mentem humanam et corpus. Ottoburae 1753, in 4°, 73 p.

Baur, M.: Ein Fall von Ovarialschwangerschaft, s. Baur, Max

Baur, M., Fluss-Korrektionen im Hügellande, s.a. Taschenbibliothek, deutsche bautechnische.

Baur, M.: Fluss-Korrektionen im Hügellande. — Leipzig: Scholtze 1879. 123 S. 8° (Deutsche bautechnische Taschenbibliothek. 40.41.)
Im Exemplar von 17 fehlt d. Titel d. Sammlung.
17. 82. 83. 84. 93. 201. 305.
13.7340

Baur, M.

Baur, zur Reform des Rechenunterrichts. [Aus: „Korrespondenzbl. f. d. württ. Gelehrten u. Realschulen".] gr. 8. (13 S.) Tübingen 888. Fues' Verl. n. — 50

— zur Reform des Rechenunterrichts. [Aus: „Korresp.-Bl. f. d. Gelehrten- u. Realschulen Württembergs".] gr. 8. (13 S.) Ebd. 888. n. — 50

—— über den Schnitt eines Ellipsoïds und einer mit ihm konzentrischen Kugel. gr. 8. (8 S.) Tübingen 887, Fues's Verlag. *
Aus: Mathematisch-naturwissenschaftliche Mittheilungen, besonders abgedruckt.

Baur, Marie: Erinnerungen an unsern Vater Gustav Adolph Ludwig Baur. (Verf.: Marie Baur.) — (Rudolstadt [1889]: Mitzlaff.) 201 S. 8°
1: At 9497/10. 15. 18. 26. 30. 123.
13.7341

Baur, Martin [Forts.] s. *Aufleger*, Otto: Architekturbilder aus deutscher Vergangenheit. 2. 1910.

Baur, Max [app. Arzt aus Tubingen]: Ein Fall von Ovarialschwangerschaft. . . . Tübingen, Druck v. Heinrich Laupp jr., 1888; 63 S. u. 1 Taf. 8°
Tübingen, Med. Fak., Inaug.-Diss. v. 1888

Baur, M., ein Fall von Ovarialschwangerschaft. 8. (63 S. mit 1 Taf.) Tübingen 888, Moser'sche Buchh. **

Baur, Meta [Hrsg.] s. *Baur*, Wilhelm. 1852: Gesammelte Schriften [Werke]. 1898–1902.

— [Hrsg.] s. *Baur*, Wilhelm. 1852: Vermächtnis an die Freundinnen der jungen Mädchen. 1897.

Baur, Moritz: Synthetische Einteilung der ebenen Linien III. Ordnung. — Stuttgart: Metzler 1888. 58 S. 8°
1: Oe 5353. 2. 6. 7. 10. 12: Math. P. 25 ud.
24. 26. 29. 82. 83. 84. 89. 90. 91. 302.
13.7345

Baur, M., die Raumcurven 3. Ordnung u. Klasse. 4. (26 S. m. 4 Steintaf.) Stuttgart 874. (Tübingen, Fues.) n. 2. 40

Baur, Otto. Beiträge zur Kenntnis einiger Derivate der symmetrischen Dinitrodiphenylamine. Bonn, 1895. Diss.

Baur, O. Beiträge zur Kenntnis einiger Derivate der symmetrischen Dinitrodiphenylamine. In-8°. 30 S. Basel. These. 1896

Baur, P.: Lieder d. Aachener Gymnasiasten . . ., s. Baur, Peter

Baur, Paul: Eileithyia. *Tübingen 1901: H. Laupp jr.* (62 S.) 8° ¶ (Aus: Philol., Erg.Bd 8.)
Heidelberg, Phil. Diss. v. 1901

Baur, Paul, prakt. Arzt aus Strassburg i. E.: Über die im Gefolge von Hautkrankheiten auftretenden Epidermiscysten unter besonderer Berücksichtigung der bullösen Erkrankungen. *Strassburg 1899: 'Der Elsässer'.* (96 S.) 8°
Strassburg, Med. Diss. v. 1899

Baur, Paul V C: Centaurs in ancient art. The Archaic period. (8, 140 m. Abb. u. 15 Taf.) Lex8° Berl., K Curtius '12. L40—

Baur, Peter [Hrsg.] Cantiones selectae ex vetere Psalteriolo R.R.P.P. Soc. Jesu. 1868 s. *Heringsdorf*, Johann: Psalteriolum cantionum catholicarum [Ausz.]

— Servite Domino in laetitia! Katholisches Gesang- und Gebetbuch. — Aachen: Kaatzer 1869. IV, 244 S. 8° 38.
13.7350

—— 2. Aufl., besorgt von Jakob Kremers. Aachen: Jacobi 1883. IV, 220 S. 8°
3. Aufl. s. *Kremers*, Jakob: Katholisches Gesang- u. Gebetbuch. 1892.
1: Ek 4331. 5.
13.7351

— Lieder d. Aachener Gymnasiasten bei Gelegenheit d. Geburtsfeier Friedrich Wilhelm III. Fol. Aachen 831. Mayer. 4 gGr.

Baur, P., neue Liedersammlung f. Gymnasien, höhere Bürger-, Töchter- u. Elementarschulen. 1s Heft: Zweistimm. Lieder 831. 4 gGr. 2s Heft: Drei- u. vierstimm. Lieder 832. 12 gGr. qu. 4. Aachen, Mayer. 16 gGr.

—— 2., verm. u. verb. Aufl. H. 1. Ebd. 1835. 28 S. quer-8°
5. 52.
13.7353

—— 3., verm. u. verb. Aufl. H. 1. Aachen: Hensen 1840. 35 S. quer-8°
5.
13.7354

Baur, Pet., neue Liedersammlung für Gymnasien, höhere Bürger-, Töchter- und Elementarschulen. 1. Heft. Enthaltend 70 zweistimmige Lieder. 4. verb. Aufl. Münster 857. Aschendorff. 8. (71 S.) 7½ Ngr.

— — 2. Heft. Ebend. 856. 8. (48 S.) n. 5 Ngr.

Baur, Peter, die vierstimm. Psalmengesänge des ehemal. kaiserl. Krönungsstiftes in Aachen, nebst einem Anh. ähnl. alter Melodien und dem latein. Texte der beim öffentl. Gottesdienste gebräuchlichsten Psalmen. 8. (111 S.) Bonn 848, Henry und Cohen. *

Baur, Peter, die vierstimm. Psalmengesänge des ehemal. kaiserl. Krönungsstiftes in Aachen, nebst einem Anh. ähnl. alter Melodien u. dem latein. Texte der beim öffentl. Gottesdienste gebräuchlichsten Psalmen. 8. (111 S.) Bonn 850, Henry & Cohen. n. ⅓ Thlr.

— Sammlung lateinischer und deutscher Kirchengesänge und Psalmen für katholische Gymnasien, höhere Bürger- u. Töchterschulen, wie auch für katholische Pfarr- u. Elementarschulen. Aachen 856. Benrath u. Vogelgesang. 8. (2 Bl., 92 S.) n. 8 Ngr.

— Turn- u. Exkursions-Lieder für Gymnasien u. höhere Bürgerschulen. 12. (81 S.) Aachen 847, Hensen & Co. ⅙ Thlr.

Baur, Polykarp Jakob s. *Bauer*.

Baur, Remigius [Hrsg.]
s. *Schulkalender*, Badischer. 1885 ff.

Baur, Richard. Beitrag zur Kenntnis der Kamphene. Notizen über das Rösenöl. Tübingen, 1862. 12mo. Diss.

Baur, Richard: Offener Brief an den derzeit hier weilenden Herrn Hofmann, Bischof vom Deutschen Tempel zu Jerusalem. (Verf.: Baur.) — Dat. Ferrikoei 21. Sept. 1868. 3 Bl. 4° 24.
13.7356

(—) — ⟨2., corr. Aufl.⟩ Dat. Ferrikoei/Constantinopel 21. Sept. 1868. 3 Bl. 4° 24.
13.7357

Baur, Robert (Donaueschingen): De sono vulgari. (Titel nach der Urkunde)
2.8.1867 - Urk; F 71 (= Bauer); Chr 1867/68,13

Diss. Ingolst.-Landsh.-Mchn.

Bauernlieder, zwei neue. (Vom 70jährigen Rud. Baur, alt Bote von Sellenbüren.) 4 Stn. 8. 1874

Baur, Rudolf: Volkssagen aus der Umgebung des Uetliberges. — Zürich 1843: Orell, Füßli & Co. 16 S. 8°
10. 12: P. o. germ. 79 pg.
13.7358

Baur, Samuel: Amtsreden an Särgen und Gräbern, zum Trost und zur Belehrung. — Ulm: Ebner 1822. XII, 344 S. 8°
Die Schrift ist e. selbständige Ausg. von: *Baur:* Reden u. Betrachtungen an d. Gräbern d. Christen. 2. 1821.
24. 207.
13.7359

Baur, Sam., Amtsreden an Särgen u. Gräbern. 3 Thle. 8. Ulm 822—25. Ebner. 4 Rthlr. 12 Gr. (2r u. 3r Thl. A. u. d. T.: Reden u. Betrachtt. an d. Gräbern d. Christen. 3r u. 4r Thl. 3 Rthlr.)

Baur, Sam., Amtsreden an Särgen u. Gräbern, zum Trost und zur Belehrung. Für Prediger u. Schullehrer. 4r u. letzter Thl. 8. Ulm 834. Ebner. 1½ Rthlr. 1r—3r Thl. s. Thl. I. S. 167.

— Andachten bei der Beichte u. Kommunion. Zum allgemeinen Gebrauch für evangelische Christen aus allen Ständen. Mit 1 Kpf. 8. Ulm 819. Ebner. 15 Gr.

— Andachtsbuch f. gebildete Gottesverehrer auf jeden Tag d. Jahrs. 4 Thle. 8. Leipz. 798. (ohne s. Namen). N. Aufl. 808. Weidmann. 2 Rthlr. Dass., mit grober Schrift u. in gr. 8. Ebd. 3 Rthlr. 8 Gr.

— **Andachtsbuch** für gebildete Gottesverehrer, auf jeden Tag des Jahrs. Th. 1–4. — Leipzig: Weidmann 1799. 8°
18. 75. 111.
13.7360

— — Neue Ausg. Th. 1–4. Ebd. 1808. 8° 18.
13.7361

— häusliche Andachtsübungen am Morgen u. Abend, in gesunden u. kranken Tagen u. auf besondere heilige Tage u. Zeiten. Dritte verb. Aufl. 8. Ulm 824. Ebner.

— häusliche Andachtsübungen am Morgen u. Abend, in gesunden u. kranken Tagen u. auf besondere heilige Tage u. Zeiten. 8. Ulm ... (ohne s. Namen) ... 2e A. 825. 3e A. ... Ebner. 16 Gr.

— der deutsche Bauernkrieg, in d. J. 1524 u. 25. Zur Unterhaltung f. alle Stände. 12. Ulm, Ebner. 8 Gr.

— **Homiletische Bearbeitung** aller sonn-, fest- und feiertäglichen Episteln für den Kanzelgebrauch. Bd 1.2. — Leipzig: Fleischer 1828. 8° 23[∞2]. 24. 48. 123.
13.7362

— homilet. Bearbeit. aller sonn-, fest- u. feiertägl. Evangel. f. d. Kanzelgebr. 4 Bde. gr. 8. Leipz. 822—24. G. Fleischer. 2 Rthlr. 16 Gr. N. A. 826—28. 4 Bde. Ebd. 8 Rthlr.

— **Homiletische Bearbeitung** aller sonn-, fest- und feiertäglichen Evangelien für den Kanzelgebrauch. Bd 1–4. — Leipzig: Fleischer 1826. 8° 4. 5. 23.
13.7363

— — Neue Ausg. Bd 4. Ebd. 1823. X,812 S. 8° 26.
13.7364

— **Allgemeines Beicht- und Kommunionbuch.** Ein Anh. zu d. Würtemberg'schen Gesangbuch. Von Sam. Baur u. C.F. Dietzsch. — Ulm: Ebner [1844]. IV,84 S. 8° 24.
13.7365

— Beicht- u. Kommunionbuch zum allgemeinen Gebrauch. Mit 1 Kpf. 8. Ulm 818. Ebner. 12 Gr.

— Beicht- u. Kommunionbuch, zum allgem. Gebrauch für evangel. Christen. (N. Ausg.) Mit Titelkpfr. 8. Ulm 835. Ebner. 5/8 Rthlr.

— **Beichtreden** und Absolutionsformeln auf alle Sonn- und Festtage des ganzen Jahres nach den Evangelien. Th. 1.2. Leipzig: Böhme 1797. 8° 78.
13.7366

— Beichtreden u. Absolutionsformeln a. alle Sonn- u. Festtage. 2 Thle. gr. 8. Leipz. 797. Knobloch. 1 Rthlr. 18 Gr.

— **Religiöse Betrachtungen** und Gebete am Morgen und Abend für christliche Familien auf alle Tage des Jahrs. Bd 1.2. — Sulzbach: v. Seidel 1825–26. 8°
12: Asc. 390.
13.7367

— — Unveränd. Ausg. Bd 1.2. Ebd. 1839. 8°
7. 12: Asc. 390 a.
13.7368

— **Historische Bildergallerie.** Th. 1.2. — Berlin [usw.]: Enslin 1825–26. 8° 3. 30. 79[∞1].
13.7369

— **Neuer historischer Bildersaal** für die Jugend und für alle Liebhaber einer unterhaltenden historischen Lectüre. Th. 1.2. — Dessau [usw.]: Voß 1808–19. 8°
47. 111[∞2]. 123[∞2].
13.7370

— neuer histor. Bildersaal für die Jugend. 2 Thle. Mit 10 Portr. gr. 8. Leipz. 808 u. 20. Voß. 3 Rthlr. 12 Gr.

— bunte Blätter a. d. histor. Welt. Ein Magazin ernster u. kom. Ereignisse, seltsam. Abenteuer u. Glückswechsel. Zur angenehmen Unterhalt. u. Belehr. f. Jedermann. 2 Thle. Mit Titlkpfrn. gr. 8. Nürnberg, Zeh. [1. (25 B.) 829., 2. (24½ B.) 830.] à 1 Thlr. 16 Gr.

— **Bunte Blätter** aus der historischen Welt. Th. 1.2. — Nürnberg: Zeh 1829–30. 8°
Selbständige Ausg. von Th. 2 s. *Baur:* Das Füllhorn. 1830.
1[∞2]: Yt 12455. 12[∞2]: P.o.germ. 78 f. 30. 75[∞1].
13.7371

Baur, Samuel, s.a. Charakteristik d. Erziehungsschriftsteller.

[—] **Charakteristik** der Erziehungsschriftsteller Deutschlands. — Leipzig: Fleischer 1790. XIV,591 S. 8°
1: Nc 1956. 7. 8. 10. 14. 15. 18. 19. 180. 207.
300: 20.454–A. 302. 303.
13.7372

— s.a. Charakteristik des Frauenzimmers.

[—] **Charakteristik** des Frauenzimmers. T. [1.] 2. — Gotha: Ettinger 1789–90. 8°
2. [Baur:] Liebe. Was sie ist und seyn sollte. 1790.
1: 1 – No 3681; 2 – No 3682. 12[∞1]: Ph. Pr. 767 p.
32. 39[∞2].
13.7373

Baur, Samuel. Gallerie historischer Gemälde aus dem achtzehnten Jahrhundert. Charakter-Zeichnungen interessanter Menschen aus der neuen Geschichte. 1.—2. Th. und 5.—6. Th. (2 Bde.)
8. Hof 1804—1821.

— **Charakter-Zeichnungen** interessanter Menschen aus der neuen Geschichte. Th. 1.2. — Hof: Grau 1806. 8° (Baur: Gallerie historischer Gemählde aus d. achtzehnten Jahrhundert. 5.6.) 1: Pb 1916–5.6.
12: Biogr. C. 22–5.6. 14→17. 19. 23. 39. 209. 302.
13.7374

— **Denkwürdigkeiten** aus der Menschen-, Völker- und Sittengeschichte alter und neuer Zeit. Bd 1–12. — Ulm: Stettin 1819–34. 8°
7–12. Neue Denkwürdigkeiten. Bd 1–6. 1825–34.
1[∞1.3/12]: Pa 8465. 12: H. misc. 18 q. 15[∞1.3/11].
16[∞9/12]. 17[∞7.9/12]. 18[∞12]. 19[∞4/12]. 21.
24. 30[∞8/12]. 33[∞3/12]. 48[∞1/6.9.10]. 209.
13.7375

— s. Duvals Briefwechsel.

— Schweizerischer Ehrentempel. Oder Gemälde ruhmvoller Heldenthaten im Kampfe für Freiheit und Vaterland. Nach authentischen Quellen bearb. (N. Ausg.) Mit (3) Kpfrn. 16. Ulm 838. Ebner'sche Buchh. 7/12 Rthlr.

— **Erbauungsbuch** für christliche Familien an den Sonn- und Festtagen des ganzen Jahres. Nach Anleitung d. evangelischen Texte. (Bd 1.2.) — Hof: Grau 1805. XVI,920 S. 8° 18. 29.
13.7376

— Erbauungsbuch für christl. Familien, an den Sonn- u. Festtagen d. ganzen Jahres, nach Anleit. d. evangel. Texte. 2 Bde. Leipz. 805. Herbig. 2 Rthlr. 16 Gr. 2e wohlf. Ausg. 819. 1 Rthlr. 16 Gr. Hbg. Pr. 16 Gr. 3e Ausg., s. unten Gebetbuch, vollst.

— Erhebungen d. Herzens zu Gott am Morgen u. Abend, s.a. Haus- u. Handbibliothek, 1. u. 2. Bd.

— Erhebungen des Herzens zu Gott am Morgen und Abend, und bei andern wichtigen Veranlassungen. Bd 1.2. Kempten: Dannheimer 1831. 8° (Haus- u. Handbibliothek d. Nothwendigsten u. Nützlichsten für jede deutsche Familie. 1,1.2.) 12: Var. 326 s-1,1.2. 17. 27. 207.
13.7377

— Erhebungen d. Herzens zu Gott am Morgen u. Abend u. bei and. wicht. Veranlassungen. Ein Familienbuch in 2 Bden. Mit 1 Titelkpf. gr. 8. Kempt. 832. Dannheimer. 1 rß 8 gr (Auch Haus- u. Handbibliothek, 1r, 2r Bd.)

(——) Erheiterungen für Alt u. Jung, s. Erheiterungen

— Unterhaltende Erzählung merkwürdiger Revolutionen und Empörungen, Verschwörungen und Komplotte, Schlachten und Belagerungen. Bd 1–4. — Ulm: Stettin 1816–18. 8° (Baur: Gemählde d. merkwürdigsten Revolutionen. 7/10.)
1 [** 3.4]: Pa 7596–7.8. 10. 12: H. Un. 21m–7/10. 16. 21. 23. 24. 31. 33. 53. 109. 203. 209.
13.7378

— [Übers.] s. *Florian*, Jean Pierre Claris de: Gonzalvo von Cordova [Gonzalve de Cordoue, deutsch]. 1793.

— Das Füllhorn. Bunte Blätter aus d. historischen Welt. — Nürnberg: Zeh [1830]. VIII,383 S. 8°
Die Schrift ist e. selbständige Ausg. von: *Baur:* Bunte Blätter aus d. historischen Welt. 2. 1830.
1: Pa 8501.
13.7379

Baur, S., Das Füllhorn. Bunte Blätter aus der historischen Welt. Ein Magazin ernster u. komischer Ereignisse, seltsamer Abenteuer u. Glückswechsel. Zur angenehmen Unterhaltung u. Belehrung f. Jedermann. Mit 1 Kpf. („der Krieg auf der Wartburg", P. C. Geissler del., Dalbon sc.) Nürnberg, C. H. Zeh, o. J. (c. 1840?). Gr. 8°.
S. 201—242: Das eheliche Leben des Kaisers Napoleon.

— Galérie de portraits hitoriques, contenant des biographies intéressantes des hommes du 18e siècle; 2 Tom. 8. Hof 807. (Leipz., Herbig). 3 rß 820. Hbg. Pr. 1 rß 12 gr

— [Ausz., franz.] Galerie de portraits historiques contenant des biographies intéressantes des hommes illustres du 18. siècle. T. 1.2. — Paris: Tourneisen; Hof: Grau 1808. 8° 1: Pb 1917. 19. 24. 32 [** 2].
13.7384

— — T. 1.2. Leipsic: Herbig 1820. 8° 17.
13.7385

— Gallerie der berühmtesten Dichter des achtzehnten Jahrhunderts. — Leipzig: Gräff 1805. XIV,456 S. 8° (Baur: Gallerie d. berühmtesten Personen d. achtzehnten Jahrhunderts. 1.)
12: Biogr. C. 21. 17. 18. 26. 35. 39. 117. 121. 302.
13.7380

— Gallerie historischer Gemählde aus dem achtzehnten Jahrhundert. Th. 1–6. — Hof: Grau 1804–06. 8°
1. Jan. bis März. 1804. 3. Julius bis Sept. 1804.
2. April bis Junius. 1804. 4. Okt. bis Dec. 1805.
5.6. Baur: Charakter-Zeichnungen interessanter Menschen aus d. neuen Geschichte. Th. 1.2. 1806.
1: Pb 1916. 12: Biogr. C. 22. 14. 15. 16. 33. 39. 209. 302.
13.7381

— — Neue, rechtmäßige u. wohlfeile Ausg. Th. 1–4. Ebd. 1805. 8° Inhalt wie in 13.7381.
12: Biogr. C. 23. 20 [** 1.2]. 22.
13.7382

— — Neue, verb. Aufl. Th. 1. Ebd. 1805. XX,484 S. 8°
Inhalt wie in 13.7381. 17. 19. 33.
13.7383

— Gallerie histor. Gemälde aus dem 18. Jahrhundert. Ein Handbuch für jeden Tag d. Jahres. 6 Bde. Neue wohlfeile Ausg. 8. Hof 823, Grau. 5 Rthlr. — Schreib-Pap.

— Gallerie der berühmtesten Personen des achtzehnten Jahrhunderts. Bd 1. — Leipzig: Gräff 1805. XIV,456 S. 8°
1. Baur: Gallerie d. berühmtesten Dichter d. achtzehnten Jahrhunderts.
12: Biogr. C. 21. 17. 18. 26. 35. 39. 117. 121. 302.
13.7386

— Gallerie d. berühmtesten Personen d. 18n Jahrh. 1r Bd. (deutsche Dichter.) 8. Leipz. 805. (Wienbrack). 1 rß 20 gr

— Gallerie de portraits historiqes des hommes illustr. 2 Tomes. 8. Hof, Grau. 807.

— vollständ. Gebetbuch f. d. häusl. Andacht. 2 Thle. (Eine neue Ausg. ds. Erbauungsbuches ꝛc.) 8. Ulm 821. 2e A. 822. 3e A. 824. 4e verb. Aufl. 826. Ebner. 1 rß

— — 3., verb. Aufl. Th. 1.2. Ebd. 1824. 8° 24.
13.7388

—— vollständ. Gebetbuch f. d. häusl. Andacht. 2 Thle. 4. u 5., verb. Aufl. Mit d. Bildn. d. Verf. (Stahlst.) 8. (à 39 B. Ulm 826, 34, Ebner. à 1 Thlr.

—— vollständ. Gebetbuch f. d. häusl. Andacht. 2 Thle. 6., verb. Aufl. (39 B.) 830. 1 Thlr., 7., verb. A. Mit d. Bildn. d. Verf. gr. 8. (40 B.) Ulm 842, Ebner'sche Buchh. à

Baur, Sam., vollständiges Gebetbuch für die häusliche Andacht. 2 Thle. 9. verb. Aufl. Mit dem Bildniß des Verf. (in Stahlst.). Ulm 857. Fr. Ebner. 8. (1 Bl., VI, 296; VIII, 312 S.) 1 rß

Baur, Sam., vollständiges Gebetbuch für die häusliche Andacht. 2 Thle. 10. verb. Aufl. Mit 2 Stahlst. Ulm 862. Ebner. 8. (VI, 296; VIII, 312 S.) 1 rß; geb. 1 rß 8 ngr

Baur, Sam., vertrau auf Gott! Vollständiges evangel. Gebetbuch f. Morgen u. Abend in gesunden u. kranken Tagen, f. Fest- u. Feiertage, Communion, sowie f. besondere Zeiten u. Lagen d. ganzen Lebens. 11. verb. Aufl. Mit 1 Stahlst. gr. 16. (XII, 736 S.) Ulm 877. Ebner. 2. 50; geb. in Leinw. u. 3. 50; m. Goldschn. n.n. 4. —; in Leder m. Goldschn. n.n. 5. —; in Saffian m. Goldschn. n.n. 7. —

— — 12., verb. Aufl. Ebd. 1889. XII,736 S. 8° 60.
13.7392

— Gebete und Betrachtungen zur Beicht- und Abendmahlsfeier. 8. Ulm, Ebner. 820.

— Gebete u. Betrachtt. zur Beichte u. Abendmahlsfeyer. 8. Ulm 822, Ebner.

—— Gebete u. Betrachtungen z. Beicht- u. Abendmahlsfeier. Zum allgem. Gebr. f. evangel. Christen a. allen Ständen. 2., verb. Aufl. 8. (6 B.) Ulm 830, Ebner.

— Gebete für leidende Kranke u. Sterbende u. in mancherlei andern Anliegen des häusl. Lebens. 3e verb. u. verm. Aufl. 8. Ulm 834. Ebner. 2/3 rß

— Gebete f. Leidende, Kranke u. Sterbende, u. in mancherlei andern Anliegen d. häusl. Lebens. gr. 8. Ulm 822. 2e Aufl. 826. Ebner. 16 gr

– s.a. Gemälde eins. Freuden.

[—] Gemälde einsamer Freuden und Leiden. Frei übers. Th. 1.2. — Leipzig: Kummer 1789. 8° 14.
13.7393

— Historische Gemälde, Erzählungen und Anekdoten aus der deutschen Geschichte. Bd 1. — Halle: Hemmerde & Schwetschke 1822. VIII,408 S. 8°
1: Rx 1580. 17. 18. 26. 39. 121.
13.7394

— Gemählde [Gemälde] der merkwürdigsten Revolutionen, Empörungen, Verschwörungen, wichtiger Staatsveränderungen und Kriegsscenen, auch anderer interessanter Auftritte aus d. Geschichte d. berühmtesten Nationen. Bd 1–10. — Ulm: Stettin 1810–18. 8°
7-10. Baur: Unterhaltende Erzählung merkwürdiger Revolutionen u. Empörungen. Bd 1-4. 1816-18.
1[∞9.10]: Pa 7596. 10. 12: H. Un. 21 m. 16. 21. 23. 24. 31. 33. 53. 109. 203. 209.
13.7395

— — 2., verb. Aufl. Bd 1. Ebd. 1824. 440 S. 8° 304.
13.7396

— Geschichte des deutschen Bauernkrieges. — Ulm: Ebner 1836. IV,120 S. 8° 3. 19. 21.
13.7397

Baur, S. Geschichte des niederländischen Freiheitskampfes gegen die spanische Nation. 2 Bd. (51½ B.) 16. Ulm 1837. 3,00.

— Geschichte des Niederländ. Freiheitskampfes gegen die spanische Regierung. Nach den besten und neusten authent. Quellen bearbeitet. 2 Bdchn. Mit (6) Kpfrn. 16. Ulm 837. Ebner'sche Buchh. 1 Thlr

— Geschichte des Dreyssigjährigen Kriegs. Bdch. 1–3. — Ulm: Ebner 1838. 8° 27.
13.7398

– s.a. Geschichtserzähll. groß. u. selt. Menschen.

[—] Geschichtserzählungen großer und seltener Menschen unsers Zeitalters (2: ... von großen und seltnen Menschen unsers Zeitalters). Bd 1.2. — Leipzig: Weygand 1798. 8° 1[∞2]: Pb 1812. 14[∞2]. 17. 32[∞2].
13.7399

— allgem. homilet.-prakt. Handb. bei Sterbefällen, s.a. Magazin.

— Allgemeines homiletisch-praktisches Handbuch bei Sterbefällen. Für Stadt- u. Landprediger. Bd 1. — Nürnberg: Bauer & Weicht 1805. XXXII,728 S. 8° 123.
13.7400

— — Bd [1.]2. Nürnberg: Schneider & Weigel 1810–17. 8°
2 mit Nebent.: Baur: Allgemeines homiletisch-praktisches Magazin für Leichen-, Trauer- u. Grabreden. 1817.
12[∞1]: Hom. 102 o. 30[∞2]. 123[∞1].
13.7401

— — allgemeines homiletisch-praktisches Handbuch bei Sterbefällen, für Stadt- und Landprediger, 2r Bd. welcher 200 Entwürfe zu Leichenpredigten und Parentationen üb. besond. Texte enth. gr. 8. Nürnb. Schneider u. W. 819. Auch mit dem Nebentitel:
Allgem. homiletisch-praktisches Magazin für Leichen-Trauer- und Grabreden.

— Homiletisches Handbuch über die Evangelien u. Episteln, s.a. Repertorium für alle Amtsverrichtungen eines Predigers.

— Homiletisches Handbuch über die sonntäglichen Evangelien und Episteln des ganzen Jahrs. Bd 1–5. — Halle: Gebauer 1810–15. 8° (Baur: Repertorium für alle Amtsverrichtungen e. Predigers. 7/11.) 1: Dy 16550–7/11. 10. 12[∞2/5]: Hom. 2036 r–7. 17. 25. 27. 32. 46. 48.
13.7402

— Homiletisches Handbuch für alle christlichen Festtage des ganzen Jahrs. Bd 1.2. — Halle: Gebauer 1808. 8° (Baur: Repertorium für alle Amtsverrichtungen e. Predigers. 4.5.)
1: Dy 16550–4.5. 10. 17. 23. 25. 27. 32. 46. 48. 123.
13.7403

— Homiletisches Handbuch zu Hochzeitpredigten und Trauungsreden für Stadt- und Landprediger. — Ulm: Ebner 1819. XIV,368 S. 8° 12: Hom. 102 ob. 27.
13.7404

— Homiletisches Handbuch für Casualpredigten. 2., verb. u. verm. Aufl. Bd 2.3. — Halle: Gebauer 1821. 8° (Baur: Repertorium für alle Amtsverrichtungen e. Predigers. 2. Aufl. 2.3.) 48. 123[∞2].
13.7405

— Homiletisches Handbuch für Wochenpredigten über auserlesene Bibelstellen. — Halle: Gebauer 1809. XIV, 800 S. 8° (Baur: Repertorium für alle Amtsverrichtungen e. Predigers. 6.) 1: Dy 16550–6. 10. 17. 23. 25. 27. 32. 46. 48.
13.7406

— prakt. Handbuch zu Beicht- u. Abendmahlsreden f. Stadt- u. Landprediger. 8. Ulm 821. Ebner. 2 Thlr

— Praktisches Handbuch für alle Kanzel- und Altargeschäfte des Stadt- und Landpredigers. Bd 1–4. — Tübingen: Osiander 1829–31. 8° 24.
13.7407

— prakt. Handbuch für alle Kanzel- und Altargeschäfte des Stadt- u. Landpredigers. 2e wohlf. Ausg. 1. Bd. 1e Lfrg. gr. 8. Tübingen 841. Osiander. ¼ Thlr

— Allgemeines historisches Handwörterbuch aller merkwürdigen Personen, die in dem lezten Jahrzehend des achtzehnten Jahrhunderts gestorben sind. — Ulm: Stettin 1803. 1110 Sp. 8°
Vgl. Ladvocat, Jean Baptiste: Historisches Hand-Wörterbuch [Dictionnaire historique portatif, deutsch]. 1760-1816.
1: Pb 1900. 4. 7. 14→19. 21. 24. 27. 31. 33. 38. 117. 180. 304.
13.7408

— Allgemeines historisch-biographisch-literarisches Handwörterbuch aller merkwürdigen Personen, die in dem ersten Jahrzehend des neunzehenten Jahrhunderts gestorben sind. Bd 1.2. — Ulm: Stettin 1816. 8°
Vgl. Baur: Neues historisch-biographisch-literarisches Handwörterbuch. 1807-16.
1: Pb 1925. 3. 5. 6. 7. 9. 12: Biogr. C. 23a–6.7. 16→21. 24. 26. 27. 28. 30→33. 35. 36. 38. 43. 45. 51. 75. 106. 109. 121. 300: 10.717. Bd 3.4. 302. 304. 307. 308.
13.7409

— Homiletisches Handwörterbuch für Stadt- und Landprediger. — Halle: Gebauer 1818. XXVI,788 S. 8° (Baur: Repertorium für alle Amtsverrichtungen e. Predigers. 12.)
1: Dy 16550–12. 10. 17. 25. 27. 32. 46. 48.
13.7410

— Neues historisch-biographisch-literarisches Handwörterbuch von der Schöpfung der Welt bis zum Schlusse des achtzehnten Jahrhunderts (6.7: bis zum Schlusse des Jahres 1810). Bd 1–7. — Ulm: Stettin 1807–16. 8°
In einigen Exemplaren Bd 6.7 auch mit d. Titeln:
1. Baur: Allgemeines historisch-biographisch-literarisches Handwörterbuch. Bd 1.2. 1816.
2. Baur: Kleines historisch-literarisches Wörterbuch. Bd 3.4. 1816.
3. Neues historisches Hand-Lexikon. Th. 6.7. 1816.
4. Ladvocat, Jean Baptiste: Historisches Hand-Wörterbuch [Dictionnaire historique portatif, deutsch]. Th. 10.11. 1816.
In einzelnen Exemplaren fehlt der eine oder andere der verschiedenen Titel.
1: 1–5 – Pb 2002; 6.7 – Pb 1925. 3. 5. 6. 7. 9. 12: Biogr. C. 23 a. 16→21. 24. 27. 28. 30. 32. 33. 35. 36. 45. 51. 75. 109. 121. 300: 1–5 – 76 H 31; 6.7 – 10.717. Bd 3.4. 302. 304.
13.7411

— neues histor.-biograph.-literar. Handwörterbuch von der Schöpfung d. Welt an bis zum Schlusse d. J. 1810. 7 Bde. gr. 8. Ulm 807—16. Stettin'sche B. 14 Thlr (4r — 7r Bd. A. u. d. T.: Kleines histor.-liter. Handwörterbuch üb. alle denkw. Personen, die vom Anfange d. Welt bis Ende 1810 gelebt haben. 4 Bde. gr. 8. Ebd. 813 — 16. 8 Thlr 16 gr Od. auch u. d. Titeln: 6r u. 7r Bd. Allgem. histor.-biogr.-liter. Handwörterbuch aller merkw. Personen, die in dem ersten Jahrz. d. 19n Jahrh. gestorben sind. 2 Bde. gr. 8. Ebd. 816. 4 Thlr u.: Allgem. histor.-biogr.-literar. Handwörterbuch d. denkwürd. Personen, die im letzten Jahrz. d. 18n Jahrh. gestorben sind. gr. 8. Ebd. 808. 2 Thlr 8 gr u. ferner: Ladvocats histor. Handwörterb., 10r, 11r Bd.)

—— prakt. Hülfsbuch f. Grabredner. Enthalt. Reden, Betrachtn. u. Grabgesänge, in Hinsicht auf mancherlei Stände, Lebensalter u. Todesarten. 2—4. (letzt.) Thl. 8. (72¼ B.) Ulm 828, 83 u. 84, Ebner. a
1. Thl. Ebendas. 1825. 1 Thlr. 12 Gr. — Hat mit den „Amtsreden an Särgen u. Gräbern" gleichen Inhalt.

— [Übers.] s. *Jameray*-Duval, Valentin: Briefwechsel mit Anastasia Socoloff [Lettres à Melle Anastasie Socoloff avec les réponses, deutsch]. 1792.

KEITH, Lord, und Lady Thompson, zwey platonisch Liebende, in englischer Manier (von *Samuel Baur*). Leipzig, Weygand, 1793. 8⁰. Selten!
Gradmann, Gelehrtes Schwaben, S. 24. — Fehlt im Anon.-Lex.

LENCLOS, Ninon v. (ps. für *Sam. Baur*), Die Kunst, dem Frauenzimmer zu gefallen und in der Liebe glücklich zu seyn. Ein Buch voll treffender Wahrheiten von —. Mit TKpf. Leipzig, Weygand, 1790. 8⁰. Sehr rar!
Ueber d. Verf. s. Gradmann's gelehrtes Schwaben. (Tüb.) 1802. p. 23—24.

KURT, der schwarze Bastard, auf seinen Reisen in unbekannte Länder (von *Samuel Baur*). Leipzig. in der Weygandschen Buchhandlung, 1792. 8⁰. 3 Bll. u. 272 S.
Handelt auch über Herrschaft der Weiber und Amazonen. — Name d. Vf. bei Gradmann, p. 24. — Fehlt im Anon.-Lex.
— — Dasselbe. (Nachdruck.) Mit schönem Titelkpfr. von Weinrauch (Amazonen). Wien, bei Jos. Ochß, 1792. 8⁰. (3 Mk. J. Neumann, 1906; 6 Mk. Adolf Weigel, 1908; 4 Mk. 50 Pfg., Gust. Fock, Lpz., 1911.)
Hier steht: „unbekannten Ländern".

[—] — Wien: Haas 1794. 277 S. 8° 1:Yw 3750.
13.7413

— [Übers.] s. *La Bruyère*, Jean de: Sittengemälde [Les Caractères ou les mœurs de ce siècle, Ausz., deutsch]. 1790.

— [Forts.] s. *Ladvocat*, Jean Baptiste: Historisches Hand-Wörterbuch [Dictionnaire historique portatif, deutsch]. 7-11. 1794-1816.

— [Hrsg.] s. *Ladvocat*, Jean Baptiste: Historisches Hand-Wörterbuch [Dictionnaire historique portatif, deutsch]. 2. Aufl. 5.6. 1800-06.

— Leben, Meinungen u. Schicksale berühmter u. denkw. Personen aus allen Zeitaltern, f. d. Jugend bearb. 5 Bde. Mit 10 Kpf. 8. Frankf. 817 — 21. (Gebhardt in Grimma): 7 Rthlr. Velinp. mit Kpf. 9 Rthlr. 12 gGr.

— — Leben, Meinungen u. Schicksale berühmter u. denkw. Personen aus allen Zeitaltern, f. d. Jugend bearbeitet. 1r Bd. mit Kupf. auf Velinp. (1 Rthlr. 16 Gr.) 2r Bd. (1 Rthlr. 20 Gr.) 3r Bd. (2 Rthlr.) 4r Bd. (2 Rthlr.) 8. Frankf., Wilmans. 817—820.

— Leben, Meinungen u. Schicksale berühmter u. denkw. Personen aus allen Zeitaltern, für d. Jugend. 5r Thl. Mit Kpfrn. 8. Frankfurt 821, Wilmans. 2 Rthlr., ohne Kpfr.

— — dasselbe auf Druckp. ohne Kupf. 1r Bd. (1 Thlr. 4 Gr.) 2r Bd. (1 Thlr. 8 Gr.) 3r Bd. (1 Thlr. 12 Gr.) 4r Bd. (1 Thlr. 12 Gr.)

— Interessante Lebensgemälde der denkwürdigsten Personen des achtzehnten Jahrhunderts. Bd 1-7. — Leipzig: Voß 1803-21. 8°
7. Baur: Biographische Schilderungen ausgezeichneter Menschen unseres Zeitalters. Bd 1. 1821.
Vollst. . . . . 14. 111.
1-6 . . . . . 9. 15. 17. 18. 19. 26. 27. 28. 35. 39. 117. 203. 300:8180.
1-3 . . . . 4. 12: Biogr. C. 24.
2-7 . . . . 1:Pb 1912-2/7. 43.
13.7415

— — 2., verb. u. verm. Aufl. Bd 1. Ebd. 1820. XII,643 S. 8° 1:Pb 1912-1. 39. 43. 48.
13.7416

[—] Liebe. Was sie ist und seyn sollte. — Gotha: Ettinger 1790. 216 S. 8° ([Baur:] Charakteristik d. Frauenzimmers. 2.) 1:No 3682. 12:Ph. Pr. 767 p. 32.
13.7418

– s.a. Liederbuch f. Freunde d. Gesangs.

[—] Liederbuch für Freunde des Gesangs. — Ulm 1790: Wagner. 253 S. 8° 12:P. o. germ. 858 te. 21.
13.7419

[—] — 2. Aufl. Ebd. 1791. 253 S. 8° 1:Yd 5328³. 60.
13.7420

— [Ubers.] s. *Lussan*, Marguerite de: Thessalische Zauber- und Geister-Mährchen [Les Veillées de Thessalie, deutsch]. 1792-94.

— allgemeines homiletisch-praktisches Magazin f. Leichen-, Trauer- u. Grabreden ꝛc. gr. 8. Nürnb. 805, Schneider u. W. 1 Rthlr. 12 gGr. 2r Bd. A. u. d. T.: Allgem. homilet.-prakt. Handbuch bei Sterbefällen ꝛc. gr. 8. Ebd. 817. 1 Rthlr. 12 gGr.

— — allgemeines homiletisch praktisches Magazin für Leichen-Trauer- und Grabreden mit steter Hinsicht auf das Alter, den Charakter, Stand, die Todesart u. die übrigen Verhältnisse der Verstorbenen und ihrer Hinterlassenen, gr. 8. Nürnberg, Schneider u. W. 817.

— Materialien zu extemporirbaren Kanzel-Vorträgen besonders an Wochentagen, bei der Bußtags-Feier, und bei Beerdigungen. Bd 1.2. — Heilbronn: Drechsler 1828-30. 8° 26 [=2]. 27
13.7421

— Historische Memorabilien, Curiositäten und Raritäten aus alter und neuer Zeit. Th. 1. — Augsburg: Jenisch & Stage 1831. 378 S. 8° (Baur: Historisches Raritäten-Kabinet. 5.) 33.
13.7422

— — 2., verm. u. verb. Aufl. Th. 1.2. Ebd. 1834. 8° 14. 309.
13.7423

– s. Lord Neith

— Predigtbuch für die häusliche Erbauung, über alle Sonn- und Festtags-Evangelien durch's ganze Jahr. Bd 1.2. Ulm: Ebner 1829. 8° 24. 27.
13.7424

Baur, Sam., Predigtbuch für die häusliche Erbauung über alle Sonn- und Festtags-Evangelien durch's ganze Jahr. 2. (Titel-) Aufl. 2 Bde. gr. 8. (X und 700 S. mit Bildn. des Verf. in Kpfrst.) Schw. Hall (835), Haspel'sche Buchh. *

—— Predigtbuch f. d. häusl. Erbauung üb. alle Sonn- u. Festtags-Evangelien durch's ganze Jahr. 2. Aufl. 2 Bde. (6 Lfg.) Mit d. Bildn. d. Verf. gr. 8. (45⅛ B.) Stuttgart 835, [Scheible, Rieger u. Sattler.]
Vgl. Bauer.

Baur, Sam., Predigtbuch f. die häusliche Erbauung üb. alle Sonn- u. Festtags-Evangelien durch's ganze Jahr. 2. (Titel-) Aufl. Mit dem Bildnisse des Verf. (in Kupferst.) 2 Bde. gr. 8. (X u. 790 S.) Schw. Hall (835) 850, Haspel. n. 1 Rthlr.

– s.a. Predigtentwürfe üb. d. Moral.

(—) Predigtentwürfe über die ganze christliche Moral, in alphabetischer Ordnung. (Verf.: Samuel Bauer.) Bd 1-3. Liegnitz: Siegert 1803-05. 8° 1:Dy 16530. 12 [=2.3]: Hom. 2011 o. 27 [=1.3]. 41.
13.7425

— [Übers.] s. *Prévost* d'Exiles, Antoine François: Der Mann vom Stande [Mémoires et aventures d'un homme de qualité, deutsch]. 1790-91.

Baur, Sam., historisches Raritäten-Kabinet. 1r—4r Bd. 8. Augsb. 826—27. v. Jenisch u. St. 5 ℛß 12 ℊℊ 5r u. 6r Bd. A. u. d. T.: Histor. Memorabilien, Curiositäten u. Raritäten alter u. neuer Zeit. 1r u. 2r Thl. 8. Ebd. 831 u. 32. Jenisch jun. (à 1 ℛß 18 ℊℊ) 3 ℛß 12 ℊℊ

— Reden und Betrachtungen an den Gräbern der Christen. Zum Gebrauch für Prediger u. Schullehrer. Th. [1]-4. — Ulm: Ebner 1819-25. 8°
[1.] 1819. 2. 1821. 3. 1824. 4. 1825.
Selbständige Ausg. von Th. 2 s. *Baur:* Amtsreden an Särgen u. Gräbern, zum Trost u. zur Belehrung. 1822.
12[∞2/4]: Hom. 2036 q. 24[∞2]. 30.
13.7427

– s. Reise e. Negerin

[—] Reisen einer Negerinn. Charakteristische Gemälde aus der gesitteten und rohen Welt. Frei nach d. Franz. bearb. Th. (1.) 2. — Nürnberg: Felßecker 1790. 8°
17. 22[∞2].
13.7428

[—] — Th. 1.2. Ebd. 1800. 8° 1: Yw 3283/15.
13.7429

— Reisen in alle Welttheile. Th. 1.2. — Augsburg [usw.] (2: Augsburg): Jenisch & Stage 1833. 8°
12: It. coll. 11 m.
13.7430

— Repertorium für alle Amtsverrichtungen eines Predigers, s.a. Repertorium.

— Repertorium für alle Amtsverrichtungen eines Predigers. Bd 1-12. — Halle: Gebauer 1805-18. 8°
4.5. Baur: Homiletisches Handbuch für alle christlichen Festtage d. ganzen Jahrs. Bd 1.2. 1808.
6. Baur: Homiletisches Handbuch für Wochenpredigten über auserlesene Bibelstellen. 1809.
7-11. Baur: Homiletisches Handbuch über d. sonntäglichen Evangelien u. Episteln d. ganzen Jahrs. Bd 1-5. 1810-15.
12. Baur: Homiletisches Handwörterbuch für Stadt- u. Landprediger. 1818.
1: Dy 10550. 10. 12[∞1/6.8/12]: Hom. 2036 r. 17. 25. 27. 32.
13.7431

— — 2., verb. u. verm. Aufl. Bd 1-3. Ebd. 1820-21. 8°
2.3. Baur: Homiletisches Handbuch für Casualpredigten. 2. Aufl. Bd 2.3. 1821.
46[∞2.3]. 48[∞1]. 123[∞1.2].
13.7432

— Repertorium f. alle Amtsverrichtungen ein. Predigers. 4. Bd. — A. u. d. T.: Homilet. Handbuch f. alle christl. Festtage d. ganz. Jahres. 1. Bd. 2., verb. u. verm. Aufl. gr. 8. (39 B.) Halle 828, Gebauer.
1—3. Bd. 2. Aufl. 1820, 21. u. 5—12. Bd. 1808—18. Ebendas. 24 Thlr. 9 Gr.

— — Ausg. in Monatsheften. Abth. 1-6(=Bd 1-12). Ebd. 1831-35. 8°
1. Casualpredigten. 1831.
2. Homiletisches Handbuch für alle christlichen Festtage d. ganzen Jahres. 1832.
3. Homiletisches Handbuch für Wochenpredigten über auserlesene Bibelstellen. 1832.
4.5. Homiletisches Handbuch über d. sonntäglichen Evangelien (5: Episteln) d. ganzen Jahres. 1834-35.
6. Homiletisches Handwörterbuch. 1835. 34.
13.7433

— dass. (Neue) Ausg. in Monatshftn. I. Abthl. Casualpredigten. 18 Hfte. gr. 8. (139 B.) Ebds. 829—31. à Hft.

— dass. II. Abthl. Handbuch f. alle christl. Festtage d. ganz. Jahres. 12 Hfte. gr. 8. (81¼ B.) Ebds. 831, 32. à Hft.

— dass. III. Abthl. Handb. f. Wochenpredigten üb. auserles. Bibelstellen. 6 Hfte. gr. 8. (51½ B.) Ebds. 832. à Hft.

— dass. IV. Abthl. Handb. üb. d. sonntägl. Evangelien d. ganz. Jahres. 18 Hfte. gr. 8. (124¼ B.) Ebds. 832, 33 u. 34. à Hft.

— dass. V. Abthl. Handb. üb. d. sonntägl. Episteln d. ganz. Jahres. 12 Hfte. gr. 8. (à ca. 6—7 B.) Ebds. 834, 35. à Hft.

— dass. VI. Abthl. Handb. d. Glaubens-, Sitten- u. Klugheitslehre. 6 Hfte. gr. 8. (à ca. 6—7 B.) Ebds. 835. à Hft.

(Baur, S[amuel].) Revolution in der Schweiz. Im Jahr Christi ein tausend drei hundert und sieben. 8. [Ulm 1812.]
(*Ausschnitt aus:* S. Baur's [Gemählde der merkwürdigsten] Revolutionen [... aus der Geschichte der berühmtesten Nationen ...]. Bd. 4.)

— Biographische Schilderungen ausgezeichneter Menschen unseres Zeitalters. Bd 1. — Leipzig: Voß 1821. X, 628 S. 8° (Baur: Interessante Lebensgemälde d. denkwürdigsten Personen d. achtzehnten Jahrhunderts. 7.)
Im Exemplar von 111 fehlt d. Haupttitelblatt.
1: Pb 1912-7. 7. 14. 41. 43. 111.
13.7434

— histor. Schilderungen denkwürd. Menschen u. Begebenheiten. 2. u. 3. Bd., s. dess. Unterhaltungsbuch.

— Historische Schilderungen denkwürdiger Menschen und Begebenheiten. Th. (4.6: Bd) 2-4.6. — Ulm: Ebner 1828-33. 8°
2 mit Nebent.: Baur: Historisch-biographisches Unterhaltungsbuch. 5. 1828.
Vgl. auch Baur: Historisch-biographisches Unterhaltungsbuch. 1822-30.
24[∞3.4.6]. 48.
13.7435

[—] Deutschlands Schriftstellerinnen. — King-Tsching 1790: Kaiserl. Dr. [vielm. Ulm 1790: Stettin]. 100 S. 8°
1: Am 4336. 8. 11. 12 [unvollst.]: P. o. germ. 1346 c. 14. 21. 24. 27. 180. 300: 178.512-A.
13.7436

— interessante Sitten- u. Charaktergemälde aus der deutsch. Geschichte, zur Unterhaltung u. Belehr. f. d. Jugend. 8. Nürnb. 811. Schneider u. W. N. Aufl. Mit ill. Kpf. 8. Ebd. 821. 1 ℛß

– s. Taverniere: Beobachtt.

— Historisch-biographisches Unterhaltungsbuch für Leser aus allen Ständen. Th. 1-6. — Ulm: Ebner 1822-30. 8°
5 mit Nebent.: Baur: Historische Schilderungen denkwürdiger Menschen u. Begebenheiten. Bd 2. 1828.
Vgl. auch Baur: Historische Schilderungen denkwürdiger Menschen u. Begebenheiten. 1828-33.
17[∞1/3.5.6]. 24. 303[∞2/6].
13.7439

— histor.-biograph. Unterhaltungsbuch f. Leser a. allen Ständen. 5. u. 6. Thl. — A. u. d. T.: Histor. Schilderungen denkwürd. Menschen u. Begebenheiten. 2. u. 3. Bd. Mit Titkpfrn. 8. (24 u. 23½ B.) Ulm 828, Ebner. à
1—4. Thl. (4. a. u. d. T.: Histor. Schilderungen rc. 1. Bd.) Ebendas. 1822—27. à 1 Thlr. 12 Gr.
Vgl. Bauer.

— Vertrau auf Gott. 11. Aufl. 1877 u.d. s. *Baur:* Vollständiges Gebetbuch für die häusliche Andacht.

— allgem. histor. Wörterbuch all. merkwürd. Person., d. in d. letzt. Jahrzeh. des 18ten Jahrh. gestorben sind. gr. 8. Ulm, Stettin. 803.

— Kleines historisch-literarisches Wörterbuch über alle denkwürdige Personen, die vom Anfange der Welt bis zum Schlusse des achtzehnten Jahrhunderts (3.4: bis zum Ende des Jahres 1810) gelebt haben. Bd 1-4. — Ulm: Stettin 1813-16. 8°
Vgl. Baur: Neues historisch-biographisch-literarisches Handwörterbuch. 1807-16.
1[∞1.2]: Pb 1925. 3. 9. 12[∞1.2]: Biogr. C. 23a-6.7. 16. 17. 19. 21. 24. 26. 27. 31. 32. 33. 38. 300: 10.717. 307.
13.7440

Baur, Thomas Ludwig: Wie der Prediger des Evangeliums seinerseits den Kampf unter den stürmischen Bewegungen dieser Zeit wohl bestehen möge. Synodalpredigt über 1. Petri 2,15,16. — Ulm: Wohler 1848. 18 S. 8° 24.
13.7442

Baur, Ulrich: Illustrierter Auktionskatalog d. Kunst- u. Antiquitäten-Sammlung von Ulrich Bauer. — München 1892: Knorr & Hirth. 17 S., 4 Taf. 4° 123.
13.7445

Baur, Valentin: Gedichte. — Rottenburg 1836: Engel. 95 S. 8° 21. 24.
13.7446

Baur, Valentin Friedrich: Konfirmations- und Schul-Predigt an den Sonntägen Jubilate und Rogate 1811 über Joh. 16,5–15. und Joh. 16,23–33. — Tübingen [1811]: Schramm. 36 S. 8° 24.
13.7447

— Zum Nachdenken über die christliche Confirmations-Handlung. Nebst e. Anh. einiger Gebethe. — Tübingen: Heerbrandt 1813. 119 S. 8° 24. 207.
13.7448

Baur, Val. Fr., zum Nachdenken üb. d. christl. Confirmationshandlung 2c. 8. Tübing. 813. Osiander. 8 gl.

— Predigten. 2 Bde. Neue Aufl. 8. Ebend. 814.

— Predigten über sonn- u. festtägl. Texte. gr. 8. Tübing. 808 — 10. N. T. 814. (Osiander). 2 rℓ

Baur, (Val. Fr.,) Predigten über Sonn- u. Festtägl. Texte. gr. 8. Tübingen 808—10, jetzt Verl. v. Osiander.

— Predigten über sonn- und festtägliche Texte. Nebst e. Anh. von einigen Konfirmations- u. Feiertags-Predigten. Samml. [1.]2. — Tübingen: Schramm 1808–10. 8° 24.
13.7449

— Ueber das Verhältniß der practischen Theologie zur wissenschaftlichen. — Tübingen: Heerbrandt 1811. 206 S. 8° 8. 16. 15. 19. 24. 308.
13.7450

— üb. d. Verhältniß d. prakt. Theologie z. wissenschaftlichen 2c. 8. Tübing. 811. Osiander. 16 gl.

Baur, W., Architekt. 1910: Dielen und Treppen. Neue praktische Vorlagen für Architekten, Bau- u. Möbel-Tischler. Ravensburg: Maier [1910]. 20 Taf. 4° 17. 91.
13.7453

Baur, W., eine neue Idee über Entstehung u. Ursache des Lichtes und der Wärme, der Sonne, der Sonnenflecken und der Sonnenfackeln, Wesen und Entstehung des Zodiakallichtes und Polarlichtes. 8. (36 S.) Freiburg i. Br. 888. Kiepert. n. 1. —

Baur, Wilhelm

Baur, Wilh., Abschiedspredigt geh. am dritten Sonntage nach Trinitatis, den 16. Juni 1872. gr. 8. (15 S.) Hamburg 872. Nolte. n. — 30

— 1813 [Achtzehnhundertdreizehn] und 1870. Ein Vortrag. — Bremen: C. E. Müller 1870. 39 S. 8°
1: Kr. Samml. Se 89. 7. 17. 18. 26. 46. 48. 109.
13.7456

— — 2. Aufl. Ebd. 1870. 39 S. 8° 28.
13.7457

— dasselbe, s.a. Vorträge, zeitgeschichtliche.

— Advent und Weihnacht, Jahresschluß und Neujahr. 4 Predigten. — Hamburg: Nolte 1868. 52 S. 8° 17. 18.
13.7458

— Antritts-Predigt über Joh. 21,15–17 bei seiner Einführung in das Amt als Prediger an der St. Anschar-Capelle in Hamburg. — Hamburg: Agentur d. Rauhen Hauses 1865. 16 S. 8° 17. 18.
13.7459

— Beicht- und Communionbuch. — Hamburg: Mauke 1872. IV,146 S. 8° 1: Ds 10840. 17. 18. 27. 29.
13.7460

— — 2., verb. Aufl. Jena: G. Fischer 1878. IV,146 S. 8°
12: Asc. 5410a. 16. 17. 18.
13.7461

Baur, Wilh., Beicht- und Communionbuch. 2. Aufl. 8. Jena 878. Gotha, F. A. Perthes. *
geb. mit Goldschn. *

— Beicht- u. Communionbuch. 2. verb. Aufl. (V, 146 S.) Jena 880. Fischer. n. 1. 80;
geb. m. Goldschn. n. 3. —

— Beicht- und Kommunionbuch. 3. Aufl. Gotha: F. A. Perthes 1882. IV,153 S. 8° 1: Ds 10840[3]. 16. 39.
13.7463

Baur, Wilh., Beicht- und Kommunionbuch. 4. und 5. Aufl. 8. (V, 153 S.) Gotha 885,86, F. A. Perthes. *
geb. *

— — 6. Aufl. Ebd. 1890. IV,153 S. 8° 26.
13.7464

— Das gute Bekenntniß. Predigt. — Hamburg: Nolte 1868. 18 S. 8° 48.
13.7465

— — 1868 in: *Baur:* Kreuz und Kraft, Fried' und Freude.

— der Beweis des Glaubens durch die Liebe. Predigt beim Jahresfeste des Vereins für innere Mission, in der St. Stephani-Kirche zu Bremen am 29. Septbr. 1869 gehalten. Bremen 869. (Barmen, Buchh. der ev. Gesellschaft.) 8. (16 S.) n. 4 *ngr.*

— Der Beweis des Glaubens durch die Liebe. Predigt. — Bremen 1869: Hilgerloh. 16 S. 8° 17.
13.7466

—— d. Beweis d. Glaubens durch d. Liebe. Pred. 8. (16) Brem. 69. (Barm., Klein.) *n.* — 4

— [Vorr.] s. *Bonar*, Horatius: Worte an Seelsorger [Words to the winners of souls, deutsch]. 3. Aufl. 1892.

– Ein deutsches Bürgerleben, s. Familienbibliothek fürs deutsche Volk.

— [Hrsg.] s. *Christoterpe*, Neue. 1880ff.

— Christus und die Gemeinde. Ein Jahrgang Predigten über freie Texte. Hälfte 1.2. — Bremen [usw.]: C. E. Müller 1889. V,659 S. 8°
1. Von Advent bis Sonntag Jubilate. (Bußtag).
2. Von Sonntag Cantate bis zum 27. Sonntag nach Trinitatis.
1: Ec 24866. 4. 9. 17. 26. 46. 79.
13.7467

— Christus u. seine Gemeinde. 4 Predigten auf Himmelfahrt, Exaudi, 1. u. 2. Pfingstfeiertag geh. gr. 8. (56 S.) Hamburg 871. Nolte. n. — 90

— Christus und Welt. 2 Predigten. — Hamburg: Nolte 1870. 32 S. 8° 17. 18.
13.7469

— Durch Kampf zum Frieden. Durch Saat zur Ernte. 4 Predigten. — Hamburg: Nolte 1870. Getr. Pag. 8°
Sondertitel:
1. Baur: Der Kampf wider d. gefährlichsten Feinde unseres Volkslebens.
2. Baur: Der heilige Krieg, den wir immerdar führen sollen.
3. Baur: Wie die Saat, so die Ernte.
4. Baur: Der Schutz wider Ermüdung im Christenleben. 18.
13.7470

— über die gesunden Elemente rechten Jugendlebens. Festrede, geh. auf dem vereinigten Jünglingsfeste der Hamburg-Altonaer Jünglingsvereine den 6. Febr. 1882. gr. 8. (12 S.) Hamburg 882. Koch in Comm. n. — 25

– Ueber die gesunden Elemente rechten Jugendlebens. Festrede. — Hamburg 1882: (Lüdeking). 12 S. 8°
24. 207.
13.7471

— Ernst und Liebe, Kampf und Friede. 4 Predigten. — Hamburg: Nolte 1870. 62 S. 8° 18.
13.7472

— über christliche Erweckungen. Ein Vortrag, geh. im evangel. Verein zu Berlin, am 24. Jan. 1876. gr. 16. (61 S.) Berlin 876. Hauptverein f. christl. Erbauungsschriften. — 75

— Es ist in keinem andern Heil. Predigten für d. festliche Hälfte d. Kirchenjahrs. — Gütersloh: Bertelsmann 1874. VIII,416 S. 8° 1:Ec 22676. 2. 18. 26. 13.7474

— Das Evangelium und sein Dienst. 6 Predigten. — Hamburg: Nolte 1871. 90 S. 8° 18. 43. 13.7475

— Das Examen am See Genezareth. Predigt. — Grünberg 1857: Robert. 16 S. 8° 17. 13.7476

— feiere den Sonntag! Eine Predigt üb. Offenb. Joh. 1,10 am 14. Sonntag nach Trin. 1875 im Dom zu Berlin geh. 8. (12 S.) Ducherow 875. (Berlin, Beck.) n. — 10

— Feiere den Sonntag! Predigt. — Ducherow: Deutsche Gesellschaft d. Sonntags- u. Arbeiterfreunde 1875. 12 S. 8° 1:1 in 4° Ds 3020. 9. 26. 13.7477

— — 2., unveränd. Abdr. Ebd. 1877. 12 S. 8° 2. 13.7478

—— Festpredigt, s. Scholz.

— Festpredigt, gehalten bei der Jahresfeier des evangelisch-lutherischen Missionsvereins in der St. Nicolai-Kirche zu Hamburg. 1866 in: *Bericht* des Hülfsvereins der Leipziger evangel.-lutherischen Missions-Gesellschaft zu Hamburg bei der Jahresfeier

— Drei Festpredigten bei der 40. Hauptversammlung des Evangelischen Vereins der Gustav-Adolf-Stiftung in Düsseldorf ... 1886 gehalten von Baur, Emil Frommel u. v. Criegern. — Leipzig: Gustav-Adolf-Stiftung 1886. 44 S. 8° 7. 24. 34. 61. 13.7479

— E. Frommel u. v Criegern, drei Festpredigten, bei der 40. Hauptversammlung d. Evangelischen Vereins der Gustav-Adolf-Stiftung in Düsseldorf am 7. u. 8. Septbr. 1886. geh. gr. 8. (44 S.) Leipzig 886. (Hinrichs' Verl.) n.n. — 30

— Drei Festpredigten bei der 42. Hauptversammlung des Evangelischen Vereins der Gustav-Adolf-Stiftung in Halle a. S. 1888 s. *Scholz*, Hermann.

— Zwei Festpredigten bei der Jahresfeier des Hauptvereins Wiesbaden der Gustav-Adolf-Stiftung in Herborn ... 1887 gehalten von Baur u. Friedrich. — Wiesbaden 1887: Bechtold. 16 S. 8° 43. 13.7480

— Die Freiheit, welche dem Christen bleibt, in den überwältigenden Ereignissen dieser Zeit. Predigt. — Hamburg: Nolte 1866. 16 S. 8° 17. 18. 43. 13.7481

— Der Friede des Christen mitten im Krieg. Predigt ... nach d. Kriegserklärung ... 1870. — Hamburg: Nolte 1870. 16 S. 8° 18. 30. 43. 208. 13.7482

— im Frieden. Vier Predigten. gr. 8. (62 S.) Ebend. 871. n. — 60

— Die Friedensarbeit des deutschen Volkes. Predigt. — Hamburg: Nolte 1871. 15 S. 8° 18. 43. 13.7483

— das Friedensgeläute im deutschen Lande. Predigt gehalten am Sonntage nach dem Friedensabschluß. gr. 8. (16 S.) Ebend. 871. n. — 20

— Das Friedenslied an Deutschlands Friedensfeste. Predigt. — Hamburg: Nolte 1871. 16 S. 8° 18. 43. 13.7485

— Die Friedensstimmung des Christenglaubens. Predigt. Hamburg: Nolte 1871. 15 S. 8° 18. 43. 13.7486

— Die Frucht des Kreuzes. Predigt. — Hamburg: Nolte 1871. 15 S. 8° 18. 13.7487

Baur, Wilh., Gebet- u. Liederbüchlein f. Kinder. 1. (Hft.) 16. (48 S. m. eingedr. Holzschn.) Darmstadt 851. (v. Auw.) 2 ngr

—— Gebet- u. Liederbüchl. f. Kinder. 1. (Hft.) 16. (48) Darmst. 51. (Lpzg. Hartmann.) n. — 2

— Die Gebetsrüstung, in welcher ein frommes Volk in den Krieg geht. Predigt. — Hamburg: Nolte 1870. 15 S. 8° 18. 43. 13.7488

— Die evangelische Gemeinde. Predigt. — Berlin [1873]: Knickmeyer. 8 S. 8° 1:Ec 22436. 13.7489

— Vom geistlichen Gesang. Rede. — Gießen: Ricker 1854. VIII,27 S. 8° 17. 13.7490

— Geschichts- und Lebensbilder aus der Erneuerung des religiösen Lebens in den deutschen Befreiungskriegen. Bd 1.2. — Hamburg: Agentur d. Rauhen Hauses (1864). 8° 2. 5. 6. 10. 11. 17. 18. 23. 26. 27. 31. 46. 48. 51. 61. 66. 79. 13.7491

— Geschichts- und Lebensbilder aus der Erneuerung des religiösen Lebens in den deutschen Befreiungskriegen. 1—8. Liefg. Hamburg 864. Agentur d. Rauhen Hauses. 8. (1. Bd.: XXIII, 444 S.; 2. Bd.: S. 1—160.) Jede Liefg. n. 6 ngr.

— Geschichts- u. Lebensbilder aus der Erneuerung des religiösen Lebens in den deutschen Befreiungskriegen. 9—12. (letzte) Liefg. Hamburg 865. Ag. d. Rauhen Hauses. 8. (2. Bd.: S. 161—480.) Jede Liefg. n. 6 ngr.; Ladenpreis complet n. 3 ℛ

— — 2 Bde. 2. Aufl. Ebend. 865. 8. (XXVI, 1060 S.) n. 3 ℛ

— — 2. Aufl. Bd 1.2. Ebd. (1866). 8° 1:Qn 7678². 21. 24. 29. 33. 43. 46. 61. 98. 107. 169. 13.7492

— — 3. Aufl. Bd 1.2. Ebd. 1871. 8°
In einigen Exemplaren fehlt auf d. Titelblatt d. Angabe d. Erscheinungsjahrs.
8. 17. 18. 23. 42. 43. 44. 75. 109. 117. 203. 13.7493

—— Geschichts- und Lebensbilder aus der Erneuerung des religiösen Lebens in den deutschen Befreiungskriegen. 3. Aufl. 2 Bde. br. 8. (XXXVI, 550; III, 551 S.) Hamburg 872, Agentur des Rauhen Hauses. à Bd. * ℳ 4,50. *

— — 4., veränd. Aufl. Bd 1.2. Ebd. 1884. 8° 1:Qn 7678⁴. 15. 17. 18. 24. 29. 30. 33. 34. 62. 64. 207. 13.7494

— — 5. Aufl. Bd 1.2. Ebd. 1893. 8° 5. 18. 21. 26. 28. 33. 43. 61. 62. 79. 84. 109. 13.7495

— Die Genfer- und die schweizerische Gesellschaft zur Heiligung des Sonntags. — (Hamburg 1875: Dr. des Rauhen Hauses.) 30 S. 8° 1:8 in 4° Ds 3020. 106. 203. 13.7496

— die Genfer u. die schweizerische Gesellschaft zur Heiligung d. Sonntags. gr. 8. (30 S.) Hamburg 876. Agentur d. Rauhen Hauses. n. — 50

— das Gesicht d. Propheten, Licht f. die Gemeinde. Predigt während d. 16. evangel. Kirchentags in der St. Laurentii-Kirche zu Halle geh. gr. 8. (14 S.) Halle 873. Fricke. — 25

— die Gewißheit unseres Christenglaubens. Eine gemeinverständl. Verteidigung des Christentums. gr. 8. (V, 133 S.) Gotha 884, F. A. Perthes.

— Glaube und Werk. 4 Predigten. — Hamburg: Nolte 1869. 67 S. 8° **17. 18.**
13.7500

— Das große Gut der Freiheit, welches Luther der Christenheit wieder erobert hat. — Frankfurt a. M.: Schriftenniederlage d. Evang. Vereins 1883. 24 S. 8° **78.**
13.7501

— — Magdeburg 1883. 24 S. 8°
Aus: Kirchliche Monatsschrift. 2. 1883.
1: 16 in 4° Cn. 30. **17. 18. 21. 24. 112.**
13.7502

— das große Gut der Freiheit, welches Luther der Christenheit wieder erobert hat. gr. 8. (24 S.) Magdeburg 883. (E. Baensch jun.) n. — 25

— Hebet eure Häupter auf! Ein Neujahrswort. — o.O. [1893]. 22 S. 8° **7. 17.**
13.7503

— Die Herrlichkeit Jesu Christi in seinem ersten Wunder geoffenbaret. Wahl-Predigt. — Hamburg: Agentur d. Rauhen Hauses 1865. 16 S. 8° **18. 123.**
13.7504

— die Herrlichkeit Jesu Christi in seinem ersten Wunder geoffenbaret. Wahl-Predigt für die Predigerstelle an der St. Anschar-Capelle am 3. Sonntag nach Epiphanias 1865 in der St. Michaelis-Kirche zu Hamburg gehalten. 2. Aufl. gr. 8. (16 S.) Hamburg 865, Agentur des Rauhen Hauses.

— Die Hinderungen der Sonntagsfeier und ihre Ueberwindung. Vortrag. — Hamburg: Agentur d. Rauhen Hauses (1877). 32 S. 8° **18. 21. 29.**
13.7506

— die Hinderungen der Sonntagsfeier u. ihre Ueberwindung. Vortrag, auf der Conferenz f. innere Mission in Bielefeld am 6. Septbr. 1877 geh. gr. 8. (32 S.) Hamburg 878. Agentur d. Rauhen Hauses. n. — 40

Baur, Wilhelm (Nidda)
Ueber reine Hypertrophie des Herzens ohne Klappenfehler.
Giessen: Keller 1860. 39 S. u. 2 Bl. Thesen.
Diss. med. 14.1.1860. vorh. 26. 7. 11.Δ.

— Jesus Christus, unsere Versöhnung. Ein Ostergruß in 6 Predigten. — Hamburg: Agentur d. Rauhen Hauses (1866). 83 S. 8° **18. 27. 43.**
13.7507

— Jesus Christus, unsere Versöhnung. Ein Ostergruß in sechs Predigten. Ebend. 867. gr. 8. (83 S.) n. 12 ngr

— Unsere weibliche Jugend. Seelsorgerliche Erfahrungen u. Ratschläge. — Hamburg: Agentur d. Rauhen Hauses (1886). V, 120 S. 8°
1: Dp 10803. **17. 18. 24. 34. 51. 66. 62. 207.**
13.7508

— Der Kampf wider die gefährlichsten Feinde unseres Volkslebens. Predigt. — Hamburg: Nolte 1870. 16 S. 8° **17. 43.**
13.7509

— — 1870 in: *Baur:* Durch Kampf zum Frieden.

— Kein Retter für das hungernde Volk, als Jesus Christus. Predigt. — Berlin: (Evang. Bücherverein) 1876. 32 S. 8° **17.**
13.7510

— das Kirchenlied in seiner Geschichte u. Bedeutung. Zur Beleuchtung der Gesangbuchsnoth im Großherzogthum Hessen. Eine Weckschrift f. die Gebildeten in der Gemeinde. 8. (XVI u. 294 S.) Frankfurt a. M. 852, Brönner. n. 27 ngr

— d. Kirchenlied in s. Gesch. u. Bedeutg. 8. (294) Frankf. 52, Winter. n. — 27

— die Kraft der Müden u. die Stärke der Unvermögenden. Vier Predigten. Hamburg 866. Herold. gr. 8. (54 S.) n. 9 ngr

— Die Kraft der Müden und die Stärke der Unvermögenden. 4 Predigten. — Hamburg: Nolte 1866. 54 S. 8° **18. 27. 33.**
13.7512

— Kreuz und Kraft, Fried' und Freude. 6 Predigten. Als Anh. d. auch besonders gedruckte Predigt 'Das gute Bekenntniß'. — Hamburg: Nolte 1868. 82, 18 S. 8°
Sondert.: Baur: Das gute Bekenntniß. Predigt.
17. 18. 27. 43 [unvollst.]
13.7513

— Der heilige Krieg, den wir immerdar führen sollen. Predigt. — Hamburg: Nolte 1870. 15 S. 8° **43.**
13.7514

— — 1870 in: *Baur:* Durch Kampf zum Frieden.

Baur, Wilhelm, Apotheker, Ichenheim, Baden. 1894: Die Laubmoose des Grossherzogthums Baden. — Freiburg 1894. 79 S. 8°
Aus: Mitteilungen d. Badischen Botanischen Vereins. 1894. **31.**
13.7604

— Lazarus von Bethanien und seine Schwestern. Erbauliche Betrachtungen. — Gießen: Ricker 1854. VII, 180 S. 8° 1: Bs 8882. 12: Asc. 390h. **17. 26. 27. 32. 36. 41. 123.**
13.7515

— — 2. Aufl. Ebd. 1869. VIII, 176 S. 8° **17. 18. 24. 36.**
13.7516

— Ernst Moritz Arndts Leben etc., s.a. Lebensbilder aus der Geschichte der innern Mission.

Baur, Wilh., Ernst Moritz Arndt's Leben, Thaten und Meinungen, nebst einigen seiner geistlichen und weltlichen Lieder. Ein Buch für das deutsche Volk. Zwickau 861. Buchh. d. Volksschriften-Vereins. 8. (204 S.) 12 ngr

— Ernst Mor. Arndt's Leben, Thaten u. Meingn. 8. (204) Zwick. 61, Döhner. — 12

— — Nebst einigen seiner geistlichen u. vaterländischen Lieder. 2. Aufl. — Hamburg: Agentur d. Rauhen Hauses (1863). VIII, 302 S. 8° (Lebensbilder aus d. Geschichte d. inneren Mission. 14.)
3. 8. 9. 12: Biogr. C. 198h–14. **17. 18. 24. 32. 43. 48. 74. 79.**
13.7518

— — 3. Aufl. Ebd. (1869). VI, 303 S. 8°
18. 32. 46. 51. 123. 207.
13.7519

— Ernst Moritz Arndt's Leben, Thaten u. Meinungen, nebst einigen seiner geistlichen u. vaterländischen Lieder. Ein Buch für das deutsche Volk. 3. Aufl. Jubel-Ausg. Ebend. 870. 8. (VIII, 303 S.) n. 15 ngr

Baur, Wilh., Ernst Moritz Arndt's Leben, Thaten u. Meinungen, nebst einigen seiner geistl. u. vaterländ. Lieder. 5. Aufl. 8. (VIII, 248 S.) Hamburg 883. Agentur d. Rauhen Hauses. n. 1. 50; geb. n. 2. 50

— — 6. Aufl. Ebd. [um 1890]. VIII,248 S. 8° 1:At 83`1. 5. 1`7521

— — 6. Aufl. Ebd. (1892). VIII,248 S. 8° 38. 62. 13.7522

— — 7. Aufl. Ebd. (1903). XII,291 S. 8° 15. 18. 24. 30. 61. 109. 13.7523

— Vom Leben mitten im Tod. Predigt. — Hamburg: Nolte 1870. 16 S. 8° 18. 43. 13.7524

— das Leben des Freiherrn vom Stein. Nach Pertz erzählt. Gotha 860. Besser. 8. (IV, 316 S. u. Stein's Portr. in Stahlst.) n. 12 ngr.

—— das Leben des Freiherrn vom Stein. 2. verb. und verm. Aufl. 8. (VI, 328 S. mit dem Bildniß Stein's.) Karlsruhe 885. Berlin, Reuther's Verlagsbuchh. *M 3.50.; geb. *

— — 3., durchges. Ausg. Berlin: Reuther 1891. VI,327 S. 8° 1:Sw 4464³. 11. 20. 26. 13.7527

— — 4., verb. Aufl. Berlin: Reuther & Reichard 1895. VI, 325 S. 8° 1:Sw 4464⁴. 11. 35. 62. 207. 13.7528

— — 5. Aufl. Ebd. 1901. 325 S. 8° 11. 38. 43. 60. 13.7529

— Lebensbild des weiland ersten Generalsuperintendenten der Provinz Sachsen D. theol. Leopold Schultze. — Magdeburg: Baensch 1894. 55 S. 8° 1:Av 13381. 3. 4. 10. 14. 17. 26. 13.7530

— Lebensbilder aus der Geschichte der Kirche und des Vaterlandes. — Bremen [usw.]: C.E. Müller 1887. VI, 447 S. 8° 1:Pb 3742. 4. 6. 12:Biogr. C. 24d. 14. 17. 20. 24. 26. 28. 32. 36. 45. 46. 51. 61. 109. 122. 13.7531

— — s. Lebensbilder aus der Geschichte der innern Mission.

— Lebenserinnergn. s: Volksbücher, Hessische.

— Von der Liebe. 6 Reden. — Frankfurt a. M.: Brönner 1858. VIII,230 S. 8° 17. 18. 24. 30. 43. 44. 13.7533

— — 2., verm. Aufl. Frankfurt a. M.: Schriftenniederlage d. Evang. Vereins 1883. VII,338 S. 8° 1:D 6013. 3. 27. 30. 43. 79. 13.7534

— — 3. Aufl. Calw [usw.]: Vereinsbuchh. 1887. IV,326 S. 8° 3. 12:Mor. 1230f. 24. 26. 30. 41. 13.7535

—— von der nimmer aufhörenden Liebe. Eine Abschiedsgabe in acht Predigten. gr. 8. (123 S.) Hamburg 872, Nolte. *

— Die Liebe höret nimmer auf. Predigt. — Berlin 1876: Pormetter. 10 S. 8° 17. 13.7536

—— s. Mackay, Alex. M. rc.

—— und Carl Bastian, die Magdalenensache. Zwei Ansprachen bei Gelegenheit des Congresses für innere Mission am 6. Octbr. 1875 in Dresden gehalten. gr. 8. (26 S.) [Dresden 876, v. Zahn's Verlag.] Leipzig, (Drescher.) (* 40 Pf.) **

— Die Magdalenensache. (48 S.) Berlin 1879. Hauptverein f. christliche Erbauungsschriften. —.50

— Die Magdalenensache. — Hamburg: Agentur d. Rauhen Hauses 1879. 48 S. 8° 1:Cv 36556. 18. 13.7538

— über die Magdalenensache u. das Magdalenenstift in Berlin. Vortrag im evangel. Vereinshause in Berlin am 22. April 1874. gr. 8. (16 S.) Hamburg 874. Agentur d. Rauhen Hauses. n. — 20

[F.] Christliche Männer und Frauen aus alter und neuer Zeit. Von Wilhelm Baur, weil. Dr. theol., Generalsuperint. d. Rheinprov. *Bremen: C. E. Müller 1898.* (VI S., 1 Bl., 510 S., 1 Portr.) 1 Bd 8.
— Baur, W.: Gesamm. Schriften. Bd 1. [98. 466]

— evangelischer Neujahrsgruß f. das Luther-Jahr 1883. 2. Aufl. d. Evang. Neujahrswort. gr. 8. (22 S.) Magdeburg 883. E. Baensch jun. n. — 25

— Evangelisches Neujahrswort. — Magdeburg: Baensch 1883. 22 S. 8° Aus: Kirchliche Monatsschrift. 2. 1883. 7. 12:Polem. 3062z. 26. 29. 13.7540

— Ostersegen. 4 Predigten. — Hamburg: Nolte 1867. 51 S. 8° 18. 33. 43. 13.7542

— O du fröhliche, o du selige, gnadenbringende Osterzeit! Ein Ostergespräch. — Hamburg: Agentur d. Rauhen Hauses (1862). 196 S. 8° 12: Mor. 1203n. 17. 18. 26. 79. 207. 13.7543

—— John Coleridge Patteson, der Missionsbischof von Melanesien, s.a. Lebensbilder aus der Heiden-Mission.

— John Coleridge Patteson, der Missionsbischof von Melanesien. — Gütersloh: Bertelsmann 1877. XIII,230 S. 8° (Lebensbilder aus d. Heiden-Mission. 5.) 1:Cv 7568-5. 4->7. 9. 18. 21. 26. 29. 41. 43. 78. 13.7544

— John Coleridge Patteson, Missionsbischof v. Polynesien, s.a. Missions-Traktate, rheinische.

— John Coleridge Patteson, Missionsbischof von Polynesien. Barmen: Missionshaus 1874. 36 S. 8° Erschien zuerst in: Allgemeine Missions-Zeitschrift. 1. 1874. (Neue Missions-Traktate. 1.) 1:Cv 11072-1. 5. 13.7545

– John Coleridge Patteson, Missionsbischof von Polynesien. Ein Märtyrerbild aus der Mission der Gegenwart. 2.Aufl. (Abdr. aus der Allgemeinen Missions-Zeitschrift.) Barmen: Verlag des Missionshauses. 1893. (Rheinische Missions-Traktate, I).

— der Apostel Paulus, s.: Händler, Paul.

— Alexander M. Mackay's Persönlichkeit, s.: Mackay, Alexander M.

—— Friedrich Christoph Perthes. Ein deutsches evangel. Bürgerleben aus der Zeit der Befreiungskriege. 2. Aufl. gr. 16. (195 S.) Barmen 879, Klein. *M 2,50.; geb. *
1. Aufl. u. d. T.: Stein und Perthes. 1862. Vgl. 14. Bd., 1. Abthl., S. 87.

— — 2. Aufl. Ebd. [1879]. 195 S. 8° (Familien-Bibliothek für's deutsche Volk. 24.25.) 5. 101. 13.7548

—— dass., s.a. Familien-Bibliothek für's deut. Volk.

— Das deutsche evangelische Pfarrhaus. — Bremen: C.E. Müller 1878. X,469 S. 8° 1: Dp 7280.
17. 23. 26. 27. 29. 44. 48. 122. 300: 109.771–B.
13.7549

— — 2., durchges. Aufl. Ebd. 1878. XVI,509 S. 8°
5. 7. 10. 12: Germ. g. 30 qb. 17. 18. 21. 26. 29. 33. 41. 42. 64. 75. 90.
13.7550

— — 3., verm. Aufl. Ebd. 1884. XII,507 S. 8°
5. 9. 14. 17. 18. 24. 26. 27. 28. 32. 35. 53.
13.7551

— — 4., durchges. Aufl. Ebd. 1896. XIV,514 S. 8°
5. Aufl. s. *Baur:* Gesammelte Schriften [Werke]. 4. 1902.
1: Dp 7280⁴. 6. 8. 15. 17. 30. 109.
13.7552

— Predigt bei der Einführung ins Amt am 5. Sonntag nach Trinitatis, 30. Juni 1872 im Dom zu Berlin. — Berlin 1872: Pormetter. 11 S. 8° 43.
13.7553

— — Ebd. 1872. 16 S. 8° 1: 2 an Ec 20722. 109.
13.7554

— Predigt zur Eröffnung d. Preußischen Landtages am 11. Novbr. 1878. [Aus: „Christlich-vaterländische Weihestunden".] gr.8. (9 S.) Berlin 880. Chun. n. — 40

— Predigt am Sonntag Exaudi. — [Hamburg] 1872: (Persiehl). 16 S. 8° 18.
13.7555

— Predigt bei d. 47. Hauptversammlg d. Ev. Vereins d. Gustav-Adolf-Stiftg, s.: Doeblin.

— Predigt am Himmelfahrtstage. — [Hamburg] 1872: (Persiehl). 15 S. 8° 18.
13.7556

— Predigt bei der Jahres-Versammlung des Rheinischen Hauptvereins des Evangelischen Bundes zu Elberfeld ... 1892. — (Duisburg 1892: Ewich.) 8 S. 8°
1: Ec 25222. 5.
13.7557

— Predigt gehalten in der deutsch-reformirten Kirche zu Frankfurt a. M. am 15. Februar 1852. — Frankfurt a. M.: Völcker 1852. 16 S. 8° 17. 30.
13.7558

— Predigt über Matth. 10,32.33, vor der Confirmation des Prinzen Ludwig zu Solms-Hohensolms-Lich ... 1865. — Hamburg: Agentur d. Rauhen Hauses 1865. 15 S. 8°
17. 18. 26.
13.7559

— Predigt am ersten Pfingsttag. — [Hamburg] 1872: (Persiehl). 16 S. 8° 18.
13.7560

— Predigt am zweiten Pfingsttag. — [Hamburg] 1872: (Persiehl). 16 S. 8° 18.
13.7561

— Predigt am ersten Sonntage nach Trinitatis. — [Hamburg] 1872: (Persiehl). 15 S. 8° 18.
13.7562

— Predigt am zweiten Sonntage nach Trinitatis. — [Hamburg] 1872: (Persiehl). 15 S. 8° 18.
13.7563

— Predigt am Trinitatisfest. — [Hamburg] 1872: (Persiehl). 15 S. 8° 18.
13.7564

— Drei Predigten bei der 47. Hauptversammlung des Evangel. Vereins der Gustav-Adolf-Stiftung in Darmstadt. 1894 s. *Doeblin*, Adolf.

— Drei Predigten beim Jahreswechsel. — Hamburg: Nolte 1870. 45 S. 8° 18.
13.7565

— für meine erste u. meine letzte Gemeinde. 2 Predigten. 8. (32 S.) Frankfurt a/M. 883. Drescher. n. – 40

— Für meine erste und meine letzte Gemeinde. Zwei Predigten. — Frankfurt a. M.: Schriften-Niederlage d. Evang. Vereins 1883. 32 S. 8° 11. 17.
13.7566

Baur, Wilh., für meine erste und letzte Gemeinde. Zwei Predigten. 8. Frankfurt a. M. 883. Leipzig, Wilh. Weber. [* 40 Pf.] *

— Rede bei der Grundsteinlegung zum Ausbau der Willibrordikirche zu Wesel ... 1883. — Wesel: Kühler [1884]. 10 S. 8° 1: 24 in 4° Tg 97. 5.
13.7567

— Rede bei der Jubelfeier des Rauhen Hauses am 12. Sept. 1883. — Hamburg: Agentur d. Rauhen Hauses [1884]. 15 S. 8° 10. 17. 18. 24.
13.7568

— Reformation und innere Mission. Rede ... am Vorabend d. Lutherfestes, am Jubeltage d. Rauhen Hauses 1883. — Hamburg [1883]: Lütcke & Wulff. 12 S. 8°
18. 24. 26.
13.7569

— Reiseerinnerungen aus der Mainarmee. — Hamburg: Agentur d. Rauhen Hauses 1866. 61 S. 8° 1: Qo 4744.
7. 12: Germ. g. 30 q. 17. 18. 21. 22. 26. 44. 45. 61. 205. 209.
13.7570

— Über die sprachliche Revision der Lutherbibel. 1873 in: *Mose*, Das erste Buch [Biblia, Testamentum Vetus, Genesis, deutsch].

— Zur Rüstung auf die Lutherfeier. 5 Predigten. 1-5. — Frankfurt a. M.: Schriften-Niederlage d. Evang. Vereins 1883. 8°
In einigen Exemplaren nach d. Norm = Baur: Kleine Schriften. 6-10.
1: 4 in Cn 7755-A/C. 9. 12: Hom. 2013 u. 17. 24. 30. 44.
13.7571

—— z. Rüstg auf d. Lutherfeier. Fünf Predigten. 2. Abdr. 8. Frankf. a/M. 84, Schriften-Niederlage d. Ev. Ver. à *n.* — 10; in 1 Bd. geh. *n.* — 50
1. Von d. Busse. (15) — 2. Vom Glauben. (16) — 3. Vom Frieden. (15) — 4. Von d. Freiheit. (16) — 5. Martin Luther, d. Jüngling, d. sich bekehrt, d. Mann, d. d. Brüder gestärkt. [Predigt, geh. bei d. Lutherfeier in Erfurt d. 8. Aug. 1883.] (15)

— Rüstung aus Gottes Wort für die Kriegszeit. Vier Predigten gehalten seit der Kriegserklärung. Hamburg 870. Nolte. gr. 8. (62 S.) n. 9 *ngr.*

—— zur Sammlung und Organisation der Freunde der positiven Union in der preußischen Landeskirche. Vortrag, gehalten am 15. Octbr. 1873 vor einer vertraulichen Versammlung im alten Missionshause in Berlin. gr. 8. (17 S.) Berlin 873, W. Schultze.

— zur Sammlung u. Organisation der Freunde der positiven Union in der preuß. Landeskirche. Vortrag, geh. am 15. Octbr. 1873 vor e. vertraul. Versammlg. im alten Missionshause in Berlin. gr. 8. (17 S.) Berlin 874. W. Schultze. n. — 30

Baur, Wilhelm, Generalsuperintendent d. Rheinprovinz, 1826–1897.
1852: [Werke] Gesammelte Schriften. (Hrsg.: Meta Baur.) Bd 1–4. — Bremen (2: Bremen [usw.]; 3.4: Halle [usw.]): C. E. Müller 1898–1902. 8°
1. Christliche Männer u. Frauen aus alter u. neuer Zeit. 1898.
2. Aus Gottes Welt u. Gottes Reich. 1900.
3. Aus d. Quell d. Wahrheit u. d. Meer d. Liebe. 1901.
4. Das deutsche evangelische Pfarrhaus. 5. Aufl. 1902.
1: Be 4694. 5. 12: Var. 282f. 14. 16. 17. 24. 109.
13.7454

— Der Schutz wider Ermüdung im Christenleben. Predigt. Hamburg: Nolte 1870. 15 S. 8° 43.
13.7572

— — 1870 in: *Baur:* Durch Kampf zum Frieden.

— Singet dem Herrn ein neues Lied. Predigt über Jesaia 42, 10. — Nürnberg: Raw 1885. 13 S. 8°
12: Hom. 706qs/15. 26. 29.
13.7573

— — 2. Aufl. Ebd. 1885. 13 S. 8° 17. 123.
13.7574

—— singet d. Herrn e. neues Lied. Predigt. 3. Afl. 8. (13) Nürnb. 86. Raw. n. — 20

— R. Pearsall Smith in Berlin. 8. (23 S.) Berlin 875. (Beck.) n.n. — 50

— dasselbe. 2. Aufl. 8. (28 S.) Ebend. 875. n. — 60

— R. Pearsall Smith in Berlin. — Berlin: Evang. Verein für kirchliche Zwecke 1875. 23 S. 8° 18. 21. 29.
13.7575

— der Sonntag u. das Familienleben. Den Mitgliedern d. Vereins f. Sonntagsheiligung in Berlin dargeboten. 8. (43 S.) Berlin 879. Deutsche evangel. Buch- u. Tractat-Gesellschaft. n. — 25

— — 2. Aufl. Ebd. 1883. 43 S. 8°
1: 24 in 4° Ds 3020. 9. 23. 24.
13.7577

Baur, Wilh[elm]. Der Sonntag und das Familienleben. Nach einem Vortrag von Dr. W' B' ⟨Berlin⟩. [Illustriert.] 8.
In: 1. Bericht des Thurgauischen Sonntagsvereins ... 1900–1904. ... Beilage.... Steckborn, L. Keller-Steffen, 1905. S. 15–30.

— Heinrich Friedrich Karl Freiherr vom und zum Stein. 4. Aufl. — Barmen: Klein [1879]. 82 S. 8° (Familien-Bibliothek für's deutsche Volk. 37.) 5. 64. 79. 101.
13.7578

— Heinrich Friedrich Karl Freiherr vom u. zum Stein. 4. Aufl. 12. (82 S.) Barmen 880. Klein. n. 1. —

— – dass. — s.a. Familien-Bibliothek für's deutsche Volk.

—— Stein u. Perthes, d. Reichsfreiherr u. d. Bürger in d. Zeit d. Befreiungskriege. 8. (164) Zwick. 62, Döhner. — 15

— Stein und Perthes, der Reichsfreiherr und der Bürger in der Zeit der Befreiungskriege. — Zwickau: Verein zur Verbreitung guter u. wohlfeiler Volksschriften 1862. 164 S. 8° 1: Sw 4478. 4. 14. 18. 39. 43. 48. 79. 123. 207.
13.7579

— Straßburg e. deutsche Stadt. Rede zur Feier d. 18. Octbr. 1870 in der Aula d. Johanneums in Hamburg gehalten. 8. (40 S.) Hamburg 870. Agentur d. Rauhen Hauses. n. — 50

— Die Theologie des Kreuzes. Ein Passionsgruß an d. evangel. Geistlichen d. Rheinprovinz. — Coblenz 1884: Evang. Stiftsbuchdr. 13 S. 8° 5. 17. 26.
13.7581

—— d. verlorenen Töchter uns. Volks u. ihre Rettg. Ein Zeugniss a. d. Arbeit. 10. (76) Berl. 80. (Lpzg, Bh. d. Vereinsh.) n. — 40

— Die verlorenen Töchter unseres Volks und ihre Rettung. Ein Zeugniß aus d. Arbeit. — Berlin: Evang. Verein 1880. 76 S. 8° 21. 30. 47. 79.
13.7582

— Vaterschaft und Kindschaft. 4 Predigten. — Hamburg: Nolte 1867. 55 S. 8° 18. 43.
13.7583

— Vermächtnis an die Freundinnen der jungen Mädchen. Mit e. Vorw. von Meta Baur. — Hamburg: Agentur d. Rauhen Hauses 1897. VI, 112 S. 8° 17.
13.7584

— deutsches Volkstum u. evangel. Christentum in Martin Luther. [Aus: „Kirchl. Monatsschr."] gr. 8. (24 S.) Frankfurt a/M. 883. Drescher. n. — 25

—— deut. Volkstum u. ev. Christentum in Martin Luther. 8. (24) Frankf. a/M. 83, Schriften-Niederl. d. Ev. Ver. n. — 25

—— „voran im Werk". Festpredigt, am Sonntag Septuagesimä, dem 28. Febr. 1886 bei dem 52. Jahresfeste der Elberfeld-Barmer-Gefängnis-Gesellschaft über Ev. Lucae 15, 8—10 in der ersten luther. Kirche zu Elberfeld gehalten. gr. 8. (14 S.) Elberfeld 886. (Barmen, Klein.) *

— 'Voran im Werk!' Festpredigt ... bei dem 52. Jahresfeste d. Elberfeld-Barmer Gefängnis-Gesellschaft. — Elberfeld 1886: Könker. 14 S. 8° 1: Ec 24415. 5. 101.
13.7586

— die großen Wahrheiten, welche durch die Reformation wieder offenbar geworden sind. Predigt am Reformationsfest 1869. Ebend. gr. 8. (19 S.) n. 3 ngr.

— Warum glaubt ihr mir nicht? Predigt über Ev. Johannes 8,46–51. — Berlin 1882. 18 S. 8° 1: Ec 23887. 41.
13.7587

— Der Weg des Kreuzes. Eine Passionspredigt. — Hamburg: Nolte 1867. 16 S. 8° 18. 27. 43.
13.7588

— O du fröhliche, o du selige, gnadenbringende Weihnachtszeit! Ein Weihnachtsgespräch. — Hamburg: Agentur d. Rauhen Hauses 1862. 117 S. 8° 123.
13.7589

— — 2. Aufl. Ebd. (1863). 108 S. 8° 10. 42.
13.7590

— Johann Hinrich Wichern und die innere Mission. Vortrag. — Halle 1882. 22 S. 8°
Aus: Kirchliche Monatsschrift. 1. 1882. 17. 26. 31. 211.
13.7591

— Wie die Saat, so die Ernte. Predigt. — Hamburg: Nolte 1870. 16 S. 8° 43.
13.7592

— — 1870 in: *Baur:* Durch Kampf zum Frieden.

— wie feiere ich den Sonntag? Eine Antwort, dargeboten vom Verein f. Sonntagsheiligung in Berlin. 12. (14 S.) Berlin 881. Deutsche evangel. Buch- u. Tractat-Gesellschaft. n. — 10

— Wie feiere ich den Sonntag? Eine Antwort. 2. Aufl. — Berlin 1881. 16 S. 8° ([Traktate der] Deutschen Evangelischen Buch- u. Tractat-Gesellschaft. 66.)
1: 27 in 4° Ds 3020. 24.
13.7593

— — 4. Aufl. Ebd. 1882. 16 S. 8° ([Traktate der] ... Buch- u. Tractat-Gesellschaft. 66.) 1:26 in 4° Ds 3020. 203.
13.7594

— — 5. Aufl. Ebd. 1883. 16 S. 8° ([Traktate der] ... Buch u. Tractat-Gesellschaft. 66.) 1:Cv 52148-66.
13.7595

— — 6. Aufl. Ebd. 1885. 16 S. 8° ([Traktate der] ... Buch- u. Traktat-Gesellschaft. 66.) 107.
13.7596

— — 8. Aufl. Ebd. 1886. 16 S. 8° ([Traktate der] ... Buch- u. Tractat-Gesellschaft. 66.) 26.
13.7597

— [Ausz.] Die Prinzessin Wilhelm von Preußen. Ein christliches Lebensbild aus d. deutschen Befreiungskriegen. — Hamburg: Agentur d. Rauhen Hauses 1864. V, 40 S. 8° 1:Sw 524. 2. 4. 17. 18. 32. 34. 42. 79. 109. 111.
13.7497

— Prinzeß Wilhelm von Preußen, geborene Prinzeß Marianne von Hessen-Homburg. Ein Lebensbild aus den Tagebüchern und Briefen der Prinzessin. 1. Aufl. (VIII, 354 S.) 1886. *ℳ 4.50., geb. *ℳ 6.—.; 2. Aufl. gr. 8. (X, 390 S.) Hamburg 888, Agentur des Rauhen Hauses. *ℳ 5.—.; geb. *

— — 2., verm. u. verb. Aufl. Ebd. 1889. IX,390 S. 8°
1:Sw 528³. 5. 6. 7. 9. 12: Biogr. 1244 fmf. 15. 17. 19. 32. 39. 109. 117.
13.7599

— Wohl dem Volk, das jauchzen kann. Predigt bei d. 25jährigen Jubelfeier d. Regierungsantritts Seiner Majestät d. Königs. — Frankfurt a. M.: Schriften-Niederlage d. Evang. Vereins 1886. 16 S. 8° 3. 17. 26.
13.7600

— Zeugnisse evangelischen Glaubens. Drei Predigten in Darmstadt gehalten. gr. 8. (40 S.) Darmstadt 852, (v. Auw.) *

— Zeugnisse ev. Glaubens. 8. (40) Darmst. 52. (Lpzg, Hartmann.) n. — 8

— Zeugnisse evangelischen Glaubens. 3 Predigten. — Darmstadt: Verl. d. Evang. Bücherdepots 1852. 40 S. 8°
16. 17. 26. 30. 34. 62.
13.7601

— Zu welcher Fahne wollen wir schwören? Predigt. — Hamburg: Nolte 1870. 14 S. 8° 43.
13.7602

— Züge aus dem Leben der Prinzeß Wilhelm von Preußen, geb. Prinzeß Marianne von Hessen-Homburg. 8°
Aus: Neue Christoterpe. 1881. 17. 26.
13.7603

Baur, Wilhelm Friedrich
— commentatio de vi caloris frigorisque externi in corpus humanum. 4 maj. Götting. (802). Dieterich. 12 ɡɡ

Baur, Wilhelm Friedrich: Commentatio de vi caloris frigorisque externi in corpus humanum vivum. — Gottingae [1803]: Dieterich. 71 S. 8° 2→5. 7. 8. 21. 23. 27. 34.
13.7605

Bauer, F., üb. d. Einfl. d. äußern Wärme u. Kälte auf d. lebend. menschl. Körper ꝛc. gr. 8. Marburg, Krieger. 800.

— [deutsch] Ueber den Einfluss der äusseren Wärme und Kälte auf den lebenden menschlichen Körper. — Marburg: Acad. Buchh. 1804. VI,173 S. 8°
1:Ik 876. 3. 4. 7. 8. 15. 17. 27. 28. 34. 38M. 46. 47. 202. 300: • 69 O 272. 302.
13.7606

Guil. Frid. Baur historia forcipum obstetriciarum recentissima, comment inaug. Marburg 1803. 8. Cum 2 tabb aen. (Descriptio et icon forcipum quas commendarunt Osiander, Eckard, Stark, Busch, Brüninghausen, Ad El de Siebold, Thenance et Mursinna.)

Baur, Wilhelm Karl: Gedenksprüche. 1875
in: Dingeldey, Herman: Rede bei der zur Nachfeier der Trauer-Loge ... gehaltenen Schwester-Loge.

Baur de Braidenfeld s. Baur-Breitenfeld, Frhr v.

Baur-Breitenfeld, Frhr v. 1786: Dictio coram Reverendissimo, Excellentissimo Domino Domino Francisco Wilhelmo S. R. I. Comite Regnante in Öttingen, Baldern, Söteren &c. &c. metropolitanae Coloniensis ecclesiae praeposito die 13. Febr. electo, nomine Gymnadis Laurentianae recitata ab L. B. Baur de Braidenfeld. — o. O. [1786]: Langen. 4 Bl. 8° Text lateinisch u. deutsch. 30. 52.
13.7607

Katalog der nachgelass. Gemälde-Sammlungen des † Frhrn. v. Baur-Breitenfeld, des † Prof. Lenoir, des † Conservator Eigner in Augsburg, u. A. Versteigerung zu München . . . . 7. Mai sq. 1885, unter Leitung des Kunstexperten Carl Maurer . . . . München, Knorr & Hirth. Gr. 8°. Beibd *)
3 Bll 29 S Enth 411 Nrn.

Baur-Breitenfeld, Anton v.: Der erfahrne Stiftungs- und Gemeindepfleger oder ... Anleitung zur Verwaltung des Stiftungs- und Gemeinde-Vermögens in Baiern. — Augsburg 1820: Hamm. X,465 S. 8° 12: Bavar. 209d.
13.7608

Baur-Breitenfeld, Fidel Karl Friedrich v.: Bericht über die Kriegs-Uebungen, welche von den Königl. Württembergischen Truppen unter den Augen Seiner Majestät des Königs im September 1837 ausgeführt wurden. Verf. von v. Baur. — Ludwigsburg [1837]: Nast. 159 S. 8°
21. 24. 209.
13.7609

— Handbuch für Offiziere des Generalstabs ... von F. v. Baur. Stuttgart [usw.]: Cotta 1840. XVI,504 S. 8°
1: Hv 29828. 7. 12: Sc. mil. 3 f. 15. 17. 21. 24→27. 30. 31. 32. 47. 209. 302.
13.7610

[—] Die Operationen des achten deutschen Bundes-Corps im Feldzuge des Jahres 1866. — Darmstadt: Zernin [usw.] 1868. IV,145 S. 8° 1: Qo 4143. 2. 4. 5. 7. 9. 10. 11. 12: Mil. g. 12 nt. 14. 16. 17. 19. 21. 24. 27. 30. 31. 33. 39. 46. 61. 79. 180. 209. 300: 120.436–B.
13.7611

Baur-Breitenfeld, Karl von: Zur Kenntniss der Biazolone. Fürth 1896: E. Spandel. (54 S.) 8°
Erlangen, Phil. Diss. v. 30. Juli 1895

Baur-Breitenfeld, Tony v.
s. Schumacher, Tony, geb. v. Baur-Breitenfeld.

Baur v. Eiseneck, Philipp Karl: Ankündigung (des Werkes 'Darstellung der großherzoglich badischen Gesetzgebung aus allen Theilen der Staatsverwaltung'). (Verf.: C. v. Baur.) — Dat. Freiburg 8. Juni 1810. 16 S. 8°
25. 31.
13.7612

Baur v. Eiseneck, Ph. C., die Großherzogl. badischen Gesetze ꝛc. über die Gesundheitspolizei u. d. Sanitätswesen, s. Sammlung sämmtlicher Gesetze, Verordnungen, Instructionen ꝛc., welche im Großherzogthum Baden ꝛc.

Baur v. Eiseneck, Phil. Carl, die großh. badischen Gesetze ꝛc. üb. d. Gesundheitspolizei u. das Sanitätswesen, 2. Thl. s. Sammlung sämmtl. Gesetze ꝛc., welche in d. Großh. Baden ꝛc.

Baur v. Eiseneck, Ph. C., die Badischen Gesundheits-Polizei-Gesetze ꝛc., s. Sammlung.

— Sammlung aller Gesetze, Verordnungen, Instruktionen und Erläuterungen, welche über das Conscriptionsgesetz vom 28. Juny 1812. an von dem Grosh. Bad. Ministerium des Innern ... ergangen sind. Aus authentischen Quellen geschöpft von v. Baur. — Carlsruhe [usw.]: Marx 1821. 302 S. 8° 12: J. germ. 8nk. 16. 25. 31. 107.
13.7613

Baur v. Eisenecf, Ph. C., s. a. Samml. sämmtl. Gesetze u. Verordnn. in Baden über Gesundheits-Polizei.

— Sammlung sämmtlicher Gesetze, Verordnungen, Instructionen, Belehrungen und Entscheidungen, welche in d. Großherzogthume Baden über Gegenstände d. Gesundheits-Polizei ... erschienen sind. Th. [1.] 2. — Karlsruhe [usw.]: Marx 1830–38. 8°
1. 1803–1829. 1830. 2. 1830–1837. 1838.
1: Ib 7320. 10. 12: Germ. sp. 27 k. 16. 17. 21. 24. 25. 30. 31. 38M. 61. 111. 180.
13.7614

Baur von Eyseneck (Hrsg.), s. Wetteravia

Baur v. Eyseneck, J. C., s. J. C. v. Fichard.

Baur v. Eyseneck, Joh. Carl (Frankfurt/M.), Delineatio generalis systematica juris naturalis absoluti cogentis. Präs. J. Gottlieb Waldini. Jena (Schill) 6. IX. 1760. 26 S. (4.80) 1486
Gew.: Achaz Ludw. Carl Schmidt. — Widm. v. Andr. Samm, Gerh. Friedr. Albrecht.

— — De jure praelationis fisco, intuitu tributorum, prae creditore hypothecario, cujus simul pecunia fundus est acquisitus, et cui dominium a venditore cessum, competente. Diss. jur. Präs. Paul Wilhelm Schmid. Jena (Schill) 20. IX. 1760. 32 S. (5.—) 1487
Widm. v.: Carl Aug. Tittel, Adolf Heinr. Grau (Germerode/Hessen), Jac. Heinr. Franz. v. Lichtenstein (Frankfurt/M.), P. Heyligenstaedt (Halberstadt).

Baur v. Sigmaringen, Fid., Geschichte d. hohenzollern. Staaten Hechingen u. Sigmaringen, von d. ältesten Zeiten bis auf uns. Tage, durchaus nach Quellen bearb. 8 Hfte. gr. 8. (30⅓ B. u. 4 Karten.) Sigmaringen 834, 35. (Stuttgart, Beck u. Fränkel.)

Baurain, Chevalier de s. *Beaurain*, Jean de.

Baurans, le Maitre de Musique. Comédie. 8. Dresd. 765. Walther. 4 gr.

Baurat, der falsche. Eine Novelle für Kunst- und Alterthumsfreunde. Von Ultis. gr. 16. (98 S.) [Frankfurt a. M. 877, Zimmer'sche Buchh.] Heilbronn, Gebr. Henninger. ⁜
geb. mit Goldschn. *

Baurath, Eduard: Religiöse Gedichtproben. — Halle 1868: Waisenhaus-Buchdr. 28 S. 8° 207.
13.7617

Baurath, Heinrich [aus Rendsburg]: Ueber α-Stilbazol und seine Reduktionsprodukte .... Kiel, Druck v. L. Handorff, 1888; 36 S. + 2 Bl. 8°
Kiel, Phil. Fak., Inaug.-Diss. v. 18. Mai 1888

Baurath, Heinr., über α-Stilbazol und seine Reduktionsprodukte. Inaugural-Dissertation. gr. 8. (36 S.) Kiel 888. (Lipsius und Tischer.)

Baurechnungen. — Baurechnungen des ehemaligen Dominikaner-Convents zu St. Adalbert in Breslau ... Hrsg. von H. Luchs. — Breslau: Max 1858. S. 209–330. 8°
Aus: Zeitschrift d. Vereins für Geschichte u. Alterthum Schlesiens. 2. 1859.
1: Tb 1862. 2.
13.7620

Baurechnungsordnung. — Bau-Rechnungs-Ordnung (Bau RO). — Dresden [1907]: Heinrich. 179 S. 4° (Verwaltungs-Vorschriften d. Königlich Sächsischen Staatseisenbahnen. 3.) 14.
13.7621

Bau-Rechnungs-Tafeln zum Gebrauche bei der Berechnung der Bau-Kosten-Ueberschläge von 1 Zoll bis 1000 Wiener-Klafter Kurrent, Flächen- und Körpermaß; und für die verschiedenen Baumaterialien für den Einheitspreis von 1 Neukreuzer bis 60 Gulden österreich. Währg. Wien 859. Wallishausser. qu. gr. 4. (16 S.) n. 16 ngr.

Bau-Rechnungs-Tafeln zum Gebrauche bei der Berechnung der Baukosten-Ueberschläge. qu. 4 (16 S.) Wien, Wallishausser'sche B. (J. Klemm) 80 kr.
1860.

Bau-Recht, der Stadt Mülhausen. — Dat. Mülhausen 10. Mai 1742. 14 Bl. 2° 7. 24. 31.
13.7624

F.] Das **Baurecht** in der Prov. Pommern. E. Sammlg der hierauf bezügl. Gesetze, Ausführgs-Bestimmgn, Polizei-Verordngn u. Ortsstatuten, systemat. zsgst. u. erläut. v. R. Nassius ... *Stettin: H. Dannenberg & C. 1898.* (4 Bl., 300 S.) 1 Bd 8.
= Sammlung der f. d. Bezirk d. Kgl. Regierung zu Stettin gültigen Polizeivorschriften. 3. Aufl. Th. 1. [99. 1890 9

Baurecht, das im Königreich Sachsen geltende. Ein Handb. z. Gebr. als Leitfaden bei Vorträgen in Bauschulen, sowie z. Selbstbelehrung. 1. Thl. Die das Bauwesen betreff. Rechtsmaterien. Unter juristischer Beihülfe bearb. v. G. Heine. gr. 8. (16 B.) Leipzig 846, Arnoldische Buchh.

Bau-Rede beym Richten des Daches der Kaiserlichen Bibliothek zu Dorpat ... 1804. Dorpat. V: *Krause, Johann Wilhelm.* (Erman & Horn, Bibliogr. d. dtsch. Universitäten. 2. Leipz. u. Berl. 1904.)

Bau-Rede, gehalten bei der Richtfeier von Bohmbach's Passage in St. Georg, am 7. Mai 1862. 1862 s. *Becker*, Hermann.

Baurede zum Richtfeste des neuen Postgebäudes in der Poststraße. Gehalten am 4. Sept. 1845. — Hamburg [1845]: Wörmer. 2 Bl. 8° 18.
13.7626

Baurede zum Richtfeste des neuen Stadtposthauses in der Poststraße. Gehalten am 30. Mai 1846. — Hamburg [1846]: Wörmer. 2 Bl. 8° 18.
13.7627

Baureden. — Baureden und Festgesänge. — o. O. [um 1840]. 20 S. 8° 14.
13.7628

Baureglement. — Bau-Reglement vor die Chur-Maerckische Krieges- und Domainen-Cammer. Wie es bey Führung d. Baues u. Rechnung bey denen Aemtern zu halten. — Berlin [1724]: Schlechtiger. 15 Bl. 8° 2.
13.7630

Bau- und Land-Vermessungs-Reglement vor die Königl. Krieges- und Domainen-Cammern, und derselben Bau-Bediente und Land-Messer in Schlesien. De dato Berlin den 20. Januar 1748. — Breßlau: Korn [1748]. Getr. Pag. 8° 2. 10. 14. 24. 41. 79. 169.
13.7631

Bau-Reglement vor die Stadt Oederan. — (Dreßden 1754.) 4 Bl. 2° 3.
13.7632

Bau-Reglement, vor die Stadt Strehla. — (Dreßden 1753.) 4 Bl. 2° 3.
13.7633

Bau-Reglement, wornach künfftig bey denen Domainen- und anderen königlichen Gebäuden ... im Clev-, auch Meursischen und Märckischen verfahren werden soll. De dato Berlin, den 13. May 1751. — Cleve [1751]: Sitzmann. 12 Bl. 4° **6.**
13.7634

Bauregulativ. — Fürstlich ellwangisches Bau-Regulativ für dasig gesammte Dienerschaft. Vom Jahre 1786. — o.O. [1786]: Wagner. 8 S. 8° **19.**
13.7635

Bauregulativ für die fürstlichen Gebäude, vom 30. Sept. 1853. [Neudr. u. Nachtr.] — (Rudolstadt [um 1880]: Mitzlaff.) 12 S. 4° **75.**
13.7636

Bau-Regulativ für die der IV. Abtheilung des Ministeriums des Innern unterstellten Landes-Anstalten und der mit denselben verbundenen landwirthschaftlichen Güter. Eingeführt durch Verordnung vom 18. Juni 1881. — Dresden 1881: Lommatzsch. IV,76 S. 8° **12:36/8549. 14.**
13.7637

Bau-Regulativ, nach welchem bei dem Wiederaufbau des am 4. August dieses Jahres abgebrannten Theils der Stadt Kamenz zu verfahren ist. (Vom 20. Oct. 1842.) — Kamenz 1842: Krausche. 25 S. 8° **88.**
13.7638

Bau-Regulativ, nach welchem der Wiederaufbau der am 31. August 1842 abgebrannten Theile der Stadt Sayda zu erfolgen hat und sich künftig bei den im Stadtbezirke vorkommenden Bauten zu richten ist. (Vom 20. März 1843.) [Dresden 1843]: Meinhold. 48 S. 8° **88.**
13.7639

Bau-Regulativ, nach welchem der Wiederaufbau der am 7. und 13. September 1842 abgebrannten Theile der Stadt Oschatz zu erfolgen hat und wornach sich überhaupt künftig bei den im Stadtbezirke vorkommenden Bauten zu richten ist. (Vom 26. Okt. 1842.) — [Oschatz 1842]: Oldecop. 47 S. 8° **88.**
13.7640

BAUREN-Almanach mit all den spaßhaften Ränken, Schwänken u. Geschichten des berühmten Rheinländischen Hausfreundes. No. 1. Gedruckt in diesem Jahr. Kl. 12°.
92 S., 1 Bl. Inh. — Enth. 55 zame Anekdoten u. Schwänke.

Bauren-Almanach. Nr. 1 u. 2. Mit all d. wunderbaren Reisen, Feldzügen u. Abentheuern des berühmten Freiherrn v. Münchhausen. 16. (à 6 B.) Blaubeuren 842, Mangold'sche Buchh. à

BAUREN-Almanach No. 1 mit all den spasshaften Ränken, Schwänken und Geschichten des berühmten Rheinländ. Hausfreundes, No. 2 mit all den wunderbaren Reisen, Feldrügen und Abentheuern des berühmten Freiherrn von Münchhausen. Blaubeuren (1842). 12°. (2 Mk. Julius Neumann, Magdeb., 1906.)

Ungereimte Bauren-Ansichten. — o.O. [1849]. 4 S. 8° **1:2 an Yb 8791/160.**
13.1466

Bauren-Discurs, s.a. Bauerndiskurs

Bauren-Discurs, s.a. Baurn-Discurs

Einfältiger Bauren-Discurs, zwischen Hießl und Veitl, über den jüngst hingerichten regenspurgischen Burger. — o.O. [um 1725]. 4 Bl. 4° 1:Yb 9320.
13.1479

Baurenfeind, Michael
Der Name d. Verfassers findet sich auch in d. Form Bauernfeind.

Bauernfeind, Mch., zierliches Capital- od. Versalalphabet. gr. 4. Nürnb., Winterschmidt. 9 ƒ

— Wiederherstellung d. gründl. u. zierl. Schreibekunst. 3 Thle. kl. Fol. Nürnb. 787. Schneider u. W. 2 ₰

— Vollkommene Wieder-Herstellung, der bißher sehr in Verfall gekommenen gründlich- u: zierlichen Schreib-Kunst (2: Der zierlichen Schreib-Kunst vollkommener Wiederherstellung ... Theil). Th. [1.]2. — Nürnberg: Weigel (2: Author) 17[16]–36. quer-8°
2 mit Nebent.: Grundmässige Anweisung, zur teutsch-, lateinisch-, italiänisch-, französisch- und holländischen modernen Schreib-Kunst.
Vollst. . . . . **22. 75. 89.**
1 . . . 1[defekt]: 4° Os 320. **6. 7. 12:** 4° Graph. 5d. **23** [defekt]. **24. 30** [defekt]. **36. 169. 210. 302.**
13.7642

— — Th. 2. Nürnberg: Author 1737. 88 Sp., 64 Taf. quer-8°
Nebent. wie in 13.7642. **29** [ᵒᵒ Nebent.] **302.**
13.7643

Baurenfeinds, M.: Vollkommene Wiederherstellung ..., s. Baurenfeind, Michael

Baurenfreund, d., in Niedersachsen. 8. Lemgo, Meyer. 775.

Baurengespräch, s.a. Bauerngespräch

Anmuthiges Bauren-Gespräch über dem Lauffen- und nicht-Lauffen der Sonnen, und dem Umdrehen und nicht-Umdrehen der Erden, zwischen Jacob, Cornelis und Peter, aus d. Holl. — Franckfurt [usw.] 1720. 54 S. 8° 1:Om 48. **2. 4. 29. 30. 66.**
13.1675

Ernsthaftes und vertrauliches Bauren-Gespräch. 1–14. o.O. 1757–60. 8°
1. Gehalten im Schultzen-Gerichte zu R. und W.
2. Gehalten zu P.
3.4. Gehalten zu S.
5. Gehalten im Schulzen-Gerichte in D.
6. Gehalten zu L.
7. Gehalten zu R.
8. Gehalten im Schultzen-Gerichte zu W.
9. Gehalten zu B.
10. Gehalten im Schultzen-Gerichte zu N.
11. Gehalten zu P. und B.
12. Gehalten zu V. und D.
13. Gehalten im Schultzen-Gerichte zu F. und R.
14. Gehalten zu V. und D.

Ernsthaftes und vertrauliches Bauren-Gespräch. 1–14. o.O. 1757–60. 8° [Forts.
Verfasser des 1. Gesprächs ist Johann Georg Grüne, Verfasser der folgenden Gespräche Georg Jakob Decker. Decker ist wohl auch bei der Mehrzahl der Ausgaben als Drucker anzunehmen. Verschiedene Drucke, die sich durch die Fassung des Titels ('Bauren-Gespräch', 'Bauern-Gespräch', 'Bauerngespräch'), durch Vorhandensein oder Fehlen des Zusatzes 'im Schulzen-Gerichte' ('Schultzen-Gerichte'), durch den Erscheinungsvermerk, durch die Paginierung (durchgehende oder Einzelzählung), durch das bibliographische Format und durch wechselnde Zierleisten unterscheiden. Die angeführten Bibliotheken besitzen Exemplare, die aus Drucken mit den oben gekennzeichneten Verschiedenheiten zusammengesetzt und oft unvollständig sind.
1: Yc 2221, 2222, 2223, 2223/1 [u.] 2224. **3. 4. 5. 7→10. 12:** Var. 637/8. **14. 18. 23. 24. 28. 30. 31. 33. 39. 41. 44. 46. 66. 109.**
13.1676

- [hochdeutsch] Ernsthaftes und vertrauliches Bauren-Gespräch. [Nebst] Forts. [1]–3. — o.O. 1757–60. 95 S. 8°
[Hauptwerk.] Gehalten im Schulzen-Gericht zu R. und W. 1757.
Forts. [1.] Gehalten zu S. 1758.
Forts. 2.3. Gehalten im Schulzen-Gericht zu D., L. und R. 1758–60.
1 [ᵒᵒ Forts. 1/3]: Yc 2229. **24. 29** [ᵒᵒ Forts. 1.3]. **30** [ᵒᵒ Forts. 1/3]. **109** [ᵒᵒ Forts. 2.3].
13.1677

— — dasselbe plattdeutsch. 8. 759.

Neues ernsthaftes Bauren-Gespräch ... enthaltend die Geschichte, so vom 3. October 1760. an, bis jetzt vorgegangen sind, gehalten zu W. — o.O. 1760. 16 S. 8°
1: Yc 2226. **10. 28. 39. 41. 44.**
13.1684

Schlesisches Baurengespräch, zwischen Vetter Hanß, und Muhm Ohrten gehalten zu R... bey Großglogau, im Monat November 1758, mit e. Anh. — o. O. 1759. 16 S. 8°
1:2 in Yf 6757. 10. 30. 41. 44.
13.1686

Schlesisches Bauren-Gespräch, zwischen Vetter Hans und Muhme Ohrten gehalten zu R ... bey Großglogau, im Monat January 1760. — Frankfurth [usw.] 1760. 4 Bl. 8°
14. 106.
13.1687

Siebenfaches Bauren-Hallelujah oder 7 geistliche Stand-, Saat-, Erndt- u. Dresch-Lieder ... 1744 ... beym dißjährigen Erndt- u. Danck-Fest übergeben. — Giessen (1744): Lammers. 16 S. 8°
1:an El 6880a.
13.1692

Baurenhochzeit: Über die in Breslau von ... H. Grafen v. Schafgotsch ... angestellte Baurenhochzeit ..., s. Stief, Christian.

Der durch die käyserlichen Waffen jüngsthin glücklich gedämpffte bäyerische Bauren-Krieg, bestehende in unterschiedlichen curiösen Briefen, welche ein käyserlicher Officier aus München an einem vornehmen Hoff-Bedienten nach Sachsen geschicket. — Freystadt: Wahrmund 1706. 46 S. 8°
3. 4. 9. 12:4° Bavar. 191 [2 Ex.] 14. 18. 23. 24. 28.
13.1724

Fünf schöne neue Bauren Lieder. — o. O. [um 1790]. 4 Bl. 8°
1:26 in Yd 5154. 15. 24.
13.1730

Bauren-Practica oder Wetter-Büchlein, wie man die Witterung eines jeden Jahrs ... erlernen ... mag ... Jetzt wiederum aufs neu ... verm. ... Samt e. Bauren-Compaß ... durch Henricum von Uri. — o. O. 1716. 96 S. 8°
29.
13.1791

Bauren-Practica, oder Wetter-Büchlein, wie man die Witterung eines jeden Jahres ... nahe vorher sehen ... kan. Mit Fleiß aufs neue wiederum übersehen u. von allen Druckfehlern gereiniget. — o. O. 1758. 110 S. 8°
1:Mz 22625.
13.1793

Baurens de Mollnier, Abbé, s.: Johanna v. Toulouse. d. seliae.

Der unter gräflichem Auffzug verstellter Bauren-Sohn. In einem Lust-Spiel zur Schau-Bühne auffgeführet von einer ... studierenden Jugend der Rhetoric im drey gecrönten Gymnasio Societ. Jesu zu Cöllen. — Cöllen: Guss [1749]. 4 Bl. 8°
38.
13.1829

Der glückselige und unglückselige Bauren-Stand, nach seinem Ursprung ... betrachtet. — Franckfurth [um 1705]. 221 S. 8°
3. 18. 24. 29. 30.
13.1830

— Leipzig: Boetius 1711. 160 S. 8°
1:Fc 9941. 2. 9. 12:Pol. g. 41a. 14. 27. 29.
13.1831

BAUREN (so!) -Stand, Der glückselige und unglückselige, nach seinem Ursprung, Wachsthum, Abnehmen, Tugenden und Lastern betrachtet, wobey gezeiget wird, auff was Art und Weise einem jeden Lande durch Verbesserung des Bauren-Standes eine beständige Gold-Grube zubereitet werden könne. Mit Anhang der Bauren-Doctor mit seiner Dreck-Apotheke. Mit Titelkupfer. Leipzig 1711. 8°. 14 Bog. Rar! (4 Mk. 50 Pfg. Rich. Bertling, Dresden, 1894; 10 Mk. Ernst Frensdorff, 1908.)

Eine Ausg. Franckf. o. J. war in einer auctio libror. Lips. 3. Maj. 1717. p. 49.

Bauren-Zeitung
(4) Der Bürger- und Bauernfreund (5) 4 1. 1815—26 3. 1817 (6) 8° (7) Wochenblatt (8) St Gallen Franz Bretano (10) Galius Schlumpf (13) BGSZ: 189, 1046, 1047 (14) SG Va, Kb.

Baureste, Alte, bei dem Rathhaus von Köln. O. O. [1875]. V: *Cohausen, K. August von.* (StBKöln I, 39)

Baureste, Römische, unter dem Rathhausplatz zu Köln. [Bonn] 1866. V: *Ennep, Leonhard.* (StBKöln I, 39)

Baurevue, allgemeine. Internationale reich illustr. Zeitschrift f. Architektur, Bauwesen, Bauindustrie u. verwandte Industriebetriebe. Hrsg. u. Schriftleiter: Jul. v. Bük. 1. Jahrg. Oktbr. 1902—Septbr. 1903. 36 Nrn. gr. 4. (à ca. 16 S.) Leitmeritz, F. Seifort & Co.
n. 14. —

Baurevue, allgemeine. Internationale reich illustr. Zeitschrift f. Architektur, Bauwesen, Bauindustrie u. verwandte Industriebetriebe. Hrsg. u. Schriftleiter: Jul. v. Bük. 2. Jahrg. 1903. 36 Nrn. (à ca. 16 S.) gr. 4. Leitmeritz, F. Seifort & Co.
n. 14. —

Baurevue, allg. Internat. reich illustr. Zeitschrift f. Architektur, Bauwesen, Bauindustrie u. verwandte Industriebetriebe. Hrsg. u. Schriftleiter: J v. Bük. 1. Jahrg. Oktbr—Dezbr 1902. 9 Nrn. (130) 4° Leitmer., F Seifert & Co. 3.50 || 2. Jahrg. 1903. 36 Nrn. Halbj. 7 —
Fortsetzg war nicht zu erhalten.

Baurepe, G. C. v., Abhandl. v. d. Kreuzgericht d. Alten. 4. *Halle, Hemmerde u. Schw.* 748.

Nachdenckliche Baur-Freude, über den von dem aller-gütigsten Gott ... bescherten ./. . Frieden, zwischen beyde Königl. Majestäten Carolo XII. der Schweden und Frider. Augusto der Pohlen Königen. — o. O. [1706]. 2 Bl. 4°
14. 18.
13.1652

Abermahlige poßierliche, doch aber auch merckwürdige Baur Gedancken von dem liefländis. Kriegs-Wesen. — o. O. (1702). 4 Bl. 8°
1:12 in 4° Yf 6756.
13.1671

Einfältige Baur-Gedancken über die moscowitische Niederlage bey Narva. In platt-teutscher pommerscher Sprache. — o. O. [1704]. 4 Bl. 8°
27.
13.1672

Bauridelius, Andreas s. *Bauriedel.*

Bauridl, Franz: Das Rechtsverhältniß des Altkatholicismus zum Neukatholicismus in Bayern. — Innsbruck: Wagner in Comm. 1879. 48 S. 8°
1:Do 17880. 15. 19. 20. 21. 29. 300:24.953—B. 304.
13.7651

Bauriedel, Andreas: Dissertatio theologica de Antidoto mortis, ex oraculo vitae, Joh. VIII. v. 51. ad praxin christianam, maximè pastoralem, commodata. Um 1700
s. *Lange,* Johann Michael.

Bauriedel, Friedrich: Untersuchungen über das Platin. Hexabromoplatineate organischer Ammoniumbasen. Nürnberg 1910: Hilz. 36 S. 8°
Erlangen, Phil. Diss. v. 8. April 1910, Ref. Fischer
[Geb. 17. März 86 Nürnberg; Wohnort: Nürnberg; Staatsangeh.: Bayern; Vorbildung: Realgymn. Nürnberg Reife Juli 05; Studium: Leipzig 4, Erlangen 4 S.; Rig. 28. Febr. 10.]
[U 10. 834

Bauriedel, Johann Albrecht

Bauriedel, I. Alb.: Theoret. pract. Commentar üb. d. Pand. nach Anl. d. Hellfeldischen Lehrb. worin zugleich die schwersten Gesetze hinlängl. erklärt, eine Menge Beispiele angeführt, viele Rechtsfälle untergelegt sind. Bd. 1. 2. *Baireuth* (Grau.) 789. 8. (3 Thl.)

Bauriedel, Johann Albrecht: Theoretisch-praktischer Commentar über die Pandekten nach Anleitung des Hellfeldischen Lehrbuchs. Bd 1.2. — Bayreuth: Lübeck 1789. 8°
1: Gc 8420. 7. 10. 14. 15. 20. 24. 25. 28. 29. 31. 47. 121.
13.7652

— Diss. inaug. de moralitate ejusque gradus immutatione. Sect. I. II. 4 maj. Erlang. 788.

Bauriedel, L., de astro Judaeis quondam ominoso Altorf. 1724. 4.

Bauriedel, Paul, die gemeinschaftliche Ausstellung v. Mitgliedern des bayerischen Zweigvereins vom Verbande deutscher Müller u. die allgemeine derzeitige Geschäftslage der Müllerei im rechtsrheinischen Bayern. Hrsg. vom bayer. Zweigverein. Im Auftrag verf. v. dessen Vorsitzenden B. (16 S. m. 1 Taf. u. 4 Tab.) 8. Nürnberg 906. (Vertriebsstelle der offiziellen Drucksachen der bayer. Jubiläums-Landes-Ausstellg.) n.n.n — 25

Bauriedel, Paul: Die gemeinschaftliche Ausstellung von Mitgliedern des Bayerischen Zweigvereins vom Verbande deutscher Müller und die allgemeine derzeitige Geschäftslage der Müllerei im rechtsrheinischen Bayern. — (Nürnberg [1906]: Bieling-Dietz.) 16 S. 8°
12: Bavar. 1970uc-1.
13.7653

Bauriedel, Paul: Die gemeinschaftl. Ausstellg v. Mitgliedern d. bayer. Zweigver. v. Verb. deut. Müller u. d. allg. derzeit. Geschäftslage d. Müllerei im rechtsrhein. Bayern. (16 m. 1 Taf. u. 4 Tab.) 8° Nürnbg, (JL Schrag) '06. nnn — 25 d

— **Meine Erlebnisse** während des Feldzugs im Jahre 1870/71. — Nürnberg 1895: Monninger. 162 S. 8°
12: Eur. 694d-796. 14. 29. 46. 75. 209.
13.7655

[—] **Kriegs-Erinnerungen** eines bayerischen Jägers aus den Jahren 1870/71. 2. Ausg. — Nürnberg: Gross 1894. 119 S. 8°
75.
13.7656

— **Reise-Erinnerungen** aus der Krim, dem Kaukasus und Armenien. 3 Vorträge. — [Nürnberg: v. Ebner 1900.] 162 S. 8°
12: It. sing. 56 rm. 29. 30. 75.
13.7657

Ⓑ **Bauriedel**, Paul, Reise-Erinnerungen aus d. Krim. 900. (Bd. 31.) Jetzt: Nürnberg, U. E. Sebald.

Bauriedel, Paul Joachim Sigismund (Altdorf), De discrimine et convenientia philosophiae ac theologiae. Diss. philos. Präs. Johann Albert Spis. Altdorf (J. A. Hessel) 19. VI. 1745. 22 Seiten. (4.—) 1488
Gew.: Adam Birkner.

Bauriedel, Paul Joachim Sigmund [Hrsg.]
s. *Redliche*, Der. 1751 [Zeitschriften].

Bauriedl, Burghard: Die Strohaufschliessung nach dem Lehmann-Altmannsberger'schen Verfahren und die Verwertung von Stroh und Strohabfällen zu Futterzwecken. Wien: Ackerbauministerium 1909. 21 S. 8°
304.
13.7658

— **Über die Verwertung von Stroh und Strohabfällen** zu Fütterungsversuchen nach dem Lehmannschen Aufschliessungsverfahren. Von B. Bauriedl u. O. Fallada. — Wien 1908. 19 S. 8°
Aus: Österreichisch-ungarische Zeitschrift für Zuckerindustrie u. Landwirtschaft. 37. 1908.
(Mitteilungen d. chemisch-technischen Versuchsstation d. Centralvereines für Rübenzuckerindustrie in d. Österreichisch-Ungarischen Monarchie. 204.)
302.
13.7659

BAURIEDL, Justin Leopold (Eslarn): Über die Amputation.- Bamberg 1831. 15 S.
30.8.1830 - Urk (Titel: De amputatione.); F 59
Diss. Ingolst.-Landsh.-Mchn.

BAURIEDL, Maximilian: Ein Fall von galliger Peritonitis nach akutem Choledochusverschluss.- München: Wolf 1901. 24 S.
12.7.1901 - Chr 1901/02,22; Jv 1901/02,267 **Diss. Ingolst.-Landsh.-Mchn.**

Bauriedl, Wenzel, Hauptmann des k. und k. Inft.-Reg Edler v. David Nr 72 Ueber die Pflichten der Infanterie-Mannschaft im Felde Erläutert an Beispielen rühmlicher Waffenthaten
8. Pressburg 1897.

Bauriegel, Bernhard: Luftkurort Langebrück und seine Umgebung. — Langebrück: C. H. Schmidt [1900]. 18 S. 8°
14.
13.7660

Bauriegel, Johann Christoph

Bauriegel, Joh. Chrstph., Anleitung z. ersten Unterrichte im Kopfrechnen. gr. 12. (2¼ B.) Grimma 839, Verlags-Comptoir. * Thlr.

Bauriegel, Johann Christoph: Aufgaben zum Rechnen auf der Tafel nebst Facitbüchlein. Cursus 1.2. — Leipzig: Fort 1833–35. 8°
207.
13.7661

Bauriegel, J. Chrstph., 1000 Aufgaben z. Rechnen auf d. Tafel, nebst Facitbüchlein, f. d. ersten Anfänger im Rechnen bestimmt, enthalt. d. vier Grund-Rechnungsarten od. Species. 1. Curs. 8. (5¾ B.) Leipzig 833, Fort.

— — 3., berichtigter Plattenabdr. Cursus 1.2. Ebd. 1834–35. 8°
207.
13.7662

— — Neue Ausg. Cursus 1. Bautzen: Reichel [um 1840]. 32 S. 8°
207.
13.7663

Bauriegel, Jh. Cph., tausend Aufgaben zum Rechnen auf der Tafel. 1. Cursus, enthalt. die vier Grund-Rechnungsarten oder Species. Neue Ausg., mit den durch das neue sächsische Münz- und Gewichtssystem nöthig gewordenen Abänder. versehen von C. G. F. 8. Leipzig 841, Fort. 1/24 ng Neue Ausg., mit d. durch d. neue sächs. Münz- u. Gewichtssystem nöthig gewordenen Abänderungen von C. G. F. 8. Bautzen 843, Reichel. 1/24 ng — Neue Ausg. von C. G. F. 8. Ebend. 845. 1/24 ng

— Facitbüchlein zu tausend Ausgaben zum Rechnen auf der Tafel. 8. Ebend. 841. 1/24 ng

— Resultate hierzu. Ebend. 841. 1/24 ng

Bauriegel, J. Ch., 1000 Aufgaben zum Rechnen auf der Tafel. 1. Cursus, enth. die 4 Grund-Rechnungsarten od. Species. Neue Ausg. [13. Aufl.], m. den durch das neue sächs. Münz- u. Gewichtssystem nöthig gewordenen Abänderungen versehen v. C. G. F. 8. (32 S.) Bautzen 848, Reichel. n. 1/24 ng

—— Facitbuch zu obigem. 8. (15 S.) Ebds. 848.

— 1200 neue Aufgaben zum Rechnen auf der Tafel, für die ersten Anfänger im Rechnen bestimmt, enthaltend die vier Grundrechnungsarten. 1. Cursus. 8. Leipzig 841, C. H. Reclam. 2 ng — 2. Aufl. 8. Ebend. 843. 1¾ ng

— Resultate hierzu. 8. Ebend. 841. 1/6 ℛℬ — 2. Aufl. 8. Ebd. 843. 1/6 ℛℬ — Anhang hierzu. 8. Ebd. 843. 1/12 ℛℬ — Resultate zum Anhange. 8. Ebd. 843. 1 3/4 ngl

—— ein u. ein halbes Tausend neue Aufgaben zum Rechnen auf der Tafel, enthalt. die einfache u. zusammengesetzte Regel de tri, mehrere vermischte Aufgaben ꝛc. 3. u. letzter Curs. 2., verb. Aufl. 8. (12 1/4 B.) Leipzig 843, C. H. Reclam sen.

Bauriegel, Joh. Chrstph., Resultate hierzu. 2., verb. Aufl. 8 (4 1/4 B.) Leipzig 843, C. H. Reclam sen. Thlr

—— Ein u. ein halbes Tausend Aufgaben z. Rechnen auf d. Tafel. 3. (letzt.) Curs. 1. Abthl., enth.: die Propositionsrechn., gerade u. umgekehrte Regel de tri, Reductionsrechn., Regula de quinque, Interessenrechn. u. Regula multiplex. 8. (12 1/4 B.) Leipzig 837, C. H. Reclam. *

—— Ein u. ein halbes Tausend Aufgaben z. Rechnen auf d. Tafel, enth.: die Rechnungsarten von d. Regel de tri bis zur Algebra, verm. durch viele neue, die veränd. Münz- u. Gewichtsverhältnisse berücksicht. Aufgaben. 3. Curs. (2 Abthln.) Nebst Facit-Buch. 8. (17 1/4 B.) Leipzig 841, C. H. Reclam. *

—— Resultate hierzu. 8. (4 B.) Ebds. 841.

— Ein und ein halbes Tausend Aufgaben zum Rechnen auf der Tafel, enthalt. die Rechnungsarten von der Regel de tri bis zur Algebra, vermehrt durch viele neue, die veränderten Münz- u. Gewichtsverhältn. berücksicht. Aufgaben. 3. Cursus in 2 Abthl. Nebst Facitbuch. 8. Ebd. 841. n. 2/3 ℛℬ — 2. verb. Aufl. 8. Ebend. 843. 1/2 ℛℬ — Resultate hierzu. 2. verb. Aufl. 8. Ebd. 843. 1/4 ℛℬ

—— 2000 Aufgaben z. Rechnen auf d. Tafel. 2. Curs. enth.: die vier Grund-Rechnungsarten mit ungleich benannt. Zahlen, die Bruchrechn., Decimalbruch-Rechn., das sogen. Zerstreuen u. mehr. vermischte Aufgaben. 1. Aufl. 835. (2. u. 3., bericht. Plattenabdr.) 8. (à 11 B.) Leipzig 837, Fort. à

—— dass. Facitbuch hierzu. 8. (3 1/4 B.) Ebds. 835.

—— Facitbuch hierzu. 8. (3 1/4 B.) Ebds. 837.

—— 2000 neue Aufgaben z. Rechnen in ungleich benannt. Zahlen, gemein. Brüchen u. Dezimalbrüchen, mit Rücksicht auf d. neue sächs. Münz-, Maaß- u. Gewichtssystem. 2. Curs. 8. (12 B.) Leipzig 841, C. H. Reclam.

—— 2000 neue Aufgaben z. Rechnen in ungleich benannten Zahlen, gemeinen Brüchen u. Decimalbrüch. ꝛc. 2. Curs. 2., mit e. Anh. verm. Aufl. 8. (12 B.) Leipzig 843, C. H. Reclam. sen.

—— Resultate hierzu. 2. Aufl. 8. (4 B.) Ebds. 843.

—— Anhang hierzu. 8. (2 B.) Ebds. 843.

—— Resultate zum Anhange. 8. (1 1/4 B.) Ebds. 843.

Bauriegel, Jh. Cph., vollständ. Auszug aus Dinter's Katechisationen; oder: die sämmtl. christl. Religionswahrheiten populär bearbeit. Als Handbuch für Lehrer beim Religionsunterricht herausgeg. 1. Thl. 3. verb. Aufl. 8. Neustadt a/O. 841, Wagner. 7/8 ℛℬ — 2. Thl. 3. verb. Aufl. Mit 2 Kärtch. 8. Ebd. 841. 7/8 ℛℬ

— [Hrsg.] s. *Bauriegel*, Karl Ernst: Protestantisch-lutherische Glaubenslehre. 1841.

— s. Bibel, die, für Schule und Haus.

—— vollständ. Choralbuch f. d. dresdner Gesangbuch, aber auch f. die übrigen sächs. Gesangbücher, bearb., 4stimmig u. in zerstreuter Harmonie gesetzt u. mit Zwischenspielen verseh. 1. Aufl. (24 1/4 B.) 835. * 2 1/2 Thlr., 2. A. (24 B.) qu. 1/3 gr. 4. Leipzig 838, Fort. *

—— dass. 3. Aufl. qu. 1/2 gr. 4. (24 B.) Grimma 830, Verlags-Comptoir.

Bauriegel, J. Cph., Elementarfibel. 8. Neust. 813. Wagner. 3 gl

—— der Gesammt-Unterricht im Kopfrechnen. Auch als Fortsetz. d. dess. Anleit. z. ersten Unterr. im Kopfrechnen, nebst e. Samml. zahlr., zweckmäß. geordn., auf die neuen sächs. Münz- u. Gewichtsbestimmn. Bezug nehmender Aufgaben. 2 Abthln. 8. (19 1/4 B.) Grimma 841, Verlags-Comptoir.

—— der Gesammt-Unterricht im Kopfrechnen. Auch als Fortsetzung von dessen Anleitung zum ersten Unterrichte im Kopfrechnen, nebst einer Sammlung zahlreicher zweckmäßig geordneter Aufgaben. Neue Aufl., in 2 Abtheilgn. 8. (302 S.) Grimma 851, Verlags-Comptoir.

— Handbuch des Wissenswürdigsten aus der Geographie. Zum Gebrauch für Teutschlands Volksschullehrer. — Neustadt a. O.: Wagner 1836. IV,240 S. 8° 32.
13.7665

—— Handbuch d. Wissenswürdigsten aus d. Geographie. Zum Gebr. f. Teutschlands Volksschullehrer, vorzügl. f. d. Lehrer an d. Schulen d. Königr. Sachsen u. der angrenz. Länder. gr. 12. (10 1/4 B.) Neustadt a. d. O. 837, Wagner. *

—— die Hauptstücke d. Katechismus Lutheri, mit kurzen Erklärn. 8. (1 B.) Neustadt a. d. O. 837, Wagner.
25 Expl. nur 18 Gr.

—— Katechisationen üb. Gottes Wesen, Werke u. Willen, wie sie mit d. Mittelclasse ein. nicht vernachlässigten Dorf- od. niedern Stadtschule gehalt. werden können; nach d. in sein. Religionsbuche f. Kinder v. 8—11 Jahren enthalt. Materialien geschrieben. 8 Hfte. 8. Neustadt a. d. O. 838, Wagner.
Hft. 1. Katechisationen üb. Gottes Wesen u. Eigenschaften. (12 B.) 838. 12 Gr.
„ 2. — üb. Gottes Werke u. Wohlthaten. (12 B.) 838. 12 Gr.
„ 3. — üb. Jesu Christi Leben, Person u. Verdienst. (8 B.) 838. 8 Gr.
„ 4. — üb. d. Pflichten gegen Gott. (12 B.) 838. 12 Gr.
„ 5. — üb. d. Pflichten gegen uns selbst. (12 B.) 838. 12 Gr.
„ 6. — üb. d. besondern Nächstenpflichten. (9 B.) 839. 9 Gr.
„ 7. — üb. d. allgem. Nächstenpflichten. (18 B.) 839. 18 Gr.
„ 8. — üb. d. Hilfsmittel d. Christenthums zur Besserung u. Pflichterfüllung. (9 B.) 839. 9 Gr.

— das Leben Jesu und seiner Apostel. gr. 8. Neust. 810. 2e Aufl. 821. Wagner. 12 gl

—— mein Leben und Wirken. 8. (VIII und 120 S. mit dem lith. Bildn. des Verf.) Neustadt a. d. O. 847, Wagner.

— Das Lesen zu lehren in Verbindung mit dem Schreiben; so, daß die Kleinen in jeder Lection nur einen Buchstaben kennen und zugleich mit andern verbinden lernen. Nebst e. kurzen Anweisung für Lehrer dieses Buch zu gebrauchen. [Nebst] Handlesetaf. — Neustadt a. O.: Wagner 1831. 8° [u.] 2° 32.
13.7669

— — 2., unveränd. Aufl. Ebd. 1852. 72 S. 8° 44.
13.7670

—— d. Lesen zu lehren in Verb. m. d. Schreiben. 2. Afl. 8. (72) Neust. a. d. O. 52. (Plauen, Schröter.) — 3 3/4

— [Hrsg.] s. *Luther*, Martin: Die Hauptstücke des Katechismus [Kleiner Katechismus]. 1837.

— Religionsbuch zum Hausgebrauche für Schulkinder, auf vielseitiges Verlangen verfaßt und nach seinem Auszuge aus Dinter's Katechisationen geordn. 8. Neustadt 835. Wagner. 1/4 ℛ 2e Aufl. 840. 1/4 ℛ

— Der Unterricht in der christlichen Religion für Kinder von 8-11 Jahren, ein Handbuch für Volksschullehrer. — Neustadt a. O.: Wagner 1837. XII,116 S. 8° 32. 207.
13.7672

Bauriegel, Karl Ernst: Protestantisch-lutherische Glaubenslehre, für Volksschullehrer bearb. von Carl Ernst Bauriegel, u. hrsg. vom Schulmeister Bauriegel. — Leipzig: Reclam 1841. X,366 S. 8° 8. 207.
13.7673

— die Hauptstücke des Katechismus Lutheri, mit kurzen Erklärungen. 8. Neustadt 837. Wagner. 1 Gr (25 Exempl. 3/4 ℛ)

— Religionsgeschichte f. Volksschullehr. u. Volksschulen. Mit 2 Kärtch. 3e sehr verb. Aufl. gr. 12. Neust. 837. Wagn. 3/8 ℛ

— Religionsgeschichte für Volksschullehrer und Volksschulen. 4., verm. Aufl. — Neustadt a. O.: Wagner 1845. VI,222 S. 8° 207.
13.7674

Bauriss. Ein alter B' zu einem Thurmhelm am Strassburger Munster. Bern 1883 s.a. (Tr|achsel, Gottlieb]).

Bauriß, ein alter, zu einem Thurmhelm am Straßburger Münster. Hrsg. von der Bernischen Künstlergesellschaft. gr. 4. (11 S. mit 1 Photolithogr.) Bern 883, Dalp'sche Buchh.

Bauriß, e. alter, zu e. Thurmhelm am Straßburger Münster. Hrsg. v. der Bernischen Künstlergesellschaft. gr. 4. (11 S. m. 1 Photolith.) Bern 883. Schmid, Francke & Co. n. 1. 20

Baurittel, Karl Friedrich: [Ausführungen zum Code Napoléon.] — o. O. [um 1840]. 8°
Titel fingiert.
Die beiden Exemplare decken sich nur teilweise im Umfang.
25. 31.
13.7676

— Ueber den Einfluß der Regel: pater est, quem iustae nuptiae demonstrant, auf die Legitimität der Kinder nach den Principien des französischen und badischen Civilrechts. — Freiburg i. Br. 1825: Wangler. 60 S. 8°
1: Hq 8034. 5. 15. 16. 25. 31. 123. 208.
13.7677

— Erörterungen in dem Gebiet des napoleonischen und badischen Civil-Rechts. — Freiburg 1826: Wangler. 20 S. 8° 31.
13.7678

Baurittel, Karl Fr., Handbuch des Badischen bürgerl. Rechts. Für Geschäftsmänner aller Art. 1e—13e Lfrg. gr. 8. Freiburg 836—39. (Karlsruhe, Groos.) (à n. 7/12 ℛ) 7 7/12 ℛ

Baurittel, Karl Fr., Handbuch d. Badischen bürgerl. Rechts. Für Geschäftsmänner aller Art. 14—19. Liefg. gr. 8. Freiburg 843, 44. (Karlsruhe, Groos.) à n. 7/12 ℛ (1—13 à n. 7/12 ℛ)

— Handbuch des badischen bürgerlichen Rechts. Für Geschäftsmänner aller Art. Bd 1-4. — Freiburg: Groos [usw.] 1838-44. 8° Bd 4 ist unvollständig u. ohne Titelblatt erschienen.
1: Gp 11636. 12[= 1.4]: 38/1050. 16. 25. 31. 208. 304.
13.7679

— Die Lehre von der Adoption nach den Principien des französischen Civilrechts. — Freiburg i. Br. 1827: Wangler. XXII,128 S. 8° 1: Hq 7827. 19. 24. 25. 31. 208. 304.
13.7680

— — Ebd. 1827. XXIV,128 S. 8° 123.
13.7681

— Die Lehre von der Adoption nach den Principien des französischen und badischen Civilrechts. — Ebd. 1827. XXIV,134 S. 8° 31.
13.7682

— [Mitarb.] s. *Promemoria.* Die Lehrfreiheit an der Universität Freiburg betreffend. 1859.

Baurittel, Karl Ludwig: Abhandlung über den Entwurf einer allgemeinen Instruction..., s.a. Baurittel, Karl Wilhelm

Baurittel, Karl Ludwig: Abhandlung über den Entwurf einer allgemeinen Instruction neben besondern Dienstanweisungen für badische Beamte. — Carlsruhe 1803: Macklot. 46 S. 8° 31.
13.7683

— Practische Anleitung für Ortsvorgesetzte, Richter und Gerichtsschreiber zur richtigen Führung der Gerichtsbücher und ordnungsmäßigen Behandlung der bei den Gerichten vorkommenden wichtigeren Geschäfte. — Heidelberg: Gutmann 1806. 148,73,4 S. 8° 31.
13.7684

— Bemerkungen über die Berufung in Strafsachen und Stimmeneinheit bei Strafurtheilen. — Mannheim: Löffler in Comm. 1806. 44 S. 8° 14. 28. 29. 45. 46.
13.7685

— Bemerkungen über die Einrichtung des Beamtungs- und Stadt-Amt- oder Landschreiberei-Sporteln-Wesens in den badischen Landen. Nebst Etats. — Karlsruhe: C. F. Müller 1804. 56 S. 8° 12: J. pract. 22. 16. 31. 48.
13.7686

Baurittel, K. Ludw.: Die Lehre v. d. Adoption nach d. Principien d. franz. u. bad. Civilrechts. *Freiburg*, Wagner. 8. (16 Gr.)

Baurittel, Karl Ludwig (Hrsg.), s.a. Magazin, Juridisches.

Baurittel, K. L.: Jurid. Magazin, insbesond. f. d. grossherz. Bad. Länder. *Mannheim*, Löffler. 1r Bd. 1s u. 2s St. *Heidelberg*, Kaufmann. 3s St. 805—7. gr. 8. (à 18 Gr.)

Baurittel, Carl Ludw.: Strafrechts-Catechismus, zum Gebrauche in allen Schulen. *Heidelb.*, (Braun in *Carlsruhe.*) 807. gr. 8. (12 Gr.)

— Strafrechts-Katechismus z. Gebr. in sämmtl. Schulen. gr. 8. Heidelb. 807. (Braun in Karlsr.) 12 Gr Mit n. Tit. ohne d. Namen d. Verf.: Unterr. über Verbrechen u. Strafen. gr. 8. Ebd. 818. 12 Gr

— Strafrechts-Catechismus vorzüglich zum Gebrauche in Sonntags-Schulen. — Heidelberg: Pfähler 1807. 128 S. 8° 16. 31.
13.7687

Baurittel, Karl Wilhelm: Abhandlung über den Entwurf einer allgemeinen Instruction..., s.a. Baurittel, Karl Ludwig

Baurittel, Karl Wilh., († d. 5. Juli 1798.) Abhdl. üb. d. Entwurf e. allgem. Instruction, nebst besond. Dienstanweisung f. badische Beamte. 8. Karlsr. 803. (Braun in Heidelb.) 3 Gr

Baurittels, K. W., Abhandl. üb. d. Entw. e. allgem. Instruction, nebst bes. Dienstanweisung. f. badische Beamte. 8. Carlr. Maclott. 803.

— Anleit. f. alle, d. Land-, Amt- u. Stadtschreibereien vorkommende Geschäfte. m. Tabell. 3 Thle. 8. Ebend. 808. (à 1 Rthlr. 8 gr.)

Baurittel, Karl Wilhelm: Practische Anleitung für alle bey Land-, Amt- und Stadtschreibereyen vorkommenden Geschäfte, um angehende Scribenten, zu bilden und zu vervollkommnen. Bd 1. — Carlsruhe: Macklot 1792. XVIII, 464 S. 8° 12:36/4538-1. 21. 25. 121[−2.3].
13.7688

Baurittel, K. Wilh.: Prakt. Anleit. zu den bei Land-, Stadt- u. Amtschreibereien vorkomm. Geschäften. Mit Tabellen. N. Ausg. *Carlsruhe*, Braun. (792 ff.) 808. 3 Thle. 8. (4 Thl.)

— Practische Anleitung zu den bey Stadt-, Land- und Amtschreibereyen vorkommenden Geschäften. Bd 1–3. — Carlsruhe: Maklot 1792–96. 8°
12[−1.3]:36/4538-2. 21[−1]. 25[−1]. 30[−2.3]. 31.
13.7689

— Anleitung für angehende Scribenten in allen vorkommenden Land-, Amt- und Stadtschreiberey (3: Stadtschreiberei) Geschäften. Neue Aufl. Bd 1–3. — Carlsruhe: Macklot 1808. 8° 16. 25. 31.
13.7690

Baurittels, K. W., Bemerk. über d. Einricht. des Beamtungs u. Stadt-, Amt- oder Landschreiberey-Sportelwesens nebst Etats. 8. Stuttgard, (Müller, Karlsruhe.) 804. Rthlr.

Baurittels, K.W., s. Baurittel, Karl Wilhelm

Bäurle, Otto: Einrichtg u. Betrieb v. Sportabteilgn in Turnvereinen. s: Uebungen, Die, d. deut. Turnens.

Baeurlein, Johann Christoph: Catalogus librorum theolog. catholic., iuridic., medic. & miscellaneorum. [Verkaufskat.] — Ulmae 1730: Görlin. Bog. A–K. 8° 25.
9.9863

Baurmann, Josef: Der Lehrermangel, seine Ursachen und Wirkungen. 1907 in: *Buetzler*, Theodor: Verfassungskunde in der Volksschule.

Baurmann, der Lehrermangel, seine Ursachen u. Wirkungen, s.a. Abhandlungen, pädagogische. XII, 11.

Der Lehrermangel, seine Ursachen u. Wirkungen. Von Lehrer **Baurmann**, Ehrenfeld. Bielefeld: A. Helmich [1907]. (S. 16–22.) 8° [Umschlagt. F.]
— **Abhandlungen**, Pädagogische. N. F. Bd 12, H. 11, [2.] [06. 7110

Baurmann, *August* Leonhard [app. Arzt aus Aachen]: Ein Fall von congenitaler Vesico-umbilicalfistel ... Marburg, Buchdr. O. Ehrhardt, 1892; 30 S., 1 Bl. 8.
Marburg, Med. Fak., Inaug.-Diss. v. [16. Juli] 1892

Baurmann, Wilhelm: Festspiel zur Schulfeier am Geburtstage Sr. Majestät Kaiser Wilhelms II. — Remscheid: Witzel 1899. 18 S. 8° 1:Ng 24983/50. 5.
13.7691

— Aus dem Bergischen Sagenwalde. Dichtungen. — Elberfeld: Baedeker 1809. VII, 165 S. 8°
1:Yo 27728. 5. 33. 60. 61. 62.
13.7692

Baurmeister, C. C. H. s. *Baurmeister*, Kai Karl Heinrich.

Baurmeister, Gustav Adolf: Analyse der Central-Kräfte, unter kurzer Erörterung der Newton'schen Gravitations-Lehre. — Leipzig: E. H. Mayer 1860. 28 S. 8° 83.
13.7693

— Die Derivationen der aus Kriegsgeschützen geworfenen Kugeln und die Wirkungen der gezogenen Geschütze. — Leipzig: E. H. Mayer [usw.] 1861. 32 S. 8° 209.
13.7694

— Die Erde und ihre Bewegungen nach freier Forschung dargest. — Olpe: Mietens [1857]. 42 S. 8° 1:Om 9947. 6.
13.7695

—— die Erde und ihre Bewegungen nach freier Forschung dargestellt. 8. (43 S.) Soest 857, (Ritter'sche Buchh.) *

Baurmeister, G. A., die Erde und ihre Bewegungen nach freier Forschung dargestellt. Soest 857. Wehrle in Comm. 8. (43 S.) n. 6 ngr

— Theorie der Körper- und Weltenbewegung. Eine freie Forschung. — Leipzig: E. H. Mayer [usw.] 1863. 112 S. 8° 30. 43. 84.
13.7696

— Theorie der Körperbewegungen in specieller Erörterung der Pendelbewegungen. — Leipzig: E. H. Mayer 1858. 94 S. 8° 1:Og 2912. 12:Math.A.16 iw. 14. 17. 84. 207. 303.
13.7697

— Die Ursachen der zunehmenden Fallgeschwindigkeit bei Körperbewegungen. — Leipzig [usw.]: E. H. Mayer 1859. IV, 42 S. 8° 12:Math. A. 16 k. 31. 84.
13.7698

Baurmeister, Heinrich Kaspar: Anfangsgründe der Geographie, zum Gebrauch d. Schulen. — Braunschweig [usw.]: Schröder 1760. 544 S. 8°
1:Pp 2890. 15. 16. 21. 32. 34. 84.
13.7699

Baurmeister, Hnr. Ksp., († d. 29. Juni 1776.) Anfangsgründe d. Geographie. gr. 8. Hildesheim 760, Schröter. 1 rß

Baurmeister, H. C. Commentatio qua optimarum literarum et artium causam contra verum clarissimum Ioannem Iacobum Russaeum civem Genevensem tuetur. Hildesheim, G., 1762.

— Commentatio de libertate divina, quae necessitati paret. Hildesiae 1744: Harz. 8 S. 8°
1:5 in Bd 8603-24. 9. 12:4° Diss. 691-14.
13.7700

— Einleitung in die Universal Historie. 1762 s. *Tappen*, Sylvester.

— Commentatio ad Virum Magnificum ... Sam. Christ. Hollmannum in Academia Georgia Augusta Prof. logic.... quum Academiae regimen ipsi delatum esset. In qua philosophiae Libertatem vindicat Henr. Casp. Baurmeister. Hildesiae 1745: Harz. 12 S. 8° 19.
13.7701

— s. Sylv. Tappe.

Baurmeister, Karl
Pseudonym: B. Carlo

— Fliegende Blätter eines schleswig-holsteinischen Volksfreundes. — Hamburg: Berendsohn in Comm. 1846. 16 S. 8° 18.
13.7702

— Das schwarze Buch. Für Christ u. Jud, zunächst in Hamburg. Von B. Carlo. — Hamburg: Meyer 1843. 32 S. 8°
2. 8. 18.
13.7703

— Die Dänen in Flensburg oder: Das Wesen und Treiben der dänischen Propaganda. — Paris: Heideloff 1846. 28 S. 8° 8. 16. 35. 202.
13.7704

— Kleine Episteln des Volksfreundes. — Hamburg: Berendsohn in Comm. 1846. 16 S. 8° 18.
13.7705

Baurmeister, C., kleine Episteln des Volksfreundes. 8. (16 S.) Hamburg 847, Berendsohn.

— Die Freudenthräne. Novelle für's Helgolander Stammbuch, von B. Carlo. — Hamburg: Beer 1844. 22 S. 8° 18.
13.7706

— Kerker-Buch. — Rendsburg: Verf. 1852. 176 S. 8° 1:Yz 8254. 8. 18. 106.
13.7707

— Kerker-Buch. 8. (IV u. 176 S.) Rendsburg 852. (Altona, Verlagsbureau.) n. 3/4 ₰

— Die Communal-Republik [Kommunal-Republik] oder der Geist einer guten Gemeinde-Verfassung. — Eutin [usw.]: Baurmeister & Griem 1838. 48 S. 8° 1:Fb 11095. 8. 12:38/1048. 18. 24. 27. 106.
13.7708

Baurmeister, Carl, die Communal-Republik, od. d. Geist ein. guten Gemeinde-Verfassung. gr. 8. (3¼ B.) Kiel 838. [Hamburg, Schuberth u. Comp.]

— Ueber Mysticismus! Mit besonderer Beziehung auf das Rauhe Haus in Horn bei Hamburg. Von B. Carlo. — Hamburg: Verf.; Tramburg in Comm. 1844. 31 S. 8° 18.
13.7709

— [Hrsg.]
s. *Tagwaechter*, Der, an der Elbe. 1843 ff. [Zeitschriften].

— Die Verläumder, oder Versuch einer Beantwortung der drei Fragen: Warum wird Jastram Snitger gefangen gehalten? Wer war der Retter der Börse? Wo blieb der Rest des Geldes aus dem Unterstützungs-Fond für die abgebrannten Hamburger? Ein Beitrag zur Reform-Geschichte Hamburgs. Von B. Carlo. — Hamburg: Meyer 1843. 23 S. 8° 12:Germ. sp. 550-6. 18.
13.7711

— [Hrsg.] s. *Volksbote*, Der. 1841 ...

— Wachet! Mystiker und jesuitische Maulwürfe untergraben die protestantische Kirche! Laienwort an Laien. Von B. Carlo. 2., verm. u. veränd. Aufl. — Hamburg: Berendsohn 1845. 52 S. 8° 2. 18. 48.
13.7710

— Was wir wollen, und was wir nicht wollen! Ein Flugblat Rendsburg 1848: Weisbach in Hamburg. 8 S. 8° 8. 18. 109.
13.7712

— Zunft oder Gewerbefreiheit? Das ist die Frage. Eine populäre volkswirthschaftliche Abhandlung. — Oldenburg: Stalling 1858. 90 S. 8° 1:Stala 789. 7. 8. 19. 35. 38. 45. 47. 48. 106. 205.
13.7714

[—] Die Zünfte und die Zunft-Armuth, wider Graf Holstein. Von C.B. — Altona: Hammerich 1835. 16 S. 8° 1:Fd 788. 8.
13.7713

Baurmeister, Theodor L.: Anleitung zur Eindeckung mit Dachpappe sowie Mittheilung über Holzcement-Bedachung. — Cassel 1878: Scheel. 17 S. 8° 34.
13.7715

Baurmeister, Theod. Geschichte der Hageltheorien. 39 S. *Glückstadt* 1877. Progr.

Baurmeister, Th.: Ueber electrische Widerstandsmaasse, 16 S. Progr. Glückstadt 1872.

Holtz-seeliger Baum-Discurs, zwischen Gori und Hyacinth uber die ... Eroberung der türckischen Haupt-Festung ... Themeswar, so A. 1716 ... seinem rechtmässigen König und Herrn zugestellt worden unter Commando ... Herrn General-Lieutenants Eugenii Printzen von Savoyen. — Regenspurg: Lang [1716]. 4 Bl. 8° 14.
13.1480

Baurnfeind, Lena
— u. Berta **Baurnfeind**: Blumenmalen f. Kinder, s.: Malbücher, neue.

— Skizzen aus dem Gebirge, s.: Federzeichnen. 5. Hft.

Baurnjöpel, s. Bauernjöpel.

Baurnjoepel, Josef: Bau innerer Zufriedenheit. Mit Anm. aus d. Buche langjähriger Erfahrungen. — Wien: v. Mößle 1793. 326 S. 8° 303.
13.7716

— Das Buch innerer Zufriedenheit. Mit Anm. aus d. Buche langjähriger Erfahrungen. — Ebd. 1809. 326 S. 8° 305.
13.7717

— Sammlung von Gedanken solcher Männer, die sich selbst, andere Menschen und Welt kannten. — Wien 1782: M.A. Schmidt. 179 S. 8° 12:Ph.Pr. 107 fm [2 Ex.] 58. 302. 303.
13.7718

Baurschmid, Johann Siegmund: An similitudo morum faciat amicitiam? brevissime meditatur simulque viris ... Johanni Ludovico Rudorfio ... et Georgio Friderico Webero, philosophiae honores quos d. 16. Febr. 1747 adepti sunt, amice gratulatur Joh. Sigismundus Baurschmidius. Lipsiae [1747]: Langenheim. 8 S. 8° 15.
13.7728

Baurschmidt. — Von Pastor Baurschmidt, vom großen Schenkel und was dazu gehört. Für alle, welche gern helle Augen haben. Von e. hannoverschen Volksfreunde. — Verden: Steinhöfel in Comm. [1862]. 8 S. 8°
Als Verfasser wird Karneades Konrad Münkel genannt.
1:6 in Eo 11876. 7. 23. 35.
13.7720

Baurschmidt, Gust., s. Baurschmidt, Karl Gustav Wilhelm

Baurschmidt, Karl Gustav Wilhelm s. *Baurschmidt*. — Von Pastor Baurschmidt, vom großen Schenkel und was dazu gehört. 1862.

— Die Celler Pastoral-Conferenz am 7. October 1862. Eine Mittheilung an d. evangelischen Gemeinden Hannovers. — Göttingen: Deuerlich 1862. 56 S. 8° 7. 35. 48.
13.7721

— Wider das Pfaffenthum. Eine Replik in Sachen des Archidiaconus Baurschmidt. 1862 s. *Mensching*, Adolf.

Baurschmidt, C. G. W., Prüfet Alles. Ein Wort über den neuen Katechismus. 1–6. Aufl. Lüchow 862. Saur in Comm. gr. 8. (40 S.) n. 5 ngr.

— Sendschreiben an Herrn Archidiaconus Baurschmidt in Lüchow von einem Gegner des neuen Katechismus. 1862 s. *Sulze*, Emil.

Baurschmidt, C. G. W., die Sicherheit des Menschen bei der Unsicherheit der letzten Stunde. Letzte Predigt gehalten am 26. S. nach Trin. [20. Novbr.] 1864. Lüchow 864. Saur in Comm. gr. 8. (11 S.) n. 2½ ngr.

— Stimmen aus dem Worte Gottes für die Jetztzeit, in einzelnen ausgewählten Predigten. — Göttingen: Deuerlich 1864. X,358 S. 8°
7. 35.
13.7736

— Von Frieden zum Kampf. Eine kurze Selbstbiographie, mit besonderem Hinblick auf die Hannoversche Katechismussache. — Göttingen: Deuerlich 1862. IV,40 S. 8°
7. 18. 35.
13.7737

Baurschmidt, Gust., Was müssen wir thun, um d. ewigen Lebens gewiß zu werden? Predigt üb. 1. Joh. 5, 9—13. vor der deutschen evangelisch-reform. Gemeinde in Frankfurt a. M., am 18. April 1852 gehalten. 8. (13 S.) Frankfurt a. M. 852, Zimmer'sche Sort.-B. (Völcker.) 3 ngr

— Wie das Christenthum wo möglich aller Herzen sich gewinnen wird, wenn es ein Licht ist. Predigt. — Lüchow: Saur in Komm. 1861. 15 S. 8°
7.
13.7738

— Wodurch gehören wir der evangelischen Kirche an? Erwiederung auf den Offenen Brief des Herrn Pastor Dr. Bernhard Spiegel. — Celle: Schulze 1862. 15 S. 8°
7. 35. 203.
13.7739

— Zeugniß für die Wahrheit und wider die Lüge in Sachen des Herrn C.G.W. Baurschmidt gegen den neuen Katechismus. 1862 s. *Noetel*, Christian Friedrich Heinrich.

Baus, Rentner, Eltville. 1852: Beschreibung der Schlange, welche die Eva verführte. Aus d. aufgefundenen Briefen e. Hirten zur Belehrung d. Heerden von Fühllieb dem Schütz [d.i. Baus]. — Schaffhausen: Hurter & Stämpfli 1852. 16 S. 8°
43.
13.7740

Baus, Hans, appr. Arzt: Über Pathogenese und über den spezifischen Abbau der Krebsgeschwülste. Berlin 1909: G. Schade. 29 S. 8°
Berlin, Med. Diss. v. 16. März 1909, Ref. Kraus
[Geb. 5. Aug. 82 Köpenick; Wohnort: Berlin; Staatsangeh.: Preußen; Vorbildung: Friedrich-Wilhelms-Gymn. Berlin Reife O. 02; Studium: Berlin 10 S.; Coll. 15. März 09; Approb. 3. Nov. 08.] [U 09. 23

Baus, Johann Baptist: Die Handelskammer zu Trier 1855–1905. Ein geschichtlicher Rückblick. — Trier: Schaar & Dathe 1905. 35 S. 8°
38. 121.
13.7742

Baus, John. An alle Deutschen zum deutschen Tag. Chicago, 1893. UC

Bausatzungen. — Bausatzungen und Baupolizeiordnung für die Stadt Offenbach a. M., sowie die Nachträge dazu. — Offenbach a. M. 1896: Seibold. 18 S. 8°
17.
13.7745

Bausback, Erwin: Der Hauskellermeister. Ein Schatzkästlein für alle, die mit Wein in Berührung kommen. — München: Lindauer 1910. 33 S. 8°
12: Oecon. 196 d. 19.
13.7746

Bausback, Friedrich: Sammlung der vorzüglichsten Gedichte. Ausgewählt von Z. Funk [d.i. Karl Friedrich Kunz] u. ... hrsg. von Johann Georg Bausback. — Bamberg: Dresch 1840. 84 S. 8°
12: P. o. germ. 79 q. 20. 22.
13.7747

Bausback, Johann Georg [Hrsg.] s. *Bausback*, Friedrich: Sammlung der vorzüglichsten Gedichte. 1840.

— Über den einzig richtigen Gesichtspunkt der Vertragslehre. — Arnstadt [usw.]: Langbein & Klüger 1805. 192 S. 8°
12: Ph. Pr. 107 g. 19. 20.
13.7748

Bausback, Jh. Geo., über den einzig richt. Gesichtspunkt d. Vertragslehre. 8. Rudolst. 805. Hildebrand. 8 gr

Bausch: G e s c h i c h t e , Kurze, der Grafen... zu Isenburg..., s. B a u s c h , August Heinrich

Bausch, August Heinrich

Bausch, Kurze Geschichte der Grafen uud Burg zu Isenburg und Engers. Neuwied 1833 fol.

Bausch, August Heinrich: Kurze Geschichte der Grafen und Burg zu Isenburg und von Engers. — Neuwied 1835: Faust. 4 Bl. 4°
5.
13.7749

Bausch, Ed., Antrittspredigt über 2. Korinther 4, Vers 2[b], gehalten am 10. Juni 1883. gr. 8. (14 S.) Barmen 883, Wiemann.

— - Predigt über das Leiden Christi nach Hebr. 5, 8. 9, 2. Kor. 5, 21, 1. Petr. 2, 21, gehalten am Sonntag Estomihi 1884 zu Wichlinghausen. gr. 8. (14 S.) Ebendas. 884.

Bausch, Ed.: Der P s a l t e r als Gebetsschule (und andere religiöse Schriften), s. B a u s c h , Eduard

Bausch, Edmund: Abschieds-Predigt. — Neuwied [1828]: Lichtfers. 14 S. 8°
5.
13.7751

Bausch, Eduard

Bausch, Ed.: Ein Jahresschluss im Weihnachtsglanz. Predigt. (16) kl8° Barm., Wuppertaler Traktat-Gesellsch. (07). — 10 d

Bausch, Eduard: Ein Jahresschluß im Weihnachtsglanz. Predigt. — Barmen [1908]. 16 S. 8° ([Schriften der] Wuppertaler Traktat-Gesellschaft. 731.)
1: Cv 52040–731. 5. 62.
13.7752

— der Psalter als Gebetsschule, s.: Salz u. Licht. II.

— Der Psalter als Gebetsschule. Vortrag. — Barmen: Wupperthaler Traktat-Ges. (1901). 24 S. 8° (Salz u. Licht. 2.)
1: Bd 6902/94-2. 5. 12: Th. U. 331 fi-2. 62. 101.
13.7753

— 'Seid getrost, ich habe die Welt überwunden'. Predigt. — Barmen: Wupperthaler Traktat-Ges. [1898]. 12 S. 8°
38. 62.
13.7754

— Das gefährlichste Unkraut unter dem Weizen. Predigt. — Barmen [1904]. 15 S. 8° ([Schriften der] Wuppertaler Traktat-Gesellschaft. 719.)
1: Cv 52040–719. 5. 12: Hom. 2020 r. 62.
13.7755

Bausch, Ed., das gefährlichste Unkraut unter dem Weizen. Predigt üb. Matth. 13, 24 u. 25. (15 S.) kl. 8. Barmen 904. Wuppertaler Traktat-Gesellschaft. n. — 10

Bausch, E., wie kommt man zur Gewißheit seiner Hoffnung auf die ewige Seligkeit? Predigt zum Sonntag vor Pfingsten 1885 über 2. Korinther 1, 21. 22. gr. 8. (15 S.) Barmen 885, (Wiemann.) *

— Wie sollen wir unsere Kinder erziehen? — Barmen [1902]. 16 S. 8° ([Schriften der] Wupperthaler Traktatgesellschaft. 715.)
1: Cv 52040–715. 5.
13.7757

Bausch, Ed., wie sollen wir unsere Kinder erziehen? 12. (16 S. m. Titelbild.) Barmen (902). Wupperthaler Traktat-Gesellschaft. n. — 10

Bausch, Fridericus (geb. am 2 Okt. 1812 in Hamm bei Altenkirchen): De amputatione penis ... Bonnae, typ. C. Georgii 1836. 2 Bl., 36 S., 2 Bl. 8.
Bonn, Med. Fak., Diss. v. 23 Juni 1836

Bausch, Gustav: Die Mäkelei in der Reichsstadt Aachen. Marburg 1910: Aachener Verl.- u. Dr.-Ges. 51 S. 8° ¶ (Ersch. auch als Buch b. Creutzer, Aachen.)
Marburg, Phil. Diss. v. 10. Juni 1910, Ref. v. der Ropp
[Geb. 5. Juni 85 Inden; Wohnort: Inden; Staatsangeh.: Preußen; Vorbildung: Gymn. Eschweiler Reife O. 06; Studium: Marburg 2, München 1, Berlin 1, Bonn 1, Marburg 2 S.; Rig. 13. Dez. 09.] [U 10. 3342

Bausch, Johann Georg (Hamburg). De subsidio parentum collationi obnoxio. Diss. jur. Göttingen (Dieterich) 10. VI. 1773. 27 S. (4.—)

Bausch, Johann Wilhelm: Anrede bei der Ausspendung der heiligen Firmung in der freien Stadt Frankfurt ... 1836. — Frankfurt a. M.: Andreä [1836]. 16 S. 8° 4ß.
13.7764

— s. Directorium Limburgense.

— Hirtenbrief bei dem Herannahen der heiligen Fastenzeit 1836. — Limburg [1836]: Schlink. 16 S. 8°
12: 4° Past. 10m/1. 4ß.
13.7765

— Hirtenbrief bei dem Herannahen der heiligen Fastenzeit 1837. — Limburg [1837]: Schlink. 18 S. 8° 4ß.
13.7766

— Hirtenbrief bei dem Herannahen der heiligen Fastenzeit 1838. — Limburg [1838]: Schlink. 39 S. 8° 4ß.
13.7767

— Hirtenbrief bei dem Herannahen der heiligen Fastenzeit 1839. — Limburg [1839]: Schlinck. 15 S. 8°
1: Dp 16398.
13.7768

— Hirtenbrief bei Gelegenheit seiner feierlichen Consecration und Besitznahme des bischöflichen Stuhles zu Limburg an der Lahn ... 1835. — Frankfurt a/M. [1835]: Andreä. 23 S. 8° 5. 12: 4° Past. 10m. 4ß.
13.7769

Bausch, L. O., Diss. med. sistens indicat. pro convers. foetus in partu. 8. Marb. 794. Krieger. 3 gl.

Bausch, Max, das Preßgesetz. Das Gesetz, die Presse betr., vom 24. März 1870 nebst der Ausführungsverordnung von demselben Tage. Nach den Motiven, den Deputationsberichten u. ständischen Berathungen bearb. u. mit Erläuterungen hrsg. Leipzig 870. Roßberg. 8. (VIII, 216 S.) n. 15 ngr.

— Die Preßgesetzgebung im Königreich Sachsen. Eine Zusammenstellung d. Gesetze, Verordnungen u. Staatsverträge, welche d. Angelegenheiten d. Presse, d. Nachdruck u. d. Leihbibliotheken betreffen. Mit Erl. — Leipzig: Roßberg 1866. VIII, 176 S. 8°
12: N. libr. 221 ch. 14. 106. 203.
13.7773

Bausch, Nikolaus

Bausch, N., kurzer Abriß der Geographie von Württemberg für Schulen und zur Selbstbelehrung. Ulm 854. Gebr. Nübling. 16. (24 S. und: Kurzer Abriß der Geschichte von Württemberg für Schulen rc. 24 S.) 4½ ngr.

Bausch, Nicol., Aphorismen aus Schiller's Werken. Ulm 865. (Gebr. Nübling.) 8. (70 S.) n. 8 ngr.

Bausch, N., stufenmäßig geordnete Aufgaben für das mündliche u. schriftliche Rechnen [im 1., 2. u. 3. Schuljahr] m. unbenannten ganzen Zahlen. Für die Hand der Schüler bearb. 2., erweit. Aufl. 8. (38 S.) Ulm 881. Ebner. cart. n. — 40

Bausch, N., stufenmäßig geordnete Aufgaben für das mündliche und schriftliche Rechnen [im 1., 2. und 3. Schuljahr] mit unbenannten ganzen Zahlen. Für die Hand der Schüler bearb. 2. erweit. Aufl. 8. (38 S.) Ulm 882, Ebner'sche Buchh. cart.
1. Aufl. erschien 1857 u. d. T.: Schul- und Hausaufgaben zum Kopfrechnen.

Bausch, N., stufenmäßig geordnete Aufgaben f. das mündliche u. schriftliche Rechnen (im 1., 2. u. 3. Schulj.) m. unbenannten ganzen Zahlen. Für die Hand der Schüler bearb. 3., erweit. Aufl. 8. (38 S.) Ulm 894. J. Ebner. Kart. n. — 40

Bausch, Nikolaus: Sammlung gleich- und ähnlichlautender Wörter als Hilfsmittel für den Rechtschreibunterricht für Lehrer und Schüler. — Ulm: Ebner [1893]. 16 S. 8° 24.
13.7774

— — 2., verm. Aufl. Ebd. 1895. 23 S. 8° 24.
13.7775

Bausch, N., Sammlung gleich- u. ähnlichlautender Wörter als Hilfsmittel f. den Rechtschreibunterricht f. Lehrer u. Schüler. 3. Aufl. (23 S.) gr. 8. Ulm 903. J. Ebner. n. — 25

— Schul- und Hausaufgaben zum Kopfrechnen mit unbenannten Zahlen. Ebend. 857. gr. 12. (32 S.) 3 ngr.
Ist in 2 verschiedenen Ausgaben, mit Auflösungen für die Lehrer, und ohne solche für die Schüler zu haben

Bausch, N., Schul- und Hausaufgaben zum Kopfrechnen mit unbenannten Zahlen. Ausg. mit Auflösungen. gr. 12. (32 S.) Ulm 857, Ebner'sche Buchh.

Bausch N, grundlegende Sprach- und Rechtschreibübungen für den deutschen Unterricht in mittleren und höheren Lehranstalten. Ulm 1878

Bausch, N., grundlegende Sprach- und Rechtschreibungen für den deutschen Unterricht in mittleren und höheren Lehranstalten. Für die Hand der Schüler bearb. 8. (52 S.) Ulm 879. Ebner'sche Buchh. cart.

—— grundlegende Sprach- und Rechtschreibübungen für den deutschen Unterricht in mittleren und höheren Lehranstalten. Für die Hand der Schüler bearb. 2. verm. Aufl. 8. (64 S.) Ebendas. 882. cart.

Bausch, N., Sprach- u. Rechtschreibübungen f. den deutschen Unterricht in den Unterklassen mittlerer u. höherer Lehranstalten. Für die Hand der Schüler bearb. 4. Aufl. 8. (68 S.) Ulm 889. Ebner. cart. n.n. — 50

— Sprach- u. Rechtschreibübungen f. d. deutschen Unterr. i. d. Unterklassen mittl. u. höh. Lehranst. F. d. Hand d. Schüler bearb. 5. Aufl. 8. (69 S.) Ebd 897. Kart. n.n. — 50

— Sprach- u. Rechtschreibungen f. den deutschen Unterricht in den Unterklassen mittlerer u. höherer Lehranstalten. Für die Hand der Schüler bearb. 6. Aufl. (69 S.) 8. Ebd. 908. Kart. n.n. — 50

Bausch, R., Sprach- u. Rechtschreibübungen f. d. deutschen Unterricht in den Unterklassen mittlerer u. höh. Lehranstalten. Für die Hand der Schüler bearb. 7. Aufl. (69 S.) 8. Ulm 910. J. Ebner. Geb. nn —50.

(—) Stimmen der Zeit über die gegenwärtige materielle und geistige Noth, geschöpft aus Schriften von August Freiherrn v. Holzschuher, Jeremias Gotthelf u. Heinrich Merz. Ulm: Bausch 1852. 30 S. 8° 21. 24.
13.7776

Bausch, Otto (Red.), s. Romane, Illustrirte, aller Nationen.

Bausch, W.: Freie Stadt Frankfurt. (Verf.: W. Bausch.) — (Frankfurt a. M. [um 1850]: Textor.) 2 Bl. 8° 30.
13.7779

Bausch, Wilhelm, Vorsitzender d. Stenographenvereins 'Gabelsberger', Düsseldorf. 1902: Lehrbuch der vereinfachten deutschen Stenographie Gabelsbergers für Schul-, Vereins- und Selbstunterricht. Verkehrschrift. — Düsseldorf: Selbstverl. 1902. 22 S. 8° 61.
13.7784

Bausch, Wilhelm, s.a. Pfarreiverwaltungen.

Bausch, Wilhelm, Schuldirektor u. kath. Pfarrer, Hadamar. 1783: Ueber die Pfarrei-Verwaltungen der Franziskaner-Mönche, mit historisch-kritischen Anm. [Verf.: Wilhelm Bausch.] — Düsseldorf: Mekler 1783. 112 S. 8° 19.
13.7780

— Der Stenographen-Verein. T. 1. — Wolfenbüttel: Heckner 1903. 59 S. 8°
1. Anweisung zur Leitung d. Vereins-Versammlungen u. zur Führung d. Bücher.
15. 29. 61. 207.
13.7785

Bausch, Wilh.: Der Stenogr.-Ver. I. Tl: Anweisg z. Leitg d. Ver.-Versammlgn u. z. Führg d. Bücher. (59) 8° Wolfenb., Heckner ('06). nn 1.25 d

– s.a. Symbole, üb. die.

Bausch, Wlh., üb. die Symbole d. kathol. Kirche u. den Katechism. in Anseh. der Aufklärung. 8. Wetzl. 786. Winkler. 3 gr.

[—] Ueber die Symbolen der katholischen Kirche und den billigen Vorzug des Felbigers-Katechismus vor allen andern Katechismen in Absicht auf die Beförderung der Aufklärung der katholischen Jugend, des Christen und des Bürgers. Von e. nassauischen Weltpriester. — Regensburg 1785. 48 S. 8° 38. 39.
13.7781

Bausch, Wilhelm, Großherzogl. Badischer Verwaltungsgerichtsrat a. D., Karlsruhe. 1869: Uebersicht der Flechten des Grossherzogthums Baden. — Carlsruhe 1869: Braun. XLII, 246 S. 8° (Verhandlungen d. Naturwissenschaftlichen Vereins in Carlsruhe. 4.)
In einigen Exemplaren fehlt d. Titel d. Sammlung.
1: Mb 13735 [u.] Lc 7688-4. 2. 4. 8. 10. 12: 4° H. nat. 156i-4. 14. 16. 18. 20. 21. 24. 25. 30. 31. 46. 52. 84. 90. 302. 304. 308.
13.7783

Bausch, Wilh., Uebersicht der Flechten des Grossherzogth. Baden. Carlsruhe 870. Braun in Comm. gr. 8. (XLII, 246 S.) n. 1 ₰ 20 ngr

– s.a. Verfall des Pfarrgottesdienstes.

[—] Uiber den Verfall des Pfarrgottesdienstes in der katholischen Kirche als Beytrag zur neuesten Kirchen- und Reformationsgeschichte. — Frankfurt [usw.] 1784. 64 S. 8° 19.
13.7782

Bauschatz. — Bauschatz. Eine Sammlung hervorragender Bauwerke, Details etc. ... Photolithographie d. Artistischen Anstalt von L. C. Zamarski in Wien. Bd 1. 2. — Wien: Lehmann & Wentzel [1878–81]. gr. 2°
1: gr. 2° Ny 6981/25. 12: 2° A. civ. 14 p. 17. 82. 83. 89. 91. 300: 52.253-D. 302. 305.
13.7788

Bauschatz. Eine Sammlung hervorragender Bauwerke, Details etc. in Reproductionen nach seltenen und kostbaren Werken, Einzelstichen etc. Photolithogr. der artist. Anstalt von L. C. Zamarski in Wien. 2. (Schluss-)Bd. 10 Lfgn. Fol. (40 Taf. mit 1 Bl. Text.) Wien 880,81, [Lehmann und Wentzel.] Lehmann. à Lfg. *M 4.; in Mappe *
1. Bd. Ebendas. 1878,79. In Mappe *M 40.

Bauschatz. 2. Serie. Ausgewählte Werke v. G. B. Piranesi, s.a.: Piranesi, G. B.

Bauschatz. 2. Serie: Ausgewählte Werke [Oeuvres choisies. — Select works. — Opere scelte] von J.-B. Piranesi. 4 Thle. Fol. (320 Lichtdr.-Taf. mit 2 S. Text, deutsch, französ., engl. und italien.) Wien 885, A. Lehmann. In 3 Mappen *
[1. Serie.] 2 Bde. Ebendas. 1878—81. à *M 40.—.

— 3. Serie. Wien vor 150 Jahren. Nach gleichzeit. Aufnahmen von Fischer v. Erlach, Kleiner, Schütze, Sedelmayr etc. (In 15 Lfgn.) 1.—7. Lfg. Fol. (à 10 Lichtdr.) Wien 890. Ad. Lehmann. à n. 6. —

Bauschatz. 3. Serie. Wien vor 150 Jahren. Nach gleichzeit. Aufnahmen von Fischer v. Erlach, Kleiner, Schütze, Sedelmayr etc. Lichtdr. v. J. Löwy. 8.—15. Lfg. Fol. (80 Lichtdr. m. 8 S. Text.) Wien 890. Ad. Lehmann. à n. 6. — (kplt. in Carton: n. 90. —; in eleg. Mappe n. 100. —; geb. in Halbfrz. n. 120. —; in Ldr. n. 160. —)

Bauschatz. 3. Serie. Wien vor 150 Jahren. Nach gleichzeit. Aufnahmen von Fischer v. Erlach, Kleiner, Schütze, Sedelmayr etc. (150 Taf. in Lichtdr. u. 8 S. Text.) Wien 891, Lehmann. in Carton * 90 —; in eleg. Mappe * 100 –
1. Serie. (2 Bde.) 2. Serie. 4 Thle. Ebd. 1878–85. * 280 —.

Bauschatz. Serie I—III. Sammlg hervorrag. Bauwerke, Details etc. in Reproductionen nach selt. u. kostbaren Werken, Einzelstichen etc. 630 Foliotaf. in Heliotypie m. Text. 1. Gesammt-Asg. [Titel-Asg.] 1—3. Lfg. Fol. (120 Taf.) Wien [70—90] 96. 97, A Lehmann. In Mappe à 20 —
Fortsetzg wurde nicht eingesandt.

Bauschau-Ordnung

— Reichs-Stadt Memmingische Bauschau-Ordnung. Erneuert, verm. u. verb. — Dat. Memmingen 17. Martii 1747. 70 S. 8° 5. 7. 12: 4° J. germ. 12 m/1. 17. 19. 21.
13.7792

Bau-Schematismus, oder: Adreßbuch aller mit Bauten und Bauarbeiten sich beschäftigenden Künstler u. Professionisten, so wie d. Baumaterialien-Lieferanten in Wien. Herausgeg. von J. Hoan. 12. Wien 844, Jasper'sche Buchh. ⅓ ₰

Bau-Schematismus oder Adressenbuch aller mit Bauten und Bauarbeiten sich beschäftigenden Künstler und Professionisten, so wie der Baumaterialien-Lieferanten in Wien und Umgebung. 6te Aufl. kl. 8. (36 S.) Wien, Edler v. Schmidbauer und Holzwarth 1853.

Bauschinger, CW: Lehrb. d. Arithmetik, s.: Hauck, AF.

Bauschinger, C. W., Lehrbuch d. Arithmetik, s.: Hauck, H.

— Leitfaden der kaufmännischen Algebra, s.: Sickenberger, Adf.

— Leitf. d. kaufmänn. Algebra bezw. Arithmetik, s.: Sickenberger, A.

Bauschinger, C.W.: Ueber Wahrscheinlichkeitsrechnung. pg. 3-27. 8°. C. Fritz.
Progr. Dinkelsbühl 1884/85.

Bauschinger, J. (Techniker), s. Bauschinger, Johann

Bauschinger, J. (Astronom). , s. Bauschinger, Julius

Bauschinger, Johann: Bericht über Versuche an verschiedenen nach dem System 'Monier' hergestellten Objekten. Berlin [usw.] 1887 : (Becker & Hornberg). 19 S. 8°
90.
13.7793

—— Ebd. 1887. 21 S. 8° **91. 210.**
13.7794

—— Ebd. 1887. 28 S. 8° **201. 302.**
13.7795

—— Neudr. Berlin 1892. 18 S. 8° **85. 201.**
13.7796

— Beschlüsse der Conferenzen zu München, Dresden, Berlin und Wien über einheitliche Untersuchungs-Methoden bei der Prüfung von Bau- und Constructions-Materialien auf ihre mechanischen Eigenschaften. — München: Ackermann 1893. IV,56 S. 8°
12: A. civ. 11 c. 14. 19. 83. 89. 91. 106. 210. 302. 305.
13.7797

— Elemente der graphischen Statik. [Nebst] Atlas. — München: Oldenbourg 1871. 4°
7. 10. 12: 4° Math. A. 19 h. 17. 19. 21. 29. 36. 45. 60. 82. 83. 84. 88→91. 93. 209. 210. 305.
13.7798

—— 2. Aufl. [Nebst] Atlas. Ebd. 1880. 4°
1: 4° Og 6076^{3}. 2. 12: 4° Math. A. 19 hc. 15. 19. 30. 82→85. 88→91. 201. 210. 305.
13.7799

— Encyklopädie d. Elementar-Mathematik, s: Weber, Heinr.

— Société autrichienne I.R.P. des chemins de fer de l'État. Direction des mines, usines et domaines. Essais de résistance des fontes, fers et aciers de l'usine de Reschitza (Hongrie), faits au laboratoire de l'École polytechnique de Munich à l'occasion de l'Exposition universelle de 1878 à Paris. — Vienne 1878. XXV,95 S. 4° **82. 91.**
13.7800

— Indicator-Versuche an Locomotiven, angestellt unter Mitwirkung d. königl. Maschinenmeisters Zorn in Augsburg. — Leipzig: Felix 1868. 148 Sp. 4°
Aus: Civilingenieur. N. F. 13.14. 1867-68.
14. 82. 83. 88. 90. 91. 93.
13.7801

Bauschinger, Joh., Indicator-Versuche an Locomotiven, angestellt unter Mitwirkung des königl. Maschinenmeisters Zorn in Augsburg. Mit 6 (lith.) Figurentaff. (in Imp.-Fol.) u. 15 Tabb. [Aus dem „Civilingenieur."] Leipzig 869. Felix. (118 Sp.) n. 3 $\mathcal{M}$

Bauschinger, J., Instrumente zum Messen d. Gestalts-Veränderung der Probekörper, s.: Werder, L., Maschine zum Prüfen der Festigkeit d. Materials.

Bauschinger, J, s.a. Mitteilungen a. d. mechan.-techn. Laboratorium d. k. techn. Hochsch. München.

Bauschinger, Johann

— Mittheilungen aus dem mechanisch-technologischen Laboratorium der k. polytechn. Schule in München. [Aus „Zeitschrift d. bayer. Architekten- u. Ingenieurs-Vereins".] 1—6. Hft. Mittheilung I—VII. enth. gr. 4. (23 S. m. 1 Steintaf.) München 873—76. Th. Ackermann. n. 11. 20

1. Mittheilung 1 u. 2 enth. (23 S. m. 1 Steintaf.) n. 1. 60
2. Mittheilung 3 enth. Mit 3 (1 lith. u. 2 photolith.) Taf. Abbildgn. (17 S.) n. 2. 40
3. Mittheilung 4 enth. Mit 2 (lith.) Figurentaf. u. 9 (eingedr.) Holzschn. (16 S.) n. 2. —
4. Mittheilung 5 enth. (24 S. m. eingedr. Holzschn.) n. 1. 20
5. Mittheilung 6 enth. (11 S. m. 3 Steintaf. in gr. 4. u. qu. gr. Fol.) n. 1. 60
6. Mittheilung 7 enth. Mit 2 Taf. in Photolith. u. 9 Holzschn. im Text. (20 S.) n. 2. 40

— Mittheilungen aus dem mechanisch-technischen Laboratorium der k. polytechnischen Schule in München. [Aus: „Zeitschr. d. bayer. Archit.- u. Ingen.-Ver."] 7. Hft. Mittheilung 8 enth. Mit 2 Steintaf. Imp.-4. (8 S.) München 877. Th. Ackermann. n. 1. 20

—— Mittheilungen aus dem mechanisch-technischen Laboratorium der k. technischen Hochschule in München. 8.—11. Heft. Imp.-4. München, Th. Ackermann. *

Inhalt:

Heft 8. Mittheilung IX enthaltend. (28 S. mit 3 lithogr. Taf. und 7 Holzschn. im Text.) 879. *$\mathcal{M}$ 2,40.

Heft 9. Mittheilung X, enthaltend: Untersuchungen über die Elasticität und Festigkeit von Fichten- und Kiefern-Bauhölzern. (33 S. mit 7 grösseren Tab. und 4 lithogr. Bl. Abbild.) 883. *$\mathcal{M}$ 4.

» 10. Mittheilung XI, enthaltend: Untersuchungen über die Elasticität und Festigkeit der wichtigsten natürlichen Bausteine in Bayern. (26 S. mit 4 grösseren Tab. und 5 lithogr. Curventaf.) 884. *$\mathcal{M}$ 8.

» 11. Mittheilung XII, enthaltend: Versuche über die Abnützbarkeit und Druckfestigkeit von Pflaster- und Schottermaterialien. (35 S. mit 2 lithogr. Bl. Abbild.) 884. *$\mathcal{M}$ 6.

1.— 7. Heft. Ebendas. 1873—77. *$\mathcal{M}$ 12,40.

Bauschinger, J., Mittheilungen aus dem mechanisch-technischen Laboratorium der k. technischen Hochschule in München. 12.—17. Heft. Imp.-4. München, Th. Ackermann. *

Inhalt:

Heft 12. Mittheilung XIII: Über das Verhalten gusseiserner, schmiedeeiserner und steinerner Säulen im Feuer und bei rascher Abkühlung [Anspritzen]. Mittheilung XIV: Vergleichende Versuche über die Schweissbarkeit des Fluss- und Schweisseisens. (41 S. mit 3 Bl. Abbild., 2 grösseren Tab. und 2 Fig. im Text.) 885. *$\mathcal{M}$ 10.—.

» 13. Mittheilung XV: Über die Veränderung der Elasticitätsgrenze und der Festigkeit des Eisens und Stahls durch Strecken und Quetschen, durch Erwärmen und Abkühlen und durch oftmal wiederholte Beanspruchung. (116 Sp. mit 25 grösseren Tab., 2 lithogr. Bl. und 1 Lichtdr.-Taf.) 886. *$\mathcal{M}$ 10.—.

» 14. Mittheilung XVI: Verhandlungen der Münchener Conferenz und der von ihr gewählten ständigen Commission zur Vereinbarung einheitlicher Prüfungsmethoden für Bau- und Constructions-Materialien. (IV, 292 Sp. mit 4 Bl. Abbild.) 886. *$\mathcal{M}$ 16.—.

» 15. Mittheilung XVII: Über das Verhalten gusseiserner und schmiedeeiserner Säulen im Feuer und bei rascher Abkühlung. [2. Versuchsreihe.] Mittheilung XVIII: Zerknickungsversuche. [1. Reihe.] (57 S. mit 43 grösseren Tab. und 4 Bl. Abbild.) 887. *$\mathcal{M}$ 12.—.

» 16. Mittheilung XIX: Untersuchungen über die Elasticität und Festigkeit verschiedener Nadelhölzer. Mittheilung XX: Über die Veränderung der Festigkeit des Nadelholzes nach dem Fällen. (29 S. mit 3 grösseren Tab., 2 lithogr. Bl. und 1 Lichtdr.-Taf.) 887. *$\mathcal{M}$ 10.—.

» 17. Mittheilung XXI: Versuche über die Elasticität und Festigkeit von Treibriemen, Seilen und Ketten. (34 S. mit 6 Taf.) 888. *$\mathcal{M}$ 12.—.

1.—11. Heft. Ebendas. 1873—1884. *$\mathcal{M}$ 32.80.

Bauschinger, J. Mittheilungen aus dem mechanisch-technischen Laboratorium der k. technischen Hochschule in München. 18.—20. Heft. Imp.-4. Münch., Th. Ackermann. * 41 —

18. Mittheilung XXII: Elasticität, Festigkeit u. Abnützbarkeit verschiedener Stein-Materialien. (60 S. m. 3 Taf.) 889. * 12 —. — 19. Mittheilung XXIII Versuche üb. die Frostbeständigkeit natürlicher u. künstlicher Bausteine. (71 S. m. 4 Tab.) 889 * 10 —. — 20. Mittheilung XXIV: Einfluss der Zeit bei Zerreissversuchen m. verschiedenen Metallen. Mit 11 Tab. u. 18 Bl. Abbildgn. (38 S.) 892. * 22 —.

— Mittheilgn a. d. mechanisch-techn. Laboratorium d. k. techn. Hochschule in München. 20—23. Hft. 4° Ebd. 53 — (1—23.: 170.20)

20. Mittheilg XXIV: Einfluss d. Zeit bei Zerreissversuchen m. verschied. Metallen. (38 m. 11 Tab. u. 18 Bl. Abbildgn.) 91. 22 —
21. Mittheilg XXV: Ueber d. Einfluss d. Gestalt d. Probestäbe auf d. Ergebnisse d. Zugversuche m. denselben. (43 m. 5 Tab. u. 4 Bl. Abbildgn.) 92. 10 —
22. Mittheilg XXVI: Verhandlgn d. in Dresden (1886) u. Berlin (1890) abgeh. Conferenzen z. Vereinbarg einheitl. Prüfungsmethoden f. Bau- u. Constructions-Materialien. Nachruf v. A Martens. (320 Sp. m. Abbildgn u. Bildnis.) 94. 12 —
23. Verhandlgn d. in Wien im J. 1893 abgeh. Conferenz z. Vereinbarg einheitl. Prüfungsmethoden f. Bau- u. Konstruktions-Materialien, bearb. v. H Gollner u. A Martens. (111 m. 1 Taf.) 95. 9 —

— über die Qualität der Erzeugnisse aus Amberger Erzen u. die Verwerthung der letzteren. Vortrag, geh. in d. Versammlg. d. polytechn. Vereins zu München am 31. Jan. 1881. [Aus: „Bayer. Industrie- u. Gewerbebl."] Lex.-8. (24 S. m. 1 Steintaf.) München 881. Literar.-artist. Anstalt. n. — 75

— Resultate der Festigkeits-Versuche angestellt im Auftrage des Vereins deutscher Eisenbahn-Verwaltungen behufs Gewinnung von Grundlagen für die Classification von Eisen und Stahl im mechanisch-technischen Laboratorium der tech. Hochschule München. — München 1878: Roth. 8 Bl.,6 Taf. 4° Titelblatt u. Text autographiert. 305.
13.7803

— Resultate der Festigkeits-Versuche angestellt im Auftrage des Vereins deutscher Eisenbahn-Verwaltungen behufs Gewinnung von Grundlagen für die Classification an Probestücken aus Walzeisen, Feinkorneisen, Schmiedeisen und Puddelstahl im mechanisch-technischen Laboratorium der tech. Hochschule München. — München 1878: Roth. 55 gez. Bl. 4° Titelblatt u. Text autographiert. 305.
13.7804

Bauschinger, J., die Schule der Mechanik. Für den Selbstunterricht, besonders d. prakt. Mechanikers und Handwerkers, sowie für den Gebrauch an techn. Lehranstalten gemeinfasslich dargestellt und mit Zugrundelegung von Delaunay's „Elementarlehrbuch der theoret. und angewandten Mechanik" bearb. Mit über 600 Holzschn. 7 Lfgn. 8. (VIII und 912 S. mit eingedr. Holzschn.) München 861(62), Oldenbourg. à Lfg. * 12 Ngr. *
geb. *

— — 2., verm. u. verb. Aufl. Ebd. 1866. XII,996 S. 8°
1:Og 5780[2]. 12:Math. A. 16 pa. 17. 19→22. 33. 84. 91. 209. 210.
13.7806

Bauschinger, J., die Schule der Mechanik. Für den Selbstunterricht besonders des prakt. Mechanikers und Handwerkers, sowie für den Gebrauch an techn. Lehranstalten gemeinfassl. dargestellt und mit Zugrundelegung von Delaunay's „Elementarbuch der theoret. angewandten Mechanik" bearb. 2., verm. und verb. Aufl. 8. (XII und 996 S. mit 636 eingedr. Holzschn.) München 867, Oldenbourg. * 1 Thlr. 15 Ngr.; geb. *

Bauschinger, J.: Versuch einer Theorie der Ketten- und Fachwerkbrücken. pg. 1 - 24. 4°. Mit einer Tafel. J. Volkhart. Progr. Fürth 1858/59.

— Versuche über die Festigkeit des Bessemerstahles der Walzwerks- und Bessemerstahlfabrikations-Gesellschaft Ternitz. — München 1873: Wolf. 33 S. 8°
89. 91. 210. 305.
13.7807

Bauschinger, Julius: Ableitung der Eigenbewegung von 90 telescopischen Sternen, welche in den Münchener Zonen vorkommen. — (München: K. b. Akad. d. Wiss. [usw.] 1890.) 35 S. 4°
Aus: Neue Annalen d. K. Sternwarte in Bogenhausen bei München. 2. 1891.
12:4° Astr. P. 31 f.
13.7808

Bauschinger, Jul., Ableitung der Eigenbewegung v. 90 telescopischen Sternen, welche in den Münchener Zonen vorkommen. [Aus: „Annalen der k. Sternwarte zu München".] gr. 4. (35 S.) München 890. (G. Franz' Verl.) n.n. 2.70

Bauschinger, Jul., s: Annalen d. kais. Univ.-Sternwarte in Strassburg.

— Die Bahnbestimmung der Himmelskörper. — Leipzig: Engelmann 1906. XV,653 S. 4°
1:4° Om 1074. 2. 4. 5. 7. 10. 11. 12:4° Astr. U. 24 m. 14. 15. 16. 18. 20. 27. 28. 30. 39. 82. 86. 88. 89. 210. 302→305.
13.7809

Bauschinger J. Ueber die Biegung von Meridianfernrohren. 1888. 4.
Habil. Schr. München

— Über die Biegung von Meridianfernrohren. — München: K. b. Akad. d. Wiss. [usw.] 1888. D 18 S. 4°
Aus: Neue Annalen d. K. Sternwarte in Bogenhausen bei München. 2. 1891.
305.
13.7811

Bauschinger, Jul., über die Biegung von Meridianfernrohren. gr. 4. (18 S. mit 1 Taf.) München 888, (Franz'sche Verlagsh.) **
Aus: Annalen der K. Sternwarte zu München, besonders abgedruckt.

Bauschinger, Jul., s.: Jahrbuch, Berliner astronom.

— A. Berberich u. P. V. Neugebauer, genäherte Oppositions-Ephemeriden v. kleinen Planeten, s.a. Veröffentlichungen des königl. astronomischen Rechen-Instituts zu Berlin.

Genäherte Oppositions-Ephemeriden von 78 kleinen Planeten für 1897 August bis December. Unter Mitw. mehrerer Astronomen, insbes. d. Herren A[dolf] Berberich u. P[aul] Neugebauer hrsg. von J[ulius] Bauschinger. Berlin: F. Dümmler 1897. (26 S.) 8°
— Veröffentlichungen d. Kgl. Astronom. Rechen-Instituts zu Berlin. No 5.
[95-7416

Genäherte Oppositions-Ephemeriden von 15 kleinen Planeten für 1898 Januar bis August. Unter Mitw. mehrerer Astronomen . . hrsg. von J. Bauschinger, Dir. d. K. Rechen-Inst. Berlin: F. Dümmler 1898. (16 S.) 8°
— Veröffentlichungen d. Königlichen Astron. Rechen-Instituts zu Berlin. No 6.
[99-

Genäherte Oppositions-Ephemeriden von 49 kleinen Planeten für 1898 August bis December. Unter Mitw. mehrerer Astronomen ... hrsg. v. J Bauschinger, Dir. d. K. Rechen-Inst. Berlin: F. Dümmler 1898. (16 S.) 8°
— Veröffentlichungen d. Königlichen Astron. Rechen-Instituts zu Berlin. No 7.
[99-

Genäherte Oppositions-Ephemeriden von 52 kleinen Planeten für 1899 Januar bis August. Unter Mitw. mehrerer Astronomen ... hrsg. v. J. Bauschinger, Dir. d. k. Rechen-Inst. Berlin: F. Dümmler 1899. (17 S.) 8°
— Veröffentlichungen d. Königlichen Astron. Rechen-Instituts zu Berlin No 9.
[99-

Genäherte Oppositions-Ephemeriden von 32 kleinen Planeten für 1899 Juli bis December. Unt. Mitw. . . . d. Herrer A. Berberich u. P[aul] Neugebauer hrsg. v. J[ulius] Bauschinger, Dir. d. K. Rechen-Inst. Berlin: F. Dümmler in Komm. 1899. (12 S.) 8°(4°)
— Veröffentlichungen d. Kgl. Astronom. Rechen-Instituts zu Berlin. No 10.
[99-6573

Genäherte Oppositions-Ephemeriden von 67 kleinen Planeten für 1900 Januar bis August. Unter Mitw. mehrerer Astronomen ... hrsg. v. J. Bauschinger, Dir. Berlin: F. Dümmler 1900. (23 S.) 8°
— Veröffentlichungen d. Königlichen Astron. Rechen-Instituts zu Berlin. No 11.
[00-1318

Genäherte Oppositions-Ephemeriden von 40 kleinen Planeten für 1900 Juli bis December. Unter Mitw. mehrerer Astronomen, insbes. d. Herren A[dolf] Berberich u. P[aul] Neugebauer hrsg. von J[ulius] Bauschinger, Dir. Berlin: F. Dümmler in Komm. 1900. (14 S.) 8°(4°)
— Veröffentlichungen d. Königl. Astron. Rechen-Instituts zu Berlin. No 12.
[03-0506

Genäherte Oppositions-Ephemeriden von 62 kleinen Planeten für 1901 Januar bis August. Unter Mitw mehrerer Astronomen ... hrsg. von J[ulius] Bauschinger *Berlin: F. Dümmler 1901.* (22 S.) 4°
— Veröffentlichungen d. Königl Astronom. Rechen-Instituts zu Berlin. No 13.
[04 1930

Genäherte Oppositions-Ephemeriden von 57 kleinen Planeten für 1902 Jan. bis Aug. Unter Mitw. mehrerer Astronomen, insbes d. Herren A. Berberich u. P[aul] V. Neugebauer, hrsg. von J[ulius] Bauschinger, Dir. d. k. Rechen-Inst. *Berlin: F. Dümmler in Comm. 1902.* (20 S.) 8°(4°)
— Veröffentlichungen d. Königl. Astron. Rechen-Instituts zu Berlin. No 17.
02 553

Genäherte Oppositions-Ephemeriden von 42 kleinen Planeten für 1902 Juli bis 1903 Januar Unter Mitw. mehrerer Astronomen, insbes. der Herren A[dolf] Berberich u P[aul] V Neugebauer hrsg von J[ulius] Bauschinger, Dir. d. K. Rechen-Inst *Berlin: F. Dümmler 1902.* (15 S.) 8°(4°)
— Veröffentlichungen d. Königlichen Astronom Rechen-Instituts zu Berlin No 18
[illegible]

Genäherte Oppositions-Ephemeriden von 36 kleinen Planeten für 1903 Jan. bis 1903 August. Unter Mitw. mehrerer Astronomen, insbes. d. Herren A[dolf] Berberich u. P[aul] V. Neugebauer hrsg. von J[ulius] Bauschinger, Dir. *Berlin: F. Dümmler in Komm. 1903.* (14 S.) 8°(4°)
— Veröffentlichungen d. Königl. Astron. Rechen-Instituts zu Berlin. No 19.
[illegible]

Genäherte Oppositions-Ephemeriden von 27 kleinen Planeten für 1903 August bis 1904 Januar. Unter Mitw. mehrerer Astronomen, insbes. d. Herren A[dolf] Berberich u. P[aul] V. Neugebauer hrsg. von J[ulius] Bauschinger, Dir *Berlin: F. Dümmler in Komm. 1903.* (11 S.) 8°(4°)
— Veröffentlichungen d. Königl Astron. Rechen-Instituts zu Berlin. No 21.
[illegible]

Genäherte Oppositions-Ephemeriden von 41 kleinen Planeten für 1904 Jan. bis Aug. Unter Mitw. mehrerer Astronomen, insbes. d. Herren A[dolf] Berberich u. P[aul] V. Neugebauer hrsg. von J[ulius] Bauschinger, Dir. *Berlin: F. Dümmler in Komm. 1903.* (15 S.) 8°(4°)
— Veröffentlichungen d. Königl. Astron. Rechen-Instituts zu Berlin. No 22.
[illegible]

Genäherte Oppositions-Ephemeriden von 43 kleinen Planeten für 1904 August bis Dezember. Unter Mitw. mehrerer Astronomen, insbes. d. Herren A[dolf] Berberich u. P[aul] V. Neugebauer hrsg. von J[ulius] Bauschinger, Dir., Berlin. *Berlin: F. Dümmler in Komm. 1904.* (15 S.) 8°(4°)
— Veröffentlichungen d Königl. Astron. Rechen-Instituts zu Berlin. No 24.
[illegible]

Genäherte Oppositions-Ephemeriden von 34 kleinen Planeten für 1905 Januar bis August. Unter Mitw. mehrerer Astronomen, insbes. d. Herren A[dolf] Berberich u. P[aul] V. Neugebauer hrsg. von J[ulius] Bauschinger. Berlin: F. Dümmler in Komm. 1904. (13 S.) 8°(4°)
— Veröffentlichungen d. Königl. Astron. Rechen-Instituts zu Berlin. No 26.
[05 1013

Genäherte Oppositions-Ephemeriden von 43 kleinen Planeten für 1905 August bis 1906 Januar. Unter Mitw. mehrerer Astronomen, insbes d Herren A[dolf] Berberich u. P[aul] V. Neugebauer ... hrsg von J[ulius] Bauschinger, Dir. Berlin F. Dümmler in Komm. 1905 (15 S.) 8°(4°)
— Veröffentlichungen d. Kgl. Astron. Rechen-Instituts zu Berlin No 28.
[07 8006

Genäherte Oppositions-Ephemeriden von 48 kleinen Planeten für 1906 Januar bis 1906 August. Unter Mitw. mehrerer Astronomen, insbes. d. Herren A[dolf] Berberich u P[aul] V. Neugebauer hrsg. von J[ulius] Bauschinger, Dir. Berlin: F. Dümmler 1906. (15 S.) 8°(4°)
— Veröffentlichungen d. Kgl. Astron. Rechen-Instituts zu Berlin. No 29.
[06. 719

Genäherte Oppositions-Ephemeriden von 29 kleinen Planeten für 1906 August bis 1907 Januar. Unter Mitw. mehrerer Astronomen, insbes. d. Herren A[dolf] Berberich u. P[aul] V. Neugebauer hrsg. von J[ulius] Bauschinger, Dir. Berlin: F. Dümmler in Komm. 1906. (12 S.) 8°(4°)
— Veröffentlichungen d. Kgl Astron. Rechen-Instituts zu Berlin. No 30.
[07 1037

Genäherte Oppositions-Ephemeriden von 38 kleinen Planeten für 1907 Januar bis 1907 August. Unter Mitw. mehrerer Astronomen, insbes. d. Herren A[dolf] Berberich u. P[aul] V. Neugebauer hrsg. von J[ulius] Bauschinger. Berlin: F. Dümmler 1906. (14 S.) 8°
— Veröffentlichungen d. Kgl Astron. Rechen-Instituts zu Berlin. No 31.
[07 607

Bauschinger, Julius

— Ueb. d. Problem d. Bahnverbesserg s.a. Veröffentlichungen d. kgl. astronom. Rechen-Instit. zu Berlin.

— Ueber das Problem der Bahnverbesserung. — Berlin: Dümmler ‹in Komm.› 1903. 35 S. 8° (Veröffentlichungen d. Königl. Astronomischen Rechen-Instituts zu Berlin. 23.)
1:Oh 2011-23. 10. 11. 210.
13.7812

—— 1. Münchener Sternverzeichniss, s. Annalen, neue, der k. Sternwarte in Bogenhausen bei München.

— erstes Münchener Sternverzeichniss, s.: Seeliger, Hugo.

— Zweites Münchener Sternverzeichniss enthaltend die mittleren Oerter von 13 200 Sternen für das Aequinoctium 1880. — (München: K. b. Akad. d. Wiss. [usw.] 1891.) XXVI, 172 S. 4°
Aus: Neue Annalen d. K. Sternwarte in Bogenhausen bei München. 2. 1891.
12:4° Astr. U. 132 vd.
13.7813

— u. P. V. Neugebauer, Tabellen zur Geschichte u. Statistik der kleinen Planeten, s.a. Veröffentlichungen des königl. astronomischen Rechen-Instituts zu Berlin. Nr. 16.

— Tabellen zur Geschichte und Statistik der kleinen Planeten. Unter Mitw. von P. V. Neugebauer bearb. — Berlin: Dümmler ‹in Comm.› 1901. 75 S. 8° (Veröffentlichungen d. Königl. Astronomischen Rechen-Instituts zu Berlin. 16.)
1:Oh 2011-16. 10. 11. 210.
13.7814

— Tafeln zur theoretischen Astronomie. Mit 2 lithogr. Taf. Leipzig: Engelmann 1901. IV, 148 S. 4°
1:4° Ol 12091. 2. 5. 7. 11. 12:4° Astr. P. 31 gb. 14. 15. 16. 18. 20. 27. 30. 86. 89. 91. 210. 303. 304.
13.7815

— Logarithmisch-trigonometrische Tafeln mit acht Dezimalstellen ... Neu berechnet u. hrsg. von J. Bauschinger u. J. Peters. Stereot. Ausg. Bd 1.2. — Leipzig: Engelmann 1910-11. 4°
1:4° Oc 6491. 9. 11. 15→19. 21. 24. 29. 46. 82→86. 88. 206. 303. 305.
13.7816

— Untersuchungen über die Bewegung des Planeten Merkur. — München: Ackermann 1884. 59 S. 4°
Zugleich Diss. München 1884.
12:Astr. P. 8 r. 17. 19. 210. 302. 304.
13.7817

BAUSCHINGER, Julius: Untersuchungen über die Elastizität und Festigkeit von Fichten- und Kiefern-Bauhölzern. - München 1883. 33 S., 7 Tab., 4 Bl. Abb. - (Mitt. a. d. mech. -techn. Laboratorium d. k. techn. Hochsch. i. München II. 9)

BAUSCHINGER, Julius: Untersuchungen über die Elasticität und Festigkeit verschiedener Nadelhölzer; und über die Veränderung der Festigkeit des Nadelholzes nach dem Fällen. - München 1887. 29 S., 3 Taf. - (Mitt. a. d. mech. -techn. Laboratorium d. k. techn. Hochsch. i. München II 16)

— Untersuchungen üb. den periodischen Kometen 1889 V, 1896 VI (Brooks), s.a. Veröffentlichungen des königl. astronom. Rechen-Institus zu Berlin. Nr. 8.

— **Untersuchungen über den periodischen Kometen 1889 V. ⟨Brooks⟩ (2: ... 1889 V, 1896 VI ⟨Brooks⟩). Th. 1.2. (München: K. b. Akad. d. Wiss. [usw.]; 2: Berlin: Dümmler ⟨in Comm.⟩) 18(92)–98. 4° [u.] 8°**
1. Definitive Bahnbestimmung d. Hauptkometen aus d. Erscheinung 1889 bis 1891. (1892.)
2. Die Erscheinung 1896-97 u. ihre Verbindung mit d. vom Jahre 1889-90. 1898.
1 aus: Neue Annalen d. K. Sternwarte in München. 3. 1898.
2 = (Veröffentlichungen d. Königl. Astronomischen Rechen-Instituts zu Berlin. 8.)
1 . . . . 12:4° Astr. P. 31 g.
2 . . . . 1:Oh 2011-8. 10. 11. 210.
13.7818

— Untersuchgn üb. d. astronom. Refraction m. e. Bestimmg d. Polhöhe v. München u. ihren Schwankgn v. Novbr 1891 bis Octbr 1893 u. e. Katalog d. absoluten Declination v. 116 Fundamental-Sternen, s.a. Beobachtungsergebnisse d. Repsold'schen Meridiankreises d. k. Sternwarte zu München.

— **Untersuchungen über die astronomische Refraction mit einer Bestimmung der Polhöhe von München und ihrer Schwankungen vom November 1891 bis October 1893 und einem Katalog der absoluten Declinationen von 116 Fundamental-Sternen. — (München: K. b. Akad. d. Wiss. [usw.] 1896.) S. 41–229. 4°**
Aus: Neue Annalen d. K. Sternwarte in München. 3. 1898.
(Beobachtungsergebnisse d. Repsold'schen Meridiankreises d. K. Sternwarte zu München. 1.)
12:4° Astr. P. 38–1. 304.
13.7819

Bauschius s. *Bausch.*

Bauschke, G. (Red.), s. Confessionslos.

Bauschke, Gustav [Wirkl. Name] s.a. *Schaubek.*

—— und Gust. Wuttig, Album für Brief-Marken, s. Wuttig, G.

Bauschke, Gust., Album für Briefmarken. Unter Mitwirkung der ersten Sammlerautoritäten Deutschlands hersg. 10—14. verm. u. verb. Aufl. Leipzig 866, 67. Literar. Museum. 4. (IV, 169 S.) n. 15 ngr.; geb. 25 ngr.; m. G. n. 1 ℛ 15 ngr.; Lederbd. à n. 3 ℛ u. n. 5 ℛ

—— **Album de timbres-poste.** D'après la 10. édit. allemande. qu. gr. 4. (IV und 119 S.) Leipzig 866, Literarisches Museum. cart. * 20 Ngr.; geb. * mit Goldschn. und Deckenvergoldung * in Leder geb. mit Goldschn. * 2 Thlr. 22½ Ngr. und *

—— the illustrated postage stamp album and catalogue. Translated into English from the German 14. edit. 4. (VI und 169 S. mit eingedr. Holzschn.) Leipzig 867, Literarisches Museum. cart. * 22½ Ngr.; geb. * geb. mit Goldschn. * in Leder geb. mit Goldschn. * 3 Thlr. 15 Ngr. und *

Bauschke, Max

Bauschke M.: Beitrag z. Kenntnis d. Schweinerassen in den Kolonien d. Südsee. Diss. (Bern). Berl. 1910. 36 S. 3 Tvl. P.

Bauschke, Moritz Gustav

Pseudonyme: W. Höllenbrand, G. Moritz, Moritz B. v. Olschen, Moritz B. Schauke, F. Selt

Bauschke, Mor., Abfertigung der „Beleuchtung" und Würdigung der Recension üb. die Schrift: Die preußische Artillerie in ihrer Stellung zu den übrigen Waffen des Heeres, von einem deutschen Artillerie-Offizier. gr. 8. Leipzig 841, Literarisches Museum. n. ⅙ ℛ

Bauschke, Moritz, Abfertigung der „Beleuchtung" u. Würdig d. Recension üb. d. Schrift: Die preuß. Artillerie in ihr. Stellung zu den übrigen Waffen d. Heeres, v. ein. deutschen Artill.-Offizier. gr. 8. (1½ B.) Leipzig 842, Literar. Museum. *

— Bilder aus der Wirklichkeit von Moritz B. Schauke. — Breslau: Verl. Comtoir 1834. 168 S. 8° 1:Yx 2361. 2. 7. 169.
13.7820

Bauschke, Mor., s. Bote, Breslauer.

ROLAND, Gustav (d. i. *Moritz Gust. Bauschke*), Breslau, oder: das Buch der Hundert und Ein. Ein Fastnachts-Taschenbuch für 1833. (Distichen.) Breslau, Verlags-Comptoir, 1834. Kl. 16⁰. 4 Bog. (4 ggr.)
A. G. Schmidt, Gallerie etc.

RODZYNSKI, G. v. (d. i. *Moritz Gustav Bauschke*), Cholera-, Knall-, und andere Bonbons, in bunten Papieren geboten. Dresden, Schumann's Verlags-Compt. 1832. 32⁰. 1 Bogen.
A. G. Schmidt (nach Nowack II. S. 10.).

— **Cholera-Bonbons in bunten Papieren freundlich geboten von Moritz B. v. Olschen. — Berlin: Kecht in Comm. 1832. 31 S. 8°** 1:Yt 12661.
13.7821

— **Distel-Blüthen. Bilder aus d. Leben von Moritz B. Schauke. — Breslau: Verl. Comtoir 1834. 157 S. 8°** 1:Yx 2409. 2. 41. 169.
13.7822

— **Das Faßbier wird alle! Oder der über die untergehenden Kretschmerhäuser verzweifelnde Breslauer. Ein Lokalscherz von G. Moritz. — Breslau: Verl. Comtoir in Comm. 1846. 8 S. 8°** 41.
13.7823

— **Der Flüchtling oder geprüfte Treue. Doppel-Erzählung von G. Moritz. — Breslau: Verl. Comtoir 1834. 159 S. 8°** 1:Yx 2438. 7.
13.7824

Bauschke, M. (Hrsg.), s. Freikugeln

— **Der wilde Jäger vom Grauenstein. Räubergemälde von Moritz B. v. Olschen. Bd 1.2. — Dresden: Schumann 1832. 8°** 1:Yx 1830.
13.7825

[—] **Das große Menschenrennen zum Pferderennen im Jahre 1835, den 29. und 30. Mai. — (Breslau): Breslauer Bote [1835]. 8 S. 8°** 1:Tb 626. 2.
13.7826

— **Die Rache oder der furchtbare Räuberbund. Räubergemälde von W. Höllenbrand. Th. 1.2. — Breslau: Verl. Comtoir 1835. 8°** 1:Yx 2738/30.
13.7827

— **Die Rebellion von Hochstraaten. Erzählung aus d. Zeiten d. niederländischen Befreiungskrieges von M. B. v. Olschen. — Breslau: Verl. Comtoir 1834. 180 S. 8°** 1:Yx 2435.
13.7828

Bauschke, Paul: Die Methodik des katholischen Religionsunterrichts, zunächst für die Volksschule. — Breslau: Aderholz 1909. VIII,162 S. 8°
1:Eo 2405. 2. 12:Catech. 802 a. 61. 207.
13.7829

Bauschlicher, August

Bauschlicher, Aug.: Die Kugellagergn, ihre Konstruktion u. ihre Anwendg f. d. Motorwagen- u. Maschinenbau s.a. Bibliothek, automobiltechn. 4

— **Die Kugellagerungen, ihre Konstruktion und ihre Anwendung für den Motorwagen- u. Maschinenbau. — Berlin: Krayn 1908. IX,230 S. 4° (Automobiltechnische Bibliothek. 4.)**
1:4° Or 10399–4. 11. 12:Gymn. 101 h–4. 83. 86. 88→91. 111. 201. 302. 305.
13.7832

Bauschlicher, August: K ü h l u n g u. Kühlvorrichtungen von Motorwagen, s. B i b l i o t h e k, Autotechnische.

Bauschlicher, Aug.:
Schmierg u. Schmiervorrichtgn v. Motorwagen, s: Bibliothek, Autotechnische.

[—] Wie es Dr. Lufthuber in der Flugtechnik erging. Heiteres aus d. flugsportlichen Leben d. Gegenwart von e. alten Technikus. — Frankfurt (Main): Bauschlicher [1909]. 94 S. 8° **30.**
13.7834

Bau- u. Kunstschlosser, der. Eine Sammlg. v. Entwürfen u. teilweise ausgeführten Zeichngn. v. Gittern, Füllgn., Thoren u. sonst. Schlosser- u. Schmiede-Arbeiten jeder Art. Hrsg. v. e. Kreise v. prakt. Fachleuten unter Mitwirkg. der bedeutendsten Zeichner u. Architekten. I. Serie. 10 Lfgn. Fol. (à 5 Photolith. m. 1 Bl. Text.) Ravensburg 891—893. O. Maier. à n. 1. 50

Bau- u. Kunstschlosser, der. Illustrierte Fachzeitschrift f. Bau- u. Kunstschlosser, Eisenkonstruktions-Werkstätten, Drahtgitter-Fabrikanten, Metallwaren-Fabriken. Red.: Max Metzger. 5.—7. Jahrg. 1904 bis 1906 à 24 Nrn. (à ca. 12 S.) 4. Lübeck, Ch. Coleman. à Jhrg. n. 10. —

Bau- u. Kunstschlosser, der. Illustrierte Fachzeitschrift f. Bau- u. Kunstschlosser, Eisenkonstruktions-Werkstätten, Drahtgitter-Fabrikanten, Metallwaren-Fabriken. Red.: i. V. Fritz Rissom. 8—11. Jahrg. 1907—1910. à 24 bezw. 36 Nrn. (VIII, 294; VII, 298; VI, 402 u. VIII, 503 S.) 31,5×23,5 cm. Lübeck, Ch. Coleman. à Jahrg. 10. —

Bau- u. Kunstschlosser, Der. Illustr. Fachzeitschr. Red.: Fritz Rissom. 11—13. J. '10—12 je 52Nrn. ('12, Nr1: 10) 31,5×23,5 cm. Lüb., C Coleman. viertelj. 2.50; einz. Nrn —50

Bau- u. Kunstschlosser-Zeitung, Süddeutsche. Red.: Ernst Müller, Jos. Bieber. 3. J. '12. 52 Nrn. (Nr 1: 12 m. Abb. u. 1 Taf.) 32×25 cm. Mannh., (H Haas). viertelj. 1.50

Bauschmidt, Johann Georg: Die am hohen Geburts-Tag der Durchlauchtigsten Fürstin und Frau, Frau Henrietta Dorothea, vermählten Fürstin zu Nassau ... abgelegte Glückwünschungs-Rede. (Verf.: Joh. Georg Bauschmidt.) — Itzstein [1715]: Lyce. 4 Bl. 8°
1: 1 in 2° Yf 6826.
13.7836

Bauschreiner-Arbeiten

Moderne Bauschreiner-Arbeiten. Neue Vorlagen für d. Praxis d. Bautischlers mit Grundrissen, Schnitten u. detaillierten Querschnitten. Hrsg. von Schmohl & Stähelin u. Kieser & Deeg. — Ravensburg: O. Maier [1904]. 119 Taf. 4° **91.**
13.7839

Bauschule, die, am Technikum Biel. (Arbeiten des V. u. VI. Semesters. Hrsg. v. E. I. Propper.) (80 Lichtdr.-Taf. m. II S. Text.) Fol. Zürich (904.) M. Kreutzmann. In Mappe n. 16. —

Bauschwindel. — Der Bauschwindel. Neue Vorschläge zu seiner Bekämpfung. — Dresden [1896]: Deutsche Hausbesitzer-Zeitung. 96 S. 8° (Schriften d. Centralverbandes d. städt. Haus- u. Grundbesitzer-Vereine Deutschlands. N.F. 1,2.) 12: Cam. 8 tx. 18.
13.7840

Bausda, GW, Höhenverhältnisse d. Berge, Schlösser, Städte, Dörfer, Flüsse, Seen u. Höhlen Württembergs u. Hohenzollerns. 8. Aufl. Chromol. Taf. Fol. Tübing. 89. Fues. n. 1.50

—— 2 Tafeln z. Schreib-Lese-Unterricht. 2. Afl. 2 lith. Blatt. Fol. Heching. Ebd. 90. à n. — 60
1. Uebergang v. d. kleinen Current- zur kleinen deut. u. lat. Druckschrift.
2. Zur Einübg d. grossen deut. u. lat. Druckschrift.

Bause, Christian Wilhelm: Das schwere Geboth Jesu: Gott zu geben, was Gottes ist. Predigt. — Gotha 1771: Reyher. 28 S. 8° **39.**
13.7861

— [Hrsg.] Verbessertes Gothaisches Gesangbuch. 1778 u. ö. s. *Gesangbuch*, Gothaisches.

— Das Mitleiden Jesu mit Menschen, die auf Wegen des Verderbens wandeln. Predigt. — Gotha 1771: Reyher. 30 S. 8° **39.**
13.7862

— Die glückliche Wahl dererjenigen Menschen, welche sich am Abend ihres Lebens hauptsächlich mit der Religion beschäftigen. Predigt. — Gotha 1771: Reyher. 32 S. 8° **39.**
13.7863

Bause, J.G.

J. G. Bause, Einleitung zu den in Teuschland üblichen Bergrechten und Bergprozessen. Leipzig, 1740—42.

Bause, Johann Friedrich: Catalog der Bause-Keil'schen Kupferstichsammlung oder der von ... Joh. Friedr. Bause u. ... Georg Keil ... hinterlassenen grossen Sammlung von Kupferstichen, geätzten und geschabten Blättern etc. Abth. 1-3 [nebst] Versteigerungspreise. [Auktionskat.] — Leipzig 1859-61: Hirschfeld (2: Bär; 3: Bär & Hermann). 8° (Rudolph Weigel's Kunstauction.)
1[$^{\infty}$1]: Nv 3074. 14. 44[$^{\infty}$1.3]. 78[$^{\infty}$1.3]. 117[$^{\infty}$1.3].
13.7864

— [Porträts in Kupferstichen.] — (Leipzig: Bause [um 1780].) 24 Taf. 2° Titel fingiert. **78.**
13.7865

Verzeichniss des Kupferstichwerks von Herrn Johann Friedrich Bause. Nach der Zeitfolge geordnet. Leipzig 1786. 8°.

Bause, Johs., s. B a u s e , Josef

Bause, Josef: Elementarschrift und wissenschaftliche Lautschrift. — (Leipzig: Fock) 1906: Schwarz in Wongrowitz. 54 S. 8° Zugleich Progr. Wongrowitz Kgl. G. 1906.
1: V 8164/5. 21. 24. 29. 41. 60. 169.
13.7866

Bause, Jos., Überblick üb. die Entwicklung der deutschen Rechtschreibung. gr. 8. (56 S.) Meseritz 900. (C. Haug). n. — 60

— Überblick über die Entwicklung der deutschen Rechtschreibung. — Meseritz 1900: Matthias. 56 S. 8°
Zugleich Progr. Meseritz Kgl. G. 1900.
1: Ya 8666. 21. 24. 29. 41. 60. 61. 169. 207. 208.
13.7867

— Wie kann unsere Schrift vereinfacht und vervollkommnet werden? — Paderborn: Schöningh 1893. IV,144 S. 8°
1: V 8138. 6. 12: Graph. 5 x. 15. 19. 61. 302.
13.7868

Bause, Ldw. Hnr., s. S a m m l u n g, kleine, leichter deutscher Gedichte.

Bausemer, M., kleine Geometrie, s.: Uihlein, H. P.

Bausemer, M., kleine, a. d. Prinzip d. Anschauung gegründ. Geometrie, s.: Uihlein, H. P.

Bausemer, M., s. Melodien zum neuen christ-katholischen Gesangbuche f. die Mainzer Diöces.

Bausen, H.: Die Systematik der W e t t e r v e r t e i l u n g . Kattowitz, 1910. 19 S. mit 9 Taf.

Bausen, Johann: Breviarium asceticum complectens paucis multa monita, dogmata & axiomata spiritualia ordine alphabetico congesta. — Ruthenae: Herbst 1734. 95 S. 8°
6. 211.
13.7869

— Eminentissimi & reverendissimi Maximiliani Friderici Archi-Episcopi Coloniensis ... felicissimum Regimen per intercessionem ss. patronorum in parochialibus ecclesiis districtûs Haarensis ducatûs Westphaliae ordine litterario nominatis, quam intercessionem pastores & vicarii ad thronum gratiae archi-episcopalis humillimè accedentes implorant mecum Joanne Bausen. — Paderbornae 1763: Junffermann. 47 S. 8° 211.
13.7870

Bausenbach, Alfred [aus Breckerfeld i. W.]: Aus d. chirurg. Klinik zu Bonn. Ein Beitrag zur Entstehung und Behandlung des Carcinoma penis. . . . Bonn, Hauptmann'sche Buchdr. (1890); 23 + 1 S. 8° Bonn, Med. Fak., Inaug.-Diss. v. [19. Mai 1890]

Bausenwein, Emil G.: Über die Abhängigkeit des Peltiereffektes Eisen-Konstantan von der Temperatur. — Wien: Hölder in Komm. 1905. 9 S. 8°
Aus: Sitzungsberichte d. Kaiserlichen Akademie d. Wissenschaften. Wien. Math.-nat. Kl. Bd 114, Abt. 2a. 1905. 169. 302.
13.7873

— Über die Abhängigkeit des Peltiereffektes Eisen—Konstantan von der Temperatur (mit 2 Textfiguren) S. 114. IIa. 1675 . . . . —.45
Separatabdruck

Bausenwein, Emil: Die Änderung des Peltiereffektes mit der Temperatur.
Diss. Prag 1904/1905;

— Änderung des Peltiereffektes mit der Temperatur. — Wien: Gerold in Komm. 1904. 16 S. 8°
Aus: Sitzungsberichte d. Kaiserlichen Akademie d. Wissenschaften. Wien. Math.-nat. Kl. Bd 113, Abt. 2a. 1904. 302.
13.7874

Bausenwein E. G.. Änderung des Peltiereffektes mit der Temperatur (mit 5 Textfiguren) S. 113. IIa. 663 . . . . —.50
Separatabdruck

Bausenwein, F.
Das Pestübel der modernen Gesellschaft oder Der todte Illuminatenbund und der lebendige Freimaurerorden von F. Bausenwein. Pressburg: Mühlhammer 1874. 70 S. 8°
cf. FZ. (Wien) 1 (1874) S. 31—32.
Tt. 1454. Ultramontane Gegnerschrift, welche die Anschauungen der Frmrei zu verleumden sucht.

BAUSENWEIN, FRANZ: Das katholische Ungarn Eine Broschüre vermischten Inhalts. Herausgegeben von Franz Bausenwein. Pressburg 1871. Selbstverlag des Herausgebers Druck v Carl Angermayer. 32 S. - 12°

Bausenwein, H., das Pestübel der modernen Gesellschaft od. der todte Illuminatenbund u. der lebend. Freimaurerorden. gr. 8. (70 S.) Preßburg 874. Steiner in Comm. — 75

Bausenwein, Michael: Die sächsische Hypotheken-Versicherungs-Gesellschaft neben der bayerischen Hypotheken- und Wechselbank. pg. 1 - 31. 8°. Mit einer Tafel. F. Datterer. Progr. Freising 1862/63.

Bausenwein, Michael: Die vorzüglichsten landwirthschaftlichen Credit-Anstalten in Deutschland und dem übrigen Europa. — Freysing: Datterer 1860. 61 S. 8°
12: Cam. 8 txh. 19. 48.
13.7878

Bausenwein, Michael: Skizze der vorzüglichsten landwirthschaftlichen Creditanstalten. pg. 1 - 32. 4°. Franz Datterer. Progr. Freising 1858/60.

Bausenwein, Richard: Das österreichische und ungarische Handelsrecht in vergleichender Darstellung. — Leipzig [usw.]: Deuticke 1894. VII, 292 S. 8°
12: Merc. 171. 18. 196. 202. 208. 500: 147.549-C. 302.
13.7880

Bausenwein, R, d. österr. u. ungar. Handelsrecht in vergleich. Darstellg. 8° (292) Wien 94. F. Deuticke. 6 —

Bauser, Friedrich
— Grundzüge des in Württemberg geltenden Rechts an adeligen Familienfideikommissen, Lehen und Stammgütern. — [Pforzheim]: Pforzheimer General-Anzeiger 1909. 47 S. 8° 24. 101.
13.7889

— Mühlheim an der Donau und die Herren von Enzberg. Ein Gedenkblatt. — Coburg 1909: Rossteutscher. 56 S. 8°
21. 24. 101. 106.
13.7890

— Die staatsrechtliche Stellung der Herrschaft Wain (württ. OA. Laupheim) im alten deutschen Reich 1773-1806. — Stuttgart 1908. S. 202-276. 8°
Aus: Württembergische Vierteljahrshefte für Landesgeschichte. N. F. 17. 1908. 24.
13.7891

Bauser, Georg Wilhelm: Beschreibung des Oberamtsbezirks Balingen. — Balingen (1872): Daniel. 36 S. 8°
1: Sh 6040. 24.
13.7892

Bauser, G. Wilh., Beschreibung des Oberamtsbezirks Balingen mit einem Anh. gr. 8. (36 S. mit 3 Stnt. in 8. und 4.) Balingen 872. (Tübingen, Fues'sche Sortimentsb.) *

— Hand-Atlas von dem Königreiche Württemberg. Maßstab 1:150 000. — Dürrwangen: Selbstverl.; Stuttgart: Metzler in Komm. [1882]. 64 Taf. quer-8° 21. 24.
13.7893

Bauser, G. Wilh., Hand-Atlas des Königr. Württemberg in 63 Blättern, enth. die einzelnen Oberämter je auf 1 Blatt, nebst 1 Uebersichtskarte der Kreise und Oberämter und einem vollständ. Ortsregister. 1:150,000. 4 Hefte. qu. gr. 4. Stuttgart 885, Schweizerbart'sche Verlagsh. à Heft *ℳ 2.—. *
geb. *
Einzeln à Bl. *

— Hand-Atlas des Königreichs Württemberg. Maßstab 1:150 000. 2. Aufl. — Stuttgart: Schweizerbart 1885. 16 S., 64 Taf. quer-4° 1: Kart. 4° M 3884[2]. 24. 93.
13.7894

Bauser's, G. W., Höhendarstellung der Berge, Schlösser, Städte, Dörfer, Flüsse, Seen und Höhen von Württemberg und Hohenzollern. Fol. Stuttgart 868, (Belser's Sort.) *

Bauser, G. W. Höhenverhältnisse der Berge, Schlösser, Städte, Dörfer, Flüsse, Seen u. Höhlen Württembergs u. Hohenzollerns. Zum 25jährigen Regierungs-Jubiläum S. Maj. d. Königs Karl I. v. Württemberg. 3. verb. Aufl. Chromolithogr. Taf. qu. gr. Fol. Tüb. 889, Fues. * 1 50

— deutsche Normalschrift. 8., in genet. Folge umgeänd. Aufl. Lith. Imp.-Fol. Stuttgart 875. A. Müller. n. — 70

— lateinische Normalschrift. 8., in genet. Folge umgeänd. Aufl. Lith. Imp.-Fol. Ebend. 875. n. — 70

Bauser GW, Tabelle, Bezeichnung des metrischen Masses, Gewichts usw mit Resolvierung. Auf Leinwand mit Stäben. Dürrwangen

— Tabelle zur Bezeichnung d. metrischen Masses, Gewichts etc. m. Resolvirung. Nach den neuesten, allgemeinen Bestimmungen. u. gebräuchl. Abbreviaturen zusammengestellt u. hrsg. 2 Blatt. Lith. Imp.-Fol. Ebend. 872. n. 1. 4

—— Tabelle zur Bezeichnung des metrischen Masses, Gewichts etc. mit Resolvirung. Nach den neuesten, allgemeinen Bestimmungen und gebräuchlichsten Abbreviaturen zusammengestellt und hrsg. 2 Blatt. Lithogr. Imp.-Fol. Stuttgart 875, A. Müller. *

— 2 Tafeln zum Schreib-Lese-Unterricht. 2., verb. u. verm. Aufl. à 2 lith. Blatt. Imp.-Fol. Hechingen 890. Ebd. à n. — 60

1. Uebergang von der kleinen Current- zur kleinen deutschen u. lateinischen Druckschrift.
2. Zur Einübung der grossen deutschen u. lateinischen Druckschrift.

Bauser, G. W., neue 78 deutsche und 73 englische Vorlagen zum Schönschreiben für Stadt- und Landschulen. 2., verm. und verb. Aufl. 4. (28 lithogr. Bl.) Reutlingen 856(57,) Palm's Buchh.

Bauser G W, Vorschriften für Volksschüler. (4 Bl) 4° Schernbach 1852

Bauser, G. Wilh. Wandkarte von dem königl. württemberg. Oberamt Backnang. 1:25,000. 4 Bl. Lithogr. u. color. gr. Fol. Tüb. 890, (Fues). ** 2 50

Bauser, G. Wilh. Wandkarte v. dem k. württemberg. Oberamt Balingen. 1:33,333⅓. 2 Bl. Lithogr. u. color. Imp.-Fol. Tüb. 890, (Fues). ** 2 50; auf Leinw. m. Stäben ** 6 —

Bauser, G. Wilh. Wandkarte v. dem k. württemberg. Oberamt Böblingen. 1:25,000. 4 Bl. Lithogr. u. color. gr. Fol. Tüb. 890, (Fues). ** 2 50

Bauser, G. Wilh. Wandkarte v. dem k. württemberg. Oberamt Brackenheim. 1:25,000. 4 Bl. Lithogr. u. color. gr. Fol. Tüb. 890, (Fues). ** 2 50

Bauser, G. Wilh. Wandkarte d. k. württemberg. Oberamts Esslingen. 1:25,000. 2 Bl. Farbendr. u. color. gr. Fol. Tüb. 890, (Fues). ** 2 50; auf Leinw. m. Stäben ** 5 —

Bauser, G. Wilh. Wandkarte v. dem k. württemberg. Oberamt Leonberg. 1:25,000. 4 Bl. Lithogr. u. color. gr. Fol. Tüb. 890, (Fues). ** 2 50; auf Leinw. m. Stäben ** 6 —

Bauser, G. Wilh. Wandkarte v. dem königl. württemberg. Oberamt Ludwigsburg. 1:25,000. 2 Bl. Lithogr. u. color. Imp.-Fol. Tüb. 890, (Fues). ** 2 50

Bauser G W, Wandkarte vom Königlich Württembergischen Oberamt Nagold. 1:25000 Auf Leinwand mit Stäben. Dürrwangen

Bauser, G. Wilh. Wandkarte v. dem k. Oberamt Oberndorf. 1:25,000. 6 Bl. Lithogr. u. color. qu. gr. Fol. u. Imp.-Fol. Tüb. 890, (Fues). ** 2 50

Bauser, G. Wilh. Wandkarte v. dem k. württemb. Oberamt Reutlingen. 1:25,000. 4 Bl. Lithogr. u. color. gr. Fol. Tüb. 890, (Fues). ** 2 50; auf Leinw. m. Stäben ** 6 —

Bauser, G. Wilh. Wandkarte v. dem königl. württemb. Oberamt Rottenburg. 1:25,000. 4 Bl. Lithogr. u. color. gr. Fol. Tüb. 890, (Fues). ** 2 50; auf Leinw. m. Stäben ** 6 —

Bauser, G. Wilh. Wandkarte v. dem k. württemb. Oberamt Rottweil. 1:25,000. 4 Bl. Lithogr. u. color. gr. Fol. Tüb. 890, (Fues). ** 2 50; auf Leinw. m. Stäben ** 6 —

Bauser, G. Wilh. Wandkarte v. dem k. württemberg. Oberamt Sulz. 1:25,000. 4 Bl. Lithogr. u. color. gr. Fol. Tüb. 890, (Fues). ** 2 50; auf Leinw. m. Stäben ** 6 —

Bauser, G. Wilh. Wandkarte v. dem k. württemberg. Oberamt Tuttlingen. 1:25,000. 4 Bl. Lithogr. u. color. gr. Fol. Tüb. 890, (Fues). ** 2 50; auf Leinw. m. Stäben ** 6 —

— zehn Wandtafeln zum Schreibunterricht in deutscher, englischer und Canzlei-Schrift für Latein-, Real- und deutsche Schulen. (Tuttlingen 857. Kling.) gr. Fol. n. 1 rf 2 ngf

Bauser, G. W., zehn Wandtafeln zum Schreibunterricht in deutscher, englischer und Canzlei-Schrift für latein.-, Real- und deutsche Schulen. Lithogr. qu. Imp.-Fol. Tuttlingen 858, (Kling.) *

Bauser, Joh. Leonard

— — De potestate imperatoris alienandi bona imperii, Von Kayserlicher Gewalt bey Vereuserung der Reichs-Güther. Diss. jur. Präs. Nic. Chph. Lyncker. Jena, 13. III. 1695 (1731). 40 S. (5.—) 1497

— — Dasselbe. 1733. (4.50) 1498

Bausewein, Otto, aus Würzburg: Über die Wirkung des Aluminiums auf den tierischen Organismus. *Würzburg 1899 [richm. 1901/02]: Becker.* (26 S.) 8°
Würzburg, Med. Diss. v. 1899

Bausil, Paul
Paris, Rouen, Deauville. Von Paul Bausil, Capitaine. Zu Nutz u. Frommen aller deutschen Reitersleute übers. von Frh H[ans] A[smus] v. Esebeck, Oberlt. Berlin: E. S. Mittler & Sohn 1906. (X, 132 S.) 8° [F.] 06. 7081

Bauske, Das Schloss. [Riga 1806.] V: *Recke, Johann Friedrich von.* (R-N)

Bausman, Benjamin

Bausman, Benj., Sinai u. Zion. Eine Pilgerreise durch die Wüste nach dem gelobten Lande. (Aus dem Engl.) gr. 8. (XVI, 448 S m. Holzschntaf.) Reading, Pa. 875. (Philadelphia, Schäfer & Koradi.) geb. n. 8. —

Bausmann, Benjamin, s. Bausman

Bauspruch. — Bauspruch bei der Richtung eines neuen Flügels der Hauptschule am 21sten October 1824. — Bremen [1824]: Wiehe. 2 Bl. 8° 46.
13.7908

Bauss, Johann Georg: Institutiones iuris metallici Germanici, oder: Einleitung zu denen in Teutschland üblichen Berg-Rechten und Berg-Processen. Th. [1]–3. — Leipzig: Schönermarck 1740–42. 8°
1: Gm 11683. 2. 4→7. 9. 11. 12: 4° Metall. 6. 14. 15. 17. 18. 19. 21. 24. 27. 30. 31. 32. 34. 39. 43. 48. 61. 66. 78. 111. 208. 300: • 44 E 71. 302→304. 308. 309.
13.7909

Baussan du Bignon: Abhandlung über die beste Art, Oefen zu bauen, darinnen Ziegel, Kalk und Töpferarbeit gebrannt werden können, so wol in der Absicht, das Holtz zu ersparen, als auch um einen durchgängig gleichen Brand in den verschiedenen Stellen des Ofens zu erhalten; welche von der Königlich Preussischen Academie der Wissenschaften und schönen Künste in Berlin, in dem 1766sten Jare, den Preis erhalten hat; aus der französischen Originalschrift übersetzt und mit den dahin gehörigen Rissen versehen. Berlin 1766.

Baussan de Bignon, mémoire sur la meilleure construction de fours, pour bien cuire les briques etc. av. fig. 4. Berl. 767. Haude et Sp. 10 gr

Baussan de Bignon, mémoire sur la meil. construction de fours, pour bien cuire les Briques etc. av. fig. 4. Berl. Spener. 767.

Baussan du Bignon: Mémoire qui a remporté au jugement de l'Académie Royale des sciences le prix ... sur la meilleure construction des fours, pour bien cuire les briques, la chaux, et les ouvrages de poterie. — Berlin: Haude & Spener 1766. 32 S. 8° 6. 7. 14. 25. 31. 302.
13.7915

Bausson de Bignon, ..., Preisschrift über d. beste Art Ofen zu bauen. Aus d. Französ. Mit Kpf. 4. Berl. 767. Hauden. Sp. 10 gr

Bausse, Johann Georg: Kurze Beschreibung der in Ihro Hochfürstl. Durchlauchtigkeit Frauen Louisen Dorotheen, Herzogin zu Sachsen &c.&c. Hochfürstlichem Cabinet befindlichen und das Systema Copernicanum vorstellenden Machine. — Gotha: Reyher [um 1765]. 36 S. 8°
3. 7. 14. 27. 36. 39. 53. 78.
13.7921

— Beschreibung der in Ihro Hochfürstl. Durchlauchtigkeit Frauen Louisen Dorotheen, Herzogin zu Sachsen &c. ... Hochfürstlichem Cabinet befindlich gewesenen und das Systema Copernicanum vorstellenden Maschine. (Neue Aufl.) -- Danzig: Brückner 1784. 39 S. 8°
3. 12: Astr. U. 6. **17. 39. 44. 302.**
13.7922

Bausse, J.G., Einleit. z. d. Bergrechten u. Bergprocessen in Deutschland. 3 Thl. 4. Leipz. Schönermark. 740—42.

BAUSSE, Joh. Geo.: Institutiones juris metallici Germanorum, od. Einleit. zu denen in Deutschl. üblichen Bergrechten u. Bergprocessen. 3 Thle. 4. *Leipzig*, Schönermark. 740—42. (1 Thl.)

Bausset, F.L.: D e n k w ü r d i g k e i t e n ,
s. B a u s s e t , Louis François Joseph de

Bausset, F.L.: L e b e n s g e s c h i c h t e Bossuets (u. andere),
s. B a u s s e t , Louis François.

Bausset, L.F.A.: D e n k w ü r d i g k e i t e n ,
s. B a u s s e t , Louis François Joseph de

Bausset, L.F.A.: L e b e n s g e s c h i c h t e J.B. Bossuets (u. andere), s. B a u s s e t , Louis François

Bausset, Louis François

— [deutsch] Jacob Benignus Bossuet, Bischofes von Meaux, Lebensgeschichte. Hrsg. von Michael Feder. Bd 1-4. — Sulzbach: Seidel 1820-21. 8° **1:** As 4914. **8. 11. 12:** Biogr. 128a. **15. 18. 19. 23. 31. 35. 44. 51. 102. 211.**
13.7935

Bausset, F. L., von Fenelons Lebensgeschichte, s.a. Fenelon.

— [deutsch] Lebensgeschichte Fenelons. Übers. von Michael Feder. Bd 1-3. — Würzburg: Stahel 1811-12. 8°
1: As 7515. **3. 4. 12:** Don. Lud. 530. **15. 18. 19. 20. 23→26. 30. 31. 41. 45. 46. 48. 102.**
13.7941

Bausset, Louis François Joseph de

v. Bausset, (L. F. J.) Denkwürdigkeiten u. Anekdoten aus d. Innern d. kaiserl. Palastes u. einige Begebenheiten während d. Regierung Napoleons. Aus d. franz. 2 Bde. gr. 12, Darmstadt 827, Leske.

— Dass. aus d. Französ. (v. Fr. Heldmann). 2 Bde. gr. 12. Darmst. 827 u. 28. Leske. 2 ₰ 10 gr.

— Denkwürdigkeiten und Anekdoten aus dem Innern des kaiserlichen Palastes und einige Begebenheiten während der Kaiserregierung vom Jahre 1805 bis zum 1ten Mai 1814. Ein Beitrag zur Geschichte Napoleons. [Übers.: Friedrich Heldmann.] Bd 1,1.2. 2,1.(2) [nebst] Fortgesetzte Denkwürdigkeiten u. Anekdoten. Bd 1.2. — Darmstadt [usw.]: Leske 1829-30. 8°
1.2. (1829.) Fortges. Denkwürdigkeiten. Bd 1.2. 1829 (1830).
(Zur Geschichte unserer Zeit. 13/16. 19/22.)
In einigen Exemplaren fehlt teils d. Haupttitel, teils d. Titel d. Sammlung.

Vollst.	**24. 33.**
1,1.2. 2,1.2	**51.**
1,1.2	**19.**
2,1.2	**2.**
Fortges. Denkwürdigkeiten	**10. 22. 23.**

13.7953

— Denkwürdigkeiten, Erinnerungen und Anekdoten aus dem Innern des Palastes von Napoleon, und über einige Ereignisse des französischen Kaiserreichs, von 1805 bis zum 1. Mai 1814. Deutsche Bearb. ... von J.F. Knapp. Bdch. 1-4. — Landsberg a. d.W.: Ende 1827-28. 8°
1: Rb 6710. **109. 302.**
13.7952

— Denkwürdigkeiten, Erinnern. u. Anekdoten a. d. Innern d. Palastes v. Napoleon u. üb. ein. Ereign. d. französ. Kaiserreichs, v. 1805 b. zum 1. Mai 1814. Deutsche Bearb. nach d. 2. Ausg. d. Orig. v. J. F. Knapp. 4 Bdchn. M. 1 Bildn. 16. (55⅓ B.) Landsberg v. d. W. 827, [Willmsen.]

— — [deutsch] Denkwürdigkeiten, Erinnerungen und geheime Geschichten über das Innere des Palastes von Napoleon, und über einige Ereignisse des französischen Kaiserreichs, seit 1805 bis zum ersten May 1814. Th. 1.2. — Stuttgart: Franckh 1827. 8° **18. 21. 24. 33. 42. 117. 209.**
13.7951

— fortgес. Denkwürdigkeiten u. Anekdoten aus d. Innern d. kaiserl. Palastes. Ein Beitrag z. Geschichte Napoleons u. seiner Zeit. A. d. Franz. 2 Bde. gr. 12. (26⅓ B. u. 1 Kpfr.) Darmstadt 829, Leske. 2 Thlr. 8 Gr., hrbgs. Pr. „Denkwürdigkeiten u. Anekdoten rc. a. d. Franz. (v. Fr. Heldmann.)" 2 Bde. gr. 12. Ebds. 1827, 28. 2 Thlr. 16 Gr., hrbgs. Pr. 1 Thlr.

Bausset, Fortgesetzte Denkwürdigkeiten und Anekdoten aus dem Innern des kaiserlichen Palastes. Ein Beitrag zur Geschichte Napoleons und seiner Zeit. 2 Bde. Mit 1 Kpfr. Leipzig 1829. 8°. (Ausrufspreis 1 Mk. 80 Pfg., R. Zinke's Dresdner März-Auct. 1908, no. 239.)

Bausset, L. F. A. de, Mémoires anecdotiques etc. s.a. Bibliothèque Napoléon, Tom. V et VI.

Bausset, Louis François Joseph de: Mémoires anecdotiques sur l'intérieur du Palais et sur quelques événemens de l'Empire depuis 1805 jusqu'au 1er mai 1814 (3/5: depuis 1805 jusqu'en 1816), pour servir à l'histoire de Napoléon. T. 1-5. — Bruxelles: Tarlier 1827-29. 8° **14**[*5]. **23**[*3/5]. **32**[*5]. **33**[*3/5]. **35**[*5]. **39**[*5]. **52**[*1.2].
13.7946

— — T.1.2. Leipsic 1828 : Teubner. 8° (Bibliothèque Napoléon. 5.6.)
2. 5. 8. 9. 10. 17. 19. 23. 27. 33. 43. 47. 48. 307.
13.7949

Baussner, Josef s. *Bausznern*, Josef v.

Baussnern, Guido von

— Der neue Ausgleich wie er sein soll. Von Guido v. Bausznern. — Budapest: Grill 1877. 56 S. 8°
300: 34.123. **302. 304.**
13.7956

Baussnern, Guido v.: [Teils.] Deutschland und Österreich-Ungarn. Abhandlungen, Reden u. Briefe 1868-1889. — Leipzig: Duncker & Humblot 1890. VII,239 S. 8°
1: Sb 4958. **2→5. 11. 15. 18. 21. 24. 26. 27. 30. 34. 38. 41. 205. 300:** 182.274-B. **302.**
13.7955

— Der ungarisch-österreichische Dualismus und die Aufgabe der modernen Demokratie. — Hermannstadt: Filtsch 1868. VIII,56 S. 8° **1:** Fa 789. **300:** 176.403-B.
13.7957

— Die providentielle-europäische Mission des österreichischen Gesammtstaates. Ein Beitrag zur Lösung d. ungarisch-österreichischen Verfassungsfrage. — Hermannstadt: Filtsch in Comm. 1866. 51 S. 8°
1: 8 in Qo 3800-1. **7. 300:** 72.453-B.
13.7958

Baussnern, Josef v.: Die Competenz des österreichischen Reichsrathes in der ungarischen Frage. Vom ungarischen Standpunkte. Von Josef Baußner. — Pest: Geibel 1861. 17 S. 8° **1:** Se 4925. **300:** 174.808-B. **302.**
13.7959

Baussnern, Karl v.: August Rose. (Der Dichter und seine Zeit.) Bürgerliches Drama. — Kronstadt 1859: Gött. 152 S. 8°
300: 159.532-A.
13.7961

Baussnern, Marie v.
Pseudonym: Marie v. Ernest

— **Briefmarken.** Dramatische Kleinigkeit von Marie v. Ernest. — Hannover [um 1880]: Schlüter. 16 S. 8° 32.
13.7962

— **Liederstrauss** aus der Puszta. Von Marie v. Ernest. — Wien [usw.]: Hartleben 1878. 95 S. 8° 302.
13.7963

— **Magdalene.** Schauspiel von Marie v. Ernest. — (Hannover [um 1880]: Schlüter.) 24 S. 8° 32.
13.7964

— **Mit dem Strome.** Lustspiel von Marie v. Ernest. — Wiesbaden 1879: Bechtold. 132 S. 8° 32.
13.7965

Baussnern, Viktor v.: Feldmarschall-Lieutenant v. Gablenz und der Deutsch-dänische Krieg in Schleswig-Holstein. — Hamburg: Hoffmann & Campe 1864. 63 S. 8°
1: Sb 4633/10. 7. 8. 12: Hols. 31. 17. 18. 24. 28. 30. 43. 61. 300: 31.073.
13.7967

Baussnern, Waldemar v.: Der Bundschuh. Drama aus d. Bauernkriegen. Von Otto Erler. [Textb.] — Leipzig: Breitkopf & Härtel 1904. 71 S. 8°
12: P. o. germ. 1856 o. 14. 18. 24. 31. 32. 62. 107.
13.7968

— **Dichter und Welt.** Dramatische Dichtung von Julius Petri. [Textb.] — (Heidelberg) 1894: (Wiese). 37 S. 8°
24. 32.
13.7969

— — (Weimar [1897]: Uschmann.) 40 S. 8° 32.
13.7970

— **Dürer in Venedig.** Oper. Dichtung von Adolf Bartels nach d. gleichnamigen Novelle von Adolf Stern. [Textb.] — Dresden [1898]: Brummer. 44 S. 8° 14. 39.
13.7971

Dürer in Venedig. Oper in 3 Akten. Dichtung von Adolf Bartels nach d. gleichnamigen Novelle von Adolf Stern. Musik von Waldemar v. **Baussnern.** Klav. Ausz. mit Text vom Komp. *Leipzig: Breitkopf & Härtel 1898.* (300 S.) 4° [F.] (m. 4113

— — Leipzig [1901]. 47 S. 8° (Breitkopf & Härtels Musikbücher. Textbibliothek. 239.)
1: Mus. T 111-239. 14. 32. 41.
13.7972

Baußnern, Wald v., s.: Hoffmann v. Fallersleben, Lieder f. unsere deutschen Schulkinder.

— **Die Kaiserproklamation.** Mit e. Vorspiel: Am Kyffhäuser u. Staufen. Dichtung von Hermann Unbescheid. [Textb.] — Dresden: Kaufmann 1897. 20 S. 8° 14.
13.7975

Baussnern, Waldem. v.: Lieder f. uns. deut. Schulkinder, s: Hoffmann v. Fallersleben.

— 12 neue Lieder z. Laute. (24) 8° Weim., Wasmund ('11). 1 —; Geschenkausg. 1.80

Bausson de Bignon, s. Baussan du Bignon

Baussumer, Georg: [**Conciones christianae**] Christianarum concionum in omnes anni dominicas pars . . . Das ist: Christliche Predigen auff alle Sontäg des gantzen Jahrs. [1.2.] — Cöllen a. Rh.: Metternich 1714. 8°
1. Pars hyemalis & vernalis. 2. Pars aestivalis, & autumnalis.
2[= 2]. 6. 12: 4° Hom. 175 d. 17. 30. 211.
13.7977

— **Conciones** christianae panegyrico-morales in festa anni. Das ist: Christliche Lob-, Ehr- und Lehr-Predigen uber alle gebottene Festäg des Jahrs. — Cölln: Noethen 1718. 724 S. 8° 2. 6. 30. 211.
13.7978

— **Epistola** fundamentalis. Das ist: Gründliches Send-Schreiben, aus welchem . . . zu ersehen, welche Religion unter den heutigen die einige mit der lieben Christenheit in den drey ersten hundert Jahren übereinstimmende seye. Zweybrücken 1730: Nicolai. 51 S. 8° 16.
13.7979

Baussumer, Georg, Katechismus. 8. Augsb. Wolf. 709.

— **Catechismus** [**Katechismus**] oder kurtzer Unterricht allgemeiner christlicher Lehr. — Düsseldorff 1709: Beyer. 432,32 S. 8° 2. 6. 16. 17. 30. 32. 52. 61. 66. 180. 210. 304.
13.7980

Bauszus, Hugo, aus Angerapp: Die mittelenglische Romanze **Sir Triamour** mit einer Einleitung kritisch herausgegeben. 1. *Königsberg i. Pr. 1902: R. Leupold.* (58 S.) 8° ¶ (Die Forts. d. Einl. u. d. Text erscheint an anderem Orte.)
Königsberg, Phil. Diss. v. 20. Juni 1902

Baust, E., die **Ursachen,** welche die Entwicklung d. männlichen u. weiblichen Geschlechts bedingen. 8. (IV, 80 S.) Stuttgart 871. Aue. n. 1. 60

Baust, E., die Ursachen, welche die Entwicklung d. männlichen u. weiblichen Geschlechts bedingen. 2. (Titel-) Ausg. 8. (IV, 80 S.) Stuttgart 888. (Zimmer.) n. 1. 60

Baust, E.: Die **willkürliche Zeugung** oder die Ursachen, welche die Entwicklung des männlichen und weiblichen Geschlechts bedingen. — Stuttgart: Ullrich 1870. 64 S. 8°
24.
13.7981

—— die willkürliche Zeugung oder die Ursachen, welche die Entwicklung des männlichen und weiblichen Geschlechts bedingen. gr. 8. (III, 64 S.) Stuttgart 871, Ullrich. (* M 2,40.) *

Baustaedt, Carl
Baustaedt, C., Handbuch f. die kirchliche Verwaltung in der hannoverschen Landeskirche. 1. u. 2. Thl. gr. 8. Hannover 899. C. Meyer. n.n. 3. 50
1. Die Geschäftsführg. d. Kirchenvorstandes. (VIII, 118 S.) n. 2. —
2. Die Geschäftsführg. des Pastors. (VII, 83 S.) n.n. 1. 50

Baustaedt, Carl, Probst, Uelzen, geb. 1852. 1899: **Handbuch** für die kirchliche Verwaltung in der hannoverschen Landeskirche. Th. 2 [nebst] Nachtr. zu T. 2. — Hannover: C. Meyer 1899–[1907]. 8° 7. 35 [= Nachtr.] 208 [= Nachtr.]
13.7983

— — 2., umgearb. Aufl. T. 1. Ebd. 1907. VIII, 174 S. 8°
1. Die Geschäftsführung d. Kirchenvorstandes.
1: Fq 24015[2]. 7. 35.
13.7984

Baustaedt, C., Handbuch f. die Volksschulverwaltung m. besond. Berücksicht. der Prov. Hannover. Mit Sachregister. (VIII, 139 S.) gr. 8. Hannover 904. C. Meyer. n. 2. —; geb. n. 2. 40

Baustaedt, Wilhelm, Referendar: Die entgeltliche Heiratsvermittlung nach geltendem Rechte. Heidelberg: Heidelberger Verlagsanst. u. Dr. 1909. 47 S. 8°
Jena, Jur. Diss. v. 21. Jan. 1910, Ref. Thon
[Geb. 22. April 87 Ülzen; Wohnort: Ülzen; Staatsangeh.: Preußen; Vorbildung: Realgymn. Ülzen Reife O. 06; Studium: Genf 1, Berlin 3, Göttingen 2 S.; Rig. 14. Dez. 09.] [U 10. 2237

Baustaedter, Willibald: De Auli Persii Satiris. S. 1 - 9. Progr. Neuburg a.d.D. 1828.

Bau-Statut, neues fürstl. Primatisches. Fol. Frankf. 809. Brönner. 10 gr.

Baustatut. — Fürstl. Primatisches neues Baustatut für die Stadt Frankfurt und Sachsenhausen. — Frankfurt a. M. 1809: Brönner. 30 S. 2° 6. 14. 16. 30. 48.
13.7988

Baustein, der. Anzeige- u. Fachblatt f. Baugewerbe, Ziegeleien u. verwandte Geschäftszweige. Red.: C Harz. 2. Jahrg. Juli—Dezbr 1891. 12 Nrn. (B.) 4° Alt., Gebr. Harz. 1.50 ‖ 3. Jahrg. Jan.—März 1892. 6 Nrn. (B.) — 75
Der 1. Jahrg. erschien u. d. T.: Offerten-Blatt, unterelb., etc. Mit Baugewerk anzeiger verschmolzen.

„Baustein". Zeitschrift. Folge v. „Ton- u. Kunststein-Interessent". Technolog. Mitteilgn, kompendiar. Berichte üb. Erfindgn, in- u. ausländ. Fachliteratur; Rechtspflege, gewerbl. u. Handelsnachrichten, Anzeigen. Red.: RF Oswald. 8. Jahrg. 1904. 24 Nrn. (Nr. 1. 10) 4° Berl. (NW. 52), RF Oswald. 3 —; viertelj. 1 —
Bisher u. d. T.: Ton- u. Kunststeininteressent, der. — Fortsetzg war nicht zu erhalten.

Baustein, Ein, zur Lösung der socialen Frage. Buchholz 1871. V: *Adler, Gg.* (stams) (CBH) (Kat. d. stat. Bureaus. Dresden 1890.)

Bausteinchen gebracht von einem Handlanger. Drei Predigten. Lübeck 1853. V: *Hansen, Theodor.* (zu)

Bausteinchen, gebracht von einem Handlanger. Drei Predigten. gr. 8. (36 S.) Lübeck 853, v. Rohden'sche Buchh.

Bausteine. Blätter für innere Mission im Königr. Sachsen. Hrsg. unter Verantwortlichkeit von Hugo Hickmann. 1. Jahrg. 1868. 12 Nrn. (Bog.) Lex.-8. Leipzig, Dörffling und Franke.

—— dass. — 2. und 3. Jahrg. 12 Nrn. (Bog.) Mit Beilagen. Lex.-8. Ebendas. 869. à Jahrg. *

Bausteine. Illustrirtes Monatsblatt f. innere Mission. Red.: Hickmann. 4—8. Jahrg. 1872—1876. à 12 Nrn. (B.) gr. 8. Leipzig, Dörffling & Franke in Comm. à Jahrg. n. 2. —

— Illustrirtes Monatsblatt für innere Mission. Red.: H. Hickmann u. L. Seidel. 9 - 14. Jahrg. 1877—1882. à 12 Nrn. (B. m. eingedr. Holzschn.) Lex.-8. Leipzig, Dörffling & Franke in Comm. à Jahrg. n. 2. —

Bausteine. Illustriertes Monatsblatt f. innere Mission. Red.: L. Seidel. 15—18. Jahrg. 1883—1886 à 12 Nrn. (B. m. eingedr. Holzschn.) gr. 8. Leipzig, Dörffling & Franke. à Jahrg. n. 2. —

Bausteine. Monatsblatt f. innere Mission. Red.: L. Seidel. 19.—22. Jahrg. 1887—1890. à 12 Nrn. (B.) gr. 8. Leipzig, Dörffling & Franke. à Jahrg. n. 2. —

Bausteine. Monatsblatt f. innere Mission. Red.: R. Weidauer. 23.—26. Jahrg. 1891—1894. à 12 Nrn. (Bog.) gr. 8. Leipzig, (Dörffling & Franke). à Jahrg. n. 2. —

Bausteine. Monatsbl. f. inn. Mission. Red. R. Weidauer. 27.—30. Jahrg. 1895—1898. à 12 Nrn. (ca. 1 Bog.) gr. 8. Leipzig. (Dörffling & Franke). à Jahrg. n. 2. —
Kann auch halbjährlich bezogen werden.

Bausteine. Monatsblatt f. innere Mission. Red.: R. Weidauer. 31. u. 32. Jahrg. 1899 u. 1900. à 12 Nrn. gr. 8. (à IV, 192 S.) Leipzig (Dörffling & Franke). à Jahrg. n. 2. —

— dasselbe. 33. u. 34. Jahrg. 1901 u. 1902. à 12 Nrn. gr. 8. (IV, 196 u. IV, 202 S.) Ebd. à Jahrg. n. 3. —

— Monatsblatt f. innere Mission. Red.: R. Weidauer. 35.—38. Jahrg. 1903—1906. à 12 Nrn. (à ca. 16 S.) Lex.-8. Leipzig (Dörffling & Franke). à Jhrg. n. 3. —

— Monatsblatt f. innere Mission. Organ des Landesvereins f. innere Mission der evang.-luther. Kirche im Königr. Sachsen. Red.: v. d. Trenck. 39—42. Jahrg. 1907—1910 à 12 Nrn. (à ca. 16 S.) Lex. 8. Dresden. Leipzig, Dörffling & Franke. à Jahrg. 3. —

— Monatsbl. f. innere Mission. Red.: v. d. Trenck. 42—44. J. '10—12 je 12 Nrn. (12, Nr 1: 20) Lex8° Dresden. Lpzg, Dörffling & Fr. halbj. 1.50; einz. Nrn † — 30 d

— **Bausteine** gesammelt von Raimund Schrey. — Graz: Selbstverl. 1872. 232 S. 8°
1: Yf 1059. 300: 55.292-B. 302. 306.
13.7990

Bausteine. Lose Blätter aus den Mappen Berliner Künstler. Unter Red. v. L. Burger, C. E. Doepler, C. Gussow etc. Zum Besten d. Bestandes f. Erbauung eines Künstlerhauses hrsg. von dem Verein Berliner Künstler. 1. Jahrg. Fol. (30 Bl. in Lichtdr. m. 5 S. Text.) Berlin. Leipzig 877. Titze. In Leinw.-Mappe. 60. —

Bausteine, Begründet und herausgegeben von C. F. Spina. New-York 1870. 4. 1. Jahrg. Nr. 1. 1879. gr. 8. 1. Jahrg. Nr. 2—5.
Ohne Werth.

Bausteine: Series 1, no. 1 - 3, Jan - Mar 1881.
Monthly supplement to Altes und Neues. Sub-title: Monatliches Beiblatt zu Altes und Neues. Eine Sammlung von alten und neuen Zeugnissen für christliche Wahrheiten zum Aufbau des Reiches Jesu Christi. Octavo, each issue 16 pages, paged continuously
Madison, WI

Bausteine gesamm. von Brüdern des Logen-Bundes Royal York zur Freundschaft zu Berlin. Als Ms. gedr. f. Frmr. Red. von [Joh. Karl] v. Broecker. Jg. 1—4. Berlin 1881—1884: Fickert. 8°
1. 256 S. 1881; 2. 263 S. 1882; 3. 279 S. 1883; 4. 273 S. 1884.
Tt. 111. D. Hrsgabe bezweckte, d. Standpunkt d. □ R. Y. in bezug auf Zweck, Wesen u. Entwicklung d. Frmrei klar u. deutlich zu kennzeichnen.

I. M. I. Alph. **Bausteine** oder Erinnerungen an den Spatenstich und die Grundsteinlegung zur neuen Marienkirche U. L. F. v. d. immerwährenden Hilfe in Puchheim. (Genommen aus d. Aufschreibungen d. Haus-Chronisten.) — Puchheim: Redemptoristen-Kollegium 1886. 32 S. 8°
307.
13.7991

Bausteine. 2. Aufl. — Dinglingen (Baden) [um 1900]: St. Johannis-Dr. 55 S. 8°
101.
13.7992

—— 4. Aufl. o. O. [um 1905]. 56 S. 8° 101.
13.7993

—— 5. Aufl. (Dinglingen (Baden) [um 1910]: St. Johannis-Dr.) 56 S. 8°
12: Mor. 1216b.
13.7994

Bausteine. Mittheilungen der Grossen Freimaurer-Loge von Preussen, gen. Kaiser Friedrich zur Bundestreue. [Jg. 4 ff.:] Begründet von Herm. Settegast. Red.: Emil Goldschmidt. Jg. 1—8. Berlin: Goldschmidt 1892—1899. 8°
[Fortges. u. d. Tit.:] Bausteine. Mitteilungen, (Monatshefte) der Provinzial-Großloge von Hamburg im Or. Berlin.

Bausteine. Mittheilungen des Vereins Gr. Freimaurer-Loge von Preussen, gen. Kaiser Friedrich zur Bundestreue. 1. [Berlin 1892: Lette-Verein.] 8° [Umschlagtit.]
1. Aus der constituirenden Versammlung d. Loge. 15 S. 1892.
Enth. Einladung zur konstituierenden Versammlung, deren Protokoll u. Verzeichn. der Mitgl.

Bausteine. Begründet v. Herm. Settegast. Monatshefte der Prov.-Großloge v. Hamburg in Berlin. Red.: Ludw. Müffelmann. 16—19. Jahrg. 1907—1910. à 12 Nrn. (IV, 192; VII, 184; VII, 188 u. VII, 220 S.) gr. 8. Berlin, A. Unger. à Jahrg. 4.50

Bausteine. Begründet v. Herm. Settegast. Hrsg. v. d. Prov.-Grossloge v. Hamburg in Berlin. Red.: Ludw. Müffelmann. 19—21. J. '10—12 je 12Nrn. ('12, Nr 1: 20) gr8° Berl., A. Unger. d. J. 4.50: einz. Nrn — 40 d

Bausteine. Mittheilungen [seit Jg. 17:] Monatshefte der Provinzial-Grossloge von Hamburg im Or. Berlin. [Red.: Emil Goldschmidt, [Jg. 11:] Hugo Alexander-Katz, [seit Jg. 13:] Ludw. Müffelmann.] Jg. 9—18. Berlin: Goldschmidt, [seit 1903:] Unger 1900—1909. 8°
1. 1 Bl. 1892; 2. 136 S. 1893; 3. IV, 222 S. 1894; 4. IV, 196 S. 1895; 5. IV, 200 S. 1896; 6. IV, 214 S. 1897; 7. 202 S. 1898; 8. 194 S. 1899; 9. 182 S. 1900; 10. 252 S. 1901; 11. 208 S. 1902; 12. 208 S. 1903; 13. 192 S. 1 Bildn. 1904; 14. 188 S. 1905; 15. 200 S. 1906; 16. 192 S. 1907; 17. 184 S. 1908; 18. 188 S. 1909.

Bausteine. **Bundes-Organ der unabhängigen St. Johannislogen Deutschlands. Ms. nur f. Brr. Frmr. Berlin: 2°.**
Jg. 2. 1903 Nr. 6, 8, 10; 6. 1904 Nr. 6.

— Zeitschrift f. neuengl. Wortforschg. Unter Mitwirkg. des neuphilologischen Vereins in Wien hrsg. v. Leon Kellner u. Gust. Krüger. 1. Bd. 6 Hefte. (VIII, 472 S.) gr. 8. Berlin-Schöneberg 905. Langenscheidt's Verl. n. 18.—
Erscheint nicht mehr.

Bausteine. Eine Sammlung von Aufsätzen hrsg. von Vally Nagel. — Elberfeld: Lutherischer Bücherverein 1909. 116 S. 8° 1: Ag 10205. 2. 5. 12: Ph. Pr. 1310 g. 34.
12.7995

Bausteine zum Aufbau des evangelischen Gemeindelebens. H. 1. M.-Gladbach: Verein f. christl. Volksbildung im Rheinl. u. Westf. [1908]. 8° [J.]
[illegible]

— z. Aufbau d. ev. Gemeindelebens. Hrsg. im Auftr. d. Wichern-Vereinigg z. Förderg christl. Volkslebens 1—12. Heft. 8° Hambg, Ag. d. Rauhen H. Je —10 (Partiepreise); je 6 Hefte in 1 Bd kart. —75 d
Blau, Paul: Liebe um Liebe. (16) ('09.) [9.] | Treue um Treue. (16) ('09.) [8.]
Burckhardt: Der Dienst d. Frau in Haus u. Gemeinde. (16) ('08.) [3.]
Cordes, A: Vom hl. Abendmahl. (16) ('09.) [10.] | Frömmigk. u. Kirchenbesuch. (16) ('08.) [6.]
Engler, Karl: Kinder-Seelsorge. Ein Wort an Eltern u. Erzieher. (16) ('08.) [4.]
Hasse, Joh: Wie soll ich Hausandacht halten? (16) ('09.) [7.]
Hennig, M: Die innere Mission d. ev. Kirche. (16) ('09.) [12.]
Michaelis, W: Landeskirche u. Reich Gottes. (16) ('08.) [1.]
Nobe, G: Der Hausvater als Hauspriester. (16) ('08.) [2.]
Nicklas, Spruchbuch zu Luthers kl. Katech. (16) ('09.) [11.]
Stuhrmann, Heinr.: Die Mitarbeit d. männl. Jugend am Gemeindeleben. (16) ('08.) [5.]

Drei **Bausteine** zur Feier des Stiftungsfestes der Loge zum schwarzen Bären. Hannover, den 17. März 1855. [Unterz.:] F. W. [Hannover 1855: Schlüter.] 2 Bl. 8° [Kopftit.]
3 Gedichte.

—— einige, zum Ausbau des kirchlichen Lebens in Leipzig. 8. (22 S.) Leipzig 886, [Drescher.] Wilh. Weber. *

—— einige, z. Ausbau d. kirchl. Lebens in Leipzig. 8. (22) Lpzg 86. Rother. n. — 30

Einige den sittlichen Weltgesetzen conforme geistige **Bausteine** zu einer einheitlichen reinen Moralreligion. Zur gefälligen strengen Prüfung und Mitverwendung bei dem neuen Tempelbau der Hochw. deutschen Grossloge. Als Ms. f. Frmr gedr. Berlin 1878: Fickert. VIII, 78 S. 8°

Bausteine. —
— evangelische. Vierteljahrsschr. f. Arbeiter i. Reiche Gottes. Red. v. J. Schempp u. S. F. Maurer. Hrsg. v. d. Predigern d. evang. Gemeinschaft i. Deutschland u. d. Schweiz. 5. Jahrg. 1896. 4 Hfte. (2 Bog.) gr. 8. Stuttgart, Christl. Verlagshaus. n 2.—
1. Jahrgang 1901.

— dasselbe. Red. v. C. Bader. 6.—7. Jahrg. 1897—98. à 4 Hfte. (2 Bog.) gr. 8. Ebd. à Jahrg. n. 2.—

— evangelische. Vierteljahrsschrift f. Arbeiter im Reiche Gottes. Unter besonderer Mitwirkung von J. Schempp, C. Grün, C. Schmid, J. Kienert, C. F. Rieker, R. Kücklich u. E. Frick, red. v. Carl Bader. 8.—11. Jahrg. 1899—1902. à 4 Hfte. gr. 8. (à ca. 32 S.) Stuttgart, Christl. Verlagshaus. à Jahrg. n. 2.—

— evangelische. Vierteljahrsschrift f. Arbeiter im Reiche Gottes. Unter besond. Mitwirkung v. J. Schempp, C. Grün, C. Schmid, J. Kienert, R. Kücklich u. E. Frick red. v. Carl Bader. 12.—14. Jahrg. 1903—1905. à 4 Nrn. (à Jhrg. 128 S.) gr. 8. Stuttgart, Christl. Verlagshaus. à Jhrg. n. 2.—

— dasselbe. Zweimonatsschrift f. Reichsgottesarbeiter. Unter besond. Mitwirkg. v. J. Schempp, C. Grün, C. Schmid, J. Kienert, R. Kücklich u. E. Frick red. v. Carl Bader. 15. Jahrg. 1906. 6 Nrn. (192 S.) gr. 8. Ebd. n. 2.—

— evangelische. Zweimonatsschrift f. Reichsgottesarbeiter. Unter besond. Mitwirkg. v. W. Horn, S. P. Spreng, G. Heinmiller u. a. red. v. R. Kücklich. 16—19. Jahrg. 1907—1910 à 6 Nrn. (à Jhrg. 192 S.) gr. 8. Stuttgart, Christl. Verlagshaus. à Jhrg. 2.—

— Evangelische. Zweimonatsschr. f. Reichsgottesarbeiter. Red. v. R Kücklich. 19—21. J. '10—12 je 6Nrn. ('12, Nr 1: 32) gr8° Stuttg., Christl. Verlagshs. 2 — d

Bausteine zu einem Freimaurerischen Gesangbuche. Textbuch. Das Maurerlied. Vierzig Lieder. Bearbeitet und herausgegeben von W. Mangold, Gr. Hess. Hofcapellmstr. Darmstadt, v. Auer. 1852. 8. Tit. 54 S. und Querfolio. 3 Bl. 28 S.

Eine gute Auswahl von Maurerliedern mit stimmungsvollen Melodien. Die Namen der Dichter und die Gesangbücher, welchen die Lieder entnommen, sind angegeben. — Frmrztg. 1852. S. 148. 1853. S. 263.

— zur Geschichte d. Gustav-Adolph-Vereins. Hrsg. v. Wilh. Pressel. 1. u. 2. Bd. 8. Freienwalde, Draeseke. n. 7. 80

1. Das Evangelium in Spanien. Von Fr. Pressel. (280 S.) 877. n. 3. —
2. Italien. Von Leop. Witte. (XVI, 478 S.) 878. n. 4. 80

— zur Geschichte der Hohkönigsburg. Urkunden, Akten u. Regesten aus der Zeit des XV. bis XVII. Jahrh. Im Auftrage des Hohkönigsburg-Vereins bearb. u. hrsg. v. Ernst Hauviller. (XI, 51 S.) Lex. 8. Strassburg 908. K. J. Trübner. 1. 60

Bausteine zur Geschichte der ger. u. vollk. Joh.-Loge zum Frankfurter Adler im Or. Frankfurt a. M. Zum 75. Stiftungstage 2. Dec. 1907. — (Frankfurt a. M.: Trauner [1907].) 62 S. 8° 30.
13.8001

Bausteine zur Geschichte der ger. u. vollk. Joh.-Loge zum Frankfurter Adler im Or. Frankfurt a. M. Zum 75. Stiftungstage 2. Dec. 1907. [Gotha 1907: Perthes.] 62 S. 8°

cf. L. 31 (1908) S. 15 (P. Fischer).

Enth. Aktenstücke betr. Installation der Loge (1832) durch den Gr. Or. (u. a. Reden von Ramel u. H. S. Strauss bei der Gelegenheit), Jahresberichte, Auszüge aus Protokollen betr. Anschluss an Hamburg (1848) u. andere Vorkommnisse, Verzeichn. der Stuhlmstr, Abhandlung üb. die 3 Brr. Urspruch.

— zur Geschichte der neuen deutschen Literatur. Hrsg. v. Frz. Saran. I—III. gr. 8. Halle, M. Niemeyer. 11.—; geb. 13.20

Döll, Alfr., Goethes Mitschuldigen. Mit Anh.: Abdruck der ältesten Handschrift. (XIII, 270 S.) 909. (III) 5.—; geb. 6. —
Michael, Wilh., Überlieferung u. Reihenfolge der Gedichte Höltys. (VIII, 170 S. m. 1 Fksm.) 909. (II) 3.—; geb. 3. 60
Zimmermann, Ernst, Goethes Egmont. (XII, 101 S.) (I) 909. 3.—; geb. 3. 60

— z. Gesch. d. neueren deutschen Lit. Hrsg. v. Frz Saran. 4—10. gr8° Halle, M Niemeyer. (1—10: 30.40; geb. 44 —) d

Becker, Carl: AG Kaestners Epigramme. Chronol. u. Kommentar. 1. Freundeskreis. — 2. Literar. Kämpfe. (7, 230) '11 [4] 6 —; geb. 7 —
Grempler, Geo.: Goethes Clavigo. Erläuterg u. lit.-histor. Würdigg. (16, 205) '11 [5] 4 —; geb. 5 —
Hagenbring, Paul: Goethes Götz v. Berlichingen. Erläuterg u. lit.-histor. Würdigg. 1. Tl. Herder u. d. romant. u. nationalen Strömgn in d. deut. Lit. d. 18. Jahrh. bis 1771. (11, 84) '11 [9] 2.80; geb. 3.40
Kühlhorn, Walth.: JA Leisewitzens Julius v. Tarent. Erläuterg u. lit.-histor. Würdigg. (15, 84) '12 [10] 2.80; geb. 3.40
Schwartz, Hans: Friedrich Heinrich Jacobis „Allwill". (5, 78) '11 [8] 2.40; geb. 3 —
Spiess, Otto: Die dramat. Handlg in Lessings „Emilia Galotti" u. „Minna v. Barnhelm". Ein Beitrag z. Technik d. Dramas. (74 m. 1 Taf.) '11 [6] 2.40; geb. 3 —
Wüstling, Fritz: Tiecks William Lovell. Beitrag z. Geistesgesch. d. 18. Jahrh. (11, 192) '12 [7] 5 —; geb. 6 —

Bausteine zu einer Geschichte der Freimaurerloge Minerva zu den drei Palmen im Or. Leipzig in den Jahren 1841—1891. Bei Gelegenheit der Feier ihres hundertfünfzigjährigen Bestehens . . . Leipzig 1891. V: *Carus, Julius Victor*. (wolfstieg I, 580)

Bau-Steine zur Geschichte Neustadts. H. 1. Neustadt (Orla): Verein f. Geschichte u. Heimatpflege 1910. 8°

Bausteine zu einer Geschichte Oesels. Fünf Jahrhunderte, von d. heidnischen Vorzeit bis zum Frieden von Nystädt. — Arensburg 1885: Arensburger Wochenblatt. VIII, 332 S. 8° 12: Russ. 225.
13.8003

Bausteine zur Geschichte des Predigerordens in Deutschland. 1. — Köln 1896: Klöckner & Mausberg. VI, 48 S. 8°

1. Die Dominikaner zu Wesel . . . Geschildert von Paulus Maria de Loë.

1: Cg 906. 5. 12: H. mon. 43e. 14. 15. 20. 31. 38. 203.
13.8004

Fortsetzg erscheint nicht.

— zur preußischen Geschichte, hrsg. unter Mitwirkg. v. Altmann, van Nissen, Th. Preuß u. A. v. Max Blumenthal. I. Jahrg. 1.—3. Hft. gr. 8. Berlin [R. Schröder.] H. Costenoble. n. 8. 75

1. Die Konvention v. Tauroggen. Von Max Blumenthal. (66 S.) 901. n. 1. 75
2. Königsberg in Ostpreußen zu Anfang 1813. Ein Tagebuch vom 1. I.—25. II. 1813. Von Max Schultze. (96 S.) 901. n. 3. —
3. Briefe an Karl Engelbert Oelsner aus den J. 1818 u. 1819. Von Frdr. Aug. v. Stägemann. Hrsg. v. Frz. Rühl. (122 S.) 901. n. 4. —

— dasselbe. II. Jahrg. 1. u. 2. Hft. gr. 8. Berlin, H. Costenoble. n. 2. 95

1. Aus Hardenberg's letzten Tagen. Von Max Blumenthal. (54 S.) 902. n. 1. 75
2. Graf Hertzberg als Gelehrter u. Schriftsteller. Von Thdr. Preuß. (42 S.) 902. n. 1. 20

Bausteine zur preußischen Geschichte, hrsg. unter Mitwirkg. v. Altmann, van Niessen, Th. Preuß u. A. v. Max Blumenthal. III. Jahrg. 1. Heft. gr. 8. Berlin. Jena, H. Costenoble. n. 5. —

Um Danzig 1813/14. Archivstudie. Von Max Schultze. (180 S.) 903.

— dasselbe. Neue Folge, hrsg. v. Wilh. Gundlach. 1. Heft. gr. 8. Jena, H. Costenoble. n. 2. 50

Friedrich Wilhelm I. u. die Bestellung der städtischen Beamten. Ein Beitrag zur Geschichte der preuß. Verwaltg. Von Wilh. Gundlach. (VIII, 85 S.) 906.

— z. Gesch. d. Central-Vereins deut. Buch- u. Zeitschriftenhändler E.V. Als Festgabe z. 25jähr. Jubiläum d. Ver. überreicht v. Ernst Globig. (Textl. Bearbeitg u. Druckleitg: Paul Hennig.) (91 m. Abb. u. 2 Taf.) gr8° Berl., E Globig '11. 3 — d

Bausteine z. Elsass-Lothring. Geschichts- u. Landeskunde. I.—V. Hft. gr. 8. Zabern, A. Fuchs. n. 6. 10

1. Geschichte d. Stadt Ingweiler, n. Quellen bearb. von Karl Letz. (III, 79 S. m. 1 Ansicht.) 896. n. 1. 60
2. E. Hexenprozeß i. Elsaß v. J. 1616. E. Beitrag z. Kulturgesch. d. Elsasses. N. d. Rotbuch v. Enzheim v. J. Dennler. (28 S.) 896. n. — 60
3. D. bäuerl. Verhältnisse d. Kreises Saarburg i. L. von Aug. Hertzog. (V, 135 S.) 897. n. 2. 50
4. D. Dinghöfe u. Ordenshäuser d. Stadt Rufach, nebst e. Anh.: Z. Baugesch. d. Münsters z. Uns. Lieben Frauen. Von Theob. Walter. (IV, 35 S.) 898. n. — 80
5. Ortsnamen a. d. Kreise Zabern. Von Alb. Fuchs. (26 S.) 898. n. — 60

— zur elsaß-lothringischen Geschichts- u. Landeskunde. 6. Hft. gr. 8. Zabern, A. Fuchs. n. 5. —

Zabern im Elsaß od. Elsaß-Zabern. Geschichte der Stadt seit Julius Cäsar bis zu Bismarck's Tod. Von Rich. Stieve. (VIII, 259 S. m. 2 Taf.) 900.

Hft. 1—6. Ebd. 896—898. n. 6. 10.

— zur elsaß-lothringischen Geschichts- u. Landeskunde. 7. Heft gr. 8. Zabern, A. Fuchs. n. 1. —

Das abgegangene Dorf Trimlingen im eigentlichen Eichelthale, m. e. Rückblick auf die übrigen in jener Gegend verschwundenen Orte. Von Heinr. Schlosser. (VI, 11, 65 S.) 903.

Heft 1—6 Ebd. 896—900. n. 11. 10.

— z. elsass-lothring. Gesch.- u. Landeskde. 8. Heft. gr8° Zab., A Fuchs '07. 1 — (1—8: 13.10)

8. Roth, J: Das einst. bischöfl. Städtchen Dambach in d. Revolutionszeit. (80)

— z. elsass-lothringischen Geschichts- u. Landeskde. 9—12. Heft. Zabern, A Fuchs. (1—12: 24.60)
Grossmann, Rud. J: Üb. d. Einkünfte d. „Herzogt. Mazarin" insbes. d. d. Herrsch. Altkirch im 17. u. 18. Jahrh. (5, 45) Lex8° '10 [11] 1.50
Herrmann, Aug.: Die Lage d. Waldarbeiter in den d. Forstordng unterworf. Waldgn. (12, 185) gr8° '10 [9] 4 —
Hirsch, Arth.: Die Fronen. (80) gr8° '10 [10] 2 —
Masson, JB: Das Breuschtal u. s. Nachbargebiete. Siedelgs- u. wirtschaftsgeschichtl. Studie. (7, 175 m. 1 Kte.) gr8° '12 [12] 4 —

Bausteine zur Goethe-Litteratur. [Elsterberg 1871.] V: *Diezel, C. A.* (cb)

— z. Graltempel. 1—3 u. 5. 8° Schmiedebg, FE Baumann. (1—5: 1.40) d
Nr 4 bildet Kat. 06/09: Saemann, FA: Der Wegweiser z. Glück. jetzt: — 60
Katzer, Wenzel: Gedanken üb. d. Liebe. (13) ('11) [3] — 20
Wiedenmann, Bapt.: Die Heilkunst u. d. Ursachen d. Krankh. (12) ('11) [2] — 20
Wöhrle, Ernst: Die Wiederherstellg d. phys. Tempels. (6) ('11) [1] — 15
— Die Wiederherstellg d. psych. Tempels. (11) ('12) [5] — 25

Bausteine zum Hause Gottes. Eine Sammlung von Predigten namhafter Kanzelredner d. deutschen evangelischen Kirche hrsg. . . . von Karl Ludw. Wilh. Fr. Wetz. — Biskirchen bei Wetzlar: Hrsg. 1867. XI,332 S. 8°
5. 9. 26. 27.
13.8006

Bausteine zum Hause Gottes im Lande der Zerstreuung. Eine Sammlung von Predigten hrsg. von Richard Reinhard. — Breslau: Dülfer 1859. VI,338 S. 8°
1: Ec 17770. 2. 3. 4. 8. 9. 15. 27.
13.8007

— für die christliche Kanzel. Gesammelt u. den Freunden der Homiletik dargeboten v. Pet. Müller. 1. Jahrg. 1875/76. 6 Hfte. (à 4—5 B.) gr. 8. Würzburg, Woerl. 4. 20

— für die christliche Kanzel. Gesammelt u. den Freunden der Homiletik dargeboten v. Peter Müller. 2. u. 3. Bd. gr. 8. (1. Hft. 98 S.) Würzburg 878. 80. Woerl. à Bd. 4. 20

— d. Kaufmanns. 1—10. Heft. kl8° Berl., O Dreyer. je — 40
Cortus, Claus: Geschäftsgründg. (30) ('11) [1]
— Der Handlgslehrling d. 20. Jahrh. (32) ('11) [2]
— Wie inseriere ich m. Erfolg? (35) ('11) [6]
— Des Kaufmanns ABC. (31) ('11) [4]
— Was muss ich als Kaufmann wissen? (34) ('11) [7]
— Lehren, Taten u. Meingn. (31) ('11) [9]
— Vom Lehrling z. Millionär. (30) ('11) [5]
— Leitf. z. Handelsphilos. (31) ('11) [10]
— Raubsystem u. Geschäftsruin. (31) ('11) [8]
— Wie sammle ich Waren- u. Menschenkenntn.? (31) ('11) [3]

— kirchliche. Ausgewählte Stellen aus Christoph Friedrich v. Ammon's Schrift: „Die Fortbildg. d. Christentums zur Weltreligion", auf Anlaß der v. Egidy'schen „Ernsten Gedanken" u. ihrer Entgegngn. zusammengeordnet v. e. warmen Bekenner d. Christentums u. aufricht. Freunde der evang. prot. Kirche. gr. 8. (48 S.) Berlin 891. Bibliograph. Bureau. n. — 80

— kirchl. Ausgew. Stellen a. CF v. Ammon's Schrift: „Die Fortbildg d. Christentums z. Weltreligion", auf Anlass d. v. Egidy'schen „Ernsten Gedanken" u. ihrer Entgegngn zusammengeordnet v. e. warmen Bekenner d. Christentums u. aufricht. Freunde d. ev.-protest. Kirche. 8° (48) Berl. 91, C Vogt. — 80

Bausteine, kleine. Volksschriften zur Förderg. der inneren Mission u. des christl. Lebens in der Gemeinde. Hrsg. vom Landesverein f. innere Mission der ev.-luth. Kirche im Königr. Sachsen. 1. gr. 8. Dresden (Niederlage des Vereins zur Verbreitg. christl. Schriften). n. — 25
Pastor Bernhard Rudert. Ein Lebensbild. Von Frdr. Saul. (36 S. m. Abbildgn.) 902.

— kleine. Volksschriften zur Fördg. der inneren Mission u. des christl. Lebens in der Gemeinde. Hrsg. vom Landesverein f. innere Mission der ev.-luth. Kirche im Königr. Sachsen. 2—7. kl. 8. Dresden (Niederlage des Vereins zur Verbreitung christl. Schriften). n.n. — 80
2. Lies deine Bibel! Winke zur Förderg. des Bibellesens in der Gemeinde. Von Bernh. Rudert. (12 S.) 902. n.n. — 15
3. Unsere Jugendschriften. Mit Verzeichnissen empfehlenswerter Bücher f. Kinder jeden Alters. Von Max Heber. (32 S.) 902. n. — 25
4. Jahre, 10, Jungfrauenverein. Blätter aus dem Tagebuche e. Pfarrfrau, als Winke zur Gründg. u. Leitg. v. Jungfrauenvereinen, dargeboten v. A. S. (40 S.) 904. n. — 10
5. Die Herberge zur Heimat. Zu ihrem 50jährigen Jubiläum. Von Rud. Weidauer. (22 S.) 904. n. — 10
6. Ein Jubiläum der Bibel. Von Frdr. Saul. (26 S.) 904. n. — 10
7. Aberglaube, der, im evangelischen Volke, m. dem Worte Gottes beleuchtet u. aus Erfahrgn. gekennzeichnet v. D. H. (32 S.) 905. n.n. — 10

— kleine. Volksschriften zur Förderung der inneren Mission u. des christl. Lebens in der Gemeinde. Hrsg. vom Landesverein f. innere Mission der ev.-luth. Kirche im Königr. Sachsen. 7. kl. 8. Dresden 908. (Niederlage des Vereins zur Verbreitg. christl. Schriften.) — 10
Aberglaube, der, im evangelischen Volke, m. dem Worte Gottes beleuchtet u. aus den Erfahrungen gekennzeichnet v. D. H. 2. durchgeseh. Aufl. (28 S.)

— Kleine. Volksschriften z. Förderg d. inneren Mission u. d. christl. Lebens in d. Gemeinde. Hrsg. v. Landesver. f. innere Mission d. ev.-luth. Kirche im Kgr. Sachsen. 8., 9. u. NAfl 4. Heft. 8° Dresd., (Niederl. d. Ver. z. Verbreitg christl. Schriften).
Aus d. Tageb. e. sächs. Jungfrauenvereins. Fortsetzg v. „10 Jahre Jungfrauenverein", v. A S. (27) '12 [9] nn — 10
Jahre, 10, Jungfrauenverein. Blätter a. d. Tageb. e. Pfarrfrau. Von A S. 2. Afl. (23) '12 [4] nn — 10
Weidauer, Arnold: Kanallieder. Ein Hochzeitsstrauss, zugl. zu sinn. Betrachtg im Ehestande. 8 Lieder üb. d. Evangelium v. d. Hochzeit zu Kana. (24) '05 [8] nn — 10

Kleine Bausteine zu Zion. Von d. Sammlerin d. 'Perlen der Wahrheit'. — Darmstadt [usw.]: Zernin 1863. 280 S. 8°
17. 36.
13.8008

Bausteine für persönliche Kultur. Stück 1. München: C. H. Beck 1908. 8° [F.] [07. 18441]

Bausteine zur christlichen Lehre. Aus dem Schatze der evangelischen Bekenntnisse zusammengestellt. Kaiserslautern 1884. V: *Lynker.* (Russell XVI, II, 1, 941.)

Bausteine zur christlichen Lehre. Aus d. Schatze d. evangelischen Bekenntnisse zsgest. — Kaiserslautern [usw.]: Gotthold [1884]. 9 S. 8° 12: Catech. 14 k.
13.8009

Bausteine zur Leidensmoral. — Berlin: Nauck 1902. 52 S. 8°
27. 47.
13.8010

Bausteine aus dem Or. Naumburg a/S., hrsg. von F. W. Haage. Handschrift für Brüder. — Naumburg [1855]: Sieling. VIII,258 S. 8°
14.
13.8014

Bausteine aus dem Or. Naumburg a/S., herausg. von F. W. Haage. (Handschrift für Brüder.) Naumburg 857. (Garcke.) 16. (VIII, 258 S. u. 1 lith. Musikbeilage.) n. 15 ngr.

Bausteine aus dem Or. Naumburg a/S., hrsg. von F. W. Haage. (Handschrift für Brüder.) gr. 16. (VIII und 258 S. mit 1 lithogr. Noten-Beilage.) Naumburg 857, [Tauerschmidt.] *

— pädagogische. 1.—5. Hft. gr 8. Dessau 898. R. Kahle. n. 3. 50
1. F. d. Lebensgemeinschaften — wider d. Konzentration? E. krit. Studie. Antwort a. d. Broschüre d. Herrn Rektor Laass-Gera „Welches ist d. Ziel d. naturwissenschaftl. Unterrichts etc." Von P. Martin. [Aus: „Pädagog. Monatsbl."] (29 S.) n. — 60
2. Beiträge z. Theorie e. Lehrplans d. realist. Fächer. Von O. Schmidt. [Aus: „Pädagog. Monatsbl."] (43 S.) n. 1. —
3. D. System f. geograph. Unterricht. Von O. Kipping. [Aus: „Pädagog. Monatsbl."] (19 S.) n. — 40
4. D. Schulgarten i. Dienste d. Volksschule. „D. Schulgarten — e. Fibel z. grossen Lehrbuche d. Natur". Von Rob. Missbach. (35 S.) n. 1. —
5. Grundzüge e. Lehrplanes f. d. evang. Erziehungsschule. Von K. Hemprich. (28 S.) n. — 50

— pädagogische. 6.—14. Hft. gr. 8. Dessau [Anhalt. Verlagsanstalt.] Berlin, Gerdes & Hödel. n. 7. 20
6. Beiträge zur Methodik des Unterrichtes in der Heimatkunde. Mit Bezugnahme auf die v. ihnen verf. „Heimat- u. Landeskunde des Herzogt. Anhalt" dargeboten. Von A. Günther u. O. Schneider. (V, 110 S.) 891. n. 1. 40
7. Pädagogische Aphorismen u. das herrschende Schulsystem. Eine psychologisch-pädagog. Studie m. besond. Berücksicht. des Religionsunterrichtes u. e. Lehrprobe üb. das 6. Gebot. Von Max Eichholz. [Neue Titel-Ausg.] (73 S.) [897.] (899). n. 1. 20
8. Die Kinderpsychologie u. ihre Bedeutung f. Unterricht u. Erziehung. Von K. Hemprich. (41 S.) (899). n. — 80
9. Der Anschauungsunterricht in der Raumlehre nach Formengemeinschaften. Vortrag, geh. im Dessauer Lehrerverein. Von P. Martin. (24 S.) (899). n. — 60
10. Der erste Sprachunterricht nach dem Princip der Selbstthätigkeit. Von H. Wigge. (Preisaufgabe des evangel. Diakonievereins.) (35 S.) (899). n. — 90
11. Die Pädagogik als Bildungswissenschaft. Von Goswin Uphues. (31 S.) (900). n. — 60
12. Volksbildung u. Volkssittlichkeit. Eine zeitgemässe Erörterung. Von Herm. Schiller. (32 S.) (901). n. — 50
13. Konzentration des Unterrichts auf realistischer Grundlage. Von O. Schmidt. 1. Tl. (56 S.) (901). n. — 60
14. Diesterwegs parlamentarische Thätigkeit u. sein Einfluss auf die Schulgesetzgebung. Von H. Rosin. (31 S.) (902.) n. — 60

Hft. 1—5 jetzt Ebd. 898. n. 3. 50.

— dasselbe. Flugschriften zur Kenntnis der pädagog. Bestrebgn. der Gegenwart. 15.—19. Hft. gr. 8. Berlin, Gerdes & Hödel. n. 4. 40
15. Von deutscher Bildung insbesondere v. deutscher Bildung u. Erziehung der erwerbsarbeitenden männlichen Jugend. Ein Beitrag zur Frage der Fortbildungsschule. Von Otto Schulze. Mit e. Geleitswort v. Andreae. (IV, 76 S. (902). n. 1. 40
16. Die Konzentrationsidee. Von G. Noth. (102 S.) 902. n. 1. 20
17. Die Ermüdung der Schüler in neuem Lichte. Von A. Baur. Mit zahlreichen Fig. (20 S.) 902. n. — 60
18. Meinungen u. Wünsche zur Formalstufentheorie Von M. Schmidt. (26 S.) 902. n. — 60
19. Die Erziehung unserer Schulneulinge zum Wissen. Von F. W. Vogel. (31 S.) 902. n. — 60

— pädagogische. Flugschriften zur Kenntnis der pädagog. Bestrebungen der Gegenwart. 20.—30. Heft. Lex.-8. Berlin, Gerdes & Hödel. n. 8.45
Dierks, W., das Problem der künstlerischen Erziehung. (40 S.) 905. (Hft. 28.) n. — 80
Kemény, Frz., Gegenwart u. Zukunft der körperlichen Erziehung. Ein universalpädagog. Reformversuch. (89 S.) 904. (Hft. 21.) n. 1. 20
Köhler, Johs., zur Einführung in die experimentelle Psychologie. 2 Vorträge, geh. im Fortbildungskursus der Lehrer des östl. Odenwaldes. (32 S.) 905. (Hft. 25.) n. — 60
Marscheider, Rich., Beiträge zur Kurzschriftmethodik. (82 S.) 905. (Hft. 28.) n. — 90
Martin, P., der gegenwärtige Stand der Geometrie-Methodik — e. Rückstand? Antikritik. (40 S.) 903. (Hft. 20.) n. — 75
Noth, G., Universität u. Volksschullehrer. (80 S.) 904. (Hft. 22.) n. — 80
Pottag, Alfr., die begründend-vergleichende Erdkunde. (40 S.) 905. (Hft. 27.) n. — 80
Schultess, J., die Frauenbildungfrage im Lichte kritischer Reflexionen. (32 S.) 906. (Hft. 29.) n. — 60
Tröster, H., die Lehrerinnenfrage. Das „Für" u. das „Wider die Lehrerin" objektiv u. subjektiv beleuchtet. (27 S.) 905. (Hft. 24.) n. — 60
Wigge, H., Staats- oder Gemeindeschule? (32 S.) 906. (Hft. 30.) n. — 60
Zillig, Peter, der pädagogische Gedanke, der Berufsgedanke des Volksschullehrers. (40 S.) 905. (Hft. 26.) n. — 80
Hft. 1—19. Ebd. 898—902. n. 15. 10.

— pädagogische. Flugschriften zur Kenntnis der pädagog. Bestrebgn. der Gegenwart. 31—38. Heft. gr. 8. Berlin, Gerdes & Hödel. 6. 80
Kemény, Fr., Minister u. Ministerien. Prolegomena zu e. Lehre v. der höheren Unterrichtsverwaltg. u. -leitg. (70 S.) 908. (33. Hft.) 1. 20
Köhler, Carl, Gedanken über den Knabenhandarbeitsunterricht. (29 S. m. 7 Abbild.) 910.) (36. Hft.) — 60
Kühn, Fritz, Kind u. Heimat. Ein Beitrag zur Lösung der Frage: Wie ist der erste heimatkundl. Unterricht zu gestalten? (36 S. m. 9 Abbild.) (910.) (37. Hft.) — 80
Müller, Alb., die Pädagogik Schleiermachers. Zur 75. Wiederkehr seines Todestages. († 12. II. 1834.) (54 S.) (909.) (35. Hft.) 1. —
Plecher, Hans, die Schulprüfungen im Lichte fortschrittlicher Pädagogik. (85 S.) 908. (32. Hft.) — 60
Pottag, Alfr., die Arbeitsschule. Ein Orientierungsvortrag üb. die sogenannte „Zukunftsschule". (55 S.) (910.) (38. Hft.) 1. 20
Rossbach, F., der Geschichtsunterricht in mittleren Schulen. (32 S.) 907. (31. Hft.) — 60
Strobel, Karl, vom Lesen. Eine pädagog. Studie gegen die Schand- u. Schundliteratur der Gegenwart. (38 S.) 909. (34. Hft.) — 80
Hft. 1—30. Ebd. 898—898. 23.55.

— Pädagog. Flugschriften z. Kenntn. d. pädagog. Bestrebgn d. Gegenwart. 36—39. Heft gr8° Berl., Deut. Verl.- u. Lehrmittel-Anst.
Köhler, Carl: Gedanken üb. d. Knabenhandarbeitsunterr. (29 m. Abb.) '10 [36] — 60
Kühn, Fritz: Kind u. Heimat. Beitrag z. Lösg d. Frage: Wie ist d. 1. heimatkdl. Unterr. zu gestalten? (36 S. m. Abb.) ('10) [37] — 80
Pottag, Alfr.: Die Arbeitssch. Orientiergsvortrag üb. d. sogenannte „Zukunftsschule". (55) ('10) [38] 1.20
— Arbeitssch. u. Lehrerbildg. Vortrag. (32) ('11) [39] — 60

— Bausteine zur romanischen Philologie. Festgabe für Adolfo Mussafia zum 15. Febr. 1905. — Halle: Niemeyer 1905. XLVII,716 S. 8° 1:Xi 136/56. 2→11. 12:L. lat. f. 01. 14. 15. 16. 18→21. 25. 26. 27. 29. 30. 36. 38. 109. 300:437.706–B. 302→304.
13.8016

— f. d. Relig.-Unterr., hrsg. v. Aug. E Krohn u. Ulr. Peters. I. Reihe, 1. u. 2. u. II. Reihe, 1. u. 2. Heft. 8° Gött., Vandenh. & R. d. Heft — 50; Subskr. — 40 d
Krohn, Aug. E: Amos. 1—4. Taus. (40) '12 [I,2]
— Mose. 1—4. Taus. (43) '13 [I,1]
Peters, Ulr.: Der hl. Franziskus. (46) '12 [II,2]
— Jesus. 1—4. Taus. (46) '13 [II,1]

Bausteine für die Schule. Hrsg. von Bartsch, Dernoscheck [u.a.] — Leipzig: Klinkhardt 1910. 142 S. 8°
14. 41. 207.
13.8017

Bausteine zu einer neuen Verfassung des hamburg. Freistaates nebst Vorwort. Und Wünsche an ein deutsch. Volksparlament. gr. 8. (22 S.) Hamburg 848, Heubel. 1/8 ß

Bausteine zur künftigen Volks- und Gelehrtenschule in Anhalt. Dessau 1849. V: *Jahn, Friedrich Wilhelm.* (HHBD Anhaltina I, 122)

— zur künftigen Volks- u. Gelehrtenschule in Anhalt. gr. 8. (16 S.) Dessau 849, Aue. n. 1/12 ß

— zur Volksschulpädagik. 1.—6. Hft. gr. 8. Zwickau, R. Zückler. à n. — 60
1. Leitfäden od. nicht? Zu e. alten Frage e. neuer Beitrag v. R. Seyfert. (32 S.) 891.
2. Die Organisation der Volksschule auf psychologischer Grundlage. Von R. Seyfert. (31 S.) 891.
3. Gedankenausdruck u. Unterrichtsform im Lichte der Lehrplanidee. Von R. Seyfert. (40 S.) 891.
4. Der Religionsunterricht in der deutschen Nationalschule. Von H. Scherer. (30 S.) 891.
5. 6. Die Bedeutung der historischen Kritik der Bibel f. die Methodik. Von Th. Franke. (71 S.) 892.

Zwölf **Bausteine** über die Frage: Welche Aufgabe hat heute die Loge im Dienste der Freimaurerei? [Von Diedr. Bischoff, Gust. Gesell, Jul. Herm. Papsdorf, Arthur Denecke, Paul Pflüger, Georg Günther, Ludw. Greiner, Emil Petersen, Paul Müller, Alfr. Osswald, Wilh. Frenkel, Herm. Messien.] Hrsg. von der Gr. Landesloge von Sachsen. Leipzig: Verl. d. Loge Phoenix 1907. 86 S. 8°
cf. DrL. 37 (1906—1907) S. 272—284 (J. R. Roitzsch); Brh. 4 (1907) S. 99 (W. Kunis); FZ. 61 (1907) S. 127 (R. Bachmann); L. 30 (1907) S. 144 (P. Fischer); R. 34 (1907) S. 79—80 (G. Schauerhammer), 81—87 (W. Kunis); S. 14 (1907) S. 62 (F. Rackhorst).

Baustile. — Die Baustile. Historische u. technische Entwickelung. Bd 1-7. — Darmstadt: Diehl [u.a.] 1881-1903. 4°
1. Durm, Josef: Die Baukunst d. Griechen. 1881.
2. Durm, Josef: Die Baukunst d. Etrusker. Die Baukunst d. Römer. 1885.
3,1. Essenwein, August v.: Die Ausgänge d. classischen Baukunst (Christlicher Kirchenbau). Die Fortsetzung d. classischen Baukunst im oströmischen Reiche (Byzantinische Baukunst). Darmstadt: Bergsträsser 1886.
3,2. Franz, Julius: Die Baukunst d. Islam. Darmstadt: Bergsträsser 1887.
4,1-4. Essenwein, August v.: Die romanische u. d. gothische Baukunst. Von August v. Essenwein [u.] Max Hasak. Darmstadt (3.4: Stuttgart): Bergsträsser 1889-1903.
5. Durm, Josef: Die Baukunst d. Renaissance in Italien. Stuttgart: Bergsträsser 1903.
6,1.2. Geymueller, Heinrich Bn v.: Die Baukunst d. Renaissance in Frankreich. Stuttgart: Bergsträsser 1898-1901.
7. Bezold, Gustav v.: Die Baukunst d. Renaissance in Deutschland, Holland, Belgien u. Dänemark. Stuttgart: Bergsträsser 1900.
(Handbuch d. Architektur. 2.)
1:4° Ny 7018. 4. 6. 12:4° A. civ. 44 y-II. 16. 17. 20. 24. 25. 29. 30. 31. 33. 45. 84. 88. 89. 90. 93. 117. 210. 300[∞ 1/6]: 403.138-C. 2,7. 305.
13.8022

— — 2. Aufl. Bd 1-7. Darmstadt: Bergsträsser [u. a.] 1889-1927. 4°
1. Durm, Josef: Die Baukunst d. Griechen. 1892.
2. Durm, Josef: Die Baukunst d. Etrusker. Die Baukunst d. Römer. Stuttgart: Kröner 1905.
3,1. Holtzinger, Heinrich: Die altchristliche u. byzantinische Baukunst. Stuttgart: Bergsträsser 1899.
3,2. Franz, Julius: Die Baukunst d. Islam. Darmstadt: Bergsträsser 1896.
4,2-4. Stiehl, Otto: Die romanische u. d. gothische Baukunst. Von O. Stiehl [u.] Max Hasak. Leipzig: Kröner (3.4: Gebhardt) 1908-27.
5. Durm, Josef: Die Baukunst d. Renaissance in Italien. Leipzig: Gebhardt 1914.
7. Bezold, Gustav v.: Die Baukunst d. Renaissance in Deutschland, Holland, Belgien u. Dänemark. Leipzig: Kröner 1908.
(Handbuch d. Architektur. 2.)
1:4° Ny 7018². 12:4° A. civ. 44 ya-II. 24. 84. 89. 90. 300[∞ 1.2.3,2. 4,2/4. 7]: 403.138-C. 2,3.2,5. 305.
13.8023

— — 3. Aufl. Bd 1.3,1. Leipzig: Kröner 1909-10. 4°
1. Durm, Josef: Die Baukunst d. Griechen. 1910.
3,1. Holtzinger, Heinrich: Altchristliche u. byzantinische Baukunst. 1909.
(Handbuch d. Architektur. 2.)
1:4° Ny 7018³. 12:4° A. civ. 44 yb-II. 14. 15. 17. 24. 25. 88. 89. 90. 111. 180.
13.8024

Baustoff
Der Baustoff und seine Bearbeitung. Baustoffe, Betonmischmaschinen, Betonierungsregeln ... Bearb. von K. Memmler [u. a.] — Berlin: Ernst 1907. 243 S. 4° (Handbuch für Eisenbetonbau. 2.)
1:4° Nz 5552/111-2. 7. 11. 12:4° Techn. 527 b-2. 17. 24. 27. 60. 82. 84. 89. 90. 91. 93. 210.
13.8025

Baustücke zur Trauer-Arbeit im Or. zu Breslau am 26. April 1845. Gesamm. und dem unerlöschlichen Gedächtniss ihres verewigten Br. Joh. Wendt in dankbarer Liebe und Verehrung geweiht von der Loge Friedrich zum goldnen Scepter. Breslau [1845]: Grass, Barth & Co. 38 S. 1 Bildn. 8°
Reden von A. Wendt: Lebensabriss u. A. W. Henschel: Würdigung des Verstorbenen, Kantate, u. Bildn. Wendts.

Bausystem. — Offenes oder geschlossenes Bausystem? Eine Umfrage unter d. Aerzten Münchens veranstaltet vom Verein zur Förderung d. Interessen Thalkirchens. — München: Lindauer in Comm. (1901). 56 S. 8°
12: Bavar. 209 f. 19. 22. 91. 305.
13.8031

Bausznern s. *Bausznern.*

Bauszus, s. Baussus

Baut die Gemeinde! Ein Wort an alle Evangelischen Deutschlands. Gütersloh. C. Bertelsmann 1905. (101 S.) 8° [F.] [03 8369]

Bautabellen. — Entwurf. Bautabellen für die Konstruktion Howescher Träger. [Nebst] Musterblätter. — Berlin: Mittler 1903. 8° [u.] 4° 1:8° [u.] 4° Nz 1005. 11.
13.8035

Bautain [Abbé], s. Bautain, Louis Eugène Marie

Bautain, Louis, s. Bautain, Louis Eugène Marie

Bautain, Louis Eugène Marie
— [deutsch] Die Christin in unsern Tagen. Briefe an Jungfrauen u. Frauen. Deutsch von A[nna] G[ramich]. — Regensburg: Manz 1864. 484 S. 8°
12: Asc. 390 n. 19. 211.
13.8047

— [deutsch] Experimental-Psychologie. Uebers. von F. K. Dalhoff. Th. 1.2. — Münster: Coppenrath 1853. 8°
1: Nn 3479. 6. 12: Anthr. 7 kc. 16. 19. 61. 211. 214. 303. 308.
13.8067

— [deutsch] Konferenzen über Religion und Freiheit. Aus d. Franz. von W. Reithmeier. — Schaffhausen: Hurter 1851. IV, 156 S. 8°
12: H. eccl. 102 op. 19. 22. 41. 169. 308.
13.8071

Bautain, L., die evangel. Moral vergl. mit d. Morallehren d. Philosophen. Gekr. Preisschrift. Uebers. v. Frz. Geiger. 8. (5½ B.) Altdorf, Z'graggen 830. (Leipzig, Schmidt.)

— die Moral des Evangeliums im Vergleich mit den verschiedenen philosophischen Moralsystemen. Vorlesungen gehalten an der theolog. Fakultät der Sorbonne, als Einleitung zu einem Cursus der Moraltheologie. Aus dem Französ. übers. von J. M. Gaißer. gr. 8. (IX und 454 S.) Tübingen 855(56,) Laupp'sche Buchh.

† **Bautain,** Louis (Abbé, geb. 1795), Philosophie. 2 Tomes. Strasburg 1839, Rieger in Augsb.

— Philosophie. Psychologie expérimentale. T. 1.2. — Strasbourg: Dérivaux [usw.] 1839. 8°
1: Nn 3476. 2. 5. 12: Anthr. 7 k. 21. 22.
13.8065

Bau-Taschenbuch, s.a.: Bau-Kalender.

Bau-Taschenbuch, Rigasches. Hrsg. v. Architekten-Verein zu Riga. 2 Thle. in 1 Bd. 12. (Schreibkalender u. 5 S. u. 236 S. m. Fig.) Riga 901. Jonck & Poliewsky. Geb. in Leinw. n. 4. 50

Bau-Taschenbuch, Rigasches. 1905. Hrsg. v. Architekten-Ver. zu Riga. 2 Thle in 1 Bd. (Schreibkalender u. 277 m. Fig.) 8° Riga, Jonck & P. L. 4 —

Bau-Taschenbuch, Rigasches.06. Hrsg. v.Architekten-Ver. zu Riga. 2 Tle in 1 Bd. (Schreibkldr u. 270 m. Fig.) kl8° Riga,Jonck & P. L. 4 — ||'09. 3 Tle. 2. Afl. (Schreibkldr. 244 u. 104 m. Fig.) L. 5 —

Bau-Taschenbuch, Rigasches. Hrsg. vom Architekten-Verein zu Riga in 3 Tln. 2. neubearb. u. erweit. Aufl. Mit Kalendarium f. 1910. (VII S., Schreibkalender, IV, 244 u. 104 S. m. Fig.) kl. 8. Riga, Jonck & Poliewsky. In 1 Leinw.-Bd. 5. —

Bau-Taschenbuch, Rigasches. Hrsg. v. Architekten-Verein zu Riga. (3 Tle in 1 Bde.) Mit Kalendarium f. '12. (Schreibkaldr, 8. 4. 248 u. 100 m. Fig.) kl8° Riga. Jonck & P. L 5 —

Scholtzes Bautaschenbuch. Unter Mitw. von ... hrsg. von Emil Beutinger. — Leipzig [1909]. 207 S. 8° 61.
13.8076

Bautaetigkeit, s.a. B a u t h ä t i g k e i t

Die Bautaetigkeit in der Stadt Essen im J. 1908—1910. O. O. u. J. 2°. — Wg 7475. —

Die Bautätigkeit der k.k. niederösterreichischen Statthalterei als Verwalterin von Stiftungen. Von 1889 bis 1903. — Wien: Manz 1904. 33 S., 24 Taf. 4°
101. 300: 451.759-C. 302. 304. 305.
13.8038

Bautätigkeit und Wohnungsmarkt in Berlin 1906 bis 1908/1909. Berlin: Puttkammer & Muhlbrecht (1909). XXII, 12, 38 S. 4° (Mitteilungen d. Statistischen Amts d. Stadt Berlin. Nr. 2.) [10. 36.]

Bautätigkeit und Wohnungsmarkt in Berlin 1906 bis 1908/1909. (Vorr.: Heinrich Silbergleit.) — Berlin: Puttkammer & Mühlbrecht [1910]. XXII, 12*, 38 S. 4° (Mitteilungen d. Statistischen Amts d. Stadt Berlin. 2.)
1: 4° Td 786/8-2. 3. 4. 5. 8→11. 12: 4° Bor. 118-1906/1909. 15. 18. 19. 20. 27. 28. 29. 38. 106. 206.
13.8039

Die Bautätigkeit in der Stadt Zürich 1896-1905. — Zürich: Rascher in Komm. 1907. 80 S. 8° (Statistik d. Stadt Zürich. 7.) 1: Rv 9365-7. 17. 25. 206. 302.
13.8041

Bautätigkeit, d., in d. Stadt Zürich (Baustatistik) in d. J. 06 u. 7. Hrsg. v. statist. Amt. [SA] (20 u. 28) gr8° Zür., Rascher & Co. '07.08. Je — 40

Bautaxa — Bau-Taxa, oder Benennung sämtlicher Bau-Stücke, welche bey einem Haus-Bau vorkommen, mit denen dabey gesetzten Preißen. — Berlin [1755]: Gäbert. 166 S. 4° 1: 4° Nz 170. 2. 83. 106. 109.
13.8077

— — Neu gedr. Berlin 1793: Decker. 166 S. 2°
1: 19 in 2° An 8630-10. 24.
13.8078

Baute, Christian
— Aus den letzten zwanzig Jahren. Beitrag zur Geschichte d. persönlichen Freiheit u. Freizügigkeit, sowie der Reaction in Rheinland-Westfalen. — Dortmund: Crüwell 1869. 39 S. 8° Aus: Westfälische Zeitung. 32. 1869.
1: Gw 16225. 38. 64. 203.
13.8079

Baute, Johann, s. B a u t e , Johannes

Baute, Johannes
— Erinnerungen an das Heilige Land. — Osnabrück: Veith 1879. 63 S. 8° 7.
13.8080

Baute, Johs., Katholisches Gesangbuch, s.: Deutgen, Rud.

Baute, J., Hymnodia. Katholisches Gesang- u. Gebetbuch. 12. (XI, 437 S.) Paderborn 890. Ferd. Schöningh. n. 1. —

— Hymnodia. Katholisches Gesang- u. Gebetbuch. — Osnabrück: Schöningh 1891. XI, 437 S. 8°
1: Ek 7460. 6. 38.
13.8081

Baute, Johs., Hymnodia. Katholisches Gesang- u. Gebetbuch. 12. (XI, 437 S.) Paderborn 891. F. Schöningh. n. 1. —

Nazareth. Andachtsbüchlein für d. Verein d. heiligen Familie. Von Johannes Baute, Priester d. Diöz. Osnabrück. (Mit 3 Liedern von P[eter] Piel.) Münster i. W.: Aschendorff 1899. 1 Bd 8°, 1 Bd quer-8° [F.] [— 99.]

[F.] Pilgergebetbuch. Von Johannes Baute, Priester d. Diöc. Osnabrück ... Paderborn: F. Schöningh [1897]. (224 S.) 1 Bd 8. [97. 8.]

Baute, Johs: Pilgerlieder. Relig. Gedichte. (146) 8° Ling., R van Acken ('11). L 1.25

— Wallfahrt nach Jerusalem. gr. 16. (111 S.) Münster 899. [Aschendorf.] Paderborn, F. Schöningh. Kart. n. — 50

Bautechniker, der. Centralorgan für das österreich. Bauwesen. Zeitschrift für Bau- und Verkehrswesen, Technik und Gewerbe. Hrsgbr. und Redact.: M. Kulka. 1.—4. Jahrg. 1881—1884. à Jahrg. 52 Nrn. (Bog.) gr. 4. Wien, Administration. Mit „Civil-Techniker" à Jahrg. **

Bautechniker, der. Centralorgan f. das österreich. Bauwesen. Zeitschrift f. Bau- u. Verkehrswesen, Technik u. Gewerbe. Redact.: L. Klasen u. J. Hawel. 11. u. 12. Jahrg. 1891 u. 1892. à Jahrg. 52 Nrn. (à Nr. 2—2¼ Bog. m. Illustr.) gr. 4. Wien, Administration. à Jahrg. * 16 —

Bautechniker, der. Centralorgan f. d. österr. Bauwesen. Zeitschrift f. Bau- u. Verkehrswesen, Technik u. Gewerbe. Red.: L Klasen. Red.: J Hawel. 11. u. 12. Jahrg. 1891 u. 1892 à 52 Nrn. (à 2—2¼ B. m. Illustr.) 4° Wien, (M Perles). || 13—15. Jahrg. 1893—1895. Red.: L Klasen u. J Röthinger. à Jahrg. 14 —; vierteljährlich 4 —; halbjährlich 7.50

Bautechniker, der. Centralorgan f. d. österr. Bauwesen. Zeitschrift f. Bau- u. Verkehrswesen, Technik u. Gewerbe. Red.: L Klasen (u. J Röttinger). 13—20. Jahrg. 1896—1900 à 52 Nrn. 4° (1896. Nr. 1. 16 m. Abb.) Wien, (M Perles). à Jahrg. 14 —

Bautechniker, der. Zentralorgan f. d. österr. Bauwesen. Zeitschrift f. Bau- u. Verkehrswesen, Technik u. Gewerbe. Red.: L Klasen. 21—25. Jahrg. 1901—5 je 52 Nrn. (Nr. 1. 20 m. Abb. u. 1 Taf.) 4° Wien, (M Perles). Je 14 —; halbj. 7.50; viertelj. 4 —

Bautechniker, der. Zentralorgan f. d. österr. Bauwesen. Zeitschr. f. Bau- u. Verkehrswesen, Technik u. Gewerbe. Verantwortlich: AG Streit. Red.: Ludw. Klasen u. AG Streit. 26. u. 27. J. '06 u. 7 je 52 Nrn. (Nr 1. 20 m. 1 Taf.) 34×28 cm. Wien, (M Perles). Je 14 —; halbj. 7.60; viertelj. 4 —; einz. Nrn — 40

— dass. Nebst: 1. österr. Zimmermeister-Zeitg. Red.: Rich. Staudinger u. AG Streit; seit 09: Rud. Goebel. 28. u. 29. J. '08 u. 9 je 52 Nrn. (Nr 1. 20 u. 4 m. Abb. u. 1 Taf.) 34×27,5 cm. Ebd. 14 —; halbj. 7.60; viertelj. 4 —; einz. Nrn nn — 40

Bautechniker, Der. Zentralorgan f. d. österr. Bauwesen. Zeitschr. f. Bau- u. Verkehrswesen, Technik u. Gewerbe. Red.: Thdr Schreier, seit '11: Hans Berger. 30—32. J. '10—12 je 52 Nrn. ('12, Nr 1: 20 m. Abb. u. 1 Taf.) 34×27 cm. Wien, M Perles. d. J. 14—; halbj. 7.60; viertelj. 4—; einz. Nrn nn—40

Bautechnikerverein. — 1885. 1910. Unter dem Protektorate Seiner Exzellenz des Herrn Statthalters von Nied.-Österr. Erich Grafen Kielmansegg. 25 Jahre Wiener Bautechnikerverein. Gedenkschrift hrsg. anläßlich d. Feier d. 25jährigen Vereinsbestandes ... 1910. — Wien 1910. 57 S. 4° 305.
13.8085

Bauten. —
Die Bauten, technischen und industriellen Anlagen von Dresden. Hrsg. von d. Sächs. Ingenieur- u. Architekten-Verein u. d. Dresdener Architekten-Verein. — Dresden: Meinhold 1878. X,594 S. 8° **1:Sr 5188. 3. 4. 5. 7. 11. 12:A. civ. 11 d. 14. 15. 17. 18. 29. 24. 26. 30. 31. 36. 38. 39. 43. 44. 46. 47. 60. 75. 79. 82. 83. 84. 86. 88→91. 106. 109. 117. 201. 205. 210. 300:160.064–C. 305.**
13.8086

Bauten, Ausgeführte, in Dresden. (35 photogr. Aufnahmen.) Dresden, Fol.

Basler Bauten des 18.ten Jahrhunderts hrsg. vom Ingenieur- & Architekten-Verein Basel. — Basel: (Georg in Komm.) 1897. 16 S., 31 Taf. 4° **83. 84. 91. 123.**
13.8089

Basler B' des 18ten Jahrhunderts. Neue Folge, 1ter Theil; hrg. vom Ingenieur- & Architekten Verein Basel 1904. [Mit Illustrationen und 27 Tafeln.] 10 S. 4. [Basel, Buchdr. Emil Birkhäuser, Buchh. Helbing & Lichtenhahn.] [fr. 16. —]

Bauten, Berliner, aus dem 17. u. 18. Jahrhundert. Photogr. Original-Aufnahmen nach der Natur u. Lichtdruck von Herm. Rückwardt. Berlin 1885 Fol.

Berner Bauten. Hrsg. vom Ingenieur- & Architekten-Verein Bern. — (Bern [1895]: Obrecht & Käser.) 57 Taf. 2° **30.**
13.8090

Bauten, Breslau's, sowie kunstgewerbliche und technische Anstalten . . . Breslau o. J. V: *Markgraf, Carl Aug. Herm.* (Nent)

Bauten, Die, von Budapest, veröffentl. v. Stefan v. Rozinay, in Lichtdruck ausgeführt v. Carl Divald. Folio (Vollständig in 12 Lief.) 1. Lief. (10 Tafeln) Eperies, Carl Divald. In Umschlag 5 fl. um [1883].

Bauten von Budapest, Die, veröffentl v. Stephan v. Rozinay, in Lichtdruck ausgeführt v. Carl Divald. III Lief. Hoch-Folio. 4 Bl. Ansichten u. 4 Bl. Pläne. Budapest u. Eperies, Carl Divald. In Umschlag 5 fl. 1884.

Einfache Bauten (2: . . . für Stadt und Land). Ser. 1. 2. — Wien [usw.]: Wolfrum [1904–11]. 2° [u.] gr. 2°
1. Wolf, Edmund: Neue praktische Wohn- u. Geschäftshäuser . . . für Stadt u. Land. [1904.]
2. Moderne praktische Originalentwürfe für kleinere Wohn- u. Geschäftshäuser. [1911.]
302.
13.8092

— Einfache, f. Stadt u. Land. 2. Serie, 1. u. 2. Lfg. (48 Taf.) 51×38,5 cm. Wien, F Wolfrum & Co. ('11).
in HL-M f. vollständig 80 —
s.a. *Wolf, Edm.: Einfache Bauten.*

Dresdener Architektur-Album. Bauten und Entwürfe. Hrsg. vom Dresdener Architekten-Verein. — Dresden: Gilbers (1874–[84]). 150 gez. Taf. 2°
12:2° A. civ. 14 r. 24. 88. 89. 106.
13.8093

Bauten u. Entwürfe. Hrsg. vom Dresdner Architecten-Verein. 1—12. Lfg. Fol. (à 6 Bl. in Lichtdr.) Dresden 874. 76. Gilbers. à n. 6. —

Bauten u. Entwürfe, hrsg. vom Dresdener Architekten-Verein. 13—21. (Schluss-) Lfg. Fol. (à 6 Bl. in Lichtdr.) Dresden 877. 78. Gilbers' Verl.
à n. 6. —; (cplt. in Mappe: n. 135. —)

Bauten und Entwürfe, hrsg. vom Dresdener Architekten-Verein. 22.—25. Lfg. Nachtrag. Fol. (21 Bl. in Lichtdr. und 3 Stnt.) Dresden 881—84, Gilbers'sche Hofverlagsh.
à Lfg. *M 6. *
Hauptwerk. 1.—21. Lfg. Ebendas. 1874—78. In Mappe *M 135.

Fortificatorische Bauten. (Reservat.) Nr 3. 4. — [Wien] 1885–88: K. k. t. & a. Militär-Comité. 4°
3. Statistischer Bau-Bericht über den Bau der fortificatorischen Objekte in der Krivošije in den Jahren 1882 und 1883. 1885.
4. Statistischer Bau-Bericht über den Bau des Forts Hensel (Thalsperre bei Malborgeth) in den Jahren 1881 bis 1883. 1888.
Text lithographiert. **302. 304.**
13.8094

Frankreichs historische Bauten. Eine Sammlung französischer architektonischer Meisterwerke vom 11. Jahrhundert bis zur Jetztzeit. — Berlin: Hessling [1896]. 3 S., 120 Taf. 4°
Die Schrift ist eine deutsche Teilausgabe von L'Architecture en France. Monuments historiques depuis le 11. siècle jusqu'à nos jours. 1895. **43. 83.**
13.8095

— Die, d. Hohenstaufen in Italien, hrsg. v. kgl. preuss. histor. Instit. in Rom. 2. Ergänzgsbd. 32,5×24,5 cm. Lpzg, KW Hiersemann.
Hauptwerk u. 1. Ergänzgsbd sind noch nicht erschienen.
Sthamer, Eduard: Dokumente z. Gesch. d. Kastellbauten Friedrichs II. u. Karls I. v. Anjou. 1. Bd. Capitinata (Capitanata.) (In latein. Spr.) (5, 175) '12 [2] 18 —

Bauten König Ludwigs in München. Édifices du Roi Louis I. à Munich. 30 Stahlstiche. — München: Franz [um 1840]. 30 Taf. quer-4° **1: Kart. quer-4° Y 31494.**
13.8097

Bauten, moderne kleine, f. Stadt u. Land. I. Serie. Kleine Kirchen, Tempel u. Kapellen. Eine Sammlg. erprobter Entwürfe kleiner kathol. u. evangel Kirchen, Synagogen, Kapellen, Gruftkapellen, Grüfte, Leichenhäuser, Friedhofs-Mauern u. Thore etc. etc. Fassaden u. Schnitte im Massstab 1 : 100, Grundrisse 1 : 200, in Renaissance, goth., roman., maur. u. Jugendstyl. Hrsg. nach Zeichngn. hervorrag. Architekten u. Baumeister v. Anonymus. (In 10 Heften.) 1.—5. Heft. (40 Taf.) gr. Fol. Budapest (904—905). Technische Verlags-Anstalt u. Sort. à Hft. n. 7. —

— dasselbe. II. Serie. Mittlere moderne Geschäfts- u. Wohnhäuser. Eine Sammlung erprobter Entwürfe mittelgrosser Geschäftshäuser m. 1, 2, 3 u noch mehr Ladengeschäften, Wohnhäuser, eingebaut u. freistehend, Hôtels, Restaurants, Caffeehäuser etc. etc. Façaden u. Schnitte 1 : 100, Grundrisse 1 : 200. Hrsg. nach Zeichngn. hervorrag. Architekten u. Baumeister v. Anonymus. (In 10 Heften.) 1.—6. Heft. (46 Taf.) gr. Fol. Ebd. (904—906). à Hft. n. 7. —

Bauten, moderne kleine, f. Stadt u. Land. III. Serie. Kleine moderne Geschäfts- u. Wohnhäuser. Eine Sammlg. erprobter Entwürfe moderner kleiner Geschäfts- u. Wohnhäuser (Parterre oder einstöckig), als Geschäftshäuser m. 1—2 Ladengeschäften, Wohnhäuser m. 1 u. mehreren Wohngn. eingebaut u. freistehend, Gasthöfe, Restaurants, Caffeehäuser, Bäckereien, Apotheken, Wohnhäusern mit kleinen Werkstätten etc. etc. Façaden u. Schnitte 1 : 100, Grundrisse 1 : 200. Hrsg. nach Zeichnungen hervorrag. Architekten u. Baumeister v. Anonymus. (In 10 Heften.) 1.—5. Heft (39 Taf.) gr. Fol. Budapest (904—906). Technische Verlags-Anstalt u. Sort. à Hft. n. 7. —

— moderne kleine, f. Stadt u. Land. III. Serie. Kleine moderne Geschäfts- u. Wohnhäuser. Eine Sammlg. erprobter Entwürfe moderner kleiner Geschäfts- u. Wohnhäuser (Parterre od. einstöckig), als: Geschäftshäuser m. 1—2 Ladengeschäften, Wohnhäuser m. 1 u. mehreren Wohngn., eingebaut u. freistehend, Gasthöfe, Restaurants, Caffeehäuser, Bäckereien, Apotheken, Wohnhäuser m. kleinen Werkstätten etc. etc. Façaden u. Schnitte 1 : 100, Grundrisse 1 : 200. Hrsg. nach Zeichngn. hervorrag. Architekten u. Baumeister v. Anonymus. 6. (Schluss-)Heft. (7 Taf.) 52×87 cm. Budapest (909). Technische Verlags-Anstalt. 7.

-- Modernekl., f. Stadt u. Land. 3. Serie. Kleine moderne Geschäfts-u. Wohnhäuser. Façaden u. Schnitte 1:100, Grundrisse 1:200. Hrsg. v. Anonymus. 6. (Schluss-)Heft. (7 Taf.) 52×37 cm. Budapest ('09). Lpzg. Internat. Gewerbebh. (Je) 7 —

-- dasselbe. IV. Serie. Moderne kleine Villen u. Cottages. Eine Sammlg. erprobter Entwürfe mustergilt. kleiner Villen u. Cottages in Stein, Putzbau, Ziegelrohbau u. Holzarchitektur etc. etc. Façaden u. Schnitte 1 : 100, Grundrisse 1 : 200. Hrsg. nach Zeichngn. hervorrag. Architekten u. Baumeister v. Anonymus. (In 10 Hftn.) 1.—5. Heft. (36 Taf) gr. Fol. Ebd. (904—906). Budapest: Technische Verlags-Anstalt. à Hft. n. 7. —

— dasselbe. IV. Serie. Moderne kleine Villen u. Cottages. Eine Sammlg. erprobter Entwürfe mustergilt. kleiner Villen u. Cottages in Stein, Putzbau, Ziegelrohbau u. Holzarchitectur etc. etc. Façaden u. Schnitte 1 : 100, Grundrisse 1 : 200. Hrsg. nach Zeichngn. hervorrag. Architekten u. Baumeister v. Anonymus. 6. (Schluss-) Heft. (7 Taf.) 52×37 cm. Ebd. (909). 7. -

— dasselbe. V. Serie. Moderne Villen u. Landhäuser. Eine Sammlg. erprobter Entwürfe mustergilt. Villen f. 1, 2 u. mehrere Familien. Doppelvillen etc. etc. Façaden u. Schnitte 1 : 100, Grundrisse 1 : 200. Hrsg. nach Zeichngn. hervorrag. Architekten u. Baumeister v. Anonymus. (In 10 Heften.) 1.—5. Heft. (36 Taf. gr. Fol. Ebd. (904—906.) à Heft n. 7. —

— dasselbe. V. Serie. Moderne Villen- u. Landhäuser. Eine Sammlg. erprobter Entwürfe mustergilt. Villen f. 1, 2 u. mehrere Familien. Doppelvillen etc. etc. Façaden u. Schnitte 1 : 100, Grundrisse 1 : 200. Hrsg. nach Zeichngn. hervorrag. Architekten u. Baumeister v. Anonymus. 6. (Schluss-)Heft. (7 Taf.) 52×37 cm. Ebd. (909). 7.

— dasselbe. VI. Serie. Moderne Holzbauten. Eine Sammlung erprobter Entwürfe moderner Holzbauten aller Art. Façaden u. Schnitte, Grundrisse u. Details. Hrg. v. Osk. Hellge. (In 10 Hftn.) 1 —5. Hft. (39 Taf.) gr. Fol. Ebd. (904—906). à Hft. n. 7. —

— dasselbe. VII. Serie. Moderne Holzarchitekturen u. Details. Eine Sammlg. moderner Holzarchitekturen u. Details als: Gartenhäuser, Lauben, Veranda theile, Giebelausbildgn., Balkenköpfe, Sparrenköpfe, Dachgesimse, Schwebegespärre, Traufverziergn., Hängebretter, Füllgn. u. Saumverziergn., Säulen u. Pfeilerstellgn., Träger, Vorbauten etc. etc. in einfacher Ausführg. in Massstab 1 : 10. Hrsg. v. Ludw. Fejér u. Ign. Ritter. Fortgesetzt v. S. Egry. (In 10 Hftn.) 1.—4. Hft. (80 Taf.) gr. Fol. Ebd. (904. 905). à Hft. n. 7. —

-- dasselbe. VIII. Serie. Bauernhäuser u. Arbeiterwohngn. in mustergilt. Ausführg. Façaden u. Schnitte 1 : 100, Grundrisse 1 : 200. Hrsg. nach Zeichngn. hervorrag. Architekten u. Baumeister v. Anonymus. (In 10 Hftn.) 1.—3. Hft. (26 Taf.) gr. Fol. Ebd. (904—906) à Hft. n. 7. —

- dasselbe. IX. Serie. Staats- u. Gemeindebauten. Eine Sammlg. erprobter Entwürfe kleiner Rathhäuser, Postgebäude, kleiner u. grösserer Schulen, Spitäler, Gerichtsgebäude, Bibliotheksgebäude, Armenhäuser, Feuerwehr-Requisitenhäuser, Wärmestuben, Volksküchen, Volksbadeanstalten etc. etc. Hrsg. nach Zeichngn. hervorrag. Architekten u. Baumeister v. Anonymus. (In 10 Hftn.) 1. u. 2. Hft. (14 Taf.) gr. Fol. Ebd. (904. 905). à Hft. n. 7. —

— dasselbe. X. Serie. Moderne architekton. Details. Eine Sammlg. v. Fenstern, Thoren, Vestibulen, Risaliten, Kapitälen, Lisenen, Schlusssteinen u. sonst. dekorativen Details, in grösserem Massstabe. Hrsg. v. Karl Reiffenstuel. (In 10 Hftn.) 1.— 6. Hft. (45 Taf.) gr. Fol. Ebd. (904—906). à Hft. n. 7. —

Verein für Verbesserung d. Wohnungsverhältnisse in München e.V. Die Bauten in München-Sendling 1900-1905. Eine Festschrift zu deren Vollendung. — München: Werner in Komm. 1905. 19 S. 4°
12:4° Bavar. 197f. 19. 91.
13.8098

Öffentliche Bauten. — Stuttgart: Engelhorn 1902. XVI S., 100 Taf. 2° (Einzelausgaben d. Architektonischen Rundschau. 3.) 24. 89.
13.8103

Die Bauten unter der Regierung Sr. Majestät des Königs Wilhelm von Württemberg. Am 30. Okt. 1857, d. 41. Jahrestage d. Thronbesteigung Seiner Majestät. — Stuttgart [1857]. 165 S. 8°
Aus: Staats-Anzeiger für Württemberg. 1857 24.
13.8104

Städtische und ländliche Bauten in bergischer Bauweise. Wettbewerb 1910 d. Ausschusses zur Förderung bergischer Bauweise in Elberfeld. — Leipzig: Seemann [1910]. Getr. Pag. quer-8°
1: quer-8° Ny 12361/53. 36. 39. 60. 61. 62. 88. 89. 93.
13.8105

Bauten, Städtische u. ländl., in bergischer Bauweise. Wettbewerb '10 d. Ausschusses z. Förderg berg. Bauweise in Elberfeld. (4, 8, 35; 23; 28 u. 44 m. z. Tl farb. Abb. u. Grundr.) 23×33 cm. Lpzg. Seemann & Co. ('11). 10—; f. Abonnenten d. deut. Konkurrenzen nn 6.50 (Pp.)

— die, des Vereins f. Verbesserung der Wohnungsverhältnisse in München, e. V., in München-Sendling 1900—1905. Eine Festschrift zu deren Vollendg. Mit Grundrissen u. Abbildgn. (20 S.) Lex.-8. München 905. (L. Werner.) n. — 50

— Vorbildliche Bauten für das Alte Land. Hrsg. vom Verein für Niedersächsisches Volkstum zusammen mit d. Kreisausschuß York. — Leipzig: Seemann [1910]. 4 Bl., 41 Taf. 2° 46. 60. 62. 89.
13.8106

— Wiener Bauten. Den geehrten Collegen vom Ungarischen Ingenieur- u. Architekten-Vereine – A Magyar Mérnök- és Épitész-Egylet – ... 1886 freundschaftlichst gewidmet vom Oesterreichischen Ingenieur- u. Architekten-Vereine. — Wien 1886. 34 Bl. 4° 305.
13.8107

Bauten-Album, s.: Bauindustrie-Zeitung.

Bauten-Album s.: Bauindustrie-Zeitung, Wiener.

Bauten-Album, Wiener, s.: Bauindustrie-Zeitung, Wiener.

Bauten-Album, Wiener (Beilage z. Wien. Bauindustr.-Ztg) 1-18. Wien 1883-1900

Bauten-u. Submissions-Anzeiger, Berliner. Centralbl. f. Bautennachweis. Septbr—Dezbr 1902. 18 Nrn. (Nr. 1. 14) 4° Berl., CMF Salzmann. 8 —
Fortsetzg s. u. d. T.: Salzmann's Bauten-Anzeiger f. Berlin u. Vororte.

Bauten-Kalender, Alt-Wiener, d. österr. Gesellsch. f. christl. Kunst. Für '12. 1. Folge. (8 m. 12 Taf.) 30,5×38,5 cm. Wien, (Schworella & H.). 3 —

Bautenbacher, Johann Leonhard: Ludwig I., König von Bayern. Eine Rhapsodie. Seiner Königlichen Majestät bei d. Durchreise durch Günzburg von d. treuen Bürgern dieser Stadt erfurchtsvollst überreicht... Den 6. Okt. 1847. (Günzburg [1847]: Paul.) 3 Bl. 2° 12:2° Bavar. 950-I, 44.
13.8108

Allgemeiner Bauten-Nachweis für Mittel-Deutschland. [Jg.1.] No. 1. Halle a.S.: Thiele 1908. 4°

Bauten-Nachweis, allgemeiner, u. Verdingungs-Anzeiger f. das Baugewerbe. Organ zur Vermittelg. des Verkehrs im Baugewerbe u. verwandter Industriezweige. Hrsg. vom „Verlag der amtl. Nachrichten der hessen-nassauisch. Baugewerks-Berufsgenossensch." 1. Jahrg. Jan.—Sept. 1908. 39 Nrn. (à 16 S.) Lex. 8. Frankfurt a/M., E. Grieser. 7. 50
Fortsetzung u. d. T.:
Mitteldeutscher Bauten-Nachweis

— **mitteldeutscher.** Organ f. alle Zweige des Bauwesens. Veröffentlichung projektierter u. zum Bau genehmigter Staats-, Kommunal- u. Privat-Bauten der Provv. Hannover, Hessen-Nassau u. Sachsen n. amtl. Material zuverlässig zusammengestellt. Red.: Alb. Linzen. Jahrg. 1907 u. 1908. à 24 Nrn. (à ca. 20 S.) Lex. 8. Cassel, Hess. Verlagsanstalt. à Jhrg. 80. —

— dasselbe. 3. Jahrg. 1909. 24 Nrn. (à ca. 20 S.) Lex. 8. Ebd. 40. —

Bauten-Nachweis, Mitteldeutscher. Red.: Alb. Linzen. 4—6. J. '10—12 je 24 Nrn. ('12, Nr 1: 24) Lex8° Cass., Hess. Verl.-Anst. viertelj. 10 —

Neuer Schlesischer **Bauten-Nachweis.** Genauester Anzeiger f. sämtl. Neu- u. Umbauten Breslau's u. d. gesamten Prov. Schlesien v. Projekt bis z. Fertigstellung. Jg. 1. Breslau: Ecke & Boronow 1905. 8° [4. 38]. 2

— **Westdeutscher** (Rheinland u. Westf.). Organ f. alle Zweige d. Bauwesens. Red.: O Schnell. 1. u. 2. J. '10 u. '11 je 24 Nrn ('11, Nr 1: 28) 35×25,5 cm. Ebd. viertelj. 5 —

— dass., vereinigt m. Central-Bautennachweis, früher Cöln. Red.: C Schnell. 3. J. '12. 24 Nrn. (Nr 1: 24) 33×24 cm. Ebd. viertelj. 5 —
Der J. wird nach d. Central-Bauten-Nachweis Cöln weitergezählt.

Bauthätigkeit, Die, der k. k. n. ö. Statthalterei als Verwalterin von Stiftungen von 1889—1903. Wien 1904. V: *Starzer, Albert.* (EB)

Die **Bauthätigkeit** und der Wohnungsmarkt in der Stadt Essen im Jahre 1901 ... Bearb. durch d. Statistische Amt. — Essen 1902: Thaden & Schmemann. 29 S. 4° (Beiträge zur Statistik d. Stadt Essen. 3.)
27. 30. 47. 101. 203.
13.8040

Bautin, L. K., Philosophie. — Psychologie expérimentale. II Tomes. gr. in-8. Strasbourg 839. (Augsburg, Matth. Rieger'sche Buchh. Himmer.) n. 4²/₃ ℛ

Bautischler, der praktische. Eine Sammlg. aller beim innern Ausbau der Neuzeit vorkomm. Bautischler- u. Glaserarbeiten m. Berücksicht. der Beschlagtheile, zum Gebrauch f. Bautischler, Glaser, Schlosser, Architekten, Werkmeister u. Hochbautechniker, sowie als Vorlagen f. Gewerbeschulen hrsg. unter Mitwirkg. hervorrag. Fachmänner v. Wilh. Kick u. Otto Seubert. 1. Serie. 10 Lfgn. Fol. (à 6 Steintaf.) Stuttgart 885. Wittwer's Verl. à 2. 50

Bautischler, der praktische. II. Serie. Eine Sammlg. aller beim innern Ausbau d. Neuzeit vorkomm. Bautischler- u. Glaserarbeiten m. Details in grösserem Maassstabe. Hrsg. v. A. Lambert u. E. Stahl. 10 Lfgn. gr. Fol. (60 Taf.) Stuttg. 889—90, Wittwer's Verlag. à Lfg. 2 50; in Mappe * 26 —
1. Serie. Ebd. 1885. * 26 —.

Bautischlerwerk, das. Entwürfe f. alle beim inneren u. äusseren Ausbau moderner Wohn- u. Geschäftshäuser vorkomm. Bautischlerarbeiten, dargest. in Perspektive, Aufriss, Grundriss u. Schnitt, nebst Details in vergröss. Massstabe. 1. Serie. 60 Taf. 5 Lfgn. (Je 12 Taf.) 45,5×34,5 cm. Düsseldf ('06). Lpzg, Baumgärtner. In M. (50 —) 24 —

Bautraxler, Gerard: Beiträge zum Studium der christlichen Kunst. — Linz: Selbstverl. 1878. 44 S. 8°
Zugleich Progr. Seitenstetten 1878. 302. 305.
13.8119

Bautsch, Ignatz: Ausführliche Beschreibung der Lohgärberey. Th.[1.]2. — Dresden: Walther 1793-96. 8°
12[∞2]: Techn. 11. 14. 16[∞2]. 24.
300[∞2]: 3645. 302[∞2]. 305.
13.8122

Bautsch, Ign., Beschreib. d. Lohgerberei. 2 Thle. gr. 8. Dresd. 793, 96. Walther. 1 ℛ 4 gr.

— s. Seguin, Gerbermethode.

Bautschner, Ezechiel: Kurze Anleittung zur Austilgung des betrohlichen Pest-Ubels, an die Hand gegeben von e. Pestsorger in Wien [d.i. Ezechiel Bautschner] im Jahr 1713. — Wien: Schönwetter [1713]. 60 S. 8°
29. 180. 300: 75 F 50.
13.8123

[—] Ganz kurzer und deutlicher Aufsatz, wie sich der gemeine Mann und Arme wider die gegenwärtige in N.Oe. an etlichen Orten, giftig- und sehr ansteckende Seuch ... selbst schützen und heylen kan. Von ein-aufrichtigem Freund derer Armen entworffen. — Wien: Schönwetter 1713. 136 S. 8° 12: Path. 62.
13.8124

— Kurtzer und bewerther Rath, wie sich der gemeine Mann, und alle arme Leuthe in Sterbensläufften verhalten sollen ... Auff das neue in Druck verfertiget, u. ... verm. u. verb. — Wien 1713: Heyinger. 72 S. 8° 19. 27.
13.8127

Bautz, (Carolus Ferdinandus) Arminius (geb Breslau 15 5 1840): De concursu delictorum ex jure antiquo et hodierno Vratislaviae 1865. (62 S) 8°
Breslau, Jur Diss v 4 März 1865

Bautz, Heinrich Frhr v.: Weihnacht-Strauss von Nord und Süd. Dargeboten von Heinrich Frhrn v. Bautz, Georg Jäger, Friedrich Notter. — Stuttgart: Neff [1868]. 68 S. 8°
24.
13.8136

Bautz, J.: Geschichte des deutschen Männergesanges, s. Bautz, Julius

Bautz, J.: Grundzüge der Apologetik, s. Bautz, Josef

Bautz, J.B.B., s. Bautz, Johann Baptist B.

Bautz, Johann Baptist B.: Gemeinnütziges Handbuch für alle königliche Civil- und Militär-Stellen und Behörden so wie auch für die Gemeinde-Verwaltungen und jeden Staatsbürger des Königreichs Bayern. — Augsburg: Selbstverl.; Fahrmbacher in Komm. 1846. 151 S. 8°
12: Bavar. 209h. 19.
13.8137

— Topographisches Handbuch für den Oberdonau-Kreis. Augsburg: Selbstverl. [1832]. 288 S. 8°
12: Bavar. 209g. 21. 209.
13.8138

— Die Lithographie in ihrem ganzen Umfange. Ein theoretisch-praktisches Lehr- u. Handbuch. — Augsburg [usw.]: Bäumer 1831. XII,147 S. 8°
12: Art. 22bd. 20. 305.
13.8139

—— 2. Aufl. Augsburg: Jenisch & Stage in Comm. 1836. XII,147 S. 8° 308.
13.8140

Bautz, Josef: Das Fegfeuer. Im Anschluß an d. Scholastik, mit Bezugnahme auf Mystik und Ascetik dargestellt. — Mainz: Kirchheim 1883. XVI,250 S. 8°
1: Cz 4976. 2. 4. 6. 7. 11. 12: Dogm. 65 i. 15. 16. 17. 19. 20. 21. 25. 26. 36. 102. 169. 211. 302.
13.8141

— Grundzüge der christlichen Apologetik. — Mainz: Kirchheim 1887. VIII,152 S. 8°
1: Dc 7146. 5. 17. 20. 21. 25. 26. 102. 169. 211. 302.
13.8142

— — 2., verb. Aufl. Ebd. 1896. VIII,158 S. 8°
17. 26. 36. 52. 102. 211. 302.
13.8143

— — 3., verb. u. verm. Aufl. Ebd. 1906. VIII,179 S. 8°
6. 12: Polem. 176 a. 17. 26. 36. 38. 109. 302.
13.8144

— Grundzüge der katholischen Dogmatik. Th. 1–4. — Mainz: Kirchheim 1888–93. 8°
1. Einleitung in d. dogmatische Theologie. Die Lehre vom Einen u. Dreieinigen Gott. 1888.
2. Die Lehre von Gott d. Schöpfer. Die Lehre von Gott d. Erlöser. 1889.
3. Die Lehre von d. Gnade. Die Lehre von d. Sacramenten im allgemeinen. 1890.
4. Die Lehre von d. Sacramenten im einzelnen. Die Lehre von d. letzten Dingen. 1893.
1[∞4]: Cw 5110. 2. 5. 6. 17. 19. 20. 25. 26. 29. 102. 169. 211. 302.
13.8145

— — 2., verb. Aufl. Th. 1–4. Ebd. 1899–1903. 8°
5[∞3.4].
12[∞3.4]: Dogm. 65 if. 17. 26. 36. 52. 102. 302. 303.
13.8146

Bautz, Josef

— Der Himmel. Speculativ dargestellt. — Mainz: Kirchheim 1881. VIII,189 S. 8° 1: Cx 4925. 6. 15. 17. 19. 20. 21. 25. 26. 36. 102. 169. 211. 302.
13.8147

— Die Hölle. Im Anschluß an d. Scholastik dargestellt. — Mainz: Kirchheim 1882. VIII,210 S. 8°
1: Cz 4938. 6. 7. 15. 16. 17. 21. 25. 26. 29. 36. 102. 169. 211. 214. 302. 304.
13.8148

— — 2., verb. u. verm. Aufl. Ebd. 1905. VII,256 S. 8°
1: Cz 4938[a]. 2. 5. 10. 11. 12: Dogm. 65 ib. 14. 17. 19. 20. 26. 36. 41. 61. 109. 121. 169. 302. 303.
13.8149

[—] Jugendgrüsse. Lieder u. Gedichte zur Feier d. 25jährigen Bestehens d. Bischöflichen Collegium Ludgerianum zu Münster. — Münster: Niemann 1874. XVI,135 S. 8°
1: Yo 15076. 6.
13.8150

— Die Lehre vom Auferstehungsleibe, nach ihrer positiven und speculativen Seite dargestellt. — Paderborn: Schöningh 1877. XII,440 S. 8°
1: Cz 4860. 6. 7. 15. 20. 25. 102. 211. 214. 302. 304.
13.8151

— Weltgericht und Weltende. Im Anschluß an d. Scholastik u. d. neuere Theologie dargestellt. — Mainz: Kirchheim 1886. VIII,282 S. 8°
1: Cz 5007. 6. 11. 12: Dogm. 65 id. 15. 17. 19. 20. 21. 25. 26. 36. 102. 169. 211. 302. 304.
13.8152

Bautz, Julius

Bautz, Jul., Chor-Album. 66 ausgewählte Gesänge für gemischten Chor [Sopran, Alt, Tenor u. Bass], f. Gymnasien, Realschulen u. andere höhere Lehranstalten, zunächst f. den Gesangchor der Musterschule hrsg. gr. 8. (VIII, 108 S.) Frankfurt a/M. 877. Diesterweg. n. 2.75

Bautz, Julius: Geschichte des deutschen Männergesanges in übersichtlicher Darstellung. — Frankfurt a. M.: Steyl & Thomas 1890. VII,80 S. 8°
1: Mus. Cb 152. 10. 11. 14. 15. 30. 302.
13.8153

— — Ebd. 1890. VII,80 S. 8° (Jahresbericht d. Sängerchores d. Lehrervereins in Frankfurt a. M. über d. 12. Vereinsjahr 1889/90. Beigabe.)
30. 101.
13.8154

Bautz, Julius, Turnplan der Realschule und der mit ihr verbundenen Vorschulklassen, m. einig. erläuternd. Bemerk. d. Direktors, Frankfurt a. M. 1872, 36 S., Gr.-8°.

Bautz, Rudolf

— Joh. Chr. Gottlob Danneberg. Das Leben u. Wirken eines echten Meisters d. deutschen Turnkunst. — Frankfurt a. Main: Verf. 1887. 15 S. 8°
Aus: Jahrbücher d. deutschen Turnkunst. 30. 34.
13.8156

— Formenstudien. Musterzeichnungen für Schule, Haus u. Gewerbe. — Frankfurt a. M.: Frey 1891. 30 S., 110 Taf. 8°
18. 30. 51. 207.
13.8158

— — 2. (Umschlagt.: 3.) Aufl. (Bd 1.) Leipzig: Arnd 1895. 30,110 S. 8°
30. 207.
13.8159

— Formenstudien. Praktische Anleitung zum Entwerfen, Verändern u. Erfinden von Formengebilden. 3. Aufl. Bd 2. — Ebd. [1897]. 20,52 S. 4°
Nebent.: Formenstudien. Musterzeichnungen für Schule, Haus & Gewerbe.
30.
13.8160

Bautz, Rud., Formenstudien. Prakt. Anleitg. z. Entwerfen, Verändern u. Erfinden v. Formengebilden. Entw. u. hrsg. f. Schule, Haus u. Werkstatt. 3. Aufl. 2. Bd. qu. Fol. (20 S. m. 53 farb. Taf.) Leipzig 897. J. J. Arnd. Geb. in Halbleinw. n. 7.50

Bautz, Rud.: Gib deinem Kinde Sonnenschein! Ein Buch a. d. Leben f. Schule u. Haus. 2 Bde. 8° Offenb., J Scherz. jo 1.50; geb. jo n 2.50 d
1. (167 m. Bildn.) ('11) ‖ 2. (6. 142) ('11)

Bautz, R. s.: Mädchen-Schulzeichnen, d.

— Pankgrafen und Kumperkaten und ihre Beziehungen zu Berlin, zu Frankfurt am Main und zum alten Vater Rhein. Humoreske. — Frankfurt a. M.: Blazek [1907]. 95 S. 8°
30. 38. 101.
13.8164

— Kunstpädagogisches Wort für Schule, Haus und Werkstatt. — Leipzig: Arnd [1897]. 77 S. 8° 14. 30. 207.
13.8165

Bautze, J, u. E Lehmann: Wege-K. durch d. Eulengebirge u. s. Vorberge. 1:100,000. 46×41 cm. Farbdr. Reichenbach i/Schl. 1900. Oberlehr. E Lehmann. nn — 50

Bautzen [Sachliches OW]

— Das frohlockende Bautzen, über die glückliche Ankunft ihres theuersten Landesvaters, des Durchlauchtigsten Fürsten und Herrn, Herrn Friedrich Augusts, Churfürstens zu Sachsen, &c. ... nebst den Feyerlichkeiten, die ... den 17., 18. u. 19. May 1769. daselbst begangen worden. — Budißin: Deintzer 1769. 49 S. 8°
3. 14. 15.
13.8168

Bautzen [Schlagwort]

— s. a.: Deutschland. Grundkarte. Karte (Abt. Sachsen).

Bautzen, s. a. Deutschland. Karte. (Abt. Sachsen.)

Bautzen, s. a. Sachsen, Karte

Bautzen, s. a. Sachsen, Messtischblätter

Bautzen, s. a. Sachsen, Mittelbach, R.

Bautzen, s.a. Woerl's Reisehandbücher.

Bautzen, Kreishauptmannsch., s.: Sachsen. Mittelbach.

Bautzen-Wilthen, s.: Geologische Karten. Spezialkarte (Sachsen).

Bautzen. Böhme, R., Bezirkskarte der Amtshauptmannschaft Bautzen. 1 : 80,000. Lith. u. color. Imp.-Fol. Bautzen 889. Rühl. Auf Leinw. in Carton. n. 2. —

— — Schulwandkarte der sächs. Oberlausitz [Kreishauptmannsch. Bautzen] u. der sächs. Schweiz. Nach Angabe v. Schulmännern entworfen v. R. B., übergezeichnet v. R. Mittelbach. 1 : 50,000. 4 Blatt. Chromolith. Imp.-Fol. Ebd. 889. n. 6. —; auf Leinw. m. Stäben n. 10. —

Bautzen. Pharus-Plan Bautzen. 1 : 8000. 38,5×46 cm. Farbdr. (Mit Text an der Seite.) Berlin (909). (Bautzen, E. Rühl.) — 40

Bautzen — Plan der Gegend von — Nach der Lehmann'schen Lehrart aufgenommen, und gezeichnet vom Kgl. Sächs. Obristlieutenant Otto Freyherrn von Odéleben, Ritter des St. Heinrich-Ordens, und der Königl. Franz. Ehrenlegion 1817. Gestochen von C. Keyl in Dresden. 1 : 16,000. 2 Bl. und ein Heft Erläutern ;.

Bautzen. Ranfft, J.O., Karte v. Bautzen m. Umgebg. 1:70,000. Chromol. Fol. Bautz. 1882, Rühl.

Bautzen. Ranfft, J.O., Plan v. Bautzen m. Umgebg. Chromol. Fol. Mit Strassenverzeichniss. 16. (4) Bautz. 1881, Rühl.

Bautzen. Ranfft, J. O., Plan v. Bautzen m. Umgebung. 1 : 6500. Farbendr. 43×54 cm. Mit Strassenverzeichnis. 12. (4 S.) Bautzen 891. Ed. Rühl. n. 1. —

— Verkehrskarte v. Bautzen m. seiner weiteren Umgebung. 25,5×32,5 cm. Farbdr. kl. 8. Bautzen (909). E. Rühl. — 10

— Zeiler, M., Heimatkarte f. den Schulinspektionsbez. Bautzen. 1 : 80,000. 143×147 cm. Farbdr. Leipzig (907). A. Strauch. Auf Leinw. m. Stäben nn 30. —

Bautzmann, Alexander Magnus: Offener Brief an Sr. Majestät den König von Preußen, zugleich mit an die übrigen Fürsten Deutschlands. — Dahlen: Bautzmann; Oschatz: Oldecop in Comm. [1848]. 4 Bl. 8° 14.
13.8171

Bautzmann, Johann Christoph: Vernünfftiges Urtheil von den tödtlichen Wunden, zu Nutze der Chirurgorum, bey denen Armeen auf dem Lande, und in kleinen Oertern. — Leipzig: Fleischer 1717. 120 S. 8°
27. 29. 36. 48.
13.8172

Bautzmann, Karl Gotthelf: Verzeichniss der aus den Vorräthen der Kgl. Gemälde-Galerie zu Dresden den 13. Mai 1861 u. folg. Tage ... zu versteigernden Oelgemälde. — Dresden [1861]: Blochmann. 20 S. 8° 14.
13.8173

— Verzeichniss der aus den Vorräthen der Kgl. Gemälde-Galerie zu Dresden den 17. Octbr. 1859 u. folg. Tage ... zu versteigernden Oelgemälde. — Dresden [1859]: Blochmann. 23 S. 8° 14.
13.8174

— Verzeichniß einer kleinen werthvollen Sammlung von Oelgemälden und Aquarellen, grösstentheils neuer Meister. [Auktionskat.] — Dresden [1861]: Ramming. 8 S. 8° 14.
13.8175

Bau-Unfallversicherungsgesetz (mit d. Text d. bisherigen Gesetzes). gr. 4. (18 S) Berlin 896. (C. Heymann's Verl.) n. 1. 60

Bau-Unfallversicherungsgesetz. (Mit d. Texte d. bisherigen Gesetzes.) — Berlin: Heymann [1900]. 19 S. 4°
1: 4° Fe 11192/28.
13.8178

Bauunfallversicherungsgesetz. — Bau-Unfallversicherungsgesetz (für das Deutsche Reich). Vom 30. Juni 1900. Nach d. Bekanntmachung d. Reichskanzlers vom 5. Juli 1900. Mit d. Gesetz betr. die Abänderung der Unfallversicherungsgesetze. Vom 30. Juni 1900. — Berlin: Dümmler 1900. 45 S. 8°

Frühere Fassung s. *Gesetz*, betr. die Unfallversicherung der bei Bauten beschäftigten Personen. Vom 11. Juli 1887. 1887 u. ö.

1: Fe 11192/89. 11.
13.8176

— Vom 30. VI. 1900. Mit Gegenüberstellg. des Gesetzes, betr. die Unfallversicherg. der bei Bauten beschäftigten Personen. Nach der Bekanntmachg. des Reichskanzlers vom 5. VII. 1900 — RGBl. S. 573. — 1. u. 2. Aufl. Lex.-8. (à 26 S.) Berlin 900. Grunewald, Verlag der Arbeiter-Versorg., A. Troschel. n. — 70; f. Abonnenten der Arbeiter-Versorgg. n. — 40

Bau-Unfallversicherungsgesetz. Vom 30. Juni 1900, in d. Fassung d. Bekanntmachung vom 5. Juli 1900. Text-Ausg. mit Anm. u. Sachreg. von R. Chrzescinski. 3. Aufl. Berlin 1900. XXIV,309 S. 8° (Guttentag'sche Sammlung deutscher Reichsgesetze. 28.)
1: Gv 15144³–28 [u.] Gv 15144³ᵃ–28. 10. 11. 17. 19. 26. 29. 30. 38. 44. 47. 60. 61. 79. 90. 106. 208.
13.8177

Bau-Unfallversicherungsgesetz. Vom 30. Juni 1900. Mit Gegenüberstellung d. Gesetzes, betr. die Unfallversicherung der bei Bauten beschäftigten Personen. — Berlin: Troschel 1900. 26 S. 4° 1: 4° Fe 11192/86. 106. 210.
13.8179

— Nach d. Bekanntmachung d. Reichskanzlers vom 5. Juli 1900. 2. Aufl. — Ebd. 1900. 26 S. 4°
1: 4° Fe 11192/86². 11.
13.8180

Bau-Unfallversicherungsgesetz vom 30. Juni 1900 in der Fassung der Bekanntmachung des Reichskanzlers vom 5. Juli 1900. — Breslau: Kern 1900. 110 S. 8° (Deutsche Reichsgesetze.) 1: Fe 11192/88. 2.
13.8181

Bau-Unfallversicherungsgesetz und Gesetz betr. die Abänderung der Unfallversicherungsgesetze (Mantelgesetz). Vom 30. Juni 1900. Textausgabe ... hrsg. von Alfred Illing. — Leipzig: Roßberg & Berger 1900. VI, 107 S. 8° (Leipziger juristische Handbibliothek. 227.)
29. 106.
13.8182

Bau-Unfallversicherungsgesetz nebst Gesetz, betr. d. Abänderung d. Unfallversicherungsgesetze, Verordnungen über d. Verfahren vor d. Schiedsgerichten u. d. Reichs-Versicherungsamt ... Mit Erl. von Georg Weyer. — Berlin: Schulze 1901. VI,122 S. 8° (Brandis, Gesetzsammlung. 19.)
1: Gv 15415–19. 11.
13.8183

Bau-Unfallversicherungsgesetz. Vom 30. Juni 1900. Nach d. Bekanntmachung d. Reichskanzlers vom 5. Juli 1900. Mit d. Gesetz betr. d. Abänderung d. Unfallversicherungsgesetze. Vom 30. Juni 1900. — Dülmen: Horstmann [1901]. 45 S. 8° 1: Fe 11193/38. 6.
13.8184

Bau-Unfallversicherungsgesetz vom 30. Juni 1900 mit den Vollzugs- u. Ausführungsbestimmungen für d. Großherzogthum Baden nebst Zusätzen u. Verweisungen von Emil Muser. — Karlsruhe: Braun 1901. XII,704 S. 8°
1: Fe 11193/8. 31. 90. 208.
13.8185

Das Bau-Unfallversicherungsgesetz nebst dem Gesetze, betr. die Abänderung der Unfallversicherungsgesetze vom 30. Juni 1900. Handausgabe ... hrsg. von J. Keidel. (2. Aufl.) — Ansbach: Brügel 1902. VI,256 S. 8° (Die Reichsgesetzgebung auf d. Gebiete d. Arbeiterversicherung. 4.) 12:Bavar. 2220fb-4. 19. 29. 208.
13.8186

Bauunglück. Das grosse Bau-U' in Basel (am 28. August [1901]), bei welchem 15 Arbeiter verunglückten, von denen 8 tot und 7 schwer verwundet waren. Mit Abbildung. 13 [+1] S. 8. Wytikon-Zürich, G. Schilde, [1901]. fr. —. 20

Bau-Unternehmer, der. Organ für den Geschäfts-Verkehr im Bauwesen. Hrsgbr.: Sigm. Figdor. 1.—6. Jahrg. 1878—1883. à Jahrg. 104 Nrn. (à Nr. 1/2 — 3/4 Bog.) Imp.-4. Wien, Administration. à Jahrg. *

Bau-Unternehmer, der. Organ f. d. Geschäfts-Verkehr im Bauwesen. Hrsg.: S Figdor. 8. Jahrg. 1880. 104 Nrn. (à 1/2—3/4 B.) 4. Wien. (Lpzg, Scholtze.) n. 20. —

Bauunternehmer, der deutsche. Organ d. Central-Vereins deutscher Bauunternehmer. Zeitschrift f. das deutsche Bauwesen. Red.: Th. Weber. 1. Jahrg. 1885. 52 Nrn. (B.) gr. 4. Frankfurt a/M., (Detloff). n. 10. —

Bauunternehmer, der deutsche. Organ des Central-Vereins deutscher Bauunternehmer. Zeitschrift für das deutsche Bauwesen. Redact.: Th. Weber. 1. Jahrg. 1885. 52 Nrn. (Bog.) gr. 4. Frankfurt a. M. (Leipzig, Thomas.) *

— dasselbe. 2. Jahrg. 1886. 104 Nrn. (B.) gr. 4. Ebend. n. 12. —

Bauunternehmer, der deutsche. Organ d. Central-Vereins deutscher Bauunternehmer etc. Zeitschrift f das deutsche Bauwesen. Red.: Th. Weber. 3. Jahrg 1887. 104 Nrn. (B.) gr. 4. [Frankfurt a/M.] Leipzig C. Grumbach. ermäss. Pr. n. 6. 4(

— dasselbe. 4. 5. Jahrg. 1888. 1889. à 52 Nrn. (B. gr. 4. Ebd. à Jahrg. n. 6. 4(

— dasselbe. Red. v. G. Reinhard. 6. Jahrg. Janua —Juni. 26 Nrn. (B.) gr. 4. Ebd. n. 3. 2(
Fortsetzg. s.: Baugewerbe-Zeitung, deutsche.

Bauval, Eugen

Bauval, E., die Komödie der Liebe u. die Kunst e. Mann zu bekommen. Freilicht-Studien. gr. 8. (VII, 167 S.) Leipzig 892. M. Spohr. n. 2. 40

— die geschlechtliche Lüge. Ein Appell an die Menschlichkeit gegen die Heuchelei unseres Jahrhunderts. gr. 8. (64 S.) Leipzig 892. C. Minde. — 60

Bauval, Eugen: Sanctionirte Lügen und Widersprüche in den Sittengesetzen. 4 zeitgemäße Briefe über d. weibliche Geschlecht u. seine Zukunft. — Leipzig: Wigand 1887. 196 S. 8° 1:No 4389. 36. 43. 64. 106. 203. 302.
13.8187

— die Memoiren e. Corpspennälers. Schulreminiscenzen. 1. u. 2. Aufl. 8. (87 S.) Jena 891. Mauke. n. 1. —

— d. Memoiren e. Corpspennälers. Schulreminiscenzen. 2. Afl. 8° (87) Jena 91. Lpzg. H Haacke. 1 —

Bauverein. Bericht und Jahresrechnung. 16 S. gr. 8. Basel, Druck von Riehm. 1876

Der Bauverein Siemens-Schuckertscher Arbeiter eingetragene Genossenschaft mit beschränkter Haftpflicht in Nürnberg und seine Einrichtungen nach dem Stande vom 1. Mai 1906. — Nürnberg 1906: Stich. 14 S. 8° 30. 75.
13.8190

Der Gemeinnützige Bauverein zu Dresden. Rückblick auf seine Gründung im Jahre 1887 u. seine Entwicklung bis zur Gegenwart. (Unterzeichn.: Behms [u.a.]) — Dat. Dresden 28. April 1907. 12 S. 4° 14. 106.
13.8191

Bauverein, der vaterländische, zu Berlin. (16 S. m. 8 Abbildgn. u. 1 Plan.) gr. 8. Berlin (903). (Schriftenvertriebsanstalt.) n. — 75

Der Vaterländische Bauverein zu Berlin. — Berlin: Christl. Zeitschriftenverein in Komm. [1903]. 16 S. 8° 1:Td 1570/4. 79. 203.
13.8194

Bauvereine, gemeinnützige. Bericht an königl. hannoversches Ministerium des Innern erstattet, im März 1861, mit besond. Berücksicht. der Verhältnisse der Residenzstadt Hannover. gr. 8. (44 S.) Hannover 861, Hahn'sche Hofbuchh. *

Bauvereine, gemeinnützige. Bericht an k. hannovr Ministerium des Innern, erstattet im Marz 1861 mit besond. Berucksicht. d. Verhältnisse d. Residenz Hannover. gr. 8. Hannover, Hahn. 1862. n. 6 Sgr.

Bauvereins Telephon.
Weekly, established 1885 by F. Daniel.
Cincinnati, OH

Bauverordnung. — Allgemeine allerhöchste Bauverordnung vom 30. Juni 1864 für das Königreich Bayern. 1864 u. ö. s. *Bauordnung* [Bayern].

Großherzoglich Hessische Bauverordnung nebst beigefügten Instructionen, Erklärungen u. Formularien. — Darmstadt 1812: Wittich. 92 S. 8° 5. 17. 26.
13.8196

Bauverschoenerungen. — Die Bau-Verschönerungen der Residenzstadt München. — München 1822: Lentner. 20 S. 4° 12:4° Don. Lud. VI,44.
13.8197

Bauvertrag. — Bau-Vertrag für die Ausführung des städtischen Elektricitäts-Werkes zu Frankfurt a. M. — o. O. [1894]. III,34 S. 4° 30.
13.8198

Bauverzierungen. — Architektonische Bau- und Garten-Verzierungen enthaltend: Fenster und Thüren zur Verschönerung der Wohngebäude, so wie auch Thüren, Thore, Hütten ... zur Auswahl u. Gebrauche für Bau- u. Garten-Liebhaber, Tischler u. Zimmerleute. — o. O. [um 1830]. 40 Bl. 8° 39.
13.8200

Bau- u. Gartenverzierungen, architekt., enth.: Fenster und Thüren z. Verschönerung d. Wohngebäude, so wie auch Thüren, Thore, Hütten, Vermachungen, Stühle u. Bänke zur Verschönerung d. Gärten. 16. (40 lith. Blätter). Erfurt, 1830. Andreä. — 12 1/2

Bauveye, C. C. v., Abhandl. v. Kreuzgerichte. 4. Halle, Hemmerde, 748.

Bauvorschrift. —
Bauvorschrift eines Dreimast-Schoners mit Hülfsmaschine für die Südpolarforschung. S. S. 371 der Howaldtswerke in Kiel. — (Kiel [um 1900]: Vollbehr & Riepen.) 39 gez. Bl. 8° 1:Hz 18569. 12:A. hydr. 5z.
13.8209

Bauvorschrift eines Spardeck-Frachtdampfers für die Russische Dampfschiffs- und Handels-Gesellschaft Odessa. S. S. 359/60 der Howaldtswerke in Kiel. — ([Kiel um 1900]: Vollbehr & Riepen.) 47 gez. Bl. 8° 8.
13.8210

Howaldtswerke, Kiel. Bauvorschrift für Torpedoboots-Schwimmdocks. D. Nr. 409. — Kiel 1904: Krause. 20 gez. Bl. 8° 83.
13.8211

Bauvorschriften. —
Bau- u. Betriebsvorschriften f. Straßenbahnen m. Maschinenbetrieb (städt. Straßenbahnen u. diesen ähnl. Kleinbahnen im Sinne der Ausführungsanweisg. vom 18. VIII. 1898 zum Kleinbahngesetz vom 28. VII. 1892. Einleitg. Abs. 3 u. Zu § 8 Abs. 2) vom 26. IX. 1906, gültig vom 1. I. 1907, m. Einleitg. u. Erläutergn. sowie Anh. Sicherheitsvorschriften f. elektr. Straßenbahnen u. straßenbahnähnl. Kleinbahnen. Ausg. A. (Umschlag: 2. Aufl.) (X, 60 S.) 8. Cöln a/Rh. (Agrippastr. 31) (907). Oster & Joisten. — 75

Bau- und Betriebsvorschriften für Straßenbahnen mit Maschinenbetrieb ... vom 26. Sept. 1906, gültig vom 1. Jan. 1907, mit Einl. u. Erl. Ausg. A. (2. Aufl.) — Cöln a. Rh.: Oster & Joisten 1907 (1908). X,60 S. 8°
1: Nz 36009/40. 36. 89. 201.
13.8214

— — Ausg. A. 3. Aufl. Ebd. 1910. X,61 S. 8°
1: Nz 36009/40[2].
13.8215

Bau-Vorschriften für Eisenbahnen. Zusammengestellt von St. Ritter v. Rybicki. und Jac. Ritter von Mikuli. 4 Theile 6 —
Wien: Staatsdruckerei 1896.

Bauvorschriften für Feuerstätten. — (Stuttgart [1868]: Metzler.) 16 S. 8°
24.
13.8217

Bauvorschriften für Flussfahrzeuge auf dem Stromgebiete der Elbe und den östlich davon gelegenen deutschen Wasserstrassen. — Berlin 1905: Denter & Nicolas. 29 S.,10 Taf. 4°
83. 86.
13.8219

Bauvorschriften der k. k. priv. Kaiserin Elisabeth-Bahn für den Bau der Strecke Linz-Budweis. — Wien: Bahn-Ges. 1870. 195 S. 8°
307.
13.8222

Bau-Vorschriften des Germanischen Lloyd. Deutsche Gesellschaft zur Classificirung von Schiffen. (Bearb.: F. Schüler.) — Rostock 1869: Boldt. 55,28 S. 8°
38.
13.8225

— 2. Aufl. Ebd. 1870. 55,28 S. 8° 1: Hz 18226[3]. 83.
13.8226

Magdeburger Bauvorschriften. Im Auftrage d. städtischen Polizeiverwaltung zsgest. von Scholtz. — Magdeburg 1909: Zacharias. XXXVI,477 S. 8°
44.
13.8228

Bauvorschriften, Münchner. I. 8° Münch., J Lindauer. L 5.60 d Englert's Handausgabe d. Münchner Bauordng v. J. 1895, ergänzt bis '10 m. Anh., enth. auf d. Baupolizeiwesen bezügl. Vorschriften, d. zumeist f. d. ganze Kgr. Bayern Geltg haben. Hrsg. v. Max Schneider. (8. 408) '11 (I) L 5.60

Wiener Bau-Vorschriften. — (Wien 1845: K.k. Hof- u. Staats-Aerarial-Dr.) 15 S. 2°
302.
13.8234

— — [Wien 1845: K.k. Hof- u. Staatsdr.] 15 S. 2°
300: 14.915-D.
13.8235

Bauvorschriften, Wiener, vom Jahre 1840 und 1859. fol Wien 1859

Bauvrye, G. E. v.: Abhandlung von dem Kreutzgericht der Alten. — Halle: Bauer 1748. 40 S. 8°
In einigen Exemplaren ist d. Name d. Verlegers überklebt mit: Hemmerde.
1: 8 in Gl 1600 [u.] 4° Bibl. Diez 1408. 3. 4. 5.
12: 4° Diss. 3029–23. 14. 15. 17. 18. 19. 23. 27. 41. 48. 117.
13.8236

Bauweise
Bergische Bauweise. Hrsg. vom Ausschuß zur Förderung Bergischer Bauweise ... Red. u. Text von de Jonge. Geschichtlicher Text von F. W. Bredt. — Berlin: Wasmuth [1908–10]. 10 S.,80 gez. Bl. gr. 2°
1: gr. 2° Ny 7419/1. 5. 36. 61. 62. 64. 86.
13.8238

Bauweise, heimische, in der Mark Brandenburg, hrsg. vom Architekten-Verein zu Berlin durch dessen Ausschuss f. das Bauwesen in Stadt u. Land unter Leitg. v. Otto Kloeppel. (22 Taf. m. 8 S. illustr. Text.) 33×25 cm. Berlin 910. C. Heymann. 8. —
Sonderabdr. aus „Wochenschr. d. Archit.-Ver. zu Berlin“.

Bauweisen und Bauwerke, Neuere, aus Beton und Eisen. Hrsg. von F. v. Emperger. Jg. 1. 1902 ff. Wien, seit 1905: Berlin
Von Jg. 4. 1905 ab: Beton und Eisen.
(Inh.-Verz. zu Jg. 1—8 in: Hoffmann, Eisenbetonliteratur bis Ende 1910. 1911; = Eb 705)

Bauweisen u. **Bauwerke**, neuere, a. Beton & Eisen. Hrsg.: F v. Emperger. 2. Jahrg. 1903. 4—5 Hefte. (337 m. Abb. u. 22 Taf.) 4° Wien. Berl., W Ernst & S. 22 —; einz. Hefte 7 —
Den 1. Jahrg s.: Emberger, F v. — Fortsetzg s.: Beton u. Eisen.

Bauweisen u. Bauwerke, neuere, aus Beton u. Eisen. Hrsg.: Fritz v. Emperger. 2. Jahrg. 1903. 4 Hfte. (337 S. m. Abb. u. 22 Taf.) gr. 4. Wien [Lehmann & Wentzel]. Berlin, W. Ernst & Sohn. n. 22. —
Fortsetzung, s.: Beton u. Eisen.

Bauwelt, Die. Illustr. Zeitschr. f. d. gesamte Bauwesen. Red.: Alfr. Dambitsch, Leo Nachtlicht u. Alfr. Berlowitz. Verantwortl.: Alfr. Dambitsch. 1. J. März—Dez. '10. 96 Nrn. Nebst Sonderbeil.: „Bau-Kunst u. Kunst-Gewerbe“. 48 Nrn. (Nr 1: 48 u. 8 in 31,5×23 cm.) 36,5×24 cm. Berl., Ullstein & Co. viertelj. 2 —; einz. Nrn. — 20
Fortsetzg u. d. T.: Die Bauwelt. Bauweltregister.

Bauwelt, die. Illustr. Zeitschrift f. das gesamte Bauwesen. Red.: Alfr. Dambitsch, Leo Nachtlicht u. Alfr. Berlowitz. Verantwortl.: Alfr. Dambitsch. 1. Jahrg. März 1910 — Febr. 1911. 104 Nrn. Nebst Sonderbeilage: „Bau-Kunst u. Kunst-Gewerbe“. 52 Nrn. (Nr. 1. 48 S. u. 8 S. in 31,5×23 cm.) 36,5×24 cm. Berlin, Ullstein & Co. 8. —

— Die. Bauweltregister, Bautennachweis, Submissions- u. Subhastationsanzeiger. Red.: Hans Harzmann. 2. J. '11. (130 Nrn.) u. 3. J. 1. Viertelj. Jan.—März '12. 39 Nrn. ('11, Nr 1: 32 m. Abb. u. 1 Pl.) 31×22,5 cm. Ebd. viertelj. 2 — d
Die Zeitschr. „Eisenbeton“ wurde 1.10.'10 hiermit vereinigt.

— B. J. 2—4. Viertelj. Apr.—Dez. '12. 39 Nrn. Ausg. A (ohne Bauwelt-Reg.). (Nr 16: 64 m. Abb.) 36×23,5 cm. Ebd. viertelj. 2 —; einz. Nrn — 30 d

Bauwens, F[ranz]: Die Winkel-Verschiebung der magnetischen Axe im stromlosen Anker bei Rotation. 1904. 21 S., 9 Taf. 4°
Aachen, Dr.-Ing.-Diss. v. 20. 4. 1905

Bauwerke. —
Alte und neue griechische Bauwerke in Pentelicon Marmor: Marmor Limited, 18. Finsbury Square London EC. [Werbeschrift.] — (Berlin 1898: Feyl.) VII S.,30 Taf. quer-4°
308.
13.8253

Bauwerke, die berühmtesten, s.a.: Wochenbände, Nr. 209. Neue Ausg. Nr. 122.

Die berühmtesten Bauwerke. (Aus d. Engl. von Franz Kottenkamp.) — Stuttgart 1848. 39 S. 8° (Wochenbände für d. geistige u. materielle Wohl d. deutschen Volkes. 209.)
24. 33. 300: 637.965-A. 4,2.
13.8254

Bauwerke aus Italien u Sizilien. (70 Bl.) Phot. v. E Behles in Rom. In 1 Bd kl fol

Die kirchlichen Bauwerke der hl. Helena in Nazareth und auf dem Berge Tabor. — Aachen 1891: Palm. 17 S. 8°
38.
13.8256

Bauwerke, d. klass., d. Mittelalters u. d. Renaissance in Deutschland. Red.: F Sauerwein u. H Keller. 1. Abthlg. Das Schloss zu Heidelberg. 1—3. Hft. Fol. (15 Bl. in Lichtdr.) Frankf. 78. 79, Keller. à n. 5. —

Bauwerke, die kunstgeschichtlich-merkwürdigsten, von Beginn der alt-christlichen Architektur bis zur Blüthe der Renaissance. Zusammengestellt von jüngern Mitgliedern des Architekten-Vereins zu Berlin. Berlin 854. Ernst u. Korn. Imp.-Fol. (60 lith. Taf. u. 4 Bl. Text.) n. 9 ℛ︎ 10 ℊ︎

Die kunstgeschichtlich-merkwürdigsten Bauwerke von Beginn der alt-christlichen Architektur bis zur Blüthe der Renaissance. Zsgest. von ... Mitgliedern d. Architekten-Vereins zu Berlin. (Vorr.: Bruno Rickert.) — Berlin: Ernst & Korn 1855. 60 Bl. gr. 2°
1: gr. 2° Ny 6721. 12: 2° A. civ. 303. 17. 30. 33. 36. 41. 44. 45. 83. 86. 89. 90. 91. 117.
13.8257

Mittelalterliche Bauwerke im südwestlichen Deutschland und am Rhein. Nach d. Natur aufgenommen ... Hrsg. von F. Eisenlohr (2: von J. Hochstetter). [1.2.] — Carlsruhe: Veith [1853–57]. gr. 2°
1. Enthält als Text: Klunzinger, Karl: Artistische Beschreibung d. vormaligen Cisterzienser-Abtei Maulbronn. 2., verb. Aufl. [1853.]
2. St. Michaels Kapelle zu Kiederich. [1857.]
1: gr. 2° Ny 1033. 12: 1–2° Germ. sp. 51 h; 2–2° A. civ. 80 t. 14. 17. 24. 31. 33. 90. 300[⁼ 2]: 57.694-E.
13.8258

Bauwerke, neue, in Stuttgart und Umgebung. Heft 1: Stuttgart (Villa Bohnenberger) (1 Blatt 8 T) fol Stuttgart (1871)

—— neue, in Stuttgart u. Umgebg. 1—4. Hft. Fol. Stuttg. Wittwer. n. 36. —
Heinbarth, C, Villa d. Hrn. Arthur Bohnenberger. (7 L. u. 1 Lichtdr.) 70. n. 10. —
Bock, A, Wohnhaus Königstrasse Nr. 29. (2 m. 1 Lichtdr. u. 4 L.) 80. n. 10. —
Braunwald, JW, Wohnhaus d. Hrn. F Kolb. (1 Lichtdr. u. 6 L.) 77. n. 8. —
Walter, C, Wohnhaus d. Frau Louise Siegle. (1 Lichtdr. u. 5 L. m. 1 Bl. Text.) 78. n. 8. —

Bauwerke d. Renaissance u. d. Barock in Dresden. Hrsg. v. der Schriftleitg. der Blätter f. Architektur u. Kunsthandwerk (Paul Graef). 1. u. 2. Hft. gr. 4. Berlin [M. Oldenbourg.] M. Spielmeyer. à n. 4. —; erhöht. Pr. à n. 5. -
1. Wohnhäuser u. Paläste. (15 Lichtdr.-Taf.) 900.
2. Alte Theile vom königl. Residenzschlosse. Der Zwinger. (14 Lichtdr.-Taf.) 901.

! Bauwerke d. Renaissance u. d. Barock in Dresden. Jetzt: Berl. Verl. d. Blätter f. Architektur. 96/0[illegible]

Die Bauwerke der Renaissance in Toscana. Nach Aufnahmen u. Zeichnungen d. Architekten Adolf Gnauth u. Emil Rr v. Foerster u. erl. Texte von Eduard Paulus. Hrsg. von Heinrich Rr v. Foerster. — Wien: Foersters Allgem. Bauzeitung [1867]. 10 S., 16 Taf. gr. 2°
1: gr. 2° Ny 664. 24. 84. 88. 89. 91. 300: 31.638. 305.
13.8262

— am Rhein. 1. Heft. Kirche zu Schwarz-Rheindorf bei Bonn, Kreuzgang am Münster in Bonn. kl. Fol. (7 lithogr. Taf.) Bonn 846, Henry u. Cohen. n. 1 ℛ︎

Bauwerke der Schweiz. Hrsg. vom Schweizerischen Ingenieur- & Architekten-Verein. H. 1–5. — Zürich: Raustein 1896–1905. gr. 2° 83. 84. 86. 89. 91. 93. 305.
13.8263

Bauwerke der Staats-Bau-Verwaltung in Bayern auf d. Gebiete des Strassen-, Brücken- und Wasser-Baues. Mitgetheilt von der Obersten Baubehörde im K. Staatsministerium des Innern. — München 1892: Wolf. 23 Bl., 35 Taf. quer-4° 12: 4° Don. Reg. 4 x. 83. 91. 210.
13.8264

Bauwerke der Berliner Stadt-Eisenbahn. — Berlin 1882: Koepsel. 46 Taf. gr. 2° 8. 82. 84. 88. 89. 93. 305.
13.8265

Die Bauwerke der Berliner Stadt-Eisenbahn. — Berlin: Ernst & Korn 1886. VIII, 93 S., 38 Taf. gr. 2°
Aus: Zeitschrift für Bauwesen. 34.35. 1884–85.
82. 83. 89. 93. 100. 101. 205.
13.8266

Die Bauwerke der Herzoglich Braunschweigischen Südbahn von Börssum bis Kreiensen, zsgest. von d. Herzoglich Braunschweigisch-Lüneburgischen-Eisenbahn- u. Postdirection. [Nebst] Textbd. — (Braunschweig 1858: Vieweg.) gr. 2° [u.] 4°
Textbd u. d. T.: Beschreibung d. Bauwerke d. Herzoglich Braunschweigischen Südbahn.
23[⁼ Hauptwerk]. 46. 83[⁼ Textbd]. 84. 89. 90.
13.8267

Bauwerke, die wichtigsten, der europäischen Hauptstädte. Nach neuen Originalzeichnungen. 1e Serie. 1eLfrg. (2 lithogr. Bl.) qu. 1/2 Fol. Leipzig 840. Schubert. n. 1/4 ℛ︎

Bauwerke, die wichtigsten, der europäischen Hauptstädte. Nach neuen Originalzeichnungen. 1. Serie. 2.—6. Lfrg. (à 2 lith. Blätter.) qu. 1/2 Fol. Leipzig 841, 42, Schubert. à 1/4 ℛ︎

Bauwerker, Carl

Bauwerker, C., Kranken- u. Geschäfts-Tagebuch f. Tierärzte. 5., verb. Aufl. Fol. (84 u. Register 50 S. m. Löschpap. durchsch.) Kirchheimbolanden 892. C. Thieme. Kart. n.n. 5. —

— Das rituelle Schächten der Israeliten im Lichte der Wissenschaft. Vortrag. — Kaiserslautern: Gotthold 1882. 46 S. 8° 1: Ex 17832/4. 12: Jud. 5 k. 15. 30. 67. 203.
13.8270

— Das rituelle Schächten der Israeliten im Lichte der Wissenschaft und der Wahrheit. Ein Wort der Abwehr, Erwiderung auf Dr. Landsbergs Gegenschrift. — Kaiserslautern: Gotthold. 1882. S. 34–36, 42–43. 4°
Aus: Allgemeine Thierschutz-Zeitschrift. 3. 1882.
12: 4° Jud. 1 q.
13.8271

— Die Schlachtungen nach verschiedenen Methoden. Vortrag. — Kaiserslautern: Gotthold [1886]. 22 S. 8°
Aus: General-Bericht über d. Verhandlungen d. 9. internationalen Thierschutz-Congresses in Wien. 1884.
12: Pol. civ 10 o. 52. 106. 203.
13.8272

Bauwerker: W a s kann zur Hebung der Rindviehzucht in der Pfalz ferner geschehen? Speyer, 1822.

Bauwerker, C. (Red.), s. Z e i t s c h r i f t für Pferdekunde und Pferdezucht.

Bauwerker, Karl, s. B a u w e r k e r , Carl

Bauwesen. 1. u. 2. Heft. 8. Darmstadt, G. Jonghaus. n. 1. 20
1. Gesetz, die allgemeine Bauordnung betr. vom 30. IV. 1881 u. die zu dessen Ausführung erlassene Verordnung vom 1. II. 1882 unter Berücksicht. der inzwischen erfolgten Änderungen u. der Einwirkungen der späteren Gesetzgebung, nebst e. Sachregister. Amtliche Handausg. (Bearb. im Auftrage großherzogl. Ministeriums des Innern v. Schenck.) (112 S.) 904. — 80
2. Gesetz, den Bau u. die Unterhaltung der Kunststraßen im Großherzogtum betr., vom 12. VIII 1890, in der Fassung der Abänderungsgesetze vom 22. VI. 1901 u. 12. VII. 1902. Amtliche Handausg. (18 S.) 905. — 40

Bauwesen. 3. u. 4. Heft. 8. Darmstadt (G. Jonghaus). 2. 40
3. Vorschriften üb. die Ausbildung u. Prüfung f. den höheren Staatsdienst im Baufach. (Umschlag: Der höhere Staatsdienst im Baufach.) Amtliche Handausg. (68 S.) 908. 2. —
4. Baugewerkschulen, die hessischen. Schulverfassung, Lehrpläne u. Prüfungsordng. Amtliche Handausg. (31 S.) 900. 10

Bauwesen. 3. u. 4. Heft. Jetzt: Darmstadt, Buchh. großherz. Staatsverlags.

Das Bauwesen im Königreiche Bayern im Zusammenhange mit den daselbst geltenden feuer-, wasser- u. straßenpolizeilichen Bestimmungen. — Bamberg: Buchner. 1873. 235 S. 8° 12: Bavar. 209 i. 22. 82. 91.
13.8273

Bauwesen, das, im Königr. Bayern im Zusammenhange m. den daselbst geltenden feuer-, wasser- u. straßenpolizeilichen Bestimmungen. Zusammengestellt nach dem neuesten Stande der bayer. u. deutschen Gesetzgebg. zum Handgebrauche f. Polizeibehörden, Bauämter, Brandversicherungsinspectoren ꝛc. 8 (235 S.) Bamberg 874. Buchner. 2. 80

Bauwesen, das, im Königr. Bayern im Zusammenhange mit den daselbst geltenden, feuer-, wasser- und straßenpolizeilichen Bestimmungen. Zusammengestellt nach dem neuesten Stande der bayer. und deutschen Gesetzgebung zum Handgebrauche für Polizeibehörden, Bauämter, Brandversicherungs-Inspectoren ꝛc. 2. beträchtlich verm. Aufl. mit Erläuterungen zur neuen Bauordnung. gr. 8. (XVI, 862 S.) Bamberg 878, Buchner'sche Buchh. *

Das Bauwesen in Bosnien und der Hercegovina vom Beginn der Occupation durch die österr.-ung. Monarchie bis in das Jahr 1887 ... Hrsg. von d. Landesregierung für Bosnien u. d. Hercegovina. — Wien 1887: Hof- u. Staatsdr. V,134 S.,45 Kt. u. Tab. 4° 1:4° Ny 2146. 38. 88. 80. 206. 309: 187.881-C. 302→305.
13.8275

Bauwesen, das, in Bosnien und der Hercegovina vom Beginn der Occupation durch die österr.-ungarische Monarchie bis in das J. 1887. Eine technisch-statist. Studie, nach ämtl. Quellen zusammengestellt vom Baudepartement der Landesregierung unter der Leitung von Edm. Stix. Hrsg. von der Landesregierung für Bosnien und die Hercegovina. gr. 4. (V, 134 S. mit 14 Taf. und 111 S. Tab.) Wien 887, (Hölder.) *

Das Bauwesen der Stadt Darmstadt. Den Teilnehmern d. Abgeordnetenversammlung d. Verbandes deutscher Architekten- u. Ingenieur-Vereine in Darmstadt ... 1909 überreicht von d. Stadt Darmstadt. — Darmstadt [1909]: Hohmann. 24 S. 4° 47. 84.
13.8276

Bauwesen. —
Bau- und Ingenieurwesen auf der Wiener Weltausstellung. Berichte von Schwedler, H. Sternberg, Gersberg und Housselle. Braunschweig 1874.

Bauwesen, üb. d. öffentliche, u. Bau-Einrichtungen. gr. 8. Hamb. Bohn. 814.

Bauwesen, das öffentliche, und die zweckmäßigen Einrichtungen, nach welchen Staats-Bauten u. Arbeiten mit Sparsamk. auszuführen sind. gr. 8. Hamb. 814. Mit n. Titel. Leipz. 818. Lauffer. 8 gr.

Bauwesen, städtische Werke und Anlagen. — Breslau 1908. S. 499–678. 8°
Aus: Verwaltungsbericht d. Magistrats d. Stadt Breslau für d. Zeit vom 1. April 1904 bis 31. März 1907. 1908. 82.
13.8279

Bauwesen, Das, der Stadt Zürich. Zürich 1902. V: *Kägi, Hans.* (Zuwachsverz. d. Bibl. Zürich 1898 ff. 7.)

Bauwissenschaften. — Bauwissenschaften. 1. Hochbau, bearb. von A.H.Hess. 2. Tiefbau, bearb. von F.Wilcke. 3. Schiffbau, bearb. von O.Flamm. (2., vollst. neu bearb. Aufl.) — Berlin: Loewenthal [1909]. 206 S. 4° (Uhland's Handbuch für d. praktischen Maschinen-Konstrukteur. 5,1 [–12].) 1:4° Og 10273²–5,1. 11. 82. 83. 88. 89. 305.
13.8280

Baux, Julien Raymond de [Illustr.] s. *Andersen*, Hans Christian: Märchen [Eventyr og Historier, deutsch]. 1851 u.ö.

Baux, Julien Raymond de, Knall-Bonbons mit komischen Devisen für lustige Leute. Berlin 859. Schlingmann. 8. (15 Lithogr. mit Text.) n. 10 ngr.

—— vor d. Museum, s.: Stadtklatsch, Berliner.

Baux, Julien Raymond de, Original-Polterabendscherze. 2 Hefte. 8. (116 S.) Berlin 864, Schlingmann.

— Berliner Pflanzen. Ein humoristisches Bilderbuch für Erwachsene. — Berlin: Schlingmann 1859. 16 Bl.,12 Taf. 8° 1: Yo 8872. 6. 199.
13.8289

— Neumann's Schiffbruch. Komisches Genrebild. Musik von A. Lang. — Berlin 1860: Guthschmidt. 15 S. 8° 48.
13.8288

Baux, Hermann: Das geseegnete Land in dem geseegneten Fürsten. Das ist anderte Ehren-Predig, da Coelestinus II. der hochwürdigiste ... Abbte deß Fürstl. Stiffts St. Gallen ... die hochfeyrliche Abbatial-Benediction empfangen. — St. Gallen 1741. 11 S. 4° 25.
13.8294

Bauza, J. Th., üb. d. Zustand d. Geographie v. Süd-Amerika, s. Denkwürdigkeiten d. Acad. d. W. in München, 8r Bd.

Bauzeichner, der. Illustr. Fachzeitschrift. Red.: M Metzger. 4. Jahrg. 1905. 52 Nrn. (Nr. 1. 12 m. 1 Taf.) 4° Lüb., C Coleman. Viertelj. 3 —

Bauzeichner, der. Deut. Baukunst. Bautechn. Fachzeitschrift. 5—8. J. '06—9 je 52 Nrn. (Nr 1. 12 m. Abb.) 31,5×24 cm. Lüb., C Coleman. Viertelj. 3 —; einz. Nrn — 30

Bauzeichner, Der. Deut. Baukunst. Bautechn. Fachzeitschr. f. Architekten, Maurermeister, Zimmermeister usw. Red.: i. V. F Rissom. 9. J. '10. 52 Nrn. (Nr 1: 12 m. Abb. u. 1 Taf.) 31,5×24 cm. Lüb., C Coleman. viertelj. 3 —; einz. Nrn — 30
Fortsetzg s: Baukunst, Deutsche.

Bauzeitung, allgemeine. Begründet von Chr. L. Förster. Wien 1836—95 4 u fol. Inhaltsverzeichnis: 1836—55. Wien 1857 4 Gesamt-Inhaltsverzeichnis: 1836—85, zusammengestellt von G. Fessenmair. Wien 1887. 4.

Bauzeitung, Allgemeine. Jg. 1—83. Wien 1836—1918
Reg. 1836—1885; 1886—1888; 1874—1894

Bauzeitung, allgem., mit Abbildungen, für Architekten, Ingenieurs, Dekorateurs, Bauprofessionisten, Oekonomen, Bauunternehmer u. Alle, die an d. Fortschritten u. Leistungen d. neuesten Zeit in d. Baukunst u. den dahin einschlag. Fächern Antheil nehmen. Hrsg. u. redig. v. Christ. Friedr. Ludw. Förster. 1—7. Jahrg. 1836—42. Mit Stntn. Nebst d. Beilage: Literatur- u. Anzeigeblatt f. d. Baufach. gr. 4. Wien, Förster. [836—40. Drckpap. à * 10⅔ Thlr., Vlnp. à * 13⅓ Thlr.; 841, 42. à Drckp. * 11 Thlr., Vlnp. * 13⅓ Thlr.] Drckp. * 64⅔ Thlr., Vlnp. *
Das: Literatur- u. Anzeigeblatt, welches seit 1838 erscheint, à J. * 1 Thlr. 16 Gr. — Jahrg. 1836—38. à 52 Nrn. (Bog.) Vom Jahrg. 1839 an wird diese Zeitschr. in 12 Monatsheften geliefert.

Bauzeitung, allgemeine, mit Abbildungen. Redig. u. hrsg. v. Christ. Friedr. Ludw. Förster. 8—11. Jahrg. 1843—46. à 12 Hfte. Text. (à circa 60 B. mit Abbildgn. u. Holzschn.) gr. 4. u. à 12 Hfte. m. circa 100 Kpfrt. in gr. Fol. Wien, Förster's artist. Anstalt. à J. * 11 Thlr. — Vlnp. *]
1—7. Jahrg. Ebendas. * 64 Thlr. 10 Ngr., Vlnp. * 80 Thlr. 10 Ngr.

Bauzeitung, allgemeine, mit Abbildungen. Red. u. hrsg. v. Christ. Friedr. Ludw. Förster. 12. Jahrg. 1847. 12 Hfte. Text. gr. 4. (à 5 Bog. m. Abbildgn.) u. 12 Hfte. Atlas. Fol. (à 6 lith. Taf.) Wien, Förster's artist. Anstalt. n. 11 ℛ︀

— dies. 13. Jahrg. 1848. 12 Hfte. Text (à 5 Bog. m. Abbildgn.), mit den Beilagen: Literatur- u. Anzeigeblatt für das Baufach. 12 Nrn. (à 1—2 Bog.) u.: Ephemeriden. 12 Nrn. gr. 4. (à 1—1½ Bog.) u. 12 Hfte. Atlas. Fol. (ca. 100 Kupfrtaf.) Ebd. n. 11 ℛ︀ Velinp. n. 13¾ ℛ︀ Prachtausg. n. 20⅔ ℛ︀ — Das „Literatur- u. Anzeigeblatt" u. die „Ephemeriden" jedes einzeln. à n. 1 ℛ︀

— dies. 14. Jahrg. 1849. 12 Hfte. Text. (à 3 Bog.) Mit den Beilagen: Literatur- u. Anzeigeblatt f. das Baufach. 12 Nrn. (à 1—2 Bog.) u.: Notizblatt der allgem. Bauzeitung. 12 Nrn. gr. 4. (à 1—1½ Bog.) u. 12 Hfte. Atlas. Fol. (ca. 100 Kupfrtaf.) Ebd. n. 11 ℛ︀ Velinp. n. 13¾ ℛ︀ Prachtausg. n. 20⅔ ℛ︀ Das „Literatur- u. Anzeigeblatt" u. das „Notizblatt" jedes einzeln à n. 1 ℛ︀

— dies. 15—17. Jahrg. 1850—1852. à 12 Hfte. Text. gr. 4. (à 3 Bog.) Mit den Beilagen: Literatur- u. Anzeigeblatt für das Baufach. 12 Nrn. (à 1—2 Bog.) Notizblatt der allgem. Bauzeitung. 12 Nrn. (à 1—1 1/2 Bog.) u.: Bauverordnungsblatt für das Kaiserth. Oesterreich. 12 Nrn. (à 1—3 Bog.) Mit 12 Hftn. Atlas. Fol. (ca. 100 Kupfrtaf.) Wien, Förster's artist. Anstalt. à n. 11 ß Velinp. n. 13 3/4 ß Prachtausg. n. 20 2/3 ß Das „Literaturblatt" u. das „Notizblatt" jedes einzeln à n. 1 ß; das „Bauverordnungsblatt" einzeln n. 2 1/4 ß

Bauzeitung, allgemeine, mit Abbildungen. Redig. u. herausg. von Christ. Friedr. Ludw. Förster. 18—23. Jahrg. 1853—58. à 12 Hefte (à 3—5 Bgn. Text, nebst Beilagen: Literatur- und Anzeigeblatt für das Baufach. 12 Nrn. à 1—2 Bgn., und: Notizblatt der Allgem. Bauzeitung für die Tagesereignisse im Gebiete des Bauwesens rc. 12 Nrn. à 1—1 1/2 Bgn.). Hierzu: Atlas zur allgemeinen Bauzeitung. 12 Hefte (à 8—10 lith. Taf. in Fol.) Wien, Förster. gr. 4. Jeder Jahrg. n. 11 ß; Velinp. n. 13 ß 22 1/2 ngr; Pracht-Ausg. n. 20 ß 20 ngr

Literatur- und Anzeigeblatt und Notizblatt rc. einzeln jeder Jahrg. n. 1 ß

Bauzeitung, allgemeine, mit Abbildungen. Red. u. herausg. von Chr. Fr. Ludw. Förster. 24—28. Jahrg. 1859—63. à 12 Hfte. (à 3 Bgn. Text) nebst den Beilagen: Literatur- u. Anzeigeblatt für das Baufach. 12 Nrn. (à 1—2 Bgn.) u. Notizblatt der allgemeinen Bauzeitung. 12 Nrn. (à 1—2 Bgn.) Mit Atlas. 12 Hfte. (à 8—10 lith u. Kpfr.-taf. in Fol.) Wien, Förster. gr. 4. Jeder Jahrg. n. 11 ß; Prachtausg. n. 20 ß

Das „Literaturblatt" u. das „Notizblatt" einzeln à Jahrg. n. 1 ß

— — Gegründet von Prof. Chr. Fr. Ludw. Ritter v. Förster, red. und herausg. von Heinr. und Em. v. Förster. 29. Jahrg. 1864. 12 Hfte. (à 3 Bgn.) nebst den Beilagen: Literaturblatt. 12 Nrn. (à 1—2 Bgn.) u. Notizblatt (12 Nrn.) (à 1—2 Bgn.) Mit Atlas. 12 Hfte. (à 8—10 lith. u. Kpfrtaf. in Fol.) Ebend. gr. 4. n. 11 ß; Prachtausg. n. 20 ß

Bauzeitung, allgemeine, mit Abbildungen. Gegründet von Chr. Fr. Ludw. v. Förster, redig. u. herausg. von Heinr. u. Emil v. Förster. 30—34. Jahrg. 1865—1869. à 12 Hefte (à 3 Bgn.) mit Literaturblatt rc. u. Atlas. 12 Hefte (à ca. 100 Kpfr.- u. lith. Taff. in Fol.). Wien, Expedition. (v. Waldheim.) gr. 4. Jeder Jahrg. n. 13 ß

— — Gegründet von Chr. Ludw. Förster, redig. unter Mitwirkung von Heinr. v. Ferstel, Theoph. v. Hansen u. Frdr. Schmidt von Aug. Köstlin. 35. Jahrg. 1870. 12 Hefte (à 5 Bgn.) u. Atlas. 12 Hefte (mit ca. 100 Kpfr.- u. lith. Taff. in Fol.) Wien, v. Waldheim. gr. 4. n. 13 ß

Bauzeitung, allgemeine, m. Abbildgn. Gegründet v. Chr. Ludw. Förster, red. unter Mitwirkg. der Architekten Heinr. Ritter v. Ferstel, Theophil Ritter v. Hansen u. Frdr. Schmidt v. Aug. Köstlin. 36—40. Jahrg. 1871—1875. à 12 Hfte. gr. 4. m. Atlas in Fol. (à Hft. ca. 48 S. m. Steintaf.) Wien, v. Waldheim. à Jahrg. n. 39. —

Bauzeitung, allgemeine, m. Abbildgn. Gegründet v. Ch. Förster red. v. A Köstlin. 41—45. Jahrg. 1876—1880. à 12 Hfte. Fol. (à Hft 8 m. 9 L.) Wien, v. Waldheim. à Jahrg. n. 40. —

Bauzeitung, allgemeine, mit Abbildungen. Gegründet von Chr. Ludw. Förster, redig. unter Mitwirkung von Heinr. Ritter v. Ferstel, Emil Ritter v. Förster, Theophil Ritter v. Hansen, Friedr. Schmidt, von Aug. Köstlin. 45.—49. Jahrg. 1880—1884. à Jahrg. 12 Hefte. Fol. (à Heft ca. 6—8 S. mit Taf. in Lithogr., Kpfrst. und Lichtdr.) Wien, v. Waldheim. à Jahrg. *

Bauzeitung, Allgem., mit Abbildg. Gegründet v. Prof Chr. Ludwig Forster. Redig. von August Kostlin. 50. Jahrg 1885. (Compl. in 12 Heften.) Folio. 1. Heft. (8 S. mit 6 Taf) Wien, R. v. Waldheim. 1 fl. 75 kr. 3882

— dasselbe. Gesammt-Inhalts-Verzeichniss üb. die Jahrgänge 1—L [1836—1885]. Alphabet. geordnet u. zusammengest. v. G. Fessenmair. hoch 4. (III, 89 S.) Ebd. 887. n. 4. —

Bauzeitung, allg., m. Abbildgn. Gegründet v. Cl. Förster, red. v. A Köstlin. 51—55. Jahrg. 1886—1890. à 12 Hfte. Fol. (à Hft. ca. 8 m. 6 Taf.) Wien, v. Waldheim. à Hft. n. 3. 25

Bauzeitung, allgemeine, m. Abbildungen. Gegründet v. Chr. Ludw. Förster, red. unter Mitwirkg. v. Emil Ritter v. Förster, Th. v. Hansen, Wilhelm Ritter v. Doderer u. Karl König v. Aug. Köstlin. 56.—59. Jahrg. 1891—1894. à 12 Hfte. Fol. (à Hft. ca. 8 S. m. Tafeln.) Wien, R. v. Waldheim. à Hft. n. 3. 25

Bauzeitung, allgemeine, m. Abbildgn. Gegr. v. Chr. Ludw. Förster, red. unt. Mitwirkg. von Emil v. Förster, Wilh. v. Doderer, Karl König u. Jos. Doll. 60. Jahrg. 1895. 12 Hfte. Fol. (à ca. 8 S. m. Taf.) Wien, R. v. Waldheim. à Hft. n. 3. 25

— dasselbe. Österr. Vierteljahrsschrift f. d. öffentl. Baudienst, hrsg. i. k. k. Ministerium d. Innern. Berathgs-Ausschuss: Emil v. Förster, Ign. Schrey, Romuald Iszkowsky, Alfr. Weber v. Ebenhof, Ernst Lauda, Heinr. Köchlin. Red.: Alfr. Weber v. Ebenhof, Red.-Stellvertr.: Heinr. Köchlin. 61.—63. Jahrg. 1896—1898. à 4 Hfte. (à ca. 35 S. m. Abb. u. Taf.) Fol. Ebd. 896. à Jahrg. n. 20. —

Bauzeitung, allgemeine. (Gegründet v. Chr. Ludw. Förster.) Österreichische Vierteljahrsschrift f. den öffentl. Baudienst, hrsg. v. den k. k. Ministerien des Innern, der Finanzen, des Handels, der Eisenbahnen u. des Ackerbaues. Berathungs-Ausschuss: Emil Ritter v. Förster, Ign. Schrey, Romuald Iszkowsky u. a. Chef-Red. u. Red.: Alfr. Ritter Weber v. Ebenhof. Red.-Stellvertr.: Heinr. Köchlin, Hugo Franz u. a. 64.—67. Jahrg. 1899—1902. à 4 Hfte. Fol. (IV, 144 S. m. Abb. u. 49 Taf.; IV, 92 S. m. Abb. u. 39 Taf.; IV, 82 S. m. Abb. u. 62 Taf. u. IV, 168 S. m. Abb. u. 54 Taf.) Wien, R. v. Waldheim. à Jahrg. n. 20. —; einzelne Hfte. n. 7. —

Bauzeitung, allgemeine. (Gegründet v. Chr. Ludw. Förster.) Österreichische Vierteljahrsschr. f. d. öffentl. Baudienst, hrsg. v. den k. k. Ministerien des Innern, der Finanzen, des Handels, der Eisenbahnen u. des Ackerbaues. Beratungs-Ausschuss: Emil Ritter v. Förster, Jos. Goldbach, Alfr. Ritter Weber v. Ebenhof u. a. Chef-Red. u. Red.: Alfr. Ritter Weber v. Ebenhof. Red.-Stellvertr.: Heinr. Köchlin, Hugo Franz, Leop. Nowotny u. a. 68.—71. Jahrg. 1903—1906. à 4 Hfte. (120, 147, 144 u. 125 S. m. Abb. u. 51, 74, 73 u. 74 Taf.) Fol. Wien, Druckerei- u. Verlagsakt.-Gesellsch. vorm. R. v. Waldheim. à Jhrg. n. 20. —

Bauzeitung, allgemeine. (Gegründet v. Chr. Ludw. Förster.) Österreich. Vierteljahrsschrift f. den öffentl. Baudienst, hrsg. v. den k. k. Ministerien f. öffentl. Arbeiten, der Finanzen, des Handels, der Eisenbahnen u. des Ackerbaues. Beratungs-Ausschuss: Alfr. Ritter Weber v. Ebenhof, Ernst Lauda, Hugo Franz u. a. Chef-Red. u. Red.: Alfr. Ritter Weber v. Ebenhof. Red.-Stellvertr.: Heinr. Köchlin, Hugo Franz, Leop. Nowotny u. a. 72.—75. Jahrg. 1907—1910. à 4 Hefte. (115, 183, 85 u. 149 S. m. Abb. u. 78, 86, 63 u. 68 Taf.) 45,5×31,5 cm. Wien, Druckerei- u. Verlags-Aktiengesellschaft vorm. R. v. Waldheim. à Jhrg. 20. —

Bauzeitung, Allgemeine. (Gegründet v. Chr. Ludw. Förster.) Österr. Vierteljahrschr. f. d. öffentl. Baudienst. Chef-Red. u. Red.: Alfr. Ritter Weber v. Ebenhof. 75—77. J. '10—12 je 4 Hefte. (149, 102 bezw. 132 m. Abb. u. 68, 62, 71 Taf.) 45,5×30,5 cm. Wien, Druckerei- u. Verl.-Aktiengesellsch. vorm. R v. Waldheim. je 20 —; einz. Hefte 7—

Bauzeitung, allgem. Beilage: Bauverordnungsblatt für Oesterreich.

Bauzeitung allgem Beilage: Ephemeriden für das Baufach

Bauzeitung allgem. Beilage: Literatur- und Anzeigeblatt für das Baufach.

Bauzeitung. allgem Beilage: Notizblatt der allgemeinen Bauzeitung

Bauzeitung

— deutsche. Wochenblatt hersg. von Mitgliedern des Architekten-Vereins zu Berlin. Red.: K. E. O. Fritsch. 2—4. Jahrg. 1868—1870. à 52 Nrn. (à 1 Bgn. m. Holzschn.) Berlin, Beelitz in Comm. Fol. 2.: n. 3 ℛℳ 10 ngr; 3. u. 4.: à n. 4 ℛℳ

1. Jahrg. s.: Wochenblatt, hersg. von Mitgliedern des Architekten-Vereins zu Berlin.

—— deut. Red.: KEO Fritsch u. FW Busing. 5—9. Jahrg. à 52 Nrn. (à 1—1½ B.) Fol. Berl. 71—75, Beelitz. à n. 12. —

—— deutsche. Organ des Verbandes deutscher Architekten- und Ingenieur-Vereine. Redact.: K. E. O. Fritsch und F. W. Büsing. 9.—18. Jahrg. 1875—1879. à Jahrg. 104 Nrn. (à 1—2 Bog. mit eingedr. Holzschn.) hoch 4. Berlin, (Toeche.) à Jahrg. *

—— dass. — Sach-Register über die Jahrgänge 1867—1877. hoch 4. (24 S.) (Ebendas.) 878. *

Bauzeitung, deutsche. Organ des Verbandes deutscher Architekten- und Ingenieur-Vereine. Redact.: K. E. O. Fritsch und F. W. Büsing. 14. Jahrg. 1880. 104 Nrn. (à Nr. 1—2 Bog. mit eingedr. Holzschn. und Stnt.) hoch 4. Berlin, (Toeche.) 4

—— deut. Verkündigungsblatt d. Verbandes deut. Architekten- u. Ingenieur-Vereine. Red.: KEO Fritsch u. FW Büsing. 15—19. Jahrg. 1881—1885. à 104 Nrn. (à 1—2 B. m. H. u. L.) 4. Berl., Toeche. à Jahrg. n. 12. —

—— deut. Verkündigungsblatt d. Verbandes deut. Architekten- u. Ingenieur-Vereine. Red.: KEO Fritsch u. FW Büsing. 20—24. Jahrg. 1886—1890. à 104 Nrn. (à 1—2 B. m. H. u. Lith.) 4. Berl., (Toeche). à Jahrg. n. 12. —

— deutsche. Verkündigungsblatt d. Verbandes deutscher Architekten- u. Ingenieur-Vereine. Red.: K. E. O. Fritsch u. F. W. Büsing. 25. Jahrg. 1891. 104 Nrn. (à 1—2 B. m. eingedr. Holzschn. u. Steintaf.) hoch 4. Berlin, (Toeche). n. 12. —

— dasselbe. Red.: K. E. O. Fritsch. 26.—28. Jahrg. 1892—1894. à 104 Nrn. (à 1—2 Bog. m. eingedr. Holzschn. u. Steintaf.) hoch 4. Ebd. à Jahrg. n. 12. —

— deutsche. Verkündigungsblatt d. Verbandes deutscher Architekten- u. Ingenieur-Vereine. Red.: K. E. O. Fritsch. 29.—32. Jahrg. 1895—1898. à 104 Nrn. (à ca 20 S. m. Abb. u. Taf.) hoch 4. Berlin (E. Toeche). à Jahrg. n. 12. —

Kann auch vierteljährlich bezogen werden.

— deutsche. Organ des Verbandes deutscher Architekten- u. Ingenieur-Vereine. Red.: Alb. Hofmann u. Fritz Eiselen. 33.—36. Jahrg. 1899—1902. à 104 Nrn. hoch 4. (658 S. m. Abb. u. 39 Taf.; 636 S. m. Abb u. 36 Taf.; 652 S. m. Abb. u. 51 Taf. u. 668 S. m. Abb. u. 56 Taf.) Berlin, Deutsche Bauzeitg. à Jahrg. n. 15. —

Die Jahrgge. 33 u. 34 sind v. K. E. O. Fritsch redigiert.

— dass. Inhalts-Verz., Orts- u. Sach-Reg. f. d. Jahrg. 1878—1900. (128) Fol. Ebd. '03. 6 —

— **deutsche.** Organ des Verbandes deutscher Architekten- u. Ingenieur-Vereine. Red.: Alb. Hofmann u. Fritz Eiselen. 37.—40. Jahrg. 1903—1906. à 104 Nrn. (VIII, 672; VIII, 728; XIV, 734 u. XIV, 824 S. m. Abb. u. 52, 52, 54 u. 54 Taf.) 4. Berlin, Deutsche Bauzeitg. à Jhrg. n. 15. —

— deutsche. Organ des Verbandes deutscher Architekten u. Ingenieur-Vereine. Red.: Alb. Hofmann. 41.—44. Jahrg. 1907—1910. à 104 Nrn. (1040; 1048; 1032 u. 1172 S. m. Abb. u. 1 Taf.) 33×22,5 cm. Berlin, Deutsche Bauzeitg. à Jhrg. 16. —

— Deutsche. Red.: Alb. Hofmann. 44—46. J. '10—12 je 104 Nrn. ('12, Nr 1: 12 u. 16 m. Abb. u. 1 Taf.) 33×22,5 cm. Berl., Deut. Bauzeitg. viertelj. 4 —; einz. Nrn —40

—— Kölner. Redact.: A. Reith. 1. Jahrg. 1888. 24 Nrn. (Bog.) Nebst 150 Lichtdr.-Taf. Imp.-4. Berlin, (Asschenfeldt.) *

Ohne Lichtdr.-Taf. *

Bau- und Kunstgewerbe-Zeitung für das deutsche Reich. Mit Album (Lichtdr.-Taf.). Hrsgbr.: Ravizza und Comp. Redact.: O. Reisner. 1. Jahrg. Oktbr. 1885—Septbr. 1886. 24 Nrn. (Bog.) gr. 4. München, Votsch. *

—— dass. — Hrsgbr.: Osk. Titz. Redact.: O. Reisner. 2. Jahrg. Oktbr. 1886—Septbr. 1887. 24 Nrn. (à Nr. 1½ Bog.) gr. 4. Berlin, (Expedition. — Leipzig, Fernau.) * *

—— dass. — Gegründet von Osk. Titz. Redact.: A. Nothnagel. 3. Jahrg. Oktbr. 1887—Septbr. 1888. [Mit 120 Lichtdr.-Taf.] 24 Nrn. (à Nr. 1½ Bog.) gr. 4. (Ebendas.) * *

Bau- u. Kunstgewerbe-Zeitung f. d. deutsche Reich. Mit Album (Lichtdr.-Taf.) Redact.: A. Nothnagel. Jahrg. 1889. 24 Nrn. (Bog.) gr. 4. Berl. (Lpz., Fernau). * 27 --

—— dass. — Hrsg. v. A. Nothnagel. Schriftleitg.: O. Odrich. Jahrg. 1890. (Bog.) gr. 4. (Ebd.) * 24 —

Ohne Album * 10 —

Nicht weiter erschienen.

Landwirtschaftliche **Bauzeitung**. Fachzeitschrift f. Hoch- u. Tiefbau ... in d. Landwirtschaft ... Hrsg. von Wilhelm Rathke. Jg. 1, No 1. [Mehr nicht erschienen.] Magdeburg: W. Rathke 1903. (4 S) 4° [Kopft. F. u. Ant.] 1.4. seite 3

Bauzeitung

— Leipziger. Wochenschrift f. alle Zweige des Bauwesens im Königr. Sachsen u. den Nachbarstaaten. Schriftleitung: Ernst Lungwitz. (1.) Jahrg. Dezbr. 1901 - Dezbr. 1905. 52 Nrn. (880 S. m. Abbildgn. u. Taf.) Lex.-8. Leipzig, Kühnel. n. 6. —

— dasselbe. Wochenschrift f. alle Zweige des Bauwesens. Schriftleitung: Ernst Lungwitz. (2.) Jahrg. 1906. 52 Nrn. (428 S. m. Abbildgn. u. Taf.) 4. Ebd. n. 6. —

Fortsetzung erscheint u. d. Titel: **Bauzeitung, neudeutsche.**

— **neudeutsche.** Illustr. Wochenschr. f. Architektur u. Bautechnik. Unter Mitwirkg. v. Pet. Behrens, H. P. Berlage, Hans Bernoulli u. a. u. des Ausschusses zur Pflege heimatl. Kunst u. Bauweise in Sachsen, Vorsitzender Oberbaurat Karl Schmidt. Begründet v. E. Rich. Schubert. Red.: Walt. Curt Behrendt. 3.—6. Jahrg. 1907—1910. à 52 Hefte. (VIII, 416; VIII, 420; VIII, 626 u. VIII, 640 S.) Lex. 8. Leipzig, Degener & Co. 1907. 08 à 6.—; 1909. 10 à 10. -

Vorher u.d. T.: Leipziger Bauzeitung.

— Neudeutsche. Illustr. Wochenschr. f. Architektur u. Bautechnik. Begründet v. E Rich. Schubert. Schriftleitg: Walt. Curt Behrend, seit '11 Ludw. v. Weckbecker, '12 in Verbindg m. Walt. Kornick. 6—8. J. '10—12 je 52 Hefte. ('12, 1. Heft: 16) Lex8° Lpzg, Degener & Co. viertelj. 2.50; einz. Nrn — 25

Bauzeitung, oberösterreichische. Zeitschrift f. Bauwesen. Organ des „Vereines der Baumeister in Oberösterreich". Hrsg.: Ed. Kornhoffer. Red.: Carl Kolndorffer. 4.—7. Jahrg. 1899—1902. à 24 Nrn. hoch 4. (à 190 S. m. à 12 Taf.) Linz (E. Marois). à Jahrg. n. 20. —

1.-3. Jahrgang Linz: Marois 1896-98

— oberösterreichische. Zeitschrift f. Bauwesen. Organ des „Vereines der Baumeister in Oberösterreich". Hrsg. u. Red.: C. Kolndorffer. 8. u. 9. Jahrg. 1903 u. 1904. à 24 Nrn. (à ca. 8 S.) hoch 4. Linz a/D. (Domgasse 5), C. Kolndorffer. à Jhrg. n. 20. —

— Populäre, für Zimmerleute, Maurer, Schlosser, Tischler, Bildhauer, Dachdecker, Tüncher, Stuccatur- u. Cementarbeiter, Ofensetzer, Strassenpflasterer, Ziegler, Kalkbrenner- u. Brunnenmeister etc. Herausg von A. Schultz. Bd. 1—5. Mit lith. Abbildungen. Weimar 1841—56. gr. 4

—— populäre, für Zimmerleute, Maurer, Schlosser, Tischler, Bildhauer, Dachdecker, Tüncher, Stuccatur- u. Cementarbeiter, Ofensetzer, Straßenpflasterer, Ziegler, Kalkbrenner u. Brunnenmeister ꝛc. Hrsg. v. A. Schultz. 1. u. 2. Bd. (à 6 Hfte.) u. 3. Bd. 1—5. Hft. Mit lith. Abbildn. in gr. 4. u. Fol. gr. 4. (à 4 B.) Weimar 841—47, Voigt.

—— populäre, für Zimmerleute, Maurer, Schlosser, Tischler, Bildhauer ꝛc. Hrsg. von Alex. Schultz. 3. Bd. 6. Heft, 4. Bd. 6 Hefte und 5. Bd. 1—5. Heft. gr. 4. Weimar, Voigt. [3. Bd. 6. (S. 161—188 und 6 Stnt.) 847. 15 Ngr., 4. Bd. (IV und 180 S. mit 19 zum Theil ill. Stnt.) 847—48. 2 Thlr. 10 Ngr., 5. Bd. 1—5. Heft (S. 1—153 und 17 Stnt.) 849—52. 2 Thlr. 1⅓ Ngr.] 4

1—3. Bd. 1—5. Heft. Ebendas. 1841—47. 6 Thlr. 23⅚ Ngr.

—— populäre. Hrsg. von A. W. Hertel. 5. Bd. 6. Heft. gr. 4. (IV und S. 153—179 mit 2 Stnt.) Weimar 853, Voigt.
1—4. Bd. und 5. Bd. 1—5. Heft. Ebendas. 1841—52. 11 Thlr. 20 Ngr.

—— dass. — Hrsg. von Dems. 6. Bd. 6 Hefte. gr. 4. (IV und 170 S. mit 15 Stnt.) Ebds. 853—56.

— f. das Königr. Sachsen, die Prov. Sachsen u. Thüringen. Technische Leitg. v. H. Altendorff. 3. Jahrg. 1. Sem. Oktbr. 1893—März 1894. 12 Nrn. (à ca. 1 Bog.) gr. 4. Leipzig, Dörrienstr. 11, C. F. Francke. Vierteljährlich n. 2. —

— dasselbe. 2. Sem. Apr.—Septbr. 1894. 12 Nrn. (à ca. 1 Bog.) gr. 4. Ebd. Vierteljährlich n. 1. 50

— dass. Oktbr—Dezbr 1894. 6 Nrn. Lpzg, CF Gruner. 2.50

— f. d. Königr. Sachsen, sow. d. benachb. Lande. Org. f. d. ges. Bauwesen u. d. verw. Industrien u. Gewerbe. Submissions-Anzeiger f. Bauarbeiten u. Baubedarf. Baupost. — Deutsche Baugewerbezeitung. Hrsg.: Carl F. Francke. Bauwissenschaftl. Leiter: H. Altendorff. Red.: Rob. Gruner. 6. Jahrg. 1895. 24 Nrn Nebst: Mittel-Deutscher Generalanzeiger. 104 Nrn. (Bog.) gr. 4. Leipzig, C. F. Gruner. n. 10. —
Mit ob. Zeitg wurde d. „Baupost" vereinigt u. v. dieser d. Jahrgangsziffer 6 übernommen.

— schweizerische. Wochenschrift f. Bau-, Verkehr- u. Maschinentechnik. Organ d. schweizer. Ingenieur- u. Architekten-Vereins u. der Gesellschaft ehemal. Studirender d. eidg. Polytechnikums in Zürich. Hrsg. v. A. Waldner. 1—4. Jahrg. 1883—1886. à 52 Nrn. (à 1—1½ B. m. Illustr.) gr. 4. Zürich 883. (Meyer & Zeller.) à Jahrg. n. 20. —

— schweizerische. Wochenschrift f Bau-, Verkehrs- u. Maschinentechnik. Organ d. schweizer. Ingenieur- u. Architekten-Vereins u. der Gesellschaft ehemal. Studirender d. eidg. Polytechnikums in Zürich. Hrsg. v. A. Waldner. 5.—8. Jahrg. 1887—1890. à 52 Nrn. (à 1—1½ B. m. Illustr.) gr. 4. Zürich, (Meyer & Zeller). à Jahrg. n. 20. —

Bauzeitung, Schweizerische. Wochenschrift für Bau-, Verkehrs- u. Maschinentechnik. 9. Jahrg. (17. u. 18. Band) 1891. (52 N°). Hrsg. von *A. Waldner.* N° 1. Mit Illustr. u. 1 Lichtdr. Gr. in-4°. 8 S. Zürich, Comm.-Verlag von Meyer & Zeller. Jährlich 20 —, Für's Ausland 25 —

— schweizerische. Wochenschrift f. Bau-, Verkehrs- u. Maschinentechnik. Organ d. schweizer. Ingenieur- u. Architekten-Vereins u. der Gesellsch. ehemal. Studirender d. eidg. Polytechnikums in Zürich. Red.: A. Waldner. 17.—24. Bd. Jahrg. 1891—1894. à 52 Nrn. (à ca. 1 Bog. m. Abbildgn. u. 2 Taf.) gr. 4. Zürich, (A. Raustein). à Jahrg. n. 20. —

— schweizerische. Wochenschrift f. Bau-, Verkehrs- u. Maschinentechnik. Org. d. schweiz. Ingenieur- u. Architekten-Vereins u. d. Gesellsch. ehemal. Studirender d. eidg. Polytechnikums i. Zürich. Red.: A. Waldner. 25.—32. Bd. Jahrg. 1895—1898. à 52 Nrn. (à ca. 10 S. m. Abb. u. Taf.) gr. 4. Zürich (A. Raustein). à Jahrg. (2 Bde.) n. 20. —

— schweizerische. Wochenschrift f. Bau-, Verkehrs- u. Maschinentechnik. Organ des schweizer. Ingenieur- u. Architekten-Vereins u. der Gesellschaft ehemal. Studierender des eidg. Polytechnikums in Zürich. Hrsg. v. A. Waldner. 33.—40. Bd. Jahrg. 1899—1902. à 52 Nrn. gr. 4. (à ca. 12 S. m. Abbildgn. u. Taf.) Zürich (E. Rascher's Erben). à Jahrg. n. 20. —

— schweizerische. Wochenschrift f. Bau-, Verkehrs- u. Maschinentechnik. Organ des schweizer. Ingenieur- u. Architekten-Vereins u. der Gesellschaft ehemal. Studierender des eidg. Polytechnikums in Zürich. Hrsg. v. A. Waldner. 41.—48. Bd. Jahrg. 1903—1906. à 52 Nrn. (298, 304, 312, 312, 312, 321, 320 u. 317 S. m. Abb. u. 16, 14, 11, 13, 14, 18, 18 u. 15 Taf.) 4. Zürich, (Rascher & Co.) à Jhrg. n. 20. —

— schweizerische. Wochenschr. f. Bau-, Verkehrs- u. Maschinentechnik. Organ des schweiz. Ingenieur- u. Architekten-Vereins u. der Gesellschaft ehemal. Studierender des eidg. Polytechnikums in Zürich. Revue polytechnique. Gegründ. v. A. Waldner. Hrsg.: A. Jegher. Red.: A. Jegher, Carl Jegher. 49.—56. Bd. Jahrg. 1907—1910. à 52 Nrn. (à ca. 16 S. m. Abb. u. Taf.) 32,5×24 cm. Zürich, Rascher & Co. à Jhrg. 20. —

— Schweizerische. Wochenschr. f. Bau-, Verkehrs- u. Maschinentechnik. Hrsg.: A Jegher. 55—60. Bd. J. '10—12 je 52 Nrn. (59. Bd Nr 1: 16 m. Abb. u. 4 Taf.) 32,5×24 cm. Zür., Rascher & Co. je 20 —; einz. Nrn — 80

Bauzeitung
— süddeutsche. Fachorgan f. Baubehörden, Architekten, Ingenieure, Baubetriebsleiter, Baumeister etc. u. alle m. der Baubranche verwandten Gewerbe. Hrsg. v. Adam u. Kraus. Red.: Frdr. Adam. 1. Jahrg. April 1891—März 1892. 52. Nrn. (à ca. 1½ Bog. m. Abbildgn.) gr. 4. München, Adam & Kraus. n. 12. —

—— süddeutsche. Hrsg. v. Adam. 1. Jahrg. Octbr. 1891 — Sptbr. 1892. 52 Nrn. (à Nr. 1½ Bog. m. Abbildgn.) gr. 4. Münch., Verlag d. süddeutschen Bauzeitung. à 12 —

— dasselbe. Red.: Frdr. Meier. 2. Jahrg. April—Dezbr. 1892. 39 Nrn. (à ca. 1½ Bog. m. Abbildgn.) gr. 4. Dachau-München, Franz Mondrion. n. 9. —

— dasselbo. 3. u. 4. Jahrg. 1893. 1894. à 52 Nrn. (à ca. 1½ Bog. m. Abbildgn.) gr. 4. Ebd. à Jahrg. n. 12. —

Bauzeitung, süddeutsche. Fachorg. f. Baubehörden, Architekten, Ingenieure, Baubetriebsleiter, Baumeister etc. u. alle m. d. Baubranche verw. Gewerbe. Unt. Mitwirkg. v. Fachgenossen red. v. H. Steinach 5. Jahrg. 1895. 52 Nrn. (Bog. m. Abb. u. Taf.) gr. 4. München, Süddeutsche Verlags-Anst. München. n. 12. —

— dasselbe. Unt. Mitwirkg. v. Fachgenossen red. v. A. Spenger. 6. Jahrg. 1896. 52 Nrn. (à ca. 1 Bog. m. Abb. u. Taf.) gr. 4. Ebd. n. 6. —; vierteljährl. n. 2. —

— dasselbe. Offic Org. d. bayer. Baugewerks-Berufsgenossensch. i. München. Techn.-commerc. Zeitschrift f. alle Zweige d. Bauwesens. Unt. Mitwirkg. hervorrag. Fachgenossen u. d. Bureaus d. bayer. Baugewerks-Berufsgenossensch. red. v. Frz. Mondrion. 7. Jahrg. 1897. 52 Nrn. (à ca. 1 Bog. m. Abb) gr. 4. Ebd. n. 6. —; vierteljährl. n. 2. —

— dasselbe. 8. Jahrg. 1898. 52 Nrn. (Bog. m. Abb.) gr. 4. Ebd. n. 6. —; halbjährl. n. 3. 50; vierteljährl. n. 2. —

— süddeutsche. Technisch-commerzielle Zeitschrift f. alle Zweige des Bauwesens. Unter Mitwirkg. hervorrag. Fachgenossen red. Schriftleitung: P. Lugscheider. 9.—11. Jahrg. 1899—1901. Mit Gratisbeilage: Anzeiger f. die Holzindustrie. 4.—6. Jahrg. 1899—1902. à 52 Nrn. u. seit 1. IV. ab: Süddeutscher Bauten-Nachweis. 1. Jahrg. 39 Nrn. Fol. (à ca. 8 S. m. Abbildgn.) München, Süddeutsche Verlagsanstalt München. (Nur direkt). à Jahrg. n. 6. —

— dasselbe. Verkündigungsblatt des Münchener Architekten- u. Ingenieur-Vereins. Verkündigungsblatt des württemberg. Vereins f. Baukunde usw. Schriftleitg.: Frz. Zell. 12. Jahrg. 1902. Mit Gratisbeilage: Anzeiger f. die Holzindustrie. 7. Jahrg. 1902. à 52 Nrn. u. Süddeutscher Bauten-Nachweis. Fol. (à ca. 8 S. m. Abb.) Ebd. n. 6. —; halbjährl. n. 3. 50; vierteljährl. n. 2. —

Bauzeitung, süddeutsche. Verkündigungsblatt des bayer. Architekten- u. Ingenieur-Vereins, des württemberg. Vereins f. Baukunde usw. Schriftleitg.: Frz. Zell. 13. u. 14. Jahrg. 1903 u. 1904. Mit Gratisbeilage: Süddeutsche Techniker-Zeitung. 2. u. 3. Jhrg. 1903 u. 1904. Anzeiger für die Holzindustrie. 8. u. 9. Jahrg. 1903 u. 1904. à 52 Nrn. u. Süddeutscher Bauten-Nachweis. (à ca. 12 S. m. Abbildgn.) Fol. München, Süddeutsche Verlagsanstalt. à Jhrg. n. 6. —; halbjährl. n. 3. 50; vierteljährlich n. 2. —

— dasselbe. Verkündigungsblatt des bayer. Architekten- u. Ingenieur-Vereins, des Architekten- u. Ingenieur-Vereins Mannheim-Ludwigshafen, der akadem. Architekten-Vereine München u. Darmstadt usw. Schriftleitung: Frz. Zell. 15. u. 16. Jahrg. 1905 u. 1906. Mit Gratisbeilage: Anzeiger f. die Holzindustrie. 10 u. 11. Jahrg. 1905 u. 1906. à 52 Nrn. u. Süddeutscher Bauten-Nachweis. (à ca. 12 S. m. Abbildgn.) 4. Ebd à Jhrg. n. 10. —

— süddeutsche. Verkündungsblatt d. bayer. Architekten- u. Ingenieur-Vereins, des Architekten- u. Ingenieur-Vereins Mannheim-Ludwigshafen usw. Schriftleitung: Frz. Zell. 17.—20. Jahrg. 1907—1910. Mit Gratisbeilage: Anzeiger f. die Holzindustrie. 11. Jahrg. 1909. 52 Nrn. u. Süddeutscher Bauten-Nachweis. (à ca. 8 u. 4 S. m. Abb.) 34,5×24,5 cm. München, Süddeutsche Verlagsanstalt. à Jhrg. 10. -

— Süddeutsche. Schriftleitg: Frz Zell u. Gust. Steinlein. 20—22. J. '10—12. Mit Gratisbeil.: Anzeiger f. d. Holzindustrie. je 52 Nrn u. Süddeut. Bauten-Nachweis. (Nr 1: 8, 4 u. 1 Bl. m. Abb.) 34,5×25 cm. Münch., Süddeut. Verl.-Anst. viertelj. 2.50; einz. Nrn — 50

— f. Württemberg, Baden, Hessen, Elsass-L. Wochenschr. f. Architektur, Baugewerbe u. Ingenieurwesen. Red.: Adf Fausel, (Fritz Schmidt,) W Klatte. 3—6. J. '06—9 je 52 Nrn. (Nr 1. 8 u. 12 m. Abb.) 33,5×24,5 cm. Stuttg., Deut. Verl.-Anst. Viertelj. 2 – ; einz. Nrn — 40

Bis 1905 u. d. T.: Bauzeitung, württemberg.

— f. Württemberg, Baden, Hessen, Elsass-L. Wochenschr. f. Architektur, Baugewerbe u. Ingenieurwesen. Hrsg. u. Schriftleitg: Adf Fausel. 7—9. J. '10—12. je 52 Nrn. (Nr 1: 8 m. Abb.) 34×24,5 cm. Stuttg., Bauzeitgs-Verl. (durch Koch & Oetinger). viertelj. 2 —; einz. Nrn — 40

— württemberg. Wochenschrift f. Architektur u. d. ges. Baugewerbe. Red.: A Fausel. Techn. Leitg durch d. Pressausschuss: A Woltz. 1. Jahrg. Novbr 1903—Dezbr 1904. 52 Nrn. (802 m. Abb. u. 10 Taf.) 4° Stuttg., Deut. Verl.-Anst. Viertelj. 2 —

— dass. Wochenschrift f. Architektur, Baugewerbe u. Ingenieurwesen. Red.: W Scholter, A Fausel. 2. Jahrg. 1905. 52 Nrn. (Nr. 1. 8 u. 4 m. Abb. u. 1 Taf.) 4° Ebd. Viertelj. 2 —

Bauzenberger, Wilh. Friedr. (Kircho-Teccensis), Animadversiones in ligaturam arteriarum quarundam principalium. Diss. anat.-chir. Präs. J. D. Hofacker. Tübingen (L. Fr. Fues) April 1828. 17 S. (4.50)

Bauzierden. — Bau-Zierden oder kleine Sammlung von Mustern zu Verzierungen an Gebäuden, Geräthschaften und allerley Kunstwerken. Lfg 1. — Nürnberg: Lechner 1820. 8 S., 5 Taf. quer-8° 12:4° A.civ.17m.
13.8307

Bau-Zierden, oder kleine Sammlung von Mustern zu Verzierungen an Gebäuden, Geräthschaften u. allerlei Kunstwerken. 1e u. 2e Lief. qu. Fol. Nürnb. 820. (v. Ebner). 1 Rthlr 2 Gr.

Bauzierden, oder kl. Samml. v. Mustern zu Verzierungen an Gebäuden ꝛc. 2e Liefe. 4. Nürnberg 822. Lechner.

Bau-Zierden, od. kleine Samml. von Mustern zu Verzierungen an Gebäuden, Geräthschaften ꝛc., für Künstler und Werkleute. 3e Lfrg. qu. gr. 4. Nürnberg 833. Lechner (v. Ebner.) 1/2 Rthlr

Bava, Eusebio

— [deutsch] Bericht über die militärischen Operationen im lombardischen Feldzug vom Jahre 1848. Aus d. Ital. von W.S. — Zürich: Schultheß [usw.] 1849. 135 S. 8° 2. 12: Mil. g. 12n. 16. 17. 24. 32. 33. 39. 45. 61. 66. 109. 209. 302.
13.8313

— Der Kampf Italiens gegen Oesterreich im Jahre 1848. Bericht über die Operationen dieses Feldzuges. Übers. mit Beifügung vieler wichtiger Documente u. eigener Bemerkungen von einem k. k. österr. Militär. — Wien: Leo 1850. 135 S. 8° 5. 14. 17. 25. 30. 31. 32. 35. 45. 109. 209. 300: 30.416/46. 302.
13.8314

Bavard: Le Bavard jurassien
① Journal des intérêts bourgeois et autres quelconques ⑤ 1848 ⑦ bimensuel
⑧ Berne ⑫ polito-satirique ⑬ BGSZ. 1, no. 6473.

Bavaresi, Gian Michele: Verfassungs-Urkunde und Gesetze der deutschen Gesellschaft zu – – –. Bekannt gemacht von Dr. Karl Hoffmann ... Aus d. Papieren d. Licentiaten Peperlepep. In th d/teutsche Knittelreime mühsam gebracht von Gian Michele Bavaresi. — [Landshut] 1815. 79 S. 8° 12: Don. Lud. LXII,13. 19. 308.
13.8318

Bavaria [Sachliches OW]

Bavaria. Landes- und Volkskunde des Königreichs Bayern, bearb. von einem Kreise bayerischer Gelehrter (* *Band 4:* Gelehrten). ([Hrg. von] W[ilhelm] H[einrich] Riehl.) 5 Bände [mit Tafeln und Tabellen]. [zu] 2 Abtheilungen. Mit einer Uebersichtskarte des diesseitigen Bayerns in 15 Blättern [nebst einer Karte der Rheinpfalz, in 1 Atlas]. München.

Band 1. Ober- und Niederbayern. 2 Abtheilungen. 8. 1860

Band 2. Oberpfalz und Regensburg Schwaben und Neuburg 2 Abtheilungen.... 8 1863

Band 3. Oberfranken. Mittelfranken. 2 Abtheilungen.... 8 1865.

Band 4 Abtheilung 1: Unterfranken und Aschaffenburg ..; — A. 2: Bayerische Rheinpfalz.. 8. 1866–1867

[Band 5] *u. d. T.:* Topographisch-statistisches Handbuch des Königreichs Bayern, nebst alphabetischem Ortslexikon Nach amtlichen Quellen bearb... [2 Abtheilungen.] 8 1867[–1868].

[Atlas] *u. d. T.:* Karte des Königreiches Bayern diesseits des Rheins in 15 Blättern.... ([Mit einem 16. Blatt als Beigabe:] Die Bayerische Pfalz.) Zur Bavaria... fol. 1860[–1867].

Bavaria. Landes- u. Volkskunde des Königreichs Bayern. Bd 1–5 [nebst] Karte in 15 Bl. — München: Cotta 1860–68. 8° [u.] 4°
1. Ober- u. Niederbayern. Abth. 1.2. 1860.
2. Oberpfalz u. Regensburg. Schwaben u. Neuburg. Abth. 1.2. 1863.
3. Oberfranken. Mittelfranken. Abth. 1.2. 1865.
4,1. Unterfranken u. Aschaffenburg. 1866.
4,2. Bayerische Rheinpfalz. 1867.
5. Heyberger, Josef: Topographisch-statistisches Handbuch d. Königreichs Bayern nebst alphabetischem Ortslexikon ... Bearb. von J. Heyberger, Chr. Schmitt u. v. Wachter. Abth. 1-3. 1867(-68).
In einzelnen Exemplaren fehlen teilweise die Abteilungstitelblätter.
1: 8° [u.] 4° Sf 2688. 2→5. 7→11. 12: 1/4 – Bavar. 196; 5 – Bavar. 1243 a [u.5.] 14→17. 19→25. 27→32. 34. 35. 39. 43. 45. 46. 48. 53. 66. 75. 79. 91. 93. 106. 109. 117. 203. 205. 208→210. 300: 173.465–B–D. 302→305. 308.
13.8319

Bavaria – München : 1873.

Bavaria. – Würzburg: 10.X.1874 - 31.IX.1874.
Vorh. u.d. T.: A b e n d b l a t t , Würzburger.

Bavaria. Lieder der Heimat, für die vaterländ. Jugend gesammelt. 8. (60 S.) München 880, (J. A. Finsterlin.) cart. **

Beautiful Bavaria. (Publ. by the Verein zur Förderung d. Fremdenverkehrs.) — (München [1907]: Gerber.) 43 S. 8°
1: Sf 2752. 61. 66.
13.8320

Bavaria maestum Maximiliani III. Serenissimi Electoris obitum deplorans. — o.O. 1778. 4 Bl. 8°
12: Bavar. 4003–I,3.
13.8321

Bavaria divisa, in tempora. Oder: Catalogus aller Städten, Clöstern, Marcktflecken ... Als ein geograph-astronomischer Anh. zu den Chur-Bayrischen Hof-Calendern hrßg. Von B.S.A. — München 1730: Riedlin. 55 Bl. 8°
1: Sf 2602. 12: Bavar. 2301. 19.
13.8322

Bavaria und die Ruhmeshalle zu München, nebst e. kurzen Beschreibung d. Walhalla bei Donaustauf, unweit Regensburg. — Sulzbach: v. Seidel 1856. 39 S. 8°
Aus: Kalender für katholische Christen. 6.12.16. 1844-56.
12: Bavar. 4088–5. 19.
13.8324

Bavaria sancta. Leben der Heiligen und Seligen des Bayerlandes, bearb. von *Magn. Jocham.* 2 Bde. München 1861—62. Kl. 8°. Hlwdbde.
I X—681 S., 1 Bl. II VI—538 S.

Bavaria sancta sacramentali Jesu devota. Das durch besonderen Eifer dem Allerheiligsten Altars-Sacrament geheiligte Churland Baiern, vorgestellt in e. prächtigsten Proceßion in ... München ... 1768. — [München]: M.M. Mayr [1768]. 8 Bl. 8° 1: Dt 5190. 12: Bavar. 3000–III,3.
13.8325

Bavaria Superior et Inferior cum quatuor Praefecturis juxta recentissimam Designationem ob oculos posita per Matth. Seutter Augusta Vindelic. 1728? 1: 480,000. 1 Bl.

Bavaria vetus et nova exhibita in dramate musico cantatorio anno 1764. Landishuti. V: *Seidl, Johann Bapt.* (Jes)

Bavaria [Schlagwort]
Bavariae Circulus — der ganze Bayrische Kreis nach den neuesten und bewährtesten Hülfs Mitteln. Augsburg im Kunst u. Landkarten Verlag des Joh. Walchs 1796. 1: 530,000. 1 Bl.

Bavariae — Circulus — in suas quasque Ditiones tam cum finitimis, quam insertis Regionibus accuratissime divisus, aeri incisus et venalis expositus à Matthaeo Seutter. Aug. Vind. 1728? 1: 640,000. 1 Bl.

Bavariae Circulus et Electoratus in suasquasque Ditiones tam cum Adjacentibus, quam insertis Regionibus accuratissime divisus per Jo. Bapt. Homannum Norimbergae 1712? 1: 640,000. 1 Bl.

Bavarici — Historia Circuli — nec non finitimarum, ac insertarum Regionum In Mappa exhibita et aeri incisa a Tob. Conrado Lotter. 1: 640,000. 2 Bl.

Bavariae — Mappa Electoratus et Ducatus Superioris et Inferioris — Ducatus Neoburgensis, cum Episcopatibus Frisingensi, Ratisbonensi, Passaviensi et Praepositura Berchtolsgadensi Sub Approbatione seren. Ducis Alberti a Phil. Apiano Matth. Prof. Ingolstad. primum concinnata à Georg Philipp. Finkio Consil. Aul. Secr. aucta nunc vero ad meliores Observat. Astron. in IV. Fol. ad ácta Auspic. Acad. Reg. Scient. Berol. Anno 1765. 1: 260,000. 4 Bl.

Bavariae Pars Inferior tam in sua Regimina generalia quam in eorundem Praefecturas particulares accurate divisa excudentibus Haered. J. Bapt. Homanni. Emendatius edita charta atque novis. Bavariae acquisitionibus aucta 1803. Norimbergae 1: 320,000. 1 Bl.

Bavariae Pars Superior tam in sua Regimina principaliora quam in eorundem Praefecturas particulares accurate divisa excudentibus Haered. J. Bapt. Homanni. Emendatius edita charta atque novis Bavariae acquisitionibus aucta 1803. Norimbergae 1: 380,000. 1 Bl.

Bavariae Regio tempore Romanorum sive Rhaetiae primae et secundae cum parte Norici topographica delineatio, limitem imperii, vias et stationes militares ad Tabulae Peut. Itin. Ant. Notitiae utriusque imperii et vestigiorum novissime repertorum normam continens. München, 1831. Composuit A. Buchner. 1: 1,000,000. 1 Bl.

Bavaricus — Circulus — oder Geographische Grundlegung des Bairischen Craisses sambt angraenzenden Laendern bey Tobias C. Lotter in Augsburg. 1: 580,000. 1 Bl.

Bavaricus. 1817: Briefe aus München. (Verf.: Bavaricus) Berlin: Enslin 1817. 39 S. 8°
Erschien zuerst in: Journal für Deutschland. 8. 1817.
1: Sf 1426. 2. 14. 29.
13.8327

Bavaricus, Altomanus: Patriotische Betrachtungen über des Herrn Heinrich Zschokke's drey Bände Baierischer Geschichten. — o.O. 1818. 42 S. 8°
12: Don. Lud. XXVIII,46.
13.8328

Bavarus. — Bavarus imperterritus patriotae timido. — o.O. [um 1705]. 1 Bl. 4° 12: Cod. germ. 5239/14. 209.
13.8332

Bavarus, Conradus
— Carmen saeculare de Spiritu Sancto ob instaurationem sacrorum a. 1539. Lipsiae coeptam ... a. 1639. ... recitatum. In secundo iubilaeo Lipsiensi. — Lipsiae 1739: Langenheim. XVI S. 8° 24. 41. 45. 117. 303.
13.8337

Bavarus, L.: Eine Uebungsstunde. Lustspiel. — Papenburg: Ems-Zeitung 1903. 26 S. 8° 107. 207.
13.8345

Bavarus, Veridicus: Das Institut der Königl. Baierischen Landärzte in Schutz genommen. — München 1819: Fleischmann. 46 S. 8° 22.
13.8346

Bavay, Charles Victor de
— Troubles des Pays-Bas. Justice criminelle du Duc d'Albe. Discours. — Bruxelles 1855: Devroye. 53 S. 8° 52.
13.8357
— — Bruxelles & Leipzig: Flatau 1855. 53 S. 8°
7. 8. 12: Belg. 289–5. 16. 19. 300: 10.888–B.
13.8358

Baveaux, Franz: Die Kölner Ereignisse vom 3. u. 4. August nebst ihren Folgen. — Mannheim: Zeiler 1846. 88 S. 8° 22.
13.8367

Bavegem, Adh. van: Katalog der hervorragenden Bibliotheken der Herren Adh. van Bavegem und H. Haendcke. Kunstgeschichte, Kupferwerke, Germanistik, Bibliographie, Incunabeln, Geschichte. [Auktionskat.] — Köln 1896: Hassel. 62 S. 8° 14.
13.8368

— Katalog einer ausgezeichneten und reichhaltigen Sammlung von Kupferstichen, Radirungen, Holzschnitten ... etc. aus dem Nachlasse des Herrn Adh. van Bavegem. [Auktionskat.] — Köln 1896: Hassel. 306 S. 8°
7. 12: Art. 392 i–313.
13.8369

Bavelier, Adrien, essai historique sur le droit d'élection et sur les anciennes assemblées représentatives de la France. gr. 8. (VIII, 437 S.) Paris 874. Didot & Co. n. 6. 40

Baevenroth, J. L. C. s. *Baevenroth*, L.

Baevenroth, L.

Bävenroth, J. L. C., Dr. Mart. Luther's kleiner Katechismus, in Fragen u. Antworten erklärt u. mit Bibelstellen u. Liederversen versehen. Zum Gebrauch bei dem Confirmanden-Unterricht. 4e sorgfält. durchges. u. mit Berücksichtigung des neuest. Berliner Gesangbuches veranstaltete Ausg. 8. Berlin 837. (Nicolai'sche Buchh.) n. 1/3 ℛ

Baevenroth, L. [Hrsg.] s. *Luther*, Martin: Kleiner Katechismus. 1837.

— **Königlich preußische gesetzliche Vorschriften wegen des Aufgebotes und der Trauung in der Kurmark Brandenburg für lutherische Civil-Prediger. — Berlin: Nicolai 1815. XII,58 S. 8°** 1: Ft 6252. 10. 41.
9.9867

Bävenroth, J. L. C., königl. Preuß. gesetzl. Vorschriften über Aufgebot und Trauung für evangelische Prediger. 8. Berl. 815. 2e Aufl. mit e. Anh. 820. Nicolai. 16 gℛ

— — **Für evangelische Prediger, zunächst in der Mark Brandenburg. 2. Ausg. [Nebst] Erg. u. Nachtr. — Ebd. 1821–23.**
Vollst. 79.
[= Erg. u. Nachtr.] . 1: Ft 6253. 10. 18. 24. 44. 48.
9.9868

— — **3. Ausg. Ebd. 1851. XII,185 S. 8°**
1: Ft 6254. 2. 11. 18. 41.
9.9869

Bavier *s. auch* Bawier.

Bavier, Ernest de: Japan's Seidenzucht, Seidenhandel und Seiden-Industrie. — Zürich 1874: Orell, Füssli & Co. VIII,103 S. 8° Franz. Ausg. s. *Bavier:* La Sériciculture. 1874.
1: Ox 15930. 83. 89. 106. 205. 206.
13.8390

Bavier, E. de, la sériciculture. Le commerce des soies et des graines et l'industrie de la soie au Japon. gr. in-8. Avec 1 carte et 7 pll. in-fol. Genève et Bâle, H. Georg. 1874 15. —

Bavier, F.U., s. Bawier, Franz Urban

Bavier, G. v. s. *Bawier*, Georg v.

Bavier, H. A., über das schweizerische Steuerwesen. Referat, erstattet an die Jahresversammlung in Chur den 25. Septbr. 1878. gr. 8. (69 S.) Zürich 878, Herzog's Verlag. *
Aus: Schweizerische Zeitschrift für Gemeinnützigkeit, besonders abgedruckt.

Bavier, *Simon* [aus Chur]: Histologie einer breiten weissen Niere ... Würzburg, Druck d. Stahel'schen k. Hof-Buchdr., 1894; 24 S. 8.
Würzburg, Med. Fak., Inaug.-Diss. v. 1894

Bavier, S., die Strassen der Schweiz. Im Auftrag des schweizer. Ingenieur- und Architekten-Vereins bearb. und hrsg. 4. (VI, 158 S. mit 20 lithogr. Taf. und 8 chromolithogr. Karten in Fol.) Zürich 878, Orell, Füssli und Comp. *

— Die Strassen der Schweiz ... mit e. Anh.: Ueber das schweizerische Postwesen. — Zürich: Orell Füssli 1878. VI,153 S. 4° 1: 4° Ru 7194. 3. 7. 16. 17. 24. 25. 35. 82. 83. 84. 88→91. 93. 106. 107. 201. 210. 304.
13.8394

Bavier, Theophil v.: Beispiele aus dem Gebiete des Pumpmaschinenbaues. — Berlin 1900. 13 S. 4°
Aus: Zeitschrift d. Vereines Deutscher Ingenieure. 44. 1900.
210.
13.8395

Bavière [Sachliches OW]

Bavière. — La Bavière et ses deux rois. — (Bamberg: Humann [1860].) 6 S. 8° 12: P.o.gall. 2314–5.
13.8424

Bavière [Schlagwort]

Bavière — Le Duché de — divisé en neuf Cartes géographiques très exactes nouvellement et regulièrment dressées, contenant non seulement les Etats, Seigneuries et Bailliages, qu'il contient, mais aussi celles qui y confinent par le Sr. Buna. J. C. Back sculp. Francfurt am Mayn bey H. Ludw. Broenner. 1: 150,000. 6 Bl.

Bavière Première / Seconde } Feuille de la Carte Générale de — Levée géométriquement, et detaillée topographiquement pour la Minéralogie etc. par le Sr. de St. Michel, Ingénieur. (Das erste Blatt enthält die Umgebungen von München, im zweiten Blatt ist der [illegible] punkt Pfaffenhofen.) (Die Carte Générale wurde [illegible] vollendet.) 1: 86,400. 2 Bl.

Bavinck, Herman
— **[Wijsbegeerte der openbaring, deutsch] Philosophie der Offenbarung. Vorlesungen ‹Stone-lectures› für d. J. 1908. Übers. aus d. Holl. von Hermann Cuntz. — Heidelberg: Winter 1909. V,275 S. 8°**
1: Dd 600. 10. 11. 12: Exeg. 83 l. 15. 16. 19. 21. 28. 29. 211. 800: 469.448–B. 302. 304.
13.8436

— **[Christelijke Wereldbeschouwing, deutsch] Christliche Weltanschauung. Übers. von Hermann Cuntz. — Heidelberg: Winter 1907. IV,79 S. 8°**
Das Original erschien als Univ.-Schrift. Amsterdam 1904.
1: Dc 7668/32. 11. 16. 21. 24. 28. 107. 207. 211. 302.
13.8434

Bavink, Bernhard, a. Leer: Beiträge zur Kenntniß der Magnetischen Influenz in Krystallen. Stuttgart: E. Schweizerbart 1904. (S. 377—466.) 8° ¶ (Aus: N. Jahrbuch f. Mineralogie Beil.-Bd 19.)
Göttingen, Phil. Fak., Ref. Voigt, Diss. v. 28. Okt. 1904
[Geb. 30. Juni 79 Leer in Ostfriesland; Heimatsort: Leer in Ostfriesland; Staatsangeh: Preußen; Vorbildung: Gymn. Leer Reife O. 97; Studium: Bonn 3. Göttingen 6 S.; Rig. 3. März 04.]

Bavink, B: Natürl. u. künstl. Pflanzen- u. Tierstoffe s.a. Aus Natur u. Geisteswelt 187.

— **Natürliche und künstliche Pflanzen- und Tierstoffe. Ein Überblick über d. Fortschritte d. neueren organischen Chemie. — Leipzig: Teubner 1908. 131 S. 8° (Aus Natur u. Geisteswelt. 187.)** 1: Ag 7234/20–187. 5. 12: Var. 348 t–187. 15. 17. 18. 20. 24. 26. 31. 41. 47. 52. 53. 60. 62. 79. 84. 86. 91. 106. 107. 109. 121. 123. 169. 180. 201. 207. 209. 210. 302. 309.
13.8460

Bavoux, Evariste, Alger. Voyage politique et descriptif dans le nord de l'Afrique. II Tomes. gr. in-8. Paris et Leipzig, Brockhaus et Avenarius. n. 5 ℛ

— le Prince Louis jugé par la Chambre des Pairs. gr. in 8. Les mêmes 841. n. 1/4 ℛ

— Philosophie politique, ou de l'ordre moral dans les sociétés humains. II Tomes. gr. in-8. Les mêmes 841. n. 5 ℛ

Bavoux, François Nicolas

Bavoux, ... le Pratisien s.a Praktiker.

[—] [deutsch] Le praticien français oder der französische Practiker ... Durch die Redacteurs der Jurisprudenz des Civil-Gesetzbuchs. Übers. von C. Eigner. Th. 1-5. — Hannover: Hahn 1811-13. 8° 1.2. Neue, unveränd. Ausg. 1811.
1[∞1]: Hr 6145. 4. 24. 35[∞1]. 47[∞1.2.4.5].
13.8501

Bawa, der, oder Vertheidigung der christlichen Lehre gegen die Angriffe gelehrter Hindus, wie sie von Missionaren in Bombay öffentlich gehalten worden. Aus dem Engl. Mit Erklärungen u. Holzschn. (im Text) u. einer Uebersicht der Hindu Mythologie von J. D. Prochnow. Berlin 860. Beck in Comm. (Halle, Fricke.) 8. (IV, 192 S. u. 1 lith. Taf.)
n. 1 ℛ 10 ngr.

Bawa. — Der Bawa, oder Vertheidigung der christlichen Lehre gegen die Angriffe gelehrter Hindus, wie sie von Missionaren in Bombay öffentlich gehalten worden. Aus d. Engl. Mit Erkl. ... u. e. Uebersicht der Hindu-Mythologie von J.D. Prochnow. — Berlin: Missions- u. Frauen-Kranken-Verein; Küntzel & Beck in Comm. [usw.] 1860. IV, 192 S. 8° 1: De 7736. 3. 4. 17. 21. 41. 48.
13.8503

Bawerk, Eugen Böhm –, s. Böhm-Bawerk, Eugen

Baewert, Otto, das Prinzip der Selbstthätigkeit im Rechenunterrichte meiner Kleinen, s.a. Abhandlungen, pädagogische. VII. 2.

Baewert, Otto: Das Prinzip der Selbstthätigkeit im Rechenunterrichte meiner Kleinen. — Bielefeld: Helmich [1902]. S. 34-55. 8° (Pädagogische Abhandlungen. N.F. 7,3.)
1: Nc 3973-N.F. 7,2. 6. 12: Paed. Th. 5 a-7. 207. 309.
9.0873

Bawier, Christian: Drey Deportations-Reden nebst einigen andern kleinen Aufsätzen. — Ulm: Wohler 1802. XVI, 104 S. 8° 29.
13.8509

— Inschrift auf Zwingli's Hütte, zu Wildenhaus im Toggenburg. Nebst e. Rede über d. Frage: Was ist die Religion? Chur: Otto 1818. 56 S. 8° 1: 6 in Cn 21069.
13.8510

Bawier, Christian]. Die schöne und freye Schweiz. Ein Wort an mein Vaterland. Im Wintermonat 1814. [Gedicht.] 4. Chur.

Bawier, Franz Urban
Bavier, F. U., (d. Seecapitans) Reisen u. Begebenheiten. 8. Nürnb, 752. Monath u. K. 10 gr.

Bawier, Franz Urban: Des See-Capitains Franz Urban Bawiers merckwürdige Reisen und Begebenheiten, seine Kriegsdienste zu Lande, Seefahrten nach Ost- und West-indien und endliche Wohlfarth. — Franckfurth [usw.]: Monath 1752. 408 S. 8°
1: Yv 4641. 6. 14. 21. 26. 27. 29. 308.
13.8511

(—) Merkwürdige Seereise nach den beeden Indien, in einer Reihe von ausserordentlichen Begebenheiten. — Frankfurt [usw.]: Monath 1777. 408 S. 8° 17. 41.
13.8512

Bawier, Georg v.: Nekrolog oder Rückerinnerungen an das Leben und Wirken des Peter Heinrich Grünewald. — Aachen: Roschütz in Comm. 1837. 57 S. 8° 1: Au 6896. 62.
13.8513

— Schneeflocken aus Graubünden. Reise- u. Sittenbilder. 2. Aufl. — Düren: Fallenstein 1836. 137 S. 8°
1: Rv 5090. 7.
13.8514

— Des jungen Schweizers Seereise, in humoristisch-pittoresken Schilderungen wahrer Begebenheiten, nebst Skizzen über Korsika. — Cöln: Dümont-Schauberg 1834. 224 S. 8° 1: Pv 6140. 5. 7. 38.
13.8515

(Bawier, Jacob.) Schreiben eines verfolgten Bündner-Patrioten an das Bündnervolk. ([Von] Jakob B. Stäfa ... den 8 Jenner 1799. - [Mit] Nachschrift. Stäfa den 14 Jenner 1799.) 8. *o. O.*

— Vorstellung an seine Mitbündner, über die sogenannte Emigration der Reformirten, aus Unterthanen Landen; nebst Anmerkungen über den 'Unvorgreiflichen Entwurf' und dessen 'Erläuterung'. — Chur [1791]: Otto. 29 S. 8° 19.
13.8517

Bawier, Johann. Kurze und gründliche Beschreibung / Deß weitberühmten heilsammen Saurbrunnen und Bads zu Fideris in dem Thal Prettigöw .... Auß viler beruhmter Medicorum ... Erfahrung / zusammen gezogen / vermehret und verbesseret: Durch J. B. ... 8. Erstlich Gedruckt / zu Banadutz ... 1707. Anjezo aber aufs neue nachgedruckt zu Chur ... 1744.

Bawier, Johann: Beschreibung des heilsammen Allweneüer Schwefel-Bads: Kurz gefasset, u. gestellt nach d. bewehrten Meinung deren ... Herren Johann Bawiers, Joh. Anthonii Grassi, wie auch Herren Meinradi Schwartz ... Von denen letzt-benennten zwey Herren übersehen u. verb. — Chur 1747: Pfeffer. 190 S. 8° 1: Ir 30310.
13.8518

Bawier, Johann Baptista: Weitere Beleuchtung über die Pacht-Geschichte der bündnerischen Landes-Zölle. 1794 s. *Bawier*, Simeon.

Bawier, Konrad: Meditationes quaedam in medicinae universae partes. 42 S., pbd.

Erlangae: (Walther) 1780
(Adversaria argumenti physico-medici, Fasc. 3,9)

[Bawier, Ragut.] Patriotische Betrachtungen über den jetzigen Zustand des Graubündtner-Lands und dessen Unruhen. Dem redlichen Bunds-Mann ... zum Besten und Erläuterung hrg. 4. Freystadt [Ulm] 1764.

Bawier, Simeon: Weitere Beleuchtung über die Pacht-Geschichte der bündnerischen Landes-Zölle. Von Simeon u. Johann Baptista Bawier. — o.O. 1794. 32 S. 8° 19.
13.8519

Bawiers, C.: Drei Deportationsreden, s. Bawier, Christian

Bawli, Jakob [cand. med.]: Syringomyelie und Trauma ... Königsberg i. Pr., Druck v. H. Jaeger, 1896; 2 Bl., 51 S., 2 Bl. 8.
Königsberg, Med. Fak., Inaug.-Diss. v. 29. Juli 1896

Bawli, Jak., Syringomyelie u. Trauma. Diss. gr. 8. (51 S.) Königsberg 896. (W. Koch) n. 1.—

Bawm s. *Baum*.

Bawman s. *Baumann*.

Bawmann s. *Baumann*.

Bawmeister s. *Baumeister*.

Bawmgarten s. *Baumgarten*.

Baw-Ordnung. — Des Herzogthums Würtemberg revidierte Bawordnung, s. Bauordnung

Bawr s. auch *Bauer*.

Bawr, Frau, s. Bawr, Alexandrine Sophie

Bawr, Mme de, s. Bawr, Alexandrine Sophie de

Bawr, Alexandrine Sophie B^me^ **de**

Bawr, Mme. de, s. Bibliothèque française.

Bawr, Mme de, Cäcilie. Denkwürdigkeiten einer reichen Erbin, s.a. Bibliothek der besten engl. und franzöf. Romane.

— [deutsch] Cäcilie. Denkwürdigkeiten einer reichen Erbin. Frei nach d. Engl. d. Miß Burney. Th. 1-5. — Leipzig: Wigand 1853. 8° (Bibliothek d. besten englischen u. französischen Romane. 1/5.)
1:X 8318-1/5. 12:P. o. angl. 561e.
13.8527

— [deutsch] Das Ehrenfräulein. Historischer Roman. (1572.) Von d. Generalin Bauer. Uebers. von Fanny Tarnow. Bd 1.2. — Leipzig: Kollmann 1842. 8° 11. 33.
13.8534

— [Ausz., deutsch] Zwei Erzählungen. Bearb. von Friedrich Pitt. — Dresden [usw.]: Arnold 1835. 156 S. 8° (Exoteren. 1835, Dez.) 14.
13.8546

v. Bawr, Frau, zwei Erzählungen. Nach d. Franz. bearb. von Fr. Pitt. gr. 16. Dresden u. Leipzig 836. Arnold. 2/3 ß

Bawr, Mme. de, une existence parisienne. 2 Vols. (Bibliothèque choisie. Vols. 501 et 502.) 16. (311 S.) Naumburg 862, Pätz.

— [deutsch] Die Familie Flavy. Von d. Generalin Bauer. Uebers. von Fanny Tarnow. Th. 1.2. — Leipzig: Kollmann 1839. 8° 11. 44.
13.8537

— [deutsch] Eine Geldheirath. Roman aus d. 18. Jh. von Frau v. Bauer. Übers. von F. Heine. Bd 1.2. — Leipzig: Kollmann 1849. 8° 11.
13.8541

v. Bawr, Frau, Geschichte d. Musik, für Freunde dieser Kunst. Nach d. Französ. frei bearbeitet von A. Lewald. Mit 1 Kpf. u. 1 Musik-Beil. 8. Nürnb. 825. Haubenstricker. 1 ß 3 ℊ

— [deutsch] Geschichte der Musik. Frei bearb. von August Lewald. — Nürnberg: Haubenstricker 1826. XVI, 192 S. 8° 1:Mus. Cb 159. 3. 6. 10. 12:Mus. Th. 289. 17. 23. 24. 117. 302.
13.8539

— die Krankenwärterin, f. Franzosen, die, der neuesten Zeit.

Bawr s.a Lewald.

[—] [deutsch] Liebestand und Liebesernst. Ein Roman. (Verf.: Mme de B*; [Übers.: Gottlob Heinrich Adolf Wagner].) — Jena: A. Schmid 1817. 252 S. 8° 7. 39.
13.8524

— Un Mariage de finance. Roman du 18. siècle. T. 1.2. — Bruxelles [usw.]: Meline, Cans & Cie; Leipzig: Meline 1847. 8° 12:P. o. gall. 2402 h. 33.
13.8540

— [deutsch] Unter der Maske ... Lustspiel. Frei übertr. ... u. ... bearb. von Anton Bing. — Frankfurt a. M. 1881. 18 S. 8° (Dramen-Album. Beil. zur 'Wochen-Rundschau für dramatische Kunst, Literatur u. Musik'. 2,40/45.)
30. 31. 32. 304.
13.8573

— [deutsch] Novellen. Übertr. von Alice Salzbrunn. Frankfurt a. M.: Foesser 1880. 227 S. 8° 17.
13.8545

Bawr, Mme de: Michel Perrin (E Tournier). s.: Prosateurs franç.

— la pièce de cent sous, hrsg. v. J. Wychgram, s.: Prosateurs français. 90. Lfg.

—— Robert, s. Schulbibliothek, französ. u. engl.

de Bawr, Mme., Robertine, s.a. Bibliothèque Française, tome 3.

—— Robertine, s.a. Bibliothèque franç. p. C Zoller.

—— Robertine. Deutsch v. Fanny Tarnow. 8. (19 B.) Leipzig 815, Kollmann.

— — Stuttgart: Hallberger 1850. 161 S. 8° (Bibliothèque française. 3.) 1:Xy 12078/110. 24. 75. 169.
13.8559

— — 2. éd. Ebd. 1856. 159 S. 8° [(Bibliothèque française. 3.)] 18. 30. 41.
13.8560

— — 3. éd. Ebd. 1864. 159 S. 8° [(Bibliothèque française. 3.)] 10. 38. 41. 46. 60. 79. 123.
13.8561

—— Robertine. Erzählg f. d. reif. weibl. Jugend. Nach d. Franz. frei bearb. v. C Michael. 8. (138 m. Illustr.) Lpzg 80, Spamer. n. 2. 50; geb. n. 4. —

— Robertine. Erzählg. f. d. reif. weibl. Jugend. N. d. Franz. frei bearb. v. C. Michael. Wohlf. [Titel-]Ausg. M. 5 Tonbild., eingedr. Ill. :c. :c. gr. 8. (VI, 138 S.) Leipzig (880) 898. O. Spamer. n. 2. —; geb. in Leinw. n. 2. 50

Bawr, Mme. de, la suite d'un Bal masqué s.a. Sammlung neuer französ. Schauspiele.

— La suite d'un bal masqué, s.a. Théâtre Français. Série VIII. Nr. 48.

de Bawr, Mad., la suite d'un bal masqué, s.a. Théâtre français par Schütz. IV. Série. No. 4.

— La Suite d'un bal masqué, comédie. Berlin: Schlesinger 1830. 45 S. 8° (Répertoire du Théâtre français à Berlin. 39.) 1:Xv 1966-39. 5. 7. 11. 15. 18. 25. 33.
13.8570

— — Enrichie de remarques pour faciliter l'étude de la langue française par Ch. Schulze. — Berlin: Nauck 1831. XIV, 92 S. 8° (Sammlung neuer französischer Schauspiele mit umfassenden Erläuterungen.) 1:Xw 7290.
13.8571

— — Berlin: Schlesinger [usw.] 1847. 45 S. 8° (Théâtre français. Sér. 8, Livr. 5 [vielm. 6] - Nr 48.) 10. 11. 25.
13.8572

Bawr, Friedrich Wilhelm v. s. *Bauer.*

Bax, A. E. Richard s. *Bax*, Richard.

Bax, Casp., s. Bax, Kasp.

Bax, D., Responsio ad quaestionem: Si singula corpora solida, Tetraëdrum, Hexaëdrum vel Cubus, Octaëdrum, Icosaëdrum, inscribantur sphaerae etc. praemio ornata. 4 maj. Lugd. B. 818. (Leipz., Weigel). 8 ℊ

Bax, Dirk, prakt. Arzt: Zur operativen Behandlung der angeborenen Blasenspalte durch Ureterenimplantation in den Darm. *Königsberg i. Pr. 1899: L. Krause & Ewerlien.* (82 S.) 8° Königsberg, Med. Diss. v. 3. März 1899

Bax, Ernest Belfort

Bax, E. Belfort, s.: Frauen-Privilegien, gesetzliche, in England.

Bax, Kasp., de naturae simplicitate in Euripidis Oreste; Disputatio. 8 maj. Trajecti ad Rhenum 817. (Leipz., Weidmann). 18 ℊ

Bax, Richard

Bax, Rich.: Anleitg z. Erkennen u. Behandeln v. Hundekrankh. durch Laien. (7, 182 m. Abb. u. 1 farb. Taf.) gr8° Cöth., P Schettler's Erben '12. 3 —; L n 4.50 d

Der deutschen Sprache ein rein deutsches, einfaches und passendes Kleid! Volksorthographie auf phonet. Grundlage. Strenge Durchführg d. Hauptregel: 'Schreibe, wie du richtig hochdeutsch sprichst!' Von Richard Bax. *Frankfurt a. M.: Gebr. Knauer 1897.* (102 S.) 1 Bd 8. [97 6518]

Bax, Rich., **Methodik** d. Deutsch-Unterrichts. Theoretische Unterweisg. in folgerechter Orthographie, orientierend f. Seminaristen u. Lehrer. gr. 8. (VIII, 59 S.) Erfurt 891. Leipzig, Bacmeister's Verl. n. 1. 50

Bax, R, Methodik d. Deutsch-Unterrichts. Theoret. Unterweisg in folgerechter Orthographie 8° (59) Erf. 91. Nord., D Soltau. 1.50

— **Zur Reform** der Orthographie. — Danzig: Axt 1888. 31 S. 8° 1:Ya 8574. 10.
13.8616

— **Schutz** den Vögeln! Ein Mahnruf an jung u. alt. — Danzig: Axt 1891. 20 S. 8° 52. 207.
13.8617

— vereinfachte **Volksorthographie.** Blicke auf orthograph. Mängel u. Winke zur Beseitigg. derselben. In gedrängter Kürze dargestellt. gr. 8. (22 S.) Erfurt 891. Leipzig, Bacmeister's Verl. n. — 60

— vereinfachte Volksorthographie. Blicke auf orthograph. Mängel u. Winke z. Beseitigg derselben. 8° (22) Erf. 91. Nord., D Soltau. — 60

— **Vorschläge** zur Reform der deutschen Orthographie nach den Grundsätzen der Phonetik. gr. 8. (VIII, 133 S.) Leipzig 891. Fr. Geissler. n. 2. —

Baxman: Die Politik der Päpste . . ., s. Baxmann, Rudolf

Baxmann, Emil, aus Cöthen ⟨Anh.⟩: Middletons Lustspiel 'The Widow' und Boccaccios 'Il Decamerone' III, 3 und II, 2. *Halle a. S. 1904: (Cöthen, P. Schettlers Erben.)* (40 S.) 8° Halle, Phil. Diss. v. 1904

Baxmann, G: Niedersachsen-Liederbuch s: Volksbücher, Hannoversche, Henniger. K.

Baxmann, J.H.

Karte der Elbe von Nesshaken bis Stoltenhorn. Extrahirt aus der Charte des Elb-Stromes von Hamburg bis Blankenese von J. H. Baxmann. 1783 o. O. u J Lithographie 1 Bl. 4°, 26:36 cm.

Baxmann, Johann Philipp: Natalitia Gaudia ... Augusti Wilhelmi Ducis Brunsvicensium et Luneburgensium regnantis &c. &c. communi totius orbis Brunsvigii hilaritate die 8. mens. Martii 1725 rite celebrata humillimo subiectissimoque animo admirari voluit Joh. Phil. Baxmann. — Helmstadii [1725]: Schnorr. 2 Bl. 4° 35.
13.8649

Baxmann, M: Der prakt. Elsenb.-Werkstättenbeamte, s.: Ziem, F.

Baxmann, Marie, Für und Wider. Ein Beitrag zur Frauenfrage in 5 Akten. 8°. Leipzig, Verlag f. Literatur, 1909.

Baxmann, Otto: Luise, Königin von Preußen. Dramatisches Gedicht. — Berlin: Bibliogr. Anst. [um 1895]. 157 S. 8° 28. 109.
13.8650

Baxmann, Rudolf: Schleiermacher's Anfänge im Schriftstellern. Eine historische Skizze. — Bonn: Marcus 1864. 58 S. 8° 1:Av 11561. 5. 7. 8. 10. 11. 12:H. lit. P. 33 i. 14. 16. 24. 28. 31. 45. 46. 48. 51. 79. 109. 169. 207. 300:154.230–B.
13.8651

Baxmann, Rud., Philippi Melanthonis epistulae tres, nunc primum editae et commentario instructae. gr. 4. (20 S.) Wittenberg 860, Herrosé. *

Baxmann, Rud., über die **Grenzen** protestantischer Lehrfreiheit auf Kanzel u. Katheder. Ein Vortrag gehalten auf der Pastoralconferenz in Neuwied am 19. Octbr. 1865. Bonn 865. Marcus. gr. 8. (52 S.) 7½ ngr

— **Die Politik** der Päpste von Gregor I. bis auf Gregor VII. Th. 1. 2. — Elberfeld: Friderichs 1868–69. 8° 1:Cd 3095. 2→11. 12:H. eccl. 102 pm. 14→21. 24→30. 32. 34. 35. 38. 39. 44. 45. 46. 48. 60. 61. 62. 66. 79. 203. 300:74.572–B. 302. 304.
13.8653

— **Friedrich Schleiermacher.** Sein Leben u. sein Wirken. Für d. deutsche Volk dargest. — Elberfeld: Friderichs 1868. 160 S. 8° 1:Av 11536 [u.] 5 in Av 11520. 2. 5. 8. 10. 12:Biogr. 1060 tgm. 14. 17. 18. 29. 43. 46. 47. 51. 79. 109. 169.
13.8654

— — 2. Aufl. Ebd. 1868. 160 S. 8° 4. 11. 15. 26. 27. 28. 30. 41. 44. 62. 169.
13.8655

Baxt, N. s. *Baxt,* Woldemar.

Baxt, Woldemar

Baxt, Dr. Wold., die Reizung der Hautnerven durch verdünnte Schwefelsäure. 23 Stn. 8. Bern, Huber & Co. **1873** —. 80

Baxt, Woldemar: Über die Stellung des nervus vagus zum nervus accelerans cordis von N. [!] Baxt. — (Leipzig) 1876. 50 S. 8°
Aus: Berichte über d. Verhandlungen d. Königlich Sächsischen Gesellschaft d. Wissenschaften zu Leipzig. Math.-phys. Cl. 27. 1875. 16. 38 M. 202.
13.8656

Baxt Woldemar, Dr · Über die physiologische Wirkung einiger Opium-Alkaloide S 56. II. 189 . . . . vgr.
Separatabdruck

Baxter, D. W. C., **Handbuch** der Freiwilligen, welches eine vollkommene Anweisung für den Recruten in den Schulen der Soldaten und der Truppe enthält. Mit 100 Zeichnungen der verschiedenen Stellungen bei den Wendungen, Gewehrgriffen, dem Laden und dem Feuern. Geordnet nach Scott's System der Infanterie-Taktik. 8. (124 S. mit eingedr. Holzschn.) Philadelphia 861, (Schäfer und Koradi.) *

Baxter, Edward: Englischer Dampf-Trichter, wodurch jedem die englische Sprache in drei Lektionen eingegossen wird. — Wien: Schmidl & Klang 1839. X, 192 S. 8° 302. 308.
13.8665

Baxter Esqr., Edw., **newest** German and English Dialogues with the Pronunciation of each word etc. A. u. d. T.: Neueste teutsche und engl. Gespräche, mit gegenüberstehender vollständiger Aussprache, Zeile für Zeile, Wort für Wort, Silbe für Silbe, ohne Ziffern in teutschen Buchstaben, jedoch mit möglichst genauer Bezeichnung der Mitteltöne der Vokale; nach den anerkannt besten Orthoëpisten Englands u. Teutschlands, sammt einem Pantheon berühmter Briten ꝛc.; zugleich e. Fortsetzung des engl. Dampf-Trichters. (In zwanglosen Hftn.) 4 Hfte. qu. 8. Wien 839 u. 40. Klang. (Leipzig, Herbig.) 1¾ ℛ︀ℊ︀
Jedes Heft einzeln 5/12 ℛ︀ℊ︀

— **Neueste teutsche und englische Gespräche,** mit gegenüberstehender vollständiger Aussprache. H. 1–4. — Wien: Schmidl & Klang (2–4: Klang) 1840. quer-8°
Nebent.: Newest German and English dialogues with the pronunciation of each word. 302.
13.8666

Baxter, Elizabeth

Baxter, Frau Mary, die **Absicht Gottes,** wenn Er uns Krankheit schickt. Ins Deutsche übertragen v. A. W. (14 S.) kl. 8. Leipzig 905. M. Költz. n. — 10

— **Alle** eure **Sorge** werfet auf Ihn, 1. Petri 5, 7. Philipper 4, 4—7 u. Heiligt Krankheit? Joh. 17, 1—19. Ins Deutsche übertr. v. A. W. (16 S.) kl. 8. Leipzig 907. M. Költz. — 10

— der **Leib** dem Herrn u. der Herr dem Leibe, 1. Korinther 3, 16, u. Was ist das eigene Ich? Ins Deutsche übertr. v. A. W. (16 S.) kl. 8. Ebd. 905. n. — 10

— ob es wohl Gottes Wille ist? u. Gott will unsere Heiligung. Ins Deutsche übertr. v. A. W. (16 S.) kl. 8. Ebd. 905. n. — 10

-- redet der hl. Geist v. sich selber? Aus dem Engl. übers. v. Th. Christlieb. Mit e. Vorwort v. E. Schrenk. 1.—3. Taus. (14 S.) 16. Barmen (906). Buchh. des Johanneums. n.n. — 10

— Redet der hl. Geist v. sich selber? Aus dem Engl. übers. v. Th. Christlieb. Mit e. Vorwort v. E. Schrenk. 4.—6. Taus. (14 S.) 16. Barmen 907. Buchh. des Johanneums. nn — 10

Baxter, Frau M., Gottes Seite beim Gebet. Ins Deutsche übertr. v. A. W. (12 S.) kl. 8. Leipzig 907. M. Kölz. — 10

— was wir haben und worauf wir hoffen, Römer 8, 14—28, u. Empfindlichkeit u. ihre Heilung, Eph. 6, 10—20. Ins Deutsche übertr. v. A. W. (16 S.) kl. 8. Ebd. 905. n. — 10

Baxter, Frau M: Sein letztes Wort. Bibelstudien in d. Offenbarg. Uebers. v. Gräfin L Groeben. 8° (308) Frankf. a/M. 97, J Schergens. 1.50; geb. 2.50

— [deutsch] Sein letztes Wort. Bibelstudien in d. Offenbarung. Frau M. Baxter. Uebers. von L. Groeben. (2. Aufl.) Frankfurt a. M.: Schergens 1897. VIII, 308 S. 8° 1:Bt 17528. 29. 61.
13.8668

Baxter, Florus R.: Cylinder- und Maschinen-Oele. (Verf.: Florus R. Baxter.) Vortrag. — Hamburg: Deutsche Vacuum Oil Co. [1908]. 42 S. 8°
Nebent.: Erdoel. 1:Op 2199. 16. 89. 90. 91. 210.
13.8670

Baxter, Frau L., e. Ansprache 12. (16 S.) Gernsbach 883. Christl. Colportage-Verein. n. — 10

Baxter, M. 1881 s. *Baxter*, Michael Paget.

Baxter, Frau M., s. B a x t e r, Elizabeth

Baxter, Mrs. M. 1896 s. *Baxter*, Elizabeth.

Baxter, Frau Mary, s. B a x t e r, Elizabeth

Baxter, Michael M. s. *Baxter*, Michael Paget.

Baxter, Michael Paget

— [15 predicted Events from 1892 until the end of this age on April 11, 1901, deutsch] Das Ende unseres Geschlechtes am 11. April 1901 und fünfzehn große Ereignisse, von 1892 bis 1901. — Berlin: Devrient [in Komm.] [usw.] [um 1890]. 32 S. 8° 14. 41. 47.
13.8692

—— Leipzig: Milde [in Komm.] [usw.] [um 1890]. 32 S. 8° 14.
13.8693

—— Berlin: Schenk [in Komm.] [usw.] [1891]. 32 S. 8° 29.
13.8694

— [deutsch] Ende unseres Weltalters um das Ende unseres 19ten Jahrhunderts und die letzte Woche desselben, (die Passah-Woche). 1888 in: *Baxter:* Zwei Flugschriften [Coming Wars & great events, deutsch].

— Große Ereignisse von 1897 bis 1908 und Ende unseres Geschlechtes am 23. April 1908. — Berlin: Devrient [in Komm.] [usw.] [um 1895]. 32 S. 8° 14.
13.8695

— Zwei Flugschriften. Neue, vergrößerte Ausg. 1888. 1. Die bevorstehenden Kriege und großen Ereignisse und neun Zeichen der herannahenden Endkrisis ... 2. Das Ende unseres Weltalters am 11. April 1901. — Bonn: Schergens [usw.] (1888). 153, V S. 8°
Sondert.: Baxter: Ende unseres Weltalters um das Ende unseres 19. Jahrhunderts u. die letzte Woche desselben, (die Passah-Woche) [End of this age about the end of this century, deutsch]. London; Bonn [usw.] o. J. 1:Na 9778. 5. 18. 29.
13.8699

Baxter, M. Die bevorstehenden Kriege u. großen Ereignisse u. 9 Zeichen d. herannahenden Endkrisis. Das Ende unseres Weltalters am 11. Apr. 1901. Zwei Flugschriften. Neue vergrößerte Ausg. 1888. 8. (159 S.) Bonn, (Schergens). — 50

Baxter, M., die bevorstehenden Kriege u. großen Ereignisse u. 9 Zeichen der herannahenden Endkrisis. Das Ende unseres Weltalters am 11. Apr. 1901. Zwei Flugschriften. Neue vergrößerte Ausg. 1888. 8. (159 S.) Bonn 889. (Schergens.) n. — 50

— [deutsch] Die zu erwartenden Kriege, andere wichtige Ereignisse und zehn Zeichen der herannahenden Endkrisis. Bonn [usw.]: Schergens [1881]. 71 S. 8° 12: Exeg. 1309 w. 24.
13.8697

—— Ebd. [1881]. 72 S. 8° 1:Na 9776. 5. 17. 29. 30. 52.
13.8698

Baxter, M., die sieben Siegel der Offenbarung Johannis, oder die Erfüllung der Weissagungen der Propheten über die kommenden Wunder. Nebst Beweisstellen aus den Werken von Erzbischof Cyprianus, Herzog Georg v. Manchester, Lord Congleton rc. Frei nach dem Engl. 8. (889 S. mit 18 großen eingedr. Holzschn.-Illustr.) Philadelphia 877, (Schäfer und Koradi.) geb.

Baxter, Richard

— [Vorr.] s. *Alleine*, Joseph: Evangelischer Bußprediger [An Alarm to unconverted sinners, deutsch]. 1838.
Selbständige deutsche Ausg. d. Vorrede s. *Baxter:* Vorrede zu Alleine's Evangelischem Bußprediger. 1840.

— Anleitung zum inneren Leben der Christen. Aus d. Engl. von Ed. Wilh. Theod. Kuntze. Th. 1-3. — Berlin: Bethge 1835-36. 8°
1. Zuruf an Unbekehrte. 1835.
2. Unterweisung für schwache Christen. 1836.
3. Darstellung des wahren, vollendeten Christen. 1836.
1:Es 14150. 8[= 1.2]. 11. 15. 18. 33[= 3].
13.8710

— Anleitungen und Anmahnungen zu einer rechtschaffenen Bekehrung. Übers. von Johann Caspar Sommer. Nebst e. Vorr. Gottfried Kleiners. — Breßlau [usw.]: Hubert 1749. 460 S. 8° 24. 41. 78. 303.
13.8800

Baxter, Rich., Anleit. u. Anmahn. z. e. rechtschafn. Bekehrung. 8. Breslau, Meyer. 749.

[—] R. B. Anweisung zur Seligkeit, für Junge und Alte. Aus d. Engl. übers. — Basel: Brandmüller 1729. 326 S. 8° 24. 111.
13.8723

— Aufruf an Unbekehrte. Wohlfeile Ausg. Reutlingen: Mäcken 1836. 126 S. 8° 12: Asc. 392 bz. 24.
13.8751

— Aufruf an Unbekehrte. Neu aus d. Engl. übersetzt. Wohlf. Ausg. gr. 8. Reutlingen 836. Mäcken jun. 5/12 ß

— Beweise aus der Schrift, daß kein Unheiliger in die ewige Ruhe eingeht. (8. Aufl.) — Berlin (1884). 4 S. 8° ([Traktate der] Deutschen Evangelischen Buch- u. Tractatgesellschaft. 20.) 1:Cv 52148-20.
13.8730

— [The Mischiefs of self-ignorance, deutsch] Drey Bücher von der wahren Selbst-Erkäntniß. — Hamburg: Fickweiler [usw.] 1726. 670 S. 8° 1:Da 4270. 23. 24. 27. 28. 34. 41.
13.8853

—— Hamburg: Brandt 1742. 670 S. 8° 1:8° Bibl. Diez 5838.
13.8854

— Er du paa Veien til Himlen? Hamborg 1857. 20 S. 8° (Nedersaxisk Selskab til Udbredelse af christelige Opbyggelsesskrifter. 212.) 18.
13.8906

—— Ebd. 1862. 20 S. 8° (Nedersaxisk Selskab til Udbredelse af christelige Opbyggelsesskrifter. 212.) 18.
13.8907

Baxter, Rich., der sichere Führer des Menschen zum Himmel. Unterredungen eines Lehrers mit einem Schüler. Aus dem Werke „Des armen Mannes Haus-Buch.“ Aus dem Engl. übersetzt von Jh. Hnr. Ldw. Schröder. 1. 2. Hft. (Die 1. 8. Unterredung enthaltend.) 8. Berlin 841, 42, Wohlgemuth's Buchh. 1. n. 1/4 ℛ 2. n. 1/3 ℛ

— [Obedient Patience, deutsch] Geduld in Leiden … Übers. von Ed. Wilh. Theod. Kuntze. — Berlin : Bethge 1841. 222 S. 8° 1:Da 3290. 11. 28.
13.8874

— Geht's mit mir dem Himmel zu? Barmen 1848: Steinhaus. 24 S. 8° ([Schriften der] Tractat-Gesellschaft im Wupperthale. 337.) 1:Cv 52040–337.
13.8915

— — Basel: Marriot [um 1850]. 20 S. 8° 29.
13.8916

— Geht's mit mir dem Himmel zu? ([Hamburg um 1860]: Persiehl.) 18 S. 8° ([Traktate der] Niedersächsischen Gesellschaft zur Verbreitung christlicher Erbauungsschriften. 212.) 18.
13.8924

— Der evangelische Geistliche. Ermahnungen an Prediger. [Übers.: Otto v. Gerlach.] — Berlin: Eichler 1833. XXIV,197 S. 8°
1:Dp 1024. 8. 9. 11. 15. 18. 21. 26. 28. 44. 79.
13.8827

— der evangel. Geistliche. Ermahnungen an Prediger, ihr Amt im Geist und in der Kraft des Herrn zu führen. Aus d. Engl. nach der Ausg. v. 1829 übers. 8. Berlin 833. Eichler, jetzt Thome. 1/2 ℛ 2e Aufl. 8. Ebd. 833. 3/4 ℛ Für die Besitzer der 1. Aufl. ist daraus apart abgedr.: Rich. Baxter's Leben. 8. Ebd. 834. 1/6 ℛ

— — [Übers.: Otto v. Gerlach.] 2., nach d. Orig. verb., mit e. Lebensbeschreibung d. Verf. verm. Aufl. — Ebd. 1834. XI,84,212 S. 8°
1:Dp 1024². 6. 15. 17. 22. 23. 29. 33. 41. 47.
13.8828

— Der evangelische Geistliche. Eine Pastoraltheologie. Aus d. Engl. von Gustav Plieninger. — Reutlingen: Mäcken 1837. VIII,226 S. 8° 3. 15. 21. 24. 29. 43.
13.8829

— Der evangel. Geistliche. Gött. 1838. Var. IX. 8.

— Geschichten aus der Geisterwelt, als Beweise für das Daseyn einer solchen. Von Richard Baxter, und: Die Wunder der unsichtbaren Welt von Cotton Mather. Übers. von Eduard Binder. Mit e. Vorr. von Justinus Kerner. — Reutlingen: Enßlin & Laiblin 1838. X,158 S. 8° 24.
13.8772

Baxter, Rich., Gewißheit der Christen, gründlich erwiesen. 8. Nürnb. 755. Monath u. K. 6 gr

— [deutsch] Die Gewißheit der Geister gründlich dargethan durch unlaugbare Historien von Erscheinungen, Würckungen, Zaubereyen, Stimmen, &c. — Nürnberg: Monaht [um 1730]. 255 S. 8°
1:2 an N 51–3. 10. 12:Phys.m. 15. 19. 20. 24. 25. 26. 28. 31. 39. 41. 60. 304.
13.8769

— — Nürnberg: Monath 1731. 255 S. 8°
1:8° Bibl. Diez 5712 [u.] 3 in Es 14163–2. 9. 14. 32. 36. 106. 300: 21 Z 16.
13.8770

— Gewißheit der Geister gründlich erwiesen durch unlaugbare Historien von Erscheinungen, Wirkungen, Zaubereyen, Stimmen, und dergleichen. — Ebd. 1755. 255 S. 8°
12:Phys.m. 15 a. 17. 24. 29. 66. 111. 303.
13.8771

— [deutsch] Gildas Salvianus oder Pflichten des heiligen Prediger-Standes … Nebst e. Vorr. Adam Rechenbergs hrsg. von S. A. M. — Franckfurt [usw.]: Bielcke 1716. 405 S. 8° 1:Dp 1018. 14. 19. 21. 24. 29. 32. 41.
13.8826

— [Ausz., deutsch] Die Grundbedingung einer erfolgreichen Amtsthätigkeit. Mahnruf an evangelische Geistliche von neuem dargeboten mit e. Vorr. des Generalsuperintendent D. Braun. — Westend-Berlin: Faber 1897. 79 S. 8° 1:Dp 1026. 11. 18. 28.
Jetzt: Berlin, Deutsche Ev. Buch- u. Tractatges. 13.8832

— Ein Heiliger oder ein Vieh. Das ist: Eine Abbildung des elenden Standes derer ohne Gott und Heiligkeit lebenden Menschen. [Übers.: Johann Deusing.] — Franckfurth: Hartung 1716. 636 S. 8°
1:Es 14158 [u.] 8° Bibl. Diez 5772. 3. 17. 23. 27. 41.
13.8943

— — Nunmehro aber aufs neue durchges. u. verb. Königsberg 1745: Dorn. 680 S. 8° 10. 14. 33. 44. 214.
13.8944

— [Ausz., deutsch] Ein Heiliger oder ein Vieh. Culm [usw.]: Lohde 1839. 8 S. 8° (Auszüge aus alten Schriften. 3.) 1:8 in Eq 2–1. 10.
13.8947

— — Übers. von Joh. Heinr. Ludw. Schröder. Bdch. 1. 2. Berlin: Wohlgemuth 1841–42. 8°
1[=2]:Es 14160–1. 10. 15.
13.8945

— — Bdch. 1. 2. Thorn: Lohde 1841–42. 8°
1[=1]:Es 14160–2. 27.
13.8946

— Jesus. Wer ist er? Namen, Titel u. Charakterbilder des Sohnes Gottes: Jesus Christus, unseres Herrn, in ihrer Verschiedenheit, nach der Schrift. Aus d. Engl. durch v. S. R. — Basel: Spittler [um 1870]. 28 S. 8° 1:Cx 7462.
13.8836

— Jetzt oder nie. Aus d. Engl. von Ed. Wilh. Theod. Kuntze. Berlin: Bethge 1837. X,163 S. 8° 1:Es 14134. 3. 11. 33.
13.8868

Baxter, Rich., Jetzt od. nie. Das Eine, was noth ist od. Maria's Wahl. Aus dem Engl. 3. Aufl. Hrsg. v. W. Claus. 8. (137 S.) Karlsruhe 884. Reuther. n. 1. —

— [The true Catholick and catholick Church, deutsch] Die wahre Kirche in allen Secten. Oder die wahre catholische Kirche, nach ihrer eigentlichen Natur u. Beschaffenheit beschrieben. Nebst des seel. Autoris Ehren-Gedächtniß, welches ihm … von William Bates aufgerichtet. Übers. … von Jo. Georg. Pritio. — Franckfurth: Wintzer 1721. 260,228 [vielm. 128] S. 8°
Sondert.: Bates, William: Des Ehrwürdigen … Hrn. Richard Baxters … Ehren-Gedächtniß, welches ihm … so wol in einer Leichen-Rede, als beygefügtem Lobspruche aufgerichtet worden [A Funeral-Sermon, deutsch]. Ins Teutsche gebracht von Jo. Georgio Pritio. 2. Aufl.
1:Dh 6060 [u.] an Es 14156. 8. 10. 12:Polem. 177. 14. 23. 24. 25. 28. 33. 41.
13.8767

— Die Creutzigung der Welt durch das Creutz Christi und das Rühmen eines Christen … Anjetzo … aufs neue … übers. u. nebst e. Vorr. hrsg. von M. Th. G. S. S. Th. C. — Leipzig: Georgi 1736. 430 S. 8° 9. 18. 41. 111.
13.8789

Baxter, Richard. Sein Leben u. Wirken nebst einigen ausgew. Stellen sein. Schriften. Nach d. Engl. v. Karl Christ. Gtlieb. Schmidt. 8. (0 B.) Leipzig 843, Hinrichssche Buchh.

— [True Christianity: Or, Christs absolute dominion, and mans necessary selfe-resignation and subjection, deutsch] Lehre von dem wahren Christenthum in 2 besondern Abhandlungen verfasset, und nebst eben desselbigen Betrachtung von der gar gemein gewordenen Verachtung Christi. — Jena: Cuno 1746. 336 S. 8°
27. 32. 39.
13.8775

— [deutsch] Nun oder niemahls. Hamburg: Guht 1676. 380 S. 8° 18. 23. 34. 35.
13.8863

— — Lübeck [usw.]: Wiedemeyer 1702. 356 S. 8°
14. 27. 41. 48. 75.
13.8866

— Nun oder niemahls. Jetzo von neuem übersehen ... Wegen fast gleicher Materie ist zugefügt Joh. Foxi Tractat von der Zeit und Ewigkeit. — Bremen: Saurmann 1717. 352 S. 8°
Der im Titel genannte Tractat von Joh. Fox fehlt. 41.
13.8867

— Nutz-Anwendung der Einsamkeit in dem Umgange mit Gott, und eines unbekannten Verfassers [d.i. Michel Boutauld] Anleitung zum vertrauten Umgang mit Gott ... Übers. u. aufs neue hrsg. nebst Richard Baxters Lebensbeschreibung und einigen erbaulichen Liedern. — Guntersblum 1788: Gegel. Getr. Pag. 8° 304.
13.8783

— Pflichten des Predigerstandes. 4. 716.

— theolog. Politik, od. Bürgerlehre. 4. Basel.

Baxter, Rich., der Prediger des Evangeliums, oder die Pflicht persönlicher Bemühungen um das Heil der Seelen. Aus dem Engl. übers. gr. 16. (394 S.) New-York 854. (Philadelphia, Schäfer und Koradi.) *

— Der Prediger des Evangeliums, oder die Pflicht persönlicher Bemühungen um das Heil der Seelen. — Neu-York: Amerikan. Tractat-Ges. [1860]. 394 S. 8° 17.
13.8830

— liebreicher Rath an die Jugend. Aus dem Engl. 8. Aufl. Hrsg. v. W. Claus. 8. (71 S.) Ebend. 884. n. — 50

Baxter, Rich.: Liebreicher Rat an d. Jugend. Aus d. Engl. (47) kl8° Neudietendf ('06). Eisen., Elfert & Scheibe. — 25 d

Baxter, R. Mitleidiger Rath an die Jugend; aus dem Englischen. Frankfurt 1757. Ü: *Burckard, Joh. Jac.* (MGT)

— Mitleidiger Rath an die Jugend überhaupt u. insbesondere an junge Leute, welche d. Handelschafft, d. Predig-Amt ... gewidmet sind, wie auch an d. Söhne vornehmer u. reicher Leute. Von neuem übers. — Franckfurt [usw.]: Knoch & Esslinger 1757. 192 S. 8° 11. 41.
13.8785

— Die ewige Ruhe der Heiligen. Th. (1)-4. Leipzig: Georgi 1719. 8° 14. 17. 18. 41. 78. 111.
13.8894

— — Die 2. Aufl. ... übersehen ... verb. ... u. ... mit ... e. Vorr. Johann Jacob Rambachs. Th. (1)-4. — Ebd. 1733. 8° 2. 15. 18. 19. 23. 28.
13.8895

— Die ewige Ruhe der Heiligen. Übers. [von Otto v. Gerlach]. — Berlin: Eichler 1833. XV,367 S. 8° 1:Cy 3084. 9. 17. 18. 26. 29. 44. 48. 79.
13.8909

— — [Übers.: Otto v. Gerlach.] 2., verb. Aufl. Berlin: Eichler 1835. XVI,372 S. 8° 1:Cy 3085. 11. 29. 33. 111.
13.8911

— Die ewige Ruhe der Heiligen. Rengshausen: Beiserhaus [um 1835]. VI,290 S. 8° 3. 4. 34. 66.
13.8910

— — Übers. von Karl W. E. Eb. Wohlfeile Ausg. Reutlingen: Mäcken 1836. VIII,299 S. 8° 5. 18. 24. 28. 29.
13.8912

— — Aus d. Engl. von Otto v. Gerlach. 3., wohlfeile Aufl. Berlin: Thome 1840. XII,284 S. 8° 1:Cy 3086. 11. 12:Asc. 392b. 44.
13.8913

— — Neu übers. von Karl Eb. Wohlfeile Ausg. 2., durchges. ... Aufl. — Reutlingen: Mäcken 1840. IX,314 S. 8° 24. 26. 207.
13.8914

— — die ewige Ruhe der Heiligen. Aus dem Engl. 8. (480 S.) New-York 852. (Philadelphia, Schäfer und Koradi.)

— Die ewige Ruhe der Heiligen. Bearb. von Carl Becker. Schneidemühl: Eichstädt 1854. XV,280 S. 8° 33. 111.
13.8917

— — Neu übers. von Karl Eb. 3., wohlfeile Ausg. Stuttgart: Mäcken 1854. X,314 S. 8° 1:Cy 3087/10. 24.
13.8918

— — Aus d. Engl. von Otto v. Gerlach. 4., wohlfeile Ausg. Berlin: Schlawitz 1855. XII,227 S. 8° 1:Cy 3087. 5. 26. 28. 30. 61.
13.8919

— — Neu übers. von Karl Eb. Stuttgart: Mäcken 1855. XII, 315 S. 8° 24.
13.8020

— — Mit e. Vorw. von Prälat v. Kapff. Wohlfeilste vollst. Ausg. — Stuttgart: Belser 1856. XVI,304 S. 8° 12:Asc. 392 bg. 24. 26.
13.8921

— — Aus d. Engl. von Otto v. Gerlach. 5., wohlfeile Aufl. Berlin: Schlawitz 1858. XVI,432 S. 8° 23. 41. 44.
13.8922

— — Mit e. Vorw. von Prälat v. Kapff. Wohlfeilste vollst. Ausg. 2. Aufl. — Stuttgart: Belser 1858. XVI,304 S. 8° 23. 24. 26. 60.
13.8923

— Die ewige Ruhe der Heiligen. Mit e. Vorw. von Prälat v. Kapff. Wohlfeilste vollst. Ausg. 3. Aufl. — Stuttgart: Belser 1863. 318 S. 8° 12:Asc. 5455 z. 24. 29. 101.
13.8925

— — [Übers.: H. Hecker.] Neu-Ruppin: Bergemann [1865]. XII,336 S. 8° 1:Cy 3088. 12:Asc. 5415g. 44.
13.8926

— — Mit e. Vorw. von Prälat v. Kapff. Wohlfeilste vollst. Ausg. 4. Aufl. — Stuttgart: Belser 1867. 319 S. 8° 23. 24.
13.8927

— — 5. Aufl. Ebd. 1870. 319 S. 8° 17. 24.
13.8928

Baxter, Rich., die ewige Ruhe der Heiligen. Aus dem Engl. von Otto v. Gerlach. 5. wohlfeile Ausg. 16. (432 S.) Bremen 873. Verlag d. Tractathauses. geb. n. 1. 75

— — Übers. von Carl Becker. 2. Aufl. Hermannsburg: Missionshausbuchdr. 1873. XVI,216 S. 8° 35.
13.8929

— — Mit e. Vorw. von Prälat v. Kapff. Wohlfeile vollst. Ausg. 6. Aufl. — Stuttgart: Belser 1873. 319 S. 8° 9. 24. 101.
13.8930

— dasselbe. Nach e. abgekürzten engl. Ausg. übersetzt v. Carl Becker. 2. Aufl. 8. (XVI, 216 S.) Hermannsburg 874. Verl. der Missionshausdruckerei. n. 1. —; geb. n.n. 1. 35 u. n.n. 1. 55

— — Aus d. Engl. von Otto v. Gerlach. 6., wohlfeile Aufl. Leipzig: Hinrichs 1874. XVI,432 S. 8° 15. 16. 21. 26. 27. 61.
13.8931

— — Übers. von Carl Becker. 3. Aufl. Hermannsburg: Missionshausdr. 1878. XVI,216 S. 8° 7.
13.8932

— die ewige Ruhe der Heiligen. Aus dem Engl. 3. Aufl. Hrsg. v. W. Claus. 8. (286 S.) Ebend. 884. n. 1. 50

Baxter, Rich., die ewige Ruhe der Heiligen. Aus d. Engl. von Otto v. Gerlach. 6., wohlf. Aufl. 8. (226 S.) Bremen 899. Verl. d. Tractathauses. Geb. in Leinw. n. 1. 75

— — Mit e. Vorw. von Prälat v. Kapff. Wohlfeilste vollst. Ausg. 8. Aufl. — Stuttgart: Belser 1908. 276 S. 8° 24.
13.8933

— Ausgewählte geistliche Schriften ... Übers. u. hrsg. von Otto v. Gerlach. Bd 1-4. — Berlin: Eichler (4: Thome) 1837-38. 8°
1. Zuruf an Unbekehrte. 1837.
2. Jetzt oder nie. 1837.
3. Der Wandel mit Gott. 1837.
4. Liebreicher Rath an d. Jugend. 1838.
1: Es 14198. 3. 8. 11. 12[** 2/4]: Th. U. 454. 25. 29.
13.8717

— — 3., auf Grundlage d. Gerlach'schen Uebers. neu bearb. Aufl. Hrsg. von Pfarrer Claus. — Karlsruhe: Reuther 1882. 8°
Sondertitel:
1. Zuruf an Unbekehrte. 1882.
2. Jetzt oder nie. Das Eine was noth ist. o. J.
3. Der Wandel mit Gott. Vom Umgange mit Gott in d. Einsamkeit. o. J.
4. Die ewige Ruhe d. Heiligen. o. J.
5. Liebreicher Rath an d. Jugend. o. J.
24.
13.8718

Baxter's, Rich., ausgewählte geistliche Schriften. 3. auf Grundlage der Gerlach'schen Uebersetzung neu bearb. Aufl., hrsg. von W. Claus. 5 Bde. 8. Karlsruhe 884, Reuther's Verlag. *
Inhalt:
Bd. 1. Zuruf an Unbekehrte. Nebst einer kurzen Lebensbeschreibung Baxter's. (XXII, 114 S.) (* 90 Pf.) * 60 Pf.
" 2. Jetzt oder Nie. Das Eine, was noth ist oder Maria's Wahl. (137 S.) (* ℳ 1.) * 75 Pf.
" 3. Der Wandel mit Gott. Vom Umgange mit Gott in der Einsamkeit. (202 S.) (* ℳ 1,20.) * 80 Pf.
" 4. Liebreicher Rath an die Jugend. (71 S.) (* 50 Pf.) * 40 Pf.
" 5. Die ewige Ruhe der Heiligen. (286 S.) (* ℳ 1,50.) * ℳ 1,20.

— Sterbe-Gedanken ... Übers. von Ed. Wilh. Theod. Kuntze. — Berlin: Bethge 1837. VI,137 S. 8°
1: Es 14180. 11.
13.8812

— Sterbensgedanken, od. Darstell. d. Pietismus u. seines guten Nutzens. Umgearb. u. herausg. o. J. F. Beier. 8. Heilbr. 803. Claß. 9 gr

— Die Stimm Gottes, welche die Sünder zur Busse berufft ... Durch Johann Tonjola, in Teutsch gebracht, und nun zu d. 4. mal an das liecht gegeben. — Basel: Brandmyller 1691. 248 S. 8°
18. 23. 24. 39.
13.8747

— — Nun zu d. 5. mal an das Liecht gegeben. Basel: Brandmüller 1700. 248 S. 8°
3.
13.8748

— Stimme Gottes an die Sünder ... Die letzte Ed., darinnen insonderheit der 2. Theil bald zur helffte geenderet, und ... von neuem auffgelegt worden. (Übers.: Johann Heinrich Gernler.) Th. 1.2. — Ebd. 1712. 8°
2. (Baxter: Anweisung für die Sünder, die ihnen vorgenommen sich zu bekehren [Directions and perswasions to a sound conversion, deutsch].)
17. 18. 27.
13.8749

— Stimme Gottes, an die Sünder. Übers. (von Johann Heinrich Gernler). Th. 1.2. — Ebd. 1727. 8°
1: Es 14126. 24.
13.8750

— [Ausz., deutsch] Todesgedanken. Übers. von Gustav Plieninger. — Reutlingen: Mäcken 1836. 104 S. 8°
3. 12: Asc. 392 bz/1. 18. 24.
13.8811

— Eines Christen Umgang mit Gott; oder, Nutz-Anwendung der Einsamkeit in dem Umgang mit Gott. — Solingen: J. Schmitz 1757. 84,51 S. 8°
Darin außerdem: [Boutauld, Michel:] Anleitung zum vertrauten Umgang mit Gott [Méthode pour converser avec Dieu, deutsch].
17.
13.8782

— eines Christen Umgang mit Gott. 12. Frkf. 758. Eßlinger. 3 gr

— Vorrede zu Alleine's Evangelischem Bußprediger. — Culm 1840: Lohde. 30 S. 8° (Auszüge aus alten christlichen Schriften. 6.)
Vgl. auch die Ausgaben der Schrift von Joseph Alleine.
1: 11 in Eq 2-1. 10.
13.8970

— [Walking with God, deutsch] Der Wandel mit Gott, des Christen Pflicht und seliges Vorrecht. [Übers.: Otto v. Gerlach.] — Berlin: Eichler 1837. 310 S. 8°
3.
13.8971

— der Wandel m. Gott. Vom Umgange m. Gott in der Einsamkeit. Aus dem Engl. 3. Aufl. Hrsg v. W. Claus. 8. (202 S.) Ebend. 884. n. 1. 20

— einige ernste Worte, wie wir unseres Anrechtes auf die ewige Ruhe gewiß werden können, und wahre Anleitung zur Selbstprüfung. Aus d. Engl. von D. Kutter. Blaubeuren 840. Mangold. 1/6 ₰

— Das Zeugniß der Kindschaft, oder wie man seiner Seligkeit gewiß werden kann. — Barmen 1851: Steinhaus. 27 S. 8° ([Schriften der] Tractat-Gesellschaft im Wupperthale. 371.)
1: Cv 52040-371.
13.8975

Baxter, Rich., Zuruf an Unbekehrte. Aus dem Engl. übers. 12. (100 S.) New-York 851. (Philadelphia, Schäfer.) *

— Zuruf an Unbekehrte. Nürnberg: Göbel [usw.] [1882]. VII,160 S. 8°
12: Asc. 392 c. 29.
13.8752

— Zuruf an Unbekehrte. Aus dem Engl. Hrsg. v. W. Claus. Nebst e. kurzen Lebensbeschreibg. Baxters. 8. (XXII, 114 S.) Ebend. 884. n. — 90

Baxter, Thomas

Baxter, Thom., s. a. Darstell. d. ägyptischen, griech. u. römischen Costüms.

— [deutsch] Darstellung des aegyptischen, griechischen und römischen Costums, in 40 erläuterten Abbildungen ... Hrsg. von Christian Friedrich Michaelis. — Leipzig: Industrie-Comptoir 1815. 15 S., 40 Taf. 4°
10. 15. 17. 21. 46. 117. 121. 302.
13.8991

Baxter, Wilhelm (Hrsg.), s. Horatius Flaccus, Eclogae

Baxter's, William, Stiefschwester. Eine Erzählung von der Verf. von „Jessica's erstes Gebet" — „die kleine Maggy und ihre Kinder" — „die Pilgergasse in Manchester". Frei nach dem Engl. Autoris. Ausg. gr. 16. (272 S. mit 8 Holzschntaf.) Basel 874, Spittler. *

Baxter's, William, Stiefschwester. Eine Erzählg. v. der Verf. v. „Jessica's erstes Gebet" 2c. Frei nach dem Engl. v. M. K. G. Autoris. Ausg. m. 8 Holzschn. 2. Aufl. gr. 16. (270 S.) Basel 876. Spittler. n. 1. 20

Baxterus s. *Baxter.*

Bay, Berend Detlev: Bei dem Grabe ... [Trauergedicht auf Joachim von Broktorf [Brockdorff], Geh. Conferenz- u. Land-Rath, † 14. Aug. 1763.] — o. O. (1763). 2 Bl. 2°. in 4° geb.

Bay, Boruch, aus Konstantinowo-Chweidany ⟨Russl.⟩: Ueber α-Pyridoylpropionester, α-Pyridoylessigester und einige Oxypyrimidine aus denselben. *Berlin 1902: A. Unger.* (32 S.) 8°
Berlin, Phil. Diss. v. 22. Febr. 1902

Bay, C. F., fuldstændigt engelsk og dansk Haandlexicon. (Vollst. Engl.-Dän. Handlexicon.) 4e Aufl. gr. 8. Kopenh. 822. Gyldendal. 2 ₰ 6 gr

(Bay, [David Rudolf].) Akten-Stücke, betreffend die Entsetzung des Regierungs-Statthalters des Cantons Bern. [Von ihm selbst hrg.] 4. *o. O.* Augstmonat 1801.

Bay, David Rudolf: Aktenmäßige Darstellung der Primiz-Geschichte von Höchstetten und der dabey angewendten Exekution. (Verf.: Bay.) — Bern 1801: Stämpfli. 24 S. 8°
304.
13.9013

(Bay, David Rudolf.) Correspondenz über die Ernennung des Bürger (Dr Rudolph) Bay zum Regierungs-Statthalter (des Cantons Bern) und seine Entlassung, 21sten Oktober – 12ten November 1802. [Von ihm selbst hrg.] 4. *o. O.*

BAY, Ernst (Odenkirchen): Über die operative Behandlung der exsudativen Peritonitis.- München: Meller 1910. 38 S.
14.6.1911 – Chr 1910/11,27; U 11.3996 Diss. Ingolst.-Landsh.-Mchn.

Bay, Franz: Der Lautstand des Parnassus Boicus. Kempten 1910: Kösel. 49 S. 8° ¶ (Ersch. auch als Gymn.-Progr. Kempten 1910.)

München, Phil. Diss. v. 18. Dez. 1909, Ref. H. Paul, Muncker
[Geb. 27. Febr. 79 Krailsheim; Wohnort: Kempten; Staatsangeh.: Bayern; Vorbildung: Gymn. Ellwangen Reife Juli 99; Studium: München 7, Erlangen 1 S.; Rig. 18. Dez. 09.] [U 10. 3616

Bay, G[ustav] A[dolf]. Tierschutz und Jugend. Vortrag des … G. A. Bay, Erziehungsdirektor des Kantons Basellandschaft an der Jahresversammlung vom 22. November 1903 … [des:] Thurgauischer Tierschutzverein. 15 S. 8. Frauenfeld, Huber & Co., 1903.

— **Thurgauischer Tierschutzverein. Tierschutz und Jugend.** Vortrag. — Frauenfeld 1904: Huber. 15 S. 8° 31.
13.9018

Bay, Hermann. Zur Lehre der spontanen Aortenruptur. Aus dem pathologisch-anatomischen Institut Basel …. Diss. Med. Basel. Mit 1 Abbildung im Text. [SA. aus: Frankfurter Zeitschrift für Pathologie, Band 6, Heft 1. 1910.] 17 S. 8. Wiesbaden, J. F. Bergmann, 1910.

Bay, Jens Christian

Bay, J Christian. Bibliotheca Botanica, Auctore Alberto de Haller. Index Emendatus, perfecit J. Ch' Bay (Rogers Park, Chicago). Ad diem natalem Alberti de H' ante hos ducentos annos Bernae nati celebrandum die 16 mensis Octobris anni 1908 edidit Societas Bernensis Rerum Naturae Peritorum. VI + 57 p 4. Bernae. Benteli & socii, 1908. [fr. 6.—]

Bay, J Christian: Register. s: Flora.

Bay

— **Joachim Albert (Holstein), Unicam tantum esse virtutem et unicum vitium. Disp. ethica. Präs.** Wilh. Ernst Christiani. Kiel (G. Bartsch) 6. IX. 1760. 36 S. (5.20)
Gew.: Joach. Broktorf. — Widm. v.: Präses, Carl Friedr. Schmidt, Joh. Friedr. Rosenberg.

(Bay, [Ludwig].) Denkschrift der unterzeichneten Herrschaft-herren im gegenwärtigen Canton Bern, an die souveraine Versammlung von Tit. Tit. Schultheiss Klein und Grossen Rathen des hohen Standes der … Republik Bern. ([Verfasst von] Bay, Fürsprech …. Bern, den 31. Oktober 1822.) 8. Bern 1822.

Bay, R.: Bericht über den im Jahr 1849 begonnenen Neubau des Gesellschaftshauses zu Pfistern in Bern. (Verf.: R. Bay.) — (Bern 1849: Haller.) 18 S. 8° 15.
13.9046

Bay, Samuel: Leitfaden beim christlichen Religionsunterrichte für die reifere Jugend aus den gebildeten Ständen. 3. Aufl. — Bern: Walthard 1839. VIII,124 S. 8° 9. 24.
13.9048

Bay, S., Leitfaden beim christlichen Religionsunterrichte für die reifere Jugend aus den gebildeten Ständen. 4. Aufl. gr. 8. (VIII und 124 S.) Bern 861, Walthard'sche Buchh. *

— Ein Nachhall des Reformations-Festes. Predigt. — Bern [1828]: Stämpfli. 16 S. 8° 1:11 in Cn 22009.
13.9049

Bay, Sam[uel]. Standrede vor der offenen Gruft der durch ein schreckhaftes Ungluck am letztabgewichenen 12. Brachmonate plotzlich Dahingerafften: Ludwig Fischer, von Seengen, und Christian Hänni, von Toffen. Gehalten den 15. Brachmonat 1828. 8. Bern.

Bayand, E. (Red.), s. Hausblätter, Warnsdorfer.

Bayard, od. d. Mann ohne Tadel. 8. Lpz. Kummer. 776.

Bayard oder der Mann ohne Vorurtheil. 1777. V: *Behrisch, Hnr. Wolfg.* (Behrisch, Wiener Autoren. 1784.)

Bayard oder der Mann ohne Tadel. — Leipzig: Kummer 1777. 102 S. 8° 2. 7. 32. 53. 300: 11.199.
13.9057

Bayard, d. Offizieren d. Preuß. Armee gewidmet, (v. Fr. Buchholz). 8. Berl. 801. (Reimer). 1 Rthlr 12 gr

Bayard, der Kämpfer für Gott, König und Vaterland. Blätter zur Beförderung der wahren Volksinteressen. Redakt.: Carl d'Alnoncourt. 1846. 52 Numm. (Bogen.) Leipzig, Hunger. Preis vierteljähr. 1¼ Rthlr

Bayard, der Kämpfer für Gott, König u. Vaterland. Blätter zur Beförderung der wahren Volksinteressen. Verantw. Red.: C. d'Alnoncourt. 2. Jahrg. 1847. 52 Nrn. gr. 8. (B.) — 3. Jahrg. 1848. Jan. bis März. Nr. 1 – 13. gr. 4. (B.) Leipzig, Hunger. 1847: n. 5 Rthlr 1848: n. 1¼ Rthlr

Bayard, der Mann ohne Furcht und Tadel. 8. Leipzig 1777.

Bayard, der Ritter ohne Furcht u. Tadel s.a. Bibliothek d. Ritter- ꝛc. Gesch., Suite 2. Bd. 2.

Bayard, der Ritter ohne Furcht und Tadel. Schausp. in 5 Akten v. Kotzebue. 8. Leipz. Kummer.

Bayard der Ritter ohne Furcht und Tadel. Interessante französische Ritter- und Kriegsgeschichte. — Leipzig: Schreck 1841. IV,188 S. 8° 14. 53.
13.9058

Bayard, Französischer Theaterdichter, 1796-1853. 1823 s. *Bayard*, Jean François Alfred.

Bayard, A. (Franzosischer Theaterdichter). s. Bayard, Jean François Alfred.

Bayard, Adolf. Zur Kenntnis des Xeroderma pigmentosum. Diss. Med. Univ. Zürich. *Kopftitel:* Aus der Privatpoliklinik von Dr. E[rnst] Heuss, Privatdozent … in Zürich. 31 S. 8. Basel, Aktiendr. « Basler Volksblatt », 1903.

Bayard, J. s. *Bayard*, Jean Joseph.

Bayard, Jean François Alfred

— Alles für meinen Sohn s.a. Theater d. Auslandes. 43. Lfrg.

— [Pour mon Fils, deutsch] Alles für meinen Sohn. Lustspiel. Nach Bayard von W. Friedrich. — Hamburg: Verlags-Comptoir 1852. 22 S. 8° 9.
13.9200

— Alles für meinen Sohn! oder: Der Engländer im Seebade. Lustspiel. (Nach Bayard von W. Friedrich.) 7. Aufl. — Berlin [um 1870]. 21 S. 8° (Eduard Bloch's Theater-Gartenlaube. 41.) 1:Yp 6302-41.
13.9201

– un premier amour, s.a. Répert. du Théâtre français No. 165.

– et E. Vanderburgh, un premier amour, s.a. Théâtre franç.

— Un premier Amour, comédie-vaudeville, par MM. Bayard et Émile Vanderburch. — ([Paris 1834]: Boulé.) 34 S. 8° 300:19 in 641.440-C.M.27.
13.9105

— — Par MM. Bayard et Émile Vander-Burch. Berlin: Schlesinger 1839. 63 S. 8° (Répertoire du Théâtre français à Berlin. 197.) 1:Xv 1966-197. 5. 7. 11. 17. 31. 33.
13.9106

— — Par MM. Bayard et Émile Vanderburch. Bielefeld: Velhagen & Klasing 1842. 110 S. 8° (Théâtre français. 3,10.) 6. 12: P. o. gall. 2116 ad-III,10. 15. 25. 26. 30. 31. 44. 47. 60. 117.
13.9107

–– Par MM. Bayard et Émile Vander-Burch. 2. éd. Ebd. 1846. 106 S. 8° (Théâtre français. 3,10.) 32.
13.9108

–– Avec notes et vocabulaire par A. W. Kastan. Berlin 1879. 102 S. 8° (Théâtre français. Collection Friedberg & Mode. 76.) 1:Xv 2034-76. 11.
13.9109

— [deutsch] Anstellung oder Frau? Lustspiel. Nach d. Franz. des Bayard von L.W. Both. — (Berlin: Hayn) 1831. S. 167-184. 4° (Both's Bühnen-Repertoir d. Auslandes. Bd 2.Nr 12.) 1:in 4° Yp 6091-1/4. 5. 17. 31. 180. 300:129.141-C. 2,12 [u.ö.]
13.9380

– et Dumanoir, les premières armés de Richelieu, s.a. Répertoire du Théâtre fr.

— Les premières Armes de Richelieu, comédie, mêlée de couplets, de MM. Bayard et Dumanoir. — Bruxelles: Lelong [usw.] 1839. 110 S. 8° 11.
13.9118

–– Berlin: Schlesinger 1843. 57 S. 8° (Répertoire du Théâtre français à Berlin. 272–Sér.2,22.) 1:Xv 1966-272. 5. 7. 11. 17. 31. 33. 109.
13.9122

– les trois bals, s.a. Théâtre français le plus moderne.

— Les trois Bals, vaudeville. Publ. par J. Louis. — Leipsic: Drobisch in Comm. 1839. 141 S. 8° (Théâtre français moderne. 5,3.) 10. 19. 23. 48. 109. 111.
13.9129

— der betrogene Betrüger, s.a. Bühnen-Repertoir. Nr. 124.

— [Carlo Beati, deutsch] Der betrogene Betrüger. Lustspiel von Bayard. Frei nach d. Franz. von Louis Koch. — (Berlin: Hayn 1847.) 23 S. 4° (Bühnen-Repertoir d. Auslandes. Bd 16. Nr 124.) 1:in 4° Yp 6091-12/17. 12:L.eleg.g.65e-16,124. 17. 31. 300:624.917-C.Th.
13.9132

— [deutsch] Boccaccio oder das Dekameron. Frei bearb. 1853 s.a. *Bachmann*, W.

Bayard, Boccaccio oder das Dekameron. Lustspiel in 5 Akten. Frei bearb. von W. Bachmann. br. 8. (IV und 87 S.) Berlin 853, Janke.

Bayard, le Budjet d'un jeune ménage, s. Théâtre fr.

— et **Regnault**, Madame de Cérigny s.a. Répertoire du théâtre Français à Berlin. Nr. 334.

— Madame de Cérigny, comédie-vaudeville, par MM. Bayard et Regnauld. — Berlin: Schlesinger 1847. 37 S. 8° (Répertoire du Théâtre français à Berlin. 334–Sér.2,84.) 1:Xv 1966-334. 5. 7. 11. 17.
13.9146

Bayard, Jean François Alfred: Les Charmettes, s.a. Répert. du Théâtre français No. 127.

— Les Charmettes, ou la jeunesse de J.J. Rousseau, comédie, mêlée de couplets, par MM. Bayard, Vanderburch et de Forges. — Berlin: Schlesinger 1835. 40 S. 8° (Répertoire du Théâtre français à Berlin. 137.) 1:Xv 1966-137. 5. 7. 11. 12:P.o.gall. 1879x-137. 31. 33.
13.9157

— Le Curé de Pomponne. Comédie-vaudeville. — Bielefeld: Velhagen & Klasing 1849. 63 S. 8° (Théâtre français. 10,11.) 30. 31. 44. 60.
13.9164

— La grande Dame, drame, mêlé de couplets. — Paris: Bezou 1831. 56 S. 8° 300:132.952-B.
13.9165

–– Berlin: Schlesinger 1832. 56 S. 8° (Répertoire du Théâtre français à Berlin. 90.) 1:Xv 1966-90. 5. 7. 11. 18. 33.
13.9167

– Le demon de la nuit, s.a. Répertoire du Théâtre français.

— Le Démon de la nuit, comédie-vaudeville, par MM. Bayard et Étienne Arago. — Bruxelles: Lelong 1836. 76 S. 8° (Nouveau Répertoire de la scène française. Année 5, Sér. 1,2.) 5.
13.9174

–– Berlin: Schlesinger 1844. 41 S. 8° (Répertoire du Théâtre français à Berlin. 295–Sér.2,45.) 1:Xv 1966-295. 5. 7. 11. 17. 18. 31.
13.9176

(——) der Ehemann auf dem Lande s.a. Bühnen-Repertoir.

(—) [deutsch] Der Ehemann auf dem Lande. Lustspiel nach d. Franz. von Heinrich Börnstein. — Leipzig: Sturm & Koppe [1844]. 104 S. 8° 31.
13.9290

–– Lustspiel nach d. Franz. von Scherenberg. (Berlin: Hayn 1845.) S. 1261-1288. 4° (Bühnen-Repertoir d. Auslandes. Bd 13.Nr 102.) 1:in 4° Yp 6091-12/17.
13.9291

— [deutsch] Der Enkel. Lustspiel. Nach Bayard u. Varner von B.A. Herrmann. — [Hamburg um 1850: Wörmer.] 30 S. 8° 48.
13.9367

— Der Enkel. Lustspiel nach Bayard u. Warner, von B.A. Herrmann. — Berlin 1858: Kolbe. 36 S. 8° 300:624.911-B. Th.
13.9368

Bayard, Jean François Alfred

—— und de Bailly, Er muß auf's Land, s.a. Album für Liebhaber-Theater.

Bayard, er muss aufs Land, s.a. Bloch's, E, Volks-Theater.

—— er muß auf's Land s.a. Er muß auf's Land.

Bayard, Er muß aufs Land, s.a. Universal-Bibliothek.

— Er muß auf's Land. Lustspiel. Freie Bearb. nach Bayard u. de Vailly von Joseph Mendelssohn. — Hamburg: Berendsohn 1845. 67 S. 8° 1:Xw 8222/19. 32. 48.
13.9292

–– er muß aufs Land. Lustsp. in 3 Akten. Freie Bearb. v. Jos. Mendelssohn. 2. Aufl. 16. (5½ B.) Hamburg 846, Berendsohn.

[—] — Frei nach d. Franz. von W. Friedrich. (Berlin [1848]: Dräger.) S. 18-99. 8° 31.
13.9293

–– Lustspiel nach Bayard u. de Vailly von W. Friedrich. Hamburg [um 1850]: Philippeaux. 76 S. 8° 12:P. o. gall. 203 sd.
13.9294

–– Frei bearb. von L. Thomas. Berlin [1867]. 48 S. 8° (Eduard Bloch's Volks-Theater. 23.) 1:Yp 6300-23.
13.9295

–– Deutsch von Otto Randolf. Leipzig: Reclam [1871]. 80 S. 8° (Universal-Bibliothek. 349.) 1:Ag 7201-349. 12:Var. 380k-349. 14. 15. 17. 47. 79. 107. 300:410.411-A.Per. 349 [u.ö.] 302. 308.
13.9296

— [deutsch] Der Erbe. Lustspiel. Frei nach d. Franz. des Bayard von L. Schneider. — (Berlin: Hayn 1834.) S. 819-830. 4° (Bühnen-Repertoir d. Auslandes. Bd 6. Nr 46.) 1:in 4° Yp 6091-5/7. 17. 31. 180. 300:129.141-C. 6,46 [u.ö.]
13.9410

— [deutsch] Des Löwen Erwachen, Lustspiel, frei nach Bayards: Le reveil du lion von Heinrich Börnstein. — o.O. [um 1850]. 40 S. 4° Text handschriftlich autographiert. 31.
13.9413

—— drei Feen s.a. Album für Liebhaber-Theater. — Bernhard's Theater-Album.

—— drei Feen s.a: Theater d. Ausl.

— [deutsch] Drei Feen. Lustspiel. Frei nach Bayard bearb. von W. Friedrich. — Berlin: Rocca 1848. 55 S. 8° 48.
13.9187

—— Hamburg: Verlags-Comptoir 1852. 23 S. 8° 41.
13.9188

— Drei Feen, oder: Die Jagd nach dem Glück. Lustspiel. (Nach Bayard von W. Friedrich.) 2. Aufl. — Berlin [um 1870]. 23 S. 8° (Eduard Bloch's Theater-Gartenlaube. 38.) 1:Yp 6302-38.
13.9189

— Fern gesucht, nah' gefunden, oder: Der Talisman, s. Theater des In- u. Auslandes. 1. Bd. 6. Hft.

– la fille de l'avare, s.a. Répert. du Théâtre français No. 137.

— La Fille de l'avare, comédie-vaudeville, par MM. Bayard et Paul Duport. — Berlin: Schlesinger 1835. 71 S. 8° (Répertoire du Théâtre français à Berlin. 144.) 1:Xv 1966-144. 5. 7. 11. 18. 33. 46.
13.9191

– une bonne fortune, s.a. Répert. du Théâtre français No. 139.

— Une bonne Fortune, comédie-vaudeville, par MM. Bayard et Alexis Decomberousse. — Paris: Bréauté 1832. 84 S. 8° (Suite du Répertoire du Gymnase dramatique.) 300:131.868-A.
13.9203

—— Berlin: Schlesinger 1839. 41 S. 8° (Répertoire du Théâtre français à Berlin. 188.) 1:Xv 1966-188. 5. 7. 17. 31. 33.
13.9204

—— der Freiwillige s.a. Both's, L. W., Bühnen-Repertoir des Auslandes.

— [deutsch] Der Freiwillige. Lustspiel. Nach Bayard bearb. von Max Ring. — Berlin: Hayn 1856. 56 S. 8° (L. W. Both's Bühnen-Repertoir d. Auslandes. 178.) 1:Yp 6091-178. 12:L. eleg. g. 65e-178.
13.9199

– le Gamin de Paris, s.a. Répert. du Théâtre français No. 160.

Bayard et E Vanderburgh. le gamin de Paris s.a. Théâtre franc.

— Le Gamin de Paris, comédie-vaudeville, par M. Bayard et É. Vanderburch. — Berlin: Schlesinger 1836. 74 S. 8° (Répertoire du Théâtre français à Berlin. 160.) 1:Xv 1966-160. 31. 33.
13.9212

—— Publ. par J. Louis. Dessau 1836: Impr. de la Cour. 119 S. 8° (Théâtre français moderne. 4,5.) 10. 12:P. o. gall. 2116 c-IV,5. 19. 22. 23. 48. 111.
13.9213

—— Berlin: Schlesinger 1840. 55 S. 8° (Répertoire du Théâtre français à Berlin. 160.) 41. 180.
13.9215

— Le Gamin de Paris. Bielefeld: Velhagen & Klasing 1842. 91 S. 8° (Théâtre français. 3,12.) 6. 12:P. o. gall. 2116 ad-III,12. 15. 25. 26. 30. 31. 44. 47. 60. 117.
13.9216

—— et E. Vanderburch, le Gamin de Paris, Caméd.-vaud en deux actes. Av. des notes explicat. Publié p. J. Louis Nouv. édit. 16. (7½ B.) Leipzig 842. [Braunschweig Westermann.]
Vgl. Théâtre fr. u. Théâtre fr. par Schütz.

— et E. Vanderburch, le Gamin de Paris, Comédie-vaudeville en deux actes. Avec des notes explicatives. Publié par J. Louis. Nouv. édit. 16. Leipzig 842, Melzer. ¼ nβ

—— Berlin: Schlesinger 1843. 87 S. 8° (Théâtre français. 32-Sér. 6,2.) 10. 11. 79.
13.9217

—— 2. éd. Bielefeld: Velhagen & Klasing 1845. 91 S. 8° (Théâtre français. 3,12.) 304.
13.9218

—— 3. éd. Ebd. 1855. 84 S. 8° (Théâtre français. 3,12.) 22.
13.9219

—— Par Mm. Bayard et É. Vanderburgh. 4. éd. Ebd. 1861. 95 S. 8° (Théâtre français. 3,12.) 7. 79. 123. 309.
13.9220

—— 5. éd. Ebd. 1872. 84 S. 8° (Théâtre français. 3,12.) 34.
13.9221

—— Avec notes et vocabulaire par G. van Muyden. Berlin 1878. 95 S. 8° (Théâtre français. Collection Friedberg & Mode. 47.) 1:Xv 2034-47. 11. 300:547.192-A. 47.
13.9222

—— Nouvelle éd. Rev. et ann. par Chr. Rauch. Bielefeld [usw.]: Velhagen & Klasing [um 1885]. 104 S. 8° (Théâtre français. 3,12.) 1:X 8357-3,12. 6.
13.9223

—— Avec notes et vocabulaire par G. van Muyden. 4. éd. Berlin [um 1895]. 95 S. 8° (Théâtre français. Collection Friedberg & Mode. 47.) 101.
13.9224

Bayard, Jean François Alfred

— Gänschen v. Buchenau, s.a Theater d. Auslandes. 30 Liefrg

— [deutsch] Gänschen von Buchenau. Lustspiel, nach Bayard, von W. Friedrich. — Hamburg: Verlags-Comptoir 1851. 19 S. 8° 1:Ys 20720. 38.
13.9335

—— 3. Aufl. Ebd. 1857. 20 S. 8° 48.
13.9336

—— 14. Aufl. Berlin [1873]. 45 S. 8° (Eduard Bloch's Theater-Correspondenz. 29.) 1:Yp 6305-29.
13.9337

— et T. Sauvage, le gant et l'éventail, s.a. Théâtre Français publié par Schütz. VIII. série. 6. livr.

— Le Gant et l'éventail. Comédie mêlée de chant. Par Bayard et T. Sauvage. — Bielefeld: Velhagen & Klasing 1847. 92 S. 8° (Théâtre français. Sér. 8,7.) 30. 31. 47. 48. 60.
13.9230

—— Avec notes et vocabulaire. Par A. W. Kastan. Berlin 1883. 95 S. 8° (Théâtre français. Collection Friedberg & Mode. 113.) 1:Xv 2034-113. 101.
13.9231

Bayard, les gants jaunes, Vaudev., s.a. Répertoire du Théâtre fr., Série 2, No. 8.

— Les Gants jaunes, vaudeville. — Paris: Barba [usw.] 1835. 44 S. 8° 33.
13.9233

—— Berlin: Schlesinger 1842. 28 S. 8° (Répertoire du Théâtre français à Berlin. 258-Sér. 2,8.) 1:Xv 1966-258. 5. 7. 11. 17. 31. 33.
13.9235

— [deutsch] Die Gefangenen. Lustspiel. Frei nach Bayard, von W. Friedrich. — o. O. ([1848]: Wörmer). 42 S. 8° 31.
13.9149

— die Gefangenen der Czaarin, s.a. Theater des Auslandes 10. Liefrg.

Bayard und Lafont, die Gefangenen der Czaarin s.a. Universal-Bibliothek Nr. 1764.

— Die Gefangenen der Czarin. Lustspiel. (Nach Bayard von W. Friedrich.) 7. Aufl. — Berlin [1871]. 38 S. 8° (Eduard Bloch's Theater-Gartenlaube. 10.) 1:Yp 6302-10.
13.9150

— Die Gefangenen der Czaarin oder: Alles durch die Frauen. Lustspiel nach Bayard u. Lafont frei bearb. von Carl Friedrich Wittmann. — Leipzig: Reclam [1883]. 56 S. 8° (Universal-Bibliothek. 1764.)
1:Ag 7201-1764. 12:Var. 380 k-1764. 15. 29. 107. 211.
300:410.411-A. Per. 1764 [u ö.]
13.9151

Bayard, ..., u. Duport, der Geizige und seine Tochter. Drama in 2 Akten. Nach d. Franz. v. L. Angely. gr. 12. Berlin 840, Fernbach jun. 1/3 ℛ

— et de Courcy, La gloire et le pot à feu, s.: Théâtre Français publié par Schütz. VIII. série. 4. livr.

— Grossmuttersöhnchen. Lustspiel, frei nach Bayard von A. G. Paul. — Berlin: Hayn [um 1877]. 30 S. 8° (L. W. Both's Bühnen-Repertoir d. In- u. Auslandes. 291.)
1:Yp 6091-291.
13.9369

— und Sauvage, der Handschuh und der Fächer s.a. Bühnen-Repertoir des Auslandes.

— [deutsch] Der Handschuh und der Fächer. Lustspiel von Bayard u. Sauvage. Deutsch von Stephan. — (Berlin: Hayn [1851].) 24 S. 4° (Bühnen-Repertoir d. Auslandes. Bd 20. Nr 158.) 1:in 4° Yp 6091-20.
13.9232

— [deutsch] Die gelben Handschuh oder: Die Leiden eines Tänzers. Posse. Nach Bayard von L. v. Alvensleben. Magdeburg 1842: Frynta. 34 S. 8° 31. 41. 48.
13.9236

— Heil dir, mein Vaterland! oder Prätendent und Protector. Lustspiel. Nach Bayard von W. Friedrich. 2. Aufl. Berlin [um 1870]. 16 S. 8° (Eduard Bloch's Theater-Gartenlaube. 31.) 1:Yp 6302-31.
13.9389

(—) Hummer und Compagnie. Lustspiel. Frei nach d. Franz. von A. Cosmar. — (Berlin: Hayn 1837.) S. 991-1002. 4° (Bühnen-Repertoir d. Auslandes. Bd 8. Nr 58.)
1:in 4° Yp 6091-8/9. 31.
13.9331

— Indiana et Charlemagne, s.a. Répertoire du Théâtre fr.

— [deutsch] Juanita, oder: der Kriegs-Gefangene. Lustspiel, nach Bayard u. Comberousse von F. Sackmann. — o. O. [um 1860]: Becker & Thoms. 84 S. 8° 48.
13.9256

— [deutsch u. ital.] Der Kleinmüthige. (Il pusillanime.) Ein Lustspiel. — Wien 1856: Wallishausser. 26 S. 8°
300:35.729-B [u. ö.]
13.9386

— der Confusionsrath, s.a. Theater, das, des Auslandes. 16. Liefrg.

— [deutsch] Der Confusionsrath. Posse nach Bayard's l'Étourneau, frei bearb. von W. Friedrich. — Hamburg 1844: Rüter. 37 S. 8° 31.
13.9186

Bayard, A, d. Königin v. 16 Jahren od. Christinens Liebe u. Entsagg. [La reine de seize ans.] Lustspiel. Wortgetreu a. d. Franz. in deut. Prosa übers. v. N L. 2 Hfte. 32. (100) Berl. 73, HR Mecklenburg. à ½. — 25

— [deutsch] Die Königin von sechszehn Jahren oder Christinens Liebe und Entsagung. Lustspiel. Wortgetreu in deutsche Prosa übers. von N. L. — Berlin: Mecklenburg [um 1885]. 100 S. 8° 1:Xw 8226.
13.9409

— [deutsch] Die Kunst zu gefallen. Lustspiel frei nach Bayard von Carl Blum. — Berlin 1842: Sittenfeld. 74 S. 8°
31. 300:624.919-B. Th.
13.9269

— et Potron, Laure et Delphine, s.a. théâtre franç. par Schütz.

— [deutsch] Laura und Delphine. Lustspiel nach Bayard, von B. A. Herrmann. — [Hamburg]: Sachse [um 1850]. 39 S. 8° 18. 32. 48.
13.9260

— Laure et Delphine, comédie-vaudeville. Par MM. Bayard et Ch. Potron. — Paris: Giraud & Dagneau [1851]. 72 S. 8° 300:3 in 641.440-C. M. 126.
13.9258

— — Bielefeld: Velhagen & Klasing 1853. 81 S. 8° (Théâtre français. Sér. 14,4.)
12:P. o. gall. 2116 ad-14,4. 25. 30. 31. 33.
13.9259

Bayard, Jean François Alfred
– la Lectrice, s.a. Répert. du Théâtre français No. 178.

— La Lectrice, ou une folie de jeune homme, comédie-vaudeville. — Paris: Marchant 1834. 23 S. 8° (Magasin théâtral.) 21. 45. 180. 300:131.014-C [u. ö.]
13.9262

— — Berlin: Schlesinger 1835. 58 S. 8° (Répertoire du Théâtre français à Berlin. 139.) 1:Xv 1966-139.
5. 7. 11. 12:P. o gall. 1879 x-139. 31. 33. 46.
13.9264

— der Vicomte von Letorières s.a. Bühnen-Repertoir. — Répertoire du Théâtre fr.

— Vicomte v. Létorières, s.a. Universal-Bibliothek Nr. 649.

— Le Vicomte de Létorières, comédie, mêlée de chant, par MM. Bayard et Dumanoir. — ([Paris 1841]: Delacombe.) 40 S. 8° 25. 300:131.175-C [u. ö.]
13.9267

— — Berlin: Schlesinger 1843. 73 S. 8° (Répertoire du Théâtre français à Berlin. 281 - Sér. 2,31.)
1:Xv 1966-281. 5. 7. 11. 17. 31. 33. 41.
13.9268

— Der Vicomte von Létorières. Lustspiel nach Bayard u. Dumanoir von Scherenberg. — (Berlin: Hayn 1845.) S. 1767-1795. 4° (Bühnen-Repertoir d. Auslandes. Bd 13. Nr 98.) 1:in 4° Yp 6091-12/17. 17.
13.9270

— — Frei nach Bayard von Carl Blum. Leipzig: Reclam [1875]. 94 S. 8° (Universal-Bibliothek. 649.)
1:Ag 7201-649. 12:Var. 380k-649. 15. 44. 64.
300:410.411-A. Per. 649 [u. ö.]
13.9271

— [deutsch] Liebe und Liebelei. Dramatisches Lebensbild, nach Bayard von A. G. Paul. — Berlin: Hayn [um 1877]. 64 S. 8° (L. W. Both's Bühnen-Repertoir d. In- u. Auslandes. 290.) 1:Yp 6091-290.
13.9110

— Margarethens Lieblingsfarben, s.a. Theater des Auslandes. 35. Liefrg.

— [deutsch] Margarethen's Lieblingsfarben. Lustspiel nach Bayard von W. Friedrich. — Hamburg: Verlags-Comptoir 1852. 25 S. 8° 9. 300:624.916-B. Th.
13.9161

— [deutsch] Löwenberg und Compagnie. Lustspiel. Nach Bayard von Georg Harrys. — Hannover 1836: Telgener. 36 S. 8° 41.
13.9330

– les deux manières, s.a.. R é p e r t . du Théâtre français No. 188.

-- Les deux Manières, comédie-vaudeville, de Bayard et Mathon. — Paris:Barba 1836. 51 S. 8° 18.
13.9279

—— Berlin: Schlesinger 1839. 56 S. 8° (Répertoire du Théâtre français à Berlin. 198.) 1:Xo 1966-198. 5. 7. 11. 12:P.o.gall. 1879x-198. 17. 18. 31. 33.
13.9280

— [Jérôme le maçon, deutsch] Ein braver Mann. Lustspiel der Herren Bayard u. v. Biéville von Heinrich Börnstein. o. O. [um 1850]. 35 S. 4°
Titelblatt u. Text handschriftlich autographiert. 31.
13.9250

—— et de Vailly, le mari à la campagne, s.a. Répertoire du Théâtre fr. — Théâtre fr.

— Le Mari à la campagne, ou le tartufe moderne. Comédie. Par MM. Bayard et de Vailly. — Berlin: Schlesinger 1845. 68 S. 8° (Répertoire du Théâtre français à Berlin. 305-Sér. 2,65.) 1:Xv 1966-305. 5. 7. 11. 17. 41.
13.9285

— Le Mari à la campagne, ou le tartuffe moderne. Bielefeld: Velhagen & Klasing 1845. 109 S. 8° (Théâtre français. 6,2.) 6. 14. 30. 32. 47. 48. 60.
13.9286

—— Berlin: Schlesinger [1846]. 113 S. 8° (Théâtre français. 8,1.) 11.
13.9287

—— Avec notes et vocabulaire par G. van Muyden. Berlin 1878. 113 S. 8° (Théâtre français. Collection Friedberg & Mode. 35.) 1:Xo 2034-35. 11. 101.
13.9288

—— 2. éd. Berlin: Friedberg & Mode 1880. 113 S. 8° (Théâtre français. Nr 35.) 209.
13.9289

Bayard, Jean Francois Alfred: M a r i e , oder die Regimentstochter, s. D o n i z e t t i , Gaetano

– – s.a. G e o r g e s , Saint

Bayard, ..., Mathilde ou la jalousie, s.a. Théâtre français. 7te Série. No. 40.

— Mathilde, ou la jalousie, comédie mêlée de chants, par MM. Bayard et Laurencin. Publ. par J. Louis. — Dessau 1835: Impr. de la Cour. 143 S. 8° (Théâtre français moderne. 3,12.)
10. 12:P. o. gall. 2116 c-III,12. 19. 31. 33. 45. 48. 111.
13.9304

—— Bielefeld: Velhagen & Klasing 1844. 100 S. 8° (Théâtre français. 5,9 [vielm. 5,10].)
6. 30. 31. 32. 44. 60. 111. 117.
13.9306

—— Berlin: Schlesinger [1846]. 101 S. 8° (Théâtre français. 40-Sér. 7,4.) 11.
13.9307

Bayard, († d. 20. Febr. 1853), Mercadet, s.: Théâtre Français publié par Schütz. XII. série. 7. livr. — Theater d. In- u. Auslandes. 1. Bd. 4. Liefrg.

– une Mère, s.a. R é p e r t . du Théâtre français No. 197.

— Une Mère, drame, mêlé de couplets. — ([Paris 1833]: Mevrel.) 23 S. 8° 300:131.198-C.
13.9315

—— Berlin: Schlesinger 1834. 63 S. 8° (Répertoire du Théâtre français à Berlin. 127.)
1:Xv 1966-127. 5. 7. 11. 17. 31. 33.
13.9316

— Marie Mignot s.a. Théâtre français par Schütz. 7e Série. No. 2.

— Marie Mignot, comédie historique, mêlée de couplets, de MM. Bayard et Paul Duport. — Paris: Bezou 1829. 88 S. 8° 1:5 in Xv 1616. 300:132.864-B.
13.9322

—— Berlin: Schlesinger 1830. 78 S. 8° (Répertoire du Théâtre français à Berlin. 35.)
1:Xv 1966-35. 3. 5. 7. 11. 15. 18. 31. 33.
13.9323

—— Publ. par J. Louis. Dessau: Ackermann 1831. 130 S. 8° (Théâtre français moderne. Sér. 2,4.)
12:P. o. gall. 664 fl/3. 15. 17. 19. 33. 45. 48. 111. 121.
13.9324

Bayard et P. Duport, Marie Mignot, Comédie historique, mêlée des Couplets, en 3 epoques. Publ. par J. Louis. 16. (8 B.) Dessau 831, [Hofbuchdruckerei.]
Abgedr. aus dem: Théâtre français moderne.

— Marie Mignot, comédie historique, mêlée de couplets, de MM. Bayard et Paul Duport. — Berlin: Heymann [um 1835]. 130 S. 8° 23.
13.9325

—— Bielefeld: Velhagen & Klasing 1846. 86 S. 8° (Théâtre français en prose. 7,2.) 6. 14. 30. 31. 60. 207.
13.9326

– Moiroud et Compagnie, s.a. R é p e r t . du Théâtre français No. 178.

— et Devorme, Moiroud et Compagnie, s.a Théâtre Français par Schütz. X. série. 10. livr.

— Moiroud et compagnie, comédie-vaudeville, par MM. Bayard et Devorme. — Paris: Barba 1836. 55 S. 8°
300:499.609-B.
13.9327

—— Berlin: Schlesinger 1837. 54 S. 8° (Répertoire du Théâtre français à Berlin. 165.) 1:Xv 1966-165. 11. 18. 31.
13.9328

—— Bielefeld: Velhagen & Klasing 1849. 56 S. 8° (Théâtre français. Sér. 10,10.) 30. 31. 60.
13.9329

—— eine italienische Nacht. s.a. Both's Bühnen-Repertoir.

-- [deutsch] Eine italienische Nacht, oder: Der Wasser-Doctor wider Willen. Posse frei nach Bayard, von J. Heiter. Berlin: Hayn 1855. 28 S. 8° (L.W. Both's Bühnen-Repertoir d. Auslandes. 172.)
1: Yp 6091-172. 12: L. eleg. g. 65 e-172. 41.
13.9352

Bayard, Jean François Alfred
— et Lemoine, La niaise de Saint-Flour s.a. Répertoire du théâtre Français. Nr. 378.

-- La Niaise de Saint-Flour. Comédie-vaudeville, par MM. Bayard et Lemoine. — Berlin: Schlesinger 1852. 36 S. 8° (Répertoire du Théâtre français à Berlin. 378-Sér. 2,128.)
1:Xv 1966-378. 5. 7. 11. 45.
13.9334

— et P. Mercier, Un nuage au ciel s.a. Théâtre Français publié par Schütz. VIII. série. 4. livr.

— Un Nuage au ciel, comédie-vaudeville, par MM. Bayard et Pol. Mercier. La gloire et le pot au feu. Par MM. Bayard et de Courcy. — Bielefeld: Velhagen & Klasing 1847. 100 S. 8° (Théâtre français. 8,4.) 6. 7. 30. 31. 47. 48. 60.
13.9340

– l'Octogénaire, ou Adèle de Senanges, s.a. R é p e r t . du Théâtre français No. 216.

— L'Octogénaire, ou Adèle de Senanges, comédie-vaudeville. — Berlin: Schlesinger 1840. 38 S. 8° (Répertoire du Théâtre français à Berlin. 213.)
1:Xv 1966-213. 5. 7. 11. 17. 31.
13.9342

— Pas de fumée sans feu s.a. Répertoire du théâtre Français. Nr. 367.

— Pas de fumée sans feu, comédie-proverbe, mêlée de couplets. — Berlin: Schlesinger 1852. 21 S. 8° (Répertoire du Théâtre français à Berlin. 367 – Sér. 2,117.)
1:Xv 1966–367. 5. 7. 11.
13.9347

– Paul et Jean, Vaudeville, s.a. Répert. du Théâtre français No. 198.

— Paul et Jean, vaudeville. — Paris: Barba [usw.] 1837. 78 S. 8°
300:128.696–B.
13.9350

— — Berlin: Schlesinger 1840. 44 S. 8° (Répertoire du Théâtre français à Berlin. 216.)
1:Xv 1966–216. 5. 7. 11. 17. 31. 33. 45. 78.
13.9351

– et Théaulon, le père de la débutante, Vaudev., s.a. Répertoire du Théâtre fr.

– le Père de la Debutante, s.a. Théâtre français le plus moderne.

— Le Père de la débutante, vaudeville, par MM. Bayard et Théaulon. — (Paris [1837]: J. Didot.) S. 436–466. 8°
300:130.724–C [u.ö.]
13.9356

— — Berlin: Schlesinger 1838. 75 S. 8° (Répertoire du Théâtre français à Berlin. 178.)
1:Xv 1966–178. 12:P. o. gall. 1879 x–178. 17. 31. 33.
13.9357

— — Ebd. 1841. 56 S. 8° (Répertoire du Théâtre français à Berlin. 178.)
5. 7. 84.
13.9358

— et Varner, Père et portier, s.a. Théâtre français par Schütz.

— Père et portier. Par MM. Bayard et Varner. — Bielefeld: Velhagen & Klasing 1850. 72 S. 8° (Théâtre français. Sér. 11,5.)
4. 12:P. o. gall. 2116 ad–11,5. 30. 31. 60.
13.9362

— La Perle des maris, comédie-vaudeville, par MM. Bayard, Philippe D[umanoir] et Julien de M[allian]. — Paris: Barba 1831. 52 S. 8°
18. 300:132.973–B.
13.9363

— — Berlin: Schlesinger 1832. 51 S. 8° (Répertoire du Théâtre français à Berlin. 83.)
1:Xv 1966–83. 5. 7. 11. 17. 18. 33. 300:128.688–B.
13.9364

— et Varner, le petit-fils s.a. Répertoire du théâtre français.

— Le Petit-fils. Comédie-vaudeville, par MM. Bayard et Varner. — Berlin: Schlesinger 1853. 34 S. 8° (Répertoire du Théâtre français à Berlin. 390 – Sér. 2,140.)
1:Xv 1966–390. 5. 7. 11.
13.9366

— Dumanoir et d'Ennery, Madame et Monsieur Pinchon, s.a. Répertoire du théâtre français.

— Madame et Monsieur Pinchon, comédie-vaudeville, par MM. Bayard, Dumanoir et Dennery. — ([Paris 1838]: Dondey-Dupré.) 20 S. 8° (Magasin théâtral.)
300:129.078–C [u.ö.]
13.9375

— — Berlin: Schlesinger 1853. 37 S. 8° (Répertoire du Théâtre français à Berlin. 387 – Sér. 2,137.)
1:Xv 1966–387. 5. 7. 11.
13.9376

Bayard, Jean François Alfred

— Ma Place et ma femme, comédie en prose, par MM. Bayard et Gustave de Wailly. — Berlin: Schlesinger 1830. 63 S. 8° (Répertoire du Théâtre français à Berlin. 61.)
1:Xv 1966–61. 3. 5. 7. 11. 18. 31. 33. 79.
13.9378

— Prätendent u. Protector, s.a. Theater des Auslandes. 32. Liefrg.

— [Les Prétendants, deutsch] Prätendent und Protector. Lustspiel nach Bayard von W. Friedrich. — Hamburg: Verlags-Comptoir 1851. 16 S. 8°
1. 300:624.920–B. Th.
13.9388

Bayard, la reine de seize ans, s.a. Théâtre français

— La Reine de seize ans. Comédie, mêlée de couplets. — Bruxelles: Dumont 1828. 52 S. 8° (Répertoire dramatique de la scène française. 6,3.)
32.
13.9393

— — Berlin: Schlesinger 1830. 55 S. 8° (Répertoire du Théâtre français à Berlin. 57.)
1:Xv 1966–57. 3. 5. 7. 11. 15. 17. 18. 33. 302.
13.9395

— — Bielefeld: Velhagen & Klasing 1840. 74 S. 8° (Théâtre français. 1,12.)
6. 12:P. o. gall. 2116 ad–I,12. 15. 23. 26. 44. 47. 52. 60. 117.
13.9396

— — Berlin: Schlesinger [1841]. 40 S. 8° (Théâtre français. 12 – Sér. 2,6.)
180.
13.9397

— — Ebd. 1844. 67 S. 8° (Théâtre français. 12 – Sér. 2,6.)
10.
13.9398

— — 3. éd. Bielefeld: Velhagen & Klasing 1844. 74 S. 8° (Théâtre français. 1,12.)
31. 32. 44. 79.
13.9399

— — 4. éd. Ebd. 1853. 68 S. 8° (Théâtre français. 1,12.)
22.
13.9400

— — 5. éd. Ebd. 1859. 68 S. 8° (Théâtre français. 1,12.)
30. 34. 46.
13.9401

— — 6. éd. Ebd. 1862. 68 S. 8° (Théâtre français. 1,12.)
23.
13.9402

— — 7. éd. Ebd. 1870. 64 S. 8° (Théâtre français. 1,12.)
33. 111.
13.9403

— — 8. éd. Bielefeld [usw.]: Velhagen & Klasing 1876. 64 S. 8° (Théâtre français. 1,12.)
123. 302.
13.9404

— — Avec notes et vocabulaire par Ernst Kurtz. Berlin 1878. 66 S. 8° (Théâtre français. Collection Friedberg & Mode. 31.)
1:Xv 2034–31. 300:547.192–A. 31.
13.9405

— — 2. éd. Berlin 1880. 66 S. 8° (Théâtre français ... 31.)
11. 101.
13.9406

— — 3. éd. Ebd. 1889. 60 S. 8° (Théâtre français ... 31.)
123.
13.9407

— Le Serrurier. Comédie mêlée de vaudevilles; par MM. Bayard, Émile Vanderburch et Alexis. — Berlin: Schlesinger 1832. 47 S. 8° (Répertoire du Théâtre français à Berlin. 98.)
1:Xv 1966–98. 5. 7. 11. 17. 18. 31. 33. 300:128.751–B.
13.9418

— et (de) Biéville, Si Dieu le veut, s.a. Théâtre français par C. Schütz.

— Si Dieu le veut, comédie-vaudeville. Par MM. Bayard et Biéville. — Bielefeld: Velhagen & Klasing 1853. 104 S. 8° (Théâtre français. Sér. 13,6.)
12:P. o. gall. 2116 ad–13,6. 30. 31. 44.
13.9421

— Un soufflet n'est jamais perdu, s.a. Répertoire du théâtre français etc.

— Un Soufflet n'est jamais perdu, comédie-vaudeville. — ([Paris 1852]: Vialat.) 16 S. 8°
300:9 in 641.440–C. M. 40[u.ö.]
13.9423

— — Berlin: Schlesinger 1853. 37 S. 8° (Répertoire du Théâtre français à Berlin. 385 – Sér. 2,135.)
1:Xv 1966–385. 5. 7. 11.
13.9424

—— der Pariser Taugenichts, s.a. Universal-Bibliothek Nr. 1779.

— [deutsch] Der Pariser Taugenichts. Lustspiel. Nach Bayard u. Vanderburch von L. v. Alvensleben. — o. O. 1836. 90 S. 8°
180.
13.9225

— — Nach d. Franz. d. Bayard u. Vanderburch von Theodor Dunkel. — (Berlin: Hayn 1837.) S. 971–990. 4° (Bühnen-Repertoir d. Auslandes. Bd 8. Nr 57.)
1: in 4° Yp 6091–8.9. 17. 31. 300: 129.141–C. 8,57 [u.ö.]
13.9226

— — Deutsch von Maximilian Röttinger. Leipzig: Reclam [1883]. 62 S. 8° (Universal-Bibliothek. 1779.)
1: Ag 7201–1779. 15. 107. 300: 410.411–A. Per. 1779. 302.
13.9227

— — d. Tochter d. Regiments, s.: Mode's Opern-Text-Biblioth.

—— et Regnault, le tyran d'une femme s.a. Répertoire du Théâtre fr.

— Le Tyran d'une femme, comédie, mêlée de chant, par MM. Bayard et Regnault. — ([Paris 1841]: de Lacombe.) 18 S. 8°
300: 130.430–C [u.ö.]
13.9433

— — Berlin: Schlesinger 1843. 34 S. 8° (Répertoire du Théâtre français à Berlin. 270 – Sér. 2,20.)
1: Xv 1966–270. 5. 7. 11. 17. 31. 32.
13.9434

— [deutsch] Der Vater der Debütantin oder: Doch durchgesetzt! Posse. Nach d. Franz. des Bayard u. Théaulon von L. W. Both. — (Berlin: Hayn 1839.) S. 1129–1150. 4° (Bühnen-Repertoir d. Auslandes. Bd 9. Nr 66.)
1: in 4° Yp 6091–8/9. 11. 17. 31. 61. 180.
300: 129.141–C. 9,66.
13.9360

—— und Dumanoir, Richelieu's erster Waffengang s.a. Universal-Bibliothek Nr. 1180.

— [deutsch] Richelieu's erster Waffengang. Lustspiel. Deutsch von Otto Randolf. — Leipzig: Reclam [1879]. 60 S. 8° (Universal-Bibliothek. 1180.)
1: Ag 7201–1180. 12: Var. 380 k–1180. 15. 26. 29. 47. 107. 300: 410.411–A. Per. 1180. 302.
13.9124

(—) [deutsch] Der Watten-Fabrikant. Posse. Nach d. Franz. frei bearb. von Ludwig Meyer. — (Berlin: Hayn 1842.) S. 1283–1304. 4° (Bühnen-Repertoir d. Auslandes. Bd 10. Nr 75.)
1: in 4° Yp 6091–10. 31.
13.9299

Bayard, Émile, die Tiere nach dem Leben in künstlerischen photographischen Aufnahmen. Vorwort v. G. Gardot. 1. Jahrg. (In 12 Heften.) (à 4 S. Text u. 4 Taf.) gr. 4. Paris 905. Leipzig, N. Pehrsson. n. 12. — in Mappe n. 15. —
Erscheint nicht weiter.

Bayard, Jean Joseph

Bayard, J., et M. Plate, cours gradué de langue allemande. I. Cours élementaire. 8. (VII, 210 S.) Dresden 888, Ehlermann. *

— et M. Plate, cours gradué de langue allemande. 1. Cours élémentaire. gr. 8. (VII, 12 S. in Schreibschrift u. 210 S.) Dresden 889. Ehlermann. n. 1. 60
s.: Plate, II.

Bayard, J., et M. Plate, cours gradué de la langue allemande. II. Grammaire pratique. gr. 8. (VI, 285 S.) Dresden 892. L. Ehlermann. n. 2. 25; geb. n. 2. 70 (1. u. 2.: n. 3. 85; geb. n. 4. 80)

Bayard, Jean Joseph: Cours gradué de langue allemande. Par J. Bayard, M. Plate. 3. éd. 1. — Dresden: Ehlermann [usw.] 1900. VII, 12, 210 S. 8°
1. Cours élémentaire.
101.
13.9436

Bayard, J: Cours gradué de langue angl., s.: Plate-Kares, II.

Bayard, Max [aus Berlin]: Ueber die localen Beziehungen zwischen der Perlsucht und der Tuberkulose des Menschen. . . . Jena, *gedr. bei L. Schumacher in Berlin*, 1888; 3 Bl. | 48 S. 8°
Jena, Med. Fak., Inaug.-Diss. v. [31. Dez.] 1888

Bayard, Otto, med. prakt. (von Leuk, Wallis) z. Zt. Assistenzarzt an der Kantonalen Krankenanstalt in Aarau: Die Ophthalmoreaktion nach Calmette bei Kindern mit Berücksichtigung der übrigen spezifischen Reaktionen auf Tuberkulose. Zürich 1908. 28 S. 8°. S.-A. aus der Zeitschrift für ärztliche Fortbildung Jahrg. 5. 1908. [19. V. 08.]
Zürich, Med. Diss 1907/08.

Bayard, P. s. *Bayard*, Jean François Alfred.

Bayard, Pierre Terrail Seigneur de s. *Bayard*. — Bayard oder der Mann ohne Tadel. 1777.

Bayard, Raim.: Die Wahrh. üb. d. Gewerkschaftsstreit d. deut. Katholiken. 1. Bd: Die Frage d. Zuständigk. d. kirchl. Autorität f. gewerkschaftl. Organisationen als solche. 1. u. 2. Afl. (152) 8° Trier, Petrus-Verl. '11. 1 — d

Bayard de Vailly, s. Bayard, Jean François Alfred

Bayart, Seigneur de s. *Bayard*, Pierre Terrail Seigneur de.

Bayberger, Emmeran: Der Chiemsee. Th. 1. 2.
in: Mitteilungen des Vereins für Erdkunde zu Leipzig 1888 S. 3—75 u. 1889, S. 3—103 Leipzig 1889 u. 1890 73 S. 1 Krt; 101 S., 1 Krt 8°.

Bayberger, E. s.a. Gemsen-Eier.

Bayberger, Emmeran: Gemsen-Eier. Alpin-Humoristisches in Wort und Bild. (Hrsg.: E. Bayberger.) Portion [1]–4. — Kempten: Kösel (1895–99). 8°
12: L. eleg. m. 106p [auch P. 1 = L. eleg. m. 1328x]. 19. 32.
13.9462

— Lapidarschrift-Heft. [Nebst] Kommentar zum Lapidarschrift-Heft (Für die Hand des Lehrers). — Passau: Abt 1891. quer-8° [u.] 8°
12: 4° Graph. 5 f. 19.
13.9464

— s.a. Sing' ma oans!

— Sing' ma oans! Alpenliederbuch. Hrsg. von E. Bayberger, M. Förderreuther u. A. Geistbeck. — Passau: Abt 1891. VIII, 144 S. 8°
12: P. o. germ. 79 qt.
13.9465

— — 2. Aufl. Ebd. 1891. VIII, 144 S. 8°
12: P. o. germ. 79 qta.
13.9466

Sing' ma oans! Alpenliederbuch. Hrsg. von Dr. E[mmeran] Bayberger, M[ax] Förderreuther u. Dr. A. Geistbeck. 5. Aufl. Passau: R. Uht 1894 [übergeklebt: G. Kleiter 1901]. (VIII, 144 S.) 8° [J.] (M. 1619)

— — 5. Aufl. Passau: Kleiter 1901. VIII, 144 S. 8°
1: Yd 6039/55. 12: P. o. germ. 79 qtb. 19. 60.
13.9467

— u. M. Förderreuther, Übungen u. Aufgaben zur deutschen Sprachlehre f. Mittelschulen. 1. u. 2. Tl. gr. 8. Passau, R. Abt. Geb. n.n. 2. 30
1. (Für die 2 Unterklassen.) (VII, 178 S.) 891. n.n. 1. 50
2. (Für die 2 Mittelklassen.) (VI, 80 S.) 893. n.n. — 80

— u. M. Förderreuther, Übungen u. Aufgaben z. deutschen Sprachenlehre f. Mittelschulen. 2 Tle. gr. 8. Passau 895. R. Abt. Geb. in Halbleinw. n. 2. 60
1. 2., umgearb. Aufl. (II, II, 163 S.) n. 1. 50
2. Neue, verm. Ausg. (IV, 9. S.) n. 1. —

— u. M. Förderreuther, Übungen u. Regeln zur deutsch. Sprachlehre. Für Mittelschulen hrsg. 1. u. 2. Tl. gr. 8. München, M. Kellerer. à n. 1.70; geb. in Leinw. à n. 2.—
1. 3. vollst. umgearb. Aufl. (VI, 143 S.) 901.
2. 2. vollst. umgearb. Aufl. (VIII, 131 S.) 902.

Bayberger, E, u. M **Förderreuther**: Ubgn u. Regeln z. deut. Sprachlehre. Für Mittelsch. hrsg. 2 Tle. 8° Münch., M Kellerer. Je 1.70; geb. je nn 2 — d
I. 4. Afl. (143)'05. ‖ II. 2. Afl. (131) '02.

Bayberger, E., Übungen u. Regeln zur deutschen Sprachlehre. Für Mittelschulen hrsg. 2 Tle. 8. München 910. M. Kellerer. Geb. à 1. 60
I. 5., neubearb. Aufl. (VIII, 152 S.)
II. 3., neubearb. Aufl. (X, 140 S.)

Bayberger, E: Übgn u. Regeln z. deut. Sprachlehre. Für Mittelsch. hrsg. 2 Tle. 8° Münch., M Kellerer's V. geb. je 1.60 d
I. 6. Afl. (8, 151) '12. ‖ II. 4. Afl. (10, 149) '12.

Bayberger, Emmeran: Physikalische und geologische Verhältnisse des Chiemsees. . . . (Aus: Mitth. d. Ver f. Erdk. zu Leipzig. Jhrg. 1889.), Leipzig, *Druck v. Alexander Wiede*, 1890; 103 S. + 1 Bl. u. 1 Kart. 8°
Leipzig, Phil. Fak., Inaug.-Diss. v. 31. März 1890

— **Wie mache ich meinen Aufsatz? Eine praktische Anleitung für alle, welche vor einem Examen stehen. T. [1.] 2.** München: Kellerer 1899. 8° 12: L. germ. 20 fc. 19. 207. 307.
13.9468

— dasselbe. II. Tl. gr. 8. (44 S.) Ebd. 899. n. 1. —

Bayberger, Franz: Die Burghalde bei Kempten. Eine geologische geographische Skizze. — Kempten: Dannheimer 1885. 16 S. 8°
Zugleich Progr. Kempten, Höhere Töchterschule 1884/85.
12: Bavar. 209 ip. 19. 93.
13.9469

Bayberger, Franz: Der Inndurchbruch von Scharding bis Passau Mit einer Karten-Beilage . . . . Kempten, Druck v. Joseph Hartmann, 1886; 36 S. u. 3 Kart. 8°.
Strassburg, Phil. Fak., Inaug.-Diss. v. 1886.

Bayberger, Franz, der Inndurchbruch von Schärding bis Passau. Diss. Strassburg i. Els. 1886, Trübners Buchh. u. Antiqu. (E. d'Oleire). 8°. 36 S. mit 3 Karten.

—— d. Inngletscher v. Kufstein bis Haag. s.a. Petermann's, A, Mittheilgn a. J Perthes' geograph. Anst.

— **Der Inngletscher von Kufstein bis Haag. Ein Beitrag zur Kenntnis der südbayerischen Hochebene.** — Gotha: J. Perthes 1882. 67 S. 4° (Dr. A. Petermanns Mittheilungen aus Justus Perthes' Geographischer Anstalt. Erg.H. 70.)
1: 5 in 4° Po 2184-Erg.Bd 15 [u.] 5 in 4° Po 2184a-Erg.Bd 15. 2→11. 12: 4° Geo. U. 84h-Erg.Bd 15. 14→21. 24→36. 38. 39. 43→48. 51. 52. 53. 61. 66. 79. 82. 84. 86. 88→91. 93. 109. 117. 169. 203. 205. 300: 393.053-C. K. Erg. Bd 15. 302→305. 308.
13.9470

Bayberger, Frz: Zum Problem d. Wellheimer Trockentals s.a. Forschungen. landeskundl. 6

— **Zum Problem des Wellheimer Trockentals.** — München: Riedel 1909. 55 S. 8° (Landeskundliche Forschungen. 6.) 12: Bavar. 833 hs-6. 15. 19. 107.
13.9471

Bayberger, Frz., geographische Studien üb. das nordwestpfälzische Lautorthal. Ein Beitrag zur Heimatkunde der Pfalz. gr. 8. (74 S. m. 19 Fig.) Frankfurt a. M. 899. (Kaiserslautern, E. Crusius) n. 2. —
Sonderabdruck aus: „Bericht der Senckenberg. naturforsch. Gesellsch. in Frankfurt a. M."

—— 2. Herausg. Dürkheim 1902: Rheinberger. 89 S. 8°
12: Bavar. 209 irb.
13.9474

Bayberger, F, geograph.-geolog. Studien a. d. Böhmerwalde. Die Spuren alter Gletscher, d. Seen u. Thäler d. Böhmerwaldes s.a. Petermanns A, Mittheilgn a. J Perthes geograph. Anstalt.

— **Geographisch-geologische Studien aus dem Böhmerwalde. Die Spuren alter Gletscher, die Seen u. Thäler des Böhmerwaldes.** — Gotha: J. Perthes 1886. 63 S. 4° (Dr. A. Petermanns Mitteilungen aus Justus Perthes' Geographischer Anstalt. Erg.H. 81.)
1: 1 in 4° Po 2184-Erg.Bd 18 [u.] 1 in 4° Po 2184a-Erg.Bd 18. 2→11. 12: 4° Geo. U. 84h-Erg. Bd 18. 14→21. 24→36. 38. 39. 43→48. 51. 52. 53. 61. 66. 79. 82. 84. 86. 88→91. 93. 109. 117. 121. 169. 203. 205. 209. 300: 393.053-C. K. Erg.Bd 18. 302→305. 308.
13.9472

Bay City Journal: 1883- 1884
Democratic weekly Circulation 1884, 850 Edited & published by John Becker
Bay City MI.

Bay City Pionier: 1870-
Weekly Bay City, MI

Bay City Zeitung: 1872- 1873
Independent weekly Circulation 1873, 500 (est.) Edited by Dr B Paulsen, & published by Edward Kroencke Bay City, MI

Bayen, Pierre
— [deutsch] Chymische Untersuchungen über das Zinn ... Übers. (von Johann Jakob Friedrich Beck); hrsg. u. mit Anm. begleitet von Johann Gottfried Leonhardi. — Leipzig: Crusius 1784. XII,212 S. 8° 1: Ot 21253. 2. 3. 5. 7. 8. 12: Chem. 11 b. 14. 15. 17. 26. 27. 39. 89. 202.
13.9520

Bayen, ... chym. Untersuchung über das Zinn. Aus d. Französ. u. mit Anmerkk. herausg. v. J. G. Leonhardi. gr. 8. Leipz. 784. (W. Vogel). 14 ₰

Bayenthal, Adolf

Bayenthal, Adf., der unerschöpfliche Freudespender bei allen Familien- u. Vereinsfesten. Ein unentbehrl. u. willkommenes Hilfsbuch f. alle, die den Frohsinn u. die Heiterkeit bei festl. Gelegenheiten erwecken u. beleben wollen. Unter Mitwirkg. humorist. Schriftsteller der Neuzeit hrsg. 12. (XII, 275 S.) Düsseldorf 893. J. B. Gerlach & Co. Kart. n. 2. —

Bayer. —
Der freymüthig denkende Bayer, Seinem Durchlauchtigsten, gnädigsten Landesfürsten unterthänig, und der bayrischen gefreyten Landschaft devot, durch die Reichs-Grundverfassung unterstützt. 1781. Im August-Monat. Bey einer Gelegenheit der Ankunft eines päbstlichen Nuntius in Bayern. — o.O. [1781]. 19 S. 2°
12: 2° Bavar. 91. 21. 24.
13.9530

Der Bayer in Paris. — Basel: Serini 1784. 102 S. 8°
1: Yr 9712. 300: 4 in 460.778-A. 141.
13.9531

Bayer, der, in Paris. Lustsp. 8. Münch. Strobl. (Fleischmann.) 784.

Bayer, s.a. Bayr

Bayer, Dr. iur., Kgl. Bayer. Kreisarzt, später Breslau. 1829
s. *Bayer*, Friedrich.

Bayer, Hauptmann im Infanterie-Regiment No. 78, Osnabrück. 1891
s. *Bayer*, Friedrich.

Bayer, Farbenfabriken, vorm., Leverkusen. 1887
s. *Bayer*, Friedr., & Co.

Bayer, Pfarrer, Güglingen i. Württemberg. 1865-1924. 1899
s. *Bayer*, Georg.

Bayer, Prof. d. Rechte u. Humanist, München, 1792-1876. 1819
s. *Bayer*, Hieronymus v.

Bayer, Prof. d. Tierheilkunde, Wien, 1847-1925. 1878
s. *Bayer*, Josef.

Bayer, Prof. Dr. med., Brüssel. 1873 s. *Bayer*, Leo.

Bayer, Hauptmann im Generalstab d. Schutztruppen für Südwestafrika. 1906 s. *Bayer*, Maximilian.

Bayer [Obergerichtsrat in Mannheim],
s. Bayer, Valentin

Bayer, v., Rittmeister, Romanschriftsteller, Bregenz, 1835-1902. 1863
s. *Byr*, Robert.

Bayer: Justus Möser's staatsrechtliche und volkswirtschaftliche Ansichten. 24 S.
Progr. Prag H. 1869.

Bayer, et N. H. Paradis, manuel pratique d. langues franç. et allem. etc. 8. Frankf. 772. Kochendörfer. 16 gl.

Bayer, siehe: *Schüler-Kalender.*

— siehe: Trost aus Gottes Wort.

Bayer: Allgemeine Weltgeschichte, s. Bayer, Fritz

Bayer, A.: Wir Frauen und der Alkoholismus,
s. Bayer, Anna

Bayer, A.: Zur Morphologie der Rhizome,
s. Bayer, August

Bayer, A.: Predigten, s. Bayer, Albrecht

Bayer, A.: Alt-Ansbacher Recht ..., s. Bayer, Adolf

Bayer, A.: Sammlung gotischer Kirchen,
s. Bayer, August

Bayer, A.: Trauerspiele, s. Bayer, Adam

Bayer, A. F.: Skize über des Strafgesetzbuches zweyten Theil: von den schweren Polizeyübertretungen, und derselben Bestrafung. — Wien 1804: Gerold. 39 S. 8°
300: 8517.
13.9534

Bayer, A. F., Skizze über d. Strafgesetzbuches 2n Thl. von d. schweren Polizeiübertretungen u. deren Bestrafung. gr. 8. Wien 804. Wimmer. 8 gl.

Bayer, A. H., s. Bayer, Adolf H.

Bayer, Adam, Bibliothekar u. Pfarrer, Kulmbach, später Merkershausen. 1772: Kurzer Begriff wahrer Andachts-Übungen nebst beygefügten Lebensbeschreibungen und verschiedenen Wunderthaten, welche Gott durch die heilige vierzehn Nothhelfer seit vielen Jahren her in der, in dem Hochstift Bamberg gelegenen und dem Kloster Langheim einverleibten Wallfahrts-Kirchen, Frankenthal, zu würken geruhet hat. — Bamberg 1772: Klietsch. IV,464 S. 8°
Nebent.: Das wunderthätige Franckenthal. **14. 19. 22. 29.**
13.9535

Bayer, Adam. 1886: Viertes Badisches Sänger-Bundes-Fest am 13. und 14. Juni 1886 in Freiburg im Breisgau. Fest-Buch. — Freiburg i. B. 1886: Thiergarten. 55 S. 8°
25. 31.
13.9536

Bayer, Adm., Trauerspiele üb. d. Leiden u. Sterben Jesu Christi in gebund. Rede verfasset. 8. Augsb. 764. M. Rieger. 5 gl.

Bayer, Adam, Trauerspiele über das Leiden und Sterben Jesu Christi, in gebund. Rede verfasset. 8. Augsb 765. Rieger. 5 gl.

Bayer, Adolf [cand. med. aus Germersheim]: Beitrag zur Diagnostik des otitischen Hirnabszesses ... Erlangen, Druck d. Univ.-Buchdr. v. E. Th. Jacob, 1896; 35 S. 8.
Erlangen, Med. Fak., Inaug.-Diss. v. 22. Juli 1896

Bayer, Adf: Geschichte d. Fürstent. Ansbach-Bayreuth, s: Lang, Karl Heinr. Ritter v.

Bayer, Adolf, Rechtsanwalt: Alt-Ansbacher Recht in neuer Zeit. Ansbach 1908: Brügel. VI, 96 S. 8°
Erlangen, Jur. Diss. v. 2. Okt. 1908, Ref. Sehling
[Geb. 11. Febr. 76 Lohr a. M.; Wohnort: Ansbach; Staatsangeh.: Bayern; Vorbildung: Gymn. Ansbach Reife 95; Studium: Erlangen 6, Würzburg 1, München 1 S.; Rig. 11. Mai 08.] [U 09. 660

Bayer, Adolf H.: Worlds Fair zu Chicago. Bericht über Innendecoration, Möbel, Stoffe, Tapeten, Teppiche und keramische Producte. — Wien 1894. 41 S. 8°
Aus: Wochenschrift d. Niederösterreichischen Gewerbe-Vereines. 55. 1894. **300: 197.153-B. 302.**
13.9540

— Vorlagen für Galanterie-Drechsler. Entwürfe für Gegenstände aus Elfenbein, Bein, Perlmutter, Schildkrot und Holz. — Wien: Graeser 1893. 30 Taf. gr. 2°
300: 94.878-D. 302. 305.
13.9541

Bayer, Adolph Hub. Adam (geb. Aachen 19. 3. 1839): De [illegible] Berolini (1862). (32 S.) 8°
Berlin, Med. Diss. v. 11. Okt. 1862

Bayer, Albert, a. Limbach i. Sa.: Jean Pierre Camus. Sein Leben und seine Romane. Leipzig: Dr. Seele & Co. 1906. (93 S.) 8°
Leipzig, Phil. Fak., Ref. Birch-Hirschfeld u. Wülker, Diss. v. 26. Okt. 1906
[Geb. 16. Febr. 81 Limbach i. S.; Wohnort: Limbach; Staatsangeh.: Sachsen; Vorbildung: Realgymn. Chemnitz Reife O. 00; Studium: Leipzig 12 S.; Rig. 10. Juli 06.]

Bayer, Albert [aus Pilsen]: Theorie der Transformatoren für dreiphasige Wechselströme. Zürich 1898. 106 S. 8°.
Zürich. Phil. Diss. II. S. 1897/98.

Bayer, Albertus s. *Bayer*, **Albrecht.**

Bayer, Albrecht
— adnotatio perpetua in Theocriti Idyllion XVI. Sect. I. II. 8 maj. Erlang. 790.

Bayer, Albr., († d. 16. Jan. 1818.) Diss. inaug. Adnotationes quaedam in Theocriti Idyllion XV. Sect. I. II. 4. Erlang. 787. (Heyder). 4 gl.

Bayer, Albrecht: Beiträge zur praktischen Bearbeitung der Sonn- und Festtags-Evangelien. Nach dem Plan der Rauischen Materialien zu Kanzelvorträgen über die Episteln. Bd 1,1. — Erlangen: Palm 1794. 86 S. 8° **29.**
13.9546

— commentarii perpetui in Theocriti Charites et Syracusias. 8 maj. Erlang. 790. (Heyder). 12 gl.

— Commentarii perpetui in Theocriti Charites et Syracusias. — Erlangae: Walther 1790. 143 S. 8°
1: Vi 2696. 2. 5. 8. 14. 15. 17. 19. 21. 23.
13.9547

Bayer, Commentarii perpetui in Theocriti Charites et Syracusas. Erlang. 791. 8. 12gr.

— Predigten für die Bedürfnisse unserer Zeit in der akademischen Kirche zu Erlang (2: in der Universitätskirche zu Erlangen) gehalten. Bd[1.]2. — Erlangen: Palm 1784–93. 8° **25. 29[∞1].**
13.9548

— zwei Predigten von der Vaterlandsliebe. 8. Erlang. 792. Palm. 4 gr.

— zwei Predigten v. d. Vaterlandsliebe rc. 8. Ebend. 793.

— s.a. Religionsgeschichte f. allerh. Leser.

[—] Christliche Religionsgeschichte für allerhand Gattungen von Lesern. [Verf.: Albrecht Bayer u. Johann Christian Schmid.] Mit e. Vorr. von Johann Georg Rosenmüller. Th.1,1.—Nürnberg: Stiebner 1780. 566 S. 8° **207.**
13.9549

— Trauerrede am Grabe Jak. Heinr. Gorraisky. 8. Erlang. 781. Palm. 2 gr.

Bayer, Alexander: Die Fortschritte im Bau von Müllverbrennungsanlagen. — Leipzig: Leineweber 1907. 35 S. 8°
Aus: Gesundheit. 32. 1907. **1: Fb 6102/12. 33. 38 M. 66. 210.**
13.9550

Bayer, Alfred
— Berechnung von Hochbau-Constructionen in Eisen, Stein und Holz. 2. Aufl. — Wien: Graeser 1898. 92 S. 8° **302.**
13.9552

Bayer, Alfred, Architekt u. Stadtbaumeister, Wien. 1896: Handbuch zur Berechnung der im Hochbau vorkommenden Constructionen in Eisen, Stein und Holz. — Wien: Reimann 1896. 92 S. 8° **210. 302.**
13.9551

Bayer, Anna, Dr. med. Wir Frauen und der Alkoholismus. Basel 1897. 23 S. 8°. Fr. —.10.

— Wir Frauen und der Alkoholismus. Nach e. Vortrag. — Basel [1901]. 23 S. 8° (Alkoholgegnerbund. 26.)
8. 12: Pol. civ. 283t–28. 29. 109. 203.
13.9555

Bayer, Anna: Wir Frauen und der Alkoholismus. Ein Vortrag. — Basel: Reinhardt [1901]. 41 S. 8° (Sammlung hervorragender Schriften über d. Alkoholfrage.)
7. 18. 29. 30. 47.
13.9554

Bayer, Anna. Wir Frauen und der Alkoholismus. Nach einem Vortrag, gehalten zu Bern von Dr. med. Anna Bayer. 12.—15. Tausend dieser Ausgabe. IV + 24 S. 8. Basel, Schriftstelle des Alkoholgegnerbundes (Fr. Reinhardt, [1902]). fr. —. 10
Alkoholgegnerbund. ⟨Internationaler Verein zur Bekämpfung des Alkoholgenusses⟩ [Flugschriften.] Nr. 26.

Bayer, Anna. Wir Frauen und der Alkoholismus. Nach einem Vortrag, gehalten zu Bern von Dr. med. A' B'. 16.—17. Tausend. IV + 24 S. 8. Basel, Schriftstelle des Alkoholgegnerbundes (Fr. Reinhardt, [1904]). fr. —. 10
[Alcoholgegnerbund.... Flugschriften.] Nr. 26.

Bayer, Anna: Wir Frauen u. d. Alkoholismus. Nach e. Vortr. 18—20. Taus. (23) 8° Bas., Schriftstelle d. Alkoholgegnerbundes ('06). — 10 d

Bayer, Anna, wir Frauen u. der Alkoholismus. Nach e. Vortrag, geh. zu Bern. 18.—20. Taus. (23 S.) 8. Basel (907). Schriftstelle des Alkoholgegnerbundes. — 10

Bayer, Anna: Wir Frauen u. d. Alkoholismus. Nach e. Vortrag. 23—25. Taus. (23) 8° Bas., Schriftstelle d. Alkoholgegnerbundes ('12). — 10 (Pp.) d

Bayer, Anton, Prof., Direktor d. Entbindungsanstalt, Erlangen, 1791-1832. 1828: Erste Nachricht von der Entbindungs-Anstalt der Königl. Universität Erlangen gegeben von dem zeitigen Vorstande derselben. — Erlangen: Palm & Enke in Comm. 1828. 42 S. 4° **12: 4° Bavar. 198. 22. 29.**
13.9558

Bayer, August: Beiträge zur systematischen Gliederung der Cruciferen.
Diss. Prag 1905/06.

— Generalbericht der Direktion des badischen Alterthumsvereines über Wirken und Gedeihen der Gesellschaft seit ihrer Gründung im Mai 1844 bis heute ⟨Mai 1858⟩. — Karlsruhe 1858: Hasper. 68 S. 4°
1: 4° Rx 712. 7. 12: 4° Germ. sp. 119h. 16. 17. 24. 25. 26. 30. 31. 36. 52. 180.
13.9563

Bayer, August, Botaniker, Brünn, geb. 1882. 1903: Zur Morphologie der Rhizome von Pteris Aquilina. — Prag 1903. 8 S. 8°
Aus: Sitzungsberichte d. königl. böhmischen Gesellschaft d. Wissenschaften. Math.-nat. Cl. 1903. 1904. **300: 425.140–B.**
13.9564

Bayer, A. von, Sammlung gothischer Kirchen in Deutschland. Gez. von F. Günther, D. Quaglio u. a.; in Stein gravirt von B. Donndorf u. a. Nr. 1—30. Berlin, Sachse & Co. [1840?] 8.

Bayer Berthold: Zum Buche von Troja Rudolfs von Hohen-Ems.
1886 PN 457 Diss. Wien Univ.

Bayer, O, s.a. Bayer, K.

Bayer, C. F., geb. Dachselt, Früchte meiner einsamen Stunden, oder Gedanken-Ausbrüche zu verschied. Zeiten u. bei verschied. Umständen. Als Nachlaß für die, welche an Fortdauer im Tode glauben. gr. 8. Dresden (u. Leipzig) 833. Arnold. 1 ß

Bayer, Frau C. F., geb. Dachselt: Früchte meiner einsamen Stunden, oder Gedanken-Ausbrüche zu verschiedenen Zeiten und bei verschiedenen Umständen. — Dresden 1833: Ramming. VIII, 441 S. 8° **106.**
13.9566

Bayer, Carl (Chirurg), s. Bayer, Karl

Bayer, Carl (Gymnasialprofessor), s. Bayer, Karl

Bayer, Carl (Schriftsteller, Wien), s. Bayer, Karl

Bayer, Carl Emmerich Rob. v., s.: Bvr, Rob.

Bayer, E.: Die Entstehung der Burschenschaften, s. Bayer, Edmund

Bayer, E. (Hrsg.), s. Vaterlandskunde, Allgemeine teutsche.

Bayer, E. A., s. Bayer, Edmund

Bayer, Edmund, Dr. phil., Schriftsteller, Brieg, 1848-1909. 1875: Lose Blätter. Kulturgeschichtliche Skizzen u. Plaudereien. — Magdeburg: Zacharias 1906. VI, 160 S. 8°
1: Ag 10153. 8. 12: H. g. hum. 12xi. 24. 39.
13.9570

Bayer, Edm.: Danielstudien, s: Abhandlungen, Alttestamentl.

Bayer, E., die Entstehung der deutschen Burschenschaft, s.a. Sammlung gemeinverständl. wissenschaftl. Vorträge.

— Die Entstehung der deutschen Burschenschaft. — Berlin: Habel 1883. 48 S. 8° (Sammlung gemeinverständlicher wissenschaftlicher Vorträge. 412.)
1: Ag 9016–412. 2→7. 9. 11. 12: Var. 366am–412. 14→20. 22. 24→31. 33. 35. 36. 38. 39. 41. 43→48. 51. 52. 61. 75. 78. 82. 83. 84. 89. 90. 93. 106. 109. 123. 203. 205. 209. 300: 395.139–B. Per. 412. 302. 304. 305. 308.
13.9571

— [Hrsg.] Epigramme der griechischen Anthologie. 1910 s. *Anthologia* Graeca [Ausz., deutsch].

— Das 3. Buch Esdras u. s. Verhältn. zu d. Büchern Esra-Nehemia, s.: Studien, Biblische.

— [Hrsg.]
s. *Firdausi:* Königsbuch [Šāhnāma, deutsch]. 1890-95.

Bayer, Edm., aus der Geschichte d. Badelebens, s.a. Sammlung gemeinnütziger Vorträge.

— Aus der Geschichte des Badelebens. — (Prag: Deutscher Verein zur Verbreitung gemeinnütziger Kenntnisse; Härpfer in Comm. 1894.) 32 S. 8° (Sammlung gemeinnütziger Vorträge. 187.188.)
1: Ag 309-187.188. 5. 12: Var. 366ah-187. 188. 14. 16. 21. 300: 393.143-B. 187. 188. 302.
13.9572

Bayer, Edm., Hund u. Mensch, s.a Sammlung gemeinnütziger Vorträge.

— Hund und Mensch. — Prag: Deutscher Verein zur Verbreitung gemeinnütziger Kenntnisse; Härpfer in Comm. (1902). 20 S. 8° (Sammlung gemeinnütziger Vorträge. 282.)
1: Ag 309-282. 12: Var. 366ah-282. 14. 16. 300: 393.143-B. 282. 302.
13.9573

Bayer, Edm., Musterbriefe. Unter Mitwirkg. hervorrag. Autoritäten bearb. [Aus: „Die elegante Welt von P. v. Schönthan".] gr. 8. (VIII, 184 S.) Berlin 892. [Verlag f. Sprach- u. Handelswissenschaft.] J. Gnadenfeld & Co. n. 1. 50

— Musterbriefe. 8° (181) Berl. 92. Oranienb., E Freyhoff. 1 50

— Neuer Muster-Briefsteller für alle Lebenslagen. 3. Aufl. — Oranienburg: Freyhoff [1895]. 187 S. 8°
1: Yb 3466^3.
13.9574

Bayer, E. A., s.: Saadi's politische Gedichte.

Bayer, Edmund, Leopold Schefer, s.a. Sammlung gemeinnütziger Vorträge. Nr. 334.

— Leopold Schefer. Zur Erinnerung an einen deutschen Dichter. — (Prag: Deutscher Verein zur Verbreitung gemeinnütziger Kenntnisse in Prag; Calve in Komm. 1906.) S. 115-162. 8° (Sammlung gemeinnütziger Vorträge. 334.)
1: Ag 309-334. 12: Var. 366 ah-334. 14. 16. 30. 207. 304.
13.9575

— Schwan u. Schwanengesang, s.a. Sammlung gemeinnütz. Vorträge.

— Schwan und Schwanengesang. — (Prag: Deutscher Verein zur Verbreitung gemeinnütziger Kenntnisse; Härpfer in Comm. 1896.) 20 S. 8° (Sammlung gemeinnütziger Vorträge. 210.) 1: Ag 309-210. 5. 12: Var. 366ah-210. 14. 16. 21. 106. 300: 393.143-B. 210. 302.
13.9576

— Grüne Wildnis. Gedichte aus vergangenen Tagen u. aus jüngerer Zeit. — Magdeburg: Zacharias 1906. 267 S. 8°
1: Yo 30962. 8.
13.9577

Bayer, Edmund Alfred s. *Bayer*, Edmund. 1875.

Bayer, Edvin: Einige neue Pflanzen der Perucer Kreideschichten in Böhmen. — Prag 1899. 51 S. 8° (Sitzungsberichte d. königl. böhmischen Gesellschaft d. Wissenschaften. Math.-nat. Classe. 26. 1899.)
93.
13.9581

Bayer, Edvin, einige neue Pflanzen d. Perucer Kreideschichten in Böhmen. gr. 8. (51 S. m. 15 Fig. u. 2 Taf.) Prag 899. (F. Řivnáč). n. 1. 40
Sonderabdruck a.: „Sitzungsber. der böhm. Gesellsch. d. Wiss."

Bayer, Edvin, Studien im Gebiete d. böhmischen Kreideformation, s.: Fritsch (Frič), Ant.

Bayer, Elise: Betrachtungen. — Frankfurt a. M. 1906: Knauer. 115 S. 8°
30.
13.9586

— Erschaut. Gedacht. Erlebt. — Frankfurt a. M.: Knauer 1908. 104 S. 8°
30.
13.9587

Bayer, E(manuel): Formensammlung f. Freihandzeichnen etc., s. Bayr, Emanuel

Bayer, Emil
— Offizieller Führer durch Kurort und Bad Veldes (Oberkrain). — Görz [1910]: Gabršček. 99 S. 8° (Österreichische Heller-Führer durch d. Städte u. Kurorte d. Monarchie. 2.)
300: 45.767.
13.9593

Bayer, F.: Die Amortisation der Gebäudewerte (u. ähnl. Schriften), s. Bayer, Felix

Bayer, F: Entstehung und Vorkommen der wichtigsten Eisenerze, s. Bayer, Franz

Bayer's, F., Handbuch z. vollständ. Erlernung d. Treppenbaukunst. Fol. (24 S. m. Abb.) Leipzig 895. [W. Diebener.] A. Wehner. n. 1. —

Bayer, F., Baumeister. 1895: Handbuch der Treppenbaukunst. 2. Ausg. 1895 u. ö. s. *Nix*, G. H.: Anleitung zur vollständigen Erlernung der Treppenbaukunst.

Bayer, F. 1880: Verzeichnis über sämmtliche deutschen Kaiser von Karl dem Großen 768 an bis Wilhelm I. 1871. Modellirt u. verfertigt von E. Scherwinzky. — Wien: Weiner [um 1880]. 23 S. 8°
1: Rx 5579.
13.9596

Bayer, F. W.: Zeitblatt für Gartenbesitzer, s. Bayer, Friedrich Wilhelm

Bayer, Felix: Die Amortisation der Gebäudewerte mit Tabellen über Amortisationsergebnisse für Wien. Eine Studie. — Wien: Lehmann & Wentzel 1909. 24 S. 8°
300: 464.710-B. 302.
13.9597

— Geldherrschaft u. Volkswirtschaft. Eine Studie. (14 S.) gr. 8. Ebd. 909. 1. —

— Geldherrschaft und Volkswirtschaft. Eine Studie. — Wien: Lehmann & Wentzel 1910. 14 S. 8° 302. 305.
13.9598

Bayer, Felix, Arzt aus Aachen: Aus d. chirurg. Klinik zu Bonn. Schedes Redressement und Kopfstütze. Ein Beitrag zur Behandlung d. Spondylitis. *Bonn 1903: C. Georgi.* (61 S.) 8°
Bonn, Med. Diss. v. 21. Jan. 1903

Bayer, Ferdinand: Das Turnen in der nationalen Erziehung der Deutschen. — Troppau: Zenker 1885. 23 S. 8°
109. 207.
13.9599

Bayer, Fr.: Betrachtungen über den Eid, s. Bayer, Friedrich

Bayer, Franz
Bayer, Frz., Blütenstand. Inflorescentia. Zwei schemat. Wandtafeln für Mittelschulen, Lehrerbildungsanstalten und Bürgerschulen. Chromolithogr. Imp.-Fol. Mit Text. 4. (4 S.) Tabor 881, Janský. *

Bayer F.: Entstehung und Vorkommen der wichtigsten Eisenerze. 8. Prossnitz R. 80. Progr.

— Über die Extremitäten einer jungen Hatteria. — (Wien [1884].) 9 S. 8°
Aus: Sitzungsberichte d. Kais.Akademie d.Wissenschaften. Math.-nat. Cl. 90. 1884.
302.
13.9609

Bayer, Frz., üb. die Extromitäten o. jungen Hattoria. [Mit 1 (lith. u. color.) Taf.] [Aus: „Sitzungsbor. d. k. Akad. d. Wiss."] Lex.-8. (9 S.) Wien 884. (Gerold's Sohn.) n. — 60

Bayer Franz: Über die Extremitäten einer jungen Hatteria (mit 1 Taf.) S. 90. I. 237 . —.60 Separatabdruck

— Neue Fische und Reptilien aus der böhmischen Kreideformation. 1905 s. *Fritsch*, Anton.

— Deutsch-türkisches Konversationsbuch. 1907 u.ö. s. *Connor*, James.

Bayer, Franz, Prof. d. Chemie an d. Deutschen Landes-Oberrealschule zu Proßnitz. 1887: Das Wasser der Stadtbrunnen von Proßnitz und jenes seiner artesischen Brunnen. — Proßnitz: Verf. 1887. 19 S. 8°
Zugleich Progr. Proßnitz, Deutsche Landes-Oberrealschule 1887.
207. 302. 303. 305.
13.9620

Bayer, Franz: Zoologie, s. Woldrich, Johann N.

BAYER, Franz Xaver: Ueber schleunige Justizverwaltung im Königreiche Baiern. Ein Beitrag zur Gesetzgebung.- Landshut: Hagen 1812. 35 S. Diss. Ingolst.-Landsh.-Mchn.
1812 - Kal 1813

Bayer, Friedrich, Dr. jur., Kgl. Bayer. Kreisrat, später Breslau. 1829: Betrachtungen über den Eid. — Nürnberg: Riegel & Wießner 1829. LXIV,303 S. 8° 1: Fm 14688. 2. 7. 8. 12: J. pract. 22c. 16. 17. 19. 21→24. 27. 28. 41. 43. 45. 111. 117. 208. 300: 28.335. 302. 303.
13.9631

Bayer, Fr., & Co: Praktisch erprobte Druck-Recepte bei Benutzung der Alizarin-, Anilin- und Azo-Farbstoffe. Elberfeld. (Um 1897)

Bayer, Friedrich, Hauptmann im Infanterie-Regiment No. 78, Osnabrück. 1891: Geschichte unseres Vaterlandes bearbeitet für die Mannschaften des Königlich Preußischen Heeres. 8. Aufl. — Berlin: Bath 1891. 95 S. 8° 1: St 2288[8]. 25.
13.9635

— — 11. Aufl. Ebd. 1893. 96 S. 8° 203.
13.9636

— — 12. Aufl. Ebd. 1893. 96 S. 8° 1: St 2288[12].
13.9637

Bayer, Geschichte unseres Vaterlandes, bearb. f. die Mannschaften d. königl. preußischen Heeres. 13. Aufl. 8. (96 S.) Berlin 893. A. Bath. n.n. — 30

Bayer, Geschichte uns. Vaterlandes, bearb. f. d. Mannschaften d. kgl. preuss. Heeres. 15. Afl. 8° (96) Berl. 94, A Bath. n.n. — 30

— — 24. Aufl. Ebd. 1903. 96 S. 8° 60.
13.9638

Pharmaceutische Producte der Farbenfabriken vorm. Friedr. Bayer & Co., Elberfeld. (Elberfeld [um 1902].) 292 S. 8° [11. 7200 7

— Pharmaceutische Producte der Farbenfabriken vorm. Friedr. Bayer & Co, Elberfeld (Erg.Bd 2: und Leverkusen a./Rh.) T. [1.] 2. [nebst] Erg.Bd [1.] 2. — o. O. [1902–09]. 8° 1[**2. Erg.Bd 1.2]: Il 6697. 3. 7. 30. 38M. 123.
13.9640

— Die interimistische Provinzial-Vertretung und die dagegen erhobenen Proteste. — Schweidnitz: Weigmann 1851. 40 S. 8°
1: Deutsche Flugschr. 1851–15. 2. 38. 203.
13.9632

— Prüfungsvorschriften für die pharmaceutischen Produkte der Farbenfabriken vorm. Friedr. Bayer & Co. — Elberfeld 1908. 93 S. 8° 3. 27. 30.
13.9642

— Rede über die Geschwornengerichte, gehalten in einer Versammlung des konstitutionellen Vereins zu Gorkau. — Breslau: Gosohorsky 1849. 16 S. 8° 1: Fx 11001-3. 2.
13.9633

— Receptformeln für die pharmaceut.-chemischen Präparate der Farbenfabriken vorm. Friedr. Bayer & Co., Elberfeld. — o. O. [um 1910]. 38 S. 8° 47.
13.9643

— 'Sulfonal-Bayer' das neue Schlafmittel der Herren Professoren Baumann & Kast. — [Elberfeld 1888.] 26 S. 8° 19.
13.9644

— Tabellarische Uebersicht über Eigenschaften und Anwendung der Farbstoffe der Farbenfabriken vorm. Friedr. Bayer & Co. Elberfeld. — o. O. [um 1900]. XIII,294 S. 8° 6. 84.
13.9645

— Verfahren und Recepte zur Anwendung der Farbstoffe der Farbenfabriken vorm. Friedr. Bayer & Co. Elberfeld, im Anschluss an die 'Tabellarische Uebersicht'. — o. O. [um 1902]. XIII,283 S. 8° 6. 84.
13.9650

Bayer, Friedrich: Die Verteidigung im Strafprozess. Eine vergl. Darstellung d. geltenden Rechts, der Beschlüsse d. Kommission für d. Reform d. Strafprozessrechtes u. des Entwurfs e. Strafprozessordnung. Erlangen 1908: Junge. 99 S. 8°
Erlangen, Jur. Diss. v. 18. Jan. 1905, Ref. Allfeld
[Geb. 20. Febr. 82 Elberfeld; Wohnort: Elberfeld; Staatsangeh.: Preußen; Vorbildung: Gymn. Mulheim a. R. Reife M. 01; Studium: Greifswald 2, Göttingen 2, Bonn 1, Heidelberg 4, Erlangen 2 S.; Rig. 21. Dez. 08.] [U 09. 661

— Wer verschuldet die jetzt in Preußen eingetretenen unseligen Zustände und wie können dieselben beseitiget werden? — Breslau: Dülfer 1863. 36 S. 8°
1: Deutsche Flugschr. 1863–6. 2. 41.
13.9634

Bayer, Fr(iedrich) Wilh. ⟨geb. am 12 Oct. 1845 in Niederaussem Rgbz. Köln⟩: Ueber Retinitis pigmentosa ... Bonn, Druck v. C. Georgi 1872. 28 S., 1 Bl., 1 Tab. 8.
Bonn, Med. Fak., Diss. v. 1 Aug. 1872

Bayer, F. W., s. Zeitblatt für Gartenbesitzer.

Bayer, Fritz, allgemoine Weltgeschichte, s.: Gaeblor, Ed., nouoster Hand-Atlas,

Bayor, Fritz, kurzgof. allgom. Weltgoschichte, s.: Gaoblor, Ed., nouoster Hand-Atlas

Bayer, Frz: Behelf f. d. Telephondienst bei d. Unterabteilg. Prakt. Winke b. Etablieren v. Stationen, Bau v. Telephonlinien, Beschreibg d. vorkomm. Fehler u. Behebg derselben. (22) 16° Besztercze '12. (Wien, LW Seidel & S.) in Leporelloform nn — 80

Bayer, Frz.: Blütenstand, s. Bayer, Franz

Bayer, G.: Familienregister, s. Bayer, Georg

Bayer, G, s: Luther's, Mart., Hochzeitsgeschenk.

Bayer, G. C., s. Bayer, Georg Christoph

Bayer, Georg, Gartenbauinspektor, Hannover. 1836 s. *Bayer*, Georg Christoph.

Bayer, Georg, Pfarrer, Ornbau b. Eichstätt, geb. 1839. 1878: Beleuchtung der Erwiderung in der Evangelischen Kirchen-Zeitung zu Berlin auf das Schriftchen Wo ist Aberglaube und Irrthum, auf Seite der Katholiken oder Protestanten? Eichstätt: Hornik 1880. 34 S. 8° 12: Polem. 177i. 29.
13.9654

Bayer, Georg: B e r i c h t über den Reblaus-Kursus zu Colmar ... erstattet in Folge eines Antrages und auf Wunsch zahlreicher Interessenten. Mit einer Skizze in F arbendr. u. einem Anh. Colmar: Waldmeyer 1897. 28 S.

Bayer, Georg, Pfarrer, Güglingen in Württemberg, 1865-1924. 1899: Johannes Brenz, der Reformator Württembergs. Sein Leben u. Wirken d. evangelischen Volk erzählt. — Stuttgart: Kohlhammer 1899. 93 S. 8°
12: Biogr. 140obd. 14. 18. 24. 29. 207.
13.9657

— Johann Calvin. Sein Leben u. Wirken. — Neukirchen: Erziehungsverein [1909]. 134 S. 8°
1: Cn 14658. 5. 14. 18. 36. 52. 62. 207.
13.9658

Bayer, Geo. (II.), über entzündliche Epiphysenablösung. Inaugural-Abhandlung. gr. 8. (85 S.) Tübingen 877, Fues'sche Sortimentsb.

Bayer, Georg, Pfarrer, Ulrichstein in Hessen, geb. 1861. 1895: Den Personenstand ganzer Gemeinden umfassende Familienregister nach Wert, Einrichtung, Anfertigung und Fortführung, für die evangelischen Geistlichen zunächst im Großherzogtum Hessen dargest. — Darmstadt: Waitz 1895. VII,85 S. 8° 17. 26. 78. 208.
13.9656

— Der Sonntag, ein guter Freund auch fürs neue Jahrhundert. Ein Mahnwort an unser Volk. — Stuttgart: Evang. Ges. 1900. 16 S. 8° 12: Mor. 1233n. 24.
13.9606

Bayer, Georg: Der Traubenwurm (Heu-und Sauerwurm) und die bekanntesten und bewährtesten Mittel zu seiner Bekämpfung. Vortrag, gehalten am 12. Juni 1898 in der Versammlung der Colmarer Weinbau-Sektion für Ober-Elsaß. Mit einigen Streiflichtern auf den Elsässischen Weinbau. Colmar: Waldmeyer 1898. 16 S.–

— Wo ist Aberglaube und Irrthum, auf Seite der Katholiken oder Protestanten? Entgegnung auf diesbezügliche Behauptungen des Herrn Consistorialraths Stählin und der 'Fränkischen Zeitung' in Ansbach. — Amberg: Selbstverl. 1878. 84 S. 8° 12: Polem. 177h. 19. 22.
13.9655

Bayer, Geo. (I.), wo ist Aberglaube und Irrthum, auf Seite der Katholiken oder Protestanten? Entgegnung auf die diesbezügl. Behauptungen des Hrn. Consist.-R. Stählin und der „Fränkischen Zeitung" in Ansbach. gr. 8. (84 S.) Amberg 879, Habbel.

—— Wo ist Aberglaube und Irrthum, auf Seite der Katholiken oder Protestanten? Entgegnung auf diesbezügl. Behauptungen des Hrn Consist.-R. Stählin und der „Fränkischen Zeitung" in Ansbach. 2. verm. Aufl. 8. (VIII, 84 S.) Ebendas 880. *

Bayer, Geo., Wo ist Aberglaube u. Irrtum, auf Seite der Katholiken oder Protestanten? Entgegnung auf diesbezügl. Behauptungen des Herrn Stählin u. der „Fränkischen Ztg" in Ansbach. Eichstätt, Hornik, 1880, 8°, VIII, 84 S., 2. verm. Aufl., 75 Pf.

Bayer, Georg Christoph: Anleitung zum Anbau und zur Verwerthung der wichtigsten Handels-Gewächse. — Hannover: Hahn 1838. XVI,238 S. 8° 1: Ow 13470.
7. 10. 17. 20. 23. 35. 46. 48. 79. 88. 91. 106. 117.
13.9669

Bayer, G. C., Anweisung zum Obstbau und zur Benutzung des Obstes, für den Bürger und Landmann. Im Auftrage und nach vorgängiger Prüfung des Gartenbau-Vereins für das Königreich Hannover herausg. gr. 8. Hannover 836. (Hahn.) 1/6 ℛ

— Anweisung zum Obstbau und zur Benutzung des Obstes für den Bürger und Landmann. — Hannover 1836: Pockwitz. 80 S. 8° 2. 7. 9. 12: Oecon. 196h. 23. 28. 35. 82.
13.9670

(—) Verzeichniss der im Kgl. Großen Garten zu Herrenhausen bei Hannover in Cultur befindlichen Rosen-Sammlung. — Hannover 1854: Schlüter. 39 S. 8° 23.
13.9671

Bayer, Georg Konrad
Der Name d. Verfassers findet sich auch in d. Formen J. G. Baeyer, Georg Konrad Beyer u. J. G. Bayer.

[—] Deutlich- und gründlicher Discurs von teutschen Lehen-Recht uber ... Georgii Adami Struvii, Syntagma iuris feudalis. — Bayreuth: Riedel (1733). 761 S. 8°
7. 9. 21. 28. 36.
13.9672

—— Franckfurth [usw.] 1743. 761 S. 8° 14. 17. 30. 39.
13.9673

— Deutliche und gründliche Erläuterung des teutschen Lehen-Rechts über Georgii Adami Struvii Syntagma iuris feudalis ... Mit e. Vorr. vers. von C.A.B(eck). 2. Ed. — Erlangen [usw.]: Poetsch 1746. 761 S. 8° 6. 19. 24. 78.
13.9674

Bayer, Giuseppe s. *Bayer*, Josef. 1880.

Bayer, Gottlieb Siegfried
Der Name d. Verfassers erscheint auch in d. Form Theophilus Sigefridus Bayer.

(—) Auszug der älteren Staats-Geschichte, zum Gebrauch Ihro Kayserl. Majestät Petri des II. Kaysers und Souverains von gantz Rußland; &c. &c. &c. — St. Petersburg 1728: Kays. Acad. d. Wiss. 431 S. 8° 7. 8. 14. 18. 27.
13.9688

[—] Begebenheiten von Azow, wie selbiges ... von den Grichen erbauet ... und wie es endlich von Rußland wieder erobert worden. — St. Petersburg [1736]. 242 S. 8°
Aus: Sammlung rußischer Geschichte. 2. 1736.
1: Uf 9475/120. 7. 14. 18. 24. 35.
13.9689

— Bibliothecam Senatus Palaeopolitani incrementis litterarum consecratam ... apertum publice iri edicit et denunciat Theophilus Sigefridus Bayer. — Regiomonti 1718: Reusner. 8 Bl. 8° 1: Ao 6801. 3. 7. 10. 14. 18. 27. 44.
13.9691

Bayeri, Gottl. Sigefr., Dissertatio de diis vialibus Graecorum. Regiom. 718. 4. (56 S.)

— De Eclipsi Sinica liber singularis ... Acc. Praeceptionum de lingua Sinica 2 libri eodem auctore. — Regiomonte: Hallervordius 1718. 42 S. 8° 3. 7. 10. 14. 18. 32. 44. 53.
13.9693

— De Numis Romanis in agro Prussico repertis, commentarius ... Acc. eiusdem Epistola ad V. C. de Theophrasti Delii Praesidis monumento. — Lipsiae: Gleditsch 1722. 68 S. 8° 1: Pi 6989. 2. 3. 6. 7. 9. 10. 11.
12: 4° Num. ant. 12 [2 Ex.] 14. 17. 18. 19. 21. 24. 25.
27→30. 32. 33. 35. 39. 44. 45. 46. 48. 78. 300: 20 Cc 25.
13.9699

— De Numo Rhodio in agro Sambiensi reperto dissertatio. Regiomonte: Hallervordius 1723: Reusner. 24 S. 8°
2. 10. 39. 44.
13.9700

— [Teils.] Opuscula ad historiam antiquam, chronologiam, geographiam, et rem numariam spectantia. Ed. Christ. Adolphus Klotzius. — Halae: Curt 1770. XXXVIII,572 S. 8°
1: Pz 364. 2→5. 7. 8. 10. 12: H. misc. 19. 14. 15. 17. 19. 21.
23. 28. 30. 31. 32. 34. 35. 39. 44. 46. 48. 75. 117. 302.
13.9687

Bayer, Gli. Siegfr., Opuscula ad historiam antiq. chronolog. geographiam et rem numariam spectantia; ed. Chr. Ad. Klotz. Cum fig. 8 maj. Halle 770. (Laue in Berl.) 1 ℛ 12 gℊ

Bayer, Gottlieb Siegfried (Hrsg.), s. Sammlung russischer Geschichten.

Bayer, Gustav: Über ein Bakteriolysin aus Froschovarium. — Wien: Hölder in Komm. 1906. 24 S. 8°
Aus: Sitzungsberichte d. Kaiserlichen Akademie d. Wissenschaften in Wien. Math.-nat. Kl. Abt. 3,115. 1906. **302.**
13.9702

Bayer Gustav, Dr Über ein Bakteriolysin aus Froschovarium S. 115. III 657 . . . . —.70
Separatabdruck

— Über den Einfluß einiger Drüsen mit innerer Sekretion auf die Autolyse. — Wien: Hölder in Komm. 1909. 34 S. 8°
Aus: Sitzungsberichte d. Kaiserlichen Akademie d. Wissenschaften in Wien. Math.-nat. Kl. Abt. 3,118. 1909. **302.**
13.9703

— Über den Einfluß einiger Drüsen mit innerer Sekretion auf die Autolyse S. 118. III 181 . . . . —95
Separatabdruck

Bayer, Gust., Erklärung u. Geschichte d. Namen. 14 Hfte. 16. Wien 897. Gesellsch. f. graph. Industrie. à n. — 50
Anna. (16 S.) — Auguste. (7 S.) — Charlotte. Lotte. (10 S.) — Friederike (Frieda). (10 S.) — Johanna. (10 S.) — Josephine. (8 S.) — Julie. (11 S.) — Karoline. (13 S.) — Katharina. (14 S.) — Luise. (14 S.) — Margarethe. (13 S.) — Maria. Marie. (21 S.) — Rosa. (Rosalie Rosine.) (8 S.) — Therese. (10 S.)

Bayer, H. (Gynäkologe), s. Bayer, Heinrich

Bayer, H. (Prof. der Rechte und Humanist), s. Bayer, Hieronymus v.

Bayer, H. A., s. Bayer, Hermann Ad.

Bayer, HG: Polit.-wirtschaftl. Konversations-Lexikon, s: Groth, Otto.

Bayer, H.J.P.v. s. *Bayer*, Hieronymus v.

Bayer, Heinrich
Anatomie der weiblichen Geschlechtsorgane. Von Dr. Heinrich **Bayer**, Prof., Strassburg. Mit 16 Taf. u. 63 Abb. Strassburg i. E.: Schlesier & Schweikhardt 1908. (S. 259–572.) 4°
— Bayer: Entwickelungsgeschichte u. Anatomie d. weibl. Genitalapparates. H. 3.
— **Bayer**: Vorlesungen über allgem. Geburtshülfe. Bd 1, H. 3. (08. 5729

Das Becken und seine Anomalieen. Von Dr. Heinrich **Bayer**, Prof., Strassburg. Mit 12 Taf. u. 54 Abb. Strassburg i. E.: Schlesier & Schweikhardt 1903. (S. 107–250.) 4°
— Bayer: Entwickelungsgeschichte u. Anatomie d. weibl. Genitalapparates. H. 2.
— **Bayer**: Vorlesungen über allgem. Geburtshülfe. Bd 1, H. 2. (08. 5728

Bayer, Heinrich, Prof. d. Gynäkologie, Straßburg, 1853-1926. 1885: **Befruchtung und Geschlechtsbildung. — Strassburg: Schlesier & Schweikhardt 1904. 39 S. 8° 21. 60. 302.**
13.9705

— — 2. Aufl. Ebd. 1904. 39 S. 8° 30.
13.9706

— — 3. Aufl. Ebd. 1904. 39 S. 8° 8. 15.
13.9707

Bayer, H., üb. den Begriff u. die Behandlung der Deflexionslagen, s.a. **Sammlung klinischer Vorträge.**

— Ueber den Begriff und die Behandlung der Deflexionslagen. — Leipzig: Breitkopf & Härtel 1886. S. 1955–1978. 8° (Sammlung klinischer Vorträge. Ser. 9,20 = Nr 270 = Gynäkologie. 76.) 1: in Ic 2468–Ser. 9. 3→11. 12: Path. 1352 g–III,76. 15. 16. 17. 20. 21. 24→30. 33. 34. 38. 43. 46. 61. 123. 202. 308.
13.9708

Bayer, H., üb. geburtshilfliche Elektrotherapie bei künstlichen Frühgeburten u. Cervixstrikturen, s.a.: **Sammlung klinischer Vorträge.**

— Über geburtshilfliche Elektrotherapie bei künstlichen Frühgeburten und Cervixstrikturen. — Leipzig: Breitkopf & Härtel 1890. S. 2609–2624. 8° (Sammlung klinischer Vorträge. Ser. 12,28 = Nr 358 = Gynäkologie. 103.) 1: in Ic 2471–Ser. 12. 3→11. 12: Path. 1352 g–III,103. 15. 16. 17. 20. 21. 24→30. 33. 34. 38. 43. 61. 123. 202. 308.
13.9711

— Entwickelungsgeschichte und Anatomie des weiblichen Genitalapparates: 20 Vorlesungen. (H. 1–3.) — Strassburg: Schlesier & Schweikhardt 1908. 572 S. 4°
1. Entwickelungsgeschichte d. weiblichen Genitalapparates. 1903.
2. Das Becken u. seine Anomalieen. 1903.
3. Anatomie d. weiblichen Geschlechtsorgane. 1908.
(Bayer: Vorlesungen über allgemeine Geburtshülfe. 1.) 1: 4° Ih 4186–1. 6. 8. 11. 15. 16. 20. 31. 202. 302. 303.
13.9712

Entwickelungsgeschichte des weiblichen Genitalapparates. Von Dr. Heinrich **Bayer**, Prof., Strassburg. Mit 12 Taf. u. 33 Abb. *Strassburg i. E.: Schlesier & Schweikhardt 1903.* (104 S.) 4°
— **Bayer**: Vorlesungen über allg. Geburtshülfe. Bd 1, H. 1. (03. 3900

— Die Menstruation in ihrer Beziehung zur Conceptionsfähigkeit. — Strassburg: Schlesier & Schweikhardt 1906. 30 S. 8° 6. 15. 17. 24. 29. 302.
13.9713

— Zur physiologischen und pathologischen Morphologie der Gebärmutter. — Strassburg: Trübner 1885. S. 369–662. 8° Aus: Gynäkologische Klinik. 1. 1885. **38.**
13.9714

Bayer, Heinrich: Ueber die Säuren der menschlichen Galle. Strassburg, Karl J. Trübner, 1879. 8. 21 S.
Diss. Strassburg

Bayer, Heinr.: Üb. Vererbg u. Rassenhygiene. Vortrag. (50 m. [1 farb.] Abb. u. 5 farb. Taf.) Lex8° Jena, G Fischer '12. 2 —

— Vorlesungen üb. allgemeine Geburtshülfe. I. Bd., 1. u. 2. Hft. gr. 8. Ebd. n. 18. —
I. 1. Entwickelungsgeschichte des weibl. Genitalapparates. Mit 12 Taf. in Lichtdr. u. 33 Abbildgn. im Text. (101 S.) 903. n. 8. —
2. Das Becken u. seine Anomalieen. Mit 12 Taf. in Lichtdr. u. 54 Abbildgn. im Text. (S. 105—250 m. 12 Bl. Erklärgn.) 903. n. 10. —

— Vorlesungen über allgemeine Geburtshülfe. Bd 1. — Strassburg: Schlesier & Schweikhardt 1908. 572 S. 4°
1. Bayer: Entwickelungsgeschichte u. Anatomie d. weiblichen Genitalapparates. 1-3. 1908.
1: 4° Ih 4186. 6. 8. 11. 15. 16. 20. 31. 202. 302. 303.
13.9716

Bayer, Heinrich, a. Straßburg i. Els.: Über Herpes zoster ophthalmicus und Unfall. Freiburg i. Br.: Speyer & Kaerner 1906. (34 S.) 8°
Freiburg i. B., Med. Fak., Ref. Axenfeld, Diss. v. 1906
[Geb. 24. Juni 81 Straßburg i. E.; Wohnort: Straßburg; Staatsangeh.: Elsaß-Lothringen; Vorbildung: Lyzeum Straßburg Reife O. 99; Studium: Straßburg 7. Freiburg i. B. 2 S.; Coll. 23. Febr. 06.]

Bayer, Hermann, s.a. Bayer, Hermann Ad.

— Bausteine für die St. Willibrodi-Kirche zu Wesel. 3 Predigten. — Ebd. 1867. 56 S. 8° 61.
13.9725

— Ueber den Einfluß des öffentlichen Lebens auf die Erziehung der Jugend. Vortrag. — Hamburg: Agentur d. Rauhen Hauses 1881. 40 S. 8° 1: Nd 2867. 5. 6. 24. 29. 47. 207.
13.9721

Bayer, Herm.: Entscheidgsgrundlagen im deut. u. österr. Zivilprozesse. Beitrag z. Lehre v. d. mathemat. Richtigk. d. Urteils. (5, 328) gr8° Graz. Leuschner & L. '11. 10 —

— Festpredigt über Apostelgeschichte 3,1–9. 1882 in: *Jahresfest*, Das, für innere Mission in Frankfurt a. M.

— Fest-Predigt zum Geburtstage Sr. Majestät des Kaisers und Königs am 22. März 1879. — Wiesbaden: Jurany & Hensel [1879]. 16 S. 8° 1: Sw 18222.
13.9722

— Das Kleinod eines festen Herzens. Predigt über Hebräer 13,9. — Wiesbaden: Jurany & Hensel 1870. 14 S. 8°
30. 43.
13.9723

— Psalm 39,V. 8. u. 10. Predigt. — Berlin 1889: Rosenthal. 16 S. 8° 1: Ec 24691.
13.9726

Bayer, Hermann Ad., s.a. B a y e r , Hermann

Bayer, HA, üb. d. Einfluss d. öffentl. Lebens auf d. Erziehg d. Jugend. Vortrag. 8. (40) Hamb. 81, Agent. d. Rauh. H. n. — 50

— Drei Predigten. — Moers: Spaarmann 1867. 56 S. 8°
12: Hom. 2047 k.
13.9724

—— Festpredigt, s.: Jahresfest, 1., f. inn. Mission zu Frankfurt a. M.

Bayer, HA, Fest-Predigt, z. Geburtstage Sr. Maj. d. Kaisers u. Königs am 22. März 1879 geh. im Festgottesdienste zu Wiesbaden. 8. (16) Wiesb. 79, Jurany u. H. n. — 50

Bayer, HA, gebet, so wird euch gegeben! 8. (15) Düss. 71. (Barm., Klein.) n. — 30

Bayer, H. A., gebet, so wird euch gegeben! Predigt üb. Luc. 6, 38 geh. zu Lennep den 25. Octbr. 1871 auf dem Provinzialfeste d. rhein. Gustav-Adolf-Vereines. 8. (15 S.) Düsseldorf 872. (Barmen, Klein.) n. — 30

Bayer, H. A., Leidet Jemand unter Euch, der bete! Ansprache über St. Jakobus 5, 13 gehalten in der Betstunde am 20. Juni 1866 in der evangelischen Kirche zu Moers. Moers, Spaarmann. gr. 8. (16 S.) n. 2½ ngr.

—— 3 Predigten. 8. (56) Ebd. 67 n. — 5

Bayer, Herm. Ad., das Zeugniß von Jesu Christo. Predigt über Matth. 10, 32, gehalten im Trauergottesdienst für Se. Maj. Friedrich Wilhelm IV. am 17. Febr. 1861. 8. (24 S.) Soest 860, Ritter'sche Buchh. *

Bayer, HA, d. Zeugniss v. Jesu Christo. Pred. 8. (24) Soest 61, Ritter. n. — 5

Bayer, Hieronymus v.
— [Vorr.] s. *Albrecht*, Josef Ambrosius Michael: Die Exceptionen des gemeinen teutschen Civilprocesses. 1835.

Bayer, Hm.: Ueb. d. Aenderung d. Klaglibells. Ein civilist. Versuch. *Landsh.*, Krüll. 818. gr. 8. (8 Gr.)

Bayer, Hieronymus v., Prof. d. Rechts u. Humanist, München, 1792-1876. 1819: Ueber die Aenderung des Klaglibells. Ein civilistischer Versuch. — Landshut: Krüll 1819. 88 S. 8°
1: Hd 880. 3→7. 9. 10. 11. 12: J. pract. 22 e. 15. 16. 19. 21→25. 27→30. 45. 47. 48. 208. 302.
13.9730

— Gedichte einiger, jetzt größtentheils vergessener neulateinischer Dichter mit beigefügter deutscher Uebers. Bdch. [1.]2. — München 1866-67: Hübschmann. 8°
1[**2]: Xc 1872. 12[**1]: P.o.lat. 168 g. 19[**1].
13.9731

Bayer, (Dr.,) Bayerns Handels-Interesse. 8. München 822, Lentner.

— Bayerns Handels-Interesse. — München: Lentner 1826. VIII,40 S. 8° 19. 22. 24.
13.9732

Bayer, Hieronymus, s. H o r n , H.: Senkenberg's Geschichtsbüchlein.

Bayer, Concurs-Process. 4. Aufl. 2. Abdr. Münch. 868.

[—] H.J.P.de B. Poematum libellus. — Monachii 1863: Weiss. XV,143 S. 8° 1: Xc 20899. 12: P. o. lat. 168 h. 19.
13.9733

[—] — Monachii 1865: Huebschmann. XI,147 S. 8°
1: Xc 20900. 11. 12: P. o. lat. 168 i. 19.
13.9734

[—] — Ebd. 1866. X,158 S. 8° 12: P.o.lat. 168 ic.
13.9735

[—] — Ebd. 1869. XIII,128 S. 8° 12: P.o.lat. 168 id.
13.9736

[—] — Ebd. 1871. X,101 S. 8°
1: Xc 20902. 12: P. o. lat. 168 if.
13.9737

— Rede an die Studirenden der Ludwigs-Max.-Universität in München, am 10. Dec. 1831. gr. 4. Münch. 831. Weber. 4 gl.

Bayer, Hieron, Theorie d. Concurs-Processes nach gemeinem Rechte. gr. 8. (15 B.) München 836, [Kgl. Hofbuchh.] *

— Theorie des Concurs-Processes nach gemeinem Rechte. München: A. Weber 1836. IV,228 S. 8°
1: Hf 5750. 4. 6. 7. 11. 12: J. pract. 22 dt. 14→28. 30. 31. 33. 34. 45→48. 51. 66. 123. 208. 302.
13.9738

— — 2., unveränd. Abdr. München: Literarisch-artistische Anst. 1842. IV,196 S. 8°
9. 17. 18. 19. 21. 25. 28. 33. 36. 47. 111. 304.
13.9739

— — 3., durchges. u. verb. Aufl. Ebd. 1844. IV,199 S. 8°
1: Hf 5752. 2. 3. 4. 11. 12: J. pract. 405 v. 15. 16. 17. 26. 28. 30. 31. 33. 35. 48. 123. 208. 302.
13.9740

— — 4., durchges. u. verb. Aufl. [Nebst] Zusätze. — München: Literarisch-artistische Anst. (Zusätze: Stuttgart: Nitzschke) 1850-60. 8°
Zusätze. Fecht, H. Adolf: Das Concurs-Verfahren in Württemberg. 1860.
Vollst. . . . . 1: Hauptwerk-Hf 5753; Zusätze-Hf 5758. 21. 24.
Hauptwerk . . 2. 3. 7. 10. 16. 17. 18. 23. 25. 26. 29. 31. 33. 39. 42. 43. 46. 48. 79. 111. 123. 180. 206. 208. 302.
Zusätze . . . . 6. 12: J. pract. 65 xd. 51.
13.9741

v. Bayer, Hieron., Theorie des Concurs-Processes nach gemeinem Rechte. 4., durchgeseh. u. verb. Aufl. 2. Abdr. München 868. Literar.-artist. Anstalt. (Stuttg., Cotta.) gr. 8. (IV, 210 S.) n. 1 ₰ 7⅓ ngr.

— Theorie d. summar. Processes, z. Gebr. bei Vorlesungen. gr. 8. Münch. 829. Weber. 1 ₰ 6 gl. Postp. 2 ₰ 12 gl. 2e unveränderte A. 832. Ebd. 1 ₰ 4 gl.

— Theorie der summarischen Processe, mit Ausschluß des Concursprocesses. — München: A. Weber 1830. XIV, 225 S. 8° 1: He 5792. 3. 5. 8. 17. 18. 19. 23. 27. 28. 29. 45. 46. 180. 203. 208.
13.9743

— — 2., unveränd. Aufl. Ebd. 1831. XVI,225 S. 8°
15. 18. 22. 23. 28. 33. 35. 48. 51. 66. 123. 208.
13.9744

— — 3. Aufl. Ebd. 1834. VIII,225 S. 8° 1: He 5793. 7. 12: J. pract. 401 n. 14. 17. 19. 20. 22. 23. 24. 28. 30. 34. 41. 47. 66. 123. 302.
13.9745

— — 4., durchges. Aufl. München: Kgl. Hofbuchh. 1838. VIII,225 S. 8° 1: He 5794. 4. 7. 12: J. pract. 22 f. 16. 18. 19. 22. 23. 26. 30. 31. 33. 43. 45. 47. 66. 111. 123. 208.
13.9746

— — 5., verm. u. verb. Aufl. München: Literarisch-artistische Anst. 1841. XVI,206 S. 8°
2. 8. 10. 11. 12: J. pract. 22 fa [u.5.] 16. 17. 19. 20. 22. 23. 25→28. 31. 33. 35. 45. 47. 60. 111.
13.9747

— — 5., verm. u. verb. Aufl. ⟨2., unveränd. Abdr.⟩ Ebd. 1843. XVI,206 S. 8° 4. 15. 17. 18. 19. 21. 22. 23. 32. 36. 47. 123.
13.9748

— — 6., verm. u. verb. Aufl. Ebd. 1846. XVI,211 S. 8° 1:He 5796. 3. 4. 11. 12:J. pract. 22 fe. 17. 19. 21. 25→31. 33. 41. 45. 48. 51. 79. 123.
13.9749

— — 6., verm. u. verb. Aufl. 2. Abdr. Ebd. 1853. XVI,211 S. 8° 2. 10. 16. 17. 18. 23. 24. 26. 42. 44. 111. 302.
13.9750

— — 7., verb. Aufl. Ebd. 1859. XIV,221 S. 8° 1:He 5796 7 [u.] an Hf 5753. 6→9. 15. 16. 19. 22. 25. 26. 27. 29. 30. 31. 33. 38. 39. 43. 46. 48. 51. 66. 180. 208. 302→304. 307.
13.9752

Bayer, H v., Theorie d. summ. Processe. 7. Afl. 8. (221) Münch. 59. (Stuttg., Cotta.) n. 1. 7½

Bayer, Hieron.: Venite ad me omnes! Eucharist. Predigten. (240) 8° Dülmen, A Laumann ('12). 2 —; geb. 3 — d

— Vorträge über innere römische Rechtsgeschichte. — o.O. [um 1850]. 198 S. 8°
Titelblatt u. Text autographiert. 12:J. rom. c. 21 w.
13.9753

— Vortraege über bayerischen Civil-Proceß ... ⟨gehalten in den Jahren 1839/40 & 40/41⟩ ... Von e. Zuhörer ... hrsg. Th. 1.2. — München 1846. 8° 19.
13.9754

— Vortraege über den bayerischen Civilprozess ... Wiederholt abgedr. [1.2.] — [München] 1850. quer-8°
Titelblatt u. Text autographiert.
12:4° Bavar. 198 g. 19. 22.
13.9755

Bayer, Hieronymus: V o r t r ä g e über den deutschen gemeinen ordentlichen Zivilprozess, s. B a y e r : Vorträge über den gemeinen ordentlichen Zivilprozess. 8. Aufl. ff.

— Vorträge über den gemeinen ordentlichen Civilproceß mit Beziehung auf Martin's Lehrbuch. — München: A. Weber 1828. 551 S. 8° 1:Hb 5679. 2. 12:J. pract. 22 d. 19. 22. 25. 27. 33. 51. 208.
13.9756

— — 2., unveränd. Aufl. Ebd. 1830. XIV,551 S. 8° 1:Hb 5680. 3. 12:J. pract. 22 db [2 Ex.] 19. 27. 28. 45. 180.
13.9757

— — 3., unveränd. Aufl. Ebd. 1832. XIV,551 S. 8° 5. 18. 19. 22. 23. 28. 29. 36. 42. 45. 46. 48. 208.
13.9758

— — 4., unveränd. Aufl. Ebd. 1834. XIV,551 S. 8° 1:Hb 5679 4. 7. 12:J. pract. 401 l. 17. 20. 23. 30. 45. 47. 48. 123.
13.9759

— — 5., unveränd. Aufl. Ebd. 1835. XIV,551 S. 8° 4. 7. 12:J. pract. 22 de. 14. 15. 17. 18. 22. 24. 26. 34. 43. 47.
13.9760

— Vorträge über den gemeinen ordentlichen Civilproceß, mit Beziehung auf Martin's Lehrbuch. Anstatt handschriftl. Mittheilung für seine Zuhörer bestimmt. 5. u. 6., unveränd. Aufl. (à 35½ B.) München 835, ..., Kgl. Hofbuchh. à * 2 Thlr.

— — 6. Aufl., mit Zusätzen u. Berichtigungen. München: Ph. J. Bayer 1839. 721 S. 8° 1:Hb 5684. 8. 12:J. pract. 22 dg. 15→20. 23. 28. 33. 47. 51. 208.
13.9761

— — 7. Aufl., mit Zusätzen u. Berichtigungen. München: Literarisch-artistische Anst. 1841. 724 S. 8° 4. 7. 12:J. pract. 22 dh [2 Ex.] 16. 17. 19. 22. 28. 30. 33. 34. 39. 43. 45. 106. 107. 111.
13.9762

— — 7. Aufl. Ebd. 1842. 724 S. 8° 1:Hb 5679 7. 2. 7. 12:J. pract. 22 dib. 17. 18. 19. 23→27. 28. 30. 31. 33. 36. 38. 39. 42. 43. 47. 48. 51. 66. 123. 263. 208. 303. 304. 308.
13.9763

Bayer, Hier. v., Vorträge über den gemeinen ordentlichen Civilprozeß. Zunächst für seine Zuhörer herausgegeben. 8. völlig umgearb. Aufl. (In 6 Liefgn.) München 853—56. Literar.-artist. Anstalt. gr. 8. (XV, 1156 S.) n. 4 ℳ

Bayer, Hieron. (J. P.) v., Vorträge über den deutschen gemeinen ordentlichen Civilprozeß. Zunächst für seine Zuhörer hrsg. 8., völlig umgearb. Aufl. gr. 8. (XV und 1156 S.) München 854—56, Literarisch-artistische Anstalt. Thlr. *

— — 8., verm. u. umgearb. Aufl. [Nebst] Zusätze. München: Literarisch-artistische Anst. (Zusätze: Stuttgart: Belser) 1856–58. 8°
Zusätze. Berner, Friedrich: Das Verfahren in bürgerlichen Streitsachen vor den württembergischen Gerichten. 1858.
Vollst. . . . . 20. 21. 29. 208. 302.
Hauptwerk . . . . 1:Hb 5686. 2. 6. 7. 9. 10. 11. 12:J. pract. 22 dk. 16→19. 22. 23. 25. 26. 27. 30. 33. 36. 38. 43. 44. 45. 47. 51. 66. 79. 91. 111. 123. 180. 209. 303. 304.
Zusätze . . . . 24. 28.
13.9764

— — 8. Aufl. Unveränd. Abdr. Ebd. 1858. XIV,1156 S. 8° 4. 5. 7. 8. 11. 15. 17. 22. 23. 24. 26. 27. 31. 33. 39. 47. 48. 60. 66. 180.
13.9765

— — Vorträge über den deutschen gemeinen ordentlichen Civilproceß. 9. Aufl. (In 2 Abth.) — Ebd. 18(64–)65. XVI,1156 S. 8° 6. 12[=2]:J. pract. 402 h. 16. 18. 24. 26. 28. 33. 34. 38. 48. 123.
13.9766

— Vorträge über den deutschen gemeinen ordentlichen Civilproceß. Zunächst für seine Zuhörer hrsg. 10. Aufl. gr. 8. (XVI, 1156 S.) München 869, Literarisch-artist. Anstalt. [Stuttgart, Cotta'sche Buchh.] (* ℳ 12.) *

Bayer, Hieronymus Johann Paul v.
s. *Bayer*, Hieronymus v.

Bayer, Hm, s. B a y e r , Hieronymus

Bayer, J., s.a. B e i e r , J.

Bayer, J., kurze Vaterlandsgeschichte. Ein Prüfungsgeschenk f. d. Landjugend rc. 8. Passau ... 3e A. 8 Zl. Ambrosi. 4 K

Bayer, J., Versuch einer Theorie der Contraction der Bewegung des Wassers beim Ausfluss aus Oeffnungen in dünnen ebenen Wänden, bei unveränderlichem Niveau im Behälter; mit besonderer Rücksicht auf praktische Anwendungen. (Besonders abgedruckt aus Crelle's „Journal für die Baukunst, Band 25.")

Bayer, I: Vorlagen f. Holzbrandtechnik (Brandmalerei). Fol. (12 Taf.) Hdlbg 96, E v. König. 4 —; einz. Taf. — 50

Bayer, I., Vorlagen f. Holzbrandtechnik (Brandmalerei). gr. Fol. (12 Taf.) Heidelberg 896. E. v. König. 4. —; einz. Taf. — 60

Bayer, J.A.: Der Prinz v. Preussen und die verantwortlichen Minister. — [Berlin]: Schiementz [1848]. 1 Bl. 2° 28.
13.9775

Bayer, J.G. s. *Bayer*, Georg Konrad.

Bayer, JL: Automobil-Kte v. Böhmen. Mit d. Markierg d. Reichsstrassen u. Länge ihrer Abschnitte versehen v. Braduczek. 1:560,000. 55,5×69,5cm. Farbdr. Jungbunzl., V Klement's Nf. ('11) 1.60

Bayer, J.L. (Hrsg.), s. Die W a l d h ü t t e .

Bayer, Jakob

— [deutsch] Kurze Einleitung zur griechischen Sprache ... Übers., u. mit Zusätzen verm. — Augsburg: Rieger 1773. 76 S. 8° 12: L. gr. 12.
13.9781

— — Neue u. verb. Aufl. Ebd. 1782. 80 S. 8° 24.
13.9782

Bayer, Jak., Einleit. z. griech. Sprache, durch e. zweckmäß. Analysis u. mit Zusätzen verm. u. verbess. v. J. K. Breybott. 8. Bamb. u. Würzb. 791. (Wesché in Frankf.) 6 gl

— Catholisches Lehr- und Bett-Büchlein, darin ein Christ in seinem Glauben und Gesatz kurtz und gut unterwiesen wird. — Mayntz: J. Mayer 1717. 177,83 S. 8° 24. 180.
13.9776

Bayeri, Jac., Lexicon latino-graecum et graeco-latinum. Colon. 737. 8. 14 gr. Ed. auct. Mogunt. 762. 8. 1 rthl. 8 gr.

— Brevis et facilis Methodus addiscendi linguam Graecam. Dillingae: Hausen 1738. 40 S. 8° 12: L. gr. 8. 303.
13.9777

— — Dillingae: Eberle 1751. 40 S. 8° 19. 24. 38.
13.9778

— — Constantiae: Bez 1759. 40 S. 8° 24. 308.
13.9779

— — Dillingae: Schnabel 1760. 40 S. 8° 24.
13.9780

— Paedagogus Graecus Latinae iuventutis, sive lexicon Latino-Graecum novissimum ... Acc. in fine Onomasticon Latino-Graecum nominum propriorum frequentius occurrentium. Item Compendium Graecae grammaticae. Moguntiae: J. Mayer 1709. 698,28 S. 8°
19. 27. 31. 36. 38. 52. 180. 211.
13.9783

— — Ed. 2. Moguntiae 1719: Mayer. 696,28 S. 8°
6. 12: L. gr. 9. 19. 24. 30 [unvollst.] 36. 43. 66. 307.
13.9784

— — Ed. 3. Ebd. 1727. 696,30 S. 8° 6. 12: L. gr. 10.
16. 19. 20. 22. 25. 36. 52. 121. 300: 73 X 6. 303. 304.
13.9785

— — Ed. 4. Ebd. 1741. 696,30 S. 8° 4. 12: L. gr. 10 d.
15. 19. 25. 31. 36. 38. 121. 180. 211. 303. 308.
13.9786

— Paedagogus Graecus Latinae iuventutis, sive lexicon Graeco-Latinum et Latino-Graecum ... Acc. ad calcem Onomasticon Graeco-Latinum ... Ed. novissima secundis curis Hermanni Goldhagen. — Moguntiae 1751: Haeffner. 176 [vielm. 476] S. 8° 20. 22. 36. 38.
13.9787

— Paedagogus Graecus Latinae iuventutis, sive lexicon Latino-Graecum et Graeco-Latinum ... cum duplici Onomastico nominum propriorum et Compendio Graecae grammaticae nova ac perutili methodo digestum ... Ed. 5. P. [1.] 2. — Ebd. 1762. 8°
12: L. gr. 11. 16. 22. 30. 82. 304.
13.9788

— Paedagogus Latinus Germanae iuventutis, sive lexicon Germanico-Latinum et Latino-Germanicum. — Moguntiae 1724: Mayer. 778,439 S. 8°
12: L. lat. 86. 29. 36. 38. 121. 308.
13.9789

— — Ed. 2., ab auctore redd. limatior & uberior. Ebd. 1727. 778,439 S. 8° 24. 30.
13.9790

— — Ed. 3., denuo ab auctore redd. limatior & uberior. Ebd. 1733. 778,439 S. 8° 16. 24. 36.
13.9791

— — Ed. 4. Ebd. 1740. 778,439 S. 8° 25. 36. 60.
13.9792

— — Ed. 5. Moguntiae 1747: Haeffner. 766,440 S. 8° 17.
13.9793

— — Ed. 7. Ebd. 1759. 766,440 S. 8° 60.
13.9794

— — Ed. 8. Moguntiae 1766: Haefner. 766,440 S. 8°
5. 36. 211.
13.9795

— Paedagogus Latinus Germanae iuventutis sive lexicon Germanico-Latinum et Latino-Germanicum. Deutsch-lateinisches und lateinisch-deutsches Wörterbuch. 9. Aufl., verm. u. verb. — Maynz: Alef 1777. 766,440 S. 8°
6. 22. 66. 300: 73 H 1.
13.9796

— — 10. Aufl., verm. u. verb. Mainz: Alef 1786. 824,440 S. 8°
36. 52.
13.9797

— — 11. Aufl., umgearb., verm. u. verb. von C. Ph. Mayer. Würzburg: Stahel 1805. 948,XIV,486 S. 8°
1: Wb 1874. 15. 66. 123.
13.9798

— — 12. Aufl., umgearb., verm. u. verb. von C. Ph. Mayer. Ebd. 1819. 1040,608 S. 8° 22. 30. 34. 52. 89. 211.
13.9799

Bayer, Jean: Original-Couplets und Vorträge. — Mühlhausen i. Thür.: Danner [1905]. 112 S. 8°
1: Yf 5930/266. 3.
13.9806

Bayer, Johann: Einiges über Telegraphie oder Fernschreibekunst. pg. 21 - 34. Mit einer Tafel. J.F. Kranzbühler.
Progr. Speyer 1852/53.

— [deutsch] Deutliche Erklärung der Buchstaben und Zeichen, so in den Kupffer-Tabellen seiner Uranometrie befindlich ... Nunmehr ... übers., u. mit e. neuen Vorr versehen. — Ulm: Bäurlein 1720. 24,102 S. 8°
In d. Exemplaren von 1, 7, 10 u. 302 ist der Text mit einer nicht sicher bestimmbaren Ausgabe der Tafeln ohne Titelblatt vereinigt. Die gleichen Tafeln sind selbständig vorhanden in 14.
1: in 4° Oi 1581. 2. 7. 12: 4° Astr. P. 32. 16. 17. 19.
21. 24. 30. 36. 39. 41. 169. 302. 304.
13.9822

Bayer, Johann: Ueber die Ertheilung des Unterrichts in der praktischen Mechanik an Gewerbschulen und von den zu erfüllenden Bedingungen, unter welchen ein Zögling einer solchen Anstalt die mechanische Werkstätte mit wirklichem Erfolg besuchen kann. pg. 3 - 14. 4°. Friedr. Kranzbühler.
Progr. Speyer 1854/55.

— - [Sonderausg. d. Textes] Explicatio characterum, aeneis, Uranometrias imaginum, tabulis, insculptorum, addita, & commodiore hac forma redintegrata. — o. O. 1624. 100 S. 8° 1: an Om 2410. 2. 39. 169.
13.9817

— — Ulmae: Woler 1723. 94 S. 8° 21. 24. 28. 66.
13.9821

Bayer, Johann [app. Arzt]: Zur primären Trepanation bei Schussverletzungen des Schädels ... (Aus: Beitr. z. klin. Chir., Bd XVII Heft III.) Tübingen, H. Laupp, 1896; 2 Bl., 34 S. 8.
Heidelberg, Med. Fak., Inaug.-Diss. v. [22. Mai] 1896

— Uranometria, omnium asterismorum continens schemata, nova methodo delineata, aereis laminis expressa. — Ulmae: Wohlerus 1723. 51 Taf.
2. 21. 25. 30. 66. 210.
13.9816

Bayer, Johann Andreas

Bayer, Joh. Andreas (Pressburg), De viribus medicamentosis hydrargyri et inde arte factorum pharmacorum. Diss. altera. Präs. Carl Christian Krause. Lpz. (Klaubarth), 10. I. 1783. 26 Seiten. (5.—)

Bayer, Johann B.

Bayer, Joh. B.: Einige interessante Eigenschaften des Dreiecks. pg. 25 - 30. 4°. Mit einer Tafel. Georg Kranzbühler. Progr. Speyer 1860/61.

Bayer, Johann Christoph:

— Christliche Hauß-Haltung, auch was darbey zu thun oder zu lassen ... Hervorgegeben durch Johann Christoph Bayr. Th. 1.2 [nebst] Besonderer Theil von den siben Tod-Sünden. — Augspurg: Stretter 1708. 8° 2. 66.
13.9826

— Christlicher Haushaltung ... Theil. Hervor gegeben durch Johann Christoph Bayr. Th. 1.2. Würtzburg 1729: Kleyer. 8°
1. Von d. siben Todt-Sünden. 2. Eussere Haus-Haltung. 19.
13.9827

Bayer, Johann Dav.

Bayer, Joh. Dav. Dissertatio historica de Joannis Hunyadis sive Corvini, Hungariae gubernatoris, ortu et nativitate. 4. Jenae 1708.

Bayer, Johann Georg: Die andächtige Beth- und Singe-Vesper ... Von Johann George Baeyer. — Jauer (1748): H.C. Müller. 312 S. 8° 1:Ei 4841.
13.9829

— Die andächtige Beth- und Singevesper. 3. Aufl. Breslau: Korn 1779. 345 S. 8° 1:Ei 4843.
13.9830

— Die Geographie im kleinen in deutsche Verse gebracht. Breslau: Korn 1777. 112 S. 8° 2.
13.9831

— Kirchliche Collecten [Kollekten] und Altar-Gebethe. — Breslau: Korn 1779. 240 S. 8° 1:Dr 608.
13.9832

— Spruchbuch u. Kern aus d. Bibel. 8. Bresl. 779. (W. G. Korn). 8 gl.

Bayer, Johann Jakob, s. B a e y e r , Johann Jakob

Bayer, Johann Joachim

— **Joh. Joachim** (Walsdorf-Frk.), De generibus continentiae caussarum genuinis. Diss. jur. Präs. Ach. Ludw. Carl Schmid. Jena (Ritter) 11. V. 1754. 26 S. (5.—)
Widm. v.: Wilh. Ernst Sonneschmid, Präs. F. A. W. Raison (dtsch.), Sebastian Kolb.

Bayer, Johann Nepomuk, General-Inspektor der K. K. Priv. Österreichischen Staats-Eisenbahn-Gesellschaft, Mitglied der K. K. Zoologisch-botanischen Gesellschaft in Wien. 1862: Botanisches Excursionsbuch für das Erzherzogthum Oesterreich ob und unter der Enns. — Wien: Braumüller 1869. IV,332 S. 8° 1:Ly 3169. 12:Phyt. 31 h. 300:116.729-B. 302. 304. 305. 307.
13.9835

— Monographia Tiliae generis. — Viennae 1862. 60 S. 8°
Aus: Verhandlungen der K. K. Zoologisch-botanischen Gesellschaft in Wien. 12. 1862.
15. 48. 52.
13.9836

— Praterflora. Beschreibung d. im K. K. Prater u. in d. Brigittenau ... wildwachsenden u. angebauten Pflanzen. Wien: Braumüller 1869. XL,104 S. 8°
1:Ly 3873. 15. 30. 300:120.398-B. 302. 305.
13.9837

BAYER, Johann Nepomuk (Rauris): De ramis ex arcu aortae prodeuntibus.- Salzburgi: Duyle 1817.
21 S.,Taf.
17.5.1815 - Pe 547; F 57 Diss. Ingolst.-Landsh.-Mchn.

Bayer

— **Joh. Nepom.** (Raurisensis), De ramis ex arcu aortae prodeuntibus. Diss. anatom. Präs. Friedr. Tiedemann. Salzburg (Fr. Xav. Duyle) 1817. 24 Seiten u. 1 Taf. Abb. (5.—)
Gew.: Hieron. Bayer.

Bayer, Johann Nepomuk, Dr. med., Salzburg, 1791-1822. 1816: Auf das Wiedersehen des Kaisers Franz I. — Salzburg 1816: Duyle. 2 Bl. 8° 308.
13.9834

Bayer, Joh. Wolfgang, s. B a y e r , Wolfgang

Bayer, Jons: Die Frühzeit. u. öftere Kommunion d. Kinder. (112) 16° Saarl., F Stein Nf. '12. — 30 (Pp.)

Bayer, Josef, Komponist, Wien, 1852-1913. 1880: Text d. Gesänge. Arabella. Burleske Operette von Eugen Brüll u. H. Regel. — Leipzig [usw.]: Zimmermann [um 1895]. 59 S. 8° 1:Mus. Tb 220.
13.9861

Bayer, Jos., Aesthetik für weitere Kreise. 1—8. Heft. Prag 855—57. Mercy. gr. 8. (1. Thl.: 3 Bl., 357 S.; 2. Thl.: S. 1—48.) Jedes Heft n. 8 ngr.

Bayer, Jos., Aesthetik in Umrissen. Zur allgemeineren philosophischen Orientirung auf dem Gebiete der Kunst. 9—14. (letztes) Hft. Prag 863. Mercy. gr. 8. (2. Thl.: VII, S. 49—350.) Jede Liefg. n. 8 ngr.

Bayer, J, Aesthetik in Umrissen. 2. Ausg. 2 Bde. 8. (716) Prag 63, Linnekogel u. F. n. 3. 22

Bayer, Jos., s: Alt-Köln-Kalender.

Bayer, Jos., Augenheilkunde, s.a. Handbuch der thierärztlichen Chirurgie u. Geburtshülfe. V.

Augenheilkunde von Dr. Jos. Bayer, Prof., Wien. Mit 262 Abb. im Texte u. 11 Chromotaf. *Wien & Leipzig: W. Braumüller 1900.* (XI, 484 S.) 8°
— Handbuch d. thierärztl. Chirurgie u. Geburtshülfe. Bd 5.

— — 2. verb. Aufl. 1906. XIII, 536 S.
Am 480. 5

— Das Bilderbuch. Ballett-Feerie von Tull u. Fidelio. [Textb.] — Leipzig [usw.]: Cranz 1909. 12 S. 8°
1:Mus. Tb 221.
13.9862

Bayer, J: Das Buckelhaus am Bergl, s.a. Radler, F v.

(F) Das Buckelhaus am Bergl. Komische Ballet-Pantomime in 3 Abtheilungen von Fr. v. Radler. Musik von Josef Bayer, Der choreographische Theil von J. Hassreiter. Wien. 1900. Künast. 8°. 10 S. K —.40

— Burschenliebe. Pantomime von H. Regel u. J. Haßreiter. [Textb.] — Wien [usw.]: Lewy [um 1895]. 9 S. 8°
1:Mus. Tb 222. 31.
13.9863

— Text der Gesänge zu 'Der Chevalier von San Marco'. Komische Operette von H. Bohrmann u. J. Riegen. — Wien: Metzler [um 1880]. 16 S. 8° 302.
13.9864

Bayer Josef, Dr Die Chronologie des jüngeren Quartars (mit 1 Tabelle und 6 Textfiguren) Siehe I. Abt Mitt. d prähist. Komm. II. Bd. Nr 2.
Separatabdruck

— Columbia. Phantastisches Ballet von H. Regel u. J. Haßreiter. [Textb.] — (Wien): Selbstverl. [um 1895]. 11 S. 8°
300:202.820-B.M.
13.9865

Bayer, J., bildliche Darstellung d. gesunden u. kranken Auges unserer Hausthiere. (In 24 Taf.) 1. Abth.: Ophthalmoskopische Bilder. (12 Farbendr.-Taf. mit 13 Bl. Text.) 8. Wien 890. Braumüller. n. 12.—

Bayer, Jos., bildliche Darstellung d. gesunden u. kranken Auges unserer Hausthiere. (In 24 Taf.) 2 Abthlgn. gr. 8. Wien, W. Braumüller. à n. 12.—
(kplt. geb. in Leinw.: n. 25.—)
1. Abth. Ophthalmoskopische Bilder. (III S. u. 12 farb. Taf. m. 12 Bl. Erklärgn.) 891.
2. Abth. (12 farb. Taf. m. 12 Bl. Erklärgn.) 892.

— — Wien [usw.]: Braumüller 1892. 12,12 Taf mit je 1 Erl. Bl. 8° 1: Ks 8633. 12: A. vet. 6ib. 15. 20. 24. 26. 27. 30. 202. 300: 92.385–B. 302.
13.9857

— d. Deckengemälde i. d. grossen Stiegenhäusern d. k. k. Hofburgtheaters i. Wien, s.a. Matsch, Frz.

Bayer, Prof. Dr. Jos., Die Deckengemälde in den grossen Stiegenhäusern des k. k. Hofburgtheaters in Wien von Prof. Franz Matsch und den Brüdern Ernst und Gustav Klimt. In acht Radirungen von W. Woernle. Mit Text von Prof. Dr. J. B. Qu.-Folio. In Mappe 9.—
Ges. f. vervielfältigende Kunst, Wien 1897.

— Die Denkmale d. polit. Bez. Pöggstall, s: Plesser, Alois.

Bayer, Jos.: Die Denkmale d. polit. Bez. Waldhofen a. d. Thaya, s: Kunsttopographie, Österreichische, Tietze.

BAYER, Joseph (Galgweis): Ueber Dysenterie.- München: Mühlthaler 1871. 19 S.
21.7.1870 - Urk (Titel: De dysenteria.); F 72; Chr 1870/71,13
Diss. Ingolst-Landsh. München

— Die Engelsjäger. Tanzmärchen von H. Regel. [Textb.] Berlin: Schlesinger [usw.] [um 1895]. 7 S. 8° 1: Mus. Tb 223. 31.
13.9866

Die Engelsjäger. Tanzmärchen in 1 Akt von H. Regel. Musik von Josef Bayer. [Textbuch.] Berlin: Schlesinger; Wien: Haslinger [1899]. 7 S. 8° [11. 11037

Bayer, Joseph, prakt. Arzt in Rott bei Landsberg: Über einen Fall von spontaner akuter Gangrän der Haut des Penis und des Skrotum. München 1904: C. Wolf & Sohn. (18 S.) 8°
München, Med. Fak., Ref. v. Angerer, Diss. v. 10. Nov. 1904
[Geb. 20. Aug. 66 Rötz (Oberpfalz); Wohnort: Rott b. Landsberg; Staatsangeh.: Bayern; Vorbildung: Gymn. Straubing Reife Aug. 86; Studium: München 8, Erlangen 4 S.; Coll. 14. Juli 04; Approb. 11. Apr. 93.]

Bayer, Jos., über präcipitirte Geburten u. ihre Folgen f. die Wöchnerin, s.a. Sammlung klinisch. Vorträge.

— Über präcipitirte Geburten und ihre Folgen für die Wöchnerin. — Leipzig: Breitkopf & Härtel 1900. S. 143–174. 8° (Sammlung klinischer Vorträge. Ser. 10,19 = N. F. Nr 289 = Gynäkologie. 106.) 1: in Ic 2472–N. F. Ser. 10. 3. 5→11. 12: Path. 1352 ga–III,106. 14→17. 20. 21. 24→30. 33. 38. 43. 46. 61. 202. 304. 308.
13.9887

— Zur hundertjährigen Geburts-Feier Schillers. Festrede Prag 1859: (Hasse). 4 Bl. 8° 11. 41.
13.9845

Bayer Josef: Die Hallstadt Periode in Nd.-Oesterr. H. 1907 PN 2305 Diss. Wien, Univ.

Bayer, Jos., s.: Handbuch d. thierärztl. Chirurgie u. Geburtshilfe.

Bayer, Josef, Grundbuchverwalter der K. K. Staatsherrschaft Hradisch Mitglied d. K. K. Ackerbau-Gesellschaft in Kärnten u. Mähren. 1817: Topographisches Handbuch vom mahrisch-schlesischen Gouvernement. Th. 1.2. — Brünn [usw]: Gastl 1817. 8° 17. 21. 35. 300: 4' J 22. 302.
13.9838

— Gesangstexte. Fräulein Hexe. Operette von A. M. Willner u. Bernhard Buchbinder. — Leipzig [usw.]: Weinberger [um 1900]. 37 S. 8° 1: Mus. Tb 224. 300: 96.925–B. M.
13.9867

Bayer, Josef: Eine Hochzeit in Bosnien, s.a. Gaul, Frz.

Bayer, Jos., das k. k. Hofburgtheater vor u. nach der Reconstruct. s.a. Theater, d., Wiener. III. Suppl.-Hft.

— Das K. K. Hofburgtheater vor und nach der Reconstruction. Mit Ergänzungen zur Baugeschichte. — Wien: Gesellschaft für vervielfältigende Kunst 1900. 30 S. 2° (Die Theater Wiens. 3, Suppl. H.) 1: in 2° Yp 1302–3. 7. 12: 2° L. eleg. g. 9 s–3, Suppl. Bd. 14. 17. 42. 82. 300: 392.451–D. L. 3, Suppl. H. [u. ö.] 302→305.
13.9846

Bayer, J, d. neue k. k. Hofburgtheater als Bauwerk m. s. Sculpturen- u. Bilderschmuck, s.a. Theater, d., Wiens.

— Das neue K. K. Hofburgtheater als Bauwerk mit seinem Sculpturen- und Bilderschmuck. — Wien: Gesellschaft für vervielfältigende Kunst 1894 (1896). 180 S. 2° (Die Theater Wiens. 3.) 1: 2° Yp 1302–3. 7. 11. 12: 2° L. eleg. g. 9 s–3. 14. 17. 22. 24. 31. 42. 82. 83. 84. 91. 210. 300: 392.451–D. L. 3 [u. ö.] 302→305.
13.9847

Bayer, Jos. (I.), aus Italien. Kultur- und kunstgeschichtliche Bilder und Studien. gr. 8. (VIII, 365 S.) Leipzig 885, Elischer Nachf. *
geb. *

— Aus Italien. Kultur- und kunstgeschichtliche Bilder und Studien. — Leipzig: Schlicke 1885. VIII,365 S. 8°
Im Exemplar von 305 fehlt auf d. Titelblatt d. Erscheinungsjahr.
1: Rm 9065. 3. 4. 7. 9. 12: Ital. 32 u. 14. 15. 19. 20. 21. 30. 32. 36. 38. 39. 45. 93. 121. 180. 300: 48.259–B. 302. 303. 305.
13.9848

Bayer, Josef (app. Arzt aus Köln): Aus d. patholog. Institut zu Giessen. Zur Casiustik der Defecte im Septum ventriculorum bei schienbar weiter Lungenarterienbahn und compensatorischer Hypertrophie der Lungenarterienäste. . . . Giessen, grossh. Hof-u. Univ.-Dr. C. v. Münchow, 1895; 34 S. 8°
Giessen, Med. Fak., Inaug.-Diss. v. 1895.

— s: Köln um d. Wende d. 18. u. 19. Jahrh.

Bayer, J., bildende Kunst der Gegenwart, s.a. Ausstellungs-Bericht, officieller.

— Bildende Kunst der Gegenwart. (Gruppe XXV.) Bericht von Josef Bayer u. Josef Langl. — Wien: K. K. Hof- u. Staatsdr. 1874. 96,36 S. 8° (Officieller Ausstellungsbericht hrsg. durch d. General-Direction d. Weltausstellung 1873. 75.) 1: in Stala 493. 12: Techn. 1363–11. 16. 17. 28. 89. 90. 205. 300: 182.383–B. 75. 302. 305.
13.9849

Bayer, Josef v., Schriftsteller, Konstanz. 1839: Das Leben des Menschen, als historisch-declamatorisch-musikalisches Gemälde aufgefasst u. dargestellt. — [Konstanz]: Glükher 1839. 22 S. 8° 16. 25. 31.
13.9840

— Lehrbuch der Veterinär-Chirurgie. — Wien: Braumüller 1887. VII,536 S. 8° 11. 12: A. vet. 6 i. 17. 18. 24. 300: 187.924–B. 302.
13.9858

— — 2., umgearb. Aufl. Ebd. 1890. VII,623 S. 8° 15. 24. 300: 84.480–B. 302.
13.9859

— — 3., umgearb. Aufl. Wien [usw.]: Braumüller 1904. XII, 806 S. 8° 11. 11. 26. 27. 300:434.510–B. 302.
13.9860

— Deutsche Märsche. Ballet von Alfred Holzbock u. Louis Frappart. Musik von Beyer. [Textb.] — Berlin: Uthemann & Müller [um 1890]. 8 S. 8° 1:Mus. Tb 225.
13.9868

— Mister Menelaus. Komische Operette von P. Rivalier u. A. Krakauer. [Textb.] — Wien [usw.]: Lewy [um 1900]. 32 S. 8° 1:Mus. Tb 226.
13.9869

Bayer, Josef, Dr. med., Würzburg. 1824: Die Nacht in ihrer Beziehung zum Organismus. — Würzburg 1824: C.W. Becker. 75 S. 8° 7. 16. 27. 29. 123.
13.9839

— Operationslehre, s.a. Handbuch der thierärztlichen Chirurgie u. Geburtshilfe. I.

Bayer, Dr. Jos., Professor u. Studien-Director am k. u. k. Militär-Thierarznei-Institute in Wien. Operationslehre. Mit 317 Abbildungen. (Handbuch der thierärztlichen Chirurgie und Geburtshilfe von Bayer u. Fröhner. I. Bd.) Gr.-8. (X, 335 S.) 4.80
Braumüller, Wien 1896.

BAYER, Jos.
Operationslehre von Dr. Jos Bayer. 2. umgearbeitete Auflage. Mit 451 Abbildungen. Wien und Leipzig. 1899. Braumüller. Gr.-8°. XII, 522 S. fl. 7.20, geb. fl. 8.40

Bayer, J., Operationslehre. 3. Aufl. [Handbuch d. tierärztlichen Chirurgie und Geburtshilfe. I. Bd.] Gr.-8°. (Bl. XVI, 691 S.) K 16.—, geb. K 18.40
Braumüller, Wien 1906. 4. Auflage, Ebend. 1910.

— Kölner Originale u. Strassenfiguren. (100 m. Abb.) 8° Köln (Jahnstr. 28), Dr. Bayer '12. 1.20

— [Mitarb.] s. *Plesser,* Alois: Die Denkmale des politischen Bezirkes Pöggstall. 1910.

— Der Polizeichef. Operette von Julius Horst u. Robert Pohl. [Textb.] — Wien: Selbstverl. 1904. 44 S. 8°
Verschiedene Drucke. 300:434.797–B.M. 302.
13.9871

— — Wien: Berté [um 1905]. 87 S. 8° 300:439.659–B.M.
13.9872

— — Wien: Selbstverl. 1905. 47 S. 8° 1:Mus. Tb 227.
13.9874

Bayer, Josef — Prolog zur 100jährigen Feier des Geburtsfestes Mozarts, am 27 Jänner 1856 von — —. Gesprochen von Herrn Fischer, Mitglied des k. ständ. Theaters. (4 Bl. 4.)

— Die Puppenfee. Pantomimisches Ballet-Divertissement von J. Haßreiter u. F. Gaul. [Textb.] — Leipzig [usw.]: Weinberger [1888]. 11 S. 8° 1:Mus. Tb 228. 79.
13.9875

— — Wien: Lewy [1888]. 13 S. 8°
12:L. eleg. m. 1149d. 18. 300:153.108–B.M. [u.ö.]
13.9876

Bayer, J., s.a. Rouge et noir.

— Rouge et Noir. Ballet [von H. Regel]. [Textb.] — Wien: Künast 1891. 14 S. 8° 300:87.425–B.M.
13.9878

— — Ballet von H. Regel. [Textb.] Wien: Lewy [um 1895]. 14 S. 8° 24. 300:204.828–A.M.
13.9879

– rund um Wien, s.a. Gaul, Frz

— Rund um Wien. Ballet von Fr. Gaul u. A. M. Willner. [Textb.] — Wien: Künast 1894. 23 S. 8° 14.
13.9880

— Vom Sinai, Olymp und Tabor. Studien zur Philosophie d. Geschichte, Religion u. Kunst. — Leipzig: Hübner 1854. VIII, 160 S. 8°
5. 12:Var. 282 m. 14. 15. 19. 21. 41. 43. 123.
13.9850

—— vom Sinai, Olymp u. Tabor. 8. (160) Lpzg 54, (Werl.) n. 1. —

Bayer, Jos., literarisches Skizzenbuch, s.a. Bibliothek deutscher Schriftsteller aus Böhmen. 16. Bd.

— Literarisches Skizzenbuch. — Prag: Calve 1905. 358 S. 8° (Bibliothek deutscher Schriftsteller aus Böhmen. 16.) 1:Yc 7648–16. 2. 5. 7. 8. 10. 11. 12:P. o. germ. 121 fme–16. 15→19. 21. 24. 25. 27. 30. 43. 60. 123. 169. 300:394.839–B. Per. 16. 302→304.
13.9851

– Sonne und Erde, s.a. Gaul, Frz.

— Sonne und Erde. Ballet von Franz Gaul u. Jos. Haßreiter. [Textb.] — Wien: Künast [1894]. 4 Bl. 8°
300:203.530–B.M.
13.9881

— Stammbaum und Chronik der Familie Berndorff aus Köln ⟨abgeschlossen im Dezember 1910⟩. — Köln: Gehly 1910. 76 S., 17 Taf. quer-8° 38. 61.
13.9891

— Über den Sternen. — Leipzig: Mutze 1907. IV, 96 S. 8°
5. 38.
13.9892

— Stuck-Reliefs e. Tonnengewölbes a. d. „Casa Farnesina" in Rom. Nach Reproductionen v. A Ginzel. Einführ. Besprechg. 8° (202 m. Abb.) Wien 97, Schallehn & Wollbrück. 1 —
Die 7 Stuckreliefs in Gypsabgüssen werden frco Wien f. 300 M geliefert.

Bayer, Jos., Studien u. Charakteristiken, s.a Bibliothek deutscher Schriftsteller aus Böhmen. 20. Bd.

Bayer, Josef, Prof., Kunst- u. Literarhistoriker, Wien. 1827-1910. 1854: [Teils.] Studien und Charakteristiken. Dramaturgisches u. Erinnerungen an Persönlichkeiten. — Prag: Calve 1908. XIV, 498 S. 8° (Bibliothek deutscher Schriftsteller aus Böhmen. 20.) 1:Yc 7648–20. 2. 4. 5. 7. 8. 10. 11. 12:P. o. germ. 121 fme–20. 14→19. 21. 24. 25. 30. 32. 43. 45. 123. 212. 300:394.839–B. Per. 20. 302→304.
13.9841

– Tanzmärchen, s.a. Gaul, Frz.

— 'Tanzmärchen' von F. Gaul u. J. Haßreiter. [Textb.] — Wien: Künast 1890. 15 S. 8° 1:Mus. Tb 228/19.
13.9882

— Aesthetische Untersuchungen. — Prag: Mercy 1863. 292 S. 8° Aus: Bayer: Aesthetik in Umrissen. 1. 1863.
1:X 292. 18. 25. 79. 300:159.319–B. 302. 303. 305.
13.9852

Bayer, Jos., Göthe's Verhältniß zu religiösen Fragen. Vortrag gehalten im deutschen Casino am 15. April 1869. gr. 8. (42 S.) Prag 869, Mercy. [Steiner.] (80 Pf.) *

Bayer, J: Die Verrenkgn d. Mittelfussknochen im Lisfranc'schen Gelenk, s.a. Sammlung klin. Vortr.

— Die Verrenkungen der Mittelfußknochen im Lisfranc'schen Gelenk. — Leipzig: Breitkopf & Härtel 1904. S. 66–08. 8° (Sammlung klinischer Vorträge. Ser. 13, 12 = N. F. Nr 372 = Chirurgie. 104.) 1:in Ic 2472–N. F. Ser. 13. 3→11. 12:Path. 1352 ga–II, 104. 14→17. 19. 20. 21. 24→30. 33. 38. 42. 46. 61. 202. 304.
13.9893

— Von Gottsched bis Schiller. Vorträge über die classische Zeit des deutschen Drama's. Th. 1-3. — Prag: Mercy 1863. 8° 10. 12: H. lit. P. 33 k. 16. 34. 42. 43. 93. 117. 300: 159.263-B [u. ö.] 305.
13.9884

Bayer, Jos., von Gottsched bis Schiller. Vorträge über die classische Zeit des deutschen Drama's. 2. mit Zusätzen und Ergänzungen verseh. (Titel-)Ausg. 3 Thle. à 2 Abthlgn. 8. (VI, 341; IV, 386; IV, 364 S.) Prag (863)69, Mercy. [Steiner.] (à Abthl. * M 1,20.; * M 7,20.)

— Wiener Walzer. Ballet-Divertissements illustr. von Louis Frappart u. Franz Gaul. [Textb.] — Berlin: J. Müller [um 1885]. 8 S. 8° 1: Mus. Tb 229.
13.9883

Bayer, Joseph, approb. Arzt aus Ansbach: Wie kann man der Inanitionsgefahr der Anus praeternaturalis bei brandigen Brüchen erfolgreich begegnen? Nürnberg 1905: J. L. Stich. (23 S.) 8°

Erlangen, Med. Fak., Ref. Graser, Diss. v. 30. Nov. 1904

[Geb. Ansbach; Staatsangeh.: Bayern.]

BAYER, Josef: Das Wortmaterial in den Reimen des Iwein, Parzival und Gottfrieds von Straßburg Tristan und Isolde. — 1907. 176 Bl.
Diss. Graz, Univ.

— [Hrsg.] s. *Zeitschrift*, Oesterreichische, für wissenschaftliche Veterinärkunde.

— über Zerreissungen des Nabelstranges u. ihre Folgen f. den Neugeborenen, s.a. Sammlung klinisch. Vortr.

— Über Zerreissungen des Nabelstranges und ihre Folgen für den Neugeborenen. — Leipzig: Breitkopf & Härtel 1900. S. 1707-1734. 8° (Sammlung klinischer Vorträge. Ser. 9,25 = N. F. Nr 265 = Gynäkologie. 96.)
1: in Ic 2472-N. F. Ser. 9. 3. 5→11. 12: Path. 1352 ga-III, 96. 14→17. 20. 21. 24. 25. 26. 28. 29. 30. 33. 38. 43. 46. 61. 202. 301. 308.
13.9894

Bayer, Josef Wilhelm: Historisch-summarische Darstellung der vorzüglichsten Staatsveränderungen, die sich in den verschiedenen Völkerbeherrschungen, so weit die Geschichte reichet, eräugnet haben. — Wien 1796. 31 S. 8° 300: 10.882.
13.9903

— histor.-summar. Darstell. d. vorzügl. Staatsveränderungen; nebst e. histor.-chronolog. u. geograph. Weltkarte aller Reiche u. Freistaaten. gr. 4. u. Roy.-Fol. Wien 796. Blumauer. 9 ß

— — Mit Beyfügung d. Friedenstractats von Udine in deutscher u. französischer Sprache u. d. politischen Veränderungen, welche aus diesem Friedensschlusse entspringen. Wien: (Blumauer) 1798. 74 S. 4°
12: 4° H. Un. 180-8. 304.
13.9904

— Das Zeitalter der aegyptischen, griechischen und römischen Mythen und Helden. Zur Erläuterung der deutschen u. lateinischen Klassiker in alphabetischer Ordnung. — Wien 1793: Goldhann. XXIV, 279 S. 8° 304.
13.9905

Bayer, Julius: Denkwürdigkeiten der Stadt Freistadt im Herzogthum Schlesien, in historischer und topographischer Beziehung. — Wien: Bayer 1879. 307 S. 8°
169. 300: 52.470-B.
13.9911

Bayer, K. J.: Die Anwendung der Salicylsäure, und deren Wirkungen. — Brünn: Selbstverl. [1880]. 16 S. 8°
300: 41.760-A.
13.9912

Bayer, KRE v., s.: Byr, R.

Bayer, K. Rob. Em. v., s.: Byr, Rob.

Bayer, Karl
Bayer, K, s.: Arbeiten a. d. Geb. d. klin. Chirurgie.

Bayer, Karl: Armin Deutschlands Befreier. I. Abtheilung. S. 3-20. Progr. Hof 1860.

Bayer: Armin Deutschlands Befreier, II. Abth. 21 S. Progr. Schweinfurt 1867.

Bayer, Karl, Gymnasialprof., Erlangen, 1806-1883. 1835: Betrachtungen über den Begriff des sittlichen Geistes und über das Wesen der Tugend. — Erlangen: Palm 1839. XII, 600 S. 8° 1: Np 9896. 6. 10. 12: Ph. Pr. 107 i. 16. 29. 30.
13.9918

Bayer, Karl, chirurgische Beurteilung von Verletzungsfolgen, s.: Handbuch der ärztlichen Sachverständigen-Tätigkeit, III.

— Bunte Blumen. Neue Gedichte. — Berlin: Duncker [1904] 192 S. 8° 1: Yo 29980. 11.
13.9928

— Die Chirurgie in der Landpraxis. Kurzgefasstes Nachschlagebuch. — Berlin: Fischer's med. Buchh. 1892. VII, 110 S. 8° 1: Ig 6500. 22. 34. 53.
13.9929

— — 2. Aufl. Berlin [usw.]: Fischer's med. Buchh. 1896. VIII, 147 S. 8° 1: Ig 6500². 11. 123. 202.
13.9930

— — 3., verm. u. verb. Aufl. Berlin: Fischer's med. Buchh. 1901. VIII, 246 S. 8° 1: Ig 6500³. 6. 11. 31. 202. 302.
13.9931

— ein seltener Fall v. lang anhaltender Chloroform-Nachwirkung. (7 S.) 8. Berlin 901. Vogel & Kreienbrink. n. — 40

—— Churfürt Friedrich V. 1. Abthl. 4. (21 S.) Schweinfurt 873, Giegler. *

Bayer, Karl, zu Fichte's Gedächtniß. gr. 8. Ansbach 835. Brügel. (Leipzig, Herbig.) 5/12 ß

— Zu Johann Gottfried v. Herder's Gedächtniß. Was Herder uns sein soll. — Erlangen: Bläsing 1844. 51 S. 8°
3. 12: Biogr. 1277-3. 19. 29. 109.
13.9920

— — Ebd. 1844. 51 S. 8° (Zu Herder's Säcular-Feier. 4.) 1: 1 in Au 9138 [u.] 4 in Au 9139. 7. 16. 27. 29. 30.
13.9921

— Gedichte. — Berlin: Duncker [1902]. 171 S. 8° 1: Yo 28814. 11.
13.9933

— d. Grenzen d. chir. Kunst, s.a. Wandervorträge, medicinische.

— Die Grenzen der chirurgischen Kunst. — Berlin [usw.]: Fischer's med. Buchh. 1895. 10 S. 8° (Medicinische Wander-Vorträge. 47.) 1: Ic 2550-47. 11. 302.
13.9935

— Grundriss der chirurgischen Operationstechnik. — Berlin: Fischer's med. Buchh. 1894. X, 137 S. 8° 1: Ig 6506. 11. 17.
13.9936

— Die Idee der Freiheit und der Begriff des Gedankens. — Nürnberg: Bauer & Raspe 1837. VI, 224 S. 8° 1: Nq 8512. 7. 9. 11. 12: Ph. Sp. 63 m. 16. 21.
13.9922

— Der angeborene Leistenbruch. — Berlin: Fischer's med. Buchh. 1900. 35 S. 8° (Berliner Klinik. 146.) 1: Ic 2548-146. 7. 11. 12: Path. 685 ac-146. 25. 43. 46. 61. 202.
13.9938

— — Ebd. 1901. 35 S. 8° 1: Kb 8650. 11. 202. 303.
13.9939

— dasselbe. s.: Klinik, Berliner.

— Lobgesänge. Samml. 1. — Erlangen 1854: Kunstmann. 52 S. 8°
10. 12: P. o. germ. 79 r. 17. 21. 82.
13.9923

— zur Pathologie u. Therapie d. Darmstenose, s.a. Abhandlungen, Würzburger, a. d. Gesamtgebiet der prakt. Medizin. II. 6.

— Zur Pathologie und Therapie der Darmstenose. — Würzburg: Stuber 1902. S. 147–181. 8° (Würzburger Abhandlungen aus d. Gesamtgebiet d. praktischen Medizin. 2,6.)
7. 11. 12: Med. g. 1 cr–2,6. 15. 16. 17. 24. 38. 202.
13.9940

— Einige Rathschläge zur Erleichterung chirurg. Eingriffe in der Landpraxis s.a. Wander-Vorträge, medicinische.

— Einige Rathschläge zur Erleichterung chirurgischer Eingriffe in der Landpraxis. — Berlin: Fischer's med. Buchh. 1891. 13 S. 8° (Medicinische Wander-Vorträge. 22.)
1: Ic 2550–22. 6. 11. 302.
13.9941.

Bayer, C., Rede zu Fr. Ruckert's Gedächtniss, gehalten am 31 Januar 1867. Schweinfurt. 16 p.
Schul-/Univ.-Schrift

Bayer, Carl, Rede zu Friedrich Rückerts Gedächtniß gehalten bei der von der kgl. Studienanstalt zu Schweinfurt veranstalteten Feier am 31. Janr. 1867. Schweinfurt, Weyßtein. gr. 8. (16 S.) 3 ngr.

Bayer, Karl: Die habituelle Scoliose u. ihre Behandlung, s.a. Wander-Vorträge, Medizinische.

— Die habituelle Scoliose und ihre Behandlung. — Berlin: Fischer's med. Buchh. 1891. 11 S. 8° (Medicinische Wander-Vorträge. 27.)
1: Ic 2550–27. 11. 302.
13.9942

— Der Sieg der Freiheit und die deutsche Volksbildung. — Nürnberg: Riegel & Wießner 1846. 61 S. 8°
1: Stala 795 a. 12: Paed. Th. 338. 16. 18. 21. 22. 27. 29. 35. 203.
13.9925

— Spina bifida, s.a. Wander-Vorträge, medicin.

— Spina bifida. — Berlin: Fischer's med. Buchh. 1902. 43 S. 8° (Medicinische Wander-Vorträge. 62.)
1: Ic 2550–62. 11.
13.9943

Bayer, Carl: Stillbesonnt. (53 m. Abb.) 8° Prag, (J G Calve) ('12). 2 —

— Wege des Lebens. Gedichte. — Prag: Bellmann 1910. 140 S. 8°
4. 11. 380: 474.739–B.
13.9946

Bayer, Karl (Hrsg.) s.a. Welt, Die sittliche.

— die sittliche Welt. Zeitschrift für prakt. Philosophie. 16 Hft. gr. 8. Erlangen 839. Palm'sche Verlagsbuchh. 1/2 ₰

—— die sittliche Welt. Zeitschr. f. prakt. Philosophie. 1. Hft. gr. 8. (8 B.) Erlangen 840, Palm'sche Vrlsbuchh.

— Deutschlands Wiedergeburt. Hoffnung und Erfüllung. Schweinfurt: Giegler 1871. 128 S. 8°
1: Kr. Samml. Pb 3. 12: J. publ. G. 43 t.
13.9926

Bayer, Karl, Kaufmann, Prag. 1879: Zur Wucherfrage. — Prag: Mercy 1879. IV, 16 S. 8°
205.
13.9927

Bayer, Karl Adolf: Zur Feier der fünfzigjährigen Jubelehe des Allerhöchsten sächsischen Königs-Paares, Johann Nep. und Amalie. — (Königgrätz: Selbstverl. [1872].) 2 Bl. 4°
14.
13.9949

Bayer, Karl Emmerich Robert (wirkl. Name), s. Byr, Robert (Pseud.)

Bayer, Karl Gottlob: Petersburgs ewiges Friedensbündnis mit Berlin, besangen ... Carl Gottlob Bayer, Gottlob Wilhelm Burmann. — [Frankfurt a. O. 1762]: J. Chr. Winter. 8 S. 8°
2.
13.9950

Bayer, Karl Robert Emmerich v. [Wirkl. Name] s. *Byr*, Robert.

Bayer, Leo, Prof. Dr. med., Brüssel. 1873: Über Fremdkörper (Kupfermünzen) im Ösophagus mit Radiographie. 1900 s.a Sammlung zwangl. Abhandlungen a. d. Gebiete der Nasen- etc. Krankheiten. III. 9/10.

Über Fremdkörper (Kupfermünzen) im Ösophagus mit Radiographie. Von Prof. Dr. L. Bayer in Brüssel. *Halle a. S.: C. Marhold 1900.* (S. 83–84.) 8°

— Ueber den therapeutischen Werth der Kohlenwasserstoffe speciell der oxygenirten Vaseline (Vasogene). — Hamburg 1894. 12 S. 8°
Aus: Deutsche medicinische Wochenschrift. 19. 1893.
11. 17. : 7.
13.9155

— Die Zahncysten der Kiefer. — Tübingen: Fues 1873. 42 S. 8° Zugleich Diss. Tübingen 1873. 12: Chir. 14 o. 24.
13.9156

Bayer, Ludwig [aus Oppenheim]: Beitrag zur vergleichenden Anatomie der Oberarmarterien ... M. e. Taf. (Aus: Morphol. Jahrb., XIX Heft 1.) Leipzig, W. Engelmann, 1892; 43 S., 1 Taf. 8.
Heidelberg, Med. Fak., Inaug.-Diss. v. [27. Jan.] 1891

Bayer, Ludwig, aus Aachen: Beitrag zur pflanzenphysiologischen Bedeutung des Kupfers in der Bordeaux-Brühe. *Königsberg i. Pr. 1902: H. Jaeger.* (56 S.) 8°
Königsberg, Phil. Diss. v. 10. Mai 1902

Bayer, Ludwig, Dipl.-Ing., München. 1907: Konstruktion, Versuchsresultate und Theorie eines Zweitaktmotors mit flüssiger Kolbendichtung. — München: Pohl 1907. 26 S. 4°
12: 4° Math. A. 19 i. 19. 83. 86. 201. 210.
13.9959

—— Ebd. 1910. 16 S. 4° 19. 85. 201. 210.
13.9960

—— (2. Aufl.) Ebd. 1910. 16 S. 4° 12: 4° A. hydr. 8 l. 90.
13.9961

Bayer, Ludwig. 1847: Glorreiches Leben und Thaten der edelen Sennora Dolores. Aus d. Span. verteutscht durch L. Beyer. — Leipzig: Weller 1847. 24 S. 8°
12: P. o. germ. 125 b/3
13.9958

—— Lola Montez' Leben und Thaten. 1849 in: *Manch rlei.*

Bayer, M., Alberti, adnotationes quaed. in Theocrit. Idyllion XV. 4°. Erl. Breuning 1787.

Bayer, M.: Commentar, perpetui Charites et siracusias. 8. maj. ibid. 1790.

Bayer, M., s. Originalansichten.

Bayer, Marianne, das kleine Laien-Brevier f. sinnige Frauen u. Jungfrauen aus dem Nachlasse der Tante. gr. 16. (V, 119 S.) Gera 876. Issleib & Rietzschel. geb. m. Goldschn. n. 3. —.

Bayer, Matthias, fünf Fälle von spontaner Uterus-Ruptur aus der geburtshilflichen Klinik zu München. Dissertation. München 1887, A. Buchholz. 8°. 51 S.

BAYER, Matthias (Aachen): Fünf Fälle von spontaner Uterus-Ruptur aus der geburtshilflichen Klinik zu München.- München: Schnidtmann 1887. 51 S.
19.11.1887 - Chr 1887/88, 18; Jv 1887/88,206 Diss. Ingolst.-Landsh.-Mchn.

Bayer, Max (aus Schleusingen): Über den Einfluss des Ausspülens und Touchierens bei der Geburt auf das Wochenbett . . .
Leipzig-R., Druck v. O. Schmidt, 1894; 39 S., 8 Taf. 8°
Leipzig, Med.Fak., Inaug.-Diss. v. 15. Dez. 1894.

Bayer, Max (aus Dresden): Über einen Fall von cerebraler Kinderlähmung . . . Jena, Druck v. A. Kämpfe, 1892; 42 S. 1 Taf. 8°
Jena, Med. Fak. Inaug.-Diss. v (12. Aug.) 1892;

Bayer, Max, üb. e. Fall v. cerebraler Kinderlähmung. Diss. gr. 8. (42 S. m. 1 Lichtdr.) Jena 892. (Rudolstadt, H. Dabis.) n. — 80

Bayer, Maximilian
Pseudonym: Jonk Steffen

— im Kampfe gegen d. Hereros, s: Schaffstein's grüne Bändchen.

— Der Krieg in Südwestafrika und seine Bedeutung für die Entwickelung der Kolonie. Vortrag. — Leipzig: Engelmann 1906. 67 S. 8° 1:Us 3615/85. 9. 10. 12:H. Afr. 8006 r. 14. 17. 21. 23. 26. 30. 33. 34. 38. 44. 53. 60. 62. 78. 88. 90. 106. 203. 205. 212.
13.9967

— — Ebd. 1907. 67 S. 8° 12:H. Afr. 8006 o. 24. 41. 46.
13.9968

— Mit dem Hauptquartier in Südwestafrika. — Berlin: Weicher 1909. VIII,310 S. 8° 1:4° Us 3615/166. 3. 7→10. 12:H. Afr. 1545. 14→17. 20. 22. 30→33. 36. 38. 43. 45. 47. 61. 62. 66. 78. 79. 106. 109. 111. 202. 203. 205. 209. 212. 300:462.505-B.
13.9969

Bayer, M: Mit d. Hauptquartier in Südwestafrika. 1. u. 2. Afl. (310 m. Abb. u. Skizzen.) gr8° Berl., W Weicher '09. L. 5 — d

— — 2. Aufl. Leipzig: Spamer 1909. VIII,310 S. 8° 46. 79.
13.9970

Bayer, die Nation der Bastards, s.a. Abhandlungen, koloniale, 1.

— Die Nation der Bastards. — Berlin: Süsserott [1906]. 24 S. 8°
Aus: Zeitschrift für Kolonialpolitik, Kolonialrecht u. Kolonialwirtschaft. 8. 1906.
(Koloniale Abhandlungen. 1.) 1:Fe 9082-1. 11. 12:H. E. E. 1 i-1. 30. 38. 41. 106. 203. 206. 209. 212.
13.9973

— Okowi - ein Hererospion? Eine Geschichte aus d. südwestafrikanischen Kriege von Jonk Steffen. — Berlin: Weicher 1910. 236 S. 8° 1:Ng 17712.
13.9974

Bayer, Michael, *k. k. Bauelеve.* Karte des Herzogthums Kärnten. *Klagenfurt.* Verlag von *Ferd. Kleinmayr.* 1 Bl., Höhe 2' 3¾", Breite 3' 1¼". Massstab: 1 Wr. Zoll gleich 3200 Wr. Klftr.
Vollständige Terrain- und Strassenkarte. Besonders darauf verzeichnet ist der Plan der Stadt Klagenfurt. In Schrift findet sich eine Erklärung zu diesem Plane, dann eine Uebersicht der Bezirke und eine Zeichenerklärung zur Hauptkarte. Farben sind nicht angewendet.

Bayer, Michael. Karte des Herzogthums Kärnten. Klgft., v. Kleinmayr, (ca. 1865). — Neue ergänzte u. berichtigte Aufl. (ca. 1880).

Bayer, Mich., Karte des Herzogth. Kärnten. Neue ergänzte und bericht. Aufl. 1:230,000. Lithogr. Imp.-Fol. Klagenfurt 879, v. Kleinmayr. * *M* 3,20.; color. *
Auf Leinw. * *M* 4,80.; color. *

Bayer, Mich., Karte des Herzogth. Kärnten. 3. ergänzte und bericht. Aufl. Lithogr. qu. gr. Fol. Klagenfurt 885, v. Kleinmayr. In Carton *

Bayer, Ottilie, Mutter Antje u. ihre Söhne s.a. Waldesrauschen — Waldesfrieden. Nr. 25.

Mutter Antje und ihre Söhne. Erzählung von Ottilie **Bayer.** L(engerich i. W.): B(ischof &) K(lein) [1903]. (16 S.) 8° [Umschlagt. F.]
= **Waldesrauschen**-Waldesfrieden. No 25. [+4. 4500

Bayer, Ottilie: Johann Albrecht Bengel. Ein schwäbischer Gottesgelehrter. Lebensbild. — Berlin: Deutsche Evang. Buch- u. Tractat-Ges. [1905]. 79 S. 8° 1:At 9913. 24. 26.
13.9981

Bayer, O: Der Bogen in d. Wolken, s.: Kinderfreund, d.

— Mutter Dreer, d. Küsterin, s.: Himmelsblumen.

— die glücklichen Drei, s.: Vergißmeinnicht-Erzählungen. 51.

Bayer, [Frl.] Ottilie s. Edelweiss. Erzählungen .... Nr. 66. 71.

— Bischof Hans Egede, der erste Missionar in Grönland. Ein Lebensbild. — Berlin: Deutsche Evang. Buch- u. Tractat-Ges. [1904]. 61 S. 8° 1:Ut 7811. 38.
13.9982

— er hat alles wohlgemacht, s.: Edelweiß. Nr. 66.

— Es werde Licht! Kurze Betrachtungen für Kranke auf alle Tage d. Jahres. H. 1-12. — Berlin: Deutsche Evang. Buch- u. Tractat-Ges. [1901-04]. 8° 1:Da 3640.
13.9983

— Feierabend! s.: Edelweiß. Nr. 71.

— Festglocken, s.: Aus lichten Höhen. Nr. 22.

-- zwei Freunde s.a. Edelweiß. Nr. 59.

Bayer, Ottilie: 2 Freunde. Hanning, d. Fischermädchen. 2 Erzählgn. (64 m. 2 Farbdr.) kl8° Konst., Christl. Buch- u. Kunstverl. C Hirsch ('12). geb. — 30 d

— Die beiden Freundinnen, s.: Edelweiss.

— „gehe hin mit Frieden!" s.a. Weihnachten. Nr. 5.

— 'Gehe hin mit Frieden!' Erzählung. — Berlin: Deutsche Evang. Buch- u. Tractat-Ges. [1901]. 36 S. 8° 1:Yx 32828.
13.9985

— Im Gehorsam des Glaubens. Erzählung. — Berlin: Deutsche Evang. Buch- u. Tractat-Ges. [1901]. 44 S. 8° 1:Yx 32829. 12:Paed. Pr. 4410 g.
13.9986

— Hulda's Genesg, s.: Kinderfreund, d.

— waldensische Glaubenshelden, s.: Vergißmeinnicht-Erzählungen.

Bayer, Ottilie, s.: Goldkörner.

— Hanning, das Fischermädchen, s.: Edelweiß. Nr. 61.

— Harre d. Herrn, d. wird dir helfen, s.: Vergissmeinnicht-Erzählungen

— Der gute Hirte. Türmers Leid u. Freud. Magda. 3 Erzählgn f. jung u. alt. (64 m. 2 Farbdr.) kl8° Ebd. ('11). geb. — 30 d

Bayer, Ottilie: Der junge Hirte, s.a. Edelweiß

— Die Holzhauers-Familie, s.: Edelweiss.

Bayer, Ottilie, meines Bruders Hüter. Jochen, der Schneeschaufler, s.: Vergißmeinnicht-Erzählungen.

— ich habe das Notwendigste gethan. Die kleine Rosa, s.: Kinderfreund, der. Nr. 18.

— In d. Trübsal bewährt, s.: Himmelsblumen.

— Zwei Königskinder, s.: Edelweiss.

— eine gesegnete Kur s.a. Für Dich. Nr. 28.

Eine gesegnete Kur. Erzählung von Ottilie Bayer. *Berlin: Deutsche Ev. Buch- u. Tractatges. [1903].* (56 S.) 8° [F.]
— Für Dich! No 28. (03. 11799

— verschiedene Lebenswege, s.a Woywod's Volks- u. Jugend-Bibliothek.

— Verschiedene Lebenswege. Erzählung. — Breslau 1898. 114 S. 8° (Woywods Volks- u. Jugend-Bibliothek. 13.)
1:Ng 25274-13. 2.
13.9990

— Leiden u. Freuden e. Türmers, s.: Edelweiß. Nr. 55.

Bayer, Ottilie; Die Macht der Liebe, s.a. Edelweiß

— Magdalena, s.: Himmelsblumen. Nr. 32.

— Osterglocken, s.: Aus lichten Höhen.

— das einsame Röslein, s.: Kinderfreund, der. Nr. 13.

— der kleine Sänger, s.: Kinderfreund, der. Nr. 27.

— Sicher in Jesu Armen. s.a. Für dich.

Sicher in Jesu Armen! Erzählung von Ottilie Bayer. Berlin: Deutsche Evang. Buch- u. Tractat-Gesellsch. [1907]. (48 S.) 8° [F.]
— Für Dich! No 32. (07. 9958

— Philipp Jakob Spener. Der Lebens-Reformator d. evangelischen Kirche. Ein Lebensbild. — Berlin: Deutsche Evang. Buch- u. Tractat-Ges. [1905]. 90 S. 8°
1:Av 15249. 12:Biogr. 1107 eb.
13.9991

Bayer, O., drei Theaterstücke: Die Vereins-Sitzung. — Der Honig-Doktor. — Zwist u. Sühne. Zur Aufführg. bei Imker-Festen geeignet. 8. (36 S.) Leipzig (902). Leipziger Bienenzeitg. n. 1. 50

— Tränensaat u. Freudenernte, s.: Vergißmeinnicht-Erzählungen. Nr. 63.

Bayer, Ottilie, von Gott zu Gott! Einer frommen Christin Erdenwallen. (288 S. m. Titelbild.) 8. Konstanz (909). Christl. Buch- u. Kunstverlag C. Hirsch.
Geb. in Leinw. 3. —

— Weihnachtsblüten. Zwei Erzählgn. 8. (72 S.) Stuttgart 898. Christliches Verlagshaus. n. — 40

— Weihnachtsblüten. Zwei Erzählungen. — Stuttgart: Christl. Verlagshaus [1899]. 72 S. 8°
24.
13.9993

— Des Greises Weihnachtsfest, s.: O du fröhl. usw. Weihnachtszeit.

Bayer, O., wie ein Krankenzimmer eingerichtet sein soll. gr. 8. (10 S.) Rheinbach 897. Rudolstadt, A. Bock. n. — 20

— Wie ein Krankenzimmer eingerichtet sein soll. — Rheinbach b. Bonn: Literarisches Bureau 1897. 10 S. 8°
1:Ie 8464. 5. 30. 61.
13.9994

— wie lieblich sind deine Wohnungen, Herr Zebaoth!, s.: Himmelsblumen. Nr. 46.

— Der Zillerthaler u. s. Kind, s.: Edelweiss.

Bayer
— **Ottomar** (Leipzig), Das Epithel der Lungenalveolen u. seine Bedeutung in der croupösen Pneumonie. Diss. med. Lpz. (O. Wigand) 11. IX. 1867. 19 S., mit Biogr. u. 1 Taf. Abb. (4.—) 1507
Oppon.: V. Hirschfeld, Gust. Hüfner, Ramon Uribe.

Bayer, P. Erste Nachricht v. d. Entbindungs-Anst. d. Kgl. Univers. Erlangen. M. 2 Kupf Erlangen 1828. 4.

Bayer, Philipp Anton: Über Trichiasis und Entropium, nebst Beschreibung einer verbesserten Augenlidzange. Erlangen 1815: Kunstmann. 75 S. 8°. —
Erlangen, Med. Diss. v. 1815.

Bayer, Philipp Anton: Ueber Trichiasis und Entropium, nebst Beschreibung einer verbesserten Augenlidzange. — Nürnberg: Stein 1816. 75 S. 8°
Erschien zuerst als Diss. Erlangen 1815.
3. 7. 8. 17. 22. 34. 46. 48. 300:135.318-B.
13.9996

Bayer, R.: Neuere Schiffsmaschinen, s. Bayer, Reinhold

Bayer, R. P., Darstellung d. gelehrt. Unterrichtswesens in Bayern u. sein. Organisation, so wie d. Standpunktes d. gelehrt. Schulen B's., unt. besond. Hinsicht a. d. J. 1824—31. gr. 8. (6 B.) Aachen 832, [Roschütz u. Comp.]

Bayer, R. P.: Darstellung des gelehrten Unterrichtswesens in Bayern und seiner Organisationen ... unter besonderer Hinsicht auf die Jahre 1824-1831. — Aachen: Rossel 1832. XVI,78 S. 8°
Erweitert aus: J.P. Rossel's allgemeine Monatsschr. für Erziehung u. Unterricht. 9. 1832.
1:Ay 9298. 4. 5. 38. 41. 43.
13.9997

—— gegenwärtiger Standpunkt d. mathem. Unterr. an gelehrt. Schulen, nebst Darstell. sein. Wichtigkeit u. den sein Gedeihen vereitelnd. Hindernissen. gr. 8. (7 B.) Aachen 832, [Roschütz u. Comp.]

— Gegenwärtiger Standpunkt des mathematischen Unterrichts an gelehrten Schulen. — Aachen: Rossel 1832. 111 S. 8°
1:Nf 4124. 5.
13.9998

Bayer, Reinhold: Neuere Schiffsmaschinen, Hilfsmaschinen und Apparate. 1906-08 s. *Rosenthal*, Hermann.

Bayer, Rudolph, a. Straßburg i. E.: Zur Frage der Luftembolie. Freiburg i. Br.: Speyer & Kaerner 1906. (41 S.) 8°
Freiburg i. B, Med. Fak., Ref. Kraske, Diss. v. 1906
[Geb. 8. Juli 82 Straßburg; Wohnort: Straßburg; Staatsangeh.: Elsaß-Lothringen; Vorbildung: Lyzeum Straßburg M. 00; Studium: Straßburg 7, Freiburg i. B. 3 S.; Coll. 2. März 06.]

Bayer, Rud. (geb. Coln a. Rh. 17 2 1837): De inflammatione bursarum mucosarum praepatellarium Berolini (1861) (32 S) 8°
Berlin, Med Diss. v 20 Juli 1861

Bayer, Rudolf [aus Koeln a. Rh.]: Ueber Monochlor-o-toluylsaeuren und deren Beziehung zum Monochlor-o-xylol, sowie ueber Ketone und Ketoxime der Monochlor-o-xylole ... Freiburg i. B., Buchdr. v. Chr. Ströcker, 1892; 42 S., 1 Bl. 8.
Freiburg i. B. Phil. Fak., Inaug.-Diss. v. 1892

Bayer, Rudolf Stephan: Im Ehrenwams. Dramatisches Schauspiel. 1. Aufl. — Brünn: Bayer 1904. 89 S. 8°
1:Ys 34866. 300:435.675-B.
13.10001

Bayer, Stephan E.: Der Anfang des neuen Jahrhunderts. Frankfurt a.M. 1899: Knauer. 8 S. 8°
1:Pg 3093. 30. 38. 47.
13.10002

— — 2. Aufl. Ebd. 1902. 8 S. 8° 30.
13.10003

Bayer, Th. v. 1885 [Pseud.] s. *Therese* Prinzessin v. Bayern.

Bayer, Th.: Die Erhaltung der Gesundheit (u. andere Schriften zur Hygiene), s. Bayer, Thaddaeus

Bayer, Th.: Denkwürdige Erzählungen aus dem Tierreich, s. Bayer, Theophilus

Bayer, Thaddaeus

Bayer, Thadd., De animae adfectibus. Vienn. 4. *Haller*, Bibl. anat. II, 571. 1760

Bayer, Thaddaeus Edler v.: Beschreibung der öffentlichen Armen-Versorgungsanstalten in der königl. böhmischen Hauptstadt Prag. (Verf.: Thaddäus Edler v. Bayer.) Prag 1793. 282 S. 8° 17. 202. 300:65 T 58. 302.
13.10004

v. Bayer, Edler Thdr., (†...) Beschreibung der Armenversorgungs-Anstalten in der Stadt Prag ist Verlag von Herrt, und der Preis 1 2/3 ₰;

-- Die Erhaltung der Gesundheit des Soldaten. — Wien 1808: Gerold. 263 [vielm. 163] S. 8°
2. 21. 23. 300:9561. 302.
13.10005

v. Bayer, Th. E., die Erhaltung d. Gesundheit d. Soldaten. 8. Wien 814. v. Mösle. 8 gr.

Bayer, Th., Grundr. d. allgem. Hygiene u. Therapeutik 8. Prag. (Haslinger in Linz.) 788.

— Grundriss der allgemeinen Hygiene und Therapeutik. — Prag [usw.]: v. Schönfeld 1788. 145 S. 8°
8. 17. 27. 52. 302. 303. 308.
13.10006

— Grundr. d. allgem. Pathologie. gr. 8. Wien, Camesina. 782.

— Grundr. d. allgem. Pathologie. gr. 8. Wien 782. (Heubner). 10 gr.

-- Grundriß der allgemeinen Pathologie. — Wien: v. Kurzbeck 1782. 172 S. 8° 6. 15. 17. 22. 25. 45. 46. 302.
13.10007

-- Grundriss der allgemeinen Semeotik. — Prag [usw.]: v. Schönfeld 1787. 154 S. 8°
7. 8. 14. 15. 17. 19. 20. 24. 30. 45. 48. 52. 302. 303. 308.
13.10008

Bayer, Edler Thdr. v., s. B a y e r , Thaddaeus

Bayer, Theophilus: Denkwürdige Erzählungen aus dem Thierreiche. Bdch. [1.] 2. — Jena: Cröker in Komm. 1825–26. 8° 7[=2]. 15[=2]. 27. 39[=2].
13.10009

Bayer, Theoph., denkwürdige Erzählungen aus d. Thierreiche. 1s u. 2s Bdchn. 8. Jena 825 u. 27. Cröker. à 12 gr. 1 ₰

Bayer, (Th.,) denkwürdige Erzählungen aus d. Thierreiche. 1s u. 2s Bdchn. 8. Jena 826 u. 27. Cröcker. à 12 gr.

Bayer, Theophilus Sigefridus s. *Bayer*, Gottlieb Siegfried.

Bayer, Valentin

Bayer, ..., s. Annalen der Großherzogl. Badischen Gerichte.

Bayer, Valentin: Schuldig oder nichtschuldig! Ein Criminalfall aus neuester Zeit, als Beitrag für die Mündlichkeit und Oeffentlichkeit des Strafverfahrens. — Mannheim: Hoff 1844. 40 S. 8°
7. 12: Crim. 295–5. 14. 16. 18. 21. 25. 27. 30. 31. 180.
13.10010

Bayer, Viktor: Die Historia Friderici III. Imperatoris des Enea Silvio de'Piccolomini. Eine kritische Studie. — Prag: Tempsky 1872. 208 S. 8° Zugleich Diss. Göttingen 1872.
1: Rw 9085. 2→11. 12: Germ. g. 30 qh [2 Ex.] 14→22. 24→27. 29→32. 34. 35. 38. 41. 43→48. 66. 75. 91. 107. 117. 209. 300: 146.968–B. 302→304. 307. 308.
13.10011

— Die Jugendzeit des Markgrafen Albrecht Achilles von Brandenburg. 1414–1440. — Leipzig [1898]. S. 33–102. 8°
Aus: Forschungen zur brandenburgischen und preußischen Geschichte. 11. 1898.
107.
13.10012

Bayer, Wilhelm, Kammergerichtsref.: Das Recht aus erlaubter eigenmächtiger Pfändung. *Berlin 1899: G. Pintus.* (92 S.) 8° [F. u. Ant.]
Berlin, Jur. Diss. v. 20. März 1899

Bayer, Willy, Referendar a. Metz: Wirkungen der Annahme der Anweisung nach dem Bürgerlichen Gesetzbuche. Straßburg 1907: C. & S. Goeller. (81 S.) 8°
Heidelberg, Jur. Fak., Ref. Schroeder, Diss. v. 4. Juni 1907
[Geb. 25. Okt. 83 Ars a. d. Mosel; Wohnort: Sablon, Kr. Metz; Staatsangeh.: Elsaß-Lothringen; Vorbildung: Lyzeum Metz Reife M. 01; Studium: München 4, Straßburg 3 S.; Rig. 14. Dez. 06.]

Bayer, Wolfgang: Reise nach Peru. Hrsg. von C. G. v. Murr. Nürnberg: Zeh 1776. 214 S. 8° 1: Uy 7106. 6. 10. 11. 12: It. sing. 57. 14. 17. 22. 28. 36. 39. 303. 308.
13.10014

— — Ebd. 1776. S. 115–326. 8°
Nach d. Norm—Aus: Journal zur Kunst u. Litteratur. 3. 9. 34.
13.10015

Bayer, J., der Katholik in d. Andacht am Morgen u. Abend, bei d. heil. Messe etc. Mit 1 Kpf. 8. Regensb. 819. Daisenberger. 10 gr.

Bayer von Boutigni. Abhandlung von der Macht des Königs in Absicht auf die Bestimmung des zu Ablegung der feyerlichen Ordensgelübde erforderlichen Alters seiner Unterthanen. Aus dem Französischen des Herrn ..... in das Deutsche übersetzt.
8. Wien 1771.

Baeyer, Generalleutnant, Präsident des Kgl. Geodätischen Instituts, Berlin. 1838 s. *Baeyer*, Johann Jakob.

Baeyer, Adolf

Baeyer, (Joh. Frid. Guil.) Adolph (geb. Berlin 31. 10. 1835): De arsenici cum methylo conjunctionibus. Berolini (1858). (40 S.) 8°
Berlin, Phil. Diss. v. 4. Mai 1858

— Erinnerungen aus meinem Leben 1835–1905. — Braunschweig: Vieweg 1905. 31 S. 8°
Aus: Baeyer: Gesammelte Werke. 1905.
3. 12: Biogr. 3106 h. 19. 25.
9.9875

— Landgericht Hamburg. Gutachten in Sachen der Firma Haarmann & Reimer in Holzminden, gegen die Firma Franz Fritzsche & Co. in Hamburg. — Berlin 1899: Schade. 66 S. 4° 90.
9.9877

Baeyer, A., über den Kreislauf des Kohlenstoffs s.a. Sammlung gemeinverständl. wissenschaftl. Vorträge. 15. Heft.

— Ueber den Kreislauf des Kohlenstoffs in der organischen Natur. — Berlin: Lüderitz 1866. 32 S. 8° (Sammlung gemeinverständlicher wissenschaftlicher Vorträge. 15.)
1: Ag 9016–15. 2→5. 7→11. 12: Var. 366 am–15. 14. 16→21. 24. 26→31. 33. 36. 38. 39. 43. 44. 45. 51. 60. 64. 79. 83. 84. 86. 89. 90. 93. 109. 123. 202. 205. 207. 300: 395.139–B. Per. 1,15. 302. 304.
9.9878

— — 2. Aufl. Ebd. 1869. 32 S. 8° (Sammlung gemeinverständlicher wissenschaftlicher Vorträge. 15.)
1: Ms 8001. 10. 11. 12: Chem. 5 sp. 28. 52. 60. 62.
9.9879

— — 3. Aufl. Ebd. 1872. 32 S. 8° (Sammlung gemeinverständlicher wissenschaftlicher Vorträge. 15.)
6. 24. 35. 41. 46. 47. 52. 58. 87. 169. 201. 203. 210.
9.9880

— Das neue chemische Laboratorium der Akademie der Wissenschaften zu München von Adolf Baeyer u. Albert Geul. — München: Ackermann 1880. 8 S. 2°
Aus: Zeitschrift für Baukunde. 3. 1880.
1: 2° Mr 6258. 12: 2° Bavar. 88 f. 19. 83. 84. 91.
9.9881

Baeyer, A. v., s.: Liebig's, Just., Annalen d. Chemie.

BAEYER, ADOLF.
Ueber die chemische Synthese. Festrede zur Vorfeier des Allerhöchsten Geburts- und Namensfestes Seiner Majestät Ludwig II, Königs von Bayern, gehalten in der öffentlichen Sitzung der k. b. Akademie der Wissenschaften zu München am 25 Juli, 1878. München, 1878. pp. 22, 4to.

Baeyer, A, üb. d. chem. Synthese. Festrede. 4. (22) Münch. 78. (Franz). n.n. — 60

[F.] Liebig's Verdienste um den Unterricht in den Naturwissenschaften. Rede beim Antritte d. Rektorats d. Ludwig-Maximilians-Univ. geh. am 26. Nov. 1892 v. Dr. Adolf **von Baeyer**. München, Druck d. Kgl. Hof- u. Univ.-Buchdr. v. Dr. C. Wolf & Sohn, 1892; 27 S. 4.

Adolf v. **Baeyer**'s gesammelte Werke. Hrsg. z. Feier d. 70. Geburtstages d. Autors von s. Schülern u. Freunden. Mit (d. Portr. d. Verf. u.) Abb. Bd 1. 2. Braunschweig: F. Vieweg & Sohn 1905. 2 Bde 8°. [05. 1575]

Baeyer, Hans von, approb. Arzt aus München: Über Chromsäurevergiftung. *München: J. F. Lehmann 1901.* (18 S.) 8° [Umschlagt.]
München, Med. Diss. v. 1901

Baeyer, Hans v., Dr., Assistenzarzt an d. chirurg. Klinik in München: Ueber Fremdkörper im Organismus. München 1908. ([Umschlagt.]: Aus d. chirurg. Klinik zu München. Fremdkörper im Organismus. Einheilung. Tübingen: H. Laupp 1908.) (III, 120 S., 18 Taf.) 8° ¶ (Aus: Beiträge z. klin. Chirurgie Bd 58 H. 1, 1908.)
München, Med. Fak., Hab.-Schr. v. 1908
(Nicht für den Austausch)

Baeyer, J. s. *Baeyer*, Johann Jakob.

Baeyer, (Joan. Frid. Guil.) Adolph, s. B a e y e r , Adolf

Baeyer, Johann Georg s. *Bayer*.

Baeyer, Johann Jakob: Anordnung der Beobachtung zur Messung der Horizontal-Winkel mit zehnzölligen Universal-Instrumenten. (Verf.: Baeyer.) —(Berlin 1868.) 3 Bl. 4°
Text handschriftlich autographiert.
12:4° Phys. sp. 311 m–5. 210.
9.9891

— Die allgemeine Auflösung der sphäroidischen Dreiecke nebst Hülfstafeln für die Bessel'schen Erd-Dimensionen Wissenschaftliche Begründung der Berechnungs-Methoden des Central-Bureaus der Europäischen Gradmessung. (Als Manuskript gedruckt.) Berlin 1870.

(—) Ausgleichung eines Dreiecksnetzes nach der Bessel-schen Methode und Aufklärung einiger gegen dieselbe erhobenen Bedenken. — (Berlin [um 1865]:G. Reimer.) 17 S. 4°
1:4 in 4° Pr 3692. 11. 12:4° Phys. sp. 311 m–6. 30.
9.9892

Baeyer, Johann Jacob: Ueber die Bahnlinien der Winde auf der sphäroidischen Erdoberfläche (Poggendorff's Annalen der Physik und Chemie Bd 104 Jahrg. 1858 S. 377—404) Leipzig 1858 28 S 8°

(—) Wissenschaftliche Begründung der Rechnungsmethoden des Centralbureaus der Europäischen Gradmessung. 1–[5]. — (Berlin 18[69]–70:G. Reimer.) 4°
1. Die Methode der kleinsten Quadrate. [1869.]
2. Die Anwendung derselben auf die Geodäsie. [1869.]
3. Allgemeine Auflösung der sphäroidischen Dreiecke. (1870.)
4. Reduction der Winkel eines sphäroidischen Dreiecks auf die eines ebenen oder sphärischen von gleichen Seiten. (1870.)

[5.] Ausgleichung eines geometrischen Nivellements. [1869.]

1–5 . . . . 1:in 4° Pr 3692.
1–4 . . . . 7. 169.
1.2 .11.
5 . . . . . . 12:4° Phys. sp. 311 m–7. 15. 90. 305.
9.9893

(—) Bericht an die permanente Commission der Europäischen Gradmessung über ein schriftliches Gutachten des Herrn ... Hansen über die Arbeiten der Königl. Preussischen Landestriangulation. — (Berlin 1868:G. Reimer.) 12 S. 4° 11. 89. 210.
9.9894

— Astronomische Bestimmungen für die Europäische Gradmessung aus den Jahren 1857–66. — Leipsig: Engelmann 1873. 125 S. 4° 1:4° Pr 4698. 4. 7. 9. 11. 12:4° Math. P. 406 f. 15. 16. 17. 27. 29. 33. 82. 84. 87. 88. 90. 189. 203. 209. 210. 305.
9.9895

— Die Bewässerung und Reinigung der Straßen Berlins ... von J. Baeyer u. L. Blesson. — Berlin: Schroeder 1843. 77 S. 8°
1:Fb 5515. 18. 24. 38. 83. 89. 106. 109. 205. 302.
9.9896

Baeyer. Johann Jakob. Ueber die Beziehungen der Strahlenbrechung in der Atmosphäre zu der Witterung und über den Zusammenhang einer Landesvermessung mit der Meteorologie ([S.-A.] Archiv für Landeskunde Preussens Bd. 5) (Berlin 1858.) 39 S. 4°.

Baeyer, Johann Jakob: Zur Entstehungsgeschichte der europäischen Gradmessung. (Verf.: Johann Jakob Baeyer.) (Berlin 1862: Stankiewicz.) 13 S. 4°
1:10 in Po 1651ᵃ. 5. 7. 10. 11. 12:4° Math. P. 279–11. 24. 25. 28. 84. 90. 202. 210. 305.
9.9897

Baeyer, J. J. Entwurf zur Anfertigung einer guten Karte von den östlichen Provinzen des Preuß Staates. (Berlin 1854.) 8°.

(—) Entwurf zu einer Mitteleuropäischen Grad-Messung. (Berlin 1861.) 2 Bl. 4°
Text handschriftlich autographiert. 12:4° Phys. sp. 311 m–1.
9.9898

—— —— 2. Aufl. Berlin 1882.

— Mein Entwurf zur Anfertigung einer guten Karte von den östlichen Provinzen des Preussischen Staates. — Berlin: G. Reimer 1868. X,77 S. 8°
1:Sx 2222. 5. 11. 19. 33. 84. 88. 90. 169. 203. 305.
9.9899

— Ueber Fehlerbestimmung und Ausgleichung eines geometrischen Nivellements. — (Kiel [1867]: Fiencke & Schachel.) 6 S. 4° 12:4° Phys. sp. 311 m–4.
9.9900

Baeyer, Johann Jakob, s. F e i e r des hundertjährigen Geburtstags des ...

Baeyer. Johann Jakob: Ueber eine neue Formel zum Höhenmessen mit dem Barometer (Poggendorff's Annalen der Physik u Chemie Bd 98. 1856 S 371—396) Leipzig 1856 26 S 8°

Baeyer, J. J., General-Bericht über die mitteleuropäische Gradmessung, s.a General-Bericht.

Baeyer, JJ, General-Ber. üb. d. mitteleurop. Gradmessg pro 1863. 4. (38 m. 3 L.) Berl. 64, G Reimer. n. — 20

(—) Generalbericht über die mittel-europäische Gradmessung für 1868, 1870, 1871, 1873. 4.
Leipzig, 1873.

Baeyer u. **Bessel**, Gradmessung in Ostpreussen etc. Berlin 1838. 4°. Mit 7 Kupfertfln.

Baeyer, J. J., über die Grösse und Figur der Erde. Eine Denkschrift zur Begründung einer mittel-europäischen Gradmessung nebst einer Uebersichtskarte. gr. 8. (VIII und 111 S. mit 1 lithogr. Karte in gr. Fol.) Berlin 861, G. Reimer.

Baeyer, J. J., s.a. Küstenvermessung.

— Die Küstenvermessung und ihre Verbindung mit der Berliner Grundlinie. — Berlin: Dümmler in Comm. 1849. XX,587 S. 4° 1:4° Sx 1440. 7. 8. 10. 12:4° Bor. 1 u. 23. 24. 28. 31. 33. 39. 42. 45. 47. 83→91. 93. 205. 209. 300:19.564–C. 305.
9.9902

Baeyer, Johann Jakob
— Die Königl. Preussischen Landes-Triangulations-Hauptdreiecke. (Besonders abgedruckt aus No. 1611 u 1633 der Astronom. Nachrichten.)

— Das Messen auf der sphäroidischen Erdoberfläche. — Berlin: G. Reimer 1862. VIII,125 S. 4°
1:4° Pr 4658. 7. 8. 10. 11. 12:4° Math. P. 24 r. 17. 18. 21. 24. 25. 30. 31. 33. 41. 45. 46. 83. 84. 86→91. 93. 169. 300:114.134–C. 302. 305.
9.9903

— Ueber die Mittel der Alten, Brunnen zu graben, Wasser zu heben und zu leiten, und die Einwirkung des fließenden Wassers auf den allgemeinen Gesundheitszustand. — Berlin: Schroeder 1844. 39 S. 8°
1: Q 9924. 12: Arch. 4 bo. 33. 36. 43. 84. 205. 304.
9.9904

(—) Nivellement zwischen Radolfzell und Friedrichshafen. (Berlin 1879.) 4 Bl. 4°
Aus: Generalbericht über den Fortschritt der Arbeiten für die europäische Gradmessung f. J. 1879.
12: 4° Phys. sp. 311 m-10. 210.
9.9905

— Nivellement zwischen Swinemünde und Berlin. — Berlin: Dümmler in Comm. 1840. X,122 S. 4°
1: 4° Sx 1432. 4. 7. 10. 21. 28. 31. 33. 41. 84. 86. 88→91. 93. 169. 209. 302. 305.
9.9906

Baeyer, J. J., Trigonometrisches Nivellement zwischen Swinemünde und Berlin. Mit 1 Übersichtskarte. Berlin 1840.

(—) Über die Nivellements-Arbeiten im Preussischen Staate und die Darstellung ihrer Resultate in richtigen Meereshöhen. — Berlin 1881: Stankiewicz. 8 S. 4°
1: 4° Sx 2234. 7. 10. 11. 12: 4° Math. P. 24 qu. 17. 18. 28. 30. 36. 48. 86. 87. 90. 169.
9.9907

Baeyer, J. J., Ueber die Solstitialfluth der Ostsee Berlin 1865. Als Ms. gedr.

—— über die Strahlenbrechung in der Atmosphäre, s.a. Mémoires de l'académie impériale des sciences de St.-Pétersbourg.

— Über die Strahlenbrechung in der Atmosphäre. — St. Petersburg: Eggers [usw.] in Comm.; Leipzig: Voss in Comm. 1860. 82 S. 4° (Mémoires de l'Académie Impériale des sciences de St.Pétersbourg. Sér. 7,T. 3,8.)
1: 5 in 4° Ab 5408-7,3. 2→5. 7→11. 12: 4° Acad. 140c-3. 14→18. 21. 24. 25. 26. 28. 29. 30. 33. 36. 39. 45. 46. 89. 90. 169. 300: 392.831-C. Ser. 7,3. 302. 303.
9.9908

—— die Verbindungen der preussischen und russischen Dreieckskatten bei Thorn und Tarnowitz. Ausgeführt von der trigonometr. Abtheilung des Generalstabes. gr. 4. (XVII und 442 S. mit 4 Stnt.) Berlin 857, (Dümmler's Verlagsh.) * *

(—) Vergleichung einiger Hauptdreiecksketten der königlichen Landestriangulation mit der Besselschen Methode. Ein Beitrag zur Vertheidigung des geodätischen Instituts gegen die in der Sitzung des Abgeordneten-Hauses vom 18. Januar 1879 gegen dasselbe gerichteten Angriffe. — Berlin 1879: Stankiewicz. 12 S. 4°
203.
9.9909

(—) Ueber die Vertheilung der Fehler nach Winkelgleichungen und nach Seitengleichungen. — (Berlin 1871: G.Reimer.) 3 S. 4°
12: 4° Phys. sp. 311 m 8.
9.9910

— Wie die Rinnsteine Berlins durch eine Röhrenleitung mit fließendem Wasser zu ersetzen. Mit einer Kpfrtaf. Berlin 838, Dümmler. 1/3 ₰

— Wie die Rinnsteine Berlins durch eine Röhrenleitung mit fließendem Wasser zu versehen. — Berlin: Dümmler 1838. 20 S. 4°
1: 4° Fb 5494. 3. 83. 109. 169. 210.
9.9911

Baeyer, Otto von, a. Reichenhall in Bayern: Absorption elektrischer Schwingungen von 70 cm Wellenlänge. Weida i. Thür. 1905: Thomas & Hubert. (49 S.) 8°
Leipzig, Phil. Fak., Ref. Wiener u. Des Coudres, Diss. v. 23. Febr. 1905
[Geb. 12. Sept. 77 Reichenhall; Wohnort: München; Staatsangeh.: Bayern: Vorbildung: Gymn. München Reife O. 95; Studium: München 8, Leipzig 8 S.; Rig. 19. Dez. 04.]

— Über den Einfluß der Dispersion auf den Gangunterschied beim Interferenzspektroskop nach Lummer-Gehrcke. Braunschweig 1908: Vieweg. S. 734-740. 8°
Aus: Verhandlungen der Deutschen Physikalischen Gesellschaft. 10. 1908.
29. 302.
9.9912

Baeyer, O v.: Üb. d. Energieverteilg d. v. d. Quarzquecksilberlampe ausgesandten langwell. Strahlung. — Üb. e. äusserst langwell. Strahlg d. Quecksilberdampfs, s: Rubens, H.

Baeyer, O. v: Über die Struktur feinster Spektrallinien. Braunschweig 1907 (Mitteil. a. d. Physik.-Techn. Reichsanst.)

Baeyer, O v.: Üb. d. Trabanten d. Quecksilberlinien, s.: Gehrcke, E.

— Über den Zeemaneffekt in schwachen Magnetfeldern. Braunschweig 1908: Vieweg. S. 358-365. 8°
Aus: Verhandlungen der Deutschen Physikalischen Gesellschaft. 10. 1908.
29. 302.
9.9914

— Über den Zeemaneffekt in schwachen Magnetfeldern. Von O. v. Baeyer u. E. Gehrcke. — Leipzig: Barth (1909). S. 941-955. 8°
Aus: Annalen der Physik. F. 4, 29. 1909.
302.
9.9916

— Über den Zeemaneffekt in schwachen Magnetfeldern. Von O. v. Baeyer u. E. Gehrcke. — Braunschweig 1908: Vieweg. S. 424-428. 8°
Aus: Verhandlungen der Deutschen Physikalischen Gesellschaft. 10. 1908.
302.
9.9915

Bayerdörfer, Wolfgang Hieronymus

Bayerdörfer, Wolfg. Hier., († ... 1799.) d. angehende Katechet. Versuch e. prakt. Anweisung, d. kl. Katechismus Luthers nach neuern Katechismen einförm., leicht, faßl. u. nützl. durchzukatechisiren. 8. Nürnb. 799. Stein. 1 ₰ 4 ℛ

Bayerdoerfer, Wolfgang Hieronymus: Der Landprediger am Altar und Krankenbette, eine Sammlung kleiner geistlicher Reden. Th. [1.]2. — Bayreuth: Lübeck 1791-94. 8°
9 [=1]. 29 [=2].
13.10019

—— (2. Aufl.) Th. 1. Ebd. 1797. 412 S. 8°
9. 29. 42.
13.10020

— d. Landprediger am Altar u. Krankenbette, e. Sammlung kl. geistl. Reden 2c. 1r, 2r Thl. 8. Bayr. 797. (Grau.) 1 ₰ 16 ℛ 3r 4r Thl. fortgesetzt v. J. L. W. Scherer. (A. u. d. T.: Scherer, Stadt- u. Landprediger. 1r, 2r Thl.) 8. Ebd. 802, 4. (Grau). 1 ₰ 16 ℛ

* Bayerdörfer, W. H., der Landprediger am Altar u. Krankenbette, ist jetzt Verlag von der Dyk'schen Buchh. in Leipz.

Bayerdörffer, Adam Friedrich: Choral-Buch darinnen die Melodien aller in dem neuen Schwäbisch-Hällischen Gesangbuch enthaltenen, auch in andern benachbarten Evangelischen Kirchen zu gebrauchen beliebten Lieder zu finden, herausgegeben, und verlegt von Adam Friedrich Bayerdörffer, Organisten bey St. Michael.
(Schwäbisch Hall 1768), kl8°. – (32) 179 Sn.

Bayerdoerffer, Albert
— Der Kaffee-Terminhandel. Ein Beitrag zur Geschichte der neueren Entwickelung der Börsengeschäfte mit Waren. — (Jena [1891].) S. 641-684, 840-874. 8°
Aus: Jahrbücher für Nationalökonomie u. Statistik. F. 3,1. 1891.
205.
13.10022

— Das Lagerhaus- und Warrant-System. — Jena: G. Fischer 1878. 51 S. 8°
1: Stala 797. 6. 11. 16. 21. 29. 36. 205. 208. 302.
13.10023

Bayerdoerffer, Albert: Das Cheque-System. — Jena: G. Fischer 1881. 52 S. 8° 1: Stala 796. 5. 12: Merc. 17 m. 15. 16. 21. 25. 26. 27. 29. 38. 60. 106. 203. 205. 208. 302.
13.10021

— Schutzzoll und Freihandel, mit besonderer Bezugnahme auf die deutsche Eisenzoll-Frage. — Jena: Dufft 1877. 60 S. 8°
1: Gz 13607. 7. 8. 16. 21. 25. 26. 27. 29. 35. 38. 41. 60. 106. 203. 205. 206.
13.10024

—— Schutzzoll oder Freihandel mit besond. Bezugnahme auf die deutsche Eisenzoll-Frage. gr. 8. (III, 60 S.) · Jena 877, [Dufft.] Fischer. *

Bayerdörffer-Ritschl, d. Tarifreform im deut. Reich nach d. Gesetz vom 15. Juli 1879. Jena 880.

—— die Zölle auf Droguen, Glas, Leder, Papier und Materialwaaren, s. Jahrbücher für Nationalökonomie und Statistik.

BAYERER, Carl (München): Ueber Nachblutungen, bedingt durch Fremdkörper, mit Ausschluss der Schussverletzungen.- Prien: Gerlmayer 1898. 26 S.
19.7.1898 – Chr 1898/99,12; Jv 1898/99,211 Diss. Ingolst.-Landsh.-Mchn.

(Bayerer, Vincenz, k. k. Hauptm. im Lin.-Inft.-Reg. Nr. 21, in Dienstesverwendung beim k. k. Kriegs-Archiv.) Ueber die Begründung, Einrichtung und Verwaltung von Militär-Bibliotheken. (Aus: „Organ der militär-wissenschaftlichen Vereine", 9. Bd.) 8. Wien 1871.

(Bayerer.) Erinnerungen aus der Geschichte des k. und k. 21. Inft.-Reg. 2. Aufl. (In Tabellenform.) Fol. (Czaslau) 1890.

Bayerischer Wald [Schlagwort]

Bayerischer Wald. Glas, G., Karte d. Bayerischen Waldes. 1 : 125,000. Chromolith. qu. gr. Fol. Passau 889. Waldbauer. n. 1.—

— Waltenberger, A., Karte des Bayerischen u. des Böhmer-Waldes. Unter Mitwirkg. v. Eug. Waltenberger. Hrsg. vom Waldverein. 1 : 250,000. Kpfrst. u. color. qu. gr. Fol. München 888. (Literar.-artist. Anstalt.) n. 3. 50

Bayerischer-Wald-Fuehrer. — Bayerischer Wald-Führer. Nürnberg: Korn [1910]. XVI,74 S. 8° 29. 13.10026

Bayerisches Hochgebirge [Schlagwort], s. Oesterrich. Schulz, R.A.

Bayerisches Hochland [Schlagwort]

Bayerisches Hochland. Bernhard, C.: Touristenkarte v. Bayer. Hochland, Nordtirol u. Salzkammergut. 1:500,000. Chromol. Fol. Münch. 85. Keller. 1.–; auf Leinw. 1.50

– Michels, C., spez. Gebirgs-,Post-u. Eisenbahn-Reise-Karte v. Bayer. Hochlande, Salzburg, Nordtyrol, nebst Theilen d. angrenzend. Länder. 1:600,000. 5. Asg. Kpfrst. Fol. Münch. 83, J.A. Finsterlin, n. 1.80; col. n. 2.50; auf Leinw. in Cart. n. 3.60

Bayerl, Alois: Franz Xaver Gabelsbergers deutsche Redezeichen-Kunst (Stenographie). pg. 3-8. 4°. Mit einer Tafel. Biechele'sche Buchdr.
Progr. Amberg 1853/54.

Bayerl, Alois: Ueber Sparkassen, Zeit- und Leibrenten, Witwenpensionen, Aussteuer- und Lebensversicherungen. pg. 3-16. 4°. Hermann v. Train.
Progr. Amberg 1855/56.

Bayerl, Alois: Ueber die Wahl der Zimmerbeheizung. pg.3-6. 4°. Biechele'sche Buchdr.
Progr. Amberg 1848/49.

BAYERL, Bernhard (Ading): Ueber die Entstehung rother Blutkörperchen im Knorpel am Ossificationsrande.- München: Wolf 1884. 21 S.,Taf.,1 Bl.
4.2.1884 – Urk (Titel: De corpusculorum sanguinis ad marginem ossificationis origine.); Chr 1883/1884,15

Bayerl, Bruno

Bayerl, B.: Die Einnahme Pilsens durch Ernst Grafen von Mansfeld im J. 1618. 23 S. 8°.
Progr. Pilsen d. OG. 1873.

Bayerl, Bruno Zur Geschichte und Statistik des (Pilsner) Gymnasiums. 28 S. 8. Progr. Prsm. G. Pilsen 1876.

Bayerl, H. s. *Bayerl,* Johann.

Bayerl, Johann: Anleitung zum Vollzuge der Personal-Steuergesetze vom 19. Mai 1891. 2. Aufl. — München: Pohl 1891. 520 S. 8° 12: Bavar. 209 iw. 19. 75. 13.10029

— Anleitung zum Vollzuge der sogenannten Personal-Steuergesetze vom 9. Juni 1899. 3. Aufl. Bd 1.2 [nebst] Erg. Bdch. — München: Pohl 1899–1901. 8°
1. Einkommen- u. Kapitalrentensteuer. 1899.
2. Gewerbsteuer. 1899. Erg. Bdch. 1901.
12: Bavar. 209 iwb–1/3. 19. 29[** 1. Erg. Bdch.] 91[** Erg. Bdch.] 203[** Erg. Bdch.] 13.10030

— dasselbe. Ergänzungsbdchn. gr. 8. (64 S.) Ebd. 901. n. — 80

BAYERL, Joseph (Kallmünz): Ueber die Fracturen der Schädelknochen.- München: Weiss 1867. 17 S.
20.6.1857 – Urk (Titel: De fracturis ossium cranii.)
Diss. Ingolst.-Landsh.-Mchn.

Bayerl, Jos.: Die Transversalen des ebenen Dreiecks. 17 S.
Progr. Linz 1865.

BAYERL, Michael (Bozmühle): De effectibus physiologicis opii et belladonnae. (Titel nach der Urkunde)
29.7.1868 – Urk; F 72; Chr 1868/69,13 Diss. Ingolst.-Landsh.-Mchn.

Bayerl, Vinzenz: Der Dorfkomödiant und andere Novellen. — Wien: Amonesta 1900. 190 S. 8° 800: 406.504–B. 302. 13.10031

Bayerl, Vinc., der Dorfkomödiant u. andere Novellen. gr. 8. (V, 190 S.) Wien 900. [A. Amonesta.] Neue Literaturanstalt. n. 2.—; ernt. Br. 1. 50

Bayerl, Vincenz, der Dorfkomödiant u. andere Novellen. 2. [Titel-]Aufl. (III, 190 S.) gr. 8. Wien [900] 903. G. Szelinski. n. 1. 40

— fahrendes Volk. Erinnerungen aus meinem Wanderleben. 8. (82 S.) Dresden 899. E. Pierson. n. 1. 70

Bayerland, das. Illustrierte Wochenschrift f. bayer. Geschichte u. Landeskunde. Hrsg.: H. Leher. 1. u. 2. Jahrg. 1890. 1891. à 52 Nrn. (1½ B. m. Illustr.) 4. München, Oldenbourg. à Jahrg. n. 8. —

Bayerland, das. Illustr. Wochenschrift f. bayer. Geschichte u. Landeskunde. Hrsg. v. H. Leher. 3.—6. Jahrg. 1892—1895. (Oktbr. 1891—Septbr. 1895.) à 52 Nrn. (1½ Bog.) gr. 4. München, R. Oldenbourg. à Jahrg. n. 8.—; auch in 16 Hftn. à n. — 50 u. 1 Gratishft.

Bayerland, das. Ill. Wochenschr. f. bayer. Gesch. u. Landeskunde. Hrsg. v. H. Leher. 7.—9. Jahrg. 1896—1898. (Oktbr. 1895—Septbr. 1898.) à 52 Nrn. (à 12 S.) gr. 4. München, R. Oldenbourg. à Jahrg. n. 8. — auch i. 16 Hftn. à n. — 50 u. 1 Gratishft.

— ill. Wochenschrift f. Bayerns Land u. Volk. Hrsg. v. H. Leher. 10. Jahrg. 1899. (Oktbr. 1898—Septbr. 1899.) 52 Nrn. (à 12 S.) gr. 4. Ebd. n. 8. —; auch in 16 Hftn. à n — 50 u. 1 Gratishft.

Bayerland, das. Illustrierte Wochenschrift f. Bayerns Volk u. Land. Hrsg. v. H. Leher. 11.—14. Jahrg. 1900—1903. (Oktbr. 1899—Septbr. 1903.) à 52 Nrn. gr. 4. (11.—13. Jahrg. à VI, 620 S.) München, R. Oldenbourg. à Jahrg. n. 8. —; vierteljährlich n. 2. —; auch in 16 Hftn. à n. — 50 u. 1 Gratisheft.

Bayerland, das. Illustrierte Wochenschrift f. Bayerns Volk u. Land. Hrsg. v. H. Leher. 15.—18. Jahrg. 1904—1907. (Oktbr. 1903—Septbr. 1907.) à 52 Nr. (15.—17. Jhrg. à VI, 620 S.) 4. München, R. Oldenburg. à Jhrg. n. 8. —; geb. à n. 10. 50; auch in 16 Heften à n. — 50 u. 1 Gratisheft.

Bayerland, das. Illustrierte Wochenschrift f. Bayerns Volk u. Land. Hrsg. v. H. Leher. 19. u. 20. Jahrg. 1908 u. 1909. (Oktbr. 1907—Septbr. 1909.) à 52 Nrn. (à ca. 12 S.) 33×24 cm. München, R. Oldenbourg. à Jahrg. 8.—

— dasselbe, begründet v. Heinr. Leher. Hrsg. v. Jos. Weiß. 21. Jahrg. 1910. (Oktbr. 1909—Septbr. 1910.) 52 Nrn. (VIII, 624 S.) 33×24 cm. München, G. Müller. 8.—; geb. 10.50

Bayerland, Das. Illustr. Wochenschr. f. Bayerns Volk u. Land, begründet v. Heinr. Leher. Hrsg. u. Chefred.: Jos. Weiss. Red. f. Sport, Touristik, Verkehrswesen: Ludw. Oesterreich. 22. J. '11. (Okt. '10—Sept. '11.) 52 Nrn. (8, 956) 33×23,5 cm. Münch., Bayerland-Verl. viertelj. 2—; auch in 16 Heften zu —50 u. 1 Gratisheft. d

— Illustr. Wochenschr. f. Bayerns Vergangenh. u. Gegenwart. Mit e. Beil. „Bayer. Sport". Verantwortl. f. d. histor. Tl: Jos. Weiss, f. Sport, Touristik u. Verkehrswesen: Ludw. Oesterreich. 23. J. '12. (Okt. '11—Sept. '12.) 52 Nrn. (Nr 1: 20) 32×23 cm. Ebd. viertelj. 2.50; einz. Nrn —25; auch in 16 Heften zu —60 u. 1 Gratisheft. d

— Illustr. Wochenschr. f. Bayerns Land u. Volk. Begründet v. H Leher, hrsg. v. J Weiss in Verbindg m. M Doeberl, K Trautmann u. e. Kuratorium unter d. Vorsitze Sr k. Hoh. d. Prinzen Rupprecht v. Bayern. Verantwortl. f. d. landeskundl., militär. u. tagesgeschichtl. Tl: E Rock. 24. J. Okt. '12—Sept. '13. 52 Nrn. (Nr 1: 16 u. 8) 31×21,5 cm. Ebd. viertelj. 2.50; einz. Nrn —25; auch in 17 Heften zu —60 d

— Unser Bayerland. — (München: Gerber [um 1905].) 43 S. 8°
12: Bavar. 4313p. 17. 19. 29. 75. 304.
13.10032

Bayerle, Bernhard Gustav: Das christliche Alterthum oder die katholische Kirche in ihrem Kampfe mit den Verfolgungen und Irrlehren. — Berlin: Brigl & Lobeck 1861. X,980 S. 8°
Forts. s. *Bayerle:* Die Kirchen- u. Heiligengeschichte d. Mittelalters u. d. neuern Zeit. 1864.
1: Cc 981. 15. 300: • 7293. 303.
13.10034

Bayerle, B. G., das christliche Alterthum, oder: die katholische Kirche in ihrem Kampfe mit den Verfolgungen und Irrlehren. Ein vollständiges Leben der Heiligen des christlichen Alterthums, im Anschlusse an die Kirchengeschichte. (Eine Fortsetzung des Werkes: Die Erlösung der Welt.) Berlin 861. Brigl. (Moeser.) Lex.-8. (XXXII, 980 S. u. 15 lith. Taf. in Farbendruck.) 5 ₰ 7½ ngr.

— — Berlin: Moeser [1862]. X,980 S. 8° 61.
13.10035

Bayerle, Bernhard Gustav: Bilder aus der heiligen Geschichte und dem kirchlichen Leben. Ein Hausbuch zur Belehrung und Unterhaltung für katholische Christen. 1. Jahrg. (12 Hefte.) gr8°
(a ca. 3 Bgn.)– Wien, Martin 1864.
Prämie dazu: „Das Vaterunser" von C. Clasen. (Düsseldorfer Farbendruck.)

Bayerle, B. G., Bilder aus der heiligen Geschichte und dem kirchlichen Leben. Ein Hausbuch zur Belehrung und Unterhaltung für kathol. Christen. 14 Lfgn. gr. 8. (672 S. mit 5 Chromolithogr.) Düsseldorf 865,66, Spaarmann. à Lfg. 6 Ngr.

—— Bilder a. d. heil. Gesch. u. d. kirchl. Leben. 1—10. Lfg. 8. (480 m. 5 L.) Oberh. 65, Spaarmann. à —6

Bayerle, GB, Bilder a. d. heil. Gesch. u. d. kirchl. Leben. 11—14. Lfg. 8. (481—672) Oberh. 66, Spaarmann. à —6

Bayerle, G. (Hrsg.), s. Blätter, Katholische.

— Der Kölner Dom in seiner Bedeutung für die Erzdiöcese, für das christliche Deutschland und für die ganze christliche Welt. Predigt. — Düsseldorf: Roschütz 1846. 24 S. 8°
1: 8 in Ti 748. 38. 61.
13.10037

Bayerle, B. G., römisch-katholisches Epistel- und Evangelienbuch mit ausführlichen Erklärungen. Ein Hausbuch zur Belehrung und Erbauung für kathol. Christen aller Stände. 22 Hefte. gr. 4. (XXIII S. und 2000 Sp. mit 7 Chromolithogr.) Berlin 868,69, Moeser. à Heft 75 Pf.

Bayerle, B. G., die Erlösung der Welt. Ein vollständiges Leben Jesu, seiner heil. Mutter Maria und der übrigen Heiligen seiner Zeit. Nebst einer übersichtl. Darstellung der vorchristl. Zeit und ihrer Heiligen, sowie einem Anhang, enthaltend die letzten Schicksale des jüdischen Volkes. 24 Lfgn. Lex.-8. (VIII und 1138 S. mit 10 Chromolithogr. in 4. und Imp.-Fol. und lithogr. Titel.) Berlin 858. 59, [Brigl.] à Lfg. 7½ Ngr. Thlr.

—— d. Erlösg d. Welt. Lex.-8. (1138 m. 10 K.) Berl. 58. 59, Moeser. 6.—

Bayerle, B. G., Die Erlösung der Welt. Ein vollständiges Leben Jesu, seiner hl. Mutter Maria und der übrigen Heiligen seiner Zeit. Nebst einer übersichtlichen Darstellung der vorchristlichen Zeit und ihrer Heiligen, sowie einem Anhange, enthaltend die letzten Schicksale des jüdischen Volkes. Berlin, Brigl u. Lobeck, 1859, 4°, 1138 S.

— Die Erlösung der Welt. Ein vollständiges Leben Jesu, seiner heiligen Mutter Maria u. der übrigen Heiligen seiner Zeit. — Berlin: Brigl & Lobeck 1860. VI,1138 S. 8°
1: Bq 1424. 9. 61. 211. 203.
13.10039

— s.a. Fest-Bilder, katholische.

— Katholische Festbilder. — Düsseldorf: Arnz [1847]. Getr. Pag. 8°
1: Ds 1580. 30 [unvollst.] 61.
13.10040

— Festbilder der römisch-katholischen Kirche. Das Werk unserer Erlösung dargestellt in d. Festen d. Kirchenjahres. 5. Aufl. — Stuttgart: Barth 1884. 648 S. 4°
24. 52.
13.10041

— — 8. Aufl. Köln: Schafstein [1893]. 648 S. 4° 61.
13.10042

— — 8. Aufl. Köln: Rheinisches Verl. Inst. für kath. Literatur [1893]. 648 S. 4°
1: 4° Ds 1580⁸. 211.
13.10043

— — 9. Aufl. Köln: Schaffstein 1896. 648 S. 4° 38.
13.10044

— — 10. Aufl. Köln: Rheinisches Verl. Inst. für kath. Litteratur [um 1900]. 648 S. 4° 5.
13.10045

Bayerle, Bernhard Gustav

Bayerle, B. G. (Kaplan), Huß und das Konzil zu Konstanz; gelegenheitlich des Lessing'schen Bildes rc. A. 8. Düsseldorf 1842, Roschütz. ¼ Thlr. — 27 kr.

— Johann Huß und das Concilium zu Kostnitz, veranlaßt durch Lessings Bild. — Düsseldorf: Roschütz 1842. 55 S. 8°
1: Nt 4006. 11. 14. 21. 52. 61. 62. 302.
13.10048

—— üb. d. Inquisit. im Allg. u. d. span. Inquisit. insbes. 8. (51) Düsseld. 51, Deiters. n. —4

Bayerle, B. G., über die Inquisition im Allgemeinen u. die spanische Inquisition insbesondere. Ein Vortrag gehalten im Piusvereine zu Düsseldorf [nach dem Werke: „Der Cardinal Ximenes" v. Hefele.] gr. 8. (51 S.) Düsseldorf 851, Kampmann. n. 4 ngr.

— die kathol. Kirchen Düsseldorfs historisch dargestellt. Mit 1 Kpfr. gr. 8. Ebend. 1844, Roschütz. 1 Thlr. — 1 fl. 48 kr.

—— die kathol. Kirchen Düsseldorf's, von ihrer Entstehung bis auf d. neueste Zeit. Ein Beitr. z. Geschichte d. Stadt. Mit 1 Ans. der Lambertus-Pfarrkirche. gr. 8. (17 B.) Düsseldorf 841. [Leipzig, Fr. Fleischer.]

— Die katholischen Kirchen Düsseldorf's, von ihrer Entstehung bis auf die neueste Zeit. — Düsseldorf: Schreiner & Roschütz 1844. XII,257 S. 8°
1: Th 4088. 5. 6. 12: Bor. 21 v. 15. 38. 52. 61. 62. 64.
13.10050

Bayerle, G. (Hrsg.), s. Kirchenblatt, Rheinisches.

—— die Kirchen- und Heiligengeschichte des Mittelalters und der neuern Zeit, oder: die kathol. Kirche in ihrem Kampfe mit der weltl. Macht und mit der großen Glaubensspaltung. (Fortsetzung und Schluß des Werkes: Das christl. Alterthum.) 25 Lfgn. Lex.-8. (1186 S.) Berlin 862—67, Moeser. à Lfg. 7½ Ngr.

— Die Kirchen- und Heiligengeschichte des Mittelalters und der neuern Zeit, oder: Die katholische Kirche in ihrem Kampfe mit d. weltlichen Macht u. mit d. großen Glaubensspaltung. ⟨Forts. u. Schluß d. Werkes: Das christliche Alterthum.⟩ — Berlin: Moeser 1864. X,1186 S. 8°
1: Cc 3210. 11. 15. 19. 61. 211. 300: 30.778.
13.10051

— Das katholische Kirchenjahr in seinen Festen und heiligen Zeiten. Ein Hausbuch. — o.O. [1856]. VI,970 S. 8°
17.
13.10052

Bayerle, B. G., das katholische Kirchenjahr in seinen Festen und heiligen Zeiten. Ein Hausbuch zur Belehrung und Erbauung für kathol. Christen. (In 20 Lfgn.) 1. und 2. Lfg. Lex.-8. (VI und S. 1—90 mit 1 chromolith. Taf.) Berlin 856, Brigl und Lobeck. à Lfg. 7½ Ngr.

—— das katholische Kirchenjahr in seinen Festen und heiligen Zeiten. Ein Hausbuch zur Belehrung und Erbauung für kathol. Christen. 3—20. Lfg. Lex.-8. (S. 91—972 mit 9 chromolithogr. Taf. und lithogr. Titel.) Berlin 857. 58, [Lobeck.] à Lfg. 7½ Ngr.
1. und 2. Lfg. Ebendas. 1856. 15 Ngr.

— — Berlin: Brigl & Lobeck 1858. VI,970 S. 8°
1: Ds 1660. 11. 17. 214.
13.10053

—— dass. — (Wohlfeile Ausg.) Lex.-8. (972 S. mit chromolithogr. Titel.) Ebendas. 858.

Bayerle, B. G., das römische Meßbuch. Ein Andachtsbuch für katholische Christen. (Pracht-Ausg.) 2 Bde. Berlin 863. Brigl. (Moeser.) 8. (668 S.; XLVII, 367 S. m. Holzschn. im Text u. 9 lith. Taf. in Farbendr.) n. 8 ℛℳ 15 ngr.

— — (Volks-Ausg.) Ebend. 863. 8. (1. Bd. S. 385—668 u. 2. Bd. XLVII, 367 S. m. eingedr. Holzschn. u. 4 Chromolith.) 4 ℛℳ 7½ ngr.

—— das römische Meßbuch. Ein Andachtsbuch für kathol. Christen. (Pracht-Ausg.) 17 Lfgn. 8. Berlin 863,64, Brigl. [1. Bd. (668 S.) 2. Bd. (XLVII und 367 S. mit eingedr. Holzschn. und 4 Chromolithogr.) à Lfg. * 15 Ngr.] *

—— dass. — (Volks-Ausg.) 17 Lfgn. 8. Ebendas. 864. [1. Bd. (668 S.) 2. Bd. (XLVII und 367 S. mit eingedr. Holzschn. und 4 Chromolithogr.) à Lfg. 7½ Ngr.]

Obrazki Świąteczne Kościoła rzymsko-katolickiego. Dzieło naszego odkupienia przedstawione w uroczystościach roku kościelnego, z dodatkiem, obejmującym żywoty kilku wydatnych świętych przez Ks. Probosz. [G. B.] Bayerle ⟨Tłomacz. z niemieck.⟩ Wydanie 1. T. 1 2. *Kolonia u. R.: Schafstein [1897].* 2 Bde 4°
[Festbilder d. röm.-kath. Kirche. Das Werk unserer Erlösung.] [00. 1964 5

Obrazki Świąteczne Kościoła rzymsko-katolickiego [Festbilder d. röm.-kathol. Kirche] ... przez Ks. Proboszcza [B. G.] Bayerle. ⟨Tłom. z niemieckiego.⟩ Z liczn. ilustr. Wyd. 2. Kolonia: Schafstein & Sp. (1898). (XVI, 776 S.) 4° [07. 4733

Bayerle, G. s. *Bayerle*, Bernhard Gustav.

Bayerle, G.B. s. *Bayerle*, Bernhard Gustav.

Bayerlein, Eduard: Gesetzliche Erbfolge zwischen Eltern und Kindern nach Bayreuther Recht. — Bayreuth: Gießel in Comm. 1856. VII,100 S. 8°
6. 12: Bavar. 209 k. 18. 19. 20. 29. 30. 209. 304.
13.10055

— — Neue 2., umgearb. Aufl. München: Weihrauch 1890. V,66 S. 8°
12: Bavar. 209 ka. 14. 19. 29. 203. 208.
13.10056

— Das Verlassenschafts-Verfahren nach preußischem Landrecht mit Berücksichtigung der in Bayern geltenden besonderen Gesetze. — Bayreuth: Gießel in Comm. 1884. VI,42 S. 8° 1: Gr 20853. 12: Bavar. 209 kb. 19. 20. 29. 208.
13.10057

[F.C. Bayerlein. 150-jähriges Geschäftsjubiläum.]
–Bayreuth 1909.
2 Bl., 4°
Aus: Bayreuther Tagblatt

Bayern [Sachliches OW], s.a. Baiern

– s.a. Bayrn

Bayern. Eine konstitut. Flugschrift. Hrsg. v. J. M. Bresl. gr. 8. (1 B.) Passau 831. (Landshut, Manz.)

— Bayern. Ebd. [um 1910]. 31 S. 8°
8. 107.
13.10033

— Bayern und die neue Aera. 1865
s.a. *Sepp*, Johann Nepomuk.

Bayern u. die neue Aera. Zwölf Kapitel über die heutige Rechtshandhabung u. den socialen Krieg. München 865. Lentner. gr. 8. (122 S.) 12 ngr.

— Bayern und die Besitzveränderungsabgabe. Denkschrift zu dem Entwurf eines Besitzveränderungsabgabengesetzes. — (München 1909: Vereinigte Kunstanst.) 34 S. 4°
12: 4° Bavar. 198 w [2 Ex.] 19. 75.
13.10065

Bayern u. d. Bestimmung. d. Fried. v. Campo Formio, mit Tabell. gr. 4. Sulzb. Seidel.

Das durch die verderbliche Krieges-Flamme gantz betrübte, aber durch die güldene Friedens-Sonne wieder höchst-erfreute Bayern, bey dem am 19. April so glücklich getroffenen Vergleich zwischen Ih. Majestät der Königin von Ungarn, und Sr. Churfürstl. Durchl. von Bayern, abgefasset. — o.O. 1745. 2 Bl. 8°
18.
13.10066

Bayern, Die, im Feldzuge 1870/71. Eine Sammlg v. 40 Bildern a. Deutschlds gr. Zeit. (Von E Zimmer.) (In 5 Lfgn.) 1. Lfg. (8 Taf. m. 1 Bl. Text.) 32,5×43 cm. Augsbg, Gebr. Reichol ('12). 2.75 d

Bayern und die deutsche Frage. (Mit bes. Beziehung auf d. Broschüre: 'Bayern und das politische Programm des Fürsten v. Hohenlohe', München 1867.) — München: Franz 1867. 24 S. 8°
29. 33. 209.
13.10069

— — 2. Aufl. Ebd. 1867. 24 S. 8°
11. 12: Bavar. 4441 k [2 Ex.] 35. 38. 203.
13.10070

— nach d. Frieden v. Lüneville. 5 Hfte. gr. 8. Ebend. 803. 4. (à 8 gr.)

Bayern u. s. Gemeinden unter d. Einfluss d. Wandergn wahr. d. letzten 50 Jahre, s: Beiträge z. Statistik d. Kgr. Bayern.

Bayern, Generalsynode. Sulzbach 1824. 8.

Bayern, seine Geschichte und sein Beruf. München 864. Fleischmann. gr. 8. (25 S.) 9 ngr.

—— seine Geschichte und sein Beruf. Lex.-8. (25 S.) München 864, [Merhoff's Verlag.]

Bayern — Das Koenigreich — nach den besten Hulfsmitteln gezeichnet von C. F. Hammer. L. Beyer. sculps. 1: 400,000. 2 Bl.

Das Königreich Bayern. — München: Hübschmann 1813. 2 Taf. gr. 2°
300: 13.276.
13.10078

Bayern — Das Koenigreich — entworfen und gezeichnet von C. F. Weiland. Weimar im Verlage des Geographischen Instituts 1829. 1: 850,000. Beygedruckt ist: Die Umgegend von München. 1: 50,000 1 Bl.

Königreich Bayern. Statistische Mitteilungen. — München [1867]: Pössenbacher. 52 S. 8°
305.
13.10077

Das Königreich Bayern. Seine Denkwürdigkeiten u. Schönheiten mit Beiträgen von ... hrsg. von Herman v. Schmid. Bd 1.2. — München: Franz [1879–81]. 4°
1[= 1]: 4° Sf 2726–2. 12: 4° Bavar. 1637 y. 15. 16. 19. 20. 22. 30. 75. 91. 109. 209.
13.10079

Das Königreich Bayern. Seine Denkwürdigkeiten u. Schönheiten in Schilderungen von R. Gadermann [u.a.] Neue 4. Ausg. Bd 1. — Ebd. [1881]. Getr. Pag. 4°
1: 4° Sf 2726–1.
13.10080

—— Das Königreich, seine Denkwürdigkeiten und Schönheiten, mit Beiträgen von R. Gadermann, B. Gruber, Fr. Lampert, Heinr. Noë, C. v. Spruner u. A., und mit Bildern namhafter Künstler (in Stahlst.) hrsg. von Herm. v. Schmid. 3. Ausg. [Auszug]. gr. 4. (XLVIII, 499 S. mit 112 Stahlst.) München 885, Franz' Verlag. geb. *

Bayern, Königr. 10 (farb.) Karten zur Heimatskunde. 8. Abdr. 20 × 27 cm. M. Text. gr. 8. (3 S. m. 1 Bildn.) Leipzig 897. G. Lang. n. — 20

—— das Königreich, histor., statist., topogr. u. geograph. beschrieben v. vielen Gelehrten, u. hrsg. v. J. H. Jaeck. 1—6. Hft. Ober-Main-Kreis. 1. Bd. M. 1 Plane d. Stadt Bamberg. gr. 12. (30 B.) Augsburg 829, 30, Schlosser. 2 Thlr., hrbgf. Pr.

Das **Königreich** Bayern, historisch, statistisch, topographisch und geographisch beschrieben von vielen Gelehrten, u. hrsg. von Joachim Heinrich Jaeck. Bd 1. — Augsburg: Schlosser 1830. 607 S. 8°
1. Der Ober-Mainkreis im Königreich Bayern.
1: Sf 2636. 12: Bavar. 1315 d. 19. 22. 29.
13.10081

Bayern, d. Königreich, historisch, statistisch u. militärisch dargestellt in 2 Tabell. Fol. Münch. Lentner. 814. -

Bayern, das Königreich, sein Concordat vom $\frac{\text{5. Juni}}{\text{24. Octbr.}}$ 1887 und seine Constitution vom 26. Mai 1818, unbefangene historisch-polit. Studien zum Verständniß und zur Würdigung des Papstbriefes Leo's XIII. vom 22. Dezbr. 1887 an den bayr. Episkopat. gr. 8. (35 S.) Paderborn 888, F. Schöningh. *

Bayern, das Königreich, in seinen alterthüml., geschichtl., artistischen und malerischen Schönheiten, enthalt. in einer Reihe von Stahlstichen die interessant. Gegenden, Städte, Kirchen, Klöster, Burgen, Bäder und sonstige Baudenkmale, mit begleit. Texte von M. v. Ch...rg. 1e—4e Lfrg. Mit 3 Stahlst. Roy.-8. München 840. Franz. à Lfrg. 1/3 ℛ

Bayern, das Königreich, in seinen alterthümlichen, geschichtlichen, artistischen und malerischen Schönheiten, enthaltend in einer Reihe von Stahlstichen d. interessantesten Gegenden, Städte, Kirchen, Klöster, Burgen, Bäder und sonstige Baudenkmale, mit begleitendem Texte von M. v. Chr...rg. 5.—10. Hft. Mit 120 Stahlst. Lex.-8. München 840—46, Franz. à n. 1/3 ℛ

Bayern, das Königreich, in seinen alterthüml., geschichtl., artist. u. maler. Schönheiten, enthalt. in einer Reihe v. Stahlstichen die interessantesten Gegenden, Städte, Kirchen, Klöster, Burgen, Bäder u. sonstigen Baudenkmale, mit begleit. Texte v. M. v. Ch......rg. 41—54. Hft. Mit 42 Stahlst. Lex. 8. (3. B. S. 1—345.) München 847—52, Franz. à n. 1/3 ℛ (1—54.: n. 18 ℛ)

Bayern, das Königreich, in seinen alterthümlichen, geschichtlichen, artistischen und malerischen Schönheiten, enthaltend in einer Reihe von Stahlst. die interessantesten Gegenden, Städte, Kirchen, Klöster, Burgen, Bäder und sonstige Baudenkmale, mit begleitendem Texte. 55—60. (letztes) Heft. München 854—56, Franz. Lex.-8. (3. Bd.: 3 Bl., S. 345—490. u. 18 Stahlst.) Jedes Heft n. 10 ngr
1—3. Bd. complet jetzt nur n. 12 ℛ

Das **constitutionelle [konstitutionelle] Bayern.** Freimüthige Betrachtungen über unser öffentliches Leben ... Hrsg. von Eisenmann. — Würzburg 1831: Thein. 288 Sp. 4°
Erschien vom 5. Febr. bis 18. Juni 1831 an Stelle des "Bayerischen Volksblattes".
7. 12: 4° Bavar. 617 h.
13.10082

Bayern, Konstitutionelles – Würzburg : 1831-1848.
Vorh. u. d. T.: Volksblatt, Bayerisches.

Bayern, die, im Kriege. Ein Blick in die Geschichte. München 864. Lentner. gr. 8. (IV, 244 S.) 27 ngr

—— die, im deutschen Kriege von 1866. Nach mündl. und schriftl. Nachrichten für seine Freunde im Civil- und Militärstande erzählt von A. v. Z. 1.—13., verb. Aufl. 8. (16 S.) Augsburg 866, 67, v. Jenisch und Stage'sche Buchh.

Die Bayern im deutschen Kriege von 1866. 17. Aufl. Augsburg 1867. 16 S.

Die **Bayern** im deutsch-französischen **Kriege** 1870. Soldatenberichte. 5. Aufl. — Augsburg: Jenisch & Stege [1870]. 32 S. 8°
1: Kr. Samml. R 97.
13.10083

Bayern, die, im deutsch-französischen Kriege 1870. Soldatenberichte vom Rhein bis Paris. 7. Aufl. 8. (32 S.) Augsburg 871. v. Jenisch & Stage. — 20

und Pfalz, Gott erhalt's! gr. 8. (218 S.) Berlin 848, G. Reimer. 1 ℛ

Bayern, **Preußen** und Deutschland. Votum e. Süddeutschen. — Erlangen: Enke 1866. 20 S. 8°
1: 2 in Qo 3800–2. 7. 11. 12: Bavar. 209 n. 17. 19. 22. 29. 35. 41. 46. 47. 48. 106. 109.
13.10089

Bayern und das politische **Programm** des Fürsten v. Hohenlohe. — München: Lentner 1867. 28 S. 8°
1: Sf 1665. 7. 11. 21. 22. 75.
13.10090

—— 2. Aufl. Ebd. 1867. 28 S. 8° 209. 300: 102.601–B.
13.10091

—— 3. Aufl. Ebd. 1867. 28 S. 8° 29. 203.
13.10092

—— 4. Aufl. Ebd. 1867. 28 S. 8° 12: Bavar. 4097–1. 19. 123.
13.10093

— am Schlusse d. J. 1804. Ein Taschenb. für 1805. kl. 8. Straubing. Heigl u. Comp.

Bayern am Schluß des Jahres 1821. 8. Regensburg ... (Kollmann in Augsburg.) 1/2 ℛ

Bayern – **unser Panier!** Ein vaterländisches Buch. Hrsg. von Karl Zettel. — Regensburg: Wunderling 1895. 288 S. 4°
12: 4° Bavar. 2106 [2 Ex.] 19. 107. 209.
13.10097

Bayern und die **Wertzuwachssteuer.** Denkschrift zu den im Juli 1908 vom kgl. Finanzministerium dem Landtage vorgelegten Gesetzentwürfen zur Reform der direkten Steuern in Bayern. — (München 1909: Vereinigte Kunstanst.) 43 S. 4°
12: 4° Bavar. 198 wd. 19. 75. 203.
13.10100

Bayern unter den Wittelsbachern. Kurz und faßlich zusammengestellt für die Volksschulen. 12. (29 S.) Landshut 881 Engelländer. *

Bayern, Württemberg und Baden, unter der Leitung der Kgl. bayerischen u. Frstl. Thurn- u. Taxisschen Central-Post-Stellen bearb. München, F. Loehle, 1838. Kupf. kol.

Bayern, Württemberg und Baden nebst beträchtlichen Theilen der angrenzenden Staaten. München 1838. 1 Bl. c. K. H

Bayern und der **Zollverein.** Aus d. Verhandlungen d. Kammer d. Abgeordneten vom 21., 22. u. 23. Okt. 1867. Hrsg. von d. Ausschusse d. Fortschrittspartei in Bayern. — Erlangen 1867: Jacob. 74 S. 8°
12: Bavar. 209 p. 19. 22. 29. 31. 38. 106.
13.10101

Bayern [Schlagwort]

– s.a. Alpen.

– s.a. Alpen. Michel, Chr.

– s.a. Bavaria

– s.a. Bavière

– s.a. Bayerischer Wald.

– s.a. Deutschland. Karte d. Deutschen Reiches. Abthlg.: Königr. Bayern.

– s.a. Eisenbahnkarten.

– s.a. Generalkarten. Flemming.

– s.a. Geognostische Karten.

– s.a. Geognost. Karten. Gümbel.

– s.a. Geognostische Karten. Karte.

– s.a. Geologische Karten. Gümbel.

– s.a. Geschichtskarten.

– s.a. Hand-u. Reisekarten. 20.

– s.a. Heimatskärtchen. 42 – 49.

– s.a. Heimatskarten.

– s.a. Ober-Oesterreich.

– s.a. Radfahrer-Karten.

– s.a. Radfahrerkarten. Junghans. Karte.

– s.a. Radfahrerkarten. Mittelbach. Universal-Automobilkarte.

– s.a. Rheinpfalz.

– s.a. Schade, Th.

– s.a. Schulwandkarten.

– s.a. Tirol.

– s.a. Verkehrskarten, Muth.

Bayern. Algermissen, J. L., Hand-Atlas f. die Heimatkunde v. Bayern. gr. 4. (10 chromolith. Karten.) Metz 888. Leipzig, Lang. n. — 60

Bayern. Apian's Karte v. Bayern. Ausg. Weinerus 1579. Abdr. der Orig.-Kpfrdr.-Platten vom topograph. Bureau des kgl. bayer. Generalstabes 1902. 23 Blatt à 38×48 cm. München (902). (Literar.-artist. Anstalt.) In Mappe n.n. 20. —

— Arendts, C., Spezial-Karte d. Königr. Bayern in seiner neuen Gerichts- u. Verwaltungs-Eintheilung. 1 : 400,000. 4 Blatt. 2. Aufl. 1888, bearb. v. J. L. Algermissen. Chromolith. gr. Fol. Metz 888. Leipzig, Lang. n. 4. —; auf Leinw. in Etui od. m. Stäben. n. 10. —

— Arendts, C., Specialkarte des Königr. Bayern in seiner Civil- u. Militär-Verwaltungs-Eintheilung vom 1. IV. 1901. 3. Aufl., bearb. v. Gust. Müller. 1 : 400,000. 4 Blatt à 47×47 cm. Farbdr. Leipzig 901. G. Lang. n. 5. —; auf Leinw. in Mappe od. m. Stäben n. 10. —

Bayern. Atlas vom Königr. Bayern. 10 (farb.) Karten zur Heimatskunde (in qu. gr. 4.) u. Text. 4. Abdr. gr. 8. (3 S. m. 1 Bildnis.) Leipzig 898. G. Lang. n. — 20

Bayern — Topographischer Atlas des Koenigreichs — diesseits des Rheins, herausgegeben von dem Koenigl. Generalquartiermeister-Stabe in 100 Blättern, mit einer Uebersichts Karte, einem Bergmaasstabe, einem Dreyecksnetze u. 100 Repertorien hist. stat. Inhalts. München im topographischen Bureau, 1 : 50,000. 100 Bl. Im Erscheinen. 60 Bl. vorläufig. um 1832.

Bayern — Topographischer Atlas des Königreichs — (diesseits und jenseits des Rheins), herausg. von dem Kgl. Generalquartiermeister-Stabe in 112 Sect., mit einer Uebersichtskarte, einem Bergmassstabe, einem Dreiecksnetze und 74 Repertorien hist.-stat. Inhalts. München im topographischen Bureau. 1812—67. (Vergl. I. Band). 115 Bl.

— — Neue Ausgabe (Neustich) in Halbblättern. Die Höhenangaben in Metern. Im Erscheinen seit 1870. 1. u. 2. Lief. 5 Sect. in 8 Bl.

— Atlas, topographischer, von Bayern, bearb. im topograph. Bureau d. kgl. bayer. Generalstabes. 112 Blatt. 1 : 50,000. [Begann Anfang dieses Jahrhdts. zu erscheinen, zeitweise werden revidirte Blätter ausgegeben.] gr. Fol. München, (Literar.-artist. Anstalt). Ausgabe in Kupferdruck pro ganzes Blatt n.n. 3. —; aufgez. n.n. 4. 20; pro halbes Blatt n.n. 1. 50; aufgez. n.n. 2. 10. — Ausgabe in Ueberdruck pro ganzes Blatt n.n. 1. 50; aufgez. n.n. 2. 70; pro halbes Blatt n.n. — 75; aufgez. n.n. 1. 35

In alphabet. Ordnung

1. Titelblatt. — 2. Uebersichtsblatt. — 35. Amberg. — 39. Ansbach. — 17. Aschaffenburg. — 92. Auerburg. — 69. Augsburg. — 21. Baireuth. — 20. Bamberg. — 94. Berchtesgaden. — 111. Bobenthal. — 24. Breitenbach. — 4. Brückenau. — 68. Burgau. — 6. Burggrab. — 79. Burghausen. — 42. Burglengenfeld. — 43. Cham. — 14. Culmbach. — 102. Cusel. — 70. Dachau. — 9. Dettingen. — 47. Dietfurt. — 60. Dillingen. — 45. Dinkelsbühl. — 101. Ebernburg. — 55. Eggmühl. — 59. Elchingen. — 71. Erding. — 51. Finsterau. — 3. Fladungen. — 28. Forchheim. — 107. Frankenthal. — 38. Ober-Gailnau. — 19. Gerolzhofen. — 11. Hammelburg. — 8. Hof. — 105. Homburg. — 74. Illertissen. — 88. Immenstadt. — 51. Ingolstadt. — 106. Kaiserslautern. — 18. Karlstadt. — 81. Kaufbeuern. — 89. Kempten. — 104. Kirchheimbolanden. — 5. Königshofen. — 44. Lam. — 64. Landau. — 76. Landsberg. — 63. Landshut. — 112. Langenkandel. — 103. Lauterecken. — 13. Lichtenfels. — 87. Lindau. — 100. Maedeler Gabel. — 23. Mähring. — 15. Markleuthen. — 80. Memmingen. — 25. Miltenberg. — 75. Mindelheim. — 97. Mittenwald. — 49. Mitterfels. — 72. Mühldorf. — 77. München. — 90. Murnau. — 53. Neuburg. — 41. Neumarkt. — 7. Nordhalben. — 52. Nördlingen. — 34. Nürnberg. — 38. Ober-Gailnau. — 57. Osterhofen. — 10. Partenstein. — 65. Passau. — 9. Pegnitz. — 62. Pfaffenhofen. — 36. Pfreimt. — 109. Pirmasens. — 48. Regensburg. — 93. Reichenhall. — 95. Rindalpenhorn. — 84. Rosenheim. — 32. Rothenburg. — 73. Rotthalmünster. — 86. Salzburghofen. — 99. St. Bartholomä. — 98. Scharfreiter. — 27. Scheinfeld. — 37. Schönsee. — 40. Schwabach. — 12. Schweinfurt. — 96. Sonthofen. — 110. Speyer. — 16. Stockstadt. — 56. Straubing. — 22. Tirschenreuth. — 91. Tölz. — 85. Traunstein. — 31. Waldhaus. — 78. Wasserburg. — 66. Wegscheid. — 30. Weiden. — 82. Weilheim. — 46. Weissenburg. — 67. Weissenhorn. — 33. Windsheim. — 61. Wittelsbach. — 83. Wolfratshausen. — 58. Wolfstein. — 26. Würzburg. — 108. Zweybrücken. — 50. Zwisel.

Bayern. Atlas, topographischer, d. Königr. Bayern. 1 : 50,000. Blatt 65 Ost u. West, 73 West, 75 Ost, 79 Ost u. West, 85 Ost u. West, 87 Ost. à 53×43 cm. Kpfrdr. München 891—893. (Literarisch-artist. Anstalt.) à n.n. 1. 50; in lith. Ueberdr. à n.n. — 75

65. Passau, Ost u. West. — 73. Rotthalmünster, West. — 75. Mindelheim, Ost. — 79. Burghausen, Ost u. West. — 85. Traunstein, Ost u. West. — 87. Lindau, Ost.

— — topographischer, d. Königr. Bayern. 1 : 50,000. Bearb. in d. topograph. Bureau d. k. b. Generalstabes. Nr. 82. Ost u. West u. 93 West à 53×42,5 cm. Kpfrdr. München 895—898. (Literar.-artist. Anstalt.) à n.n. 1. 50; in lith. Ueberdr. à n.n. — 75

82. Weilheim, Ost u. West. — 93. Reichenhall, West.

— Atlas, topographischer, v. Bayern. 1 : 50,000. Bearb. in dem topograph. Bureau des k. b. General-Stabes. Blatt 93 Ost. Reichenhall, Ost. 53×43. Lith. Ueberdr. München (900). (Literarisch-artist. Anstalt.) n.n. — 75

Bayern. Atlas, topographischer, v. Bayern. 1 : 50,000. Bearb. in dem topograph. Bureau des k. b. General-Stabes. Blatt 89 (Ost u. West), 90 (Ost u. West) u. 97 (Ost u. West). à 53,5×43,5 cm. München (Literarisch-art. Anstalt.) n.n. 6. —
89. Kempten (Ost u. West). Neue Aufnahme. Lith. 904. à n.n. — 75
90. Murnau (Ost u. West). Neue Aufnahme. Lith. 902. 903. à n.n. — 75
97. Mittenwald (Ost u. West). Kpfdr. 904. à n.n. 1. 50

— — dasselbe. Uebersicht u. Zeichenerklärung. 1903. (1 Bl.) 53×48 cm. Lith. Ebd. n.n. — 75

Bayern. Atlas, topographischer, v. Bayern. Bearb. in dem topograph. Bureau des k. b. Generalstabes. 1 : 50,000. Blatt 88, 94 u. 99. 53×48 cm. Farbdruck. München, Th. Riedel. à nn 1. 50
88. Immenstadt (Ost) 909.
94. Berchtesgaden. (Neue Aufnahme.) 907.
99. St. Bartholomä. (Neue Aufnahme.) 909.

— Aventin's (Joh. Turmair) Karte v. Bayern MDXXIII. Im Auftrage der geograph. Gesellschaft in München zur Feier ihres 30jähr. Bestehens hrsg. u. erläutert v. Jos. Hartmann. Mit e. Vorwort v. Eug. Oberhummer. (Fksm.-Reproduktion.) 40×48 cm. Farbdr. Nebst Text. schmal gr. Fol. (IV, 8 S. m. Abbildgn. u. 1 Fksm.) München 899. (Th. Ackermann.) In Mappe n. 7. —

— Bamberg's, Karl, Heimatskarte des Königreichs Bayern. 1 : 1,000,000. Farbdr. 40×51 cm. Berlin 899. C. Chun. n. — 15

Bayern. Bamberg's, K., Schulwandkarte vom Königr. Bayern. 1 : 375,000. 12 Blatt. Farbendr. 42×37 cm. Berlin 891. Chun. 12. —; auf Leinw. in Mappe n. 16. 50; m. Stäben n. 18. —

— Bamberg, K., Schulwandkarte vom Königr. Bayern. 1 : 375,000. Physikalische Ausg. 3., rev. Aufl. 12 Blatt à 43,5 × 37 cm. Farbdr. Berlin 897. C. Chun. 12 —; auf Leinw. in Mappe n. 16. 50; m. Stäben n. 18. —

— — dasselbe. Polit. Ausg. 2. Aufl. 12 Blatt à 43,5 × 37 cm. Farbdr. Ebd. 898. 12. —; auf Leinw. in Mappe n. 16. 50; m. Stäben n. 18. —

— — Schulwandkarte v. Königr. Bayern. 1 : 375,000. (Physikalische Ausg.) 4. rev. Aufl. 12 Blatt à 43,5 × 37 cm. Farbdr. Ebd. 899. 12. —; auf Leinw. in Mappe n. 16. 50; m. Stäben n. 18. —

— Bamberg's, Karl, Schulwandkarte vom Königr. Bayern. Bearb. v. Frz. Bamberg. 8. rev. Aufl. (Physikalische Ausg.) 5 Blatt à 58×84 cm. Farbdruck. Berlin (907). C. Chun. 10. —; auf Leinw. m. Stäben 15. —; polit. Ausg. zu gleichen Preisen.

Bayern. Bernhard, C., Touristen-Karte vom bayerischen Hochland, Nordtirol u. Salzkammergut zwischen Bodensee u. Traunsee, München u. Innsbruck, nebst Brennerbahn. 1 : 500,000. 6. Aufl. Chromolith. qu. Fol. München 890. Keller. 1. —; auf Leinw. 1. 50

— Boos, F., Karte üb. d. Hopfen-Anbau im Königr. Bayern im J. 1896. Nach e. im k. statist. Bureau hergest. gröss. Karte m. amtl. Genehmigg. ausgeführt. 1 : 800,000. 47 × 50 cm. Farbdr. Nebst Beilage: Eisenbahnkarte. 22,5 × 21 cm. Lith. München 898. Piloty & Loehle. n. 1. —

— Brecher, A., Darstellung der geschichtl. Entwickelung d. Bayerischen Staatsgebietes. Chromolith. qu. gr. Fol. Berlin 890. D. Reimer. n. 1. —

— Brunn's, Osc., Specialkarte v. Oberbayern nördl. bis Aichach, m. d. angrenz. österr. Kronländern Nordtirol u. Salzburg. Unt. ganz besond. Berücksicht. d. orohydrogr. Verhältn. bearb. 1 : 250,000. 55 × 71 cm. Farbdr. München (Ohlmüllerstr. 1, I) 897. O. Brunn. n. 3. —

— Brunn's Strassen-Karte v. Südbayern u. Tirol m. den angrenzenden Ländern, südlich einschliessend die oberitalien. Seen, Mailand u. Venedig. Mit Kilometer-Entfernungsangaben. 1 : 800,000. 51,5×46,5 cm. Farbdr. München (908). O. Brunn. 1. 20

— — Touren-Karte z. Distanzen-Buch v. Oberbayern m. d. angrenz. österr. Kronländern Nordtirol u. Salzburg unt. Berücksicht. d. Strassen- u. Terrainverhältnisse. Für Radfahrer u. Touristen. 1 : 250,000. 55,5 × 71 cm. Farbdr. Ebd. 898. 1. 75

— Diemer, M. Zeno, Relifkarte vom Bayerischen Hochland. Hrsg. vom Verein zur Förderg. des Fremdenverkehrs in München u. im Bayer. Hochland (e. V.). 3 Blatt à 39×59 cm. Farbdr. Mit Text auf der Rückseite. München (908). Buchdruckerei u. Verlagsanstalt C. Gerber. In Leinw.-Futteral 1. —

— Eckert, Max, Heimatskarte vom Königr. Bayern. 1 : 1,000,000. 38,5×38,5 cm. Farbdr. Halle (902). H. Schroedel. n.n. — 15

— Fischer, Jos., Karte des Reg.-Bez. Niederbayern. Unter Beihilfe v. fachkund. Hand zusammengestellt u. f. den Schulgebr. eingerichtet. 2. Aufl. 1 : 400,000. 35×41 cm. Farbdr. Ausg. A m. weniger Orten. Landshut (904). F. P. Attenkofer. n. — 30; auf Pappe n. — 40; auf Leinw. n. — 50; Ausg. B m. sämtl. Schulorten zu gleichen Preisen.

— — dasselbe. Durchgeseh. von v. Gümbel. 1 : 100,000. 2. Aufl. 4 Blatt je 70×89 cm. Farbdr. Ebd. (905). Auf Leinw. m. Stäben n.n. 21. —

— Frauenfelder, Karl, Atlas zur bayerischen Geschichte in 34 (farb.) Blättern. (IV S. Text.) 4. Bamberg 903. C. C. Buchner's Verl. n. — 90; kart. n. 1. —

— Gaebler, Ed., Handkarten v. Königr. Bayern (polit. Uebersicht, histor. u. physikal. Karte). 4. (4 farb. Kartonseiten.) Leipzig 898. G. Lang — 15

Bayern. Gaebler, Eduard, Karte vom Königr. Bayern, für den Schulgebrauch bearb. u. gezeichnet. 1 : 300,000. 2. verb. Aufl. Physikalische u. polit. Ausg. Je 4 Blatt à 67×88,5 cm. Farbdr. Leipzig (902). G. Lang. à n. 10. —; auf Leinw. m. Stäben à n. 15. —

— Gaebler, Eduard, Karte vom Königr. Bayern, f. den Schulgebrauch bearb. u. gezeichnet. 1 : 300,000. Physikalische Ausg. 3. verb. Aufl. 4 Blatt à 66,5× 89 cm. Farbdr. Leipzig (909). G. Lang. 11. —; auf Leinw. m. Stäben 15. —; polit. Ausg., 4. verb. Aufl., zu gleichen Preisen.

— — Wandkarte v. Königr. Bayern. Für den Schulgebrauch bearb. u. gezeichnet. 1 : 300,000. Physikal. Ausg. 4 Blatt à 66 × 89 cm. Farbdr. Ebd. 898. n. 10. —; auf Leinw. in Mappe od. m. Stäben n. 15. —; polit. Ausg. zu gleichen Preisen.

Bayern. Gaebler, Eduard, Wandkarte des Königr. Bayern, f. den Schulgebrauch. 1 : 300,000. (Politische Ausg.) 3. verb. Aufl. 4 Blatt à 67×89 cm. Farbdr. Leipzig (905). G. Lang. n. 10. —; auf Leinw. in Mappe od. m. Stäben n. 15. —

— Götz, W., Handkarte zur Schulwandkarte v. Bayern u. Südwestdeutschland. Einteilung Bayerns nach seiner Bodenart. 31×40 cm. Lith. München (902). Mey & Widmayer. n. — 20

— — **Schulwandkarte** v. Bayern u. Südwestdeutschland. 1 : 850,000. 8 Blatt à 58×43,5 cm. Farbdr. Ebd. (902). n. 14. —; auf Leinw. m. Stäben n. 20. —

— Hammer's, C. F., Specialkarten der Kreise: Mittelfranken, Niederbayern, Oberbayern, Oberfranken, Oberpfalz u. Regensburg, Pfalz, Schwaben u. Neuburg, Unterfranken u. Aschaffenburg. Neue revid. Ausgaben mit den neuen Gerichtsgrenzen. Kpfrst. u. color. qu. gr. Fol. Regensburg 889. Coppenrath. à n. 1. 50

— **Handtke, F.,** General-Karte vom Königr. Bayern. 1 : 600,000. 3. Aufl. Farbendr. 72×63,5 cm. Glogau 892. C. Flemming. n. 1. —

— **Handtke, F.,** General-Karte vom Königr. Bayern. 1 : 600,000. 5. u. 6. Aufl. 72×63,5 cm. Farbendr. Glogau 895. C. Flemming. n. 1. —

— **Hirschmann, Leonh., u. Geo. Zahn,** Wandkarte v. Bayern, Württemberg, Baden u. Hessen. Zum Schulgebrauche entworfen. Neueste, verb. Aufl. 4 Blatt à 53,5×68,5 cm. Lith. u. kolor. Regensburg 894. J. G. Bössenecker. n. 3.50; auf Leinw. m. Stäben n. 9. —

Bayern. Hochland, s.: Bruckmann's Reiseführer

Bayern — Höhen-Karte des Königreichs — Herausg. vom K. b. statistischen Bureau zu München 1852. 1 Bl.

Bayern. Karte

— **Karte** des Königr. Bayern. 1 : 1,000,000. 40,5×88,5 cm. Farbdr. Braunschweig. (München, R. Oldenbourg.) nn — 15

— — v. Bayern f. den Dienstgebrauch bei den Justizbehörden. 1 : 500,000. 74,5×90 cm. München 910. Piloty & Loehle. 8. —

Bayern — Charte vom Koenigreiche — nach seinen dermaligen Bestandtheilen und der neuesten Eintheilung in IX. Kreise berichtigt im December 1810 entworfen von F. L. Güssefeld. Weimar im Verlage des Geogr. Instituts 1811 J. F. C. Ehnlich sculp. 1808. 1 : 1,100000. 1 Bl.

Bayern — Charte vom Koenigreiche — nach seiner neuesten Eintheilung vom Jahre 1810. Weimar im Verlage des Geograph. Instituts 1811. 1 : 1.400,000. 1 Bl.

Bayern — Charte vom Koenigreich — Nach den vorzüglichsten Hilfsmitteln neu gezeichnet und herausgegeben von Christoph Fembo. Nürnberg 1826. Gestochen von M. Hussendoerfer. 1 : 600,000. 1 Bl.

— **Karte** des Königr. Bayern nach Gemeinde-Bezirken. Hergestellt v. der k. b. Brandversicherungs-Kammer. 1 : 300,000. 5 (lith.) Blatt. gr. Fol. u. 4. München 892. (Literarisch-artist. Anstalt.) n.n. 10. —

Bayern — Geognostische Karte des Königreichs — Herausg. von der k. b. General-Bergwerks- und Salinen-Administration. Aufg. u. bearb. von C. W. Gümbel. 100,000. Gotha: J. Perthes. Im Erscheinen. Hievon bisher erschienen:

Erste Abtheilung. Das bayerische Alpengebirge mit einem Theil der südbayerischen Hochebene in 5 Blättern. Dazu 1 Bl. Ansichten der Gebirgsformen. München 1858. 6 Bl.

Zweite Abtheilung. Das ostbayerische Grenzgebirge oder das Bayerische und Oberpfälzer Waldgebirge in 5 Blättern. Dazu 1 Bl. Ansichten. München 1866. 6 Bl.

Text in d. W.: „Gümbel, Geognostische Beschreibung etc."

Bayern — Geognostische Karte des Königreichs — und der angrenzenden Länder, entw. von C. W. Gümbel. 500,000. Lit. art. Anstalt (Cotta). München 1858. 4 Bl.

— **Karte**, hypsometrische, d. Königr. Bayern, bearb. im topograph. Bureau d. k. b. Generalstabes. Nr. 1, 2, 4—7, 10, 16. Farbendr. qu. Fol. München 888—890. (Literar.-artist. Anstalt.) à n.n. 1. 50

— — hypsometrische, des Königr. Bayern. Bearb. im topograph. Bureau des k. b. Generalstabes. Bl. 8, 9 u. 12. à 31×49 cm. Farbendr. Ebd. 894. à n.n. 1.50

— **Karte**, hypsometrische, v. Bayern. Bearb. im topograph. Bureau des k. b. Generalstabes. 1 : 250,000. Blatt 11. München. 31×49 cm. Farbendr. München. 896. (Literar.-artist. Anstalt.) n.n. 1. 50

— **Karte**, hypsometrische, v. Bayern. Bearb. im topograph. Bureau des k. b. Generalstabes. 1 : 250,000. Blatt 13. Kempten. 33×49,5 cm. Farbdr. München 905. (Literar.-artist. Anstalt.) n.n. 1. 50

— — neueste, v. Oberbayern. [Aus: „Grieben's Reisebücher".] 1 : 800,000. 33×36,5 cm. Farbdr. Berlin (900). A. Goldschmidt. n. — 50

Bayern und der Obernpfalz — Karte der mineralischen Quellen des Herzogthums — München bey Lindauer u. Lentner 1805. 1 : 600,000 circa. 1 Bl. aus dem Werke „Versuch einer pragmatischen Geschichte der baierisch und oberpfälzischen Mineralwässer von J. B. Graf.

Bayern. Karte d. Deut. Reiches. Abth.: Königr. Bayern. 1:100,000. Hrsg. v. topograph. Bureau d. k. bayer. Generalstabes. Nr. 510-513. 556 u. 557. Kpfrst. u. col. Fol. Ebd. 83 - 85.
510. Schweinfurt. – 511. Hassfurt. – 512. Lichtenfels. – 513. Kulmbach. – 556. Kaiserslautern. – 557. Neustadt a. d. Haardt. a n.n. 1.50

Bayern — Statistische Karte vom Königreich — etc. Entw. von Aug. Volkert. München 1866. 600,000. 1. Bl.

Bayern — Charte von dem Nordwestlichen Theile des Königreichs — dem Grossherzogthume Würzburg, dem Furstenthume Aschaffenburg etc. oder der Mayn. Entworfen von F. H. Kreybich. Weimar im Geogr. Institut. 1807. 1 : 550,000. 1 Bl.

— **Karte**, topographische, v. Bayern. Bearb. im k. bayer. topograph. Bureau. 1 : 25,000. Blatt 22. Brückenau. 40×40 cm. Farbdr. München (902). (Literar.-artist. Anstalt.) n.n. 1. 05

— — topographische, v. Bayern. Bearb. im topograph. Bureau des k. b. Generalstabes. 1 : 25,000. Blatt 1—15, 18—20, 23—28, 36—38, 49, 58—64, 84, 85, 738, 762, 785, 786, 809—813 u. 837. à 40×50 cm. Farbdr. Ebd. (903—905). n.n. 43. 30

59. Alzenau. n.n. 1. 05. — 738. Aying. n.n. 1. 05. — 11. Bischofsheim v. d. Rhön. n.n. 1. 05. — 63. Burgsinn. n.n. 1. 05. — 38. Detter. n.n. 1. 05. — 36. Deutelbach. n.n. — 30. — 58. Emmerichshofen. n.n. — 35. — 4. Fladungen. n.n. 1. 05. — 23. Geroda. n.n. 1. 05. — 64. Gräfendorf. n.n. 1.05. — 3. Heidelstein. n.n. — 75. — 810. Heilbrunn. n.n. 1. 50. — 14. Hendungen. n.n. 1. 05. — 762. Holzkirchen. n.n. 1. 05. — 85. Hörstein. n.n. 1. 05. — 15. Irmelshausen. n.n. — 55. — 84. Kahl. n.n. — 50. — 837. Kochel. n.n. 1. 50. — 28. Königshofen i/G. n.n. 1. 05. — 7. Lauenstein. n.n. 1. 05. — 19. Lichtenberg. n.n. — 55. — 8. Ludwigsstadt. n.n. — 55. — 13. Mellrichstadt. n.n. 1. 05. — 37. Mittelsinn. n.n. 1. 05. — 49. Mitwitz. n.n. — 55. — 9. Motten. n.n. — 75. — 6. Mühlfeld. n.n. — 35. — 26. Neustadt an der Saale. n.n. 1. 05. — 18. Nordhalben. n.n. — 55. — 1. Oberfladungen. n.n. — 75. — 786. Oberwarngau. n.n. 1. 05. — 809. Penzberg. n.n. 1. 50. — 62. Rengersbrunn. n.n. — 30. — 27. Saal a. d. S. n.n. 1. 05. 813. Schliersee. n.n. 1. 50. — 24. Stangenroth. n.n. 1. 05. — 25. Steinach. n.n. 1. 05. — 5. Stockheim. n.n. 1. 05. — 812. Tegernsee. n.n. 1. 50. — 785. Tölz nord. n.n. 1. 05. — 811. Tölz süd. n.n. 1. 50. — 20. Töpen. n.n. — 55. — 2. Weimarschmieden. n.n. — 35. — 12. Weisbach. n.n. 1. 05. — 60. Western. n.n. 1. 05. — 61. Wiesen. n.n. — 55. — 10. Wildflecken. n.n. 1. 05.

54,5 cm. (909.) — 789. Neubeuern. 40×40 cm. 907. — 791. Niederaschau. 39,5×40 cm. 909. — 43. Ober-Lauringen. 40×40 cm. 908. — 42. Poppenlauer. 40×40 cm. 908. — 52. Presseck. 40×40 cm. 907. — 790. Rohrdorf. 46,5×54,5 cm. (909.) — 640. Röhrmoos. 39,5×40 cm. 909. — 765. Rosenheim. 46,5×54,5 cm. (909.) — 741. Rott a. Inn. 46,5×54,5 cm. (909.) — 39. Schönderling. 40×40 cm. 907. — 92. Schwebenried. 40×40 cm. 908. — 69. Stadtlauringen. 40×40 cm. 907. — 51. Wallenfels. 40×40 cm. 907. — 719. Wasserburg a. Inn. 39,5×40 cm. 909. — 763. Westerham. 39,5×40 cm. 909.

40 cm. 907. — 66. Euerdorf. 40×40 cm. 907. — 712. Gauting. 39,5×40 cm. 909. — 93. Geldersheim. 40×40 cm. 907. — 90. Gemünden. 40×40 cm. 907. — 42. Germersheim. 46,5×54,5 cm. (909.) — 739. Glonn. 46,5×54,5 cm. (909.) — 714. Grünwald. 46,5×54,5 cm. (909.) — 65. Hammelburg nord. 40×40 cm. 907. — 91. Hammelburg süd. 40×40 cm. 907. — 53. Helmbrechts. 40×40 cm. 907. — 70. Hofheim. 40×40 cm. 908. — 715. Hohenbrunn. 46,5×54,5 cm. (909.) — 839. Hohenburg. 40×40 cm. 907. — 838. Jachenau. 39,5×40 cm. 908. — 41. Kissingen. 40×40 cm. 907. — 840. Kreuth. 40×40 cm. 907. — 51. Leimersheim. 46,5×54,5 cm. (909.) — 68. Massbach. 40×40 cm. 908. — 787. Miesbach. 46,5×

— — topographische, v. Bayern. Bearb. im k. bayer. topograph. Bureau. 1 : 25,000. Bl. 39—44. 51—53. 65—70. 90—93. 640. 712—715. 717. 719. 739—741. 763—765. 787—791 u. 838—840. à 46,5×54,5 cm. München, (Th. Riedel). à Blatt nn 1. —
764. Aibling. 39,5×40 cm. 909. — 40. Aschach. 40×40 cm. 907. — 740. Assling. 39,5×40 cm. 909. — 788. Au b. Aibling. 39,5×40 cm. 909. — 713. Baierbrunn. 46,5×54,5 cm. (909.) — 67. Ebenhausen. 40×40 cm. 907. — 717. Ebersberg. 39,5×40 cm. 909. — 44. Essfeld. 40×

— — dasselbe. Bearb. in dem topograph. Bureau des k. b. Generalstabes. 1 : 50,000. Blatt 96 u. 98. Sonthofen (west) u. Scharfreiter. à 53,5×43 cm. Farbdr. Ebd. 907. à nn 1.50

— — der Verkehrsanstalten von Bayern, zugleich Strassen- u. Ortsentfernungskarte, unter amtl. Leitung bearb. u. ausgeführt v. Piloty & Löhle. Neue Bearb. von 1888. 1: 400,000. 4 Blatt. Fol. München, Piloty & Löhle. n. 7. — ; auf Leinw. m. Stäben n. 10. —; in Buchform n. 11. —

— — d. Verkehrsanstalten von Bayern (Württemberg u. Baden), zugleich Strassen- u. Ortentfernungskarte. Unt. amtl. Leitg. bearb. 1 : 1,333,333. 4 Blatt à 56,5 × 75,5 cm. Farbendr. München 895. Piloty & Loehle. n. 10. —; Aufzug auf Leinw. m. Stäben od. zum Zusammenlegen n.n. 3. 50

— — der Verkehrsanstalten v. Bayern zugleich Strassen- u. Ortentfernungskarte. Unter amtl. Leitg. bearb. u. ausgeführt. 1 : 333,333⅓. (3. Aufl.) 4 Blatt à 56×75,5 cm. Farbdr. München (899). Piloty & Loehle. n. 10. —; auf Leinw. n. 13. 50; m. Stäben n. 14. —

Bayern. Kirmaier, M.: Histor. Karte v. Bayern z. Uebersicht d. territorialen Entwickelg. v. 1180 bis jetzt. 1:1,000,000. Chromol. Fol. Münch. 83, Lit.-artist. Anst. n.n. 2.–

— Koch, W., u. C. Opitz, Verkehrskarte des Königr. Bayern. [Aus: „Eisenbahn- u. Verkehrs - Atlas v. Europa".] 1 : 600,000. 60×64 cm. Farbendr. Nebst alphabet. Orts-Verzeichniss. gr. 8. (27 S.) Leipzig-Neustadt 894. A. Solbrig. n. 2. —

— Koch, W., u. C. Opitz, Verkehrskarte v. Königr. Bayern. 1 : 600,000. 3. Aufl. [Aus: „K. u. O., Eisenbahn- u. Verkehrs-Atlas v. Europa".] 59,5 × 64 cm. Farbendr. M. alphabet. Verzeichniss, üb. 6000 Ortsnamen. gr. 8. (27 S.) Leipzig-Neustadt 895. Leipzig, J. J. Arnd. n. 2. —

Bayern. Kreiskarten von J. B. Pfeiffer. 334,000. Augsburg, 1870. (Mit verschiedenen Titeln.) 8 Bl.

— Kuhnert, M., Schulwandkarte v. Königr. Bayern (in Reliefmanier). 1 : 375,000. 4 Blatt. à 64×73,5 cm. Farbdr. Dresden 898. A. Müller, Fröbelhaus. n. 15. — ; auf Leinw. m. Stäben n. 20. —

— Kuhnert, M., Schulhandkarte vom Königr. Bayern (in Reliefmanier). 1 : 1,500,000. 32,5 × 37 cm. Farbdr. Dresden 899. A. Müller, Fröbelhaus. n.n. — 10; auf Pappe n. — 20

— Kuhnert, M., Schulhandkarte vom Königr. Bayern. 1 : 875,000. 26,5×34 cm. Farbdr. Dresden (905). A. Müller-Fröbelhaus. n.n. — 10; auf Pappe n.n. — 20

— Leuzinger, R., Reliefkarte v. Mittel- u. Südbayern, Nordtyrol, Salzburg, nebst den angrenzenden Gebieten. 1: 500,000. Physikalisch - geograph. Ausg. Chromolith. Imp.-Fol. Augsburg 887. Lampart's alpiner Verl. n. 5. —

— — Relief-Reise-Karte v. Mittel- u. Südbayern, Nordtyrol, Salzburg, nebst den angrenz. Gebieten. Durchgesehen v. Waltenberger. 1 : 500,000. Chromolith. qu. gr. Fol. Ebd. 889. n. 3. —

— Leuzinger, R., Relief-Reise-Karte v. Mittel- u. Südbayern, Nordtyrol, Salzburg, nebst den angrenzenden Gebieten. 1 : 500,000. Ausg. 1891. Farbendr. 50 × 72,5 cm. Augsburg, Lampart's alpiner Verl. n. 3. —

— Liebenow, W., neue Spezialkarte f. Reise, Bureau u. Verkehr des Reg.-Bez. Nieder-Bayern. Nach amtl. Karten neu bearb. v. Hans Ravenstein. 1 : 300,000. (Volks-Ausg.) 51×64,5 cm. Farbdr. Frankfurt a/M. (907). L. Ravenstein. 1. —

— — Neue Spezialkarte f. Reise, Bureau u. Verkehr des Reg.-Bez. Ober-Bayern. Mit Zugrundelegg. der Karte v. Mittel-Europa u. amtl. Karten neu bearb. v. Hans Ravenstein. (Volks-Ausg.) 1 : 300,000. 69,5×66 cm. Farbdr. Ebd. (907). 1. 20

— Loreck, C., u. A. Winter, Karte v. Bayern (r. d. Rh.). [Aus: „L. u. W., Atlas v. Süddeutschland".] 1 : 1,000,000. 42 × 37 cm. Farbdr. München 897. Piloty & Loehle. Auf Leinw. n.n. — 40

Bayern — Geographische Mauth-Charte von — Vorstellend alle zu Wasser und zu Land hergebrachte Mauth-Stationen und Accis-Aemter sammt denen dahin führenden Commercial- und Land-Strassen. Entworfen anno 1764. renovirt 1768. Joh. Franz Kohlbrenner etc. delin: Tobias Conrad Lotter sc. Aug. Vind. 1: 650,000. 1 Bl.

Bayern. Mayer, W.: Neueste Eisenbahnkarte d. Königr. Bayern m. Höhen-Uebersicht, Verzeichniss d. Eisenbahnrouten, Angabe d. Eröffnungszeiten u. d. Fahrpreise III. Classe. 1:1,000,000. Lith. u. col. Fol. Augsb. 84, Kranzfelder. n. 1,20

— Mayr, E., Touristen-Karte v. Südbayern u. Nordtirol. Mit besond. Berücksicht. der m. dem Besuche d. Oberammergauer Passions-Spieles u. der Königsschlösser zu verbind. Gebirgstouren. 1 : 600.000. Neue Ausg. Farbendr. 25×52 cm. München 892. K. Stücker. — 50

— Mittelbach's, R., neueste Specialkarte v. Bayern zum Hand- u. Kontorgebrauch. 1 : 300,000. 2 Blatt. Farbdr. Leipzig (909). Mittelbach. à 1. 25
1. Nördliche Hälfte m. Rheinpfalz. 68,5×120 cm.
2. Südliche Hälfte. 67,5×121 cm.

— Ohlenschlager, F., prähistorische Karte v. Bayern, im Anschluss an die v. der deutschen anthropolog. Gesellschaft vorbereitete Gesammtkarte Deutschlands bearb. 5 Lfgn. 32,5×50 cm. (à Lfg. 3 lith. Bl. m. Text ca. 24 S. in 4.) München 880—891. (Literar-artist. Anstalt.) à Lfg. n. 5. —

— Positionskarte vom Königr. Bayern. Bearb. im topograph. Bureau d. k. b. Generalstabes. 1: 25,000. Seither erschienen: Nr. 321—324, 339, 342—347, 363—371, 389—396, 414—420, 440—446, 467—473, 496—502, 524—532, 534—559, 563—580, 582—588, 593—608, 611—618, 622, 623, 625—646, 650, 653—670, 676—678, 680—696, 700—702, 708—718, 722—724, 730—733, 751, 775, 776, 778, 779, 802, 803, 822—826, 833, 851—853, 860, 861. Photolith. gr. Fol. München 876—890. (Literar.-artist. Anstalt.) à Blatt n.n. 1. 5; Blatt 701 n.n. 2. 25; Blätter 833 u. 861 à n.n. 1. 50

In alphabet. Ordnung:
345. Abenberg. — 570. Aham. — 575. Aidenbach. — 588. Aindling. — 585. Altenmünster. — 495. 496. Amerdingen. — 684. Ampfing. — 573. Arnsdorf. — 702. Aschheim. — 594. Attenkirchen. — 564. Au. — 540. Au, s.: Post-Au. — 853. Ob. Audorf. — 617. Augsburg. — 690. Babenhausen. — 722. Baierbrunn. — 668. Balzhausen. — 366. Bechhofen. — 802. Bergen. — 417. Berolzheim. — 557. Biberbach. — 605. Birnbach. — 497. Bissingen. — 824. Brunnenburg. — 666. Buch. — 656. Buchbach. — 716. Buchloe. — 584. Burgau. — 711. Burghausen. — 501. Burgheim. — 710. Burgkirchen. — 676. Dachau. — 618. Dasing. — 602. Diepoltskirchen. — 554. 555. Dillingen. — 541. Dingolfing. — 389. Dinkelsbühl. — 445. Dollnstein. — 499. Donauwörth. — 655. Dorfen. — 365. Dürrwangen. — 498. Ebermergen. — 628. Eberspoint. — 467. Ederheim. — 664. Eggelfing. — 631. Eggenfelden. — 530. Ehekirchen. — 607. Eholfing. — 663. Ehring. — 544. Eichendorf. — 446. Eichstätt. — 730. Emertsham. — 709. Engelsberg. — 653. Erding. — 343. Eschenbach. — 694. Ettringen. — 646. Eurasburg. — 712. Fellheim. — 364. Feuchtwangen. — 823. Fischbachau. — 623. Freising. — 414. Fremdingen. — 571. Frontenhausen. — 577. Fürstenzell. — 587. Gablingen. — 566. Gammelsdorf. — 601. Ganghofen. — 598. Geisenhausen. — 370. Georgsgmünd. — 545. Gergweis. — 600. Gerzen. — 643. Gessertshausen. — 392. Gnotzheim. — 644. Göggingen. — 580. Griesbach. (I.) — 606. Griesbach. (II.) — 723. Grünwald. — 553. Gundelfingen. — 583. Gunzburg. — 368. Gunzenhausen. — 574. Haidenburg. — 650. Haimhausen. — 751. Halfing. — 549. Hals. — 469. Harburg. — 548. Haselbach. — 363. Haundorf. — 645. Haunstetten. — 550. Hautzenberg. — 371. Heideck. — 416. Heidenheim. — 321. Heilsbronn. — 342. Herrieden. — 347. Hilpoldstein. — 526. Höchstädt. — 626. Hofstaring. — 724. Hohenbrunn. — 622. Hohenkammer. — 529. Holzheim. — 615. Horgau. — 680. Hörlkofen. — 612. Ichenhausen. — 613. Jettingen. — 689. Illereichen. — 665. Illertissen. — 808. Insel. — 687. Inzing. — 681. Isen. — 678. Ismaning. — 661. Jaibach. — 532. Karlshald. — 634. Köstlarn. — 597. Kronwinkel. — 667. Krumbach. — 543. Landau. — 717. Landsberg. — 568. Landshut. Ost. — 567. Landshut. West. — 595. Langenbach. — 695. Langeneringen. — 531. Langenmoosen. — 582. Leipheim. — 861. Lindau. Ost. — 860. Lindau. West. — 536. Mainburg. — 542. Mamming. — 687. Marktl. — 630. Massing. — 715. Mattsies. — 528. Mertingen. — 714. Mindelheim. — 539. Mirschkofen. — 470. Monheim. — 596. Moosburg. — 658. Mössling. — 468. Möttingen. — 685. Mühldorf. — 701. München. — 565. Nandlstadt. — 473. Nassenfels. — 502. Neuburg. (I.) — 640. Neuburg. (II.) — 419. Neudorf. — 629. Neumarkt. — 686. Neuötting. — 441. Nördlingen. Ost. — 440. Nördlingen. West. — 616. Oberhausen. — 535. Oberlauterbach. — 579. Obernzell. — 833. Ob. Reunag. — 779. Ob. Teissendorf. — 569. Ober-Viehbach. — 367. Ornbau. — 576. Ortenburg. — 443. Otting. — 415. Oettingen. — 593. Paanzhausen. — 444. Pappenheim. — 700. Pasing. — 578. Passau. — 692. Pfaffenhausen. — 611. Pfaffenhofen. — 604. Pfarrkirchen. — 537. Pfeffenhausen. — 546. Pleinting. — 636. Pocking. — 540. Post-Au. — 559. Pöttmes. — 776. Prien. — 718. Pürgen. — 500. Rain. — 833. Ob. Reunag. — 322. Rohr. — 346. Roth. — 635. Rotthalmünster. — 825. Sachrang. — 696. Scheuring. — 826. Schleching. 677. Schleissheim. — 822. Schliersee. — 339. Schnelldorf. — 603. Schönau. — 682. Schönbrunn. — 323. Schwabach. — 670. Schwabmünchen. — 638. Seibersdorf. — 572. Simbach. (I.) — 662. Simbach. (II.) — 713. Sontheim. — 369. Spalt. — 775. Stephanskirchen. — 471. Tagmersheim. — 660. Tann. — 527. Tapfheim. — 654. Taufkirchen. (I.) — 708. Taufkirchen. (II.) — 779. Ob. Teissendorf. — 396. Thalmässing. — 641. Thannhausen. — 558. Thierhaupten. — 420. Titting. — 733. Tittmoning. — 778. Traunstein. — 418. Treuchtlingen. — 633. Triftern. — 731. Trostberg. — 693. Tussenhausen. — 732. Tyrlaching. — 563. Uttenhofen. — 627. Velden. — 569. Ober-Viehbach. — 599. Vilsbiburg. — 547. Vilshofen. — 638. Vöhringen. — 608. Vornbach. — 669. Walkertshofen. — 625. Wartenberg. — 391. Wassertrüdingen. — 552. Wegscheid. Ost. — 551. Wegscheid. West. — 683. Weidenbach. — 538. Weihenstephan. — 390. Weiltingen. — 691. Weinried. — 394. Weissenburg. — 639. Weissenhorn. — 586. Welden. — 472. Wellheim. — 442. Wemding. — 324. Wendelstein. — 556. Wertingen. — 344. Windsbach. — 393. Windsfeld. — 659. Winhöring. — 525. Wittislingen. — 534. Wolnzach. — 395. Wülzburg. — 632. Wurmannsquick. — 657. Zangberg. — 852. Bayer. Zell. Ost. — 851. Bayer. Zell. West. — 642. Zimmetshausen. — 524. Zöschingen. — 614. Zusmarshausen.

— Positionskarte des Königr. Bayern. 1:25,000. Bearb. im topograph. Bureau des k. b. Generalstabes. Nr. 624, 674, 675, 679, 698, 699, 703, 725, 734, 742, 743, 753—757, 759, 766, 767, 777, 780, 781, 790, 791, 801, 805, 827, 850, 854, 855, 862. 38,5×38,5 cm. Photolith. u. Farbendr. München 891—894. (Literar-artist. Anstalt.) à n.n. 1. 5

624. Marzling. — 674. Nannhofen. — 675. Maisach. — 679. Schwaben. — 698. Bruck. — 699. Germering. — 703. Anzing. — 725. Zorneding. — 734. Buxheim. — 742. Diessen. — 743. Andecht. — 753. Altenmarkt. — 754. Traunwalchen. 755. Waging. — 756/57. Friedolfing u. Laufen. — 759. Grönenbach. — 766. Raisting. — 767. Tutzing. — 777. Frauen-Chiemsee. — 780. Teisendorf. — 781. Salzburghofen. — 790. Weilheim. — 791. Eberfing. — 801. Uebersee. — 805. Ulrichshögl. — 827. Unter-Wessen. — 850. Velopp. — 854/55. Blindau u. Winkelmoos-Alpe. — 862. Scheffau.

— — dasselbe. Nr. 804, 816, 817, 828—830, 843—845, 857, 872—876, 886, 890, 898, 899. Ebd. 891—894. à n.n. 1. 50

804. Högiworth. — 816. Uffing. — 817. Murnau. — 828. Dürnbach-Horn. — 829. Sonntags-Horn. — 830. Reichenhall. — 843. Unterammergau. — 844. Oberammergau. — 845. Eschenlohe. — 857. Reuter-Alp. — 872. Ettal. — 873. Wallgau. — 874. Walchensee. — 875. Riss. — 876. Dürrnberg. — 886. Schellkopf. — 890. Karwendelspitz. — 898/99. Dreithor-Spitz. Scharnitz. (Auf 1 Blatt.)

— — dasselbe. Nr. 856. Mellock. Ebd. 892. n.n. — 50

— — dasselbe. Nr. 806/7, 808 - 815, 834—842, 863—871, 881—885, 887, 893, 894, 895/6 u. 900, 901. à 38,5 × 38,5 cm. Photolith. u. Farbdr. Ebd. 896. 897. à n.n. 1.50

806/7. Engelits u. Dornweid. — 808. Wengen. — 809. Buchenberg. — 810. Kempten. — 811. Görisried. — 812. Sulzschneid. — 813. Lechbruck. — 814. Steingaden. — 815. Bayersoien. — 834. Weiler. — 835. Simmerberg. — 836. Weitnau. — 837. Nieder-Sonthofen. — 838. Wertach. — 839. Nesselwang. — 840. Seeg. — 841. Rosshaupten. — 842. Trauchgau. — 863. Staufen. — 864. Rindalpenhorn. — 865. Immenstadt. — 866. Hindelang. — 867. Röflcuten. 868. Steinach. — 869. Füssen. — 870. Hochplatte. — 871. Graswang. — 881. Hoherbäderich. — 882. Balderschwang. — 883. Fischen. — 884. Hinterstein. — 885. Schrecksee. — 887. Eibsee. — 893. Hoher Ifen. — 894. Oberstdorf. — 895/6. Höfats u. Hochvogel — 900. Biberkopf. — 901. Mädelegabel.

Bayern. Positionskarte d. Königr. Bayern. 1:25,000. Bearb. im topograph. Bureau d. k. b. Generalstabes. Nr. 676, 678, 700—702, 722—724, 740, 741, 744—746, 768—770, 786, 787 u. 789. à 38,5 × 38,5 cm. Photolith. u. Farbendr. München 896. 98. (Literar.-artist. Anstalt.) à n.n. 1. 05

676. Dachau. — 677. Schleissheim. — 678. Ismaning. — 700. Pasing. — 701. München. — 702. Aschheim. — 722. Baierbrunn. — 723. Grünwald. — 724. Hohenbrunn. — 740. Leeder. — 741. Thaining. — 744. Starnberg. — 745. Schäftlarn. — 746. Sauerlach. — 768. Münsing. — 769. Wolfratshausen. — 770. Dietramszell. — 786. Oberdorf. — 787. Bidingen. 789. Hohen-Peissenberg.

— Positionskarte des Königr. Bayern. 1:25,000. Bearb. im topograph. Bureau des k. b. Generalstabes. Nr. 792 u. 793. à 38,5×38,5 cm. Photolith. u. Farbdr München 899. (Literarisch-artist. Anstalt.) à n.n. 1. 05

792. Seeshaupt. — 793. Königsdorf.

— dasselbe. Nr. 832/859, 858, 878, 879 u. 880/891/892. à 38,5×38,5 cm. Photolith. u. Farbdr. Ebd. 899. à n.n. 1. 50

832/859. Schellenberg. — Hoher Göll. — 858. Berchtesgaden. — 878. Hochkalter. — 879. St. Bartholomä. — 880/891/892. Kahlers-Berg. — Teufels-Hörner. — Funtensee.

Bayern — Post-Karte des Königreichs — mit den Umgebungen angränzender Staaten 1831. 1: 800,000. 1 Bl.

Bayern — Postkarte von —, Würtemberg, Baden etc. Herausg. von Franz Löhle. München, Kunstanstalt Piloty u. Löhle. 500,000. Ausgaben von 1848, 1852 u. 1854. 1 Bl.

Bayern — Neue Post-Karte von — in welcher die Poststations-Oerter, Strassen und Weiten, nach den allerbesten Nachrichten entworfen und herausgegeben von Joh. Mich. Probst in Augsburg 1797. 1: 400,000. 1 Bl.

Bayern — Post- und Reisekarte von — und den angrenzenden Ländern, von Obernetter. 1,000,000. München. 1 Bl.

— Reliefkarte des Königr. Bayern. [Aus: „Woldermann's plast. Schulatlas"] 1 : 1,500,000. (Neue Aufl.) 30×35 cm. Farbdr. Leipzig (906). A. König. n. — 40; plastisch, auf Pappe n. — 80

— Schulwandkarte v. Südbayern. 1 : 250,000. 4 Blatt à 57×81 cm. Farbdr. München (902). M. Kellerer. n. 12. —; auf Leinw. m. Stäben n.n. 17. —

— Spezialkarte von Bayern. 85×84,5 cm. Farbdr. München (908). Bayer. Druckerei & Verlagsanstalt. 2.—; m. Leisten 2.10; auf Leinw. 3.—; m. Leisten 3. 10

Bayern — Specialkarte von dem Königreiche — diesseits des Rheins und den angrenzenden Ländern. 125,000. In 62 Bl. bearb. u. gez. von J. B. Pfeiffer. Nürnberg, seit 1868. Verlag von F. Korn. 21 Lieferungen. Im Erscheinen. 1.—7. Lief. 22 Bl.

Bayern.— Topographisch-militärische Special-Charte von dem Königreiche – und dem Fürstenthume Lichtenstein in 41 Blättern herausgegeben vom dem geographischen Instutute. Weimar 1815. 1:100,000. 41 Bl.

Bayern — Topographisch-Statistische Staats- und Kirchenkarte des Königreiches — zugleich Post- und Terrain-Uebersichtskarte von Süd-West-Deutschland. 400,000. Bearb. von J. Heyberger, Lieut. München. Auflagen v. 1858 u. 1867. 6 Bl.

Bayern — Strassen-Karte vom Königreich —. 500,000. Bearb. u. herausg. vom topogr. Bureau des K. Generalquartiermeister-Stabs. München. Auflagen von 1853 u. 1858. 2 Bl.

— Strassenkarte v. Südost-Bayern u. Nord-Tirol. Hrsg. vom deutschen Touring-Club München (e. V.). (Neue rev. Mitglieder-Ausg.) 1 : 250,000. 76,5×81 cm. Farbdr. München (901). (Literar.-artist. Anstalt.) n. 2. —

— Streich, Tr. Fr., Handkarte v. Königr. Bayern m. angrenzenden Ländern. Für d. Schulgebrauch bearb. 1 : 1,280,000. 30 × 39,5 cm. Farbendr. Esslingen 896. Stuttgart, A. Lung. n. — 25

– Surrer, M. Specialkarte v. Oberbayern, nach amtl. Material entworfen. 1:75,000. (6. Bl.) Bl. 2 u. 6. Photol. u. col. Fol.– München 1885, J.A.Finsterlin. a n. 1.– m. col. Grenzen a a n. 1.20

— Taschen-Atlas v. Bayern m. 8 farbigen Spezialkarten u. m. 15 Bildern charakteristischer Gebirge, Städte u. Landschaften. (5 Kartens. m. Text u. Abbildgn. auf der Rückseite.) 8. Leipzig (905). C. Ziegenhirt. Geb. in Leinw. n. — 50

Bayern — Uebersichtskarte vom Koenigreiche — Als Geographischer Conspect der bayrisch und oberpfaelzischen Chausseen herausgegeben 1805 vom damaligen Obersten des General Stabs und General Wasser- und Strassenbau Director A. v. Riedl. Nach dem gegenwärtigen Umfang des Königreichs ergänzt im Jahre 1830. München im Geographischen Depot. Gestochen von C. Schleich in München. 1: 900,000. 1 Bl.

Bayern — Uebersichtskarte des Königreiches — diesseits des Rheins in 15 Blättern. 250,000. Terrainkarte. Gefertigt im topographischen Bureau des K. Generalquartiermeister-Stabs in den Jahren 1849—53. 15 Bl.

— — etc. Ortskarte. etc. etc. 15 Bl.

Bayern. Uebersichtskarte, oro-hydrographische, d. Königr. Bayern [rechts d. Rheines]. 1 : 750,000. Hrsg. v. der k. obersten Baubehörde im Staatsministerium d. Innern. Chromolith. gr. Fol. (1 Bl. Text.) München 888. (Literarisch-artist. Anstalt.) n. 3. —

Bayern — Uebersichtskarten der Land- und Herrschaftsgerichte und Landcommissariate des Königreichs —, eingetheilt in Steuerdistricte für das Grundsteuer-Kataster. 100,000. Fortsetzung. 4 Bl.

Alzenau, Aschaffenburg, Obernburg, Rothenbuch — Landgerichte und Stadt Aschaffenburg —. 1846.

Eltmann — Landgericht —. 1847.

Hassfurt — „ —. 1847.

Klingenberg — Landgericht —, und Herrschaftsgerichte Amorbach, Kleinheubach, Miltenberg und Eschau —. 1846.

— des Königr., Verfassungsgesetze, s.: Stahel's Sammlung deutscher Reichsgesetze u. bayerischer Gesetze.

— Verkehrs-Karte vom Königr. Bayern. [Aus: „Dr. W. Koch u. C. Opitz, Eisenbahn- u. Verkehrs-Atlas v. Europa".] 1 : 600,000. 4. vollständig umgearb. Aufl. 62×68 cm. Farbdr. Nebst Ortsverzeichnis. gr. 8. (23 S.) Nürnberg (901). F. Korn. 2. —

— Waltenberger, A., Specialkarte des bayerischen Hochlands, v. Nordtirol, Salzburg u. den angrenzenden Gebieten. 1 : 300,000. Chromolith. qu. gr. Fol. Augsburg 888. Lampart's alpiner Verlag. n. 1. 20; auf Leinw. n. 2. —

— Waltenberger's, A., Special-Karte vom Bayerischen Hochland, Nordtirol, Salzburg u. den angrenzenden Gebieten. (Umschlag: 12. Aufl.) 1 : 300,000. 84,5×64 cm. Lith. Innsbruck (906). A. Edlinger. n. 1. —

Bayern — Casp. Gust. Wenng's Specialkarte von —. 200,000. München. Selbstverlag. Im Erscheinen. Bisher 7 Bl.

Bayern. Wenng, Gust., Special-Atlas vom Königr. Bayern, 1 : 150,000. Oberbayern: 13 Blatt. Farbendr. qu. Fol. München 890. (Augsburg, Votsch.) à — 60
Augsburg. Schrobenhausen. Landshut. Pfarrkirchen. Mindelheim. München. Wasserburg. Burghausen. Kaufbeuren. Weilheim. Rosenheim. Traunstein. Oberammergau — Partenkirchen. Garmisch.

— Wenng's, Ludw., Administrativ-Karte d. Königr. Bayern m. den Regierungsbezirken u. Bezirksämtern, den Oberlandesgerichts-, Landgerichts- u. Amtsgerichtsgrenzen u. den Sitzen dieser Behörden. 1 : 800,000. Nach amtl. Quellen bearb. Neue Ausg. 1890. Farbendr. qu. gr. Fol. Mit Text am Rande. Würzburg 890. Staudinger. n. 1. 20

— — Karte v. Oberbayern. [Aus: „Topograph. Generalkarte v. Südwestdeutschland".] 1 : 400,000. Chromolith. gr. Fol. Ebd. 887. n. 1. 20

— **Wenng's, Ludw.,** Karte v. Oberbayern. Sep.-Ausg. der topograph. Generalkarte v. Südwestdeutschland. 1 : 400,000. Neue Aufl. 41 × 48 cm. Farbdr. Würzburg 898. J. Staudinger's Verl. n. 1. 20

— — Kreiskarten von Bayern. Reduction der grossen Generalstabskarten. 1 : 200,000. 8 Blatt. Chromolithogr. gr. Fol. Ebd. 885—888. n. 17. 25

1. Mittelfranken. n. 2. —. — 2. Niederbayern. n. 2. 25. — 3. Oberbayern. n. 3. —. — 4. Oberfranken. n. 2. —. — 5. Oberpfalz u. Regensburg. n. 2. —. — 6. Rheinpfalz. n. 1. 50. — 7. Schwaben u. Neuburg. n. 2. 50. — 8. Unterfranken u. Aschaffenburg. n. 2. —.

— **Wenng's, Ludw.,** Spezialkarten v. Bayern. Reduktion der grossen Generalstabskarten. Angabe d. Kreis-, Landgerichts-, Bezirks-, Amts- und Amtsgerichts-Grenzen nebst den Sitzen dieser Behörden. Neueste u. genaueste Karte, enth. sämmtl. Orte, Einöden, Höfe, Strassen, Eisenbahnen, Wege u. Fusssteige. Neue Aufl. 1 : 200,000. 2.—8. Blatt. Farbdr. Würzburg, J. Staudinger's Verl. n. 14. 25

2. Kreis Niederbayern. 62 × 80 cm. (902.) 2. 25
3. Kreis Rheinpfalz. 43 × 49 cm. (900.) 1. 50
4. Kreis Oberpfalz. 64,5 × 68,5 cm. (906.) 2. —
5. Kreis Oberfranken. 54,5 × 78,5 cm. (902.) 2. —
6. Kreis Mittelfranken. 61,5 × 55,5 cm. (904.) 2. —
7. Kreis Unterfranken u. Aschaffenburg. 61,5 × 69 cm. (900.) 2. —
8. Kreis Schwaben & Neuburg. 2 Bl. 47 × 70,5 cm. (900). 2. 50

— **Wenng's, Ludw.,** Spezialkarten von Bayern. Reduktion der grossen Generalstabskarten. Angabe der Kreis-, Landgerichts-, Bezirks-, Amts- u. Amtsgerichts-Grenzen nebst den Sitzen dieser Behörden. Neueste u. genaueste Karte, enth. sämtl. Orte, Einöden, Höfe, Strassen, Eisenbahnen, Wege u. Fusssteige. Neue Aufl. 1 : 200,000. Farbdr. Würzburg, J. Staudinger's Verl. à 2.—; auf Leinw. à n 3. —

Kreis Mittelfranken. 62×56 cm. (908.)
Kreis Oberfranken. 54,5×79 cm. (909.)
Kreis Unterfranken u. Aschaffenburg. 62×69,5 cm. (909.)

— — neueste Verkehrs- u. Reisekarte d. Königr. Bayern, Württemberg, Baden u. Hessen m. e. Stadtplane v. München. 1 : 800,000. Ausg. Frühjahr 1887. Chromolith. u. color. qu. gr. Fol. Ebd. 887. n. 1. 20

— **Wenng's, Ludw.,** neueste Verkehrs- u. Reisekarte des Königr. Bayern, Württemberg, Baden u. Hessen, m. e. Stadtplane v. München. 1 : 800,000. (Neue Aufl.) 48 × 62 cm. Farbdr. Würzburg (902). J. Staudinger. n. 1. 20

Bayern. Wenz. G.: Schul-Wandkarte v. Südbayern. 2. Afl. d. Karte „Bayern südl. d. Donau". Im Auftrage d. Verwaltungsrathes d. oberbayer. Kreislehrmittelmagazins u. nach d. Angaben d. W. Rohmeder entworfen u. gezeichnet. 1:200,000. 9 Bl. Chromol. Fol. Münch. 1882. Kellerer. n. 10.– auf Leinw. in Mappe od. m. Stäben n. 14.–

– **Wolf, Karl,** histor. Schulkarte v. Bayern. 4 Blatt à 53,5 × 68 cm. Farbdr. Mit Begleittext: Die territoriale Entwickelung Bayerns. gr. 8. (31 u. III S.) Speyer 897. Jaeger. Auf Leinw. m. Stäben n. 25. —

Bayern [Verfasser]

Bayern, Friedrich

Bayern's, F., Untersuchungen üb. die ältesten Gräber- u. Schatzfunde in Kaukasien, s.a. Zeitschrift f. Ethnologie.

Bayern, Friedrich: Untersuchungen über die ältesten Gräber- und Schatzfunde in Kaukasien, hrsg. u. mit e. Vorw. versehen von Rud. Virchow. — Berlin: Asher 1885. VIII, 60 S., 16 Taf. 8° (Zeitschrift für Ethnologie. 17, Suppl.)
1: La 6080–17, Suppl. 2→8. 10. 11.
12: Anthr. 184 t–17, Suppl. 14→18. 20. 24. 25. 27. 29. 30. 31. 35. 46. 48. 79. 86. 88. 93. 107. 109. 123. 211. 300: 391.229–C. L. 17, Suppl. 302→305.
13.10102

Bayernbriefe, s. Beauel-Sternau, Karl Chrstn. Graf v.

Bayernbücher. 1. u. 2. Bd. 8. München, C. A. Seyfried & Co. Geb. in Leinw. à 1. 50

Bencker, Ludw., die Bayern im Kriege. 1800—1871. Kriegserlebnisse u. Kämpfe bayer. Soldaten. Für Volk u. Jugend ausgewählt u. zusammengestellt. Mit Bildern v. Jos. Taller. (240 S.) (Bd. 1.)
Hecher, Jos., Dietlinde Trozza. Erzählung aus Bayerns Urgeschichte. 2. Aufl. (II, 191 S. m. Titelbild.) (909.) (Bd. 2.)

Bayernkalender 1911. (Abreißkalender.) (128 Bl. m. Abbildgn.) Lex. 8. München, Buchdr. u. Verlagsanstalt C. Gerber. 1. —

Bayernkalender '13. (Abreisskaldr.) (122 Bl. m. Abb.) Lex8° Münch., Buchdr. u. Verl.-Anst. C Gerber. 1.50 d

Bayerns Beruf. I. gr. 8. (III und 52 S.) München 861, Lentner'sche Buchh.

Bayerns Chronik. 1r Thl. Isar-Kreis. 8. Passau 833. Pustet's Buchh. (Winkler.) 1 ₰

Bayern's Erhebung. 2. mit der Schilderung der März-Tage verm. Aufl. von: Anfang u. Ende der Lola Montez in Bayern, (von L. Merz.) gr. 8. (16 S.) München 848, Kaiser. 1 ngr.

—— errungene Freiheiten und der Ultramontanismus. 8. (30 S.) München 848, Kaiser.

— Gesetze und Gesetzbücher privatrechtlichen und strafrechtlichen Inhaltes. 8 Bde. (à 18—25 Bgn.) Bamberg 862. Buchner. 8. n. 8 ₰

— Anhang zum 7. Bd. 1. Liefg. Ebend. 870. 8. (VII, S. 1–80.) n. 10 ngr.

Bayern's Gesetze u. Gesetzbücher privatrechtlichen u. strafrechtlichen Inhalts. Anh. zum VII. Bd. [Handels- u. Wechselgesetzgebg.] 2—7. Lfg. 8. (VI u. S. 81—552.) Bamberg 871. Buchner. à n. 1. —

— dasselbe. Anhang zum 7. Bd. [Handels- u. Wechselgesetzgebg.] 2. Bd. 1—5. Lfg. 8. (S. 1—398.) Ebend. 874. à n. 1. —

Bayerns Gesetze und Gesetzbücher privatrechtlichen, strafrechtlichen, administrativen und finanziellen Inhalts. 7. Bd., enthaltend: Handels- und Wechselgesetzgebung. Anhang hiezu: Repertorium zum allgemeinen deutschen Handelsgesetzbuch [mit Ausschluß des Seerechts]. Hrs. von Ed. Grünewald. 8. Bd. [Mit ausführl. Sachregister.] 8. (V, 282 S.) Bamberg 881, Buchner'sche Buchh. *

Bayerns Gesetze u. Gesetzbücher privatrechtlichen u. strafrechtlichen Inhalts. 9. Bd. Bamberg 868. Buchner. 8. (VIII, 619 S.) n. 2 ₰ 22 ngr.

— — 9. Bd. 2. Abth. 1—4. Liefg. Ebend. 870. 8. (S. 1—324.) Jede Liefg. n. 10 ngr.

Bayerns Gesetze u. Gesetzbücher privatrechtlichen u. strafrechtlichen Inhalts. 9. Bd. 2. Abth. 5. Lfg. 8. (XVIII, 64 S.) Bamberg 871. Buchner. n. 1. —

—— dass. — 10. Bd. 8. (149 S.) Ebendas. 870.

— dasselbe. 11. Bd. 9 Lfgn. 8. (XII, 718 S.) Ebend. 871—73. à n. 1. —

— dasselbe. 12. Bd. 8 Lfgn. 8. (VIII, 629 S.) Ebend. 871—73. à n. 1. —

— dasselbe. 13. Bd. 1—6. Lfg. 8. (S. 1—466.) Ebend. 874—76. à n. 1. —

Bayern's Gesetze u. Gesetzbücher privatrechtlichen, strafrechtlichen, administrativen u. finanziellen Inhalts. 13. Bd. Die im Königr. Bayern gelt. Gesetze d. deutschen Reiches, sammt den hiezu ergangenen Vollzugsbestimmungen. 7—11. [Schluß-]Lfg. 8. (S. 467—845.) Bamberg 876. Buchner. à n. — 90

Bayerns Gesetze und Gesetzbücher privatrechtlichen, strafrechtlichen und administrativen Inhaltes. 14. Bd. 8 Lfgn. 8. (624 S.) Bamberg 876—79, Buchner'sche Buchh. à Lfg. * ℳ 1. *

—— dass. — 15. Bd. 1. Abthl. 7 Lfgn. 8. (515 S.) Ebendas. 877. à Lfg. * ℳ 1. *

—— dass. — 15. Bd. 2. Abthl. 10 Lfgn. 8. (736 S.) Ebendas. 878—79. à Lfg. * ℳ 1. *

—— dass. — 15. Bd. 3. Abthl. 1. Lfg. 8. (S. 1—80.) Ebendas. 879. *

— dasselbe. 16. Bd. 7 Lfgn. 8. (X, 485 S.) Ebend. 878—80. à n. 1. —

— dasselbe. 17. Bd. 8. (VIII, 479 S.) Ebend. 881. n. 6. —

— dasselbe. 18. Bd. 14 Lfgn. 8. (XVI, 1064 S.) Ebend. 881. 82. à n. 1. —

—— dass. — 19. Bd. 6 Lfgn. 8. (IX, 466 S.) Ebendas. 882,83. à Lfg. * ℳ 1. *

—— dass. — 20. Bd. 7 Lfgn. 8. (X, 549 S.) Ebendas. 884. à Lfg. * ℳ 1. *

— dasselbe. 21. Bd. 8 Lfgn. 8. (X, 806 S.) Ebend. 885. Subscr.-Pr. à n. 1. —

— dasselbe. 22. Bd. 9 Lfgn. 8. (X, 717 S.) Ebend. 886. Subscr.-Pr. à n. 1. —

Bayerns Gesetze u. Gesetzbücher privatrechtlichen, strafrechtlichen, administrativen u. finanziellen Inhaltes. 23. Bd. 10 Lfgn. 8. (XII, 768 S.) Bamberg 886. Buchner. à Lfg. n. 1. —

— dasselbe. 24. Bd. 8 Lfgn. 8. (XI, 611 S.) Ebd. 888. à Lfg. n. 1. —

— dasselbe. 25. Bd. 8 Lfgn. 8. (XV, 683 S.) 888. 889. à Lfg. n. 1. —

— dasselbe. 26. Bd. 1.—10. Lfg. 8. (912 S.) Ebd. 890. à n. 1. —

Bayerns Gesetze u. Gesetzbücher privatrechtlichen, strafrechtlichen, administrativen u. finanziellen Inhaltes. 26. Bd. 11.—14. (Schluß-)Lfg. 8. (X u. S. 913—1174.) Bamberg 890. C. C. Buchner's Verl. à Lfg. n. 1. —

— dasselbe. 27. Bd. Die im J. 1890 ergangenen im Königr. Bayern gelt. Reichs- u. Landesgesetze, Verordngn. u. wichtigsten Ministerial-Bekanntmachgn. 10 Lfgn. 8. (XIII, 811 S.) Ebd. 891. à Lfg. n. 1. —

— dasselbe. 28. Bd. Die im J. 1891 ergangenen im Königr. Bayern gelt. Reichs- u. Landesgesetze, Verordngn. u. wichtigsten Ministerial-Bekanntmachgn. 10 Lfgn. 8. (XII, 782 S.) Ebd. 891. 892. à Lfg. n. 1. —

— dasselbe. 29. Bd. Die im J. 1892 ergangenen im Königr. Bayern gelt. Reichs- u. Landesgesetze, Verordngn. u. wichtigsten Ministerial-Bekanntmachgn. 16 Lfgn. 8. (XVI, 1239 S.) Ebd. 892. 893. à Lfg. n. 1. —

— dasselbe. 30. Bd. Die im J. 1893 ergangenen im Königr. Bayern gelt. Reichs- u. Landesgesetze, Verordngn. u. wichtigsten Ministerial-Bekanntmachgn. Mit ministerieller Genehmigg. 5 Lfgn. 8. (XI, 391 S.) Ebd. 893. 894. à Lfg. n. 1. —

— dasselbe. 31. Bd. Die im J. 1894 ergangenen im Königr. Bayern gelt. Reichs- u. Landesgesetze, Verordngn. u. wichtigsten Ministerial-Bekanntmachgn. 1.—4. Lfg. 8. (320 S.) Ebd. 894. à Lfg. n. 1. —

Bayerns Gesetze u. Gesetzbücher privatrechtl., strafrechtl., administrativen u. finanz. Inhaltes. 31. Bd. D. i. J. 1894 ergang. i. Königr. Bayern gelt. Reichs- u. Landesgesetze, Verordgn. u. wichtigsten Ministerial-Bekanntmachgn. Mit minister. Genehmigg. 5.—9. (Schluß-)Lfg. 8. (XII u. S. 321—686.) Bamberg 895. C. C. Buchner. Verl. à n. 1. —

— dasselbe. 32. Bd. D. i. J. 1895 ergang. Gesetze 2c. 10 Lfgn. 8. (XIII, 818 S.) Ebd. 895—896. à n. 1. —

— dasselbe. 33. Bd. D. im J. 1896 ergang. Gesetze 2c. 8 Lfgn. 8. (XIV, 688 S.) Ebd. 896—898. n. 8. 80

Bayerns Gesetze u. Gesetzbücher privatrechtl., strafrechtl. administrativen u. finanz. Inhalts. 34. Bd. Bürgerl. Gesetzbuch f. d. Deutsche Reich v. 18. Aug. 1896, nebst Einführgs.-Ges. u. Registern. 7 Lfgn. 8. (LXXX, 489 S.) Bamberg 897—898. C. C. Buchner, Verl. n.n. 7. 30

— dasselbe. 35. Bd. D. i. J. 1897 ergang. Gesetze 2c. 1.—8. Lfg. 8. (S. 1—640.) Ebd. 898. à n. 1. —

Bayerns Gesetze u. Gesetzbücher privatrechtlichen, strafrechtlichen, administrativen u. finanziellen Inhaltes. 35. Bd. Die im J. 1897 ergangenen, im Königr. Bayern gelt. Reichs- u. Landesgesetze, Verordngn. u. wichtigsten Ministerial-Bekanntmachgn. Mit ministerieller Genehmigg. 9. u. 10. Lfg. 8. (XIII u. S. 641—821.) Bamberg 898. C. C. Buchner Verl. n. 2. 25; (35. Bd. kplt. n. 10. 25)

Bayerns Gesetze u. Gesetzbücher privatrechtlichen, strafrechtlichen, administrativen u. finanziellen Inhaltes. 36. Bd. Die im J. 1898 ergangenen Gesetze 2c. 8 Lfgn. 8. (XII, 660 S.) Ebd. 899. à n. 1. —

— dasselbe. 37. Bd. Ausführungs- u. Nebengesetze zum bürgerl. Gesetzbuche, nebst den hiezu ergangenen Gesetzen u. Verordngn. 16 Lfgn. 8. (X, 1249 S.) Ebd. 899. 900. à n. 1. —

— dasselbe. 38. Bd. Die im J. 1899 ergangenen Gesetze 2c. 16 Lfgn. 8. (XIV, 1284 S.) Ebd. 900. 901. à n. 1. —

— dasselbe. 39. Bd. Die im J. 1900 ergangenen Gesetze 2c. 20 Lfgn. 8. (XV, 1606 S.) Ebd. 901. à n. 1. —

— dasselbe. 40. Bd. Die im J. 1901 ergangenen Gesetze 2c. 14 Lfgn. 8. (XV, 1084 S.) Ebd. 902. à n. 1. —

— dasselbe. 41. Bd. Die im J. 1902 ergangenen Gesetze rc. 12 Lfgn. 8. (960 S.) Ebd. 902. à n. 1. —

Bayern's Gesetze u. Gesetzbücher privatrechtlichen, strafrechtlichen, administrativen u. finanziellen Inhaltes. 41. Bd. Die im J. 1902 ergangenen im Königr. Bayern gelt. Reichs- u. Landesgesetze, Verordngn. u. wichtigsten Ministerial-Bekanntmachgn. Mit ministerieller Genehmigung. 13.—17. Lfg. (XXII u. S. 961—1893.) 8. Bamberg 902. 903. C. C. Buchner's Verl. n. 5. 70 (41. Bd. kplt. n. 17. 70)

— dasselbe. 42. Bd. J. 1903. 14 Lfgn. (XVIII, 1181 S.) 8. Ebd. 903. 904. n. 14. 20

— dasselbe. 43. Bd. J. 1904. 16 Lfgn. (XXI, 1282 S.) 8. Ebd. 904. n. 16. 40

— dasselbe. 44. Bd. J. 1905. 18 Lfgn. (XX, 1449 S.) 8. Ebd. 905. 906. n. 18. 40

— dasselbe. 45. Bd. J. 1906. 1.—9. Lfg. (S. 1—720.) 8. Ebd. 906. à n. 1. —

Bayern's Gesetze u. Gesetzbücher (Deutsche Reichsgesetze) privatrechtlichen, strafrechtlichen, administrativen u. finanziellen Inhaltes. 45. Bd. Die im J. 1906 ergangenen, im Königr. Bayern gelt. Reichs- u. Landesgesetze, Verordngn. u. wichtigsten Ministerial-Bekanntmachgn. Mit ministerieller Genehmigg. 10.—16. (Schluß-) Lfg. (XVIII u. S. 721—1242.) 8. Bamberg 906. C. C. Buchner's Verl. à 1. —

— dasselbe. 46. Bd. J. 1907. 18 Lfgn. (XXII, 1477 S.) 8. Ebd. 907. 08. 18. 50

— — 1. Ergänzungs-Band. Ebend. 864. 8. (X, 551 S.) n. 2 ₰ 10 ngr.

— — Anhang zum 1. Ergänzungsbde. Ebend. 864. 8. (56 S.) n. 8 ngr.

— dass. — 2. Ergänz.-Bd. 8. (XII und 541 S.) Ebendas. 868. *

— dass. — 3. Ergänzungs-Bd. 9 Lfgn. 8. (XVI, 711 S.) Ebendas. 868. à Lfg. * ℳ 1.

— dass. — 4. und 5. Ergänzungs-Bd. à 10 Lfgn. 8. (X, 826; X, 821 S. mit 1 Tab. in Fol.) Ebendas. 869—72. à Lfg. * ℳ 1.; à Bd. * ℳ 10.

— dasselbe. 6. Ergänzungsbd. 11 Lfgn. 8. (864 S.) Ebend. 874—76. à n. 1. —

— dasselbe. 7. Ergänzungsbd. 1. Lfg. 8. (80 S.) Ebend. 876. n. — 90

— dasselbe. 7. Ergänzungsbd. 2—12. (Schluß-)Lfg. 8. (S. 81—964.) Ebend. 877—79. n. 10. 70; (cplt.: n. 11. 60)

— dasselbe. 8. Ergänzungsbd. 7 Lfgn. 8. (VI, 568 S.) Ebend. 879. 80. à n. 1. —

— dasselbe. Chronologische u. alphabet. Zusammenstellg. sämmtl. in den Bänden I—XII d. Hauptwerkes u. den Ergänzungsbdn. I—V aufgenommenen Gesetze, allerhöchsten Verordngn. u. Entschließgn. m. Ausscheidg. d. inzwischen außer Gültigkeit getretenen Materiales bearb. v. dem Mitarbeiter der Gesetzessammlung J. Herd. 8. (V, 181 S.) Ebend. 873. n. 2. 10

— dasselbe. Neues General-Register zu den Bdn. I—XVII d. Hauptwerkes u. den Ergänzungs-Bdn. I—VIII, zugleich Repertorium zu den bis Schluß 1880 in Bayern erlassenen, derzeit noch gilt. Gesetzen, Verordnungen u. Ministerial-Entschließungen, m. Ausführungen der seither hiezu ergangenen Aenderungen unter Ausscheidung der inzwischen aufgehobenen Bestimmungen, hrsg. v. dem Mitarbeiter der Gesetzes-Sammlung J. Herd. 8. (VII, 772 S.) Ebend. 881. n. 10. —

— dasselbe. General-Register zu Bd. 1—41. 1. u. 2. Lfg. 8. (160 S.) Ebd. 902. à n. 1. —

— dasselbe. General-Register f. die Bde. 1—42 des Hauptwerkes u. die Ergänzungsbde. 1—8 zugleich Repertorium zu den bis Schluß des J. 1903 erlassenen, in Bayern gilt. reichs- u. landesgesetzl. Bestimmgn., samt den seither hierzu ergangenen Aendergn., bearb. von Albin Wehrl. 3.—20. Lfg. (1. Tl. VIII u. S. 161—1601.) 8. Ebd. 902—904. à Lfg. n. 1. —

— dass. General-Reg. f. d. Bde 1—44 d. Hauptwerkes u. d. Ergänzgsbde 1—8 zugl. Repertorium zu d. bis Schluss d. J. '03 erlass., in Bayern gilt. reichs- u. landesgesetzl. Bestimmgn, samt d. seither hiezu ergang. Aendergn, bearb. v. A Wehrl. 1. Tl. 20 Lfgn. (1601) 8° Ebd.'02-'04. || Alphabet. Tl. 1—4. Lfg. (1—320)'05. Je 1 — d

— dasselbe. General-Register zu Bd. 1—44/5. Alphabetischer Tl. 1.—7. Lfg. (S. 1—560.) 8. Ebd. 905. 906. à Lfg. n. 1. —

— dasselbe. General-Register für die Bde. 1—46 des Hauptwerkes u. die Ergänzungsbände 1—8 zugleich Repertorium f. die bis Schluß des J. 1907 erlassenen, in Bayern gilt. reichs- u. landesgesetzl. Bestimmgn. samt den seither hiezu ergangenen Aendergn., bearb. v. Albin Wehrl. II. Tl. Alphabetisches Repertorium. 8.—16. (Schluß-)Lfg. (S. 561—1262.) 8. Ebd. 907—09. Erscheint nicht mehr. à 1. —

Bayerns

— natürliche Gränzen. München 867. Fritsch in Comm. gr. 8. (19 S.) n. 4 ngr.

Bayerns Heerzug nach Griechenland, contradictor. erörtert nach Grundsätzen d. Rechts u. d. Politik. Mit Urkunden. gr. 8. (4½ B.) Stuttgart 833, Brodhag. Vgl. Baiern.

Bayerns Landeseintheilung von 1799—1815 v. F. Pfeiffer. München. 6 Bl.

— Landtag. I. Tl. Das bayer. Landtagswahlgesetz vom 9. IV. 1906 m. den Vollzugsvorschriften hierzu. II. Tl. Der bayer. Landtag, seine Verfassg., sein Wirkungskreis u. Geschäftsgang m. Abdr. e. Teiles der Verfassungs- u. anderer Gesetze. Zum Gebrauche der Gemeindebehörden, der Wahlvorsteher, Wahlvorstandsmitglieder u. der Wahlberechtigten. (134 S.) 16. München 907. Buchdr. u. Verlagsanstalt C. Gerber. nn 1. 30

Bayern's Mundarten. Beiträge zur deutschen Sprach- u. Volkskunde. Hrsg. v. Osk. Brenner u. Aug. Hartmann. 1. Bd. 3 Hefte. gr. 8. (IV, 479 S.) Münch. 891,92, Kaiser. à Heft * 4 —; * 12 —

— dasselbe. 2. Bd. 1. u. 2. Hft. gr. 8. (S. 1—304.) Ebd. à Hft. n. 4. —

— Mundarten. Beitr. z. deutschen Sprach- u. Volkskunde. Hrsg. v. Osk. Brenner u. Aug. Hartmann. II. Bd. 3. Hft. gr. 8. (S. 305—464.) München 895. Ch. Kaiser. n. 4. —

— innere Reform unter König Maximilian II. München 862. Lentner. gr. 8. (103 S.) 14 ngr

Bayern's Volks- u. Staatswirtschaft währ. d. letzten 25 Jahre (1885—1910). Hrsg. v. k. b. statist. Landesamt. 2 Taf. 80×118,5 bezw. 80,5×119 cm. Münch., J Lindauer '12. 3 —; auf L 6 —; m. Metallst. 6.80

— permanente Civilliste, eine landständ. Verhandlung im Jahre 1834. gr. 12. München 835. Fleischmann. 2/3 ℞

Bayers, A. F.: Skizze über d. Strafgesetzbuches 2. Teil, s. Bayer, A. F.

Bayersdorfer, Adolf

Bayersdorfer, Ad., s.: Bildorschatz, klassischer.

— s.: Gesellschaft, kunsthistor., f. photogr. Publikationen.

— Ein elementarer Lyriker. Martin Greif. Aesthetische Betrachtungen. — Wien: Rosner 1872. 19 S. 8°
1: Au 6658/300. 11. 12: P. o. germ. 519phs. 19. 39. 117. 300: 110.558-C. 302.
13.10109

— Der Holbein-Streit. Geschichtliche Skizze der Madonnenfrage und kritische Begründung der auf dem Holbein-Congress in Dresden abgegebenen Erklärung der Kunstforscher. [Nebst] Taf. — München [usw.]: Bruckmann 1872. 8° [u.] 2°
12[*Taf.]: Art. 22bl. 28[*Taf.] 29. 79[*Taf.] 109. 302[*Taf.]
13.10110

Bayersdorfer, A: Heit. Jugendzeit, s.a. Eckstein's Miniaturbibliothek.

Bayersdorfer, A., heitere Jugendzeit. Humoristisches. 1.—3. Taus. 12. (125 S. m. Titolb.) [Berlin 896. R. Eckstein Nachf.] Leipzig, G. Müller-Mann. n. 1. —

— Zur Kenntnis des Schachproblems. Kritiken u. ausgewählte Aufgaben. Erl. u. ... hrsg. von J. Kohtz u. C. Kockelkorn. — Potsdam: Stein 1902. VI,272 S. 8°
1: O: 10561. 10. 11. 12: Gymn. 807 m [2 Ex.] 14. 15. 41.
13.10112

Bayersdorfer, Adolf: [Teils.] Leben und Schriften. Aus seinem Nachlaß hrsg. von Hans Mackowsky, August Pauly, Wilhelm Weigand. — München: Bruckmann 1902. IX, 508 S. 8° 1: Ak 4362. 2. 5. 6. 7. 11. 12: Art. 22 bmd. 14→17. 19. 20. 24. 25. 29. 30. 38. 39. 43. 53. 62. 90. 107. 109. 117. 300: 422.282-B. 302.
13.10107

— — 2. Aufl. Ebd. 1908. IX,508 S. 8°
3. 7. 8. 10. 20. 21. 31. 32. 89.
13.10108

— Ein elementarer Lyriker. 1872 s.a. Bayersdorfer: Martin Greif.

Bayersdorfer, Adph., ein elementarer Lyriker [Martin Greif]. Aesthetische Betrachtungen. gr. 8. (19 S.) Wien 872, Rosner. *

— Carl Rottmann. Biographische Skizze. — München [usw.]: Bruckmann [1871]. 12 S. 8° 12: Art. 22 bm. 30.
13.10113

Bayersdorfer, A. (Hrsg.), s. Skulpturen-Schatz, Klassischer.

Bayersdorfer, Adf., s.a. Zeichnungen alter Italiener in den Uffizien zu Florenz.

— Zeichnungen alter Italiener in den Uffizien zu Florenz. Mit illustr. Text. — München: Verlagsanst. für Kunst u. Wissenschaft 1895. 2 Bl., 20 Taf. 2° 12: 2° Art. 7 cs.
13.10115

Bayersdoerfer, Friedrich: Der badische Fleischbeschauer. 1904 s. Hafner, Franz.

BAYERSDÖRFER, Michael (Bellheim): Zur Aetiologie der Blepharitis.- München: Lehmann 1892. 16 S. 21.1.1892 - Chr 1891/92,26; Jv 1891/92,199 Diss. Ingolst.-Landsh.-Mchn.

Bayerthal, Alex [app. Arzt aus Giessen]: Aus d. geburtshifl.-gynäkolog. Klinik zu Giessen. Ueber Geburten derselben Frauen ... Giessen, C. v. Münchow, Univ.-Buch- u. Steindr., 1891; 51 S. 8.
Giessen, Med. Fak., Inaug.-Diss. v. 1891

Bayerthal, Julius

— Zur operativen Behandlung der Hirnsyphilis. — München [1904]. 9 S. 8°
Aus: Münchener medizinische Wochenschrift. 51. 1904. 123.
13.10122

Bayerthal, über die Entstehungsursachen u. Verhütung der Minderbegabung im schulpflichtigen Alter. (4 S.) gr. 8. Leipzig (909). B. Konegen. 1. —
Sonderabdruck aus „Kinderarzt".

Bayerthal, Jul.: Erblichk. u. Erziehg in ihrer individuellen Bedeutg, s: Grenzfragen d. Nerven- u. Seelenlebens.

— Heilung acuter Geistesstörung nach Exstirpation einer Hirngeschwulst. — München 1899. 7 S. 8°
Aus: Münchener medizinische Wochenschrift. 46. 1899. 123.
13.10124

— Zur Kenntniss der Meningocele spuria (Billroth-schen Krankheit) in neuropathischer Hinsicht. — Leipzig: Thieme 1898. 14 S. 8°
Aus: Deutsche medicinische Wochenschrift. 24. 1898.
17. 123.
13.10125

Bayerthal, J. [app. Arzt aus Worms]: Über die im frühesten Kindesalter entstehende Meningocele spuria traumatica. . . . (Aus: Beitr. z. klin. Chir. VII. Bd. II. H.) Tübingen, Verl. d. H. Laupp'schen Buchh., 1890; 2 Bl., 53 S., 1 Taf. 8°
Heidelberg, Med. Fak., Inaug.-Diss. v. 9. Mai 1890

Bayertz, Peter Franz: Ueber christliche Kindererziehung. Worte e. katholischen Pfarrers d. Erzdiözese Köln. Crefeld: Klein 1848. 59 S. 8° 5.
13.10127

— Geschichtliche Nachrichten über die Gemeinde und Pfarre Willich im Kreise Crefeld. — Crefeld: Gehrich in Comm. 1854. IV,160 S. 8° 1: Ti 6336. 5. 30. 38. 61.
13.10129

[—] Geschichtliche Nachrichten über die Pfarrgemeinde Willich im Kreise Crefeld. — Crefeld 1838: Schüller. 44 S. 8° 38. 52. 61.
13.10128

[—] Versetzbarkeit der Succursal-Pfarrer. — Berlin: G. Reimer 1849. 22 S. 8°
1: Theol. Flugschr. 1849-4. 5. 11. 38.
13.10130

[—] Ueber christliche Vorbereitung zum heiligen Ehestande. Worte e. katholischen Pfarrers d. Erzdiözese Köln. Crefeld: Klein 1858. 72 S. 8° 5.
13.10131

Bayerus s. Bayer.

Bayes, Thomas: [Essay towards solving a problem in the doctrine of chances, deutsch] Versuch zur Lösung eines Problems der Wahrscheinlichkeitsrechnung. Hrsg. von H.E.Timerding. — Leipzig:Engelmann 1908. 59 S. 8° (Ostwald's Klassiker d. exakten Wissenschaften. 169.)
1:Lf 23200-169. 2→6. 8→11. 12:Var. 354 t-169. 14→18. 20. 21. 24. 25. 27. 29. 30. 36. 38. 39. 44. 46. 53. 61. 62. 64. 79. 82→85. 88→91. 93. 169. 201. 202. 210. 302→305.
13.10132

Bayet, Chevalier de

— Aus dem Besitz des Chevalier de Bayet: Vier seidene Wandteppiche von Jan Leyniers, Brüssel, XVII. Jahrh. Szenen aus der Geschichte des Mosis. [Auktionskat.] — Berlin:Lepke [1910]. 4 Taf. 4° 30.
13.10134

Bayet, A: Das Radium. Seine therapeut. Wirkgn. Übertr. u. m. Zusätzen versehen v. Eduard Schiff. (105 m. Fig.) gr8° Wien, M Perles '12. 3.20

Bayeux-Tapete, die. Ein Leitfaden für Besucher des nationalhistor. Museums im Schlosse Frederiksborg. (Von Johs. C. H. R. Steenstrup. Deutsche Übersetzg.) (51 S.) 8. Kopenhagen 905. (Tillge.) n.n. — 80

Bayford, Thom., v. d. Wirkungen des Einspritzens in die Harnröhre ꝛc. a. d. Engl. 8. Altenb. (Academ. Handl. in Jena.) 777.

Bayford, Thom., von d. Wirkungen d. Einspritzens in d. Harnröhre ꝛc. A. d. Engl. 8. Altenb. 777. (Hennings in Neisse). 8 g.

Bayford, Thomas: Von den Wirkungen des Einspritzens in die Harnröhre nebst dem Gebrauch und Mißbrauch dieses Mittels. (The Effects of injection into the urethra, and the use and abuse of those remedies... Dt.) 118 S., gbd.

Altenburg: Richter 1777

Bayha, Friedrich: Stammbaum der Familie Bayha ... Amtlich beglaubigt nach den Kirchenbüchern in Untersielmingen, Plieningen, Echterdingen und Tübingen. — o. O. [um 1900]. 1 Bl. gr. 2°, gefaltet in 4° 24.
13.10195

Bayha, H., über Lupuscarcinom. Diss. Tübingen 1887. 8°. 25 S. mit 4 Taf.
Sonder-Abdruck aus: Beiträge zur klinischen Chirurgie, hrsg. von Paul Bruns III. Band 1. Heft. Tübingen, H. Lauppsche Buchh.

Bayha, Theodor: Unsere Volksschulfrage. Ein Wort zu ihrer Lösung. — Stuttgart:Lutz 1891. 30 S. 8°
24. 52. 106. 207.
13.10196

Bayki i Powieści przez Juliana Ursyna Niemcewicza. 8 Warschau. 817.

— i przypowieści Ignacego Krasickiego. 8. w Wrocławiu, W. B. Korn. 817

Baykoff, Militärschriftsteller, Generalmajor, geb. 1840. 1885 s.a. *Bajkov*, Lev Matvěevič.

Baykoff, Anwendung und Ausführung des Fußgefechts in der russischen Kavallerie. Auf Grund des „Reglements für die abgesessenen Theile der Kavallerie und der Kosaken" vom J. 1884 kritisirend bearb. Mit Genehmigung des Verf. übers. von Trost. gr. 8. (IV, 60 S.) Berlin 885, Bath.

Bayl, Ernst: Praktische Bemerkungen für den Betrieb der Frei- & Gewehrübungen sowie des Bajonetfechtens. (Verf.: Bayl u. Hamm.) — München 1874: Franz. 40 S. 8°
12:Bavar. 209 r.
13.10200

Bayl, Georg s. *Bayl*, Johann Georg.

Bayl, Johann Georg

— Beyträge zum Criminalrecht. Th. 1. — Bamberg [usw.]: Goebhardt 1813. VIII,244 S. 8°
2. 3. 7. 12:Crim. 11. 15. 16. 17. 19. 21. 22. 24.
13.10203

— — 2. Aufl. Th. 1. Bamberg:Wesché 1824. VIII,244 S. 8°
1:Fu 1339. 8. 28. 38. 48. 208.
13.10204

Bayl, (G.,) Beiträge zum Criminalrecht. 1r Thl. 2e Aufl. gr. 8. Bamberg 824. Wesché in Frankfurt.

Bayl, Johann Georg: [Teils.] Poetischer Nachlass. Nebst dessen angehängter Lebensskizze von F.J.Felsecker. — Bamberg:Dausnick 1835. XLVI,194 [vielm. 192] S. 8°
12:P.o.germ. 79s. 22.
13.10201

— — Nebst d. Skizze seines Lebens hrsg. von F.J.Felsecker. 2. Ausg. — Bamberg: Literarisch-artistisches Inst. 1837. XLVI,192 S. 8° 1:Yn 8222.
13.10202

Bayl, P. s. *Bayle*, Pierre.

Bayle, Prof. d. Medizin, Toulouse, 1622-1709. s. *Bayle*, François.

Bayle, Prof. d. Philosophie u. Geschichte, Rotterdam, 1647-1706. 1680 s. *Bayle*, Pierre.

Bayle's, Miss, romance, s.: Collection of British authors.

Bayle, ... s. Wahrheit in d. Geschichte.

Bayle, Antoine

— Anthologie provençale. Poésies choisies des troubadours du Xe au XVe siècle avec la trad. littéraire en regard ... Avec une notice sur l'auteur par J.-B. Sardou. — Aix: Makaire; Leipzig: Harrassowitz 1879. XV,III,282 S. 8° (Bibliothèque provençale.) 1:Xs 12958. 2. 3. 5.
12:P.o.gall. 252 b-8. 15. 20. 21. 24. 34. 303. 304.
13.10206

Bayle, François

— Institutiones physicae ad usum scholarum accomodatae. T.[1]-3. — Tolosae: Douladoure (3: Guillemette) 1700. 8°
2. 4. 7. 9. 14. 18. 27. 29. 30. 211. 302. 305.
13.10247

— — Ed. 2., recogn., & a mendis ... repurgata. T.1-3. Francofurti: Hermsdorf 1703. 4°
1:4° Mv 4487. 2. 10. 12:4° Phys. g. 11. 14. 16. 18. 19. 20. 24. 27. 36. 38. 66. 300:71 V 43. 303. 307. 308.
13.10246

Bayle, Louis s. *Bayly*, Lewis.

Bayle, Peter, Prof. d. Philosophie u. Geschichte, Rotterdam, 1647-1706. 1680 s. *Bayle*, Pierre.

Bayle, Pierre
Pseudonyme: Jean Fox de Bruggs u. Carus Larebonius

— — Dictionnaire historique et critique. 5. éd., rev., corr., et augm. Avec La vie de l'auteur par Mr. des Maizeaux. T.1-4. — Basle: Brandmuller 1738. 2°
1:2° A 7455. 2. 3. 8. 10. 19. 21. 24. 27. 30. 35. 48. 53. 107. 203. 209. 300:4397.
13.10291

— Dictionnaire, hist. et crit. 4 Vol. Fol. Basle. (Gleditsch. Leipz.) 738.

— Dictionnaire historique et critique. 6. éd., rev., corr., et augm. Avec La vie de l'auteur par Mr. des Maizeaux. T.1–4. — Basle: Brandmuller 1741. 2°
5. 9. 11. 12: 2° Biogr. C. 8. 14. 15. 17. 20. 21. 23→26. 30. 32. 34. 46. 53. 61. 66. 93. 180. 209. 211. 307.
13.10293

— Dictionnaire hist. et crit., augm. av. la vie de l'auteur. IV. Vol. Fol. Basle, Thurneysen. 742.

— le même, en extrait. II Vols. gr. 8. Berl. 765. Voss. 2 ℛ 12 𝒢 le même. II Vols. gr. 8. Leipz., (W. Nauck). 4 ℛ

Bayle, Pt., Dictionnaire, histoire et critique. Redigé par une Société. Tom. I—IV. gr. 8. Leipz. 801—4. (Schmidt). (à 3 ℛ) 12 ℛ Schrbp. (à 3 ℛ 12 𝒢). 14 𝒢

— — Nouvelle éd., rev. ... avec La vie de P. Bayle par M. des Maizeaux, un discours préliminaire des éditeurs et des additions et corrections ... par une société des gens de lettres. T.1–4. — Leipsic: P.P. Wolf (3,2 ff.: Bureau de la littérature nationale et étrangère) 1801–04. 8°
1,1.2. 2,1. 1801. 2,2. 3,1. 1802. 3,2. 4,1. 1803. 4,2. 1804.
8. 19. 24. 27. 32. 117. 308.
13.10294

Bayle, P., Dictionaire historique et critique. nouv. édit. en 16 Vol. augm. de notes. Vol. I. in 8. Paris, 820.

— Extrait du Dictionnaire etc. II. Vol. gr. 8. Leipz. Sommer.

— [Ausz.] Extrait du Dictionaire historique et critique de Bayle, avec une préf. [Bearb.: Friedrich II. König v. Preussen u. Jean Baptiste de Boyer Mis d'Argens; Hrsg.: Dieudonné Thiébault.] T.(1.)2. — Berlin: Voss 1765. 8°
1: A 7470. 2. 3. 5. 7. 10. 12: Biogr. C. 26 [2 Ex.] 17. 21. 22. 23. 26. 27. 28. 30. 34. 35. 41. 60. 78. 79. 302→304. 308.
13.10301

— — Nouvelle éd., augm. T.(1.)2. Ebd. 1767. 8°
1: Ti 8600. 12: Biogr. C. 27. 23. 25. 44. 214.
13.10302

— [deutsch] Peter Baylens Verschiedene Gedanken bey Gelegenheit des Cometen, der im Christmonate 1680 erschienen, an einen Doctor der Sorbonne gerichtet. Übers. u. mit Anm. u. e. Vorr. ans Licht gestellet von Joh. Christoph Gottscheden. — Hamburg: Felginer & Bohn 1741. 922 S. 8° 1: On 4045 [u.] 8° Bibl. Diez 7136. 2. 5. 8. 9. 10. 12: Astr. P. 9. 14. 20. 21. 23. 24. 25. 27. 29. 79. 117.
13.10332

— Leben, a. d. Franz. 8. 731.

Bayle, Pierre

— Leben Davids. 8. Berl. 736.

— Leben Desid. Erasmus, Joh. Calvin. u. Rob. Bellarmin. 8. Hannov. Helwing. 732.

— [Ausz., deutsch] Die von ... Peter Bayle verfertigte so angenehm als gründliche Lebens-Beschreibung dreyer merckwürdiger und gelehrter Männer 1. Desiderii Erasmi, 2. Joannis Calvini, 3. Rob. Bellarmini aus dessen weltbekannten Dictionaire historique et critique ... übers. u. mit einigen Anm. verm. durch Georg Friedrich Schmidt. Hanover: Förster 1732. 492 S. 8° 1: Am 1452. 3. 7. 9. 10. 12: Biogr. C. 29. 16→19. 22. 24. 30. 31. 35. 48. 60. 75.
13.10305

Bayle, Pierre: Obszönitäten, bearb. u. erweitert v. Alfr. Kind, s. a Beiträge z. Gesch. d. menschl. Sexuallebens.

— Obszönitäten. Kritische Glossen. Bearb. u. zeitgemäß erw. von Alfred Kind. 2. Aufl. — Wilmersdorf-Berlin: Schindler 1908. 105 S. 8° (Beiträge zur Geschichte d. menschlichen Sexuallebens. 2.)
1: Kd 1288–2. 11. 30. 38. 79. 203.
13.10308

— auserl. theol. Schriften. 8. Halle, Waisenh. 709.

— Système de Philosophie. 8. Berl. 785. (Köchly in Leipz.) 20 𝒢

— Système de Philosophie. 8. Berl. Lagarde. 785.

— Système de philosophie contenant la logique et la métaphysique. — Berlin: Pitra 1785. VI, 296 S. 8°
1: Nl 17284 [u.] 8° Bibl. Diez 6148. 2. 9. 10. 14. 15. 19. 26. 41. 109. 202. 302.
13.10338

— Traktat von d. allgemeinen Toleranz, od. Commentar üb. d. Worte Christi: Nöthige sie herein zu kommen. A. d. Französ. 4 Thle. 8. Wittenb. 771. Böhme. 1 ℛ 12 𝒢

— [deutsch] Peter Baylens Tractat von der allgemeinen Toleranz oder philosophischer Commentar über die Worte Christi Nöthige sie herein zu kommen. [Übers.: Daniel Semerau.] Th. 1–4. — Wittenberg: Dürr 1771. 8°
4. 33. 44.
13.10277

— [deutsch] Peter Baylens Historisches und critisches Wörterbuch nach d. neuesten Aufl. von 1740 ... übers.; auch mit e. Vorr. u. verschiedenen Anm. ... vers. von Johann Christoph Gottscheden. Nebst d. Leben des Herrn Bayle vom Herrn Desmaizeaux. Th. 1–4. — Leipzig: Breitkopf 1741–44. 2°
In einigen Exemplaren abweichend Desmaizeau statt Desmaizeaux.
1: 2° A 7475 [u.] 2° Bibl. Diez 899–2° Bibl. Diez 901a. 2→11. 12: 2° Biogr. C. 11. 14→19. 23. 25→28. 31→35. 38. 41. 43→46. 48. 53. 66. 75. 78. 79. 102. 109. 111. 117. 202. 206. 210. 211. 300: 73 C 3. 302. 303.
13.10297

— Historisch-kritisches Wörterbuch im Auszuge neu geordnet u. übers. [Hrsg. u. Übers.: Ludwig Suhl.] Th. 1. 2. Lübeck: Donatius 1779–80. 8°
1. Für Theologen. 2. Für Dichterfreunde. 1[°2]: A 7479. 4. 12: 1 = Biogr. C. 28; 2 = Philol. 16. 14. 19. 48.
13.10306

— hist. krit. Wörterbuch im Ausz. f. Theolog. 1r Bd. gr. 8. Lübeck, Niemann u. C. 779.

— — desselb. 2r Bd. f. Dichterfreunde. gr. 8. Ebend. 780.

— histor.-krit. Wörterbuch im Auszuge v. L. Suhl. 2 Bde. gr. 8. Lübeck 798. (Leipz. 813. Hinrichs). 1 ℛ 8 𝒢

— philosoph. Wörterbuch, oder d. philosoph. Artikel aus Bayle's histor.-krit. Wörterb. in deutsch. Sprache, abgekürzt u. herausg. v. L. H. v. Jakob. 2 Bde. gr. 8. Halle 797. Reinicke u. C. 6 ℛ

— Peter Baylens Philosophisches Wörterbuch oder die philosophischen Artikel aus Baylens Historisch-kritischem Wörterbuche. In deutscher Sprache abgekürzt u. hrsg. von Ludwig Heinrich Jakob. Bd 1.2. — Halle [usw.]: Ruff 1797. 8° 1: A 7481. 3. 4. 10. 11. 12: Ph. U. 35. 14. 15. 18. 20. 21. 27. 33. 41. 43. 78. 79. 111. 117. 202. 207.
13.10307

Bayle-Mouillard, Élisabeth

Pseudonyme: Mme Celnart, C. Celnart, Charlotte Celnart, E. Celnart u. Hrabina Eliza de Celnart

— [deutsch] Künstliche Blumen, Früchte und Schmuck-Federn nach der Natur und aus mannigfaltigen Stoffen auf die geschmackvollste und wohlfeilste Art zu verfertigen. Aus d. Franz. d. Madame Celnart. — Ulm: Ebner 1833. 304 S. 8°
Nebent.: Vollständiger Unterricht künstliche Blumen und Früchte ... zu verfertigen. Nebst gründlicher Anweisung Schmuck-Federn ... zu machen.
24.
13.10368

— Handbuch der Blumenmachkunst ... Nebst d. Federschmückkunst von Madame Celnart. Übers. von Katharina Burckhardt. — Stuttgart: Rieger 1838. VIII,318 S. 8°
24. 305.
13.10369

— [deutsch] Neue englische und französische Haus- und Land-Oekonomie ... Aus d. Franz. d. Charlotte Celnart. — Ulm: Ebner 1832. X,189 S. 8°
24.
13.10355

Bayle-Mouillard, Élisabeth

— [deutsch] Das neueste Komplimentirbuch, oder Anweisung zur feinen Lebensart ... Von C. Celnart. 2., verm. Aufl. — Ulm: Ebner 1840. 175 S. 8°
24.
13.10351

— [L'Art de fertiliser les terres, deutsch] Die Kunst den Boden auf Feldern, Wiesen und in Gärten fruchtbar zu machen ... Von E. Celnart. Nebst einer Neu erfundenen Aufbewahrungsart des Getreides ohne Silos von A. Delacroix ... Übers. u. durch eigene Zugaben verm. von Gustav Heinrich Haumann. — Ilmenau: Voigt 1830. IV,296 S. 8°
10. 17. 28. 32. 111.
13.10346

— — Neue, unveränd. Aufl. Weimar: Voigt 1841. IV,296 S. 8°
14.
13.10347

Bayle-Mouillard, Félicie s. *Bayle*-Mouillard, Élisabeth.

Bayley s. a. **Bailey.**

Bayley, Sir Emilius: [The Choice, deutsch] So erwählet Euch heute, welchem Ihr dienen wollt! (Josua 24,15.) 5 Confirmationspredigten. Mit e. Vorw. von Karl Bernhardi. — Kassel: Freyschmidt 1865. XII, 99 S. 8°
1: Ed 12290. 4. 26. 47.
13.10389

— — Mit Vorw. u. Anh. von Karl Bernhardi. 2. Aufl. Ebd. [1866]. XIV,110 S. 8°
34. 47.
13.10390

Bayley, Emil, die Ungewißheit der Zeit der Wiederkunft unseres Herrn, praktisch betrachtet. Predigt. Basel 861. (Schneider.) gr. 8. (16 S.) 2⅓ ngr

Bayley, J., der bestmöglichste Pflug. a. d. Engl. m. Zus. u. K. 4. Berl. Realschulbuchh. 805.

Bayley, Marion, an historical Description of the cathedral of Cologne, s. **De Noel.**

Bayley, M., engl. deutsch u. deutsch-engl. Wörterbuch, umgearb. v. J. A. Fahrenkrüger. 2 Bde. gr. 8. Jena. Frommann. 816. (1r engl.-deutsch. 2 Rthlr. 14 gr. 2r deutsch-engl. 1 Rthlr. 18 gr.)

Bayley, R. Child, modern magic lanterns, deutsche Bearbeitg., s.: Schnauss, Herm., d. Projections-Apparat.

Bayley, W., Beförder. d. Künste, d. Manufakturen etc. m. K. gr. 4. Münch. Stein. 776.

Bayley, W.: Kurze Sätze über Pocken, s. Baylies, William

Bayley, William, Quäker, Pool, später London, † 1675. 1662 s. *Bayly.*

Bayli s. *Bayly.*

Baylies, William: Aphorisms on the small pox, tending to investigate the true nature of the disease, whether acquired by contagion, or inoculation. And, to manifest the superior rationality and excellence, of the modern, over the antient method of its treatment. — Frankfort 1768. 62 S. 8°
14. 30. 300: 76 H 149.
13.10440

— [franz.] Mémoire concernant l'état de l'inoculation de la petite vérole à Berlin, contenant le cas du jeune M. de Blumenthal et les jugemens de différens médecins célèbres, sur ce cas. — Dresde 1776: Impr. de la Cour. 150 S. 8°
15. 24. 109.
13.10447

— [deutsch] Nachrichten über die Pocken-Inoculation zu Berlin ... Übers. von Johann Georg Krünitz. — Dresden: Verf. 1776. 142 S. 8°
1: Ko 5730. 2. 3. 5. 8. 10. 12: Path. 100 c. 14. 15. 30. 109. 202.
13.10446

— [deutsch] Kurze Sätze über die Pocken zur Erforschung der wahren Natur dieser Krankheit. Übers. u. hrsg. von Alexander Bernhard Kölpin. — Stettin 1775: Effenbart. 68 S. 8°
1: Ko 3500. 2. 5. 8. 9. 10. 14→17. 28. 30. 42. 45. 79.
13.10441

— kurze Sätze üb. d. Pocken. a. d. Engl. 8. Berl. Nicolai. 776.

Bayliss, William Maddock

— [deutsch] Das Wesen der Enzym-Wirkung ... Hrsg. von Karl Schorr. — Dresden: Steinkopff 1910. 91 S. 8°
1: Mr 9490. 5. 12: Chem. 12 f. 15. 16. 21. 24. 25. 30. 53. 86. 88. 90. 201. 292. 210. 300: 470.013-B. 302. 305.
13.10468

Baylon. — Der hl. Paschalis Baylon aus dem Franziskanerorden, der Seraph am Altare. Von e. Priester d. Franziskanerordens in Bayern. — Heiligenstadt: Cordier 1901. 184 S. 8°
1: Dw 2990. 5.
13.10479

Bayly: Medical Essays. 8°. London. (Walther, Dresd.) 1772.

Bayly, Ada Ellen [Wirkl. Name] s. a. *Lyall,* Edna.

— Praxis pietatis: Das ist: Übung der Gottseligkeit ... Anfänglichen von Ludovico Bayli in engl. Sprach beschrieben ... hernach auch in unsere teutsche Sprach ... übers. u. nun von neuem ... verb. — Basel: Brandmüller 1700. 675 S. 8°
Nebent.: Ubung der Gottseligkeit. Basel o.J.
24.
13.10529

— Praxis pietatis, das ist Uebung der Gottseligkeit ... Von Ludovico Baily. Th. [1.] 2. — Bern: Tschiffeli 1703. 8°
Nebent.: Ubung der Gottseligkeit.
2. ([Hall, Joseph:] Von der fürtrefflichen Meditation-Kunst [Art of divine meditation, deutsch].)
28. 41.
13.10530

— Praxis pietatis. Das ist: Ubung der Gottseligkeit ... Erst in engl. Sprache beschrieben durch Ludwig Bayli. Th. 1.2. — Berlin: Rüdiger 1705. 607 S. 8°
1. Darinnen begriffen, wie ein christgläubiger Mensch in wahrer Erkenntniß Gottes u. seiner selbst zunehmen, sein Leben zubringen, u. seliglich beschliessen könne.
2. In sich begreiffend Die fürtreffliche Ubung gottseliger u. andächtiger Meditation [Hall, Joseph: Art of divine meditation, deutsch].
24. 39.
13.10531

Bayly, Ada Ellen

Donovan. Lebensgeschichte eines Engländers aus unseren Tagen. Von Edna Lyall [d.i. Ada Ellen Bayly]. Autor. Übers. von E. Bagge. 4. Aufl.
Leipzig: Wigand (1898). 472 S. 8°

Die kleinen Missionare oder Wie die kleine Fee und ihr Bruder Paul einen großen Sturm erregen. Von Edna Lyall [d. i. Ada Ellen Bayly]. Berlin: O. Pupke [1903]. (24 S.) 8°
(Kollektion mustergültiger Jugendschriften.)

Bayly, Ada Ellen

Raeburns Tochter (We two). Von Edna Lyall [d.i. Ada Ellen Bayly]. Autor. Übers. von E. Bagge. 2. Aufl.
Leipzig: Wigand (um 1897). 405 S. 8°

Bayly, Lewis

— La pratica da pietæt ... Comp. ... tras Ludovicum Baijli ma dopo transp. in romaunsch træs Lurainz Viezel. Con l'adjunta d'üna nova præf. comp. træs Valentin Nicolai. 2. ed. P.[1.]2. — Scuol: Schucan [usw.] 1771: Gadina. 8°
2. [Hall, Joseph]: Art da meditær [Art of divine meditation, rätorom.] Transp. in noss romaunsch træs Lurainz Wietzel.
1: Xn 8559/16. 2. 5. 12: Asc. 5479 s. 303.
13.10561

— Praxis pietatis, das ist Ubung der Gottseligkeit ... Anfänglich in engl. Sprach beschrieben von Ludwig Baily. Hernach in das teutsche übers. ... jetzund aber von neuem übersehen u. ... außgefertiget. Th.[1.]2. — Basel: Brandmüller 1708. 8°
Nebent.: Ubung der Gottseligkeit.
66.
13.10532

— Praxis pietatis: Das ist, Übung der Gottseligkeit. Anfänglich in engl. Sprach beschrieben durch Ludwig Bayli ... hernacher auch in unsere teutsche Sprach übers., anjetzo von neuem auffgelegt. — Basel: König 1709. 8°
111.
13.10533

— Praxis pietatis. Das ist: Ubung der Gottseligkeit ... Erst in engl. Sprache beschrieben durch Ludwig Bayli. Th.1.2. — Leipzig: Braun 1712. 607 S. 8°
8.
13.10534

— Praxis pietatis, das ist: Ubung der Gottseligkeit ... Sammt trostreichen Gebättern. In engl. Sprache beschrieben von Ludwig Baily. Th.1.2. — Basel: Thurneysen 1721–22. 8°
1. Neuer u. verb. Druck. 1722.
2. In sich begreiffend Eine fürtreffliche Meditation-Kunst [Hall, Joseph: Art of divine meditation, deutsch]. 1721.
18. 24. 34.
13.10535

— Praxis pietatis, das ist: Ubung der Gottseligkeit ... Erst in engl. Sprache beschrieben durch Ludwig Bayli. Th.1.2. — Leinzig: Braun 1724. 607 S. 8°
1: Es 10340.
13.10536

— — dasselbe. 12. Leipz. Comt. f. Litt. 724.

— Praxis pietatis, das ist: Uebung der Gottseligkeit ... Von Ludovico Baily. Th.[1.]2. — Berlin: Rüdiger 1742. 8°
28.
13.10537

Bayly, Lud., Praxis piotatis, Uebung d. Gottseeligkeit. a. d. Engl. 8. Frankf. Brönner. 743.

— — dasselbe. 8. Basel, Thurneisen. 743.

— [tschechisch] Praxis pietatis. To gest, o cwičenj se w pobožnosti prawé knižka mil'ostná. (Übers.: J[ohann] A[mos] C[omenius].) — [Lešno 1630.] 468 S. 8° 41.
13.10562

— — 2. wyd. berlinské. (Übers.: J[ohann] A[mos] C[omenius]; Hrsg.: I. T. E. [d. i. Johann Theophil Elsner].) Přidaný gest probuditedlný spis: O rozsuzowánj sebe samého. — w Berljně: Kunst 1782. XVII,540,48 S. 8°
Sondert.: [Lavater, Johann Kaspar]: Upřjmné rozsuzowánj sebe samého [Nachdenken über mich selbst, tschechisch]. (Übers.: J[ohann] T[heophil] E[lsner].) 1783.
2.
13.10563

Bayly, Ludwig s. *Bayly*, Lewis.

Bayly, Nathaniel Thomas Haynes
s. *Bayly*, Thomas Haynes.

Bayly, Thomas Haynes

— the culprit s.a. Theatre the modern english.

Bayly, Thomas Haynes: The Culprit. An original farce. Leipsic: Wunder 1839. 30 S. 8° (Die neuesten englischen Lustspiele u. Possen. The modern english comic Theatre. [Ser. 1,]12.)
33.
13.10575

— — Ebd. 1839. 30 S. 8° (The modern english comic Theatre. [Ser. 1,12.]) 1: 12 in Zc 2390–1. 11. 304.
13.10576

— — Leipsic: Hartung 1845. 35 S. 8° 28. 60.
13.10577

Bayly, Th. H., the spitalfields weaver, s.a. Theatre, modern english comic.

— The Spitalfields Weaver. A burletta. — London: National Acting Drama Off. [usw.] [um 1835]. 19 S. 8°
1: 12 in Zc 2379–3.
13.10580

— — Leipsic: Wunder 1838. 23 S. 8° (Die neuesten englischen Lustspiele u. Possen. The modern english comic Theatre. [Ser. 1,]5.) 18. 33. 38.
13.10581

— — Ebd. 1838. 23 S. 8° (The modern english comic Theatre. [Ser. 1,5.]) 1: 5 in Zc 2390–1. 11. 304.
13.10582

— — Leipsic: Hartung 1844. 30 S. 8° 5. 28. 60.
13.10583

— — 3. ed. Leipzig: Hartung 1874. 33 S. 8° (Modern English comic Theatre. 5.) 14. 26. 169.
13.10584

Bayly, Th. H., der Weber, Lustspiel, s.a. Bühnen-Repertoir des Auslandes. Nr. 122.

— [deutsch] Der Weber. Lustspiel. Frei ... für d. deutsche Bühne bearb. von E. F. Grünewald. — (Berlin: Hayn 1847.) 8 S. 4° (Bühnen-Repertoir d. Auslandes. Bd 16.Nr 122.) 1: in 4° Yp 6091–16.
12: L. eleg. g. 65 c–16,122. 17. 300: 024.927-C. Th.
13.10585

Bayly, William

— [A Call and visitation from the Lord God, deutsch] Williams Bayly Eyferiges Christenthum, darinnen er treulich alle Christen zu ihrer Pflicht aufmuntert und vermahnet, auch dessen Schein-Wesen verwirfft ... Übers. von J. N. J. S. Altdorff 1704: Kohles. 54 S. 8° 12: Asc. 4621 x/2. 24.
13.10588

Bayma, Joseph

Bayma, Jos., s.a. Bücher, drei, v. Streben n. d. Vollkommenheit.

(—) [deutsch] Drei Bücher vom Streben nach der Vollkommenheit besonders im Ordensstande. Übers. von A. Perger. — Paderborn: Bonifacius-Dr. 1896. VIII,266 S. 8°
Als Verfasser wird auch Johann Roothaan genannt.
1: D 5957. 6.
13.10592

(—) — 2. Aufl. Ebd. 1897. VIII,266 S. 8° 6.
13.10593

(—) Drei Bücher vom Streben nach der Vollkommenheit besonders im Ordensstande. Übers. von A. Perger. 3. Aufl. Paderborn: Bonifacius-Dr. 1907. VIII,256 S. 8°
1: N 10.2564. 6.
13.10595

— Das Streben der Ordenspersonen nach der Vollkommenheit ihres Standes. Mittel, dasselbe anzuregen, zu fördern u. zu bewahren von Joseph Bayma. (Vordem irrtümlich: von Joh. Roothaan.) Übers. u. mit e. Anh. d. gewöhnlichen Gebete versehen von Johann Ev. Göser. 3., verb. Aufl., besorgt von Maximilian Huber. — Regensburg: Manz 1904. VIII,247 S. 8° 12: Asc. 392cv. 19.
13.10591

Bayma, Jos., S. J., das Streben der Ordensperson nach der Vollkommenheit ihres Standes. Mittel, dasselbe anzuregen, zu fördern u. zu bewahren. (Vordem irrtümlich: v. Joh. Roothaan, S. J.) Aus dem Lat. übers. u. m. e. Anh. der gewöhnl. Gebete versehen v. Joh. Ev. Göser. 3., verb., m. erklär. asket. Bemerkgn. vers. Aufl., besorgt v. Max. Huber, S. J. (VIII, 247 S.) 8. Regensburg 904. Verlagsanstalt vorm. G. J. Manz. n. 1. 60

Bayn, Franz Joachim (Frankfurt/M.), De recognitione et diffessione manus alienae. Disp. jur. Giessen (E. H. Lammers & J. J. Braun) Januar 1750. 62 S. (5.20)

Bayn

— **Joh. Gerhard** (Frankfurt/M.), De concursu hypothecae specialis et generalis. Diss. jur. Präs. Jo. Chph. Koch. Giessen (J. J. Braun) 3. X. 1782. 34 S. (5.—) 1510

Bayne, Mary, and Millie Bayne, Somerville Erleigh. Für den Schulgebrauch hrsg. von Augusta Strecker. (III, 128 S.) 8. Leipzig 903 G. Freytag. Geb. in Leinw. n. 1. 40; Wörterbuch. (32 S.) n. — 60

Bayne, Mary: Mary and Millie Bayne. Somerville Erleigh. Für d. Schulgebrauch hrsg. von Augusta Strecker. [Nebst] Wörterbuch. — Wien: Tempsky 1904. 8°
Wörterbuch. Bearb. von Augusta Strecker.
(Freytags Sammlung französischer u. englischer Schriftsteller.) 300: 60.628-B. Per. 102. 302.
13.10603

Bayne, Millie: Somerville Erleigh. 1904 u. ö. s. *Bayne, Mary.*

Baynes, Robert Hall

Baynes, R. H., Lyra Anglicana, s.a. Collection of British Authors.

Baynes, Robert Hall: Lyra Anglicana. Hymns and sacred songs. — London: Houlston & Wright 1867. XVI,176 S. 8°
26. 30.
13.10654

—— Leipzig 1868. XVI,227 S. 8° (Collection of British authors. Tauchnitz Edition. 964.)
1: Ah 30-964. 11. 12: P. o. angl. 28 t. 14. 23. 44. 46. 300: 393.080-A. Per. 964. 302.
13.10655

Bayo (Ezquerra del), Geognostische Uebersichtskarte von Spanien, erläutert von G. Leonhard. Siehe Leonhard.

Bayol, C. s. *Bayol,* Georges.

Bayol, Georges: [Esperanto et Croix-rouge, deutsch] Esperanto und Rotes Kreuz. Von Leutnant (C.) Bayol. Übers. von Leopold Elb. — Berlin: H. Th. Hoffmann [1908]. 229 S. 8° 1: V 8646/53. 11. 12: L. rel. 2381 hg. 15. 22. 44.
13.10682

Bayol: Esperanto u. Rotes Kreuz. Aus d. Franz. v. Leop. Elb. (230) kl8° Berl. (08). Lpzg, Deut. Esperanto-Bh. (2—) 1—; Luxus-Ausg. (5—) 2—

— [Ausz., deutsch] Esperanto-Führer für das Rote Kreuz. Auszug aus d. Broschüre 'Esperanto und Rotes Kreuz'. (Eldono germana.) — (Berlin: Möller & Borel [um 1910].) 13 S. 8° 18.
13.10683

Bayon, G. P. s. *Bayon,* Heinrich.

Bayon, Heinrich: Beitrag zur Diagnose und Lehre vom Cretinismus unter bes. Berücks. d. Differential-Diagnose mit anderen Formen von Zwergwuchs u. Schwachsinn. Von G. P. Bayon. — Würzburg: Stuber 1903. 120 S. 8° (Verhandlungen d. Physikalisch-Medicinischen Gesellschaft zu Würzburg. N. F. 36,1.)
1: Lc 7624-36,1. 2. 4. 5. 7→11. 12: Bavar. 2641 q-36,1. 15→18. 24→30. 38M. 123. 302.
13.10696

— Die histologischen Untersuchungsmethoden des Nervensystems von P. G. Bayon. — Würzburg: Stuber 1905. VIII,187 S. 8° 12: Anat. 63r. 26. 30. 302.
13.10697

— Erneute Versuche über den Einfluss des Schilddrüsenverlustes und der Schilddrüsenfütterung auf die Heilung von Knochenbrüchen. Von G. P. Bayon. — Würzburg: Stuber 1903. S. 250-311. 8° (Verhandlungen d. Physikalisch-Medicinischen Gesellschaft zu Würzburg. N. F. 35,6.)
Zugleich Diss. Würzburg 1903.
1: Lc 7624-35,6. 2. 4. 5. 7→11. 12: Bavar. 2641 q-35,6. 15→18. 25→30. 38M.
13.10698

Bayon, P. G. s. *Bayon,* Heinrich.

Bayonne, Emman. Cesl. Der sel. Reginald v. Saint-Gilles aus d. Predigerorden, Lehrer d. canon. Rechts rc., in seinem Leben u. Wirken dargestellt. Autoris. Uebersetzg. 8. (132 S.) Dülmen 889, Laumann. * 1 —

Bayonne, H: Das Leben d. hl. Katharina v. Ricci a. Florenz v. III. Orden d. hl. Dominicus. Aus d. Franz. v. e. Schwester d. Dominikanerinnen-Klosters II. Ordens Marienthal b. Venloo. (16, 512 m. 1 Bildn.) 8° Kevel., M van d. Wyenbergh ('11). HLdr 3.50 d

Bayr s. auch *Bayer.*

Bayr, August

Bayr, Aug., Oesterreichische Flüchtlinge. 8. (XII u. 331 S.) Mannheim 847. (Hoff.) 1 *ℛ* 6 *ngℛ*

Bayr, August: Oestreichische Flüchtlinge. — Mannheim: Selbstverl. 1847. X,331 S. 8° 1: Yo 3141. 12: P. o. germ. 79 t. 22. 123. 169. 180. 300: 160.542-B. 302.
13.10714

Bayr, Elilandus: Epistola paraenetica ad R. R. Confratres in Exempta Congregatione Benedictino-Bavarica professos. Salisburgi 1737: J. J. Mayr. 116 S. 8° 19.
13.10715

— Sicherer Reyß-Gefährt einer durch die gefährliche, und abweegvolle Welt-Strassen nach dem himmlischen Jerusalem wandrenden Seelen. Th. 1-6. — Salzburg: J. J. Mayr 1721. 8° 19[=5.6]. 308[=1/3].
13.10716

Bayr, E.: Wissenschaft und Wasserkur?, s. Bayr, Engelbert

Bayr, Emanuel

Bayr, E., u. M. Wunderlich, Formensammlung f. das Freihandzeichnen an Volks- u. Bürgerschulen. Nach method. Grundsätzen u. m. Rücksicht auf die gesetzl. Bestimmgn. zusammengestellt. 1—7. Hft. 8. Wien 883—86. Hölder. n. 20. 60
1. Für die 1. u. 2. Classe. (16 lith. S.) n. — 56. — 2. Für die 3. Classe. (16 lith. S.) n. — 56. — 3. Für die 4. Classe. (20 lith. S.) n. — 64. — 4. Für die 5. Classe (24 lith. S.) n. — 72. — 5. Für die 6. Classe (28 lith. S.) n. 1. 20. — 6. Für die 2. Classe der dreiclass. Bürgerschule. (40 lith. S.) n. 1. 92. — 7. Für die Bürgerschulen. (32 Taf. in Farbendr.) n. 15. -
2.-5. Hft. 2. Aufl.

Bayr, E., und M. Wunderlich, Formensammlung für das Freihandzeichnen an Volks- und Bürgerschulen. Nach method. Grundsätzen und mit Rücksicht auf die gesetzl. Bestimmungen zusammengestellt. 1.—7. Heft. Wien, Hölder. *
Inhalt:
Heft 1. Für die 1. und 2. Classe. 2. und 3. unveränd. Aufl. 8. (16 lithogr. S.) 886,83. * 56 Pf.
» 2. Für die 3. Classe. 2. und 3. unveränd. Aufl. 8. (16 lithogr. S.) 885,86. * 56 Pf.
» 3. Für die 4. Classe. 2. und 3. Aufl. 8. (20 lithogr. S.) 885,87. * 64 Pf.
» 4. Für die 5. Classe. 2. und 3. Aufl. 8. (24 lithogr. S.) 885,87. * 72 Pf.
» 5. Für die 6. Classe der Volksschule, bezw. für die 1. Classe der dreiclass. Bürgerschule. 2. Aufl. 8. (28 lithogr. S.) 886. *ℳ 1.20.
» 6. Für die 2. Classe der dreiclass. Bürgerschule. 2. unveränd. Aufl. 8. (40 lithogr. S.) 887. *ℳ 1.92.
» 7. Für Bürgerschulen. Nach method. Grundsätzen und mit Rücksicht auf die gesetzl. Bestimmungen zusammengestellt. Zeichenvorlagen für Bürgerschulen und verwandte Lehranstalten. Fol. (32 Taf. in Farbendr. und 1 Bl. Text.) 886. In Mappe *ℳ 15.—.

— u. M. **Wunderlich,** Formensammlung f. das Freihandzeichnen an Volks- und Bürgerschulen. Nach method. Grundsätzen u. m. Rücksicht auf die gesetzl. Bestimmgn. zusammengestellt. 1.—6. Hft. 12. Wien, A. Hölder. n. 5. 60
1. Für die 1. u. 2. Classe. 4., unveränd. Aufl. (16 lith. S.) 892. n. —56
2. Für die 3. Classe. 4., unveränd. Aufl. (16 lith. S.) 892. n. —56
3. Für die 4. Classe. (20 lith. S.) 892. n. —64
4. Für die 5. Classe. (24 lith. S.) 892. n. —72
5. Für die 6. Classe der Volksschule, bezw. f. die 1. Classe der dreiclass. Bürgerschule. 3. Aufl. (28 lith. S.) 892. n. 1.20
6. Für die 2. Classe der dreiclass. Bürgerschule. 3., unveränd. Aufl. (40 lith. S.) 890. n. 1. 92

— u. M **Wunderlich,** Formensammlg f. d. Freihandzeichnen an Volks- u. Bürgerschulen. 6 Hfte. 12° Wien, A Hölder. 5.60
1. 1. u. 2. Classe. 5. Afl. (16) 95. — 56 ‖ 2. 3. Classe. 5. Afl. (16) 95. — 56 ‖ 3. 4. Classe. 4. Afl. (20) 92. - 64 ‖ 4. 5. Classe. 4. Afl. (24) 92. - 72 ‖ 5. 6. Classe d. Volksschule, bezw. 1. Classe d. dreiclass. Bürgerschule. 3. Afl. (28) 92. 1.20 ‖ 6. 2. Classe d. dreiclass. Bürgerschule. 3. Afl. (40) 90. 1.92.

Bayr, E., und Wunderlich, M., Formensammlung für das Freihandzeichnen an Volks- und Bürgerschulen. Wien 1895. Alfred Hölder. (Min.-Erl. v. 11. October 1895, Z. 23312.) III. Heft, für die IV. Classe, 5. Auflage —.32; IV. Heft, für die V. Classe, 5. Auflage —.36

Bayer, E., und Wunderlich, M., Formensammlung für das Freihandzeichnen an Volks- und Bürgerschulen. Wien. Alfred Hölder. 1896. (Min.-Erl. v. . Nov. 1896, Z. 26946.) V. Heft, für die 6. Classe der Volks- oder die I. Classe der Bürgerschulen. 4. Aufl. 60 kr. VI. Heft, für die II. Classe der 3classigen Bürgerschulen. 4. Aufl. 96 kr.

— u. M. **Wunderlich,** Formensammlung f. d. Freihandzeichnen a. Volks- u. Bürgerschulen. N. method. Grundsätzen u. m. Rücksicht a. d. gesetzl. Bestimmgn. zusammengest. 1.—3. u. 5.—6. Hft. 12. Wien, A. Hölder. n. 4. 88
1. F. d. 1. u. 2. Classe. 6., unver. Aufl. (16 lith. S. m. 3 S. Text.) 898. n. —56
2. F. d. 3. Classe. 6., unver. Aufl. (16 lith. S.) 898. n. —56
3. F. d. 4. Classe. 6., unver. Aufl. (20 S.) 898. n. —64
5. F. d. 6. Classe d. Volksschule, bezw. f. d. 1. Cl. d. 3class. Bürgerschule (28 lith. S.) 896. n. 1. 20
6. F. d. 2. Classe d. 3class. Bürgerschule. (40 lith. S.) 896. n. 1. 92

Bayr, E., und Wunderlich, M., Formensammlung für das Freihandzeichnen an Volks und Bürgerschulen. Wien 1899. Alfred Hölder. IV. Heft. Für die V. Classe. 6. unveränderte Auflage .36
(Min.-Erl. v 11. November 1898, Z. 28118.)

— u. M. **Wunderlich,** Formensammlung f. das Freihandzeichnen an Volks- u. Bürgerschulen. Nach method. Grundsätzen u. m. Rücksicht auf die gesetzl. Bestimmgn. zusammengestellt. 1.—5. Hft. 12. Wien 901. A. Hölder. n. 3. 68
1. Für die 1. u. 2. Classe. 7. unveränd. Aufl. (16 S.) n. —56
2. Für die 3. Classe. 7. unveränd. Aufl. (16 S.) n. —56
3. Für die 4. Classe. 7. unveränd. Aufl. (20 S.) n. —64
4. Für die 5. Classe. 7. unveränd. Aufl. (24 S.) n. —72
5. Für die 6. Classe der Volksschule, bezw. f. die 1. Classe der 3classigen Bürgerschule. 5. Aufl. (28 S.) n. 1. 20

— u. M. **Wunderlich,** Formensammlung f. das Freihandzeichnen an Volks- u. Bürgerschulen. Nach method. Grundsätzen u. m. Rücksicht auf die gesetzl. Bestimmgn. zusammengestellt. 1.—4. u. 6. Heft. kl. 8. Wien, A. Hölder. n. 4. 12
1. Für die 1. u. 2. Klasse. 8. Aufl. (16 S.) 904. —50
2. Für die 3. Klasse. 8., unveränd. Aufl. (16 S.) 904. —50
3. Für die 4. Klasse. 8., unveränd. Aufl. (20 S.) 904. —58
4. Für die 5. Klasse. 8., unveränd. Aufl. (24 S.) 906. —62
6. Für die 2. Klasse der dreiklass. Bürgerschule. 5. Aufl. (40 S.) 903. 1. 92

— u. M **Wunderlich:** Formensammlg f. d. Freihandzeichnen an Volks- u. Bürgersch. 3. Heft. Für d. 4. Kl. 9. Afl. (20) kl8° Wien, A Hölder '11. —60

Bayr, Emanuel: Steile Lateinschrift. — Wien:Pichler 1890. 98 S. 8° **2. 107. 207. 300:191.646-B. 302. 305.**
13.10717

- - — 2., verm. Aufl. Ebd. 1891. 177 S.,24 Taf. 8°
2. 28. 207. 302.
13.10718

- - — 3. Aufl. Ebd. 1892. 177 S.,24 Taf. 8°
12:Graph.5y. 31. 61. 207. 300:195.252-B. 302. 307.
13.10719

-·- Das Schreiben der Kinder im ersten Schuljahre ohne Benützung von Hilfslinien (Lineament). Auf Grund praktischer Versuche ausgeführt von Luise Seidl. Hrsg. von Emanuel Bayr. — Wien:Pichler 1902. 66 S. 8°
2. 207. 300:422.103-B. 302.
13.10721

— Schriftenvorlagen zu Aufschriften u. Beschreibung v. Zeichnungen etc. qu. gr. 8. (6 Blatt.) Ebd. 892. n. —50

-·- Schriftvorlagen zu Aufschriften und Beschreibungen von Zeichnungen etc. — Wien:Pichler [1897]. 6 Taf. quer-8° **302.**
13.10722

Bayr's, Eman., Schriftvorlagen z. Aufschriften u. Beschreibgn. v. Zeichnungen. 2. Aufl. qu. gr. 8. (6 Taf.) Wien 897. A. Pichler's Wwe. u. Sohn. n. —50

BAYR, Emanuel

Emanuel Bayrs Schriftvorlagen zu Aufschriften und Beschreibungen von Zeichnungen etc. 6 Blatt. 3. Auflage. Wien und Leipzig. 1900. Pichler's W. & S. Quer-16°. 6 S. K —.50

— Übungsstoff für das Zeichnen mit Stigmen (1: in den beiden ersten Schuljahren). Von Emanuel Bayr u. Rudolf Lippert. [Nebst] N.F. — Wien: Pichler 1893–94. 8°
Hauptwerk. 1893 (1894).
N.F. Die krumme Linie. 1894.
53 [ᵒᵒ Hauptwerk]. 300: 191.249-A.
13.10724

— u. Rud. Lippert, Übungsstoff f. das Zeichnen m. Stigmen in den beiden ersten Schuljahren. 1. Reihe: Die gerade Linie. 2., vollst. unveränd. Aufl. qu. 12. (III, 124 S. m. Fig.) Ebd. 902. n. 1.—

Bayr, Eman., u. Rud. Lippert, Übungsstoff für das Zeichnen mit Stigmen in den beiden ersten Schuljahren. Neue Folge: Die krumme Linie. 2. Aufl. (III, 156 S. m. Fig.) qu. 12. Wien 903. A. Pichler's Wwe. & Sohn. Kart. n. 1.—

— Übungsstoff für das Zeichnen mit Stigmen (1: in den beiden ersten Schuljahren). Von Emanuel Bayr u. Rudolf Lippert. 3. Aufl. R.1. N.F. — Ebd. 1906–11. 8°
R.1. Die gerade Linie. 1906.
N.F. Die krumme Linie. 1911. 302.
13.10725

Bayr, Eman., u. Rud. Lippert: Übgsstoff f. d. Zeichnen m. Stigmen in d. beiden ersten Schuljahren. 1. Reihe: Die gerade Linie. 4. Afl. (124 m. Fig.) 15,5×11,5 cm. Wien, A Pichler's Wwe & S. '11. 1 —

— Ein Versuch zur Umgestaltung des Zeichenunterrichtes an der Volksschule. — Wien: Pichler 1904. 32,XVI S. 8°
43. 297. 300: 428.144-B. 302.
13.10727

Bayr, Eman., ein Versuch z. Umgestaltg. des Zeichenunterrichts an der Volksschule. Mit 32 verkleinerten Zeichnungsproben der Schülerinnen. 2., unveränderte Aufl. (32 u. XVI S.) 8. Wien 905 A. Pichler's Wwe. & Sohn. n. 1.20

BAYR, Engelbert (Beinberg): Ueber subcutane Aetherinjectionen während und unmittelbar nach der Geburt.- München: Schreiber 1873. 31 S.
11.7.1873 - Urk (Titel: De subcutanea aetheris injectione inter ac secundum partum adhibendo.); Chr 1873/74,14

Diss. Ingolst.-Landsh.-Mchn.

Bayr, Engelbert, appr. Arzt a. Dischingen: Erfahrungen mit dem Bossi'schen Dilatator. München 1904: C. Wolf & Sohn. (23 S.) 8°

München, Med. Fak., Ref. v. Winckel, Diss. v. 28. Sept. 1904
[Geb. 15. Dez. 77 Dischingen; Wohnort: Wallerstein; Staatsangeh.: Bayern; Vorbildung: Gymn. Dillingen Reife Juli 98; Studium: München 9 S.; Coll. 28. Juli 04; Approb. 26. März 04.]

Bayr, E., Wissenschaft u. Wasserkur? D. Ergebn. d. mod. Physiologie üb. d. Vergrössrg. d. roten Blutzellen, d. langsame Strömg. d. Lymphe, d. Wichtigkeit d. Hautatmg., d. Ueberführg. d. chron. Leiden in akute, stellen d. Wasserkur a. d. 1. Platz i. d. Zellulartherapie! Physiolog. Studie f. Mediziner u. gebild. Laien. gr. 8. (XII, 242 S. m. 6 lith. Abb.) Nördlingen 894. Th. Reischle. n. 3.—

BAYR, Ernst (Öttingen): De charactere morborum Monachii anno 1831/32 observato.- Monachii: Jaquet 1832. 24 S.
13.8.1830 - Urk (Titel: De chemiae in medicina finibus.); F 59

Diss. Ingolst.-Landsh.-Mchn.

Bayr, Franz Xaver

Bayr, Frz. Xav., Betrachtungen über die Leidensgeschichte unseres Herrn und Heilandes Jesu Christi. Mit Titelkpfr. 8. Augsburg 836. (Kollmann.) 1/3 ℛ︀

Bayr, Franz Xaver: Betrachtungen über die Leidensgeschichte unsers Herrn und Heilandes Jesu Christi. — Augsburg: Wolff 1836. 151 S. 8° 12: Asc. 392d. 102.
13.10730

Bayr, Matthias. Glaube und Kirche und deren volkstümliche Verteidigung, oder vielmehr die hierüber dem Unglauben der Gegenwart gegenüber aus der hl. Geschichte und deren göttlichen Urkunden, besonders der hl. Schrift, verständlich nachgewiesene Wahrheit. Eine Schrift für das einfache gläubige, aber nun der Verführung durch die Presse und alle Mittel des Unglaubens preisgegebene Volk und für alle der gläubigen Auffassung der Menschenwürde noch nicht unfähig gewordenen Gebildeten verfaßt und herausgegeben. Klagenfurt, Bertichinger, 1872, 8°, 11, 296 S., 2,80 Mk.

Bayrer, Leonhard

Bayrer, Leonh., die sonn- u. festtägl. Episteln u. Evangelien ꝛc. 8. Augsburg 783. Rieger. 2/3 ℛ︀, herabgesetzt auf 1/8 ℛ︀

Bayrer, Leonhard, Die sonn- und festtäglichen Episteln und Evangelien mit einer kurzen Erklärung. Augsburg, Rieger, 1785, 8°, 2 Mk.

Bayrer, Leonhard, s.a. Geschichte v. Augsburg.

Bayrer, Leonhard: Kurzgefaßte Geschichte von Augsburg. [Verf.: Leonhard Bayrer.] — Augsburg: Rieger 1785. XCII,516 S. 8°
1: Sf 7843. 7. 12: Germ. sp. 165. 14. 19. 30. 304.
13.10731

-- Hülfsbüchlein zum Unterrichte der Proselyten aus dem Judenthume, und Protestantism. — Augsburg: Doll 1794. VIII,200 S. 8° 12: Catech. 14n [2 Ex.]
13.10732

– s.a. Lebensregeln f.d. Jugend.

Bayrer, Leonhard, Die Lehre Jesu Christi und der Apostel zur Belehrung der Irrgläubigen und zur Stärkung der Wahrgläubigen. Augsburg 1786, 8°.

— poet. Magazin für junge Liebhaber d. deutschen Dichtkunst. 6 Bde. gr. 8. Augsb. 791—94. Bolling. (à 20 𝔤𝔯.) 5 ℛ︀

-- Poetisches Magazin, zum Gebrauche für junge Liebhaber d. deutschen Dichtkunst. Bd 1–6. — Augsburg: Styx 1791–94. 8° 1: Yf 2528. 16. 32.
13.10733

— Predigten üb. d. sonntägl. Evangelien, (oder d. sämmtl. Predigten 4r Theil.) 8. Augsb. 785. M. Rieger. 16 𝔤𝔯.

— Predigten üb. verschied. Gegenstände. 3 Thle. gr. 8. Augsb. 782—84.

— Predigten üb. verschied. Gegenst. 10 Thle. gr. 8. Augsb. Doll. 782—93.

-- Predigten über verschiedene Gegenstände. Th. [1]–7.10. Augsburg: Rieger 1782–93. 8°
[1.] 1782. 2. 1784. 3. 1784.
4. Über d. sonntäglichen Evangelien. 1787.
5. Über d. 1. Hauptstück d. katholischen Christenthumes. 1788.
6. Über d. 2. Hauptstück d. katholischen Christenthumes. 1789.
7. Über d. 3. Hauptstück d. katholischen Christenthumes. 1790.
10. Über d. meisten Sonntage u. einige Festtage d. Jahres. 1793.
12 [ᵒᵒ 4/7.10]: Hom. 105. 66.
13.10734

— katechet. Predigten üb. d. 5 Hauptstücke des kathol. Christenthums. 5 Bde, (oder d. sämmtl. Predigten 5r—9r Thl.) 8. Augsb. 788—92. Veith. Mit neuem Titelblatt 806.

— Predigten üb. d. meisten Sonntage u. einige Festtage, (oder d. sämmtl. Predigten 10r Thl.) 8. Ebd. 793. Beith. (Alle 10 Thle unt. d. T.: Sämmtl. Predigten ꝛc. 8 ß 6 K)

• Bayrer, Rede üb. Joh. XVI. 20. am Feste d. heil. Stanislaus Kastka. 12. Augsb. Bossing. 791.

Bayreuth [Sachliches OW]

Bayreuth. Ein alphabetischer Wegweiser mit e. Stadtplan u. 6 Ansichten. — Bayreuth: Giessel [1866]. 58 S. 8°
12: Bavar. 209 s. 20. 117. 209.
13.10735

Bayreuth. Ein Wegweiser durch d. Stadt u. Umgebung unter bes. Berücks. d. Bühnenfestspieles 1876. — Ebd. 1876. XV,86,XII S. 8° 1: Mus. Dw 805.
5. 12: Mus. Th. 3545-30. 20. 33. 47. 109. 117.
13.10736

— — Unter bes. Berücks. d. Bühnenfestspiele 1876 u. 1882. 2., verm. u. verb. Aufl. — Ebd. 1882. XVII,104,XXIV S. 8° 1: Mus. Dw 805². 12: Mus. Th. 3546-10. 14.
13.10737

— — Unter bes. Berücks. d. Bühnenfestspiele 1876, 1882 u. 1883. 3., verm. u. verb. Aufl. — Ebd. 1883. XVI,121, XXVI S. 8° 1: Mus. Dw 805³.
12: Mus. Th. 3546-10 a. 15. 21. 30. 47. 109. 117. 207.
13.10738

— — Unter bes. Berücks. d. Bühnenfestspiele. Zugleich e. kurze Chronik von Bayreuth. 4., verm. u. verb. Aufl. — Ebd. 1889. XVII,130,XXVI S. 8°
12: Bavar. 1101 w [2 Ex.]
13.10739

— — 5., verm. u. verb. Aufl. Ebd. 1891. XIX,133,XXVI S. 8°
12: Mus. Th. 3546-10c.
13.10740

Bayreuth. Die schönsten Bauwerke, Denkmäler, Ansichten u.s.w. — Berlin: Neue Photographische Ges. 1906. 21 Bl. 8°
26.
[illegible]

— 1894. Practisches Handbuch f. Festspielbesucher. 12. (VII, 176 S. m. Abbildgn.) Leipzig u. Baden-Baden 894. C. Wild. n. 1. 50

Bayreuth 1896. Prakt. Handbuch f. Festspielbesucher, hrsg. v. Friedr. Wild unt. Mitwirkg. v. Rich. Pohl, Aug. Göllerich, Heinr. Chevalley, Friedr. Adf. Geissler u. Heinr. Platzbecker. M. 41 Künstler-Porträts u. Landschaftsbildern, sow. m. 2 Plänen u. 2 Eisenbahnkarten. 8. (VI, 152, 72 u. 70 S.) Leipzig 896. C. Wild.
Fortsetzg s. u.: Wild, F.

Bayreuth mit Umgebung. 25,000. Aufg. u. gez. von Ottm. Lindig. Bayreuth bei Giessel 1862. 1 Bl.

—— und Umgebung. Ein Album in 7 Stahlst. qu. gr. 8. Bayreuth 866, Giessel. In Mappe

Bayreuth und Umgebung in der Westentasche. — (Bayreuth: Heuschmann 1886.) 58 S. 8° 12: Bavar. 209 t.
13.10745

Bayreuth in der Westentasche. 1. und 2. Aufl. 16. (58 S. mit 2 Plänen) Bayreuth 886,88, Heuschmann. *

Bayreuth [Schlagwort]

Bayreuth—Eisenach, s.: Automobilkarten. Automobil-Tourenkarte.

Bayreuth — Geographische Carte des königl. Baierischen Landgerichts — angefertigt von Püttner, Kreisbau Conducteur. 1: 100.000. 1 Bl. Handzeichnung.

Bayreuth. — Militarische Karte des Fürstenthums — ober- und unterhalb Gebirgs in 70 Blatter u. 37 Blätter Grundrisse ehemaliger Schlosser, Kloster, Kirchen und Kapellen Aufgenommen von dem K. Preuss. Ingenieur-Offic. J. S. R. Hofmann und G. Chr. Stirlein, Art. Offic. 1782. Originalaufnahme und Handzeichnung. 1: 32,000 für 44 Blätter. 1: 14,000 für 20 Blätter. Im Ganzen 70 Blätter.

Bayreuth. Plan v. Bayreuth m. Plänen der Vorstädte St. Georgen u. Altstadt. 31,5×47 cm. Farbendr. Nebst e. Plan der Sitzplätze des Rich. Wagner-Festspielhauses. 4. Bayreuth 894. H. Heuschmann jun. n. — 50

Bayreuth — Der obere Theil des Fürstenthums — entworfen 1763 von Matth. Ferd. Cnopf. Jetzt aber nach den gegenwärtigen Graenzen, Strassen, Eintheilungen etc. berichtigt herausgegeben von Homanns Erben, Nurnberg 1805. 1: 185,000. 1 Bl.

Bayreuth — Der untere Theil des Fürstenthums — entworfen 1763 von Matth. Ferd. Cnopf. Jetzt aber n den gegenwärtigen Granzen, Eintheilungen, Hauptsen etc. berichtigt herausgegeben von Homanns Erben. Nurnberg 1805. 1: 120,000. 1 Bl.

Bayreuth, Friederike Sophie Wilhelmine Markgräfin von: Denkwürdigkeiten, s. Fréderique Sophie Wilhelmine: Mémoires.

Bayreuth, Der Markgräfin v., Denkwürdigkeiten, s: Königstochter, Eine preussische.

Bayreuth, Friederike Sophie Wilhelmine Markgräfin v., s.: Memoiren.

Bayreuth, Markgräfin v.: Memoiren, s.: Friederike Sophie Wilhelmine.

Bayreuth, Frederica Sophia Wilhelmina, Margravine of, s.: Memoirs.

Bayreuth-Album. Imp.-4. (60 S. m. Illustr.) Berlin 889. (Elberfeld, Lucas.) cart. 1. —

Bayreuth-Album. 1891. Unter Red. v. C. v. Ostini. (In deutscher u. engl. Sprache.) Imp.-4. (59 S. m. Abbildgn.) Elberfeld 891. S. Lucas. n. 1. —

— dasselbe. 1892. (Deutsch u. englisch.) Imp.-4. (86 S. m. Abbildgn.) Ebd. 892. n. 1. —

— dasselbe. 1894. (Deutsch u. englisch.) Imp.-4. (IV, 74 S. m. Abbildgn.) Ebd. 894. n. 1. —

Bayreuth-Album. 1896. gr. 4. (58 S. m. Abb.) Elberfeld 896. S. Lucas. n. 1. —

Bayrhamer, Maurus: Epigrammatum libri 4 ad honestam animi remissionem et studiosae iuventutis utilitatem. — Monachii [usw.]: Merz 1758. 128 S. 8°
12: P.o.lat. 168 m.
13.10748

— Paßions-Predigten, welche auf offentlicher Kanzel gesprochen worden. — Kaufbeyren 1769: Neth. 59 S. 8°
12: 4° Hom. 176.
13.10749

— Promptuarium concionatorium exhibens diversos conceptus praedicabiles. Sive eruditiones sacrae per singulos anni dies dominicos distributae. — Augustae Vind.: Burkhart 1757. 932 S. 8°
21. 25.
13.10750

— **Promptuarium** concionatorium exhibens diversos conceptus praedicabiles. Sive eruditiones sacrae pro singulis totius anni festis distributae. — Augustae Vind.: Burkhart 1757. 480 S. 8°
25.
13.10751

Bayrhamer, Philipp: **Historia** imperialis canoniae Roggenburgensis sacri, candidi, et exempti Ordinis Praemonstratensis in Suevia ... a primo fundationis suae anno, qui fuit post Christum natum 1126. usque ad annum 1759. fideli calamo continuata. — Ulmae: Vogel 1760. 174 S. 4°
16. 21. 24. 25.
13.10752

[—] Wohlriechend- und beständig blühende **Lilien**, gesammlet bey hoher Einweyhung, und acht-tägiger Solennitaet der neu erbauten herrlichen Closterkirch in dem ohnmittelbaren freyen Reichs-Stifft Roggenburg. — Güntzburg [1759]: Wagegg. 95 S. 4°
21.
13.10753

Bayrhammer: L e h r b u c h , Französisches (u. and. Schriften zur französ. Sprachlehre), s. B a y r h a m m e r , Aloys Ignaz.

Bayrhammer, Aloys Ign., französ. Lehrbuch f. Anfänger. 2 Thle. 8. Wien 803. Rehm. 20 gr

— kurzgef. französ. Sprachlehre f. Schulen. 8. Wien 803. (Tendler). 9 gr

Bayrhammer, Josef Karl: A n w e i s u n g zum Gebrauch des Isländischen Mooses oder der Isländischen Flechte als Ergänzungsmittel des Brodkorns und zur Vermehrung nährender Speisen und Getränke, mit einer Vorrede von W.A. Lampadius, Freyberg 1819, (Craz).

— genaue Anweis. z. Brodvermehrung durch Erdkohlrüben, Runkelrüben rc. gr. 4. ... 817.

Bayrhammer, Josef Karl: Practische **Anweisung** zum Gebrauche der isländischen Flechten oder des sogenannten isländischen Mooses, als Ergänzungsmittel des Brodkorns ... Zum 2. Male bekannt gemacht ... Mit e. Vorr. gewürdigt von Wilhelm August Lampadius. — Freyberg: Craz & Gerlach 1818. XXXII,96 S. 8°
12: Oecon. 196 n. 17. 19. 30. 41. 106.
13.10754

Bayrhammer, J. C., prakt. Anweisung zum Gebrauche der Isländischen Flechte als Ergänzungsmittel des Brodkorns. Mit einer Vorrede von W. A. Lampadius. 8. Freyberg, Craz u. Gerlach. 819.

(—) Vorläufige **Anweisung** zur Aufnahme der nahrhaften Flechten in das Brod, und zu ihrem Genusse als Gemüs, Brey und Gelée ... Für d. Hochländer u. zur Ergänzung d. 1. Aufl. dieser Erinnerungen an nahrhafte Pflanzen. Würzburg: Verf.; Richter in Komm. 1817. 24 S. 8° 30.
13.10755

(—) — (2. Aufl.) Ebd. 1817. 24 S. 8°
34.
13.10756

— **Erinnerungen** an die Gründung (fundatio) der Gemeinden durch das nutzbare Eigenthum (dominium utile) der unveräußerlichen Staats-Waldungen. — Freyberg: Cratz & Gerlach 1819. 40 S. 8°
1: 6 in Fi 181. 12: Don. Lud. XVII,1 [2 Ex.] 15. 19. 27.
13.10757

— Erinnerungen an d. Gründung d. Gemeinden durch d. nutzbare Eigenthum d. unveräußerl. Staats-Waldungen. gr. 8. (Ebendas. in Comm.) 820.

— **Erinnerungen** an nahrhafte Pflanzen, welche im Brode genossen, einen Theil des Brodkorns ergänzen. — Nürnberg: Riegel & Wießner 1817. XXXII,64 S. 8°
1 [unvollst.]: 3 in Ff 8044. 5. 9. 12: Don. Lud. XLVII,2. 19. 30. 75. 106.
13.10758

— **Erinnerungen** an nahrhafte Pflanzen, welche, in das Brod aufgenommen, einen Theil des Brodkorns ergänzen. 2., verm. Aufl. (H. 1.) — Würzburg: Verf.; Richter [in Komm.] 1817. XVIII,64 S. 8°
12: Oecon. 196 m. 17. 19. 21. 28. 31. 34. 308.
13.10759

(--) Seiner Majestät Carl [Karl] XIV. Johann, dem Könige von Schweden und Norwegen, der Gothen und Wenden &&. [Denkschrift zur Förderung planmäßiger Land- und Forstwirtschaft.] — Dat. Würzburg 1820. 40 S. 8°
12: 4° Don. Lud. XV,14.
13.10760

— s.a. Sendschreiben üb. d. Entartung d. Landbaues.

[—] **Sendschreiben** an die Freunde der Land-Cultur über die Entartung des teutschen Landbau's, und über die Nothwendigkeit der rationellen Schule gegenüber eine doctrinelle zu bilden, von e. Einsiedler am Ossageburg. (1.) München: Stoeger in Comm. 1812. 134,16 S. 8°
12: Don. Lud. XLVII,8. 17. 30.
13.10761

— **Unterricht** über Brodvermehrung durch nahrhafte Flechten, und derselben Anwendung zu Suppe. — Leipzig 1818. 16 S. 8°
19.
13.10762

— **Ueber Volksnahrung** und die Beyträge des unbebauten Landes zu ihrer unmittelbaren Vermehrung. — Freyberg: Cratz & Gerlach 1822. 115 S. 8°
1: Stala 801. 12: 4° Oecon. 22 m. 21. 24. 39. 91.
13.10763

Bayrhammer, Leonhard: **Die Politik** Deutschlands und der europäischen Großstaaten mit besonderer Beziehung auf die Gegenwart. — Regensburg: Manz 1860. IV,80 S. 8°
12: Eur. 293d-221. 19. 75.
13.10764

* **Bayrhammer,** Louis, élémens de la première instruction par M. Thieme, traduit de l'allemand et augmente avec un dictionaire. 8. Vienne. Rehm. 810.

Bayrhammer, Max: **Erlebnisse** eines Wandermimen. Humoresken u. gesammelte Feuilletons. — Frankfurt a. M.: Knauer [1902]. 128 S. 8°
30. 41.
13.10765

[F.] **Bayrhammer,** Wilhelm [Rechtsanw.]: Das Delikt der Bedrohung ... Tübingen, Druck v. H. Laupp jr, 1896; 73 S. 8.
Tübingen, Jur. Fak., Inaug.-Diss. v. 1896

Bayrhoffer, Carl Theodor, s. B a y r h o f f e r , Karl Theodor

Bayrhoffer, Christian Friedrich: **Bemerkungen** über das epidemische Kindbetterinnenfieber. — Frankfurt a. M.: Eichenberg 1812. XXII,112 S. 8°
1: Kf 1825. 12: Path. 100 q. 16. 17. 20. 21. 24. 30. 36.
13.10769

Bayrhoffer, Johann David Wilhelm: **Einiges** über Lichenen und deren Befruchtung. — Bern: Huber 1851. 41 S. 4°
1: 4° Mb 13540. 7. 8. 12: 4° Phyt. 28 m.
15. 17. 21. 28. 30. 34. 48. 90. 304.
13.10770

— **Entwickelung** und Befruchtung der Cladoniaceen. — (Frankfurt a. M.) 1860: (Ph. Bayrhoffer). 26 S. 4°
1: 4° Mb 13663. 20. 21. 26. 30. 43. 48. 52. 308.
13.10771

— **Uebersicht** der Moose, Lebermoose und Flechten des Taunus. gr. 8. (IV, 161 und XIV S.) Wiesbaden 849. (Kreidel.)
Aus: Jahrbücher des Vereins für Naturkunde im Herzogthum Nassau 5. Heft, besonders abgedruckt.

— Uebersicht der Moose, Lebermoose und Flechten des Taunus. — Wiesbaden 1849: Ritter. 101,XIV S. 8° (Jahrbücher d. Vereins für Naturkunde im Herzogthum Nassau. 5.) 1: Lc 7200-5. 2. 4. 5. 7. 10. 11. 12: Acad. 76 ec-5. 15. 17. 18. 25. 28. 30. 34. 43. 46. 82. 90.
13.10772

Bayrhoffer, Karl Theodor: Der Begriff der organischen Heilung des Menschen im Verhältnisse zu den Heilungsweisen der Gegenwart. — Marburg: Garthe 1837. XXX, 104 S. 8°
4. 12: Path. 100 s. 19. 24. 27. 30. 31. 36. 75. 169.
13.10774

—— Beiträge z. Naturphilosophie. 1. u. 2. Beitr. gr. 8. (12½ B.) Leipzig, Otto Wigand.
Beitr. 1. Das System d. Naturentwickelung als allgem. Grundlage. (12½ B.) 839. 1 Thlr.
» 2. Die Theorie d. ursprüngl. u. geschlechtl. Erzeugung d. Menschen. (13⅙ B.) 840. 1 Thlr.

— Beleuchtung zweier neuen Erscheinungen in dem Kurhessischen Symbolstreit. — Leipzig: Wigand 1839. 16 S. 8° 1: 4 in Df 16560; 1 in Df 16561 [u.] 3 in Df 1 a. 4. 12: Polem. 3028-6. 34. 47. 66.
13.10776

— Erste kritische Beleuchtung der Schrift des Herrn Oberappellationsrathes Dr. Johann Wilhelm Bickell: Ueber die Verpflichtung der evangelischen Geistlichen ... Cassel, 1839. 2., auch mit e. Kritik d. Entgegnung Carl's verm. Aufl. — Ebd. 1839. 61 S. 8°
4. 12: Polem. 3028-4. 17. 19. 34. 47.
13.10778

— Kritische Beleuchtung der Schrift des Herrn Oberappellationsrathes Dr. J. W. Bickell: Ueber die Verpflichtung der evangelischen Geistlichen auf die symbolischen Schriften... Cassel, 1839.— Leipzig: Wigand 1839. 40 S. 8° 1: 2 in Df 16560; 1 in Df 16562 [u.] 7 in Df 1 a. 4. 34. 47.
13.10777

— Zweite, allgemeinere kritische Beleuchtung der Schrift des Herrn Oberappellationsrathes Dr. Johann Wilhelm Bickell: Ueber die Verpflichtung der evangelischen Geistlichen auf die symbolischen Schriften ... Cassel, 1839. — Leipzig: Wigand 1839. 31 S. 8°
1: 21 in Df 1 [u.] 3 in Df 16560. 4. 19. 34. 47. 66.
13.10779

— Betrachtungen über Erfahrung und Theorie in der Naturwissenschaft. Zu Herrn D. Ferdinand Wurzer's ... fünfzigjährigem Doctorjubiläum am 22. Sept. 1838. — Leipzig: Wigand 1838. 32 S. 8°
2. 4. 5. 7. 9. 11. 15. 16. 19. 26. 27. 28. 31. 34. 45. 66.
13.10780

— Ueber den Deutsch-Katholicismus. Rede ... Nebst e. Nachwort über d. Union d. Protestanten. — Marburg: [J.P.] Bayrhoffer 1845. 15 S. 8° 4. 17. 32. 34. 47.
13.10781

— — 2. Aufl. Ebd. 1845. 15 S. 8°
5. 7. 8. 15. 16. 26. 27. 34.
13.10782

— Die Grundprobleme der Metaphysik, als Versuch ihrer Lösung dargest. u. mit e. erkenntnißtheoretisch-metaphysischen Bruchstücke hrsg. — Marburg: Garthe 1835. XV,62,99 S. 8° 1: Nm 14744. 4. 19. 29. 33. 34. 41.
13.10783

— Die Idee des Christenthums im Verhältnisse zu den Zeitgegensätzen der Theologie. — Marburg: Garthe 1836. XVI,112 S. 8°
1: Dc 5650. 4. 7. 12: Th. U. 26. 19. 29. 31. 34. 42. 47.
13.10784

— Die Idee und Geschichte der Philosophie. — Leipzig: Wigand 1838. XVI,502 S. 8°
2. 3. 10. 12: Ph. U. 608 u. 14. 20. 21. 28. 29. 34. 38. 42. 43.
13.10785

— — Marburg 1838: J.P. Bayrhoffer. XVI,502 S. 8°
1: Nk 1200. 4. 7. 19. 47.
13.10786

— Ueber Idee und Wirkung der protestantischen Kirchenvereinigung. — Leipzig: Wigand 1838. II,42 S. 8°
1: Dl 5810. 12: Polem. 3028-7. 15. 30. 31. 47.
13.10787

Bayrhoffer, Karl Theodor

— Kritik des Erkenntnisses des Ober-Appellations-Gerichts zu Kassel vom 24. April 1847, hinsichtlich des § 30 der Kurhessischen Verfassungs-Urkunde. — Marburg: [J. P.] Bayrhoffer 1847. 36 S. 8° 4. 34. 47. 208.
13.10788

— De Natura et formis variis animantium terrae simulque de vita universali. Disquisitio philosophica. — Marburgi: Garthe 1835. 106 S. 8° Zugleich Diss. Marburg 1834. 7. 34.
13.10789

— Plan seiner Vorlesungen, den Herren Studirenden zur Orientirung vorgelegt. — Marburg 1836. 14 S. 8° 34.
13.10790

(—) Das Provinzial-Comité zu Marburg für die Wahlen zur constituirenden Versammlung an die Hessen. — Dat. Marburg 10. April 1848. 1 Bl. 2° 4.
13.10791

(—) Das Verhältniß der Lichtfreunde zu der protestantischen Kirche. Eine Erklärung von Protestanten Marburgs an d. Kurfürstliche Consistorium d. Provinz Oberhessen. — Offenbach a. M.: Heinemann 1846. 6 S. 8°
2. 4. 26. 34.
13.10792

— Das wahre Verhältniß des freien christlichen Staats zu christlicher Religion und Kirche und deren Gegensätzen. Leipzig: Wigand 1838. 36 S. 8° 4. 11.
12: Polem. 3028-5 [2 Ex.] 18. 19. 21. 31. 32. 34. 45. 47.
13.10793

— Der praktische Verstand und die marburger Lichtfreunde. Eine Antwort auf die Schrift des Herrn Pfarrer Hieronymi in Darmstadt: 'Die Hegelianer als Lichtfreunde ...' Darmstadt, 1846. — Darmstadt: Leske 1847. 32 S. 8° 1: 21 in Dn 4305. 4. 14. 17. 26. 34. 36.
13.10794

(—) Der Verstand in dem Programm des Vaterlandsvereins. Dat. Marburg 1. Mai 1848. 1 Bl. 8° 4.
13.10795

(—) Vertheidigungs-Rede vor dem Schwurgericht zu Marburg am 29. September 1849, betreffend die Anklage gegen Konrad Thielemann aus Kirchhain wegen Majestätsbeleidigung. — Marburg 1849: [J.P.] Bayrhoffer. 16 S. 8°
34.
13.10796

— An das kurhessische Volk, seine Vertreter und Minister. Bei Eröffnung d. Landtags im März 1848. — (Marburg [1848]: J.P. Bayrhoffer.) 1 Bl. 2° 4. 47.
13.10797

(—) An die Wähler der Provinz Oberhessen, namentlich des Wahlbezirks Marburg, Kirchhain und Frankenberg, für die constituirende deutsche National-Versammlung. — Dat. Marburg 13. April 1848. 1 Bl. 2° 4. 14.
13.10798

— Das Wesen des Universums und die Gesetze des Humanismus, dargestellt aus dem Standpunkte der Vernunft. — Ottawa, Ills. 1871: Denhard & Witte. 100 S. 8° 4.
13.10799

— Das wahre Wesen der gegenwärtigen religiösen Reformation in Deutschland. — Mannheim: Hoff 1846. 15 S. 8°
1: Cq 10154. 4. 7. 10. 11: Germ. g. 222 u/7. 15. 19. 21. 22. 25. 30. 31. 32. 34. 44. 47. 180.
13.10800

Bayrhoffer, Philipp: 1. Joh. IV,16. Abschiedspredigt gehalten im Versorgungshause zu Frankfurt a.M. den 22. Juni 1884 und seiner Gemeinde als Abschiedsgabe gewidmet. — Frankfurt a. M.: Rommel 1884. 12 S. 8° 30.
13.10801

Bayrhoffer, Ph., der Buchstabe tötet, der Geist aber macht lebendig. Predigt über 2. Cor. III, 1—6, gehalten in der Peterskirche am Sonntag, den 6. Mai 1883. gr. 8. (11 S.) Frankfurt a. M. 883, Rommel.

Bayrhoffer, Wilhelm Friedrich August: Zwei Predigten. Seiner Hochwürden d. Herrn Karl Wilhelm Justi ... an seinem fünfzigjährigen Pfarrjubiläum ... geweihet. — Marburg [1840]: J.P. Bayrhoffer. 35 S. 8°
4. 15. 34. 47. 66.
13.10803

Bayrische Alpen [Schlagwort]

Bayrische Alpen, s.: Alpen.

Bayrische Alpen, s.: Alpen, Maier, Ravenstein.

Bayrische Armee [Schlagwort]

Bayrische Armee, s.: Militärkarten.

Bayrische Flussgebiete [Schlagwort]

Bayrische Flussgebiete. Atlas der bayerischen Flussgebiete. Bearb. u. hrsg. v. hydrotechn. Bureau, Abteilg. der Obersten Baubehörde im kgl. bayer. Staatsministerium des Innern. 1 : 200,000. Ausschnitt aus Blatt 4 u. Blatt 5—10. Farbdr. München (A. Buchholz). n.n. 27.—
Ausschnitt aus Blatt 4. 25,5×47 cm. 905. n.n. 1. —. — Blatt 5. 60,5×85,5 cm. 905. n.n. 4.—. — Blatt 6. 60,5×78 cm. 902. n.n. 4.—. — Blatt. 7. 60,5×78 cm. u. Klappe 61,5—44 cm. 904. n.n. 6.—. — Blatt 8. 60,5×78 cm. 903. n.n. 4.—. — Blatt 9. 60,5×85 cm. 901. n.n. 4. . — Blatt 10. (Ergänzungsblatt.) Südlichster Tl. des ausserbayer. Inngebietes. 59×79 cm. 902. nn. 4.—.
Blatt 1—4 erscheinen später.

Bayrischer Wald [Schlagwort]

Bayrischer Wald. Köhler's Touristenkarte des gesamten Bayrischen u. Böhmerwaldes sowie des Oberpfälzer Waldes. 1 : 150,000. 2 Bl. 88×66 resp. 73×61 cm. Farbdr. Dresden (910). A. Köhler. 2. 50

Bayrischer Wald. Prühäusser, K., Detailkarten des Bayerischen u. Böhmer-Waldes. 1 : 100,000. 9 Blatt je 15×20,5 cm. Farbdr. Passau (903). M. Waldbauer. n. 3.—

Bayrischer Wald. Prühäusser, K., Wege- u. Routenkarte f. den bayrischen Wald. 1 : 200,000. 2 Blatt. 45×38 u. 48×36 cm. Farbdr. Passau (902). M. Waldbauer. In Tasche n. 2.—

Bayrischer Wald. Waltenberger, A., Karte d. bayrischen u. d. Böhmer-Waldes. Entworfen u. gezeichnet unter Mitwirkg. v. Eug. Waltenberger. Hrsg. vom Waldverein. 1 : 250,000. Mit e. Nebenkarte: Die Donau zwischen Passau u. Linz. 1 : 300,000. 3. Aufl. Kpfrst. u. Farbendr. 47×73 cm. Passau 892. (M. Waldbauer.) In Leinw.-Decke. n.n. 2. 80

— Waltenberger, A., Karte des bayrischen u. des Böhmerwaldes. Entworfen u. gezeichnet unter Mitwirkg. v. Eug. Waltenberger. Hrsg. vom Waldverein. 1 : 250,000. 4. Aufl. 48×73,5 cm. Lith. u. Farbdr. Passau (906). G. Kleiter. n. 1. 20

— Waltenberger, A., Karte des bayrischen u. des Böhmer-Waldes. Entworfen u. gezeichnet unter Mitwirkg. v. Eug. Waltenberger. Hrsg. vom Waldverein. 1 : 250,000. 6. Aufl. 48×73,5 cm. Farbdr. Passau (908). (G. Kleiter). 1. 20

Bayrischer Wald. Waltenberger jun., Routen-Karte d. bayrischen u. d. Böhmer-Waldes. Nach Skizze v. Jos. Mayenberg gezeichnet. 1 : 300,000. Steindr. 31×50,5 cm. Passau 891. M. Waldbauer. n. — 70

Bayrle, Joh. Nep.

Bayrle, J. N., u. Ant. Mühel, militärischer Wegweiser f. die Absolventen der Lehrerseminaren. Im Auftrage des Hauptausschusses des bayer. Volksschullehrervereins bearb. 2. verm. u. vollständig umgearb. Aufl. (56 S.) 8. München 910. C. A. Seyfried & Co. — 40

Bayrle, J. N., militärischer Wegweiser für die bayerischen Volksschullehrer. Im Auftrage des Hauptausschusses des bayer. Volksschullehrervereins bearb. (33 S.) 8. Augsburg 906. (Schwäb. permanente Schulausstellg.) n.n. — 30
Neue Aufl. '10 bei CA Seyfried & Co. in Münch.

Bayrle, Joseph (Günzburg), Die asiatische Cholera. Diss. med. Präs. F. G. v. Gmelin. Tübing. (G. Bähr) Juli 1836. 34 S. (5.—)
Widm. v. Präs.

Bayrn. —

Das durch den tödtlichen Hintritt deß glorwürdigsten Maximilian Emmanuels höchst-bestürtzte und durch die Churfolge deß Durchleuchtigsten Caroli Alberti wider erquickte Bayrn. — München 1726: Riedlin. 2 Bl. 4°
12: 2° Bavar. 950–1,35. 14. 19.
13.10076

Das in dem allein-seeligmachenden römisch-katholischen Glauben, stäts aufrichtig stehende, florierende, und zugleich in die aller-reiniste Sonnen Maria gantz verliebte Bayrn, kürtzlich entworffen ... von R.P.P.A.P.W.S.E.B.C. Augsburg 1723: Labhart. 23 S. 4° 12: 2° Bavar. 91 d.
13.10096

Bayros, Franz v.
Pseudonym: Choisy Le Conin

— [Illustr.] s. *Ascher*, Adolf: 'Gut und Blut fuer unsern Kayser'. 1900 u.ö.

Bayros, Franz v.

CHOISY le Conin (i. e. Marquis Franz v. Bayros). Bilder aus dem Boudoir der Madame C. C. 30 (erot.) Heliogravüren. O. O. Fol. Hbpgt.
Ausführliche Beschreibung bei: Brettschne der Nr. 37, S. 15/17.

— Die Bonbonnière. Galante u. artige Samlung [!] erotischer Phantasien von Choisy Le Conin. Mit Paraphrasen in Poesie u. Prosa von Amadée de La Houlette [d. i. Franz Blei]. Lfg [1.]2. — (Wien [usw.]: Stern [1907].) 12 Taf., 26 gez. Bl. 4° 1: 4° Nt 295/83.
13.10809

— — Ebd. [1907]. 24 Taf., 53 gez. Bl. 4° 302.
13.10810

BAYROS, Marquis de. Erzählungen am Toilettentisch. Titelbild und 15 Vollbilder. O. O. u. J. (1908). Kl. 4°. Mappe. Für Subskribenten in 300 Expl. hergestellt.
Inhalt: Titelbild — 1. Die Tabaksdose. — 2. Viola di Gamba. — 3. Der Bote. — 4. Nicht drängeln, Kinder. — 5. Die blaue Feder. — 6. O what a pretty like-place. — 7. Die Sonnenuhr. — 8. Der Eetischift. — 9. Jupiter und Europa. — 10. Die Witwe. — 11. Paroxysme érotique. — 12. Der Rivale. — 13. Die rote Lehrerin. — 14. Tantalus. — 15. Der Tempel der Cotys.

— Erzählungen am Toilettentische. Von Choisy Le Conin. o.O. [um 1910]. 15 Taf. 4° 1:4° Nt 295/90. 27.
13.10811

Bayros, Frz v.: Ex-libris. (2 Tle.) Wien, A Wolf.
(1.) (12 Taf. m. 3 S. Text.) Lex8° '11. in HPerg.-M 15 — vergr. 8
(2.) N. F. (11 Taf. in Passe-partout m. 2 S. Text.) 32,5×25 cm. '12. in M 25 —; signierte Vorzugsausg. in Perg.-M 40 —

[BAYROS, Franz von.] Ex Libris, die ſie nicht tauſchten. Von Venu de Boneſtoc (Bayros). Paris, London, Wien, 1909. Kl. 4°. Halbpergament. 2 Tafeln Titel, 20 (erotiſche) Bildertafeln und 20 Titeltafeln zu den Bildern.

— Im Garten der Aphrodite. 18 Bildtafeln (Lichtdrucke). Privatdruck o. O. u. J. 4°. Mappe.

— Die Grenoulliere. Ein Mappenwerk von Choisy Le Conin. — [Siena]: Conrad 1907. 15 Taf. 4° 1:4° Nt 295/80.
13.10820

Bayros, Franz von. Original-Federzeichnungen zum Venus-Rosenkränzlein, bestehend aus 11 Stücken auf 7 Cartons. (Zusammen 265 Mk. Paul Graupe, Berlin, 1909:)

BAYROS, F. B. 6 Zeichnungen. [Auf Kunſtdruck-Bütten.] [Erotiſch, vorzügliche Abzüge.] Mappe in 4°.

Bayros, Frz v.: Aus galanter Zeit. Künstler-Album. (20 m. farb. Abb.) 34,5×26 cm. Berl., Verl. d. „Lust. Blätter" ('12). — 50

Bayros-Mappe. I—III. (12 Taf. in Passepartout m. 2 Bl. Text; 20 Taf. in Passepartout m. 2 Bl. Text; 12 Taf. in Passepartout m. 4 S. Text.) 29,5×24,5 cm. Münch., Bayer. Verl.-Anst. ('11)'13. je 35 —; signiert je (40 —) 60 —; Subskr. je 25 —; bezw. je (30 —) 40 —

Bays .: Horaz und die Natur. Ein Beitrag zur Untersuchung über das Naturgefühl der Alten. 22 S.
Progr. Bonn 1872.

Baysen, Hans [Pseud.] s. *Wolff*, Viktor.

Baysen, Hans (Vict. Wolff), die Bajadere, s.: Zwanzig-Pfennig-Bibliothek, moderne, 2. Bd.

— Die rote Hand (Kyrmyzy-el), s.: Erzählungen, 1001. f. Junc u. Alt.

Baysen, Hans (Vict. Wolff): Die rote Hand. s: Willkommen.

-- Die Schlange, s.: Zehnpfennig-Bibliothek, moderne. 70. Bd.

— Das Teufelsloch, s.: Zehnpfennig-Bibliothek, moderne, 76. Bd.

— Versöhnt, s.: Zehnpfennig-Bibliothek, moderne. V, 8.

Bayssière, Pierre

Bayssière, Pet., Brief an meine Kinder über meine Bekehrung zur wahren christl. Religion ꝛc. gr. 8. Leipzig 828. (Berlin, Bade.) 1/4 ℔

Bayssière, Pierre: [Lettre à mes enfans, au sujet de ma conversion à la véritable religion chrétienne, deutsch] Brief an meine Kinder über meine Bekehrung zur wahren christlichen Religion. — Leipzig: Glück 1828. IV,48 S. 8° 12: Polem. 178g. 15. 19. 117. 302.
13.10848

Bayz, Franz Jos., Riedlingen. Dissertatio inauguralis medica de vomitu cruento. Basel; med. Diss. 1746.

Baz, Christian, De eo, quod justum est circa oblationem atque depositionem pretii in retractu, German.: von Anerbietung u. Hinterlegung des Kauffschillings in Losungen. Disp. jur. Präs. Wolfg. Adam Schoepff. Tübingen (Löffler) 18. XII. 1748. 26 S. (5.20) 1512

Baz, Christian Friedrich: Beitrag zur Erörterung der Lehre von der Erbfolge der weiblichen Nachkommenschaft in subsidiarischen Weiberlehen. Ein Auszug aus e. Informativ-Gutachten. [Verf.: Christian Friedrich Baz.] [Nebst] Anh. — Stuttgart: Mezler 1802–03. 8°
Anh. Eine Antwort auf d. Recension in d. Tübing. jurid. Archive. 1803.
21. 24. 26 [ᵒᵒ Anh.]
13.10850

[—] — Ueber die weibliche Erbfolge in die von Rieppur'sche Lehen zu Ober- und Unter-Mensheim. Ein Beytrag zur Erläuterung d. Lehre von d. weiblichen Erbfolge in subsidiarischen Weiberlehen. [Nebst] Anh. — Ebd. 1802–03. 8°
Anh. Eine Antwort auf d. Recension in d. Tübing. jurid. Archive. 1803.
21. 24. 31 [ᵒᵒ Anh.]
13.10851

Bazaine et l'armée de Metz. Par un officier de cette armée.
Quedlinbourg 1871.
8°

Der Prozess Bazaine, aus d. authentischsten Documenten gezogen u. im Ausz. mitgetheilt. — Leipzig: Matthes [1873]. IV,91 S. 8° 1: Kr. Samml. Qb 13. 26. 35.
13.10873

Der Prozeß [Prozess] Bazaine. — Berlin: Mittler 1874. S. 74–124. 8° (Militair-Wochenblatt. Beih. 1874,3.)
1: Hu 2318–1874,2. 4. 7. 9. 12: 4° Mil. g. 110 ob-Beih. 1874,2. 14. 17. 24. 26. 29. 30. 31. 33. 34. 46. 61. 109. 209.
13.10874

— Ebd. 1874. 52 S. 8° Aus: Militair-Wochenblatt. 1874, Beih. 3.
1: Kr. Samml. Qb 14. 34.
13.10875

Bazaine und die Rhein-Armee nach Noisseville von E. H. Leipzig: Luckhardt 1873. 23 S. 8° (Militairische Zeit- u. Streitfragen. 12.) 1: Hu 2950–12 [u.] Kr. Samml. Db 9. 12: Mil. g. 234h–12. 17. 33. 117. 209.
13.10876

Bazaine, Maréchal de France, 1811-1888. 1870
s. *Bazaine*, François Achille.

Bazaine, François Achille

— [deutsch] Summarischer Bericht über die Operationen der Rhein-Armee vom 13. August bis zum 29. Oktober 1870. Aus d. Franz. von A. Mels [d. i. Martin Cohn]. — Ebd. 1870. 28 S. 8°
1: Qo 7356 [u.] Kr. Samml. Fb 2. 4. 7. 9. 10. 11. 17. 19. 21. 26. 30→33. 35. 41. 43→46. 109. 117. 121. 209.
13.10892

— [Ausz., deutsch] Episoden aus dem Kriege von 1870 und der Belagerung von Metz ... Im Ausz. übers. von Wevers. — Berlin: Luckhardt 1884. 112 S. 8°
1: Qo 6553 [u.] Kr. Samml. Db 39. 11. 12: Eur. 694 d–585. 23. 29. 35. 41. 48. 52. 209.
13.10886

Bazaine, Marschall, Feldzug des Rhein-Heeres vom 12. Aug. bis 28. Oktbr. 1870. Mit vielen Karten und Plänen, sowie urkundl. Belegen. gr. 8. (VII, 175 S. mit 11 lithogr. Karten in gr. 8., qu. gr. 4., gr. und qu. gr. Fol., wovon 4 in Buntdr.) Cassel und Leipzig 872, Luckhardt'sche Verlagsh.

— Rapport sommaire sur les opérations de l'armée du Rhin du 13 août au 29 octobre 1870. — Berlin: Simion 1870. 28 S. 8° 12: Eur. 694d-317. 14. 18. 21. 33. 34. 38. 39. 43. 46. 61. 109. 205.
13.10888

— — 2. éd. Ebd. 1870. 28 S. 8° 16. 24. 31. 38.
13.10889

— — 3. éd. Ebd. 1870. 28 S. 8° 1: Kr. Samml. Fb 1. 109.
13.10890

— — 4. éd. Ebd. 1871. 28 S. 8° 1: Kr. Samml. Fb 1a. 10. 11.
13.10891

Bazaine, P.-D. Chemin de fer de Strasbourg à Bâle. Lex.-8. (156 S. m. 1 Bildnis.) Par. 892. (Mülhausen i. E., Detloff.) * * 2 40
Aus: Bulletin de la société industrielle de Mulhouse, besond. abgedruckt.

Bazala, Josef

— Beleuchtungsconstructionen für windschiefe Flächen mit einer Richtebene. Mit 2 Fig. Tafeln. (14). Bielitz R. 94. Progr.

Bazala Josef: Beleuchtungs-Constructionen für windschiefe Schraubenflächen. 14 u. 1 Tafel Bielitz R. 92. Progr.

Bazala, Josef: Constructionen über Flächen zweiten Grades in allgemeiner Parallelprojection. — Wien: Lehranst. 1882. 15 S. 4°
Zugleich Progr. Wien OR in d. Josefstadt 1881/82.
83. 90. 91. 305.
13.10909

Bazalgette, Léon, L'abstinence sexuelle comme principe créateur en art, s.: Diskussionen, Züricher.

Bazali, Marian: Algebra für den Schul- und Selbstunterricht. 1907 s. *Mueller*, Oskar.

— Die Berechnung der durchlaufenden Balken. Eine elementare Bestimmg. der Momente u. Querkräfte auf rechner. u. zeichner. Wege. Für Selbstunterricht u. zum prakt. Gebrauch f. Baumeister, Ingenieure u. Bautechniker. 1. Tl.: Bestimmungen auf rechner. Wege m. 43 Beispielen, 72 Abbildgn. u. vielen Taf. (182 S.) gr. 8. Glauchau 910. A. Peschke. 4.—; geb. n 5.—

Bazali, M., Berechnung d. durchlaufenden Balken. — Berechnung d. Betonkanäle. — Zahlenbeispiele. Jetzt: Glauchau, O. Streit.

— Die Berechnung der Betonkanäle. Vereinfachte Formeln zur Berechng. der Kanalweite, Abflussmenge, Wassergeschwindigkeit u. des Gefälles. Ein Hilfsbuch f. Techniker u. Stadtbaubeamte. Mit 4 Abbildgn., 8 Tab. u. ausführl. Zahlenbeispielen. (31 S.) gr. 8. Ebd. 909. 2.—

— Berechnung freistehender Schornsteine. Ein Leitfaden zum Entwerfen u. zur Berechnung d. Standfestigkeit. — Lübeck: Coleman 1908. 54 S., 6 Taf. 8° 88. 90. 91. 305.
13.10932

— Die Eisenbetontreppen. Ein Leitfaden f. Schule u. Praxis. (III, 58 S. m. 72 Abbildgn.) 8. Kattowitz 909. Phönix-Verlag. 2.—

— Die Eisenbetontreppen. Ein Leitfaden für Schule u. Praxis. — Kattowitz: Siwinna 1909. 58 S. 8° 1: N 09.248. 2. 90. 201. 305.
13.10933

— Die Kalkulation u. d. Veranschlagen v. Eisenbetonbauten. (53 m. Abb. u. Tabellen.) gr8° Ebd. '12. 1.50; geb. n 2 —

— Die Kalkulation u. d. Veranschlagen v. Kanalisations- u. Wasserversorggs-Anlagen. (53 m. Abb. u. Tabellen.) gr8° Ebd. ('12). 1.50; geb. n 2 —

— Preisermittelg u. Veranschlagen v. Hoch-, Tief- u. Eisenbetonbauten. (243 u. 5 m. Abb.) gr8° Ebd. '12. 5 —; geb. n 6 —

— Tabellen zur schnellen Bestimmung der Querschnitte, Momente und Spannungen in Eisenbetonplatten. — Berlin: Ernst 1907. IV, 36 S. 8° 1: Nz 5552/108. 11. 89.
13.10944

Bazali, M., Tabellen f. Säulenberechnungen nebst Bestimmungen f. die Ausführung v. Konstruktionen aus Eisenbeton. Auszug. Enth.: Flächen $F = F_b + 15 \cdot F_e$ u. Trägheitsmomente $J = J_b + 15 J_e$ der Säulenquerschnitte, sowie Gewichte. Mit üb. 1680 Säulenquerschnitten u. 18 Abbildgn. (IV, 55 S.) 8. Berlin 907. W. Ernst & Sohn. n. 1. 60

Bazali, Marian

— Zahlenbeispiele zur statischen Berechnung von Eisenbetonkonstruktionen. Ein Nachschlagebuch für d. Praxis. Glauchau: Peschke 1908. VIII, 211 S. 8° 84. 89. 90. 91. 92. 210. 305.
13.10946

— Zahlenbeispiele zur statischen Berechnung v. Eisenbetonkonstruktionen. Ein Nachschlagebuch f. die Praxis. Mit 95 Abbildgn. u. zahlreichen Tab. (VIII, 211 S.) gr. 8. Glauchau 909. A. Peschke. 5.—; geb. n 6.—

Bazán, Emilia Pardo, d. Grundstein. Roman 8. (226 S.) Stuttgart 895. Deutsche Verlags-Anstalt. n. 3 —; geb. n.n. 4.—

— E. Hochzeitsreise, s.: Durch alle Lande.

Bazán, D. Emilia Pardo, ländlich sittlich, s.: Bibliothek der fremden Zungen.

Bazan, Franz Banniza v. s. *Banniza* v. Bazan.

Bazancourt, César de

— [Ausz.] L'Expédition de Crimée jusqu'à la prise de Sébastopol. Abrégée et arrangée à l'usage des collèges. — Munster: Theissing 1857. VII, 367 S. 8° (Bibliothek gediegener u. interessanter französischer Werke. 12.)
4. 6. 22. 25. 30. 32. 34. 41. 47. 51. 52. 60. 66. 78. 211.
13.10987

— — Éd. stéréot. Ebd. [1887]. VII, 383 S. 8° (Bibliothek gediegener u. interessanter französischer Werke. 12.) 207.
13.10988

— [deutsch] Der italienische Feldzug von 1859. Nach d. Franz. von J. Seybt. Th. 1. 2. — Naumburg: Pätz; Leipzig: Gerhard 1860. 8°
1: Rm 4474. 2. 3. 16. 20. 21. 23. 24. 30. 33. 36. 46. 209.
13.10971

Bazancourt, de, der Feldzug in der Krim bis zur Einnahme von Sebastopol. Eine aus authentischen Quellen geschöpfte Darstellung des orientalischen Krieges im Auftrage Sr. Exc. des Unterrichtsministers hrsg. Aus dem Französ. vollständig übertragen. 2 Bde. gr. 8. (XXXI und 830 S.) Wien 856, Hartleben's Verlagsexpedition. *

v. Bazancourt. Der Feldzug in der Krim bis zur Einnahme von Sebastopol. A. d. Frz. 2 Bd. (XXXI. 830.) 8. Pest, Wien 1857. 9.00.

Bazancourt, F. de s. *Bazancourt*, César de.

Bažani: Über den Holzhandel, s. Bazant, Johann von

Bažanov, Vasilij Borisovič: Von der Ehe. Ein Bruchstück aus den Ihrer Hoheit Prinzeßin Maria von Heßen-Darmstadt gehaltenen Religions-Vorträgen. Von B. Baschanow. o. O. 1840. 24 S. 8° Titelblatt u. Text lithographiert. 32.
13.11012

Bažant, Johann v.: Die Handelspolitik Österreich-Ungarns 1875 bis 1892 in ihrem Verhältnis zum Deutschen Reiche und zu dem westlichen Europa. Von Johann v. Bažant. — Leipzig: Duncker & Humblot 1894. IV,193 S. 8°
1:Sb 9082. 3. 6. 7. 11. 12:Merc. 17 r. 14. 15. 16. 20. 21. 25. 26. 27. 29. 30. 34. 43. 106. 203. 205. 206. 208. 300:83.277-B. 302.
13.11017

— Oesterreichisch-ungarische Industrie- und landwirthschaftliche Ausstellung Triest 1882. Ueber den Holzhandel. Studie. Consular-Berichte. Hrsg. mit Unterstützung d. k.k. Handels-Ministeriums vom österr.-ungar. Vereine d. Holz-Producenten, Holzhändler u. Holz-Industriellen. — Wien 1882. 92 S. 8°
33. 48. 203. 205. 206. 300:27.922-B. 302. 303.
13.11018

Bazant v. Hegemark, Otto Rr: Das Ablaufen der Handelsverträge der österreichisch-ungarischen Monarchie. — Wien: Manz 1902. 28 S. 8°
1:Sb 9116. 38. 169. 203. 300:416.786-B. 302.
13.11027

Bazant v. Hegemark, Otto Ritter, das Problem der Erstellung e. international einheitlichen Warenklassifikation in den Zolltarifen u. Zollstatistiken. (32 S.) gr. 8. Wien 910. Manz. — 85

Bazar, Komedia w jednym akcie, przez Panne Dziubinska, Scena w Poznaniu w Hotelu Bazaru. 16. (2 B.) Poznaniu 842, Braci Scherków.

Bazar, der. Technische Muster-Zeitung für Frauen. Redig. von Antonie Klein (A. Cosmar). 1. und 2. Jahrg. 1855 und 1856. à Jahrg. 24 Nrn. (à 1 Bl., 3 lithogr. Musterbog., 1 color. Modekpfr. und natürl. Stoffmustern.) Mit: Plaudereien. Von Feodor Wehl. 24 Nrn. (½ Bog.) hoch 4. Berlin, Schaefer. à Jahrg.
Die Fortsetzung erschien unter dem Titel:

Bazar, der. Berliner illustrirte Damen-Zeitung. 3—8. Jahrg. 1857—62. (à Jahrg. 48 bis 52 Nrn. à 2 Bog. mit eingedr. Holzschn.) Mit lithogr. Schnitt-Beilagen. Fol. Berlin. [Leipzig, Bazar-Expedition.] à Jahrg.

Bazar, der. Illustrirte Damen-Zeitung. 9. Jahrg. 1863. 48 Nrn. (à 2 Bog. mit eingedr. Holzschn.) Mit lithogr. Schnitt-Beilagen. Fol. Leipzig, Bazar-Expedition.

— — 10. Jahrg. 1864. 48 Nrn. (à 2 Bgn. m. Holzschn. im Text.) Mit lith. Schnitt-Beilagen. Ebend. Fol. 1. Quart. n. 20 ngr; 2—4. Quart. à 25 ngr

Bazar, der. Illustrirte Damenzeitung. 11—16. Jahrg. 1865—1870. à 48 Nrn. (à 2 Bgn. m. Holzschn.) Mit lith. Schnitt-Beilagen. Leipzig, Bazar-Expedition. Fol. Jeder Jahrg. 3 ₰ 10 ngr.

— vollständiges Register zum, 1862—1867 sachlich geordnet und allen Freundinnen des Bazars gewidmet von Emma v. L. Fol. (14 S.) Breslau [Leipzig] 874, (E. Günther's Verlag.)

Bazar, der. Illustrirte Damenzeitung. 17—22. Jahrg. 1871—1876 à 48 Nrn. (à 2 B. m. eingedr. Holzschn.) Mit lith. Schnitt-Beilagen. Fol. Berlin, Bazar-Actien-Gesellschaft. à Jahrg. 10. —

Bazar, der. Illustrirte Damen-Zeitung. 23—28. Jahrg. 1877—1882. à 48 Nrn. (à 2—3 B. m. eingedr. Holzschnitten u. Schnittmuster-Beilagen.) Fol. Berlin, Bazar-Actien-Gesellschaft. à Jahrg. 10. —

Bazar, der. Illustrierte Damen-Zeitung. 29—32. Jahrg. 1883—1886. à 48 Nrn. (à 2—3 B. m. eingedr. Holzschn., Schnittmuster-Beilagen, color. Modekpfrn. u. Stickerei-Vorlagen.) Fol. Berlin, Bazar-Actien-Gesellschaft. à Jahrg. 10. —

Bazar, der. Illustr. Damenzeitg. 33.—36. Jahrg. 1887 bis 1890. à 48 Nrn. (à 2—3 B. mit eingedr. Holzschn., Schnittmuster-Beilagen, color. Modekupfrn. u. Stickerei-Vorlagen.) Fol. Berlin, Bazar-Actien-Gesellschaft. à Jahrg. 10. —

Bazar, der. Illustr. Damenzeitg. Red.: L. Ullstein 37.—40. Jahrg. 1891—1894. à 48 Nrn. (à 2—3 Bog. m. eingedr. Holzschn., Schnittmuster-Beilagen, kolor. Modekpfrn. u. Stickerei-Vorlagen.) Fol. Berlin, Bazar-Actien-Gesellschaft. à Jahrg. n. 10. —

Bazar, der, Ill. Damenzeitg. Red.: L. Ullstein 41. Jahrg. 1895. 48 Nrn. Fol. (à ca. 16 S. m. Abb. u. Schnittm. Beil.) Berlin, Bazar-Aktien-Gesellschaft. 10. —

— dasselbe. Red.: Gust. Dahms. 42.—44. Jahrg. 1896—1898. 48 Nrn. Fol. (à 12 S. m. Abb. u. Schnittm.-Beil.) Ebd. à Jahrg. 10. —
Kann auch vierteljährlich bezogen werden.

Bazar, der. Erste Damen- u. Modenzeitg. Red.: Phpp. Stein. Für Oesterreich-Ungarn: Joh. Häusler. Hrsg.: Heinr. Heick. 45.—48. Jahrg. 1899—1902. à 48 Nrn. Fol. (à ca. 16 S. m. Abbildgn., farb. Modenbild. u. Schnittmuster-Beilagen.) Berlin, Bazar-Actien-Gesellschaft. à Jahrg. n. 10. —; vierteljährlich 2.50

Bazar, der. Erste Damen- u. Modenzeitg. Red.: Philipp Stein. Für Österreich-Ungarn: Joh. Häusler; Hrsg.: Heinr. Heick. 49.—52. Jahrg. 1903—1906. à 48 Nrn. (708, 696, 714, 736 S., Abbildgn., je 12 farb. Modebild. u. je 24 Schnittmuster-Bog.) Fol. Berlin, Bazar-Actien-Gesellschaft. à Jhrg. n. 10. —

Bazar, der. Erste Damen- u. Modenzeitg. Red.: Clara Meltzer. Für Österreich-Ungarn: J. Fritz Arnold. Hrsg.: Heinr. Heick. 53.—56. Jahrg. 1907—1910. à 48 Nrn. (700, 692, 692 u. 688 S. m. Abbildgn. u. Schnittbog.) 41×30 cm. Berlin, Bazar-Actien-Gesellschaft. à Jahrg. 10. —

Bazar, Der. Erste Damen- u. Modenzeitg. Red.: (Clara Meltzer) J Fender. Für Österr.-U.: J Fritz Arnold. 56—58. J. '10—12 je 48 Nrn. ('12, Nr 1: 18 m. Abb. u. 1 Schnittbog.) 41×30,5 cm. Berl., Bazar-A.-G. viertelj. 2.50 d

Der Bazar: 1883 - 1885
Monthly, 1883 - 84, semi monthly, 1885 Journal of fashions Large quarto, each issue 8 - 16 pages. Edited & published by Adolph Stein. See *Rowell, 1884—85; Ayer, 1884.*
Philadelphia/PA.

Bazar. —

— der. Centralblatt f. Philatelie. 1. Jahrg. 1889. 12 Nrn. (Bog.) hoch 4. Quakenbrück, Meyer. * — 50

Bazar zum Besten der Ferien-Colonien. — Mainz: Kupferberg (1891). 28 S. 4°
Nebent.: Mainz. Zum Besten d. Ferien-Colonien. Jahrmarkt in d. Stadthalle am 9. u. 10. Mai 1891. 36.
13.11031

Bazar des Elberfelder Frauen-Vereins. Zum Besten d. Krippen-Fonds. Oct. 1885. — (Düsseldorf 1885: Bagel.) 1 Bl. 4° 62.
13.11032

Bazar des Vaterländischen Frauen-Vereins, Marburg a. L. 1905. — (Marburg 1905: Koch.) 4 Bl. 4° 4.
13.11033

—— für die Kinder-Garderobe. Illustrirte Zeitschrift für Mütter. Mit color. Modebildern, Schnittmustern und in den Text gedr. Holzschn. 1.—4. Jahrg. 1871—1874. à Jahrg. 24 Nrn. (Boq.) hoch 4. Berlin, Cronbach. à Jahrg.

Bazar. Am Liestaler B'. Liestal 1910 s. [Weber, Carl].

Bazar, der, für München u. Bayern. Ein Frühstücks-Blatt f. Jedermann u. jede Frau. Hrsg. v. M. G. Saphir. Jan.—Juni Jahrg. 1830. 8. München, Franz.

Bazar, der, für München u. Baiern. Ein Frühstücksblatt für Jedermann u. jede Frau; herausg. v. M. G. Saphir. Juli—Dec. 1830. Lex.-8. Münch. 830. Jaquet. 1 ₰ 16 gr

—— dass. Jan.—März. Jahrg. 1831. gr. 8. Augsburg, Kranzfelder'sche Buchh.
Jahrg. 1831, April—Dec. u. J. 1832, sind nicht erschienen.

Bazar, der, für München und Bayern. Ein Frühstücksblatt für Jedermann und jede Frau. Herausg. v. M. G. Saphir. Jahrg. 1833. 312 Numm. (1/4 Bg.) Mit d. Beil.: Extra-Bazar. gr. 8. München, Jaquet. 2 2/3 ₰

—— Münchener. gr. Fol. (4 Bl. m. Illustr. u. Faksm.) Münch. 891, (Verlagsanstalt f. Kunst u. Wissenschaft). 1 50

Bazar in Zürich den 16., 17., 18. Juni 1887. — Zürich [1887]: Füssli. 12 S. 8° 1:4° Am 1224/10.
13.11036

Bazar-Album. Farbige Musterblätter. 1. Sammlung: Buntstickerei und Majolika-Malerei. Fol. (6 Chromolithogr. und 2 Musterbogen in Imp.-Fol.) Berlin 882, Bazar-Actien-Gesellschaft. In Mappe

Bazar-Almanach für Mode und Handarbeit, Belehrung und Unterhaltung. 1. Jahrg. hoch 4. (104 S. mit 110 Illustr. in eingedr. Holzschn.) Berlin 873, Bazar-Actien-Gesellschaft.

Bazard, Albert, ein Abenteuer in Rußland. Aus dem Französ. von P. Uttech. 8. (216 S.) Berlin 855(56,) Fernbach jun.

Bazard, Albert: Une Aventure en Russie. Mœurs des paysans. — Bruxelles: Lebègue 1854. 162 S. 8° 26.
13.11040

—— Bruxelle [!] & Leipzig: Kiessing [!], Schnée & Cie 1854. 162 S. 8° 7.
13.11041

Bazardjian, Raphaël: Kritik über das Ibsensche Theater. Sophokles – Shakespeare – Ibsen. Kritik über: Ibsen als Prophet von Eugen Heinr. Schmitt. — Leipzig: Fock 1910. 219 S. 8° 1:Ax 1104/135. 15. 302.
13.11046

Bazardjian, Raph.: Schopenhauer — d. Philosoph d. Optimismus. (136) gr8° Lpzg, Bh. G Fock '09. 3.50

Bazarewski, Stephan von, a. Wilna: ⟨Arbeiten aus dem landwirtschaftlich-bakteriologischen Institute d. Univ. Göttingen⟩. Beiträge zur Kenntnis der Nitrifikation u. Denitrifikation im Boden. Göttingen 1906: Dieterich. (87 S., 1 Taf.) 8°
Göttingen, Phil. Fak., Ref. Koch, Diss. v. 5. Nov. 1906
[Geb. 8. Dez. 71 Bonifacowo, Gouv. Wilna (Rußland); Wohnort: Wilna; Staatsangeh.: Rußland; Vorbildung: Oberrealsch. Wilna Reife Juni 90; Studium: T.H. Riga, Univ. Göttingen 4 S.; Rig. 27. Juni 06.]

Bazarov, Ioann Ioannovič

Basaroff, J., die Ehe nach der Lehre und dem Ritus der orthodoxen russischen Kirche. Karlsruhe 857. (Bielefeld.) gr. 8. (2 Bl., 55 S.) 7 1/2 ngr

Bazarov, Ioann Ioannovič: Die Ehe nach der Lehre und dem Ritus der orthodoxen russischen Kirche. Von J. Basaroff. — Karlsruhe 1857: Hasper. 55 S. 8°
1:Cl 11620. 3. 7. 8. 12:Dogm. 59 m. 16. 17. 24. 29. 31.
13.11049

—— Neue Ausg. Stuttgart: Aue 1872. 55 S. 8° 21. 302.
13.11050

Basaroff, J. v., die Ehe nach der Lehre und dem Ritus der orthodoxen russischen Kirche. Neue (Titel-)Ausg. gr. 8. (55 S.) Stuttgart 878, Aue. *

— Die russische orthodoxe Kirche. Ein Umriss ihrer Entstehung u. ihres Lebens. Von v. Basaroff. — Stuttgart: Grüninger 1873. 36 S. 8° 1:Stals 804 a. 2. 4. 7.
12:H. eccl. 88 w. 17. 20. 21. 24. 29.
13.11051

Basaroff, J. v. Liturgie [Messe] der orthodoxen orientalischen Kirche, wie dieselbe in den Hauskapellen verrichtet wird. Zum Gebrauch der deutschen Besucher d. russ. Gottesdienstes bearb. Neue verb. Aufl. 8. (V, 21 S.) Stuttg. 891, Kohlhammer. * — 40

— [Übers.] Παννυχίς oder Ordnung der Gebete zum Gedächtniß an die Verstorbenen. 1855 s. *Pannychis* [deutsch].

— Rede am Tage der Beisetzung der Hülle Ihrer Kaiserlichen Hoheit der Rechtgläubigen Frau Großfürstin Elisabeth Michailowna, Herzogin zu Nassau, am 14/26. Februar 1845 ... von Johann Basaroff. — Wiesbaden 1845: Schellenberg. 2 Bl. 8° 32.
13.11052

— Christianskija Uběždenija věrujuščago. — Stutgart 1877: Guttenberg. IV,257 S. 8° [Russ.] [Christliche Überzeugungen e. Gläubigen.] 24.
13.11053

— O christianskom Vospitanii. — Karlsruė 1860: Gasper. 71 S. 8° [Russ.] [Über d. christliche Erziehung.] 24. 30.
13.11054

Bazarzeitung

1897. Bazar-Zeitung. — Marburg [1897]: Ehrhardt. 3 Bl. 4° 4.
13.11055

Bazen, René s. *Bazin*, René.

Bazika, Eduard: Der allgemeine Wettbewerb für Konstruktionen beweglicher Wehre in Flüssen. Mitgeteilt von Eduard Bazika u. Alfred Deinlein. — Wien: Selbstverl. 1907. 16 S., 17 Taf. 2°
Aus: Allgemeine Bauzeitung. 72. 1907. 303.
13.11085

Bazile, e. französ. Gesch. v. d'Arnaud. 8. Breslau, Gutsch. 776.

Bazile, eine französische Geschichte, von Arnaud, 8 Breslau, 778. Gutsch. 10 sgl.

Bazill. — Der Bazill. Lustspiel. — Heidelberg: Hochstein [1907]. 24 S. 8° (Volkstheater. 2.) 101.
13.11100

Bazille, Wilhelm: Bürgerkunde. Deutsche Staats- u. Rechtskunde für Württemberg. 1909 u. ö. s. *Glock*, August.

— Unser öffentliches Fürsorgewesen (Arbeiterversicherung) von Wilh. Bazille u. Reinh. Köstlin. — Stuttgart: Moritz [1905]. 120 S. 8° (Bibliothek d. Rechts- u. Staatskunde. 2.) (Bibliothek d. Volksbildung. Ser. 2,2.)
24. 38. 48. 106. 121. 169.
13.11106

— s. *Gesetz*, Das württembergische, über die Gemeindeangehörigkeit. 1910.

— Unser Heimatrecht. Die Reichs- u. Staatsangehörigkeit, d. Heimat- u. Reisepapiere, d. Gemeindebürgerrecht gemeinverständlich dargest. von Wilh. Bazille u. Reinh. Köstlin. — Stuttgart: Moritz [1905]. 104 S. 8° (Bibliothek d. Rechts- u. Staatskunde. 14.) (Bibliothek d. Volksbildung. Ser. 2,14.) 12: Jur. is. 209 p-14. 30. 43. 62. 106. 169. 203.
13.11109

— — Ebd. [1905]. 104 S. 8° (Illustrierte Bibliothek d. Rechts- u. Staatskunde. 14.) (Bibliothek d. Volksbildung. Ser. 2,14.)
12: Jur. is. 209 p-14. 24. 38. 121.
13.11110

— — das Invalidenversicherungsgesetz. Eine gemeinverständliche Belehrg. über Pflichten u. Rechte der Arbeitgeber u. der Versicherten, insbesondere Anweisung zur Erlangg. v. Invaliden-, Kranken- u. Alters-Renten, v. Heilverfahren, Angehörigenunterstützgn. u. v. Beitrags-erstattgn. (VIII, 196 S.) 8. Grunewald-Berlin 904. Verlag der Arbeiter-Versorgung A. Troschel.
n. 2. —; geb. in Leinw. n. 3. —

— Das Recht der Staatsangehörigkeit mit bes. Berücks. Württembergs dargest. ... von Wilhelm Bazille u. Reinhard Köstlin. — Stuttgart: Kohlhammer 1902. XXVII, 595 S. 8° 1: Gw 16488. 6. 7. 9. 11.
12: J. publ. G. 43 z. 14. 20. 21. 24. 25. 32. 106. 203. 208.
13.11114

— Unsere Reichsverfassung und deutsche Landesverfassungen ‹Reichs- u. Landesstaatsrecht›. — Stuttgart: Moritz 1906. 224 S. 8° (Bibliothek d. Rechts- u. Staatsbürgerkunde in gemeinverständlicher Darstellung. 13.) [(Bibliothek d. Volksbildung. Ser. 2,13.)]
12: Jur. is. 209 p-13. 24. 43. 62. 106. 121. 203. 207.
13.11115

Bazille, Wilh., die Reklamationen u. die Klassifikationsgesuche. Eine syst., erläut. Darstellg. d. a. d. Reklamationen u. Klassifikationen bezügl. Bestimmgn. des Reichsmilitärgesetzes, der Wehrordng. u. der Verfüggn. der höh. Ersatzbehörden. (88 S.) 8. Stuttgart 908. J. Heß. 2.—; geb. 2.60

— — 2., für Preußen ausgearb. u. erg. Aufl. Ebd. 1909. 78 S. 8° 11. 24. 30. 33. 38. 78. 111. 203. 208.
13.11117

— — 3., für Sachsen ... umgearb. Aufl. Ebd. 1910. 79 S. 8°
24. 106.
13.11118

— Das Staats- und Verwaltungsrecht des Königreichs Württemberg. [Nebst] Nachtr. — Hannover (Nachtr.: Leipzig) 1908–12. 8° (Bibliothek d. öffentlichen Rechts. 2.) (Jäneckes Bibliotheken. Reihe C,2.)
1: F 14418-2. 11. 12: J. publ. E. 51 fm-2. 16. 20. 21. 24. 27. 35. 93. 106. 169. 208. 300[∞ Nachtr.]: 468.639-A. 2.
13.11119

— — (2. Ausg.) [Nebst] Nachtr. Ebd. 1908–12. 8° (Bibliothek ... 2.) (Jäneckes Bibliotheken. Reihe C,2.) 19. 101.
13.11120

Bazille, Wilhelm
— [Hrsg.] s. *Vereinsgesetz*, Das, vom 19. April 1908. 1908.

— Das Vereinsgesetz vom 19. IV. 1908, s. Oleber, J.

— [Hrsg.] s. *Verfassungsurkunde* für das Königreich Württemberg vom 25. Sept. 1819. 1905 u. 6.

Bazin, Dr., Französischer Arzt, Paris, 1807–1878. 1851
s. *Bazin*, Ernest.

Bazin, Abbé. 1765 [Pseud.] s. *Voltaire*, François Marie Arouet de.

Bazin, David: De lingua et eius vitiis morbosis.
Mediz. Diss. Basel 1717.

Bazin, Ernest
— [deutsch] Die parasitären Hautaffectionen ... Bearb. u. mit erw. Zusätzen vers. von Kleinhans. — Erlangen: Enke 1864. IV, 191 S. 8° 1: Kp 8622. 8. 9.
12: Path. 102 b. 21. 29. 31. 38M. 180. 302.
13.11168

Bazin, François
— [deutsch] Arien und Gesänge aus: Der Trompeter des Prinzen. Komische Oper. Nach d. Franz. des Mélesville von J. C. Grünbaum. [Textb.] — Berlin 1849: (Decker). 24 S. 8° 1: Mus. Tb 237. 47.
13.11180

— [deutsch] Meister Pathelin. Komische Oper. [Textb.] Mainz: Schott 1857. 42 S. 8° 1: Mus. Tb 235/1.
13.11177

— [deutsch] Die Reise nach China. Komische Oper ... In deutscher Bearb. von J. C. Grünbaum. [Textb.] — Berlin: Bote & Bock 1866. 80 S. 8°
1: Mus. Tb 236. 31. 32.
13.11182

— — Ebd. 1867. 48 S. 8° 1: Mus. Tb 236/1. 15.
13.11183

— Text der Gesänge zu: Die Reise nach China. Komische Oper ... In deutscher Bearb. von J. C. Grünbaum. — Cannstatt 1870: Rapp. 31 S. 8° 24.
13.11184

— Königliche Schauspiele. Arien und Gesänge aus: Meister Pathelin. Komische Oper. [Textb.] — Berlin [um 1860]. 30 S. 8° 1: Mus. Tb 235.
13.11178

Bazin, René: Frau Corentine, s. a. Volksbücherei.

— [deutsch] Frau Corentine. Roman. Deutsch von C. Schertel. — Graz [usw.]: Styria [1909]. 179 S. 8° (Volksbücherei. 220/222.)
123. 300: 422.177-A. Per. 220/222. 303.
13.11274

Bazin, René: La douce France, s: Schulbibliothek französ. u. engl. Prosaschr. (Plessis).

— Der Führer des Kaisers. Erzählg. Einzig berecht. Übersetzg. v. Isidore Schroeder. (158 S.) kl. 8. Dresden (910). H. Minden. 2.—; geb. n 3. —

Bazin, René, meine Tante Giron, s. a. Aus Vergangenheit u. Gegenwart. 59. Bdchn.

— [deutsch] Meine Tante Giron. (Übers.: Joseph Muth; Vorr.: Karl Muth.) — Kevelaer: Butzon & Bercker [1906]. 128 S. 8° (Aus Vergangenheit u. Gegenwart. 59.)
1: Yt 717-59. 5. 60. 101.
13.11299

— Das Hemmnis. Roman. Übers. v. Gräfin Bossi-Fedrigotti Mit e. literarisch-biograph. Skizze. (8, 261 m. Bildn.) 8° Einsied., Verl.-Anst. Benziger & Co. '12. 3.20; L 4 — d

— die blaue Krickente (sarcelle bleue). Roman. Autoris. Übersetzung aus dem Franz. v. R. u. E. Ettlinger. (288 S.) 8. Kempten 905. J. Kösel. n. 2.50; geb. in Leinw. n. 3.50

Bazin, René, Landflucht, s. a. Kürschner's, Jos., Bücherschatz.

— [deutsch] Landflucht. Roman. Berlin [usw.]: Hillger [1901]. 127 S. 8° (Kürschners Bücherschatz. 259.)
1: X 8420-259. 39. 101.
13.11421

— die Oberle. Autoris. Übersetzg. aus dem Franz. v. Ernest Oberle. (V, 294 S.) 8 Leipzig (904). C. G. Naumann. n. 3. —; geb. in Leinw. n. 4. —

Bazin, René
— [deutsch] Schwester Pascale ‹L'Isolée›. Roman. Übers. von H. v. Reuß. — Kempten [usw.]: Kösel 1906. 329 S. 8° 19.
13.11312

— Schwester Pascale. (L'isolée.) Roman. Autoris. Übersetzg. aus dem Franz. von H. v. Reuß. 2. Aufl. (329 S.) 8. Kempten 906. J. Kösel. n. 3. —; geb. in Leinw. n. 4. —

— aus ganzer Seele. Der Roman e. Modistin. Genehmigte Uebersetzg. v. J. Kelbe. 8. (332 S.) Köln (901). J. P. Bachem. n. 3. 60; geb. n. 5. —

— Aus ganzer Seele. Der Roman e. Modistin. Genehmigte Übersetzg. v. J. Kelbe. 3. Aufl. (336 S.) 8. Köln (908). J. P. Bachem. 3.50; geb. 5.—

BAZIN, René

René Bazin. Souvenirs d'enfant. Für den Schulgebrauch herausgegeben von Ina Bach. I. Theil: Einleitung und Text. II. Theil: Anmerkungen und Wörterverzeichnis. Mit 1 Abbildung. (Freytags Sammlung französischer und englischer Schriftsteller.) Wien und Prag. 1900. Tempsky. 8°. VIII, 164 S. Geb. K 1.80

— Stephanie. (Roman.) Aus dem Franz. v. J. Hengesbach. (168 S.) 8. Paderborn 905. Junfermann. n. 2.—; geb. in Leinw. n. 3.—

Bazing, Hugo: Die Gesetze und Verordnungen über das Gantwesen und das Executionsverfahren im Königreich Württemberg. — Stuttgart: Liesching 1856. IV,269 S. 8° 12: J. pract. 22 fs. 21. 24. 31. 208.
13.11433

Bazing, H. u. G. Veesenmeyer. Urkunden zur Geschichte d. Pfarrkirche in Ulm, aus Anlaß d. Münsterfestes im Auftrage d. Vereins f. Kunst u. Altertum in Ulm u. Oberschwaben in Auszügen mitgeteilt. gr. 8. (XVI, 215 S.) Ulm 890, (Frey). 2 —

Bazing, Hugo, s.: Urkundenbuch, Ulmisches.

Bazlen, Gustav: Unser Hochwasser-Unglück. (15. Juni 1910.) Predigt. — Feldkirch: Verf. [1910] 8 S. 8° 304.
13.11441

Bazlen, Julius: Fürst Bismarck. Ein Lebensbild d. großen Kanzlers. — Stuttgart: Levy & Müller [1898]. 96 S. 8° 18. 24. 30. 38. 44.
13.11442

Bazlen, J., Führer durch Stuttgart, s: Beckmann.

Bazlen, Jul., die vier Grundrechnungsarten in unbenannten u. benannten ganzen Zahlen, s.: Sammlung v. Rechenaufgaben f. höh. Lehranstalten. I.

Bazlen, Jul., hundert Rechenaufgaben aus dem württembergischen Landexamen. Für Landexaminanden u. Schüler gleichen Alters an Gymnasien, Latein- u. Realschulen bearb. gr. 8. (III, 80 S.) Stuttgart 886. Metzler's Verl. n. 1. 30

Bazlen, Jul., s.: Sammlung v. Rechenaufgaben f. höhere Lehranstalten. 1. Bd.

— Stuttgart u. Umgebg, s: Beckmann-Führer.

— Stuttgart m. Cannstatt, Ludwigsburg u. Esslingen nebst Umgebung, s.: Beckmann-Führer.

Bazlen, Max [aus Weilheim a. d. Teck]: Über die Abbauprodukte des Digitogenins ... München, Buchdr. v. J. Fuller, 1894; 30 S., 1 Bl. 8.
Erlangen, Phil. Fak., Inaug.-Diss. v. 1894

Bazlen, Otto: Anleitung zur einfachen landwirtschaftlichen Buchführung in Form einer vollständigen Jahresrechnung eines landwirtschaftlichen Betriebs, unter Berücksichtigung der Anforderungen des württembergischen Einkommensteuergesetzes vom 8. August 1903. — Stuttgart: Ulmer 1905. 29 S. 4° 24.
13.11454

Bazley, Thomas

— [deutsch] Baumwolle als ein Element der Industrie betrachtet. Eine Vorlesung. Übers. von W.F. Reuss. — London: Übers. 1852. 37 S. 8° 1: Op 11304. 205.
13.11461

Bazoldo, Girolamo

— Langue italienne. Solution de quelques difficultés grammaticales. Règles générales de la prononciation des voyelles ouvertes e et o. Vocabulaire des mots qui ont un e ou un o ouvert. — Hambourg: Auteur 1835. IX,93 S. 8° 18.
13.11480

Bazot, M., das goldene Geschichts-Büchlein f. kleine Kinder. A. d. Franz. M. (4 ill.) Kpfr. 16. (10 B.) Ulm 834, Ebner.

BAZSO, Stephanus: De immensitate Dei. — (1902) 66 S. 8° (Handschr.) Diss. Wien Univ. Diss. 959

Bazzanella, Joachim

— [deutsch] Manuale für das Seelsorge-Amt ... Übers. von Johann Steck. — Trient: Artigianelli 1892. XV,1061 S. 8° 300: 90.848–B. 304.
13.11519

Bazzanella, Joach. Manuale f. das Seelsorge-Amt. Aus der 2. verb. u. verm. italien. Aufl. übers. v. Joh. Steck. gr. 8. (XV, 1061 S.) Trient 892. (Bozen, Promperger.) * 7 50

Bazzani, Ales., s. v. Schiller, Fr., la congiura di Fiesco in Genua.

Bazzarini, Ant., Vocabolario usuale tascabile della lingua italiana. 3. Ediz., e 2. Torinese. 16. (XX und 945 S.) Torino 847. (Triesta, Favarger.) *

Bazzigher, J., Die athenische Demokratie. Chur 1885. Progr.-Schr.

Bazzigher, J(ohannes). Geschichte der Kantonsschule, nebst Beiträgen zur Statistik der Schule von 1850—1904. Mit vier Illustrationen [auf 2 Tafeln]. Festschrift zur Hundertjahr-Feier der Bündnerischen Kantonsschule (in Chur) 1904. II + VIII + 264 S. 8. (Davos-Platz,) Buchdr. Davos A.-G., 1904. [fr. 2. 50]

(B[azzigher], J[ohann].) Jakob Pünchera. (Nekrolog.) Separatabdruck aus dem 32. Jahresheft des Vereins schweiz. Gymnasiallehrer. 4 S. 8. [Aarau, H. R. Sauerländer & Co., 1902.]

Bazzi's, Giov. Ant. de', Biographie und Charakteristik, s. Vischer, R.

bCom–Idan–das–ma–ses–rab–kyi–p'a–rol–tu–p'yin–pai–snin–po. Btschom–Idan–adas–ma sches–rab–kyi–pha–rol–tu–phyin–pai–sning–po. Das Herz (die Quintessenz) der zum jenseitigen Ufer des Wissens gelangten Allerherrlichst–Vollendeten. Eine tibetische Religionsschrift. Leipzig 1835.

Bdětež! Antikrist tu! Zbraň pro ovečky víry proti vlkům nevěry. S dvěma obrazy. Prag 864. Credner. 8. (IV, 135 S.) n. 6 ngr.

Beachtung. — Zur Beachtung für die Armenpfleger der Stadt Hanau. — (Hanau [um 1895].) 20 S. 8° 47.
13.11638

— — (Hanau 1904: Waisenhaus.) 47 S. 8° 4.
13.11639

Beachtung dieses, geleitet zum Verständniß! Welches erfaßt, das Glauben u. Wissen als Grundstein f. die geist. Wahrheiten beleuchtet. gr. 8. (12 S.) Preßburg 892. (Heckenast's Nachf.) n. — 40

Zur Beachtung für die Mitglieder des Neuen Israel. Tempel-Vereins in Hamburg von e. alten Anhänger desselben. — (Bergedorf) A.M.5627 ([1867]: Vereinsbuchdr.) 7 S. 8° 18.
13.11640

Beacock, George Ashton: Contemporary English. A selection of extracts from modern English novelists. — Marburg: Elwert 1909. VI,85 S. 8° 4. 34.
13.11641

Beaconsfield, Benjamin Disraeli Earl of

Beaconsfield, Earl of
s. Disraeli, Benjamin

- [The wondrous Tale of Alroy] Alroy. A romance by B. Disraeli. — Leipzig: Tauchnitz 1846. VI,286 S. 8° (Collection of British authors. 101.) 1: Ah 30-101. 5. 6. 10. 11. 12: P. o. angl. 186 a–4. 14. 15. 18. 19. 24. 27. 30. 34. 36. 43. 44. 45. 61. 62. 117. 300: 393.080–A. Per. 101. 302.
13.11784

— Alroy. Roman von B. d'Israeli. Deutsch von Clara Mai. Frankfurt a. O.: Kocky 1852. VIII,280 S. 8° 1: Zd 6605.
13.11787

-- David Alroy. Ein Roman von Benjamin Disraeli. Übertr. von Eugene Eberts. — Worms: D. Schmidt 1856. 254 S. 8°
17.
13.11788

-- David Alroy. Frei nach d. Engl. von d'Israeli. Leipzig: Leiner 1862. 308 S. 8° (Schriften hrsg. vom Institute zur Förderung d. israelitischen Literatur. 7.)
In 1: Zd 6607 u. im Exemplar von 21 fehlt d. Titel d. Sammlung.
1: Zd 6607. 12: Jud. 45 q-29. 18. 21. 30. 35. 79.
13.11789

— [deutsch] Lord Georg Bentinck. Eine politische Biographie von Benjamin Disraeli. Übers. von Ernst Susemihl. — Cassel: Balde 1853. 389 S. 8°
4. 5. 12: Biogr. 91 xf. 34. 35. 38. 45.
13.11676

— — Ebd. 1854. 389 S. 8° (Neue politische Bibliothek. 4.)
In einigen Exemplaren fehlt d. Titel d. Sammlung.
2. 10. 12: J. publ. E. 51 f-4. 15. 21. 27. 39. 43. 46. 203. 302.
13.11677

— Coningsby; or, the new generation. By B. Disraeli. — Leipzig: Tauchnitz 1844. VI,442 S. 8° (Collection of British authors. 67.) 1: Ah 30-67 [u.] Zd 6612. 3→6. 10. 11. 12: P. o. angl. 186 s-1. 14. 15. 17. 18. 19. 21. 24. 25. 27. 30. 31. 32. 34. 36. 38. 39. 43→46. 48. 61. 62. 75. 79. 88. 109. 117. 169. 300: 393.080-A. Per. 67. 303. 304.
13.11679

— [deutsch] Coningsby oder die neue Generation. Von B. d'Israeli. Übertragen von A. Kretzschmar. Th. 1-3. — Grimma: Verl.-Comptoir 1844-45. 734 S. 8°
43.
13.11696

— — Th. 1-3. Ebd. 1845. 734 S. 8° (Sammlung d. neuern u. besten Romane d. Franzosen, Briten, Italiener u. Spanier in deutscher Uebersetzung. Britische Autoren. 3.)
In den Exemplaren von 12 u. 38 fehlt d. Titel d. Sammlung.
1: Zd 6614-3. 12 [$^{\infty}$2]: P. o. angl. 535 f. 38.
13.11697

[—] Endymion. By the autho· of 'Lothair'. Vol. 1.2. — Leipzig 1880. 8° (Collection of British authors. Tauchnitz Edition. 1940.1941.) 1: Ah 30-1940.1941. 3→6. 10. 11. 12: P. o. angl. 186 s-14.15. 14. 15. 18. 19. 20. 26. 29. 30. 31. 36. 38. 39. 41. 43. 44. 46. 47. 48. 52. 60. 61. 62. 64. 109. 123. 169. 300: 393.080-A. Per. 1940. 1941. 302.
13.11710

Beaconsfield, Earl of [Benjamin D'Israeli], Endymion. Aus dem Engl. von C. Böttger. Autoris. deutsche Ausg. 3 Thle. 8. (344; 355; 366 S.) Leipzig 881, Brockhaus. à Bd. ℳ 6. geb. à Bd. ℳ 7.

Beaconsfield, Earl of [Benjamin d'Israeli], Endymion. Aus dem Engl. v. C. Böttger. Autoris. deutsche Ausg. 2. (Titel-)Aufl. 3 Thle. 8. (344, 353 u. 366 S.) Leipzig 890. Brockhaus. n. 6. —; geb. n. 8. —

— Contarini Fleming. A romance by B. Disraeli. Sanctioned by the author for continental circulation. — Leipzig: Tauchnitz 1846. VI,341 S. 8° (Collection of British authors. 93.) 1: Ah 30-93. 3. 4. 5. 8. 10. 11. 12: P. o. angl. 186 s-3. 14. 15. 18. 19. 21. 24. 26→36. 39. 43→46. 60. 61. 62. 79. 109. 117. 169. 302. 304.
13.11723

— [deutsch] Contarini Fleming von B. Disraeli. Übertr. von A. Kretzschmar. Bd 1.(2.) — Grimma: Verl.-Comptoir 1846. 8° (Beaconsfield: Sämmtliche Schriften [Werke, deutsch]. 7.8.) (Europäische Bibliothek d. neuen belletristischen Literatur Deutschlands, Frankreichs, Englands ... 90.91.) Im Exemplar von 38 fehlt d. Titel d. Sammlung.
1: X 8309-90.91. 38.
13.11728

— Lord Beaconsfield ⟨Disraeli⟩. Contarini Fleming. Ein psychologischer Roman. (Übers.: Oskar Levy.) — Berlin: Oesterheld 1909. 630 S. 8°
1: Zd 6631[2]. 10. 11. 31. 36. 61. 62. 64. 109.
13.11729

Beaconsfield, Lord (Disraeli), Contarini Fleming. Ein psycholog. Roman. (Übersetzt u. eingeleitet v. Osk. Levy.) 2. Taus. (630 S.) kl. 8. Berlin 909. Oesterheld & Co. 4.—; geb. 5.—

[—] — [deutsch] Vivian Grey. Humoristischer Roman. Aus d. Engl. von Friedrich Ludwig Rhode. Bdch. 1-3. — Heidelberg: Engelmann 1827. 8° 16. 25. 31. 38.
13.11742

— — By B. Disraeli. Vol. 1.2. Leipzig: Tauchnitz 1859. 8° (Collection of British authors. 466.467.) 1: Ah 30-466.467. 5. 11. 12: P. o. angl. 186 s-9.10. 14. 15. 17. 18. 19. 27. 30. 31. 36. 43. 44. 46. 61. 62. 88. 117. 169. 302→304.
13.11734

— [Ausz., deutsch] Die Juden. Eine Vertheidigungsschrift. Aus d'Israeli's Political biography of Lord George Bentinck übers. — Leipzig: Steinacker 1853. 25 S. 8°
14. 300: 10.540-B.
13.11678

— [deutsch] Die gegenwärtige Krisis oder der russisch-türkische Krieg und seine Folgen für England und die Welt von Coningsby ⟨Disraeli⟩. — Leipzig: Remmelmann 1854. 29 S. 8° 6. 7. 8. 10. 12: J. publ. E. 500-5. 15. 18. 26. 30. 33. 35. 36. 38. 41. 109. 203. 302.
13.11702

— Lothair. By B. Disraeli. Vol. 1.2. — Leipzig 1870. 8° (Collection of British authors. Tauchnitz Edition. 1094. 1095.) 1: Ah 30-1094.1095. 5. 6. 9. 10. 11. 12: P. o. angl. 186 s-12.13. 14. 15. 17→21. 24→27. 30. 31. 38. 39. 41. 44. 48. 52. 60. 61. 62. 75. 79. 88. 107. 117. 123. 169. 180. 207. 300: 393.080-A. Per. 1094.1095. 302. 308.
13.11750

— [deutsch] Lothar. Roman von B. Disraeli. Aus d. Engl. von Anna Wünn. Bd 1-4. — Leipzig: Günther 1874. 8°
1: Zd 6622. 7. 12: P. o. angl. 186 sd. 30. 33. 79. 109.
13.11762

— [deutsch] B. Disraeli's Sämmtliche Schriften. Bd 7.8. Grimma: Verl.-Comptoir 1846. 8°
7.8. Beaconsfield: Contarini Flemming. 1.2.
(Europäische Bibliothek d. neuen belletristischen Literatur Deutschlands, Frankreichs, Englands ... 90.91.)
Im Exemplar von 38 fehlt d. Titel d. Sammlung.
1: X 8309-90.91. 38.
13.11647

— Sybil; or, the two nations. By B. Disraeli. — Leipzig: Tauchnitz 1845. VIII,438 S. 8° (Collection of British authors. 83.) 1: Ah 30-83. 5. 7. 8. 10. 11. 12: P. o. angl. 186 s-2. 14. 15. 16. 18. 19. 24. 25. 27. 30. 31. 34. 36. 38. 39. 41. 43→46. 52. 62. 79. 88. 109. 117. 169. 300: 393.080-A. Per. 83. 302→304.
13.11769

— [deutsch] Sybil oder die beiden Nationen, von B. d'Israeli. Übertr. von Fr. Herrmann. Th. 1-3. — Grimma: Verl.-Comptoir 1846. 8° (Europäische Bibliothek d. neuen belletristischen Literatur Deutschlands, Englands, Frankreichs ... 65.75.78.)
1: X 8309-65.75.78. 12 [$^{\infty}$1.3]: P. o. angl. 518 e. 61.
13.11780

— Sybille oder die gedoppelte Nation. Ein Roman von B. d'Israeli. Aus d. Engl. von V. F. L. Petri. Bd 1-4. — Leipzig: Brauns 1846. 8° 15.
13.11781

— Sybil. Sozialpolitischer Roman von Disraeli. Uebers. von Natalie Liebknecht. Mit e. Vorw. — Berlin: Bading [1888]. 338 S. 8° 12: P. o. angl. 532 l. 26.
13.11782

— Tancred: or, the new crusade. By B. Disraeli. Vol. 1.2. — Leipzig: Tauchnitz 1847. 8° (Collection of British authors. 117.118.) 1: Ah 30-117.118. 5→8. 10. 11. 12: P. o. angl. 186 s-5.6. 14. 15. 18. 19. 24. 25. 27. 28. 30. 31. 34. 36. 38. 41. 43→46. 61. 62. 88. 109. 117. 169. 304. 308.
13.11792

— [deutsch] Tancred oder der neue Kreuzzug. Von B. Disraeli. Deutsch von A. Kretzschmar. Bd 1-3. — Grimma: Verl.-Comptoir 1847. 8° 38.
13.11802

— [deutsch] Henriette Temple. Eine Liebesgeschichte. Dem Engl. des d'Israeli nacherzählt von Georg Nicolaus Bärmann. Th. 1-3. — Berlin: Duncker 1837. 8°
1: Zd 6630. 18. 24. 64.
13.11811

— — Leipzig: Tauchnitz 1859. 419 S. 8° (Collection of British authors. 476.) 1:Ah 30–476. 2. 5. 9. 10. 11. 12:P. o. angl. 186 s–11. 14. 15. 19. 22. 24. 28. 39. 43. 44. 61. 62. 75. 117. 207. 300:393.080–A. Per. 476 [u.ö.] 304.
13.11806

Beaconsfield, Benjamin Disraeli, Earl of: Venetia
— — Vol. 1.2. Leipzig: Tauchnitz 1858. 8° (Collection of British authors. 457.458.) 1:Ah 30–457.458. 5. 9. 10. 11. 12:P. o. angl. 186 s–7.8. 14. 15. 19. 28. 30. 31. 34. 36. 43. 44. 79. 88. 109. 117. 304. 308.
13.11818

— [deutsch] B. d'Israeli's Neueste Werke. Bd 1–4. Leipzig: Brauns 1846. 8°
1-4. Sybille oder d. gedoppelte Nation. Roman. Aus d. Engl. von V. F. L. Petri. 1:Zd 6598.
13.11667

(–) — [deutsch] Die Wundessage von Alroy. Vom Verf. d. Vivian Grey. Übers. von Th. Hell. Bd 1.2. — Berlin: Duncker & Humblot 1833. 8° 1:Zd 6602. 16. 64.
13.11786

Beaconsfield's, Lord, Charakterbild, s.: Brandes, G.

Beadle, Clayton, u. Henry Stevens: Theorie u. Praxis d. Mahlens. Deutsch v. Carl Franck. (8, 292 m. Abb. u. Kurven.) 8° Berl., O. Elsner '11. L 4 —

Beadle, Delos W., der Amerikanische Sachwalter, oder Rechtsformen-Buch für Deutsche; mit Anweisungen, Rathschlägen u. Warnungen hinsichtlich des Gebrauchs dieser Rechtsformen im prakt. Amerikan. Leben, u. m. Darstellung der Verschiedenheiten der Gesetze der verschied. Staaten über Exemtion, Landkauf-Brief, Anspruchs-Recht der Handwerker rc. Mit einem Auszug der Constitution, dem Siegel u. der Charte jedes Staates der Union (in Holzschn.), u. m. der Constitution der Ver. Staaten. gr. 12. (360 S. m. eingedr. Holzschn.) New-York 852. (Bremen, Heyse.) n. 1⅓ ℛ

Beadle, Delos W.: Der amerikanische Sachwalter, oder Rechtsformen-Buch für Deutsche. — New York: Phelps, Fanning & Co. [usw.] 1852. 359 S. 8° 1:Ho 42238. 46. 208.
13.11828

Beadle, John Hanson
— [deutsch] Das Leben in Utah; oder die Mysterien und Verbrechen des Mormonenthums. Übertr. von Carl Theodor Eben. — Philadelphia [usw.]: National Publ. Co. 1871. 544 S. 8° 1:Cq 4403.
13.11831

Beale, Lionel Smith
— New Observations upon the structure and formation of certain nervous centres, tending to prove that the cells and fibres of every nervous apparatus form an uninterrupted circuit. — London: Churchill; Leipzig: Denicke 1864. 31 S., 8 Taf. 4°
Erschien zuerst u. d. T.: Beale: On the Structure and formation of so-called apolar, unipolar, and bipolar nerve-cells of the frog in: Philosophical Transactions of the Royal Society of London. 153. 1864.
4. 8. 9.
13.11908

Beale, Lionel S., die Structur der einfachen Gewebe des menschlichen Körpers mit Bemerkungen über Entwickelung, Wachsthum, Ernährung und Zerfall, sowie über Veränderungen derselben in Krankheiten. Vorlesungen, gehalten im Royal College of physicians, London. Uebers. und mit Zusätzen des Verf. hrsg. von J. Vict. Carus. Lex.-8. (VIII und 191 S. mit 73 in den Text gedr. Holzschn.) Leipzig 862, Engelmann.

Beam, Jacob, N., Princeton, New Jersey, U.S.A.: Die ersten deutschen Übersetzungen englischer Lustspiele im achtzehnten Jahrhundert. Hamburg & Leipzig: L. Voss 1904. (IV, 91 S.) 8°
Jena, Phil. Fak., Ref. Michels. Diss. v. 20. Dez. 1904
[Geb. 22. Sept. 69 Leaman Place; Wohnort: Leaman Place; Staatsangeh.: Verein. Staaten; Vorbildung: College of New Jersey Reife M 96; Studium: Princeton Preparat School 10, Princeton University 9. Jena 4 S.; Rig. 25. Juli 03.]

Beam, Jacob Newton: Die ersten deutschen Übersetzungen englischer Lustspiele im achtzehnten Jahrhundert. — Hamburg [usw.]: Voss 1906. X, 95 S. 8° (Theatergeschichtliche Forschungen. 20.) Zugleich Diss. Jena 1904.
1: Yp 376–20. 2→11. 12: L. eleg. g. 158 s–20. 14→19. 21. 24. 26→32. 34. 35. 38. 39. 41. 43. 44. 45. 62. 107. 109. 111. 117. 360:88.607–B. Per. 20 [u.ö.] 302→304.
13.11937

Beaman, George Burnham: On the Sources of the Dharma-Śāstras of Manu and Yājñavalkya. — Leipzig: Harrassowitz 1895. IV, 47 S.
Zugleich Diss. Leipzig 1895. 15.
13.11944

Beames, John, a comparative Grammar of the modern Aryan Languages of India: to wit, Hindi, Panjabi, Sindhi, Gujarati, Marathi, Oriya, and Bangali. Vol. I. On sounds. gr. 8. (XVI, 360 S.) London 872. Leipzig, Brockhaus' Sortiment und Antiquarium.

Beames, John, a comparative grammar of the modern Aryan languages of India: to wit, Hindi, Panjabi, Sindhi, Gujarati, Marathi, Oriya, and Bangali. Vol. I. On sounds. gr. 8. (XVI, 360 S.) London 1872. Leipzig 873. Brockhaus' Sort. n.n. 15. —

Beamish, North Ludlow
— [deutsch] Geschichte der Königlich Deutschen Legion. Th. 1.2. — Hannover: Hahn 1832–37. 8°
1:Sm 1391. 5. 7. 9. 12:Brit. 48 h. 14. 16→19. 23. 24. 30. 34. 35. 39. 43. 45. 46. 109. 209. 302.
13.11957

— — 2. Aufl. Th. 1.2. Berlin: Barsdorf 1906. 8°
1:Sm 1391[a]. 2. 5. 6. 8. 10. 11. 15. 35. 44. 48. 212.
13.11958

Beamont, Francis s. *Beaumont.*

Beamount, Francis s. *Beaumont.*

Beamt, Walther: Kirschblüten. Gedichte. — Brünn: Engel 1909. 75 S. 8° 300:463.852–B.
13.11967

Beamte. Der, s: Vorträge, Soziale.

Zum 9. März 1900. Der Beamte oder: Es ist nicht alles Gold, was glänzt. [Unterz.:] K. [Leipzig 1900: Gröber.] 2 Bl. 8° [Kopftit.]
Lied ohne Noten: „Wenn wir zwanglos hier, ..."

Beamte, Berliner, v. Clerk, s.: Großstadt-Dokumente.

Der Deutsche **Beamte**. Revue aus d. gesamten Deutschen Beamtenpresse. Verantwortl. Red.: Dr Adolf Henle-Berlin. [1.] 1905. Berlin: A. Timm 1905. 4° [o8. 6216

Beamte, d. kluge u. rechtsverständ., od. Informator. jurid. officiale durch Germ. Philoparchum. 7 Thle. 4. Nürnberg, Raspe. 769.

Beamte der Massen-Versammlung der Deutschen von New-York und Umgegend, abgehalten zu New-York im Cooper Institute, am 8. Januar 1864. — o. O. [1864]. 2 Bl. 2° 8.
13.11970

— d. sorgfält. Rechtsgelehrte rc. 8. Bautzen, 747.

Beamte, der, im Reichs- u. Staatsdienst. Ein Hand- u. Nachschlagebuch üb. die heute gült., s. auf das Deutsche Beamtenthum bezügl. Gesetzes-Bestimmgn., Erlasse, Verordngn. rc. rc. Für den prakt. Gebrauch bearb. u. hrsg. v. der Red. d. Reichs-Gesetzbuches. I. Deutsches Reich. gr. 8. (XXVIII, 67 u. 96 S.) Berlin 891. Bruer & Co. n. 6. —

— dasselbe. I. Deutsches Reich. II. Königr. Preußen. (In 1 Bd.) gr. 8. (LIV, 671, 605 u. 149 S.) Ebd. 891. n. 10. —; geb. in Halbfrz. n. 12. —

— — 2. Aufl. Ebd. 1892. Getr. Pag. 8° 10.
13.11975

Richterliche Beamte oder Notare als Gerichtskommissäre im Konkursverfahren? Dem hohen Reichsrathe hochachtungsvoll gewidmet von e. Nichtnotar. — Wien: della Torre 1868. 8 S. 8° 300:71.954-B.
13.11976

Beamten. — Die Beamten und Angestellten des Außendienstes. Ihre Lebens- u. Dienstverhältnisse. Hrsg. vom Verein d. im Außendienst beschäftigten Beamten u. Angestellten d. hamburgischen Staates. — Hamburg: Selbstverl. 1909. 111 S. 8° 18. 205.
13.11979

Die Beamten und Angestellten der Stadtgemeinde Berlin am 1. April 1906. Nachweisung d. Stellen u. Diensteinkommen. 1907. — Berlin 1907: Loewenthal. 116 S. 8° 109.
13.11980

— — Im Jahre 1910. Ebd. 1910. 136 S. 8° 109.
13.11981

Die etatmäßigen Beamten der Klasse 1 mit 17 der Kgl. Bayer. Staatseisenbahnen. 1909 u.ö. s. *Beamten*, Die pragmatischen und nichtpragmatischen, der kgl. bayer. Staatseisenbahnen. 10. Aufl. u.ö.

Die hannöverschen Beamten und die Verfassung der hannöverschen Ämter in ihren jetzigen Verhältnissen. 1831 s. *Ostermeyer*, Friedrich Wilhelm.

Die mittleren Beamten des Reichs-Post- und Telegraphendienstes. Vorschriften über Annahme, Ausbildung, Prüfung u. Anstellung der Post- u. Telegraphen-Gehilfen, -Anwärter, -Assistenten u. -Sekretäre. — Berlin: Kaiser-Wilhelm-Dank [1900]. 28,IV S. 8° 1:Gz 4987.
13.11983

Die Beamten des Ober-Post-Amts zu Frankfurt a.M. und des dahin gehörigen Post-Bezirks an ... Alexander Freiherrn von Vrints-Berberich ... zu dessen fünfzigjähriger Jubelfeier. — o.O. [1835]. 2 Bl. 4° 30.
13.11985

Beamten.
Die pragmatischen und nichtpragmatischen Beamten der kgl. bayer. Posten und Telegraphen. Zsgest. nach amtlichen Quellen. 2. Aufl. — München: Witwen- u. Waisen-Unterstützungskasse d. Bayer. Verkehrsbeamten-Vereins 1896. 120 S. 8°
1. Aufl. s. *Rangliste* sämmtlicher pragmatischen u. nichtpragmatischen Beamten d. kgl. bayer. Posten u. Telegraphen. 1893.
12:Bavar. 209vrx-2.
13.11986

— Die pragmatischen und nichtpragmatischen Beamten, sowie die geprüften Aspiranten der Kgl. Bayer. Posten und Telegraphen. Zsgest. nach amtlichen Quellen. 3. Aufl. — Ebd. 1898. 135 S. 8° 12:Bavar. 209vrx-3. 19.
13.11987

— Die pragmatischen und nichtpragmatischen Beamten der Kgl. Bayer. Posten und Telegraphen ... 4. Aufl. — Ebd. 1901. 152 S. 8° 12:Bavar. 209vrx-4. 19.
13.11988

Beamten, die pragmatischen u. nichtpragmatischen, der kgl. bayer. Posten u. Telegraphen nach dem Stande vom 1. IX. 1902. Zusammengestellt nach amtl. Quellen. 5. Aufl. gr. 8. (160 S.) München 902. (J. Lindauer.) n. 1. 50

— Die pragmatischen und nichtpragmatischen Beamten des Kgl. Staatsministeriums für Verkehrsangelegenheiten und der Kgl. Bayer. Posten und Telegraphen ... 6. Aufl. Ebd. 1905. 158 S. 8° 12:Bavar. 209vrx-6.
13.11990

— Die pragmatischen und nichtpragmatischen Beamten der Kgl. Bayer. Posten und Telegraphen ... 7. Aufl. — Ebd. 1907. 158 S. 8°
9. Aufl. s. *Post-Rangliste* d. Königreichs Bayern. 1912.
12:Bavar. 209vrx-7.
13.11991

Beamten, die pragmatischen u. nichtpragmatischen, d. kgl. bayer. Staatseisenbahnen n. d. Stande v. 16. X. 1897. Zusammengest. n. amtl. Quellen. 4. Aufl. gr. 8. (224 S.) München 897. (J. Lindauer.) n.n. 1. 20

Die pragmatischen und nichtpragmatischen Beamten der kgl. bayer. Staatseisenbahnen. 4. Aufl. — München: Witwen- u. Waisen-Unterstützungskasse d. Bayer. Verkehrsbeamten-Vereins 1897. 224 S. 8°
12:Bavar. 209vs-4. 19.
13.11992

— 7. Aufl. Ebd. 1902. 22 [vielm. 222] S. 8°
12:Bavar. 209vs-7. 19.
13.11993

— Die pragmatischen und nichtpragmatischen Beamten des Kgl. Bayer. Staatsministeriums für Verkehrsangelegenheiten und der Kgl. Bayer. Staatseisenbahnen. 8. Aufl. — Ebd. 1905. 224 S. 8° 12:Bavar. 209vs-8. 19.
13.11994

— Die etatmäßigen Beamten der Klasse 1 mit 17 der Kgl. Bayer. Staatseisenbahnen. 10. Aufl. — Ebd. 1909. 240 S. 8°
12:Bavar. 209 vs-10.
13.11995

Beamten, die, und die Reichsverfassung. 8. (12 S.) Wien 861, Sommer. (A. Klemm.)

Unsere Beamten. Eine brennende Frage im schleswig-holsteinischen Volke. — Hamburg: Nestler & Melle 1864. 12 S. 8° 205.
13.11999

Beamten-Adressbuch, allgemeines, für die k. k. Haupt- und Residenzstadt Wien. Systematische Zusammenstellung sämmtl. k. k. Hof- u. Staats-Aemter, der städtischen Behörden, öffentl. Anstalten, Vereine etc. u. der bei denselben angestellten Beamten, Functionäre u. Diener. Mit Angabe des Namens, der Diensteigenschaft u. der Wohnung, nebst alphabet. Registern. 1. Jahrg. 1853/54. Wien, Manz. gr. 8. (XXXII, 445, 49 S.) 2 ₰

Beamtenbesoldung, die, in Preußen. Die Bestimmgn. der Besoldungsordg. v. J. 1909 u. die einschläg. Verhandlgn. im preuß. Landtage, dargest. u. erläutert v. e. Mitglied der Zentrumsfraktion. (VIII, 173 S.) 8. M. Gladbach 909. Volksvereins-Verlag. Kart. 1. 50

Beamtenbesoldungen. — Beamten-Besoldungen in den Bureau-, Kanzlei- und Unterbeamtenstellen bei den Reichsbehörden und Königlich Preußischen Staatsbehörden. ‹Nach d. Stande vom 1. April 1903.› — Berlin: Liebel (1903). 106 S. 8° 1:Gz 933.
13.12015

Beamten-Besoldungen, die, in den mittleren, Kanzlei- u. Unterbeamtenstellen bei den Reichsbehörden u. königl.-preußischen Staatsbehörden. (Nach dem Stande vom 15. VII. 1909.) 8. völlig umgearb. Aufl. (VII, 64 S.) 16. Berlin 910. Liebel. — 50

Beamten-Besoldungen n. d. a. 1. IV. 1897 eingetret. Erhöhungen. I. Stellen b. d. Verwaltg. d. deutschen Reiches. II. Stellen b. d. Verwaltg. d. preuß. Staates. Daran anschließ. e. Adreß-Buch f. Militär-Anwärter, enth. d. vollständ. Adressen — nebst Angabe d. Titulatur u. d. Amtssitzes — v. denj. Reichsbehörden (einschließl. d. Behörden d. preuß., bayer., sächs. u. württemberg. Militär-Verwaltg.) u. denj. preuß. Staats- u. Kommunal-Behörden, an welche d. Anstellungs-Bewerbgn. zu richten sind. gr. 16. (51 u. 12 S.) Berlin 898. Liebel. n. — 50

Beamten-Besoldungs-Ordnung, neue, preußische, vom 26. V. 1909 nebst den Gesetzen betr. Wohnungsgeldzuschuß u. Kommunalsteuerprivileg der Beamten, Elementarlehrer u. älteren Kirchendiener. Rückwirkend vom 1. IV. 1908 ab. Mit ausführl. Registern versehen v. L. Schwarz. (123 S.) 16. Berlin (909). L. Schwarz & Co. 1. —

Beamtenelend. — Das Beamten-Elend in Galizien. — Wien: Beamten-Verein d. österr.-ungarischen Monarchie 1875. 22 S. 8°
Aus: Beamten-Zeitung. 6. 1875. 300:75.948-B. 302.
13.12034

Beamtenfrage. — Die Beamten- und Besoldungsfrage in ihrem Zusammenhange mit der Organisation des Staatsdienstes und der Universitäten. 1857 s. *Kratky*, Theodor.

Der Beamtenfreund. Organ d. Vereinigung gläubiger Beamten f. Westdeutschland. Jg. 1. Neumünster: G. Ihloft & Co. 1907. 4° [F.] 108. 16660

Beamtengesetz. —

[Baden] (Beamtengesetz. Vom 24. Juli 1888) Das badische Beamtengesetz und die Gehaltsordnung nebst dem Etatgesetz. — Karlsruhe: Braun 1888. 144 S. 8°
1: Gp 12430. 16. 25. 31. 90. 106. 180. 203. 208.
13.12040

Beamtengesetz, das badische, u. die Gehaltsordnung, diese in der Fassg. vom 9. Juli 1894, nebst Ergänzungsvorschriften. 12. (III, 186 S.) Karlsruhe 894. J. Lang. Geb. in Leinw. n. 1.20

Beamtengesetz, das badische, u. die Gehaltsordnung nebst Ergänzungsvorschriften. 2., neu bearb. Aufl. 8. (III, 219 S.) Karlsruhe 902. J. Lang. Geb. in Leinw. n. 1.50

— das badische, m. Gehaltsordnung u. Gehaltstarif, nebst Wohnungsgeldgesetz, Etatgesetz, Reisekostengesetz, sowie Vollzugstarif. 8., neu bearb. Aufl. (III, 174 S.) kl. 8. Karlsruhe 908. J. Lang. Kart. 1.25

— Das neue badische Beamtengesetz nebst der Gehaltsordnung mit Gehaltstarif und Vollzugstarif sowie dem Etatgesetz. Hrsg. vom Verl. d. 'Badischen Presse'. — Karlsruhe: Thiergarten [1908]. 195 S. 8° 31.
13.12044

— — Ebd. [1908]. 204 S. 8° 17.
13.12045

— Das badische Beamtengesetz mit Gehaltsordnung, Wohnungsgeld-, Reisekosten- und Etatgesetz sowie Vollzugs-Verordnungen. 4., neu bearb. Aufl. — Karlsruhe: Lang 1909. XII,332 S. 8° 16. 19. 25. 26. 31. 90. 180. 208.
13.12046

Beamtengesetz [Bayern]
— Beamtengesetz für das Königreich Bayern vom 16. Aug. 1908 und Gehaltsordnung für die etatsmäßigen Staatsbeamten vom 6. Sept. 1908. Mit d. Königlich Allerhöchsten Verordnung vom 6. Sept. 1908, d. Gehaltsverhältnisse d. etatsmäßigen Staatsbeamten betr. Textausg. mit Einl. u. ausführlichem Sachreg. von Roland Schmid. — München: Beck 1908. XXVIII,219 S. 8° (Gesetze d. Königreichs Bayern.)
12: Bavar. 209 vw. 16. 19. 20. 22. 29. 30. 107. 208.
13.12048

— Schweitzer's Ausgabe des neuen bayer. Beamtengesetzes. Gesetz vom 16. Aug. 1908. Mit Anh.: Gehaltsordnung u. Allerh. Verordnung vom 6. Sept. 1908 ... Textausg. — München: Schweitzer 1908. VIII,229 S. 8°
8. 10. 12: Bavar. 209 vwe. 19. 20. 26. 30. 36. 91. 210.
13.12049

Beamtengesetz, das bayerische, u. Gehaltsordn. v. 16. VIII. 1908, m. alphab. Verzeichnis sämtl. Beamten u. ausführl. Sachreg. (Sebald'sche Textausgaben, bearb. unter Mitwirkg. namhafter Juristen.) (VI, 187 S.) kl. 8. Nürnberg 908. U. E. Sebald. — 50

— Das Beamtengesetz für das Königreich Bayern nebst d. Gehaltsordnung u. d. Richterdisziplinargesetze ... hrsg. von Carl August v. Sutner. — Ebd. 1908. XII,369 S. 8°
1: Gp 2740. 6. 11. 12: Bavar. 209 vwf. 19. 21. 24. 29. 203. 208.
13.12051

Beamtengesetz v. 16. VIII. 1908 nebst Gehaltsordnung u. hierauf bezüglicher k. Verordnung vom 6. IX. 1908. Mit Erläutergn. zum Beamtengesetze auf der Grundlage der Gesetzgebungsmaterialien u. m. Sachregist. (VIII, 244 S.) 8. Ansbach 908. C. Brügel & Sohn. Geb. in Leinw. 2. —

— dasselbe. Nachtrag, enth. das Disziplinargesetz f. richterl. Beamte in der Fassung der Bekanntmachg. vom 5. XII. 1908 nebst Vollzugsbestimmgn. zum Beamtengesetz u. der Gehaltsordng. nach dem Stande vom 31. XII. 1908. (S. 245—319.) 8. Ebd. 909. — 50

— dasselbe. 2. Nachtrag, enth. Vollzugsbekanntmachgn. nach dem Stande vom 1. II. 1910. (S. 321—397.) 8. Ebd. 910. — 80
(Hauptwerk m. 1. u. 2. Nachtrag. in 1 Leinw.-Bd. geb.: 3. —)

— Das bayerische Beamtengesetz und Gehaltsordnung vom 16. Aug. 1908 nebst Verordnung vom 6. Sept. 1908 über die Gehaltsverhältnisse der etatsmäßigen Staatsbeamten. Mit alphabetischem Verzeichnis sämtlicher Beamten. — Nürnberg [usw.] 1909. VI,196 S. 8° (Sebald'sche Textausgaben.) 29.
13.12054

— Das Beamtengesetz für das Königreich Bayern nebst d. Gehaltsordnung u. d. Richterdisziplinargesetze ... hrsg. von Carl August v. Sutner. 2. Aufl. — Ebd. 1909. XII,369 S. 8° 19. 27.
13.12055

— dass. nebst Gehaltsordng (u. d. hierauf bezügl. k. Verordng v. 6. 9. '08), d. Richterdisziplinargesetze (in d. Fassg d. Bekanntm. v. 5. 12. '08) u. Vollzugsbekanntmachgn. Mit Erläutergn z. Beamtenges. (auf d. Grundlage d. Gesetzgebgsmaterialien) u. m. Sachreg. 2. Afl. (7, 421) 8° Ebd. '11. L 3.50 d

Beamten-Gesetz, das Württembergische, vom 28. Juni 1876. Hrsg. und erläut. von K. Streich. Mit Pensionstabellen. gr. 8. (202 S.) Stuttgart 876, Bonz und Comp. *

(Beamtengesetz vom 28. Juni 1876/1. Aug. 1907) Württembergisches Beamtengesetz vom 28. Juni 1876/1. Aug. 1907. Textausg. mit Wohnungsgeldtarif, Grundsätzen über Gehaltsvorrückung, Beamtenunfallfürsorgegesetzen, einigen wichtigen Nebenbestimmungen, Ruhegehaltstabellen u. Sachreg. von Constantin Miller. — Stuttgart: Heß 1907. IX,116 S. 8° 12: J. publ. G. 990z. 24.
13.12060

— — 2. Ausg. Ebd. 1907. IX,116 S. 8° 19. 24. 93.
13.12061

— Das württ. Beamtengesetz vom 28. Juni 1876/1. Aug. 1907 mit Wohnungsgeldtarif, den Grundsätzen über Gehaltsvorrückung, den Beamten-Unfallfürsorgegesetzen ... sowie d. Text d. Reichsbeamtengesetzes in d. Fassung vom 18. Mai 1907. Hrsg. u. erl. ... von H. Gugel. — Ebd. 1907. XII,254 S. 8° 11. 21. 24. 26. 27. 93. 207. 208.
13.12062

— [Ausz.] Auszug aus dem Beamten-Gesetz vom 28. Juni 1876 unter Berücksichtigung der durch Gesetz vom 1. August 1907 erfolgten Änderungen. — Stuttgart: Kohlhammer 1907. 36 S. 8° 24.
13.12064

Beamtengesetze. — Die hamburgischen Beamtengesetze nebst den für Staatsbeamte wichtigsten reichsgesetzlichen Bestimmungen. Textausg. — Hamburg: Meißner 1886. IV,59 S. 8° 1: Gq 15510. 18. 203. 208.
13.12069

Beamtengesetzgebung. — Preußische Beamten-Gesetzgebung. 1882 s. *Pfafferoth*, Karl.

Beamten-Hinterbliebenen-Gesetz, das neue preußische, in der Fassung vom 27. V. 1907. Nach amtl. Material zusammengestellt. (16 S.) kl. 8. Berlin (908). L. Schwarz & Co. — 50

Beamten-Kalender. Berlin, C. Heymanns Verlag, s. **Taschen-Kalender für Beamte.**

Beamten-Kalender auf das Schaltj. 1880.. [1. Jahrg.] Bearb. von O. Kotze. gr. 16. (193 und 168 S.) Berlin, Hempel. geb. *

Beamten-Kalender auf das J. 1881. 2. Jahrg. Bearb. von Otto Kotze. gr. 16. (192, 186 S.) Berlin, Hempel. geb. *

— — dass. — auf die J. 1882 und 1883. 3. und 4. Jahrg. Bearb. von Otto Kotze. 16. (XIV, 412; 467 S.) Breslau, Köhler. Jahrg. 1882 geb. * ℳ 2,25; Jahrg. 1883 geb. *

Beamten-Kalender auf d. J. 1884. 5. Jahrg. 16. (V, 183 u. 216 S.) Berlin 883. C. Heymann's Verl. geb. n. 2.50

— allgemeiner, f. d. J. 1887. Hrsg. v. Schmitt unter Mitwirkg. d. Landmessers W. Hossdorf. 16. (IV, 163 u. 107 S.) Hamm, (Grote). geb. n. 2.50

Beamten-Kalender, allgemeiner f. d. J. 1890—1893. Hrsg. v. R. Schmitt. 16. (à Jahrg. ca. 150 S. u. Schreibkal.) Hamm, Griebsch. à Jahrg. * 2 50

—— dass. — für die J. 1888 und 1889. Hrsg. von R. Schmitt. gr. 16. (à Jahrg. 280—290 S.) Ebendas. à Jahrg. geb. *

Beamten-Kalender, allgemeiner, f. d. J. 1894. Hrsg. v. R. Schmitt. 9. Jahrg. gr. 16. (IV S., Schreibkalender u. 208 S. m. 1 Karte.) Hamm, E. Griebsch. Geb. in Leinw. n. 2. 50

Beamten-Kalender, allg., f. 1896. Hrsg. v. R Schmitt. 11. Jahrg. 16° (Schreibkalender u. 289 m. 1 Karte.) Hamm, E Griebsch. Geb. in Lnw. 2.50

Beamten-Kalender, allgem., f. d. J. 1899. Hrsg. v. R. Schmitt u. W. Deimel. 14. Jahrg. gr. 16. (IV S., Schreibkal. u. 372 S. m. Karte.) Hamm, E. Griebsch. Geb. in Leinw. n. 2. 50

Beamten-Kalender, allgemeiner, f. d. J. 1900 Hrsg. v. R. Schmitt u. W. Deimel. 15. Jahrg. gr. 16. (IX S., Schreibkalender u. 368 S. m. 1 Karte.) Hamm, E Griebsch. Geb. in Leinw. 2. 50.

Beamten-Kalender, allg., f. 1901. Hrsg. v. R Schmitt u. W Deimel. 16. Jahrg. 16° (Schreibkalender u. 370 m. 1 Karte.) Hamm, E Griebsch. Geb. in L. 2.50

Beamten-Kalender, allgemeiner, f. d. J. 1903. Hrsg. v. R. Schmitt u. W. Deimel. 18. Jahrg. gr. 16. (IX S., Schreibkalender u. 360 S. m. 1 Karte.) Hamm, E. Griebsch. Geb. in Leinw. n. 2, 50

Beamten-Kalender, allgemeiner, f. d. J. 1905. (Begr. v. R Schmitt.) Hrsg v. W. Deimel. 20. Jahrg. (IV S., Schreibkalender u. 354 S. m. 1 Karte.) 16. Hamm, Th. O. Weber. Geb. in Leinw. 2. 50.

Beamten-Kalender, allg. (v. R Schmitt u. W Deimel), f. 1906. Hrsg. v. W Deimel. 21. Jahrg. (Schreibkalender u. 354 m. 1 Karte.) 16° Hamm, TO Weber. L. 2.50 d

Beamten-Kalender, allgemeiner (v. R. Schmitt u. W. Deimel), f. d. J. 1907. Hrsg. v. W. Deimel. 22. Jahrg (IV S., Schreibkalender u. 360 S. m. 1 Karte.) 16 Hamm, Th. O. Weber. Geb. in Leinw. n. 2. 50

Beamten-Kalender, allgemeiner (v. R. Schmitt u. W. Deimel), f. d. J. 1908. Hrsg. v. W. Deimel. 23. Jahrg. (IX S., Schreibkalender u. 342 S. m. 1 Karte.) 16. Hamm, Th. O. Weber. Geb. in Leinw. 2. 60.

Beamten-Kalender, allgemeiner (von R. Schmitt u. W. Deimel f. d. J. 1909.) Hrsg. v. W. Deimel. 24. Jahrg. (IX S, Schreibkalender u. 352 S.) 16. Hamm, Th. O. Weber. Geb. in Leinw. 2. 60.

Beamten-Kalender, allgemeiner (v. R. Schmitt u. W. Deimel), f. d. J. 1910. Hrsg. v. W. Deimel. 25. Jahrg. (IX S., Schreibkalender u. 357 S. m. 1 Karte.) 16. Hamm, Th. O. Weber. Geb. in Leinw. 2. 60

Beamtenkalender, Allgemeiner (v. R Schmitt u. W Deimel), f. '13. Hrsg. v. W Deimel. 28. J. (9, Schreibkaldr u. 382) 16° Hamm, Th. O Weber. L 2.60 d

Beamten-Kalender, deutscher, nebst Terminskalender f. Gemeindebeamte auf d. J. 1905. (Einband: Taschenkalender f. deutsche Beamte.) Hrsg. v. M. Liebig u. O. Spindler. (360 S.) kl. 8. Freiberg, E. Mauckisch. Geb. in Leinw. 1. —

— deut., nebst Terminskalender f. Gemeindebeamte f. 1906. (Einbd: Taschenkalender f. deut. Beamte.) Hrsg. v. M Liebig u. O Spindler. (360) 8° Freibg, E Mauckisch. L. 1 — d

—· deutscher, nebst Terminskalender f. Gemeindebeamte auf d. J. 1907. (Einband: Taschenkalender f. deutsche Beamte.) Hrsg. v. Otto Spindler. (272 S.) kl. 8. Freiberg, E. Mauckisch. Geb. in Leinw. n. 1. —

—— oesterreichisch-ungarischer, für die J. 1875 und 1876. 3. und 4. Jahrg. Hrsg. von Adf. Loria. 16. (279; IV, 140, 128 S.) Wien, Perles. Jahrg. 1875 geb. · Jahrg. 1876 geb. ·

Nicht weiter erschienen.

— Württembergischer. 3. J. '12. (248) kl8° Stuttg., J Hess. 1.50 d

Bisher u. d. T.: Kalender f. d. württemberg. Staats- u. Körperschaftsbeamten u. -Unterbeamten.

Beamtenkautionsdarlehen. — Das Beamten-Cautionsdarlehn. Einrichtung u. zehnjährige Erfahrungen d. Lebensversicherungs-Gesellschaft zu Leipzig. — Leipzig: Wagner 1880. 29 S. 8° 11. 14. 17. 30. 38. 47. 64. 106. 203.
13.12075

Beamtenordnung. — Beamtenordnung für die Stadt Offenbach am Main. [Nebst] Nachtr. 1. — Offenbach 1905–[06]: Seibold. 8° 17.
13.12076

— Beamtenordnung für die Stadt Offenbach a. M. Offenbach 1909: Offenbacher Abendblatt. 30 S. 8° 17.
13.12077

Beamten-Pensionsgesetz, neues preußisches, vom 27. V. 1907 nebst Ausführungsbestimmgn. (f. Staatsbeamte u. Lehrer an höh. Lehranstalten). Gültig ab 1. IV. 1907. Auf Grund amtl. Materials bearb. (81 S.) kl. 8. Berlin (907). L. Schwarz & Co. — 60

Beamten-Rundschau, Deutsche. Hrsg. v. Verband deut. Beamtenvereine. Schriftleiter: H Rettig. Mit 16seit. illustr. Unterhaltgsbeil.: „Die Beamten-Familie". Red.: Th. Brandln. 1. J.'12. 24 Hefte. (1. Heft: 20 u. 16) Lex8° Frankf. O., (Trowitzsch & S.). viertelj. 1.50; einz. Hefte — 50 d

Beamtenschaft u. Sozialdemokratie, s: Flugschriften, Sozialdemokratische.

Beamtenschematismus

Neuester und vollständiger Beamten-Schematismus des k.k. Herzogthums Salzburg. 1855 s. *Steffel*, F. Matthias.

Beamtenstand. Der Beamtenstand des Kantons Schaffhausen im Jahre ..., nebst einem Verzeichnis der Bundesbehörden etc. (**Umschlag*: Regierungs-Kalender ...). 8. Schaffhausen, Kühn & Co. (**1901:* Cie.)

... 1901.... ⟨Aufgenommen im Februar 1901.⟩ II + IV + 97 [+ 14 + 68 leere] S. 1901.
... 1902.... ⟨Aufgenommen: Ende Dezember 1901⟩. II + IV + 111 [+ 14] S. 1902.
... 1903.... ⟨Aufgenommen: Ende Dezember 1902⟩. II + IV + 107 [+ 14] S. 1903.

Beamtenstand. Der B' des Kantons Schaffhausen im Jahre (**Umschlag:* Regierungs-Kalender) 1904, nebst einem Verzeichnis der Bundesbehörden etc. ⟨Aufgenommen: Ende Dezember 1903⟩. II + IV + 122 S. 8. Schaffhausen, Kühn & Co., 1904.

Beamtenstand. Der B' des Kantons Schaffhausen im Jahre (**Umschlag*. Regierungs-Kalender) ..., nebst einem Verzeichnis der Bundesbehörden etc. 8. Schaffhausen, Kühn & Co.

... 1905.... ⟨Aufgenommen: Mitte Februar 1905⟩ II + VI + 112 S. 1905.
. 1906.... ⟨Aufg': Mitte Februar 1906⟩. II + VI + 114 S. 1906.
.. 1907.... ⟨Aufg': Anfang Januar 1907⟩. II + VI + 116 S. 1907.
... 1908.... ⟨Aufg': Anfang Januar 1908⟩. II + VI + 116 S. 1908.
... 1909 ... ⟨Aufg': Ende Februar 1909⟩. II + VI + 118 S. 1909.

Beamtenstatut. — Beamten-Statut der Hauptstadt Mannheim mit Vollzugsbestimmungen und Gehaltstarif. — (Mannheim 1909: Mannheimer Vereinsdr.) 118 S. 8° 19. 180.
13.12094

Beamtentag, Der erste allgemeine. Nach dem stenographischen Berichte zusammengestellt. Wien 1872. II: *Rechenberg, Joseph von.* (EB)

Beamten-Taschenkalender(1911), v. Johs. Wilmersdorf. 2. Jahrg. (XV, 411 S.) kl. 8. Dresden, Gebr. Fahdt. Geb. in Leinw. 1. 50

Beamtenthum, d., in Oesterr. 8. (20) Wien 61, Bartelmus. (Lpzg, Köhler.) *n.* — 4

Beamtenthum, das, in Oesterreich. Eine sozial-politische Schrift. Geschrieben im Frühjahr 1861. Wien 861. Förster. gr. 8. (20 S.) n. 4 *ngr.*

Das preußische Beamtenthum und der Vereinigte Landtag. Die Aufgabe Preußens in seiner nächsten Entwickelung. — Leipzig: Reclam in Comm. 1847. 16 S. 8°
2. 9. 10. 11. 14. 41. 48. 109.
13.12097

Beamtenthum, das preußische, und der verein. Landtag. Die Aufgabe Preußens in seiner nächsten Entwickelung. gr. 8. (16 S.) Leipzig 847. (Berlin, Springer.)

Beamtenverein

Erster Allgemeiner Beamtenverein der österreichisch-ungarischen Monarchie. 1865—1905. Vierzig Jahre Selbsthilfe. Wien 1905.

Der Preussische Beamten-Verein in Hannover. — Berlin [um 1880]: Mittler. 15 S. 8°
41.
13.12098

Der Preußische Beamten-Verein zu Hannover und seine Gegner. Rückblick u. Ausblick. — (Hannover: Preuß. Beamten-Verein 1897.) 16 S. 8° 1:3 in Gt 2481. 15.
13.12099

Der Preussische Beamten-Verein, seine Ziele und Einrichtungen. — Hannover (1881): Klindworth. 28 S. 8°
41.
13.12100

Beamten-Vereins-Taschen-Kalender f. 1901. 16° (39) Wien (I. Wipplingerstr. 25), 1. allg. Beamten-Ver. d. österr.-ung. Monarchie. — 10

Beamten-Vereins-Taschen-Kalender f. 1903. 16. (39 S.) Wien (I Wipplingerstr. 25), 1. allgem. Beamten-Verein der österr.-ungar. Monarchie. — 15

Beamten-Vereins-Taschen-Kalender f. 1906. (39) 11,2×7,5 cm. Wien (I. Wipplingerstr. 25), 1. Allg. Beamten-Ver. d. österr.-ungar. Monarchie. †— 15

Beamten-Vereins-Taschen-Kalender f. 1907. (39 S.) 16. Wien (I Wipplingerstr. 25), 1. allgem. Beamten-Verein der österr.-ungar. Monarchie. — 15

Beamten-Vereins-Taschenkalender f. d. J. 1910. (39 S.) 11×7,8 cm. Wien (I, Wipplingerstr. 25), 1. allgem. Beamten-Verein der österr.-ungar. Monarchie. — 15

Beamten-Vereins-Taschenkalender f. '13. (39) 11×7,3 cm. Wien (I, Wipplingerstr. 25), 1. allg. Beamten-Ver. d. österr.-ung. Monarchie. †— 15

[Beamten-Verzeichnis der Logen des Schweizer Logenbundes:] 1905, 1906.

Beamtenverzeichniß

Schweizerische Centralbahn-Gesellschaft. Namentliches Beamtenverzeichniss auf 1. Januar 1901. 67 S. fol. Basel, M. Werner-Riehm.

Beamten-Wohnungsliste der Reichs-, Landes- u. Kommunalbehörden in Metz. Nr. 3. März 1892. gr. 8. (21 S.) Metz, Deutsche Buchh. * — 50

Beamten-Wohnungsliste der Reichs-, Landes- u. Kommunalbehörden in Metz. Aug. 1893. gr. 8. (31 S.) Metz, Deutsche Buchh. n. — 50
Erschien bis 1892 u. d. T.: Civil-Quartierliste, Meyer.

Beamten-Wohnungsliste d. Reichs-, Landes- u. Kommunalbehörden in Metz. Septbr. 1896. gr. 8. (28 S.) Metz, Deutsche Buchh. n n. — 50

Beamten - Wohnungs - Verein zu Berlin. Eingetr. Genossenschaft m. b. H. 1900-1910. — ([Berlin 1910]: Timm.) 30 S., 12 Taf. 4° 1:4° N 11.66. 201.
13.12103

Der Beamten-Wohnungs-Verein zu Cassel [Kassel], e. G. m. b. H., seine Entstehung und Entwickelung in den ersten 10 Jahren 1889-1899. Hrsg. vom Vorstand. — Cassel 1900: Siebert. 23 S. 8° 38.
13.12106

Beamten-Zeitung. Zeitschrift des ersten allgemeinen Beamten-Vereines der österreich.-ungar. Monarchie. Organ für die Gesammt-Interessen der Beamten aller Classen. 1.—15. Jahrg. 1870—1884. à Jahrg 52 Nrn. (à Nr. $1\frac{1}{2}$ Bog.) 4. Wien, Administration. à Jahrg. *

Beamten-Zeitung. Zeitschr. d. Ersten allgem. Beamten-Vereines d. österr.-ungar. Monarchie. Org. f. d. Gesammt-Interessen d. Beamten aller Classen. Red.: Carl Mazal. 27.—29. Jahrg. 1896—1898. à 36 Nrn. (à ca. 16 S.) gr. 4. Wien (I. Wipplingerstr. 25). Selbstverl. des Vereins. à Jahrg. n. 8. —
Kann auch vierteljährlich bezogen werden.

Beamten-Zeitung. Zeitschrift des Ersten allgemeinen Beamten-Vereines der österr.-ung. Monarchie. Organ f. die Gesammt-Interessen der Beamten aller Classen. Red.: Frz. Hlavač. 30.—33. Jahrg. 1899—1902. à 36 Nrn. gr. 4. (à ca. 16 S.) Ebd. à Jahrg. n.n. 8. —
Die Jahrgänge 30 u. 31 sind von Carl Mazal redigiert.

Beamten-Zeitung. Zeitschrift des Ersten allgemeinen Beamten Vereines der österr.-ungar. Monarchie. Organ f. die Gesammt-Interessen der Beamten aller Classen. Red.: Frz. Hlavač. 34.—37. Jahrg. 1903—1906. à 36 Nrn. (630, 658, 648 u. 680 S.) 4. Ebd. à Jhrg. n. 8. —

Beamten-Zeitung. Zeitschrift des Ersten allgemeinen Beamten-Vereines d. österr.-ungar. Monarchie. Organ f. die Gesammt-Interessen der Beamten aller Classen. Red.: Frz. Hlavač. 38.—41. Jahrg. 1907—1910. à 36 Nrn. (696, 720, 712 u. 756 S.) 34×26,5 cm. Wien (I, Wipplingerstr. 25), Erster allg. Beamten-Verein der österr.-ungar. Monarchie. à Jahrg. nn 8. —

Beamten-Zeitung. Zeitschr. d. 1. allg. Beamten-Ver. d. oesterr.-ung. Monarchie. Red.: Frz Hlavač. 41—43. J. '10—12 je 36 Nrn. (41. u. 42. J.: 756, 764) 34×26,5 cm. Wien (I, Wipplingerstr. 25), 1. allg. Beamten-Ver. d. österr.-ung. Monarchie. viertelj. nn 2 —

— Badische. Wochenschr. f. Reichs-, Gemeinde-, Staats- u. Privatbeamte in Baden. Schriftleitg: Heinr. Lenz. 5. u. 6. J. '11 u. '12 je 52 Nrn. (Nr 1: 8) 31,5×24,5 cm. Mannh. (P. 7. 4), Handelsdr. Katz. viertelj. — 75 d

Breslauer Beamten-Zeitung ... Jg. 1. Breslau C. Stenzel 1904/05. 4°
[3-] (?) 1904 2

Beamtenzeitung, deutsche. Central-Organ für Stellen-Angebote und Stellen-Gesuche. Allgemeines Anzeigeblatt und Bibliographie. 5. Jahrg. des deutschen Intelligenzblattes. 1875. 52 Nrn. (Bog.) Fol. Berlin Musfalla. *
Frühere Jahrgänge u. d. T.: Intelligenzblatt, deutsches. Vgl. Bd. XV, 1. Abthl., S. 816.

Beamten-Zeitung, deutsche. Organ des deutschen Beamtenvereins. Redact.: E. Friedrichs. 1. und 2. Jahrg. 1878 und 1879. (Erscheinen unregelmäßig). Fol. Berlin, Friedrichs. à Jahrg. *

—— dass. — 3. und 4. Jahrg. 1880 und 1881. à Jahrg. 52 Nrn. (Bog.) Fol. Ebendas. à Jahrg. *

Beamten-Zeitung, deutsche. Organ d. deutschen Beamtenvereins. Red.: E. H. Friedrichs. 5. Jahrg. 1883. 24 Nrn. (2 B.) Fol. Berlin, Friedrichs. n. 6. —

—— dass. — 5.—7. Jahrg. 1882—1884. à Jahrg. 24 Nrn. (à Nr. 2 Bog.) Fol. Ebendas. à Jahrg. *

Beamten-Zeitung, deutsche. Organ d. Deutschen Beamten-Vereins. Red: C. Thiele. 10. Jahrg. 1887. 24 Nrn. (2 B.) Fol. Berlin, Teßmer. n. 3. 20

—— dass. — 11. Jahrg. 1888. 24 Nrn. (à Nr. 2 Bog.) Fol. Berlin, Marschner und Stephan.

Beamtenzeitung, hessische. Halbmonatsschrift im Dienste des hess. Beamtentums. Unter Mitwirkg. v Fachmännern hrsg. v K. Mosbach. 1. Jahrg Oktbr. 1902—Septbr. 1903 24 Nrn. (Nr. 1—8. 166 S) hoch 4. Offenbach a. M. (Bettinastr. 42), K. Mosbach. Vierteljährlich 1. —; einzelne Nrn. —. 20.

Beamtenzeitung, hessische. Halbmonatsschrift im Dienste des Beamtentums, Hrsg. v. K. Mosbach. 2. Jahrg. 1904. 24 Nrn. (Nr. 1—8. S. 197—204.) hoch 4. Giessen, v. Münchow. 4. —; einzelne Nrn. —. 20.

— dass. 3. Jahrg. Mit Sonderbeil.: Förster-Zeitung d. Ver. d. grossh. hess. Forstwarte. 1. Jahrg. 1905. 24 Nrn. (Nr. 1. 10 u. 6) 8° Ebd. 4 —; einz. Nrn — 20 d

— hessische. Halbmonatsschrift im Dienste des Beamtentums. Organ verschiedener Staats- u. Gemeinde-Beamtenvereine. Unter Mitwirkg. v. Fachmännern hrsg. v. Karl Mosbach. 1.—4. Jahrg. Mit Sonderbeilage: Förster-Zeitung des Vereins der großh. hess. Forstwarte. 1. u. 2. Jahrg. 1905 u. 1906. à 24 Nrn. (244, 246, 262 u. 284 S.) Lex.-8. Gießen, v. Münchow. à Jhrg. n. 4. —

Beantwortung. —

— vergl. Versuch e. Beantwortung.

Beantwortung. — Beantwortung [der Vertheidigten Territorial- und Iurisdictions-Gerechtsame der Kayserlichen Freyen Reichs-Stadt Dinckelsbühl]. Abth. 1. — o.O. [um 1770]. 224,388 S. 4° 1:2° Sg 4885.
13.12141

Abgetrungene [Abgedrungene] Beantwortung und gründliche Abfertigung auf den... Actenmäßigen Bericht von dem eigentlichen Verlauff deren bey dem Löbl. Schwäbischen Creyß in materia associationis, & neutralitatis Anno 1746 & 1747 gepflogenen Verhandlungen. — o.O. 1748. 142 Bl. 4°
5. 15 [unvollst.] 17. 21. 24. 25. 26.
13.12142

Abgenöthigte Beantwortung der Frage, ob der wittenbergische ... Professor der Theologie, D. Michael Weber, aus der lutherischen Kirche in die reformirte ... übergegangen sey, oder nicht? Auch noch etwas über Glaubens-, Kirchen- u. Ritus-Vereinung. — Halle: Kümmel 1818. 31 S. 8° 1: Dn 1150 [u.] 4 in Cn 21104.
13.12143

Abgenöthigte [Abgenötigte] Beantwortung der von einigen Medicis wider die Chirurgos mit vielen aufgebürdeten Unbilligkeiten herausgegebenen Schriften in einem Schreiben entworfen von einem unpartheyischen Liebhaber der medicin- und chirurgischen Wissenschaften. — o.O. 1758. 16 S. 8° 19. 29.
13.12144

Beantwortung der in den Musikalischen, wöchentlichen Nachrichten und Anmerkungen stehenden Abhandlung von dem Gebrauch und Misbrauch der Paucken. den 4. Januar 1768. — Leipzig 1770. 8 S. 8° 117.
13.12145

Actenmäßige Beantwortung der St. Maximi..ischen so rubricirten Besser gegründeten Geschichts-Erzehlung &c. Samt gründlicher Ausführung, daß das von 'em Stifft Sancti Maximini bey Trier unbefugt angestellte '..lag .erck in keinem eintzigen Puncten rechtsbeständig erwiesen. — o.O. 1744. 68 S. 4° 26.
13.12147

— o.O. 1745. 68 S. 4°
12: 2° Ded. 66/7. 17. 24. . . 43. 121.
13.12148

Aktenmäßige Beantwortung und Widerlegung der in Hamburg herausgegebenen: Darstellung der im December 1833 eingetretenen Stockung des Hauses Isaac Salingre successores in Stettin und der von der Ritterschaftlichen Privatbank in Pommern dabei übernommenen Vermittelung und Administration im Verhältniß zu den auswärtigen Creditoren. — Stettin 1836: Hessenland. 51 S. 8° 18.
13.12149

Allerunterthänigste Beantwortung oder gegründete exceptiones sub- et obreptionis auf das unter den 27. Febr. 1711. emanirte Käyserl. Rescript in puncto verschiedener von S. Meiningen entgegen S. Hildburghausen, Saalfeld und Gotha, sowohl auch die Fürstl. Frau Wittbe zu Römhild klagbar angebrachten landfriedbrüchigen attentatorum und contraventionen derer wegen der S. Coburg-Eisenberg- und Römhildischen Succesions-F ... errichteten Recessen sammt einem an Ihro Käyserl. . ..jest. von Chur-Pfaltz dießfalls erlassenen Antwort-Schreiben wie auch einem obberührte und andere contraven... ..es und Thathandlungen betreffenden kurtzen Entwurff — o.O. 1711. 14,16 S. 2° 27 [unvollst.] 117.
13.12150

Anderweite Beantwortung der Fragen des [Joh. Jak.] Moser von Geduldung der Freymåurer-Gesellschaften in Rücksicht auf den westphålischen Frieden. 1776. 35 S. 8°
cf. Frmr-Bibliothek. 1 (1778) S. 140—144; 2. Aufl. 1782 S. 140—144; 3. Aufl. 1792 S. 140 bis 144.
Kl. 407. Selten.

Beantwortung einer Anfrage über den 24sten Artikel des Hamburgischen Hauptrecesses. 1828
s. *Bartels*, Johann Heinrich.

Beantwortung der im 29. St. [d. Lpz. Int. Bl.] vom J. 1771 befindlichen Anfrage, den Verfall der Kirchenärarien ... betr. [Leipzig 1776.] V: *Hohenthal, Peter Carl Wilhelm Graf von.* (NN)

Beantwortung der Anfrage löblicher Commerz-Deputation in Hamburg in bezug auf die künftige Stellung des Hamburger Manufactur-Waaren-Handels zum deutschen Zollverein. Eingereicht vom Verein von Kaufleuten des Manufactur-Waaren-Faches en gros. — Hamburg [1848]: Bitter. 12 S. 8° 16. 18. 205.
13.12151

Beantwortung der Anfrage: ob das Erfrieren des Weinstocks ... könne abgewendet werden. [1795.] V: *Reuling, L. W.* (MGT)

Beantwortung des gegen das hiesige Collegiatstift gerichteten Angriffes. O. O. [1802.] V: *Güntner, Franz von.* (Erman & Horn, Bibliogr. d. dtsch. Universitäten. 2. Leipz. u. Berl. 1904.)

Beantwortung eines Anonymi Anmerckungen und Zweiffels-Einwürffen über das Alter des vierhundertjährigen Friderici Gualdi. — o.O. [1700]. 297 S. 8°
Beigedr.: Die durch Artzneyen vermehrte Schwachheiten der Natur, von einem practicirten und berühmten Engelländer entdecket, welcher auch dafür hält, daß nicht so viel Leute stürben, wann man weniger Artzneyen gebrauchte. o. O. 1700.
2. 4. 15. 25. 29. 300: an + 69 M 232.
13.12152

Beantwortung derer sogenannten Anmerkungen über die ... Königlichen Preußischen Kriegs-Manifesten, Circularien und Mémoires. 1756 u.ö.
s. *Hertzberg*, Ewald Friedrich Graf v.

— der Anmerkung. üb. d. Königl. Preuß. Kriegsmanifeste. 4. Bautzen, 747.

Beantwortung der Anmerkungen über den Plan und die Gesetze der Sachs. Coburgischen Wittwenversorgungsgesellschaft, welche ein Ungenannter in die Sächs. Provinzialblätter des Monats May 1799. einrücken lassen. — Coburg 1799: Ahl. 35 S. 8°
3. 39.
13.12153

— anmuthige, üb. Räthsel. 4. Frft.

Beantwortung der Broschüre »Aphorismen über den Rechtszustand in Preußen« und über »den Bildungsgang der Preußischen Richter ...« Berlin 1842. V: *Koch.* (Erman & Horn, Bibliogr. d. dtsch. Universitäten. 1. Leipz. u. Berl. 1904.)

Beantwortung der Apologie des Akademischen Versuches über das Vogteyrecht im allgemeinen mit Anwendung auf das hohe Erzstift Salzburg vom Professor Gärtner wider den Gnadenbrief Kaisers Heinrich IV. für Oesterreich. — o.O. 1796. 31 S. 4°
1: Sc 1308. 7. 302. 308.
13.12156

Beantwortung der Appellation in der Prozeßsache des Königlich Preußischen Fiskus ... wider die Krone Preußen ... die Herrschaften Schwedt, Vierraden und Wildenbruch betreffend. — Berlin 1866: Königl. Geh. Ober-Hofbuchdr. 166 gez. Bl. 4°
1: 3 in 4° Td 9438. 3.
13.12157

Beantwortung einer Aufgabe, die Schulverbesserung betreffend. [Hann. 1775.] V: *Göckingk, Leopold Friedrich Günther von.* (MGT)

Beantwortung der sogenannten Aufklärung der wichtigen und zum Theil sehr unerwarteten Veränderungen, welche das Absterben des höchstseligen Kuhrfürsten Maximilian Josephs von Bayern &c. im deutschen Reiche nach sich gezogen hat. — o.O. 1778. 55 S. 8°
1: 6 in Gx 13000–45 [u.] Flugschr. 1778–13. 2. 7.
12: 4° Bavar. 2221-IV,6. 19. 29. 30. 39. 43.
13.12158

— Beantwortung der sogenannten Aufklärung der wichtigen und zum Theil sehr unerwarteten Veränderungen, welche das Absterben des höchstseligen Churfürsten Maximilian Josephs von Bayern &c. im Teutschen Reich nach sich gezogen hat. — o. O. 1778. 62 S. 8°
7.
13.12159

— Beantwortung der sogenannten Aufklärung der wichtigen und zum Theil sehr unerwarteten Veränderungen, welche das Absterben des höchstseligen Churfürsten Maximilian Josephs von Bayern &c. im deutschen Reiche nach sich gezogen hat. — o. O. 1778. 93 S. 8°
1: an Rz 4830. 12: Bavar. 153/1. 16.
13.12160

Aufrichtige Beantwortung drey wichtiger Fragen von der Materie und Vorarbeit des eigentlichen Steins der Weisen. — o.O. 1761. 16 S. 8°
9. 29.
13.12161

Beantwortung des in dem 62sten Heft des Staats-Archivs befindlichen Aufsatzes über eine Königl. Preussische Cabinetts-Entscheidung in Sachen der Gebrüdere Freyherrn von der Reck wider die Freyherrn von Landsberg und von Böselager die Abtretung einiger Güter betreffend. Berlin 1808. 24 S. 4°
27.
13.12162

Beantwortung des in dem fünften Stück des Deutschen Musäum ... 1781 ... befindlichen Aufsazes über die Militärakademie in Stuttgard. 1781 s. *Elwert,* Emanuel Gottlieb.

Ausführliche Beantwortung der so genannten Unpartheyischen Gedanken über diejenige harte Vorwürfe, welche von den königl. preußischen Schriftstellern dem Kayserl. Reichs-Hof-Rath neuerlich gemacht worden. — o.O. 1757. 96 S. 8°
1: Flugschr. 1757–12c.
7. 12: 4° J. publ. G. 1227–1,6. 16. 19. 29. 35. 109.
13.12163

— Ausführliche Beantwortung der so genannten Unparteyischen Gedancken über diejenige harte Vorwürffe, welche von den königl. preußischen Schriftstellern dem Kayserl. Reichs-Hof-Rath neuerlich gemacht worden. — o.O. 1757. 147 S. 8°
1: Flugschr. 1757–12 [u.] 12b.
2. 3. 12: Bor. 263 v. 17. 18. 23. 24. 26. 29. 30.
13.12164

— Ausführliche Beantwortung der so genannten Unpartheyischen Gedancken über diejenige harte Vorwürffe, welche von den königl. preußischen Schriftstellern dem Kayserl. Reichs-Hof-Rath neuerlich gemacht worden. — o.O. 1757. 147 S. 8°
14. 31. 39.
13.12165

— Ausführliche Beantwortung der so genannten Unparteyischen Gedanken über diejenige harte Vorwürffe, welche von den königl. preußischen Schriftstellern dem Kayserl. Reichs-Hofrath neuerlich gemacht worden. — Berlin 1758. 147 S. 8°
1: Flugschr. 1757–12a. 16. 24.
13.12166

Ausführliche Beantwortung der französischen Kriegs-Erklärung und der vom Malbran de la Nouë ohnlängst zu Franckfurth übergebenen Declaration. Nebst verschiedenen aus d. Franz. ins teutsche übers. Beyl. — Wien 1744. 62 S. 8°
24. 27. 28. 32.
13.12167

— Ausführliche Beantwortung der französischen Kriegs-Erklärung und der vom Malbran de la Nouë unlängst zu Franckfurth übergebenen Declaration. — Wien 1744: v. Ghelen. 34 S. 4°
1: 2° Ql 2609.
12: 2° Bavar. 1130-5. 24. 48. 300: 47 Mm 25 [u.ö.]
13.12168

— Ausführliche Beantwortung der französischen Kriegs-Erklärung und der vom Malbrann de la Nouë unlängst zu Franckfurth übergebenen Declaration. — Ebd. 1744. 34 S. 4°
1: 39 in 4° Qk 54. 5. 7.
12: 2° J. publ. E. 18 m/55. 14. 16. 24. 27.
13.12169

— Außführliche Beantwortung der französischen Kriegs-Erklärung, und der vom Malbran de la Nouë unlängst zu Franckfurth übergebenen Declaration. — Ebd. 1744. 76 S. 4°
Beigedr.: Beantwortung der vom Herrn Grafen von Dohna vor seiner Abreise vorgelesenen Declaration. Wien 1744.
38.
13.12170

— Ausführliche Beantwortung der französischen Kriegs-Erklärung, und der von Malbran de la Nouë unlängst zu Franckfurth übergebenen Declaration. Nach d. Exemplar zu Wien. — o.O. 1744. 31 S. 4°
12: 2° Ded. 354/7. 16. 24. 26.
13.12171

— Ausführliche Beantwortung der frantzösischen Kriegs-Erklärung, und der vom Malbran de la Nouë unlängst zu Franckfurt übergebenen Declaration. Nach d. Wienerischen Exemplar. — o.O. 1744. 40 S. 8°
12: 4° Ded. 145/8. 18. 28.
13.12172

Ausführliche Beantwortung des freventlichen und lügenhafften Pasquils, welches unter dem Titul: Vertrautes Schreiben eines vornehmen deutschen Officiers ... ans Licht gekommen. 1706 s. *Huyssen,* Hendrik van.

Beantwortung, Ausführliche, derer Scheingründe, welche die Herren Gebrüder Wilhelm und Wenzel, so sich Grafen zu Leiningen-Dachsburg in Guntersblum nennen wollen, zu Behauptung ihrer verschiedentlichen ungegründeten Ansprüche aufzustellen bemühet sind. Carlsruhe 1774. V. *Kühl, Phil. Jac.* (MGT) (ML)

Ausführliche Beantwortung des Sendschreibens eines Reisenden, der sich jetzo in Danzig aufhält, welches ... unter dem Originaltitel: Lettre d'un voyageur ... erschienen. — o.O. 1758. 84 S. 8° (Vollständige Beantwortung d. von d. Berliner Hofe herausgegebenen zwey Haupt-Staatsschriften. 4.)
1: Flugschr. 1758-142. 12: 4° Eur. 419-5 [2 Ex.] 24. 29.
13.12177

— Ausführliche Beantwortung des Sendschreibens eines Reisenden, der sich jetzo in Dantzig aufhält, welches ... unter dem Original-Titul: Lettre d'un voyageur ... erschienen. — o. O. 1758. 96 S. 8° (Vollständige Beantwortung d. von d. Berliner Hofe heraus gegebenen zwey Haupt-Staatsschriften. 4.) 7. 14. 15. 29. 300: 38.833-B. 4.
13.12178

Ausführliche Beantwortung der nähmens des Frey-Herrn Frans Arnold von und zu Frentz ... herausgegebenen Facti speciei, nebst rechts- begründeter Nachricht uber die zwischen ... Frans Carl Frey-Herrn von und zu Frentz Drostens zu Ruhte hinterlassenen Frau Wittwen gebohrnen Freyin von Droste zu Füchten an einem und ... Frans Arnold Frey-Herrn von und zu Frentz am andern Theil obschwebende Irrungen. — o.O. 1729. 38 S. 4° 24. 26. 35.
13.12179

Ausführliche Beantwortung der von dem Wiener Hofe herausgegebenen sogenannten Kurtzen Verzeichniß einiger aus den vielfältigen von Seiten des Königl. Preußischen Hofes wider die Berliner und Dreßdner Tractaten ausgeübten friedensbrüchigen Unternehmungen. 1756 u.ö.
s. *Fuerst* u. Kupferberg, Karl Josef Maximilian Frhr v.

Beantwortung der Ausstellungen, welche in dem Berichte der landständischen Finanz-Commission über den Haupt-Finanz-Etat von 1820/23 in Beziehung auf das Beschälwesen und die Landgestütte gemacht worden sind. Stuttgart 1821: Mäntler. 14 S. 8° 21. 24.
13.12180

B.P.z.R. Beantwortung der wichtigen Frage: ob der Mensch eine Verbindlichkeit habe, seine Schönheit zu erhalten. Nebst verschiednen andern. — Frankfurt [usw.] 1774. 125 S. 8° 36.
13.12181

— d. Frage: Ob d. Mensch e. Verbindlichkeit habe, seine Schönheit zu erhalten? 8. Frankf. 774. Gebhardt u. K. 6 ℔.

— ob d. Mensch e. Verbindlichkeit habe, seine Schönheit zu erhalten? 8. Frankf. Herrmann. 774.

Beantwortung der Beantwortung über die Begräbnisse in Wien. 1781 s. *Schilling*, Friedrich.

Beantwortung und Beleuchtung der Bemerkungen über einige Gebrechen der Sanitäts-Polizey im Königreich Baiern und der Vorschläge zu ihrer Entfernung, die Dr. Alois von Löwenfeld aus Amberg der baierischen Stände-Versammlung zur Beherzigung vorlegte; von einigen patriotischen Landärzten aus Baiern. — o.O. 1819. 26 S. 8° 19.
13.12182

Beantwortung der Bemerkungen über die Duldung der Juden ... Mitau 1787. V: *Bergesonn*, *Friedrich Wilhelm Reinhold.* (R-N)

Beantwortung einiger freundschaftlichgemachten Bemerkungen in Beziehung auf Israels nöthigende Beweise, die Existenz einer Dreyeinigkeit durch Ueberzeugung der Vernunft zu bekennen; nebst den naturwissenschaftlichen Gedanken über den thierischen Magnetismus und einigen andern damit in Verwandtschaft stehenden Begriffen. — o.O. [1793]. 14 S. 8° 21.
13.12183

Beantwortung des dem Schreiben des ... Staats-Ministers Rother vom 30. November 1836. St.M. Nr. 1269. beigefügten Berichts der Regierung zu Breslau vom 6. August 1835, die Beschränkungen betreffend, die der Verkehr durch die bestehenden Postzwangs-Gesetze angeblich erleiden soll. — Dat. Berlin 24. Mai 1837. 76 S. 8°
1: Sx 11238.
13.12184

Beantwortung des so genannten Wahrhafften Breßlauer Berichts von den in Schlesien verübten Excessen der oesterreich- und sächsischen Trouppen. — o. O. [um 1745]. 4 Bl. 8° 3.
13.12185

Bescheidene Beantwortung der Einwürffe, welche einige Freunde des ... Joh. Ernst Philippi ... wieder die Nachricht von dessen Tode gemacht haben. 1735
s. *Liscow*, Christian Ludwig.

Best-gegründete Beantwortung des von denen Reformirten zu Franckfurt, an verschiedene höchst- und hohe Orte, eingeschickten so rubricirten: Unterthänigsten Pro Memoria. Mit Beyl. — [Frankfurt a. M. 1750.] 28 S. 4°
4. 12: 2° Ded. 346-2. 14. 16. 17. 24. 26. 30. 36.
13.12189

Beantwortung der Ackermannschen Beurtheilung und Widerlegung der Gall'schen Hirn-, Schedel- und Organen-Lehre ... Hrsg. von einigen Schülern des Dr. Gall u. von ihm selbst berichtigt. — Halle: Neue Societäts-Buch- u. Kunsth. 1806. VIII,407 S. 8°
1: Ky 16390. 2. 3. 7. 8. 12: Anat. 64. 15. 17. 18. 19. 30. 31. 39. 300: 550.633-B.
13.12190

Beantwortung d. Ackermannischen Beurth. u. Widerl. d. Gall'schen Hirnschädel- u. Organenlehre ꝛc. gr. 8. Rudolst. Hofbuchhandl. 806.

Beantwortung des so genandten Gründlichen Beweises der Kaufleute Compagnie, worin das angefochtene Recht des Schonenfahrer Collegii, die Glieder der Kaufleute Compagnie, welche Handlung treiben, zu rufen und zur Erfüllung der Gerechtigkeiten ihres Hauses zu zwingen: außer allen Zweifel gesetzt wird. — o.O. [1767]. 60 S. 2°
1: 13 in 2° Sp 6002-2.
13.12191

— o.O. 1767. 60 S. 4° 18. 33. 48.
13.12192

Beantwortung der 4 Bogen, so neulich ein ungenannter catholischer Pater gegen die lutherische Lehre in Hamburg herausgegeben hat. Hamburg 1717. V: *Phrygenius*, *Matthias Hermann.* (Schr)

Beantwortung, Brandenburgische kurze, deß in Comitiis von der Stadt Nürnberg ... gegebenen Memorialis, die bekannte Zoll-Strittigkeiten ... betreffend. O. O. 1709. V: *Metternich*, *Wolf Freih. v.* (Holz)

Beantwortung der Zwölf Briefe des Hn P. Seedorfs. 1750
s. *Pfaff*, Christoph Matthaeus.

Beantwortung des Büchleins eines papistischen Blumenlesers von Lutheri sieben Gaben. V: *Hildebrand*, *Joachim.* (Myl)

Beantwortung des Bundesliedes an die Schwestern von Blumauer. Jena 1787. V: *Bohl*, *Christiane Susanne.* (MGT)

Hrn. C.B.P. zu R. deutliche und in der evangelischen Wahrheit gegründete Beantwortung zwoer Fragen: Was der Calvinisten Lehre von der Tauffe sey? Und ob man calvinische Gevattern bey einer lutherischen Tauffe mit gutem Gewissen zulassen könne? Welche ... in Druck gegeben worden von G.M. — o.O. 1749. 22 S. 8°
1:4 in Bd 8603-187. 8. 18. 35.
13.12103

Beantwortung der vom Herrn Grafen von Dohna vor seiner Abreise vorgelesenen Declaration. — o.O.[1744]. 8 S. 4° Das Exemplar ist anscheinend unvollständig. 27.
13.12104

— Ihro Majestät der Königin von Ungarn und Böhmen Beantwortung der von dem Königl. Preußischen Gesandten Herrn Grafen von Dohna vor seiner Abreise aus Wien vorgelesenen Declaration. Nach d. Orig. aus d. Königl. Hof-Buchdruckerey zu Wien abgedr. — o.O. [1744]. 8 Bl. 8° 1:Flugschr. 1744-5a. 8. 21. 48.
13.12195

— o.O. [1744]. 16 S. 8° 35.
13.12196

— Beantwortung der vom Herrn Grafen von Dohna vor seiner Abreise vorgelesenen Declaration. — o.O. 1744. XX S. 4° 1:4 in 2° Rz 3028. 3. 14.
13.12197

— o.O. 1744. 12 Bl. 4° 302.
13.12198

— o.O. [1744]. 18,12 S. 4° 12:2° Bavar. 1165.
13.12199

— o.O. 1744. 31 S. 8°
1:Flugschr. 1744-5. 3. 14. 23. 27. 31. 41.
13.12200

— o.O. 1744. 32 S. 8° 3. 8. 48. 169.
13.12201

— Wien 1744: v. Ghelen. 8,8 S. 4° 4. 5. 24. 48.
13.12202

— Ebd. 1744. 8,12 S. 4° 12:2° Bavar. 1164. 16.
13.12203

— Ebd. 1744. 22 S. 4° 36.
13.12204

— Ebd. 1744. 14,8 S. 4°
1:52 in 4° Qk 54. 12:2° Bavar. 1163. 14. 17. 27.
13.12205

— Ebd. 1744. 12 Bl. 4° 24.
13.12206

— Ebd. 1744. 18,12 S. 2° 7. 37. 44. 300:47 Mm 24. 304.
13.12207

— Beantwortung der vom Hrn. Grafen von Dohna vor seiner Abreise vorgelesenen Declaration. — Ebd. 1744. 32 S. 8° 2. 8. 12:4° Ded. 145/6. 18. 28.
13.12208

— Beantwortung der vom Herrn Grafen von Dohna vor seiner Abreise vorgelesenen Declaration. 1744
in: *Beantwortung,* Außführliche, der französischen Kriegs-Erklärung, und der vom Malbran de la Noue unlängst zu Franckfurth übergebenen Declaration.

Beantwortung und Demonstration, daß Herr Assessor Schrag daß jenige, so ihme zu beweisen auferlegt worden, nicht bewiesen habe. Von Seithen des Ersten Praesidenten Freyherrn von Ingelheim und mit-unterschriebener Assessoren des Kayserl. und Heil. Röm. Reichs-Cammer-Gerichts. Samt Beyl. — o.O. [um 1705]. 12 S. 8°
12:4° Ded. 202-2/27. 30.
13.12209

— Beantwortung und Demonstration, daß Herr Assessor Schrag dasjenige, so ihme zu beweisen aufferlegt worden, nicht bewiesen habe. Von Seithen des Ersten Praesidenten Freyherrn von Ingelheim und mit-unterschriebener Assessoren des Käyserl. und Heil. Röm. Reichs Cammer-Gerichts. Sambt Beyl. — o.O. [um 1705]. 20 S. 8°
1:Gx 4789. 5. 12:4° J. publ. G. 397/4.
13.12210

Beantwortung und Demonstration, daß Philipp Helffrich Krebs daß jenige, so ihme zu beweisen auferlegt worden, nicht bewiesen habe. Von Seithen des Ersten Praesidenten Freyherrn von Ingelheim und mit-unterschriebener Beysitzern des Kayserl. und Heil. Röm. Reichs-Cammer-Gerichts. Samt Beyl. — o.O.[um 1705]. 8°
12:4° Ded. 202-2/25. 30 [° Beyl.]
13.12211

— Beantwortung und Demonstration, daß Philipp Helffrich Krebs dasjenige, so ihme zu beweisen aufferlegt worden, nicht bewiesen habe. Von Seithen des Ersten Praesidenten Freyherrn von Ingelheim und mit-unterschriebener Beysitzern des Käyserl. und Heil. Röm. Reichs Cammer-Gerichts. Sambt Beyl. — o.O. [um 1705]. 8°
1:1 in Gx 4780-1. 5. 12:4° J. publ. G. 397/2. 31.
13.12212

Beantwortung und gründliche Demonstration non factae probationis, junctâ petitione des Praesidentens Freyherrn von Ingelheim und mit-unterschriebener Assessorn der [!] Kayserl. und Heil. Röm. Reichs Cammer-Gerichts contra den Grafen von Solms-Laubach. — o.O.[1708]. 16 S. 8° 12:4° Ded. 202-2/21. 30.
13.12213

— Beantwortung und gründliche Demonstration non factae probationis, junctâ petitione des Praesidentens Freyherrn von Ingelheim und mit-unterschriebener Assessorn des Käyserl. und Heil. Röm. Reichs Cammer-Gerichts contra den Graffen von Solms-Laubach. Mit Beyl. — o.O. [1708]. 28 S. 8°
1:8 in Gx 4780-1. 5. 12:4° J. publ. G. 397/7. 26. 31.
13.12214

Beantwortung und klahre Demonstration, daß der von Pürck das jenige, so ihme zu beweisen per Decretum auferlegt worden, nit bewiesen habe, und dahero alle seine imputata in lautheren Calumnien bestehen, von Seithen des Praesidenten Freyherrn von Ingelheimbs und mit-unterschriebener Assessorn des Kayserl. und Heil. Röm. Reichs-Cammer-Gerichts. Mit Beyl. — o.O.[1708]. 8°
Vollst. . . . . 1:2 in Gx 4780-3.
12:4° J. publ. G. 397/10. 31.
[° Beil.] . . . . 17. 23. 26. 30.
13.12215

— Beantwortung und klahre Demonstration, daß der von Pyrck dasjenige, so ihme zu beweisen per Decretum auferlegt worden, nicht bewiesen habe, und dahero alle seine imputata in lauteren Calumnien bestehen, von Seiten des Praesidenten Freyherrn von Ingelheim und mit-unterschriebener Assessorn des Kayserl. und Heil. Röm. Reichs-Cammer-Gerichts. Mit Beyl. — o.O. [1708]. 8°
1:32 in Gx 4790. 5. 12:4° Ded. 202-2/18 [2 Ex.] 30.
13.12216

Marokko-Minen-Syndikat. Beantwortung der amtlichen 'Denkschrift und Aktenstücke über deutsche Bergwerksinteressen in Marokko. (Nr. 189)'. — Berlin 1910: (Lindendr.) VI,27,119 S. 4° 1:4° Ho 39290/4. 2. 11. 12:4° H. E. E. 101 i. 15. 16. 23. 26. 33. 38. 41. 44. 46. 47. 79. 203. 205.
13.12217

— [Ausz.] Auszug aus der 'Beantwortung der Denkschrift über deutsche Bergwerksinteressen in Marokko'. — o.O. [1910]. 4 Bl. 4° 33.
13.12218

Beantwortung der Denkschrift von Baden gegen Bayern wegen der Bestellung eines Surrogats für die zwischen beiden Häusern gemeinschaftliche Grafschaft Sponheim. Mit 8 Beil. — München 1827. 60,21 S. 4°
12:2° Bavar. 91 p [2 Ex.] 14. 19. 31. 204. 209.
13.12219

Beantwortung der von dem Herzoglichen Hause zu Sachsen Meiningen gegen das Herzogliche Haus zu Sachsen Coburg-Saalfeld im Druck erlassenen Denkschrift, die Ausgleichung der s. coburg-eisenberg- und römhildischen Sucession betreffend. 1818 s. *Schultes,* Johann Adolf v.

Beantwortung der vom Sächs. Central-Zweig-Verein zum Schutz vaterländ. Arbeit zu Chemnitz an die landwirthschaftlichen Vereine in Sachsen gerichteten Denkschrift. (Unterzeichn.: Rittner, v. Schönberg.) — Oschatz 1849: Oldecop. 15 S. 8° 14. 18.
13.12220

Beantwortung einiger Einwendungen gegen die Lehre vom Leiden Jesu. 1773
s. *Holsten*, Dietrich Christian Heinrich.

Beantwortung dreyer Einwürffe [Einwürfe] wieder den zu Stade herrausgegebenen [!] Catechismum ... Durch e. unpartheyische Feder entworffen. — o.O. 1724. 8 Bl. 8°
1: Eo 7270. 9. 18. 32. 35.
13.12222

Beantwortung einiger Einwürfe gegen die Errichtung einer Disconto-Casse ... Hamburg 1799. V: *Döhren, Jacob von.* (schr)

Beantwortung einiger Einwürfe der Herausgeber des Tagebuchs eines Vaters im Auguststücke v. J. von dem Verfasser dieses Tagebuchs. [Braunschw. 1790.] V: *Winterfeld, Moriz Adolph von.* (MGT)

Beantwortung der Einwürfe gegen die Mäßigkeits-Vereine. 8. (32 S.) Schwerin 847, Kürschner (jetzt Hildebrand). 3 ngl

Beantwortung der Einwürffe [Einwürfe], so gegen die Essentiam dulcem und deren Gebrauch hin und wieder gemacht worden, zu Behauptung des davon edirten Berichts ... Publiciret aus der Waysen-Apothecke zu Glaucha. Halle [um 1700]: Henckel. 24 S. 8°
2. 8. 14. 29.
13.12223

Beantwortung einiger Gräfl. Stolbergischer Einwürffe [Einwürfe], so des Fürstl. Löwenstein-Wertheimischen Hauses wohlhergebrachtem Dominio utili über die Graffschafft Rochefort, deme das vermeintliche, extra fori competentiam, beym Preißwürdigen Käyserlichen Cammer-Gericht gefällete Urtheil (respectu salvo) nicht praejudiciren mag; entgegen gesetzet werden wollen, und bey dem Hochlöblichen Reichs-Convent jüngsthin zum Vorschein kommen. — Dat. o.O. Maio 1736. 13 Bl. 4°
1: 2° Ded. 472-8. 24. 27.
13.12224

— Dat. o.O. Maio 1736. 15 Bl. 4°
17.
13.12225

Beantwortung der vornehmsten Einwürffe [Einwürfe], welche der falsche Christ wider das wahre Christenthum zu machen pfleget. Aus engelländischen Scribenten mehrentheils hergenommen. Nach d. zu Londen gedruckten Exemplar. — Halle: Neue Buchh. 1719. 48 S. 8°
1: Dc 1485. 18. 27.
13.12226

— der vornehmsten Einwürfe ꝛc., welche gewöhnl. wider d. wahre Christenthum gemacht werden. 8. Nürnb., Raw. 1 gl

— einig. Einwürfe wid. d. Vorsorge Gottes. 8. Frankf. u. Leipz. Griesbach. 760.

Beantwortung einiger Einwürfe wider die Vorsorge Gottes, wider die Unsterblichkeit der Seele, und wider die Verdammniß der Lasterhaftigen. — Franckfurt [usw.] 1761. 79 S. 8°
2. 9.
13.12227

Beantwortung, Erste, der ersten Antwort des P. Marc. Molkenbuhr vor dem Richterstuhl der gesunden Vernunft gebracht ... Münster u. Paderborn 1800. V: *Cosmann, F. W.* (MGT)

Der Theologischen Facultät [Fakultät] zu Rostock Beantwortung der Frage: Ob die Pietisterey eine Fabel seye? Worinnen zugleich auff derer Herren Theologen zu Giessen so genannte Wiederhohlte Lehr- und Ehren-Rettung kürtzlich geantwortet wird. — Rostock [usw.]: Rußworm 1715. 107 S. 8°
1: 6 in Bd 8600. 2. 9. 10. 18. 25. 26. 28. 33. 41. 45. 48.
13.12231

— Der Theologischen Facultät zu Rostock Beantwortung der Frage: Ob die Pietisterey eine Fabel sey? Worinnen zugleich auf derer Herren Theologen zu Giessen so genannte Wiederhohlte Lehr- und Ehren-Rettung kürtzlich geantwortet wird. — Rostock [usw.] 1717. 82 S. 8°
10. 18. 24. 30.
13.12232

— Der Theologischen Facultät zu Rostock Beantwortung der Frage: Ob die Pietisterey eine Fabel seye? Worinnen zugleich auf derer Herren Theologen zu Giessen so genannte Wiederhohlte Lehr- und Ehren-Rettung kürtzlich geantwortet wird. (2. Aufl.) — Rostock [usw.]: Rußworm 1727. 108 S. 8°
1: Dm 10031[a]. 2. 9. 12: 4° Polem. 314. 24. 28. 32.
13.12233

Fernere aufrichtige Beantwortung der Continuation des Pietisten-Gesprächs, zwischen Sincero und Zelotes welches nechstens zu Leipzig und Franckfurth soll seyn ans Licht kommen. — o.O. 1723. 32 S. 8°
18.
13.12234

Beantwortung der in diesem Jahre erschienenen Flugschriften gegen das Bräuwesen. 1. Gespräch der Bauern zu Nulldorf mit einem Reisenden in der dortigen Schenke über den neuen Satz des Winterbiers 1821. 2. Ueber den tariff-, und nichttariffmäßigen Gewinn der Bierbräuer in Bräustätten und zweyer Aufsätze aus dem Dillinger Wochenblatt und der Bauernzeitung. — [o.O.] 1821. 20 S. 8°
210.
13.12235

Beantwortung der gedoppelten Frage: sollte die Schweiz an dem allgemeinen Kriege gegen Frankreich Antheil nehmen und würde diese Theilnahme ein wahrer Vortheil für die verbündeten Mächte sein? — o.O. 1794. 24 S. 8°
1: 23 in Ru 288. 33.
13.12236

Ausschuß zur Untersuchung d. Wasserverhältnisse in d. der Ueberschwemmungsgefahr besonders ausgesetzten Flußgebieten. Beantwortung der im Allerhöchsten Erlasse vom 28. Februar 1892 gestellten Frage A: Welches sind die Ursachen der in neuerer Zeit vorgekommenen Ueberschwemmungen ... und welche Aenderungen dieses Systems sind bejahendenfalls zu empfehlen? — (Berlin [1896]: Kerskes.) 43 S. 4°
1: 4° Nz 8767-1896. 11. 14. 26. 83. 89. 106. 203.
13.12237

Beantwortung d. i. allerh. Erlasse v. 28. Febr. 1892 gest. Frage A: Welches sind d. Ursachen d. in neuerer Zeit vorgekomm. Ueberschwemmgn., hat namentlich d. System, welches b. d. Regulirg. u. Kanalisirg. d. preuß. Flüsse befolgt worden ist, z. Steigerg. d. Hochwassergefahr u. d. in neuerer Zeit beträchtl. gesteig. Ueberschwemmungsschäden beigetragen, u. welche Aendergn. dieses Systems sind bejahendenfalls zu empfehlen? Hrsg. v. Ausschuß z. Untersuchg. d. Wasserverhältn. i. d. d. Ueberschwemmungsgefahr bes. ausgesetzten Flußgebieten. Durch Beschluß d. Ausschusses v. 5. Juni 1896 festgest. Nebst: Darstellg. d. Systems, welches b. d. Regulirg. u. Kanalisirg. d. preuß. Flüsse bisher befolgt ist, unt. vergleich. Bezugnahme a. d. z. demselb. Zwecke i. and. Staaten angew. Maßregeln. Durch Beschluß d. Ausschusses v. 9. Febr. 1893 festgest. Fol. (43 u. 40 S. m. 1 farb. Karte.) Berlin 896. (D. Reimer.) n. 1 —

Ausschuß zur Untersuchung d. Wasserverhältnisse in d. der Ueberschwemmungsgefahr besonders ausgesetzten Flußgebieten. Beantwortung der im Allerhöchsten Erlasse vom 28. Februar 1892 gestellten Frage B: 'Welche Maßregeln können angewendet werden, um für die Zukunft der Hochwassergefahr und den Ueberschwemmungsschäden soweit wie möglich vorzubeugen?'

— Für das Elbstromgebiet. — (Berlin [1899]: Kerskes.) 46 S. 4°
1: 4° Nz 8767-1899 [u.] 4° Nz 8767a-1899. 8. 10. 11. 26. 47. 51. 82. 83. 84. 86. 89. 90. 91. 93. 203.
13.12238

Beantwortung der im Allerhöchsten Erlasse vom 28. II. 1892 gestellten Frage B: „Welche Maßregeln können angewendet werden, um f. die Zukunft der Hochwassergefahr u. den Ueberschwemmungsschäden soweit wie möglich vorzubeugen?“ f. das Elbstromgebiet. Hrsg. vom Ausschuß zur Untersuchg. der Wasserverhältnisse in der Ueberschwemmungsgefahr besond. ausgesetzten Flußgebieten. Durch Beschluß des Ausschusses vom 15. XII. 1899 festgestellt. Fol. (46 S.) Berlin (900). (D. Reimer.) n. 1. 50

— dasselbe, f. das Memel-, Pregel- u. Weichselstromgebiet. Durch Beschluß des Ausschusses zur Untersuchg. der Wasserverhältnisse in den der Ueberschwemmungsgefahr besond. ausgesetzten Flußgebieten vom 15. III. 1901 festgestellt. Fol. (64 S.) Ebd. (901). Kart. n. 1. 50

— dasselbe. B.: „Welche Maßregeln können angewendet werden, um f. d. Zukunft d Hochwassergefahr u. d. Ueberschwemmungsschäden soweit wie möglich vorzubeugen?“ f. d. Oderstromgebiet. Hierzu 1 Anlage nebst Karte: Bericht v. Jutze üb. d. Wasserverhältnisse i. Bober- u. Queisgebiet u. der. Verbesserg. z. Ausnutzg. d. Wasserkräfte u. z. Vermeidg. d. Hochfluthschäden. Hrsg. v Ausschuß z. Untersuchg. d. Wasserverhältn. i. d. d. Ueberschwemmungsgefahr bes. ausges. Flußgebieten. Durch Beschluß d. Ausschusses v. 11. II. 1898 festgest. Fol. (64 u. 24 S.) Ebd. 898. n. 1. 50

— dasselbe, f. das Weser- u. Emsstromgebiet. Hrsg. vom Ausschuß zur Untersuchg. d. Wasserverhältnisse in den der Ueberschwemmungsgefahr besond. ausgesetzten Flußgebieten. Durch Beschluß des Ausschusses vom 27. V. 1902 festgestellt. Fol. (63, 4, 4 u. 2 S. m. 1 farb. Karte.) Ebd. (902). Kart. n. 1. 50

Beantwortung der Frage: Hat die Aufhebung der Familienfideicommisse durch das Königliche Edict vom Jahre 1808 auf die Succession in die dabei vorkommenden Lehen einen Einfluß? In dem Rechtsstreit des Königlichen Kämmerers ... August Grafen von Lerchenfeld, Klägers, und seiner drei Brüder, Grafen von Lerchenfeld-Prennberg, Intervenienten gegen den Königlichen Kämmerer Maximilian Grafen von Lerchenfeld-Köfering, Beklagten. — o.O. 1824. 48 S. 8° 12:4° Bavar. 3007–VII,43.
13.12242

— der Frage: Ist d. öffentl. Kultus noch in uns. Zeiten nöthig? 8. Nürnb. Raw. 811.

Beantwortung der Frage: Ist die in den lutherischen Kirchen übliche Gewohnheit: die Kinder zu confirmiren oder einzusegnen, vernünftig und nützlich? – beizubehalten oder abzuschaffen? ... Von e. Menschenfreunde. — Frankfurt [usw.] 1782. 64 S. 8° 8. 61.
13.12243

— Ist die Gewohnheit, Kinder zu konfirmiren, beizubehalten ꝛc.? 8. Frankf. u. Leipz. (Dengel, K.) 782.

Beantwortung der F r a g e : Ist die Kaiserin v. Rußl. Garant d. Westphal. Fried? Eichenberg 1793. 4°

Beantwortung der Frage: Ist eine allgemeine Ueberschwemmung der Erde etwas mathematisch Unmögliches? Veranlaßt durch Bretschneiders Sendschreiben an einen Staatsmann &c. — Halle: Kümmel in Comm. 1830. IV, 44 S. 8° 1: Mp 7456. 2. 3. 27. 28. 90. 302.
13.12244

Beantwortung der Frage: Ist eine Religionsvereinigung möglich. Frankfurt a. M. 1781. V: *Schalk von Blumenthal, Carl Sigismund Ludw.* (HS) (Ky) (MGT)

Beantwortung der Frage: Ist's löblich, wenn der Gerichtsherr die Rechtspflege dem Generalpächter seines Guthes in Pacht giebt, oder, wär es nicht schicklicher und rathsamer, daß er besondere Gerichtsbeamten anstellete? Leipzig [usw.]: Buchh. d. Gelehrten 1783. 23 S. 8° 3.
13.12245

Beantwortung der Frage: Kann man zugeben, dass den Mönchen ... noch ferner Seelsorge überlassen werde? ... Luzern 1799. V: *Hübscher.* (MGT)

Beantwortung der Frage: Kann man zugeben, daß den Mönchen überhaupt, und besonders in einem republikanischen Staate, noch ferner Seelsorge überlassen werde? Den Gesetzgebern d. helvetischen Republik gewidmet von e. Freunde d. Aufklärung im Canton Luzern. — Luzern: Meyer 1799. 31 S. 8° 19.
13.12246

Beantwortung der Frage: Müssen die Bürgerwachen in ihrer alten constitutionellen Form beibehalten werden? oder ist es rathsamer, die im vorigen Jahre errichtete und wieder aufgelösete Bürgergarde von neuem zu organisiren? Nebst einigen bescheidenen Vorschlägen zu Verbesserungen. Allen denkenden Hamburgern zur Beurtheilung vorgelegt von d. Verfasser d. Gedanken e. Patrioten. — o.O. 1814. 24 S. 8° 18.
13.12247

Beantwortung der Frage: Müssen die Zünfte abgeschaft werden? Nebst e. wahren Darstellung d. neulichen Unruhen in Hamburg. — o.O. 1791. 16 S. 8° 205.
13.12248

Beantwortung der Frage: ob bey irgend einem bewährten Schriftsteller Dresden vor 1200 namentlich gedacht worden? [Dresd. 1786.] V: *Hasche, Joh. Christian.* (MGT)

Beantwortung der Frage: Ob das Frauenzimmer ein nothwendiges Uebel sey? — Frankfurt [usw.] 1767. 157 S. 8° 12: Anthr. 7 m. 18. 303.
13.12249

— d. Frage: Ob d. Frauenzimmer e. nothwend. Uebel sei? 8. Hof 767. Grau. 4 gr.

— d. Frage: ob d. Frauenzimmer ein nothwend. Uebel sey? 8. Hof, Vierling. 767.

Beantwortung der Frage: ob das 19te Jahrhundert mit dem 1sten Januar 1800 oder mit dem 1sten Januar 1801 anfange? ... Leipzig 1800. V: *Hindenburg, Friedrich Carl.* (Ky) (MGT)

— d. Frage: ob d. 19te Jahrhundert m. d. 1. Jan. anfange? 8. Lpz. Göthe. 800.

Beantwortung der F r a g e , ob d. Mensch eine Verbindlichkeit habe, seine Schönheit zu erhalten, s. B e a n t w o r t u n g , B.P.z.R.

Beantwortung einer Frage, ob ... die Clausul praevia cessione jurium contra debitores principales eine dispositio conditionalis sey? O. O. u. J. V: *Kellinghusen, Heinrich.* (schr)

Beantwortung der Frage: Ob die Ehe mit der Schwester-Tochter nach den göttlichen Gesetzen zuläßig sey ... Braunschweig 1754. V: *Jerusalem, Joh. Fch. Wilh.* (Baumgarten, Nachrichten v. merkw. Büchern. Halle 1752—57. 7, 186.)

Beantwortung der Frage, ob die geographischen Ortsbezeichnungen beeber und meeber eine nachmosaische Abfassung des Pentateuchs ... fordern. [Bonn 1850.] V: *Reinke, Laurenz.* (Gl)

Beantwortung der Frage: Ob die Juden der Handlung schädlich sind. Eigentlich nicht für u. nicht wider d. Juden, sondern für d. gute Sache. — Deutschland [1803]. 32 S. 8° 1:an Ez 793. 7. 30.
13.12250

Beantwortung der Frage: Ob die königl. preußische Demarkations- oder vielmehr Neutralitätslinie entweder in geographisch- oder politischem Betracht noch existire? — o.O. [1796]. 16 S. 8° 7. 12:J. publ. G. 908-4. 14. 33.
13.12252

Beantwortung der Frage. Ob ein Prediger mit gutem Gewissen an einem andern Orte eine Stelle im Consistorio annehmen, das Predigamt niederlegen, und doch NB. seine Pfarrbesoldung beybehalten, die Bedienung selbst aber per Vicarium könne versehen lassen? — Frankfurt 1762. 16 S. 8° 12:4° Diss. 927-2. 16. 19.
13.12253

Beantwortung der Frage: ob ein Theologus mit gutem Gewissen sein Studium verlassen, und Jura studieren könne? Frankfurt 1746. V: *Brenk, Johann Wolfgang.* (BB)

Beantwortung der Frage, ob nach den Nürnbergischen Rechten neuerkaufte Mannlehen den Söhnen als ein ganz freyer Voraus zufallen müsse, ... [Nürnberg 1790.] V: *Köllmer, Christoph Carl.* (will)

Beantwortung der Frage: Sind den mediatisirten Fürsten und Grafen bey dem deutschen Bundestage Curiatstimmen zu ertheilen? — Rotweil: Herder 1818. 16 S. 8°
Aus: Gemeinnüzziger Anzeiger von Rotweil. 1818. 24.
13.12254

— d. Frage: Soll die Schweiz an d. Kriege gegen Frankreich Theil nehmen oder nicht? 8. Braunschw. 794 Schulbuchh. 4 gGr.

Beantwortung der Frage: Sollen die protestantischen Gemeinden ihre Prediger wählen? Veranlaßt durch e. neuerdings in kurhessischer Ständeversammlung gestellten Antrag, u. so in besonderer Beziehung auf Kurhessen. — Gotha: Gläser 1835. 16 S. 8° 39.
13.12255

— d. Frage d. Superint. Topke: Welche Zeit ist es im Reiche Gottes? 8. Leipz. Graffé. 801.

Beantwortung der Frage: Wann haftet nach Lübeckschem Rechte die beerbte Ehefrau für die Schulden ihres Mannes? Lübeck 1811. V: *Hach, Johann Friedrich.* (KOBerlin II, 2077)

— d. Frage: war eine göttl. Offenbar. in der Religion den Mensch. nöthig. 8. Leipz. Böhme. 795.

— d. Frage: War e. göttl. Offenbarung in d. Religion d. Menschen nöthig? 8. Leipz. 795. (Snobloch). 4 gGr.

Beantwortung der Frage: Warum ist es von so vielen Regenten ..., s. Beantwortung, Gründliche, der Fragen: ...

Beantwortung d. Frage: Warum sind die Frauenzimmer mehr verliebt als die Männer? 8. (16 S.) Wien, Carl Fritz 10 kr.
1885

Beantwortung der Frage: Was für ein Nuzen dem Freystaate der dreyen Bündten, aus einer Verordnung wegen dem Uebergange liegender Güter an todte Hände ... zuflieste. 1764 s. *Salis*-Marschlins, Ulysses v.

Beantwortung der Frage: Was ist die wahre Religion? — Greiz [1774]. 16 S. 8°
Aus: Leipziger Intelligenz-Blatt. 1774. 30.
13.12256

Beantwortung der Frage: Was ist von der Beichte und der Vergebung der Sünden ... zu halten. 1775 s. *Becher*, Karl Anton Ernst.

Beantwortung der Frage: Was ist Wucher? 1790 s. *Noscovius*, Adam Friedrich Erdmann.

Beantwortung der Frage: Was soll mit den öffentlichen Hurenhäusern geschehen? Rede eines Stadtverordneten in Breslau. Breslau 1810. V: *Rahn, Gottlieb Ludwig.* (Nowack, Schles. Schriftst.-Lex. Bresl. 1836—43, VI, 113.)

Beantwortung der Frage: Welches ist das einzige ohnfehlbare die Rechte der Hauswirthe nicht kürzende und für den Staat selbst einträgliche Mittel, die hohe Miethe und den Mangel an Wohnungen im [!] diesen Sommer abzuändern? Eine [!] der Obrigkeit und Bergerschaft [!] zur Prüfung vorgelegter Plan. — Hamburg 1799. 8 S. 8° 18.
13.12257

Beantwortung der Frage: Welches sind die besten ausführbaren Mittel wider den Kindermord? 1782 s. *Gmelin*, Christian Gottlieb.

Beantwortung der Frage: Welches sind die schnellsten Mittel, einem durch Krieg ruinirten Staat, dessen Wohlstand ehemals mehr auf Landwirthschaft, als auf Fabriken und Handlung gegründet war, wieder aufzuhelfen? — Hannover: Hahn 1814. IV,72 S. 8°
1: Deutsche Flugschr. 1814-41. 7. 21. 34. 35.
203. 300: 80 J 147.
13.12258

Beantwortung der Frage: Welches sind die Veränderungen, die in der gelehrten Darstellung des dogmat. Lehrbegriffs der Protestanten in Deutschland gemacht worden sind? Wie ist sie durch nähere Bestimmung der Lehrsätze ꝛc. verbessert und brauchbarer gemacht worden? Und was haben Philosophie, Sprachkenntnisse und Geschichtskunde jede an ihrem Theil zu dieser Verbesserung beigetragen? Aus dem Nachlasse eines berühmten Geistlichen. 8. Merseburg 833. Weidemann. ¼ Thlr.

Beantwortung der Frage, wer von dem letztern Kriege mehr Vortheil habe? Ob das Haus Oesterreich, oder das Haus Bourbon? — Franckfurt [usw.] [um 1750]. 40 S. 8°
7. 15. 18. 23. 24. 27. 302.
13.12259

Beantwortung der wichtigen Frage, ob alle Wechselbriefe ohne Unterschied ... alsobald präsentiret ... werden müssen ... [Hamburg] 1700. V: *Leser, A.* (CBH)

— der für die Schafzüchter und Oekonomen höchst wichtigen Frage: Ist es möglich, dicht- und schütterwollige Schafe aus ein und derselben Race und Heerde zu erzeugen? Von C. F. gr. 8. Pesth 840. (Heckenast.) ⅓ Thlr.

Beantwortung der in den jetzigen Zeiten für jeden Teutschen besonders wichtigen Frage: Was haben wir zu erwarten? — Germanien [vielm. Frankfurt: Hermann] 1814. 52 S. 8° 1: Deutsche Flugschr. 1814-52.
4. 5. 10, 12: J. publ. G. 45c. 17. 19. 21.
22. 26. 30. 35. 38. 109. 300: 14.312. 302.
13.12260

Beantwortung der Frage: Wie geht's in Texas? 7 Originalbriefe aus Texas, umfassend d. Zeitraum von Ende November 1846 bis Ende Juni 1848. Hrsg. u. mit e. Einl. u. Texterklärungen vers. von David Sander. — Wohlau: Leuckart [1848]. 78 S. 8° 1:Uw 4466. 2.
13.12261

— der Frage: Wie geht's in Texas? Sieben Originalbriefe aus Texas, umfassend den Zeitraum von Ende Novbr. 1846 bis Ende Juni 1848. Hrsg. und mit einer Einleitung und Texterklärungen versehen von Dav. Sander. 8. (78 S.) Wohlau 849, Leuckart.

Beantwortung der Frage: Wie ist den Mängeln bey dem Religionsunterricht abzuhelfen ... [1792]. V: *Neuendorf, Carl Gottlieb.* (MGT) (ML)

Beantwortung der Frage: Wie theuer ist ein Mensch in Europa? — o.O. 1803. 52 S. 8°
Nebent.: Welch Zeit ist es im deutschen Reiche?
1:Fe 8268. 2. 19. 22. 23. 34. 109.
13.12262

Beantwortung der Fragebogen des Handelstagsausschusses zum Entwurfe eines bürgerlichen Gesetzbuches durch die Handelskammer zu Breslau. — Breslau [1890]: Gutsmann. 40 S. 8° 11. 27. 203. 208.
13.12263

Beantwortung des Fragebogens betreffend die Reactivirung des Mahlverkehres, abgegeben von den Vereinigten Mühlenverbänden Oesterreichs. — Wien [1902]. 18 S. 8° (Mittheilung d. Oesterreichischen Centralstelle zur Wahrung d. land- u. forstwirthschaftlichen Interessen beim Abschlusse von Handelsverträgen. 1902,10.) 302.
13.12264

Beantwortung acht wichtiger, einem Mainzer Theologen vorgelegten Fragen über das Fastengebot. [1786.] V: *Jung, Johann.* (sleumer S. 69)

Eine Beantwortung der Fragen über das Archiv des germanischen Museums. 1869 s. *Aufsess*, Hans Frhr von u. zu.

Eine Beantwortung der von dem Reichs-Eisenbahn-Amt in Gemeinschaft mit einer Commission aufgestellten 24 Fragen bezüglich eines allgemein deutschen Eisenbahn-Fracht-Tarifsystems 1875. — Carlsruhe 1875: Macklot. 31 S. 8° 38. 205.
13.12265

— aus d. Religion aufgeworf. Fragen, durch Sprüche aus Schillers Werken. 8. Crefeld 821. Schüller. (Frankf., Guilhaumann. 8 gr.)

Beantwortung aus d. Religion aufgeworf. Fragen, durch Sprüche aus Schillers Werken. 8. Crefeld 824. (Frankfurt, Guilhaumann.)

Beantwortung der Fragen f. die Drogisten-Gehilfen-Prüfungen des deutschen Drogisten-Verbandes, E.V. Hrsg. vom deutschen Drogisten-Verband, E.V. (311 u. XIV S.) 8. Berlin 905. (H. Meusser.) Kart. 3. 45

Beantwortung der vom Ausschuss zur Berathung der Steuerreform gestellten Fragen. [Dresden 1883.] V: *Edelmann.* (Kat. d. stat. Bureaus. Dresden 1890.)

Beantwortung der Fragen: Ist es in grossen Städten, wie z.E. Wien, nothwendig und nützlich, ein öffentliches, unter gesetzlicher Aufsicht stehendes, Frauenhaus zu errichten? Werden dadurch nicht die Ehen seltner werden, und das weibliche Geschlecht verlieren? — Wien: Wucherer 1787. 52 S. 8° 26. 300:44 X 77.
13.12267

Beantwortung einiger Fragen im Münzweesen, bey Gelegenheit der in Frankreich mit Anfange des gegenwärtigen Jahrs erfolgten Abänderung des dortigen Münzsystems ... zur Ueberlegung und Prüfung vorgelegt. Von e. Freunde d. Wienerkonvention. — München 1786. 24 S. 4°
2. 12:2° J. publ. G. 70 [2 Ex.] 14. 19.
13.12268

Beantwortung etlicher Fragen, so von denen in der Schrifft unerfahrnen Leuten aufgeworffen werden. — Stargard: Tiller 1725. 32 S. 8° 1:Et 1914.
13.12269

Beantwortung der dem Justizministerium vorgelegten Fragen über Bestimmungen der Geschäftsordnung für die Gerichte 1. und 2. Instanz. — ([Wien 1897]: K.k. Hof- u. Staatsdr.) 24 S. 4°
Zugleich in: Verordnungsblatt des K.k. Justizministeriums. 13.1897.
208. 300:101.666-C. 302. 303.
13.12270

Beantwortung der von der vorberathenden Commission zur Erörterung der Gewerbs- und Arbeitsverhältnisse im Königreich Sachsen an die Gewerbsausschüsse vorgelegten Allgemeinen Fragen. Geschehen durch e. von d. Leipziger Arbeitern aus ihrer Mitte deshalb gewählten Commission. (Unterzeichn.: Friedrich Hampel [u.a.]) — Leipzig 1848: Breitkopf & Härtel. 30 S. 8°
12:Pol.g. 65p/11. 14. 15. 30.
13.12271

Beantwortung der Fragen: Warum ist der Arznei-Kostenbetrag in den churpfalzbayerischen Militair-Hospitälern im Verhältnisse um die Hälfte stärker, als in andern fremden Lazareten? Durch welche geeignete Mittel steuret man diesen Mißbräuchen? Und unter welchen Bedingnissen sind die Errichtungen eigner Lazaret-Apotheken für den kranken Soldaten und für das höchste Aerarium vortheilhaft? Zur Prüfung vorgelegt. — Mannheim 1799. 23 S. 8° 180.
13.12272

Beantwortung der Fragen, welche als Grundlage für die Berathungen in der Versammlung der Docenten deutscher technischer Hochschulen von der Delegirtenversammlung festgestellt worden sind. — o.O. [1878]. 21 S. 4° 90.
13.12273

Beantwortung d. Fragen, welche d. Justizministerium üb. Bestimmgn. d. neuen Processgesetze vorgelegt wurden. (Verordng. d. Justizministeriums v. 3. XII. 1897, Z. 25 801, J. M. V. Bl. Nr. 44.) Lex.-8. (V, 138 S.) Wien 897. (Hof- u. Staatsdruckerei.) n. — 40

Beantwortung einiger wichtigen Fragen, die bey den letzten Begebenheiten in unserm Vaterlande oft aufgeworfen, und meistens sehr unrichtig beantwortet sind. An seine Landsleute von e. Holsteiner, der sein Vaterland liebt. Zu Anfang Decembers 1807. — o.O. [1807]. 4 Bl. 8° 18.
13.12275

Beantwortung wichtiger, nie aufgeworfner Fragen, die Verbeßerung der Landwirtschaft betreffend, der schlesischen, öconomischen, patriotischen Gesellschaft zur Beurtheilung vorgelegt von C.E.S. — Breslau: Korn 1788. 56 S. 8° 1:1 in Ou 28014. 10.
13.12276

Beantwortung der wichtigsten Fragen des vom Reichsamt des Innern übersandten Fragebogens für die kontradiktorischen Verhandlungen über den Stahlwerks-Verband. — ([Düsseldorf]: Stahlwerks-Verband [1905].) 44 gez. Bl. 4° 61.
13.12277

Beantwortung der Fragen: 1. Wird den Kommunalbeamten bei der Pensionirung die zurückgelegte Militärdienstzeit mit angerechnet? 2. Kann die Militär-Invaliden-Pension neben der Civilpension bezogen werden. 1893 s. *Fechner*, Karl.

Beantwortung zweier bescheidener Fragen über die Wiedervereinigung des Kantons Schwyz, vorgelegt überhaupt jedem Vaterlandsfreunde, und den Tagherren insbesondere von einem Nichtschwyzer. 8. Luzern 1832.

Beantwortung des Mainzer Freiheitsliedes. Aufruf zur Ruhe. Ein Schreiben an d. General Custine von e. jungen Frankfurter Bürger d. 24ten Nov. 1792. — o.O. [1792]. 2 Bl. 8° 30. 36.
13.12278

Freimüthige Beantwortung der Frage: Kann eine fremde, mächtige Regierung ihre noch unbewiesene Forderung an einen Kaufmann eines kleinern Staates mit Recht durch Execution geltend machen? Angewandt auf das große Handlungshaus D. in H—. — Altona 1801. 15 S. 8° 18. 205.
13.12279

Beantwortung der sogenannten Actenmäßigen und rechtlichen Gegen-Information über das Rechtsbegründete Eigenthum des Königlichen Chur Hauses Preußen und Brandenburg auf die Schlesischen Herzogthümer Jägerndorff, Liegnitz, Brieg, Wohlau etc. Anno 1741. V: *Cocceji, Samuel von.* (Preussische Staatsschriften. Bd. I. Berlin 1877. S. 136 ff.)

Beantwortung des Gegen-Pro Memoria. 1756
s. *Plotho*, Erich Christoph Frhr v.

In facto et iure gegründete Beantwortung der occasione des ... Hertzogs zu Pfaltz-Zweybrücken ... Ehe-Scheid- und anderweithen Vermählung gegen dero bißherigen Ministre ... Philipp Friederich Freyherrn von u. zu Schorrenburg &c. von dem dortigen Cammer-Rath und Advocato Fisci Hn. Lt. Flügel in puncto praetensae felonise anmaßlich und gantz unbefugt angestelten fiscalischen Anklage und praetendirten Einziehung der samtl. Freyherrl. Schorrenburgischen Lehen-Güther samt dem daruff von der unpartheyischen Juristen-Facultät der ... Universität zu Mayntz darüber ertheilten rechtlichen Responso u. zugehörigen Documentis. — o.O. 1724. 52 S. 4°
12:2° Ded. 448-2 [2 Ex.] 14. 16. 17. 24.
13.12282

Genaue und hinlängliche Beantwortung der unzeitigen, übereilten und völlig ungegründeten Urtheile des Hamburgischen Correspondenten, welche er über M. Joh. Augustin Köselitz Beweise für die Wahrscheinlichkeit des natürlichen oder wirklichen Einflusses gefällct hat. — Wittenberg [usw.]: Zimmermann 1753. 14 S. 8° 3.
13.12283

Gesätzmäßige [Gesetzmäßige] Beantwortung dreyer des teutschen Münzwesen betreffenden Fragen. 1737. — Freystatt 1760. 72 S. 8° 7. 12: 4° Diss. 922-11 [u.ö.]
14. 16. 17. 19. 26. 30. 31. 33. 39. 48. 211.
13.12284

Beantwortung der sämmtlichen, vor die Käyserl. Commission gebrachten, ungegründeten Gravaminum derer widerspenstigen ober-gräitzis. Bauern. — o.O. [um 1720]. 10 Bl. 4° 24.
13.12285

Königlich Groß-britannische und Churhanöverische Beantwortung des Kaiserl. Hof-Decrets vom 8ten August 1758, der allgemeinen Reichstags-Versammlung zu Regenspurg übergeben den 30sten October c.a. durch dero Comitial-Gesandten, den Freyherrn von Gemmingen. (Unterzeichn.: L. E. Frhr v. Gemmingen.) — o.O. [1758]. 23 S. 8° 6.
13.12286

Rhein-Gräflich Grumbachische gründliche Beantwortung der so rubricirten Fürstlich-Salmischen bey einer Hochansehnlichen Reichs-Versammlung eingebrachter Vorstellung, vermeyntlich- aber unerfindlicher Religions-Beschwerden, so weit solche Hochgedachtes Hauß Grumbach in specie angehen. — o.O. [um 1725]. 23 S. 4°
1:42 in 2° Gw 7760-5. 14. 17. 24. 27.
13.12312

Appellationshof. Beantwortung der von den Rentschuldnern des Herrn Grafen von Tryps aufgestellten Gründe. Köln 1810: Thiriart. 25 S. 8° 1: an Hf 8894. 5.
13.12287

Gründliche Beantwortung derer nichtigen und ungegründeten Anmerckungen, welche von Seiten Sr. Excell. Herrn Balthasar Friedrichs, Grafen von Promnitz zu Halbau &c. wieder Sr. Excell. Herrn Erdmann Grafen von Promnitz auf Pleß und Sorau &c. und die vor deroselben ... publicirte Gegen-Information und derselben beystimmige Zeugniße verschiedener berühmter Rechts-Collegiorum zum Vorschein gekommen. — o.O. 1740. 104 Bl. 4°
1: in 2° Tb 7181. 2. 14. 24. 27. 117. 169.
13.12288

— Gründliche Beantwortung derer nichtigen und vergeblichen Noten und Anmerckungen, welche von Seiten Sr. Excell. Herrn Balthasar Friedrichs Grafen von Promnitz, zu Halbau &c. wieder die von Sr. Excell. Herrn Erdmann Grafen von Promnitz auf Pleß und Sorau &c. und dessen unbewegliche Gerechtsame an die freye Standes-Herrschafft Pleß in Ober-Schlesien ans Licht getretene Vorläuffige Gegen-Information und beyfällige Responsa verschiedener berühmter Rechts-Collegiorum zum Vorschein gekommen sind. — Sorau: Hebold in Comm. 1744. 104 Bl. 4° 14. 24. 26. 48.
13.12289

Gründliche Beantwortung des so rubricirten Kurtzen und gründlichen Beweises, daß das Hollsteinische Quartal- und Land-Gericht nicht ein Gericht ausmachen, sondern zwey iudicia planè diversa & sibi subordinata sind. Zu Befestigung der Wahrheit, daß das Hollsteinische Quartal-Gericht mit dem Land-Gericht ein combinirtes und coadunirtes iudicium, und also die eintzige Instanz der Hollsteinischen Ritterschafft ausmache. — Regenspurg 1729: J. G. Hofmann. 6 Bl. 4°
1:14 in 4° So 33/5. 12: 2° Hols. 5. 24. 27.
13.12290

Gründliche Beantwortung der ubelbenanten Unpartheyischen Erwegung, welche der am Ende sich selbst verwirrende Concipient der Sachsen-Coburg-Meiningischen praetendirten Ober-Vormundschafft erst jüngsthin in Abdruck distribuiret, und wodurch derselbe abermals, more consueto, unterschiedene Detorsiones zumachen suchet. In causa Herrn Herzog Anton Ulrichs von Sachsen-Coburg-Meiningen Durchlaucht, contrà dero Herrn Vetter, des Printz Ernst Ludwigs von Sachsen-Coburg-Meiningen Durchlaucht, und dessen praetendirte Ober-Vormundschafft in puncto iniustè & per modum mori attentati, arreptae compossessionis, corregiminis & condominii respectivè solitarii, nec non sub- & obreptitie impetrati mandati s. c. poenalis. — o.O. 1727. 7 S. 4° 24. 26.
13.12291

Gründliche Beantwortung, auf den nomine Sr. Fürstl. Durchl. Herrn Hertzog Carl Leopold zu Mecklenburg Schwerin am Kayserlichen Hoffe distribuirten so genannten Summarischen Extract, der in iure & facto vermeintlich gegründeten über den [!] rostockischen Accise Weesen abgefasten Deduction-Schrifft. — o.O. [1715]. 19 Bl. 4°
14. 17 [unvollst.] 24. 27. 28. 33 [unvollst.]
13.12294

— o.O. [1715]. 23 Bl. 4° 12: 2° Ded. 448-3. 28.
13.12295

Gründliche Beantwortung der Frage: Ob es einem Münzstand fürträglicher wäre, die Ausprägung der Münzen als ein landesfürstliches Vorrecht, oder als ein Camerale anzusehen? herausgegeben dem Unerfahrnen zum Unterricht, von G. C. L. — o.O. 1764. 20 S. 8°
3. 12: 4° J. publ. G. 1234-41. 39.
13.12297

Beantwortung, Gründliche

— d. Frage; Warum ist es u. so vielen Regenten m. d. Bemühung, d. Völker zu beglücken, auch noch nicht einem gelungen? zc. 8. Altona 808. (Hammerich). 6 gl.

Gründliche Beantwortung der Fragen: Warum ist es von so vielen Regenten mit den Bemühungen, die Völker zu beglücken, auch noch nicht Einem gelungen? und wie kann dieser Zweck ohnfehlbar erreicht werden? — Niedersachsen 1808. 64 S. 8° 8.
13.12299

Gründliche Beantwortung derer zu Wien unter dem Nahmen derer Catholicorum im Fürstenthum Halberstadt angebrachten, aber an sich ungegründeten, unerfindlichen Gravaminum, mit Beyl. — Regenspurg [1724]: Krütinger. 16 Bl. 4° 1:15 in 2° Gw 7760–5 [u.] 21a in 2° St 125. 12: 2° Ded. 472–10. 14. 19. 24.
13.12302

Gründliche Beantwortung der so genannten Gründl. Nachricht, was es mit denen zwischen Ihr. Königl. Maj. in Pohlen und Churfürstl. Durchl. zu Sachsen und dem Hauße Schwartzburg in Anno 1699 & 1702 errichteten Recessen vor eine Bewandtniß habe &c. &c. Nebst einer ... Information, warum gedachte Recesse vor ungültig und unbeständig nicht zu achten. — o.O. 1717. 118,34 S. 4° 1: 2° Ss 6653; an 2° Ss 6632 [u.] 22 in 4° Sq 156–1. 3. 4. 12: 2° Ded. 71 d. 14. 15. 17. 23. 24. 25. 27. 35. 117.
13.12305

Gründliche Beantwortung derer nichtigen und vergeblichen Noten und Anmerckungen, welche von Seiten Sr. Excell. Herrn Balthasar Friedrichs Grafen von Promnitz ... zum Vorschein gekommen sind. 1744
s. *Beantwortung*, Gründliche, derer nichtigen und ungegründeten Anmerckungen.

Gründliche Beantwortung folgender Rechts-Fragen: 1. Ob der im Jahr 1691. von des damaligen Herrn Administratoris Hoch-Fürstl. Durchl. zu Würtenberg erhaltener Instruction Herr Joh. Jacob Günther ... entgegen gehandelt zu haben mit Recht inculpirt und ihm deßwegen ... die gebührende Satisfaction denegirt werden könne? 2. Ob nicht diejenige Herren Creditores in Holland ... ihme annoch zu cediren schuldig seyen? 3. Ob nicht der Hochmögenden Herrn General Staaten interponirte Guarantie auch auff ihn Herrn Günther sich extendiren lasse? — o.O. 1711. 35 S. 4° 4. 24. 26. 27. 35.
13.12306

Gründliche Beantwortung und Refutation des so genannten Acten-mäßigen bürgerlichen Pro Memoria: in causa Weissenburg contra Weissenburg diversorum gravaminum. — o.O. 1743. 10 Bl. 4° 26. 27.
13.12307

Gründliche, ex actis iudicialibus et evidentia facti gezogene und mit bewehrten documentis verificirte **Beantwortung** derjenigen ... Religions-Beschwehrden, so man römisch-catholischer Seiten ... zu Wien Ausgangs Jahrs 1722 anbringen wollen. Abgefasset im Augusto 1723. — Regenspurg 1724: Krütinger. 51 Bl. 4° 1:19 in 2° St 125. 12: 2° J. publ. G. 451–19. 19. 24.
13.12300

Gründliche Beantwortung der mit vielen Lästerungen angefüllten Schrifft, welche Henrich Arnold Schürmann, vormahliger Conrector zur Lippstadt, wieder die evangelisch-lutherische Prediger daselbst unter dem Titul: Gehaltene Rede vom Gebrauch und Mißbrauch der Vernunfft bey Erwählung einer Lebens-Art u. s. f. durch den Druck divulgiren lassen ... Ans Licht gestellet durch das Evangelisch-Lutherische Ministerium in Lippstadt; samt 2 Anl., bestehende in e. vorläuffigen Exculpations-Schrifft und e. Schreiben vom Herrn Prof. Buddeo. (Unterzeichn.: Anthon Thöne [u. a.]) — Lippstadt [1715]: Herbst. 54 S. 8° 27.
13.12308

Gründliche Beantwortung derjenigen Schrifft, welche unter dem Titul: Unumstößliches Vormundschaffts-Recht &c. von wegen der verwittibten Fürstin Frauen Eleonoren, Gräfin zu Mannsfeldt, publiciret worden, darinnen Ihrer Königl. Majestät in Pohlen, als Chur-Fürstens zu Sachßen Befugnüß, den Mannsfeldischen Pupillen zu bevormunden behauptet und wieder die gegenseitige unerhebliche, der unlaugbahren reichskündigen chursächßischen Landes-Hoheit und Lehns-Herrligkeit entgegenlauffende Einwendungen vindiciret wird. [Nebst] Beyl. — Dresden 1719: J. C. Krause. 4° 1: an 2° Tf 428 [u.] 2° Tf 432. 3. 4. 5. 14. 15. 17. 24. 26. 27. 117.
13.12309

Gründliche Beantwortung der so titulirten Verläuffigen Facti speciei, in Sachen: Sachsen-Weimar contra Schwartzburg-Arnstadt. — o.O. 1712. 42 S. 4° 3. 4. 12: 2° J. rom. m. 140/4 [2 Ex.] 14. 15. 17. 23. 24. 26. 27. 31. 35. 42. 43. 117.
13.12310

Gründliche Beantwortung so wohl des für die Walchische Einleitung herausgekommenen Speneri vindicati, als auch der Hoffmannischen Abfertigung: durch M.I.C.I. Mit Genehmhaltung Erdmann Neumeisters. — [Hamburg: Kißner] 1732. 178,56 S. 8° 18 [unvollst.] 24.
13.12311

Beantwortung, Des zu Mannheim A. 1736 ausgestellten so genanten kurzen doch bestgegründeten Unterrichts . . . gründliche, worinnen sothaner Unterricht . . . widerlegt . . . wird. Berlin 1737. V: *Dithmar, Just. Chn.* (Holz)

Gründliche Beantwortung der unter dem Nahmen eines nach Engelland reisenden Passagiers unlängst heraus gekommenen Untersuchung vom Kobold. 1720
s. *Franck*, Johann Christoph.

Gründliche Beantwortung der unglimpflichen Censur, womit die Hrrn. Autores der so genannten Unschuldigen Nachrichten, das Waysen-Haus und übrige Anstalten hieselbst zu beurtheilen, sich angemasset haben. 1709 u. ö.
s. *Neubauer*, Georg Heinrich.

Grund- und acten-mäßige Beantwortung, der zu Berlin letzt-hin gedruckten so genannten Information von Sr. Königlichen Majest. in Preussen mit dem Chur-Braunschweigischen Hofe habenden Differentzien. — Hannover 1729. 9 Bl. 4° 1:21 in 2° Sl 107. 8. 12: 4° Eur. 394–33. 35. 45.
13.12313

— **Grund- und acten-mäßige Beantwortung** der zu Berlin letzt-hin gedruckten so genannten Information von Sr. Königl. Majest. in Preussen mit dem Chur-Braunschweigis. Hofe habenden Differentzien. — Ebd. 1729. 11 Bl. 8° 18. 23. 28. 33.
13.12314

Der Stadt **Hamburg** geziemende **Beantwortung** der Anno 1712 durch öffentlichen Druck von Seiten Ihro Königl. Majestät von Dännemarck &c. publicirten Speciei facti, mit Beyl. — Hamburg 1715: C. Neumann. 232 S. 8° 1:3 an Sp 1475. 14. 18. 23.
13.12316

Fürstl. **Hessen-Darmstädtische** kurtze **Beantwortung** der sogenannten Gegen-Anzeige, d. d. Regenspurg den 8. Aprilis 1754. die Schiffenberger Huldigungs-Sach betreffend. — o.O. [1754]. 2 Bl. 4° 1:6 in 2° Sz 1741/20. 4. 17. 24. 26.
13.12317

Hochfürstl. **Hessen-Hanauische Beantwortung** des Hochfürstl. Hessen-Darmstädtischen Pro-Memoria vom 20. Martii 1743. — Dat. Franckfurt 30. Martii 1743. 11 S. 4° 3. 5. 12: 2° Ded. 448–6. 17. 24. 34.
13.12318

Des **Kayserl. Königl. Hofes Beantwortung** der Königl. Preuß. Erklärung vom 3. und des Nachtrages vom 14ten Jul. dieses Jahrs. — Wien 1778. 557 S. 8° 1: Rz 5197.
13.12320

Beantwortung, Des königl. Preuss. Hofs, der zu Wien im Druck herausgekommenen Hauptschrift . . . Berlin 1779. V: *Herzberg, Ewald Friedrich Graf von.* (ML)

Beantwortung der Huldigungs-Rede im Nahmen derer Preussischen Landstände von v. d. Gröben gehalten d. 22. Julii 1740 zu Königsberg i./Pr. 4.

I.C.S.S.P. **Beantwortung** der Frage: Ist es ärgerlich und der Andacht hinderlich, geistliche Lieder nach weltlichen Melodeyen anzustimmen? aus der Kirchen-Historie, geistlichen Rechten, Lehren der Kirchen-Väter und theologisch-moralischen Gründen verabfasset. — Wolfenbüttel: Meißner [um 1740]. 26 S. 8° 28.
13.12321

I.S.A. christliche Beantwortung der unkatholischen Antwort eines Katholiken auf die Frage: Ist das Band der Ehe sogar ohne Ausnahme unauflöslich, als es die Canonisten vorgeben? 1776 s. *Simon*, Jordan.

Beantwortung des wesentlichen Inhalts der Fernerweitigen Vorstellung und Erklärung Sr. Königl. Majestät von Preußen an ihre hohe Mitstände des deutschen Reichs. — Wien 1778: v. Trattner. 27 S. 8°
1: Flugschr. 1778–37 [u.] 6 in Rz 4808. 2. 4. 6. 7.
12: 4° Bavar. 2221-IV, 7. 14. 15. 16. 24. 25. 29. 30.
31. 33. 34. 39. 43. 60. 111. 300: 37 Q 32.
13.12322

Beantwortung der Klage des schweizerischen Bundesrathes gegen den Canton Zürich betreffend die Frage der Baupflicht des letzteren mit Beziehung auf die eidgenössische polytechnische Schule . . . Winterthur 1881. V: *Ziegler*, *Theodor*. (Cat. d. Stadtbibl. Zürich. Zürich 1864—97.)

Beantwortung der Klage des Kantons Schaffhausen gegen den Kanton Zürich betreffend das Hoheitsrecht am Rheine. Winterthur 1894. V: *Ziegler*, *Theodor*. (Cat. d. Stadtbibl. Zürich. Zürich 1864—97.)

— consequente d. Frage: ziemt es e. Prediger Maurer zu werden? 8. Leipz. Engelmann. 815.

Beantwortung des, unter dem Titul: Ursachen, welche Sr. Königl. Majestät in Preußen bewogen, sich wider die Absichten des Wienerischen Hofes zu setzen und deren Ausführung vorzukommen, kund gewordenen Kriegs-Manifests. — o.O. 1756. 16 S. 8°
Die Schrift ist in den Bibliotheken 1, 3, 7, 9 u. 41 unselbständig vorhanden in: Allerneueste Acta publica, oder vollständige Sammlung aller derer Schriften, die durch Veranlassung des Einmarsches der preuß. Truppen in Sachsen u. Böhmen bekannt gemacht worden sind.
10. 14. 16. 19. 20. 29. 106. 109. 117.
13.12325

— Frankfurt a. M.: Privilegirte Kaiserl. Hof-Buchh. 1756. 16 S. 4° 5. 17.
13.12326

Beantwortung des unter d. Titul: Ursachen, welche Se. Königl. Maj. in Preussen bewogen, sich wider die Absichten des Wienerischen Hofes zu setzen — — — kund gewordenen Kriegs-Manifests. (Nach dem gedruckten Wienerischen Exemplar.) (Cölln 1756). fol. (16 S.)

— Regenspurg [1756]: Neubauer. 12 S. 4°
1: 2 in 2° Sv 4122/6. 12: 2° Ded. 35/8.
13.12327

— Ebd. 1756. 12 S. 4° 19. 39.
13.12328

— Beantwortung des, unter dem Titul: Ursachen, welche Se. Königl. Majestät in Preussen bewogen, sich wider die Absichten des Wienerischen Hofes zu setzen und deren Ausführung vorzukommen, kund gewordenen Kriegs-Manifests. — Wien [usw.] 1756. 4 Bl. 8°
1: Flugschr. 1756–71 a. 9. 14. 18. 23. 28. 29. 117.
13.12329

— Beantwortung des unter dem Titul: Ursachen, welche Se. Königl. Majestät in Preußen bewogen, sich wider die Absichten des Wienerischen Hofes zu setzen und deren Ausführung vorzukommen, kund gewordenen Kriegs-Manifests. — Ebd. 1756. 12 S. 8° 7. 17.
13.12330

— Ebd. [1756]. 16 S. 8° 12: 4° Eur. 423-14. 117.
13.12331

— Beantwortung des unter dem Titul: Ursachen, welche Se. Königl. Majestät in Preussen bewogen, sich wider die Absichten des Wienerischen Hofes zu setzen und deren Ausführung vorzukommen, kund gewordenen Kriegs-Manifests. — Ebd. 1756. 24 S. 8°
Beigedr.: [Mueller, Daniel Friedrich:] Kurze Abfertigung der sogenannten Beantwortung des Wienerschen Hofes auf das Königl. Preußische Manifest. Berlin 1756.
Die beigedruckte Schrift ist in 4 u. 17 selbständig vorhanden.
1: Flugschr. 1756–71.
13.12332

— Die Beantwortung des unter dem Titul: Ursachen, welche Seine Königliche Majestät in Preussen bewogen, sich wider die Absichten des Wienerischen Hofes zu setzen und deren Ausführung vorzukommen, kund gewordenen Kriegs-Manifests. — Wien [usw.]: Trattner 1756. 16 S. 8° 15. 19. 24. 31. 117. 180.
13.12333

— Beantwortung des unter dem Titul: Ursachen, welche Sr. Königl. Majestät in Preußen bewogen, sich wider die Absichten des Wienerischen Hofes zu setzen und deren Ausführung vorzukommen, kund gewordenen Kriegs-Manifests. — Ebd. 1756. 19 S. 4°
12: 2° Eur. 100-19 [2 Ex.] 14. 17. 18. 21. 24. 25. 29.
30. 31. 300: 79 Bb 70. 302.
13.12334

— Ebd. 1756. 20 S. 4° 17.
13.12335

— Beantwortung des, unter dem Titul: Ursachen, welche Se. Königliche Majestät in Preußen bewogen, sich wider die Absichten des Wienerischen Hofes zu setzen und deren Ausführung vorzukommen, kund gewordenen Kriegs-Manifests. Nach d. Wiener Exemplar. — Augspurg 1757: Pingitzer. 12 S. 4° 12: 2° Ded. 356/30. 19.
13.12336

— Beantwortung des, unter dem Titul: Ursachen, welche Se. Königl. Majestät in Preußen bewogen, sich wider die Absichten des Wienerischen Hofes zu setzen und deren Ausführung vorzukommen, kund gewordenen Kriegs-Manifests. Nach d. Wiener Exemplar. — Ebd. [1757]. 14 S. 4° 12: 2° J. publ. E. 28/13 [u. 5.]
13.12337

Beantwortung und Kritik eines im 51. Stück der National-Zeitung befindlichen Aufsatzes: Ueber die verderblichen Folgen des Luxus. — o.O. 1799. 8 S. 8° 27.
13.12338

Beantwortung der Critik über Thyrsis und Damons freundschaftliche Lieder, welche in dem 200. Stück des Hamburgischen Korrespondentens vom Jahr 1745 anzutreffen ist. Frankfurt und Leipzig 1746. V: *Lange*, *Samuel Gotthold*, *Gg Fr. Meier* & *Joh. Gg Sulzer*. (Waniek, Gottsched. Leipzig 1897, S. 520.)

Derer augspurgisch confessions-verwandten Churfürsten [Kurfürsten], Fürsten und Stände Beantwortung, der von Ihrer Churfürstl. Durchl. zu Pfaltz, dem Chur-Brandenburgischen Envoyé extraordinaire, Freyherrn von Boczelaer, letzthin unter dem dato Düsseldorff den 18. Martii 1700. ertheilten Resolution. — o.O. [1701]. 56 S. 4°
Aus: Eines sämmtlichen auf dem noch fürwährenden Reichs-Tage zu Regenspurg versammleten Hochlöblichen Evangelischen Corporis vollige Religions-Negotiation. 1701.
16. 18. 24. 26 [∞ Titelbl.]
13.12339

Kurtze [Kurze] Beantwortung der so genannten Ablehnung der Chur-fürstlich Sächsischen Gegen-Vorstellung, so von der zur Hochlöblichen Reichs-Versammlung gevollmächtigten Königlich-Schweden-Vor-Pommerischen Gesandtschafft ... übergeben worden. Das Praesentations-Recht ad assessoratum bey dem Hochlöblich-Kayserlichen Reichs-Cammer-Gericht betreffend. (Unterzeichn.: Christoph Friedrich v. Gersdorff.) — Dat. Regensburg 3. Sept. 1725. 4 Bl. 4° 1: 14 in 4° Sq 156–1 [u.] 8 in 4° T 53.
12: 2° Ded. 448-10. 14. 24. 117.
13.12340

Beantwortung, Kurze, der alzu höflichen Antwort des Herrn M. Jacob Wilhelm Blaufuss, welche er auf die abgenöthigte Vertheidigung des antigen Geschlechtes herausgegeben hat, nebs einer Vorrede an den Leser, einem Danksagungs-Schreiben an ermeldeten Herrn M. Blaufuss und einen Anhang verschiedener neuer Fehler desselben ... Frankfurt und Leipzig [Jena] 1747. V: *Trautmann, Gottfried Friedrich Amandus.* (BGE I⁸, 378/379)

Kurtze [Kurze] Beantwortung der ferner zum Vorschein gekommenen chur-brandenburgischen sogenanten Nähern Ausführung des in denen natürl. und Reichs-Rechten gegründeten Eigenthums des Königlichen Chur-Hauses Preußen und Brandenburg auf die schlesische Hertzogthümer Jägerndorff, Liegnitz, Brieg, Wohlau und zugehörige Herrschafften. — o.O. 1741. 7 Bl. 4°
3. 14. 21. 27. 44.
13.12344

— Kurtze Beantwortung der ferner zum Vorschein gekommenen chur-brandenburgischen sogenanten Nähern Ausführung des in denen natürl. und Reichs-Rechten gegründeten Eigenthums des Königlichen Chur-Hauses Preußen und Brandenburg auf die schlesische Hertzogthümmer Jägerndorff, Liegnitz, Brieg, Wohlau und zugehörige Herrschafften. — o.O. 1741. 12 Bl. 4°
3. 12:2° Ded. 71. **17. 26. 27. 169. 300:**8661–C[u.ö.]
13.12345

— Kurtze Beantwortung der ferner zum Vorschein gekommenen chur-brandenburgischen sogenannten Nähern Ausführung des in denen natürl. und Reichs-Rechten gegründeten Eigenthums des Königlichen Chur-Hauses Preußen und Brandenburg auf die schlesische Hertzogthümer Jägerndorff, Liegnitz, Brieg, Wohlau und zugehörige Herrschafften. — o.O. 1741. 12 Bl. 4°
1:4° Rz 3073. **24. 28. 302.**
13.12346

— Kurtze Beantwortung der ferner zum Vorschein gekommenen chur-brandenburgischen sogenanten Nähern Ausführung des in denen natürl. und Reichs-Rechten gegründeten Eigenthums des Königlichen Chur-Hauses Preußen und Brandenburg auff die schlesische Hertzogthümmer Jägerndorff, Liegnitz, Brieg, Wohlau und zugehörige Herrschafften. — o.O. 1741. 12 Bl. 4°
35. 38.
13.12347

— Kurtze Beantwortung der ferner zum Vorschein gekommenen chur-brandenburgischen so genannten Nähern Ausführung des in denen natürlichen und Reichs-Rechten gegründeten Eigenthums des Königl. Chur-Hauses Preussen und Brandenburg auf die schlesische Hertzogthümer Jägerndorff, Liegnitz, Brieg, Wohlau und zugehörige Herrschafften. — o.O. 1741. 24 S. 8°
1:9 in Rz 3030. **3. 12:**4° Eur. 395–16. **304.**
13.12348

— Kurtze Beantwortung der ferner zum Vorschein gekommenen chur-brandenburgischen sogenanten Nähern Ausführung des in denen natürl. und Reichs-Rechten gegründeten Eigenthums des Königlichen Chur-Hauses Preußen und Brandenburg auf die schlesische Hertzogthümer Jägerndorff, Liegnitz, Brieg, Wohlau und zugehörige Herrschafften. — o.O. 1741. 28 S. 8°
2. 5. 6. 17. 31. 66. 302.
13.12349

— Kurtze Beantwortung der ferner zum Vorschein gekommenen chur-brandenburgischen sogenanten Nähern Ausführung des in denen natürl. und Reichs-Rechten gegründeten Eigenthums des Königlichen Chur-Hauses Preussen und Brandenburg auf die schlesische Hertzogthümer Jägerndorff, Liegnitz, Brieg, Wohlau und zugehörige Herrschafften. — o.O. 1741. 31 S. 8° **18.**
13.12350

Kurtze [Kurze] Beantwortung gegen des Königlichen Preußischen Cammerraths Herrn Kretschmars herausgegebenes Bedencken über die neu erfundene Bornische Acker- und Säe-Maschine. 1752
s. *Borne*, Karl Friedrich von dem.

Kurtze [Kurze] Beantwortung der Beschuldigungen und Einwürffe, so wider die allerunterthänigste Adresse von Hrn. D. Joach. Langen vorgebracht worden. 1722
s. *Loescher*, Valentin Ernst.

Kurtze [Kurze], jedoch in der Wahrheit best-gegründete Beantwort- und Wiederlegung, derer von dem Augspurgischen Confessions-verwandten Theil der Reichs-Stadt Kauffbeyrn ... in einer ... Specie facti herausgegebenen vermeintlichen Religions-Beschwerden in specie dasige Herren PP. Soc. betreffend. Cum annexis gravaminibus Catholicorum. — o.O. 1724. 31 Bl. 4°
1:7 an 2° Gw 7867. **12:**2° Ded. 264/16 [2 Ex.] **19. 24.**
13.12351

— Ebd. 1756. 12 S. 4° **19. 39.**
13.12352

Kurtze [Kurze] und eilfertige, jedoch gegründete und unpartheyische Beantwortung des ... durch den Druck publicirten Manifests, unter dem Titul: Eilfertiger Entwurff auß denen Schwedischen Reichs-Grund-Gesetzen und dem Münsterschen Friedens-Schluß uber die Successions-Folge bey dem Absterben Sr. Königl. Majestät in Schweden Caroli XII. — o.O. 1719. 8 Bl. 8° **9. 34.**
13.12355

Kurze Beantwortung der gewöhnlichsten Entschuldigungen und Einwendungen bey Anforderungen zum wahren Christen-Sinn und Wandel. 1825
s. *Tholuck*, August: Kurze Beantwortung der vornehmsten Einwürfe und Entschuldigungen.

Kurze Beantwortung der von einigen wißbegierigen Bürgern aufgeworfenen Frage: Darf ein Beichtvater peinliche, von seinen Beichtkindern ihm anvertraute Verbrechen der weltlichen Obrigkeit anzeigen? In e. Gespräch zwischen e. Th., Jur. u. zween Bürgern. — Erlangen 1787. 8 S. 8°
29.
13.12356

Kurze Beantwortung der Frage: Fordert das Herkommen ... daß eines Römischen Königes Antritt der Kaiserlichen Regierung mit einigen Feierlichkeiten und besonders mit einer neuen Krönung verbunden sei? 1765
s. *Eberhard*, Johann Heinrich.

Kurtze [Kurze] Beantwortung einiger bey der Hornhausischen Begebenheit aufgeworffenen Fragen, welche auf Begehren eines guten Freundes abgefasset worden. — o.O. 1734. 16 S. 8° **18.**
13.12357

Kurze Beantwortung folgender Fragen. 1. Wird die von den französischen Ministern am 3ten May vorgeschlagene Grenze, wobey der Republik alle Rhein-Inseln zufallen sollen, eine sichere Grenze abgeben, und kann man sie ohne nähere Bestimmung nach der Natur des Locals ausmitteln? 2. Wie könnte wohl bey dem zu Rastadt abzuschließenden Frieden eine, durch den Rhein, feste Grenze bestimmt werden? 3. Und welches Princip wäre festzusetzen, um diese Grenze für die Rheinbewohner hydrotechnisch wohlthätig zu machen? — o.O. [1798]. 8 S. 8°
12:J.publ.G. 45f. **14. 12. 18. 25. 26. 33.**
13.12358

Kurze Beantwortung des abentheuerlichen Gewäsches des Hrn. Prof. Schotts in Leipzig im eilften Stük seiner Critik zum beliebigen Gebrauch desselben als ein Beytrag zu besagtem Stük abgedrukt aus der Giesner gelehrten Zeitung Nr. 103 u. 104. — Frankfurt [usw.] 1770. 24 S. 8°
4. 8.
13.12363

Kurze, gewissenhafte und schriftmäßige Beantwortung des Schreibens einer Standesperson an seinen Freund, betreffend den Vertheidigten Glauben der Christen in Ansehung der heiligen Taufe und des Herrn Abendmahl ... Von e. ungenannten wahren geistlichen Rechtsfreunde d. guten Sache. — Liegnitz: Siegert 1756. 159 S. 8°
1:5 in Cy 30992. **8. 19. 41. 42.**
13.12364

Kurtze [Kurze], jedoch gründliche Beantwortung der an Seiten des Herrn Graffen von Nesselrode in betreff des Hauß Vonderen zum Druck befördeter Geschichts-Erzehlung und deren darauf vermeintlich einschlagenden Rechten. — Münster 1754. 40 S. 4° 17.
13.12365

Kurtze [Kurze], doch gründliche Beantwortung des Weitheren- oder zweyten Gräfflich-Sintzendorffischen Impressi, die Possession der Herrschafft Pleystein betreffend. o.O. 1746. 27 S. 4°
12:2° Ded.448-4. 14. 17. 24. 35. 48. 180.
13.12366

— Kurtze, doch gründliche Beantwortung des Weiteren oder zweyten Gräflich-Sintzendorfischen Impressi, das possessorium und ipsam possessionem der Herrschaft Pleystein betreffend. — Berlin [1746]: Gäbert. 24 S. 4° 30.
13.12367

Kurze Beantwortung des namens der Fürstlich-Löwensteinischen Canzley im Druck erschienenen injuriosen Impressi vom 17. Sept. 1781 in betreff eines angeblich verfälschten Abdrucks Kaiserlichen Reichs-Hof-Raths-Conclusi vom 28. Aug. 1781. — Dat. Wertheim 28. Sept. 1781. 2 Bl. 4° 1:10 in 2° Gx 13000-42. 12:2° Ded. 448-13. 16. 17. 24. 26.
13.12369

Kurtze [Kurze] Beantwortung des von Rectore und Provisoren der Universität zu Cöllen jüngsthin durch den Druck verkündeten Pro Memoria an Seithen des Käyserlichen Precisten, Dohm-Capitularen Peteren Josephen von Buschman, contrà den Licentiat Martin Franz Stiertz puncto der von besagtem Precisten optirt und erlangter praebendae primae gratiae zu S. Ursulen binnen Cölln. — o.O. [um 1760]. 14 S. 4° 61.
13.12371

Kurtze [Kurze], doch rechtliche Beantwortung der Frage: Ob in allen Sachen die gerichtliche Citation nöhtig, und ohne selbe kein Delinquent verurtheilet werden könne? — o.O. 1707. 2 Bl. 8° 7.
13.12372

Kurtze [Kurze] Beantwortung, der von Fürstl. Sachsen-Gothaischer Rent-Cammer bey einer Hoch-Löblichen Commission ubergebenen Thesium. — o.O. [um 1715]. 5 Bl. 4° 24.
13.12373

Kurtze [Kurze] Beantwortung, woraus der Ungrund dieses Berichts sich klar an Tag leget. Copia-Berichts die Nieder-Betschbacher Kirchen-Streitigkeiten betreffend. — o.O. [nach 1720]. 3 Bl. 4° 14. 24.
13.12375

Kurzgefaßte, richtige bejahende Beantwortung der Frage: Soll man Kinder und junge Leute von der Erzeugung des Menschen belehren? ... Von H... N. — Schwerin: Bärensprung 1785. 44 S. 8° 12: Paed. Th. 343. 33.
13.12376

L. H. R. F. schrifftmäßige Beantwortung des Send-Schreibens, welches Herr Peter Siegmund Pape an Herrn Martin Hillen abgehen lassen, über die Frage: Ob allen Menschen ohne Unterscheid die Gnaden-Thür bis ans Lebens-Ende offen stehe? — Leipzig: Lanckisch 1705. 62 S. 8°
18. 39. 117.
13.12377

Eines evangelischen Lehrers gründliche und freymüthige Beantwortung einiger von seiner Obrigkeit ihm vorgelegten theologischen Fragen, betreffend die heutige Kirchen-Verfassung ... Dem jetzo beygefüget ein Schrift-mässiger Unterricht von den letzten Zeiten und der Erkäntniß sein selbst (Verf.: Gerardus Johannes Vossius). — o.O. 1731. 134 S. 8° 1:2 in Ct 4240. 2. 14. 27. 34. 41.
13.12378

Eines Liebhabers der evangelischen Lauterkeit aufrichtige Beantwortung des so-genandten Nachdencklichen Gesprächs von Privat-Erbauungen, welches jüngsthin in Erffurth ans Licht kommen. — o.O. 1722. 32 S. 8° 9. 19. 32.
13.12379

— Eines Liebhabers der evangelischen Lauterkeit aufrichtige Beantwortung des sogenannten Nachdencklichen Gesprächs von Privat-Erbauungen, welches jüngsthin in Erfurth ans Licht kommen. — o.O. 1722. 32 S. 8° 18.
13.12380

Ihro Majestät, der Königin von Ungarn und Böhmen Beantwortung der von dem ... Grafen von Dohna ... vorgelesenen Declaration. 1744
s. *Beantwortung* der vom Herrn Grafen von Dohna vor seiner Abreise vorgelesenen Declaration.

Beantwortung des von der Chur- und Fürstlich-Bayerischen Gesandschafft zu Franckfurth den 17. Martii 1744. ubergebenen Memorialis. [Nebst] Beyl. — o.O. [1744]. 4°
12:2° J. publ. E. 28/4 [u.5.] 300 [* Beil.]: 8592-C.
13.12381

— Beantwortung des von der Chur- und Fürstlich-Bayerischen Gesandschaft zu Franckfurth den 17. Martii 1744. übergebenen Memorialis. [Nebst] Beyl. — Wien 1744: v. Ghelen. 4° 5. 12:2° J. publ. E 18 m/53. 16. 24. 25.
13.12382

— [Nebst] Beyl. Wienn 1744: v. Ghelen. 2°
14. 27. 34. 48. 300: 47 Mm 21.
13.12383

Freyherrlich-Mentzingische gründliche Beantwortung, Wiederlegung und beßere Außführung gegen das chur-pfältzische Impressum der sogenanndten ⟨Kurtz-gefaßten Außführung in und über das Dorff Gondelsheim im Ober-Amt Bretten gelegen, Ihro Churfürstl. Durchl. zu Pfalz zukommender hoher Gerechtsamen, Vor-Rechten und Regalien. Sambt wahrhaffter Erzehlung derer von dem jetztmahligen Innhabern und Vogts-Junckern Johann Reinhard von Mentzingen ... unternommener höchststraffbarer Turbation, Spolien und Attentaten.⟩ Mit benöthigten ... Speciebus facti. — Heilbronn 1732: J. M. Mayer. 48 S. 4°
1:4° Gx 13962/2. 12:2° J. publ. G. 71. 17. 26. 27. 31.
13.12384

— Freyherrlich-Mentzingische gründliche Beantwortung, Wiederlegung und beßere Außführung gegen das churpfältzische Impressum der sogenannten ⟨Kurtz-gefaßten Außführung in und über das Dorff Gondelsheim im Ober-Amt Bretten gelegen, Ihro Churfürstl. Durchl. zu Pfalz zukommender hoher Gerechtsamen, Vor-Rechten und Regalien. Sambt wahrhaffter Erzehlung derer von dem jetztmahligen Innhabern und Vogts-Junckern Johann Reinhard von Mentzingen ... unternommener höchst-straffbarer Turbation, Spolien und Attentaten.⟩ Mit benöthigten Speciebus facti. — Ebd. 1732. 48 S. 4° 14. 24.
13.12385

Beantwortung der von des Herrn Cammer-Richter nunmehrigen Graffen von Ingelheims Excellenz herausgegebenen Ferneren, aber mit Unrecht so genannten, wahrhafften und gründlichen Nachricht, daß in causa Ihro Hoch-Fürstl. Durchl. des Hrn. Landgraffen Wilhelm zu Hessen-Cassel, contra Ihro Churfürstl. Gnaden zu Mayntz, das Frey-Gericht vor dem Berg Welmitzheim betreffend, von ihm dem Herrn Cammer-Richter nach der Cammer-Gerichts-Ordnung ... seye verfahren worden. — Cassel 1739: Hüter & Harmes. 74 S. 4°
4. 12:2° Ded. 464-12. 17. 24. 26. 34. 35. 36.
13.12386

Beantwortung der so betitelten Traurigen Nachricht von dem unerhörten Muthwillen, welchen einige junge, unerfahrne Hofbedienten zu Peckin in China ausgeübet haben sollen &c. — o.O. 1786. 16 S. 8°
1:2 in Tz 9716 [u.] 9 in Tc 8002. 2.
13.12387

Beantwortung des Nachtrages zu der von Sr. königl. Majestät von Preußen und kuhrfürstl. Durchl. zu Brandenburg den 3ten July 1778. an Ihre hohe Mitstände des deutschen Reichs gerichteten Erklärung über die bayerische Successionsangelegenheit. — Wien 1778: v. Trattner. 27, 15 S. 8° 1: Flugschr. 1778-34; 13 in Rz 4807 [u.] 5 in Rz 4810. 2. 4. 7 [unvollst.] 12:4° Bavar. 207 [2 Ex.] 16. 17. 19. 24. 26. 29. 30. 33. 34. 39. 43 [unvollst.] 44. 60. 111. 300: 37 Q 67. 304.
13.12388

— Beantwortung des Nachtrages zu der von Sr. Königl. Majestät von Preussen und Kuhrfürstl. Durchl. zu Brandenburg den 3ten Julii 1778. an Ihre hohe Mitstände des deutschen Reichs gerichteten Erklärung über die bayerische Succeßions-Angelegenheit. Nach d. Wiener Orig. abgedr. — Frankfurt: Brönner 1778. 26 S. 8°
1: an Rz 5262. 3→6. 14. 15. 16. 33. 36. 38. 39. 66. 75.
13.12389

Nöhtig befundene Beantwortung der gegenseitiger Facti speciei annectirten, so genandten Continuation in Sachen Bürger-Meister und Raht der Stadt Rostock für sich und in Vollmacht Magnifici Dn. Rectoris et Reverendi Concilii der Universität daselbst entgegen einige ... doctores privatos. Nebst Beyl. — o.O. 1741. 8 Bl. 4° 28.
13.12391

Beantwortung, Nöthige, der Frage, ob ein Prediger wohl mit gutem Gewissen von einer größern Gemeinde zu einer kleineren gehen könne ... O. O. 1704. V: *Thode, Carsten.* (Schr)

Nöthig gefundene [Nötiggefundene] Beantwortung des von dem Herrn Doctore Abendroth ans Licht gebrachten ... Impressi in der bekannten Bau-Sache. 1794 s. *Detenhoff,* Johann Hinrich.

Beantwortung, offene, der Frage d. Hrn. P. Müller zu Frankenförde: ob die Unterzeichner der Erklärung vom 15. August Bauchdieners von ein. Freunde d. Wahrheit. gr. 8. (1 B.) Berlin, 816, Thome.

Beantwortung, patriotische, der Schleswig-Holsteinischen Frage. Berlin 865. Stilke & van Muyden. gr. 8. (23 S.) n. 5 ngr.

Beantwortung der Num. 61 des diejährigen Berlinischen Intelligenzzettels enthaltenen zwölften Preisaufgabe: Demjenigen, der die beste Düngung des Ackers nach Beschaffenheit des Landes anzugeben weiß und introduciret &c. — Berlin 1775. 16 S. 8° 44.
13.12395

Beantwortung der Preisaufgabe: Welches ist die vortheilhafteste Methode, Flachs und Hanfbau in den Braunschweig. Churlanden zu betreiben. Hannover 1794. V: *Biallon, J. C. & C. G. Schmund.* (Ky) (ML) (Eng Oec) (Br Mm)

— d. Preisaufg.: Welches ist d. vortheilhafteste Methode, d. Flachs- u. Hanfbau in d. Braunschw. Churlanden zu betreiben? (v. J. C. Biallon). 8. Hannov. 794. Hahn. 5 gr.

Beantwortung der von der Erziehungsanstalt zu Schnepfenthal aufgegebenen Preisfrage: Ob es recht sei, die Erklärungen von Jesu Lehre zu Glaubensartikeln zu machen? ... Leipzig 1787. V: *Weland, Jac. Chn.* (Ky)

— der Preisfr.: Ob es recht sei, die Erklärungen von Jesu Lehre zu Glaubensartikeln zu machen? (v. J. Chr. Weland). Mit e. Vorrede herausg. v. Chr. G. Salzmann. 8. Leipz. 787. (W. Vogel). 1 ℔

Beantwortung einer von der Batavischen Gesellschaft zu Rotterdam aufgegebenen Preissfrage [Preisfrage] mit dem Wahlspruche: 'Simplex erat ex simplici causa valetudo, multos morbos multa fercula fecerunt.' 1786 s. *Camper,* Petrus.

Beantwortung der von der Kurfürstl. Mainzis. Akademie nützlicher Wissenschaften zu Erfurt aufgestellten Preisfrage: Wie ist dem so sehr einreißenden Holzmangel vorzubeugen und eine zweckmäßige Holzkultur auf Leeden, wüsten Bergen &c. zu erzielen? (Vorr.: Georg Adam Keyser.) — Erfurt: Keyser 1794. 96 S. 8°
Aus: Ökonomische Weisheit u. Thorheit. 6. 1794. 7. 14. 28.
13.12396

Beantwortung der in Wien aufgestellten Preisfrage über die zweckmäßigste Verbesserung der Methode in den oesterreichischen Normalschul-Lehrarten, entgegengesetzt der Berliner Freymüthigen Beurtheilung der oesterreichischen Normalschulen, und aller zum Behuf derselben gedruckten Schriften. Berlin vom Jahre 1783. — Teutschland 1786. 54 S. 8° 12: Paed. Th. 345. 16.
13.12397

— d. Preisfr.: Ueber d. zweckmäß. Verbesserung d. Methode in den Oesterr. Normalschullehrarten. 8. Salzb. 786. Mayr. 34 kr.

Beantwortung der Preisfrage: Welches sind die besten ausführbaren Mittel wider den Kindermord? Lüneburg 1781. V: *Patzsch, Heinrich Dietrich.* (MGT)

— d. Preisfr.: Wie können Fleischtaxen in Städten am sichersten bestimmt werden? 8. Presb., Weber. 3 gr. (vergl. J. Ad. Weiß, vergl. Preisschrift.)

— preiswürdige, der Preisfrage: Welche Mittel stehen der oberungarischen Waldbürgerschaft als solcher zu Gebote, den Bergbau, seinem gänzlichen Umfange nach, zu heben? Von den Verfass. der Geschichte der sieben Schwaben. 8. Stuttg. 834. Leipzig, G. Wigand. 1/6 ℔

Beantwortung, Königlich Preussische, auf das Keyserliche Hof-Decret so am 18ten October 1756. ... zur öffentlichen Dictatur gebracht worden. 1757. V: *Plotho, Erich Chn Baron v.* (BrMm)

Beantwortung, Königliche Preussische, auf das zweyte Kayserliche Hofdecret, So am 18ten Octobr 1756 auf dem Reichstag zu Regensburg zur öffentlichen Dictatur gebracht worden. [Berlin.] V: *Vette, Christian Rudolf von.* (Preuß. Staatsschriften. Bd. III. Berl. 1892. S. 524.)

Königl. Preussische Beantwortung auf das zweyte Kaiserl. Hof-Decret, so am 18ten October 1756 auf dem Reichstage zu Regenspurg zur öffentlichen Dictatur gebracht worden. Nebst der doppelten Capitulation die Sächsische Armee und die Festung Königstein betreffend. 1756. 4. (16 S.)
— Dasselbe (anderer Druck. 4. 20 Seiten).
— Dasselbe (anderer Druck. 4. 6 Bl.).

Königl. Preuß. [Preußische] und Chur-brandenburgl. Beantwortung desjenigen Kayserl. Commissions-Decrets, vom 23. Nov. a. c., so den 24. eiusd. bey Gelegenheit der Battaille zu Roßbach auf der allgemeinen Reichs-Versammlung zur öffentlichen Dictatur gebracht worden. — o.O. 1757. 4 Bl. 8° 1: Flugschr. 1757-238. 17.
13.12398

— Königl. Preuß. und Chur-brandenburgl. Beantwortung desjenigen Kayserl. Commissions-Decrets vom 23. Novembr. a. c., so den 24. eiusd. bey Gelegenheit der Bataille zu Roßbach auf der allgemeinen Reichs-Versammlung zur öffentlichen Dictatur gebracht worden. — o.O. 1757. 8 S. 8° 1: Flugschr. 1757-238a.
13.12399

— Königl. Preußisch- und Chur-brandenburgische Beantwortung desjenigen Kayserl. Commissien-Decret, vom 23ten Nov. a. c-, so den 24ten eiusdem bey Gelegenheit der Bataille bey Roßbach auf der allgemeinen Reichs-Versammlung zur öffentlichen Dictatur gebracht worden. — o.O [1757]. 10 S. 2° 12: 2° J. publ. G. 457-25.
13.12400

— o.O. 1757. 12 S. 4° 16.
13.12401

Beantwortung desjenigen Pro-Memoria, welches der Schwedische Hof zu Rechtfertigung seines feindlichen Einfalls in die Königl. Preuß. Provinzien und Lande, jüngsthin durch seine Gesandten an auswärtigen Höfen hat austheilen lassen. — o.O. 1757. 12 S. 8°
1:Flugschr. 1757-221.
12:4° J. publ. G. 1227-II,20 [2 Ex.] 18.
13.12402

Beantwortung des churpfälzischen und herzogl. Bayerischen Promemoria d. d. 3. Nov. 1780 die Reichsstadt Donauwörth betreffend von Seiten des Schwäbischen Kreises 1781. Stuttg. [März 1781.] V: *Seckendorf, Joh. Carl Chph Freih. von.* (Kat. d. ständ. Bibl. Stuttg. 1907. S. 524.)

Beantwortung des kurpfälzischen Promemoria vom 3. Nov. 1781. O. O. u. J. V: *Seckendorf, Johann Carl Christoph Freih. von.* (MGT)

Beantwortung des Promemoria in betreff der Nunziaturen nach dem Alterthum, Konkordaten, Kaiserlicher Wahlkapitulation und Herkommen. — Mannheim [1789]: Gedr. mit akad. Schriften. 96 S. 8°
1:4 in Fq 8346. 2. 6. 7. 12: Conc. 72 [u.ö.] 14. 16. 18. 21. 24. 33. 38. 39. 66. 302.
13.12403

— Mannheim: Neue Hof- u. Akademie-Buchh. 1789. 95 S. 8°
121.
13.12404

— d. Promemorien in Betreff d. Nuntiaturen ꝛc. 8. Manh. 789. Schwan u. G. 4 gr. Löffler. 12 gr.

Beantwortung des so betitelten Pro-Memoria vor den spanischen Bottschaffter zu Londen, in welchem die Ursachen enthalten sind, die Ihro Cathol. Majestät zum Krieg wieder den Kayser bewogen haben. — Regenspurg 1734: Lentz. 8 Bl. 4°
1:26 in 4° Gv 559. 12:2° J. publ. G. 86/15.
13.12405

Beantwortung eines wienerischen Pro Memoria, worinnen Ihro Kayserl. Majest. Circular-Schreiben ad Status Imperii vom 28. Sept. 1743 unziemlich angetastet worden. o.O. [1744]. 20 S. 4°
1:10 in 2° Gx 13000-11; 8 in 2° Gx 13000-13 [u.] 37 in 2° Qk 54. 12:2° Bavar. 1170. 14. 16. 24. 26. 31. 36.
13.12406

— Beantwortung eines wiennerischen Pro Memoria, worinnen Ih. Kays. Majest. Circular-Schreiben ad Status Imperii vom 28. Sept. 1743 unziemlich angetastet worden. — Franckfurth 1744. 20 S. 4°
12:2° Bavar. 1171 [2 Ex.] 19. 27. 300:8590-C. 303.
13.12407

Beantwortung der Schwedischen herausgegebenen Protestation und Gegen-Protestation . . . Copenh. 1714. V: *Bornemann, Heinr.* (Collin, Anonymer. Kiobenh. 1869.) (Bygdén, Svenskt anon. och pseud. lex. Upsala 1898 ff. I.)

Beantwortung auf die Prüfung des kurtzen Bedenckens über die Kirchen-Historie. 1725. V: *Struve.* (Myl)

Beantwortung und Prüfung der von dem Churfürstlich-Mainzischen Provinzial-Criminal-Gerichten zu Erfurt gegen mich erlassenen sogenannten Edikital-Citation. Amsterdam [Hamb.] 1796. V: *Rebmann, Andreas Georg Friedrich.* (MGT)

Beantwortung auf des Herrn Senator Kritters Prüfung seines Entwurfs einer Witwencasse. Hamb. 1781. V: *Beckstein, Ernst Daniel.* (schr)

Beantwortung der zu Wien herausgekommenen s. g. Prüfung der Ursachen einer Association zur Erhaltung des Reichssystemes, . . . Berlin 1785. V: *Herzberg, Ewald Friedrich Graf von.* (GGr) (ML) »1786« (Ky)

— der Prufung d. Ursache einer Association z. Erhalt. d. Reichssystems ꝛc. gr. 4. Berl. Decker. 786.

— der Prüfung der Ursache e. Association z. Erhaltung d. Reichssystems ꝛc. (v. Graf E. F. v. Herzberg). gr. 8. Berl. 786. Rottmann. 4 gr.

Beantwortung der von Königl. Dänischer Seite, allen fremden Gesandtschafften in Coppenhagen communicirten Raisons gegen die Courant-Banco und das Müntz-Edict der Stadt Hamburg. — o.O. 1735. 10 Bl. 4°
1:13a in 2° Gw 11160-1. 17. 24.
13.12409

Beantwortung und Rechtfertigung gegen die Beschuldigungen welche mir in einer den 24ten Julius 1775 in der Loge Augusta zur goldenen Krone gehaltenen Rede gemacht worden sind. o. O. [1775]. 16 S. 8° [Umschlagtit.]
Kl. 2916b u. 1331c? Selten.

Rechtliche **Beantwortung** des von denen gewesenen Ober-Factoren des Hoch-Fürstl. Braunschw. Lüneb. Hütten-Wercks in der gegen sie rechtlichen geführten Inquisition zu Halle von dasiger Juristen-Facultät durch unwahre Vorstellung der Sache, vorgangs erschlichenen Responsi. — Dat. Altorf 5. Juni 1727. 23 S. 4°
1:27 in 2° Sl 107. 35.
13.12410

Beantwortung, Reichs-Grund-Gesezmässige, der Frage: Wie vil Soldaten eines teutschen Reichs Standes Land zu erhalten schuldig seye? wie auch: wer den Ausschlag darin geben könne. O. O. 1765. V: *Moser, Johann Jacob.* (Kat. der ständ. Bibl. Stuttg. 1907. S. 391.)

Beantwortung des Rekurses an die Bundesversammlung in Sachen der Kinder Quex gegen die Kinder Schellenberg. Zürich 1861. V: *Hasler, Jac.* (Cat. d. Stadtbibl. Zürich. Zürich 1864—97.)

Beantwortung derer XIII Religions-Gravaminum derer römisch-catholischen Clöster in dem Hertzogthum Magdeburg, welche zu Wien heimlich übergeben, von denen Römisch-Catholischen selbsten aber Anno 1723 vor ungegründet gehalten worden seyn. — Dat. Halle 3. Oct. 1724. 8 Bl. 4° 5. 12:2° J. publ. G.457-32. 24.
13.12414

— Beantwortung derer XIII Religions-Gravaminum derer römisch-katholischen Klöster in dem Hertzogthum Magdeburg, welche zu Wien heimlich übergeben, von denen Römisch-Catholischen selbsten aber Anno 1723 vor ungegründet gehalten worden seyn. — Dat. Halle 3. Oct. 1724. 14 Bl. 4°
1:14 in 2° Gw 7760-5[u.] 21 in 4° St 125. 27.
13.12415

Beantwortung, Respectuöse und gründliche, des Kön. Böhm. Unterrichts ... [Stuttg.] 1767. V: *Moser, Johann Jacob.* (weber). S. a. Nr. 4118.

Beantwortung der Revisions-Deduktion in Sachen der in den Akten benannten süd- und westpreußischen Gutsbesitzer, Verklagte wider das Handlungshaus Salomon Moses Levy Wittwe und Erben zu Berlin, Kläger. — o.O. 1805. 147 S. 8° 1:Hf 8811.
13.12416

Beantwortung einer Recension der Briefe eines reisenden Juden .. [Giessen] 1776. V: *Teuthorn, Heinrich Ernst.* (ML)

Beantwortung, Richtige, und wesentliche Entkräftung der sogenannten Vertheidigung des Menschenfreundes durch einen ächten Menschen und Wahrheitsfreund. O. O. 1775. V: *Tewis, Fz. Ant.* (BiblPort)

Beantwortung der Schein-Gründe, mit welchen ein päbstlicher Scribent in einem Gedichte die Salzburgischen Emigranten von der evangelischen Religion wieder abzuwenden trachtet. 1732. V: *Neumeister, Erdmann.* (Myl) (schr)

Schließliche Beantwortung der Graff-Solmischer so genannter Folgleistung von Seiten des Praesidenten Freyherrn von Ingelheim und mit unterschriebener Assessoren des Kayserlichen und Heiligen Römischen Reichs Cammer-Gerichts. Sambt Beyl. — o.O.[1709]. 63 S. 8°
1:10 in Gx 4780-1. 26.
13.12418

Schlüßliche Beantwortung des Schreibens der patriotischen Freunde unter sich von dem Verfasser des ersten Briefes an den Verfasser des zweyten den Fidler-Keßlerschen Streit betreffend.
Leipzig: Sommer 1774
16 S. 8°

Beantwortung des Schreibens an einen Freund über den neulichen Tumult im Comödien-Hause zu Lübeck. — o.O.1777. 16 S. 8° 18.
13.12421

Beantwortung des Schreibens einer Hannoveranerin disseits der Elbe &c. von der Freundin D***rn in der Residenzstadt. — o.O. 1803. 13 S. 8° 7. 18. 23. 28. 33. 35. 42. 48.
13.12422

Beantwortung des Schreibens über die Kochische Schauspielergesellschaft von einem Freund aus Halle an der Saale. — o.O. 1771. 16 S. 8° 300:624.495-B. Th.
13.12423

Hochbahngesellschaft, Berlin W., Köthenerstr. 12. Zur Beantwortung des Schreibens der Stadtgemeinde Schöneberg vom 8. Januar 1909, betreffend Führung der Südwest-Schnellbahnen über den Nollendorfplatz oder Wittenbergplatz. — Berlin 1909: (Hermann). 19 S. 4° 109.
13.12424

Beantwortung der Schrift über die Begräbniße in Wien. Wien 1781. 44 S. 8° 19. 300:59 M 124 (7). 302.
13.12425

Beantwortung einer Schrifft unter dem Titul: Bekehrung der Väter zu den Kindern. Halle 1722. V: *Freylinghausen, Johann Anastasius.* (Myl)

Beantwortung der Schrift des Herrn Hermann von Bielke: Ueber Wettrennen, mit Berücksichtigung der, zur Einführung derselben in den Herzogthümern geschehenen Schritte. — Schleswig: Taubstummen-Inst. 1830. 26 S. 8°
8.
13.12426

Beantwortung der unter dem Titul Natürliche Vorstellung der Wahrheit denen Mémoires raisonnés entgegen gesetzten sächsischen Schrift. In e. Schreiben e. Kaufmanns in Hamburg an e. andern in Leipzig. Mit 21 Beyl. o.O. 1757. 60 S. 8° 1:Flugschr. 1757-208a.
3. 12:4° Eur. 419-1. 14. 29. 31. 39.
13.12427

— der unt. d. Titel: natürl. Vorstell. der Wahrheit, den mémoires raisonnés entgegengef. Schrift. 4. Berl. 757.

— Beantwortung der unter dem Titul Natürliche Vorstellung der Wahrheit denen Mémoires raisonnés entgegen gesezten sächsischen Schrift. In e. Schreiben e. Kaufmanns in Hamburg an e. andern in Leipzig. Mit 21 Beil. — Hamburg 1757. 32,16 S. 8° 7. 32. 44. 109.
13.12428

— Beantwortung der unter dem Titul Natürliche Vorstellung der Wahrheit denen Mémoires raisonnés entgegen gesetzten sächsischen Schrift. In e. Schreiben e. Kaufmanns in Hamburg an e. andern in Leipzig. Mit 21 Beyl. — Ebd. 1757. 64 S. 8° 1:Flugschr. 1757-208.
2. 3. 12:4° Eur. 215 m/11. 14. 15.
18. 24. 25. 27. 29. 30. 61. 117. 302.
13.12429

Beantwortung der unter den [!] Titul: Vorläufige Repraesentation ex sententiis cameralibus, wie in Sachen Lauenburg contra die Stadt Lübeck ... ein anderweitiger unparteyischer Senat müsse niedergesetzet werden: jüngsthin an das Licht getretenen und beym Reichs-Convent zu Franckfurt ausgetheilten Schrifft [Schrift]. — o.O. 1744. 50 S. 4° 4. 15. 17. 18. 23. 24. 35. 45. 48.
13.12430

Beantwortung einer Schrift: Gründe, warum das Erzhaus Oesterreich des schwäbischen Kreises Stände und Angehörigen über deren aus den vorderösterr. Landen ziehende Einkünfte oder das sog. Dominicale stempelfrei anzusehen haben möge. fol. Wien 1768.

Beantwortung der kleinen Schrift betitelt: Bitte und Flehen um Mitleiden gegen einen Hausdieb und Mordbrenner, durch I.C.F.N. — Berlin: Birnstiel 1786. 32 S. 8° 1:8 in Tc 8901.
13.12431

Beantwortung der sächsischen Schrift, welche unter dem Titel: Die gerechte Sache Chur-Sachsens neulich im Druck erschienen. — Berlin 1757. 24 S. 8° 18. 19. 29. 44.
13.12432

— Beantwortung der sächsischen Schrifft, welche unter dem Titul Die gerechte Sache Chur-Sachsens neulich im Druck erschienen. — Ebd. 1757. 24 S. 2° 16. 30.
13.12433

— Beantwortung der sächsischen Schrift, welche unter dem Titul: Die gerechte Sache Chursachsens neulich im Druck erschienen. — Ebd. 1757. 28 S. 8° 28. 33.
13.12434

— Beantwortung der sächsischen Schrift, welche unter dem Titul: Die gerechte Sache Chursachsens neulich im Druk erschienen. — Ebd. 1757. 32 S. 8°
1: Flugschr. 1757-13a. 9. 14. 32.
13.12435

— Beantwortung der sächsischen Schrifft, welche unter dem Titul: Die gerechte Sache Chur-Sachsens neulich im Druck erschienen. — Ebd. 1757. 32 S. 8°
1: Flugschr. 1757-13b. 3. 9. 12: 4° Eur. 409-14 d. 14. 17. 24. 27.
13.12436

— Ebd. 1757. 36 S. 8° 15. 31. 180.
13.12437

— Ebd. 1757. 44 S. 8° Verschiedene Drucke.
1: Flugschr. 1757-13c. 2. 3. 7. 10. 12: 4° J. publ. G. 1227-I,42. 14. 15. 18. 23. 24. 28. 29. 41. 48. 108. 109. 117.
13.12438

— Berlin 1757: Henning. 44 S. 8°
1: Flugschr. 1757-13. 2. 14. 18. 39. 45.
13.12439

— Beantwortung der sächsischen Schrift, welche unter dem Titel: Die gerechte Sache Chur-Sachsens neulich im Druck erschienen. — Wien [usw.]: Trattner 1757. 43 S. 8°
300: • 35 E 115.
13.12440

Beantwortung der Schrift des Dr. Ludwig Wachler, unter dem Titel: Einiger K. Sächsischer Gardisten Frevelthaten, verübt in Marburg den 5. September 1814. Vom Offiziers-Corps der Königl. Sächs. Grenadier-Garde. — Koblenz: Heriot 1814. 16 S. 8°
1: Deutsche Flugschr. 1814-146. 5. 14. 34. 108.
13.12441

— d. Schrift des Dr. L. Wachler, unt. d. Titel: Einiger Gardisten Frevelthat verübt in Marburg d. 5. Sept. 1814. 8. Frankf. a. M. 815. Jäger. 3 gl.

— der Schrift: Wie wird es im sekularisirten Deutschland gehen? gr. 8. (Weschö in Frankf.) 4 gl.

Beantwortung zweyer in dem Druck erschienenen Blatseilerischen Schriften, betitelt: Pro Memoria in Sachen protractae & denegatae iustitiae nec non indemnisationis Franz Joseph Blatseilers gegen die Hochfürstlich-Augspurgische Regierung zu Dillingen 1771 und 1772. — Dillingen 1773: Brönner. 67 S. 4° 24.
13.12442

— Beantwortung zweyer in dem Druck erschienenen Blatseilerischen Schriften, betitelt: Pro Memoria in Sachen protractae & denegatae iustitiae nec non indemnisationis Franz Joseph Blatseilers gegen die Hochfürstl. Augspurgische Regierung zu Dillingen 1771 und 1772. — Ebd. 1773. 67 S. 4° 16.
13.12443

Beantwortung der Schriftgründe, warum das Durchl. Erz-Haus Oesterreich des löblichen Schwäbischen Kreises Stände und Angehörige . . . steuerfrey zu lassen habe. Wien 1760. V: *Gebler*, *Tob. Phil. Freih. v.* (Holz)

Beantwortung, Schriftliche, einiger vom Wechsel und Wechsel-Briefen herrührenden Zweifel und Fragen, . . . [Hamb.] 1703. V: *Leser*, *A.* (CBH)

Beantwortung, Schröders, der Schartecke: Umständlicher und wahrhafter Bericht von einer Theaterrevolution. Wien 1782. V: *Schröder*, *Friedr. Ludw.* (Arch. f. Litteraturg. VIII, 211)

Schweden-Brehmische Beantworttung der Churbraunschweigischen Replic. — o. O. [um 1710]. 8 Bl. 8°
1: 2 in Gw 8599.
13.12444

Beantwortung des an Herrn Probst Teller erlassenen Sendschreibens einiger Hausväter jüdischer Nation. Nicht von Teller. — Berlin: Maurer 1799. 46 S. 8°
1: Ez 16848. 2. 4. 8. 10. 12: Polem. 3023-12. 18. 28. 41. 44.
13.12445

Beantwortung des Sendschreibens an den Schauspieldirektor Herrn Fischer, über das Schwerinsche Theater. o. O. 1792. 32 S. 8° 28.
13.12446

Beantwortung des zu Kiel gedruckten Sendschreibens, betreffend die im Holsteinischen wütende Hornvieh-Seuche. — o. O. [1745]. 8 Bl. 8° 45.
13.12447

Beantwortung dreyer Staatsfragen. Frankf. u. Leipzig [Nürnb.] 1756. V: *Seyfart*, *Johann Friedrich.* (ML)

Beantwortung dreier wichtigen Staats-Fragen, 1. welche Parthei bey jetzigen Zeitläuften ein für das Vaterland wohlgesinneter Reichs-Stand zu ergreifen habe? 2. ob es gefärlich sey, gar keine Parthei zu ergreifen? und 3. ob aus den gegenwärtigen Irrungen ein Religions Krieg oder Spaltung im römischen Reiche entstehen könne? Nebst e. kurzen Vorbericht von den Gattungen u. Mängeln der Staatsschriften. — o. O. 1757. 48 S. 8°
Als Verfasser wird Johann Friedrich Seyfart genannt.
1: Flugschr. 1757-148. 3. 7. 12: 4° Eur. 215 m/9 [2 Ex.] 14. 16. 24. 26. 29. 31. 32. 41. 48.
13.12448

Beantwortung für den Staatsrath des Kanton Wallis . . . in Sachen gegen einen Theil der früheren Administratoren der Eisenbahngesellschaft der Ligne d'Italie . . . an den hohen Bundesrath . . . Bern 1862. V: *Brunn*, *Rud.* (Cat. d. Stadtbibl. Zürich. Zürich 1864—97.)

Beantwortung, Standhafte, der Gräflich-Ysenburgischen kurtzen Demonstration, daß der uhralte Reichs- und Königs-Forst zur Drey-Eichen samt der unzertrennlich damit verknüpfften Wildbanns-Obrigkeit sich auch über die Franckfurter Waldunge und Felder erstrecke.
Frankfurt a.M. 1738.

Théologische Beantwortung zwoer Fragen die eigentliche Zeit und Beschaffenheit der beyden Stücke Bekehrung und Buß-Kampff betreffend. — Franckfurth [usw.] 1732. 78 S. 8° 18 [unvollst.] 24. 31. 41. 45.
13.12451

Unpartheyische Beantwortung der Frage: Ob das Hochstift Paßau durch die sogenannte Konvention von 4ten Jul. 1784. seine Diöcese an das Erzhaus Oesterreich wirklich abgetreten habe? 1790 s. *Milbiller*, Josef.

Beantwortung des K. Böhmischen Unterrichts von denen der Cron Böhmen über die von Zedtwitz und Asch zustehenden Landesherrlichen Gerechtsamen. [Stuttgart] 1767. V: *Moser*, *Joh. Jac.* (ML)

Beantwortung der Untersuchung von der Lehre der Verzweiffelung. Altona 1733. V: *Alard, Joh. Frch.* (Myl)

Beantwortung durch den Bericht der[?]zur Unterstützung und Revision des bey der Dänisch-Asiatischen Compagnie im J. 1783 entdeckten Cassamangels niedergesetzten Commission veranlasst. Aus dem Dänischen übersetzt. Altona 1785. Ü: *Lawätz, Heinrich Wilhelm.* (MGT)

Pro sola notitia et informatione verfaste punctirte Beantwort- und Widerlegung nebengedruckten Schreibens Burgermeistern und Raths der Stadt Hildesheim, durch welche der Unfug und Ungrund der Stadt-Hildesheimischer Beschwerden: auch zu vermeinter Entschuldigung der beyder Pacifragiorum, verdreht vorgestellte Geschichts-Erzehlung klärlich erwiesen und erscheinen wird. [Nebst] Beyl. o.O. 1728. 4°
1:4 in 2° Sm 5051. 12:2° J. publ. G. 86/19. 14. 17[unvollst.] 23. 24. 26. 27.
13.12452

Vernünftige Beantwortung der Frage: ob der sittliche Zustand eben so wol durch einen Inbegrif von Rechten, die in einem gewissen Subiect als wirklich angenommen werden, als durch einen Inbegrif von sitlichen Bestimmungen, die in einem gewissen Subject als wirklich angenommen werden, könne erkläret werden? Heraus gegeben von e. aufrichtigen Wahrheits-Freund, — Franckfurt [usw.] 1750. 72 S. 8° 29.
13.12453

Beantwortung der Vertheidigung des Herrn Doctor iuris Seumnich von dem Verfasser der Bemerkungen über dessen Schrift: Die Verbindung Hannovers mit England betreffend, nebst klaren Beweisen. — o.O. 1803. 32 S. 8°
1:7 in Sl 8948. 7. 15. 13. 23. 28. 33. 34. 35. 203.
13.12454

Vollständige Beantwortung des zweyten Absatzes der sogenannten Gründlichen Ausführung derer dem Durchleuchtigsten Chur-Hauß Bayern zustehender Erb-Folgs, und sonstiger Rechts-Ansprüchen. 1745 s. *Bartenstein*, Johann Christoph Frhr v.: Vollständige Beantwortung der sogenannten Gründlichen Ausführung derer dem Durchleuchtigsten Chur-Hauß Bayern zustehender Erb-Folgs, und sonstiger Rechts-Ansprüchen.

Vollständige Beantwortung der sogenannten Gründlichen Ausführung derer dem Durchleuchtigsten Chur-Hauß Bayern zustehender Erb-Folgs, und sonstiger Rechts-Ansprüchen. 1742 u.ö.
s. *Bartenstein*, Johann Christoph Frhr v.

Vollständige Beantwortung der von dem Berliner Hofe heraus gegebenen zwey Haupt-Staatsschriften, welche unter den bekannten französischen Original-Titeln: Exposé des motifs &c. und Mémoire raisonné &c. erschienen ... Nebst e. besondern Abhandlung von der wesentlichen Beschaffenheit des geheimen vierten Artikels des zu Petersburg im Jahr 1746 zwischen Oesterreich und Rußland geschlossenen Vertheidigungs- und Freundschafts-Bündnisses. Stück 1-4. — o.O. 1757-58. 8°
Nebent.: Vollständige Beantwortung preußischer Schriften.
1. Ungrund d. Ursachen, welche von Seiten d. Königlich-Preußischen Hofes vorgegeben worden, ihn bewogen zu haben, sich wider d. Absichten d. Wienerischen Hofes zu setzen u. deren Ausführung vorzukommen. 1757.
2. Ungrund d. Mémoire raisonné u. derer aus den angefügten so genannten pièces justificatives geführten Beweisthümer von d. gefährlichen Anschlägen d. Wiener- u. Dreßdner Höfe wider Seine Preußische Majestät. [Nebst] Nachschr. 1757.
Nachschr. Ungrund der drey ersten Paragraphorum d. sogenannten Kurzen u. gründlich zusammengefasten Vorstellung d. Churbrandenburgischen Gesandtens an e. Hochlöbl. allgemeine Reichs-Versammlung das Reichs-Constitutionswidrige Betragen d. Kayserl. Reichshofraths gegen Se. Königl. Majestät von Preußen ... betreffend.
3,1. Kurz zusammengefaßte Abhandlung von d. wesentlichen Beschaffenheit d. geheimen vierten Artikels d. zu Petersburg im Jahr 1746 zwischen Oesterreich u. Rußland geschlossenen Hülfs-, Vertheidigungs- u. Freundschafts-Bündnisses. 1758.
3,2. Kurzzusammengefaßte Abhandlung von d. wahren u. falschen Convenienz-Rechte u. Kriegs-Raison, sammt d. Grund-Lehre vom iure hostis in hostem infinito, und iure licentiae in bello auf gegenwärtigen Krieg. 1758.
4. Ausführliche Beantwortung des Sendschreibens eines Reisenden, der sich jetzo in Dantzig aufhält. 1758.
1:1.2 – Rz 4211; 3,1 – Flugschr. 1758-140; 3,2 – Flugschr. 1758-141. 3[∞2/4]. 7[∞1.2]. 12[∞1.4]: 2 – 4° J. publ. E. 95 u/4.5; 3,1 – 4° P. o. germ. 201 h/37; 3,2 – 4° P. o. germ. 201h/9. 14[∞1.2]. 15[∞1/3]. 24[∞1.2.4]. 29[∞3,2]. 117[∞1.2.4]. 300[∞3]: 38.833-B. 308[∞2/4].
13.12455

— Vollständige Beantwortung der von dem Berliner Hofe herausgegebenen zwey Haupt-Staatsschriften, welche unter den bekannten Original-Titeln: Exposé des motifs &c. und Mémoire raisonné &c. erschienen ... Nebst e. besondern Abhandlung von der wesentlichen Beschaffenheit des geheimen vierten Artickels des zu Petersburg im Jahr 1746 zwischen Oesterreich und Rußland geschlossenen Vertheidigungs- und Freundschafts-Bündnisses. Stück 1.2.4. — o.O. 1757-58. 8°
Nebent.: Vollständige Beantwortung preußischer Schriften.
1. Ungrund d. Ursachen, welche von Seiten d. Königlich-Preußischen Hofes vorgegeben worden, ihn bewogen zu haben, sich wider d. Absichten d. Wienerischen Hofes zu setzen u. deren Ausführung vorzukommen. 1757.
2. Ungrund d. Mémoire raisonné u. derer aus den angefügten so genannten pièces justificatives geführten Beweisthümer von d. gefährlichen Anschlägen d. Wiener u. Dreßdner Höfe wider Se. Preußische Majestät. [Nebst] Nachschr. 1757.
Nachschr. Ungrund der drey ersten Paragraphorum d. sogenannten Kurzen u. gründlich zusammengefaßten Vorstellung d. Chur-brandenburgischen Gesandtens an e. Hochlöbl. allgemeine Reichs-Versammlung das Reichs-Constitutions-widrige Betragen d. Kayserl. Reichs-Hofraths gegen Se. Königl. Majestät in Preußen ... betreffend.
4. Ausführliche Beantwortung des Sendschreibens eines Reisenden, der sich jetzo in Danzig aufhält. 1758.
1:1.2 – Rz 4212; 4 – Flugschr. 1758-142. 7[∞4]. 12[∞3]: 1.2 – 4° J. publ. E. 35 g; 4 – 4° Eur. 419-5 [2 Ex.] 14[∞4]. 15[∞4]. 24. 25[unvollst.] 35[∞4]. 39[∞4]. 41[∞2.4]. 117[∞Nachschr. zu 2].
13.12456

Vollständige Beantwortung preußischer Schriften. 1757-58 s. *Beantwortung*, Vollständige, der von dem Berliner Hofe heraus gegebenen zwey Haupt-Staatsschriften.

Beantwortung, Vollständige, derjenigen unstandhafften — übelgeprüften und schlechtbegründeten Widerlegungen welche von Seiten Hessen-Cassel entgegen Hessen-Darmstadt Wegen des ... Comitial-Recurses kurtzhin ... hervorgetretten ... sind. O. O. 1750. V: *Hombergk zu Vach, Johann Jacob.* (Erman & Horn, Bibliogr. d. dtsch. Universitäten. 2. Leipz. u. Berl. 1904.)

Vorläuffige Beantwortung der sogenannten Gründlichen Ausführung derer dem Durchlauchtigsten Chur-Haus-Bayern zustehender Erb-Folgs, und sonstiger Rechts-Ansprüchen. 1741 u.ö.
s. *Bartenstein*, Johann Christoph Frhr v.

Beantwort- Ergänz- und Widerlegung, Vorläufige, der von den Physikern und Aerzten zu Frankfurt ... in den Druck gebnen Beschwerungsschrift: ... Frankf. a. M. 1768 V: *Schlosser, Hieron. Pet.* (Holz)

Vorläufige Beantwortung, Ergänzung und Widerlegung der von den Physikern und Aerzten zu Frankfurt, entgegen des dasigen Scharfrichters Sohn Johann Michael Hofmann ... und den dasigen ganzen hochansehnlichen Rath in den Druck gegebenen Beschwerungs-Schrift. — Frankfurt a.M. 1768. 96,39 S. 4° 4. 5. 24. 26. 30.
13.12457

Beantwortung, Vorläufige, der im 20sten Stück des Hannöv. Magazins v. d. Jahr aufgegebenen Frage, die Segler unter den Schaafen betreffend. [Hannover 1770.] V: *Rüling, Joh. Philipp.* (MGT)

Vorläufige Beantwortung der wichtigen Frage: Ob die Protestanten in Ungarn nach den Landesgesetzen verbunden sind, die Stolar- oder Pfarramtsgebühren an die katholischen Pfarrer zu entrichten? 1783 Wien, Wucherer.
[V: József Benczur]

Vorläufige gründliche Beantwortung der Erörterung der Fragen: Ob die Ehe eines Reichsfürsten oder Prinzens mit einer Person aus dem niedern Adel oder bürgerlichen Stande eine Mißheirath seye, wann vor deren Vollziehung selbige oder derselben Vater in den Fürsten- oder Grafenstand erhöhet wird? und ob denen aus solchen Ehen herstammenden Kindern wegen einer dergleichen Standeserhöhung in Ansehung der Succeßion in Reichs-Land und Leute von denen Agnaten kein Widerspruch gemacht werden könne? — o.O.1765. 8 Bl. 8° 17.
13.12458

Vorläuffige [Vorläufige], doch gründliche Beantwortung eines Send-Schreibens seines Freundes uber die ihm zu beantworten vorgelegte Frage: Ob einem catholischen Landes-Regenten und seinem Lande nöthig ... sey, die ... Clöster und Stiffter zu secularisiren, oder ... zu conserviren, und dergleichen noch mehrere zu stifften? &c. &c. (Verf.: X.M.Z. p. t. C. Bez.) Aus d. Böhmischen in d. Hochteutsche übers. — o.O. 1734. 32 S. 8°
1:Cf 3566. 2. 4. 9. 12:4° H. mon. 666–18 [u.ö.] 14. 17. 24. 27. 302.
13.12459

Vorläuffige [Vorläufige] Beantwortung eines Welschischen-Impressi, mit Widerlegung der darinnen gegen die Dr. Wenckerin vorgebrachten unerweißlichen Beschuldigungen, ad causam Friederica Sophia von Welsch, gebohrner Reinhartin, contra Anna Christina Scheidin, verwittibte Burgermeisterin zu Nördlingen in nichtig angestellter Diffamations-Klage. [Nebst] Beyl. — o.O.1748. 4° 24.
13.12460

Vorläufige Beantwortung der von hessencasselscher Seiten heraus gekommenen, kurz gefasten Information wegen des von der Fürstl. Regirung zu Cassel wider den Hn. Grafen v. Wartensleben, verhengten Personalarrestes. — o.O. [1763]. 72 S. 4° 26.
13.12461

— o.O. 1763. 72 S. 4° 34.
13.12462

Vorläufige Beantwortung der zwey im Monat December verflossenen Jahrs zu Berlin im Druck erschienenen Schriften: 1. Abfertigung der vom Kaiserl. Königl. Hofe geschehenen Beantwortung des Nachtrages zur Königl. Preußischen unterm 3ten Julii 1778. an die hohen Mitstände des Reichs gerichteten Erklärung über die bayerische Succeßionsangelegenheit. 2. Abgenöthigte Anzeige einiger neuen und wichtigen Umstände, welche die Angelegenheit der bayerischen Erbfolge, besonders den Ursprung der Convention vom 3ten Jäner 1778. und die Verhandlungen Sr. Königl. Majestät von Preußen mit des Herrn Herzogs zu Pfalz-Zweybrücken Durchl. erläutern. — Wien 1779: v. Trattner. 154,42 S. 8°
1:Rz 5219. 2. 3. 7. 12:4° Bavar. 2221-VIII,3. 15. 16. 17. 24. 25. 26. 28. 32. 33. 75. 300:43.573-B. 302. 303.
13.12463

— Vorläufige Beantwortung der zwey im Monat December verflossenen Jahrs zu Berlin im Druck erschienenen Schriften: 1. Abfertigung der vom Kaiserl. Königl. Hofe geschehenen Beantwortung des Nachtrages zur Königl. Preußischen unterm 3ten Julii 1778. an die hohen Mitstände des Reichs gerichteten Erklärung über die bayerische Successionsangelegenheit. 2. Abgenöthigte Anzeige einiger neuen und wichtigen Umstände, welche die Angelegenheit der bayerischen Erbfolge, besonders den Ursprung der Convention vom 3ten Jäner 1778. und die Verhandlungen Sr. Königl. Majestät von Preußen mit des Herrn Herzogs zu Pfalz-Zweybrücken Durchl. erläutern. Ebd. 1779. 154,42 S. 8° 14. 19. 30. 39. 43. 61.
13.12464

Vorläufige Beantwortung der Species facti, welche neulichst in Sachen zu Rostock Hundert Männer Appellanten, wie auch Brauer und Kaufleute Coappellanten, wider verschiedene recurrirende Aemter daselbst und des regierenden Herrn Herzogs zu Mecklenburg Schwerin Hochfürstliche Durchlaucht, in Betref einer an den höchstpreißlichen kaiserlichen Reichshofrath abgenöthigten Appellation von einer herzoglichen resolution vom 7. Merz 1766 ... im Druck herausgekommen. Mit Anl. — o.O. 1767. 42 S. 4° 26. 28.
13.12465

Beantwortung einer in Bremen im Druck erschienenen Vorlesung, betitelt: Gedanken über den deutschen Handelsverein &c., nebst einem Anhange über Handelsbilanzen großer Staaten. — Hamburg: Perthes & Besser in Comm. 1820. 36 S. 8°
12:Merc. 322g. 14. 18. 19. 31. 38. 43. 53. 106. 20[?].
13.1240[?]

Beantwortung der zu Berlin kundgemachten Wahren Vorstellung der Erbfolgsordnung in dem Burggrafthum Nürnberg oder in den brandenburgischen Fürstenthümern in Franken. — Wien 1778: v. Trattner. 37 S. 8°
1:15 in Rz 4807 [u.] an Rz 4937. 2. 4. 6. 7. 8. 12:4° Bavar. 2221-VI,9 [2 Ex.] 15. 16. 24. 25. 29. 30. 31. 39. 43. 60.
13.124[?]7

Beantwortung der neuerlich kundgemachten Vorstellung über die Frage: Ob zu Kaiser Heinrich des III. Zeiten Bischoff Heribert zu Eichstädt seinen Sitz nach Nürnberg in das Egidien-Kloster verlegen wollen. [1743.] V: *Wölkern, Lazarus Carl von.* (ML)

Beantwortung des Vortrabs oder Untersuchung derer Klagen über die Accise und deren itzigen Zustand,.. zum Vortrabe einer bald folgenden Wiederlegung der so genannten Gold-Grube; worinnen nicht nur fast alle, sondern auch noch mehrere Schein-Gründe des Herrn Authoris vorgestellet werden. Von e. gleichfalls redlichen u. teutschen Patrioten. — Franckfurth [usw.] 1718. 124 S. 8°
12:4° Cam. 14/1. 15. 16. 17. 27. 28. 34. 35. 41. 106. 205. 304.
13.124[?]

Beantwortung von Wahlfragen. — Wien: Kath.-polit. Verein von Salzburg [1884]. 32 S. 8°
300:44.739-A. 302.
13.12469

Wahrhafft- [Wahrhaftige] und gründliche Beantworthung der grund-falsch- und höchst-ärgerlichen Schmach-Schrifften, welche unter dem betrüglichen Titul: Standhafft- und unumstößlicher Beweiß &c. in vier numeros, und einer so genannten Deduction abgetheilt wider das Löbl. Gottshaus Rheinauw, als des Orths rechtmäßige, natürliche Obrigkeit im Nahmen dasiger unruhigen Burgeren ein gewissen-lose Feder in offentlichen Druck ausgesprengt. [Nebst] Mandatum [u.] Syndicats-Urthel. — Costantz 1747: Neyer. 4° 16. 25. 31.
13.12470

Beantwortung eines Werkleins, welches unter dem Titel: Die Reformation in Deutschland zu Ende des achtzehnten Jahrhunderts neuerdings erschienen ist. — Wien 1782. 60 S. 8° 6. 12:J. can. P. 95 [u.ö.]
13.12472

— Ebd. 1782. 71 S. 8°
1:Fq 8195. 12:J. can. P. 846 b/1 [2 Ex.]
13.12473

Beantwortung und Widerlegung eines bey denen Hoch-Löbl. Reichs-Ständen insinuirten Memorials, auf dem Anno 1734. in Schweden gehaltenen Reichs-Tage abgefasset u. eingegeben von dem Hochwürd. Priester-Stande. (Unterzeichn.: Joannes Stechius.) Aus d. Schwed. ins Deutsche übers. von Gustav Lund. — Wittenberg: Schwartz 1736. 38 S. 8°
9. 44.
13.12474

Beantwort- und Widerlegung des contra das fürstl. Ötting. Testament in der Ötting. Successionssache ... publicirten ... actenmässigen Pro Memoria ... Öttingen 1733. V: *Zengk, Adam Frdr.* (Holz)

Beantwortung und Wiederlegung [Widerlegung] der Schrift, was ist für, und was ist gegen die General-Tobaks-Administration zu sagen? — Berlin 1787: Spener. 60 S. 8°
3. 44.
13.12477

— Ebd. 1787. 62 S. 8°
1:Gt 7136. 2. 10. 18. 27. 31. 38. 42. 203.
13.12478

Beantwortung des Churpfälz. Widerspruchs gegen Ihro Churf. Durchl. zu Sachsen rechtsbegründete Ansprüche an die Bayr. Allodialverlassenschaft. Dresden 1778. V: *Gutschmidt, Christian Gotthelf Frh. von.* (MGT) »Dresden 1779« (MI.)

Wohlmeynende Beantwortung der drey Preißfragen, die von der Königlichen Akademie der Wissenschafften zu Berlin ... in Ansehung der Stall- und Kleefütterung ... ausgesetzt worden; von e. in Schlesien wirthschafftenden Brandenburger, d. auch Sachsen kennt. Mit Anm. hrsg. von Riem. [Nebst] Nachtr. — Dresden: Breitkopf [usw.] 1786–87. 8°
Nachtrag zu den Beantwortungen der drey Preißfragen ... über die Stall- und Kleefütterung aufgestellt. Entworfen von R-r, v. G-u, in Schlesien u. hrsg. von Riem. 1787.
8. 10. 18. 106.
13.12480

– wohlmeinende, der drei Preisfr., die von d. Akad. d. Wissensch. zu Berlin aufs J. 1787 in Ansehung d. Stall- u. Kleefütterung d. Rindviehes, d. Schaafe u. Pferde rc. ausgesetzt worden; mit Anmerkk. herausg. v. J. Riem. 8. Leipz. 786.

Beantwortung der Wünsche, Erwartungen und Aufforderungen, welche die beiden Häuser des h. Reichsrathes bei der Berathung der Staatsvoranschläge für die Verwaltungsjahre 1862 und 1863 ausgesprochen haben. — Wien 1863: K.-k. Hof- u. Staatsdr. 4°

—— Controls-Behörden. 9 S. 300:3 in 157.545–C.
13.12481

– Ministerium der Finanzen. 98 S.
300:5 in 157.545–C.
13.12482

– Ministerium für Handel u. Volkswirthschaft. 12 S.
300:1 in 157.545–C.
13.12483

– Ministerium der Justiz. 4 S. 300:8 in 157.545–C.
13.12484

– Ministerium der Marine. 13 S.
300:7 in 157.545–C.
13.12485

– Ministerium der Polizei. 5 S. 300:9 in 157.545–C.
13.12486

– Staats-Ministerium. Cultus u. Unterricht. 8 S.
300:4 in 157.545–C.
13.12487

Staats-Ministerium. Politische Verwaltung. 14 S.
300:2 in 157.545–C.
13.12488

Staatsrath. 2 Bl. 300:6 in 157.545–C.
13.12489

Wirtzburgische [Würzburgische] Beantwortung, welche auf die in dem Jahr 1653. bey dem Reichs-Tag übergebene die ehemahlen strittig gewesene XI. Pfarreyen betreffende sogenante Onoltzbachische Information in Druck und ebenfalls an den Reichs-Tag gebracht, nun aber wieder aufgelegt worden. — Wirtzburg 1751. 5 Bl. 4°
12:2° Ded. 448–15.
13.12490

Beantwortung der Censur [Zensur] in dem 13. Stück der so genannten Ober-Lausitzischen Beyträge zur Gelahrheit [!] über die Brevem historiam syndicorum Lusatiae superioris inprimis reip. Gorl. — Dat. Goerlitz 26. Juli 1738. 2 Bl. 8°
27.
13.12491

Beantwortung der Zuschrift über Friedrichs Aufnahme im Elisium, nebst einer zufälligen Nachricht von den daselbst vorgefallenen fernern Unterhaltungen. — o.O. 1786. 19 S. 8°
1:Sv 9924. 14.
13.12492

Beantwortungen. — Beantwortungen der Aufgaben zum Zifferrechnen von zwei Elementarlehrern. H. 1–3. — Siegen: Vorländer 1837–38. 8°
6.
13.12493

Beantwortungen Frage wie

Beantwortungen der Frage: Wie kann man auf eine leichte, nicht allzukostspielige Art den Wundärzten, denen das Landvolk anvertrauet ist, und die der leidenden Menschheit oft mehr schädlich, als nützlich sind, einen bessern und zweckmäßigern Unterricht beybringen; welchen die kurfürstlich-mainzische Akademie nützlicher Wissenschaften zu Erfurt den Preis zuerkannt hat.

Erfurt: Keyser 1791

JB 5.501

Beantwortungen der Frage: Wie kann man auf eine leichte, nicht allzu kostspielige Art den Wundärzten ... einen bessern und zweckmässigern Unterricht beybringen ... Frankfurt 1791. V: *Mederer, Matthäus v. & Joh. Jos. Kausch.* (Zuwachsverz. d. Bibl. Zürich 1898 ff. S.) (call)

Beantwortungsbrief eines Teutschen Reichs-Patrioten an seinen Freund, ... 1769. V: *Chrismar, Franz Anton v.* (MGT)

Bearbeitung. — Die altenglische Bearbeitung der Erzählung von Apollonius von Tyrus. 1899
s. *Apollonius*. — Apollonius Rex Tyri.

Bearbeitung u. Anprobe, die, sowie die Abänderung fehlerhaft sitzender Kleider. Bearb. v. der Red. der „Europ. Herrenmode“ (Max Mayer). gr. 4. (44 S. m. Abbildgn.) Leipzig 894. Jüstel & Göttel. n. 2. —

Bearbeitung, die Basler, von Lambrechts Alexander, herausg. von Richard Maria Werner. (Auch mit dem Titel: Bibliothek des literarischen Vereins in Stuttgart CLIV). In-8°, 2 und 230 S. Tübingen, gedruckt auf Kosten des Vereins.
1882

Bearbeitung, Homiletische, der Sonn-, Fest- und Feiertags-Evangelien des 2. Jahrganges. Stuttg. 1856—57. V: *Heinzeler & Mayer.* (zu)

Bearbeitung, homiletische, der Sonn-, Fest- u. Feiertags-Evangelien des 2. Jahrg. von zwei evangel. Geistlichen in Württemberg. 2 Bde. Stuttgart 856, 57. Belser. gr. 8. (1 Bl., 432; 1 Bl., 408 S.) n. 2 ℛ 4 𝓃𝑔𝓇

Bearbeitung des in den protestantischen Schulen und Kirchen Bayerns eingeführten kleinen lutherischen Katechismus für Schullehrer und zum Aufbeten in den Kinderlehren. Von e. protestantischen Geistlichen in Bayern. Ansbach: Brügel [um 1850]. 67 S. 8° 12:Catech.700-9. 13.12501

Bearbeitung
— Die, d. Landarbeiterfragen durch d. Landwirtschaftskammern u. d. Landes-Ökonomie-Kollegium, s: Veröffentlichungen d. kgl. preuss. Landes-Ökonomie-Kollegiums.

Leicht faßliche Bearbeitung des Lebens Jesu von Doctor Strauß. — Winterthur: Landbote 1842. XX,564 S. 8° 1:Bq 1298.
Als Verfasser wird Heinrich Zschokke genannt. 13.12504

Die mechanische Bearbeitung der Rohstoffe. Von C.v. Herget [u.a.] 6., umgearb. u. verb. Aufl. — Leipzig [usw.]: Spamer 1874. X,540 S. 4° (Das neue Buch d. Erfindungen, Gewerbe u. Industrien. 6.)
5. Aufl. s. *Kohl*, Friedrich: Die mechanische Bearbeitung d. Rohstoffe. 1867. 21. 26. 27. 33. 34. 35. 79. 210. 305. 13.12505

— 6., umgearb. u. verb. Aufl. Ebd. 1874. X,548 S. 4° (Das neue Buch d. Erfindungen ... 6.) 25. 91. 308. 13.12506

— 7., verm. u. verb. Aufl. Ebd. 1879. IX,589 S. 4° (Das neue Buch d. Erfindungen ... 6.) 33. 34. 36. 38. 84. 89. 90. 111. 302. 303. 13.12507

— Die mechanische Bearbeitung der Rohstoffe. 8., umgearb. u. erw. Aufl. Unter Mitw. von ..., hrsg. von F. Reuleaux. Ebd. 1887. VII,606 S. 4° (Das Buch d. Erfindungen ... 6.) 1:Al 1100⁸-6. 3. 4. 9. 17. 24. 26. 30. 31. 35. 36. 79. 121. 302. 305. 13.12508

— 8., umgearb. u. erw. Aufl. Unter Mitw. von ... hrsg. von F. Reuleaux. — Ebd. 1889. VII,606 S. 4° (Das Buch d. Erfindungen ... 6.) 12:4° Techn. 546 p-6. 52. 169. 210. 13.12509

— 8., umgearb. u. erw. Aufl. Unter Mitw. von ... hrsg. von F. Reuleaux. — Ebd. 1892. VII,666 S. 4° (Das Buch d. Erfindungen ... 6.) 2. 13.12509a

Bearbeitung, die, junger Pferde mit der Trense [mit besond. Rücksichtnahme auf Erlangung einer guten Halsform]. Hrsg. von einem alten Reiter. gr. 8. (46 S.) Kassel 882, Kay. *

Bearbeitung, Die poet., d. Buches Daniel, a. d. Stuttgarter Handschrift hrsg. v. Arth. Hübner, s: Texte, Deutsche, d. MAlters.

Bearbeitung d. im Königr. Sachsen f. d. J. 1829 verordn. neuen Predigt-Texte, v. 10—25. post. Trinitatis. Als Fortf. u. Beschluß d. in d. Eutaxia geliefr. Bearbeitung. 8. (1½ B.) Zwickau 829, Richter.

Bearbeitungen, die drei ältesten, von Goethe's Iphigenie. Hrsg. und mit zwei Abhandlungen zur Geschichte und vergleichenden Kritik des Stückes begleitet von H. Düntzer. gr. 8. (IX und 372 S.) Stuttgart 854, Cotta'sche Buchh. Thlr.

Beard, Charles, die Reformation des 16. Jahrhunderts in ihrem Verhältnis zum modernen Denken und Wissen. Zwölf Hibbert-Vorlesungen. Vom Verf. autoris. deutsche Ausg. Übers. von Fritz Halverscheid. gr. 8. (X, 452 S.) Berlin 884, G. Reimer. *

Beard, George Miller
— [deutsch] Praktische Abhandlung über die medicinische und chirurgische Verwerthung der Elektricität bei der lokalisirten und allgemeinen Anwendungsart derselben. Von George M. Beard u. A. Rockwell. Deutsch bearb. von R. Väter, Ritter von Artens. — Prag: Dominicus 1874. XXV,626 S. 8° 2. 4. 9. 10. 12:M.med. 88p. 15. 16. 17. 21. 22. 26. 27. 111. 202. 300:170.004-B. 302→304. 308. 13.12590

Beard, Geo. M., die Nervenschwäche [Neurasthenia], ihre Symptome, Natur, Folgezustände und Behandlung. Prakt. bearb. Nach der 2. Aufl. ins Deutsche übertragen und mit einem Vorwort versehen von M. Neisser. gr. 8. (VIII, 178 S.) Leipzig 881, F. C. W. Vogel. *

— — Mit e. Anh.: Die Seekrankheit und der Gebrauch der Brommittel. Übers. u. bearb. von M. Neisser. 2., verm. Aufl. — Ebd. 1883. XXII,174 S. 8° 1:Kh 8078. 2. 4. 5. 15. 16. 17. 20. 21. 22. 24. 38M. 46. 47. 52. 121. 13.12585

Beard, Geo. M. Die Nervenschwäche [Neurasthenia], ihre Symptome, Natur, Folgezustände u. Behandlg. Mit e. Anh.: Die Seekrankheit u. der Gebrauch der Brommittel. Übers. u. bearb. v. M. Neisser. 3. verm. Aufl. gr. 8. (VIII, 198 S.) Lpz. 889, F. C. W. Vogel. * 4 —; geb. * 5 —

Beard, G. M., die sexuelle Neurasthenie, ihre Hygiene, Aetiologie, Symptome und Behandlung. Mit einem Capitel über die Diät für Nervenkranke. Hrsg. von A. D. Rockwell. Autoris. deutsche Ausg. gr. 8. (X, 133 S.) Wien 885, Deuticke. *

— Die sexuelle Neurasthenie, ihre Hygiene, Aetiologie, Symptomatologie und Behandlung ... Hrsg. von A.D. Rockwell. 2., verb. Aufl. — Leipzig [usw.]: Deuticke 1890. X,177 S. 8° 15. 16. 30. 302. 303. 13.12576

— [Sea-Sickness, deutsch] Die Seekrankheit und der Gebrauch der Brommittel. 1883 u.ö.
in: *Beard:* Die Nervenschwäche [A practical Treatise on nervous exhaustion, deutsch].

Beard, John, The determination of sex in animal development. gr. 8. (S. 701—764 m. 3 Fig. u. 1 Taf.) Jena 902. G. Fischer. n. 2. 50
Sonderabdruck aus: „Zool. Jahrbücher."

On certain problems of vertebrate embryology. By John Beard, ... Univ. lecturer ..., Edinburgh ... *Jena: G. Fischer 1896.* (vi S., 1 Bl., 77 S., 1 Bl.) 1 Bd 8. [96. 709]

— The Span of gestation and the cause of birth. A study of the critical period and its effects in mammalia. — Jena: G. Fischer 1897. IX,132 S. 8° 1:Ln 851. 12:Anat. 64c. 18. 24→27. 29. 202. 302. 13.12597

Beard, J., morphological studies. Vol. I. [Aus: „Quarterly Journal of microscopical science" u. „Zoolog. Jahrb."] gr. 8. (23, 77 u. 57 S. mit 13 Taf.) Jena 889. Fischer. n.n. 10. —

Béardé, Docteur en droit canon et civil, Aachen. 1763
s. *Béardé* de L'Abbaye.

Béardé de L'Abbaye
— [deutsch] Abhandlung, welche im Jahre 1768. von der freyen ökonomischen Gesellschaft zu St. Petersburg ist gekrönet worden, über die Frage: 'Ist es einem Staate zuträglicher, daß der Bauer Eigengrund besitzet, oder nur fahrende Güter hat? Und bis wohin mag dieß Eigenthumsrecht sich erstrecken?' — o.O. 1777. 61 S. 8° 8. 16. 302. 13.12631

— Abhandlung, welche im Jahre 1768. von der ökonomischen Gesellschaft zu St. Petersburg ist gekrönet worden, über die Frage: 'Ist es einem Staate zuträglicher ...' (Hrsg.: Vinzenz Stingl.) — o.O. 1778. 61 S. 8° 12:Cam. 9. 303. 13.12632

Béardé de L'Abbaye: Dissertation qui a remporté le prix sur la question proposée en 1766 par la Société d'œconomie et d'agriculture à St. Pétersbourg (Verf.: Béardé de L'Abbaye); à laquelle on a joint les piéces qui ont eües l'accessit. o. O. 1768. 182 S. 8°
Sondert.: Die von der Oeconomischen Gesellschaft in St. Petersburg ... gekrönte Preis-Schrift nebst drey andern, die dem Preis am nächsten gekommen. St. Petersburg. 1768.
Text französisch u. deutsch.
1:8° Bibl. Diez 7382. 12:Pol. g. 234. 16.
13.12629

Bearde de l'Abbaye, Essais d'agriculture ou diverses tentatives physiques. 8. Bremen 763. (Kummer in Leipz.) 16 gl. Daſſ. deutſch unt. d. T.: Ueber die Landwirthſchaft ꝛc. 8. Leipz. 796. Barth. 6 gl.

— Essais d'agriculture ou diverses tentatives phisiques, proposées pour l'avantage de la société. — Hambourg [usw.]: Cramer 1768. XX,285 S. 8° 7. 12:Oecon. 1. 16. 23.
13.12633

— — [deutsch] Ueber die Landwirthschaft. Hamburg [usw.]: Cramer 1769. 148 S. 8°
1:4 in Ou 28442. 10. 15. 17. 26. 302. 304.
13.12634

Bearder, John William [aus Nottingham, Engl.]: Über den Gebrauch der Praepositionen in der altschottischen Poesie ... Halle a S., Druck v. E. Karras, 1894; 4 Bl., 102 S., 1 Bl. 8.
Giessen. Phil. Fak., Inaug.-Diss. v. 1894

Beardsley.–
Aubrey Beardsley. Galerie Arnot, Wien I, Kärntnerring 15. — (Wien [um 1910]: Reisser.) 7 S. 8° 302.
13.12646

Beardsley, Aubrey, Briefe, Kalendernotizen u. die vier Zeichnungen zu E. A. Poe. (Einbd.-Zeichnung v. Walt. Tiemann.) (V, 186 S. m. 1 Fksm.) gr. 8. München 908. H. v. Weber. Alexandra-Ausg., geb. 14.—; Luxusausg. 25.—

— Letzte Briefe. (Autoris. Übertragg. ins Deutsche v. Karl Moorburg.) (152 S.) gr. 8. Leipzig 910. Insel-Verl. 5.—; geb. in Halbldr. 7.—

— Die Geschichte von Venus und Tannhäuser ... Eine romantische Novelle. Erste Übers. nach d. Originaldruck d. Ms. (Hrsg.: Hans v. Weber.) — (Leipzig [1909]: Poeschel & Trepte.) 64 S. 8° 12:4° Rem. I. 1.
13.12664

Beardsley, Aubrey, unter dem Hügel. Eine romant. Novelle. (Aus dem Engl. v. R. A. Schröder.) (X, 55 S.) kl. 8. Leipzig 905. Insel-Verlag. n. 3.—; geb. in Ldr. n. 6.—

— Unter dem Hügel. Eine romant. Novelle. (Aus dem Engl. übertr. v. R. A. Schröder.) (2. Aufl.) (IX, 56 S. m. 1 Abb.) kl. 8. Ebd. 909. 2.50; geb. in Ldr. 4.—

Bearne, Dav.: Der Bruder d. Pfarrers. Geschichte a. Laumant. Aus d. Engl. (136 m. Abb.) kl8° Paderb., Bonifacius-Dr. '11. L 2 — d

Bearner, die kleinen, od. moral. Vorleſungen f. d. Jugend. A. d. Franzöſ. 4 Thle. 8. (62 B.) Stuttgart 827, 28, Cotta.

Bearzi, Jean Baptiste
— Verzeichniss der hinterlassenen werthvollen Bibliothek weiland des Herrn Abbé Joh. Baptist Ritter v. Bearzi. 1854 s. *Bader*, Jakob.

Beasley's, Henry, neuester englischer Droguist für das Haus, oder Taschenencyclopädie der neuesten und wichtigsten Erfahrungen im Gebiete der Parfümerie, der Kosmetik in Beziehung auf Haut, Haare und Zähne, der Darstellung aller Arten künstlicher Mineralwässer etc. Ein unentbehrliches Handbuch für Pharmaceuten, Droguisten, Materialisten etc. Aus dem Engl. von Chrn. Heinr. Schmidt. 1. Aufl. (IV und 272 S.) 1854. und 2., verm. Aufl. br. 12. (VI und 267 S.) Weimar 856, Voigt.

Beasley's, Henry, neuester englischer Droguist für das Haus, oder Taschenencyclopädie der neuesten u. wichtigsten Erfahrungen im Gebiete der Parfümerie, der Cosmetik in Beziehung auf Haut, Haare u. Zähne, der Darstellung aller Arten künstlicher Mineralwässer, der feinsten kühlenden u. diätetischen Getränke etc. Ein unentbehrliches Handbuch für Pharmaceuten, Droguisten, Materialisten, Parfümisten etc. Aus dem Engl. von Chrn. Heinr. Schmidt. 1854. (IV, 272 S.) — 2. sehr verm. Aufl. Weimar 857. Voigt. 12. (VI, 267 S.) 1 ₰

Beat, Joe: 'Bub oder Mädel'. Unerhörte Naturwahrheiten. Wien: Verf. 1904. 111 S. 8° 300:432.592–B. 302.
13.12712

Beat, Joe, „Bub od. Mädel." Unerhörte Naturwahrheiten. 2. Aufl. (112 S.) 8. Wien 904. (G. Szelinski.) n. 1.—

— 'Bub oder Mädel'. Geschlechtswahrheiten. 3., verb. Aufl. — Wien [usw.]: Cohn 1904. 104 S. 8° 302.
13.12714

Ⓑ Beat, Joe, Bub od. Mädel. 904. (RBL 28) Jetzt: Charlottenburg, Ch. Singer.

Beata M. s: Höfling's Festspiele, Klosterdichtgn.

Beatel die Braut von Messina. Historiſch-romant. Trauerſalat in 2 Aufzügen von Dreien. 16. (19 S.) Hoyerswerda 863. [Spremberg]. Erbe.

Beatenberg, 1150 m ü. M., Berner Oberland. (Bern) s. [Hauswirth, Hans].

Beater, Nic., Bemerkungen zu dem im Laufe der Jahre 1841—1861 auf der chirurgischen Abtheilung der Dorpater Universitäts-Klinik beobachteten Hernien. Dorpat 861. (Gläser.) gr. 8. (37 S. u. 2 Tab. in gr. 8. u. Fol.) n. 10 ngr

Beati, Gabriello
— Quaestiones morales selectiores de lege interna et externa a Gabriele Beato ... discussae ac resolutae. Lib. (1.)2. — Augustae Vind.: Happach & Schlüter 1729. 4°
2. 12:4° Mor. 41 [2 Ex.] 24. 25. 121. 211. 300:10 F 5. 308.
13.12718

Beatificationis. —
Vindobonensis causa Beatificationis Servi Dei, Joannis Clementis Mariae Hoffbauer, olim Vicarii Generalis Congregationis Ssmi Redemptoris. — Viennae: (Selbstverl. d. P.P. Redemptoristen) 1863: Gerold. 38 S. 4°
Text deutsch. 300:112.469–C. 302.
13.12825

Vindobonensis causa Beatificationis et canonisationis Servi Dei Clementis Mariae Hofbauer ... Processus ordinarius super non cultu sive obedientia decretis S. Sedis praestita. Vindobonae: (Selbstverl. d. P. P. Redemptoristen) 1864: Gerold. 4 S. 4° Text deutsch. 300:465.122–C.
13.12826

Beatilli, Antonio s. *Beatillo*.

Beatillo, Antonio
— Das Leben, und Wunderthaten deß H. Nicolai Ertz-Bischoffs von Myra, nun von Bari genannt. Von der weitläufftigen Beschreibung Antonii Beatilli durch Franciscum Buti außgezogen ... Anno 1686. Nun aber von e. Devoten übers. — Augspurg: Stretter 1702. 333 S. 8°
17. 25.
13.13223

— Das Leben, und Wunderthaten deß H. Nicolai Ertz-Bischoffs von Myra, anjetzo von Bari genannt. Von der weitläufftigen Beschreibung Antonii Beatilli durch Franciscum Buti außgezogen ... Anno 1686. Einstens von e. Devoten übers. ... Nun abermahls aufgelegt u. ... verm. — Landshut: R. Schmidt (1729). 265 S. 8°
1:Dx 2544. 19.
13.13224

(—) — Nikolaus von Myra. Eine eben so lehrreiche als wundervolle Geschichte aus d. 3. u. 4. christlichen Jahrhunderte; neu erzählt ... (Verf.: Anton Bratilli [!]; Bearb.: Anton Baumann.) — Augsburg: Doll 1821. XII,188 S. 8°
12:V. SS. 698b. 19. 25.
13.13225

Beatis, Antonio de, die Reise des Kardinals Luigi d'Aragona durch Deutschland, die Niederlande, Frankreich u. Oberitalien 1517—1518, s.a. Erläuterungen u. Ergänzungen zu Janssens Geschichte des deutschen Volkes. IV, 4.

Beatis, Antonio de: (Itinerario di monsignor ... il cardinale de Aragona, ital. u. deutsch) Die Reise des Kardinals Luigi d'Aragona durch Deutschland, die Niederlande, Frankreich und Oberitalien, 1517–1518. Als Beitrag zur Kulturgeschichte d. ausgehenden Mittelalters veröffentl. u. erl. von Ludwig Pastor. — Freiburg i. Br. [usw.]: Herder 1905. XII,186 S. 8° (Erläuterungen u. Ergänzungen zu Janssens Geschichte d. deutschen Volkes. 4,4.)
1:Ry 164/13-4,4. 2→11.
12:Germ. g. 212 ld-4,4. 14→22. 24→31. 34. 35. 36. 39. 41. 43. 45. 52. 60. 61. 66. 75. 84. 93. 102. 107. 117. 121. 203. 208. 211. 300:405.310-B. 4,4. 302→304. 308.
13.13227

Beatitudes. 9 Blätter in Farbendruck, Compositionen zu Dedikationen, Vorlagen etc. 8. (9 Bl.) Zürich 885, Hofer und Burger. *

—— dass. — Ausg. in 4. (9 Bl.) Ebendas. 885. *

Beatitudines. — Octo Beatitudines ad octavam Sanctorum Omnium s. C. 1715 è ss. maximè Patribus pensitatae. — Augustae Vind. [1715]: Labhart. 15 S. 8°
12:V. SS. 376/1.
13.13229

Octo Beatitudines ab ipso Domino nostro Jesu Christo, qua verbis praedicatae, qua copioso aerumnosissimae vitae, ac mortis exemplo confirmatae in suetis per Quadragesimae dominicas meditationibus ... expositae. — Vratislaviae 1780: Literis acad. 96 S. 8°
2.
13.13230

Beato et Robertson, Jerusalem, s. Robertson.

Beatrice Presse: 1888(–1890)
Weekly Circulation 1890, 490. Edited & published by Paul Springer, 1888–90
Beatrice, NE

Beatrys. —
— [deutsch] Beatrijs. Eine Legende aus d. 14. Jahrhundert. Hochdeutsche, metrische Uebers. von Wilhelm Berg. Haag: Nijhoff 1870. XII,33 S. 8° 1:Zf 9196. 7. 12:P. o. rel. 5519. 14. 21. 23. 300:110.017-B. 302.
13.13250

Beatrijs. Eine Legende aus dem 14. Jahrhundert. Hochdeutsche, metrische Uebersetzung von Wilh. Berg (Lina Schneider). 8. (XII, 35 S.) Haag 874, Nijhoff. *

Beatson, Alexander
Beatson, Alex., neues Ackerbausystem ohne Dünger, Pflug u. Brache. Erfunden u. von ihm seit einer Reihe v. Jahren mit großem Vortheil auf sein. Landgute Knowle in d. Grafschaft Sussex angewendet. Ins Deutsche übers. u. mit Anmerkungen vers. v. G. H. Haumann. 1. Aufl. (7 B.) 828., 2., verb. u. verm. A. Nebst 3 Stnt. (7½ B.) gr. 8. Ilmenau 829, Voigt. à Thlr.

—— [Nebst] Nachtr. Grätz 1829–30: Kienreich (Nachtr.: Wien: Mörschner & Jasper 1830). 8°
Nachtr. Übers. von Carl Ernest Mayer. 1830.
Vollst. . . . . 300:+44 Mm 198. 302. 303. 308.
Hauptwerk . . . . 309.
Nachtr. . . . . . 9. 10. 12:Oecon. 197f-Nachtr. 21. 26. 28. 91. 106. 210.
13.13260

Beatson, Alex., Nachtrag zu sein. neuen Systeme d. Ackerbaues, mit Vermeidung d. gewöhnlichen Bestellungsweise durch Kalk 2c. Nebst Beschreib. d. Construction u. d. Gebr. sein. ganz neuen Ackerwerkzeuges, 2c. A. d. Engl. v. C. E. Mayer. — A. u. d. T.: Nachtrag zu d. neuen Ackerbausysteme (nach G. H. Haumann's Uebersetz.:) ohne Dünger, Pflug u. Brache. M. 3 Kpfrt. 8. (7 B.) Wien 830, Mörschner u. Jasper.

—— 3., verb. u. verm. Aufl. Weimar: Voigt 1841. VIII,111 S. 8° 10. 24. 123.
13.13262

Beattie, Schottischer Philosoph u. Dichter. 1735-1803. **1761 s. Beattie, James.**

Beattie, Guil., Aphorismi de cognosc. et cur. morbis, edit. S. de *Matai*. Hal. 8°. (Salem volatilem praestantissimum esse remedium in epilepsia infantum. 1780

Beattie, James
— [deutsch] Moralische und kritische Abhandlungen... Mit Zusätzen u. e. Vorr. Th. 1-3. — Göttingen: Brose 1789–91. 8°
1. 1789. 2. 1790. 3. Beattie: Theorie der Sprache [The Theory of language, deutsch]. Abth. 1.2. 1790-91.
1[3]: Nh 4648. 2. 3. 5. 7. 10. 12[**3,2]: Ph. U. 36. 15. 19. 23. 28. 32. 43. 52. 117. 202. 300:77 Y 39. 302.**
13.13289

Beattie's, Jam., Krit. u. moral. Abhdll. A. d. Engl. v. K. Grosse. 3 Thle. Mit 3 Kpf. 8. Götting. 789—91. Brose. (Leipz., Central-Compt.) 3 Thlr 8 Gr (3r Thl. A. u. d. T.: Theorie d. Sprache 2c.)

— [deutsch] Grundlinien der Psychologie, natürlichen Theologie, Moralphilosophie und Logik. Übers. u. mit Anm. u. Zusätzen begleitet von Karl Philipp Moritz. Bd 1. Berlin: Voss 1790. 330 S. 8° 1:Ni 7890. 2. 4. 5. 8. 16. 24. 29. 44. 117. 202. 302. 304. 308.
13.13292

— [deutsch] Theorie der Sprache ... Mit Zusäzen von Carl Grosse. Abth. 1.2. — Göttingen: Brose 1790–91. 8° (Beattie: Moralische u. kritische Abhandlungen [Dissertations moral and critical, deutsch]. 3.)
2. 3. 5. 7. 10. 12[2]: Ph. U. 36–3. 15. 19. 23. 24. 28. 32. 43. 52. 117. 202. 300:77 Y 39. Bd 3. 302.**
13.13338

Beattie, James. Versuch über die Natur und Unveränderlichkeit der Wahrheit, . . . aus dem Englischen. Kopenh. u. Leipzig 1772. Ü: *Ruedinger, Andreas Christoph.* (ML) »Kopenhagen 1772« Ü: *Gerstenberg, Hans Wilh. von.* (Ky) (MGT)

— [deutsch] Versuch über die Natur und Unveränderlichkeit der Wahrheit; im Gegensatze der Klügeley und der Zweifelsucht. — Copenhagen & Leipzig: Heineck & Faber 1772. 384 S. 8° 1:8° Bibl. Diez 6158. 2. 4. 5. 6. 8. 10. 12:Ph. Sp. 63 q. 14. 15. 17. 18. 22. 23. 25. 29. 35. 36. 39. 46. 302. 304.
13.13300

— Versuch über d. Natur u. Unveränderlichkeit d. Wahrheit. Aus d. Engl. (v. H. W. v. Gerstenberg). 8. Kopenh. 772. Schubothe. 16 Gr Schrbp. 20 Gr

Beattie's, Jam., neue philosoph. Versuche. 2 Bde. A. d. Engl. v. Chr. Meiners. 8. Leipz. 779, 80. Weygand. 2 Thlr 8 Gr

Beattie, John Carruthers: Über die Beziehung zwischen der Widerstandsänderung von Wismuthplatten im Magnetfeld und dem rotatorischen oder transversen Effect. — Wien: Tempsky in Comm. 1895. 18 S. 8°
Aus: Sitzungsberichte d. Kaiserl. Akademie d. Wissenschaften. Math.-nat. Cl. Bd 104, Abth. 2a. 1895.
302.
13.13341

Beattie, William
Beattie's Castles and Abbeys of England, containing Historical Details, Remarkable Events, Family Records, Traits of Character, Legends, Traditions, Local Scenery, &c. one handsome vol. imperial 8vo. containing upwards of 200 beautiful engravings after Allom, &c. London 843. (Leipzig, T. O. Weigel.) 16⅜ Thlr

Beattie, Will., die Schweiz, s. a. Schweiz.

Beattie, William. Die Schweiz nach W. B'. Mit Stahlstichen [80 Tafeln und 1 Titelvignette] nach Original-Zeichnungen von W[illiam] H[enry] Bartlett. Ausgeführt von den vorzüglichsten Künstlern Englands. 2 Bände. 4. Berlin und St. Petersburg, A. Asher; Wien, C. Gerold, [1835].
Lieferungsweise erschienen

Beattie, William. Die Schweiz nach W. B., mit Stahlstichen [40 Tafeln] versehen nach Original Zeichnungen von W[illiam] H[enry] Bartlett, ausgeführt von den vorzuglichsten Künstlern Englands. [2. Ausg.] 2 Bande. 4. Berlin & St. Petersburg, A. Asher: Wien, C. Gerold..., [1838].

— [deutsch] Die Schweiz nach William Beattie, mit Stahlstichen versehen nach Original-Zeichnungen von W. H. Bartlett ausgeführt von d. vorzüglichsten Künstlern Englands. Bd 1.2. — Berlin: Asher [usw.] [um 1840]. 4°
Die Exemplare unterscheiden sich durch d. Anzahl d. beigefügten Tafeln; außerdem fehlen teilweise d. Haupt- oder Nebentitelblätter.
1: 4° Ru 6166. 5[= 2]. 6. 14. 41. 107. 169.
13.13354

— Die Schweitz in Bildern, nach d. Natur gezeichnet von W. H. Bartlett, u. mit beschreibendem Text von Wilhelm Beattie. Uebers. u. mit Anm. begleitet von Johann v. Horn. Bd 1.2. — London: Soc. zur Beförderung d. Schönen Künste [um 1840]. 4°
Nebent.: Switzerland, by William Beattie. Illustr. ... by W. H. Bartlett.
Die Nebentitel haben als Erscheinungsjahr teils 1837, teils 1839.
Im Exemplar von 1 fehlen d. Nebentitel.
Im Exemplar von 15 fehlen d. Haupttitelblätter.
1 [= 2]: 4° Ru 6164. 15. 30.
13.13355

— — Bd 1.2. Ebd. [um 1845]. 4°
Nebent. wie in Ausg. 13.13355.
Die Nebentitel haben teils kein Erscheinungsjahr, teils 1839.
18. 27. 61.
13.13356

Beattie, Wilh., die Schweiz. Eine Reihenfolge engl. Orig.-Stahlst. welche ausschliesslich für dieses Werk aufgenommen wurden von W. H. Bartlett. Aus dem Engl. übers. von Joh. v. Horn. 2. Aufl. (In 30 Lfgn.) 1—27. Lfg. gr. 4. (1. Bd. 108 S. und 2. Bd. VI und S. 1—152 mit 100 Stahlst. und 1 Karte in gr. Fol.) Hamburg 852, B. S. Berendsohn. à Lfg. * 12 Ngr. *

BEATTY, Charles Clinton 1715? - 1772
Tagebuch einer Zween Monatlichen Reise, welche in der Absicht die Religion bey den Grenzeinwohnern von Pensilvanien zu befördern, und das Christenthum bey den Indianern, welche auf der westlichen Seite des Allegh-geny Gebürgs wohnen, einzuführen, unternommen worden. Nebst einem Anhang, welcher Anmerkungen über die Sprache und Gebräuche etlicher besonderer indianischer Stämme, und einen kurzen Bericht von den verschiedenen Versuchen, welche dieselben zu bekehren und gesittet zu machen, von der ersten Anbauung Neu-Englands an, bis auf diesen Tag sind angestellt worden, in sich enthält.
Hrg. v. Carl Beatty A. M. und aus dem Englischen übersetzt.
Frankfurt-Leipzig: Fleischer. 1771. 157 S.
Staatsbibliothek der Stiftung Preußischer Kulturbesitz Berlin
Übers. v. Journal of a two Months Tour ... [London 1768].
Frankfurt-Leipziger Meßkatalog, Ostermesse 1771, S. 155;
Sabin 4150; Palmer.

Beatus u. Fortuna, od. die Wundergaben. Eine romant. Erzählung rc. 8. Wien ... K. Haas. 16 gr.

Beatus. — Beatus und Fortunata oder die Wundergaben. Eine romantische Erzählung. — Wien [um 1800]: Bauer. 143 S. 8°
1: Yw 5238/156.
13.13388

Beatus und dreizehn Gedichte. O. O. 18?? V: *Thorbecke, Carl Eberhard.* (Chezy, Unvergessenes. II. Leipzig 1858. S. 10.) (GGr VII, 341) (Mayer, K., Uhland. Stuttg. 1867. II. S. 213 ff.)

Beatus, u. 13 Gedichte. gr. 8. Heidelb. Mohr u. Z. 810.

Beatus Liebanensis. Die Weltkarte. (776 n. Chr.) Stuttg. 1895. H: *Miller, Conr.* (Berl)

— Die Weltkarte des Beatus (776 n. Chr.) Mit Abb. im Text u. d. Kt. von St. Sever in d. Farben d. Originals. — Stuttgart: Roth 1895. 70 S. 4° (Mappaemundi. 1.)
1: Kart. 4° U 1630–1. 2→11. 12: 4° Mapp. 60–1 [2 Ex.]
14. 15. 20. 24. 25. 26. 29. 31. 35. 46. 61. 75. 102. 107.
13.13390

Beatus Ratione: Menschliches Gesetzbuch. Wie kann man richtig leben und ein hohes Alter erreichen? Von Beatus Ratione (Glücklich durch Vernunft). — Dresden: Böhmert 1904. X,127 S. 8°
14.
13.13391

Beatus Rhenanus. 1878 [Pseud.] s. *Bert,* Theodor.

Beatus, Gabriel s. *Beati,* Gabriello.

Beatus, Karl
Festklänge. Dem Druck übergeben von Carl Adolph Beatus. Als Ms. gedr. f. Brr. [H. 5:] u. Schwestern. [H. 1]—5. [Gera 1849—1862. [H. 5:] Hofbuchdr.] 8° [Umschlagtit.]
[1.] Zur Erinnerung an die den 25. März 1849 in d. Frmrloge zu Gera begangene Feier. 19 S. [1849].
2. Zur Erinnerung an die den 17. März 1850 in d. Frmrloge zu Gera begangene Feier. 25 S. [1850].
3. Zur Erinnerung an die den 6. April 1851 in d. Frmrloge zu Gera begangene Feier. 15 S. [1851].
4. Zur Erinnerung an die den 28. März 1852 in d. Frmrloge zu Gera begangene Feier. 25 S. [1852].
5. Zur Erinnerung an das den 18. Mai 1862 in d. Frmrloge zu Gera gefeierte Schwesternfest. 13 S. [1862].
Tt. 1950—1951.

[Die vier Inschriften an der Eingangspforte unseres Stiftungsfestes. Von Karl Beatus. Gera 1860.] 2 Bl. 4° (Rundschreiben d. L. Archimedes zum ewigen Bunde. Gera vom 26. Okt. 1860.)
Rede üb. die Worte: Bist Du ein Mr? Woran soll ich erkennen, dass Du ein Mr bist? Zeig' Deine Kundschaft auf! Harre aus bis zum Feierabende!

Der ehrliche Mann. Vortrag am Stiftungs-Feste der Loge Archimedes zum ewigen Bunde i. O. v. Gera am 26. Okt. 1850 vom Br Carl Beatus. Gera 1851. 8 S. 8° [Umschlagtit.]
Abgedr. in: FZ. 5 1851 S. 105—108.
Tt. 1049. Betrachtung des „ehrlichen Mannes" in seiner Beziehung zu sich selbst, zur Welt u. zu Gott.

Beatus, Karl: Predigt bei der sechsten Jahresversammlung des Landesvereins der Gustav-Adolph-Stiftung für das Fürstenthum Reuß j. L. ... 1856 ... Nebst d. Altargebete gesprochen von Heinrich Schnicke. — Gera [1856]: Hofbuchdr. 15 S. 8°
10. 27.
13.13402

Treue der Bauhütte. Gedicht von [Karl] Beatus. Gera 1849: Bornschein & Lebe. 2 Bl. 8° [Umschlagtit.]
Lied ohne Noten: „Du stille Stätte, theuer mir und werth, . . ."

Beatushöhle, Die, s.a. Bauberger, Wilhelm

Beatushöhle, die, s. a. Erzählungsschriften des Verf. der Beatushöhle.

Beatushöhle, die (von Wilh. Bauberger), s. a. Volksbücherei.

Beatushöhle, die, s. a. Werke, sämmtliche d. Verfassers ders.

— s. auch W. Woller.

Beatushöhle. die, eine Erzähl. f. d. reif. Jugend. 1. Aufl. (18 B.) 831., 2., verb. A. Mit Titlkpfr. (17 B.) 8. Augsburg 833, Wolff. (Kollmann.) à

Beatushöhle, die, eine Erzähl. f. d. reif. Jugend. (Von W. Bauberger.) 3., verb. Aufl. M. 1 Stahlst. 8. (17 B.) Augsburg 839, Wolff'sche Buchh.

Beatushöhle, die. Eine Erzählung für die reifere Jugend. 4. Aufl. Mit 1 Stahlst. 8. Augsburg 841, Wolff. 3/8 ₰

Beatushöhle, die, eine Erzählung für die gesammte edlere Lesewelt besonders für die reifere Jugend. (Von Wilh. Bauberger.) In 2 Abthlgn. 5. verb. Aufl. Mit 2 Stahlst. Regensburg 853. Manz. 8. (2 Bl., 134, 116 S.) 11¼ ngr.

—— die. Schauspiel mit Gesang in 4 Aufzügen frei nach der bekannten gleichnam. Erzählung für die Jugend bearb. 2., umgearb. und verb. Aufl. 16. (97 S.) Augsburg 864, Schlosser's Buch.

Beatushöhle, die. Eine Erzählung für die gesammte edlere Lesewelt besonders für die reifere Jugend. (Von W. Bauberger.) 6—8., verb. Aufl. Mit 1 Stahlst. Regensburg 865—70. Manz. 8. (252 S.) 11¼ ngr.

—— die, oder Unrecht leiden ist besser denn Unrecht thun. Eine rührende Geschichte aus dem Mittelalter für die Jugend und deren Freunde. 1.—4. Aufl. gr. 16. (60 S.) Reutlingen 868—74, Enßlin und Laiblin.

— die, oder Unrecht leiden ist besser denn Unrecht thun. Eine rührende Geschichte aus dem Mittelalter für die Jugend u. deren Freunde. 866. — 2. Aufl. Reutlingen 870. Enßlin & Laiblin. 16. (60 S.) 2 ngr.

Beatushöhle, die. Eine Erzählg. f. die gesammte edlere Lesewelt, besonders f. die reifere Jugend. Neue illustr. Originalaufl. Mit Stahlstich u. feinen (eingedr.) Holzschnittbildern. gr. 8. (264 S.) Regensburg 873. Manz. 1. 95

Beatushöhle, die, oder Unrecht leiden ist besser, denn Unrecht thun. Eine rühr. Geschichte aus dem Mittelalter für die Jugend und deren Freunde. 5. Aufl. gr. 16. (63 S.) Reutlingen 876, Enßlin und Laiblin'sche Verlagsh.

Beatushöhle, die. Eine Erzählung für die gesammte edlere Lesewelt, besonders für die reifere Jugend. Mit Stahlst. 9.—11. verb. Aufl. (253 S.) 1869—75; 12. verb. Aufl. 8. (256 S.) Regensburg 877, Manz.

—— Eine Rittergeschichte aus der Schweiz. Ein Gegenstück zur Rosa v. Tannenburg nach F. Eberhardt dem Volke erzählt von G. und B. Dom. 8. (64 S.) Urfahr-Linz 878, Kraußlich.

Beatushöhle, die. Eine Erzählung für die gesammte edlere Lesewelt, besonders für die reifere Jugend. 13. verb. Aufl. 8. (253 S. mit 1 Stahlst.) Regensburg 880, Manz.

Beatushöhle, die. Schauspiel mit Gesang in 4 Aufzügen, frei nach der gleichnam. Erzählg. f. die Jugend bearb. 3. Aufl. 8. (105 S.) Straubing 886. Volks- u. Jugendschriften-Verlag. cart. — 75

Beatushöhle, die. Eine Erzählung für die gesammte edlere Lesewelt, besonders für die reifere Jugend. [Von W. Bauberger.] 15. und 16. Aufl. 8. (253 S. mit Stahlst.) Regensburg 886,87, Verlagsanstalt. ℳ 1.15.; cart.

Beatushöhle, die. Schauspiel m. Gesang in 4 Aufzügen, frei nach der gleichnam. Erzählg. f. die Jugend bearb. 4. (Titel-)Aufl. 8. (105 S.) Straubing 892, Volks- u. Jugendschriften-Verlag (Manz). — 75

Beatushöhle, die. E. Erzählg. f d. ges. edlere Lesewelt, bes. f die reif. Jugend. M. Stahlst. u. feinen Holzschn.-Bild. Neue, ill. Orig.-Aufl. 8. (264 S.) Regensburg 896. Nationale Verlagsanstalt. 1. —

— dasselbe. Ster.-Ausg. 12. (160 S.) Reutlingen 896. Enßlin & Laiblin. — 50; kart. — 60; m. 4 Farbendr.-Bild. geb. 1. 50

Beatushöhle, die. Eine Erzählg. f. alt u. jung. (Von W. Bauberger.) Ster.-Ausg. 12. (160 S.) Reutlingen 902. Enßlin & Laiblin. — 25 u. — 40; kart. — 50; m. feinem Munttitel — 60; geb. — 75

(F) **Die Beatushöhle.** Eine Erzählung insbesondere für die reifere Jugend. [Volksbücherei 18.] 8°. (126, 63 S.) geb. K 1.10
Graz: Styria 1905.

Beatushöhle, die. Eine Erzählg. f. jung u. alt. (Von Christoph v. Schmid.) (176 S. m. Abbildgn. u. 4 [2 farb.] Vollbild.) 8. Reutlingen (910). Enßlin & Laiblin. Geb. 1. —

Beatus-Höhlen. Die B'-H' am Thunersee ... s. [Hartmann, Hermann].

Beau, J.L.le
— Begebenheiten u. Reisen zu d. amerikan. Wilden. Aus d. Französ. 8. Leipz. 793. Weygand. 1 ₰ 4 ℊ

— Begebenh. u. Reis. z. d. Nordamerikan. Wilden, a. d. Fr. 2 Thle. 8. Leipz. Weygand. 794.

le Beau, J. L., Gesch. d. morgenländ. Kaiserthums, als Fortsetz. v. Rollin u. Crevier. A. d. Französ. 22 Thle. (13—22r Thl., übers. v. G. W. Panzer). 8. Nürnb. 765—83. 14 ₰ 16 ℊ

Beau, J. L. le, Gesch. des morgenländ. Kayserthums, als Fortsetz. v. Rollin u. Crevier, a. d. Franz. 22 Thle. 8. Nürnberg, Felsecker. 765—83.

— Reisen zu d. Wilden d. nördl. Theils v. Amerika; aus d. Französ. (v. Jh. B. Nack). 2 Thle. 8. Erf. 751. Jungnickel. 16 ℊ

— — dass. 2 Thle. 8. Frankf.

Beau, Jean Baptiste: Joann. Bapt. Belli Diatriba, de Pharsalici conflictus mense et die, denuo ed., et accessione marmoris Maffeiani ab auctore omissi locupletata, cum praef. Henrici Leonardi Schurzfleischii. — **Vitembergae Sax.:** Schrödter 1705. 32 Bl. 8°
1 [unvollst.]: Rl 7118. 2. 3. 7. 10. 15. 18. 23. 41.
13.13408

Beau, Otto Die Berechnung der Logarithmen, der trigonometrischen Funktionen und des Kreisumfanges (der Zahl π) durch unendliche Reihen. Analytisch und numerisch entwickelt von O B. 4 (S 3—18). **Progr.**
Gedächtnisfeier für weiland Senator Just Kgl G *Soran* 1895.
Nicht im Tauschverkehr

Beau, Otto [Dr.]: Die Berechnung der Sonnen- und Mondfinsternisse. Für d. Selbstunterricht entwickelt u. m. Rechnungsergebnissen versehen. ([In 2 Heften:] I. Theoret. Erörtergn u. Beispiele. — [Kopft.:] II. Tafeln u. Rechnungsergebnisse.) Sorau, Druck v. J. D. Rauert, 1897; 29 S., 1 kl. Bl., 1 Taf. 4.
Sorau, k. G, P 1897 (86) u.**

Beau, Otto: Die Berechnung der Sonnen- und Mondfinsternisse. Für d. Selbstunterricht. — Sorau: Zeidler 1897. 29 S. 8°
Zugleich Progr. Sorau Königl. G. 1897. 21. 83. 169.
13.13420

Beau, Otto, Dr.: Die **Berechnung** der Sonnen- und Mondfinsternisse. Für d. Selbstunterr. entwickelt u. mit Rechnungsergebnissen versehen. T. 3. Die ausführliche Berechnung der Sonnenfinsternisse. Mit 1 Figurentaf. *Soran 1901: Rauert & Pittius.* (14 S.) 4° ¶ (Forts. d. P-Beil. 1897.)
Sorau, k. G, P 1901 (91)

Beau, Otto, Dr.: Die **Berechnung** der Sonnen- und Mondfinsternisse. Für d. Selbstunterricht entwickelt u. mit Rechnungsergebnissen versehen. T. 4. Die ringförmig-totale Sonnenfinsternis am 17. April 1912. Als Rechnungsbeispiel dargest. *Soran 1903: Rauert & Pittius.* (23 S.) 4° ¶ (Schluß d. P-Beil. 1897. 1901.)
Sorau, k. G, P 1903 (97)

Beau, Otto, die Berechnung der Sonnen- u. Mondfinsternisse. Für den Selbstunterricht entwickelt u. m. Rechnungsergebnissen versehen. III. u. IV. Tl. Progr. gr. 4. Sorau (E. Zeidler). à n. — 75
III. Die ausführliche Berechnung der Sonnenfinsternisse. Mit 1 Fig.-Taf. (14 S.) 901.
IV. Die einförmig-totale Sonnenfinsternis am 17. IV. 1912. Als Rechnungsbeispiel dargestellt. (23 S.) 903.

Beau, Otto, die Berechnung der Sonnen- u. Mondfinsternisse nebst Berechnung der Mondphasen. Ein Lehrbuch auf elementarer Grundlage, f. d. Selbstunterricht bearb. u. m. Rechnungsergebnissen versehen. (XIII, 119 S. m. 2 Taf.) Lex. 8. Halle 908. L. Nebert. 7. —

Beau, Otto [Dr.]: Einige Mitteilungen aus dem Gebiete der trigonometrischen Reihen und der Fourierschen Integrale. (Ergänzungen zu des Vfs: Analyt. Untersuchgn im Gebiete d. trigonometr. Reihen ... Halle 1885.) Sorau, Druck v. E. Karras in Halle a. S., 1893; 22 S. 4.
Sorau, k. G, P 1893 (87)

Beau, Otto, Professor Dr.: Das christliche Osterfest. Geschichtliches und Berechnung. Sorau 1905: Rauert & Pittius. (24 S.) 4°
Sorau, k. G P 1905 (95)

Beau, Otto, Untersuchungen auf dem Gebiete der trigonometrischen Reihen und der Fourierschen Integrale. 1. und 2. Aufl. (60 S.) 1878,80; 3. Aufl. gr. 8. (84 S.) Leipzig 883. (Halle, Nebert.) *

Beau, Otto: Untersuchungen auf dem Gebiete der trigonometrischen Reihen und der Fourierschen Integrale. Halle a. S. 1884: (Teubner in Leipzig). 83 S. 8°
Halle-Wittenberg, Phil. Diss. v. 16. Febr. 1884
Geb. Brandenburg a. d. H. 26. 12. 1855. V.
Im Buchhandel Leipzig (Halle: Nebert) 1883. 84 S. 8°
2. verb. u. verm. Aufl. u. d. T.: Analytische Untersuchungen im Gebiete.. ebda 1885. VIII, 101 S. 4°
Ergänzungen ersch. u. d. T.: Einige Mitteilungen aus dem Gebiete der trigonometrischen Reihen und der Fourierschen Integrale. Sorau 1893: Karras in Halle. 22 S 4° Sorau, Gymn.-Progr.

Beau, Otto: Über pythagoreische und heronische Zahlen. S. 3—8. 4.
Zu der Gedächtnis-Feier für Ph F. A. Just Kgl. Gymn. *Sorau* 1903.
Progr.

Beaucaire, Vicomte, Horric de, die letzte Herzogin von Celle, Eleonore Desmier d'Olbreuze, 1665—1725. Ins Deutsche übertr. von Frhr. Emmo Grote. gr. 8. (VIII, 244 S. mit Bild in Stahlst.) Hannover 886, Helwing's Verlag. *

Beaucamp, Eugène: Zum 3. August 1905, dem Gedächtnistage des 75jährigen Bestehens des Mariannen-Instituts, Wöchnerinnenasyl zu Aachen. (Verf.: Eugène Beaucamp.) Aachen [1905]: La Ruelle. 43 S. 8° 52.
13.13442

Beaucamp, üb. Hebammen- u. Wärterinnenwesen. 8. (47 S.) Köln 896. Kölner Verlags-Anstalt u. Druckerei. n. 1. —

Beaucamp. Die Pflege der Wöchnerinnen u. Neugeborenen. 1. u. 2. Aufl. gr. 16. (VII, 107 S.) Bonn 891,92, Hauptmann. geb. * 1 25

Beaucamp, Eug., die Pflege der Wöchnerinnen u. Neugeborenen. 3. u. 4. Aufl. 12. (à VIII, 116 S.) Bonn 899. 902. P. Hauptmann. Geb. in Leinw. n. 1. 50

Beaucamp, die Pflege der Wöchnerinnen u. Neugeborenen. 5. Aufl. (XII, 119 S.) kl. 8. Bonn (907). P. Hauptmann. Kart. 1. 50

— Ratgeber für junge Frauen und Mütter. — Berlin: H. Th. Hoffmann 1900. XI,149 S. 8° 1: Ii 6133. 52.
13.13445

Beaucamp, Eugène (geb Laon 29 7 1859) Ueber Tubovarialschwangerschaft Stuttgart 1884 (29 S) 8° ¶ Aus. Zeitschr f Geburtshülfe u Gynakologie Bd 10 1884
Berlin, Med Diss v 5 Juli 1884

Beauchamp, Alphonse de
[—] — [deutsch] Denkwürdigkeiten aus den Papieren eines vornehmen Staatsbeamten über die geheimen Ursachen, welche die Politik der Cabinette im Revolutionskriege von 1792 bis 1815 bestimmten. [Verf.: Alphonse de Beauchamp u. Alexandre Schubart.] Übertr. u. mit Anm. versehen von F.A.Rüder. Th.1.2. — Leipzig: Hartmann 1828. 8° 1: Qm 3058. 5. 3. 9. 12: Gall. rev. 262 f. 18. 19. 24. 30. 33. 46. 66. 117. 293. 300: 37.985–B. 302.
14.31

v. Beauchamp, A., d. Grafen v. Segur's Gesch. Napoleons u. d. großen Armee im J. 1812, historisch u. literarisch beleuchtet, mit Erläuterr. u. Noten versehen. A. d. Französ. v. Wolbrecht. gr. 8. Leipz. 825. Klein. 10 gr

— [deutsch] General Grafen von Segur's Geschichte Napoleons und der großen Armee im Jahre 1812 ... Aus d. Franz. von Georg Wolbrecht. — Leipzig: Klein 1826. 66 S. 8°
Nebent: Historische Beleuchtung d. Geschichte Napoleons u. d. großen Armee im Jahre 1812.
8. 18. 19. 20. 29. 30. 34. 45. 61. 109. 117.
14.10

Beauchamp, Alph. de, Histoire de la campagne de 1814 et de 1815, comprénant l'histoire polit. et milit. des deux invasions de la France, de l'entreprise de Buonaparte au mois de mars etc. jusqu' à la seconde paix de Paris. II Vol. 8. Paris, Levrault in Strasb. 816.

— — Histoire de la Guerre de la Vendée, ou tableau des guerres civiles de l'ouest depuis 1792, jusqu'en 1815. 4me éd. avec cartes et portr. 4 Vol. in 8. Paris. 820.

Beauchamp, Constantin, e. Geschichte; aus d. Engl. 2 Thle. 8. Dresd. 779. Hilscher. 10 gr

Beauchamp Strickland, Frederick de s. *Strickland.*

Beauchamps, Pierre François Godard de
— [deutsch] Das Portrait. Ein Lustspiel nach d. Franz. d. Herrn Beauchamps. — Wien: beym Logenmeister 1779. 40 S. 8° 19.
14.81

Beauché, Theodor
Beauché, (Th.,) Gedichte. 1r Theil. A. u. d. T.: d. Verhängniß, metrisches Trauerspiel in 5 Aufz. gr. 8. Hannover 822, Helwing.

Beauché, Theodor: Untersuchung, in wie weit ohne Gefahr für das Ganze ein besserer Zustand der deutschen Israeliten herbeizuführen möglich sey, zunächst für die, so im Königreich Hannover wohnen. — Hannover 1831. 32 S. 8° 23. 30. 35.
14.87

Beauchene, ... Abhdl. üb. d. Einfluß d. Leidenschaften in d. Nervenkrankh. d. Frauenzimmer. A. d. Französ. 8. Lpz. 784. Andrä. 9 gr

Beauchene, Abhandl. üb. d. Einfl. d. Leidensch. in d. Nervenkrankh. d. Frauenzimm. a. d. Franz. 8. Leipz. Wauer. 784.

— [deutsch] Abhandlung über den Einfluß der Leidenschaften in die Nerven-Krankheiten der Frauenzimmer und über die beste Art diese Krankheiten gehörig zu behandeln. — Leipzig: Weygand 1784. 166 S. 8°
5. 7. 12: Path. 339 t/1 [2 Ex.] 14. 15. 17. 19. 27. 30. 48. 202. 303. 308.
14.90

Beauchesne, Alcide Hyacinthe du Bois de
de Beauchesne, A., Louis XVII. sa vie, son agonie, sa mort; captivité de la famille royale au temple; ouvrage enrichi d'autographes, de portraits et de plans. 2 tomes. gr. 8. (I: IV u. 507 S. m. eingedr. Abbildgn., 1 Portr. in Kupfrst. u. 10 lith. Facsimile in 8. u. Fol. II: IV u. 539 S. m. eingedr. Abbildgn., 1 Portr. in Kupfrst. u. 8 lith. Facsimile in 8. gr. 4. u. Fol.) Paris 852. (Leipzig, Alph. Dürr.) n. 6 ₰

— — T. 1.2. Bruxelles & Leipzig: Kiessling 1853. 8°
3. 6. 10. 18. 25. 30. 31. 300: o 6121.
14.102

— [Ausz.] Louis XVII. Sa vie, sa mort. Mit Anm. zum Schulgebrauch versehen von F. Mersmann. [Nebst] Anm. [u.] Wörterbuch. — Paderborn: Schöningh [1906]. 8° (Französische Schülerbibliothek. Ser. 1,2.) 1: Xs 13703-1,2. 6.
14.114

Beauchesne, A. de, Ludwig XVII. Sein Leben, Todeskampf und Tod; Gefangenschaft der königl. Familie im Tempel. Für die deutsche Leserwelt bearb. von Friedr. Coßmann. 2 Bde. 8. Elberfeld, Hassel. [1. (X und 520 S.) 2. (475 S.) 853. à Bd. * 1 Thlr.] *

Beauchez, Louis Schmidt-, s. Schmidt-Beauchez

Beauclair, Adolf de, Hessischer Hofrat, Lektor d. französischen Sprache, Darmstadt, 1780-1807. 1807: Französisches Lesebuch für Anfänger und untere Schulklassen. — Darmstadt [usw.]: Heyer 1807. 116 S. 8° 17. 207.
14.135

— — Ebd. 1807. 124 S. 8° 17.
14.136

de Beauclair, Ant., († d. 22. Aug. 1807.) französ. Lesebuch f. Anfänger rc. 8. Gießen 807. Heyer. 6 gl 2e A. 814. 3e A., verm. v. J. Gambs. 8. Ebd. 830. 9 gl

Beauclair, A. de, französ. Lesebuch f. Anfänger u. unt. Schulklassen. 8. Aufl., mit viel. Nummern z. Einübung d. etymolog. Thls. d. französ. Sprache verm. v. J. Gambs. 8. (9½ B. u. 1 Tab. in Fol.) Gießen 830, Heyer, Vater.

Beauclair, Adolf de, Ministerialsekretär, Darmstadt. 1878: Das Verfassungs- und Verwaltungsrecht des Großherzogthums Hessen, nebst dem Wissenswerthesten aus der Verfassung und Gesetzgebung des Deutschen Reichs. — Darmstadt: Bergsträßer 1878. 50 S. 8° 4. 17. 24. 34. 123.
14.138

— Das Verfassungs- und Verwaltungsrecht des Deutschen Reichs und des Großherzogthums Hessen. 2., verm. u. verb. Aufl. — Ebd. 1880. 60 S. 8° 17.
14.139

Beauclair, Adph. de, das Verfassungs- und Verwaltungsrecht des Deutschen Reichs und des Großherzogt. Hessen. Preisschrift. 3. Aufl. gr. 8. (III, 60 S.) Darmstadt 884, Bergsträßer.

Beauclair, Adph. de, das Verfassungs- und Verwaltungsrecht des deutschen Reichs und des Großherzogt. Hessen. Preisschrift. 4. und 5. verb. Aufl. gr. 8. (III, 62 S.) Darmstadt 886,88, Bergsträßer. **

Beauclair, Adph. de, das Verfassungs- u. Verwaltungsrecht des Deutschen Reichs u. des Großherzogt. Hessen. Gekrönte Preisschrift. 6., verm. Aufl. gr. 8. (III, 68 S.) Darmstadt 894. A. Bergsträßer. n.n. — 50

Beauclair, Adph. de, das Verfassungs- u. Verwaltungsrecht des Deutschen Reichs u. des Großherzogt. Hessen. Preisschrift. 7. verm. u. verb. Aufl. gr. 8. (III, 68 S.) Darmstadt 899. A. Bergstraeßer. n.n. — 50

Beauclair, Adph. de, das Verfassungs- u. Verwaltungsrecht des Deutschen Reichs u. des Großherzogt. Hessen. Preisschrift. 8. verm. u. verb. Aufl. (III, 76 S.) 8. Darmstadt 908. A. Bergstraeßer. — 80

Beauclair, Alexander Wilhelm de: An die Jugend. Sieben Spaziergänge. Mit e. Nachtr.: Vaterschaft. — Berlin: Lebensreform [um 1910]. 54 S. 8° 17.
14.146

— Im Kampfe mit der Sünde. Eine Lebensentwicklung. — Lorch (Württ.): Rohm 1909. 284 S. 8°
12: P. o. germ. 79tg. 24.
14.147

— Kurzer Wegweiser zur Erlernung der Oelmalerei. — Strassburg: Heitz [1910]. 21 S. 8° 12: Art. 22bp.
14.148

Beauclair, Anton de, s. Beauclair, Adolf de

de Beauclair, Heinrich [aus Rio de Janeiro]: Histologische u. statistische Untersuchungen über Gehirngeschwülste ... Freiburg i. B., Buchdr. H. Epstein, 1891; 55 S. 8.
Freiburg i. B., Med. Fak., Inaug.-Diss. v. 1891

de Beauclair, Jean Adolph (geb. Langen in Hessen 1820): De paralysi syphilitica. Berolini (1851). (24 S.) 8°.
Berlin, Med. Diss. v. 3. Febr. 1851

Beauclair, Jean Pierre Louis de

de Beauclair, Jh. Pt. Ldw., († d. 2. Oct. 1818.) Anti-Contrat social. 8. Leipz. 764. (Aue in Altona). 1 ♮ß

Beauclair, P. L. de, Anti-Contrat social. 8. Leipz. Jacobaeer. 764.

— Cours de gallicismes. P. 1-3. — Francfort: Auteur (3: Francfort: Auteur; Leipsig: Fleischer en comm.) 1794-96. 8° 1: Xs 1935. 7.
12 [** 3]: L. lat. f. 11. 17. 35 [** 1.2]. 53 [** 3]. 302.
14.152

— Cours de Gallicismes. III Tomes. 8. Frankf. et Leipz. 794 — 96. (Frohberger). 3 ♮ß 4 gl

— — P. 1.2. Leipsic: Fleischer en comm. 1796. 8°
14. 35. 300: 54 M 9.
14.153

[—] — [deutsch] Geschichte von Mademoiselle de Grisoles; von ihr selbst beschrieben. — Glogau 1771: Günther. VIII, 247 S. 8° 1: Xy 5203.
14.155

— s. Histoire de Pierre III.

— La Perfection de la langue françoise, ouvrage utile aux Allemands qui veulent parler purement cette langue. Par P. L. de Bauclair. (P. 1.) — Hanau: G. D. Schulz 1769. 172 S. 8° 4. 34. 43.
14.157

— Recueil d'histoires, d'anecdotes et de poésies tirées des meilleurs auteurs françois avec un traité sur les germanismes. — Marbourg [usw.]: Bayrhoffer 1782. X, 324 S. 8° 47.
14.158

— Nouvelles Remarques sur les germanismes. Ouvrage utile aux Allemands qui se veulent perfectioner dans la langue françoise. T. 1. — Francfort [usw.]: Bayrhoffer 1787. 228 S. 8° 34.
14.159

— nouv. remarques sur les Germanismes. Tom. I. 8. Frkf. 787. Fleischer. 12 gl

Beauclair, Pierre Louis de
s. *Beauclair*, Jean Pierre Louis de.

Beauclair. R: Moderne Bauformen. s.: Gradl. MJ.

Beauclair, René, farbige Flächenmuster f. das moderne Kunstgewerbe. 8. Lfgn. gr. Fol. (à 4 Taf.) Stuttgart 900. J. Hoffmann. à Lfg. n. 5. 50; kplt. in Mappe n. 47. —

— neue Ideen f. modernen Schmuck. Hrsg. im Verein m. André Petitjean, Jules Armbruster, Paul Liénard, Emile Jammes, F. Follot. 8. Lfgn. gr. 4. (à 3 Taf.) Ebd. 900. à Lfg. n. 3. —; kplt. in Mappe n. 25.50

— dasselbe. II. Bd. gr. 4. (24 z. Tl. farb. Taf.) Ebd. (901). In Mappe n. 80. —

Beauclerk, G., Reise nach Marocco im Jahr 1826. (A. d. „Ethnograph. Archiv." abgedr.) gr. 8. (13½ B.) Jena 829, Bran.

Beaudeau, Prieur de St. Lô en Normandie, 1730- um 1792. 1759
s. *Baudeau*, Nicolas.

Beaudran, Abbé, S. J., 1701-1787. 1771
s.a. *Baudrand*, Barthélemy.

Beaudran, Barthélemy

— buchstäbl. u. moral. Auslegung d. evangel. Gleichnisse u. d. acht Seligkeiten. A. d. Französ. 3e Aufl. 8. Augsb. 820. Doll. 10 gl

— gottsel. Erwägungen üb. d. wichtigst. Gegenstände der christl. Sittenlehre ꝛc. od. 13r Th. 8. Ebend. 802.

Beaudran, Abt, lehrreiche Erwägungen üb. d. Geheimnisse Jesu Christi u. seiner göttlichen Mutter Maria. 3e Aufl. 8. Augsb. 822. Doll. (Landsh., Krüll). 15 kr

Beaudran, kurze Flammengebete oder fromme Gedanken u. Gemüthserhebungen. 32. (16 S.) Augsburg 880. Kranzfelder. pro 10 Explre. n. — 60

— erbaul. u. sonderbare Geschichte, (od. 11r Thl. ꝛc.) 8. Ebd. 802. 3e A. 826. 10 kr

Beaudran, erbaul u. merkw. Geschichten, aus bewährten Schriftstellern gesammelt u. mit nützl. Anmerkk. begleitet. Aus d. Französ. 3e Aufl. 8. Augsb. 826, N. Doll. (Landshut, Krüll.)

— geistliche Schriften, a. d. Franz. m. Gedicht. vermehrt v. Trenk. 3 Thle. gr. 8. Wien, Camesina. 788.

— geistl. Schriften; a. d. Französ. m. Gedichten verm. v. Fr. v. d. Trenk. 3 Thle. gr. 8. Wien 788. (Heubner). 2 fl

— die im Glauben befestigte u. gegen Irrthüm. bewaffn. Seele (od. geistl. Schriften, 1r Thl.) Aus d. Französ. 8. Augsb. 796. 4e A. 803. Doll. 9 kr

— d. in Unterhaltung mit Gott beschäftigte Seele. Ein Gebetbuch m. 1 Kpf. 8. Augsb. 821. 3e A. gr. 12. Ebd. 829. Kranzfelder. 10 kr

Beaudran, die in Unterhaltung mit Gott beschäft. Seele. Ein vollständ. Gebetbuch frommer Christen. 3. Aufl. gr. 12. (12½ B. u. 1 Stndr.) Augsburg 829, Kranzfelder'sche Vrlsbuchh.

Beaudran, Barthélemy

— die betrachtende Seele, (od. 6r Thl. ꝛc.) 8. Ebd. 2e A. 802. 10 kr

— die Seele in Betrachtung d. göttl. Geheimnisse, (od. 7r Thl. ꝛc.) 8. Ebd. 797. 14 kr

— die von d. göttl. Liebe brennende Seele, (od. 9r Thl. ꝛc.) 8. Ebd. 800. 2e A. 803. 18 kr

— d. büßende Seele od. 4r Thl. 8. Ebend. 802.

— d. büßende Seele (od. 4r Thl. d. geistl. Schr.) 8. Ebd. 803. 8 kr

— die zu Gott erhobene Seele (od. 2r Thl. d. geistl. Schr.) 8. Augsb. .. 4e A. 802. Doll. 9 kr

— erleuchtete Seele d. Betracht. d. evangel. Geheimnisse, (od. d. geistl. Schr. 8r Thl.) 8. Ebd. 797. 2e A. 805. 13 kr

— d. durch Verrichtung aller Werke d. Lebens geheil. Seele (oder 3r Thl. d. geistl. Schr.) 8. Ebd. 3e A. 802. 13 kr

— d. Verricht. all. Werke| d. Lebens geheil. Seele, od. 3r Thl. 8. Ebend. 803.

— die innerliche Seele, (od. 10r Thl. ꝛc.) 8. Ebd. 803. 16 kr

— d. Seele auf d. Calvarienberge, (od. 5r Thl. d. geistl. Schr.) 8. Ebd. 798. 12 kr

Beaudran, Barth., die Seele auf dem Calvarienberge. Od.: Betrachtungen über das Leiden Jesu Christi, u. Trostgründe am Fuße des Kreuzes. Neue deutsche Ausg. von M. Stutzel. Mit 1 Stahlst. 12. Augsburg 846, Kollmann'sche B. ½ Thlr

Beaudran, die Seele auf dem Kalvarieberge in der Betrachtung der Leiden unsers Herrn und Heilandes Jesu Christi. Aus dem Französ. von Jos. de Weldige gen. Cremer. 2., durchgesehene und mit einer Morgen-, Abend-, Beichtandacht ꝛc. verm. Aufl. gr. 12. (XXIV und 105 S.) Münster 855, Regensberg. *

— d. Seele, welche im Ordensstande nach d. Vollkommenheit trachtet, (od. 12r Thl. ꝛc.) 8. Ebd. 2e A. 803. 16 kr

Beaufaurt, Marquis, s. B e a u f f o r t , Philippe Ernest M. de

Beauffort, Philippe Ernest M.de

v. Beauffort, Marquis, u. Graf H. Merode, von dem Geist des Lebens ꝛc., s.: M e r o d e.

— [deutsch] Rückerinnerungen an Italien, von e. Katholiken. Th. 1.2. — Aachen: Cremer 1843. 8° 2. 1843 (1844). (Wohlfeile katholische Bibliothek zur Unterhaltung, Belehrung u. Erbauung. Jg. 6, 18. 19. 7, 7. 8.) 5.
14.228

Beaufort, Bn de, Holländischer Historiker. 1703-1795. 1738
s. *Beaufort*, Louis de.

Beaufort, Schriftsteller, Theaterdirektor, Brüssel. 1799/1800
s. *Beaufort* d'Auberval, Alphonse Aimé.

Beaufort, Französische Schriftstellerin, um 1760-1837. 1789
s. *Beaufort* d'Hautpoul, Anne Marie Cttesse de.

Beaufort, de

— [deutsch] Project zur Vereinigung aller christlichen Gemeinden. Aus d. Franz. von P. F. C. — Crefeld: Schüller 1807. 50 S. 8° 30. 32. 61.
14.244

— — 2. Aufl. Ebd. 1807. 28 [vielm. 48] S. 8° 1: Di 600. 5. 15.
14.245

de Beaufort, ... Project zur Vereinigung aller christl. Gemeinden. 8. Duisb. 2e A. 808. (Bädeker). 7 kr

— [deutsch] Schreiben an den Erz-Bischoff von Besançon über die Nothwendigkeit den Monarchen als das Oberhaupt der Kirche anzuerkennen. — Bremen [usw.]: J. H. Müller 1808. VI, 57 S. 8°
8. 16. 17. 19. 21. 23. 26. 27. 39. 46. 102.
14.249

— Vorschlag zur Vereinigung aller christlichen Kirchen. Uebers., mit Anm. u. e. doppelten Anh. verm. von Christian Gottlieb Bruch. — Leipzig: Gräff 1807. XI, 132 S. 8°
4. 12: Polem. 179 a. 19. 38. 48. 60. 121.
14.246

— — 2., verb. u. verm. Aufl. Köln: Rommerskirchen 1809. XVI, 138 S. 8° (Sammlung d. neuesten französischen Schriften für u. wider d. Religionsvereinigung. 1.) 5. 121.
14.247

Beaufort, Sir Francis

Beaufort's, Karamanien od. Beschreibung d. Südküste von Klein-Asien ꝛc. s. neue Bibl. d. Reisebeschreibungen 27r Bd

— [deutsch] Karamanien oder Beschreibung der Südküste von Klein-Asien. Übers. von F. A. Ukert. — Weimar: Landes-Industrie-Comptoir 1821. VIII, 182 S. 8° (Neue Bibliothek d. wichtigsten Reisebeschreibungen. Cent. 1, Hälfte 2, 27, 2.) 1: Uk 7933. 2. 3. 6→10. 12: It. coll. 85–B, 27, 2. 14→19. 21. 22. 24. 27. 30. 31. 32. 34. 38. 39. 41. 43. 45. 46. 53. 102. 111. 205. 300: BE 2 Y 50. 302. 304.
14.270

Beaufort, Mme Leprince de

de Beaufort, Mme. Leprince, ce que ma bru doit être. Réflexions sur le mariage. Wien 864. (Bartelmus.) 16. (2 Bll., 50 S.) n. 10 ngr

Beaufort, Mme. Leprince de, ce que ma bru doit être. 16. (50) Wien 64. (Lpzg. Köhler.) n. — 10

Beaufort, Mme. de, ce qu'une femme doit être. Réflexions sur l'éducation. Wien 864. Czermak. 16. (VIII, 56 S.) 9 ngr

Beaufort, Mme. Vve. Leprince de, le professeur. Études sur la littérature ancienne et sur la littérature moderne en français. 1. Livr. Lex.-8. (16 S.) Wien 865, (Bartelmus.)

—— le professeur. Etudes s. la littér. en française. 1. Livr. 8. (16) Wien 65. (Lpzg. Köhler. n. — 5

—— der Professor. Studien über die Lehre der französischen Sprache ohne Lehrer. In das Deutsche übertragen von M. v. P. 1. Lfg. Lex.-8. (16 S.) Wien 865, (Bartelmus.) *

—— der Professor. Studien über alte und neue Literatur in deutscher Sprache. In das Deutsche übertragen von M. v. P. 1. Lfg. Lex.-8. (16 S.) Wien 865, (Bartelmus.) *

Beaufort, Louis de
[—] — [deutsch] Cäsar Germanicus. Ein historisches Gemälde nach griechischen u. römischen Schriftstellern bearb. [Übers.: Johann Samuel Murzinna.] — Stendal: Franzen & Grosse 1796. 260 S. 8° 1:Rl 9172. 10. 11. 33.
14.305

— [deutsch] Die römische Republik oder allgemeiner Plan der ehmaligen Regierung Roms (2: der alten Regierungsform in Rom). [Übers.: Friedrich Klose.] Th. 1-4. Danzig: Flörke 1775-77. 8°
1:Rl 1940. 2. 4. 5. 9. 10. 12:H. ant. 35. 14→17. 21. 23. 27. 28. 30. 36. 38. 75. 78. 79. 117. 121. 309.
14.308

Beaufort, Louis de. Römische Republik . . .: aus dem Franz. Mitau 1775 —1777. U: *Klose, Friedrich.* (Gli) (ML)

de Beaufort, ... République romaine, ou Plan général de l'ancien gouvernement de Rome. V Tomes. av. fig. gr. 8. Bern 767. Typogr. Soc. 6 ₰

Beaufort d'Auberval, Alphonse Aimé
(—) — [deutsch] Sie und ich, oder Verirrung und Rückkehr. (Verf.: Beaufort; [Übers.: Karl Müchler].) Th. 1.2. — Berlin: Himburg 1802. 8° 1:Xy 7476.
14.318

Beaufort d'Hautpoul, Anne Marie Ctesse de
s.a. Euridane

— [deutsch] Euridane. Schäferroman mit Romanzen u. Liedern von d. Bürgerin Beaufort. (Übers.: W. Ch. S. Mylius u. Tilly.) — Berlin: Felisch 1798. 99 S. 8°
11. 78. 109.
14.334

Beaufort, Frau, Zelina. 12. Leipz., Wolff. (Schmidt). 16 gr

Beaufront, Louis de
Beaufront, L. de, elementare Grammatik u. Übungsbuch. (Exercaro.) Linguo internaciona di la delegitaro. Deutsche Ausg. v. R. Thomann. (61 S.) 8. Stuttgart (908). Franckh. 1.—; Schlüssel nebst Anmerkgn. (85 S.) 909. —50

— [Grammaire complète, deutsch] Linguo internaciona di la Delegitaro. Vollständige Grammatik der internationalen Sprache. Deutsche Ausg. von Rob. Thomann. — Stuttgart: Franckh 1908. 95 S. 8°
1:V 8046/57. 15. 18. 24. 30. 123. 201. 307.
14.350

— Linguo internaciona di la Delegitaro (Sistemo Ido). Deutsch-internationales Wörterbuch von L. de Beaufront, L. Couturat u. Rob. Thomann. — Stuttgart: Franckh 1908. 376 S. 8° 1:V 8046/43. 15. 61. 201.
14.364

Beaufront, L. de, u. L. Couturat, international-deutsch. Wörterbuch, unter Mitarbeit v. Rob. Thomann. Vorwort v. Otto Jespersen. (Linguo internaciona di la delegitaro. [Sistemo Ido.]) (XXIV, 294 S.) kl. 8. Stuttgart 908. Franckh. 2.—; geb. 2. 60

Beaufsichtigung. — Die forstpolizeiliche Beaufsichtigung der Privatwaldungen im Großherzogthum Hessen. Gießen [um 1900]: Ottmann. 8 S. 8° 26.
14.366

Beaufsichtigung, die, des Unterrichts- und Erziehungswesens. Gesetz vom 11. März 1872. Mit erläut. Anmerkungen aus den Motiven, Verhandlungen rc. 8. (24 S.) Berlin 872, Kortkampf. *

Beaugeard, Pierre Jean Baptiste
[—] — [deutsch] Über die Frage: Ist es Frankreichs Vortheil, seine Besitzungen bis an den Rhein auszudehnen, und das linke Ufer dieses Flusses zu der künftigen Grenze der neuen Republik zu bestimmen? — Frankfurt [usw.] 1795. 80 S. 2. 10. 12: Gall. rev. 363. 14. 209.
14.378

Beauharnais, Ctesse de, Französische Schriftstellerin, 1738-1813.
1773 s. *Beauharnais*, Fanny Ctesse de.

Beauharnais, Prince Eugène de
— [deutsch] Denkwürdigkeiten und politische und militärische Correspondenz des Prinzen Eugène. Hrsg. von A. du Casse. Aus d. Franz. von L. Fort. Bd 1-3. — Halle: Heynemann 1858. 8°
1:Rb 6238. 2. 12: Gall. rev. 1011 h. 14. 17. 209.
14.414

— Merkwürdige Lebensgeschichte des Prinzen Eugen, Herzogs von Leuchtenberg. 1824
s. *Aretin*, Johann Christoph Frhr v.

Beauharnais, Fanny Ctesse de
— L'Aveugle par amour, ou l'amant singulier. Hambourg: Fauche 1798. 343 S. 8° 15.
14.423

v. Beauharnois, Gräfin, der Blinde aus Liebe; aus d. Französ. 8. Hamb. 782. Reuß. 16 gr

LAUNEN des Schicksals oder die bezauberten Knoten. Eine Feengeschichte aus der neueren Zeit. (Aus d. Französ. der Comtesse *Fanny Beauharnais.*) Rom, in der päbstlichen Druckerei, o. J. (Berlin, Unger, 1799.) 8°. 4 Bll. u. 237 S. (8 Mk. Adolf Weigel, 1905; 18 Kr. Halm & Goldmann, 1907.)
Original (in München): Les noeuds enchantés, ou la bisarrerie des destinées, 2 part. A Rome, de l'imprimerie papale (Paris) 1789. 8°. (2⅔ Rthlr. Scheible, Cat. 33.) Von Paul Lacroix der Gräfin Fanny B. zugeschrieben. — Das Märchen enthält, ausser vielen, sehr freien Stellen, eine feine Satyre auf Laharpe u. andere Litteraten.

(—) — [deutsch] Stephanie. Ein Roman in Briefen. Bd 1.2. Berlin [usw.]: Decker 1779. 512 S. 8° 1:Xy 5794. 24. 32.
14.430

— Stephanie; aus d. Französ. 2 Thle. 8. Berl. 779. Rottmann. 1 ₰ 8 gr

— [La Haine par amour, deutsch] Zamenide. Ein dialogirtes Feenmärchen. Aus d. Franz. d. Gräfinn v. Beauharnois. Von Karl Müchler. — Grätz 1797. 39 S. 8°
300: 2908-A.
14.425

Beauharnois s. *Beauharnais.*

Beaujon, Cornelia M: Die Mitarbeit d. Frau bei d. Polizei. (136 m. 5 Tab.) gr8° Haag, M Nijhoff '12. nn 3 —

Beaujon, Georges, un critique Neuchâtelois au XVIII. siècle, Henri-David Chaillot 1751—1824. Thèse. gr. 8. (59 S.) Basel 894. (Bern, H. Körber.) n. 1. 40

Beaujon, Georges, l'école symboliste. Contribution à l'histoire de la poésie lyrique française contemporaine. Progr. gr. 4. (43 S.) Basel 900. (B. Schwabe). n. 1. 60

— Konjugations-Tabelle der schwierigen Verben der französischen Sprache, s.: Lesuisse, F.

Beaujour, Félix Bn de
Beaujour, F., Schilderung d. Handels v. Griechenland, s. Bibl. d. Reisebeschreib., 3r Thl.

— [deutsch] Schilderung des Handels von Griechenland, besonders der Stadt Thessalonich. — Weimar: Industrie-Comptoir 1801. VIII, 230 S. 8° (Bibliothek d. neuesten u. wichtigsten Reisebeschreibungen zur Erweiterung d. Erdkunde. 3,2.) 1: Ps 7200-3,2. 2→5. 7→10. 12: It. coll. 85-3. 14. 15. 17. 18. 19. 21. 24. 26. 27. 28. 30. 31. 33. 35. 36. 38. 39. 42→46. 53. 60. 102. 205. 211. 302. 304.
14.459

Beaukere, Anton: Der aufgedrungene Cälibat, oder ächter Beweis, daß die katholische Geistlichkeit bis ins XIII. Jahrhundert das Recht sich zu verehlichen gehabt, Rom aber ihr solches mit Gewalt genommen habe. — Freysing 1784. 156 S. 8° 12: J. can. P. 95 m. 303.
14.464

Beaulac
[—] — [deutsch] Die drey Feldzüge der Franzosen gegen die Spanier in den West-Pyrenäen in den Jahren 1793, 1794 und 1795. Aus d. Franz. des Bürgers B*** von J. Kessler. — Leipzig: Hinrichs 1804. VIII,208 S. 8°
4. 12: Eur. 287. 14. 15. 17. 31. 43. 209. 304.
14.468

Beaulac, L.: Histoire de la constitution épidémique observée chez les soldats français dans l'Hôpital militaire (Académie Joséphine) de Vienne en Autriche pendant les mois de juin, juillet, août, septembre, octobre et novembre de l'an 1809. — Vienne 1810: Strauss. 143 S. 8° 46.
14.469

Beaulieu, Schriftstellerin, Berlin, 1846-1902. 1875
s. *Beaulieu*, Gertraut v.

Beaulieu, v., Oberappellationsgerichtspräsident, Oldenburg, 1815-1898. 1842 s. *Beaulieu*-Marconnay, Eugen Frhr v.

Beaulieu. 1793: Relation exacte de l'affaire des Francfortois, depuis l'établissement d'une garnison française dans Francfort, jusqu'à la prise de cette ville par les Prussiens. (Verf.: Beaulieu.) — (Francfort [1793]: Varrentrapp & Wenner.) 8 S. 8° 17. 30. 43.
14.476

Beaulieu, Made. de, der zwölfjähr. Robinson, od. merkwürd. Schicksale ein. französ. Schiffsjungen auf ein. unbewohnt. Insel. A. d. Franz. n. d. 7. Aufl. übers. M. 5 (ill.) Bild. 8. (12 B.) Crefeld 838, Schüller.

Beaulieu, Erich v.: Judas Ischariot. Eine dramatische Rettung. — Straßburg [usw.]: Singer 1907. 145 S. 8°
18. 24. 28. 109. 300: 455.711–B.
14.490

Beaulieu, Ernst Frhr v. s. *Beaulieu*-Marconnay, Ernst Frhr v.

Beaulieu, Gertraut v.
Pseudonym für Gertraud Chales de Beaulieu
— Das weibliche Berlin. Bilder aus d. heutigen socialen Leben. — Berlin: S. Fischer 1892. 149 S. 8°
1: Tc 9827. 8. 12: H. g. hum. 373a. 17.
14.498

Beaulieu, G. v., Sein Bruder, s. a. Collection Fischer.

— Sein Bruder. Novelle. — Berlin 1898. 96 S. 8° (Collection Fischer. 5.) 1: X 8418–5. 11.
14.499

Beaulieu, G. v., spanische Frühlingstage. Eine Wanderung auf der iberischen Halbinsel. gr. 8. (VII, 344 S. mit 5 Holzschn.-Illustr. und 1 Lichtdr.-Bild.) Leipzig 885, Hoffmann und Ohnstein. *M 6.; geb. *

Beaulieu, Gertraut v.: Grosstadt-Originale, s. a. Reclam's Novellen-Bibliothek.

Beaulieu, Gertraut v., Großstadt-Originale, s. a. Universal-Bibliothek.

— Großstadt-Originale. Humoristisch-satirische Skizzen. Leipzig: Reclam [1903]. 98 S. 8° (Universal-Bibliothek. 4405.) 1: Ag 7201–4405. 12: Var. 380k–4405. 14. 122.
300: 410.411–A. Per. 4405. 302.
14.501

Beaulieu, G. v., langes Haar, krauser Sinn. Novellen. 8. (340 S.) Breslau 887, Schottländer. *M 4.50.; geb. *

—— Leibeigen. Novellen. 8. (277 S.) Dresden 888, Pierson's Verlag. *

— Leibeigen. Novellen. — Dresden [usw.]: Pierson 1889. 277 S. 8° 7.
14.503

(B) Beaulieu, G. v., Leibeigen. 889. (RBL 25) Jetzt: Berlin, Verlag Berlin-Wien.

Beaulieu, G. v., alte u. neue Menschen. Roman. gr. 8. (283 S.) Breslau 901. Schles. Buchdruckerei zc. n. 3. —; geb. n. 4. —

— Neu-Berlin. Was Frau Guticke in d. Reichshauptstadt erlebt. Mit e. Vorw. von Julius Stettenheim. — Breslau Schlesische Buchdr., Kunst- u. Verl. Anst. 1890. 259 S. 8° 1: Yy 11311. 12: P. o. germ. 1813k. 19. 47.
14.505

— Neu-Berlin. Was Frau Guticke i. d. Reichshauptstadt erlebt. M. e. Vorwort v. Jul. Stettenheim. (Neue [Titel-] Ausg.) 8. (259 S.) Breslau (890) 898. Schles. Buchdruckerei zc. n. 2. —

Beaulieu, Guichard de s. *Guichard* de Beaulieu.

Beaulieu, Heloise v., Höhenluft. Novellen. (278 S.) 8. Dresden (903). H. Minden. n. 3. —; geb. n.n. 4. —

— Ueberlastet. Geschichte eines Knaben. — Dresden [usw.]: Minden [1905]. 186 S. 8° 32.
14.510

Beaulieu - Bonoeil, Aug. Fr. v. (Hallersspringa-Hann.), De artis civilis seu politices notione. Diss. philos. Göttingen (C. E. Rosenbusch) 1830. 42 S. (1.50) Gew.: Chr. Wilh. Mitscherlich. 1515

Beaulieu Hugs O'Neil, de [Pseud.] s. *Baillet*, Adrien.

Beaulieu-Marconnay, Edmund Frhr v.: Nach dem Ball. Dramatischer Scherz. — Freiburg i.B. 1886: Thiergarten. 28 S. 8° 30. 32.
14.531

— Dem Reichskanzler. Zeitgedichte. Zum Jubiläum gesammelt. — o.O. 1885. 24 S. 8° 109.
14.534

Beaulieu-Marconnay, Edm. Frhr. v., aus beiden Sphären. Englische Dichtungen des XIX. Jahrh., übertr. 12. (X, 208 S.) Leipzig 881, Friedrich. *M 3.; geb. **

—— Ebd. 1881. X,208 S. 8° (Dichtungen d. Auslandes. 10.) 33.
14.533

— Ueberlistet. Sittenbild aus d. Zeit d. ersten französischen Kaiserreichs. Frei nach d. Engl. — Freiburg i.B. 1886: Thiergarten. 80 S. 8° 30. 32.
14.535

Beaulieu-Marconnay, Ernst Frhr v.: Kriegs- und Friedenslieder von Ernst Frhr Beaulieu. — Leipzig: Brockhaus 1853. X,230 S. 8° 14. 117.
14.536

Beaulieu-Marconnay, Eugen Frhr v.: Beitrag zur Geschichte des Großherzoglichen Oberappellationsgerichts in Oldenburg. Abschiedswort des Herrn v. Beaulieu an seine Collegen. — (Oldenburg [1879]: Stalling.) 16 S. 8° 16.
14.537

— Das Grundbuchrecht des Herzogthums Oldenburg. Die Gesetze vom 3. April 1876 mit Bemerkungen u. Erl. aus d. Regierungs-Motiven u. Landtags-Verhandlungen. — Oldenburg: Stalling 1876. VIII,235 S. 8°
1: Gm 19507. 3. 6. 9. 19. 20. 29. 33. 45. 203. 208.
14.538

— Das bäuerliche Grunderbrecht vom Standpunkte des Gesetzgebers mit besonderer Rücksicht auf das Herzogthum Oldenburg. — Oldenburg: Schulze 1870. V,85 S. 8°
1: Gn 8420. 3. 4. 7. 11. 19. 21. 27. 33. 43. 45. 46. 48. 106. 109. 203. 208.
14.539

— Ueber den Vorschlag eines zu bildenden Hülfsfonds für arme Kranke im Peter-Friedrich-Ludwigs-Hospital. — Oldenburg: Schulze 1842. 15 S. 8° 45.
14.540

Beaulieu-Marconnay, Karl Frhr v., Geheimrat, Weimarischer Gesandter am Deutschen Bundestag, 1811-1889. 1862: Anna Amalia, Carl August und der Minister von Fritsch. Beitrag zur deutschen Cultur- u. Literaturgeschichte d. 18. Jahrhunderts. — Weimar: Böhlau 1874. 256 S. 8° 1: Ss 1998. 2→11. 12: H. lit. P. 33 l. 14→21. 23→30. 32. 35. 38. 39. 45. 47. 48. 79. 106. 109. 117. 123. 300: 50.786–B. 302. 304.
14.541

— [Angebl. Verf.] s. *Bedeutung*, Die, des Altkatholicismus für unsere Zeit. 1882.

Beaulieu-Marconnay, Karl Frhr. v., Karl v. Dalberg und seine Zeit. Zur Biographie und Charakteristik des Fürsten Primas. 2 Bde. Mit Dalberg's Bildniß (in Stahlst.). gr. 8. (VIII, 366; III, 395 S.) Weimar 879, Böhlau.

— Ernst August, Herzog von Sachsen-Weimar-Eisenach. ⟨1688–1748.⟩ Kulturgeschichtlicher Versuch. — Leipzig: Hirzel 1872. VI,303 S. 8° 1:Ss 1898. 3. 4. 5. 7→10. 12:Germ. sp. 27ko. 14. 15. 16. 18. 20. 21. 24→27. 31→35. 38. 39. 45. 48. 53. 61. 78. 112. 117. 300:66.555–B. 302. 14.543

— Der Hubertusburger Friede. Nach archivalischen Quellen. Leipzig: Hirzel 1871. IV,251 S. 8° 1:Sv 9318. 2→7. 9. 10. 11. 12:J. publ. E. 351. 14→17. 19. 20. 21. 24→32. 34. 35. 38. 41. 44. 45. 48. 53. 91. 106. 109. 111. 117. 180. 203. 209. 300:111.326–B. 302. 303. 14.544

Beaulieu-Marconnay, Karl Frhr v., Hauptmann a. D., Kanzler d. Deutschen Flottenvereins, 1866–1906. 1892: Unter der Kriegsflagge des Reichs. Eine Studie über Entwickelung u. Aufgaben d. deutschen Marine. — Braunschweig 1900. 57 S. 4°
Aus: Westermanns illustrierte deutsche Monatshefte. 87. 1899/1900.
1:Sa 8198/33. 5. 11. 12:4° A. hydr. 503f. 14. 17. 25. 31. 38. 44. 45. 48. 62. 83. 85. 86. 106. 117. 169. 203. 205. 209. 210. 14.548

— Unter deutscher Kriegs- und Handelsflagge. Studie über Entwickelung u. Aufgaben d. deutschen Kriegs- u. Handelsflotte von Frhr v. Beaulieu-Marconnay u. Paul Neubaur. — Braunschweig: Westermann 1901. 96 S. 4°
Enthält außerdem: Neubaur, Paul: Die deutsche Handelsmarine u. der deutsche Schiffbau in d. Gegenwart. 14. 28. 14.549

— Der Mittwoch-Verein in Weimar. Vortrag. — Weimar [1862]: Priv. Geheime Dr. d. Mittwoch-Vereins. 26 S. 4° 14. 32. 14.545

— Die Novelle zum Flottengesetz. — Braunschweig 1900. 13 S. 4°
Aus: Westermanns illustrierte deutsche Monatshefte. 88. 1900.
10. 17. 26. 30. 33. 14.550

Beaulieu-Marconnay, Karl Frhr v.
[—] Tagebuch-Blätter aus dem Jahre 1866. Erlebtes u. Durchdachtes von einem deutschen Staatsmanne. — Darmstadt [usw.]: Zernin 1867. V,78 S. 8° 1:Qo 5399 [u.] 7 in Qo 5480–1. 5. 7. 9. 11. 12:Germ. g. 479hm. 14. 16. 17. 19. 22. 24. 29. 30. 31. 35. 36. 38. 68. 123. 203. 14.546

[—] — 2., unveränd. Aufl. Ebd. 1867. V,78 S. 8° 1:Qo 5400. 3. 11. 17. 20. 30. 34. 36. 38. 42. 47. 123. 14.547

— Ein neues Visir. — Cassel 1892: Gotthelft. 11 S. 4° 17. 14.551

Beaulieu-Marconnay, Wilhelm Ernst Frhr v.: Athen im Frühjahre 1851. [Verf.: Wilhelm Ernst Frhr v. Beaulieu-Marconnay.] — (Oldenburg [1851]: Schulze.) 84 S. 8° 1:Ug 6357/5. 12:It. sing. 30kd. 32. 45. 14.552

[—] Constantinopel und Brussa im Frühjahre 1851. — (Oldenburg [1851]: Schulze.) 80 S. 8° 1:an Ug 6357/5. 45. 14.553

Beaulie, Guischart de s. *Guichard* de Beaulieu.

Beaumarchais, s. Aug. Lewald.

Beaumarchais' Biographie, s.: Bettelheim, A.

Beaumarchais, Frz. Jos., Amusemens littéraires. 3 Tom. 8. Francf. Varrentrapp. 758. 59.

— Le Hollandois, ou lettres sur la Hollande ancienne et moderne. 2 Tom. 8. ibid. 738.

Beaumarchais, Pierre Augustin Caron de
— Abhandlung über das ernsthafte Drama. 1769
in: *Beaumarchais:* Eugenia [Eugénie, deutsch].

— s. Auswahl französ. Theaterstücke rc.]

– Der Barbier von Sevilien, s. Beaumarchais: Der Barbier von Sevilla.

Beaumarchais, Pierre Aug. Caron de: Der Barbier von Sevilla, s.a. Theater-Bibliothek

—— der Barbier von Sevilla, s.a. Universal-Bibliothek Nr. 600.

v. Beaumarchais, C., der Barbier von Sevilien. Lstspl. in 4 A. u. neuer Musik v. J. André. 8. Offenbach 770. Brede 8 gl

— [deutsch] Der Barbier von Sevilien, oder die unnütze Vorsicht. Lustspiel. — [Wien 1776.] 132 S. 8° 300:2 in 440.778–A. 45. 14.699

— — Wien: Bey d. Logenmeister 1776. 132 S. 8° 31. 302. 14.700

— Der Barbier von Sevilla oder die unnütze Vorsicht. Lustspiel. Frei bearb. von M. Tenelli. — Gotha: Hennings 1826. VIII,106 S. 8° (Beaumarchais: Sämmtliche Schauspiele. 1.) (Classisches Theater d. Auslandes. 15.)
In allen Exemplaren fehlt d. eine oder andere d. Titelblätter.
10. 15. 17. 20. 23. 33. 61. 79. 300:3826–A. 15. 16. 14.702

— — Stuttgart: Freya 1868. VI,37 S. 8° (Classische Theater-Bibliothek aller Nationen. 48.) 24. 38. 43. 14.703

— — Stuttgart: Hoffmann [1869]. VI,37 S. 8° (Classische Theater-Bibliothek aller Nationen. 48.) 107. 14.704

— — Deutsch von Max Koesling. Leipzig: Reclam [um 1875]. 69 S. 8° (Universal-Bibliothek. 600.)
1:Ag 7201–600. 7. 9. 12:Var. 380k–600. 14. 15. 26. 32. 33. 52. 62. 109. 121. 123. 300:410.411–A. Per. 600. 302. 14.705

— der Barbier v. Sevilla [le barbier de Séville]. Lustspiel in 4 Aufzügen. Wortgetreu aus dem Franz. ins Deutsche übers. nach H. R. Mecklenburg's Grundsätzen von R. L. 1. u. 2. Lfg. 32. (S. 1—128.) Berlin 878. 82. H. R. Mecklenburg. à n. — 25

Beaumarchais, der Barbier v. Sevilla od. Alle Vorsicht umsonst! Komödie in 4 Akten. Übers. v. Jos. Kainz. (88 S.) gr. 8. Berlin 907. F. Fontane & Co. 2.—; geb. 3.—

Beaumarchais, Le barbier de Séville, s.a. Bibliotheca romanica.

Beaumarchais, le barbier de Séville, s.a. Hartmann's, Mart., Schulausgaben französischer Schriftsteller.

— le Barbier de Séville, s.a. Théâtre français par Schütz. VII. Série. No. 9.

— Le barbier de Séville, ou la précaution inutile, comédie. Représentée & tombée sur le théâtre de la Comédie françoise aux Tuileries, le 23 de février 1775. — Neuchâtel 1775: Soc. typogr. XXIX,99 S. 8°
Diese und die meisten der folgenden Ausgaben enthalten außerdem Beaumarchais: Lettre modérée sur la chûte & la critique du Barbier de Séville. 27. 30. 180. 14.652

— — Cassel 1808: Impr. Royale. 128 S. 8° 34. 14.667

— — Berlin: Schlesinger 1842. 55 S. 8° (Répertoire du Théâtre français à Berlin. 244.)
1:Xv 1966–244. 5. 11. 17. 31. 33. 14.672

— — Bielefeld: Velhagen & Klasing 1846. 80 S. 8° (Théâtre français. Publ. par C. Schütz. 7,9.) **6. 30. 31. 47. 60.**
14.673

— — 2. éd. Bielefeld: Velhagen & Klasing 1856. 80 S. 8° (Théâtre français. Publ. par C. Schütz. 7,9.) **304.**
14.675

— — 3. éd. Bielefeld: Velhagen & Klasing 1862. 80 S. 8° (Théâtre français. Publ. par C. Schütz. 7,9.) **33.**
14.677

— — 4. éd. Ebd. 1862. 80 S. 8° (Théâtre français. Publ. par C. Schütz. 7,9.) **106. 123.**
14.678

— — 5. éd. Ebd. 1873. 80 S. 8° (Théâtre français. 7,9.) **84.**
14.679

— — 6. éd. Bielefeld [usw.]: Velhagen & Klasing 1877. 87 S. 8° (Théâtre français. 7,9.) **26. 93.**
14.680

— — Avec notes et vocabulaire par A. W. Kastan. Berlin 1878. 96 S. 8° (Théâtre français. Collection Friedberg & Mode. 36.) **1:Xv 2034–36. 11. 211.**
14.681

— — Avec notes et vocabulaire par A.W. Kastan. 3. éd. Berlin 1883. 96 S. 8° (Théâtre français. Collection Friedberg & Mode. 36.) **207.**
14.683

— Le barbier de Séville ou la précaution inutile. Comédie. Avec notes et vocabulaire par A.W. Kastan. 4. éd. — Berlin 1889. 96 S. 8° (Théâtre français. Collection Friedberg & Mode. 36.) **123.**
14.685

— Le barbier de Séville. Mit Einl. u. Anm. hrsg. von Wilh. Knörich. — Leipzig: Seemann 1890. XXX,100,16 S. 8° (Martin Hartmanns Schulausgaben. 8.) **41. 207.**
14.686

— — Avec notes et vocabulaire par A.W. Kastan. 9. éd. Berlin [nach 1895]. 96 S. 8° (Théâtre français. Collection Friedberg & Mode. 36.) **101.**
14.689

– Eugenia, s. Beaumarchais: Eugénie.

Beaumarchais, Pierre Augustin Caron de
— [deutsch] Eugenie, ein Schauspiel. o.O. 1768. 125 S. 8° **1:Xw 4166. 46.**
14.729

— Eugénie, drame. [Dresden]: Walther [1768]. 116 S. 8° **6. 8. 10. 15. 17. 106.**
14.719

— dass. aus d. Französ. (v. Chr. Fr. Schwan). S. Frankf. 768. (Schwan u. G. in Manh.) 4 gr

— Eugenie, ein Drama. Hamburg: Grund 1768. 92 S. 8° **18. 39. 180.**
14.730

— Eugénie. Drame. 8. ... 768. Jena, Voigt. 9 gr Hbg. Pr. 4 gr

— — Nebst e. Versuch über das ernsthafte Drama. [Übers.: Wilhelm Vogel.] — Leipzig: Crusius 1768. 48,110 S. 8° **7. 12:P. o. angl. 443/1. 14. 19. 32. 39. 41.**
14.731

— Eugenie, ein Schauspiel. [Übers.: Christian Friedrich Schwan.] — Mannheim: Churfürstl. Hof-Buchh. 1768. 103 S. 8° **31. 180.**
14.732

— — Vienne: de Trattner 1768. 105 S. 8° **34. 79. 300:132.790–A [2 Ex.] 302.**
14.722

— Eugenia. Schauspiel in Prose. Nebst e. vorgesetzten Abhandlung über das ernsthafte Drama. — Frankfurt a. M.: Garbe 1769. 174 S. 8° **42.**
14.733

[—] — Eugenie. Drama. o.O. 1778. 96 S. 8° **12: Bavar. 4020–8 [2 Ex.] 10. 24. 30. 117. 308.**
14.734

[—] — Stuttgart 1779: Mäntler. 103 S. 8° **1:Yr 7242.**
14.735

— Eugénie oder die falsche Ehe. Schauspiel. Neu bearb. von C.Ph. Bonafont. — Brandenburg: Wiesike 1823. XIII, 143 S. 8° **10. 17.**
14.736

— Eugenie, Schauspiel. Frei bearb. von M. Tenelli. Gotha: Hennings 1826. 92 S. 8° (Beaumarchais: Sämmtliche Schauspiele. 2.) (Classisches Theater d. Auslandes. 16.)
In allen Exemplaren fehlt d. eine oder andere d. Titelblätter.
10. 15. 17. 26. 23. 33. 61. 79. 123. 300:3826–A. 15. 16.
14.737

Beaumarchais, Pierre Augustin Caron de
— [deutsch] Die beiden Freunde oder der Kaufmann aus Lyon. Schauspiel ... [Übers.: Friedrich Ulrich Ludwig Schröder.] — Frankfurt a. M. 1771: Andreä. 172 S. 8° (Sammlung d. neuesten Schauspiele nach verschiedenen Mustern. 1,3.)
In d. Exemplaren von 117 u. 180 fehlt d. Titel d. Sammlung.
18. 117. 180.
14.648

— Zween Freunde oder der Handelsmann in Lyon. Drama. Uebers. von Joh. v. Sternschutz. — [Wien]: Bey d. Logenmeister [1771]. 103 S. 8° **18. 32. 51. 300:4 in 440.778–A. 85.**
14.649

Beaumarchais, Pierre Augustin Caron de. Die beiden Freunde Oder Der Kaufmann aus Lyon, ein Schauspiel in ungebundener Rede und fünf Aufzügen. Frankfurt a. M. 1779. Ü: *Schröder, Fch. Ludw.* (BIBLPORT)

— Die beyden Freunde, oder: Der Kaufmann in Lyon. Schauspiel. Übersetzt von Bock. — Grätz 1799. 94 S. 8° **300:624.929–A.Th.**
14.650

– Zween Freunde, s. Beaumarchais: Die beiden Freunde.

Beaumarchais, Pierre Augustin Caron de
— [deutsch] Die wahre Geschichte des Clavigo. Hamburg: Herold 1774. 64 S. 8° **1:Yr 4513. 10. 11. 15. 21. 23. 24. 32. 33. 35. 42. 111. 302.**
14.849

Beaumarchais, Figaros Hochzeit, s. Meyer's Volksbücher.

—— dass. — s Breitkopf und Härtel's Textbibliothek Nr. 18.

Beaumarchais, Pierre Aug. Caron de: Die Hochzeit des Figaro, s.a. Theater-Bibliothek

—— Figaro's Hochzeit, s Universal-Bibliothek Nr. 361.

— [deutsch] Der lustige Tag oder die Hochzeit des Figaro, ein Schauspiel. Frey übers. — o.O. 1785. 128, XXXII S. 8° **1:Xw 4131.**
14.773

— Der lustige Tag oder: Figaro's Hochzeit. Lustspiel. Berlin: Unger 1785. 192 S. 8° **1:Xw 4132. 10. 11. 14. 15. 32. 41. 44.**
14.774

— Der tolle Tag oder Figaro's Hochzeit, ein Lustspiel. (Übers.: L.F. Huber.) — Dessau [usw.]: Göschen 1785. LXIV [vielm. XLVI],140 S. 8° **5. 11. 12:P. o. gall. 211c. 14. 16. 19. 35. 117.**
14.775

— Der lustige Tag, oder Figaro's Hochzeit. Lustspiel. Kehl: J. G. Müller 1785. 120 S. 8° 18. 111.
14.776

— — Ebd. 1785. 43,148 S. 8° 8. 11. 18. 109.
14.777

— — Ebd. 1785. 59,216 S. 8° 1:Xw 4133. 5. 10. 11. 12:P. o. gall. 211. 17. 18. 31. 34. 39. 48. 300:4756-B.
14.778

Beaumarchais, Pierre Augustin Carron de. Der tolle Tag, oder Figaro's Hochzeit: ein Lustspiel in fünf Aufzügen; aus dem Französischen, ... Leipzig 1785. Ü: *Huber, Ludw. Ferd.* (MGT)

— Der lustige Tag oder die Hochzeit des Figaro. Lustspiel. [München]: Strobl 1785. 143 S. 8° 1:Xw 4130. 12:P. o. germ. 1234/3. 18 [unvollst.] 19. 302. 308.
14.780

— Der lustige Tag oder die Hochzeit des Figaro. Lustspiel. — Prag: Eman 1785. 229 S. 8° 14.
14.781

Beaumarchais, Pierre Augustin Caron de. Der närrische Tag oder die Hochzeit des Figaro; ein Lustspiel in fünf Aufzügen. Wien 1785. Ü: *Rautenstrauch, Johann.* (wrztg 1785, beigeb. bei Nr. 11, S. 304) (DARP) (Ign. Schwartz 1926, Nr. 244) (BIBLPORT)

— Der närrische Tag, oder die Hochzeit des Figaro. Lustspiel. — Wien 1785. 156 S. 8° 20. 300:2415. 302.
14.782

Beaumarchais, die Hochzeit des Figaro. Komische Oper in 4 Akten. Nach dem Französ. Musik von W. A. Mozart. Text der Gesänge. 8. (31 S.) Berlin 858, Lassar's Buchh. *

— Figaro's Hochzeit oder ein toller Tag. Aus d. Franz. von Franz Dingelstedt. — Leipzig [usw.]: Bibliogr. Inst. [um 1860]. 127 S. 8° (Meyers Klassiker-Ausgaben.) 11. 15. 31. 211.
14.783

— Ein toller Tag oder Figaro's Hochzeit. Lustspiel ... Neu übers. u. bearb. von Franz Dingelstedt. — Weimar 1862: Tantz. 79 S. 8° 12:38/5736. 24. 30. 32. 41. 48.
14.784

— — Uebers. u. eingeleitet durch Franz Dingelstedt. Hildburghausen: Bibliogr. Inst. 1865. 127 S. 8° (Bibliothek ausländischer Klassiker in deutscher Uebertragung. 25.)
In d. Exemplaren von 11 u. 30 fehlt d. Titel d. Sammlung.
7. 9. 11. 28. 30. 31. 32. 34. 36. 38. 41. 43. 47. 48. 66. 75. 88. 93. 111. 207.
14.785

— Der tolle Tag oder die Hochzeit des Figaro. Lustspiel. Stuttgart: Freya 1868. X,67 S. 8° (Classische Theater-Bibliothek aller Nationen. 49.) 24. 38. 43. 88. 107.
14.786

— Figaro's Hochzeit oder der tolle Tag. Lustspiel. Deutsch von Max Koesling. — Leipzig: Reclam [um 1875]. 116 S. 8° (Universal-Bibliothek. 661.) 1:Ag 7201-661. 7. 9. 12:Var. 380k-661. 14. 15. 36. 62. 107. 121. 123. 300:410.411-A. Per. 661.
14.787

— Figaro's Hochzeit. Aus d. Franz. von Franz Dingelstedt. — Leipzig: Bibliogr. Inst. 1879. 127 S. 8° (Bibliothek deutscher u. ausländischer Klassiker.) 302.
14.788

— Figaro's Hochzeit oder ein toller Tag. Aus d. Franz. von Franz Dingelstedt. — Leipzig: Bibliogr. Inst. [um 1880]. 127 S. 8° 1:Xw 4133/26. 4. 34. 102. 180. 303.
14.789

— (Bearbeitung d. Wiener Ringtheaters.) 1. Aufführung ... 1881. Figaro's Hochzeit oder: Der tolle Tag. Lustspiel. Übers. u. bearb. von Karl Saar. — Wien: Lewy [1881]. 76 S. 8° 302.
14.790

— Figaros Hochzeit oder ein toller Tag. Lustspiel. Aus d. Franz. von Fr. Dingelstedt. — Leipzig [usw.]: Bibliogr. Inst. [1887]. 99 S. 8° (Meyers Volksbücher. 298.299.) 15.
14.791

— Figaro's Hochzeit (Der tolle Tag). Lustspiel. Uebers. u. bearb. von Ludwig Fulda. — Berlin: Bloch 1894. 86 S. 8° 31. 300:624.932-B. Th.
14.792

— — Berlin: (Bloch) 1894. 87 S. 8° 180.
14.793

— Figaros Hochzeit oder der tolle Tag. Lustspiel. Uebers. u. bearb. von Ludwig Fulda. — Leipzig: Reclam [1897]. 87 S. 8° (Universal-Bibliothek. 3704.) 1:Ag 7201-3704. 15. 26. 52. 107. 300:410.411-A. Per. 3704. 302.
14.794

— Der tolle Tag oder Figaros Hochzeit. Komödie. Übers. u. bearb. von Josef Kainz. — Berlin: Fontane 1906. 145 S. 8° 1:Xw 4133/30. 11. 24. 300:448.093-B. 302.
14.795

— Figaro's Hochzeit oder ein toller Tag. Aus d. Franz. von Franz Dingelstedt. — Leipzig [usw.]: Bibliogr. Inst. [um 1910]. 127 S. 8° [(Meyers Klassikerausgaben in 150 Bänden.)] 22. 26. 43. 60. 79. 109. 300:478.506-B.
14.796

Beaumarchais, Pierre Augustin Caron de
—-- Le mariage do Figaro, s. Théâtre français, Collection Friedberg u. Mode.

— Mariage de Figaro, ou la folle journée. 8. Dresd. 785. Walther. 12 g.

— Le mariage de Figaro, ou la folle journée. Comédie. Paris; Hambourg: Chaidron 1785. 512 [vielm. 152] S. 8° 33.
14.749

— — Berlin: Schlesinger 1842. 96 S. 8° (Répertoire du Théâtre français à Berlin. 245.) 1:Xo 1966-245. 5. 11. 15. 17. 31. 33. 309.
14.761

— Le mariage de Figaro ou la folle journée. Comédie. Avec notes et vocabulaire par A. W. Kastan. — Berlin 1881. 156 S. 8° (Théâtre français. Collection Friedberg & Mode. 106.) 1:Xv 2034-106. 128. 207. 302.
14.764

— — 2. éd. Ebd. 1884. 156 S. 8° (Théâtre français ... 106.) 11. 79.
14.765

— Le mariage de Figaro ou la folle journée. Comédie. 6. éd. — Berlin [um 1895]. 156 S. 8° (Théâtre français. Collection Friedberg & Mode. 106.) 75. 101.
14.767

— — Le mariage de Figaro. 1907
in: *Beaumarchais:* Le Barbier de Séville.

Beaumarchais, Pierre Augustin Caron de
— La mère coupable ou l'autre Tartuffe. Comédie. Berlin: Schlesinger 1842. 60 S. 8° (Répertoire du Théâtre français à Berlin. 246.) 1:Xv 1966-246. 5. 11. 17. 31. 33.
14.864

Beaumarchais, P. A. C., Oeuvres complettes. VII Vols. av. fig. gr. 8. Strassb. 809. Treuttel et W. 18 ₰ Dass. ohne Umrisse. Ebd. 15 ₰

— [deutsch] Sämmtliche Schauspiele; frei bearb. (von M. Tenelli). Wohlfeile Taschenausg. Bdch. 1. 2. — Gotha: Hennings 1826. 8° 1. Der Barbier von Sevilla. 2. Eugenie. (Classisches Theater d. Auslandes. 15.16.)
In allen Exemplaren fehlt d. eine oder andere d. Titelblätter.
10. 15. 17. 20. 23. 33. 61. 79. 123. 300:3826-A. 15.16
14.632

— [deutsch] Gemäsigtes [!] Schreiben über den Fall und die Kritik des Barbiers von Sevilien. — Offenbach a. M.: Weiß 1776. 45 S. 8° (André, Johann: Der Barbier von Sevilien. Beil.) 10. 11. 12: P. o. gall. 211 m. 14.806

Beaumarchais, Pierre Augustin Caron de
—— die Schuld der Mutter, s. Universal-Bibliothek Nr. 1335.

— **Die Schuld der Mutter oder der neue Tartüffe. Schauspiel. Deutsch von Maxmilian Röttinger. — Leipzig: Reclam [1880]. 78 S. 8° (Universal-Bibliothek. 1335.)** 1: Ag 7201–1335. 9. 10. 14. 15. 47. 51. 107. 300: 410.411–A. Per. 1335. 302. 308. 14.866

Beaumarchais, Pierre Augustin Caron de: Der tolle Tag oder Figaros Hochzeit, s. Beaumarchais: Figaros Hochzeit...

— **[deutsch] Tarare. Trauerspiel. Frei übers. von Wilhelm Müller. — Karlsruhe 1788: Maklot. 120 S. 8°** 19. 31. 14.857

— Tarare. Opera [illegible] Braunschw. 805. Pluchart. [illegible]

Beaumarchais, de, Théatre 5 Vol. in-18. edit. Stéreot. (Leipzig, Barth.) (Pap. ord. 1 Thlr. 5 Gr.) (Pap. fin. 1 Thlr. 12 Gr.) (Pap. vélin. 3 Thlr.) format in-12, pap. vél. 4 Thlr.

— [deutsch] Versuch über das ernsthafte Drama. 1768 in: *Beaumarchais:* Eugenie [Eugénie, deutsch].

Beaumarches s. *Beaumarchais*, Pierre Augustin Caron de.

Beaumé, s. Baumé.

v. Beaumelle, Angliviel, Antwort auf Voltaire's Supplement zu d. Zeit Ludwig XIV. A. d. Französ. 8. Jena 754. Fischer. 6 Kr

— Gedanken, nebst Beitrr. zu denselben, (v... v. Benekendorf). gr. 8. Glogau 754. C. F. Günther. 20 Kr

— Gedanken v. d. Ehe 2c. 8. Kopenh. 757.

— Gedanken v. d. Thorheiten. 8. Kopenh. 756.

— Mémoires pour servir à l'histoire de Mad. de Maintenon. 16 vol. 12. Mastricht, Kupferberg, Mayence. 789.

— s. Pensees de Séneque.

Beaumont. Edmond B(outhillier) de B'... s. [Delessert, Adrien].

Beaumont, Englischer Dichter, 1586–1616. 1625 s. *Beaumont*, Francis.

Beaumont, Arzt, Lyon. 1828: [Notice sur les hernies, deutsch] Abhandlung über die Brüche. Nebst e. neuen Methode, alle Arten von Brüchen, besonders aber die am häufigst vorkommenden... zu heilen. Bearb. von J. C. Fleck. Ilmenau: Voigt 1828. XII [vielm. XVI], 124 S. 8° 1: Kb 7408. 2. 5. 15. 19. 26. 43. 304. 14.905

—— Ebd. 1828. XVI, 124 S. 8° 23. 29, 30. 47. 303. 14.906

Beaumont, M., Abhandl. über die Brüche, Nebst e. neuen Methode, alle Arten von Brüchen, besonders aber die am häufigsten vorkomm., sie mögen alt oder neu sein, sicher u. ohne Operation gründlich zu heilen. Nach d. Französ. bearb. v. J. C. Fleck. 8. Ilmen. 828. 2e A. 829. Voigt. 12 Kr

—— 2., verb. u. verm. Aufl. Ebd. 1830. XI, 131 S. 8° 1: Kb 7408[a]. 9. 22. 23. 25. 26. 31. 47. 60. 202. 308. 14.907

Beaumont, M., Abhandlung üb. d. Brüche. Nebst e. neuen Methode, alle Arten v. Brüchen, besond. aber die am häufigst vorkommenden, sie mögen alt od. neu seyn, sicher u. ohne Operation gründl. zu heilen. N. d. Franz. bearb. v. J. C. Fleck. 3., verm. u. verb. Aufl. 8. (11½ B.) Weimar 830, Voigt.

Beaumont, Chevalier de, Capitaine de cavallerie. 1753: L'Accord parfait de la nature; de la raison, de la révélation, & de la politique ... Par un Gentil-homme de Normandie, ancien Capitaine de cavalerie au service de S.M. [d. i. Chevalier de Beaumont]. P. (1–)3. — Cologne: Marteau 1753. 8° 1[^3]: Dd 2503. 4. 12: H. eccl. 10 l. 14. 18. 19. 24. 25. 30. 180. 302. 14.897

[—] — 2. éd., rev. et corr. T. 1.2. Göttingue 1755: Luzac. 8° 1: Dd 2505. 2. 12: H. eccl. 10 m. 15. 28. 14.898

v. Beaumont, ... Anweisung üb. d. Mittel, d. Schlachtvieh vor d. Seuche zu bewahren. 4. Straßb. 787. Levrault. 11 Kr

Beaumont, Mlle de
— **[deutsch] Friederich der Grosse im Tempel der Unsterblichkeit oder der Triumph der Ehre. — Frankfurt [usw.] 1759. 31 S. 8°** 22. 14.901

Der neue Goldmacher oder Das wahre Geheimnis der Freymaurer, eine moralische und lehrreiche Geschichte. [Von Mme Gut d. i. **Beaumont.**] Berlin: Ringmacher 1770. 198 S. 8°
Kl. 3949, TB. 21. Nach dem Missiv Nr 168 ein Abdr. aus dem 1. Teil des Abendzeitvertreibs in verschiedenen Erzählungen. 1750. Eine ungar. Übers. erschien 1810.

Beaumont, ..., engl. Leset., s. H. W. **Dover,** Lives of the most.

Beaumont, Abbé, Méditation p. tous l. jours de l'année etc. 11 Vols. 8. Dresd. 787. Walther. 1 ₰ 8 Kr

Beaumont, A., Thornicroft's model, s.: Collection of brit. authors.

Beaumont. Christophe de
— **[deutsch] Antwortschreiben des Herrn Erzbischofs von Paris (Christoph v. Beaumont) auf das Breve, wodurch Se Heiligkeit der Papst Clemens der XIV ihn ermahnete, das Unterdruckungsbreve der Gesellschaft Jesu anzunehmen. Paris, den 24. April 1774. — o. O. [um 1775]. 8 Bl. 8°** 6. 38. 121. 211. 14.1121

(—) — [deutsch] Hirtenbrief des hochwürdigsten Herrn Erzbischofes von Paris (d. i. Christoph v. Beaumont), über die Eingriffe in die geistliche Gerichtsbarkeit, welche von den Urtheilssprüchen weltlicher Gerichtshöfe, in dem Handel der Jesuiten gewaget worden sind. — Augsburg: Wagner 1764. 198 S. 8° 6. 12: 4° Past. 11 [u. 5.] 16. 19→22. 25. 300: 47 Nn 280. 302→304. 308. 14.1111

(—) — Hirtenbrief des Hochwürdigsten Herrn Erzbischofes von Paris (d. i. Christoph v. Beaumont) über den Handel der Gesellschaft Jesu. — Ebd. 1773. 198 S. 8° 2. 12: 4° Jes. 315–10. 25. 302. 14.1112

Beaumont, Christph. v., die Kirche, ihre Autorität, ihre Institutionen u. der Jesuitenorden, vertheidigt in ein. Sendschreiben gegen die Angriffe u. Verläumdungen ihrer Feinde. Nebst Zeugnissen u. Urtheilen der Päbste, d. Bischöfe, d. Klerus, d. Könige, d. Völker, so wie d. berühmtesten kathol., philosoph. u. protestant. Schriftsteller d. 3 letzten Jahrhunderte zu Gunsten der Jesuiten. Hrsg. v. ein. Staatsmanne. gr. 8. (10⅛ B.) Leipzig 844, Hunger. Thlr.

— **Die Kirche, ihre Autorität, ihre Institutionen und der Jesuitenorden von Christoph v. Beaumont. Mit e. Anh. von Zeugnissen u. Urtheilen über d. Jesuitenorden, gesammelt von e. Staatsmanne. Übers. u. mit e. Einl. versehen von D. Castioli. — Schaffhausen: Hurter 1844. LXIV, 230 S. 8°** 48. 211. 14.1114

v. Beaumont, Chrph., die Kirche, ihre Autorität, ihre Institutionen u. der Jesuitenorden. Hrsg. v. einem Staatsmanne. Wohlfeile (Titel-)Ausg. gr. 8. (VI u. 251 S.) Leipzig 848, Hunger. 1/2 ℛ

— [lat.] De turbis Galliae modernis sacerdotium inter et Parlamentum Regium sive instructio pastoralis Christophori de Beaumont. Cum Brevi apostolico SS. D. N. Benedicti XIV. et variis aliis documentis ac scriptis ad praesentem in Gallia controversiam spectantibus. Transtulit et reflexionibus illustr. celebris in Germania theologus. — Augustae Vind.; Ulm: Gaum 1757. 154 S. 8°
2. 6. 7. 12: 4° J. can. P. 103. 19. 20. 21. 25. 31. 35. 36. 38. 45. 66. 121. 303. 304. 308. 309.
14.1117

Beaumont, Elias Peter de: Beschreibung des geismarischen Saurbrunnen sampt dessen Eigenschafften und Gebrauch ... In 3. Sprachen als der lat., teutschen u. frantz. ... ans Licht gegeben. — Cassell 1701: Harmes. 26 Bl. 8° 7. 17. 30. 34.
14.933

— Tractat von der nothwendigkeit die Natur der Saurbrunenn [!] und warme Wasser, so dann der Temperamenten und Kranckheiten zu erkennen ... Worbey ... e. Specification der Curen, so bey dem geißmarischen Heilbrunnen im Jahr 1702 geschehen, zu finden ist. — Cassel 1703: Kürßner. 58 Bl. 8° 7. 17. 34.
14.935

— [franz.] Traité des eaux minérales de Hoffgeismar en latin, françois & alleman [!]. — [Kassel] 1701: Harmes. 27 Bl. 8° 17. 34.
14.934

— [franz.] Traité de la nature, des eaux minérales en général, des tempéramens, & des maladies ... Avec une relation fidèle des cures qui se sont faites l'année 1702. par le moyen des eaux minérales de Hoff Geismar. — [Kassel] 1703: Kürsner. 60 Bl. 8° 34.
14.936

Beaumont, Élie de, s. Beaumont, Léonce Élie de

Beaumont, Francis, Englischer Dramatiker, 1584-1616. 1625
Die Frage der Verfasserschaft bei den angeblich von Beaumont und Fletcher gemeinsam verfaßten Werken ist im einzelnen nicht zu klären. Vermutlich sind auch noch weitere Mitarbeiter in Betracht zu ziehen, wie Philip Massinger, Thomas Middleton u. James Shirley.
— Der Advokat zu Cordova. Lustspiel. Wien 1789: Jahn. 134 S. 8° 18. 109. 300: 2 in 392.620–A. 283 [u. ö.]
14.966

— [The Spanish Curate, deutsch] Doctor Barthel. Lustspiel. Nach d. Engl. von Beaumont u. Fletacher [!] von Werthes. — Augsburg: Stage 1786. 110 S. 8°
1: Zc 9491. 19.
14.965

— [deutsch] Die Braut, eine Tragödie. Nebst kritischen u. biographischen Abhandlungen über d. 4 größten Dichter d. ältern brittischen Theaters und e. Schreiben an d. Herrn Kreis-Steuer-Einnehmer Weiße in Leipzig (von [Heinrich Wilhelm v.] G[erstenberg]). — Kopenhagen; Leipzig: Roth & Profft 1765. 294 S. 8°
1: Zc 9482. 2. 5. 7. 8. 9. 18. 26. 28. 32. 33. 35. 109. 302.
14.1011

— Die Braut, ein Trauerspiel. Übers. von Karl Ludewig Kannegießer. — Berlin: Braunes 1808. 172 S. 8° 10.
14.1012

(—) — [deutsch] Ethelwolf oder der König kein König. Schauspiel. Nebst vorläufigen Anm. über Beaumont und Fletcher und das ältere englische Theater überhaupt. (Übers.: L. F. Huber.) — Dessau [usw.]: Göschen 1785. XXXII, 166 S. 8° 180.
14.968

— [deutsch] Geist ohne Geld. Lustspiel. Deutsch von A. Seubert. — Leipzig: Reclam [1879]. 96 S. 8° (Universal-Bibliothek. 1226.) 1: Ag 7201–1226. 12: Var. 380 k–1226. 15. 300: 410.411–A. Per. 1226. 302.
14.1018

— die [illegible] Berl. 808. Braunes. 14 ℊ

— [deutsch] Der beste Mann. Lustspiel von Beaumont u. Fletcher. — Frankfurt [usw.]: Dodsley 1769. 104 S. 8°
42. 121.
14.1003

[—] — [Übers.: Johann Christian Bock.] Leipzig: Hilscher 1778. 109 S. 8° [(Vermischtes Theater d. Ausländer. 1,2.)]
1: Yr 7219. 17. 18. 19. 30. 117. 300: 2038–A.
14.1004

— der beste Mann. Lstspl. 8. Berl. 808. [illegible]

— [deutsch] Philaster oder die Liebe blutet. Drama. Deutsch von Adolf Seubert. — Leipzig: Reclam [1879]. 101 S. 8° (Universal Bibliothek. 1169.)
1: Ag 7201–1169. 10. 12: Var. 380k–1169. 15. 32. 300: 410.411–A. Per. 1169. 302.
14.989

— [The fair Maid of the inn, deutsch] Das schöne Schenkmädchen, Tragi-Comödie nach Beaumont u. Fletcher. — Weimar: Tantz 1836. IV, 147 S. 8° 7. 32. 60. 109.
14.983

— [illegible] 8. Berl. 803. Braunes. 14 ℊ

Beaumont and Fletcher, the Maid's Tragedy, s. Library, English.

Beaumont, Francis
— [The loyal Subject, deutsch] Der rechtschaffne Unterthan. Russisches Schauspiel. Nach d. Engl. von Beaumont u. Fletcher. Von F. A. C. Werthes. — Stutgart: Mezler 1783. 183 S. 8° 1: 1 in Yp 5318–48. 12: P. o. angl. 30 b. 18. 109. 117. 300: 3 in 624.934–A. Th.
14.1005

— [deutsch] Beaumont's und Fletcher's Dramatische Werke hrsg. von Karl Ludewig Kannegießer. Th. 1.2. — Berlin: Braunes 1808. 8°
1: Zc 9450. 3. 5. 10. 11. 12: P. o. angl. 30 bo. 14. 15. 17. 18. 19. 23. 26. 27. 28. 32. 35. 38. 51. 66. 109. 180.
14.958

Beaumonts und Fletschers dramatische Werke, übers. v. K. L. Kannegießer. 2 Thle. Jetzt Rücker in Berlin.

Beaumont, Gustave de
Der Name d. Verfassers findet sich auch in d. Form Gustave de La Bonninière de Beaumont.
— [deutsch] Amerika's Besserungs-System, und dessen Anwendung auf Europa. Mit e. Anh. über Straf-Ansiedelungen u. 22 Beil. Aus d. Franz. ... von N. H. Julius. — Berlin: Enslin 1833. XXXVIII, 458 S. 8°
1: Fd 13156. 2→11. 14. 16. 18. 20. 24. 25. 27. 28. 30. 31. 35. 43. 45. 46. 51. 53. 82. 117. 169. 203. 205.
14.1049

— u. Alexis v. Tocqueville, Amerika's Besserungs-System und dessen Anwendung auf Europa. Mit e. Anhang über Straf-Ansiedelungen u. 22 Beill. Aus d. Franz., nebst Erweiterungen und Zusätzen v. N. H. Julius. Mit 4 Kpfrtaf. u. 1 Tab. gr. 8. Berlin 833. Th. Enslin. 3 ℛ

ders. Nordamerikan. Bilder u. Zustände. Deutsch v. O. Spazier. 2 Bdchn. 8. Weimar 836. Voigt. 2 1/2 ℛ

— [deutsch] Irland in socialer, politischer und religiöser Beziehung, seine Gegenwart und seine Zukunft, nebst e. historischen Einl. Aus d. Franz. von Ed. Brinckmeier. Th. 1.2. — Braunschweig: G. C. E. Meyer 1840. 8°
19. 20. 23. 27. 101.
14.1037

— L'Irlande sociale, politique et religieuse. T. 1.2. — Paris: Gosselin [usw.]; Leipzig: Michelsen 1839. 8°
3. 12: Brit. 49 g. 14. 15. 16. 20. 36. 300: 19 V 6.
14.1029

Beaumont, Gustav von —. Die Wüstenbraut. Amerikanische Charakterschilderung in Form eines Romans. Von — —. Aus dem Französischen übersetzt von F. L. Norcstern. Mit Illustrationen. 8. (174 S.) Wien. Druck von U. Klopf sen. und A. Eurich. Verlag von Alb. A. Wenedik . 1853.

Beaumont, Gust. v., die Wüstenbraut. Amerikanische Charakterschilderungen in Form eines Romanes. Aus dem Französ. übers. von F. C. Nordstern. Mit Illustr. (2 Holzschnitttaf.) Wien 854. Wenedikt. 12. (1 Bl., 173 S.) 15 ngr

Beaumont, Gustave de La Bonninière de
s. *Beaumont,* Gustave de.

Beaumont, Jean Henri [d.i. Jean Henri Marchand]
Beaumont, Madame J., lehrreiches Kopfzeug-Magazin. (Mit e. Vorrede v. Fr. Nicolai.) 8. Paris 762. (Nicolai in Berl.) 5 gr

— lehrreiches Perûquen-Magazin. 8. Berl. 762. Nicolai. 4 gr

— Des Herrn Beaumont, beruhmten Haarfrisirers zu Paris, lehrreiches Peruquenmagazin zur Bildung deutscher Kopfe eingerichtet Zweyte verbesserte Auflage. Paris, bey Hochereau 1762
42 S 4 Taf in Kupferst m 44 Darstellungen 8°
Deutsche Bearbeitung des vorigen Werkes Erste deutsche Ausgabe ebenfalls 1762

Beaumont, John, Englischer Dramatiker, 1584-1616. 1625
s. *Beaumont,* Francis.

Beaumont, John
Beaumont, J., Tractat von Geistern, Erscheinungen, Hexerayen und anderen Zauber-Händeln, darinnen ꝛc. B. Becker's bezauberte Welt widerlegt wird. A. d. Engl. v. Th. Arnold, mit Vorrede von Chr. Thomasius. Titelk. Halle. 4°. (Darin die verschiedenen Meinungen über Schutzgeister und Genien. Auch historisch.) 1720

— [deutsch] Historisch-physiologisch- und theologischer Tractat von Geistern, Erscheinungen, Hexereyen und andern Zauber-Händeln ... Übers. von Theodor Arnold. Nebst e. Vorr. d. Herrn Thomasii. — Halle: Neue Buchh. [usw.] 1721. 360 S. 8°
1:N 9129. 5. 7. 9. 10. 12:4°Phys.m.13. 14→21. 24. 26. 27. 28. 32. 35. 36. 38. 39. 41. 51. 300:55 E 29 a.
14.1067

Beaumont, J., Tractat v. Geistern u. Erscheinungen. 4. Halle, Kümmel. 721.

Beaumont, Léonce Élie de
de Beaumont, Elie, über vulkanische u. metallische Ausströmungen, s.: Gangstudien. Hft. IV.

de Beaumont, L. Elie, leçons de géologie pratique, professées au collége de France pendant l'année scolaire 1843—1844. Tom. I. Paris 845. (Strassb., Levrault.) n. 1⅓ rß

Beaumont, Marie Le Prince de
— Auszug aus d. alten Geschichte, f. Kinder, fortges. v. Schlegel u. G. H. Martini. 4 Bde. 8. Leipz. 766—81. Weidmann. 3 rß 20 gr

— Briefe d. Emerentia an Lucien. Aus d. Französ. (v. J. J. Eschenburg). 2 Bde. 8. Leipz. 766. Weidmann. 20 gr

— Briefe des Marq. v. Roselle; aus d. Französ. (v. Mariane Deurer). 2 Thle. gr. 8. Hamb. 784. (Campe). 16 gr

— Clarissa, la nouvelle. II Vols. gr. 12. Leipz. 767. Weidmann. 1 rß 8 gr

de Beaumont, Marie le Prince, nouveaux contes moraux. II Vols. gr. 12. Leipz. 776. Weidmann. 1 rß 8 gr

— Education complette, ou abrégé d'hist. universelle etc. III Vols. av. fig. 8. Berl. 791. Sander. 1 rß

— Education parfaite av. un choix de meill. morceaux de morale. 3 Tom. 8. Berlin, Weber. 776.

Beaumont, Marie Le Prince de
— moral. Erzähll. Aus d. Französ. 4 Thle. 8. Leipz. 774—77. Weidmann. 1 rß 4 gr

— etrennes d'un père à ses enfans, dans la géograph., l'histoire naturelle. II Vols. 12. Bern, Typogr. Soc. 16 gr

— Geschichte d. Baron. v. Batteville. 8. Ebend. 766.

Beaumont, Marie Le Prince de: Lehren d. Tugend u. Weisheit für d. Jugend, aus d. Engl. übersetzt. Mit e. Vorrede herausg. von Fr. Eb. Rambach. Halle 1758, 8°

— lettres d'Emerance à Lucie. II Parts. 12. Leipz. 765. Weidmann. 1 rß

— Magazin des adolescentes. IV Tom. 8. Berl. 778. Sander. 1 rß le même. IV Tom. 12. Wien 772. Trattner. 1 rß

— le même. IV. Tom. 12. Vienne, Tendler. 772.

Beaumont, Maria le prince de (Hrsg.), s.a. Magazin des jeunes dames qui entrent dans le monde, se marient; . .

— Magazin des jeunes Dames. IV Tom. 8. Berl. 786. Sander. 1 rß le même. IV Tom. 12. Wien 772. Trattner. 20 gr

Beaumont, Magazin des Enfans, 4 Vols. stéréot. Paris, (Leips. Fr. Fleischer.) Rthlr.

— — le même l. 12. Francf. Esslinger. 796.

— Magasin des Enfans etc. 4 Vol. 8. Berlin, Sander. 814.

— Magazin des enfans. IV Vols. av. fig. 8. Berl. 804. Nouv. Ed. 815. Sander. 18 gr le même. 12. Frankf. 796. (Schäfer). 1 rß le même. IV Vols. 12. Wien 784. Ed. n. 824. Tendler. 1 rß 8 gr

de Beaumont, Mad. le Prince. Magasin des enfans, ou Dialogues entre une sage gouvernante et plusieurs de ses éléves. Publ. par Fr. Herrmann. 2e édit., plus correcte, enrichie de notes, adoptée aux besoins du tems et pourvue d'un Vocabul. 8 Berl. 835. Sander, (Eichhoff.) ⅚ rß

Beaumont, Marie Leprince de, le magasin des enfants. Revu et augmenté de nouv. contes par Eugenie Foa. 8. (20 B. u. 1 Titkpfr.) Leipzig 846, Brockhaus u. Avenarius. *

—— le magasin des enfants, ou dialogues d'une sage gouvernante avec ses éléves. Nouv. édit. 4 Toms. 16. (20 B.) Vienne 846, Sammer. *

de Beaumont, Mme. Leprince, le magasin des enfants, revu et augmenté de nouveaux contes par Mme. Eugénie Foa. 2. Édition. 8. (VIII u. 408 S.) Leipzig 851, Brockhaus. n. 24 ngr; geb. n. 1 rß

Beaumont, Mme., le Prince de, Magasin des enfans ou dialogues entre une sage gouvernante et plusieurs de ses élèves. Publié par Fréd. Herrmann. 7. Édition, plus correcte, enrichie de notes, adaptée aux besoins du tems et pourvue d'un vocabulaire. br. 8. (IV und 400 S.) Berlin 853, G. Reimer.

Beaumont, Mme. Leprince de, le magasin des enfants. Nouvelle édit. 8. (VI und 377 S.) Leipzig 865, Brockhaus. *
geb. *

Beaumont, Mme. Leprince de, le Magasin des enfants. Nouvelle édit. revue et corrigée. 8. (VII, 296 S.) Leipzig 874, Brockhaus. *
geb. *

— Magazin des enfans et des adolescentes. VIII Vols. av. fig. 8. Bern, Typogr. Soc. 2 rß 16 gr le même. en 12. VIII Vols. Du même adr. 2 rß 16 gr

Beaumont, (Hrsg.), s. Magazin für junge Frauenzimmer.

— Magazin f. Kinder z. Bildung d. Herzens ꝛc. Nach d. Französ. v. H. A. Kerndörfer. M. Kpf. 8. Leipz. 802. Seger. 1 rß 8 gr

—— Magazin f. Kinder, od. Unterhaltn. ein. Erzieherin mit ihr. Zöglingen. A. d. Franz. nach d. neuest. Ausg. übers. v. E. v. D. 1—4. Bdchn 12. (21⅛ B.) Coblenz 841, Hölscher. *

Beaumont, Marie Le Prince de

— lehrreiches Magazin f. Arme, Handwerker u. Gesinde ꝛc., übers. v. Jh. Joach. Schwabe. 2 Thle. 8. Leipz. 768. Weidmann. 14 gr.

— — dass. 2 Thle. 8. Augsb. Wolf. 776.

Beaumont, J. M. Le Pr. de. Lehrreiches Magazin für Kinder, für die Teutsche Jugend eingerichtet . . . 2. Aufl. Leipzig 1759. 3. Aufl. 1772. Ü: *Schwabe, Johann Joachim.* (ML)

— lehrr. Magazin f. Kinder. 3e Aufl. 4 Bde. 8. Wien 788. Haas. 1 ℛ 8 gr.

— lehrreiches Magazin f. Kinder. A. d. Französ. v. Jh. Joach. Schwabe. 2 Thle. M. Kpf. 8. Leipz. ... N. A. 795. Weidmann. 1 ℛ

Beaumont, J. M. Le Pr. de. Lehrreiches Magazin für junge Leute, besonders junge Frauenzimmer. Leipzig 1760. Ü: *Schwabe, Joh. Joachim.* (ML)

— lehrr. Magazin f. junge Leute, (e. Fortsetz. d. vorherigen). 8. Leipz. ... 3e A. 766. Weidmann. 1 ℛ

— mémoires de Mdme la Baronne de Batteville etc. 12. Lpz. 766. Weidmann. 12 gr. Dass. deutsch. 8. Ebd. 766. 8 gr.

— neuer Mentor, nach deutscher Art eingerichtet, (v. J. J. Schwabe). 2 Thle. 8. Leipz. 773 — 75. Weidmann. 2 ℛ 12 gr.

— geheime Nachrichten aus d. 14n Jahrh. z. Gesch. berühmter Frauen. A. d. Französ. 8. Leipz. 760. Weidmann. 6 gr. Dass., e. andre Uebersetzung. 8. Jena 761. Melchior. 8 gr.

de Beaumont, Marie le Prince, Oeuvres melees. VI Vols. 12. Bern .. Typogr. Soc. 2 ℛ 16 gr.

— Sieg d. Wahrheit od. Nachr. d. de la Bilette. A. d. Französ. 8. Leipz. 776. Schwickert. 6 gr.

— traits détachés de l'histoire, pour l'instruction de la jeunesse etc. 8. Berl. 783. Sander. 16 gr.

—— Unterredungs-Katechismus z. Belehr., Erbauung u. z. Troste f. d. Landvolk. N. d. böhm. Umarbeit. d. Sim. Wrana, verdeutscht u. verm. v. Geo. Anton. 1. u. 2. Abthl. 8. (19⅝ u. 16⅛ B.) Wien 840, 41, Mechitaristen-Congreg.-Buchh. à 14 Gr.

— Unterricht in d. christl. Glaubens- u. Sittenlehre, f. Arme, Handwerker ꝛc. Aus d. Französ. 2 Thle. 8. Prag 817. Krauß. 1 ℛ

Beaumont, J. M. Le Pr. de. Nöthige Unterweisung für ein [?] junges Frauenzimmer, welches in die Welt tritt, nach Teutscher Art eingerichtet. Hamburg 1764. Ü: *Schwabe, Johann Joachim.* (ML)

— nöthige Unterweisung f. e. junges Frauenzimmer, das in d. Welt tritt, 4 Thle. 8. Leipz. ... 2e A. 768. Weidmann. 1 ℛ 4 gr. (Ist e. fernere Fortsetz. d. Magazins f. junge Leute.)

— nöthige Unterweis. für e. junges Frauenzimmer, welches in die Welt tritt, u. sich verheirathen will. 4 Bde. 8. Wien 788. Haas. 1 ℛ 8 gr.

— vermischte Werke. 2 Thle. 8. Leipz. 770. Weidmann. 20 gr.

Beaumont, Wlh., neue Versuche und Beobachtungen über den Magensaft u. die Physiologie der Verdauung. Auf eine höchst merkwürd. Weise, während einer Reihe v. 7 Jahren, an einem und demselben Subjekte angestellt. Aus d. Engl. übersetzt von Bernh. Luden. Mit 3 lithogr. Abbildd. gr. 8. Leipzig 834. Kollmann. 1⅓ ℛ

Beaumont, d. Ritter d'Eon von. s. Eon.

Beaumont-Vassy, Édouard Ferdinand Vte de

Beaumont-Vassy, E. de, le fils de la Polonaise. Roman inédit. 2 vol. 16. (144; 182 S.) Paris 878. Naumburg, Paetz.

Beaumont-Vassy, de, Geschichte des Kaisers Nikolaus I., s. Conversations- und Reisebibliothek.

— Geschichte des Kaisers Nikolaus I. ... Fortges. bis zum Tode des Kaisers. — Ebd. 1855. VIII, 191 S. 8° (Conversations- u. Reisebibliothek.) Lpz.: Lorck
6. 8. 10. 12: Per. 29 I-9 [2 Ex.] 14. 24. 25. 27. 33. 38. 44. 45. 46. 48. 79. 209. 302.
14.1146

— Geschichte des Kaisers Nikolaus I. und der Entwickelung Rußland's seit dem Wiener Congreß. 2., unveränd. Ausg. — Ebd. 1855. 251 S. 8° (Carl B. Lorck's Hausbibliothek. 28.)
In einigen Exemplaren fehlt d. Titel d. Sammlung.
1: Ue 5454². 14. 33. 43. 300: 450.641-B.28. 303.
14.1147

Beaumont-Vassy, Graf de, Geschichte des Kaisers Nikolaus I. und der Entwickelung Rußland's seit dem Wiener Congreß. Aus dem Französ. Neue (Titel-)Ausg. gr. 8. (251 S. mit 1 Stahlst.) Leipzig (855) 65, Senf.

— — Neue Ausg. Ebd. 1867. 251 S. 8° 1: Ue 5454³. 28.
14.1149

Beaumont-Vassy, Graf de, Geschichte des Kaisers Nikolaus I. und der Entwicklung Rußland's seit dem Wiener Congreß. Aus dem Französ. 8. (Titel-)Ausg. gr. 8. (251 S. mit 1 Stahlst.) Leipzig (855) 69, Senf.

Beaumont-Vassy, E. de, 1830—1851. Geschichte meiner Zeit. (Aus dem Französ. übers.) 1—3. Thl. Leipzig 855 — 57. O. Wigand. gr. 8. (VIII, 238; IV, 237; 1 Bl., 247 S.) Jeder Thl. 1 ℛ

Beaumont-Vassy, E. de, 1830—1851. Geschichte meiner Zeit. 4. (letzter) Thl. Leipzig 859. O. Wigand. gr. 8. (335 S.) n. 1 ℛ 10 ngr.

— Histoire des États européens depuis le Congrès de Vienne. Empire russe. — Ebd. 1853. 408 S. 8° 10. 17.
14.1144

— — Histoire des États italiens depuis le Congrès de Vienne. Bruxelles: Meline, Cans & Cie [usw.]; Leipzig: Meline 1851. 292 S. 8° 16. 18.
14.1143

Beaumont-Vassy, E. de, eine Intrigue aus der vornehmen Welt, s. Lesekabinet, neuestes belletristisches.

— [deutsch] Eine Intrigue aus der vornehmen Welt. Pest [usw.]: Hartleben 1867. 206 S. 8° 15. 300: 120.773-A.
14.1157

—— das russische Reich seit dem wiener Congreß, s. Hausbibliothek, historische.

— [Ausz., deutsch] Das Russische Reich seit dem Wiener Congreß. — Leipzig: Lorck 1853. 251 S. 8° (Historische Hausbibliothek. 28.)
2. 5. 8. 10. 12: II. Un. 245 f-28. 14. 23. 27. 29. 30. 31. 33. 39. 42. 44. 46. 47. 52. 53. 60. 206. 209. 302. 303.
14.1145

Beaumount, Francis s. *Beaumont.*

Beaunis, Henri
— [deutsch] Der künstlich hervorgerufene Somnambulismus. Physiologische u. psychologische Studien. Deutsche Ausg. von Ludwig Frey. — Leipzig [usw.]: Deuticke 1889. VIII,132 S. 8°
4. 12:Phys. m. 15 m. 20. 300:452.019–C. 302.
14.1254

Beaunoir, Alexandre Louis Bertrand Robineau dit de
— Le Bouquet des violettes. Divertissement. A l'occasion du mariage de S.A.R. la Princesse Fr.Chr.Auguste de Prusse avec S.A. le Prince héréditaire de Hesse-Cassel. Par M. de Beaunoir. — Berlin 1797: Decker. 48 S. 8° 2.
14.1266

Beaunoir (Hrsg.), s. Correspondance littêraire secrête.

[---] — Friz und Hännßgen, oder die Milch-Brüder; Lustspiel. — Strasburg: Akad. Buchh. [1785]. 64 S. 8°
300:2358–A.
14.1278

[—] — [deutsch] Jeder fege vor seiner Thür. Ein Sprichwort in 1 Aufz. [Übers.: Friedrich Ludwig Wilhelm Meyer.] — Wier [!]: v. Kurzbek 1783. 30 S. 8° 30.
14.1294

[—] — Wier [!]: Beym Logenmeister 1783. 30 S. 8°
18. 117. 360:6477–A [2 Ex.]
14.1295

[—] — Jeder fege vor seiner Thür. Ein dramatisirtes Sprichwort. Neue Aufl. — Hamburg: Bachmann & Gundermann 1805. 40 S. 8° 1:3 in Ys 2234. 18.
14.1297

[—] — 3. Aufl. Hamburg: Gundermann 1810. 40 S. 8°
18. 31. 109.
14.1298

— [deutsch] Die abgerissenen Larven oder das Privatleben Sr. Excellenz des Herrn Heinrich van der Noot, Sr. Excellenz des Herrn van Eupen und Sr. Eminenz des Herrn Kardinals von Mecheln und ihrer Anhänger. Von Jacob le Sueur. Eine freye Übers. [von Johann Andreas Genssler u. Ernst August Christian Strasser]. Th. 1.2. Hildburghausen: Hanisch in Comm. 1791. 8°
2. 4. 19. 31. 33. 117.
14.1288

— — [deutsch] Das Muttersöhnchen, Junker Fritz. Lustspiel nach dem Fanfan & Colas der Madame de Beaunoir. Berlin: Wever 1785. 47 S. 8° 18. 25. 39.
14.1277

(—) — [deutsch] Van der Noot, oder geheime Geschichte der Empörung Belgiums. Dramatisch bearb. von D.B. u. übers. von Fr.B. (Verf.: Van-Schoon-Schwartz.) — Frankfurt [usw.] [vielm. Salzburg: Mayr] 1791. 227 S. 8°
12:P.o.gall. 216g. 19. 21. 302. 308. 309.
14.1281

(—) Le Royaliste ou lettres d'un Français réfugié sur les bords du Rhin. (Verf.: de Beaunoir.) — Neuwied 1791. 78 S. 8° 12:Gall. rev. 852. 18. 24. 28. 38. 121.
14.1304

Beauplan, Amédée de
Pseudonym für Amédée Rousseau
— Deux Filles à marier, comédie-vaudeville, par Amédée de Beauplan et ***. — Berlin: Schlesinger 1847. 28 S. 8° (Répertoire du Théâtre français à Berlin. No 333 – Sér. 2,83.)
1:Xv 1966–333. 5. 7. 11.
14.1336

— **Clairville** et **J. Cordier**, les grenouilles qui demandent un roi, s.: Répertoire du théâtre Français à Berlin. Nr. 354. — Théâtre Français par Schütz. X. série. 12. livr.

Beauplan, Arthur de
Pseudonym für Arthur Rousseau
— [deutsch] Die Lilie im Thale. 1854
s. *Barrière*, Théodore.

— [deutsch] Die Nürnberger Puppe. 1852 u.ö.
s. *Adam*, Adolphe Charles.

Beauplan, Guillaume Le Vasseur, s. le Vasseur, Guillaume de Beauplan

Beaupleau, de, Französischer Bühnendichter, † 1890. 1852
s. *Beauplan*, Arthur de.

Beaupré, Jean Jamain de. Méthode tres facile pour former la noblesse dans l'art de l'epée faite pour l'utilité de tous les amateurs de ce bel art [Ingolstadt] 1721
2 Bl Tit., 6 Bl., 78 + 3 S., 25 Taf in Kupferst 8°
Tit u Text auch deutsch
Gelli S 307
Abb 163

Beaupré, M., ärztl. Militärunterſuchung, ſ. Militärunterſuchung.

Beaupré, Mathilde Ph. de: Neues Lehrb. d. französ. Sprache. — Lehr- u. Übgsb. d. französ. Sprache, s: Pilz, Clem.

Beaurain, Charles, die Resultate der Arthrectomie bei der tuberkulösen Gonitis. Diss. gr. 8. (49 S.) Zürich 894. (Bern, H. Körber.) n. 1. 20

Beaurain, Jean de
de Beaurain, Ritter, Feldzüge des Marſchalls v. Luxemburg, oder Militärgeſchichte v. Flandern, in d. J. 1690—94. Mit 72 Pl. Aus d. Franzöſ. überſ. mit Anmerkk. v. G. F. v. Tempelhof. gr. 4. Potsd. ... verm. Aufl. 783—87. Horvath. 12 ℛ

— [deutsch] Feldzüge des Marschalls von Luxemburg, oder Militärgeschichte von Flandern, in den Jahren 1690–1694. Mit 72 Pl. Mit deutschen Anm. [von Georg Friedrich v. Tempelhoff], u. mit dem Feldzug von Holland verm. Aufl. [Übers.: Karl Friedrich Trost.] — Potsdam: Horvath 1787. Getr. Pag. 4° [u.] 2°
Die Pläne sind in d. meisten Bibliotheken selbständig gebunden. Der auf dem Titelblatt genannte 'Feldzug von Holland' fehlt.
1:4° [u.] 2° Qi 6526. 2. 10. 12:Text – 4° Belg. 11 m; Atlas – 2° Belg. 14 b. 14. 17. 21. 24. 31. 32. 34. 41. 209. 302.
14.1393

— Histoire militaire de Flandre, ou les campagnes, du Maréchal de Luxembourg, depuis l'année 1690–1694. Nouvelle éd., plus corr. et augm. de notes tactiques, par un officier prussien. [1–4.] — Potsdam: Horvath 1783–87. 4°
2. 18[⁼1.3.4]. 24. 32.
14.1392

Beaurains, Z. de
Beaurain, Z. de, Anw. z. Erlern. d. franz. Sprache. m. ill. K. 8. Breslau, W. Korn, 806.

— — dasſelbe in polniſch. Sprache. Ebend.

Beaurains, Z. de: Cours de langue françoise oder Anleitung zur practischen Uebung in der französischen Sprache. — Leipzig: Hinrichs 1802. IV,170 S. 8° 14. 207.
14.1396

de Beaurains, Z., cours de la langue franç., od. Seebaß u. Lacombe, franzöſ. Sprachlehre z (2r) prakt. Thl. 8. Lpz. 802. 2e Aufl. verm. u. verb. v. P. F. Grandpont. 8. Ebd. 811. Hinrichs. 8 ℳ

— Cours de langue française oder Anleitung zur practischen Uebung in der französischen Sprache . . . Neue, verm. u. verb. Aufl. von de Grandpont. — Ebd. 1811. X,VI,176 S. 8°
Nebent.: Cours de langue française ou les principales difficultés de la langue française.
2.
14.1397

— Grammaire élémentaire pour les enfans, od. franzöſ. Sprachlehre f. Kinder mit Regeln u. Erläuterungen. Mit 12 color. Kpf. 8. Leipz. 801. N. A. 811. Hinrichs. 1 ℛ

— Grammaire élémentaire pour les enfants oder französische Sprachlehre für Kinder. Neue, verm. Ausg. — Leipzig: Hinrichs 1802. 71,VIII,230 S. 8° 10. 33.
14.1398

— Practische Methode Kinder französisch lesen und aussprechen zu lehren. — Leipzig: Hinrichs 1802. 71 S., S. IV–XV, S. 98–175. 8°
Nebent.: Méthode pratique pour montrer aux enfants, à lire le françois et à bien prononcer.
41.
14.1399

— prakt. Methode, Kindern franzöſ. ausſprechen u. leſen zu lehren. Mit 12 ill. Kpf. 8. Leipz. 806. N. A. ... Hinrichs. 16 gr. Daſſ. in franzöſ. Sprache. 8. Leipz. 806. Hinrichs. 16 gr. Daſſ. 8. Bresl. 806. W. G. Korn. 16 gr.

— Methode pratique pour montrer aux enfans à lire le français et à bien prononcer avec 8 Fig. 8. Breslaw, W. G. Korn. 812.

— Sposób ćwiczenia dzieci w czytaniu i dobrym wymawianiu francuzczyzny. — w Wrocławiu: Korn 1806. 73,XIX, 105 S. 8°
Nebent.: Méthode pratique pour montrer aux enfants, à lire le françois et à bien prononcer. Breslau: Korn 1805.
12: L. lat. f. 12. 41.
14.1400

— franzöſ. Sprachlehre. 8. Marb. (Caſſel, Krieger). 12 gr.

Beaure, Auguste

Beaure, A., practical mercantile correspondence. A collection of 300 modern genuine letters of business. 8. (120 S.) Budapest 897. (Leipzig, K. F. Koehler, Sort.) n.n. 1.70; geb. n. 2.40

— Manuel pratique de la correspondance et des opérations de commerce. Tome I et II. gr. 8. Ebd. 897. n. 5. —; in 1 Leinw.-Bd. n. 6. —
I. Éléments de la correspondance. (95 S.) n. 1.65
II. Partie appliquée avec traité pratique des opérations de bourse. (S. 97—253.) n. 3.35

— Théorie et pratique de la monnaie. Tome I. Traité théorique de la monnaie et statistique des métaux précieux avec 3 tableaux concernant les monnayages bruts et nets et le bilan des métaux précieux. gr. 8. (144 S.) Berlin 898. Puttkammer & Mühlbrecht. n. 3. 20

Beaure, A., Théorie et pratique de la monnaie. Tome II. Histoire de la politique monétaire. Statistique des frappes et mouvements de métaux précieux dans les principaux pays. gr. 8. (208 S.) Berlin 899. Puttkammer & Mühlbrecht. n. 4. —
Tome I. Ebd. 898. n. 3. 20.

Beauregard. — Sophie de Beauregard ou le véritable amour. 1798/99 s. *Lagrave*, Ctesse de.

Beauregard, G. de, u. H. de Gorſſe, der Briefmarkenkönig. Autoriſ. Überſetzg. v. O. Th. Alexander. Mit 79 Illuſtr. nach Zeichng. v. E. Bulliemin. gr. 8. (VII, 295 S.) Berlin (899). H. J. Meidinger. Geb. in Leinw. n. 6. —

Beauregard, G. de, das Vermächtnis des Admirals. Mit 68 Holzſchn. nach Orig.-Zeichngn. (311 S.) Lex.-8. Elberfeld (904). S. Lucas. Geb. in Leinw. n. 5. —

Beauregard, Joseph: Avis concernant les qualités, que doit avoir un bon maître de la langue françoise. — Helmestet: Leukart 1748. XV S. 8° 7. 23. 35.
14.1423

— Explication de quelques difficultés essentielles, qui se rencontrent dans l'étude de la langue françoise avec des observations sur la manière de prononcer les monosillabes qui se terminent en e. — Helmstedt: Weygand 1759. 63 S. 8° 23.
14.1424

— Plan de la nouvelle Académie françoise. — Helmstedt 1744: Schnorr. 22 S. 8° 1: Ay 30234. 23.
14.1425

Beauregard, Pandin, (Frdr. Karl v. Jariges,) Bruchſtücke e. Reiſe durch das ſüdl. Frankreich, Spanien u. Portugal im J. 1802. 8. Leipz. 809. (Brockhaus). 1 rß 8 gr.

Beauregard Pandin, (Fr. Karl v. Jariges), ſ. Shakespeare König Lear u. deſſen Irrungen.

Beaurepaire-Louvagny, Comteſſe de, verſchiedene Wege. Genehmigte Überſetzg. (96 S.) kl. 8. Trier 908. Loewenberg. Geb. in Leinw. 1. 20

— Verschiedene Wege. Genehmigte Übers. — Trier: Disteldorf 1908. 96 S. 8° 1: Xy 13043/900. 5.
14.1450

Beaurieu, Gaspard Guillard de
[—] — [deutsch] Handbuch der Naturgeschichte oder Vorstellung der Allmacht, Weisheit und Güte Gottes in den Werken der Natur. [Übers.: Johann Georg Lederer.] Bd 1-4. — Nürnberg: Hauffe 1773-74. 8°
1. Welcher d. Menschen u. d. vierfüßigen Thiere enthält. 1773.
2. Welcher d. Vögel enthält. 1773.
3. Welcher d. Fische enthält. 1774.
4. Welcher d. Insecten enthält. 1774.
12[= 4]: H. nat. 205g. 14. 19. 20. 24. 27. 32.
14.1162

[—] — [deutsch] Der Schüler der Natur. Danzig [usw.]: Wedel 1766. 421 S. 8° 1: Xy 4868. 20.
14.1474

- Zögling

— —. Der, der Natur oder die Wirkungen der Natur und der Bildung, fur Erzieher und Zoglinge. (Aus d. Französ. des *Gaspar Gaillard de Beaurieu*). Mit Titelkpfr. u. Titelvign von Berka. Prag, J. Buchler, 1794 8°. VI, 195 S. (2 Mk. J. Taussig, Prag, 1906.)
Anon.-Lex. IV. p. 434 (nach Ullrich, Robinson u Robinsonaden. Weimar 1898).
Orig.. *Beaurieu*, L'élève de la nature 3 pts Avec 1 grav. Paris 1806 (u. fruher). 16°. (4 Mk. 50 Pfg Franz Teubner, Düsseldorf, c 1898.)

Beaury, L.v.: Manderscheid und seine Umgebung. Ein Führer durch den schönsten ... Theil der vulkanischen Eifel. — Trier: Paulinus-Dr. [1884]. 64 S. 8°
1: Ti 1542. 5. 17. 38. 43. 121.
14.1486

Beausobre, de, Theologe, Prediger, Berlin, 1690-1783. 1720
s. *Beausobre*, Charles Louis de.

Beausobre, de, Theologe, Prediger an d. französischen Kolonie in Berlin, 1659-1738. 1693 s. *Beausobre*, Isaac de.

Beausobre, de, Konsistorialrat, Berlin, 1730-1783. 1753
s. *Beausobre*, Louis de.

Beausobre, Charles Louis de

— Catalogue des livres de M. de Beausobre. [Auktionskat.] Berlin 1753: Michaelis. 56 S. 8° 1: 3 in Ap 2531.
14.1502

— Le Triomphe de l'innocence ou particularités peu connues; aussi honorables aux Réformés de France, qu'elles le sont peu à leurs adversaires. — [Berlin] 1751: Michelis. 132 S. 8° 1: Rf 6158. 4. 7. 8. 12: H. ref. 18 d. 17. 23.
14.1503

Beausobre, Isaac de

— u. l'Enfant, Geſchichte Jeſu Chriſti; aus d. Franzöſ. 8. Leipz. 774. (Fr. Fleiſcher). 10 gr.

v. **Beausobre**, Is., histoire de la réformation. IV Vols. gr. 8. Berl. 785, 86. (Köchly in Leipz.) 3 rß

— Histoire de la Réformation, ou origine et progrès du Luthéranisme, dans l'Empire & les États de la Confession d'Augsbourg, depuis 1517 jusqu'en 1530. Ouvrage posthume. [Hrsg.: Louis Ésaïe Pajon de Moncets.] T. 1-4. — Berlin: de La Garde 1785-86. 8°
1: Cm 3060. 5. 7. 12: H. ref. 18. 17. 19. 24. 27. 30. 34. 35. 79. 300: 41 Mm 31. 302. 307.
14.1509

— [Bearb.]
s. *Lenfant*, Jacques: Geschichte des Hussitenkriegs [Histoire de la guerre des Hussites, deutsch]. Suppl. 1785.

— [Ausz., lat.] De Novi Foederis libris apocryphis dissertatio. Latinam e Gallica fecit ... Frider. Guiliel. Roloffius. — Berolini: Nicolai 1734. LXXXXII S. 8°
1: Br 1245; 4 an Bd 8587; 1 an Ex 1730; 4 an Ey 248 [u.] 2 an Yi 4906 a. 4. 5. 8. 12: Exeg. 85. 17. 18. 23. 26→29. 41. 45. 300: 43 X 89.
14.1508

— [deutsch] Predigten. Übers. von Christian August Wichmann. Th. 1–4. — Lübeck [usw.]: J. Schmidt (2ff: J. Schmidt & Donatius) 1760–62. 8°
12[*4]: Hom. 106. 28. 48[* 2/4]. 111. 14.1516

[—] Réponse de M. de B. à la critique maligne, et à quelques anecdotes fabuleuses, contenües dans un écrit intitulé Lettre pastorale du plus ancien ... pasteur de l'Église françoise de Berlin à son cher troupeau. — Berlin 1719. 70 S. 8° 1: 2 an Bw 1190 [u.] 3 an Co 13490a. 14. 14.1512

— Samml. auserl. Predigten. 4 Thle. gr. 8. Lübeck, Niemann u. N. 760—62.

— Sermons sur le chapitre XI. de l'Évangile selon S. Jean. T. 1.2. — Berlin: École de charité 1751. 8°
1: Ed 5270. 10. 23. 39. 14.1517

— sermons sur le chapitre XII. de l'Evangile selon St. Jean. II Tom. 8. Lausan. 759.

— et Lenfant, le nouveau Testament etc. 8. Basel, Flick. 746.

— et Lenfant, Testamont nouveau, franç. allem. gr. 8. Berl. Rottmann. 746.

Beausobre, Louis de: Discours sur le patriotisme prononcé dans l'assemblée publique de l'Académie Royale des sciences et belles lettres de Berlin le 29 janvier 1761. — Berlin: Voss [1761]. 32 S. 8° 10. 17. 35. 14.1518

— Discours sur le sentiment de l'honneur lû dans l'assemblée publique de l'Académie Roiale des sciences de Berlin le 26. janvier 1764. — Berlin: Pauli [1764]. XIX S. 8°
12: Ph. Pr. 107 m. 28. 35. 14.1520

— [deutsch] Allgemeine Einleitung in die Kentniß der Politik, der Finanz und Handlungswissenschaft (2.3: ... in die Kenntniß der Politik, der Finanz- und Handlungswissenschaften). Übers. von Franz Ulrich Albaum. Th. 1–3. Riga: Hartknoch 1773–75. 782 S. 8°
1: 8° Bibl. Diez 6985. 10. 12: Pol. g. 41 u. 14. 15. 16. 24. 27. 33. 36. 39. 41. 44. 51. 106. 117. 14.1529

v. Beausobre, Ldw., allgem. Einleitung in die Kenntniß d. Politik od. Finanz- u. Handlungswissenschaft. Aus d. Französ. v. F. U. Albaum. 3 Thle. 8. Riga 773—75. N. A. 791—93. (Hartknoch in Leipz.) 2 ₰ 6 ₰

— Allgemeine Einleitung in die Kenntniß der Politik, der Finanz- und Handlungswissenschaften. Übers. von Franz Ulrich Albaum. 2. Aufl. Th. 2.3. — Ebd. 1792–93. S. 298–782. 8° 206. 14.1530

[—] Essai sur le bonheur ou réflexions philosophiques sur les biens et les maux de la vie humaine. — Berlin: Haude & Spener 1758. 283 S. 8°
1: Np 12228. 9. 14. 17. 19. 27. 28. 29. 180. 14.1522

— Introduction générale à l'étude de la politique, des finances et du commerce. — Berlin: Voss 1764. VI, 478 S. 8°
1: F 7986. 5. 12: Pol. g. 41 w. 18. 27. 28. 33. 36. 45. 106. 117. 203. 206. 302. 14.1525

— — Nouvelle éd. T. 1–3. Berlin: Voss 1771. 8°
1: F 7988. 2. 3. 7. 9. 11. 15. 23. 28. 35. 45. 111. 205. 208. 300: 20.107. 14.1527

Beausobre, L(ouis) von (Hrsg.):

s.: Marggraf, Andr(eas) Siegm(und): Chymische Schriften. Th. 2. Berlin: 1767

JB 277

(—) — Le Pyrrhonisme raisonnable. (Nouvelle éd., rev. & augm.) — Berlin: de Bourdeaux 1755. 284 S. 8°
1: Nh 8630. 3. 5. 14. 15. 19. 23. 44. 109. 14.1532

[—] Le Pirrhonisme du sage. — Berlin 1754. 106 S. 8°
1: Nh 8629. 14. 17. 14.1531

— [deutsch] Der vernunftmäßige Pyrrhonismus. Hildburghausen: Hanisch 1783. 133 S. 8° 4. 307. 14.1533

— [deutsch] Rede über den Patriotismus. (Übers.: Groot.) — o. O. 1762. 48 S. 8° 12: Ph. Pr. 107 o [2 Ex.] 14.1519

— Rede über den Patriotismus; aus d. Französ. 8. Riga 762. (Hartknoch in Leipz.) 2 ₰

— Zweifel des Weisen oder vernunftmäßiger Pyrrhonismus. Übers. von Johann Adam Emmrich. — Meiningen: Hanisch 1789. XVI, 133 S. 8° 19. 20. 27. 28. 14.1534

Beauté, La, conte trad. de l'all. Berlin 1781. V: *Nicolay, L. H. v.* (Imecourt)

Beautés tirées du Faust par Goethe. Pensées traduites par les meilleurs auteurs et publiées par J. J. Morrin. (In französischer und deutscher Sprache.) 16. (IV und 148 S.) Grimma 857. [Leipzig,] Werl. *

Beautés de la littérature française; s. Blüthen aus dem Gebiete der neueren französ. Literatur.

Beauties, the, of Byron, s. Welt-Literatur.

Beauties, the, of the Magazines and other periodic. Works select. for a series of Years. 2 Vol. gr. 8. Altenb. (Academ. Handl. in Jena.) 774.

the Beauties of the magazines and other period. works, select. for a series of years. II Voll. gr. 8. Altenb. 774. (Hennings in Neisse). 2 ₰

— — Vol. 1.2. Altenburgh: Richter 1775. 8° 14. 16. 31. 53. 14.1575

Beauties
—— of classical English Poetry. 1. u. 2. Bdchn., s. a. Mahn.

— of classical English Poetry, oder Blumenlese a. d. klassisch. Dichtern d. Engländer, nebst gelungener Engl. metr. Uebersetz. deutsch. Gedichte v. Schiller, Göthe, Jacobi, Klopstock, Körner rc. d. Engl. Origin. mit e. wörtl. Uebersetz. v. C. A. F. Mahn. 1s Bdchn. 8. Berl. 828. Laue. 8 ₰

Beauties, the, of the Poets of Great Britain, with explanatory notes, selected and arranged by Th. Collins-Banfield. Vol. I et II. 8. Brunswick, Vieweg. [I. (37½ B.) 829. 1 Thlr. 12 Gr., II. (80½ B.) 830. 1 Thlr. 8 Gr.]

—— the, of Shakspeare. — A. u. d. T.: Musterstücke aus Shakspeare's Dramen. Engl. u. Deutsch. (Von C. P. Berly.) 2 Bde. 12. (34 B.) Frankfurt a. M. 835, Sauerländer. Thlr.

Beauvais [Schlagwort]
Beauvais, s.: Europa. Liebenow.

Beauvais [Verfasser]
Beauvais, Französischer Jesuit, um 1695-1773. 1744
s. *Beauvais*, Gilles François de.

Beauvais, de, Bischof von Senez, 1731-1790. 1766
s. *Beauvais*, Jean Baptiste Charles Marie de.

Beauvais, General, ... s. Saint-Maurice.

Beauvais, A. E., große deutsch-französische Phraseologie. Nach den besten Quellen und den neuesten französ. Schriftstellern bearb. und mit synonym. rc. Noten versehen. 80 Lfgn. oder 2 Bde. gr. 8. (IV, 976; 956 S.) Wolfenbüttel 883,84, Zwißler. à Lfg. 50 Pf.

Beauvais, A. E.: Große deutsch-französische Phraseologie. Nach d. besten Quellen u. d. neuesten französischen Schriftstellern bearb. u. mit synonymischen Noten versehen. Bd 1.2. — Wolfenbüttel: Zwißler 1884. 8° 11. 18. 169. 14.1597

Beauvais, A. E., Große deutsch-französische Phraseologie, N. d. besten Quellen u. d. neuesten franz. Schriftstellern bearb. u. m. synonym. Noten vers. 2. [Titel-]Aufl. 2 Bde. gr. 8. (IV, 976 u. 956 S.) Frankfurt a/M. (1883/84) 898. Jaeger's Verl. Geb. in Halbleinw. n. 15.—

Beauvais, Bertrand Poirier de
— **Postscriptum à l'Histoire de la guerre de la Vendée, suivi de Mes promenades à Wesel, ou observations politiques, etc. et encore d'une Lettre à Sa Majesté l'Empereur de toutes les Russies et le prétendant à la grande maîtrise de Malthe. — Francfort 1800. 124 S. 8°**
12:Gall. rev. 74c. 121.
14.1603

Beauvais, Gilles François de
— **[deutsch] Der selige Ignaz von Azevedo und seine Gefährten, oder: Die vierzig Märtyrer aus der Gesellschaft Jesu. Nach d. Franz. von A.Piscalar. — Sigmaringen: Liehner 1856. IV,164 S. 8° 1:Ci 9310. 5. 21.**
14.1607

Beauvais, Guillaume
— **[deutsch] Abhandlung: Wie man ächte alte Münzen von nachgemachten unterscheiden kann. Übers., nebst e. Einl., Anm. u. e. Verzeichnis von dem Werth und der Seltenheit aller alten römischen Kaisermünzen [Verf.: Johann Gottfried Lipsius]. — Dresden:Walther 1791. 56, LXVII S. 8° 1:Pi 7304. 2. 4. 5. 12:4°Num.ant. 15. 14→21. 24. 26. 27. 28. 30. 31. 32. 34. 36. 39. 43. 66. 117. 180. 300:109.923-D. 302→304.**
14.1615

— **Manière de discerner les médailles antiques de celles, qui sont contrefaites. Avec l'introd., les notes et la Spécification de la valeur et de la rareté des anciennes médailles des empereurs romains [Verf.: Johann Gottfried Lipsius], ajoutées à la traduction allemande de cette dissertation. — Dresde:Walther 1794. 44,LXVII S. 8°**
14. 17. 23. 30. 302.
14.1614

Beauvais, Jean Baptiste Charles Marie de
— **Leichenrede auf ... Ludwig XV., König von Frankreich und Navarra. — Frankfurt [usw.] 1774. 78 S. 8° 17.**
14.1624

— **Leichenrede auf ... Ludwig XV., König von Frankreich und Navarra. 2.,verb. Aufl. — Strasburg [usw.] 1774. 64 S. 8° 16. 17. 27. 38.**
14.1626

— **Stand-Rede bey dem Grabe des ... Fürstens, Ludwig XV. des Vielgeliebten, Königes von Frankreich und Navarra. — Leipzig:Hilscher 1774. 72 S. 8° 21. 32. 41.**
14.1625

— **[deutsch] Trauerrede auf Ludwig XV., den Vielgeliebten, König von Frankreich und Navarra. — Augsburg: Rieger 1774. 94 S. 8°**
12:Or. fun. 44[u.ö.] 19. 302. 308. 309.
14.1623

— **Trauerrede auf Ludwig XV., den Vielgeliebten, König von Frankreich und Navarra. — Wien:Weingand 1775. 83 S. 8° 12:Or.fun. 46.**
14.1627

Beauvais, Louis Alb., die Anfangsgründe der franz. Sprache für deutsche Kinder. 1. Cursus: Aussprache u. Lesen. 8. (IV u. 61 S.) Berlin 852, Barthol. n. 1/6 ß

Beauvais, Luis Albert, und (F.) Herrmann, praktische Anleitung zum Uebersetzen aus dem Deutschen in's Französische, s. a. Herrmann, F.

— **Praktische Anleitung zum Uebersetzen aus dem Deutschen in's Französische für die mittleren Klassen in Gymnasien und Bürgerschulen. — Berlin:Plahn 1830. VI,242 S. 8° 1:Xs 4806.**
14.1629

Beauvais, Louis Alb., prakt. Anleitung z. Uebersetzen aus d. Deutschen in's Französ., f. Gymnasien u. höh. Bürgerschulen. 2., vollständ. durchges., verm. Aufl. Mit ein. Anh. f. Kriegsschulen, als Fortsetz der „Etudes franç. de littérat. milit." gr. 8. (20 B.) Berlin 839, Schultze. *

Beauvais, Louis Alb., praktische Anleitung zum Uebersetzen aus dem Deutschen in's Französische. Für Gymnasien und höhere Bürgerschulen. 3. Aufl. Mit einem Anh. für Kriegsschulen als Fortsetzung der „Études franç. de litt. milit." gr. 8. (VIII und 303 S.) Berlin 847. [Leipzig, Herrm. Schultze.] *

Beauvais, Louis Alb., praktische Anleitung zum Uebersetzen aus dem Deutschen in's Französ. für Gymnasien und höhere Bürgerschulen. Enthaltend: Auszüge aus Depping, Charles Lacretelle, Cormenin etc., so wie eine Auswahl kaufmänn. Briefe. 4, verm. Aufl. Mit einem Anhang für Kriegsschulen als Fortsetzung der „Études françaises de littérature militaire." gr. 8. (VIII und 333 S.) Leipzig 859, H. Schultze. *

Beauvais, Louis Alb., le conseiller épistolaire, s. Adler-Mésuard.

Beauvais, Louis Alb., études françaises de littérature commerciale et d'économie politique, extraites des ouvrages de Monjean, Chevalier, Garnier, Molinari etc. Berlin 859. Duncker & Humblot. 12. (VIII, 606 S.) n. 1 ß 10 ngr.

Beauvais, Louis Alb., Études françaises de littérature militaire, extraites des ouvrages de Frédéric II., de Dumouriez, de Jomini, de Gouvion Saint-Cyr, de la Rochejaquelin, de Dedon l'aîné, de Math. Dumas, de Chambray, de P. Ph. Ségur, de Koch, de Pelet, de Foy et de Gourgaud, didiées à tous ceux qui se vouent à la carrière des armes. 8 Berlin 835. Duncker et Humblot. 5/6 ß IIe édit., revue, corrigée et augmentée. 8. Ebd. 840. n. 1 ß

Beauvais, Louis Alb., études françaises de littérature militaire, extraites des ouvrages de Frédéric II., Dumouriez, Jomini, Gouvion St.-Cyr etc. Dédiées à tous ceux qui se vouent à la carrière des armes. 3. édit. Berlin 855. Duncker u. Humblot. 8. (VIII, 478 S.) n. 1 ß

—— Études françaises de littérature militaire extraites des ouvrages de Frédéric II, Dumouriez, Jomini etc. Dédiées à tous ceux qui se vouent à la carrière des armes. 4e édit. 8. (VIII, 483 S.) Leipzig 870, Frohberg. *

— Études historiques. Tome I. Histoire ancienne: gr. in-12. Berlin 843, Duncker et Humblot. n. 1 1/3 ß — Tom. II. Histoire de moyen âge, extraite des ouvrages de Guizot, de Lacépède, de Robertson, de Michaud, de Daru, de Capefigue, de Marmier etc. gr. in-12. Ebend. 843. n. 1 1/3 ß — Tom. III. Histoire moderne. gr. in-12. Les mêmes 843. n. 1 1/2 ß

—— Études historiques. Tome I.: Histoire ancienne extraite des ouvrages de Ségur, Farcy, Rollin, Chassagnol, Barthélemy, Th. Le Moine etc. 2. Édition. gr. 12. (VII und 626 S.) Berlin 855, Duncker und Humblot. *

— — Tome III. 2. édit. A. u. d. T.: Histoire moderne. Extrait des ouvrages de Guizot, Daru, Lacretelle, Robertson, Schoell etc. Ebend. 853. 8. (VI, 789 S.) n. 1 ß 15 ngl

—— études historiques. Tome 1.: Hist. anc. 2. Ed. 12. (626) Berl. 55. (Lpzg, Frohberg.) *n.* 1. 10 || Tome 3.: Hist. mod. 2. Ed. 8. (739) 53. *n.* 1. 15

— s. Gehlke, Fr., franz. Lesebuch. — dess. französ. Sprachlehre.

— **La jeune Lectrice, oder französisches Lesebuch für deutsche Töchterschulen ... Mit Anm. u. Wörterbuch. — Berlin: Duncker & Humblot 1845. VIII,566 S. 8° 207.**
14.1639

—— la jeune Lectrice oder französ. Lesebuch für deutsche Töchterschulen. Aus den Werken von Racine, Malherbe, Rousseau etc. Mit Anmerkungen und Wörterbuch. Geordnet und hrsg. 2. Edition. 8. (VI und 476 S.) Berlin 851(52,) Duncker und Humblot. *

Beauvais, Louis Alb., la jeune lectrice oder französ. Lesebuch für deutsche Töchterschulen. Aus den Werken von Racine, Malherbe, Rousseau etc. Mit Anmerkungen und Wörterbuch. 3. Edition. gr. 8. (VIII und 470 S.) Berlin. [Leipzig] 862, Duncker und Humblot. *

—— Lehrgang für den Unterricht in der franzöſ. Sprache, gegründet auf Lectüre, Grammatik und Converſation. In 62 Stunden. gr. 8. (XIV und 350 S.) Berlin 849, Herm. Schultze. *

—— nouveau livre élémentaire, s. 9. Bd. Herrmann, Friedr.

— Recueil de petites pièces de théâtre à l'usage de la jeunesse. — Berlin: Trautwein 1830. 96 S. 8°
1:Xv 1970. 11.
14.1641

— Mes Souvenirs ou recueil de poésies. — Breslau: Korn 1851. VI,157 S. 8°
2. 41.
14.1642

—— franzöſiſche Sprachlehre f. Schulen u. zum Selbſtunterr. Nach d. Grundſätzen des Dictionnaire de l'Académie franç. von 1835. 1. Aufl. (32 B.) u. 2., verb. Aufl. gr. 8. (32½ B.) Berlin 842, 44, Herm. Schultze. à *

— Franzöſiſche Sprachlehre für Schulen u. zum Selbſtunterricht. Nach den Grundſätzen des Dictionnaire de l'académie française v. 1835. 3. verb. Aufl. gr. 8. (XX u. 492 S.) Berlin 849, (Leipzig) Herm. Schultze. n. ⅔ ℛ

— Militairische Studien. Ein Anhang zu der Anleitung zum Uebersetzen aus d. Deutschen in's Französische u. Fortsetzung der Études françaises de littérature militaire. — Berlin: H. Schultze 1839. IV,122 S. 8°
1:Xs 4930.
14.1646

Beauvais, Vinz. v. Ueber die Erziehung. Aus d. Latein. überſ. u. m. biograph. Anh. verſehen v. Aug. Millauer. Aus deſſen Nachlaß. gr. 8. (VI, 264 S.) Donauwörth 887, Buchhandlg. Auer. * 2 —

Beauvais, B. von, Hand- u. Lehrbuch f. königl. Prinzen u. ihre Lehrer, als vollſtändiger Beleg zu den Abhandlungen über Gang u. Zuſtand der ſittl. u. gelehrten Bildung in Frankreich bis zum 13ten Jahrhundert u. im Laufe deſſelben, von Fr. Chr. Schloſſer. 2 Thle. gr. 8. Frankf. a. M., Willmans. 819.

Beauvais, v. Raſtan, Kunſt d. Indigobereiters, a. d. Fr. m. K. gr. 4. Königsb. Kanter. 771.

— [deutsch] Die Kunst des Indigobereiters. Leipzig [usw.]: Kanter 1771. 176 S. 4°
12:4° Techn. 6. 219. 300:3604.
14.1654

Beauval, François: Gespräche für das gesellschaftliche Leben. Zur Erlernung d. richtigen Ausdrucks u. d. feinern Wendungen d. französischen u. deutschen Sprache. Bdch. 1–3. — Dresden: Arnold [usw.] 1808–10 8°
Nebent.: Dialogues pour la vie sociale; propres à se former au ton de la conversation en françois et en allemand.
1. Morgengespräche. 1808.
2. Tagesgespräche. 1809.
3. Abendgespräche. 1810.
30 [** 2.3]. 42 [1.2]. 75.
14.1658

—— 2., verb. Aufl. Bdch. 1–3. Ebd. 1811. 8°
Nebent.: Dialogues pour la vie sociale.
Inhalt wie in 14.1658.
10 [** 1.2]. 20. 24. 27 [** 3] 33. 106 [** 2.3]. 123.
14.1659

Beauval, F., Geſpräche f. das geſellſchaftl. Leben zur Erlernung d. richt. Ausdrucks u. d. feinen Wendungen der franz. u. deutſchen Sprache. 3 Bde. 2te Aufl. 8. Dresd. Arnold. 812.
Daſſelbe auch unt. dem Titel:
Dialogues pour la vie sociale etc. relié

—— 3., verb. u. wohlfeilere Aufl. Bdch. 1–3. Dresden 1818. 8°
Nebent.: Dialogues pour la vie sociale.
Inhalt wie in 14.1658.
300:89.973–B. 303.
14.1660

—— Zur Erlernung d. Umgangssprache im Deutschen u. Französischen. 3., verb. u. wohlfeilere Aufl. Bdch. 1–3. — Dresden: Arnold [usw.] 1819. 8°
Nebent.: Dialogues pour la vie sociale.
Inhalt wie in 14.1658.
12 [** 1]: L. lat. f. 12d–2.3. 30 [** 2]. 304. 308.
14.1661

Beauval, Frz., Dialogues pour la vie sociale etc. — Geſpräche f. d. geſellſchaftl. Leben; zur Erlern. der Umgangsſp. im Deutſchen u. Franzöſ. 3 Bdchn. 4., verb. u. wohlf. Aufl. 16. Dresden 831, Arnold. [1.: Morgengeſpräche. (12½ B.), 2.: Taggeſpr. (12 B.), 3.: Abendgeſpr. (15 B.)]

—— 4., verb. u. wohlfeilere Aufl. Bdch. 2.3. Dresden [usw.]: Arnold 1831–32. 8°
Nebent.: Dialogues pour la vie sociale.
Inhalt wie in 14.1658.
47.
14.1662

Beauval, Franç., Dialogues pour la vie sociale etc. — T. u. d. T.: Geſpräche f. d. geſellſchaftl. Leben; zur Erlern. d. Umgangsſprache im Deutſchen u. Franzöſ. 3 Bdchn. 5. Aufl., durchgeſ. u. verb. v. Laforgue. 16. Dresden u. Leipzig 837, Arnoldiſche Buchh. [1. Morgengeſpräche (13⅓ B.), 2. Taggeſp. (12 B.), 3. Abendgeſp. (13 B.)].

—— Französische und deutsche Gespräche für das gesellschaftliche Leben... 4., durchges. u. verb. Aufl. Bdch. 1–3. Dresden; Wien: Sammer [in Komm.] 1842. 8°
Nebent.: Dialogues français et allemands pour la vie sociale.
302.
14.1663

Beauval, Franç., dialogues pour la vie sociale; propres à se former au ton de la conversation en français et en allemand. — Geſpräche für das geſellſchaftl. Leben; zur Erlern. d. Umgangsſprache im Deutſch. u. Franzöſ. 3 Bdchn. Morgengeſpräche. — Taggeſpräche. — Abendgeſpräche. 6. Aufl., durchgeſ. u. verb. v. Laforgue. 16. (37⅓ B.) Dresden u. Leipzig 814, Arnoldiſche Buchh.

Beauval, Frz., Geſpräche für das geſellſchaftliche Leben zur Erlernung der Umgangsſprache im Deutſchen und Franzöſiſchen. 3 Bdchn. in 1 Bd. 7. (Titel-)Aufl. gr. 16. (600 S.) Leipzig 850(57,) Arnoldiſche Buchh. Thlr.

Beauval's, François, Geſpräche für das geſellſchaftliche Leben zur ſicheren Erlernung der guten Umgangsſprache im Deutſchen und Franzöſiſchen. 8. Aufl. durchgeſeh., verb. und verm. von F. Booch-Arkoſſy. 2 Lfgn. 8. (XIV, 848 S.) Leipzig 870, Arnoldiſche Buchh. *

Beauval, Jacques Basnage Seigneur de s. *Basnage*, Jacques.

Beauval, Samuel de: Sur la Nécessité de l'étude des langues, de la politesse, de l'étendue, et de l'utilité de la langue françoise. Discours. — Hildbourghausen: Penzold [1716]. 8 Bl. 8°
29.
14.1668

— Sur la magnifique Réception de Leurs Altesses Royales, Monseigneur Frédéric Auguste, Prince Royal de Pologne ... Prince Électoral de Saxe ... et Madame Marie Josephe, née Princesse Royale de Hongrie ... faite à Dresde le 2. sept. 1719. — Vittemberg: Fincelius [1719]. 6 Bl. 4°
3. 14.
14.1669

Beauvallet, P. N., Vorbilder im Stile des Empire f. Baukunst, Bildnerei u. Malerei. Entworfen od. gesammelt u. in Kpfr. gestochen. Sammlung v. Einzelheiten f. die innere u. äussere Ausgestaltg. v. Gebäuden. Paris Jahr XII—1804. Neue Fcsm.-Ausg. in Photolith., enth. Titel, 6 S. Text u. 72 Taf. nach dem Originale in der königl. öffentl. Bibliothek zu Dresden, hrsg. v. Stengel & Co., Dresden. Fol. Berlin (904). (B. Hessling.) In Mappe n. 32.—; französ. Ausg. n. 32.—

—— (P. 1.) Dresden: Stengel 1905. 8 S., 72 Taf. 2°
14.
14.1684

Beauverd, Gust., sur quelques stations nouvelles ou intéressantes de la florule du Grand-Saint-Bernard, s. a. Mémoires de l'herbier Boissier. Nr. 21.

Sur quelques stations nouvelles ou intéressantes de la florule du Grand-Saint-Bernard. Par Gustave Beauverd. Genève & Bâle: Georg & Cie 1900. (2 S.) 8°
= Mémoires de l'Herbier Boissier. No 21, C
[97. 13114]

BEAUVILLIERS, Marie de, Aebtissin zu Montmartre (XVI. Jahrh.), s. Gespräche im Reiche derer Todten.

Beauvoir, Roger de

de Beauvoir, R., et **Mélesville,** le Chevalier de St.-Georges, s.Q. Répertoire du théâtre Français à Berlin. Nr. 345.

de Beauvoir, Rogir, der Chevalier v. Saint-Georges. Nach d. Franz. von W. L. Wesché. 4 Bde. kl. 8. Leipzig 840. Kollmann. 5 ß

Beauvoir, Roger de, die Lescombat. Aus d. Franz. v. Wilh. Ludw. Wesché. 2 Bde. 8. (33 B.) Leipzig 842, Kollmann.

Beauvoir, Roger de, les oeufs de pâques. Edit. autorisée. Leipzig 857. A. Dürr. 32. (223 S.) 15 ngl

Beauvoir, Roger de, les oeufs de paques. 16. (223 S.) Leipzig 858, A. Dürr.

—— Frau von Soubise. Uebers. v. Emilie Wille. 8. (22 B.) Leipzig 844, Kollmann.

Beauvoisins, Joseph Eugene

Beauvoisins, J. E., Nachrichten üb. d. Hof d. türkischen Sultans, sein. Serail, sein. Harem, die kais. Familie, sein Militär u. seine Minister. Nebst einem histor. Versuche üb. d. mohamed. Religion rc. Nach d. 4ten Ausg. des franz. Originaltextes frey übers. u. mit an den. Noten begleitet von Keßler. 8. Frankfurt, Hermann. (in Comm.) 811.

— [deutsch] Nachrichten über den Hof des türkischen Sultans, sein Serail, seinen Harem, die kaiserliche Familie, sein Militär und seine Minister ... Frei übers. u. hrsg. von Keßler. — Karlsruhe: C. F. Müller 1811. VIII,167 S. 8°
1:8° Bibl. Diez 1102. **2. 7. 14. 19. 31. 32. 39. 42. 44. 46. 48.**
14.1794

Beaux, Alberto de: Italienische Handelskorrespondenz. Leipzig 1904. X,112 S. 8° (Sammlung Göschen. 219.)
11. 12: Var. 323–219. 15. 17. 18. 26. 36. 38. 52. 60. 79. 109. 123. 169.
14.1795

Beaux, Alb. de, praktischer Lehrgang zur leichten u. schnellen Erlernung der italienischen Sprache, s.: Filippi, P. A. de.

Beaux, Alb. de, metodo pratico-ragionato per lo studio e l'insegnamento della lingua tedesca. gr. 8. (XVIII, 215 S. m. 5 Fig.) Zürich 893. Art. Institut Orell Füssli Verl. Kart. n. 2. 40

Beaux, Theodor de

Beaux's de, Briefsteller f. Kaufleute. I. Stufe. 1.—5. Bd. 8. Leipzig, G. J. Göschen. Kart. à n. 1. 30; Schlüssel z. Bd. 4 u. 5 à n. 1. 20
1. Deutsche Handelskorrespondenz f. Anfänger. Von Th. de Beaux. (XII, 112 S.) 906.
2. Französische Handelskorrespondenz f. Anfänger. Von Th. de Beaux. 2., verb. Aufl. (VIII, 93 S.) 906.
3. Englische Handelskorrespondenz f. Anfänger. Von W. Orlopp. 2., verb. Aufl. (VIII, 95 S.) 906.
4. Italienische Handelskorrespondenz f. Anfänger. Von Alberto de Beaux. (VII, 88 S.) 905; Schlüssel (IV, 48 S.) n. 1. 20
5. Russische Handelskorrespondenz f. Anfänger. Von Th. v. Kawraysky. (VII, 95 S.) 906; Schlüssel (VI, 50 S.) n. 1. 20

— dasselbe II. Stufe. 1. Bd. 8. Ebd. Geb. in Leinw. n. 3. —
1. Deutsche Handelskorrespondenz f. Handels- u. Realschulen. Von Th. de Beaux. (XVIII, 218 S.) 906.

Beaux's, Th. de, Briefsteller f. Kaufleute. I. Stufe. 3. Bd. u. II. Stufe. 2. Bd. 8. Leipzig, G. J. Göschen. Geb. nn 6. 10
I, 3. Englische Handelskorrespondenz f. Anfänger. Von W. Orlopp. 3., durchgeseh. Aufl. (VIII, 95 S.) 909. Geb. nn 1. 30
II, 2. Französische Handelskorrespondenz f. Handels- u. Realschulen. (XVIII, 322 S.) 908. Geb. 4. 80

Beaux's, Th. de, Briefsteller f. Kaufleute. NAfl 1. Stufe. 2. u. 3. Bd. 8° Lpzg. Berl., GJ Göschen. d
Beaux, Th. de: Französ. Handelskorrespondenz f. Anfänger. 4. Afl. (8, 93) '10 [I,2] geb. nn 1.30
Orlopp, W: Engl. Handelskorrespondenz f. Anfänger. 3. Afl. (8, 95) '09 [I,3] geb. nn 1.30

Beaux, Th. de, Elementar-Grammatik der französ. Sprache, s.: Aymeric, J.

— Deutsche Handelskorrespondenz. — Leipzig 1903. VII,140 S. 8° (Sammlung Göschen. 182.)
18. 52. 64. 207. 307.
14.1802

—— Neudr. Ebd. 1906. VII,140 S. 8° (Sammlung Göschen. 182.) **15. 16. 26. 52. 60. 62. 79. 109. 169.**
14.1803

—— Neudr. Ebd. 1909. VII,140 S. 8° (Sammlung Göschen. 182.) **11. 12: Var. 323–182. 17. 109.**
14.1804

— dasselbe. f. Anfänger, s.: Beaux's, de, Briefsteller f. Kaufleute.

— dasselbe, f. Handels- u. Realschulen, s.: Beaux's de, Briefsteller f. Kaufleute.

Beaux, Th. de, deutsch-französische Handelskorrespondenz, s.: Göschen's kaufmännische Bibliothek. 2. Bd.

— deutsch-italienische Handelskorrespondenz, s.: Göschen's kaufmännische Bibliothek. 4. Bd.

— Französische Handelskorrespondenz. — Leipzig 1903. VII,144 S. 8° (Sammlung Göschen. 183.)
12: Var. 323–183. 16. 18. 26. 44. 52. 207.
14.1810

—— Neudr. Ebd. 1907. VII,144 S. 8° (Sammlung Göschen. 183.) **15. 60. 109. 207.**
14.1811

— Neudr. Ebd. 1910. VII,144 S. 8° (Sammlung Göschen. 183.) **11. 12: Merc. 347 t. 79. 109. 169. 201. 305.**
14.1812

— dasselbe. 2. Aufl., s.: Beaux's de, Briefsteller f. Kaufleute.

— dasselbe f. Anfänger. (VII, 92 S.) 8. Leipzig 904. G. J. Göschen. Kart. n.n. 1. 80; Schlüssel (VI, 63 S.) 1. 20

Beaux, Th. de (Hrsg.), s. Journal, Englisch-Francais, für deutsche Leser.

Beaux, Thdr. de, Lehrbuch d. franz. Sprache. Stufenweise geordn. Lesestücke zusammenhäng. Inhalts. I.—III. Stufe. gr. 8. Leipzig, M. Hesse. n.n. 6. 10
I. Lautlehre, Hilfszeitwörter, I. Konjugation. (X, 102 S.) 894. Kart. n. 1. 50
II. D. regelm. Konjugationen. (VIII, 189 S.) 891. Geb. n. 2. 10
III. Syntax d. Zeitworts. (VIII, 311 S.) 898. Geb. n. 2. 60
Früher u. d. T.: Beaux, Th. de, u. C. Glauser, franz. Lehr- u. Lesebuch.

— Lehrbuch der französischen Sprache f. Handels- u. Realschulen. gr. 8. (VIII, 363 S.) Leipzig (902). M. Hesse. Geb. in Leinw. n. 3. 60

— **Lehrbuch der französischen Sprache f. Handels- u. Realschulen. 2., verb. Aufl. (XI, 368 S.) 8. Leipzig (907.) M. Hesse. Geb. in Leinw. 3. 60**

— **dasselbe. 2. Tl. 2., verb. Aufl. (XV, 429 S.) 8. Ebd. (908.) Geb. nn 3. 90**

— Kurzer Leitfaden f. den französischen Unterricht in den Lehrlingsabteilungen der Handelsschulen. (VII, 157 S.) 8. Leipzig 904. G. J. Göschen. Kart. 1. 60

— Kurzer Leitf. f. d. französ. Unterr. in d. Lehrlingsabteilgn d. Handelssch. (157) 8° Lpzg, GJ Göschen '09. Kart. 1.60 d

Beaux, Th. de, u. Charles Glauser, französisches Lese- u. Übungsbuch. 1. u. 2. Stufe. gr. 8. Halle 894. H. Gesenius. n. 3. —; geb. n.n. 3. 45
1. Hilfszeitwörter u. I. Konjugation. Bearb. v. Th. de Beaux u. Charles Glauser. (X, 102 S.) n. 1. 20; geb. n.n. 1. 40
2. I.–IV. Konjugation. (VIII, 189 S.) n. 1. 80; geb. n.n. 2. 5

— parlez-vous français? s.: Koch's Sprachführer. 2. Bd.

— Schulgrammatik der französ. Sprache. Mit besond. Berücksicht. der Phonetik. gr. 8. (IV, 325 S.) Leipzig 888. Hirzel. n.n. 3. 60

Beaux-arts
Les Beaux arts réduits à un même principe. 1746 u.ö.
s. *Batteux*, Charles.

Beaux-Arts, les, en Suisse. Ire année, Nos 2 et 3. In-fol. Berne, Girardet. (Bâle et Genève, H. Georg.) 1887 Par an 24

Beauzée, Nicolas
— Nouvel Examen du préjugé sur l'inversion. Pour servir de réponse à M. Beauzée. 1767 s. *Batteux*, Charles.

Beavington-Atkinson, J., William Hogarth; Sir Joshua Reynolds; Thomas Gainsborough, s.: Kunst u. Künstler d. Mittelalters u. der Neuzeit.

Beavis, Charles [aus Woking, Engl.]: Ueber die Einwirkungsprodukte von Phosphorpentachlorid auf Succinanil und Dichlormaleïnanil ... Bonn, Univ.-Buchdr. v. C. Georgi, 1892; 46 S., 1 Bl. 8.
Würzburg, Phil. Fak., Inaug.-Diss. v. 1892

Beazley, Samuel
[—] [The Roué, deutsch] Der Roué. Aus d. Engl. von Theodor Ruprecht. Th. 1–4. — Leipzig: Wigand 1853. 8° (Bibliothek d. besten englischen u. französischen Romane. 10/13.) 1:Zd 6278 [u.] X 8318–10/13.
12 [∞ 1/3]: P. o. angl. 526 a. 17.
14.1909

Kolibri 360 GmbH
Ferdinand-Jühlke-Straße 7
99095 Erfurt, Deutschland
produktsicherheit@kolibri360.de